F. Kohlrausch

Praktische Physik

Zum Gebrauch für Unterricht, Forschung und Technik

Herausgegeben von
Volkmar Kose · Siegfried Wagner

Unter Redaktion von
J. Bortfeldt · G. Dietze · K. Dorenwendt · S. German · W. Hemminger
R. Martin † · F. Melchert · A. Scharmann · H.-J. Schuster · P. Seyfried †
J. D. Sievert

Band 1

Bearbeitet von
A. Aschenbrenner · H. Bachmair · W. Beyer · M. Biermann · W. Blanke
H. de Boer · A. Braun · K. Brendel · K. Brinkmann · H. Cammenga
P. Dämmig · K. Dorenwendt · S. German · M. Gläser · W. Gorski
U. Hammerschmidt · R. Hanke · J. Hinken · A. Jacob · J. Jäger · D. Janik
M. Jescheck · H.-J. Jung · W. Kessel · D. Kind · G. Klingenberg · F. Kremer
G. Lange · J. Lohrengel · H. Maas · R. Mann · R. Martin † · G. Meerlender
G. Messer · K. Müller · K. Münter · L. Narjes · T. Polzin · M. Quaß · G. Ramm
S. M. Sarge · A. Sawla · G. Scholz · F. W. Seemann · K.-D. Sommer
F. Spieweck · U. Stumper · E. Vollmer · H. Wagenbreth · M. Zander

24., neubearbeitete und erweiterte Auflage

B. G. Teubner Stuttgart 1996

Die Deutsche Bibliothek – CIP-Einheitsaufnahme

Kohlrausch, Friedrich:
Praktische Physik : zum Gebrauch für Unterricht, Forschung und Technik / F. Kohlrausch. Hrsg. von Volkmar Kose ; Siegfried Wagner. – Stuttgart : Teubner

Bd. 1. Bearb. von A. Aschenbrenner ... – 24., neubearb. und erw. Aufl. – 1996

ISBN 978-3-322-87206-7 ISBN 978-3-322-87205-0 (eBook)
DOI 10.1007/978-3-322-87205-0

NE: Aschenbrenner, Armin [Bearb.]

Softcover reprint of the hardcover 24th edition 1996

Satz: Elsner & Behrens GdbR, Oftersheim

Herausgeber:

Prof. Dr. V. Kose, PTB, Vizepräsident, Braunschweig
Prof. Dr. S. Wagner, Braunschweig

Redakteure:

Prof. Dr. J. Bortfeldt, Lehrte
Prof. Dr. G. Dietze, PTB, Abt. Atomphysik, Braunschweig
Prof. Dr. K. Dorenwendt, PTB, Abt. Optik, Braunschweig
Prof. Dr. S. German, Wolfenbüttel
Prof. Dr. W. Hemminger, PTB, Abt. Thermodynamik, Braunschweig
Prof. Dr. R. Martin †
Prof. Dr. F. Melchert, Braunschweig
Prof. Dr. A. Scharmann, I. Physikalisches Institut, Justus-Liebig-Universität Gießen
Dr. H.-J. Schuster, PTB, Abt. Fertigungsmeßtechnik: Elektronik und Meßdatenverarbeitung, Braunschweig
Prof. Dr. P. Seyfried †
Dr. J. D. Sievert, PTB, Abt. Elektrizität: Magnetische Meßtechnik, Braunschweig

Mitarbeiter (Band 1):

Dr. A. Aschenbrenner, Braunschweig
Prof. Dr.-Ing. H. Bachmair, PTB, Abt. Elektrizität, Braunschweig
Prof. Dr.-Ing. W. Beyer, PTB, Abt. Fertigungsmeßtechnik: Längenmeßtechnik, Braunschweig
Dr. M. Biermann, Hörnum
Prof. Dr. W. Blanke, PTB, Abt. Thermodynamik: Thermodynamische Grundlagen, Braunschweig
Prof. Dr.-Ing. H. de Boer, PTB, Abt. Mechanik und Akustik, Braunschweig
Prof. Dr. A. Braun, PTB, Abt. Elektrizität: Elektrische Energiemeßtechnik, Braunschweig
Prof. Dr. K. Brendel, Braunschweig
Prof. Dr. K. Brinkmann, PTB, Abt. Technisch-Wissenschaftliche Dienste, Braunschweig
Prof. Dr. H. Cammenga, Institut für Physikalische und Theoretische Chemie, Technische Universität, Braunschweig
Prof. Dr. P. Dämmig, Braunschweig
Prof. Dr. K. Dorenwendt, PTB, Abt. Optik, Braunschweig
Prof. Dr. S. German, Wolfenbüttel
Dr. M. Gläser, PTB, Abt. Mechanik und Akustik: Masseneinheit, Braunschweig
Dr. W. Gorski, Schwülper
Dr. U. Hammerschmidt, Abt. Thermodynamik: Wärmeleitung, Braunschweig
Dr.-Ing. R. Hanke, PTB, Abt. Elektrizität: Kapazitätseinheit, Braunschweig
Prof. Dr.-Ing. J. Hinken, Forschungsgemeinschaft für Informationstechnik GmbH, Bad Salzdetfurth

Prof. Dr.-Ing. A. Jacob, Institut für Hochfrequenztechnik, Technische Universität, Braunschweig
Dr. J. Jäger, PTB, Abt. Thermodynamik: Druck, Braunschweig
Dr.-Ing. D. Janik, PTB, Abt. Elektrizität: Hochfrequenznormale, Braunschweig
Dr. M. Jescheck, PTB, Abt. Technisch-Wissenschaftliche Dienste: Gesetzliches Meßwesen, Braunschweig
Dr. H.-J. Jung, PTB, Abt. Temperatur und Synchrotronstrahlung: Strahlungsthermometrie, Berlin
Dr. W. Kessel, PTB, Abt. Elektrizität: Elektrisches Rauschen, Braunschweig
Prof. Dr.-Ing. D. Kind, Braunschweig
Dr. G. Klingenberg, PTB, Abt. Thermodynamik: Druck, Braunschweig
Dr. F. Kremer, Fakultät für Physik und Geowissenschaften, Universität, Leipzig
Prof. Dr.-Ing. G. Lange, Institut für Werkstoffe, Technische Universität, Braunschweig
Dr. J. Lohrengel, PTB, Abt. Thermodynamik: Wärmeleitung, Braunschweig
Dr. H. Maas, Berlin
Dr. R. Mann, PTB, Abt. Mechanik und Akustik: Längenmeßmaschinen, Braunschweig
Prof. Dr. R. Martin †
Dr. G. Meerlender, Braunschweig
Dr. G. Messer, Berlin
Dr.-Ing. K. Müller, Seeheim-Jugenheim
Dipl.-Phys. K. Münter, PTB, Abt. Elektrizität: Elektromagnetische Felder, Braunschweig
Prof. Dr.-Ing. L. Narjes, Schwülper
Dr.-Ing. T. Polzin, Staatl. Materialprüfungsamt Nordrhein-Westfalen, Dortmund
Dr. M. Quaß, Hottinger Baldwin Meßtechnik GmbH, Abt. TA-7, Darmstadt
Dr.-Ing. G. Ramm, PTB, Abt. Elektrizität: Meßwandler, Braunschweig
Dr. S. M. Sarge, PTB, Abt. Thermodynamik: Kalorische Größen, Braunschweig
Dr.-Ing. A. Sawla, PTB, Abt. Mechanik und Akustik: Kraftmessung, Braunschweig
Dr. G. Scholz, PTB, Abt. Thermodynamik: Feuchte, Berlin
Dr. F. W. Seemann, Berlin
Dr.-Ing. K.-D. Sommer, Landesamt für Meß- und Eichwesen Thüringen, Ilmenau
Dr. F. Spieweck, PTB, Abt. Thermodynamik: Dichte, Braunschweig
Dr. U. Stumper, PTB, Abt. Elektrizität: Hochfrequenznormale, Braunschweig
Dr. E. Vollmer, PTB, Abt. Elektrizität: Hochfrequenznormale, Braunschweig
Dr. H. Wagenbreth, Braunschweig
Dr. M. Zander, PTB, Abt. Mechanik und Akustik: Gasmeßgeräte, Braunschweig

Geleitwort zur 24. Auflage des „Kohlrausch"

Die Naturwissenschaften, nicht zuletzt aber die Physik, haben in den zurückliegenden Jahrzehnten eine Entwicklung erfahren, die niemand vorhersehen konnte. Daraus hat die Metrologie, die Wissenschaft vom Messen, besonderen Nutzen gezogen.

Es ist sicher kein Zufall, daß viele der in dieser Zeit mit dem Nobelpreis ausgezeichneten wissenschaftlichen Leistungen innerhalb von wenigen Jahren die Präzisionsmessung wichtiger physikalischer Größen grundsätzlich verbessert haben. Dies gilt für die Entdeckung makroskopischer Quanteneffekte zur Reproduzierung elektrischer Einheiten ebenso wie für die Entwicklung des Raster-Tunnelmikroskops oder von Ionenfallen; die metrologische Erschließung des weiten Gebietes mesoskopischer Strukturen kündigt sich an. Bei nahezu allen Experimenten leistet die Informationstechnik heute einen wesentlichen Beitrag zur Meßanordnung, zur Durchführung von Messungen und zur Auswertung von Ergebnissen.

So entstand bald nach dem Erscheinen des letzten Bandes der 23. Auflage der Wunsch nach erneuter umfassender Überarbeitung. Für die Physikalisch-Technische Bundesanstalt ist es eine traditionelle Verpflichtung, solches Vorhaben nachdrücklich zu unterstützen und, wo immer möglich, Autoren aus den eigenen Reihen um Mitarbeit zu bitten. Wo dies nicht möglich war, haben wieder Wissenschaftler aus anderen Bereichen das Gelingen des Vorhabens durch ausgezeichnete Beiträge sichergestellt.

Alle Autoren, ganz besonders aber die Herausgeber V. Kose und S. Wagner, sowie die Redakteure haben eine große Leistung erbracht. Ihnen allen und der bewährten Zusammenarbeit mit dem Verlag verdanken wir den neuen „Kohlrausch". Er wird sich, so hoffe ich zuversichtlich, wie alle früheren Auflagen als aktuelles Standardwerk der experimentellen Physik bewähren.

Dieter Kind
Präsident a. D. der
Physikalisch-Technischen Bundesanstalt

Vorwort zur 24. Auflage

Diese Auflage steht in der nunmehr 125jährigen Tradition des „Kohlrausch“ seit der einbändigen Erstausgabe im Teubner Verlag durch Friedrich Kohlrausch im Jahr 1870. Kohlrausch war zugleich Autor und Herausgeber bis zur 11. Auflage im Jahr 1910.

In der neubearbeiteten 24. Auflage, die in drei Bänden mit rund 2400 Seiten vorliegt, soll allen Naturwissenschaftlern, Ingenieuren und fortgeschrittenen Studenten, die sich bei ihrer Arbeit physikalischer Meßmethoden und -techniken bedienen, eine knappe, möglichst das gesamte Gebiet der Physik umfassende Darstellung der physikalischen Meßtechnik vermittelt werden. Die Tatsache, daß zwei Herausgeber, 11 Redakteure und 132 Autoren sich dieser Aufgabe annahmen, spiegelt gleichzeitig die Erkenntnis wider, daß der Einzelne heute nicht mehr in der Lage sein dürfte, über vertiefte Spezialkenntnisse auf allen Gebieten des physikalischen Geschehens zu verfügen. Hier bietet sich der „Kohlrausch“ als Ratgeber und Nachschlagewerk an, indem er dem „Fremdfachmann“ immer dringlicher benötigte rasche und gezielte Informationen und aktuelle Literaturzitate für die Lösung seiner Meßaufgabe und -probleme gibt.

Trotz knapper Darstellung der Beiträge wie in den vorangehenden Auflagen und weiterer Zunahme des Gesamtumfangs gegenüber der 23. Auflage, bleibt es nicht aus, in dem Gesamtwerk Schwerpunkte zu setzen und eine Auswahl vorzunehmen. Diese kann sich nicht nur an dem Interessanten oder Spektakulären orientieren, sondern muß den Bedürfnissen des Leser- und Benutzerkreises gerecht werden.

Die 24. Auflage hat gegenüber ihrer Vorgängerin unter Beibehaltung der bewährten Gliederungs- und Grundkonzeption eine komplette Neubearbeitung und Erweiterung erfahren. So ist der Text in allen Bereichen aktualisiert und entsprechend den zahlreichen inzwischen erzielten wissenschaftlichen Fortschritten – auch hinsichtlich aktueller Literaturzitate – ergänzt worden. Um dem Leser entgegenzukommen, wurde der Stoff neu auf die drei Bände verteilt. So beinhaltet der Band 3 neben den Tabellen und Diagrammen für das Gesamtwerk nunmehr zwei völlig neue Kapitel. Das Kapitel 10 über „Elektronik und Meßdatenerfassung“ umfaßt etwa 200 Seiten und trägt dem großen Fortschritt auf dem Gebiet der Elektronik und Datenerfassung Rechnung. Technologische Verbesserungen bei der Halbleiterfertigung ermöglichten eine Erhöhung der Integrationsdichte integrierter Schaltkreise um Größenordnungen und damit die Entwicklung neuer komplexer Bauelemente und Funktionsgruppen. Diese wiederum zogen neue Strategien und Konzepte auch bei der Prozeßdatenverarbeitung nach sich. Ein weiteres Kapitel 11 „Zusammenarbeit auf den Gebieten Meßwesen, Normung, Prüfwesen und Qualitätsmanagement (MNPQ)“ gibt einen Einblick in diese neuen Entwicklungen. Die Beseitigung technischer Handelshemmnisse und die grenzüberschreitende gegenseitige Anerkennung von Kalibrier- und Prüfzertifikaten haben im Rahmen der Schaffung des europäischen Binnenmarktes zu neuartigen Konzeptionen geführt, die sich auf alle Gebiete des Meß- und Prüfwesens, der Normung und der Qualitätssicherung auswirken und daher nicht fehlen sollten.

Darüber hinaus seien einige Neuerungen und Tendenzen beispielhaft aufgeführt, die die Meßtechnik in letzter Zeit wesentlich bereichert haben. So haben mehr und mehr

Meßgeräte, die auf der Grundlage makroskopischer Quantenphänomene basieren, Eingang in die Praxis gefunden. Dazu zählen elektrische Spannungs- und Widerstandsnormale auf der Basis des Josephson-Effektes und des von v. Klitzing entdeckten Quanten-Hall-Effektes, SQUID-Nulldetektoren, SQUID-Magnetometer, Kryo-Stromkomparatoren und weiterhin Laser. Außerdem wurde der Entwicklung Rechnung getragen, daß elektronische Digitalgeräte zunehmend klassische Zeigerinstrumente ablösten und in der Hochfrequenzmeßtechnik Halbleiterbauelemente und planare Mikrowellenschaltungen aus dem Versuchsstadium heraus in die praktische Anwendung gekommen sind. Die Temperaturmeßtechnik beruht seit 1990 auf einer neuen weltweit eingeführten internationalen Temperaturskala ITS-90. So wurden die neuen definierenden Fixpunkte, Interpolationsinstrumente und wegen der oft erforderlichen Umrechnung von Literaturdaten auch die Differenzen zu der bisherigen Temperaturskala aufgenommen. Der Leser findet außerdem Informationen über neue Meßgrößen für die Orts- und Personendosimetrie im Strahlenschutz.

Es ist selbstverständlich, daß das internationale Einheitensystem sowie die von der International Union of Pure and Applied Physics empfohlene Nomenklatur für Symbole und Einheiten durchgängig und konsequent angewendet wurden. Grundlage für die Zahlenwerte von Fundamentalkonstanten ist der derzeitig gültige CODATA-Satz von Fundamentalkonstanten, der nach der Methode der kleinsten Quadrate 1986 ausgeglichen worden ist.

Die Herausgeber danken sehr herzlich den Redakteuren, Autoren, dem Verlag und seinen Mitarbeitern für Ihre konstruktive, erfreuliche und erfolgreiche Zusammenarbeit. Der „Kohlrausch" steht in der langjährigen Tradition der Physikalisch-Technischen Bundesanstalt und ist mit ihren Aufgaben eng verknüpft, so daß wir ihrem Präsidenten a. D. Herrn Prof. Dr. D. Kind Dank sagen wollen für sein stets förderndes Interesse an diesem Gesamtwerk.

Wir gedenken an dieser Stelle unserer verehrten Mitarbeiter und geschätzten Kollegen, Rudolf Martin und Peter Seyfried, denen es durch ihren Tod nicht mehr vergönnt war, ihre Beiträge druckfertig im „Kohlrausch" zu erleben.

Braunschweig, im November 1995

Die Herausgeber
V. Kose S. Wagner

Inhaltsübersicht zu Band 1

Ausführliche Inhaltsverzeichnisse sind jedem Kapitel vorangestellt

Inhaltsübersicht zu Band 2

Ausführliche Inhaltsverzeichnisse sind jedem Kapitel vorangestellt

Inhaltsübersicht zu Band 3

2 Akustik

3 Wärme

7 Ionisierende Strahlung und Radioaktivität

8 Struktur und Eigenschaften der Materie

9 Allgemeines über Messungen und ihre Auswertung

Inhaltsverzeichnis von Kapitel 1

1 Mechanik

Redakteur: J. Bortfeldt
Hierzu Tabellen T 1.01 bis T 1.28 in Band 3

1 Mechanik

Redakteur: J. Bortfeldt
Hierzu Tabellen T 1.01 bis T 1.28 in Band 3

1.1 Masse (M. Gläser)

1.1.1 Allgemeines

Die Masse wird in der klassischen Mechanik mit dem 2. Newtonschen Axiom eingeführt:

$$F = mb \tag{1.1}$$

Dabei sind F die Kraft, m die Masse und b die Beschleunigung. Die Masse ist eine Größe, die einem physikalischen Körper direkt zugeordnet und weitgehend unabhängig von seiner Erscheinungsform, seinem Bewegungszustand, seiner Temperatur oder anderen physikalischen Eigenschaften ist. Die Masse eines Körpers läßt sich auch als Summe seiner Atommassen betrachten und ist daher eine auf Naturkonstanten bezogene Größe.

Fig. 1.1
Kilogrammprototyp der Bundesrepublik Deutschland

Die Masse eines bewegten Körpers unterliegt einer geschwindigkeitsabhängigen relativistischen Änderung, die jedoch nur bei Himmelskörpern oder atomaren Partikeln meßbar ist. Die Masse ändert sich ebenfalls bei der Aufnahme oder Abgabe von Energie E (gemäß $E = mc^2$, c Lichtgeschwindigkeit). Diese Änderung zeigt sich bei unterschiedlichen Bindungszuständen atomarer Partikel, ist jedoch bei größeren Körpern durch Wägung noch nicht nachweisbar.

Die Einheit der Masse ist wie folgt definiert: „Das Kilogramm ist die Einheit der Masse; es ist gleich der Masse des Internationalen Kilogrammprototyps" (Comptes rendus (1901)). Dieses Prototyp ist ein Zylinder mit einer dem Durchmesser gleichen Höhe von 39 mm, es besteht aus Platin mit einem Anteil von 10% Iridium und hat eine Dichte von ca. 21500 $\mathrm{kgm^{-3}}$. Es wird im Internationalen Büro für Maße und Gewichte (BIPM) in Sèvres bei Paris aufbewahrt. Jeder Mitgliedsstaat der Meterkonvention besitzt ein gleichartiges nationales Kilogrammprototyp, das im BIPM an das Internationale angeschlossen ist (s. Fig. 1.1 u. Gläser (1989)).

Man hat vereinbart, daß die im SI üblichen Präfixe für Vielfache und Bruchteile nicht auf die Einheit Kilogramm, sondern auf das Gramm (..., pg, ng, µg, mg, g, kg) angewendet werden, wobei für 1000 kg die Einheit Tonne t mit entsprechenden Präfixen (t, kt, Mt, ...) angegeben wird. Bei Wägungen von Edelsteinen darf die Masse auch in metrischen Karat angegeben werden (Kurzzeichen ct, Kt, 1 ct = 0,2 g).

Das Kilogramm ist im System der Basiseinheiten die einzige Einheit, die einer materiellen Verkörperung bedarf, während andere Einheiten durch Natur- oder Fundamentalkonstanten, wie etwa die Lichtgeschwindigkeit, festgelegt sind (Kose (1987)). Seit einigen Jahren gibt es Vorschläge und Experimente, die eine Neudefinition des Kilogramm zum Ziel haben. (Kibble et al. (1990), Sienknecht, Funk (1986), Seyfried (1989), Gläser (1991)). Keines dieser Experimente hat jedoch bisher die Reproduzierbarkeit erreicht, die eine Neudefinition erlauben würde.

1.1.2 Massenormale

Massenormale sind Verkörperungen der Masseneinheit und deren Bruchteile bzw. Vielfache. Im gesetzlichen Meßwesen müssen die Normale bestimmten Anforderungen genügen (Eichordnung (1988)); man spricht dann von Gewichtstücken.

1.1.2.1 Hierarchie der Massenormale

Die Prototypdefinition impliziert, daß die Massen anderer Normale nur durch Massevergleiche ermittelt werden können. Das bedingt eine sog. Hierarchie der Massenormale (Internationales Prototyp, nationales Prototyp, Hauptnormale, Bezugsnormale, Kontrollnormale, Gebrauchsnormale). Die Unsicherheiten der Normale entstehen bei den Massevergleichen, denn dem Internationalen Prototyp kann eine Unsicherheit nicht zugeordnet werden. Daher bestehen auch immer Korrelationen bzw. Kovarianzen zwischen den Sekundärnormalen.

Da das Prototyp aus Platin-Iridium besteht, die meisten anderen Normale jedoch aus einem Material anderer Dichte, wie z. B. Stahl mit der Dichte von etwa 8000 $\mathrm{kgm^{-3}}$, und da Massevergleiche in der Regel unter normalen Umgebungsbedingungen ausgeführt werden, ist eine Luft-Auftriebskorrektur erforderlich. Diese Auftriebskorrektur ist für Stahlnormale höchster Genauigkeit z. Zt. die bedeutendste Unsicherheitsquelle. Ausgehend vom 1-kg-Normal werden die Vielfachen und Bruchteile der Einheit, die Masseskala, in Form weiterer Normale (in der PTB: 1 mg bis 5 t) dargestellt. Im gesetzlichen Meßwesen ist die Stückelung der Massenormale durch die Faktoren $1 \cdot 10^n$,

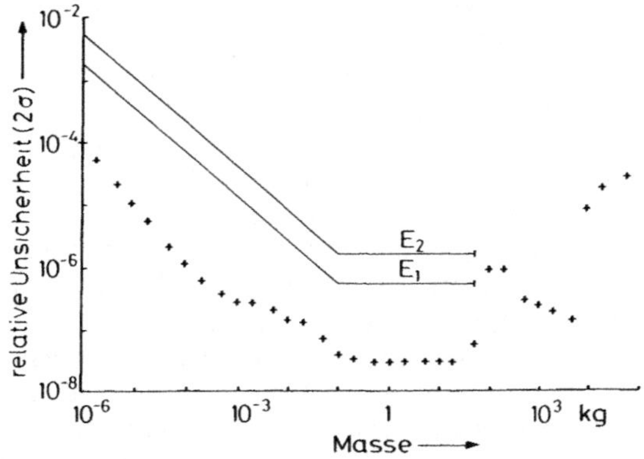

Fig. 1.2
Relative Unsicherheiten (2σ) der genauesten Massebestimmungen der PTB; im Vergleich dazu die relativen Fehlergrenzen der Klassen höchster Genauigkeit (E_1, E_2) für eine Bezugsdichte $\varrho = 8000\,\mathrm{kgm}^{-3}$

$2 \cdot 10^n$ und $5 \cdot 10^n$ ($n \in \{\ldots, -2, -1, 0, 1, 2, \ldots\}$) international festgelegt. Fig. 1.2 zeigt die relativen Unsicherheiten der genauesten Massebestimmungen der PTB, sowie einige Fehlergrenzen im gesetzlichen Meßwesen.

1.1.2.2 Anforderungen an Massenormale

Ein Massenormal soll so beschaffen sein, daß sich seine Masse bei der Aufbewahrung und bei Massevergleichen möglichst wenig ändert (s. Plassa (1989)). Masseänderungen können z. B. durch Sorption, Diffusion oder Abrieb auftreten. Außerdem soll das Instrument zum Massevergleich, i. a. eine Waage, nicht beeinflußt werden. Solche Einflüsse können z. B. durch magnetische oder elektrostatische Kräfte entstehen. Daher soll das Material ein Festkörper mit niedrigem Dampfdruck, ausreichender Oberflächenhärte, geringer Oberfläche, geringer Rauheit, hoher Korrosionsbeständigkeit und ohne Poren und Gaseinschlüsse sein. Zudem soll das Material unmagnetisch und elektrisch leitend sein. Als Bauform hat sich ein dem Prototyp ähnlicher Zylinder als zweckmäßig erwiesen. Als Material sind austenitische Stähle mit hohem Chrom- und Nickelanteil (beide mindestens 20%) geeignet (Balhorn u. a. (1992)).

Im gesetzlichen Messwesen hat man international u. a. bestimmte Bauformen (z. B. zylindrisch mit Knopf), eine Bezugsdichte von $\varrho = 8000\,\mathrm{kgm}^{-3}$ und Klassen mit maximal erlaubten Abweichungen (Fehlergrenzen) des konventionellen Wägewertes (s. Abschn. 1.1.4.1 u. Fig. 1.2) vom Nennwert festgelegt. Außerdem sind Toleranzen für die Materialdichte so festgelegt, daß bei einer Abweichung der Luftdichte vom Bezugswert $\varrho_a = 1{,}2\,\mathrm{kgm}^{-3}$ um 10% sich der konventionelle Wägewert um höchstens 1/4 der Fehlergrenze ändert. Bei Massevergleichen, bei denen diese Bedingung eingehalten wird, erübrigt sich dann die Luftauftriebskorrektur.

1.1.3 Geräte zur Massebestimmung

Die Masse eines Körpers läßt sich durch zwei grundsätzlich unterschiedliche Methoden bestimmen, nach denen man entsprechend von der trägen oder von der schweren Masse spricht. Die Eigenschaft der trägen Masse wird durch Gl. (1.1) beschrieben. Auf die schweren Massen von zwei Körpern m_1 und m_2 wirkt nach dem Newtonschen Gravitationsgesetz die Kraft:

$$F = G m_1 m_2 / r^2 \tag{1.2}$$

Hier sind G die Gravitationskonstante und r der Abstand der beiden Massen. Das Einsteinsche Äquivalenzprinzip drückt die – durch Experimente gestützte – Annahme aus, daß träge und schwere Massen eines Körpers proportional bzw. gleich groß sind.

Geräte, die Eigenschaften der trägen oder schweren Masse ausnutzen, erlauben eine direkte Massebestimmung. Dies sind Waagen im weiteren Sinne (Kochsiek (1989)). Meistens versteht man unter Waagen jedoch Geräte, deren Funktionsprinzip auf Eigenschaften der schweren Masse (Fallbeschleunigung) beruht. Eine indirekte Massebestimmung erfolgt durch Geräte, die andere physikalische Eigenschaften von Materialien oder Körpern, wie etwa die Absorption radioaktiver Strahlung, ausnutzen.

Eine Absolutbestimmung der Masse wird als direkte Massebestimmung durch Vergleich mit einem Referenznormal bekannter Masse ausgeführt (Substitutions- und Vertauschungswägung, s. u.). Viele Waagen, mit denen Gegenstände einzeln gewogen werden können, sind zur Absolutbestimmung geeignet. Wenn solche Waagen Absolutwerte der Masse anzeigen, können sie jedoch auch ohne Referenznormal eingesetzt werden (Proportionalwägung), erlauben dann aber nur eine Relativbestimmung. Denn sie zeigen nur richtig an, wenn sie zuvor justiert oder geeicht wurden. Andere Geräte, wie etwa Coriolis-Masse-Durchflußmesser, oder Geräte, die nur eine indirekte Massebestimmung zulassen, wie etwa radiometrische Meßgeräte, sind nur zur Relativbestimmung der Masse geeignet.

Es gibt Waagen, bei denen der Lastwechsel und die Ermittlung des Ergebnisses automatisch ablaufen: die selbsttätigen Waagen. Alle anderen Waagen nennt man nichtselbsttätige Waagen.

1.1.3.1 Waagen

Waagen zur Bestimmung der trägen Masse

Die träge Masse wird durch Beschleunigungs-, Kraft-, Impuls- und Drehimpuls-Waagen, sowie Waagen, die Coriolis- und Zentrifugal-Kräfte ausnutzen, bestimmt. Solche Waagen erlauben in der Regel keinen Massevergleich mit Massenormalen und sind daher nicht zur Absolutbestimmung der Masse geeignet. Mit solchen Waagen lassen sich relative Unsicherheiten nicht unter 1‰ erreichen. Sie werden vorwiegend für Schüttgüter oder auch Flüssigkeiten als selbsttätige Waagen zum kontinuierlichen Wägen in der Industrie eingesetzt.

Waagen zur Bestimmung der schweren Masse

Die meisten Waagen, die die Schwerkraft ausnutzen, erlauben eine Absolutbestimmung der Masse. Sie lassen sich einteilen in Waagen, bei denen die Schwerkraft über einen Hebel oder ein Hebelwerk rein mechanisch (Balkenwaagen) oder hydrostatisch (hydraulische Waagen) durch ein Gegengewicht kompensiert wird, und Waagen, bei denen die Kraftkompensation teilweise oder ganz durch elektromagnetische, elastische oder hydrostatische Kräfte erfolgt.

Bei der Aufnahme und Anzeige der Masse bzw. Massendifferenz unterscheidet man zwischen mechanischen Zeigern, induktiven, ohmschen, kapazitiven, optischen, und interferenz-optischen Wegaufnehmern und Wägezellen (Fig. 1.3 u. Kochsiek, Meißner (1986)), die in der Form eines kompakten Bauelements die aufgebrachte Gewichtskraft nach unterschiedlichen Prinzipien in ein elektrisches Signal umformen. Zu nennen sind hier z. B. auch Dehnungsmeßstreifen (DMS), die nach dem Prinzip der elektrischen Widerstandsänderung durch mechanische Belastung arbeiten. Waagen mit einer elektromagnetischen Kraftkompensation formen den zur Kompensation erforderlichen elektrischen Strom in eine Anzeige um.

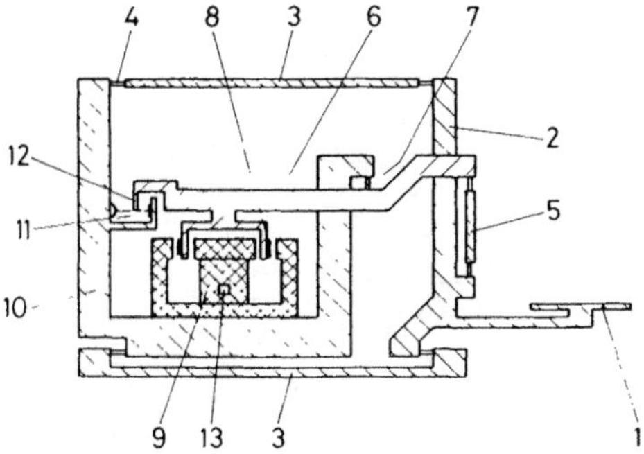

Fig. 1.3
Schema einer Wägezelle nach dem Prinzip der elektrodynamischen Kraftkompensation. 1 Waagschale, 2 Gehänge, 3 Lenker der Parallelführung, 4 Biegelager, 5 Koppel, 6 Hebel zur Übersetzung der Gewichtskraft (Waagebalken), 7 Aufhängung des Hebels, 8 Kompensationspule, 9 Dauermagnet, 10 Gehäuse, 11 Positionsaufnehmer, 12 Positionsfahne, 13 Fühler zur Temperaturkompensation

Waagen, die nur für eine oder wenige bestimmte Nennmassen vorgesehen sind und daher einen eingeschränkten Anzeigebereich haben, nennt man Komparatorwaagen oder Massekomparatoren.

Gleicharmige Balkenwaagen können nach der Methode der Gaußschen Vertauschung oder der Bordaschen Substitution betrieben werden. Bei der Vertauschungsmethode stehen Prüf- und Referenznormal auf je einer Waagschale und werden nach Vertauschung ein zweites Mal verglichen. Bei der Substitutionsmethode, die auch Tarawägung genannt wird, liegt auf einer der Schalen eine Taramasse, während Prüf- und Referenznormal auf der anderen Schale nacheinander aufgelegt werden. Die meisten modernen Waagen sind Substitutionswaagen, das heißt, sie besitzen nur eine Schale. Sind es Balkenwaagen, so ist anstelle der zweiten Schale ein festes Gegengewicht eingebaut. Um dann auch Massen mit verschiedenen Werten vergleichen zu können, sind Schaltgewichte eingebaut, die bei Bedarf auf das Gehänge der Waagschale gebracht werden können.

Die genauesten Waagen sind heute Balkenwaagen (Almer (1972), Debler, Winter (1986), Gläser et al. (1991), Kobayaschi et al. (1984), Picard (1989), Pinot (1991), Quinn et al. (1986/87), Schwartz et al. (1988)) oder Waagen nach dem hydrostatischen Wägeverfahren (Balhorn et al. (1985)); beide Arten werden nach der Substitutionsmethode betrieben. Bei den Balkenwaagen wird der überwiegende Teil der Gewichtskraft durch ein Gegengewicht kompensiert, bei dem hydrostatischen Wägeverfahren durch den Auftrieb eines Schwimmkörpers in einer Flüssigkeit. Die besten Ergebnisse wurden mit Waagen erzielt, bei denen die Balkenneigung bzw. der Hub des

Fig. 1.4
Vollautomatisierte Prototypwaage der PTB (HK1000MC, Mettler), eingebaut in eine Vakuumkammer mit Vorrichtungen zur Messung von Temperatur, Druck, rel. Luftfeuchte und CO_2-Gehalt

schrieben werden (e Elementarladung, B magnetische Induktion, m Masse des Ions, U Potentialdifferenz, r halber Elektrodenabstand). Die relativen Unsicherheiten solcher auf m_u bezogenen Massebestimmungen erreichen heute $3 \cdot 10^{-9}$ (van Dyck et al. (1989)).

Die Masse einer aufgedampften Schicht kann durch einen Quarzkristall, dessen Resonanzfequenz eine Funktion dieser Masse ist, bestimmt werden. Dabei sind Temperatur- und Druckabhängigkeit der Resonanzfrequenz zu berücksichtigen.

Die Absorption von Gammastrahlen in Materie hängt von der Flächenmasse $F_m = \varrho l = m/A$ und vom Massenschwächungskoeffizienten $\mu'(E) = \mu(E)/\varrho$ des Materials ab. Dabei sind l die Länge des durchstrahlten Weges, A die durchstrahlte Fläche, m die im Volumen $l \cdot A$ befindliche Masse, $\mu(E)$ der Schwächungskoeffizient (Einheit m^{-1}), E die Gammaenergie und ϱ die Dichte des Materials. Bei einer Anfangsintensität I_0 beträgt die Intensität nach der Absorption $I = I_0 \exp(-\mu' F_m)$. Bei Kenntnis von I/I_0, μ' und A läßt sich die Masse m berechnen.

1.1.4 Massebestimmung mit Waagen

1.1.4.1 Wägegleichung

Ein Massevergleich durch Substitutionswägung in Luft bei gleichen Waagenanzeigen wird durch folgende Wägegleichung beschrieben:

$$g_2 \sum (m_j - V_j \varrho_{a2}) = g_1 \sum (m_i - V_i \varrho_{a1}) \tag{1.3}$$

Es sind: g_1, ϱ_{a1} momentane lokale Fallbeschleunigung bzw. Luftdichte bei der ersten Wägung

g_2, ϱ_{a2} momentane lokale Fallbeschleunigung bzw. Luftdichte bei der zweiten Wägung

m_i, V_i Massen und Volumina bei der ersten Wägung

m_j, V_j Massen und Volumina bei der zweiten Wägung

Bei ungleichen Waagenanzeigen ist der Anzeigebereich mit Massenormalen bei jeweils gleicher Luftdichte ϱ_a zu kalibrieren und Gl. (1.3) entsprechend zu ergänzen. Werden die Wägungen mit je einem Normal ($i = 1, j = 1$) am gleichen Ort und in kurzen Zeitabständen mit einer Differenz der (mit Normalen der Dichte ϱ_1 kalibrierten) Waagenanzeigen Δm_w durchgeführt, und führt man anstelle der Volumina die Dichten ϱ_1 und ϱ_2 ein, vereinfacht sich Gl. (1.3) zu:

$$m_2(1 - \varrho_a/\varrho_2) = (m_1 + \Delta m_w)(1 - \varrho_a/\varrho_1) \tag{1.4}$$

Als Wägewert m_w eines Wägegutes der Masse m und der Dichte ϱ bezeichnet man das nicht um den Luftauftrieb korrigierte Ergebnis einer Wägung (ϱ_G Dichte der verwendeten Gewichtstücke):

$$m_w = m(1 - \varrho_a/\varrho)/(1 - \varrho_1/\varrho_G) \tag{1.5}$$

Im gesetzlichen Messwesen ist der konventionelle Wägewert m_k eingeführt. Er wird von einer geeichten Waage angezeigt. Der konventionelle Wägewert ordnet einem Prüfnormal einen Zahlenwert zu, der gleich der Masse eines Referenznormals mit der Dichte $\varrho_k = 8000\,\mathrm{kgm^{-3}}$ ist, das bei einer Luftdichte $\varrho_{ak} = 1{,}2\,\mathrm{kgm^{-3}}$ dem Prüfnormal die Waage hält:

$$m_k = m(1 - \varrho_{ak}/\varrho)/(1 - \varrho_{ak}/\varrho_k) \tag{1.6}$$

Da eine Waage m_k anzeigt, ist bei von ϱ_k abweichenden Dichten des Wägeguts zur Ermittlung der Masse m eine entsprechende Korrektur nötig (s. Fig. 1.5).

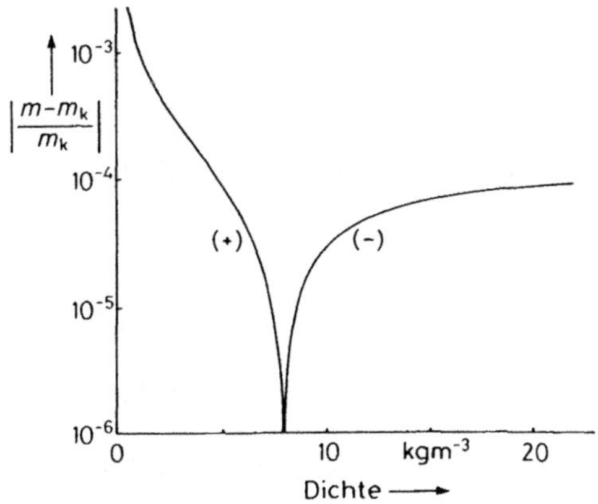

Fig. 1.5
Betrag der relativen Abweichung der Masse von der Waagenanzeige $|(m - m_k)/m_k|$ in Abhängigkeit von der Dichte des Wägeguts (die Waage zeigt den konventionellen Wägewert m_k an). Für Dichten $\varrho > 8000\,\mathrm{kgm^{-3}}$ ist die Masse kleiner (−), für $\varrho < 8000\,\mathrm{kgm^{-3}}$ größer (+) als die Waagenanzeige

1.1.4.2 Luftdichte

Die Luftdichte ϱ_a wird i. a. nach der vom CIPM international empfohlenen Formel (BIPM (1981), S. C1-C15 u. BIPM (1991)) wie folgt berechnet:

$$\varrho_a = \frac{pM_a}{ZRT}\left[1 - x_v\left(1 - \frac{M_v}{M_a}\right)\right] \tag{1.7}$$

mit
M_a = $28{,}9635 \cdot 10^{-3}$ kg mol^{-1} (molare Masse trockener Luft)
M_v = $18{,}015 \cdot 10^{-3}$ kg mol^{-1} (molare Masse von Wasser)
R = 8,31451 J mol^{-1} K^{-1} (molare Gaskonstante)
x_v molarer Anteil von Wasser
T Temperatur (in K, nach ITS-90)
p Druck
Z Realgasfaktor

Wenn der molare CO_2-Gehalt der Luft x_{CO_2} berücksichtigt werden soll, wird M_a ersetzt durch:

$$M_a = [28{,}9635 + 12{,}011\,(x_{CO_2} - 0{,}0004)] \cdot 10^{-3}\ \text{kg mol}^{-1} \tag{1.8}$$

Den molaren Anteil von Wasser x_v erhält man über die relative Luftfeuchte h_v bei der Umgebungstemperatur t (in °C, $t = T - 273{,}15$ K):

$$x_v = h_v f(p, t)\,\frac{p_{sv}(t)}{p} \tag{1.9}$$

oder über die Taupunkttemperatur t_d:

$$x_v = f(p, t_d)\,\frac{p_{sv}(t_d)}{p} \tag{1.10}$$

mit $f = \alpha + \beta p + \gamma t^2$ (Fugazitätskoeffizient von Wasserdampf in Luft) (1.11)

α = 1,00062
β = $3{,}14 \cdot 10^{-8}$ Pa^{-1}
γ = $5{,}6 \cdot 10^{-7}$ K^{-2}

und
$$p_{sv} = k_1 \exp\left(k_2 T^2 + k_3 T + k_4 + \frac{k_5}{T}\right) \tag{1.12}$$

(Sättigungsdampfdruck von Wasser)

k_1 = 1 Pa
k_2 = $1{,}2378847 \cdot 10^{-5}$ K^{-2}
k_3 = $-1{,}9121316 \cdot 10^{-2}$ K^{-1}
k_4 = 33,93711047
k_5 = $-6{,}3431645 \cdot 10^{3}$ K

Wird die relative Luftfeuchte in Prozent angegeben, $h_{\%}$, gilt: $h_v = h_{\%}/100$.
Der Realgasfaktor Z berechnet sich wie folgt:

$$Z = 1 - \frac{p}{T}\left[a_0 + a_1 t + a_2 t^2 + (b_0 + b_1 t)x_v + (c_0 + c_1 t)x_v^2\right] + \frac{p^2}{T^2}(d_0 + d_1 x_v^2) \tag{1.13}$$

mit
$a_0 = 1{,}58123 \cdot 10^{-6}\ \mathrm{K\ Pa^{-1}}$
$a_1 = -2{,}9331 \cdot 10^{-8}\ \mathrm{Pa^{-1}}$
$a_2 = 1{,}1043 \cdot 10^{-10}\ \mathrm{K^{-1}\ Pa^{-1}}$
$b_0 = 5{,}707 \cdot 10^{-6}\ \mathrm{K\ Pa^{-1}}$
$b_1 = -2{,}051 \cdot 10^{-8}\ \mathrm{Pa^{-1}}$
$c_0 = 1{,}9898 \cdot 10^{-4}\ \mathrm{K\ Pa^{-1}}$
$c_1 = -2{,}376 \cdot 10^{-6}\ \mathrm{Pa^{-1}}$
$d_0 = 1{,}83 \cdot 10^{-11}\ \mathrm{K^2\ Pa^{-2}}$
$d_1 = -0{,}765 \cdot 10^{-8}\ \mathrm{K^2\ Pa^{-2}}$

Die relative Unsicherheit der Luftdichteformel (Gl. (1.7)), dic sich aus den Unsicherheiten der Parameter, insbesondere aus der Annahme über die Zusammensetzung der Luft ergibt, wird mit $s(\varrho)/\varrho = 10^{-4}$ angegeben. Für die Gesamtunsicherheit der Luftdichte müssen zusätzlich die Unsicherheiten der gemessenen Größen (Temperatur, Luftdruck, Luftfeuchte usw.) berücksichigt werden.

Die Luftdichte läßt sich auch experimentell ermitteln, wenn die Wägedifferenzen von zwei Auftriebskörpern etwa gleicher Masse und unterschiedlicher Volumina (V_1, V_2) im Vakuum (Δm_v) und in Luft (Δm_a) ermittelt werden: $\varrho_a = |\Delta m_a - \Delta m_v| / |V_2 - V_1|$ (Gläser et al. (1991)).

1.1.4.3 Masseskala

Ausgehend von einem bekannten Massenormal, z. B. dem Kilogrammprototyp, werden Normale anderer Nennwerte bestimmt („in-sich-Bestimmung"). Man stellt dazu ein geeignetes Wägeschema (überbestimmtes Gleichungssystem) auf, nach dem Massevergleiche mit Kombinationen von Massenormalen ausgeführt werden. Die Ergebnisse erhält man mit Hilfe einer Ausgleichsrechnung nach der Methode der kleinsten Quadrate. Die Ausgleichsrechnung liefert zugleich die Standardabweichungen, die sich aus den Wägungen ergeben (Schwartz (1991)).

Die Matrix $X(n,k)$ soll das Wägeschema (Koeffizienten des linearen Gleichungssystems) darstellen, der Vektor $\boldsymbol{\beta}(k,1)$ die Massen der zu bestimmenden Normale (Anzahl k), der Vektor $\boldsymbol{y}(n,1)$ die ermittelten Wägedifferenzen (Anzahl n) und der Vektor $\boldsymbol{e}(n,1)$ die Abweichung vom Erwartungswert $\langle \boldsymbol{y} \rangle$ der Wägedifferenzen. Die Matrix $\boldsymbol{P}(n,n)$ ist i. allg. eine Diagonalmatrix, deren Elemente Gewichtsfaktoren für die einzelnen Wägungen enthält, die proportional zu den Kehrwerten der geschätzten Standardabweichungen der verwendeten Waagen bzw. des verwendeten Referenznormals sind. Gestrichene Größen, z. B. $\boldsymbol{X}'$, sind Transponierte, solche mit spitzen Klammern, z. B. $\langle \boldsymbol{y} \rangle$, sind Erwartungswerte. Dann gilt:

$$\boldsymbol{P X \beta} = \boldsymbol{P}(\boldsymbol{y} - \boldsymbol{e}) \tag{1.14}$$

Man nimmt an, daß $\boldsymbol{e}$ normalverteilt ist und erhält mit der Abkürzung $\boldsymbol{P}^2 = \boldsymbol{P'P}$ die Normalgleichungen:

$$\boldsymbol{X'P^2X\beta} = \boldsymbol{X'P^2y} \tag{1.15}$$

Der Vektor der angeglichenen Werte (Lösung) ist:

$$\langle \boldsymbol{\beta} \rangle = (\boldsymbol{X'P^2X})^{-1}\boldsymbol{X'P^2y} \tag{1.16}$$

Die Varianzmatrix der Beobachtungen:

$$V_y = \frac{ee'}{f_r} \tag{1.17}$$

wird zu

$$V_y = s^2 I \tag{1.18}$$

geschätzt. I ist die Einheitsmatrix, s^2 die Gruppenvarianz:

$$s^2 = \langle e' P^2 e \rangle \tag{1.19}$$

mit $\langle e \rangle = \langle y \rangle - y$ und $\langle y \rangle = X \langle \beta \rangle$. Die Varianzen c_{ii} der ausgeglichenen Werte der Normale sind die Diagonalelemente der Varianz-Kovarianz-Matrix:

$$V_\beta = (X' P^2 X)^{-1} s^2 \tag{1.20}$$

Die Gewichtsfaktoren P^2 müssen so normiert werden, daß s^2 nicht verfälscht wird. Ein Vergleich zwischen dem Normierungsfaktor und s^2 gibt Auskunft über die Konsistenz der Wägeergebnisse.

Wenn die Masse m_N des bekannten Normals in y berücksichtigt wird (implizite Darstellung), aber die Standardabweichungen der Waagen und die Unsicherheit von m_N in P nicht berücksichtigt werden, ist die Lösung für ein Wägeschema mit orthogonalen Spaltenvektoren besonders leicht zu berechnen. Im folgenden soll dies an einem Beispiel gezeigt werden. Es sollen an ein 1-kg-Normal der Masse m_N die Massen der Normale mit den Nennwerten 500 g (β_1), 200 g (β_2), 200 g (β_3), 100 g (β_4), 100 g (β_5) angeschlossen werden.

Die Matrix P soll hier die Einheitsmatrix I sein. Dann reduziert sich die Varianz-Kovarianz-Matrix auf:

$$V_\beta = (X'X)^{-1} s^2 \tag{1.21}$$

$$X = \overset{\begin{matrix}500 & 200 & 200 & 100 & 100\end{matrix}}{\begin{pmatrix} 1 & 1 & 1 & 1 & 0 \\ 1 & 1 & 1 & 0 & 1 \\ 1 & -1 & -1 & -1 & 0 \\ 1 & -1 & -1 & 0 & -1 \\ 0 & 1 & -1 & 1 & -1 \\ 0 & 1 & -1 & 1 & -1 \\ 0 & 1 & -1 & -1 & 1 \\ 0 & 1 & -1 & -1 & 1 \\ 0 & 1 & 0 & -1 & -1 \\ 0 & 1 & 0 & -1 & -1 \\ 0 & 0 & 1 & -1 & -1 \\ 0 & 0 & 1 & -1 & -1 \end{pmatrix}} \qquad y = \begin{pmatrix} m_N + y_1 \\ m_N + y_2 \\ y_3 \\ y_4 \\ y_5 \\ y_6 \\ y_7 \\ y_8 \\ y_9 \\ y_{10} \\ y_{11} \\ y_{12} \end{pmatrix}$$

$$(X'X)^{-1} = \begin{pmatrix} 1/4 & 0 & 0 & 0 & 0 \\ 0 & 1/10 & 0 & 0 & 0 \\ 0 & 0 & 1/10 & 0 & 0 \\ 0 & 0 & 0 & 1/10 & 0 \\ 0 & 0 & 0 & 0 & 1/10 \end{pmatrix}$$

$$\langle \beta \rangle = \begin{pmatrix} (y_1 + y_2 + y_3 + y_4 + 2m_N)/4 \\ (y_1 + y_2 - y_3 - y_4 + y_5 + y_6 + y_7 + y_8 + y_9 + y_{10} + 2m_N)/10 \\ (y_1 + y_2 - y_3 - y_4 - y_5 - y_6 - y_7 - y_8 + y_{11} + y_{12} + 2m_N)/10 \\ (y_1 - y_3 + y_5 + y_6 - y_7 - y_8 - y_9 - y_{10} - y_{11} - y_{12} + m_N)/10 \\ (y_2 - y_4 - y_5 - y_6 + y_7 + y_8 - y_9 - y_{10} - y_{11} - y_{12} + m_N)/10 \end{pmatrix}$$

Die Zahl der Freiheitsgrade ist $f_r = 7$. Durch die vereinfachte und daher unvollständige Darstellung scheinen hier die Kovarianzen zu verschwinden. Bei vollständiger Darstellung (Gl. (1.20)) jedoch enthält die Varianz-Kovarianz Matrix immer Varianzen und Kovarianzen mit Unsicherheitsanteilen des Referenznormals.

1.1.4.4 Schätzung der Unsicherheiten

Die Berechnung der Gesamtunsicherheit eines Massenormals wird nach der vom CIPM empfohlenen Methode (BIPM (1981), S. 26) vorgenommen. Die Unsicherheit wird i. a. als die zweifache Standardabweichung angegeben (WECC (1990)).

Die Standardabweichung eines Prüflings setzt sich i. allg. aus Anteilen der bei der Massebestimmung verwendeten Bezugsnormale, der Wägung und der Luftauftriebskorrektion zusammen.

Dabei ist zu berücksichtigen, ob Anteile der Auftriebskorrektion bereits in den Unsicherheitsanteilen der Normale enthalten und wie sie miteinander korreliert sind (Schwartz (1991)). Außerdem sind bei Kombinationen von Bezugsnormalen deren Kovarianzen zu berücksichtigen. Da diese in der Regel nicht bekannt, aber meist sehr groß sind, ist es zweckmäßig, die maximal möglichen Kovarianzen anzunehmen.

Geht man von der Volumendarstellung der Wägegleichung (Gl. (1.3)) aus und nimmt man an, daß nur je ein Prüfnormal (Index P) und ein Bezugsnormal (Index N) verwendet wurden, daß die Volumenunsicherheiten vernachlässigbar klein sind und daß die Luftdichtebestimmungen unkorreliert sind, berechnet sich die Gesamtstandardabweichung eines Prüflings s_P wie folgt:

$$s_P^2 = s_N^2 + (\Delta V s_{\varrho a})^2 + s_A^2 \tag{1.22}$$

s_N, $s_{\varrho a}$, s_A sind die Standardabweichungen des Normals, der Luftdichte und der Wägung, $\Delta V = V_P - V_N$ ist die Differenz der Volumina. Die Standardabweichung der Wägung erhält man aus entsprechenden Wiederholungswägungen, die der Luftdichte aus den Unsicherheiten der zu ihrer Berechnung verwendeten thermodynamischen Größen.

1.1.4.5 Andere Einflußgrößen

Beim Massevergleich mit Normalen unterschiedlicher Schwerpunkthöhe ist eine Korrektur für die Fallbeschleunigung g durchzuführen. (m' ist das Ergebnis einer Wägung ohne Berücksichtigung der unterschiedlichen Fallbeschleunigung für eine Höhendifferenz h):

$$m = m' \left[1 + \frac{h}{g} \frac{\partial g(h)}{\partial h} \right]^{-1} \tag{1.23}$$

Der relative Freiluftgradient beträgt etwa $\partial g(h)/(g \partial h) = -3 \cdot 10^{-7}\,\mathrm{m}^{-1}$. Das ergibt z. B. bei einer Masse von 1 kg und 1 cm Höhendifferenz eine Korrektur von 3 µg.

Auch zeitliche Änderungen von g können ein Wägeergebnis beeinflussen, z. B. tägliche bzw. monatliche relative Schwankungen von ca. $\Delta g/g = 1{,}5 \cdot 10^{-7}$ durch die Bewegungen von Sonne und Mond. g-abhängige Waagen müssen für die lokale Fallbeschleunigung justiert werden, die außer mit der Höhe auch mit der geographischen Breite variiert (zwischen Pol und Äquator um 0,5%).

Luftströmungen an der Waage, insbesondere an der Waagschale, beeinflussen das Wägeergebnis erheblich. Auch wenn der Wägeraum der Waage geschlossen ist, kann sich durch Temperaturgradienten eine freie Konvektionsströmung ausbilden. Z. B. bei einer

Temperaturdifferenz von 1 K zwischen einem 1-kg-Normal und der Umgebungsluft treten Wägedifferenzen von mehr als 200 µg auf (Gläser (1990); Gläser, Do (1993)).

Die Beeinflussung der Wägung durch Erschütterung hängt von der Art der Waage und von der Richtung der Schwingungsvektors ab. Eine gleicharmige mechanische Balkenwaage z. B. ist gegen vertikale Bewegungen wenig, gegen Kippbewegungen dagegen sehr empfindlich. Horizontale Bewegungen verursachen Schwingungen der Schalen und haben einen Einfluß zweiter Ordnung (Speake (1987)). Alle Waagen, bei denen die Gravitationskraft ganz oder teilweise durch andere Kräfte kompensiert wird, sind gegen vertikale Bewegungen empfindlich, wie etwa alle Arten von Kraftaufnehmern, aber auch hydrostatische Waagen und elektromagnetisch kompensierte Balkenwaagen.

Der die Wägung beeinflussende Frequenzbereich liegt zwischen dem Kehrwert des Zeitintervalls für einen Wägezyklus, ca. 1/2000 Hz, und dem für die kürzeste Integrationszeit für einen Anzeigewert, ca. 10 Hz. Eine vertikale Bewegung wirkt sich wie eine zusätzliche Fallbeschleunigung b aus:

$$m_A \cdot b = d \cdot g \tag{1.24}$$

Hier sind m_A der Kompensations- bzw. Anzeigebereich der Waage und d der Teilungswert der Anzeige, beides in Masseneinheiten. Für eine elektromagnetisch kompensierte Balkenwaage z. B. mit einem Kompensationsbereich von $m_A = 200$ mg und einem Teilungswert von $d = 1$ µg ist eine vertikale Beschleunigung von $b = 50\ \mu\text{ms}^{-2}$ bereits feststellbar. Bei einer Frequenz von 0,5 Hz und einer harmonischen Schwingung entspricht diese Beschleunigung einer Geschwindigkeit von $v = 0{,}1\ \text{mms}^{-1}$ oder einer Schwingungsamplitude von $a = 0{,}2$ mm ($b = \omega v = \omega^2 a$).

Eine empfindliche Waage wird durch die Wärmeabgabe einer Bedienungsperson beeinflußt, aber auch durch elektrostatische und magnetische Kräfte, elektromagnetische Felder, sowie Schwankungen von Luftdruck, Temperatur und Luftfeuchte. Andere Einflüsse auf das Wägeergebnis, insbesondere bei Mikrowaagen und Vakuummikrowaagen sind in (Massen et al. (1984) u. (1986)) beschrieben.

1.1.4.6 Praktische Hinweise zur Durchführung von Massevergleichen

Massenormale sollten durch geeignete Aufbewahrung vor Staub und Aerosolen geschützt und bei der Wägung nur mit geeigneten Zangen oder Pinzetten manipuliert werden. Vor der Wägung sollten Wägegut und Massenormale mit einem Haarpinsel von Staub befreit und zur Temperaturangleichung mehrere Stunden in der Waage aufbewahrt werden.

Waagen sollten auf massiven Tischen in klimatisierten, möglichst fensterlosen Kellerräumen aufgestellt werden. Sie sollten regelmäßig mit Gewichtstücken kalibriert, die Gewichtstücke sollten nach 2 bis 4 Jahren geeicht oder kalibriert werden.

Bei empfindlichen Waagen empfiehlt sich die doppelte Substitutionswägung mit der Reihenfolge: NPPN (N Normal, P Prüfling). Die Differenz der Mittelwerte ist dann unabhängig von linearen Driften.

Bei Verschmutzung sollten Gewichtstücke mit einem sauberen Baumwolltuch abgerieben oder in destilliertem Wasser bzw. reinem Äthanol gereinigt werden (s. Gläser, Mecke (1991)). Danach sind sie in jedem Fall neu zu kalibrieren.

Literatur zu 1.1

Almer, H. E. (1972): National Bureau of Standards One Kilogram Balance NBS No. 2, J. Res. Natl. Bur. Stand. U.S. **76C**, 1–10

Balhorn, R.; Mecke, M.; Probst, R.; Schwartz, R. (1985): Bestimmung von 1-kg-Massenormalen mit dem hydrostatischen Wägeverfahren, PTB-Mitt. **95,** 250–259

Balhorn, R.; Buer, B.; Gläser, M.; Kochsiek, M. (1992): Massebestimmung Teil 1, PTB-Bericht PTB-MA-24, Braunschweig

BIPM (1981): Proc.-Verb. Com. Int. Poids et Mesures **49,**

BIPM: CCM, Rapp. 4e sess. 1991, im Druck

Comptes rendus des scéances de la troisième Conférence Générale des Poids et Mesures, Paris 1901, S. 62

Debler, E.; Winter, K. (1986): Improvement of the Weighing Accuracy of 50 kg Beam Balance, IMEKO Amsterdam, Conference Digest

Eichordnung vom 12. August 1988, Anlage 8: Gewichtstücke

van Dyck, Jr., R. S.; Moore, F. L.; Farnham, D.L.; Schwinberg, R. B. (1989): Mass Ratio Spectroscopy and the Proton's Atomic Mass, in: de Marchi, A.: Frequency Standards and Metrology, Springer, Berlin

Gläser, M. (1990): Response of Apparent Mass to Thermal Gradients, Metrologia **27,** 95–100

Gläser, M. (1989): 100 Jahre Kilogrammprototyp, PTB-Bericht PTB-MA-15, Braunschweig

Gläser, M.; Schwartz, R.; Mecke, M. (1991): Experimental Determination of Air Density Using a 1 kg Mass Comparator in Vacuum, Metrologia **28,** 45–50

Gläser, M. (1991): Proposal for a novel method of precisely determining the atomic mass unit by the accumulation of ions, Rev. Sci. Instrum. **62,** 2493–2494

Gläser, M.; Mecke, M. (1991): Untersuchungen über Reinigungsmethoden an Gewichtstücken aus Edelstahl, PTB-Mitt. **101,** 265–267

Gläser, M.; Mosca, M.; Pendrill, L. R.; Riski, K. (1992): Automation of High-Accuracy Weighing at some Western European National Measurement Laboratories, PTB-Mitt. **102,** 163–171

Gläser, M.; Do, J.-Y.: (1993) Free Convection Affecting the Apparent Mass of 1 kg Mass Standards, Metrologia **30** 67–73

Kibble, B. P.; Robinson, I. A.; Belliss, J. H. (1990): A Realization of the SI Watt by the NPL Moving-coil Balance, Metrologia **27,** 173–192

Kobayashi, Y.; Nezu, Y.; Uchikawa, K.; Ikeda, S.; Yano, H. (1984): National Research Laboratory of Metrology One Kilogram Balance (NRLM-2), Bulletin of NRLM **33,** 7–18

Kochsiek, M. (Hrsg), (1989): Handbuch des Wägens, Vieweg: Braunschweig

Kochsiek, M.; Meißner, B. (1986): Wägezellen, PTB-Bericht PTB-MA-4, Braunschweig

Kose, V.; Wöger, W. (1987): Fundamentalkonstanten und Quantenmaße, Phys. Bl. **43,** 227–232

Massen, C. H.; Robens, E.; Poulis, J. A.; Gast, Th. (1984): Disturbances in Weighing Part I, Thermochim. Acta **82,** 43–50

Massen, C. H.; Robens, E.; Poulis, J. A.; Gast, Th. (1986): Disturbances in Weighing Part II, Thermochim. Acta **103,** 39–44

Picard, A. (1989): Les comparateurs d'étalons de masse. Principes et réalisations, Bulletin du Bureau National de Métrologie **20,** 59–62

Pinot, P. (1991): Comparateur d'étalons de masse d l'INM, Bulletin du BNM **83,** 7–15

Plassa, M. (1989): La stabilité des étalons de masse, Bulletin du Bureau national de Métrologie **20,** 27–35

Quinn, T. J.; Speake, C. C.; Davis, R. S. (1986/87): A 1 kg Mass Comparator Using Flexure-Strip Suspensions: Preliminary Results, Metrologia **23,** 87–100

Robens, E. (1986): Massenbestimmung im Vakuum, Vakuum-Technik **35,** 171–182

Schwartz, R.; Mecke, M.; Firlus, M. (1988): Eine 10-kg-Komparatorwaage mit rechnergesteuerter Wechselvorrichtung, PTB-Mitt. **98,** 247–252

Schwartz, R. (1991): Darstellung der Masseskala der PTB von 1 mg bis 10 kg, PTB-Bericht PTB-MA-21, Braunschweig

Seyfried, P.; Becker, P.; Kozdon, A.; Lüdicke, F.; Spieweck, F.; Stümpel, J.; Wagenbreth, H.; Windisch, D.; De Bièvre, P.; Ku, H. H.; Lenaers, G.; Murphy, T.; Peiser, H. S.; Valkiers, A. (1992): A determination of the Avogadro Constant, Z. Phys. B – Condensed Matter **87,** 289–298

Sienknecht, V.; Funck, T. (1986) Realization of the SI Unit Volt by Means of a Voltage Balance, Metrologia **22,** 209–212

Speake, C. C. (1987): Fundamental limits to mass comparisons by means of a beam balance, Proc. R. Soc. Lond. **A 414,** 333–358

WECC Doc. 19-1990: Guidelines for the Expression of the Uncertainty of Measurement in Calibrations

1.2 Länge, Fläche, Volumen, Winkel

1.2.1 Länge (K. Dorenwendt)

Eine Länge messen heißt zählen, wie oft eine angenommene Einheitsstrecke oder ein Bruchteil oder Vielfaches von dieser auf derselben abgetragen werden können (Berndt u. Schulze (1929)). Die international angenommene Einheitsstrecke ist das Meter, dessen Definition dem Stand der Meßtechnik entsprechend wiederholt geändert wurde.

Bis 1960 galt als Meter der Abstand zweier Striche auf einem Stab aus einer Platin-Iridium-Legierung. Dieses sogenannte Meterprototyp wurde im Internationalen Büro für Maß und Gewicht in Sèvres bei Paris aufbewahrt. Die relative Unsicherheit, mit der das Meter damals realisiert werden konnte, war im wesentlichen durch die mangelhafte Qualität der Striche bedingt. Sie betrug etwa $\pm 1 \cdot 10^{-7}$.

Von 1960 bis 1983 bezog man sich auf eine Lichtwellenlänge und definierte das Meter als 1650763,73faches der Wellenlänge der vom Atom des Nuklids ^{86}Kr beim Übergang vom Zustand $5d_5$ zum Zustand $2p_{10}$ ausgesandten, sich im Vakuum ausbreitenden Stahlung. Die neue Definition wies gegenüber der alten mehrere Vorteile auf. Ein vergängliches Prototyp wurde abgeschafft und das Meter statt dessen nach einer in jedem Meßinstitut zu verwirklichenden Vorschrift von einer Naturkonstanten abgeleitet. Wellenlängen ließen sich mit Hilfe der Interferometrie (**1**.2.1.2), der empfindlichsten Methode der Längenmessung, in einfacher Weise auf Prüflinge übertragen. Die relative Unsicherheit in der Realisierung des Meters hing jetzt von den Betriebsbedingungen (Temperatur, Druck, Stromdichte) der Stahlungsquelle, einer Gasentladungslampe, ab und konnte auf $\pm 4 \cdot 10^{-9}$ herabgedrückt werden.

Seit 1983 ist das Meter als Länge der Strecke definiert, welche das Licht im Vakuum während der Dauer von 1/299792458 Sekunden durchläuft (**9**.1.4). Diese Festlegung, die das Meter von der Sekunde abhängig macht, bedeutet gleichzeitig eine Festschreibung des Wertes für die Vakuumlichtgeschwindigkeit c. Die neue Definition kommt den Bedürfnissen in der Astronomie, der Geodäsie und der Navigation entgegen, wo Entfernungen über die Laufzeit elektromagnetischer Signale bestimmt werden. Sie gestattet es außerdem, die hohe Reproduzierbarkeit der Wellenlängen stabilisierter Laser für die interferentielle Längenmessung zu nutzen, sofern die Frequenz ν ihrer Strahlung einmal an das primäre Frequenznormal, die Cäsium-Atomuhr, angeschlossen wurde (s. Frequenzvergleiche unter **1**.2.1.1). Ihre Wellenlänge λ ergibt sich dann aus der Beziehung $\lambda = c/\nu$. So ist in einem Anhang zur neuen Meterdefinition eine Liste von Laserwellenlängen angegeben, die unter bestimmten Betriebsbedingungen für das Lasersystem mit einer relativen Unsicherheit von einigen $\pm 10^{-10}$ zu realisieren sind (Tab. T 1.01 in Band 3).

1.2.1.1 Längennormale

Es ist nicht immer möglich oder zweckmäßig, eine Länge direkt mit der definitionsgemäß realisierten Einheitsstrecke selbst auszuzählen. Man macht vielmehr weitgehend von sekundären Längennormalen Gebrauch, die ihrerseits oft auf dem Weg über mehrere Zwischenableitungen mit der Einheitsstrecke ausgezählt wurden.

Wellenlängenormale der Länge Die Lichtwellenlänge ist eine natürliche Einheit, die den Vorteil hat, daß sie überall zur Verfügung steht. Ihre Darstellung ist möglich mit Hilfe von einfachen konventionellen Gasentladungslampen oder stabilisierten Lasern.

Gasentladungslampen. Mit ihren verschiedenen gleichzeitig abgestrahlten Wellenlängen werden Gasentladungslampen hauptsächlich zur Messung von Endmaßen benötigt (**1**.2.1.2). Die relative Unsicherheit der Wellenlängen ist im allgemeinen für die Anforderungen der industriellen Längenmessung klein genug (Tab. T 1.01 in Band 3).

Zur Erreichung der angegebenen Unsicherheiten ist bei Konstruktion und Betrieb der Lampen die Einhaltung von Vorschriften erforderlich (Engelhard u. Vieweg (1961); Bruce u. Hill (1961); Bayer-Helms (1963)).

Laser. Die unstabilisierte Wellenlänge eines Einmodenlasers liegt je nach Spiegelabstand des Resonators an beliebiger Stelle des Emissionsprofils der Gasentladung. Die relative Unsicherheit der Wellenlänge eines solchen Helium-Neon-Lasers beträgt z. B. einige 10^{-6}. Für Längenmessungen mit relativen Unsicherheiten bis 10^{-8} sind verschiedene, einfache Methoden zur Stabilisierung der Wellenängen bekannt geworden (Bennett u. a. (1964); Balhorn u. a. (1972); Baer u. a. (1980); Queneile u. Wuerz (1983); VDI/VDE-Gesellschaft Meß- und Regelungstechnik, GMR-Bericht 6 (1985)).

In den angeführten Beispielen wird das Emissionsprofil der Gasentladung im Laserrohr zur Stabilisierung benutzt. Die Wellenlänge wird durch einen Regelmechanismus an charakteristischen Stellen des Profils festgehalten. Da die Emissionsprofile vom Isotopengemisch und dem Druck der Gasfüllung im Laserrohr abhängen und aufgrund von Gasaufzehrung zeitlichen Änderungen unterliegen können, müssen Laser dieser Art regelmäßig an ein Normal geringerer Unsicherheit angeschlossen werden, wenn die Grenzen der relativen Unsicherheit von $\pm 10^{-8}$ erreicht werden sollen.

Die Wellenlängenstabilisierung von Lasern läßt sich verbessern, wenn nicht das durch den Dopplereffekt verbreitete Emissionsprofil der Gasentladung selbst, sondern Absorptionslinien eines Fremdgases unter Vermeidung des Dopplereffektes genutzt werden (**6.3.3**). Bei dieser Stabilisierung müssen im Bereich der Laseremission geeignete, von Nachbarlinien genügend weit entfernte Absorptionslinien gefunden werden, deren Wellenlängen von äußeren Parametern weitgehend unabhängig sind. Die Betriebsbedingungen und die Wellenlängen mehrerer solcher Laser sind vom Internationalen Büro für Maß und Gewicht in der „Mise en pratique de la définition du mètre“ angegeben worden (vgl. Tab. T 1.01 in Band 3). Den in der Tabelle angegebenen Unsicherheiten liegt ein Vertrauensbereich von 68,27% ($1\,\sigma$) zugrunde.

Die Linienschärfe der Laserstrahlung ermöglicht Interferenzeffekte mit Gangunterschieden über Hunderte von Metern. Einzelheiten über Laser mit Stabilisierungen auf Absorptionslinien in Fremdgasen s. Barger u. Hall (1969); Hanes u. a. (1973); Bennett u. Cerez (1978); Spieweck (1980); Morinaga u. a. (1989).

Fig. 1.6
Schwebungsfrequenzmessung
L_1, L_2 Laser
ν_1, ν_2 Frequenzen der Laserstrahlung
T Teilerplatte
D Diode
Z Zähler zur Messung der Schwebungsfrequenz $\nu_1 - \nu_2$

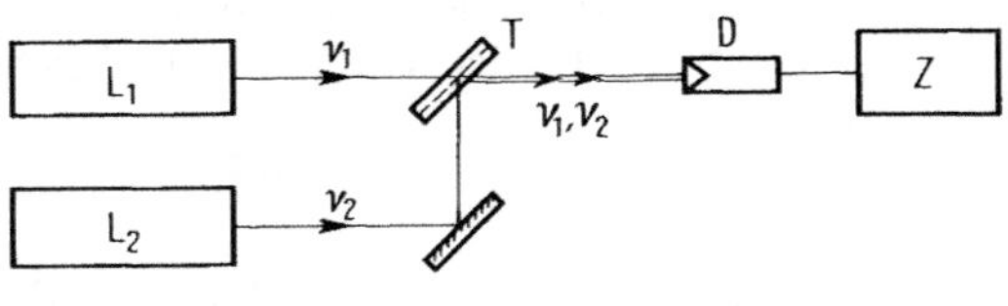

Frequenz- und Wellenlängenvergleiche. Frequenzdifferenzen von Lasern können durch Messen von Schwebungsfrequenzen bestimmt werden (Fig. 1.6). Die beiden Bündel müssen so parallel zueinander justiert werden, daß bei gleicher Wellenlänge weniger als ein Interferenzstreifen im Querschnitt auftreten würde. Im Signal des Empfängers erscheint die Differenz zwischen den Frequenzen der Strahlungen als Schwebung. Sie kann, wenn die beiden Ausgangsfrequenzen weniger als einige zehn GHz voneinander entfernt liegen, direkt gemessen werden. Bei Benutzung genügend schneller, stark nichtlinearer Empfänger wie z. B. Schottky- oder MIM-Dioden sind auch Schwebungen zwischen unterschiedlichen Oberwellen zu beobachten. Das Überbrücken großer Frequenzabstände mit dieser Technik hat es erlaubt, die Frequenzen einzelner

Laser an das primäre Zeit- und Frequenznormal, die Cäsiumuhr, anzuschließen (Jennings u. a. (1983); Pollock u. a. (1983; Weiss u. a. (1988)).

Die Wellenlängen dieser Laser können mit dem durch die neue Meterdefinition festgelegten Wert der Lichtgeschwindigkeit ermittelt werden. Es gilt $\lambda = c/\nu$ mit

$$c = 299792458 \, \frac{\mathrm{m}}{\mathrm{s}}.$$

Frequenzen im sichtbaren Spektralbereich konnten bisher nicht phasenstarr über Schwebungsfrequenzen an das primäre Frequenznormal angeschlossen werden. Es waren stets nicht gleichzeitig ausgeführte Teilmessungen erforderlich. Ihre Wellenlängen lassen sich jedoch auch interferentiell miteinander vergleichen (Fig. 1.7). Beträgt bei einer Spiegelverschiebung l die Anzahl der gezählten Interferenzstreifen m_1 und der überschießende Bruchteil p_1 für die Wellenlänge λ_1 und entsprechend m_2 und p_2 für λ_2, so gilt

$$l = (m_1 + p_1)\frac{\lambda_1}{2}, \qquad l = (m_2 + p_2)\frac{\lambda_2}{2}.$$

Hieraus ergibt sich bei gemessenen m_1, p_1, m_2, p_2 und gleichem l das Verhältnis der Wellenlängen (Layer u. a. (1976); Rowley (1979); Bönsch (1985)).

Einfluß der Brechzahl der Luft. Alle angegebenen Wellenlängen beziehen sich auf das Vakuum. Für Messungen in Luft müssen sie mit der Brechzahl der Luft umgerechnet werden. Dispersionsformeln der Lichtbrechung der Luft und deren Abhängigkeit von Druck, Temperatur und Feuchtigkeit s. **6.**1.1.2. Die Unsicherheit der aus den Dispersionsformeln von Edlén berechneten Werte der Brechzahlen der Luft unter angenäherten Normalbedingungen liegt bei 10^{-8} (Edlén (1966); Owens (1967)).

Körperliche Längennormale sind Maße, die an Gegenstände geknüpft sind (Körpermaße), deren Schicksal und Verhalten sie teilen. Sie gehören zur großen Kategorie der willkürlichen Maße, die im Gegensatz zu dem natürlichen Wellenmaß nicht reproduziert werden können, wenn sie beschädigt oder zerstört wurden. Wegen möglicher Instabilität müssen sie von Zeit zu Zeit mit einem unveränderlichen Längennormal (Lichtwellenlänge) geprüft werden.

Endmaßnormale. Die häufigste und wichtigste Form des Endmaßnormals ist das Parallelendmaß, das den Vorteil hat, daß sich das Wellenlängenmaß unmittelbar darauf

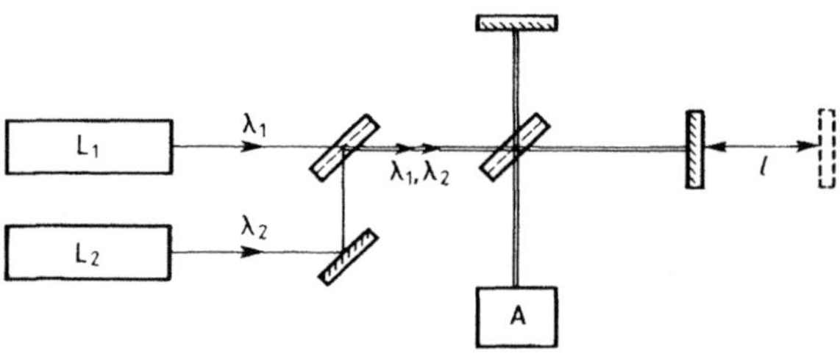

Fig. 1.7 Interferentieller Wellenlängenvergleich
L_1, L_2 Laser
λ_1, λ_2 Wellenlängen der Laser
A elektronische Zählung der Interferenzstreifen

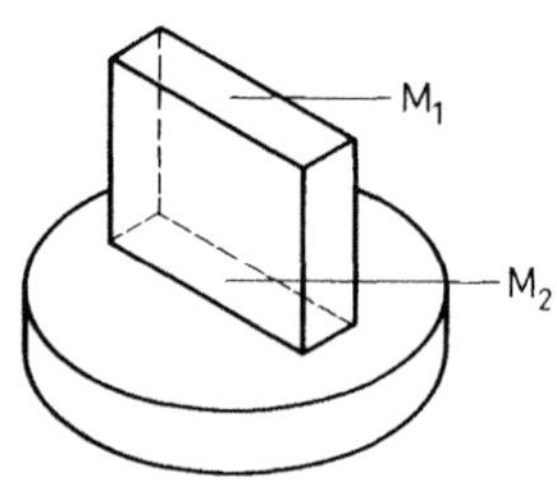

Fig. 1.8 Parallelendmaß, angeschoben auf einer Anschubplatte
M_1 freie Meßfläche
M_2 angeschobene Meßfläche

übertragen läßt (**1**.2.1.2). So können eventuelle Instabilitäten jederzeit erkannt werden. Das Parallelendmaß ist unter den körperlichen Längennormalen das genaueste Maß. Seine Länge kann mit einer Unsicherheit von wenigen Hundertstel µm bestimmt werden. Es wird in der Industrie zum Einstellen von Maschinen und Meßzeugen eingesetzt.

Parallelendmaße sind prismatische Körper von rechteckigem, quadratischem oder kreisförmigem Querschnitt und ebenen, zueinander parallelen Meßflächen (Fig. 1.8). Parallelendmaße von rechteckigem Querschnitt 30×9 und $35 \times 9\,\mathrm{mm}^2$ sind in DIN 861 genormt. Als Länge eines Parallelendmaßes an beliebiger Stelle gilt der senkrechte Abstand eines bestimmten, ausgewählten Punktes der freien Meßfläche von der ebenen Fläche einer Anschubplatte aus gleichem Werkstoff und von gleicher Oberflächenbeschaffenheit, auf der das Endmaß angeschoben ist. Im Begriff der Länge ist der Einfluß eines Anschubs enthalten.

Ansprengen, Anschieben. Aufgrund ihrer hochgradigen Ebenheit und Politur können die Meßflächen von Parallelendmaßen mit ebenen Flächen von gleicher Qualität, insbesondere mit Meßflächen anderer Parallelendmaße in innigen (optischen) Kontakt gebracht werden, so daß sie durch Adhäsion einer Zwischenschicht von molekularer Dicke fest aneinander haften. Dazu werden sie nach sorgfältiger Reinigung und Entfernung aller Staubteilchen vorsichtig miteinander zur gegenseitigen Berührung gebracht, zunächst nur längs entgegengesetzter Kanten. Durch drehendes und gleitendes Schieben in der Berührungsfläche werden eventuell zurückgebliebene Staubteilchen beseitigt, wobei versucht wird, die Meßflächen in ihrer ganzen Ausdehnung zur Deckung zu bringen, ohne Druck anzuwenden. Unbeschädigte, gut polierte und genügend ebene Meßflächen „springen", sobald sie an einer Stelle in Kontakt gekommen sind, freiwillig mit der ganzen Fläche aneinander (Ansprengen). Weniger gut polierte oder nicht vollkommen ebene Meßflächen lassen sich auf die gleiche Weise „anschieben", wobei zur Herstellung eines genügend inningen Kontakts leichtes Andrücken der Meßflächen erforderlich ist. Der Haftdruck bei einwandreiem Ansprengen von Endmaßen beträgt $4 \cdot 10^6$ Pa.

Parallelendmaße werden in den Längen von 0,1 mm bis 4 m hergestellt. Ansprengen oder Anschieben ermöglicht die Herstellung von Zwischenlängen in Abstufungen bis 0,001 mm durch Kombination von Einzelendmaßen.

Neben Parallelendmaßen sind Kugelendmaße und Zylinderendmaße gebräuchlich, die ihren Namen aus der Form ihrer Meßflächen ableiten (Berndt u. Schulze (1929)).

Strichmaßnormale. Die Kenngrößen und die Tolerierung von Strichmaßstäben sind in DIN 2268 festgelegt. Man unterscheidet verschiedene Ausführungsformen (Fig. 1.9). Bei Strichmaßstäben herkömmlicher Bauart ist der Abstand zwischen benachbarten Teilstrichen größer als die Breite der Striche. Die Teilungsfehler, die Qualität der Striche sowie die Ebenheit, die Form und der Werkstoff des Teilungsträgers sind in DIN 866 und DIN 865 genormt.

Inkremental- oder Impulsmaßstäbe tragen ein Raster aus gleich großen Teilstücken (Inkrementen). Eine automatische Meßwerterfassung mit fotoelektrischen Mitteln (**1**.2.1.2, Verschiebekomparatoren) macht Maßstäbe dieser Art zum Einbau in Maschinen geeignet. Die fotoelektrische Abtastung erlaubt eine einfache Interpolation der Signale, so daß die Auflösung einen Bruchteil der mehrere µm breiten Teilstücke betragen kann (Ernst (1989); Spies (1990)).

Kodierte Maßstäbe tragen mehrere Spuren mit inkrementaler Teilung. Die Längen der Teilstücke ändern sich von der feinsten zur gröbsten Spur jeweils um den Faktor zwei. Alle Spuren werden fotoelektrisch abgetastet. Auf diese Weise ist jede relative Stellung von Maßstab und Abtastkopf durch eine eindeutige Folge binärer Meßwerte aus den einzelnen Spuren gekennzeichnet. Die Auflösung entspricht den Inkrementen der feinsten Spur. Sie ist daher aus fertigungstechnischen Gründen auf einige µm beschränkt.

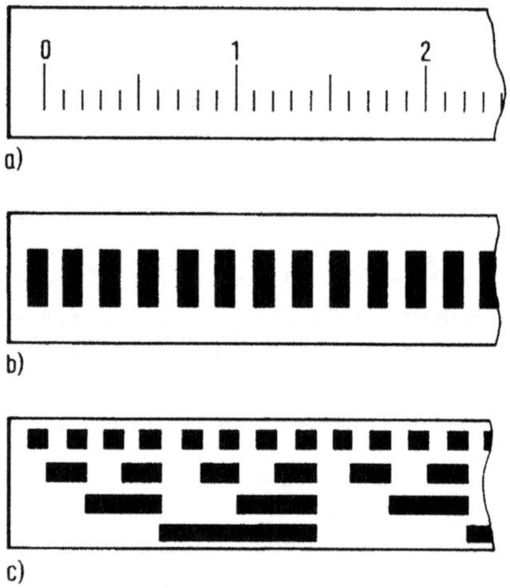

Fig. 1.9
Strichmaßstäbe
a) Strichmaßstab herkömmlicher Art
b) Inkremental- oder Impulsmaßstab
c) Kodierter Maßstab

Längenänderungen. Körperliche Längennormale sind veränderlich. Reversible Längenänderungen beruhen auf der Wärmeausdehnung, auf dem Einfluß der Feuchtigkeit und auf der elastischen Verformung der Maße infolge von einwirkenden Kräften. Sie sind beherrschbar aufgrund der Messung der verschiedenen Einflüsse. Gefährlich sind irreversible Änderungen z. B. aufgrund der Unbeständigkeit der Materialien, weil dieselben häufig nicht erkannt werden.

Wärmeausdehnung. Die Länge $l(t)$ eines Maßes hängt von der Temperatur t ab. Die international angenommene Bezugstemperatur der Länge ist 20 °C. In der Nähe dieser Temperatur läßt sich $l(t)$ durch eine Gleichung folgender Form darstellen

$$l(t) = l(20\,°\mathrm{C})\,\{1 + \alpha(15\,°\mathrm{C}, 25\,°\mathrm{C}) \cdot [t - 20\,°\mathrm{C}]\}$$

$\alpha(15\,°\mathrm{C}, 25\,°\mathrm{C})$ ist der mittlere Längenausdehnungskoeffizient im Temperaturbereich 15 °C bis 25 °C. Er wird durch Längenmessungen bei den angegebenen Temperaturen ermittelt (3.2.1.2). Mit Hilfe der obigen Gleichung wird die in der Nähe von 20 °C gemessene Länge eines Maßes auf die Bezugstemperatur reduziert.

Für hohe Genauigkeitsansprüche oder große Temperaturdifferenzen muß die Abhängigkeit des Längenausdehnungskoeffizienten von der Temperatur berücksichtigt werden. Es empfiehlt sich, Normalmaßstäbe von der gleichen Wärmeausdehnung wie die zu messenden Längen zu benützen, weil dann die Temperatur keine Rolle mehr spielt, vorausgesetzt, daß diese für Normal und Prüfling gleich ist. Technische Längennormale, insbesondere Endmaße, werden daher aus Stahl hergestellt, aus dem die Prüflinge der Industrie meist bestehen.

Für die Landesvermessung, für geodätische Messungen, häufig aber auch für wissenschaftliche Zwecke werden Längennormale mit besonders kleinen Ausdehnungskoeffizienten benutzt, z. B. aus Quarz ($\alpha \approx 0{,}4 \cdot 10^{-6}\,\mathrm{K}^{-1}$) oder Invar ($\alpha \approx 10^{-6}\,\mathrm{K}^{-1}$).

Hygroskopische Längenänderungen. Durch die gewöhnlichen Schwankungen der Luftfeuchtigkeit erleiden Holzmaßstäbe relative Längenänderungen von 10^{-4} bis 10^{-3}. Auch Maßstäbe aus Kunststoffen sind meist nicht frei von dem Einfluß der Luftfeuchtigkeit.

Elastische Verformung von Längennormalen. Unter dem Einfluß einer Meßkraft, der Schwere und des atmosphärischen Luftdrucks werden Längennormale verformt, wodurch eine Längenänderung hervorgerufen wird. Die Deformation durch Spannung ist gemäß dem Hookeschen Gesetz der Länge proportional, vorausgesetzt, daß die wirksame Kraft über den ganzen Querschnitt gleichmäßig verteilt ist. Infolgedessen fällt sie bei langen Maßen mehr ins Gewicht als bei kurzen.

Bei der Messung von körperlichen Längenmaßen (Endmaßen) mit mechanischen Tastern (**1**.2.1.2) ist die Abplattung unter dem Einfluß der Meßkräfte zu berücksichtigen. Für einfache geometrische Konfigurationen läßt sie sich nach den Hertzschen Formeln berechnen.

Einfluß der Schwere. Die durch das Eigengewicht verursachte Verkürzung oder Verlängerung z. B. bei einem senkrecht stehenden oder hängenden Endmaß aus Stahl von 1 m Länge beträgt etwa 0,2 µm.

Durchbiegung. Bei horizontaler Lagerung und Unterstützung in zwei Punkten erleiden körperliche Längennormale eine Durchbiegung. Genaue Strichmaßstäbe haben zwecks größerer Starrheit H- oder X-förmigen Querschnitt. Bei solchen Maßstäben wird die Teilung in der sog. neutralen Faser aufgebracht. Diese ist die Schicht des Maßstabes, die bei einer Verbiegung keine Verzerrung erleidet. Eine Teilung in der neturalen Faser ändert sich daher bei Verbiegung in sich nicht. Die Verkürzung des geraden Abstandes der Endstriche infolge von Durchbiegung eines in der neutralen Faser geteilten Maßstabes wird bei Auflagerung auf Schneiden oder Rollen im Abstande von je $0{,}2203 \cdot l$ von den Enden entfernt ein Minimum (Auflagerung in den Besselschen Punkten). Bei Maßstäben, die nicht in der neutralen Faser geteilt sind, treten durch Dehnung oder Pressung der Teilungsfläche beträchtliche Längenänderungen ein, wenn die Auflage nicht vollkommen ist. Bei einem Stahlmaßstab mit quadratischem Querschnitt von 2 m Länge und 25 mm Höhe z. B. beträgt die Verkürzung 60 µm bei Unterstützung an den beiden Enden. Bei Maßstäben von kleinerer Länge als 200 mm sind die Längenänderungen in jedem Fall unerheblich.

Parallelendmaße über 100 mm werden zur Messung waagrecht auf eine der schmalen Seitenflächen gestellt. Um eine definierte Auflage zu erzielen, werden sie auf zwei Schneiden oder besser eine Schneide und eine Rolle, jeweils im Abstand von je $0{,}2113 \cdot l$ von den beiden Enden, gelegt. Dies ist die Auflagerung in den günstigsten Punkten, bei der die Parallelität der Maßflächen, ungeachtet der Durchbiegung des Endmaßes, gewahrt bleibt. Die Verkürzung von Endmaßen infolge der Durchbiegung ist bei Auflagerung in den günstigsten Punkten zu vernachlässigen.

Einfluß des Luftdrucks. Durch den atmosphärischen Luftdruck wird gemäß dem Hookeschen Gesetz ein Stahlmaßstab von 1 m Länge um etwa 0,2 µm verkürzt.

Irreversible Längenänderungen. Verursacht durch innere Spannungen können Änderungen des mikrokristallinen Gefüges von körperlichen Längenmaßen und im Gefolge damit Längenänderungen eintreten. Vorsicht ist bei allen Legierungen, insbesondere bei Invar und Zerodur (Bayer-Helms u. a. (1985)), aber auch bei gehärtetem Stahl geboten. Relative Änderungen von 10^{-6} im Jahr sind keine Seltenheit. Die Längenänderungen scheinen sprunghaft, durch kleinste Erschütterungen ausgelöst, zu erfolgen. Ungehärteter Stahl zeichnet sich dagegen durch bemerkenswerte Stabilität aus. Erhebliche und bleibende Defomationen kommen auch bei Glasmaßstäben vor, sei es infolge von inneren Spannungen aufgrund von ungenügender Temperierung bei der Herstellung oder infolge ungeeigneter Lagerung unter lang andauerndem Zwang. Auch Maße aus Kunststoffen sind in dieser Hinsicht wenig vertrauenswürdig.

1.2.1.2 Technik der Längenmessung

Parallelendmaße und Strichmaße lassen sich mit Hilfe von Interferometern an die Wellenlängennormale der Länge anschließen. Hierfür und zur Übertragung der Länge auf Prüflinge beliebiger Form sind weitere Hilfsmittel wie Taster und fotoelektrische Mikroskope erforderlich.

Interferentielle Messung von Parallelendmaßen Zur interferentiellen Messung von Paralellendmaßen (Fig. 1.10) werden gewöhnlich Interferenzen gleicher Dicke in Fizeau- oder Michelson-Interferometern benutzt (**6**.4.1.2). Das Endmaß E ist auf einer Hilfsplatte angesprengt. Der Beobachter sieht das rechts angedeutete Interferenzbild, wenn der Referenzspiegel S_1 bzw. sein Spiegelbild S_1', geeignet geneigt wird. Die Streifen

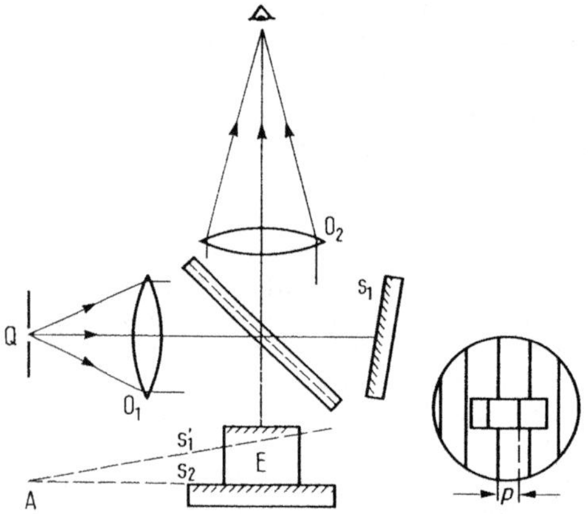

Fig. 1.10
Interferenzanordnung zur Messung von Parallelendmaßen

erscheinen auf der Endmaßoberfläche um den Bruchteil p des Streifenabstandes versetzt, da der Gangunterschied der interferierenden Strahlen hier andere Werte annnimmt als auf der Oberfläche der Hilfsplatte. Zur Berechnung der gesuchten Länge l des Parallelendmaßes muß zum beobachteten Bruchteil noch eine unbekannte Anzahl m von ganzen Streifenabständen hinzuaddiert werden $l=(m_1+p_1)\frac{\lambda_1}{2}$. Von den in verschiedenen Farben (Wellenlängen $\lambda_1, \lambda_2, \ldots, \lambda_l$) geschätzten Bruchteilen $p_1, p_2, \ldots, p_i$ läßt sich indirekt auf die unbekannten ganzen Zahlen $m_1, m_2, \ldots, m_i$ schließen (indirekte Zählung, Methode der Koinzidenz der Bruchteile). Es gilt allgemein $l=(m_i+p_i)\frac{\lambda_i}{2}$. Die Ordnungszahlen m_i sind dadurch bestimmt, daß alle Gleichungen $l=(m_i-p_i)\frac{\lambda_i}{2}$ denselben Wert für l ergeben müssen. Das Verfahren ist nicht eindeutig. Zur eindeutigen Ermittlung der m_i ist die Kenntnis eines Näherungswertes für l nötig, der um so weniger genau sein muß, je mehr Wellenlängen λ_i zur Messung herangezogen werden. Da die Herstellungstoleranzen der Länge bei Parallelendmaßen eng sind, genügt als Vorwert im allgemeinen der Nennwert der Länge. Andernfalls muß der Näherungswert durch Vergleich mit einem anderen Längennormal von bekannter Länge gewonnen werden. Die verschiedenen, für eine Messung nach dieser Art erforderlichen Wellenlängen können am einfachsten mit Hilfe von Filtern oder Prismen aus der Strahlung von Spektrallampen (Tab. T 1.02 in Band 3) gewonnen werden.

Der Bruchteil p ist im Interferenzbild von der Seite aus zu zählen, auf der der (virtuelle) Schnittpunkt A der Spiegelflächen S_1' und S_2 liegt. Seine Lage kann in der Praxis durch vorsichtiges Drücken an einem der Speigel festgestellt werden. Eine so erzeugte Verringerung des Gangunterschiedes ruft ein vom Schnittpunkt weggerichtetes Wandern der Interferenzstreifen im Gesichtsfeld hervor.

Für die visuelle Auswertung von Interferenzbildern hat es sich bewährt, etwa fünf Interferenzstreifen im Gesichtsfeld einzustellen. Durch Neigen der Interferometerspiegel werden zunächst die beiden in der hinteren Brennebene des Okulars O_2 (Fig. 1.10) gelegenen Bilder der Lichtquelle Q zur Deckung gebracht. Blickt man dann in das Interferometer, so sind in der Regel feine Interferenzstreifen zu erkennen. Durch weiteres feinfühliges Verstellen der Spiegel kann die gewünschte Anzahl und Neigung der Interferenzstreifen eingestellt werden.

Einem geübten Beobachter gelingt es unter dieser Voraussetzung ohne Hilfsmittel, den Bruchteil p auf etwa 1/20 Streifenabstand genau zu schätzen. Dies entspricht einer Meßunsicherheit von 0,01 µm. Genauere Bestimmungen von p sind möglich, wenn der Streifenversatz über eine Gangunterschiedsänderung meßbar verändert werden kann. Im sogenannten Vakuumwellenlängenkomparator nach Kösters (Engelhard (1959)) ist das ganze Interferometer in ein luftdichtes Gehäuse gebettet. Durch Variation des Druckes wird die Brechzahl der Luft und damit die benutzte Wellenlänge so lange verändert, bis die Streifen auf dem Endmaß mit den Streifen auf der Hilfsplatte in Koinzidenz liegen. Diese Lage ist visuell besonders genau einstellbar. Ein eingebautes Refraktometer mißt interferentiell die Brechzahl, die sich bei diesem Druck ergibt, so daß in der Auswertung nur die Vakuumwellenlänge benötigt wird. Die für die Streifenkoinzidenz benötigten Variationen des Druckes sind so gering, daß die damit verbundenen eleastischen Längenänderungen der Maße vernachlässigbar bleiben. An die Stelle der visuellen Beurteilung treten heute jedoch verstärkt Methoden der automatischen Auswertung von Interferenzbildern (**6**.4.2.5).

Meßfehler. Bei der Reflexion des Lichtes treten in Abhängigkeit vom Material unterschiedliche Phasensprünge auf, die ein Eindringen des Lichtes in die Oberflächen vortäuschen. So wird die aus dem Versatz der Interferenzstreifen ermittelte Länge eines Stahlendmaßes mit gut polierter Oberfäche (vernachlässigbare Rauheit), das für die interferentielle Messung auf eine Hilfsplatte aus Quarz angesprengt wurde um etwa 20 nm zu kurz bestimmt.

In der gleichen Größenordnung liegen Fehler, die aufgrund der Rauheit der Endmaßoberflächen entstehen können. Werden die Strukturen der Oberfläche von der Beobachtungsoptik des Interferometers nicht mehr aufgelöst, so scheint das Licht von derjenigen mittleren Ebene reflektiert zu werden, die durch einen Ausgleich aller durch die Rauheit bedingten Unebenheiten entstehen würde (Dorenwendt (1972)). Da diese Ebene nicht mit der mechanisch wirksamen, durch die oberen Teile des Rauheitsprofils gebildeten Endmaßoberfläche übereinstimmt, muß eine Korrektur angebracht werden. Diese wird in der Praxis aus dem Verhältnis von diffus zu spiegelnd an der Oberfäche reflektiertem Licht ermittelt.

Wenn das Licht im Interferometer nicht senkrecht, sondern unter dem Einfallswinkel φ auf die Endmaßoberfläche fällt, tritt der sogenannte Kosinusfehler auf. Die Länge wird um den relativen Betrag $\frac{\Delta l}{l}=\frac{1}{2}\varphi^2$ zu kurz gemessen. Der senkrechte Lichteinfall wird in der Praxis mit Methoden der Autokollimation (Gaußsches Okular) überprüft.

Aufgrund der endlichen Ausdehnung der Eintrittsöffnung Q des Interferometers entstehen zur optischen Achse geneigte Lichtbündel. Die mit ihnen bestimmten Gangunterschiede sind ebenfalls mit dem beschriebenen Kosinusfehler behaftet. Aus einer Integration über die Eintrittsöffnung ergibt sich die resultierende Streifenverschiebung (Spaltkorrektion). Für eine runde Öffnung vom Radius r wird die Länge um den relativen Betrag $\frac{\Delta l}{l}=\frac{1}{4}\varphi_r^2$ zu kurz gemessen (**6**.4.1.5). φ_r folgt aus der Beziehung $\sin\varphi_r = r/f$ mit f als Brennweite des Kollimators O_1.

Längenmessungen mit Endmaßen Zur Übertragung der Länge eines Endmaßes auf einen Prüfling werden gewöhnlich Taster benutzt (Fig. 1.11). Die elektronische Anzeige wird in der gezeigten Stellung mit dem Endmaß E auf Null gesetzt. Wird anschließend der Prüfling P zwischen die Taster geschoben, so erschient die Abweichung seiner Länge von derjenigen des Endmaßes in der Anzeige. Es sind verschiedene Typen von Tastern entwickelt worden (Rohrbach (1967); Warnecke u. Dutschke (1984)). Ihre Empfindlichkeit erreicht 1 nm. Die Meßunsicherheit ist um so geringer je kleiner der Unterschied der zu vergleichenden Längen ist. Korrektionen sind erforderlich, wenn unter dem Einfluß der Antastkräfte unterschiedliche Abplattungen von Endmaß und Prüfling auftreten.

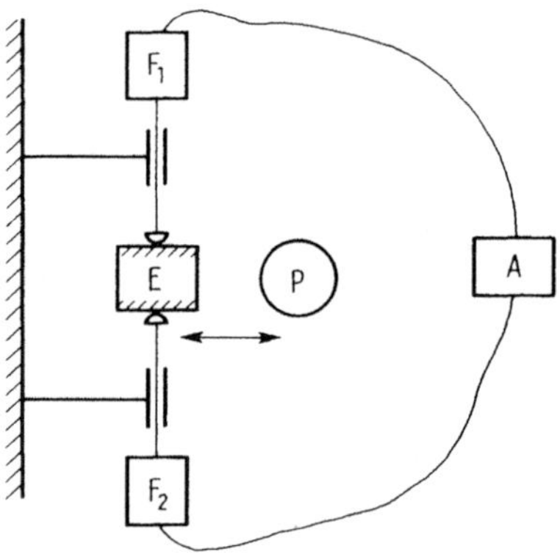

Fig. 1.11 Unterschiedsmessung zwischen einem Parallelendmaß E und einem Prüfling P mit zwei in Summe geschalteten Tastern F_1 und F_2
A analoges oder digitales Anzeigegerät

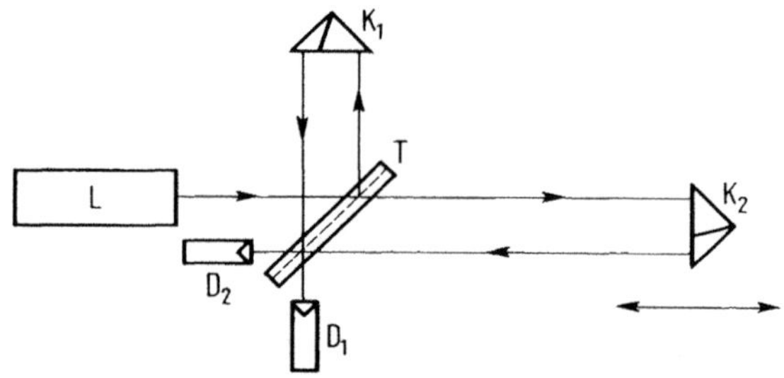

Fig. 1.12 Zählendes Interferometer
L Laser
K_1, K_2 Tripelspiegel (Katzenaugen)
T Teilerplatte
D_1, D_2 Detektoren zur Erzeugung von 90°-phasenverschobenen Signalen

Zählende Interferometer Laserinterferometer vom Michelson-Typ (siehe **6**.4.1.1 u. **6**.4.1.2) werden benutzt, um die Verschiebung eines Spiegels durch Zählen von Interferenzstreifen zu bestimmen (Fig. 1.12). Als Reflektoren dienen Tripelspiegel (Katzenaugen), die das Licht unabhängig von Kippungen parallel zur Einfallsrichtung reflektieren. Einer Signalperiode am Interferometerausgang entspricht eine Spiegelverschiebung um $\lambda/2$. Zur Erfassung der Bewegungsrichtung des Reflektors sind zwei um 90° phasenverschobene Signale erforderlich. Sie können mit polarisationsoptischen Mitteln, mit versetzten Empfängern in einem Interferenzstreifenmuster oder im einfachsten Fall durch eine geeignete metallische Verspiegelung der Teilerplatte T erzeugt werden (Peck u. Obetz (1953)).

Laser, deren Resonatoren kein Brewsterfenster enthalten, geben gewöhnlich unterschiedliche polarisierte Strahlungen ab, die zu verschiedenen Eigenschwingungen gehören. Die Wellenlängen solcher Laser sind einfach zu stabilisieren (Balhorn u. a. (1972); Queneile u. Wurz (1983)). Sie werden daher häufig als Lichtquellen in kommerziellen, zählenden Interferometern eingesetzt (Fig. 1.13). Durch polarisations-

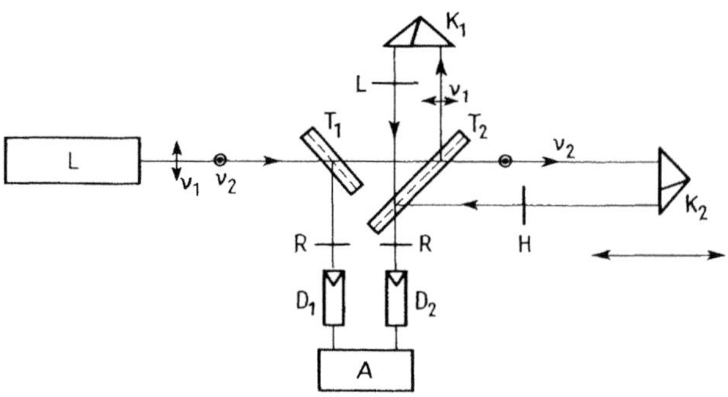

Fig. 1.13
Zählendes Interferometer mit Zweifrequenzlaser
T_1 Neutralteiler
T_2 Polarisationsteiler zur Trennung und Wiedervereinigung der Frequenzen ν_1 und ν_2
H, L $\lambda/2$-Plättchen zur Drehung der Polarisationsrichtung
R Polarisatoren
A Auswerteelektronik

optische Mittel wird erreicht, daß die Strahlungen von zwei Eigenschwingungen mit den Frequenzen ν_1 und ν_2 senkrecht zueinander polarisiert den Laser verlassen. Über die Teilerplatte T_1 gelangt ein Teil beider Strahlungen auf den Detektor D_1. Hier entsteht ein phasenstarres Referenzsignal der Schwebungsfrequenz $\nu_1 - \nu_2$. Die Phase des entsprechenden Signals aus dem Detektor D_2 hängt dagegen von der Lage des Reflektors K_2 ab. Sie ändert sich um 360° bei einer Verschiebung von K_2 um $\lambda_2/2$ (λ_2 ist hierbei die kurze Wellenlänge der Strahlung der Frequenz ν_2 und nicht diejenige der Schwebung). Durch Vergleich mit dem Referenzsignal des Detektors D_1 können die Phasenänderungen des Signals aus dem Detektor D_2 und damit die Verschiebung des Reflektors K_2 gemessen werden.

Meßfehler. Zählende Interferometer messen lediglich die Komponente der Spiegelverschiebung in Strahlrichtung. Um sogenannte Kosinusfehler zu vermeiden, müssen der Laserstrahl und die Richtung der Spiegelverschiebung parallel ausgerichtet werden. Zur Justierung kann das seitliche Auswandern des reflektierten Strahls, das bei fehlerhafter Ausrichtung während der Verschiebung auftritt, genutzt werden (Fig. 1.14).

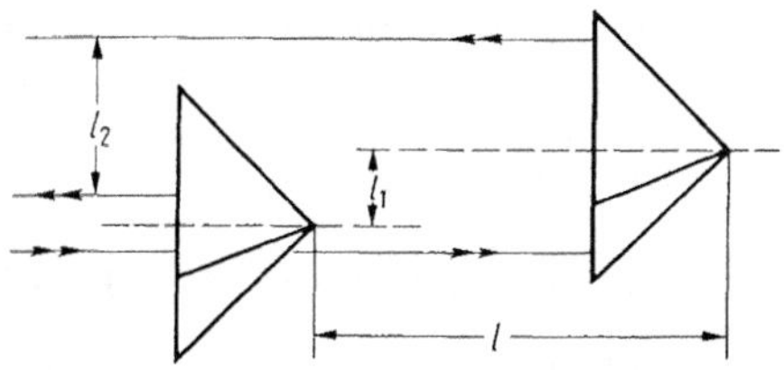

Fig. 1.14
Fehlerhafte Ausrichtung von Laserstrahl und Verschieberichtung
l vom Interferometer angezeigte Komponente der Spiegelverschiebung.
$l_2 = 2\,l_1$ seitliches Auswandern des reflektierten Strahls während der Verschiebung.

Häufig ist die zu messende Spiegelverschiebung klein gegen den Gangunterschied im Interferometer. Schwankungen der Wellenlänge während der Messung durch Änderungen der Laserstabilisierung oder der Brechzahl der Luft wirken sich auf den gesamten Gangunterschied aus und führen in diesem Fall zu erhöhten Meßfehlern.

Verschiebekomparatoren Um Strichmaßstäbe oder andere Prüflinge an die Wellenlängennormale der Länge anzuschließen, werden zählende Interferometer zusammen mit sogenannten Verschiebekomparatoren benutzt (Fig. 1.15). Der Prüfling P befindet sich zusammen mit dem Reflektor K_2, dessen Verschiebung interferentiell gemessen wird, auf einem Schlitten. Der Meßkopf M dient zur Lokalisierung des Prüflings. Er muß der jeweiligen Meßaufgabe angepaßt werden. Zum Anvisieren von Strichen dienen Mikroskope mit Feinmeßokularen (Becker (1951)) oder automatisch arbeitende fotoelektrische Meßmikroskope, deren Reproduzierbarkeit bei 0,01 µm liegt (Clark u. Cook (1956); Hock (1964)). Inkrementalmaßstäbe werden mit einem Vergleichsgitter unter Ausnutzung von Moiré-Effekten abgetastet (Ernst (1989); Spies (1990)). Prüflinge

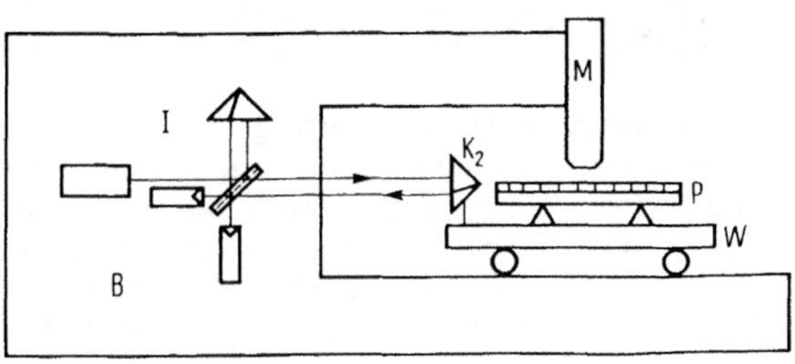

Fig. 1.15
Verschiebekomparator
I Zählendes Interferometer
B massives Maschinenbett
W verschiebbarer Wagen
P Prüfling
M Meßkopf

komplizierter Form lassen sich mit Tastern (Rohrbach (1967); Warnecke u. Dutschke (1984)), die ihre Oberfläche berühren, lokalisieren.

Verschiebekomparatoren zeichnen sich durch eine massive Bauweise aus, um die mit der Verlagerung des Prüflings verbundene Deformation der Meßzirkel zu begrenzen (Hoffrogge u. Mann (1973)). Die Wärmekapazität des Maschinenbettes sorgt zusätzlich für Temperaturstabilität.

Meßfehler. Das Einhalten der Abbeschen Bedingung verlangt, daß die vom Interferometer gemessene Strecke, die durch die Projektion der Bahn der Tripelspiegelspitze in Richtung des Laserstrahls bestimmt ist, mit dem Prüfling in einer Geraden fluchten. Sind die Meßstrecke des Interferometers und der Prüflinge seitlich um den Betrag h versetzt, so verursachen Führungsfehler φ bei der Verschiebung des Prüflings Kippfehler erster Ordnung vom Betrag $h \cdot \varphi$.

1.2.2 Flächenmessung (R. Mann)

1.2.2.1 Messung der Länge gleichbreiter Streifen

Die Fläche (A) in m^2 wird in möglichst viele Streifen von gleicher Breite (b) zerlegt und deren mittlere Längen (l_i) addiert ($A = b \cdot \sum l_i$). Die Längenmessung kann mit einem Zeichenmaßstab oder mit einem Zirkel (Meßmikroskop, Koordinatenmeßtisch, Komparator) ausgeführt werden.

1.2.2.2 Zählung gleichgroßer Quadrate

Die Fläche wird auf kariertes Papier gezeichnet oder mit einem durchsichtigen Quadratnetz überdeckt. Ein Näherungswert des Flächeninhalts ist die Summe der ganzen, vermehrt um die halbe Summe der geschnittenen Quadrate.

1.2.2.3 Industrielle Flächenmessung

Der Inhalt vorwiegend unregelmäßig begrenzter Materialflächen wird in Industrie und Handel mit Hilfe spezieller Flächenmeßmaschinen bestimmt (Mann/Zervos (1980)). Es erfolgt eine maschinelle Aufgliederung der Fläche in Streifen gleicher Breite, wobei jeder Streifen in konstruktiv vorgegebene, elementare Rechtecke unterteilt wird (Fig. 1.16). Die Summierung der elementaren Rechtecke führt zum Flächeninhalt.

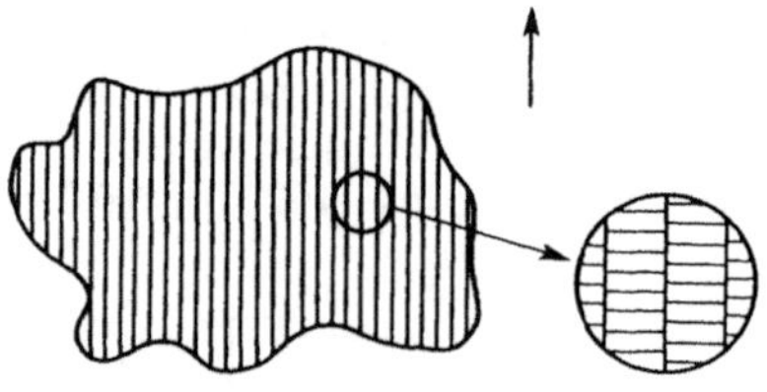

Fig. 1.16
Maschinelle Aufteilung der Fläche in elementare Rechtecke. Der Pfeil deutet die Vorschubrichtung an

Die praktische Messung erfolgt am vorgeschobenen Meßgut durch mechanisches Abrollen mit parallel nebeneinander angeordneten Meßrädern, wobei auf dem Umfang angeordnete mechanische Stifte oder innerhalb der Räder befindliche elektrische Sensoren die Fläche abtasten. Außerdem existieren Maschinen, bei denen eine berührungslose Messung durch fortlaufendes wiederholtes lichtelektrisches Abtasten der Fläche quer zur Vorschubrichtung erfolgt. Relative Meßunsicherheit: etwa $\pm 1 \cdot 10^{-2}$.

1.2.2.4 Wägung

Die Fläche wird auf Karton oder Blech von gleichmäßiger Dicke gezeichnet, ausgeschnitten und gewogen. Ihr Gewicht wird mit dem Gewicht einer Fläche von einfacher geometrischer Form (Kreis, Quadrat) und ungefähr gleicher Größe verglichen.

1.2.2.5 Planimeter

Ausgangspunkt zum Prinzipverständnis ist ein Stangenzirkel, der an beiden Enden A und D (Fig. 1.17) Spitzen und bei M ein Meßrad trägt (Lueger (1969)). Wird er parallel zu sich selbst von AD nach BC verschoben, so überfährt die Gerade AD ein Rechteck, dessen Flächeninhalt gleich dem Produkt aus der Länge AD und dem zurückgelegten Weg $AB = n \cdot u$ ist. Dabei ist n die Anzahl der Meßradumdrehungen und u der Meßradumfang. Der Flächeninhalt ABCD ist somit proportional der Anzahl der Meßradumdrehungen. Dieser Zusammenhang bleibt auch dann bestehen, wenn man AD parallel zu sich selbst unter Fortbewegung seiner Enden auf den gekrümmten Linien AE und DF nach EF bringt. Denkt man die Bewegung längs AE bzw. DF treppenförmig ausgeführt, so tragen nur die senkrechten Abschnitte zum Weiterrollen des Rades bei; entlang der waagrechten Abschnitte gleitet das Rad. Die Anzahl der Radumdrehungen und damit der Flächeninhalt ist in beiden Verschiebungsarten gleich groß.

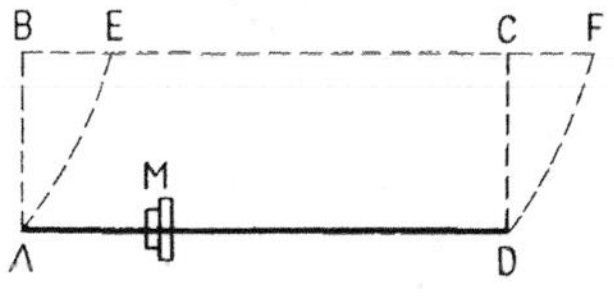

Fig. 1.17 Prinzip des Planimeters

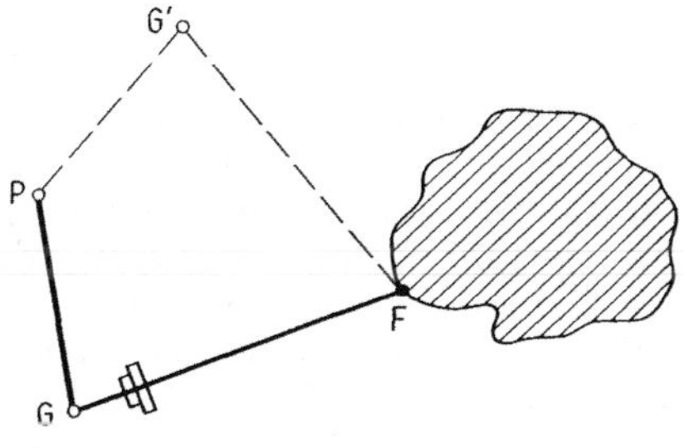

Fig. 1.18 Polarplanimeter

Das Polarplanimeter (Fig. 1.18) ist ein Zirkel mit den Stangen PG und GF, der im Drehpunkt P festgelegt wird. Die Leitlinie ist somit ein Kreisbogen. Die Stange GF trägt ein Meßrad M mit Trommelteilung und Umdrehungszählwerk. Die Fläche wird mit dem Fahrstift F einmal ganz umfahren. Die umschriebene Fläche ist gleich $n \cdot u \cdot L$, wobei L die Länge der Stange GF ist. Mehrmaliges Umfahren erhöht die Genauigkeit. Eine Sonderausführung des Polarplanimeters stellt das Kompensationsplanimeter dar, bei dem sich außer dem Winkel PGF auch der Winkel PG'F bilden läßt. Durch Umfahren der Fläche in beiden Winkellagen (Pol P fest) wird der Gelenkfehler von G ausgemittelt. Relative Meßunsicherheit: günstigstenfalls $\pm 1 \cdot 10^{-3}$. Das Linearplanimeter weist als Leitkurve eine Gerade auf. Dazu wird das Gelenk G auf einem Wagen gehalten, der längs einer Geraden in der Meßebene rollt. Diese Planimeterart ist besonders geeignet zur Ausmessung lang gestreckter Figuren.

1.2.3 Volumen (H. Wagenbreth)

Die SI-Einheit des Volumens ist das Kubikmeter (m^3). Im Laboratorium werden meistens die Einheiten Kubikdezimeter (dm^3) und Kubikzentimeter (cm^3) benutzt, seltener auch das Kubikmillimeter (mm^3). Das Liter (l oder L) ist gleich dem Kubikdezimeter, das Milliliter gleich dem Kubikzentimeter und das Mikroliter gleich dem Kubikmillimeter.

1.2.3.1 Volumen fester Körper

Berechnung des Volumens aus den Abmessungen ist nur bei einfacher regelmäßiger Gestalt – Kugel (Iizuka u. Goto (1981)), Kreiszylinder, Quader (Fürtig (1973)) – mit einer dem Aufwand entsprechenden Genauigkeit möglich. Die Unsicherheit des Volumens ergibt sich aus den Meßunsicherheiten der Abmessungen und aus den Abweichungen von der regelmäßigen Gestalt.

Bestimmung des Volumens aus dem Auftrieb des Probekörpers in einer geeigneten Flüssigkeit ist im allgemeinen das genaueste Verfahren. Das Volumen V ergibt sich aus den Wägewerten des Körpers W_L in Luft und W_F in der Flüssigkeit, den Dichten ϱ_F der Flüssigkeit, ϱ_G der Gewichtstücke sowie den während der Wägungen von W_L und W_F im Wägeraum herrschenden Luftdichten ϱ_{LL} bzw. ϱ_{LF} nach der Formel

$$V = \frac{1}{\varrho_F - \varrho_{LL}} \left[W_L \left(1 - \frac{\varrho_{LL}}{\varrho_G}\right) - W_F \left(1 - \frac{\varrho_{LF}}{\varrho_G}\right)\right]. \qquad (1.25)$$

Der Wägewert W ist die hinsichtlich des Luftauftriebes nicht korrigierte Anzeige der Waage.

Die Dichte ϱ_F kann für destilliertes oder entionisiertes Wasser als Auftriebsflüssigkeit Tab. T 3.09 in Band 3 entnommen werden. Wasser hat den Vorteil eines kleinen Temperaturkoeffizienten der Dichte, aber den Nachteil einer großen Oberflächenspannung (etwa 70 mN/m). Organische Auftriebsflüssigkeiten, z. B. Xylol oder Nonan, müssen so rein sein, daß ihre Dichte sich zeitlich nicht ändert. Sie haben eine kleine Oberflächenspannung (etwa 30 mN/m), aber einen größeren Temperaturkoeffizienten (etwa 1‰/°C) als Wasser. Ihre Dichte muß jeweils besonders gemessen werden (s. **3.2.2.1**).

Die Messungen werden sinngemäß entsprechend **3.2.2.1** ausgeführt.

Bestimmung des Volumens aus der Verdrängung von Flüssigkeit z. B. in einem Meßzylinder eignet sich für schnelle Messungen bei geringen Genauigkeitsanforderungen. Für kleine Probekörper kann die Dichte mit einem Pyknometer (s. **3.2.1.1**) bestimmt und das Volumen aus Masse und Dichte berechnet werden.

Bestimmung des Volumens aus der Verdrängung von Gas kommt in Frage, wenn andere Methoden ausscheiden, z. B. für poröse Stoffe. Wird ein bestimmtes Gasvolumen V_1 mit dem Druck p_1 abgesperrt und dann um $\Delta V = V_2 - V_1$ geändert, so ändert sich der Druck bei konstanter Temperatur nach dem Boyle-Mariotteschen Gesetz auf p_2. Daraus kann das Volumen V_1 berechnet werden:

$$V_1 = \Delta V \frac{p_2}{p_1 - p_2} \qquad (1.26)$$

Wird anschließend der Probekörper in das Volumen V_1 gebracht und die Messung wiederholt, so ergeben sich bei gleichem p_1 und ΔV andere Werte p_2' und V_1'. Der Unterschied $V_1 - V_1'$ ist gleich dem Volumen des Probekörpers.

Bestimmung des Innenvolumens von Hohlkörpern durch Füllung mit Flüssigkeit ist die genaueste Methode. Sie wird z. B. für die Eichung von Volumenmeßgeräten für Flüssigkeiten angewandt. Meist wird destilliertes Wasser, bei kleinen Volumen auch Quecksilber benutzt. Das Volumen V ergibt sich aus den Wägewerten des leeren Hohlkörpers W_K und des mit der Flüssigkeit gefüllten Hohlkörpers W_F, den Dichten ϱ_F der Flüssigkeit (s. Tab. T 3.09 bzw. T 3.07 in Band 3) und ϱ_G der Gewichtstücke sowie den während der Wägungen von W_F und W_K im Wägeraum herrschenden Luftdichten ϱ_{LF} bzw. ϱ_{LK} nach der Formel

$$V = \frac{1}{\varrho_F - \varrho_{LF}} \left[W_F \left(1 - \frac{\varrho_{LF}}{\varrho_G}\right) - W_K \left(1 - \frac{\varrho_{LK}}{\varrho_G}\right) \left(1 - \frac{\varrho_{LF} - \varrho_{LK}}{\varrho_K}\right) \right]. \quad (1.27)$$

Die Temperatur der Flüssigkeit muß so genau gemessen und nötigenfalls in einem Temperaturbad eingestellt werden, daß die Dichte der Flüssigkeit mit der erforderlichen Genauigkeit angegeben werden kann. Der Korrekturfaktor in der letzten runden Klammer von Gl. (1.27) spielt nur bei sehr genauen Messungen und großen Luftdichteunterschieden zwischen den beiden Wägungen eine Rolle. Deshalb genügt für die Dichte ϱ_K des Werkstoffes, aus dem der Hohlkörper besteht, ein roher Schätzwert.

Das Innenvolumen von Kapillarrohren aus Glas kann durch Füllung mit einem Quecksilberfaden, Auswägen des Quecksilbers in der Kapillare oder in einem Wägegläschen und Berechnung sinngemäß nach Gl. (1.27) bestimmt werden. Zur Berechnung des mittleren Innenquerschnitts und daraus dann des Volumens zwischen zwei Marken muß die Länge des Quecksilberfadens auf ebene Endflächen umgerechnet werden, indem für jeden Meniskus, als Kugelkappe der Höhe h angenommen, der Betrag $(h/2 - 2h^3/3d^2)$ abgezogen wird. Die Länge des Quecksilberfadens und die Meniskushöhe werden mit einem Meßmikroskop oder notfalls mit einer Spiegelskale gemessen. Für den Kapillarinnendurchmesser d genügt ein Näherungswert. Benutzt man nacheinander zwei Fäden der Längen l_1 und l_2 sowie der Wägewerte W_1 und W_2, so ist die Umrechnung auf ebene Endflächen nicht notwendig. Der mittlere Querschnitt eines Kapillarstückes der Länge $l_1 - l_2$ ist $(W_1 - W_2)/[(l_1 - l_2) \cdot \varrho_{Hg}]$.

Der Quecksilberfaden kann durch Neigen und Klopfen der Kapillare oder durch einen geringen Gasüberdruck verschoben werden.

Ist der Querschnitt längs der Kapillare veränderlich, so unterteilt man die Gesamtlänge l in n Teilstrecken und macht den Faden l/n lang. Ergibt sich für die Teilstrecke i die Länge l_i, so ist $d_i = \bar{d}\sqrt{\bar{l}/l_i}$ mit $\bar{l} = \sum l_i/n$. Der mittlere Kapillardurchmesser $\bar{d}$ wird aus der Masse des Quecksilberfadens und der mittleren Länge $\bar{l}$, auf ebene Endflächen korrigiert, berechnet.

Der Innendurchmesser von Kapillaren kann an der Endfläche mit einer Lochleere oder mit einem Meßmikroskop gemessen werden. Er kann auch aus der Steighöhe einer Flüssigkeit bekannter Oberflächenspannung und Dichte berechnet werden (s. **1**.9.5.5).

Der Innendurchmesser dickwandiger Kapillaren kann auch folgendermaßen bestimmt werden. Die Kapillare wird seitlich mit einer schmalen monochromatischen Lichtquelle beleuchtet. Die diametral gegenüberliegenden Mantellinien des inneren Zylinders erscheinen im Durchlicht als zwei feine Linien, deren Abstand s mit einem Fernrohr mit Okularmikrometer gemessen wird. Der Innendurchmesser d ist dann

$$d = \frac{s}{n}\sqrt{1 + \frac{(s-d)^2}{D^2 - s^2}}. \quad (1.28)$$

Dabei ist n die Brechzahl des Glases für die verwendete Wellenlänge und D der Außendurchmesser der Kapillare. Rechts wird als erste Näherung $d = s/n$ eingesetzt.

Bestimmung des Innenvolumens von Hohlkörpern durch Füllung mit Gas wird angewandt, wenn das Auswiegen mit Flüssigkeit nicht möglich ist, z. B. für Teile von fest aufgebauten Apparaturen. An das unbekannte Volumen V wird über einen Absperrhahn ein bekanntes Volumen V_1 angeschlossen. V und V_1 werden zunächst evakuiert. Dann wird Gas (z. B. Luft von Atmosphärendruck) in das Volumen V_1 eingelassen und der Druck p_1 in V_1 gemessen. Dann wird der Absperrhahn geöffnet, so daß sich das in V_1 eingeschlossene Gas bei konstanter Temperatur auf das Volumen $V_2 = V_1 + V$ mit dem Druck p_2 ausdehnt. Das Volumen V ergibt sich aus der Gleichung

$$V = V_1 \frac{p_1 - p_2}{p_2}. \tag{1.29}$$

Eine Temperaturänderung um 1 °C führt zu einem Fehler von 0,3%.

1.2.3.2 Volumen von Flüssigkeiten

Zum Abmessen eines Flüssigkeitsvolumens im Laboratorium dienen die im folgenden aufgeführten Meßgeräte (s. Fig. 1.19).

Volumenmeßgeräte aus Glas sind in einer hochwertigen Ausführung mit engen Fehlergrenzen (Klasse A), diese auch geeicht, und in einer einfacheren Ausführung (Klasse B) erhältlich. Es werden unterschieden

- Meßgeräte, die auf Einguß justiert sind. Sie tragen das Zeichen In. Die Volumenangabe bezieht sich auf die in ihnen enthaltene Flüssigkeitsmenge.
- Meßgeräte, die auf Ausguß oder Ablauf justiert sind. Sie tragen das Zeichen Ex. Die Volumenangabe bezieht sich auf die aus dem Meßgerät nach einer bestimmten Arbeitsvorschrift entnommene Flüssigkeitsmenge.

Für die Ablesung an einer Skale oder die Einstellung auf eine Marke sind bei benetzenden Flüssigkeiten der obere Rand der Marke und die Tangentialebene im tiefsten Punkt des Meniskus maßgeblich, bei Quecksilber der untere Rand der Marke und die Tangentialebene im höchsten Punkt des Meniskus.

Meßkolben dienen zum Abmessen eines bestimmten Flüssigkeitsvolumens zwischen 10 ml und 10 l. Sie sind auf Einguß justiert. Für Klasse A liegen die Fehlergrenzen zwischen ±2‰ für die kleineren und ±0,2‰ für die größeren Volumen (DIN 12664).

Meßzylinder gibt es mit Skalenendwerten zwischen 5 ml und 2 l. Sie sind im allgemeinen auf Einguß justiert und haben bei Klasse A Fehlergrenzen zwischen ±0,5% und ±1% (DIN 12680).

Pipetten mit einzelnen Marken heißen Vollpipetten (DIN 12687, DIN 12688, DIN 12690, DIN 12691), Pipetten mit einer Skale Meßpipetten (DIN 12689, DIN 12695, DIN 12696, DIN 12697, DIN 12699). Für Laboratoriumszwecke gibt es Pipetten mit Volumen von 1 µl bis etwa 100 ml, für spezielle Zwecke auch mehr. Aus auf Einguß justierten Pipetten wird der Flüssigkeitsinhalt mit der Flüssigkeit ausgespült, in die er entleert werden soll. Auf Ablauf justierte Pipetten werden während der Entleerung lotrecht gehalten und mit der Spitze an die Wand eines schräg gehaltenen Auffanggefäßes angelegt. Die Pipettenspitze wird zu Anfang an einem anderen Gefäß, zum Schluß am Auffanggefäß abgestreift. Der in der Spitze zurückbleibende Flüssigkeitsrest gehört nicht zum abgemessenen Volumen, es sei denn, die Pipette ist auf Ausblasen justiert, was auf ihr angegeben ist. Bei manchen Pipetten muß nach dem zusammenhängenden Ablauf eine Wartezeit von 15 s vor dem Abstreifen eingehalten werden. Sie tragen die Aufschrift Ex + 15 s. Meßpipetten unterscheiden sich außerdem in den Ausführungen „für teilweisen Ablauf" (Nullmarke am oberen Ende der Skale) und „für vollständigen Ablauf" (Nullmarke dort zu denken, wo sich der Meniskus des Flüssigkeitsrestes in der Pipettenspitze einstellt). Manche Mikropipetten, Kapillarröhrchen mit Volumenbegrenzung durch die Enden oder durch Marken, sind nur für einmaligen Gebrauch bestimmt. Für das Arbeiten mit Pipetten gibt es sogenannte Pipettierhelfer. Das Ansaugen mit dem Mund ist oft gefährlich und dann nicht erlaubt.

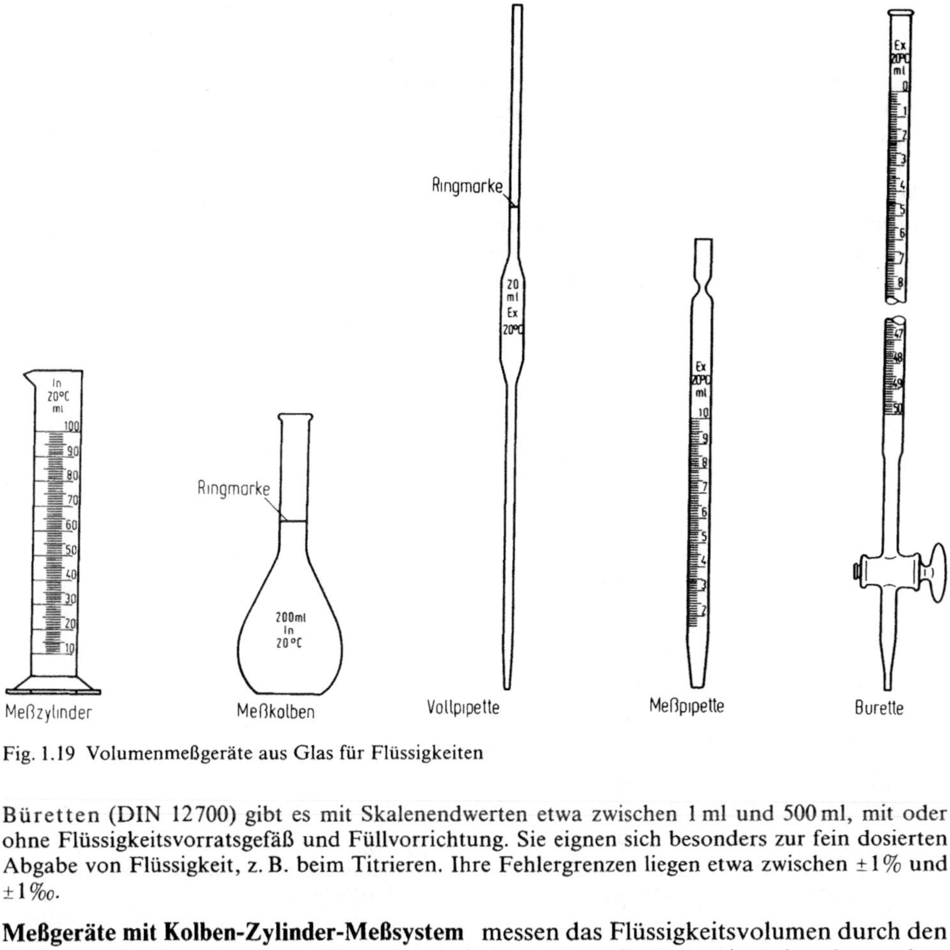

Fig. 1.19 Volumenmeßgeräte aus Glas für Flüssigkeiten

Büretten (DIN 12700) gibt es mit Skalenendwerten etwa zwischen 1 ml und 500 ml, mit oder ohne Flüssigkeitsvorratsgefäß und Füllvorrichtung. Sie eignen sich besonders zur fein dosierten Abgabe von Flüssigkeit, z. B. beim Titrieren. Ihre Fehlergrenzen liegen etwa zwischen ±1% und ±1‰.

Meßgeräte mit Kolben-Zylinder-Meßsystem messen das Flüssigkeitsvolumen durch den Hub eines Kolbens in einem Glasrohr ab, bei manchen Geräten mit, bei anderen ohne Zwischenschaltung eines Luftpolsters. Es gibt Büretten und Pipetten nach diesem Meßprinzip sowie Geräte, die jeweils ein bestimmtes Flüssigkeitsvolumen aus einer Vorratsflasche abfüllen (Dispenser) und solche, die eine Flüssigkeit mit einer zweiten in einem bestimmten Verhältnis verdünnen (Dilutoren). Einige dieser Meßgeräte sind mit Motorantrieb ausgestattet, so daß eine Automatisierung von Meßvorgängen möglich ist (DIN 12650).

Messungen von größeren Flüssigkeitsvolumina s. **1**.5.2.

1.2.3.3 Volumen von Gasen (K.-D. Sommer)

Die Messung kleiner Gasvolumina wird vor allem zu Kalibrierzwecken in der Gasanalytik eingesetzt. Dementsprechend dienen Meßgeräte und Verfahren überwiegend der Dosierung eines bestimmten Gasvolumens. Die Messung von Gasvolumina muß aufgrund der starken Abhängigkeit von den Zustandsgrößen Temperatur und

Druck immer mit deren Bestimmung oder mit der Realisierung vereinbarter Werte dieser Größen einhergehen (s. 1.5.1 und 3.2.3).

Gasvolumetrische Meßgeräte mit Flüssigkeitsverdrängung sind die am häufigsten eingesetzten Dosierer. Es sind oben verschließbare Büretten, Azotometer (s. Fig. 1.20) und Nitrometer aus Glas. Sie werden zunächst vollständig mit einer geeigneten Sperrflüssigkeit gefüllt, die das zu messende Gas nicht absorbiert. Das Gas wird von unten in das Meßgerät eingeleitet und verdrängt die Flüssigkeit. Soll ein bestimmtes Gasvolumen entnommen werden, so wird umgekehrt das Gas durch die Sperrflüssigkeit verdrängt. Am Stand des Flüssigkeitsmeniskus auf der Skale wird sowohl das eingelassene als auch das abgegebene Gasvolumen abgelesen.

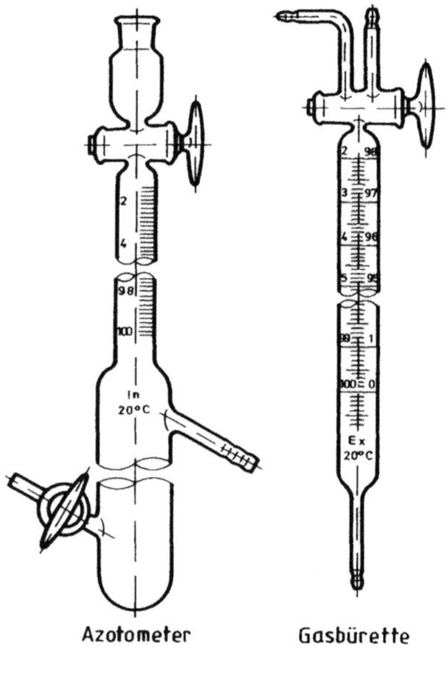

Fig. 1.20
Volumenmeßgeräte aus Glas für Gase (nach DIN 12702)

Gasbüretten (DIN 12702) haben ein Gesamtvolumen von 100 ml. Der Skalenwert bei gleichmäßig unterteilten Meßrohren mit gegenläufiger Skalenbezifferung beträgt 0,1 ml oder 0,2 ml. Für die Bestimmung der Kombination sehr großer mit sehr kleinen Gasanteilen werden zweigeteilte Meßrohre mit Skalenwertkombinationen von meist 0,1 ml und 10 ml verwendet. Wird das abzumessende Gasvolumen von der Sperrflüssigkeit verdrängt (in der Eichordnung werden diese Gasbüretten auch Meßröhren für Gas genannt), so muß auf Einguß (In) justiert sein. Wird dagegen die Sperrflüssigkeit vom Gas verdrängt, so wird auf Auslauf (Ex) justiert. Die Fehlergrenzen betragen einen Skalenwert. Für genaue Messungen (Fehlergrenzen von 0,1 ml) sollen die Büretten von einem Temperiermantel umgeben sein.

Azotometer (DIN 12702) sind Meßgeräte für vorzugsweise sehr kleine Gasvolumina mit Meßbereichen bis herab zu 1,5 ml und Skalenwerten bei gleichmäßig geteilter Skale von 0,01 ml bis 0,2 ml (Meßbereich von 100 ml). Sie sind auf Einguß justiert. Die Fehlergrenzen betragen typisch einen Skalenwert, mindestens 0,03 ml.

Nitrometer (DIN 12702) sind auf Ablauf justierte Gasbüretten mit einem Nennvolumen von 50 ml, 100 ml oder 150 ml. Ihre Skalenbezifferung ist gegenläufig und umfaßt den Anfangs- bzw. auf der

Gegenskale den Endbereich des Gesamtvolumens, z. B. bei 150 ml Nennvolumen den Bereich von 1 ml bis 50 ml bzw. von 100 ml bis 150 ml. Fehlergrenzen: 0,1 ml bis 0,2 ml.

Verschiebung eines Flüssigkeitsfilms (Levy (1964); Münzner u. Unger (1964)) durch das abzumessende Gas, wobei der Film als bewegliche Meßraumbegrenzung oder Strömungsmarkierung in einem thermostatierten Meßrohr quer zur Rohrachse aufgespannt wird (Seifenblase), ist eine verbreitete Meßmethode zur Messung kleiner Volumenströme (0,01 l/h bis 50 l/h). Aber auch einmalige Dosierungen kleiner Volumina (1 ml bis zu einigen Litern) sind damit möglich. Der Flüssigkeitsfilm besteht aus einer wäßrigen Tensidlösung (Seifenlösung). Zur Vermeidung einer Flüssigkeitsverdunstung aus dem Film mit einer nachfolgenden Zerstörung desselben muß das Gas vor dem Durchgang durch die Meßstrecke angefeuchtet werden. Erreichbare relative Meßunsicherheiten: 0,1% bis 0,5%.

Füllung von Hohlkörpern bekannten Volumens (DIN ISO 6144) wird vorwiegend zur Herstellung von Gasgemischen mit bestimmten Volumenkonzentrationsverhältnis durch nachfolgende Verbindung derartiger Behälter eingesetzt. Hierzu dienen Glasgefäße (VDI 3490/14) und vor allem nicht dehnbare metallkaschierte Kunststoffbeutel (VDI 3490/11), deren Volumen vorher gravimetrisch bestimmt wurde. Die Abmessung des Gasvolumens erfolgt bei weitgehender Druckgleichheit zum Atmosphärendruck nach Einfüllung unter geringem Überdruck. Zur Gasentnahme können die Kunststoffbeutel äußerem Druck ausgesetzt werden; Glasgefäße werden mittels Druckgefälle entleert. Das Verfahren erlaubt die Dosierung von Gasvolumina bis zu etwa 1 l mit relativen Unsicherheiten von 2% bis 10%.

Periodische volumetrische Dosierer dienen der Erzeugung von kleinen Volumenströmen für die Herstellung von Prüfgasgemischen. Die erreichbaren Genauigkeiten sind abhängig vom Volumenstrombereich, von den Gaseigenschaften (Viskosität, Dichte) und von den Betriebsbedingungen.

Kolbendosierpumpen (DIN 3490/6) werden vorzugsweise für Volumenströme von 0,1 l/h bis 100 l/h eingesetzt. Sie arbeiten mit einfach wirkenden thermostatierten Kolben bei Atmosphärendruck mit einer bestimmten Hubfrequenz.Das geförderte Volumen kann über die Kolbenhubfrequenz (auswechselbare Getrieberäder) eingestellt werden. Es werden relative Dosierungsunsicherheiten von 0,5% erreicht.

Dosierküken und -schleifen (VDI 3490/7) sind ebenfalls in ihrer Dosierfrequenz gut steuerbar. Sie dienen der periodischen Beimischung einer Gaskomponente zu einem Trägergasstrom. Die Dosierküken sind Hohlkörper mit sehr kleinem, bekanntem Innenvolumen (0,01 ml bis 1 ml), die durch Lageveränderung, z. B. Küken in Vierwege-Glasschliffhähnen durch Drehbewegung, als Teil derselben in verschiedene Gaswege eingebracht werden. Die Küken oder die Schleifen, die als Zusatzvolumen zu den Küken deren Volumina bis etwa 20 ml vergrößern können, werden in einer ersten Betriebsstellung mit der Gaskomponente gefüllt und in der zweiten Stellung zur Ausspülung in den Trägergasstrom gebracht. Eine Zeitsteuerung erlaubt die Erzeugung von mittleren Volumenstromanteilen der Beimengung im weiten Bereich von 10^{-3} l/h bis 10 l/h mit relativen Unsicherheiten von 1% bis 10%.

Nichtvolumetrische statische Methoden der Volumenbestimmung werden für die Bereitstellung größerer Prüfgasvolumina im Nichtspurenbereich angewendet.

Wägung im Vakuum (VDI 3490/4, DIN ISO 6142) ist dafür die genaueste Methode, wobei ein thermostatierter Druckgasbehälter nacheinander mit den Gaskomponenten gefüllt und die jeweilige Massenzunahme bestimmt wird. Die Umrechnung auf die Volumenanteile erfolgt über die

Zustandsgleichung unter Berücksichtigung des Realgasverhaltens (s. **1**.5.1 und **3**.2.3). Es werden relative Unsicherheiten der Volumenbestimmung im Bereich von 0,1% bis 0,5% erreicht.

Manometrie (VDI 3490/12, DIN ISO 6146) ersetzt die Bestimmung der Massenzunahme durch die Bestimmung der Druckzunahme in einem thermostatierten Behälter. Die relative Unsicherheit der Volumenbestimmung erhöht sich dabei auf einige Prozent.

Nichtvolumetrische dynamische Methoden der Erzeugung von Gasvolumina und -volumenströmen werden vorzugsweise für die Einbringung von Spurenkomponenten in Trägergase bei der Prüfgasherstellung angewendet. Verbreitete Methoden sind die Einstellung einer definierten Kapillarströmung (VDI 3490/8, VDI 3490/10) nach der Hagen-Poiseuilleschen Gleichung (s. **1**.9.4), die Gaserzeugung mittels einer elektromechanischen Reaktion nach dem Faradayschen Gesetz, die definierte Diffusion und Permeation eines Gases durch Stoffschichten oder Membranen (VDI 3490/9, ISO 6349) nach dem Fickschen Gesetz (s. **3**.4.2), die Sättigungsmethode (VDI 3490/13, ISO 6147), d. h. die Leitung eines Grundgasstromes über oder durch die kondensierte Phase der einzubringenden Komponente und die Verwendung kritischer Düsen (Marsoner et al. (1976)).

Messung von größeren Gasvolumina s. Abschn. **1**.5.3.

1.2.4 Winkel (W. Beyer)

1.2.4.1 Definition und Einheit des ebenen Winkels

Der ebene Winkel ist im internationalen Einheitensystem mit der ergänzenden SI-Einheit Radiant definiert als $1\,\text{rad} = 1\,\text{m} \cdot \text{m}^{-1}$. Der Radiant ist also von der Basiseinheit Meter ableitbar. Mit dem Kreis als Vollwinkel ist außerdem quasi eine Naturkonstante vorgegeben. Hierfür hat man die „gesetzlich abgeleitete Einheit" $1\,\text{pla} = 2\pi\,\text{rad}$ mit den entsprechenden Unterteilungen (DIN 1315) festgelegt. In der Meßtechnik ist der Radiant als Winkelverkörperung ungeeignet, weil ganzzahlige Vielfache des rad nicht den Vollwinkel ergeben. Benutzt wird in der Technik meist die zugelassene sexagesimale Unterteilung des Vollwinkels mit 360° in Grad (°), Minute (′) und Sekunde (″). Diese Unterteilung geht auf die altägyptische Jahreseinteilung in 360 Tage zurück. In der Zahl 360 (oder $360 \times 60 \times 60$) ist auch eine verhältnismäßig große Anzahl kleinerer Zahlen ohne Rest teilbar, so daß sehr viele ganzzahlige Unterteilungen des Vollwinkels möglich sind. Für überschlägige Schätzungen läßt sich folgende ungefähre Umrechnung anwenden: Bei 1 m Radius entspricht eine Bogenlänge von 1 µm etwa einem Winkel von $1\,\mu\text{rad} \approx 0{,}2''$; 1″ entspricht somit etwa 5 µrad.

1.2.4.2 Winkelverkörperungen (Normale)

Eine Realisierung der Winkeleinheit durch Normale ist prinzipiell nicht notwendig, da der Winkel 360° als voller Kreiswinkel fehlerfrei gegeben ist und unterteilt werden kann. In der meßtechnischen Praxis werden jedoch Winkelverkörperungen (Winkelnormale) benötigt zum Einmessen von Meßgeräten, Einstellen fester Winkel, zur Überwachung der Veränderlichkeit der Geräteunsicherheit sowie für Ringvergleiche im Rahmen eines nationalen Kalibrierdienstes oder bei internationalen Vergleichen zur Harmonisierung der Meßverfahren (Warnecke u. Dutschke (1984)).

Flächenkreisteilungen Eine Flächenkreisteilung wird z. B. durch ein Polygon verkörpert. Das Polygon ist ein von Ebenen begrenzter Körper, dessen Grund- und Deckflächen parallele regelmäßige Vielecke sind, Fig. 1.21. Die Seitenflächen sind reflexionsfähige Planflächen, die über den Vollwinkel einzelne, meist gleich große Teilwinkel verkörpern. Handelsüblich sind 4flächige bis 72flächige Polygone mit kleinsten Abweichungen von etwa ±0,1″. Sie werden meist als Winkelnormale in Verbindung mit Autokollimationsfernrohren benutzt. Im Maschinenbau werden auch Nutenteilscheiben zum Einstellen von Winkeln eingesetzt. Die Winkel werden verkörpert durch v-förmige oder durch u-förmige Nuten bzw. radial gerichtete, ebene Flanken.

Strichkreisteilungen Auf der Winkelverkörperung „Teilkreis" befinden sich Teilstriche in einer ebenen Kreisringfläche in radialer Richtung oder auf einer zylindrischen Fläche in Richtung der Mantellinien. Bei Teilkreisen herkömmlicher Art ist die Breite der Teilungsmarken kleiner als die der Teilungsabschnitte. Bei inkrementalen und codierten Teilungen sind gleich große Teilstücke (bei Glasträgern lichtdurchlässige und lichtundurchlässige oder bei Metallträgern reflektierende und nicht reflektierende) über den Vollkreis auf dem Grundkörper aufgedampft oder fotochemisch aufgetragen, Fig. 1.22. Kleinstmögliche Unsicherheit der Winkelbestimmung: etwa 0,2″ bis 0,5″.

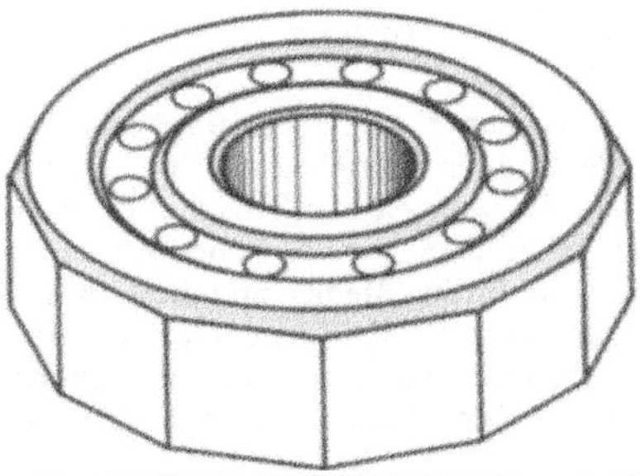

Fig. 1.21 12flächiges Spiegelpolygon

Fig. 1.22 Kreisteilung mit Gray-Code

90°-Verkörperungen Häufigste Ausführungsform eines Teilwinkels für 90° ist der Stahlwinkel mit ungleich langen Schenkeln nach DIN 875. Prüfzylinder als 90°-Verkörperung besitzen eine senkrecht zu den Mantellinien liegende Stirnfläche zwischen denen der Winkel verkörpert ist (kleinste erreichbare Winkelabweichung 0,2″ bis 1″). Kleine Rechtwinkel-Blöcke mit Winkelendmaßqualität weisen geringste Abweichungen von etwa 0,2″ bis 0,4″ auf. 90°-Granitwinkel (oder Winkelplatten) mit Schenkellängen ⩽ 1 m aus Granit oder keramischen Werkstoffen sind mit Abweichungen bis zu ⩾0,5″ lieferbar; sie werden zum Kalibrieren der karthesischen Achsen bei Koordinatenmeßgeräten verwendet.

Winkelspiegel verkörpern den rechten Winkel zwischen einer Referenzfläche von etwa 100 mm Bezugslänge (Auflagefläche) und der senkrecht dazu stehenden Fläche eines Spiegels. Sie werden meist in Verbindung mit Autokollimationsfernrohren benutzt. Als Verkörperung einer 90°-Strahlumlenkung ist das Pentagonprisma gut geeignet, bei dem der Ablenkwinkel der Lichtstrahlen – unabhängig von einer Verdrehung des Prismas – immer konstant 90° beträgt.

Andere Teilwinkelverkörperungen Winkelendmaße sind Winkelverkörperungen mit zwei ebenen, einen bestimmten Winkel miteinander einschließenden Meßflächen, die zur Bildung beliebiger Winkel durch additive oder subtraktive Kombination (durch Anschieben, ähnlich wie bei Parallelendmaßen) von mehreren einzelnen Winkelendmaßen geeignet sind. Sätze bestehen z. B. aus 15 oder 18 einzelnen Winkelendmaßen.

Sinus- und Tangenslineale sind einstellbare Winkelverkörperungen; der Winkel ergibt sich aus dem Verhältnis zweier Längen, wobei jeweils eine Länge mittels Parallelendmaßen einstellbar ist und die zweite Länge zwar konstant bleibt, aber ihr Istmaß bekannt sein muß. Erreichbare geringste Abweichung: $\approx 0{,}5''$.

1.2.4.3 Winkelmeßgeräte

Meßgeräte für Winkel $\leqslant 360°$ Handelsübliche Winkelmeßgeräte zum Messen von Vollwinkeln und Winkeln $\leqslant 360°$ besitzen als Maßverkörperung Strichteilkreise oder Flächenteilkreise, bei denen die gewünschten Meßpositionen z. B. mit optischen oder photoelektrischen Abtasteinrichtungen erfaßt und angezeigt werden. Hierzu zählen Winkelteiltische, Drehgeber, Theodoliten u. a.

Mit einem Winkelmeßgerät können Winkel nach 3 verschiedenen Meßprinzipien gemessen werden:

– Durch Vergleich der zu messenden Winkel am Prüfling mit entsprechenden Winkeln des Meßgerätes. Diese Methode ist in der Praxis üblich und wirtschaftlich.

– Durch Intervallmessungen: die am Meßgerät eingestellte Bogen- oder Sehnenlänge oder der Teilungswinkel wird nacheinander mit allen Intervallen (Einzelteilungen) der zu prüfenden Teilung verglichen. Die Messung liefert zunächst die Intervallabweichungen, aus denen man durch Summierung die Summenteilungsabweichungen und die Lageabweichungen der einzelnen Meßstellen gegenüber einer fehlerfreien Kreisteilung erhält. Dieses Prinzip wird vorwiegend bei Zahnrädern, Teilscheiben und Spiegelpolygonen verwendet.

– Durch Rosettenmessung: zwei Kreisteilungen gleicher Teilungszahl werden derart gemessen, daß die Gruppe der n Teilungsmarken der ersten Teilung – sie bestimmen n gleiche Intervalle und bilden eine sogenannte Rosette – mit einer gleichen Gruppe von n Teilungsmarken (Rosette) der zweiten Kreisteilung in den n möglichen Relativlagen der Teilungen miteinander verglichen werden. Aus den $n \cdot n$ Meßwerten erhält man durch einfache Rechnung die Intervallfehler und die Lageabweichungen aller beim Messen erfaßten Kreisteilungsstellen, und zwar für jede der beiden Kreisteilungen unabhängig von den Fehlern der anderen. Dieses Verfahren eignet sich für das Kalibrieren hochgenauer Teilungen unter der Voraussetzung einer guten Reproduzierbarkeit der Positionierung (Noch u. Steiner (1966)).

Winkelteiltisch mit Teilkreis: wird vorwiegend in der Fertigungsmeßtechnik eingesetzt. Die früher übliche optische Ableseeinrichtung (z. B. Mikroskop) ist heute meist durch 2 oder 4 fotoelektrische Abtastköpfe ersetzt, mit denen ein Gitterteilkreis (inkremental oder codiert; mit 18000 oder 36000 Intervallen) abgetastet wird. Exzentrizitätsfehler werden dabei eliminiert. Die feinere Unterteilung des Teilungsintervalls erfolgt z. B. durch digitale Interpolation der Signalperiode um das 1024fache. Damit ergibt sich ein Digitalschritt von $0{,}07''$ oder $0{,}035''$. Die erreichbare Meßunsicherheit liegt bei $0{,}2''$ (statistische Sicherheit $P = 95\%$). Spezielle Winkelmeßkomparatoren besitzen Maßverkörperungen mit z. B. 162000 Teilintervallen, die elektrisch auf etwa $0{,}01''$ (oder $0{,}001''$) als Digitalschritt unterteilbar sind bei einer erreichbaren Meßunsicherheit von $\leqslant 0{,}02''$ (statistische Sicherheit $P = 95\%$). Dabei können die systematischen Teilungsabweichungen nach dem Rosettenverfahren ermittelt und im Meßergebnis als Korrektur unmittelbar berücksichtigt werden. Nach dem gleichen Prinzip arbeiten kleine Winkeldrehgeber mit geringerer Auflösung, die an Meßsysteme oder Werkzeugmaschinen über eine Kupplung angebaut werden können.

Mechanischer Winkeltisch: Anstelle von Strichteilkreisen werden beim mechanischen Winkeltisch z. B. zwei sich gegenüberliegende verzahnte Keilplatten verwendet. Die obere Aufnahmeplatte ist in dem unteren Gehäuseteil drehbar gelagert. Die Innenseiten haben auf sich gegenüberliegenden Kreisflächen Kegel-Planradverzahnungen (nach Art der Hirth-Verzahnung) mit z. B. jeweils 1440 Zähnen, Fig. 1.23; die Aufnahmeplatte läßt sich damit um 1440 gleiche Teilschritte von $^1\!/_4°$ zu $^1\!/_4°$ drehen und einrasten. Die Unsicherheit der Winkeleinstellung beträgt $\approx \pm 0{,}2''$, die Reproduzierbarkeit $\pm 0{,}05''$. In Verbindung mit einer Zusatzeinrichtung (Grundplatte und eine Mikrometerschraube mit 0,2 mm Steigung, die den gesamten Rundtisch verdreht), läßt sich der $^1\!/_4°$-

Winkelschritt weiter unterteilen bis zu 0,1″. Die erreichbare Meßunsicherheit liegt dann bei etwa ±0,5″. Geräte nach diesem Prinzip werden im Werkzeugmaschinenbau auch mit Meßunsicherheiten von 1″, 2″ oder 5″ als Verstellglieder eingesetzt.

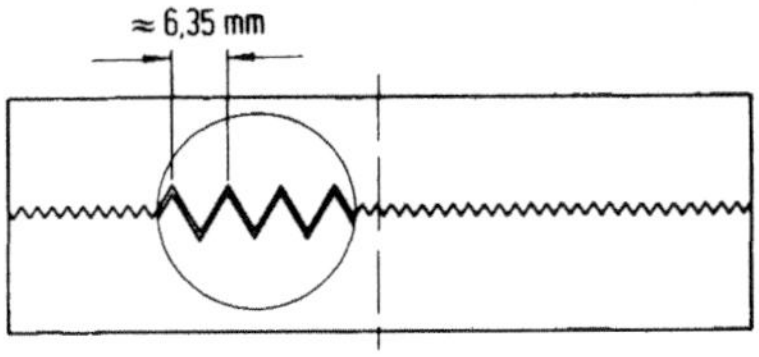

Fig. 1.23 Mechanischer Winkeltisch mit Flächenkreisteilung

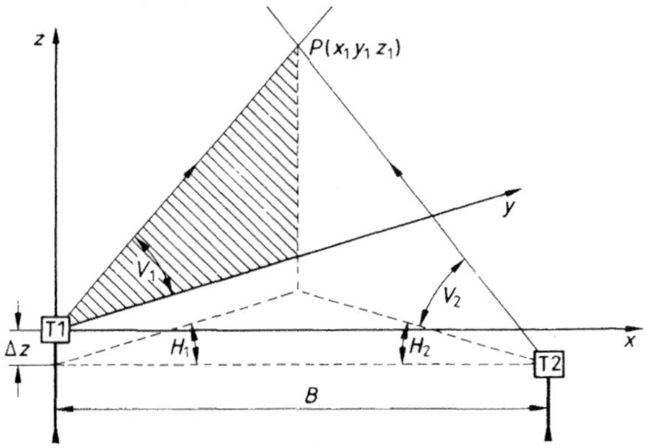

Fig. 1.24 Koordinatenmäßige Lagebestimmung eines Prüflings mittels Triangulation

Theodolit: dient zur Messung von Winkeln, die von Visierlinien eingeschlossen werden. Ein Fernrohr in Verbindung mit einem horizontal und vertikal gelagerten Teilkreis kann um eine vertikale und eine horizontale Achse geschwenkt werden. Damit sind z. B. in der Landvermessung Höhenwinkel und Azimut mit einer Meßunsicherheit bis zu ≤1″ meßbar. Zunehmend werden elektronische Theodolite zur koordinatenmäßigen Lagebestimmung großer Prüflinge mittels Triangulation eingesetzt. Die in zwei Drehachsen angeordneten Winkelmeßsysteme haben eine Auflösung z. B. von 0,1″ bei einer Meßunsicherheit von 0,3″. Meßvorgang: Mit 2 Theodoliten (T_1, T_2) werden vier Winkel (H_1, H_2, V_1, V_2) gemessen. Zusammen mit den Standortkoordinaten (Meßbasis B) können daraus die Koordinaten eines beliebigen Punktes P (oder Abstände von Punkten) aus den entsprechenden Dreieckskomponenten berechnet werden, Fig. 1.24 (Beyer u. a. (1990)).

Meßgeräte für Teilwinkel Autokollimationsfernrohre (AKF) werden zum Messen kleiner Winkeländerungen benutzt, z. B. in Verbindung mit Winkelteiltischen für die Winkelbestimmung an Winkelendmaßen und Polygonen, sowie zum Messen der Winkelabweichungen an Führungsbahnen. Prinzip: In der hinteren Brennebene eines Fernrohrobjektivs ist eine beleuchtete Strichplatte angebracht. Die aus dem Fernrohr austretenden Parallelstrahlen werden an dem senkrecht zur Fernrohrachse stehenden Planspiegel in sich zurückgeworfen. Ist der Spiegel gegen jene Lage um einen Winkel φ gekippt, so erfolgt eine Auslenkung des Spiegelbildes in der Brennebene infolge der doppelten Strahlenablenkung um den Winkel 2φ. Erreichbare Auflösung: 0,1″. Meßbereich: ≈20′.

Eine Erhöhung der Auflösung ist mit einem photoelektrischen Autokollimationsfernrohr (Beyer u. a. (1990)) und automatischer Meßwerterfassung möglich. Im Vergleich zum visuellen AKF befindet sich in der Objektivbildebene z. B. ein vibrierender Spalt, anstelle des Okulars ein Photodetektor. Ist der Spalt so positioniert, daß er ungefähr über dem Strichbild oszilliert, so erhält die Photozelle Lichtimpulse durch den Spalt. Nullanzeige ergibt sich, wenn der Spalt symmetrisch über dem Strichbild liegt. Die Lageänderung kann auch durch andere Fotodioden-Systeme (z. B. CCD, Laserdioden) bestimmt werden. Die Auflösung liegt bei 0,001″ bis 0,01″. Zum gleichzeitigen Messen in zwei Richtungen sind auch zweiachsige AKF verfügbar. Zum Antasten von Flächenkreisteilungen kann anstelle eines AKF auch ein Fizeau-Interferometer mit digitaler Interferenzstreifenauswertung benutzt werden. Damit ist eine definierte Erfassung der Ebenheit und Lage, z. B. einer Polygonfläche, möglich.

Interferentielle Winkelmeßgeräte: Zum Messen von kleinen Kipp- und Drehwinkeln (z. B. bei Führungen) werden zunehmend anstelle von Autokollimationsfernrohren auch Winkelinterferometer benutzt, Fig. 1.25. Der Winkelreflektor als Referenz befindet sich z. B. am Meßkopf, das Winkelinterferometer ruht auf der verschiebbaren Führung. Als Auflösung ist ≈ 0,01″ erreichbar, als Meßunsicherheit ≈ ±0,1″ (gilt bei einem Meßbereich von 200″).

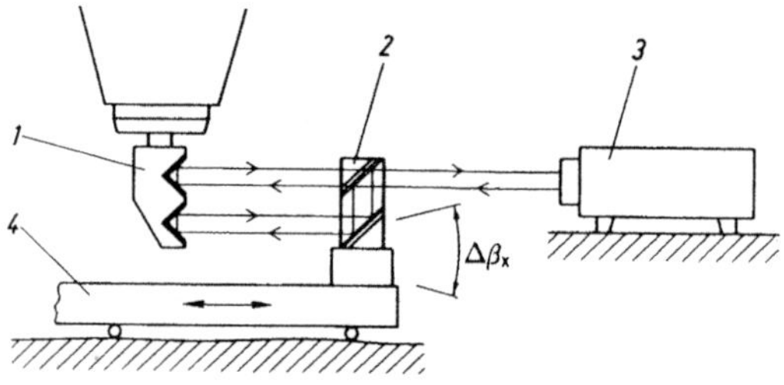

Fig. 1.25
Messen der rotatorischen Abweichungen einer Führung mittels Laser-Winkelinterferometer
1 Winkelreflektor 3 Laser
2 Winkelinterferometer 4 Führung

Laserkreisel: Sie dienen zur Navigation von Luft-, Raum- und Landfahrzeugen sowie als Inertial-Winkelmeßsystem zur Messung von Rotationen. Prinzip: Zwei auf geschlossenen Lichtwegen in entgegengesetzter Richtung umlaufende Lichtwellen überlagern sich und interferieren (Fig. 1.26). Bei Rotation der Lichtquelle (z. B. He-Ne-Laser) legt die in Richtung der Rotation laufende Lichtwelle auf Grund der konstanten Lichtgeschwindigkeit einen längeren Weg zum Detektor zurück als die entgegengesetzt laufende Lichtwelle. Damit verschiebt sich das Interferenzmuster. Die Geschwindigkeit der sich bewegenden Interferenzstreifen ist proportional der Rotationsgeschwindigkeit, d. h. der Interferenzstreifenabstand entspricht einer bestimmten Winkeldifferenz im Inertialraum. Es werden Auflösungen von etwa 0,4″ erreicht, man strebt jedoch Werte von etwa 0,05″ an (Beyer u. a. (1990)).

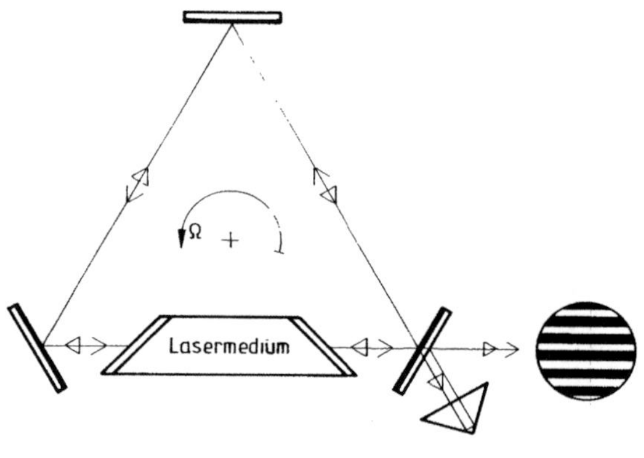

Fig. 1.26
Prinzip eines Ringlasers

Neigungsmeßgeräte Die Messung kleiner Neigungen ist in der Geodäsie zur Realisierung der Lotrichtung erforderlich. Auch im Bauwesen und Maschinenbau sind Neigungen von Objekten zu messen.

Richtwaage: Richtwaagen besitzen ein zylindrisches Glasrohr (Libelle), das entweder in einen Kreisbogen vom Radius r gebogen und innen geschliffen oder längs eines Kreisbogens vom Radius r tonnenförmig ausgeschliffen ist. Auf der Außenfläche ist eine von der Mitte ausgehende, gleichmäßige Teilung angebracht. Im Inneren befindet sich eine Flüssigkeit (meist Äther) mit einer Dampfblase, die die höchste Stelle anzeigt. Der Skalenwert einer Libelle ist diejenige Neigung in mm/m (10^{-3} rad), die durch Verschieben der Blase um einen Teilstrichabstand angezeigt wird. Die erreichbare Meßunsicherheit liegt bei ≈0,5″.

Verbreitet sind auch elektronische Neigungsmesser (Caspary u. Geiger (1978)); Vorteile sind automatische Meßwerterfassung, permanente Messung, hohe Auflösung und geringe Meßunsicherheit. Man kann die Geräte nach den Funktionsprinzipien unterscheiden:

- Elektrolyt-Libellen gleichen im Aufbau und der Funktionsweise den klassischen Richtwaagen (Röhrenlibelle, Dosenlibelle). Die visuelle Ablesung wird lediglich durch einen elektrischen Abgriff ersetzt.
- Bei Schwingsaiten-Neigungsmessern bewirkt die Positionsänderung einer Masse die Dehnung einer schwingfähigen Saite. Die Dehnung ändert die Eigenfrequenz der Saite, die als Meßsignal verarbeitet wird.
- Beim Pendelneigungsmesser ist eine Masse so aufgehängt und horizontal geführt, daß sie die Richtung der Schwerkraft anzeigt. Jede Positionsänderung der Masse erzeugt ein elektrisches Signal, das als Winkeländerung ausgewertet wird. Die kleinste erreichbare Meßunsicherheit beträgt ≤0,1″ für einen Meßbereich von 10″ (Beyer u. a. (1982)).
- Beim Neigungssensor werden Winkelveränderungen zwischen einer horizontalen Flüssigkeitsoberfäche und einem Laserstrahl (Laserdiode), der an dieser Flüssigkeitsoberfläche reflektiert wird (Totalreflexion), von einer Fotodiode quantitativ erfaßt.

Literatur zu 1.2

Baer, T.; Kowalski, F.V.; Hall, J. L. (1980): Frequency stabilisation of a 0.6333-μm He-Ne longitudinal Zeeman laser. Appl. Opt. **19**, 3173–3177

Bahlhorn, R.; Kunzmann, H.; Lebowsky, F. (1972): Frequency stabilization of internal mirror Helium-Neon lasers. Appl. Opt. **11**, 742–744

Barger, R. L.; Hall, J. L. (1969): Pressure shift and broadening of methane line at 3,39 μm studied by lasersaturated molecular absorption. Phys. Rev. **22**, 4–8

Bayer-Helms, F. (1963): Analyse von Linienprofilen. Z. angew. Physik **16**, 44–53

Bayer-Helms, F.; Darnedde, H.; Exner, G. (1985): Längenstabilität bei Raumtemperatur von Proben der Glaskeramik „Zerodur". Metrologia **21**, 49–57

Becker, H. (1951): Les micro-oculaires de mesure. Microtechnic **5**, 59–65

Bennett, Jr. W. R.; Jacobs, S. F.; La Tourrette, J. T.; Rabinowitz, P. (1964): Dispersion characteristics and frequency stabilization of an He-Ne gas laser. Appl. Phys. Lett. **5**, 56–58

Bennett, S. J.; Cerez, P. (1978): Hyperfine structure in Iodine at the 612-nm and 640-nm Helium-Neon laser wavelength. Opt. Com. **25**, 343–347

Berndt, G.; Schulze, H. (1929): Grundlagen und Geräte technischer Längenmessung. Berlin: Springer

Beyer, W.; u. a. (1990): Industrielle Winkelmeßtechnik. Expert-Verlag, Esslingen, 153–165

Beyer, W.; Pahl, W. (1982): Messung rotatorischer Führungsabweichungen an Koordinatenmeßgeräten mittels elektrischen Neigungsmeßgeräten. VDI-Z. 124, Nr. 19, 723–725

Bönsch, G. (1985): Simultaneous wavelength comparison of Iodine-stabilized lasers at 515 nm, 633 nm and 640 nm. IEEE Trans. Instr. Meas. **IM-34**, 248–251

Bruce, C. F. (1961): Wavelength of Krypton 86, Mercury 198 and Cadmium 114. Austr. J. Phy. **14**, 64–88

Caspary, W.; Geiger, A. (1978): Untersuchungen zur Leistungsfähigkeit elektronischer Neigungsmesser. Schriftenreihe Hochschule der Bundeswehr, München, H. 3

Clark, J. S.; Cook, A. H. (1956): A photoelectric microscope for the measurement of linear scales. J. Sci. Instr. **33**, 341–347

DIN 12650: Volumenmeßgerät mit Hubkolben. Teil 1 (1978) Allg. Anforderungen, Begriffe; Teil 2 (1981) Kolbenhubpipetten: Teil 3 (1981): Dispenser; Teil 4 (1981): Dilutoren; Teil 5 (1981): Kolbenbüretten

DIN 12664 (1983): Meßkolben mit einer Marke

DIN 12680, Teil 1 (1975): Meßzylinder mit Strichteilung

DIN 12680, Teil 2 (1983): Meßzylinder mit Hauptpunkte-Ringteilung

DIN 12687 (1976): Vollpipetten auf Einguß mit einer Marke
DIN 12688 (1976): Vollpipetten auf Einguß mit zwei Marken
DIN 12689 (1976): Meßpipetten auf Einguß
DIN 12690 (1975): Vollpipetten mit einer Marke Kl. A und Kl. B
DIN 12691 (1975): Vollpipetten mit einer Marke Kl. AS
DIN 12695 (1975): Meßpipetten für teilweisen Ablauf Kl. A und Kl. B
DIN 12696 (1975): Meßpipetten für völligen Ablauf Kl. A und Kl. B
DIN 12697 (1975): Meßpipetten Kl. AS
DIN 12699 (1975): Enzymtest-Meßpipetten
DIN 12700 (1975): Büretten
DIN 12702 (1978): Gasvolumetrische Meßgeräte
DIN ISO 6142 (1985): Analyse von Gasen; Herstellung von Prüfgasen; Wägeverfahren
DIN ISO 6144 (1985): Gasanalyse; Vorbereitung von Prüfgasen; Volumetrisch-statisches Verfahren
DIN ISO 6146 (1983): Gasanalyse; Herstellung von Prüfgasen; Manometrisches Verfahren
Dorenwendt, K. (1972): Über den Einfluß von rauhen Oberflächen bei der interferentiellen Längenmessung. Optik **35**, 9–16
Dorenwendt, K.; Gruner, H.-J. (1976): Ein zählendes Interferometer zur Bestimmung von Winkeln. Feinwerktechnik und Meßtechnik **84**, 344–346
Edlén, B. (1966): The refractive index of air. Metrologia **2**, 71–80
Engelhard, E.; Vieweg, R. (1961): Über die neue Definition des Meters auf Grund einer Lichtwellenlänge. Z. f. angew. Phys. **13**, 580–596
Engelhard, E. (1959): Interferometrische Kalibrierung von Endmaßstäben. Z. f. Instrkde. **67**, 59–65
Ernst, A. (1989): Digitale Längen- und Winkelmeßtechnik. Landsberg/Lech: Verlag Moderne Industrie
Fürtig, M. (1973): Absolutmessung der Quecksilberdichte im ASMW. Exp. Techn. d. Physik **21**, 521–534
Hanes, G. R.; Baired, K. M.; De Remiges, J. (1973): Stability, reproducibility and absolute wavelength of a 633-nm He-Ne-laser stabilized to an Iodine hyperfine component. Appl. Opt. **12**, 1600–1605
Hock, F. (1964): Bemerkungen zum fotoelektrischen Stricheinfang. Optik **21**, 605–611
Hoffrogge, C.; Mann, R. (1973): Meßeinrichtung mit Laserinterferometer zum Prüfen von Innen- und Außenmaßen. Meßtechnik **81**, 1–6
Iizaka, K.; Goto, M. (1981): Evaluation of Sphericity for Determining Volume of Spheres in the Highest Accuracy. CIRP Annuals, Ber. d. Int. Forschungsgemeinschaft f. mech. Produktionstechnik **30**, 451–454
ISO 6147 (1979): Gasanalysis; Preparation of calibration gas mixtures; Saturation method
ISO 6349 (1979): Gasanalysis; Preparation of calibration gas mixtures; Permeation method
Jennings, D. A.; Pollock, C. R.; Petersen, F. R.; Drulliner, R. E.; Evenson, K. M.; Wells, J. S.; Hall, J. L.; Layer, H. P. (1983): Direct frequency measurement of the I_2-stabilized He-Ne 433 THz (633 nm) laser. Opt. Lett. **8**, 136–138
Layer, H. P.; Deslattes, R. D.; Schweitzer, Jr. W. G. (1976): Laser wavelength comparison by high resolution interferometry. Appl. Opt. **15**, 734–743
Levy, A. (1964): The accuracy of the bubble meter method for gas flow measurements. J. Sci. Instrum. **41**, 449–453
Lueger (1969): Lexikon der Technik. **14**, 224–225 Stuttgart: Deutsche Verlagsanstalt
Mann, R.; Zervos, P. (1980): Meßmaschinen für Längen und Flächenmessung. PTB-Prüfregeln, **1**, 1–61, Braunschweig
Marsoner, H. J.; Stolze, A.; Klepp, G. (1976): Untersuchung über die Eichgasherstellung mittels kritischer Düsen bei Umgebungsdrücken von 1 bis 4 bar. Techn. Messen atm **43**, 365–400
Morinaga, A.; Riehle, F.; Ishikawa, J.; Helmcke, J. (1989): A Ca optical frequency standard: Frequency stabilication by means of nonlinear Ramsey resonances. Appl. Phys. B **48**, 165–171
Münzner, H.; Unger, G. (1964): Vorrichtung zur Messung und Registrierung kleiner strömender Gasmengen. Dt. Patent 1231 023
Noch, R.; Steiner, O. (1966): Die Bestimmung von Kreisteilungsfehlern nach einem Rosettenverfahren. Z. f. Instrkde. **74**, 307–316
Owens, J. C. (1967): Optical refractive index of air: dependence on pressure, temperature and composition. Appl. Opt. **6**, 51–58
Peck, E. R.; Obetz, S. W. (1953): Wavelength or length measurement by reversible fringe counting. J. Opt. Soc. Am. **43**, 505–509

Pollack, C. R.; Jennings, D. A.; Peterson, F. R.; Wells, J. S.; Drullinger, R. E.; Beaty, E. C.; Evenson, K. M. (1983): Direct frequency measurement of transitions at 520 THz (576 nm) in iodine, and 260 THz (1.15 μm) in neon. Opt. Lett. **8,** 133–135

PTB-Prüfregeln, **1,** 1–61, Braunschweig

Queneile, R. C.; Wuerz, L. J. (1983): A new microcomputer-controlled laser dimensional measurement and analysis system. Hewlett-Packard Journal **34,** 3–13

Rohrbach, C. (1967): Handbuch für elektrisches Messen mechanischer Größen. Düsseldorf: VDI-Verlag

Rowley, W. R. C. (1979): Laser wavelength measurements. Rad. Science **14,** 585–591

Spies, A. (1990): Längen in der Ultrapräzisionstechnik messen. Feinwerktechnik und Meßtechnik **98,** 406–410

Spieweck, F. (1980): Frequency stabilization of Ar^+ lasers at 582 THz using expanded beams in external $^{127}J_2$ cells. IEEE Trans. Instrum. Meas. **IM-29,** 361–363

VDI-Richtl. 3490 Bl. 2–16 (1980, 1981, 1985, 1988, 1992): Messen von Gasen, Prüfgase (Herstellung)

VDI/VDE Gesellschaft Meß- und Regelungstechnik (1985): Vorträge zum Aussprachetag Laserinterferometrie in der Längenmeßtechnik. GMR-Bericht **6**

VDI/VDE 2613 (1982): Teilungsprüfung an Verzahnungen

Warnecke, H.-J.; Dutschke, W. (1984): Fertigungsmeßtechnik, München: Springer

Weiss, C. O.; Kramer, G.; Lipphardt, B.; Garcia, E. (1988): Frequency measurement of a CH_4 hyperfine line at 88 THz/"Optical clock". IEEE J. Quant. Electr. **24,** 1970–1972

1.3 Zeit (H. de Boer)

1.3.1 Zeiteinheiten

Man hat begrifflich zu unterscheiden zwischen der Zeiteinheit „SI-Sekunde", die von der Generalkonferenz für Maße und Gewichte festgelegt wird, und dem Skalenmaß „Sekunde", das unterschiedlichen Zeitskalen (s. **1**.3.2) als Skalenmaß zugrundegelegt ist und das in der Länge nicht unbedingt mit der Länge der gültigen SI-Sekunde übereinstimmen muß.

1.3.1.1 Atomare Sekundendefinition (SI-Sekunde)

Die 1967 von der 13. Generalkonferenz für Maß und Gewicht (Resolution 1) festgelegte Definition der SI-Sekunde (s. **9**.1.4.1) beruht auf atomarer Grundlage. Sie wird definitionsgemäß mit Hilfe von Cäsiumstrahl-Zeit- und Frequenznormalen dargestellt (s. **1**.3.3.7). Mit hochgenauen CS-Normalen (sog. primäre Normale), die unter besonderen Umweltbedingungen meist in Staatsinstituten mit dem Auftrag der Darstellung der Einheiten betrieben werden, können weniger genaue Normale (Cs-Normale oder auch andere Normale) kalibriert werden.

1.3.1.2 Astronomische Sekundendefinitionen

Weltzeitsekunde Bis 1956 wurde die Sekunde auf der Grundlage der Erdrotation definiert: Die Sekunde war der 86400te Teil des mittleren Sonnentages.

Erste Messungen mit Quarzuhren ergaben schon 1936, daß die Erdrotation jahreszeitliche Schwankungen aufweist. Daneben beobachtet man unregelmäßige nicht vorhersehbare Schwankungen und eine Abbremsung der Erdrotation. Die Weltzeitsekunde war mit einer relativen Unsicherheit im Bereich von 10^{-8} bestimmbar.

Scheibe u. Adelsberger (1936), Enslin (1965), Becker (1966) u. (1975), Kovalevsky (1965)

Ephemeridensekunde In den Jahren von 1956 bis 1967 war die SI-Sekunde auf der Grundlage des Erdumlaufs um die Sonne definiert: Die Sekunde war der 31556925, 9747te Teil des tropischen Jahres für 1900, 0. Januar, 12 Uhr Ephemeridenzeit.

CIPM (1957), CGPM (1960)

Diese Definition brachte durch die genaue Festlegung des zu teilenden Jahres eine scheinbare Verbesserung gegenüber der bis 1956 gültigen Definition der Weltzeitsekunde. Die Darstellung der Ephemeridensekunde konnte logischerweise nicht definitionsgemäß erfolgen: Sie wurde in der Praxis über die empirisch bekannte Umlaufdauer des Mondes um die Erde, bezogen auf den Umlauf der Erde um die Sonne bestimmt. Um eine relative Meßunsicherheit im Bereich um 10^{-9} zu erreichen, sind mehrjährige Beobachtungsintervalle nötig.

1.3.2 Zeitskalen

Zeitskalen dienen dazu, irgendwelchen Ereignissen Skalenwerte einer Zeitskala zuzuordnen (die Ereignisse zu datieren). Im einfachsten Fall bedient man sich der Hilfe von Uhren (s. **1**.3.3.3), deren Anzeige eine Zeitskala verkörpert. Wenn es gilt, beispielsweise den zeitlichen Bezug von Ereignissen an verschiedenen Orten zu datieren, dann sind über die zu benutzenden Zeitskalen Absprachen notwendig. Es muß festgelegt werden:

1. das Skalenmaß
2. eine Vorschrift, wie Vielfache des Skalenmaßes gebildet werden
3. der Nullpunkt der Zeitskala
4. eine Zeitskala als gemeinsame Referenz-Skala und die Unsicherheit, mit der die Zeitskalen koordiniert sein sollen
5. der Name der benutzten Zeitskala.

Vorzugsweise sollte man eine der folgenden eingeführten Zeitskalen benutzen.

Becker (1971) u. (1980), Becker u. Hübner (1979), Yoshimura (1972), Kartaschoff (1978), German u. Draht (1979), Allan u. a. (1972), Azoubib (1977), Becker u. a. (1967)

1.3.2.1 Die Skala der Weltzeit

Die Weltzeit (UT, Universal Time) ist die mittlere Sonnenzeit des Nullmeridians (Greenwich Meridian). Durch Teilung des mittleren Sonnentages in 24 Stunden zu je 60 Minuten und diese zu je 60 Sekunden erhält man (Skalen-)Stunde, (Skalen-)Minute und (Skalen-)Sekunde der mittleren Sonnenzeit (Weltzeitsekunde).

Vielfache des mittleren Sonnentages sind:

- das Gemeinjahr = 365 mittlere Sonnentage
- das Schaltjahr = 366 mittlere Sonnentage

Die Zählung der mittleren Sonnentage erfolgt nach dem Gregorianischen Kalender. Durch Einführen von Schaltjahren wird erreicht, daß das mittlere Kalenderjahr mit dem tropischen Jahr übereinstimmt. Durch Addition von je einer Stunde zur Weltzeit UT für jeweils 15 Längengrade werden die Zonenzeiten gebildet (z. B. Mitteleuropäische Zeit MEZ: UT + 1 h).

Der Nullpunkt der Weltzeitskala ist der 1. Januar des Kalenderjahres 1 v. Chr. 0 Uhr UT. Bis zum Jahr 1581 erfolgte die Zählung der Tage nach dem Julianischen Kalender (Schaltjahr: jedes Jahr mit einer durch 4 restlos teilbaren Jahreszahl). Durch diese Form der Zählung entstand eine kumulative Datumsverschiebung der Jahreszeiten. Diese Verschiebung wurde im Jahr 1582 durch Auslassen von 11 Tagen (5. bis 14. Oktober) in der Zählung korrigiert. Ab 1583 wurde die Zählung nach den Regeln des Gregorianischen Kalenders fortgesetzt. (Schaltjahr jedes Jahr mit einer durch

4 restlos teilbaren Jahreszahl mit Ausnahme der vollen Jahrhunderte, die nicht durch 400 restlos teilbar sind.)

Eine Analyse der Schwankungen der astronomisch bestimmten UT-Tageslänge zeigte, daß durch Anbringen von Korrektionen an den astronomischen Meßergebnissen unterschiedlich gleichförmige Zeitskalen abgeleitet werden können.

- UT0 ist die astronomisch bestimmte Weltzeit eines Beobachtungsortes bezogen auf den Nullmeridian.

- UT1 ist die von Polhöhenschwankungen bereinigte Zeit UT0. UT1 ist dem Drehwinkel der Erde proportional und ist deshalb wichtig für die See- und Satellitennavigation.

- UT2 ist die um erfahrungsgemäß bekannte (gemittelte) jahreszeitliche Rotationsschwankungen der Erde korrigierte Zeitskala UT1. UT2 ist die gleichförmigste aus der Weltzeit UT abgeleitete Zeitskala. Diese Zeitskala hat keine praktische Bedeutung mehr.

Das Zentralbüro des IERS (International Earth Rotation Service, Observatorium Paris) veröffentlicht im wöchentlichen Bulletin B und im Jahresbericht ein auf der Grundlage der Messungen verschiedener Institute gemitteltes UT1.

1.3.2.2 Atomzeitskalen

Nachdem sich die Überlegenheit von Atomuhren (s. **1**.3.3) bei der Darstellung von Zeitabschnitten gegenüber den herkömmlichen astronomischen Methoden gezeigt hatte, wurde es sinnvoll, Zeitskalen auf atomarer Basis zu erzeugen. Allgemein werden Atomzeitskalen durch Aneinanderfügen und Zählen von mit Atomnormalen hergestellten Sekundenintervallen erzeugt, die das Skalenmaß der Skala bilden.

Die Internationale Atomzeitskala TAI Eine heute als Referenzzeitskala wichtige Atomzeitskala ist die Internationale Atomzeitskala mit der Bezeichnung TAI, die seit dem 1. Januar 1972 verbreitet wird, und die 1971 von der Generalkonferenz für Maß und Gewicht definiert wurde CGPM (1971).

TAI wird vom Bureau International des Poids et Mesures (BIPM), Paris, auf der Grundlage der Anzeigen von Atomuhren verschiedener Zeitinstitute berechnet. Dabei berechnet das BIPM zuerst mit Hilfe eines Stabilitäts-Algorithmus, genannt ALGOS, eine sog. freie Atomzeitskala EAL (Echelle Atomique Libre), mit möglichst geringer Instabilität. Aus EAL wird TAI gewonnen, indem die Skaleneinheit von EAL so transformiert wird, daß sie mit der SI-Sekunde, bezogen auf einen ruhenden Punkt auf der Erdoberfläche und in Meereshöhe (relativistische Korrektion), wie sie von den weltbesten Cs-Atomuhren ermittelt wird, übereinstimmt. Der Ursprung von TAI wurde auf den 1. Januar 1958, 00.00.00 Uhr UT2 gelegt. In der Praxis wird TAI nur benutzt, um Zeitskalendifferenzen anzugeben.

Die Zeitskala der koordinierten Weltzeit UTC Die koordinierte Weltzeit UTC hat die Gleichmäßigkeit einer Atomzeitskala und ist darüber hinaus der für das öffentliche Leben und der Navigation wichtigen Weltzeit UT1 angepaßt. Dieses System wurde 1972 vom „Internationalen Beratenden Komitee für das Funkwesen (CCIR)“ für die Verbreitung von Zeitsignalen eingeführt. 1975 empfahl die Generalkonferenz für Maß und Gewicht UTC als Grundlage für die bürgerliche Zeit.

Zeitskalen heißen koordinierte Zeitskalen, wenn sie weltweit im Rahmen einer vorgegebenen Toleranz übereinstimmen. Die Koordinierungsaufgaben für UTC sind dem BIPM übertragen worden. Die Zeitskala UTC unterscheidet sich von der Zeitskala TAI lediglich durch die Sekundenzählung:

$$\mathrm{UTC} = \mathrm{TAI} - n \cdot 1\,\mathrm{s} \qquad (n \text{ ganze Zahl}) \tag{1.30}$$

Die Annäherung von UTC an UT1 erfolgt mit Hilfe von Schaltsekunden, die weltweit gleichzeitig nach Entscheidung des IERS und nach vorheriger Ankündigung in die UTC-Zeitskala eingeführt oder weggelassen werden, um zu erreichen, daß sich UTC und UT1 niemals um mehr als ±0,95 s unterscheiden.

Wenn Schaltsekunden erforderlich sind, sollen sie jeweils die letzten Sekunden eines UTC-Monats sein, wobei in erster Linie die Monate Dezember und Juni und in zweiter Linie die Monate März und September bevorzugt werden sollen.

Das IERS gibt einen Vorhersagewert für eine Größe mit der Bezeichnung DUT1 mit DUT1 = UT1 − UTC, die als Korrektion für UTC auf UT1 angesehen werden kann. DUT1 wird vom IERS in ganzen Vielfachen von 0,1 s angegeben.

Der Kalender von UTC stimmt bis auf die getroffenen Abmachungen über die Schaltsekunden mit dem Gregorianischen Kalender überein. Ebenso gelten die Abmachungen über Zonenzeiten. Für die Angabe der Uhrzeit (Datum) in der Nähe einer Schaltsekunde gilt:

1. Eingefügte (positive) Schaltsekunde	2. Weggelassene (negative) Schaltsekunde
23.59.59 Uhr	23.59.57 Uhr
23.59.60 Uhr	23.59.58 Uhr
00.00.00 Uhr	00.00.00 Uhr
00.00.01 Uhr	00.00.01 Uhr

1.3.2.3 Das Modifizierte Julianische Datum

In der Astronomie und in der Zeitmessung gibt man häufig zur Kennzeichnung eines Tages in dezimaler Form sein Modifiziertes Julianisches Datum (MJD) an.

$$\mathrm{MJD} = \mathrm{JD} - 2400000{,}5 \tag{1.31}$$

Hierbei ist JD das Julianische Datum. Es ist die Nummer des Tages zuzüglich von dezimalen Teilen mit dem Zählbeginn am 1. Januar 4713 v. Chr. um 12 Uhr. Um nicht ständig mit großen Zahlen umgehen zu müssen, wird MJD aus JD durch Subtraktion von 2400000,5 gebildet. Die Nachkommastelle sorgt dafür, daß die Zählung beim MJD wie üblich um 0 Uhr eines Tages beginnt. Der ganzzahlige Teil des Modifizierten Julianischen Datums (MJD) wird als Modifizierter Julianischer Tag bezeichnet.

1.3.2.4 Kurzbezeichnungen von Zeitskalen und Zeitbegriffen

- TA Atomzeit, allgemeine Bezeichnung einer Zeitvariablen, die auf der Grundlage von Atom- oder Molekülübergängen realisierbar ist.
- TAI Internationale Atomzeit des BIPM
- TA (*k*) Atomzeitskala eines (Zeit-)Instituts „*k*“
- UT Weltzeit
- UTC Koordinierte Weltzeit des BIPM (um Verwechslungen zu vermeiden auch UTC (BIPM))
- UTC (*k*) Weltzeitskala eines (Zeit-)Instituts „*k*“
- DUT1 Vorhersagewert für UT1 − UTC, der häufig beim Übertragen von Zeitsignalen ebenfalls übertragen wird.

CCIR (1978)

1.3.3 Zeitmeßgeräte

1.3.3.1 Zeitmessung

Der Begriff Zeitmessung wird in zweierlei Bedeutung benutzt:

1. als Festlegen eines Ereignisses oder einer zeitlichen Folge von Ereignissen in einer vorgegebenen Zeitskala durch Bestimmen von Datum und Uhrzeit. In diesem Fall ist das jeweilige Meßergebnis ein Datum in einer Zeitskala, die benennbar sein muß.

2. als Messung der Dauer (Zeitspanne, Zeitintervall) eines Vorgangs, der durch zwei zeitlich getrennte Ereignisse begrenzt wird. In diesem Fall wird das Meßergebnis als Vielfaches oder Teil der zugrundegelegten Zeiteinheit angegeben.

1.3.3.2 Uhrentechnische Kenngrößen

Stand einer Uhr Ist t_n die Anzeige einer Referenzuhr und t_x die Anzeige einer Vergleichsuhr, dann wird die Größe $t_e = t_x - t_n$ als Stand der Vergleichsuhr bezeichnet.

Gang einer Uhr Der Gang G einer Uhr über das Zeitintervall von t_{n1} bis t_{n2} in bezug auf eine Referenzuhr ist definiert durch

$$G = G(t_{n1}, t_{n2}) = \frac{t_{e2} - t_{e1}}{t_{n2} - t_{n1}} = \frac{(t_{x2} - t_{n2}) - (t_{x1} - t_{n1})}{t_{n2} - t_{n1}} \tag{1.32}$$

Als Einheiten des Ganges sind gebräuchlich: s/s sowie Teile oder Vielfache davon, insbesondere s/d. Anstelle des Ganges G einer Uhr wird häufig die relative Frequenzabweichung des Schwingsystems

$$y = \frac{\nu_x - \nu_n}{\nu_n} \tag{1.33}$$

angegeben, ν_x, ν_n Frequenz der Vergleichsuhr bzw. Frequenz der Referenzuhr.

Gangänderungsrate einer Uhr Die Gangänderungsrate A einer Uhr über das Zeitintervall von $(t_{n1} + t_{n2})/2$ bis $(t_{n3} + t_{n4})/2$ in bezug auf eine Referenzuhr ist definiert durch:

$$A = A(t_{n1}, t_{n2}, t_{n3}, t_{n4}) = \frac{G(t_{n3}, t_{n4}) - G(t_{n1}, t_{n2})}{\frac{t_{n3} + t_{n4}}{2} - \frac{t_{n1} + t_{n2}}{2}} \tag{1.34}$$

Als Einheiten der Gangänderungsrate sind gebräuchlich: s/s^2 sowie Teile und Vielfache davon, insbesondere s/d^2.

1.3.3.3 Uhren

Die örtliche Zeithaltung bzw. die Erzeugung und Darstellung einer stets zugriffsbereiten Zeitskala wird normalerweise mit Hilfe von Uhren gemacht. Uhren in diesem Sinn sind selbständige Geräte, die mit einem frequenz- bzw. zeitgebenden Oszillator, mit einem nachfolgenden Integriersystem der Schwingungen und mit einer Anzeigevorrichtung für die Uhrzeit ausgerüstet sind. Sieht man von fehlerhaften Integrier- und Anzeigevorrichtungen ab, dann bestimmt die Frequenzinstabilität des Oszillators die Ganggenauigkeit der Uhr und somit die Qualität der durch sie dargestellten Zeitskala. Beispiele s. Tab. 1.1.

Tab. 1.1

Oszillator	Art der Schwingung	Frequenzbereich der Schwingung
System aus Masse und Feder	Drehschwingung	2 Hz bis 5 Hz
Stimmgabel	mechanische Schwingung	bis 360 Hz
Kompensationspendel	Pendelschwingung	bis 0,5 Hz
Quarzkristall	Kristallschwingung	32 kHz bis 10 MHz
Atom, Molekül	Atom- bzw. Molekülschwingung	1 GHz bis 10 GHz

Bei hochwertigen Uhren werden meist die Oszillatorfrequenz und eventuell Vielfache und Teile dieser Frequenz an Anschlußbuchsen zugängig gemacht. Man bezeichnet einen Oszillator als Frequenznormal, wenn er als übergeordnetes Normal zur Messung oder Kalibrierung der Frequenz anderer Oszillatoren eingesetzt werden kann. Die für die genaue Zeit- bzw. Frequenzmessung wichtigsten Geräte sind Quarz-, Rubidium-, Wasserstoff- und Cäsiumuhren bzw. Frequenznormale.

Audoin u. Vanier (1976) u. (1989), Hellwig (1974) u. (1977), CCIR (1978), Fischer (1979), Becker (1976)

In manchen Anwendungsfällen ist es zweckmäßig, zur Zeithaltung die Zeitinformation von Zeitinstituten zu benutzen, die diese durch Aussendung von Zeitsignalen zur Verfügung stellen (s. **1**.3.4). Auf diese Weise können in automatischen Meßstationen Messungen datiert und zeitlich koordiniert betrieben werden.

1.3.3.4 Quarzuhren

Das zeitbestimmende Teil einer Quarzuhr ist der Oszillator mit einem Schwingquarz, der aufgrund des piezoelektrischen Effekts in elektrischen Schaltungen zu Schwingungen mit geringer Dämpfung und hoher Frequenzkonstanz angeregt wird. Schwingquarze werden meist aus gezüchteten Quarzeinkristallen in Form von Stäben, Platten, Ringen oder Sonderformen wie z. B. Stimmgabeln für den Einsatz in elektronischen Armbanduhren ausgeschnitten, die sich zu vielerlei Schwingungsformen anregen lassen.

Charakteristisch für einen Schwingquarz ist eine langfristige Frequenzdrift aufgrund von Veränderungen im Kristallgefüge, an den mechanischen Halterungen und an den elektrischen Anschlüssen. Die Frequenzdrift bei Qualitätsquarzen liegt in Klassen von 10^{-7}/Monat bis kleiner 10^{-10}/Monat. Weiter ist die Frequenz von Schwingquarzen temperaturabhängig. Durch besondere Schnittwinkel des Schwingquarzes aus dem Rohquarz können parabelförmige oder durch Polynome 3. Grades zu beschreibende Temperatur-Frequenz-Abhängigkeiten erreicht werden, wobei der Umkehrpunkt der Parabel oder die Wendetangente der Kurve 3. Grades in die Nähe der Betriebstemperatur gelegt werden können. Durch Kompensation der temperaturabhängigen Frequenzänderung durch gegenläufig wirkende elektrische Bauelemente oder durch Thermostatisierung des Quarzoszillators kann die temperaturabhängige Frequenzänderung im Temperaturbereich 0°C bis 50°C in Klassen von kleiner als $5 \cdot 10^{-6}$ bis kleiner 10^{-10} spezifiziert werden. Die Kurzzeitinstabilität der relativen Frequenz liegt bei Meßzeiten über 1 s im Bereich 10^{-7} bis 10^{-13} und bei Meßzeiten über 24 h im Bereich 10^{-5} bis 10^{-10}. (Wichtige Merkmale s. Fig. 1.27 und Tab. 1.2 u. 1.3.)

Für genaue Zeithaltung bzw. für Frequenzmessungen eingesetzte Quarzuhren müssen wegen der Frequenzdrift regelmäßig kalibriert werden (beispielsweise durch Normalfrequenzaussendungen (s. Abschn. **1**.3.4)).

Kartaschoff (1978), CCIR (1986) u. (1990), Besson (1987), Gerber u. Sykes (1967) u. (1974), Hafner (1969)

1.3.3.5 Rubidiumatomuhren

Frequenz- und somit zeitbestimmend bei einer Rubidiumatomuhr ist die Frequenz der Strahlung des Hyperfeinstrukturübergangs im Grundzustand ($F=2 \rightarrow F=1$) des Atoms ^{87}Rb mit etwa 6,8 GHz. Durch optisches Pumpen werden Rubidiumatome, die sich mit einem Puffergas in einem Glasgefäß im Innern eines Mikrowellenresonators befinden, in den Zustand $F=2$ gebracht. Wird der Mikrowellenresonator mit der richtigen Übergangsfrequenz gespeist, erfolgt eine Entleerung des $F=2$-Zustands, der durch die erhöhte Absorption der Pumpstrahlung, da nun wieder optisch gepumpte $F=1$, $\rightarrow F=2$-Übergänge stattfinden, nachgewiesen wird. Die Frequenz der Rubidiumuhren ist abhängig von der Temperatur (Thermostatisierung), vom äußeren Druck und von Magnetfeldern. Durch langfristige Änderungen der optischen Pumpstrahlung und des Gasgemisches im Resonatorgefäß zeigen Rubidiumuhren eine Frequenzdrift. Die geringste Frequenzinstabilität zeigen kommerzielle Rubidiumuhren für Meßzeiten 10^2 s und 10^4 s im Bereich von 10^{-12}. (Wichtige Merkmale s. Fig. 1.27 und Tab. 1.2 und 1.3.)

Für genaue Zeithaltung bzw. für Frequenzmessungen eingesetzte Rb-Normale müssen wegen ihrer Frequenzdrift regelmäßig kalibriert werden (beispielsweise durch Normalfrequenzaussendungen (s. Abschn. **1**.3.4)).

CCIR (1990), Vanier u. Audoin (1989), Arditi u. Carver (1961)

1.3.3.6 Wasserstoff(H)-Atomuhren

In der H-Atomuhr ist die Frequenz der Strahlung mit etwa 1,4 GHz des Hyperfeinstrukturübergangs im Grundzustand ($F=1$, $m_F=0 \rightarrow F=0$, $m_F=0$) des Atoms ^1H frequenzbestimmend. Das H-Frequenznormal erringt die geringste Kurzzeitinstabilität in der Betriebsweise als aktiver H-Maser (**M**icrowave **A**mplification by **S**timulated **E**mission of **R**adiation). Der atomare Wasserstoff wird in einer elektrischen Entladungsstrecke erzeugt. Von dort tritt aus einer Öffnung ein H Atomstrahl mit H-Atomen in den Energiezuständen $F=1$ und $F=0$ in ein Hochvakuumsystem ein. Der Atomstrahl passiert einen Vierpol- oder Sechspolmagneten, der Atome der Zustände $F=1$, $m_F=1$, $m_F=0$ auf die Öffnung einer Quarzflasche fokussiert, während alle anderen Atome defokussiert werden und von den Vakuumpumpen abgepumpt werden. Die Quarzflasche befindet sich im Inneren eines Mikrowellen-Resonators, der auf die Übertragungsfrequenz $\nu_0 \sim 1{,}4$ GHz abgestimmt ist, und dient als kurzzeitiger Speicher (0,5–1 s) der H-Atome bis sie aus der Einlaßöffnung wieder austreten. Ein Magnetfeld im Bereich der gespeicherten H-Atome sorgt für die Trennung der Zeemann-Unterniveaus und für eine Quantisierungsrichtung. Wenn die Konzentration der gespeicherten H-Atome im ($F=1$, $m_F=0$)-Zustand den Schwellenwert für die Maser-Bedingung überschreitet, setzt im Resonator eine sich selbst erhaltende Mikrowellen-Schwingung an. Ein geringer Teil der Mikrowellenenergie kann aus dem System ausgekoppelt werden und mit einer synthetisierten Schwingung derselben Frequenz verglichen werden. (Wichtige Merkmale s. Fig. 1.27 und Tab. 1.2 und 1.3), CCIR (1990), Vanier u. Audoin (1989), Crampton (1989).)

1.3.3.7 Cäsiumatomuhren

Bei einer Cäsiumatomuhr ist die Frequenz der Strahlung des Hyperfeinstrukturübergangs im Grundzustand ($F=4$, $m_F=0 \rightarrow F=3$, $m_F=0$) des Atoms ^{133}Cs mit etwa 9,1 GHz frequenz- bzw. zeitbestimmend. Cäsiumatomuhren realisieren die SI-Sekundendefinition.

Ausgehend von einem Atomstrahlofen werden die Cäsiumatome vor dem Eintritt in einen Mikrowellenresonator durch einen Ablenkmagneten so beeinflußt, daß nur Atome im Zustand $F=4$ im Strahl bleiben. In den Endpartien des Mikrowellenresonators werden die Strahlatome durch das extern eingespeiste Mikrowellenfeld bestrahlt. Stimmt die Frequenz des eingespeisten Mikrowellenfeldes mit der Übergangsfrequenz vom $F=4$-Zustand zum $F=3$-Zustand überein, dann erfolgt der Übergang. Ein zweiter Ablenkmagnet hinter der Bestrahlungsstrecke lenkt die durch Bestrahlung mit der richtigen Frequenz erzeugten $F=3$-Atome auf einen Nachweisdetektor ab. Die Frequenz der Cäsiumatomuhren ist abhängig von der Temperatur und von äußeren Magnetfeldern. Weiter kann sich die Frequenz ändern, wenn eine Uhr beispielsweise bei Transporten mechanischen Stößen ausgesetzt wird.

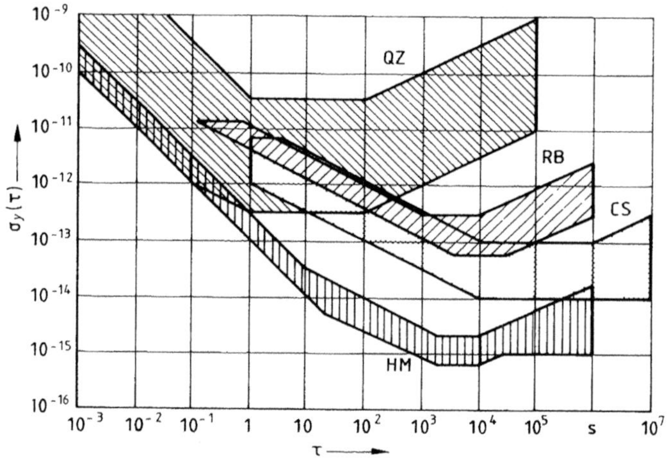

Fig. 1.27
Zusammenstellung der Frequenzinstabilitätsbereiche einiger Zeit- und Frequenznormale, dargestellt mit der Zwei-Proben-Standardabweichung als Funktion der Meßzeit τ (QZ Quarzuhr, RB Rb-Atomuhr, HM H-Atomuhr, CS Cs-Atomuhr) (CCIR 1990)

Cäsiumatomuhren sind im allgemeinen frei von systematischen Driften. Die in Gerätebeschreibungen angegebenen Unsicherheitswerte gelten jeweils für den Zeitraum eines störungsfreien Betriebs. Fig. 1.27 und Tab. 1.2 und 1.3 enthalten wichtige Merkmale von Frequenznormalen.

Glace u. a. (1977), Wineland u. a. (1976), Mungall u. a. (1976), Becker u. a. (1969), Vanier u. Audoin (1989), Drullinger u. a. (1989)

1.3.3.8 Meßgeräte für Zeitintervalle

Bei den Stoppuhren im engeren Sinne wird das Schwingen der Unruhe durch Drücken der Krone freigegeben oder gestoppt. Dieser Mechanismus läßt beim Start- und Stoppvorgang einen Fehler von mehreren Halbschwingungsdauern zu. (Bei guten Uhren bis ½ Halbschwingungsdauer, bei schlechteren mehr.) Gebräuchlich sind Stoppuhren mit Halbschwingungsdauer von 0,2 s, 0,1 s, 0,033 s und 0,01 s. Beim subjektiven Starten

Tab. 1.2 Einige Merkmale von Frequenznormalen

Frequenz-Normal	rel. Frequenz Unsicherheit	rel. Frequenz-Instabilität Kurzzeit (100 s)	Plateau (s. Fig. 1.27)	Langzeit (1 Jahr)	Volumen in dm^3	Gewicht in kg	el. Leistung in W	käuflich	Preis in US $ * 1000
Quarzuhr (hochgenau)	[1])	10^{-10} ... 10^{-13}	10^{-10} ... 10^{-13}	10^{-6} ... 10^{-10}	1 ... 10	0,1 ... 10	0,1 ... 20	ja	0,1 ... 10
Rb-Atomuhr (hochgenau)	[1])	$7 \cdot 10^{-13}$	$1 \cdot 10^{-13}$	10^{-10}	26	15	35	ja	20
H-Atomuhr (laborstationär)	$1 \cdot 10^{-12}$	$2 \cdot 10^{-15}$	$8 \ldots 20 \cdot 10^{-16}$	10^{-12} ... 10^{-13}	1000	250	100	ja	350 ... 450
H-Atomuhr (transportabel)	$1 \cdot 10^{-12}$	$1 \cdot 10^{-14}$	$5 \cdot 10^{-15}$	[2])	100	45	30	ja	200
Cs-Atomuhr (laborstationär)	$1 \cdot 10^{-13}$	$1 \cdot 10^{-13}$	$1 \cdot 10^{-14}$	[1])	2000	500	100	nein	[2])
Cs-Atomuhr (transportabel)	$2 \cdot 10^{-12}$	$1 \cdot 10^{-12}$	$2 \ldots 5 \cdot 10^{-14}$	$<3 \cdot 10^{-13}$	45	30	30	ja	40

[1]) kann allgemeingültig nicht angegeben werden, [2]) es liegt keine Erfahrung vor

Tab. 1.3 Relative Gangunsicherheiten von Frequenznormalen in Abhängigkeit von Umgebungsbedingungen

Frequenz-Normal	Abhängigkeit von Umgebungsbedingungen Temperatur pro 1 K	Beschleunigung pro 1 m/s^2	Magnetfeld pro 1 T	Druck pro 1 Pa
Quarzuhr (hochgenau)	10^{-12}	10^{-11}	10^{-11}	10^{-12}
Rb-Atomuhr	10^{-12}	10^{-13}	10^{-14}	10^{-15}
H-Atomuhr	10^{-14}	10^{-14}	10^{-11}	10^{-12}
Cs-Atomuhr	10^{-14}	10^{-14}	10^{-10}	10^{-13}

und Stoppen von Handstoppuhren entsteht häufig ein Fehler von mehreren Zehntelsekunden, sehr geübte Beobachter können 0,1 s erreichen. Bei Zeitintervallen bis zu 1 Minute können dadurch relativ große Fehler entstehen. Bei längeren Zeitintervallen sind außerdem die Temperatur- und Lageeinflüsse auf den Gang zu berücksichtigen. Bei guten mechanischen Stoppuhren bleibt die Summe dieser Einflüsse auf den Gang bei Temperaturen zwischen 5 °C und 35 °C unter 0,5 s/h. Inzwischen gibt es elektronische

Für Europa sind folgende Zeitsignal- und Normalfrequenzsender wichtig:

Allouis	auf	163,84	kHz	Frankreich
DCF77	auf	77,5	kHz	Bundesrepublik Deutschland
HBG	auf	75	kHz	Schweiz
LORAN-C	auf	100	kHz	z. B. Sylt (Bundesrepublik Deutschland)
MSF	auf	60	kHz	England
OMA	auf	50	kHz	Tschechische Republik

Die Sender Allouis, DCF77, MSF und OMA übertragen, neben der Trägerfrequenz als Normalfrequenz, Zeitangaben in kodierter Form. Im Kode stimmen nur DCF77 und Allouis überein, allerdings sind die Aussendungen von DCF77 amplitudenmoduliert, die von Allouis sind phasenmoduliert. Die Zeitsignale sind synchron zur Trägerfrequenz. Die Unsicherheit der Zeitübertragung mit aufmodulierten Zeitmarken liegt unter 0,1 ms. Die Phasenzeit des Trägers kann im Umkreis des Senders von einigen hundert Kilometern mit Schwankungen im Bereich 0,1 µs aufgenommen werden. CCIR (1990).

1.3.4.5 Übertragung durch Längstwellen

Im Längstwellenbereich von 3 bis 30 kHz senden zur Zeit sieben Sender des Navigationssystems OMEGA Normalfrequenzen von 10,2 kHz, 11,33 kHz und 13,6 kHz aus. Weiter liegen im Bereich von 16 kHz bis 24 kHz einige Nachrichtensender, die ebenfalls Normalfrequenzen abstrahlen. Längstwellen haben eine große Reichweite, so daß weltweite Zeit- und Frequenzvergleiche unter Benutzung der Aussendung eines Senders möglich sind. Die erfolgreichsten Zeit- und Frequenzvergleiche mit Längstwellen sind über Phasenzeitvergleiche der empfangenen Normalfrequenz mit den jeweils zu vergleichenden örtlichen Normalfrequenzen oder Sekundenimpulsen durchgeführt worden.

Die Aufnahme des Trägers von Längstwellen für Phasenzeitvergleiche erfolgt zweckmäßigerweise mit schmalbandigen Phasenfolgeempfängern. Bei Unterbrechung des Betriebs der Empfangsanordnung oder durch starke atmosphärische Störungen geht normalerweise die Phasenbeziehung verloren. Durch besondere Schaltungsanordnungen kann erreicht werden, daß beim Wiedereintreffen des Sendersignals die richtige Phasenbeziehung wiedergefunden wird. Bei Zeitvergleichen mit Hilfe von Längstwellen müssen die Meßanordnungen in beiden Stationen beispielsweise durch einen Uhrentransport eingemessen werden. Zeitvergleiche mit Längstwellen zeigen Unsicherheiten im Bereich um 10 µs. Frequenzvergleiche sind je nach Meßzeitdauer mit Unsicherheiten von relativ 10^{-11} bis 10^{-13} möglich. Die Bedeutung von Zeit- und Frequenzvergleichen mit Längstwellen ist durch die Entwicklung überlegener Verfahren gesunken.

Becker u. a. (1973), Swanson u. Kugel (1972), Becker (1969), CCIR (1990)

1.3.4.6 Übertragung durch Fernsehbildimpulse

Bei Zeitvergleichen zwischen zwei Instituten A und B, die beide im Empfangsgebiet desselben Fernsehprogramms liegen, wird die Ankunftszeit eines bestimmten, den Einzelbildern vorangestellten Synchronisierimpulses als gemeinsamer Referenzeitpunkt benutzt. Absprachegemäß wird allgemein als Zeitpunkt für die Messungen die abfallende Flanke des ersten Hauptimpulses gewählt. An den Stationen A und B wird mit Hilfe eines Zeitintervallzählers die Zeit zwischen örtlichem Sekundenimpuls und dem nachfolgenden, aufbereiteten Synchronisierimpuls mit den Ergebnissen $\Delta\tau_A$ und $\Delta\tau_B$ bestimmt. Dann erhält man unter Berücksichtigung der Signallaufzeiten τ_{SA} und τ_{SB} als Ergebnis des Zeitvergleichs (Stand der Zeitskalen):

$$\tau_{AB} = t_A - t_B = (\Delta\tau_A - \Delta\tau_B) - (\tau_{SA} - \tau_{SB}) \tag{1.37}$$

Wegen der Frequenz der Synchronisierimpulse von 50 Hz (Periodendauer 0,2 ms) dürfen die zu vergleichenden Zeitskalen, um eindeutige Ergebnisse zu bekommen, nur um wenige Millisekunden voneinander abweichen. Die zunächst unbekannten Signallaufzeiten τ_{SA} und τ_{SB} können entweder aus den Abständen zwischen Sender und Empfänger berechnet werden, das wird dann schwierig, wenn beide Stationen A und B nicht im Empfangsbereich desselben Senders liegen, oder aber man kalibriert die Meßanordnung mit Hilfe eines Uhrentransports.

Die Unsicherheit der Zeitübertragung im Empfangsbereich desselben Senders liegt im Bereich 0,1 µs bis 0,5 µs. Zeitübertragungen bei Empfang desselben Programms aber unterschiedlichen Sendern haben Unsicherheiten im Bereich weniger Mikrosekunden bis zu einer Mikrosekunde. Bei Zeitvergleichen über verschiedene Sender können unter Umständen große Laufzeitänderungen auftreten, entsprechend der jeweils gewählten Richtfunkübertragung. Meistens unterscheiden sich die Meßergebnisse so deutlich, daß ein Irrtum bei der Messung ausgeschlossen werden kann.

Rovera (1972), Allan u. a. (1972), Parcellier (1976), Becker u. Enslin (1972), Allan u. a. (1970), CCIR (1986) u. (1990)

1.3.4.7 Übertragung durch LORAN-C-Impulse

Diese Methode für Zeit- und Frequenzvergleiche verwendet die Aussendungen des Navigationssystems LORAN-C (Long Range Navigation). Eine LORAN-Kette besteht aus einer „Master“-Sendestation und zwei bis vier an die „Master“-Station angeschlossenen „Slave“-Sendestationen. Die Kette sendet, synchronisiert von der „Master“-Station, auf der Frequenz 100 kHz mit einem Übertragungsbereich von ca. 85 kHz bis 115 kHz nacheinander jeweils eine charakteristische Impulsfolge von neun Impulsen (Master) und acht Impulsen (Slaves). Die gesamte Impulsgruppe wird nach einer für die jeweilige LORAN-Kette spezifischen Zeit periodisch wiederholt. Jede LORAN-Kette ist so eingerichtet, daß zu bestimmten Zeitpunkten TOC (Time of Coincidence) der Beginn der Impulsfolge der Master-Station und Sekundenmarken der Zeitskala UTC zusammenfallen.

Zur Zeit arbeiten sieben LORAN-Ketten, deren Sender hauptsächlich auf der nördlichen Halbkugel liegen. Für den europäischen Bereich werden für Zeit- und Frequenzübertragungen die Aussendungen der „Norwegian Sea“-Kette benutzt, insbesondere die Aussendung der „Slave“-Station Sylt. Die Kette besteht aus 5 Stationen. Die Aussendung der Kette wird nach 79700 µs wiederholt, der Sendebeginn des Senders Sylt ist gegenüber dem Aussendebeginn der „Master“-Station Ejde (Färöer Inseln) um $\tau_{MS} = 30065{,}69$ µs verzögert. Zeitpunkte TOC kehren jeweils nach 797 s wieder. Die Reichweite eines LORAN-Senders beträgt etwa 3000 km über Meer und 1500 km über Land.

Eine Zeitbestimmung in einem Institut mit Hilfe der Aussendungen eines LORAN-Senders kann folgendermaßen durchgeführt werden: Ein Zeitintervallmesser wird von einem Sekundenimpuls der örtlichen Zeitskala gestartet und von einem Impuls gestoppt, der von einem TOC-Impuls eines LORAN-Senders abgeleitet wird. Hierbei wird nicht der Beginn des Impulses getriggert, sondern wegen der zu erzielenden höheren Genauigkeit ein Nulldurchgang der 100 kHz Schwingung, der um die Zeitspanne τ_v gegenüber dem Impulsbeginn verzögert ist. Das gemessene Zeitintervall habe die Dauer $\Delta\tau$. Dann ergibt sich der Zeitvergleich (hierbei ist angenommen, daß die Aussendung einer „Slave“-Station empfangen wird):

$$t_A - t_{TOC} = \Delta\tau - \tau_{MS} - \tau_{SA} - \tau_v - \tau_E \qquad (1.38)$$

mit τ_{MS} zeitliche Verzögerung zwischen Aussendung von Master und Slave, τ_{SA} Signallaufzeit zwischen Slave-Station und Empfänger A, τ_v Zeitspanne zwischen Impulsbeginn und gewähltem Triggerzeitpunkt, τ_E Impulslaufzeit im Empfänger.

Die Signallaufzeit τ_{SA} läßt sich in erster Näherung aus dem geodätischen Abstand zwischen Sender und Empfänger und der Ausbreitungsgeschwindigkeit von elektromagnetischen Wellen in Luft bestimmen. Für höhere Genauigkeitsansprüche müssen Korrektionen eingeführt werden, die besondere Ausbreitungsbedingungen berücksichtigen. Wollen zwei Institute A und B ihre örtlichen Zeitskalen miteinander vergleichen, dann vereinbaren sie gleichzeitige Messungen an LORAN-Impulsen. Hierbei werden wieder beide Institute einen Zeitintervallmesser mit einem örtlichen Sekundenimpuls starten und mit demselben LORAN-Impuls stoppen. Sind $\Delta\tau_A$ und $\Delta\tau_B$ die in A und B gemessenen Zeitintervalle und τ_{SA} und τ_{SB} die gesamten Signallaufzeiten zwischen Sender und Empfänger (einschließlich der Laufzeit in den Empfängern), dann ist das Ergebnis des Zeitvergleichs (Stand der Zeitskalen):

$$t_{AB} = t_A - t_B = (\Delta\tau_A - \Delta\tau_B) - (\tau_{SA} - \tau_{SB}) \tag{1.39}$$

Bei allen Zeitvergleichen, bei denen nicht genau bestimmbare Signallaufzeiten eingehen, empfiehlt es sich, die Meßeinrichtungen durch einen Uhrentransport zu kalibrieren. Zeitmessungen und Zeitvergleiche mit LORAN-Impulsen haben erfahrungsgemäß Unsicherheiten im Bereich 0,1 µs bis zu einigen µs.

Blair (1974), Shapiro (1968), Potts u. Wieder (1972), Kramer (1970), CCIR (1990)

1.3.4.8 Übertragung durch Satelliten

Gegenwärtig die wichtigsten Verfahren zur genauen Zeitübertragung sind Übertragungen mit Satelliten. Sie überbrücken interkontinentale Entfernungen und sind heute mit Unsicherheiten bis zu 10 ns möglich, in der Zukunft erwartet man Unsicherheiten bis zu 1 ns. Um allerdings die 1 ns Unsicherheit erreichen zu können, sind teure Sende- und Empfangsanlagen, genaue Koordinatenmessungen für den Standort der Antenne und genaue Signal-Laufzeitbestimmungen notwendig. Vorerst sind solche Möglichkeiten nur für besondere Institute vorhanden.

Für einen breiten Anwenderkreis sind verhältnismäßig einfach zu bedienende Geräte zur Zeitübertragung entwickelt worden, die die Aussendung der Satelliten-Navigationssysteme GPS (s. u.) und GLONASS (s. u.) benutzen. Bei der Zeitübertragung mit Satelliten unterscheidet man zwei Verfahren, das Zweiweg-Verfahren und das Einwegverfahren.

Bei Zweiwegverfahren wird der Satellit lediglich als Relaisstation für die Signale zweier Bodenstationen A und B, die einen Zeitvergleich durchführen wollen, benutzt. Das Meßprinzip dabei ist folgendes: Ein Sekundenimpuls startet in A einen Zeitintervallmesser und wird über den Satelliten zur Station B gesendet. Ebenso startet ein Sekundenimpuls in B einen Zeitintervallmesser, derselbe Impuls wird über den Satelliten nach A gesendet. Die jeweils auf dem Funkweg ankommenden Signale stoppen die Zeitintervallmesser in A bzw. B. Das Zählergebnis in A sei $\Delta\tau_A$, das in B sei $\Delta\tau_B$. Die Laufzeiten der Impulse (einschließlich der Laufzeiten in den Sende- und Empfangsanlagen der Bodenstationen und den Satellitentransponder) auf dem Weg von A nach B sei τ_{AB} bzw. von B nach A τ_{BA}. Hiermit errechnet sich die Zeitskalendifferenz:

$$t_{AB} = t_A - t_B = \frac{1}{2}(\Delta\tau_A - \Delta\tau_B) + \frac{1}{2}(\tau_{AB} - \tau_{BA}) \tag{1.40}$$

Im Idealfall, daß die Signallaufzeiten τ_{AB} und τ_{BA} gleich groß sind, gilt:

$$t_{AB} = t_A - t_B = \frac{1}{2}(\Delta\tau_A - \Delta\tau_B) \tag{1.41}$$

Die Unsicherheiten bei den Zweiwegzeitvergleichen liegen im Bereich 10 ns bis 50 ns.

Beim Einwegverfahren sendet nur eine Station A zu einem vereinbarten Zeitpunkt einen Sekundenimpuls aus. In der Station B stoppt dieser Impuls einen Zeitintervallmesser, der vorher durch einen Sekundenimpuls der Station B gestartet worden war. Hieraus ergibt sich für die Zeitskalendifferenz:

$$t_{AB} = t_A - t_B = \Delta\tau_B - \tau_{AB} \tag{1.42}$$

$\Delta\tau_B$ Ergebnis des Zeitintervallzählers,

τ_{AB} Impulslaufzeit von der Station A zur Station B.

Beim Einwegverfahren muß die Signallaufzeit aus ziemlich unsicheren Bahndaten des Satelliten berechnet werden.

Bei einer Variante des Einwegverfahrens benutzen die Stationen A und B ein bestimmtes Sendesignal des Satelliten als gemeinsames Referenzsignal. Auch bei diesem Verfahren gehen unzureichend bestimmbare Laufzeiten in die Auswertung des Zeitvergleichs ein. Die bislang bei den Einwegzeitvergleichen erreichten Unsicherheiten liegen im Bereich 100 ns bis 200 ns.

CCIR (1990), Easton (1972), Steele u. a. (1964), Gatterer u. a. (1968), Laidet (1972), Taylor (1974), Chi u. Byron (1975), Hübner u. Hetzel (1978)

Zeitübertragung durch GPS (Global Positioning System)

GPS ist ähnlich wir LORAN ein auf der Laufzeitmessung von Funksignalen beruhendes Navigationssystem. Während bei LORAN zeitlich synchronisierte Funksignale von ortsfesten Sendern zur Ortung benutzt werden, senden bei GPS Satelliten die Navigationssignale auf den Frequenzen 1227 MHz und 1575 MHz aus. Zur Zeit (1992) sind 18 Satelliten im Erdumlauf, so daß weltweit GPS-Navigation und damit auch Zeitübertragung möglich ist. Die Satelliten umrunden die Erde in 20000 km Höhe mit einer Umlaufzeit von ca. 12 h. Die Bahnen der Satelliten werden so eingerichtet, daß an jedem Punkt der Erde die Aussendung von 4 Satelliten für Navigationszwecke empfangen werden kann. Jeder Satellit hat Atomuhren an Bord, deren Zeit in Bezug zu der GPS-Systemzeit im Abstand weniger Stunden neu bestimmt wird. Hierzu kommt eine regelmäßige Bahnbestimmung der Satelliten. Mit diesen und einigen zusätzlichen Informationen, wie z. B. Korrektionswerte für die Signallaufzeiten, die jeder Satellit in seinem Datentelegramm sendet, ist es möglich, für die Navigation die drei Raumkoordinaten und die GPS-Zeit zu bestimmen. Die Unsicherheit bei der Ortsbestimmung ist <30 m.

Für Zeitvergleiche zwischen Zeitinstituten genügt jeweils die Aussendung eines Satelliten. Für Institute, die an der Bestimmung von UTC mitwirken, koordiniert das BIPM die durchzuführenden Messungen. Die GPS-Systemzeit läßt sich direkt auf UTC (USNO) zurückführen und hierdurch auf UTC.

Seit 1980 werden mit diesem System regelmäßig Zeitvergleiche durchgeführt. Hierzu ist eine Reihe von leicht bedienbaren Empfängern entwickelt worden, die speziell für den Zeitvergleich ausgelegt sind. Zeitinstitute geben jeweils Meßwerte UTC(GPS)–UTC(k) in das internationale Datenverbundnetz General Electric Mark III Service, dessen Benutzer alle Meßwerte abfragen können. Mit Hilfe dieser Daten ist dann jederzeit der Bezug der eigenen Zeitskala zu den Zeitskalen aller teilnehmenden Zeitinstitute hergestellt.

Die Unsicherheit der Zeitvergleiche liegt im Bereich 20 ns bis 50 ns. Für kurze Entfernungen der Bodenstationen (<2000 km) sind Unsicherheiten bis 5 ns möglich.

CCIR (1986) u. (1990), Guinot u. Lewandowski (1988), Allan u. Weiss (1980), Lewandowski u. a. (1987), Nau (1988), Pratt (1980)

Zeitübertragung durch GLONASS (Global Navigation Satellite System)

GLONASS ist das Satellitennavigationssystem der GUS. Die Prinzipien von GLONASS und GPS sind sehr ähnlich. GLONASS bekommt 24 Satelliten, ebenfalls in 20000 km Höhe mit 12 h Umlaufzeit. Die Satelliten senden ebenfalls auf zwei Frequenzen L1 und L2, die paarweise zwischen zwei Werten umgeschaltet werden:

L1: 1602 MHz 1615 MHz

L2: 1246 MHz 1256 MHz

Auch für dieses System sind Navigationsgeräte und Zeitempfänger auf dem Markt. Die erreichbaren Unsicherheiten entsprechen den GPS-Unsicherheiten.

CCIR (1990), Kitching u. Daly (1989)

1.3.4.9 Übertragung mit dem Zeitsignal- und Normalfrequenzsender DCF77

Nahezu im gesamten europäischen Raum sind die Aussendungen des Zeitsignal- und Normalfrequenzsenders DCF77 zu empfangen. Dieser Sender verbreitet die gesetzliche Zeit der Bundesrepublik Deutschland MEZ(D) = UTC(PTB) + 1 h oder MESZ(D) = UTC(PTB) + 2 h, letztere, wenn die Bundesregierung durch Rechtsverordnung nach dem Zeitgesetz von 1978 die Sommerzeit einführt.

Der Standort des Senders DCF77 ist Mainflingen (50° 01′ Nord, 09° 00′ Ost) in der Nähe von Frankfurt am Main. Die vom Sendeverstärker an die Antenne abgegebene Leistung ist 50 kW, die geschätzte ausgestrahlte Leistung liegt bei 20 bis 25 kW. Die Feldstärke des Senders im Abstand von 100 km vom Sender liegt im Bereich um 20 mV/m, im Abstand von 1000 km im Bereich um 0,2 mV/m. Die Trägerfrequenz von DCF77 ist eine hochstabile Normalfrequenz von 77,5 kHz, die am Sendeort von einem Atomfrequenznormal abgeleitet wird. Die relative Frequenzabweichung vom Nennwert ist im Mittel über einen Tag kleiner als 10^{-12}, und im Mittel über 100 Tage kleiner als $2 \cdot 10^{-13}$. Am Empfangsort beobachtete größere Frequenzschwankungen haben ihre Ursachen in ausbreitungsbedingten Phasenschwankungen des Trägers, die durch eine Überlagerung von Raum- und Bodenwelle herrührt.

Der Sender DCF77 sendet im 24-h-Dauerbetrieb. Bei Betriebsstörungen der Sendeeinrichtungen wird auf einen Reservesender und eine Reserveantenne umgeschaltet (Umschaltdauer ca. 5 Minuten). Trotzdem sollten Uhren, die von DCF77 gesteuert werden und bei denen es auf eine hohe Betriebssicherheit ankommt, mit einer mehrstündigen Gangreserve versehen sein, da Gewitter am Sendeort zeitweise eine Abschaltung der Sendeanlagen erforderlich machen. Das Umschalten der Aussendung auf die von der Betriebsantenne 1152 m entfernten Reserveantenne, ergibt je nach Lage des Empfangsorts einen Phasenzeitsprung des Trägersignals bis zu ± 4 µs.

Der Träger von DCF77 wird mit Sekundenmarken moduliert. Zu Beginn jeder Sekunde (mit Ausnahme der 59. Sekunde jeder Minute) wird die Trägeramplitude entweder für die Dauer von 0,1 s oder 0,2 s auf etwa 25% abgesenkt. Die fehlende 59. Sekunde soll die folgende Marke als Minutenmarke kennzeichnen. Beim Einfügen einer Schaltsekunde (s. **1**.3.2.2) wird anstelle der 59. die 60. Sekundenmarke weggelassen. Die Zeitmarken sind phasensynchron mit dem Träger. Aufgrund von Ausschwingzeitkonstanten des Senders, von Empfängereigenschaften und von möglichen Interferenzen zwischen Bodenwelle und Raumwelle am Empfangsort liegt die Unsicherheit des Zeitmarkenempfangs im Bereich 0,1 ms. Die empfangenen Zeitmarken sind um die Signallaufzeiten zwischen Sende- und Empfangsort und um die Signallaufzeiten im Empfänger zu korrigieren.

Fig. 1.28 zeigt den Zeitkode von DCF77. Der Kode ist ein binärer Zehnerkode (BCD), die Sekundenmarken von 0,1 s Dauer entsprechen der binären Null, die von 0,2 s Dauer der binären Eins. Nach einer verlängerten Sekundenmarke 20 erfolgt die Übertragung von Uhrzeit und Datum im Bereich der Sekundenmarken 21 bis 58. Die in jeder Minute übertragene Information gilt jeweils für die der Übertragung folgende Minute. Die Sekundenmarken 28, 35 und 58 übertragen Prüfbits P1, P2 und P3. P1 ergänzt das Bitmuster für die Minutenübertragung zu einer geraden Anzahl von Einsen, P2 und P3 ergänzen entsprechend das Bitmuster für die Stunden- und Datumsübertragung (einschließlich des Musters für den Wochentag).

Die Sekundenmarken 17 und 18 informieren über die momentan übertragene Zonenzeit (Fig. 1.29). Die Sekundenmarke 16 signalisiert einen Wechsel der übertragenen Zonenzeit. Jeweils eine Stunde vor dem Wechsel wird die 16. Sekundenmarke auf die Dauer von 0,2 s verlängert. Die 15. Sekundenmarke gibt Information über die zur Aussendung benutzte Antenne. Eine Verlängerung auf 0,2 s bedeutet, daß die Aussendung über die Reserveantenne erfolgt.

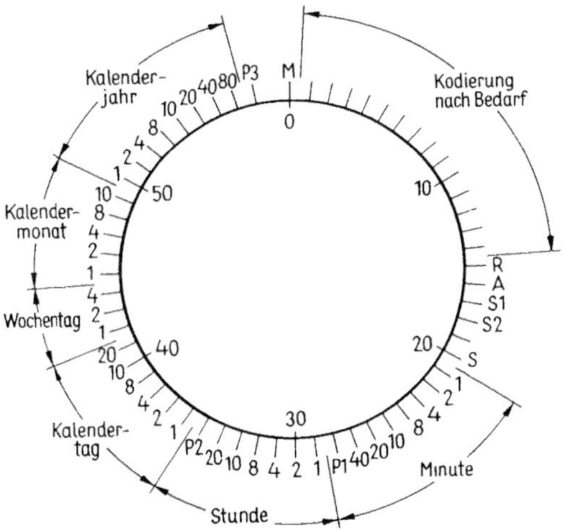

Fig. 1.28 Schema der kodierten Zeitinformation
M Minutenmarke
P1, P2, P3 Prüfbits
R Antennenbit
A Ankündigungsbit für Übergang auf Sommerzeit oder zurück
SZ Sommerzeitbit
S Startbit der kodierten Zeitinformation
(nach Hetzel, 1979)

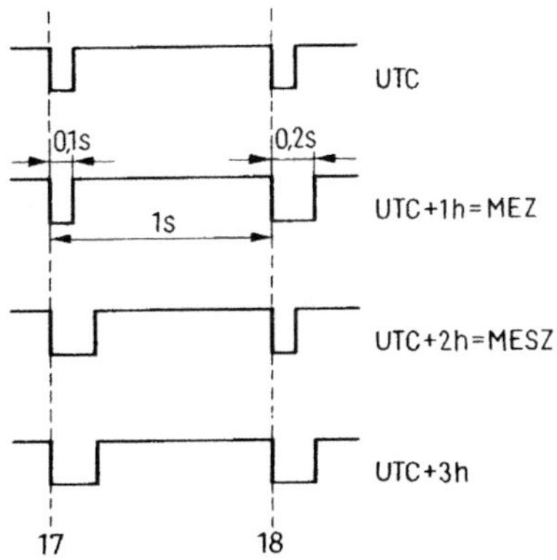

Fig. 1.29 Schema der Zonenzeit-Kodierung bei DCF77 mit den Sekundenmarken 17 und 18
UTC Koordinierte Weltzeit
MEZ Mitteleuropäische Zeit
MESZ Mitteleuropäische Sommerzeit
(nach Becker u. Hetzel, 1981)

Zusätzlich zur Zeitübertragung mit Hilfe der Amplitudenmodulation wurde 1988 nach mehrjähriger Erprobung definitiv eine weitere Modulationsart durch pseudozufällige Umtastung der Trägerphase von DCF 77 eingeführt. Empfängerseitig kann die bekannte pseudozufällige Umtastung als Suchsignal reproduziert werden und mit Hilfe der Kreuzkorrelationsmethode zeitlich mit dem empfangenen Signal synchronisiert werden. Mit dieser Modulationsart wird die zur Aussendung zur Verfügung stehende Bandbreite besser genutzt. Damit wird eine verbesserte Genauigkeit der Zeitübertragung und eine höhere Störsicherheit erreicht.

Das Rufzeichen des Senders DCF 77 wird stündlich dreimal in den Minuten 19, 39 und 59 durch Tonmodulation des Trägers (250 Hz-Rechteck-Trägerabsenkung von 100% auf 85%) in Morse ohne Unterbrechnung der Zeitmarkenübertragung ausgesendet.

Die Physikalisch-Technische Bundesanstalt veröffentlicht monatlich in der Nachrichtentechnischen Zeitschrift (NTZ) ein DCF 77-Bulletin, das Informationen über die Aussendungen des Vormonats enthält.

Becker (1977) u. (1979), Becker u. Hetzel (1973) u. (1981), Graband u. Schildt (1979), Schildt (1978), Zeitgesetz (1978), Hetzel (1976), (1987) u. (1988)

Von DCF 77 nachgesteuerte Oszillatoren

Die Trägerfrequenz von DCF 77 kann zur automatischen Nachsteuerung von Oszillatoren genutzt werden. Hierzu benötigt man einen DCF 77-Empfänger und geeignete Regelschaltungen. Sollen einfache Quarzoszillatoren nachgesteuert werden, dann ist wegen ihrer verhältnismäßig hohen Kurzeitinstabilität eine kleine Regelungszeitkonstante zu wählen. Hieraus folgt, daß ausbreitungsbedingte Frequenzschwankungen der DCF77-Frequenz auf die Oszillatorfrequenz übertragen werden. Bei temperaturstabilisierten hochwertigen Quarzoszillatoren und bei Rubidium-Frequenznormalen kann die Regelzeitkonstante größer gewählt werden, so daß in diesem Fall neben der geringen Kurzzeitinstabilität der Oszillatoren zusätzlich die geringe Langzeitinstabilität von DCF77 zur Verfügung steht.

Becker (1973) u. (1975), Becker u. Rohbeck (1975), Hetzel (1975) u. (1979)

Literatur zu 1.3

Allan, D. W.; Weiss, M. (1980): Proc. 34th Annual Symp. on Freq. Contr., 334

Allan, D. W.; Leschiutta, S.; Rovera, G. (1970): TV frame pulses used for precision time synchronization and their noise distribution. Alta Frequenza **39,** 452

Allan, D. W.; Blair, B. E.; Davis, D. D.; Machland, H. E. (1972): Precision and accuracy of remote synchronization via network television broadcasts, LORAN-C and portable clocks. Metrologia **8,** 64–72

Allan, D. W.; Gray, J. E.; Machland, H. E. (1972): The National Bureau of Standards atomic time scale: Generation, stability accuracy and accessibility. NBS Monographie 140, 205–231

Arditi, M.; Carver, T. R. (1961): Phys. Rev. **124,** 800

Audoin, C.; Vanier, I. (1976): Atomic Frequency Standards and Clocks. Journ. of Physics. E.: Scientific Instruments **2,** 697

Azoubib, J.; Grandveaud, M.; Guinot, B. (1977): Estimation of the scale unit duration of time scales. Metrologia **13,** 87–93

Becker, G. (1966): Von der astronomischen zur atom-physikalischen Definition der Sekunde. PTB-Mitt. **76,** 315–323 und 415–419

Becker, G.; Fischer, B.; Kramer, G.; Müller, E. K. (1967): Die Definition der Sekunde und die Allgemeine Relativitätstheorie. PTB-Mitt. **77,** 111–116

Becker, G.; Fischer, B.; Kramer, G.; Müller, E. K. (1969): Neukonstruktion eines Cäsiumstrahl-Zeitnormals an der Physikalisch-Technischen Bundesanstalt. Proc. Int. Congress. Chronom., CIC 1969 A1

Becker, G. (1969): Empfangsmethoden für europäische Langwellen-Normalfrequenzsender. PTB-Mitt. **79,** 240–242

Becker, G. (1971): Was ist eine Zeitskala. PTB-Mitt. **81,** 405–411

Becker, G.; Enslin, H. (1972): Genaue Zeit- und Frequenzvergleiche mittels Fernsehbildimpulsen. Frequenz **26,** 332–337

Becker, G.; Hetzel, P. (1973): Kodierte Zeitinformation über den Zeitmarken- und Normalfrequenzsender DCF77. PTB-Mitt. **83,** 163–164

Becker, G. (1973): Ein aperiodischer quasiperiodischer Frequenzteiler. PTB-Mitt. **83,** 13–16

Becker, G.; Fischer, B.; Hetzel, P. (1973): Langzeituntersuchungen über die Unsicherheit von Zeit- und Frequenzvergleichen mittels Längstwellen. PTB-Mitt. **83,** 222–231

Becker, G. (1975): Die Sekunde. PTB-Mitt. **85,** 14–28

Becker, G.; Rohbeck, L. (1975): ein Normalfrequenz-Quarzoszillator nachgesteuert vom Sender DCF77. Elektronik **24,** 73–75

Becker, G. (1975) Schrittregelung für die Mittelung von Zeitsignalen. PTB-Mitt. **85,** 448–457

Becker, G. (1976): Neues über Zeit, Frequenz und Länge. Kleinheubacher Berichte **19,** 305–323

Becker, G. (1977): Mitteilungen über den Sender DCF77. PTB-Mitt. **87,** 542

Becker, G. (1979): Die Feldstärke des Zeitsignal- und Normalfrequenzsenders DCF77. 12. und 17. PTB-Seminar, Zeit und Frequenz. PTB-Me-23, 199–221

Becker, G.; Hübner, U. (1979): The Generation of Time Scales. Radio Science **14,** 593–603

Becker, G. (1980): Fortschritte auf dem Gebiet der Zeitskalen. Teil 1 PTB Mitt. **90,** 7–13

Becker, G.; Hetzel, P. (1981): Information über DCF77: Status der Aussendung, Zeitkode, Zonenzeitkodierung. PTB-Mitt. **91,** 183–185

Besson, R. J. (1987): Proc. 1st Europ. Freq. and Time Forum Neuchâtel, 20

Blair, B. E. (1974): Time and Frequency: Theory and Fundamentals. NBS Monograph 140, 233–314

CCIR (1978): XIVth Plen. Ass. Kyoto, Int. Telecomm. Union, Vol VII 82–86

CCIR (1978): XIVth Plen. Ass. Kyoto, Int. Telecomm. Union, Vol VII 13

CCIR (1978): XIVth Plen. Ass. Kyoto, Int. Telecomm. Union, Vol VII 62–69

CCIR (1986): XVIth Plen. Ass. Dubrovnik, Int. Telecomm. Union, Vol VII

CCIR (1990): XVIIth Plen. Ass. Düsseldorf, Int. Telecomm. Union, Annex Vol VII

CGPM: Comptes rendus des séances de la 11ᵉ Conf. Gén. des Poids et Mesures. Paris (1960): Gauthier-Villars (1961), S. 86

CGPM: Comptes rendus des séances de la 14ᵉ Conf. des Poids et Mesures, Paris (1971), Gauthier-Villars

Chi, A. R.; Byron, E. (1975): A two-way time tansfer experiment using a synchronous satellite. Proc. 7th Annual PTTI, 357–375

CIPM (1957): Proc.-Verb. Com. int. Poids Mes. **25,** 77

Crampton, S. B. (1989): Frequency Standards and Metrology. Springer-Verlag, 52

Drullinger, R. E.; Shirley, J. H.; Glace, D. J.; Holberg, L. (1989): Frequency Standards and Metrology, Springer-Verlag, 116

Easton, R. (1972): The role of time/frequency in Navy navigation satellites. Proc. IEEE **60,** 557–563

Enslin, H. (1965): Die Entwicklung der bürgerlichen Zeit seit 1800. Dt. Uhrmacher-Z., 227–228, 265–268

Fischer, B. (1979): Übersicht über die Eigenschaften von Zeit- und Frequenznormalen. 12. und 17. PTB-Seminar Zeit und Frequenz. PTB-Me-23, 100–121

Gatterer, L. E.; Bottone, P. W.; Morgan, A. H. (1968): Worldwide clock synchronization using a synchronous satellite. IEEE Trans. on Instr. and Meas. **IM-17,** 372

Gerber, E. A.; Sykes, R. A. (1974): Theory and Fundamentals (Blair, B. E., Ed) NBS Monograph, 140

Gerber, E. A.; Sykes, R. A. (1967) IEEE **55,** 783

German, S.; Draht, P. (1979): Handbuch SI-Einheiten. Braunschweig: Vieweg

Gesetz über die Zeitbestimmung (1978): (Zeitgesetz-Zeit G). Bundesgesetzblatt **I** 1110–1111

Glace, D. J.; Hellwig, H.; Allan, D. W.; Jarvis, S. (1977): NBS-IV and NBS-VI: The NBS Primary Frequency Standards. Metrologia **13,** 17–28

Graband, M.; Schildt, G. H. (1979): Räumliche Verfügbarkeit und Einflüsse von Störungen beim Empfang des Signals des Zeitzeichen- und Normalfrequenzsenders DCF77. 12. und 17. PTB-Seminar, Zeit und Frequenz, PTB-Me-23, 269–298

Guinot, B.; Lewandowski, W. (1988): Proc. 2nd Europ. Freq. and Time Forum (EFTF) Neuchâatel, 187

Hafner, E. (1969): IEEE **57,** 179

Hellwig, H. (1974): Atomic Frequency Standards: A Survey, Proc. 28th Ann. Symp. on Freq. Contr., Ft. Monmouth, 315–339

Hellwig, H. (1977): Frequency Standards and Clocks. A Tutorial Introduction NBS Technical Note 616

Hetzel, P. (1976): Die technischen Einrichtungen zur Steuerung des Zeitsignal- und Normalfrequenzsenders DCF77. Jb. D. Ges. Chronom. **27,** 48–57

Hetzel, P. (1978): Digitale Phasennachführung in Schritten von 10 ns. Kleinheubacher Berichte **21,** 541–548

Hetzel, P. (1979): Empfang der Normalfrequenz des Trägers von DCF77. 12. und 17. PTB-Seminar, Zeit und Frequenz, PTB-Me-23, 222–240

Hetzel, P. (1987): Zeitübertragung auf Langwelle durch amplitudenmodulierte Zeitsignale und pseudozufällige Umtastung der Trägerphase. Diss. Uni Stuttgart

Hetzel, P. (1988): Mitteilung über den Zeitsignal- und Normalfrequenzsender DCF77 und sein aktuelles Sendeprogramm. Funkuhrtechnik, München, Wien: Oldenburg-Verlag, 29–45

Hetzel, P. (1988): Versuche zur Zeitübertragung durch pseudozufällige Phasenumtastung des Trägers von DCF77. Funkuhrtechnik, München, Wien: Oldenburg-Verlag, 47–59

Hübner, U.; Hetzel, P. (1978): Zweiweg-Zeitvergleich mit dem Satelliten Symphonie. Kleinheubacher Berichte **21,** 459–468

Kartaschoff, P. (1978): Frequency and Time. London, New York, San Francisco: Academic Press

Kitching, I. D.; Daly, P. (1989): Proc. 3rd Europ. Freq. and Time Forum (EFTF), Besançon, 121

Kovalevsky, I. (1965): Astronomical Time. Metrologia **1,** 169–180

Kramer, G. (1970): LORAN-C timing receivers. Frequency Technol. **8,** 13–18

Laidet, L. M. (1972): Worldwide synchronization using the TRANSIT satellite system. Proc. IEEE **60,** 630–632

Lewandowski, W.; Weiss, M. A.; Davies, D. (1987): Metrologia **24,** 181

Mungall, A. G.; Daams, H.; Morris, D.; Costain, C. C. (1976): Performance and Operation of the NRC Primary Cesium Clock CsV. Metrologia **12,** 129–139

Nau, H. (1988): Funkuhrentechnik, München, Wien: Oldenburg-Verlag, 235

Parcelier, P. (1976): Comparison d'horloges atomique par reception de signaux de television. Bulletin d'Information de Bureau Nationale de Metrologie **23,** 32–39

Potts, C. E.; Wieder, B. E. (1972): Precise time and frequency dissemination via the LORAN-C system. Proc. IEEE **50,** 530–539

Pratt, A. R. (1980): Proc. 2nd Europ. Freq. and Time Forum (EFTF), Neuchâtel, 45

Rovera, G. (1972): On the accuracy of the TV timing method. Alta Frequenca **41,** 822–824

Scheibe, A.; Adelsberger, U. (1936): Schwankungen der astronomischen Tageslänge und der astronomischen Zeitbestimmung nach den Quarzuhren der Phys.-Techn. Reichsanstalt. Phys. Z. **37,** 185–203

Schildt, G. H. (1978): Räumliche Verfügbarkeit des Normalfrequenzsenders DCF77. NTZ **31,** 514–515

Shapiro, L. D. (1968): Time Synchronization from LORAN-C. IEEE Spectrum **5,** 46–55

Steele, Mc A. J.; Markowitz, W.; Lidbach, C. A. (1964): Telstar time synchronization. IEEE Trans. on Instr. and Meas. IM-**13,** 164

Swanson, E. R.; Kugel, C. P. (1972): VLF Timing: Conventional and Modern Techniques including Omega. Proc. IEEE **60,** 540–551

Taylor, R. J. (1974): Satellite to ground timing experiments. Proc. 28th Ann. Symp. Freq. Control, 384–388

Vanier, J.; Audoin, C. (1989): The Quantum Physics of Atomic Frequency Standards. Adam Hilger, Bristol and Philadelphia, Vol 1, Vol 2

Wineland, D. J.; Allan, D.; Glace, D. J.; Hellwig, H.; Jarvis, S. (1976): Results on Limitation in Primary Cesium. Standard Operation. IEEE Transactions on Instrumentation and Measurement IM **25,** 453–458

Yoshimura, K. (1972): The generation of an accurate and uniform time scale with calibrations and prediction. NBS Techn. Note, 626

1.4 Fallbeschleunigung (S. German)

1.4.1 Normale Fallbeschleunigung und örtliche Fallbeschleunigung

Die physikalischen Erscheinungen auf der Erde erfolgen in ihrem Schwerefeld. Manche dieser Erscheinungen werden von ihm beeinflußt.

Die normale Fallbeschleunigung γ_φ (auch Normalschwere genannt) in der geographischen Breite φ auf der Oberfläche des Rotationsellipsoids der Erde kann mit Hilfe der geschlossenen Formel von Somigliana angegeben werden

$$\gamma_\varphi = \frac{a\gamma_e \cos^2\varphi + b\gamma_p \sin^2\varphi}{\sqrt{a^2\cos^2\varphi + b^2\sin^2\varphi}} \tag{1.43}$$

wobei γ_e und γ_p die normale Fallbeschleunigung am Äquator bzw. an den Polen
und a und b die Halbachsen des Ellipsoids am Äquator bzw. an den Polen sind.

Für numerische Rechnungen wird im allgemeinen die folgende Formel benutzt:

$$\gamma_\varphi = \gamma_e \frac{1 + k\sin^2\varphi}{\sqrt{1 - e^2\sin^2\varphi}} \tag{1.44}$$

mit
$$k = \frac{b\gamma_p - a\gamma_e}{a\gamma_e} \quad \text{und} \quad e^2 = \frac{a^2 - b^2}{a^2} \tag{1.45}$$

Im Rahmen des auf der 17. Generalversammlung der IUGG im Jahre 1979 angenommenen Geodätischen Referenzsystems 1980, das durch die Konstanten

– Radius a der Erde in der Äquatorebene 6378137 m

– Geozentrische Gravitationskonstante der Erde
einschließlich der Atmosphäre (meist mit GM bezeichnet) $3986005 \cdot 10^8\ \mathrm{m^3\,s^{-2}}$

- Dynamischer Formfaktor J_2 der Erde (die permanente Deformation infolge der Gezeiten ausschließend) $108263 \cdot 10^{-8}$
- Winkelgeschwindigkeit ω der Erde $7292115 \cdot 10^{-11}$ rad s^{-1}

definiert ist, wird als Schwereformel in Form der Reihenentwicklung benutzt

$$\begin{aligned}\gamma_\varphi = \gamma_e\,(1 &+ 0{,}0052790414 \sin^2\varphi \\ &+ 0{,}0000232718 \sin^4\varphi \\ &+ 0{,}0000001262 \sin^6\varphi \\ &+ 0{,}0000000007 \sin^8\varphi)\end{aligned} \tag{1.46}$$

mit $\gamma_e = 9{,}7803267715$ ms^{-2}

und einer relativen Unsicherheit von 10^{-10} (entspricht 10^{-9} ms^{-2}) aus Polynomabbruch. Für γ_p ergibt sich dann

$$\gamma_p = 9{,}8321863685 \text{ ms}^{-2}.$$

Werte gemäß Gleichung (1.46) sind in Tab. T 1.03 in Band 3 zusammengestellt. Wenn eine maximale Unsicherheit von 10^{-6} ms^{-2} vertretbar ist, kann die einfachere Formel

$$\gamma_\varphi = 9{,}780327(1 + 0{,}0053024 \sin^2\varphi - 0{,}0000058 \sin^2 2\varphi) \text{ ms}^{-2}$$

benutzt werden.

Mittelwert der normalen Fallbeschleunigung γ über das Ellipsoid ist $\bar{\gamma} = 9{,}797644$ ms^{-2} im Geodätischen Referenzsystem 1980.

Die Normalfallbeschleunigung g_n ist mit 9,80665 m/s^2 festgelegt. Hierbei handelt es sich um einen von der 3. Generalkonferenz für Maß und Gewicht im Jahre 1901 festgelegten konventionellen Wert.

Die örtliche Fallbeschleunigung g_{loc} weicht wegen der Abweichung der Erde vom Rotationsellipsoid und wegen der Inhomogenitäten der Dichte der Erde nicht unbeträchtlich von den mit Gl. (1.46) berechneten Werten ab. Die auf der Erdoberfläche ausgeführten absoluten und relativen Schweremessungen werden im International Gravity Standardization Net 1971 (IGSN 71) zusammengefaßt. Es handelt sich hierbei um ein nach statistischen Methoden ausgeglichenes Netz, in dem etwa 24000 Gravimetermessungen, 1200 Pendelmessungen und 10 Absolutmessungen verarbeitet sind, die über 20 Jahre gesammelt und kritisch gesichtet wurden. Im IGSN 71 werden für 1854 Stationen ausgeglichene Werte der Fallbeschleunigung angegeben, deren Unsicherheit kleiner als $1 \cdot 10^{-6}$ m/s^2 ist (Publ. Special No. 4 des Bureau Central de l'Association Internationale de Geodesie). In Tab. T 1.04 in Band 3 sind Werte der örtlichen Fallbeschleunigung für ausgewählte Orte des IGSN 71 zusammengestellt. An das IGSN 71 sind regionale und nationale Teilnetze angeschlossen. In Tab. T 1.05a in Band 3 sind die Orte und die zugehörigen Wert der örtlichen Fallbeschleunigung für das Schweregrundnetz 1976 der Bundesrepublik Deutschland (DSGN 76) angegeben. (Veröff. Deutsche Geod. Komm., Reihe B, Nr. 254, München 1981). Die Tab. T 1.05b in Band 3 bringt Schwerewerte von Festpunkten I. Ordnung des Staatlichen Gravimetrischen Netzes (SGN) der ehemaligen DDR und Punkten des Einheitlichen Gravimetrischen Netzes (EGN) osteuropäischer Länder.

Das im Jahre 1909 eingeführte Potsdamer Schweresystem, in dem alle Messungen auf einen Bezugswert im Potsdamer Geodätischen Institut bezogen wurden, ist mit dem IGSN 71 aufgegeben. Die Werte im IGSN 71 sind um ca. $1{,}4 \cdot 10^{-4}$ m/s^2 kleiner als diejenigen im Potsdamer Schweresystem, das diese systematische Abweichung enthielt. Bei Schwereangaben ist darauf zu achten, auf welches Schweresystem sie sich beziehen. Werte der örtlichen Fallbeschleunigung („absolute Schweremessung") werden mittels Längen- und Zeitmessung eines freifallenden Körpers (meist Tripelspiegel) bestimmt (unsymmetrische Methode: freier Fall; symmetrische Methode: freier Wurf und anschließend freier Fall). Mit transportablen Freifall- bzw. Wurf- und Fallapparaturen läßt sich derzeit eine relative Meßunsicherheit von 10^{-8} erreichen. Messungen mit Pendeln sind nicht mehr üblich, da die systematische Meßunsicherheit und der Aufwand zu groß sind.

Unterschiede zwischen Werten der örtlichen Fallbeschleunigung („relative Schweremessung") werden mit Gravimetern gemessen, die im Prinzip hochempfindliche Federwaagen sind. Sie müssen kalibriert werden. Der Meßbereich beträgt bis zu $0{,}07\,\mathrm{ms}^{-2}$. Die Meßunsicherheiten bleiben häufig kleiner als $10^{-7}\,\mathrm{ms}^{-2}$ (0,01 mGal). Kleine Schweredifferenzen lassen sich mit Gravimetern, die mit einem elektronischen Rückkopplungs-System ausgerüstet sind, auf etwa $10^{-8}\,\mathrm{ms}^{-2}$ bestimmen.

1.4.2 Änderungen der Fallbeschleunigung

Die zeitlichen Änderungen des Betrags der Fallbeschleunigung infolge der Einflüsse von Sonne und Mond betragen maximal $\pm 1{,}5 \cdot 10^{-6}\,\mathrm{m/s^2}$ während eines Tages. Die maximale Änderung während einer Minute beträgt etwa $0{,}8 \cdot 10^{-8}\,\mathrm{m/s^2}$. Als Meßgeräte dienen Gravimeter.

Auf oberflächennahe Massenverschiebungen z. B. tektonischen Ursprungs zurückgehende Änderungen bleiben langfristig kleiner als 10^{-7} bis $10^{-8}\,\mathrm{ms}^{-2}$. Kurzfristige (Erdbeben u. a.) können Änderungen von 10^{-6} bis $10^{-7}\,\mathrm{ms}^{-2}$ auftreten.

Der horizontale Gradient der Fallbeschleunigung ergibt sich aus der Abhängigkeit der Fallbeschleunigung von der geographischen Breite (veränderliche Komponente der Zentrifugalbeschleunigung, Abplattung der Erde) und von der Topographie. Die in der Natur vorkommenden Werte liegen im allgemeinen zwischen 0 und $2 \cdot 10^{-8}\,\mathrm{m/(s^2 \cdot m)}$. In Gebäuden kommen Werte bis $5 \cdot 10^{-7}\,\mathrm{m/(s^2 \cdot m)}$ vor. Häufig erfolgen die Angaben in der früher benutzten Einheit Eötvös ($1\,\mathrm{E} = 10^{-9}\,\mathrm{m/(s^2 \cdot m)}$). Der horizontale Gradient kann entweder direkt mit der Eötvösschen Drehwaage oder mittels eines Gravimeters, das man längs einer Horizontalen mehrere Male aufstellt, gemessen werden.

Der vertikale Gradient der Fallbeschleunigung (Freiluftgradient) wird durch Gravimeter-Messungen in verschiedenen Höhen festgestellt. Meist wird der für die kugelförmige und massengleiche Erde gültige Wert $\delta g/\delta z = 3{,}086 \cdot 10^{-6}\,\mathrm{m/(s^2 \cdot m)}$ benutzt. Die in der Natur und in Gebäuden vorkommenden Werte liegen je nach Untergrund und Topographie meist zwischen 2,5 bis $3{,}5 \cdot 10^{-6}\,\mathrm{m/(s^2 \cdot m)}$.

1.4.3 Lotrichtung und Lotschwankungen

Die Richtung des Lotes über einem Meßpunkt ist die Senkrechte zur lokalen Äquipotentialfläche des Schwerefeldes. Diese Richtung ist im allgemeinen nicht identisch mit der Senkrechten zu dem in der Geodäsie bestimmten Referenzellipsoid. Der Unterschied in der Richtung heißt Lotabweichung.

Infolge der Einflüsse von Sonne und Mond unterliegt die Lotrichtung periodischen Änderungen (Lotschwankungen). Einfluß des Mondes: ±0,017″; Einfluß der Sonne: ±0,008″. Als Meßgerät dienen Horizontalpendel und Vertikalpendel (Meßunsicherheit bis 0,0001″).

Bei Aufstellung der Instrumente an der Erdoberfläche kann sich infolge der Einflüsse von Grundwasser und lokalen Erdkrustenbewegungen (z. B. unter Einfluß der Sonneinstrahlung) die Lotrichtung um wesentlich größere Beträge als bei den oben erwähnten periodischen Änderungen innerhalb eines Tages ändern.

Literatur zu 1.4

Graf, A. (1967): Gravimetrische Instrumente und Meßmethoden, Handb. d. Vermessungskunde Bd. Va. Stuttgart: Metzlersche Verlagshandlung

Groten, E. (1980): Geodesy and the Earth's Gravity Field Vol. II: Geodynamics and Advanced Methods. Bonn: Dümmler
Torge, W. (1991): Geodäsie. Berlin u. New York: Walter de Gruyter
Torge, W. (1989): Gravimetry. Berlin u. New York: Walter de Gruyter

1.5 Stoffmenge von Fluiden

1.5.1 Allgemeines (L. Narjes)

Unter Stoffmenge wird die physikalische Basisgröße „Stoffmenge" (Substanzmenge) (s. **9**.1.4.1) in der SI-Einheit mol verstanden. Bei der konventionellen Mengenmessung von Fluiden (Flüssigkeiten und Gase) wird die Stoffmenge mittelbar, nämlich über die abgeleitete Größe „Volumen" oder „Volumenstrom bzw. Volumendurchfluß", bestimmt, da es für die Mengenmessung ruhender oder stationär strömender Flüssigkeiten und Gase auf der Grundlage der Basisgröße Stoffmenge z. Zt. kein unmittelbares, technisch einfaches Meßprinzip gibt. Ein unmittelbares Prinzip wäre z. B. die Teilchenzählung. In der Zwischenzeit hat man diverse andersartige Verfahren zur unmittelbaren Erfassung des „Massenstromes" weiterentwickelt (s. Landolt-Börnstein (1991)). Einzelne dieser Verfahren haben bereits den Charakter von Präzisionsmeßverfahren erreicht. Man unterscheidet bei der Mengenmessung zwischen zwei Verfahren, nämlich dem statischen und dynamischen, je nachdem die Stoffmenge des in Ruhe oder in Bewegung (stationärer Strömungsvorgang) befindlichen Fluids ermittelt wird. Bei der Bestimmung der Größen „Volumen" bzw. „Volumenstrom" müssen repräsentativer statischer Druck p_r und repräsentative Temperatur T_r im Kontrollvolumenbereich (z. B. eines Volumenzählers) gemessen werden, damit der ermittelte Volumenstrom q_v thermodynamisch eindeutig im Sinne einer Mengenangabe festgelegt ist. Zur Umrechnung auf einen zu Vergleichszwecken von Volumina oder Volumenströmen erforderlichen Norm- bzw. Referenzzustand benötigt man das Verhältnis zwischen Betriebsdichte ϱ_1 (bezogen auf den Zustand vor dem Meßgerät, d. h. $p_r = p_1$) und Dichte im Norm- bzw. Referenzzustand ϱ_n des Fluids (mit $\varrho_{m_n} = 1/(Z_n V_{m0})$)

$$\frac{\varrho_1}{\varrho_n} = \frac{\varrho_{m_1}}{\varrho_{m_n}} = \varrho_{m_1} Z_n V_{m0}, \tag{1.47}$$

worin per definitionem

$$Z_n = \frac{p_n V_{m_n}}{R T_n}$$

ist. V_{m0} in Gleichung (1.47) ist die universelle physikalische Konstante des stoffmengenbezogenen (molaren) Volumens des idealen Gases im Normzustand $V_{m0} = 0{,}02241400\ \mathrm{m^3/mol}$. R ist die universelle Gaskonstante. Z_n ist z. B. nach DIN 1871 der Realgasfaktor eines trockenen (H_2O-frei) Gases im Normzustand (s. DIN 1343). Hiermit hat man einen sehr wichtigen Referenzzustand für die Kalorimetrie gasförmiger Brennstoffe festgelegt. Z_n bedeutet allgemein den Realfaktor eines Fluids im Referenzzustand. Er kennzeichnet das vom Verhalten des idealen Gases ($Z_n = 1$) abweichende, thermische Zustandsverhalten des Fluids im Referenz- bzw. Normzustand ($V_{m_n} \neq V_{m0}$). Im allgemeinen mißt man die Betriebsdichte ϱ_1 unmittelbar vor dem Meßgerät oder ermittelt diese aus dem statischen Druck p_1 und der Temperatur T_1 mittels einer thermischen Zustandsgleichung $\varrho = \varrho(p, T)$ des Fluids. Nach Baehr (1992) kann man für Flüssigkeiten den in T und p linearen Ansatz

$$\frac{1}{\varrho_1} = v_1(T_1, p_1) = v_0[1 + \alpha_{v0}(T_1 - T_0) - \varkappa_0(p_1 - p_0)]$$

als thermische Zustandsgleichung näherungsweise verwenden. Hierin bedeuten

$$\alpha_{v0} = \frac{1}{v_0}\left(\frac{\partial v}{\partial T}\right)_p \quad \text{Volumenausdehnungskoeffizient}$$

und $$\varkappa_0 = -\frac{1}{v_0}\left(\frac{\partial v}{\partial p}\right)_T \quad \text{isothermer Kompressibilitätskoeffizient}$$

bezogen auf einen Referenzzustand. Zwischen ϱ_1 und der molaren Dichte ϱ_{m_1}, z. B. in der Einheit mol/m^3, besteht der Zusammenhang

$$\varrho_{m_1} = \varrho_1/M. \tag{1.48}$$

Die molare Masse M des Fluids errechnet sich aus (x_i = Molanteil des Stoffes „i" des Fluids)

$$M = \sum_i x_i M_i. \tag{1.49}$$

M ist hiernach durch eine Analyse des Fluids festgelegt. Bei Bekanntsein von M und Z_n kann der gemessene, stationäre Volumenstrom im Betriebszustand $q_{v_1} = \mathrm{d}V_1/\mathrm{d}t = \text{const}$ ($\mathrm{d}V$ = Volumenfortschritt, $\mathrm{d}t$ = Zeitfortschritt) mittels Anwendung der Gleichungen (1.47) bis (1.49) in der Form

$$q_n = q_{v_1}\varrho_1/\varrho_n = q_{v_1}\varrho_{m_1}Z_n V_{m0} = q_{v_1}\frac{\varrho_1}{M}Z_n V_{m0} \tag{1.50}$$

auf den Volumenstrom q_n im Norm- bzw. Referenzzustand umgerechnet werden. In vielen technischen Fällen weicht Z_n, z. B. bei Gasen, nicht wesentlich vom Wert 1 ab (ideales Gas). Sind M und Z_n nicht bekannt, wird man eine Meßmethode zur direkten Ermittlung der Dichte des Fluids im Norm- bzw. Referenzzustand ϱ_n, z. B. bei Gasen die Messung mit der Gasdichtewaage, heranziehen. Wendet man Gleichung (1.50) auf den stationären Stoffmengenstrom $\dot{n}$ gemäß seiner Definition

$$\dot{n} = \mathrm{d}n/\mathrm{d}t = \text{const} = q_n\varrho_{m_n} = q_n/(Z_n V_{m0}) \tag{1.51}$$

an, so erhält man

$$\dot{n} = q_{v_1}\frac{\varrho_1}{M}. \tag{1.52}$$

Diese Gleichung ist allgemein auf Fluide, also sowohl auf Flüssigkeiten als auch Gase anwendbar. Stoffmengenströme von Fluiden konstanter und bekannter Teilchenzusammensetzung (M = const) können gemäß Gl. (1.52) miteinander unmittelbar quantitativ verglichen werden, da es sich um Stoffmengenströme im Sinne einer mittelbaren Teilchenzählung handelt.

Gleichung (1.52) kann in besonders einfacher Form zur Ermittlung des Stoffmengenstromes für Fluide wie „ideale Gase bzw. ideale Gasgemische" angewendet werden gemäß

$$\dot{n} = q_{v_1} \frac{p_1}{RT_1}. \tag{1.53}$$

Für den Zustandsbereich „reale Gase und Flüssigkeiten" – das ist der Bereich bei der betriebsüblichen Großgas- und Flüssigkeitsmengenmessung strömender Fluide unter höherem statischen Druck – ergibt sich gemäß thermischer Zustandsgleichung $\varrho = \varrho(p, T) = M \frac{p}{ZRT}$

$$\dot{n} = q_{v_1} \frac{p_1}{Z_1 RT_1}, \tag{1.54}$$

worin der Realfaktor Z_1 eine dimensionslose, thermodynamische Zustandsgröße

$$Z_1 = \frac{p_1 V_{m_1}}{RT_1} \tag{1.55}$$

darstellt. Diese Größe repräsentiert als zustandsabhängiger Parameter das thermische Kompressibilitätsverhalten eines realen Fluids ($Z \gtrless 1$) im Verhältnis zu dem des idealen Gases ($Z = 1$). Bei Gasgemischen ist der Realgasfaktor eine im allgemeinen verwickelte Zustandsfunktion der Art

$$Z = Z(p, T, x_1 \ldots\ldots x_n). \tag{1.56}$$

Hierzu hat man z. B. Virialgleichungen für Erdgas entwickelt, die der elektronischen Rechentechnik angepaßt sind und die eine hohe Genauigkeit bei konstanter Gaszusammensetzung sicherstellen (s. Jaeschke (1989 und 1992 VDI)).

Diese augenblicklich bekannteste Methode der Interpolationsfunktionen für z. B. Erdgas wird heutzutage von vielen Großgasversorgungsunternehmen angewendet. Für Flüssigkeiten unter nicht zu hohen statischen Drücken hat man Dichtetabellen gemäß $\varrho_1 = \varrho_1(T_1)$ entwickelt. Man beachte auch hierzu den Näherungsansatz von Baehr (s. Seite 66, ohne Druckglied). Den Volumenstrom q_{v_1} eines Fluids ermittelt man bei Präzisionsmessungen stets im Einphasenzustand (gasförmig oder flüssig) und sorgt bei der Messung von Flüssigkeitsmengen dafür, daß durch geeignete Gasabscheideeinrichtungen praktisch keine gasförmigen Bestandteile mehr im Fluid enthalten sind. Bei der Messung von Gasmengen wird z. B. durch Separatoren bewirkt, daß keine flüssigen Bestandteile mehr im Fluid vorhanden sind.

Den Faktor $p_1/(Z_1 RT_1) = \varrho_1/M = \varrho_{m_1}$ in Gleichung (1.54) ermittelt man mit Hilfe von zusätzlichen Meß- und Recheneinrichtungen, die die Erfassung der Größen statischer Druck (p_1), Temperatur (T_1), Zusammensetzung des Fluids und letztlich sowohl die Berechnung des obigen Faktors als auch die Multiplikation desselben mit dem Volumenstrom q_{v_1} ermöglichen. Diese Bestimmungsart für den Stoffmengenstrom bezeichnet man als mittelbare Methode. Der Stoffmengenstrom $\dot{n}$ ist dem Massestrom $\dot{m}$ proportional gemäß Gleichung (1.52) in der Form $\dot{m} = q_{v_1} \varrho_1 = M\dot{n}$.

Für Strömungsvorgänge von Flüssigkeiten und Gasen, die nicht durch die Schwerkraft, thermische oder elektrische Einwirkungen beeinflußt werden, spielen vornehmlich zwei stoffspezifische, strömungsphysikalische Eigenschaften des Fluids eine wichtige Rolle, nämlich die Viskosität und die gasdynamische Kompressibilität (s. **1**.5.1.1 und **1**.5.1.3).

1.5.1.1 Viskosität des Fluids

Bei der Strömung durch geschlossene Kanäle, z. B. Rohre, spielt die Viskosität des Fluids eine gravierende Rolle. In der Nähe der Wände ist bei bestimmter Strömungsform, z. B. Turbulenz, in einer dünnen, an die Rohrwand grenzenden Schicht eine verstärkte Scherkraftwirkung durch Reibungskräfte vorhanden. Diese Schicht bezeichnet man als

Grenzschicht. Auf der Abströmseite von stumpfen Körpern z. B. kommt die Grenzschicht unter bestimmten Bedingungen sogar zur Ablösung. Es tritt dort starke Wirbelbildung auf. Hiermit sind entsprechend hohe Wandlungen von kinetischer in innere Energie des Fluids vorhanden. Diese sind auch in der Grenzschicht und selbst in der Kernströmung vorhanden. Die Intensität der Wandlungen in Grenzschicht als auch Kernströmung hängt vom Geschwindigkeitsgefälle quer zur Wand ab. Man spricht von Energiedissipation, die stets mit einer lokalen Entropieerzeugung (irreversibler Prozeß) gekoppelt ist. Der Einfluß dieser Reibungskräfte wird quantitativ durch die Reynoldszahl

$$Re = \frac{u l \varrho}{\eta} = \frac{u l}{\nu}$$

wiedergegeben, die den Quotienten aus Kräften gemäß Impulsdichte $u\varrho$ und Reibungskraft darstellt. Dabei sind u = Strömungsgeschwindigkeit, l = charakteristische Länge, ϱ = Dichte, η = dynamische Viskosität, $\nu = \eta/\varrho$ = kinematische Viskosität (reibungsfreie Strömung: $Re \to \infty$).

Zwei Strömungen inkompressibler Fluide (ϱ = const) sind dann mechanisch vollständig ähnlich, wenn bei geometrischer Ähnlichkeit der Strömungsberandungen auch die Stromlinienbilder geometrisch ähnlich sind. Dazu ist es erforderlich, daß die Re-Zahlen beider Strömungen gleich sind (Reynoldssches Ähnlichkeits- oder Modellgesetz). Die Re-Zahl ist dimensionsfrei und ein geeigneter Parameter der Ähnlichkeitstheorie in ihrer Anwendung auf Strömungen inkompressibler Fluide (Schlichting (1965), Truckenbrodt (1989)).

Bei Flüssigkeitsströmungen muß aus meßtechnischen Gründen der statische Druck im ganzen Strömungsfeld weit genug über dem Dampfdruck (Sättigungsdruck) des Fluids bleiben, damit keine Dampfblasenbildung (Zwei-Phasen-Strömung mit Dampfblasen in der Flüssigkeit) eintritt.

Sobald die gasdynamische Kompressibilität vernachlässigt werden kann, besteht zwischen dem Strömungsgesetz einer Flüssigkeit und dem eines Gases keinerlei Unterschied. Man bezeichnet diese Strömungsgesetze jedoch als Hydrodynamik und Aerodynamik. Die Strömungen von kompressiblen, gasförmigen Fluiden bei hohen Geschwindigkeiten beschreibt die Gasdynamik. Hierbei liegen zwei Ähnlichkeitsparameter, die Re- und Ma-Zahl (s. 1.5.1.3) vor. Ein Anwendungsbeispiel für die Mengenmeßtechnik bei Schallgeschwindigkeit gasförmiger Fluide, d. h. bei größerer Dichteänderung derselben, stellt die kritisch betriebene ($Ma = 1$) Venturidüse dar. Strömungen gasförmiger Fluide können bis $Ma \leqslant 0{,}2$ als im gasdynamischen Sinne quasi-inkompressibel angesehen werden, sofern nicht sehr hohe Genauigkeitsansprüche vorliegen.

1.5.1.2 Laminare und turbulente Strömungsvorgänge

Bei kleinen Re-Zahlen sind Strömungen laminar über den gesamten Strömungsquerschnitt (sog. Schichtenströmung). Dabei findet keine Vermischung benachbarter Schichten statt. Für ein ideales Gas z. B. läßt sich seine dynamische Viskosität aus der kinetischen Gastheorie herleiten. Bei der laminaren Rohrströmung inkompressibler (ϱ = const) Fluide sind nach Hagen und Poiseuille die Geschwindigkeit parabolisch und der statische Druck konstant über den Strömungsquerschnitt verteilt. Der hierbei gültige Zusammenhang zwischen Viskosität und Volumenstrom wird z. B. zur meßtechnischen Bestimmung der dynamischen Viskosität benutzt. Bei der laminaren Rohrströmung kompressibler Fluide gelten gemäß den Grundgleichungen der Strömungsmechanik nach Navier-Stokes und den thermodynamischen Grundgleichungen (Zustandsgleichung, 1. und 2. Hauptsatz) andere Verhältnisse für die Druck- und Geschwindigkeitsverteilung über den Strömungsquerschnitt. Bei großen Re-Zahlen oberhalb einer kritischen Reynoldszahl $Re_{krit.}$ ist die laminare Strömung aus Stabilitätsgründen nicht mehr existent und schlägt in eine turbulente Strömungsform um. Dabei sind starke Vermischungen benachbarter Schichten durch Impulsaustausch (Turbulenzballentransport) und daher eine „scheinbare Schubspannung der Turbulenz" $\tau = \varrho\overline{u'v'}$, vorhanden. Der typische Unterschied zwischen laminarer und turbulenter Strömung kann optisch durch den Reynoldsschen Farbfadenversuch demonstriert werden. Die turbulente Strömungsform ist die in der Durchflußmeßtechnik am häufigsten vorkommende Form.

Bei turbulenter, insgesamt stationärer Strömung ist der zeitlich mittleren Bewegungsgröße z. B. $\bar{u}$ eine unregelmäßige (statistische) Schwankungsgröße u', die sogenannte turbulente Schwankungsbewegung, überlagert, so daß $u = \bar{u} + u'$ wird. Im allgemeinen sind Strömungen turbulenter Natur mit unterschiedlichem Turbulenzgrad

$$Tu = \sqrt{\frac{1}{3}(\overline{u'^2} + \overline{v'^2} + \overline{w'^2})/(\bar{u}^2 + \bar{v}^2 + \bar{w}^2)}$$

entsprechend den Randbedingungen (Einlaufstörungen) behaftet. Die turbulente Strömung hat weniger Ablösungsneigung als die laminare Strömung. Der Umschlag laminar-turbulent wird bestimmt durch die kritische Reynoldszahl Re_{krit}. Beim Kreisrohr ergibt sich $Re_{krit} = (ud/\nu)_{krit} = 2300$ (d = Rohrdurchmesser). Für eine längsangeströmte ebene Platte ist die Grenzschicht am Anfang laminar, dahinter turbulent, sofern die kritsche Reynoldszahl Re_{krit} überschritten wird. Der Abstand x der Umschlagstelle von der Vorderkante ist je nach Turbulenzgrad der Außenströmung gegeben durch $Re_{krit} = (ul/\nu)_{krit} = 5 \cdot 10^5$ bis $3 \cdot 10^6$. Bei der Einlaufströmung in einem Rohr ergeben sich entsprechende Grenzschichtverhältnisse.

1.5.1.3 Gasdynamische Kompressibilität des Fluids

Ist die Strömungsgeschwindigkeit des Fluids sehr klein gegen die örtliche Schallgeschwindigkeit desselben, so spielt seine gasdynamische Kompressibilität keine Rolle. Dann kann die Dichte des Fluids ϱ in Näherung als konstant angenommen werden, (d. h. inkompressibles Fluid s. **1**.5.1.1). Ist letzteres nicht der Fall, so spielt der Quotient $u/c = Ma$ aus Strömungsgeschwindigkeit u und örtlicher Schallgeschwindigkeit $c = \sqrt{(\partial p/\partial \varrho)_s}$ eine besondere Rolle. Dabei ist c die Ausbreitungsgeschwindigkeit von Störwellen kleiner Amplitude in dem Fluid (isentrope Verdichtung und Verdünnung, d. h. s = konst.) $Ma = u/c$ wird als Machzahl bezeichnet. Sie ist ein Ähnlichkeitsparameter, der das gasdynamische Kompressibilitäts- bzw. Elastizitätsverhalten des Fluids quantitativ wiedergibt (Machsches Modellgesetz) (Truckenbrodt (1992)).

Ein besonderer, meßtechnischer Anwendungsfall ist, wie zuvor erwähnt, durch die bei überkritischem Druckverhältnis betriebene Venturidüse gegeben. Hierbei tritt im engsten Querschnitt derselben die örtliche Schallgeschwindigkeit des Gases als Strömungsgeschwindigkeit ($Ma = 1$) auf. Diese Düsenströmung ist außerordentlich stabil, aber leider von der Gaszusammensetzung, insbesondere im Niederdruckbereich von der Feuchte (H_2O), abhängig (s. Aschenbrenner (1974)). Überkritisch betriebene Düsen werden in Prüfständen zur präzisen Mengenmessung bevorzugt (s. Aschenbrenner (1989)).

1.5.2 Mengenmessung ruhender Fluide (M. Zander)

Die Menge ruhender Fluide wird entweder als Volumen V oder als Masse m angegeben. Vorzuziehen sind Massenangaben, weil die Masse im Gegensatz zum Volumen unabhängig von Druck und Temperatur ist. Dennoch wird die Menge von Fluiden überwiegend durch eine Volumenmessung bestimmt, da sie gegenüber der Massebestimmung viele Vorteile aufweist. Zur Umwertung von Volumenangaben in Massenangaben und umgekehrt entsprechend der Beziehung

$$m = \varrho V \qquad (1.57)$$

muß die Dichte ϱ des Fluids bekannt sein.

Die Masse eines Fluids in einem Behälter kann auf einfache Weise durch Wägung unmittelbar bestimmt werden (Wägeverfahren s. **1**.1.4). Anstelle der Masse wird bei gasförmigen Stoffen (z. B. Methan, Stickstoff, Sauerstoff) in Behältern der Fülldruck bei der Bezugstemperatur von 15°C angegeben; er ist bei gegebenem Behältervolumen der Gasmasse annähernd proportional.

Das Volumen eines Fluids wird in Ausnahmefällen ebenfalls durch Wägung, d. h. aus Masse und Dichte nach Gl. (1.57) mittelbar bestimmt. Vorteilhafter ist es, das Fluidvolumen entweder durch Ausmessen mit Meßbehältern bekannten Inhalts (Messung vollständiger Füllungen) oder, wenn es sich um Flüssigkeiten handelt, durch Messung der Flüssigkeitshöhe (Messung von Teilfüllungen) zu ermitteln.

Volumenmeßgeräte für Laboratoriumszwecke s. **1**.2.3.2 und **1**.2.3.3.

1.5.2.1 Messung vollständiger Füllungen

Diese einfache Methode besteht darin, daß das Fluid in einen Meßbehälter mit bekanntem Volumen gefüllt und daraus wieder abgegeben wird. Die Meßbehälter für die Volumenmessung von Flüssigkeiten im eichpflichtigen Verkehr sind in der Eichordnung (Anlage 4: Volumenmeßgeräte für Flüssigkeiten in ruhendem Zustand) behandelt.

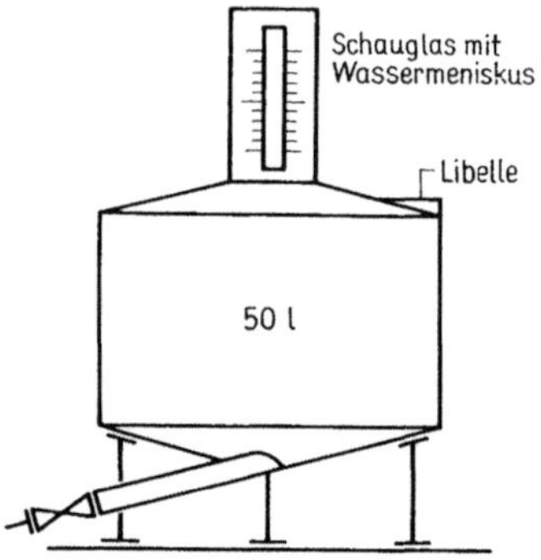

Fig. 1.30
Eichkolben aus Metall

Für Prüfzwecke werden vorwiegend Eichkolben verwendet, die aus Glas (bis zu 10 l) oder aus Metall hergestellt sind. Fig. 1.30 zeigt einen Eichkolben mit einem Inhalt von 50 l. Er besteht aus einem zylindrischen Teil mit kegelförmigen Böden, einem Hals mit zwei gegenüberliegenden Schaugläsern und einer Skala zur Ablesung des Flüssigkeitsvolumens. Der Halsquerschnitt ist so gewählt, daß eine Volumenänderung von 0,1% den Flüssigkeitsspiegel um etwa 10 mm verschiebt. Beim Entleeren ist das Absperrorgan voll zu öffnen und nach einer festgelegten Abtropfzeit (meist 30 s) zu schließen. Sie beginnt, wenn der Flüssigkeitsstrahl abreißt, d. h. die Flüssigkeit nicht mehr zusammenhängend herausläuft. Damit wird immer eine hinreichend gleiche Benetzung des Eichkolbens erreicht. In derselben Weise ist der Eichkolben vor jeder Messung zu benetzen.

Die höchste Meßgenauigkeit für ein abgegebenes Wasservolumen wird mit Überlaufpipetten (50 l oder 100 l Inhalt) erreicht, die zum Ausmessen größerer Meßbehälter dienen. Bei Überlaufpipetten wird das Füllvolumen durch den Rand des Pipettenhalses begrenzt, der erheblich eingeengt ist. Der

Durchmesser des Pipettenhalses wird so gewählt, daß eine relative Volumenänderung von etwa $3 \cdot 10^{-6}$ den Flüssigkeitsspiegel um 1 mm verschiebt. Das von der Überlaufpipette abgegebene Wasservolumen wird vor ihrer ersten Verwendung gravimetrisch bestimmt, wobei eine Meßunsicherheit von $\Delta V/V = 5 \cdot 10^{-5}$ erreichbar ist. Für die Volumenbestimmung, die in regelmäßigen Zeitabständen zu wiederholen ist, ist destilliertes Wasser zu verwenden, dessen Dichte sehr genau bekannt ist (s. Tab. T 3.10 in Band 3).

Die Volumenmessung von Gasen wird erschwert durch die starke Abhängigkeit des Gasvolumens von Druck und Temperatur. Zur Messung eines abgegebenen Gasvolumens bei konstantem Druck und konstanter Temperatur eignet sich die Gasmeßglocke. Das Gas befindet sich in der zylindrischen Glocke, die in senkrechter Richtung beweglich aufgehängt ist und mit ihrem offenen Ende in ein Flüssigkeitsbecken eintaucht. Der Gasinhalt der Glocke über dem Flüssigkeitsspiegel ist an einer Skala abzulesen.

Auch Kolbenmeßgeräte haben sich zur Messung von Gasvolumina bewährt. Das Gas befindet sich z. B. in einem stehenden zylindrischen Behälter, der oben durch den Kolben begrenzt ist. Bei der Gasabgabe bewegt sich der Kolben durch die Schwerkraft nach unten und verdrängt das Gas bei konstantem Druck und konstanter Temperatur. Der Kolbenweg ist proportional dem abgegebenen Gasvolumen. Auch Systeme mit waagerecht zwangsbewegtem Kolben sind in Gebrauch.

1.5.2.2 Messung von Teilfüllungen (Füllstandsmessung)

Durch Messung des Füllstandes (Flüssigkeitshöhe) kann die Flüssigkeitsmenge im Behälter erfaßt werden, wenn der Zusammenhang zwischen Füllstand und Füllinhalt bekannt ist. Die Volumenbestimmung aus dem Füllstand h ist bei Behältern mit konstanter Querschnittsfläche A aus $V = A\,h$ leicht möglich. Für Kugelbehälter mit dem Durchmesser d gilt

$$V = \pi h^2 \left(\frac{d}{2} - \frac{h}{3} \right), \tag{1.58}$$

jedoch liegt in der Praxis eine einwandfreie Kugelform im allgemeinen nicht vor. Deshalb ist es auch bei geometrisch einfachen Behälterformen zweckmäßig, das Volumen in Abhängigkeit des Füllstandes mit Wasser stufenweise auszumessen (mit Eichkolben) oder nach dem Wägeverfahren mit Hilfe der Wasserdichte zu bestimmen.

Große Lagerbehälter in Form stehender Zylinder werden „naß" oder „trocken" ausgemessen. Beim nassen Verfahren (Ausliterung) wird die Zuordnung zwischen Volumen und Füllstand durch Einfüllen von Wassermengen, die mit einem Volumenzähler gemessen werden, ermittelt. Beim trockenen Verfahren wird der Behälter geometrisch vermessen, wobei in verschiedenen Höhen der mittlere Druchmesser bestimmt wird. Neben den Verfahren mit Meßband und Lot werden hierfür auch optische Meßverfahren eingesetzt.

Der Füllstand kann nach sehr unterschiedlichen Meßverfahren bestimmt werden (Richtlinie VDI/VDE 3519, Hengstenberg (1980), Strohrmann (1987), VDI-Berichte 231, Profos (1974), Bonfig (1972)). Es sind Verfahren, die auf eine Längenmessung zurückgeführt werden (Peilstab, Peilband, Schauglas, Standglas, Schwimmer), Verfahren, bei denen Drücke oder Kräfte gemessen werden (Manometer, Perlrohr, Verdränger, Waage), oder es werden andere physikalische Effekte ausgenutzt (Kapazität, Radioaktivität, Ultraschall).

Peilstab, Peilband Ein Peilstab oder Peilband wird in den Behälter eingesenkt und die Eintauchtiefe in die Flüssigkeit (Benetzungsgrenze) wird festgestellt. Peilstäbe werden für Füllstände bis zu etwa 3 m benutzt. Bei stehenden zylindrischen Behältern werden Peilbänder verwendet, die am unteren Ende mit Spanngewichten beschwert werden. Die Peilung erfolgt im allgemeinen gegen einen

Peiltisch. Die Peilmethode ist geeignet für drucklose Behälter, bei denen nur gelegentlich der Füllstand gemessen wird, und zur Kontrolle kontinuierlich anzeigender Meßeinrichtungen.

Schauglas Durch Einbau einer mit einer Skala versehenen Glasscheibe in die Behälterwand läßt sich der jeweilige Füllstand optisch ermitteln. Wenn man mehrere Schaugläser seitlich versetzt übereinander anordnet, lassen sich auch größere Meßbereiche erfassen.

Standglas Den Flüssigkeitsstand kann man auch an seitlich angebrachten Standgläsern beobachten, die nach dem Prinzip der kommunizierenden Röhren arbeiten und durch Ventile abgesperrt werden können (Fig. 1.31). Der Innendurchmesser des Standglases ist so zu wählen, daß Kapillarwirkungen vernachlässigbar sind.

Falls die Temperaturen und somit auch die mittleren Dichten der Flüssigkeit im Behälter und im Standglas voneinander abweichen, muß die Anzeige des Standglases h_S korrigiert werden

$$h = h_S \frac{\varrho_S - \varrho_D}{\varrho_B - \varrho_D}. \tag{1.59}$$

ϱ_B Dichte der Flüssigkeit im Behälter

ϱ_S Dichte der Flüssigkeit im Standglas

ϱ_D Dichte des Dampfes (Gases) über der Flüssigkeit

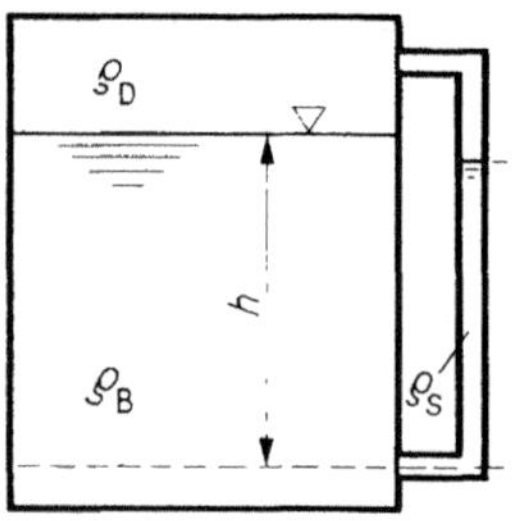

Fig. 1.31 Füllstandsmessung mit Standglas

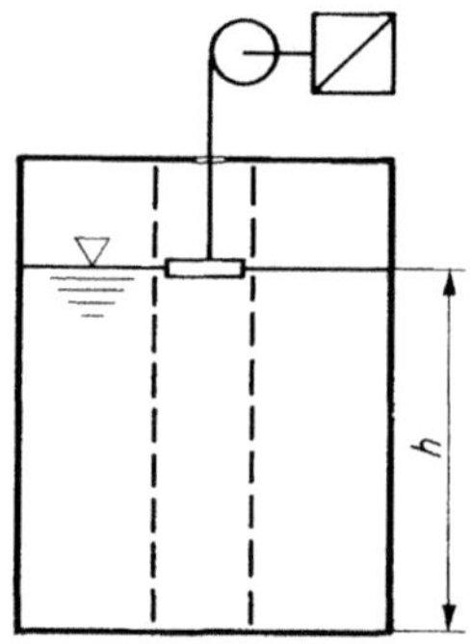

Fig. 1.32 Füllstandsmessung mit Schwimmer

Schwimmer Der Füllstand wird durch einen Schwimmer erfaßt, der – an einem dünnen Seil hängend – an der Flüssigkeitsoberfläche schwimmt (Fig. 1.32). Die Niveauänderungen, denen der Schwimmer folgt, werden über das Seil auf eine Meßtrommel übertragen und können örtlich angezeigt und fernübertragen werden. Als „Schwimmer" hat sich die massive Tastplatte bewährt, die schwerer ist als die von ihr verdrängte Flüssigkeit. Der größte Teil ihres Gewichtes wird durch eine Gegenkraft ausgeglichen, so daß die Tastplatte nur sehr wenig in die Flüssigkeit eintaucht. Dichteänderungen der Flüssigkeit bewirken eine Änderung der Eintauchtiefe. Um diesen Einfluß gering zu halten, wählt man eine Tastplatte mit möglichst großem Durchmesser. Bei störenden Flüssigkeitsbewegungen ist der Schwimmer zu führen oder durch ein perforiertes Rohr zu schützen.

Manometer Der von der Flüssigkeit hervorgerufene hydrostatische Druck wird als Differenz zwischen dem Bodendruck p_b und dem Druck an der Flüssigkeitsoberfläche p_0 gemessen und daraus der Füllstand (Flüssigkeitshöhe) h gegenüber dem Meßort des Bodendruckes bestimmt

$$h = \frac{p_b - p_0}{\varrho g}. \tag{1.60}$$

Hierin sind ϱ die Dichte der Flüssigkeit (Mittelwert) und g die örtliche Fallbeschleunigung. Bei Behältern, die unter Druck stehen, ist immer die Druckdifferenz $(p_b - p_0)$ zu messen. Bei offenen Behältern genügt in vielen Fällen eine einfache Messung des Bodendruckes gegenüber dem Atmosphärendruck.

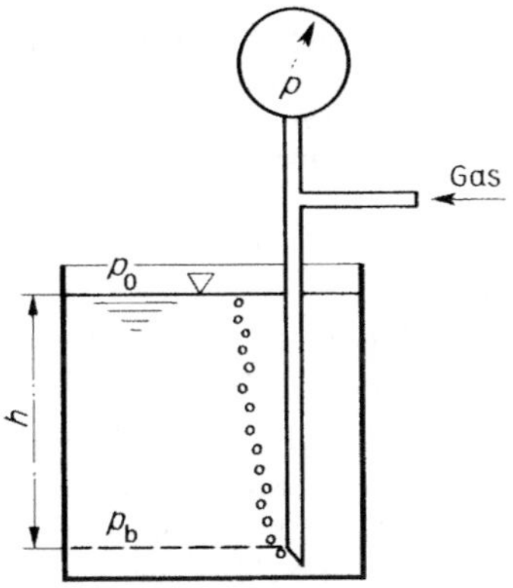

Fig. 1.33
Füllstandsmessung mit Perlrohr

Perlrohr Ein Rohr wird bis zum Boden des offenen Behälters eingetaucht, durch das Luft oder Stickstoff kontinuierlich in die Flüssigkeit eingeperlt wird. Der Druck, der sich im Perlrohr einstellt, entspricht dem Bodendruck am offenen Ende des Perlrohres (Fig. 1.33). Mit einem Manometer wird der Druck im Perlrohr als Überdruck gegenüber dem Atmosphärendruck gemessen und daraus der Füllstand nach Gl. (1.60) berechnet.

Bewährt haben sich Perlrohre (Innendurchmesser 10–25 mm), die am unteren Ende abgeschrägt sind, damit sich bereits kleine Gasblasen ablösen. Bei kleinem Gasstrom kann der Strömungswi-

Für einen Behälter mit konstantem Querschnitt gilt

$$h = \frac{m}{\varrho A}. \tag{1.62}$$

Kapazität Bei dem kapazitiven Meßverfahren wird die Kapazitätsänderung eines Kondensators in Abhängigkeit vom Füllstand gemessen. Der Kondensator wird durch eine in das Füllgut eintauchende Sonde und die Behälterwand gebildet (Fig. 1.34). Die Kapazitätsänderung ΔC mit steigendem oder fallendem Füllstand wird durch die unterschiedlichen Permittivitätszahlen ε_r der Flüssigkeit und der darüber befindlichen Luft (Dampf) im Behälter hervorgerufen. Für die elektrische Kapazität eines Zylinderkondensators gilt

$$C = C_0 + \Delta C = C_0 + \frac{2\pi\varepsilon_0(\varepsilon_r - 1)}{\ln (d/d_s)} h \tag{1.63}$$

mit C_0 Kapazität des leeren Behälters
ε_0 elektrische Feldkonstante.

Die Kapazitätswerte liegen im Picofarad-Bereich. Zur Erzielung eines genügend großen Meßeffektes muß man eine Wechselspannung hoher Frequenz (20 kHz bis 1 MHz) verwenden, mit der ein der Kapazitätsänderung proportionales Meßsignal erzeugt wird. Das kapazitive Meßverfahren ist nur anwendbar, wenn die Permittivitätszahl des Füllgutes konstant bleibt.

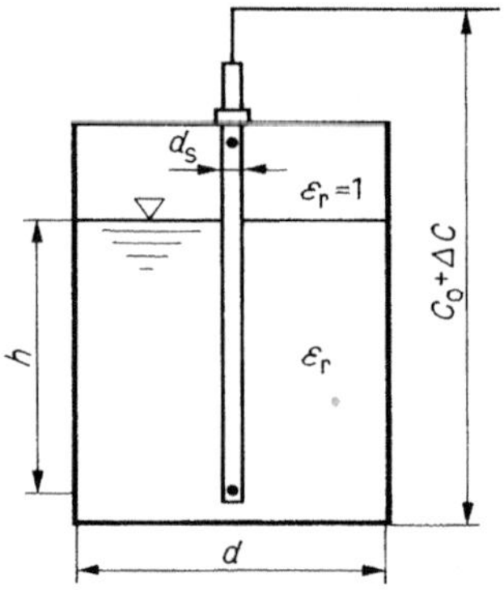

Fig. 1.34 Kapazitative Füllstandsmessung
d Durchmesser des zyl. Behälters
d_s Sondendurchmesser

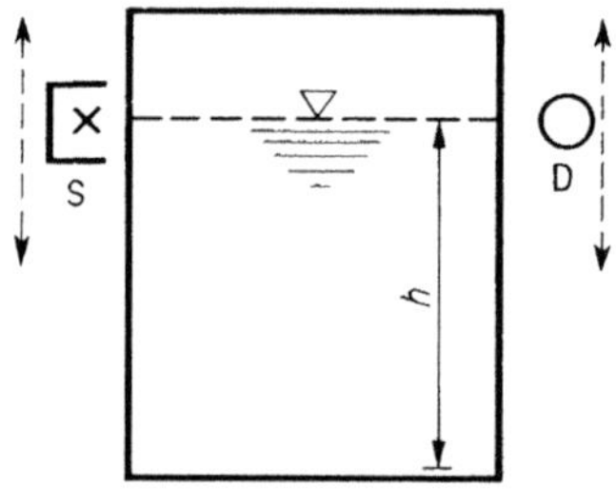

Fig. 1.35 Radioaktive Füllstandsmessung
S Strahler D Detektor

Radioaktivität Bei der Füllstandsmessung auf Isotopenbasis wird die Absorption von radioaktiver Strahlung durch das Füllgut ausgenutzt. An dem Behälter wird auf der einen Seite die Strahlenquelle, ein radioaktives Isotop Co 60 oder Cs 137, und auf der gegenüberliegenden Seite ein Detektor (z. B. Geiger-Müller-Zählrohr) angeordnet (Fig. 1.35).

Die γ-Strahlung durchdringt geradlinig den Behälter. Durch die Bestrahlung mit γ-Quanten spricht das Zählrohr an und gibt elektrische Impulse ab, die in einen Gleichstrom umgewandelt werden. Es wird entweder nur ein Grenzstand detektiert oder die Messung wird über mehr oder weniger fein unterteilte Abschnitte (mehrere Detektoren, mehrere Strahler) durchgeführt. Wenn Strahler und Detektor dem Füllstand nachgeführt werden, kann der Füllstand kontinuierlich gemessen werden.

Ultraschall Die Grundlage der Füllstandsmessung mit Ultraschall beruht auf der Laufzeit des Schalls und seiner Reflexion an einer Flüssigkeitsoberfläche. Sender und Empfänger werden am

Behälterboden unterhalb der Flüssigkeit untergebracht. Der Sender gibt in kurzen Zeitabständen Schallimpulse ab. Die Schallwellen werden an der Flüssigkeitsoberfläche reflektiert und vom Empfänger aufgenommen. Die Laufzeit t des Schalls, die zwischen dem Aussenden und Empfangen des Impulses verstreicht, ist dem Füllstand h proportional

$$h = \frac{ct}{2} \tag{1.64}$$

c Schallgeschwindigkeit in der Flüssigkeit.

Als Schallfrequenzen eignen sich 50 kHz bis 5 MHz. Der Sensor (Sender und Empfänger) kann auch an der Behälterdecke angeordnet werden (Echolotprinzip). Die Laufzeit des Schalls in der Luft ist dann ein Maß für den Abstand des Sensors von der Flüssigkeitsoberfläche.

1.5.3 Mengenmessung strömender Fluide (A. Aschenbrenner, L. Narjes)

1.5.3.1 Einleitung

Die Mengenmessung strömender Fluide wird überwiegend in geschlossenen Rohrleitungen ausgeführt. Bei Flüssigkeiten insbesondere zur Messung von großen Wassermengen gibt es auch Meßverfahren, die in offenen Gerinnen oder Kanälen angewendet werden. Bei den meisten Meßgerätearten werden unmittelbar das Volumen und nur in wenigen Fällen die Masse bestimmt.

Folgende Meßprinzipien werden unterschieden:

- Zählermessung (Volumenzähler und Massezähler)
- Durchflußmeßverfahren mit Integration über der Zeit (Volumen oder Masse)
- Netzmessung: Geschwindigkeitsmessung an netzförmig über dem Strömungsquerschnitt verteilten Punkten und Integration über den Querschnitt und über der Zeit (primär Volumen).

Die Abgrenzung zwischen Zählermessung und Durchflußmeßverfahren läßt sich dabei nicht immer eindeutig festlegen. Die meisten Durchflußmeßgeräte lassen sich durch Anschluß eines geeigneten über der Zeit integrierenden Gerätes (eines Integrators) zu einem Zähler komplettieren. Umgekehrt kann man viele Zählerarten auch durch Anschluß nach der Zeit differenzierender Geräte für Durchflußmessungen einsetzen.

Für die Auswahl des richtigen Meßgerätes für den jeweiligen Zweck sind eine ganze Reihe von Kriterien zu beachten: Preis, Genauigkeit, Fluid (Flüssigkeit - Gas), Durchfluß (klein - groß, stationär - veränderlich oder pulsierend), Druck (niedrig - hoch), Temperatur, Viskosität, Fluid: sauber - verschmutzt, neutral - aggressiv, usw.

Folgende Anforderungen sind in der Regel an das Fluid zu stellen:

Das Fluid muß einphasig sein. Kolloidale Lösungen können dabei als einphasig angesehen werden. Die meisten Meßgeräte erfordern saubere Fluide, nur wenige Meßverfahren sind auch für schmutzhaltige Fluide, z. B. Abwasser, geeignet.

Bei Flüssigkeiten begnügt man sich häufig mit einer reinen Volumenmessung, da bei ihnen die Dichte nur in geringem Maße vom Druck und von der Temperatur abhängt. Bei Gasen, Dämpfen und verflüssigten Gasen dagegen ist diese Abhängigkeit so groß, daß zur Mengenbestimmung als Masse oder als Volumen in einem definierten Bezugszustand (z. B. Normzustand) zusätzlich zur Volumenmessung eine Messung der Dichte oder von Druck und Temperatur erforderlich ist.

Zusatzeinrichtungen (zusätzliche Meßgeräte), die während der Messung von Gasen kontinuierlich oder quasikontinuierlich das gemessene Volumen auf die Masse oder das Volumen im Normzustand umrechnen, heißen Umwerter (s. Albrecht (1979), Krebs (1993)).

1.5.3.2 Zähler

Volumenzähler Bei diesen unterscheidet man vom Meßprinzip her volumetrische (unmittelbare) Zähler und Strömungszähler (mittelbare Zähler, s. Schröder (1979), Orlicek (1971), Hengstenberg (1980), Matschke (1982), VDI-Berichte Nr. 254, Nr. 375 u. Nr. 768). Zähler müssen durch Vergleich mit Normalgeräten kalibriert werden. Als Basis-Normalgeräte werden Meßbehälter, Eichkolben, Meßglocken oder Kolbenmeßgeräte verwendet (s. **1**.5.2 und **1**.5.2.1). Die fundamentale Bestimmung der Normalgeräte erfolgt bei Flüssigkeiten über eine Wägung oder auch über eine geometrische Vermessung, bei Gasen über eine Verdrängung durch eine Flüssigkeit oder eine geometrische Vermessung. Eine direkte Wägung wird u. a. bei Gasen unter Hochdruck angewendet (s. Narjes (1978)).

Das Meßwerk der volumetrischen Zähler hat eine oder mehrere Meßkammern definierten Volumens, die periodisch gefüllt und entleert werden. Entsprechend ihrem Konstruktionsprinzip weisen diese Zähler einen mehr oder weniger großen periodischen Fehler auf, d. h. der Drehwinkel der Meßwerkswelle und das durchgeströmte Volumen sind im Verlauf einer Wellenumdrehung nicht proportional zueinander. Es gibt auch den Extremfall, daß bei einer hin- und hergehenden Bewegung der beweglichen Trennwand (Kolben) das Zählwerk springend fortgeschaltet wird. Volumetrische Zähler können Belastungsänderungen (Durchflußänderungen) recht gut folgen. Wegen des periodischen Fehlers sind sie meistens weniger geeignet zur Messung kleiner Volumina, es sei denn, man kann ganzzahlige Meßwerksumläufe bzw. -hübe anwenden. Erst nach einer mehr oder weniger großen Anzahl von Meßwerksumläufen wird der Einfluß des periodischen Fehlers vernachlässigbar.

Bei den Strömungszählern unterscheidet man Flügelrad- und Turbinenradzähler, bei denen ein mit Schaufeln versehenes Rad durch Strömungskräfte in Drehung versetzt wird, Wirbel- und Drallzähler, bei denen – durch entsprechende Einbauten erzeugte – periodische Strömungswirbel für die Zählung benutzt werden. Die Drehfrequenzen von Flügel- oder Turbinenrad bzw. die Wirbelfrequenzen sind proportional zur mittleren Strömungsgeschwindigkeit, d. h. zum Volumendurchfluß. Strömungszähler sind besonders gut für mittlere und große Durchflüsse geeignet.

Man unterscheidet folgende Volumenzähler-Bauarten (s. Tab. 1.4):

Volumetrische Zähler

– Zähler mit beweglichen Meßkammern (Trommelzähler). Sie besitzen eine Trommel, die in 3 bis 5 Kammern unterteilt ist. Da die Drehzahl sehr gering ist, ist das Bauvolumen groß. Trommelzähler für Flüssigkeiten werden vornehmlich zur Messung von Alkohol und anderen Flüssigkeiten niedriger Viskosität bei kleineren Durchflüssen eingesetzt.

Bei den Trommelgaszählern ist das Gehäuse bis zu etwa ⅔ mit einem dünnflüssigen Öl (Sperrflüssigkeit) mit geringem Dampfdruck gefüllt. Sie werden vornehmlich als Normalgeräte und Laborgeräte verwendet. Je nach Kammerzahl und Genauigkeitsansprüchen sind 3 bis 15 Meßwerksumdrehungen erforderlich, damit der periodische Fehler vernachlässigbar wird.

– Zähler mit verformbaren Trennwänden (Balgengaszähler). Bei ihnen werden zwei Räume durch Balgen oder Membranen in 4 Meßkammern unterteilt. Die Steuerung der Füllung und Entleerung der Meßkammern erfolgt meistens durch 2 Muschelschieber, seltener durch Ventile. Ihre Drehzahl ist etwa 8- bis 10mal höher als die von Trommelgaszählern. Etwa 25 Meßwerksumdrehungen sind erforderlich, damit der periodische Fehler vernachlässigbar wird.

– Zähler mit beweglichen Trennwänden. Für Flüssigkeiten sind Hubkolben-, Ringkolben-, Scheiben-, Treibschieber-, Drehklappen- und Ovalradzähler verbreitet. Für Gase gibt es Drehkol-

Tab. 1.4 Volumenzähler-Bauarten

Bezeichnung	Medium	Fehlergrenzen	Durchflußbereich	besondere Eigenschaften
Trommelzähler	Flüssigkeiten Gase	±0,5%	bis 1:100	niedrige Drehzahlen, d. h. großes Bauvolumen, relativ teuer, große periodische Fehler, maximale Durchflüsse bis 100 m^3/h
Balgenzähler (Membranzähler)	Flüssigkeiten Gase	±0,5% ±2% (±3%)*)	1:10 1:160	mittlere bis niedrige Drehzahlen, preiswert bei kleinen Durchflüssen, Bauvolumen und Preis hoch bei großen Zählern, große periodische Fehler, max. Durchflüsse bis etwa 400 m^3/h bei Gasen
Hubkolben-, Ringkolben-, Scheiben-, Treibschieber-, Drehklappen- und Ovalradzähler	Flüssigkeiten	±0,5%	1:10	mittlere Drehzahlen, Eignung für kleine bis mittlere Durchflüsse, kleinere periodische Fehler, maximale Durchflüsse bis 600 m^3/h
Drehkolbenzähler (DKZ) Drehschleusen-	Gase	±1% (±2%)*)	1:10 bis 1:100	mittlere Drehzahlen, wirtschaftlich für mittlere Durchflüsse, kleine periodische Fehler, Gefahr von Pulsationen und Resonanzschwingungen in den Rohrleitungen bei DKZ, maximale Durchflüsse bis 6500 m^3/h, jedoch sehr teuer bei großen Durchflüssen
Flügelradzähler	Flüssigkeiten (Wasser)	±2% (±5%)*)	1:50 bis 1:200	hohe Drehzahlen, preiswert, für kleine und mittlere maximale Durchflüsse bis 30 m^3/h
Turbinenradzähler Wirbelzähler Drallzähler	Wasser andere Flüssigkeiten Gase	±2% (±5%)*) ±0,5% ±1% (±2%)*)	1:25 bis 1:100 1:10 1:10 bis 1:50	hohe Drehzahlen, für mittlere bis größte Durchflüsse, bei Flüssigkeiten bis 4000 m^3/h, bei Gas bis 25000 m^3/h, empfindlich auf Störungen in der Zuströmung
Ultraschallzähler	Gase	±2% (±3%)*) ±1% (±2%)*)	1:160 1:50	für Haushaltsgaszähler für Großgasmessung

*) Im unteren Teil des Durchflußbereiches sind die Fehlergrenzen größer.

ben- und Drehschleusenzähler. Diese Zähler sind schnelläufig. Zur Verringerung oder Vermeidung des periodischen Fehlers läßt man bei Hubkolbenzählern häufig mehrere Kolbenmeßwerke mit entsprechendem Kurbelversatz auf eine gemeinsame Kurbelwelle wirken. Für Ovalradzähler wurde hierzu ein besonderes Ausgleichsgetriebe entwickelt, bei dem das Übersetzungsverhältnis eine Funktion des Drehwinkels ist.

Bei Drehkolbengaszählern kommt es wegen des periodischen Fehlers zu Druck- und Durchflußpulsationen in den angeschlossenen Rohrleitungen. Im Resonanzfall können die Meßeigenschaften des Zählers beeinflußt werden (s. Eujen (1963)).

Strömungszähler

- Beim Flügelradzähler wird ein mit radialen Schaufeln versehenes Rad tangential mit einem oder mehreren Flüssigkeitsstrahlen beaufschlagt (Einstrahl- und Mehrstrahlzähler).
- Turbinenradzähler werden überwiegend als Axialturbinen gebaut. Besondere Bauarten für Wasser werden auch als Woltmanzähler bezeichnet. Die Meßeigenschaften von Turbinenradzählern können u. U. durch Vorstörungen beeinflußt werden. Es empfiehlt sich deshalb, ein gerades Einlaufrohr mit einer Länge vom 5- bis 10fachen des Durchmessers vorzusehen. Turbinenradzähler, bei denen die Masse des rotierenden Turbinenrades (Trägheitsmoment) groß ist im Verhältnis zur durchströmenden Masse des Fluids (z. B. bei Zählern für Gas bei geringem Druck) können plötzlichen Durchflußänderungen nicht rasch folgen. Bei Fluiden geringer Dichte sollte deshalb der Durchfluß stationär sein.

Flüssigkeits-Turbinenradzähler sind besser für niedrigviskose Flüssigkeiten geeignet, es sei denn, sie haben eine Einrichtung zur Viskositätskompensation.

- Beim Wirbelzähler nutzt man den Effekt aus, daß die Wirbelfrequenz der Kármánschen Wirbelstraße hinter einem geeignet geformten Störkörper in einem größeren Reynoldszahlbereich direkt proportional zum Volumendurchfluß ist. Die Wirbel werden elektronisch gezählt, indem man z. B. die ausgelösten Druckschwankungen mit Piezokristallen oder die Geschwindigkeitsschwankungen mit Thermistoren detektiert.
- Beim Drallzähler wird der Strömung durch feststehende Leitschaufeln ein starker Drall erteilt. Im Austrittsdiffusor des Zählers wird der Wirbelkern dieser Drallströmung nach außen abgelenkt und damit zu einer Präzessionsbewegung auf einem Kegelmantel veranlaßt. Die Anzahl der Umläufe des Wirbelkerns ist ein Maß für das durchströmte Volumen. Die Zählung der Umläufe erfolgt ähnlich wie beim Wirbelzähler.

Massezähler mit unmittelbarer Erfassung und Zählung der Masse (direkte Massezähler) wurden bisher nur in einigen Bauarten für Flüssigkeiten und Hochdruckgase bis zur Serienreife entwickelt. Unterschiedliche physikalische Prinzipien können angewendet werden (s. Schröder (1979), S. 99–100, VDI-Berichte 254, S. 163–171, Landolt-Börnstein (1991), S. 2186/87)). Bei all diesen Prinzipien werden Trägheitskräfte des strömenden Fluids zur Messung ausgenutzt.

Bei einem Gerät z. B. wird dem Fluid durch einen Rotor ein konstanter Drall erteilt, der in einem nachfolgenden Strömungs-Gleichrichter wieder aufgehoben wird. Dabei wird auf diesen Gleichrichter ein Drehmoment ausgeübt, welches proportional zum Massedurchfluß ist und durch Integration über der Zeit die Masse ergibt.

In letzter Zeit wurden Systeme zur direkten Messung des Massenstromes (auch Massezähler) nach dem Coriolis-Prinzip unter Ausnutzung ausgefeilter elektronischer Hilfsmittel weiterentwickelt und auf Präzisionsprüfständen kalibriert (s. Mencke (1989)).

1.5.3.3 Durchflußmeßverfahren

Von den vielen bekannten Durchflußmeßgeräten sollen hier nur diejenigen beschrieben werden, die mittels integrierender Einrichtungen zu einer Volumen- oder Massezählung führen.

Laminar-Durchflußmesser Bei laminarer Strömung gilt für ein Rohr mit Kreisquerschnitt mit dem Innendurchmesser D und der Länge l folgende Durchflußgleichung für den Volumendurchfluß q_v

als Funktion von Druckverlust Δp und Viskosität η:

$$q_v = \frac{\pi D^4 \Delta p}{128 \eta l} \tag{1.65}$$

Das Meßverfahren setzt voraus, daß die Viskosität innerhalb der Verwendungsbedingungen (Grenztemperaturen) hinreichend konstant ist. Laminare Strömung herrscht in Rohren nur bei Reynoldszahlen $Re < 2300$. Dies erfordert bei vielen niedrigviskosen Fluiden die Verwendung von engen Kapillaren. Zur Messung größerer Durchflüsse werden viele Kapillaren in einem Drosselgerät parallel angeordnet.

Durchflußmessung mit genormten Drosselgeräten Die Durchflußmessung mit genormten Drosselgeräten wie Blenden, Düsen oder Venturirohre (s. VDI-Berichte 375, DIN 1952 u. ISO-Standard 5167) ist ein Verfahren zur Mengenmessung, bei dem der Meßwertgeber nicht mit dem Fluid kalibriert werden muß. Aus dem am Drosselgerät entstehenden Wirkdruck Δp errechnet sich der Durchfluß nach einer der folgenden Durchfluß-Gleichungen.

$$q_v = \frac{\pi d^2 C \varepsilon_1}{4\sqrt{1-(d/D)^4}} \sqrt{2\Delta p/\varrho_1} \quad \text{Volumendurchfluß im Betriebszustand} \tag{1.66}$$

$$q_m = \frac{\pi d^2 C \varepsilon_1}{4\sqrt{1-(d/D)^4}} \sqrt{2\Delta p\, \varrho_1} \quad \text{Massedurchfluß} \tag{1.67}$$

$$q_n = \frac{\pi d^2 C \varepsilon_1}{\varrho_n 4\sqrt{1-(d/D)^4}} \sqrt{2\Delta p\, \varrho_1} \quad \text{Volumendurchfluß im Normzustand} \tag{1.68}$$

Der Durchflußkoeffizient C und die Expansionszahl ε sind aus der Norm zu entnehmen. D ist der Rohrdurchmesser, d ist der Öffnungsdurchmesser des Drosselgerätes. Außer dem Wirkdruck muß noch die Dichte des Fluides gemessen werden oder bekannt sein. Nachteilig für das Verfahren ist es, daß der Wirkdruck in den Gleichungen unter der Wurzel steht. Bei einem Durchflußbereich von 1:10 ergibt sich also ein Wirkdruckbereich von 1:100. Bei entsprechendem Aufwand lassen sich Meßunsicherheiten von 1% bis 2% erzielen.

Ultraschalldurchflußmesser Sowohl der Dopplereffekt als auch die Änderung der Laufzeit von Schallsignalen infolge der Strömungsgeschwindigkeit kann zur Geschwindigkeits- und damit Volumenmessung ausgenutzt werden. Letzteres Verfahren wird bevorzugt angewendet. Damit das Meßergebnis nicht von der Schallgeschwindigkeit des Fluids abhängt, läßt man das Schallsignal einmal schräge mit der Strömung durch das Rohr und einmal unter gleichem Winkel φ über die gleiche Weglänge l gegen die Strömung laufen. Der arithmetische Mittelwert u der Geschwindigkeit (Komponente in Richtung der Rohrachse) ergibt sich aus den Laufzeiten t_1 und t_2 zu:

$$u = \frac{l}{2\cos\varphi}\left(\frac{1}{t_1} - \frac{1}{t_2}\right) \tag{1.69}$$

Je nach Form der Geschwindigkeitsverteilung ist ein unterschiedlicher „Formfaktor" zu berücksichtigen, der durch eine Kalibrierung bestimmt werden muß. Vorstörungen (unsymmetrische Geschwindigkeitsverteilungen) können sich stark auswirken. Das Verfahren erfordert zwar eine längere, gerade, störungsfreie Rohrleitung, erzeugt aber keinen zusätzlichen Druckverlust. Durch Anwendung der Durchschallung des Strömungsfluids in mehreren Ebenen erreicht man hohe Genauigkeit. Der Ultraschallzähler gewinnt daher zunehmende Bedeutung im amtlichen als auch gesetzlichen Meßwesen (s. Haefele (1991)).

Magnetisch-induktive Durchflußmesser Erzeugt man quer zu einem Rohr ein magnetisches Feld, so wird nach dem Faradayschen Induktionsgesetz in einer durch das Rohr fließenden, leitfähigen Flüssigkeit eine elektrische Spannung induziert, deren Höhe proportional zur Strömungsgeschwindigkeit ist.

Bei modernen Geräten sind die Pole der Elektromagnete und die Elektroden für den Spannungabgriff so ausgebildet, daß alle Flächenelemente des Rohrquerschnittes nahezu gleich bewertet werden. Schmutzige Flüssigkeiten, selbst Abwasser, Schlämme oder dicke Breie können gemessen werden. Das Fluid muß je nach Geräteausführung mindestens eine Leitfähigkeit von etwa $1 \cdot 10^{-3}$ S/m bis $10 \cdot 10^{-3}$ S/m haben.

1.5.3.4 Netzmessung

Bei der Netzmessung wird die Ermittlung eines Volumendurchflusses auf eine punktweise (Netzpunkte) Geschwindigkeitsmessung und Integration über den Querschnitt zurückgeführt. Das Meßprinzip ist insbesondere für große und größte Strömungsquerschnitte geeignet. So kann z. B. der Durchfluß in Flußläufen oder in Kanälen von Wasserkraftwerken bestimmt werden. Da die Geschwindigkeitsmessung auf die Messung der Basisgrößen Weg und Zeit zurückzuführen ist, kann das Verfahren auch zur Kalibrierung anderer Volumendurchflußmeßgeräte dienen (s. VDI-Berichte Nr. 254, Schröder (1979), S. 98–99).

Folgende Geschwindigkeitsmeßverfahren werden angewendet:

- Messung des Staudruckes mittels Strömungssonden, z. B. Pitot-Rohr oder Staurohr nach Prandtl.

Beim Staurohr nach Prandtl (s. Fig. 1.36) wird an der Anströmseite des Sondenkopfes der Gesamtdruck (Ruhedruck) p_g und an seitlichen Bohrungen oder Schlitzen der statische Druck p_s abgegriffen. Aus der Differenz $p_g - p_s$, dem Staudruck, errechnet sich für die inkompressible Strömung die Geschwindigkeit u zu:

$$u = \sqrt{\frac{2}{\varrho}(p_g - p_s)} \tag{1.70}$$

- Hitzdrahtanemometer.
- Hydrometrischer Flügel, Flügelrad- oder Schalenkreuzanemometer.
- Laser-Doppler-Anemometer. Diese ermöglichen äußerst präzise Messungen (s. Durst (1976), Dopheide (1980), (1982) u. (1990)).

Die Geschwindigkeitsmessung muß bei instationärer Strömung an allen Netzpunkten gleichzeitig erfolgen (hoher Geräteaufwand); bei stationärer Strömung können die Messungen mit nur einem Gerät nacheinander an den einzelnen Netzpunkten ausgeführt werden.

Zu den Fehlern der Geschwindigkeitsmessungen addieren sich die Fehler bei der Integration. Bei Düsenströmungen (nahezu rechteckförmiges Geschwindigkeitsprofil) kann der Integrationsfehler

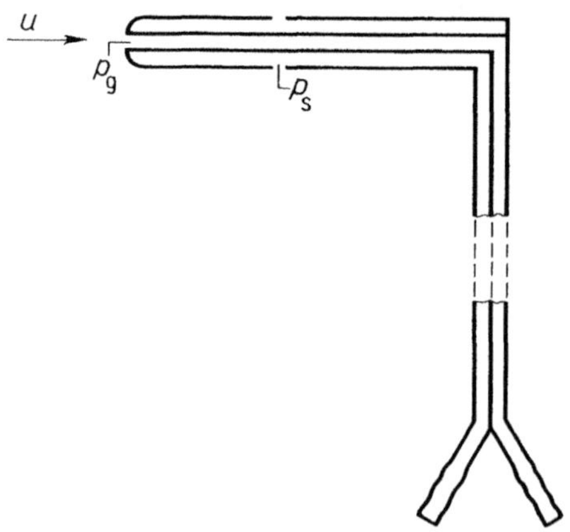

Fig. 1.36
Staurohr nach Prandtl

auf Bruchteile eines Promille herabgedrückt werden. Bei Rohren mit Kreisquerschnitt liegt er im Promillebereich. Bei Rohren mit Rechteckquerschnitt und sehr ungünstigen Geschwindigkeitsverteilungen kann er auch ein oder mehrere Prozent erreichen.

Literatur zu 1.5

Albrecht, A. (1979): PTB-Prüfregeln Bd. 14, Zustands-Mengenumwerter

Aschenbrenner, A. (1989): Calibration of the new test rig for large gas meters of the Physikalisch-Technische Bundesanstalt. VDI-Berichte Nr. 768, ISSN 0083-5560, S. 11–22

Aschenbrenner, A.; Narjes, L. (1974): Untersuchung des Feuchteeinflusses auf den Durchfluß durch Düsen bei überkritischem Druckverhältnis. PTB-Mitt. **84**, 381–385

Baehr, H. D. (1992): Thermodynamik. Berlin, Heidelberg, New York: Springer

Bonfig, K. W.; Liske, A. (1972): Füllstand-Meßtechnik. Bad Wörishofen: Hans Holzmann

Dopheide, D.; Narjes, L. (1980): Volumendurchflußmessung von Gasen mit einem Laser-Doppler-Anemometer. VDI-Bericht Nr. 375, S. 37–46. Düsseldorf: VDI

Dopheide, D.; Strunck, V.; Krey, E.-A. (1993/94): Three-component Laser Doppler Anemometer for Gas Flowrate Measurements up to 5500 m^3/h. Metrologia **30**, 453–469

Dopheide, D.; Taux, G.; Krey, E.-A. (1990): Entwicklung eines neuen fundamentalen Meßverfahrens zur genauen Durchflußmessung von Gasen mittels Laser-Doppler-Anemometrie. PTB-Mitt. **100**, 333–342

Durst, F.; Melling, A.; Whitelaw, J. H. (1976): Principles and Practice of Laser – Doppler-Anemometry. London, New York, San Francisco: Academic Press

Eujen, E. (1963): Untersuchungen über die Meßeigenschaften von Hochdruckgaszählern, 1. Teilbericht. GWF **104**, 301–312

Haefele, G. (1991): Gaszähler nach dem Ultraschallprinzip. GWF **132**, S. 507–511

Hengstenberg, J.; Sturm, B.; Winkler, O. (1980): Messen, Steuern und Regeln in der Chemischen Technik, S. 191–445, 589–639. Bd. I. Berlin, Heidelberg, New York: Springer

Jaeschke, M.; Andibert, S.; van Caneghem, P.; Humphreys, A. E.; Janssen-van Rosmalen, R.; Pellei, Q.; Michels, J. P. J.; Schouten, J. A.; Ten Seldam, C. A. (1988/1989): High Accuracy Compressibility Factor Calculation for Natural Gases and Similar Mixtures by Use of an Truncated Virial Equation. GERG Technical Monograph TM2 (1988) und Fortschritt-Berichte VDI, Reihe 6 (1989) Nr. 231

Krebs, H.; Joest, R.; Krüger, G.; Feuerbach, W.; Hauser, H.; Jarosch, B.; Märkl, W. (1993): PTB-Prüfregeln Band 20: Elektronische Mengenumwerter für Gas

Landolt-Börnstein (1991): Zahlenwerte und Funktionen aus Naturwissenschaft und Technik. Neue Serie Einheiten und Fundamentalkonstanten in Physik und Chemie, Teilband a: Einheiten in Physik und Chemie (2.3.1.2 Volumes; 2.3.1.9 Mass Flow)

Matschke, R.; Schlieter, H.; Aschenbrenner, A. (1982): PTB-Prüfregeln Bd. 4, Volumengaszähler

Matschke, R. (1983): Volumenmessung strömender Gase, Grundlagen und Praxis. Düsseldorf: VDI Verlag

Mencke, D. (1989): Mass Flow Measurement, Proc. Int. Conf., London: IBC Technical Services Ltd

Narjes, L.; Spencer, E. A.; Eujen, E. (1978): Proc. of FLOMEKO. Amsterdam, New York, Oxford: North Holland Publishing Company, p. 553

Orlicek, A.; Reuther, F. (1971): Zur Technik der Mengen- und Durchflußmessung von Flüssigkeiten. München, Wien: Oldenbourg

Profos, P. (1974): Handbuch der industriellen Meßtechnik, S. 289–304. Essen: Vulkan

Richtlinie VDI/VDE 3519 (1982): Füllstandmessung von Flüssigkeiten und Feststoffen (Schüttgütern). Düsseldorf: VDI

Sauer, R. (1960): Einführung in die theoretische Gasdynamik, 3. Aufl. Berlin, Heidelberg, New York: Springer

Schlichting, H. (1965): Grenzschicht-Theorie, 5. Aufl. Karlsruhe: G. Braun

Schröder, A. (1979): Durchflußmeßtechnik – eine Übersicht, Technisches Messen, S. 91–100, 145–149, 179–188

Shapiro, A. H. (1953/54): The Dynamics and Thermodynamics of compressible Fluid Flow, Vol I and II: New York: The Ronald Press Company

Strohrmann, G. (1987): Meßtechnik im Chemiebetrieb. München, Wien: Oldenbourg

Truckenbrodt, E. (1989 u. 1992): Fluidmechnik Band 1 (1989) u. 2 (1992). Berlin, Heidelberg, New York: Springer

VDI-Berichte Nr. 231 (1975): Füllstand-Meßtechnik, Düsseldorf: VDI Verlag

VDI-Berichte Nr. 254 (1976): Durchfluß-Meßtechnik. Düsseldorf: VDI Verlag

VDI-Berichte Nr. 375 (1980): Durchflußmeßtechnik – 50 Jahre Normen und Richtlinien. Düsseldorf: VDI Verlag
VDI-Berichte Nr. 768 (1989): 5th International IMEKO-Conference on Flow Measurement FLOMEKO. Düsseldorf: VDI Verlag

1.6 Vakuum (G. Messer)

1.6.1 Grundbegriffe und Einheiten

Aufgrund des Impulsaustauschs zwischen Gasmolekülen und festen bzw. flüssigen Oberfächen werden Kräfte auf die Oberflächen ausgeübt; der Quotient aus der Normalkraft und der Fläche, auf die diese Kraft wirksam ist, wird als Druck p definiert. Er wird auch als absoluter Druck p_{abs} bezeichnet. Nach DIN 28400 (Vakuumtechnik, Benennungen, Definitionen) ist Vakuum der Zustand in einem gaserfüllten Raum bei Drücken unterhalb Atmosphärendruck.

Die abgeleitete SI-Einheit des Drucks (auch der Druckdifferenz) ist das Pascal. Es ist 1 Pascal = 1 Newton/(1 Quadratmeter). In der Praxis der Druckmessung ist das Bar als Einheit vorherrschend. In Tab. T 9.07 in Band 3 sind die Umrechnungsfaktoren zwischen diesen und weiteren Druckeinheiten zusammengestellt.

In der Vakuummeßtechnik (DIN 28400) wird vielfach als Einheit das Millibar (Einheitszeichen: mbar) benutzt, 1 mbar = 10^2 Pa. Der gegenwärtig in der Vakuumtechnik erreichbare Druckbereich wird wie folgt unterteilt:

- Grobvakuum (GV) $1 \cdot 10^3$ mbar – 1 mbar
- Feinvakuum (FV) 1 mbar – $1 \cdot 10^{-3}$ mbar
- Hochvakuum (HV) $1 \cdot 10^{-3}$ mbar – $1 \cdot 10^{-7}$ mbar
- Ultrahochvakuum (UHV) $< 1 \cdot 10^{-7}$ mbar.

In den USA ist zusätzlich üblich:

XHV $< 10^{-10}$ mbar

Je nach dem als Knudsenzahl K_n benannten Verhältnis zwischen mittlerer freier Weglänge und Gefäßabmessungen $K_n = \bar{l}/d$ unterscheidet man den Bereich der viskosen Strömung (laminar bzw. turbulent) $K_n < 10^{-2}$, der Knudsen-Strömung $10^{-2} < K_n < 0{,}5$ und der molekularen Strömung $K_n > 0{,}5$.

In **1**.6.4 werden Totaldruck-Vakuummeter für Drücke unterhalb 10 mbar behandelt; Meßgeräte für höhere Drücke werden in **1**.7 beschrieben.

Ausführliche Darstellungen des Fachgebiets geben: Dushman u. Lafferty (1962), Robinson (1968), Redhead u. a. (1968), Holland u. a. (1974), Roth (1976), Haefer (1981), Edelmann (1985), Berman (1985), Wutz u. a. (1986), Leck (1989)

1.6.2 Vakuumerzeugung

1.6.2.1 Pumpenarten

Zur Erzeugung des für den Betrieb von Hoch- und Ultrahochvakuum-Pumpen notwendigen Vorvakuums werden verwendet: ölgedichtete Drehschieber- oder Sperrschieber-Pumpen, Arbeitsbereich von 1 bar bis etwa 10^{-6} mbar (mit Molekularsieb-Adsorptionsfallen zum Zurückhalten von

Öldämpfen, mit Gasballasteinrichtung nach Gaede zum Abpumpen kondensierbarer Dämpfe) oder LN_2-gekühlte Adsorptionspumpen (Zeolithfüllung, 1 g Substanz bindet ca. 10^2 mbar · l N_2; absolut ölfrei, Enddrücke für Luft bei Mehrstufenbetrieb etwa 10^{-3} mbar; für Edelgase geringer, für Wasserstoff kein Pumpeffekt; regenerierbar; bei Aktivkohle als Adsorbens: Überdruck-Entlüftungsventile für Gasausbruch, für Regenerierung bzw. Kühlmittelausfall vorsehen; bei Lufteinbruch Explosionsgefahr!). – Neuentwicklungen: weitgehend ölfreie Trockenläufer-Rotationspumpen, Membranpumpen (Enddruck $\leqslant$ 10 mbar).

Hoch- und Ultrahochvakuum-Pumpen

Diffusionspumpe nach Gaede. Treibmittel: Quecksilber oder Öl (z. B. Silikonöle); Kompressionsverhältnis mehrstufiger Diffusionspumpen: $N_2 \geqslant 10^{10}$, $H_2 \geqslant 10^6$ (durch höhere Heizleistung zu steigern). Arbeitsbereich $< 10^{-3}$ mbar. Enddrücke bei Verwendung von LN_2-Kühlfallen bzw. Dampfsperren unter 10^{-10} mbar möglich. Nachteil von Öl-Diffusions-Pumpen: Vollständige Unterdrückung der Ölrückströmung über längere Zeit nicht erreichbar (s. Tab. T 1.11 in Band 3).

Turbomolekularpumpe (T. P.) nach Becker (1958). Zu einer robusten UHV-Pumpe weiterentwickelte Gaedesche Molekularpumpe, Gaede (1913), mit speziell konzipierten Rotorschaufeln und hohen Drehzahlen (abhängig von Rotorgröße bis ca. 80000 min^{-1}). Vorteile neuentwickelter magnetgelagerter T. P. (Kombination permanentmagnetischer „Passiv-Lager“ mit „aktiven“ Magnetspul-Stabilisatoren): Kohlenwasserstoff-freie Vakua; geräuscharm und hohe Laufruhe; z. T. beliebige Einbaulage; Schutz vor „Abstürzen“ bei Stromausfall, integrierter Generator ermöglicht „weiches“ Auslaufen. Im Sperrgasbetrieb durch Spülgaseinlaß einsatzfähig. Das vom Molekulargewicht M abhängige Saugvermögen ist unterhalb 10^{-3} mbar Ansaugdruck druckunabhängig; im Bereich leichter Gase nimmt es mit $\sqrt{M}$ zu, bei schweren Gasen mit $1/\sqrt{M}$ ab (Reich (1989)). Das den Enddruck bestimmende Kompressionsverhältnis ($K_p \sim \exp \sqrt{M}$) ist für H_2 und He gering (z. B. H_2: 10^3 bis 10^4), für schwere Gase sehr hoch ($N_2 : K_p \geqslant 10^8$), s. Fig. 1.37.

Zur Erzielung niedriger H_2-Enddrücke (unter 10^{-10} mbar) sind das Vorschalten einer weiteren T. P. und mäßiges Ausheizen mit Heizmanschetten (bis ca. 100 °C) notwendig.

Bei Kühlung der T. P. auf 77 K (Flécher (1977)) steigt das Saugvermögen auf etwa das Doppelte und – infolge geringerer Rückdiffusion – das H_2-Kompressionsverhältnis um bis zu 4 Größenordnungen (s. auch Haefer (1981)).

Einwirkung magnetischer Felder auf T. P. s. Bieger u. a. (1979); maximal zulässige magnetische Flußdichte nicht abgeschirmter magnetgelagerter T. P. etwa 5 mT.-Neuentwicklung: Höhere Vorvakuumdrücke möglich durch eine auf der Vorvakuumseite integrierte Molekularpumpe nach Holweck.

Ionen-Zerstäuberpumpen. Mit Penning-Gasentladung arbeitende kombinierte Ionen- und Ti-(oder Ta-)Getterpumpe mit druckproportionaler Sputter-Neubildung von Getterfilmen und „bury"-Effekt. Saugvermögen druckabhängig entsprechend nichtlinearer (Ionenstrom/Druck)-Entladungscharakteristik für gekreuzte elektrische und magnetische Felder. Triodentype (mit perforierter Ti-Kathodenplatte) zeigt gegenüber Dioden eine Verbesserung des an sich kleinen Saugvermögens für Edelgase, bei denen insbesondere He nur durch Implanation gepumpt wird. Bezogen auf annähernd gleiches Saugvermögen für N_2, O_2, CO, CO_2, CH_4 beträgt das Saugvermögen für H_2 bei Dioden und Trioden 150% bis 200%, während für Ar bzw. He der Prozentsatz bei 1% bzw. 10% bei Dioden und ~25% bzw. ~30% bei Trioden liegt.

Arbeitsbereich: $p < 10^{-3}$ mbar; unterhalb 10^{-10} mbar nimmt Saugvermögen rasch ab. Erreichbarer Enddruck ist vom Sättigungszustand der Pumpe (Betrieb bei hohen Drücken!) abhängig. Ausheizen der Pumpe verringert „memory"-Effekte, Fig. 1.38. Durch Kühlung mit LN_2 höheres Saugvermögen für He erzielbar. Neuere Pumpen zeigen kaum noch Argon-Instabilitäten. Lebensdauer der Ti-Kathode in Betriebszeit × Druck: Dioden-P. ca. $50000\,h \times 10^{-6}$ mbar, Trioden-P. ca. $35000\,h \times 10^{-6}$ mbar. Entladungsstrom der Triode zur Druckabschätzung nutzbar (Dioden: Spitzen-Feldemission täuscht häufig zu hohen Druck vor). Nach Abschalten der Betriebsspannung kann in Gegenwart von CO und H_2 Bildung von CH_4 stattfinden. Längerer Betrieb in organischen Dämpfen ($p \geqslant 10^{-5}$ mbar) ist zu vermeiden. Zur Abschirmung von Streuionen aus Entladungsraum kann Ionensperre (elektr. Baffle) erforderlich sein. Magnetische Induktion (Streufelder) am Ansaugflansch in der Größenordnung $\sim 10^{-4}$ T, Austritt weicher Röntgenstrahlung möglich. Kleinste Druckspitzen im UHV-Betrieb s. Rupschus u. a. (1994).

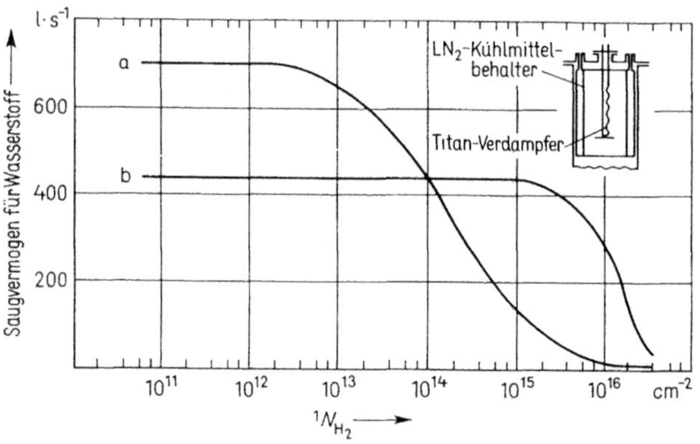

Fig. 1.39
Wasserstoff-Saugvermögen einer Titansublimationspumpe in Abhängigkeit von der pro Flächeneinheit der aufgedampften Schicht sorbierten Anzahl von H_2-Molekülen ${}^1N_{H_2}$. (a) bei LN_2-Kühlung, (b) nach Oberflächensättigung bei Betrieb nach (a) und Abdampfen des Kühlmittels

Titan-Sublimationspumpe. Durch meist diskontinuierliche Verdampfung von Ti Erzeugung von Getterfilmen auf ungekühlten oder gekühlten Flächen; mit Haftwahrscheinlichkeiten bei 77 K für N_2, O_2, CO, CO_2 von 0,8–1,0 und für H_2 von 0,2 bis 0,5 ergibt sich durch Sorption ein Saugvermögen von etwa $10\,l\,s^{-1}\,cm^{-2}$, Getter-Kapazität je nach Schichtdicke. Höheres Saugvermögen durch Kühlung der aufgedampften Titanschicht mit LN_2, s. Fig. 1.39: nach Verdampfen des Kühlmittels bleibt durch nunmehr schnelleres Eindiffundieren des H_2 in die Getterschicht das H_2-Saugvermögen der ursprünglich nur oberflächengesättigten Schicht – um ca. 35% vermindert – erhalten. Sehr gut als Zusatzpumpe zu Ionen-Zerstäuberpumpen im UHV einsetzbar (lange „Standzeit"), im abgetrennten Rezipienten bleibt Pumpwirkung aufrechterhalten auch bei Ausfall der Ionen-Zerstäuberpumpen. Mit gut entgasten Titan-Sublimationselementen (durch Glühen wenig unterhalb der Sublimations-Temperatur und Abpumpen des Gasanfalls z. B. mit vorvakuumseitiger T.P.) können nach einmaligem Aufdampfen bei 10^{-8} mbar und LN_2-Kühlung in UHV-Apparaturen mit sorgfältig entgasten Komponenten und Meßsystemen Enddrücke unterhalb 10^{-12} mbar erreicht werden (Benvenuti u. Hauer (1980)). Praktisch kein Pumpen von Edelgasen.

Kryopumpen. Die Gasbindung an Kaltflächen, die mit Hilfe verflüssigten Heliums unter 20 K gekühlt werden, ist ein ausgezeichnetes Mittel zur Erzielung völlig Kohlenwasserstoff-freier Restgas-Atmosphären und extrem niedriger Enddrücke durch praktisch vollständige Erreichung des theoretisch maximal möglichen flächenbezogenen Saugvermögens; s. Wutz u.a. (1986), Haefer (1981).

– Mechanismen des Kryopumpens

Kryokondensation: Erreichbarer Enddruck bei einer Rezipiententemperatur von 300 K abhängig vom Dampfdruck des Kondensatz p_s bei der Kaltflächentemperatur $T_K: P_{end} = P_s\sqrt{300/T_K}$, z.B. $H_2: T_K = 4{,}2\,K$, $p_s \cong 1 \cdot 10^{-6}$ mbar gibt $p_{end} \cong 8 \cdot 10^{-6}$ mbar. Bei $T_K < 3{,}5\,K$ werden die entsprechenden Enddrücke für H_2 nur bei Abschirmung mit gekühltem Baffle ($T \leqslant 77\,K$) gegen Wärmebelastung des Kondensats erreicht (Lee (1972)), z.B. bei $T_K = 2{,}3\,K$, $p_s \cong 1 \cdot 10^{-12}$ mbar erreicht p_{end} ca. $1 \cdot 10^{-11}$ mbar.

Kryosorption: Solange bei niedrigem Gasanfall im UHV die Bedeckung der Kaltfläche gering bleibt, können bis zum Erreichen einer Monolage Drücke weit unterhalb des durch Kryokondensation erreichbaren Drucks aufrechterhalten werden (Hengevoss u. Trendelenburg (1963); Grosse u. Messer (1970)).

Bindung schwer kondensierbarer Komponenten (z. B. H_2) an tiefgekühlten porösen Festkörpern (Aktivkohle, Molekularsiebe) oder Gaskondensaten (z. B. CO_2); weit niedrigere Enddrücke erreichbar als mit Kryokondensation.

Kryo-Trapping: Mischkondensation schwer kondensierbarer Gase (z. B. H_2) mit höher siedendem Gas (z. B. Ar, CO_2, NH_3); ermöglicht Herabsetzung des H_2-Partialdrucks in Gegenwart anderer kondensierbarer Experimentiergase.

– Arten der Kryopumpen

Bad-Kryopumpen mit LHe-Vorratsgefäß und LN_2-gekühltem Baffle als Strahlungsschutz, Fig. 1.40; durch Abpumpen des LHe-Bades Temperaturabsenkung unter 4,2 K. Benvenuti (1977) beschreibt eine bis 450°C ausheizbare Ausführung mit $S_{H_2} \cong 10^4\,l\,s^{-1}$; durch Anordnung eines

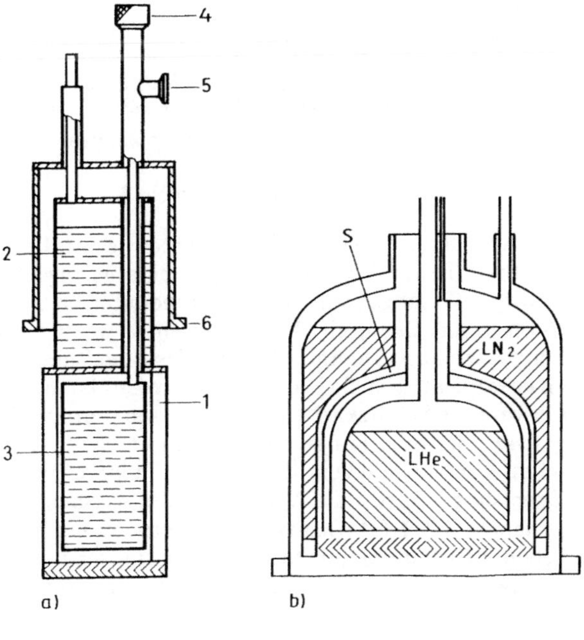

Fig. 1.40
a) Bad-Kryopumpe mit LN_2-gekühltem Baffle als Strahlungsschutz (1); (2) und (3) Vorratsbehälter für LN_2 bzw. LHe; (4) LHe-Einfüllstutzen; (5) Auslaß für Helium-Abgas; (6) Anbau-Flansch
b) Bad-Kryopumpe nach Benvenuti (1977) schematisch. S beschichteter Strahlungs-Schutzschild

beschichteten Strahlungsschutz-Schildes zwischen LN_2- und LHe-Gefäß ist ein Enddruck von 10^{-14} mbar bei $T_K = 2{,}3$ K zu erreichen, s. Fig. 1.40b.

LHe-Verdampfer-Kryopumpen mit Kaltgas-gekühltem Strahlungsschutz (Klipping (1961)). Vorteile: Einstellbarer Temperaturbereich mit hoher Konstanz im Dauerbetrieb: ca. 2,5 K bis 293 K. In jeder Lage montierbare Kaltfläche, d. h. hohes Saugvermögen an den vom Experiment her erforderlichen – u. U. schwer zugänglichen – Stellen. Anwendung z. B.: in Molekularstrahlapparaturen (Messer u. Schulze (1979), Grosse u. Messer (1981)); in Kalibrier-Apparaturen für Vakuummeter zur Erzielung extrem niedriger Rückströmung (Grosse u. Messer (1970)), s. Fig. 1.41; zur Objektkühlung in Elektronenmikroskopen (Boersch u. a. (1964)).

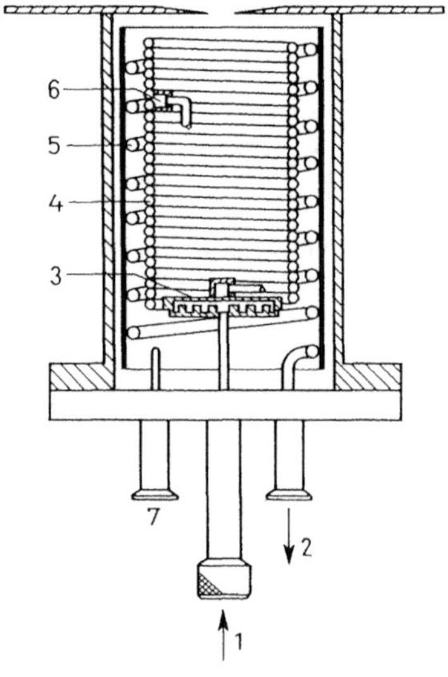

Fig. 1.41
Verdampfer-Kryopumpe, zur Erzielung eines definierten, effektiven Saugvermögens hinter einer Blende mit bekanntem Leitwert eingebaut. (1) LHe-Einlaß, (2) Auslaß für Heliumabgas, (3) und (4) Kaltfläche und Kaltspule, (5) Abgasspule als Strahlungsschutz, (6) Dampfdruck-Thermometer mit Auslaß (7)

Refrigerator-Kryopumpen, meist mit Kaltflächentemperaturen von 20 K; Anwendung in Großanlagen (Saugvermögen $> 10^5\,l\,s^{-1}$) und in automatisierten Pumpsystemen.

Bestimmung des Saugvermögens von Kryopumpen: Haefer (1980).

1.6.2.2 Ultrahochvakuum-Arbeitstechnik

Für Arbeiten im UHV sind Rezipientenwerkstoffe einzusetzen, die – nach entsprechender thermischer Vorbehandlung – eine geringe Gasabgabe aufweisen. Trotz relativ niedriger Gasabgaberate werden früher übliche Glasapparaturen nur noch für Untersuchungen mit chemisch aktiven Gasen verwendet. (Nachteile: Glasbruch-Risiko, kleine Leitwerte, ausheizempfindliche Glas-Metallübergänge für Metallventile; sofern auf Glasrezipienten nicht verzichtet werden kann, sollten bei größeren Abmessungen Glassplitter-Schutzkäfige nicht vergessen werden!) Bewährt haben sich hochausheizbare geschweißte Edelstahlausführungen mit Metall-gedichteten Flanschen (z. B. CF-Flansche), Ganzmetall-Ventilen und -Drehdurchführungen usf.; durch Hochtemperatur-Entgasung läßt sich die Abgaberate des Ausgangsmaterials für die Restgas-Hauptkomponente H_2 (s. 1.6.4.6) um ca. 4 Zehnerpotenzen reduzieren. Im Gegensatz zu herkömmlichen Edelstahl-Apparaturen mit den statisch notwendigen Wandstärken kann man mit dünnwandigen Edelstahl-Innenbehältern in doppelwandigen Rezipientenausführungen (mit gesondert evakuiertem Zwischenraum) wegen des geringen „Gasvorrats“ der Wandungnen (Stärke ca. 0,2–0,3 mm) eine relativ niedrigere Abgasrate nach kürzeren Ausheizzeiten erreichen. – Inconel-Legierungen s. Benvenuti (1977). – Aluminium-Legierungen zeigen in ihrem Gasabgabe-Verhalten deutlich bessere Eigenschaften als Edelstähle; sie weisen annähernd die gleichen niedrigen Abgaswerte bereits ohne Hochtemperatur-Entgasung auf (Grosse u. Messer (1980)).

Optimale Vorbehandlung für Edelstahl-Apparaturen: Gründliches Entfetten der Bauteile; zur H_2-Entgasung einmaliges ca. 72stündiges Glühen im Vakuumglühofen bei Temperaturen von etwa 550 °C–600 °C und Drücken unter 10^{-7} mbar; nach dem Zusammenbau brauchen die Apparaturen nur noch jeweils nach Belüftungen oder Betrieb mit adsorbierbaren Gasen (≅ Feinvakuum) bei 300 °C–400 °C zur Entfernung von Adsorbaten ausgeheizt zu werden; hiermit erreichbare Abgasraten: z. T. unter 10^{-16} mbar l s^{-1} cm^{-2} (Messer u. Treitz (1977)).

Es ist empfehlenswert, während des Ausheizens der Apparatur auch Turbomolekularpumpen und Ionen-Zerstäuberpumpen im Betrieb mit Heizmanschetten zu entgasen; die letzteren sollten kurz vor Beendigung des Ausheizens durch mehrfaches An- und Aus-Schalten der Hochspannung von gepumpten Gasmengen so weit als möglich befreit werden. Nach dem Ausheizen sollten bei noch über 150 °C heißer Apparatur innerhalb des Ausheizraums befindliche Titan-Sublimations-Elemente (s. Abschn. **1**.6.2.1) sowie Ionisations-Vakuummeter gründlich entgast werden, um bei Inbetriebnahme größere Gasausbrüche zu vermeiden; Ventile und Manipulatoren mit Federbälgen sind mehrfach zu betätigen, um die Gasabgabe bei Gebrauch auf ein Minimum zu reduzieren (erfahrungsgemäß max. 10^{-9} mbar l).

Geeignete Pumpenkombinationen für absolut kohlenwasserstofffreie Restgasatmosphären: Membranpumpe – LN_2-gekühlte Zeolith-Adsorptionspumpen im Mehrstufenbetrieb oder Schmiermittel-freie Trockenläufer-Vorpumpe – Magnet-gelagerte Turbomolekularpumpe und Ionen-Zerstäuberpumpe jeweils mit Heizmanschetten und Absperr-Ventil. Innerhalb des Ausheizraums: Mit LN_2 kühlbare Titan-Sublimations-Pumpe und das Experimentier-System. – Für Enddrücke unter 10^{-11} mbar auch ausheizbare Kryo-Pumpe sowie ggf. Titanbedampfung der Rezipienten-Innenoberfläche und Kühlung mit Trockeneis (≅ 195 K, s. Grosse und Messer (1981)) bzw. mit LN_2 oder LHe zur Erzielung extrem niedriger Drücke (Haefer (1981)).

Sind geringe Anteile an Edelgasen (insbes. He) abzupumpen: Einsatz von Drehschieberpumpen mit Adsorptionsfallen, zwei Turbomolekularpumpen in Reihe (die Rezipienten-seitige mit Magnetlagerung), Ionenzerstäuberpumpe (Trioden-Bauart) mit Heizmanschetten und ggf. eine nach dem Kryotrapping- bzw. Kryosorptions-Verfahren arbeitende Kryopumpe.

Zum Belüften von UHV-Apparaturen sollte bis ca. 1 mbar reines Ar und darüber trockener Stickstoff (gedrosselt aus LN_2-Gefäß eingeleitet) verwendet werden.

1.6.3 Lecksuche

Leckeinströmung liegt i. a. vor, wenn der Gasanfall in einer gut gereinigten, noch nicht ausgeheizten Edelstahl-Apparatur nach ca. einstündigem Abpumpen höher ist als etwa 10^{-7} mbar l s^{-1} cm^{-2} der Innenoberfläche; im Massenspektrum der Gasanalyse deutliches Auftreten der Masse 32 (Sauerstoff). Ausführliche Darstellung der Lecksuch-Verfahren und -Geräte in Wutz u. a. (1986).

1.6.3.1 Halogen-Lecksuche

– Unterdruckverfahren: An den Rezipienten wird ein Halogen-Detektor (Nachweismethode durch Langmuir-Taylor-Effekt) angeschlossen, zur Leck-Lokalisierung wird die Apparatur nach dem Evakuieren mit Halogen-haltigem Gas (z. B. Frigen) abgesprüht. Kleinste nachweisbare Leckrate $Q_{min} \cong 10^{-5}$ mbar l s^{-1}.

– Überdruck-Verfahren (Nachweis mit Ansaug-Schnüffler-Pistole von außen) $Q_{min} \cong 10^{-6}$ mbar l s^{-1}.

1.6.3.2 Massenspektrometrische Lecksuche

Testgas meist He.

– Unterdruck-Verfahren: Rezipient wird von außen mit He-Sprühpistole abgesucht, Nachweis im Massenspektrometer des – über die Vorvakuumleitung – angeschlossenen He-Lecksuchgeräts (kombiniert mit Pumpsystem). Verfahren mit der höchsten Nachweisempfindlichkeit $Q_{min} \cong 10^{-12}$ mbar l s^{-1}.

– Überdruck-Verfahren: $Q_{min} \cong 10^{-8}$ mbar l s^{-1}.

– Massenspektrometrische Lecksuch-Anordnungen unter Ausnutzung des He-Gegenstromeffekts beschreiben Becker (1968) mit Turbopumpen und Falland (1981) sowie Worthington (1976) und Hablanian (1985) mit Diffusionspumpen; hierbei sind Prüfling (als He-Quelle) bzw. Massenspektrometer auf der Vorvakuum- bzw. Ansaug-Seite der Pumpe angeordnet. Nachweisempfindlichkeit 10^{-10} mbar l s^{-1}.

– Einmessung der Empfindlichkeit zur Bestimmung der kleinsten Nachweisrate durch Anschluß von He-Standardlecks: Kapillarlecks (Temperaturkoeffizient ca. $1{,}5 \cdot 10^{-3}$ K^{-1}, Blockierung durch Verschmutzen leicht möglich) oder Diffusionslecks (Temperaturkoeffizient ca. $3 \cdot 10^{-2}$ K^{-1}).

Da Kalibrierungen von Massenspektrometer-Lecksuchgeräten für Unterdruck-Verfahren mit He-Standardlecks meist bei niedrigen, die Lecksuche an Prüflingen aber vielfach bei hohen Fremdgasdrücken erfolgen, ist bei der quantitativen Leckbestimmung sowie bei der Suche nach sehr kleinen Lecks darauf zu achten, daß das verwendete Massenspektrometer-System keinen Massen-Interferenzeffekt für He zeigt (Beeinflussung der Nachweisempfindlichkeit für Komponenten mit geringem Partialdruck durch die überwiegend vorhandenen Gasanteile), z. B. $p_{N_2} > 10^{-6}$ mbar, s. Fig. 1.42, (Messer (1979)); notfalls ist die Einkalibrierung – durch Gaseinlaß – bei dem gleichen hohen Fremdgasdruck durchzuführen, der auch bei der Lecksuche vorliegt.

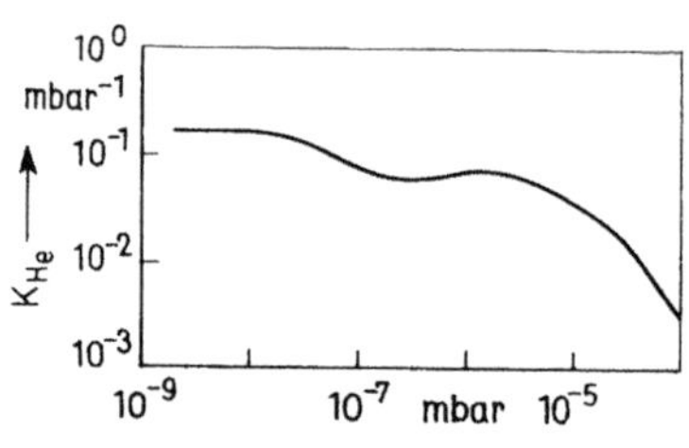

Fig. 1.42
Abhängigkeit der Helium-Nachweisempfindlichkeit eines magnetischen Massenspektrometers vom Stickstoff-Partialdruck bei einem konstanten He-

fähigkeit, Reibung, sowie aus Ionenstrommessung nach Elektronenstoß-Ionisierung ermittelt werden; die untere Nachweisgrenze der direkt messenden Instrumente liegt bei etwa 10^{-6} mbar, wenn man von speziellen höchstempfindlichen, entsprechend schwierig zu handhabenden Meßanordnungen absieht. Es ist üblich, auch bei indirekten Meßverfahren bis zu den niedrigsten noch erfaßbaren Bereichen die Anzeige in Druckeinheiten vorzunehmen, obwohl oft für die experimentellen Bedürfnisse, z. B. beim Arbeiten im HV oder UHV, eine Angabe der Teilchenanzahldichte n, der Flächenstoßrate z oder der mittleren freien Weglänge $\bar{l}$ sinnvoller wäre.

Aus der kinetischen Gastheorie ergeben sich unter Gleichgewichtsbedingungen idealer Gase folgende Umrechnungsformeln:

$n = p/kT,$	Teilchenanzahldichte
$z = p(2\pi mkT)^{-1/2},$	Flächenstoßrate
$\bar{l} = kT/p\,\sqrt{2}\pi\sigma_M^2$	Mittlere freie Weglänge

p Druck
k Boltzmann-Konstante (Fundamental-Konstanten s. Tab. T 9.02 in Band 3)
T thermodynamische Temperatur
m Molekülmasse
σ_M Moleküldurchmesser.

Bei 20 °C sind in einem Liter eines idealen Gases bei einem Druck von 1 mbar $2{,}471 \cdot 10^{19}$ Gasmoleküle enthalten.

1.6.4.1 Vakuummeter mit gasart-unabhängiger Anzeige (abolute Vakuummeter)

U-Rohr-Vakuummeter s. 1.6.5.4

Kompressions-Vakuummeter Bei der Druckmessung mit Kompressions-Vakuummetern wird das in einem bekannten Volumen V_0 bei dem zu messenden Druck p enthaltene Gas durch hochsteigendes Quecksilber vom Rezipienten abgetrennt und isotherm auf ein bekanntes Volumen V_1 in einer Kapillare bis zu einem Druck $p + p_1$ komprimiert; aus dem Überdruck p_1 – gemessen nach der U-Rohr-Methode – kann der unbekannte Druck p unter Zugrundelegung des Boyle-Mariotteschen Gesetzes ermittelt werden: $p = p_1 V_1/(V_0 - V_1)$.

Für Orientierungszwecke dienen einfache Glasgeräte, bei denen die Kompression durch Kippen des in einem gefetteten Glasschliff drehbar angeordneten Systems vorgenommen wird (Moser); Druckbereich 1000 bis 10^{-4} mbar.

Das meist gebräuchliche Kompressions-Vakuummeter ist die von McLeod (1874) vorgeschlagene Anordnung, bei der das Quecksilber aus einem Vorratsgefäß durch Überdruck in die Meßvolumina V_0 und V_1 angehoben wird, s. Fig. 1.43. Die untere Grenze des Meßbereichs liegt i. a. bei etwa 10^{-6} mbar, da Kapillardurchmesser nicht unter ca. 0,4 mm verringert (sonst Hängenbleiben des Hg-Fadens!) und Glas-Kompressionsvolumina wegen der hohen Hg-Dichte nur begrenzt erhöht werden können. Durch spezielle Formgebung einer gebohrten Kapillare erreichten Moser u. Poltz (1957) eine Meßbereichserweiterung bis herab zu 10^{-8} mbar.

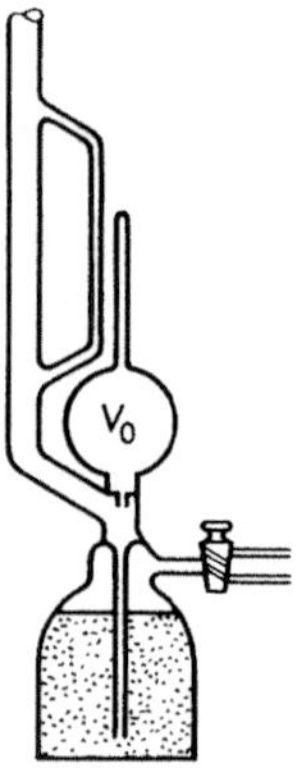

Fig. 1.43 Kompressionsvakuummeter nach McLeod

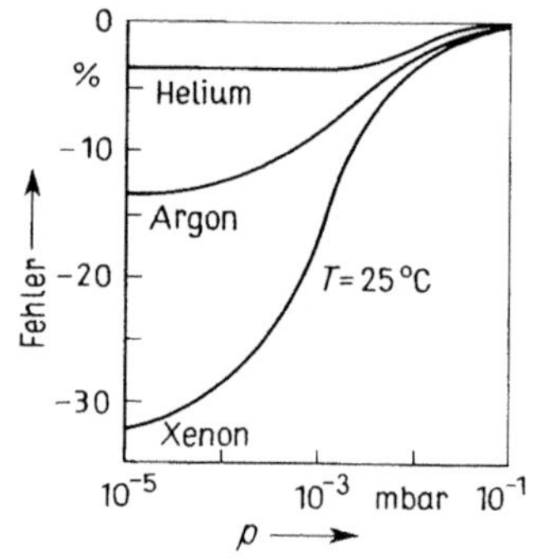

Fig. 1.44 Systematischer Fehler einer Druckmessung mit einem McLeod-Vakuummeter durch den Gaede-Effekt in Abhängigkeit vom Druck (schematisch)

Das Gerät kann einfach durch Auslitern (Wägung) kalibriert werden, führt die Druckablesung auf eine Längenmessung zurück und gestattet somit fundamentale Druckbestimmungen. Seine Anwendung beschränkt sich jedoch auf das Arbeiten mit solchen Gasen, die dem idealen Gasgesetz in enger Annäherung folgen (permanente Gase); eine Fehlerbetrachtung für reale Gase unter Benutzung der van der Waalsschen Zustandsgleichung gibt Leck (1989).

Wesentlicher Nachteil des Mc-Leod-Vakuummeters: Zum Zurückhalten des Hg-Dampfs (Dampfdruck s. Tab. T 1.06, Band 3) sind Kühlfallen erforderlich, die einen ständigen Diffusionsstrom des Hg-Dampfs zu den Kaltflächen bewirken und damit einen Pumpeffekt auf das Permanentgas auslösen (Gaede-Effekt (1915)), so daß im Vakuummeter eine zu niedrige Druckanzeige entsteht (Ishii u. Nakayama (1962); Meinke u. Reich (1962)); die von der Temperatur, von der Gasart und den Abmessungen der Verbindungsleitung abhängige Fehlanzeige liegt bei Drücken im 10^{-2} mbar-Bereich bei einigen Prozent und erreicht ihre höchsten Werte im Druckbereich unter 10^{-3} bis 10^{-4} mbar, s. Fig. 1.44. Korrekturwerte s. Berman (1985).

Zur Vermeidung dieser Meßwertbeeinflussung kann ein Schwimmer-Ventil mit Kugelschliff-Dichtung im Steigrohr dicht oberhalb des Hg-Vorratsgefäßes angeordnet werden (Fei (1964)), das bis zum Beginn der Messung – geschlossen – den Dampfstrom unterbricht. Nachteil: Nächste Messung erst nach Wartezeit zum Abpumpen des Hg-Dampfs möglich, s. auch Rupschus u. a. (1983).

Durch die unterschiedliche Oberflächenbeschaffenheit in den Bereichen der beiden Temperaturübergangsstellen in der Kühlfalle infolge des sich einseitig auf der McLeod-Anschlußseite bildenden Hg-Kondensats werden im molekularen Strömungsbereich unterschiedliche thermomolekulare Druckdifferenzen bewirkt, die einen Pumpeffekt in Richtung des McLeod's und somit eine Druckerhöhung im Meßgerät zur Folge haben, nach Hobson (1968) u. (1970) „accommodation pumping"; für leichte Gase und LN_2-Kühlung maximal ca. 15%. Der Pumpeffekt ist von der Kühlmitteltemperatur, vom Druck und von der Gasart abhängig und wegen Änderungen der Rauhigkeit und des Ausbildungsbereichs des aufwachsenden (bzw. abdampfenden) Kondensats Schwankungen unterworfen (Messer (1987), s. auch Knudsen-Effekt; dieser dem o. a. Gaede-Effekt entgegengesetzt verlaufende Vorgang kann durch die Anwendung des Schwimmerventils nicht unterbunden werden.

Weitere Störeinflüsse sind Verunreinigungen an der Hg- bzw. Glas-Oberfläche (sprunghaftes Steigen des Hg-Fadens), Ungleichmäßigkeit des Kapillardurchmessers.

Wie bei allen Arbeiten mit Hg ist auch beim Hantieren mit dem McLeod größte Vorsicht geboten (Vergiftungsgefahr!); die beim Absenken des Hg-Spiegels aus dem Vorratsgefäß evakuierten Hg-Dämpfe sollten ins Freie geleitet, bei größerem Gasanfall durch Kondensation zurückgewonnen werden, Hg-Dämpfe sind giftig!

Membran-Vakuummeter s. auch 1.6.5. Im Druckbereich unter 10 mbar sind Membran-Vakuummeter mit kapazitiver Messung der Membran-Auslenkung gebräuchlich, die mit Hilfe hochempfindlicher Meßbrücken eine untere Nachweisgrenze von 10^{-6} mbar erreichen; Vorteile: Kontinuierliche Anzeige im technisch wichtigsten Vakuumgebiet, in Edelstahlausführung anwendbar für korrosive Gase und ausheizbar, vielfach mit automatischer Bereichsumschaltung, digitaler Anzeige (Fernanzeige), Meßwertspeicherung und -Verarbeitung und Prozeßsteuerung.

Nachteile: Erschütterungsempfindlichkeit der Membran (Nachweis von Auslenkungen bis 10^{-6} mm notwendig!) erfordert Thermostabilisierung (meist auf festen Wert nahe 323 K eingestellt), daher zu hohe Druckanzeige bei Knudsenzahlen $K_n > 0{,}5$ durch thermomolekulare Druckdifferenzen (ca. 4% raumtemperaturabhängig), die im Knudsenbereich mit steigendem Druck – gasartabhängig – abnimmt (dort abschätzbar mit Liang-Formel (1955), s. auch Takaishi u. Sensui (1963) sowie Jitschin (1987), Fig. 1.45; demzufolge ist eine Kalibrierung durch Druckdifferenzvergleich mit Druckwaagen gegen Atmosphärendruck (buck-out-Methode) im Bereich $K_n > 10^{-2}$ nicht möglich. Hysterese-Effekte nach Überschreiten des Meßbereichs (Abklingen meist erst nach mehreren Stunden).

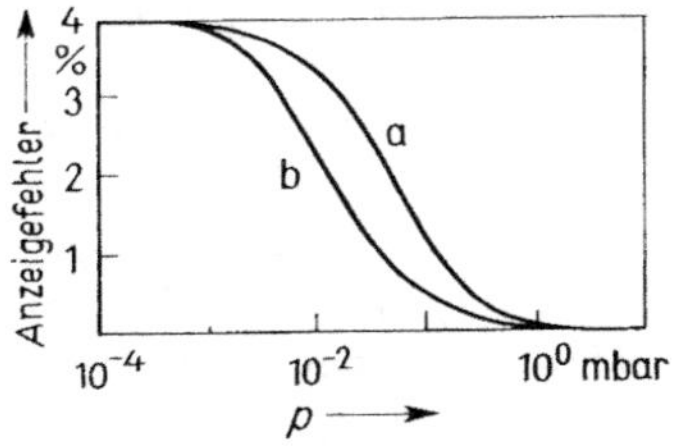

Fig. 1.45
Systematischer Anzeigefehler eines auf 323 K temperierten Kapazitäts-Membran-Vakuummeters
a) für Helium,
b) für Xenon

Nullpunktsdrift – im wesentlichen bedingt durch Temperaturänderungen in den Größenordnungen 10^{-6} bis 10^{-5} des Gesamtmeßbereichs; Druckbereichs-abhängige relative Meßunsicherheit oberhalb 10^{-3} mbar unter 1%, einjährige Nachkalibrierung vorausgesetzt (Grosse u. Messer (1987)). Übersicht s. Sullivan (1985).

Molekular-Vakuummeter Auch Knudsen- oder Radiometer-Vakuummeter genannt. Auf eine bewegliche Platte, die zwischen einer beheizten und einer unbeheizten Fläche angebracht ist, übertragen die von der beheizten Fläche kommenden Gasmoleküle einen größeren Impuls als die von der kalten Fläche auftreffenden Gaspartikel. Bei kleinen Abständen gegenüber der mittleren freien Weglänge ist die Auslenkung eines elastisch – z. B. an einem Torsionsfaden aufgehängten – Plattensystems proportional zum Impulsüberschuß und damit ein Maß für den Druck. Ablesung meist über Drehspiegelsystem.

Der Meßbereich einfacher Molekular-Vakuummeter liegt zwischen 10^{-3} und 10^{-7} mbar; neuere Geräte erreichen eine untere Nachweisgrenze von etwa 10^{-10} mbar, z. B. die Konstruktion von Evrard und Beaufils (1965).

Nachteile dieser höchstempfindlichen, den Gasdruck definitionsgemäß als Impulsaustausch messenden Geräte: Große Erschütterungsempfindlichkeit; Vorhandensein thermomolekularer Druckunterschiede; Möglichkeit unvollständiger thermischer Akkommodation, daher nur mit Einschränkung absolute Druckmessung.

1.6.4.2 Vakuummeter mit gasart-abhängiger Anzeige

Wärmeleitungs-Vakuummeter Bei diesem wird die Druckabhängigkeit der Wärmeleitfähigkeit von Gasen in den Druckbereichen der Molekularströmung und Knudsenströmung ausgenutzt; es besteht nach Pirani aus einem elektrisch auf eine Übertemperatur von ca. 100 K geheizten Draht, dessen Energieabgabe als Maß für den Druck herangezogen wird; die untere Nachweisgrenze liegt – gasartabhängig – bei etwa 10^{-2} mbar bis 10^{-4} mbar, wo – zugleich mit größer werdenden Einstellzeiten des thermischen Gleichgewichts – der Anteil des Energietransports durch die Gasmoleküle gegenüber dem Anteil der Endableitung bzw. Abstrahlung sehr klein wird.

Unter sauberen Versuchsbedingungen lassen sich in Bereichen von ein bis zwei Druckdekaden mit kalibrierten Pirani-Vakuummetern optimal Unsicherheiten von 6% erreichen, sofern entsprechende Ablesemöglichkeiten vorhanden sind, Poulter u. a. (1980a).

Vorteile der Wärmeleitungs-Vakuummeter: Einfacher Aufbau, niedrige Herstellungskosten, daher häufige Anwendung für Pumpen-Vordruckmessungen und in industriellen Vakuumanlagen. Nachteile: Adsorbate (z. B. nach Gaswechsel) oder Verunreinigungen an der Drahtoberfläche verändern u. U. erheblich die thermische Akkommodationswahrscheinlichkeit und damit das Anzeigeverhalten (Messer u. Molière (1966)).

Gasreibungs-Vakuummeter Bei diesem wird die Druckabhängigkeit der Gasreibung im Molekular- und Knudsen-Gebiet herangezogen; wie beim Wärmeleitungs-Vakuummeter ist die Anzeige gasartabhängig.

Einfache Geräte für den Bereich 10^{-2} mbar bis 10^{-5} mbar sind das Quarzfadenpendel (nach Langmuir und Haber u. Kerschbaum); visuelle Beobachtung der Fadenschwingungs-Halbwertzeit, gut geeignet für Arbeiten mit aggressiven Gasen und Dämpfen. Kontinuierliche Anzeige im Bereich 1000 mbar bis 10^{-3} mbar geben die Reibungs-Vakuummeter nach Schwarz (1952) (Dämpfung elektrisch angeregter Schwingungen eines Bändchens) und in verbesserter Ausführung nach Becker (1960).

Das von Beams u. a. (1946) angegebene Prinzip eines Gasreibungs-Vakuummeters mit magnetisch aufgehängtem, frei rotierendem Drehkörper wurde von Fremerey u. Boden (1978) zu einem hochempfinglichen Vakuummeter mit vollautomatischer Druckanzeige entwickelt, s. auch Fremerey (1985). Durch Herabsetzung der Wirbelstrom-bedingten Restabbremsung des Rotors (meist Edelstahlkugeln) mit glatter oder aufgerauhter Oberfläche, Durchmesser zwischen 4 mm und 6 mm, und Anwendung einer digitalen Drehzahl-Meßmethode in Verbindung mit einem – dem Versuchsablauf entsprechend – programmierbaren Kleinrechner für die Auswertung wird unter optimalen Bedingungen (Erschütterungsfreiheit der Apparatur) eine Auflösung der Druckanzeige von 10^{-8} mbar erreicht (gasartabhängig); die obere Grenze des Meßbereichs ist durch Wandeinflüsse bedingt und liegt – gasartabhängig – bei kommerziell gefertigten Geräten bei 10^{-2} mbar. Nach einmaligem Antrieb auf eine Drehzahl von 400 Hz wird der aus der zeitlichen Drehzahlabnahme errechnete Druck fortlaufend in vorwählbaren Zeitabständen vom Betriebsgerät angezeigt; die durch Wirbelstromanteile bedingte Restabbremsung (Druckäquivalent $\leqslant 10^{-7}$ mbar) wird dabei berücksichtigt.

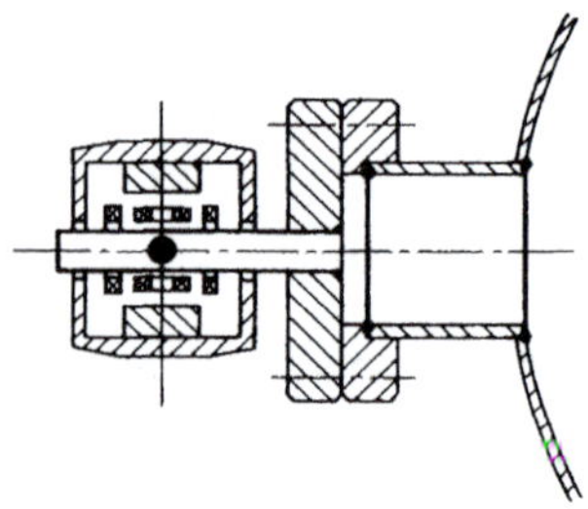

Fig. 1.46
Aufbau des Kugel-Gasreibungs-Vakuummeters nach Fremerey (1985)

Fig. 1.46 zeigt schematisch die in einem angeflanschten Glas- oder Edelstrahlröhrchen magnetisch aufgehängte Kugel und den angesetzten Meßkopf mit den erforderlichen Permanentmagneten sowie den Spulen zur Lagestabilisierung, zum Antrieb und zur Drehzahlmessung.

Entscheidend für die ausgezeichneten meßtechnischen Eigenschaften des Kugel-Reibungs-Vakuummeters ist der in mehrjährigen Versuchen experimentell gesicherte Befund, daß die Wahrscheinlichkeit σ des tangentialen Impulsaustauschs an der „technischen Oberfläche" glatter Edelstahlkugeln nahe bei 1 liegt, nur im Bereich weniger Prozente gasartabhängig ist und nur geringen zeitlichen Änderungen unterliegt (Langzeitschwankungen über 1 Jahr $\Delta\sigma/\sigma < 1\%$ s. Comsa u. a. (1980) u. Messer (1980)). Unter geringer Einbuße an Genauigkeit kann daher – unter Verzicht auf eine Einkalibrierung – die Gerätekonstante aus Kugelabmessungen und -dichte berechnet werden.

Vorteile des Geräts: Rotor ausheizbar, daher auch unter sehr sauberen Vakuumbedingungen (UHV-Apparaturen) verwendbar. Möglichkeit der Druckmessung in Gegenwart aggressiver Gase – soweit sie Edelstähle nicht angreifen – insbesondere auch solcher gasförmiger Verbindungen, die an Glühkathoden sehr aggressive oder giftige Dissoziationsprodukte bilden (z. B. Chlor- oder Fluorverbindungen wie SF_6 u. a.); kein Auftreten vagabundierender Ladungsträger und nur geringe antriebsbedingte thermische Effekte, die praktisch keine Gasdesorption und thermomolekulare Druckdifferenzen zur Folge haben. Aufgrund der hohen Auflösung der digitalen Anzeige können sehr geringe relative Druckänderungen verfolgt werden (Gasabgabe- oder Aufzehrungs-Messung, genaue Leitwert-Messungen, Bestimmungen von Volumenverhältnissen mit Unsicherheiten unter 0,1% (Berman u. Fremerey (1987)).

Nach Einkalibrierung des σ-Wertes gestattet das Gerät Druckmessungen im Bereich 10^{-6} mbar bis 10^{-2} mbar mit einer Unsicherheit unter 1% (Messer u. Röhl (1983)); dank seiner guten Eigenschaften hat sich das Gasreibungs-Vakuummeter seit 1981 als Referenz–Vakuummeter im Deutschen Kalibrierdienst (Fay (1987), Grosse u. Messer (1987)) sowie als Transfer-Standard für internationale Vergleiche der Druckskalen in 9 metrologischen Staatsinstituten bewährt (Messer u. a. (1989)).

Eine Erweiterung des Meßbereichs bis Atmosphärendruck wurde von Lindenau u. Fremerey beschrieben (1991).

Ionisations-Vakuummeter In Ionisations-Vakuummetern (abgekürzt IV) wird das Gas unter definierten Bedingungen durch Elektronenstoß ionisiert und der zur vorhandenen Teilchenanzahldichte proportionale Ionenstrom als Maß für eine – indirekte – Druckbestimmung verwendet. Die Druckangabe wird durch Kalibrierung i. allg. auf eine Raumtemperatur von 23 °C bezogen. Die meistgebräuchlichen und z. T. von Herstellern gefertigten Ionisations-Vakuummeter werden im folgenden beschrieben.

– Kaltkathoden–Ionisations-Vakuummeter. In sich kreuzenden elektrischen und magnetischen Feldern werden die Wege der auf Zykloiden-ähnlichen Bahnen beschleunigten Elektronen erheblich verlängert, so daß – im Zusammenwirken mit Sekundär-Elektronenemission an den kalten Kathodenoberflächen – auch bei niedrigen Drücken ein selbständiger Entladungsstrom aufrechterhalten wird, dessen Größe ein Maß für die Teilchenanzahldichte bzw. den Druck ist. Lawinenartiges Ansteigen der Ladungsträgerzahl, hohe Raumladungsdichten und spontan auftretende Mode-Änderungen hochfrequenter Elektronenschwingungen führen zu Instabilitäten ($\sim \pm 10\%$) und Nichtlinearitäten des Entladungsstroms; relativ hohe Gasaufzehrung: $10^{-2}\,\mathrm{l\,s^{-1}}$ bis über $1\,\mathrm{l\,s^{-1}}$ auch für inerte Gase, z. B. He, daher weite Anschlußrohre erforderlich.

Philips-Vakuummeter. Das in Fig. 1.47 dargestellte Penning- oder Philips-Vakuummeter besteht aus zwei parallel angeordneten Kathoden-Platten, zwischen denen sich ein Ring oder beidseitig offenes kurzes Rohr als Anode befindet; das Magnetfeld ($5 \cdot 10^{-2}$ T bis 0,1 T) verläuft senkrecht zu den Platten. Bei einer Anodenspannung von etwa 2 kV wird der Entladungsstrom (5 bis $10\,\mathrm{A\,mbar^{-1}}$) in der geerdeten Kathodenleitung gemessen. Penning-Vakuummeter mit zusätzlicher „Trigger"-Hilfskathoden-Zündung s. Young (1966). Einfaches, gegen Lufteinbrüche unempfindliches Vakuummeter zur größenordnungsmäßigen Druckanzeige im Bereich 10^{-2} mbar bis 10^{-6} mbar; außer hoher Gasaufzehrung ist Neigung zu starken Verschmutzungen (Cracken von Vorpumpenöldämpfen, Kathodenzerstäubung) zu beobachten.

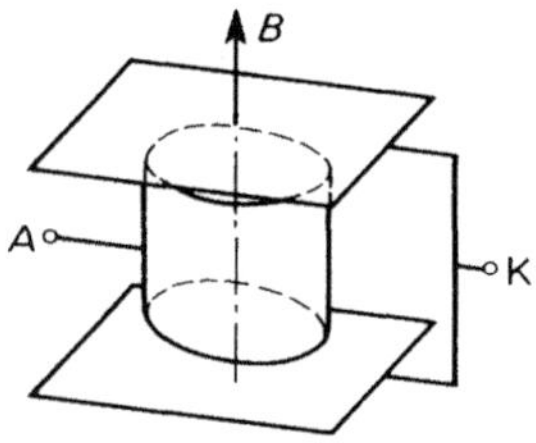

Fig. 1.47 Elektrodenanordnung im Penning-Vakuummeter (schematisch)
K Kathode, A Anode, *B* Magnetfeld

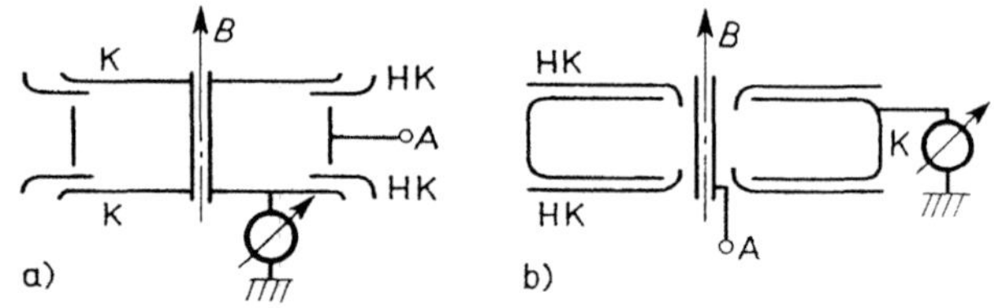

Fig. 1.48 Elektrodenanordnung im Magnetron-Vakuummeter (a) und im invertierten Magnetron-Vakuummeter (b)
K Kathode, HK Hilfskathode, A Anode, *B* Magnetfeld

Das Magnetron-Vakuummeter nach Redhead (1959) ist schematisch in Fig. 1.48a dargestellt; innerhalb der zylindrischen Anode A liegt axial die rohrförmige Kathode mit Endscheiben; die Hilfskathoden-Schutzringe HK dienen zur Abschirmung von Feldemissionsentladungen, das Magnetfeld B verläuft parallel zur Symmetrie-Achse (Anodenspannung 4,5 kV bis 6 kV, magnetische Induktion $B \lessapprox 0{,}1$ T). Im Bereich zwischen 10^{-4} mbar und 10^{-10} mbar nimmt der Entladungsstrom linear mit dem Druck ab (ca. 10 A mbar^{-1} für Stickstoff, Redhead (1959)), unterhalb 10^{-10} mbar ist er proportional zu p^n ($n \approx 1{,}4$ bis 1,7); unterhalb 10^{-12} mbar setzt die Entladung aus, es verbleibt ein druckunabhängiger Feldemissions-Reststrom von etwa 10^{-14} A. Das der Gasaufzehrung entsprechende Saugvermögen beträgt etwa 0,15 l s^{-1}.

Beim invertierten Magnetron nach Hobson u. Redhead (1958). s. Fig. 1.48b ist die innere Elektrode als Anode gestaltet (Anodenspannung 6 kV, $B \approx 0{,}2$ T); unterhalb 10^{-4} mbar ist der Entladungsstrom (im Mittel 1 A mbar^{-1}) proportional zu p^n, $n \approx 1{,}1$ bis 1,25. Die untere Nachweisgrenze liegt unter 10^{-12} mbar; gegenüber dem Magnetron hat das invertierte Magnetron eine „ruhigere" Anzeige; Gasaufzehrung wie beim Magnetron-Vakuummeter, Verhältnis der Empfindlichkeiten für verschiedene Gase druckabhängig.

Vorteil der Magnetron-Systeme: Nichtvorhandensein eines den Meßbereich begrenzenden Röntgeneffekts („Röntgengrenze" s. nachfolgenden Abschnitt), da der Elektronenstrom – und damit der durch Photoeffekt an der Kathodenoberfläche (als Ionenkollektor) ausgelöste Photoelektronenstrom – proportional mit sinkendem Druck abnimmt. Entsprechend geringer ESD-Effekt (s. folgenden Abschn.).

– Glühkathoden-Ionisations-Vakuummeter. Die von der Glühkathode (Potential +30 V bis +40 V) emittierten Elektronen werden im elektrischen Feld zur Anode (Potential ca. +180 V) beschleunigt und oszillieren größtenteils vor dem Auftreffen um diese meist gitter- oder wendelförmig ausgebildete Elektrode; der Emissionsstrom I^- wird durch Regelung der Kathodenheizung konstant gehalten, i. allg. auf Werte zwischen 10 µA und 10 mA. Ein hoher Anteil der durch Elektronenstoß-Ionisation gebildeten Gasionen gibt die Ladung an den Ionenkollektor (Potential 0 V) ab; der zur Teilchenanzahldichte und damit zum Druck p proportionale Kollektorstrom ist durch

$$I_{\text{Koll}} = K \cdot I^- \cdot p$$

gegeben; K wird nach dem ISO-Vokabularium[1]) (bzw. nach DIN 28400 Teil 3) als IV-Koeffizient bzw. als IV-Konstante und der Quotient aus ΔI_{Koll} und Δp als Empfindlichkeit S definiert; K ist im wesentlichen durch die Gasart, Systemgeometrie, Elektrodenpotentiale sowie z. T. durch den Emissionsstrom gegeben (Nottingham u. Torney (1960)) und innerhalb eines - sich je nach Qualität des Meßsystems über einige Druckdekaden erstreckenden - Bereichs druckunabhängig (Linearbereich $K = K_0$). Oberhalb dieses Gebiets im angrenzenden Feinvakuum FV ist - durch verschiedene Prozesse bedingt, wie mehrmalige Ionenbildung pro Elektron, Streuprozesse, Raumladungseinflüsse, Rekombination, Änderung des Ioneneinfangfaktors und Art der Emisssionsstrom-Regelung (Ausgangsgröße Kathoden- oder Anoden-Strom) u. a. - eine Abnahme von $K(p)$ (insbes. bei kleinen Kollektoroberflächen) sowie das Durchlaufen eines Maximums zu beobachten; je nach Art des Meßsystems unterschiedliche Kennlinien $K(p)$ sind aus Fig. 1.49 ($K = K(I_{\text{Koll}})$) und Fig. 1.52 ($K = K(p)$) zu erkennen. Läßt man diesen Bereich, für den „Hochdruck"-IV mit speziellen Elektrodenanordnungen entwickelt wurden, unberücksichtigt, so läßt sich der Kollektorstrom unterhalb etwa 10^{-4} mbar bis 10^{-5} mbar darstellen durch

$$I_{\text{Koll}} = K_0 \cdot I^- \cdot p + I_{\text{R}} = S \cdot p + I_{\text{R}} = I_g^+ + I_{\text{R}}$$

Dabei sind $K_0 \cdot I^- \cdot p = S \cdot p = I_g^-$ der in der Gasphase erzeugte „echte" Ionenstrom, S die erwähnte druckunabhängige Empfindlichkeit und I_{R} ein überwiegend durch Oberflächen-Effekte bedingter, nahezu konstanter, den Meßbereich nach niedrigen Drücken hin begrenzender Restkollektorstrom, der $K(p)$ bzw. $K(I_{\text{Koll}})$ am unteren Ende des Linearbereichs stark ansteigen läßt (Fig. 1.49 u. 1.52).

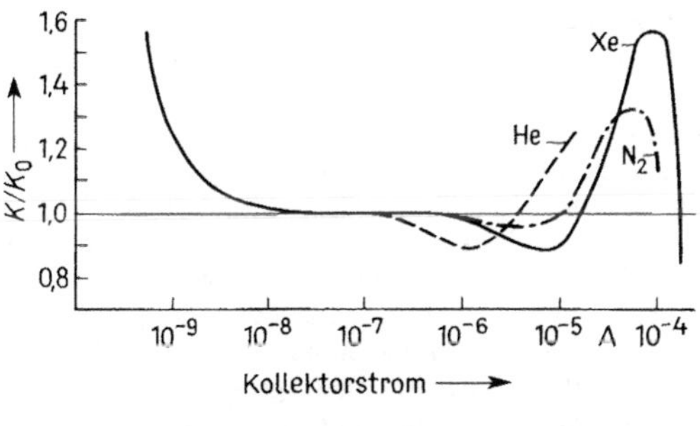

Fig. 1.49 Verhältnis der Vakuummeter-Koeffizienten K/K_0 einer Glas-tubulierten konzentrischen Triode mit gitterförmigem Kollektor in Abhängigkeit vom Kollektorstrom; K_0 für He: 0,20 mbar^{-1}, für N_2: 1,61 mbar^{-1}, für Xe: 4,1 mbar^{-1}

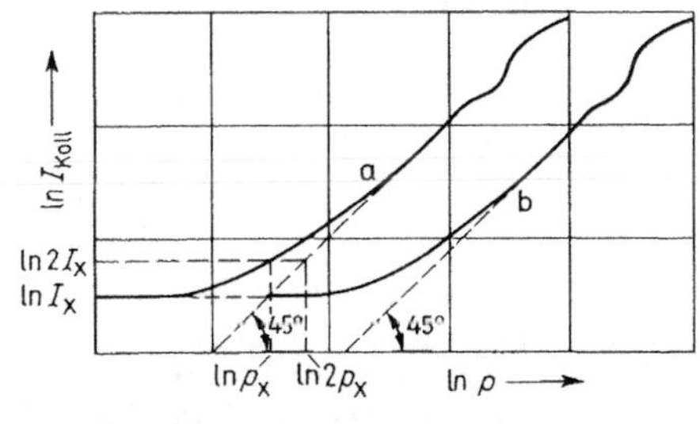

Fig. 1.50 Abhängigkeit des Kollektorstroms vom Gasdruck in doppelt-logarithmischer Darstellung; (a) für ein Gas mit hoher, (b) für ein Gas mit niedriger spezifischer Ionisation (schematisch); für $I_R \approx I_X$

Folgende Oberflächenprozesse beeinflussen den Kollektorstrom von Ionisations-Vakuummetern (s. Redhead (1987)):

Kollektoroberflächen-Vorgänge

(i) Röntgen-Effekt: Durch die von der Anode ausgehende weiche Röntgenstrahlung (Bremsstrahlung) wird an der Kollektoroberfläche ein Photo-Elektronenstrom I_x ausgelöst, der eine

[1]) International Organization for Standardization ISO/DIS 3529/111; in den USA wird $K = K_0$ häufig als „absolute sensitivity" bezeichnet.

Zunahme des Ionenstroms I_g^+ vortäuscht und von diesem nicht unterschieden werden kann; I_x ist I^- und der Größe der Kollektoroberfläche proportional und Gasart- und Druck-unabhängig. Für konventionelle Trioden kann als Richtwert für das Verhältnis $\gamma_x = I_x/I^-$ größenordnungsmäßig etwa 10^{-7} angesetzt werden; der Röntgen-Effekt trägt zum Restkollektorstrom bei und bildet unter bestimmten Voraussetzungen (z. B. Absorbat-freie Anodenoberflächen, s. ESD-Effekt) die Hauptkomponente des Restkollektorstroms. Da in der historischen Entwicklung der Röntgeneffekt zuerst als Ursache des Restkollektorstroms angenommen wurde (Nottingham (1954)), hat man (s. DIN 28400 Teil 3) den dem Restkollektorstrom entsprechenden Druck (bezogen auf Stickstoff), d. h. die untere Meßgrenze des IV, als Röntgengrenze p_x bezeichnet; aus $I_R = I_g^+$ folgt

$$p_x = I_R/K_0 \cdot I^- = I_R/S$$

Setzt man $I_R \approx I_x$, so ergibt sich die Unabhängigkeit der unteren Meßgrenze p_x vom Emissionsstrom. – Ist I_R nicht bekannt, so kann eine Abschätzung für p_x aus der Kennlinie $K = K(p)$ bei $K(p_x) = 2K_0$ vorgenommen werden (Fig. 1.52). Im Bereich der unteren Meßgrenze ist der tatsächliche Druck p_w stets niedriger als der von IV-Betriebsgeräten mit Druckanzeige angegebene Wert p_a (Fig. 1.50); der wahre Druck kann aus $p_w = p_a - I_R/S = p_a - p_x$ geschätzt werden, sofern eine Differenzbildung noch sinnvoll ist. – Der Einfluß des Röntgeneffekts kann durch Verkleinerung der Kollektoroberfläche reduziert und bei Anwendung spezieller Meßsysteme (s. u.) weitgehend unterbunden werden.

(ii) Reverser Röntgen-Effekt: Abhängig von den Potentialen des Kollektors bzw. der Umgebung können Elektronen den Kollektor erreichen, die durch Photo-Effekt an benachbarten Metalloberflächen (Rezipientenwänden) ausgelöst werden; dieser meist sehr kleine Elektronenstrom I_{xr} verringert den Kollektor-Photoelektronenstrom und kann u. U. auch zu negativen Restkollektorströmen führen (Hayward u. a. (1963)). Abhilfe: Geringes positives Potential der umgebenden Metallwandungen oder entsprechend negatives Kollektorpotential. – Durch den Einfluß der Umgebung auf den reversen Röntgen-Effekt wird oft bei Einbau-Meßsystemen – „tubuliert" in Rohransätzen angeschlossen – ein geringerer Restkollektorstrom beobachtet als bei einer – in den Rezipientenraum – eintauchenden Montage; dies sollte bei Kalibrierungen berücksichtigt werden.

(iii) Auger-Effekt an Kollektoroberflächen: Die in IV erzeugten Ionen liegen in einem Energiebereich (≤ 200 eV), in dem bei der Neutralisierung am Kollektor eine Auger-Elektronen-Emission (AEE) möglich ist. Zwei Prozesse kommen in Frage: Einstufige direkte Auger-Neutralisation im Grundzustand durch ein – nach Tunneleffekt – aus dem Metall-Leitungsband verfügbares Elektron und Abgabe der freiwerdenden Energie zur Elektronenemission oder zweistufige Resonanz-Neutralisation, bei der das Tunnel-Elektron das Ion zunächst über einen angeregten Zustand neutralisiert, dann Übergang in den Grundzustand und Auger-Emission (Potentialemission nach Hagstrum (1954)). Die relative Ausbeute an Auger-Elektronen γ_{AE} ist von der Ionisierungsenergie E_i der Ionen (in Oberflächennähe) sowie von Oberflächeneigenschaften des Kollektors, insbes. von der Austrittsarbeit $e\phi$ abhängig; γ_{AE} steigt mit zunehmendem Wert von E_i und nimmt bei Erhöhung von $e\phi$ ab (Hagstrum (1971)). Voraussetzung für die Potentialemission ist $E_i > 2e\phi$.

An reinen Wolframoberflächen beträgt nach Hagstrum (1956) γ_{AE} bei Edelgasionen bis zu 0,3 für He^+, d. h. der Kollektorstrom wird hier durch den Beitrag I_{AE} der Auger-Elektronen um 30% erhöht. Bei Adsorption von Fremdgasen – Gasart- und Flächen-spezifisch meist mit einem Anstieg von $e\phi$ verbunden – tritt die herabgesetzte Auger-Emission in einer Verringerung des Kollektorstroms in Erscheinung (im Bereich unter 8%), die nach Oberflächenreinigung (Desorption durch Ausheizen) wieder verschwindet (Gopalamaran u. a. (1970)). Bedeutsam ist, daß durch Abtragung oberflächennaher Schichten von Ionenkollektoren nach intensivem Glühen bei hohen Temperaturen (Herausdiffundieren inkorporierter Fremdstoffe, insbes. O_2 und C) und anschließendem Sputtern mit Ar^+ eine merkliche Erhöhung von $e\phi$ (bis $\sim 0{,}7$ eV, Becker u. Messer (1980)) bzw. Abnahme von γ_{AE} erzielbar ist (s. Stabilisierung 1.6.4.2); der IV-Koeffizient kann dabei – je nach Beschaffenheit des Kollektormaterials – bis zu 30% auf langzeitlich gleichbleibende Werte absinken, wegen der Ionenstrom-proportionalen Auger-Emission gleichermaßen im gesamten Meßbereich (Ave u. a. 1985)). – Bei Anwendung der Bremsfeld-Methode (Suppressor-Technik; Redhead (1960)) wird die AEE stark reduziert.

Anodenoberflächen-Vorgänge

(i) ESD-Effekt: Die auf die Anode insgesamt auftreffenden Elektronen können adsorbierte Gase freisetzen (electron stimulated desorption ESD oder electron impact desorption EID), die als Neutralteilchen (z. T. in angeregtem Zustand) sowie – mit einem relativen Anteil in der Größenordnung 10^{-2} – als ESD-Ionen mit Energien über 2 eV (im Mittel ca. 8 eV) desorbieren und damit zum Restkollektorstrom einen Beitrag I_{ESD} liefern (Übersichtsartikel Redhead (1970)). Der ESD-Effekt tritt besonders stark bei Adorsption chemisch aktiver Gase (O_2, CO, H_2, H_2O, Halogene), von Kohlenwasserstoffen oder Verunreinigungen (aus der Kathode oder aus Pumpentreibmittteln) in Erscheinung; an O_2-bedeckten Molybdän-Oberfächen beträgt die Ausbeute $\gamma_{ESD} = I_{ESD}/I^-$ etwa 10^{-5}; nach vollständiger Bedeckung der Anoden von Bayard-Alpert-Meßsystemen mit diesen Gasen wurde ein Anstieg des Restkollcktorstroms auf das 400-fache beobachtet (Berman (1985)). Bei $p = \gamma_{ESD}/K_0$ haben Ionenstrom I_g^- und ESD-Ionenstrom I_{ESD} die gleiche Größe; für konventionelle Trioden ($\gamma_x = I_x/I^- \approx 10^{-7}$) mit O_2-bedeckter Anode beträgt dieser Druck etwa 10^{-6} mbar, dabei ist das Verhältnis $I_{ESD}/I_x \approx 10^2$; bei niedrigen Fremdgasanteilen chemisch aktiver Gase, z. B. in UHV-Anlagen, ist der Beitrag des ESD-Ionenstroms in gut ausgeheizten Meßsystemen wesentlich niedriger, liegt jedoch bei Drücken unter 10^{-10} mbar – je nach Bauart des IV – häufig über dem Anteil des Röntgenstroms I_x. – Nach rascher Druckabsenkung bis in die Nähe der unteren Meßgrenze sowie auch zuweilen nach dem Ausheizen des Meßsystems bei niedrigen Drücken, jedoch unvollständigem Abpumpen der desorbierten Gase, ist oft ein lange anhaltendes Absinken des Restkollektorstroms zu beobachten, das dem fortschreitendem Abbau der Anoden-Adsorbate durch den Elektronenaufprall entspricht. Eine Verfälschung von Druckbestimmungen liegt meist vor, wenn nach vorübergehend drastischer Erhöhung von I^- (z. B. von 100 µA auf 10 mA) eine niedrigere Druckanzeige erscheint.

Wirkungsvolle Verringerung bzw. Ausschluß von ESD-Effekten: Gründliches Entgasen der Anode, Betrieb bei hohen Emissionsströmen (schneller Abbau der Adsorbate) und insbes. Anwendung der Modulator- oder der Extraktor-Technik (s. u.) (Redhead (1975)).

(ii) Elektronen-Rückstreuung an der Anode: Etwa 90% der insgesamt auf der Anode auftreffenden Elektronen lösen den Austritt „echter" Sekundärelektronen mit Energien unter etwa 20 bis 30 eV aus; der Rest an Primärelektronen wird elastisch reflektiert bzw. tritt nach Rückdiffusion zur Oberlfäche aus der Anode aus (unelastische Reflexion), Eichmeier (1981); diese Elektronen besitzen Energien oberhalb der der Sekundärelektronen und damit eine ausreichende Ionisierungswahrscheinlichkeit, so daß sie auf „verlängerten Emissionselektronen-Bahnen" zusätzliche Ionen bilden und mit einem Ionenstromzuwachs I_{AR} anteilig den IV-Koeffizienten erhöhen können (Grosse u. a. (1987a)); wegen der Abhängigkeit der Ausbeute an rückgestreuten Elektronen vom Oberflächen-Zustand wirken sich Änderungen der Oberflächeneigenschaften der Anode auch auf den IV-Koeffizienten aus (im Bereich einiger Prozente). Als optimal geeignete Anodenoberflächen wurden Gold- sowie Graphit-Beschichtungen beobachtet.

Zusammenfassung der Oberflächen-Vorgänge:

Der Restkollektorstrom ist durch Photoemissions-Effekte (Anteil: $I_x - I_{xr}$) und durch Elektronenstoß-induzierte Ionendesorption an der Anode (Anteil: I_{ESD}) gegeben; darüber hinaus können bei sehr niedrigen Drücken (etwa unter 10^{-11} mbar) weitere Untergrundbeiträge, wie Kriechströme an Kollektordurchführungen, sublimierendes bzw. verdampfendes Kathodenmaterial (Angerth u. Hulek (1974)), thermische Desorption von benachbarten Oberflächen, Pumpeffekte u. a. in Erscheinung treten.

Die vom Ionenstrom I_g^- (der im Gasraum gebildeten Ionen) nicht unterscheidbaren Beiträge aus der Auger-Emission am Kollektor (I_{AE}) sowie der Elektronen-Rückstreuung an der Anode (I_{AR}) werden bei Bestimmung des IV-Koeffizienten mit einkalibriert.

Umrechnung der Druckanzeige für andere Gasarten
Anzeigen kalibrierter Geräte in Stickstoff-Äquivalentdrücken können für andere Gase näherungsweise umgerechnet werden; die Literaturangaben für Umrechnungsfaktoren (Richtwerte s. Tab. T 1.12a in Band 3) sind sehr unterschiedlich, da sie vom Aufbau des Meßsystems abhängen.

Bauarten

Konzentrische Triode. Das einfachste Glühkathoden-IV ist die konzentrische Triode in konventioneller Bauart mit inverser oder Bremsfeld-Schaltung: Axial angeordnete Kathode, konzentrische Gitterwendel als Elektronenfänger und äußerer Zylinder (bzw. äußeres Gitter) als Ionenkollektor (s. Fig. 1.51a) Meßbereich: 10^{-2} mbar bis ca. 10^{-7} mbar; K_0 für N_2: Zwischen 4 $mbar^{-1}$ und 15 $mbar^{-1}$. Röntgengrenze: Wegen des großflächigen Ionenkollektors relativ hoch, $p_x \simeq 10^{-7}/K_0$. Fig. 1.52a zeigt die Druckabhängigkeit von K_{N_2} für eine Platin-Referenztriode.

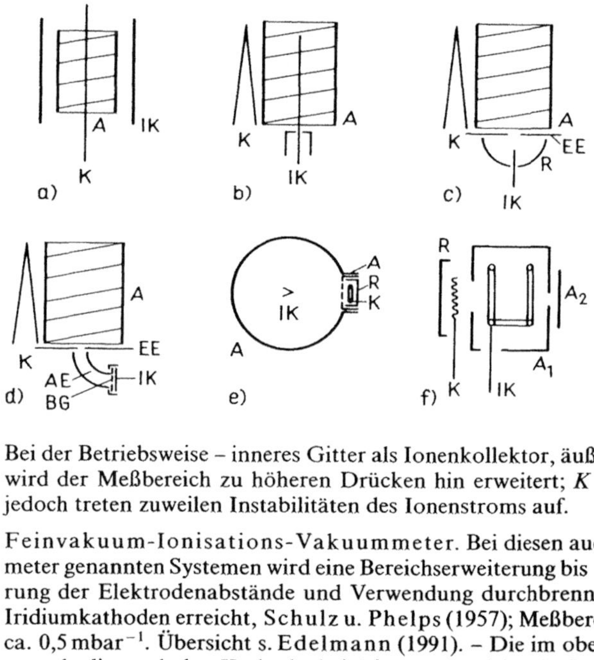

Fig. 1.51
Elektrodenanordnung in verschiedenen Ionisations-Vakuummetern
a) Konzentrische Triode,
b) Bayard-Alpert-System,
c) Extraktorsystem,
d) Helmer-System,
e) Vakuummeter nach Gentsch,
f) JHP-System
K Kathode, A Anode, IK Ionenkollektor, EE Extraktorelektrode, R Reflektor, BG Bremsgitter, AE Ablenk-Elektrode

Bei der Betriebsweise – inneres Gitter als Ionenkollektor, äußerer Zylinder als Elektronenfänger – wird der Meßbereich zu höheren Drücken hin erweitert; K verringert sich etwa auf die Hälfte, jedoch treten zuweilen Instabilitäten des Ionenstroms auf.

Feinvakuum-Ionisations-Vakuummeter. Bei diesen auch Hochdruck-Ionisations-Vakuummeter genannten Systemen wird eine Bereichserweiterung bis 1 mbar insbesondere durch Verringerung der Elektrodenabstände und Verwendung durchbrennsicherer Thoriumoxid-beschichteter Iridiumkathoden erreicht, Schulz u. Phelps (1957); Meßbereich 1 mbar bis 10^{-5} mbar, K_0 für N_2: ca. 0,5 $mbar^{-1}$. Übersicht s. Edelmann (1991). – Die im oberen Meßbereich durch Wärmeableitung bedingte hohe Kathodenheizleistung bewirkt Aufheizung des Meßsystems und damit thermomolekulare Druckdifferenzen; Änderungen der Heizleistung (infolge von Änderungen der Kathoden-Emissionseigenschaften durch Ionenbombardement und Crack-Produkte aus Öldampf-haltigen Vorvakuum-Atmosphären) beeinträchtigen häufig die Stabilität der Druckanzeige.

Bayard-Alpert-Ionisations-Vakuummeter. Durch drastische Verringerung der Kollektoroberfläche und Vertauschung der bei konzentrischen Trioden üblichen Lage von Kathode und Kollektor erreichten Bayard u. Alpert (1950) eine untere Meßgrenze unter 10^{-10} mbar; der Kollektor im B. A. Meßsystem ist als kurzer dünner Draht (optimal 0,1 mm ∅) axial innerhalb der Anodenwendel ausgebildet, Fig. 1.51b. Nach Erreichen ihrer Maximalenergie umrunden die Elektronen die zylindrische Anode, dabei vom Innen- in den Außenraum und zurück pendelnd; um ein Entweichen der Ionen aus dem Anodenraum zu erschweren, wird der Elektronenfänger nach Nottingham (1961) an den Enden durch Gitter abgeschlossen. Meßbereich: 10^{-4} mbar bis unter 10^{-10} mbar.

K_0 für N_2: ca. 20 mbar^{-1}; die Druckabhängigkeit von K_{N_2} für ein kommerzielles Meßsystem ist in Fig. 1.52b dargestellt. Mit Hilfe extrem dünner Kollektordrähte läßt sich zwar die untere Meßgrenze bis 10^{-12} mbar herabsetzen, gleichzeitig nimmt aber K stark ab und der Linearbereich wird kleiner; die hier relevanten Probleme des Ioneneinfangprozesses sind von Comsa (1966) eingehend untersucht worden.

Änderungen des Kathodenabstands (z. B. durch thermische Effekte) beeinflussen bei Bayard-Alpert-IV stark den Wert von K; Abhilfe durch Reflektorgitter, gleichzeitig Steigerung von K_0 für N_2 auf 40 mbar^{-1}, (Redhead (1969)). Mit einem Modulationsverfahren nach Redhead (1960) kann die Meßwertverfälschung bei sehr niedrigen Drücken durch den Röntgen- und ESD-Effekt korrigiert werden; hierzu wird eine zusätzliche Modulator-Drahtelektrode im Anodeninnenraum abwechselnd auf unterschiedliche Potentiale (z. B. Anoden- oder Kollektor-Potential) gelegt. Unter der Annahme, daß Photoemissionsstrom und ESD-Strom am Kollektor unbeeinflußt bleiben, kann durch Differenzbildung der unterschiedlichen Kollektorströme der auf die Störeffekte entfallende Anteil bestimmt und somit eliminiert werden; Verschiebung der unteren Meßbereichsgrenze nach Hobson um etwa eine Dekade; Hinweise s. Redhead (1987) u. Fillipelli (1987).

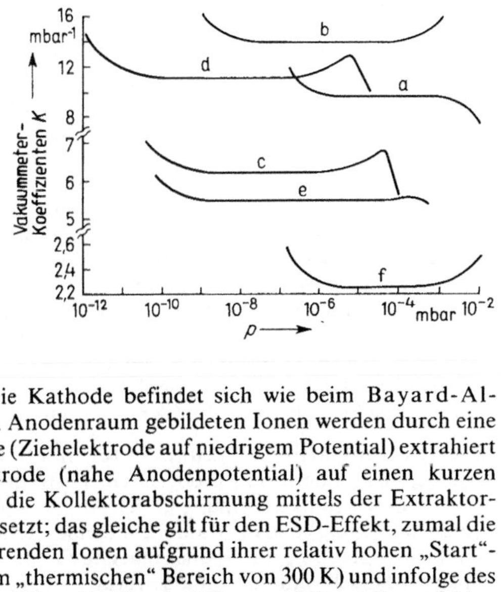

Fig. 1.52
Druckabhängigkeit der Vakuummeter-Koeffizienten verschiedener Meßsysteme für Stickstoff
a) IMC-Triode,
b) Bayard-Alpert-Meßsystem,
c) Extraktor-Meßsystem, d) Helmer-Meßsystem,
e) Gentsch-Meßsystem, f) JHP-Meßsystem

Extraktor-Ionisations-Vakuummeter. Die Kathode befindet sich wie beim Bayard-Alpert-IV außerhalb der Anodenwendel. Die im Anodenraum gebildeten Ionen werden durch eine Bodenplatte mit axial angeordneter Lochblende (Ziehelektrode auf niedrigem Potential) extrahiert und mit Hilfe einer kalottenförmigen Elektrode (nahe Anodenpotential) auf einen kurzen Kollektordraht fokussiert, s. Fig. 1.51c; durch die Kollektorabschirmung mittels der Extraktorelektrode wird der Röntgeneffekt stark herabgesetzt; das gleiche gilt für den ESD-Effekt, zumal die durch Elektronenstoß von der Anode desorbierenden Ionen aufgrund ihrer relativ hohen „Start"-Energie (im Mittel 8 eV gegenüber ca. 10^{-2} eV im „thermischen" Bereich von 300 K) und infolge des in Anodennähe flach verlaufenden Potentialgefälles die Blendenöffnung größtenteils verfehlen (Redhead (1966)). Bei seiner geringen Oberfläche wird der Kollektor durch die hohe Ionenauftreff-Rate meist von Adsorbaten freigehalten (gleichbleibende Augerelektronen-Emission). Meßbereich bis 10^{-12} mbar, mit Modulator 10^{-13} mbar; K_0 für N_2 liegt bei 6 mbar^{-1} bis 10 mbar^{-1}. In Fig. 1.52c ist die Druckabhängigkeit von K_{N_2} eines Extraktormeßsystems dargestellt.

Suppressor-Ionisationsvakuummeter. Beim Suppressor-Meßsystem (Schuemann (1963)) werden die am Kollektor austretenden Photo- sowie Auger-Elektronen durch ein elektrisches Gegenfeld auf den Kollektor zurückgeworfen. Ähnlicher Aufbau wie beim Extraktor-IV; abgeschirmt vor direkter Röntgeneinstrahlung von der Anode (zur Reduzierung des reversen Röntgeneffekts) ist hinter der Extraktor-Lochelektrode – vor dem Kollektor – eine auf negativem Potential liegende Ringelektrode als Suppressor angebracht (Redhead u. Hobson (1965)). K-Werte wie beim Extraktor-IV; da Photo- und Auger-Elektrodenströme durch das Bremsfeld praktisch völlig unterdrückt werden, sind bei wirksamer Verringerung des ESD-Effekts (durch

Anoden-Ausheizen oder mittels Modulatormethode) Meßgrenzen p_x unter 10^{-12} mbar zu erreichen. Redhead u. Hobson (1965) konnten auf diese Weise in einem – mit LHe-Kryopumpen evakuierten – Rezipienten Drücke unter 10^{-14} mbar registrieren.

Ionisations-Vakuummeter mit abgelenktem Ionenstrahl. Dieses – auch Helmer-IV genannte – Meßsystem (Helmer u. Hayward (1966)) ist ein Extraktor-IV, bei dem die aus dem Ionisierungsraum extrahierten Ionen durch ein elektrostatisches Ablenksystem um 90° auf eine Ionenfängerplatte umgelenkt werden; dabei ist vor dem Kollektor zur Unterdrückung von Sekundärelektronen ein auf negativem Potential befindliches Bremsgitter vorgesehen, Fig. 1.51d, vgl. Suppressor-System. Dem Restkollektorstrom entspricht ein Druck von einigen 10^{-13} mbar (Grosse u. Messer (1981)) bzw. 10^{-14} mbar mit Modulator; K_0 für N_2 liegt bei 12 mbar^{-1}, s. Fig. 1.52d. – Verbesserungen des Helmer-IV: Blechschmidt (1975) beschreibt ein Meßsystem, bei dem die Ionen durch einen konzentrisch angeordneten Ringspalt extrahiert und durch ein konzentrisch-hemisphärisches (elektrostatisches) Ablenksystem um 90° zum Kollektor umgelenkt werden; bei Ionennachweis mittels Channeltron-Multiplier werden eine Empfindlichkeit für N_2 bei $I^- = 1 \cdot 10^{-5}$ A von $1{,}1 \cdot 10^{12}$ Impulse s^{-1} mbar^{-1} und eine untere Meßgrenze $p_x = 1 \cdot 10^{-14}$ mbar angegeben. – Benvenuti u. Hauer (1980) konnten durch Änderung geometrischer Parameter des ursprünglichen Helmer-Systems und Benutzung thorierter Kathoden K_0 auf 30 mbar^{-1} erhöhen und p_x auf 10^{-14} mbar herabsetzen.

Ionisationsvakuummeter mit abgelenktem Ionenstrahl und Ionenenergie-Analysator. Bei dieser Weiterentwicklung des Extraktor-IV durch Watanabe (1992) umgibt eine Ringkathode das kugelförmige Anoden-Gitternetz; die überwiegend im Gitterzentrum (d. h. im Gebiet größter Elektronendichte) gebildeten Ionen werden durch eine – in der Systemachse liegende – Öffnung extrahiert und durchlaufen einen sphärischen 180°-Ionenenergie-Analysator mit konzentrisch-hemisphärischen Ablenkelektroden, der die schnelleren ESD-Ionen von den in der Gasphase gebildeten Ionen zu trennen gestattet. Am Analysator-Ausgang ist vor dem Kollektor eine Suppressor-Elektrode angebracht. Durch den Umstand, daß die ESD-Ionen – bereits mit Anfangsenergien von ~8 eV desorbierend – das gesamte Potentialgefälle Anode-Extraktorelektrode, die in der Gasphase im Anodenkugel-Mittelbereich gebildeten Ionen dagegen – u. a. Raumladungs-bedingt – ein geringeres Potentialgefälle durchlaufen, besteht eine Energiedifferenz beider Anteile von etwa 30 eV (gegenüber etwa 8 eV im Helmer-IV), die eine effektive Trennung der ESD-Ionen von den im Gasraum gebildeten Ionen sowie einen quantitativen Nachweis beider Anteile ermöglicht. Die obere Grenze des Linearitätsbereichs wird mit 10^{-6} mbar, die Empfindlichkeit mit $2 \cdot 10^{-2}$ A mbar^{-1} und die Röntgengrenze mit $6 \cdot 10^{-14}$ mbar angegeben.

Inertes Ionisations-Vakuummeter nach Gentsch. (Gentsch u. Messer (1980)): Die Anode, ein zylinderförmig gebogenes Blech, trägt an den Enden quadtratische Abschlußbleche; vor einer schlitzförmigen Öffnung in der Anode – parallel zur Zylinderachse – sind ein Gitter (auf Anodenpotential) und die Kathode mit einer Reflektorelektrode angebracht, Fig. 1.51e. Das ohne direkte Verbindung zur Anode stehende Gitter ist zur Rückführung des Gitterstroms über eine Spannungsquelle mit der Kathode verbunden, so daß der für die Ionenerzeugung im Anodenraum allein maßgebliche effektive Ionisierungstrom meß- und regelbar wird. Ionennachweis durch einen V-förmig gefalteten Folienstreifen als Kollektor (s. o. a. Literaturhinweis) oder durch Extraktorsystem. Zur Vermeidung von Adsorptionseffekten sind die Elektroden Schmelzfluß-vergoldet (Trägermaterial Wolfram), die Anode wird auf erhöhter Temperatur (ca. 600 K) gehalten.

Vorteile des IV nach Gentsch: Anwendbar auch für chemisch aktive Gase, sehr geringe Pumpwirkung für H_2 (unter $1 \cdot 10^{-3}$ l · s^{-1}); sehr geringe ESD-Effekte durch geheizte Anoden-Goldoberfläche; unempfindlich gegen äußere elektrische Felder, dicht gegen Ionenverluste und relativ großer Linearbereich (5 Druckdekaden). K_0 für N_2 liegt bei 6 mbar^{-1}, p_x bei 10^{-11} mbar. Fig. 1.52e zeigt die Druckabhängigkeit von K_{N_2}.

JHP-Ionisations-Vakuummeter. Die Elektrodenkonfiguration des JHP-Systems (Jauge Haute Pression, Choumoff u. Japteff (1974)) ist in Fig. 1.51f wiedergegeben. Die von der Kathode emittierten Elektronen passieren die Blendöffnung des Anodenkästchens A_1 und erreichen die Anodenplatte A_2; die in A_1 erzeugten Ionen werden von dem innerhalb des Kästchens abgeschirmt angeordneten Doppelring-Kollektor gesammelt. Zum Ausheizen des aus Pt gefertigen Meßsystems durch Elektronenbeschuß ist eine äußere Ringkathode vorgesehen. K_0 für N_2 liegt zwischen 2 bis 3 $mbar^{-1}$; Meßbereich: 10^{-2} mbar bis unter 10^{-6} mbar, $p_x \cong 1 \cdot 10^{-8}$ mbar. Fig. 1.52f zeigt die Druckabhängigkeit von K_{N_2}. – Das JHP-IV wurde als Transfer-Instrument für Vergleichsmessungen in Europa eingesetzt (Poulter u. a. (1980b)).

Zweikammer-Ionisations-Vakuummeter nach Blauth (1965). Zum Vermeiden von Wechselwirkungen mit Gasen oder Dämpfen wird die Glühkathode in einer separaten, ständig evakuierten Kammer angebracht, die durch eine Lochblende mit dem Ionisierungsraum verbunden ist. K_0 für N_2 ca. 2 $mbar^{-1}$; Meßbereich 10^{-4} mbar bis 10^{-10} mbar.

Herabsetzung der unteren Meßgrenze durch Erhöhung der Empfindlichkeit mithilfe drastischer Verlängerung der Elektronenbahnen:

Die beiden nach diesem Prinzip arbeitenden Glühkathoden-IV haben sehr niedrige untere Meßbereichsgrenzen, durch Neigung zu Instabilitäten liegen jedoch ihre Anzeigen – zumindest bereichsweise – in einem größeren Streubereich. Lafferty-Meßsystem (Lafferty (1961)): Zylinderanoden-Magnetron mit axialer Haarnadel-Glühkathode, Endplatte als Kollektor, Verhinderung der Kaltentladung durch geringe Anodenspannung (+345 V), axiales Magnetfeld ($B \cong 2{,}5 \cdot 10^{-2}$ T); $I^- < 1 \cdot 10^{-6}$ A ermöglicht Temperaturen der LaB_6-beschichteten Kathode unter 700 °C, extrem geringe Gasaufzehrung $\sim 10^{-10}$ l s^{-1}. Der Meßbereich beginnt bei 10^{-6} mbar, lineare Anzeige unterhalb 10^{-8} mbar; empfindlich gegen magnetische Streufelder und Dejustierung des Zylinder-Permanentmagneten. $K_{N_2} \cong 10^8$ $mbar^{-1}$; $p_x \cong 10^{-14}$ mbar, mit abgeschirmtem Elektronenvervielfacher-Ionendetektor $p_x \cong 10^{-18}$ mbar (Schätzwert). – Orbitron-Meßsystem (Meyer u. Herb (1967)): Glühkathode im elektrischen Radialfeld zwischen axialer Draht-Anode (+500 V) und Zylinder-Kollektor (Erdpotential). Mit $I^- \cong 1 \cdot 10^{-6}$ A ist $K_{N_2} \cong 10^5$ $mbar^{-1}$; raumladungsbedingte untere Meßbereichgrenze $\sim 10^{-11}$ mbar (Blechschmidt (1975)).

– Fehlerquellen bei Druckmessungen mit Glühkathoden-Ionisations-Vakuummetern. Die Anzeige von IV wird vor allem durch die Oberflächeneigenschaften der Elektroden – mehr oder minder je nach Art des Meßverfahrens – beeinflußt; sind Adsorbate (insbes. chemisch aktiver Gase) oder Verschmutzungen (z. B. durch Betrieb in Kohlenwasserstoffen, wie CH_4, s. Young (1973)) vorhanden, so können durch Elektronenstoß-induzierte Ionendesorption an der Anode und durch veränderte Ausbeute an Auger-Elektronen am Kollektor (s. Abschn. ESD- u. Auger-Effekt) erhebliche Änderungen des IV-Koeffizienten verursacht werden (nach Poulter u. Sutton (1981)) bis etwa 30%, z. T. auch erheblich darüber (Tilford u. a. (1982)). Durch intensives Ausheizen der Elektroden und Sputtern mit Argon-Ionen lassen sich diese Ursachen für Fehlmessungen weitgehend vermeiden (s. Stabilisierung des IV-Koeffizienten).

Je nach Einbaulage der IV kann der Restkollektorstrom unterschiedlich sein (s. Abschn. Reverser Röntgen-Effekt). – Den Einfluß von äußeren Magnetfeldern beschreibt Hseuh (1982). – Durch Oberflächenaufladungen benachbarter Komponenten (Glasoberflächen) können Instabilitäten der Druckanzeige auftreten. So zeigen Extraktor-IV nach längerem Betrieb u. U. eine Abnahme der Druckanzeige; sie kann durch positive Aufladungen nichtleitender Niederschläge von Crack-Produkten (von Kohlenwasserstoffen) rings im Bereich der Extraktor-Lochblende verursacht sein. – Störungen durch Barkhausen-Kurz-Schwingungen bestehen bei zu hohen Emissionsströmen (Opitz u. a. (1959)). – Der Einfall von Streuionen oder Röntgenstrahlung aus Ionen-Zerstäuber-Pumpen ist notfalls durch Abschirmungen zu unterbinden.

IV zeigen Gasaufzehrung durch Ionen-Pumpen, d. h. Festhalten bzw. Implanation neutralisierter Ionen an der Kollektoroberfläche (mit einer Sauggeschwindigkeit

$S_{Koll} \leqslant 0{,}25\,KI^-$, wobei ($S_{Koll}$) in $l\,s^{-1}$, (K) in $mbar^{-1}$, (I^-) in A gemessen werden) und an umgebenden Oberflächen, sowie durch Chemiesorption an der Glühkathode disssoziierter Gasmoleküle (z. B. atomarer Wasserstoff). Zerstäubte oder verdampfte Kathodenmaterialien haben ebenfalls Pumpwirkungen (Getterprozesse). Unmittelbar nach dem Entgasen der Elektroden kann das Saugvermögen durch Sorption an den gereinigen Oberflächen über $1\,l\,s^{-1}$ betragen; im stationären Gleichgewicht sind i. a. für H_2 Werte von etwa $10^{-1}\,l\,s^{-1}$, für Edelgase, N_2, CH_4 Werte von etwa $10^{-3}\,l\,s^{-1}$ beobachtbar (Ausnahmen: Lafferty-System und Gentsch-System). Gasabgabe zeigen Glühkathoden im Falle unvollständiger Entgasung (z. B. von O_2 bei Oxidkathoden) oder durch Aufheizen umgebender Oberflächen; auch Reemission gepumpter Gasmengen ist zu beobachten.

IV-Koeffizienten von Meßsystemen, deren Glühkathoden außerhalb der Anodengitter liegen (z. B. Bayard-Alpert-Systeme), können durch Lageänderung der Kathode (z. B. thermisch verursachte Verformung) sowie durch Bildung begrenzter Bereiche auf der Kathode mit veränderter Austrittsarbeit („Flecken"-Emission, oft sichtbar durch unterschiedliche Helligkeit (Jansen u. a. (1966))) merklich verändert werden, da Start-Position und -Richtung entscheidend für den Bahnverlauf der emittierten Elektronen sind (Pittaway (1970)).

Wolframkathoden täuschen durch Verdampfung bei Betriebstemperaturen zwischen 2400 °C und 2700 °C Drücke von ca. 10^{-12} mbar vor und sind daher für Meßsysteme im extremen UHV nicht geeignet (Angerth u. Hulek (1974)); in Gegenwart geringer Mengen von H_2, O_2, H_2O und Kohlenwasserstoffen können vielfältige Crack-Prozesse auftreten, in deren Ablauf Karbide, abdampfende Oxide und meist CO (weniger CO_2) entstehen; auch unter sauberen Vakuumbedingungen bilden W-Kathoden häufig CO aus eigenen Beimengungen an C und O_2. Gute Eigenschaften als Kathodenmaterial besitzt Rhenium, es zersetzt praktisch weder O_2 noch H_2O, bildet keine stabilen Oxide oder Karbide und somit kaum CO, jedoch ist der Dampfdruck etwa 150mal größer als der des Wolframs. Reduzierung dieser Störeinflüsse durch niedrige Emissionsströme ($I^- \leqslant 0{,}1$ mA), insbesondere durch Verwendung Oxid-beschichteter Kathoden (z. B. ThO_2), bei denen das Verhältnis Emissionsstrom/Heizleistung eine Zehnerpotenz höher ist ($\geqslant 10^{-3}$ A/W) als bei reinen Wolfram-Kathoden.

Knudsen-Effekt. Das thermomolekular bedingte Verhältnis der Drücke in unterschiedlich temperierten Behältern im molekularen Strömungsbereich $p_1/p_2 = a(T_1/T_2)^{1/2}$, $T_1 < T_2$, mit $a = 1$ (Knudsen-Effekt) gilt nach Hobson (1970) nur für Verbindungsleitungen mit rauher Oberfläche bzw. für Lochblenden; für glatte Rohre und $T_1 \ll T_2$ liegt a zwischen 1 und 1,3 (schnellere Molekel haben größere Durchgangswahrscheinlichkeit). Bei unterschiedlicher Oberflächenbeschaffenheit an den beiden Temperatur-Übergangsstellen von Kühlfallen (z. B. durch Kondensate) kann es daher zu Pump-Effekten kommen (accommodation pumping, Hobson (1968) u. (1970)). Der durch die Kathodenheizung bedingte Knudseneffekt bei in Kolben (tubuliert) eingebauten Meßsystemen wird einkalibriert; es entstehen jedoch Abweichungen in der Druckanzeige, wenn Änderungen der Heizleistung (z. B. durch veränderte Austrittsarbeit an der Kathodenoberfläche infolge herausdiffundierender Beimengungen oder durch Sputterwirkungen) Änderungen der Umgebungstemperatur bewirken; insbesondere bei Drücken über 10^{-5} mbar treten oft langsam driftende, reversible Heizleistungsänderungen (~30%) auf, die durch Einwirkung chemisch aktiver Gase, wie O_2, CO, N_2, H_2, und durch Ionenbombardement zustande kommen können; sie gehen nach längerem Betrieb mit niedrigen Drücken meist wieder zurück. Bei Hochdruck-IV mit sehr engen Elektroden-Abständen sind diese thermisch bedingten Fehlanzeigen besonders ausgeprägt. Daher ist eine kritische Beobachtung der Heizleistung geboten.

Blears-Effekt. Von Blears (1947) wurde zuerst beobachtet, daß Heißkathoden-IV in Gegenwart von Öldämpfen Fehlmessungen liefern: Der Enddruck einer Öldiffusionspumpe erscheint um so niedriger, je weiter das Meßsystem von der Pumpe entfernt ist. Deutungen: Nach Reich (1960) als

Anlaufvorgang nach dem Ausheizen, nach anderen Autoren durch unterschiedliche Leitwerte für Crackprodukte bzw. Öldämpfe oder durch Polymerisationsvorgänge. Vermeidung des Blears-Effekts durch Ausfrier-Fallen.

– Stabilisierungsverfahren. Aufgrund der Erfahrung, daß Trioden und in höherem Maße Bayard-Alpert-IV im Laufe ihrer „Lebensdauer" eine beständige Abnahme des IV-Koeffizienten (bis etwa 30%) aufweisen, wurde mit Experimentier-Meßsystemen (Bayard-Alpert-Typ) mit auswechselbaren und durch Widerstandsheizung ausheizbaren Elektroden die Auswirkung der im Laborbetrieb üblichen Ausheiz- und Sputter-Verfahren auf den IV-Koeffizienten untersucht (Messer (1977a) S. 350). Dabei wurde festgestellt, daß durch intensives Glühen der Haarnadel-Kollektoren (bei Temperaturen je nach Material: W bei ca. 2000 °C, Mo bei ca. 1800 °C, Pt bei ca. 1300 °C, Au bei ca. 800 °C, Glühdauer mit Unterbrechung 10 bis 30 Minuten) mit anschließendem Sputtern mit Argonionen (über 500 eV) und Tempern (bei 400 °C bis 500 °C) eine erheblich verbesserte Stabilität des IV-Koeffizienten – einhergehend mit einer Abnahme desselben bis zu 30% – zu erreichen ist, d. h. die oben erwähnte Abnahme verteilt über die Lebensdauer wird in einem Schritt vorgenommen. Die Kennlinie für die Druckabhängigkeit des IV-Koeffizienten $K(p)$ wird dabei parallel nach niedrigen Werten hin verschoben; da gleichzeitig eine Zunahme der Austrittsarbeit beobachtet wird, kann diese Abnahme von $K(p)$ nur eine Abnahme der Ionenstrom-proportionalen Ausbeute an Auger-Elektronen bedeuten (Becker u. Messer (1980), Poulter u. Sutton (1981)). Wie Tiefenprofil-Analysen mit Hilfe der Auger-Elektronen-Spektroskopie zeigten, werden die bei den Glühbehandlungen an die Oberfläche diffundierten inkorporierten Fremdstoffe (überwiegend Sauerstoff und Kohlenstoff) beim Sputtern entfernt, so daß an der erzielten reinen Kollektoroberfläche – mit erhöhter Austrittsarbeit – langzeitlich keine Beeinflussung der Auger-Emission und damit des IV-Koeffizienten mehr stattfinden kann; die noch verbleibenden Streuungen (etwa unter 2% bei den am besten geeigneten Au- und Pt-Kollektoren, unter 4% bei W- und Mo-Kollektoren) sind offenbar auf nicht immer vermeidbare, reversible Adsorptionsvorgänge oder andere der im vorangegangenen Abschnitt behandelten Störquellen zurückzuführen; auf die herkömmliche thermische Vorbehandlung von Apparatur und Meßsystemen (entsprechend den Herstellerangaben) zur Entfernung von Absorbaten kann daher nicht verzichtet werden. Starke Verschmutzungen der Meßsysteme – etwa durch langen Betrieb in Kohlenwasserstoff-haltigen Atmosphären – machen eine Stabilisierung wieder zunichte (Ave u. a. (1985)).

Da kommerzielle IV in der Regel keine durch Widerstandsheizung intensiv ausheizbaren Kollektoren besitzen, kann die Glühbehandlung hier nur in beschränktem Umfang durch Elektronenbombardement über einen – der erzielbaren Temperatur entsprechend – längeren Zeitraum erfolgen; eine ausreichende Reinheit der Oberflächen-nahen Schichten des Kollektors ist erreicht, wenn durch weiteres Tempern und Sputtern keine Abnahme des IV-Koeffizienten mehr auftritt.

1.6.4.3 Kalibrierung

Kalibrierungen von Vakuummetern führt der Deutsche Kalibrierdienst (i. Hs. Leybold, Köln, i. Hs. MKS-Instruments, München sowie im Fachbereich MNI der Fachhochschule Gießen-Friedberg; s. Fay (1987)) durch direkten Vergleich mit Referenzvakuummetern (s. Grosse u. a. (1987)) sowie die Physikalisch-Technische Bundesanstalt im Bereich 10 mbar bis 10^{-12} mbar mit Hilfe von Fundamentalmethoden durch (Messer (1977a u. b)). In der PTB kommen im Bereich 10 mbar bis 10^{-8} mbar das

Verfahren der stufenweisen Expansion, im Bereich 10^{-5} mbar bis 10^{-9} mbar das Blendströmungsverfahren zur Anwendung. Zwischen 10^{-9} mbar und 10^{-12} mbar wird eine Molekularstrahl-Methode eingesetzt (Grosse u. Messer (1981)). Die Bereichsabhängigen Unsicherheiten der Kalibrierdruck-Einstellung („Druckskala") s. Jousten u. Rupschus (1993a). Unsicherheiten von Vakuummetern s. Jitschin (1990)

Die in der Praxis wichtige H_2-Druckskala wird im Bereich 10 mbar bis 10^{-4} mbar mit Hilfe der stufenweisen Expansion, zwischen 10^{-3} mbar und 10^{-6} mbar durch Vergleich mit der Anzeige des Gasreibungsvakuummeters (im Linearbereich zuvor kalibriert mit der stufenweisen Expansion) und zwischen 10^{-7} mbar bis etwa 10^{-10} mbar mit Drücken am Ansaugflansch von Turbomolekularpumpen mit bekanntem Kompressionsverhältnis (10^3 bis 10^4) dargestellt, deren Vorvakuum (10^{-3} mbar bis 10^{-6} mbar) durch Einregeln einer stationären Strömung, gemessen mit einem Gasreibungsvakuummeter, aufrechterhalten wird (Messer u. Grosse (1981)).

1.6.4.4 Messung flächenbezogener Auftreffraten

Mit dem von Moore (1961) eingeführten Druckkonverter (schwenkbar angeordnete Knudsenzelle mit kleiner Lochblende und abgeschirmten IV) lassen sich molekulare Strömungsfelder mit anisotroper Teilchenstromdichte ausmessen (z. B. Bestimmung der räumlichen Verteilung der Auftreffraten innerhalb von Kalibrierkammern beim dynamischen Blendströmungsverfahren (Grosse u. Messer (1970)), Saugvermögensbestimmung in Kammern mit großflächigen Kryopumpen (Haefer (1980)). Knudsen-Effekt (infolge Aufheizung durch Kathode) muß einkalibriert werden; Kleber verwendet Zusatzheizung zur Vermeidung von Abkühleffekten in der Nähe von Kryoflächen (Haefer (1981)).

1.6.4.5 Messung niedriger Dampfdrücke

Bei bekanntem Molekulargewicht können Dampfdrücke mit dem Kugel-Reibungsvakuummeter – auch unkalibriert mit oft ausreichender Genauigkeit – im Bereich 10^{-2} mbar bis 10^{-6} mbar oder aus Messungen der Verdampfungsrate (z. B. durch Bestimmung auf Kaltflächen kondensierter Gasmengen mittels Schwingquarzmethode nach freier Ausströmung aus der Knudsenzelle, Holland u. a. (1974)) ermittelt werden. Bei unbekanntem Molekulargewicht werden kapazitive Membran-Vakuummeter ($p > 10^{-3}$ mbar) oder hochempfindliche Molekularvakuummeter (s. **1.**6.4.1) bis etwa 10^{-10} mbar benutzt.

Heißkathoden-IV sind meist aufgrund ihrer Crackwirkungen nicht anwendbar.

1.6.4.6 Messung der Restgaszusammensetzung

Restgaskomponenten können mit Quadrupol-Restgasanalysatoren (s. **10.**1.2 in Band 2, Massenspektrometrie) sowie mit dem zur Vermeidung von memory-Effekten intern geheizten Omegatron-Massenspektrometer nach Gentsch (1969) bestimmt werden. Erfahrungsgemäß zu beobachtende Restgaskomponenten: Glas-Vakuumbehälter: He, H_2O, CO. Edelstahl-Vakuumbehälter: überwiegend H_2. Mit Ionen-Getterpumpen evakuierte Behälter: H_2, Ar, Ne. Mit Öldiffusionspumpen evakuierte Behälter: H_2, CO, CO_2, H_2O, C_6H_6 sowie Bruchstücke des hochmolekularen Treibmittels.

Beeinflussung der Restgaszusammensetzung durch Glühkathoden s. **1.**6.4.2 (Fehlerquellen bei Druckmessungen mit IV).

1.6.4.7 Aufrechterhaltung konstanter Gasdrücke

Konstante Versuchsdrücke können durch ein- oder mehrmalige Expansion eines bekannten Gasvolumens in den evakuierten Versuchsrezipienten hergestellt werden; bei der Enddruckberechnung sind gegebenenfalls die Realgasfaktoren (s. 3.2.3) zu benutzen, Adsorptionseinflüsse können bei Edelgasen, CH_4 und Versuchsdrücken über 10^{-9} mbar i. allg. vernachlässigt werden ($-\Delta p/p \leqslant 1 \cdot 10^{-3}$ mbar), s. Fig. 1.53; der Druckabfall für N_2 liegt ebenfalls im schraffierten Bereich, wenn der Rezipient zuvor mit N_2 bis zu Drücken von 10^{-6} mbar geflutet wurde (Blockierung aktiver Adsorptionszentren). - Bei

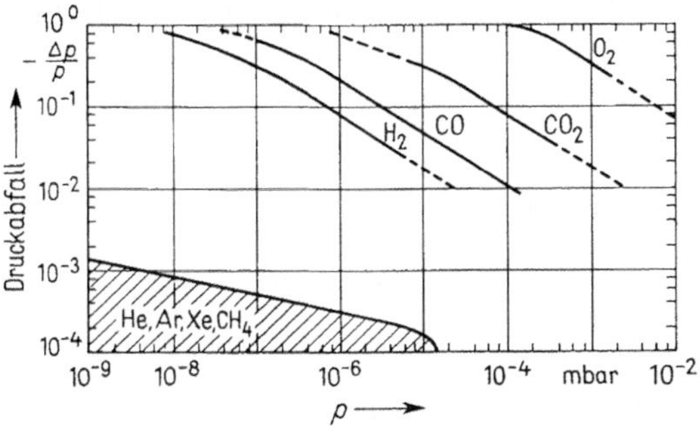

Fig. 1.53
Druckabfall in einem 230-l-Edelstahl-Rezipienten für verschiedene Gase durch Sorptionseinflüsse in Abhängigkeit vom Fülldruck. Meßwerte jeweils 15 Minuten nach Gaseinlaß (Messer (1977a))

„dynamischer" Druckeinstellung (konstante pV-Einströmung Q in den Versuchsrezipienten bei konstantem effektivem Saugvermögen S des Pumpsystems: $p = Q/S$) haben Adsorptionsvorgänge und - u. U. experimentell bedingte - Gasaufzehrungs- oder Gasabgabe-Prozesse einen vernachlässigbaren Einfluß auf p, sofern Q und S hinreichend groß bemessen werden; durch Einsatz von Kryopumpen mit vorgeschaltetem - gaskinetisch berechenbaren - Blendenleitwert, s. Fig. 1.41, geringe Unsicherheit der Druckeinstellung durch Vermeidung von Korrekturen für die Rückströmung, Grosse u. Messer (1970).

1.6.4.8 Messung kleiner pV-Durchflüsse

- Messung im Gaseinlaß. Mit Volumenverdrängern (Federbälgen) bei konstantem Druck oder mit Flüssigkeitsverdrängern bei Atmosphärendruck: $Q = p(\mathrm{d}V/\mathrm{d}t)$; ($\mathrm{d}V/\mathrm{d}t$ zeitliche Volumenabnahme); anwendbar bis etwa 10^{-7} mbar l s^{-1}. Einfaches Verfahren, u. a. angewendet zur Messung der Saugleistung (pV-Durchfluß Q) bzw. des Saugvermögens $S = Q/p$ von Vakuumpumpen unter spezifischen Betriebsbedingungen mit Prüfdomen bestimmter Abmessungen und festgelegter Orientierung der Gaseinlaß- und Druckmeßstellen (DIN 28417), s. Grosse u. a. (1990). Das Verfahren $Q = p \cdot L$ mit konstantem, bekannten Leitwert L ist anwendbar unter 10^{-7} mbar l s^{-1}. Ein Durchflußmeßgerät für den Bereich 10^{-3} mbar l s^{-1} bis 10^{-11} mbar l s^{-1} (Kombination beider Verfahren) mit geringen Unsicherheiten für Kalibrierzwecke beschreibt Jousten u. a. (1993b).

- Messung im Gasauslaß. Aus dem zeitlichen Druckanstieg in einem evakuierten Behälter mit bekanntem Volumen: $Q = V \cdot \mathrm{d}p/\mathrm{d}t$; anwendbar für $Q > 10^{-8}$ mbar l s^{-1} (Behälter-Gasabgabe beachten); Druckmessung mit kapazitiven Membran- oder Kugel-Gasreibungs-Vakuummetern. Eine aufwendigere Methode für extrem niedrige Durchflüsse (unter Vermeidung von Gasaufzehrungseffekten durch Ionisationsvakuumeter) ist der Vergleich mit einem bekannten pV-Durchfluß nach Messer u. Treitz (1977); kleinste Nachweisrate 10^{-14} mbar l s^{-1}. Anwendbar auch zur Messung sehr geringer Gasabgaberaten.

– Durch Bestimmung des Druckabfalls Δp an einer Lochblende mit bekanntem Leitwert: $Q = L \cdot \Delta p$; die Blendendicke ist mit dem Clausing-Faktor zu berücksichtigen (Clausing (1932), s. DIN 28416). Bei Knudsenzahlen unter $5 \cdot 10^{-1}$ (vgl. **1**.6.1) muß die Druckabhängigkeit von L beachtet werden. – Bei Verwendung von Kapillaren als Drosselstelle ist im Übergangsbereich zwischen molekularer und viskoser Störmung auf das Knudsen-Minimum zu achten (Übersicht s. Steckelmacher (1986)). – Berechnung von Leitwerten s. Wutz u. a. (1986) und Haefer (1981).

Die dargestellten Methoden werden auch zur Kalibrierung von Helium-Standardlecks benutzt (vgl. **1**.6.3, s. Grosse u. a. (1983).

Literatur zu 1.6

Angerth, B.; Hulek, Z. (1974): The tungsten evaporation limit of hot-cathode ionization gauges. J. Vac. Sci. Technol. **11**, 461–465

Abey, A. E. (1969): The change in work function of the (100) surfaced of tungsten as O_2, N_2, CO and H_2 are adsorbed. J. App. Phys. **40**, 284–287

Aubry, B.; Delbart, R. (1965): Manomètre différential interférométrique Système Peube. Le Vide **20**, 194–199

Ave, H.; Becker, H. U.; Messer, G. (1985): Stabilisierung der Vakuummeter-Konstanten von Ionisationsvakuummetern. PTB-Mitt. **95**, 20

Bayard, R. T.; Alpert, D. (1950): Extension of the low pressure range of the Ionization gauge. Rev. Sci. Instrum. **21**, 571–572

Beams, J. W.; Spitzer, D. M.; Wade, J. P. (1962): Spinning Rotor Pressure Gauge. Rev. Sci. Instr. **33**, 151–155

Beams, J. W.; Young, L. W.; Moore, J. W. (1946): The Production of High Centrifugal Fields. J. Appl. Phys. **17**, 886–890

Becker, H.-U.; Messer, G. (1980): Sensitivity dependence on collector surface properties in ion gauges. Proc. 8th Int. Vac. Congr., Cannes, 234–237

Becker, W. (1958): Eine neue Molekularpumpe. Vakuumtechnik **7**, 149–152

Becker, W. (1960): Reibungsvakuummeter REVA. Vakuumtechnik **9**, 48–53

Becker, W. (1968): Erhöhung der Empfindlichkeit des He-Lecksuchers durch Verwendung einer Turbomolekularpumpe besonderer Konstruktion. Vakuumtechnik **17**, 203–205

Benvenuti, C. (1977): Production and measurement of extreme vacua. Proc. 7th Int. Vac. Congr., Vienna, 1–8

Benvenuti, C.; Hauer, M. (1980): Improved Helmer gauge for measuring pressures down to 10^{-12} Pa. Proc. 8th Int. Vac. Congr., Cannes, Vol. **2**, 199–202

Berman, A. (1985): Total pressure measurements in vacuum technology. London, Academic Press Inc

Berman, A.; Fremerey, J. K. (1987): Precision calibration of a static pressure divider by means of a spinning rotor gauge. J. Vac. Sci. Technol. A5, 2436–2441

Bieger, W.; Dippel, K. H.; Richter, F.; Usselmann, E. (1979): Zur Einwirkung magnetischer Felder auf Turbomolekularpumpen. Vakuumtechnik **28**, P34–40

Blauth, E. W.; Venus, G. (1965): A two-chamber Ionization gauge. Trans 3rd. Int. Vac. Congr., Stuttgart, 523–527

Blears, J. (1947): Measurement of the ultimate pressure of oil-diffusion pumps. Proc. Roy. Soc. London A, **188**, 62–76

Blechschmidt, D. (1975): New deflected-beam gauge for pressure below 10^{-12} torr. J. Vac. Sci. Techn. **12**, 1072–1078

Boersch, H.; Bostanjoglo, O.; Niedrig, H. (1964): Temperaturabhängigkeit der Transparenz dünner Schichten für schnelle Elektronen. Z. Phys. **180**, 407–414

Choumoff, P. S.; Iapteff, B. (1974): High pressure ionization gauge for calibration on the 10^{-7} to 10^{-11} torr range. 6th Int. Vac. Congr. Kyoto, 143–146

Clausing, P. (1932): Über die Strömung sehr verdünnter Gase. Ann. Phys. **12**, 961–989

Comsa, G. (1966): Ion Collection in the Bayard-Alpert gauge. J. Appl. Phys. **36**, 554–556

Comsa, G.; Fremerey, J. K.; Lindenau, B.; Messer, G.; Röhl, P. (1980): Calibration of a spinning rotor gas friction gauge against a fundemental vacuum pressure standard. J. Vac. Sci. Techn. **17,** 642–644

Dushman, S.; Lafferty, J. M. (1962): Scientific Foundations of Vacuum Technique. New York. John Wiley

Edelmann, Ch. (1985): Wissensspeicher Vakuumtechnik, Akademie-Verlag, Berlin

Edelmann, Ch. (1991): Glühkathoden-Ionisationsvakuummeter für hohe Drücke im Vakuumbereich. Vakuum-Praxis **3,** 290–296

Eichmeier, J. (1981): Moderne Vakuumelektronik. Springer-Verlag, Berlin, Heidelberg, New York

Evrard, R.; Beaufils, P. (1965): Manometre moleculaire a suspension diamagnetique. Le Vide **116,** 116–120

Evrard, R.; Boutry, G.-A. (1968): An absolute micromanometer using diamagnetic levitation. J. Vac. Sci. Techn. **6,** 279–288

Falland, Chr. (1981): Entwicklungen von Helium-Lecksuchtechniken für die UHV-Systeme großer Beschleuniger und Speicherringe. Vakuumtechnik **30,** 41–44

Fay, E. (1987): Aufgaben und Arbeitsweise des Deutschen Kalibrierdienstes. Vakuumtechnik **36,** 216–219

Fei, W. N. (1964): The design of a new McLeod gauge. The Yearly Report of National Measuring Base **40,** 40–44, P.R. China (in chinesischer Sprache)

Fillipelli, A. R. (1987): Residual currents in several commercial UHV-BAG's. J. Vac. Sci. Technol. **A5,** 3234–3240

Flécher, P. (1977): Recent state in turbomolecular pump development. Proc. 7th Intern. Vac. Congr., Vienna 1977, 25–32

Fremerey, J. K. (1985): The spinning rotor gauge. J. Vac. Sci. Technol. **A3,** 1715–1720

Fremerey, J. K.; Boden, K. (1978): Active permanent magnet suspension for scientific instruments, J. Phys. E. Sci. Instr. **11,** 106–113

Gaede, W. (1913): Die Turbomolekularluftpumpe. Ann. Phys. **41,** 337–380

Gentsch, H. (1969): A mass spectrometer without memory effect for gas analysis in ultrahigh vacuum. J. Vac. Sci. Techn. **6,** 93–96

Gentsch, H.; Messer, G. (1980): Ionization gauge as an inert system. Proc. 8th Int. Vac. Congr., Cannes, 203–206

Gopolamaran, C. P.; Armstrong, R. A.; Redhead, P. A. (1970): Sensitivity variations in Bayard-Alpert gauges caused by Auger emission at the collector. J. Vac. Sci. Technol. **7,** 195–198

Grosse, G.; Messer, G. (1970): Experiences with cryopumps in calibration devices. Vacuum **20,** 373–376

Grosse, G.; Messer, G. (1980): Outgassing properties of stainless steel, copper and AlMg3 during pretreatment and application. Proc. 8th Int. Vac. Congr., Cannes 1980, Vol. **2,** 399–402

Grosse, G.; Messer, G. (1981): Calibration of vacuum gauges at pressure below 10^{-9} mbar with a molecular beam method. Vakuumtechnik **30,** 226–231

Grosse, G.; Meser, G. (1987): Long term stability of low pressure standards in the German Calibration Service Deutscher Kalibrierdienst. J. Vac. Sci. Technol. **A5,** 2463–2464

Grosse, G.; Harten, U.; Jitschin, W.; Gentsch, H. (1987): Secondary electrons in ion gauges. J. Vac. Sci. Technol. **5,** 3242–3243

Hablanian, M. H. (1985): Sensitivity of the contra-flow leak detector at high test pressures. Vacuum **35,** 119–123

Haefer, R. A. (1980): On the pumping speed of large area cryopumps. Vacuum **30,** 19–22

Haefer, R. A. (1981): Kryo-Vakuumtechnik. Berlin: Springer

Hagstrum, H. D. (1954): Theory of Auger ejection of electrons from metals by ions. Phys. Rev. **96,** 336–365

Hagstrum, H. D. (1956): Auger ejection of electrons from tungsten by noble gas ions. Phys. Rev. **104,** 317–318

Hagstrum, H. D. (1971): Ion-neutralization spectroscopy of solid surfaces. Proc. 10th Intern. Conf. on phenomena in ionized gases, 191–199

Hayward, W. H.; Jepsen, R. L.; Redhead, P. A. (1963): Revers X-ray currents in Bayart-Alpert gauges. Trans. AVS Vac. Symp. **10,** 228–233

Helmer, J. C.; Hayward, W. H. (1966): Ion gauges for vacuum pressure measurements below $1 \cdot 10^{-10}$ torr. Rev. Sci. Instr. **37,** 1652–1654

Hengefoss, J.; Trendelenburg, E. A. (1963): Kryopumpversuche mit Wasserstoff unter Ultrahochvakuumbedingungen im Bereich zwischen 4,2 K und 2,5 K. Z. Naturforsch. **18a,** 481–489

Heydemann, P. L. M.; Tilford, C. R.; Hyland, R. W. (1977): Ultrasonic manometers for low and medium vacua under development at the National Bureau of Standards. J. Vac. Sci. Techn. **14,** 597–605

Hobson, J. P. (1968): Surface smoothness in thermal transpiration at very low pressures. J. Vac. Sci. Technol. **5,** 257–259

Hobson, J. P. (1970): Accommodation pumping, a new principle for low Pressures. J. Vac. Sci. Techn. **7,** 351–357

Hobson, J. P.; Redhead, P. A. (1958): Operation of an inverted magnetron gauge in the pressure range 10^{-13} to 10^{-12} mmHg. Can. J. Phys. **36,** 271–288

Holland, L.; Steckelmacher, W.; Yardwood, J. (1974): Vacuum manual. London: E & F. N. SPON

Hseuh, H. C. (1982): The effect of magnetic field of the performance of Bayard-Alpert gauges. J. Vac. Sci. Technol. **20,** 237–240

Ishii, H.; Nakayama, K. (1962): A serious error caused by mercury vapour stream in the measurement with a McLeod gauges in a cold trap system. Trans. 8th Nat. Vac. Sympos. USA 1961, 519 Pergamon Press, New York

Jansen, C. G. J.; Venema, A.; Weekers, Th. H. (1966): Nonuniform emission of thermionic cathodes. J. Appl. Phys. **37,** 2234–2245

Jitschin, W. (1987): Quantitative study of the thermal transpiration effect in vacuum gauges. J. Vac. Sci. Technol. **A5** (3), 372–375

Jitschin, W. (1990): Accuracy of vacuum gauges. J. Vac. Sci. Technol. **A8** (2), 948–956

Jousten, K.; Messer, G.; Wandrey, D. (1993b): A precision gas flowmeter for vacuum metrology. Vacuum **44,** 135–141

Jousten, K.; Rupschus, G. (1993a): The uncertainties of calibration pressures at PTB. Vacuum **44,** 569–572

Klipping, G. (1961): Heliumverdampfer zur Erzeugung tiefer Temperaturen. Kältetechnik **13,** 250–252

Lafferty, J. M. (1961): Hot cathode magnetron ionization gauge for the measurement of ultrahigh vacua. J. Appl. Phys. **32,** 424–434

Leck, J. H. (1989): Total and partial pressure measurement in vacuum systems. Blackie, Glasgow and London

Lee, T. J. (1972): The condensation of H_2 and D_2: Astrophysics and vacuum technology. J. Vac. Sci. Technol. **9,** 257–261

Lewin, G. (1965): Fundamentals of Vacuum Science and Technology, New York: MxGraw Hill

Liang, S. C. (1955): On the Calculation of Thermal Transpiration. Can. J. Chem. **33,** 279–285

Lichtmann, D.; McQuistan, R. B. (1965): Slow Electron Interaction with adsorbed gases. Progr. in Nuclear Energy, Ser. IX, **(2),** 95–136

Lindenau, B. E.; Fremerey, J. K. (1991): Linearization and temperature compensation up to one atmosphere for the spinning rotor gauge. J. Vac. Sci. Technol. **A9,** 2732–2742

Meinke, Chr.; Reich, G. (1962): Vermeidung von Fehlmessungen mit dem System McLeod-Kühlfalle. Vakuumtechnik **12,** 79–82

Messer, G. (1977a): Zur Kalibrierung von Vakuummetern. Phys. Bl. **33,** 343–355

Messer, G. (1977b): Calibration of vacuum gauges in the range 10^{-7} Pa to 10 Pa with fundamental methods. Proc. 7th Int. Congr. Vienna, 153–156

Messer, G. (1979): Abhängigkeit der Nachweisempfindlichkeit von Heliumlecksuchgeräten von Fremdgasen hoher Partialdrücke. PTB-Jahresbericht, 220

Messer, G. (1980): Long term stability of various reference gauges over a three years period. Proc. 8th Int. Vac. Congr. Cannes, 181–184

Messer, G. (1987): Nach Untersuchungen im Institut Berlin der Physikalisch-Technischen Bundesanstalt, unveröffentlicht

Messer, G.; Jitschin, W.; Rubet, L.; Calcatelli, A.; Redgrave, F. J.; Keprt, A.; Fei Weinan; Sharma, J. K. N.; Dittmann, S.; Ono, M. (1989): Intercomparison of nine national high-vacuum standards under the auspicies of the Bureau International des Poids et Mesures. Metrologia **26,** 183–195

Messer, G.; Grosse, G. (1981): Darstellung der H_2-Druckskala im Bereich von 10 mbar bis 10^{-10} mbar. PTB-Jahresbericht, 204–205

Messer, G.; Molière, K. (1966): Energieaustausch von Edelgasen mit Wolframoberflächen. Angew. Phys. **20,** 481–487

Messer, G.; Röhl, P. (1983): Druckabhängigkeit der Koeffizienten für den tangentialen Impulsaustausch an Gasreibungs-Vakuummeter-Kugelrotoroberflächen. PTB-Jahresbericht, 226

Messer, G.; Schulze, W. (1979): A cryopumping system with two cryogenic condensers for molecular beam experiments. Cryogenics **10,** 161–163

Messer, G.; Treitz, N. (1977): Sensitive mass-selective outgassing rate measurements on baked stainless steel and copper surfaces. Proc. 7th Int. Vac. Congr. Vienna, 223–226

Meyer, E. A.; Herb, R. G. (1967): Performance Study of the orbitron ionization gauge. J. Vac. Sci. Techn. **4,** 63–70

Moore, R. W. (1961): Cryopumping in the free molecular flow regime. Trans. AVS Vac. Symp. **8,** 426–438

Moser, H.; Poltz, H. (1957): Ein McLeod-Vakuummeter für sehr kleine Drücke. Z. Instrkd. **65,** 43–46

Nottingham, W. B. (1954): Design and Properties of the modified Bayard-Alpert gauge. Trans. AVS Vac. Symp. **1,** 76–80

Notingham, B.; Torney, F. L. (1960): A detailed examination of the principles of ion gauge calibration. AVS Vac. Sympos. Trans., 117–122, Pergamon Press, London

Nottingham, W. B. (1961): Design parameters influence on M.I.T. Bayard-Alpert gauge sensitivity. AVS Vac. Sympos. Trans., 494–498, Pergamon Press, London

Opitz, P.; Schneider, F.; Vosicki, B. (1959): Hochfrequenter Störeffekt in einer Ionisationsmeßröhre. Vakuumtechnik **8,** 171

Peggs, G. N. (1976): The measurement of gas throughput in the range 10^{-4} to 10^{-10} Pa m^3 s^{-1}. Vacuum **26,** 321–328

Pittaway, L. G. (1970): Electron trajectoris in ionization gauges. J. Phys. D. **3,** 1113–1121

Poulter, K. F.; Nash, P. J. (1979): An interferometric oil micromanometer. J. Phys. E: Sci. Instrum. **12,** 931–936

Poulter, K. F.; Calcatelli, A.; Choumoff, P. S.; Iapteff, B.; Messer, G.; Grosse, G. (1980): Intercomparison of vacuum standards of countries within the European Community in the range $8 \cdot 10^{-5}$ to $8 \cdot 10^{-2}$ Pa. J. Sci. Techn. **17,** 679–687

Poulter, K. F.; Rodgers, M. J.; Ashcroft, K. W. (1980): Reproducebility of performance of Pirani gauge. J. Vac. Sci. Technol. **17,** 638–641

Poulter, K. F.; Sutton, C. H. (1981): Long term behaviour of ionization gauges. Vacuum **31,** 147–150

Redhead, P. A. (1970): Ion desorption by electron bombardement. J. Vac. Sci. Technol. **7,** 182–187

Redhead, P. A. (1959): The magnetron gauge, a cold cathode vacuum gauge. Can. J. Phys. **37,** 1260–1271

Redhead, P. A. (1962): Variations in the "x-ray limit" of hot-cathode gauge. Vacuum **12,** 267

Redhead, P. A. (1963): The effects of adsorbed oxygen on measurements with ionization gauges, Vacuum **13,** 253–258

Redhead, P. A.; Hobson, J. P. (1965): Total pressure measurements below 10^{-10} torr with non-magentic ionization gauges. Brit. J. Appl. Phys. **16,** 1555–1566

Redhead, P. A. (1960): Modulated Bayard-Alpert gauge. Rev. Sci. Instr. **31,** 343–344

Redhead, P. A. (1966): New hot filament ionization gauge with low residual current. J. Vac. Sci. Techn. **3,** 173–180

Redhead, P. A. (1969): The sensitivity of Bayard-Alpert Gauges. J. Vac. Sci. Techn. **6,** 848–854

Redhead, P. A. (1975): Very low pressures and ultra low pressures. Experimental Thermodynamics (Le Neindre and B. Vodar eds., Butterworths, London. 281

Redhead, P. A. (1987): Ultrahigh vacuum pressure measurements: Limiting processes. J. Vac. Sci. Technol. **A5,** 3215–3223

Redhead, P. A.; Hobson, J. P.; Kornelsen, E. V. (1968): The Physical Basis of Ultrahigh Vacuum. London: Chapman and Hall

Reich, G. (1960): The influence of adsorption and desorption on measurement of low pressure. Trans. AVS Vac. Symp. **7,** 112–116

Reich, G. (1989): Persönl. Mitteilung

Robinson, N. W. (1968): The physical priciples of ultrahigh vacuum systems and equipment. London: Chapmann and Hall

Roth, A. (1976): Vacuum technology. Amsterdam: North Holland Publishing Comp.

Rupschus, G.; Menzer, H.; Richard, M. (1983): Kompressionsvakuummeter nach McLeod als Primär- und Sekundär-Normale des ASMW zur Darstellung der Druckskale im Bereich kleiner absoluter Drücke. Metrologische Abhandlungen **3,** 205–226

Rupschus, G.; Niepraschk, R.; Jousten, K.; Kühne, M. (1994): Detection of small pressure pulses in an ion pumped UHV-system. J. Vac. Sci. Technol. **A12** (4), Jul./Aug. 1994, 1686–1689

Schuemann, W. C. (1963): Ionization Vacuum Gauge with Photocurrent Suppression. Rev. Sci. Instr. **34,** 70–702

Schulz, G. J.; Phelps, A. V. (1957): Ionization Gauges for Measuring Pressures up to the Millimeter Range. Rev. Sci. Instr. **28,** 1051–1054

Schwarz, H. (1952): Reibungsmanometer und Vakuummeter nach dem Radiometer-Prinzip. ATM V 1341, Lieferung 194, 53–56

Steckelmacher, W. (1986): Knudsen-flow 75 years on. Rep. Prog. Phys. **49,** 1083–1108

Sullivan, J. J. (1985): Development of variable capacitance pressure transducers for vacuum apllications. J. Vac. Sci. Technol. **A3,** 1721–1730

Takaishi, T.; Sensui, Y. (1963): Thermal transpiration effect of Hydrogen, Rare Gases and Methan. Trans Faraday Soc. **59,** 2503–2514

Tilford, Ch. R. (1973): A Fringe Counting Laser Interferometer Manometer. Rev. Sci. Instrum. **44,** 180–182

Tilford, C. R.; Mc Culloh, K. E.; Woong, H. S. (1982): Performance characteristics of a broad range ionization gagetube. J. Vac. Sci. Technol. **20,** 1140–1143

Utterback, N. G.; Griffith, T. (1966): Reliable Submicron Pressure Readings with Capacitance Manometer. Rev. Sci. Instrum. **37,** 866–870

Watanabe, F. (1992): Ion spectroscopy gauge: Total Pressures measurements down to 10^{-12} Pa with discrimination against ESD-ions. J. Vac. Sci. Technol. **A10** (5), Sept./Oct. 1991, 3333–3339

Worthington, W. C. (1976): New development in trapless leak detection. Varian Associates, Lexington, Mass., VR-119

Wutz, M.; Adam, H.; Walcher, W. (1986): Theorie und Praxis der Vakuumtechnik. Braunschweig. Vieweg

Young, R. J. (1966): Comparison of the Trigger Discharge Gauge with an Ionization Gauge and a Partial Pressure Analyser. J. Vac. Sci. Techn. **3**, 345–349

Young, J. R. (1973): Measuring hydrocarbon gas pressure with an ionization gauge. J. Vac. Sci. Technol. **10**, 212–214

1.7 Druck (J. Jäger)

1.7.1 Grundbegriffe und Einheiten

Der hydrostatische Druck p in Fluiden (Gasen und Flüssigkeiten) ist definiert als das Verhältnis zwischen der Kraft F, die an einem bestimmten Ort senkrecht auf eine Fläche A wirkt, und dieser Fläche. Hydrostatischer Druck liegt vor, wenn an diesem Ort in dem Fluid alle Normalspannungen gleich $-p$ sind und keine Scherspannungen existieren. Der so definierte Druck wird nach DIN 1314 „Druck - Begriffe, Einheiten" auch als absoluter Druck p_{abs} bezeichnet. Im leeren Raum ist $p_{abs}=0$. Weiterhin wird unter einer Druckdifferenz Δp die Differenz zwischen zwei Drücken p_1 und p_2 verstanden, die, wenn sie selbst Meßgröße ist, auch als Differenzdruck $p_{1,2}$ bezeichnet wird. Der Überdruck p_e ist die Differenz zwischen einem absoluten Druck und dem jeweiligen Atmosphärendruck p_{amb}. Der Überdruck kann als atmosphärische Druckdifferenz aufgefaßt werden und nimmt positive und negative Werte an. Ergänzende, den absoluten Druck betreffende Festlegungen finden sich in Abschnitt **1.6.1**.

Die Einheit des Drucks (auch des Überdrucks und der Druckdifferenz) ist das Pascal (Einheitenzeichen Pa). Es ist 1 Pa = 1 N/(1 m^2). In der Technik ist allerdings das Bar (1 bar = 10^5 Pa) vorherrschend. In Tab. T 9.07 in Band 3 sind die Umrechnungsfaktoren zwischen dem Pascal und einigen früher gebräuchlichen Druckeinheiten außerhalb des internationalen Einheitensystems zusammengestellt.

1.7.2 Mikromanometrie

Als Mikromanometer können Geräte zur Messung von Druckdifferenzen $\Delta p = p_1 - p_2$ kleiner als 10 kPa bezeichnet werden. Sie sind im allgemeinen für Messungen bei $p_2=0$ und bei $p_2=p_{amb}$ (atmosphärischer Luftdruck) gleichermaßen geeignet. Ausnahmen bilden z. B. Flüssigkeitsmanometer mit Wasser als Sperrflüssigkeit und Tauchglockenmanometer. Geräte zur Messung kleiner Differenzen großer statischer Drücke nach **1**.7.5 können als Hochdruckmikromanometer bezeichnet werden. Eine umfassende Übersicht über die bekannten Bauarten von Mikromanometern hat Brombacher (1970) gegeben. Peggs (1980) hat in einer Übersicht fundamentale Methoden zur Messung von Überdrücken bis 1 kPa dargestellt. Teilweise wurde die dort behandelten Meßgeräte für Absolutdruckmessungen zur Kalibrierung von Vakuummeßgeräten im Feinvakuumbereich entwickelt (Ruthberg (1969)).

Bewährte elektrische Mikromanometer mit elastischem Meßglied sind Membranmanometer mit kapazitiver Abtastung (**1**.7.2.1) und Quarzwendelmanometer (**1**.7.2.2). Gebräuchliche Flüssigkeitsmanometer zur Messung kleiner Überdrücke sind Schwimmermanometer mit Wasser als Sperrflüssigkeit (1.7.2.3). Technisch weniger aufwendig sind Schrägrohrmanometer (Block (1925)).

Flüssigkeitsmikromanometer zur fundamentalen Absolut- und Überdruckmessung sind U-Rohr-Manometer mit verfeinerten Einrichtungen zur Bestimmung der Lage der Menisken der Sperrflüssigkeit (1.7.2.4). Vergleichbare Meßunsicherheiten wie mit Quecksilber-Mikromanometern sind mit Präzisions-Manobarometern (1.7.3.3) erreichbar. Bei bekanntem wirksamen Querschnitt sind auch die Tauchglockenmanometer (1.7.2.5) und die Kolbenmanometer in Anordnungen zur Messung von Druckdifferenzen (1.7.2.6) zu den Fundamentalgeräten für die Mirkomanometrie zu zählen. Neuerdings sind Präzisionsmeßgeräte mit großflächigen Kolben-Zylinder-Meßsystemen in Verbindung mit elektronischen Waagen zur Kraftmessung kommerziell erhältlich (1.7.2.6).

1.7.2.1 Membranmanometer mit kapazitiver Abtastung

Eine dünne Metallmembran ist symmetrisch zwischen zwei in geringem Abstand angebrachten Elektroden eingespannt (siehe z. B. Cope (1962)), oder es befinden sich zwei konzentrische Elektroden auf derselben Seite der Membran. Die Kapazitäten zwischen der Membran und den Elektroden sind Teile einer Meßbrückenschaltung, deren Ausgangssignal ein Maß für die Differenz der Drücke auf beiden Seiten der Membran ist. Die untere Nachweisgrenze liegt bei 10^{-4} Pa, und durch Bereichsumschaltung können mehrere Dekaden der Meßgröße überstrichen werden. Bei entsprechender Kalibrierung sind relative Meßunsicherheiten von einigen Prozent bei 10^{-2} Pa und einigen zehntel Prozent bei 1 hPa erreichbar (Utterback u. Griffith (1966), Bromberg (1969)).

Geräte mit Meßbereichsendwerten von 1 hPa oder 1 kPa haben daher besondere Bedeutung als Vakuummeter (s. 1.6.4) und wurden bezüglich ihrer Langzeitstabilität intensiv untersucht (Hyland u. Tilford (1985)). Weitere gebräuchliche Meßbereichsendwerte sind 10 kPa und 100 kPa. Eine umfassende Übersicht über die technische Entwicklung der Geräte und den aktuellen Stand gibt Sullivan (1985). Besonderheiten von Präzisionsgeräten: Zur Verringerung des Umgebungs-Temperatureinflusses wird das Gehäuse der Meßzelle auf konstanter Temperatur gehalten. Zur Differenzdruckmessung bei unterschiedlichen Bezugsdrücken p_2 stehen Meßwertaufnehmer in einem Schutzvolumen zur Verfügung, das mechanische Gehäuseeffekte reduziert. Hinweis: Die Auslenkung der Membran kann elektrostatisch kompensiert werden. Diese Tatsache kann für ein Kompensationsmeßverfahren genutzt werden. Grundsätzlich ist der Zusammenhang zwischen Kompensationsspannung und Druckdifferenz aus der Geometrie der Anordnung berechenbar, so daß im Rahmen der Näherungsannahmen der Theorie auf eine Kalibrierung verzichtet werden könnte (Drawin (1960)).

1.7.2.2 Quarzwendelmanometer

Quarzwendelmanometer besitzen elastische Meßglieder in der Form von Bourdon-Schraubenfedern aus Quarzrohr. Sie verbinden große Langzeitstabilität mit weitgehender Hysteresefreiheit. Die Meßelemente werden auf konstanter Temperatur oberhalb der Raumtemperatur gehalten. Sie sind empfindlich gegen mechanische Schwingungen, da ihre Dämpfung gering ist und niedrig liegende Eigenfrequenzen auftreten. Die dem Druck proportionale Auslenkung des Federendes wird optisch abgetastet. Entweder wird der Drehwinkel gemessen (Ausschlagsmethode) oder die Auslenkung wird durch elektromagnetische Kraftkompensation über ein Servosystem auf Null zurückgeführt und der Kompensationsstrom gemessen.

Quarzwendelmanometer sind für die Mikromanometrie geeignet, obwohl die üblichen Meßbereichsendwerte kommerzieller Geräte meist oberhalb von 10 kPa liegen. So konnten bei einem Meßbereichsendwert von ca. 33 kPa Drücke um 130 Pa über lange Zeit mit einer Unsicherheit von 0,25% und Drücke oberhalb von 500 Pa mit einer Unsicherheit von 0,1% gemessen werden (Gascoigne (1971)). Angaben zur kleinsten erreichbaren Meßunsicherheit bei höheren Drücken s. **1**.7.3.2.

1.7.2.3 Schwimmermanometer

Schwimmermanometer üblicher Bauart werden mit Wasser als Sperrflüssigkeit zur Messung kleiner positiver oder negativer Überdrücke benutzt, z. B. bei aerodynamischen Untersuchungen. Lageänderungen des Meniskus im Steigrohr des Manometers sind an einer Skala abzulesen, die an einem Schwimmer hängt. Die Skala wird auf eine Mattscheibe mit einer Strichteilung projiziert (Schwimmermanometer nach Betz (1931) oder mit einem Mikroskop abgelesen (Debro-Miniskop)). Die Meßunsicherheit kalibrierter Geräte dieses Typs liegt bei wenigen Pascal.

1.7.2.4 U-Rohr-Mikromanometer

Ein einfache Gerät zur Messung positiver und negativer Überdrücke besteht aus einem großkalibrigen, mit Wasser gefüllten U-Rohr aus Glas in Verbindung mit einem variablen Volumen, das die Absenkung beider Menisken auf einen vorher benetzten Teil der Rohrwand ermöglicht. Dadurch wird die Reproduzierbarkeit der Messungen erhöht. Die Manometerschenkel sind mit einem Schrägstreifensystem hinterlegt. Die Trennungslinie zwischen den Streifen und ihrem von den Menisken entworfenen Spiegelbild definiert die Meniskenlagen. Sie werden mit einem Nivellierfernrohr mit Planplattenmikrometer beobachtet und auf einen Präzisionsmaßstab übertragen. Der druckunabhängige Beitrag zur Meßunsicherheit liegt bei 0,4 Pa. In der Umgebung der Raumtemperatur führt eine Unsicherheit von 0,2 K bei der Bestimmung der Wassertemperatur zu einer Unsicherheit der Überdruckmessung von $4 \cdot 10^{-5} \cdot p_e$, d. h. maximal ebenfalls zu 0,4 Pa.

Normalgeräte zur fundamentalen Präzisionsmessung kleiner Absolutdrücke und Druckdifferenzen bestehen aus weiten kommunizierenden Gefäßen, gefüllt mit Quecksilber (Dichte: Tab. T 3.10 in Band 3), Wasser (Dichte: Tab. T 3.10 in Band 3) oder synthetischen Ölen, wie DC 704 oder di-aethylhexyl-Sebacat, die auch bei Messungen im Vakuumbereich vergleichbar große Meßeffekte ermöglichen wie Wasser bei Überdruckmessungen. Der Dampfdruck der synthetischen Öle ist bei Raumtemperatur wesentlich kleiner als der Dampfdruck von Quecksilber, und ihre relativ große dynamische Viskosität erlaubt direkte interferenzoptische Höhenstandsmessungen an den Flüssigkeitsoberflächen ohne Beeinträchtigung durch die bei Quecksilber auftretenden Oberflächenwellen (ripples). Zu beachten sind allerdings die Gasaufnahme an Luft (vgl. dazu Poulter u. Nash (1979)) sowie Dichteunterschiede bis zu einigen hundertstel Prozent zwischen verschiedenen Proben der gleichen Substanz (Orcutt (1973)).

Mechanische Messungen der Meniskenlage: Mit Mikrometerschrauben durch Heranführen nadelförmiger Metallspitzen an die Flüssigkeitsoberflächen (Thomas u. Cross (1967)); durch vertikale Verschiebung der Gefäße gegeneinander bis zur Erreichung der Referenzlage der Menisken bei $\Delta p = 0$ (Nullmethode; Pippig (1958)); durch Neigung der Manometereinrichtung (Bradshaw (1965)).

Präzisionsgeräte mit interferenzoptischer Höhenstandsmessung beschreiben Thomas u. a. (1962), Aubry u. Delbart (1965), Stevenson u. McFadden (1965), Poulter u. Nash (1979) und Ueki u. Ooiwa (1994).

Vergleichbare Meßunsicherheiten sind auch mit Ultraschall-Mikromanometern erreichbar (Heydemann u. a. (1977)).

1.7.2.5 Tauchglockenmanometer

Mit Tauchglockenmanometern können kleine positive und negative Überdrücke im Meßbereich bis etwa 1,5 kPa mit Meßunsicherheiten um 0,1 Pa und darunter gemessen werden. Sie bestehen aus einem einseitig offenen zylindrischen Gefäß, das an einer Balkenwaage hängt und mit der offenen Seite in eine Sperrflüssigkeit mit geringer Oberflächenspannung wie Nonan oder Dekalin eintaucht. Das Gas, dessen Überdruck zu messen ist, wird von unten in die Tauchglocke eingeleitet. Ihr für die Druckmessung wirksamer Querschnitt kann aus geometrischen Messungen an der Glocke berechnet werden (Gieleßen u. Schmatz (1961), Pippig u. Uhthoff (1975)).

Ein Vorzug der Tauchglockenmanometer ist, daß sie in Meßanordnungen mit kleinen angeschlossenen Volumina als Manostate wirken. Nachteilig sind die relativ langen Einstellzeiten. Durch geeignete Konstruktion des Tauchglockenmanometers unter Verwendung von elektrischen Kraftaufnehmern kann dieser Nachteil umgangen werden (Araki u. a. (1976)). Das Gerät kann dann auch zur kontinuierlichen Messung langsam veränderlicher Überdrücke z. B. bei Messungen von Strömungsgeschwindigkeiten in Luft im Meßbereich bis zu einigen m/s verwendet werden.

1.7.2.6 Messung kleiner Druckdifferenzen mit Kolbenmanometern

Kolbenmanometer sind zur Messung kleiner Drücke nur bis zu einer unteren Meßbereichsgrenze geeignet, die im wesentlichen durch das Eigengewicht des Kolbens bestimmt ist und bei einigen Kilopascal liegt. Mit zwei Kolbenmanometern gleicher Bauart können jedoch kleine Druckdifferenzen mit hoher Auflösung gemessen werden (Dadson (1970), Gascoigne (1971)).

Während die wirksamen Querschnitte beider Geräte nur mit relativen Unsicherheiten in der Größenordnung von $2 \cdot 10^{-5}$ angegeben werden können (**1**.7.3.4), läßt sich das Verhältnis beider Querschnitte durch direkten Vergleich um nahezu eine Größenordnung genauer bestimmen. Bis auf Korrektionen (Auftrieb, Temperatur) ist bei Verwendung von zwei Kolbenmanometern

$$\Delta p = p_1 - p_2 = \frac{g m_1}{A_1} - \frac{g m_2}{A_2} = \frac{g}{A_1}\left(m_1 - \frac{A_1}{A_2} m_2\right) \tag{1.71}$$

Für kleine Druckdifferenzen Δp wird die Meßunsicherheit durch die Terme in der Klammer bestimmt. Praktisch erreichbar sind Meßunsicherheiten in der Größenordnung weniger zehntel Pascal. Diese Grenze ist durch die kleinste Unsicherheit gegeben meter erlauben z. B. Dampfdruckmessungen im Meßbereich von 1,3 Pa bis 40 kPa mit Meßunsicherheiten zwischen 0,13 Pa und 1,6 Pa (Douslin u. Osborn (1965)).

Als Generator für kleine, genau bekannte Druckdifferenzen dient ein neues Gerät (Hersteller: Furness Controls Ltd., UK), bei dem ein Meßkolben mit großer Querschnittsfläche auf eine elektronische Waage wirkt. Der Kolben wird durch Aufhängevorrichtungen in einem angepaßten Zylinder geführt. Einer stationären laminaren Gasströmung durch den Ringspalt zwischen Kolben und Zylinder entspricht eine Druckdifferenz zwischen beiden Stirnseiten des Kolbens und damit eine meßbare Kraft. Bei bekannter Geometrie des Kolben-Zylinder-Meßsystems kann daraus die Druckdifferenz berechnet werden. Die als Dynamometer benutzte Waage kann bei bekannter lokaler Fallbeschleunigung mit Normalgewichtsstücken kalibriert werden.

1.7.3 Messung von Drücken und atmosphärischen Druckdifferenzen (Überdrücken) bis zu einigen Bar

1.7.3.1 Direkt anzeigende mechanische Meßgeräte

Mechanische Präzisions-Druckmeßgeräte weisen in einem anzugebenden Temperaturbereich meist relative Anzeigefehler von 0,1% bis 0,3% des Skalenendwertes auf. Die Geräte sind überwiegend mit Kapselfedern ausgestattet. Der Meßbereich wird besonders in den Genauigkeitsklassen 0,1 und 0,2 häufig auf mehrere Zeigerumläufe verteilt.

Kapselfedern sind kreisförmige flache Metalldosen, bestehend aus zwei am Rande miteinander verlöteten gewellten Membranen, deren Mittelpunkte sich bei Druckbelastung gegeneinander verschieben. Bevorzugte Materialien zur Herstellung der Federn sind Kupfer-Beryllium-Bronze oder die Legierung NiSpanC, deren Elastizitätsmodul in einem größeren Temperaturbereich in der Umgebung der Raumtemperatur weitgehend temperaturunabhängig ist. Mehrere Kapselfedern können aneinandergereiht werden. Dadurch lassen sich die Auslenkung des Federendes, aber auch die Hystereseerscheinungen speziellen Anforderungen anpassen, z. B. bei Barographen als schreibenden Absolutdruckmeßgeräten. In dem eingeschränkten Meßbereich dieser Geräte und der anzeigenden Aneroidbarometer sind mit evakuierten Kapselfedern Meßunsicherheiten von wenigen zehntel Millibar erreichbar. Bei Absolutdruckmeßgeräten können die Kapselfeder und das Gehäuse getrennt evakuierbar sein. In diesem Fall sind die Geräte auch zur Differenzdruckmessung verwendbar. Angaben zur Normung der Überdruckmeßgeräte mit elastischem Meßglied s. **1**.7.4.1.

1.7.3.2 Elektrische Meßgeräte

Die berührungslose elektrische Messung des Federweges eines elastischen Druckmeßelementes, z. B. mittels eines induktiven Wegaufnehmers, bringt im allgemeinen trotz hoher Auflösung keine wesentliche Verringerung der Meßunsicherheit gegenüber den mechanischen Präzisionsmeßgeräten mit sich. Die nur von den Eigenschaften des elastischen Meßgliedes abhängige Erscheinung der Hysterese begrenzt die kleinste erreichbare Meßunsicherheit bei Messungen nach der Ausschlagsmethode. Bessere Ergebnissse sind mit Kompensationsmethoden erreichbar, bei denen z. B. mit elektromagnetischen Systemen die Kraft bestimmt wird, die erforderlich ist, um die Auslenkung eines Federelementes zu kompensieren. Im Rahmen dieser Technik können Wägezellen bzw. komplette elektronische Waagen verwendet werden. Relative Meßunsicherheiten bis herab zu 0,01% sind erreichbar. Entsprechendes gilt für Quarzwendelmanometer (**1**.7.2.2) und auch für Präzisionsmeßgeräte, die Druckaufnehmer verwenden, deren Sensorelemente (z. B. dünnwandige mit Innendruck belastete Zylinder, evakuierte Kapselfedern, ebene Membranen, beidseitig eingespannte Quarzelemente in Verbindung mit einer Einrichtung zur Druck/Kraft-Wandlung) frequenzbestimmende Bestandteile elektrischer Oszillatoren sind (Anregung bestimmter Schwingungsmoden z. B. elektrodynamisch oder bei Quarz über den piezoelektrischen Effekt). Meßeffekt ist in jedem Fall die Verschiebung der Eigenfrequenz des Sensorelementes mit dem Druck (bei Quarzelementen mit der druckproportionalen mechanischen Spannung). Mit solchen Druckaufnehmern, die auch in der Luftfahrtmeßtechnik angewandt werden, können elektronische Barometer mit Meßunsicherheiten kleiner als 0,1 mbar realisiert werden. Ihre Langzeitstabilität bedarf allerdings der Kontrolle. Auch als Präzisionsmeßgeräte konzipierte Membranmanometer mit kapazitiver Abtastung gewährleisten gute Ergebnisse, wobei unterschiedliche elektronische Schaltungen zur Signalverarbeitung und auch keramische Materialien zur Herstellung der Sensoren benutzt werden. Vorwiegend für Messungen mit Unsicherheiten zwischen 0,1% und 1% haben Druckaufnehmer mit piezoresistiven Sensorelementen auf Silizium-Basis, gegebenenfalls in integrierter Bauweise mit Ausgangsspannungen im Bereich einiger Volt, erheblich Bedeutung. Zu Aufbau und Eigenschaften der Sensorelemente siehe z. B. Hauptmann (1990), wo auch weitere zur Druckmessung geeignete Sensorprinzipien behandelt werden. Zur Druckmessung in agressiver Umgebung bei hohen Temperaturen können Aufnehmer mit keramischen Membranen und Edelmetall-Dehnungsmeßstreifen eingesetzt werden, die durch Kathodenzerstäuben abgeschieden werden (Gwinner u. Müller (1989)).

1.7.3.3 Quecksilbermanometer und -barometer

Stationsbarometer (Fig. 1.54a) sind nach DIN 8896 genormt. Sie besitzen eine Teilung, die die Lageänderungen der Quecksilberoberfläche im Gefäß des Barometers bei Luftdruckänderungen berücksichtigt (reduzierte Teilung). Für Angaben des atmosphärischen Luftdrucks hat sich international der Gebrauch der Einheit Hectopascal durchgesetzt (1 hPa = 1 mbar).

Prüfbarometer sind Gefäßbarometer mit reduzierter Teilung, druckdichtem Gefäß und zu kleinen Drücken erweitertem Meßbereich. In Verbindung mit einem evakuierten Rezipienten dienen sie z. B. zur Kalibrierung von Höhenmessern.

Barometrische Höhenmessung Die statische Grundgleichung der Atmosphäre ist $-\mathrm{d}p = \varrho g \mathrm{d}h = g(p/R_{\mathrm{l}}T)\mathrm{d}h$. Darin hängen die Fallbeschleunigung g und die Temperatur T von der geometrischen Höhe h ab. Man verwendet die Beziehung $g = g_{\mathrm{n}}(r/(r+h))^2$ und führt die geopotentielle Höhe $H = rh/(r+h)$ ein ($r = 6\,356\,766$ m: Nomineller Erdradius; $g_{\mathrm{n}} = 9{,}80665$ m/s^2: Normalfallbeschleunigung). Mit dem Ansatz $T = T_{\mathrm{b}} + \beta(H - H_{\mathrm{b}})$ (Index b: Bezugswerte, gültig an den unteren Grenzen der einzelnen Luftschichten mit vertikalen Temperaturgradienten β) ergeben sich folgende Beziehungen für den Druck als Funktion der geopotentiellen Höhe:

$$p = p_{\mathrm{b}} \left[1 + \frac{\beta}{T_{\mathrm{b}}}(H - H_{\mathrm{b}})\right]^{-g_{\mathrm{n}}/\beta R_{\mathrm{l}}} \quad (\beta \neq 0) \tag{1.72}$$

$$p = p_{\mathrm{b}} \cdot \exp\left[-\frac{g_{\mathrm{n}}}{R_{\mathrm{l}}T}(H - H_{\mathrm{b}})\right] \quad (\beta = 0) \tag{1.73}$$

R_{l} Individuelle Gaskonstante der Luft.

In der Norm DIN ISO 2533 Ausg. 12/79 sind die für die ISO-Normatmosphäre angenommenen Werte der Temperatur und des vertikalen Temperaturgradienten angegeben und die Temperatur,

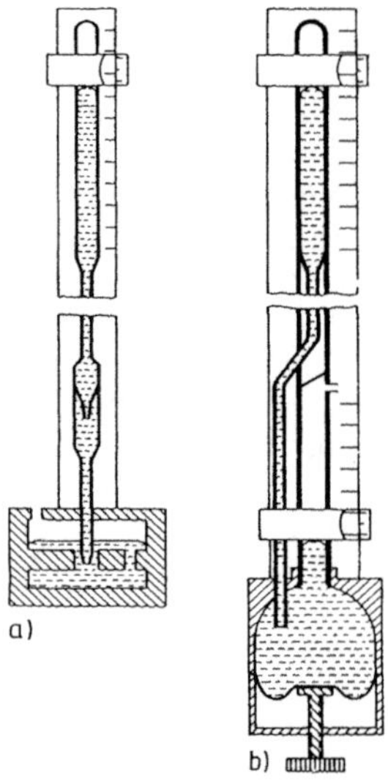

Fig. 1.54
a) Stationsbarometer
b) Gefäßheberbarometer (Normalbarometer)

der Druck, die Dichte und die Fallbeschleunigung in Abhängigkeit von der geometrischen und der geopotentiellen Höhe tabelliert. Vgl. auch Tab. T 1.08 in Band 3.

Kontrollbarometer und Normalbarometer sind Gefäßheberbarometer mit erweiterten Steigrohrdurchmessern in den Ablesebereichen beider Schenkel (Fig. 1.54b). Die Lage beider Quecksilbermenisken wird bei diesen U-Rohr-Barometern mit Hilfe von Visiereinrichtungen auf den Maßstab übertragen. Die kleinste mit Barometern dieses Typs erreichbare Meßunsicherheit liegt bei 0,05 mbar.

Korrektion der Ablesung Die in Druckeinheiten geteilten Skalen der Barometer beziehen sich auf die Dichte des Quecksilbers bei 0°C (13,5951 g/m^3), auf eine Bezugstemperatur t_B der Maßstabsteilung von 0°C, wenn nicht anders angegeben, und auf die Normfallbeschleunigung $g_n = 9{,}80665$ m/s^2. Der wahre Druck berechnet sich daher aus der Ablesung l_a nach der Beziehung

$$p_{abs} = (g/g_n) l_a (1 + \alpha(t - t_B))/(1 + \gamma t). \tag{1.74}$$

Darin sind g die örtliche Fallbeschleunigung, α der Längenausdehnungskoeffizient des Maßstabes ($\alpha = 18{,}4 \cdot 10^{-6}\,\mathrm{K}^{-1}$ für Messing, $\alpha = 11{,}5 \cdot 10^{-6}\,\mathrm{K}^{-1}$ für Stahl) und $\gamma = 181{,}8 \cdot 10^{-6}\,\mathrm{K}^{-1}$ der Volumenausdehnungskoeffizient des Quecksilbers.

Bei Stationsbarometern und Prüfbarometern wird die durch Temperaturänderung hervorgerufene Höhenänderung der Quecksilberoberfläche im Gefäß durch ein additives Glied zum Betrag von l_a berücksichtigt:

$$-a(V_0/A_0)(\gamma - 3\alpha_1)t$$

$a = 1$	bei Geräten mit in Torr oder in mm geteilten Maßstäben
$a = 1{,}333$	bei Geräten mit in mbar geteilten Maßstäben
A_0	effektiver Querschnitt des Gefäßes bei 0°C in mm^2
V_0	Volumen des gesamten im Barometer enthaltenen Quecksilbers bei 0°C in mm^3
α_1	Längenausdehnungskoeffizient des Gefäßwerkstoffes in K^{-1}.

Der Wert des Quotienten V_0/A_0 wird vom Hersteller des Barometers angegeben.

Zu dem an der Kuppe des Meniskus abgelesenen Stand ist der aus Tab. T 1.07b in Band 3 entnommene Wert hinzuzufügen, der die Kapillardepression berücksichtigt. Die relative Unsicherheit des Betrags dieser Depression beträgt etwa 10%. Bei der üblichen Rohrweite der Barometer von 8 bis 9 mm ergibt sich hieraus eine Unsicherheit der Druckmessung von wenigstens 0,07 mbar.

Der Druck des Quecksilberdampfes bewirkt ebenfalls eine geringfügige Depression, die aber erst bei 40 °C Werte um 0,01 mbar erreicht.

Präzisions-Manobarometer Mit Quecksilber-U-Rohr-Manometern sind bei Drücken um 1 bar Meßunsicherheiten bis herab zu 1 Pa erreichbar, wenn

- hinreichend weite Gefäße den Einfluß der Kapillardepression vernachlässigbar klein werden lassen,
- Temperaturunterschiede entlang der Hg-Säule höchstens wenige hundertstel K betragen und die Unsicherheit bei der Bestimmung des Mittelwerts der Temperatur entsprechend klein ist,
- eine präzise Erfassung der Meniskenlage den Fehler der Längenmessung an der Säule klein hält.

Zu unterscheiden sind Anordnungen, bei denen die Verschiebung der Hg-Menisken in großkalibrigen Rohren optisch gemessen wird, und solche, bei denen sich das Quecksilber relativ zu den Gefäßwänden nicht bewegt.

Letztere bestehen aus zwei durch eine bewegliche Leitung miteinander verbundenen Gefäßen, von denen das eine meßbar vertikal verschoben werden kann. Die Lage der Menisken in den Gefäßen wird kapazitiv abgetastet: Metallplatten über den Hg-Oberflächen bilden mit diesen ebene Kondensatoren, zwischen denen mit Hilfe einer hochauflösenden Kapazitätsmeßbrücke bei der Druckdifferenz Null zwischen beiden Gefäßen ein Nullabgleich vorgenommen wird. Nach Schließen eines Ventils in der Hg-Verbindungsleitung wird das bewegliche Gefäß entlang einer Präzisionsführung verschoben, bis die dem zu messenden Druck entsprechende Höhe erreicht ist. Nach Öffnung des Hg-Ventils wird die Höheneinstellung korrigiert, bis der Nullabgleich zwischen beiden Kondensatoren wieder erreicht ist. Der Verschiebeweg der Gefäße kann über mechanische Meßwerke mit Mikrometerauflösung oder mit einem zählenden Laser-Interferometer gemessen werden. Die mechanischen Meßwerke sind mit Endmaßen kalibrierbar. Dieser Manometertyp, der auf Arbeiten von Guildner u. a. (1970) beruht und industriell gefertigt wird, ist auch für Routinekalibrierungen von Präzisions-Druckmeßgeräten geeignet, da er relativ erschütterungsunempfindlich und leicht bedienbar ist. Er ist geeignet für die Messung von Absolutdrücken, Überdrücken und Druckdifferenzen. Analysen der Meßunsicherheit geben z. B. Bauer (1979) und Klingenberg u. Lüdicke (1991).

Auch Ultraschall-Laufzeitmessungen sind zur Längenmessung an Quecksilbersäulen von Präzisions-Manobarometern geeignet. Die Temperatur- und Druckabhängigkeit der Schallgeschwindigkeit in Quecksilber ist hinreichend genau bekannt (Tilford (1987)). Ultraschallbarometer mit einer Meßunsicherheit um 3 Pa werden industriell gefertigt.

Literatur über optische Verfahren zur Längenmessung an Quecksilbersäulen und ihre Anwendung bei Präzisions-Manobarometern: Übersicht: Terrien (1959). Geometrisch-optische Messung: Elliot u. Wilson (1957), Elliot u. a. (1960). Ausnutzung von Interferenzen im weißen Licht: Kaneda u. a. (1964), Bonhoure u. Terrien (1968), Mitsui u. a. (1972). Laser-Interferometrie an Hg-Oberflächen im infraroten Spektralbereich (CO_2-Laser): Tilford (1973); im sichtbaren Spektralbereich (He-Ne-Laser): Harrison u. a. (1976). Neue Literatur (6 Arbeiten) über Hg-Präzisionsmanometer findet sich in Metrologia **30** (1993/94) 545–577.

1.7.3.4 Kolbenmanometer für Gas als Druckmedium

Die Messung von Gasdrücken mit Kolbenmanometern, z. B. zwischen 0,1 bar und 1,5 bar mit Geräten nach Fig. 1.55, erfolgt nach den Beziehungen

$$p_e = [g \sum m_i (1 - \varrho_L/\varrho_{m_i})]/A \qquad \text{(Überdruckmessung)} \qquad (1.75)$$

$$p_{abs} = (g \sum m_i)/A + p_{ref} \qquad \text{(Absolutdruckmessung)} \qquad (1.76)$$

Darin sind g die örtliche Fallbeschleunigung, m_i die Massen der Auflagegewichte und des Kolbens, ϱ_L und ϱ_m die Dichten der Luft und der metallischen Werkstoffe, A die wirksame Querschnittsfläche des Kolben-Zylinder-Systems und p_{ref} der Restgasdruck unter der evakuierbaren Glocke des Kolbenmanometers. Die Druckbezugsebene ist durch die untere Stirnfläche des Kolbens gegeben.

Die Nennwerte der wirksamen Querschnitte industriell gefertigter Kolbenmanometer für den Meßbereich bis zu einigen bar liegen zwischen 0,8 und 10 cm^2.

Die Unsicherheit der Druckmessungen wird entscheidend von der Unsicherheit des Querschnittswertes A_0 für die Bezugstemperatur $t_B = 20\,°C$ bestimmt.

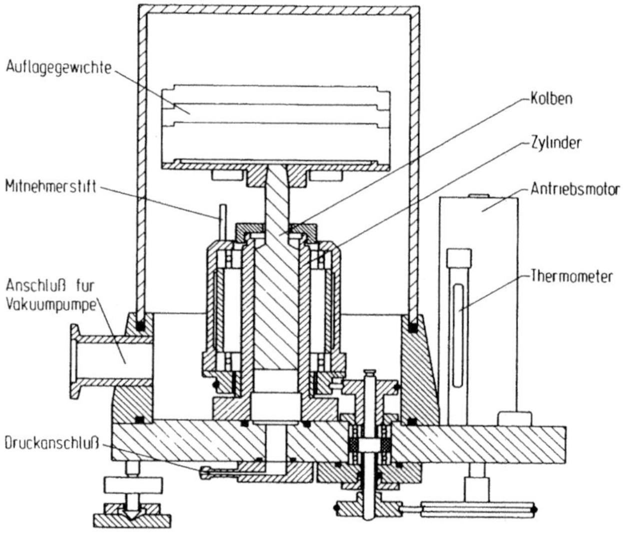

Fig. 1.55
Absolutdruck-Kolbenmanometer mit Antriebseinrichtung zur Aufrechterhaltung der Drehbewegung des Kolbens im Vakuum. Ein variables Volumen in der Druckmeßschaltung ermöglicht die Einstellung der Arbeitshöhe des Kolbens und die Auskopplung der Antriebseinrichtung

Die Temperaturabhängigkeit des wirksamen Querschnitts ist gegeben durch

$$A = A_0[1 + (\alpha_K + \alpha_Z)(t - t_B)]. \qquad (1.77)$$

Darin sind α_K und α_Z die Längenausdehnungskoeffizienten des Kolbens und des Zylinders. Für Meßsysteme aus Stahl gilt $\alpha_K + \alpha_Z = 2\alpha_{Stahl} = 22 \cdot 10^{-6}\,K^{-1}$. Die Temperatur des Meßsystems kann mit Quecksilberthermometern oder kalibrierten elektrischen Berührungsthermometern mit einer Unsicherheit von 0,1 K bestimmt werden.

Die relative Unsicherheit der Massenbestimmung liegt unter Berücksichtigung der Auftriebskorrektionen, die die Kenntnis der Dichten erfordern, bei $2 \cdot 10^{-6}$, wenn geeignete Waagen, Gewichtsstücke und Wägetechniken benutzt werden. Die örtliche Fallbeschleunigung kann mit einer relativen Unsicherheit von $1 \cdot 10^{-6}$ ermittelt werden.

Bei Absolutdruckmessungen ist der Referenzdruck (z. B. $p_{ref} = 10$ Pa) mit einer Unsicherheit von etwa 2% zu messen, z. B. mit Membranmanometern (s. **1**.7.2.1). Wegen der Leckrate des Kolben-Zylinder-Systems kann es unzweckmäßig sein, kleinere Referenzdrücke anzustreben, die wesentlich größere relative Fehler der Referenzdruckmessung zulassen würden.

Die Empfindlichkeit, mit der das Gleichgewicht zwischen zwei Kolbenmanometern gleicher Bauart bei einem bestimmten Meßwert des Drucks eingestellt werden kann, ist durch die kleinste relative Änderung $\Delta m/m$ der Auflagegewichte eines Kolbenmanometers gegeben, durch die eine reproduzierbare Änderung des Gleichgewichtszustandes zwischen beiden Geräten herbeigeführt wird. Erfahrungswerte liegen bei $\Delta m/m = 2 \cdot 10^{-6}$. In Einheiten des Drucks kann für die Empfindlichkeit ein unterer Grenzwert von 0,2 Pa angegeben werden.

Damit ergeben sich die in Tab. 1.5 zusammengestellten Beiträge zur Meßunsicherheit.

Tab. 1.5 Beiträge zur Meßunsicherheit von Gas-Kolbenmanometern

Meßgröße	Beitrag zur Unsicherheit der Druckmessung	
	relative Unsicherheit	konstante Unsicherheit
Temperatur	$2 \cdot 10^{-6}$	
Masse	$2 \cdot 10^{-6}$	
Empfindlichkeit		0,2 Pa
Restgasdruck		0,2 Pa
wirksamer Querschnitt	$13 \cdot 10^{-6}$	

Die in Tab. 1.5 angegebenen Werte, die (abgesehen von der Unsicherheit bei der Bestimmung des wirksamen Querschnitts) mit üblichen Mitteln erreicht werden, zeigen, daß Kolbenmanometer als fundamentale Meßgeräte ähnlich kleine Meßunsicherheiten zulassen wie die Präzisions-Quecksilbermanometer (s. **1**.7.3.3) wenn der wirksame Querschnitt hinreichend genau bekannt ist.

Er kann aus den Ergebnissen geometrischer Vermessungen des Kolbens und des Zylinders mit der angegebenen Unsicherheit fundamental bestimmt werden (Peggs u. a. (1979)). Seit Meßsysteme aus Wolframcarbid mit Querschnittflächen von 10 cm² zur Verfügung stehen, konnten weiter verrringerte Werte der relativen Unsicherheit von Quersschnittsbestimmungen aufgrund geometrischer Messungen angegeben werden (Legras u. a. (1986), Klingenberg u. Lüdicke (1991)), jedoch ist dieser Fortschritt durch internationale Vergleichsmessungen noch nicht hinreichend bestätigt worden (Klingenberg u. Legras (1993)).

Mit der in Tab. 1.5 angegebenen Unsicherheit ist der wirksame Querschnitt auch aus Druckmessungen mit Präzisions-Quecksilbermanometern bestimmbar. Kürzlich durchgeführte internationale Vergleichsmessungen zwischen solchen Manometern mit einem Kolbenmanometer als Transfernormalgerät haben zwar gezeigt, daß dessen Querschnittsfläche von den Teilnehmern mit relativen experimentellen Standardabweichungen von nur $2 \cdot 10^{-6}$ gemessen werden konnte. Die Ergebnisse verschiedener Teilnehmer stimmten jedoch nicht in allen Fällen entsprechend gut überein (Stuart (1993)).

Die bisherigen Angaben beziehen sich auf Absolutdruckmessungen. Bei Überdruckmessungen können aerodynamische Effekte als Folge der Drehbewegung des Kolbens und der Auflagegewichte die Druckmessung in Abhängigkeit von der Drehzahl beeinflussen (Sutton (1979)). Zu erwartende relative Änderungen $\Delta A(p)/A$ als Folge einer druckabhängigen radialen Verformung der Meßsysteme können rechnerisch berücksichtigt werden und sind kleiner als $1 \cdot 10^{-5}$ (Bass (1978)).

Durch den Herstellungsprozeß bedingte unvermeidliche Formabweichungen des Kolbens und der Zylinderbohrung in der Größenordnung einiger zehntel Mikrometer bis zu 1 µm können eine Abhängigkeit des wirksamen Querschnitts von der Lage des Kolbens im Zylinder bewirken. Bei genauen Messungen muß deshalb der Kolben mit einem in die Meßleitung eingeschalteten variablen Volumen stets in gleicher Höhe gehalten werden. Dabei sind z. B. mit optischen Beobachtungshilfsmitteln Unsicherheiten von nicht mehr als 0,1 mm anzustreben. Präzisionsmessungen erfordern ferner eine regelmäßige Überprüfung der Kolben-Zylinder-Systeme auf eine mögliche Magnetisierung. Dazu sind Hall-Sonden geeignet.

1.7.4 Messung größerer Überdrücke

1.7.4.1 Direkt anzeigende mechanische Meßgeräte

Federmanometer sind die am weitesten verbreiteten Druckmeßgeräte. Die Anforderungen an diese Meßgeräte sind in einem umfassenden Normenwerk festgelegt, das eine Beschreibung des Standes der Technik darstellt. Die Norm DIN 16255 „Überdruckmeßgeräte mit elastischem Meßglied – Benennungen – Auswahl – Meßanordnung – Bedienung“ informiert über den Aufbau der Geräte, die unterschiedlichen Eigenschaften und Anwendungsfälle der verschiedenen Federtypen (Rohrfedern, Plattenfedern, Kapselfedern, Wellrohrfedern), über die Einsatzbedingungen im Hinblick auf den Meßstoff und über die Betriebsbedingungen. DIN 16005 „Überdruckmeßgeräte mit elastischem Meßglied – Technische Lieferbedingungen“ (2 Teile) enthält Angaben über die Klasseneinteilung und die Fehlergrenzen der Geräte sowie über die Prüfung auf Einhaltung der Fehlergrenzen. DIN 16123 (4 Teile) enthält eine Übersicht über die Anzeigebereiche. Entsprechende europäische Normen sind in Vorbereitung.

Die Änderung der Anzeige mit der Temperatur ist bei den modernen Bauarten der Rohrfedermanometer durch die Temperaturabhängigkeit des *E*-Moduls des Federmaterials gegeben. Die Fehlergrenzen nach DIN 16005 gelten in einem engen Temperaturbereich (±2 K Abweichung von der Bezugstemperatur t_B sind zulässig; wenn nicht anders angegeben, ist $t_B = 20°C$). Es gibt temperaturkompensierte Meßwerke, in denen Bimetallteile das Übersetzungsverhältnis zwischen Federweg und Zeigerdrehwinkel dem bei höherer Temperatur kleineren *E*-Modul und damit dem größeren Federweg anpassen. Diese Art der Temperaturkompensation ist nur wirksam, wenn die Temperatur des Meßstoffs gleich der Umbgebungstemperatur ist. Es kann auch der Werkstoff Ni-SpanC für das Federelement verwendet werden, dessen *E*-Modul in einem größeren Bereich in der Umgebung der Raumtemperatur weitgehend temperaturunabhängig ist.

1.7.4.2 Elektrische Meßgeräte

Zur elektrischen Messung größerer Überdrücke werden vorwiegend Dehnungsmeßstreifen-(DMS-)Druckaufnehmer mit elastischen Meßelementen aus Metall (Membranen für Drücke bis zu einigen hundert Bar, Dehnzylinder für hohe Drücke), piezoresistive Aufnehmer mit Sensoren auf Silizium-Basis und piezoelektrische Aufnehmer benutzt, letztere nur für dynamische Druckmessungen. Für Messungen im Druckbereich oberhalb von 10 kbar eignen sich besonders Manganinwiderstands-Drucksensoren, obwohl auch DMS-Druckaufnehmer nach Autofrettage des Meßkörpers bis zu Drücken um 14 kbar benutzt werden können.

DMS-Druckaufnehmer können Metall- oder Halbleiter-DMS-Brückenschaltungen enthalten. Typische Werte des Nenn-Meßeffektes am Meßbereichsendwert sind, bezogen auf die Speisespannung der Brücke, bei Metall-DMS (Widerstandsdraht oder Metallfoliengitter aus Kunststoff-Trägerfolie) einige mV/V. Halbleiter-DMS zeigen bei gleicher Dehnung eine wesentlich größere

Widerstandsänderung als Metall-DMS. Eine weitgehende Temperaturkompensation ist dagegen bei Halbleiter-DMS schwer zu erreichen. Zur Applikation auf Membranen eignen sich aufgedampfte Dünnfilm-DMS, die das elastische Verhalten der Membran praktisch nicht beeinflussen (vgl. Paul (1988)), und die auch bei sehr kleinen Abmessungen Widerstände von mehreren hundert Ohm aufweisen können. Die kleinste mit DMS-Referenzaufnehmern für Drücke bis 500 bar in Verbindung mit hochauflösenden Digitalkompensatoren erreichbare Meßunsicherheit liegt bei einigen hundertstel Prozent der Meßspanne. Vorteilhaft ist die Verwendung einer 6-Leiterschaltung (Paetow (1988)) zur Messung des Ausgangssignals der DMS-Brückenschaltung. Im Meßbereich bis zu einigen Kilobar liegen die erreichbaren Meßunsicherheiten bei 0,2% (Sharma, Jain u. Molinar (1987)). Im Druckbereich bis 14 kbar sind Unsicherheiten um 1% v. E. erreichbar (s. z. B. Jäger u. Wanninger (1976)). Unter bestimmten einschränkenden Meßbedingungen können DMS-Druckaufnehmer im Bereich bis 10 kbar für Druckvergleichsmessungen mit Unsicherheiten von 0,1–0,2% als Transfer-Normalgeräte benutzt werden (Jäger (1983)). Eine Möglichkeit zur weiteren Verbesserung der Meßeigenschaften von DMS-Hochdruckaufnehmern beschreiben Wisniewski u. Rostocki (1991).

Die Drucksensoren der piezoresistiven Aufnehmer nutzen den Piezo-Widerstandseffekt (Smith (1954), Zerbst (1963)) des p- oder n-leitenden Siliziums. In ein Si-Plättchen wird eine Vertiefung so eingeätzt, daß eine Membran als elastisches Meßglied mit sehr günstigem Spannungs-Dehnungs-Verhalten stehen bleibt: In Si-Einkristallen gilt das Hookesche Gesetz bei Raumtemperatur praktisch bis zur Bruchgrenze. In die (hochohmige) Membran werden niederohmige Widerstandsbahnen des entgegengesetzten Leitungstyps eindotiert. Die geometrische Anordnung wird entsprechend der Anisotropie des Piezowiderstandseffektes geeignet gewählt. Aus den Widerstandsbahnen wird eine Brückenschaltung gebildet. Das so entstandene Druckmeßelement kann derart in ein mit Öl gefülltes und von einer Trennmembran abgeschlossenes Gehäuse eingebaut werden, daß der Atmosphärendruck auf die Rückseite des Meßelementes wirkt (Überdruckmessung). Das Meßelement kann auch auf ein zweites Si-Plättchen druckdicht aufgesetzt und anschließend in das Aufnehmergehäuse eingebaut werden (Absolutdruckmessung). Die Trennmembran und die Ölfüllung werden aus Gründen des Korrosionsschutzes und der Medientrennung vorgesehen und entfallen z. B. bei den früher (s. **1**.7.3.2) erwähnten piezoresistiven Druckaufnehmern mit integrierter Folgeschaltung, die demnach vorwiegend z. B. für Stickstoff oder trockene Luft als Druckmedien geeignet sind. Zu Aufbau und Eigenschaften der Sensorelemente siehe z. B. auch Hauptmann (1990). Zur Stabilität der meßtechnischen Eigenschaften des Druckaufnehmers siehe Wenger (1986).

Zur Messung schnell veränderlicher Drücke, z. B. bei explosionsartig ablaufenden chemischen Reaktionen, werden piezoelektrische Druckaufnehmer benutzt. Meßsysteme und Eigenfrequenzen bis 500 kHz und Meßbereichsendwerte bis 10 kbar sind herstellbar. Druckaufnehmer mit Meßbereichsendwerten zwischen 100 bar und 1 kbar haben Ansprechschwellen in der Größenordnung einiger mbar. Piezoelektrische Druckaufnehmer sind in einem weiten Temperaturbereich anwendbar (obere Grenztemperatur 250 °C). Spezielle Bauarten können bis 350 °C dauernd betrieben werden und kurzzeitig auftretenden Flammentemperaturen von mehr als 2500 °C standhalten (Tichy u. Gautschi (1980)).

Piezoelektrische Druckaufnehmer enthalten meist Meßelemente aus Quarz in Form geeignet geschnittener Kristalle. Die Kristalle sind in Richtung der Aufnehmerachse vorgespannt. Eine Trennmembran wandelt in Verbindung mit einem Stempel den zu messenden Druck in eine Kraft um, die auf dem Quarz Oberflächenladungen und entsprechend der Kapazität der Anordnung eine druckproportionale Ausgangsspannung des Aufnehmers hervorruft, welche mit Elektrometerverstärkern gemessen werden kann. Vorteilhaft ist jedoch die Anwendung spezieller Ladungsverstärker (Tichy u. Gautschi (1980)). Die Isolationswiderstände im Eingangskreis der Meßanordnung sind so bemessen, daß eine statische Kalibrierung der Aufnehmer ermöglicht wird, die bei Kenntnis der dynamischen Eigenschaften des Meßsystems auf die Messung zeitlich schnell veränderlicher Drücke übertragen werden kann.

Für statische Messungen vor allem im Bereich oberhalb von 10 kbar kommt der Manganin-Widerstandsmanometrie große Bedeutung zu. Gemessen wird die Druckabhängigkeit des elektrischen Widerstandes von Manganin-Draht, der frei von mechanischen Spannungen einlagig auf geeignete Spulenkörper, z. B. aus Speckstein, gewickelt sein sollte (vgl. z. B. Gieleßen (1966)). Widerstandswerte um 100 Ω werden erreicht, wenn der Draht gewendelt auf den Spulenkörper aufgebracht wird. Gut geeignet sind auch Spulenkörper aus eloxiertem Aluminium mit einem zweigängigen Gewinde, in das eine einlagige Wicklung bifilar eingelegt werden kann. Die Viskosität des Druckmediums muß auch bei hohen Drücken so gering sein, daß mechanische Spannungen in der Wicklung bei genügend langsamen Druckänderungen weitgehend vermieden werden. Bei Manganinmanometern für technische Anwendungen sind die Meßspulen in einen Federbalg aus Metall eingeschlossen, der mit einem geeigneten Öl gefüllt ist (vgl. z. B. Birks u. Gall (1973)). Dies ermöglicht Druckmessungen auch an zähen oder leitfähigen Flüssigkeiten. Allerdings können Hystereseeffekte des Federbalges die Meßeigenschaften des an sich hysteresearmen Widerstandsmanometers verschlechtern. Manganin-Widerstandsmanometer sind nach sorgfältiger Kalibrierung mit Hochdruck-Kolbenmanometern, z. B. im Meßbereich bis 7,5 kbar, auch als extrapolierende Druckmeßgeräte geeignet, da die quadratische Widerstands-Druckkennlinie wenigstens bis zu hydrostatischen Drücken von 37 kbar bestätigt ist (Zeto u. Vanfleet (1969)). Beschränkt man sich auf eine lineare Kennlinie durch die Widerstandswerte beim Überdruck 0 und beim Quecksilberfixpunkt der Druckskala ((7569 ± 2) bar bei 0 °C), so weicht sie bei 20 kbar nur um etwa 1 % von der quadratischen Kennlinie ab. Für die Messung der Widerstandsänderung mit dem Druck eignen sich dieselben Präzisionsmeßgeräte, die auch für die Platinwiderstandsthermometrie benutzt werden.

Die Temperaturabhängigkeit und die Koeffizienten der quadratischen Widerstand-Druckkennlinie des Manganins (z. B. in der gebräuchlichen Zusammensetzung 86 % Cu, 12 % Mn, 2 % Ni) werden von der thermischen Vorbehandlung des Drahtes beeinflußt. Empfohlen wird, die fertigen Spulen bei 140 °C drei Tage im Vakuum oder in einem Inertgas zu tempern mit anschließender langsamer Abkühlung (10 K/h). Nach der Temperung hat der Koeffizient des linearen Gliedes der Kennlinie Werte zwischen $2{,}2 \cdot 10^{-6}\,\mathrm{bar}^{-1}$ und $2{,}5 \cdot 10^{-6}\,\mathrm{bar}^{-1}$. Der Koeffizient des quadratischen Gliedes ist negativ und von der Größenordnung einiger $10^{-12}\,\mathrm{bar}^{-2}$. Die relative Widerstandsänderung mit der Temperatur hat bei konstantem Druck in der weiteren Umgebung der Raumtemperatur einen parabelförmigen Verlauf mit einem Maximum oberhalb der Raumtemperatur, dessen Lage sich mit dem Druck verschiebt. Daher kann die Temperaturabhängigkeit der Druckmessung auch bei geeigneter Temperierung der Sensoren nicht völlig eliminiert werden. Bei Raumtemperatur kann mit einem Temperaturkoeffizienten in der Größenordnung von $1 \cdot 10^{-5}\,\mathrm{K}^{-1}$ gerechnet werden. Angaben über die Langzeitstabilität von Manganinmanometern im Hinblick auf ihre Verwendbarkeit als Sekundär-Normalgeräte können der Literatur entnommen werden (vgl. z. B. Klingenberg (1981)). Eine umfassende Untersuchung der Eigenschaften von Manganin-Widerstandsmanometern hat Yamamoto (1972) vorgenommen. Eine sorgfältige neue Untersuchung im Hinblick auf die kleinste erreichbare Meßunsicherheit und auf die Eignung von Manganinwiderstands-Drucksensoren als Transfernormale bei Druckvergleichsmessungen stammt von Molinar, Bianchi u. Cerutti (1986). Eine Übersicht über Meßgeräte, die als Sekundär-Normalgeräte zur genauen Druckmessung im Bereich bis 10 kbar geeignet sind, gibt Peggs (1980).

1.7.4.3 Kolbenmanometer

Kolbenmanometer nach Fig. 1.56 mit Meßsystemen aus Stahl oder Wolframkarbid sind für Öldrücke bis zu einigen kbar geeignet. Der Druck wirkt auf einen Kolben, der in einem senkrecht stehenden Zylinder frei beweglich ist und mit Gewichten belastet werden kann. Der Kolben rotiert um seine Achse. Der sich ausbildende Flüssigkeitsfilm verhindert den direkten Kontakt zwischen Kolben und Zylinder. Die Viskosität des Druckmediums muß der Spaltweite des Kolben-Zylinder-Systems angepaßt sein, d. h. sie muß eine kleine Leckrate und damit eine geringe Sinkgeschwindigkeit des Kolbens gewährleisten. Andererseits darf die Empfindlichkeit des Meßsystems nicht durch zu große Flüssigkeitsreibung beeinträchtigt werden. Relative Unsicherheiten der Druckmessung von weniger als 0,01% des Meßwertes sind erreichbar, wenn der wirksame Querschnitt des Kolben-Zylinder-Systems in Abhängigkeit vom Druck hinreichend genau bekannt ist, z. B. aus Druckvergleichsmessungen mit Normalgeräten.

Der wirksame Querschnitt der Normalgeräte kann aus den Ergebnissen geometrischer Vermessungen des Kolben-Zylinder-Systems über eine Bilanz der wirkenden Kräfte unter Berücksichtigung des Beitrags der Flüssigkeitsreibung berechnet werden (Dadson u. a. (1965)). Die Berechnung erfordert die Kenntnis der Abweichungen der Kolbenoberfläche und der Zylinderinnenfläche von der idealen Zylinderform, die Kenntnis des Druckverlaufs im Spalt in Richtung der Zylinderachse und die Kenntnis der durch den Druckverlauf hervorgerufenen elastischen Verformung von Kolben und Zylinder. Die Berechnung wird dadurch kompliziert, daß die geometrischen Formabweichungen, der Druckverlauf im Spalt und die elastischen Verformungen korreliert sind und von der Druckabhängigkeit der Viskosität des Druckmediums beeinflußt werden. Dieser Einfluß kann allerdings im Druckbereich bis 100 bar vernachlässigt werden. Beispiele für die Bestimmung der wirksamen Querschnitte von Primär-Normalgeräten für diesen Meßbereich geben Peggs u. Lewis (1977) und Bauer u. a. (1977).

Bei idealer Zylindergeometrie des Meßsystems und im Grenzfall verschwindenden Drucks gilt mit den Bezeichnungen aus Fig. 1.56 für den wirksamen Querschnitt A der Ausdruck

$$A = \pi r_0^2 + \frac{1}{2} \cdot 2\pi r_0 s_0 = A_0 \tag{1.78}$$

d. h. die „effektive“ Außenfläche des Kolbens ist durch die Zylinderfläche in der Mitte des Ringspaltes gegeben, in der die Schubspannungen in der Flüssigkeit verschwinden. Die Temperaturabhängigkeit der Querschnittsfläche A ist durch Gl. (1.77) (s. **1**.7.3.4) gegeben. Zur Bestimmung der Druckabhängigkeit kann man davon ausgehen, daß die elastischen Verformungen von Kolben und Zylinder unter dem Einfluß des Druckes $p(z)$ in der Höhe z des Spaltes angenähert durch die Formeln für die Änderung der Radien unendlich langer Rohre und Vollzylinder unter der Wirkung räumlich konstanter Drücke beschrieben werden (vgl. z. B. Heydemann u. Welch (1975)). Für die relativen Änderungen des Kolbenradius r_K und des Zylinderinnenradius r_Z gelten dann folgende Ausdrücke:

$$\frac{r_K(p) - r_K(0)}{r_K(0)} = \frac{\mu_K p_0}{E_K} + \frac{p(z)}{E_K}(\mu_K - 1) \tag{1.79}$$

$$\frac{r_Z(p) - r_Z(0)}{r_Z(0)} = \frac{p(z)}{E_Z} \cdot \frac{(1 + \mu_Z) r_1^2 + (1 - \mu_Z) r_0^2}{r_1^2 - r_0^2} - \frac{p_{Za}}{E_Z} \frac{2 r_1^2}{r_1^2 - r_0^2} + \frac{\mu_Z p_{Ze}}{E_Z} \tag{1.80}$$

μ_K, μ_Z, E_K, E_Z Querkontraktionszahlen und Elastizitätsmoduln von Kolben und Zylinder

p_{Za}, p_{Ze} Druck auf die Außenfläche (a) und die Endfläche (e) des Zylinders

Übrige Bezeichnungen nach Fig. 1.56. Es ist $r_K(0) \approx r_Z(0) \approx r_0$.

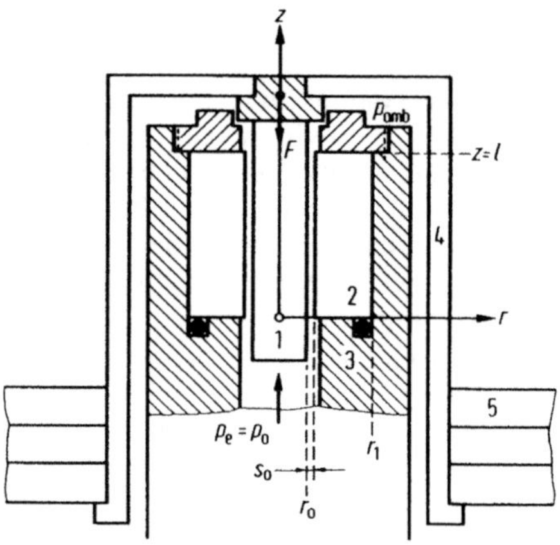

Fig. 1.56 Aufbau eines Kolbenmanometers mit „einfachem“ Kolben-Zylinder-System (Prinzipskizze, nicht maßstäblich). 1 Kolben, 2 Zylinder, 3 Zylinder-Aufnahme, 4 Massenträger, 5 Auflagegewichte, F Gewichtskraft, p_0 zu messender Überdruck

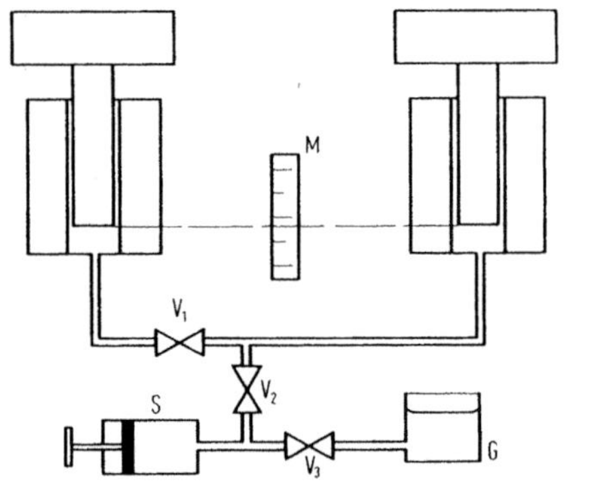

Fig. 1.57 Schaltung für Druckvergleichsmessungen zwischen Kolbenmanometern. Das Ventil V_1 soll das Absperren der Druckleitung ohne Volumenverschiebung ermöglichen. S Spindelpresse, G Ölvorratsgefäß, M Meßeinrichtung zur Registrierung der Kolbenposition und der Sinkgeschwindigkeit, V_2, V_3 Absperrventile

Bei Annahme einer in z-Richtung linearen Druckabnahme im Spalt zwischen Kolben und Zylinder können die Differentialgleichungen, die die elastische Verformung des Meßsystems beschreiben, exakt gelöst werden (Klingenberg (1986). Quadratische Druckabnahme: siehe zusätzlich Klingenberg (1989)). Trägt man die Lösungen in die Formel von Dadson u. a. (1965) zur Berechnung der wirksamen Querschnittsfläche ein, so ergibt sich für ein Kolbenmanometer nach Fig. 1.56, dessen Kolben und Zylinder aus gleichem Material bestehen sollen, die Beziehung

$$A = A_0 \left(1 + \left[\underbrace{\frac{3\mu - 1}{2E}}_{\text{Kolben-Beitrag}} + \underbrace{\frac{(1+\mu)r_1^2 + (1-\mu)r_0^2}{2E(r_1^2 - r_0^2)}}_{\text{Zylinderbeiträge (Innendruck)}} + \underbrace{\frac{\mu}{E}}_{\text{(Enddruck)}}\right] p_0\right) = A_0(1 - \lambda p_0). \quad (1.81)$$

Der Vergleich von Gl. (1.81) mit Gl. (1.79) und Gl. (1.80) zeigt, daß man aus diesen beiden Beziehungen zusammen mit Gl. (1.78) auf einfache Weise dasselbe Ergebnis für den Druckkoeffizienten λ erhält, wenn man $p(z)$ durch den Mittelwert $p_0/2$ des Druckes im Spalt ersetzt.

Dies gilt für beliebige Bauarten von Kolbenmanometern. Von besonderer Bedeutung sind neben den „einfachen“ Kolben-Zylinder-Systemen nach Fig. 1.56 solche, bei denen der zu messende Druck auch auf die Zylinderaußenfläche wirkt. Für diese Meßsysteme ist $\lambda < 0$. Kolbenmanometer, bei denen die Zylinderaußenwand mit einem einstellbaren Druck beaufschlagt werden kann, gestatten als Normalgeräte die empirische Bestimmung der Abhängigkeit des wirksamen Querschnitts vom Druck (Heydemann u. Welch (1975)). Dabei zeigt sich, daß besonders der nach Gl. (1.80) berechnete Zylinderbeitrag zum Deformationskoeffizienten mit einer erheblichen systematischen Unsicherheit behaftet ist.

Der mit dem Kolbenmanometer gemessene Überdruck berechnet sich aus der Kraft F (Fig. 1.56) und dem wirksamen Querschnitt nach der Beziehung

$$p_e = \frac{F}{A} = \frac{g \sum_i m_i(1 - \varrho_L/\varrho_{m_i}) + 2\pi r_0 \sigma}{A_0[1 + (\alpha_K + \alpha_Z)(t - t_B)](1 + \lambda p_e)} \tag{1.82}$$

mit folgender Bedeutung der noch nicht erläuterten Formelzeichen:

g	Örtlicher Wert der Fallbeschleunigung
m_i, ϱ_{m_i}	Massen des Kolbens, des Massenträgers und der Auflagegewichtes; Dichtewerte
ϱ_L	Dichte der Luft
σ	Oberflächenspannung des Druckübertragungsmittels

Praktische Hinweise zu Druckmessungen mit Kolbenmanometern Einige bekannte Bauarten von Kolbenmanometern besitzen unregelmäßig gestaltete Kolben. In diesen Fällen tritt zu der Kraft F der Beitrag $g m_{Fl}(1 - \varrho_L/\varrho_{Fl})$ hinzu. Darin ist m_{Fl} die zur Belastung beitragende Masse der Flüssigkeit in Rillen oder Bohrungen des Kolbens, vermindert um die Masse der Flüssigkeit, die von Teilen des Kolbens (z. B. Ringen zur Hubbegrenzung) verdrängt wird, welche über den Kolbenquerschnitt herausragen. Der Einfluß der Oberflächenspannung kann meist vernachlässigt werden. Für die Dichte der Luft in Meereshöhe genügt meist der Wert 1,2 kg/m^3.

Bei Druckvergleichsmessungen nach Fig. 1.57 müssen beide Kolben in einer definierten Hubstellung gehalten werden, da der wirksame Querschnitt von der Lage des Kolbens im Zylinder abhängen kann. Der Gleichgewichtszustand zwischen beiden Geräten ist erreicht, wenn die Kolben mit ihrer charakteristischen Sinkgeschwindigkeit fallen. Öffnen und Schließen des Ventils V_1 in Fig. 1.57 führt dann zu keinerlei Änderungen im Verhalten der Geräte. Berührungslos und kräftefrei arbeitende elektrische Wegaufnehmer sind geeignet zur Bestimmung der Kolbenpositionen und der Sinkggeschwindigkeiten. Wesentlich einfacher und meist ausreichend ist es, auf gleiche Sinkgeschwindigkeit beider Kolben abzugleichen. Bei guten Geräten beeinflussen relative Massenänderungen $\Delta m/m < 1 \cdot 10^{-5}$ das Gleichgewicht der aus beiden Kolbenmanometern gebildeten Druckwaage in reproduzierbarer Weise.

Da die relative Unsicherheit $\Delta A/A$ der Querschnittswerte meist nicht kleiner als einige tausendstel Prozent ist, können ohne wesentliche Vergrößerung der Gesamt-Meßunsicherheit durch den Beitrag der zufälligen Meßabweichungen mehrere Geräte mit überlappenden Meßbereichen schrittweise an ein Bezugsnormalgerät angeschlossen werden (bei höheren Drücken ist dabei allerdings zu beachten, daß die Unsicherheit $\Delta\lambda$ des Deformationskoeffizienten der wirksamen Querschnittsfläche gemäß $\Delta\lambda \cdot p^2$ zur Unsicherheit der Druckmessung beiträgt). Die wirksamen Querschnitte können auch aus Messungen des Kolbendurchmessers und der Spaltweite s des Kolben-Zylinder-Systems bestimmt werden, die aus der Sinkgeschwindigkeit v bei kleinen Überdrücken p_e näherungsweise zu berechnen ist:

$$s = (6\eta r_0 l v/p_e)^{1/3} \tag{1.83}$$

Darin ist η die dynamische Viskosität des Druckmediums. Übrige Bezeichnungen nach Fig. 1.56. Die kleinsten erreichbaren Meßunsicherheiten liegen bei diesem Verfahren zwischen 0,01% und 0,1%.

Hochdruck-Kolbenmanometrie Für den Meßbereich bis 10 kbar steht ein Druckmultiplikator zur Verfügung, der mit zwei gekoppelten Kolben-Zylinder-Meßsystemen aus Wolframkarbid arbeitet, deren Querschnittsflächen sich wie 1:10 verhalten (Beschreibung: Delajoud (1989). Vgl. dazu auch Legras (1991)). Bei noch höheren Drücken können Meßsysteme mit einstellbarem Gegendruck und Kolben aus Wolframkarbid benutzt werden (s. dazu Heydemann u. Welch (1975)). Ein Kolbenmanometer für Überdruckmessungen bis 20 kbar wurde von Nishibata u. a. (1980) beschrieben. Eine umfassende Übersicht über Theorie und Praxis der Kolbenmanometrie geben Dadson u. a. (1982).

1.7.5 Differenzdruckmessung

Die Messung von Druckdifferenzen $\Delta p = p_1 - p_2$ stellt ein eigenständiges Meßproblem dar, wenn die Unsicherheit des Meßwertes für Δp wesentlich kleiner sein muß als die kleinste erreichbare Unsicherheit bei der getrennten Messung der Drücke p_1 und p_2. Besondere praktische Bedeutung hat die genaue Messung kleiner Differenzen großer statischer Drücke. Für Δp werden Meßbereiche von 50 mbar bis zu einigen bar verlangt bei quasistatischen Drücken bis zu 250 bar.

Im Prinzip sind alle Methoden zur Messung kleiner Überdrücke auch zur Messung von Druckdifferenzen geeignet, wenn als Referenzdruck p_2 nicht der Atmosphärendruck p_{amb}, sondern ein beliebiger Druck eingestellt werden kann. Mechanische Überdruckmeßgeräte mit elastischem Meßglied müssen dazu ein druckfestes Gehäuse besitzen, in dem der Referenzdruck p_2 herrscht.

Verbreitet sind elektrische Differenzdruckaufnehmer mit Membranen, deren z. B. induktiv gemessene Auslenkung proportional zur Differenz der Drücke auf beiden Seiten ist. Eine Besonderheit dieser Aufnehmer besteht darin, daß der Lastfall $\Delta p = p_1$ nicht zur Zerstörung des Meßsystems führt. Bezogen auf die Meßspanne sind relative Unsicherheiten um 0,3% erreichbar. Dazu trägt i. allg. die Abhängigkeit des Ausgangssignals vom statischen Druck p_2 erheblich bei.

Zur Kalibrierung der Druckaufnehmer können Flüssigkeitmanometer, wie das Schwimmermanometer nach Betz (s. **1**.7.2.3), in druckfester Ausführung mit Wasser- oder Quecksilberfüllung (bei Quecksilber Skala auf dem Schwimmer stehend und im Steigrohr leicht geführt) benutzt werden. Für Druckdifferenzen bis etwa 2 bar gibt es U-Rohr-Manometer aus großkalibrigen Stahlrohren. Die Lage von Schwimmern auf dem Quecksilber wird mit Differentialtransformatoren bestimmt, die von einer Servomechanik in Richtung der Rohrachsen verschoben und den Quecksilbermenisken automatisch nachgeführt werden. Ein mechanisches Präzisions-Längenmeßwerk erlaubt die Messung des Verschiebeweges mit Mikrometerauflösung. Bei einfachen Geräten mit unmagnetischen Rohren kann die Lage einer Quecksilberoberfläche durch eine auf ihr schwimmende Stahlkugel magnetisch ermittelt und an einer Skala abgelesen werden.

Zu den Präzisionsmeßgeräten für Differenzdruckmessungen gehören Differenzkolbenmanometer. Mit den Bezeichnungen von Fig. 1.58 gilt unter Vernachlässigung von Korrektionen (Luftauftrieb, Temperatur usw.)

$$A_2(p_e + \Delta p) = (A_2 - A_1)p_e + (m + \Delta m)g \tag{1.84}$$

Für $\Delta m = 0$ und $\Delta p = 0$ ist $A_1 p_e = mg$. Damit erhält man

$$\Delta p = g \cdot \Delta m / A_2. \tag{1.85}$$

Nähere Angaben finden sich bei Daborn (1977), wo im Rahmen einer Übersicht über Geräte zur genauen Differenzdruckmessung auch ein automatisch arbeitendes Differenzkolbenmanometer zur kontinuierlichen Messung beschrieben ist.

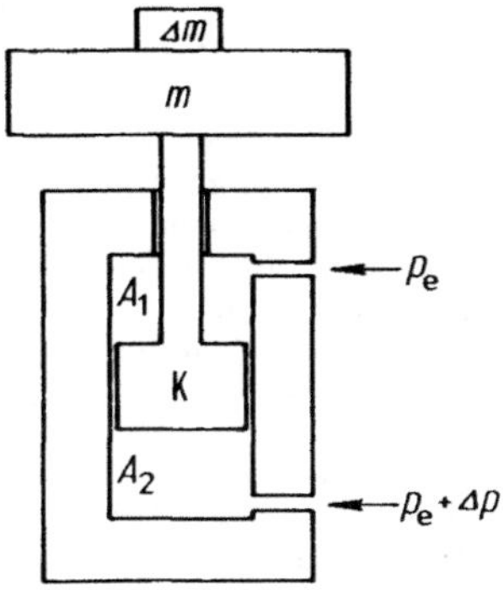

Fig. 1.58
Prinzip eines Differenzkolbenmanometers. A_1 A_2 wirksame Querschnitte; m, Δm Massenauflagen. In m ist die Masse des Differenzkolbens K enthalten

Auch zwei identische Kolbenmanometer können als Normalgeräte zur Prüfung von Differenzdruckmeßgeräten benutzt werden. (Zur Messung von Druckdifferenzen mit Kolbenmanometern s. **1**.7.2.6). Es gibt Bauarten mit ölgeschmierten Kolben-Zylinder-Systemen zur direkten Messung hoher Gasdrücke.

Im Meßbereich unterhalb von 100 mbar sind Doppelkolbenmanometer für große statische Drücke als Normalgeräte zur Differenzdruckmessung weniger geeignet. Hier erreicht man kleinere Meßunsicherheiten durch Anwendung von Hochdruck-U-Rohr-Manometern mit Wasserfüllung (Klingenberg (1983)).

1.7.6 Hochdruckskala

Im Meßbereich bis 14 kbar stehen mit den Kolbenmanometern Meßgeräte zur Verfügung, die nach den unter **1**.7.4.3 erwähnten Verfahren die Zurückführung von Druckmessungen auf die Basiseinheiten des SI-Systems erlauben und die Kalibrierung von Sekundärnormalgeräten zur Weitergabe der Skala ermöglichen. Daneben liegen im Meßbereich bis 12 kbar genaue Messungen des Schmelzdrucks von Quecksilber in Abhängigkeit von der Temperatur vor (Molinar u. a. (1980)), die zur Realisierung einer praktischen Druckskala benutzt werden können. Besondere Bedeutung kommt dem Schmelzpunkt des Quecksilbers bei 0 °C und (7569 ± 2) bar als einem Fixpunkt dieser Druckskala zu, vgl. z. B. Yamamoto (1975). Eine umfassende Darstellung der Methoden zur Realisierung der Druckskala im Meßbereich oberhalb von 2 GPa gibt Holzapfel (1991). Im Übergangsgebiet können Manganinwiderstands-Drucksensoren (s. **1**.7.4.2) als interpolierende Meßgeräte verwendet werden.

1.7.7 Hinweise zur Hochdrucktechnik

Die folgenden technischen Angaben betreffen einige wesentliche Teile von Druckapparaturen für elektrische Messungen im Raumtemperaturbereich bei hydrostatischen Drücken in Fluiden bis 20 kbar. Sie beziehen sich auf Geräteteile, die auch industriell gefertigt werden und ebenso wie die erforderlichen Armaturen kommerziell erhältlich sind. Druckapparaturen für optische Messungen sind z. B. in Übersichtsartikeln von Besson u. a. (1974) und von Ferraro u. Basile (1974) beschrieben worden. Techniken zur Erzeugung hoher Drücke bei tiefen Temperaturen in Meßzellen mit einigen cm^3 Innenvolumen beschreiben z. B. Malfait u. Jérome (1969).

Druckerzeugung Mit handbetätigten Spindelpressen können Flüssigkeitsdrücke bis zu einigen kbar sehr einfach erzeugt werden. Für Gasdrücke werden Membrankompressoren in Verbindung mit üblichen Druckgasflaschen verwendet. Drücke bis 14 kbar werden mit hydraulischen Druckverstärkern erreicht. Zu Ihrem Betrieb sind Öldrücke von einigen hundert bar bis zu 1 kbar erforderlich, die mit pneumatisch oder elektrisch betriebenen Pumpen erzeugt werden können. Ein prinzipieller Unterschied zwischen Druckverstärkern für Gase und Flüssigkeiten besteht nicht, jedoch erfordern die bei Gasen erheblichen Dichtungsprobleme sorgfältige Abstimmung der verwendeten Dichtungsmaterialien bezüglich ihrer Festigkeits-, Verformungs- und Gleiteigenschaften. Die Hochdruckzylinder der Druckverstärker bestehen meist aus einem Arbeitszylinder und einem äußeren Schutzzylinder. Zu bevorzugen sind Konstruktionen, bei denen die Dichtungen an beiden Enden des inneren Zylinders liegen und relativ zu diesem nicht bewegt werden, bei denen sich also der polierte Kolben durch eine Dichtungszone hindurch bewegt.

Druckmedien Bis zu Drücken von einigen kbar können Mineralöle verwendet werden. Bei höheren Drücken ist die Beimischung von Petroleum oder Benzin zu empfehlen, da sonst der Druckausgleich im Leitungssystem der Druckapparatur durch die starke Zunahme der Viskosität des Öls mit dem Druck behindert wird. Auch synthetische Öle wie di-aethylhexyl-Sebacat, dessen Viskosität bis zur Drücken von 10 kbar gemessen werden (ASME Pressure-Viscosity Report (1953); bis 8 kbar: Izuchi u. Nishibata (1986)), können mit Petroleum gemischt werden.

Bis 20 kbar können bei Raumtemperatur Stickstoff und Helium als Druckmedien verwendet werden. Neon ist aus Kostengründen weniger geeignet. Argon gefriert bei 13,5 kbar. Helium ist auch für Messsungen in einem zu niedrigen Temperaturen erweiterten Temperaturbereich geeignet. Es verursacht allerdings besonders große Dichtungsprobleme.

Dichtungen Die Bridgman-Pilzdichtung nach dem Prinzip der nicht unterstützten Fläche (Fig. 1.59a) arbeitet sehr zuverlässig und ist leicht herzustellen, hat aber den Nachteil, daß sich in der Packung dem Flächenverhältnis entsprechend sehr hohe Drücke aufbauen, die im Dichtungsbereich durch plastische Verformung der Zylinderwand zu Schäden führen können. Diesen Nachteil vermeiden O-Ring-Dichtungen, die aus leicht verformbaren Kunststoffen bestehen und die Anfangsdichtung bei kleinen Drücken übernehmen. Unterlegte Keilringe aus Metall (Fig. 1.59b) dichten bei höheren Drücken und verhindern die Extrusion des O-Ringes. Bei Gas als Druckmedium kann z. B. ein Bleiring zwischen O-Ring und Keilring eingefügt werden.

Bei Temperaturen wesentlich oberhalb oder unterhalb der Raumtemperatur sind meist rein metallische Dichtungen erforderlich. Sie können als Keilringe ausgeführt sein, die einen Ringspalt nach dem Prinzip der nicht unterstützten Fläche abdichten (Whalley u. Lavergne (1976)). Es können auch Metallringe mit rechteckigem Querschnitt verwendet werden, die unter Druck plastisch verformt und in einen Spalt zwischen der Zylinderwand und einem im Dichtungsbereich konischen Verschlußstopfen gedrückt werden (Paureau (1977)). Die Materialien für diese Ringe müssen dem Druckbereich entsprechend gewählt werden (z. B. Messing, Cu-Be-Bronze, Stahl). Die Oberflächen werden zweckmäßig mit einem weichen Material beschichtet (z. B. Lötzinn, Silber). Auch rein metallische Dichtungen an beweglichen Kolben können aus Keilringen aufgebaut werden, zwischen denen sich ein Ring aus einem weichen Material (In, Pb) mit rechteckigem Querschnitt befindet (Chua u. a. (1975)).

Hochdruck-Meßzellen werden ebenso wie die Druckverstärker am besten zweischalig aufgebaut. Der äußere Zylinder kann dabei die von den Endverschlüssen übertragenen Axialspannungen aufnehmen, so daß der innere Zylinder nur Tangentialspannungen aufzunehmen hat. Dies führt zu der in Fig. 1.59b dargestellten Konstruktion nach Crossland u. a. (1981). Eine herkömmliche Lösung zeigt Fig. 1.59a.

Elektrische Durchführungen können aus einer Stahlelektrode und einem konischen Isolierstück aus Kunststoff nach Fig. 1.59a bestehen, wobei die Dichtung auf dem Prinzip der nicht unterstützten Fläche beruht. Aufschrumpfbare Kunststoffschläuche vereinfachen die Herstellung der Isolierschicht und sind als Dichtungsmaterial auch für Gasdruckapparaturen geeignet (Terry u. Ruoff (1972)). Bewährt hat sich auch die Verwendung von Thermocoax (Miniatur-Mantelthermoelemente oder Heizleiter) zum Aufbau elektrischer Durchführungen. Auf den Metallmantel

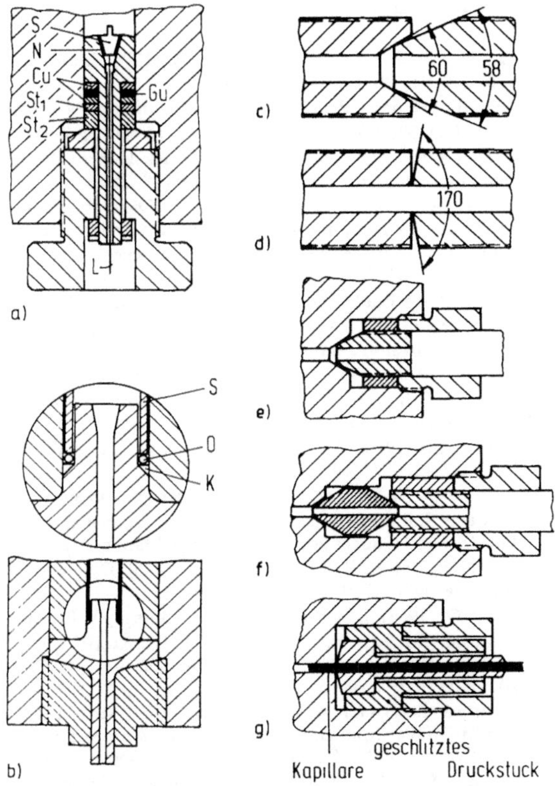

Fig. 1.59
Endverschlüsse und Druckleitungsverschraubungen an Hochdruckmeßzellen.
a) Endverschluß mit Bridgman-Dichtung, bestehend aus Kupferscheiben Cu, Gummischeibe Gu, weicher Stahlscheibe St_1 und einem Stützring St_2 aus gehärtetem Kugellagerstahl. Die elektrische Durchführung besteht aus der Stahlelektrode S und der Isolier- und Dichtungsschicht N.
b) Endverschluß mit O-Ring (O)/Keilring (K) - Dichtung. S: Stützrohr. Der zweischalige Aufbau der Meßzelle bewirkt eine günstige Verteilung der mechanischen Spannungen. Spannungsspitzen durch komplizierte Formgebung werden vermieden. Nicht maßstäblich.
c, d) Verschiedene Dichtungsprinzipien bei Hochdruck-Leitungsverbindungen: c) Standardlösung; d) nach Crossland et al. (1971).
e) Praktische Ausführung einer Rohrverschraubung nach c)
f) Rohrverschraubung mit Drucklinsendichtung
g) Verschraubung einer Hochdruckkapillare

wird ein Stahlkonus hart aufgelötet, der in einen entsprechenden Konus des Verschlußstopfens eingesetzt wird (selbstdichtend nach dem Prinzip der nicht unterstützten Fläche; Heydemann (1970)). Die Thermocoax-Drähte können auch direkt in den Verschlußstopfen eingelötet werden. Dabei ist darauf zu achten, daß die Festigkeitseigenschaften des Stahls in den Bereichen großer mechanischer Spannung erhalten bleiben. Eine elektrische Durchführung für tiefe Temperaturen und Gasdrücke bis 10 kbar beschreiben Schouten u. a. (1979).

Hochdruckleitungen und Leitungsverschraubungen Für Drücke bis 250 bar können Kupferrohre mit Außendurchmessern von 6 mm und Wandstärken von 1,5 mm in Verbindung mit üblichen Schneidringverschraubungen benutzt werden. Präzisionsstahlrohre und Edelstahlrohr vergleichbarer Abmessungen sind bis zu Drücken um 600 bar verwendbar. Hochdruckrohre werden aus hochfesten Stählen gefertigt und werden für Drücke bis 10 kbar z. B. mit Außen-(Innen-) Durchmessern von 9,5 mm (1,6 mm) geliefert. Für Drücke bis 14 kbar werden vorzugsweise doppelwandige Rohre mit Außen-(Innen-)Durchmessern von 19 mm (1,6 mm) verwandt.

Für Gasdrücke bis 20 kbar sind Stahlkapillaren mit Außendurchmessern von 1,6 mm und Innendurchmessern von einigen zehntel Millimetern geeignet. Fig. 1.59c bis 1.59 g zeigt bewährte Schraubanschlüsse für Hochdruck-Rohrleitungen und -Kapillaren.

Drücke größer als 20 kbar können durch Leitungen nicht mehr übertragen werden. Experimente im Druckbereich oberhalb von 20 kbar müssen deshalb in den Gefäßen durchgeführt werden, in denen der Druck erzeugt wurde.

Literatur zu 1.7

Araki, N.; Nakagawa, K.; Hakomori, K. (1976): Improved bell-type micromanometer for measuring low air speeds. Rev. Sci. Instrum. **47,** 745–748

Aubry, B.; Delbart, R. (1965): Manomètre différentiel interférométrique Systéme Peube. Le Vide **20,** 194–199

Bass, A. H. (1978): Analysis of mechanical pressure generators. J. Phys. E.: Sci. Instrum. **11,** 682–688

Bauer, H. (1979): Die Darstellung der Druckskala im Bereich von 0,01 bar bis 2 bar durch das Quecksilber-Normalbarometer der PTB. PTB-Mitt. **89,** 248–255

Bauer, H.; Gieleßen, J.; Jäger, J. (1977): Die Darstellung der Druckskala im Bereich zwischen 10 bar und 100 bar durch die Hauptnormalgeräte der Physikalisch-Technischen Bundesanstalt. PTB-Mitt. **87,** 384–395

Besson, J. M.; Pinceaux, J. P.; Piotrzkowski, R. (1974): Optics under pressure to 25 kilobars. High Temperatures – High Pressures **6,** 101–106

Betz, A. (1931): Ein Mikromanometer mit bequemer Ablesung. Meßtechnik **7,** 37–39

Birks, A. W.; Gall, C. A. (1973): Design and development of Manganin and other wire sensors together with a resistance strain gauge transducer for use at pressures up to 200000 lbf/in^2 (1,38 GN/m^2). Strain **9,** 1–7

Block, W. (1925): Über die Konstruktion eines Mikromanometers. Z. Instrumentenkunde **45,** 220–224

Bonhoure, J.; Terrien, J. (1968): The New Standard Manobarometer of the Bureau International des Poids et Mesures. Metrologia **4,** 59–68

Bradshaw, P. (1965): A compact, null-reading, tilting U-tube micromanometer with a rigid liquid container. J. Sci. Instr. **42,** 677–680

Brombacher, W. G. (1970): Survey of Micromanometers. Nat. Bur. Stand. (U.S.), Monogr. **114,** 62 S.

Bromberg, J. P. (1969): Accurate Pressure Measurements in the Region 0.01–1000 mTorr; the Intercalibration of Two McLeod Gauges and a Capacitance Manometer. J. Vac. Sci. Technol. **6,** 801–808

Chua, J. O.; Terry, R. E.; Ruoff, A. L. (1975): Dynamic high pressure seal for low temperatures. Rev. Sci. Instrum. **46,** 1708–1709

Cope, J. O. (1962): Direct-Reading Diaphragm-Type Pressure Transducers. Rev. Sci. Instrum. **33,** 980–984

Crossland, B.; Agnew, R. H.; Birks, A. W.; Ludlow, C. G.; Logan, J. G. (1971): The development of an automatic intensifier system for operation at 200000 psi. Proc. 27th Nat. Conf. on Fluid Power, Chicago, Ill. (USA), P. 117–35

Crossland, B.; Birks, A. W.; Ludlow, C. G.; Stock, R. C. (1981): Development of high pressure hot gas system for 2 GPa. Joint conference of the pressure vessels and piping, materials, nuclear engineers and solar energy divisions of ASME, 21.–25. Juni 1981, Denver, Colorado, USA; PVP **48,** 129–141

Daborn, J. E. (1977): The accurate measurement of differential pressure at high line pressure. Measurement and Control **10,** 377–387

Dadson, R. S. (1970): A New Development in the Accurate Measurement of Low Gas Pressures. Report No MC 6, Nat. Phys. Lab., Teddington (UK)

Dadson, R. S.; Greig, R. G. P.; Horner, A. (1965): Developments in the Accurate Measurement of High Pressures. Metrologia **1,** 55–67

Dadson, R. S.; Lewis, S. L.; Peggs, G. N. (1982): The Pressure Balance: Theory and Practice. London: HMSO

Delajoud, P. (1989): A transfer standard in the range 100 to 1000 MPa. Bureau International des Poids et Mesures (BIPM), Paris: Monographie 89/1 „High Pressure Metrology". Ed. G. F. Molinar. 114–124

Douslin, D. R.; Osborn, A. (1965): Pressure measurement in the 0.01–30 torr range with an inclined-piston gauge. J. Sci. Instrum. **42,** 369–373

Drawin, H.-W. (1960): Über die Verwendbarkeit des Kapazitäts-Mikromanometers als Absolutdruck-Meßinstrument. Z. Instrumentenkunde **68,** 1–8

Elliott, K. W. T.; Wilson, D. C. (1957): An optical probe for accurately measuring displacements of a reflecting surface. J. Sci. Instrum. **34,** 349–352

Elliott, K. W. T.; Wilson, D. C.; Mason, F. C. P.; Bigg, P. H. (1960): Primary standard barometer of range 0 to 1200 mb. J. Sci. Instrum. **37,** 162–166

Ferraro, J. R.; Basile, L. J. (1974): Spectroscopy at High Pressures – Status Report and Update of Instrumental Techniques. Appl. Spectrosc. **28,** 505–516

Gascoigne, J. (1971): Precise pressure measurement in the range 0.1–500 torr. Vacuum **21,** 21–26

Gieleßen, J. (1966): Druckgeber mit einer Spule aus einer Widerstandslegierung und ihre Anwendung. VDI-Berichte Nr. 93, 21–24

Gieleßen, J.; Schmatz, W. (1962): Zur Messung kleiner Differenzdrucke bei Atmosphärendruck. Z. Instrumentenkunde **70,** 179–183

Guildner, L. A.; Stimson, H. F.; Edsinger, R. E.; Anderson, R. L. (1970): An Accurate Mercury Monometer for the NBS Gas Thermometer. Metrologia **6**, 1–18

Gwinner, D.; Müller, W. (1989): Keramischer Druckaufnehmer mit Edelmetall-Dehnmeßstreifen. Technisches Messen tm **56**, 89–92

Harrison, E. R.; Hatt, D. J.; Prowse, D. B.; Wilbur-Ham, J. (1976): An New Interferometric Manometer. Metrologia **12**, 115–122

Hauptmann, P. (1990): Sensoren, – Prinzipien und Anwendungen. Hanser, München/Wien

Heydemann, P. L. M. (1970): A Simple and Dependable Electrical Feedthrough for High Pressures. Rev. Sci. Instrum. **41**, 1896–1897

Heydemann, P. L. M.; Tilford, Ch. R.; Hyland, R. W. (1977): Ultrasonic manometers for low and medium vacua under development at the National Bureau of Standards. J. Vac. Sci. Technol. **14**, 597–605

Heydemann, P. L. M.; Welch, B. E. (1975): Piston Gages. In: Experimental Thermodynamics. Vol. II, Ed. LeNeindre, B.; Vodar, B. London: Butterworths, 147–202

Holzapfel, W. B. (1991): High Pressure. In: Landolt-Börnstein, Neue Serie, Einheiten und Fundamentalkonstanten in Physik und Chemie, Teilband a, S. 177–185

Hutton, U. O. (1959): A Tilting Air-Lubricated Piston Gage for Pressures Below One-Half Inch of Mercury. J. Res. Nat. Bur. Stand. (U.S.) – C. Engineering and Instrumentation **63C**, 47–57

Hyland, R. W.; Tilford, Ch. R. (1985): Zero stability and calibration results for a group of capacitance diaphragm gages. J. Vac. Sci. Technol. **A3**, 1731–1737

Izuchi, M.; Nishibata, K. (1986): A High-Pressure Rolling-Ball Viscometer up to 1 GPa. Jap. J. Appl. Phys. **25**, 1091–1096

Jäger, J. (1983): DMS-Druckaufnehmer als Transfer-Normalgeräte bei Hochdruck-Vergleichsmessungen. PTB-Mitteilungen **93**, 95–96

Jäger, J.; Wanninger, W. (1976): Dehnungsmeßstreifenmanometer für Drücke bis 14 kbar. Feinwerktechnik & Meßtechnik **84**, 387–391

Kaneda, R.; Sudo, S.; Nishibata, K. (1964): An Interferometric Primary Standard Barometer. Bull. Nat. Res. Lab. Metrol. (Tokio), Ser. 9, 24–36

Klingenberg, G. (1981): Untersuchung der Langzeitstabilität einiger Manganinmanometer. PTB-Mitt. **91**, 33–35

Klingenberg, G. (1983): Das Flüssigkeitsmanometer der PTB zur Messung kleiner Differenzen großer statischer Drücke. PTB-Mitt. **93**, 1–8

Klingenberg, G. (1986): Elastic Distortion of Piston-Cylinder-Systems of Pressure Balances. Metrologia **22**, 259–263

Klingenberg, G. (1989): Critical remarks concerning the derivatrion of the elastic distortion coefficient from the normally used theory. Bureau International des Poids et Mesures (BIPM), Paris: Monographie 89/1 „High Pressure Metrology". Ed. G. F. Molinar. 1–11

Klingenberg, G.; Legras, J. C. (1993): Bilateral Comparative Pressure Measurements of the LNE and the PTB using 10 cm^2 Piston-Cylinder Assemblies. Metrologia **30**, 603–606

Klingenberg, G.; Lüdicke, F. (1991): Characterization of a pressure balance from dimensional measurements and from pressure comparison experiments. PTB-Mitteilungen **101**, 7–18

Legras, J. C. (1991): Pressure balance used as standard in the pressure range 0.1 to 1 GPa. High Pressure Research **7**, 82–84

Legras, J. C.; Schatz, B.; Delajoud, P. (1986): La référence nationale de pression du BNM dans le domains de 10 à 400 kPa. Bulletin BNM **65**, 39–53

Malfait, G.; Jérome, D. (1969): Techniques de hautes pressions a très basse température. Rev. Phys. Appl. **4**, 467–470

Mitsui, K.; Sakurai, H.; Mochizuki, T. (1972): A gas thermometer measurement below IPTS range. In: Temperature – its measurement and control in science and industry, vol. 4, pt. 1. Instrum. Soc. Am., Pittsburgh, 333–338

Molinar, G. F.; Bean, V.; Houck, J.; Welch, B. (1980): The Mercury Line Up to 1200 MPa. Metrologia **16**, 21–29

Molinar, G. F.; Bianchi, L.; Cerutti, G. (1986): Pressure metrology up to 1.2 GPa with manganin gauges. Physica **139 & 140B**, 743–745

Nishibata, K.; Yamamoto, S.; Kaneda, R. (1980): A Dead-Weight Piston Manometer for Use Up to 2 GPa. Jap. J. Appl. Phys. **19**, 2245–2256

Orcutt, R. H. (1973): Interlot Density Variation of A Siloxane Manometer Fluid. J. Vac. Sci. Technol. **10**, 506

Paetow, P. (1988): Die 6-Leiterschaltung für DMS-Aufnehmer. Wägen + dosieren, Heft 1, 12–16

Paul, H. (1988): Dünnfilm-DMS-Aufnehmer für kleine Kräfte und Massen. Technisches Messen tm **55,** 215–220

Paureau, J. (1977): Study of seal tightness under pressure. Rev. Sci. Instrum. **48,** 1632–1640

Peggs, G. N. (1980): A review of the fundamental methods for measuring gauge pressures up to 1 kPa. J. Phys. E: Sci. Instrum. **13,** 1254–1262

Peggs, G. N. (1980): Secondary-standard gauges for accurate pressure measurement up to about 1 GPa (A review). High Temp. - High Pressures **12,** 1–10

Peggs, G. N.; Elliott, K. W. T.; Lewis, S. (1979): An Intercomparison Between a Primary Standard Mercury Barometer and a Gas-operated Pressure Balance Standard. Metrologia **15,** 77–85

Peggs, G. N.; Lewis, S. (1977): The NPL primary pressure balance standard. J. Physics E: Sci. Instrum. **10,** 1028–1034

Pippig, E. E. (1958): Ein Wassersäulen-Minimeter mit Kontrolle durch Endmaße. Akta Imeco III, 58–67

Pippig, E.; Uhthoff, R. (1975): Tauchglocken-Manometer als Gruppen-Primärnormal des ASMW zur Darstellung der Druckskala im Überdruckbereich −1600 bis 1600 Pa (−160 bis 160 mmWS). Feingerätetechnik **24,** 20–22

Poulter, K. F.; Nash, P. J. (1979): An interferometric oil micromaneometer. J. Phys. E: Sci. Instrum. **12,** 931–936

Ruthberg, S. (1969): Calibration to High Precision in the Medium Vacuum Range with Stable Environments and Micromanometer. J. Vac. Sci. Technol. **6,** 401–412

Schouten, J. A.; Trappeniers, N. J.; Goedegebuure, W. (1979): Electrical feedthrough for gas pressures up to 10000 bar and low temperature. Rev. Sci. Instrum. **50,** 1652–1653

Sharma, J. K. N.; Jain, K. K.; Molinar, G. F. (1987): Use of strain gauge pressure transducer as working pressure standard up to 500 MPa. Sensors and Actuators **11,** 275–282

Smith, Ch. S. (1954): Piezoresistance Effect in Germanium and Silicon. Phys. Rev. **94,** 42–49

Stevenson, W. H.; McFadden, P. W. (1965): Extremely Sensitive Interference Micromanometer. Rev. Sci. Instrum. **36,** 1272–1273

Stuart, P. R. (1993): Progress Report on an International Intercomparison in the Pressure Range 10 kPa to 140 kPa. Metrologia **30,** 705–709

Sullivan, J. J. (1985): Development of variable capacitance pressure transducer for vacuum applications. J. Vac. Sci. Technol. **A3,** 1721–1730

Sutton, C. M. (1979): The rotational frequency dependence of a pressure balance. J. Phys. E: Sci. Instrum. **12,** 466–468

Terrien, J. (1959): Méthodes optiques pour mesurer la hauteur de mercure d'un manomètre; nouveau manomètre interférentiel. Revue d'Optique **38,** 29–37

Terry, R. E.; Ruoff, A. L. (1972): Improved Electrical Leads for High Pressure Systems. Rev. Sci. Instrum. **43,** 1379–1380

Thomas, A. M.; Cross, J. L. (1967): Micrometer U-Tube Manometers for Medium-Vacuum Measurements. J. Vac. Sci. Technol. **4,** 1–5

Thomas, A. M.; Johnson, D. P.; Little, J. W. (1962): Design of an interferometric oil manometer for vacuum measurement. Trans. 9th Vacuum Symp. American Vacuum Soc., Los Angeles, 468–473

Tichy, J.; Gautschi, G. (1980): Piezoelektrische Meßtechnik. Berlin: Springer

Tilford, Ch. R. (1973): A Fringe Counting Laser Interferometer Manometer. Rev. Sci. Instrum. **44,** 180–182

Tilford, Ch. R. (1987): The Speed of Sound in a Mercury Ultrasonic Interferometer Manometer. Metrologia **24,** 121–131

Ueki, M.; Ooiwa, A. (1994): A Heterodyne Laser Interferometric Oil Manometer. Metrologia **30,** 579–583

Utterback, N. G.; Griffith, T. (1966): Reliable Submicron Pressure Readings with Capacitance Manometer. Rev. Sci. Instrum. **37,** 866–870

Wenger, A. (1986): Stabilität von Druckaufnehmern. Technisches Messen tm **53,** 447–454

Whalley, W.; Lavergne, A. (1976): Modified unsupported-area hydraulic seal for pressures of 50 kilobar. Rev. Sci. Instrum. **47,** 136–137

Wisniewski, R.; Rostocki, A. J. (1991): Metrological properties of free cylinder strain gauge manometer up to 0.7 GPa. High Pressure Research **7,** 76–78

Yamamoto, S. (1972): Manganin Resistance Manometer. I. Construction. II. Seasoning. Bull. Nat. Res. Lab. Metrol. (Tokio); Ser. 24, 23–31 (I); Ser. 25, 1–6 (II)

Yamamoto, S. (1975): The freezing pressure of mercury at 0 °C (as a fixed point of the pressure scale). Proc. 4th Int. Conf. on High Pressure, Kyoto. The Physico-Chemical Society of Japan, Kyoto, 1975: Kawakita Printing Co, 810–813

Zerbst, M. (1963): Piezoeffekte in Halbleitern. In: Festkörperprobleme II. Ed. Sauter, F. Braunschweig: Vieweg
Zeto, R. J.; Vanfleet, H. B. (1969): Pressure Calibration to 60 kbar Based on the Resistance Change of a Manganin Coil under Hydrostatic Pressure. J. Appl. Phys. **40**, 2227–2231

1.8 Kräfte und Drehmomente

1.8.1 Kraftskala (A. Sawla)

Die Kraft ist eine abgeleitete vektorielle physikalische Größe. Ihre Einheit ist das Newton (N). Ein Newton ist die Kraft, die einem Körper der Masse $m = 1$ kg die Beschleunigung $a = 1\ \mathrm{m \cdot s^{-2}}$ erteilt.

Es wird zwischen zwei Gruppen von Verfahren zur Realisierung der Kraftskala unterschieden. Die erste Gruppe erzeugt Kräfte, deren Größe und Richtung durch Basiseinheiten abgeleitet wird (unmittelbare oder mittelbare Massewirkung), während bei der zweiten Gruppe die Kraftskala mit Hilfe eines kalibrierten Krafmeßgerätes aufgebaut bzw. durch die Parallelschaltung von mehreren Kraftmeßgeräten in einer Belastungseinrichtung um den jeweiligen Faktor nach oben erweitert wird („Build-up"-Verfahren). Die Kraftskala wird in metrologischen Staatsinstituten dargestellt; die entsprechenden Anlagen, die sowohl Zug- als auch Druckkräfte erzeugen, werden als Kraft-Normalmeßeinrichtung (K-NME) bezeichnet. Die Anlagen der Kalibrierlaboratorien müssen mit Hilfe von Transfernormalen an die Kraftskala angeschlosssen werden und werden als Kraft-Bezugsnormalmeßeinrichtung (K-BNME) bezeichnet.

1.8.1.1 Unmittelbare Massewirkung

Ein Körper der Masse m (Belastungskörper) bewirkt im Schwerfeld der Erde – beschrieben durch die örtliche Fallbeschleunigung g_{loc} (s. **1.4.1**) – die Kraft

$$F = m \cdot g_{\mathrm{loc}} \cdot (1 - \varrho_{\mathrm{l}}/\varrho_m) \tag{1.86}$$

ϱ_{l} Dichte der Luft

ϱ_m Dichte des Belastungskörpers.

Der Ausdruck in der Klammer berücksichtigt den Auftrieb des Belastungskörpers in der umgebenden Luft. Der relative Fehler der erzeugten Kraft bei Vernachlässigung der Luftauftriebskorrektur beträgt z. B. für Belastungskörper aus Stahl ($\varrho_m = 7850\ \mathrm{kgm^{-3}}$) $\approx 1{,}5 \cdot 10^{-4}$. Die örtliche Fallbeschleunigung kann der Tab. T 1.07 in Band 3 entnommen werden oder mit Hilfe der geographischen Breite und der Höhe über NN des Versuchsortes nach **1.4** berechnet werden.

In Kraft-Normalmeßeinrichtungen wird nicht nur eine diskrete Kraft erzeugt, sondern eine Anzahl von Kraftstufen ohne Wechsel der Kraftrichtung mit steigender oder fallender Belastung und ohne Zwischenentlastung. Mit unmittelbarer Massewirkung (Direktbelastung) sind Kraft-Normalmeßeinrichtungen bis zu einer Höchstkraft von 4,5 MN realisiert worden, wobei die Masse der einzelnen Belastungskörper bis ca. 20 t beträgt (Yaniv u. a. (1991)). Die Belastungskörper sollen vorzugsweise rotationssymmetrisch ausgeführt sein, um eine axiale Krafteinleitung über die Krafteinleitungsfläche zu sichern. Bei der Realisierung der Kraftskala mit Direktbelastung werden in metrologischen Staatsinstituten rel. Unsicherheiten von $< 2 \cdot 10^{-5}$ erreicht (Peters u. a. (1990)). Die Meßunsicherheit wird begrenzt durch die Wechselwirkung zwischen der Kraft-Normalmeßeinrichtung und dem Kraftaufnehmer (Peters (1989)).

1.8.1.2 Mittelbare Massewirkung mit hydraulischer Übersetzung

Größere Kräfte ab 1 MN werden meistens mit hydraulischer Übersetzung (zwischen 1:10 und 1:1000) der Direktbelastung realisiert. In einer Druckwaage mit einem kleinen Kolben-Zylindersystem wird die Kraft durch Direktbelastung mit der hydraulisch erzeugten Kraft mittels Öldruck ins Gleichgewicht gebracht. Der gleiche Öldruck wirkt auf ein zweites größeres Kolben-Zylindersystem und erzeugt Kräfte in Abhängigkeit des Übersetzungsverhältnisses. Bei Verwendung von eingeschliffenen Kolben-Zylindersystemen und durch Rotation des Zylinders um den Kolben oder umgekehrt ist die Reibung vernachlässigbar klein; sie kann bei manschetten-gedichteten Systemen mehrere Prozent betragen. Das Lecköl muß ständig nachgefördert werden. Die Unsicherheit der Kraftdarstellung wird unter anderem von der Formabweichung der beiden Kolben-Zylindersysteme, der Spaltweite, der Zylinderaufweitung bzw. der Kolbenstauchung, dem Druckabfall entlang dem Spalt und der Viskosität des Öls beeinflußt (Peters u. Weiler (1973)).

Kraft-Normalmeßeinrichtungen sind mit Hilfe dieser Methode für Zug- und Druckkräfte bis 16,5 MN und nur für Druckkräfte bis 20 MN realisiert worden. Die erreichbaren Meßunsicherheiten sind $<2 \cdot 10^{-4}$.

1.8.1.3 Mittelbare Massewirkung mit Hebelübersetzung

Im Bereich bis $\leqslant$2,5 MN werden Kräfte auch unter Anwendung des Prinzips der Hebelübersetzung realisiert. Das Übersetzungsverhältnis bis $\leqslant$1:20 wird mit einem Hebel oder vorzugsweise mit einem Hebelsystem aus mehreren zusammengesetzten Hebeln realisiert. Die Hebelarme müssen so berechnet sein, daß ihre Durchbiegung unter Belastung im Rahmen der gewünschten Meßunsicherheit vernachlässigbar klein ist. In der Meßstellung (d. h. Kräftegleichgewicht) müssen die Hebel waagerecht stehen. Die Systemverformungen und die Verformungen des Meßgerätes in der Meßstellung werden durch Verwendung von Kugelumlaufspindeln und Scheibenläufermotoren so ausgeglichen, daß Reibungseinflüsse unberücksichtigt bleiben können. Im Kraftbereich bis 1 MN und mit einem Übersetzungsverhältnis von 1:10 werden relative Meßunsicherheiten von $<2 \cdot 10^{-4}$ erreicht. Zur Gewährleistung der Langzeitstabilität des Übersetzungsverhältnisses müssen Nachjustierungen vorgenommen werden. Mit komplexer Anordnung von zusammengesetzten Hebelsystemen können größere Übersetzungsverhältnisse bis 1:15000 realisiert werden. Bei entsprechender Konstruktion von Schneiden und Pfannen werden relative Meßunsicherheiten für Kräfte bis 1 MN $\leqslant 4 \cdot 10^{-4}$ erreicht (Sawla u. Ackerschott (1984)).

1.8.1.4 „Build-up"-Verfahren

Durch die mechanische und elektrische Parallelschaltung von drei Referenzkraftaufnehmern wird die Kraftskala um den Faktor drei nach oben erweitert. Die Kalibrierung von Kraftaufnehmern erfolgt im Vergleichsverfahren, wobei die Kraft hydraulisch oder elektro-mechanisch aufgebracht wird. Mit dieser Methode werden Kräfte bis 30 MN realisiert. Die Referenzkraftaufnehmer müssen u. a. eine Langzeitstabilität des Kennwertes aufweisen und werden zuvor einzeln mit entsprechend kleiner Meßunsicherheit in einer Kraft-Normalmeßeinrichtung kalibriert. Die relative Meßunsicherheit der Kraftdarstellung wird auf ca. $1 \cdot 10^{-3}$ abgeschätzt, wobei die Meßunsicherheit u. a. vom Belastungsrahmen und Krafteinleitungsteilen beeinflußt wird (Sawla (1983)).

Wird anstelle von drei parallelgeschalteten Kraftaufnehmern nur ein kalibrierter Referenzkraftaufnehmer verwendet, können Kräfte – je nach der Genauigkeitsanforderung – von ca. 10% der Nennkraft bis zur Nennkraft des Referenzkraftaufnehmers mit technisch geringem Aufwand erzeugt werden. In diesen Fällen muß die Überprüfung der Meßunsicherheit der Kraft mit einem weiteren Kraftmeßgerät (Transfernormal) im Vergleichsverfahren durchgeführt werden. Werkstoffprüfmaschinen verschiedenster Bauart für unterschiedliche Prüfzwecke erzeugen Kräfte nach diesem Prinzip. Als Beispiele seien genannt: Zugprüfmaschinen, Druckprüfmaschinen, Härteprüfer, Biegeprüfmaschinen und Federprüfmaschinen.

1.8.2 Messen von Kräften (A. Sawla)

Es werden verschiedene physikalische Effekte genutzt, um die auf einen Kraftaufnehmer wirkenden Kräfte in elektrische Signale umzuwandeln und anschließend mit den Mitteln der elektrischen Meßtechnik weiterzuverarbeiten. Je nach dem physikalischen Prinzip der Meßwertumwandlung können Kraftaufnehmer in zwei Gruppen eingeordnet werden. Während die Kraftaufnehmer der ersten Gruppe (aktive Aufnehmer) Kräfte z. B. durch piezoelektrische, elektromagnetische oder elektrodynamische Effekte direkt in eine elektrische Größe (Ladung, Spannung) umwandeln, nutzen die der zweiten Gruppe (passive Aufnehmer) die Änderung einer der elektrischen Eigenschaften (Widerstand, Induktivität, Kapazität) ihres Meßelements aus und benötigen daher zunächst eine elektrische Speisung des Meßkreises (s. auch 3.7.1). Das elektrische Ausgangssignal von Kraftaufnehmern reicht im allgemeinen nicht aus, um mit entsprechender Auflösung direkt angezeigt werden zu können und muß daher mit geeignetem Verfahren zuvor verstärkt werden.

1.8.2.1 Kraftaufnehmer

In der Praxis haben die Krauftaufnehmer mit Dehnungsmeßstreifen (DMS) weitaus größte Bedeutung gewonnen. Der Aufnehmer enthält als Meßelement eine Meßfeder aus geeignetem Werkstoff (alterungsbeständig, hysteresearm, hohe und über den Querschnitt wenig veränderliche Streckgenze) und geeigneter Form (homogene Spannungsverteilung bei Beanspruchung), auf der mehrere Dehnungsmeßstreifen appliziert werden. Mit der aufgebrachten Kraft verformt sich die Meßfeder und unterliegt – je nach Richtung und Angriffspunkt der Kraft – einer Zug-, Druck-, Biege- oder Schubbeanspruchung. Die kraftproportionale Meßfederdehnung wird durch eine dünne Klebstoffschicht aus den Dehnungsmeßstreifen übertragen. Mit der Dehnung ändert sich die Geometrie des DMS und damit sein spezifischer Widerstand. Die kraftabhängige Widerstandsänderung wird in Wheatstone'schen Brückenschaltung gemessen (Rohrbach (1967) u. Hoffmann (1987)). Linearität, Nullpunktskonstanz und Temperaturunabhängigkeit werden durch Abgleichwiderstände in der Brückenschaltung hergestellt.

Die Ausführungsformen der Meßfeder sind vielfältig und abhängig vom Meßprinzip und Nennkraft. Für Kräfte bis ca. 50 kN werden vorzugsweise Aufführungsformen mit Einfach-, Doppel- und Scherbiegebalken konzipiert, während Meßfedern für große Kräfte z. B. mit massiven oder hohlen Stauchzylindern realisiert werden können. Bei komplizierten Strukturen werden die Zonen der gleichmäßigen Dehnung mit der Methode der finiten Elemente (FEM-Verfahren) berechnet. Die DMS-Kraftaufnehmer gibt es für fast alle Anwendungsfälle und für Nennkräfte von einigen Newton bis mehrere Meganewton.

Folgende Einflußgrößen sind bei Messung mit DMS-Kraftaufnehmern von Bedeutung:

Belastungsverlauf Die Empfindlichkeit des DMS-Kraftaufnehmers wird sowohl vom aktuellen Belastungsverlauf als auch von der letzten Belastung beeinflußt. Um reproduzierbare Meßwerte zu erhalten, sollte der Kraftaufnehmer vor dem Einsatz mindestens einmal bis zur Nennkraft vorbelastet werden.

Krafteinleitung Zur Reduzierung des Einflusses der Krafteinleitung wird im allgemeinen die untere Grenze der Anwendung auf ca. 10% der Nennkraft begrenzt und die Kraft mit speziellen Krafteinleitungsteilen in den Aufnehmer eingeleitet (DIN EN 10002-3).

Rotationseffekt Durch den vektoriellen Einfluß werden bei Rotation von Kraftaufnehmern in einer K-NME bei gleicher Kraft unterschiedliche Empfindlichkeiten gemessen. Es werden daher Kalibrierungen grundsätzlich in mindestens drei verschiedenen – jeweils um die Kraftachse des Aufnehmers gedrehten – Einbaulagen vorgenommen (DIN EN 10002-3 und ISO 376).

Überlappungseffekt Bedingt durch den Einfluß der Wechselwirkung zwischen dem Kraftaufnehmer und der Krafterzeugungseinrichtung (z. B. K-NME) führen die Messungen mit verschiedenen Kraftaufnehmern oft nicht zur Übereinstimmung von Meßwerten. Durch die Anwendung von Kraftaufnehmern ab ca. 50% der Nennkraft wird eine bessere Überlappung von Meßergebnissen erreicht (Peters u. Wilkening (1980)).

Temperaturgang Der Elastizitätsmodul der Meßfederwerkstoffe ist temperaturabhängig. Zur Kompensation kann die Speisespannung der Meßbrücke temperaturabhängig reduziert werden, oder es werden DMS aus Werkstoffen mit angepaßtem Temperaturverhalten eingesetzt.

Kriech- und Hystereseeigenschaften Durch Anpassung der DMS-Gittergeometrie und Wahl des Applikationsortes bzw. der Werkstoffbehandlung kann das Kriech- und Hystereseverhalten des DMS-Kraftaufnehmers in bestimmten Grenzen beeinflußt werden.

Nullsignal des unbelasteten Kraftaufnehmers Größere Änderungen des Nullsignals können durch Überlastung des Kraftaufnehmers oder durch Applikationsfehler bzw. -beschädigungen von Dehnungsmeßstreifen verursacht werden.

Zu weiteren in der Praxis häufig verwendeten Methoden gehören die Verformungsmessung der Meßfeder mit mechanischen oder optischen Meßgeräten bzw. unter Anwendung von kapazitiven, induktiven oder piezoelektrischen Meßverfahren (Horn (1978), Kochsiek u. Meißner (1986)).

1.8.2.2 Meßverstärker und Kompensatoren

Die Brückenschaltung von DMS-Kraftaufnehmern kann sowohl mit Gleichspannung als auch mit Wechselspannung (Trägerfrequenzverfahren) gespeist werden. Je nach der thermischen Belastbarkeit des DMS (Kriechverhalten) wird die Meßbrücke im allgemeinen mit einer Spannung zwischen 1 V und 10 V gespeist. Die gebräuchlichen Meßverstärker und Kompensatoren enthalten die erforderliche Konstantspannungsquelle zur Speisung der Brückenschaltung. Die Meßfeder und die Brückenschaltung werden für die häufigsten Anwendungsfälle so dimensioniert, daß das Ausgangssignal der Brückenschaltung bei einer Speisung von 1 V und bei Nennbelastung des Aufnehmers ca. 2 mV beträgt (Kreuzer (1980)).

Mit Gleichspannungs-Meßverstärkern können sowohl statische als auch dynamische Kräfte bis zu hohen Frequenzen (z. B. 10 kHz) gemessen werden. Der Nachteil des Gleichspannungsverfahren ist, daß die im Meßkreis entstehenden Thermospannungen und galvanischen Spannungen voll verstärkt und dadurch die niedrigsten Meßunsicherheiten bei Präzisionsmessungen nicht erreicht werden.

Bei Trägerfrequenz-Meßverstärkern wird die eingespeiste Wechselspannung der Brückenschaltung durch die kraftabhängige Widerstandsänderung des DMS moduliert (Amplitudenmodulation). Im nachgeschalteten Verstärker wird selektiv verstärkt und anschließend demoduliert. Hierdurch werden Gleichspannungsanteile (z. B. Thermospannungen) unterdrückt. Übliche Trägerfrequenz (TF) für statische Kraftmessung ist 225 Hz. Dynamische Kräfte bis ca. 1 kHz werden mit 5-kHz-TF-Verstärkern (1-dB-Grenze) gemessen. Spezielle Kompensatoren mit 225-Hz-TF-Verstärkung ermöglichen eine relative Auflösung von statischen Kraftaufnehmersignalen in der Größenordnung von $1 \cdot 10^{-6}$ (Kreuzer (1980) u. (1991)). Die Speisespannung wird zwecks Kompensation des Spannungsabfalls durch Leitungswiderstände zum Kompensator rückgeführt und entsprechend geregelt (Anwendung der Sechsleiterschaltung; Paetow (1988)).

1.8.3 Erzeugung von Drehmomenten (M. Quaß)

Das Drehmoment ist, wie die Kraft, im Si-System eine abgeleitete Größe. Es ist definiert durch das Kreuzprodukt zwischen einer Kraft $\boldsymbol{F}$ und dem Entfernungsvektor a zwischen einen Drehpunkt und dem Kraftangriffspunkt: $\boldsymbol{M} = \boldsymbol{F} \times \boldsymbol{a}$. Damit wird die Größe des Drehmomentes zu $M = F \cdot a \cdot \sin \beta$. Hierin ist a der Abstand des Kraftangriffspunktes von der Drehachse und β der Winkel zwischen F und a. Die Einheit des Drehmomentes ist N · m.

Die Rückführung von Drehmomenten erfolgt zur Zeit auf wenige Kalibrieranlagen, die dem Deutschen Kalibrierdienst (DKD) angeschlossen sind. Diese werden in Ringvergleichen in regelmäßigen Abständen von der Physikalisch Technischen Bundesanstalt (PTB) überprüft.

1.8.3.1 Statisch erzeugte Drehmomente

Das Drehmoment wird durch eine an einem Hebel angreifende Kraft in dessen Drehachse erzeugt. Diese direkte Anwendung der Definitionsgleichung für das Drehmoment gewährleistet die Rückführung auf Grundgrößen. Am genauesten lassen sich die erforderlichen Kräfte als Gewichtskräfte von Belastungskörpern darstellen. Aus diesem Grund sind die im DKD angeschlossenen Drehmoment-Kalibrieranlagen nach diesem Prinzip aufgebaut. Bezüglich anderer Möglichkeiten der Krafterzeugung siehe 1.8.1.

Jedes auf eine Achse oder Welle wirkende Drehmoment bewirkt eine je nach Betrag des Drehmomentes sowie Werkstoff und Geometrie der Achse oder Welle (z. B. auch ein zu kalibrierender Drehmomentaufnehmer) unterschiedlich große Verdrillung. Diese Verdrillung muß kompensiert werden. Wenn die Krafteinleitung über Schneide und Pfanne auf den Hebelarm erfolgt, erreicht man eine Kompensation durch Gegendrehen am gegenüberliegenden Wellenende. Andernfalls ergäbe sich eine Verkürzung der wirksamen Hebelarmlänge, die zu einem Fehler $f = 1 - \cos \alpha$ führt. α ist der Winkel zwischen der tatsächlichen Hebelachse unter der Belastung und der Senkrechten zur Kraftrichtung. Ein Hebelarm mit Kreissegmentkopf, auf dem sich ein die Kraft einleitendes Metallband abrollt, gewährleistet in einem durch die Geometrie des Kreissegmentkopfes festgelegten Winkelbereich ein konstantes Drehmoment ohne zusätzliche Gegendrehvorrichtung.

Das Absenken des Kraftangriffspunktes infolge der Durchbiegung des Hebelarmes verursacht ebenfalls eine Verkürzung der wirksamen Hebellänge. Dieser Einfluß ist nicht zu kompensieren. Der Hebel muß daher eine den Anforderungen an die Unsicherheit angepaßte, ausreichend große Steifigkeit aufweisen. Die zur Aufnahme der statischen Kräfte (Reaktionskräfte) notwendigen Lager verursachen infolge der Lagerreibung eine Hysterese. Aufwendigere aerostatische oder hydrostatische Lagerungen lassen diesen Einfluß vernachlässigbar kleiner werden. Bolzenlagerungen sind bei kleinen Bolzendurchmessern und gehärteten Bolzen ebenfalls möglich. Wälzlagerungen sollten nur bei kleinen Drehmomenten eingesetzt werden.

Drehmomentanlagen der beschriebenen Art sind für Drehmomente von 1 Nm bis $2 \cdot 10^4$ Nm realisiert worden. Dabei werden relative Unsicherheiten von $>10^{-4}$ für die Darstellung des Drehmomentes erreicht. Kleinere Drehmomente bis 10^{-4} Nm lassen sich mit erhöhtem Aufwand bei der Lagerung ebenfalls mit solchen Anlagen erzeugen. Zur Darstellung von Drehmomenten im Bereich von 10^{-4} Nm bis 10^{-6} Nm sind Drehspul- oder Dreheiseninstrumente geeignet. Diese Geräte beruhen auf der Kraftwirkung eines stromdurchflossenen Leiters in einem Magnetfeld. Ein Strom I erzeugt an einer Spule mit der Fläche A und der Windungszahl w in einem konstanten Magnetfeld (Induktion B) ein Drehmoment M, wenn die Spule vollständig von dem Magentfeld durchsetzt ist, und wenn die Flächennormale parallel zu B ist.

$$M = I \cdot A \cdot B \cdot w$$

Die erreichbaren relativen Unsicherheiten sind $>10^{-2}$. Dreheiseninstrumente haben einen wesentlich höheren Leistungsbedarf als Drehspulinstrumente. Kleinste Drehmomente lassen sich mit Elektrometern erzeugen (de Boer u. a. (1980)).

Bei besonders großen Drehmomenten ist es vorteihaft, die Krafterzeugung hydraulisch zu realisieren. Die tatsächlich erzeugten Kräfte werden mit Kraftaufnehmern bestimmt. Die Aufnehmerunsicherheiten und die Krafteinleitung bestimmen die erreichbaren relativen Unsicherheiten von $>10^{-3}$ (Peters, Weiler (1973)). Bei der Krafterzeugung über Seile und Umlenkrollen kann es zu Kriecheinflüssen durch das Zusammenspiel von Seildehnung und Lagerreibung kommen.

1.8.3.2 Drehmomenterzeugung durch Kraftmaschinen

Drehmomentkennlinien von Kraftmaschinen werden einerseits durch das jeweilige physikalische Wirkprinzip, andererseits durch die technische Ausführung bestimmt. Durch Serienstreuung (Fertigungstoleranzen sowie weitere nur ungenau abschätzbare Einflußgrößen, wie z. B. Reibung, elektromagnetische Rückwirkungen bei E-Maschinen), ist mit großen relativen Unsicherheiten zu rechnen. Deshalb empfiehlt es sich, die Drehmomente zu messen (s. **1**.8.4).

Elektromotore Bei allen elektrischen Maschinen wird das Drehmoment an einem Spulensystem, daß sich in einem Magnetfeld bewegt, erzeugt. Die im Magnetsystem des Ständers hervorgerufene magnetische Induktion führt im drehbaren Läufer (Anker) zu einem magnetischen Fluß Φ, der in den Ankerleitern die Spannung U_{indu} erzeugt. Der Ankerstrom I_a bewirkt seinerseits ein Drehmoment, daß sich durch Gleichsetzen der elektrischen mit der mechanischen Leistung berechnen läßt (Bretthauer (1981); Bödefeld u. a. (1971)). Für Gleichstrommaschinen gilt:

$$M = c \cdot \Phi \cdot I_a$$

c = Konstante, abhängig vom Aufbau der Maschine

Bei Gleichstrom-Nebenschlußmotoren ist der magnetische Fluß Φ konstant. Er wird durch Feldspulen erzeugt, die parallel zu den Ankerwicklungen geschaltet sind. Daher gilt idealisiert

$$M \sim I_a$$

Der Gleichstrom-Reihenschlußmotor besitzt in Reihe geschaltete Feld- und Ankerwicklungen. Hierdurch wird Φ proportional zu I_a. Daraus folgt

$$M \sim I_a^2$$

Die Drehmoment-Drehzahlkennlinien von Drehstrommaschinen sind wesentlich von der Bauart und der Läuferausführung abhängig. Die Einstellung des Momentes in Abhängigkeit von der Drehzahl erfordert erheblichen Aufwand.

Tatsächlich gibt es Abweichungen von den idealen Drehmomentkennlinien durch Rückwirkungen der Spulensysteme aufeinander. Einige charakteristische Kennlinien zeigt Fig. 1.60.

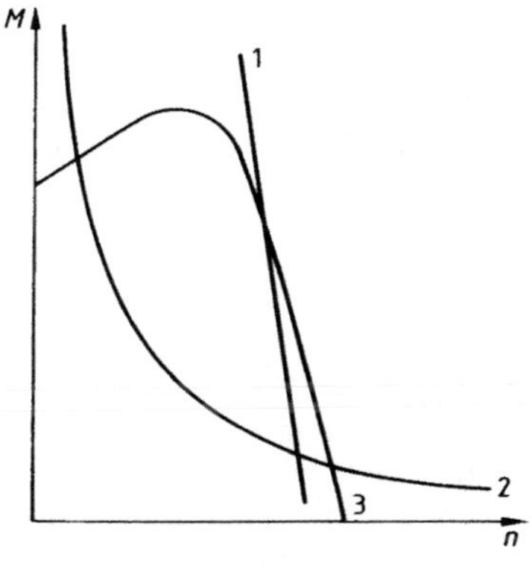

Fig. 1.60 Drehmoment-Drehzahl-Kennlinien von Elektromotoren
1 Gleichstrom-Nebenschlußmotor
2 Gleichstrom-Reihenschlußmotor
3 Drehstrom-Asynchronmotor

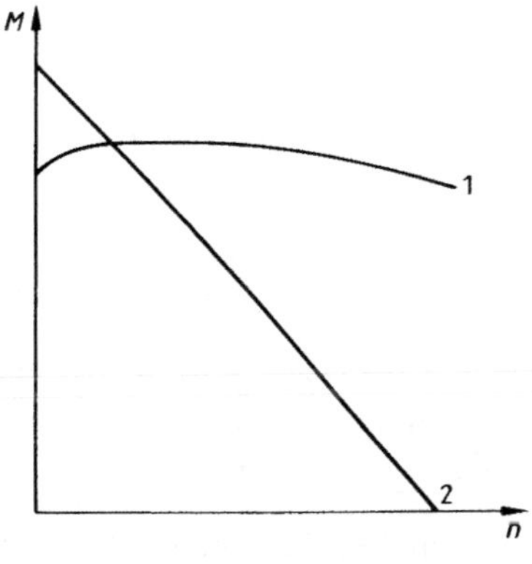

Fig. 1.61 Drehmoment-Drehzahl-Kennlinien von fluidischen Motoren
1 Hydraulik-Radialkolbenmotor
2 Druckluft-Lamellenmotor

Fluidische Motoren Bei hydraulischen Motoren ist das erzeugte Drehmoment proportional zum Systemdruck p des Fluids und dem mittleren Hubvolumen V_{med} pro Wellenumdrehung. Die Drehzahl ist proportional zum Volumenstrom $\dot{V}$.

$$M \sim p \cdot V_{med}$$

$$n \sim \dot{V}$$

Das innere Reibmoment des Motors erhöht die Unsicherheit bei der Darstellung des Drehmomentes (Zoebl (1963)). Die Drehmoment-Drehzahlkennlinien (Fig. 1.61) zeigen das charakteristische Verhalten einiger Fluidmotoren.

Pneumatische Motoren zeigen eine größere Unsicherheit bei der Reproduzierbarkeit des Drehmomentes als hydraulische Motoren, bedingt durch die Kompressibilität des Betriebsmediums. Das Drehmoment fällt in Abhängigkeit von Ein- und Auslaßdrosselung nahezu linear mit der Drehzahl ab (Zoebl (1964)).

Verbrennungskraftmaschinen sind wiederum in unterschiedlichen Arten mit verschiedenen Drehmoment-Drehzahl-Kennlinien zu untergliedern. Der Aufwand zur Erzeugung des Drehmomentes ist hierbei sehr groß, die Reproduzierbarkeit vergleichsweise schlecht.

1.8.4 Messen des Drehmomentes (M. Quaß)

1.8.4.1 Meßprinzipien für Torsionsdynamometer (Drehmomentmeßwellen)

Die Messung eines Drehmomentes M läßt sich auf die Messung der örtlichen Scherung γ (über die Torsionsdehnung ε) oder des relativen Torsionswinkels φ der Torsionswelle mit dem Durchmesser d zwischen zwei Querschnitten im Abstand l zurückführen (Haug u. a. (1990); Thiel (1983)).

Diese beiden Meßprinzipien werden häufig in Drehmomentmeßwellen benutzt. Mit dem Schubmodul G (Werkstoffkonstante) sowie dem Flächenmoment 2. Grades I kann das Drehmoment bestimmt werden.

$$\varepsilon = \frac{M \cdot d}{I \cdot G \cdot 2} \sin 2\alpha \qquad \varphi = \frac{M \cdot 1}{I \cdot G}$$

α Winkel zwischen der Wellenachse und der Richtung, in der die Dehnung gemessen wird

Diese Gleichungen gelten für schlanke Wellen mit Kreisringquerschnitt. Andere Wellenquerschnitte, z. B. käfigartige Meßkörper, wie sie bei kleinen Drehmomenten häufig zur Steigerung des axialen Widerstandsmomentes eingesetzt werden, lassen sich meist nur näherungsweise berechnen (Holzmann u. a. (1983)).

Die Torsionsdehnung ε läßt sich bei runden Wellen mit vier Dehnungsmeßstreifen, die gleichmäßig über den Umfang eines Wellenquerschnitts abwechselnd unter dem Winkel $\alpha = 45°$ und $135°$ (Hauptdehnungsrichtungen) angeordnet und in einer Wheatstoneschen Brücke verschaltet sind, messen (Rohrbach (1967), Hoffmann (1987)).

Magnetostriktion läßt sich ebenfalls zum Messen von Torisonsdehnungen ausnutzen. Der Torsionswinkel φ kann mittels kapazitiver, induktiver oder Phasendifferenzverfahren (Zeitzählverfahren) bestimmt werden. Allen Verfahren gemeinsam ist eine nur mäßige erreichbare relative Unsicherheit ($>5 \cdot 10^{-2}$), da eine Vielzahl von oft nur ungenau bekannten Parametern in die Messung eingeht (Werkstoffparameter, Geometrieparameter).

Für genauere Messungen ist es daher notwendig, die Meßanordnungen (z. B. Drehmomentmeßwellen) durch Einleiten von definierten Drehmomenten zu kalibrieren. Hierfür eignen sich insbesondere Kalibrieranlagen nach **1**.8.3.1.

Der Einbau von Drehmomentmeßwellen verlangt besondere Maßnahmen, um eine möglichst ungestörte Drehmomenteinleitung zu gewährleisten und den Aufnehmer vor Fehlbelastungen und Überlastung zu schützen. Drehsteife, aber biegeweiche Kupplungen haben sich bewährt.

Für die Meßsignalübertragung und die Speisespannungsversorgung bei rotierenden DMS-Drehmomentmeßwellen können Schleifringe oder berührungslose Übertragungsverfahren (z. B. transformatorische Verfahren) eingesetzt werden. Andere Meßverfahren (Magnetostriktion,

Phasendifferenzverfahren) benötigen keine zusätzlichen Drehübertrager. Die erreichbaren relativen Unsicherheiten bei kalibrierten Aufnehmern sind bei DMS-Drehmomentmeßwellen am günstigsten. Unsicherheiten $>5 \cdot 10^{-4}$ sind möglich. Diese Aufnehmer werden mit Nennmomenten von $5 \cdot 10^{-2}$ Nm bis 50 kNm hergestellt. Höhere Nennmomente sind möglich. Mit solchen Aufnehmern lassen sich hochdynamische Messungen durchführen.

Induktive Verfahren lassen Unsicherheiten von $>2 \cdot 10^{-3}$ zu. Magnetostriktive Drehmomentaufnehmer erreichen relative Unsicherheiten von $>5 \cdot 10^{-3}$.

1.8.4.2 Reaktionsdrehmoment

Um das Reaktionsdrehmoment zu bestimmen, wird die das Drehmoment erzeugende oder aufnehmende Maschine drehbar gelagert und über nicht rotierende Drehmomentaufnehmer oder Hebelanordnungen, die mit Kraftaufnehmern ausgerüstet sind, abgestützt. Dadurch wird das Drehmoment von rotierenden Wellen auf einfache Weise meßbar. Die Reaktionsmomentmessung läßt aber wegen der großen auftretenden Trägheitsmomente keine hochdynamischen Messungen zu.

Durch die Lagerung bedingt entstehen Reibmomente, die die Unsicherheit der Drehmomentmessung verschlechtern. Ausführungen mit direkt über geeignete Verformungskörper gelagerten Maschinenanordnungen vermeiden diese Einflüsse. Unsicherheiten $>5 \cdot 10^{-3}$ sind erreichbar.

1.8.4.3 Indirekte Methoden

Dynamisch veränderliche Drehmomente lassen sich über eine Drehbeschleunigungsmessung am Wellenende bestimmen. Das Drehmoment errechnet sich über die Bewegungsdifferentialgleichung. Die erreichbare relative Unsicherheit hängt wesentlich von der Bestimmung der Trägheitsmomente, Drehfedersteifigkeiten sowie möglicher Dämpfungsparameter ab. Mittlere (konstante) Momente werden mit dieser Methode nicht erfaßt (Denne u. a. (1981), Milz (1980)).

Bei elektrischen Maschinen (Gleichstrom- oder Drehstrommaschinen) kann das Drehmoment über Strom- und Spannungsmessungen (Leistungsbestimmung) ermittelt werden. Dieses Verfahren wird bei Drehmomentrechnern angewendet. Der Aufwand ist erheblich (Gebauer u. a. (1971), Scholtyssek u. a. (1986), Berger (1990)).

Für die Bestimmung der Drehmomente müssen die elektrischen Verluste der Maschine bekannt sein. Kalibrieren bei Stillstand der Welle ist nicht möglich. Es werden relative Unsicherheiten von $>5 \cdot 10^{-3}$ erreicht.

1.8.4.4 Leistungsprüfstände

In Leistungsprüfständen wird durch Messen des Drehmomentes und der Drehzahl die Leistungskurve eines Prüflings (Kraft- oder Arbeitsmaschine) bestimmt. Die aufgebrachte Leistung wird in andere Energieformen gewandelt und muß (meist als Wärmeenergie) abgeführt werden. Ausführungsformen sind Reibungsbremsen (Pronyscher Zaum), Wasserwirbelbremsen, Wirbelstrombremsen oder Magnetpulverbremsen. Heute werden häufig elektrische Maschinen in Leistungsprüfständen eingesetzt, da sie sowohl treiben als auch bremsen können.

Bei diesen Methoden kann das Drehmoment durch das jeweilige Verfahren direkt mitbestimmt werden. Wegen der mäßigen erreichbaren relativen Unsicherheiten von

$>10^{-1}$ müssen aber bei höheren Genauigkeitsanforderungen Drehmomentaufnehmer eingesetzt oder das Reaktionsmoment gemessen werden.

Literatur zu 1.8

Berger, H. (1990): Drehmomentrechner für umrichtergespeiste Drehstromantriebe (DAM). ELIN-Zeitschrift **1/2,** 50–55

de Boer, H.; Haars, H.; Michaelis, W.; Schlimme, E. (1980): Quadrantenelektrometer für kleine Drehmomente. Feinwerktechnik und Meßtechnik **88,** 237–241

Bödefeld, Th.; Sequenz, H. (1971): Elektrische Maschinen. 8. Auflage. Wien: Springer

Bretthauer, K. (1981): Elektrische Maschinen. Dubbel: Taschenbuch für den Maschinenbau. 14. Auflage. Berlin: Springer

Denne, A.; Rausch, H.; Freise, W. (1981): Aufnehmer zur Messung schnell veränderlicher Drehbeschleunigungen und Drehmomente. Technisches Messen **48,** 339–342

DIN 51301 (1986): Kraftmeßgeräte für statische Kräfte zur Prüfung von Werkstoffprüfmaschinen

Gebauer, W.; Richter, M. (1971): Ein Drehmomentrechner für Pendelprüfstände in der Automobilindustrie. Siemens Zeitschrift **45,** 719–723

Haug, A.; Haug, F. (1990): Angewandte Elektrische Meßtechnik. Braunschweig: Vieweg

HBM (Hrsg.; 1989): Drehmomentmeßwellen richtig einsetzen. Darmstadt: Hottinger Baldwin Meßtechnik

Hoffmann, K. (1987): Eine Einführung in die Technik des Messens mit Dehnmeßstreifen. Darmstadt; Hottinger Baldwin Meßtechnik

Holzmann, G.; Meyer, H.; Schumpich, G. (1983): Technische Mechanik, Teil 3: Festigkeitslehre. 5. Auflage. Stuttgart: Teubner

Horn, K. (1978): Lassen sich nur mit Dehnungsmeßstreifen hochgenaue Kraftaufnehmer bauen? VDI-Berichte 312, 1–14

ISO 376 (1987): Calibration of force-proving instruments use for the verification of unaxial testing machines

Kochsiek, M.; Meißner, B. (1986): Wägezellen – Prinzipien, Genauigkeit, praktischer Einsatz für eichfähige Waagen. PTB-Bericht, PTB-MA-4

Kreuzer, M. (1980): Ein programmierbares Präzisions-Meßgerät der Genauigkeitsklasse 0,0005 und seine Anwendung. Meßtechnische Briefe **16,** Heft 2, 41–46

Kreuzer, M. (1991): Neuartige Universal-Meßverstärker. Meßtechnische Briefe **27,** Heft 1

Milz, U. (1980): Beschleunigungskompensierte Messung von Kraft, Masse, Drehmoment. Dissertation, TH Aachen

Paetow, J. (1988): Die 6-Leiterschaltung für DMS-Aufnehmer. Wägen und Dosieren 1.

Peters, M. (1989): Experiences and Results of International Comparison Measurements of Forces up to 1 MN. PTB-Mitt. **99,** 343–349

Peters, M.; Sawla, A.; Peschel, D. (1990): Uncertainty in force measurement. PTB-Bericht, PTB-MA-17

Peters, M.; Weiler, W. (1973): Zur Kalibrierung der 15-MN-Kraft-Normalmeßeinrichtung der Physikalisch-Technischen Bundesanstalt – Teil 1: Grundlagen. PTB-Mitt. **1,** 6–8

Peters, M.; Weiler, W. (1973): Zur Kalibrierung der 15-MN-Kraft-Normalmeßeinrichtung der Physikalisch-Technischen Bundesanstalt – Teil 2: Auswertung und Fehlerbetrachtung. PTB-Mitt. **6,** 395–397

Peters, M.; Wilkening, G. (1980): Präzisionsmessung in der Kraftmeßtechnik, Meßtechnische Briefe **16,** 61–65

Rohrbach, Ch. (1967): Handbuch für elektrisches Messen mechanischer Größen. Düsseldorf: VDI-Verlag

Sawla, A. (1983): Problems of the High-Accuracy Transfer of Large Forces of up to 8 MN. Proceedings Weightech '83. The Institute of Measurement and Control, London, 1–8

Sawla, A.; Ackerschott, W. (1984): A new concept of force standard machines with compound lever system and large transmission ratio. Proceedings 10th IMEKO – conference Kobe/Japan, 175–180

Scholtyssek, B.; Minh, D. D. (1986): Digitaler Drehmomentrechner für Prüfstandsantriebe mit Gleichstrommaschinen. Brown Broveri Technik **7,** 399–402

Thiel, R. (1983): Elektrisches Messen nichtelektrischer Größen. 2. Auflage. Stuttgart: Teubner

Yaniv, S.; Salwa, A.; Peters, M. (1991): Summary of the Intercomparison of the Force Standard Machines of the National Institute of Standards and Technology, USA, and the Physikalisch-Technische Bundesanstalt, Germany. Journal of Research of the National Institue of Standards and Technology, Volume **96,** 529–540

Zoebl, H. (1963): Ölhydraulik. Wien: Springer

Zoebl, H. (1964): Pneumatikfibel. 2. Auflage. Wiesbaden: Krausskopf

1.9 Mechanische Größen verformbarer Körper

1.9.1 Elastizität (M. Biermann)

1.9.1.1 Grundbegriffe und Vorbemerkungen

Für das Messen mechanischer Größen verformbarer Körper sind im wesentlichen keine anderen Techniken anzuwenden als für das Messen von Längen, Winkeln, Zeiten, Kräften, Massen und Temperaturen. Die vorrangige Aufgabe besteht vielmehr im Ermitteln der Materialgesetze oder, treffender gesagt, im Aufstellen von Satzungen, durch die bei den verschiedenen verformbaren Körpern die stoffartabhängigen Beziehungen zwischen Kräften und Bewegungen festgelegt werden.

Materialsatzungen formuliert man zunächst – von empirischen Mutmaßungen ausgehend – vermöge theoretischer Überlegungen als mathematische Gleichungen mit dem Ziel, Meßprogramme möglichst exakt zu planen. Falls die experimentellen Untersuchungen die angenommenen Materialgleichungen nicht bestätigen, hat man mit verbesserten Ansätzen neu zu beginnen. Am Ende des Verfahrens steht das Bestimmen von Materialkennwerten, die als Koeffizienten der Materialgleichung auftreten. Eine experimentell hinreichend gestützte Materialgleichung bildet eine Grundlage für Rechenverfahren, nach denen man experimentell nicht direkt anfaßbare technische Probleme lösen kann. Außerdem vermag die Kenntnis einer Materialgleichung die aufwendige Kasuistik konventioneller Prüfungen zu ersetzen.

Die wichtigste Materialklasse ist die der simplen Materialien. In deren Materialgleichung kann die Bewegungs- durch die Verformungsgeschichte erfaßt werden, kommt also keine materialcharakteristische Länge vor. Außer Kenngrößen mit der Dimension 1 gibt es nur einen „Elastizitätsmodul" mit der Dimension einer Spannung und eine „Relaxationszeit" mit der Dimension einer Zeit oder ersatzweise einen „Viskositätsmodul" mit dem Dimensionsprodukt Spannung mal Zeit. Wegen der Invarianz simpler Materialien unter Änderungen des Längenmaßstabes kann es am Körperrand keine anderen Materialeigenschaften als im Körperinneren geben. Die Erscheinung der Oberflächenspannung (Kapillarität) ist also keine Eigenschaft eines simplen Materials; sie wird in **1.9.5** gesondert behandelt.

Die Mannigfaltigkeit der Materialeigenschaften erfährt durch Materialsymmetrien Einschränkungen, deren höchste Stufe die Materialisotropie ist. Ein homogener Körper heißt isotrop, wenn er sich in eine unverstellte Gestalt bringen läßt, in der unter Starrbewegungen keine Änderungen der Materialeigenschaften zu entdecken sind. Die unverstellte Gestalt dient zweckmäßigerweise als Bezugsstellung. Materialhomogenität ist durch die Existenz einer für alle Körperpunkte gleichen Bezugsstellung gekennzeichnet. Existiert eine solche im unbelasteten Körper, so bezeichnet man den betreffenden Zustand als den natürlichen Zustand. Zum Zweck der Vereinfachung sollen im folgenden stets die Voraussetzungen gelten, daß die Probekörper aus isotropem und homogenem Material bestehen und natürliche Zustände haben. Polykristalline Stoffe, deren Kristallite statistisch völlig unregelmäßig ausgerichtet sind, werden makroskopisch als „quasiisotrop" und „quasihomogen" betrachtet.

Für Materialuntersuchungen ist der Begriff der homogenen (d.h. für sämtliche Körperpunkte des Versuchskörpers gleichen) Verformung fundamental. Wenn das Material simpel ist, lassen sich alle Eigenschaften eines homogenen Materials aus homogenen Verformungen vollständig bestimmen. Homogene Verformungen zeichnen sich außerdem dadurch aus, daß sie in jedem homogenen Körper – lediglich unter der zugehörigen Randbelastung – existieren können. Umgekehrt gilt, daß in ungezwängten Körpern jener Art – selbst wenn die Materialien isotrop sind – außer den homogenen

Verformungen keine andere Klasse von Verformungen die genannte Eigenschaft aufweist (Theorem von Ericksen). Die praktische Bedeutung homogener Verformungsfelder ist darin zu sehen, daß man mit diesen grundsätzlich Meßprogramme durchführen kann, ohne jeweils ein Randwertproblem aufgrund einer mutmaßlichen Materialgleichung lösen zu müssen.

Hat ein Material ein „schwindendes Gedächtnis" für seine Verformungsgeschichte, so heißt es viskoelastisch. Je kürzer die durch innere Reibung bewirkte viskoelastische Nachwirkung dauert, als desto stärker gilt der Geächtnisschwund. Ein Material mit „versagendem Gedächtnis" springt bei Entlastung ungehemmt in seine Vorzugsstellung zurück und heißt schlechthin elastisch. Sofern die Verformungen eines viskoelastischen Materials weit genug in der Vergangenheit zurückliegen, kommt unter einer statischen Beanspruchung lediglich das elastische Verhalten zum Vorschein. Unter periodischer oder plötzlicher Beanspruchung wird ein „quasielastisches" Verhalten beobachtet, das von einem durch die Beanspruchung bestimmten Zeitparameter abhängt. Die isotrope Quasielastizität – aber nicht die Viskoelastizität – läßt sich in den eng gesteckten Rahmen dieses Buches teilweise einbeziehen.

Herrscht die viskoelastische Nachwirkung so stark vor, daß der elastostatische Spannunganteil gegenüber der inneren Reibung vernachlässigbar ist, das Material also ein beständiges Gedächtnis für eine ganze nicht zu ungleichmäßig verlaufende Verformungsgeschichte hat, dabei aber keine Vorzugsstellung existiert, so heißen die Materialien viskos; sie werden in **1.9.4** gesondert behandelt.

Ein verformter isotrop elastischer Körper ähnelt einem unverformten anisotropen Körper, dessen Symmetrieachsen den Hauptachsen des Verformungszustandes entsprechen. In einem solchen Körper, dessen 3 Hauptdehnungen alle voneinander verschieden sind, können sich daher 9 Hauptwellen – davon 3 Längs- und 6 Querhauptwellen – mit verschiedenen Geschwindigkeiten fortpflanzen. Die Fortpflanzungsrichtung einer Hauptwelle liegt definitionsgemäß längs einer der 3 Hauptachsen des Grundzustandes. Eine Welle heißt Längswelle, wenn ihre Amplitude die Fortpflanzungsrichtung hat, und Quer-(oder Scher-)welle, wenn ihre Amplitude quer zur Fortpflanzungsrichtung liegt. Inkompressible Materialien vermögen nur Quer-, aber keine Längswellen zu übertragen.

Ein isotropes Material, dessen Gestalt stets unverstellt ist, nennt man Fluid (ein Gattungsname für Gase, Flüssigkeiten, Schmelzen und Gläser im Rahmen der Theorie simpler Materialien). Verschwindet die Nachwirkung des Fluids identisch in jeder Verformungsgeschichte, so heißt es elastisches Fluid. Es antwortet dann nur auf hydrostatische Zustände mit Normalspannungen

$$\sigma = -p(\varrho), \tag{1.87}$$

die nicht von der Richtung, aber von der Massendichte ϱ abhängen können, und vermag keine Quer-, sondern nur Längs-(Volumen-)wellen mit der Geschwindigkeit

$$c_\text{F} = \sqrt{\partial p/\partial \varrho} \tag{1.88}$$

zu übertragen.

Da in elastischen (nicht viskoelastischen) Materialien sowohl die Spannungen wie die Verformungen gemeinsame Hauptachsen haben, nimmt die Materialgleichung ihre einfachste Form an, wenn die Hauptachsen das Bezugssystem bilden. Die Hauptnormalspannungen seien mit σ_i, die Hauptdehnungen mit ε_i bezeichnet. Für ein isotrop und linear elastisches Material gilt demzufolge

$$\sigma_i = 2G(\varepsilon_i - \sum_i \varepsilon_i/3) + K \sum_i \varepsilon_i \qquad (i = 1, 2, 3), \tag{1.89}$$

das sogenannte verallgemeinerte Hookesche Gesetz. G bedeutet den Scherelastizitäts-(oder Schub-)modul, K den Volumenelastizitäts-(oder Kompressions-)modul.

Statt G und K kann man ein beliebiges anderes der Gl. (1.89) genügendes Paar von Materialkenngrößen verwenden. Am gebräuchlichsten sind der von Euler eingeführte Dehnelastizitätsmodul E, der sich bei Stabzugversuchen als Verhältnis von Zugspannung zu Längsdehnung ergibt und zumeist schlechthin „Elastizitätsmodul" genannt wird, und die Poissonzahl μ, die sich dabei als Verhältnis der negativen Querdehnung zur Längsdehnung ergibt. Die vermöge Gl. (1.89) bestehenden Verknüpfungen dieser Moduln sind in Tab. 1.6 zusammengestellt. Werte der Moduln s. Tab. T 1.09a–g in Band 3.

Tab. 1.6 Verknüpfungen zwischen Kenngrößen der isotropen und linearen Elastizität (Scherelastizitätsmodul G, Volumenelastizitätsmodul K, Dehnelastizitätsmodul E, Poissonzahl μ)

(G, K)	(G, E)	(G, μ)	(K, E)	(K, μ)	(E, μ)
G	$= G$	$= G$	$= \frac{3KE}{9K - E}$	$= \frac{3K(1-2\mu)}{2(1+\mu)}$	$= \frac{E}{2(1+\mu)}$
K	$= \frac{GE}{3(3G - E)}$	$= \frac{2G(1+\mu)}{3(1-2\mu)}$	$= K$	$= K$	$= \frac{E}{3(1-2\mu)}$
$\frac{9GK}{G+3K}$	$= E$	$= 2G(1+\mu)$	$= E$	$= 3K(1-2\mu)$	$= E$
$\frac{3K-2G}{6K+2G}$	$= \frac{E}{2G} - 1$	$= \mu$	$= \frac{1}{2} - \frac{E}{6K}$	$= \mu$	$= \mu$

Die Linearisierung hat zur Folge, daß alle Wellen Hauptwellen sind und sich deren Anzahl von 9 auf 2 vermindert, da der Grundzustand gleichsam als unverformt zu betrachten ist. Mit c_l als der Längs- und c_t als der Querwellengeschwindigkeit bekommt man die Poisson-Christoffelsche Beziehung.

$$\varrho c_t^2 = G = \frac{E}{2(1+\mu)} < \varrho c_l^2 = \frac{4}{3} G + K = \frac{E(1-\mu)}{(1+\mu)(1-2\mu)} \tag{1.90}$$

und die Ausdrücke

$$E = \varrho c_t^2 (3c_l^2 - 4c_t^2)/(c_l^2 - c_t^2). \tag{1.91}$$

$$\mu = (c_l^2/2 - c_t^2)/(c_l^2 - c_t^2) \tag{1.92}$$

unter Benutzung von Tab. 1.6.

Diese Ausdrücke gelten im unbegrenzten Medium, das keine Querdehnungen überträgt. Der „Dehnwellenmodul" ϱc^2 ist wegen zusätzlicher Freiheitsgrade in einem dünnen Stab gleich E

und in einer dünnen Platte gleich $E/(1-\mu^2)$, also für $\mu \leqslant 1/2$ kleiner als der „Längswellenmodul" ϱc_l^2, der nach Gl. (1.90) für $\mu = 1/2$ unendlich groß würde. Eine Körperabmessung gilt als dünn, wenn sie klein im Vergleich zur Wellenlänge ist. In elastischen Fluiden gibt es wegen $G=0$ nur den einzigen Modul

$$K = \varrho c_F^2 \tag{1.93}$$

zufolge Gl. (1.88).

Wenn man – wie es in der Praxis oft geschieht – das lineare Gesetz nach Gl. (1.88) auf endliche Verformungen anwendet, machen sich einige Entartungserscheinungen bemerkbar. So vermögen nach der linearen Theorie auch endliche Verformungen keinerlei Anisotropie bezüglich der Wellenfortpflanzung hervorzurufen. Homogene Verformungsfelder, deren Existenz in ungezwängten nichtlinearen Materialien unmöglich ist, sind beschreibbar. Außer den Dehnungen können Drehungen Einfluß auf den Spannungszustand haben. Eine scheinbar beobachtete Richtungsabhängigkeit kann dann unter Umständen als Anisotropie des Materials mißdeutet werden. Das lineare Gesetz für viskose Fluide (s. **1**.9.4) dagegen zeigt keinerlei Entartung.

Wegen der Voraussetzung der Infinitesimalität empfiehlt es sich, Meßreihen mit stetig abnehmenden Verformungswerten durchzuführen und zu demWert 0 zu extrapolieren. Bisherige, aus sorgfältigen statischen Messungen stammende Befunde bestätigen allerdings das lineare (Hookesche) Gesetz fast nie. Eine Erscheinung, die der Beobachtung leicht entgeht, wenn man mit einer üblichen – der Norm entsprechenden – „harten" Prüfmaschine arbeitet (s. **1**.9.1.2), also die Spannungsgeschichte unter Vorgabe der Verformungsgeschichte aufnimmt, ist der Savart-Masson-(Portevin-LeChatelier-)Effekt (vgl. Bell (1973)). Er äußert sich gegebenenfalls deutlich bei kraftschlüssiger Versuchsführung unter langsam veränderter Belastung darin, daß die Verformungen unstetig erfolgen, und mag eine Ursache für einige unerklärte oder gewöhnlich mißdeutete Schwankungen der Elastizitätswerte sein. Ein hervorstechendes Beispiel dafür liefert Zink. Während diese Erscheinung noch nicht ganz verstanden wird, gibt es für simple Materialien kontinuumsmechanisch begründete Effekte der nichtlinearen Elastizität: den Poynting-Effekt, dem zufolge sich ein einfach gescherter Körper in der Schubrichtung zusammenzuziehen und senkrecht zur Schubebene auszudehnen sucht, sowie den Wertheim-Kelvin-Effekt, dem zufolge derselbe Körper sein Volumen zu vergrößern sucht. Genaue Meßergebnisse wurden bisher lediglich bei nahezu inkompressiblen Gummimaterialien hinsichtlich des Poynting-Effekts erzielt (Rivlin u. Saunders (1951); Gent u. Rivlin (1952)). Die zumeist nicht vernachlässigbare Kompressibilität der Probematerialien bringt so viel zusätzliche Verwicklungen mit sich, daß man in der Praxis fast nur auf der Grundlage der linearen Elastizitätstheorie arbeitet.

Die lineare Theorie hat bereits großzügige Programme zum Messen der Elastizitätskenngrößen gezeitigt. Durch die elektronische Technik geförderte dynamische Untersuchungen (s. **1**.9.1.4) mit kleinsten Verformungsamplituden von der Größenordnung 10^{-7} m/m kommen der vorausgesetzten Infinitesimalität in geometrischer Hinsicht entgegen und liefern gut wiederholbare Meßergebnisse, weil Nachwirkungseffekte – bei hohen Frequenzen (Ultraschall) – unterdrückt und Temperatureinflüsse – bei niedrigen Frequenzen – praktisch leicht beherrscht werden (vgl. Richards (1952)). Um eine ausreichende Meßleistung zu erzielen, benötigt man allerdings eine um so höhere Frequenz, je kleiner die Verformungsamplitude ist. Eine obere Frequenzgrenze trifft man infolge der Materialstrukturfehler an. Diese wirken als Streuzentren auf Ultraschallimpulse, die sich als solitäre Wellen im dispersionsfreien elastischen Material ohne Profiländerung fortpflanzen, und lassen sich dadurch „zerstörungsfrei" nachweisen.

Übersichtliche Darstellungen älterer statischer und dynamischer Meßverfahren sind in dem Buch von Eder (1968) zusammengefaßt. Neuere, zum Teil auch apparativ aufwendige Verfahren findet man in der Monographie von Schreiber u. a. (1973) und in dem Artikel von Breazeale u. a. (1981) beschrieben.

Beim Beurteilen der mit dynamischen Verfahren erreichbaren guten Wiederholbarkeit der Meßergebnisse hat man noch folgendes zu bedenken. Auf rein sinusförmige Schwingung der Verformung antwortet ein nichtlinear elastisches Material mit Oberschwingungen der Spannung.

Ebenso gilt die Umkehrung, daß die Verformung eines solchen Materials unter rein sinusfömiger Schwingung der Spannung verzerrt ist. Das nichtlineare Materialverhalten wird aber durch dynamische Verfahren verdunkelt, wenn elektronische Geräte mit selektiven Charakteristiken eingesetzt werden, deren Wirkung im Beseitigen vermeintlicher Störungen des Meßvorgangs besteht.

Ist die Dichte der Verformungsarbeit infolge großer Beanspruchungsgeschwindigkeit beträchtlich, so kann sich die Temperatur während des Versuches erhöhen. Dies hat man insbesondere bei temperaturempfindlichen organischen Stoffen zu beachten. Im Zweifelsfall muß der Versuchskörper thermostatisiert werden.

Bei Verformungen, die mit Volumenänderungen verbunden sind, sagt die Thermodynamik einen kleinen Unterschied zwischen isothermen und adiabaten Moduln voraus. Davon bleibt allein der Scherelastizitätsmodul ausgenommen. Der Unterschied wird für Festkörper auf weniger als 1% geschätzt und scheint praktisch kaum meßbar zu sein. Weiteres s. 3.2.1.3 und 3.2.2.3. Die adiabaten Moduln sind vor allem bei starken Wellen großer Amplitude wichtig.

Die hohen Anforderungen wissenschaftlicher Untersuchungen lassen sich bei technischen Prüfungen weitgehend mindern, sofern keine absolut gültigen – beispielsweise für Konstruktionsunterlagen geeignete – sondern lediglich relativierte Kenngrößen verlangt werden. Solche Größen genügen gewöhnlich zum Vergleichen verschiedener Proben eines Werkstoffs unter besonders vereinbarten Bedingungen oder zum Überwachen und Sichern der Güte eines Erzeugnisses. Die Mängel, die mit den Beschränkungen der theoretischen Grundlagen und mit anderen Vereinfachungen verbunden sind, muß man durch Vereinbarungen über möglichst alle Versuchsbedingungen, deren Einflüsse auf die Meßergebnisse nicht ohne weiteres durchschaubar sind, einigermaßen wettzumachen suchen. Dabei hilft die Normung; siehe insbesondere die DIN-Taschenbücher Nr. 18, 19 und 47 sowie Kap. 11 (in Band 3).

1.9.1.2 Genormte Elastizitätsmeßverfahren

DIN 51220 betrifft allgemeine Richtlinien für Werkstoffprüfmaschinen, DIN 51221 Zugprüfmaschinen. DIN 51223 Druckprüfmaschinen, DIN 51227 Biegeprüfmaschinen und DIN 51226 Zeitstandprüfmaschinen für Zugbeanspruchung. Als große Prüfmaschinen sind sogenannte Universalprüfmaschinen – das sind solche, die sich für mehrere Versuchstypen zugleich eignen (s. DIN 51221 Teil 2) – besonders wirtschaftlich. Die Beanspruchungseinrichtung einer Prüfmaschine gemäß DIN 51220 soll in der Regel gestatten, die jeweils erforderlichen Beanspruchungsgeschwindigkeiten einzustellen. Wird der Vorschub des Prüfkopfes vorgegeben, so muß das Gestell der Prüfmaschine gegen die Rückwirkungskräfte der Probe genügend unempfindlich sein. Das Kraftmeßgerät soll wegarm und bezüglich der jeweils vorgeschriebenen Beanspruchungsgeschwindigkeit trägheitsarm arbeiten. DIN 51301 gilt für Kraftmeßgeräte, die zum Untersuchen der Funktion von Kraftmeßeinrichtungen in Werkstoffprüfmaschinen dienen und mit denen die Kraft durch ein Maß der elastischen Verformung eines Festkörpers bestimmt wird.

Die meisten Versuchsanlagen, die zum Bestimmen von Elastizitätskenngrößen dienen, lassen sich unter erhöhter Beanspruchung auch für Festigkeitsprüfungen (s. 1.9.2) verwenden.

Stabdehnversuche Für metallische Werkstoffe legt DIN 50145 einen einfachen Zugversuch fest. DIN 50125 gibt Richtlinien für die Herstellung der Proben. Um die Einspannbedingungen zu verbessern, bildet man die beiden Enden eines Probekörpers mit Verdickungen oder Verbreiterungen – sogenannten Köpfen – aus. Die Abmessungen von Rundproben mit glatten Zylinderköpfen zum Einspannen in Beißbacken, von Rundproben mit Gewinde-, Schulter- oder Kegelköpfen und von Flachproben mit Köpfen für Beißkeile sind genormt. Andere Formen von Probekörpern sind mit Rücksicht auf die jeweils vorliegenden Erzeugnisse zulässig. Die Änderung $l - l_0$ der anfänglichen Meßlänge l_0, die innerhalb des zylindrischen oder prismatischen Teils des Probestabes liegen muß, wird in Abhängigkeit von der Zugkraft F gemessen. Für einen Probekörper, der die anfängliche Querschnittsfläche A_0 innerhalb der Meßlänge hat und nicht über den linear elastischen Bereich hinaus beansprucht wird, berechnet man aufgrund eines aufgenommenen Kraft-Verlängerungs-Diagramms den Dehnelastizitätsmodul

$$E = (l_0/A_0)F/(l - l_0). \tag{1.94}$$

DIN 53457 ist die entsprechende Norm für Kunststoffe, bei denen das viskoelastische Verhalten zusätzliche Fragen aufwirft. Die Dehn- oder Stauchgeschwindigkeit soll 1 cm/m min betragen. Eine Begründung für diese Festlegung gibt der Aufsatz von Schreyer u. Bauer (1968). Die Prüfung läßt sich als einfacher Druckversuch ausführen, sofern bei dünnen Probekörpern eine Stützvorrichtung das Ausknicken verhindert. Für Zugversuche sind Rechteckstäbe mit Einspannköpfen, für Druckversuche Rechteckstäbe ohne Querschnittsänderungen vorgeschrieben. DIN 53455 enthält Richtlinien über Form und Abmessungen von Probekörpern.

Zum Prüfen harter Schaumstoffe im Zugversuch legt DIN 53430 Probekörper von rechteckigem Querschnitt fest. Auf deren verbreiterte Enden können, falls die Probe nicht genügend druckfest ist, zur Verbesserung der Einspannbedingungen Metallplatten geklebt werden. In jedem Fall werden die 4 Schultern eines solchen Probekörpers noch durch 4 Metallzylinder gehalten. Nach dieser Norm soll eine feste Dehngeschwindigkeit von 25 cm/m min gewählt werden.

DIN 53392 betrifft die Prüfung „unidirektionaler Laminate" aus Kunststoffen, die in einer Richtung mit Textilglasgarnen oder -vorgespinsten für einachsige Zugbelastung verstärkt sind. Da an den Schultern der sonst vorgeschriebenen Probekörper die verstärkenden Fasern zum Teil durchschnitten würden und bei Probekörpern ohne Schultern Einspannbrüche auftreten könnten, wird die Herstellung einer endlosen Probe von Stadionform vorgeschrieben. Aus dem aufgenommenen Kraft-Verlängerungs-Diagramm soll der Modul gemäß Gl. (1.94) bei einer Dehnung von 1 mm/m berechnet werden. Dabei ist jedoch $F/(l - l_0)$ durch $\Delta F/\Delta l$ zu ersetzen. $\Delta F/\Delta l$ bedeutet die Steigung einer durch die Meßpunkte des Diagramms gelegten Ausgleichsgeraden, die im Falle der Nichtlinearität den Nullpunkt verfehlt. Den so bestimmten, eigentlich nur für isotrop elastische Materialien definierten Modul mit E zu bezeichnen, ist wegen der Mißdeutungsgefahr bedenklich; denn er ist nicht mit dem in **1.9.1.1** eingeführten Eulerschen Modul identisch.

Mit Universalprüfmaschinen kann man sowohl Zug- als auch Druckversuche durchführen. Man beachte, daß bei großen Verformungen der Elastizitätsmodul im Zug- und Druckbereich gemeinhin verschieden ist.

Das mechanische Verhalten von Kautschukvulkanisaten (Gummi) weicht infolge der Dämpfung so stark von den Voraussetzungen der linearen Elastizitätstheorie ab, daß besondere Untersuchungsverfahren notwendig sind. DIN 53513 legt einheitliche Bedingungen für das Bestimmen viskoelastischer Kenngrößen mittels erzwungener Schwingungen außerhalb der Resonanz fest. Da die Untersuchungsfrequenz vom Erreger vorgegeben wird, eignet sich dieses Verfahren auch zum Ermitteln der Temperaturabhängigkeit der Kenngrößen bei konstanter Frequenz und damit zur mechanischen Spektrometrie (vgl. DIN 7724). Das „Roelig-Gerät" wird als ein Ausführungsbeispiel vorgestellt.

Stabbiegeversuche Unter der Biegung eines Stabes versteht man im wesentlichen eine Formänderung mit einer nicht verformten, sogenannten neutralen Schicht, auf deren einer Seite die Dehnung parallel zur neutralen Schicht positiv und auf deren Gegenseite sie negativ, also eine Stauchung ist. Sofern Querdehnungen nicht behindert werden und die lineare Elastizitätstheorie gültig ist, lassen sich Biegeversuche zum Bestimmen des Dehnelastizitätsmoduls heranziehen. Dabei wendet man die Balkenlehre von Bernoulli und Euler an, in der man Scherung und Querschnittsverwölbung vernachlässigt, sozusagen „reine" Biegung voraussetzt, die für Balken nur einachsige Spannungszustände liefert. Der Scherelastizitätsmodul gilt dann als unendlich.

Die für Biegeprüfmaschinen aufgestellte Norm 51227 sieht drehbare Walzen auf einem ebenen Biegetisch und einen Biegestempel mit einer kippbaren Finne vor. Scharfkantige Schneiden könnten bei hohen Auflagerdrücken störende Vertiefungen in der Probe hervorrufen. Diesen sowie einigen anderen technischen Prüfverfahren – z. B. dem Biegeversuch an Hartschaumstoffen nach DIN 53423 und dem Biegeversuch an glasfaserverstärkten Kunststoffen nach der europäischen Norm EN 63 – liegt die aufbaumäßig schlichte „Dreipunktbelastung“ zugrunde, bei der man die Durchbiegung im Bereich der mittleren Krafteinleitung, also in einem gestörten Bereich mißt. Die Gleichförmigkeit des Biegespannungsfeldes wird dagegen um so weniger gestört, je weiter der Ort der Krafteinleitung von dem zu untersuchenden Bereich entfernt ist. Daher verdient die „Vierpunktbelastung“, bei der 2 gegensinnige Kraftmomente an den beiden Balkenenden die Biegung erzeugen, im Hinblick auf Meßgenauigkeit den Vorzug.

Die Vierpunktbelastung liegt der schon erwähnten Norm DIN 53457 für Biegeversuche an Kunststoffen zugrunde. An jedem Ende der Biegeprobe befindet sich im Abstand l_A vom Auflager eine Biegefinne. Zwischen den beiden Biegefinnen entsteht so unter der Last F ein gleichmäßiges Biegemoment $l_A F/2$. Die Norm empfiehlt, in diesem Bereich einen Bezugsbalken mit dem Schneidenabstand l_B zum Messen der Durchbiegung h aufzusetzen, die längs der Meßstrecke l_B in der Mitte unter der Biegekraft F bei konstanter Vorschubgeschwindigkeit des Biegestempels entsteht. Für einen Probekörper mit rechteckigem Querschnitt der Dicke d und der Breite b gilt

$$E = (3 l_A l_B^2 / 4 d^3 b) F/h. \qquad (1.95)$$

Die Norm empfiehlt, ein Kraft-Durchbiegungs-Diagramm aufzunehmen, in dem sich eine durch die Meßpunkte, aber im Falle der Nichtlinearität am Nullpunkt des Diagramms vorbeigehende Ausgleichgerade mit der Steigung $\Delta F/\Delta h$ ermitteln läßt. Man hat dann in der obigen Formel F/h durch $\Delta F/\Delta h$ zu ersetzen.

In DIN 53440 sind für Kunststoffe Biegeschwingungsversuche bei Frequenzen zwischen 1 und 10^4 Hz genormt. Innerhalb dieses Bereiches lassen sich die Messungen über 2 bis 3 Zehnerpotenzen der Frequenz erstrecken. Sauber quaderförmig geschnittene Probekörper, deren Dicke d etwa 1 bis 6 mm, deren Breite b etwa 8 bis 12 mm und deren freie Länge l höchstens 300 mm beträgt, werden empfohlen. Die folgenden zwei Fälle von Anordnungen verdienen den Vorzug.

– Einseitiger Biegeschwinger in senkrechter Lage (s. Fig. 1.62). Das untere Ende des Probekörpers wird zu Biegeschwingungen erregt. Die Einspannung des oberen Endes verhindert unbeabsichtigt miterregte Torsionsschwingungen. Der Schwingungsaufnehmer ist zwischen der Einspannung und dem benachbarten Schwingungsknoten anzu-

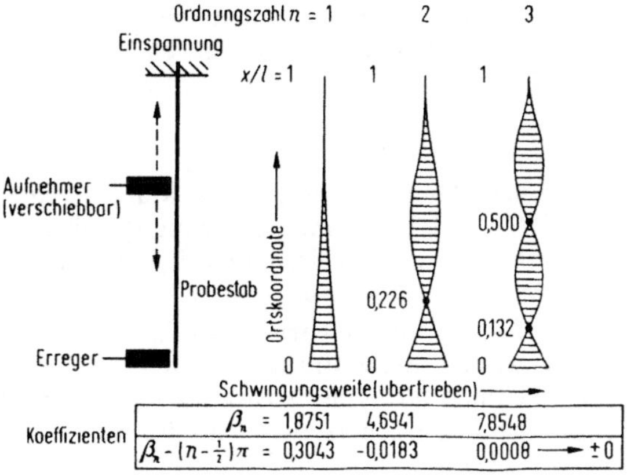

Fig. 1.62
Einseitiger Biegeschwinger in Grund-, erster oder zweiter Oberschwingung

bringen. Wegen des möglichen Dämpfungseinflusses in der Einspannung sollte man auf die Grundschwingung (Ordnungszahl $n=1$) für Meßzwecke verzichten.

– Beidseitiger Biegeschwinger von symmetrischer Anordnung (s. Fig. 1.63). Der Probestab wird in Schwingungsknoten schallisolierend, vorteilhaft mit Textilfäden gehaltert, und zwar in waagerechter Lage, falls die Probe hinsichtlich ihres Eigengewichts genügend biegefest ist, sonst in senkrechter Lage, insbesondere falls man Untersuchungen auch bei hohen Temperaturen vornehmen will.

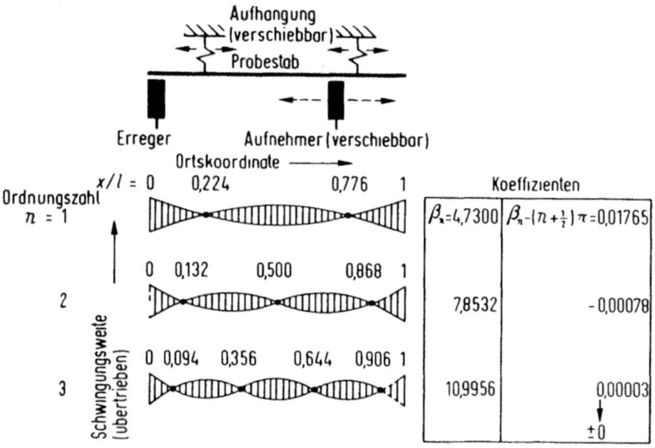

Fig. 1.63
Beidseitiger Biegeschwinger in Grund-, erster oder zweiter Oberschwingung

Bei sehr kleiner Dämpfung (Resonanzschärfe $Q \lessapprox 100$) eignet sich die Untersuchung mittels freier Schwingungen, die man nach dem Abschalten erzwungener Resonanzschwingungen beobachtet. Vor dem Durchführen der Messungen muß man die Sinusform der erzeugten Schwingungen bezüglich der Zeit und eine ausreichende Höhe des Nutzpegels über dem Störpegel sicherstellen. Die Biegewellenlänge n-ter Ordnung ist $\lambda = 2\pi l/\beta_n$. Die Zahlenwerte von β_n sowie die Örter der Schwingungsknoten kann man im ersten Fall der Fig. 1.62 und im zweiten Fall der Fig. 1.63 entnehmen. Um Störschwingungen zu vermeiden, muß man beim Wählen der Probenabmessungen die Bedingung $d<b<\lambda/2$ einhalten. Für die Anwendbarkeit der Bernoulli-Eulerschen Balkenlehre ist $d<\lambda/2\pi$ zu fordern. Der Dehnelastizitätsmodul läßt sich dann aus der Gleichung

$$E = 48\pi^2 \varrho l^4 f_n^2 / d^2 \beta_n^2 \qquad (1.96)$$

berechnen. Hier bedeutet ϱ die Massendichte der Probe und f_n die Kennfrequenz (vgl. DIN 1311 Teil 2) mit der Ordnungszahl $n=1,2,\ldots$. Diese Frequenz stimmt mit der gemessenen, niedriger liegenden Eigenfrequenz der gedämpften Schwingung derselben Ordnung um so besser überein, je kleiner die Dämpfung ist.

Liegt die Resonanzschärfe etwa im Intervall $100 \gtrapprox Q \gtrapprox 10$, so wird empfohlen, die Resonanzen erzwungener Schwingungen in Abhängigkeit von der Frequenz aufzunehmen. Vor dem Auswerten der Resonanzkurve muß man die Abwesenheit von Störresonanzen sicherstellen. Aus der Halbwertsbreite Δf, die zu einer Gipfelfrequenz f_0 gehört, bekommt man die Resonanzschärfe $Q = f_0/\Delta f$ (vgl. DIN 1311 Teil 2).

Bei größerer Dämpfung ($10 \gtrapprox Q \gtrapprox 1$) oder höherer Frequenz f kommen Versuche mit fortschreitenden Biegewellen längs eines Probestabes in Betracht. Die Wellenlänge soll nur im Vergleich zu den Querschnittsabmessungen des Stabes groß bleiben. Der Stab muß so lang sein, daß die an seinen Enden zurückgeworfenen Wellen in seiner Mitte dermaßen abgeklungen sind, daß keine stehenden Wellen auftreten können. Es ist zweckmäßig, das eine Stabende in einem elektromechanischen Wandler, der die Biegewellen erregt, aufzuhängen und den Emfpänger am Stab entlangzuführen. Registriert man die Amplitude des Empfangssignals mit einem logarithmischen Pegelschreiber, so bekommt man eine Gerade, deren Steigung ein Maß der Dämpfung ist. Die Biegewellenlänge λ läßt sich aus der Phasenverschiebung des Empfangssignals ermitteln. Dann ergibt sich der Dehnelastizitätsmodul für ein Probematerial von der Massendichte ϱ aus der Gleichung

$$E = 3\varrho f^2 \lambda^4 / \pi^2 d^2. \tag{1.97}$$

Die Anwendbarkeit dieser Gleichung ist bei hoher Frequenz und großer Dämpfung fragwürdig. Im Gegensatz zu den Dehn- und Torsionswellen sind die Biegewellen des Bernoulli-Euler-Balkens dispersiv. Nach dem geltenden Dispersionsgesetz wächst die Phasengeschwindigkeit proportional der Repetenz unbeschränkt. Die Gruppengeschwindigkeit ist demnach sogar doppelt so groß wie die Phasengeschwindigkeit. Daraus folgt beispielsweise, daß eine lokale Erregung ihre Wirkung augenblicklich über einen ganzen, unendlich langen Balken hinweg ausübt. Diese Anomalie hat ihre Ursache in der theoretischen Annahme einer unendlich großen Schersteifheit und einer vernachlässigbaren Massenträgheit der Drehung. Eine Beschränkung bezüglich des Dämpfungsverhaltens beruht auf der theoretischen Annahme, daß sich die Lösung der zugrunde liegenden partiellen Differentialgleichung durch Separation der Orts- und der Zeitabhängigkeit der erzwungenen Schwingung gewinnen läßt. Übrigens ist es bemerkenswert, daß die Differentialgleichung auch ohne Dämpfungsglied Lösungen liefert, die örtlich an- oder abklingende, sich nicht fortpflanzende Wellen mit lokal gebundener Schwingungsebene beschreiben. Weiteres s. z. B. Graff (1975).

Verwendet man gesonderte Sende- und Empfangswandler, so sind Maßnahmen gegen das störende „Übersprechen", das infolge magnetischen oder elektrischen Streuflusses entsteht, zu ergreifen: wie Kurzhalten und Abschirmen der elektrischen Zuleitungen, Kleinhalten der gegenseitigen Induktivität und Kapazität; oder man wähle Wandler von verschiedenem Typ.

Versuche mit einfacher Scherung DIN 53294 beschreibt einen Scherversuch an planparallelen Kernverbunden. Nach DIN 53290 besteht ein Kernverbund aus einem dicken, leichten Kern und zwei dünnen, steifen Deckschichten, die sich in kraftschlüssiger Verbindung mit dem Kern befinden und die Aufgabe haben, die äußere Belastung aufzunehmen und auf den Kern gleichmäßig zu übertragen. Der Scherversuch kann aber auch an quaderförmigen Probekörpern ohne Deckschichten ausgeführt werden. Man klebt den Probekörper zwischen zwei biegesteife Krafteinleitungsplatten. Diese sind mit Schneidkanten versehen, die man in den beiden Druckstempeln der Prüfmaschine einrastet. Die Abmessungen der Vorrichtung soll man so wählen, daß die Wirkungslinie der Prüfkraft in der Diagonale des Probekörpers liegt. Man rüstet die Prüfvorrichtung mit einem Längenmeßgerät aus und mißt die Parallelverschiebung v in Abhängigkeit von der Prüfkraft F. Hat der Probekörper die Dicke d, die Breite b und die Länge l, so ist der Scherelastizitätsmodul

$$G = (d/bl)F/v. \tag{1.98}$$

Die Norm empfiehlt, ein Kraft-Verschiebungs-Diagramm aufzunehmen, in dem sich eine durch die Meßpunkte, aber im Falle der Nichtlinearität am Nullpunkt des Diagramms vorbeigehende Ausgleichsgerade mit der Steigung $\Delta F/\Delta v$ ermitteln läßt. Man hat dann in der obigen Formel F/v durch $\Delta F/\Delta v$ zu ersetzen.

Für Schiedsfälle schreibt die Norm vor, Schneidenplatten an die beiden freien, infolge der Scherung kippenden Enden des Probekörpers zu kleben. Allerdings rufen diese Platten in den Kanten kompressive Zwangskräfte hervor, so daß Gl. (1.98) ihren physikalischen Sinn gänzlich verliert.

Torsionsversuche Mit einigen Vorbehalten läßt sich der Scherelastizitätsmodul auch aus Torsionsversuchen bestimmen. Torsionsmessungen an dünnen kreiszylindrischen Körpern sind gewöhnlich mit erheblichen Streuungen behaftet, weil sich in geometrischer und materieller Hinsicht völlig gleichmäßige kreiszylindrische Körper schwer herstellen lassen. Deshalb zieht man bandförmige Probekörper vor, obwohl jede Abweichung von der Kreisform des Körperquerschnitts eine Querschnittsverwölbung verursacht. Allerdings kann man deren Einfluß durch gute Näherungen erfassen; siehe Gl. (1.99) und (1.100).

DIN 53447 beschreibt für Kunststoffe einen Torsionsversuch, der mit einem unaufwendigen Gerät durchgeführt wird. Zwei gleiche Gewichtsstücke hängen an dünnen Seilen, die paarweise über Rollen umgelenkt werden und über eine Antriebsrolle ein zeitlich konstantes Kraftmoment M auf den Probekörper übertragen. Der durch das Nachgeben derProbe entstehende Winkelausschlag α wird auf einer Kreisskala abgelesen (in Radiant gemessen). Die Probe samt Einspannjoch bringt man in einem Temperiergefäß unter. Für einen Probestab mit rechteckigem Querschnitt von der Dicke d und der Breite b ($d \leqslant b$) und mit der freien Einspannlänge l gilt

$$\tilde{G} = \frac{3Ml}{\alpha d^3[b - 192\pi^{-5} d \tanh(\pi b/2d)]} \approx G. \tag{1.99}$$

Die Größe $\tilde{G}$ wird in der Norm „Torsionssteifheit" genannt. Sie darf mit dem Scherelastizitätsmodul G nur dann identifiziert werden, wenn der Einfluß der Inhomogenität des Verformungsfeldes vernachlässigbar ist (s. **1**.9.1.1). Beliebige Torsionsverformungen sind wegen der radialen Ortsabhängigkeit inhomogen und können lediglich in jedem inkompressiblen Körper von der Form eines vollen Kreiszylinders existieren. Deshalb ist übrigens der verbreitete Name „Torsionsmodul" statt „Scherelastizitätsmodul" nicht zu empfehlen.

Ein Torsionsschwingungsversuch ist in DIN 53445 für Kunststoffe und in DIN 53520 für Elastomere genormt. Der Probekörper soll ein Band von rechteckigem Querschnitt im Seitenverhältnis b/d (vorzugsweise etwa 10) sein. Seine Enden werden in Klemmen gehalten, deren Abstand gleich der freien Länge l ist. Das eine Ende ist mit einer vertikalen Drehachse verbunden. Das andere Ende trägt eine frei hängende Drehachse, an der eine horizontale Schwungscheibe samt Spiegel für die optische Anzeige ihrer Drehbewegungen befestigt ist. Das polare Massenträgheitsmoment J des gesamten Schwungkörpers hat man nach einem geeigneten Verfahren – z. B. durch Ändern der Schwungmasse – zu bestimmen. Durch geringes Drehen der oberen Achse regt man das Pendel zu freien Drehschwingungen möglichst kleiner Amplitude $\hat{\alpha}$ an. Der Verdrehungswinkel darf dabei etwa 2° nicht überschreiten. Es ist zweckmäßig, die Schwingungskurve auf einen lichtempfindlichen Registrierstreifen zu schreiben. Bei exakter Zentrierung müssen diese Schwingungen Sinusform haben. Ihre Frequenz f mag bei 0,1 bis 10 Hz liegen. Die Dämpfung ergibt sich aus dem Verhältnis aufeinanderfolgender einseitiger Amplituden $\hat{\alpha}_n$ und $\hat{\alpha}_{n+1}$ der aufgenommenen Schwingungskurve. Der

Scherelastizitätsmodul läßt sich dann aus der Gleichung

$$G = \frac{12\pi^2 J l f^2 \{1 + [\ln(\hat{\alpha}_n/\hat{\alpha}_{n-1})/2\pi]^2\}}{d^3[b - 192\pi^{-5} d \tanh(\pi b/2d)]} \quad (1.100)$$

berechnen.

Durch den Einbau der Probe in eine Temperierkammer läßt sich außerdem die Temperaturabhängigkeit bestimmen, die Aufschluß über die Zustandsbereiche des Kunststoffs zu geben vermag (s. DIN 7724).

DIN 53445 gibt zu Gl. (1.95) eine universelle Korrektion an, die einen Beitrag des Schwungkörpergewichts zum Drehmoment wiedergeben soll, sich aber auf eine mangelhafte Theorie zu stützen scheint. Eine universelle Korrektion ist gar nicht möglich, da sich der fragliche Effekt nur vermöge einer nichtlinearen Materialgleichung erfassen läßt. Auch Experimente deuten auf das Vorhandensein kleiner nichtlinearer Wechselwirkungen hin, die sich bei axialer Zugbeanspruchung zumeist als „Torsionsentsteifung" und bei Torsionsbeanspruchung zumeist als „Drehversteifung" äußern.

Der störende Einfluß einer axialen Zuglast läßt sich durch eine andere Versuchsanordnung beseitigen, in der die untere Einspannklemme festsitzt, die obere mit dem Schwungkörper verbunden ist und der Schwungkörper an einem Band mit Umlenkrolle und Gegengewicht hängt. Das Richtmoment der Aufhängung ermittelt man durch eine Messung ohne Probe.

Standversuche DIN 50119 gibt Richtlinien für Standversuche. Diese Versuche sind durch ruhende mechanische Beanspruchung der Probe sowie durch konstante Temperatur gekennzeichnet. Die Grenze zwischen Kurz- und Langzeitversuch schwankt im Versuchsdauerbereich von 100 bis 1000 h. Hinsichtlich der Randbedingungen unterscheidet man folgende zwei Arten.

– Zeitstandversuche, die man ausdrucksvoller auch „Kriechversuche" nennt. Sie werden in der Praxis am häufigsten angewendet. Die allmähliche Formänderung – das „Kriechen" – der kraftschlüssig eingespannten Probe wird bei zeitlich konstanter Spannung σ gemessen und als Zeit-Dehnungs-Linie, vorzugsweise in doppelt logarithmischem Koordinatennetz, aufgezeichnet. Die Darstellung mit den Versuchszeiten t als Parameter liefert die isochronen Spannungs-Dehnungs-Linien. DIN 50118 ist die betreffende Norm für metallische Werkstoffe, DIN 53444 jene für Kunststoffe. Im Falle des Dehnversuches mit der zeitlich veränderlichen Dehnung $\varepsilon(t)$ bestimmt man den „Kriechmodul"

$$\mathrm{E_c}(t) = \sigma/\varepsilon(t). \quad (1.101)$$

– Entspann-(oder Spannungsrelaxations-)versuche. Sie sind etwas schwieriger durchzuführen. Man zwingt der formschlüssig gehalterten Probe eine konstante Verformung ε auf, mißt die allmähliche Abnahme (die Relaxation) der Spannung $\sigma(t)$, zeichnet diese als Zeit-Spannungs-Linie auf und verfährt im übrigen wie bei den Zeitstandversuchen. Versuche, die zum Prüfen von Kunststoffen dienen, sind in DIN 53441 genormt. Im Falle eines Dehnversuches wird der „Entspann-(oder Relaxations-) Modul"

$$\mathrm{E_r}(t) = \sigma(t)/\varepsilon \quad (1.102)$$

bestimmt.

Kriech- und Entspannmodul stimmen nur in der linearen Elastizitätstheorie überein. Eine krasse Verschiedenheit ist bei Kunststoffen im gummielastischen Zustand zu beobachten, während sie im Glaszustand geringer ausfällt.

Kriech- und Entspannversuche werden vorwiegend unter Zugbeanspruchung durchgeführt. Grundsätzlich ist aber jeder der vorher betrachteten Versuchstypen anwendbar. Beispielsweise kann man nach der schon besprochenen Norm DIN 53447 (s. 1.9.1.2 Torsionsversuche) das Torsionskriechen untersuchen.

Literatur betr. Viskoelastizität s. Retting (1972).

1.9.1.3 Bestimmen von Elastizitätsgrößenpaaren

Theoretische Beziehungen Ein elastisches Fluid ist gemäß Gl. (1.87) durch eine Skalarfunktion, ein isotrop und linear elastischer Festkörper gemäß Gl. (1.89) durch 2 voneinander unabhängige Moduln gekennzeichnet. Die zuvor beschriebenen genormten Verfahren liefern aber jeweils nur 1 unmittelbar gemessene Kenngröße (E oder G). Bei den meisten metallischen Elementen ist die Poissonzahl μ ungefähr gleich $1/3$, so daß aufgrund der in Tab. 1.06 angegebenen Modulverknüpfungen $K \approx E \approx 8\,G/3$ gilt. Zur besseren Materialkennung ist es aber notwendig, mindestens 1 Größenpaar möglichst an derselben Probe zu messen und über zusätzliche Versuche die Modulverknüpfungen zu prüfen. Fehlerfreie Meßergebnisse, die den Modulverknüpfungen nachweislich widersprechen, darf man nicht ohne weiteres als Abweichung von der elastischen Isotropie allein deuten (s. 1.9.1.1).

Zum unmittelbaren Messen des Volumenelastizitätsmoduls K dienen Kompressionsversuche, die in 3.2.1.3 und 3.2.2.3 behandelt werden.

Kleine Meßfehler $\mathrm{d}E$, $\mathrm{d}G$, $\mathrm{d}K$ der Elastizitätsmoduln bringen systematisch die kleinen Fehler $\mathrm{d}\mu$ der Poissonzahl gemäß den Gleichungen

$$\frac{\mathrm{d}\mu}{\mu} = \left\{ \begin{array}{ll} \Phi_{E,G}\left(\dfrac{\mathrm{d}E}{E} - \dfrac{\mathrm{d}G}{G}\right), & \Phi_{E,G} = \dfrac{1}{\mu} + 1 \\ \Phi_{K,E}\left(\dfrac{\mathrm{d}K}{K} - \dfrac{\mathrm{d}E}{E}\right), & \Phi_{K,E} = \dfrac{1}{2\mu} - 1 \\ \Phi_{K,G}\left(\dfrac{\mathrm{d}K}{K} - \dfrac{\mathrm{d}G}{G}\right), & \Phi_{K,G} = \dfrac{1}{3}\left(\dfrac{1}{\mu} - 1 - 2\mu\right) \end{array} \right\} \tag{1.103}$$

mit sich (s. auch Fig. 1.64). Der Fehlerfaktor Φ nimmt für $\mu > -1/2$ stets zu, wenn μ abnimmt. Die Berechnung von μ aus E und G kann offenbar mit dem größten Fehler behaftet sein. Deshalb werden im folgenden unmittelbare Meßverfahren für μ vorzugsweise beschrieben.

Dividiert man die Ausdrücke von Gl. (1.103) durch das Temperaturinkrement $\mathrm{d}\theta$, so bekommt man Beziehungen für die Temperaturkoeffizienten von μ, E, G und K. Den Modulverknüpfungen entsprechend gibt es für jedes isotrop und linear elastische Material auch nicht mehr als zwei voneinander unabhängige Temperaturkoeffizienten.

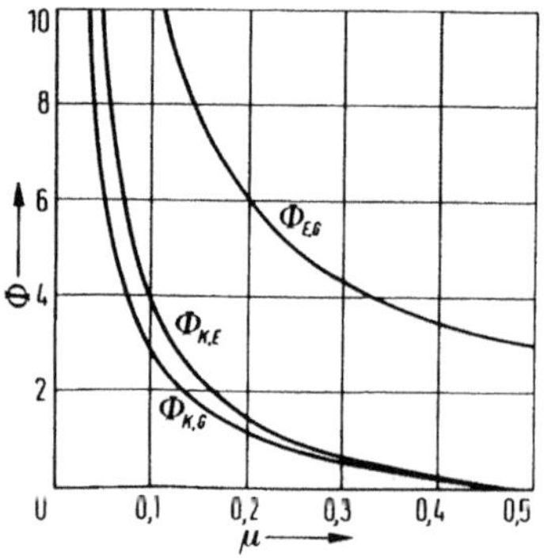

Fig. 1.64
Fehlerfaktor Φ beim Berechnen der Poissonzahl μ aus den Elastizitätsmoduln E, G und K

Stabdehnversuche Die Poissonzahl läßt sich aus statischen Stabdehnversuchen (s. **1**.9.1.2) durch gleichzeitiges Messen von Längsdehnung ε_1 und Querdehnung ε_2 als das Verhältnis

$$\mu = -\varepsilon_2/\varepsilon_1 \tag{1.104}$$

bestimmen. Dazu sind besonders für die kleinen Querdehnungen empfindliche Längenmeßtechniken – wie Spiegelablesungen hoher Übersetzung, optische Interferometrie oder elektrische Dehnungsmeßstreifen – erforderlich.

Für das Untersuchen der elastischen Verformung von Haarkristallen und anderer winziger Probekörper entwickelte Marsh (1961) ein besonderes optisches Dehnungsmeßgerät. Dieses arbeitet mit einem Doppelspiegelsystem, das von einem Autokollimationsfernrohr Licht empfängt und von einer Marke zwei Bilder liefert, die zusammenfallen, wenn die beiden Spiegel genau im halbrechten Winkel zueinander stehen. So kann man Längenänderungen von einigen 10^{-10} m bei konstanter Temperatur messen. Entsprechend kleine Lasten bringt man mittels einer Torsionswaage auf.

Bei Untersuchungen mit Dehnschwingungen in Resonanz kann man sich auf Messungen der Eigenfrequenz f statt Dehnungsmessungen stützen und die mit der Poissonzahl verknüpfte geometrische Dispersion der Dehnwellengeschwindigkeit in Stäben verschiedenen Schlankheitsgrades nutzen. Die Wellenlänge λ möge aber im Vergleich zum Trägheitsradius j einigermaßen groß bleiben, so daß die Näherungsgleichung

$$\frac{E}{\varrho f^2} = \lambda^2 + (2\pi\mu j)^2 \tag{1.105}$$

anwendbar ist, die aus der Rayleigh-Love-Korrektion (vgl. z. B. Graff (1975)) hervorgeht. Es sind Messungen mit verschiedenen Wellenlängen vorzunehmen. Ein Probestab der Länge l, der in den gleichmäßig verteilten Schwingungsknoten zwängungsfrei gehaltert wird, führt Eigenschwingungen n-ter Ordnung mit der Wellenlänge $\lambda = 2l/n$ aus. Wegen störender Verkopplung mit Querdehnschwingungen darf die Ordnungszahl n aber nicht zu hoch sein. Verschiedene Stablängen sind durch Abschneiden von Stücken einer hinreichend langen Probe herzustellen. Bezüglich der zahlreichen technischen Möglichkeiten der Schwingungserregung und -aufnahme im Schall- und Ultraschallbereich s. Fine (1952). Die Resonanz stellt man durch Rückkopplung zwischen Erreger und Aufnehmer der Dehnschwingungen her. Die Meßwertpaare (f^{-2}, λ^2) müssen angenähert auf einer Geraden liegen (s. Fig. 1.65). Dann läßt sich die Poissonzahl μ aus dem Abschnitt – $(2\pi\mu j)^2$ auf der λ^2-Achse und der Elastizitätsmodul E, sofern die Massendichte ϱ bekannt ist, aus der Steigung ϱ/E der ausgleichenden Geraden berechnen. Für ein Kreisrohr mit dem Außendurchmesser d und dem Innendurchmesser d' $(0 \leqslant d' < d)$ gilt $j^2 = (d^2 + d'^2)/8$ und für einen Stab, dessen Querschnitt ein nicht zu sehr vom Quadrat abweichendes Rechteck mit der Diagonallänge $\bar{d}$ ist, $j^2 = \bar{d}^2/12$.

Verwendet man zu kleine Wellenlängen, so verliert Gl. (1.105) ihre Gültigkeit, weil dann die nichtdispersiven, an die Körperoberfläche gebundenen Rayleighwellen (s. **1**.9.1.3 Plattenwellenversuche) hervortreten. In Fig. 1.65 drücken durch den Nullpunkt gehende Geraden Dispersionsfreiheit aus. Bei noch kleineren Wellenlängen können sich auch die ebenfalls nichtdispersiven Längswellen wie im unbegrenzten elastischen Medium ausbreiten (s. **1**.9.1.1 und **1**.9.1.3 Wellenbrechungs- und -spiegelungsversuche).

Stabbiegeversuche Die Probe sei in der Form eines Rechteckstabes (Balkens) verfügbar. Der Querschnitt darf aber nicht zu sehr vom Quadrat abweichen, weil sonst

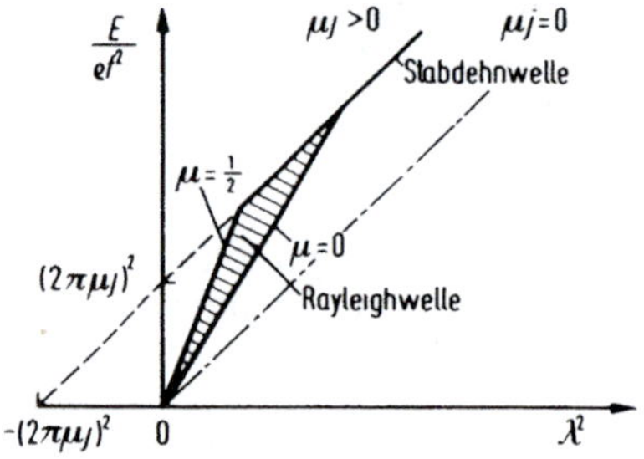

Fig. 1.65 Dispersionsgesetz gemäß der Rayleigh-Love-Korrektion

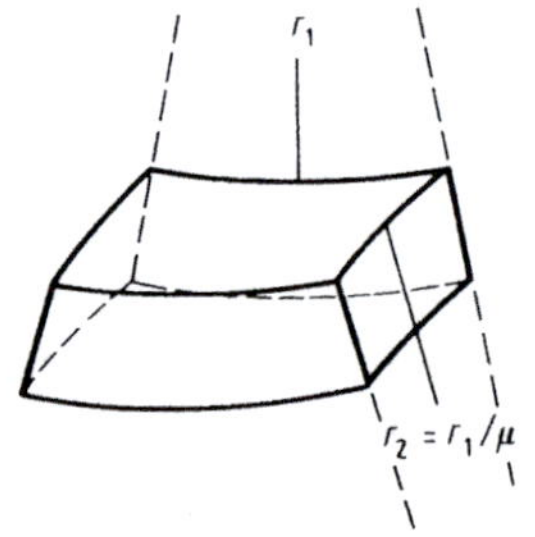

Fig. 1.66 Sattelförmige Verwölbung (Antiklastik) eines gebogenen elastischen Quaders

die Querdehnungen im mittleren Bereich des Querschnitts nicht behindert werden. Um „reine" (d. h. scherungsstarre) Biegung zu erzeugen, ist eine Vierpunktbelastung (s. **1**.9.1.2 Stabbiegeversuche) vorteilhaft. Im Abstand Δr von der neutralen Schicht entstehen Längsdehnungen $\varepsilon_1 = \Delta r/r_1$ und Querdehnungen $\varepsilon_2 = \Delta r/r_2$ mit r_1 und r_2 als Krümmungsradien gemäß Fig. 1.66. Durch Einsetzen dieser Ausdrücke in Gl. (1.104) bekommt man unter der Voraussetzung kleiner Dehnungen

$$\mu = r_1/r_2. \tag{1.106}$$

Um μ zu bestimmen, hat man also die beiden Hauptkrümmungen zu messen.

Für hinreichend große Proben eignen sich dazu mechanische Krümmungsmeßgeräte, die von der Industrie angeboten werden. Um die Verformungen sichtbar zu machen, kann man Drähte als Zeiger nach Mallock in feine Bohrungen der Probe einstecken oder nach Searle an die eben bleibenden Seitenteile der Probenoberfläche befestigen. Läßt sich die Oberfläche einer Breitseite des Probestabes optisch plan polieren oder verspiegeln, so sind mit Vorteil verschiedene optische Techniken anwendbar. Beispielsweise macht man nur die Ecken eines auf der Probenoberfläche abgesteckten Quadrates spiegelnd und potographiert deren Verschiebungen, die durch die Belastungen entstehen, mit einer Kamera über ein Autokollimationsfernrohr. Beim Autokollimationsverfahren können die Abmessungen der Meßapparatur verhältnismäßig klein bleiben. Falls es darauf nicht ankommt, läßt sich das Gauß-Poggendorffsche Verfahren in zwei Abarten einsetzen: ein Bildwerfer erzeugt ein Rasterbild der verspiegelten Probe auf einem Schirm, oder eine Rasterfläche wird über die verspiegelte Probe abgebildet und photographiert.

Rein optisch ist das Interferenzverfahren nach Cornu. Der Probekörper wird so gebogen, daß die größte Krümmung seiner Mitte nach oben weist. Man legt auf die in diesem Teil völlig spiegelglatt gemachte Oberfläche eine planparallele Glasplatte und nimmt durch senkrechtes Beleuchten mit monochromatischem Licht oder durch Laserholographie ein optisches Interferogramm (s. Fig. 1.67) auf, das die Höhenlinien der sattelförmigen Verwölbung darstellt. Diese bilden Hyperbeln, deren Asymptoten unter der Voraussetzung, daß die Oberfläche ursprünglich eben war, den für $\mu > 0$ spitzen Winkel $2 \arctan \sqrt{\mu}$ einschließen. Demnach ergibt das in Fig. 1.67 gezeigte Beispiel $\mu = 0{,}275$.

Leicht ausführbare Biegeschwingungsversuche sind genormt (s. **1**.9.1.2), aber nur zum Bestimmen eines einzigen Elastizitätsmoduls. Bei gehobenen Ansprüchen hat sich ein Meßprogramm unter Hinzuziehung von Versuchen mit Dehn- und Torsionsschwingungen an demselben Probekörper bewährt (vgl. Spinner, Reichard u. Tefft (1960), Spinner u. Tefft (1961)). Verfahren, bei denen zwei Versuchsarten an demselben Probekörper gleichzeitig stattfinden, werden im folgenden betrachtet.

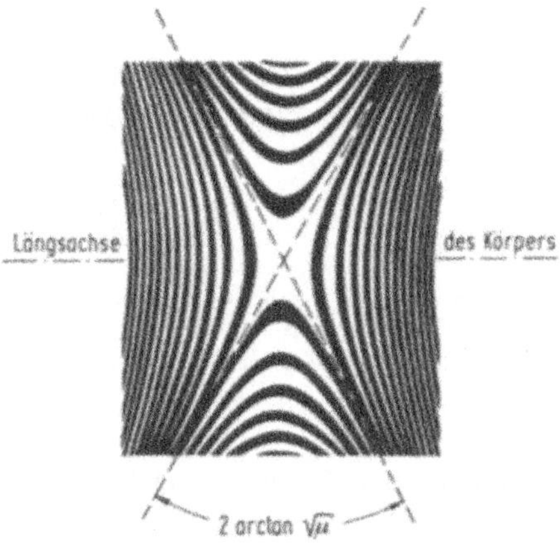

Fig. 1.67
Optisches Interferogramm der Sattelfläche von Fig. 1.66

Gleichzeitige Stabbiege- und -torsionsversuche Nach einem Verfahren, das vermutlich auf eine Idee von Gauß zurückgeht, aber erst von Kirchhoff ausgeführt wurde und sich insbesondere für Untersuchungen bei höheren Temperaturen bewährt hat (vgl. Bell (1973)), werden in der ursprünglichen Form gemäß Fig. 1.68 an jedem Ende eines in der Mitte C waagerecht gehaltenen gleichförmigen Probestabes ein waagerechter Spiegel S bzw. S′ sowie ein gleichlanger doppelter Lastarm AB bzw. A′B′ rechtwinklig zum Probestab und parallel zur Spiegelebene befestigt. Man beansprucht den Probestab gleichzeitig auf Biegung und Torsion, indem man in den Punkten A und A′ sowie zur Kontrolle nochmals in den Punkten B und B′ gleiche Lasten anbringt. Störende Schwingungen des Systems bedämpft man mit Öltöpfen. Infolge der Belastung verschieben sich die beiden mit Autokollimationsfernrohren zu beobachtenden Lichtzeiger zuerst in die Richtungen D und D′, dann in die Richtungen E und E′. Weder auf die Beträge der Verschiebungen noch auf den Betrag der Last kommt es an, sofern diese hinreichend klein bleiben. Bezeichnet man die Längsstrecke AB′ oder BA′ mit l, die Querstrecke AB oder A′B′ mit q, den Winkel, über den die Probestabenden durch die Biegung miteinander verdreht werden, mit α_B, den entsprechenden durch die Torsion bewirkten Verdrehungswinkel mit α_T, das Biegeträgheitsmoment mit J_B und das Torsionsträgheitsmoment mit J_T, so ergibt sich die Poissonzahl bei kleinen Verformungen aus der Gleichung

$$\mu = \frac{l J_T \alpha_T}{4 q J_B \alpha_B} - 1. \tag{1.107}$$

Dieselbe Gleichung besteht für α' statt α. Um zufällige Asymmetrien auszugleichen, empfiehlt es sich, Mittelwerte zu bilden. Ist der Probestab ein voller kreiszylindrischer Körper oder ein dickwandiges Rohr, so gilt $J_T/J_B = 2$. Bei rechteckigem Stabquerschnitt mit den Seitenlängen d und b ($d \leqslant b$) gilt in guter Näherung

$$J_T/J_B = 4\Gamma[1 - 192\pi^{-5}(d/b)\tanh(\pi b/2d)]. \tag{1.108}$$

Hier ist im Falle breitseitiger Biegung $\Gamma = 1$ und im Falle schmalseitiger Biegung $\Gamma = (d/b)^2 \leqslant 1$ zu setzen.

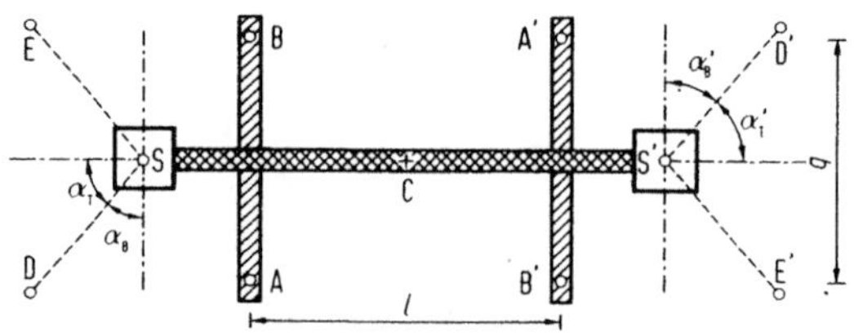

Fig. 1.68 Gauß-Kirchhoff-Experiment zum Messen der Poissonzahl

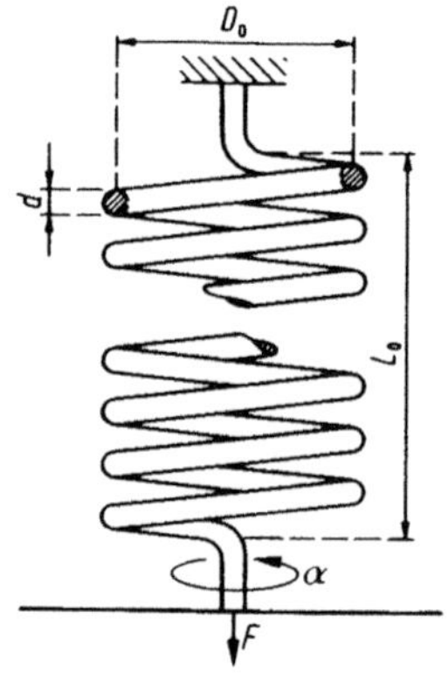

Fig. 1.69
Zylindrische Zugwendelfeder als Probekörper

Als gleichzeitige Torsion und reine Biegung ist auch die Verformung einer Wendelfeder zu betrachten. Durch Wickeln eines als langer Stab (Draht) vorhandenen bildsamen Probematerials über einen Dorn läßt sich eine gleichförmige zylindrische Wendelfeder herstellen. Die Zahl N der wirksamen Windungen muß man groß genug wählen, um die von den Federenden verursachten Unsicherheiten auszuschalten. Die Wendelfeder habe unverformt die natürliche Länge L_0 (das N-fache einer Ganghöhe im natürlichen Zustand) und den mittleren Durchmesser D_0 (s. Fig. 1.69). Eine torsionsmomentfreie axiale Last F, die man durch Anhängen eines Gewichtes erzeugen kann, bewirkt bei kleinen inneren Verformungen eine ziemlich große Längenänderung $L - L_0$ sowie eine Drehung über den Winkel α, der mittels einer an dem freien Federende befestigten Drehscheibe gemessen werden kann. Unter der Annahme, daß sich die wirksame Länge der mittleren Stabfaser unter Torsion und reiner Biegung in der linearen Näherung nicht ändert, ist die Steigung der Wendelfeder

$$\Omega = L/\sqrt{(N\pi D_0)^2 + L_0^2 - L^2}. \tag{1.109}$$

Der Federstab habe einen kreisförmigen Querschnitt vom Durchmesser d. Dann bekommt man bei nicht zu großen inneren Verformungen

$$\mu = \frac{1 + \Omega^2}{[2(L - L_0)/D\alpha]\Omega - 1} \tag{1.110}$$

und
$$G = \frac{16 N D^3 F \sqrt{1 + \Omega^2}}{d^4[2(L - L_0) + D\alpha\Omega]} \tag{1.111}$$

oder
$$E = \frac{32 N D^3 F \sqrt{1 + \Omega^2}}{d^4[2(L - L_0) - (D\alpha/\Omega)]} \tag{1.112}$$

mit $D \approx D_0$. Die größte Meßgenauigkeit erzielt man für μ mit Werten der Steigung $\Omega \approx D\alpha/(L - L_0)$ und für G mit etwa halb so großen Steigungswerten.

Die Wendelfeder läßt sich auch unter Vorgabe des axialen Torsionsmoments statt der axialen Last untersuchen. Obwohl der Berechnung die lineare Elastizitätstheorie zugrunde liegt, gehorchen die sich ergebenden äußeren Verformungen der Wendelfeder aus geometrischen Gründen in keinem Falle dem linearen (Hookeschen) Gesetz (vgl. Andreeva (1966)).

Ferner kann man ein Wendelfederpendel für Elastizitätsmessungen nach dem Resonanzverfahren benutzen. Das Auswerten ist jedoch etwas umständlich.

Kugelresonanzversuche Kleine Probekörper von genauer Kugelform lassen sich ziemlich leicht nach der Methode der zufällig verteilten Schleifvorgänge herstellen, indem zuerst eine Ecke eines anfangs genau würfelförmigen Rohlings ein bißchen abgestumpft und dieser Vorgang an irgendeiner Ecke des entstandenen Polyeders unzählige Male wiederholt wird. Dafür haben sich zwei verschiedene Techniken bewährt. In einem Schleudertopf mit Preßluft- oder Motorantrieb läßt sich die Unrundheit schon auf 1 mm/m und mittels der in der Edelsteinschleiferei üblichen Paare gegenläufiger Läppröhren oder -scheiben sogar auf 0,1 mm/m vermindern (vgl. Schreiber u. a. (1973)). Es bleibt dann noch der Durchmesser d der fertigen Probekugel mit entsprechender Genauigkeit zu messen.

Zum Messen von Elastizitätsgrößen sowie deren Temperatur- und Druckabhängigkeiten an Probekugeln mit $d \approx 1$ bis 10 mm eignet sich das Resonanzverfahren im Frequenzbereich von 10^5 bis 10^7 Hz (vgl. Fraser u. LeCraw (1964), Schreiber u. a. (1973)). Der Frequenzgenerator soll auf 1 Hz fein abstimmbar und stabil sein. Die elektronische Hochfrequenzschwingung wird – periodisch ein- und ausgeschaltet – einem elektromechanischen Wandler zugeführt, der die Probe trägt und durch Haftreibung zum Mitschwingen veranlaßt, wenn die Frequenz des gewobbelten Senders in der Nähe einer Eigenfrequenz der Probekugel liegt. Während der Schaltpausen empfängt der Wandler die Schwingungen, die sich – von der als vernachlässigbar vorauszusetzenden Rückwirkung des Wandlers abgesehen – unter mechanischer Spannungsfreiheit an der Kugeloberfläche ergeben und im wesentlichen nach Maßgabe der Dämpfung des Probematerials abklingen. Die Signale beobachtet man auf dem Bildschirm eines Elektronenstrahloszillographen. Statt des einendigen Betriebes kann man auch zwei Wandler – den einen als Erreger, den anderen als Aufnehmer – in antipodischer Anordnung verwenden. Es ist zweckmäßig, mit einem Koordinatenschreiber ein akustisches Spektogramm anzufertigen, das auch die Resonanzschärfen der betreffenden Eigenschwingungsmodi auszuweisen vermag.

Torsionsschwingungen, die durch tangentiale Berührung der Probekugel mit einem piezoelektrischen Scherwandler erregt werden, bestehen aus reinen Quer-(Scher-)wellen, bei denen keine radialen Verschiebungen stattfinden, und eignen sich daher zum Bestimmen der Querwellengeschwindigkeit c_t und damit des Scherelastizitätsmoduls aus der Gleichung $G = \varrho c_t^2$. Bedeutet $f_{i\mathrm{T}n}$ die gemessene Eigenfrequenz der n-ten Harmonischen des i-ten Torsionsschwingungsmodus (mit $i-1$ als Anzahl der konzentrischen kugelförmigen Knotenflächen der Azimutalverschiebung), so bekommt man

$$c_t = \pi d f_{i\mathrm{T}n} / \nu_{i\mathrm{T}n} \tag{1.113}$$

mit $\nu_{1\mathrm{T}2} \approx 2{,}5011$, $\nu_{1\mathrm{T}3} \approx 3{,}8647$, $\nu_{1\mathrm{T}4} \approx 5{,}0946$, $\nu_{2\mathrm{T}1} \approx 5{,}7635$, $\nu_{1\mathrm{T}5} \approx 6{,}2658$, $\nu_{2\mathrm{T}2} \approx 7{,}1360$, $\nu_{1\mathrm{T}6} \approx 7{,}4036, \ldots$;

vgl. Satô u. Usami (1962), Schreiber u. a. (1973), Eringen u. Şuhubi (1975).

Es ist günstig, viele Eigenfrequenzen $f_{i\mathrm{T}n}$ zur Verfügung zu haben, um die unvermeidlich gemeinsam auftretenden Eigenfrequenzen, die nicht zu Torsionsschwingungen gehören, erkennen zu können. Zwischen den aus verschiedenen Torsionsschwingungsmodi ${}_i\mathrm{T}_n$ gewonnenen Ergebnissen muß man Abweichungen von der Größenordnung 10^{-4} in der Regel hinnehmen. Geht die Form des Probekörpers in ein Sphäroid über, so spalten sich die Eigenfrequenzen $(i+1)$-fach auf. Die Eigenfrequenzen eines Sphäroids unterscheiden sich aber bei den ${}_1\mathrm{T}_n$-Modi nur sehr wenig von der

Eigenfrequenz f_{1Tn} einer Kugel, deren Durchmesser gleich dem mittleren Durchmesser des Sphäroids ist.

Um die übrigen Elastizitätsgrößen zu bestimmen, muß man die Probekugel mit einem Dickenschwinger zu Sphäroidschwingungen der Modi $_i S_n$ erregen. In Fig. 1.70 ist die Poissonzahl μ als Funktion der durch

$$\nu_{iTn} = \pi d f_{iTn}/c_t, \quad \nu_{iSn} = \pi d f_{iSn}/c_l \tag{1.114}$$

definierten normierten Eigenfrequenzen ν sowohl der Torsionsschwingungen - durch gestrichelte Geraden - als auch der Sphäroidschwingungen - durch ausgezogene Kurven - dargestellt (vgl. Fraser u. LeCraw (1964), Schreiber u. a. (1973)). Man normiert das gemessene Frequenzspektrum entsprechend Gl. (1.114) vermöge der bekannten Größen d und c_t. Nun sucht man die normierten Frequenzwerte des gemessenen Spektrums mit den Frequenzwerten, die sich durch Schneiden der Graphen vonFig. 1.70 mit einer Geraden $\mu = \text{const}$ ergeben, zur Deckung zu bringen. Der Wert μ, bei dem dies gelingt, ist dann die Poissonzahl des Probematerials. Die Meßunsicherheit hat die gleiche Größenordnung wie die des Frequenzverhältnisses, nämlich 10^{-4}.

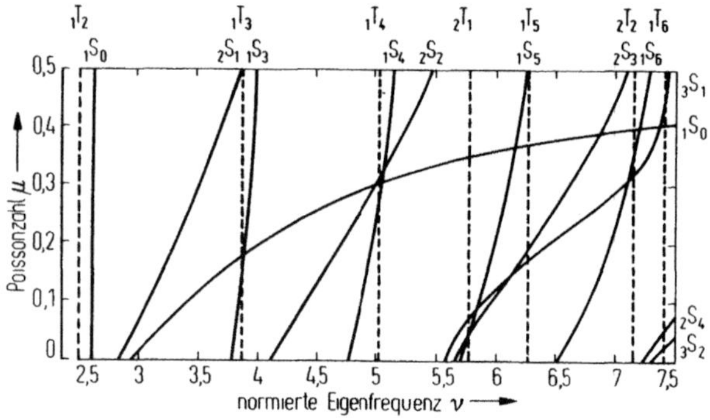

Fig. 1.70
Diagramm zum Auswerten von Kugelresonanzversuchen

Man beachte, daß die Reihenfolge der Eigenfrequenzen einiger $_i S_n$-Modi stark von μ abhängt. Darin liegt aber die hohe Empfindlichkeit dieser Resonanzmeßmethode. Beim Identifizieren der Modi kann man auch deren eigentümliche Resonanzschärfen berücksichtigen. Doch wird das Spektrum mit zunehmender Frequenz verwickelt und unübersichtlich. Übrigens treten Rayleighsche Oberflächenwellen (s. **1**.9.1.3 Plattenwellenversuche) in Erscheinung, wenn die Wellenlänge klein im Vergleich zum Kugeldurchmesser wird.

Wellenlaufversuche Vermöge der Unterschiede zwischen den Dehnwellengeschwindigkeiten c_{St} in einem dünnen Stab, c_{Pl} in einer dünnen Platte und der Längswellengeschwindigkeit c_l in einem Klotz, der als nahezu unbegrenzter Körper gelten darf (s. **1**.9.1.1), läßt sich die Poissonzahl mit Hilfe der Gleichungen

$$\mu = \sqrt{1 - (c_{St}/c_{Pl})^2} \tag{1.115}$$

und

$$\mu = \frac{1}{4}\left[1 - \left(\frac{c_{St}}{c_l}\right)^2\right]\left(\sqrt{\frac{9c_l^2 - c_{St}^2}{c_l^2 - c_{St}^2}} - 1\right) \tag{1.116}$$

bestimmen. Liegt der Wert μ sehr nahe bei ½, so kann man statt Gl. (1.116) auch die Näherung

$$\mu \approx \frac{1}{2}\left[1 - (c_{St}^2/3c_l^2)\right] \tag{1.117}$$

benutzen. Zum Beispiel bekommt man für Gummi mit $c_l/c_{St} = 40$ den Wert $\mu = 0{,}49990$. Bezüglich der Schallgeschwindigkeitsmessung s. **1**.9.1.4, insbesondere Phasenmeßverfahren.

Bei porösen Gesteinen und anderen lockeren Bodenmaterialien sowie bei rissigen Werkstoffen fallen die Meßwerte sowohl der Poissonzahl als auch der Elastizitätsmoduln verhältnismäßig klein und schlecht wiederholbar aus. Dies läßt sich dadurch erklären, daß einer Stauchung zunächst eine Verdichtung des Materials beziehungsweise einer Streckung eine Porenbildung oder Rißaufweitung folgt. In der geophysikalischen Forschung sind daher Untersuchungen „in situ" oft zweckmäßiger als Untersuchungen von Bohrkernen im Laboratorium. Grundsätzlich schickt man Ultraschallimpulse unter Verwendung einer gleichförmigen dünnen Kopplungsschicht aus einem hochviskosen oder plastischen Material in den Probekörper und mißt die Impulslaufzeiten nach einem der in **1**.9.1.4 erklärten Impulsdurchlauf- oder Impulsechoverfahren. Der Auswertung dienen Gl. (1.90) bis (1.92). Man kann diese Verfahren auf alle Probematerialien anwenden, die in einem großen Volumen vorliegen und dispersionsfrei sind. Sonst würde sich eine andere Fortpflanzungsgeschwindigkeit ergeben und das Impulsprofil unscharf werden.

An kleinen, vorzugsweise plattenförmigen Probekörpern lassen sich für die Materialkennung wichtige Stoßwellenversuche mittels besonderer Techniken ausführen, z. B. mit einem geschlitzten Hopkinsonstab, der als Stoßübertrager dient. In dem Schlitz, der den Stab quer in zwei Hälften teilt, ist der Probekörper formschlüssig eingebaut. Auf der Oberfläche beider Stabhälften sind Dehnungsmeßstreifen zum Aufspüren des fortlaufenden Impulses aufgeklebt. Ein aufprallender Schlagstab erzeugt – je nach Art der gewählten Stoßübertragung – eine eindimensionale Druck-, Zug- oder Torsionswelle mit hohen Dehngeschwindigkeiten (etwa 10^2 bis 10^4 m/sm).

Sind der Schlag- und der Stoßstab aus gleichem Material und von gleichem Querschnitt, so darf man angenähert einen Rechteckimpuls erwarten, der etwa zweimal so lang ist wie der Schlagstab. Um Überschwingungen zu vermeiden, die durch Verkanten entstehen, bildet man die Stoßflächen schwach gewölbt aus. Als Treibmittel hat sich Preßluft bewährt. Das Verwenden von Sprengstoffen ist bedenklich, weil die chemische Zersetzung einen Stoß intensiver elektromagnetischer Strahlung auslöst, die in der Nähe stehende elektronische Geräte beeinträchtigen kann.

Wellenbrechungs- und -spiegelungsversuche Unter der Voraussetzung, daß die Abmessungen des Probekörpers groß im Vergleich zur Schallwellenlänge sind, gelten die Gesetze der geometrischen Akustik. Nach einem auf diesen Gesetzen beruhenden Durchstrahlungsverfahren schickt man durch eine planparallele Probeplatte, die sich in einem Flüssigkeitsbad befindet, eine ebene Ultraschallwelle, deren Fortpflanzungsgeschwindigkeit in der Flüssigkeit c_F sei. Der isotrop und linear elastische Festkörper bewirkt eine Doppelbrechung in eine Quer- und eine Längswelle, deren Fortpflanzungsgeschwindigkeiten c_t bzw. c_l durch Gl. (1.90) gegeben sind. Man vergrößert den Einstrahlungswinkel durch Schwenken der Platte, bis zuerst bei der Quer- und dann bei der Längswelle Totalreflexion eintritt, also die Schallstärke hinter der Platte null wird. Für die betreffenden Einstrahlungswinkel ψ_t und ψ_l gilt

$$c_t = c_F/\sin\psi_t, \qquad c_l = c_F/\sin\psi_l. \tag{1.118}$$

Durch Einsetzen dieser Ausdrücke in Gl. (1.87) bekommt man

$$\mu = \frac{(\sin \psi_t)^2 - 2(\sin \psi_l)^2}{2(\sin \psi_t)^2 - 2(\sin \psi_l)^2}. \tag{1.119}$$

Außerdem kann man vermöge Gl. (1.118) aus Gl. (1.90) und (1.91) die Elastizitätsmoduln bestimmen, wenn man die Größe c_F gemäß Gl. (1.88) und die Massendichte ϱ kennt.

Nach einem anderen Verfahren erzeugt man an einem ebenen Oberflächenstück eines Probekörpers, der im übrigen beliebige Form haben kann, beispielsweise durch einen Funkenknall oder durch einen Laserimpuls eine Stoßwelle, die sich in dem festen Probekörper und im Flüssigkeitsbad mit verschiedenen Geschwindigkeiten halbkugelförmig ausbreitet; s. Fig. 1.71. Die Phononen, die im Festkörper als Längs- und als Querwelle schneller sind als in der Flüssigkeit, treten, wenn sie die Körperoberfläche streifen, wegen Totalreflexion zum Teil in die Flüssigkeit über und bilden dort Kopfwellen, die man in solchen Fällen auch Mintropwellen nennt. Die geradlinigen Profile der Kopfwellenfronten schließen mit der Probenoberfläche die konstanten Austrahlungswinkel ψ_t und ψ_l ein. Sie lassen sich nach dem Toeplerschen Schlierenverfahren durch Beleuchtung mit einer scharf berandeten Lichtblitzstrecke sichtbar machen, photographieren oder filmen (vgl. Baule u. Müller (1956)). Die gefundenen Meßwerte von ψ_t und ψ_l hat man in Gl. (1.118) und (1.119) einzusetzen, um wie zuvor die Elastizitätsgrößen zu berechnen.

An der Grenzfläche zwischen Festkörper und Flüssigkeit entstehen zugleich Oberflächenwellen, die man Brechowskichwellen nennt. Diese pflanzen sich in der Festkörperoberfläche langsamer fort als die Querwellen im unbegrenzten Körper. Die kleinste Fortpflanzungsgeschwindigkeit haben Oberflächenwellen, wenn der Schallwiderstand des angrenzenden elastischen Fluids verschwindet. (Dieser Sondertyp von Oberflächenwellen – die sogenannten Rayleighwellen – wird nachher betrachtet.) Die Brechowskichwellen werden durch Abstrahlung in die angrenzende Flüssigkeit um so stärker weggedämpft, je weniger sich die Schallwiderstände von Flüssigkeit und Festkörper unterscheiden (vgl. Viktorov (1967), Demer u. Fentnor (1971)).

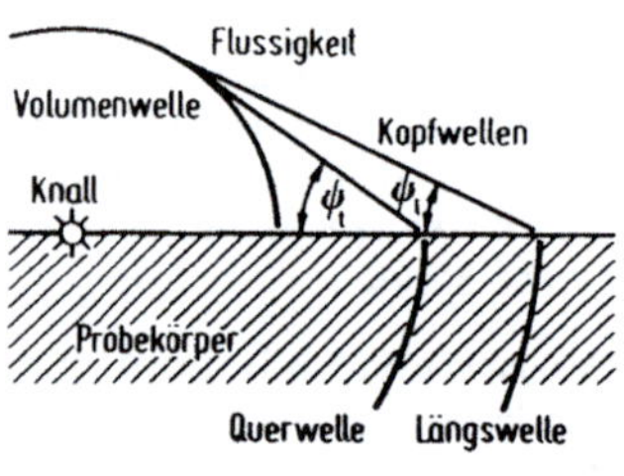

Fig. 1.71 Schlierenbild von Mintropwellen

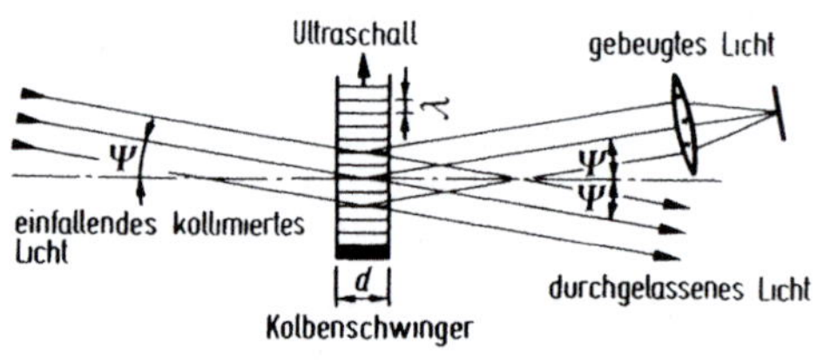

Fig. 1.72 Lichtbeugung durch eine Ultraschallsäule unter der Braggschen Bedingung

Plattenwellenversuche, insbesondere mit Lichtbeugung Akustooptische Effekte (vgl. Stegemann (1981)) bieten ein hervorragendes Mittel, eine hochfrequent schwingende Probeplatte – sozusagen eine Ultraschallsäule – vermöge der Streuung hochenergetischer Quanten (Photonen des durchgehenden Lichtes) an niederenergetischen Quanten (den Phononen der Ultraschallsäule) zu sondieren. Die Quantenverstärkung der Streuprozesse ist gleich dem Verhältnis der Frequenz der Photonen (zwischen 10^{14} und 10^{15} Hz bei sichtbarem Licht) zu der Frequenz der Phononen (bis 10^{10} Hz). Die optische Sonde vernichtet oder erzeugt demnach nur sehr wenig Phononen.

Die räumlich periodische Verteilung der Phononendichte in einer akustischen Säule ist von einer entsprechenden Verteilung der Dielektrizitätsgrößen begleitet und kann daher gleichsam als ein Phasengitter für Fraunhofersche Lichtbeugung dienen. Als primäre Ursache der Lichtbeugung sind aber nicht – wie man aus Beobachtungen an elastischen Fluiden allein zu schließen geneigt sein könnte – die örtlichen Änderungen der Massendichte anzusehen; denn auch Querwellen, die bloß aus isochoren Bewegungen bestehen, beugen das Licht ebenfalls.

Das akustische Medium wird als isotrop und homogen vorausgesetzt. Bei großer Wellenlänge λ des Ultraschalls und kleiner Dicke d der Ultraschallsäule – d.h. im sogenannten Raman-Nath-Gebiet – sind Mehrfachstreuungen von Photonen der ursprünglichen Wellenlänge Λ wahrscheinlich. Ist hingegen $\lambda^2/d<\Lambda$, so spricht man vom Bragg-Gebiet. In diesem herrschen Einfachstreuungen vor, die wegen Impulserhaltung die Bedingung $\sin\Psi=\Lambda/2\lambda$ mit Ψ als dem sogenannten Braggwinkel erfüllen; s. Fig. 1.72 (der Übersichtlichkeit wegen ist hier die Lichtbrechung an den Grenzflächen zwischen Probekörper und Luft nicht gezeichnet). Die Gleichheit von Ein- und Ausstrahlungswinkel – ein symmetrischer Strahlengang – entspricht dem anzustrebenden Fall maximalen Beugungswinkels 2Ψ. Aus der Braggschen Bedingung folgt für die Wellenlänge des lichtbeugenden Ultraschalls die obere Grenze $\Lambda/2$.

Eine fortschreitende akustische Welle erzeugt unter der Braggschen Bedingung nur ein einseitiges Beugungsbild erster Ordnung, eine stehende – d.h. einem Paar einander entgegenlaufender gleichphasiger Wellen äquivalente – Welle jedoch ein beidseitiges Beugungsbild. Im Raman-Nath-Gebiet kommen Beugungsbilder höherer Ordnungen hinzu. Ihre Identifizierung kann Mühe bereiten, wenn mehrere akustische Wellen mit verschiedenen Geschwindigkeiten gleichzeitig auftreten.

Nach einem von Szymanowski angegebenen Verfahren erregt man mit einem elektroakustischen Wandler in einer elastooptisch isotropen Probe von der Form einer dicken Platte ebene Wellen in Resonanz. Die Wellenlänge soll klein im Vergleich zu den Abmessungen des Probekörpers sein, also im Ultraschallbereich liegen. Die Probe muß wenigstens in einem Spektralbereich lichtdurchlässig sein. Mittels eines Lichtbündels, das von einer Quelle hoher Leuchtdichte des erforderlichen Spektralbereichs – z. B. von einer Bogenlampe mit vorgesetztem Monochromator oder von einem Laser – kommt und zwecks möglichster Erfüllung der Braggschen Bedingung durch eine Sammellinse schwach konvergent gemacht wird, bildet man einen in der Breite verstellbaren Spalt auf einem Schirm oder einer Mattscheibe ab. Die Spaltbreite muß kleiner als die Schallwellenlänge sein. Hinter die Sammellinse stellt man die Probenplatte senkrecht zum Strahlengang. Es kann vorteilhaft sein, ein Paar Strichpolarisatoren einzufügen, das in Kreuzstellung das Hauptlicht tilgt, aber das frequenzverschobene gebeugte Licht durchläßt. Bei bescheidenen Ansprüchen mag eine gerade Glühwendel einer Niederspannungslampe mit einem Farbfiltervorsatz die Aufgabe von Lichtquelle und Spaltblende übernehmen; s. Fig. 1.73. Das von den Längswellen der Ultraschallsäule erzeugte Beugungsbild erster Ordnung habe auf dem Schirm den Abstand y_l vom Hauptbild, das entsprechende von den Querwellen erzeugte Bild den – mehr als $\sqrt{2}$fach größeren – Abstand y_t. Man braucht nur das Verhältnis y_l/y_t in einem Mikroskop mit Okularmikrometer zu bestimmen. Die Poissonzahl läßt sich dann aus der Gleichung

$$\mu = \frac{y_t^2 - 2y_l^2}{2y_t^2 - 2y_l^2}, \tag{1.120}$$

die sich aus der Braggschen Bedingung ergibt, berechnen. Ferner kann man den Scherelastizitätsmodul aus der sich auf derselben Grundlage ergebenden Gleichung

$$G = \varrho(f\Lambda a/y_t)^2 \tag{1.121}$$

bestimmen, wenn man die Massendichte ϱ des Probekörpers, die Ultraschallfrequenz f, die Lichtwellenlänge Λ sowie den Abstand zwischen Ultraschallsäule und Schirm kennt. In Gl. (1.121) wird $a \gg y_t$ – d. h. Kleinheit der Beugungswinkel – vorausgesetzt.

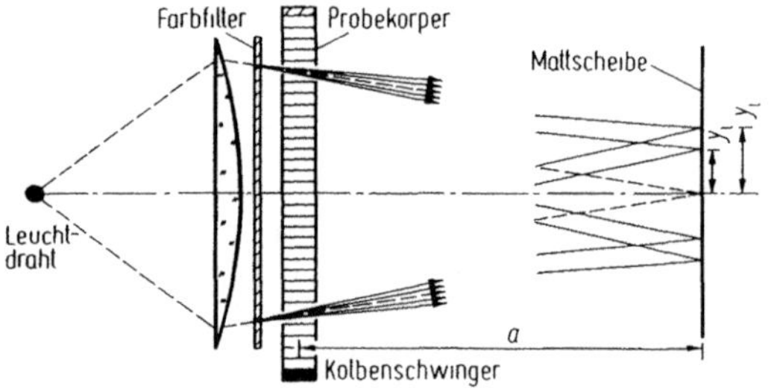

Fig. 1.73
Lichtbeugung erster Ordnung durch räumliche Ultraschallwellen

Die Ultraschallwellen müssen im Probekörper nicht stehend sein. Wegen der Kleinheit ihrer Geschwindigkeit im Vergleich zur Lichtgeschwindigkeit ist in Gl. (1.121) die auf dem Dopplereffekt beruhende Änderung der Lichtwellenlänge Λ durch eine fortschreitende akustische Welle vernachlässigbar. Das beschriebene Verfahren läßt sich leicht und schnell ausführen. Es eignet sich vor allem für Reihenmessungen der Elastizitätsgrößen von Gläsern und auch der Volumenelastizität durchsichtiger Flüssigkeiten (s. **2**.10.3).

Nimmt man – entsprechend der Schaefer-Bergmannschen Methode – statt des Spaltes eine Lochblende oder eine starke Punktlichtquelle, so ordnen sich die Interferenzpunkte auf Ringen an, deren Mittellinien im Falle der Isotropie des Probekörpers zwei konzentrische Kreise darstellen. Der innere Kreis, dessen Radius mit y_l bezeichnet werde, stammt von der Längsschwingung, und der äußere, dessen Radius mit y_t bezeichnet werde, von der Querschwingung. Auf die Form des Probekörpers kommt es nicht an. Die Poissonzahl μ berechnet man wieder aus Gl.(1.120).

Bei lichtundurchlässigen Festkörpern kann man das Licht benutzen, das an einer glatten und schmutzfreien Oberfläche des schwingenden Probekörpers gespiegelt und gebeugt wird. Während die räumlichen Längs- und Querwellen in Oberflächennähe ihre Eigenart ändern, treten dort besondere Oberflächenwellen in Erscheinung.

Oberflächenwellen, die sich nahe der freien Grenzebene eines elastischen Halbraumes ausbreiten, heißen Rayleighwellen (in engerem Sinne). Sie haben wegen ihrer nur zweidimensionalen Ausbreitung eine größere geometrisch bedingte Reichweite als räumliche Wellen. Im isotrop elastischen Körper enthält jede Rayleighwelle eine Querkomponente, deren Schwingungsrichtung senkrecht zur Ausbreitungsebene liegt, und eine Längskomponente. Beide Komponenten pflanzen sich mit der gleichen Geschwindigkeit c_R ohne Dispersion fort. c_R ist also – wie die anderen Wellengeschwindigkeiten c_t und c_l – eine Materialkonstante und erschöpfend für die vollständige Kennung des betreffenden Materials im natürlichen Zustand. Es gilt $c_R < c_t < c_l$. Die Oberflächenwellengeschwindigkeit ist auf erhabenen Zylinderflächen größer als c_R, auf hohlen Zylinderflächen kleiner als c_R und in diesem Fall wegen der einwärts gerichteten Abstrahlung gedämpft. Krümmungen, deren Radius kleiner als die Rayleighwellenlänge λ_R sind, bewirken Reflexionen und Streuungen. Weiteres s. z. B. Viktorov (1967), Eringen u. Şuhubi (1975), Graff (1975).

Die „Eindringtiefe" einer Rayleighwelle liegt in der Größenordnung der Wellenlänge $\lambda_R = c_R/f$ und ist mit der Dicke d der akustischen Säule zu vergleichen. Aufgrund der vorstehenden Erläuterungen fällt daher die Lichtbeugung für $\lambda_R > \Lambda$ in das Raman-Nath-Gebiet.

Zum Messen der Rayleighwellengeschwindigkeit c_R kann man eine optische Vorrichtung gemäß Fig. 1.74 verwenden. Man braucht monochromatisches Licht einer starken

Punktlichtquelle, z. B. eines Lasers. Das kollimierte Licht wird durch eine Linse kurzer Brennweite gesammelt, durch eine zweite Sammellinse sehr schwach konvergent gemacht und unter einem vorzugsweise kleinen Winkel ω an der Probenoberfläche gespiegelt. Dabei beugt eine Rayleighwelle das reflektierte Licht. Auf einem Schirm, der sich in einer großen Entfernung a von der Probenoberfläche befindet, beobachtet man Beugungsbilder. Der Abstand der Beugungsbilder n-ter Ordnung vom Hauptbild sei y_{Rn}. Dann bekommt man mit der Ultraschallfrequenz f und der Lichtwellenlänge Λ bei kleinen Beugungswinkeln

$$c_R = nf\Lambda a / y_{Rn} \cos \omega. \tag{1.122}$$

Diese Versuche informieren über den linear und isotrop elastischen Zustand eines homogenen Probekörpers nur zur Hälfte. Hat man auch c_t auf irgendeine Weise – z. B. aus G und ϱ – bestimmt, so kann man die Poissonzahl aus der Gleichung

$$\mu = 1 - \frac{8c_t^4(c_t^2 - c_R^2)}{(8c_t^4 - 8c_t^2 c_R^2 + c_R^4)c_R^2} \tag{1.123}$$

berechnen.

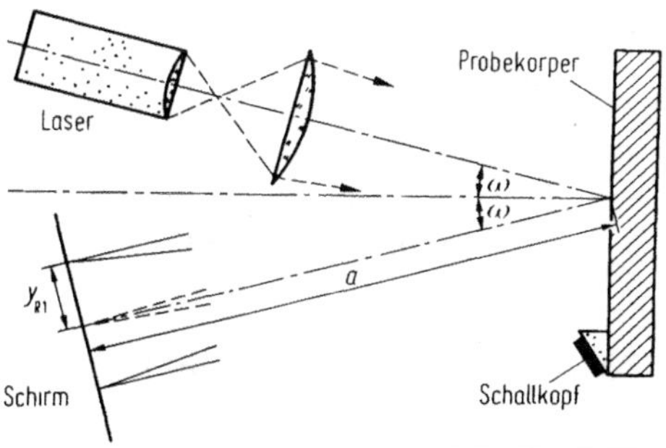

Fig. 1.74
Gespiegelte Lichtbeugung erster Ordnung durch Rayleighwellen

Übrigens läßt sich eine Ultraschallfrequenz f auch auf optischem Wege bestimmen, da eine fortschreitende Welle dieser Frequenz aufgrund des Dopplereffektes die Frequenz des gebeugten Lichtes um f additiv oder subtraktiv – je nach ihrer Fortschreitungsrichtung – verschiebt. Für die Spektralanalyse des gebeugten Lichtes verschiedener Ordnung eignet sich ein Perot-Fabry-Interferometer als ein optisches Frequenzfilter hoher Empfindlichkeit (s. **6**.3.1.4). Die Schwebungsfrequenz $2f$ bekommt man aus einer stehenden Ultraschallwelle mittels eines Photodetektors mit linearer Kennlinie oder aus einer fortschreitenden Ultraschallwelle – durch Mischen gebeugten und direkten Lichtes – mittels eines Photodetektors mit quadratischer Kennlinie (vgl. Stegeman (1981)).

Eine hochempfindliche Ortungsmethode mit photoelektrischer Strahlspaltung zum Sondieren eines Schallfeldes unter Verwendung einer elektronischen Superheterodyntechnik hat Engan (1978) angegeben. Die Intensität der Lichtsonde wird mit der Ultraschallfrequenz elektrooptisch moduliert. Ein Paar dicht nebeneinander angeordneter Photodioden nimmt das Lichtsignal zweispurig in der Weise auf, daß die Differenz der Photodiodenströme der Lichtbeugung proportional ist. Außerdem wird die Summe der beiden Photodiodenströme verwertet. Der Quotient aus der Differenz dividiert durch die Summe liefert ein Maß der Schallamplitude, unabhängig von der örtlichen Schwankung des akustooptischen Effekts. Die Phase einer stehenden Schallwelle nimmt man auf, indem man die Lichtsonde über den Probekörper hinwegführt. Mit den

Schallfeldgrößen kennt man zugleich die Verteilung des linear und isotrop elastischen Zustandes über die Probenoberfläche.

Falls der Probekörper eine im Vergleich zur Rayleighwellenlänge nicht sehr dicke oder gar dünne Platte mit freien Oberflächen ist, hat man es weder mit räumlichen Wellen noch mit Rayleighwellen, sondern mit Lambschen Plattenwellen, die man kurz Lambwellen nennt, zu tun (vgl. Viktorov (1967), Demer u. Fentnor (1971)). Man unterscheidet symmetrische Lambwellen (Plattendehnwellen), bei denen die Oberflächen gegenphasig schwingen, und antisymmetrische Lambwellen (Plattenbiegewellen), bei denen die Oberflächen gleichphasig schwingen. Beide Arten treten in vielen Modi mit eigenartiger Dispersion auf. Die Erscheinungen sind verwickelt, lassen sich aber dazu nutzen, die Elastizitätsgrößen vollständig aus Beobachtungen an Oberflächenwellen desselben Probekörpers zu bestimmen. Die Auswertung fußt auf Lösungen transzendenter Gleichungen, die man der Literatur entnehme.

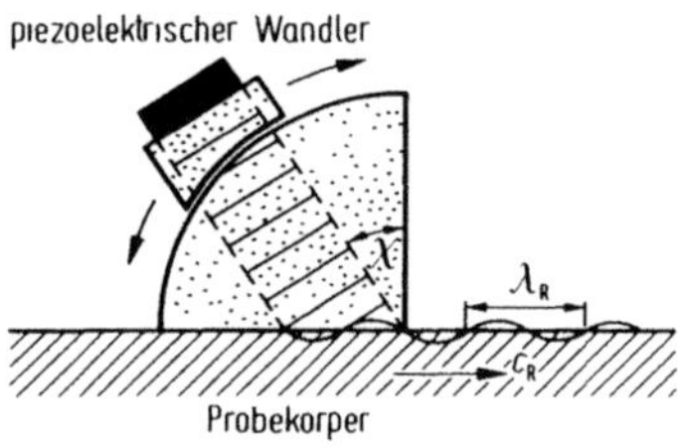

Fig. 1.75 Verstellbarer Keilschallkopf für Oberflächenwellen

Fig. 1.76 Kammschallkopf für Oberflächenwellen

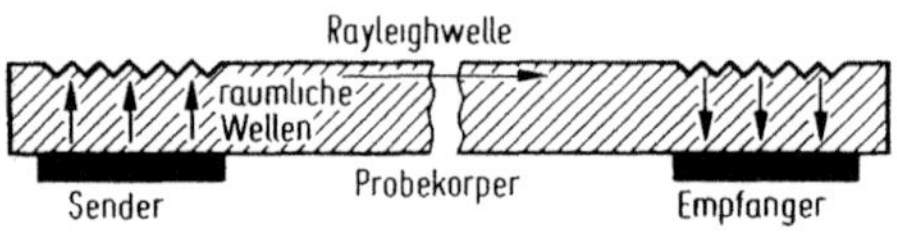

Fig. 1.77 Elektroakustisches Senden und Empfangen von Oberflächenwellen über Rillenwandler

Das Erzeugen und Aufnehmen von Rayleigh- und Lambwellen möglichst reiner Art erreicht man durch besondere Vorrichtungen für die Kopplung an den Probekörper. Als Kopplungsmittel für einen Kolbenschwinger (z. B. X-Schnitt-Quarz) eignet sich ein Keil aus einem dämpfungsarmen Material (zumeist Kunststoff), in dem die Längswellengeschwindigkeit – gemäß der Koinzidenzbedingung – gleich $c_R \sin\chi$ ist, wenn χ den passend zu wählenden Keilwinkel bedeutet; s. Fig. 1.75. Ein entsprechender Kopplungskeil für einen anzukittenden Scherschwinger (z. B. Y-Schnitt-Quarz) kann wegen der kleineren Geschwindigkeit der Querwellen aus Metall sein. Als Kopplungsmittel für Kolben- oder Dickenschwinger mag auch ein Metallkamm dienen, dessen Zähne einen periodischen Abstand gleich λ_R haben; s. Fig. 1.76. Ferner gibt es die Möglichkeit, auf den Probekörper eine piezoelektrische Schicht (z. B. aus Cadmiumsulfid) aufzudampfen, dessen Dicke viel kleiner als die Plattenwellenlänge ist, und diese Schicht mit fingerförmigen Elektroden im periodischen Abstand gleich der Plattenwellenlänge zu bedecken. Technisch leichter ausführbar ist es, auf der Plattenoberfläche eine Schar paralleler Rillen einzuschneiden oder einzuätzen, die räumliche Längs- und Querwellen in Rayleigh- oder Lambwellen – oder umgekehrt – verwandeln; s. Fig. 1.77. Bei senkrechter Einstrahlung der räumlichen Welle muß der Rillenabstand gleich einer Plattenwellenlänge sein. Der Sender bzw. Empfänger der räumlichen Wellen kann auf einer gegenüberliegenden Seite der Probenplatte angeordnet werden. Außer den hier erwähnten elektroakustischen Wandlungen ist es möglich, beispielsweise durch Laserimpulse passender Frequenz auf der Plattenoberfläche periodisch thermoelastische Störungen zu erzeugen, von denen Rayleigh- oder Lambwellen ausgehen. Weiteres s. z.B. Viktorov (1967), Dransfeld u. Salzmann (1970), Smith (1971), White (1981).

Außer der beschriebenen Lichtbeugung kann man elektronische Verfahren gemäß 1.9.1.4 anwenden. Bei den Wandlern für Oberflächenwellen ist es oft schwierig, den Laufweg genau zu bestimmen; dann ist ein Vergleichsverfahren mit parallelen Laufstrecken ratsam.

1.9.1.4 Dynamische Elastizitätsmeßverfahren

Da das Messen von Elastizitätskenngrößen auf der Grundlage der linearen Theorie nur sehr kleine Verformungen gestattet (s. 1.9.1.1), sind dynamische Meßverfahren mit elektronischen Hilfsmitteln vorteilhaft. Ferner kann es bei Relativmessungen – d. h. beim Messen des Unterschiedes der Meßgrößen zweier vergleichbarer Proben oder beim Messen der Abhängigkeit der Meßgröße einer Probe von einem Parameter, z. B. Temperatur oder Druck (vgl. Fine (1952)) – sinnvoll sein, die Meßunsicherheit auf 10^{-6} zu verringern. Die zu solchen Zwecken gebräuchlichsten dynamischen Meßverfahren lassen sich aufgrund der gegebenen technischen Möglichkeiten folgendermaßen – in der Reihenfolge ungefähr steigender Ansprüche geordnet – kategorisieren.

Resonanzmeßverfahren Da die theoretische Grundlage auf der Lösung von Randwertaufgaben beruht, kommt es vor allem auf genaues Einhalten der geometrischen Form des Probekörpers an. Bevorzugte Formen sind Prismen und Kreiszylinder von gleichmäßigem Querschnitt sowie die Kugel. Falls alle Abmessungen des Probekörpers im Vergleich zur Wellenlänge der Schwingungen klein sind, bekommt man durch Ankoppeln einer Schwungmasse ein Masse-Feder-System, das man Pendel nennt (s. z. B. 1.9.1.2 Stabdehn- und Torsionsversuche). Andernfalls bildet der Probekörper für sich einen Oszillator, d. h. ein System von Eigenschwingungen oder stehenden Wellen (s. z. B. 1.9.1.2 Stabbiegeversuche, 1.9.1.3 Stabdehn- und Kugelresonanzversuche). Die angekoppelten Teile des Erregers und des Aufnehmers haben einen vernachlässigbaren oder höchstens einen kleinen, aber berechenbaren Fremdmasseneinfluß. Gelegentlich lassen sich der Wandler, der die Schwingungen verursacht, und der Probekörper, der als Resonator wirkt, zu einer Einheit, einem sogenannten Vibrator, verbinden. Die hauptsächlich geometrisch bedingte Meßunsicherheit der Resonanzverfahren hat gewöhnlich die Größenordnung 10^{-2}, in Sonderfällen (wie bei der Kugelresonanz, s. 1.9.1.3) 10^{-3}. Das Verfahren eignet sich auch zum Untersuchen der Temperatur- und Druckabhängigkeiten der Elastizitätsgrößen.

Phasenmeßverfahren Bei festgehaltener Versuchsfrequenz nimmt man die Form der Schwingung oder der periodischen Welle sowie deren Phasenlage zum Auswerten auf (s. z. B. 1.9.1.2 Stabbiegeversuche). Hat der Probekörper eine ausreichende Länge, so kann man auch mit fortschreitenden Wellen arbeiten. Obwohl der technische Aufwand nicht geringer ist, hat die Meßunsicherheit etwa die gleiche Größenordnung wie bei dem Resonanzverfahren.

Bei allen folgenden Kategorien ergibt sich eine höhere Meßgenauigkeit dadurch, daß man die Laufzeit von Ultraschallimpulsen auf bekanntem Laufweg in einer Probe im wesentlichen aufgrund typischer Kurzzeitmeßmethoden genauestens bestimmt. Die Infinitesimalität der Impulshöhe verlangt allerdings eine ausreichende Breitbandverstärkung und Rauschpegelunterdrückung.

Impulsdurchlaufverfahren In dem Probekörper müssen sowohl die materielle als auch die geometrische Dispersion so gering sein, daß sich das Ultraschallsignal nicht störend verzerrt. Sonst werden keine besonderen Anforderungen bezüglich Form und materieller Beschaffenheit des Probekörpers gestellt. Je kleiner aber die Probenlänge ist, desto kürzere Laufzeiten müssen gemessen werden. Dies ist auf verschiedene Weise möglich: durch Vergleichen der gesendeten und empfangenen Impulse mit einer kalibrierten Zeitbasis auf dem Bildschirm eines Elektronenstrahloszillographen oder durch Abstimmen mit einer regelbaren dispersionsfreien Vergleichsverzögerungsstrecke parallel zur Probenstrecke oder durch Impulszählung nach der Signalumlauf-(„Singaround"-)Methode. Nach der letztgenannten Methode triggert jeder Impuls, der die Probe durchlaufen hat, über eine Rückkopplungsschleife den Pulsgenerator, so daß die Impulsfolgefrequenz eine eindeutige Funktion der Laufzeit innerhalb der Probe wird. Eine beträchtliche Dämpfung des Probematerials ist nicht nur zulässig, sondern obendrein förderlich, weil die Reihenfolge der Echos durch das Abklingen der Impulshöhe für den Diskriminator der erwähnten Rückkopplungsschleife erkennbar sein muß. Durch die elektronische Schaltung und die Wandler verursachte Verzögerungen sowie Verzerrungen des Impulsprofils bedingen eine Meßunsicherheit der Impulslaufzeit von der Größenordnung 10^{-3}.

Impulsechoverfahren Der Probekörper darf kürzer sein, muß aber ein ebenes Rückwandstück haben, an dem die auftreffenden Ultraschallimpulse zu dem als Sender und Empfänger funktionierenden elektroakustischen Wandler hin reflektiert werden. Die elektronischen Geräte des Verfahrens sind der Radartechnik entlehnt. Der Sender liefert pulsmodulierten Ultraschall, dessen Impulse eine im Vergleich zur Laufzeit sehr kurze Dauer und eine so niedrige Folgefrequenz haben, daß alle verwertbaren Echos empfangen worden sind, bevor der nächste Impuls ankommt. Die Empfangssignale werden auf dem Schirm einer Elektronenstrahlröhre durch die Vertikalablenkung abgebildet. Der Pulsmodulator triggert eine streng zeitproportionale Horizontalablenkung auf dem Bildschirm. Mit Hilfe eines kalibrierten Zeitmarkengebers, dessen Genauigkeit entscheidend ist, gelingt es, die Zeitabstände zwischen den Empfangssignalen, also die Laufzeit mit einer Unsicherheit von der Größenordnung 10^{-3} zu messen. Durch Variieren der Ultraschallfrequenz kann man außerdem das Dispersionsgesetz des Probematerials ermitteln.

Mit Hilfe der akustischen Interferometrie erzielt man zwar keine höhere Meßempfindlichkeit als bei den Impulsdurchlauf- und Impulsechoverfahren, jedoch eine höhere Meßsicherheit, sofern man auch die in den Wandlern und den Kopplungsschichten auftretenden Verzögerungen berücksichtigt. Hohe Stabilität der jeweils entscheidenden Frequenz sowie vollkommene Gleichmäßigkeit von Form und materieller Beschaffenheit des Probekörpers – besonders wenn dieser klein ist – sind erforderlich. Es empfiehlt sich, die Probenoberflächen planparallel zu machen und zu polieren. Unter allen diesen Voraussetzungen kann man die Meßunsicherheit auf 10^{-4} herabdrücken. Temperatur- und Druckabhängigkeiten lassen sich genau messen. Die folgenden zwei Kategorien sind zu unterscheiden.

Interferometrisches Phasenvergleichsverfahren Ein Hochfrequenzgenerator, dessen Stabilität entscheidend ist, liefert die Interferenzträgerschwingung, mit der man Rechteckimpulse bildet. Nach der Doppelpulsmethode werden zwei aus einigen Echos bestehende Echozüge mittels einer Doppeltorschaltung hergestellt und durch einen Phasenschieber sowie einen Amplitudenregler dermaßen verändert, daß sich im resultierenden Signal alle Echos außer dem ersten auslöschen. Bei der Trägerinjektionsmethode verwendet man eine Einzeltorschaltung und betreibt die Probe einendig, d. h. mit einem einzigen Wandler. Wenn der Probekörper sehr klein ist, fügt man vorteihaft einen langen Pufferstab aus Glas oder dergleichen zwischen der einendig betriebenen Probe und dem Wandler ein.

Interferometrisches Pulsüberlagerungsverfahren Ein Hochfrequenzgenerator pulsmoduliert die Interferenzträgerschwingung mit einer sehr genau zu messenden Folgefrequenz, deren Instabilität kleiner als 10^{-7} sein muß. Die von der einendig betriebenen Probe kommenden Echos werden mit einer anderen Hochfrequenzschwingung gemischt. Die entstehende Zwischenfrequenzschwingung wird selektiv verstärkt und einem Elektronenstrahloszillographen zugeführt, der die Pulshülle zeigt. Mit Hilfe einer von dem Oszillographen abgezweigten Torschaltung justiert man den Pulsgenerator so, daß die Periode der Impulsfolge gleich einem ganzzahligen Vielfachen (vorzugsweise dem 1-fachen) der in der Probe verbrachten Laufzeit ist, mithin jeder Betriebsimpuls einem (im Vorzugsfall: jedem) Probenecho überlagert wird und sich ein Amplitudenmaximum der interferierenden Trägerschwingungsphasen von Betriebsimpuls und Probenecho einstellt.

Die Verfahren der letzten vier Kategorien liefern als Meßergebnis die Laufzeit und damit bei bekannter Laufstrecke die Geschwindigkeit, mit der sich ein Puls im Probekörper fortpflanzt. Sie sind also für die Akustik ebenfalls wichtig (s. **2**.10.4.1). Bei den Resonanz- und Phasenmeßverfahren sowie den interferometrischen Verfahren wird die Phasengeschwindigkeit, bei den Impulsdurchlauf- und Impulsechoverfahren die Gruppengeschwindigkeit gemessen. In einem unbegrenzten elastischen Körper unterscheiden sich die beiden Geschwindigkeiten nicht. In einigen Fällen der Materialprüfung – z. B. bei Festigkeitsprüfungen von Baustoffen – dient die Größe der Schallgeschwindigkeit schlechthin als ein konventionelles Gütemaß, da Risse und Lunker die Fortpflanzung des Ultraschalls verzögern. In der Elastizitätslehre hingegen kommt es auf die kontinuumsmechanischen Beziehungen an.

Die meisten dynamischen Elastizitätsmeßverfahren gestatten zugleich das Messen der Dämpfung (inneren Reibung); es sei auf die zitierte Literatur verwiesen.

1.9.2 Plastizität und Festigkeit (G. Lange)

1.9.2.1 Grundlagen und Definitionen

Unter Plastizität versteht man die Fähigkeit eines Festkörpers, sich unter Einwirkung von Kräften (Spannungen) bleibend zu verformen. Gewöhnlich geht der plastischen eine elastische Deformation voraus; begrenzt wird das plastische Verformungsvermögen durch den Bruch oder durch vollständiges Auseinandergleiten (z. B. reine Metalle unter Zugbeanspruchung). Die von einem Werkstoff ertragbare plastische Gesamtformänderung, d. h., ob das Material zu duktilem oder zu sprödem Verhalten neigt, hängt vom Werkstoff- und vom Beanspruchungszustand ab. Der Werkstoffzustand umfaßt den Gittertyp, die Ausbildung des Gefüges (Korngröße, Versetzungsdichte, Art und Verteilung von Ausscheidungen, Texturen usw.), bedingt durch Wärmebehandlung, Kaltverformung, Alterung sowie die Veränderungen durch gelöste Gase, Neutronenbestrahlung u. ä. Der Beanspruchungszustand beinhaltet den Spannungszustand, d. h. die Belastungsart (Zug, Druck, Torsion, Biegung), ggf. deren zeitlichen Verlauf, ein- oder mehrachsig angreifende Spannungen und damit auch die Geometrie des Bauteils, die Belastungsgeschwindigkeit und die Temperatur.

Als Maß für die einem Körper aufgeprägte plastische Formänderung dient der Formänderungsgrad, auch als Umform- oder Verformungsgrad bezeichnet. Bevorzugt wird allgemein der logarithmische Formänderungsgrad φ, bei Zugbeanspruchung der lineare Formänderungsgrad ε, häufig als Prozentwert:

$$\varphi = \ln \left|\frac{A_0}{A}\right| = \varphi_1 = \ln \left|\frac{L}{L_0}\right|; \qquad \varepsilon = \left|\frac{L - L_0}{L_0}\right| \cdot 100\%.$$

(A_0 Ausgangsquerschnitt, L_0 Ausgangslänge; A, L Werte nach der Formänderung, gemessen im entlasteten Zustand, d. h. nach Rückgang des elastischen Anteils).

Die beiden Definitionen für φ lassen sich nur so lange gleichsetzen, wie der Prüfkörper bei der Formänderung zylindrisch und sein Volumen konstant bleibt. (Die zweite Bedingung ist bei plastischer Umformung gut erfüllt; die Dilatation der Metalle aufgrund zunehmender Versetzungsdichte ist in diesem Zusammenhang vernachlässigbar).

Der Widerstand, den ein Werkstoff einer plastischen Formänderung entgegensetzt, ist seine Fließspannung (Formänderungsfestigkeit) k_f. Sie ist bei gegebenem Material eine

Werkstoffkenngröße, die vom Formänderungsgrad φ, der Formänderungsgeschwindigkeit $\dot{\varphi}$ und von der Umformtemperatur abhängt. Die Funktion $k_f(\varphi)$ mit $\dot{\varphi}$ und T als Parametern nennt man Fließkurve. Für eine große Zahl duktiler, metallischer Werkstoffe gilt mit guter Näherung in einem weiten Plastizitätsbereich die Beziehung

$$k_f = C \cdot \varphi^n.$$

Da k_f für die meisten Metalle und Legierungen bei Raumtemperaturverformung mit wachsendem φ ansteigt, heißt n Verfestigungsexponent (Neigungswinkel der Fließkurven-Geraden in der üblichen doppelt logarithmischen Auftragung). Für eine Reihe weiterer Metalle läßt sich die Fließkurve durch zwei Abschnitte mit jeweils konstantem Verfestigungsexponenten näherungsweise beschreiben (Doppel-n-Verhalten). Die Konstante C ist die Formänderungsfestigkeit bei $\varphi = 1$. Für viele Metalle gilt weiterhin mit guter Näherung

$$k_f = C\varphi^n \dot{\varphi}^m.$$

Der Geschwindigkeitsexponent m hat bei der Kaltumformung eine untergeordnete, bei der Warmumformung (oberhalb der Rekristallisationstemperatur) eine erhebliche Bedeutung. Bei einigen Legierungen, z. B. Al-Mg, kann der Exponent m innerhalb begrenzter Temperatur- und Geschwindigkeitsbereiche einen negativen Wert annehmen. Verursacht wird dieses Verhalten durch eine Wechselwirkung zwischen Versetzungen und den Substitutions-Legierungsatomen. Es äußert sich in Form einer sägezahnartigen Fließkurve (Portevin-Le Chatelier-Effekt, dynamische Reckalterung) oder als Scherbruch.

Heiser und Lange (1992)

Bei einachsiger Beanspruchung fließt der Werkstoff, sobald die anliegende Spannung σ den Wert der Fließspannung k_f erreicht. Bei mehrachsiger Beanspruchung tritt an die Stelle von σ eine Vergleichsspannung σ_v, die gewöhnlich nach der Gestaltänderungs-Energie-Hypothese (v. Misessches Fließkriterium) oder nach der Schubspannungshypothese (Trescasches Fließkriterium) ermittelt wird:

v. Mises:

$$\sigma_v = \sqrt{\frac{1}{2}[(\sigma_x - \sigma_y)^2 + (\sigma_y - \sigma_z)^2 + (\sigma_z - \sigma_x)^2] + 3(\tau_{xy}^2 + \tau_{yz}^2 + \tau_{zx}^2)}$$

x, y, z rechtwinkliges Koordinatensystem,
σ Normalspannungen
τ Schubspannungen

$$\sigma_v = \sqrt{\frac{1}{2}[(\sigma_1 - \sigma_2)^2 + (\sigma_2 - \sigma_3)^2 + (\sigma_1 - \sigma_3)^2]} \quad \text{im Hauptachsensystem}$$

Tresca:

$$\sigma_v = \sigma_1 - \sigma_3$$

σ_1 größte Hauptspannung
σ_3 kleinste Hauptspannung

Entsprechend tritt an die Stelle von φ die Vergleichsformänderung φ_v, wobei für die von Misessche Hypothese zunächst die Vergleichsformänderungsgeschwindigkeit $\dot{\varphi}_v$ zu berechnen ist.

v. Mises:

$$\dot{\varphi}_v = \sqrt{\frac{2}{3}(\dot{\varphi}_1^2 + \dot{\varphi}_2^2 + \dot{\varphi}_3^2)} \qquad \varphi_v = \int_{t_0}^{t_1} \dot{\varphi}_v \mathrm{d}t$$

Tresca:

$$\varphi_v = |\varphi|_{max}$$

Der Werkstoff fließt, wenn $\sigma_v = k_f$, d. h., wenn die äußeren Belastungen den Werkstoffwiderstand gegen einsetzendes Fließen erreichen. Die Fließkurve ist die Funktion $k_f(\varphi_v)$ mit $\dot{\varphi}_v$ und T als Parametern. Die Gleichungen zeigen, daß für die plastische Formänderung die Differenz der Hauptspannungen (Deviatoranteil des Spannungstensors) maßgeblich ist; der hydrostatische Anteil hat nahezu keinen Einfluß.

Eine besondere Form der Plastizität ist das Kriechen, eine langsame bleibende Formänderung unter ruhender Last. Bei metallischen Werkstoffen hat dieser Vorgang bei Temperaturen oberhalb 0,4 T_s (T_s = Schmelztemperatur in K) Bedeutung. Gemessen wird meist die Zeitdehnlinie (Kriechkurve) $\varepsilon(t)$ im Zeitstandversuch (DIN 50118, 50119); Parameter sind Spannung und Temperatur.

Unter Superplastizität versteht man das ungewöhnlich hohe Formänderungsvermögen einiger Metallegierungen, das bei bestimmten Temperaturen innerhalb eines begrenzten Geschwindigkeitsbereiches auftritt und das mehrere hundert Prozent betragen kann.

Die Festigkeit eines Werkstoffes ist die von ihm maximal ertragene Last, bezogen auf den Ausgangsquerschnitt des Prüfkörpers (Werkstoffwiderstand gegen einsetzenden Bruch). Sie hängt ab vom Werkstoff- und vom Beanspruchungszustand und kann auf eine bestimmte Belastungsdauer oder auf eine bestimmte Anzahl von Belastungsfolgen begrenzt sein. Für einen gegebenen Materialzustand ist die Festigkeit eine Werkstoff-Kenngröße mit der Dimension einer Spannung (N/mm^2 bei Metallen, N/cm^2 bei Kunststoffen und bei Baustoffen. Im physikalischen Sinn ist die Festigkeit keine Spannung, da der Ausgangsquerschnitt des Prüfkörpers während des Versuches normalerweise nicht erhalten bleibt.) Die Festigkeiten werden in genormten Versuchen für die verschiedenen Belastungsarten bestimmt, wobei der Begriff „Festigkeit" stets mit dem Ereignis „Bruch" verbunden ist.

DIN-Taschenbuch 19 (1981)

Die wichtigsten Festigkeiten sind:

- quasistatische Belastung: Zugfestigkeit (DIN 50145, EN 10002), Druckfestigkeit (DIN 50106), Biegefestigkeit (DIN 50110), Scherfestigkeiten für verschiedene Verbindungsarten (Schweiß- und Lötverbindungen, Plattierungen, Spritzschichten).
- schwingende Belastung: Dauerschwingfestigkeit, kurz Dauerfestigkeit, mit den Sonderfällen Wechselfestigkeit (Mittelspannung = 0) und Schwellfestigkeit (Unterspannung = 0); Betriebsfestigkeit (betriebsähnliche Belastungsfolgen), Gestaltfestigkeit (Dauerfestigkeit eines Bauteils, keine Werkstoffkenngröße), Zeitschwingfestigkeit (Bruch nach bestimmter Schwingspielzahl), alle DIN 50100.
- ruhende Belastung: Zeitstandfestigkeit (Bruch nach bestimmter Belastungsdauer) und Dauerstandfestigkeit, beide DIN 50118, 50119.

Vielfach werden in diesen Versuchen neben der Festigkeit noch weitere Kenngrößen bestimmt, z. B. die Spannung beim Übergang vom elastischen in den plastischen Bereich (Streckgrenze, Quetschgrenze u. a.), auf den Ausgangsquerschnitt bezogene Kräfte zur Erzeugung bestimmter Formänderungsgrade (Dehngrenzen, Stauchgrenzen, zeitabhängige Zeitstandkriechgrenzen) oder die Gesamtformänderung des Prüfkörpers nach Versuchsende (Bruchdehnung, Brucheinschnürung). Die Entwicklung der unterschiedlichen Bruchaten und die dabei im Werkstoff ablaufenden Vorgänge hat Lange (1992) eingehend beschrieben.

1.9.2.2 Meßverfahren zur Bestimmung von Fließkurven und von Festigkeitskennwerten

Zur Aufnahme von Fließkurven benutzt man hauptsächlich den Stauch-, den Torsions- oder den Zugversuch. Ausgewertet wird vorzugsweise nach dem Trescaschen Kriterium. Vergleichsspannungen und -formänderungen für diese drei Versuche sind in Tabelle 1.7 zusammengestellt.

Lange (1972)

Tab. 1.7 Vergleichsspannung σ_v und Vergleichsformänderung φ_v zur Bestimmung von Fließkurven

Prüfverfahren	σ_v		φ_v	
	nach v. Mises	nach Tresca	nach v. Mises	nach Tresca
Zugversuch (im Bereich der Gleichmaßdehnung)	σ_Z	σ_Z	φ_l	φ_l
Zylinderstauchversuch Kegelstauchversuch Stauchversuch nach Rastegaev	σ_D	σ_D	φ_h	φ_h
Flachstauchversuch	$\frac{\sqrt{3}}{2}\sigma_D$	σ_D	$\frac{2}{\sqrt{3}}\varphi_h$	φ_h
Verdrehversuch	$\sqrt{3}\,\tau_R$	$2\tau_R$	$\frac{1}{\sqrt{3}}\gamma_R$	$\frac{1}{2}\gamma_R$
Hydraulischer Tiefungsversuch	σ_Z	σ_Z	φ_s	φ_s

Zugversuch Im Zugversuch wird die Kraft-Verlängerungs-Kurve einer zylindrischen Probe aufgenommen. Die Probe verformt sich zunächst linear elastisch. Dieser Abschnitt wird als Hookesche Gerade bezeichnet; Tangens ihres Anstiegswinkels ist der Elastizitätsmodul des Werkstoffes. Der Übergang in den plastischen Bereich erfolgt je nach Werkstoff stetig oder unstetig. Die Kraft steigt im plastischen Bereich zunächst degressiv an, die Probe bleibt bei der Verlängerung zylindrisch (Bereich der Gleichmaßdehnung). In dieser Phase wirkt sich die Zunahme der Werkstoffestigkeit aufgrund der Kaltverformung stärker aus als die Schwächung des Querschnittes. Proben duktiler Werkstoffe schnüren sich schließlich taillenförmig ein. Die weiterhin ansteigende Werkstoffestigkeit vermag die Querschnittsabnahme dann nicht mehr zu kompensieren: die Kraft nimmt ab (Bereich der Einschnürdehnung). Der Beginn der Einschnürung fällt etwa mit dem Lastmaximum zusammen.

Auf einer Prüfmaschine ohne geschlossenen Regelkreis endet die Kraft-Verlängerungs-Kurve, sobald die elastisch gespannte Maschine beim Lastabfall stärker zurückfedert als sich die Probe zu dehnen vermag. (Dieser Instabilitätspunkt ist erreicht, wenn die Federkonstante der Prüfmaschine dem Betrage nach mit der Neigung der Tangente an die Kraft-Verlängerungs-Kurve übereinstimmt.) Prüfmaschinen mit geschlossenem Regelkreis (closed-loop-Maschinen), die die Verlängerungsgeschwindigkeit der Probenmeßstrecke konstant halten, können den Bruchvorgang zeitlich so weit auflösen, daß auch der steile Kraftabfall in der Endphase des Zugversuches bis zur vollständigen Entlastung registriert wird.

Lange (1976), Dahl u. Rees (1976), Lange (1981)

Es ist üblich, die Kräfte auf den Ausgangsquerschnitt A_0, die Verlängerungen auf die Ausgangsmeßstrecke L_0 der Probe zu beziehen und die Kraft-Verlängerungs-Kurve nach Umbenennung der Achsen als Spannungs-Dehnungs-Diagramm, korrekt Nennspannungs-Totaldehnungs-Diagramm, zu bezeichnen. Bei der gelegentlich angegebenen „wahren Spannungs-Dehnungs-Kurve" ist die Kraft auf den jeweiligen (nach der Einschnürung auf den engsten) Probenquerschnitt A bezogen. Man ermittelt auf diese Weise die Längszugspannung σ_Z, die bis zum Beginn der Einschnürung mit der Vergleichsspannung σ_v identisch ist (Fig. 1.78).

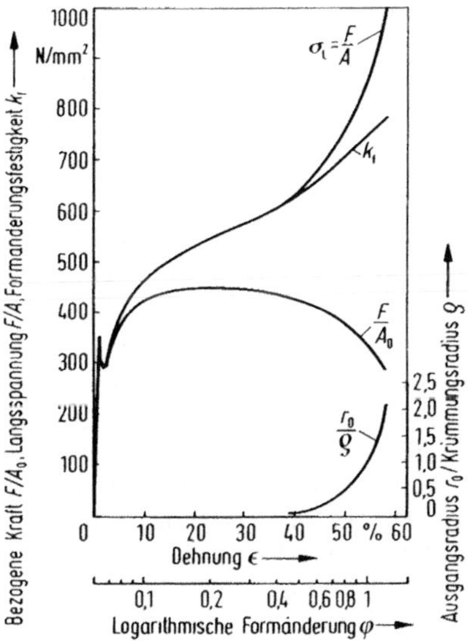

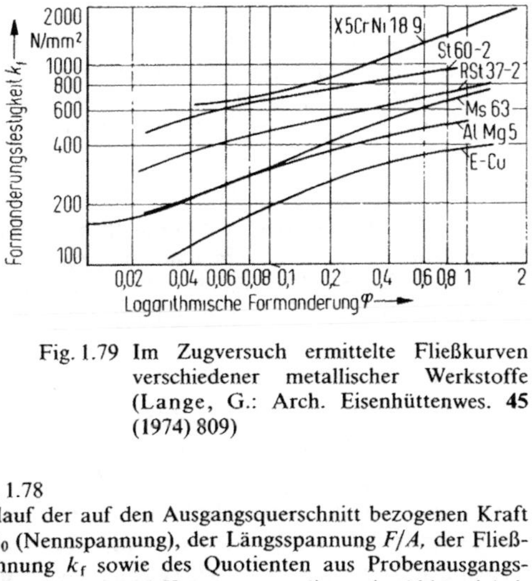

Fig. 1.79 Im Zugversuch ermittelte Fließkurven verschiedener metallischer Werkstoffe (Lange, G.: Arch. Eisenhüttenwes. **45** (1974) 809)

Fig. 1.78
Verlauf der auf den Ausgangsquerschnitt bezogenen Kraft F/A_0 (Nennspannung), der Längsspannung F/A, der Fließspannung k_f sowie des Quotienten aus Probenausgangsdurchmesser r_0 und Krümmungsradius ϱ in Abhängigkeit von der linearen Dehnung ε bzw. von der logarithmischen Formänderung φ. Stahl St 37-2, Meßwerte des Verfassers

Die Fließkurve läßt sich im Bereich der Gleichmaßdehnung besonders einfach ermitteln. Allerdings erreicht man nur geringe Formänderungsgrade, beispielsweise $\varphi = 0{,}15$ bis 0,40 bei einigen gängigen Metallen. Diese Werte lassen sich auf das 3- bis 6fache steigern, wenn man auch den Einschnürbereich auswertet (Fig. 1.79). Entsprechende Formeln für die Formänderungsfestigkeit haben sowohl Siebel als auch Bridgeman aus der Betrachtung des Kräftegleichgewichtes am dreiachsig beanspruchten Volumenelement der Einschnürzone unter Verwendung des Trescaschen Fließkriteriums abgeleitet:

$$\text{Siebel: } k_f = \frac{F/A}{1 + \dfrac{D}{8\varrho}} \qquad \text{Bridgeman: } k_f = \frac{F/A}{\left(1 + \dfrac{4\varrho}{D}\right) \ln \left(1 + \dfrac{D}{4\varrho}\right)}$$

D Probendurchmesser im engsten Querschnitt,

ϱ Krümmungsradius der Mantellinien im engsten Querschnitt

Beide Gleichungen erniedrigen die Längsspannung F/A um einen Faktor, der mit abnehmendem Krümmungsradius, d. h. mit zunehmender Einschnürung, ansteigt. Bei mäßiger Einschnürung liefern beide Formeln übereinstimmende k_f-Werte. Bei starker Taillenbildung ergeben sich nach Siebel niedrigere Formänderungsfestigkeiten als nach Bridgeman. Nach heutigem Kenntnisstand ist die Siebel-Gleichung zu bevorzugen. Der zugehörige Vergleichsformänderungsgrad wird stets mit dem engsten Querschnitt berechnet.

Siebel u. Schwaigerer (1948), Bridgeman (1944).

Für die Bestimmung des Krümmungsradius werden in der Literatur drei Verfahren genannt: Photographieren der Einschnürzone, mechanisches Abtasten der Proben mit Fühlern (auch bei Warmzug- und Tieftemperaturversuchen anwendbar), direkte Messung an der Probe mit konischem Stab oder mit Radienschablonen. Bemühungen, die relativ aufwendige Messung des Krümmungsradius durch Näherungsformeln zu umgehen, führten bislang zu keinen allgemeingültigen Lösungen. Eine gute Näherung für die Fließkurve erhält man mit Hilfe des Krümmungsradius der gebrochenen Probe. Der daraus berechnete Kurvenpunkt gestattet bei vielen Metallen, die Fließkurve aus dem Bereich der Gleichmaßdehnung bis zum Endwert des Zugversuches monoton zu extrapolieren.

Lange (1974)

Nützlich für die Aufstellung von Fließkurven ist der theoretisch ableitbare, tatsächlich jedoch meist nicht exakt erfüllte Zusammenhang $n = \varphi_{gl}$ (φ_{gl}: Formänderungsgrad am Ende der Gleichmaßdehnung). Ähnliches gilt für die Berechnung der Konstanten C in der Fließkurvenvergleichung aus der Zugfestigkeit R_m, dem Verfestigungsexponenten n und der Basis der natürlichen Logarithmen e: $C = R_m(e/n)^n$.

Reihle (1961), Dahl u. Rees (1976)

Die Festigkeits- und die Verformungskennwerte werden in einem genormten Zugversuch (DIN 50145, EN 10002) ermittelt. Das Normblatt enthält u. a. Begriffsdefinitionen, Angaben über Anwendungsbereich, Meßstreckenermittlung und -markierung, Anforderungen an die Prüfmaschine, Versuchsdurchführung, insbesondere Dehn- oder Spannungszunahme-Geschwindigkeit, Probentemperierung und Probeneinspannung, über die Versuchsauswertung und über den Inhalt des Prüfberichtes. Spezielle Zugversuche sind für einige Halbzeuge und Produkte (z. B. Folien, Bänder, Bleche, Rohre, Drähte, Drahtseile), für Schweiß- und Lötverbindungen sowie für besondere Werkstoffe wie Grau- oder Temperguß vorgesehen. Entnahme, Bearbeitung und Abmessungen der gängigen Zugproben sind in DIN 50125 zusammengestellt. Normalerweise verwendet man Proportionalstäbe, deren zylindrische Meßstrecke L_0 das Fünf- oder das Zehnfache des Stabdurchmessers d_0 beträgt (kurzer oder langer Proportionalstab).

Bei Stäben mit rechteckigem Querschnitt ist der Durchmesser des flächengleichen Kreises einzusetzen: $L_0 = 5{,}65\,\sqrt{A_0}$ oder $L_0 = 11{,}3\,\sqrt{A_0}$. Besondere Richtlinien gelten wiederum für Proben aus dünnen Blechen, Grauguß, Temperguß, Druckguß sowie aus Schweißverbindungen. Zugversuche an Kunststoffen sind in DIN 53455 genormt.

Bei metallischen Werkstoffen werden vier charakteristische Werte bestimmt: Kenngröße für das Einsetzen der plastischen Verformung, Zugfestigkeit, Bruchdehnung und Brucheinschnürung. Beginnt die plastische Dehnung unstetig mit einer gleichbleibenden oder einer abfallenden Kraft, wie z. B. bei einer Reihe handelsüblicher Baustähle, so definiert man als Streckgrenze den Quotienten aus dieser Last und dem Ausgangsquerschnitt, Dimension N/mm^2. Bei einem Lastabfall unterscheidet man zwischen oberer und unterer Streckgrenze. Die obere Streckgrenze (DIN–Bezeichnung R_{eH}, früher σ_{So}) berechnet sich aus der größten Kraft vor dem ersten Lastabfall, die untere Streckgrenze (R_{eL}, früher σ_{Su}) aus der kleinsten Kraft im Fließbereich, wobei jedoch maschinenbedingte Einschwingererscheinungen nicht berücksichtigt werden. In Tabellenwerken wird die obere Streckgrenze angegeben; sie ist die wichtigste Dimensionierungsgröße für statisch belastete Maschinenbauteile.

Da der Beginn des ersten Lastabfalls durch erhöhte Dehngeschwindigkeit erheblich angehoben werden kann, dürfen die vorgeschriebenen maximalen Spannungszunahmegeschwindigkeiten (z. B. $30\,N/mm^2 s$ für Stahl, $10\,N/mm^2 s$ für NE-Metalle bei Raumtemperatur) auf keinen Fall überschritten werden. Die untere Streckgrenze hat für wissenschaftliche Untersuchungen Bedeutung. Das Fließen unter geringfügig schwankender Last auf dem Niveau der unteren Streckgrenze bezeichnet man als Lüdersdehnung. Die Probe verformt sich in dieser Phase ungleichmäßig über ihre Länge. Auf der Oberfläche polierter oder verzunderter Stäbe erkennt man dabei Scharen von Verformungsbändern, die unter 45 Grad gegenüber der Probenachse geneigt sind. Sie werden als Lüdersbänder bezeichnet.

Zeigt der Werkstoff beim Übergang in den plastischen Bereich einen stetigen Lastanstieg, so ermittelt man als charakteristischen Wert eine Dehngrenze R_p, d. h. eine auf den Ausgangsquerschnitt bezogene Kraft, die zu einer bestimmten bleibenden Dehnung führt. Gebräuchlicher Wert ist die 0,2%-Dehngrenze ($R_{p0,2}$, früher $\sigma_{0,2}$), auch als 0,2-Grenze bezeichnet; darüber hinaus wird gelegentlich auch die technische Elastizitätsgrenze mit 0,01% bleibender Dehnung gemessen.

Zu diesem Zweck zeichnet man normalerweise mit Hilfe eines auf die Meßstrecke der Probe geklemmten elektrischen Feindehnungsmeßgerätes den Anfangsbereich der Kraft-Verlängerungs-Kurve auf. Eine Parallele zur Hookeschen Geraden im Abstand von 0,2% (bzw. von 0,01%) Dehnung schneidet die Meßkurve im gesuchten Punkt. Ist die Hookesche Gerade sehr kurz, so kann durch eine Zwischenentlastung aus dem Gebiet der Gleichmaßdehnung eine Hystereseschleife aufgenommen werden, deren Mittellinie als Bezugsparallele dient.

Die Zugfestigkeit (R_m, früher σ_B) ist definiert als Quotient aus der größten Zugkraft und dem Ausgangsquerschnitt. Sie ist neben der chemischen Zusammensetzung die wichtigste Größe zur Klassifizierung metallischer Werkstoffe. Zur Dimensionierung eignet sie sich dagegen nur bei sehr spröden Werkstoffen wie z. B. Gußeisen.

Die Bruchdehnung (A, früher δ) ist die prozentuale bleibende Gesamtverlängerung der ursprünglichen Meßstrecke L_0 während des Zugversuches:

$$A = \frac{L_u - L_0}{L_0} \cdot 100\,\%.$$

Die Meßstrecke L_u wird an den sorgfältig zusammengefügten Bruchstücken der Zugprobe bestimmt. Man unterscheidet A_5 und A_{10} für den kurzen und für den langen Proportionalstab ($A_5 > A_{10}$, da sich die Einschnürdehnung bei kürzerer Meßstrecke prozentual stärker auswirkt). Vergleichbare Werte erhält man nur, wenn die Bruchstelle im mittleren Drittel der Meßstrecke L_u liegt; für Brüche in den äußeren Dritteln kann ein in der Norm erläutertes Bestimmungsverfahren angewendet werden.

Analog zur Bruchdehnung gibt die Brucheinschnürung (Z, früher ψ) die prozentuale bleibende Gesamtquerschnittsabnahme der Probe an:

$$Z = \frac{S_0 - S_u}{S_0} \cdot 100\,\%.$$

Der Endquerschnitt S_u, gemessen nach dem Bruch an der engsten Stelle, wird bei Rundproben aus dem Mittelwert zweier konjugierter Durchmesser berechnet. Für Flachproben gibt das Normblatt ein Näherungsverfahren an.

Stauchversuch/Druckversuch Im herkömmlichen Zylinderstauchversuch wird eine kreiszylindrische Probe in axialer Richtung zwischen ebenen, parallelen Stauchbahnen zusammengedrückt. Der Versuch ist nicht genormt, wird aber häufig in Anlehnung an den Druckversuch nach DIN 50106 durchgeführt. Gemessen werden die Druckkraft F und der Stauchweg s, d. h. die Höhenabnahme $(h_0 - h)$ der Stauchprobe. Berechnet werden die logarithmische Höhenänderung

$$\varphi_h = \ln \frac{h}{h_0} = \ln \frac{h_0 - s}{h_0}$$

und die zugehörige Fließspannung

$$k_f = \frac{F}{A} = \frac{F \cdot h}{A_0 h_0} = \frac{F(h_0 - s)}{A_0 \cdot h_0}$$

Der Formänderungsgrad φ_h ist negativ; für die Bestimmung der Fließkurve wird $k_f(-\varphi) = k_f(\varphi)$ angenommen. Der Stauchweg muß mit besonders hoher Genauigkeit ermittelt werden, da er sowohl in den Formänderungsgrad eingeht als auch – anstelle einer direkten Querschnittsmessung – unter Annahme konstanten Volumens zur Berechnung der Formänderungsfestigkeit herangezogen wird.

Schwierigkeiten bereitet im Stauchversuch die Reibung zwischen den Stirnflächen der Probe und den Stauchbahnen der Presse. Die Reibung erfordert nicht nur eine zusätzliche Kraft zum Erreichen eines bestimmten Formänderungsgrades, sondern behindert insbesondere die radiale Ausbreitung der Probe. Der ursprünglich zylindrische Prüfkörper baucht sich tonnenförmig aus, so daß der gewünschte einachsige Spannungszustand mehr und mehr verlorengeht. Um ein aufwendiges Ausmessen der Kontur und Umrechnen auf einachsige Formänderung zu vermeiden, unterdrückt man die Reibung so weit als möglich durch sorgfältige Schmierung. Als Schmiermittel haben sich Teflon (Folien) und Molybdändisulfid bewährt. Im Zylinderstauchversuch lassen sich bei guter Schmierung Formänderungsgrade bis $|\varphi| \approx 0{,}7$ erzielen. Dreht man die verformte Probe wieder zylindrisch, so kann der Versuch bis zu höheren Umformgraden fortgesetzt werden (Stufenstauchversuch); außerdem gibt die Probe ihre Umformwärme während der Versuchsunterbrechung ab.

Im Kegelstauchversuch nach Siebel u. Pomp lassen sich die Reibschubspannungen mittels kegelförmiger Stauchwerkzeuge und entsprechender Probenstirnflächen weitgehend durch Radialspannungen kompensieren (Fig. 1.80). Neigungswinkel α der Kegelflächen und Reibwinkel müssen dazu übereinstimmen: $\alpha = \arctan \mu$.

Der Reibwert μ muß allerdings meist erst in Vorversuchen bestimmt werden. Bei zusätzlicher Schmierung läßt sich der Winkel α auf 3 bis 7 Grad begrenzen. Auch die mit größerem Aufwand zu fertigende Kegelstauchprobe verliert ihre Zylinderform bei höheren Umformgraden; φ-Werte über 0,7 (maximal etwa 1,2) erfordern ein Abdrehen der deformierten Probe.

Beim Zylinderstauchversuch nach Rastegaev wird die Reibung durch 0,2 mm tiefe Schmiertaschen in den Stirnflächen der Proben fast vollständig aufgehoben (Fig. 1.81).

Die Prüfkörper behalten auch bei hohen Formänderungsgraden ihre Zylinderform. Die Stirnflächen bleiben jedoch unter dem Schmiermittelfilm nicht eben. Der damit verbundene Meßfehler der Höhenabnahme, der sich mit wachsendem Formänderungsgrad exponentiell auf die Fließkurve auswirkt, bedingt schließlich den Abbruch des Versuches im Bereich $|\varphi| = 1{,}2$ bis 1,5. Vorteilhaft ist auch hier ein Stufenversuch mit Stauchschritten von $|\Delta\varphi| \approx 0{,}7$.

Pöhlandt (1979)

Fließkurven dünner Bleche lassen sich im Hohlzylinderstauchversuch bestimmen: Gelochte Scheiben werden auf einem Führungsdorn übereinandergeschichtet und als Paket gestaucht.

Pawelski (1967)

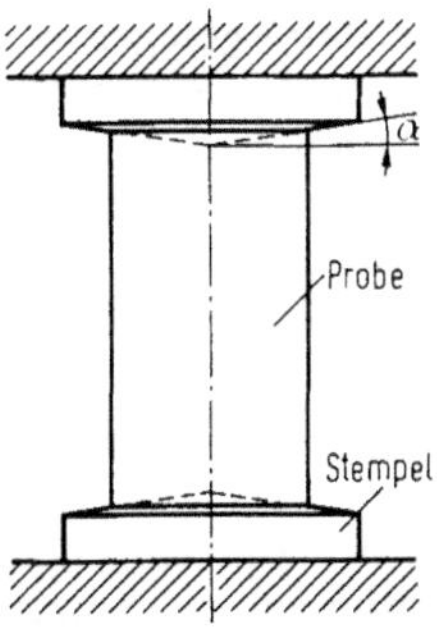

Fig. 1.80 Kegelstauchversuch

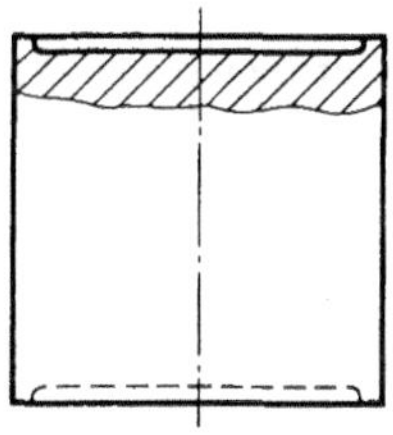

Fig. 1.81 Zylinderstauchprobe nach Rastegaev

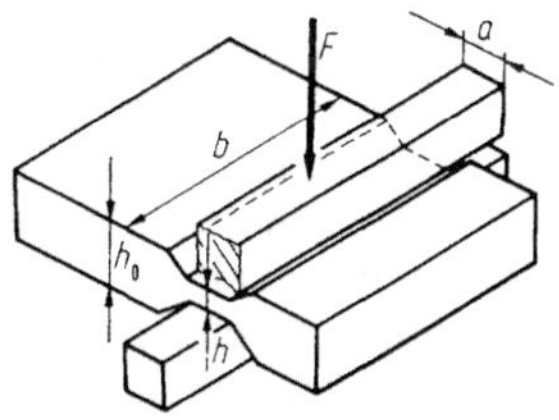

Fig. 1.82 Flachstauchversuch

Laufen während des Stauchvorganges Erholungs- oder Rekristallisationsvorgänge im Werkstoff ab (Warmumformung), so gewinnt die Formänderungsgeschwindigkeit $\dot{\varphi}$ einen erheblichen Einfluß auf die Formänderungsfestigkeit. Man verwendet in diesem Fall als Plastometer bezeichnete Pressen. Sie halten durch eine hydraulische Regelung oder durch eine Nockensteuerung die Formänderungsgeschwindigkeit während des gesamten Stauchvorganges konstant.

(Im Gegensatz dazu steigt bei gängigen Pressen mit konstanter Vorschubgeschwindigkeit des Stauchstempels die Formänderungsgeschwindigkeit exponentiell mit dem Umformgrad an.) Kann die Umformwärme nicht rasch genug durch die Werkzeuge abgeleitet werden, so ist der Versuch hinreichend oft zu unterbrechen; andernfalls mißt man anstelle einer isothermischen eine mehr oder weniger adiabatische Fließkurve.

Im Flachstauchversuch (Indentation Test) werden Fließkurven blechförmiger Proben von mehr als 2 mm Dicke bestimmt (Fig. 1.82). Durch ein Breiten-Höhen-Verhältnis $b/h_0 \geqslant 6$ erreicht man einen ebenen Formänderungszustand. Bestimmt wird die logarithmische Höhenabnahme φ_h; die Fließspannung ist aufgrund konstanter Belastungsfläche der Druckkraft proportional: $k_f = F/ab$.

Zu beachten sind eine versatzfreie, exakte Stempelführung sowie eine gute Schmierung (Mo_2S in Öl). Die Stempelbreite a sollte gleich der Ausgangsblechdicke h_0 gewählt werden.

Lippmann u. Mahrenholtz (1967), Pawelski (1978)

Zur Bestimmung der Festigkeitskennwerte wird das Verfahren als Druckversuch bezeichnet. Die Einzelheiten der Prüfung sind in DIN 50106 festgelegt. Gestaucht werden zylindrische Proben mit einem Höhen-Durchmesser-Verhältnis von $1 \leqslant h_0/d_0 \leqslant 2$ (Lagermetalle $h_0/d_0 = 1$, Stähle meist $h_0/d_0 = 1{,}5$).

werden. Anhaltswerte und Randbedingungen für die Umrechnung von Härtewerten verschiedener Skalen ineinander sowie vom Härtewert in Zugfestigkeit gibt DIN 50150.

VDI/VDE Richtlinie 2616; Weiler (1990)

Für die genormten Härteprüfverfahren bestehen nationale Härteskalen. Diese werden gebildet aus Kraft, Weg und nationalem Eindringkörper und stellen einen eigenständigen Kennwert dar. Kraft und Weg sind an die nationalen Normale angeschlossen (in Deutschland an die der PTB). Da der nationale Eindringkörper eine nicht reproduzierbare Größe ist, ist die Härte auf keine anderen Normale rückführbar. Die Anbindung der Härteprüfmaschinen an die nationalen Härteskalen erfolgt durch indirekte Prüfung mittels Härtevergleichsplatten.

1.9.3.1 Härteprüfung nach Brinell

Um 1900 wurde von Brinell das erste technisch auswertbare Härteprüfverfahren beschrieben. Eine Kugel (Durchmesser $D = 10$; 5; 2,5 oder 1 mm) aus Hartmetall (oder Stahl) wird mit der Prüfkraft (F) senkrecht in die Probe eingedrückt und wieder entfernt. Die Brinellhärte ist definiert als Quotient aus Prüfkraft durch Eindruckoberfläche. Dabei wird vorausgesetzt, daß der Eindruck ein geometrisch getreues Abbild des Eindringkörpers ist. Der Eindruckdurchmesser wird entweder gemessen nach direkter Projektion auf eine Mattscheibe, mit Hilfe von Meßmikroskopen oder mit Hilfe der Bildanalyse. Die Oberfläche der Probe muß entsprechend gut vorbereitet sein. Es werden zwei zueinander senkrecht stehende Durchmesser (d_1 und d_2) des Eindruckes gemessen und daraus der mittlere Durchmesser (d) des Eindruckes berechnet:

$$\mathrm{HB} = \frac{0{,}102 \cdot F}{A} = \frac{0{,}102 \cdot 2F}{\pi \cdot D(D - \sqrt{D^2 - d^2})} \tag{1.124}$$

Die Konstante 0,102 ergibt sich aus der Umrechnung der früheren kp Werte in N aus:

$$\frac{1}{g_n} = \frac{1}{9{,}80665} = 0{,}102$$

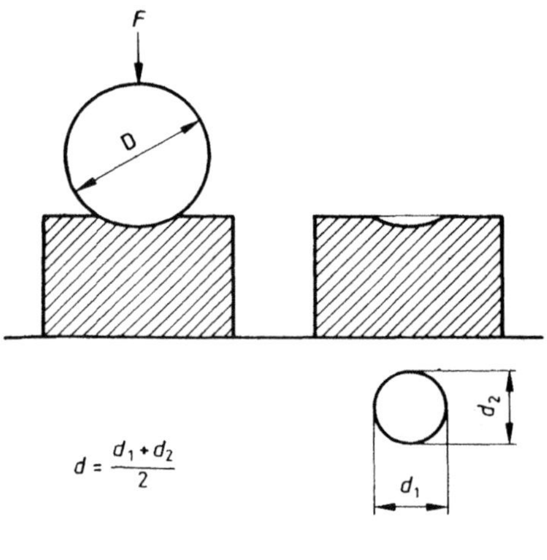

Fig. 1.83
Prinzip der Härteprüfung nach Brinell

Der Vorteil des Verfahrens liegt darin, daß ein großer Werkstoffprüfbereich erfaßt wird und so auch die Härte inhomogener Materialien geprüft werden kann. Es ist zu empfehlen, den größtmöglichen Kugeldurchmesser bei größter Prüfkraft zu verwenden, wobei $0{,}24D < d < 0{,}6D$ sein muß und die Probendicke berücksichtigt werden muß (Fig. 1.83 u. Tab. T 1.11 u. T 1.12 in Band 3).

Insbesondere bei weichen (kriechenden) Werkstoffen sind die Härtewerte nur vergleichbar, wenn die gleiche Aufbringzeit und Einwirkdauer der Prüfkraft angewandt wurden.

DIN EN 10003 Teil 1, 2, 3 z. Zt. Entwurf

1.9.3.2 Härteprüfung nach Vickers

Das Härteprüfverfahren nach Vickers wurde 1925 entwickelt. Es entspricht vom Prinzip und von der Definition des Härtewertes her dem Verfahren nach Brinell. Der Eindringkörper ist eine gerade Pyramide aus Diamant mit quadratischer Grundfläche und einem Flächenwinkel von 136°. Gemessen wird die Länge (d) der beiden Diagonalen (d_1 und d_2) und ihr Mittelwert (d) berechnet:

$$\mathrm{HV} = \frac{0{,}102 \cdot F}{A} = \frac{0{,}1891 \cdot F}{d^2} \qquad (1.125)$$

Das Verfahren nach Vickers hat den Vorteil, daß es auch für Proben hoher Härte anwendbar ist und der auf der Probe hinterlassene Eindruck klein ist. Als Nachteil ergibt sich daraus, daß nur ein kleiner Werkstoffbereich bei der Prüfung erfaßt wird. Nach der Größe der Prüfkraft werden drei Bereiche unterschieden.

1. $49\,\mathrm{N} \leqslant F \leqslant 980\,\mathrm{N}$ (Vickers-Makrohärtebereich)

In diesem Bereich ist der gemessene Härtewert nur wenig von der Prüfkraft abhängig; d. h., die mit den genormten Prüfkräften

49 N, 98 N, 196 N, 294 N, 490 N und 980 N

gemessenen Härtewerte sind untereinander vergleichbar.

2. $1{,}95\,\mathrm{N} < F < 49\,\mathrm{N}$ (Vickers-Kleinkrafthärtebereich)

Der Härtewert wird in zunehmendem Maß von der Prüfkraft abhängig.

Fehler in der Diagonalenmessung machen sich relativ stark bemerkbar. Die Art der Probenvorbereitung gewinnt einen zunehmenden Einfluß auf das Meßergebnis, da die Eindringtiefe ($h \approx d/7$) nur noch sehr gering ist (T 1.13 in Band 3). Bevorzugte Prüfkräfte sind:

1,96 N; 2,94 N; 4,9 N; 9,8 N; 19,6 N und 29,4 N.

3. $F < 1{,}96\,\mathrm{N}$ (Vickers-Mikrohärtebereich)

Der Härtewert ist erheblich prüfkraftabhängig (Tab. T 1.13 in Band 3) und hat als Vergleichswert zu den mit den Prüfkräften nach 1. ermittelten Härtewerten keinerlei Bedeutung. Wichtig ist dieser Prüfkraftbereich zur Beurteilung sehr dünner oberflächengehärteter Schichten (z. B. durch Nitrieren). Handelsübliche Härteprüfmaschinen erlauben Prüfkräfte bis hinunter zu $9{,}8 \cdot 10^{-3}\,\mathrm{N}$. Damit ergibt sich die Möglichkeit, einzelne Kristalle nach ihrer Härte zu unterscheiden. Die Eindringtiefe unterschreitet dabei oft den Wert von 1 μm. Die Meßwerte dürfen nur relativ zueinander betrachtet werden.

DIN 50133 Bl. 1 und 2; Weiler (1990)

1.9.3.3 Härteprüfung nach Rockwell

Das 1919 veröffentlichte Härteprüfverfahren nach Rockwell ist wegen seiner bequemen und schnellen Handhabung (keine subjektiven Ablesefehler) das meist angewandte Härteprüfverfahren. Der Eindringkörper ist entweder ein Kegel aus Diamant mit gerundeter Spitze (Kegelwinkel 120°, Radius der Kugelkalotte 0,200 mm) oder eine Kugel aus Stahl ($D = 1{,}5875$; 3,175 mm). Bei der Bestimmung eines Härtewertes nach Rockwell wird der Eindringkörper in die Oberfläche der Probe zunächst unter Prüfvorkraft (F_0) eingedrückt und das Tiefenmeßsystem in Nullposition gebracht (Bezugsoberfläche). Die Kraft wird um die der Prüfzusatzkraft (F_1) auf die Prüfgesamtkraft (F) erhöht. Nach einer bestimmten Einwirkdauer wird die Prüfzusatzkraft und damit der elastische Anteil der Eindringtiefe zurückgenommen. Gemessen wird dann die bleibende Eindringtiefe (h) in mm, die als Maß für die Rockwellhärte dient. In manchen Anzeigeeinheiten wird heute direkt die berechnete Rockwellhärte ausgegeben, s. Fig. 1.84.

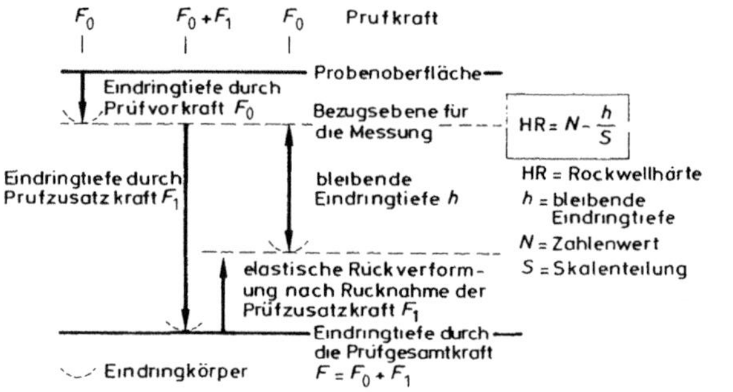

Fig. 1.84
Prinzip der Härteprüfung nach Rockwell

Die verschiedenen Härteskalen nach Rockwell unterscheiden sich durch Eindringkörper, Prüfvorkraft, Prüfgesamtkraft und Definition des Härtewertes aus der bleibenden Eindringtiefe (h). Die Härte wird nach der Formel berechnet:

$$\mathrm{HR} = \mathrm{N} - \frac{h}{\mathrm{S}} \tag{1.126}$$

wobei für N ein Zahlenwert (100 oder 130) und für S der Skalenfaktor (0,001 oder 0,002) eingesetzt wird.

Tab. T 1.14 in Band 3; DIN EN 10109 Teil 1, 2, 3; DIN ISO 3738

1.9.3.4 Universalhärteprüfung

Bei der Universalhärteprüfung wird die Prüfkraft (F) senkrecht zur Oberfläche stufenweise kontinuierlich über Rechnersteuerung aufgebracht. Gemessen wird die Eindringtiefe (h) unter Prüfkraft kontinuierlich oder bei jeder Stufe. Der Eindringkörper ist eine gerade Pyramide aus Diamant mit quadratischer Grundfläche und einem

Flächenwinkel von 136° (Vickersdiamant). Als Prüfkräfte werden je nach Prüfmaschine Bereiche zwischen 0,4 mN bis 1000 N verwendet. Der Härtewert wird über folgende Formel berechnet:

$$\mathrm{HU} = \frac{F}{A} = \frac{F}{26{,}43\,h^2}\ \mathrm{N/mm^2} \tag{1.127}$$

Der Nullpunkt wird aus dem Kraft-Eindringtiefen-Diagramm rechnerisch ermittelt. Durch die kleinen Prüfkräfte, und die damit verbundenen kleinen Eindrücke, können mit diesem Verfahren auch dünne Schichten gemessen werden, die mit anderen Verfahren nur als integraler Wert aus Schicht und Matrix zu messen wären. Das Verfahren läßt sich auch bei sehr hohen Härten wie denen von Hartmetall und Keramik und sehr niederen Härten wie denen von Lacken verwenden. Da der Eindruck nicht lichtoptisch ausgewertet werden muß, entfällt der subjektive Fehler und es läßt sich auch die Härte von Werkstoffen messen, die keine reflektierende Oberfläche besitzen. Die ermittelten Härtewerte sind nur bei übereinstimmenden Prüfbedingungen vergleichbar. Da die Tiefenmessung unter steigender und unter fallender Prüfkraft durchgeführt wird, können Werkstoffeigenschaften wie Zähigkeit, E-Modul und Tiefenprofil der Härte direkt bestimmt und zur Probencharakterisierung verwendet werden. Da sehr kleine Werkstoffbereiche untersucht werden, ist bei geringfügiger Heterogenität des Werkstoffes bereits mit einer starken Streuung der Härtewerte zu rechnen.

S. Technical Report 556 des ISO/TC 164/SC 3

1.9.3.5 Härteprüfung an Kunststoff und Gummi (K. Müller)

Der Härteprüfung an Polymerwerkstoffen liegt (wie bei Metallen) die Definition „Härte = Widerstand gegen Eindringen eines härteren Körpers“ zugrunde. Kennzeichnende Unterschiede für die Anwendung der Härteprüfung ergeben sich aus der makromolekularen Struktur der Polymerwerkstoffe. Besondere Bedeutung haben daher Verfahren, bei denen die Eindringtiefe des Eindringkörpers (Kugel, Kegel, Pyramide) unter wirkender Prüfkraft als Kriterium für die Härte dienen. Grund: Bei Kunststoffen und Gummi stellt der (entropie- oder gummi-)elastische bzw. viskoelastische Deformationsanteil in der Regel den maßgeblichen Betrag der Gesamtdeformation dar.

Bei Verfahren dieser Art werden im Eindruckbereich Beanspruchungen erzeugt, die je nach Werkstoffart und -zustand

- eine maßgebliche plastische Verformung hervorrufen, die den Prüfeindruck bewirkt (z. B. bei ABS[1])/Acrylnitril-Butadien-Styrol/-Copolymeren),
- eine Verformung hervorrufen, deren plastischer und elastischer Anteil für die Größe des Prüfeindruckes maßgeblich ist (z. B. PE[1])/Polyethylen/) oder
- keine plastische Verformung hervorrufen (z. B. bei weichgemachten Kunststoffen oder Elastomeren).

Aus dem unterschiedlichen Stoffverhalten ergeben sich Zweckmäßigkeit oder Notwendigkeit, den Prüfeindruck entweder „unter Prüfkraft“ oder „nach Wegnahme der Prüfkraft“ meßtechnisch zu erfassen. Grundlage für die Ermittlung der Härtezahl sind dabei: Geometrie des Prüfeindruckes, Prüfkraft und Auswertungsmodus.

Aufgrund der makromolekularen Struktur der Kunststoffe können bei der Härtemessung bereits im Bereich der Raumtemperatur[2]) folgende Einflüsse wesentlich sein:

- Abweichungen der Prüf- von der Nenntemperatur;
- Abweichungen von der Nenn-Belastungsgeschwindigkeit;

- Abweichungen von der Nenn-Einwirkdauer der Prüfkraft (Kriechen und damit Tendenz zur Ermittlung „zu kleiner“ Härtezahlen, insbesondere bei Thermoplasten);
- Zeitspannen, Temperatur und Einwirkung umgebender Medien (einschließlich trockener oder feuchter Luft) zwischen Herstellung und Prüfung des Werkstoffs (Erzeugnisses).

Ähnlich wie bei Metallen wirken sich herstellungs- bzw. verarbeitungsbedingte Anisotropie und Inhomogenität auf die ermittelte Härte aus; z. B.:

- Orientierungen (Molekül- und/oder Füllstofforientierung infolge von Fließvorgängen beim Spritzgießen, Extrudieren oder Recken);
- Eigenspannungen (infolge Vernetzungsreaktionen, Abkühlvorgängen oder Nachdruckbedingungen beim Spritzgießen);
- amorphe und kristalline Gefügeausbildung (bei teilkristallinen Thermoplasten wie PA[1])/ Polyamid/; POM[1])/Polyoxymethylen/ oder PE[1])/Polyethylen/);
- Art und Anteil von Füll- und Verstärkungsstoffen (z. B. bei glasfaserverstärkten Kunststoffen).

Die Vielfalt verfügbarer Härteprüfverfahren ergibt sich aus

- der Verschiedenartigkeit der Polymerwerkstoffe (Thermoplaste, Duroplaste, Elastomere);
- der Verschiedenartigkeit der Erzeugnisse (Massivwerkstoffe, Beschichtungen, Lacke, Fertigteile);
- der Art der Aufgabenstellung (z. B. Zwang zum Einsatz ortsunabhängig verwendbarer [Hand-] Geräte);
- Forderungen an die Meßsicherheit oder die Wirtschaftlichkeit.

Auswahlkriterien: Die Entscheidung für die Wahl eines bestimmten Härteprüfverfahrens wird im wesentlichen beeinflußt durch

- Werkstoff bzw. Härte der Probe (ein grober Anhalt über die Härte ist stets erforderlich, entweder durch Vorversuch oder anhand Tab. T 1.15 in Band 3);
- Form, Abmessungen und beabsichtigte Weiterverwendung der Probe (des Erzeugnisses);
- Meßsicherheit und/oder Wirtschaftlichkeit des Verfahrens sowie Verfügbarkeit von Geräten.

Als Entscheidungshilfe für die Auswahl geeigneter Verfahren zur Makro- und Kleinlasthärteprüfung dient Tab. T 1.16 in Band 3. Einen Überblick über Mikrohärteprüfverfahren gibt Fig. 1.85 (Eyerer (1978)). Hinsichtlich Vergleichbarkeit und Umwertung von Härtezahlen sowie Rückschlußmöglichkeiten auf andere Werkstoffeigenschaften gilt prinzipielll **1**.9.3, letzter Absatz.

In der meßtechnischen Praxis haben sich folgende Verfahren durchgesetzt:

- Kugeldruckhärte, DIN ISO 2039 (für/relativ harte/Kunststoffe; Tab. T 1.17 in Band 3);
- Shore-A- und -D-Härte, -DIN 53505 (für Elastomere, weiche Kunststoffe, Thermoplaste; Tab. T 1.18 und T 1.19 in Band 3);
- Barcolhärte, DIN EN 59 (für harte Kunststoffe; Tab. T 1.20 in Band 3);
- Vickershärte, keine Norm (für Kunststoffe und Kunststoff-Beschichtungen, überwiegend für wissenschaftliche Zwecke; Tab. T 1.21 in Band 3);
- Eindruckwiderstand nach Buchholz, DIN 53153 (für Anstriche und Kunststoffbeschichtungen; Tab. T 1.22 in Band 3);
- Universalhärte, keine Norm (für sämtliche Werkstoffe – von Weichgummi bis Saphir – anwendbar; (Weiler u. a. (1990)).

[1]) Kurzzeichen nach DIN 7728. [2]) 18 bis 28°C nach DIN 50014.

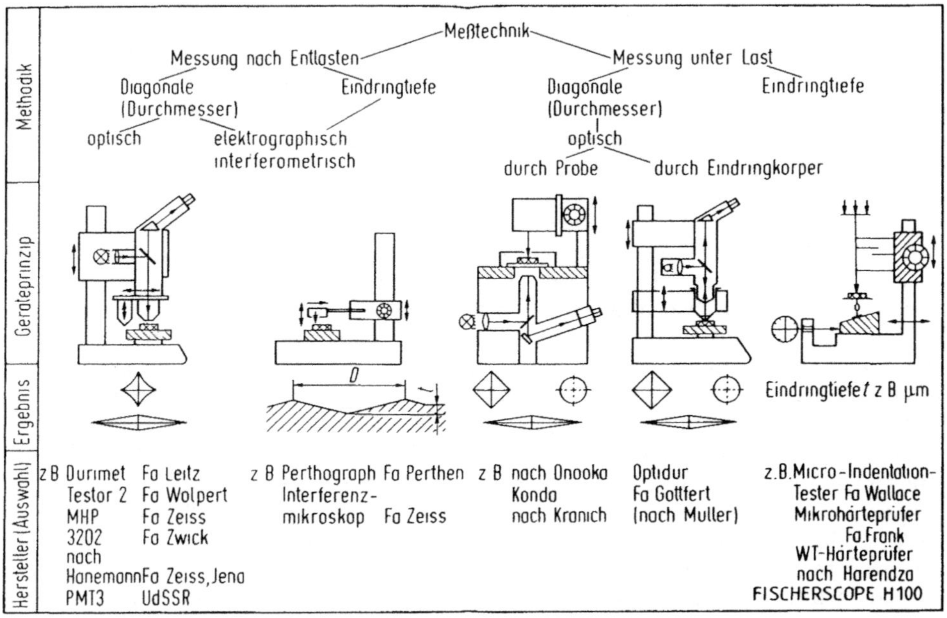

Fig. 1.85 Methoden zur Ermittlung der Mikrohärte an Polymerwerkstoffen (Schema) nach Eyerer (1978)

1.9.4 Viskosität (G. Meerlender)

1.9.4.1 Grundlagen und Definitionen

Die Viskosität kennzeichnet den Zusammenhang zwischen äußeren Kräften und Verformungsgeschwindigkeiten in einem fließfähigen Stoff. Beim viskosen Fließen wird mechanische Arbeit in Wärme verwandelt. Definiert wird die Viskosität durch die Koeffizienten in den Gln. (1.128) für ein Volumenelement im Koordinatenursprung.

$$p + \frac{1}{3} \cdot (\sigma_x + \sigma_y + \sigma_z) = \eta_v \cdot \left(\frac{\partial v_x}{\partial x} + \frac{\partial v_y}{\partial y} + \frac{\partial v_z}{\partial z} \right)$$

$$\sigma_x = \eta_D \cdot \frac{\partial v_x}{\partial x}; \qquad \tau_{xy} = \eta \cdot \frac{\partial v_x}{\partial y} \tag{1.128}$$

Die Volumenviskosität η_v ist für das zähe Kompressions- oder Dilatationsfließen maßgebend (Schallabsorption, pulsierende Kugel, p ist der isotrope Druck, s. Kneser (1949), Rosenhead (1954).

Die Dehnviskosität η_D gilt für die Dehnströmung unter der Zugspannung σ. Es gibt zwei Grundformen, den einachsigen und den zweiachsigen Zug. Zur Einführung: Böhme (1981), ausführlich: Petrie (1979). Die Dehnströmung hat technische Bedeutung, z. B. beim Ziehen von Glasrohren, Spinnen und Folienblasen.

Die (Scher-)Viskosität η für die Scherströmung unter der Schubspannung τ (s. DIN 1342 Teil 1 und 2, DIN 13342, DIN 51550) ist am bekanntesten (Strömungen,

Schmiertechnik, Beschichten, chemische Verfahrenstechnik). Zur Unterscheidung von der kinematischen Viskosität ν (= Viskositäts-Dichte-Verhältnis) heißt η auch dynamische Viskosität. Die Benennung „dynamisch" für die Schwingungsviskosität (oszillierende Scherung) kommt außer Gebrauch. Der Kehrwert von η heißt Fluidität.

In Viskosimetern zur Bestimmung der Scherviskosität werden definierte Schichtenströmungen angestrebt. Dann sind die Schubspannung und das zugehörige Geschwindigkeitsgefälle sowie ihre Verteilung über das Fließfeld zu berechnen. Ausreichend sicher meßbar sind z. Z. nur integral resultierende Kräfte und Geschwindigkeiten außerhalb des Fließfeldes. Das Geschwindigkeitsgefälle D ist der Gradient der Bahngeschwindigkeit v senkrecht zu den Schichten oder Scherflächen der Strömung. Insgesamt bilden die Gradienten $\partial v_i/\partial q_k$ einen asymmetrischen Tensor; die Scherkomponenten $\dot{\gamma}$ des symmetrischen Teils dieses Tensors heißen Schergeschwindigkeiten. Bei rheologisch einfachen Flüssigkeiten sind $\dot{\gamma}_{ik}$ und $\partial v_i/\partial q_k$ energetisch gleichwertig. Für das Geschwindigkeitsgefälle sind konvektive Koordinaten maßgebend (zu beachten bei gekrümmten Stromlinien in gekrümmten Scherflächen).

Die SI-Einheit der Viskosität ist Pa · s (N · s/m²). Für kleine und mittlere Viskositäten ist die Untereinheit mPa · s (früher Centipoise) gebräuchlich, für die kinematische Viskosität die Untereinheit mm²/s (früher Centistokes). Im Bereich hoher Viskositäten werden dPa · s (Glasviskositäten) und Pa · s (Kunststoffschmelzen) gebraucht. Schubspannungen werden in Pa oder mPa, Geschwindigkeitsgefälle in s^{-1} angegeben. Umrechnungstabellen in andere Viskositätseinheiten s. Ubbelohde (1964), Muschelknautz und Heckenbach (1980), Meskat (1964).

Die relative Viskositätsänderung $(\eta - \eta_s)/\eta_s$ einer Lösung (η_s Lösemittel-Viskosität) als Funktion der Konzentration des gelösten Stoffes B wird durch die Gln. (1.129) beschrieben (Stoffmengenkonzentration c_B).

$$\frac{\eta - \eta_s}{\eta_s} = a \cdot \sqrt{c_B} + b \cdot c_B; \qquad \frac{\eta - \eta_s}{\eta_s} = J_v^* \cdot \varphi_B = J_v \cdot \beta_B \tag{1.129}$$

In der Jones-Dole-Gleichung für Elektrolytlösungen stammt das Glied mit der Konstante a von der Wechselwirkung zwischen den Ionen, das mit b von der Solvatation der Ionen, Kaminski (1957). Bei nichtionischen Lösungen tritt das erste Glied nicht auf, J_v^* heißt Viskositätszahl. Für die technische Viskositäts-„Zahl" J_v wird die Massenkonzentration β_B statt des Volumenanteils φ_B verwendet. Die Grenzwerte J_g^* und J_g für kleine Konzentrationen und Schubspannungen können als Maß für den Polymerisationsgrad gelöster hochmolekularer Stoffe dienen (vgl. Peterlin (1953) und Kulicke (1986)). Die Viskositätszahlen J_v^* und J_g^* ergeben sich aus der Theorie. Um Verwechslungen zu vermeiden, wurden für die (dimensionsbehafteten) technischen Viskositäts-„Zahlen" in DIN 1342 Teil 2 andere Benennungen vorgeschlagen: für J_v Staudinger-Funktion, für J_g Staudinger-Index; beide werden in cm³/g angegeben. Die Bestimmung von J_v ist Gegenstand genormter Prüfverfahren für Kunststoffe (z. B. DIN 53728 Teil 1, 3 und 4).

1.9.4.2 Fließverhalten (Rheologie)

Zur Einführung s. Böhme (1981), Kulicke (1986), Barnes u. a. (1989). Als Fließgesetz bezeichnet man die Gesamtheit der Gleichungen, die zur Beschreibung des für ein Fluid typischen Verformungsverhaltens (des Fließverhaltens) erforderlich sind. In den einfachsten Fällen sind das die Beziehungen für η und η_D im Gleichungssystem (1.128). Die Viskositätskoeffizienten η und η_D hängen im allgemeinen vom Stoff bzw. von der Zusammensetzung des Stoffsystems sowie von den Einflußgrößen Temperatur und Druck ab. Einflüsse elektrischer oder magnetischer Felder auf die Viskosität einiger

Stoffsysteme bleiben hier außer Betracht, d. h. es werden nur Fluide behandelt, in denen alle verformenden Kräfte mechanisch über die unmittelbar benachbarten Flüssigkeitsteilchen übertragen werden (rheologisch einfache Fluide: Prinzip der lokalen Wirkung; Truesdell und Noll (1965)).

Newtonsches Flüssigkeitsverhalten liegt vor, wenn die Koeffizienten η und η_D konstant sind, d. h. nicht von der Verformungsgeschwindigkeit bzw. der verformenden Kraft und auch nicht von deren Einwirkungsdauer abhängen. In den Bereichen newtonschen Verhaltens gilt $\eta_D = 3 \cdot \eta$ (Trouton-Verhältnis 3). Damit genügt die Bestimmung nur einer Stoffkonstanten (in der Regel η) zur vollständigen Beschreibung des Fließverhaltens. Newtonsches Verhalten weisen alle Gase, praktisch alle einfachen niedermolekularen Flüssigkeiten und niedrigviskosen klaren Schmelzen auf, aber auch Glasschmelzen sowie Mineralöle ohne Zusätze und bei Temperaturen oberhalb der Paraffinausscheidung.

Unter nicht-newtonschem Flüssigkeitsverhalten wird eine Vielzahl von Erscheinungsformen zusammengefaßt, deren Beschreibung rheologische Stoff-Funktionen oder deren modellmäßige Wiedergabe mit Hilfe von Formeln mit mehreren Konstanten erfordert. Phänomenologisch lassen sich drei Gruppen unterscheiden: a) nicht-lineare Beziehungen zwischen verformenden Spannungen und Verformungsgeschwindigkeiten, b) Viskositätskoeffizienten mit abklingender Zeitabhängigkeit und newtonschem Verhalten im Endzustand und c) nicht-lineares Verhalten mit Zeitabhängigkeit. In der Praxis ist noch immer die Bestimmung des nicht-linearen Fließverhaltens ohne Zeitabhängigkeit am häufigsten (genauer: die Zeitabhängigkeit ist zu vernachlässigen oder geht durch die Art der Versuchsführung nicht in die Messung ein).

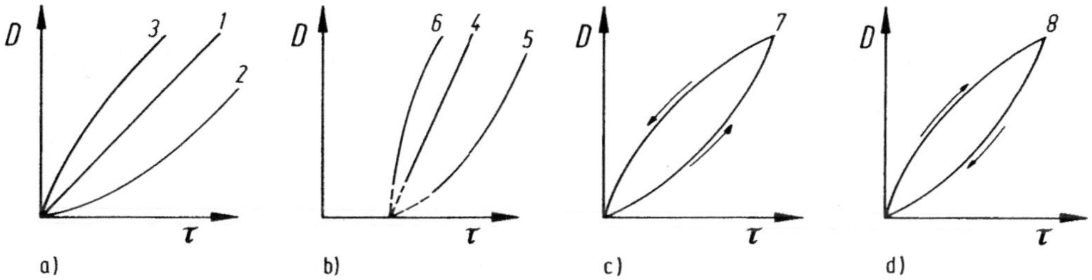

Fig. 1.86 Fließ- und Hysteresekurven, schematisch:
a) Verallgemeinerte newtonsche Flüssigkeiten
b) Viskoplastische Stoffe
c) Thixotrope und
d) Antithixotrope Flüssigkeit

Beim nichtlinear-reinviskosen Fließen hängen die Viskositätskoeffizienten η und η_D in Gln. (1.128) eindeutig von der Scher- bzw. Dehngeschwindigkeit ab. Diese Stoffe heißen auch verallgemeinerte newtonsche Flüssigkeiten, weil die Anzahl der Gleichungen im Fließgesetz nicht größer ist als bei newtonschen Flüssigkeiten. Die grafische Darstellung der Stoff-Funktion heißt Viskositätskurve, die Auftragung D gegen τ Fließkurve, s. Fig. 1.86a. Kurve 1 gibt das newtonsche Fließverhalten wieder. Die Kurventypen 2 (3) beschreiben die Strukturviskosität (Dilatanz) oder Scherentzähung (Scherverzähung), d. h. eine mit steigender Schubspannung abnehmende (zunehmende) Viskosität. Fig. 1.87a zeigt zwei typische Formen von Viskositätskurven scherentzähender Flüssigkeiten. Zur Darstellung von Fließ- und Viskositätskurven durch Näherungsformeln s. DIN 13342 und DIN 53014 Teil 1. Bei scherentzähenden Flüssigkeiten kann die Dehnviskosität η_D mit steigender Schubspannung zunächst zunehmen, das Trouton-Verhältnis steigt vom Wert 3 für $\tau \to 0$ mitunter um eine Größenordnung, η_D geht dann über ein Maximum (Laun u. Münstedt (1978)). η_D ist der Viskositätskoeffizient der einachsigen Dehnung, er kann von dem der zweiachsigen verschieden sein. Nichtlineares Fließen ist bei Suspensionen, Kolloiden, Schmelzen und Lösungen von Hochpolymeren anzutreffen. Die Scherverzähung tritt seltener auf als die Scherentzähung.

Den Fließkurventypen der viskoplastischen Stoffe (Fig. 1.86b) ist die Existenz einer Fließgrenze gemeinsam, einer Subspannung τ_f, unterhalb derer sich der Stoff als Festkörper verhält. Darüber treten die Fließkurventypen der Fig. 1.86a auf (Kurve 4: Bingham-Körper). Dieses einfache Bild ergibt sich meist nur dann, wenn die Fließkurve so weit wie in Fig. 1.86b angedeutet auf die Schubspannungsachse hin extrapoliert wird (meßtechnisch war es früher nicht anders möglich). Fig. 1.87b zeigt zwei reale Erscheinungen im Nahbereich der Fließgrenze. Für die Anwendung viskoplastischer Stoffe ist in der Regel gerade der Nahbereich maßgebend. Dabei kommt es auch darauf an, ob die Fließgrenze vom festen Zustand her erreicht wird (Zahnpasta, Streichfette) oder vom flüssigen (Anstrich- oder Klebstoffe). Viskoplastisches Verhalten zeigen Stoffe wie feuchter Ton, Kitt, Fette, Pasten, Kleister, Breie und Schleime, aber auch Schäume und feste rieselfähige Schüttgüter. Von plastischen Stoffen spricht man, wenn keine Verwechslung mit dem elastoplastischen Verhalten möglich ist. Eine zur Fließgrenze duale Diskontinuität im Fließverhalten wird in neuerer Zeit untersucht: eine Fließverfestigung innerhalb eines engen Bereichs des Geschwindigkeitsgefälles (Savins (1968), Bauer u. a. (1986), Laun (1988)).

Beim zeitabhängigen Fließverhalten wird die Viskosität des Stoffes durch den Fließvorgang selbst während endlicher Zeitspannen verändert. Bleibende Änderungen (Rheomalaxie) sind als Stoffumwandlungen aufzufassen. An reversiblen Änderungen sind sowohl Viskositätsabnahme (Thixotropie) als auch Viskositätszunahme (Rheopexie, Antithixotropie) an Suspensionen und Kolloiden bekannt. Die Erscheinungen führen im D-τ-Diagramm zu Hysteresekurven, wenn das Geschwindigkeitsgefälle nach einem festgelegten Zeitprogramm vom Ruhezustand her auf einen Maximalwert gesteigert und dann wieder gesenkt wird (Fig. 1.86c und 1.86d). Zur Thixotropie gehört auch die Verflüssigung von Zementbrei durch Vibration. Dieser Vorgang verläuft sehr rasch, während bei der Aufnahme von Hysteresekurven Einstellzeiten von Minuten bis Tagen die Regel sind. Thixotropie und Antithixotropie waren von der Meßtechnik her die am leichtesten zu bemerkenden Zeiteinflüsse. Eine allgemeinere Betrachtungsweise ordnet diese Flüssigkeiten in die Klasse der Stoffe mit schwindendem Gedächtnis ein, zu der auch alle Formen viskoelastischer Stoffe gehören.

Die Theorie der linearen Viskoelastizität (Giesekus (1963), Tschoegl (1989), DIN 13343) erfaßt auch Flüssigkeiten, in denen die Verformungsarbeit nicht sofort vollständig in Reibungswärme verwandelt, sondern z. T. vorübergehend elastisch gespeichert wird. Die Zeitkonstanten für die

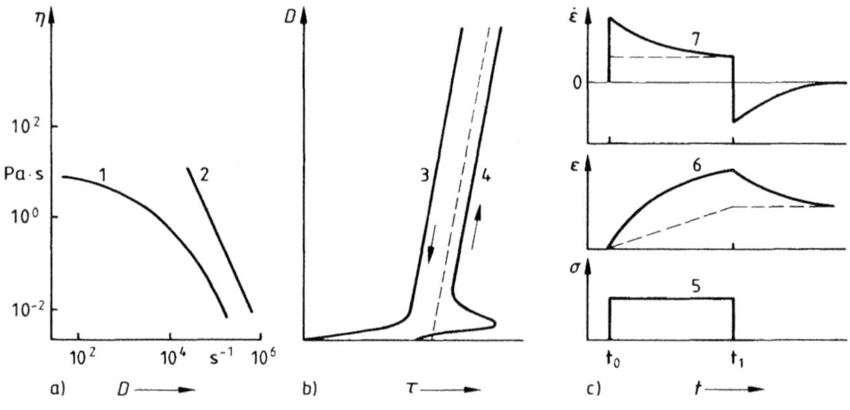

Fig. 1.87 Beispiele nicht-newtonschen Fließverhaltens
a) Typische Viskositätskurven von Polymer-Schmelzen oder -Lösungen; Kurve 1: vereinfachter Carreau-Typ (s. Geiger u. Kühnle (1984)); Kurve 2: Ostwald-De Waele-Typ (Potenzgesetz)
b) Nahbereich von Fließgrenzen realer viskoplastischer Stoffe
c) Anlauf- und Rückstellversuch (s. DIN 13343) einer viskoelastischen Flüssigkeit vom Typ A3-B2 nach Giesekus (1963)

Umwandlung in Reibungswärme (Relaxations- und Retardationszeiten) sind auch für die Zeitabhängigkeit der Viskosität maßgebend. Sie betragen in einfachen niedermolekularen Flüssigkeiten 10^{-12} bis 10^{-10} s (s. Eucken (1949)), bei Gläsern im Transformationsintervall 10^2 bis 10^4 s, so daß bei der Bestimmung von Glasviskositäten ab 10^{10} dPa·s auf die Zeitabhängigkeit geachtet werden muß (s. DIN 52312 Teil 3). Von elastischen Flüssigkeiten spricht man jedoch meist nur dann, wenn diese Zeitkonstanten im Vergleich zu denen sonstiger Flüssigkeiten gleicher Viskosität ungewöhnlich hohe Werte besitzen. In Fig. 1.87c wird der zeitliche Verlauf der Dehnung und der Dehngeschwindigkeit dargestellt, wenn ein Faden aus einer (genügend hochviskosen) elastischen Flüssigkeit zum Zeitpunkt t_0 mit einer Zugspannung σ einachsig belastet und zum Zeitpunkt t_1 entlastet wird (Anlauf- und Rückstellversuch – analoge Verhältnisse herrschen bei der Schubverformung). Man unterscheidet Anlauf-, Übergangs- und Gleichgewichtsverhalten der elastischen Flüssigkeit. Die Breite des Übergangsbereichs, also die „Reichweite" des Gedächtnisses, wird durch eine Stoffkonstante (hier die Relaxationszeit) bestimmt. Als Deborah-Zahl De definiert man das Verhältnis aus einer solchen Zeitkonstante und der Zeitspanne (hier $t_1 - t_0$), die für die Beobachtung des Fließvorganges (oder auch für einen technischen Verarbeitungsprozeß) zur Verfügung steht. Bei De ≈ 1 wird nur der wesentliche Teil des Übergangsverhaltens beobachtet (in Fig. 1.87c ist De ≈ 0,2). Bei De ≪ 1 sind keine elastischen Eigenschaften feststellbar, der Stoff erscheint als reinviskose Flüssigkeit (gestrichelte Kurven in Fig. 1.87c). Der stationäre Fließzustand heißt viskosimetrisches Fließen, wenn die gesamte an der Messung beteiligte Flüssigkeit dieser Bedingung unterworfen ist (am leichtesten in Rotationsviskosimetern zu ereichen, bei Kapillarviskosimetern außerhalb der Einlaufstrecke, Bagley-Korrektion, s. **1**.9.4.4). Die Untersuchung der Anlauf- und Rückstell-Anfangsphase (De ≫ 1) erfordert meist einen größeren experimentellen Aufwand.

Zur Kennzeichnung viskoelastischen Flüssigkeitsverhaltens wird auch das Ein- und Ausschalten einer vorgegebenen Verformungsgeschwindigkeit und Beobachtung des zeitlichen Spannungsverlaufs sowie Beanspruchung durch harmonische Schwingungen herangezogen (Schwingungsviskosimeter). Zu den Beziehungen zwischen diesen „Grundversuchen" vgl. DIN 13343. Für linearviskoelastische Flüssigkeiten gilt: a) unter den Bedingungen viskosimetrischen Fließens erscheinen sie als newtonsche Flüssigkeiten, b) ihr Übergangsverhalten verläuft beim Ein- wie beim Ausschalten einer Beanspruchung nach dem gleichen Zeitgesetz (gleiche Reichweite des Gedächtnisses, s. Fig. 1.87c), c) die Viskosität kann im Übergangsbereich nur zunehmen, d) bei der Überlagerung mehrerer Beanspruchungen ist die „Antwort" des Stoffes nur die Summe der Einzelantworten (Superpositionsprinzip).

Auch bei den nichtlinear-viskoelastischen Flüssigkeiten wird die Reichweite des schwindenden Gedächtnisses durch eine geeignet auszuwählende charakteristische Zeit gekennzeichnet. Die Deborah-Zahl hat gerade bei dieser Stoffklasse technische Bedeutung erlangt. Anders als beim linearen Verhalten gilt: a) unter den Bedingungen viskosimetrischen Fließens erscheinen sie als verallgemeinerte newtonsche Flüssigkeiten, b) die Reichweite des Gedächtnisses kann beim Einschalten einer Beanspruchung anders sein als beim Ausschalten, c) die Gleichgewichtsviskosität muß nicht der Maximalwert von $\eta(t)$ sein, d) statt des Superpositionsprinzips gilt nur noch das Kausalitätsprinzip, d. h. eine neu auftretende Beanspruchung kann die vorgefundene Gedächtnisfunktion zwar modifizieren, aber nicht rückwirkend. Darüber hinaus gehören zur vollständigen Beschreibung des Fließverhaltens zwei weitere Stoff-Funktionen: die Normalspannungskoeffizienten, Ψ_1 und Ψ_2 (SI-Einheit Pa·s²), die im allgemeinen Funktionen des Geschwindigkeitsgefälles sind.

$$\Psi_1 = N_1/D^2 \qquad N_1 = \sigma_x - \sigma_y$$
$$\Psi_2 = N_2/D^2 \qquad N_2 = \sigma_y - \sigma_z \qquad (1.130)$$

Hierbei sind N_1 und N_2 die erste und zweite Normalspannungsdifferenz, x ist die Strömungsrichtung, y die Richtung des Geschwindigkeitsgefälles in der Schichtenströmung und z die indifferente Richtung. Auf die Existenz der Normalspannungsdifferenzen wurde man aufmerksam durch den nach seinem Entdecker benannten Weissenberg-Effekt: die viskoelastische Flüssigkeit kriecht an einem in sie eintauchenden rotierenden Stab hoch.

Grundsätzlich sollten auch in linear-viskoelastischen Flüssigkeiten Normalspannungsdifferenzen in Schichtenströmungen auftreten, weil die in einem Volumenelement der Flüssigkeit gespeicherte Spannung während ihres Relaxierens aus der Richtung herausgedreht wird, in der sie die Spannung aufnahm. In der Regel ist das ohne praktische Bedeutung, weil das als Weissenberg-Zahl We definierte Produkt aus der charakteristischen Relaxationszeit und dem anwendbaren Geschwindigkeitsgefälle zu klein ist (das Volumenelement rotiert zu langsam für die Reichweite des Gedächtnisses). Andererseits ist es aus Gründen des molekularen Aufbaus der Flüssigkeit schwer, bei We > 0,5 lineares Verhalten anzutreffen (seltene Ausnahmen s. Boger (1977/78)). Routinierte Messungen an Polymerschmelzen, deren Viskositätskurve zu kleinen Geschwindigkeitsgefällen hin in einen newtonschen Bereich einmündet (s. Fig. 1.87a, Kurve 1), zeigen dort auch eine Tendenz zu einem konstanten Wert des ersten Normalspannungskoeffizienten Ψ_1, also zu linear-viskoelastischem Verhalten (s. Fig. 7 bei Laun (1978)).

Schichtenströmungen mit Weissenberg-Zahlen We > 1 treten bei Polymer-Lösungen und -Schmelzen im Bereich nicht-linearen Fließverhaltens häufig auf und beeinflussen Fertigungsprozesse (z. B. Strangaufweitung beim Extrudieren), können Viskositätsmessungen stören (Weissenberg-Effekt, Sekundärströmungen), können auch nützlich sein (erhöhte Tragfähigkeit von Schmierfilmen in Gleitlagern). Auch die Stoff-Funktionen Ψ_1 und Ψ_2 sind zeitabhängig und gehen gegen das Gleichgewichtsverhalten; damit wird die Elastizität der Flüssigkeit im Zustand viskosimetrischen Fließens nachgewiesen.

Die Gesamtheit dieser rheologischen Stoff-Funktionen kennzeichnet eine Flüssigkeit schärfer als die Viskositätskurve allein; so sind z. B. bei Hochpolymeren empirische Aussagen über Polymerisationsgrad, Molmassenverteilung und Verzweigungsgrad möglich, vgl. Münstedt bei Kulicke (1986). Mathematische Modelle sollen die Funktionen des Stoffgesetzes beschreiben. Man unterscheidet differentielle und integrale Modelle (s. die Einführungen). Langborn u. McKay (1974) geben Beispiele für die Auswertung ihrer experimentellen Daten zur Ermittlung der Konstanten eines differentiellen Modells von Oldroyd. Das integrale Modell von Wagner (1977) wird bei Laun (1978) dazu verwendet, aus der Viskositätskurve einer Polymerschmelze und Schwingungsmessungen im linearen Bereich die Funktion Ψ_1 zu berechnen, die durch die gemessenen Werte bestätigt wird.

1.9.4.3 Darstellung und Größenordnung der Viskositätswerte

Bei der Absolutbestimmung der Viskosität werden die Kraft, der Volumenfluß, die Maße und die Form der Fließfeldberandung bestimmt. Die Verteilung der Spannungen und Verformungsgeschwindigkeiten im Fließfeld muß bekannt sein. Im Prinzip stehen viele Lösungen zur Wahl, doch bleibt nur bei wenigen Realisierungsmöglichkeiten die Auswirkung systematischer Fehler überschaubar. Zuverlässige Messungen mit Absolutviskosimetern sind meist mit großem apparativem Aufwand und schwieriger Handhabung verbunden, s. Marvin (1971).

Relativbestimmungen mit Viskosimetern, die mit Fluiden bekannter Viskosität (Viskositäts-Referenzflüssigkeiten) kalibriert werden, sind einfacher und schneller durchzuführen. Als Referenzgase für die Viskosität sind z. B. Helium, Stickstoff und Luft verwendbar (Tab. T 1.23 in Band 3, Dawe u. Smith (1970)). Referenzflüssigkeiten werden z. B. von Staatsinstituten abgegeben, die eine Viskositäts-Skala realisieren, s. Marsh (1987), und die aktuellen Listen dieser Institute. Diese Skalen beruhen auf dem Wert für Wasser bei 20 °C mit 1,002 mPa · s (Basiswert der praktischen Viskosimetrie, s. Marvin (1971)). Früher wurden vorwiegend konventionelle Prüfgeräte verwendet, deren Meßwerte für die Viskosität (Engler-Grad, Redwood-Sekunde u. a.) in unbekannter Weise mit der physikalischen Größe η nach Gl. (1.128) zusammenhängen. Später wurden empirische Beziehungen ermittelt, so daß für ältere Daten Umrechnungstabellen existieren (Ubbelohde (1965)).

Die Viskosität der Gase liegt bei Umgebungs-Druck und -Temperatur etwa zwischen 6 und 30 µPa · s und nimmt mit steigender Temperatur zu. In den Gln. (1.131) sind hierfür Näherungen aus der kinetischen Gastheorie aufgeführt.

$$\eta = \eta_0 \cdot \sqrt{\frac{T}{T_0}}; \qquad \eta = \eta_0 \cdot \sqrt{\frac{T}{T_0}} \cdot \frac{1 + C/T_0}{1 + C/T};$$

$$\eta = \frac{5 \cdot \sqrt{\pi \cdot m \cdot k \cdot T}}{16 \cdot \pi \cdot \sigma^2 \cdot \Omega^{(2,2)*}} \qquad (1.131)$$

a) ideales Gas. b) Berücksichtigung zwischenmolekularer Anziehung durch die Sutherland-Konstante C (Formel anwendbar für Temperaturintervalle bis 200 °C, Wert der Kontante C für Luft ca. 115 K). c)Anwendung der Enskog-Chapman-Theorie (Temperaturintervalle bis über 1000 °C, s. z. B. Lee u. Bobbitt (1969)). Die Molekularparameter (m, k, σ) sind bei Hirschfelder u. a. (1964) zusammengestellt; dort und allgemeiner bei Schramm (1969) sind die Werte der Stoßintegrale $\Omega^{(2,2)*}$ tabelliert. Die Viskosität idealer Gase ist druckunabhängig.

Bei realen Gasen ist der Druckeinfluß unterhalb $0{,}1 \cdot p_k$ (p_k kritischer Druck) zu vernachlässigen; bis $0{,}2 \cdot p_k$ steigen die Viskositäten um 1 bis 2% an. Viskositätswerte aller reinen Gase und vieler Gemische sind tabelliert: Golubev u. Gnezdilov (1971); Stephan u. Lucas (1979).

Der Viskositätsbereich newtonscher Flüssigkeiten erstreckt sich etwa von 0,2 bis 5 mPa · s, wenn sie aus kleineren Molekeln bestehen, bei besonderen Moleküleigenschaften bis 50 mPa · s, in seltenen Fällen (Wasserstoffbrücken-Netzwerke mit sterischen Hinderungen) bis 10^4 mPa · s. Noch höhere Viskositäten erreichen geeignete Vielstoffgemische (Mineralöle) oder Polymere. Die weitesten Bereiche sind bei glasig erstarrten Schmelzen (Ausbleiben der Kristallisation) meßtechnisch erfaßt (z. B. bei Silikatgläsern 10 bis 10^{17} dPa · s). Das Viskositäts-Temperatur (VT)-Verhalten wird durch Formeln mit zwei bzw. drei adjustierbaren Parametern beschrieben

$$\ln \eta = a + \frac{b}{T}; \qquad \lg \lg (\nu + 0{,}8) = K - m \cdot \lg T \qquad (1.132)$$

(a und b bzw. K und m sind Kontanten). Die Anwendbarkeit der einfachen Aktivierungsgleichung ist beschränkt. Die Formel von Walther (DIN 51563) ist für viele Zwecke ausreichend und hat den Vorteil, in einem Diagramm mit entsprechenden Achsenteilungen das VT-Verhalten durch Geraden darzustellen. Von den Formeln mit drei stoffspezifischen Konstanten – A, B und C in den Gln. (1.133) nach Vogel, Jenckel u. Sturm – ist für Mineralöle die erste auch als zweiparametrige Gleichung mit festgelegtem C-Wert

$$\ln \eta = A + \frac{B}{T + C}; \qquad \ln \eta = A + \frac{B}{T} + \frac{C}{T} \cdot e^{B/T};$$

$$\ln \eta = A - B \cdot \ln \left(1 - \frac{C}{T}\right) \qquad (1.133)$$

gebräuchlich (Rost (1955)). Als dreikonstantige Formeln sind die von Vogel u. Sturm am leistungsfähigsten; letztere gewinnt für große Temperaturbereiche durch Erweiterung auf eine vierkonstantige Form. Modellmäßige Deutungen der Formeln werden bei Rost (1955), Sturm (1981) und Meerlender (1967) diskutiert. Alle diese Formeln beschreiben das VT-Verhalten über sehr weite Viskositätsbereiche und dementsprechend hohe Viskositäten im Sinne einer stärkeren Viskositätszunahme mit abnehmender Temperatur als nach der einfachen Aktivierungsgleichung. Abweichungen hiervon im Gegensinne können bei chemisch einheitlichen niedrigviskosen Flüssigkeiten auftreten (beginnender Einfluß der kritischen Temperatur, s. PTB Stoffdatenblätter (1992)). Von Extremfällen und seltenen Anomalien abgesehen liegt der Temperaturkoeffizient ($U_\eta = -\mathrm{d} \ln \eta / \mathrm{d} T$) zwischen 0,005 und 0,2 K^{-1}. Hochviskose Flüssigkeiten haben große U_η-Werte. Zur Beschreibung des VT-Verhaltens durch den „Viskositätsindex" s. Ubbelohde (1965) und DIN ISO 2909.

Die Beschreibung des VT-Verhaltens nicht-newtonscher Flüssigkeiten gelingt häufig durch reduzierte Darstellung auf einer Masterkurve. Sind die Viskositätskurven z. B. vom Typ 1 in Fig. 1.87a und wählt man eine Bezugstemperatur aus, so fallen die anderen Isothermen auf die Bezugsisotherme, wenn punktweise D durch $D \cdot a_T$ und η durch η/a_T ersetzt wird. Der Verschiebungsfaktor a_T (1 für die Bezugstemperatur) ist in günstigen Fällen nach einer einfachen Aktivierungsgleichung temperaturabhängig; näheres bei Münstedt (1978). Für die Schmelzen von Polyolefinen variiert der Verschiebungsfaktor zwischen 130 und 250°C um etwa 3 Größenordnungen.

Der Verlauf der Viskositätskurven nicht-newtonscher Flüssigkeiten kann bei kombiniertem Einsatz mehrerer Meßverfahren – auch mit größeren handelsüblichen Geräten – in einem Bereich des Geschwindigkeitsgefälles zwischen 10^{-4} und $10^5\,s^{-1}$ untersucht werden, wobei sich auch eine einzelne Viskositätskurve über 5 Größenordnungen des Geschwindigkeitsgefälles erstrecken kann. Die höchsten Viskositäten (bei den kleinsten Werten des Geschwindigkeitsgefälles) liegen bei 10^6 Pa · s für Polymerschmelzen (Datensammlung: VDMA-Handbuch (1982)) und können auch bei konzentrierten Polymerlösungen 10^5 Pa · s erreichen. Der erste Normalspannungskoeffizient $\Psi_1(D)$ variiert stärker als die Viskosität $\eta(D)$; z. B. nimmt er bei einer LDPE-Schmelze von 10^7 auf 10 Pa · s² ab, wenn D von 10^{-3} auf $10^2\,s^{-1}$ ansteigt. Ψ_2 ist in der Regel kleiner als Ψ_1 und schwieriger zu messen. Über Weissenberg-Zahlen We > 10 wurde berichtet, desgl. über Zeitkonstanten des elastischen Flüssigkeitsverhaltens. Bei kontinuierlichen Relaxationszeit-Spektren muß statt einer kennzeichnenden Zeitkonstante mitunter ein gewichteter Summenausdruck verwendet werden (näheres bei Wagner (1977)). Für die Deborah-Zahl wurden an Extrudern Werte zwischen 0,5 und 5 angegeben; beim Spritzgießen von Polymerschmelzen treten höhere Werte auf.

Die Druckabhängigkeit der Viskosität wird durch Gl. (1.134)

$$\ln \eta_p = \ln \eta_0 + \alpha \cdot p + \beta \cdot p^2 \approx \ln \eta_0 + \bar{\alpha} \cdot p \tag{1.134}$$

beschrieben (s. Kuss (1977), (1955) u. (1958). $10^3 \cdot \bar{\alpha}$ liegt meist zwischen 0,5 und 3 bar⁻¹. Höherviskose flüssige Kohlenwasserstoffe mit verzweigten Ketten haben höhere Werte des Viskositäts-Druck-Koeffizienten $\bar{\alpha}$. α nimmt meist mit steigender Temperatur ab. Wässrige Stoffsysteme können sich komplizierter verhalten (Weber (1975)).

Das VT-Druck-Verhalten im überkritischen Gebiet läßt sich aufgrund des Theorems korrespondierender Zustände in reduzierten Diagrammen abschätzen (S. 621 und 623 bei Hirschfelder u. a. (1964), Scheffler u. a. (1981)).

1.9.4.4 Viskositätsbestimmungen an Flüssigkeiten

Von den nachstehend beschriebenen Viskosimetertypen gibt es zahlreiche Ausführungsformen, vgl. Barr (1931), Erk (1932), Meskat (1964), Wakeham u. a. (1991).

Der Kapillarströmung liegt das Hagen-Poiseuillesche Gesetz zugrunde. Die Höchstwerte des Geschwindigkeitsgefälles D_w und der Schubspannung τ_w herrschen an der Wand der Kapillare. Bei nicht-newtonschen Flüssigkeiten ergeben sich scheinbare Werte für η und D_w,

$$\eta = \frac{\pi \cdot R^4 \cdot \Delta p \cdot t}{8 \cdot V \cdot L}; \qquad D_w = \frac{4 \cdot V}{\pi \cdot t \cdot R^3};$$

$$\tau_w = \frac{\Delta p \cdot R}{2 \cdot L}; \qquad \mathrm{Re} = \frac{2 \cdot \varrho \cdot V}{\pi \cdot \eta \cdot R \cdot t} \tag{1.135}$$

zur Umrechnung auf die wahren Werte s. DIN 53014 Teil 1 und Giesekus u. Langer (1977: vollständigere Behandlung der Methode der repräsentativen Viskosität). Die Strömung muß laminar sein (Reynoldszahl Re < 2000). In Fig. 1.88 und in den Gln. (1.135) und (1.136) ist R der Kapillarenradius.

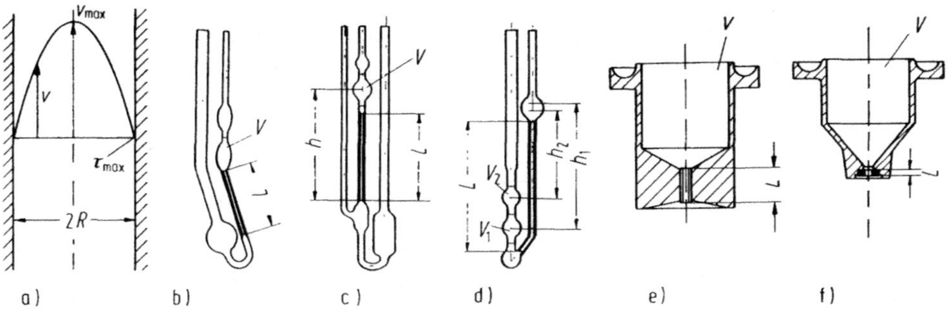

Fig. 1.88 Kapillarviskosimeter für kleine Druckdifferenzen
a) Geschwindigkeitsprofil der Poiseuille-Strömung
b) Ostwald-Viskosimeter nach ISO 3105
c) Ubbelohde-Viskosimeter nach DIN 51562 Teil 1
d) Cannon-Fenske-Viskosimeter für undurchsichtige Flüssigkeiten nach DIN 51366
e) Auslaufbecher für Lacke und Anstrickstoffe nach DIN ISO 2431
f) Auslaufbecher für Anstrichstoffe nach DIN 53211

Kapillarviskosimeter für kleine Druckdifferenzen (Fig. 1.88) sind verbreitet, genau (bis 0,2%), gut zu temperieren und leicht zu handhaben. Sie werden im Bereich 0,2 bis maximal 10^5 mPa · s vorwiegend für newtonsche Flüssigkeiten verwendet (Ausnahmen s. Fig. 1.88e und f). Die Zeitspanne t für das Durchflußvolumen V wird bei den Viskosimetern b bis d durch Beobachten des Meniskusdurchgangs durch Meßmarken bestimmt (zunehmend auch automatisch). Beim Viskosimeter mit hängendem Niveau (Fig. 1.88c) gehen Schwankungen der Füllmenge nicht in die Wiederholbarkeit der Messung ein (Vorteil für Messungen bei verschiedenen Temperaturen). Bei den meisten Geräten dient allein die Eigendruckhöhe der Flüssigkeit, deren Viskosität zu bestimmen ist, zur Erzeugung der treibenden Druckdifferenz ($\Delta p = g \cdot \varrho \cdot h_m$, h_m mittlerer Höhenunterschied der beiden Menisken, g Fallbeschleunigung, ϱ Dichte der Flüssigkeit); dann wird aus der Durchflußzeit t die kinematische Viskosität ν nach Gl. (1.136) bestimmt. Die Gerätekonstante K^* wird durch Kalibrieren erhalten (Relativ-Verfahren, s. 1.9.4.3).

$$\nu = K^* \cdot t - \frac{0{,}00168 \cdot V^{3/2}}{L \cdot (2 \cdot K^* \cdot R)^{1/2} \cdot t^2}; \qquad K^* = \frac{\pi \cdot R^4 \cdot g \cdot h_m}{8 \cdot V \cdot L} \qquad (1.136)$$

Der Druckverlust durch das Beschleunigen der Flüssigkeit am Kapillareingang wird als Hagenbach-Korrektion berücksichtigt. Sie soll nur für Re < 50 nach Gl. (1.136), zweiter Term, vorgenommen werden. Bei höheren Reynoldszahlen sind die Zusammenhänge komplizierter (Weber u. Fritz (1963)). Bei Ubbelohde-Viskosimetern (Fig. 1.88c) führt die experimentelle Bestimmung der Hagenbach-Korrektion individuell für jedes Viskosimeter (Bauer u. Meerlender (1982, 1984)) als erweiterte Kalibrierung zu wesentlich besserer Vergleichbarkeit bei kurzen Durchflußzeiten (DIN 51562 Teil 3). Schwebstoffe in der Probe stören besonders bei engen Kapillaren. Die zahlreichen praktischen Hinweise für den Gebrauch dieser Viskosimeter in DIN 51550 und DIN 53012 sollten beachtet werden. Besondere Ausführungen dieser Geräteklasse sind für spezielle Aufgaben geeignet, z. B. für die Viskositätsbestimmung von flüssigem Stickstoff in einer Wasserstoff-Atmosphäre (Fritz u. Hennenhöfer (1942)) oder bei Verwendung von Quecksilber statt einer Gasphase für ein Kapillarviskosimeter in einem

Druckgefäß (Kuss u. Pollmann (1969)). Bei Kapillarviskosimetern in abgeschlossenen Systemen zur wiederholten Messung unter Schutzgas oder unter dem eigenen Dampfdruck ist das Bauprinzip des hängenden Niveaus günstig (Rücktransport der Flüssigkeit durch Neigen, s. Šobr (1972), Phillips u. Murphy (1970)).

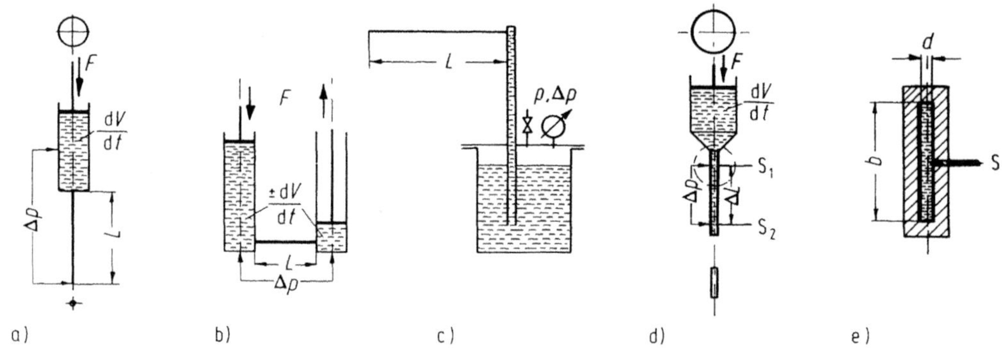

Fig. 1.89 Kapillarviskosimeter-Typen für hohe und variable Druckdifferenzen (DIN 53014 Teil 1), schematisch
a) Einfach-Kolbenviskosimeter (z. B. DIN 54801 und DIN 54811)
b) Doppel-Kolbenviskosimeter (z. T. im Fachhandel)
c) Gasdruck-Viskosimeter (z. T. im Fachhandel)
d) und e) Schlitzviskosimeter mit Teilansicht

In Kapillarviskosimetern nach DIN 53014 Teil 1 für hohe variable Druckdifferenzen (Fig. 1.89) werden Fließkurven im Bereich $10^3 < D_w < 10^6\,s^{-1}$ auch an höherviskosen Stoffen aufgenommen, bei denen in Viskosimetern nach Fig. 1.88 nur $D_w < 10\,s^{-1}$ zu erreichen ist. Für die Hauptverwendungsgebiete Fette, Öle und Polymerschmelzen gibt es einige genormte, zum Teil auch käufliche Geräte (Muschelknautz u. Heckenbach (1980), Van Wazer u. a. (1963), Kirschke (1968), DIN ISO 1133, DIN 54801, DIN 54811). Der Druck wird durch Gaspolster oder Kolben ausgeübt. Teils wird der Druck vorgegeben und der Volumenfluß bestimmt, teils umgekehrt. Auch Kapillaren mit Schlitzquerschnitt sind gebräuchlich (Fig. 1.89d, e), an denen Drucksonden außerhalb der Endzonen sitzen können. Wird dagegen der gesamte Druckabfall gemessen, so muß die Bagley-Korrektion angebracht werden (verschiedene Geschwindigkeitsgefälle bei variiertem Kapillarlängen-Durchmesser-Verhältnis, DIN 54811, DIN 53014 Teil 2; dort weitere Korrektionen). Doppelkolben-Viskosimeter (Fig. 1.89b) ermöglichen Mehrfachmessung einer Probe und Ausüben eines Gegendrucks, d. h. die Fließkurven bei verschiedenen allseitigen Drücken aufzunehmen.

Fallkörper-Viskosimeter (Fig. 1.90a bis c) können die Kapillarviskosimeter nach Fig. 1.88 ersetzen, wenn die Flüssigkeitsprobe keine freie Oberfläche ausbilden soll, z. B. zur Vermeidung von Verdunsten oder Hautbildung. Diese Geräte eignen sich auch zur Bestimmung des Viskositäts-Druck-Verhaltens, s. Kuss (1977), Weber (1975). Das Fallkugelviskosimeter nach Fig. 1.90a wird zur Viskowaage für höhere Viskositäten, wenn die Kugel über ein Gestänge fremdbelastet wird. Die im Meßprinzip verwandten Penetrometer (Fig. 1.90d, e) sind zur Prüfung von Salben, Pasten und Bitumen genormt.

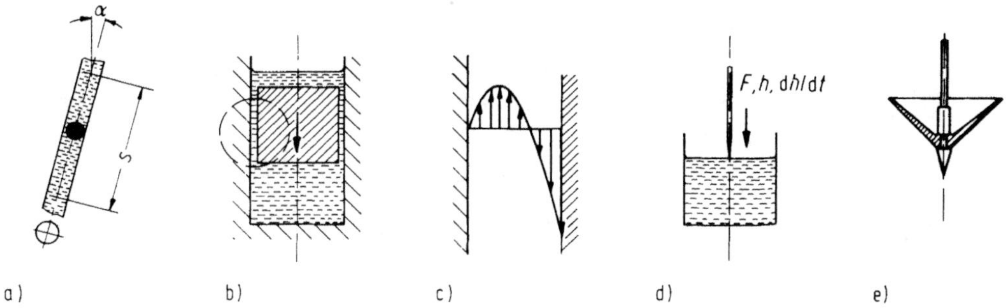

Fig. 1.90 Fall- und Eindringkörper-Viskosimeter, schematisch
a) Fallkugel-Viskosimeter, z. B. nach DIN 53015
b) Prinzip eines Viskosimeters mit zylindrischem Fallkörper
c) Geschwindigkeitsprofil im Ringspalt von b)
d) Nadelpenetrometer nach DIN 51579
e) Konuspenetrometer nach DIN 51580

Rotationsviskosimeter sind heute weit verbreitet und in unterschiedlicher Ausstattung im Fachhandel. Mit ihnen ist bei Einsatz abgestufter Meßsysteme der Bereich des Geschwindigkeitsgefälles $10^{-4} < D < 10^4\,\mathrm{s}^{-1}$ zu überdecken; die Höchstwerte der Kapillarviskosimeter nach Fig. 1.89 erreichen sie deshalb nicht, weil sich in Rotationsviskosimetern die Reibungserwärmung der Flüssigkeit stärker auswirkt. In der Präzision sind sie den Kapillarviskosimetern nach Fig. 1.88 unterlegen, die dafür nur einen Punkt auf der Fließkurve liefern. Zur Viskositätsbestimmung müssen Drehmoment M und Winkelgeschwindigkeit Ω der rotierenden Randfläche bekannt sein, s. DIN 53018 Teil 1. Bei den meisten Geräten wird Ω (stufenweise oder durch Programme) vorgegeben und M gemessen. Das umgekehrte Vorgehen (Controlled Stress Viskosimeter) ist als Ergänzung für spezielle rheometrische Aufgaben (z. B. für den Nahbereich von Fließgrenzen) geeignet. In Gl. (1.137) gilt k_1 für konzentrische Zylinder mit den

$$\eta = k \cdot \frac{M}{\Omega}; \qquad k_1 = \frac{R_a^2 - R_i^2}{4 \cdot \pi \cdot L \cdot R_a^2 \cdot R_i^2};$$
$$k_2 = \frac{3 \cdot \alpha}{2 \cdot \pi \cdot R^3}; \qquad k_3 = \frac{2 \cdot d}{\pi \cdot R_T^4}; \qquad k_4 = \frac{1}{8 \cdot \pi \cdot R_K^3} \tag{1.137}$$

Radien R_a und R_i (Fig. 1.91 a, b). Couette-System (Außenzylinder rotiert) und Searle-System (Innenzylinder rotiert) sind in schleichend laminarer Strömung gleichwertig; gegen Trägheitseinflüsse sind Couette-Systeme stabiler. Die Formel für k_1 berücksichtigt nur den Ringspalt zwischen den Zylindermantelflächen (Stirnflächenkorrektion und andere Fehlerquellen s. DIN 53018 Teil 2). Die Standardgeometrie (Fig. 1.91 a) sollte bei Rotationszylinderviskosimetern möglichst bevorzugt werden. k_2 gilt für Kegel-Platte-Systeme (Fig. 1.91 c), die bei Spaltwinkeln $\alpha < 3°$ wegen des einheitlichen Geschwindigkeitsgefälles im Spalt und wegen der kleinen Probenmenge geschätzt sind. Dieser Typ ist andererseits anfällig gegen Positionierungsfehler. Kegel-Platte-Rotationsviskosimeter werden heute von den Herstellern oft mit Zusatzvorrichtungen zur Bestimmung der Normalkraft F in axialer Richtung ausgerüstet, aus der die erste Normalspannungsdifferenz N_1 nach Gl. (1.138) zu berechnen ist.

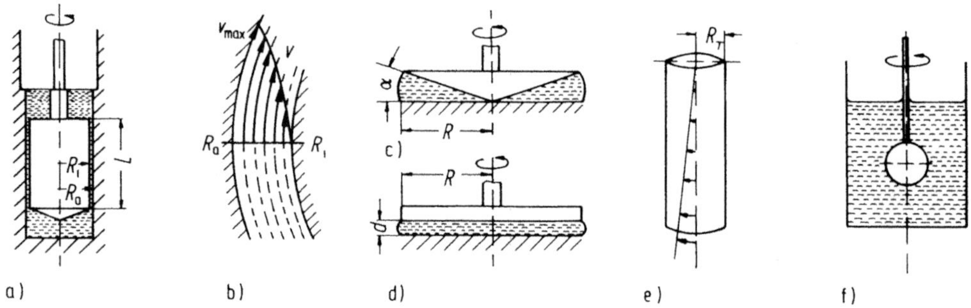

Fig. 1.91 Rotationsviskosimeter, Prinzip
a) Rotationszylinderviskosimeter mit Standardgemometrie nach DIN 53019 Teil 1
b) Winkelgeschwindigkeitsprofil in einem Couette-System
c) Kegel-Platte-System
d) Parallelplatten-System für die Torsionsströmung
e) Torsionsströmung, tordierter Stab aus einem hochviskosen Stoff
f) rotierende Kugel; in den gezeichneten Maßverhältnissen besteht weitgehende Annäherung an den Zustand in einem unendlich ausgedehnten Medium

$$N_1 = \frac{2 \cdot F}{\pi \cdot R^2} + \frac{3 \cdot \varrho \cdot \Omega^2 \cdot R^2}{20} \tag{1.138}$$

Durch den zweiten Term in Gl. (1.138) wird der Einfluß der Fliehkraft der Flüssigkeit kompensiert, die der rheologischen Normalspannungsdifferenz entgegengerichtet ist. Der Zahlenfaktor $^3/_{20}$ enthält einen experimentell ermittelten Erfahrungswert (Kulicke u. a. (1977)). Bei der Anwendung von Gl. (1.138) darf die Kraftmeßeinrichtung den Umgebungsdruck nicht mit anzeigen. Axiale Dejustierung des Kegel-Platte-Systems muß hier noch sorgfältiger vermieden werden als bei der Bestimmung von η. Auf andere Bestimmungsverfahren für N_1 und auf die von N_2 wird hier nicht eingegangen. Die Torsionsströmung (Fig. 1.91d, e und k_3 in Gl. (1.137)) sowie die im unendlich ausgedehnten Medium rotierende Kugel (Fig. 1.91f, k_4 in Gl. (1.137)) sind seltener, erlangen aber Bedeutung für nicht-newtonsche Flüssigkeiten. Weiß (1984) verwendete die Torsionsströmung in der heißen Zone von Quarzglas-Stäben zur Viskositätsbestimmung. Zur Verteilung von Schubspannung und Geschwindigkeitsgefälle in den Fließfeldern der Fig. 1.91 s. DIN 53018 Teil 1, bei nicht-newtonschen Flüssigkeiten Walters (1975); Giesekus u. Langer (1977). Auch bei Rotationsviskosimetern sind newtonsche Referenzflüssigkeiten nützlich zur Bestimmung der Gerätekonstante k oder zur Überprüfung der gesamten Apparatur.

Bei den Schwingungsviskosimetern führt eine der beiden Randflächen erzwungene Drehschwingungen um die gemeinsame Rotationsachse aus. Drehmoment und Auslenkungswinkel aus der Ruhelage verlaufen zeitlich als Sinusfunktionen; aus deren Amplitudenverhältnis und Phasenverschiebung können Viskosität und Elastizität der Flüssigkeit bestimmt werden. Solche Anordnungen sind bei einigen Rotationsviskosimetern als Zusatzvorrichtung verfügbar. Wird der Meßspalt durch zwei Rotationsflächen gebildet, die mit gleicher Winkelgeschwindigkeit um ihre Achsen rotieren, die jedoch geeignete definierte nicht-koaxiale Stellungen einnehmen, so ergeben sich ebenfalls erzwungene Schwingungen (Meßverfahren nach Walters und nach Képès). Diese an sich sehr eleganten Verfahren werden durch die Auswirkung der Zentrifugalkraft auch bei kleinen Amplituden beeinträchtigt. Zur quantitativen Darstellung der Schwingungsrheometrie muß auf Walters (1975) verwiesen werden. Die Dämpfung freier Schwingungen durch die Viskosität der Flüssigkeit in einem Gefäß, das an einem Torsionsdraht hängt, ist mehrfach zu Messungen an Metall- und Salzschmelzen benutzt worden (Frohberg u. Weber (1964), Wakeham u. a. (1991)). Die Schwingungsdämpfung im Schall- und Ultraschallbereich (Membranen, Drähte, Piezokristalle) kann zur „Verlängerung" der Viskositätskurve benutzt werden, indem $\eta(D)$ durch $\eta^*(\omega)$ und D durch ω ersetzt wird (Cox-Merz-Relation). η^* ist die komplexe Viskosität. Man gelangt dadurch in Bereiche, in denen die fortschreitende Scherung mit D wegen der Reibungserwärmung meßtechnisch nicht mehr zugänglich wäre. Diese Relation ist nur eine Regel, deren Gültigkeit im Einzelfall in einem Überlagerungsbereich überprüft werden muß.

Dehnviskositäten werden an Gläsern oberhalb 10^8 dPa·s oft bestimmt, wegen des newtonschen Verhaltens (Trouton-Verhältnis 3) aber als Scherviskositäten angegeben. In Gl. (1.139) ist $\eta_{(f)}$ die aus dem Fadenziehversuch

$$\eta_{(f)} = \frac{F \cdot l^2}{3 \cdot V \cdot (\mathrm{d}l/\mathrm{d}t)}; \qquad \eta_{(b)} = \frac{F \cdot l_s^3}{12 \cdot b^4 \cdot (\mathrm{d}f/\mathrm{d}t)} \tag{1.139}$$

(Fig. 1.92a) berechnete Scherviskosität (Verlängerungsgeschwindigkeit $\mathrm{d}l/\mathrm{d}t$ des Fadens vom Volumen $V = A \cdot l$ unter der Zugkraft F). $\eta_{(b)}$ ist aus der Durchsenkgeschwindigkeit $\mathrm{d}f/\mathrm{d}t$ eines Balkens (Fig. 1.92b) mit quadratischem Querschnitt der Höhe und Breite b unter der mittig angreifenden Last F berechnet. Der Balken liegt auf der Stützweite l_s. Dehnströmungen werden auch an Polymer-Schmelzen und -Lösungen in entsprechend modifizierten Apparaturen realisiert: Filmdehnung (Meißner (1971)), Spinnwaage (Fig. 1.91d, Zidan (1969); Ferguson u. El-Tawashi (1980)) und rohrloser Heber (Peng u. Landel (1976)); weitere Möglichkeiten s. Walters (1975) sowie Fig. 1.92c und e. Dehnströmungsmessungen an niedrigen Viskositäten sind wegen der Einwirkung der Schwerkraft schwierig, ganz besonders, wenn viskosimetrisches Fließen angestrebt wird.

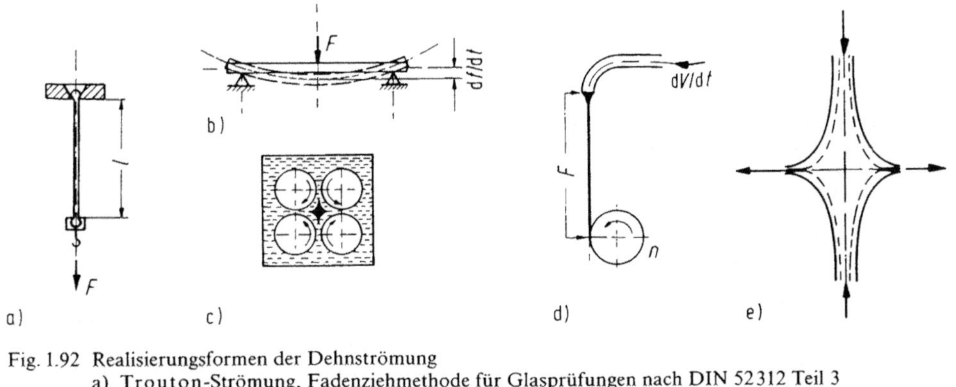

Fig. 1.92 Realisierungsformen der Dehnströmung
a) Trouton-Strömung, Fadenziehmethode für Glasprüfungen nach DIN 52312 Teil 3
b) Balkenbiegemethode zur Bestimmung von Glasviskositäten nach DIN 52312 Teil 4
c) Vierwalzenapparatur (s. Giesekus 1961)
d) Prinzip der Spinnwaage
e) Staurströmung bei „geschmierter Wand" (nach Winter u. a. 1979)

1.9.4.5 Viskositätsmessungen an Gasen und Dämpfen

Viskosimeter für Gase sind weniger verbreitet als die für Flüssigkeiten. Allein die Hilfsmittel zur Handhabung der Proben bedingen einen höheren apparativen Aufwand. Es kann mitunter vorteilhafter sein, aus den zahlreichen bekannten Daten die unbekannte Viskosität eines Gasgemisches nach Hirschfelder u. a. (1964) rechnerisch abzuschätzen als sie in einer improvisierten Apparatur mit schlechter Präzision experimentell zu bestimmen.

Die Kapillarströmung von Gasen enthält Einflüsse der Wandgleitung und der Kompressibilität. In Gl. (1.140) ist p_1 der Druck vor, p_2 hinter der Kapillare:

$$\eta = \frac{\pi \cdot R^4}{8 \cdot L \cdot (\mathrm{d}V_2/\mathrm{d}t)} \cdot \frac{p_1^2 - p_2^2}{2 \cdot p_2} \cdot \left(1 + 4 \cdot \frac{\zeta}{R}\right) - \frac{\varrho_2 \cdot (\mathrm{d}V_2/\mathrm{d}t)}{8 \cdot \pi \cdot L} \cdot \left(m + \ln \frac{p_1}{p_2}\right) \tag{1.140}$$

Der Gleitungskoeffizient ζ ist annähernd der mittleren freien Weglänge der Gasmolekeln gleichzusetzen. Die Zunahme der Gleitung mit steigender Temperatur (bei konstantem Druck) wurde früher nicht beachtet, was zu systematischen Fehlern führte. Die Hagenbach-Korrektion enthält neben der Konstante $m \approx 1$ einen Expansionsanteil (Erk (1929)). Der Gl. (1.140) liegt die Kompressibilität eines idealen Gases zugrunde.

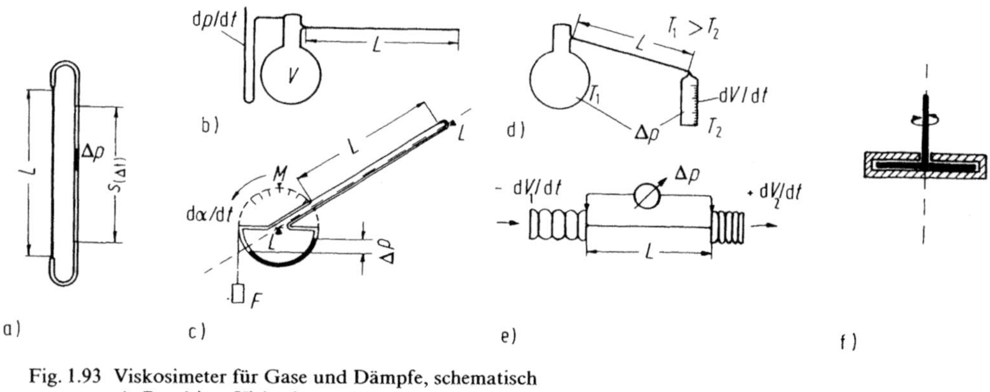

Fig. 1.93 Viskosimeter für Gase und Dämpfe, schematisch
a) Rankine-Viskosimeter
b) Viskosimeter nach Graham
c) Timrot-Viskosimeter
d) Erzeugen einer Kapillarströmung durch Destillieren
e) Doppel-Balgen-Viskosimeter
f) Schwingende Scheibe

Das Kapillarviskosimeter nach Rankine (Fig. 1.93a) kommt mit den kleinsten Probenmengen aus (20 bis 50 ml für wiederholte Messungen, auch bei verschiedenen Temperaturen, Barr (1931); neuere Ausführungsformen: Ray (1964), Meerlender (1976), Lehmann (1985)). Die treibende Druckdifferenz Δp wird durch einen Quecksilbertropfen erzeugt. Randwinkel- und Oberflächenspannungseinflüsse am Quecksilber begrenzen trotz spezieller Korrektionsverfahren die Wiederholbarkeit auf 0,5%. Die Gase dürfen mit dem Quecksilber nicht reagieren, das auch den Temperaturbereich beschränkt.

Das Viskosimeter nach Fig. 1.93e ist eine Umkehrung des Rankine-Prinzips: dV/dt wird vorgegeben und Δp stellt sich ein. Das benötigt aber eine Einstellzeit für den stationären Zustand, während der u. U. mehr Volumen durch die Kapillare fließen würde als überhaupt zur Verfügung steht. Dem Rankine-Prinzip verwandt ist das Viskosimeter nach Fig. 1.93c, bei dem das ganze System ausbalanciert auf Schneiden um die Längsachse drehbar ruht, Timrot u. Chlopkina (1963). Dadurch kann sich die Kapillare auf der Temperatur eines Ofens befinden, die treibende Flüssigkeit in der Ringwaage auf Raumtemperatur (die Temperaturdifferenz muß beim Volumenfluß berücksichtigt werden). Es sind auch benetzende Sperrflüssigkeiten verwendbar. Die Anordnung ist erschütterungsempfindlich. Im Viskosimetertyp nach Graham (Fig. 1.93b) ist ein Gefäß mit bekanntem Volumen V mit der Gasprobe unter Überdruck gefüllt. Der Druckausgleich mit der Umgebung über die Kapillare wird zeitlich verfolgt. Andere Viskosimeter, bei denen das Gas entweicht, arbeiten mit konstantem Gasstrom. Wiederholt wurden wendelförmige Kapillaren verwendet, um große Längen in einem Thermostaten bzw. Ofen unterzubringen. Mit solchen Geräten wurden z. B. Präzisionsmessungen bis 1500 K ausgeführt (Dawe u. Smith (1970); Dawe (1973a, b)). Der Volumenfluß von Dämpfen in einem Kapillarviskosimeter läßt sich durch Destillation erzeugen, Fig. 1.93d. Die treibende Druckdifferenz ist im einfachsten Falle der Unterschied der Dampfdrücke bei den Temperaturen der Blase und der Vorlage. Die Meßtemperatur an der Kapillare liegt oberhalb der Blasentemperatur. Die Strömungsgeschwindigkeit wird aus der zeitlichen Zunahme des Kondensats in der graduierten Vorlage berechnet. So wurde z. B. die Viskosität von Bromdampf bestimmt, in einer größeren Apparatur dieses Typs aber auch die Viskosität von Wasser in weiten Bereichen des Heißdampfgebietes, Mayinger (1962).

Die Theorie für die Dämpfung der freien Schwingung eines Systems aus Torsionsdraht und Kreisscheibe (Fig. 1.93f) durch die zu bestimmende Viskosität geht auf Maxwell zurück. Bei sachgemäßer Konstruktion und Versuchsführung ist die Methode für Absolut- und Relativbestimmung von Gasviskositäten leistungsfähig (Kestin u. Leidenfrost (1959); Kestin u.a. (1971); Yoshida u.a. (1976); Wakeham u.a. (1991)).

Für ein Kugelfallviskosimeter nach Fig. 1.90a ist eine große Kugel aus Glas erhältlich, mit der das Gerät als Relativ-Viskosimeter für Gase verwendbar ist (Wobser u. Müller (1940)). Wegen des sehr engen Ringspalts zwischen Fallrohr und Kugel dürfen keine Schwebstoffe zugegen sein.

1.9.4.6 Betriebsmessungen

Betriebsmessungen dienen dazu, die Viskosität in einem Produktions- oder Transportprozeß innerhalb eines Sollbereichs zu halten, den Fortgang einer chemischen Umsetzung zu verfolgen oder die Qualität eines Produkts laufend zu überwachen. Für diese Aufgaben stehen drei Gruppen von Meßverfahren zur Verfügung: a) Hauptstrom-Messungen, b) Nebenstrom-Messungen, c) Chargen-Messungen. Grundsätzlich neue Meßverfahren werden nicht angewandt, aber die Ausführung der Geräte unterscheidet sich äußerlich von den entsprechenden Laborviskosimetern (Gehäuse, genormte Einbaumaße, explosionsgeschützte Ausführung). Rotations- oder Schwingungsmembran-Viskosimeter können in den Hauptstrom eingebaut werden, wenn Druck, Temperatur und Strömungsform das zulassen. Einige Glashütten messen die Schmelze im Speiserkanal mit Rotationsviskosimetern (Searle-Typ, lange Meßkörperschäfte). Der Transport in Extruderschnecken ist als Schleppstörmung aufzufassen, so daß aus den Betriebsdaten auf die Viskosität geschlossen werden kann. Nebenstrom-Messungen werden hauptsächlich mit Kapillarviskosimetern durchgeführt (Zahnradpumpen und Druckmeßsonden vor und hinter der Kapillare). Die mittlere Bahngeschwindigkeit in der Kapillare muß sich nach der im Hauptstrom richten, damit das Meßergebnis rechtzeitig vorliegt. Chargen-Messungen, bei denen in einem vorgegebenen Takt Proben gezogen werden, können auch in Fallkörper-Viskosimetern gemessen werden, bei denen die neue Füllung den Fallkörper zurücktransportiert; hier können aber Rotationsviskosimeter mit einem Scannerprogramm einen gewissen Fließkurvenbereich aufnehmen. Allen bisher aufgeführten Aufgaben ist gemeinsam, daß sie sich in einem engeren Sollbereich der Viskosität abspielen, dessen Überschreitung gegebenenfalls einen Alarm auslöst. Anders verhält es sich bei der viskosimetrischen Verfolgung der Kinetik chemischer Reaktionen, z. B. der Polymer-Vernetzung. Hier kann die Viskosität so ansteigen, daß das Meßsystem nur einmal verwendbar ist. Die meisten Hersteller von Rotationsviskosimetern bieten kleine tragbare Geräte an, mit denen man nichtströmende Chargen im Betrieb messen kann.

1.9.5 Oberflächen- und Grenzflächenspannung (F. W. Seemann)

1.9.5.1 Grundlagen und Definitionen

Im folgenden wird die Messung der Oberfächen- und Grenzflächenspannung von gewöhnlichen Flüssigkeiten – nicht von Metallschmelzen, flüssigem Helium, Flüssigkristallen und Festkörpern – beschrieben. Grenzfläche im weiteren Sinn ist die Begrenzung der Flüssigkeit gegen ein anderes Fluid (Flüssigkeit oder Gas), im engeren Sinn die Berührungsfläche zwischen zwei nicht mischbaren, übereinander geschichteten Flüssigkeiten. Oberfläche ist die Begrenzung einer Flüssigkeit gegen ein Gas (Luft oder eigenen Dampf). Entsprechend schließt der Begriff Grenzflächenspannung im weiteren Sinn die Oberflächenspannung mit ein. Grenzflächenspannung im engeren Sinn (engl. interfacial tension) tritt nur an der Berührungsfläche von nicht mischbaren Flüssigkeiten auf, in allen anderen Fällen handelt es sich um Oberflächenspannung (surface tension). Grenzflächen- und Oberflächenspannung können in vielen Fällen nach demselben Verfahren gemessen werden.

Die Ober-(Grenz-)fläche besitzt infolge der einseitigen Kraftwirkung auf ober-(grenz-) flächennahe Moleküle eine freie Ober-(Grenz-)flächenenergie, deren Größe von der Natur der Flüssigkeiten abhängt. Die auf die Fläche bezogene freie Ober-(Grenz-)flächenenergie ist die Ober-(Grenz-)flächenspannung mit der SI-Einheit N/m. Benutzt wird praktisch nur der 1000. Teil das mN/m, das der früheren CGS-Einheit dyn/cm gleich ist.

Eine an eine feste Wand grenzende Flüssigkeit bildet mit dieser einen bestimmten Randwinkel φ (Fig. 1.94). Bei benetzenden Flüssigkeiten ist $\varphi < \pi/2$; bei $\varphi = 0$ liegt vollkommene Benetzung vor. Der letzte Fall hat insofern besondere Bedeutung, als manche Meßmethoden (z. B. Steighöhen- und Plattenmethode) nur bei vollkommener Benetzung einwandfreie Werte liefern.

Geringe Oberflächenverunreinigungen können die Oberflächenspannung erheblich verfälschen, meistens herabsetzen, besonders bei Wasser und Quecksilber. Durch ständiges Erneuern der Oberfläche können Oberfächenverunreinigungen verhindert werden.

Die Oberflächenspannung sinkt bei fast allen Flüssigkeiten mit steigender Temperatur um etwa 0,15 bis 0,01 mN/(m °C) und wird beim kritischen Punkt gleich Null.

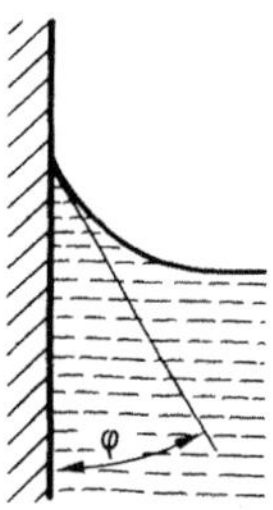

Fig. 1.94
Randwinkel

$\sigma_m = \sigma(M/\varrho)^{2/3} L^{1/3}$ ist die molare freie Oberflächenenergie (M = molare Masse, L = Avogadro-Konstante). Nach Eötvös hat der Temperaturkoeffizient $d\sigma_m/dT$ für viele Flüssigkeiten etwa den gleichen negativen Wert - 17,5 J/(mol °C). Flüssigkeiten, deren Moleküle assoziiert sind (z. B. Wasser, Alkohole, Fettsäuren), weichen stark von dieser Regel ab.

Als Parachor wird der Ausdruck $\sigma^{1/4} M/(\varrho_{fl} - \varrho_d)$ bezeichnet, worin ϱ_{fl} und ϱ_d die Dichten der Flüssigkeit und des gesättigten Dampfes bedeuten. Der Parachor setzt sich bei einfachen Atomverbindungen unter Berücksichtigung der Bindungsarten additiv aus den Atomparachoren zusammen, so daß mit dem Parachor die Oberflächenspannungen von Atomverbindungen berechnet werden können.

Wolf u. Wolff (1955), Padday (1969), Adamson (1976), Jasper (1972)

1.9.5.2 Wägeverfahren

Die drei hier beschriebenen Wägeverfahren beruhen auf dem Prinzip, die Masse einer mit dem Meßkörper (Platte, Bügel oder Ring) über die Flüssigkeitsoberfläche angehobenen Lamelle (Flüssigkeitshaut) mit einer empfindlichen Waage (Labor-, Analysen-, Mikro-, Torsionswaage, Tensiometer mit Torsionswaage oder induktivem Kraftaufnehmer) zu bestimmen. Die Masse m der Lamelle ist nach der Gleichung

$$\sigma = mg/U \qquad (1.141)$$

der Oberflächenspannung σ proportional, g ist die Fallbeschleunigung (9,81 m/s²), U der benetzte Umfang des Meßkörpers, d. h. die doppelte Länge plus doppelte Dicke der Platte, bzw. die doppelte Länge des Bügelmeßdrahtes, bzw. der doppelte mittlere Umfang eines Ringes. Gl. (1.141) gilt bei Messungen mit der Platte und vollkommener Benetzung exakt, bei Messung mit dem Bügel und Ring dagegen nur angenähert.

DIN 53914 (1980)

Plattenverfahren Die etwa 0,1 mm dicke und 20 mal 20 mm große Platte besteht aus Platin-Iridium-Blech oder Quarz. Zur Verbesserung der Benetzungseigenschaften ist sie durch Sandstrahlen oder Schmirgeln angerauht. Die Platte wird an einem Punkt in der Symmetrieachse so an der Waage oder dem Tensiometer befestigt, daß die untere Kante horizontal ist, was dicht über der Flüssigkeitsoberfläche mit dem Auge nachgeprüft und nachjustiert werden kann. Dann wird die Platte gewogen. Das Meßgefäß mit der Flüssigkeit steht auf einer horizontalen Plattform, die lotrecht auf und ab bewegt werden kann. Das Meßgefäß wird nun mit der Plattform gehoben bis die Plattenunterkante die Flüssigkeit gerade berührt, worauf sich an der Platte die Flüssigkeitslamelle bildet. Dann wird die Platte mit der Lamelle gewogen. Die Differenz beider Wägungen ist die Lamellenmasse m, aus der sich nach Gl. (1.141) die Oberflächenspannung σ ergibt, falls vollkommene Benetzung vorliegt, d. h. der Randwinkel φ gleich Null ist. Dieses wird nachgeprüft, indem das Meßgefäß um etwa 2 mm gehoben wird, so daß die Platte eintaucht, und dann wieder um den gleichen Betrag gesenkt wird, wodurch sich der sog. Rückzugswinkel einstellt. Bei vollkommener Benetzung muß die jetzt ermittelte Masse der vorher gemessenen gleich sein. Ist in Ausnahmefällen trotz sorgfältiger Reinigung der Platte bei bestimmten Flüssigkeiten keine vollkommene Benetzung zu erzielen, so muß auf eines der folgenden Verfahren zurückgegriffen werden.

Schwuger u. Rostek (1971). Finzel (1976)

Bügel- und Ringverfahren Bei der dynamischen Verfahrensweise mit Bügel (Fig. 1.95) oder Ring (Fig. 1.96) werden die Meßkörper horizontal an der Waage oder dem

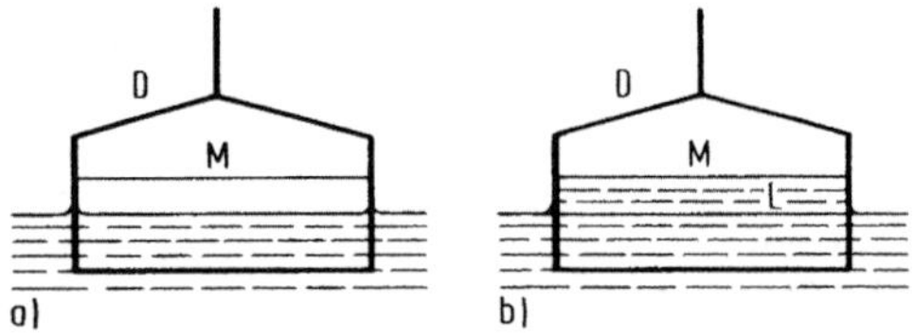

Fig. 1.95 Bügel mit Meßdraht M (Dicke 0,1 mm; Länge 10 bis 40 mm) und Drahtrahmen D
a) ohne Flüssigkeitslamelle (Nullstellung) in gleicher Höhe wie
b) mit Flüssigkeitslamelle L kurz vor dem Abreißen

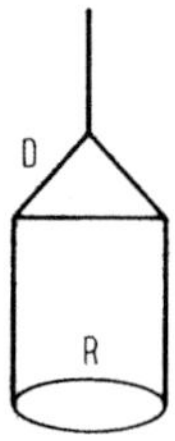

Fig. 1.96 Ring R (Drahtdicke 0,4 mm; Ringumfang 60 mm) mit Drahtbügel D

Tensiometer befestigt und gewogen. Die Wägung bzw. Nullpunkteinstellung des Bügels ohne Lamelle am Meßdraht muß bei derselben Eintauchtiefe wie mit Lamelle erfolgen (Fig. 1.95), so daß der Auftrieb des eintauchenden Rahmendrahtes herausfällt. Dann wird das Gefäß bis zum völligen Eintauchen des Ringes bzw. Bügelmeßdrahtes gehoben und langsam unter Lamellenbildung bis zu dem an der Waage erkennbaren Kraftmaximum kurz vor dem Abreißen der Lamelle wieder gesenkt. Die Differenz der Ablesungen an der Waage ist die Lamellenmasse m, aus der sich nach Gl. (1.141) – hier im Gegensatz zum Plattenverfahren nur in grober Näherung (bis auf einige mN/m) – die Oberflächenspannung σ ergibt.

Aus dem mit dem Bügel ermittelten Rohwert $\sigma = mg/2l$ wird mit Hilfe der Näherungsformel von Lenard u. a. (1924) der korrigierte Wert σ_L ermittelt:

$$\sigma_L = \sigma - r(\sqrt{2\sigma\varrho g} - 2\sigma/l) + r^2\varrho g\pi/4,$$

worin r und l der Radius bzw. die Länge des Bügelmeßdrahtes, ϱ die Dichte der Prüfflüssigkeit und g die Fallbeschleunigung sind (Moser (1927)).

Beim Ring ergibt sich ein gewöhnlich ausreichend korrigierter Wert σ_{zw} durch Multiplikation des Rohwertes $\sigma = mg/4\pi R$ mit dem Korrektionsfaktor f nach Zuidema u. Waters (1941), der hier als Größengleichung geschrieben ist:

$$f = 0{,}725 + \sqrt{0{,}3607 \cdot \sigma/(R^2\varrho g) + 0{,}04534 - 1{,}679 r/R}$$

mit dem Ringradius R, dem Ringdrahtradius r, der Flüssigkeitsdichte ϱ und der Fallbeschleunigung g.

Dann ist $\sigma_{zw} = f \cdot \sigma$. Bei höheren Genauigkeitsanforderungen (mit Unsicherheiten unter einigen Zehntel mN/m) an das verbreitete und bequeme Ringverfahren muß auf die von Harkins u. Jordan (1930) empirisch oder von Huh u. Mason (1975) halbempirisch ermittelten Korrektionsfaktoren zurückgegriffen werden, die in Tabellenform dargestellt sind. Der obengenannte Korrektionsfaktor von Zuidema u. Waters (1941) ist eine Näherungsformel, die auf den Werten von Harkins u. Jordan (1930) beruht und von diesen in dem interessierenden Bereich um bis zu 0,3% abweicht.

Bügel- und Ringverfahren eignen sich auch für die Messung von Grenzflächenspannungen.

Stahlberger u. Guyer (1950), Finzel u. Seemann (1977)

1.9.5.3 Tropfenvolumenverfahren

Das Tropfenvolumenverfahren wird vorwiegend zur Bestimmung der Grenzflächenspannung (im engeren Sinn, d. h. an der Grenzfläche zwischen zwei nicht mischbaren Flüssigkeiten, gewöhnlich zwischen Wasser und einer organischen Flüssigkeit) benutzt. Eine am unteren Ende eben geschliffene, etwa 4 cm lange Glaskapillare von 2 bis 8 mm Außendurchmesser und 0,8 bis 1,0 mm Innendurchmesser wird gut gereinigt, flüssigkeitsdicht mit einer (motorbetriebenen) Injektionsspritze mit Mikroliterteilung von etwa 0,5 ml Inhalt verbunden und an einer Halterung senkrecht etwa 0,5 cm tief in die (meistens organische) Flüssigkeit der Dichte ϱ (kleiner als die Dichte ϱ_w von Wasser) eingetaucht. Aus der Spritze, die mit Wasser der Dichte ϱ_w gefüllt ist, wird vorsichtig ein Tropfen nach dem anderen durch die Kapillare hindurch in die untere Flüssigkeit gedrückt und nach dem Abfallen eines Tropfens dessen Volumen an der Mikroliterteilung der Spritze abgelesen, so daß sich aus den Volumina von vier bis fünf Tropfen der Mittelwert V des Tropfenvolumens ergibt. Ist R der äußere Radius der Kapillare, so ergibt sich die Grenzflächenspannung (zur Unterscheidung von der Oberflächenspannung σ hier mit γ bezeichnet) aus der Gleichung

$$\gamma = V(\varrho_w - \varrho)g/(2\pi RF).$$

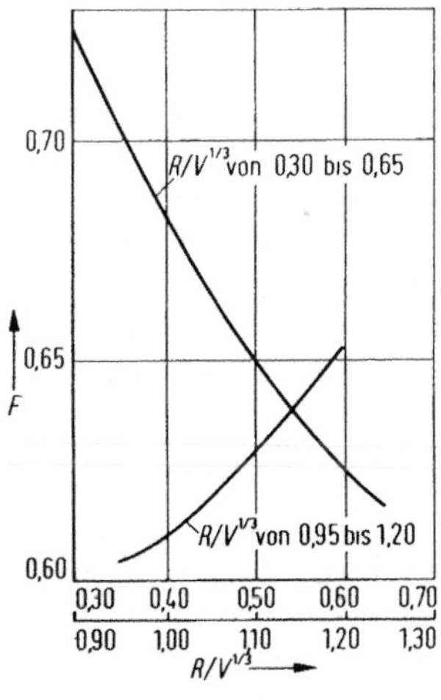

Fig. 1.97
Korrektionsfaktor beim Tropfenvolumenverfahren nach Wilkinson und Kidwell (1971)

Der Korrektionsfaktor F hängt vom Außenradius R der Kapillare und dem Tropfenvolumen V ab. Er ist von Wilkinson u. Kidwell (1971) tabellarisch angegeben und in Fig. 1.97 innerhalb gebräuchlicher Grenzen in Abhängigkeit von $R/V^{1/3}$ aufgetragen.

Wilkinson u. Kidwell (1971), Wilkinson (1972), Tornberg (1977)

1.9.5.4 Spinning-Drop-Verfahren

Das Spinning-Drop-Verfahren eignet sich für die Messung extrem niedriger Grenzflächenspannungen (bis 10^{-5} mN/m). Es beruht auf der Abhängigkeit der Gestalt eines in einer schnell rotierenden Kapillare befindlichen Tropfens von der Grenzflächenspannung, die sich zwischen dem Tropfen (z. B. Öl) und der umgebenden dichteren Flüssigkeit (z. B. Wasser) einstellt. Spinnging-Drop-Tensiometer sind so eingerichtet, daß der mittlere Teil der rotierenden Kapillare (ca. 2 mm Innendurchmesser, ca. 2000 U/min) mit dem Tropfen im Blickfeld eines Meßmikroskops liegt, so daß der Radius r des Tropfens in radialer Richtung gemessen werden kann. Ist $\Delta\varrho$ die Differenz der Dichten des Tropfens und der umgebenden Flüssigkeit, ω die Winkelgeschwindigkeit der Kapillare und r der Tropfenradius, so gilt für die Grenzflächenspannung γ näherungsweise

$$\gamma = r^3\omega^2\Delta\varrho/4.$$

Voraussetzung für brauchbare Meßergebnisse ist, daß die Tropfenlänge in axialer Richtung mindestens das Vierfache des Tropfendurchmesssers in radialer Richtung beträgt, was entweder durch Vergrößerung des Tropfenvolumens (mit einer Injektionsspritze, deren Kanüle in die an den Enden offene Kapillare eingeführt wird) oder durch Steigerung der Drehzahl erreicht werden kann.

Manning u. Scriven (1977), Cayias u. a. (1975)

1.9.5.5 Steighöhenverfahren

Wird eine Glaskapillare mit dem Innenradius r senkrecht in eine Flüssigkeit der Dichte ϱ eingetaucht, so besteht bei vollkommener Benetzung zwischen der Steighöhe h der Flüssigkeit in der Kapillare und der Oberflächenspannung σ in guter Näherung die Beziehung

$$\sigma = hr\varrho g/2.$$

Die Steighöhe h wird kathetometrisch von der Flüssigkeitsoberfläche bis zum unteren Rand des Meniskus gemessen. Um vollkommene Benetzung zu erreichen, wird die Kapillare sorgfältig mit frischer Chromschwefelsäure gewaschen, mehrfach mit destilliertem Waser und schließlich mit der zu untersuchenden Flüssigkeit gespült. Vor Messung der Steighöhe wird die Kapillare etwas angehoben, so daß der Meniskus an einer Stelle liegt, die vorher längere Zeit benetzt war.

Für Wasser und wäßrige Lösungen und Kapillarinnendurchmesser unter 1 mm hat Rayleigh mit Rücksicht auf das Meniskusvolumen für die wie oben gemessene Steighöhe h die Korrektion

$$h' = h + r/3 - 0{,}1288 r^2/h + 0{,}1312 r^3/h^2$$

angegeben. In die Gleichung $\sigma = hr\varrho g/2$ ist dann h' anstatt h einzusetzen. Für größere Kapillardurchmesser hat Rayleigh kompliziertere Korrektionen ermittelt. Weitere Korrektionsvorschläge stammen von Sugden, Bashforth und Adams (s. Padday (1969)).

Die meisten Tabellen- und Literaturwerte von Oberflächenspannungen sind mit dem lange als Standardmethode angesehenen Steighöhenverfahren gewonnen worden. Das gilt auch für die umfassenden Tabellen von Jasper (1972) und die in Tab. T 8.02 in Band 3 angegebenen Oberflächenspannungswerte.

Wichtigste Voraussetzung für die Gewinnung zuverlässiger Werte mit dem Steighöhenverfahren ist die vollkommene Benetzung der sorgfältig gereinigten Kapillare. Das Verfahren sollte daher nur bei reinen Flüssigkeiten angewendet werden, die die Glaskapillare vollständig benetzen.

Padday (1969), Adamson (1976), Gieleßen u. Schmatz (1960)

1.9.5.6 Blasendruckverfahren

Eine am unteren Ende eben geschliffene Kapillare aus Glas oder Metall wird senkrecht in die zu untersuchende Flüssigkeit eingetaucht. Aus der Kapillare wird langsam eine Luftblase ausgetrieben und der dazu erforderliche maximale Druck p, z. B. mit einem Flüssigkeitsmanometer, gemessen. Liegt die Austrittsöffnung der Kapillare mit dem Innenradius r genau in der Flüssigkeitsoberfläche, so gilt für die Oberflächenspannung σ

annähernd die Beziehung

$$\sigma = pr/2. \tag{1.142}$$

Taucht die Kapillare bis zur Höhe h in die Flüssigkeit ein, so ist von dem gemessenen Maximaldruck p die hydrostatische Druckdifferenz $gh\varrho$ (ϱ Dichte der Flüssigkeit) abzuziehen, um den der Oberflächenspannung entsprechenden Maximaldruck im Endquerschnitt der Kapillare zu erhalten: $\sigma = (p - gh\varrho)r/2$.

Weil die Eintauchtiefe der Kapillare nur schwierig und ungenau bestimmt werden kann, ist ein Relativverfahren mit zwei Kapillaren verschiedener Weite vorteilhaft, die beide gleichweit eintauchen. Die Blase wird einmal durch die enge Kapillare von einigen Zehntel Millimetern und dann durch die weite Kapillare von einigen Millimetern Innendurchmesser gedrückt. Sind ΔH_{eng} und ΔH_{weit} die zugehörigen Höhenunterschiede im Manometer und ϱ die Flüssigkeitsdichte, so gilt nach Sugden

$$\sigma = K_1(\Delta H_{\text{eng}} - \Delta H_{\text{weit}}) + K_2\varrho.$$

Die beiden Apparatekonstanten K_1 und K_2 werden mit Hilfe zweier Flüssigkeiten bekannter Oberflächenspannung und Dichte, z. B. Wasser und Toluol (s. Tab. T 8.02 in Band 3), durch Auflösung von zwei Gleichungen mit zwei Unbekannten ermittelt. Als Manometerflüssigkeit eignet sich Paraffinöl oder Nonylsäure.

Werden anstelle der Luftblasen Tropfen einer anderen nicht mischbaren Flüssigkeit in die erste Flüssigkeit gedrückt, so läßt sich das Verfahren auf Grenzflächenspannungsmessungen ausdehnen. An Stelle der Tropfenvolumenmessung nach **1**.9.5.3 tritt hier die Druckmessung.

Die Meßunsicherheit des Blasendruckverfahrens zur Bestimmung der Oberflächenspannung liegt bei einem Prozent und ist bei der Bestimmung der Grenzflächenspannung etwa doppelt so groß. Eine Präzisierung des Blasendruckverfahrens für Absolutmessungen der Oberflächenspannung mit zwei Kapillaren verschiedener Weite und verschiedener Eintauchtiefe ist von Cuny und Wolf (1956) angegeben und von anderen Verfassern (z. B. Kapitza u. a. (1968)) weiterentwickelt worden.

Das Blasendruckverfahren eignet sich insbesondere zur Bestimmung der Temperaturabhängigkeit der Oberfächenspannung über einen großen Temperaturbereich, für Messungen bei hohen Temperaturen und zur Bestimmung der Oberflächenspannung von Salz- und Metallschmelzen, die hier nicht behandelt werden.

Ein abgewandeltes Blasendruckverfahren ist die Messung des Krümmungsdrucks eines Meniskus in einer kurzen waagrecht liegenden Kapillare (Innendurchmesser $2r \approx 1$ mm), an deren eben geschliffenem Ende sich ein Tropfen der zu untersuchenden Flüssigkeit befindet (Fig. 1.98). Der Druck in der Kapillare wird auf den Wert p erhöht, bei dem im Mikroskop M gerade die von der Lichtquelle L beleuchtete linke Flüssigkeitsoberfläche eben erscheint. Dann gilt bei vollkommener Benetzung am rechten Meniskus Gl. (1.142); vgl. Ferguson u. Kennedy (1932) u. (1938) sowie Nevin (1956).

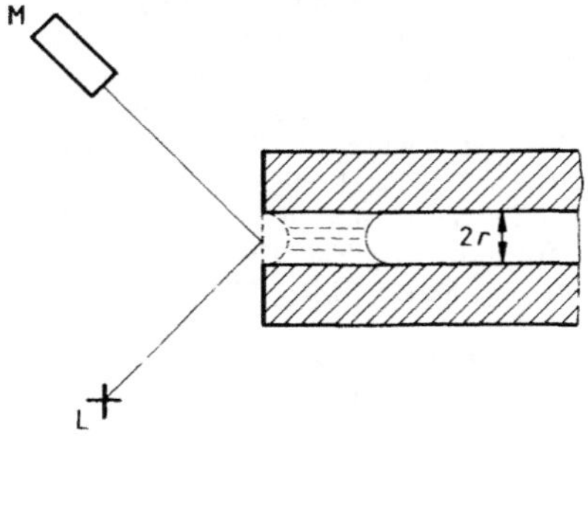

Fig. 1.98
Meniskus in waagerechter Kapillare
L Lichtquelle, M Mikroskop

1.9.5.7 Auswertung und Meßunsicherheit

Wegen der Größe der bei der Oberflächen- und Grenzflächenspannungsmessung vorkommenden Längen, Massen, Kräfte und Drucke ist es zur Vermeidung umständlicher Zehnerpotenzen zweckmäßig, bei den zum Teil umfangreichen Rechnungen und Korrektionsformeln alle Größen nicht in den SI-Basiseinheiten Meter und Kilogramm auszudrücken wie es durch die Einheit der Oberflächenspannung Newton durch Meter nahegelegt wird, sondern in Zentimeter und Gramm, z. B. $g = 981\,\text{cm/s}^2$, Dichte in g/cm^3, Lamellenmasse in g, Drahtlänge und -dicke, Kapillardurchmesser und manometrische Höhendifferenz in cm, Druck in μbar ($= \text{g/(cm\,s}^2))$. Dann ergibt sich die Ober-(Grenz-)flächenspannung in der praktischen Einheit mN/m, die nach Herauskürzen des Meters gleich der Einheit g/s^2 ist.

Die Meßunsicherheit hängt bei der Bestimmung der Oberflächen- und Grenzflächenspannung ganz wesentlich von der Reinheit der Flüssigkeit, Gefäße und Meßgeräte ab. Die relative Unsicherheit beträgt bei der Oberflächenspannungsmessung einige Promille, bei der Grenzflächenspannungsmessung mehrere Prozente.

Literatur zu 1.9

Adamson, A. W. (1976): Physical Chemistry of Surfaces, S. 1–46: Capillarity, London, Sydney, Toronto, New York: John Wiley

Adreeva, L. E. (1966): Elastic Elements of Instruments. – Israel Program for Scientific Translations, Jerusalem

Barnes, H. A.; Hutton, J. F.; Walters, K. (1989): An introduction to rheology. Amsterdam: Elsevier

Barr, G. (1931): A monograph of viscometry. London: Oxford University Press

Bauer, D. (1978): Grundversuche der Metallumformung. Metall **32,** 776–781

Bauer, H.; Meerlender, G. (1982): Newtonian reference materials with $\nu > 1\,\text{mm}^2/\text{s}$ and their application in extending the range of capillary viscometers. Rheol. Acta **21,** 499–501

Bauer, H.; Meerlender, G. (1984): Precise viscosity measurements of Newtonian liquids with $\nu > 1\,\text{mm}^2/\text{s}$ for the selection of suitable standards. Rheol. Actas **23,** 514–521

Bauer, H.; Meerlender, G.; Stern, P. (1986): A new type of visco-plastic flow curve observed in certain concentrated diblock copolymer solutions. Rheol. Acta **25,** 389–396

Baule, H.; Müller, E. (1956): Messung elastischer Eigenschaften von Gesteinen. In: Handbuch der Physik (hrsg. v. Flügge, S.) Band XLVII: Geophysik I. Berlin: Springer

Bell, J. F. (1973): The experimental Foundations of Solid Mechanics. In: Handbuch der Physik (hrsg. v. Flügge, S.) Band VIa/1: Festkörpermechanik I. Berlin: Springer

Böhme, G. (1981): Strömungsmechanik nicht-newtonscher Fluide. Stuttgart: Teubner

Boger, D. V. (1977/78): A highly elastic constant-viscosity fluid. J. Non-Newt. Fluid Mech. **3,** 87–91

Breazeale, M. A.; Cantrell, J. H. jr.; Heyman, J. S. (1981): Ultrasonic Wave Velocity and Attenuation Measurements. In: Methods of Experimental Physics (hrsg. v. Marton, L.; Marton, C.) Band 19, New York: Academic Press

Bridgeman, P. W. (1944): The stress distribution at the neck of a tension specimen. Trans. of ASM **32,** 553–574

Cayias, J. L.; Schlechter, R. S.; Wade, W. H. (1975): The Measurement of Low Interfacial Tension via the Spinning Drop Technique. Am. Chem. Soc. ACS-Symposium Series No. 8, 234–247

CRC Handbook of Chemistry and Physics, 61. Ed. (1980/81). Boca Raton Florida (1980), F25-F-48 (Oberflächenspannungen versch. Flüssigkeiten)

Cuny, K. H.; Wolf, K. L. (1956): Präzisierung der Blasendruckmethode zur Bestimmung der Oberflächenspannung von Flüssigkeiten. Ann. Phys. **17,** 57–77

Dahl, W.; Rees, H. (1976): Die Spannungs-Dehnungs-Kurve von Stahl. Düsseldorf: Stahleisen

Dawe, R. A.; Smith, E. B. (1970): Viscosities of the inert gases at high temperatures. J. Chem. Physics **52,** 693–703

Dawe, R. A. (1973): A method of correcting curved-pipe flow effects occuring in coiled capillary viscometers. Rev. Sci. Instr. **44,** 1231–1233

Dawe, R. A. (1973): The slip correction in accurate viscometry. Rev. Sci. Instr. **44,** 1271–1273

Demer, L. J.; Fentnor, L. H. (1971): Lamb Wave Techniques in Nondestructive Testing. In: Physics and Nonestructive Testing (hrsg. v. McGonnagle, W. J.) Band 2, 121–153. London: Gordon and Breach

DIN Taschenbuch 18 (1988): Kunststoffe, Mechanische und thermische Eigenschaften. Berlin: Beuth

DIN Taschenbuch 19 (1981): Materialprüfnormen für metallische Werkstoffe. 1. Probenahme, Abnahme, Prüfgeräte, Prüfmaschinen, mechanisch-technologische Prüfverfahren. Berlin: Beuth

DIN Taschenbuch 47 (1988): Kautschuk und Elastomere. 1. Physikalische Prüfverfahren. Berlin: Beuth

DIN 53914 (1980): Prüfung von Tensiden. Bestimmung der Oberflächenspannung

Dransfeld, K.; Salzmann, E. (1970): Excitation, Detection and Attenuation of High-Frequency Elastic Surface Wave. In: Physical Acoustics, Principles and Applications (hrsg. v. Mason, W. P.; Thurston, R. N.) Band VII. New York: Academic Press

Eder, F. C. (1988): Moderne Meßmethoden der Physik. Teil 1: Mechanik, Akustik, Berlin: VEB Deutscher Verlag der Wissenschaften

Engan, H. (1978): Phase Sensitive Laser Probe for High-Frequency Surface Acoustic Wave Measurements. IEEE Trans. Sonics. Ultrason. **SU-25,** Nr. 6, 372–377

Eringen, A. C.; Suhubi, E. S. (1975): Elastodynamics. Band II: Linear Theory, New York: Academic Press

Erk, S. (1929): Über Zähigkeitsmessungen nach der Kapillarmethode. Z. Tech. Physik **10,** 452–457

Erk, S. (1932): Zähigkeitsmessungen. In: Handbuch der Experimentalphysik **4,** Leipzig: Akademische Verlagsgesellschaft

Eucken, A. (1949): Lehrbuch der chemischen Physik (3. Aufl.); hier: Band II/2, 917–918

Eyerer, P. (1978): Kleinlast- und Mikrohärteprüfung (Eindringverfahren) an nichtmetallischen Werkstoffen. VDI-Berichte 308, 23–28

Ferguson, J.; El-Tawashi, M. K. H. (1980): The measurement of elongational viscosity of polymer solutions. Proc. VIIIth, Int. Congr. Rheol., Vol. 2, 257–263

Ferguson u. Kennedy: Proc. Phys. Soc. **44,** 511 (1932) u. Phil. Mag. **26,** 41 (1938)

Fine, M. E. (1952): Dynamic Methods of Determining the Elastic Constants and their Variation in Metals, S. 43–70 ASTM Symposium on Determination of Elastic Constants. Special Technical Publication Nr. 129, American Society for Testing Materials, Philadelphia

Finzel, R.; Seemann, F. W. (1977): Korrekturtabellen für das Ringverfahren zur Messung der Oberflächenspannung. PTB-Mitt. **87,** 296–301

Finzel, R. (1976): Das Plattenberührungsverfahren zur Präzisionsmessung der Oberflächenspannung von Flüssigkeiten. PTB-Ber. IB-4

Fraser, D. B.; Le Craw, R. C. (1964): Novel Method of Measuring Elastic and Anelastic Properties of Solids. Rev. Sci. Instr. **35,** 1113–1115

Fritz, W.; Hennhöfer, J. (1942): Messung der Zähigkeit von flüssigem Stickstoff. Z. ges. Kälteindustrie **49,** 41–46

Frobin, R. (1965): Vergleich verschiedener Verfahren zur Aufnahme von Fließkurven. Fertigungstechn. u. Betrieb **15,** 550–554

Frohberg, M. G.; Weber, R. (1964): Die Messung der Viskosität hochschmelzender Metalle und Legierungen. Rheol. Acta **3,** 238–244

Geiger, K.; Kühnle, H. (1984): Analytische Berechnung einfacher Scherströmungen aufgrund eines Fließgesetzes vom Carreauschen Typ. Rheol. Acta **23,** 355–367

Gent, A. N.; Rivlin, R. S. (1952): Experiments on the Mechanics of Rubber. II. The Torsion, Inflation and Extension of a Tube. Proc. Phys. Soc. London **B 65,** 487–501

Gieleßen, J.; Schmatz, W. (1960): Eine Meßanordnung zur Bestimmung der Oberflächenspannung von Flüssigkeiten unter Fremdgasdruck bis 1000 kp/cm^2. Z Instr. **68,** 109–113

Giesekus, H. (1961): Ebene Strömungen und eine experimentelle Anordnung zu ihrer Realisierung. Rheol. Acta **2,** 112–122

Giesekus, H. (1963): A symmetric formulation of the linear theory of viscoelastic materials. Prov. IVth Int. Congr. Rheol., Vol. 3, 15–28

Giesekus, H.; Langer, G. (1977): Die Bestimmung der wahren Fließkurve nicht-newtonscher Flüssigkeiten und plastischer Stoffe mit der Methode der repräsentativen Viskosität. Rheol. Acta **16,** 1–22

Golubev, I. F.; Gnezdilov, N. E. (1971): Viskosität von Gasgemischen (russ.) Moskau: Verlag des staatl. Komitees für Standards

Graff, K. F. (1975): Wave Motion in Elastic Solids. London: Oxford University Press

Gross, B. (1968): The mathematical structure of the theories of viscoelasticity. Paris: Hermann

Han, C. D. (1976): Rheology in polymer processing. New York, San Francisco, London: Academic Press

Harkins, W. D.; Jordan, H. F. (1930): A method for the determination of surface and interfacial tension from the maximum pull on a ring. J. Am. Chem. Soc. **52,** 1751–1782

Heiser, M.; Lange, G. (1992): Scherbruch in Aluminium-Legierungen infolge lokaler plastischer Instabilität. Z. Metallkunde **83,** 115–122

Hirschfelder, J. O.; Curtiss, C. F.; Bird, R. B. (1964): Molecular theory of gases and liquids. New York, London: John Wiley

Huh, C.; Mason, S. G. (1975): A rigorous theorie of ring tensiometry. Coll. and Polymer Sci. **253,** 566–580

Jasper, J. J. (1972): The surface Tension of Pure Liquid Compounds. J. Phys. Chem. Ref. Data **1,** 841–1009 (Oberflächenspannungswerte von 2200 Flüssigkeiten, auch in Abhängigkeit von der Temperatur)

Kaminski, M. (1957): Untersuchungen über die Wechselwirkung Ion-Lösungsmittel, insbesondere aufgrund von Viskositätsmessungen. Z. Naturforsch. **12a,** 424–433

Kapitza, H.; Utschik, H.; Rothe, H. J. (1968): Eine Apparatur zur genauen Bestimmung der Oberflächenspannung von Flüssigkeiten. Chem. Techn. **20,** 489–490

Kestin, J.; Leidenfrost, W. (1959): An absolute determination of the viscosity of eleven gases over a range of pressures. Physica **25,** 1033–1062

Kestin, J.; Ro, S. T.; Wakeham, W. A. (1971): Reference values of the viscosity of twelve gases at 25 °C. Trans Faraday Soc. **67,** 2309–2313

Kirschke, K. (1968): Arbeiten zur Normung eines Kapillarviskosimeters für hohe Schergefälle. Rheol. Acta **7,** 354–360

Kneser, H. O. (1949): Druck- und Schubviskosität in Gasen. Ann. Physik **6,** 253–256

Krause, U. (1962): Vergleich verschiedener Verfahren zum Bestimmen der Formänderungsfestigkeit bei der Kaltumformung. Diss. Techn. Hochschule Hannover

Kulicke, W. M. (1986, Ed.): Fließverhalten von Stoffen und Stoffgemischen. Basel: Hüthig & Wepf

Kulicke, W. M.; Porter, R. S. (1977): Inertial normal-force corrections in rotational viscometry. Rheol. Acta **16,** 568–572

Kuss, E. (1977): The design of a high-pressure viscometer for temperatures up to 300 °C. High Temperatures – High Pressures **9,** 415–421; –: Hochdruckuntersuchungen. Z. angew. Physik **7** (1955) 372–378; **10** (1958) 566–575

Kuss, E.; Pollmann, P. (1969): Viskositäts-Druck-Abhängigkeit und Verzweigungsgrad flüssiger Alkane. Z. physikal. Chemie NF **68,** 205–227

Langborn, P. L.; McKay, S. C. (1974): Experiments on the characterization of viscoelastic fluid with particular reference to polymer solutions. NEL Report 573, East Kilbride

Lange, K. (1972): Lehrbuch der Umformtechnik, Band 1. Berlin: Springer

Lange, G. (1976): Der Ablauf des Bruches in duktilen, zugbeanspruchten Legierungen. Z. Metallkde. **67,** 372–379

Lange, G. (1974): Vereinfachte Ermittlung der Fließkurven metallischer Werkstoffe im Zugversuch während der Einschnürung der Proben. Arch. Eisenhüttenwes. **45,** 809–812

Lange, G. (1981): Über den Bruch metallischer Werkstoffe. In: Stüwe, H.-P.: Verformung und Bruch. Wien: Österreichische Akademie der Wissenschaften

Lange, G. (1992): Systematische Beurteilung technischer Schadensfälle, 3. Aufl. Oberursel: Deutsche Gesellschaft für Materialkunde

Laun, H. M. (1978) Description of the non-linear shear behaviour of a low density polyethylene melt by means of an experimentally determined strain dependent memory function. Rheol. Acta **17,** 1–15

Laun, H. M. (1988): Rheological properties of polymer dispersions with respect to shear-induced particle structures. Progress and Trends in Rheology II, 287–292

Laun, H. M.; Münstedt, H. (1978): Elongational behaviour of a low density polyethylene melt. Rheol. Acta **17,** 415–425

Lee, J. S.; Bobbitt, P. J. (1969): Transport properties at high temperature of CO_2-N_2-O_2-Ar-mixtures for interplanetary entry applications. Report NASA TN D-5476

Lehmann, J. K. (1985): Ein neues halbautomatisches Rankine-Viskosimeter. Wiss. Z. Univ. Rostock **34,** Naturwiss. Reihe H. 8, 42–48

Lenard, P.; v. Dallwitz-Wegener, R.; Zachmann, E. (1924): Über Oberflächenspannung, besonders nach der Abreißmethode und über die Oberflächenspannung des Wassers. Ann. Phys. **74,** 381–404

Lippmann, H.; Mahrenholtz, O. (1967): Plastomechanik der Umformung metallischer Werkstoffe. 1. Band. Berlin: Springer

Manning, C. D.; Seriven, L. D. (1977): On interfacial tension measurement with a spinning drop in gyrostatic equilibrium. Rev. Sci. Instrum. **48**, 1699–1705

Marsh, K. N. (1987, Ed.): Recommended reference materials for the realization of physicochemical properties. UPAC. Section 4: Viscosity. Oxford: Blackwell; (in Deutschland: Physikalisch-Technische Bundesanstalt)

Marsh, D. M. (1961): Micro-Tensile Testing Machine, J. Sci. Instru. **38**, 229–234

Marvin, R. S. (1971): The accuracy of measurements of viscosity of liquids. J. Res. NBS **75 A**, 535–540

Mayinger, F. (1962): Messungen der Viskosität von Wasser und Wasserdampf bis zu 700°C und 800 at. Int. J. Heat Mass Transfer **5**, 807–824

Meerlender, G. (1976): On the use of Rankine-type viscometers for gases. Proc. VIIth Int. Congr. Rheol., 456–457

Meerlender, G. (1967): Die erweiterte Jenckel-Gleichung, eine leistungsfähige Viskositäts-Temperatur-Formel. Rheol. Acta **6**, 359–377

Meißner, J. (1971): Dehnungsverhalten von Polyäthylenschmelzen. Rheol. Acta **10**, 230–242

Meskat, W. (1964): Viskosimetrie. In: Hengstenberg, J.; Sturm, B.; Winkler, O. (Ed.): Messen, Steuern, Regeln in der chemischen Verfahrenstechnik. 2. Aufl., 856–993, Berlin, Göttingen, Heidelberg: Springer

Moser, H. (1927): Der Absolutwert der Oberflächenspannung des reinen Wassers nach der Bügelmethode und seine Abhängigkeit von der Temperatur. Ann. Phys. **82**, 993–1013

Müller, W. (1932): Einführung in die Theorie der zähen Flüssigkeiten. Leipzig: Akademische Verlagsgesellschaft

Muschelknautz, E.; Heckenbach, M. (1980): Rheologische Betriebsmeßverfahren. In: Hengstenberg, J.; Sturm, B.; Winkler, O. (Ed.): Messen, Steuern, Regeln in der chemischen Verfahrenstechnik. 3. Aufl., Band II, 431–505. Berlin, Heidelberg, New York: Springer

Nevin, J. (1956): Amer. Oil Chemist. Soc. **33**, 95

Padday, J. F. (1969): Surface Tension. In: Matijevic, E.: Surface and Colloid Science, Vol. 1. London, Sydney, Toronto, New York: John Wiley

Panknin, W. (1964): Die Bestimmung der Fließkurve und der Dehnungsfähigkeit von Blechen durch den hydraulischen Tiefungsversuch. Ind.-Anz. **86**, 915–918

Panknin, W.; Bach, M. (1972): Anleitung zur experimentellen Bestimmung der Fließkurven metallischer Werkstoffe. DFBO-Mitt., 15–22

Pawelski, O. (1967): Über das Stauchen von Hohlzylindern und seine Eignung zur Bestimmung der Formänderungsfestigkeit dünner Bleche. Arch. Eisenhüttenwes. **38**, 437–442

Pawelski, O. et al. (1978): Der Warmumformsimulator des Max-Planck-Institutes für Eisenforschung – ein neues Konzept zur Erforschung schneller Warmumformvorgänge. Stahl u. Eisen **98**, 181–189

Peng, S. T. J.; Landel, F. R. (1976): Preliminary investigation of elongational flow of dilute polymer solutions. J. Appl. Physics **47**, 4255–4260

Peterlin, A. (1953): Viscosität. In: Stuart, H. A.: Die Physik der Hochpolymeren II, S. 280–332 und 525–568. Berlin, Göttingen, Heidelberg: Springer

Petrie, C. J. S. (1979): Elongational flows. London: Pitman

Philipoff, W. (1942): Die Viskosität der Kolloide. Dresden, Leipzig: Steinkopff

Phillips, T. W.; Murphy, K. P. (1970): Liquid viscosity of halocarbones. J. Chem. Engng. Data **15**, 304–307

PTB (1992): Stoffdatenblätter der Physikalisch-Technischen Bundesanstalt; hier: Entwurf SDB 2

Plebanski, T. (1980): Recommended reference materials (UPAC). Pure Appl. Chem. **52**, 2395–2404 (in Deutschland: Physikalisch-Technische Bundesanstalt, Braunschweig)

Pöhlandt, K. (1979): Stauchversuch zur Ermittlung von Fließkurven nach Rastegaev. Ind.-Anz. **101**, 28–29

Pöhlandt, K.; Lach, E. (1981): Beitrag zur Prüfung metallischer Werkstoffe im Torsionsversuch. Rheol. Acta **20**, 536–541

Ray, A. K. (1964): A new determination of the kinematic viscosity steam at supercritical pressure and temperatures. J. Mech. Engng. Sci. **6**, 137

Reihle, M. (1961): Ein einfaches Verfahren zur Aufnahme der Fließkurve von Stahl bei Raumtemperatur. Arch. Eisenhüttenwes. **32**, 331–336

Retting, W. (1972): Viskoelastisches Verhalten bei zügig wachsender Spannung und Verformung. In: Schreyer, G. (Hrsg.), Konstruieren mit Kunststoffen, München: Carl Hanser, S. 456–501

Richards, J. T. (1952): An Evaluation of several Static and Dynamic Methods for Determining Elastic Moduli. S. 71–100. ASTM Symposium on Determination of Elastic Constants. Special Technical Publication Nr. 129 American Society for Testing Materials, Philadelphia

Rivlin, R. S.; Saunders, D. W. (1951): Large Elastic Deformations of Isotropic Materials VII: Experiments of the Deformation of Rubber. Phil. Trans. Roy. Soc. London **A 243,** 251–288

Rosenhead, L. (1954): A discussion of the first and second viscosities of fluids. Proc. Roy. Soc. **A 226,** Symposium mit 15 Einzelbeiträgen, 1–65

Rost, U. (1955): Das Viscositäts-Temperatur-Verhalten von Schmierölen. Erdöl und Kohle **8,** 468–473

Sato, Y.; Usami, T. (1962): Basic Study on the Oscillation of a Homogeneous Elastic Sphere (3 Teile). Geophys. Magazine **31,** 15–62

Savins, J. G. (1968): Shear thickening phenomena in poly(vinyl)alcohol-borate complexes. Rheol. Acta **7,** 87–93

Scheffler, K.; Straub, J.; Grigull, U. (1981): Wasserdampftafeln. Berlin, Heidelberg, New York: Springer

Schramm, B. (1969): Berechnung von Viskositäten und Diffusionskoeffizienten aus zwischenmolekularen Wechselwirkungen. In: Landolt-Börnstein, Zahlenwerte und Funktionen, 6. Aufl. Band II/5a, S. 726–729, Berlin: Springer

Schreiber, E.; Anderson, O. L.; Soga, N. (1973): Elastic Constant and their Measurement. New York. McGraw-Hill

Schwuger, M. J.; Rostek, H. M. (1971): Automatische Apparatur zur Messung der Oberflächenspannung nach der Wilhelmy-Methode. Chem. Ing. Techn. **43,** 1075–1078

Siebel, E.; Schwaigerer, S. (1948): Zur Mechanik des Zugversuchs. Arch. Eisenhüttenwes. **19,** 145–152

Smith, H. I. (1971): The Physics and Technology of Surface Elastic Waves. In: Physics and Nondestructive Testing (hrsg. v. McGonnagle, W. J.) Band 3, 141–169. London: Gordon and Breach

Sobr, J. (1972): A new type of capillary viscometer. J. Phys. **E 5,** 406–407

Spinner, S.; Reichard, T. W.; Tefft, W. E. (1960): A Comparison of Experimental and Theoretical Relations between Young's Modulus and the Flexural and Longitudinal Resonance Frequencies of Uniform Bars. J. Research Nat. Bur. Stand. **64 A,** 147–155

Spinner, S.; Tefft, W. E. (1961): A Method for Determining Mechanical Resonance Frequencies and for Calculating Elastig Moduli from these Frequencies. – ASTM Proc. **61,** 1221–1238

Stahlberger, B.; Guyer, A. (1950): Die Messung von Oberflächenspannungen nach der Ringmethode mit neuen apparativen Hilfsmitteln. Helvet. Chim. Acta **33,** 243–249

Stegemann, G. J. A. (1981): Acousto-Optic Phenomena. In: Methods of Experimental Physics (hrsgeg. v. Marton, L. und Marton, C.) Band 19, 455–492. New York: Academic Press

Stephan, K.; Lucas, K. (1979): Viscosity of dense fluids. New York, London: Plenum Press

Stüwe, H.-P.; Turck, H. (1964): Zur Messung von Fließkurven im Torsionsversuch. Z. Metallkde **55,** 699–703

Sturm, K. G. (1981): Thermische Ausdehnung und Glasübergang als Bestimmungsgrößen der Viskosität von Flüssigkeiten. Rheol. Acta **20,** 59–63

Timrot, D. L.; Chlopkina, A. W. (1973): Experimentelle Bestimmung der Viskosität von Wasser und Wasserdampf bis zu hohen Temperaturen und Drücken (russ.). Teploenergetica Nr. 7, 1271–1273

Tornberg, E. (1977): A surface tension apparatus according to the drop volume principle. J. Coll. and Interf. Sci. **60,** 50–53

Truesdell, C.; Noll, W. (1965): The non-linear field theories of mechanics. In: Flügge, S. (Ed.): Handbuch der Physik II/3. Berlin, Heidelberg, New York: Springer

Tschoegl, N. W. (1989): The phenomenological theory of linear viscoelastic behavoir – an introduction. Berlin: Springer

Ubbelohde, L. (1965): Zur Viskosemetrie. 7. Aufl. (bearb. v. Göttner, G. H.; Weber, W.) Stuttgart: Hirzel

Van Wazer, J. R.; Lyons, J. W.; Kim, K. Y.; Colwell, R. E. (1963): Viscosity and flow measurement. New York, London: John Wiley

VDMA (1982, Ed.): Kenndaten für die Verarbeitung thermoplastischer Kunststoffe, Teile 2, Rheologie, München: Hanser

Viktorov, I. A. (1967): Rayleigh and Lamb Waves. Physical Theory and Applications. New York: Plenum-Press

Wagner, M. H. (1977): Prediction of primary normal stress difference from shear viscosity data using a single integral constitutive equation. Rheol. Acta **16,** 43–50

Wakeham, W. A.; Nagashima, A.; Sengers, J. V. (1991, Ed.): Measurement of the transport properties of fluids. Oxford: Blackwell

Walters, K. (1975): Rheometry. London: Chapmann Hall

Weber, W. (1968): Richtungskonstante m nach Walther oder n nach Umstätter? Erdöl und Kohle **21,** 621–623

Weber, W. (1975): Über die Druckabhängigkeit der Viskosität von Alkohol-Wasser-Gemischen. Rheol. Acta **14,** 1012–1025

Weber, W.; Fritz, W. (1963): Über die Größe der Hagenbach-Couette-Korrektur und den Einfluß der Oberflächenspannung beim Ubbelohde-Viskosimeter. Rheol. Acta **3,** 34–43

Weiler, W. (1965): Beitrag zur Abhängigkeit der Vickershärte von der Prüfkraft bei verschiedenartiger Oberflächenbehandlung. Materialprüfung **7,** 337–340

Weiler, W. u. a. (1990): Härteprüfung an Metallen und Kunststoffen. 2. Aufl. Ehningen bei Böblingen: expert-verlag

Weiss, W. (1984): A rapid method for measuring the viscosity of silica glass up to 2200 °C. J. Amer. Ceram. Soc. **67,** 213–222

White, R. M. (1981): Surface Elastic Waves. In: Methods of Experimental Physics (hrsg. v. Marton, L.; Marton, C.) Band 19, 495–532. New York: Academic Press

Wilkinson, M. C.; Kidwell, R. L. (1971): A mathematical description of the Harkins and Brown correction curve for the determination of surface and interfacial tensions. J. Coll. and Interf. Sci. **35,** 114–119

Wilkinson, M. C. (1972): Extended use of, and comments on, the drop-weight (drop volume) technique for the determination of surface and interfacial tensions. J. Coll. and Interf. Sci. **40,** 14–26

Winter, H. H.; Macosko, C. W.; Bennett, K. E. (1979): Orthogonal stagnation flow. Rheol. Acta **18,** 323–334

Wobser, R.; Müller, F. (1940): Die innere Reibung von Gasen und Dämpfen und ihre Messung im Höppler-Viskosimeter. Kolloid-Beihefte **52,** 165–276

Wolf, K. L.; Wolff, R. (1955): Oberflächenspannung und Oberflächenaktivität. In: Houben-Weyl: Methoden der organischen Chemie. Bd. III Teil 1, 449–479. Stuttgart: Georg Thieme

Yoshida, K.; Kurano, Y.; Kawata, M. (1976): An oscillating-disk viscometer with automatic measuring system for the decrement of oscillation. Proc. VIIth Int. Congr. Rheol., 470–471

Zidan, H. (1969): Zur Rheologie des Spinnprozesses. Rheol. Acta **8,** 89–123

Zuidema, H. H.; Waters, G. W. (1941): Ring method for the determination of interfacial tension. Industr. and Engin. Chem. Analyt. Edit. **13,** 312–313

Inhaltsverzeichnis von Kapitel 2

2 Akustik

Redakteur: R. Martin †

Hierzu Tabellen T 2.01 bis T 2.11 in Band 3

2.1 Allgemeines (P. Dämmig)

Die Akustik behandelt die Entstehung, die Übertragung und den Empfang (die Wahrnehmung) von Schall, d. h. von mechanischen Schwingungs- und Wellenvorgängen in elastischen Medien (Gasen, Flüssigkeiten, Festkörpern) im Bereich des menschlichen Hörens zwischen etwa 16 Hz und 16000 Hz, aber auch in den angrenzenden Frequenzbereichen (insbesondere Ultraschall zwischen der oberen Hörgrenze und etwa 1 GHz, darüber Hyperschall). Je nach dem Medium, in dem die Schallausbreitung stattfindet, spricht man von Luftschall, Flüssigkeitsschall (Wasserschall) oder Körperschall. In Flüssigkeiten und Gasen werden nur Longitudinalwellen übertragen, in Festkörpern treten darüber hinaus noch andere Wellentypen auf (s. **2**.1.2).

Beranek (1971); Cremer u. Hubert (1990); Fasold u. a. (1984); Hdb. d. Physik (1961/62); Heckl u. Müller (1992); Kurtze u. a. (1975); Meyer u. Neumann (1979); Morse u. Ingard (1968); Reichardt (1968); Rieländer (1982); Schmidt (1989); Skudrzyk (1971); Trendelenburg (1961)

2.1.1 Definition der grundlegenden akustischen Meßgrößen

Ausgangsgrößen zur Beschreibung der Schwingungsvorgänge im Schallfeld sind der Schalldruck p (Messung s. **2**.6.1) und die Schwinggeschwindigkeit der Teilchen des Mediums (Schallschnelle) v (s. **2**.6.2). Beide sind als Lösungen der Wellengleichung orts- und zeitabhängig und den örtlich und zeitlich unveränderlichen Größen Druck bzw. Geschwindigkeit, die ohne das Schallfeld vorhanden sind, überlagert. Der Schalldruck ist eine skalare Größe, die Schallschnelle ein Vektor.

In diesem Abschnitt wird auf die Vektorschreibweise verzichtet, weil Verwechslungen nicht zu erwarten sind.

Betrachtet man nur die Ausbreitung in der x-Richtung, so gilt für den einfachsten Fall einer Cosinus-Welle der Wellenlänge λ

$$p = \hat{p} \cos(\omega t - kx + \varphi) = \mathrm{Re}\,(\hat{p} \exp(\mathrm{j}(\omega t - kx + \varphi))) \tag{2.1}$$

($\hat{p}$ Spitzenwert des Schalldrucks, ω Kreisfrequenz, t Zeit, $k = 2\pi/\lambda$ Kreiswellenzahl, φ Phasenwinkel, Re Realteil). Für v gilt ein entsprechender Ausdruck. In Flüssigkeiten und Gasen ist die Ausbreitungsgeschwindigkeit der Welle (Schallgeschwindigkeit) $c = \omega/k = \sqrt{K/\varrho} = \sqrt{\gamma\, p_s/\varrho}$ (K adiabatischer Kompressionsmodul, ϱ Dichte, $\gamma = c_p/c_V$ Verhältnis der spezifischen Wärmekapazitäten, p_s statischer Druck der Luft). In Luft der Celsiustemperatur t zwischen 15°C und 30°C gilt mit einer für praktische Zwecke meist ausreichenden Genauigkeit für c in m/s:

$$c = 331{,}4 + 0{,}6\, t \tag{2.2}$$

(Messung der Schallgeschwindigkeit s. **2**.10.4).

Weil der akustische Meßbereich viele Größenordnungen des Schalldrucks und der Schallschnelle umfaßt, werden diese Größen unter Verwendung der Effektivwerte $\tilde{p}$, $\tilde{v}$ vielfach logarithmisch dargestellt. Es ist der Schalldruckpegel in dB (Dezibel)

$$L_p = 10 \lg (\tilde{p}^2/\tilde{p}_0^2) \text{ dB} \tag{2.3}$$

mit dem Bezugs-Schalldruck $\tilde{p}_0 = 20\,\mu\text{Pa}$. Entsprechend gilt für den Schnellepegel

$$L_v = 10 \lg (\tilde{v}^2/\tilde{v}_0^2) \text{ dB} \tag{2.4}$$

mit der Bezugs-Schallschnelle $\tilde{v}_0 = 50\,\text{nm/s}$.

Pegel können statt für Effektivwerte auch anders, z. B. für Spitzenwerte, definiert werden.

Der Quotient aus Schalldruck und Schallschnelle, im allgemeinen eine komplexe Größe, ist die Feldimpedanz (spezifische Schallimpedanz) $Z = p/v$. In einer ebenen, fortschreitenden Welle (s. **2**.1.2) in verlustfreiem Medium wird die Impedanz reell und konstant:

$$Z_0 = \varrho c \tag{2.5}$$

Weil diese Größe kennzeichnend für das Medium ist, in dem die Schallausbreitung stattfindet, heißt sie Feldkennimpedanz (zu berechnen z. B. aus den Zahlenwerten in Tab. T 2.01 in Band 3. Luft (Normalbedingungen): $Z_0 \approx 410\,\text{Ns/m}^3$)).

Der Energietransport in einer Welle wird durch die Schallintensität

$$I = \frac{1}{T} \int_0^T p(t) v(t) \mathrm{d}t \tag{2.6}$$

(T Integrationszeit) beschrieben. Diese Größe wird auch als Schallenergieflußdichte bezeichnet. Sie ist wie die Schallschnelle ein Vektor und gibt die Schalleistung an, die durch eine normal zum Schallschnelle-Vektor stehende Einheitsfläche tritt.

In bestimmten Fällen ist es zweckmäßig, die momentane Schallintensität $I(t) = p(t) \cdot v(t)$ zu verwenden, wobei $p(t)$ und $v(t)$ die Momentanwerte des Schalldrucks und der zugehörigen Schallschnelle an einem Punkt sind (ISO 9614-1 (1993)).

In der ebenen Welle ist $I = \tilde{p}\tilde{v} = \tilde{p}^2/(\varrho c) = \tilde{v}^2 \cdot \varrho c$. Für die durch eine Fläche S tretende Schalleistung P gilt

$$P = \int_S I \cos \vartheta \mathrm{d}S \tag{2.7}$$

(ϑ Winkel zwischen der Schallausbreitungs-Richtung und der Normalen auf dem Flächenelement $\mathrm{d}S$). Auch die Schalleistung wird häufig logarithmisch dargestellt. Es ist der Schalleistungspegel

$$L_W = 10 \lg (P/P_0) \text{ dB} \tag{2.8}$$

mit der Bezugs-Schalleistung $P_0 = 1\,\text{pW}$. Messung der Schallintensität s. **2**.6.2, der Schalleistung s. **2**.6.3.

Die (räumliche) Schallenergiedichte in der ebenen Welle ist

$$w = I/c = \tilde{p}^2/(\varrho c^2) \tag{2.9}$$

Strahlt eine Schallquelle die Schalleistung P in einen Raum und bildet sich dort durch Vielfach-Reflexion und Überlagerung vieler quasi-ebener Wellenzüge ein diffuses

Schallfeld aus (s. **2**.1.2), so gilt die stationäre Schallenergiedichte (Formelzeichen hier, wie in der Bauakustik üblich, E)

$$E = 4P/(Ac) \tag{2.10}$$

Dabei ist A die äquivalente Absorptionsfläche des Raumes (s. **2**.8.2.1).

2.1.2 Wellentypen und Schallfeldarten

Als Meßschall werden von einem Schallsender reine Töne (cosinus-förmige Zeitabhängigkeit des Schalldrucks und der Schallschnelle), gefiltertes oder ungefiltertes statistisches Rauschen, pseudo-statistisches Rauschen (z. B. Binär-Impulsfolgen maximaler Länge) oder Schallimpulse abgestrahlt. Die Fortpflanzung der akustischen Vorgänge, ihre subjektive Wahrnehmbarkeit und objektive Meßbarkeit hängen weitgehend von der Art der Schallquelle und den Umgebungsbedingungen ab. Flüssigkeiten und Gase sind schubspannungsfreie Medien. Daher werden in ihnen nur Longitudinalwellen übertragen, d. h. solche, bei denen die Schwingbewegung parallel zur Ausbreitungsrichtung erfolgt. Ein besonders einfacher akustischer Strahler ist eine (sehr kleine) radial pulsierende kugelförmige Schallquelle (Gleichphasigkeit der Schwingung an der Kugeloberfläche). Sie strahlt Kugelwellen ab (Phasengleichheit z. B. des Schalldrucks auf konzentrischen Kugelflächen um den Mittelpunkt der Quelle). Im unbegrenzten schubspannungs- und dämpfungsfreien Medium gilt wegen der Gleichmäßigkeit der Energieausbreitung in alle Raumrichtungen als Ausbreitungsgesetz für den Betrag des Schalldrucks $p \sim 1/r$ (r Entfernung vom Kugelmittelpunkt). Kugelwellen bilden sich auch in hinreichender Entfernung von anderen Strahlern aus, die klein gegen die Wellenlänge sind, z. B. Lautsprecher oder gleichförmig („kolbenförmig") schwingende Platten, bei denen durch Kapselung oder Abdeckung eine Abstrahlung nach der Rückseite unterdrückt wird. Für sehr große Entfernungen r gehen die kugelförmigen Wellenfronten in Ebenen über. Für Meßzwecke lassen sich (fortschreitende) ebene Wellen in Rohren mit rechteckigem, vorzugsweise quadratischem, oder kreisförmigem Querschnitt erzeugen, deren Querabmessungen kleiner als die halbe Wellenlänge sind und die an einem Ende reflexionsfrei abgeschlossen werden (vgl. **2**.8.2.2).

In der Umgebung gleichförmig strahlender (unendlich lang gedachter) linienförmiger Quellen haben die Wellenfronten Zylinderform, und es gilt das Ausbreitungsgesetz $p \sim 1/\sqrt{r}$. Bei linienförmigen Gebilden endlicher Länge gehen die für kleinen Abstand vom Strahler noch zylinderförmigen Wellenfronten mit wachsendem Abstand in Kugelwellen und schließlich in ebene Wellen über.

In festen Körpern werden Schubspannungen übertragen. Dies führt dazu, daß außer den erwähnten noch andere Wellentypen auftreten. Neben Dichte- und Schubwellen im unbegrenzten und Dehn- und Torsionswellen im begrenzten Körper sind für die Körperschall-Ausbreitung in Platten oder Stäben in Verbindung mit einer Schallabstrahlung von diesen die Biegewellen besonders wichtig. In solchen tritt eine Auslenkung in Querrichtung (Transversalbewegung) und zugleich eine Winkelbewegung der Querschnitte um eine Querachse auf. Die Bedeutung für die Schallabstrahlung liegt darin, daß bei Biegewellen verglichen mit anderen Transversalwellen (Schubwellen, Dehnwellen) die seitliche Auslenkung besonders groß ist. Die Ausbreitungsgeschwindigkeit c_B der Biegewellen ist frequenzabhängig (Dispersion). Für Platten gilt $c_B = \sqrt{\omega}\sqrt[4]{B'/m''}$ (B' Biegesteife bezogen auf die Breiteneinheit, m'' Masse bezogen auf die Flächeneinheit, ω Kreisfrequenz). – Oberflächenwellen (Rayleigh-Wellen) treten an freien Oberflächen zwischen Medien mit unterschiedlichen akustischen Eigenschaften auf. Sie sind quergedämpft (Amplitudenabnahme senkrecht zur Oberfläche) und von Bedeutung z. B. bei der Übertragung von Erschütterungen längs der Erdoberfläche.

In der Praxis bilden sich bei der Abstrahlung unmittelbar vor den Strahlern Nahfelder aus, die durch Interferenzen eine sehr komplizierte Struktur haben können. Die Abstrahlung in unterschiedliche Raumrichtungen erfolgt dabei mit unterschiedlicher Intensität. Die meßtechnische Untersuchung der Feinstruktur des Nahfelds ist z. B. für die Kalibrierung von Wandlern im Ultraschallbereich von Bedeutung (s. **2.**10). In größerer Entfernung von einem Strahler (Fernfeld, bezogen auf die Wellenlänge und die größte Linearabmessung des Strahlers) hängt die Art des sich ausbildenden Schallfelds wesentlich von der Meßumgebung ab. Als Grenzfälle sind die Schallfelder zu unterscheiden, die bei Abstrahlung ohne Reflexion oder in geschlossenen Räumen mit Reflexionen von den Raumbegrenzungen zustande kommen. Freifeld-Bedingungen, die insbesondere bei der Wandler-Kalibrierung benutzt werden, liegen vor bei Aufstellung der Quelle „im Freien" oder in Meßräumen, in denen eine solche Umgebung durch absorbierende Verkleidung aller Begrenzungsflächen nachgebildet wird (s. **2.**1.3). Wegen der praxisüblichen Aufstellung vieler technischer Schallquellen ist das Freifeld über einer reflektierenden Ebene (Halbfreifeld) mit Abstrahlung in den oberen Halbraum von besonderer Bedeutung. In diesem Fall ergibt sich das resultierende Feld durch Überlagerung der Energieanteile der Original- und der an der reflektierenden Ebene gespiegelten Quelle. Die Geräuschmeßtechnik an Maschinen (s. **2.**6) benutzt vielfach Halbfreifeld-Bedingungen.

Fällt an allen Punkten des Feldes die Schallenergie aus allen Raumrichtungen gleichmäßig so ein, daß in jedem Augenblick der Schallintensitäts-Vektor isotrop ist, so spricht man von einem diffusen Schallfeld (s. DIN 1320 (1992)). In derartigen Feldern ist die Schallenergiedichte im Zeitmittel örtlich überall gleich. Annähernd diffuse Felder bilden sich in besonders geformten und ausgestatteten Räumen mit vollständig reflektierenden Wänden aus, die insbesondere in der raum- und bauakustischen Meßtechnik und zu Schalleistungsmessungen benutzt werden (Hallraum, s. **2.**1.3). In der Nähe der Schallquelle überlagern sich das von dieser ausgehende Direktschallfeld und das durch die Wandreflexionen entstehende Nachhall-Feld. Der Abstand vom akustischen Zentrum der Schallquelle, bei dem die Energiedichten in diesen beiden Feldanteilen gleichgroß sind, wird als Hallradius r_H bezeichnet. Für ungerichtete Schallquellen, die sich weiter als r_H von der nächsten reflektierenden Raumbegrenzung befinden, gilt $r_H = \sqrt{A/(16\pi)}$ (A äquivalente Absorptionsfläche (s. **2.**8.2)).

Kommt es bei reinen Tönen zwischen einer hinlaufenden und der nach Reflexion an einem Medium mit anderer Feldkennimpedanz zurücklaufenden Welle zu einer Interferenz derart, daß sich Amplituden-Maxima und -Minima ausbilden, die ihren Ort nicht ändern, so spricht man von stehenden Wellen. Eine meßtechnische Anwendung ist die Überlagerung ebener Wellenzüge zu stehenden Wellen in Rohren quadratischen oder kreisförmigen Querschnitts zur Bestimmung der Impedanz, des Reflexions- oder Absorptionsgrades von Schallabsorbern (s. **2.**8.2.2).

2.1.3 Meßräume

Reflexionsarmer Raum und Halbfreifeld-Raum Breiter Anwendungsbereich zur Kalibration akustischer Wandler oder zu Abstrahlungsmessungen, bei denen nur der Direktschall erfaßt werden soll. Die Raumbegrenzungsflächen – beim Halbfreifeld-Raum nur Wände und Decke – werden schallabsorbierend so verkleidet, daß sich ein gleitender

Übergang von der Feldkennimpedanz der Luft zur Impedanz der Raumbegrenzungen ergibt. Meist werden poröse Schallabsorber (z. B. Mineralwolle oder Schaumstoff) in Form von Keilen mit Spitzen oder Schneiden benutzt, die dem Rauminnern zugekehrt sind.

Geeignet sind auch Kombinationen von würfelförmigen Absorber-Körpern vor dichten Plattenabsorbern, die in mehreren Schichten hintereinander angeordnet werden. In Richtung auf die Wandflächen nimmt dabei gleichzeitig die Kantenlänge der Würfel und der Strömungswiderstand (s. **2**.8.2.3) des Materials zu (Rother u. Nutsch (1962)).

Die absorbierende Verkleidung soll im ganzen interessierenden Frequenzbereich einen Schallabsorptionsgrad, gemessen bei senkrechtem Schalleinfall, $\alpha(0) \leqslant 0{,}99$ haben. Dies entspricht einem Reflexionsfaktor $r \leqslant 0{,}1$ (s. **2**.8.2.2; Schmidt (1979); ISO 3745 (1977)). Hinter der Verkleidung angeordnete Hohlraum-(Helmholtz-)Resonatoren können zur Verbesserung der Absorption bei tiefen Frequenzen beitragen. Die Gesamtdicke der Absorberschicht beträgt erfahrungsgemäß mindestens etwa 1 m. Prüfung der Güte der reflexionsarmen Ausstattung durch Messung der Schalldruck-Abweichungen von dem bei Kugelwellen-Ausbreitung gültigen $1/r$-Abstandsgesetz (s. **2**.1.2).

Durch Rest-Reflexionen an den absorbierenden Anordnungen können unmittelbar vor diesen Flächen Interferenzfelder verbleiben, die sich dort dem Freifeld-Schalldruck überlagern (Diestel (1962)).

Als Bedienungsebene dient bei reflexionsarmen Räumen i. allg. ein Netz aus gespanntem Stahldraht. Beim Halbfreifeld-Raum ist die Bodenfläche voll reflektierend ausgebildet (Schallabsorptionsgrad $\alpha(0) < 0{,}06$ im ganzen Frequenzbereich).

Neben einer Klimatisierung zur Einstellung der Meßbedingungen muß für ausreichende Schalldämmung an allen Raumbegrenzungen und erforderlichenfalls für erschütterungsfreie Aufstellung des ganzen Raumes gesorgt werden.

Für Messungen mit geringeren Genauigkeitsansprüchen unter Freifeld-Bedingungen reichen oft kleinere Räume aus, bei denen die absorbierende Verkleidung aus mehreren Schichten von Mineralwoll-Platten mit zur harten Wand hin ansteigendem Strömungswiderstand besteht. Gesamtdicke etwa 25 cm (Dämmig u. Deicke (1976)).

DIN 45635 Teil 1 (1984); ISO 3744 (1981); ISO 3745 (1977); DIN ISO 3744 (1991)

Hallraum Verwendung insbesondere zu Schallabsorptionsgrad- (s. **2**.8.2.1) und Schallleistungsmessungen (s. **2**.6.3), auch zur Diffusfeld-Kalibration von Mikrofonen (s. **2**.3.1.1). Die Räume haben Quaderform oder werden schiefwinkelig so errichtet, daß sich paarweise nicht-parallele Raumbegrenzungen ergeben. Bei nicht-quaderförmigen Räumen sollen die Seitenwände nach innen geneigt sein. Das Normvolumen von Hallräumen liegt bei 200 m^3. Im Rauminneren soll sich bei Schallanregung ein möglichst diffuses Schallfeld (s. **2**.1.2) ausbilden. Dazu werden alle Flächen durch Glättung und Spezialanstriche so gut reflektierend wie möglich hergestellt. Unerwünschte Eigenfrequenzhäufungen im Luftschallfeld quaderförmiger Räume lassen sich durch Wahl bestimmter Zahlenverhältnisse der Raum-Kantenlängen bis zu einem gewissen Grad ausgleichen. Die Ausbildung des diffusen Schallfelds unterstützen Wand-Profilierungen (z. B. Halbzylinder oder Kugelsegmente unterschiedlicher Abmessungen), mit unregelmäßiger Position und Orientierung in den Luftraum gehängte gekrümmte Platten als Reflektoren oder drehende Diffusoren in Form von durchbrochenen Rotationsflächen (z. B. Doppelkegel; Ebbing (1971)).

Schroeder (1975, 1979, 1984a, 1984b) beschreibt, vorzugsweise für die Verbesserung der Akustik von Konzertsälen, diffus reflektierende Oberflächenstrukturen (Phasengitter), die auf verschiedenen zahlentheoretischen Prinzipien beruhen.

Die Linearabmessungen der Reflektoren müssen möglichst groß sein, mindestens die halbe Wellenlänge der tiefsten interessierenden Frequenz betragen. Die optimale Anzahl stationärer Diffusoren läßt sich durch Messung mittlerer Schallabsorptionsgrade (s. **2**.8.2.1) in Abhängigkeit von der Diffusor-Anzahl bestimmen (ISO 354 (1985); s. auch Kuhl u. Kuttruff (1983/84)). Als untere Grenzfrequenz in Hz für Messungen im Hallraum wird $f = 1000/V^{1/3}$ (V Volumen in m^3) angegeben (Kuttruff (1979)). Die Grenzfrequenz oberhalb derer das Schallfeld im Hallraum nach statistischen Gesichtspunkten behandelt werden kann, ist nach Schroeder (1954) $f_g = 2000\sqrt{T/V}$ (T Nachhallzeit in s. Praktisch gebräuchliche Form; in der Original-Veröffentlichung beträgt der Zahlenfaktor 4000). – Für Schalleistungsmessungen müssen Hallräume eine optimale Grundabsorption haben (mittlerer Schallabsorptionsgrad $\bar{\alpha} \leqslant 0{,}06$; unterhalb der Frequenz $f = 2000/V^{1/3}$ wird $\bar{\alpha}$ zweckmäßigerweise vergrößert, es muß aber kleiner als 0,16 bleiben). Prüfung der Güte von Hallräumen durch Messung der Varianz der örtlichen Schwankungen des quadrierten Schalldrucks (ISO 3741 (1988)), der Wirksamkeit rotierender Diffusoren durch entsprechende Varianz-Messungen bei stehendem und bei drehendem Diffusor (Gütezahl; Lubman (1974)). – Zur Konstanthaltung von Temperatur und Feuchte müssen geeignete Vorrichtungen vorgesehen werden. Erforderlichenfalls ist der Raum auch erschütterungsfrei aufzustellen.

Ein Sonder-Hallraum (Volumen mindestens 70 m^3, für den Bereich 100 Hz bis 4000 Hz vorgeschriebene Nachhallzeit) für relativ einfache Schalleistungsmessungen an Schallquellen kleinen Volumens ist in ISO 3743 (1988) beschrieben.

Dämmig (1979); DIN EN 20354 (1993); DIN EN 23741 (1991); ISO 354 (1985); ISO 3741 (1988)

Prüfstände der Bauakustik Sie bestehen aus zwei nebeneinander (Wandprüfstand) bzw. übereinander (Deckenprüfstand) angeordneten kleinen Hallräumen von mindestens 50 m^3 Volumen. Zwischen diesen Prüfräumen wird in einer Öffnung das Prüfobjekt angebracht. Zu unterscheiden sind Prüfstände mit gleichzeitiger Schallübertragung über das Prüfobjekt und über die flankierenden Bauteile und solche ohne Flankenübertragung. Im ersten Fall sind die Prüfräume miteinander verbunden, und die Flankenübertragung wird durch geeignete Wahl der flächenbezogenen Masse der Flanken-Bauteile eingestellt. Das Schalldämm-Maß gemessen längs dieser Bauteile allein muß bestimmten, als Zahlenwerte vorgegebenen Bedingungen genügen. Im zweiten Fall werden die Prüfräume durch eine Fuge vollständig voneinander getrennt, außerdem die flankierenden Bauteile zur Unterdrückung der Schallabstrahlung mit sog. Vorsatzschalen (z. B. Gipskartonplatten) verkleidet.

Prüfstände für Fenster, Scheiben für Fenster und Türen sind ähnlich wie Wandprüfstände aufgebaut, jedoch gelten besondere Einbau-Bedingungen für das Prüfobjekt. – Prüfstände zur Bestimmung des Labor-Schall-Längsdämm-Maßes (s. **2**.9.1.1) sind insbesondere durch Trennung der Prüfräume und Einbau einer hochschalldämmenden Trennwand so angelegt, daß die Schallübertragung praktisch nur längs des zu prüfenden (Flanken-)Bauteils erfolgt.

Prüfstände zur Messung der Geräusche von Armaturen der Wasserinstallation bestehen aus einem kleinen Hallraum als Meßraum, dessen eine Wand als Meßwand dient. Auf ihr ist außen eine von der zu prüfenden Armatur herangeführte Meßleitung befestigt, die das Armaturengeräusch als Körperschall auf diese Wand überträgt. Es wird als Luftschall in das Innere des Meßraums abgestrahlt. Ein benachbarter, abgetrennter Raum enthält die notwendigen Vorrichtungen für den Anschluß der zu prüfenden Armatur, die Wasserversorgung und die Druck- und Durchflußmessung.

DIN 52210 Teil 2 (1984); DIN 52218 Teil 1 (1986)

Literatur zu 2.1

Beranek, L. L. (1971): Noise and Vibration Control. New York: McGraw-Hill

Cremer, L.; Hubert, M. (1990): Vorlesungen über Technische Akustik. 2. Aufl. Berlin: Springer

Dämmig, P. (1979): Hallräume – Ihre Konstruktion und Qualifikation. VDI-Ber. Nr. 335, 15–18

Dämmig, P.; Deicke, H. (1976): Ein kleiner reflexionsarmer Raum und seine Brauchbarkeit zu vereinfachten akustischen Messungen. Acustica **34**, 252–255

Diestel, H. G. (1962): Zur Schallausbreitung in reflexionsarmen Räumen. Acustica **12**, 113–118

DIN 1320 (Juni 1992): Akustik; Begriffe

DIN 45635 Teil 1 (Apr. 1984): Geräuschmessungen an Maschinen; Luftschallemission, Hüllflächen-Verfahren; Rahmenverfahren für 3 Genauigkeitsklassen

DIN 52210 Teil 2 (Aug. 1984): Bauakustische Prüfungen; Luft- und Trittschalldämmung; Prüfstände für Schalldämm-Messungen an Bauteilen

DIN 52218 Teil 1 (Nov. 1986): Akustik; Prüfung des Geräuschverhaltens von Armaturen und Geräten der Wasserinstallation im Laboratorium; Meßverfahren. Identisch mit ISO 3822/1 Ausgabe 1983

DIN EN 20354 (Juli 1993): Akustik; Messung der Schallabsorption im Hallraum (ISO 354: 1985); Deutsche Fassung EN 20354: 1993

DIN EN 23741 (Nov. 1991): Akustik; Ermittlung der Schalleistungspegel von Geräuschquellen; Hallraumverfahren der Genauigkeitsklasse 1 für breitbandige Quellen (ISO 3741: 1988). Deutsche Fassung EN 23741: 1991

DIN ISO 3744 (E Feb. 1991): Akustik – Bestimmung der Schalleistungspegel von Geräuschquellen; Hüllflächenverfahren der Genauigkeitsklasse 2 für im wesentlichen Freifeldbedingungen über einer reflektierenden Ebene. Identisch mit ISO/DIS 3744: 1990

Ebbing, C. E. (1971): Experimental evaluation of moving sound diffusers for reverberant rooms. J. Sound Vib. **16**, 99–118

Fasold, W.; Kraak, W.; Schirmer, W. (Hrsg.) (1984): Taschenbuch Akustik, Teil 1 und Teil 2. Berlin: VEB Verlag Technik

Handbuch der Physik (1961/62): Bd. XI/1 u. 2, Akustik I und II. Berlin: Springer

Heckl, M.; Müller, H. A. (Hrsg.) (1992): Taschenbuch der Technischen Akustik. 2. Aufl. Berlin: Springer

ISO 354 (1985): Acoustics – Measurement of sound absorption in a reverberation room

ISO 3741 (1988): Acoustics – Determination of sound power levels of noise sources – Precision methods for broad-band sources in reverberation rooms

ISO 3743 (1988): Acoustics – Determination of sound power levels of noise sources – Engineering methods for special reverberation test rooms

ISO 3744 (1981): Acoustics – Determination of sound power levels of noise sources – Engineering methods for free-field conditions over a reflecting plane

ISO 3745 (1977): Acoustics – Determination of sound power levels of noise sources – Precision methods for anechoic and semi-anechoic rooms

ISO 9614-1 (1993): Acoustics – Determination of sound power levels of noise sources using sound intensity; part 1: measurement at discrete points

Kuhl, W.; Kuttruff, H. (1983/84): Gesamtfläche der Diffusoren im Hallraum und gemessene Absorptionsgrade. Acustica **54**, 41–43

Kurtze, G.; Schmidt, H.; Westphal, W. (1975): Physik und Technik der Lärmbekämpfung. 2. Aufl. Karlsruhe: Braun

Kuttruff, H. (1979): Room Acoustics. 2nd Ed. London: Applied Science Publ.

Lubman, D. (1974): Precision of reverberant sound power measurements. J. Acoust. Soc. Amer. **56**, 523–533

Meyer, E.; Neumann, E.-G. (1979): Physikalische und Technische Akustik. 3. Aufl. Braunschweig: Vieweg

Morse, P. E.; Ingard, K. U. (1968): Theoretical Acoustics. New York: McGraw-Hill

Reichardt, W. (1968): Grundlagen der Technischen Akustik. Leipzig: Akadem. Verlagsges. Geest & Portig

Rieländer, M. (Hrsg.) (1982): Reallexikon der Akustik. Frankfurt/M.: E. Bochinsky

Rother, P.; Nutsch, J. (1962): Prinzip und Anwendung einer neuartigen Wandverkleidung. Proc. 4th Int. Congr. Acoust. Copenhagen, M. 44

Schmidt, H. (1979): Freifeldschallmessungen in geschlossenen Räumen. VDI-Ber. Nr. 335, 19–24

Schmidt, H. (1989): Schalltechnisches Taschenbuch. 4. Aufl. Düsseldorf: VDI

Schroeder, M. R. (1954): Die statistischen Parameter der Frequenzkurven von großen Räumen. Acustica **4**, 594–600

Schroeder, M. R. (1975): Diffuse sound reflexion by maximum length sequence. J. Acoust. Soc. Amer. **57**, 149–150

Schroeder, M. R. (1979): Binaural dissimilarity and optimum ceilings for concert halls: More lateral sound diffusion. J. Acoust. Soc. Amer. **65**, 958–963

Schroeder, M. R. (1984): Progress in Architectural Acoustics and Artificial Reverberation: Concert Hall Acoustics and Number Theory. J. Audio Eng. Soc. **32**, 194–203

Schroeder, M. R. (1984): Number Theory in Science and Communication. Berlin, Heidelberg, New York, Tokyo: Springer

Skudrzyk, E. (1971): The Foundations of Acoustics. Wien: Springer

Trendelenburg, F. (1961): Einführung in die Akustik. 3. Aufl. Berlin: Springer

2.2 Schallsender (K. Brinkmann)

2.2.1 Lautsprecher

Ein Lautsprecher ist ein Schallsender, der elektrische Signale in akustische umwandelt und diese in die umgebende Luft abstrahlt. Er kann aus einem einzelnen System oder aus einer Anordnung mehrerer Systeme bestehen.

Wichtigste Wandlerprinzipien: Elektrodynamisches Prinzip: Auf eine stromdurchflossene Spule, die sich im Feld eines Permanentmagneten befindet, wirkt eine der Stromstärke in der Spule proportionale Kraft. Elektrostatisches Prinzip: Zwischen zwei Elektroden, die miteinander einen Kondensator bilden, wirkt eine der an die Elektroden angelegten Wechselspannung proportionale Kraft, sofern gleichzeitig eine hohe Gleichspannung anliegt. Elektromagnetisches Prinzip: Auf einen ferromagnetischen Körper, der sich vor den Polen eines eine Spule tragenden Permanentmagneten befindet, wirkt eine der Stromstärke in der Spule proportionale Kraft. Piezoelektrisches Prinzip: Ein Körper mit piezoelektrischen Eigenschaften ändert seine Abmessungen proportional zu einer an zwei gegenüberliegenden metallisierten Flächen anliegenden elektrischen Spannung.

Cremer (1971), Olsen (1972), Meyer u. Neumann (1979), Rieländer (1982), Zwicker u. Zollner (1987), Dickreiter (1987)

2.2.1.1 Übertragungsfaktor, Übertragungsmaß

Der Übertragungsfaktor (im neueren Schrifttum auch: Übertragungskoeffizient) T eines Lautsprechers in einem anzugebenden Schallfeld ist das Verhältnis des in einem anzugebenden Abstand erzeugten Schalldrucks p zur Spannung U an den Klemmen des Lautsprechers: $T = p/U$. Unter dem Übertragungsfaktor wird hier, wie in der Lautsprecher-Meßtechnik üblich, nur sein Betrag verstanden. Das Übertragungsmaß ist $G = 20 \lg (T/T_0)\,\text{dB}$; Bezugsübertragungsfaktor $T_0 = 1\,\text{Pa/V}$. Die Messung erfolgt in einem reflexionsarmen Meßraum (s. **2**.1.3) oder in einem Freifeldhalbraum. Der vom Lautsprecher erzeugte Schalldruck wird auf dessen Achse im Abstand $r \gg 1$ m gemessen (DIN IEC 268 T 5). Bei Messung im Freifeldhalbraum ist der Lautsprecher so in den

Boden einzulassen, daß die Lautsprecheroberfläche mit dem schallharten Boden bündig abschließt und der Schall senkrecht nach oben abgestrahlt wird. Bei allen Meßfrequenzen soll der Schalldruck in der Umgebung des Meßpunktes um nicht mehr als $\pm 10\%$ vom idealen $1/r$-Verlauf abweichen. Aus dem im Abstand r gemessenen Schalldruck $p(r)$ kann dann der Schalldruck $p(r_0) = p(r) \cdot r/r_0$ im Bezugsabstand r_0 (im allgemeinen 1 m) berechnet werden.

Die Messung kann mit Sinustönen oder mit Terzbandrauschen erfolgen. Der Quellwiderstand des den Lautsprecher speisenden Leistungsverstärkers soll im interessierenden Frequenzbereich höchstens ein Zehntel des Nennscheinwiderstandes des Lautsprechers betragen. Bei Verwendung von Terzbandrauschen ist auf eine hinreichende Übersteuerungsreserve des Verstärkers zu achten. Als Meßmikrofon ist ein Druckmikrofon mit bekanntem Freifeld-Übertragungsmaß (s. **2**.3.1.1) zu verwenden.

2.2.1.2 Sonstige Eigenschaften

Das Richtmaß eines Lautsprechers in dB bei einer Frequenz oder in einem Frequenzband für eine anzugebende Richtung im freien Schallfeld ist die Differenz zwischen dem in einem Aufpunkt unter dem Winkel θ zur Bezugsachse und dem im gleichen Abstand auf der Bezugsachse erzeugten Schalldruckpegel. Die Richtcharakteristik ist die Darstellung des Richtmaßes als Funktion des Winkels gegen die Bezugsachse. Das Richtmaß wird mit Sinustönen oder Terzbandrauschen im freien Schallfeld in hinreichendem Abstand vom Lautsprecher gemessen. Der Lautsprecher wird dazu auf einen Drehtisch montiert und um eine Achse senkrecht zu seiner Bezugsachse gedreht.

Der Bündelungsgrad γ eines Lautsprechers bei einer Frequenz oder in einem Frequenzband ist $\gamma = T_F^2 / T_{diff}^2$, mit T_F Freifeld-Übertragungsfaktor bei Messung auf der Bezugsachse und T_{diff} Diffusfeld-Übertragungsfaktor im gleichen Abstand. Die Messung erfolgt im Prinzip in gleicher Weise wie bei Mikrofonen (s. **2**.3.1.2); näheres s. Ahnert u. Reichardt (1981).

Die vom Lautsprecher abgestrahlte akustische Leistung kann nach einem der in **2**.6.3 beschriebenen Verfahren ermittelt werden (s. a. DIN IEC 268 T 5).

Der Scheinwiderstand wird bei konstantem zugeführten Strom durch Messung der Spannung an den Lautsprecherklemmen als Funktion der Frequenz gemessen, wobei die dem Lautsprecher zugeführte Leistung 1/100 der Nenn-Rauschleistung nicht überschreiten darf.

Die Nenn-Rauschleistung wird mit Hilfe eines Rauschsignals festgelegter Frequenzzusammensetzung geprüft. Sie ist die an einem Ersatzwiderstand von der Größe des Nennscheinwiderstandes des Lautsprechers eingestellte maximale Leistung, mit der der Lautsprecher im Dauerbetrieb (300 h, Meßsignal jeweils 1 min ein- und 2 min ausgeschaltet) betrieben werden darf, ohne daß sich seine mechanischen, elektrischen und akustischen Eigenschaften ändern (DIN IEC 268 T 5).

Die Klangeigenschaften verschiedener Lautsprecher können im Paarvergleich durch Hörtests mit einer Gruppe von normalhörenden Personen miteinander verglichen werden (DIN 45573 T 4).

2.2.2 Kopfhörer

Kopfhörer sind am Ohr zu tragende, nach dem elektromagnetischen, piezoelektrischen, elektrodynamischen oder elektrostatischen Wandlerprinzip (**2**.2.1) arbeitende Schallsender. Nach Art der Ankopplung wird im wesentlichen zwischen ohraufliegenden (supraauralen) Kopfhörern, ohrumschließenden (circumauralen) Kopfhörern und Einsteckhörern unterschieden; detaillierte Klassifizierung s. IEC 84 (Secr.) 208.

Für Meßzwecke (z. B. Psychoakustik, Audiometrie, s. **2**.5), werden Kopfhörer vor allem dann verwendet, wenn das Schallsignal monaural dargeboten werden soll oder ein geeigneter Meßraum für eine definierte Schallwiedergabe über Lautsprecher nicht zur Verfügung steht. Bevorzugt werden elektrodynamische Kopfhörer, mit denen auch kurze Schallimpulse nahezu verzerrungsfrei übertragen und hinreichend hohe Schalldruckpegel erzeugt werden können.

Bei der Wiedergabe von breitbandigen Signalen (z. B. Sprache) ist zu beachten, daß das Kopfhörer-Übertragungsmaß (s. **2**.2.2.1) im allgemeinen frequenzabhängig ist (Fastl u. Fleischer (1978), Brinkmann u. Richter (1989)). Für genauere Messungen ist der Kopfhörer-Frequenzgang daher entsprechend zu entzerren (Zwicker u. Feldtkeller (1967), Schrorer (1986)). Insbesondere bei tiefen und hohen Frequenzen ist für reproduzierbare Messungen auch die genaue Positionierung des Kopfhörers am Ohr von großer Bedeutung. Der Kopfhörer soll möglichst dicht sitzen, und seine Schallaustrittsöffnung soll dem Gehörgangseingang gegenüber liegen. Es kann vorteilhaft sein, die Justierung des Kopfhörers mit Hilfe eines Tons hoher Frequenz (z. B. 6 kHz) zu optimieren. Im allgemeinen ist bei subjektiven Messungen die Reproduzierbarkeit mit ohrumschließenden Kopfhörern größer als mit ohraufliegenden Kopfhörern; trotzdem sind die letzteren in der Meßtechnik insbesondere wegen der besseren objektiven Kalibrierbarkeit (s. **2**.2.2.3) weiter verbreitet.

2.2.2.1 Freifeld-Übertragungsfaktor, Freifeld-Übertragungsmaß

Der Freifeld-Übertragungsfaktor (im neueren Schrifttum auch Freifeld-Übertragungskoeffizient) T_F für eine Person und für ein Meßsignal ist der Quotient aus dem Schalldruck p_F einer ebenen fortschreitenden, senkrecht von vorn auf den Kopf auftreffenden Schallwelle (gemessen am Ort des Kopfmittelpunktes bei Abwesenheit der Person) und derjenigen Spannung U gleicher Frequenzzusammensetzung, die dem Kopfhörer zugeführt werden muß, damit die Person mit demselben Ohr die Schallwelle und das Kopfhörer-Signal als gleich laut beurteilt: $T_F = p_F/U$ (s. Fig. 2.1, Teil a). Unter dem Übertragungsfaktor wird hier, wie in der Kopfhörer-Meßtechnik üblich, nur sein Betrag verstanden. Das (für mehrere Personen $i = 1, 2, 3 \ldots n > 8$ bestimmte, mittlere) Freifeld-Übertragungsmaß G_F ist dann

$$G_F = \frac{1}{n} \sum_{i=1}^{n} \left(20 \lg \left(\frac{T_F^{(i)}}{T_0} \right) \text{dB} \right) \tag{2.11}$$

mit dem Bezugs-Übertragungsfaktor $T_0 = 1$ Pa/V (IEC 84 (Secr.) 208).

Ist für einen gegebenen Typ eines Kopfhörers und ein gegebenes Meßsignal die Differenz zwischen dem Freifeld-Übertragungsmaß und dem Kuppler-Übertragungsmaß (vgl. **2**.2.2.3) und Fig. 2.1, Teil b) bekannt, so können die Freifeld-Übertragungsmaße aller Kopfhörer des fraglichen Typs durch Messungen am Kuppler ermittelt werden, denn für Kopfhörer gleicher Bauart ist die Differenz ihrer Freifeld-Übertragungsmaße im allgemeinen gleich der Differenz ihrer Kuppler-Übertragungsmaße.

Aus dem Freifeld-Übertragungsmaß kann durch Addition der in Fig. 2.2 angegebenen Schalldruckpegeldifferenz das Übertragungsmaß des Kopfhörers bezogen auf den Schalldruck am Trommelfell ermittelt werden. Mit Hilfe anderer Korrektionen kann das Übertragungsmaß auch auf den Schalldruck am Eingang des Gehörgangs bezogen werden (Shaw (1974)).

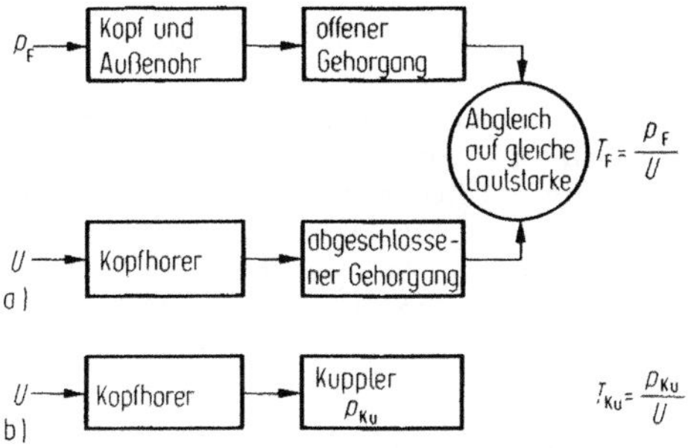

Fig. 2.1 a) Zur Bestimmung des Freifeld-Übertragungsfaktors T_F eines Kopfhörers
b) Zur Bestimmung des Kuppler-Übertragungsfaktors T_{Ku} eines Kopfhörers

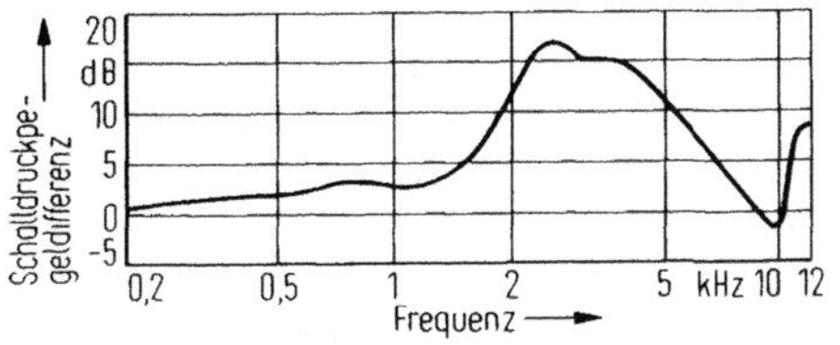

Fig. 2.2 Differenz zwischen dem Schalldruckpegel am menschlichen Trommelfell bei frontalem Schalleinfall und dem Schalldruckpegel im freien Schallfeld, nach Shaw (1974)

Das Freifeld-Übertragungsmaß kann durch einen Lautstärkevergleich mit einer fortschreitenden Schallwelle oder durch einen Lautstärkevergleich mit einem Bezugskopfhörer bestimmt werden, dessen Freifeld-Übertragungsmaß bekannt ist (Zwicker u. Feldtkeller (1967), DIN 45619 T 1 u. T 2, IEC 84 (Secr.) 208). Wegen der geringeren Meßunsicherheit ist das erste Verfahren vorzuziehen, sofern ein reflexionsarmer Meßraum (s. 2.1.3) zur Verfügung steht. Für dieses Verfahren gelten folgende Anforderungen an das Schallfeld in der Umgebung des Meßbezugspunktes, d. h. der Stelle, an der sich beim Lautstärkevergleich die Kopfmitte der Person befindet: Der Schalldruckpegel in der ungestörten Schallwelle (d. h. bei Abwesenheit der Versuchsperson) soll sich bei Meßfrequenzen bis einschließlich 4 kHz um nicht mehr als ±1 dB ändern (oberhalb von 4 kHz: ±2 dB), wenn ein Mikrofon vom Meßbezugspunkt um 15 cm nach oben, unten, rechts oder links bewegt wird. Für den Lautstärkevergleich mit einem Bezugskopfhörer ist lediglich ein hinreichend störschallarmer Raum erforderlich.

Beim Lautstärkevergleich mit einer fortschreitenden Schallwelle wird das Freifeld-Übertragungsmaß des zu kalibrierenden (einzelnen) Kopfhörers mit Hilfe eines Kopfhörer-Paars ermittelt, dessen einzelne Kopfhörer sich in ihren Kuppler-Übertragungsmaßen (s. 2.2.2.3) bei keinem Meßsignal um mehr als 2 dB unterscheiden. Die Meßeinrichtung besteht im Prinzip aus einem Signalgenerator, einem knackfreien Umschalter, einer in Stufen von höchstens 2 dB einstellbaren Dämpfungsleitung, einem Verstärker, einem Schallpegelmesser, einem Effektivwert-Spannungsmeßgerät und einem Lautsprecher. Als Meßsignal verwendet man bei Frequenzen bis 250 Hz zweckmäßig Sinustöne, darüber Terzbandrauschen. Der Lautstärkevergleich ist vorzugsweise bei mittleren Lautstärken (Schalldruckpegel etwa 70 dB) vorzunehmen. Bei der Interpretation der Ergebnisse ist jedoch zu berücksichtigen, daß sie wegen des Effekts der „missing 6 dB“ bei tiefen Frequenzen und niedrigen Pegeln vom Schallpegel abhängen können (Anderson u. Whittle (1971), Fastl u. Fleischer (1978), Rudmose (1982)). Die Klirrfaktoren der vom Lautsprecher und vom Kopfhörer erzeugten Meßsignale dürfen höchstens 5% betragen (vgl. 2.2.2.4). Jede Person hört bei vorgegebener Spannung an den Kopfhörer-Klemmen mehrfach abwechselnd etwa 2,5 s lang den vom Lautsprecher und den von den Kopfhörern erzeugten Schall gleicher Frequenzzusammensetzung. Die Pausen zwischen den knackfrei zu schaltenden Signalen betragen ebenfalls 2,5 s. In den Pausen werden die Kopfhörer sorgfältig auf- bzw. abgesetzt. Die Person hat zu entscheiden, welche der beiden Schallquellen ihr lauter erscheint. Aus einer Anzahl von Einzelbeurteilungen für eine Reihe von Spannungen läßt sich diejenige Spannung am Kopfhörer ermitteln, bei der die vom Lautsprecher und von den Kopfhörern erzeugten Lautstärken gleich sind. Aus dem im Meßbezugspunkt in der ungestörten Schallwelle erzeugten Schalldruck und der Spannung wird der für die betreffende Person und das gegebene Meßsignal gültige Freifeld-Übertragungsfaktor T_F berechnet.

Der Lautstärkevergleich mit einem Bezugs-Kopfhörer kann monaural oder binaural erfolgen. Meßapparatur und Versuchsablauf sind ähnlich wie zuvor beschrieben. Beim binauralen Verfahren werden die zu prüfenden Kopfhörer und die Bezugs-Kopfhörer nacheinander an beide Ohren der Person angelegt. Beim monauralen Verfahren trägt die Person den zu prüfenden Kopfhörer und den Bezugs-Kopfhörer gleichzeitig. Der Lautstärkevergleich wird zweimal durchgeführt, wobei der Bezugs-Kopfhörer einmal am linken und einmal am rechten Ohr getragen wird. Die sich für die „gleich laut" Entscheidung bei jeder Frequenz ergebenden Spannungspegel für die beiden Meßreihen werden für jeden der beiden Kopfhörer arithmetisch gemittelt.

Alternativ kann das Freifeld-Übertragungsmaß auch durch Messungen mit Miniaturmikrofonen in den Gehörgängen der Personen ermittelt werden (Richter (1987)). Dabei wird nacheinander der vom Lautsprecher und vom Kopfhörer erzeugte Schalldruck gemessen. Das Verfahren stellt die gleichen Anforderungen an Meßraum, Meßgeräte und Zahl der Personen, erfordert jedoch nicht deren aktive Mitarbeit, ist weit weniger zeitaufwendig und reduziert die durch wiederholtes Auf- und Absetzen des Kopfhörers entstehenden Meßunsicherheiten. Die Gehörgangsmikrofon-Verfahren führen jedoch aus nicht geklärten Ursachen gelegentlich zu anderen Ergebnissen als Lautstärkevergleichs-Verfahren (Fastl et al. (1985)).

Die objektive Bestimmung des Freifeld-Übertragungsmaßes mit Hilfe einer Meßpuppe nach DIN V 45608 (s. **2.5.4**) hat bisher nur bei bestimmten Kopfhörer-Arten (offene Kopfhörer und Einsteckhörer) befriedigende Ergebnisse geliefert (Richter (1989)).

2.2.2.2 Diffusfeld-Übertragungsfaktor, Diffusfeld-Übertragungsmaß

Die zur Bestimmung von Freifeld-Übertragungsfaktor und -maß angegebenen Meßverfahren lassen sich sinngemäß auf die Bestimmung von Diffusfeld-Übertragungsfaktor und -maß anwenden (Spikofski et al. (1985), Richter (1987)). Anforderungen an den Meßraum s. IEC 84 (Secr.) 208 u. **2.5.3.1**.

2.2.2.3 Kuppler-Übertragungsfaktor, Kuppler-Übertragungsmaß

Der Kuppler-Übertragungsfaktor (im neueren Schrifttum auch: Kuppler-Übertragungskoeffizient) T_{Ku} für ein gegebenes Meßsignal ist der Quotient aus dem in einem anzugebenden akustischen Kuppler (das ist eine mit einem Mikrofon ausgerüstete Meßkammer mit definierten Innenabmessungen) oder einem Ohrsimulator (dies ist ein akustischer Kuppler, in dem wichtige akustische Eigenschaften des mittleren menschlichen Ohres nachgebildet sind) erzeugten Schalldruck p_{Ku} und der zugehörigen Spannung U: $T_{Ku} = p_{Ku}/U$. Das Kuppler-Übertragungsmaß ist $G_{Ku} = 20 \lg (T_{Ku}/T_0)$ dB; der Bezugs-Übertragungsfaktor $T_0 = 1$ Pa/V. Der im Kuppler erzeugte Schalldruck wird mit Hilfe eines Mikrofons bestimmt, dessen Druck-Übertragungsfaktor (vgl. **2.3.1.1**) bekannt ist (IEC 84 (Secr.) 208).

Das Kuppler-Übertragungsmaß unterscheidet sich grundsätzlich vom Freifeld-Übertragungsmaß, da Kuppler und Ohrsimulatoren die Beugung der Schallwellen am menschlichen Kopf nicht nachbilden können. Im Idealfall entspricht das Kuppler-Übertragungsmaß dem auf den Schalldruck am Trommelfell oder Gehörgangseingang bezogenen Übertragungsmaß (s. **2.2.2.1**). Mit Hilfe eines Kupplers können jedoch auf einfache

Weise die Übertragungseigenschaften von Kopfhörern gleicher Bauart verglichen und die zeitliche Konstanz der Übertragungsmaße geprüft werden.

Bei der Auswahl des Kupplers ist die Nachbildung der wichtigsten anatomischen und physiologischen Eigenschaften des menschlichen Ohres anzustreben, die Reproduzierbarkeit der Ergebnisse jedoch von größerem Interesse. Für ohraufliegende Kopfhörer können Kuppler/Ohrsimulatoren nach IEC 303 oder IEC 318 verwendet werden. Ein Ohrsimulator nach IEC 318 ist vorzuziehen, sofern nichts anderes festgelegt ist. Die Entwicklung eines Kupplers für ohrumschließende Kopfhörer ist noch nicht abgeschlossen. Die Kuppler für ohraufliegende Kopfhörer lassen sich jedoch auch für ohrumschließende Kopfhörer verwenden, wenn mit geeigneten Adapterringen oder -platten eine definierte Verbindung zwischen Kuppler und Kopfhörer hergestellt wird. Ein Kuppler für Einsteckhörer und geeignete Ankopplungsmöglichkeiten ist in IEC 126, ein entsprechender Ohrsimulator in DIN IEC 711 beschrieben.

2.2.2.4 Klirrfaktor, Freifeld-Klirrfaktor

Der Klirrfaktor i-ter Ordnung eines Kopfhörers bei einer gegebenen Frequenz und für eine gegebene Eingangsspannung ist $k_{\text{Ku},i} = 100 \cdot p_{\text{Ku},i}/p_{\text{Ku}}$.

$p_{\text{Ku},i}$ ist der im Kuppler erzeugte effektive Schalldruck der i-ten Harmonischen, p_{Ku} der effektive Schalldruck des Gesamtsignals. Meßverfahren s. IEC 84 (Secr.) 208.

Sind für diese Frequenz und die Grundfrequenz die Freifeld-Übertragungsfaktoren $T_{\text{F},i}$ und $T_{\text{F},1}$ sowie die Kuppler-Übertragungsfaktoren $T_{\text{Ku},i}$ und $T_{\text{Ku},1}$ bekannt, so läßt sich der Freifeld-Klirrfaktor i-ter Ordnung des Kopfhörers $k_{\text{F},i}$ für kleine Klirrfaktoren näherungsweise berechnen:

$$k_{\text{F},i} = k_{\text{Ku},i} \cdot \frac{T_{\text{F},i}}{T_{\text{Ku},i}} \cdot \frac{T_{\text{Ku},1}}{T_{\text{F},1}} \tag{2.12}$$

Insbesondere bei tiefen Frequenzen sind wegen des am Ohr abfallenden Frequenzganges die Freifeld-Klirrfaktoren von Kopfhörern oft erheblich größer als die am Kuppler gemessenen Klirrfaktoren (Richter (1976)).

Der Gesamtklirrfaktor ist jeweils $k = \left(\sum_{i=2}^{n} k_i^2 \right)^{1/2}$.

2.2.3 Knochenleitungshörer

Knochenleitungshörer sind am Kopf (Stirn oder Mastoid) zu tragende Körperschallsender. Sie arbeiten gewöhnlich nach dem elektromagnetischen Prinzip und werden vorwiegend in der audiometrischen Meßtechnik (s. **2.5.1.2**) und bei Hörgeräten (s. **2.5.4**) verwendet (Güttner (1979)). Die Bestimmung ihrer Übertragungseigenschaften erfolgt weitgehend entsprechend den für Kopfhörer genannten Verfahren (vgl. **2.2.2**). Ihr Freifeld-Übertragungsmaß ist ebenso definiert wie das eines Kopfhörers (Richter u. Brinkmann (1976)).

Der Kuppler-Übertragungsfaktor T_{Ku} für ein Meßsignal ist der Quotient aus der an einem mechanischen Kuppler (DIN IEC 373) bei einer bestimmten Andrückkraft des Knochenleitungshörers erzeugten periodischen Kraft F_{Ku} und der zugehörigen Spannung U: $T_{\text{Ku}} = F_{\text{Ku}}/U$. Das Kuppler-Übertragungsmaß ist $G_{\text{Ku}} = 20 \lg (T_{\text{Ku}}/T_0)$ dB; $T_0 =$ 1 N/V Bezugs-Übertragungsfaktor. Wegen der starken Temperaturabhängigkeit der Kupplereigenschaften sollen bei der Bestimmung des Kuppler-Übertragungsmaßes stets definierte Temperaturbedingungen (vorzugsweise 23 °C ± 1 °C) gewährleistet sein.

2.2.4 Schallkalibratoren

Schallkalibratoren (DIN IEC 942) dienen zur Bestimmung des Druck-Übertragungsmaßes von Mikrofonen (s. **2**.3.1.1) und zur Überprüfung der Anzeige von Schallpegelmessern (s. **2**.6.1). Sie erzeugen in einem kleinen Hohlraum bei einer oder mehreren Frequenzen einen oder mehrere konstante, gut reproduzierbare Schalldruckpegel. Die Schallerzeugung erfolgt durch eine Kolbenbewegung (Pistonphon) oder nach dem piezoelektrischen oder elektrodynamischen Wandlerprinzip. Die Größe des erzeugten Schalldruckpegels hängt gewöhnlich vom Volumen des Hohlraums und damit auch von der Bauform und dem Äquivalentvolumen des eingesteckten, zu kalibrierenden Mikrofons ab.

Der bei Ankopplung von Mikrofonen eines bestimmten Typs erzeugte Schalldruckpegel L läßt sich mit Hilfe eines Mikrofons dieser Bauart ermitteln, dessen Druck-Übertragungsmaß G_p bei der Frequenz des Kalibrator-Signals bekannt ist (Richter u. Gössing (1991), Richter (1992)):

$$L\{\mathrm{re}\,20\,\mu\mathrm{Pa}\} = 20\lg\left(\frac{U}{1\,\mathrm{V}}\right)\mathrm{dB} - G_p\left\{\mathrm{re}\ 1\,\frac{\mathrm{V}}{\mathrm{Pa}}\right\} + 93{,}98\,\mathrm{dB} \tag{2.13}$$

U ist die vom Mikrofon bei Betönung mit dem Kalibrator erzeugte Leerlaufspannung. Sie wird nach der Ersatzspannungsmethode (vgl. **2**.3.1.1) gemessen. Zweckmäßig werden die Messungen an mehreren Mikrofonen derselben Bauart ausgeführt, da deren Abmessungen und Äquivalentvolumina geringfügig abweichen können. Die Messungen sind vorzugsweise unter Normalbedingungen (üblicherweise 20 °C, 65% relative Feuchte, 101,325 kPa) auszuführen. Bei Pistonphonen kann der bei einem Luftdruck p_0 gemessene Schalldruckpegel auf denjenigen bei 101,325 kPa umgerechnet werden: $L\{101{,}325\,\mathrm{kPa}\} = L(p_0) + 20\lg(101{,}325\,\mathrm{kPa}/p_0)\,\mathrm{dB}$.

Soll der Kalibrator zur Überprüfung und Justierung der Anzeige von Schallpegelmessern eines bestimmten Typs verwendet werden, so muß der erzeugte äquivalente Freifeld-Schalldruckpegel L_F bekannt sein. L_F entspricht demjenigen Schalldruckpegel von ebenen fortschreitenden Wellen, welcher bei der Kalibratorfrequenz bei dem zu kalibrierenden Schallpegelmesser bei Schalleinfall aus der Bezugsrichtung dieselbe Anzeige bewirkt, wie der Schallkalibrator. L_F läßt sich aus dem Schalldruckpegel L rechnerisch ermitteln, wenn die Differenz zwischen dem Freifeld-Übertragungsmaß G_F und dem Druck-Übertragungsmaß G_p des Schallpegelmessers bekannt ist: $L_F = L + (G_F - G_p)$. Bei tiefen Frequenzen ist diese Differenz praktisch gleich Null. Bei Frequenzen oberhalb von etwa 500 Hz hängt das Freifeld-Übertragungsmaß des Schallpegelmessers nicht nur vom Mikrofon, sondern auch von der Bauform des Gerätes selbst ab.

Literatur zu 2.2

Ahnert, W.; Reichardt, W. (1981): Grundlagen der Beschallungstechnik. Stuttgart: Hirzel

Anderson, C. M. B.; Whittle, L. S. (1971): Physiological noise and the missing 6 dB. Acustica **24**, 261–272

Brinkmann, K.; Richter, U. (1989): Free-field sensitivity level of audiometric earphones to be used for speech audiometer calibration. Scand. Audiol. **18**, 75–81

Cremer, L. (1971): Vorlesungen über Technische Akustik. Berlin, Heidelberg, New York: Springer

Dickreiter, M. (1987): Handbuch der Tonstudiotechnik, Bd. 1. 5. Aufl. München, New York, London, Oxford, Paris: Saur

DIN 45573 Teil 4 (1989): Lautsprecher-Prüfverfahren; Hörtest; Paarvergleich

DIN V 45608 (März 1992). Vorläufiger Kopf- und Rumpfsimulator für akustische Messungen an Luftleitungshörgeräten (identisch mit IEC 959: 1990)

DIN 45619 Teil 1 (Jan. 1975): Kopfhörer; Bestimmung des Freifeld-Übertragungsmaßes durch Lautstärkevergleich mit einer fortschreitenden Schallwelle

DIN 45619 Teil 2 (Juni 1975): Kopfhörer; Bestimmung des Freifeld-Übertragungsmaßes durch Lautstärkevergleich mit einem Bezugs-Kopfhörer

DIN IEC 268 Teil 5 (August 1991): Elektroakustische Geräte; Lautsprecher (identisch mit IEC 268-5: 1989)

DIN IEC 373 (September 1992): Mechanischer Kuppler für Messungen an Knochenleitungshörern (identisch mit IEC 373: 1990)

DIN IEC 711 (1986): Simulator für den abgeschlossenen Gehörgang zur Messung an Hörern, die mit Ohreinsätzen an das Ohr angekoppelt werden (identisch mit IEC 711: 1981)

DIN IEC 942 (1991): Schallkalibratoren (identisch mit IEC 942: 1988)

Fastl, H.; Fleischer, H. (1978): Freifeldübertragungsmaße verschiedener elektrodynamischer und elektrostatischer Kopfhörer. Acustica **39**, 182–187

Fastl, H.; Schmid, W.; Theile, G.; Zwicker, E. (1985): Schallpegel im Gehörgang für gleichlaute Schalle aus Kopfhörern oder Lautsprechern. In: Fortschr. d. Akustik, DAGA '85, 471–474. Bad Honnef: DPG

Güttner, W. (1979): Hörgerätetechnik. Stuttgart: Thieme

IEC 126 (1973): IEC reference coupler for the measurements of hearing aids using earphones coupled to the ear by means of ear inserts. 2nd edition

IEC 303 (1970): IEC-provisional reference coupler for the calibration of earphones used in audiometry

IEC 318 (1970): An IEC artificial ear, of the wide band type, for the calibration of earphones used in audiometry

IEC 84 (Secr.) 208 (1991): Revision of IEC 268-7: Sound System Equipment; Headphones and Earphones

Meyer, E.; Neumann, E. G. (1979): Physikalische und Technische Akustik. Braunschweig, Wiesbaden: Vieweg

Olsen, H. F. (1972): Modern Sound Reproduction. New York: Van Nostrand Reinhold

Richter, U. (1976): Klirrfaktoren verschiedenartiger Schallsender. In: Fortschr. d. Akustik, DAGA '76, 479–482. Düsseldorf: VDI-Verlag

Richter, U. (1987): Objektiv und psychoakustisch gemessene Übertragungsmaße von Kopfhörern im diffusen Schallfeld. In: Fortschr. d. Akustik, DAGA '87, 473–476. Bad Honnef: DPG

Richter, U. (1989): Bestimmung der maximalen Schalldruckpegel von Mini-Kassettengeräten („Walkman"). In: Fortschr. d. Akustik, DAGA '89, 215–218. Bad Honnef: DPG

Richter, U. (1992): Vergleichsmessungen an Schallkalibratoren zwischen sieben europäischen Staatsinstituten. PTB-Mitt. **102**, 89–94

Richter, U.; Brinkmann, K. (1976): Das Übertragungsmaß von Knochenleitungshörern. Z. Hörgeräte-Akustik **15**, 206–221

Richter, U.; Gössing, P. (1991): Präzisionskalibarierung von Schallkalibratoren. In: Fortschr. d. Akustik, DAGA '91, 205–208. Bad Honnef: DPG

Rieländer, M. (Hrsg.) (1982): Reallexikon der Akustik. Frankfurt: Bochinsky

Rudmose, W. (1982): The case of the missing 6 dB. J. Acoust. Soc. Amer. **71**, 650–659

Schrorer, E. (1986): An active free-field equalizer for TDH-39 earphones. J. Acoust. Soc. Amer. **80**, 1261–1262

Shaw, E. A. G. (1974): The external ear. In: Handbook of Sensory Physiology, Volume V/1: Auditory System, 455–490. Berlin, Heidelberg, New York: Springer

Spikofski, G.; Stoll, G.; Theile, G. (1985): Bestimmung von Kopfhörer-Übertragungsmaßen im diffusen Schallfeld: Sonden- oder Lautstärkevergleichsmessung. In: Fortschr. d. Akustik, DAGA '85, 475–478. Bad Honnef: DPG

Zwicker, E.; Zollner, M. (1987): Elektroakustik. 2. Aufl. Berlin, Heidelberg, New York, London, Paris, Tokyo: Springer

Zwicker, E.; Feldtkeller, R. (1967): Das Ohr als Nachrichtenempfänger. 2. Aufl. Stuttgart: Hirzel

2.3 Schallempfänger (K. Brinkmann)

2.3.1 Mikrofone

Mikrofone wandeln akustische in elektrische Signale um. Die Wandlerprinzipien sind im wesentlichen den bei Schallsendern angewendeten analog (s. **2**.2.1). Nach Art der die Membran antreibenden Schallfeldgröße wird zwischen Druckmikrofonen, bei denen die akustische Anregung der Membran einseitig erfolgt und die bei Betönung erzeugte Spannung nur vom Schalldruck an der Membran abhängt, und Schnelle- bzw. Druckgradientenmikrofonen unterschieden, bei denen die Membran beidseitig angeregt wird. Druckmikrofone sind – solange ihre Abmessungen klein zur Schall-Wellenlänge sind – ungerichtete Schallempfänger. Schnelle- und Druckgradienten-mikrofone sind Richtmikrofone mit je nach Konstruktion unterschiedlicher Richtcharakteristik.

Cremer (1971); Meyer u. Neumann (1979); Rieländer (1982); Fasold et al. (1984); Zwicker u. Zollner (1987); Dickreiter (1987); Boye u. Herrmann (1989).

Als Meßmikrofone werden vorwiegend elektrostatische Mikrofone eingesetzt (Kondensatormikrofon, Elektretkondensatormikrofon) (Wong u. Embleton (1994)). Laboratoriums-Normalmikrofone dienen zur Darstellung der Einheit des Schalldrucks und zu genauesten Schalldruckmessungen, Gebrauchs-Normalmikrofone vor allem als Transferstandards zur Kalibrierung akustischer Meßgeräte. Anforderungen an die Abmessungen und die wichtigsten elektroakustischen Eigenschaften dieser Mikrofone sowie ein Klassifizierungssystem sind in Normen festgelegt (IEC 1094-1, IEC 1094-4).

2.3.1.1 Übertragungsfaktor, Übertragungsmaß

Der Übertragungsfaktor (im neueren Schrifttum auch: Übertragungskoeffizient) T bei einer Frequenz ist das Verhältnis der Mikrofon-Ausgangsspannung U zum Schalldruck p an einem näher anzugebenden Ort (alle Größen werden hier als die Beträge komplexer Größen verstanden; Phasenbetrachtungen spielen in der Mikrofonmeßtechnik noch kaum eine Rolle): $T = U/p$ (z. B. Schalldruck an der Membran: Druck-Übertragungsfaktor; Schalldruck im ungestörten freien Schallfeld: Freifeld-Übertragungsfaktor; Schalldruck im ungestörten diffusen Schallfeld: Diffusfeld-Übertragungsfaktor (IEC 1094-1)). Bei Druckmikrofonen und tiefen Frequenzen, d. h., solange die Mikrofonabmessungen klein gegen die Schall-Wellenlänge sind, stimmen die einzelnen Übertragungsfaktoren im allgemeinen praktisch überein (zu Ausnahmen s. Richter u. Brinkmann (1988)). Aus dem Übertragungsfaktor T ergibt sich das Übertragungsmaß $G = 20 \lg (T/T_0)\,\mathrm{dB}$, mit $T_0 = 1\,\mathrm{V/Pa}$ Bezugs-Übertragungsfaktor. Bei Schnelle- und Druckgradientenmikrofonen sind die Übertragungsfaktoren bei allen Frequenzen von der Form des Schallfeldes abhängig. Diese Mikrofone werden üblicherweise in einer ebenen fortschreitenden Schallwelle kalibriert, wobei als Eingangsgröße der Schalldruck verwendet wird.

Beim Leerlauf-Übertragungsmaß wird die Ausgangsspannung im Leerlauf, beim Betriebs-Übertragungsmaß an einem anzugebenden Abschlußwiderstand gemessen. Bei der Messung darf der Eingangswiderstand des Spannungsmeßgerätes das Ergebnis nicht verfälschen. Die Bestimmung der Leerlaufspannung von Kondensatormikrofonen erfolgt daher zweckmäßig nach der Ersatzspannungsmethode in zwei Schritten (Fig. 2.3):

– Beim Betönen erzeugt das Mikrofon die Leerlaufspannung U_0 und die Spannung U am Verstärkereingang.

– Bei abgeschalteter Schallquelle wird eine Ersatzspannung U_E gleicher Frequenz aus einer Quelle mit niedrigem Innenwiderstand zugeführt und so eingestellt, daß am Verstärkereingang erneut die Spannung U auftritt. Dann ist $U_E = U_0$.

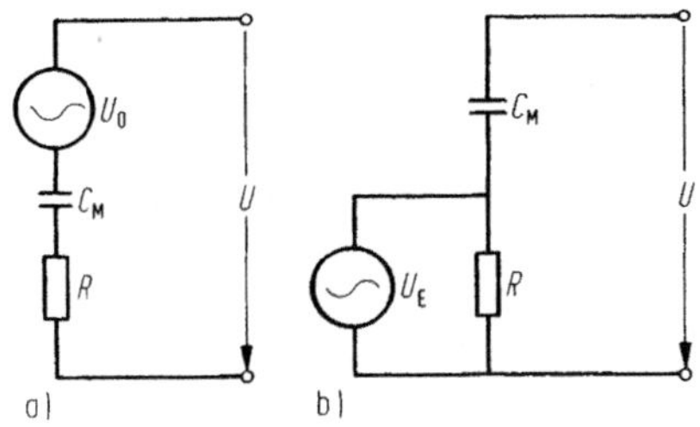

Fig. 2.3 Zur Bestimmung der Leerlaufspannung eines Kondensatormikrofons nach der Ersatzspannungsmethode
a) Betönen,
b) Ersatzspannung anlegen,
C_M Kapazität des Mikrofons,
R Serienwiderstand,
U_0 Leerlaufspannung des Mikrofons beim Betönen,
U Ausgangsspannung des Mikrofons am Verstärkereingang,
U_E Ersatzspannung

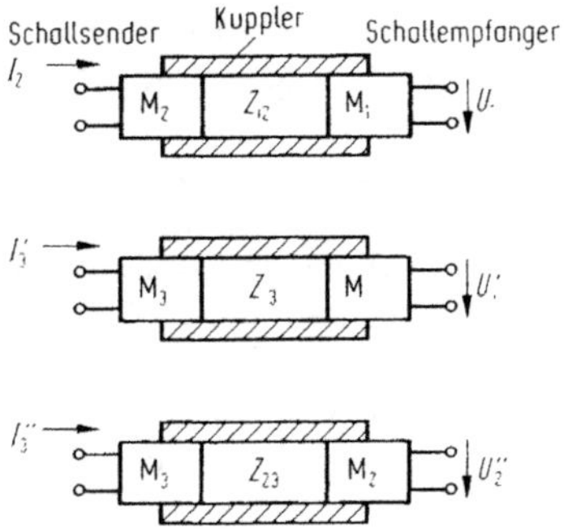

Fig. 2.4 Anordnung der Mikrofone M_1, M_2, M_3 bei der Bestimmung des Druck-Übertragungsmaßes nach dem Reziprozitätsverfahren
I_2, I'_3, I''_3 Sendestrom,
U_1, U'_2, U''_2 Leerlauf-Ausgangsspannung,
Z_{12}, Z_{13}, Z_{23} akustische Transferimpedanz

Es wird der Effektivwert der Ausgangsspannung gemessen. Auf eine erschütterungsfreie Aufstellung des Prüflings sowie auf Schutz vor elektrischem Übersprechen, Netzbrummen oder Einstrahlung elektromagnetischer Wellen ist zu achten. Die Meßergebnisse sind für Bezugsbedingungen von Temperatur, relativer Feuchte und Luftdruck anzugeben (vorzugsweise 23,0 °C, 50%, 101,325 kPa). Die tatsächlichen Umgebungsbedingungen bei der Messung sollten so wenig wie möglich von den Bezugsbedingungen abweichen. Für Präzisionsmessungen sind Temperatur-, Feuchte- und Druck-Koeffizienten der zu kalibrierenden Mikrofone zu berücksichtigen.

Das Druck-Übertragungsmaß kann nach folgenden Verfahren bestimmt werden:

1. Reziprozitätsverfahren in einer Druckkammer (Kuppler) (Brinkmann et al. (1984), Torr u. Jarvis (1987), Ballagh u. Corney (1990), Brinkmann (1994), Wong u. Embleton (1994), IEC 1094-2). Dies Verfahren ist sehr aufwendig und nur auf Kondensatormikrofone bestimmter Abmessungen anwendbar. Zur Durchführung werden drei Mikrofone benötigt, von denen eines als Schallempfänger, eines als Schallsender (Frederiksen (1977)) und das zweite einmal als Schallsender und einmal als Schallempfänger eingesetzt wird. Die Mikrofone werden jeweils paarweise akustisch miteinander gekoppelt; gemessen werden die Sendeströme I_2, I'_3 und I''_3 und die Leerlauf-Ausgangsspannungen U_1, U'_1 und U''_2 (s. Fig. 2.4). Der Druck-Übertragungsfaktor $T_{1,p}$ des zu kalibrierenden Mikrofons M_1 ist nach dem Reziprozitätsgesetz

$$T_{1,p} = \sqrt{\left(\frac{U_1}{I_2}\right)\left(\frac{U'_1}{I'_3}\right)\left(\frac{I''_3}{U''_2}\right)\cdot\left|\frac{Z_{23}}{Z_{12}\cdot Z_{13}}\right|} \tag{2.14}$$

wobei Z_{12}, Z_{13}, Z_{23} die jeweilige komplexe akustische Transferimpedanz der Mikrofonanordnung, d. h. das Verhältnis des Schalldrucks an der Membran des Schallempfängers zur Kurzschluß-Volumengeschwindigkeit des Schallsenders ist. Die Transferimpedanzen können rechnerisch ermittelt werden, wenn Kuppler- und Mikrofonabmessungen sowie die individuellen akustischen Impedanzen der Mikrofone bekannt sind. Hierbei sind Korrektionen für Wärmeleitung an den Kupplerwänden und Impedanzänderungen durch Druckausgleichskapillaren im Kuppler zu berücksichtigen.

Ein iteratives Rechenverfahren zur Bestimmung des Druck-Übertragungsfaktors nach Gl. (2.14) auf der Grundlage von Nominalwerten der Transferimpedanzen hat Odin (1985) angegeben.

2. Bestimmung mit Hilfe eines Schallkalibrators, dessen Schalldruckpegel für den fraglichen Mikrofontyp bekannt ist. Dies Verfahren ist vor allem bei tiefen Frequenzen anwendbar, neuerdings gibt es aber Schallkalibratoren mit Signalfrequenzen bis 16 kHz (Brüel (1964/65), Rennie (1977), Frederiksen (1981), Richter u. Brinkmann (1988), Richter u. Gössing (1990), Barham (1990), Richter (1992), s. a. **2**.2.4).

3. Vergleich mit einem Mikrofon gleichen Typs, dessen Druck-Übertragungsmaß bekannt ist, in einem freien Schallfeld (Substitutionsverfahren, s. Freifeld-Übertragungsmaß).

4. Bei Kondensatormikrofonen näherungsweise durch elektrostatische Anregung der Membran mit Hilfe einer gitterförmigen Hilfselektrode. An die Elektroden wird eine Gleichspannung von etwa 800 V und gleichzeitig eine Tonfrequenzspannung von etwa 40 V gelegt. Dieses Verfahren eignet sich in erster Linie zum Bestimmen des Frequenzgangs des Druck-Übertragungsmaßes und wird gewöhnlich in Verbindung mit dem unter 2. genannten Verfahren angewendet (Brüel (1964/65), Rasmussen (1969), Koidan (1968), Jarvis (1988), Zhang et al. (1990).

Das Freifeld-Übertragungsmaß kann nach folgendem Verfahren bestimmt werden:

1. Absolutbestimmung nach dem Reziprozitätsverfahren im freien Schallfeld (Jacobsen (1976), Burnett u. Nedzelnitsky (1987), Obermayr u. Odin (1992), Wong u. Embleton (1994), IEC 1094-3). Dies Verfahren ist sehr aufwendig und nur oberhalb etwa 500 Hz anwendbar, da bei tieferen Frequenzen die Schallabstrahlung von als Sender betriebenen Mikrofonen zu gering ist (Frederiksen (1977)). Der grundsätzliche Ablauf der Messung ist ähnlich wie bei der Druckkammer-Reziprozitätsmessung. Der Freifeld-Übertragungsfaktor des zu kalibrierenden Mikrofons M_1 ist (vgl. Fig. 2.4)

$$T_{1,\mathrm{F}} = \sqrt{\frac{2}{\varrho f} \cdot \frac{r_{12} \cdot r_{13}}{r_{23}} \cdot \left(\frac{U_1}{I_2}\right)\left(\frac{U_1'}{I_3'}\right)\left(\frac{I_3''}{U_2''}\right) \cdot \mathrm{e}^{\alpha(r_{12}+r_{13}-r_{23})}} \tag{2.15}$$

wobei r_{12}, r_{13}, r_{23} der jeweilige Abstand der akustischen Zentren der beiden Mikrofone, ϱ die Luftdichte, f die Frequenz, U_1, U_1', U_2'' die Leerlauf-Ausgangsspannung des jeweiligen Schallempfängers, I_2, I_3' und I_3'' der Strom durch den jeweiligen Schallsender und α der Dämpfungskoeffizient von Schall in Luft ist.

2. Vergleich des zu kalibrierenden Mikrofons mit einem Mikrofon, dessen Freifeld-Übertragungsmaß bekannt ist (DIN 45591, DIN IEC 268 T4). Bei der (genaueren) Substitutionsmethode werden Prüfling und Vergleichsmikrofon zeitlich nacheinander am gleichen Punkt im Schallfeld angeordnet (Bezugspunkt). Die verwendete Meßapparatur muß z. B. hinsichtlich Generatorfrequenz, Verstärkung und Lautsprecher-Übertragungsmaß zeitlich konstant sein. Bei der Komparationsmethode werden Prüfling und Vergleichsmikrofon gleichzeitig in das Schallfeld symmetrisch zum Bezugspunkt eingebracht. Dabei ist der Abstand zwischen den Mikrofonen so groß zu wählen, daß sich der Pegel der Ausgangsspannung eines jeden Mikrofons um weniger als ±1 dB ändert, wenn das andere Mikrofon aus dem Schallfeld entfernt wird. In Verbindung mit automatischen Aufzeichnungseinrichtungen wird ein Vergleichsmikrofon mit frequenzunabhängigem Freifeld-Übertragungsfaktor dazu benutzt, den Schalldruck am Ort des Prüflings konstant zu halten.

Die Messung wird in einer ebenen, fortschreitenden Schallwelle ausgeführt. In einem reflexionsarmen Raum (s. **2.1.3**) ist dies näherungsweise erreicht, wenn zwischen dem Abstand r des Mikrofons vom Lautsprecher, dem akustisch wirksamen Durchmesser des Lautsprechers d und der Schallwellenlänge λ folgende Beziehungen erfüllt sind: $r > d$, $r > d^2/\lambda$ und $r > \lambda/2$. Das Schallfeld in der Umgebung des Bezugspunktes soll folgenden Bedingungen genügen: An den Orten 200 mm vor und hinter dem Bezugspunkt sollen sich die mit Hilfe eines Druckmikrofons gemessenen Schalldruckpegel bei keiner Frequenz um mehr als 0,5 dB von den entsprechenden Pegeln bei Vorhandensein des idealen Abstandsgesetzes ($1/r$-Gesetz) unterscheiden. Die Pegel an den 200 mm rechts, links, über und unter dem Bezugspunkt liegenden Orten sollen um höchstens 1 dB von dem am Bezugspunkt gemessenen Pegel abweichen. Bei der Kalibrierung von Druckmikrofonen im Hörfrequenzbereich ist im allgemeinen ein Abstand von etwa 1 m ausreichend. Mikrofone mit identischen Abmessungen wie das Vergleichsmikrofon können nach der Substitutionsmethode auch dann noch kalibriert werden, wenn die Abstandsgesetze nicht erfüllt sind.

Eine ebene fortschreitende Schallwelle kann bei tiefen und mittleren Frequenzen auch in einem reflexionsfrei abgeschlossenen Rohr mit harten, nicht mitschwingenden Wänden erzeugt werden. An einem Ende des Rohres befindet sich die Schallquelle, am anderen ein Schallabsorber. Die größte lineare Abmessung des Rohrquerschnitts soll kleiner sein als etwa eine halbe Wellenlänge bei der höchsten Meßfrequenz. Andererseits soll der Querschnitt des Mikrofons nicht größer sein als 5% des Rohrquerschnitts. Der Abstand zwischen Schallquelle und Mikrofon soll mindestens das Doppelte der größten Abmessung des Rohrquerschnitts betragen. Der Abstand zwischen dem Mikrofon und dem Rohrende soll etwa eine halbe Wellenlänge bei der tiefsten Frequenz betragen. Die Welligkeit des Schalldruckpegels im Rohr soll ±1 dB nicht überschreiten.

Schließlich kann das Freifeld-Übertragungsmaß von Druckmikrofonen unterhalb von etwa 100 Hz nach der Substitutions- oder der Komparationsmethode auch in einem einseitig schallhart abgeschlossenen Rohr von ca. 30 cm Durchmesser und 1 m Länge bestimmt werden, das von unten von einem Lautsprecher angeregt wird (Diestel (1965)).

Für bestimmte Mikrofontypen kann das Freifeld-Übertragungsmaß durch Messung des Druck-Übertragungsmaßes und Addition standardisierter Korrektionswerte (IEC 655) bestimmt werden.

Das Diffusfeld-Übertragungsmaß kann nach folgenden Verfahren bestimmt werden:

1. Reziprozitätsverfahren im Hallraum (Diestel (1960)). Das Verfahren ist sehr aufwendig.

2. Vergleich mit einem Mikrofon, dessen Diffusfeld-Übertragungsmaß bekannt ist, nach der Substitutionsmethode in einem Hallraum (s. **2.1.3**) (Bagaric et al. (1988), Brinkmann u. Goydke (1994), IEC 29 (CO) 167). Als Vergleichsmikrofone kommen Druckmikrofone mit kleinen Abmessungen in Betracht. Als Meßsignal wird breitbandiges oder Terzband-Rauschen verwendet. Als Schallquelle dienen Schallsender mit geringer Richtwirkung.

3. Berechnung des Diffusfeld-Übertragungsmaßes G_{diff} aus dem Freifeld-Übertragungsmaß G_{F} und dem Bündelungsgrad γ (s. **2.3.1.2**): $G_{\text{diff}} = G_{\text{F}} - 10 \log \gamma$ dB. Dieses Verfahren liefert das „Übertragungsmaß bei stochastischem Schalleinfall" (engl. „random-incidence sensitivity level"). In der praktischen Meßtechnik kann angenommen werden, daß sich dieses nicht vom Diffusfeld-Übertragungsmaß unterscheidet (IEC 29 (CO) 167).

2.3.1.2 Sonstige Eigenschaften

Der Richtfaktor Γ eines Mikrofons bei einer Frequenz und für eine bestimmte Schalleinfallsrichtung ist der Quotient der Freifeld-Übertragungsfaktoren bei Betönung aus dieser Richtung und der Bezugsrichtung. Das Richtmaß ist $D = 20 \lg \Gamma \, \mathrm{dB}$. Die Richtcharakteristik ist die Darstellung des Richtmaßes als Funktion des Winkels gegen die Bezugsrichtung. Richtmaß und Richtcharakteristik eines Mikrofons werden in einer ebenen fortschreitenden Welle mit Sinustönen oder Terzbandrauschen gemessen. Für Mikrofone mit rotationssymmetrischem Aufbau genügt die Messung in einer Ebene. Dabei ist das Mikrofon um eine Achse zu drehen, die senkrecht zur Bezugsrichtung steht und durch den Mikrofonbezugspunkt geht. Üblicherweise wird bei festen Frequenzen die Änderung des Freifeld-Übertragungsmaßes bei Änderung des Winkels gemessen. Dazu wird das Mikrofon zweckmäßig auf einen Drehtisch montiert, dessen Antrieb von einem Polarkoordinatenschreiber gesteuert wird. Alternativ kann auch für feste Winkel gegen die Bezugsachse, vorzugsweise in Intervallen von 10°, das Freifeld-Übertragungsmaß als Funktion der Frequenz gemessen und daraus das Richtmaß berechnet werden (Brinkmann (1976)).

Der Bündelungsgrad γ eines Mikrofons bei einer Frequenz oder in einem Frequenzband ist

$$\gamma = \frac{T_F^2}{T_{\mathrm{diff}}^2} \tag{2.16}$$

mit T_F Freifeld-Übertragungsfaktor bei Betönung aus der Bezugsrichtung und T_{diff} Diffusfeld-Übertragungsfaktor. Der Bündelungsgrad kann gemäß der Definitionsgleichung durch Messung der Übertragungsfaktoren im freien und im diffusen Schallfeld bestimmt werden (s. **2.**3.1.1). Für Mikrofone mit rotationssymmetrischer Richtcharakteristik kann γ auch aus den in der ebenen Schallwelle gemessenen Richtfaktoren Γ berechnet werden. Es gilt:

$$\gamma = \frac{2}{\int_0^{\pi} \Gamma^2(\theta) \sin\theta \, \mathrm{d}\theta} \tag{2.17}$$

θ ist der Winkel zwischen der Schalleinfallsrichtung und der Bezugsrichtung. Für die numerische Ermittlung des Bündelungsgrades wird der Winkelbereich $0 < \theta < \pi$ in m gleich große Bereiche $\Delta\theta = \pi/m$ geteilt und der Richtfaktor als Funktion des mittleren Winkels jeden Bereiches aus der Richtcharakteristik ermittelt (Brinkmann u. Goydke (1994), DIN IEC 268 T 4, DIN 45591, IEC 29 (CO) 167). Das Bündelungsmaß in dB ist der 10fache Zehnerlogarithmus des Bündelungsgrades.

Die elektrische Impedanz (Innenwiderstand) kann z. B. durch Strom- und Spannungsmessungen, durch Vergleich mit einem bekannten Widerstand oder in einer Brückenanordnung gemessen werden (DIN IEC 268 T 4). Bei dynamischen Mikrofonen und bei Mikrofonen mit Verstärker in Baueinheit, deren Innenwiderstand ganz oder angenähert reell ist, kann auch folgendes Verfahren angewendet werden: Bei Betönung mit einem mittleren Schalldruckpegel wird die Ausgangsspannung des Mikrofons im Leerlauf und bei einem einstellbaren reellen Abschlußwiderstand gemessen. Hat die Spannung am einstellbaren Widerstand den halben Wert der Leerlaufspannung, so ist der Innenwiderstand des Mikrofons gleich dem Abschlußwiderstand.

Die Kapazität eines Kondensatormikrofons wird mit Hilfe einer Impedanzmeßbrücke bei angelegter Polarisationsspannung als Funktion der Frequenz gemessen. Aus der Kapazität kann die akustische Impedanz und daraus das Äquivalentvolumen berechnet werden. Das Äquivalentvolumen kann durch Schalldruckmessungen in verschiedenen Kupplern, deren Volumenunterschiede genau bekannt sind, auch direkt ermittelt werden (Brinkmann et al. (1984)).

Bei Störspannungsmessungen ist das Mikrofon gegen alle Störeinflüsse, die bei der betreffenden Messung nicht erfaßt werden sollen, zu schützen, z. B. bei der Messung der Eigenstörspannung gegen Luft- und Körperschall, magnetische Störfelder, Wind, Beschleunigungen usw. Anstelle einer (unbewerteten oder frequenzbewerteten) Störspannung wird oft der (unbewertete oder frequenzbewertete) Äquivalent- oder Ersatzschalldruck der betreffenden Störgröße angegeben, d. h. derjenige Schalldruck, der am Ausgang eines störfreien Mikrofons die gleiche Spannung hervorrufen würde wie die Störgröße. Zur Berechnung dient für Mikrofone mit annähernd frequenzunabhängigem Freifeld-Übertragungsfaktor dessen Wert bei 1000 Hz. Der Äquivalent- oder Ersatzschalldruck kann aber auch für Oktav- oder Terzbereiche angegeben werden. In diesem Fall ist auf den mittleren Übertragungsfaktor im jeweiligen Frequenzbereich zu beziehen.

Die (frequenzabhängigen) Temperatur-, Feuchte- und Druckkoeffizienten können durch Variation der entsprechenden Parameter mit Hilfe von Schallkalibratoren bekannter Eigenschaften oder – bei Kondensatormikrofonen – durch elektrostatische Anregung der Membran ermittelt werden (Brinkmann et al. (1984)).

2.3.2 Schallintensitätssonden

Schallintensitätssonden bestehen üblicherweise aus zwei in geringem Abstand voneinander angeordneten Druck-Kondensatormikrofonen (s. **2**.3.1) mit möglichst identischen elektroakustischen Eigenschaften. Das Meßprinzip besteht aus der gleichzeitigen Messung von Schalldruck und Druckgradient. Der Momentwert der Schallintensitätskomponente $I_{n(t)}$ in Richtung n der Verbindungslinie der akustischen Zentren der beiden Mikrofone wird aus deren Ausgangssignalen rechnerisch nach folgender Beziehung ermittelt:

$$I_n(t) = \left(\frac{1}{2\varrho r_{12}}\right)[p_1(t) + p_2(t)] \int_{-\infty}^{+\infty} [p_1(\tau) - p_2(\tau)]\,\mathrm{d}\tau \tag{2.18}$$

mit ϱ Dichte der Luft, r_{12} Abstand der akustischen Zentren der Mikrofone, $p_1(t)$ und $p_2(t)$ die Schalldrücke am Ort der beiden Mikrofone im ungestörten Schallfeld (Fahy (1989)). Die Mikrofone können parallel zueinander oder gegenüber angeordnet sein. Wichtig ist, daß die Phasen der (komplexen) Mikrofon-Übertragungsfaktoren insbesondere bei tiefen Frequenzen nicht voneinander abweichen. Anforderungen an Schallintensitätssonden sind in IEC 1043 festgelegt.

Für die Kalibrierung gibt es noch keine standardisierten Verfahren. Empfohlen wird, beide Mikrofone gleichzeitig im selben Schallfeld anzuordnen, zum Beispiel in einer Druckkammer oder in einem reflexionsfrei abgeschlossenen Rohr (s. **2**.3.1.1). Dabei ist darauf zu achten, daß auch die Druckausgleichsbohrung der Mikrofone dem Schallfeld ausgesetzt sind (Frederiksen (1987)). IEC 1043 enthält weitere Verfahren zur Prüfung spezifizierter Eigenschaften.

Literatur zu 2.3

Bagaric, I.; Brinkmann, K.; Goydke, H. (1988): In: Finke, H.-O. (Hrsg.): Schallpegelmeßgeräte und Schallpegelmeßeinrichtungen – Kalibrierung, Prüfung, Zulassung und Eichung. PTB-Bericht MA-13

Ballagh, K. O.; Corney, A. C. (1990): Some developments in automated microphone reciprocity calibration. Acustica **71**, 200–209

Barham, R. G. (1990): The NPL laser pistonphone. Proc. Inst. Acoust. **12** Part 1, 923–926

Boye, G.; Herrmann, U. F. (1989): Handbuch der Elektroakustik. 3. Aufl. Heidelberg: Hüthig

Brinkmann, K. (1976): Richtcharakteristiken von Mikrophonen und Schallpegelmessern – Meßverfahren und Ergebnisse. PTB-Bericht Ak-7

Brinkmann, K. (1994): Primary Pressure Calibration of Laboratory Standard Microphones in Germany. In: Wong, G. S. K.; Embleton, T. F. W. (Hrsg.): AIP Handbook of Condenser Microphones: Theory, Calibration and Measurements. New York: AIP Press

Brinkmann, K.; Goydke, H. (1994): Random-Incidence and Diffuse-Field Calibration of Microphones. In: Wong, G. S. K.; Embleton, T. F. W. (Hrsg.): AIP Handbook of Condenser Microphones: Theory, Calibration and Measurements. New York: AIP Press

Brinkmann, K.; Obermayr, K.; Lager, G. (1984): Die Bestimmung des Druck-Leerlauf-Übertragungsmaßes von 1-Zoll-Kondensatormikrofonen in der Physikalisch-Technischen Bundesanstalt. PTB-Bericht Ak-26

Brüel, P. V. (1964/65): The accuracy of condenser microphone calibration methods. B + K Tech. Rev. No 4 (1964), 3–29, und No. 1 (1965), 3–26

Burnett, E. D.; Nedzelnitsky, V. (1987): Free-field reciprocity calibration of microphones. J. Res. Nat. Bur. Stand. (USA) **92**, 129–151

Cremer, L. (1971): Vorlesungen über Technische Akustik. Berlin, Heidelberg, New York: Springer

Dickreiter, M. (1987): Handbuch der Tonstudiotechnik, Band 1. 5. Aufl. München, New York, London, Oxford, Paris: Saur

Diestel, H. G. (1960): Absolut-Bestimmung des Übertragungsfaktors von Mikrophonen im diffusen Schallfeld. Acustica **10**, 277–280

Diestel, H. G. (1965): Kalibrierung von Wasserschallempfängern. PTB-Mitt. **75**, 585–586

DIN 45591 (1974): Mikrophon-Prüfverfahren; Meßbedingungen und Meßverfahren für Typprüfungen

DIN IEC 268 Teil 4 (Entwurf 1986): Elektroakustische Geräte; Mikrophone (Identisch mit IEC 268-4 (1972))

Fahy, F. J. (1989): Sound Intensity. London, New York: Elsevier Applied Science

Fasold, W.; Kraak, W.; Schirmer, W. (Hrsg.) (1984): Taschenbuch Akustik, Teil 2. Berlin: VEB Verlag Technik

Frederiksen, E. (1977): Condenser microphones used as sound sources. B + K Tech. Rev. No. 3, 3–23

Frederiksen, E. (1981): Low frequency calibration of acoustical measurement systems. B + K Tech. Rev. No. 4, 3–15

Frederiksen, E. (1987): Acoustic calibrator for intensity measurement systems. B + K Tech. Rev. No. 4, 36–42

IEC 655 (1979): Values for the difference between free-field and pressure sensitivity levels for one-inch standard condenser microphones

IEC 1043 (1992): Electroacoustics – Instruments for the measurement of sound intensity – Measurement with pairs of pressure sensing microphones

IEC 1094-1 (1992): Measurement microphones, Part 1: Specifications for laboratory standard microphones

IEC 1094-2 (1992): Measurement microphones. Part 2: Primary method for pressure calibration of laboratory standard microphones by the reciprocity technique

IEC 1094-3 (Entwurf 1993): Measurement microphones, Part 3: Primary method for free-field calibration of laboratory standard microphones by the reciprocity technique

IEC 1094-4 (Entwurf 1992): Measurement microphones. Part 4: Specifications for working standard microphones

IEC 29 (CO) 167 (1992): Draft – Random-incidence and diffuse-field calibration of sound level meters

Jacobsen, F. (1976): Free-field calibration of one-inch standard condenser microphones. Techn. Univ. Denmark, Acoust. Lab. Report No. 15

Jarvis, D. R. (1988): The accuracy of the electrostatic actuator method of determining the frequency response of condenser microphones. J. Sound Vibr. **123**, 63–70

Koidan, W. (1968): Calibration of standard condenser microphones: Coupler versus electrostatic actuator. J Acoust. Soc. Amer. **44**, 1451–1453

Meyer, E.; Neumann, E.-G. (1979): Physikalische und Technische Akustik. 3. Aufl. Braunschweig/Wiesbaden: Friedr. Vieweg & Sohn

Obermayr, K.; Odin, A. (1992): Darstellung der Einheit des Schalldrucks im freien Schallfeld unter Anwendung des Reziprozitätsverfahrens. PTB-Mitt. **102**, 189–197

Odin, A. (1985): Ein Beitrag zur Bestimmung der Übertragungsfunktion von Normal-Meßmikrofonen nach dem Druckkammer-Reziprozitätsverfahren Diss. TU Dresden

Rasmussen, G. (1969): Die Freifeld- und Druckkalibrierung von Kondensatormikrofonen mit Hilfe des elektrostatischen Eichgitters. B + K Tech. Rev. No. 2, 3–7

Rennie, A. J. (1977): A Laser-pistonphone for absolute calibration of laboratory standard microphones in the frequency range 0.1 Hz to 100 Hz. National Physical Laboratory Acoustics Report Ac 82

Richter, K.; Brinkmann, K. (1988): Bestimmung des Übertragungsmaßes von Meßmikrofonen bei tiefen Frequenzen. In: Fortschritte der Akustik, DAGA '88, Braunschweig, 521–524. Bad Honnef: DPG

Richter, U. (1992): Vergleichsmessungen an Schallkalibratoren zwischen sieben europäischen Staatsinstituten. PTB-Mitt. **102**, 89–94

Richter, U.; Gössing, P. (1990): Intercomparison of measurements on sound calibrators – Pre-circulation test report. Braunschweig: PTB, Laborbericht 1.51–90-1

Rieländer, M. E. (Hrsg.) (1982): Reallexikon der Akustik. Frankfurt: E. Bochinsky

Torr, G. R.; Jarvis, D. R. (1987): Pressure sensitivity calibration of half-inch microphones by the reciprocity technique: Contractor's report on the 1982–1987 EEC intercomparison. NPL Acoustics Special Report S 23

Wong, G. S. K.; Embleton, T. F. W. (Hrsg.) (1994): AIP Handbook of Condenser Microphones: Theory, Calibration and Measurements. New York: AIP Press

Zhang, B.; Richter, U.; Figge, M.; Gössing, P. (1990): Untersuchungen von sekundären Meßverfahren für das Druck-Übertragungsmaß von Mikrofonen. In: Fortschr. der Akustik, DAGA '90, 297–300. Bad Honnef: DPG

Zwicker, E.; Zollner, M. (1987): Elektroakustik. 2. Aufl. Berlin, Heidelberg New York, London, Paris, Tokyo: Springer

2.4 Analyse und Speicherung von Schall (R. Martin †)

2.4.1 Frequenzanalysen

Als Frequenzanalyse bezeichnet man die Darstellung eines akustischen Signals als Funktion der Frequenz (Randall (1987), Goydke (1977)). Die erforderliche Frequenzauflösung wird durch die Aufgabenstellung bestimmt. Man verwendet beispielsweise

- Oktav-Analysen für grobe Übersichten, Berechnungen der Schallausbreitung, Berechnung der Lautstärke nach Stevens (s. **2**.5.5),
- Terz-Analysen für allgemeine Geräuschuntersuchungen, Schalldämmungsmessungen, Berechnungen der Lautstärke nach Zwicker und Stevens (s. **2**.5.5) und
- Analysen mit konstanter Filterbandbreite Δf für genauere Bestimmungen der Frequenz und Amplitude von Teiltönen eines Klanges.

Die Filterbandbreite Δf liegt bei konstanter Filterbandbreite meist im Bereich von 1 Hz bis 100 Hz und hängt von der Aufgabenstellung, dem analysierten Frequenzbereich und den Eigenschaften des Analysators ab. Oktavfilter haben die Mittenfrequenzen $f_m = (10^{0,3k_1})$ Hz, dabei ist k_1 eine positive ganze Zahl. Die Filterbandbreite beträgt $\Delta f = f_m/\sqrt{2}$. Terzfilter haben die Mittenfrequenzen $f_m = (10^{0,1k_1})$ Hz und die Filterbandbreite $\Delta f = f_m \cdot 0{,}232$.

Als Filterbandbreite wird die Differenz der oberen und unteren Grenzfrequenz bezeichnet, bei der die Filterdämpfung um 3 dB höher ist als die Nenndämpfung (3 dB-Bandbreite). Die effektive Bandbreite entspricht der Bandbreite eines Rechteckfilters, das bei gleicher Nenndämpfung bei weißem Rauschen die gleiche Leistung überträgt und ist im allgemeinen verschieden von der 3 dB-Bandbreite.

Ein ideales Filter hat zwischen der unteren und oberen Grenzfrequenz ein frequenzunabhängiges Übertragungsmaß, das außerhalb dieser Grenzen beliebig klein wird. Die realen Filter weichen davon ab, die zulässigen Abweichungen sind in Normen festgelegt (DIN 45651, DIN 45652, DIN IEC 29 (CO) 186). Zeitliche Änderungen in einem Spektrum lassen sich gut mit sogenannten „Echtzeit"-Filtern verfolgen, bei denen die Ausgangssignale parallelgeschalteter Filter auf einem Bildschirm dargestellt werden. Neuere Ausführungen dieser Geräte verwenden digitale Filter, bei denen die Filterwirkung durch eine geeignete Verarbeitung von Stichproben eines Signals erreicht wird, und lassen sich durch Tischrechner steuern. Oktav- und Terzfilter haben den Nachteil, daß die Filterbreite mit der Mittenfrequenz ansteigt und die Auflösung sich entsprechend verschlechtert.

Zur Erhöhung der Auflösung wurden früher Filter mit konstanter Bandbreite eingesetzt, die nach dem Überlagerungsprinzip arbeiten (sog. Suchtonanalysatoren) (Goydke (1977)). Die Einschwingzeit $T = 1/\Delta f$ führt schnell zu relativ langen Zeiten für die Analyse eines größeren Frequenzbereiches, innerhalb derer das Signal konstant bleiben muß. Durch Anwendung einer Frequenztransformation durch Zeitkompression des digitalisierten Signals läßt sich die Analysenzeit erheblich, z. B. um den Faktor 500, verringern, da die Filterbreite bei gleicher Auflösung entsprechend größer werden kann (Randall (1987), Goydke (1977)).

Die Verbreitung elektronischer Rechner hat zu einer zunehmenden Anwendung der Fourier-Reihenentwicklung in Form der sog. „Finiten Fourier-Transformation" oder „Discrete Fourier Transformation" geführt. Dabei wird die Zeitfunktion als periodisch im Zeitintervall T angenommen, und aus dem Signal werden N Stichproben im Abstand $\Delta t = T/N$ entnommen.

Der komplexe Fourier-Koeffizient für die Komponente mit der Frequenz $f_k = k\dfrac{1}{T}$, $(k = 0, 1, 2, \ldots, N-1)$, ist durch folgenden Ausdruck gegeben:

$$A_k = |A_k|\, \mathrm{e}^{-\mathrm{j}\theta k} = \frac{1}{N} \sum_{n=0}^{N-1} x(t_n)\, \mathrm{e}^{-\mathrm{j}2\pi k n/N} \tag{2.19}$$

Dabei ist $x(t_n)$ der durch die Stichprobe zur Zeit $t_n = n \cdot T/N$ erfaßte Funktionswert.

Der Zeitaufwand für die Berechnung der Koeffizienten nach Betrag und Phase wird durch die etwa N^2 komplexen Multiplikations-Additions-Operationen bestimmt. Mit Hilfe besonderer Rechenverfahren, die als „Fast Fourier Transformation" bekannt sind, gelingt es, die Zahl der erforderlichen Rechenoperationen auf etwa $N \log_2 N$ zu verringern. Bei $N = 1024$ bedeutet dies eine Ersparnis um mehr als den Faktor 100.

Das Frequenzspektrum wird bei dieser Analyse durch ein Linienspektrum mit einem Linienabstand (Frequenzauflösung) $1/T$ dargestellt. Die Ergebnisse sind nur bis zu $k = N/2$ eindeutig, da die Nyquist-Frequenz den Wert $N/2T$ besitzt. In der praktischen Anwendung liegt die obere Grenze der auswertbaren Spektrallinien sogar noch niedriger, da durch Tiefpässe, sog. Antialiasing-Filter, verhindert werden muß, daß im analysierten Signal Frequenzen oberhalb der Nyquist-Frequenz auftreten. Die Amplituden der Komponenten hängen zusätzlich von einer Gewichtsfunktion für die N Stichproben ab, die auch als Zeitfenster bezeichnet wird. Ein rechteckiges Zeitfenster ist für Impulse zweckmäßig, die ganz in dem Zeitintervall T liegen. Für länger als T andauernde Vorgänge ist das sog. „Hanning"-Zeitfenster vorteilhafter. Die Form des Zeitfensters wirkt sich in Form eines Faktors zu $1/T$ auf die Bandbreite der Spektrallinien aus. Der Faktor hat für das Rechteck- und „Hanning"-Fenster die Werte 0,9 bzw. 1,4 für die 3 dB-Bandbreite und die Werte 1,0 bzw. 1,5 für die effektive Bandbreite (Randall (1987), Goydke (1977), Bendat u. Piersol (1971) u. (1980)).

Die Frequenzauflösung kann man bei vorgegebener oberer Grenze des zu analysierenden Frequenzbereiches durch Vergrößerung von T oder durch Anwendung sogenannter „Zoom"-Techniken steigern. Das Ergebnis läßt sich wahlweise nach Betrag und Phase oder als Leistungsspektrum darstellen.

Der Amplitudenbereich der Suchton- und Fourier-Analysatoren erstreckt sich über 60 bis 80 dB.

2.4.2 Magnetbandgeräte, Signalspeichergeräte

Die Speicherung von Signalen kann z. B. notwendig sein, (1) um umfangreichere Meßapparaturen nicht an den Meßort transportieren zu müssen, (2) um das gleiche Signal mit verschiedenen Auswertungsverfahren bearbeiten zu können und/oder (3) um für spätere Vergleiche oder zusätzliche Messungen das Signal verfügbar zu haben. Bei Geräuschmessungen kann eine Signalspeicherung darüber hinaus (4) das wiederholte Anhören des Signals ermöglichen, um Hinweise auf die Quelle und auf besondere Merkmale, wie Ton- und Impulshaltigkeit zu gewinnen, oder (5) bei Aufnahme von Geräuschausschnitten in bestimmten Abständen eine Zeitraffung zu erreichen, um bei gegebener Speicherkapazität den Geräuschverlauf über eine längere Zeit zu verfolgen. Schließlich kann es genügen, (6) statt des vollständigen akustischen Signals nur eine bestimmte Kenngröße, z. B. den frequenz- und zeitbewerteten Schalldruckpegel, zu speichern.

Die verschiedenen Anwendungsbereiche erfordern eine entsprechende Auswahl der Geräte.

Magnetbandgeräte und Kassettenrekorder für den Studio- oder Heimtonbereich (Winkel (1977), DIN 45500 Teil 4) sind vor allem für die Aufgaben (4) und (5) geeignet. Bei der Aussteuerung ist zu beachten, daß wegen der in diesen Geräten verwendeten Anhebung der hohen Frequenzen der angegebene Dynamikbereich von etwa 50 dB nur für Signale mit einem abfallenden Frequenzspektrum ausgenutzt werden kann. Bei der Anwendung von Schaltungstechniken zur Erhöhung des Dynamikbereiches (z. B. „Dolby"-Technik) ist Vorsicht vor Signalverzerrungen geboten. Der Beitrag der Bandaufzeichnung zur Meßunsicherheit liegt bei etwa 10% (1 dB).

Für die Aufgaben (1), (2), (3) und (6) kommen vorzugsweise Magnetbandgeräte mit Frequenzmodulations(FM)-Aufzeichnung in Betracht. Diese meist mehrspurigen Geräte bieten einen sehr guten Frequenzgang, der sich von 0 Hz (Gleichspannung) bis zu einer von der Bandgeschwindigkeit abhängigen oberen Grenze erstreckt, und eignen sich auch zur formgetreuen Aufzeichnung von Schallimpulsen, da keine Phasenverzerrungen auftreten. Der nur etwa 45 dB betragende Dynamikbereich kann bei starken Schwankungen der Signalamplitude hinderlich sein und läßt sich nur in bestimmten Anwendungen durch Parallelaufzeichnungen auf mehrere Spuren mit abgestufter Aussteuerung ausgleichen.

Wenn Frequenzen bis 20 kHz aufgezeichnet werden müssen, sind hohe Bandgeschwindigkeiten (0,76 oder 1,52 m/s) erforderlich, wodurch die Aufzeichnungslänge entsprechend eingeschränkt wird. Für das Aufzeichnen von zeitbewerteten Schalldruckpegeln genügen erheblich geringere Bandgeschwindigkeiten, da die Bandbreite dieser Signale einem Tiefpaß mit der oberen Grenzfrequenz $f_0 = 1/(2\pi\tau)$ ($\tau = RC$ Zeitkonstante der gewählten Zeitbewertung) entspricht. Der Beitrag zur Meßunsicherheit liegt bei etwa 2% bzw. 0,2 dB.

Eine weitere Verringerung der Meßunsicherheit auf etwa 0,1% bei gleichzeitiger Erhöhung des Dynamikbereiches auf 60 dB und mehr wird durch die Unterteilung des Signals in Stichproben und anschließende Digitalisierung der Stichprobenamplituden ermöglicht. Die im Binär-Code dargestellten Impulse können auf Magnetband aufgezeichnet werden (Pulse Code Modulation(PCM)-Verfahren) (Glockmann (1976), Voigt (1981). Die obere Grenzfrequenz des Signals darf nach der Shannon-Theorie höchstens die Hälfte der Stichprobenrate betragen, in der praktischen Anwendung verwendet man nur etwa ein Fünftel der Stichprobenrate als obere Grenzfrequenz. Ähnlich wie bei der FM-Aufzeichnung steigt mit der oberen Grenzfrequenz die erforderliche Bandgeschwindigkeit an. Zur Vermeidung der „Spiegelfrequenzen" muß das Signal auf die ausnutzbare obere Grenzfrequenz durch Filter mit möglichst großer Flankensteilheit (Antialiasing-Filter) begrenzt werden (Eargle (1992)).

Zur Speicherung von sehr kurzen Signalen, z. B. Einschwingungsvorgänge oder Impulse, haben sich „Transienten-Recorder“ bewährt, bei denen mit einer sehr hohen Rate ($10^5\,s^{-1}$ und mehr) Stichproben des Signals digitalisiert und in einem Speicher abgelegt werden (Quick (1977)). Das Fassungsvermögen des Speichers umfaßt meist mehrere tausend Wörter „(Bytes)“ und bestimmt zusammen mit der Abtastrate die Länge des Signalausschnittes, der erfaßt werden kann. Aus dem Speicher können die Daten beliebig oft und mit wählbaren Taktfrequenzen abgerufen werden. Auf diese Weise können unterschiedliche Auswertungen vorgenommen und zum Aufzeichnen der Zeitfunktion übliche, relativ langsame Schreiber verwendet werden. Dieses Speicherverfahren läßt sich auch mit entsprechend programmierten Tischrechnern, an die ein Analog/Digital-Wandler angeschlossen ist, ausführen.

Für die Anwendung von Signalspeicherungen sind folgende Hinweise zu beachten:

- Der Frequenzgang ist in nicht zu großen Zeitabständen zu messen, insbesondere bei Magnetbandgeräten nach längerem Gebrauch und bei Wechsel der Magnetbandsorte.
- Die Aussteuerung ist so einzuregeln, daß einerseits auch Signalspitzen noch im Arbeitsbereich liegen, andererseits ein genügender Abstand (≥10 dB) vom Störpegel eingehalten wird. Zur Aussteuerungsüberwachung sollten Spitzenwertanzeiger verwendet werden, die sogen. Aussteuerungsmesser bei Studio- und Heimtonmagnetbandgeräten zeigen nicht den Spitzenwert, sondern einen um mehrere Dezibel niedrigeren Wert an. Bei sehr großen Schwankungen der Signalamplitude empfiehlt es sich, nacheinander oder parallel mehrere Aufzeichnungen mit verschiedener Aussteuerung vorzunehmen.
- Ein Signal, dessen Pegel bekannt ist, sollte am Anfang und Ende jeder Aufzeichnung als Bezug für die spätere Auswertung mit aufgenommen werden. Die Frequenz dieses Bezugssignals sollte möglichst in der Nähe der auszuwertenden Frequenzen liegen.
- Wenn starke tiefe Frequenzen auftreten, z. B. durch Windgeräusche, oder wenn das Signal ein stark geneigtes Spektrum besitzt, kann es vorteilhaft sein, durch geeignete Filter, z. B. die Frequenzbewertung A in Schallpegelmessern, die störenden Geräusche zu unterdrücken bzw. die Neigung des Spektrums zu verringern. Bei der Wiedergabe ist dann ein Filter mit spiegelbildlichem Frequenzgang anzuwenden, um das Spektrum des Originalsignals zurückzugewinnen.
- Die Köpfe von Magnetbandgeräten sind sauber zu halten.

Literatur zu 2.4

Bendat, J. S.; Piersol, A. G. (1971): Random data: analysis and measurement procedures. New York, London, Sydney, Toronto: Wiley

Bendat, J. S.; Piersol, A. G. (1980): Engineering applications of correlation and spectal analysis. New York, Chichester, Brisbane, Toronto: Wiley

DIN 45500, Teil 4 (Juli 1987): Heimstudio-Technik (HiFi); Mindestanforderungen an Magnetbandgeräte für Aufnahme und Wiedergabe

DIN 45651 (Jan. 1964): Oktavfilter für elektroakustische Messungen

DIN 45652 (Jan. 1964): Terzfilter für elektroakustische Messungen

DIN IEC 29 (CO) 186 (Nov. 92): Elektroakustik; Bandfilter für Oktaven und Bruchteile von Oktaven (Entwurf IEC 225, Zweite Ausgabe) (IEC 29 (CO) 186); Deutsche Fassung pr EN 60225: 1992

Eargle, J. (1992): Handbook of recording engineering. Sec. ed. New York: van Nostrand Reinhold

Glockmann, H. P. (1976): Aufzeichnung und Übertragung von analogen Meßdaten in PCM-Technik. Techn. Messen atm. **43**, 271–281

Goydke, H. (1977): Spektralanalytische Untersuchungsverfahren der Sprache. Hörgeräte-Akustik **16**, 164–170

Quick, P. (1977): Transientenrekorder. elektronik praxis **12**, 7–16

Randall, R. B. (1987, 3rd ed.): Frequency analysis. Broschüre der Fa. Brüel & Kjaer, DK-2850 Naerum, Dänemark

Voigt, D. (1981): Standards der Pulse-Code-Modulation (PCM). Versuchs- und Forschungsingenieur Nr. 4, S. 36–39 u. Nr. 5, S. 20–24

Winkel, F. (Hrsg.) (1977): Technik der Magnetspeicher. 2. Aufl. Berlin, Heidelberg, New York: Springer

2.5 Hörakustik (K. Brinkmann)

2.5.1 Hörschwellenbestimmung

2.5.1.1 Hörschwellenbestimmung in der Psychoakustik

Der Hörschwellenpegel einer Person für ein gegebenes Meßsignal ist der kleinste Schalldruckpegel, der unter gegebenen Versuchsbedingungen von der Person bei wiederholten Darbietungen des Signals in einem vorgegebenen Anteil der Fälle noch eben wahrgenommen wird.

Signaldarbietung über Lautsprecher Das Meßsignal (i. allg. Sinustöne, frequenzmodulierte Töne oder Terzbandrauschen im Frequenzbereich von 20 Hz bis 16 kHz) wird beiden Ohren der Person gleichzeitig dargeboten (binaurale Hörschwelle). Angegeben wird üblicherweise der Schalldruckpegel des Meßsignals im ungestörten Schallfeld an der Stelle, an der sich während des Hörversuchs der Mittelpunkt des Kopfes der Person befindet. In Sonderfällen kann auch der Schalldruck am Eingang des Gehörgangs der Person oder im Gehörgang selbst gemessen oder durch Anwendung geeigneter Korrektionen (s. 2.2.2.1) aus dem Schalldruckpegel im ungestörten Schallfeld berechnet werden. Hörschwellenmessungen werden in einer fortschreitenden Schallwelle unter definierter Schalleinfallsrichtung oder in einem diffusen Schallfeld ausgeführt (DIN ISO 8253 T 2). Der für Messungen mit normalhörenden Personen zulässige Störschalldruckpegel im Meßraum ist in Tab. T 2.05 in Band 3 angegeben. Bei Überschreitung dieser Werte und bei beabsichtigter Zuführung von Störschall wird anstelle der Ruhehörschwelle die Mithörschwelle gemessen (Zwicker u. Feldtkeller (1967), Zwicker (1982)).

Die Meßapparatur besteht im Prinzip aus einem Signalgenerator, einem knackfreien Schalter, einer in Schrittweiten von vorzugsweise 2 dB einstellbaren Dämpfungsleitung, einem Verstärker, einem Lautsprecher, einer Antworttaste für die Person und einem Schallpegelmesser mit bekanntem Freifeld- bzw. Diffusfeldübertragungsmaß (s. 2.6.1). Der Klirrfaktor des Meßsignals soll kleiner als 2% sein. Die Kalibrierung erfolgt für jedes Prüfsignal durch Messung des Schalldruckpegels bei einer vorgegebenen Generatorspannung und vorgegebener Dämpfungsleitungseinstellung. Während der Hörschwellenbestimmung wird die Generatorspannung konstant gehalten. Unter der Voraussetzung hinreichender Linearität kann der Hörschwellenpegel dann direkt aus der zugehörigen Dämpfungsleitungseinstellung ermittelt werden.

Verfahren der Hörschwellenbestimmung (Zwicker u. Feldtkeller (1967), Zwicker (1982), Kollmeier (1987), DIN ISO 8253 T 1) Bei der Eingabelungsmethode wird der Pegel des Prüfsignals ausgehend von einem Pegel von 10 dB unter dem zuvor grob bestimmten Hörschwellenpegel in Stufen von vorzugsweise 2 dB erhöht, bis die Person das Signal gerade hört. Die Dauer der Prüfsignale und die Pausendauern zwischen den Prüfsignalen sollen variiert werden und etwa 1 s bis 2 s betragen. Danach wird der Pegel um weitere 2 dB erhöht und der Pegel anschließend in Stufen von 2 dB verringert, bis die Person das Prüfsignal nicht mehr hört. Der Pegel wird daraufhin um weitere 2 dB verringert und eine neue Serie mit ansteigenden Pegeln begonnen. Entsprechend der Reproduzierbarkeit der Ergebnisse sollen jeweils 2 oder mehr ab- und aufsteigende Pegelreihen angeboten werden. Der Mittelwert der jeweils kleinsten bei ab- oder ansteigenden Pegeln noch wahrgenommenen Pegelwerte ist der Hörschwellenpegel für dieses Prüfsignal. Bei der Anstiegsmethode wird der Pegel des Prüfsignals zunächst um 10 dB gegenüber dem zuvor grob bestimmten Hörschwellenpegel erniedrigt und dann in 2-dB-Stufen erhöht, bis die Person das Signal hört. Das Signal wird anschließend erneut um 5 dB bis 10 dB erniedrigt und dann wieder wie zuvor stufenweise erhöht. Signal- und Pausendauern sind wie bei der Eingabelungsmethode. Entsprechend der Reproduzierbarkeit der Ergebnisse wird das Verfahren fortgesetzt, bis die Person das Signal zweimal oder häufiger beim gleichen Pegel gehört hat. Als Hörschwellenpegel gilt der niedrigste Pegel, bei dem das Signal in mindestens der Hälfte aller Pegelserien gehört wurde. Bei der Methode des pendelnden Einregelns mit Hilfe eines automatisch registrierenden Audiometers (s. **2**.5.1.2) wird der Pegel des Prüfsignals von der Person selbst so gesteuert, daß er abwechselnd zu- oder abnimmt, bis das Signal jeweils gerade gehört oder nicht mehr gehört wird. Der Pegel kann jedoch nicht auf einen stationären Wert eingestellt werden. Der Hörschwellenpegel ist der Mittelwert der Minima und Maxima der Aufzeichnung bei jedem Prüfsignal.

Eingabelungs- und Anstiegsmethode liefern praktisch die gleichen Ergebnisse (Arlinger (1979)), die Methode des pendelnden Einregelns führt zu geringfügig niedrigeren Hörschwellenpegeln (Robinson u. Whittle (1973)).

Die Person soll im einzelnen in ihre Aufgabe eingewiesen sein. Sie darf zuvor keinem Lärm ausgesetzt gewesen sein. Nach Möglichkeit soll das Verfahren vor Beginn der eigentlichen Messung geübt werden. Die Hörprüfung soll wegen möglicher Ermüdung nicht zu lange andauern; nach spätestens 20 min ist eine Erholungspause einzulegen.

Die mittleren Hörschwellenpegel für normalhörende Personen im Alter zwischen 18 und 25 Jahren für beidohriges Hören im freien Schallfeld bei frontalem Schalleinfall und im diffusen Schallfeld gemäß ISO/DIS 389-7 sind in Tab. T 2.06 in Band 3 angegeben. Mit zunehmendem Alter nehmen die Hörschwellenpegel häufig als Folge zahlreicher, im Einzelfall nicht bekannter schädigender Einflüsse auf das Gehör zu. Entsprechende statistische Daten sind in DIN EN 27029 enthalten (s. a. Tab. T 2.07 in Band 3).

Signaldarbietung über Kopfhörer oder Knochenleitungshörer Das Meßsignal (i. allg. Sinustöne im Übertragungsbereich des verwendeten Schallwandlers) wird meistens nur einem Ohr dargeboten (monaurale Hörschwelle). Bei der Messung der Knochenleitungshörschwelle (bei starker Unsymmetrie des Hörvermögens auch bei der Messung der Luftleitungshörschwelle) ist es erforderlich, das Meßsignal am nicht zu untersuchenden Ohr durch ein Rauschsignal zu verdecken (s. **2**.5.1.2). Der Knochenleitungshörer kann an der Stirn oder am Mastoid der Person angekoppelt werden. Für die genaue Justierung des Kopfhörers kann ein Hilfston einer höheren Frequenz (z. B. 6 kHz) angewendet werden. Die Justierung des Knochenleitungshörers geschieht so, daß der Hörer mit einem möglichst großen Teil seiner Kontaktfläche anliegt. Bei der Bestimmung der Knochenleitungshörschwelle ist darauf zu achten, daß nicht die häufig vorhandene Luftschallabstrahlung der Knochenleitungshörer des Ergebnis verfälscht. Dies kann bei Frequenzen ab 2000 Hz durch die Verwendung von Gehörschutzstöpseln hoher Schalldämmung (s. **2**.5.3) verhindert werden. Da sich bei niedrigeren Frequenzen die Knochenleitungshörschwelle bei einer Abdichtung des Gehörgangs infolge des „Ohrverschlußeffektes" (Brinkmann u. Richter (1980)) ändert, sollten hier Schwellenmessungen mit Luftschall abstrahlenden Knochenleitungshörern ganz vermieden werden. Bei tiefen Frequenzen können außerdem taktile Empfindungen ein Hören des Meßsignals vortäuschen.

Der von einem Kopfhörer am Ohr erzeugte Schalldruckpegel und der von einem Knochenleitungshörer am Kopf erzeugte Kraftpegel sind einer Messung nur schwer zugänglich. Deshalb wird zweckmäßiger der äquivalente Schwellenschalldruckpegel (Schwellenkraftpegel) ermittelt; d.h. für einen gegebenen Schallwandler derjenige Schalldruckpegel (Pegel der periodischen Kraft), den der Wandler in einem Kuppler (s. **2**.2.2.3 und **2**.2.3) erzeugt, wenn der Wandler durch die der Hörschwelle entsprechende Spannung erregt wird.

Die zu verwendende Meßapparatur und die Verfahren der Hörschwellenbestimmung entsprechen weitgehend den zuvor beschriebenen (zulässiger Störschallpegel in der Hörkabine s. Tab. T 2.05 in Band 3).

Äquivalente Bezugsschwellenpegel, d.h. Mittelwerte der äquivalenten Schwellenpegel einer angemessen großen Zahl von Ohren normalhörender Personen zwischen 18 und 30 Jahren, sind für bestimmte Frequenzen im Bereich von 125 Hz bis 8000 Hz und für bestimmte Schallwandler in internationalen Normen festgelegt (Brinkmann u. Richter (1983), Brinkmann u. Richter (1990), DIN ISO 389, DIN ISO 389 A 1, DIN EN 27566); für weitere Schallwandler gibt es nationale Festlegungen.

2.5.1.2 Hörschwellenbestimmung in der Audiometrie

Hörschwellenbestimmungen in der Audiometrie dienen vorwiegend der Erkennung und Diagnose von Hörstörungen (Böhme u. Welzl-Müller (1984), Lehnhardt (1986)). Dementsprechend wird der Hörschwellenpegel einer Person (oft auch Hörverlust genannt) in der Audiometrie auf den mittleren Hörschwellenpegel normalhörender Personen bezogen. Der Hörschwellenpegel in der Audiometrie ist daher gleich dem vom Kopfhörer (oder Knochenleitungshörer) in einem Kuppler erzeugten Schwellenschalldruckpegel (Schwellenkraftpegel) minus dem äquivalenten Bezugsschwellenpegel (s. **2**.5.1.1) für diesen Wandlertyp und diese Frequenz. Die Hörschwellenbestimmungen erfolgen im allgemeinen nach einem der genannten Verfahren (gewöhnlich in 5-dB-Schritten) mit Hilfe eines Reintonaudiometers (DIN EN 60645-1) und eines Schallwandlers, für den die äquivalenten Bezugsschwellenpegel bekannt sind. Die Messungen sind in einer ruhigen Kabine auszuführen. Anforderungen an den zulässigen Störschalldruckpegel s. Tab. T 2.05 in Band 3. Gegenüber den üblichen ohraufliegenden Audiometriekopfhörern besitzen Einsteckhörer eine wesentlich bessere Schalldämmung und sind deshalb in nicht hinreichend störschallarmer Umgebung von Vorteil.

Die besonderen Schwierigkeiten bei audiometrischen Hörschwellenbestimmungen liegen in der ausschließlichen Erregung des zu untersuchenden Ohres. Durch „Überhören" wird das Schallsignal bei Darbietung über einen Knochenleitungshörer an der Stirn oder am Mastoid in jedem Fall in beiden Ohren wahrgenommen und bei Darbietung über einen Kopfhörer immer dann, wenn der Hörschwellenpegel des nicht direkt angeregten Ohres um etwa 40 dB oder mehr unter dem des zu untersuchenden Ohres liegt. Das Mithören des nicht untersuchten Ohres kann durch Darbietung eines breit- oder schmalbandigen Rauschens verhindert werden, dessen Pegel zur Verdeckung des Prüftons gerade ausreicht. Bei Verwendung von schmalbandigem Rauschen soll dessen Mittenfrequenz mit der Frequenz des Prüftons übereinstimmen. Bei der Bestimmung des Pegels ist zu beachten, daß sich einerseits die Knochenleitungsschwelle des nicht untersuchten Ohres beim Anlegen eines Kopfhörers durch den Ohrverschluß-Effekt verringert (Brinkmann u. Richter (1980)) und daß sich andererseits bei einem zu hohen Pegel des Verdeckungsgeräusches auch eine Verdeckung des Prüftons auf dem zu untersuchenden Ohr ergeben kann. Regeln für die Frequenzzusammensetzung des Verdeckungsgeräusches und die Pegelwahl sind in Normen und Lehrbüchern angegeben (Katz (1978), Böhme u. Welzl-Müller (1984), Lehnhardt (1986), DIN EN 60645-1, DIN ISO 8253 T 1, DIN EN 28798).

2.5.2 Sprachaudiometrie

Für eine gegebene Person bei gegebenen Versuchsbedingungen ist die Verständlichkeit von Sprache der Anteil der richtig verstandenen Wörter in Prozent der Gesamtzahl der dargebotenen Wörter (Hahlbrock (1970), Martin (1987), ISO/DIS 8253-3). Sprachverständlichkeitsmessungen in der Audiometrie dienen zur Untersuchung des Hörvermögens von einzelnen Personen unter bestimmten Bedingungen (z. B. mit und ohne Hörgerät, mit und ohne Störgeräusch). Für die Vergleichbarkeit von Meßergebnissen ist wichtig, daß man auf Tonträger (Compact Discs, Schallplatten, Magnetbänder) mit standardisierten Eigenschaften konserviertes, vereinbartes Wortmaterial verwendet (DIN 45621, DIN 45621 T2 u. T3, DIN 45626, DIN 45626 T2, ISO TR 4870, Sotscheck (1982)) und dieses über Geräte mit einheitlichen Eigenschaften (Sprachaudiometer) wiedergibt (IEC 645-2). Darüber hinaus muß der Schalldruckpegel der Sprache definiert sein. Dies kann so geschehen, daß außer der Sprache auf dem Tonträger noch ein Kalibrierungssignal (z. B. sprachsimulierendes Rauschen) in definierter Pegelrelation zur Sprache aufgezeichnet wird, dessen Schallpegel sich bei der Wiedergabe leicht messen läßt (Brinkmann (1974a)). Die Sprachverständlichkeit des Probanden wird im allgemeinen als Funktion des Sprachschallpegels gemessen und mit den für normalhörende Personen unter sonst gleichen Meßbedingungen geltenden Bezugskurven verglichen (Brinkmann (1974a, b), Martin (1987)). Die Messungen sind bei Signaldarbietung über Kopfhörer in einer ruhigen Kabine, bei Lautsprecher-Darbietung in einem schallabsorbierend ausgekleideten Raum vorzunehmen. Anforderungen an den zulässigen Störschalldruckpegel s. Tab. T 2.05 in Band 3.

2.5.3 Gehörschützer

Gehörschützer sind Geräte, die am Kopf getragen werden, um das Gehör vor unerwünschten Schalleinwirkungen zu schützen. Man unterscheidet zwischen Gehörschutzstöpseln, Kapselgehörschützern und Gehörschutzhelmen (Alberti (1982), DIN EN 352 T 1 bis T 3, VDI 2560).

2.5.3.1 Bestimmung der Schalldämmung nach der Hörschwellenmethode

Die (frequenzabhängige) Schalldämmung eines Gehörschützers in dB für ein gegebenes Prüfsignal wird durch zweimalige Hörschwellenmessungen an mehreren Personen ermittelt. Sie ist gleich dem Mittelwert der Differenzen zwischen den Hörschwellenpegeln (s. 2.5.1.1) bei getragenem Gehörschützer und denen bei offenen Ohren für alle Personen (DIN ISO 4869 T 1). Von wenigen Ausnahmen abgesehen (pegelabhängig wirkende Gehörschützer) sind die nach diesem Verfahren erhaltenen Schalldämmungswerte auch gültig bei hohen Umgebungsschallpegeln. Objektive Meßverfahren mit Hilfe von Kopfnachbildungen (s. 2.5.3.2) oder mit Hilfe von im Ohr von Personen angeordneten Miniaturmikrofonen sind nicht für alle Gehörschützerarten anwendbar und liefern in einigen Frequenzbereichen systematisch abweichende Ergebnisse (Berger u. Kerivan (1983), Brinkmann u. Richter (1987)).

Die Hörschwellenmessungen sollen in einem diffusen Schallfeld mit Terzrauschen als Prüfsignal vorgenommen werden. Ein geeignetes Schallfeld soll vorzugsweise in einer Kabine mit hinreichend schallabsorbierenden Wänden oder in einem reflexionsarmen Raum realisiert werden. Zweckmäßig ist eine tetraederförmige Anordnung von vier Lautsprechern, die von verschiedenen nicht kohärenten Signalquellen gespeist werden (Whitham u. Martin (1975), Vorländer (1990)). Bei Abwesenheit der Personen soll sich der mit einem Mikrofon ohne Richtwirkung gemessene Schalldruckpegel um nicht mehr als ±2,5 dB ändern, wenn das Mikrofon von der Stelle, an der sich bei der Messung die Kopfmitte der Person befindet (Meßbezugspunkt) um 15 cm nach vorn, hinten, oben, unten, rechts oder links bewegt wird. Der Pegelunterschied zwischen den äußersten rechts-links-Positionen soll nicht mehr als 3 dB betragen. In Terzfrequenzbändern ab 500 Hz dürfen sich die im Meßbezugspunkt mit einem Richtmikrofon in zwei beliebigen Richtungen gemessenen Schalldruckpegel um nicht mehr als 5 dB unterscheiden, wenn das Bündelungsmaß (s. 2.3.1.2) des Mikrofons 5 dB beträgt. Der im Meßraum gemessene Störschalldruckpegel darf die in Tab. T 2.05 in Band 3 angegebenen Werte nicht überschreiten.

Wegen anatomischer und physiologischer Unterschiede zwischen einzelnen Personen sind die Hörschwellenmessungen mit mindestens 16 Personen vorzunehmen. Die Personen sollen auf keinem Ohr bei Frequenzen bis 2000 Hz einen Hörschwellenpegel (s. 2.5.1.2) von mehr als 15 dB und bei höheren Frequenzen von mehr als 25 dB aufweisen. Es soll sich um geübte Personen handeln, deren Hörschwellenpegel sich bei aufeinanderfolgenden Messungen unter den tatsächlichen Meßbedingungen um nicht mehr als 6 dB unterscheiden. Jede Person soll den Gehörschützer unter Anleitung des Versuchsleiters sorgfältig ein- bzw. aufsetzen. Mit Hilfe eines breitbandigen Geräusches soll sie den Sitz des Gehörschützers auf optimale Schalldämmung bei hinreichendem Tragekomfort justieren. Zum Verfahren und zur Meßapparatur vgl. 2.5.1.1. Die Meßapparatur soll am Meßbezugspunkt Schalldruckpegel in einem Bereich von −20 dB bis etwa 90 dB erzeugen können.

Auch bei sorgfältiger Versuchsausführung sind die sich ergebenden Standardabweichungen unter Vergleichsbedingungen beträchtlich. Dies ist jedoch weniger im Meßverfahren begründet als in tatsächlichen individuellen Unterschieden der Schalldämmung des Gehörschützers (DIN ISO 4869 T 1, Brinkmann u. Richter (1987)). Aus diesem Grunde werden für die Abschätzung des beim Tragen eines Gehörschützers in einer gegebenen Geräuschsituation wirksamen Schalldruckpegels neben den für die Oktavmittenfrequenzen 63 Hz bis 8000 Hz ermittelten mittleren Schalldämmungen auch die zugehörigen Standardabweichungen der individuellen Schalldämmung berücksichtigt (ISO/DIS 4869-2).

2.5.3.2 Bestimmung der Schalldämmung von Kapselgehörschützern an einer Kopfnachbildung

Schalldämmungs-Reihenmessungen an Kapselgehörschützern des gleichen Typs werden zweckmäßig an einer Kopfnachbildung gemäß DIN EN 24869 T 3 ausgeführt. Da jedoch relevante Eigenschaften natürlicher Köpfe (insbesondere die Eigenschaften der Haut- und Fleischschichten und die Schallübertragung durch Knochenleitung) nicht nachgebildet sind, unterscheidet sich die an der Kopfnachbildung gemessene Schalldämmung von der nach 2.5.3.1 ermittelten (Alberti (1982)). Als Grundlage für die vergleichende Beurteilung der Schalldämmungseigenschaften von Gehörschützern verschiedener Typen ist das objektive Verfahren daher nicht geeignet. Zur Zeit wird jedoch an einer auch für Gehörschutzstöpsel anwendbaren Kopfnachbildung mit verbesserten Eigenschaften gearbeitet. Diese soll auch für Messungen an Gehörschützern mit pegelabhängiger Schalldämmung und für die Bestimmung der Schalldämmung für Impulsgeräusche eingesetzt werden.

Die Schalldämmung des Gehörschützers an der Kopfnachbildung für ein gegebenes Prüfsignal ist die Differenz der mit Hilfe des eingebauten Mikrofons bei Betönung gemessenen Schalldruckpegel ohne und mit Gehörschützer. Die Messungen sollen in einem diffusen Schallfeld nach 2.5.3.1 oder in einem freien Schallfeld mit Rauschsignalen von Terzbandbreite im Frequenzbereich der

Mittenfrequenzen von 63 Hz bis 8000 Hz ausgeführt werden. Der Schalldruckpegel des Prüfsignals soll so groß sein, daß der vom Mikrofon abgegebene Spannungspegel stets um mindestens 10 dB über dem Eigenstörpegel der Meßapparatur liegt. Die Eignung der Kopfnachbildung kann durch Kapselung des Mikrofons der Kopfnachbildung mit einer Metallkappe geprüft werden. Dabei muß der vom Mikrofon bei Betönung abgegebene Spannungspegel im Frequenzbereich bis 250 Hz mindestens 50 dB unter dem bei offenem Mikrofon erzeugten Spannungspegel liegen, bei Frequenzen oberhalb von 250 Hz bis 4000 Hz mindestens 65 dB und bei Frequenzen über 4000 Hz mindestens 55 dB.

2.5.3.3 Sonstige Eigenschaften

Meßverfahren für andere sicherheitstechnisch relevante Eigenschaften von Gehörschützern sind in Normen angegeben (DIN EN 352 T 1 bis T 3). Besonders zu erwähnen ist die Andrückkraft eines Kapselgehörschützers, das heißt die Kraft, mit der die Kapseln vom Bügel gegen den Kopf einer Person gedrückt werden. Sie kann am genauesten mit elektrischen Kraftaufnehmern ermittelt werden (Brocksch 1984), wobei der Abstand zwischen den sich gegenüberliegenden Flächen der Dichtungselemente der Kapseln 145 mm betragen und der Bügel so eingestellt sein soll, daß der Abstand zwischen dem Mittelpunkt der Verbindungslinie der beiden Kapselmittelpunkte und dem Mittelpunkt des Bügels 130 mm beträgt (DIN EN 352 T 1).

2.5.4 Hörgeräte

Hörgeräte bestehen im Prinzip aus einem Mikrofon, einem batteriebetriebenen Verstärker mit verschiedenen Stell- und Regelgliedern und einem eingebauten oder über Kabel angeschlossenen Luftleitungs- oder Knochenleitungshörer (Güttner (1979), Helle (1987)). Sie sind außerdem häufig mit einer „Hörspule“ zur induktiven Signalaufnahme ausgestattet. Als Mikrofone finden heute vorwiegend Elektret-Kondensatormikrofone, als Hörer elektromagnetische Systeme Verwendung. Nach der Trageweise der Hörgeräte unterscheidet man zwischen Taschengeräten und am Kopf getragenen Geräten (Hinter-dem-Ohr-Geräte, Im-Ohr-Geräte, Hörbrillen). Für die Messung von Hörgeräte-Eigenschaften sind in Normen unterschiedliche Bedingungen festgelegt worden: Um hinreichend kleine Meßunsicherheiten zu erzielen (Brinkmann u. Brocksch (1984)) wird das Hörgerät bei Typprüfungen und zum Zwecke der Qualitätskontrolle allein im freien Schallfeld oder in einer kleinen Prüfkammer angeordnet; die für die individuelle Anpassung und Auswahl von Hörgeräten relevanten Daten werden dagegen mit Hilfe einer geeigneten Meßpuppe oder an Probanden („in situ“) ermittelt (v. Wedel u. Kießling (1986), Larsby u. Arlinger (1988)).

2.5.4.1 Verstärkung, Übertragungsmaß

Die akustische Verstärkung eines (Luftleitungs-)Hörgerätes in dB bei einer gegebenen Frequenz und unter gegebenen Betriebsbedingungen ist die Differenz zwischen dem in einem Kuppler (s. **2.2.2.3**) erzeugten Ausgangsschalldruckpegel und dem Eingangsschalldruckpegel. Als Eingangsschalldruckpegel wird im allgemeinen der Schalldruckpegel in einer ebenen fortschreitenden Welle gewählt. Dessen Messung erfolgt mit Hilfe eines Mikrofons mit bekanntem Freifeld-Übertragungsmaß (s. **2.3.1.1**) mit Sinustönen im Frequenzbereich von etwa 200 Hz bis 8000 Hz in einem reflexionsarmen Raum nach der Substitutions- oder der Komparationsmethode (DIN IEC 118 T 0). Bei Hörgeräten ohne Richtmikrofon kann der Eingangsschalldruckpegel auch an der Mikrofoneintrittsöffnung des Hörgerätes mit Hilfe eines Mikrofons mit bekanntem Druck-Übertragungsmaß (s. **2**.3.1.1) gemessen werden. Die Messung kann dann in einer kleinen, schallabsorbierend ausgekleideten Prüfkammer vorgenommen werden (DIN IEC 118 T 7, Helle (1980)). Dabei bleibt die Schallfeldstörung durch das zu prüfende Hörgerät unberücksichtigt. Deshalb eignet sich dieses Verfahren insbesondere bei Taschengeräten nur für Messungen geringerer Genauigkeit und für Relativmessungen (z. B. im Rahmen einer Fertigungskontrolle).

Die akustisch wirksame Verstärkung eines (Luftleitungs-)Hörgerätes in dB bei einer gegebenen Frequenz und unter gegebenen Betriebsbedingungen ist die Differenz zwischen den am Trommelfell einer Person erzeugten Schalldruckpegeln mit und ohne Hörgerät. Sie kann unmittelbar am Probanden mit Hilfe von Sondenmikrofonen im Gehörgang oder näherungsweise mit Hilfe einer Meßpuppe nach DIN V 45606 („simulierte in-situ-Verstärkung") ermittelt werden (Burkhard u. Sachs (1975), DIN V 45608). Für beide Verfahren gelten die gleichen Anforderungen an das Schallfeld (s. **2**.2.2.1). Die Messung mit der Puppe erfolgt zweckmäßig nach der Substitutionsmethode (s. **2**.3.1.1), wobei das eingebaute Kupplermikrofon als Bezugsmikrofon verwendet wird. Der Eingangsschalldruckpegel ist hinreichend klein zu wählen, damit das Hörgerät im linearen Aussteuerungsbereich arbeitet. Der Meßaufwand und die Meßunsicherheit bei der Bestimmung der akustisch wirksamen Verstärkung sind größer als die bei der Bestimmung der akustischen Verstärkung.

Das induktiv-akustische Übertragungsmaß (re 20 µPa/(1 mA/m)) in dB eines mit einer Hörspule ausgestatteten (Luftleitungs-)Hörgerätes bei einer gegebenen Frequenz und unter gegebenen Betriebsbedingungen ist der in einem Kuppler erzeugte Ausgangsschalldruckpegel, vermindert um den zwanzigfachen Zehnerlogarithmus des Verhältnisses der bei der Messung eingestellten Stärke eines homogenen magnetischen Feldes zu der Bezugsfeldstärke 1 mA/m. Ein hinreichend homogenes Feld kann mit Hilfe einer einfachen kreisförmigen Stromschleife erzeugt werden, deren Durchmesser d größer als 0,56 m ist und die kein ferromagnetisches Material enthält. Die magnetische Feldstärke H im Mittelpunkt der Stromschleife ist $H = I/d$ (I Stromstärke). Das Hörgerät wird so ausgerichtet, daß maximale Induktion in der Hörspule erreicht wird (DIN IEC 118 T 1).

Das akusto-mechanische Übertragungsmaß (re 1 µN/20 µPa) in dB eines Knochenleitungs-Hörgerätes bei einer gegebenen Frequenz und unter gegebenen Betriebsbedingungen ist die Differenz in dB zwischen dem an einem mechanischen Kuppler (s. **2**.2.3) erzeugten Pegel der periodischen Kraft (re 1 µN) und dem Eingangsschalldruckpegel (re 20 µPa). Bei Hörgeräten, bei denen der Knochenleitungshörer über ein Kabel angeschlossen ist, wird als Eingangsschalldruckpegel der Schalldruckpegel in einer ebenen fortschreitenden Schallwelle gewählt, bei Hörgeräten mit integriertem Knochenleitungshörer wird der Eingangsschalldruckpegel an der Mikrofoneintrittsöffnung mit Hilfe eines Mikrofons mit bekanntem Druck-Übertragungsmaß (s. **2**.3.1.1) gemessen (DIN IEC 118-9). Ähnlich wie bei Luftleitungs-Hörgeräten läßt sich außerdem auch die akustisch wirksame Verstärkung eines Knochenleitungs-Hörgerätes definieren und durch einen subjektiven Lautstärkevergleich ermitteln (Brinkmann u. Richter (1977)).

2.5.4.2 Wiedergabekurven

Die Wiedergabekurve eines (Luftleitungs-)Hörgerätes für einen gegebenen Eingangsschalldruckpegel und unter gegebenen Betriebsbedingungen ist die Darstellung des Ausgangsschalldruckpegels als Funktion der Frequenz. Bei Knochenleitungshörgeräten wird entsprechend der Ausgangskraftpegel dargestellt. Besondere Bedeutung haben die

Wiedergabekurve bei maximaler Verstärkungseinstellung und einem Eingangsschalldruckpegel von 90 dB („OSPL(90)-Kurve") und diejenige bei Bezugs-Verstärkungseinstellung und einem Eingangsschalldruckpegel von 60 dB („normale Wiedergabekurve"). Die Bezugs-Verstärkung wird – sofern das Hörgerät dies zuläßt – bei der Frequenz 1600 Hz so eingestellt, daß der bei Betönung des Hörgerätes mit einem Eingangsschalldruckpegel von 60 dB erzeugte Ausgangspegel um 15 dB unter demjenigen Pegel liegt, der bei Betönung mit einem Eingangsschalldruckpegel von 90 dB bei maximaler Verstärkung erzeugt wird. Zur Messung des Eingangs- und Ausgangsschalldruckpegels sowie des Kraftpegels s. **2**.5.4.1 (Näheres siehe DIN IEC 118 T 0, DIN IEC 118 T 7, DIN V 45606, DIN IEC 118 T 9).

Für Hörgeräte mit automatischer Verstärkungsregelung (AGC) können die Wiedergabekurven mit Hilfe eines die AGC aktivierenden Pilottons fester Frequenz und des Prüfsignals variabler Frequenz durch selektive Messung des Ausgangsschalldruckpegels gemessen werden (DIN IEC 118 T 2 A 1).

2.5.4.3 Sonstige Eigenschaften

Die Richtcharakteristik eines Hörgerätes wird zweckmäßig in Verbindung mit einer Meßpuppe nach den in **2**.3.1.2 angegebenen Verfahren ermittelt (DIN V 45606).

Die von der Batterie des Hörgerätes erzeugte Betriebsstromstärke wird bei Bezugs-Verstärkungseinstellung des Hörgerätes (s. **2**.5.4.2) und einem Eingangsschalldruckpegel von 60 dB bei der Frequenz 1600 Hz mit Hilfe eines Strommeßgerätes mit sehr kleinem Innenwiderstand gemessen (DIN IEC 118 T 0).

Die vom Hörgerät erzeugten nichtlinearen Verzerrungen werden bei Bezugs-Verstärkungseinstellung des Hörgerätes (s. **2**.5.4.2) und einem Eingangsschalldruckpegel von 70 dB (Klirrfaktorverfahren) bzw 64 dB (Differenztonverfahren) nach üblichen Verfahren gemessen (DIN IEC 118 T0, DIN 45403 Blatt 2 und 3).

Der vom Hörgerät erzeugte äquivalente Eingangsschalldruckpegel des Eigenrauschens L_N in dB wird bei Bezugs-Verstärkungseinstellung des Hörgerätes (s. **2**.5.4.2) entsprechend der Beziehung $L_N = L_2 - (L_S - L_1)$ ermittelt, in der L_2 den Ausgangsschalldruckpegel des Hörgerätes ohne Eingangssignal, L_S den Ausgangsschalldruckpegel des Hörgerätes bei einem Eingangsschalldruckpegel von L_1 bei der Frequenz 1600 Hz und L_1 den Eingangsschalldruckpegel (im allgemeinen 60 dB oder 50 dB) bedeuten (DIN IEC 118 T 0).

Untersuchungen mit einer genügend großen Zahl (etwa 20) von normalhörenden Versuchspersonen gewonnen werden. Dazu ist es erforderlich, vereinbarte Versuchsbedingungen genau einzuhalten (DIN 1318). Bei der Bestimmung des Lautstärkepegels hat der Beobachter im freien Schallfeld einen von vorn einfallenden Schall (Objektschall) mit einem Ton der Frequenz 1000 Hz (Standardschall) zu vergleichen. Objektschall und Standardschall werden nacheinander für 0,5 bis 1 s angeboten und in ihrer Amplitude so verändert, daß die Versuchsperson beide Schalle als gleich laut beurteilt. Bei der Amplitudenänderung unterscheidet man das Angleichungsverfahren, bei dem der Beobachter die Amplitude des Standardschalles oder des Objektschalles selbst einstellen kann und der Mittelwert aus den beiden differierenden Werten als Ergebnis verwendet wird, und das Konstanzverfahren, bei dem die Schalle paarweise mit zufällig wechselnden Amplitudenunterschieden angeboten werden und der Beobachter nur zwischen den Urteilen leiser, gleich laut und lauter zu wählen hat. Eine statistische Auswertung der Urteile liefert das Ergebnis. Der Lautstärkepegel des Objektschalles ist der zu dem Urteil „gleich laut" gehörende Schalldruckpegel des Standardschalles und wird in Phon angegeben.

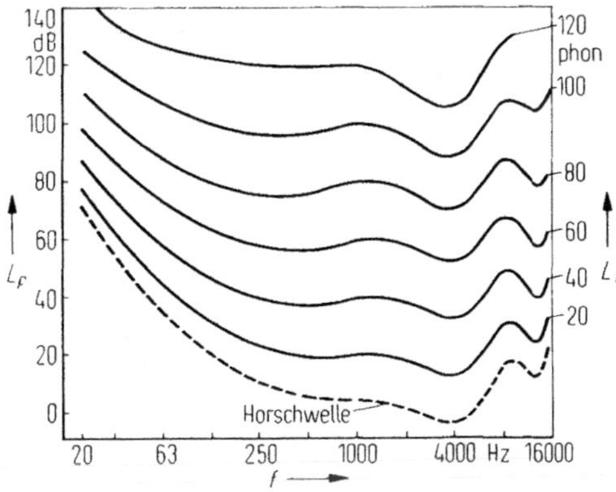

Fig. 2.5
Kurven gleichen Lautstärkepegels L_N für Sinustöne im freien Schallfeld (nach DIN 45630 Blatt 2); L_p Schalldruckpegel am Ort des Beobachters ohne Anwesenheit des Beobachters

Wenn als Standardschall Schmalbandrauschen mit der Mittenfrequenz 1000 Hz verwendet wird, muß der Anschluß an den 1000 Hz-Ton in einer zusätzlichen Meßreihe hergestellt werden. Ebenso ist der Anschluß an das freie Schallfeld durch zusätzliche Messungen zu bestimmen oder durch geeignete Entzerrungsnetzwerke im Wiedergabekanal herzustellen, wenn bei der Messung Kopfhörer verwendet werden. Für reine Töne verschiedener Frequenz ergeben sich die Kurven gleichen Lautstärkepegels (Fig. 2.5) (DIN 45630 Blatt 2, ISO 226). Die Bestimmung der Lautheit ist mit größeren Schwierigkeiten verbunden, daher wird die Lautheit meist aus folgender Beziehung errechnet:

$$N = 2^{0,1(L_N - 40)} \qquad (2.20)$$

N Lautheit in Sone

L_N Lautstärkepegel in Phon

Der Vorteil der Lautheit liegt darin, daß sie der Lautstärkeempfindung proportional ist.

Näherungswerte für den subjektiv bestimmten Lautstärkepegel lassen sich nach verschiedenen Verfahren aus dem Geräuschspektrum berechnen. Zwicker hat Diagramme entwickelt, in die die Terzpegel des Geräusches eingetragen werden. Die Fläche unter dem so entstehenden Kurvenzug ist ein Maß für die Lautheit und den Lautstärkepegel (Fig. 2.6) (DIN 45631, Fastl (1988), Zwicker (1960), ISO 532). In DIN 45631 ist zusätzlich ein Rechenprogramm angegeben, das aus Terzpegelwerten praktisch gleiche Lautheitswerte errechnet wie das Diagramm-Verfahren.

Das Lautheitsberechnungsverfahren nach Zwicker (1960) ist in einem Lautheitsmesser so verwirklicht, daß sich eine kontinuierliche Anzeige der Lautheit als Funktion der Zeit ergibt, die die Bestimmung von Mittelwerten oder anderen statistischen Kenngrößen ermöglicht (Zwicker u. a. (1985)).

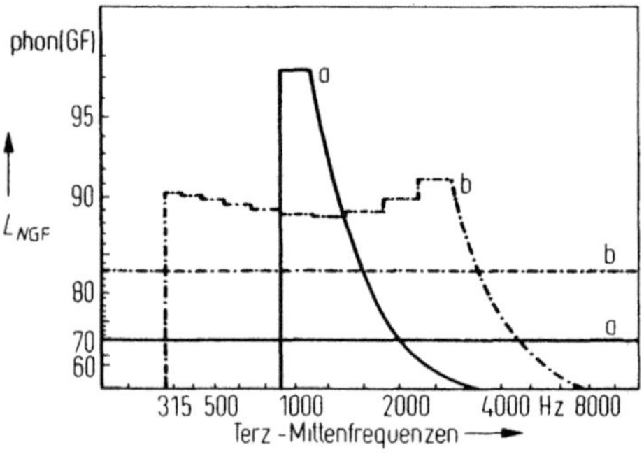

Fig. 2.6
Bestimmung des Lautstärkepegels L_{NGF} nach Zwicker. Die Kurvenzüge zeigen die Darstellung in dem Diagramm F3 (nach DIN 45631) für folgende Geräusche:
a) Terzrauschen bei 1000 Hz: $L_p = 70$ dB; $L_{pA} = 70$ dB; $L_{NGF} = 70$ phon (GF)
b) Terzrauschen in den 10 Terzen mit den Mittenfrequenzen 315 bis 2500 Hz: $L_{p\,\text{Terz}} = 60$ dB; $L_{p\,\text{gesamt}} = 70$ dB; $L_{pA} = 69{,}3$ dB: $L_{NGF} = 83$ phon (GF)
Die horizontalen Linien a) und b) sind so bestimmt, daß sich unterhalb dieser Linien die gleichen Flächen ergeben wie unter den entsprechenden Kurvenzügen

Nach Stevens (ISO 532) werden für die Terz- bzw. Oktavfilter des Geräusches aus einer Kurvenschar die zugehörigen Lautheiten N_t entnommen und nach der folgenden Formel zu einer Gesamtlautheit N_t zusammengefaßt:

$$N_t = N_{max} + F(\sum N_t - N_{max}) \tag{2.21}$$

N_{max} Lautheit der stärksten Terz bzw. Oktave
$F = 0{,}15$ für Terzen
$F = 0{,}3$ für Oktaven

2.5.6 Artikulationsindex, Sprachverdeckung (R. Martin †)

Mit Hilfe von Terz- und Oktavspektren läßt sich abschätzen, ob die Sprachverständigung bei gleichzeitig vorhandenen Störgeräuschen beeinträchtigt ist.

Bei der Berechnung des Artikulationsindex (AI) werden in Frequenzbändern die Pegeldifferenzen zwischen einem mittleren Sprachspektrum und dem Störgeräusch mit einem Gewichtsfaktor multipliziert, und die Produkte werden summiert. Aus einem Diagramm läßt sich dann ablesen, welcher Prozentsatz richtig verstandener Silben, Wörter oder Sätze dem berechneten AI entspricht (ANSI S. 3.5).

Für viele praktische Anwendungen reicht zur Abschätzung der Sprachverdeckung ein vereinfachtes Verfahren, bei dem für das Störgeräusch der arithmetische Mittelwert der Pegel in den Oktaven mit den Mittenfrequenzen 500, 1000, 2000 und 4000 Hz gebildet wird. Dieser Mittelwert wird als „Speech Interference Level (SIL)" oder als „Sprach-Störschallpegel (L_{SIL})" bezeichnet. Wenn als zufriedenstellende Verständigung ein Artikulationsindex von 0,4, der einer Satzverständlichkeit von nicht weniger als 95% entspricht, angesehen wird, dann darf für normale Sprache bei $L_{SIL} = 50$ dB der Abstand zwischen Sprecher und Hörer höchstens 1,3 m betragen. Die entsprechenden Abstände für $L_{SIL} = 40$ und 60 dB sind 4 bzw. 0,4 m. Die Abstände verdoppeln sich, wenn mit erhobener Stimme (ohne zu schreien) gesprochen wird. Die Stärke des Störgeräusches kann auch durch den A-bewerteten Schalldruckpegel L_{pA} (s. **2**.6.1) gekennzeichnet werden. Bei gleicher Sprachverdeckung ist $L_{pA} - L_{SIL} = 8$ dB (ISO/TR 3352, DIN 33410).

Zur zahlenmäßigen Kennzeichnung der Verständlichkeit von übertragener Sprache, insbesondere in Auditorien und Konferenzräumen, wurde eine Methode entwickelt, die als Rapid Speech Transmission Index (RASTI) bezeichnet wird (Steeneken; Houtgast (1985)). Die Verringerung des Modulationsgrades eines Testsignals infolge von Nachhall, Echo oder Störgeräuschen dient dabei als Maß für die Sprachverständlichkeit.

Besondere Beachtung erfordert die Gestaltung von Gefahrensignalen an Arbeitsplätzen um sicherzustellen, daß jede Person im Signalempfangsbereich das Signal erkennen und auf das Signal in der vorgesehenen Weise reagieren kann (EN 457 (1991)).

Störungen der Kommunikation durch Umweltgeräusche stellen eine erhebliche Beeinträchtigung der Betroffenen dar. Eine gute Sprachverständlichkeit kann im Wohnbereich erwartet werden, wenn der A-bewertete Kurzzeitmittelungspegel des Störgeräusches 40 dB nicht übersteigt. Im Freien ist bei einem Störpegel von 50 dB noch eine ausreichende Kommunikation über einige Meter möglich (Interdiziplinärer Arbeitskreis (1985)).

Literatur zu 2.5

Alberti, P. W. (Ed.) (1982): Personal hearing protection in industry. New York: Raven Press

ANSI S. 3.5 (1969): American national standard methods for the calculation of the articulation index

Arlinger, S. D. (1979): Comparison of ascending and bracketing methods in pure tone audiometry. Scand. Audiol. **8**, 247–251

Berger, E. H.; Kerivan, J. E. (1983): Influence of physiological noise and the occlusion effect on the measurement of the real-ear attenuation at threshold. J Acoust. Soc. Am. **74**, 81–94

Böhme, G.; Welzl-Müller, K. (1984): Audiometrie – Hörprüfungen im Erwachsenen- und Kindesalter; ein Lehrbuch. Berlin, Stuttgart, Wien: Hans Huber

Brinkmann, K. (1974a): Die Neuaufnahme der „Wörter für Gehörprüfung mit Sprache". Z. Hörgeräte-Akust. **13**, 12–40

Brinkmann, K. (1974b): Die Neuaufnahme des Marburger Satzverständnistestes. Z. Hörgeräte-Akust. **13**, 190–206

Brinkmann, K.; Brocksch, K.-H. (1984): Vergleichsmessungen an Hörgeräten. Audiol. Akustik **23**, 122–130 u. 134–162

Brinkmann, K.; Richter, U. (1977): Messungen an einem Knochenleitungs-Hörgerät. Z. Hörgeräte-Akust. **16**, 66–83

Brinkmann, K.; Richter, U. (1980): Kopfhörer DT 48: Schalldämmung und Ohrverschluß-Effekt. Acustica **47**, 53–54

Brinkmann, K.; Richter, U. (1983): Die Bestimmung der Normal-Hörschwelle für Knochenleitung mit verschiedenartigen Knochenleitungshörern. Audiol. Akustik **22**, 62–85 u. 114–122

Brinkmann, K.; Richter, U. (1987): Variability and accuracy of sound attenuation measurements on hearing protectors. Proc. 12th Int. Congr. Acoust., Toronto, B 9-2

Brinkmann, K.; Richter, U. (1990): Reference zero for the calibration of pure tone audiometers equipped with insert earphones. Acustica **70**, 202–207

Brocksch, K.-H. (1984): Eine einfache Einrichtung zur genauen Messung der Andrückkraft von Gehörschützern und Kopfhörern. PTB-Mitt. **94**, 327–329

Burkhard, M. D.; Sachs, R. M. (1975): Anthropometric manikin for acoustic research. J. Acoust. Soc. Amer. **58**, 214–222

DIN 1318 (Sept. 1970): Lautstärkepegel, Begriffe, Meßverfahren

DIN 33410 (Dez. 1981): Sprachverständigung in Arbeitsstätten unter Einwirkung von Störgeräuschen; Begriffe, Zusammenhänge

DIN V 45606 (1989): Hörgeräte; Simuliertes In-situ-Verfahren zur Messung der Eigenschaften von Hörgeräten unter Berücksichtigung der Trageweise (identisch mit IEC 118-8: 1983)
DIN V 45608 (März 1991): Vorläufiger Kopf- und Rumpfsimulator für akustische Messungen an Luftleitungs-Hörgeräten (identisch mit IEC 959: 1990)
DIN 45621 (1973): Wörter für Gehörprüfung mit Sprache
DIN 45621 Teil 2 (Juli 1980): Sprache für Gehörprüfung; Sätze
DIN 45621 Teil 3 (April 1985): Sprache für Gehörprüfung; Wörter für die Gehörprüfung bei Kindern
DIN 45 626 (Aug. 1976): Tonträger zum Prüfen des Hörvermögens, besprochen mit Wörtern nach DIN 45621 (Aufnahme 1969)
DIN 45626 Teil 2 (Juli 1980): Tonträger mit Sprache für Gehörprüfung; Tonträger mit Sätzen nach DIN 45621 Teil 2 (Aufnahme 1973); Anforderungen
DIN 45630 Blatt 1 (Dez. 1971): Grundlagen der Schallmessung, Physikalische und subjektive Größen von Schall
DIN 45630 Blatt 2 (Sept. 1967): Grundlagen der Schallmessung, Normalkurven gleicher Lautstärkepegel
DIN 45631 (März 1991): Berechnung des Lautstärkepegels aus dem Geräuschspektrum; Verfahren nach E. Zwicker
DIN EN 352 Teil 1 (1993): Gehörschützer; Sicherheitstechnische Anforderungen und Prüfungen. Teil 1: Kapselgehörschützer
DIN EN 352 Teil 2 (1993): Gehörschützer; Sicherheitstechnische Anforderungen und Prüfungen. Teil 2: Gehörschutzstöpsel
DIN EN 352 Teil 3 (Entwurf 1992): Gehörschützer; Sicherheitstechnische Anforderungen und Prüfungen. Teil 3: An Industrieschutzhelmen befestigte Kapselgehörschützer
DIN EN 24869 Teil 3 (1994): Akustik; Gehörschützer; Teil 3: Vereinfachtes Verfahren zur Messung der Schalldämmung von Kapselgehörschützern zum Zweck der Qualitätsprüfung (identisch mit ISO/TR 4869-3)
DIN EN 27029 (1992): Akustik; Luftleitungshörschwelle in Abhängigkeit von Alter und Geschlecht otologisch normaler Personen (identisch mit ISO 7029: 1984)
DIN EN 27566 (1992): Akustik; Standard-Bezugspegel für die Kalibrierung von Reinton-Knochenleitungs-Audiometern (identisch mit ISO 7566: 1987)
DIN EN 28798 (1992): Akustik; Bezugspegel für schmalbandige Verdeckungsgeräusche (identisch mit ISO 8798: 1987)
DIN EN (CO) 60645-1 (1994): Audiometer, Teil 1: Reintonaudiometer
DIN IEC 118 Teil 0 (1986): Hörgeräte; Messung der elektroakustischen Eigenschaften (identisch mit IEC 118-0: 1983)
DIN IEC 118 Teil 1 (Juni 1985): Hörgeräte; Hörgeräte mit Induktionsspuleneingang (identisch mit IEC 118-1: 1983)
DIN IEC 118 Teil 2 (Juni 1985): Hörgeräte; Hörgeräte mit automatischer Verstärkungsregelung (identisch mit IEC 118-2: 1983)
DIN IEC 118 Teil 2 A1 (1992): Hörgeräte; Hörgeräte mit automatischer Verstärkungsregelung; Änderung 1 (identisch mit IEC 29 (CO) 163E)
DIN IEC 118 Teil 7 (1990): Hörgeräte; Messung der Übertragungseigenschaften von Hörgeräten zur Qualitätsprüfung bei Lieferung (identisch mit IEC 118-7: 1983)
DIN IEC 118 Teil 9 (Juni 1987): Hörgeräte; Verfahren zur Messung der Übertragungseigenschaften von Knochenleitungshörgeräten (identisch mit IEC 118-9: 1985)
DIN ISO 389 (September 1988): Akustik; Standard-Bezugspegel für die Kalibrierung von Reinton-Luftleitungs-Audiometern
DIN ISO 389 A1 (Entwurf 1992): Akustik; Standard-Bezugspegel für die Kalibrierung von Reinton-Luftleitungs-Audiometern; Änderung 1
DIN ISO 4869 Teil 1 (Oktober 1991): Akustik; Gehörschützer. Teil 1: Subjektive Methode zur Messung der Schalldämmung (identisch mit ISO 4869-1: 1989)
DIN ISO 8253 Teil 1 (Mai 1992): Akustik; Audiometrische Prüfverfahren. Teil 1: Grundlegende Verfahren der Luft- und Knochenleitungsaudiometrie mit reinen Tönen (identisch mit ISO 8253-1: 1989)
DIN ISO 8253 Teil 2 (1994): Akustik; Audiometrische Prüfverfahren. Teil 2: Schallfeld-Audiometrie mit reinen Tönen und schmalbandigen Prüfsignalen (identisch mit ISO 8253-2: 1992)
EN 457 (April 1992): Sicherheit von Maschinen – Akustische Gefahrensignale – Allgemeine Anforderungen, Gestaltung und Prüfung (ISO 7731, 1986 modifiziert)
Fastl, H. (1988): Gehörbezogene Lärmmeßverfahren. Fortschritte der Akustik. DAGA '88, 111–144. Bad Honnef: DPG-GmbH

Güttner, W. (1979): Hörgerätetechnik. Stuttgart: Thieme
Hahlbrock, K. H. (1970): Sprachaudiometrie. 2. Aufl. Stuttgart: Thieme
Helle, R. (1980): Wiedergabe-Eigenschaften von Hörgeräten in verschiedenen Prüfkammern und im freien Schallfeld. Audiol. Akust. **19**, 4–13 u. 46–60
Helle, R. (1987): Fortschritte bei der Miniaturisierung des Hörgerätes. In Fortschr. d. Akustik. DAGA '87, 115–136. Bad Honnef: DPG
IEC 645-2 (1993): Audiometers. Part 2: Equipment for speech audiometry
Interdisziplinärer Arbeitskreis für Lärmwirkungsfragen beim Umweltbundesamt (1985): Die Beeinträchtigung der Kommunikation durch Lärm. Z. Lärmbekämpfung **32**, 95–99
ISO 226 (1987): Acoustics - Normal equal-loudness level contours
ISO 389-7 (1993): Acoustics - Reference zero for the calibration of audiometric equipment. Part 7: Reference threshold of hearing under free-field and diffuse-field listening conditions
ISO 532 (1975): Acoustics - Method for calculating loudness level
ISO/TR 3352 (1974): Acoustics - Assessment of noise with respect to its effect on the intelligibility of speech
ISO/DIS 4869-2 (1992): Acoustics - Hearing protectors. Part 2: Estimation of effective A-weighted sound pressure levels when hearing protectors are worn
ISO/DIS 8253-3 (1993): Acoustics - Audiometric test methods. Part 3: Speech audiometry
ISO/TR 4870 (1991): Acoustics - The construction and calibration of speech intelligibility tests
Katz, J. (Ed.) (1978): Handbook of clinical audiology. 2. Aufl. Baltimore: Williams & Wilkins
Kollmeier, B. (1987): Adaptive AFC-Meßmethoden in der Audiologie. Audiol. Meßtechnik **26**, 169–179
Larsby, B.; Arlinger, S. (1988): Comparison of different types of equipment for insertion gain measurement. In: Proc. 13th. Danavox Symposium, 39–52, Copenhagen
Lehnhardt, E. (1986): Praktische Audiometrie. 6. Aufl. Stuttgart: Thieme
Martin, M. (Ed.) (1987): Speech Audiometry. London, New York, Philadelphia: Taylor & Francis
Robinson, D. W.; Whittle, L. S. (1973): A comparison of self-recording and manual audiometry. J. Sound Vibr. **26**, 41–62
Sotscheck, J. (1982): Ein Reimtest für Verständlichkeitsmessungen mit deutscher Sprache als ein verbessertes Verfahren zur Bestimmung der Sprachübertragungsgüte. Der Fernmelde-Ing. **36**, 1-84
Steeneken, H. J. M.; Houtgast, T. (1985): RASTI: A tool for evaluating auditoria. Brüel & Kjaer Technical Review No. 3 - 1985, 13–30
VDI 2560 (Dez. 1983): Persönlicher Schallschutz
von Wedel, H.; Kießling, J. (1986): In situ-Messungen zur Auswahl und Anpassung von Hörgeräten. Audiol. Akustik **25**, 2–31
Vorländer, M. (1990): Ein künstliches diffuses Schallfeld zur Messung der Schalldämmung von Gehörschützern in der PTB. Laborbericht-1.51-90-2
Whitham, E. M.; Martin, A. M. (1975): The ISVR facility for the evaluation of hearing protectors following the British standard procedure. Institute of Sound and Vibration Research Memorandum 558, Southampton
Zwicker, E. (1960): Verfahren zur Berechnung der Lautstärke. Acustica **10**, 304–308
Zwicker, E. (1982): Psychoakustik. Berlin, Heidelberg, New York: Springer
Zwicker, E.; Deuter, K.; Peisl, W. (1985): Loudness meters based on ISO 532 B with large dynamic range. Proc. Inter Noise '85. Munich, Vol. II, 111–124
Zwicker, E.; Feldtkeller, R. (1967): Das Ohr als Nachrichtenempfänger. 2. Aufl. Stuttgart: Hirzel

2.6 Geräuschmeßtechnik (R. Martin †)

2.6.1 Schallpegelmesser

Geräte zur Messung des Schalldruckpegels werden als Schallpegelmesser bezeichnet. Entsprechende Geräte zur Messung des Schallschnellepegels sind nicht gebräuchlich. Die in früheren Jahren verwendete Bezeichnung DIN-Lautstärkemesser ist nicht zutreffend, da die Geräteanzeige bis zu etwa 15 dB kleiner ist als der Laustärkepegel, und zwar um so mehr, einen je breiteren Frequenzbereich das Geräusch umfaßt. Dieser Unterschied ist hauptsächlich dadurch bedingt, daß der Schallpegelmesser die verschiedenen Frequenzanteile zu einem Effektivwert zusammenfaßt, während die Zusammenfassung bei der Lautstärkebildung im Bereich der zugehörigen Lautheiten erfolgt (s. **2**.5.5).

Die Funktion von Schallpegelmessern kann durch eine Zusammenschaltung aus Mikrofon, Verstärker mit Frequenzbewertung, Gleichrichtung, Zeitbewertung und Anzeige beschrieben werden. Die Anforderungen und Prüfverfahren sind in Normen festgelegt (DIN IEC 651), wobei die Fehlergrenzen vierfach gestuft sind, so daß sich vier Genauigkeitsklassen ergeben. Die Anforderungen gelten für ebene Wellen, d. h. für ein freies Schallfeld. Für Anwendungen in Räumen, insbesondere in Hallräumen (s. **2**.1.3), muß das Übertragungsmaß für diffusen Schalleinfall zusätzlich bestimmt werden.

Als Mikrofone werden fast ausschließlich Kondensatormikrofone verwendet, da dieser Mikrofontyp in bezug auf Frequenzbereich und zeitliche Stabilität besonders günstige Eigenschaften besitzt. Die erforderliche Vorspannung kann bei hoher Luftfeuchte und insbesondere bei Kondensation im Mikrofon zu Störungen führen, die sich durch leichtes Aufheizen oder durch Anwendung von Adaptern mit Trockenmitteln vermeiden oder zumindest verringern lassen. Bei der Anwendung im Wind oder in Strömungskanälen entstehen durch Wirbel störende Geräusche, die durch das Aufsetzen von Schaumstoffkugeln oder speziellen Sonden um etwa 10 bis 20 dB verringert werden können. Der Durchmesser des Mikrofons beeinflußt das Übertragungsmaß und die Richtcharakteristik. Je kleiner der Mikrofondurchmesser, desto besser wird die geforderte kugelförmige Richtcharakteristik angenähert. Damit ist jedoch im allgemeinen eine Erhöhung der oberen Grenze des Arbeitsfrequenzbereiches, des höchsten meßbaren Schalldruckes und der unteren Grenze des Meßbereiches sowie eine Verringerung des Übertragungsmaßes verbunden.

Vorzugsweise werden Mikrofone mit einem Durchmesser von 12 mm verwendet. Die Forderung nach kugelförmiger Richtcharakteristik gilt für das gesamte Gerät. Zur Erfüllung dieser Forderung sind, insbesondere bei Geräten einer Klasse hoher Genauigkeit, besondere Gehäuseformen, Verlängerungsstäbe oder Kabel zwischen Mikrofon und Anzeigeteil erforderlich. Die Verwendung eines Kabels ist auch zweckmäßig, um den Einfluß des Beobachters auf das Schallfeld am Ort des Mikrofons zu verringern oder auszuschalten.

Für das Übertragungsmaß des Schallpegelmessers sind besondere Frequenzgänge vereinbart worden, die als Frequenzbewertung A, B, C und D (Fig. 2.7) bezeichnet werden und sich vor allem bei Frequenzen unterhalb von 1000 Hz unterscheiden (DIN IEC 651) (s. Tab. T 2.08 in Band 3).

Der Verlauf der Bewertungen ist durch Pole und Nullstellen festgelegt und verzichtet aus Gründen einer einheitlichen, mit nicht zu großem Aufwand verbundenen Herstellung bewußt auf eine strenge Nachbildung der Kurven gleichen Lautstärkepegels (s. **2**.5.5), obwohl diese ursprünglich die Vorlage für die Frequenzbewertungen darstellten. Für Geräuschmessungen wird ausschließlich die Bewertung A angewendet, daher gibt es eine Reihe insbesondere kleinerer Geräte, die nur diese Bewertung enhalten. Die Bewertung D besitzt eine Anhebung im Bereich zwischen 1000 und 5000 Hz um bis zu 11 dB, die aus subjektiven Beurteilungen unter dem Aspekt der Lästigkeit abgeleitet worden ist (IEC 537).

Die Gleichrichtung soll das Quadrat des Signals bilden und zusammen mit der nachfolgenden Zeitbewertung auch dann noch den Effektivwert des Signals liefern, wenn das Signal starke Pegelschwankungen und hohe Impulsspitzen enthält.

Während früher die dynamischen Eigenschaften der Anzeige überwiegend durch das Einschwingverhalten der Drehspulmeßsysteme bestimmt waren, liegen nunmehr den Anforderungen *RC*-Tiefpässe mit bestimmten Zeitkonstanten zugrunde, die zu einer von der Signaldauer abhängigen Anzeige führen. Dieser Vorgang wird als Zeitbewertung bezeichnet. Die Norm (DIN IEC 651) beschreibt die Zeitbewertungen S, F, I, denen die Zeitkonstanten $\tau_1 = 1000$ ms, 125 ms beziehungsweise 35 ms für das *RC*-Glied zugeordnet sind (s. Fig. 2.8). (Für S, F, I hat man früher die Bezeichnungen „Slow", „Fast", „Impulse" verwendet.)

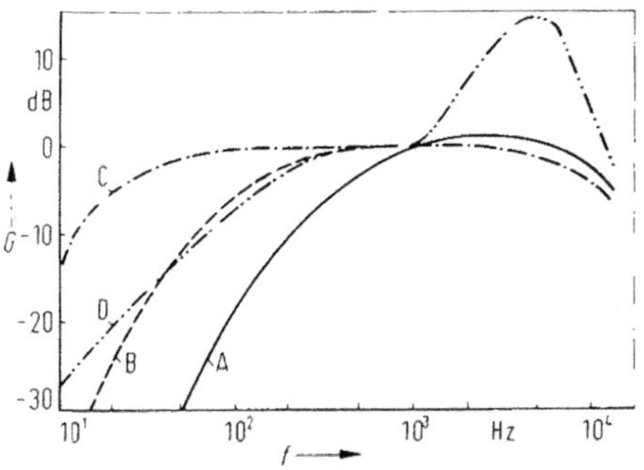

Fig. 2.7 Frequenzbewertungen des Schallpegelmessers (nach DIN IEC 651 und IEC Publication 537) Freifeld-Übertragungsmaß *G* bezogen auf den Wert bei 1000 Hz

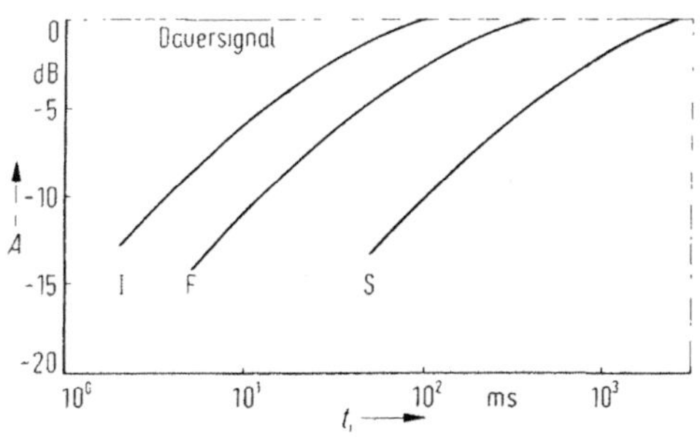

Fig. 2.8 Zeitbewertungen S, F, I des Schallpegelmessers (nach DIN IEC 651). Anzeige von Tonimpulsen der Dauer t_i bezogen auf die Anzeige für das Dauersignal gleicher Amplitude

Die Anforderungen an die Zeitbewertung F werden durch eine weitere Norm (DIN 45657) so ergänzt, daß auch eine definierte Messung sehr kurzer Impulse ermöglicht wird. Um Meßabweichungen durch Übersteuerung einzelner Stufen der Signalverarbeitung zu vermeiden, muß im Gerät eine Übersteuerungsanzeige vorhanden sein. Das ist besonders für die Messung von Schallimpulsen und Impulsfolgen wichtig.

Eine Besonderheit der Zeitbewertung I liegt darin, daß noch eine Spitzenwertanzeige mit einer Abklingzeitkonstante von $\tau_2 = 1500$ ms nachgeschaltet ist, die bei der Bildung von zeitlichen Mittelwerten dazu führt, daß der Mittelungspegel mit der Zeitbewertung I um so mehr über den entsprechenden Mittelungspegeln mit den Zeitbewertungen F und S liegt, je impulshaltiger das Geräusch ist. Diese Differenz wird als Nachweis und Kennwert für die Impulshaltigkeit des Geräusches verwendet. Manche Schallpegelmesser liefern zusätzlich eine Anzeige des Spitzenwertes.

Die Anzeige des Schallpegelmessers kann aus einem Zeigerausschlag, einem optischen Signal, z. B. in Form eines Lichtbandes oder einer Lampenkette, oder aus Ziffern bestehen. Die Meßwerte werden mit Dezibel (dB) bezeichnet und entsprechen der Gl. (2.3). Die Anwendung der Frequenz- und Zeitbewertung muß im Begleittext oder als Index am Formelzeichen angegeben werden, z. B. L_{pAS} für den Schalldruckpegel mit Frequenzbewertung A und Zeitbewertung S.

Bei der Mittelung von Pegeln ist zu beachten, daß nicht die Pegel selbst, sondern die physikalische Größe unter dem Logarithmus gemittelt werden muß (der Index m kennzeichnet den Mittelungsvorgang, der auch als „quadratische" oder „energetische" Mittelung bezeichnet wird (DIN 45641),

z. B. Mittelungspegel für den Schalldruck:

$$L_{pm} = 10 \lg \left(\frac{1}{N} \sum_{i=1}^{N} \frac{p_i^2}{p_0^2} \right) \mathrm{dB} \tag{2.22}$$

Bei der Anwendung von Gl. (2.22) auf Schalldruckpegel L_{pi} wird p_i^2/p_0^2 ersetzt durch $10^{L_{pi}/10\,\mathrm{dB}}$.
In der Integralform lautet die Formel für die zeitliche Mittelung:

$$L_{pm,T} = 10 \lg \left(\frac{1}{T} \int_0^T \frac{p(t)^2}{p_0^2} \mathrm{d}t \right) \mathrm{dB} \tag{2.23}$$

Für $L_{pm,T}$ wird auch die Bezeichnung „äquivalenter Dauerschallpegel L_{eq}" verwendet (ISO 1996/1, DIN 45641).

Entsprechende Formeln gelten für die Schallschnelle, Schallintensität und Schalleistung.

Da die Bestimmung des Mittelungspegels eine häufig wiederkehrende Meßaufgabe darstellt, hat man Schallpegelmesser entwickelt, die den zeitlichen Mittelungspegel für wählbare Mittelungzeiten anzeigen (DIN IEC 804).

Ein wichtiges Hilfsmittel zur Überprüfung der Anzeige von Schallpegelmessern vor oder während des Gebrauchs sind Schallkalibratoren (DIN IEC 942), die in einem kleinen Hohlraum, in den das Mikrofon eingesteckt wird, einen konstanten, gut reproduzierbaren Schalldruck bei Frequenzen vorzugsweise im Bereich zwischen 250 und 1000 Hz erzeugen. Die Grenzabweichungen für den Schalldruckpegel im Hohlraum betragen je nach Genauigkeit 0,15 bis 0,5 dB.

2.6.2 Schallintensität

Die Schallintensität ist die durch die Einheitsfläche strömende Schalleistung (Fahy (1989), Gade (1982)). Nach der Definition (s. **2.1.1**, Gl. (2.6)) sind zur Bestimmung der mittleren Schallintensität sowohl der Schalldruck als auch die Schallschnelle nach Betrag und Phase gleichzeitig zu messen und der zeitliche Mittelwert des Produktes zu berechnen. In ebenen Wellen und in Kugelwellen für $r \gg \lambda/2\pi$ kann man sich auf die Messung von p beschränken, da dort die Beziehung $v = p/\varrho c$ gilt. In vielen praktischen Fällen, in denen der Abstand des Mikrofons von der Schallquelle groß ist gegen die Wellenlänge, können näherungsweise diese Wellentypen angenommen werden, so daß man im allgemeinen mit der Messung von p auskommt. Die Schallkennimpedanz $Z_0 = \varrho c$ (s. **2.1.1**) beträgt für Luft der Temperatur 20°C $Z_0 = 416\,\mathrm{Ns/m^3}$. Der Schalldruck bzw. der Schalldruckpegel wird mit Schallpegelmessern gemessen, deren Anzeige mit der Zeitbewertung S bereits einer Mittelung über 2 s entspricht (Randall (1987)).

Ist der Abstand von der Schallquelle nicht groß gegen die Wellenlänge oder sind stehende Wellen vorhanden, müssen zur Messung der Schallintensität p und v getrennt erfaßt werden. Für die Messung von v können Bändchenmikrofone (Baker (1955), Hamann (1980)) oder Hitzdrahtsonden (Zyl u. Andersen (1975)) eingesetzt werden. Ein anderer Weg ist die Berechnung von v aus den Druckgradienten (Schultz (1956), Pavić (1977), Hamann (1980), Fahy (1989)).

$$v(t) = -\frac{1}{\varrho} \int_0^t \frac{\mathrm{d}p}{\mathrm{d}x} \mathrm{d}t \tag{2.24}$$

Der Druckgradient wird aus der Differenz der Ausgangssignale p_1, p_2 zweier Kondensatormikrofone gebildet. Bei einem Mikrofonabstand von $\Delta x = 12\,\mathrm{mm}$ beträgt die obere

Frequenzgrenze etwa 10 kHz. Dabei ist es sehr wichtig, daß die Verstärkung in beiden Mikrofonwegen einschließlich der erforderlichen Filter in Betrag und Phase möglichst genau übereinstimmt. Die Verwendung digitaler Filter ist vorteilhaft.

Die Intensität ergibt sich dann als Mittelwert über die Zeit T

$$I = -\frac{1}{2\varrho\Delta x}\overline{\left[(p_1 + p_2)\int_0^t (p_1 - p_2)\mathrm{d}t\right]^T} \tag{2.25}$$

Ein anderer Auswertungsweg führt über die Kreuzkorrelation der Summen- und Differenzsignale und deren Fourier-Transformierte, die als Kreuzspektraldichte oder als Kreuzspektrum bezeichnet wird (Fahy (1977)). Dabei kann bei konstanten Signalen die Bedingung der Phasengleichheit der beiden Verstärkerkanäle durch Wiederholung der Messung mit vertauschten Kanälen eliminiert werden (Chung (1978)).

Die Schallintensitätsmessung findet vielfach Anwendung (Fahy (1989)), zum Beispiel zur Lokalisierung von Schallquellen sowie zur Messung der Schallabsorption und der Schalldämmung. Besonders wichtig ist die Anwendung zur Bestimmung der Schalleistung von Schallquellen unter ungünstigen Umgebungsbedingungen wie der Anwesenheit von Störgeräuschen und einer starken Raumrückwirkung. Die Schalleistung wird in ähnlicher Weise bestimmt wie in **2.**6.3 dargestellt, wobei Einzelheiten der Messung von bestimmten Kriterien abhängen, die in Normen festgelegt sind (ISO 9614 Part 1 und Part 2). Die Anforderungen an Meßgeräte für die Schallintensität sind ebenfalls in einer Norm festgelegt (IEC 1043).

2.6.3 Schalleistung

Entsprechend den Definitionen (s. **2.**1.1, Gl. (2.7) und Gl. (2.10)) kann man die Schalleistung im Freifeld bzw. im Halb-Freifeld oder im diffusen Schallfeld bestimmen. Eine von der Schallfeldart unabhängige Methode bietet das Vergleichsverfahren (s. **2.**6.3.3). In Sonderfällen läßt sich die abgestrahlte Schalleistung aus der Schwingungsamplitude der Oberfläche der Schallquelle berechnen (VDI-Bericht 335, DIN 45635 Teil 8).

Die Bestimmung der Schalleistung mit Hilfe von Schallintensitätsmessungen ist auch unter ungünstigen Umgebungsbedingungen anwendbar (s. **2.**6.2).

2.6.3.1 Schalleistung im freien Schallfeld

Die Definition Gl. (2.7) verlangt die Messung der Schallintensität auf einer die Schallquelle umhüllenden Fläche (Hüllfläche, Meßfläche), durch die der Schall hindurchtritt. Wenn die Schallquelle auf einer schallreflektierenden Fläche aufgestellt ist, kann sich der Schall nur oberhalb dieser Fläche ausbreiten (Halb-Freifeld, Freifeld über einer reflektierenden Ebene). Die Aufstellungsfläche gehört nicht zur Meßfläche.

Grundsätzlich kann die Hüllfläche eine beliebige Form haben. Für die praktische Anwendung sind jedoch die Kugel bzw. Halbkugelfläche und die Quaderfläche als besonders zweckmäßig eingeführt. Der Faktor cos ϑ in der Definition Gl. (2.7) wird im allgemeinen gleich eins gesetzt. Der dadurch entstehende Fehler ist bei Kugel- und Halbkugelflächen mit einem Radius von mindestens dem Zweifachen der größten Abmessung der Schallquelle vernachlässigbar. Bei Anwendung der Quaderfläche auf ausgedehnte Schallquellen (z. B. größere Maschinen) mit ungleichmäßig verteilten Schallquellen kann der Meßfehler einige Dezibel erreichen. Bei großen Schallquellen wird aber auch die Anwendung der Halbkugel-Fläche wegen der erforderlichen Abstände zunehmend schwieriger. Für diese Messungen ist die Messung der Schallintensität (s. **2**.6.2) vorzuziehen.

Messungen im Freien setzen geeignetes Wetter (insbesondere Windgeschwindigkeiten möglichst niedrig), genügenden Abstand von reflektierenden Hindernissen (z. B. Gebäuden) und einen genügend niedrigen Störpegel der Umgebungsgeräusche voraus.

Die Messung der Schallintensität (s. **2**.6.2) wird im allgemeinen durch die Messung des Schalldruckpegels angenähert. Zur Vereinfachung der Auswertung werden, von Sonderfällen abgesehen, die Meßpunkte so auf der Meßfläche verteilt, daß jedem Meßpunkt ein etwa gleichgroßes Flächenelement zugeordnet werden kann. Der Pegel des über alle Mikrofonorte auf der Meßfläche gemittelten Schalldrucks (Mittelungspegel, s. **2**.6.1) wird als Meßflächen-Schalldruckpegel $\bar{L}_p$ bezeichnet. Der Schalleistungspegel (s. **2**.1.1, Gl. (2.8)) ergibt sich aus $\bar{L}_p$ und der Größe der Meßfläche S sowie der Bezugsfläche $S_0 = 1\,\mathrm{m}^2$ nach der Beziehung:

$$L_W = \bar{L}_p + 10\lg(S/S_0)\mathrm{dB} \tag{2.26}$$

Falls erforderlich sind noch Korrekturen für Fremdgeräusche, Reflektionen aus der Umgebung und Änderungen von Luftdruck und Temperatur anzubringen (DIN 45635 Teil 1).

Für die meisten Anwendungen wird der Schalldruckpegel mit der Frequenzbewertung A gemessen; wenn Informationen über die Frequenzzusammensetzung verlangt werden, ist $\bar{L}_p$ in Terz- bzw. Oktavbereichen zu messen. Auf diese Weise ergeben sich die entsprechenden Schalleistungspegel L_{WA}, $L_{W\mathrm{Okt}}$, $L_{W\mathrm{Terz}}$.

Die Anordnung der Meßpunkte auf der Meßfläche hat die Aufgabe, einen möglichst guten Schätzwert für den Meßflächen-Schalldruckpegel zu liefern und wird zusätzlich von Fragen der einfachen Anwendung (s. Fig. 2.9) und der Fehlerquellen bestimmt. In den Normen und Vorschriften sind daher unterschiedliche Meßpunktanordnungen zu finden. Ein bewährtes Kriterium sagt, daß die Zahl der Meßpunkte mindestens so groß sein soll wie der zahlenmäßige Unterschied der an diesen Punkten gemessenen

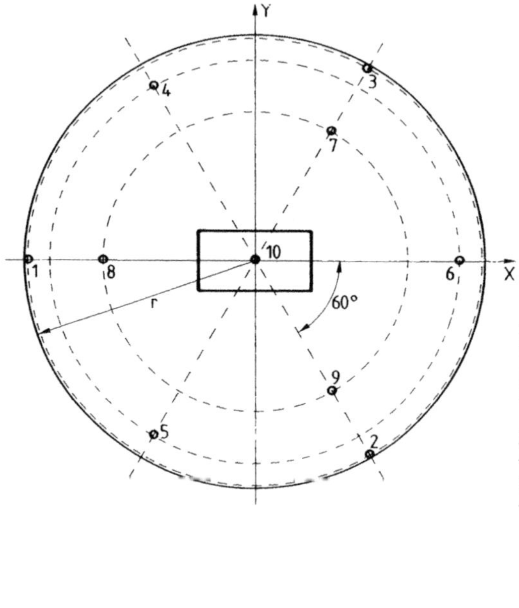

Fig. 2.9
Vereinfachte Mikrofonanordnung auf der Halbkugelmeßfläche. Die Z-Komponenten haben die Werte (nach DIN 45635 Teil 1)

Z	$0{,}15\,r$	$0{,}45\,r$	$0{,}74\,r$	r
Meßpunkt	1, 2, 3	4, 5, 6	7, 8, 9	10

größten und kleinsten Schalldruckpegel. Bei einer allseitig gleich abstrahlenden Quelle genügt im Prinzip ein einziger Meßpunkt.

Für die Halbkugelmeßfläche ist die in der folgenden Tab. 2.1 angegebene Anordnung von 10 Meßpunkten zu empfehlen, die auch bei Schallquellen, die vorwiegend Töne abstrahlen, Fehler durch Interferenzeffekte weitgehend vermeidet. Bei Halbkugel-Radien, die von 1 m abweichen, sind die in der Tabelle angegebenen Werte mit dem Radius (in Metern) zu multiplizieren.

Tab. 2.1 Koordinaten für 10 Meßpunkte auf einer Halbkugelmeßfläche mit 1 m Radius, nach DIN 45635 Teil 1 (Schallquellenmitte über dem Koordinatenursprung)

Meßpunkt Nr.	x in m	y in m	z in m
1	0,16	−0,96	0,22
2	0,78	−0,60	0,20
3	0,78	0,55	0,31
4	0,16	0,90	0,41
5	−0,83	0,32	0,45
6	−0,83	−0,40	0,38
7	−0,26	−0,65	0,71
8	0,74	−0,07	0,67
9	−0,26	0,50	0,83
10	0,10	−0,10	0,99

Wenn die Meßpunkte nicht gleichzeitig, sondern nacheinander erfaßt werden, muß eine genügende Konstanz der Schallquelle gewährleistet sein. Das gilt auch, wenn das Mikrofon auf der Meßfläche in bestimmten Bahnen herumgeführt wird, wobei die Verwendung von Schallpegelmessern mit Mittelungseinrichtungen die Mittelung erleichtert.

Als besonders vorteilhaft hat sich die Abtastung der Halbkugeloberfläche auf einer Spiralbahn erwiesen, wobei sich die Schallquelle dreht, während das Mikrofon auf einem Viertelkreis von der Aufstellungsfläche der Schallquelle in die senkrechte Position geschwenkt wird (ISO 3745, Annex F). Das gilt insbesondere für Präzisionsmessungen zur Kalibrierung von Vergleichsschallquellen (s. **2**.6.3.3).

Eine annähernd gleich gute, in der Ausführung aber einfachere Meßpunktanordnung zeigt die Quadermeßfläche. Der Abstand der Meßfläche von der Maschinenoberfläche soll im allgemeinen 1 m, mindestens jedoch 0,25 m betragen. Bei nicht zu großen Schallquellen besteht die Grundanordnung aus 9 Meßpunkten, je einer in der Mitte der 5 Seiten und in den 4 oberen Ecken des Quaders.

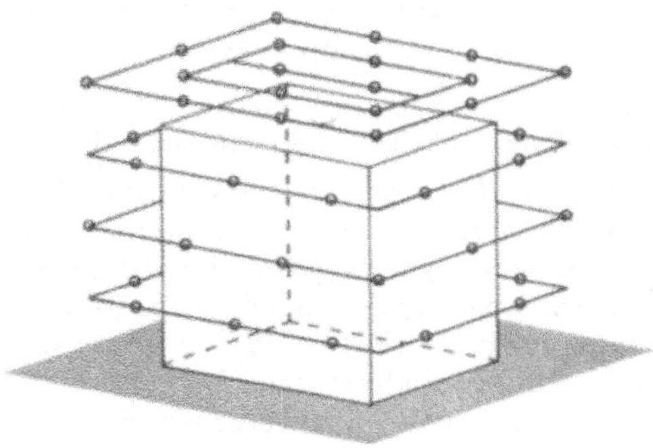

Fig. 2.10
Mikrofonanordnung auf der Quadermeßfläche bei einer großen Maschine. Die Verbindungslinien der Meßpunkte stellen Meßpfade dar. Der Abstand von dem „Bezugsquader", der den kleinsten die Maschine umschließenden Quader darstellt, soll $d = 1$ m betragen (nach DIN 45635 Teil 1)

Die Mikrofonanordnung und die Meßpfade an einer großen Maschine zeigt Fig. 2.10.

Die Meßunsicherheit für die A-bewerteten Schalleistungspegel kann als Standardabweichung unter Wiederholbedingungen mit etwa 1,5 dB angesetzt werden.

2.6.3.2 Schalleistung im diffusen Schallfeld

Aus den Definitionen (s. **2.**1.1, Gl. (2.9) u. (2.10)) ergibt sich ein Zusammenhang zwischen der Schalleistung P, die von einer Schallquelle in einen Hallraum (s. **2.**1.3) eingestrahlt wird, und dem mittleren Schalldruckquadrat in diesem Raum. Der Proportionalitätsfaktor stellt, abgesehen von dem Faktor $1/4\,\varrho c$, die äquivalente Schallabsorptionsfläche des Raumes dar.

In Pegelschreibweise ergibt sich der Ausdruck (DIN EN 23741):

$$L_W = L_{pm} - 10\lg\frac{T}{T_0}\,\mathrm{dB} + 10\lg\frac{V}{V_0}\,\mathrm{dB} + 10\lg\left(1+\frac{S\lambda}{8V}\right)\mathrm{dB} - 10\lg\frac{B}{1000}\,\mathrm{dB} - 14\,\mathrm{dB} \tag{2.27}$$

L_W Schalleistungspegel,
L_{pm} Mittelungspegel des Schalldrucks im diffusen Schallfeld,
T Nachhallzeit in s; $T_0 = 1$ s,
V Hallraumvolumen in m³; $V_0 = 1\,\mathrm{m}^3$,
S Gesamtoberfläche des Raumes in m^2,
λ Wellenlänge bei der Mittenfrequenz des entsprechenden Frequenzbandes in m.
B statischer Druck in mbar

Das vierte Glied auf der rechten Seite der Formel ist eine Korrektur für die Bereiche des Hallraumes in Wand- und Quellennähe, in denen der Schalldruck höher ist als im Bereich des diffusen Schallfeldes. Das fünfte Glied berücksichtigt Änderungen des Luftdruckes.

Die Meßunsicherheit wird überwiegend durch die Messung von L_{pm} bestimmt. Als Maß für die Steuerung der Schalldruckpegel an verschiedenen Stellen des diffusen Schallfeldes dient die Standardabweichung.

$$s = \sqrt{\frac{1}{n-1}\sum_{i=1}^{n}(L_i - L_m)^2} \tag{2.28}$$

L_i zeitlich gemittelter Pegel am Mikrofonort i,
n Anzahl der Mikrofonorte.

Insbesondere bei schmalbandigen oder tonhaltigen Geräuschen ist es notwendig, auch die Aufstellung der Schallquelle im Raum mehrfach zu ändern.

Zur Schalldruckmessung kann das Mikrofon an bestimmten Stellen aufgestellt oder, vorteilhafter, im Raum bewegt werden. Aus der Mittelung der Meßwerte während der Mikrofonbewegung ergibt sich der zeitliche und räumliche Mittelungspegel des Schalldrucks. Voneinander unabhängige Werte L_i für die Berechnung der Standardabweichung nach Gl. (2.30) sind nur zu erwarten, wenn die entsprechenden Mikrofonorte voneinander mindestens um $\lambda/2$ entfernt sind; bei Bewegungen des Mikrofons auf einer Bahn der Länge $l \geqslant 3$ m ergeben sich $2l/\lambda$ unabhängige Werte von L_i. Als weitere

Bedingung für die Mikrofonaufstellung ist der Abstand von mindestens $\lambda/2$ von den Wänden und ggf. Diffusoren und ein Abstand von $d_{\min} = 0{,}16\sqrt{V/T}$ (V Raumvolumen in m^3, T Nachhallzeit in s) von der Schallquelle einzuhalten. Dieser Mindestabstand ist gleich dem doppelten Hallradius r_H (s. **2**.1.2) bei Aufstellung der Quelle auf dem Boden des Hallraumes.

Ein Raum ist nur dann zur Messung der Schalleistung geeignet, wenn die Standardabweichung der Schalldruckpegel bestimmte, frequenzabhängige Werte nicht überschreitet, wenn der Raum mit Rauschsignalen oder Tönen angeregt wird (DIN EN 23741, DIN EN 23742).

Da die Nachhallzeit frequenzabhängig ist, müssen die Messungen in Terz- oder Oktavbändern ausgeführt werden. L_{WA} muß aus diesen Werten unter Berücksichtigung der Frequenzbewertung A (s. **2**.6.1) berechnet werden (DIN EN 23741 Anhang C).

In sehr guten Hallräumen läßt sich für zeitlich konstante Schallquellen bei der Messung von $L_{W\text{Terz}}$ im Frequenzbereich 400 bis 5000 Hz (Terzband-Mittenfrequenzen) eine Standardabweichung von 1,5 dB unter Vergleichsbedingungen einhalten.

Bei geringeren Ansprüchen an die Meßunsicherheit kann man L_{WA} in besonders hergerichteten Hallräumen unmittelbar bestimmen. Dazu muß der Raum durch eine geeignet abgestimmte absorbierbare Auskleidung auf eine annähernd frequenzunabhängige Nachhallzeit gebracht werden (DIN 45635 Teil 3).

Die Definition (2.10) setzt einen Gleichgewichtszustand zwischen abgestrahlter und absorbierter Schallenergie voraus, daher ist dieses Verfahren nicht auf Einzelimpulse oder Impulsfolgen mit einem größeren Impulsabstand anzuwenden. Das Hallraumverfahren liefert auch keine Aussagen über die Richtcharakteristik der Schallquelle.

2.6.3.3 Vergleichsverfahren

Die Anwendung des Vergleichsverfahrens setzt voraus, daß eine sogen. Vergleichsschallquelle (reference sound source; François (1977), ISO 6926) vorhanden ist. Als Vergleichsschallquellen eignen sich vor allem abgeänderte Lüfter (aerodynamische Schallquelle), die ein rauschartiges breitbandiges Geräusch abstrahlen, dessen Schalleistungspegel zeitlich sehr konstant ist. Lautsprecher als Vergleichsschallquellen besitzen den Vorteil, daß man das Spektrum und den Pegel des Geräusches verändern kann, allerdings steht diesem Vorteil eine gegenüber der aerodynamischen Schallquelle vergrößerte Meßunsicherheit gegenüber.

Das Vergleichsverfahren ist von den Umgebungsbedingungen weitgehend unabhängig. Bei gleicher Mikrofonanordnung sind zwei Messungen des Schalldruckpegels in Frequenzbändern oder A-bewertet auszuführen, wobei nacheinander die Vergleichsschallquelle und die unbekannte Schallquelle an der gleichen Stelle des Meßraumes aufgestellt werden. Der Schalleistungspegel der unbekannten Quelle L_{Wx} ergibt sich aus dem durch eine Kalibrierung (ISO 6926) bestimmten Schalleistungspegel der Vergleichsschallquelle L_{Wr} und den über alle Mikrofonstellungen gemittelten Schalldruckpegeln für die unbekannte Quelle L_{pmx} und die Vergleichsschallquelle L_{pmr} (DIN 45635 Teil 3).

$$L_{Wx} = L_{Wr} + L_{pmx} - L_{pmr} \tag{2.29}$$

Wenn zu vermuten ist, daß die akustischen Eigenschaften des Meßraumes (Nachhallzeit, Reflexionen) frequenzabhängig sind, muß die Messung in Terz- oder Oktavbändern ausgeführt werden. Nur wenn die Spektren der unbekannten Schallquelle und der Vergleichsschallquelle innerhalb weniger dB übereinstimmen, kann in solchen Meßräumen unmittelbar der A-bewertete Schalleistungspegel bestimmt werden. Bei Lautsprecher-Vergleichsschallquellen läßt sich das Spektrum der Vergleichsschallquelle an das Spektrum der unbekannten Quelle angleichen.

In Freifeld- und Hallfeld-Räumen (DIN 45635 Teil 1) sowie in dem Sonder-Hallraum (DIN 45635 Teil 3) bestehen für die Bestimmung des A-bewerteten Schalleistungspegels keine Einschränkungen außer in der Größe der Schallquellen. Im Sonder-Hallraum soll das Volumen der Schallquelle 1% des Meßraumes nicht übersteigen, im Freifeld und Halbfreifeld soll die größte Abmessung der Schallquelle kleiner als 15 m sein. Wenn sich die unbekannte Schallquelle nicht in einen der genannten Meßräume bringen läßt, kann man mit einem abgewandelten Vergleichsverfahren den Schalleistungspegel der unbekannten Quelle zumindest näherungsweise bestimmten (ISO 3747).

2.6.4 Schallabstrahlung

2.6.4.1 Maschinen

Als Meßgröße dient der A-bewertete Schalleistungspegel (s. **2.6.3** u. Tab. T 2.09 in Band 3). Als ergänzende Meßgrößen sind vorgesehen (DIN 45635 Teil 1):

- Schalldruck-Mittelungspegel am Arbeitsplatz der Maschine (arbeitsplatzbezogener Emissionswert), bei starken Impulsen zusätzlich der
- Pegel des Spitzenwertes des unbewerteten Schalldrucks L_{peak} (DIN 45645 T 2)
- Impulshaltigkeit $K_{\text{I}} = (L_{p\text{AIm}} - L_{\text{Aeq}})$, $(L_{\text{Aeq}} = L_{p\text{ASm}}$ (s. **2.6.1**))
- Schallspektrum (Schalleistungsspektrum, Schalldruckspektrum)
- Richtungsmaß im Freifeld $DI = L_{p\text{A}\max} - \bar{L}_{p\text{A}}$ bzw. Richtungsmaß im Halb-Freifeld $DI = L_{p\text{A}\max} - \bar{L}_{p\text{A}} + 3\,\text{dB}$ ($L_{p\text{A}\max}$ größter der an den Meßpunkten der Meßfläche gemessenen A-bewerteten Schalldruckpegel, $\bar{L}_{p\text{A}}$ A-bewerteter Schalldruck-Mittelungspegel auf der Meßfläche).

Die Aufstellungs- und Betriebsbedingungen beeinflussen im allgemeinen erheblich die Schallabstrahlung der Maschine und können sich auch auf die Meßunsicherheit auswirken.

In Normen (DIN 45635 Teil 10 u. folgende) sind daher entsprechende maschinen-spezifische Festlegungen getroffen worden. Für Maschinen, die in diesen Normen nicht behandelt sind, ist als allgemeiner Grundsatz eine weitgehende Annäherung an die üblichen besonders häufigen oder typischen Ausstellungs- und Betriebsbedingungen unter Berücksichtigung der Reproduzierbarkeit und des Aufwandes anzustreben. Die gewählten Bedingungen sind im Meßbericht ausführlich zu beschreiben. Ebenso ist genau festzulegen und zu beschreiben, welche Teile, Zusatzgeräte, Leitungen u. ä. zur Maschine gerechnet werden und welche von den ggf. wählbaren Ausstattungen und Werkzeugen verwendet wurden.

2.6.4.2 Fahrzeuge

Als Meßgröße wird anstelle des A-bewerteten Schalleistungspegels der größte mit der Frequenzbewertung A und der Zeitbewertung F bei der Vorbeifahrt gemessene Schalldruckpegel verwendet. Die Beschaffenheit der Fahrbahn, der Abstand von der Fahrspur und der einzuhaltende Betriebszustand sind in Verordnungen und Normen festgelegt.

Bei Kraftfahrzeugen und Straßenbahnen beträgt der Mikrofonabstand von der Fahrspurmitte 7,5 m. Kraftfahrzeuge (DIN ISO 362, DIN ISO 5130) sind mit einer vom Fahrzeugtyp abhängigen Getriebeeinstellung unter Vollgas-Beschleunigung bei Geschwindigkeiten um 50 km/h zu betreiben, Straßenbahnen (DIN 45637) fahren konstant mit einer Geschwindigkeit von 40 km/h. Bei Eisenbahnen und Binnenschiffen (DIN 45640) beträgt der bevorzugte Mikrofonabstand von der Gleismitte bzw. Bordwand 25 m. Stadt- und Untergrundbahnen sollen bei der Messung mit 60 km/h, Fernbahnen mit 80 (160, 200, 250, 300) km/h fahren, bei Wasserfahrzeugen sollen die

Antriebsmaschinen bei Nennleistung mit mindestens 95% der im Schiffsattest angegebenen Drehzahl laufen.

Bei Propellerflugzeugen bis 5700 kg Höchstgewicht ist der Maximalwert von L_{pAS} beim Überflug in einer Höhe von 305 m bei höchstzulässiger Dauerleistung zu messen (Lärmschutzforderungen für Luftfahrzeuge (1991)).

2.6.5 Schalleinwirkung am Arbeitsplatz und im Wohnbereich

Als Meßgröße wird der Beurteilungspegel L_r verwendet (DIN 45645 Teil 1), der sich aus dem A-bewerteten Mittelungspegel L_{pAm} bzw. L_{Aeq} (s. 2.6.1) und Zuschlägen für die besondere Störwirkung von auffälligen Tönen (K_T) und Impulsen (K_I), zusammensetzt:

$$L_r = L_{Aeq} + K_I + K_T \tag{2.30}$$

Bei der Beurteilung von Gehörschäden wird $K_T = 0$ eingesetzt, die Anwendung von K_I ist in diesem Fall umstritten.

An Arbeitsplätzen (DIN 45645 Teil 2) erstreckt sich die Mittelung über eine Arbeitsschicht, im Wohnbereich (VDI 2058 Blatt 1) wird der Tag vorzugsweise in drei Abschnitte (Tag von 07 bis 19 Uhr), Ruhezeiten 19 bis 22 Uhr und 06 bis 07 Uhr, Nacht 22 bis 06 Uhr) eingeteilt.

Am Arbeitsplatz wird das Mikrofon in Ohrnähe des an dem betreffenden Platz beschäftigten Arbeiters aufgestellt (DIN 45645 Teil 2, VDI 2058 Blatt 2).

Im Wohnbereich soll bei Geräuscheinwirkung von außerhalb des Gebäudes (z. B. Verkehrsgeräusche, Industriegeräusche) das Mikrofon 0,5 m außen vor der Mitte des geöffneten, am stärksten betroffenen Fensters, oder 3 bis 4 m vor dem Gebäude aufgestellt werden.

Die Messung braucht im allgemeinen nicht über die ganze Beurteilungszeit (Schicht, Tag, Ruhezeit, Nacht) bzw. über das ganze langfristige Kennzeichnungszeitintervall ausgedehnt zu werden, es genügt meist, durch geeignete Stichproben, die auch langfristige Schwankungen einschließen sollen, einen entsprechenden Schätzwert zu bestimmen.

Die gemessenen Werte des Beurteilungspegels können mit Richtwerten verglichen werden, um zu beurteilen, ob die Schalleinwirkung mit einer gegebenen Wohnsituation (VDI 2058 Blatt 1) oder mit einer bestimmten Tätigkeit (VDI 2058 Blatt 3) vereinbar ist (s. Tab. T 2.09 u. T 2.10 in Band 3).

Literatur zu 2.6

Baker, S. (1955): An acoustic intensity meter. J. Acoust. Soc. Am. **27**, 269–273

Chung, J. Y. (1978): Cross-spectral method of measuring acoustic intensity without error caused by instrument phase mismatch. J. Acoust. Soc. Am. **64**, 1613–1616

DIN 45635 Teil 1 (April 1984): Geräuschmessung an Maschinen, Luftschallemission, Hüllflächen-Verfahren, Rahmenverfahren für 3 Genauigkeitsklassen

DIN EN 23741 (Nov. 91): Akustik; Ermittlung der Schalleistungspegel von Geräuschquellen; Hallraumverfahren der Genauigkeitsklasse 1 für breitbandige Quellen (ISO 3741: 1988); Deutsche Fassung EN 23741: 1991

DIN EN 23742 (Nov. 91): Akustik; Ermittlung der Schalleistungspegel von Geräuschquellen. Hallraumverfahren der Genauigkeitsklasse 1 für tonale und schmalbandige Quellen (ISO 3742: 1988); Deutsche Fassung EN 23742: 1991

DIN 45635 Teil 3 (Nov. 1985): Geräuschmessung an Maschinen, Luftschallmessung, Sonder-Hallraum-Verfahren, Rahmen-Meßverfahren (Genauigkeitsklasse 2)

DIN 45635 Teil 8 (Juni 1985): Geräuschmessung an Maschinen, Körperschallmessung, Rahmen-Meßverfahren

DIN 45635 Teil 10 (Mai 1974): Geräuschmessung an Maschinen, Luftschallemission, Hüllflächen-Verfahren, Rotierende elektrische Maschinen. DIN 45635 Teil 11 und folgende enhalten Angaben für andere Maschinenarten

DIN 45637, Entwurf (Nov. 1990): Außengeräuschmessungen an spurgebundenen Fahrzeugen

DIN 45640 (Juni 1990): Außengerauschmessungen an Wasserfahrzeugen auf Binnengewässern

DIN 45641 (Juni 1990): Mittelung von Schallpegeln
DIN 45645 Teil 1 (April 1977): Einheitliche Ermittlung des Beurteilungspegels für Geräuschimmissionen
DIN 45645 Teil 2 (im Druck): Ermittlung von Beurteilungspegeln aus Messungen, Geräuschimmissionen am Arbeitsplatz
DIN 45657 (Jan. 1992): Schallpegelmesser, Zusatzanforderungen für besondere Meßaufgaben
DIN IEC 651 (Dez. 1981): Schallpegelmesser
DIN IEC 804 (Jan. 1987): Integrierende mittelwertbildende Schallpegelmesser
DIN IEC 942 (März 1990): Schallkalibratoren
DIN ISO 362 (12.84): Akustik; Messung des von beschleunigten Straßenfahrzeugen abgestrahlten Geräusches; Verfahren der Genauigkeitsklasse 2
DIN ISO 5130 (05.82): Akustik; Methode für die Messung des Standgeräusches von Straßenfahrzeugen
Fahy, F. J. (1977): Measurement of acoustic intensity using the cross-spectral density of two microphone signals. J. Acoust. Soc. Am. **62**, 1057–1059
Fahy, F. J. (1989): Sound intensity. London – New York: Elsevier
Francois, P. (1977): Characteristics and calibration of reference sound sources. Noise Contr. Eng. **9**, 6–15
Gade, S. (1982): Sound intensity (Part I, Theory). Brüel & Kjaer, Tech. Rev. No. 3, 3–39
Hamann, M. (1980): Ein Beitrag zur Realisierung eines Schallintensitätsmeßverfahrens in der Maschinenakustik. Diss. Univ. Hannover, Fak. f. Maschinenwesen
IEC 537 (1976): Frequency weighting for the measurement of aircraft noise
IEC 1043, 2nd Committee Draft (1991): Instruments for the measurement of Sound intensity
ISO 1996/1 (1982): Acoustics – Description and measurement of environmental noise – Part 1: Basic quantities and procedures
ISO 3745 (1977): Acoustics – Determination of sound power levels of noise sources – Precision methods for anechoic and semi-anechoic rooms
ISO 3747 (1987): Acoustics – Determination of sound power levels of noise sources – Survey method using a reference sound source
ISO 6926 (1990): Acoustics – Determination of sound power levels of noise sources – Requirements for the performance and calibration of reference sound sources
ISO 9614 Part 1 (im Druck): Acoustics – Determination of the sound power levels of noise sources using sound intensity – Part 1: Measurement at discrete points
ISO 9614 Part 2 (in Vorbereitung): Acoustics – Determination of the sound power levels of noise sources using sound intensity – Part 2: Measurement by scanning
Lärmschutzforderungen für Luftfahrzeuge (LSL) vom 1. Januar 1991, Bundesanzeiger **43**, Nr. 54 A
Pavić, G. (1977): Measurement of sound intensity. J. Sound Vib. **51**, 533–545
Randall, R. B. (1987, 3rd edition): Frequency analysis. Broschüre der Fa. Brüel & Kjaer, DK-2859 Naerum, Dänemark
Schultz, T. J. (1956): Acoustic Wattmeter. J. Acoust. Soc. Am. **28**, 693–699
VDI-Bericht 335 (1979): Geräuschemissionsmessungen – Erfahrungen mit Schalleistungsmessungen nach DIN 45635
VDI 2058 Blatt 1 (Sept. 1985): Beurteilung von Arbeitslärm in der Nachbarschaft
VDI 2058 Blatt 2 (Juni 1988): Beurteilung von Lärm hinsichtlich Gehörgefährdung
VDI 2058 Blatt 3 (April 1981): Beurteilung von Lärm am Arbeitsplatz unter Berücksichtigung unterschiedlicher Tätigkeiten
Zyl, B. G. van; Andersen, F. (1975): Evaluation of the intensity method of sound power determination. J. Acoust. Soc. Am. **57**, 682–686

2.7 Schwingungsmeßtechnik (R. Martin †)

2.7.1 Schwingungsmeßgeräte

Schwingungen lassen sich durch den Schwingweg ξ, die Schwingschnelle v und die Schwingungsbeschleunigung a beschreiben. Diese drei Größen können durch Integration bzw. Differentiation ineinander überführt werden. Für sinusförmige Schwingungen mit der Kreisfrequenz ω und dem Schwingweg ξ ergeben sich die Beträge der Schwinggeschwindigkeit (Schnelle) v und der Schwingungsbeschleunigung a aus der Beziehung $a = \omega v = \omega^2 \xi$. Es genügt daher, eine der drei Größen zu messen. Bei hohen Frequenzen ist der Schwingweg im allgemeinen sehr klein und wegen des Faktors ω^2 ist es dann leichter, die Schwingungsbeschleunigung zu messen.

Zur Messung werden die Schwingungsgrößen mit Hilfe von mechanisch-elektrischen Wandlern (Schwingungsaufnehmer) in elektrische Signale umgewandelt, die dann mit den Mitteln der elektrischen Meßtechnik aufgezeichnet oder angezeigt werden. Nach der Arbeitsweise der Aufnehmer lassen sich folgende Unterscheidungen treffen:

- Absolute Messung: Ausgangssignal des Aufnehmers ist der Bewegung in bezug auf das Inertialsystem proportional.
- Relative Messung: Ausgangssignal des Aufnehmers ist der Bewegung relativ zu einem Bezugspunkt in einem anzugebenden zweckmäßig gewählten Bezugssystem proportional.

Schwingungsaufnehmer: geben eine der Schwingungsgröße proportionale elektrische Größe (Spannung, Strom, Ladung) ab und nutzen dabei elektromagnetische, elektrodynamische, piezoelektrische, galvanomagnetische (z. B. Hall-Effekt) und magneto-elastische Effekte aus oder ändern eine ihrer elektrischen Eigenschaften (Widerstand, Kapazität, Induktivität) proportional zur Schwingungsgröße und benötigen dann Zusatzgeräte (z. B. Trägerfrequenz-Meßbrücken) zum Erkennen und Anzeigen der Veränderungen.

Besonders verbreitet sind piezoelektrische und piezoresistive Beschleunigungsaufnehmer und elektrodynamische Schnelleaufnehmer.

Zur Verarbeitung der Aufnehmer-Ausgangssignale sind geeignete Verstärker und Anzeigegeräte erforderlich. Insbesondere für die Untersuchung von Stoßvorgängen müssen der Arbeitsfrequenzbereich und der Bereich der Amplitudenlinearität des Schwingungsaufnehmers genügend groß sein. Die durch die mechanische Eigenfrequenz der Aufnehmer vorgegebenen Grenzen können durch Nachschalten geeigneter Netzwerke erheblich erweitert werden. Insbesondere wird davon Gebrauch gemacht, um die untere Grenze des Arbeitsfrequenzbereiches um mehrere Zehnerpotenzen herabzusetzen (Rockschies (1969), Burchardt (1977); s. Fig. 2.11).

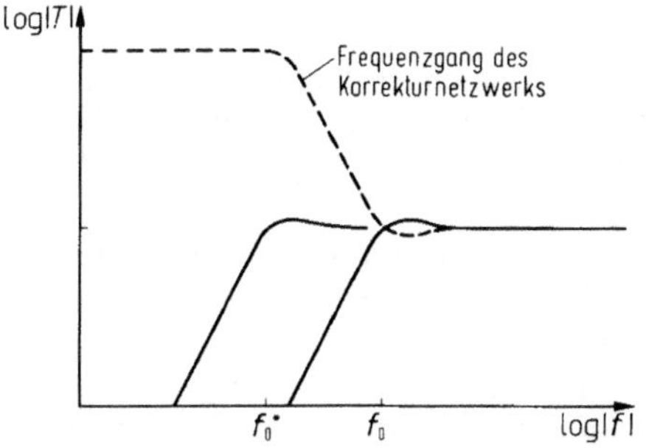

Fig. 2.11 Erniedrigung der unteren Grenzfrequenz f_0 des Übertragungsfaktors T eines tief abgestimmten Schwingungsaufnehmers auf f_0^* mit Hilfe eines Korrekturnetzwerks (nach Burchardt (1977))

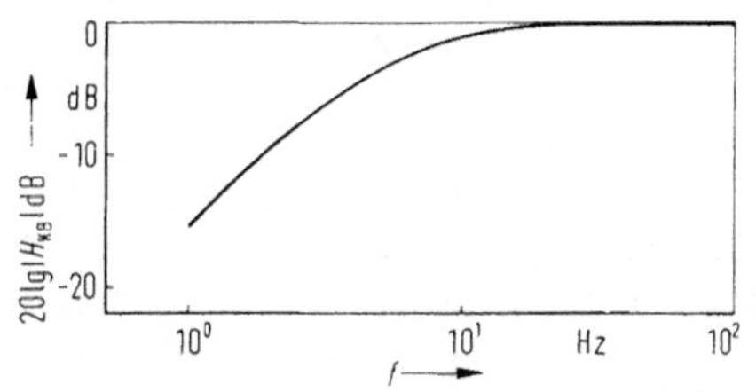

Fig. 2.12 Übertragungsmaß 20 lg $|H_{KB}|$ dB für das Schwinggeschwindigkeitssignal in Schwingungsmessern zur Beurteilung von Schwingungseinwirkungen auf Menschen bei nicht vorgegebener Körperhaltung (nach DIN 45669 Teil 1)

Für die Beurteilung der Einwirkung von Schwingungen auf Menschen im Wohnbereich und am Arbeitsplatz (Bobbert (1982)) sind Frequenzabhängigkeiten zu berücksichtigen, deren Verlauf von der Einwirkung (z. B. auf stehende, sitzende, liegende Personen; auf Hand) abhängt (VDI 2057). In Schwingungsmessern, die speziell für diese Anwendungen bestimmt sind, sind die entsprechenden Frequenzbewertungen enthalten (DIN 45669 Teil 1 und DIN 45671 Teil 1, s. Fig. 2.12).

Für die Auswahl von Schwingungsaufnahmen können neben den Arbeitsbereichen von Frequenz und Amplitude und den Umgebungseinflüssen wie Temperatur, Feuchte, elektrische, magnetische und Hochfrequenzfelder noch folgende Eigenschaften von Bedeutung sein: Phasengang, Richtungsfaktor, Linearität, Dehnungsempfindlichkeit, Kapazität bzw. Innenwiderstand.

Bei den piezoelektrischen Beschleunigungsaufnehmern zeigen Konstruktionen, bei denen das piezoelektrische Material auf Scheerung statt auf Kompression beansprucht wird, eine besonders geringe Dehnungsempfindlichkeit; das ist wichtig bei Messungen an schwingenden Blechen und Stäben bei tiefen Frequenzen, da Dehnungseinflüsse zu Meßfehlern führen können.

Aufnehmer mit eingebauten Verstärkern erleichtern den Anschluß längerer Kabel, wobei die durch Kabelschwingungen verursachten Störsignale an Bedeutung verlieren, die bei anderen Aufnehmern durch sorgfältige Verlegung und Befestigung des Kabels möglichst gering gehalten werden müssen.

Der Befestigung des Aufnehmers am Meßort ist besondere Aufmerksamkeit zu widmen, damit nicht durch Resonanzschwingungen des Aufnehmers gegenüber dem Meßobjekt Amplitudenverfälschungen eintreten. Die Auflagefläche für den Aufnehmer sollte möglichst eben und fest sein.

Anschrauben mit dünnen Zwischenschichten aus Öl, Vaseline oder Fett oder Ankleben mit härtenden Klebern, sind für Messungen bei höheren Frequenzen am besten geeignet. Bei Verwendung von Tastspitzen wird der nutzbare Frequenzbereich durch die Berührungsresonanz erheblich herabgesetzt, z. B. bei kleinen piezoelektrischen Beschleunigungsaufnehmern von 10000 auf 1000 Hz.

Wenn ein Aufnehmer am Meßobjekt befestigt wird, verändert er durch seine Masse und durch den Kontakt seiner Bodenplatte die Schwingungseigenschaften des Meßobjektes. Die zusätzliche Masse bewirkt eine Änderung der Resonanzfrequenz und der Schwingungsamplitude. Eine Abschätzung über den Masseeinfluß erhält man, wenn man neben dem Aufnehmer eine zusätzliche Masse von der Größe der Aufnehmermasse aufsetzt (DIN 45664).

ENDEVCO-Handbuch (1991); Broch (1970); Harris (1987); DIN 45661; DIN 45662

2.7.2 Kalibrierverfahren

Die meßtechnischen Eigenschaften von Schwingungsmeßgeräten müssen möglichst genau bekannt sein bzw. den Anforderungen von Normen (DIN 45669 Teil 1, DIN 45671 Teil 1) genügen, um die Meßunsicherheit bei Schwingungsmessungen klein zu halten (Harris (1987), ISO 5347)).

Der Übertragungsfaktor wird als Quotient einer Ausgangsgröße und einer Eingangsgröße bestimmt. Dabei ist es wichtig, die statische, sinusförmige oder impulsförmige Eingangsgröße möglichst störungsfrei herzustellen.

Das Kalibrieren durch Vergleich mit einem Aufnehmer-Normal (Brüge und Lauer (1992)), das vom Hersteller oder einer Prüfstelle kalibriert wurde, ist die einfachste, schnellste und zugleich zuverlässigste Methode, die auch für die Kontrolle einer Meßkette am Einsatzort geeignet ist.

Bei Aufnehmern, die auch statische Beschleunigungen erfassen, kann durch Drehung um 180° im Schwerefeld der Erde eine Beschleunigungsänderung um den doppelten

Wert der Fallbeschleunigung ($a = 2 \cdot 9{,}81\,\mathrm{ms}^{-2}$) erzeugt werden. Bei kleineren Drehwinkeln φ ändert sich die vertikale Komponente der Beschleunigung entsprechend $a = 9{,}81 \cdot \cos\varphi\,\mathrm{ms}^{-2}$. Für die Erzeugung sinusförmiger Kalibriersignale werden elektrodynamische und piezoelektrische Schwingtische verwendet. Dabei ist es wichtig, daß die Querkomponente der Tischbewegung und das magnetische Streufeld am Ort des Prüflings möglichst klein sind. Aus der Messung der Schwingungsamplitude und der Frequenz lassen sich Schwingschnelle und Schwingbeschleunigung berechnen.

Zur Amplitudenmessung werden vorwiegend optische Verfahren verwendet. Da es sich um Relativmessungen handelt, muß bei mittleren und hohen Meßfrequenzen durch eine schwingungsisolierte Aufstellung dafür gesorgt werden, daß die optische Meßeinrichtung nicht ihrerseits zu Schwingungen (insbesondere Resonanzschwingungen) angeregt wird, die zu Meßfehlern führen können.

Mit Meßmikroskopen (zweckmäßig mit Okularmikrometer und hundertfacher Vergrößerung bei etwa 10 mm Beobachtungsabstand mit stroboskopischer Beleuchtung), lassen sich Schwingungsamplituden von 10 bis 1000 µm mit einer Auflösung von 1 µm messen (Hauk u. Martin (1962)). Da die Antriebskraft zum Erzeugen einer bestimmten Amplitude bei elektrodynamischen Schwingtischen, abgesehen von Resonanzeffekten, mit ω^2 ansteigt, ist die Anwendung des Meßmikroskops auf Frequenzen bis zu einigen hundert Hertz begrenzt.

Einen wesentlich größeren Frequenzbereich bis über 10000 Hz kann man mit interferometrischen Verfahren erfassen (Hohmann (1972), von Martens (1987)). Vorzugsweise werden Michelson-Interferometer verwendet, deren einer Spiegel am Schwingtisch befestigt ist (s. Fig. 2.13).

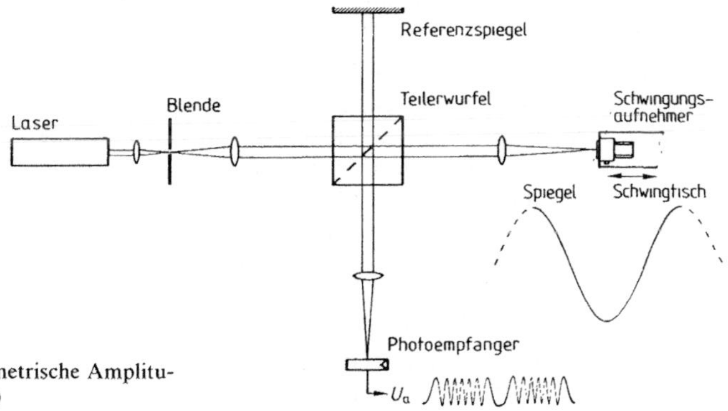

Fig. 2.13
Meßanordnung für die interferometrische Amplitudenmessung (nach Lauer (1980))

Im einfachsten Fall kann man die Interferenzstreifen mit einem Okular beobachten. Bei einer allmählichen Steigerung der Schwingungsamplitude bemerkt man, daß die Interferenzstreifen bei bestimmten Amplituden ξ nicht mehr sichtbar sind und dazwischen mit abnehmendem Kontrast erscheinen. Das Verschwinden der Interferenzstreifen tritt bei den Nullstellen der Bessel-Funktion

Tab. 2.2 Schwingungsamplituden bei den Nullstellen der Besselfunktion $J_0(4\pi\,\xi/\lambda)$ und $J_1(4\pi\,\xi/\lambda)$ für λ 632,8 mm

Nr. der Nullstelle	ξ für $J_0=0$ nm	ξ für $J_1=0$ nm
1	121,1	193,0
2	278,0	353,3
3	435,8	512,3
4	593,8	671,0
5	751,9	829,4
6	910,0	987,8
7	1068	1146
8	1226	1304
9	1348	1463
10	1542	1621

der Frequenz f_s auftreten, ergibt sich die Schwingwegamplitude aus der folgenden Beziehung:

$$\xi = (f_p/f_s)\cdot(\lambda/8) \tag{2.31}$$

Die Fourier-Zerlegung des Photoempfängerausgangssignals liefert für den Realteil der Intensität (Strahlungsleistung) einen Ausdruck, bei dem die Amplituden der Teilschwingungen durch Besselfunktionen bestimmt werden. Bei Einschalten eines schmalbandigen Filters mit einer Mittenfrequenz, die der Frequenz der Schwingung entspricht, durchläuft bei steigender Schwingungsamplitude das Filterausgangssignal Minima, die den Nullstellen der Besselfunktion $J_1(4\pi\,\xi/\lambda)$ entsprechen.

Noch kleinere Schwingungsamplituden lassen sich aus den Verhältnissen der Besselfunktionen J_1/J_2 und J_1/J_3 bestimmen (Deferrari u.a. (1967)).

Abwandlungen dieser interferometrischen Verfahren verwenden geteilte Photoempfänger, die zusätzlich die Bewegungsrichtung erkennen lassen. Auf diese Weise kann man bei der Streifenzählung die Schwingungsform gewinnen, so daß auch der Übertragungswinkel der Aufnehmer bestimmt werden kann (Lauer (1980) u. (1981)). Bei sehr kleinen Schwingungsamplituden, bei denen die Streifenzählung keine genügende Auflösung liefert, erhält man die Schwingungsform durch Abtasten des Photoempfängersignals mit genügend vielen Stichproben (Lauer (1981)). Dieses Verfahren bewährt sich auch bei den großen Amplituden, die für die Aufnehmer-Kalibrierung bei Frequenzen unter 20 Hz angewendet werden (Lauer (1992)):

Statt der Schwingungsamplitude werden bei dem Reziprozitätsverfahren nur Spannungsverhältnisse, Frequenzen und Massen bestimmt. Für die Anwendung dieses Verfahrens müssen zwei Schwingungsaufnehmer vorhanden sein, und mindestens bei einem davon muß der Sender-Übertragungsfaktor gleich dem Empfänger-Übertragungsfaktor sein (Harris (1987), ISO 5347).

Bei dem Vergleich mit einem Aufnehmernormal kann man statt der sinusförmigen Anregung auch Rauschsignale und Impulse (Stöße) verwenden und aus den Ausgangssignalen des zu prüfenden Aufnehmers und des Normals die Übertragungsfunktion über einen größeren Frequenzbereich mit Hilfe der Fourier-Transformation berechnen (Wittkowski (1979)).

Literatur zu 2.7

Bobbert, G. (1982): Schwingungseinwirkung auf den Menschen, Wahrnehmung, Beanspruchung, Bewertung, Beurteilung. VDI-Bericht 456, 1–18

Broch, J. T. (1970): Messungen von mechanischen Schwingungen und Stößen. Eigenverlag der Fa. Brüel & Kjaer, Naerum, Dänemark

Brüge, A.; Lauer, G. (1992): Kalibrierung von Erschütterungsaufnehmern nach dem Vergleichsverfahren. Fortschritte der Akustik, DAGA '92, 793–796, Bad Honnef: DPG-GmbH

Burchardt, W. (1977): Realisierung des Schwingungsschnelleaufnehmers mit Frequenzgangerweiterung. VDI-Bericht 284, 67–72

Deferrari, H. A.; Barby, R. A.; Andrews, F. A. (1967): Vibrational displacement and mode-shape measurement by a laser interferometer. J. Acoust. Soc. Am. **42,** 982–990

DIN 45661 (Sept. 1962): Schwingungsmeßgeräte, Begriffe, Kenngrößen, Störgrößen

DIN 45662 (Aug. 1964): Eigenschaften von Schwingungsmeßgeräten, Angaben in Typenblättern

DIN 45662 (Entwurf Mai 1993): Schwingungsmeßeinrichtungen; Allgemeine Anforderungen und Prüfung

DIN 45664 (Juli 1963): Ankopplung von Schwingungsmeßgeräten und Überprüfung auf Störeinflüsse

DIN 45669 Teil 1 (Entwurf April 1993): Messung von Schwingungsimmissionen, Schwingungsmesser, Anforderungen, Prüfung

DIN 45671 Teil 1 (Sept. 1990): Messung mechanischer Schwingungen am Arbeitsplatz; Schwingungsmesser: Anforderungen, Prüfung

Handbuch der Schock- und Vibrationsmeßtechnik (1991): Eigenverlag der Fa. ENDEVCO, Heidelberg, Schloß-Wolfsbrunnenweg 15

Harris, C. M. (1987): Shock and vibration handbook. New York: McGraw-Hill

Hauk, D.; Martin, R. (1962): Kalibrierung von Schwingungsmeßgeräten. VDI-Z. **104,** 526–532

Hohmann, P. (1972): Schwingungsmessungen mit Laserinterferometern zur Kalibrierung von Aufnehmern. Acustica **26,** 122–134

ISO 5347-0 (Juli 1987): Methods for the calibration of vibration and shock pickups (einschließlich von etwa 20 Anhängen für die verschiedenen Kalibrierverfahren, DIS (März 1987))

Lauer, G. (1980): Absolute Kalibrierung von Beschleunigungsaufnehmer-Vergleichsnormalen; Fortschritte der Akustik, DAGA '80, 811–814. Berlin: VDE-Verlag

Lauer, G. (1981): Interferometrische Bestimmung des Phasenfrequenzganges von Schwingungsaufnehmern. Fortschritte der Akustik, DAGA '81, 533–536. Berlin: VDE-Verlag

Lauer, G. (1992): Schwingungsaufnehmernormale für tiefe Frequenzen und deren Kalibrierung. Fortschritte der Akustik, DAGA '92, 789–792, Bad Honnef: DPG-GmbH

Martens, H.-J. von (1987): Interferometric counting methods for measuring displacements in the range 10^{-9} m to 1 m. Metrologia **24,** 163–170

Rockschies, J. (1969): Gesichtspunkte zur Messung stoßartiger Vorgänge. VDI-Bericht 135, 47–56. Düsseldorf: VDI-Verlag

VDI 2057 Blatt 1 bis 4 (Mai 1987): Einwirkung mechanischer Schwingungen auf den Menschen

Wittkowski, U. (1979): Stoßpendelverfahren zum Kalibrieren und Prüfen von Beschleunigungsmeßgeräten. Techn. Messen tm **46,** 323–328

2.8 Raumakustik (P. Dämmig)

Die Raumakustik befaßt sich mit der Schallübertragung und der Schallwahrnehmung in geschlossenen Räumen, insbesondere in Zuhörerräumen verschiedenster Art. Aufgabe der akustischen Meßtechnik auf diesem Gebiet ist die Bestimmung der akustischen Eigenschaften solcher Räume mit dem Ziel, Unterlagen für deren Planung und akustische Ausstattung zu liefern, damit eine ausreichende Sprachverständlichkeit, Musikwiedergabe oder Lärmminderung erreicht wird. Den Hintergrund der Raumakustik und ihrer Meßmethoden bilden die Untersuchung und das Verständnis der Eigenschaften des menschlichen Gehörs.

Ahnert u. Reichardt (1981); Cremer u. Müller (1976, 1978); Fasold u.a. (1984); Fasold u.a. (1987); Furrer u. Lauber (1972); Mechel (1989); Kuttruff (1979)

2.8.1 Nachhallzeit und weitere raumakustische Kriterien

Nach Abschalten einer Schallquelle in einem geschlossenen Raum nimmt die Dichte der Schallenergie exponentiell mit der Zeit ab. Man setzt während des gesamten Vorgangs ein diffuses Schallfeld voraus (s. **2**.1.2). Die Zeit, innerhalb derer die Energie auf den millionsten Teil ihres Anfangswertes abgeklungen ist (Pegelabnahme um 60 dB) ist die Nachhallzeit T:

$$T = \frac{24 \ln 10}{c} \frac{V}{-S \ln(1-\bar{\alpha}) + 4mV} \tag{2.32}$$

(Nachhallformel in der Form von Eyring, auch hergeleitet durch Norris, Schuster und Waetzmann. c Schallgeschwindigkeit, S Gesamt-Innenfläche (Wände und Gegenstände) des Raumes, V sein Volumen, $\bar{\alpha}$ mittlerer Schallabsorptionsgrad, m von der Temperatur und Feuchte abhängige Dämpfungskonstante für die Ausbreitung der Schallenergie, s. Tab. T 2.04 in Band 3). Für $-\ln(1-\bar{\alpha}) \approx \bar{\alpha}$ mit $\bar{\alpha} \ll 1$ und Vernachlässigung des Dämpfungsgliedes geht Gl. (2.32) über in die Näherung

$$T = (55{,}3/c)(V/S\bar{\alpha}) \tag{2.33}$$

(Nachhallformel in der Form von Sabine und Jäger. T in s, c in m/s, V in m^3, S in m^2). $S\bar{\alpha} = A$ ist die äquivalente Absorptionsfläche (s. **2**.8.2).

Wegen des direkten Zusammenhangs der Energiedichte mit dem Schalldruck (s. Gl. (2.9) u. (2.10)) läßt sich die Nachhallzeit durch Aufnahme des abklingenden Schalldrucks bzw. des Schalldruckpegels ermitteln. Dies geschieht im Prinzip mit einem Mikrofon und einem Meßverstärker mit logarithmischer Kennlinie. Dadurch geht der exponentielle Abklingvorgang in eine Gerade über, aus deren Neigung sich die Nachhallzeit ergibt. Wegen der Überlagerungsvorgänge im Schallfeld schwankt allerdings der örtlich gemessene Schalldruck sowohl im stationären Zustand als auch in der Abklingphase je nach Frequenz mehr oder weniger stark. Die Nachhallzeit wird daher aus einer Ausgleichsgeraden bestimmt. Gemessen wird meist in Terzbereichen. Die Abklingvorgänge werden entweder als kontinuierliche Kurven (z. B. mit einem Pegelschreiber) dargestellt, oder man nimmt sie punktweise mit exponentieller oder linearer Mittelung auf, wobei die Mittelungszeiten und folglich die Punktdichte in bestimmter Relation zur Nachhallzeit stehen. Durchhängende Nachhallverläufe werden nicht in die Auswertung einbezogen.

Bei der Nachhallmessung nach dem beschriebenen Verfahren wird eine mittlere Nachhallzeit durch mehrfache Wiederholung der Messung gewonnen. Ein Verfahren, das sogleich den Schar-Mittelwert einer sehr großen Zahl von Nachhallvorgängen liefert, beruht auf Rückwärts-Integration über das Quadrat des Schalldrucks als Funktion der Zeit nach Anregung des Raumes mit einem (Knall-)Impuls („Verfahren der integrierten Impuls-Antwort", Schroeder (1965), Kürer u. Kurze (1967/68)). Statt der Anregung mit Einzelimpulsen kann auch pseudostatistisches Rauschen (Binär-Impulsfolgen maximaler Länge) mit Umrechnung der Antwort-Funktion in eine Impuls-Antwort benutzt werden (Schroeder (1979, 1980)).

Wegen der grundlegenden Bedeutung der Nachhallzeit für die Meßtechnik der Raum- und Bauakustik und als raumakustischer Kennwert wurde sie hier ausführlich behandelt. Zur Beschreibung der akustischen Eigenschaften von Räumen gibt es jedoch noch weitere Kriterien, z. B. Schwerpunktzeit, Rise-time, Deutlichkeitsmaß, Hallmaß, Klarheitsmaß, Echograd, Raumeindrucksmaß, Räumlichkeit, Liveness, Hallabstand (Definitionen s. z. B. Ahnert u. Reichardt (1981), Cremer u. Müller (1978), Fasold u. a. (1987), Lehmann u.

Wilkens (1980)). Werte dieser Kriterien lassen sich aus Impuls-Antworten ermitteln. Subjektive (gehörrichtige) Messungen auch mit Benutzung der Kunstkopf-Stereofonie.

DIN EN 20354 (1993); DIN 52216 (1965); ISO 354 (1985); ISO 3382 (1975)

2.8.2 Schallabsorption

Der Schallabsorptionsgrad α einer Oberfläche ist das Verhältnis der von dieser nicht reflektierten zur auftreffenden Schallintensität. α ist vom Schalleinfallswinkel abhängig. Die äquivalente Absorptionsfläche A ist eine gedachte Fläche mit dem Schallabsorptionsgrad 1, die in einem Raum den gleichen Anteil der Schallenergie absorbieren würde wie alle Absorber im Raum (Oberfläche, Gegenstände, Personen). Für flächenhafte Absorber gilt $A = \sum S_i \alpha_i = S\bar{\alpha}$ (S_i Teilfläche mit dem Schallabsorptionsgrad α_i, S Gesamtfläche, $\bar{\alpha}$ mittlerer Schallabsortionsgrad).

Die hier betrachteten Absorber mit breitem Anwendungsbereich in der Raum- und Bauakustik sind passive Systeme mit Wirkung auf die aufgenommene Schallenergie. Zu aktiven Absorbern, beruhend auf kohärenter Schallabstrahlung s. z. B. Guicking u. a. (1985), Guicking (1988, 1989, 1991).

2.8.2.1 Schallabsorptionsgrad im Hallraum

Das Verfahren beruht auf der Bestimmung der Änderung der äquivalenten Absorptionsfläche A in einem Hallraum mit diffusem Schallfeld (s. **2.**1.2) bei Einbringen des Prüfmaterials oder -objekts, wozu die Nachhallzeit gemessen wird. Es liefert den Schallabsorptionsgrad, gemittelt über den Raumwinkel. Benutzt wird die Nachhallformel in der Form von Sabine, Gl. (2.33). Umkehrung ergibt

$$A = (55{,}3/c)(V/T) \tag{2.34}$$

Durch Einbringen des Prüfmaterials ändert sich die Absorptionsfläche im Raum gegenüber dem Leerraum um

$$\Delta A = \left[\frac{55{,}3}{c}\left(\frac{1}{T_2} - \frac{1}{T_1}\right)\right] V \tag{2.35}$$

Der Index 1 bezieht sich auf eine Messung ohne, der Index 2 auf eine Messung mit Prüfmaterial.

Dabei wird vorausgesetzt, daß die Klimabedingungen (Temperatur und relative Feuchte) während der beiden Messungen innerhalb bestimmter, von der herrschenden relativen Feuchte abhängigen Grenzen konstant gehalten werden. Andernfalls sind bei den gemessenen Nachhallzeiten Korrekturen für die Dämpfung bei der Ausbreitung der Schallenergie in Luft entsprechend Gl. (2.32) (Tab. T 2.04 in Band 3) zu berücksichtigen.

Hat das Prüfmaterial die Fläche S_0, so errechnet sich dafür aus Gl. (2.35) der Schallabsorptionsgrad gemäß

$$\alpha_S = \Delta A / S_0 \tag{2.36}$$

Der unter Hallraum-Bedingungen ermittelte Absorptionsgrad wird mit dem Index S gekennzeichnet, um ihn von dem eingangs erwähnten „geometrischen“ Absorptiongsgrad α zu unterscheiden. α ist stets kleiner als 1, während α_S z. B. durch Beugungseffekte größere Werte erreichen kann.

Entsprechend den Norm-Abmessungen der Meßhallräume werden von ebenem Prüfmaterial 10 m^2 bis 12 m^2 inmitten einer der Begrenzungsflächen des Hallraums, meist auf dem Boden, angebracht bzw. ausgelegt und, sofern die Probe eine solche nicht ohnehin aufweist, mit einer reflektierenden Umrandung versehen. Einzelne Objekte, z. B. Stellwände, Stühle oder Personen, werden entsprechend praktischen Gesichtspunkten aufgestellt. Von den umgebenden Raumkanten müssen gewisse Mindestabstände eingehalten werden.

Zur Messung strahlt eine Schallquelle gefiltertes Rauschen von wenigstens Terzbreite ab. Empfangsseitig wird in Terzbereichen gemessen. Der Frequenzumfang der Messungen reicht von 100 Hz bis mindestens 4000 Hz (Terz-Mittenfrequenzen). Die Empfangsapparatur enthält ein Gerät zur Messung der Nachhallzeit (s. **2**.8.1). Der Messung wird die mittlere Neigung des geradlinigen Teils im Pegel-Zeit-Verlauf (d. i. der Abklingkurve) zwischen bestimmten Grenzpegeln zugrunde gelegt, z. B. zwischen den Pegeln −5 dB und −35 dB bezogen auf den bei Abschalten der Schallquelle herrschenden Anfangspegel. Die Auswertung berücksichtigt jeweils mehrere Abklingvorgänge, die durch mehrfache Nachhallaufnahme bei wechselnder Stellung der Schallquelle und des Mikrofons im Raum zustande kommen. Bei Absorbern, die aus Einzelobjekten bestehen, wird nicht ein Schallabsorptionsgrad, sondern die äquivalente Absorptionsfläche pro Objekt angegeben (ΔA geteilt durch die Anzahl der geprüften Objekte).

An schwach gedämpften Resonatoren kann der Schallabsorptionsgrad nach dem Verfahren in dieser Form nicht bestimmt werden. Messungen an solchen sind möglich mit Sinus-Tönen bei den Hallraum-Eigenfrequenzen, wobei die Prüflinge in den Raumecken angebracht werden (Kath (1965)).

Nach dem Hallraum-Verfahren gemessene Werte des Schallabsorptionsgrades u. a. in der Schallabsorptionsgrad-Tabelle (1968), bei Fasold u. a. (1987); Furrer u. Lauber (1972); Lenz (1981).

DIN 18041 (1968); DIN EN 20354 (1993); ISO 354 (1985)

2.8.2.2 Schallabsorptionsgrad im Rohr

Die Methode nach DIN 52215 (1963) liefert den Schallabsorptionsgrad $\alpha(0)$ für Schalleinfall normal zur Proben-Oberfläche. Gemessen wird in einem Rohr mit quadratischem oder rundem Querschnitt (s. **2**.1.2), das zur Vermeidung unerwünschter Schalldämpfung längs der Meßstrecke harte, glatte und hinreichend schwere Wände aufweisen muß. Die zu untersuchende Anordnung befindet sich an einem Rohrende vor schallhartem (reflektierendem) Abschluß. Am anderen Rohrende werden durch einen Lautsprecher Sinustöne eingespeist. Durch Reflexion an der Probe bildet sich ein Feld stehender Wellen aus, das mit einem beweglichen Mikrofon (reiner Druckempfänger) abgetastet wird. Aus dem Verhältnis d des Schalldrucks in einem Paar benachbarter Schalldruck-Maxima und -Minima vor der Probe ergibt sich der Betrag r des i. allg. komplexen Schallreflexionsfaktors

$$r = (d-1)/(d+1) \tag{2.37}$$

und daraus der Schallabsorptionsgrad

$$\alpha(0) = 1 - r^2 \tag{2.38}$$

Für genauere Messungen muß die Rohrdämpfung berücksichtigt werden. Zur Bestimmung des korrigierten Schallreflexionsfaktors wird der Schalldruck in zwei benachbarten Druck-Minima und dem dazwischen liegenden Maximum gemessen (ISO/DIS 10534 (1993)).

Die Methode arbeitet in der Grundschwingung des Rohres, d. h. es treten nur ebene Wellen auf, die senkrecht auf die Probe treffen. Um das Auftreten höherer Schwingungsmoden auszuschließen, muß bei quadratischem Querschnitt die Rohrbreite kleiner als $0{,}5\lambda$, bei kreisförmigem Querschnitt der Durchmesser kleiner als $0{,}58\lambda$ (λ Wellenlänge) bleiben. Diese Bedingung liefert die obere Grenzfrequenz des Meßrohrs. Die untere Grenzfrequenz der Meßvorrichtung wird durch die Rohrlänge bestimmt. Diese muß mindestens eine halbe Wellenlänge betragen, damit sich stehende Wellen in einer zur Bestimmung des Schalldruck-Verhältnisses d ausreichenden Länge ausbilden können. Die Mikrofonanordnung einschließlich der Haltevorrichtung darf den freien Rohrquerschnitt um nicht mehr als 5% einengen.

Für Messungen im rechteckigen Kanal beschreibt Said (1982) ein aus dünnen, porösen Platten bestehendes Filter, mit dem Schwingungsmoden höherer Ordnung unterdrückt werden können.

Mit stehenden Wellen vor einer Probe im Rohr lassen sich auch die komplexe Wandimpedanz und -admittanz (Quotient von Schalldruck und wandnormaler Komponente der Schallschnelle bzw. dessen Kehrwert) bestimmen. Dazu muß außer dem Reflexionsfaktor noch der Phasensprung zwischen der auf die Probe treffenden und der reflektierten Welle gemessen werden. Er ergibt sich aus der Lage des ersten Schalldruck-Minimums vor der Probe. Ein anderes Verfahren zur Bestimmung der Wandadmittanz beruht auf der Bestimmung des Druck-Gradienten dicht vor der Wand (Cremer u. Müller (1976), S. 60).

Ein alternatives Verfahren zur Bestimmung von Absorptionsgrad und Impedanz einer Probe im Rohr beruht auf Anregung mit breitbandigem Rauschen und Zerlegung des entstehenden Wellenfelds durch Druckmessung mit zwei fest eingebauten Mikrofonen in der Nähe der Probe. Dazu müssen Transfer-Funktionen für die beiden Mikrofon-Kanäle gemessen und umgerechnet werden (Für ein einfaches lineares System ist die komplexe Transfer-Funktion die Fourier-Transformierte seiner Antwort auf einen Einheitsimpuls bzw. der Quotient der Fourier-Transformierten des Ausgangs- und des Eingangssignals). Mit moderner Analysetechnik (Zweikanal-Frequenzanalysator mit Rechner) ist dies leicht zu verwirklichen. Besondere Anforderungen müssen an die Amplituden- und Phasencharakteristiken der Mikrofone gestellt werden.

Der große Vorteil des Verfahrens liegt in der Wiedergabe der Meßgrößen als kontinuierliche Funktionen der Frequenz bei erheblich geringerem Zeitbedarf als mit der herkömmlichen Methode. Allerdings ist das Verfahren im europäischen Raum zunächst noch nicht genormt (ASTM E 1050 (1986)).

DIN 52215 (1963)

2.8.2.3 Strömungswiderstand

Bei porösen Absorbern ist der (äußere) Strömungswiderstand kennzeichnend für das Absorptionsverhalten. Für eine luftdurchströmte Schicht ist er definiert als

$$W = \Delta p / v \tag{2.39}$$

Dabei ist Δp die Druckdifferenz beiderseits der Schicht und v die Luft-Strömungsgeschwindigkeit vor und hinter der Schicht. Der längenbezogene Strömungswiderstand einer Schicht der (in Richtung des Luftstroms gemessenen) Dicke d ist

$$\Xi = W/d \tag{2.40}$$

Diese Größe ist eine Materialkonstante.

Der Strömungswiderstand kann entweder mit einem Luft-Gleichstrom oder einem Luft-Wechselstrom niedriger Frequenz gemessen werden. Die Probe wird dazu an den Rändern dichtschließend in oder vor ein zylindrisches Prüfgefäß vom lichten Querschnitt S gesetzt. Ein durch das Gefäß und die Probe geführter Luftstrom erzeugt eine Druckdifferenz zwischen dem Gefäß-Innern und dem Außenraum. Beim Gleichstrom-Verfahren kann dies durch einen Druckluft- oder Vakuum-Erzeuger oder durch Entleeren eines wassergefüllten Gefäßes geschehen. Die Strömungsgeschwindigkeit v bestimmt man mit einem Durchfluß-Meßgerät oder aus dem in der Zeit t ausgeströmten Wasservolumen V: $v = V/(t \cdot S)$. Die Druckdifferenz wird z. B. mit einem empfindlichen U-Rohr-Manometer gemessen. Beim Wechselstrom-Verfahren wird die Druckdifferenz durch einen mit niedriger Frequenz (etwa 2 Hz) bewegten Kolben erzeugt, der an das Prüfgefäß angeschlossen ist. Die Strömungsgeschwindigkeit ergibt sich aus den mechanischen Daten der Anordnung. Zur Messung der Druckdifferenz benutzt man in diesem Fall ein Kondensatormikrofon, das mit dem Prüfgefäß-Innern in Verbindung steht.

DIN EN 29053 (1993); ISO 9053 (1991)

Literatur zu 2.8

Ahnert, W.; Reichard, W. (1981): Grundlagen der Beschallungstechnik. Stuttgart: Hirzel

ASTM E 1050–86 (Aug. 1986): Standard test method for impedance and absorption of acoustical materials using a tube, two microphones, and a digital frequency analysis system

Bobran, H. W.; Bobran, I. (1990): Handbuch der Bauphysik. 6. Aufl. Wiesbaden: Vieweg

Cremer, L.; Müller, H.: Die wissenschaftlichen Grundlagen der Raumakustik. (1978) Bd. I: Geometrische Raumakustik – Statistische Raumakustik – Psychologische Raumakustik. (1976) Bd. II: Wellentheoretische Raumakustik. Stuttgart: Hirzel

DIN 18041 (Okt. 1968): Hörsamkeit in kleinen bis mittelgroßen Räumen

DIN 52215 (Dez. 1963): Bauakustische Prüfungen; Bestimmung des Schallabsorptionsgrades und der Impedanz im Rohr

DIN 52216 (Aug. 1965): Bauakustische Prüfungen; Messung der Nachhallzeit in Zuhörerräumen

DIN EN 20354 (Juli 1993): Akustik; Messung der Schallabsorption im Hallraum (ISO 354: 1985); Deutsche Fassung EN 20354: 1993

DIN EN 29053 (Mai 1993): Akustik; Materialien für akustische Anwendungen; Bestimmung des Strömungswiderstands (ISO 9053: 1991); Deutsche Fassung EN 29053: 1993

Fasold, W.; Kraak, W.; Schirmer, W. (Hrsg.) (1984): Taschenbuch Akustik, Teil 1 und Teil 2. Berlin: VEB Verlag Technik

Fasold, W.; Sonntag, E.; Winkler, H. (1987): Bauphysikalische Entwurfslehre – Bau- und Raumakustik. Köln-Braunsfeld: R. Müller

Furrer, W.; Lauber, A. (1972): Raum- und Bauakustik, Lärmabwehr. 3. Aufl. Basel: Birkhäuser

Guicking, D.; Karcher, K.; Rollwage, M. (1985): Coherent active methods for application in room acoustics. J. Acoust. Soc. Amer. **78**, 1426–1434

Guicking, D. (1988): Active noise and vibration control. Annotated reference bibliography. 3rd Ed. – (1991): 3rd Ed., 1st Supplement. – Zu beziehen über Drittes Physikalisches Institut, Universität Göttingen

Guicking, D. (1989): Aktiver Lärmschutz – Erfolge, Probleme und Perspektiven. Fortschritte der Akustik – DAGA '89, 23–36. Bad Honneff: DPG-GmbH

ISO 354 (1985): Acoustics – Measurement of sound absorption in a reverberation room

ISO 3382 (1975): Acoustics – Measurement of the reverberation time of rooms for speech and music

ISO 9053 (1991): Acoustics – Materials for acoustical applications – Determination of airflow resistance

ISO/DIS 10534 (1993): Acoustics – Determination of sound absorption coefficient and impedance or admittance by the impedance tube method

Kath, U. (1965): Abstimmbare Helmholtzresonatoren und die Messung ihrer Absorptionsfläche. P. V. 5e Congr. Int. Acoust., Liège, H 54

Kürer, R.; Kurze, U. (1967/68): Integrationsverfahren zur Nachhallauswertung. Acustica **19**, 313–322

Kuttruff, H. (1979): Room Acoustics. 2nd Ed. London: Applied Science Publ.

Lehmann, P.; Wilkens, H. (1980): Zusammenhang subjektiver Beurteilungen von Konzertsälen mit raumakustischen Kriterien. Acustica **45**, 256–268

Lenz, H. (1981): Marktübersicht schallabsorbierender Anordnungen. Arbeitsbericht Ruhr-Universität Bochum

Mechel, F. P. (1989): Schallabsorber. Bd. I: Äußere Schallfelder, Wechselwirkungen. Stuttgart: Hirzel
Said, A. (1982): Modenfilter für Schallmessung im rechteckigen Kanal. Acustica **50**, 51–56
Schallabsorptionsgrad-Tabelle (1968). Hrsg. Deutscher Normenausschuß (DNA). Berlin: Beuth-Verlag
Schroeder, M. R. (1965): New method of measuring reverberation time. J. Acoust. Soc. Amer. **37**, 409–412
Schroeder, M. R. (1979): Integrated-impulse method measuring sound decay without using impulses. J. Acoust. Soc. Amer. **66**, 497–500
Schroeder, M. R. (1980): Advances in architectural acoustics. J. Acoust. Soc. Jap. (E) **1**, 71–77

2.9 Bauakustik (P. Dämmig)

Es ist Aufgabe der Bauakustik, die Schallausbreitung in Gebäuden messend zu verfolgen und Maßnahmen zur Geräuschminderung anzugeben (Schallschutz). Viele Geräusche entstehen als Luftschall im Gebäude-Innern oder als Außengeräusch (z. B. Verkehrslärm). Sie werden als Körperschall in den baulichen Strukturen fortgeleitet, von diesen als Luftschall wieder abgestrahlt und als solcher vom menschlichen Ohr wahrgenommen. Andere Geräusche, z. B. die der Sanitärausstattung eines Hauses oder Türenschlagen, entstehen unmittelbar als Körperschall. In den physikalischen Grundlagen der Bauakustik spielen daher die Wechselwirkungen zwischen den Medien im Übertragungsmechanismus eine besondere Rolle.

Bobran u. Bobran (1990); Cremer u. Heckl (1992); Fasold u. a. (1984); Fasold u. a. (1987); Furrer u. Lauber (1972); Gösele u. Schüle (1989)

2.9.1 Luft- und Trittschalldämmung

Die Schalldämmung eines Bauteils zwischen zwei Räumen ist dessen Fähigkeit, die von einer Seite eingeleitete Schallenergie daran zu hindern, durch das Bauteil zu gelangen und nach der anderen Seite weiter übertragen zu werden. Sowohl bei der Luft- als auch bei der Trittschalldämmung sind die Fälle der Schallübertragung auf direktem Weg durch das Bauteil allein (zu realisieren meist nur im Laboratorium) und diejenige unter Beteiligung flankierender Bauteile, Undichtigkeiten, Kanäle usw. zu unterscheiden. Am Bau liegt i. allg. der letztere Fall vor. Die Formelzeichen der mit Flankenübertragung bestimmten Meßgrößen der Schalldämmung werden zur Unterscheidung von entsprechenden Labor-Meßgrößen mit einem Apostroph gekennzeichnet.

DIN 52210 Teil 1–7 (1984–1989); DIN 52217 (1984); DIN EN 20140 Teil 2 (1993), Teil 9 (1993), Teil 10 (1992); ISO 140 Part 1–10 (1978–1993); ISO 717 Part 1–3 (1982)

2.9.1.1 Luftschalldämmung

Die Luftschalldämmung eines Bauteils wird nach DIN 52210 Teil 1 (1984) durch das Luftschalldämm-Maß R (Unterscheidung: R Labor-Schalldämm-Maß, R' Bau-Schalldämm-Maß, s. **2.9.1**) gekennzeichnet:

$$R = 10 \lg (P_1/P_2) \text{ dB} \tag{2.41}$$

Dabei bedeutet P_1 die auf das Bauteil auftreffende Schalleistung, P_2 die Schalleistung, die von der dem Schalleinfall abgewandten Seite des Bauteils abgestrahlt wird. R ist vom Schalleinfallswinkel abhängig. Ist das Bauteil das Trennelement zwischen zwei Räumen, in deren einem (Senderaum) sich eine Schallquelle befindet, so kann man unter Voraussetzung diffuser Schallfelder in beiden Räumen das Schalldämm-Maß ausdrücken durch

$$R = L_1 - L_2 + 10 \lg (S/A) \text{ dB} \tag{2.42}$$

(L_1 von der Schallquelle im Senderaum erzeugter Schalldruckpegel, L_2 Schalldruckpegel, der sich im Raum jenseits des Trennelements (Empfangsraum) ausbildet, S die im Sende- und Empfangsraum gleichgroße Fläche des Trennelements, A äquivalente Absorptionsfläche im Empfangsraum, s. **2**.8.2). Sind die Schallfelder nicht völlig diffus, so ist Gl. (2.42) eine Näherung.

Im Gegensatz zur Kennzeichnung der Schalldämmung eines Bauteils durch das Schalldämm-Maß R kennzeichnet die Norm-Schallpegeldifferenz D_n die Schalldämmung zwischen zwei Räumen, wobei beliebige Schallübertragungen vorliegen dürfen:

$$D_n = L_1 - L_2 - 10 \lg (A/A_0) \text{ dB} \tag{2.43}$$

A_0 ist eine Bezugs-Absorptionsfläche, die allgemein auf 10 m^2, nur für Klassenräume in Schulen auf 25 m^2 festgelegt ist.

Zur Messung der Schalldämmung wird im Senderaum eine Schallquelle (Lautsprecher) aufgestellt, die stationäres breitbandiges oder gefiltertes Rauschen allseitig gleichmäßig abstrahlt. Gefiltertes Rauschen muß insbesondere dann benutzt werden, wenn die Schalldämmung groß und/oder der Störpegel im Empfangsraum hoch ist. Die Schallpegel im Sende- und Empfangsraum werden mit einer Verstärker-Apparatur gemessen, die mit Terzfiltern ausgerüstet ist. Der interessierende Meßbereich reicht bei Messungen im Laboratorium von 100 Hz bis 5000 Hz (ISO 140 Part 3 (1993)), am Bau bis 3150 Hz (Terzfilter-Mittenfrequenzen). Die zur Bestimmung der Schallpegel benötigten mittleren Schalldruck-Quadrate im Sende- und im Empfangsraum erhält man durch Abtasten der Schallfelder mit räumlicher und zeitlicher Energie-Mittelung. Das Mikrofon der Apparatur wird dabei entweder an mehreren Stellen im Raum fest aufgestellt oder mit einer Schwenkvorrichtung kontinuierlich durch den Raum bewegt. Das Nahfeld vor der Schallquelle und Interferenzfelder vor den Raumbegrenzungen oder reflektierenden Gegenständen müssen ausgespart werden.

Die äquivalente Absorptionsfläche A in den logarithmischen Gliedern der Gln. (2.42) und (2.43) wird durch Messung der Nachhallzeit T im Empfangsraum (Volumen V) unter Verwendung der Zahlenwert-Gleichung

$$A = 0{,}163\ V/T \tag{2.44}$$

(A in m^2, V in m^3, T in s) mit Terzfiltern im gleichen Bereich wie bei der Messung der Pegeldifferenzen bestimmt.

Die Luftschalldämmung von Außenbauteilen wird ähnlich wie vorstehend beschrieben gemessen. Als Prüfschall benutzt man Verkehrslärm oder Schall von einem Lautsprecher, der außen vor dem Prüfobjekt aufgestellt wird. Im letzteren Fall muß der Schalleinfallswinkel berücksichtigt werden.

Für bestimmte bauliche Situationen (z. B. Skelettbauten mit leichtem Ausbau, Holzhäuser) ist außer der Kenntnis der direkten Schallübertragung auch die sog. Längsdämmung von Bauteilen wesentlich, die den Sende- und Empfangsraum flankieren. Zu deren Bestimmung dienen besondere Prüfstände (s. **2**.1.3). Das darin ermittelte Labor-Schall-Längsdämm-Maß kann für die Anwendung im praktischen Fall am Bau umgerechnet werden (DIN 52210 Teil 7 (1989)).

2.9.1.2 Trittschalldämmung

Zur Bestimmung der Trittschalldämmung nach DIN 52210 Teil 1 (1984) wird die zu prüfende Decke mit einem Hammerwerk angeregt, das genormte mechanisch-kinematische Eigenschaften hat. Fünf Metallhämmer (Fallgewichte) fallen im freien Fall gleichmäßig aus 4 cm Höhe auf den Boden und erzeugen 10 Schläge je Sekunde. Sie regen den Boden zu Körperschallschwingungen an. In dem unter der Decke benachbart liegenden Raum (Empfangsraum) bildet sich ein Geräusch aus, das, von Extremfällen abgesehen, so gleichförmig ist, daß es als Dauergeräusch mit einem Schallpegelmesser (s. **2**.6.1) gemessen werden kann. Das Trittschallverhalten eines Bauteils wird durch den Norm-Trittschallpegel gekennzeichnet:

$$L_n = L + 10 \lg (A/A_0) \text{ dB} \tag{2.45}$$

(L Trittschallpegel, d. h. Schallpegel im Empfangsraum bei Betrieb des Hammerwerks, A äquivalente Absorptionsfläche in diesem Raum, A_0 Bezugs-Absorptionsfläche, festgelegt auf 10 m^2). Die Definition Gl. (2.45) des Norm-Trittschallpegels gilt auch für horizontale oder schräge Schallübertragung in einen Nachbarraum. Auch beim Norm-Trittschallpegel werden Messungen ohne (L_n) und mit (L'_n) Flankenschall-Übertragung unterschieden (s. **2**.9.1).

Zur Messung des Schallpegels L verwendet man einen Schallpegelmesser nach DIN IEC 651 (1981) oder einen solchen mit Mittelungseinrichtung nach DIN IEC 804 (1987), jeweils Klasse 1 oder 0 (s. **2**.6.1). Die Meßapparatur muß mit einem Terzfiltersatz ausgestattet sein. Der interessierende Meßbereich reicht von 100 Hz bis 3150 Hz (Terzfilter-Mittenfrequenzen) (Erweiterung des Meßbereichs bis 5000 Hz für Messungen im Laboratorium ist vorgesehen, vgl. **2**.9.1.1). Der Energiedurchlaß der Filter muß auf denjenigen idealer Rechteckfilter korrigiert werden. Zur Bestimmung des Korrekturglieds in Gl. (2.45) vgl. **2**.9.1.1.

Deckenauflagen (schwimmende Estriche, Bodenbeläge) werden durch die Trittschall-Minderung (Verbesserung des Trittschallverhaltens)

$$\Delta L = L_{n0} - L_{n1} \tag{2.46}$$

gekennzeichnet. L_{n0} und L_{n1} sind die Norm-Trittschallpegel der Decke ohne bzw. mit Deckenauflage. In bestimmten Fällen können die beiden erforderlichen Messungen so rasch hintereinander erfolgen, daß sich inzwischen die äquivalente Absorptionsfläche im Empfangsraum (s. Gl. (2.45)) nicht geändert hat. Dann kann auf deren Bestimmung verzichtet werden.

2.9.1.3 Bewertung der Luft- und Trittschalldämmung

Durch Vergleich mit Bezugskurven und Ermittlung von kennzeichnenden Einzahl-Angaben (DIN 52210 Teil 4 (1984)).

Die für die Praxis wichtigen Anforderungen an den Schallschutz von Wänden, Decken und Außenbauteilen in Form derartiger Einzahl-Angaben sind in DIN 4109 (1989) für verschiedene bauliche Situationen festgelegt. In dieser Norm wird ferner dargestellt, wie die bautechnische Eignung oder das akustische Verhalten solcher Bauteile durch Vergleich mit diesen zahlenmäßigen Anforderungen nachgewiesen wird, in bestimmten Fällen ohne Messungen oder aber durch die in DIN 52210 Teil 3 (1987) beschriebenen Eignungs- und Güteprüfungen. Ausführungsbeispiele, Rechenverfahren und Hinweise für Planung und Ausführung finden sich in Beiblättern zu DIN 4109. Siehe auch DIN 4109 Berichtigung 1 (1992).

2.9.2 Sonstige bauakustische Meßverfahren

2.9.2.1 Dynamische Steifigkeit von Dämmschichten für schwimmende Estriche

Die Wirksamkeit schwimmender Estriche hängt wesentlich von der Steifigkeit der Dämmschicht ab, auf der sie verlegt sind. Die Trittschall-Minderung wird von der Eigenfrequenz f_0 des aus Estrichplatte und Dämmschicht bestehenden Masse-Feder-Systems bestimmt:

$$f_0 = (1/(2\pi))\sqrt{s'/m'} \quad \text{mit} \quad s' = E_{\text{dyn}}/d = F/(S \cdot \Delta d) \tag{2.47}$$

Dabei ist m' die flächenbezogene Masse des Estrichs, s' die flächenbezogene dynamische Steifigkeit der Dämmschicht (Fläche S, Dicke d), E_{dyn} ihr dynamischer Elastizitätsmodul, F eine auf die Dämmschicht wirkende Wechselkraft und Δd die dabei auftretende Dickenänderung. Für Dämmschichten mit ebener Oberfläche wird s' an kleinen quadratischen Modell-Estrichen ermittelt, die aus einer Probe der Dämmschicht mit einer aufgelegten schweren Platte bestehen und sinusförmig oder mit weißem Rauschen oder Impulssignalen zu Schwingungen angeregt werden. Aus der z. B. mit einem Beschleunigungsaufnehmer (vgl. **2**.7.1) gemessenen Resonanzfrequenz f_r dieses Systems (bei Rausch- oder Impulsanregung ist Umrechnung des Antwortsignals erforderlich) ergibt sich die Steifigkeit s'_G des tragenden Gefüges der Dämmschicht (z. B. des Fasergerüsts einer Faserdämmatte) nach

$$s'_G = 4\pi^2 m' f_r^2 \tag{2.48}$$

Die Steifigkeit s'_a der in der Dämmschicht eingeschlossenen Luft wird unter der Voraussetzung isothermer Verdichtung (tiefe Frequenzen) rechnerisch nach

$$s'_a = p_s/(d \cdot \varepsilon) \tag{2.49}$$

berücksichtigt. Dabei ist p_s der statische Druck der Luft, d die Dicke der Dämmschicht-Probe unter der aufgebrachten statischen Last, ε ihre Porosität, die meist wenig von 1 abweicht und näherungsweise zu 0,9 angesetzt werden kann. Die Steifigkeit des Dämmaterials ist dann

$$s' = s'_G + s'_a, \tag{2.50}$$

wobei s'_a je nach dem Wert des in Querrichtung gemessenen Strömungswiderstands der Dämmschicht (s. **2**.8.2.3) berücksichtigt oder vernachlässigt wird.

DIN EN 29052 Teil 1 (1992)

2.9.2.2 Geräusche der Wasserinstallation

Das Geräuschverhalten von Armaturen und Geräten wird nach DIN 52218 Teil 1 (1986) im Laboratoriums-Prüfstand (s. **2**.1.3) bestimmt. Zum Abgleich verschiedener Prüfstände untereinander (Kalibration) dient ein Installationsgeräusch-Normal (IGN), eine Lochscheibe, die Strömungsgeräusche erzeugt und anstelle einer Armatur in die Meßleitung eingefügt werden kann. Das Geräuschverhalten der Armatur wird für definierte Betriebsbedingungen (Fließdruck, Durchfluß) durch den im Meßraum erhaltenen, auf Normalwerte des IGN-Geräuschs bezogenen Oktav-Schalldruckpegel (Armaturengeräuschpegel) gekennzeichnet. Zur Gesamtbewertung durch eine Einzahl-Angabe wird daraus der A-bewertete Armaturengeräuschpegel berechnet.

Am Bau (DIN 52219 (1993)) wird das Verhalten der Wasserinstallation durch den bei Betrieb einer Armatur oder des IGN gemessenen A-bewerteten, analog zu Gl. (2.45) auf eine äquivalente Absorptionsfläche von 10 m² bezogenen Schalldruckpegel im jeweiligen Empfangsraum gekennzeichnet. Das IGN kann hier auch als Hilfsmittel zum Auffinden der Entstehungsursachen zu hoher Geräuschpegel benutzt werden. Ein besonderes Problem bei Messungen am Bau ist das erforderliche Entlüften der Leitungen vor der Messung.

Nachweis der schalltechnischen Eignung von Wasserinstallationen durch Vergleich mit Anforderungswerten (A-Schallpegel) nach DIN 4109 (1989).

2.9.2.3 Körperschallmessungen

Die Abstrahlung einzelner Bauteile, z. B. zur Beurteilung ihrer Beteiligung an der Schallübertragung über flankierende Wände, kann durch Körperschallmessungen untersucht werden. Bedeuten $\tilde{v}$ den Effektivwert der Schwinggeschwindigkeit (Schnelle), ϱc die Feldkennimpedanz der Luft, S die Fläche des abstrahlenden Bauteils, σ den Abstrahlgrad, so ist die abgestrahlte Leistung

$$P = \varrho c S \sigma \overline{\tilde{v}^2} \tag{2.51}$$

Dabei bedeutet die Überstreichung Mittelung über die abstrahlende Fläche. Der Abstrahlgrad ist das Verhältnis der von der schwingenden Fläche tatsächlich abgestrahlten Leistung zu der Leistung, die abgestrahlt würde, wenn die Fläche konphas mit der gleichen (mittleren) Schnelle schwingt. Er hängt in komplizierter Weise von den Eigenschaften des Bauteils, der Art der Anregung und der Frequenz ab. Für schwere homogene Bauteile kann im üblichen bauakustischen Frequenzbereich $\sigma \approx 1$ angenommen werden.

Die Anregung baulicher Strukturen zu Schwingungen, verursacht durch Maschinen oder Geräte im häuslichen Bereich, kann ebenfalls durch Messung der Schnelle oder der Schwingbeschleunigung a (Effektivwert $\tilde{a}$) charakterisiert werden. Derartige Messungen dienen zur Beurteilung der durch Abstrahlung erzeugten Luftschallpegel, zur Beurteilung der Körperschall-Fortleitung in Gebäuden oder der Wirksamkeit elastischer Lagerungen von Maschinen oder Geräten. Man mißt entweder die Beschleunigung oder Schnelle direkt oder den Beschleunigungspegel

$$L_a = 10 \lg (\tilde{a}^2/\tilde{a}_0^2)\ \text{dB} \quad \text{mit} \quad \tilde{a}_0 = 1\ \mu\text{m/s}^2 \tag{2.52}$$

bzw. den Schnellepegel

$$L_v = 10 \lg (\tilde{v}^2/\tilde{v}_0^2)\ \text{dB} \quad \text{mit} \quad \tilde{v}_0 = 50\ \text{nm/s} \tag{2.53}$$

Für die Beurteilung der Wirksamkeit elastischer Lagerungen ist ferner die mechanische Impedanz $Z_m = F/v$ wesentlich, die i. allg. komplex ist und in der F eine Kraft und v die durch sie verursachte Schnelle an der Anregungsstelle bedeuten. Bei Körperschallmessungen an haustechnischen Anlagen beginnt der interessierende Frequenzbereich bereits bei 25 Hz.

Die Beschleunigung wird mit piezoelektrischen Wandlern, gegebenenfalls mit eingebauten Impedanzwandlern zur Anpassung an die nachfolgenden Verstärker, gemessen. Sie werden angeschraubt, angeklebt oder magnetisch gehalten. Bei leichten Meßobjekten muß die Massebelastung des Objekts durch die Aufnehmermasse berücksichtigt werden. Durch einen nachgeschalteten Integrator läßt sich aus der Beschleunigung die Schnelle gewinnen. Elektrodynamische Systeme zur direkten Messung der Schnelle sind im bauakustischen Frequenzbereich wegen ihrer tiefen Abstimmung meist nicht geeignet. Zur Impedanz-Ermittlung mißt man Kraft und Schnelle entweder mit getrennten Systemen (die Kraft gegebenenfalls durch eine Strommessung am anregenden elektrodynamischen Schwingerreger) oder mit einem Impedanz-Meßkopf, der Kraft- und Beschleunigungsaufnehmer in kompakter Form enthält. Berührungsfreie Schwingungsmessung z. B. an leichten oder kleinen Objekten oder an unzugänglichen Stellen ist auch mit Laser-Schnelleaufnehmern möglich.

DIN 52221 (1980)

Literatur zu 2.9

Bobran, H. W.; Bobran, I. (1990): Handbuch der Bauphysik. 6. Aufl. Wiesbaden: Vieweg

Cremer, L.; Heckl, M. (1992): Körperschall. 2. Aufl. Berlin: Springer

DIN 4109 (Nov. 1989): Schallschutz im Hochbau; Anforderungen und Nachweise

DIN 4109 Beiblatt 1 (Nov. 1989): Schallschutz im Hochbau; Ausführungsbeispiele und Rechenverfahren

DIN 4109 Beiblatt 2 (Nov. 1989): Schallschutz im Hochbau; Hinweise für Planung und Ausführung; Vorschläge für einen erhöhten Schallschutz; Empfehlungen für den Schallschutz im eigenen Wohn- oder Arbeitsbereich

DIN 4109 Berichtigung 1 (1992): Berichtigungen zu DIN 4109/11.89, DIN 4109 Bbl 1/11.89 und DIN 4109 Bbl 2/11.89

DIN 52210 Bauakustische Prüfungen; Luft- und Trittschalldämmung; Teil 1 (Aug. 1984): Meßverfahren; Teil 2 (Aug. 1984): Prüfstände für Schalldämm-Messungen an Bauteilen; Teil 3 (Feb. 1987): Prüfung von Bauteilen in Prüfständen und zwischen Räumen am Bau; Teil 4 (Aug. 1984): Ermittlung von Einzahl-Angaben; Teil 5 (Juli 1985): Messung der Luftschalldämmung von Außenbauteilen am Bau; Teil 6 (Mai 1989): Bestimmung der Schachtpegeldifferenz; Teil 7 (Mai 1989): Bestimmung des Schall-Längsdämm-Maßes

DIN 52217 (Aug. 1984): Bauakustische Prüfungen; Flankenübertragung; Begriffe

DIN 52218 Teil 1 (Nov. 1986): Akustik; Prüfung des Geräuschverhaltens von Armaturen und Geräten der Wasserinstallation im Laboratorium; Meßverfahren. Identisch mit ISO 3822/1 Ausgabe 1983

DIN 52219 (Juli 1993): Bauakustische Prüfungen; Messung von Geräuschen der Wasserinstallation in Gebäuden

DIN 52221 (Mai 1980): Bauakustische Prüfungen; Körperschallmessungen bei haustechnischen Anlagen

DIN EN 20140 Akustik; Messung der Schalldämmung in Gebäuden und von Bauteilen; Teil 2 (Mai 1993): Angaben von Genauigkeitsanforderungen (ISO 140-2: 1991); Deutsche Fassung EN 20140-2: 1993; Teil 9 (Dez. 1993): Raum-zu-Raum-Messung der Luftschalldämmung von Unterdecken mit darüberliegendem Hohlraum im Prüfstand (ISO 140-9: 1985); Deutsche Fassung EN 20140-9: 1993; Teil 10 (Sept. 1992): Messung der Luftschalldämmung kleiner Bauteile in Prüfständen; Deutsche Fassung EN 20140-10: 1992

DIN EN 29052 Teil 1 (Aug. 1992): Akustik; Bestimmung der dynamischen Steifigkeit; Teil 1: Materialien, die unter schwimmenden Estrichen in Wohngebäuden verwendet werden; Deutsche Fassung EN 29052-1: 1991

DIN IEC 651 (Dez. 1981): Schallpegelmesser

DIN IEC 804 (Jan. 1987): Integrierende mittelwertbildende Schallpegelmesser. Identisch mit IEC 804 Ausgabe 1985

Fasold, W.; Kraak, W.; Schirmer, W. (Hrsg.) (1984): Taschenbuch Akustik; Teil 1 und Teil 2. Berlin: VEB Verlag Technik

Fasold, W.; Sonntag, E.; Winkler, H. (1987): Bauphysikalische Entwurfslehre – Bau- und Raumakustik. Köln-Braunsfeld: R. Müller

Furrer, W.; Lauber, A. (1972): Raum- und Bauakustik, Lärmabwehr. 3. Aufl. Basel: Birkhäuser

Gösele, K.; Schüle, W. (1989): Schall, Wärme, Feuchte. 9. Aufl. Wiesbaden: Bauverlag

ISO 140 Acoustics – Measurement of sound insulation in buildings and of building elements; Part 1 (1990): Requirements for laboratories; Part 2 (1991): Statement of precision requirements; Part 3 (DIS 1993): Laboratory measurements of airborne sound insulation of building elements; Part 4 (1978): Field measurements of airborne sound insulation between rooms; Part 5 (1978): Field measurements of airborne sound insulation of facade elements and facades; Part 6 (1978): Laboratory measurements of impact sound insulation of floors; Part 7 (1978): Field measurements of impact sound insulation of floors; Part 8 (1978): Laboratory measurements of the reduction of transmitted impact noise by floor coverings on a standard floor; Part 9 (1985): Laboratory measurement of room-to-room airborne sound insulation of a suspended ceiling with a plenum above it; Part 10 (1991): Laboratory measurement of airborne sound insulation of small building elements

ISO 717 Acoustics – Rating of sound insulation in buildings and of building elements; Part 1 (1982): Airborne sound insulation in buildings and of interior building elements; Part 2 (1982): Impact sound insulation; Part 3 (1982): Airborne sound insulation of facade elements and facades

2.10 Ultraschall (K. Brendel)

2.10.1 Allgemeine Eigenschaften

Als Ultraschall werden mechanische Schwingungen und Wellen bezeichnet, deren Frequenzen zwischen 16000 Hz, also der oberen Frequenzgrenze des menschlichen Hörbereiches, und 10^9 Hz liegen. Bei Frequenzen über 10^9 Hz spricht man von Hyperschall.

Ultraschallwellen lassen sich aufgrund der kleinen Wellenlängen - bei 1 MHz in Wasser 1,5 mm - gut bündeln und gerichtet abstrahlen. Beim Auftreffen auf eine Grenzfläche zwischen zwei Medien mit verschiedenen Feldkennimpedanzen Z_1 und Z_2 (Feldkennimpedanz (s. **2.1.1**)) werden sie in einen reflektierten und in einen weiterlaufenden Anteil aufgespalten. Bei senkrechtem Einfall ebener Wellen gilt für den Reflexionsfaktor r und den Durchlaßfaktor d

$$r = \frac{p_r}{p_e} = \frac{Z_2 - Z_1}{Z_2 + Z_1} \tag{2.54}$$

$$d = \frac{p_d}{p_e} = \frac{2Z_2}{Z_2 + Z_1}, \tag{2.55}$$

wobei p_e der Schalldruck in der einfallenden, p_r der Schalldruck in der reflektierten und p_d der Schalldruck in der durchgelassenen Welle sind. Für ebene Wellen kann mit der Feldkennimpedanz $Z_0 = \varrho c$ des Mediums gerechnet werden (s. **2.1.1**, ferner Tab. T 2.01 in Band 3).

Trifft eine Ultraschallwelle schräg auf die Grenzfläche zwischen zwei Medien unterschiedlicher Schallgeschwindigkeit c_1 und c_2, so tritt eine Brechung des durchgelassenen Schallbündels auf (Fig. 2.14). Ist das zweite Medium ein Festkörper (Schubmodul $G > 0$), so erfolgt an der Grenzfläche eine Aufspaltung der gebrochenen Ultraschallwelle in zwei unterschiedliche Wellentypen, einen Longitudinal- und einen Schubwellenanteil (Wellentypen s. **2.1.2**). Dabei zeigt die Schubwelle aufgrund ihrer kleineren Geschwindigkeit auch einen kleineren Brechungswinkel. Ist das erste Medium ebenfalls ein Festkörper, so tritt bei der Reflexion neben der Longitudinalwelle auch eine Schubwelle auf. Bei stetiger Vergrößerung des Einfallswinkels wird zuerst der Grenzwinkel der Totalreflexion für die Longitudinal- und danach der für die Schubwelle erreicht. Beim Grenzwinkel für die

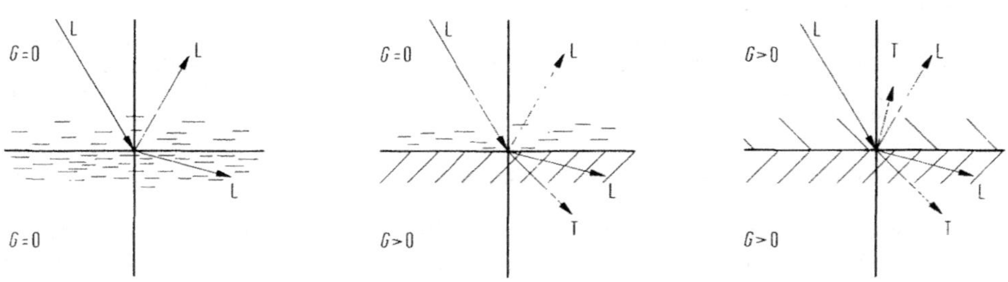

Fig. 2.14 Reflexion und Brechung einer Ultraschallwelle an der ebenen Grenzfläche zweier Medien mit den Schallgeschwindigkeiten $c_1 < c_2$ und unterschiedlichen Schubmodulen

Schubwelle bildet sich nur noch eine Oberflächenwelle (Rayleigh-Welle) in der Grenzschicht aus (s. **2.**1.2).

Auf dem Laufweg erfahren Ultraschallwellen eine zum Teil erhebliche Schwächung durch Absorption und Streuung in dem jeweiligen Medium. Neben den klassischen Dämpfungsursachen, innere Reibung und Wärmeleitung, die auf den in der Schallwelle vorhandenen lokalen Geschwindigkeitsunterschieden und Temperaturschwankungen beruhen, sind Relaxationsprozesse vielfach an der Schallabsorption beteiligt. Diese Relaxationsprozesse sind Vorgänge, bei denen sich Gleichgewichtszustände in dem schallführenden Medium verzögert einstellen, d. h. diese Medien besitzen eine frequenzabhängige Schallgeschwindigkeit und Absorption. Eine Streuung der Schallwelle erfolgt, wenn die Dichte oder die elastischen Konstanten des Ausbreitungsmediums ortsabhängig sind. Die Amplitude des Streusignals ist eine Funktion des Streukoeffizienten des Ausbreitungsmediums und der Größe des einfallenden Schallsignals. Der Streukoeffizient hängt von dem Verhältnis Wellenlänge zur Abmessung des Streuzentrums sowie von dem Wellentyp ab.

Eine weitere Eigenschaft von Ultraschallwellen in Flüssigkeiten und Festkörpern ist, daß sich in ihren Feldern hohe Energieflußdichten (Intensitäten) erzielen lassen. Dieser Effekt beruht auf der hohen Frequenz sowie auf der hohen Feldkennimpedanz des jeweiligen schallführenden Mediums. Während bei der menschlichen Kommunikation die Schallintensitäten zwischen 10^{-10} W/cm² und 10^{-5} W/cm² liegen, sind Ultraschallintensitäten zwischen 10^{-3} W/cm² und 10^3 W/cm² üblich. Spitzenwerte des entsprechenden Schalldrucks in Wasser sind $5{,}5 \cdot 10^3$ Pa und $5{,}5 \cdot 10^6$ Pa. Für die der Frequenz proportionale Beschleunigung ergeben sich bei einer Frequenz von 1 MHz Werte zwischen $2{,}2 \cdot 10^4$ m/s² und $2{,}2 \cdot 10^7$ m/s², d. h. die Beschleunigungswerte sind etwa um den Faktor $2{,}2 \cdot 10^3$ bzw. $2{,}2 \cdot 10^6$ größer als die Fallbeschleunigung. Die maximal erreichbaren Schallintensitäten sind durch die Eigenschaften der schallführenden Materialien begrenzt. Beim Festkörper ist die Begrenzung durch die mechanische Wechselfestigkeit, bei Flüssigkeiten durch die Zerreißfestigkeit und bei Gasen durch den statischen Druck gegeben. Das Zerreißen von Flüssigkeiten unter dem Einfluß dynamischer Zugspannungen wird als Schwingungskavitation bezeichnet. In der Sogphase der Ultraschallschwingungen bilden sich Hohlräume in der Flüssigkeit aus, die dann in der Druckphase wieder zusammenfallen.

Auf dem quasi-optischen Ausbreitungsverhalten der Ultraschallwellen basiert z. B. das Impuls-Echo-Verfahren, das bei der Fehlersuche in Materialien und in der medizinischen Diagnostik angewendet wird. Die hohen Schallintensitäten sind die Grundlage für viele Arbeitsprozesse, wie Reinigen, Bohren oder Schweißen sowie für die Zertrümmerung von Nieren- und Gallensteinen mit Ultraschall.

Für den Einsatz im medizinischen Bereich ist dabei von Wichtigkeit, daß Ultraschallwellen keine Ionisierung der durchschallten Materie bewirken, solange keine Kavitation erzeugt wird.

Bergmann (1954); Fry (1978); Gooberman (1968); Hill (1986); Krautkrämer u. Krautkrämer (1986); Kuttruff (1988); Lehfeldt (1973); Marton u. Marton (1981); Matauschek (1961); Meyer u. Guicking (1974); Meyer u. Neumann (1979); Millner (1987); Rieländer (1982); Šutilov (1984); Tietz (1969); Urick (1967); Wells (1977)

2.10.2 Ultraschallfelder und ihre Erzeugung

Ultraschallfelder werden überwiegend mit Scheiben, Platten oder Stäben aus piezoelektrischem Material erzeugt, die beim Anlegen einer elektrischen Spannung (Sprungfunktion, Nadelimpuls, Sinusspannung) mechanische Schwingungen ausführen (Krautkrämer u. Krautkrämer (1986), Marton u. Marton (1981), Matauschek (1961),

Wells (1977)). Als piezoelektrische Materialien dienen vorzugsweise polarisierte polykristalline Ferroelektrika (Bariumtitanat, Bleizirkonat-Titanat, Bleimetaniobat) sowie Quarz oder Lithiumniobat (Einkristalle), die in ihren mechanischen Grundresonanzen oder in einer ihrer Oberschwingungen betrieben werden. Von Bedeutung ist weiterhin das magnetostriktive Prinzip zur Erzeugung von Hochleistungsschall. In letzter Zeit werden in zunehmendem Maße Folien aus piezoelektrischen Materialien wie Polyvinylidenfluorid (PVDF) eingesetzt (Sessler (1981)).

Die Erzeugung gepulster Schallfelder erfolgt im allgemeinen mit stark verlustbehafteten piezoelektrischen Materialien. Zur Erzielung einer ausreichenden Übertragungsbandbreite ist bei den keramischen Materialien eine zusätzliche mechanische Bedämpfung (Dämpfungskörper) notwendig. Folien werden aufgrund ihrer geringeren Feldkennimpedanz durch das angekoppelte Medium ausreichend bedämpft. Bei den piezoelektrischen Folien erweist sich auch die geringe Verkopplung von Lateral- und Dickenschwingungen als vorteilhaft.

Die Hochleistungsschall-Impulserzeugung für die Lithotripsie (Riedlinger (1988), Staudenraus (1991)) erfolgt vorzugsweise mit Unterwasser-Funkenstrecken und Ellipsoid-Reflektoren, selbstfokussierenden Piezokeramik-Mosaik-Kalotten, oder Wirbelstrom-Flachspulen-Sendern und akustischen Linsen (Eisenmenger (1962)). Andere Anregungsprinzipien, wie die elektrostatische oder die elektrodynamische sowie die mechanische Schallerzeugung (Ultraschallsirenen, Hartmanngenerator) sind auf Spezialfälle beschränkt (Pohlman u. Herbertz (1965)).

2.10.2.1 Longitudinalwellen

Die Wellen werden in Gasen und Flüssigkeiten (keine Schubsteife des Mediums) auch als Kompressionswellen und in Festkörpern als Dilatationswellen bezeichnet.

Die Erzeugung erfolgt vorzugsweise mit entsprechend polarisierten piezokeramischen Wandlern, piezoelektrischen Folien oder mit Quarzschwingern im X-Schnitt.

2.10.2.2 Schubwellen

Die Anregung erfolgt mit entsprechend polarisierten piezokeramischen Wandlern, mit Quarzschwingern mit Y-Schnitt oder bei Schrägeinschallung durch dabei auftretende Wellentypkonversion.

2.10.2.3 Oberflächenwellen

Die Erzeugung von Oberflächenwellen erfolgt häufig mit kammartigen Strukturen, die auf piezoelektrischem Material aufgebracht sind (Oliner (1978).

2.10.2.4 Nahfeld/Fernfeld

Die für die Erzeugung von Ultraschallfeldern verwendeten Schallsender (Sendewandler) sind üblicherweise groß zur Wellenlänge der abgestrahlten Welle. Die unmittelbar an den Sendewandler grenzende Interferenzzone wird Nahfeld oder Fresnel-Zone genannt und stellt oft einen beträchtlichen Teil des genutzten Schallfeldes dar (s. auch **2.1.2**). Die Nahfeldlänge N (Ausdehnung des Nahfeldes in axialer Richtung) ist in erster Näherung gegeben durch $N = a^2/\lambda$. Dabei sind a der effektive Radius des Sendewandlers – der oft erheblich vom geometrischen Radius abweicht – und λ die Schallwellenlänge in der abgestrahlten Welle. Die Kenntnis der Nahfeldlänge ist für viele Anwendungen wichtig, da die Schallbündel von nicht fokussierenden Wandlern am Ende der Nahfeldzone die größte seitliche Einschnürung zeigen. Im Fernfeld (Fraunhofer-Zone) breitet sich die Welle kugelförmig aus und die Schalldruckamplitude nimmt umgekehrt proportional zur Entfernung vom Sender ab.

2.10.3 Schallfeldgrößen und ihre Messung

Die wichtigsten Schallfeldgrößen sind der Schalldruck p und die Schallintensität I. Von Interesse sind ebenfalls die Teilchenamplitude ξ und die Teilchenschwinggeschwindigkeit (Schallschnelle) v, da sich hieraus bei bekannter Feldkennimpedanz des Mediums der Schalldruck bzw. die Intensität berechnen lassen. In einer fortlaufenden ebenen Welle gilt

$$p = \omega \xi \varrho c = v \varrho c \tag{2.56}$$

$$I = p v \, . \tag{2.57}$$

Bei im Pulsbetrieb arbeitenden Schallsendern muß man noch zwischen dem Pulsspitzenwert und dem zeitlichen Mittelwert der interessierenden Feldgröße unterscheiden. Hierfür müssen die Pulsdauer τ und die Periodendauer T bzw. das Tastverhältnis τ/T und die Pulswiederholfrequenz bekannt sein. Dabei ist die Pulsdauer durch die Zeit zwischen den -6 dB Punkten auf den beiden Flanken der Hüllkurve (Halbwertsbreite) definiert. Häufig wird bei Ultraschallgeräten nur die gesamte abgestrahlte akustische Leistung P angegeben.

Bei der Nennung der im Schallfeld auftretenden Intensitätswerte sind bei medizinischen Geräten folgende Ausdrücke gebräuchlich: Für den räumlichen und zeitlichen Mittelwert der Intensität I_{SATA}, für den räumlichen Spitzen- und zeitlichen Mittelwert der Intensität I_{SPTA}, für den räumlichen Spitzen- und Pulsmittelwert der Intensität I_{SPPA}, für den räumlichen und zeitlichen Spitzenwert I_{SPTP} und I_{m} für den räumlichen Spitzen- und zeitlichen Mittelwert der Intensität über die Halbwelle mit dem größten Zeitmittelwert der Intensität (AIUM (1992)).

Die wichtigsten Ultraschallmeßverfahren zur Bestimmung der einzelnen Schallfeldgrößen in Flüssigkeiten, deren Anwendbarkeitsbereich sowie die mit ihnen erzielbaren räumlichen und zeitlichen Auflösungen sind in Tab. 2.3 aufgeführt.

Die Messung des Schalldrucks in Flüssigkeiten erfolgt zweckmäßigerweise mit kalibrierten piezoelektrischen Mikrofonen für Wasserschall (Hydrophonen).

Die Schallintensität wird aus den gemessenen Druckwerten und der Feldkennimpedanz des Mediums gemäß der Beziehung $I = p^2/\varrho c$ berechnet. Dabei ist zu beachten, daß sich im Nahfeldbereich Abweichungen von der „wahren“ Intensität $I = pv$ ergeben (Beissner (1982)).

Die Bestimmung der abgestrahlten akustischen Leistung P in Flüssigkeiten erfolgt üblicherweise durch Messung der auf ein Target einwirkenden Schallstrahlungskraft F. Sie ist der Energiedichtedifferenz vor und hinter dem Target proportional. Bei ebenen Wellen ist der Zusammenhang zwischen P und F für ein absorbierendes Target

$$P = Fc \tag{2.58}$$

und für ein reflektierendes Target

$$P = \frac{Fc}{2\cos^2\beta}. \tag{2.59}$$

Dabei ist β der Einfallswinkel der Welle. Für nicht ebene Wellen gelten leicht modifizierte Formeln (Beissner (1987)).

Die Leistungsmessungen erfolgen im Wattbereich vorzugsweise mit dem Schwimmerverfahren, im Milliwattbereich mit selbstkompensierenden Mikrowaagen. Die Kugelmethode wird gelegentlich zur Bestimmung der Schallintensität sowie zur Kalibrierung von Hydrophonen herangezogen. Die weiteren in der folgenden Tab. 2.3 genannten Verfahren werden aufgrund ihres hohen experimentellen Aufwandes oder der Schwierigkeit ihrer Handhabung nur in größeren Laboratorien angewendet.

Für die Messung des Schalldrucks bzw. der Schallintensität in Gasen (Luft) kommt praktisch nur die Verwendung kalibrierter Luftschallmikrofone mit ausreichendem Frequenzbereich in Frage (vgl. **2**.3). Bei ihrem Einsatz im Ultraschallbereich ist zu beachten, daß die Mikrofonabmessungen im allgemeinen vergleichbar oder größer als die akustische Wellenlänge in dem Übertragungsmedium sind, was zu Störungen des Schallfeldes führt (s. auch **2**.10.3.1).

Tab. 2.3 Meßverfahren zur Bestimmung der wichtigsten Ultraschallfeldgrößen in Flüssigkeiten. (p Schalldruck, P Schalleistung, I Schallintensität, ξ Teilchenamplitude, v Schallschnelle)
Auflösung und Empfindlichkeit hängen voneinander ab. Die Tabelle gibt nur die jeweiligen Grenzwerte an. Die Werte in Klammern sind die Minimalwerte bei Pulsschall. Die erzielbare Meßunsicherheit wird durch den jeweiligen experimentellen Aufwand bestimmt. Sie liegt üblicherweise zwischen ±3% und ±20%.

Meßgeräte/-verfahren	Meß-größe	Minimalwerte bei Dauerschall Intensität W/cm²	Leistung W	räumliche Auflösung mm	zeitliche Auflösung s
Piezoelektrische Empfänger/ Hydrophon	p	10^{-10} (10^{-6})		0,5	10^{-8}
Lichtbeugung/Tomographie	p	10^{-4}		0,1	10^{-7}
Optisches Hydrophon	p	10		0,01	10^{-7}
Schwimmer	P		10^{-2}		
Waage	P		10^{-5}		
Holographische Interferometrie	I	10^{-3}		0,1	
Kugel	I	10^{-2}		1	
Interferometer	ξ	10^{-9} a) (10^{-5})		0,01	10^{-8}
Kapazitiver Empfänger	ξ	10^{4}		10	10^{-8}
Elektromagnet. Empfänger	v	10^{-3}		10	$3 \cdot 10^{-8}$
Kalorimeter	P		$5 \cdot 10^{-4}$		
Thermoelemente	I	10^{1}		0,1	

a) Frequenz 1 MHz

2.10.3.1 Piezoelektrische Empfänger

Piezoelektrische Empfänger (Hydrophone) werden üblicherweise für Schalldruckmessungen eingesetzt, wenn eine hohe räumliche und zeitliche Auflösung gefordert wird. Die zur Zeit verfügbaren Hydrophone erfüllen nur ungenügend die Eigenschaften eines idealen Hydrophons, das zu untersuchende Schallfeld nicht zu stören und ein dem akustischen Wechseldruck proportionales elektrisches Ausgangssignal zu liefern.

Der Grund hierfür ist, daß bis heute bei keinem Hydrophon für den anwendungstechnisch so bedeutsamen Frequenzbereich von 1 MHz bis 50 MHz die erforderlichen Eigenschaften – geometrische Abmessungen klein zur akustischen Wellenlänge, ausreichende und frequenzunabhängige Empfindlichkeit sowie zeitliche Stabilität – gleichzeitig realisiert werden können. Man muß daher gewisse Einschränkungen in Kauf nehmen, wie z. B. die Integration über die Schalldruckverteilung auf der Hydrophonfläche, was im Nahfeldbereich zu erheblichen Fehlern führt. Entsprechend der IEC 1102 (1991) beträgt der maximale effektive Hydrophonradius

$$b_{\max} = \frac{\lambda}{8a}(z^2 + a^2)^{1/2}, \tag{2.60}$$

wobei λ die Schallwellenlänge, a der effektive Radius des Schallsenders und z der Abstand zwischen Hydrophon und Schallsender sind.

Beim Einsatz von Hydrophonen ist zu beachten, daß deren Empfindlichkeitswerte nur für die angegebene akustische und elektrische Belastung gelten. Ein veränderter Abschluß, z. B. die Benutzung eines Verlängerungskabels oder eines anderen Meßmediums, führt zu falschen Meßergebnissen (s. **2**.10.5).

Die Kalibrierung der Hydrophone kann mit verschiedenen Verfahren, z. B. mit Hilfe des Schallstrahlungsdruckes („planar scanning"-Methode s. Miller u. Eitzen (1979), IEC 1101 (1991)) oder mit akusto-optischen Verfahren erfolgen (s. **2**.10.3.7). Als Standardmeßverfahren für die Kalibrierung von Hydrophonen für Frequenzen zwischen 0,5 MHz und 15 MHz ist die Reziprozitätsmethode nach einem Zwei-Wandler-Verfahren ausgewählt (IEC 866 (1987)). Den prinzipiellen Aufbau der Meßanordnung zeigt Fig. 2.15.

Ein ebener, relativ großer Hilfswandler (Durchmesser > 10 λ) strahlt einen Schwingungsimpuls, dessen Amplitude dem Sendestrom I_1 proportional ist, in einen Wassertank ab.

Der Schallimpuls trifft auf einen Reflektor und wird nach der Reflexion von dem Hilfswandler wieder empfangen. Er erzeugt an dessen Klemmen die Empfangsspannung U_1. Anschließend wird das zu kalibrierende Hydrophon in dieses Schallfeld eingebracht.

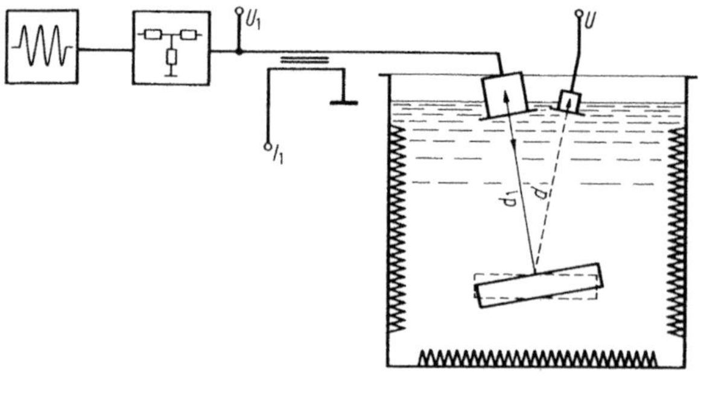

Fig. 2.15
Anordnung zur Hydrophonkalibrierung nach dem Zwei-Wandler-Verfahren

Hierzu wird der drehbar gelagerte Reflektor soweit um seine horizontale Achse gedreht, daß sich das Hydrophon auf der Achse des reflektierten Schallbündels befindet. Der Drehwinkel sollte dabei 15° nicht übersteigen. Die Eintauchtiefe des Hydrophons in die Meßflüssigkeit muß so groß gewählt werden, daß störende Reflexionen vom Meßsignal zeitlich getrennt sind.

An den Klemmen des Hydrophons erzeugt der Schalldruck p die Spannung U. Die Länge des Schallfeldes sollte größer als die Nahfeldlänge $N = a^2/\lambda$ sein, wobei a der effektive Radius des Hilfswandlers und λ die akustische Wellenlänge in Wasser sind. Der Empfangs-Übertragungsfaktor des Hydrophons, der sich aus

$$M = \frac{U}{p} = \frac{U}{I_1}\sqrt{\frac{I_1 J_p}{U_1}} \tag{2.61}$$

($J_p = 2A/\varrho c$ = Reziprozitätsparameter für ebene Wellen) ergibt, unterscheidet sich jedoch von dem gesuchten Freifeld-Leerlauf-Übertragungsfaktor des Hydrophons $M_0 = U_0/p_0$. Dabei sind U_0 die Leerlaufspannung an den Klemmen des Hydrophons und p_0 der Schalldruck im ungestörten Schallfeld des Hydrophons. Für den Freifeld-Leerlauf-Übertragungsfaktor folgt

$$M_0 = M \frac{\sqrt{k_{U10}}}{k_{U0}} \frac{1}{\sqrt{r}} \frac{\sqrt{G_1}}{G_2} \mathrm{e}^{\alpha d}. \tag{2.62}$$

Die Korrekturfaktoren k_{U10} und k_{U0} für die Spannungen U_1 und U sind notwendig, da eine Belastung der Wandlerausgänge unvermeidlich ist. Sie ergeben sich aus den jeweiligen Impedanzverhältnissen.

Der Ausdruck k_{U10} ist gleich dem Verhältnis von Sendestrom I_1 zu Kurzschlußstrom I_{1K}, wenn der Sendewandler durch einen Kurzschluß ersetzt wird ($k_{U10} = I_1/I_{1K}$). Der Korrekturfaktor k_{U0} kann entfallen, wenn für Messungen und Kalibrierung das gleiche Netzwerk an das Hydrophon angeschlossen ist.

Der Term $1/\sqrt{r}$ berücksichtigt die Verluste bei der Reflexion. Bei Verwendung eines Stahlreflektors ergibt sich dafür der Faktor 1,03. Auf dem Laufwege erleidet die Schallwelle Verluste durch Absorption und Beugung, was durch die Dämpfungskorrektur $\mathrm{e}^{\alpha d}$ und die Geometriefaktoren G_1 und G_2 berücksichtigt wird. Sie sind Funktionen des Abstandes vom Sendewandler. G_1 beschreibt die Beugungsverluste im Schallfeld des Sendewandlers, G_2 den mittleren Schalldruck an der Membran des Hydrophons bei unterschiedlichen Durchmessern von Sende- und Empfangswandlern. Vereinfachte Korrekturen ergeben sich, wenn das Durchmesserverhältnis von Sendewandler und Hydrophon größer als 5 ist und die akustischen Laufwege (Hilfswandler-Reflektor – Hilfswandler bzw. Hydrophon) bei den Messungen zwischen dem 1,5fachen und dem 3fachen Wert der Nahfeldlänge liegen. Für diese Randbedingungen kann der Wert des Ausdruckes $\sqrt{G_1}/G_2$ der Fig. 2.16 entnommen werden.

Die Dämpfungskorrektur $\mathrm{e}^{\alpha d}$ ist durch den Schwächungskoeffizienten α und den Abstand d zwischen Reflektor und Hydrophon gegeben. Der Wert für α sollte der aktuellen Literatur entnommen werden. Bei Wasser mit einer Temperatur von 20°C kann näherungsweise mit dem Wert

$$\frac{\alpha}{f^2} = 25 \cdot 10^{-15} \frac{\mathrm{s}^2}{\mathrm{m}} \tag{2.63}$$

gerechnet werden. Dabei ist f die Frequenz in Hz (Pinkerton (1949)). Bei einer Frequenz von 1 MHz und einem Abstand von 0,2 m folgt damit für die Dämpfungskorrektur ein Wert von 1,005, bei 10 MHz aber bereits von 1,65 (Temperaturabhängigkeit von α/f^2 s. Tab. T 2.03 in Band 3).

Beissner (1980); Brendel u. Ludwig (1976/1977); Ludwig u. Brendel (1988); IEEE Std 790 (1989)

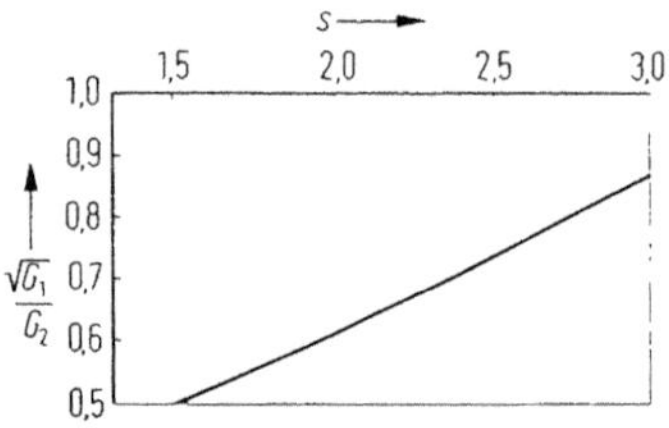

Fig. 2.16 Korrekturfaktor $\sqrt{G_1/G_2}$ als Funktion des normierten Abstandes $s = (d_1 + d)\frac{\lambda}{a^2}$

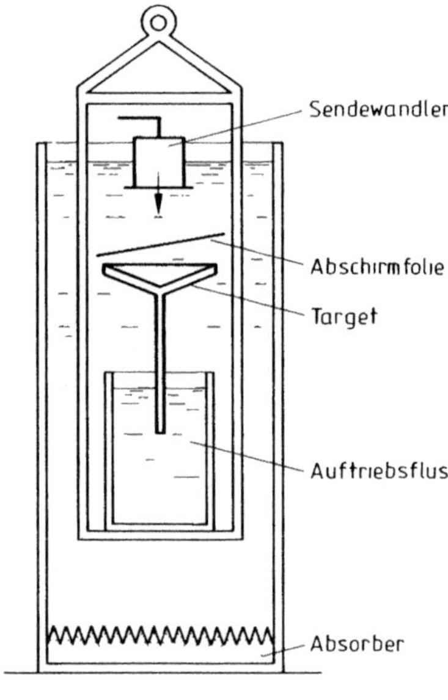

Fig. 2.17
Anordnung zur Messung von Ultraschalleistungen im Watt-Bereich

2.10.3.2 Ultraschall-Kontaktprüfköpfe

Ultraschall-Kontaktprüfköpfe, die nur über einen dünnen Flüssigkeitsfilm direkt an feste Substanzen angekoppelt werden, müssen an geeigneten Testkörpern aus dem gleichen Material kalibriert werden. Der einfachste Testkörper für diesen Zweck ist die planparallele Platte. Sie kann jedoch nur verwendet werden, wenn der Wandler das Ultraschallsignal exakt senkrecht durch die Oberfläche einschallt. In allen anderen Fällen muß die Rückwand des Testkörpers, an der das Ultraschallsignal reflektiert wird, senkrecht zur akustischen Achse des Wandlers ausgerichtet werden. Geeignete Testkörper dafür sind der Halbzylinder oder die Halbkugel. Für präzise Ultraschallmessungen müssen die an diesen Testkörpern auftretenden Beugungsverluste bekannt sein (Fay u. a. (1989); Fay (1992); DIN 25450 (1989)).

2.10.3.3 Schwimmerverfahren

Zur Bestimmung der abgestrahlten akustischen Leistung eines Schallwandlers eignen sich besonders akusto-mechanische Verfahren, die als Meßgröße den Langevinschen Schallstrahlungsdruck $\Pi = I/c$ benutzen. Diese liefern bei einer fortschreitenden ebenen Schallwelle den Integralwert über die Leistungsdichte, was bei den überwiegend im Nahfeld auszuführenden Messungen von Wichtigkeit ist.

An einem Schwimmkörper, der als akustischer Reflektor (Target) dient (s. Fig. 2.17), ist ein Stiel befestigt, der zum Teil in eine mit Wasser nicht mischbare Flüssigkeit höherer Dichte (als der von Wasser) eintaucht. Der Schwimmkörper ist dabei so dimensioniert, daß er ohne das Eintauchen des Stieles in die spezifisch schwerere Flüssigkeit in Wasser absinken würde. Beim Auftreffen einer Schallwelle wird auf den Schwimmkörper die Schallstrahlungskraft ausgeübt, die zu einer Änderung der Eintauchtiefe führt. Dieses Meßverfahren ist ursprünglich für die Messung der abgestrahlten akustischen Leistung von Ultraschall-Therapiegeräten entwickelt worden und ist für Leistungsbestimmungen im Bereich von 0,5 W bis 25 W gebräuchlich (Oberst u. Rieckmann (1952); IEC 150 (1963)). Es zeichnet sich durch einfache Handhabung und Kalibrierbarkeit aus. Die Kalibrierung erfolgt bei bekannten akustischen Eigenschaften des Targets durch Auflegen von Gewichtsstücken (Auftrieb in Wasser muß berücksichtigt werden) und Ablesung der veränderten Eintauchtiefe.

Zur Vermeidung stehender Wellen zwischen dem Schallwandler und dem Reflektor ist dieser als Hohlkegel ausgeführt. Damit wird zusätzlich eine Selbstzentrierung des Schwimmers im Schallfeld erreicht, d. h. der Schwimmer bewegt sich immer in das Gebiet größter Schallintensität. Eine schräg zur Schallausbreitungsrichtung orientierte dünne Kunststoff- oder Aluminiumfolie (Dicke $< 10\,\mu m$) soll die stets auftretenden Flüssigkeitsströmungen weitgehend vom Target fernhalten. Die Schrägstellung der Folie ist unbedingt erforderlich, da sonst durch Rückwirkung auf den Sendewandler erhebliche Verfälschungen der Meßergebnisse möglich sind (Beissner (1982)). Bei den Messungen ist darauf zu achten, daß in der Meßflüssigkeit keine Kavitation auftritt.

2.10.3.4 Waageverfahren

Die bei Leistungsmessungen im Milliwatt-Bereich auftretenden Schallstrahlungskräfte sind nur noch von der Größenordnung 10^{-6} N, und das im Watt-Bereich bewährte Tauchschwimmerverfahren kann infolge unzureichender Empfindlichkeit in der beschriebenen Form nicht mehr eingesetzt werden. Zur Messung der sehr kleinen Schallstrahlungskräfte bietet sich die Verwendung einer Mikrowaage an. Den schematischen Aufbau derartiger Meßplätze zeigt Fig. 2.18. Die zu messende Ultraschalleistung wird von unten in das Meßgefäß eingestrahlt. Dabei sollte der Wandler direkt an die Meßflüssigkeit angekoppelt werden, um Änderungen der Strahlungsimpedanz (Impedanztransformation) durch zusätzliche Koppelschichten zu vermeiden (Beissner (1982)).

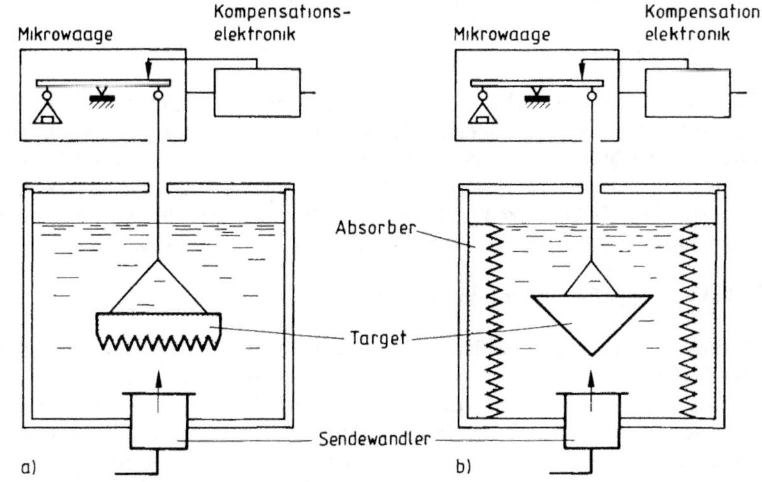

Fig. 2.18 Anordnungen zur Messung von Ultraschalleistungen im Milliwatt-Bereich mit absorbierendem (a) und reflektierendem (b) Target

Das Schallbündel trifft auf ein Target (Schallabsorber bzw. -reflektor), das an der Mikrowaage hängt. Für das Target muß eine möglichst geringe Kompressibilität gefordert werden, um Störungen durch Auftriebsschwankungen weitgehend auszuschalten. Eine Volumenänderung von nur $10^{-5}\,cm^3$ bewirkt bei einer Leistung von 1 mW bereits einen Meßfehler von 15%. Zur Verringerung der Strömungseinflüsse auf das Target kann eine schräggestellte dünne Folie im Schallbündel benutzt werden (s. **2.**10.3.3).

An der Durchtrittsstelle der Targetaufhängung durch die Flüssigkeitsoberfläche muß der Einfluß der störenden Oberflächenkräfte so gering wie möglich gehalten werden. Diese Bedingung wird durch zwei Maßnahmen weitgehend erfüllt, durch einen möglichst kleinen Durchmesser des Aufhängedrahtes, z. B. eines 50 µm dicken Platin-Iridium-Drahtes, und durch die Verwendung einer selbstkompensierenden Waage.

Besonders die zweite Maßnahme erscheint unumgänglich, da bei Benutzung einer nichtkompensierenden Waage Störungen von der Größenordnung der zu messenden Kräfte auftreten können.

Um Störungen durch Wärmeströmungen in der Flüssigkeit – wie sie z. B. durch die Wärmestrahlung des Experimentators entstehen – gering zu halten, sollte das Meßgefäß selbst möglichst klein sein. Der Raum über der Meßflüssigkeit soll bis auf eine kleine Öffnung zur Durchführung der Aufhängung abgeschlossen sein, um durch Verdunstungsvorgänge an der Flüssigkeitsoberfläche (Abkühlung) hervorgerufene Strömungen weitgehend auszuschalten.

Als Targets für Messungen im Milliwatt-Bereich finden bevorzugt Scheiben aus schallabsorbierendem Material Verwendung. Die durch die Erwärmung des Absorbermaterials hervorgerufene Drift läßt sich durch Aufzeichnung des zeitlichen Verlaufs der Schallstrahlungskraft ermitteln. Als Reflektoren können Platten oder Kegel geringer Kompressibilität benutzt werden. Der Abstand zwischen Wandler und Target sollte in allen Fällen so gering wie möglich gewählt werden (IEC 1161 (1992)).

Für Schalleistungsmessungen im Mikrowatt-Bereich werden spezielle Techniken angewandt (Greenspan u. a. (1978); Reibold (1982)).

2.10.3.5 Kugelmethode

Eine relativ einfache, aber nicht sehr bequem zu handhabende Meßmethode für die Schallintensität ist die sogenannte Kugelmethode (s. Fry (1978), Teil 1, S. 371). Sie besteht in der Messung der Auslenkung einer an einem langen Faden hängenden Kugel, auf die die Schallstrahlungskraft und die Fallbeschleunigung einwirken. Störquellen sind durch die Schallwelle erzeugte Resonanzschwingungen der Kugel selbst sowie die Kräfte an der Durchtrittsstelle des Aufhängefadens an der Wasseroberfläche.

2.10.3.6 Doppelbelichtungsholographie

Bei dieser Methode wird die Aufwölbung einer Flüssigkeitsoberfläche gemessen, die beim Auftreffen eines Schallbündels durch den Schallstrahlungsdruck erzeugt wird. Mit Hilfe der holographischen Interferometrie erhält man ein Höhenrelief, das die Intensitätsverteilung in dem betreffenden Querschnitt des Schallfeldes wiedergibt. Durch Auszählen der Interferenzstreifen läßt sich die Schallintensität in jedem Punkt der Ebene bestimmen. Die Oberflächenspannung der Flüssigkeit muß dabei berücksichtigt werden (Reibold (1980)).

2.10.3.7 Lichtbeugung

Die Beugung, die eine Lichtwelle an den periodischen Dichteschwankungen einer fortschreitenden oder stehenden Schallwelle erfährt (Debye-Sears-Effekt), wird meßtechnisch ausgenutzt (Meyer u. Neumann (1979)). Gemessen wird üblicherweise die Lichtintensität in der nullten und ersten Beugungsordnung. Für die Lichtintensität in der n-ten Beugungsordnung gilt

$$I_n \cong J_n^2 (\Delta \varphi). \tag{2.64}$$

Dabei sind J_n die Besselfunktion n-ter Ordnung und $\Delta \varphi$ der Phasenhub des Lichtes. Der Phasenhub (Raman-Nath-Parameter) ist dem Spitzenwert des Schalldrucks proportional. Dabei ist der integrale optische Effekt zu beachten, d. h. es tritt eine Integration der Lichtbeugung über dem gesamten Laufweg des Lichtes durch das Schallbündel auf. Durch eine tomographische Auswertung läßt sich jedoch die Schallwechseldruckamplitude in jedem Punkt der Meßebene berechnen. Die dazu nötigen Projektionsdaten werden durch eine Linearverschiebung des Schallwandlers in Schritten klein zur Wellenlänge und ein Drehen des Wandlers nach jedem Scan um einen kleinen Winkel erfaßt (Reibold u. Molkenstruck (1984)).

Das Verfahren ist nicht auf Dauerschall oder lange Schwingungspulse beschränkt, sondern kann unter bestimmten Voraussetzungen auch bei kurzen Impulsen oder stehenden Schallwellenfeldern eingesetzt werden (Reibold (1987)).

2.10.3.8 Optische Interferometrie

Laserinterferometer bieten die Möglichkeit, Amplitudenmessungen im Ultraschallbereich durchzuführen. Durch den Einsatz spezieller Techniken, wie der Verwendung eines oszillierenden Referenzspiegels oder der Ausnutzung von zwei unabhängigen Polarisationsrichtungen des Lichtes, lassen sich hohe räumliche und zeitliche Auflösungen erzielen (Reibold u. Molkenstruck (1981)).

2.10.3.9 Optische Sondenhydrophone

Als Drucksonde wird ein Lichtleiter in Form einer Glas- oder Polymerfaser in das akustische Wellenfeld eingeführt und die durch die zeitliche Druckänderung hervorgerufene zeitliche Variation der Lichtreflexion an der Grenzfläche Lichtleiterende–Flüssigkeit als Hydrophonsignal verwendet. Die Lichtreflexion an der Lichtleiterendfläche ist über den Brechungsindex-Dichte-Zusammenhang mit der Druckamplitude verknüpft. Bei Druckanstieg wird die Dichte und damit der Brechungsindex in der Flüssigkeit und im Lichtleitermaterial erhöht, wobei jedoch wegen der geringen Kompressibilität des festen Lichtleitermaterials die druckbedingte Brechungsindexänderung der Flüssigkeit überwiegt. Die Änderung der Lichtreflexion wird hierbei über den zeitlichen Intensitätsverlauf des reflektierten Lichtes bei bekannter Einstrahlung photoelektrisch registriert (Staudenraus u. Eisenmenger (1988)).

2.10.3.10 Kapazitive Empfänger

Kapazitive Empfänger dienen zur Messung der Teilchenamplitude kurzer Schallpulse. Sie werden wegen ihrer großen Bandbreite und hohen Lebensdauer (Lawrenz u. a.

(1988)) in zunehmendem Maße für Absolutmessungen in Stoßwellenfeldern eingesetzt. Bei längeren Wellenzügen treten bei den bisher üblichen Wandlern Störungen durch stehende Wellen am Wandler auf (Filipczyński (1969)).

2.10.3.11 Elektrodynamische Empfänger

Elektrodynamische Empfänger dienen zur Messung der Schallschnelle. Sie bestehen aus einem Kunststoffblock, auf den ein dünner metallischer Leiter aufgebracht ist, der sich in einem starken Magnetfeld befindet. Wie bei den kapazitiven Wandlern (s. **2.**10.3.10) begrenzt auch hier die Größe des Wandlers die Länge des zu messenden Wellenzuges (Filipczyński (1969)).

2.10.3.12 Kalorimetrie

Kalorimetrische Verfahren basieren auf der Messung der Temperaturerhöhung, die durch die Absorption von Ultraschallenergie entsteht. Dabei ist erforderlich, daß die Wärmeableitung an die Umgebung vernachlässigbar klein oder bekannt ist. Diese Anforderungen sind nicht einfach zu erfüllen. Thermosonden zeigen eine hohe räumliche Auflösung. Sie sind jedoch nur in Schallfeldern mit Intensitäten oberhalb von 1 W/cm^2 einsetzbar (Zapf u. a. (1976), Fry (1978)).

2.10.4 Eigenschaften des Schallübertragungsmediums

Die wichtigsten Ultraschallmeßverfahren zur Bestimmung der Eigenschaften des Schallübertragungsmediums beruhen auf der Messung der Laufzeit eines Schallsignals, seiner Schwächung längs des Laufweges, der Größe der Streuung bzw. Reflexion an einem Hindernis oder der Dopplerverschiebung durch bewegte Medien (Krautkrämer u. Krautkrämer (1986), Marton u. Marton (1981), Mason u. Thursten (1971), Tietz (1969)).

2.10.4.1 Schallgeschwindigkeit

Die Schallgeschwindigkeit eines Stoffes ist eine charakteristische Konstante. In Gasen und Flüssigkeiten gilt für die Dichte- oder Kompressionswellengeschwindigkeit (s. **2.**1.1)

$$c = \sqrt{K/\varrho} \tag{2.65}$$

K adiabatischer Kompressionsmodul,
ϱ Dichte.

Für die Schallgeschwindigkeit in isotropen Festkörpern gelten folgende Beziehungen

$$c_\mathrm{l} = \sqrt{\frac{K + 4/3\,G}{\varrho}} \quad \text{und} \quad c_\mathrm{t} = \sqrt{\frac{G}{\varrho}}$$

c_l Longitudinal- oder Dilatationswellengeschwindigkeit,
c_t Transversal- oder Schubwellengeschwindigkeit,
G Schubmodul.

Diese Beziehungen gelten nur für Probenabmessungen groß gegenüber der Wellenlänge (unendlich ausgedehntes Medium) und für Schalldruckamplituden klein gegenüber der Wellenlänge bei vernachlässigbarer Dispersion (Relaxationsvorgänge).

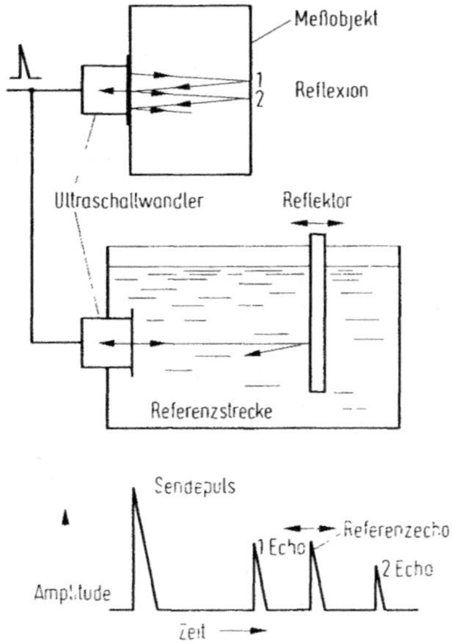

Fig. 2.19
Schematische Darstellung des Laufzeitvergleichverfahrens

Die Schallgeschwindigkeit wird üblicherweise aus der Laufzeit eines Schallsignals längs eines bekannten Weges bestimmt. Die einfachste Laufzeitmessung kann mit Hilfe eines Oszillographen mit kalibrierter Zeibasis durchgeführt werden. Die Unsicherheit liegt bei etwa ±1%. Eine Meßunsicherheit von ±0,1% liefern die Laufzeitvergleichsverfahren (Interferometerverfahren). Dabei wird die Probe, deren Schallgeschwindigkeit bestimmt werden soll, mit einer Referenzprobe bekannter Schallgeschwindigkeit verglichen (s. Fig. 2.19). Bei den Messungen ist auf Planparallelität und Homogenität des Prüflings zu achten (Tietz (1969), S. 69). Verfahren mit höherer Meßgenauigkeit nutzen die Interferenz zwischen verschiedenen Echos aus. Sie erfordern einen höheren Aufwand und sind beschränkt auf Materialien mit geringer Schallschwächung. In Materialien mit höherer Schallschwächung kann vorteilhaft die „sing-around"-Methode eingesetzt werden. (Krautkrämer, J.; Krautkrämer, H. (1986)). Schallgeschwindigkeitswerte s. Tab. T 2.01 in Band 3.

2.10.4.2 Schallschwächung

Die Schallschwächung eines Mediums wird üblicherweise mit dem Puls-Echo-Verfahren aus den Amplituden aufeinanderfolgender Echos bestimmt. Dabei müssen die Divergenz des Schallfeldes (Khimunin (1972)) und die Reflexionswerte am Wandler und an der Probenrückseite berücksichtigt werden (Frielinghaus u. Koppelmann (1964)). Bei Materialien mit hohen Schallschwächungswerten und nicht ausreichend parallelen Grenzflächen ist das Durchschallungsverfahren vorteilhaft. Die nach diesen Verfahren bestimmte Schallschwächung ist der Integralwert über die Meßstrecke. Er setzt sich aus Absorption und Streuung zusammen. Bei vernachlässigbarer Streuung erhält man mit den oben genannten Meßverfahren unmittelbar die Absorption. Andernfalls muß eine Trennung der beiden Schwächungsanteile durchgeführt werden (Fay u. a. (1976)).

Zur Bestimmung der Schwächung in kleinen Volumina eignen sich Resonatorverfahren, bei denen die Abklingzeit oder die Halbwertsbreite des zu Eigenschwingungen erregten Systems gemessen werden (Kurtze u. Tamm (1953), Eggers (1992)). Schallschwächungswerte s. Tab. T 2.02 in Band 3.

2.10.4.3 Geschwindigkeit von Strömungen und Partikeln

Durchläuft eine Welle ein strömendes Medium, so wird ihre Laufzeit (vektorielle Addition von Schallgeschwindigkeit und Strömungsgeschwindigkeit) durch die Strömung verändert. Diese Laufzeitänderung kann zur Bestimmung der Strömungsgeschwindigkeit benutzt werden. Wird eine Ultraschallwelle an bewegten Partikeln reflektiert, so erfährt das reflektierte Signal eine Frequenzverschiebung (Doppler-Effekt). Daraus kann die Partikelgeschwindigkeit abgeleitet werden (Lehfeldt (1973), Brand (1976), Klews (1991)).

2.10.5 Hinweise für das Arbeiten mit Ultraschall

Beim Arbeiten im Ultraschallbereich ist zu berücksichtigen, daß die geometrischen Abmessungen der Objekte oft vergleichbar mit der akustischen Wellenlänge sind und damit zu erheblichen Beugungserscheinungen der Wellen führen.

Für Signale mit höheren Frequenzanteilen (> 10 MHz) kann die Länge der verwendeten Kabel nicht mehr als klein zur elektrischen Wellenlänge (auf dem Kabel) angesehen werden. Dadurch ergeben sich Signalverfälschungen, die durch die Transformationseigenschaften nicht abgeschlossener Kabel hervorgerufen werden. Ein Abschluß des Kabels mit dem Wellenwiderstand ist in vielen Fällen mit Rücksicht auf die untere Grenzfrequenz des Systems oder die Randbedingungen bei der Kalibrierung nicht möglich.

Bei der Durchführung von Ultraschallmessungen muß eine einwandfreie Kopplung zwischen den Schallwandlern (Schallsender, Schallempfänger) und den schallführenden Medien gewährleistet sein. Aufgrund der großen Unterschiede der Feldkennimpedanzen von Gasen, Flüssigkeiten und Festkörpern ($Z_{\text{Luft}} = 426$ Pa s/m, $Z_{\text{Wasser}} = 1{,}48 \cdot 10^6$ Pa s/m, $Z_{\text{Stahl}} = 45 \cdot 10^6$ Pa s/m) führen z. B. Luftschichten oder Lufteinschlüsse in den Koppelschichten zu erheblichen Änderungen in der Ankopplung und damit häufig zu Meßfehlern.

Weitere Störungen bei den Messungen können durch Zerreißen der Meßflüssigkeit (Schwingungskavitation) aufgrund der hohen Beschleunigungen in derselben auftreten. Die sich bildenden Kavitationsblasen stören den Meßvorgang in den meisten Fällen erheblich.

Zur Vermeidung von Gasfilmen in den Koppelschichten und dem Auftreten von ungewünschter Schwingungskavitation sind die schallführenden Flüssigkeiten unmittelbar vor den Messungen sorgfältig zu entgasen (Vakuumpumpe, Wasserstrahlpumpe). Eine Reinigung der jeweiligen Schallwandler mit entgaster Flüssigkeit ist ratsam. Dadurch werden möglicherweise noch an der Oberfläche haftende Gasreste (Kavitationskeime) beseitigt.

Bei größeren Schalldruckamplituden kann der Einfluß der nichtlinearen Eigenschaften der schallführenden Medien nicht mehr vernachlässigt werden (Aufsteilung der Wellenfronten, Auftreten von Oberwellen). Eine Methode zur Abschätzung des Grades der Nichtlinearität wird in der IEC 1102 (1991) angegeben. Meßtechnisch ist das Auftreten der zweiten Oberwelle im Spektrum des Signals als Hinweis für nichtlineares Verhalten signifikant. Im Zeitbereich zeigt sich eine deutliche Unsymmetrie des Signals. Bei Wasser sollte ab 10^4 Pa das nichtlineare Verhalten beachtet werden (Bacon (1984)).

Um gesundheitliche Risiken beim Ultraschalleinsatz auszuschließen, sollten die in-situ Temperaturerhöhung geringer als 1,5 °C und der Betrag des Spitzenwertes des Unterdrucks in der Schallwelle im Körpergewebe kleiner als 8 MPa sein. Im medizinischen Bereich sollten Geräte verwendet werden, deren akustische Ausgangsgrößen entsprechend der IEC 1157 (1992) deklariert sind. Zur Abschätzung der thermischen Gewebebelastung (NCRP Report (1992)) muß eine möglicherweise erhöhte Körpertemperatur (Fieber) berücksichtigt werden. Auch sind bei Ultraschall-Diagnostikgeräten mit größerer Ausgangsleistung wie Puls-Doppler-Geräten oder Duplex-Scannern möglichst kurze Beschallungszeiten zu wählen. In Luft scheinen Ultraschallpegel von 110 dB noch keine Verluste im Hörvermögen oder sonstige physiologische Veränderungen bei den betroffenen Personen hervorzurufen.

Auf jeden Fall ist das Berühren schallführender Teile (Sonotroden, Werkstücke, Reinigungsgut, Badflüssigkeit) von Ultraschall-Hochleistungsgeräten (Ultraschall-Bohrmaschinen, -Schweißgeräten, -Reinigungsgeräten und -Desintegratoren) zu vermeiden. Höhere Ultraschallpegel in Luft sollten durch Kapselung der Schallquellen auf zumutbare Werte gemindert werden. In vielen Fällen kann das Tragen geeigneter Gehörschützer ausreichend sein (WHO (1982), Fachverband Strahlenschutz (1992), DIN 57411 Teil 1, Seite 14, (1973)).

Literatur zu 2.10

AIUM (1992): Acoustic Output Measurement and Labeling Standard for Diagnostic Ultrasound Equipment. Rockville, Maryland: American Institute of Ultrasound in Medicine

Bacon, R. D. (1984): Finite Amplitude Distortion of the Pulsed Fields used in Diagnostic Ultrasound. Ultrasound in Medicine & Biology **10**, 189–195

Beissner, K. (1980): Free-field Reciprocity Calibration in the Transition Range between near Field and far Field. Acustica **46**, 162–167

Beissner, K. (1982): On the Plane-wave Approximation of Acoustic Intensity. J. Acoust. Soc. Amer. **71**, 1406–1411

Beissner, K. (1982): The Influence of Membrane Reflections of Ultrasonic Power Measurements. Acustica **50**, 194–200

Beissner, K. (1987): Radiation Force Calibrations: Acustica **62**, 255–263

Bergmann, L. (1954): Der Ultraschall. 6. Aufl. Stuttgart: Hirzel

Brand, F. L. (1976): Akustische Verfahren zur Durchflußmessung. In: VDI-Ber. Nr. 254, 107–123

Brendel, K.; Ludwig, G. (1976/77): Calibration of Ultrasonic Standard Probe Transducers. Acustica **36**, 203–208

DIN 57411 Teil 1 (1973): VDE-Bestimmungen für elektronische Meßgeräte und Regler. Schutzmaßnahmen für elektronische Meßgeräte

DIN 25450 (1989): Ultraschallprüfsysteme für die manuelle Prüfung von Komponenten und Systemen

Eggers, F. (1992): Ultrasonic Velocity and Attenuation Measurements in Liquids with Resonators, Extending the MHz Frequency Range. Acustica **76**, 231–240

Eisenmenger, W. (1962): Elektromagnetische Erzeugung von ebenen Druckstößen in Flüssigkeiten. Acustica **12**, Beiheft 1, 187–202

Fachverband Strahlenschutz (1992): Loseblattsammlung – Ultraschall. FS 92-59/6 AK NIR

Fay, B.; Brendel, K.; Ludwig, G. (1976): Studies of Inhomogeneous Substances by Ultrasonic Back-Scattering. Ultrasound in Medicine & Biology **2**, 195–198

Fay, B.; Ludwig, G.; Reimann, H. P. (1989): Determination of the Sensitivity of Ultrasonic Contact Transducers. Acustica **69**, 73–80

Fay, B. (1992): Kalibrierung kreisförmiger Ultraschallköpfe: Beugungsverluste des kreisförmigen Schwingers bei Impulsechomessungen am Halbzylinder und an der Halbkugel. Materialprüfung **34**, 193–196

Filipczyński, L. (1969): Absolute Measurements of Particle Velocity, Displacement or Intensity of Ultrasonic Pulses in Liquids and Solids. Acustica **21**, 173–180

Frielinghaus, R.; Koppelmann, J. (1964): Genaue Schallschwächungsmessungen mit handelsüblichen Ultraschall-Impulsecho-Geräten. Materialprüf. **6**, H. 10, 337–342

Fry, F. (Hrsg.) (1978): Ultrasound: Its Applications in Medicine and Biology. Part 1. Amsterdam – Oxford – New York: Elsevier

Gooberman, G. L. (1968): Ultrasonics (Theory and Application). London: The English Universities Press

Greenspan, H.; Breckenridge, F. R.; Tschiegg, L. E. (1978): Ultrasonic Transducer Power Output by modulated Radiation Pressure. J. of Acoust. Soc. Amer. **63**, 1031–1035

Hill, C. R. (1986): Physical Principles of Medical Ultrasonics. New York – Chichester – Brisbane – Toronto: John Wiley & Sons

IEC 150 (1963): Testing and Calibration of Ultrasonic Therapeutic Equipment

IEC 866 (1987): The Characteristics and Calibration of Hydrophones for Operation in the Frequency Range 0,5 MHz to 15 MHz

IEC 1101 (1991): The Absolute Calibration of Hydrophones Using the Planar Scanning Technique in the Frequency Range 0,5 MHz to 15 MHz

IEC 1102 (1991): Measurement and Characterisation of Ultrasonic Fields Using Hydrophones in the Frequency Range 0,5 MHz to 15 MHz

IEC 1157 (1992): Requirements for the Declaration of the Acoustic Output of Medical Diagnostic Ultrasonic Equipment

IEC 1161 (1992): Ultrasonic Power Measurement in Liquids in the Frequency Range 0,5 MHz to 25 MHz

IEEE Std 790 (1989): Guide for Medical Ultrasound Field Parameter Measurements. New York: The Institute of Electrical and Electronics Engineers, Inc.

Khimunin, A. S. (1972): Numerical Calculation of the Diffraction Corrections for the Precise Measurement of Ultrasound Absorption. Acustica **27**, 173–181

Klews, P.-M. (1991): Color Velocity Imaging – Ein Vergleich der Verfahren zur farbkodierten Sonographie. Röntgenstrahlen, Heft 65

Krautkrämer, J.; Krautkrämer, H. (1986): Werkstoffprüfung mit Ultraschall. 5. Aufl. Berlin – Heidelberg – New York: Springer

Kurtze, G.; Tamm, K. (1953): Measurements of Sound Absorption in Water and Aqueous Solutions of Electrolytes. Acustica **3**, 33–48

Kuttruff, H. (1988): Physik und Technik des Ultraschalls. Stuttgart: S. Hirzel Verlag

Lawrenz, W.; Staudenraus, J.; Eisenmenger, W. (1988): Elektrostatisches Sondenhydrophon mit einfacher Absoluteichung. Fortschritte der Akustik, DAGA '88, DPG-GmbH, 463–466

Lehfeldt, W. (1973): Ultraschall. Würzburg: Vogel

Ludwig, G.; Brendel, K. (1988): Calibration of Hydrophones Based on Reciprocity and Time Delay Spectrometry. IEEE Transactions on Ultrasonics, Ferroelectrics and Frequency Control, Vol. **35**, 168–174

Marton, L.; Marton, C. (1981): Methods of Experimental Physics. Vol. 19, Ultrasonics. New York – London – Toronto – Sydney – San Francisco: Academic Press

Mason, W. P.; Thursten, R. N. (1971): Physical Acoustics – Principles and Methods. Vol. VIII. New York and London: Academic Press

Matauschek, J. (1961): Einführung in die Ultraschalltechnik. 2. Aufl. Berlin: VEB Verlag Technik

Meyer, E.; Guicking, D. (1974): Schwingungslehre. Braunschweig: Vieweg

Meyer, E.; Neumann, E.-G. (1979): Physikalische und Technische Akustik. Braunschweig: Vieweg

Miller, E. B.; Eitzen, D. G. (1979): Ultrasonic Transducer Characterisation at the NBS. IEEE Transactions on Sonics and Ultrasonics **SU-26**, No. 1

Millner, R. (1987): Wissensspeicher Ultraschalltechnik. Leipzig: VEB Fachbuchverlag

NCRP Report No. 113 (1992): Exposure Criteria for Medical Diagnostic Ultrasound: I. Criteria Based on Thermal Mechanisms. Bethesda, MD: National Council on Radiation Protection and Measurements

Oberst, H.; Rieckmann, P. (1952): Das Meßverfahren der Physikalisch-Technischen Bundesanstalt bei der Bauartprüfung medizinischer Ultraschallgeräte. Amtsblatt der Physikalisch-Technischen Bundesanstalt, 106–109, 143–146

Oliner, A. A. (1978) Topics in Applied Physics Vol. 24, Acoustic Surface Waves. Berlin – Heidelberg – New York: Springer

Pinkerton, J. M. M. (1949): The Absorption of Ultrasonic Waves in Liquids and its Relation to Molecular Constitution. Proc. Phys. Soc. **B 62**, 286–299

Pohlman, R.; Herbertz, J. (1965): Ein elektrodynamischer Wandler zur berührungslosen Erregung und Messung von Schwingungen in elektrisch leitenden Substanzen. 5. Congr. Int. Acoust., Lüttich

Reibold, R. (1980): Calibration of Ultrasonic Fields Using Optical Holography. Acustica **46**, 149–161

Reibold, R.; Molkenstruck, W. (1981): Laser Interferometric Measurement and Computerized Evaluation of Ultrasonic Displacements. Acustica **49**, 205–211

Reibold, R. (1982): Microwatt Ultrasonic Power Determination using Laser Interferometry. Ultrasound in Medicine & Biology **8**, 191–197

Reibold, R.; Molkenstruck, W. (1984): Light Diffraction Tomography Applied to the Investigation of Ultrasonic Fields. Part I: Continuous Waves. Acustica **56**, 180–192

Reibold, R. (1987): Light Diffraction Tomography Applied to the Investigation of Ultrasonic Fields. Part II: Standing Waves. Acustica **63**, 283–289

Reibold, R.; Molkenstruck, W. (1987): Investigation of Pulse-Excited Hydrophones for Ultrasonic Field Measurements Using Laser Interferometry. Ultrasonics **25**, 14–118

Riedlinger, R. (1988): Stoßwellen und Kurzzeit-Schallpulse – Schalltechnik für medizinische Therapie. Fortschritte der Akustik, DAGA '88, DPG-GmbH, 77–89

Rieländer, M. (Hrsg.) (1982): Reallexikon der Akustik. Frankfurt/M: E. Bochinsky

Sessler, G. M. (1981): Piezoelectricity in Polyvinylidenfluoride. J. of Acoust. Soc. Amer. **70**, 1596–1608

Staudenraus, J.; Eisenmenger, W. (1988): Optisches Sondenhydrophon. Fortschritte der Akustik, DAGA '88, DPG-GmbH, 467–470

Staudenraus, J. (1991): Erzeugung und Ausbreitung freifeldfokussierter Hochenergiedruckimpulse in Wasser. Düsseldorf: VDI-Verlag GmbH

Šutilov, V. A. (1984): Physik des Ultraschalls. Wien – New York: Springer-Verlag

Tietz, H. H. (1969): Ultraschall-Meßtechnik. Berlin: VEB Verlag Technik

Urick, R. J. (1967): Principles of Underwater Sound for Engineers. New York – San Francisco – Toronto – Sydney: McGraw-Hill

Wells, P. N. T. (1977): Biomedical Ultrasonics. London: Academic Press

WHO (1982): Environmental Health Criteria No. XX Ultrasound. International Radiation Protection Association, WHO, Genf

Zapf, F. L.; Harvey, H. E.; Larson, N. T.; Stoltenberg, R. E. (1976): Ultrasonic Calorimeter for Beam Power Measurements. National Bureau of Standards, Tech. Note 686

Inhaltsverzeichnis von Kapitel 3

3 Wärme

Redakteur: W. Hemminger

Hierzu Tabellen T 3.01 bis T 3.24 in Band 3

3.1 Temperatur (W. Blanke)

3.1.1 Die thermodynamische Temperatur

Die thermodynamische Temperatur T ist eine die gesamte Thermodynamik kennzeichnende stets positive Größe, deren Nullpunkt der zweite Hauptsatz der Thermodynamik festlegt, weshalb sie auch als absolute Temperatur bezeichnet wird. Sie tritt in Beziehungen zwischen Zustandsgrößen, bei der Untersuchung reversibler Kreisprozesse, in der statistischen Thermodynamik und in den Gesetzen der Wärmestrahlung auf.

Die thermodynamische Temperatur wird über einen Carnot-Prozeß mit einem beliebigen Arbeitsmedium, vgl. z. B. Zemansky (1968), oder als Ableitung der inneren Energie nach der Entropie bei konstant gehaltenen Arbeitskoordinaten definiert, vgl. z. B. Baehr (1992).

Die thermodynamische Temperatur stimmt mit der durch die Zustandsgleichung für ideale Gase

$$pV = nRT \tag{3.1}$$

definierten Temperatur T überein. In Gl. (3.1) ist p der Druck, V das Volumen des Gases, n die Stoffmenge und R die universelle Gaskonstante.

3.1.1.1 Die Einheit der Temperatur

Da der Nullpunkt der thermodynamischen Temperatur festgelegt ist, genügt es, die Temperatureinheit als einen bestimmten Teil einer eindeutig festgelegten thermodynamischen Temperatur zu definieren. Die 13. Generalkonferenz für Maß und Gewicht hat 1967/68 festgelegt, daß 1 Kelvin der 273,16te Teil der Temperatur T_{tr} des Tripelpunktes von Wasser, also

$$1\,\text{K} = T_{tr}/273{,}16$$

ist; es gilt also genau $T_{tr} = 273{,}16\,\text{K}$.

Häufig benutzt man nicht die thermodynamische Temperatur, sondern eine besondere Differenz thermodynamischer Temperaturen, die Celsius-Temperatur t. Sie ist durch die Gleichung

$$t/°\text{C} = T/\text{K} - 273{,}15$$

definiert. Die Einheit der Celsius-Temperatur ist der Grad Celsius, das Einheitenzeichen ist °C. Er ist ein besonderer Name für das Kelvin bei der Angabe von Celsius-Temperaturen. Die Temperatur 273,15 K ist im Rahmen der Meßunsicherheit die Schmelztemperatur des Wassers bei 101,325 kPa, die 0,01 K unter der Temperatur des Tripelpunktes liegt.

3.1.1.2 Messung thermodynamischer Temperaturen

Thermodynamische Temperaturen werden bis auf wenige Ausnahmen nur bestimmt, um international vereinbarte Temperaturskalen festzulegen. Im folgenden werden nur Verfahren beschrieben, die wegen ihrer geringen Meßunsicherheit die Grundlage für die Festlegung der Internationalen Temperaturskala von 1990 (ITS-90) (s. **3**.1.2) gebildet haben, Rusby u. a. (1991).

Gasthermometer Das Gasthermometer ist eines der wichtigsten Geräte zur Messung thermodynamischer Temperaturen. Die thermodynamische Temperatur wird aus der Zustandsänderung einer abgeschlossenen Gasmenge von bekanntem, nahezu idealen Verhalten bestimmt.

Da der ITS-90 nur Messungen nach der Methode konstanten Volumens und der Isothermenmethode zugrunde liegen, werden im folgenden nur diese Methoden beschrieben.

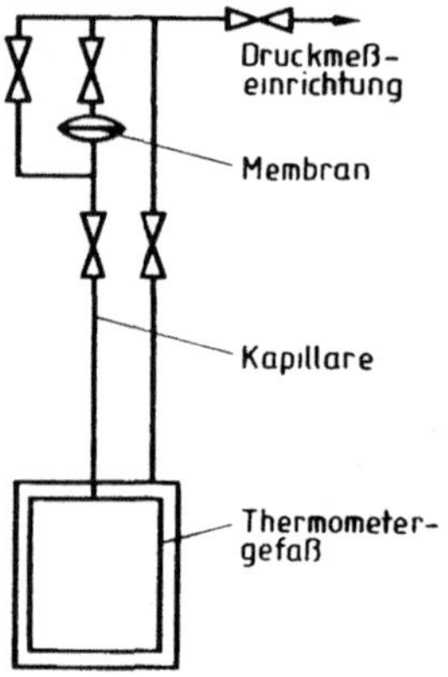

Fig. 3.1
Schema eines Gasthermometers konstanten Volumens

Fig. 3.1 zeigt ein Gasthermometer konstanten Volumens. Das Thermometergefäß ist über die Kapillare mit der Druckmeßeinrichtung verbunden. Die Membran eines Differenzdruckmeßgerätes trennt das Meßgas Helium in der Meßzelle vom Gas in der Druckmeßeinrichtung. Eine Änderung des Druckes des Meßgases bewirkt eine Änderung des Volumens des Thermometergefäßes. Daher umgibt man das Gefäß entweder mit einem zweiten Gefäß, in dem der gleiche Druck herrscht wie im Meßgefäß, so daß sich dessen Volumen nicht meßbar ändert, oder das Meßgefäß wird sehr dickwandig ausgelegt. In diesem Fall läßt sich die geringe Volumenänderung mit ausreichender Genauigkeit berechnen.

Für die Messung wird das Thermometergefäß mit dem Meßgas zunächst einer bekannten thermodynamischen Temperatur T_0, z. B. der des Wassertripelpunktes, und danach der zu messenden Temperatur T ausgesetzt, wobei die entsprechenden Drücke p_0 und p gemessen werden. Für den Fall des idealen Gases, konstanten Volumens des Gefäßes und vernachlässigbaren Kapillarvolumens gilt die Gleichung

$$T = T_0 \cdot p/p_0$$

die aus Gl. (3.1) folgt.

Bei Präzisionsmessungen muß u.a. das nicht ideale Verhalten des Meßgases, die thermische Ausdehnung des Gefäßes und das Meßgas in der Verbindungskapillare sowie im Differenzdruckmeßgerät berücksichtigt werden. Darüber hinaus können auch der Knudsen-Effekt (s. 1.6.4.2) und Adsorption das Ergebnis verfälschen.

Berry (1979) hat ein Gasthermometer nach der Isothermenmethode entwickelt, das besonders gut für Messungen tiefer Temperaturen geeignet ist. Es besteht im wesentlichen aus zwei Gefäßen, der Meßzelle von 1 l Volumen, die sich auf der zu messenden Temperatur befindet und der Referenzzelle, die sich auf der Referenztemperatur T_0, z. B. $T_0 = 273{,}16$ K befindet. Für die Messung wird eine vorgegebene Gasmenge aus der Referenzzelle in die Meßzelle geleitet. Die übergeströmte Stoffmenge n berechnet sich mit Hilfe der Virialzustandsgleichung (s. 3.2.3).

Der Festlegung der ITS-90 liegen u.a. folgende gasthermometrische Messungen zugrunde: Guildner u. Edsinger (1976), Edsinger u. Schooley (1989) (0°C bis 660°C, Methode konstanten Volumens). Im Temperaturbereich unter 0°C: Berry (1979) (Isothermenmethode), Kemp u.a. (1986), Steur u. Durieux (1986), Astrov u.a. (1989) (alle Methode konstanten Volumens). Zusammenfassende Arbeiten findet man bei Henning u. Moser (1977) und Quinn (1990).

Akustisches Thermometer Das akustische Thermometer beruht auf der Temperaturabhängigkeit der Schallgeschwindigkeit a in einem Gas. Für das ideale Gas läßt sich die Schallgeschwindigkeit bei kleinen Amplituden, nicht zu hohen Frequenzen und isotropem Verlauf des Ausbreitungsvorganges nach der Beziehung

$$a_0 = [(c_p/c_v)_p \cdot RT/M]^{1/2}$$

berechnen. c_p/c_v ist das Verhältnis der spezifischen Wärmekapazitäten bei konstantem Druck und konstantem Volumen, M die stoffmengenbezogene Masse des Gases. Da das ideale Gas in der Natur nicht existiert, muß die Schallgeschwindigkeit in einem realen Gas – in dem sie druckabhängig ist – gemessen werden. Sie läßt sich durch eine Reihe der Form

$$a^2 = a_0^2(1 + \alpha p + \beta p^2 + \ldots)$$

darstellen. Die Koeffizienten α und β hängen von den Virialkoeffizienten der verwendeten Zustandsgleichung ab. Bei der Bestimmung thermodynamischer Temperaturen wird die Schallgeschwindigkeit von ^{4}Helium bei konstanter Temperatur und hinreichend kleinem Druck gemessen, so daß die Schallgeschwindigkeit a_0 im idealen Gaszustand über eine angepaßte Funktion durch Extrapolation der Meßwerte von a auf den Druck null gewonnen werden kann.

Für Präzisionsmessungen wird das akustische Thermometer vorwiegend zwischen 2 K und 20 K eingesetzt. Zylindrische Resonatoren verwendeten Plumb u. Cataland (1966) und Colclough (1979). Mit einem kugelförmigen Resonator bestimmten Moldover u. Trusler (1988) die Temperatur des Tripelpunktes von Gallium nahe 303 K.

Rauschthermometer Die Messung der thermodynamischen Temperatur mit dem Rauschthermometer beruht auf der Temperaturabhängigkeit der Brownschen Bewegung der Elektronen in einem unbelasteten elektrischen Widerstand. Nyquist (1928) hat unter der Voraussetzung, daß $kT \gg hf$ ist, folgende Beziehung abgeleitet:

$$\langle u^2 \rangle = 4kTR\Delta f$$

Hierin bedeuten $\langle u^2 \rangle$ das Quadrat der mittleren Rauschspannung in dem Frequenzband zwischen f und $f + \Delta f$, R der in diesem Frequenzband frequenzunabhängige elektrische

Widerstand, k die Boltzmann-Konstante. Durch zusätzliche Messung bei einer bekannten Bezugstemperatur (Wassertripelpunkt) kann k eliminiert werden.

Hauptprobleme sind die langen Meßzeiten, die genaue Messung der sehr kleinen Rauschspannungen und die Elimination des thermischen Rauschens anderer Bauteile, z. B. der Verstärker und Zuleitungen. Hinzu kommt, daß die Bandbreite und die Verstärkung des Verstärkers konstant sein müssen. Rauschthermometer sind von Pickup (1975) für den Bereich von 90 K bis 100 K, von Klein u. a. (1979) für Temperaturen um 4,2 K und von Crovini u. Actis (1978) für den Bereich 630 °C bis 962 °C entwickelt worden. Weitere Einzelheiten bei Kamper (1972) und Quinn (1990).

Gesamtstrahlungspyrometer Bei dem Gesamtstrahlungspyrometer wird die Temperatur aus der spezifischen Ausstrahlung eines Hohlraumstrahlers mit Hilfe des Stefan-Boltzmann-Gesetzes bestimmt. Quinn u. Martin (1985), Blanke u. a. (1991).

Teilstrahlungspyrometer s. 3.1.5, Blanke u. a. (1991).

3.1.2 Die Internationale Temperaturskala von 1990 (ITS-90)

Da die Bestimmung thermodynamischer Temperaturen sehr schwierig und auch mit verhältnismäßig großen Unsicherheiten behaftet ist, wird die thermodynamische Temperatur in einem großen Bereich durch eine praktische Temperaturskala angenähert. Diese wird durch ein System von vorgeschriebenen Meßgeräten und Meßverfahren repräsentiert, das eine möglichst genaue Annäherung an die thermodynamische Temperatur bietet. Die Temperaturskala wird im Rahmen der Meterkonvention von der Generalkonferenz für Maß und Gewicht festgelegt. Zur Zeit gilt die Internationale Temperaturskala von 1990 (ITS-90) als beste Darstellung thermodynamischer Temperaturen, Preston-Thomas (1990).

Nach den Vorschriften der ITS-90 gemessene Temperaturen werden durch den Index 90 am Formelzeichen gekennzeichnet, also T_{90} bzw. t_{90}.

Tab. 3.1 Definierende Fixpunkte der ITS-90

Gleichgewichtszustand	T_{90} in K	t_{90} in °C
Dampfdruck des Heliums	3 bis 5	−270,15 bis −268,15
Tripelpunkt des Gleichgewichtswasserstoffs	13,8033	−259,3467
Dampfdruck des Gleichgewichtswasserstoffs	≈ 17	≈ −256,15
	≈ 20,3	≈ −252,85
Tripelpunkt des Neons	24,5561	−248,5939
Tripelpunkt des Sauerstoffs	54,3584	−218,7916
Tripelpunkt des Argon	83,8058	−189,3442
Tripelpunkt des Quecksilbers	234,3156	−38,8344
Tripelpunkt des Wassers	273,16	0,01
Schmelzpunkt des Galliums	302,9146	29,7646
Erstarrungspunkt des Indiums	429,7485	156,5985
Erstarrungspunkt des Zinns	505,078	231,928
Erstarrungspunkt des Zinks	692,677	419,527
Erstarrungspunkt des Aluminiums	933,473	660,323
Erstarrungspunkt des Silbers	1234,93	961,78
Erstarrungspunkt des Goldes	1337,33	1064,18
Erstarrungspunkt des Kupfers	1357,77	1084,62

Die ITS-90 erstreckt sich von 0,65 K bis zu den höchsten Temperaturen, die praktisch mit Hilfe des Planckschen Strahlungsgesetzes meßbar sind. Sie stützt sich auf 17 gut reproduzierbare thermodynamische Gleichgewichtszustände, den definierenden Fixpunkten, denen bestimmte Temperaturen zugeordnet sind. Diese sind die Mittelwerte der in verschiedenen metrologischen Staatsinstituten bestimmten thermodynamischen Temperaturen, die als die heute gültigen Bestwerte anzusehen sind. Tab. 3.1 enthält eine Zusammenstellung der Fixpunkte.

Temperaturen zwischen den Fixpunkten werden mit festgelegten Normalgeräten gemessen, die an den Fixpunkten kalibriert werden. Aus den Anzeigen der Normalgeräte erhält man die Temperatur mit Hilfe vorgeschriebener Definitionsgleichungen. Hier ist zu bemerken, daß sich die Bereiche der Normalgeräte und auch der Definitionsgleichungen überlappen können. Dies kann dazu führen, daß meßbare Differenzen zwischen den Zahlenwerten einer Temperatur auftreten, wenn verschiedene Definitionen von T_{90} verwendet werden. Diese Differenzen können jedoch bei allen praktischen Temperaturmessungen vernachlässigt werden, s. BIPM (1990a).

3.1.2.1 Definition der ITS-90

Temperaturbereich von 0,65 K bis 24,5561 K In diesem Temperaturbereich gibt es mehrere gleichwertige Definitionen der ITS-90. Die nach den verschiedenen Definitionen bestimmten Temperaturen unterscheiden sich höchstens um 0,2 mK.

Zwischen 0,65 K und 5,0 K wird die Temperatur T_{90} mit Hilfe eines Dampfdruckthermometers aus dem Dampfdruck des ^{3}He oder ^{4}He definiert. ^{3}He kann im Bereich von 0,65 K bis 3,2 K und ^{4}He im Bereich von 1,25 k bis 5,0 K als Meßgas dienen. Ein Dampfdruckthermometer wird in **3.1.2.2** beschrieben.

Im Temperaturbereich von 3,0 K bis 24,5561 K, dem Tripelpunkt des Neons, wird die Temperatur T_{90} mit einem interpolierenden Gasthermometer definiert, das je nach Meßbereich mit ^{3}He oder ^{4}He gefüllt ist, s. **3.1.2.3**. Die Temperaturen berechnen sich aus vorgeschriebenen Gleichungen, deren Konstanten durch Kalibrierung bei drei Temperaturen bestimmt werden. Diese sind die Temperaturen des Wasserstofftripelpunktes und des Neontripelpunktes sowie eine Temperatur zwischen 3 K und 5 K, die aus dem Dampfdruck des Heliums ermittelt wird, s. Preston-Thomas (1990), BIPM (1990a). Oberhalb von 13,8033 K kann die Temperatur T_{90} auch mit Hilfe des Platin-Widerstandsthermometers definiert werden (s. **3.1.2.3**).

Temperaturbereich von 13,8033 K bis 1234,93 K (961,78 °C). Im Temperaturbereich von 13,8033 K bis 1234,93 K dienen Platin-Widerstandsthermometer besonderer Bauart als Normalgeräte, mit denen Temperaturen zwischen den Fixpunkten bestimmt werden können, s. **3.1.2.3**. Die Temperatur wird aus dem Widerstandsverhältnis

$$W(T_{90}) = R(T_{90})/R(273{,}16\,\mathrm{K}) \tag{3.2}$$

berechnet. In dieser Beziehung ist $R(T_{90})$ der gemessene Widerstand bei der Temperatur T_{90} und $R(273{,}16\,\mathrm{K})$ der Widerstand am Wassertripelpunkt (s. **3.1.2.2**). Aus den gemessenen Werten der Widerstandsverhältnisse $W(T_{90})$ (Gl. (3.2)) wird die Temperatur nach dem folgenden Rechenverfahren bestimmt:

Für die Temperaturbereiche 13,8033 K bis 273,16 K und 273,15 K (0 °C) bis 961,78 °C sind je eine Bezugsfunktion definiert, die die Temperaturabhängigkeit $W(T_{90})$ bestimmter Platin-Widerstandsthermometer beschreiben, die als Bezugsthermometer ausgewählt wurden. Für den Temperaturbereich 13,8033 K bis 273,16 K lautet die Bezugsfunktion

$$\ln\,[W_r(T_{90})] = A_0 + \sum_{i=1}^{12} A_i\{[\ln\,(T_{90}/273{,}16\,\mathrm{K}) + 1{,}5]/1{,}5\}^i \tag{3.3}$$

Gl. (3.3) läßt sich bis auf 0,1 mK durch die Funktion

$$T_{90}/273{,}16\,\mathrm{K} = B_0 + \sum_{i=1}^{15} B_i\{[W_r(T_{90})^{1/6} - 0{,}65]/0{,}35\}^i \tag{3.4}$$

darstellen. Für den Temperaturbereich von 0 °C bis 961,78 °C ist folgende Bezugsfunktion definiert:

$$W_r(T_{90}) = C_0 + \sum_{i=1}^{9} C_i[(T_{90}/\mathrm{K} - 754{,}15)/481]^i \tag{3.5}$$

Gl. (3.5) läßt sich bis auf 0,13 mK durch die Funktion

$$T_{90}/\mathrm{K} - 273{,}15 = D_0 + \sum_{i=1}^{9} D_i\{[W_r(T_{90}) - 2{,}64]/1{,}64\}^i \tag{3.6}$$

wiedergeben.
Die Koeffizienten A_i, B_i, C_i und D_i enthält Tab. 3.2.

Tab. 3.2 Die Konstanten der Gln. (3.3) bis (3.6)

A_0	−2,13534729	B_0	0,183324722	C_0	2,78157254	D_0	439,932854
A_1	3,18324720	B_1	0,240975303	C_1	1,64650916	D_1	472,418020
A_2	−1,80143597	B_2	0,209108771	C_2	−0,13714390	D_2	37,684494
A_3	0,71727204	B_3	0,190439972	C_3	−0,00649767	D_3	7,472018
A_4	0,50344027	B_4	0,142648498	C_4	−0,00234444	D_4	2,920828
A_5	−0,61899395	B_5	0,077993465	C_5	0,00511868	D_5	0,005184
A_6	−0,05332322	B_6	0,012475611	C_6	0,00187982	D_6	−0,963864
A_7	0,28021362	B_7	−0,032267127	C_7	−0,00204472	D_7	−0,188732
A_8	0,10715224	B_8	−0,075291522	C_8	−0,00046122	D_8	0,191203
A_9	−0,29302865	B_9	−0,056470670	C_9	0,00045724	D_9	0,049025
A_{10}	0,04459872	B_{10}	0,076201285				
A_{11}	0,11868632	B_{11}	0,123893204				
A_{12}	−0,05248134	B_{12}	−0,029201193				
		B_{13}	−0,091173542				
		B_{14}	0,001317696				
		B_{15}	0,026025526				

Für jedes Thermometer muß eine Abweichungsfunktion

$$W(T_{90}) - W_r(T_{90}) = \mathrm{f}(W(T_{90})) \tag{3.7}$$

bestimmt werden; $W(T_{90})$ ist das gemessene Widerstandsverhältnis. Je nach Temperaturbereich gelten verschiedene Abweichungsfunktionen, deren Koeffizienten aus den Meßwerten des Widerstandes an den definierenden Fixpunkten ermittelt werden, s. Preston-Thomas (1990).

Zur Bestimmung der Temperatur aus $W(T_{90})$ wird zuerst aus der Abweichungsfunktion Gl. (3.7) $W_r(T_{90})$ berechnet. Setzt man diesen Wert in Gl. (3.4) bzw. Gl. (3.6) ein, so erhält man die Temperatur T_{90} (s. auch Tab. T 3.02 in Band 3).

Temperaturen oberhalb von 1234,93 K (961,78 °C) Temperaturen oberhalb von 1234,93 K (961,78 °C) der Temperatur des Silbererstarrungspunktes, werden mit dem Spektralpyrometer gemessen. Die Gleichung

$$\frac{L_\lambda(T_{90})}{L_\lambda[(T_{90})(\text{Referenz})]} = \frac{\exp\,(c_2[\lambda T_{90}(\text{Referenz})]^{-1}) - 1}{\exp\,(c_2[\lambda T_{90}]^{-1}) - 1}$$

definiert in diesem Bereich die Temperatur. L_λ ist die spektrale Strahldichte der Strahlung eines Schwarzen Körpers mit der Temperatur T_{90}, λ die auf das Vakuum bezogene Wellenlänge, c_2 die 2. Plancksche Konstante mit dem vorgeschriebenen Wert $c_2 = 0{,}014388\,\text{m} \cdot \text{K}$.

Die Referenztemperatur T_{90}(Referenz) ist wahlweise die Temperatur des Silber- (1234,93 K), des Gold- (1337,33 K) oder des Kupfererstarrungspunktes (1357,77 K).

3.1.2.2 Darstellung der definierenden Fixpunkte

Die definierenden Fixpunkte sind thermodynamische Gleichgewichtszustände zwischen den Phasen reiner Stoffe, s. Tab. 3.1. Fig. 3.2 zeigt ein typisches p, T-Diagramm eines reinen Stoffes. Die Gleichgewichtszustände flüssig-gasförmig liegen auf der Dampfdruckkurve, die Gleichgewichtszustände flüssig-fest auf der Schmelzdruckkurve. Der Dampfdruck hängt stark von der Temperatur ab, während die Schmelzpunkte nur eine geringe Druckabhängigkeit zeigen. Die Dampfdruckkurve, die Schmelzdruckkurve und die Sublimationsdruckkurve treffen sich im Tripelpunkt. Im thermodynamischen Zustand des Siedepunktes stehen die gasförmige und flüssige Phase im Gleichgewicht; jeder Temperatur ist eindeutig ein Druck zugeordnet. Im Zustand des Tripelpunktes stehen Gasphase, flüssige Phase und feste Phase im thermodynamischen Gleichgewicht. Zu diesem Zustand gehört eine einzige Temperatur und ein einziger Druck.

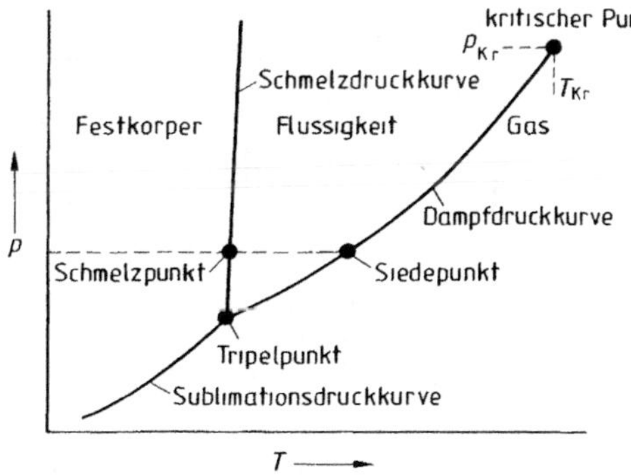

Fig. 3.2
Schematisches p, T-Diagramm eines reinen Stoffes
p Druck, T Temperatur

Bei den Metallschmelz- und Metallerstarrungspunkten handelt es sich um Zustände, bei denen die feste und die flüssige Phase sowie ein Gas, z. B. Argon oder die Umgebungsluft, im thermodynamischen Gleichgewicht stehen. Die in Tab. 3.1 angegebenen Temperaturen der Erstarrungspunkte gelten nur für den Druck $p = 101{,}325\,\text{kPa}$. Es sei jedoch bemerkt, daß die normalen atmosphärischen Druckschwankungen keinen meßbaren Einfluß auf die Gleichgewichtstemperatur haben.

Siedepunkte von ^{3}Helium und ^{4}Helium Das Dampfdruckthermometer zur Realisierung dieser Fixpunkte besteht im wesentlichen aus einer Meßzelle zur Aufnahme des Meßfluids und der zu kalibrierenden Thermometer, einer Verbindungskapillare zum Druckmeßgerät sowie einer Fülleinrichtung. Da sich das Druckmeßgerät normalerweise auf Raumtemperatur befindet, darf die Verbindungskapillare nur eine geringe Wärmeleitfähigkeit aufweisen. Keine Stelle der Kapillare darf kälter sein als das Fluid in der Meßzelle, da an der kältesten Stelle das Meßgas kondensieren würde. Diesen niedrigeren Dampfdruck würde man messen und damit der Meßzelle eine falsche Temperatur zuordnen.

Die Temperatur wird aus dem gemessenen Dampfdruck des ^{3}He bzw. ^{4}He entsprechend der ITS-90 (Preston-Thomas (1990)) berechnet. Es ist zu bemerken, daß ^{4}He unter 2,1768 K, dem λ-Punkt, superfluid wird. Dadurch können erhebliche experimentelle Schwierigkeiten auftreten, s. BIPM (1990a, 1990b).

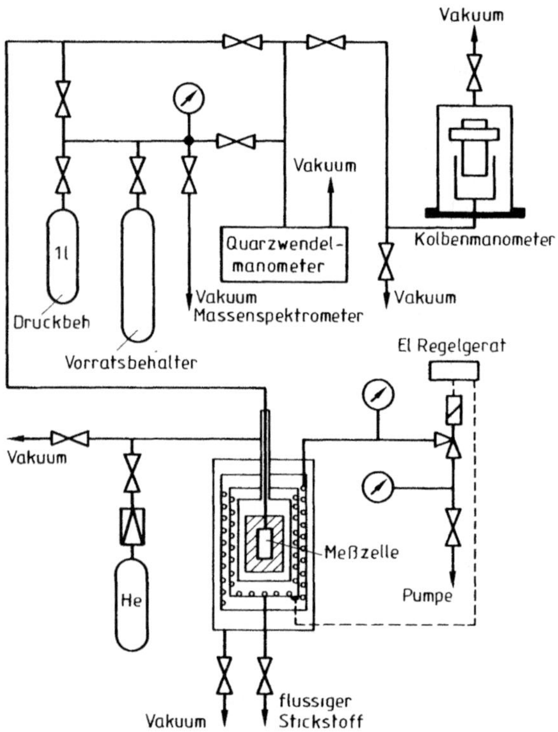

Fig. 3.3
Schema einer Meßeinrichtung zur Darstellung von Siede- und Tripelpunkten

Siedepunkt des Wasserstoffs Die Meßeinrichtung nach Fig. 3.3 gestattet sowohl die Darstellung der beiden Wasserstoffsiedepunkte als auch der Tripelpunkte tiefsiedender Gase, Blanke u. Thomas (1983), Blanke (1983). Sie besteht aus der Meßzelle, der Fülleinrichtung mit dem Vakuumsystem, einem Massenspektrometer als Restgasanalysator, der Druckmeßeinrichtung und dem in 3.1.7.4 beschriebenen Verdampferkryostat. Die Zelle selbst ist ein Kupferblock mit einer Kammer von 6,3 cm^3 Volumen zur Aufnahme des Meßfluids. Außerdem enthält der Kupferblock Bohrungen für die Aufnahme der zu kalibrierenden Widerstandsthermometer. Zur Messung des Dampfdrucks dient ein Quarzwendelmanometer, das mit einem Kolbenmanometer überprüft wird. Der mit dem Kolbenmanometer gemessene Druck ist bei 100 kPa um 2 Pa unsicher.

Zur Vorbereitung der Apparatur zur Messung wird die Meßzelle und das gesamte Leitungssystem solange evakuiert, bis das Massenspektrometer zeigt, daß die Anlage keine störenden Gasreste mehr enthält. Anschließend kühlt man die Meßzelle auf die Meßtemperatur ab und füllt mit Hilfe des Druckbehälters von 1 l Volumen eine vorgegebene Menge Meßfluid ein. Wenn sich die Temperatur nicht mehr ändert, werden die Widerstände der Thermometer nacheinander gemessen.

Gleichzeitig wird der Druck in der Meßzelle mit dem Quarzwendelmanometer bestimmt. Die dem Druck entsprechende Temperatur T_{90} erhält man mit Hilfe der im Text der ITS-90 vorgeschriebenen Dampfdruckgleichung (Preston-Thomas (1990)).

Tripelpunkte von Wasserstoff, Neon, Sauerstoff und Argon Bei der Realisierung des Tripelpunktes darf in der Meßzelle und im Meßfluid keine Wärme strömen, da sonst zwischen der Grenzschicht flüssig-fest-gasförmig, an der die Tripelpunktstemperatur herrscht, und den Widerstandsthermometern eine Temperaturdifferenz auftritt. Diese Forderung wird erfüllt, wenn auch zwischen Meßzelle und Kryostat kein merklicher Wärmestrom auftritt, also ihre Temperaturen gleich sind.

Zur Darstellung des Tripelpunktes wird die Meßzelle, wie oben beschrieben, mit einer möglichst großen Menge Versuchsgas gefüllt und anschließend auf etwa 5 K unter die Temperatur des Tripelpunktes abgekühlt und dort mindestens 30 Minuten gehalten. Dadurch wird sichergestellt, daß das gesamte Fluid erstarrt. Zur Einleitung des Zustandes des Tripelpunktes wird zuerst der die Meßzelle umgebende Raum evakuiert (Fig. 3.3), dann wird die Temperatur des Kryostaten auf die Temperatur des Tripelpunktes erhöht.

Wenn die Temperatur des Kryostaten konstant ist, wird die Meßzelle mit Hilfe einer elektrischen Heizung auf eine Temperatur erwärmt, die um 1 mK bis 2 mK niedriger als die des Tripelpunktes ist. Mit der elektrischen Heizung können jetzt vorgegebene Mengen der festen Phase geschmolzen werden. Während der Wärmezufuhr steigt die Temperatur der Zelle um etwa 20 mK. Je nach der Menge der Flüssigkeit stellt sich das Gleichgewicht nach 15 min bis 60 min wieder ein, und die Thermometer zeigen die Temperatur des Tripelpunktes. In diesem Zustand können die Widerstände der im Kupferblock eingebauten Widerstandsthermometer gemessen werden.

Da das Wechseln des Meßgases in der oben beschriebenen Apparatur sehr aufwendig ist, wurden in mehreren metrologischen Staatsinstituten hermetisch abgeschlossene Tripelpunktzellen entwickelt, die das Meßgas enthalten (Pavese u. a. (1984)).

Fig. 3.4 zeigt ein typisches Beispiel (Seifert (1982)). Nach dem Füllen der Zelle wird der Füllstutzen B geschlossen. Bei Raumtemperatur herrscht in der Zelle ein Druck von etwa 3 MPa. Beim Abkühlen kondensiert das Gas und läuft in den Spalt C, der das Thermometerschutzrohr A

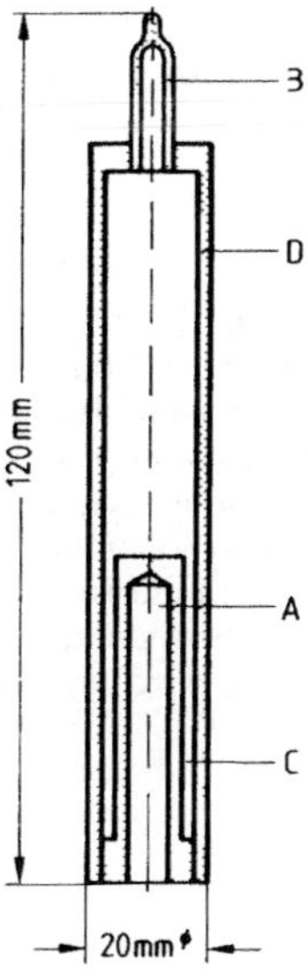

Fig. 3.4 Hermetisch abgeschlossene Tripelpunktzelle nach Seifert (1982)

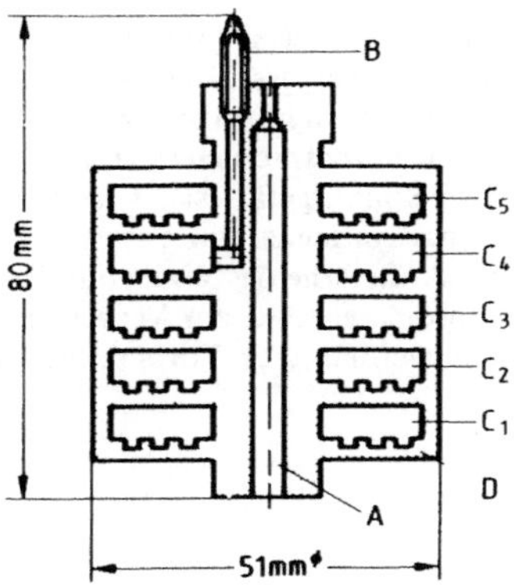

Fig. 3.5 Hermetisch abgeschlossene Tripelpunktzelle für fünf Meßgase nach Bonnier u. Hermier (1982)

umgibt. Zur Realisierung des Tripelpunktes wird sinngemäß wie oben beschrieben verfahren. Der Nachteil dieser Bauart der Tripelpunktzellen ist, daß das Thermometer zum Kalibrieren nacheinander in mehrere Zellen eingebaut werden muß. Diesen Nachteil weist die Tripelpunktzelle nach Fig. 3.5 nicht auf. Sie enthält im Kupferblock D fünf Kammern C zur Aufnahme von verschiedenen Meßgasen (Füllstutzen B). Mit dieser Zelle läßt sich ein Thermometer in A an fünf Fixpunkten kalibrieren, ohne daß es umgebaut zu werden braucht, Bonnier u. Hermier (1982).

Die Experimente zeigen, daß die Temperatur des Tripelpunktes nur wenig von dem Anteil der flüssigen Phase abhängt. Zwischen 15% flüssiger Phase und 90% flüssiger Phase bildet sich ein Plateau aus, in dem die Temperatur nahezu konstant ist.

Der Tripelpunkt des Quecksilbers Der Tripelpunkt des Quecksilbers wird normalerweise in einer hermetisch abgeschlossenen Zelle aus Borosilikatglas oder rostfreiem Stahl dargestellt. Zur Temperierung dient ein Flüssigkeitsbad oder ein Ofen (BIPM (1990a)). Komplette Meßeinrichtungen sind im Handel erhältlich.

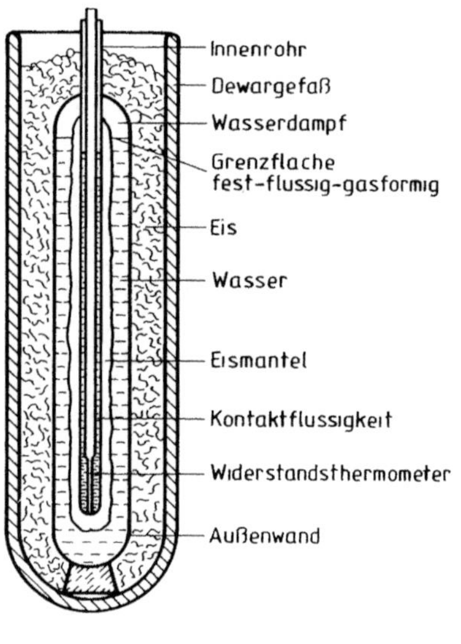

Fig. 3.6
Wassertripelpunktzelle

Der Tripelpunkt des Wassers Der für die praktische Temperaturmessung wichtigste Fixpunkt ist der Tripelpunkt des Wassers. Sollen bei einer Temperaturmessung mit Platin-Widerstandsthermometern Meßunsicherheiten von wenigen mK erreicht werden, so muß nach jeder wichtigen Messung die Konstanz des Thermometers am Wassertripelpunkt überprüft werden. Das in Fig. 3.6 dargestellte Tripelpunktgefäß ist ein geschlossenes Glasgefäß; es enthält Wasser hoher Reinheit, dessen Isotopenzusammensetzung etwa der des Ozeanwassers entspricht. Das innere, oben offene Rohr dient zur Aufnahme des Widerstandsthermometers. Der Raum zwischen dem inneren Rohr und dem Thermometer sollte zur Verbesserung der Wärmeleitfähigkeit mit einer Flüssigkeit, z. B. Wasser, gefüllt werden. Zur Vorbereitung der Tripelpunktzelle für die Messung wird um das

0,1 mK unterscheiden. Die Temperatur des Tripelpunktes $T_{tr} = 273{,}16$ K herrscht an der Grenzfläche fest-flüssig-gasförmig, also an der Wasseroberfläche. Die Temperatur in der Tiefe h unterhalb der Wasseroberfläche ergibt sich aus der Gleichung

$$T = (273{,}16 - 0{,}00073\, h/\mathrm{m})\,\mathrm{K}$$

die den Einfluß des Drucks auf die Schmelztemperatur berücksichtigt.

Definierende Fixpunkte oberhalb 273,15 K (0 °C) Oberhalb 273,15 K dienen nur Metallschmelz- und Metallerstarrungspunkte als definierende Fixpunkte. Die in Tab. 3.1 angegebenen Temperaturen der Erstarrungspunkte gelten nur für den Druck $p = 101{,}325$ Pa. Die normalen atmosphärischen Druckschwankungen haben keinen meßbaren Einfluß auf die Gleichgewichtstemperatur, während sich die Gleichgewichtstemperatur mit zunehmender Eintauchtiefe in die Schmelze etwas ändert, s. Preston-Thomas (1990). In der ITS-90 sind als Fixpunkte außer dem Galliumschmelzpunkt nur Erstarrungspunkte vorgeschrieben, also der Übergang von der flüssigen zur festen Phase, da die Erfahrung gelehrt hat, daß wegen der unvermeidbaren Verunreinigungen der Metalle die Temperatur des Erstarrungspunktes meistens besser reproduzierbar als die des Schmelzpunktes definiert ist.

Der Schmelzpunkt des Galliums Wegen der großen Ausdehnung (3,1 %) des Galliums bei der Verfestigung wird als Tiegelmaterial im allgemeinen Kunststoff verwendet. Da Gallium eine erhebliche Unterkühlung zeigt, läßt sich der Schmelzpunkt leichter realisieren als der Erstarrungs-

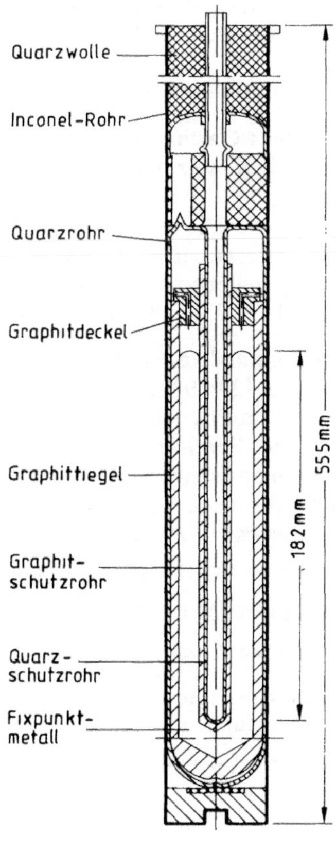

Fig. 3.7
Hermetisch abgeschlossene Zelle zur Darstellung von Metallerstarrungspunkten nach Nubbemeyer (1989)

punkt. Meßeinrichtungen zur Darstellung des Galliumschmelzpunktes sind im Handel erhältlich. Der Galliumschmelzpunkt bietet in Verbindung mit dem Wassertripelpunkt eine einfache Möglichkeit, Widerstandsthermometer, die nur zwischen 0 °C und 30 °C verwendet werden sollen, nach den Vorschriften der ITS-90 zu kalibrieren, Preston-Thomas (1990), BIPM (1990a).

Die Erstarrungspunkte des Indiums, Zinns, Zinks, Aluminiums und Silbers Zur Aufnahme des flüssigen Metalls dienen meistens aus reinem Graphit gefertigte Tiegel. Häufig wird der Tiegel mit dem Fixpunktmetall in einen Behälter aus Quarzglas eingeschmolzen, der mit Argon als Schutzgas gefüllt ist, so daß eine hermetisch abgeschlossene Zelle entsteht, s. Fig. 3.7. Sie ist je nach Temperaturbereich in einem Rohr aus Inconel, Quarzglas, Keramik oder Borosilikatglas untergebracht. In der Mitte dient ein Schutzrohr aus Quarzglas oder Graphit zur Aufnahme des Thermometers. Oberhalb des Tiegels ist der Raum mit Quarzwolle gefüllt, um Wärmeverluste durch Konvektion und Strahlung zu verhindern. Einige Graphitscheiben sorgen für horizontalen Temperaturausgleich.

Für einen gleichmäßigen Erstarrungsvorgang ist es wesentlich, Temperaturunterschiede im Bereich des Tiegels klein zu halten. Deshalb verwendet man zur Temperierung entweder einen Rohrofen mit speziellen Einrichtungen (mehrere getrennte Heizwicklungen, Ausgleichsblock aus Metall, Wärmerohr) oder ein gerührtes Salzbad.

Zur Darstellung des Erstarrungspunktes wird der Tiegel mit dem Metall-Rohrofen erwärmt, bis das gesamte Metall geschmolzen ist, und anschließend auf eine Temperatur abgekühlt, die etwa 1 K unterhalb der Schmelztemperatur liegt. Dabei bleibt das Metall flüssig, es unterkühlt. Taucht man jetzt einen kalten Stab in das innere Graphitrohr, so wird die Unterkühlung aufgehoben, ein Teil der Flüssigkeit erstarrt und der Erstarrungspunkt mit der entsprechenden Erstarrungstemperatur stellt sich ein (BIPM (1990a)).

3.1.2.3 Interpolationsinstrumente der ITS-90

Das interpolierende Gasthermometer Im Temperaturbereich von 3,0 K bis zum Neontripelpunkt (24,5561 K) werden Temperaturen T_{90} mit Hilfe des interpolierenden Gasthermometers bestimmt, dies ist ein Gasthermometer konstanten Volumens (s. **3.1.1**) besonderer Bauart. Die Volumina der Meßzelle, der Verbindungskapillare zwischen Meßzelle und Differenzdruckmeßgerät und der Kammer des Differenzdruckmeßgerätes müssen in vorgegebenen Grenzen liegen. Als Meßgas kann entweder ^{3}He oder ^{4}He dienen, s. **3.1.2.1**, BIPM (1990a), Preston-Thomas (1990).

Das Platin-Widerstandsthermometer als Normalgerät der ITS-90 Im Temperaturbereich von 13,8033 K bis 1234,93 K dienen Platin-Widerstandsthermometer besonderer Bauart als Normalgerät, mit denen Temperaturen zwischen den Fixpunkten bestimmt werden können. Für die Realisierung der ITS-90 sind nur Thermometer geeignet, deren Meßwiderstände aus sehr reinem Platin bestehen, das frei von mechanischen Spannungen ist. Ein Maß für die Reinheit und die Spannungsfreiheit ist der Temperaturkoeffizient des elektrischen Widerstandes.

Widerstandsthermometer zur Realisierung der ITS-90 müssen eine der beiden Bedingungen

$$W(29{,}7646\,°\mathrm{C}) \geqslant 1{,}11807$$

$$W(-38{,}8344\,°\mathrm{C}) \leqslant 0{,}844235$$

erfüllen. Thermometer, die bis zum Silbererstarrungspunkt verwendet werden sollen, müssen zusätzlich die Bedingung

$$W(961{,}78\,°\mathrm{C}) \geqslant 4{,}2844$$

erfüllen.

Es gibt keine Platin-Widerstandsthermometer, die für die Realisierung der Temperaturskala im gesamten Temperaturbereich von 13 K bis 962°C geeignet sind. Die heute verwendeten Thermometer lassen sich in 3 Gruppen einteilen:

1. Die Kapsel-Thermometer. Sie haben ein nur etwa 60 mm langes Schutzrohr aus Platin oder Edelstahl. Sie werden vor allem bei tiefen Temperaturen verwendet, da sie sich gut in Kryostaten einbauen lassen. Ihre obere Verwendungsgrenze liegt bei etwa 200°C, ihr Widerstand am Wassertripelpunkt beträgt 25 Ω (Fig. 3.8).

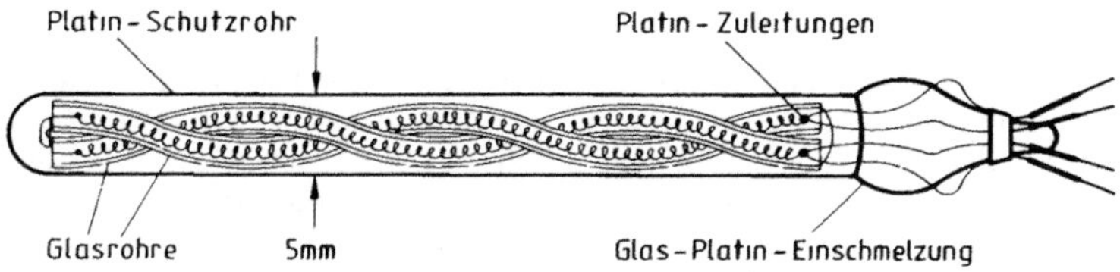

Fig. 3.8 Platin-Widerstandsthermometer (Kapselthermometer) nach BIPM (1990a)

2. Thermometer für den Temperaturbereich 83 K bis 600°C. Ihr Schutzrohr besteht vorwiegend aus Quarzglas oder Inconel, die Länge beträgt etwa 600 mm, der Durchmesser 6 mm. Der Meßwiderstand ist üblicherweise wie beim Kapsel-Thermometer aufgebaut, ihr Widersand am Wassertripelpunkt beträgt ebenfalls 25 Ω. Diese Thermometer lassen sich leicht in Bäder einbauen, ohne daß der Thermometerkopf mit dem Anschluß der Zuleitungen erwärmt wird.

3. Thermometer für hohe Temperaturen. Diese Thermometer wurden speziell für den Temperaturbereich 500°C bis 962°C entwickelt. Die Schutzrohre bestehen heute ausschließlich aus Quarzglas. Der Meßwiderstand besteht aus erheblich dickerem Draht als bei den übrigen Thermometertypen, so daß sich ein Widerstand von wenigen Ohm am Wassertripelpunkt ergibt. Der dicke Draht bewirkt eine größere Stabilität des Thermometers bei hohen Temperaturen.

Spektralpyrometer s. 3.1.5

3.1.3 Weitere Temperaturskalen

Die ITS-90 hat sich aus einer Reihe älterer internationaler Temperaturskalen entwickelt. Alle diese Skalen sollten genaue und reproduzierbare Temperaturmessungen ermöglichen und die thermodynamische Temperatur möglichst gut annähern. Im folgenden werden die wichtigsten Skalen kurz erklärt, wobei insbesondere auf die Änderungen beim Übergang auf die jeweilige neue Skala eingegangen wird, Blanke (1991), BIPM (1990a).

Die Wasserstoffskala Die erste praktische Temperaturskala war die im Jahre 1887 vom Comité International des Poids et Mesures (CIPM) verkündete Wasserstoffskala. Nach der Vorschrift dieser Skala diente zur Temperaturmessung ein mit Wasserstoff gefülltes Gasthermometer, das beim Wasserschmelzpunkt den Druck $p = 132\,\mathrm{kPa}$ (1000 Torr) zeigt. Mit diesem Gerät wurde die Temperaturdifferenz zwischen dem Wasserschmelzpunkt, 0°C, und dem Wassersiedepunkt, 100°C, in 100 Teile geteilt. Da sich nach dem damaligen Stand der Meßtechnik der Wasserstoff in diesem Temperatur- und Druckbereich wie eine ideales Gas verhielt, war diese Temperaturskala seinerzeit die beste Annäherung thermodynamischer Temperaturen. Die Skala wurde auf Quecksilber-Glasthermometer und damit auf andere Laboratorien übertragen.

Die Internationale Temperaturskala von 1927 (ITS-27) Es erwies sich bald als notwendig, auch für höhere und tiefere Temperaturen eine praktische Temperaturskala aufzustellen. Im Jahre 1927 wurde die Internationale Temperaturskala von 1927, die ITS-27, von der 7. Generalkonferenz angenommen und veröffentlicht. Sie erstreckt sich von −190 °C bis zu den höchsten Temperaturen, die praktisch mit Hilfe des Wienschen Gesetzes meßbar sind. Sie stützt sich wie die heute gültige ITS-90 auf Fixpunkte, denen bestimmte Temperatur-Zahlenwerte zugeordnet sind, und auf drei Interpolationsinstrumente, die an den Fixpunkten kalibriert werden. Im unteren Temperaturbereich diente das Platin-Widerstandsthermometer, zwischen 630 °C und 1063 °C das Platin-Platin-10%Rhodium-Thermoelement und oberhalb 1063 °C das Teilstrahlungspyrometer als Interpolationsinstrument.

Die Internationale Temperaturskala von 1948 (ITS-48) Die ITS-48 wurde von der 9. Generalkonferenz angenommen. Die wichtigsten Änderungen gegenüber der ITS-27 waren, daß sie bei −183 °C begann, daß das Wiensche Gesetz durch das Plancksche Gesetz als Definitionsgleichung ersetzt wurde und daß der Zahlenwert der Temperatur des Silberpunktes geändert wurde. Gegenüber der ITS-27 ergaben sich nur oberhalb 630 °C geringe Änderungen der Zahlenwerte der Temperatur.

Die Internationale Praktische Temperaturskala von 1948 (IPTS-48) Im Jahre 1960 wurde die ITS-48 neu gefaßt und unter dem neuen Namen IPTS-48, verbesserte Fassung von 1960, veröffentlicht. Der Tripelpunkt des Wassers ersetzte den Eispunkt als definierenden Fixpunkt. Da sich die Zahlenwerte der Temperaturen nicht änderten, handelt es sich nicht um eine neue Skala.

Die Internationale Praktische Temperaturskala von 1968 (IPTS-68) Die IPTS-68, die Vorgängerin der heute gültigen ITS-90, weist gegenüber der IPTS-48 erhebliche Änderungen auf. Sie beginnt bereits bei 13,81 K; dazu waren zusätzliche Fixpunkte erforderlich. Andere Zahlenwerte der Temperaturen der Fixpunkte, andere Interpolationsformeln und andere Konstanten des Planckschen Gesetzes hatten zur Folge, daß sich sämtliche Zahlenwerte der Temperatur änderten. Die verbesserte Fassung von 1975 der IPTS-68 hatte keine Änderungen der Zahlenwerte der Temperatur zur Folge.

Die Provisorische Temperaturskala zwischen 0,5 K und 30 K von 1976 (EPT-76) Da im Jahre 1976 die Ergebnisse der Messung thermodynamischer Temperaturen noch nicht ausreichten, die IPTS-68 zu ersetzen, wurde als Zwischenlösung die Provisorische Temperaturskala von 1976 für den Bereich 0,5 K bis 30 K, die EPT-76, eingeführt. Sie beruht ähnlich wie die IPTS-68 auf definierenden Fixpunkten und vorgeschriebenen Interpolationsinstrumenten. Sie bot die Möglichkeit, Temperaturen unter 13,8 K einheitlich zu messen. Zwischen 13,8 K und 30 K stimmt sie besser mit der thermodynamischen Temperatur überein als die IPTS-68. Die EPT-76 gestattet, die 1958 ^{4}He- und die 1962 ^{3}He-Dampfdruckskalen sowie die wichtigsten der bis 1976 verwendeten Laboratoriumsskalen zu korrigieren.

Differenzen zwischen den Temperaturskalen Bei Präzisionsmessungen der Temperatur sollte darauf geachtet werden, anzugeben, auf welche Temperaturskala sich die Temperaturangaben beziehen. Nach den Vorschriften der ITS-90 gemessene Temperaturen werden durch den Index 90 am Formelzeichen gekennzeichnet, also T_{90} oder t_{90}. Die gemäß den alten Skalen gemessenen Temperaturen werden mit den entsprechenden Indizes gekennzeichnet, z. B. T_{27}, T_{48}, T_{68} bzw. t_{27}, t_{48}, t_{68}.

Man kann davon ausgehen, daß Temperaturangaben in der Wasserstoffskala mit Temperaturen t_{27} im Rahmen der damaligen Meßunsicherheit übereinstimmen. Auch die Differenzen $t_{48} - t_{27}$ sind in den meisten Fällen kleiner als die Unsicherheit der Temperaturmessung zur damaligen Zeit, so daß nur in wenigen Fällen Korrektionen angebracht zu werden brauchen. Dagegen sind die Differenzen $t_{68} - t_{48}$, $T_{76} - T_{68}$ und $T_{90} - T_{68}$ erheblich größer als die Unsicherheit, die in der wissenschaftlichen Literatur angegeben wird, so daß häufig numerische Korrektionen der Meßwerte notwendig sind, BIPM (1990a).

Die Differenz $t_{48} - t_{27}$. Unterhalb von 631 °C unterscheiden sich die Zahlenwerte der in der ITS-27 gemessenen Temperaturen t_{27} und der in der ITS-48 bzw. IPTS-48 gemessenen Temperaturen t_{48} nicht. Oberhalb von 631 °C läßt sich die Differenz $t_{48} - t_{27}$ näherungsweise mit Gl. (3.8) und den Konstanten nach Tab. 3.3 berechnen,

$$(t_{48} - t_{27})/°\mathrm{C} = a_0 + \sum_{i=1}^{n} a_i (t_{48}/1000\,°\mathrm{C})^i \tag{3.8}$$

Tab.3.3 Konstanten der Gl. (3.8)

Bereich in °C	631 bis 1063	1063 bis 4000
n	2	3
a_0	−6,1088	3,3499
a_1	15,4507	−2,2925
a_2	−9,1300	−0,2575
a_3		−0,5166

Die Differenzen $t_{68} - t_{48}$ lassen sich näherungsweise mit Gl. (3.9) mit den in Tab. 3.4 angegebenen Konstanten berechnen.

$$(t_{68} - t_{48})/°\mathrm{C} = b_0 + \sum_{i=1}^{n} b_i (t_{68}/t_\mathrm{N})^i \tag{3.9}$$

Tab. 3.4 Konstanten der Gl. (3.9)

Bereich in °C	−183 bis 0	0 bis 631	631 bis 1064	1064 bis 4000
n	8	4	2	2
b_0	0	0	−1,38869	0,1835
b_1	0,11185	−0,31575	2,33530	0,7708
b_2	−0,33575	2,69844	0,29404	0,3799
b_3	4,51548	−4,89170		
b_4	−23,77329	2,71112		
b_5	61,71022			
b_6	−90,26268			
b_7	69,56707			
b_8	−21,52480			
t_N in °C	−183	631	1000	1000

Die Differenz $T_{90} - T_{76}$. Unter 4,2 K ist die Differenz $T_{90} - T_{76}$ gleich null. Oberhalb 4,2 K gilt näherungsweise

$$(T_{90} - T_{76})/\mathrm{K} = -5{,}6 \cdot 10^{-6} (T_{76}/\mathrm{K})^2$$

Die Differenz $T_{90} - T_{68}$. Die Gln. (3.10) und (3.11) (Konstanten s. Tab. 3.5 und 3.6) nähern Tab. 6 der ITS-90 (s. Preston-Thomas (1990)) im Rahmen der angegebenen Dezimalstellen an. Die Gleichungen gehen nicht stetig ineinander über.

Temperaturbereich 13,8 K bis 83,8 K (BIPM (1990a)):

$$(T_{90} - T_{68})/\mathrm{K} = c_0 + \sum_{i=1}^{12} c_i[(T_{90} - 40\,\mathrm{K})/40\,\mathrm{K}]^i \qquad (3.10)$$

Temperaturbereich −190°C bis 3900°C (Blanke (1991), Rusby u. a. (1994)):

$$(t_{90} - t_{68})/°\mathrm{C} = d_0 + \sum_{i=1}^{n} d_i(t_{90}/t_\mathrm{N})^i \qquad (3.11)$$

Tab. 3.5 Konstanten der Gl. (3.10)

c_0	−0,005903	c_7	1,411912
c_1	0,008174	c_8	25,277595
c_2	−0,061924	c_9	−19,183815
c_3	−0,193388	c_{10}	−18,437089
c_4	1,490793	c_{11}	27,000895
c_5	1,252347	c_{12}	−8,716634
c_6	−9,835868		

Tab. 3.6 Konstanten der Gl. (3.11)

Bereich in °C	−190 bis 0	0 bis 631	631 bis 1064	1064 bis 3900
n	7	7	5	3
d_0	0	0	78,6872	−0,01043
d_1	0,04811	−0,13266	−471,3599	−0,07636
d_2	−0,13309	−0,52553	1095,4715	−0,13979
d_3	0,84978	2,10880	−1235,7884	
d_4	−3,36031	0,98156	677,3658	
d_5	6,37948	−10,15705	−144,5808	
d_6	−5,67503	11,71876		
d_7	1,89911	−4,11971		
t_N in °C	−190	631	1000	1000

3.1.4 Temperaturmeßverfahren der Praxis

3.1.4.1 Ausdehnungsthermometer

Ausdehnungsthermometer beruhen auf der thermischen Ausdehnung eines Gases, einer Flüssigkeit oder eines festen Stoffes.

Flüssigkeits-Glasthermometer Mit Quecksilber gefüllte Thermometer sind die am häufigsten verwendeten Temperaturmeßgeräte, sie sind einfach zu handhaben und erfordern keine Zusatzgeräte. Zwischen −39°C und 630°C lassen sich Meßgenauigkeiten erreichen, die im allgemeinen nur mit Widerstandsthermometern bei hohem Aufwand übertroffen werden. Mit einem guten Quecksilber-Glasthermometer ist im Bereich zwischen −10°C und 110°C eine Meßunsicherheit von 5 mK erreichbar. Von Vorteil sind die engen Toleranzen, mit denen diese Thermometer gefertigt werden, vgl. z. B. DIN 12771.

Von Nachteil ist das große Volumen des Thermometergefäßes, das eine starke Anzeigeverzögerung zur Folge hat. Schnellen Temperaturänderungen vermag ein Flüssigkeits-Glasthermometer im allgemeinen nicht zu folgen; auch zur Messung von räumlich inhomogenen Temperaturfeldern ist es nicht geeignet. Sein starrer Aufbau mit nur geringen Abweichungen von der Grundform schränkt seine Anwendbarkeit an schlecht zugänglichen Stellen stark ein.

Aufbau von Flüssigkeits-Glasthermometern Die beiden wichtigsten Grundformen sind das Einschlußthermometer und das Stabthermometer. Beim Stabthermometer ist die Skala direkt auf das dickwandige Kapillarrohr aufgebracht, während sich bei einem Einschlußthermometer die Skala auf einem von der Meßkapillare getrennten Skalenträger befindet, die beide vom Umhüllungsrohr eingeschlossen sind (s. Fig. 3.9). Einschlußthermometer lassen sich wegen der geringeren Parallaxe leichter ablesen. Zur Vermeidung der Parallaxe bei sehr genauen Messungen mit dem Stabthermometer wird ein Ablesefernrohr mit Stativ benötigt.

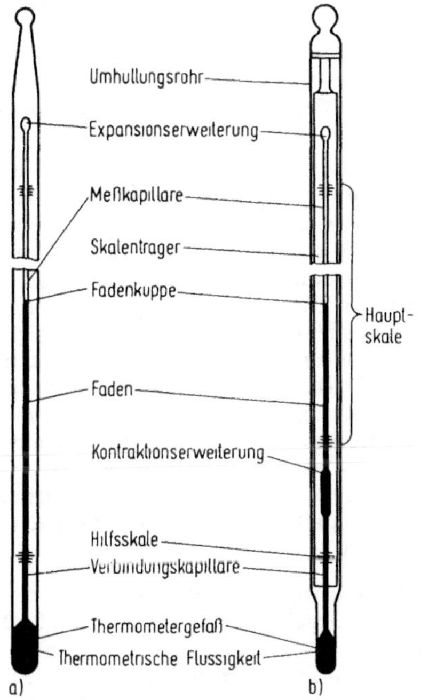

Fig. 3.9
Flüssigkeits-Glasthermometer
a) Stabthermometer, b) Einschlußthermometer

Die Meßkapillare kann Kontraktionserweiterungen und an ihrem oberen Ende eine Expansionserweiterung (Sicherheitsblase) aufweisen. Die Kontraktionserweiterung dient zur Unterdrückung der Thermometeranzeige in einem bestimmten Bereich. Die Expansionserweiterung bietet einen gewissen Schutz gegen Beschädigung durch Überhitzen. Bei gasgefüllten Thermometern verhindert sie außerdem das Auftreten eines zu hohen Innendrucks. Über der thermometrischen Flüssigkeit befindet sich in der Kapillare meist eine unter erhöhtem Druck stehende Schutzgasfüllung aus einem sauerstofffreien, trockenen Gas (z. B. Stickstoff oder Argon), die die Fadentrennung oder das Abdestillieren der thermometrischen Flüssigkeit erschweren soll. Bei Thermometern mit einem Meßbereich über 150°C muß der Raum oberhalb der Quecksilberkuppe stets ein inertes Gas enthalten, dessen Druck höher ist als der Dampfdruck des Quecksilbers bei der höchsten Gebrauchstemperatur. Da Quecksilber bei 356,7°C siedet (Erstarrungspunkt −38,8°C), muß man für Temperaturen bis 500°C bereits Drücke von 10 bar bis 20 bar anwenden. Für hohe

Temperaturen bis 800 °C sind Quecksilberthermometer aus Quarzglas mit einer Druckfüllung von über 100 bar hergestellt worden. Praktisch ist die obere Temperaturgrenze durch die Haltbarkeit des Glases gegeben, wobei dickwandige Stabthermometer gegenüber Einschlußthermometern bevorzugt werden. Bei allen sogenannten hochgradigen Thermometern ist stets auf Explosionsgefahr zu achten.

Für hohe Temperaturen bis etwa 1000 °C werden daher auch mit Gallium gefüllte Thermometer aus Quarzglas hergestellt, bei denen kein oder nur ein geringer Gasdruck erforderlich ist, weil der Siedepunkt des Galliums bei etwa 2230 °C liegt. Ein Quecksilber-Thallium-Eutektikum mit einem Gewichtsanteil von 8,5% Thallium hat einen um 20 °C tieferen Erstarrungspunkt als Quecksilber. Diese nicht benetzende Flüssigkeit hat sich vorzüglich als Thermometerflüssigkeit bis herab zu −59 °C bewährt. Für noch tiefere Temperaturen bis zu −200 °C kommen nur nichtmetallische thermometrische Flüssigkeiten in Frage. Bis −90 °C eignet sich Toluol, bis −110 °C Ethylalkohol. Bis zur Temperatur der flüssigen Luft bleibt technisches Pentan noch flüssig. Alle hier genannten organischen Flüssigkeiten haben zwar einen erheblich größeren kubischen Ausdehnungskoeffizienten als Quecksilber, sie besitzen jedoch eine schlechtere Wärmeleitfähigkeit und benetzen das Glas. Ihre bei tiefen Temperaturen hohe Viskosität verzögert bei fallendem Temperaturgang das Nachlaufen von den Kapillarwänden und stört daher die Ausbildung eines stabilen Meniskus erheblich. Die Meßunsicherheit der Thermometer mit organischen Flüssigkeiten ist im allgemeinen um etwa den Faktor 10 größer als bei Thermometern mit nicht benetzender thermometrischer Flüssigkeit.

Gute Thermometergläser müssen aus einem speziellen Glas geringer thermischer Nachwirkung (s. Tab. T 3.05 in Band 3) hergestellt sein. Bei der Erwärmung eines Thermometers auf z. B. 100 °C und anschließender Abkühlung auf die Ausgangstemperatur von 0 °C nimmt das Thermometergefäß nicht sein Ausgangsvolumen an, sondern es bleibt eine Volumenvergrößerung, die sogenannte Eispunktdepression, bestehen, die im allgemeinen im Verlaufe von wenigen Tagen wieder verschwindet. Diese Eispunktdepression ist um so größer, je höher die Ausgangstemperatur war, und sie ist ferner von der Glassorte abhängig. Bei guten Thermometergläsern darf die Eispunktdepression nach Erwärmung des Thermometers auf 100 °C nicht größer als 0,05 °C sein. Für harte Gläser, z. B. Thermometerglas 2954 und Supremax, beträgt die Depression 0,01 °C bis 0,03 °C. Nach rascher Abkühlung von höheren Temperaturen können je nach Glassorte und Temperatur Eispunktdepressionen von einem oder mehreren Zehntel °C auftreten. Thermometer aus Quarzglas zeigen bis zu einer Temperatur von etwa 600 °C keine merkliche Eispunktdepression. Gute Thermometer, deren Meßbereich den Eispunkt nicht enthält, besitzen eine Hilfsskala für den Eispunkt, so daß unmittelbar vor und nach jeder wichtigen Messung der Eispunkt kontrolliert werden kann.

Spezielle Bauarten In vielen Variationen lassen sich die beschriebenen Grundformen den besonderen Gegebenheiten anpassen, vgl. DIN 12785. Im folgenden wird auf einige spezielle Bauarten besonders eingegangen. Temperaturdifferenzen bis zu etwa max. 6 K können innerhalb eines größeren Temperaturbereiches (Einstellbereich von etwa −20 °C bis 140 °C) mit sogenannten Beckmannthermometern gemessen werden. Ihre Teilung – Skalenwert genannt – ist 0,01 °C oder 0,02 °C. Sie kommen besonders in der Kalorimetrie zur Anwendung. Zur Einstellung des Skalenanfangswertes auf eine vorgegebene Temperatur läßt sich die für die Messung wirksame Quecksilbermenge verändern. Beckmannthermometer, Kalorimeterthermometer und andere Thermometer mit sehr feiner Kapillare zeigen bei Temperaturänderungen einen „toten Gang“, der auf Kapillarkräfte zurückzuführen ist. Zur Ausschaltung dieser Fehlerquelle ist es ratsam, vor jeder Ablesung leicht gegen das Thermometer zu klopfen. Feinere Teilungen als 0,01 °C (Skalenwert) sind nicht zu empfehlen. Beckmannthermometer und auch Umkippthermometer, Maximumthermometer mit Abreißeinrichtung einschließlich der Fieberthermometer arbeiten nur dann zuverlässig, wenn die Kapillare über dem Quecksilbermeniskus evakuiert ist.

Mit Extremthermometern läßt sich die innerhalb eines längeren Zeitraumes angezeigte Maximal- oder Minimaltemperatur festhalten. Diese Thermometer sind mit einer Schleppmarke oder einer Abreißvorrichtung versehen.

Umkippthermometer sind zur Bestimmung der Meerestemperatur in der Tiefe entwickelt. Beim Kippen des Thermometers reißt der Quecksilberfaden an einer scharf definierten Stelle der Kapillare ab. Aus dem Stand des Meniskus des abgetrennten Quecksilbers kann die Temperatur zum Zeitpunkt des Umkippens bis auf etwa ±0,01 °C abgelesen werden.

Berichtigung der Thermometeranzeige An die Anzeige des Thermometers müssen die Anzeigekorrektionen $K = t - t_a$ (t_a angezeigter Temperaturwert), die Druckkorrektion K_p und die Fadenkorrektion K_f angebracht werden. Die Anzeigekorrektion K trägt der Tatsache Rechnung, daß die Thermometer nicht fehlerfrei hergestellt werden können. Sie wird durch Vergleich mit Normalthermometern bei mehreren Temperaturen t bestimmt. K ändert sich durch die Eispunktdepression und durch den säkularen Anstieg. Hierunter versteht man einen langsamen Anstieg der Thermometeranzeige infolge Alterung der Gläser. Der Anstieg kann bei gut stabilisierten Thermometern pro Jahr 30 mK erreichen. Diese beiden Einflüsse können berücksichtigt werden, wenn man die reduzierte Korrektion $K_r = K - K_0$ einführt. K_0 ist die Anzeigekorrektion am Eispunkt, die nach jeder größeren Temperaturänderung bestimmt werden muß. K_r hängt dann nur noch von Teilungsfehlern der Thermometerskala ab, nicht aber von der Volumenänderung des Thermometergefäßes durch Eispunktdepression und säkularem Anstieg.

Das Volumen des Thermometergefäßes ändert sich durch äußeren und inneren Druck. Bei Quecksilberthermometern und einem Gefäßdurchmesser von ungefähr 6 mm erhöht sich die Anzeige bei äußerem Überdruck um 0,1 K/bar. Der Innendruck hängt von dem hydrostatischen Druck der thermometrischen Flüssigkeit und vom Druck des Schutzgases ab. Unter sonst gleichen Bedingungen zeigen Quecksilberthermometer in vertikaler Lage eine tiefere Temperatur an als in horizontaler Lage. Wird ein in senkrechter Lage geprüftes Thermometer in horizontaler Lage benutzt, so muß eine Druckkorrektion $K_p = -0{,}0015\,(l/\mathrm{cm})\,\mathrm{K}$ angebracht werden. l ist der Abstand zwischen Gefäßmitte und Quecksilbermeniskus.

Die Fadenkorrektion ist dann anzubringen, wenn ein ganz eintauchend justiertes Thermometer teilweise eintauchend verwendet wird oder wenn bei einem teilweise eintauchend benutzten Thermometer die Temperatur des Fadens t_f von der auf dem Thermometer angegebenen Fadensolltemperatur t_s abweicht. Für diese Fälle gilt für die Fadenkorrektion K_f die Gleichung

$$K_f = \gamma \cdot \Delta t_l \cdot (t_s - t_f)$$

Hierin sind γ die Differenz der kubischen Ausdehnungskoeffizienten der thermometrischen Flüssigkeit und des Thermometerglases (s. Tab. T 3.04 in Band 3) und Δt_l die Differenz der Thermometeranzeigen des Fadenteils der Länge l, dessen mittlere Temperatur t_f von der Fadensolltemperatur t_s abweicht. Im Falle des ganz eintauchend justierten Thermometers ist die Fadensolltemperatur t_s die Badtemperatur. Die Fadentemperatur wird mit einem oder auch mehreren Hilfsthermometern bestimmt. Es sind auch spezielle Fadenthermometer mit langem dünnen Thermometergefäß im Gebrauch. Die Fadenkorrektion ist auch für Sonderfälle von Rahlfs u. Blanke (1967) und von Lieneweg (1976) ausführlich behandelt.

Flüssigkeits-Glasthermometer können von einem dafür eingerichteten Eichamt geeicht werden, wenn sie den Anforderungen der Eichordnung entsprechen. In Sonderfällen bei hohen Genauigkeitsanforderungen können sie auch von der Physikalisch-Technischen Bundesanstalt geprüft werden. Henning u. Moser (1977); Lieneweg (1976); Rahlfs u. Blanke (1967); VDI/VDE 3511, VDI/VDE 3522.

Flüssigkeits-Federthermometer Bei diesem ist ein Metallgefäß als Meßfühler über ein Kapillarrohr (Innendurchmesser 0,1 mm bis 0,3 mm) mit einem Manometer mit elastischem Meßglied verbunden, das eine Temperaturteilung trägt. Das ganze System ist mit einer thermometrischen Flüssigkeit (Quecksilber-Thallium-Legierung, Quecksilber, Xylol, Toluol) gefüllt. Durch die Temperaturänderung des Meßfühlers ändert sich der Innendruck der thermometrischen Flüssigkeit, der durch das Manometer angezeigt wird. Mit handelsüblichen Ausführungen können Temperaturen von −55 °C bis 500 °C gemessen werden. Anstelle der metallischen Flüssigkeiten werden Toluol oder Xylol wegen des größeren Volumen-Ausdehnungskoeffizienten als Thermometerflüssigkeiten im Bereich von −30 °C bis 350 °C verwendet. Temperaturschwankungen in der Kapillarrohrleitung und im Manometer können durch geeignete Kompensation ausgeglichen werden. Die Fernübertragung ist auf eine Kapillarrohrlänge von etwa 30 m beschränkt. Die Meßunsicherheit beträgt 1% bis 2% der Meßspanne. Weitere Einzelheiten sind bei Lieneweg (1976) und in VDE/VDI 3511 angegeben.

Gas-Federthermometer Gas-Federthermometer sind die technische Ausführung von Gasthermometern mit konstantem Volumen (s. **3**.1.1), deren temperaturabhängige Druckänderung mit einem Manometer mit elastischem Meßglied gemessen wird. Da sich der Gasdruck bei konstantem Volumen nur wenig mit der Temperatur ändert, sind die Verstellkräfte erheblich kleiner als bei Flüssigkeits-Federthermometern. Die Thermometer werden im allgemeinen mit Stickstoff oder mit Helium gefüllt, wobei der Druck für die Anfangstemperatur bis zu 200 bar beträgt. Wird das Volumen von Leitung und Manometer klein gegenüber dem Gefäßvolumen gemacht, bleiben Einflüsse auf die Temperaturanzeige durch Änderung der Umgebungstemperatur vernachlässigbar klein. Aus diesem Grunde muß das Gefäßvolumen mindestens 50 mal größer sein als das von Leitung und Manometer. Lieneweg (1976).

Metallausdehnungsthermometer Die unterschiedliche Ausdehnung von Metallen kann zur Temperaturmessung herangezogen werden. Wird ein Bimetallkörper z. B. zu einer Spirale gewickelt, sein äußeres Ende festgehalten und am inneren Ende ein Zeiger angebracht, so machen sich Temperaturänderungen in Winkelausschlägen des Zeigers bemerkbar. Bimetallthermometer eignen sich für Temperaturmessungen im Bereich von −70 °C bis 600 °C. Bei gut stabilisierten Thermometern beträgt die Meßunsicherheit 1% bis 3% der Meßspanne. Lieneweg (1976).

3.1.4.2 Widerstandsthermometer

Beim Widerstandsthermometer wird die temperaturabhängige Änderung des elektrischen Widerstandes als Maß für die Temperatur benutzt. Bevorzugt werden die Metalle und Halbleiter, bei denen die Widerstandsänderungen mit der Temperatur groß und reproduzierbar sind. Die höchste Präzision in der Thermometrie wird mit Platin-, Eisen-Rhodium- und Germanium-Widerstandsthermometern abschnittsweise im Bereich von 1 K bis 1235 K erreicht. Widerstandsthermometer werden sowohl für wissenschaftliche als auch für technische Anwendungen kommerziell hergestellt.

Platin-Widerstandsthermometer Mit den in **3**.1.2.3 beschriebenen Widerstandsthermometern lassen sich bis zu 660 °C Unsicherheiten von wenigen mK erreichen. Zur Herstellung ihres Meßwiderstandes verwendet man spektral reinen Platindraht von 0,05 mm bis 0,2 mm Durchmesser, der bifilar und spannungsfrei auf einen Wicklungsträger aus Quarzglas oder Glimmer gewickelt ist. Das oben gasdicht abgeschlossene Schutzrohr ist mit einem trockenen Gas (Ar, He, Luft) gefüllt, das genügend Sauerstoff (bis zu 10%) enthält, damit im Platin vorhandene Spuren von Verunreinigungen im oxidierten Zustand bleiben. Um eine ausreichende Stabilität des Meßwiderstandes zu erhalten, sollte das Thermometer bei einer Temperatur, die über der höchsten Verwendungstemperatur liegt, jedoch mindestens 450 °C beträgt, gealtert werden. Während wendungstemperatur liegt, jedoch mindestens 450°C beträgt, gealtert werden. Während des Gebrauchs des Thermometers können zusätzliche Fehler durch mechanischen Stoß oder durch schnelles Abkühlen von Temperaturen über 450°C verursacht werden, s. McLaren (1957). Diese Fehler können durch eine erneute Wärmebehandlung nahezu wieder beseitigt werden. Bei handelsüblichen Präzisions-Widerstandsthermometern sollen die Widerstandsänderungen beim Wassertripelpunkt $4 \cdot 10^{-6} R$ (entsprechend 1 mK) nicht überschreiten. Nach McLaren u. Murdock (1968) können bei Schutzrohren aus Quarz Strahlungsverluste durch Totalreflexion in der Schutzrohrwandung auftreten, die die Temperatur des Meßwiderstandes erniedrigen. Durch Schwärzen oder Sandstrahlen der äußeren Schutzrohroberfläche können diese Fehler vermieden werden.

Der geringe Temperaturanstieg der Thermometer durch den Meßstrom (1 mA bis 2 mA), die Eigenerwärmung, beträgt bei üblicher Ausführung am Wassertripelpunkt etwa 0,5 mK bis 3 mK und nimmt zu tiefen Temperaturen hin ab. Der Widerstand $R_{I=0}$ für den Meßstrom $I = 0$ wird bei konstanter Umgebungstemperatur durch Messungen mit zwei verschiedenen Strömen I_1 und I_2 ermittelt zu

$$R_{I=0} = R_1 - I_1^2(R_2 - R_1)/(I_1^2 \cdot I_2^2)$$

Hierin sind R_1 und R_2 die Widerstände bei dem Meßstrom I_1 und I_2. Diese Korrektion kann man in den meisten Fällen vernachlässigen, wenn beim Einsatz des Thermometers der gleiche Meßstrom verwendet wird wie bei der Kalibrierung.

Platin-Widerstandsthermometer können von der Physikalisch-Technischen Bundesanstalt (PTB) nach den Vorschriften der ITS-90 kalibriert werden.

Bei Platin-Widerstandsthermometern für Betriebsmessungen ist der Meßwiderstand in eine Isolation aus Keramik, Glas oder Kunststoff eingebettet. Mit auf einem Isolierträger aufgedampften, aufgedrucktem oder aufgewalztem Platin lassen sich Widerstände mit sehr kleinen Abmessungen und Ansprechzeiten herstellen. Um eine Austauschbarkeit der Meßwiderstände technischer Thermometer sicherzustellen, wird schwach legiertes Platin verwendet, um ein vorgegebenes Widerstandsverhältnis $R(100\,°C)/R(0\,°C)$ einzustellen. Nach DIN 43760 ist dieses Widerstandsverhältnis für 100 Ω-Widerstände auf 1,385 festgelegt.

Der Verwendungsbereich hängt wesentlich von dem verwendeten Isolationsmaterial ab. In Hartglas eingeschmolzene Meßwiderstände sind bis 600°C und in Keramik eingebettete von −200°C bis 850°C einsetzbar. Mit einer auf einem ebenen Keramikträger aufgebrachten Platinschicht lassen sich Temperaturen von −200°C bis 500°C messen. Durch kleine Masse und günstiges Oberflächen-Volumen-Verhältnis sind sehr kurze Ansprechzeiten erreichbar. Für spezielle Zwecke werden flexible Folienthermometer gefertigt, bei denen sich der Meßwiderstand zwischen dünnen Folien (z. B. Polyester) befindet. Der Verwendungsbereich liegt zwischen −80°C und 160°C. Für andere flexible Trägermaterialien wie z. B. Teflon, Silikongummi und Polyimid liegen die maximalen Verwendungsgrenzen je nach Material zwischen −200°C und 220°C.

Zum Oxidationseinfluß auf die Meßgenauigkeit von Platin-Widerstandsthermometern s. Berry (1974, 1982), VDI/VDE 3511, VDI/VDE 3522.

Nickel- und Kupfer-Widerstandsthermometer Technische Bedeutung hat auch das Nickel-Widerstandsthermometer nach DIN 43760, das zwischen −60°C und 150°C einsetzbar ist. Auch Kupfer wird gelegentlich als Draht für Meßwiderstände im Bereich von 20 K bis 400 K verwendet, Dauphinee u. Preston-Thomas (1954).

Das Eisenrhodium-Widerstandsthermometer und Germanium-Widerstandsthermometer Im Temperaturbereich von 0,65 K bis etwa 20 K gehören Eisenrhodium-Widerstandsthermometer (Stoffmengenanteil des Eisens 0,005) zu den besten Präzisionsmeßgeräten. Ihr Widerstand beträgt in diesem Temperaturbereich mehrere Ohm, so daß die gleiche Widerstandsmeßeinrichtung verwendet werden kann wie bei Platin-Widerstandsthermometern. Unter 30 K sind sie besonders empfindlich, während sie sich über 30 K ähnlich wie Platin-Widerstandsthermometer verhalten. Die Eisenrhodium-Thermometer weisen eine gute Langzeitstabilität auf, sie beträgt etwa 0,1 mK bei 4 K und 1 mK bei 90 K. Nachteilig ist, daß die Thermometer an verhältnismäßig vielen Fixpunkten kalibriert werden müssen, damit man eine genügend genaue Ausgleichsfunktion für die Temperaturabhängigkeit des Widerstandes berechnen kann, Rusby (1972, 1982), BIPM (1990b).

Bei etwas geringeren Anforderungen an die Meßunsicherheit eignen sich auch Germanium-Widerstandsthermometer für den Temperaturbereich 0,65 K und 100 K. Auch sie weisen eine komplizierte Temperaturabhängigkeit auf, die stark vom jeweiligen Thermometer abhängt, Kunzler u. a. (1962), Lindenfeld (1962), Blakemore (1962, 1972). Hinweise für die Anwendung: BIPM (1990b).

Halbleiter-Widerstandsthermometer Bei den meisten Halbleitern ist der Temperaturkoeffizient des elektrischen Widerstandes negativ, daher die Bezeichnung NTC-Widerstände. Sie sind unter den Namen Thermistoren, Heißleiter usw. im Handel und bestehen aus halbleitenden Metalloxiden wie Fe_2O_3, Fe_3O_4 oder $MgCr_2O_4$. Ihr Widerstand ändert sich wesentlich stärker mit der Temperatur als der der Metalle. Die Temperaturabhängigkeit des elektrischen Widerstandes $R(T)$ läßt sich näherungsweise durch die Gleichung

$$R(T) = R_0 \cdot \exp\{b[(1/T) - (1/T_0)]\}$$

beschreiben. R_0 ist der Widerstand bei der Bezugstemperatur T_0 und b eine Konstante, die experimentell bestimmt werden muß. NTC-Widerstände sind für den Bereich −55 °C bis 350 °C im Handel. Sondertypen sind bis zu 1000 °C einsetzbar. (Sachse (1975)).

Meßwiderstände mit positiven Temperaturkoeffizienten werden aus ferroelektrischen Keramiken oder monokristallinem Silicium hergestellt und sind im Handel erhältlich.

Bei Halbleiter-Dioden und Transistoren wird die Temperaturabhängigkeit der Spannung an einer p-n-Schicht bei konstantem Strom zur Temperaturmessung genutzt. Der Anwendungsbereich liegt zwischen −55 °C und 150 °C.

Zu den Halbleitern gehören auch Kohle-Widerstandsthermometer, die vor allem von sehr tiefen Temperaturen bis etwa 20 K eingesetzt werden. Ihre Stabilität beträgt etwa 10 mK. Eine ausführliche Beschreibung der einzelnen Bauarten findet man bei Eder (1981), BIPM (1990b).

Widerstandsmessung Die Messung des elektrischen Widerstandes von Widerstandsthermometern stellt hohe Anforderungen an die elektrische Meßtechnik. Es sind nur Verfahren geeignet, bei denen der Widerstand der Zuleitungen zum Thermometer ausreichend gut eliminiert wird. Für Temperaturmessungen höchster Präzision, Meßunsicherheit etwa 1 mK, muß der Widerstand mit einer relativen Meßunsicherheit von $1 \cdot 10^{-6}$ bestimmt werden. Geeignete Meßverfahren sind in **4.1.3** beschrieben. Ist eine Meßunsicherheit der Temperatur von einigen mK ausreichend, kann der Widerstand auch mit Digitalvoltmetern oder speziellen Meßbrücken bestimmt werden. Wegen der Meßverfahren mit einer Unsicherheit der Temperatur von 0,1 K sei auf die VDI/VDE 3511 verwiesen.

3.1.4.3 **Thermoelemente** (H. Maas)

Thermoelemente sind elektrische Thermometer für einen sehr weiten Temperaturbereich (1 K bis 3000 K). Ihr Vorteil ist die Einfachheit des Aufbaus und der Herstellung; sehr feine Ausführungen mit kurzen Ansprechzeiten, aber auch sehr robuste für höhere Temperaturen (> 1500 K) sind möglich. Für die Messung von Temperaturdifferenzen sind sie besonders gut geeignet. Ihr Nachteil gegenüber Widerstandsthermometern ist die im allgemeinen größere Meßunsicherheit und die Notwendigkeit, eine bekannte Bezugstemperatur (0 °C, 20 °C oder 50 °C) für die Vergleichsstelle bereitzustellen. Zur Messung der Thermospannung werden hochohmige Digitalvoltmeter, gelegentlich auch noch Spannungskompensatoren, verwendet. Der elektrische Widerstand des Thermoelements (einschließlich Zuleitungen) ist dann in der Regel zu vernachlässigen.

Bei der Temperaturmessung mit Thermoelementen sind die thermoelektrischen Effekte zu beachten, die thermische und elektrische Prozesse unmittelbar miteinander verknüpfen. Der Seebeck-Effekt beschreibt die Erzeugung einer elektrischen Spannung in einem Leiter, wenn in ihm ein Wärmestrom fließt, d. h. die Thermospannung wird lokal dort erzeugt, wo lokal ein Temperaturgradient vorhanden ist. Der Peltier- und der Thomson-Effekt beschreiben die reversible Erzeugung von Wärme, wenn ein elektrischer Strom im Leiter fließt, sowohl an den Verbindungsstellen zweier Leiter unterschiedlichen Materials (Peltier-Effekt) als auch im Leiter selbst (Thomson-Effekt). Peltier- und Thomson-Effekt spielen bei Thermospannungsmessungen keine Rolle, da hierbei kein nennenswerter Strom fließt.

Die Thermospannung wird hauptsächlich dort erzeugt, wo der größte Temperaturgradient entlang des Thermoelements vorhanden ist (Übergangszone zwischen Meßtemperatur und Umgebungstemperatur). Ist das Thermoelement thermoelektrisch homogen, spielt der Ort dieses Temperaturgradienten keine Rolle; die Thermospannung ist nur von der Temperaturdifferenz zwischen Meß- und Vergleichsstelle abhängig. Ist das Thermoelement thermoelektrisch nicht homogen, ergeben sich u. U. beträchtliche Temperaturmeßfehler, insbesondere bei einer Verschiebung des Thermoelements. Durch Wärmebehandlung des Thermoelements nahe oder oberhalb der höchsten Gebrauchstemperatur kann eine gute thermoelektrische Homogenität erzeugt werden (minimale Temperaturmeßfehler 0,1 K bis 0,3 K), durch Alterungsprozesse während des Einsatzes kann die thermoelektrische Homogenität jedoch stark verschlechtert werden (Temperaturmeßfehler von 1 K bis 100 K sind möglich).

Um ein Thermoelement herzustellen, werden zwei thermoelektrisch wirksame homogene Leiter (Thermopaar) an einem Ende elektrisch miteinander verbunden (Meßstelle). An den anderen Enden (Vergleichsstelle) schließt man Kupferleitungen an, die zum Spannungsmeßgerät führen. Die Meßstelle wird der zu messenden Temperatur ausgesetzt, die Vergleichsstelle auf einer konstanten bekannten Bezugstemperatur (s. o.) gehalten. Die gemessene Thermospannung entspricht der Temperaturdifferenz zwischen Meßstelle und Vergleichsstelle, wobei ihre Höhe noch von der Materialkombination des Thermopaares abhängig ist (Thermokraft, thermoelektrische Empfindlichkeit). Ausgleichsleitungen (s. DIN 43714), die zwischen 0 °C und 200 °C dieselbe Thermokraft besitzen wie das Thermoelement, werden aus Kostengründen insbesondere bei langen Edelmetallthermoelementen in den Thermoelementkreis eingefügt.

Die Thermodrähte müssen zum Schutz vor gegenseitiger Berührung elektrisch isoliert sein. Die Isolationsmaterialien bestimmen die obere Einsatztemperatur des Thermoelements mit (Baumwolle oder Seide bis 120 °C, Lack oder Silikongummi bis 180 °C, Kunststoffe bis 260 °C). Für höhere Temperaturen werden Schutz- und Isolierrohre bzw. Fasermaterialien aus Quarzglas (bis 1000 °C) oder Keramik (bis ca. 2000 °C) verwendet.

Gebräuchliche Thermopaare (s. Tab. 3.7) Um eine Austauschbarkeit der Thermopaare sicherzustellen, sind die Grundspannungswerte der wichtigsten Thermopaare in Abhängigkeit von der Temperatur international genormt, s. Norm IEC 584 Teil 1 (Grundwerte) und Teil 2 (Grenzabweichungen) bzw. DIN IEC 584 (s. a. DIN 43710). Als Grundlage dieser Norm dienten Arbeiten von Bedford (1972), Powell u. a. (1974) sowie Burns u. a. (1992a, b), die auch Angaben über Stabilität und Wiederholbarkeit der Anzeige der Thermopaare enthalten. Zu beachten ist die der jeweiligen Ausgabe der Norm zugrundeliegende gültige Internationale Temperaturskala IPTS-68 oder ITS-90. Diese Normen enthalten die Thermospannungs-Temperatur-Beziehungen in Form von Tabellen und von Polynomen, die insbesondere bei rechnergestützter Meßwerterfassung und -verarbeitung von Vorteil sind.

Tab. 3.7 Thermopaare nach der Internationalen Norm DIN IEC 584, Teil 1 (Temperaturbereich der Grundwerte der Thermospannungen)

Thermopaar	Temperaturbereich
Platin-Rhodium 13/0 (Typ R)	−50 bis 1768 °C
Platin-Rhodium 10/0 (Typ S)	−50 bis 1768 °C
Platin-Rhodium 30/6 (Typ B)	0 bis 1820 °C
Eisen/Kupfer-Nickel (Typ J)	−210 bis 1200 °C
Kupfer/Kupfer-Nickel (Typ T)	−270 bis 400 °C
Nickel-Chrom/Kupfer-Nickel (Typ E)	−270 bis 1000 °C
Nickel-Chrom/Nickel (Typ K)	−270 bis 1372 °C
Nickel-Chrom-Silicium/Nickel-Silicium (Typ N)	−270 bis 1300 °C

Die zulässigen Grenzabweichungen industriell gefertigter Thermopaare betragen je nach Temperaturbereich, Typ und Klasse für unedle Thermopaare 0,4 bis 1,5% des Meßwertes (aber nicht kleiner als 0,5 K bis 2,5 K) bzw. für Edelmetall-Thermopaare 0,25 bis 0,5% des Meßwertes (aber nicht kleiner als 1 K bis 4 K).

Das Thermopaar PtRh10/0 (Typ S) diente bis Ende 1989 wegen seiner Stabilität als Interpolationsgerät zur Darstellung Internationaler Temperaturskalen im Temperaturbereich von 630 °C bis 1064 °C. In der Internationalen Temperaturskala von 1990 (ITS-90) wurde es durch das genauere Platin-Widerstandsthermometer und das Spektral-Pyrometer ersetzt, kann aber weiterhin als Normal zur approximativen Darstellung der ITS-90 zwischen 0 °C und 1768 °C eingesetzt werden (Wiederholbarkeit ca. 0,3 K bis 1100 °C, ca. 1,5 K bis 1550 °C). Das Thermopaar PtRh13/0 (Typ R) ist in gleicher Weise einsetzbar.

Das Thermopaar PtRh30/6 (Typ B) zeigt im höheren Temperaturbereich (> 1200 °C) eine bessere Stabilität, da eindiffundierende Verunreinigungen bei Legierungen einen geringeren Einfluß auf die Thermokraft haben als bei reinen Metallen. Ein spezieller Vorteil des PtRh30/6-Thermopaares ist die nahezu verschwindende Thermokraft im Raumtemperaturbereich, so daß sich bei Vergleichsstellentemperaturen zwischen 0 °C und 50 °C die gemessene Thermospannung nur um weniger als ±0,3 K ändert. Nachteilig ist, daß die Thermospannung erst oberhalb von 600 °C eine Größe erreicht, die eine ausreichende Meßunsicherheit möglich macht (ca. 5 μV).

PtRh-Thermopaare sind gegen eindiffundierende Verunreinigungen empfindlich (vor allem gegen Metalle (Eisen), Silicium und Phosphor). Sie können deshalb in reduzierender Atmosphäre und im Vakuum eine größere Instabilität aufweisen (verursacht durch Reduktion oder Zerfall von Oxiden). Bei höheren Temperaturen hängt die Stabilität der Thermopaare vor allem von den verwendeten Werkstoffen für Schutzrohr und Isolation (Materialreinheit) ab. Neutronenstrahlen verändern sowohl die Isolierstoffe als auch die Thermodrähte, Powell u. a. (1974). Eine Druckabhängigkeit der Thermospannung ist nachweisbar (Getting u. Kennedy (1970): Bei 1 kbar vermindert sich die Thermospannung bei 1000 °C um 8 μV (0,7 K).

Thermopaare spezieller Ausführung Thermopaare für hohe Gebrauchstemperaturen, die über die maximale Gebrauchstemperatur des PtRh30/6-Thermoelements (Typ B) von 1820 °C hinausgehen und zum Teil bis 3000 °C verwendet werden können, sind z. B.: IrRh/Ir, IrRh/IrRu, W/WRe, W/WMo, Mo/Ta, W/Ta und W/Mo. Thermospannungen dieser und anderer Thermoelemente wurden in Landoldt-Börnstein (1967) sowie durch Kinzie (1973) zusammengestellt, vgl. auch Übersichtsartikel mit umfangreicher Literaturangabe von Bedford (1972) und Anderson u. Kollie (1976). Über Thermopaare für tiefe Temperaturen (1 K bis 100 K) werden zahlreiche Literaturhinweise in Übersichtsartikeln von Rubin (1970) und Rubin u. a. (1982) angegeben, vgl. auch White (1968).

Mantelthermoelemente bestehen aus einem oder mehreren Thermopaaren, die in eine pulverförmige oxidische Isoliermasse eingebettet und von einem Metallrohr umgeben sind. Sie werden mit Durchmessern zwischen 0,25 mm und 8 mm hergestellt, wobei die Meßstelle entweder mit dem Mantel verschweißt (Meßstelle mit kleinerer Zeitkonstante) oder von diesem isoliert (indirekte Meßstelle) sein kann.

Bei Thermoelementen für hohe Drücke ist die Druckabhängigkeit der Thermospannung zu berücksichtigen, wenn nicht durch ein druckfestes Schutzrohr dieser Einfluß beseitigt werden kann. Das gilt auch für Mantelthermoelemente, da über die Pulverfüllung auch die Thermodrähte deformiert werden.

Zur Temperaturmessung an Oberflächen werden Thermoelemente verwendet, bei denen die Meßstelle durch eine auf die Oberfläche eines Isolierstabes aufgebrachte Metallschicht gebildet wird. Nähere Einzelheiten und weitere Ausführungsarten für verschiedene Anwendungen beschreibt Lieneweg (1976).

Henning u. Moser (1977), Lieneweg (1976), Eder (1981), Powell u. a. (1974), McLaren u. Murdock (1972), VDI/VDE 3511, VDI/VDE 3522.

Die Kalibrierung von Thermoelementen kann mit Hilfe von Temperaturfixpunkten erfolgen. Dazu wird das geschützte Thermoelement direkt in die erstarrende Metallschmelze eingetaucht (Tiegelmethode: Wiederholbarkeit $<0{,}05$ K). Einfacher und für viele Zwecke genügend genau ist die sogenannte Drahtschmelzmethode, bei der an der Meßstelle eine einige Zehntel Gramm schwere Drahtprobe aus Gold oder Palladium angebracht oder zwischen die aufgetrennte Meßstelle eingeschweißt wird. Der Schmelzpunkt ist dann bei langsam ansteigender Temperatur als Temperatur-Haltepunkt erkennbar. Die Wiederholbarkeit dieser Methode ist am Goldschmelzpunkt etwa 0,3 K und am Palladiumschmelzpunkt etwa 1 K.

Bei geringeren Anforderungen an die Genauigkeit ist im allgemeinen ein Vergleich eines Normal-Thermoelements mit einem Thermoelement-Prüfling in einem auf Prüftemperatur befindlichen Bad oder Ofen ausreichend (Wiederholbarkeit 0,5 K bis 1,5 K). Die dazu erforderlichen Normal-Thermoelemente können von der Physikalisch-Technischen Bundesanstalt (PTB) oder von Prüflaboratorien des Deutschen Kalibrierdienstes (DKD) kalibriert werden.

3.1.4.4 Dampfdruckthermometer und Quarzthermometer (W. Blanke)

Dampfdruckthermometer zur Realisierung der ITS-90 sind in 3.1.2.3 beschrieben. In einem engen Temperaturbereich, in dem der Dampfdruck einfach gemessen werden kann, sind tiefsiedende Fluide wie z. B. Helium (^{4}He, ^{3}He), Wasserstoff, Sauerstoff und

Stickstoff geeignete Gase für Dampfdruckthermometer. Diese Thermometer werden häufig in der Kryotechnik verwendet. Eine Kapillare verbindet die Meßzelle mit dem auf Umgebungstemperatur befindlichen Druckmeßgerät, meistens einem Federthermometer oder einem elektrischen Druckaufnehmer. Aus dem gemessenen Dampfdruck ermittelt man die Temperatur mit Hilfe von Dampfdruckgleichungen oder Tabellen. Technische Ausführungen von Dampfdruckthermometern werden zur Messung von Temperaturen bis 350°C hergestellt. Als Fluide werden u. a. benutzt Alkohol, Ether, Penthan, Hexan, Toluol, Xylol, Chlormethyl und Propan. Zur Vermeidung der Kondensation des Meßfluids außerhalb des Thermometergefäßes sind die Verbindungskapillare und das Manometer vollständig mit einer geeigneten Übertragungsflüssigkeit gefüllt, VDI/VDE 3511, Lieneweg (1976), BIPM (1990b), Henning u. Moser (1977), Eder (1981), White (1968).

Die Quarzthermometer benutzen die Abhängigkeit der Resonanzfrequenz eines Quarzkristalles von der Temperatur. Der Kristall ist in einer speziellen Achsrichtung geschnitten. Die Temperaturabhängigkeit ist im Bereich von −50°C bis 250°C linear und gut reproduzierbar. Die Empfindlichkeit nimmt zu tiefen Temperaturen hin stark ab. Im Temperaturbereich von −10°C bis 110°C erhält man als Meßunsicherheit einige mK, wenn man die Anzeige am Wassertripelpunkt häufig kontrolliert; Benjaminson (1972), Schöltzel (1970).

3.1.4.5 Weitere Verfahren (W. Blanke)

Temperaturkennkörper Schmelzkörper sind im Handel für Temperaturstufen von 10 K bis 20 K erhältlich. Sie bestehen z. B. aus Salzen, Metallen oder Legierungen mit bekannten Schmelzpunkttemperaturen, Presser (1972, 1973), Becker (1975). Die aus keramischer Masse hergestellten Segerkegel ändern ihre Gestalt beim Erweichen, doch ist dieser Vorgang außer von der Temperatur auch von der Heizgeschwindigkeit abhängig. Daher eignen sie sich weniger zur Temperaturabschätzung als zur Kontrolle der Gleichmäßigkeit eines Fabrikationsvorganges, Dettmer (1941), Lieneweg (1976).

Temperaturmeßfarben Ähnlichen Zwecken wie die Schmelzkörper dienen die Thermocolorfarben, Thermochromstifte oder Thermofolien. Diese Indikatoren zeigen bei bestimmten Temperaturen meist irreversible Farbumschläge. Die Thermocolorfarben haben gegenüber den Schmelzkörpern den Vorteil, daß man mit ihnen auch die Isothermen auf Oberflächen leicht feststellen kann. Der Farbumschlag hängt jedoch von der Einwirkungsdauer der Temperatur ab. Dadurch ist eine grobe Interpolation möglich. Anstrichfarben sind für einen Temperaturbereich von 40°C bis 1350°C erhältlich, Farbstifte für Temperaturen von 65°C bis 670°C in Abstufungen von etwa 20°C bis 100°C. Die Meßunsicherheit beträgt bei nicht allzu hohen Temperaturen etwa 5°C. Aufklebbare Temperatur-Meßfolien gibt es in einem Bereich von 40°C bis 260°C. Meßfolien sind entweder nur für eine Temperatur ausgelegt oder sie besitzen mehrere Meßpunkte, vgl. Guthmann (1947), Thews (1953), Zimmler (1969), Baldinger (1974), Lieneweg (1976).

3.1.5 Strahlungsthermometrie (H. J. Jung)

3.1.5.1 Einleitende Bemerkung

Den Wärmezustand heißer Werkstücke hat der Mensch seit dem Beginn seiner Erfahrungen in der Keramikherstellung und Metallverarbeitung berührungslos nach der wahrgenommenen Intensität (Strahldichte) und Farbe (spektrale Verteilung) ihrer

Temperaturstrahlung beurteilt. Auf diesen Grunderfahrungen fußt auch die moderne Strahlungsthermometrie. Bei einer einwandfreien strahlungsthermometrischen Temperaturmessung darf im Idealfall nur der für den gegebenen Stoff durch seine Temperatur eindeutig bestimmte Strahlungsanteil – seine Temperaturstrahlung – bewertet werden. Der Einfluß reflektierter Strahlung anderer Quellen oder beispielsweise von Lumineszenzstrahlung ist auszuschließen oder mindestens durch spezielle Meß- oder Auswerteverfahren zu kompensieren.

Hoffmann u. Tingwaldt (1938), Henning (1951), Euler u. Ludwig (1960), Henning u. Moser (1977), DeWitt u. Nutter (1988), Quinn (1983), VDI/VDE 3511 (1992) und PTB/VDI (1978).

3.1.5.2 Theoretische Grundlagen

Wichtige Strahlungsgrößen für die Strahlungsthermometrie sind Strahlungsleistung Φ, Strahlstärke I, spezifische Ausstrahlung M, Strahldichte L und die entsprechenden spektralen Größen (Index λ), deren Definitionen in **6**.2.1 gegeben sind (s. auch DIN 5031). Grundlegend ist der Zusammenhang

$$d\Phi = L_\lambda \, \mathrm{d}A \cos\theta \, \mathrm{d}\Omega \, \mathrm{d}\lambda \tag{3.12}$$

zwischen der spektralen Strahldichte L_λ und der Strahlungsleistung $\mathrm{d}\Phi$ der Bandbreite $\mathrm{d}\lambda$, die von der strahlenden Fläche $\mathrm{d}A$ unter dem Winkel θ gegen die Flächennormale durch den Raumwinkel $\mathrm{d}\Omega$ transportiert wird.

Gesetze und Beschreibung der Temperaturstrahlung Den von einem Strahlungsthermometer empfangenen Strahlungsfluß errechnet man mittels Gl. (3.12). Entscheidend für die Temperaturbestimmung ist somit die Kenntnis der spektralen Strahldichte L_λ als Funktion von Wellenlänge und Temperatur. Diese Kenntnis vermittelt im Prinzip für beliebige Temperaturstrahler das Strahlungsgesetz von Planck (Gl. (3.14)) in Verbindung mit dem Kirchhoffschen Gesetz (Gl. (3.13)). Es gilt bei thermodynamischem Gleichgewicht:

$$\frac{L_\lambda(\lambda, T)}{\alpha(\lambda, T)} = L_{\lambda s}(\lambda, T) \tag{3.13}$$

$L_\lambda(\lambda, T)$ spektrale Strahldichte eines beliebigen Strahlers (Fläche $\mathrm{d}A$) der Temperatur T in Beobachtungsrichtung θ relativ zur Flächennormalen auf $\mathrm{d}A$;

$\alpha(\lambda, T)$ Absorptionsgrad des Strahlers, Verhältnis des absorbierten Strahlungsflusses zum Fluß eines aus der Beobachtungsrichtung θ auf den Strahler treffenden engen monochromatischen Testbündels;

$L_{\lambda s}(\lambda, T)$ Strahldichte des Schwarzen Körpers der Temperatur T.

$L_{\lambda s}(\lambda, T)$ ist eine universelle Funktion und die von einem Temperaturstrahler erreichbare maximale Strahldichte, die im Grenzfall $\alpha(\lambda) \to 1$ $(\alpha(\lambda) \leq 1)$ beobachtet wird. $\alpha = 1$ bedeutet, daß der betrachtete Strahler vollkommen schwarz ist, seine Strahldichte ist dann von seinen Materialeigenschaften unabhängig und gegeben durch das Plancksche Strahlungsgesetz (Planck (1921), Blevin (1972)) der Schwarzen Strahlung:

$$L_{\lambda s} = \frac{c_1}{\pi \Omega_0} n_L^{-2} \lambda_L^{-5} \left[\exp\left(\frac{c_2}{n_L \lambda_L T} \right) - 1 \right]^{-1}, \qquad \Omega_0 = 1 \text{ sr} \tag{3.14}$$

T Temperatur des Schwarzen Körpers,
λ_L Wellenlänge im Medium L am Ort des Strahlungsmeßgerätes,
n_L Brechzahl im Medium L am Ort des Strahlungsmeßgerätes,
$c_1 = 2\pi h c^2 = 3{,}7417749\,(22) \cdot 10^{-16}$ Wm^2 [1])
$c_2 = hc/k = 1{,}438769\,(12) \cdot 10^{-2}$ m · K [1])

Die Internationale Temperaturskala von 1990 (Preston-Thomas (1990)) hat für c_2 den gerundeten Wert 0,014388 m · K festgesetzt.

Anmerkung: Medien mit unterschiedlichen Brechzahlen zwischen Strahler und Strahlungsmeßgerät, aber auch die meist heiße Gasfüllung eines Hohlraumstrahlers ändern nichts an der Gültigkeit von Gl. (3.14) und der dazu gegebenen Erklärung der Wellenlänge und der Brechzahl. Vorausgesetzt wird, daß der Hohlraumstrahler trotz seiner Gasfüllung schwarz bezüglich des ihn umgebenden Mediums ist und der optische Weg von der Hohlraumöffnung zum Strahlungsmeßgerät die Strahlung nicht schwächt. Üblicherweise wird in den aus Gl. (3.14) bzw. (3.16) abgeleiteten Formeln der Strahlungsthermometrie für die Brechzahl der Vakuumwert 1 gesetzt. Folglich ist es notwendig, für die Wellenlänge den Vakuumwert λ mit

$$\lambda = n_L \cdot \lambda_L; \qquad n_L \approx 1{,}00028 \text{ für Luft im Sichtbaren und nahen Infrarot}$$

zu verwenden (ITS-90). Andernfalls sind bei sehr genauen Temperaturmessungen Korrektionen von etwa −0,07 K bei 1000 K, 0,28 K bei 2000 K und 1 K bei 3000 K bei $\lambda = 655$ nm anzubringen (Blevin (1972)).

Fig. 3.10 zeigt graphisch die spektrale Strahldichte des Schwarzen Körpers im Vakuum gemäß Gl. (3.14) in doppelt logarithmischer Teilung als Funktion der Wellenlänge. Die Maxima der Kurven bei λ_m liegen (Wiensches Verschiebungsgesetz) auf der gestrichelten Geraden mit der Gleichung

$$\lambda_m T = \frac{c_2}{\beta} = 2{,}89776 \cdot 10^{-3} \text{ m} \cdot \text{K} \tag{3.15}$$

$\beta = 4{,}965114232$ ist die (von c_2 unabhängige) Lösung der transzendenten Gleichung $\exp(-\beta) + 0{,}2\beta - 1 = 0$.

Für Wertepaare λ_L, T mit $\lambda_L T \leqslant \lambda_m T$ gemäß Gl. (3.15) wird die Plancksche Gl. (3.14) häufig mit großem Rechenvorteil durch die Wiensche Gl. (3.16) approximiert:

$$L_{\lambda s} = \frac{c_1}{\pi \Omega_0} n_L^{-2} \lambda_L^{-5} \exp\left(-\frac{c_2}{n_L \lambda_L T} \right), \qquad \Omega_0 = 1 \text{ sr} \tag{3.16}$$

Der relative Fehler hierbei ist am größten bei λ_m und beträgt dort −0,70%. Integration von Gl. (3.14) über alle Wellenlängen ergibt die Strahldichte und zusätzliche Integration über den Raumwinkel 2π die spezifische Ausstrahlung der Gesamtstrahlung des Schwarzen Körpers im Vakuum (Stefan-Boltzmannsches Gesetz):

$$L_s(T) = \frac{\sigma}{\pi \Omega_0} T^4; \qquad M_s(T) = \sigma T^4 \tag{3.17}$$

$$\sigma = \frac{\pi^4 c_1}{15 c_2^4} = 5{,}67051\,(19) \cdot 10^{-8} \text{ Wm}^{-2}\text{K}^{-4}$$ [1])

[1]) In Klammern die Unsicherheit (einfache Standardabweichung) in Einheiten der letzten Dezimalen.

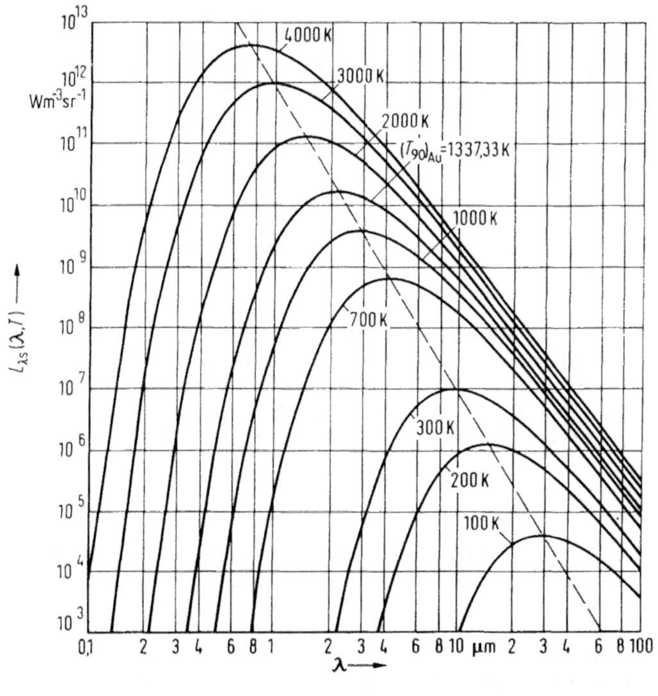

Fig. 3.10
Spektrale Strahldichte des Schwarzen Körpers im Vakuum (Parameter ist die Temperatur des Strahlers)

Die spektrale Strahldichte beliebiger Temperaturstrahler wird beschrieben unter Zuhilfenahme des Emissionsgrades $\varepsilon(\lambda, T)$ des Strahlers. $\varepsilon(\lambda, T)$ ist definiert als das Verhältnis der in einer bestimmten Richtung θ beobachteten spektralen Strahldichte dieses Strahlers zu derjenigen eines Schwarzen Körpers der gleichen Temperatur. Somit stimmt $\varepsilon(\lambda, T)$ gemäß Gl. (3.13) überein mit dem spektralen Absorptionsgrad $\alpha(\lambda, T)$ und kann daher an undurchlässigen Körpern aus Reflexionsmessungen ermittelt werden (Bauer u. Bischoff (1971)). Die spektrale Strahldichte eines beliebigen Temperaturstrahlers ist nach Kirchhoff gegeben durch

$$L_{\lambda}(\lambda, T) = \varepsilon(\lambda, T) L_{\lambda s}(\lambda, T) = \alpha(\lambda, T) L_{\lambda s}(\lambda, T) \tag{3.18}$$

Gl. (3.18) gilt für die Größen L, ε und α der Gesamtstrahlung ebenso wie für monochromatische oder auf ein gewisses Wellenlängenband bezogene Größen. Technisch erreicht man die höchsten Absorptionsgrade mittels tiefer Hohlräume aus möglichst stark absorbierendem Wandmaterial. Praktische Schwarze Körper sind also Hohlraumstrahler.

Das Verhältnis ϱ der in den Halbraum reflektierten Strahlung zu der aus einem engen Bündel der Richtung θ einfallenden Strahlung heißt Reflexionsgrad. Demnach ist ein Maß für die Abweichung eines beliebigen Strahlers vom Zustand der absoluten Schwärze die Größe

$$\varrho = 1 - \alpha = 1 - \varepsilon \tag{3.19}$$

unter der Voraussetzung undurchlässiger Wände.

Ein nichtschwarzer Strahler der Temperatur T kann auch durch seine Schwarze Temperatur oder Strahlungstemperatur T_s beschrieben werden. T_s bzw. T_{sg} ist die Temperatur eines Schwarzen Strahlers der gleichen Strahldichte. Bezogen auf die spektrale Strahldichte bei der Wellenlänge λ (Spektralpyrometer) folgt aus Gl. (3.16) und Gl. (3.18)

$$T^{-1} = T_s(\lambda)^{-1} + \frac{\lambda}{c_2} \ln \varepsilon(\lambda, T) \tag{3.20}$$

Für die Gesamtstrahlung (Gesamtstrahlungspyrometer) folgt aus Gl. (3.17) und Gl. (3.18)

$$T = T_{sg} \cdot \varepsilon^{-1/4} \tag{3.21}$$

Ein Strahler mit kontinuierlichem Spektrum kann oftmals in einem Spektralbereich durch seine Verteilungstemperatur T_v beschrieben werden. Sie ist die Temperatur eines Schwarzen Körpers, dessen spektrale Strahldichten in diesem Bereich denen des Strahlers proportional sind: $L_\lambda(\lambda, T) = \varepsilon_v L_{\lambda s}(\lambda, T_v)$; ε_v heißt „Farbemissiongrad" und T_v kann aus zwei Wellenlängen des Bereichs und den gemäß Gl. (3.20) zugehörigen Schwarzen Temperaturen errechnet werden:

$$T_v^{-1} = \frac{(\lambda_1 T_s(\lambda_1))^{-1} - (\lambda_2 T_s(\lambda_2))^{-1}}{\lambda_1^{-1} - \lambda_2^{-1}} \tag{3.22}$$

Eng verwandt mit T_v ist die Verhältnistemperatur T_r eines Strahlers. Sie ist die Temperatur des Schwarzen Körpers, dessen spektrale Strahldichten bei den Wellenlängen λ_1 und λ_2 im gleichen Verhältnis zueinander stehen wie bei dem betrachteten Strahler. Gl. (3.22) gilt ebenso für T_r wie für T_v. Die Meßwerte der Verteilungs- und Verhältnistemperatur werden im Gegensatz zu T_s nicht durch eine neutrale Lichtschwächung geändert (beispielsweise Glasfenster im Sichtbaren, oftmals Staub und Dämpfe). Bei vielen Metallen sind T_v und T_r etwas größer als die wahre Temperatur T und liegen viel näher bei T als T_s. T_s ist für reine Metalle bis zu mehreren hundert °C kleiner als T. Aus der Definition der Verhältnistemperatur folgt im Gültigkeitsbereich von Gl. (3.16)

$$T^{-1} = T_r^{-1} + \frac{\Lambda}{c_2} \ln \frac{\varepsilon(\lambda_1, T)}{\varepsilon(\lambda_2, T)} \qquad \Lambda^{-1} = \lambda_1^{-1} - \lambda_2^{-1} \tag{3.23}$$

Dies ermöglicht die Berechnung der wahren Temperatur aus der Verhältnistemperatur und dem Emissionsgradverhältnis. Ist $\varepsilon(\lambda_1) = \varepsilon(\lambda_2)$ (oft annähernd erfüllt bei Metalloxiden), so ist die wahre Temperatur gleich der Verhältnistemperatur.

3.1.5.3 Meßverfahren

Grundaufbau von Strahlungsthermometern und Begriffserklärung Von dem Beobachtungsfeld mit dem Durchmesser $2x$ (Fig. 3.11) wird ein Teilbereich (Durchmesser $2y$), das Meßfeld, mittels des Objektivs L_1 auf die Gesichtsfeldblende GB (Durchmesser $2y'$) formatfüllend abgebildet. Es ist somit $y = (a/b) \cdot y'$. Die Größe $a/(2y)$ heißt Distanzver-

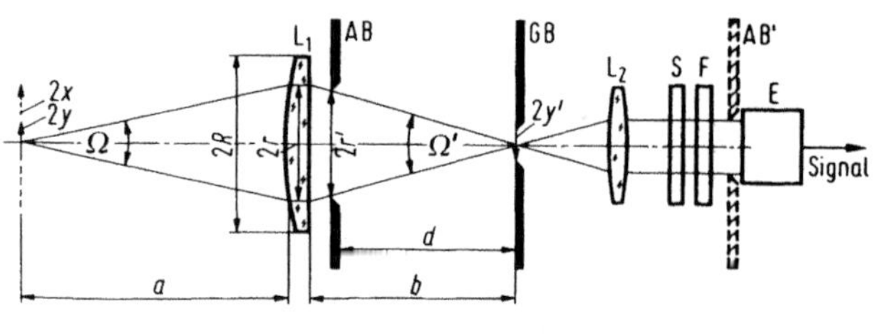

Fig. 3.11
Grundaufbau eines Strahlungsthermometers mit Abbildungsoptik

hältnis. Der Raumwinkel Ω' wird durch die Aperturblende AB und ihren festen Abstand d zu GB festgelegt, und zwar unabhängig von Gegenstands- und Bildweite. AB kann entweder eine eingebaute Blende oder das Bild einer anderen eingebauten Blende AB′ sein. Die Linse L_2 sammelt den GB durchsetzenden Strahlungsfluß nach spektraler Selektion durch das Selektivfilter F auf dem Empfänger E. Das Empfängersignal ist dem auftreffenden Strahlungsfluß porportional. Zum Zweck der Meßbereichserweiterung zu höheren Temperaturen an einem photoelektrischen Pyrometer kann unmittelbar neben F ein Neutralglas oder ein rotierender Sektor als Schwächungsmittel S eingeschoben werden. Bei einem visuellen Glühfadenpyrometer liegt S jedoch zwischen AB und GB oder links von L_1; in der Ebene GB steht der Glühfaden der Pyrometerlampe und an die Stelle des Photoempfängers E tritt das Auge des Beobachters. Gemäß Gl. (3.12) tritt durch die Gesichtfeldblende der Strahlungsfluß

$$\Phi = \tau L \frac{\pi r^2}{a^2} \cdot \pi y^2 = L' \frac{\pi r^2}{b^2} \cdot \pi y'^2 = L' \frac{\pi r^2}{b^2} \cdot \pi y^2 \frac{b^2}{a^2} = L' \frac{\pi r'^2}{d^2} \cdot \pi y'^2 \quad (3.24)$$

mit
- L Strahldichte des Meßfeldes $2y$,
- L' Strahldichte im Bild des Meßfeldes $2y'$,
- τ Transmission der Linse L_1.

Nach Gl. (3.24) ist $L' = \tau L$, d. h. die Strahldichte im Gesichtsfeld ist unverändert bis auf den schwächenden Einfluß des Objektivs, das sorgfältig sauber zu halten ist. Ein Beobachter am Glühfadenpyrometer empfindet eine L' eindeutig zugeordnete Leuchtdichte, der er die Leuchtdichte des Glühfadens durch visuellen Abgleich der Stromstärke der Pyrometerlampe angleicht; diese Stromstärke ist ein Maß für die Schwarze Temperatur. Beim photoelektrischen Pyrometer ist der durch Filter und Empfänger bewerteten Strahldichte der Photostrom proportional. Gl. (3.24) zeigt ferner, daß das Empfängersignal unabhängig von der Entfernung a ist, wenn
- der Raumwinkel Ω' durch AB begrenzt wird ($R > r$) und
- das Meßfeld $2y = 2y'$ (a/b) kleiner als das homogen strahlende Beobachtungsfeld $2x$ ist.

Pyrometer ohne Abbildungsoptik enthalten ebenfalls Blendensysteme, die für eine entfernungsunabhängige Anzeige sorgen, wenn das homogen strahlende Meßobjekt eine Mindestausdehnung besitzt, die mit dem Abstand zum Pyrometer wächst. Entfernungsabhängige Verfälschungen der Temperaturmessung können bei Abständen von einigen Metern durch Strahlungsabsorption in der Luft beigemischten Gasen, Dämpfen und Stäuben eintreten. Den spektralen Transmissionsgrad für Wasserdampf, Kohlendioxid und Ozon bis maximal 16 µm gibt Lieneweg (1976) an und für weitere Gase sowie die Gesamtatmosphäre Mester (ohne Datum) und Wolfe (1965). Bevorzugte „atmosphärische Fenster" sind etwa die Spektralbereiche 0,4 bis 1,1 µm; 1,5 bis 1,75 µm; 2 bis 2,5 µm; 3,4 bis 4,1 µm; 4,5 bis 5 µm und 8 bis 13 µm.

Man unterscheidet je nach dem spektralen Empfindlichkeitsbereich:

Spektralpyrometer Die Bandbreite des Spektralfilters beträgt ca. 1 nm bis 20 nm. Die Zuordnung der wirksamen Wellenlänge ist einfach durchführbar.

Bandstrahlungspyrometer Die Bandbreite des Filters ist wesentlich größer. Die Ermittlung der wirksamen Wellenlänge ist sehr aufwendig, jedoch besteht kein prinzipieller Unterschied zum Spektralpyrometer.

Gesamtstrahlungspyrometer Die Bandbreite umfaßt annähernd das ganze Spektrum der Temperaturstrahlung des Meßobjekts.

Verhältnispyrometer Sie haben mindestens zwei Filter unterschiedlicher Schwerpunktswellenlängen λ_1 und λ_2, ermitteln die Verhältnisse der entsprechenden Strahldichten und errechnen daraus die Verhältnis- oder Verteilungstemperatur.

Übersichten über die Eigenschaften der Pyrometertypen als Hilfe zur anwendungsgerechten Auswahl geben Kunz (1979), VDI/VDE 3511 (1992) und Lieneweg (1976).

Messung der Schwarzen Temperatur Grundsätzlich, und bei höchsten Genauigkeitsforderungen auch in der Praxis, wird das Verhältnis Q der spektralen Strahldichten eines Hohlraumstrahlers der unbekannten Temperatur T und eines zweiten Hohlraumstrahlers der bekannten Referenztemperatur T_0 als Photostromverhältnis gemessen und daraus gemäß Gl. (3.14) die Temperatur T berechnet. Zuweilen wird hierbei die intensivere Strahlung durch ein neutrales Schwächungsglied (Beispiel: rotierender Sektor) der Transmission τ soweit geschwächt, daß Q annähernd oder exakt eins wird (ohne Schwächungsglied $\tau = 1$). Bei monochromatischer Strahlung gilt dann

$$\frac{Q}{\tau} = \frac{L_{\lambda s}(\lambda, T)}{L_{\lambda s}(\lambda, T_0)} = \frac{\exp\left(\dfrac{c_2}{\lambda T_0}\right) - 1}{\exp\left(\dfrac{c_2}{\lambda T}\right) - 1} \tag{3.25}$$

Die internationale Temperaturskala (ITS-90) wird oberhalb 962°C durch die Festsetzung $T_0 = T_x$ realisiert, wobei T_x einen der Werte 1234,93 K (Silbererstarrungspunkt), 1337,33 K (Golderstarrungspunkt) oder 1357,77 K (Kupfererstarrungspunkt) hat und $c_2 = 0{,}014\,388\ \mathrm{m \cdot K}$ ist. Gl. (3.25) vereinfacht sich im Gültigkeitsbereich der Wienschen Näherung zu

$$T^{-1} = T_0^{-1} - \frac{\lambda}{c_2} \ln \frac{Q}{\tau} \tag{3.26}$$

In der Praxis muß mit Geräten endlicher Bandbreite gearbeitet werden. An die Stelle der Gl. (3.25) tritt daher die Integralgleichung (3.27) (Integration über alle Wellenlängen wo der Integrand meßbar > 0 ist)

$$\frac{Q}{\tau} = \frac{\int L_{\lambda s}(\lambda, T) F(\lambda) V(\lambda) \tau(\lambda) \mathrm{d}\lambda}{\int L_{\lambda s}(\lambda, T_0) F(\lambda) V(\lambda) \tau(\lambda) \mathrm{d}\lambda} \tag{3.27}$$

mit der Filtertransmission $F(\lambda)$, der relativen spektralen Empfängerempfindlichkeit $V(\lambda)$ und der Transmission $\tau(\lambda)$ der Abbildungsoptik. Zur Auflösung der Gl. (3.27) gibt es strenge numerische Verfahren, die einen sehr leistungfähigen Rechner erfordern (Tischler (1981)), es kann aber auch ein einfacheres und genaues analytisches Näherungsverfahren mit einem einfachen PC angewendet werden (Jung u. Verch (1973), Ricolfi u. Battuello (1992)).

Das noch verbreitete ältere Verfahren benutzt den Begriff der „wirksamen Wellenlänge" λ_w zu einer Iterationslösung. Dabei ist $\lambda_w(T, T_0)$ die Wellenlänge, bei der das Verhältnis Q/τ gleich dem Verhältnis zweier monochromatischer Strahldichten ist:

$$\frac{Q}{\tau} = \frac{\int L_{\lambda s}(\lambda, T) F(\lambda) V(\lambda) \tau(\lambda) \mathrm{d}\lambda}{\int L_{\lambda s}(\lambda, T_0) F(\lambda) V(\lambda) \tau(\lambda) \mathrm{d}\lambda} = \frac{L_{\lambda s}(\lambda_w, T)}{L_{\lambda s}(\lambda_w, T_0)}.$$

Als Hilfsgröße berechnet man zunächst für einige Temperaturen T die „wirksame Grenzwellenlänge" $\lambda_g(T)$ mittels der Wienschen Näherung gemäß:

$$\lambda_g^{-1}(T) = \frac{\int \lambda^{-1} L_{\lambda s}(\lambda, T) F(\lambda) V(\lambda) \tau(\lambda) \mathrm{d}\lambda}{\int L_{\lambda s}(\lambda, T) F(\lambda) V(\lambda) \tau(\lambda) \mathrm{d}\lambda}, \tag{3.28}$$

oder ohne diese Näherung aus der Gleichung:

$$\frac{L_{\lambda s}(\lambda_g, T + 10\,\mathrm{K})}{L_{\lambda s}(\lambda_g, T)} = \frac{\int L_{\lambda s}(\lambda, T + 10\,\mathrm{K}) F(\lambda) V(\lambda) \tau(\lambda) \mathrm{d}\lambda}{\int L_{\lambda s}(\lambda, T) F(\lambda) V(\lambda) \tau(\lambda) \mathrm{d}\lambda} \tag{3.29}$$

durch numerische Integration und numerische Auflösung nach $\lambda_g(T)$. Dies geschieht einmalig für jede Filter-Empfänger-Kombination.

Die gesuchte „wirksame Wellenlänge" $\lambda_w(T, T_0)$ berechnet man anschließend aus der Meßtemperatur T, der Referenztemperatur T_0 und der Funktion $\lambda_g(T)$ für jede Messung gemäß:

$$\lambda_w(T, T_0) = \lambda_g(T_m), \qquad T_m^{-1} = \frac{1}{2}(T^{-1} + T_0^{-1}) \tag{3.30}$$

Hoffmann u. Tingwaldt (1938), Kostkowski u. Lee (1962), Henning u. Moser (1977). Die numerische Integration zur Berechnung von Gl. (3.28) oder (3.29) braucht nur für wenige Temperaturen ausgeführt zu werden, da λ_g^{-1} erfahrungsgemäß eine lineare Funktion von T^{-1} ist. Die Berechnung von T geschieht iterativ, beginnend mit Gl. (3.26) und einem Schätzwert für λ_w; die erste Näherung für T ergibt mit Gl. (3.30) einen verbesserten Wert für λ_w, mit dem erneut T aus Gl. (3.26) errechnet wird. Das Verfahren konvergiert äußerst schnell.

Bisher war die Rede von der Messung der Temperatur T eines Schwarzen Körpers. Geht es um einen sonstigen Strahler, so mißt man nach der beschriebenen Prozedur seine Schwarze Temperatur T_s. Auch ein Spektral- oder Bandstrahlungspyrometer, dessen Emissionsgradsteller auf 1,00 steht, zeigt die Schwarze Temperatur T_s an. Jeder Schwarzen Temperatur ist eine Wellenlänge zugeordnet. In der zitierten Literatur wird gezeigt, daß diese exakt gegeben ist durch

$$\lambda(T_s) = \lambda_w(T_v, T_s)$$

gemäß Gl. (3.30). T_v ist die Verteilungstemperatur des Strahlers. Sind Strahldichteverhältnis, wirksame Wellenlänge und Referenztemperatur mit den Fehlern $\mathrm{d}Q$, $\mathrm{d}\lambda_w$ und $\mathrm{d}T_0$ behaftet, so ist der Temperaturfehler im Gültigkeitsbereich von Gl. (3.16) gegeben durch

$$\mathrm{d}T = \frac{\lambda_w T^2}{c_2}\frac{\mathrm{d}Q}{Q} + T\left(\frac{T}{T_0} - 1\right)\frac{\mathrm{d}\lambda_w}{\lambda_w} + \left(\frac{T}{T_0}\right)^2 \mathrm{d}T_0 \qquad \text{(Schw. Körper)}$$

$$\mathrm{d}T_s = \frac{\lambda_w T_s^2}{c_2}\frac{\mathrm{d}Q}{Q} + \frac{T_s^2}{T_v}\left(\frac{T_v}{T_0} - 1\right)\frac{\mathrm{d}\lambda_w}{\lambda_w} + \left(\frac{T_s}{T_0}\right)^2 \mathrm{d}T_0 \qquad \text{(sonst. Strahler)}$$

Messung der wahren Temperatur bei bekanntem Emissionsgrad Die wahre Temperatur wird beim Spektralpyrometer gemäß Gl. (3.20) aus der Schwarzen Temperatur T_s, der zugehörigen Wellenlänge und dem Emissionsgrad bei dieser Wellenlänge errechnet. Bei Gesamtstrahlungspyrometern dient hierzu Gl. (3.21). Die mit dem Verhältnispyrometer gemessene Verhältnistemperatur T_r und das Verhältnis der Emissionsgrade führen über Gl. (3.23) ebenfalls zur wahren Temperatur T. Handelsübliche Pyrometer zeigen bereits wahre Temperaturen an, wenn der Emissionsgrad ε bei Spektral-, Bandstrahlungs- und Gesamtstrahlungspyrometern oder das Emissionsgradverhältnis $\varepsilon(\lambda_1)/\varepsilon(\lambda_2)$ bei Verhältnispyrometern am Gerät einstellbar ist. Oft sind diese Größen nur ungefähr bekannt. Dies bewirkt einen entsprechenden Fehler der angezeigten wahren Temperatur (Fig. 3.12). Er wurde mittels der strengen Version von Gl. (3.20) und Gl. (3.23), d. h. ohne die Wiensche Näherung, abgeschätzt und gilt für alle Wellenlängen. Fig. 3.12 beschreibt den anwendungstypischen Fall mit den relativen Fehlern $\Delta\varepsilon/\varepsilon = -0{,}1$ bzw. $\Delta(\varepsilon_1/\varepsilon_2)/(\varepsilon_1/\varepsilon_2) = -0{,}1$ mit $\varepsilon_1 = \varepsilon(\lambda_1)$. Sie zeigt deutlich, daß ein Strahlungsthermometer bei unsicherer Kenntnis des Emissionsgrades eines Meßobjekts immer mit der kürzestmöglichen wirksamen Wellenlänge ausgestattet oder betrieben werden sollte. Beim Verhältnispyrometer ist die charakteristische Wellenlänge Λ wegen Gl. (3.23) meist weit größer als 3.5 µm. Ihr Wert ist fast immer ein Vielfaches der Wellenlängen λ_1 und λ_2 beider Signalkanäle. Gleiches gilt für die Unsicherheiten der drei Wellenlängen. Beide Umstände machen (s. Fig. 3.12) den bedeutenden Nachteil des Verhältnispyrometers gegenüber dem Spektralpyrometer aus und beschränken seinen sinnvollen Einsatz (s. 3.1.5.5). Bei Bandstrahlungspyrometern ist die Berechnung der wahren Temperaturen nur durch numerische Integration über einen Wellenlängenbereich möglich, in dem $\varepsilon(\lambda, T)$ bekannt sein muß. Sehr genau bekannt ist der spektrale Emissionsgrad von Wolfram (de Vos (1954), Latyev u.a. (1970) und Landolt-Börnstein (1967)). Spektrale und Gesamtemissionsgrade verschiedener Oberflächen geben Tab. T 6.11 bis 6.15 in Band 3 sowie Landolt-Börnstein (1967), Touloukian u. De Witt (1970), Touloukian u. Ho (1976), Cammerer (1973), Neuer (1971), Lohrengel (1970), Wörner u. Neuer (1979), Isetti u. a. (1979) und Blanke (1989) an.

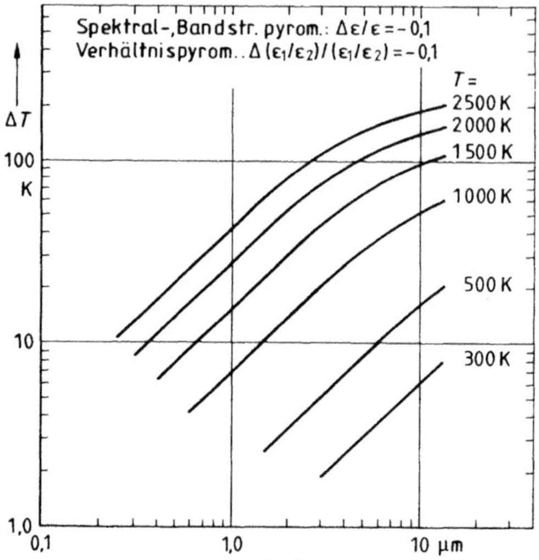

Fig. 3.12
Anzeigefehler ΔT bei der wahren Temperatur T durch Fehleinstellung des Emissionsgrades am Meßgerät. Die wirksame Wellenlänge λ des Spektral-, Bandstrahlungspyrometers folgt meist direkt aus den Herstellerdaten. Für das Verhältnispyrometer ist Λ definiert durch Gl. (3.23)

Eine häufige Fehlerquelle bei der Messung der Oberflächentemperatur von Werkstücken in Öfen ist die am Meßobjekt reflektierte Strahlung von den Ofenwänden oder Flammen. Einige Verfahren mit zwei zusammengeschalteten photoelektrischen Spektralpyrometern, deren eines die reflektierte Strahlung als Korrektur erfaßt, gibt Roney (1982) an. Weiteres zur Pyrometrie unter industriellen Bedingungen, insbesondere auch an durchsichtigen Stoffen, wie Glas, Quarz und Hochpolymeren, findet man bei Lieneweg (1976), VDI/VDE 3511 (1992). Der Grundgedanke hierbei ist oft, die Wellenlänge eines Spektralpyrometers durch Filterwahl an eine Stelle starker Absorption durch das Meßobjekt zu verlegen. Bei Hochpolymeren sind oftmals 3,43 µm, 6.8 µm und 8.05 µm geeignet (Lieneweg (1976), Mester), da viele Kunststoffe dort aus hinreichender Schichtdicke annähernd schwarze Strahlung ($\varepsilon \approx 0{,}95$) emittieren. Für Glas empfiehlt sich unter Berücksichtigung der „atmosphärischen Fenster" (s. **3**.1.5.3) der Bereich 4,8 µm bis 5,5 µm.

Messung der wahren Temperatur und des Emissionsgrades Die einfachste Methode besteht darin, an einer hinreichend tiefen Bohrung des Probekörpers (s. **3**.1.5.6) oder einem Schlitz eines Rohres die Schwarze Temperatur zu messen. Ihr Wert nähert sich mit zunehmender Tiefe der Bohrung rasch der wahren Temperatur T; denn der Emissionsgrad der Bohrung nähert sich dem Wert eins. Eine zusätzliche Messung der Schwarzen Temperatur der benachbarten Oberfläche des Probekörpers oder Rohres erlaubt die Berechnung des Emissionsgrades nach Gl. (3.20) bei einem Spektralpyrometer oder Gl. (3.21) bei einem Gesamtstrahlungspyrometer. Die Meßbohrung sollte zur Vermeidung spiegelnder Reflexionen einen kegeligen Boden (Winkel ca. 120°) besitzen. Bei relativ niedrigen Temperaturen kann die Oberfläche auch durch schwarzen Mattlack ($\varepsilon \approx 0{,}97$) geschwärzt werden oder durch Draufspannen einer mindestens 0,1 mm dicken Teflonfolie ($\varepsilon \approx 0{,}95$ bei $\lambda = 8{,}05$ µm). Ist dies nicht durchführbar, so kommen Polarisationsmethoden in Betracht. Der Reflexionsgrad einer ebenen Metalloberfläche hängt für linear polarisiertes Licht vom Einfallswinkel θ und der komplexen Brechzahl $n - \mathrm{i}\varkappa$ ab. Im Sonderfall $\theta = \pi/4$ ergeben die Fresnelschen Gleichungen (Henning u. Moser (1977)) unabhängig von der Brechzahl den Zusammenhang

$$\varrho_{\parallel} = \varrho_{\perp}^2 \tag{3.31}$$

Dabei bedeutet ϱ den Reflexionsgrad für linear polarisierte Strahlung, deren elektrische Felstärke parallel (‖) bzw. senkrecht (⊥) zur Einfallsebene schwingt. Die unter 45° zur Normalen beobachtbare spektrale Strahldichte der Temperaturstrahlung ist teilweise polarisiert und besitzt die Komponenten $L_{\lambda\perp}(\lambda, T)$ und $L_{\lambda\parallel}(\lambda, T)$, für die Gl. (3.19) und Gl. (3.31) ergeben:

$$L_{\lambda\perp} = \frac{1}{2} L_{\lambda s}(\lambda, T)(1 - \varrho_{\perp}); \qquad L_{\lambda\parallel}(\lambda, T) = \frac{1}{2} L_{\lambda s}(\lambda, T)(1 - \varrho_{\perp}^2)$$

Ein mit vorgesetztem Polarisationsfilter kalibriertes Spektralpyrometer zeigt die dazugehörigen Schwarzen Temperaturen $T_{s\perp}(\lambda)$ und $T_{s\parallel}(\lambda)$, aus denen $\varrho_{\perp}$ und die wahre Temperatur der Metalloberfäche berechnet werden gemäß

$$\frac{L_{\lambda\parallel}}{L_{\lambda\perp}} = 1 + \varrho_{\perp} = \exp \frac{c_2}{\lambda} (T_{s\perp}^{-1} - T_{s\parallel}^{-1})$$

und $$T^{-1} = T_{s\perp}^{-1}(\lambda) + \frac{\lambda}{c_2} \ln (1 - \varrho_{\perp}) = T_{s\parallel}^{-1}(\lambda) + \frac{\lambda}{c_2} \ln (1 - \varrho_{\perp}^2)$$

Das Verfahren wurde an nicht spiegelnd reflektierenden, metallisch reinen Wolframbändern sehr genau bestätigt (Tingwaldt u. Magdeburg (1962)). Der Emissionsgrad der Metalloberfläche bei senkrechter Beobachtungsrichtung wird durch Bestimmung der Schwarzen Temperatur ohne Polarisationsfilter gemessen und nach Gl. (3.20) errechnet.

Ein anderes Polarisationsverfahren (Pepperhoff (1960)) mißt die Schwarze Temperatur $T_{s\parallel}$ bei einem Emissionswinkel von 80° gegen die Normale einer glühenden Metallfläche.

$T_{s\|}$ weicht am Schmelzpunkt von Eisen um $-4\,°C$, von Nickel um $-12\,°C$ und bei Wolfram von 1400 °C um $-10\,°C$ von der wahren Temperatur ab. Edelmetalle, Aluminium und andere Metalle mit geringem Emissionsgrad eignen sich hierfür nicht.

Eine weitere Methode (Murray (1972)) benutzt einen Hohlraumstrahler einstellbarer Temperatur als Hilfsstrahlungsquelle. Ein Pyrometer mit vorgesetztem rotierendem Polarisationsfilter beobachtet die vom Probekörper (Metalloberfläche) unter etwa 45° bis 60° spiegelnd reflektierte Hohlraumstrahlung zusammen mit der in der gleichen Richtung emittierten Eigenstrahlung. Die angezeigte Strahlungsleistung ist unabhängig von der Stellung des Polarisationsfilters, wenn die Hohlraumtemperatur gleich der Temperatur der Oberfläche des Probekörpers ist. Die Methode funktioniert immer dann, wenn die Eigenstrahlung des Probekörpers teilweise polarisiert ist. Bei sehr diffus reflektierender Oberfläche ist die Entfernung Hohlraumstrahler - Probekörper sehr gering zu halten.

Die „Multi-Wavelenght Pyrometry" (Svet (1976)) beruht auf der gleichzeitigen Messung der spektralen Strahldichte bei m + 1 Wellenlängen λ_i. Man erhält damit m + 1 Gleichungen für m + 1 Emissionsgrade $\varepsilon(\lambda_i, T)$ und die wahre Temperatur T, das heißt m + 2 Unbekannte. Um eine Lösung zu ermöglichen, nimmt man an, daß $\varepsilon(\lambda, T)$ bei einer Temperatur durch nur m anzupassende Parameter als Polynom in λ dargestellt werden kann. Es gibt dann nur noch m + 1 Unbekannte einschließlich T. Dieses Verfahren kann mit wachsender Anzahl m + 1 der Wellenlängen zu beliebig großen Temperaturfehlern wegen schlecht konditionierter Gleichungssysteme führen (Coates (1981)). Einen Ausweg bei Stoffen mit relativ schwach wellenlängenabhängigem Emissionsgrad suchte man darin, die Zahl der unbekannten Parameter wesentlich unter der Zahl der Wellenlängen zu halten und mittels „kleinster Quadrate" anzupassen. Neuer u. a. (1992) zeigten jedoch, daß richtige Meßergebnisse auch dann nicht ohne jede Kenntnis des Emissiongrades oder der wahren Temperatur gesichert sind. D. h., die „Multi-Wavelenght Pyrometry" ist erst dann anwendbar, wenn die Wellenlängenabhängigkeit des Emissionsgrades durch eine bekannte Funktion mit einer gewissen Genauigkeit beschrieben werden kann, oder wenn eine begrenzte Anzahl solcher Funktionen gegeben ist, aus der das Pyrometer die gültige „herausfinden" muß.

Zur Beschaffung zusätzlicher Information über die Wellenlängenabhängigkeit des Emissionsgrades kann die „Multi-Wavelength Pyrometry" auch Reflexionsmessungen mittels einer zeitlich modulierten Hilfslichtquelle einschließen (Gardner u. Jones (1980)).

Von Kunz u. De Witt (1972) stammt das Verfahren der Laser-Absorptionspyrometrie. Die Probe der Temperatur T wird mit einem Verhältnispyrometer der Wellenlängen $\lambda_1 = 530\,\text{nm}$ und $\lambda_2 = 647\,\text{nm}$ und mit einem Bandstrahlungspyrometer der Wellenlänge λ_0 nahe 720 nm beobachtet. Zunächst wird mit dem Verhältnispyrometer die Verhältnistemperatur T_r bestimmt. Danach mißt man die Zunahmen ΔS_1 und ΔS_2 des Signals des Bandstrahlungspyrometers unter gleichzeitiger Laserbestrahlung mit λ_1 und danach mit λ_2. Das Kantenfilter des Bandstrahlungspyrometers unterdrückt die Laserstrahlung so weitgehend, daß ΔS_1 und ΔS_2 nur die Erwärmung der Probe durch Absorption der Laserstrahlung ausdrücken. Die Leistungen P_1 und P_2 der Laserstrahlung bei den Wellenlängen λ_1 und λ_2 werden durch ein Radiometer bestimmt. Dann gilt

$$\frac{\Delta S_1}{\Delta S_2} = \frac{\alpha(\lambda_1)P_1}{\alpha(\lambda_2)P_2} = \frac{\varepsilon(\lambda_1)P_1}{\varepsilon(\lambda_2)P_2}$$

womit das Emissionsgradverhältnis bekannt ist und zur Bestimmung der wahren Temperatur gemäß Gl. (3.23) verwendet wird. Derartige Messungen sind beispielsweise an den Endflächen von Platinstäben (3,5 mm Durchmesser) und an Wolframbändern durchgeführt worden (Kunz (1975)).

3.1.5.4 Normalstrahler

Hohlraumstrahler Zur Kalibrierung photoelektrischer Normalpyrometer dienen vorwiegend zylindrisch geformte Tauchstrahler aus hochreinem Graphit in einem Bad aus erstarrendem Gold, Silber oder Kupfer. Der Strahler in Fig. 3.13 (Jung (1975)) hat für Strahlung vom Zylinderboden den Emissionsgrad 0,99988. Sein Boden ist kegelförmig mit sorgfältig ausgearbeiteter Spitze zur Unterdrückung spiegelnder Reflexion in Strahlungsrichtung. Zusätzlich ist die Innenfläche durch einmaliges Einblasen von Luft in den heißen Strahler (1000 °C) aufgerauht. Tauchstrahler und Schraube enthalten in der größten Höhe der Schmelzenoberfläche dünne Luftkanäle. Ähnliche Bauarten werden von Quinn (1980), Ohtsuka u. Bedford (1982), Jones u. Tapping (1988), Fischer u. Jung (1989) beschrieben. Bei sehr hohen Genauigkeitsanforderungen betreibt man derartige Strahler in Mehrzonenöfen oder Wärmerohröfen. Metallfüllungen mit Cu, Ag, Sb, Al und Zn wurden ebenfalls verwendet (Sakuma u. Hattori (1982)). Argonspülung ist erforderlich.

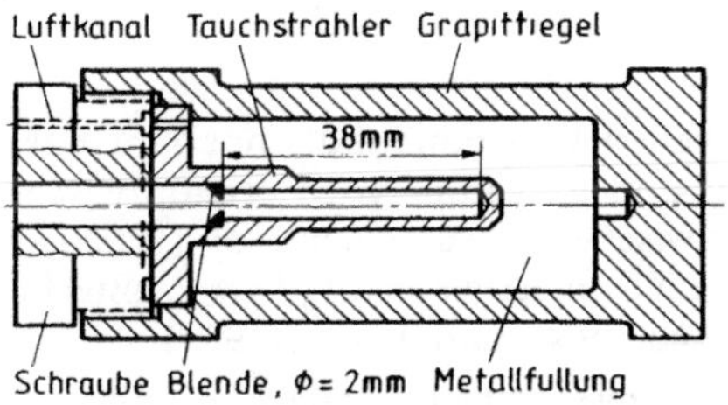

Fig. 3.13 Tauchstrahler aus Graphit zur Kalibrierung von Strahlungsthermometern beim Silber-, Gold- oder Kupfer-Erstarrungspunkt

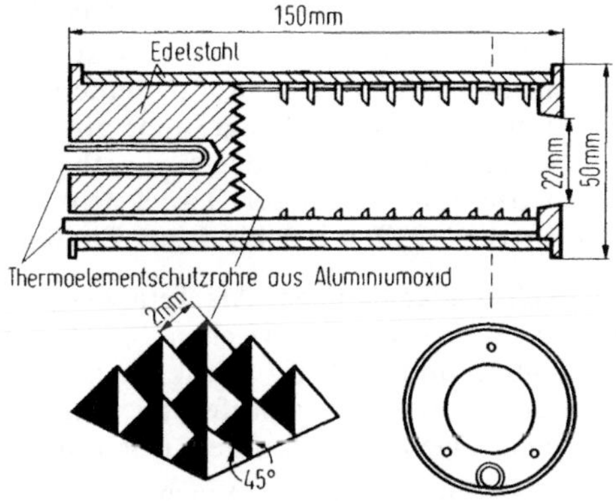

Fig. 3.14 Hohlraumstrahler zur Kalibrierung technischer Strahlungsthermometer mit großem Meßfeld. Bodentemperatur und axiale Temperaturverteilung werden durch zwei Thermoelemente kontrolliert

Einen Hohlraumstrahler zur Kalibrierung von Strahlungsthermometern mit großem Meßfeld und weitgeöffnetem Strahlenbündel zeigt Fig. 3.14 (Quinn (1980)). Der Edelstahlkörper ist heiß an Luft oxidiert. Die Bodenstruktur erhöht den Emissionsgrad des Hohlraumbodens. Die kreisförmigen Blenden verringern die Reflexion in Strahlungsrichtung. Die für die Strahlung überwiegend maßgebliche Temperatur des Bodens und die Temperaturverteilung in Längsrichtung werden durch Thermoelemente überwacht; der Emissionsgrad für Bodenstrahlung ist größer als 0,998.

Handelsübliche Hohlraumstrahler für den Vergleich von Pyrometern unterschiedlicher Wellenlänge auch mit großem Meßfeld sind die transportablen Modelle IR-R26

(200°C bis 1050°C, 50 mm Öffnung, $\varepsilon = 0{,}997$) und IR-R27 (800°C bis 1450°C, 30 mm Öffnung, $\varepsilon = 0{,}99$) der Chino Corp. (Hattori u. a. (1992)). Beide besitzen eine gute Kurzzeitstabilität (± 0,25 bzw. ± 0,5 K/30 min).

Einen als Wärmerohr für den Temperaturbereich $800\,\mathrm{K} < T < 1350\,\mathrm{K}$ ausgeführten Hohlraumstrahler beschreiben Neuer u. Brost (1975). Der Körper besteht aus Inconel 600 und enthält eine Natriumfüllung. Die obere Verwendungstemperatur ist begrenzt durch den Na-Dampfdruck und die Festigkeit des Inconel.

Oberhalb 1200 K hat sich der Graphitstrahler des IKE, Stuttgart, mit CaF_2-Fenster (bis 2200 K in Vakuum, bis 2800 K in Argon) nach Groll u. Neuer (1972) bewährt. Der im Kurzschluß beheizte Rotationskörper aus Graphit enthält als strahlenden Hohlraum eine axiale Bohrung von 120 mm Länge und 15 mm Durchmesser. Ein optimiertes Wandquerschnittsprofil reduziert örtliche Temperaturdifferenzen meistens unter 15 K. Der Emissionsgrad beträgt mindestens 0,998.

Quinn u. Barber (1966) beschreiben als Weiterentwicklung der Wolframbandlampe eine „blackbody lamp", bestehend aus einem sehr dünnwandigen Wolframrohr von 2 mm Durchmesser und 45 mm Länge in Argon oder Vakuum. Die Strahlung von einem Wolframdrahtbündel in Rohrmitte tritt aus einer Öffnung von 1 mm Durchmesser am Rohrende und ist annähernd schwarz ($\varepsilon \approx 0{,}95$). Kunz (1968) und Jones u. Tapping (1971) haben den Einfluß des Beobachtungswinkels, die Temperaturstabilität und die Vibrationsempfindlichkeit untersucht.

Für den Isothermie- und den Schwärzefehler zylindrischer Hohlraumstrahler mit diffus reflektierender Wand werden im Anhang (**3**.1.5.6) einfach anwendbare Berechnungsformeln und Diagramme angegeben. Hohen Aufwand erfordern hingegen computergestützte Methoden für isotherme und nichtisotherme Hohlräume anderer Geometrie unter teilweiser Berücksichtigung spiegelnder Wandreflexionen (s. DeWitt u. Nutter (1988) mit zahlreichen Zitaten).

Wolframbandlampen Als Temperaturnormale dienen Wolframbandlampen im Vakuum im T_s-Bereich zwischen 1000 K und 1800 K und gasgefüllt vorwiegend zwischen 1700 K und 2400 K. Glaskolbenlampen sind zwischen etwa 400 nm und 2000 nm, Lampen mit Quarzglasfenster von 250 nm bis 2500 nm anwendbar. Ihre meßtechnischen Eigenschaften untersuchten u. a. Kunz (1966, 1968) und Jones (1963).

Bei genauen Messungen ist immer die gleiche Stromrichtung einzuhalten und die Einstellung des Meßortes genauer als ± 0,2 mm in Querrichtung und ± 0,5 mm in Längsrichtung des Bandes zu reproduzieren. Bandlampen, besonders mit Gasfüllung, sind neigungsempfindlich; das Beobachtungsfeld ist daher mittels eines Lasers oder einer vergrößernden Projektion auf einen Schirm mit Lot senkrecht zu stellen. Gasgefüllte Lampen mit horizontalem Band sollten möglichst nicht verwendet werden. Der seitliche Beobachtungswinkel sollte bei hornförmigen Lampen mit Planfenster genauer als ± 3° eingehalten werden. Kugelkolbenlampen sind hierbei weniger kritisch. Kommerzielle Bandlampen benötigen Einlaufzeiten von 15 bis 30 Minuten. Reproduzierbarkeit und Langzeitdrift bezogen auf 100 h liegen meist zwischen 0,1 K und 1 K, Vakuumlampen sind weit stabiler als gasgefüllte.

Niederstromkohlebogen Der positive Krater des Niederstromkohlebogens ist für viele Zwecke als Strahldichte- und Temperaturnormal geeignet, da die Oberflächentemperatur nur wenig von der Stromstärke abhängt (Magdeburg u. Schley (1966)). Die wahre Temperatur der Oberfläche beträgt etwa 3920 K und die Schwarze Temperatur 3800 K bei 660 nm.

3.1.5.5 Meßgeräte

Spektralpyrometer

Visuelle Glühfadenpyrometer enthalten in der Ebene GB (Fig. 3.11) den Glühfaden der Pyrometerlampe. Seine Leuchtdichte wird durch Lampenstromeinstellung der des Bildes angeglichen. Das Auge des Beobachters am Ort E kontrolliert den Abgleich. Der Lampenstrom ist als Funktion der Temperatur durch Kalibrierung vor einem Schwarzen Körper bestimmt worden. Die Temperatur wird meist von einem in °C kalibrierten Strommesser abgelesen. Bei normalem Aufwand beträgt die Unsicherheit ca. 4°C bei 1000°C und 15°C bei 2000°C.

Für photoelektrische Normalpyrometer von Staatslaboratorien werden für Messungen an Hohlraumstrahlen kleinstmögliche Unsicherheiten von 0,04°C bei 1000°C und 0,25°C bei 2300°C abgeschätzt (Fischer u. Jung (1989), Kunz u. Kaufmann (1975)). Etwas höher liegt mit 0,1% bis 0,2% Unsicherheit das Linearpyrometer LP2 des IKE Stuttgart (Wörner (1982)), das in Zusammenarbeit mit Kunz (PTB) entwickelt wurde. Das Gerät (Fig. 3.15) ist wegen seines einfachen Meßstrahlenganges sehr polarisationsarm; in zwei Filterrädern mit je sechs Fassungen können Selektivfilter, Polarisationsfilter und Schwächungsglieder nach Bedarf untergebracht werden. Die im Kurzschluß betriebene Si-Photodiode sichert in Verbindung mit einem geeigneten Strom-Spannungswandler ein strahlungsflußlineares Photostromsignal. Es genügt daher zur Kalibrierung eine Messung bei einem Temperaturfixpunkt, vorausgesetzt, die relative spektrale Gesamtempfindlichkeit des Pyrometers ist bekannt. Eine spiegelnd reflektierende Meßfeldblende ermöglicht die Justierung des Meßfeldes (0,75 mm Durchmesser in 650 mm Entfernung). Eine serielle Schnittstelle in Verbindung mit einem PC ermöglicht die Berechnung der Schwarzen Temperatur und bei Filterwechsel der Verhältnistemperatur unter automatischer Berücksichtigung von Meßbereich und Filterräderstellung.

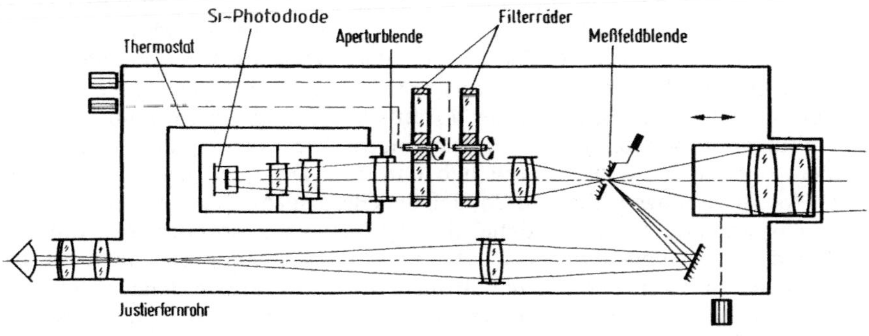

Fig. 3.15 Meßkopf des Linearpyrometers LP2 zur Realisierung der Internationalen Temperaturskala

Verhältnispyrometer. Ein Verhältnispyrometer mißt das Verhältnis Q der spektralen Strahldichten – bei einem linearen Empfänger somit das Verhältnis der Photoströme – bei zwei Wellenlängen λ_1 und λ_2. Verhältnispyrometer sind empfehlenswert bei Grauen Strahlern ($\varepsilon(\lambda_1)=\varepsilon(\lambda_2)$). Sie sind oft unerläßlich bei schlechten Abbildungsbedingungen (etwa sehr dünne bewegte Glühfäden) oder bei wellenlängenunabhängigen Störungen im Strahlenweg durch feste oder bewegliche Hindernisse, Dämpfe, Stäube,

Sprühwasser oder Spratzen. Nachteil: s. **3**.1.5.3 (Diskussion zu Fig. 3.12). Gemäß Gl. (3.16) und der Definition der Verhältnistemperatur T_r gilt

$$Q = K\left(\frac{\lambda_2}{\lambda_1}\right)^5 \exp\left(-\frac{c_2}{\Lambda T_r}\right) \qquad \Lambda^{-1} = \lambda_1^{-1} - \lambda_2^{-1}$$

(K Apparatekonstante). Logarithmieren von Q ergibt die Verhältnistemperatur T_r, wenn K und Λ durch die Kalibrierung des Pyrometers bekannt sind. Bei endlichen Bandbreiten der Kanäle λ_1 und λ_2 erweisen sich K und Λ als schwach temperaturabhängig, so daß evtl. bei mehr als zwei Temperaturen kalibriert werden muß.

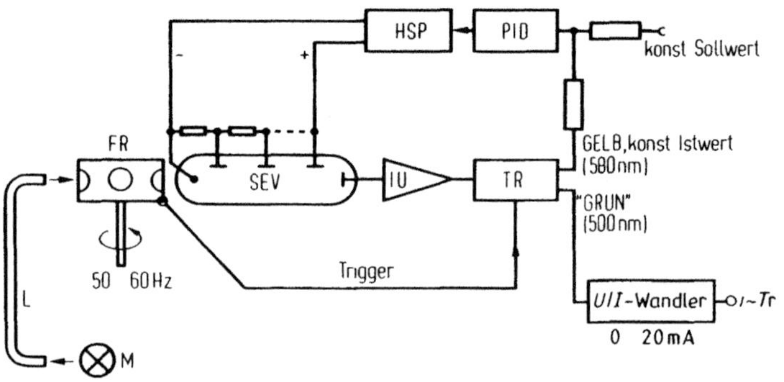

Fig. 3.16 Schema des Verhältnispyrometers Chopper-Q2-1000 mit Lichtleitereinstrahlung

Das Gerät Chopper-Q2-1000 von M. Pflaum, Giesenhausen u. Siemens (s. Fig. 3.16) ist ein Verhältnispyrometer mit $\lambda_1 = 500$ nm („Grün") und $\lambda_2 = 580$ nm („Gelb"). Das von einem Lichtleiter L geführte Licht des Meßobjekts M wird durch ein rotierendes Filterrad FR mit Interferenzfiltern für λ_1 und λ_2 in durch Dunkelpausen getrennte Pulse „Grün" und „Gelb" zerhackt. Entsprechende Photostrompulse „Grün" und „Gelb" werden vom SEV an den IU-Wandler abgegeben und in Spannungssignale gewandelt. Die Trennstufe TR, synchronisiert durch photoelektrisch erzeugte Triggerimpulse vom Filterrad, trennt die „Grün"- und „Gelb"-Impulse und verwandelt sie in amplitudenproportionale Gleichspannungen. Die Gleichspannung „Gelb" wird mit einem konstanten Sollwert verglichen, und ein PID-Regler steuert mittels der Differenz die Hochspannungsquelle HSP so, daß die Gleichspannung „Gelb" konstant bleibt. Die Gleichspannung „Grün" ist daher dem Quotienten Q proportional. Ein U/I-Wandler formt das wegen der speziellen Wahl der Wellenlängen annähernd temperaturproportionale Signal in einen eingeprägten Strom (0 bis 20 mA für den Bereich 800 °C bis 2800 °C) um. Eine mitgelieferte Korrekturtabelle ermöglicht exakte Linearisierung gemäß Werkskalibrierung.

Gesamtstrahlungspyrometer

Sie werden vorwiegend im Bereich zwischen −100 °C und 400 °C verwendet und zwar an nichtmetallischen Objekten wegen ihres meist hohen Gesamtemissionsgrades. Der genutzte Wellenlängenbereich erstreckt sich je nach Meßtemperatur bis etwa 20 µm oder 40 µm. Nur thermische, nicht selektive Empfänger (pyroelektrische Empfänger, Strahlungsthermoelemente, Bolometer, Golay-Zellen) sind geeignet. Bei den bewährten

Geräten von Heimann, Wiesbaden, wird die einfallende Strahlung vor der Gesichtsfeldblende gechoppt. Das Wechselsignal des Empfängers ist folglich proportional der Differenz $\varepsilon(T^4 - T_u^4)$, T_u ist der Choppertemperatur, T diejenige des Meßobjekts. Bei korrekter Emissionsgradeinstellung wird daraus ein Signal proportional zu $(T^4 - T_u^4)$. Die Temperatur des geschwärzten Choppers wird durch einen Temperaturmeßfühler in seiner Nähe bestimmt und das Signal damit so korrigiert, daß die Celsiustemperatur $T - 273{,}15\,\mathrm{K}$ angezeigt wird. Die Geräte besitzen visuelle Sucher und als Option Pilotlampen, Hohlraumstrahler zur Nachkalibrierung sowie analoge und digitale Ausgänge für unterschiedliche Meß-, Steuer- und Regelaufgaben. Die Unsicherheit beträgt etwa $\pm(1\,°\mathrm{C} + 1\%$ des Skalenendwertes) bei einer Auflösung von 0,25 °C oder besser.

Thermographiegeräte

Sie sind bisher mit einem Strahlungsthermometerkopf gemäß Fig. 3.11 ausgerüstet, dessen Meßstrahl durch bewegte Spiegel oder Prismen periodisch über das Meßfeld mit den Objektpunkten (x, y) geführt wird. Das zur Strahldichte $L(x, y)$ des Objekts proportionale Signal des Infrarotempfängers steuert die Helligkeits- oder Farbverteilung oder ein Isothermenbild auf dem abbildenden Monitorschirm. Die Bildgüte hängt von der Leistungsfähigkeit des Infrarotdetektors und der eventuell zur digitalen Verarbeitung des Bildinhalts verwendeten Software ab. Als Infrarotempfänger sind zur Zeit InSb- und HgCdTe-Detektoren mit Flüssigstickstoffkühlung üblich. Anwendungsgebiete sind zerstörungsfreie Werkstoffprüfung, medizinische Diagnostik, Wärmetransportuntersuchungen an Bauten, Maschinen und Werkstücken sowie Gewässeraufnahmen aus großer Höhe. Die Temperaturauflösung ist ca. 0,2°C bei 25°C. Näheres entnehme man VDI/VDE 3511 (1992) und den Herstellerangaben.

3.1.5.6 Anhang: Schwärze- und Isothermiefehler von Hohlraumstrahlern

Der ideale Hohlraumstrahler zur Kalibrierung von Strahlungsthermometern besitzt den Emissionsgrad 1, d. h., bei undurchlässiger Wand den Reflexionsgrad 0, und er ist isotherm. Praktische Hohlraumstrahler weichen von beiden Bedingungen mehr oder weniger ab. Dies führt zu Fehlern der Strahlungstemperatur, die sich für den häufig benutzten zylindrichen Hohlraum mit diffus reflektierender Wand relativ leicht berechnen lassen. Bauer u. Bischoff (1971) haben Messungen des Reflexionsgrades ϱ_c an Zylindern mit diffus reflektierenden Wänden durchgeführt, deren Ergebnisse durch die empirische Gleichung

$$\varrho_c\left(\frac{l}{R}\right) = \frac{\varrho_0}{1-\varrho_0}\left[1 + \left(\frac{l}{R}\right)^2\right]^{-1} - \frac{\varrho_0^2}{1-\varrho_0}\left[1 + \left(\frac{l}{R}\right)^2\right]^{-3/2} \tag{3.32}$$

gut approximiert werden: $\varrho_0 = 1 - \varepsilon_0 =$ Reflexionsgrad der Wand, $l =$ Länge und $R =$ Radius des Zylinders mit flachem Boden. Gl. (3.32) gilt, wenn das Strahlungsthermometer nur die vom Zylinderboden kommende Stahlung „sieht". Fig. 3.17 zeigt $\varrho_c = \mathrm{f}(\varepsilon_0, l/R)$ gemäß Gl. (3.32).

Der Schwärzefehler des isothermen Hohlraums mit dem Reflexionsgrad ϱ_c, d. h. mit dem Emissionsgrad $\varepsilon_c = 1 - \varrho_c$, ist die Differenz zwischen seiner Strahlungstemperatur T_s und seiner wahren Temperatur T_0. Beide sind verknüpft durch die Gleichung

$$L_{\lambda s}(\lambda, T_s) = \varepsilon_c L_{\lambda s}(\lambda, T_0) = (1 - \varrho_c) L_{\lambda s}(\lambda, T_0)$$

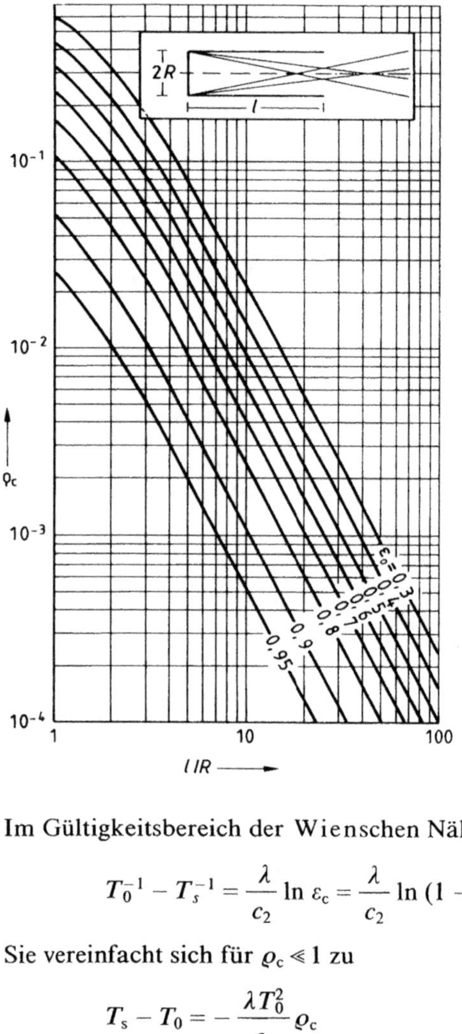

Fig. 3.17
Reflexionsgrad eines zylindrischen Hohlraumstrahlers als Funktion des Verhältnisses Länge/Radius. Parameter: Emissionsgrad der diffus reflektierenden Wand

Im Gültigkeitsbereich der Wienschen Näherung gilt die bequemere Gleichung

$$T_0^{-1} - T_s^{-1} = \frac{\lambda}{c_2} \ln \varepsilon_c = \frac{\lambda}{c_2} \ln (1 - \varrho_c) \tag{3.33}$$

Sie vereinfacht sich für $\varrho_c \ll 1$ zu

$$T_s - T_0 = -\frac{\lambda T_0^2}{c_2} \varrho_c \tag{3.34}$$

Anwendungsbeispiele:

1) Ein zylindrischer Hohlraum mit $\varrho_0 = 0{,}9$ und $l/R = 10$ besitzt nach Gl. (3.32) und Fig. 3.17 den Reflexionsgrad 0,0011. Sein Schwärzefehler bei 1000 K und 650 nm gemäß Gl. (3.34) beträgt −0,05 K.

2) Ein Werkstück der angenommenen Temperatur $T = 1000$ K und des unbekannten, zu $\varepsilon = 0{,}5$ geschätzten, Emissionsgrades ergibt mit einem Strahlungsthermometer der effektiven Wellenlänge 650 nm die Anzeige $T_s = 970$ K (Gl. 3.20). Der Emissionsgradsteller steht auf 1,00. Das gleiche Strahlungsthermometer zeigt jedoch $T_s = 999{,}6$ K an, wenn eine Bohrung des Werkstücks anvisiert wird, deren Tiefe fünf Durchmessern entspricht. Grund: der Boden der Bohrung besitzt gemäß Fig. 3.17 den Reflexionsgrad 0,0094; der Schwärzefehler gemäß Gl. (3.33) oder (3.34) ergibt sich mit $T_0 = 1000$ K zu −0,4 K.

Anmerkung: Gl. (3.32) und Fig. 3.17 sind auch brauchbare Näherungen für zylindrische Hohlräume, die eine Abschlußblende mit dem Radius $r < R$ besitzen. Man ersetze dazu (l/R) durch (l/r).

Der Isothermiefehler eines nichtisothermen Hohlraumstrahlers der Bodentemperatur T_0 ist die Differenz zwischen seiner Strahlungstemperatur T_s und der Strahlungstemperatur T_{si} des isotherm gedachten jedoch sonst völlig gleichartigen Hohlraumstrahlers der Temperatur T_0. Die Größe $T_s - T_{si}$ ist somit unabhängig vom Schwärzefehler zu betrachten. Die Theorie des nichtisothermen Hohlraumstrahlers basiert auf dem Kirchhoffschen Strahlungsgesetz Gl. (3.18) mit einer von der Koordinate x in der Zylinderachse abhängigen Temperatur $T(x)$ sowie auf Gl. (3.32).

Die gebrauchsfertigen Endformeln (Tab. 3.8) sind für das lineare, quadratische und kubische axiale Temperaturprofil $T(x) - T(0) = \vartheta_i (x/l)^i$ mit i = 1, 2, 3 angegeben ($x = l$ Zylinderöffnung, $x = 0$ Zylinderboden, ϑ_i Temperaturdifferenz hierzwischen). Die meisten in der Praxis gemessenen Temperaturverteilungen lassen sich durch lineare Addition dieser drei Grundtypen nachbilden. Das Gleiche gilt für die Näherungswerte ΔT_0 der zugehörigen Isothermiefehler in Tab. 3.8.

Tab. 3.8 Isothermiefehler eines nichtisothermen zylindrischen Hohlraumstrahlers mit diffus reflektierender Wand. Die Formeln gelten für die vom Strahlungsthermometer empfangene Strahlung des Hohlraumbodens.

axiales Temperaturprofil	1. Schritt: Näherungswert ΔT_0 des Isothermiefehlers $T_s - T_{si}$ für das lineare, quadratische und kubische Temperaturprofil
$T(x) - T(0)$	$\Delta T_0 = \Delta T_{01} + \Delta T_{02} =$
$\vartheta_1 \cdot \left(\frac{x}{l}\right)$	$\frac{\vartheta_1}{\xi} \frac{2\varrho_0}{1-\varrho_0} \left[F_{11} - \frac{3}{2} \varrho_0 F_{12}\right] + \frac{\vartheta_1^2}{\xi^2} \varphi(\lambda, T_0) \frac{\varrho_0}{1-\varrho_0} \left[F_{21} - \frac{3}{2} \varrho_0 F_{22}\right]$
$\vartheta_2 \cdot \left(\frac{x}{l}\right)^2$	$\frac{\vartheta_2}{\xi^2} \frac{2\varrho_0}{1-\varrho_0} \left[F_{21} - \frac{3}{2} \varrho_0 F_{22}\right] + \frac{\vartheta_2^2}{\xi^4} \varphi(\lambda, T_0) \frac{\varrho_0}{1-\varrho_0} \left[F_{52} - \frac{3}{2} \varrho_0 F_{53}\right]$
$\vartheta_3 \cdot \left(\frac{x}{l}\right)^3$	$\frac{\vartheta_3}{\xi^3} \frac{2\varrho_0}{1-\varrho_0} \left[F_{31} - \frac{3}{2} \varrho_0 F_{32}\right] + \frac{\vartheta_3^2}{\xi^6} \varphi(\lambda, T_0) \frac{\varrho_0}{1-\varrho_0} \left[F_{72} - \frac{3}{2} \varrho_0 F_{73}\right]$
	2. Schritt: genauer Wert des Isothermiefehlers
	$T_s - T_{si} = \varphi^{-1}(\lambda, T_0) \left(\sqrt{1 + 2\varphi(\lambda, T_0) \cdot \Delta T_0} - 1\right)$

Die Symbole in Tab. 3.8 bedeuten:

$\xi = l/R$,	Verhältnis Länge/Radius des Zylinders
ϱ_0	Reflexionsgrad des Wandmaterials
$T_0 = T(0)$	Temperatur des Zylinderbodens
$\vartheta_{1,2,3}$	Temperaturdifferenz zwischen Zylinderöffnung und Zylinderboden
λ	Wellenlänge
T_{si}, T_s	Strahlungstemperatur des isothermen, nichtisothermen Zylinders gleicher Beschaffenheit und Bodentemperatur

$$\varphi(\lambda, T_0) = \frac{c_2}{\lambda T_0^2}\left(\coth\frac{c_2}{2\lambda T_0} - \frac{2\lambda T_0}{c_2}\right)$$

$$F_{11}(\xi) = \frac{1}{2}\left[\arctan\xi - \frac{\xi}{1+\xi^2}\right]$$ (Argument des Arcustangens im Bogenmaß!)

$$F_{12}(\xi) = \frac{1}{3}\frac{\xi}{(1+\xi^2)^{1/2}}\left[1 - \frac{1}{1+\xi^2}\right]$$

$$F_{21}(\xi) = \frac{1}{2}\left[\ln(1+\xi^2) - \frac{\xi^2}{1+\xi^2}\right]$$

$$F_{22}(\xi) = -\frac{1}{3}\frac{3\xi^2+2}{(1+\xi^2)^{3/2}} + \frac{2}{3}$$

$$F_{31}(\xi) = \frac{1}{2}\left[\frac{2\xi^3+3\xi}{1+\xi^2} - 3\arctan\xi\right]$$ (Argument des Arcustangens im Bogenmaß!)

$$F_{32}(\xi) = -\frac{1}{3}\frac{4\xi^3+3\xi}{(1+\xi^2)^{3/2}} + \ln[\xi + (1+\xi^2)^{1/2}]$$

$$F_{52}(\xi) = \frac{0{,}5\xi^4 - 1}{1+\xi^2} - \ln(1+\xi^2) + 1$$

$$F_{53}(\xi) = \frac{\xi^4 + 4\xi^2 + 8/3}{(1+\xi^2)^{3/2}} - \frac{8}{3}$$

$$F_{72}(\xi) = \frac{0{,}25\xi^6 - 0{,}75\xi^4 + 1{,}5}{1+\xi^2} + 1{,}5\ln(1+\xi^2) - 1{,}5$$

$$F_{73}(\xi) = \frac{\xi^6/3 - 2\xi^4 - 8\xi^2 - 16/3}{(1+\xi^2)^{3/2}} + 16/3$$

Die Formeln in Tab. 3.8 gelten für Temperaturhübe $|\vartheta_i| < 0{,}28\,T_0 \cdot (\lambda/\lambda_m)^{1,2}$; λ_m ist die Maximumwellenlänge des Wienschen Verschiebungsgesetzes Gl. (3.15). Der Isothermiefehler ist für $|\vartheta_i| < 5\,\mathrm{K}$ annähernd gleich ΔT_{01}. ΔT_0 besteht aus dem zu ϑ_i proportionalen Anteil ΔT_{01} und dem zu ϑ_i^2 proportionalen ΔT_{02} (s. Tab. 3.8). ΔT_{01} hängt nicht von Wellenlänge und Bodentemperatur ab, meistens gilt $|\Delta T_{01}| \gg |\Delta T_{02}|$; dann ist ΔT_{01} eine brauchbare 1. Näherung für den Isothermiefehler. Fig. 3.18a und 3.18b zeigen ΔT_{01} bezogen auf $\vartheta_{1,2} = 1\,\mathrm{K}$ als Funktion der relativen Hohlraumlänge l/R für das lineare und quadratische Temperaturprofil bei unterschiedlichen Emissionsgraden des Wandmaterials.

Anwendungsbeispiel:

Ein zylindrischer Hohlraum der rel. Länge $l/R = 8$, Emissionsgrad der Wand $\varepsilon_0 = 0{,}8$, Bodentemperatur $T_0 = 1273\,\mathrm{K}$, besitzt das Temperaturprofil $\vartheta_1(x/l) + \vartheta_2(x/l)^2$, $\vartheta_1 = -\vartheta_2 = 20\,\mathrm{K}$, mit einem Maximum von 5 K in der Mitte. In 1. Näherung ist der Isothermiefehler proportional ϑ_1, man entnimmt Fig. 3.18a und 3.18b den Wert

$$\Delta T_{01}(\vartheta_1) + \Delta T_{01}(\vartheta_2) = 20 \cdot 0{,}035 - 20 \cdot 0{,}011 = 0{,}48\,\mathrm{K}.$$

Die genaue Berechnung des Isothermiefehlers gemäß Tab. 3.8 liefert bei 900 nm, 650 nm die Werte 0,494 K und 0,498 K. Zusätzlich besitzt der Hohlraum einen Schwärzefehler, bedingt durch seinen Reflexionsgrad $\varrho_c = 0{,}0038$ (Fig. 3.17), von −0,39 K und −0,28 K bei 900 nm bzw. 650 nm (Gl. (3.34)).

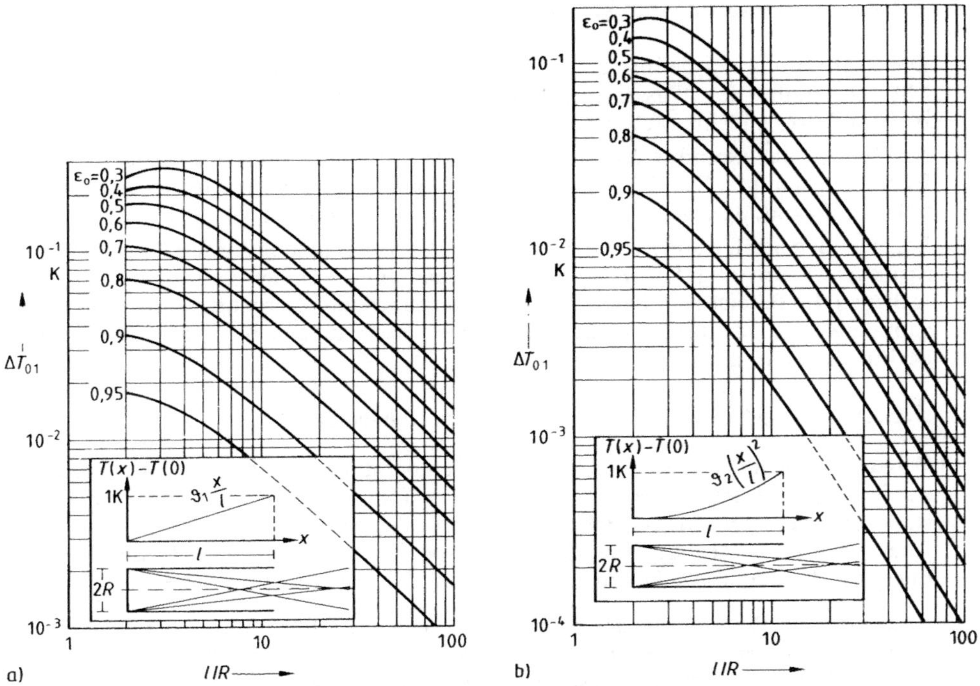

Fig. 3.18 Isothermiefehler (1. Näherung) eines zylindrischen Hohlraumstrahlers für das lineare (a) und das quadratische (b) axiale Temperaturprofil mit dem Hub 1 K. Parameter: Emissionsgrad der diffus reflektierenden Wand

Häufig besitzen zylindrische Hohlraumstrahler zur Verringerung des Schwärzefehlers eine zusätzliche Austrittsblende aus dem Wandmaterial mit einem Radius $r < R$. Dann addiert man zum Näherungswert ΔT_0 des Isothermiefehlers den Zusatzterm:

$$(\Delta T_0)_B = \left(\frac{L_{\lambda s}(\lambda, T_0 + \vartheta_B)}{L_{\lambda s}(\lambda, T_0)} - 1 \right) \frac{\lambda T_0^2}{c_2} \left[\varrho_c(l/R) - \varrho_c(l/r) \right]$$

$$\approx \vartheta_B \cdot \left[\varrho_c(l/R) - \varrho_c(l/r) \right] \qquad \text{für } |\vartheta_B| \ll T_0$$

ϱ_c Reflexionsgrad gemäß Gl. (3.32) und Fig. 3.17
ϑ_B Differenz von Blenden- und Bodentemperatur
$L_{\lambda s}$ Planckfunktion gemäß Gl. (3.14)

Schlußbemerkung: Zur Charakterisierung eines realen Hohlraums unterscheiden wir zwischen dem Schwärzefehler, der für den isotherm gedachten Hohlraum ermittelt wird, und dem vorzeichenrichtig zu addierenden Isothermiefehler, der davon weitgehend unabhängig ist.

3.1.6 Temperaturfixpunkte (W. Blanke)

Die Realisierung der definierenden Fixpunkte der ITS-90 wird in 3.1.2.2 beschrieben. Mit Ausnahme des Wassertripelpunktes erfordert sie erheblichen experimentellen Aufwand, wenn kleine Meßunsicherheiten gefordert werden.

Als Temperaturfixpunkte eignen sich besonders gut Tripelpunkte sowie Schmelz- und Erstarrungspunkte. Die Realisierung der Siedepunkte erfordert erheblichen experimentellen Aufwand, da eine genaue Druckmessung notwendig ist.

Bei manchen Stoffen ändert sich in der festen Phase bei einer bestimmten Temperatur die Struktur des Kristallgitters. Auch diese Umwandlungen können als Temperaturfixpunkte dienen. Im Bereich sehr tiefer Temperaturen haben die Übergangstemperaturen in den supraleitenden Zustand große praktische Bedeutung als Temperaturfixpunkte (s. Tab. 3.1 und Tab. T 3.01 in Band 3).

3.1.6.1 Wassertripelpunkt, Eispunkt, Galliumtripelpunkt

Wassertripelpunkt Der für die praktische Temperaturmessung wichtigste Fixpunkt ist der Tripelpunkt des Wassers. Sollen bei einer Temperaturmessung mit Platin-Widerstandsthermometern Meßunsicherheiten von wenigen mK erreicht werden, so muß nach jeder wichtigen Messung die Konstanz des Thermometers am Wassertripelpunkt überprüft werden. Einzelheiten zur Darstellung des Wassertripelpunktes enthält 3.1.2.2.

Eispunkt Zur Darstellung des Eispunktes (Gleichgewichtszustand zwischen Eis und luftgesättigtem Wasser bei 101,325 kPa) muß Eis aus destilliertem Wasser verwendet werden, da Eis aus Leitungswasser infolge gelöster Salze eine Gefrierpunkterniedrigung bis zu 0,1 K zeigen kann. Das fein gemahlene Eis wird in ein Dewargefäß gefüllt. Anschließend wird destilliertes Wasser von Raumtemperatur bis zur Eisoberfläche nachgefüllt und wieder vollständig abgesaugt. Dadurch wird die Unterkühlung des Eises aufgehoben, und es bildet sich um jedes Eisteilchen eine Wasserschicht. Eis, Wasser und Umgebungsluft stehen im thermodynamischen Gleichgewicht. Das Absaugen des Wassers ist vor jeder Messung zu wiederholen. Der Eispunkt kann bei sorgfältigem Arbeiten mit einer Unsicherheit von 2 mK realisiert werden. Seine Temperatur liegt 0,01 K unter der des Wassertripelpunktes, sie beträgt also 0 °C.

Galliumschmelzpunkt Der Schmelzpunkt von Gallium ($t_{90} = 29{,}7646\,°C$) eignet sich sehr gut für die Kontrolle von Thermometern, die in der Nähe der Raumtemperatur verwendet werden.

3.1.6.2 Wassersiedepunkt

Die Gleichgewichtstemperatur zwischen Wasser und seinem Dampf wird mit einer in Fig. 3.19 dargestellten Apparatur realisiert. Im Dampfraum sind Schutzrohre (4) zur Aufnahme der Widerstandsthermometer angebracht. Sie sind von Strahlungsschutzblenden (3) umgeben, die oben und unten für den Dampfdurchtritt offen sind. Am Boden der Apparatur befindet sich die Heizung (1), die das Wasser (2) erwärmt. Wasserdampf, der nicht innerhalb der Apparatur kondensiert, kondensiert im Kühler (5), in dessen Bereich die Grenzfläche zwischen dem Wasserdampf und dem Druckübertragungsgas zur Druckregeleinrichtung und zum Barometer liegt. Weitere Einzelheiten s. Stimson (1955), Berry (1958), Henning u. Moser (1977). Wegen des großen experimentellen Aufwandes für die Druckmessung wird bei Präzisionsmessungen die Temperatur nicht aus dem Dampfdruck sondern mit kalibrierten Thermometern bestimmt.

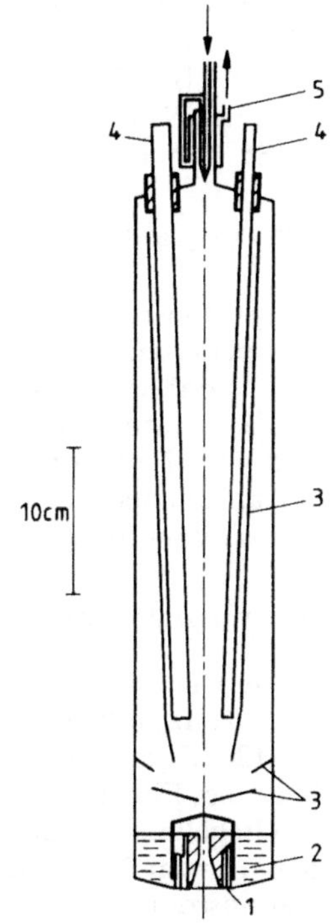

Fig. 3.19
Wassersiedeapparat
1 Heizung, 2 Wasser, 3 Strahlungsschutz, 4 Thermometerschutzrohr, 5 Kühler

3.1.6.3 Metallerstarrungs- und Schmelzpunkte

Die Darstellung der Erstarrungs- und Schmelzpunkte als Fixpunkte der ITS-90 wird in 3.1.2.2 beschrieben. Die dort angegebenen Verfahren sind auch für andere Metallerstarrungspunkte anwendbar. Für die Kalibrierung von Thermoelementen sind Tiegellängen von 10 cm bis 15 cm ausreichend.

Auch können einfache Öfen verwendet werden. Eine verhältnismäßig einfache Methode zur Kalibrierung von Edelmetallthermoelementen ist die „Drahtmethode", bei der nur kleine Mengen des Fixpunktmetalls benötigt werden, s. BIPM (1990b).

3.1.6.4 Tripelpunkte und Umwandlungstemperaturen

Die Darstellung der Tripelpunkte zur Realisierung der ITS-90 ist in 3.1.2.2 beschrieben. Die Tripelpunkte anderer tiefsiedender Gase und deren Umwandlungstemperaturen im festen Zustand lassen sich mit den Versuchseinrichtungen zur Darstellung der Tripelpunkte der ITS-90 darstellen, Cowan u. a. (1976). Umwandlungstemperaturen von Feststoffen werden entsprechend den für die Metallerstarrungspunkte angegebenen Verfahren bestimmt.

3.1.6.5 Übergangstemperaturen in den supraleitenden Zustand

Im Bereich von 0,5 K bis 7,2 K eignet sich der Übergang verschiedener metallischer Leiter in den supraleitenden Zustand als Temperaturfixpunkt. Im National Institute of Science and Technology (NIST), USA, wurden für Blei, Indium, Aluminium, Zink und Cadmium von Schooley u. a. (1972) die Übergangstemperaturen in den supraleitenden

Zustand bestimmt. Vom NIST ist eine Anordnung zur Realisierung dieser Fixpunkte entwickelt worden, die als Superconductive Fixed Point Device SRM 767 vom NIST Office of Reference Materials in Washington (USA) bezogen werden kann. Schooley u. a. (1972, 1980), Soulen (1974), Durieux u. a. (1979), Schooley u. Soulen (1982), Fellmuth u. Maas (1987), Fellmuth u. a. (1985), BIPM (1990b).

3.1.7 Thermostate (W. Blanke)

Thermostate dienen zur Einstellung und Konstanthaltung von Temperaturen. Sie bestehen aus einem temperierten Flüssigkeitsbad oder einem temperierten Metallblock oder -behälter, einem wärmeisolierten Mantel und der Temperaturregeleinrichtung. Thermostate für tiefe Temperaturen werden als Kryostate bezeichnet. Die Ausführung der Thermostate hängt vom Temperaturbereich, von der geforderten Temperaturkonstanz und von den Abmessungen des zu temperierenden Gegenstandes ab. Einige typische Ausführungen sind im folgenden beschrieben.

3.1.7.1 Flüssigkeitsthermostate für den Temperaturbereich von −180 °C bis 300 °C

Am gebräuchlichsten sind Thermostate mit gerührten nicht siedenden Flüssigkeitsbädern, mit denen eine gute räumliche Temperaturkonstanz erreicht wird. Geräte für Temperaturen über −120 °C werden von verschiedenen Herstellern angeboten. Der grundsätzliche Aufbau eines Flüssigkeitsbades ist in Fig. 3.20 dargestellt. Es besteht aus einem wärmeisolierten Behälter zur Aufnahme der Badflüssigkeit, einem oder mehreren elektrischen Heizern und einem Rührwerk. Besonders bewährt haben sich Turbinenrührer mit einem Zirkulationsrohr, das von der Badflüssigkeit durchströmt wird. Um die durch das Rührwerk zugeführte Energie abzuführen, ist schon bei Badtemperaturen, die einige K oberhalb der Raumtemperatur liegen, eine Kühlung z. B. durch Wasser erforderlich. Die Kühlschlange wird zweckmäßigerweise wie der Heizkörper im

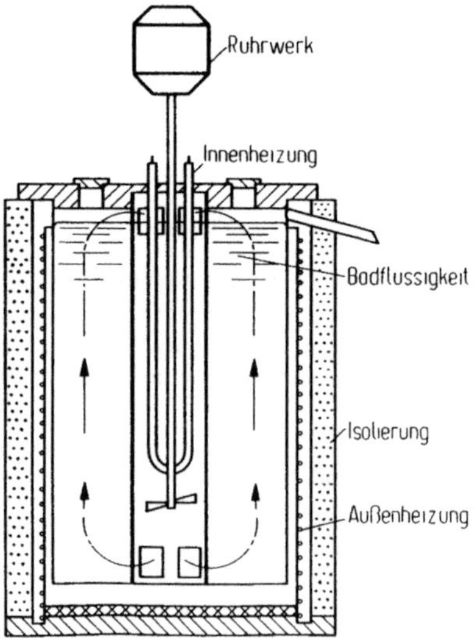

Fig. 3.20
Flüssigkeitsbad für Temperaturen oberhalb 100 °C

Zirkulationsrohr des Turbinenrührers untergebracht. Das Zirkulationsrohr bewirkt eine gute Verwirbelung der Badflüssigkeit und verhindert eine Beeinflussung des Bades durch vom Heizkörper emittierte Wärmestrahlung. Die Badtemperatur wird über die Heizleistung geregelt. Flüssigkeitsbäder für tiefe Temperaturen: Scott (1941), Barber u. Horsford (1965), Blanke (1976).

Als Badflüssigkeiten kommen Stoffe in Betracht, die im jeweiligen Temperaturbereich eine gute Wärmeleitfähigkeit und hohe Wärmekapazität bei geringer Viskosität besitzen, um guten Wärmeübergang und gute Durchmischung zu gewährleisten. Die Badflüssigkeiten sollen ungiftig, nach Möglichkeit unbrennbar und temperaturbeständig sein und sich neutral gegenüber den üblichen Werkstoffen verhalten. Außerdem soll der Dampfdruck wegen der Verdampfungsverluste klein sein. Die Badflüssigkeiten müssen möglichst gut umweltverträglich sein, und sie sollten sich vorschriftsmäßig entsorgen lassen. Es ist darauf zu achten, daß die maximale Arbeitsplatzkonzentration (MAK-Zahl) der Badflüssigkeit im Raum nicht überschritten wird. Bei brennbaren Flüssigkeiten sind die gesetzlichen Bestimmungen und die Angaben der Thermostatenhersteller zu beachten.

Für Temperaturen oberhalb von 0°C bis nahe 100°C verwendet man wegen der hohen Wärmekapazität am besten Wasser, auch leichte Mineralöle und Silikonöle sind geeignet. Schwere Mineralöle können als Badflüssigkeit bis 300°C verwendet werden. Für den Bereich von −120°C bis 350°C werden verschiedene Badflüssigkeiten von den Herstellern von Thermostaten vertrieben.

Die angegebenen oberen Temperaturgrenzen gelten nur für geschlossene Bäder. Jeder direkte Kontakt der Badflüssigkeit mit dem atmosphärischen Sauerstoff beeinträchtigt die Verwendungsdauer. Bei offenen Bädern sind die angegebenen Temperaturen um 50°C bis 70°C niedriger. Kupfer in reiner Form oder in seiner Legierung als Messing ist bei höheren Temperaturen ein Katalysator, der den thermischen Abbau der Badflüssigkeiten beschleunigt. Korrosionsbeständiger Stahl ist als Werkstoff für alle mit dem Bad in Berührung stehenden Teile geeignet. Beim Arbeiten mit diesen Flüssigkeiten muß deren thermische Ausdehnung berücksichtigt werden.

Für tiefe Temperaturen werden Kohlenwasserstoffe (bis −130°C), Ethanol (bis −85°C), Silikonöl (bis −65°C) und Gemische aus Glykol und Wasser (bis −35°C) verwendet. Der Flammpunkt der ersten beiden aufgeführten Flüssigkeiten liegt unterhalb der Raumtemperatur (vgl. DIN 12879). Die Oberfläche gekühlter Flüssigkeiten muß vor der unmittelbaren Berührung mit der atmosphärischen Luft geschützt werden. Andernfalls wird die Badflüssigkeit durch die ständige Kondensation des Wasserdampfes so zäh, daß die tiefste Verwendungstemperatur immer mehr ansteigt. Bei handelsüblichen Kryostaten werden die Badflüssigkeiten mit Kompressionskältemaschinen in ein- oder mehrstufiger Ausführung gekühlt.

Eine einfache, von Henning (1913) erprobte Möglichkeit, Temperaturen bis −130°C mit geringem zeitlichen Gang darzustellen, wird in verbesserter Ausführung von Rahlfs u. Blanke (1967) beschrieben. Als Badbehälter dient ein mit einer geeigneten Flüssigkeit gefülltes Dewar-Gefäß mit Rührwerk, Verdampfer und elektrischer Heizung. Die Badflüssigkeit wird mit flüssigem Stickstoff gekühlt, der sich in einem Vorratsgefäß befindet. Die in den Verdampfer eintretende Menge des flüssigen Stickstoffs kann durch den Gasdruck im Vorratsgefäß geregelt werden. Bis zu einer Temperatur von etwa −78°C kann die Badflüssigkeit auch durch Trockeneis (festes Kohlenstoffdioxid) direkt abgekühlt werden, das langsam und in kleinen Stücken zugegeben werden muß, damit das Bad nicht überschäumt. Zur Durchmischung der Badflüssigkeit kann man Stickstoff von unten durch die Flüssigkeit leiten.

3.1.7.2 Flüssigkeitsthermostate und Feststoffbäder für hohe Temperaturen

Für Temperaturen oberhalb 300°C können Salzmischungen als Badflüssigkeit verwendet werden. Das eutektische Gemisch mit den Masseanteilen 27% Lithiumnitrat ($LiNO_3$), 18% Natriumnitrat ($NaNO_3$) und 55% Kaliumnitrat (KNO_3) wird bei 140°C flüssig und ist bis 450°C brauchbar, Guildner u. Edsinger (1976). Von 220°C bis

550°C hat sich die eutektische Mischung 55% Kaliumnitrat (KNO_3) und 45% Natriumnitrat ($NaNO_3$) bewährt, Jung u. Nubbemeyer (1982). Als Werkstoffe müssen korrosionsbeständige Stähle verwendet werden. Oberhalb 630°C zersetzt sich die Salzschmelze in zum Teil giftige, gasförmige Produkte. In Salpeterbäder dürfen keine brennbaren Stoffe geraten. Glas und Quarzglas werden von dieser Badflüssigkeit angegriffen. Aus Sicherheitsgründen sollte das Bad in eine Metallwanne gestellt werden. Im Bereich von 600°C bis 1000°C können Salzschmelzen, die für die Wärmebehandlung von Stählen eingesetzt werden, als Bäder benutzt werden.

Eine Alternative sind Bäder, bei denen ein fluidisierter Feststoff als Kontaktmedium dient. Beispielsweise wird ein Feststoffbad aus pulverisiertem Aluminium- oder Zirkonoxid von Luft oder Stickstoff von unten nach oben durchströmt. Bei einer bestimmten Strömungsgeschwindigkeit tritt die sogenannte Fluidisierung ein (Wirbelschicht). Der fluidisierte Feststoff verhält sich auch in den Wärmeübertragungseigenschaften wie eine gerührte Flüssigkeit. Im Handel erhältliche Feststoffbäder arbeiten im Bereich zwischen −75°C und 1100°C, Callahan (1971), Staffin u. Rim (1972).

3.1.7.3 Elektrisch beheizte Öfen

Man unterscheidet elektrische Widerstandsöfen (Drahtöfen, Silitstaböfen bis 2000°C), Kurzschlußöfen (Heizfolien aus Platinrhodium bis 1800°C), Hohlstäbe aus Wolfram oder Graphit (bis 3000°C), Kohlegrießöfen (Heizstrom durch gekörnten Kohlegrieß) und Nernst-Öfen. Die verschiedensten Ausführungen mit den zugehörigen Regeleinrichtungen sind kommerziell erhältlich. Je nach Aufwand ist eine Temperaturkonstanz von 1 K über viele Stunden erreichbar.

Für höhere Anforderungen an die Homogenität der Temperaturverteilungen sind für Untersuchungen in der Thermometrie spezielle Anforderungen entwickelt worden, McLaren u. Murdock (1968), Furukawa (1974). In solchen Metallblocköfen kann eine Homogenität in der Temperaturverteilung bis 650°C von 0,1 K und oberhalb 700°C bis 0,2 K erzielt, werden Chattle (1972).

Durch Einbau eines Wärmerohres läßt sich die räumliche Temperaturkonstanz des Ofens erheblich verbessern, Othsuka u. Bedford (1982). Wärmerohre bestehen aus zwei konzentrischen Rohren, die an den Enden miteinander verschweißt sind. Im Zwischenraum befindet sich eine bei der Arbeitstemperatur flüssige Substanz, z. B. Wasser (20°C bis 250°C), Kalium (500°C bis 750°C) oder Natrium (600°C bis 1100°C). Während des Betriebes verdampft an den wärmeren Stellen des Rohres Flüssigkeit, diese Stellen werden kälter. Die verdampfte Flüssigkeit kondensiert an den kälteren Stellen des Rohres und wärmt diese auf. Im Gleichgewichtszustand herrscht im gesamten Rohr nahezu die gleiche Temperatur. Wärmerohre werden von mehreren Firmen hergestellt (Pruschek u. a. (1967), Busse u. Bassani (1982)).

3.1.7.4 Kryostate

Badkryostate Für den Bereich von 1 K bis 85 K werden mit tiefsiedenden Badflüssigkeiten ^{4}Helium oder Stickstoff betrieben. Wasserstoff und Sauerstoff dürfen wegen der großen Explosionsgefahr nicht verwendet werden. Die typische Ausführung eines Kryostaten besteht im wesentlichen aus zwei Dewar-Gefäßen. Das innere Gefäß nimmt die Badflüssigkeit auf, deren Druck durch Abpumpen regelbar verändert werden kann, das äußere Gefäß enthält flüssigen Stickstoff zur Verringerung des Wärmeüberganges zum inneren Gefäß, Henning u. Moser (1977). Die untere Bereichsgrenze ist – abgesehen von ^{4}Helium – die Tripelpunkttemperatur. Die Tripelpunkttemperatur darf nicht unterschritten werden, da die Gefahr besteht, daß sich die feste Phase an der Badoberfläche ausbildet. Im Inneren des Bades können erhebliche Überdrücke auftreten, falls dort die Temperatur höher ist. Dies kann zum Bersten des Badbehälters führen. Durch Abpumpen können mit flüssigem Helium etwa 1 K erreicht werden. Die obere Grenze kann durch Drücke bis zu etwa 0,2 MPa etwas erweitert werden. Hierfür ist eine druckfeste Ummantelung des inneren Dewar-Gefäßes notwendig. Wenn der thermische Kontakt der Meßzelle mit dem Bad durch einen Vakuummantel weitgehend aufgehoben und die Meßzelle beheizt wird, können die angegebenen Temperaturbereiche nach höheren Temperaturen hin erweitert werden. Die besonderen Eigenschaften der tiefsiedenden Flüssigkeiten erfordern die Beherrschung einer speziellen Technik, s. White (1968), Eder (1956, 1981), Rusby (1972), Compton u. Ward (1976), Besley u. Kemp (1977), Pavese (1981), Bonnier u. Moser (1983).

Verdampferkryostat Beim Verdampferkryostat wird die Meßzelle über einen Wärmeaustauscher temperiert, in dem ein tiefsiedendes Fluid (z. B. ^{4}He, N_2) verdampft, Klipping (1968). Dieses Verfahren ermöglicht die Temperierung von etwa 2,5 K bis Raumtemperatur (Kemp u. a. (1976), Kemp u. Kemp (1978). Fig. 3.21 zeigt einen Verdampferkryostaten zur Realisierung von Tripelpunkten, s. 3.1.2.2 (Blanke (1983)).

Je nach Temperaturbereich strömt flüssiger Stickstoff oder flüssiges Helium durch das Rohr (2) in den Verdampfer (3) und verdampft dort. Das kalte Gas kühlt anschließend den äußeren Strahlungsschirm (4) und strömt danach durch das Austrittsrohr (5) über ein elektrodynamisches Regelventil zur Vakuumpumpe, s. Fig. 3.3. Zur Temperaturregelung dient ein Proportionalregler mit einem Thermistor als Temperaturfühler und einem elektrodynamischen Regelventil als Stellglied, das den Massestrom des Kühlmittels steuert. Während der Messung ist der die Meßzelle

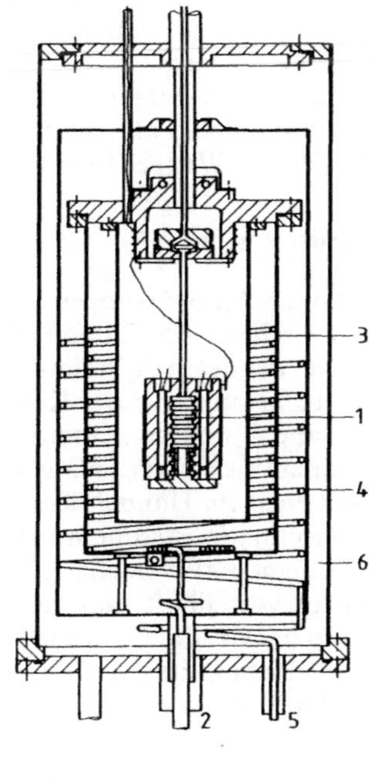

Fig. 3.21
Verdampferkryostat
1 Meßzelle, 2 Kältemittel-Einlaß, 3 Verdampfer, 4 Strahlungsschirm, 5 Kältemittel-Auslaß, 6 Vakuummantel

umgebende Raum evakuiert. Bei einer Temperaturänderung wird dieser Raum mit Helium gefüllt, um einen Temperaturausgleich zu gewährleisten.

Refrigerator-Kryostat Der Refrigerator-Kryostat ist im Prinzip die Kombination eines Verdampferkryostaten mit einer Heliumverflüssigungsanlage. Das Helium befindet sich in einem geschlossenen Kreislauf. Der Einsatzbereich dieser Kryostaten liegt zwischen 10 K und 270 K. Vorteilhaft ist, daß man kein flüssiges Helium oder flüssigen Stickstoff benötigt. Refrigerator-Kryostaten werden unter mehreren Handelsnamen in verschiedenen Ausführungen angeboten.

^{3}Helium-Kryostat Das Erreichen der unteren Temperaturgrenze von 1 K im ^{4}Helium-Badkryostaten ist nur mit einer Pumpe großer Saugleistung bei ausreichend dimensionierten Abpumpleitungen möglich. Für Temperaturen unterhalb 1 K verwendet man seit 1961 den ^{3}Helium-Kryostaten. Durch Abpumpen lassen sich Temperaturen bis 0,3 K erreichen. Diese Badkryostate werden auch als Standardgeräte mit der Endtemperatur 0,3 K angeboten, White (1968), Lounasmaa (1974), Eder (1981).

^{3}Helium/^{4}Helium-Mischkryostat Eine andere Methode zur Erzeugung sehr tiefer Temperaturen im Bereich von 0,6 K bis 3 mK nutzt die besonderen Eigenschaften von flüssigen ^{3}He/^{4}He-Mischungen aus. Wenn ein Gemisch von flüssigem ^{3}He und superfluidem ^{4}He unter 0,87 K abgekühlt wird, treten zwei flüssige Phasen mit verschiedenen Mischungsverhältnissen auf. Die leichtere ^{3}He-reiche Phase sammelt sich dabei über der dichteren ^{4}He-reichen Phase an. Die Kälteerzeugung beruht darauf, daß ständig ^{3}He aus der oberen Phase in die ^{4}He-reiche untere Phase in Lösung geht. Da die Mischungsenthalpie negativ ist, kühlt sich das Fluid ab. Die ersten Kryostaten wurden 1965 hergestellt und sind in den folgenden Jahren erheblich verbessert worden, White (1968), Lounasmaa (1974).

Kühlung durch adiabate Entmagnetisierung Die adiabate Entmagnetisierung eines paramagnetischen Salzes zur Kühlung und zur Temperaturbestimmung ist in den letzten Jahren vornehmlich unterhalb 1 K bis herab zu 2 mK angewendet worden. Das paramagnetische Salz Cer-Magnesium-Nitrat (CMN) ist in dem angegebenen Temperaturbereich zur Kühlung und als Thermometer besonders geeignet, Hudson u. Kaeser (1967), BIPM (1990b), White (1968), Hudson (1972).

3.1.7.5 Kältemischungen

Werden keine hohen Anforderungen an die Temperaturkonstanz gestellt, so kann man Temperaturen zwischen −65 °C und 0 °C leicht durch Kältemischungen herstellen. Die am häufigsten verwendeten Kältemischungen bestehen aus Eis und einem Salz. Die tiefste erreichbare Temperatur der Kältemischung ist die des eutektischen Punktes. In Tab. T 3.06 in Band 3 sind die Zusammensetzung der eutektischen Mischung und die eutektische Temperatur einiger Salz-Eis-Gemische angegeben. Mit festem Kohlenstoffdioxid, als Trockeneis im Handel, läßt sich unter Atmosphärendruck eine Temperatur von −78,5 °C (Sublimationstemperatur) darstellen. Im zerkleinerten festen Kohlenstoffdioxid tritt diese Temperatur erst nach Verdrängung der Luft ein. Zur Realisierung dieser Temperatur ist es vorteilhaft, das zerkleinerte Trockeneis z. B. mit Ethylalkohol zu mischen. Nach Erreichen des Gleichgewichts stellt sich die Sublimationstemperatur ein. Wegen unterschiedlicher Literaturangaben für die Zusammensetzung und die erreichbare Temperatur der Kältemischungen wird eine Temperaturkontrolle empfohlen.

Literatur zu 3.1

(TMCSI ≡ Temperature, Its Measurement and Control in Science and Industry)

Anderson, R. L.; Kollie, T. G. (1976): Problems in High Temperature Thermometry. Crit. Rev. Anal. Chem. **6**, 171–221

Astrov, D. N.; Beliansky, L. B.; Dedikov, Y. A.; Polunin, S. P.; Zakharov, A. A. (1989): Precision gas thermometry between 2,5 K and 308 K. Metrologia **26**, 151–166

Baehr, H. D. (1992): Thermodynamik, 8. Aufl. Berlin etc.: Springer

Baldinger, O. (1974): Die Sichtbarmachung von Temperaturfeldern. Elektrizitätsverwertung **49**, 118–129

Barber, C. R.; Horsford, A. (1965): Differences between the Thermodynamic Scale and the International Practical Scale of Temperatures from 0°C to −183°C. Metrologia **1**, 75–80

Bauer, G.; Bischoff, K. (1971): Evaluation of the Emissivity of a Cavity Source by Reflection Measurements. Appl. Opt. **10**, 2639–2643

Becker, H. (1975) Temperaturmessung; Berührungsthermometer. Arch. Techn. Mess. V210–F4, 175–180

Bedford, R. E. (1972) High-temperature thermometry (A review). High Temp. – High Press. **4**, 241–260

Benjaminson, A. (1972): The Development of the Quartz Resonator as a Digital Temperature Sensor with a Precision of $1 \cdot 10^{-4}$. TMCSI **4**, 701–708. Pittsburgh: Instrument Society of America

Berry, K. H. (1979): NPL-75: A Low Temperature Gas Thermometry Scale from 2.6 K to 27.1 K. Metrologia **15**, 89–115

Berry, R. J. (1958): The Reproducibility of the Steam Point. Can. J. Phys. **36**, 740–760

Berry, R. J. (1974): Oxygen-Activated Thermal Cyling Effects in Pt Resistance Thermometers. Metrologia **10**, 145–154

Berry, R. J. (1982): Evaluation and control of platinum oxidation errors in standard platinum resistance thermometers. TMCSI **5**, 743–752. New York: American Institute of Physics

Besley, L. M.; Kemp, W. R. G. (1977): An Intercomparison of Temperature Scales in the Range 1 to 30 K Using Germanium Resistance Thermometry. Metrologia **13**, 35–51

BIPM (1990a): Supplementary information for the International Temperature Scale of 1990, zu beziehen: BIPM, Pavillon de Breteuil, F-92310 Sèvres

BIPM (1990b): Techniques for approximating the International Temperature Scale of 1990, zu beziehen: BIPM. Pavillon de Breteuil, F-92310 Sèvres

Blakemore, J. S. (1962): Design of Germanium for Thermometric Applications. Rev. Sci. Instr. **33**, 106–112

Blakemore, J. S. (1972): Germanium Resistance Thermometers: Resistance vs. Temperature and Thermal Time Constant Characteristics. TMCSI **4**, 827–833. Pittsburgh: Instrument Society of America

Blanke, W. (1976): Messung der thermischen Zustandsgrößen der Luft im Zweiphasengebiet und seiner Umgebung. Forsch. Ing.-Wesen **42**, 93–104

Blanke, W. (1983): Die Darstellung des Sauerstofftaupunktes zur Bestimmung der Temperatur des Methantripelpunktes in der Internationalen Praktischen Temperaturskala von 1968. PTB-Mitt. **93**, 230–234

Blanke, W. (1989): Thermophysikalische Stoffgrößen. Berlin etc.: Springer

Blanke, W. (1991): Änderungen durch die Einführung der neuen Internationalen Temperaturskala von 1990. BWK, 43, 571–574

Blanke, W.; Jung, H. J.; Schuster, G. (1991): Das Kelvin, in: Landolt-Börnstein, Einheiten und Fundamentalkonstanten in Physik und Chemie. Hrsg.: Bortfeld, J. und Kramer, B. Berlin etc.: Springer, 69–102

Blanke, W.; Thomas, W. (1983): The temperatures of the triple points of methane and argon on IPTS-68. Measurement **1**, 105–108

Blevin, W. R. (1972): Corrections in Optical Pyrometery for the Refractive Index of Air. Metrologia **8**, 146–147

Bongiovanni, G.; Perissi, R. (1984): Thermocouple Calibration by the Wire Bridge Technique. Proceedings of the 2nd IMEKO Symposium on Temperature Measurement in Industry and Science, Suhl, GDR, October 16–18 (F. Bernhard, Ed.), 245–255

Bonnier, G.; Hermier, Y. (1982): Thermal behaviour of thermometric cells and of a Multicompartment cell. TMCSI **5**, 231–237. New York: American Institute of Physics

Bonnier, G.; Moser, A. (1983): Development at the Institut National de Métrologie of Sealed Cells as IPTS Fixed Point Devices. Measurement **1**, 143–151

Burns, G. W. u. a. (1992a): New reference function for platinum-10% rhodium versus platinum (type S) thermocouples based on the ITS-90. Part II: Experimental procedures. TMCSI **6**. New York: American Institute of Physics

Burns, G. W. u. a. (1992b): New reference function for platinum-13% rhodium versus platinum (type R) thermocouples and platinum-30% rhodium versus platinum-6% rhodium (type B) thermocouples based on the ITS-90. TMCSI **6.** New York: American Institute of Physics

Busse, C. A.; Bassani, C. (1982) A new generation of precision furnaces. TMCSI **5,** 1265–1273. New York: American Institute of Physics

Callahan, J. T. (1971): Heat Transfer Characteristics in Air Fluidized Solids up to 900°F. J. Basic Eng., 165–178

Cammerer, J. S. (1973): Tabellarium aller wichtigen Größen für den Wärme- und Kälteschutz. Mannheim: Firmenschrift VKI-Rheinhold u. Mahla, 85

Chattle, M. V. (1972): Platinum Resistance Thermometry up to the Gold Point. TMCSI **4,** 907–918. Pittsburgh: Instrument Society of America

Coates, P. B. (1981): Multi-Wavelength Pyrometry. Metrologia **17,** 103–109

Colclough, A. R. (1979): Low frequency acoustic thermometry in the range 4.2 – 20 K with implications for the value of the gas constant. Proc. R. Soc. Lond. A **365,** 349–370

Compton, J. P.; Ward, S. D. (1976): Realization of the Boiling and Triple Points of Oxygen. Metrologia **12,** 101–113

Cowan, J. A.; Kemp, R. C.; Kemp, W. R. G. (1976): An Investigation of the β-Transition in Oxygen. Metrologia **12,** 87–91

Crovini, L.; Actis, A. (1978): Noise Thermometry in the Range 630–962°C. Metrologia **14,** 69–78

Dauphinee, T. M.; Preston-Thomas, H. (1954): A Copper Resistance Temperature Scale. Rev. Sci. Instr. **25,** 884–887

de Vos, J. C. (1954): A new determination of the emissivity of tungsten ribbon. Physica **20,** 690–714

De Witt, D. P.; Nutter, G. D. (1988): Theory and practice of radiation thermometry. New York etc.: John Wiley & Sons

Dettmer, F. (1941): Temperaturüberwachung in der keramischen Industrie. Arch. Tech. Mess. **V 2175-2**

DIN 5031, Teil 1 (1982): Größen, Formelzeichen und Einheiten der Strahlungsphysik. Berlin, Köln: Beuth

DIN 5031, Teil 5 (1982): Temperaturbegriffe. Berlin, Köln: Beuth

DIN 5031, Teil 8 (1982): Strahlungsphysikalische Begriffe und Konstanten. Berlin, Köln: Beuth

DIN IEC 584 Teil 1 (1984): Thermopaare, Grundwerte der Thermospannungen;

DIN IEC 584 Teil 2 (1984); Thermopaare, Grenzabweichungen der Thermospannungen. Berlin, Köln: Beuth

DIN 12771 (1971): Laborgeräte aus Glas; Kalorimeter-Einschlußthermometer, Meßbereichsspanne 6°C. Berlin, Köln: Beuth

DIN 12785 (1978): Laborgeräte aus Glas; Laborthermometer für besondere Zwecke. Berlin, Köln: Beuth

DIN 12879 Teil 1 (1979): Flüssigkeitsthermostate; Allgemeine und sicherheitstechnische Anforderungen und Prüfungen. Berlin, Köln: Beuth

DIN 43710 (1977): Thermospannungen und Werkstoffe der Thermopaare. Berlin, Köln: Beuth

DIN 43714 (1979): Elektrische Thermometer; Ausgleichsleitungen für Thermoelemente. Berlin, Köln: Beuth

DIN 43760 (1987): Elektrische Thermometer; Grundwerte der Meßwiderstände für Widerstandsthermometer. Berlin, Köln: Beuth

Durieux, M.; Astrov, D. N.; Kemp, W. R. G.; Swenson, C. A. (1979): The Derivation and Development of the 1976 Provisional 0.5 K to 30 K Temperature Scale. Metrologia **15,** 57–63

Eder, F. X. (1956): Moderne Meßmethoden der Physik. Teil II Thermodynamik. Berlin: VEB Deutscher Verlag der Wissenschaften

Eder, F. X. (1981): Arbeitsmethoden der Thermodynamik, Bd. 1 Temperaturmessung. Berlin etc.: Springer

Edsinger, R. E.; Schooley, J. E. (1989): Differences between Thermodynamic Temperature and t (IPTS-68) in the Range 230°C to 660°C. Metrologia **26,** 95–106

Euler, J.; Ludwig, R. (1960): Arbeitsmethoden der optischen Pyrometrie. Karlsruhe: G. Braun

Fellmuth, B.; Maas, H. (1987): Recommended Values of Superconducting Transition Temperatures as Reference Temperatures for a Selected Set of Materials. Comité Consultatif de Thermométrie, 16e Session, Document CCT/87-32

Fellmuth, B.; Maas, H.; Elefant, D. (1985): Investigation of the Superconducting Transition Point of Niobium as a Reference Temperature. Metrologia **21,** 169–180

Fischer, J.; Jung, H. J. (1989): Determination of the Thermodynamic Temperatures of the Freezing Points of Silver and Gold by Near-Infrared Pyrometry. Metrologia **26,** 245–252

Furukawa, G. T. (1974): Investigation of Freezing Temperatures of National Bureau of Standards Aluminium Standards. J. Res. NBS **78 A,** 477–495

Gardner, J. L.; Jones, T. P. (1980): Multi-Wavelength radiation pyrometry where reflectance is measured to estimate emissivity. J. Phys. E: Sci. Instrum. **13,** 306–310

Getting, J. C.; Kennedy, G. C. (1970): Effect of Pressure on the EMF of Chromel-Alumel and Platinum-Platinum 10% Rhodium Thermocouples. J. Appl. Phys. **41,** 4552–4562

Groll, M.; Neuer, G. (1972): A new graphite cavity radiator as blackbody for high temperatures. In: TMCSI **4,** 449–456. Pittsburgh: Instrument Society of America

Guildner, L. A.; Edsinger, R. E. (1976): Deviation of International Practical Temperatures from Thermodynamic Temperatures in the Temperature Range from 273. 16 K to 730 K. J. Res. NBS **80A,** 703–738

Guthmann, K. (1947): Temperaturmeßfarben u. Meßfarbstifte. II. Anwendung. Arch. Techn. Mess. **V215-4**

Hattori, S.; Fujihara, T.; Sakuma, F.; Hishikari, I.; Shimizu, T.; Kitazawa, M. (1992): Blackbody furnace with estimated effective temperature. In: TMCSI **6,** 837–842. New York: American Institute of Physics

Henning, F. (1913): Ein Thermostat für tiefe Temperaturen. Z. Instrumentenkd. **33,** 33–38

Henning, F. (1951): Temperaturmessung. Leipzig: Johann Ambrosius Barth

Henning, F.; Moser, H. (1977): Temperaturmessung. Berlin etc.: Springer

Hoffmann, F.; Tingwaldt, C. (1938): Optische Pyrometrie. Braunschweig: Vieweg

Hudson, R. P. (1972): Principles and Application of Magnetic Cooling. Amsterdam, London: North-Holland

Hudson, R. P.; Kaeser, R. S. (1967): Cerous Magnesium Nitrate: A Magnetic Temperature Scale 0.002–2°K. Physics **3,** 95–113

IEC-Publication 584-1 (1977): Thermocouples, Part 1: Reference Tables; IEC-Publication 584-2 (1982): Thermocouples, Part 2: Tolerances; Geneva: Bureau Central de la Commission Electrotechnique Internationale

Isetti, C.; Nannei, E.; Pisoni, C. (1979): The effect of oxidation and roughness on the total normal emittance of stainless steel. High Temp. – High Press. **11,** 393–397

Jones, T. P. (1963): The suitability of tungsten strip lamps as secondary standard sources in photoelectric pyrometry. J. Sci. Instrum. **40,** 101–104

Jones, T. P.; Tapping, J. (1971): The Suitability of Vacuum Tungsten Blackbody Lamps as Secondary Standards Sources in Photoelectric Pyrometry. Metrologia **7,** 45–49

Jones, T. P.; Tapping, J. (1988): The Determination of the Thermodynamic Temperatures of Thermometry Fixed Points in the Range 660°C to 1064°C. Metrologia **25,** 41–47

Jung, H. J. (1975): Determination of the difference between the thermodynamic fixed point temperatures of gold and silver by radiation thermometry. Temperature Measurement, 1975; London: Inst. Phys. Conf. Ser. No. 26, 278–286

Jung, H. J.; Nubbemeyer, H. (1982): The stability of commercially available high temperature platinum resistance thermometers of a 5 Ω silica cross type up to 961.93°C. TMCSI **5,** 763–770. New York: American Institute of Physics

Jung, H. J.; Verch, J. (1973): Ein Rechenverfahren zur Auswertung pyrometrischer Messungen. Optik **38,** 95–109

Kamper, R. A. (1972): Survey of Noise Thermometry. TMCSI **4,** 349–354, Pittsburgh: Instrument Society of America

Kemp, R. C.; Kemp, W. R. G.; Besley, L. M. (1986): A Determination of Thermodynamic Temperatures and Measurements of the Second Virial Coefficients of ^{4}He Between 13.81 K and 287 K Using a Constant Volume Gas Thermometer. Metrologia **23,** 61

Kemp, R. C.; Kemp, W. R. G. (1978): The Realization of the Normal Boiling Point of Neon. Metrologia **14,** 9–13

Kemp, R. C.; Kemp, W. R. G.; Cowan, J. A. (1976): The Boiling Points and Triple Points of Oxygen and Argon. Metrologia **12,** 93–100

Kinzie, P. A. (1973): Thermocouple temperature measurement. New York etc.: John Wiley & Sons

Klein, H. H.; Klempt, G.; Storm, L. (1979): Measurement of the Thermodynamic Temperature of ^{4}He at Various Vapour Pressures by a Noise Thermometer. Metrologia **15,** 143–154

Klipping, G. (1968): Kontinuierliche Kühlung zwischen 1 und 293°K. Elektrotech. Z. **89 A,** 308–310

Kostkowski, H. J.; Lee, R. D. (1962): Theory and Methods of Optical Pyrometry. In: TMCSI **3,** 449–481. New York: Reinhold

Kunz, H. (1966): Prüfen technischer Strahlungspyrometer. VDI-Ber. Nr. **112,** 37–45

Kunz, H. (1968): Die Internationale Praktische Temperaturskala und ihre Darstellung durch sekundäre Strahlungsnormale im Bereich von 1337,58 K bis 4000 K. Schr.-R. d. Bundesminist. Bild. Wiss.: Forsch.-Ber. K 70-01

Kunz, H. (1975): On the state of ratio pyrometry with laser absorption measurements. Temperature Measurement, 1975; London: Inst. Phys. Conf. Ser. No. 26, 273–277

Kunz, H. (1979): Current status of applied precision radiation thermometry. High Temp. – High Press. **11,** 193–208

Kunz, H.; De Witt, D. P. (1972): Theory and technique for surface temperature determinations by measuring the radiance temperatures and the absorptance ratio for two wavelength. In: TMCSI **4**, 599–610. Pittsburgh: Instrument Society of America

Kunz, H.; Kaufmann, H. J. (1975): Photoelectric direct current pyrometers and their calibration at PTB. Temperature Measurement, 1975; London: Inst. Phys. Conf. Ser. No. 26, 244–255

Kunzler, J. E.; Geballe, T. H.; Hull, G. W. (1962): Germanium Resistance Thermometers. TMCSI **3**, 391–398. New York: Reinhold

Landolt-Börnstein (1967): Technik 4. Teil, Bandteil a. Berlin: Springer

Latyev, L. W.; Chekovskoi, V. Ya.; Shestakov, E. N. (1970): Monochromatic emissivity of tungsten in the temperature range 1200–2600 K and in the wavelength range 0.4–4 μm. High Temp. – High Press. **2**, 175–181

Lieneweg, F. (1976): Handbuch der technischen Temperaturmessung. Braunschweig: Vieweg

Lindenfeld, P. (1962): Carbon and Semiconductor Thermometers for Low Temperatures. TMCSI **3**, 399–405. New York: Reinhold

Lohrengel, J. (1970): Messung der Winkel- und Temperaturabhängigkeit des Gesamtemissionsgrades von Gläsern und Sinteroxiden im Bereich von −60 °C bis +250 °C. Glastech. Ber. **43**, 493–500

Lounasmaa, O. V. (1974): Experimental Principles and Methods Below 1 K. London, New York: Academic Press

Magdeburg, H.; Schley, U. (1966): Spektralphotometrische Eigenschaften des Niederstrom-Kohlebogens. Z. angew. Phys. **20**, 465–473

McLaren, E. H. (1957): The Freezing Points of High Purity Metals as Precision Temperature Standards. I. Precision Measurements with Standard Resistance Thermometers. Can. J. Phy. **35**, 78–90

McLaren, E. H.; Murdock, E. G. (1966): Radiation Effects in Precision Resistantce Thermometry. I. Radiation Losses in Transparent Thermometer Sheats. Can. J. Phys. **44**, 2631–2652

McLaren, E. H.; Murdock. E. G. (1968): The freezing points of high-purity metals as precision temperature standards. – VIIIa. Sb: Apparatus, freezing techniques, and ingot morphology. Can. J. Phys. **46**, 369–400

McLaren, E. H.; Murdock. E. G. (1972): New consideration on the preparation, properties and limitations of the standard thermocouple for thermometry. TMCSI **4**, 1543–1560. Pittsburgh: JSA

Mester, U. (ohne Datum): Temperaturstrahlung und Strahlungsthermometer. Firmenschrift Heimann GmbH Wiesbaden, 1–23

Moldover, M. R.; Trusler, J. P. M. (1988): Accurate acoustic thermometry I: The triple point of gallium. Metrologia **25**, 165–187

Murray, T. P. (1972): The polarized radiation method of radiation thermometry. In: TMCSI **4**, 619–623. Pittsburgh: Instrument Society of America

Neuer, G. (1971): Messung des Gesamtemmisionsgrades von Graphit, Molybdän, Tantal und Wolfram bei Temperaturen zwischen 1200 K und 2400 K. Wärme- u. Stoffübertrag. **4**, 133–141

Neuer, G.; Brost, O. (1975): Heat pipes for the realization of isothermal conditions at temperature reference sources. Temperature Measurement, 1975; London: Inst. Phys. Conf. Ser. No. 26, 447–452

Neuer, G.; Fiessler, L.; Groll, M.; Schreiber, E. (1992): Critical analysis of the different methods of multiwavelength pyrometry. In: TMCSI **6**, 787–789. New York: American Institute of Physics

Nubbemeyer, H. (1989): Platin-Widerstandsthermometer und Fixpunktzellen für hohe Temperaturen zur Realisierung der ITS-90. 87. PTB-Seminar, 11. 12. und 12. 12. 1989, PTB-Bericht W-42, Braunschweig, 63–82

Nyquist, H. (1928): Thermal agitation of electric charge in conductors. Phys. Rev. **32**, 110–115

Othuska, M.; Bedford, R. E. (1982): Measurement of the thermodynamic temperature interval between the freezing points of silver and copper. TMCSI **5**, 175–181. New York: American Institute of Physics

Pavese, F. (1981): The Use of Triple Point of Gases in Sealed Cells as Pressure Transfer Standards: Oxygen (146.25 Pa), Methane (11.696 Pa) and Argon (68.890 Pa). Metrologia **17**, 35–42

Pavese, F.; Ancsin, J.; Astrov, D. N.; Bonhoure, J.; Bonnier, G.; Furukawa, G. T.; Kemp, R. V.; Maas, H.; Rusby, R. L.; Sakurai, H.; Ling Shan-Kang (1984): An International Intercomparison of Fixed Points by Means of Sealed Cells in the Range 13.81 K–90.686 K. Metrologia **20**, 127–144

Pepperhoff, W. (1960): Optische Pyrometrie im polarisierten Licht. Z. angew. Phys. **12**, 168–171

Pickup, C. P. (1975): A High-Resolution Noise Thermometer for the Temperature Range 90–100 K. Metrologia **11**, 151–159

Planck, M. (1921): Vorlesungen über die Theorie der Wärmestrahlung. Leipzig: Barth

Plumb, H. H.; Cataland, G. (1966): Acoustical thermometer and the National Bureau of Standards Provisional Temperature Scale 2–20 (1965): Metrologia **2**, 127–139

Powell, R. L.; Hall, W. J.; Hyink, C. H.; Sparks, L. L.; Burns, G. W.; Scroger, M. G.; Plumb, H. H. (1974): Thermocouple Reference Tables Based on the IPTS-68. NBS Monograph 125

Presser, K. H. (1972): Die Messung von Temperaturen mit Miniatur-Schmelkörpern unter Ausnutzung der Oberflächenspannung im Bereich von 780 bis 1555°C. Arch. Techn. Mess. **V 2164-2,** 101–106

Presser, K. H. (1973): Die Messung von Temperaturen mit Miniatur-Schmelzkörpern unter Ausnutzung der Gravitationskraft im Bereich von 30 bis 327°C. Arch. Techn. Mess. **V 2164-3,** 45–48

Preston-Thomas, H. (1990): The International Temperature Scale of 1990 (ITS-90), Metrologia **27,** 3–10, Textkorrektur: Metrologia **27,** 107

Pruschek, R.; Schindler, M.; Moritz, M. (1967): Das Wärmerohr (Heat Pipe). Chem. Ing. Tech. **39,** 21–26

PTB/VDI (1978): Handbuch Technische Temperaturmessung zum Lehrgang in Düsseldorf von 29. 11. bis 1. 12. 1978. Braunschweig: PTB, 1–112

Quinn, T. J. (1980): The emissivity of near-blackbody cavities for high-temperature pyrometry. High Temp. – High Press. **12,** 359–372

Quinn, T. J. (1983): Temperature. London etc.: Academic Press

Quinn, T. J. (1990): Temperature, 2nd ed., Monographs in Physical Measurement. Cook, A. H. (ed.), London etc.: Academic Press

Quinn, T. J.; Barber, C. R. (1966): A lamp as a Reproducible Source of near Black-Body Radiation for precise Pyrometry up to 2700°C. Metrologia **3,** 19–23

Quinn, T. J.; Martin, J. E. (1985): A radiometric determination of the Stefan-Boltzmann constant and thermodynamic temperatures between −40°C and 100°C. Philos. Trans. Roy. Soc. London, **A316,** 85–189

Rahlfs, P.; Blanke, W. (1967): PTB-Prüfregel Flüssigkeits-Glasthermometer. Berlin: Deutscher Eichverlag

Ricolfi, T.; Battuello, M. (1992): Precision infrared thermometer for the temperature interval 232–1085°C. In: TMCSI **6,** 797–800. New York: American Institute of Physics

Roney, J. E. (1982): Steel surface temperature measurement in industrial furnaces by compensation for reflected radiation errors. In: TMCSI **5,** 485–489. New York: American Institute of Physics

Rubin, L. G. (1970): Cryogenic thermometry: A review of recent progress. Cryogenics **10,** 14–22

Rubin, L. G.; Brandt, B. L.; Sample, H. H. (1982): Cryogenic thermometry: A review of recent progress II. TMCSI **5,** 1333–1344. New York: American Institute of Physics

Rusby, R. L. (1972): A Rhodium-iron Resistance Thermometer for use below 20 K. TMCSI **4,** 865–869. Pittsburgh: Instrument Society of America

Rusby, R. L. (1982): The Rhodium Iron Resistance Thermometer, Ten Years On. TMCSI **5,** 829–833. New York: American Institute of Physics

Rusby, R. L.; Hudson, R. P.; Durieux, M.; Schooley, J. F.; Steur, P. P. M.; Swenson, C. A. (1991): Thermodynamic Basis of ITS-90. Metrologia **28,** 9–18

Rusby, R. L.; Hudson, R. P.; Durieux, M. (1994): Revised Values for $(t_{90} - t_{68})$ from 630° C to 1064° C. Metrologia **31,** 149–153

Sachse, H. B. (1975): Semiconducting Temperature Sensors and Their Applications. New York: John Wiley & Sons

Sakuma, F.; Hattori, S. (1982): A practical-type fixed point blackbody furnace. In: TMCSI **5,** 535–539. New York: American Institute of Physics

Schöltzel, P. (1970): Temperaturmessung mit Quarzsensoren. VDI-Z. **122,** 14–18

Schooley, J. F.; Evans, Jr., G. A.; Soulen, Jr., R. J. (1980): Preparation and Calibration of the NBS SRM 767: A Superconductive Temperature Fixed Point Device. Cryogenics **20,** 193–199

Schooley, J. F.; Soulen, Jr., R. J. (1982): Superconductive Thermometry Fixed Points. TMCSI **5,** 251-260. New York: American Institute of Physics

Schooley, J. F.; Soulen, R. J.; Evans, G. A. (1972): Preparation and Use of Superconductive Fixed Point Devices, SRM 787. NBS Special Publication 260-44

Scott, R. B. (1941): The Calibration of Thermocouples at Low Temperatures. TMCSI, 206–218, New York: Reinhold

Seifert, P. (1982): Abgeschlossene Tripelpunktzellen für die Einmessung von Tieftemperaturthermometern. Metrol. Abhandlungen **2,** 293–296

Soulen, R. J. (1974): Calibration of paramagnetic thermometers using supercontuctive fixed points. Cryogenics **14,** 250–252

Staffin, H. K.; Rim, C. (1972): Calibration of Temperature Sensors Between 538°C (1000°F) and 1092°C (2000°F) in Air Fluidized Solids. TMCSI **4,** 1359-1368. Pittsburgh: Instrument Society of America

Steur, P. P. M.; Durieux, M. (1986): Constant Volume Gas Thermometry. Metrologia **23,** 1–18

Stimson, H. F. (1955): Precision Resistance Thermometry and Fixed Points. TMCSI **2**, 141–168. New York: Reinhold

Svet, D. Ya. (1976): Determination of the emissivity of a substance from the spectrum of its thermal radiation and optimal methods of optical pyrometry. High Temp. – High Press. **8**, 493–498

Thews, E. R. (1953): Temperaturwarnfarben für industrielle Metalloberflächen. Metalloberfläche **7B**, 139–140

Tingwaldt, C. P.; Magdeburg, H. (1962): A New Optical Method for the Determination of Thermodynamic Temperatures of Glowing Metals. In: TMCSI 3, 483–486. New York: Reinhold

Tischler, M. (1981): High Accuracy Temperature and Uncertainty Calculation in Radiation Pyrometry. Metrologia **17**, 49–57

Touloukian, Y. S.; De Witt, D. P. (1970): Thermal Radiative Properties Metallic Elements and Alloys. Thermophysical Properties of Matter 7. New York: IFI/Plenum

Touloukian, Y. S.; Ho, C. Y. (1976): Thermophysical Properties of Selected Aerospace Materials, Part 1: Thermal Radiative Properties. W. Lafayette, Ind.: Thermophysical and Electronic Properties Information Center, CINDAS, Purdue University

VDI/VDE 3511: Technische Temperaturmessung

VDI/VDE 3522: Zeitverhalten von Berührungsthermometern

VDI/VDE 3511, Blatt 4 (1992): Strahlungstheromometrie

White, G. K. (1968): Experimental Techniques in Low-Temperature Physics. Oxford: Clarendon Press

Wolfe, W. L. (1965): Handbook of military infrared technology. Washington: U.S. Gov. Printing Office

Wörner, B. (1982): A photoelectric direct current spectral pyrometer with linear characteristics. In: TMCSI **5**, 429–432. New York: American Institute of Physics

Wörner, B.; Neuer, G. (1979): Investigation of the thermal radiation properties of technical rough metal surfaces. High Temp. – High Press. **11**, 383–391

Zemansky, M. W. (1968): Heat and Thermodynamics. New York etc.: McGraw-Hill

Zimmler, A. (1969): Anwendungsgebiete der flächenmäßigen Temperaturbestimmung nach dem Farbumschlagverfahren. Sonderdruck der Fa. A. W. Faber-Castell, Stein

3.2 Thermische Zustandsgrößen (F. Spieweck)

Die thermischen Zustandsgrößen eines homogenen Stoffes sind seine Temperatur T, sein Druck p und sein spezifisches Volumen $v = V/m = 1/\varrho$ (Volumen V, Masse m). Die Dichte ϱ hängt von der Temperatur und vom Druck ab.

Für Festkörper und Flüssigkeiten läßt sich die Funktion $\varrho(T,p)$ bei geringen Temperatur- und Druckunterschieden folgendermaßen darstellen:

$$\varrho(T,p) = \varrho(T_0,p_0)/[1 + \alpha_V(T - T_0) - \varkappa_T(p - p_0)]$$

hierin bedeuten T_0 und p_0 Bezugswerte sowie

$$\alpha_V = \frac{1}{V}\left(\frac{\partial V}{\partial T}\right)_p = \frac{1}{v}\left(\frac{\partial v}{\partial T}\right)_p = -\frac{1}{\varrho}\left(\frac{\partial \varrho}{\partial T}\right)_p \tag{3.35}$$

den thermischen Volumenausdehnungskoeffizienten bei konstantem Druck und

$$\varkappa_T = -\frac{1}{V}\left(\frac{\partial V}{\partial p}\right)_T = -\frac{1}{v}\left(\frac{\partial v}{\partial p}\right)_T = \frac{1}{\varrho}\left(\frac{\partial \varrho}{\partial p}\right)_T \tag{3.36}$$

die isotherme Kompressibilität.

Die Funktionen

$$\varrho = \varrho(T,p), \quad v = v(T,p) \quad \text{oder} \quad p = p(T,v)$$

werden als thermische Zustandsgleichung bezeichnet.

In der Praxis wird zumeist mit dem mittleren thermischen Volumenausdehnungskoeffizienten

$$\bar{\alpha}_V = \frac{1}{V(T_0)} \cdot \frac{V(T) - V(T_0)}{T - T_0} = -\frac{1}{\varrho(T)} \cdot \frac{\varrho(T) - \varrho(T_0)}{T - T_0}$$

gerechnet.

Dann gilt unter der Voraussetzung konstant bleibenden Drucks

$$\varrho(T) = \varrho(T_0)/[1 + \bar{\alpha}_V(T - T_0)]$$

3.2.1 Festkörper

3.2.1.1 Dichtebestimmung

Dichtenormale Genaueste Dichtenormale sind Festkörper, deren Masse durch Wägung und deren Volumen durch Längen- und Gestaltsmessungen bestimmt wurden. Ihre Unsicherheit ist im wesentlichen durch die Volumenunsicherheit bedingt; daher werden Festkörperdichtenormale auch als Volumennormale bezeichnet. Größere metrologische Staatsinstitute besitzen Kugeln und/oder Würfel aus Silicium, Quarzglas, Zerodur oder Hartmetall mit Durchmessern/Kantenlängen von 7 bis 9 cm. An diese Normale mit einer relativen Volumen-/Dichteunsicherheit von etwas weniger als 10^{-6} läßt sich die Dichte von Flüssigkeiten, insbesondere von Wasser (s. Tab. T 3.09 in Band 3) und Quecksilber (s. Tab. T 3.07 in Band 3) anschließen.

Nur bei extrem homogenen Materialien, z. B. Silicium-Einkristallen, lassen sich durch Teilen eines Normals mehrere Normale gleicher Dichte gewinnen. Nicht genügend homogen sind Metall-Legierungen, Keramiken und Glas, so daß z. B. die Dichte von Senkkörpern aus Glas einzeln zu bestimmen ist.

Hydrostatische Verfahren Nach dem Archimedischen Prinzip verliert ein in eine Flüssigkeit tauchender Körper scheinbar soviel an Gewicht, wie die verdrängte Flüssigkeit wiegt. Als Auftriebsflüssigkeit wird vor allem Wasser (destilliert) benutzt, da seine Dichte sehr genau reproduziert werden kann (s. Tab. T 3.09 in Band 3). Außerdem hat Wasser einen verhältnismäßig geringen Ausdehnungskoeffizienten, so daß die Temperatur nicht so genau gemessen zu werden braucht wie im Fall der Verwendung von organischen Auftriebsflüssigkeiten.

Bei der „klassischen" hydrostatischen Dichtebestimmung mit Hilfe einer Unterflur-Wägeeinrichtung taucht ein an der Waage hängender Körper in ein Gefäß mit einer Flüssigkeit bekannter Dichte ϱ_F. Hierzu wird der Körper entweder direkt an einen Draht (oder Faden) gehängt oder in ein hieran befestigtes (Draht-)Körbchen gebracht, das zu beschweren ist, falls die Dichte des Körpers kleiner als die Dichte der Flüssigkeit ist. Zunächst wird eine Leerwägung ohne den Körper vorgenommen; hierbei muß der Draht (oder Faden) genauso weit in die Flüssigkeit – z. B. bis zu einer Markierung oder bis zur Hälfte – eintauchen wie bei der Wägung mit dem Körper. Dann ergibt sich aus dem Wägewert W_L des Körpers in Luft mit der Dichte ϱ_L und dem bei (annähernd) derselben Luftdichte erhaltenen Wägewert W_F für den Körper in der Flüssigkeit die Dichte des Körpers zu

$$\varrho = (\varrho_F W_L - \varrho_L W_F)/(W_L - W_F)$$

Um den Einfluß der – bei Wasser verhältnismäßig hohen – Oberflächenspannung gering zu halten, sollte der Aufhängedraht so dünn wie möglich sein, s. Tab. 3.9.

Tab. 3.9 Tragfähigkeit von Drähten aus Platiniridium (10% Ir)

Durchmesser in mm	Tragfähigkeit in g
0,07	100
0,10	250
0,15	500
0,20	800
0,5	5000

Bei größerem Volumen des Körpers (z. B. 100 cm³) sind bei Dichtemessungen mit Waagen hoher Auflösung relative Unsicherheiten von weniger als 10^{-5} erreichbar.

Das Gewicht der verdrängten Flüssigkeitsmenge kann direkt angezeigt werden, wenn der Behälter mit der Auftriebsflüssigkeit auf eine oberschalige Waage gestellt und der Körper von einem Stativ aus eingetaucht wird. Wie bei der „klassischen" hydrostatischen Dichtebestimmung muß die Haltevorrichtung (Stange, Draht) bei der Leerwägung genauso weit in die Flüssigkeit tauchen wie bei der Wägung mit dem Körper. Aus dem Wägewert W_{vF} für die verdrängte Flüssigkeit ergibt sich dann die Dichte des Körpers zu

$$\varrho = (\varrho_F - \varrho_L) W_L / W_{vF} + \varrho_L$$

Da während der Messung ein kleiner Anteil der Flüssigkeit verdunstet, empfiehlt es sich, die Verdunstungsrate durch wiederholtes Leerwägen zu bestimmen und den Wägewert W_{vF} entsprechend zu korrigieren, Spieweck u. a. (1990).

Pyknometrische Verfahren Die Dichte pulvriger oder poröser Stoffe läßt sich mit einem Pyknometer (s. **3**.2.2.1) bestimmen. Nach Einfüllen des Stoffes wird das Pyknometer mit einem Fluid aufgefüllt, das weder mit dem Stoff chemisch reagiert noch ihn auflöst.

Geeignet zur Dichtebestimmung mit Hilfe einer Flüssigkeit ist insbesondere das Weithalspyknometer nach Hubbard (DIN 12806) mit einem Nennvolumen von 25 cm³ (s. Fig. 3.22). Ist das Volumen V nicht bekannt, muß es gemäß **3**.2.2.1 bestimmt werden.

Nach der Wägung des leeren Pyknometers (Wägewert W_p) folgt eine Wägung des möglichst weit mit dem Feststoff gefüllten Pyknometers (Wägewert W_S) und zuletzt eine Wägung nach Auffüllen mit Flüssigkeit der Dichte ϱ_F bis zur Volumenbegrenzung des Pyknometers (Wägewert W_{SF}).

Werden alle drei Wägungen bei derselben Luftdichte ϱ_L ausgeführt, so ergibt sich die Dichte des Feststoffs zu

$$\varrho = \frac{W_S - W_P}{V/(1 - \varrho_L/\varrho_G) - (W_{SF} - W_S)/(\varrho_F - \varrho_L)} + \varrho_L$$

wobei ϱ_G die Dichte der (Justier-)Gewichtstücke der Waage bedeutet.

Mit einem Gaspyknometer kann die Dichte von porösen Stoffen bestimmt werden. Es besteht aus zwei Kammern, die über ein Ventil miteinander verbunden sind. Zunächst wird das – möglichst inerte – Meßgas, z. B. Helium, in beide Kammern eingelassen und der Druck p_0 gemessen. Nach Schließen des Ventils wird der Druck in der Meßkammer, die den Feststoff enthält, auf p_1 erhöht. Dann wird das Ventil zur zweiten Kammer wieder geöffnet, wobei der Druck auf p_2 absinkt. Nach Bestimmung der entsprechenden Werte bei Verwendung eines Volumennormals in der Meßkammer sowie bei leerer Meßkammer kann das Volumen V des Festkörpers mit einer Unsicherheit von etwa $\pm 0{,}1$ cm³ bestimmt werden (s. **1**.2.3.1). Aus dem Wägewert W des Festkörpers in Luft ergibt sich dann die Dichte des Feststoffs zu

$$\varrho = m/V = W(1 - \varrho_L/\varrho_G)/V + \varrho_L.$$

Schwebemethoden Taucht ein Körper in eine Flüssigkeit gleicher Dichte, so schwebt er.

Dichtegradientensäule. Wird in einem senkrechten Glasrohr über eine Flüssigkeit höherer Dichte unter Vermeidung einer Durchmischung eine Flüssigkeit geringerer Dichte geschichtet, dann entsteht durch Diffusion ein Dichtegradient. (Kleine) Festkörper unterschiedlicher Dichte schweben daher in verschiedenen Höhen. Zur Kalibrierung können kleine Festkörper – z. B. farbige Glaskugeln – bekannter Dichte dienen.

Flüssigkeitsmischungen und Lösungen. Wird eine Mischung hergestellt aus einer Flüssigkeit größerer und einer Flüssigkeit kleinerer Dichte als sie der zu untersuchende Festkörper hat, so kann dieser dadurch zum Schweben gebracht werden, daß entweder die eine oder die andere Flüssigkeit (zuletzt tropfenweise) zugegeben wird. In ähnlicher Weise kann die Dichte einer Lösung an die Dichte des Festkörpers angeglichen werden. Anschließend ist die Dichte der Flüssigkeitsmischung oder Lösung zu bestimmen (s. 3.2.2.1).

Flüssigkeitsmischungen können bis zu einer Dichte von 3,33 g/cm³, Lösungen bis zu einer Dichte von 4,03 g/cm³ hergestellt werden, s. Tab. 3.10. Soll die Dichte eines Festkörpers höherer Dichte bestimmt werden, so ist er mit einem entsprechend großen Körper geringerer, bekannter Dichte zu verbinden und mit diesem gemeinsam zum Schweben zu bringen.

Tab. 3.10 Flüssigkeitsmischungen und Lösungen für die Schwebemethode

Bezeichnung	Formel	Dichte bei 20 °C in g/cm³
gemischt mit Benzol, Toluol oder Xylol:		etwa 0,88
Chloroform	$CHCl_3$	1,49
Iodethan	C_2H_5I	1,93
Bromoform	$CHBr_3$	2,89
1,1,2,2-Tetrabromethan (Muthmanns Flüssigkeit)	$CHBr_2$-$CHBr_2$	2,97
Diiodmethan	CH_2I_2	3,33
gelöst in Wasser:		1,0
Kaliumtetraiodomercurat (II) (Thoulets Lösung)	$K_2(HgI_4)$	bis 3,15
Bariumtetraiodomercurat (II) (Rohrbachs Lösung)	$Ba(HgI_4)$	bis 3,48
Thallium(I)formiat-	$Tl(HCOO)$	
Thallium(I)malonat (Clericis Lösung)	$Tl_2[CH_2(COO)_2]$	bis 4,03

Erreichen des Schwebezustandes durch Temperatur- oder Druckänderung. Da der Temperaturkoeffizient und die Kompressibilität einer Flüssigkeit im allgemeinen deutlich höher als bei Festkörpern sind, läßt sich ein Festkörper in einer Flüssigkeit annähernd gleicher Dichte auch dadurch zum Schweben bringen, daß entweder die Temperatur oder – bei geschlossenem Behälter – der Druck geändert wird, Kozdon u. a. (1990); Kozdon u. Spieweck (1992).

Permanentmagnet-Methode Diese in 3.2.2.1 beschriebene Methode läßt sich auch für Festkörperdichtemessungen heranziehen; hierbei wird z. B. der Tauchkörper abwechselnd mit der Festkörperprobe und einem Festkörpernormal belastet.

3.2.1.2 Thermische Längenausdehnung (W. Gorski)

Der thermische Volumenausdehnungskoeffizient α_V nach Gl. (3.35) wird bei isotropen und kubisch kristallisierten festen Stoffen nach der Näherung

$$\alpha_V = 3\alpha_l$$

bei konstantem Druck p aus dem linearen Längenausdehnungskoeffizienten

$$\alpha_l = \frac{1}{l(T_0)} \left(\frac{\mathrm{d}l}{\mathrm{d}T}\right)_p$$

mit $l(T_0)$ als Ausgangslänge berechnet. Für alle übrigen festen Stoffe sind zwei bis sechs verschiedene α-Werte entsprechend den Kristallklassen nötig. Gemessen wird meist der mittlere Längenausdehnungskoeffizient

$$\bar{\alpha}_l(T_0, T) = \frac{1}{l(T_0)} \frac{l(T) - l(T_0)}{T - T_0} = \frac{1}{l(T_0)} \frac{\Delta l}{\Delta T}$$

wobei als Ausgangstemperatur T_0 häufig 273,15 K, entsprechend $t = 0\,°\mathrm{C}$ gewählt wird. Meßwerte der Längenänderung Δl beschreibt man durch eine empirische Temperaturfunktion (Polynom), aus der α_l und $\bar{\alpha}_l$ berechnet werden können. Theoretisch kann α in Einzelfällen (z. B. reine Metalle) nach der Theorie von Grüneisen (1926) berechnet werden, Yates (1972), Ebert (1940).

Messung des Längenausdehnungskoeffizienten Die Messung der Längenänderung soll bei Temperaturgleichgewicht („stationär") vorgenommen werden. Die sogenannte „dynamische" Messung bei steigender oder fallender Temperatur kann zur Übersicht oder Produktionskontrolle dienen. Systematische Abweichungen lassen sich durch Beachtung der folgenden Hinweise vermeiden.

Messen der Ausgangslänge. Als Meßgerät reicht meist eine Bügelmeßschraube. Für die sehr genauen Verfahren muß ein Vergleich mit einem Endmaß mittels elektrischem Wegaufnehmer vorgenommen werden.

Homogenes Temperieren der Probe. Je nach dem gewünschten Temperaturbereich werden Kryostate, Bäder oder Rohröfen verwendet, s. **3.1.7**.

Für einen gut homogenen Probenbereich ist eine Eintauchtiefe von 6facher Probenlänge bzw. beim Rohrofen eine Verhältnis Innendurchmesser: Länge von 1:15 anzustreben. Beim Zweizonenofen kann durch geringes Überheizen einer Zone und durch die Wahl des Zonenabstandes im Temperaturprofil ein Sattelpunkt erzeugt werden, der mit der Probenmitte zusammenfallen soll. Zweckmäßig werden alle Kühl- und Heizvorrichtungen mit einem auf 20°C thermostatisierten Mantel umgeben. Meist sind Vakuum oder Schutzgas angebracht.

Messen der Probentemperatur. Die Bestimmung der Probentemperatur ist oft der schwierigste Teil einer Dilatometermessung. Meist sind nur Thermoelemente anwendbar, s. **3.1.4.3**.

Normal-Widerstandsthermometer stören die Homogenität der Probentemperatur infolge ihrer Baugröße und durch Wärmeableitung und haben schlechten thermischen Kontakt mit der Probe. Spezielle, um die Probe herumgebaute Widerstandsthermometer sind kaum genauer als Thermoelemente. Eine Verbesserung läßt sich mit einem Hilfsofen erzielen, dessen Temperatur derjenigen der Probe nahe ist und störungsfrei ermittelt werden kann. Man mißt dann mit dem Thermoelement nur noch die in der Regel linear interpolierbare Differenz zwischen Probe und Hilfsofen.

Messen der Längenänderung Beim Schubstangendilatometer wird die Probe in einem Halterohr geeigneten Materials (s. u.) wackelfrei, reibungsarm und definiert gelagert (bei senkrechtem Aufbau oder bei einer Neigung von 3° bis 5° auf ebenem

Podest, bei waagrechtem Aufbau 4-Punktlager, möglichst auf Kugeln aus dem Material des Halterohres). Über eine Schubstange aus demselben Material wie das Halterohr und von der Länge der Differenz von Probe und letzterem wird eine Verbindung zu einem Wegaufnehmer hergestellt, der sich außerhalb des temperierten Bereichs befindet und von Halterohr und Schubstange betätigt wird. In jedem Fall muß eine Lagerung der Schubstange durch Kugeln, Schaukel oder Spinne vorgesehen werden. Der benutzte Wegaufnehmer muß mechanisch oder besser interferentiell kalibriert werden (Anschluß an die Einheit der Länge) und wird mit etwa 1/5 der Länge von Halterohr und Schubstange auf 20 °C thermostatisiert. Wichtig sind auch eine exakte Positionierung auf $< \pm 0{,}5$ mm von Kryostat, Bad oder Rohrofen, eine thermische Alterung des kompletten Meßsystems oberhalb der höchsten Gebrauchstemperatur (s. u.) und die Bestimmung der gerätespezifischen Dilatometerkorrektion Δl_B im Blindversuch mit einer Probe aus dem gealterten Konstruktionsmaterial.

Der Wegaufnehmer wird je nach den Anforderungen ausgewählt. Die Auflösung beträgt mit Meßuhr 1 µm (Ebert (1940) u. DIN 53752), mit Hebel, Spiegel und Lichtzeiger ≈ 2 µm (Mathews u.a. (1963), Kuhlmann-Wilsdorf (1954)), durch gegenläufig bewegte Gitter und elektrooptische Verstärkung 0,0001 µm (Ebert (1940), Andres (1964)), mit Strichskale und optischer Ablesung < 1 µm (Henning (1907), Ebert (1940)), mit Dehnungsmeßstreifen 0,1 µm (Kinan (1973)), kapazitiv 0,0001 µm, (Isebek (1964) und Ebersole u. a. (1972)), induktiv 0,0003 µm (Carr u. Swenson (1964)).

Für das Stück des Halterohrs von der Länge der Probe muß dessen Ausdehnung berücksichtigt werden. Man berechnet sie aus dem Längenausdehnungskoeffizienten des Konstruktionsmaterials (s. Tab. T 3.19 in Band 3) und erhält (s. DIN 51045, Teil 1)

$$\Delta l_{\text{wahr}} = \Delta l_{\text{korr. Anz}} - \Delta l_B + \Delta l_{\text{Material}}$$

Als Konstruktionsmaterial benutzt man für $t < 1000$ °C reines Quarzglas. Dabei muß das gesamte Meßsystem aus Halterohr, Probenlager und Schubstange einer Standardtemperung unterzogen werden: Aufheizen mit 10 °C/min, 7 Stunden bei 1100 °C, abkühlen mit 0,2 °C/min bis 900 °C, danach beliebig. Wird im Gebrauch die Temperatur 900 °C überschritten, muß wieder wie angegeben abgekühlt werden. Nur nach einer derartigen Temperung gelten die Werte der Tabelle T 3.19 in Band 3. Oberhalb 1000 °C verwendet man meist Sinterkorund, bei noch höheren Temperaturen wurden Wolfram, Iridium und Graphit benutzt.

Für mittelbare Messungen werden auch Interferenzdilatometer eingesetzt, Fizeau (1864, 1866), Priest (1920).

Bei der kapazitiven Messung (vorwiegend für mittlere und niedrige Temperaturen) bildet die Probe einen Kondensator; Auflösung 10^{-4} µm, White (1961). Für die interferentielle Messung (geeignet für niedrige und hohe Temperaturen, jedoch hoher Aufwand für die Probenfertigung) wird aus der Probe ein Ring mit passend geneigten Stirnflächen gefertigt. Interferenz entsteht zwischen unter- und übergelegten Glasplatten, Pulfrich (1893), s. a. Ebert (1940). Aus der Probe können auch ein Endmaß und ein ebener Spiegel angefertigt werden. Der Spiegel wird an ein Probenende angesprengt oder mit einem Konus 1 : 10 angesetzt und die Probe wie im Schubstangendilatometer gelagert. Es werden zwei Interferenzsysteme erzeugt zwischen einem Referenzspiegel außerhalb des Ofens und der Probenvorderfläche bzw. dem rückwärtigen Spiegel. Nach Einstellung des Temperaturgleichgewichts werden die Streifenbruchteile nach Abbe in drei Farben gemessen, woraus in Verbindung mit der Ausgangslänge die Länge der Probe bei der Meßtemperatur berechnet werden kann.

Dieselbe Probe kann in einem automatisierbaren, kippinvarianten Polarisations-Laser-Interferometer verwendet werden. Beim Betrieb nach dem Einfrequenz-Verfahren ergibt sich eine Auflösung von $<0{,}05\,\mu m$, Bennett (1972). Als Doppel-Polarisations-Interferometer mit einem stabilisierten Zweifrequenz-Laser kann die Auflösung bis etwa $10^{-5}\,\mu m$ gesteigert werden (im gesamten Temperaturbereich bis etwa $10^{-4}\,\mu m$). Nach einem anderen Interferenzverfahren wird aus der Probe ein Fabry-Perot-Etalon gefertigt und die Längenänderung nach der Resonanzmethode bestimmt, Jacobs u. a. (1970, 1972). Bei mittleren Temperaturen kann eine Auflösung von etwa $10^{-7}\,\mu m$ erreicht werden.

Besonders für sehr hohe Temperaturen eignet sich die Komparator-Methode mit einer Auflösung von etwa $0{,}1\,\mu m$, Ebert (1940), Otto u. Thomas (1963).

Nur bei kristallinen Stoffen ist die Bestimmung des Längenausdehnungskoeffizienten aus einer röntgenographischen Gitterkonstantenmessung anwendbar. Wegen des Einflusses von Korngrenzen und anderen Störungen bestehen jedoch Unterschiede zu makroskopischen Messungen. Verwendet werden die Debye-Scherrer-Kamera, Goon u. a. (1957). Hatt u. a. (1960), Périnet (1966), das Weissenberg-Goniometer, vgl. Amoros u. a. (1961), und Diffraktometer, Baker u. a. (1966), Campbell u. a. (1962), Chiotti (1954), Franklin u. Lang (1963), Holden (1964), Reed u. Fahey (1965).

3.2.1.3 **Kompressibilität** (G. Klingenberg)

Die isotherme Kompressibilität nach Gl. (3.36) wird meist als Differenzenquotient bestimmt. Eine mögliche Näherung ist

$$\varkappa_T\left(T, \frac{p_1+p_2}{2}\right) = -\left(\frac{2}{V_1+V_2}\cdot\frac{V_2-V_1}{p_2-p_1}\right)_T$$

wobei die Druckdifferenz p_2-p_1 so klein gewählt wird, daß $(V_1+V_2)/2 \gg V_1-V_2$ ist. V_1, V_2 sind die Volumina, die die Probe unter dem allseitig wirkenden Druck p_1, p_2 einnimmt. Die adiabatische Kompressibilität ist gegeben durch

$$\varkappa_S = -\frac{1}{V}\left(\frac{\partial V}{\partial p}\right)_S = -\left(\frac{\partial \ln V}{\partial p}\right)_S$$

wobei die Entropie S unverändert bleibt. Existiert eine Zustandsgleichung $f(p, V, T)=0$, die aber nicht bekannt zu sein braucht, so folgt:

$$\left(\frac{\partial p}{\partial T}\right)_V = \frac{\alpha_V}{\varkappa_T}$$

wobei $\alpha_V = \frac{1}{V}\left(\frac{\partial V}{\partial T}\right)_p$ der thermische Volumenausdehnungskoeffizient ist.

Die Anwendung des ersten und zweiten Hauptsatzes der Thermodynamik ergibt:

$$\frac{\varkappa_S}{\varkappa_T} = \frac{c_V}{c_p}$$

$$\varkappa_T = \varkappa_S + \frac{T\alpha_V^2}{\varrho c_p}$$

$$\varkappa_T = \frac{T\alpha_V^2}{\varrho(c_p-c_V)} \tag{3.37}$$

c_V, c_p ist die spezifische Wärmekapazität bei konstantem Volumen oder Druck. Da mit wachsendem Druck auch die Dichte zunimmt, folgt aus Gl. (3.37) eine Abnahme der Kompressibilität mit steigendem Druck. Dieselbe Gleichung beschreibt ein Anwachsen der Kompressibilität mit steigender Temperatur. Bei adiabatischen Prozessen bewirkt eine Änderung des Druckes eine Temperaturänderung:

$$\left(\frac{\partial T}{\partial p}\right)_S = \frac{T\alpha_V}{\varrho c_p}$$

Isotherme und adibatische Kompressibilität einer Substanz erfüllen stets die Ungleichung

$$\varkappa_T > \varkappa_S > 0$$

Ähnlich wie das Atomvolumen, der thermische Volumenausdehnungskoeffizient oder die Schmelztemperatur folgt auch die Kompressibilität der chemischen Periodizität, Vereschagin (1965).

Die (räumliche) Kompressibilität eines kristallinen Festkörpers ist in erster Näherung gleich der Summe der linearen Kompressibilitäten in drei zueinander senkrechten Richtungen.

Das Reziproke der Kompressibilität heißt Kompressionsmodul $K = \varkappa^{-1}$.

Wird die Kompressibilität in bar^{-1}, Pa^{-1}, MPa^{-1}, $\text{kp}^{-1}\,\text{cm}^2$, atm^{-1} angegeben, so verhalten sich die Zahlenwerte wie

$$1:10^{-5}:10:0{,}980665:1{,}013250.$$

Meßverfahren Die Längenänderung eines Stabes unter allseitigem Druck wird gemessen. Verkürzt sich die homogene, isotrope Probe der Länge l um den Betrag Δl bei einer Druckerhöhung Δp, so gilt

$$K = \frac{l}{3\Delta l}\Delta p$$

Die Längenänderung kann nach Ebert (1935) optisch bestimmt werden, mechanisch durch Verschiebung eines Ringes auf dem Probestab oder elektrisch, z. B. mit Hilfe einer Schleifdrahtanordnung, Bridgman (1940). Häufig wird die Längenänderung nicht absolut bestimmt, sondern relativ zur Dilatation eines Referenzmaterials, Bridgman (1952).

Die Ultraschallmethode, Anderson (1966) sowie Heydemann u. Houck (1971) wird in **3**.2.2.3 behandelt. Auch Neutronenstreuexperimente können zur Kompressibilitätsbestimmung herangezogen werden, Brugger u. a. (1967).

Röntgenverfahren Die Gitterkonstanten und damit das Molvolumen eines kristallinen Festkörpers werden mit Hilfe der Röntgenbeugung bestimmt. Dafür wird beispielsweise das Druckgefäß mit Fenstern ausgerüstet. Es werden auch Systeme benutzt, bei denen entweder der Kolben oder der Zylinder aus Diamant oder Beryllium gefertigt ist, Jamieson (1961), Kasper (1960). Von zahlreichen ähnlichen Apparaturen, vgl. den Übersichtsartikel von Decker u. a. (1972), sei die Diamantpresse nach Bridgman erwähnt, bei der die Röntgenstrahlung durch Diamanten ein- und austritt, Piermarini u. Weir (1962) sowie Bassett u. a. (1967). Der Druck wird mit Hilfe des roten Lumineszenzlichtes eines Rubinkristalls in der Meßzelle bestimmt oder durch Röntgenbeugung an einer Referenzsubstanz, meist NaCl. Das Molvolumen von Einkristallen,

z. B. aus Selen oder Tellur, läßt sich so bei Drücken bis 100 kbar auf 1% genau messen, d'Amour u. Holzapfel (1980). Das Verfahren kann in einem weiten Temperaturbereich angewendet werden, Decker u. a. (1972).

3.2.2 Flüssigkeiten (F. Spieweck)

3.2.2.1 Dichtebestimmung

Als **Dichtenormale** dienen vor allem Wasser (s. Tab. T 3.09 in Band 3) und Quecksilber (s. Tab. T 3.07 in Band 3).

Für die Dichte luftfreien Wassers in Abhängigkeit von der Celsiustemperatur t läßt sich die Formel von Kell (1975)

$$\varrho = \left(\sum_{n=0}^{5} a_n t^n \right) / (1 + b \cdot t)$$

mit den von Bettin u. Spieweck (1990) auf die ITS-90 (s. 3.1.2) umgerechneten Koeffizienten benutzen:

$$a_0 = 9{,}9983952 \cdot 10^2 \text{ kg/m}^3$$
$$a_1 = 1{,}6952577 \cdot 10^1 \text{ °C}^{-1} \text{ kg/m}^3$$
$$a_2 = -7{,}9905127 \cdot 10^{-3} \text{ °C}^{-2} \text{ kg/m}^3$$
$$a_3 = -4{,}6241757 \cdot 10^{-5} \text{ °C}^{-3} \text{ kg/m}^3$$
$$a_4 = 1{,}0584601 \cdot 10^{-7} \text{ °C}^{-4} \text{ kg/m}^3$$
$$a_5 = -2{,}8103006 \cdot 10^{-10} \text{ °C}^{-5} \text{ kg/m}^3$$
$$b = 1{,}6887236 \cdot 10^{-2} \text{ °C}^{-1}$$

Für die Dichte von Quecksilber in Abhängigkeit von der Celsiustemperatur t gilt nach Ambrose (1990)

$$\varrho = \varrho_0 / (1 + A_1 \cdot t + A_2 \cdot t^2 + A_3 \cdot t^3 + A_4 \cdot t^4)$$

mit
$$\varrho_0 = 13595{,}08 \text{ kg/m}^3,$$
$$A_1 = 1{,}815868 \cdot 10^{-4} \text{ °C}^{-1}$$
$$A_2 = 5{,}4583 \cdot 10^{-9} \text{ °C}^{-2}$$
$$A_3 = 3{,}498 \cdot 10^{-11} \text{ °C}^{-3}$$
$$A_4 = 1{,}5558 \cdot 10^{-14} \text{ °C}^{-4}$$

(Biege-)Schwingermeßgeräte Wird ein (gerades oder U-förmig gebogenes) Rohrstück, in dem sich eine homogene Flüssigkeit befindet, in Eigenschwingungen versetzt, so ist das Quadrat der Eigenfrequenz umgekehrt proportional zur Gesamtmasse des Rohrstücks. Auf diesem Prinzip beruhen kommerzielle (Biege-)Schwingermeßgeräte mit einem Meßvolumen von ca. 1 cm^3, die die Dichte einer stehenden oder strömenden Flüssigkeit nach vorheriger Kalibrierung, z. B. mit Luft und Wasser, digital anzeigen.

Geeichte Geräte haben eine relative Meßunsicherheit von 10^{-3}. Für eingeschränkte Meßbereiche lassen sich relative Meßunsicherheiten von weniger als 10^{-4} erzielen, wenn Kalibrierflüssigkeiten zur Verfügung stehen, deren Dichte und Viskosität nur geringfügig von denen der Probeflüssigkeit abweichen. Die Auflösung der Geräte beträgt je nach Ausführung $10^{-4}\varrho$ bis $10^{-6}\varrho$.

Hydrostatische Verfahren Da der Auftrieb eines eintauchenden Körpers sowohl proportional zu seinem Volumen als auch zur Dichte der Auftriebsflüssigkeit ist, kann diese bei bekanntem Volumen durch Auftriebswägung ermittelt werden.

Bei der „klassischen" hydrostatischen Dichtebestimmung taucht ein an einer Waage hängender Senkkörper (mit bekanntem Volumen) in ein Gefäß mit Flüssigkeit der zu bestimmenden Dichte ein.

Bei kommerziell erhältlichen Senkkörpern mit Aufhängedraht schließt die Volumenangabe die Hälfte des Aufhängedrahtes ein, d. h. bis zur Eintauchstelle. Oft ist nicht das tatsächliche Volumen angegeben, sondern ein Wert, der eine Oberflächenspannungskorrektion (zumindest für Wasser) einschließt. Die Dichtebestimmung von Flüssigkeiten anderer Oberflächenspannung ist dann entsprechend der Bedienungsanleitung vorzunehmen. Dies gilt auch für die Mohr-Westphal-Waage, bei der sich die Dichte auf Grund der Stellung von Reiter- oder Anhängegewichten ablesen läßt.

Für sehr genaue Dichtebestimmungen empfiehlt es sich, das Volumen V des Senkkörpers allein, d. h. abgehängt vom Aufhängedraht, zu ermitteln. Für die Messung in Wasser gilt

$$V = \frac{W_L - W_W}{\varrho_W - \varrho_L}\left(1 - \frac{\varrho_L}{\varrho_G}\right)$$

(W_L Wägewert des Senkkörpers in Luft, W_W Differenz der Wägewerte in Wasser für den Aufhängedraht mit und ohne Senkkörper, ϱ_W Wasserdichte (s. Tab. T 3.09 in Band 3), ϱ_L bei den drei Messungen herrschende Luftdichte, ϱ_G Dichte der (Justier-)Gewichtstücke). Aus dem Wägewert W_F des Senkkörpers in der Flüssigkeit ergibt sich die Flüssigkeitsdichte zu

$$\varrho = \frac{W_L - W_F}{V}\left(1 - \frac{\varrho_L}{\varrho_G}\right) + \varrho_L$$

Bei der direkten Wägung der verdrängten Flüssigkeitsmenge (s. **3.2.1.1**) wird die Dichte – insbesondere von Farben und Anstrichstoffen (s. DIN 53217, Teil 3) – mit Hilfe eines Tauchkörpers bestimmt. Hierbei steht das Gefäß mit der Flüssigkeit auf einer oberschaligen Waage. Nach Notieren des Wägewerts W_0, oder nach dem Tarieren auf Null ($W_0 = 0$), wird der Tauchkörper von einem Stativ aus (bei handelsüblichen Tauchkörpern mit Haltestab bis zu einer verjüngten, markierten Stelle) in die Flüssigkeit getaucht.

Mit dem angezeigten Wägewert W ergibt sich die Dichte zu

$$\varrho = \frac{W - W_0}{V}\left(1 - \frac{\varrho_L}{\varrho_G}\right) + \varrho_L.$$

Dabei ist als Volumen V des Tauchkörpers im allgemeinen nicht das tatsächliche Volumen angegeben, sondern ein Wert, der eine Oberflächenspannungskorrektion weitgehend erübrigt. Da die Meßunsicherheit zumeist nur 1‰ beträgt, kann der Quotient ϱ_L/ϱ_G im allgemeinen vernachlässigt werden.

Pyknometer Ein Pyknometer dient zur Wägung einer Flüssigkeitsmenge, die das (Pyknometer-)Volumen V einnimmt. Aus den Wägewerten für das leere Pyknometer W_P und für das gefüllte Pyknometer W_F ergibt sich die Dichte der Flüssigkeit zu

$$\varrho = \frac{W_F - W_P}{V}\left(1 - \frac{\varrho_L}{\varrho_G}\right) + \varrho_L$$

wobei ϱ_L die bei den Wägungen herrschende Luftdichte und ϱ_G die Dichte der (Justier-) Gewichtstücke der Waage bedeuten. Ist das Pyknometervolumen nicht genau genug bekannt, kann es durch Kalibrierung mit Wasser der Dichte ϱ_W (s. Tab. T 3.09 in Band 3) mit geringer Unsicherheit bestimmt werden:

$$V = \frac{W_W - W_P}{\varrho_W - \varrho_L}\left(1 - \frac{\varrho_L}{\varrho_G}\right)$$

(W_W Wägewert des mit Wasser gefüllten Pyknometers). Pyknometer größeren Volumens (z. B. 50 cm^3) erlauben Dichtemessungen mit relativen Unsicherheiten von etwa 10^{-5}.

Bei Pyknometern nach Reischauer (DIN 12801) und nach Lipkin (DIN 12798) ist das Volumen durch kurze Skalen, bei Pyknometern nach Bingham (DIN 12807) und nach Sprengel (DIN 12800) durch eine Ringmarke gekennzeichnet; bei Pyknometern nach Gay-Lussac (DIN 12797) – sowie nach Hubbard (DIN 12806), s. 3.2.1.1 – gilt das Volumen V für vollständige Füllung nach Einsetzen eines Stopfens; s. Fig. 3.22.

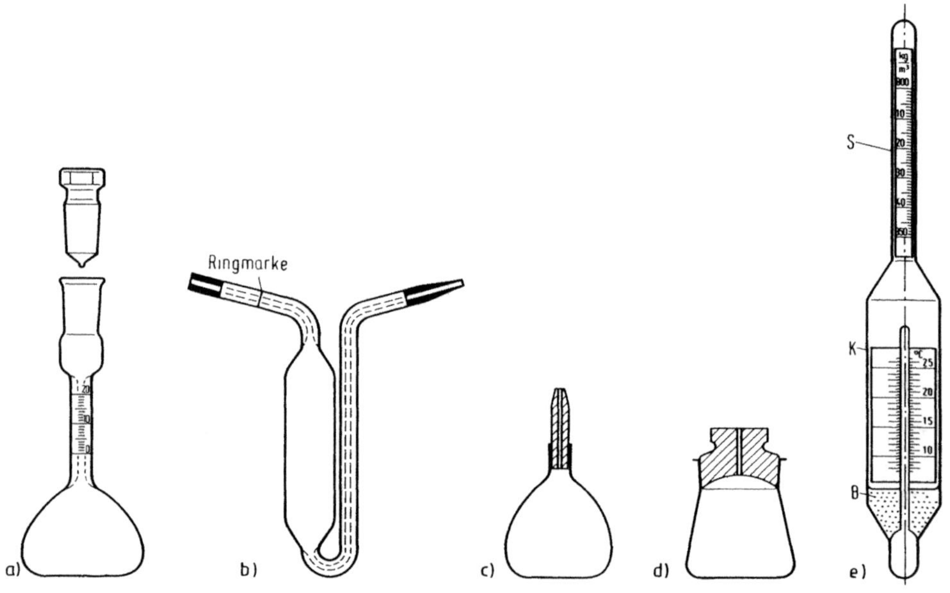

Fig. 3.22 Dichtemeßgeräte
a) Pyknometer nach Reischauer, b) Pyknometer nach Sprengel, c) Pyknometer nach Gay-Lussac, d) Pyknometer nach Hubbard (s. 3.2.1.1), e) Aräometer (mit eingebautem Thermometer)
S Stengel, K Körper, B Beschwerung

Es ist darauf zu achten, daß die eingefüllte Flüssigkeit blasenfrei ist. Bei Pyknometern mit Ringmarke oder Skale kann überschüssige Flüssigkeit mit Filterpapier wieder entfernt werden, ebenso auch vom Einfüllen herrührende Flüssigkeitsreste auf der inneren Wandung über dem Meniskus. Pyknometer nach Gay-Lussac und nach Hubbard werden zunächst ohne Kapillarstopfen vollständig gefüllt und in einem Bad bei der Temperatur T temperiert, für die die Dichte gelten soll. Nach Einsetzen des Kapillarstopfens wird die überlaufende Flüssigkeit entfernt. Liegt T unterhalb der Raumtemperatur, so muß eine zusätzliche Schliffkappe vorhanden sein, die die bei der anschließenden Erwärmung auf Raumtemperatur austretende Flüssigkeit aufnehmen kann.

Die Wägung sollte nach sorgfältigem Abtrocknen des Pyknometers und erst dann erfolgen, wenn das Pyknometer mit der Flüssigkeit Raumtemperatur angenommen hat.

Ist die Dichte von Flüssigkeiten mit hohem Dampfdruck zu bestimmen, sollte der mit Dampf erfüllte Raum des Pyknometers möglichst klein sein; gegebenenfalls muß die Masse des Dampfes berücksichtigt werden.

Aräometer Ein Aräometer ist ein Schwimmkörper, der die Dichte einer Flüssigkeit durch seine Eintauchtiefe anzeigt, s. Fig. 3.22. Lotrechtes Schwimmen des Aräometers wird durch Beschwerung mit Schrotkugeln oder Quecksilber erreicht. Der Aräometerkörper verjüngt sich nach oben zu einem Stengel, in dem eine Skale angebracht ist, auf der die Dichte oder bei Lösungen auch die Volumenkonzentration oder der Massenanteil angegeben ist. Im Aräometer kann auch ein Thermometer enthalten sein.

Beim Eintauchen des Aräometers ist darauf zu achten, daß der aus der Flüssigkeit herausragende Teil des Stengels möglichst wenig, höchstens auf einer Länge von 5 mm, benetzt wird.

Bei durchsichtigen Flüssigkeiten ist die Skale in der Flüssigkeitsebene abzulesen. Aräometer, die den Hinweis „Ablesung oben“ tragen, sind für undurchsichtige Flüssigkeiten justiert; dann ist die Skale am oberen Rand des sich am Stengel ausbildenden Flüssigkeitswulstes abzulesen. Weitere Hinweise zum Gebrauch von Aräometern in Flüssigkeiten verschiedener Oberflächenspannungen und Temperaturen finden sich in DIN 12791, Teil 3.

Je nach Ausführung werden Meßunsicherheiten von 0,1 kg/m^3 bis 10 kg/m^3 erreicht.

Schwebemethoden

Dichtegradientensäule (s. **3**.2.1.1). Wird von einer Flüssigkeit, die möglichst nicht mischbar mit den Flüssigkeitskomponenten einer Dichtegradientensäule sein sollte, vorsichtig ein Tropfen in die Säule gegeben, so sinkt dieser bis zu einer Stelle gleicher Dichte. Falls der Tropfen in Lösung geht, kann auf Grund der auftretenden Schlieren auf die Dichte geschlossen werden.

Schlierenmethode. Tritt aus einer Kapillare, die am unteren Ende horizontal verläuft, Flüssigkeit in eine Flüssigkeitsmischung (s. **3**.2.1.1), so breiten sich Schlieren aus, die durch etwas Farbstoff deutlicher sichtbar gemacht werden können. Die Flüssigkeitsmischung ist so einzustellen (s. **3**.2.1.1), daß die Schlieren weder sinken noch steigen, sondern sich horizontal ausbreiten.

Magnetschwebemethode. Bei dieser sehr genauen – aber auch sehr aufwendigen – Methode wird die Magnetkraft bestimmt, die erforderlich ist, um einen magnetischen Schwimmkörper in der zu untersuchenden Flüssigkeit in der Schwebe zu halten, Bignell (1982).

Permanentmagnet-Methode Mit Hilfe einer Waage, an der ein Bügel mit einem Permanentmagneten hängt, wird die Kraft bestimmt, die erforderlich ist, um einen magnetischen Schwimmkörper in einer Flüssigkeit unterzutauchen.

Der die Flüssigkeit und den Schwimmkörper enthaltende – von dem Bügel umschlossene – Behälter wird mittels einer vertikalen Verschiebevorrichtung zunächst so weit abgesenkt, daß der Schwimmkörper nach unten – auf den Behälterboden – gezogen wird. Dann wird der Behälter langsam nach oben bewegt, wobei die Wägewerte kontinuierlich ansteigen, bis der Schwimmkörper vom Behälterboden abhebt. Wurde die Waage auf Null tariert, bevor der Schwimmkörper in den Behälter eingebracht wurde, so ergibt sich die Dichte der Flüssigkeit aus dem letzten Wägewert W vor dem Abheben zu

$$\varrho = \varrho_S - W(1 - \varrho_L/\varrho_G)/V_S$$

wobei ϱ_S und V_S die Dichte und das Volumen des Schwimmkörpers, ϱ_L die Luftdichte und ϱ_G die Dichte der (Justier-)Gewichtstücke der Waage bedeuten. Da der Behälter verschlossen werden kann, lassen sich Dichtebestimmungen auch bei höheren Temperaturen und Drücken durchführen, Bettin u. a. (1991).

3.2.2.2 Thermische Ausdehnung

Da sich mit einem Pyknometer die Dichte einer Flüssigkeit bei verschiedenen Temperaturen ermitteln läßt, kann die thermische Ausdehnung einer Flüssigkeit prinzipiell mit jedem Pyknometer bestimmt werden. Zu berücksichtigen ist in jedem Fall die Ausdehnung des Pyknometer(glase)s.

Spezielle Dilatometer-Pyknometer erlauben genauere Messungen. Werden Pyknometer vom Reischauer-Typ (s. Fig. 3.22) mit einer längeren Kapillare gefertigt, so läßt sich die Volumenänderung direkt an der angebrachten Volumenskale verfolgen. Enthält die Kapillare Erweiterungen, so können größere Temperaturbereiche überbrückt werden. Die Volumenskale sollte möglichst vor dem Ansetzen der Kapillare an den Pyknometerkörper durch Wägung mit Quecksilber kalibriert werden, andernfalls ist sie durch Wägung des fertigen Pyknometers mit Hilfe einer Wasserfüllung zu kalibrieren.

Pyknometer vom Sprengel-Typ (s. Fig. 3.22) lassen sich ebenfalls als Dilatometer benutzen, wenn bei der Fertigung das Kapillarrohrende nach unten gebogen und zu einer Spitze ausgezogen sowie der Einfüllstutzen verschließbar gemacht wurden. Nach Füllen der Kapillare mit Quecksilber wird der Pyknometerkörper mit der zu untersuchenden Flüssigkeit gefüllt und verschlossen. Bei Erwärmung tritt aus der Kapillarspitze Quecksilber aus, das gewogen wird. Aus der Wägung und der Dichte des Quecksilbers (s. Tab. T 3.07 in Band 3) ergibt sich das gesuchte verdrängte Volumen, Pesce u. Hölemann (1934), Takenaka u. Masui (1990).

3.2.2.3 Kompressibilität (G. Klingenberg)

Die isotherme Kompressibilität $\varkappa_T$ nach Gl. (3.36), vgl. **3.2.1.3**, wird vorzugsweise mit Piezometern gemessen. Dies sind Gefäße, die die zu untersuchende Flüssigkeit aufnehmen, in eine Druckzelle eingebaut werden und eine gute Druckübertragung zwischen dem Druckübertragungsmedium und der Flüssigkeitsprobe gewährleisten. Die Volumenänderung der Probe wird relativ zu der des Piezometers bestimmt. Daher muß die Volumenänderung des Piezometers unter Druck bekannt sein. Für Messungen geringerer Genauigkeit ist es ausreichend, sie mit Hilfe der Elastizitätstheorie aus den Materialkonstanten zu berechnen, vgl. z. B. Verbeke u. Van Itterbeek (1965) sowie den Übersichtsartikel von Whalley (1975). Hat das Piezometer die Gestalt eines freien, langen zylindrischen Rohres, wirkt von außen der Druck p_a und im Innenraum der Druck p_i, so ergibt sich für die relative Volumenänderung des Piezometerinnenraumes (Außenradius r_a, Innenradius r_i, Elastizitätsmodul E, Poissonzahl μ):

$$\frac{\Delta V}{V} = 3\,\frac{1-2\mu}{E}\,\frac{r_i^2 p_i - r_a^2 p_a}{r_a^2 - r_i^2} + 2\,\frac{1+\mu}{E}\,\frac{r_i^2}{r_a^2 - r_i^2}\,(p_i - p_a) \qquad (3.38)$$

Nur für den Fall $p_i = p_a = p$ verschwindet der zweite Summand und in Gl. (3.38) tritt als einzige elastische Kenngröße der Kompressionsmodul des Piezometergefäßes auf:

$$\frac{\Delta V}{V} = -\frac{1}{K}p$$

Für Präzisionsmessungen sind Piezometer entsprechend den Angaben des Herstellers sorgfältig zu altern. Bei der Druckalterung muß mindestens der höchste Meßdruck erreicht werden. Außerdem ist das Piezometer mit einer Referenzsubstanz wie Wasser oder Quecksilber (Tab. T 3.10 und T 3.08

in Band 3) zu kalibrieren. Auch Metalle, z. B. Eisen, können als Referenzmaterial dienen, vorausgesetzt, sie füllen das Piezometer weitgehend aus. Andererseits folgt hieraus, daß mit Piezometern auch die Kompressibilität von Festkörpern gemessen werden kann. Es ist wichtig, das Piezometer vollständig mit der zu untersuchenden Flüssigkeit zu füllen. Der Einschluß einer Gasblase mit der Kompressibilität $\varkappa_G$, die den Volumenbruchteil x des Piezometers ausfüllt, führt zu wesentlich größeren Kompressibilitätswerten $\varkappa$ als für die Flüssigkeit ($\varkappa_F$):

$$\varkappa = \varkappa_F + x(\varkappa_G - \varkappa_F)$$

Da die Kompression einer Flüssigkeit eine Temperaturänderung - zumeist eine Erhöhung - bewirkt, muß für die Messung isothermer Kompressibililtäten so lange gewartet werden, bis sich der Gleichgewichtszustand eingestellt hat.

Piezometer mit Kapillare zur direkten Beobachtung Bei Piezometern mit einer Präzisionskapillare aus Glas kann die Volumenänderung als Verschiebung des Meniskus durch ein Fenster oder Glasrohr der Druckzelle anhand einer Teilung oder mittels eines Kathetometers gemessen werden. Die Kompressibilität von Wasser wurde so für Drücke bis 15 bar auf 1 bis $2 \cdot 10^{-7}\,\text{bar}^{-1}$ genau bestimmt, Millero u. a. (1969).

Piezometer mit Kontakten Das Druckübertragungsmedium ist hier Quecksilber. In die Kapillare oder ein Meßrohr mit periodisch variablem Querschnitt sind Platinkontakte eingeschmolzen. Die Verschiebung des Quecksilbers wird mit Hilfe einer Widerstandsmessung ermittelt. Im Bereich bis 100 bar haben so Holder u. Whalley (1962) die Kompressibilität einiger Flüssigkeiten mit einer Unsicherheit von wenigen $10^{-7}\,\text{bar}^{-1}$ bestimmt.

Piezometer mit Differentialtransformator Das Piezometer besteht aus Edelstahl, Druckübertragungsmittel ist Quecksilber. Im senkrecht angeordneten Meßrohr schwimmt auf der Quecksilberoberfläche eine Stahlkugel, deren Lage mit einem Differentialtransformator auf 25 µm genau bestimmt wird. Die Grenze zu hohen Drücken hin ist durch die Quecksilbererstarrungskurve (etwa 7,6 kbar bei 0°C) gegeben, vgl. Doolittle u. a. (1960) und Grindley u. Lind (1971).

Piezometer mit Kondensator Die Kapillare des Piezometers aus Glas oder Quarzglas ist mit einem Metallfilm beschichtet. Aus der Kapazität zwischen Metallfilm und Quecksilber wird auf die Lage des Meniskus geschlossen. Da keine elektrischen Durchführungen am Piezometer nötig sind, kann bis zu einem Druck von etwa 10 kbar gemessen werden, Whalley (1975).

Piezometer mit Kolben Die Volumenänderung wird aus der Verschiebung eines Kolbens ermittelt, der die zu untersuchende Flüssigkeit vom Druckübertragungsmedium trennt, Bridgman (1952). Die Kolbenverschiebung kann z. B. elektrisch gemessen werden. Nachteilig ist die Reibung zwischen Kolben und Zylinder.

Piezometer mit Wellrohrfeder Die zu untersuchende Flüssigkeit befindet sich in einer Wellrohrfeder geringer Eigensteifigkeit, die an beiden Enden verschlossen ist. Die Volumenänderung der Flüssigkeit führt zu einer Längenänderung der Wellrohrfeder, die mit Hilfe eines Potentiometers oder eines Differentialtransformators gemessen wird, Boelhouwer (1960), Shakhovskoi u. a. (1962). Vorteilhaft bei dieser Methode ist, daß es zu keinem Kontakt zwischen dem Druckübertragungsmedium und der Flüssigkeit kommt. Wird die Längenänderung der Wellrohrfeder geeignet kompensiert, so lassen sich relative Unsicherheiten der Dichte von $2 \cdot 10^{-5}$ erreichen, sofern das Piezometer mit einer Flüssigkeit bekannter Kompressibilität kalibriert wird, Whalley (1975).

Kolbenmethode Die zu untersuchende Flüssigkeit befindet sich in einem Gefäß, in das ein gedichteter Kolben hineingedrückt ist. Wirksame Kraft und Kolbenfläche ergeben den Druck. Aus der Verschiebung des (rotierenden) Kolbens bei verschiedenen Drücken kann die Kompressibilität berechnet werden. Die Verformung der druckgealterten Apparatur unter der Wirkung des Innendrucks ist zu berücksichtigen. Kompressibilitätswerte genauer als auf 1% zu messen, gestattet die Methode erst, wenn Druckstufen von etwa 1 kbar gewählt werden, es sei denn, der Kolbenquerschnitt wird sehr klein und das Gefäßvolumen extrem groß gewählt, Montgomery (1966), Hayward (1964).

Für Messungen in einem weiten Temperaturbereich (der die Kolbendichtung nicht standhielte) wird ein Gefäß konstanten Volumens hinzugeschaltet, das auf Meßtemperatur gehalten wird. Wird die Druckmessung z. B. mit einem Kolbenmanometer durchgeführt, so dient der Kolben nur noch der Bestimmung der Volumenänderung. Durch Einbau einer hydraulischen Kraftkompensation ist eine gut wiederholbare Volumeneinstellung möglich. Die zusätzliche Beaufschlagung der Meßräume mit Außendruck führt zu kleineren und besser wiederholbaren Dilatationen als bei der alleinigen Wirkung des Innendrucks. Kell u. Whalley (1965) haben so die Dichte von Wasser mit einer Reproduzierbarkeit von $7 \cdot 10^{-6}$ und einer relativen Unsicherheit von $4 \cdot 10^{-5}$ gemessen.

Wägemethode Ein Gefäß bekannten Volumens (Pyknometer, s. 3.2.2.1) wird leer und mit der Untersuchungsflüssigkeit gefüllt bei unterschiedlichen Drücken gewogen. Diese absolute Methode kann nur bei kleinen Drücken angewendet werden, da sonst die Masse des Pyknometers zu groß im Verhältnis zur Flüssigkeitsmasse wird, Bauer u. Lewin (1959).

Auftriebsmethode Eine der zahlreichen Techniken verwendet eine kleine Balkenwaage mit Massen sehr unterschiedlicher Dichte, die unter Druck abgeglichen wird. Eine andere Bauart benutzt einen γ-radioaktiven Schwimmer, dessen Position mit Hilfe eines Geigerzählers ermittelt wird, Postill u. a. (1967). Bei präzisen Messungen wird die Kraft auf einen Schwimmer mit Permanentmagnet aus dem Spulenstrom bestimmt, Fahey u. a. (1969).

Ultraschallmethode Aus Messungen der Schallgeschwindigkeit c, vgl. 3.1.1.2 und Wilson (1959), kann die adiabatische (isentrope) Kompressibilität

$$\varkappa_S = \frac{1}{\varrho c^2}$$

ermittelt werden:

$$\varrho(p_2) - \varrho(p_1) = \int_{p_1}^{p_2} \frac{1}{c^2}\,\mathrm{d}p + T \int_{p_1}^{p_2} \frac{\alpha_V}{c_p}\,\mathrm{d}p$$

(α_V thermischer Volumenausdehnungskoeffizient).

Wird die spezifische Wärmekapazität beim Überdruck p gemäß

$$c_p(T,p) = c_p(T,p=0) - T \int_0^p \frac{\partial^2 \varrho^{-1}}{\partial T^2}\,\mathrm{d}p$$

berechnet, so läßt sich durch Iteration die Dichte und damit $\varkappa_T$ mit größerer Genauigkeit angeben. Chen u. a. (1977) haben so die isotherme Kompressibilität von Wasser bei Temperaturen von 0 °C bis 100 °C und Drücken bis zu 1000 bar bestimmt. Die maximale Abweichung von den aus der Arbeit von Kell u. Whalley (1965) berechneten Werten beträgt $0{,}3 \cdot 10^{-6}\,\mathrm{bar}^{-1}$.

3.2.3 Gase (W. Blanke)

Aus den thermischen Zustandsgrößen Druck p, Temperatur T und spezifisches Volumen $v = 1/\varrho$ bzw. Molvolumen $V_m = V/n$ bildet man den Realgasfaktor

$$Z \equiv pv/RT = pV_m/R_mT$$

mit R_m als der universellen Gaskonstante und $R = R_m/M$ als der (spezifischen) Gaskonstante des Gases mit der Molmasse M. Der Realgasfaktor läßt sich als Virialzustandsgleichung

$$Z(T, V_m) = 1 + \frac{B(T)}{V_m} + \frac{C(T)}{V_m^2} + \dots$$

oder $$Z(T,p) = 1 + B'(T)p + C'(T)p^2 + \dots \qquad (3.39)$$

darstellen, sofern Druck und Dichte nicht zu hoch sind, vgl. z. B. Mason u. Spurling (1969). Die Virialkoeffizienten $B(T)$, $C(T)$, ... bzw. $B'(T)$, $C'(T)$ werden in der Regel aus Messungen der thermischen Zustandsgrößen gewonnen. Hierzu wird ein Gas in ein Meßgefäß gefüllt, dessen Temperatur oder Volumen geändert wird, so daß sich verschiedene Zustände des Gases einstellen. Für jeden Zustand sind Druck, Temperatur, Volumen und Masse des Gases zu messen, woraus Z berechnet und auf die thermische Zustandsgleichung geschlossen werden kann.

3.2.3.1 Verfahren konstanten Volumens

Die Meßeinrichtung besteht nach Fig. 3.23 aus der Meßzelle, der Druck- und Temperaturmeßeinrichtung, der Füllvorrichtung, den Gefäßen für die Massebestimmung und dem Thermostaten. Eine vorgegebene Gasmasse wird in die temperierbare Meßzelle mit

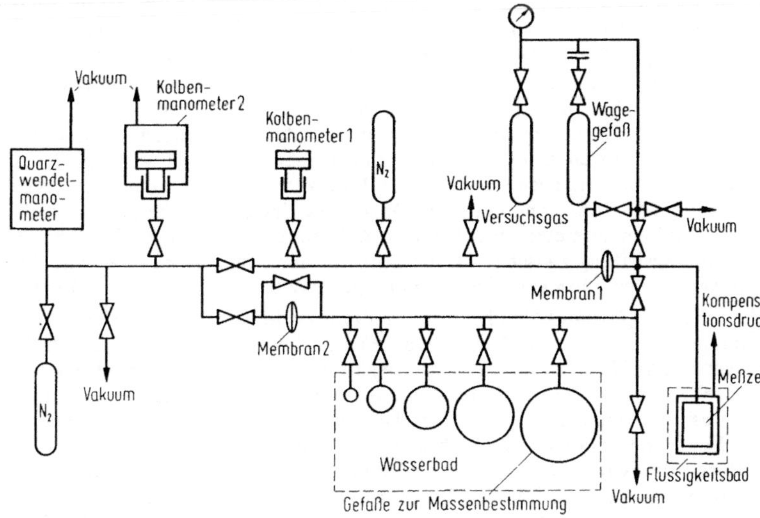

Fig. 3.23 Schema der Anlage zur pvT-Messung nach der Methode konstanten Volumens

nahezu konstantem Volumen eingefüllt, und anschließend werden bei verschiedenen Temperaturen die jeweiligen Drücke gemessen. Die Meßwerte liegen nahezu auf einer Isochore $v = \text{const}$, die im Gasgebiet, im Zweiphasengebiet oder im Flüssigkeitsgebiet verlaufen kann.

Das spezifische Volumen des Versuchsfluids läßt sich aus der Masse und dem Volumen des Fluids in der Meßzelle berechnen. Die Masse des Fluids wird meistens durch Wägung eines Vorratsbehälters vor und nach dem Überleiten des Versuchsgases in die Apparatur bestimmt. Ein weiteres Verfahren zur Masseermittlung besteht darin, daß man das Gas aus der Meßzelle in evakuierte Glasbehälter auf 0,1 MPa expandieren läßt und die Masse aus Volumen, Druck und Temperatur mit Hilfe der hier gut bekannten thermischen Zustandsgleichung berechnet. Häufig ist es auch möglich, das Fluid in der Meßzelle selbst in einen bekannten Zustand zu bringen und seine Masse aus den bekannten Zustandsgrößen zu berechnen.

Das Volumen der Meßzelle wird i. allg. durch Wägung bestimmt. Dazu wird zuerst die leere Meßzelle gewogen, anschließend mit einer Flüssigkeit gefüllt, deren Dichte gut bekannt ist, z. B. Wasser oder Quecksilber, und erneut gewogen. Das Volumen ergibt sich dann aus der Masse der Flüssigkeit und deren Dichte. Gelegentlich werden zur Volumenbestimmung auch gasvolumetrische Verfahren angewandt, bei denen das Volumen aus den thermischen Zustandsgrößen eines Gases, z. B. Helium, ermittelt wird. Bei den Messungen der Zustandsgrößen ist die thermische Ausdehnung des Gefäßes und seine Druckdehnung infolge des Innendrucks zu berücksichtigen. Für einfache zylindrische oder kugelförmige Meßzellen läßt sich die Druckdehnung aus den geometrischen Abmessungen und dem Elastizitätsmodul berechnen. Ist die Berechnung nicht möglich, so muß die Dehnung experimentell bestimmt werden, vgl. Partington (1949, S. 748). In der Apparatur nach Fig. 3.23 wird die Druckdehnung dadurch nahezu vollständig kompensiert, daß sich die Meßzelle in einem zweiten Gefäß befindet, in dem der gleiche Druck wie in der Meßzelle herrscht. In diesem Fall erübrigt sich die Bestimmung der Dehnung.

Das Versuchsfluid in der Meßzelle wird meist durch die Membran eines Differenzdruckmeßgerätes von dem Übertragungsgas im Druckmeßsystem abgegrenzt (s. **1**.7.3). Der Druck im Meßsystem wird so eingestellt, daß er gleich dem in der Meßzelle ist. Liegen die Meßtemperatur und die kritische Temperatur des Meßfluids oberhalb der Zimmertemperatur, so ist durch eine Heizung dafür zu sorgen, daß im Differenzdruckmeßgerät und in der Verbindungsleitung kein Meßfluid kondensieren kann. Es sind auch Differenzdruckmeßgeräte im Handel, deren Membran bis zu 250 °C erwärmt und daher zusammen mit der Meßzelle in den Thermostaten eingebaut werden kann, so daß sich das gesamte Meßfluid auf der gleichen Temperatur befindet.

Zur Messung des Druckes dienen je nach Druckbereich Quecksilber-U-Rohrmanometer, Kolbenmanometer und auch Quarzwendelmanometer (s. **1**.7.2). Für Messungen etwas geringerer Genauigkeit kann der Druck auch mit einem handelsüblichen Druckaufnehmer bestimmt werden, der direkt in die Meßzelle eingeschraubt wird (Temperaturbereich von etwa 0 °C bis 200 °C). Mit dem Druckmeßgerät wird der Druck an einer Bezugsfläche des Druckmeßgerätes gemessen. Sie ist beim Quecksilber-U-Rohrmanometer die Oberfläche des Quecksilbers, beim Kolbenmanometer oder Quarzwendelmanometer eine bei der Kalibrierung festgelegte Fläche. Die Gassäule in der Verbindungsleitung zwischen Druckmeßgerät und Meßzelle bewirkt eine Druckdifferenz, die zu dem gemessenen Druck addiert werden muß. Weitere Einzelheiten s. Blanke (1976).

Die Dichte $\varrho(T,p)$ des Fluids in der Meßzelle ergibt sich aus der Masse des Fluids und aus dem Volumen $V(T,p)$ der Meßzelle. Das Fluid, dessen Masse z. B. durch Wägung oder durch Expansion auf 0,1 MPa in Behältern bekannten Volumens bestimmt wurde, verteilt sich auf die Meßzelle, die Verbindungskapillare zum Differenzdruckmeßgerät und auf die Kammer dieses Gerätes. Die Masse des Gases in der Meßzelle erhält man daher, wenn man von der Gasmasse m die Masse des Gases außerhalb der Meßzelle subtrahiert. Die Masse in der Kammer des Differenzdruckindikators und in der Verbindungskapillare wird aus der nach einer Zustandsgleichung, notfalls der des idealen Gases, berechneten Dichte ϱ und den entsprechenden Volumina ermittelt, wobei die Temperatur und die Dichte des Gases in der Kapillare bei höheren Genauigkeitsansprüchen abschnittweise berechnet wird. Die Dichte des Versuchsfluids ergibt sich dann aus der Gleichung

$$\varrho(T,p) = \left[m - \varrho(T_D,p_D) \cdot V_D - \sum_{k=1}^{n} V_k \varrho_k \right] / V(T,p)$$

in der $\varrho(T_D,p_D)$ die Dichte des Gases im Differenzdruckmeßgerät, V_D das Volumen der Kammer dieses Gerätes, ϱ_k die Dichte im k-ten Abschnitt der Verbindungskapillare mit dem Volumen V_k sind.

Zur Messung der Temperatur der Meßzelle eignen sich je nach Temperaturbereich Platin-Widerstandsthermometer (**3**.1.4.2), Quarzthermometer (**3**.1.4.5) und auch Quecksilber-Glasthermometer, vgl. **3**.1.4.1.

Bei verhältnismäßig großem experimentellen Aufwand ist der Realgasfaktor $Z(v,T)$ im Gasgebiet mindestens um 0,02% unsicher. Für orientierende Messungen eignen sich Apparaturen mit elektrischen Druckaufnehmern oder Rohrfedermanometern als Druckmeßgeräte (vgl. **1**.7.4) und Flüssigkeits-Glasthermometern als Temperaturmeßgeräte. In diesem Fall beträgt die relative Meßunsicherheit des Realgasfaktors bis zu 2%. Die relativen Unsicherheiten der Meßwerte im Zweiphasengebiet und im Flüssigkeitsgebiet hängen stark von dem jeweiligen Zustandsgebiet ab, sie liegen erfahrungsgemäß zwischen 0,05% und 4% und müssen für jeden Meßwert abgeschätzt werden, Blanke (1976), Blanke u. a. (1988), Experimental Thermodynamics (1975).

3.2.3.2 Expansionsmethode

Die von Burnett (1936) angegebene Methode gestattet es, thermische Zustandsgrößen eines Gases längs einer Isotherme zu messen, ohne daß seine Masse und das Volumen des Meßgefäßes bestimmt werden müssen. Bei dieser Methode (Fig. 3.24) wird die Abhängigkeit des Drucks p von dem spezifischen Volumen v bei konstanter Temperatur T durch folgende Zustandsänderung bestimmt. Zu Beginn der Messung (Zustand 1) befindet sich das Versuchsgas im Gefäß G1; das Gefäß G2 ist evakuiert. Nach der Druck- und Temperaturmessung wird Ventil V1 geöffnet, so daß das Versuchsgas in das Gefäß G2 strömt. Nach Einstellung des Gleichgewichts (Zustand 2) werden Druck und Temperatur erneut gemessen. Wiederholt man das Evakuieren des Gefäßes G2 und das Expandieren des Gases mehrmals, so erhält man das p,v-Verhalten des Gases auf einer Isotherme aus dem Volumenverhältnis der Gefäße G1 und G2 und den gemessenen Drücken. V_1 und V_2 seien die Volumina der Gefäße G1 und G2. Zu Beginn des Experiments herrsche im System der Druck p_0, nach der ersten Expansion der Druck p_1 und nach der n-ten Expansion der Druck $p_n \cdot Z(p_n,T)$ seien die entsprechenden Realgasfaktoren. Aus der

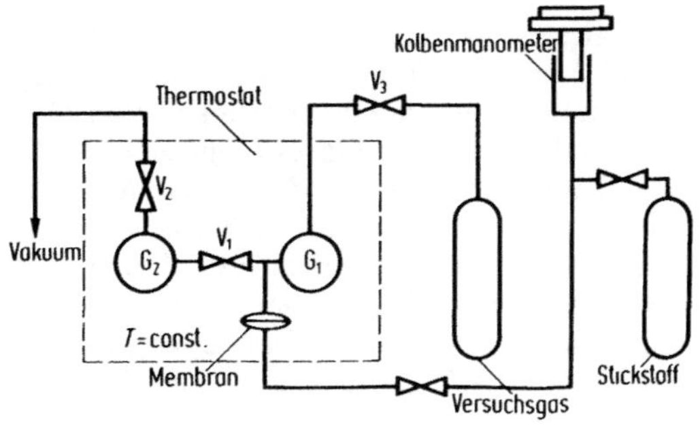

Fig. 3.24
Schema der Expansionsmethode nach Burnett

Massenbilanz bei der Expansion folgt dann

$$\frac{p_n}{p_{n-1}} = \frac{V_1 + V_2}{V_1} \frac{N(p_n, T)}{Z(p_{n-1}, T)} = N \frac{Z(p_n, T)}{Z(p_{n+1}, T)} \tag{3.40}$$

mit $N = (V_1 + V_2)/V_1$

Für kleinere Drücke gilt die Virialzustandsgleichung (3.39), die nach dem quadratischen Glied abgebrochen wird. Die Virialkoeffizienten B' und C' werden aus den Meßwerten der Expansion bei kleinen Drücken nach der Beziehung

$$\frac{1}{p_{n-1}} - \frac{1}{p_n} = B'(T)(N-1) + C'(T)(p_{n-1} + N \cdot p_n)$$

die aus Gl. (3.39) und (3.40) folgt, mit Hilfe einer Ausgleichsrechnung ermittelt. Aus Gl.(3.39) ergibt sich dann der Realgasfaktor $Z(p, T)$ für Meßpunkte bei niedrigen Drücken, anschließend werden die Realgasfaktoren der übrigen Meßwerte mit Gl. (3.40) nacheinander bestimmt, vgl. z. B. Thomas u. Zander (1980).

Das Volumenverhältnis N ist eine Gerätekonstante. Sie wird durch eine Expansions-Meßreihe an einem Gas mit gut bekanntem Zustandsverhalten, z. B. an Helium, bei verschiedenen Drücken ermittelt. Auch bei dem Expansionsverfahren müssen die in 3.2.3.1 beschriebenen Einflüsse der thermischen Ausdehnung und der Druckdehnung der Gefäße, der Druckdifferenz zwischen Druckmeßgerät und Gefäß usw. sinngemäß berücksichtigt werden.

Die relative Unsicherheit des nach der Expansionsmethode bestimmten Realgasfaktors $Z(p, T)$ beträgt etwa 0,1%. Der Vorteil dieses Verfahrens ist, daß nur das Volumenverhältnis N bestimmt zu werden braucht, nicht jedoch die Volumina selbst. Auch braucht die Masse des Versuchsgases nicht bekannt zu sein. Nachteilig ist, daß durch die Wahl des ersten Meßpunktes auf einer Isotherme die Lage der übrigen Meßpunkte festgelegt ist. Ferner vergrößern sich bei der Berechnung der Realgasfaktoren $Z(p_n, T)$ nach Gl. (3.40) die Unsicherheiten der Realgasfaktoren bei steigenden Drücken dadurch, daß in die Rechnung die Unsicherheiten sämtlicher Realgasfaktoren bei den kleineren Drücken eingehen, Burnett (1936), Thomas u. Zander (1980), Experimental Thermodynamics (1975).

3.2.3.3 Veränderliches Hochdruckvolumen

Bei diesem Verfahren wird das zu untersuchende Gas in eine zylindrische Meßzelle gefüllt, deren Volumen bei konstanter Temperatur meßbar verändert werden kann, im allgemeinen durch Hineindrücken von Quecksilber. Auf diese Weise lassen sich die Zustandsgrößen des Gases längs einer Isotherme messen. Zur Bestimmung der Masse des Gases muß für einen der Zustände der Meßreihe die Dichte des Gases bekannt sein. Während jeder Meßreihe wird mit wachsendem Druck das Volumen der Meßkammer kleiner und damit die relative Unsicherheit des Volumens größer. Folglich wächst auch die relative Unsicherheit der Dichte und somit die des Realgasfaktors mit dem Druck. Eine zusammenfassende Darstellung mit umfangreichem Schrifttum gibt Rowlinson (1958, S. 31–33), Iso u. Uematsu (1989).

3.2.3.4 Wägemethoden

Die Kolbenmethode dient insbesondere zu Präzisionsbestimmungen der Dichte im Normzustand $T_n = 273{,}15$ K und $p_n = 101{,}325$ kPa. Ein Glaskolben als Wägegefäß mit dem Innenvolumen V (etwa 1 l), der durch einen Hahn verschließbar ist, wird evakuiert, anschließend gewogen, dann auf eine vorgegebene Temperatur T thermostatisiert und bis zum Druck p mit dem Meßgas gefüllt und erneut gewogen. Bei den Wägungen ist der Einfluß des Luftauftriebs auf den Glaskolben besonders sorgfältig zu berücksichtigen, da die Auftriebskraft von der gleichen Größenordnung wie die Gewichtskraft des zu messenden Gases ist, vgl. **1**.1.4.

Da zwischen der ersten und zweiten Messung so viel Zeit vergehen kann, daß sich der Luftdruck und damit die Auftriebskraft ändert, sollte bei Wägungen mit einer Balkenwaage zum Tarieren ein geschlossener zweiter Glaskolben als Tariergefäß mit nahezu gleicher Masse und gleichem Außenvolumen V_{K2} verwendet werden. Die Masse m_{Gas} des im Wägegefäß eingeschlossenen Gases berechnet sich dann aus der Gleichung

$$m_{Gas} = m(1 - \varrho_{L2}/\varrho_M) + (V_{K1} - V_{K2} - m/\varrho_M)(\varrho_{L2} - \varrho_{L1}) + \gamma V_{K1} p$$

in der V_{K1} und V_{K2} die Außenvolumina des Wägegefäßes und des Tariergefäßes sind, m die Masse der zum Tarieren verwendeten Gewichtsstücke und ϱ_{L1} die Dichte der Luft bei der Wägung des leeren Gefäßes. Δm ist die Masse der bei der Wägung des gefüllten Gefäßes zusätzlich aufgelegten Gewichtsstücke mit der Dichte ϱ_M und ϱ_{L2} die entsprechende Dichte der Luft. γ bedeutet den Druckdehnungskoeffizienten des Wägegefäßes.

Das zur Berechnung der Gasdichte $\varrho_{Gas} = m_{Gas}/V$ benötigte Innenvolumen V des Wägegefäßes wird durch Wägung mit Wasser ermittelt, vgl. **3**.2.3.1. Bei der Messung der Dichte ist die thermische Ausdehnung des Gefäßes und die Dehnung durch den Innendruck zu berücksichtigen, vgl. **3**.2.3.1. Eine an der Außenwand des Wägegefäßes absorbierte Wasserschicht kann das Wägeergebnis stark verfälschen. Wird das Gefäß zur Temperierung in ein Wasserbad oder in Eis getaucht, so muß das Gefäß sorgfältig getrocknet werden, und man muß mehrere Stunden bis zum Wägen warten. Die Temperierung in einem Luftbad ist daher vorzuziehen. Zur Ermittlung der Dichte ϱ_n im Normzustand kann in vielen Fällen die Dichte $\varrho(T,p)$ bei einem Zustand bei Zimmertemperatur T bestimmt und anschließend nach der Beziehung

$$\varrho_n = \varrho(T,p) \frac{T \cdot p_n}{T_n \cdot p} \frac{Z(T,p)}{Z(T_n \cdot p_n)}$$

berechnet werden. Häufig gilt dabei $Z(T,p) \approx Z(T_n, p_n)$. Einzelheiten und Daten von Z enthält DIN 1871. Das hier beschriebene Verfahren eignet sich auch zur Bestimmung der Gasdichte bei großen Drücken. In diesem Fall dient als Wägegefäß ein Druckbehälter aus poliertem Edelstahl.

Auftriebsmethode In einer thermostatisierten Zelle zur Aufnahme des Versuchsfluids befindet sich ein kugelförmiger Senkkörper, der an einem Faden aufgehängt ist. Die auf den Faden wirkende, um die Auftriebskraft verminderte Gewichtskraft wird über eine magnetische Kupplung auf eine Mikrowaage übertragen. Aus den Meßwerten der Wägung sowie der bekannten Masse des Auftriebskörpers und seinem Volumen läßt sich die Auftriebskraft und damit die Dichte des Fluids berechnen. Diese Methode eignet sich sowohl zur Messung der Dichte im Gas- und Flüssigkeitsgebiet als auch zur Messung von Siede- und Taudichten in einem großen Druck- und Temperaturbereich, Kleinrahm u. Wagner (1984), Pieperbeck u. a. (1991).

3.2.3.5 Optische Methoden

Zwischen dem Brechungsindex $n(T,p)$ und der molaren Dichte $d_m(T,p)$ besteht nach der Lorentz-Lorenz-Gleichung die Beziehung

$$(n^2 - 1)/(n^2 + 2) = A_r + B_r d_m + C_r d_m^2 + \dots$$

A_r, B_r und C_r werden als optische Virialkoeffizienten bezeichnet. Aus Meßwerten des Brechungsindex lassen sich die molaren Dichten bestimmen. Einzelheiten bei Achtermann u. Baehr (1988), Bose u. a. (1986).

3.2.3.6 Vergleichsverfahren

Diese Verfahren beruhen darauf, daß sich eine physikalische Größe als Funktion der Dichte des Gases ändert, z. B. die Eigenfrequenz eines schwingenden mechanischen Systems oder die Auftriebskraft eines im Gas befindlichen Körpers. Zur Bestimmung des Zusammenhangs zwischen der gemessenen physikalischen Größe und der Dichte werden die Geräte mit einem Gas kalibriert, dessen Zustandsverhalten gut bekannt ist und das sich ähnlich verhält wie das zu untersuchende Gas. Der Anwendungsbereich dieser Geräte liegt im allgemeinen bei Temperaturen zwischen 0 °C und 60 °C und bei Drücken bis 7 MPa. Handelsübliche Meßgeräte werden von Hengstenberg u. a. (1980) beschrieben.

3.2.4 Phasengleichgewichte in Einstoffsystemen (H. K. Cammenga)

In reinen Stoffen finden Phasenumwandlungen jeweils zwischen zwei beteiligten Aggregatzuständen statt. Die wichtigsten Übergänge sind flüssig/gasförmig, fest/flüssig, fest/gasförmig und fest/fest. Letztere bezeichnet man auch als polymorphe Umwandlungen; die beteiligten kristallinen Phasen unterscheiden sich u. a. in ihren Gitterparametern. Die Thermodynamik fordert, daß bei währendem Phasengleichgewicht die beteiligten Phasen gleiche Temperatur und gleichen Druck aufweisen, die Gibbs-Energie in den beiden Phasen α und β gehorcht der Bedingung

$$G^\alpha(T,p) = G^\beta(T,p)$$

Es werden im folgenden nur Phasenumwandlungen 1. Ordnung betrachtet. Nach Ehrenfest ist bei diesen G stetig, aber die 1. und die höheren Ableitungen der Gibbs-Energie unstetig, d. h. Entropie, Enthalpie und Volumen aber auch Wärmekapazität, Ausdehnungskoeffizient und Kompressibilität weisen Sprünge auf.

Das Gibbs-Phasengesetz (historisch bedingt, aber inkorrekt, oft noch als Phasenregel bezeichnet), stellt die Beziehung her zwischen der Anzahl der voneinander unabhängigen chemischen Komponenten k eines Systems mit p Phasen und der Anzahl der noch frei wählbaren Zustandsgrößen, die man als thermodynamische Freiheitsgrade f bezeichnet:

$$f = k - p + 2 \tag{3.41}$$

Bei Einstoffsystemen ist $k = 1$. Bei $p = 2$ beteiligten Phasen besteht somit noch ein Freiheitsgrad; für Phasenumwandlungen 1. Ordnung gelten also funktionale Abhängigkeiten zwischen Gleichgewichtsdruck und Temperatur, die die Koexistenzkurven zwischen den Zustandsflächen der Einphasengebiete darstellen. Man bezeichnet sie als Dampfdruckkurve, Schmelzdruckkurve, Sublimationsdruckkurve und Umwandlungsdruckkurve. Drei Koexistenzkurven treffen sich jeweils in Tripelpunkten, deren Bedingung lautet $p = 3, f = 0$. Es handelt sich hierbei also um Stoffkonstanten. Nur die Dampfdruckkurve verläuft von einem Tripelpunkt zu einem anderen ausgezeichneten Punkt, dem kritischen Punkt.

An den Koexistenzkurven der homogenen Zustandsgebiete ändern sich jeweils die physikalischen Eigenschaften eines reinen Stoffes diskontinuierlich (s. o.), worauf viele Meßverfahren zur Bestimmung von Phasengleichgewichten beruhen. Sind noch andere Stoffe als die Hauptkomponente vorhanden („Verunreinigungen"), verschieben sich die Koexistenzkurven, d. h. Siede-/Tautemperaturen, Schmelz-/Erstarrungstemperaturen und Sublimations-/Desublimationstemperaturen werden verändert. Durch die Verfolgung von Phasengleichgewichten, insbesondere des Schmelzgleichgewichts, läßt sich daher die Reinheit von Stoffen kontrollieren und ermitteln. Wichtigste Voraussetzung für die Ermittlung von Phasengleichgewichten ist eine genaue Temperaturmessung, s. **3**.1.4.

3.2.4.1 Tripelpunkt

Oben wurde gezeigt, daß ein Stoff oft mehr als einen Tripelpunkt aufweist und zwar je nachdem, in wievielen polymorphen Kristallgittern er existieren kann. Der wichtigste Tripelpunkt ist der, bei dem die feste, flüssige und gasförmige Phase koexistieren. Wie oben erwähnt, ist er eine Stoffkonstante. Der Tripelpunkt des Wassers ist der wichtigste definierende Fixpunkt der Internationalen Temperaturskala von 1990 (ITS-90), weitere sind die von H_2, Ne, O_2, Ar, Hg. Mit Ausnahme des Wassertripelpunktes (s. **3**.1.2.2) ist die Darstellung von Tripelpunkten experimentell aufwendig. Da in den meisten Fällen nur die Schmelztemperatur unter Standarddruck („Schmelzpunkt") interessiert, errechnet man wenn nötig die Tripelpunktdaten aus den Schmelzpunktwerten für T, p mittels der Clausius-Clapeyron-Gleichung (s. **3**.2.4.2).

Nur reine kristalline Stoffe haben einen „scharfen" Schmelzpunkt. Amorphe Stoffe wie Gläser und die meisten Polymere erweichen innerhalb eines Temperaturintervalls. Manchmal ist es vorteilhaft, den Erstarrungspunkt anstelle des Schmelzpunktes zu messen. Dabei ist aber Unterkühlung zu vermeiden oder einzuschränken (z. B. durch mechanische Erregung), während eine Überhitzung bei der Schmelzpunktbestimmung kristalliner Stoffe kaum zu befürchten ist. Übersichtsartikel: Pistorius (1975), Eder (1983).

Beobachtung des Schmelzens Um das Schmelzen direkt zu beobachten, füllt man nicht zu feine Kristalle in eine einseitig verschlossene, saubere Glaskapillare („Schmelzpunktröhrchen") und erhitzt diese – zumindest in der Nähe des erwarteten Schmelzpunkts – sehr langsam und gleichmäßig in unmittelbarer Nähe eines empfindlichen kalibrierten Thermometers in einem Flüssigkeits-, Luft- oder Wirbelbett-Thermostaten. Schmelztemperaturen im Bereich von 200 bis 650 K können so direkt gemessen werden, wobei die Temperatur bei der deutlichen Ausbildung eines Meniskus abgelesen wird.

Bei sehr kleinen Probenmengen bietet sich die Beobachtung des Schmelzvorganges mit einem Heiztischmikroskop an. Nichtkubische Kristalle führen beim Aufschmelzen zwischen gekreuzten Polarisationsfiltern („depolarisiertes" Licht) zur totalen Extinktion.

Eine weitere, auch für hohe Temperaturen bis 1800 K geeignete Methode besteht darin, einen Kristall in das V der Lötstelle eines Thermoelements zu bringen und den Schmelzvorgang mit dem Mikroskop zu beobachten.

Kofler u. Kofler (1954), Welch (1961), Kuhnert-Brandstätter (1982), Hemminger u. Cammenga (1989)

Pyrometrische Methode Bei der Bestimmung von Schmelztemperaturen oberhalb 2000°C durch pyrometrische Temperaturmessung ist es wichtig, Schmelzöfen mit den Eigenschaften eines schwarzen Körpers zu benutzen, Riley (1966). Dazu wird z. B. das Präparat zwischen dem optischen Pyrometer und einem sehr engen Loch auf der entgegengesetzten Seite des Ofens angeordnet. Vor dem Schmelzen ist die Probe als helle Scheibe zu sehen, nach dem Schmelzen erscheint das Loch als dunkler Fleck. Bei elektrisch leitenden Proben kann als Indikator für das Erreichen der Schmelztemperatur auch das Aufhören eines Stromflusses herangezogen werden.

Kalorimetrische Methoden Bei diesen häufig verwendeten und genauen Methoden verfolgt man den zeitlichen Temperaturverlauf oder bei gleichzeitiger Messung der Schmelzwärme den Temperaturverlauf der zugeführten Energie. Es tritt jeweils während des Schmelzens ein Haltepunkt der Temperatur nach Fig. 3.25 auf, da die Schmelzenthalpie wesentlich größer als die Enthalpieänderung in homogenen Zustandsbereichen ist.

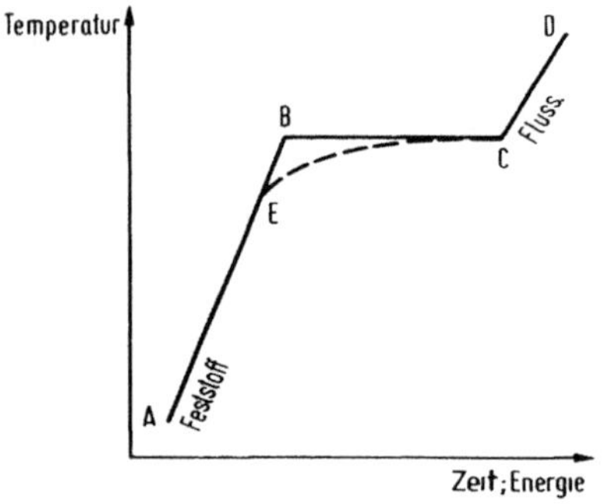

Fig. 3.25
Typische Aufschmelzkurven einer reinen (——) und einer verunreinigten (– – –) Substanz

Gewöhnlich werden elektrisch betriebene adiabatische Kalorimeter benutzt, wobei nach einem jeweiligen Heizintervall vor der Temperaturmessung thermisches Gleichgewicht abgewartet werden muß. Für sehr reine Substanzen ergibt sich der Temperaturverlauf ABCD von Fig. 3.25, bei unreinen Proben ist der Verlauf ähnlich AECD, in der gleichen Figur gestrichelt eingetragen. Mit gut kalibrierten Temperaturmeßgeräten können so Schmelzpunkte auf ±0,01 K bestimmt werden.

Für kleine Proben läßt sich die Schmelztemperatur (allerdings weniger genau) auch mit einem Dynamischen Differenz-Kalorimeter aus der Signalkurve des Aufschmelzvorganges bei kleiner Heizrate ermitteln. Analoges gilt für die Siedetemperaturen von Flüssigkeiten.

Hemminger u. Cammenga (1989)

3.2.4.2 Sublimationsdruckkurve

Die Abhängigkeit des Sublimations- und analog des Dampfdruckes von der Temperatur T ist durch die Gleichung von Clausius-Clapeyron gegeben

$$\frac{\mathrm{d}p_s}{\mathrm{d}T} = \frac{\Delta_{\mathrm{sub}}H}{T(V_s - V_s)}$$

wobei $\Delta_{sub}H$ die stoffmengenbezogene Sublimationsenthalpie bei der Temperatur T sowie V_g und V_s die stoffmengenbezogenen Volumina der gasförmigen und der kristallinen Phase bedeuten. Unter Vernachlässigung von V_s gegenüber V_g und der Temperaturabhängigkeit von $\Delta_{sub}H$ sowie der Annahme der Gültigkeit des idealen Gasgesetzes für den Dampf folgt die einfache Gleichung

$$\ln \frac{p_s}{p_{s0}} = \frac{\Delta_{sub}H_{T_0}}{RT_0}\left(1 - \frac{T_0}{T}\right) = c_1 - \frac{c_2}{T} \tag{3.42}$$

Danach ist die Sublimationsdruckkurve in der Darstellung $\ln(p_s/p_{s0})$ über $1/T$ linear, was aber wegen der o. a. vereinfachenden Annahmen sich nur abschnittsweise bestätigt. Über ein größeres Temperaturintervall lassen sich Sublimations-/Dampfdruckkurven durch die empirische Antoine-Gleichung wiedergeben

$$\ln \frac{p_s}{\text{Pa}} = \text{A} + \frac{\text{B}}{\vartheta/°\text{C} + \text{C}}$$

die die drei anzupassenden Konstanten A, B, C enthält.

Sublimations-/Dampfdruckmessungen lassen sich mit statischen oder dynamischen Methoden durchführen. Bei ersteren wird im Gleichgewichtszustand gemessen, bei letzteren so im stationären Zustand, daß man sicher auf die Werte im Gleichgewichtszustand zurückschließen kann. Es ist leicht einzusehen, daß im zweiten Fall noch mehr als im ersten eine exakte Temperaturmessung nahe der Phasengrenze der koexistierenden Phasen von größter Wichtigkeit ist.

Ambrose (1975), Eder (1983), Cooper u. Stranks (1966), Thomson u. Douslin (1971)

Weil sie in der Regel wesentlich kleiner sind, lassen sich Sublimationsdrücke noch schwerer messen als Dampfdrücke. Im Festkörper eingeschlossene Gase können zu scheinbar zu hohen Sublimationsdrücken führen, während vorhandene schwerflüchtige Verunreinigungen den Dampfdruck erniedrigen und bei dynamischen Meßverfahren (mit kontinuierlicher Sublimation) sich auch noch in der Oberfläche anreichern und das Abdampfen behindern.

Für nicht-korrosive Festkörper (Molekülkristalle, organische Stoffe) lassen sich im Temperaturbereich von 0 bis 300°C Sublimationsdrücke mittels kapazitiver Membrandruckaufnehmer, z. B. MKS Baratron, messen. Die mit Aufwand erzielbare Genauigkeit beträgt etwa 0,1% in p_s.

Schulze (1980), De Kruif u. a. (1981)

Höhere Sublimationsdrücke, auch von korrosiven Stoffen, lassen sich mit Quarzspiral-Manometern bestimmen, die i. allg. im Kompensationsmodus betrieben werden, d. h. man kompensiert den zu messenden Druck durch einen entgegengesetzten gleichen Druck eines von außen wirkenden Inertgases (dessen Druck mit konventionellen Manometern oder einer Druckwaage bestimmt wird) und betreibt das Quarzspiralmanometer als Nullinstrument.

Strömungsmethoden Bei der Überführungs- oder Gassättigungsmethode leitet man einen Strom trockenen, gereinigten Inertgases mit kleiner, konstant gehaltener Strömungsgeschwindigkeit durch/über die großflächig verteilte Flüssigkeits- oder Feststoffprobe, deren Dampfdruck gemessen werden soll. Je nach Strömungsgeschwindigkeit des Inertgases stellt sich p_s als Partialdruck im Gasstrom mehr oder weniger vollständig ein. Die übergeführte Stoffmenge n_V der verdampften Substanz muß durch Auskondensieren in einer Kühlfalle oder in einem Gefäß mit Absorptionsmittel aus dem Gasstrom mit der Stoffmenge n_G entfernt und gemessen werden. Es gilt

$$\frac{p_s}{p} = \frac{n_V}{n_V + n_G}$$

mit p als Gesamtdruck. Kontinuierliche gaschromatographische oder spektrophotometrische Analyse des beladenen Gasstroms ist ebenfalls möglich. Wesentliche Voraussetzungen für die Erzielung verläßlicher Werte von p_s sind: konstanter, bekannter Gasvolumenstrom und dessen vollständige Sättigung (ggf. durch Variation der Durchflußrate kontrollieren) und quantitative Bestimmung der überführten Stoffmenge. Die Funktionstüchtigkeit der Apparatur sollte mit einem Kalibriermaterial, z. B. Naphthalin, geprüft werden.

Gaskinetische Methoden (Fig. 3.26) Für Sublimationsdruckmessungen sind gaskinetische Methoden oft vorteilhaft einsetzbar. Die freie Weglänge verdampfender Moleküle wird bei kleinen Drücken relativ zu den Apparatedimensionen sehr groß, so daß eine Rückkondensation auf der Substanzoberfläche unwahrscheinlich ist, wenn in gewissem Abstand von der Probe eine Kondensations-/Absorptionsfläche angeordnet wird. Die in der Zeit t verdampfte Probenmasse m wird bestimmt z. B. durch Differenzwägung der Probe oder quantitative Bestimmung des kondensierten Dampfes (analytisch-chemisch, spektralphotometrisch, radiochemisch bei Einsatz von Tracern u. a. m.). Bei dieser auf Langmuir zurückgehenden Methode ist der Dampfdruck zu berechnen nach

$$p_s = \frac{m}{\alpha A t} \sqrt{\frac{2\pi R T}{M}} \tag{3.43}$$

mit der Probenoberfläche A, der absoluten Temperatur T der Oberfläche, der stoffmengenbezogenen Masse M und dem Verdampfungskoeffizienten α als einem Korrekturfaktor. Meßunsicherhei-

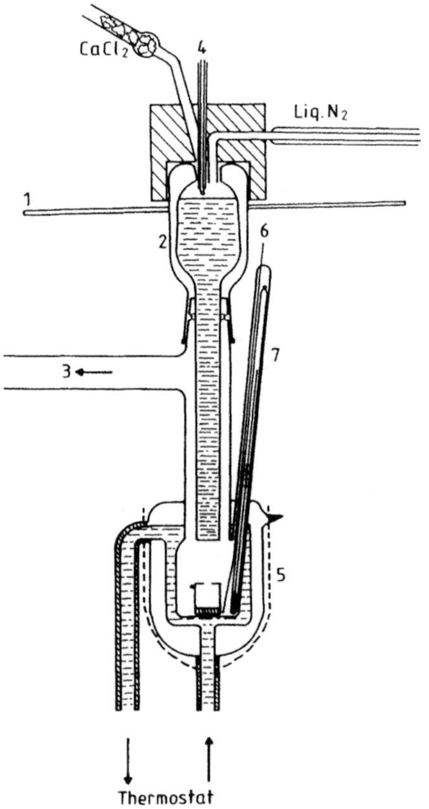

Fig. 3.26
Apparatur zur Sublimationsdruckmessung nach gaskinetischen Methoden, Cammenga u. a. (1977)
1 Thermische Abschirmung, 2 versilberter Kondensor mit Flüssigstickstoff, 3 Verbindung zu Hochvakuumpumpe, Manometer und Kühlfallen, 4 NTC-Widerstand für Füllstandskontrolle, 5 Vakuum-Mantel und Strahlungsschild, 6 Thermoelement, 7 Präzisionsthermometer

ten können u. a. auftreten durch Abkühlung der Oberfläche, Anreicherung schwer flüchtiger Verunreinigungen in der Substanzoberfläche und unzureichende Dampfkondensation.

Eine weitere, ähnliche gaskinetische Meßmethode stammt von Knudsen. Die Probe befindet sich in einem beheizbaren Tiegel („Effusionszelle"), der durch eine dünne Folie mit kleiner Öffnung verschlossen ist. Der Dampf effundiert aus der Öffnung der Fläche A ins umgebende Vakuum und wird dort kondensiert/sorbiert. p_s errechnet sich nach Gl. (3.43), wenn man in dieser α durch W, den sog. Clausingfaktor (= Durchtrittswahrscheinlichkeit) der Öffnung ersetzt. W läßt sich aus der Lochgeometrie errechnen.

Cammenga u. a. (1977)

3.2.4.3 Schmelzdruckkurve

Wie alle Phasenumwandlungen 1. Ordnung folgt auch die Schmelzdruckkurve der Clausius-Clapeyron-Gleichung, in der hierbei die Schmelzenthalpie $\Delta_{fus}H$ und die stoffmengenbezogenen Volumina V_{lq} der flüssigen und V_s der festen Phase des interessierenden Stoffes auftreten. Diese Gleichung kann jeweils zur Berechnung gesuchter Größen dienen, indem die übrigen experimentell bestimmt und/oder der Literatur entnommen werden. So läßt sich beispielsweise die Schmelzenthalpie aus den nicht-kalorischen Daten dp/dT, T, V_{lq} und V_s ermitteln.

Der Druckeinfluß auf die Schmelztemperatur wird in Autoklaven ermittelt, die elektrisch geheizt werden oder sich in einem Thermostaten befinden. Das Erreichen der Schmelztemperatur gibt sich in einer Diskontinuität der p, T-Aufheizkurve zu erkennen.

Es gibt auch Dynamische Differenz-Kalorimeter, die unter erhöhten Drücken betrieben werden können, wodurch Messungen entlang der Schmelzdruckkurve (jedenfalls bei mäßigen Drücken) wesentlich vereinfacht worden sind. Analoges gilt für fest/fest-Umwandlungen unter Druck.

Eder (1983)

3.2.4.4 Dampfdruckkurve

Auch hierfür gilt die Clausius-Clapeyron-Gleichung, in diesem Falle mit den stoffmengenbezogenen Größen Verdampfungsenthalpie $\Delta_{vap}H$ und den Volumina V_g und V_{lq} und entsprechend eine zu Gl. (3.42) analoge Dampfdruckgleichung.

Für kleine Dampfdrücke werden ebenfalls die unter 3.2.4.2 beschriebenen Methoden angewendet. Höhere Dampfdrücke lassen sich analog zu dem dort beschriebenen Kompensationsverfahren messen, wobei als Druckmeßinstrumente Quecksilber-, Membran- oder Spiralmanometer Verwendung finden können. Das Prinzip einer solchen Apparatur ist in Fig. 3.27 schematisch dargestellt. Sie besteht aus dem Gleichgewichtskolben 1 mit der Meßprobe, dem Nullmanometer 2 und dem Meßmanometer 3. 1 und 2 befinden sich, einschließlich der verbindenden Rohrleitungen, im Thermostaten 4 auf konstanter Temperatur. Zunächst wird die Apparatur über das Ventil 5 evakuiert und die Meßprobe in 1 entgast. In hartnäckigen Fällen muß man gelöste Gase durch wiederholte Einfrier-Abpump-Auftau-Zyklen austreiben. Nach Einstellung des Gleichgewichtszustandes läßt man durch 7 dann vorsichtig so lange trockene Luft in die Apparatur, bis das Nullmanometer Druckgleichheit anzeigt. Nunmehr kann der Druck am Manometer 3 abgelesen werden. Wenn nur kleine Stoffmengen zur Verfügung stehen, lassen sich oft vorteilhaft schwenkbare, verkürzte U-Rohr-Manometer mit Ausgasungsmöglichkeit sowie Sperrmanometer einsetzen, Cordes u. Cammenga (1965).

Isoteniskop Im Isoteniskop nach Smith u. Menzies (1910a) dient die flüssige Meßsubstanz selbst als Sperr- und Hilfsmanometerflüssigkeit, Fig. 3.28. Die Flüssigkeit

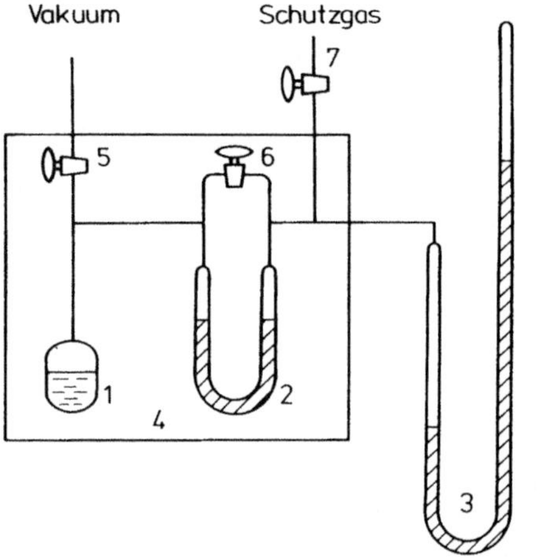

Fig. 3.27 Schema einer Apparatur zur statischen Dampfdruckmessung nach Ambrose (1975)
1 Gleichgewichtskolben mit entgaster Substanz, 2 Nullmanometer (Manometer mit Sperrflüssigkeit oder kapazitives Membranmanometer), 3 Meßmanometer, 4 Thermostat, 5, 6, 7 Ventile oder Hähne

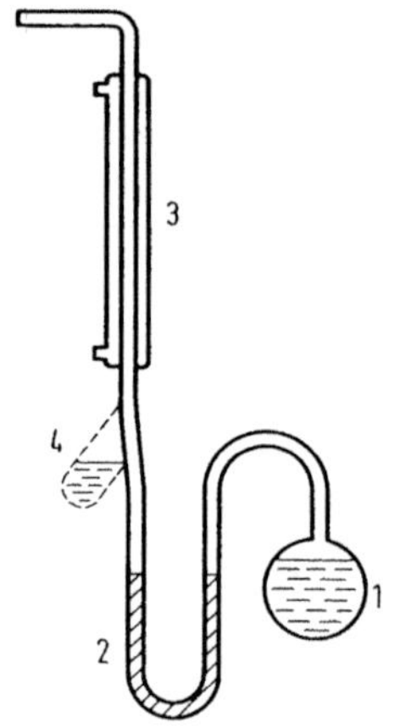

Fig. 3.28 Isoteniskop nach Smith u. Menzies (1910a)
1 Kolben mit Meßflüssigkeit, 2 U-Rohr (Hilfsmanometer), 3 Kondensor, 4 Reservoir für Sperrflüssigkeit (nur bei Sublimationsdruckmessungen)

wird in die Meßzelle 1 eingefüllt, das Isoteniskop in einem Durchsichtthermostaten angebracht und an ein Hilfsvakuumsystem oder Druckmeßsystem mit trockenem Inertgas (ggf. Luft) angeschlossen. Man bringt durch Anlegen von Unterdruck die Flüssigkeit vorsichtig mehrfach zum Sieden, so daß sie entgast. Die dabei teilweise verdampfende Meßflüssigkeit kondensiert im Kondensor 3 und läuft in das U-Rohr 2 zurück. Ist dieses hinreichend gefüllt, wird die Temperatur langsam erniedrigt oder der Inertgasdruck im System vorsichtig erhöht, bis das Sieden gerade aufhört und die Flüssigkeit in beiden Schenkeln des U-Rohrs gleich hoch steht. Der zur Meßtemperatur gehörige Dampfdruck ist dann gleich dem gemessenen Gasdruck plus dem hydrostatischen Druck entsprechend der Höhendifferenz der Menisken im U-Rohr.

Zu den statischen Dampfdruckmeßmethoden gehören auch die p, v, T-Meßverfahren, die meist bei höheren Drücken im Zusammenhang mit p, v, T-Messungen in den homogenen Zustandsgebieten angewendet werden, s. **3**.2.3.

Dynamische Methoden Bei den dynamischen Methoden wird fortlaufend Flüssigkeit verdampft und der entstandene Dampf wieder kondensiert, wobei die Siede- und die Kondensationstemperatur (oder nur die letztere) bei vorgegebenem Druck gemessen werden. Die Temperaturmessung ist bei den dynamischen Methoden problematisch, da in der siedenden Flüssigkeit i. allg. Überhitzung auftritt, und die Kondensationstemperatur nur im Falle reiner Substanzen mit der Siedetemperatur übereinstimmt. Zur Konstanthaltung und Messung des Druckes muß wieder ein Druckhaltesystem verwendet werden.

Es gibt auch Dynamische Differenz-Kalorimeter, die auch bei wesentlich tieferen oder höheren Drücken als dem Umgebungsdruck betrieben werden können. Hiermit lassen sich auch für eine kleine Substanzmenge p_s, T-Wertepaare ermitteln. Dazu wird die

Flüssigkeit in einem kleinen Tiegel, der bis auf eine enge Öffnung im Deckel hermetisch verschlossen ist, bei vorgegebenem, konstantem Inertgasdruck langsam aufgeheizt. Beginnendes Sieden macht sich durch ein steil ansteigendes, endothermes Signal in der aufgezeichneten Wärmestromkurve des Kalorimeters bemerkbar. Der Schnittpunkt der Anstiegstangente des Signals mit der Basislinie ergibt die Siedetemperatur der Flüssigkeit, der vorgegebene Inertgasdruck ist gleich dem Dampfdruck bei dieser Temperatur.

Hemminger u. Cammenga (1989)

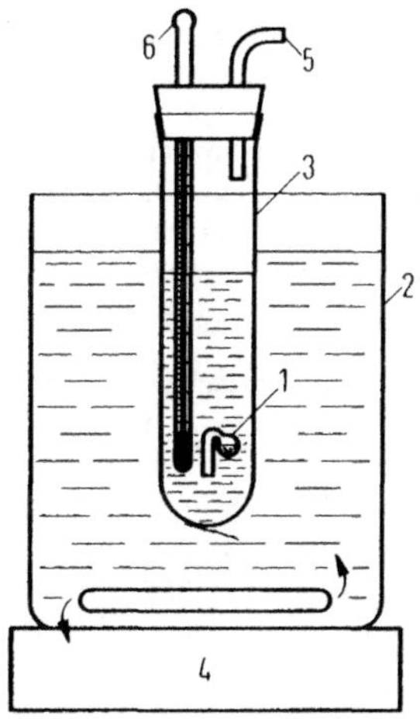

Fig. 3.29
Siedepunktsapparatur für kleine Substanzmengen
1 Kölbchen mit Meßflüssigkeit, 2 Thermostat, 3 Zylinder mit Sperrflüssigkeit, 4 Magnetrührer, 5 Manostatanschluß, 6 Thermometer

Eine einfache Methode für kleine Substanzmengen stammt von Smith u. Menzies (1910b), vgl. Fig. 3.29. Die Probe befindet sich im Kölbchen 1, das in eine Sperrflüssigkeit eintaucht, in der die Probe unlöslich ist. Zunächst wird bei erhöhter Temperatur alle Luft aus dem Kölbchen vertrieben und anschließend der gewünschte Druck über den Anschluß 5 eingestellt. Beim langsamen Aufheizen ist die Siedetemperatur dann erreicht, wenn Dampfblasen aus der Kapillare des Kölbchens 1 austreten. Der hydrostatische Druck der Badflüssigkeit über der Kapillaröffnung muß entsprechend berücksichtigt werden. Eine verbesserte Ausführung dieser Apparatur bezeichnet man als dynamisches Isoteniskop.

3.2.4.5 Kritischer Punkt

Die kritische Isotherme hat im p, V-Diagramm im kritischen Punkt eine waagerechte Wendetangente, so daß sich aus p, v, T-Messungen im kritischen Gebiet prinzipiell die kritischen Größen bestimmen lassen. Die Messung kritischer Größen ist erschwert wegen des Feldcharakters des kritischen Zustands (Phasenübergang 2. Ordnung), vgl. Levelt-Sengers (1975), und des merklichen Einflusses des Gravitationsfeldes, Straub (1967).

Optische Meßmethode Eine direkte Methode zur näherungsweisen Messung der kritischen Temperatur und der Koexistenzkurve im kritischen Gebiet ist die Beobachtung des Verschwindens des Meniskus (Phasengrenze) zwischen Gas und Flüssigkeit. Man füllt dazu eine Reihe von dickwandigen Glasbehältern mit angesetzter Kapillare mit verschiedenen Mengen an Versuchsflüssigkeit, evakuiert diese Gefäße, bis alle Inertgase entfernt sind, und schmilzt die Kapillare zu. Die Substanzmengen und Volumina müssen so bemessen sein, daß die Dichten in der Nähe der kritischen Dichte liegen. Die

Meßgefäße werden in einem Thermostat mit Sichtfenster in der Nähe der kritischen Temperatur langsam aufgeheizt und abgekühlt, wobei das Verschwinden und Wiedererscheinen des Meniskus beobachtet wird. Die kritische Temperatur ist mit der Probenfüllung am sichersten zu ermitteln, bei der der Meniskus in der Mitte der Kapillare verschwindet. Die direkte Beobachtung kann auch durch Messung der Brechzahl ersetzt werden, Schmidt u. Thomas (1954).

Bei einer sorgfältigen Kalibrierung des Meßvolumens und genauen Wägung der Substanzmenge läßt sich so gleichzeitig auch die kritische Dichte bestimmen. Bei anderen Dichten als der kritischen verschwindet der Meniskus am oberen oder unteren Ende der Kapillare, wodurch Meßpunkte der orthobaren Dichten gewonnen werden. Verbindet man außerdem das Meßgefäß über einen etwa 10 m langen Quecksilberfaden mit einer Druckmeßvorrichtung, dann kann neben der kritischen Temperatur und der kritischen Dichte auch der kritische Druck gemessen werden. Diese Messungen erfordern bei unbekannten kritischen Daten einen relativ großen Aufwand, da man durch Probieren die Füllung mit der kritischen Dichte ermitteln muß.

Cook (1953), Eucken u. Suhrmann (1964)

Graphische Ermittlung des kritischen Drucks und der kritischen Dichte Mit bekannter kritischer Temperatur T_k lassen sich der kritische Druck p_k und die kritische Dichte ϱ_k mit guter Näherung graphisch bestimmen. Der kritische Druck folgt aus der linearen Extrapolation der gemessenen Dampfdruckkurve in der Nähe des kritischen Zustandes im $\ln p, 1/T$-Diagramm durch Schnitt mit T_k. Zur Bestimmung der kritischen Dichte trägt man die orthobaren Dichten möglichst auch bis zu hohen Temperaturen über der Siedetemperatur auf und extrapoliert die fast gerade Verbindungslinie der arithmetischen Mittelwerte einander entsprechender Sättigungsdichten von Dampf und Flüssigkeit bis zur kritischen Dichte, Mathias u. Kamerlingh-Onnes (1911).

Kobe u. Lynn (1953), Maass u. Barnes (1926), Eder (1983)

3.2.5 Phasengleichgewichte in Mehrstoffsystemen (H. K. Cammenga)

Eine Mischung ist eine beliebige homogene Phase, die mehr als eine Komponente enthält. Flüssige oder feste Mischphasen, bei denen eine Komponente („Lösemittel, Solvens") gegenüber den anderen („gelöste Stoffe, Solvenda") eine Sonderstellung einnimmt (z. B. durch großen Überschuß, einen anderen Aggregatzustand oder die Wahl des Standardzustandes), heißen auch Lösungen. Das Lösemittel enthält den Index 1.

Für Gleichgewichte in heterogenen Mehrstoffsystemen ist die i. allg. unterschiedliche Zusammensetzung der koexistierenden Phasen charakteristisch. Ausnahmen bilden z. B. azeotrop siedende Gemische, die im Flüssigkeit-/Dampf-Gleichgewicht jeweils gleiche Zusammensetzung in beiden Phasen aufweisen, also wie reine Stoffe verdampfen und kondensieren. Bei Mehrstoffsystemen gibt es neben den Gleichgewichten zwischen Phasen unterschiedlichen Aggregatzustandes auch solche zwischen Phasen gleichen Aggregatzustandes, also fest/fest-Gleichgewichte, flüssig/flüssig-Gleichgewichte und gasförmig/gasförmig-Gleichgewichte. Letztere treten im fluiden Zustandsgebiet oberhalb des kritischen Zustandes des Flüssigkeit-/Dampf-Gleichgewichts auf.

Kortüm u. Lachmann (1981), Prausnitz (1969), Prigogine u. Defay (1962), Tsiklis (1972)

3.2.5.1 Verdünnte binäre Gemische

Für das Flüssigkeit-/Dampf-Gleichgewicht der binären ideal verdünnten Lösung einer gelösten Komponente 2, deren eigener Dampfdruck bei gleicher Temperatur vernachlässigbar klein ist, gilt das Raoult-Gesetz

$$\frac{p_{s1} - p_1}{p_{s1}} = \frac{\Delta p}{p_{s1}} = 1 - x_1 = x_2 = \frac{n_2}{n_1 + n_2}$$

Der Dampfdruck p_{s1} des reinen Lösemittels 1 wird also durch das Vorhandensein des gelösten Stoffes 2 auf einen Druck p_1 über der Lösung erniedrigt. In ideal verdünnten Lösungen ist demnach nur die Teilchenzahl, nicht ihre Art, von Bedeutung. Bei Lösungen dissoziierender Stoffe gilt, wenn jedes Molekül in z Ionen (oder andere Spezies) zerfällt

$$n_2 = n_{02}\,[1 + (z - 1)\alpha]$$

mit der Stoffmenge n_{02} des undissoziierten Stoffes 2 (Einwaagemenge) und dem Dissoziationsgrad α. Assoziieren hingegen jeweils z Moleküle entsprechend einem Assoziationsgrad β, so gilt

$$n_2 = n_{02}\left[1 - \beta\left(1 - \frac{1}{z}\right)\right]$$

Der Dampfdruckerniedrigung Δp entspricht eine Siedetemperaturerhöhung und eine Gefriertemperaturerniedrigung, vgl. Fig. 3.30. Man bezeichnet diese miteinander verbundenen Vorgänge auch als „kolligative" Eigenschaften. Zu diesen gehört auch noch der osmotische Druck. Für die Siedetemperaturerhöhung erhält man

$$\Delta T_s = T - T_{s1} = \frac{R T_{s1}^2}{\Delta_{vap} H_1} x_2 = \Theta x_2 \qquad (3.44)$$

mit der stoffmengenbezogenen Verdampfungsenthalpie des Lösemittels. Historisch bedingt bezeichnet man Θ auch als ebullioskopische Konstante. Bei verdünnten Lösungen ist $x_2 \cong n_2/n_1$, so daß aus Gl. (3.44) folgt

$$\Delta T_s = \frac{R T_{s1}^2 M_1 m_2}{\Delta_{vap} H_1 M_2 m_1}$$

Hierin bedeuten m_i die Masse (Einwaage) und M_i die stoffmengenbezogene Masse (Molmasse) der Komponente i. Die Gefriertemperaturerniedrigung ergibt sich entsprechend zu

$$\Delta T_{fus} = T_{fus\,1} - T = \frac{R T_{fus\,1}^2}{\Delta_{fus} H_1} x_2 = \Theta^* x_2 = \frac{R T_{fus\,1}^2 M_1 m_2}{\Delta_{fus} H_1 M_2 m_1}$$

Darin ist $\Delta_{fus} H_1$ die stoffmengenbezogene Schmelzenthalpie des Lösemittels. Θ^* nennt man auch kryoskopische Konstante.

Messungen der kolligativen Eigenschaften Dampfdruckerniedrigung, Siedetemperaturerhöhung und Gefriertemperaturerniedrigung lassen sich u. a. einsetzen zur Ermittlung der Größen Molmasse M_2 des gelösten Stoffes und des Dissoziations- oder des Assoziationsgrades. Auch lassen sich damit Reinheitsbestimmungen von Stoffen durchführen. Wird die eingewogene Stoffmenge n_{02} auf $m_1 = 1000$ g Lösemittel bezogen (Konzentrationsmaß „Molalität"), so läßt sich ferner die Gesamtmolalität aller gelösten Teilchen ermitteln, die man häufig als Osmolalität bezeichnet. Ebullioskopische und kryoskopische Konstanten sind Stoffwerte des Lösemittels, s. Tab. T 3.21 in

Für kryoskopische Messungen mit den verschiedensten Lösemitteln ist inzwischen eine größere Zahl von Meßgeräten auf dem Markt, die meist vollautomatisch mit Peltierkühlung arbeiten. Kryoskopische Messungen zur Bestimmung der Molmasse des Gelösten, der Reinheit des Lösemittels etc. lassen sich ferner gut mittels Dynamischer Differenz-Kalorimeter nach verschiedenen Verfahren durchführen.

Bauerecker u. a. (1989), Hemminger u. Cammenga (1989), Sarge u. a. (1988)

Bei der Molmassebestimmung nach der Mikromethode von Rast (1922) verwendet man Campher als Lösemittel, der eine besonders hohe kryoskopische Konstante aufweist. Man stellt eine etwas größere Lösungsmenge durch Zusammenschmelzen genau eingewogener Massen m_1 von Campher und m_2 von gelöstem Stoff her. Einen kleinen Teil davon füllt man in ein Schmelzpunktröhrchen, ebenso etwas Campher in ein zweites und ermittelt beide Schmelztemperaturen zugleich wie in 3.2.4.1 beschrieben.

Doucet (1975), Eucken u. Suhrmann (1964)

3.2.5.2 Löslichkeit in Flüssigkeiten

Man unterscheidet zwischen den synthetischen und den analytischen Methoden zur Bestimmung von Löslichkeiten. Bei den synthetischen Methoden ermittelt man den jeweiligen Punkt auf der Phasengrenzkurve aus der Beobachtung der diskontinuierlichen Änderung einer physikalischen Eigenschaft beim Übergang zwischen Zwei- und Einphasengebiet, während Temperatur, Druck oder Konzentration sehr langsam geändert werden. Es handelt sich also um eine dynamische Methode. Bei den analytischen Methoden läßt man das Gleichgewicht sich vollständig einstellen und analysiert dann die Zusammensetzung der beteiligten Phasen mittels chemischer oder physikalischer Methoden.

Löslichkeit von Gasen in Flüssigkeiten Die Löslichkeit eines Gases in einer Flüssigkeit folgt bis zu mäßigen Drücken von einigen bar dem Henry-Dalton-Gesetz

$$x_2 = \frac{p_2}{H_{2,\mathrm{L}}(T)}. \tag{3.45}$$

Der Stoffmengenanteil x_2 des gelösten Gases ist demnach seinem Partialdruck p_2 über der Lösung direkt proportional. $H_{2,\mathrm{L}}$ ist die temperaturabhängige Henry-Konstante des gelösten Gases 2 für das Lösemittel L (der Komponente 1). Nur bei H_2 und He nimmt die Gaslöslichkeit mit der Temperatur zu, bei den meisten anderen Gasen ab. Verwendet man ein anderes Konzentrationsmaß für das gelöste Gas als den Stoffmengenanteil, so werden dadurch z. B die Löslichkeitskoeffizienten nach Ostwald oder Bunsen definiert.

Gassättigungsmethode Das zuvor entgaste Lösemittel wird bei bekanntem T und p_2 mit dem zu lösenden Gas gesättigt, wobei die aufgenommene Gasmenge volumetrisch/manometrisch gemessen oder seine Lösungskonzentration analytisch bestimmt wird. Die volumetrische Methode nach Ostwald besteht aus einem Absorptionsgefäß und einer Gasbürette, in der das Volumen durch Quecksilber variiert werden kann, Fig. 3.34. Zunächst wird das Absorptionsgefäß 1 mit entgastem Lösemittel gefüllt und in der Bürette 2 alles Gas bis zum Hahn H_1 verdrängt. Man spült die Verbindungsleitung 3 und saugt zu messendes Gas an, indem aus 1 durch H_3 ein zu bestimmender Teil Flüssigkeit abgelassen wird. Durch Schütteln bei konstanter Temperatur werden Flüssigkeit und Gas ins Gleichgewicht gebracht. Anschließend wird das verbliebene Gas volumetrisch ermittelt.

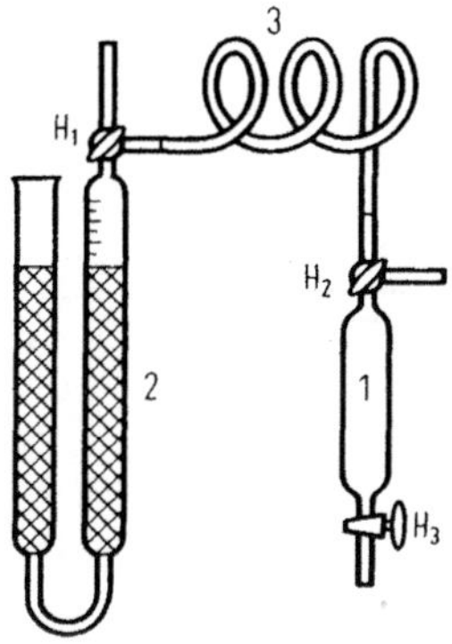

Fig. 3.34
Apparatur zur Messung der Gasloslichkeit nach Ostwald
1 Absorptionsgefäß, 2 Gasbürette, 3 Verbindungsschlauch

Entgasungsmethode Nach vorheriger Entgasung wird das Lösemittel unter Vorgabe von Temperatur und Partialdruck mit dem Gas gesättigt. Eine bekannte Lösungsmenge wird dann (unter Vermeidung von Gasverlusten) abgenommen und in einer zweiten Apparatur durch erhöhte Temperatur oder Anlegen von Vakuum oder beides das gelöste Gas ausgetrieben. Das Gas wird durch Kondensation oder Sorption von Lösemitteldampf befreit und seine Menge gasvolumetrisch bestimmt. Einfacher und schneller ist eine Methode, die auch nur ca. 1 cm^3 Lösung benötigt, bei der das Trägergas eines Gaschromatographen (z. B. He) durch die Lösung geleitet wird und das gelöste Gas verdrängt („strippen"), das anschließend im Gaschromatographen durch Peakintegration quantitativ bestimmt wird (Fig. 3.35), Figura u. Cammenga (1989), Kertes u. a. (1975).

Löslichkeit von Festkörpern in Flüssigkeiten Die Temperaturabhängigkeit der Sättigungslöslichkeit für reale und ideale Lösungen ist gegeben durch

$$\text{real:} \left(\frac{\partial x_2}{\partial T}\right)_p \cdot \left(\frac{\partial \ln a_{02}}{\partial x_2}\right)_{T,p} = \frac{\Delta_{\text{sol}} H_{s2}}{RT^2}; \qquad \text{ideal:} \left(\frac{\partial \ln x_2}{\partial T}\right)_p = \frac{\Delta_{\text{fus}} H_2}{RT^2}$$

Darin ist a_{02} die Sättigungsaktivität des gelösten Stoffes. In der Gleichung für reale Lösungen wird demnach für den Grenzfall idealen Verhaltens der 2. Faktor links gleich $1/x_2$ und die letzte Löseenthalpie (die Löseenthalpie bei Sättigungskonzentration) gleich der Schmelzenthalpie des gelösten Stoffes. Löslichkeiten bestimmt man z. B. nach der synthetischen Methode, indem man bekannte Massen von Lösemittel m_1 und zu lösendem Feststoff m_2 (gilt natürlich auch für zu lösende Flüssigkeit) im abgestuften Verhältnis in Glasampullen einschmilzt. Diese werden in einem Durchsichtthermostaten dauernd bei sehr langsam oder stufenweise ansteigender Temperatur „über Kopf" rotiert. Die Temperatur, bei der jeweils die letzten Kristalle (bzw. die Trübung) verschwinden, ist ein Punkt x_2, T auf der Löslichkeitskurve. Fig. 3.36 zeigt schematisch die Apparatur für eine volumetrische Bestimmung. In die Löslichkeitszelle 1, die sich in einem Thermostaten befindet, wird eine bekannte Einwaage m_2 vorgelegt. Durch den Hahn 3 werden aus der Bürette 2 jeweils bekannte Mengen Lösemittel zugegeben und wie oben durch langsame Variation der Temperatur das Verschwinden der Kristalle bzw. der Trübung beobachtet. Bei der analytischen Methode rührt man bei jeweils konstanter Temperatur das Lösemittel mit ausreichend Feststoff (Bodenkörper) in hermetisch abgeschlossenen Gefäßen. Nach genügend langer Zeit zur vollständigen Gleichgewichts-

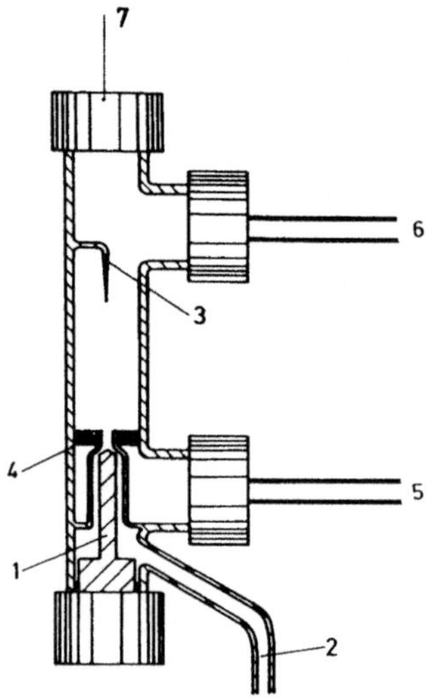

Fig. 3.35 In-line-Strippzelle zur gaschromatographischen Bestimmung der Gaslöslichkeit nach Figura u. Cammenga (1989)
1 Ablaßventil, 2 Ablaßrohr, 3 Glasnadel zur Zerstörung von Flüssigkeitslamellen, 4 Glasfritte, 5 Strippgaseintritt, 6 Gasaustritt zum GC, 7 auswechselbares Septum zur Injektion der Lösung

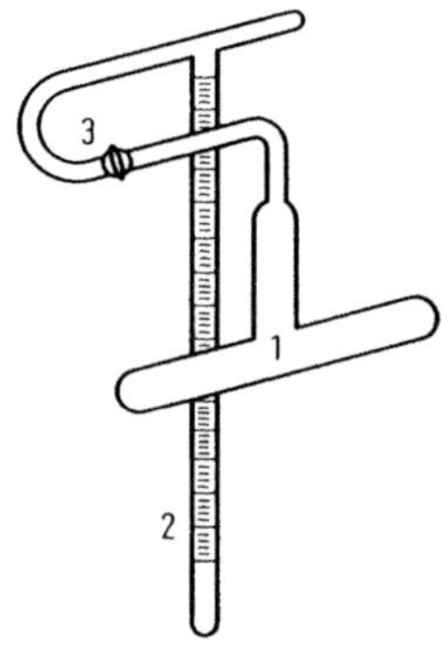

Fig. 3.36 Apparatur zur Messung der Löslichkeit von Feststoffen in Flüssigkeiten nach der Trübungsmethode nach Menzies (1936)
1 Löslichkeitszelle, 2 Bürette mit Lösemittel, 3 Verbindungshahn

einstellung läßt man absetzen und analysiert entnommene Lösungsmengen mit chemischen oder physikalisch-chemischen Methoden auf ihre Zusammensetzung, Fig. 3.37, Netzer u. a. (1982). Bei sehr kleinen Substanzmengen können die Schmelz- bzw. Erstarrungs- bzw. Lösetemperaturen von Gemischen auch durch Direktbeobachtung in Schmelzpunktröhrchen oder mittels Heiztischmikroskop ermittelt werden, s. **3.2.4.1**.

3.2.5.3 Adsorption

Adsorption tritt an Oberflächen von Flüssigkeiten und von Festkörpern auf. Bei Festkörperoberflächen kann Adsorption aus einer Lösung oder einer Gasphase erfolgen. Adsorptionsvorgänge verlaufen stets exotherm. Bestehen nur schwache Wechselwirkungen zwischen Adsorbens und Adsorptiv, so spricht man von Physisorption. Sie ist reversibel. Bei Wechselwirkungsenergien in Größe von Bindungsenergien spricht man von Chemisorption. Hier soll nur die Gasadsorption an festen Oberflächen behandelt werden. Wichtige Adsorbentien sind u. a. Aktivkohlen, Siliciumdioxidgel („Kieselgel"), Aluminiumoxid, Zeolithe („Molekularsiebe"), Tonmineralien. Die sorbierte Menge gibt man als Masse oder Stoffmenge an und bezieht auf die Größe der Grenzfläche, oder, da diese häufig nicht bekannt ist, auf die Masse von 1 g Adsorbens. Die funktionale Abhängigkeit dieser Größen vom Partialdruck des Gases oder Dampfes bei konstanter Temperatur bezeichnet man als Adsorptionsisotherme. Die wichtigsten Verfahren zur Ermittlung von Adsorptionsisothermen sind (kommerzielle Geräte sind erhältlich):

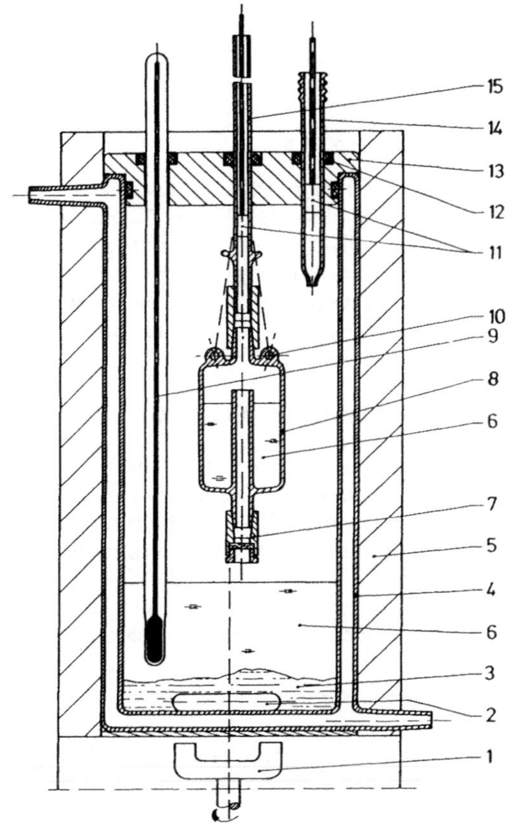

Fig. 3.37
Apparatur zur Messung der Löslichkeit von Feststoffen in Flüssigkeiten nach der analytischen Methode nach Netzer u. a. (1982)
1 Magnetrührer, 2 Rührstab, 3 Bodenkörper, 4 Thermostatisierungsgefäß, 5 thermische Isolation, 6 gesättigte Lösung, 7 Teflonhalterung für Glasfaserfilter, 8 Entnahmepipette, 9 Thermometer, 10 Aufhängeösen der Entnahmepipette, 11 Verschlußstempel, 12 O-Ringe, 13 Verschlußdeckel, 14 Stutzen zum Eindrücken von Luft, 15 Halterohr

Volumetrische Methode Das Adsorbens wird in einer Meßzelle bekannten Volumens im Hochvakuum ausgeheizt und danach auf Meßtemperatur thermostatisiert. Aus einer Gasbürette läßt man portionsweise das Meßgas ein und mißt den sich meist langsam einstellenden Gleichgewichtsdruck. Aus den jeweiligen Volumina und Drücken ergeben sich Punkte auf der Adsorptionsisotherme.

Strömungsmethode Aus einem großen Vorratsgefäß läßt man durch zwei identische Kapillaren (Länge ca. 1 m, Durchmesser 0,2 mm) das Meßgas in zwei Kolben gleichen Volumens einströmen, von denen einer das zuvor entgaste Adsorbens enthält. Der Differenzdruck ist ein Maß für die adsorbierte Menge. Die Druckdifferenz zwischen Vorratsgefäß und Meßkolben sollte mindestens eine Zehnerpotenz betragen, Schlosser (1959).

Gravimetrische Methode Hierbei wird die adsorbierte Menge durch kontinuierliche Wägung des Adsorbens bei konstanter Temperatur unter stufenweiser Zudosierung des Meßgases ermittelt, wobei jeweils der sich einstellende Gleichgewichtsdruck gemessen wird, Sandstede u. Robens (1960).

Die nach diesen Verfahren ermittelten Adsorptionsisothermen können nach Brunauer, Emmett u. Teller (BET-Methode) zur Bestimmung der wirksamen Adsorptionsoberfäche („spezifische Oberfläche") dienen, die meist in der Einheit m^2g^{-1} angegeben wird. Als Meßgas dient meist Stickstoff, für kleine spezifische Oberflächen auch Krypton. Man geht von einer monomolekularen Bedeckung aus und multipliziert die Anzahl der adsorbierten Moleküle mit dem Flächenbedarf eines Moleküls (N_2: 0,165 nm^2 und Kr: 0,215 nm^2). Es gilt

$$\frac{p}{N(p_s - p)} = \frac{1}{N_m k_g} + \frac{k_g - 1}{k_g} \frac{1}{N_m} \frac{p}{p_s} \tag{3.46}$$

mit p_s als Sättigungsdruck des Gases bei der Meßtemperatur (meist Temperatur des siedenden Stickstoffs), N und N_m Zahl der Moleküle pro Flächeneinheit beim Druck p bzw. bei vollständiger Belegung mit einer Monoschicht. k_g ist eine Konstante, die gegeben ist durch $\exp(\Delta_{sorb}H - \Delta_{vap}H)/RT$, also die Differenz von Sorptions- und Verdampfungsenthalpie des Gases enthält. Man wertet die BET-Isotherme nur im Bereich $0{,}05 \cdot p_s < p < 0{,}30 \cdot p_s$ aus und trägt $p/(N(p_s - p))$ gegen p/p_s auf. Aus Achsenabschnitt und Steigung der Geraden Gl. (3.46) erhält man N_m und k_g.

3.2.5.4 Flüssigkeit-/Dampf-Gleichgewichte

Die Variablen sind hier T, p und x und daher nur in einem räumlichen Zustandsdiagramm darstellbar. Beschränkt man sich auf die Abhängigkeit zweier Variablen voneinander unter Konstanthaltung der dritten, so gelangt man zu den p, x-, T, x- und p, T-Diagrammen. Da die Zusammensetzung in den koexistierenden Phasen auch bei gleichen T, p i. allg. verschieden ist, erhält man demnach schon für ein binäres System sechs Kurven. Die Mannigfaltigkeit ist entsprechend groß. Die Kenntnis dieser Gleichgewichte ist für die Auslegung von Trennprozessen (Destillation, Rektifikation) wichtig.

Haase (1956), Halà u. a. (1960), Williamson (1975), Schneider (1975)

3.2.5.5 Flüssig-/flüssig- und fest-/flüssig-Gleichgewichte

Hier liegen im Grunde Verallgemeinerungen der entspr. Löslichkeitsgleichgewichte (s. 3.2.5.2) über den gesamten Konzentrationsbereich vor, d. h. Gleichgewichte, bei denen nicht eine Komponente (genannt „Lösemittel") im großen Überschuß vorliegt. Im Gegensatz zur stets vollständigen Mischbarkeit von Gasen kann es bei flüssig-/flüssig-Gleichgewichten zu mehr oder weniger ausgeprägtem Entmischungsverhalten kommen, den sog. Mischungslücken. Die entsprechenden Meßmethoden sind aber gleich oder ähnlich den in 3.2.5.2 beschrieben. Analoges gilt für fest-/flüssig-Gleichgewichte, nur daß diese schon beim Vorliegen binärer Systeme eine noch größere Erscheinungsvielfalt zeigen als Flüssigkeit-/Dampf- und flüssig-/flüssig-Gleichgewichte. Hemminger u. Cammenga (1989), Kortüm u. Lachmann (1981), Oonk (1981), Predel (1982). Wieder lassen sich zur Ermittlung der T, x-Diagramme („Schmelzdiagramme") die in 3.2.5.2 z. T. behandelten synthetischen und analytischen Methoden anwenden. Für kleine Proben transparenter Stoffe (Salze, organische Feststoffe) lassen sich bei nicht zu hohen Temperaturen wieder vorteilhaft mikroskopische Verfahren einsetzen („Thermomikroskopie", „Thermooptische Analyse"). Hemminger u. Cammenga (1989), Kofler u. Kofler (1954), Kuhnert-Brandstätter (1982), McCrone (1991). In der klassischen Thermischen Analyse ermittelt man den Temperatur-/Zeitverlauf beim Abkühlen der Probe. Beim Übergang fest → flüssig beobachtet man bei reinen Stoffen und bei Eutektika Haltepunkte und für die übrigen Zusammensetzungen beim Durchschreiten von Phasengrenzkurven Knickpunkte in den Abkühlkurven (Fig. 3.38). Kommerzielle Differenz-Thermoanalysegeräte und Dynamische Differenz-Kalorimeter machen die Aufstellung von Schmelzdiagrammen zu einer Routineangelegenheit.

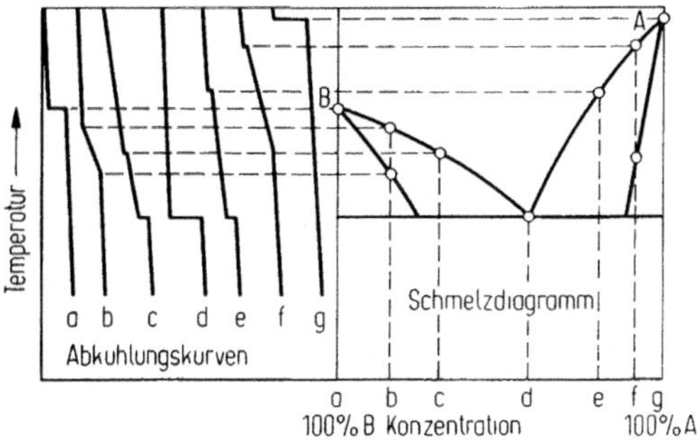

Fig. 3.38
Abkühlkurven und daraus ermittelte Koexistenzlinien eines binären Systems (Schmelzdiagramm) mit Eutektikum und Mischkristallbildung

3.2.6 Feuchte (G. Scholz)

Feuchte steht allgemein für den Gehalt an Wasser oder Wasserdampf in Gasen oder festen Stoffen im Sinne eines Oberbegriffs. Für quantitative Angaben werden spezifische, exakt definierte Kenngrößen verwendet.

3.2.6.1 Kenngrößen der Gasfeuchte

Unter der Annahme der Gültigkeit der idealen Gasgesetze für feuchte Gase (hier und im folgenden schließen die Ausführungen den wichtigen Spezialfall der feuchten Luft mit ein) gelten folgende Definitionen für die wichtigsten, ineinander umrechenbaren Kenngrößen der Gasfeuchte:

Der Dampfdruck (des Wassers) e ist der Partialdruck des Wasserdampfes im feuchten Gas.

Der Sättigungsdampfdruck e_w bzw. e_i ist der Partialdruck des Wasserdampfes im Falle der Sättigung bezüglich Wasser bzw. Eis bei gegebener Temperatur t, Buck (1981), Sonntag (1990), Tab. T 3.13 in Band 3.

Die Taupunkttemperatur t_d bzw. Reifpunkttemperatur t_i ist die Temperatur, bei der der gegebene Dampfdruck e dem Sättigungsdampfdruck bezüglich Wasser bzw. Eis entspricht. Es gilt

$$e = e_w(t_d) \qquad \text{bzw.} \qquad e = e_i(t_i)$$

Die absolute Gasfeuchte d_v ist der Quotient aus der Masse des Wasserdampfes m_v und dem Volumen V des Gases

$$d_v = \frac{m_v}{V}$$

Die relative Gasfeuchte U ist das Verhältnis aus gegebenem Dampfdruck und Sättigungsdampfdruck bei gleicher Temperatur t des Gases, ausgedrückt in Prozent:

$$U = \frac{e}{e_w} \cdot 100\,\%$$

Das Mischungsverhältnis r ist das Verhältnis aus Masse m_v des Wasserdampfes und der Masse m_g des trockenen Gases:

$$r = \frac{m_v}{m_g} = \frac{M_v}{M_g} e/(p - e)$$

M_v und M_g sind die relativen Molekülmassen des Wasserdampfes und des trockenen Gases; p ist der Druck des feuchten Gases. Für Luft ist $M_v/M_g = 0{,}622$.

Die Benennungen und Formelzeichen entsprechen den Regeln der Meteorologie, WMO (1983). In anderen Fachbereichen sind Abweichungen möglich.

Für normale Umgebungsbedingungen bedeutet die Näherung des idealen Gases eine i. allg. vernachlässigbare Abweichung von 0,4% beim Sättigungsdampfdruck, <0,1% für die relative Feuchte oder <0,1 K für die Taupunkttemperatur. Bei Feuchtemessungen unter höheren Drücken, z. B. in Druckbehältern, Erdgasleitungen u. ä. ergeben sich größere, u. U. nicht mehr vernachlässigbare Fehler, wenn das Realgasverhalten nicht berücksichtigt wird. Die exakte Beschreibung des realen Verhaltens feuchter Gase führt zu qualitativen und quantitativen Änderungen der Kenngrößen gegenüber den obigen Definitionen.

Harrison (1965), Häussler (1973), Hyland (1975), Wexler (1976, 1977)

3.2.6.2 Gasfeuchtemessung

Gasfeuchtemessungen werden i. allg. in einem Bereich der Taupunkttemperatur von −80 °C bis +100 °C durchgeführt. Dem entspricht ein Konzentrationsbereich von einigen Mikrogramm bis zu mehreren hundert Gramm Wasser je Kubikmeter Gas. Die Genauigkeit einer Gasfeuchtemessung ergibt sich aus den Kennwerten des Meßgerätes (Hygrometers) selbst und aus Störeinflüssen aus den thermodynamischen und strömungsmechanischen Bedingungen der Messung, daraus, ob offen oder im geschlossenen System, im ruhenden oder im strömenden Gas, bei welchem Druck und welcher Temperatur gemessen wurde. Der sorptive Feuchteaustausch des Gases mit seiner Umgebung, die große Beweglichkeit der Gase im Gegensatz zur relativ großen Trägheit der Gasfeuchtemeßverfahren sind Einflußfaktoren von um so größerem Gewicht, je geringer die zu messende Feuchte ist. Grundlage der Meßverfahren für die Gasfeuchte sind vor allem folgende physikalische Besonderheiten des Wassers:

- die ausgeprägte Polarität des Wassermoleküls und daraus resultierend die starke sorptive Bindung des Wassers an Oberflächen und in festen Stoffen (Hygroskopizität)
- die Phasenumwandlungen Wasser/Wasserdampf und Wasser/Eis
- die hohe Umwandlungsenthalpie bei diesen Phasenumwandlungen
- die Wechselwirkung mit elektromagnetischer Strahlung.

Tauspiegelhygrometer Ein „Spiegel", d. h. eine sehr blanke Metalloberfläche von wenigen Millimetern Durchmesser, der vom Meßgas angeströmt wird oder in dieses eintaucht, ist mit der Kaltseite eines Peltierelements oder mit einem anderen Kühlelement thermisch gekoppelt. Beim Abkühlen des Spiegels bildet sich im Moment des Erreichens der Taupunkttemperatur Kondensat. Das Auftreten des Kondensats kann man optisch über die Änderung der Reflexionsverhältnisse, aber auch mit anderen Verfahren zur Erzeugung einer Streugröße nutzen, mit der die Spiegeltemperatur auf die Taupunkttemperatur eingeregelt wird. Letztere wird mit einem Temperatursensor direkt unter dem Spiegel gemessen. Das Tauspiegelverfahren ist im gesamten meßtechnisch interessierenden Feuchtebereich anwendbar.

Tauspiegelhygrometer sind frei von Langzeitdrift und ermöglichen eine Meßunsicherheit $\leq 0{,}2$ K für die Taupunkttemperatur. Meßfehler können auftreten, wenn außer Wasserdampf andere kondensierbare Komponenten im Meßgas enthalten sind. Gegen mechanische Verunreinigung sind Filter und eine periodische Reinigung des Spiegels zweckmäßig. Nachteilig ist, daß im Taupunktbereich von 0°C bis etwa −25°C das Kondensat als Eis, aber auch als unterkühltes Wasser auftreten kann und damit keine Eindeutigkeit der Meßergebnisse gegeben ist. Tauspiegelgeräte lassen sich druckfest und korrosionsbeständig gestalten. Außer dem optischen Verfahren lassen sich auch kapazitive und akustische Verfahren zum Taunachweis nutzen.

Psychrometer Wenn ein begrenztes Wasservolumen von einem Strom feuchten Gases angeblasen wird, das System im übrigen nach außen thermisch isoliert ist (Adiabasie), findet zwischen dem Gas und dem Wasser ein Stoff- und Wärmeaustausch statt. Das Wasser kühlt sich durch die einsetzende Verdunstung ab, bis sich bei einer charakteristischen Temperatur, der Feuchttemperatur bzw. Kühlgrenztemperatur t_w ein stationäres Gleichgewicht einstellt. Die Feuchttemperatur ist über einen Koeffizienten A durch den Druck p, die Temperatur t und den Dampfdruck e des Gases definiert:

$$e = e_w - A \cdot p(t - t_w) \quad (3.47)$$

Dieser Effekt wird in vielen Geräteversionen zur Gasfeuchtemessung genutzt, Berliner (1979). Die entsprechenden Hygrometer bezeichnet man als Psychrometer (von griechisch psychros „kühl").

Das Aspirationspsychrometer nach Assmann dient nach wie vor als Standard- und Referenzgerät für die Luftfeuchtemessung, DIN 50012, Tl. 2 (1986), DIN 58661 (1966): Zwei Thermometer sind in einem sich verzweigenden Rohr angeordnet. Mit einem Ventilator wird die Luft angesaugt und an den Thermometergefäßen vorbeigeführt. An einem der Thermometer, dem „feuchten" Thermometer, ist das Gefäß mit einem Baumwollstrumpf umhüllt, der vor Beginn der Messung mit destilliertem Wasser befeuchtet wird. An diesem Thermometer stellt sich die Feuchttemperatur t_w ein. Am anderen Thermometer wird die Lufttemperatur t abgelesen.

Für das Assmannsche Psychrometer wurde der Koeffizient A wiederholt bestimmt und korrigiert. Der Deutsche Wetterdienst (1993) verwendet auf der Grundlage neuerer Bestimmungen, Sonntag (1990), den Wert

$$A = 6{,}46 \cdot 10^{-4}(1 + 0{,}000944\, t_w)\,\mathrm{K}^{-1}$$

oder für den Fall, daß das Feuchtthermometer vereist ist

$$A = 5{,}70 \cdot 10^{-4} \cdot \mathrm{K}^{-1}$$

Psychrometer haben die größte Meßgenauigkeit im Temperaturbereich von etwa +5°C bis 40°C (Meßunsicherheit 1 bis 2% relative Feuchte). Zu tieferen Temperaturen hin nimmt die Meßgenauigkeit stark ab. Oberhalb 40°C wird die Bedingung der Adiabasie durch die zunehmende Wärmestrahlung verletzt, und es werden Korrektionen zu Gl. (3.47) nötig, Landolt-Börnstein (1967). Durch Verwendung elektrischer Temperaturfühler und Vorrichtungen zur Dauerbefeuchtung erhält man kontinuierliche elektrische Ausgangssignale, Schädlich u. Sonntag (1975). Beim Prallstrahlverfahren trifft ein Luftstrahl zentral auf eine Wasserfläche. Diese Anordnung erlaubt Höchstfeuchtemessungen bei hoher Schmutzbelastung, Zipser u. Labude (1989).

Kapazitive Hygrometer Empfindliches Element eines kapazitiven Hygrometers ist ein Kondensator, dessen Dielektrikum aus einem hygroskopischen Material gebildet wird. Er ändert seine Kapazität mit der relativen Feuchte der Umgebung. Als Dielektrikum verwendet man Polymere, aber auch keramische und andere Materialien, Demisch

(1989). Die Kennlinien kapazitiver Hygrometer verändern sich durch Alterung und Umgebungseinflüsse. Periodische Nachkalibrierungen sind deshalb erforderlich. Die Lebensdauer der Fühler ist begrenzt. Die Meßunsicherheit neu kalibrierter Fühler liegt bei etwa 2% relativer Feuchte, der Temperaturkoeffizient bei 0,15 bis 0,3% rel. F./K. Die Fühler sind im Bereich von einigen Prozent relativer Feuchte bis nahe an den Sättigungspunkt in einem sehr großen Temperaturbereich einsetzbar (bis über 100 °C).

Aluminiumoxid-Hygrometer Die Impedanz eines Kondensators mit porösem, wasserdampfabsorbierendem Aluminiumoxid als Dielektrikum hängt nicht wie bei anderen kapazitiven Hygrometern von der relativen Feuchte ab, sondern von der absoluten Feuchte. Dies wird durch eine spezielle Behandlung des Aluminiumoxids erreicht. Die Elektroden bestehen aus einer extrem dünnen, wasserdampfdurchlässigen Goldschicht sowie aus reinem Aluminium.

Fühler dieser Grundstruktur haben ihren günstigsten Arbeitsbereich bei Taupunkttemperaturen unter 0 °C bis weit in den Spurenfeuchtebereich hinein, Hardings (1985). Sie sind ausgelegt für Messungen unter technischen Bedingungen, in Druckbehältern, Rohrleitungen usw., auch unter sehr hohen Drücken. Für neu kalibrierte Fühler kann man von einer Meßunsicherheit von 2 bis 3 K Taupunkttemperatur ausgehen. Die Kennlinien der Fühler sind nicht stabil. Eine periodische Nachkalibrierung (etwa halbjährlich) ist erforderlich. Störend wirken polare Gase wie Methanol, Ammoniak u. a., die zu Querempfindlichkeiten und damit zu nicht erfaßbaren Meßunsicherheiten führen.

LiCl-Hygrometer Ein mit LiCl imprägniertes Gewebe, das einen Temperaturfühler umhüllt, wird über eine bifilare Elektrode an eine Wechselspannung (ca. 25 V) angeschlossen. LiCl nimmt als sehr hygroskopisches Salz Wasserdampf aus der Umgebung auf und wird elektrisch leitend. Dies löst über einen Wechselstrom einen Regelmechanismus aus, durch den sich der Fühler auf eine Gleichgewichtstemperatur einstellt, die in definierter Beziehung zur Taupunkttemperatur der Umgebung steht.

LiCl-Fühler erlauben Messungen der absoluten Feuchte im Bereich normaler Umgebungsbedingungen mit einer Unsicherheit von etwa 1 K Taupunkttemperatur (konstante thermische Belastung vorausgesetzt). Sie sind unempfindlich gegen elektrisch nichtleitende Verunreinigungen. Aggressive Gase wie SO_2, NH_4, Cl_2 führen zur Zerstörung der Elektroden. Chemische Verunreinigungen führen langfristig zu einer Anzeigedrift. Eine periodische Regenerierung der Fühler, d. h. Abwaschen und neue Tränkung mit LiCl, ist deshalb erforderlich. LiCl-Fühler müssen ständig in Betrieb gehalten werden. Ein Unterbrechen der Betriebsspannung führt zum Abtropfen der Lösung. Das Bemühen, die Genauigkeit zu erhöhen und die Lebensdauer zu verlängern, führte zum indirekt beheizten Fühler, Lück (1987), Mirtsch (1980).

Faserhygrometer Die Längenänderung menschlichen Haares oder synthetischer Fasern infolge des hygroskopischen Feuchteausgleichs mit der Umgebung wird in einen Zeigerausschlag (in modernen Versionen auch in eine elektrische Größe) umgewandelt. Durch spezielle Behandlung der Faser bzw. des Haares lassen sich die Linearität und Wiederholbarkeit der Änderung so weit verbessern, daß Meßunsicherheiten von 3 bis 5% rel. Feuchte realisierbar sind, Fischer (1974). Voraussetzung ist eine regelmäßige Regenerierung (Feuchtesättigung) der Faser. Faserhygrometer erfassen die rel. Feuchte im gesamten Bereich von 0 bis 100% rel. Feuchte in einem sehr großen Temperaturbereich (bis über 100 °C). Ihre Zeitkonstante liegt in der Größenordnung von Minuten. Sie sind deshalb nur zur Erfassung sehr langsam veränderlicher Feuchtewerte geeignet. Mechanische Hygrographen (Trommelschreiber) arbeiten nach dem Prinzip des Faserhygrometers.

Sonstige Verfahren Auf der Absorption von Wasserdampf durch P_2O_5 und anschließender elektrolytischer Zersetzung und quantitativer Erfassung beruht das coulometrische Verfahren, das für die Feuchtemessung in aggressiven Gasen noch eine Rolle spielt. Das Lyman-alpha-

Hygrometer nutzt die Absorption von UV-Licht der Lyman-alpha-Linie des Wasserstoffspektrums durch Wasserdampf zur Gasfeuchtemessung. Der Vorzug dieses Verfahrens ist die kurze Ansprechzeit (Zeitkonstante <1 ms), Buck (1982). Mit einem offenen Kondensator lassen sich Höchstfeuchtemessungen bei Temperaturen bis 400 °C durchführen. Fischer u. Heber (1990). Mit hygroskopischem Material beschichtete Schwingquarze reagieren empfindlich auf die Gasfeuchte, Lee u. a. (1982).

Berliner (1980), BNM (1984), Hengstenberg u. a. (1980), Sonntag (1966), Spencer-Gregory u. Rourke (1957), WMO (1983), Wexler (1965)

3.2.6.3 Wasserbestimmung in Flüssigkeiten

Die Bestimmung des Wassergehaltes von nichtwäßrigen Flüssigkeiten (der Begriff Feuchte verbietet sich hier aus sprachlichen Gründen) erfolgt durch klassische labormäßige Verfahren wie Destillation, Spektroskopie, Gaschromatographie, Kolb u. Auer (1990). Ein spezifisches Verfahren ist die Karl-Fischer-Titration, Eberius (1954), Wieland (1985), ASTM E 203-64. Hier wird die chemische Reaktion

$$J_2 + SO_2 + 2H_2O \rightarrow 2HJ + H_2SO_4$$

zur titrometrischen Bestimmung des Wassers in nichtwäßrigen Flüssigkeiten genutzt. Der zu untersuchenden Probe wird Karl-Fischer-Lösung zutitriert, bis das Wasser durch die angegebene Reaktion aufgebraucht ist. Dieser Endpunkt wird elektrometrisch (Dead-Stop-Methode) sehr genau erfaßt. Das Verfahren ist sehr empfindlich und erlaubt die Erfassung von Wasser im Mikrogrammbereich. Physikalische Verfahren s. Cucciara u. Mittelman (1985), Fitzky (1974).

3.2.6.4 Normale und Kalibriermethoden der Gasfeuchte

Prinzipiell sind zwei Prüfmethoden zu unterscheiden:

- die Messung in einem Gas mit konstanter und bekannter Feuchte
- der Vergleich mit einem Referenzhygrometer in einem Gas mit sehr konstanter, aber nicht notwendig bekannter Feuchte.

Beide Methoden sind sowohl in einem geschlossenen System als auch im kontinuierlichen Gasstrom anwendbar.

Referenzhygrometer Tauspiegelhygrometer erlauben im gesamten technisch interessierenden Feuchtebereich Vergleiche mit allen Arten von Hygrometern mit höchsten Genauigkeitsanforderungen. Die erreichbaren Unsicherheiten des Vergleichs liegen bei etwa 0,2 K Taupunkttemperatur, mit der Tendenz zur Zunahme in Richtung geringerer Feuchte. Das Aspirationspsychrometer nach Assman gestattet im Bereich normaler Umgebungsbedingungen Vergleiche mit einer Unsicherheit von 1 bis 2% rel. Feuchte. Die Vergleiche sind wegen des großen Luftdurchsatzes des Psychrometers aber nur im offenen Raum möglich. In Frage kommen Kalibrierungen von Faserhygrometern, mechanischen Feuchteschreibern und anderen Hygrometern geringerer Genauigkeit.

Gravimetrisches Hygrometer Für fundamentale Bestimmungen der Gasfeuchte wird ein Strom des feuchten Gases über mit P_2O_5 gefüllte Absorptionsröhrchen geführt. Die Masse des trockenen Gases wird anschließend volumetrisch oder durch direkte Wägung bestimmt. Die Masse des aufgefangenen Wasserdampfes wird durch eine Differenzwägung bestimmt. Aus den beiden Teilmassen errechnet man das Mischungsverhältnis des feuchten Gases (vgl. 3.2.6.1), das in andere

Feuchtekenngrößen umgerechnet werden kann. Gravimetrische Hygrometer erlauben fundamentale Feuchtebestimmungen auf 0,1 bis 0,2% vom absoluten Wert.

Feuchtegeneratoren Im Zwei-Druck- bzw. Zwei-Temperatur-Feuchtegenerator oder in einer kombinierten Form derselben wird ein kontinuierlicher Gasstrom in einem thermostatisierten Sättiger unter konstantem Druck in den Sättigungszustand gebracht. Damit ist ein definierter Zustand gegeben, der auf andere Bedingungen, z. B. in einer Prüfkammer, umgerechnet werden kann. Solche Feuchtegeneratoren erlauben die Einstellung von Feuchtewerten vom Spuren- bis in den Hochfeuchtebereich mit einer Unsicherheit von weniger als 0,1 K Taupunkttemperatur.

In Mischgeneratoren werden ein trockener und ein gesättigter Gasstrom miteinander vermischt. Durch die Wahl des Mischungsverhältnisses lassen sich unterschiedliche Feuchtewerte einstellen. Mischgeneratoren erlauben eine sehr hohe Konstanz der Feuchte, sie erfordern aber ein Referenzhygrometer zur Bestimmung des eingestellten Feuchtewertes. Die Genauigkeit der Kalibrierung mittels solcher Generatoren ist durch die Genauigkeit des Referenzgerätes bestimmt.

Im Bereich extrem geringer Feuchte, bis etwa −80°C Taupunkttemperatur lassen sich definierte Feuchtewerte mit coulometrischen Feuchtegeneratoren mit einer Unsicherheit von weniger als 1 K Taupunkttemperatur einstellen. Hierzu wird einem scharf getrockneten Gasstrom (über P_2O_5) eine elektrolytisch erzeugte und über das Faradaysche Gesetz quantitativ bestimmte Menge Wasserdampf zugemischt.

Im geschlossenen thermostatisierten System stellt sich über gesättigten Salzlösungen, definierten Hydratmischungen oder wäßrigen Lösungen ein sehr konstanter Gleichgewichtsdampfdruck ein, DIN 50008 (1981). In einem solchen System können kapazitive Fühler, Faserhygrometer und andere Hygrometer, die keine Rückwirkung auf das System haben, kalibriert werden. Dichtheitsprobleme, Temperaturschwankungen, Besonderheiten der Salze, die Trägheit der Gleichgewichtseinstellung und andere Faktoren bedingen eine Unsicherheit solcher Salzhygrostate von etwa 1% rel. Feuchte, auch wenn nach Greenspan (1977) die Gleichgewichtsfeuchten einiger Salze auf wenige Zehntel Prozent rel. Feuchte bekannt sind.

Breitenbach u.a. (1984), Greenspan (1973), Hammond u. Chleck (1985), Hasegawa u. Little (1977), Scheibe (1977), Scholz (1984), Wexler (1965, Vol. 1)

3.2.6.5 Feuchtemessung in festen Stoffen

Im Gegensatz zu feuchten Gasen ist Wasser in festen Stoffen mehr oder weniger stark gebunden. Von rein chemischer Bindung (Hydratwasser) bis zu sehr lose gebundenem Oberflächenwasser liegen, meist kontinuierlich ineinander übergehend, unterschiedliche Bindungsformen vor. Zur Feuchte rechnet man das Wasser, durch dessen Entzug der Stoff getrocknet, aber nicht in seiner chemischen Struktur verändert wird. Diese Definition gibt nur eine Orientierung. In der Praxis erfolgt die Definition der Feuchte für den jeweiligen Stoff de facto durch die Festlegung eines national, meist auch international vereinheitlichten Referenz-Bestimmungsverfahrens, z. B. DIN 10265 (1970), DIN 10350 (1967), ISO 712 (1985), ISO 665 (1977).

Absolute Verfahren Absolute Verfahren werden als Referenzverfahren zur Kalibrierung und Kontrolle indirekter physikalischer Meßverfahren, aber auch zur praktischen Feuchtebestimmung für Zwecke mit höheren Genauigkeitsanforderungen eingesetzt.

Beim Wäge-Trocknungs-Verfahren wird eine Probe des Stoffes unter definierten Bedingungen (Temperatur, Trocknungsdauer, Probengröße, Feinheit u. a.) getrocknet. Die Massedifferenz vor und nach der Trocknung wird als Masse des ausgetriebenen Wassers interpretiert. Als Feuchte gilt das Verhältnis aus Massedifferenz und Masse der feuchten Probe oder für einzelne Stoffe auch das Verhältnis aus Massedifferenz und Masse der trockenen Probe, jeweils ausgedrückt in Prozent. Statt durch Trocknung kann das Wasser auch durch Versetzen der Probe mit Methanol extrahiert und anschließend nach Karl-Fischer (vgl. 3.2.6.3) bestimmt werden. Dieses Verfahren wird bevorzugt für Stoffe, die nicht erwärmt werden dürfen wie bestimmte Chemikalien, Kunststoffe u. a.

Indirekte physikalische Meßverfahren Grundlage der physikalischen Meßverfahren, oft auch als Schnellverfahren bezeichnet, ist die Abhängigkeit verschiedener Stoffparameter von der Feuchte. Dies sind vor allem die spezifische Leitfähigkeit, die Dielektrizitätszahl, die Wärmeleitfähigkeit, die Absorption von Infrarot-Strahlung, von Mikrowellen sowie von Kernstrahlung. Diese Parameter oder mit ihnen verknüpfte Meßgrößen lassen sich kontinuierlich, schnell und relativ genau messen. Allerdings sind sie nicht allein von der Feuchte abhängig, sondern von vielen anderen Einflußfaktoren wie z. B. der Temperatur, der Dichte, der chemischen Struktur und Zusammensetzung, der Faser- oder Kornstruktur. Diese Faktoren haben für die einzelnen Stoffe eine gewisse Variationsbreite, die gerätetechnisch oder mit elektronischen Mitteln nicht ganz kompensiert werden kann. Infolgedessen sind die Kalibrierkennlinien der physikalischen Feuchtemeßgeräte Bänder endlicher Breite, d. h. alle diese Geräte weisen eine meßgutbedingte, mehr oder weniger ausgeprägte Streuung der Meßergebnisse auf. Die physikalischen Meßverfahren sind prinzipiell ungenauer als die absoluten Verfahren. Während letztere bis auf weniger als 0,2% Feuchte reproduzierbare Ergebnisse gestatten, können die meßgutbedingten Meßfehler der physikalischen Meßverfahren mehrere Zehntel bis zu einigen Prozent Feuchte betragen.

Berliner (1980), Fitzky (1974), Hengstenberg u. a. (1980), Lück (1964, 1974), Wexler (1965, Vol. 4)

Literatur zu 3.2

Achtermann, H. J.; Baehr, H. D. (1988): Genaue Bestimmung der Dichte von Gasen aus Messungen des Brechungsindex. VDI-Forschungsheft 649, Düsseldorf

Ambrose, D.(1975): Vapor Pressures. IUPAC, Experimental Thermodynamics, Part II, London: Butterworths

Ambrose, D. (1990): The Density of Mercury. Metrologia **27**, 245–247

Amoros, J. L.; Guibert, M.; Canut, M. L.; Arrese, F. (1961): Un goniómetro Weissenberg vertical para altas y bajas temperaturas. Rev. Cienc. Apl. **15**, 289–297

Anderson, O. L. (1966): The Use of Ultrasonic Measurements under Modest Pressure to Estimate Compression at High Pressure. J. Phys. Chem. Solids **27**, 547–565

Andres, K. (1964): Thermische Ausdehnung von Metallen bei tiefen Temperaturen. Phys. Kondens. Mat. **2**, 294–333

ASTM E 203-64 Standard Method of Test for Water using Karl Fischer Reagent

Baker, T. W.; Baldock, P. J.; Spindler, W. E. (1966): A high-temperature X-ray diffractometer for operation up to 2500°C. J. Sci. Instrum. **43**, 803–808

Bassett, W. A.; Takahashi, T.; Stook, P. W. (1967): X-Ray Diffraction and Optical Observations on Crystalline Solids up to 300 kbar. Rev. Sci. Instrum. **38**, 37–42

Bauer, N.; Lewin, S. Z. (1959): Determination of Density. In: Technique of Organic Chemistry, Vol. I, Physical Methods Part I, Ed. Weissberger, A.; New York: Interscience

Bauerecker, S.; Sarge, S. M.; Cammenga, H. K. (1989): Calorimetric Determination of Purity by Simulation of DSC Curves 2. J. Thermal Anal. **35**, 527–539

Beckmann, E. (1888): Über die Methode der Molekulargewichtsbestimmung durch Gefrierpunktserniedrigung. Z. Phys. Chem. **2**, 638–645

Bennett, S. J. (1972): A double-passed Michelson interferometer. Opt. Commun. **4**, 428–430

Berliner, M. A. (1979): Psychrometrie. Karlsruhe: Müller

Berliner, M. A. (1980): Feuchtemessung. Berlin: Verlag Technik

Bettin, H.; Spieweck, F. (1990): Die Dichte des Wassers als Funktion der Temperatur nach Einführung der Internationalen Temperaturskala von 1990. PTB-Mitteilungen **100**, 195–196

Bettin, H.; Spieweck, F.; Toth, H. (1991): A computer-operated fluid-density measuring device using a balance and two permanent magnets. Meas. Sci. Technol. **2**, 1036–1038

Bignell, N. (1982): A magnetic float densimeter for the measurement of changes in water density on aeration. J. Phys. E.: Sci. Instrum. **15**, 378–381

Blanke, W. (1976): Messung der thermischen Zustandsgrößen der Luft im Zweiphasengebiet und seiner Umgebung. Forsch. Ing.-Wes. **42**, 93–104

Blanke, W.; Jescheck, M.; Rimkus, D. (1988): Die thermischen Zustandsgrößen des Stickstoffs im Temperaturbereich von 280 K bis 360 K bei Drücken bis 12 MPa. PTB-Mitt. **98**, 253–257

BNM Bulletin du Bureau National de Métrologie No. 577, 58, Paris 1984

Boelhouwer, J. W. M. (1960): PVT Relations of five Liquid n – Alkanes. Physica **26**, 1021–1028

Bose, T. K.; St-Arnaud, J. M.; Achtermann, H. J.; Scharf, R. (1986): Improved method for the precise determination of the compressibility factor from refractive index measurements. Rev. Sci. Instrum. **57**, 26–32

Breitenbach, M.; Einert, P.; Moritz, M.; Will, W. (1984): Eine Normalapparatur zur coulometrischen Erzeugung definierter Gasfeuchte im Spurenbereich. ASMW Metrologische Abhandlungen **4**, 77–90

Bridgman, P. W. (1940): Linear Compression of Iron to 30 kbar. Proc. Am. Acad. **74**, 11–20

Bridgman, P. W. (1952): The Physics of High Pressure. London: G. Bell and Sons, Reprint, 98–188

Brugger, R. M.; Bennion, R. B.; Worlton, T. G. (1967): The Crystal Structure of Bismuth – II at 26 kbar. Phys. Lett. A **24**, 714–717

Buck, A. L. (1981): New Equations for Computing Vapor Pressure and Enhancement Factor. J. Appl. Met. **20**, 1527–1532

Buck, A. L. (1982): Rapid Measurements of Humidity using the Lyman-Alpha-Hygrometer. Sensors & Systems 82 Pasadena

Burnett, E. S. (1936): Compressibility Determination without Volume Measurements. J. App. Mech. **3**, Nr. 1, A 136–140

Cammenga, H. K.; Schulze, F.-W.; Theuerl, W. (1977): Vapour Pressure and Evaporation Coefficient of Glycerol. J. Chem. Eng. Data **22**, 131–134

Campbell, W. J.; Stecura, S.; Grain, C. (1962): High-temperature furnaces for X-ray diffractometers. Advances in X-Ray Analysis **5**, 213–229

Carr, R. H.; Swenson, C. A. (1964): Application of a variable transformer to the study of low temperature thermal expansion. Cryogenics **4**, 76–82

Chen, C. T.; Fine, R. A.; Millero, F. J. (1977): The Equation of State of Pure Water Determined from Sound Speeds. J. Chem, Phys. **66**, 2142–2144

Chiotti, P. (1954): Adaption of a Geiger-counter X-ray diffractometer for high-temperature investigations. Rev. Sci. Instrum. **25**, 683–688

Cook, D. (1953): The Vapour Pressure and Orthobaric Density of Nitrous Oxide. Trans. Farad. Soc. **49**, 716–723

Cooper, R.; Stranks, D. R. (1966): Vapour Pressure Measurements. Technique of Inorganic Chemistry. Vol. VI. New York: Interscience

Cordes, H.; Cammenga, H. K. (1965): Die Bestimmung des Verdampfungskoeffizienten von Hexamethylentetramin nach der Effusionsmethode von Knudsen. Z. Phys. Chem. **45**, 186–195

Cucciara, O.; Mittelman, M. (1985): The Measurement of dissolved Water in organic Liquid using Aluminiumoxide Hygrometer. ISA, 895–899

d'Amour, H.; Holzapfel, W. B. (1980): X-Ray Diffraction on Single Crystals under Pressure. In: High Pressure Science and Technology, Ed. Vodar, B.; Marteau, Ph.; Oxford, New York: Pergamon Press, 160–166

De Kruif, C. G.; Kuipers, T.; Van Miltenburg, J. C.; Schaake, R. C. F.; Stevens, G. (1981): The vapour pressure of solid and liquid naphthalene. J. Chem. Therm. **13**, 1081–1086

Decker, D. L.; Bassett, W. A.; Merrill, L.; Hall, H. T.; Barnett, J. D. (1972): High – Pressure Calibration. A Critical Review. J. Phys. Chem. Ref. Data **1**, 773–835

Demisch, D. (1989): Dünnschicht-Feuchtesensoren. messen prüfen automatisieren, 422–426

Deutscher Wetterdienst (1993): Aspirations-Psychrometer-Tafeln. 7. Aufl. Braunschweig: Vieweg

DIN 10265 (1970): Prüfung von Ölsamen und Ölfrüchten; Bestimmung des Wassergehaltes und der flüchtigen Bestandteile. Berlin, Köln: Beuth

DIN 10350 (1967): Bestimmung des Feuchtegehaltes von Getreide- und Getreideerzeugnissen. Berlin, Köln: Beuth

DIN 12791 Teil 3 (1983): Dichte-Aräometer, Gebrauch und Prüfung. Berlin, Köln: Beuth

DIN 12797 (1975): Pyknometer nach Gay-Lussac. Berlin, Köln, Beuth

DIN 12798 (1975): Pyknometer nach Lipkin. Berlin, Köln: Beuth

DIN 12800 (1975): Pyknometer nach Sprengel. Berlin, Köln: Beuth

DIN 12801 (1975): Pyknometer nach Reischauer. Berlin, Köln: Beuth

DIN 12806 (1975): Pyknometer nach Hubbard. Berlin, Köln: Beuth

DIN 12807 (1975): Pyknometer nach Bingham. Berlin, Köln: Beuth

DIN 1304 Teil 2 (1989): Formelzeichen für Meteorologie und Geophysik. Berlin, Köln: Beuth

DIN 1871 (1980): Gasförmige Brennstoffe und sonstige Gase; Dichte und relative Dichte, bezogen auf den Normzustand. Berlin, Köln: Beuth

DIN 50008 (1981): Konstantklimate über wäßrigen Lösungen. Berlin, Köln: Beuth

DIN 50012 Teil. 1 bis 5: Luftfeuchte-Meßverfahren. Berlin, Köln: Beuth

DIN 51045 Teil. 1 (1989): Bestimmung der thermischen Längenänderung fester Körper. Grundlagen. Berlin, Köln: Beuth

DIN 53217 Teil 3 (1991): Bestimmung der Dichte, Tauchkörper-Verfahren. Berlin, Köln: Beuth

DIN 53752 (1980): Prüfung von Kunststoffen, Bestimmung des thermischen Längenausdehnungskoeffizienten. Berlin, Köln: Beuth

DIN 58661 (1966): Meteorologische Geräte; Thermometer 280 für Psychrometer. Berlin, Köln: Beuth

Doolittle, A. K.; Simon, I.; Cornish, R. M. (1960): Compressions of Liquids. I. Apparatus and Method of Measurement. Amer. Inst. Chem. Engrs. Jnl. **6**, 150–153

Doucet, Y. (1975): Cryoscopy. IUPAC, Experimental Thermodynamics, Vol. II, Chapt. 17, Part 2. London: Butterworths

Eberius, E. (1954): Wasserbestimmung mit Karl-Fischer-Lösung. Weinheim: Verlag Chemie

Ebersole, J. F.; Ballard, S. S.; Browder, J. S. (1972): Apparatus for measuring the thermal expansion of optical materials from 30°C to 250°C, Appl. Opt. **11**, 844–848

Ebert, H. (1935): Versuche bei Drücken von 5000 bar. II. Absolutbestimmung der Kompressibilität von festen Körpern. Phys. Z. **36**, 388–392

Ebert, H. (1940): Die Wärmeausdehnung fester und flüssiger Stoffe. Reihe Verfahrens- und Meßkunde der Naturwissenschaft. H. 1. Braunschweig: Vieweg

Eder, F. X. (1983): Arbeitsmethoden der Thermodynamik. Bd. II. Thermische und kalorische Stoffeigenschaften. Berlin: Springer

Eucken, A.; Suhrmann, R. (1964): Physikalisch-chemische Praktikumsaufgaben. 6. Aufl. Leipzig: Geest u. Porting

Experimental Thermodynamics (1975): Volume 2, Experimental Thermodynamics of Nonreacting Fluids. London: Butterworths

Fahey, P. F.; Kupke, D. W.; Beams, J. W. (1969): Effect of Pressure on the Apparent Specific Volume of Proteins. Proc. Nat. Acad. Sci. Wash. **63**, 548–555

Figura, L. O.; Cammenga, H. K. (1989): Die In-line-Strippzelle in der GC-Bestimmung von gelösten Gasen in wäßrigen Matrices. GIT. Fachz. Lab. **33**, 988–994

Fischer, B. (1974): Eigenschaften von Polyamidfaserstoffen als Feuchtemeßelemente in Hygrometern. Feingerätetechnik H. **9**, 414–415

Fischer, H.; Heber, K. (1990): In: Industrielle Feuchtemeßtechnik. Ehringen: Expert-Verlag

Fitzky, H. G. (1974): Feuchtemessungen in Festkörpern, Flüssigkeiten und Gasen mit Mikrowellen. GIT Fachzeitschrift für das Laboratorium **18**, 689–880, 994–1000

Fizeau, H. (1864): Recherches sur la dilatation et la double réfraction du cristal de roche échauffé. Ann. chim. phys. (4) **II**. 143–185, und Untersuchungen über die Ausdehnung und Doppelbrechung des erhitzten Bergkristalls. Ann. Phys. **123**, 515–526

Fizeau, H. (1866): Mémoire sur la dilatation des corps solides par la chaleur. Ann. chim. phys. (4)**VIII**, 335–361

Franklin, E. W.; Lang, S. M. (1963): A high-temperature X-ray diffractometer furnace utilizing high frequency heating. Adv. in X-ray Analysis **6**, 250–261

Goon, E. J.; Mason, J. T.; Gibb, T. R. P. (1957): X-ray powder diffraction assembly for studies at elevated temperatures and high gas pressures. Rev. Sci. Instrum. **28**, 342–344

Greenspan, L. (1973): Low Frost-point Humidity Generator. J. Res. NBS Vol. 77A, No. 5, 671

Greenspan, L. (1977): Humidity Fixed Points of Binary Saturated Aqueous Solutions. J. Res. NBS Vol. **81A**, 89–96

Grindley, T.; Lind, J. E. (1971): PVT Properties of Water and Mercury. J. Chem. Phys. **54**, 3983–3989

Grüneisen, E. (1926): Zustand fester Körper. In: Handbuch der Physik Bd. 10, Kap. 4, 1–59

Haase, R. (1956): Thermodynamik der Mischphasen. Berlin: Springer

Halà, E.; Pick, I.; Fried, V.; Vilim, O. (1960): Gleichgewicht Flüssigkeit – Dampf. Berlin: Akademie-Verlag

Hammond, R. H.; Chleck, D. (1985): A Calibration System for Producing low Frost Points. ISA, 389–393

Hardings, C. H. (1985): Overcaming Limitations inherent to Aluminium Oxide Humidity Sensors. ISA, 367–378

Harrison, L. P. (1965): Fundamental Concepts and Definitions Relating to Humidity. In: Wexler, Vol. **3**, 3–70

Harrison, L. P. (1965): Imperfect Gas Relationships. In: Wexler Vol. **3**, 105–256

Hasegawa, S.; Little, J. W. (1977): The NBS Two-Pressure Humidity Generator, Mark 2. J. Res. NBS Vol. **81A**, 81–88

Hatt, B. A.; Kent, P. J. C.; Williams, G. I. (1960): High vacuum high-temperature X-ray camera. J. Sci. Instrum. **37**, 273–276

Häussler, W. (1973): Lufttechnische Berechnungen im Mollier-*i,x*-Diagramm. Dresden: Steinkopff

Hayward, A. T. J. (1964): Measuring the Compressibility of Liquids. Acta Imeco **2**, 249–272

Hemminger, W.; Cammenga, H. K. (1989): Methoden der Thermischen Analyse. Berlin: Springer

Hengstenberg, J.; Sturm, B.; Winkler, O. (1980): Messen, Steuern, Regeln in der chemischen Technik; Feuchtemessung. 3. Aufl. Berlin: Springer

Henning, F. (1907): Über die Ausdehnung fester Körper bei tiefer Temperatur. Ann. Phys. **22**, 631–639

Heydemann, P. L. M.; Houck, J. C. (1971): Ultrasonic and Dilatometric Measurements at Very High Pressures. IN: Accurate Characterization of the High-Pressure Environment (NBS Special Publ. 326), Ed. Lloyd, E. C.; Washington: U.S. Government Printing Office, 11–23

Holden, J. P. (1964): A high-temperature furnace for a Philips type X-ray diffractometer. J. Sci. Instrum. **41**, 706–707

Holder, G. A.; Whalley, E. (1962): Compressibility of Liquids Part 1. Trans. Faraday Soc. **58**, 2095–2107

Hyland, R. W. (1975): A Correlation for the Second Interaction Virial Coefficients and Enhancement Factors for Moist Air. J. Res. NBS Vol. 79A, No. 4, 551–560

ISA Instruments Society of America (1985): Moisture and Humidity

Isebeck, K. (1964): Dilatometer zur Messung der Längenänderung von Metallen bei Bestrahlung. Z. angew. Phys. **17**, 497–504

ISO 665–1977: Prüfung von Ölsamen und Ölfrüchten; Bestimmung des Wassergehaltes und der flüchtigen Bestandteile

ISO 712–1985: Bestimmung des Feuchtegehaltes von Getreide und Getreideerzeugnissen

Iso, A.; Uematsu, M. (1989): Thermodynamic properties of 1,1-difluoromethane in the supercritical and high-density region. Physica A. **156**, 454–466

Jacobs, S. F.; Berthold, J. W.; Osmundsen, J. (1972): Ultraprecise measurement of thermal expansion coefficients – recent progress. In: Thermal Expansion – 1971. Graham, M. G.; Hagy, H. E.; eds. American Institute of Physics, New York. Series AIP Conference Proceedings Nr. 3, 1–12

Jacobs, S. F.; Bradford, J. N.; Berthold, J. W. (1970): Ultraprecise measurement of thermal coefficients of expansion. Appl. Opt. **9**, 2477–2480

Jamieson, J. C. (1961): Diamond Cells for X-Ray Diffraction Studies under High Pressure. In: Progress in Very High Pressure Research, Ed. Bundy, F. P.; Hibbard, W. R.; Strong, H. M. New York: Wiley, 10–15

Kasper, J. S. (1960): X-Ray Diffraction by Substances at High Pressures. J. Metals **12**, 732

Kell, G. S. (1975): Density, Thermal Expansivity, and Compressibility of Liquid Water from 0°C to 150°C: Correlations and Tables for Atmospheric Pressure and Saturation Reviewed and Expressed on 1968 Temperature Scale. J. Chem. & Eng. Data **20**, 97–105

Kell, G. S.; Whalley, E. (1965): The *PVT* Properties of Water. I. Liquid Water in the Temperature Range 0 to 150°C and at Pressures up to 1 kbar. Phil. Trans. A **258**, 565–614

Kertes, A. S.; Levy, O.; Markovits, G. Y. (1975): Solubility. IUPAC, Experimental Thermodynamics, Vol. II, Chapt. 15. London: Butterworths

Kinan, A. M. (1973): Utilization of Foil Resistance Strain Gages to Measure the Thermal Expansion Anisotropy of Several Types of Beryllium. In: "Thermal Expansion", ed. Taylor, R. E. and Deuman, G. L. AIP Nr. 17, S. 37–44

Klages, S. F.; Möhler, K. (1951): Molekulargewichtsbestimmung aus der Dampfdruckerniedrigung. Ber. Dt. Chem. Ges. **84**, 56–67

Kleinrahm, R.; Wagner, W. (1984): Entwicklung und Aufbau einer Dichtemeßanlage zur Messung der Siede- und Taudichten reiner fluider Stoffe auf der gesamten Phasengrenzkurve. Fortschr. Ber. VDI-Z, Reihe 3, Nr. 92

Kobe, K. A.; Lynn, R. E. (1953): The Critical Properties of Elements and Compounds. Chem. Rev. **52**, 117–236

Kofler, L.; Kofler, A. (1954): Thermo-Mikro-Methoden. 3. Auflage. Weinheim: Verlag Chemie

Kolb, B.; Auer, M. (1990): Analysis of Water in Liquid and Solid Samples by Headspace Gas Chromatography. Fres. J. Anal. Chem. **336**, 291–296

Kortüm, G.; Lachmann, H. (1981): Einführung in die Chemische Thermodynamik. 7. Aufl. Weinheim: Verlag Chemie

Kozdon, A. F.; Spieweck, F. (1992): Determination of differences in the density of silicon single crystals by observing their flotation at different pressures. IEEE Trans. Instrum. Meas. **41,** 420–426

Kozdon, A. F.; Wagenbreth, H.; Hoburg, D. (1990): Density difference measurements on silicon single-crystals by the temperature-of-flotation method. PTB-Bericht PTB-W-43, ISSN 0341-6739, ISBN 3-89329-041-2

Kuhlmann-Wilsdorf, D. (1954): Ein neues Verfahren zur Messung kleiner Längenänderungen. Z. angew. Phys. **6,** 171–174

Kuhnert-Brandstätter, M. (1982): Thermomicroscopy of Organic Compounds. Comprehensive Analytical Chemistry. Svehla, G. (Ed.). Vol. XVI. Amsterdam: Elsevier

Landolt-Börnstein (1967): IV. Bd. Technik, 4. Teil Wärmetechnik. Bandteil a, 6. Aufl.; Ebert, H. Berlin: Springer

Lee, C. W. u. a. (1982): A Piezoelectric Crystal Detector for Water in Gases. Analytica Chimica Acta **135,** 277–283

Levelt-Sengers, J. M. H. (1975): Thermodynamic Properties Near the Critical State, IUPAC, Experimental Thermodynamics, Part II, Chapt. 14. London: Butterworths

Luck, W. (1964): Feuchtigkeit. München: Oldenbourg

Luck, W. (1974): Über die Schwierigkeiten, Materialfeuchte zu messen. Regel.-techn. Prax. u. Prozeß-Rechentech. **16,** 60–65

Luck, W. (1987): Ein neues Feuchtemeßsystem. Chem. Ing. Techn. **59,** 875–877

Maass, O.; Barnes, E. (1926): Proc. Roy. Soc. Lond. **11,** 224

Mason, E. A.; Spurling, T. H. (1969): The Virial Equation of State. Oxford etc.: Pergamon Press

Mathias, E.; Kamerlingh-Onnes, H. (1911): The Rectilinear Diameter of Oxygen. Comm. Leiden No. **117**

Matthews, G. G.; Satterthwate, I. H. R.; Cameron, C. (1963): A versatile silica dilatometer. J. Sci. Instrum. **40,** 42–43

McCrone, W. C. (1991): Microscopy. Rossiter, B. W.; Hamilton, J. F. (Eds.): Physical Methods of Chemistry, Vol. IV. New York: Wiley Interscience

Menzies, A. W. (1936): A method of solubility measurement. Solubility in the system $SrCl_2$-H_2O from 20 to 200 °C. J. Am. Chem. Soc. **58,** 934

Millero, F. J.; Curry, R. W.; Drost-Hansen, W. (1969): Isothermal Compressibility of Water at Various Temperatures. J. Chem. Engng. Data **14,** 422–425

Mirtsch, F. (1980): Entwicklung und Erprobung eines modifizierten LiCl-Taupunkthygrometers. Tech. Messen 3, 181–185

Montgomery, P. W. (1966): Simple Volume Measurements at High Pressures. Rev. Sci. Instrum **37,** 1526–1529

Netzer, H.; Neugebohren, K.; Bothe, H.; Cammenga, H. K. (1982): Zwei einfache, einander ergänzende Methoden zur Messung der Löslichkeit fester Stoffe in Flüssigkeiten. GIT. Fachz. Lab. **26,** 299–304

Neueder, R. (1982): Dampfdruckuntersuchungen an methanolischen Lösungen schwach assoziierter Elektrolyte. Dissertation Regensburg

Oonk, H. A. J. (1981): Phase Theory, The Thermodynamics of Heterogeneous Equilibria. Amsterdam: Elsevier

Otto, J.; Thomas, W. (1963): Die thermische Ausdehnung von Quarzglas im Temperaturbereich von 0 bis 1060 °C. Z. Physik **175,** 337–344

Partington, J. R. (1949): An Advanced Treatise on Physical Chemistry, Bd. 1, Fundamental Principles, The Properties of Gases. London etc.: Longmans, Green and Co

Périnet, G. (1966): Nouvel appareil combinant le microscope chauffant et la chambre de rayon X Debye-Scherrer. Bull. Soc. franc. Minér. Crist. **89,** 325–328

Pesce, G.; Hölemann, P. (1934): Zur Bestimmung von Dichten und Brechungsindices von Lösungen bei höheren Temperaturen. Z. Elektrochemie u. angewandte physikal. Chemie **40,** 1–56

Pieperbeck, N; Kleinrahm, R.; Wagner, W.; Jaeschke, M. (1991): Results of (pressure, density, temperature) measurements on methane and on nitrogen in the temperature range from 273.15 K to 323.15 K at pressures up to 12 MPa using a new apparatus for accurate gasdensity measurements. J. Chem. Thermodynamics **23,** 175–194

Piermarini, G. J.; Weir, C. E. (1962): A Diamond Cell for X-Ray Diffraction Studies at High Pressures. J. Res. NBS **66,** 325–331

Pistorius, C. W. F. T. (1975): Melting Points and Volume Changes upon Melting. IUPAC, Experimental Thermodynamics, Part II, Chapt. 17, Part 1. London: Butterworths

Postill, D. R.; Ross, R. G.; Cusack, N. E. (1967): Equation of State and Electrical Resistivity of Liquid Mercury at Elevated Temperatures and Pressures. Advanc. Phys. **16**, 493–499

Prausnitz, J. M. (1969): Molecular Thermodynamics. Eaglewood Cliffs: Prentice Hall

Predel, B. (1982): Heterogene Gleichgewichte. Darmstadt: Steinkopff

Priest, I. G. (1920): A new interferential dilatometer. Sci. Pap. Bur. Stand. **15**, 669–678

Prigogine, I.; Defay, R. (1962): Chemische Thermodynamik. Leipzig: Dt. Verlag für Grundstoffindustrie

Pulfrich, C. (1893): Über das Abbe-Fizeau'sche Dilatometer. Z. f. Instrum.-kunde **13**, 365–380, 401–416, 437–456

Rafflenbeul, L.; Hartmann, H. (1981): Experimentelle Bestimmung von Grenzaktivitätskoeffizienten. Thermodynamik-Kolloquium des VDI. Bad Godesberg

Rast, K. (1922): Mikro-Molekulargewichtsbestimmung im Schmelzpunktsapparat. Ber. Dt. Chem. Ges. **55**, 3727–3729

Reed, T. B.; Fahey, R. E. (1965): Electric furnace for operation in oxidizing, neutral and reducing atmospheres to 2400 °C. Rev. Sci. Instrum. **36**, 289–290

Riley, B. (1966): The Determination of Melting Points at Temperatures above 2000 °C. Rev. Hautes Temp. Réfract. **3**, 327–336

Rowlinson, J. S. (1958): The Properties of Real Gases. In: Handbuch der Physik, Bd. XII, Thermodynamik der Gase. Berlin, Göttingen, Heidelberg: Springer, 1–72

Sandstede, G.; Robens, E. (1960): Gravimetrische Bestimmung der Gassorption mit Hilfe einer elektrischen Mikrowaage. Chem.-Ing.-Techn. **32**, 413–417

Sarge, S.; Bauerecker, S.; Cammenga, H. K. (1988): Calorimetric Determination of Purity by Simulation of DSC Curves. Thermochim. Acta **129**, 309–324

Schädlich, R.; Sonntag, D. (1975): Ein elektrisches Psychrometer nach einem WMO-Vorschlag. Z. Meteorol. **25**, 236–247

Scheibe, W. (1977): Feuchtemessung mit einem Normalhygrometer. Meteorol. Rdsch. **30**, 152–157

Schlosser, E. G. (1959): Automatisch arbeitende Apparatur zur Oberflächenbestimmung nach BET. Chem.-Ing. Techn. **31**, 799–805

Schmidt, E.; Thomas, W. (1954): Präzisionsbestimmungen des kritischen Punktes von Kohlensäure und Äthan durch Messung der Lichtbrechung. Forsch. Ing. Wes. **20**, 161–170

Schneider, G. M. (1975): Phase Equilibria (General Procedure). II. Phase Equilibria of Liquid and Gaseous Mixtures at High Pressures. IUPAC, Experimental Thermodynamics, Vol. II, Chapt. 16, Part. 1. London: Butterworths

Scholz, G. (1984): A Standard Calibrator for Air Hygrometers. Bull. OIML **79**, 18–27

Schulze, F.-W. (1980): Neue Methoden zur Untersuchung der Übergangskinetik zwischen kondensierter und dampfförmiger Phase. Dissertation Braunschweig

Shakhovskoi, G. P.; Lavrov, I. A.; Pushkinskii, M. D.; Gonikberg, M. G. (1962): Apparatus for Measuring the Compressibility of Liquids. Instr. Exp. Techn. **1**, 184–186

Smith, A.; Menzies, A. W. C. (1910a): Eine statische Methode zur Bestimmung von Dampfdrücken fester und flüssiger Stoffe. Ann. Phys. **33**, 971–978

Smith, A.; Menzies, A. W. C. (1910b): Eine dynamische Methode zur Messung von Dampfdrücken und deren Anwendung auf Benzol und Salmiak. Ann. Phys. **33**, 989–994. Studies in Vapor Pressure. J. Am. Chem. Soc. **32**, 1541–1555

Sonntag, D. (1966): Hygrometrie. Berlin: Akademie-Verlag

Sonntag, D. (1990): Important new Values of the Physical Constants of 1986, Vapour Pressure Formulations based on the ITS-90, and Psychrometer Formulae. Z. Meteorol. **70**, 340–344

Spencer-Gregory, H. K.; Rourke, E. (1957): Hygrometry. London: Crosby Lockwood & Son

Spieweck, F.; Bettin, H.; Toth, H. (1990): Einfache Festkörper-Dichtebestimmung mit einer oberschaligen Waage. wägen + dosieren **6**/1990, 20–25

Straub, J. (1967): Optische Bestimmung von Dichteschichtungen im kritischen Zustand. Chem.-Ing.-Techn. **39**, 291–296

Swietoslawski, W. (1945): Ebulliometric Measurements. New York: Reinhold

Takenaka, M.; Masui, R. (1990): Measurement of the Thermal Expansion of Pure Water in the Temperature Range 0 °C–85 °C. Metrologia **27**, 165–171

Thomas, W.; Zander, M. (1980): Pressure-Density-Temperature Measurement of Ethylene. Int. J. Thermophysics **1**, 283–396

Thomson, G. W.; Douslin, D. R. (1971): Determination of Pressure and Volume. Physical Methods in Chemistry, Vol. I, Part I. New York: Wiley

Tsiklis, D. S. (1972): Phasentrennung in Gasgemischen. Leipzig: Dt. Verlag für Grundstoffindustrie

Verbeke, O.; Van Itterbeek, A. (1965): Equation of State of Liquified Gases. In: Physics of High Pressures and the Condensed Phase, Ed. Van Itterbeek, A. Amsterdam: North-Holland Publishing Company, 99–188

Vereschagin, L. F. (1965): X-Ray Study of Solids at High Pressure. In: Physics of Solids at High Pressures, Ed. Tomizuka, C. T.; Emrick, R. M. New York, London: Academic Press

Welch, J. H. (1961): Improved Microfurnace Power Supply. J. Sci. Instr. **38**, 402–403

Wexler, A. (1965): Humidity and Moisture. Vol. 1 to 4. New York: Reinhold

Wexler, A. (1976): Vapor Pressure Formulation for Water in Range 0 to 100°C. A Revision. J. Res. NBS **80 A**, 775–785

Wexler, A. (1977): Vapor Pressure Formulation for Ice. J. Res. NBS **81 A**, 5–20

Whalley, E. (1975): The Compression of Liquids. In: Experimental Thermodynamics Vol. 2, Ed. le Neindre, B.; Vodar, B. London: Butterworths, 421–500

White, G. K. (1961): Measurement of thermal expansion at low temperatures. Cryogenic **1**, 151–158

Wieland, G. (1985): Wasserbestimmung durch Karl-Fischer-Titration. Darmstadt: GIT-Verlag

Williamson, A. G. (1975): Phase Equilibria (General Procedure). I. Phase Equilibria of Two-component Systems and Multicomponent Systems. IUPAC, Experimental Thermodynamics, Vol. II, Chapt. 16, Part 1. London: Butterworths

Wilson, W. D. (1959): Speed of Sound in Destilled Water as a Function of Temperature and Pressure. J. Acoust. Soc. Am. **31**, 1067–1072

WMO-No. 8 (1983) fifth edition: Guide to meteorological instruments and observation methods. Geneva

Yates, B. (1972): Thermal Expansion. New York, London: Plenum

Zipser, L.; Labude, J. (1989): Planarer Abluftfeuchtesensor. msr 32, 268–271

3.3 Kalorische Zustandsgrößen (S. M. Sarge)

Ziel der Kalorimetrie ist die Ermittlung thermodynamischer Eigenschaften von Stoffen über die Messung von Wärme. Wärme als Energieform tritt nur bei ihrem Austausch in Form von Wärmeströmen in Erscheinung. Wärmeströme sind stets mit einer Temperaturdifferenz verknüpft. Wärme wird in Kalorimetern über eine Temperaturdifferenz oder durch Kompensation des thermischen Effektes gemessen.

Die Formelgröße für die Wärme ist Q oder q, ihre Einheit ist J (Joule). Die Formelgröße für den Wärmestrom ist Φ, seine Einheit ist W (Watt). Für die alte Einheit cal (Kalorie) gilt: $1\,\mathrm{cal_{thermochem}} = 4{,}184\,\mathrm{J}$, $1\,\mathrm{cal_{15°}} = 4{,}1855\,\mathrm{J}$, $1\,\mathrm{cal_{IT}} = 4{,}1868\,\mathrm{J}$ (Sacklowski (1973)).

3.3.1 Thermodynamik und Kalorimetrie

Der 1. Hauptsatz der Thermodynamik („Die Energie eines abgeschlossenen Systems ist konstant") definiert eine Zustandsfunktion U (Innere Energie, $U = U(V, T, n_i)$, V Volumen, T Temperatur, n_i Molzahl der Komponente i) und H (Enthalpie, $H = H(p, T, n_i)$, p Druck).

Eine Änderung der Inneren Energie eines Systems tritt durch den Austausch von Arbeit W und Wärme Q mit der Umgebung auf. Tritt nur Volumenänderungsarbeit $-p\,\mathrm{d}V$ auf, gilt für einen infinitesimalen Prozeß

$$\mathrm{d}U = \delta Q + \delta W = \delta Q - p\,\mathrm{d}V \tag{3.48}$$

Für die Änderung der Enthalpie gilt mit $H = U + pV$:

$$\mathrm{d}H = \mathrm{d}U + p\,\mathrm{d}V + V\mathrm{d}p = \delta Q + V\mathrm{d}p \tag{3.49}$$

Eine Reaktion im System läßt sich durch die Reaktionslaufzahl ξ beschreiben ($dn_i = \nu_i d\xi$, ν_i stöchiometrischer Koeffizient der Komponente i in der Reaktion).

Damit gilt für die umgesetzte Wärme δQ:

$$\delta Q = \left(\frac{\partial U}{\partial T}\right)_{V,\xi} dT + \left(\frac{\partial U}{\partial V}\right)_{T,\xi} dV + \left(\frac{\partial U}{\partial \xi}\right)_{V,T} d\xi + p\,dV \tag{3.50}$$

mit $\left(\frac{\partial U}{\partial T}\right)_{V,\xi} = C_V$ isochore Wärmekapazität

$\left(\frac{\partial U}{\partial V}\right)_{T,\xi} = \Pi$ innerer Druck

$\left(\frac{\partial U}{\partial \xi}\right)_{V,T} = \Delta U$ Reaktionsenergie

Analog gilt:

$$\delta Q = \left(\frac{\partial H}{\partial T}\right)_{p,\xi} dT + \left(\frac{\partial H}{\partial p}\right)_{T,\xi} dp + \left(\frac{\partial H}{\partial \xi}\right)_{p,T} d\xi - V\,dp \tag{3.51}$$

mit $\left(\frac{\partial H}{\partial T}\right)_{p,\xi} = C_p$ isobare Wärmekapazität

$\left(\frac{\partial H}{\partial p}\right)_{T,\xi} = \varepsilon$ isothermer Drosselkoeffizient

$\left(\frac{\partial H}{\partial \xi}\right)_{p,T} = \Delta H$ Reaktionsenthalpie

Die Druckabhängigkeit der Temperatur des Systems bei konstanter Enthalpie und Zusammensetzung beschreibt der isenthalpische Drosselkoeffizient δ (Joule-Thomson-Koeffizient):

$$\left(\frac{\partial T}{\partial p}\right)_{H,\xi} = -\frac{(\partial H/\partial p)_{T,\xi}}{(\partial H/\partial T)_{p,\xi}} = -\frac{\varepsilon}{C_p} = \delta$$

Zur Thermodynamik siehe z. B. Kortüm u. Lachmann (1981), S. 59–114.

3.3.2 Charakterisierung von Kalorimetern

Zur Charakterisierung von Kalorimetern wird das abgeschlossene thermodynamische System „Kalorimeter" unterteilt in das Meßsystem, das die Probe und die Arbeitssubstanz, die an Temperaturänderungen teilnehmen, beinhaltet, und seine Umgebung. Jenseits der Umgebung existiert die Außenwelt. Diese Aufteilung stellt eine Abstraktion dar, bestimmte Bauteile, z. B. Stromzuführungen, Rührer, lassen sich nicht eindeutig einem Bereich zuordnen.

Durch die Angabe des Meßprinzips, der Umgebungs- und Betriebsbedingungen sowie der Bauart läßt sich ein Kalorimeter klassifizieren (Hemminger u. Höhne (1979), S. 115–117).

Charakterisierung nach Umgebungs- und Betriebsbedingungen

Zwischen Umgebung und Meßsystem findet ein Wärmeaustausch statt, je nach Größe des Wärmewiderstandes unterscheidet man als Grenzfälle isotherme, adiabatische und isoperibole Kalorimeter.

Isothermes Kalorimeter Die Arbeitssubstanz hat die gleiche, konstante Temperatur wie die Umgebung, das Meßsystem tauscht Wärme über einen verschwindend kleinen Wärmewiderstand mit einer Arbeitssubstanz unendlicher Wärmekapazität aus. In praxi werden diese Bedingungen durch Kompensation des thermischen Effekts realisiert.

Adiabatisches Kalorimeter Zwischen Meßsystem und Umgebung findet kein Wärmeaustausch statt, die gesamte in der Probe umgesetzte Wärme dient zur Veränderung der Temperatur des Meßsystems. In praxi läßt sich dies realisieren durch einen sehr großen Wärmewiderstand zwischen Meßsystem und Umgebung (thermische Isolation durch Vakuumgefäß, Strahlungsschilde), durch Verringerung der Temperaturdifferenz zwischen Probe und Umgebung (durch geregelte Schutzheizungen) oder durch eine Verkürzung der Dauer der Messung, so daß keine wesentliche Wärmemenge ausgetauscht werden kann (Puls-Kalorimetrie, Modulations-Kalorimetrie).

Isoperiboles Kalorimeter Das Meßsystem ist über einen endlichen Wärmewiderstand an die temperaturkonstante Umgebung mit unendlicher Wärmekapazität angeschlossen. Die mit einem thermischen Effekt der Probe verbundene Temperaturänderung des Meßsystems stellt sich nach endlicher Zeit ins Gleichgewicht mit der Umgebungstemperatur.

Das Kalorimeter kann bei konstanter Umgebungstemperatur (statisch) betrieben werden. Alternativ ist ein dynamischer Betrieb („Scanning") möglich, bei dem die Temperatur der Umgebung (Umgebungs-Scanning), des Meßsystems (isoperiboles Scanning) oder beider Temperaturen (adiabatisches Scanning) – im allgemeinen zeitlinear – variiert wird.

Charakterisierung nach Meßprinzip

Für das Meßprinzip des Kalorimeters trifft man folgende Unterscheidungen:

- Kompensation des thermischen Effekts durch eine Phasenumwandlung (z. B. Eis-Kalorimeter).
- Kompensation des thermischen Effekts durch thermoelektrische Effekte (Joule-Heizung bei endothermen, Peltier-Kühlung bei exothermen Vorgängen) (z. B. isothermes Lösungskalorimeter).
- Messung der zeitlichen Temperaturänderung einer Arbeitssubstanz mit definierter, durch Kalibrierung zu bestimmender Wärmekapazität (z. B. isoperiboles Bomben-Kalorimeter).
- Messung der örtlichen Temperaturdifferenz einer Arbeitssubstanz mit definiertem, durch Kalibrierung zu bestimmendem Wärmewiderstand zur Umgebung (z. B. Dynamisches Wärmestrom-Differenz-Kalorimeter).

Weitere Unterscheidungsmerkmale

Durch die Konstruktion von Zwillingskalorimetern, bei denen das Differenzsignal zwischen dem Probensystem mit der reaktiven Probe und einem identischen Vergleichsprobensystem mit einer inerten Vergleichssubstanz gemessen wird, lassen sich – im Gegensatz zu Einfachkalorimetern – Störungen, die von außen auf das Kalorimeter einwirken, in erster Näherung eliminieren (Charakterisierung nach Bauart).

Zusätzliche Informationen zur Klassifizierung und Charakterisierung des Kalorimeters liefern gerätetechnische Beschreibungen, z. B. Einwurf-Kalorimeter, Eis-Kalorimeter, Strömungs-Kalorimeter.

3.3.3 Auswahl von Kalorimetern

Entsprechend dem vorliegenden Meßproblem muß der optimale Kalorimetertyp ausgewählt werden. Kriterien zur Charakterisierung des Meßproblems sind Art und Größe des kalorischen Effekts, Temperatur-, Druckbereich, angestrebte Unsicherheit, zur Verfügung stehende Probemasse, Aggregatzustand der Probe etc.

Für Routineaufgaben und mäßige Anforderungen an die Meßunsicherheit wird man auf kommerzielle Kalorimeter zurückgreifen:

- Zur Bestimmung von Wärmekapazitäten, Umwandlungs- und Reaktionswärmen im Temperaturbereich 100 bis 1000 K und Druckbereich 0 bis 70 bar werden Dynamische Differenz-Kalorimeter angeboten, die die Bestimmung dieser Größen mit einer Unsicherheit von 1 bis 5% erlauben.
- Die Bestimmung von Verdampfungswärmen ist unter moderaten Bedingungen mit kommerziellen Geräten mit einer Unsicherheit von etwa 2% möglich.
- Zur Bestimmung von Mischungs-, Lösungs- und Verdünnungswärmen im Bereich der Raumtemperatur sind isoperibole Kalorimeter mit einer Unsicherheit von <1% verfügbar.
- Verbrennungswärmen fester, flüssiger und gasförmiger Materialien lassen sich mit kommerziellen Geräten mit einer Unsicherheit von 0,1 bis 1% bestimmen.

Der Selbstbau eines Kalorimeters ist heute nur noch bei extremen Anforderungen an die Meßunsicherheit (z. B. adiabatisches Präzisions-Kalorimeter für C_p-Messungen mit einer Unsicherheit <0,1%; einfaches Einwurf-Kalorimeter mit Wasser als Arbeitssubstanz zur Bestimmung der mittleren Wärmekapazität mit einer Unsicherheit von einigen Prozent) oder den Einsatzbereich (sehr niedrige ($T < 100$ K) oder sehr hohe ($T > 1000$ K) Temperaturen; hohe Drücke ($p > 70$ bar); sehr kleine ($m < 1$ mg) oder sehr große ($m > 100$ g) Probemassen m) notwendig.

Übersichten über die im folgenden beschriebenen Methoden neben weiteren, aufgrund ihres speziellen Charakters und notwendigen technischen Aufwandes hier nicht erwähnten Methoden finden sich in Eder (1983), Hemminger u. Höhne (1979), McCullough u. Scott (1968), Kubaschewski u. Alcock (1979), Maglić u. a. (1984), Maglić u. a. (1992), Oscarson u. Izatt (1992), Becker u. Magnus (1955), Roth u. Becker (1956).

3.3.4 Bestimmung der Änderung der Inneren Energie ΔU, Änderung der Enthalpie ΔH, isochoren Wärmekapazität C_V und isobaren Wärmekapazität C_p kondensierter Stoffe

Zur Bestimmung der Änderung der Inneren Energie ΔU oder Enthalpie ΔH eines Stoffes wird die von der Probe zwischen zwei Gleichgewichtszuständen aufgenommene oder abgegebene Wärme ΔQ in einem Temperaturintervall $\Delta T = T_2 - T_1$ gemessen. Überwiegend wird bei konstantem Druck gearbeitet, zur Bestimmung von thermodynamischen Größen von Gasen auch bei konstantem Volumen. Aufgrund ihrer geringen Kompressibilität lassen sich Flüssigkeiten und Festkörper nur unter erheblichem experimentellen Aufwand bei konstantem Volumen untersuchen. Bei konstantem Volumen ($W = 0$) ergibt sich nach Gl. (3.48) $\Delta U = \Delta Q$, bei konstantem Druck (nur Volumenänderungsarbeit $-p\Delta V$) gilt nach Gl. (3.49) $\Delta H = \Delta Q$.

Aus Gl. (3.50) bzw. (3.51) erhält man unter diesen Bedingungen nach $(\Delta Q/\Delta T)_V = C_V$ bzw. $(\Delta Q/\Delta T)_p = C_p$ die mittlere Wärmekapazität des Stoffes zwischen T_2 und T_1. Wählt man das Temperaturintervall klein genug, im Grenzfall infinitesimal, so erhält man die „wahre“ Wärmekapazität des Stoffes. Daher lassen sich die in **3.3.4.1** besprochenen experimentellen Methoden auch zur Bestimmung der Wärmekapazität einsetzen. Für direkte Wärmekapazitätsmessungen finden im unteren Temperaturbereich die isoperibole, die adiabatische sowie die Modulations-Kalorimetrie Anwendung, im oberen Temperaturbereich (>1000 K) im wesentlichen die Puls-Kalorimetrie.

Für Präzisionsmessungen muß die Einhaltung der Randbedingungen ($\mathrm{d}V=0$ oder $\mathrm{d}p=0$, keine weitere Energieform involviert) kontrolliert und bei Abweichungen entsprechend Gl. (3.50) und (3.51) korrigiert werden. Der Einfluß des Dampfdrucks und von Verunreinigungen der Probe muß beachtet werden.

3.3.4.1 Einwurf-Kalorimeter

Die Bestimmung von ΔU oder ΔH erfolgt mittels Einwurf-Kalorimetrie (Drop-Kalorimetrie) (Douglas u. King (1968), Ditmars (1984, 1988)). Dabei wird die Probe in einem Thermostat (Ofen) auf eine Temperatur T_2 erwärmt und dann in ein Kalorimeter gebracht (eingeworfen), um dort auf die Temperatur T_1 abzukühlen, wobei die dabei abgegebene Wärme entweder aus der resultierenden Temperaturerhöhung und der bekannten Wärmekapazität der Arbeitssubstanz oder durch Kompensation der abgegebenen Wärme bestimmt wird. Die Kalibrierung des Kalorimeters erfolgt elektrisch.

Die Bestimmung von Enthalpiedifferenzen und Wärmekapazitäten ist mittels Einwurf-Kalorimetrie für Probentemperaturen bis über 3000 K möglich und wird nach oben nur durch die möglichen Ofenkonstruktionen, die Möglichkeiten zur Bestimmung der Probentemperatur sowie die chemische Stabilität der Probe begrenzt. Der übliche Temperaturbereich erstreckt sich bis ca. 1800 K.

Die Unsicherheit der Wärmekapazitätsbestimmung mittels sorgfältig konstruierter und betriebener Einwurf-Kalorimeter ist abhängig vom verwendeten Kalorimetertyp und erreicht unterhalb ca. 800 K nicht ganz die Unsicherheit von adiabatischen Kalorimetern. Oberhalb dieser Temperatur erhöhen Strahlungsverluste die Unsicherheit adiabatischer Kalorimeter; da die kalorimetrische Messung beim Einwurf-Kalorimeter bei oder nahe bei Raumtemperatur erfolgt, ist dies kein prinzipielles Problem in der Einwurf-Kalorimetrie (Ginnings (1968), S. 9–13).

Die wesentlichen Komponenten eines Einwurf-Kalorimeters beschreibt Fig. 3.39. Gewöhnlich wird die Probe in einem Probenbehälter eingeschlossen, daher ist das Verfahren auf kompakte, stückige, pulverförmige und flüssige Proben gleichermaßen anwendbar (Douglas u. King (1968), S. 306–308). Voraussetzung ist, daß die Probe bei T_2 und T_1 in einem thermodynamisch definierten Zustand vorliegt und während der Abkühlphase aufgrund der hohen Kühlrate (1000 bis 2000 $\mathrm{K\,s^{-1}}$) keine metastabilen Zustände eingefroren werden. Abhilfe ist in solchen Fällen nur möglich durch eine Verringerung der Kühlrate durch eine Verkleinerung des Wärmeübergangskoeffizienten zwischen Probe und Kalorimeter oder durch Überführung der metastabilen Probe in einem Lösungskalorimeter in einen thermodynamisch definierten Zustand und Durchführung einer Korrektion.

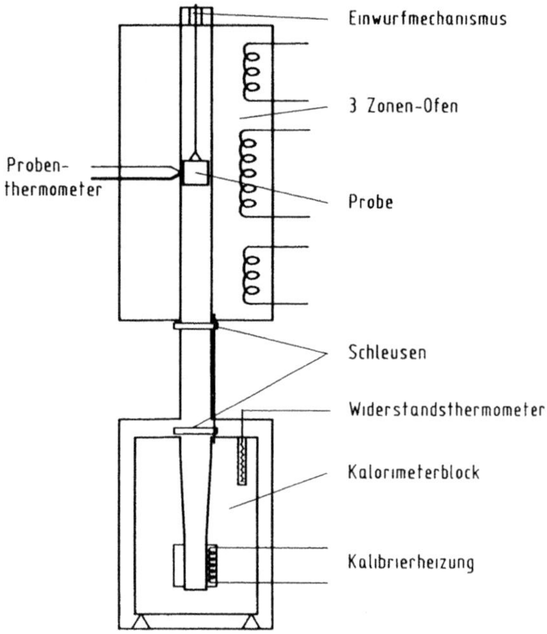

Fig. 3.39
Einwurf-Kalorimeter, hier mit elektrisch beheiztem Röhrenofen und isoperibolem Metallblock-Kalorimeter

Die Schleusen zwischen Ofen und Kalorimeter werden nur im Moment des Falls geöffnet und verhindern ansonsten einen direkten Wärmeübergang vom heißen Ofen zum Kalorimeter. Die während der Öffnungszeit der Schleuse übertragene Strahlungswärme beträgt auch bei höherer Ofentemperatur (> 1000 K) weniger als 0,1 % der von der Probe abgegebenen Wärme und muß daher nur bei Präzisionsmessungen berücksichtigt werden (Douglas u. King (1968), S. 320)).

Der während des Falls auftretende Energieaustausch mit der Umgebung muß möglichst klein und wiederholbar gestaltet werden. Er wird in einem Vorversuch zur Bestimmung der Enthalpieänderung des Probenbehälters ermittelt, wozu eine hohe und wiederholbare Fallgeschwindigkeit und ein konstanter Emissionsgrad notwendig sind. Der Einfluß der unterschiedlichen Abkühlungsgeschwindigkeiten aufgrund der größeren Wärmekapazität des gefüllten Probenbehälters im Vergleich zum leeren Probenbehälter kann im allgemeinen vernachlässigt werden (Ginnings u. a. (1950)). Verzichtet man auf einen Probenbehälter, so muß der während des Falls auftretende Wärmeverlust an die Umgebung rechnerisch berücksichtigt werden (Betz u. Frohberg (1980)).

Bei Substanzen mit merklichem Dampfdruck muß eine Korrektion um die Verdampfungswärme erfolgen. Sie kann bei Kenntnis des Dampfdrucks und seiner Temperaturabhängigkeit rechnerisch für eine einzelne Messung mittels der (exakten) Clausius-Clapeyron-Gleichung erfolgen (Eucken (1929)). Die Verdampfungswärme oder der Dampfdruck und seine Temperaturabhängigkeit müssen zu diesem Zweck nicht explizit bekannt sein, sondern können durch eine Messung mit niedrigem Behälterfüllstand und eine zweite mit hohem Füllstand aus den entsprechenden Gleichungen eliminiert werden (Douglas u. King (1968), S. 322–325; Hoge (1946); Douglas u. a. (1954)).

Die Umwandlungsenthalpie metastabiler Phasen läßt sich durch Einwurf-Kalorimetrie kalter Proben in ein warmes Kalorimeter bestimmen (Holm u. a. (1967)).

Ofen Der Ofen soll im Bereich des Probenbehälters ein homogenes Temperaturfeld erzeugen, eine genaue Temperaturbestimmung erlauben und die Möglichkeit bieten, die Probe in das Kalorimeter einfallen zu lassen. Häufig bilden Ofen und Kalorimeter eine Einheit, um Druck und Zusammensetzung der die Probe umgebenden Atmosphäre kontrollieren zu können. Die Temperaturmessung erfolgt im Temperaturbereich $\leqslant 1300$ K mittels Thermoelementen oder Pt-Widerstandsthermometern, welche in unmittelbarer Nähe der Probe angebracht sind. Daher kommt der Temperaturhomogenität des Ofens besondere Bedeutung zu. Die Temperaturbestimmung oberhalb von 1300 K erfolgt mittels optischer Pyrometrie.

Im allgemeinen kommen in diesem Temperaturbereich vertikal angeordnete Zylinderöfen mit Mehrzonenheizung aus einem Material guter Wärmeleitfähigkeit zum Einsatz. Für den Temperaturbereich bis ca. 1200 K liefert ein massiver Silberofen die besten Ergebnisse (Furukawa u. a. (1956)).

Höhere Temperaturen ($\leqslant 1800$ K) lassen sich mit Öfen mit Heizwicklungen aus Molybdän, Nickel/Chrom- oder Platin-Legierungen erreichen, darüberhinaus (bis 2800 K) kommen Graphit-Öfen zum Einsatz (Levinson (1962)). Neben den Öfen mit Widerstandsheizung werden bei hohen Temperaturen auch Öfen mit Wirbelstromheizung (Hoch u. Johnston (1961)) oder Elektronenstrahlöfen (Fredrickson u. a. (1969); Robinson u. Lacy (1985)) eingesetzt. Aufgrund der hohen chemischen Reaktivität geschmolzener Materialien bei diesen Temperaturen finden auch Verfahren Anwendung, bei denen die Probe tiegelfrei durch elektromagnetische Induktion hochfrequenten Wechselstroms in einer geeignet geformten Spule in der Schwebe gehalten und gleichzeitig geheizt wird (Bonnell u. a. (1988); Chekhovskoi (1984)).

Bei Messungen im Raumtemperaturbereich steigen aufgrund des relativ geringen Temperaturunterschieds zwischen Umgebung und Kalorimeter die Ansprüche an die Temperaturkonstanz und -messung. Zur Temperierung der Proben in diesem Temperaturbereich werden am besten thermostatisierte Umströmungsgefäße eingesetzt (Cruickshank u. a. (1968), S. 529-531).

Kalorimeter Nachdem die Probe die Temperatur des Ofens angenommen hat, fällt sie in ein Kalorimeter. Dabei kommen isoperibole, adiabatische und isotherme Kalorimeter zum Einsatz.

Isoperibole Kalorimeter Die Probe gibt ihre Energie in Form von Wärme an die Arbeitssubstanz des Kalorimeters ab, die dabei entsprechend ihrer Wärmekapazität und den Verlusten an die Umgebung („Wasserwert") erwärmt wird. Als Arbeitssubstanz finden feste (Metallblock-Kalorimeter) und flüssige Substanzen (Flüssigkeits-Kalorimeter) Anwendung.

Die Arbeitssubstanz befindet sich, um den Wärmeaustausch mit der Umgebung klein zu halten, thermisch isoliert in einer isothermen Umgebung, die im allgemeinen aus einem Flüssigkeitsthermostaten etwas oberhalb der Raumtemperatur besteht. Die thermische Isolation wird durch Konstruktionsteile geringer Wärmeleitfähigkeit mit kleinem Querschnitt für die Befestigungen (Auflagen oder Aufhängungen), durch Oberflächen geringen Emissionsgrades (polierte vergoldete Flächen), durch Strahlungsschirme, evakuierte Zwischenräume und/oder durch eine Gasfüllung mit geringem Wärmeleitvermögen (z. B. CO_2 bei vermindertem Druck, Southard (1941)) realisiert.

Die Temperaturmessung erfolgt mittels Beckmann-, Widerstands-, Quarzthermometer oder Thermistor.

Die Kalibrierung des Kalorimeters (Bestimmung des „Wasserwerts") erfolgt elektrisch, kann bei geringeren Anforderungen an die Meßunsicherheit aber auch mit einer Kalibriersubstanz (z. B. α-Al_2O_3, Ditmars u. a. (1982)) erfolgen.

Isoperiboles Flüssigkeits-Kalorimeter (Fig. 3.40) Als Arbeitssubstanz dient zumeist Wasser, dessen Volumen so gewählt wird, daß die Temperaturerhöhung im Bereich von 1 bis 5 K liegt. Zur besseren Wärmeverteilung wird die Flüssigkeit gerührt. Im allgemeinen wird die Probe in einen Auffangbehälter eingeworfen, beim direkten Einwurf in die Flüssigkeit muß ein Verspritzen und Verdampfen vermieden werden. Der Temperaturbereich dieser Kalorimeter erstreckt sich bis $T_2 \approx 300\,°C$. Die Unsicherheit hängt im wesentlichen von einer präzisen Bestimmung der Temperaturänderung der Arbeitssubstanz unter Berücksichtigung des Wärmeaustausches mit der Umgebung ab und erreicht mit verhältnismäßig geringem Aufwand 1 bis 2%.

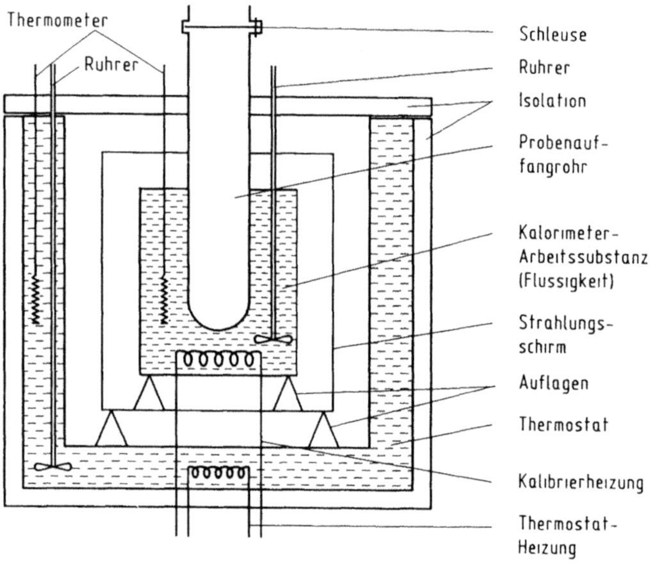

Fig. 3.40
Isoperiboles Flüssigkeits-Einwurf-Kalorimeter

Mit der einwurf-kalorimetrischen Technik läßt sich auf einfachste Weise die Enthalpiedifferenz einer Probe bei Temperaturen von wenigen hundert Grad mit einer Unsicherheit von einigen Prozent bestimmen. Dazu dient ein Dewar-Gefäß als Kalorimeter mit Wasser als Arbeitssubstanz, dessen Temperaturerhöhung beim Einwurf der Probe mit einem Quecksilberthermometer gemessen wird. Die Kalibrierung erfolgt mit Saphir (α-Al_2O_3) (Ditmars u. a. (1982)).

Das **isoperibole Metallblock-Kalorimeter** (Fig. 3.41) ist das in der Einwurf-Kalorimetrie am häufigsten verwendete Kalorimeter. In dem Metallblock befinden sich der Auffangbehälter für die Probe, ein elektrischer Kalibrierheizer und ein Thermometer. Als Arbeitssubstanz findet hauptsächlich Kupfer, aber auch Aluminium oder Nickel Anwendung. Gegenüber (ungerührten) Flüssigkeits-Kalorimetern bieten Metallblock-Kalorimeter den Vorteil der besseren Temperaturleitfähigkeit; Probleme aufgrund eingetragener Rührwärme, Verdampfen oder Verspritzen der Arbeitssubstanz treten nicht auf.

Die Temperaturmessung erfolgt lokal in einer Bohrung des Blocks mittels Widerstandsthermometer, Quarzthermometer oder Thermistor oder auch flächig mittels Thermosäule oder einer Widerstandswicklung, die um den Kalorimeterblock geführt ist. In diesem Fall läßt sich die Empfindlichkeit der Messung steigern, wenn sich die zur

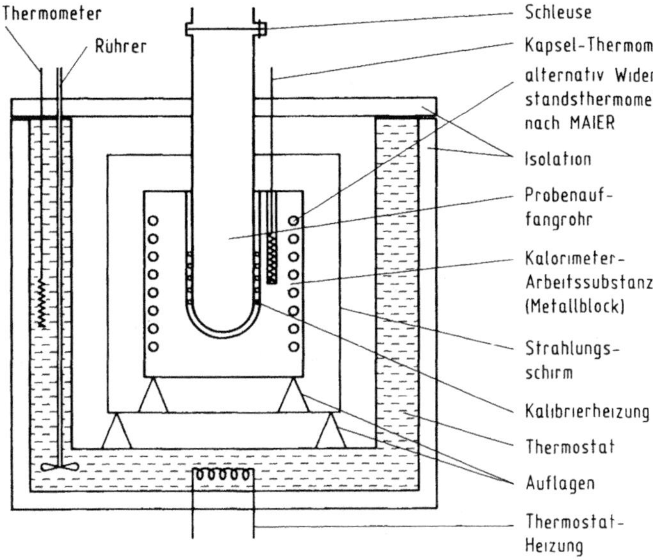

Fig. 3.41
Isoperiboles Metallblock-Einwurf-Kalorimeter

Temperaturmessung verwendete Wicklung in einer auf dem Metallblock angebrachten Brückenschaltung befindet (Maier (1930); Macleod (1967)).

Zur Kalibrierung wird in der Kalibrierheizung eine bekannte elektrische Energie freigesetzt. Um ein ähnliches Temperaturfeld wie bei dem Experiment zu erzeugen, befindet sich die Kalibrierheizung in der Wandung des Auffangbehälters.

Auswertung der isoperibolen Messungen Primäres experimentelles Resultat ist die Temperatur der Arbeitssubstanz als Funktion der Zeit (Fig. 3.42). Die Meßkurve wird unterteilt in die Vorperiode, während der die Temperaturdrift konstant und klein sein soll, die Hauptperiode, während der die eingeworfene Substanz ihre Wärme an die Arbeitssubstanz abgibt, und die Nachperiode, während der die Temperaturdrift wieder konstant sein soll und die Arbeitssubstanz ihre Wärme langsam an die Umgebung abgibt und dem Ausgangszustand zustrebt. Nur unter adiabatischen Bedingungen (s. u.) läßt sich aus der gemessenen Temperaturänderung und der Wärmekapazität der Arbeitssubstanz direkt die von der Probe abgegebene Wärme ermitteln. Bei isoperibolen Umgebungsbedingungen muß die wahre Temperaturänderung aus der gemessenen Kurve durch Bestimmung einer korrigierten Temperaturerhöhung $\Delta T + \varepsilon$ ermittelt werden. Die verschiedenen Korrektionsmethoden setzen jeweils die Gültigkeit des Newton-Abkühlungsgesetzes ($\mathrm{d}T_2/\mathrm{d}t = -k \cdot (T_2 - T_1)$) voraus. Dies ist erfüllt, wenn die Außenfläche der Arbeitssubstanz eine gleichförmige Temperatur besitzt, die mit der Thermometeranzeige übereinstimmt, und die Innenfläche der Umgebung eine gleichförmige und konstante Temperatur aufweist.

Ein analytisches Verfahren zur Berechnung der wahren (unter adiabatischen Bedingungen auftretenden) Temperaturerhöhung ist das Verfahren nach Regnault u. Pfaundler (Pfaundler (1866)).

Die mittlere Temperatur der Kalorimeter-Arbeitssubstanz soll bei exothermen Vorgängen während des Vorversuchs linear ansteigen, während des Nachversuchs linear abfallen. Die Temperatur T_i wird in konstanten Zeitabständen Δt bestimmt. Die Messung beginnt mit dem ersten Ablesewert der Vorperiode $T_1(t_1)$ (Vorperiode v). Mit dem letzten Ablesewert der Vorperiode $T_2(t_2)$ beginnt die Hauptperiode, während der die zu messende Wärmeproduktion stattfindet, die mit dem ersten Ablesewert der Nachperiode $T_3(t_3)$ endet (Hauptperiode h). Die Messung endet mit dem

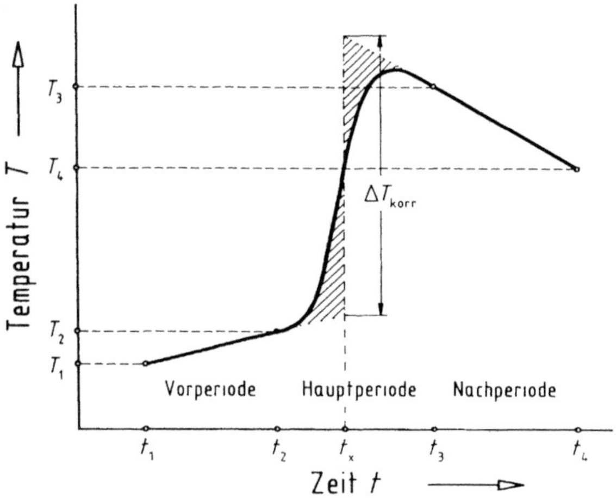

Fig. 3.42
Temperaturverlauf im isoperibolen Kalorimeter beim kurzfristigen Eintrag von Wärme

Ablesewert $T_4(t_4)$ (Nachperiode n). Zu der gemessenen Temperaturerhöhung $\Delta T = T_3 - T_2$ ist eine Korrektion ε zu addieren:

$$\Delta T_{\text{korr}} = T_3 - T_2 + \varepsilon$$

mit

$$\varepsilon = -(t_3 - t_2)[k(\bar{T}_n - \bar{T}_h) + G_n]$$ Temperaturkorrektion nach Regnault u. Pfaundler

$$k = -\frac{(T_4 - T_3)/(t_4 - t_3) - (T_2 - T_1)/(t_2 - t_1)}{(T_4 + T_3)/2 - (T_2 + T_1)/2}$$ Newton-Abkühlungskonstante

$$\bar{T}_n = \frac{(T_4 + T_3)}{2}$$ mittlere Temperatur der Nachperiode

$$\bar{T}_h = \frac{1}{t_3 - t_2}\left[\frac{(T_2 + T_3)}{2} + \sum_{i = i(t_2 + \Delta t)}^{i(t_3 - \Delta t)} T_i\right]\Delta t$$ Integralmittelwert der Temperatur der Hauptperiode

$$G_n = \frac{T_4 - T_3}{t_4 - t_3}$$ Temperaturgang der Nachperiode

Dieses Korrektionsverfahren ist nur zulässig bei konstanter Abkühlungskonstante k.

Genauere Verfahren, die auch die Zunahme der Wärmekapazität des Kalorimeters nach Einwurf der Probe berücksichtigen, sind in West u. Churney (1968) beschrieben. Bei geringeren Anforderungen an die Genauigkeit kann die Temperaturerhöhung auch einfach bestimmt werden, indem die Senkrechte in t_x so gelegt wird, daß sie die Meßkurve bei $(T_3 + T_2)/2$ schneidet (Becker u. Magnus (1955), S. 496). Ein vereinfachtes Verfahren zur Ermittlung des Korrektionswertes ε ist in DIN 51900 Teil 2 (1977) beschrieben.

Graphisch läßt sich diese Bestimmung nach Dickinson (1915) durchführen, indem die Temperaturdriften der Vor- und Nachperiode in die Hauptperiode extrapoliert werden und eine Senkrechte bei t_x so gelegt wird, daß die zwischen den extrapolierten Geraden und der Meßkurve befindlichen Flächen gleich werden. Die gesuchte „adiabatische" Temperaturerhöhung ergibt sich dann aus dem Abstand der beiden Geraden bei t_x (Roth u. Becker (1956), S. 59–67).

Die Unsicherheit der Enthalpiemessungen mit sorgfältig konstruierten und betriebenen Kalorimetern dieser Bauart beträgt bis etwa 1200 K 0,2 bis 0,4% und steigt bis 3000 K auf etwa 2 bis 3% (Ditmars (1988), S. 252).

Das **adiabatische Einwurf-Kalorimeter** (Fig. 3.43) ist aufgrund der aufwendigen Konstruktion und der notwendigen Regeltechnik weniger verbreitet als das isoperibole. Die Kalorimeter-Arbeitssubstanz, die während des Versuchs die Probe aufnimmt, ist von einem oder mehreren beheizten Mänteln, Isolierschichten und Strahlungsschirmen umgeben (vgl. **3**.3.4.2). Während des Versuchs wird die Manteltemperatur möglichst exakt der der Kalorimeter-Arbeitssubstanz nachgeführt, im Vor- und Nachversuch wird die Temperatur der Arbeitssubstanz auf einem konstanten Wert gehalten. Da somit keine Wärmeverluste oder Fremdwärmen zu berücksichtigen sind, ergibt sich die gesuchte Temperaturerhöhung der Arbeitssubstanz direkt aus dem gemessenen Wert. Die Kalibrierung erfolgt elektrisch. Fig. 3.43 zeigt ein adiabatisches Einwurf-Kalorimeter, das oberhalb des Ofens montiert ist und in das die Probe hineingezogen wird (Grønvold (1972)).

Die Unsicherheit der Enthalpiemessungen mit diesen Kalorimetern beträgt im Bereich 300 bis 1300 K ca. 0,3%, bis 2300 K ca. 0,6% (Ditmars (1988), S. 254).

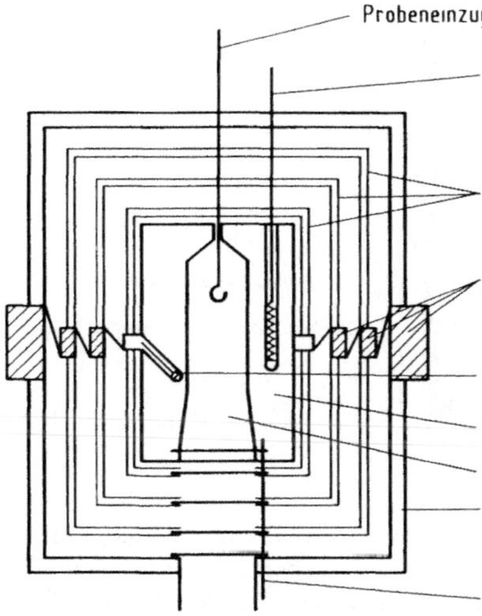

Fig. 3.43
Inverses adiabatisches Einwurf-Kalorimeter nach Grønvold (1972)

Bei **isothermen Kalorimetern** wird der eingeworfenen Probe Wärme durch einen geeigneten Effekt entzogen, so daß die Temperatur des Kalorimeters konstant bleibt. Bei der Kompensation durch eine endotherme Phasenumwandlung verursacht die von der Probe abgegebene Wärme die Veränderung einer Phasenverteilung (fest/flüssig oder flüssig/gasförmig) bei konstanter Temperatur. Der Vorteil der isothermen Phasenumwandlungs-Kalorimeter ist, daß nur eine Temperatur – die des Ofens – gemessen werden muß, die Bezugstemperatur ist durch das Phasengleichgewicht der Arbeitssubstanz gegeben und konstant. Sofern die Arbeitssubstanz in der Nähe der Raumtemperatur schmilzt/verdampft, kann auch das Wärmeleck klein gehalten werden.

Fest/flüssig-Systeme (Fig. 3.44) Das Kalorimeter besteht aus einem Probenrohr in einem Gefäß, das mit der luftfreien, reinen Arbeitssubstanz und Quecksilber vollständig gefüllt ist. Das gesamte System ist zur Gewährleistung der Gleichgewichtsbedingung von einem Thermostaten umgeben. Um das Probenrohr wird durch ein Kühlmittel ein Mantel der festen Arbeitssubstanz erzeugt. Die von der Probe abgegebene Wärme bewirkt eine Veränderung des Phasenverhältnisses und damit aufgrund des Dichteunterschieds zwischen fester und flüssiger Phase eine Volumenänderung, die gravimetrisch über die Verdrängung oder Aufnahme einer entsprechenden Quecksilbermenge ermittelt wird. Als Kalibrierfaktor K tritt somit das Verhältnis der Schmelzwärme der Arbeitssubstanz bezogen auf die Masse Quecksilber auf, das durch elektrische Kalibrierung zu bestimmen ist.

$$K = \frac{\Delta_{\text{fus}} h \cdot \varrho_s \cdot \varrho_l}{\varrho_{\text{Hg}}(\varrho_l - \varrho_s)}$$

mit $\Delta_{\text{fus}} h$ spezifische Schmelzwärme der Arbeitssubstanz, ϱ_{Hg} Dichte des Quecksilbers, ϱ_s, ϱ_l Dichte der festen und der flüssigen Phase der Arbeitssubstanz.

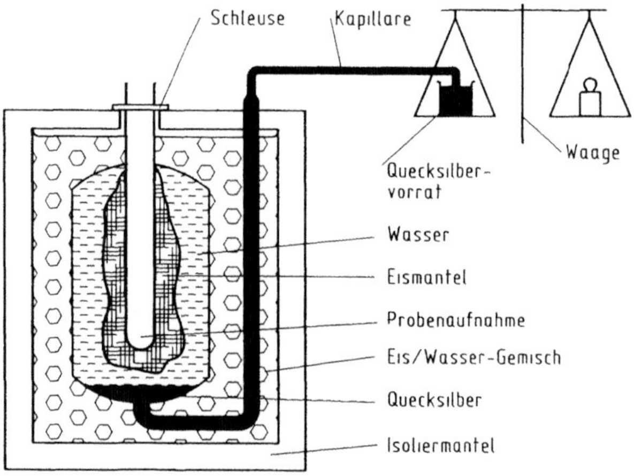

Fig. 3.44
Isothermes Einwurf-Kalorimeter
(Bunsen-Eis-Kalorimeter)

Als Arbeitssubstanz werden insbesondere Wasser (Bunsen-Eis-Kalorimeter, siehe Fig. 3.44, Ginnings u. a. (1950), Arbeitstemperatur $t = 0\,°\text{C}$, Kalibrierfaktor $K = 270{,}46 \pm 0{,}03\ \text{J/g}_{\text{Hg}}$), Naphthalin (Coffin u. a. (1950), $t = 80{,}3\,°\text{C}$, $K = 71{,}33 \pm 0{,}02\ \text{J/g}_{\text{Hg}}$) und Diphenylether (Davies u. Pritchard (1972), $t = 26{,}86\,°\text{C}$, $K = 79{,}19 \pm 0{,}02\ \text{J/g}_{\text{Hg}}$) eingesetzt, aber auch Essigsäure, Anethol, Diphenylmethan, Benzalaceton und Phenol finden Anwendung. Ausführliche Beschreibungen siehe Douglas u. King (1968), S. 310–318; Cruickshank u. a. (1968), S. 521–529.

Die Meßunsicherheit für die Enthalpiemessung mit Präzisions-Einwurf-Eis-Kalorimetern beträgt zwischen 100 °C und 600 °C etwa 0,02%.

Ein einfaches Eis-Kalorimeter aus Glas mit einer Meßunsicherheit von etwa 0,5% ist bei Valleé (1962) beschrieben.

Flüssig/dampfförmig-Systeme Bei diesen Kalorimetern wird der Phasenübergang flüssig/dampfförmig der Arbeitssubstanz zur Messung der Wärmemenge über die verdampfte Masse und die Verdampfungswärme bestimmt. Die pro Wärmeeinheit zu erwartende Volumenänderung ist etwa 1000mal größer als beim fest/flüssig-System, die erreichbare Genauigkeit wird jedoch durch die Druckabhängigkeit der Verdampfungswärme, durch Wärmeübertragung an die Arbeitssubstanz ohne Verdampfung und durch die Zeitverzögerung zwischen Wärmezufuhr und Dampfbildung etwa auf das gleiche Maß wie bei fest/flüssig-Systemen beschränkt (Eder (1983), S. 154–157; Ditmars (1984), S. 542; Hemminger u. Höhne (1979), S. 123–127).

3.3.4.2 Adiabatische Kalorimeter zur Bestimmung der isobaren und isochoren Wärmekapazität C_p und C_V

Die Bestimmung der isobaren oder isochoren Wärmekapazität fester und flüssiger Stoffe läßt sich auch mit den in 3.3.4.1 beschriebenen Einwurf-Kalorimetern vornehmen, indem die Enthalpie- oder Innere Energie-Funktion nach der Temperatur differenziert wird. Im unteren Temperaturbereich finden ansonsten die isoperibole, die adiabatische sowie die Modulations-Kalorimetrie Anwendung, im oberen Temperaturbereich die Puls-Kalorimetrie. Fluide werden auch in Strömungskalorimetern untersucht.

Das Prinzip der adiabatischen Kalorimetrie ist, die Temperaturerhöhung der Probe bei Zufuhr exakt bekannter elektrischer Heizenergie als Funktion der Temperatur zu messen, wobei die gesamte Energie ohne Verluste in die Probe fließen soll. Die elektrische Energie kann kontinuierlich zugeführt werden (Heizrate $\leqslant 6\,K\,min^{-1}$) oder diskontinuierlich (Temperaturinkrement 1 bis 3 K). Ausführliche Beschreibungen bei Westrum u. a. (1968); Hill u. a. (1968); West u. Westrum (1968); Westrum (1988); Brooks u. Stansbury (1988); Kagan (1984). Durch die adiabatische Betriebsweise soll erreicht werden, daß die gesamte zugeführte Energie der Erwärmung der Probe und ihres Gefäßes dient. In der Realität müssen jedoch Korrektionen für die unvermeidlichen Wärmelecks (Driftkorrektion) eingeführt werden. Die Wärmekapazität des Probenbehälters wird durch eine Messung des leeren oder mit einer Referenzsubstanz gefüllten Behälters ermittelt. Nur bei identischer Wärmekapazität von Probe und Referenzsubstanz lassen sich durch die Vergleichsmessung die Wärmelecks eliminieren, bei unterschiedlichen Wärmekapazitäten erzeugt die gleiche Heizleistung (Heizenergie) unterschiedliche Heizraten (Temperaturinkremente) und vice versa. Zur Lösung dieses Problems werden unterschiedliche Heizwiderstände eingesetzt (West u. Westrum (1968), S. 342; West u. Ginnings (1958)).

Adiabatische Kalorimeter bestehen aus einem dünnwandigen, zylindrischen Probengefäß, das mit einer Widerstandsheizung in der Achse des Gefäßes und einem Widerstandsthermometer in der Achse oder auf der Oberfläche ausgestattet ist, die in Vierleitertechnik angeschlossen sind (Westrum (1988), S. 165–167). Im Hochtemperaturbereich ($\geqslant 1000\,K$) finden Thermoelemente oder Pyrometer Anwendung. Das Probengefäß ist von mehreren aktiven (heizbaren) und passiven Schirmen umgeben. Die Temperaturdifferenz zwischen Schirm und Probenbehälter wird im allgemeinen mit Thermoelementen gemessen.

Temperaturinhomogenitäten innerhalb des Probengefäßes und der Schirme müssen durch Werkstoffe mit hoher Temperaturleitfähigkeit minimal gehalten werden. Zur Verringerung des Wärmeaustausches sind alle Oberflächen hochreflektierend ausgeführt; die Messungen finden im Vakuum oder in inertem Gas geringer Wärmeleitfähigkeit statt. Die Zuleitungsdrähte stellen zum einen ein Wärmeleck dar, durch das Wärme von der Probe zum Schirm fließt, zum anderen wird in den Stromzuleitungen für den Heizwiderstand Joule-Wärme frei, die zum Teil zur Probe, zum Teil zum Schirm fließt. Durch konstruktive Maßnahmen – Verwendung langer Drähte aus Material mit optimalem elektrischen und thermischen Widerstand, gute Ankopplung an den Probenbehälter auf der einen und den Schirm auf der anderen Seite, Anbringung der Potentialleitungen in der Mitte zwischen Probenbehälter und Schirm oder alternativ am Probenbehälter und am Schirm (Westrum u. a. (1968), S. 148–149; Ginnings u. West (1968), S. 127–130) – experimentelle Maßnahmen – Messung der Temperaturerhöhung bei Stromfluß durch eine Potentialleitung und eine Stromzuführung (Hemminger u. a.

(1988)) oder Messung der elektrischen Leistung der Stromdrähte durch zwei zusätzliche Potentialabgriffe (Westrum u. a. (1968), S. 149) – oder rechnerische Korrektionen – Ermittlung des Wärmeflusses entlang der Drähte und der Joule-Wärme der Stromzuführungen aus den thermophysikalischen Daten der Werkstoffe und den auftretenden Temperaturunterschieden – werden diese Effekte eliminiert oder minimiert.

Für Tieftemperaturmessungen befindet sich das Kalorimeter in einem evakuierten Behälter in einem helium-gekühlten Bad- oder Verdampferkryostat. Zur Beschleunigung des Abkühlens auf die Starttemperatur wird das Probengefäß mit einem thermischen Schalter in Verbindung gebracht oder es wird Austauschgas im Kalorimeter verwendet. Das Probengefäß wird mit Austauschgas – üblicherweise Helium – unter geringem Druck (10^{-5} bar) gefüllt. Durch Adsorption oder Desorption des Austauschgases verursachte Fremdwärmen müssen vermieden oder berücksichtigt werden (Westrum u. a. (1968); Westrum (1988)).

Im Tieftemperaturbereich (15 bis 300 K) hat sich zur besseren Ankopplung einer festen Probe die Verwendung von Kontaktfett bewährt (Martin (1987)).

Zur Untersuchung von bei Raumtemperatur flüssigen oder gasförmigen Substanzen bei tiefen Temperaturen kann das Kalorimeter mit einem Füllrohr ausgestattet sein, durch das das Untersuchungsmaterial in das Kalorimeter destilliert wird. Damit kann das Kalorimeter auch zur Bestimmung von Verdampfungswärmen eingesetzt werden, indem die bei bekannter Energiezufuhr verdampfte Substanzmenge in einem Kondensor aufgefangen und gewogen wird. Bei Verwendung fluider Substanzen ist das Probengefäß innen mit Zwischenebenen versehen, um eine gleichmäßige Temperaturverteilung zu erreichen und eine fraktionierende Kristallisation beim Abkühlen zu verhindern.

Probengefäße für Flüssigkeiten können auch interne Rührer enthalten. Wegen der starken Volumenexpansion können Messungen mit vollständig gefülltem Gefäß nur in einem kleinen Temperaturbereich ausgeführt werden. Zur Kompensation der thermi-

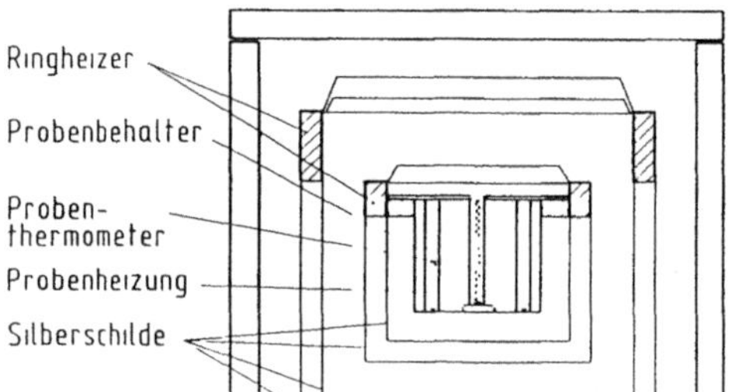

Fig. 3.45 Adiabatisches Kalorimeter für den Mitteltemperaturbereich (300 bis 800 K) nach West u. Ginnings (1958)

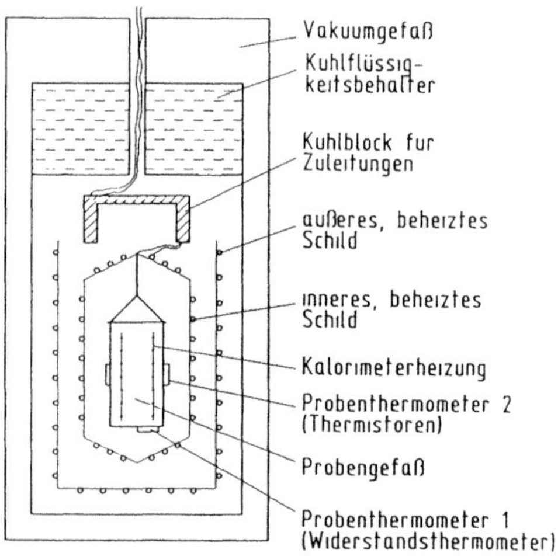

Fig. 3.46 Adiabatisches Kalorimeter für den Tieftemperaturbereich (10 bis 300 K) nach Tatsumi u. a. (1975)

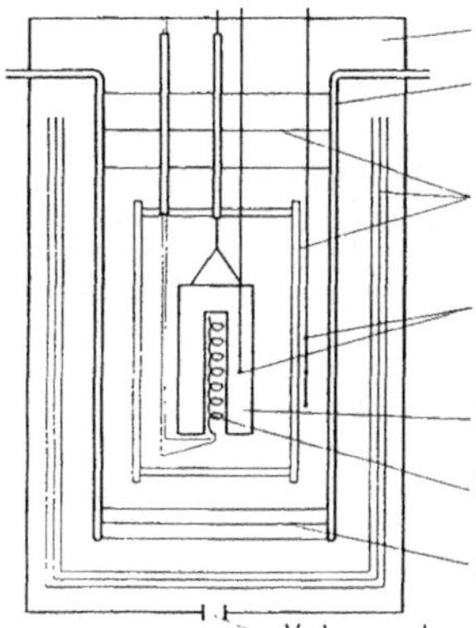

Fig. 3.47
Adiabatisches Kalorimeter für den Hochtemperaturbereich (300 bis 1900 K) nach Braun u. a. (1968)

schen Ausdehnung werden Metallfaltenbälge (Cruickshank u. a. (1968), S. 465–470) oder Zylinder/Kolben-Systeme verwendet oder bei nicht vollständig gefüllten Probengefäßen wird die Verschiebung des Dampf/Flüssigkeitsgleichgewichts rechnerisch korrigiert (s. **3**.3.4.1) (Westrum u. a. (1968), S. 191–194; Ginnings u. Stimson (1968), S. 396–399).

Der Anwendungsbereich der adiabatischen Kalorimetrie reicht von etwa 0,3 bis 1900 K (s. Fig. 3.45 bis 3.47). Oberhalb von etwa 1300 K erschwert der Wärmeaustausch durch Strahlung die Einhaltung adiabatischer Bedingungen, unterhalb von 30 K ist die Regelung des adiabatischen Schirms erschwert und die Empfindlichkeit der Thermometer klein. Dort wird bevorzugt unter isoperibolen Bedingungen oder mit Modulationstechniken gearbeitet. Oberhalb von 1300 K finden die Einwurf-Kalorimetrie und Puls-Kalorimetrie zunehmende Anwendung.

Die Unsicherheit der Wärmekapazitätsbestimmung mittels sorgfältig konstruierter und betriebener adiabatischer Kalorimeter beträgt im unteren bis mittleren Temperaturbereich (ca. 10 bis 1000 K) 0,1 bis 0,5% (Tatsumi u. a. (1975); West u. Ginnings (1958); Grønvold (1967)). Im oberen Temperaturbereich (bis ca. 1900 K) steigt die Unsicherheit auf ca. 3% (Braun u. a. (1968)).

Adiabatische Kalorimeter lassen sich auch in der isoperibolen Betriebsweise betreiben (T_{Schild} = const.) oder in der kontrolliert diabatischen Betriebsweise. Bei der letzten Methode wird ein konstanter Wärmefluß zwischen Probe und Umgebung eingestellt, indem eine konstante Temperaturdifferenz zwischen Probe und Schild gehalten wird. Vorteile dieses Verfahrens sind die einfachere Regelung sowie die Möglichkeit, auch mit definierten Kühlraten zu arbeiten (Nölting (1985)).

3.3.4.3 Puls-Kalorimetrie zur Bestimmung der isobaren Wärmekapazität C_p

Aufgrund der zunehmenden Probleme in der Gleichgewichtskalorimetrie bei hohen Temperaturen hinsichtlich der Wärmeverluste, der mechanischen, elektrischen und chemischen Eigenschaften von Proben oder Werkstoffen sowie Verdampfungseffekten, ist insbesondere oberhalb von 2000 K vorteilhaft die Puls-Kalorimetrie einzusetzen. Hierbei wird die Dauer der Messung so weit verringert, daß sich die genannten negativen Effekte nicht auswirken können. Dazu wird die elektrisch leitfähige, stabförmige Probe (Rohr, Draht, Band) durch Joule-Wärme, die durch einen Stromstoß von µs- bis s-Dauer in ihr erzeugt wird, aufgeheizt. Während der Aufheiz- und Abkühlperiode werden kontinuierlich der Strom I durch die Probe, der Spannungsabfall U an der Probe und ihre Temperatur T gemessen. Zur Temperaturmessung dienen angepunktete Thermoelemente, optische Pyrometer oder – bei bekannter Temperaturabhängigkeit des Widerstands der Probe – der gemessene Spannungsabfall.

Aus der Wärmebilanzgleichung ergibt sich für die Wärmekapazität (Cezairliyan (1988)):

$$C_p(T) = \frac{(UI)_T}{\left(\frac{\mathrm{d}T}{\mathrm{d}t}\right)_{I>0} - \left(\frac{\mathrm{d}T}{\mathrm{d}t}\right)_{I=0}}.$$

Der Temperaturbereich dieser Methode reicht von ca. 600 bis 10000 K. Ihre Unsicherheit entspricht im Bereich 1000 bis 2000 K etwa der der konventionellen Methoden, oberhalb 2000 K ist sie kleiner und liegt zwischen 2000 und 3000 K bei 2 bis 3%. Die Wiederholstreuung beträgt etwa 0,5% (Dobrosavljević u. Maglić (1989); Cezairliyan (1988), S. 349).

Wird die Temperatur mit Thermoelementen an einem Probenabschnitt gemessen, in dem die Temperatur nur noch zeitabhängig und nicht mehr ortsabhängig ist, lassen sich unter der Voraussetzung, daß der Wärmefluß entlang der Probe gegenüber der Strahlungswärme, die die Probe mit der Umgebung austauscht, vernachlässigbar ist, zusätzlich der hemisphärische Gesamtemissionsgrad $\varepsilon(T)$ sowie der elektrische Widerstand $R(T)$ bestimmen (Cezairliyan u. a. (1970), Hanitzsch (1980)). Hält man die Probenenden auf konstanter Temperatur, läßt sich weiterhin die Wärmeleitfähigkeit des Materials ermitteln (Bode (1961)). Mittels Messungen im µs-Bereich läßt sich auch die Schmelzwärme der Probe und ihre Wärmekapazität im flüssigen Zustand ermitteln (Cezairliyan u. McClure (1987)).

3.3.4.4 Dynamische Differenz-Kalorimetrie

Dynamische Differenz-Kalorimeter bestehen aus einem Proben- und einem Vergleichsprobensystem, die einem gemeinsamen Temperaturprogramm (Heizen, Kühlen, isotherm) in einer temperaturgeregelten Umgebung unterworfen werden. Sie eignen sich zur Bestimmung von charakteristischen Temperaturen von Umwandlungen oder Reaktionen, zur Bestimmung von Wärmeströmen (und damit Wärmekapazitäten) und zur Bestimmung von Umwandlungs-/Reaktionswärmen (durch Integration der gemessenen Wärmeströme über die Zeit) sowie daraus abgeleiteten Größen, z. B. reaktionskinetischen Parametern.

Man unterscheidet zwei Konstruktionsprinzipien:

Beim **Wärmestrom-Differenz-Kalorimeter** wird die Umgebungstemperatur dynamisch, im allgemeinen zeitlinear, variiert. Die aufgrund unterschiedlicher Wärmekapazität, thermischer Ankopplung und Phasenumwandlungen von Probe und Vergleichsprobe auftretende Temperaturdifferenz zwischen Probe und Vergleichsprobe wird mit den in den Probensystemen eingebauten Temperaturfühlern aufgezeichnet und ist proportional zur Differenz der Wärmeströme in die Probe und die Vergleichsprobe hinein. Dabei unterscheidet man zwei Bauformen:

Kalorimeter mit Scheibenmeßsystem (Fig. 3.48a) Probe und Vergleichsprobe befinden sich in zwei Tiegeln aus gut wärmeleitendem Material (z. B. Al, Volumen von 25 bis 200 µl) auf einer an den Ofen angekoppelten wärmeleitenden Scheibe. Die Temperaturdifferenz wird mit Thermoelementen, Thermosäulen oder Widerstandsthermometern an der Scheibe gemessen.

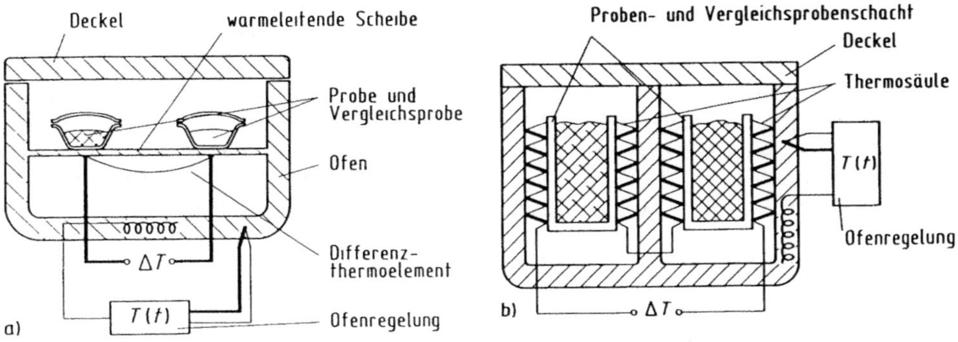

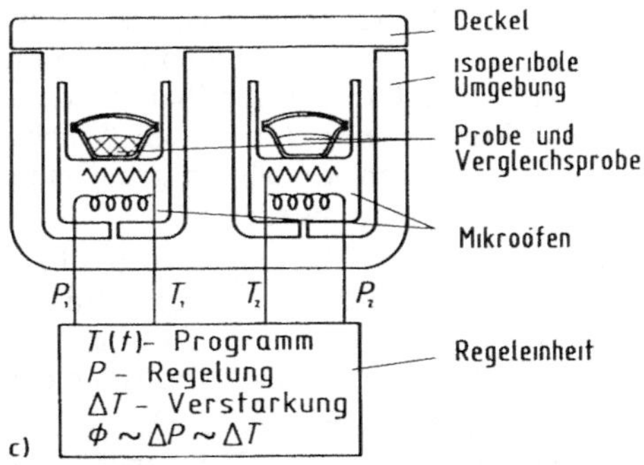

Fig. 3.48
Dynamische Differenz-Kalorimeter
a) Wärmestrom-Differenz-Kalorimeter mit Scheibenmeßsystem, b) Wärmestrom-Differenz-Kalorimeter mit Zylindermeßsystem (Calvet-Prinzip), c) Leistungs-Differenz-Kalorimeter
T Temperatur, *t* Zeit, *P* elektrische Leistung, Φ Wärmestrom

Kalorimeter mit Zylindermeßsystem (Fig. 3.48b) Probe und Vergleichsprobe befinden sich in zylinderförmigen Probenschächten von 1,5 bis 150 ml Volumen. Zur Bestimmung der Temperaturdifferenz dienen Thermosäulen zwischen Proben- und Vergleichsprobenschacht oder zwischen Probenschächten und Ofen (Calvet-Prinzip). Die Nachweisgrenze beträgt etwa 100 nW.

Beim **Leistungs-Differenz-Kalorimeter** (Fig. 3.48c) ist die Umgebungstemperatur konstant (isoperibole Betriebsart), wird zeitlinear variiert (isoperiboles Scanning) oder der Probentemperatur nachgeführt (adiabatisches Scanning). In die Probenaufnahmesysteme sind Heizelemente und Temperaturfühler integriert. Die beim Aufheizen von Probe und Vergleichsprobe auftretende Temperaturdifferenz dient als Stellgröße, um Probe und Vergleichsprobe durch Regelung der individuellen Heizleistung auf die gleiche Temperatur zu bringen. Die dazu notwendige Leistung ist das Meßsignal und entspricht dem Reaktionswärmestrom. Das Probenvolumen beträgt etwa 25 bis 1000 µl.

Diese Geräte bedürfen einer sorgfältigen Temperatur-, Wärmestrom- und Wärmekalibrierung, die unter Variation der wesentlichen Einflußgrößen (Temperatur, Heizrate, Probemasse etc.) durchzuführen ist (Höhne u. a. (1990); Cammenga u. a. (1992); Sarge u. a. (1993)). Als Kalibriersubstanzen im mittleren Temperaturbereich sind geeignet: H_2O, Ga, In, Sn, Pb, Zn, Li_2SO_4 zur Temperaturkalibrierung, Ga, In, Sn, Bi, Li_2SO_4 zur Wärmekalibrierung sowie α-Al_2O_3 zur Wärmestromkalibrierung.

Zur Bestimmung der Wärmekapazität einer Probe sind drei Messungen notwendig, wobei jeweils das gleiche Temperaturprogramm (bestehend aus Anfangsisotherme, dynamische Phase mit der eingestellten Heiz-/Kühlrate und Endisotherme) zu verwenden ist: Die erste Messung ohne Probe dient zur Bestimmung der Nullinie des Kalorimeters, die zweite mit Probe ergibt durch Differenzbildung unter Berücksichtigung einer eventuellen Verschiebung der isothermen Anfangs-

und Endbasislinien ein der Wärmekapazität der Probe und der angewandten Heiz-/Kühlrate proportionales Signal, das mit Hilfe des bei der dritten Messung mit einer Kalibriersubstanz gewonnenen Kalibrierfaktors die Wärmekapazität der Probe ergibt.

Dynamische Differenz-Kalorimeter sind für den Bereich −150 bis 1500 °C kommerziell erhältlich. Mögliche Heizraten sind 0,1 bis 500 K min^{-1}. Probemassen im mg-Bereich sind möglich. Die Unsicherheit der Wärmekapazitätsbestimmung beträgt bis ca. 300 °C ca. 2%, bis 600 °C ca. 3% und steigt bis auf 20% bei 1500 °C (Wendlandt (1986); Hemminger u. Höhne (1979); Hemminger u. Cammenga (1989)).

3.3.4.5 Modulations-Kalorimetrie (Wechselstrom-Kalorimetrie)

Die Leistung zur Erwärmung der Probe wird periodisch (rechteck- oder sinusförmig) um einen Temperaturmittelwert variiert und die resultierende Temperaturoszillation gemessen. Die Methode eignet sich besonders zur Messung von Wärmekapazitätsänderungen fester Proben im Bereich von Phasenumwandlungen und ist im gesamten Temperaturbereich (2 bis 2000 K) anwendbar auf kleine und kleinste (3 µg, Graebner (1989)) Proben. Auch Messungen unter hohem Druck sind möglich (8 kbar, Eichler u. Gey (1979)). Flüssige Proben können in geeigneten Behältern aus dünnwandigem Material, z. B. Tantal, eingesetzt werden.

Die Amplitude der Temperaturoszillation beträgt 10^{-3} bis 10^{-2} K, ihre Frequenz muß der Geometrie und der Temperaturleitfähigkeit der Probe angepaßt werden und liegt zwischen 1 und $10^4\,s^{-1}$. Aufgrund der kurzen Meßzeit liegen quasi-adiabatische Bedingungen vor, so daß Verluste nicht berücksichtigt werden müssen.

Elektrisch leitfähige Proben werden direkt durch einen geeigneten Wechselstrom geheizt. Auch Heizung mittels Elektronenbeschuß, Induktionsheizung, Strahlungswärme (Laser) oder durch externe elektrische Heizungen mit geringer Wärmekapazität und guter Ankopplung an die Probe, z. B. aufgedampfte Graphitschicht, ist möglich.

Zur Temperaturmessung kann bei leitfähigen Proben ihr elektrischer Widerstand dienen. Weit verbreitet sind externe Thermoelemente und Widerstandsthermometer, die bei geeigneter Konstruktion eine geringe Trägheit und gute Ankopplung besitzen (z. B. aufgedampfter Pt-Film). Eine Analyse dieser Methode unter Berücksichtigung der thermischen Widerstände des Systems findet sich in Sullivan u. Seidel (1968).

Unter günstigen Bedingungen beträgt die Unsicherheit der Wärmekapazitätsmessung mit dieser Methode 1 bis 2%. Weitere Informationen bei Kraftmakher (1988); Eder (1983), S. 213–236.

3.3.5 Bestimmung der Änderung der Inneren Energie ΔU, Änderung der Enthalpie ΔH, isochoren Wärmekapazität C_V und isobaren Wärmekapazität C_p fluider Stoffe

Die Innere Energie- und Enthalpie-Differenz von Flüssigkeiten und Gasen höherer Dichte läßt sich mit den in **3.3.4.1**, **3.3.4.2** oder **3.3.4.4** beschriebenen Methoden bestimmen, wenn das Fluid in einem druckfesten Behälter (für ΔU, Goodwin (1961)) oder volumenvariablen Behälter (für ΔH) eingesetzt wird. Korrektionen für die Ausdehnung des Behälters bzw. die Temperaturabhängigkeit des Dampfdrucks müssen angebracht werden. Mit diesen Kalorimetern wird die Energie- oder Enthalpiedifferenz des Fluids zwischen zwei Temperaturen bestimmt; durch den Grenzübergang zu verschwindender Temperaturdifferenz erhält man die Wärmekapazität.

Zur Bestimmung der isobaren Wärmekapazität von Fluiden, insbesondere von Gasen bei geringem Druck, verwendet man Strömungskalorimeter, bei denen der Flüssigkeit oder dem Gas bei bekanntem Durchsatz (Massestrom dm/dt) elektrisch oder durch Wärmeaustausch mit einem zweiten Medium eine Heizleistung dQ/dt zugeführt und die resultierende Temperaturerhöhung gemessen wird. Durch beheizte Strahlungsbleche wird der Wärmeaustausch mit der Umgebung klein gehalten (Fig. 3.49). Streng adiabatische Verhältnisse lassen sich in Strömungskalorimetern nicht erzielen, da die Probentemperatur in unbekannter Weise ortsabhängig ist.

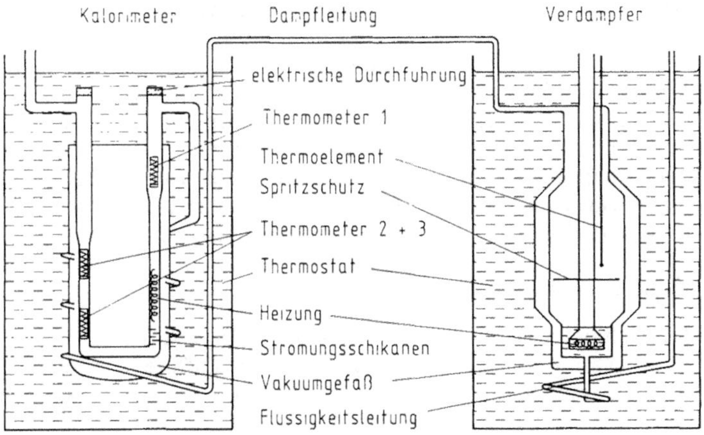

Fig. 3.49 Strömungskalorimeter zur Bestimmung der isobaren Wärmekapazität von Gasen nach Hales u. a. (1963)

Innerhalb des Kalorimeters tritt ein geringer Druckabfall $\Delta p = p_2 - p_1$ ein, so daß gilt:

$$\frac{dQ/dt}{dm/dt} = H(T_2, p_2) - H(T_1, p_1)$$

Die spezifische Wärmekapazität errechnet sich für eine mittlere Temperatur $T_m = (T_1 + T_2)/2$ und einen mittleren Druck von $p_m = (p_1 + p_2)/2$ nach

$$c_p(T_m, p_m) = \frac{1}{dm/dt}\left(\frac{dQ/dt - dQ_V/dt}{\Delta T - \delta\Delta p}\right)$$

wobei dQ_V/dt die Wärmeverluste an die Umgebung beschreibt, die sich durch Variation von dm/dt und dQ/dt bei konstantem ΔT und Extrapolation auf $dt/dm = 0$ eliminieren lassen. Durch zwei Messungen bei gleichem Massestrom, wobei bei einer der gleiche Heizstrom durch ein Strom-/Spannungsdrahtpaar geschickt wird, lassen sich die Temperaturänderungen aufgrund des Joule-Thomson-Effekts $\delta\Delta p$, Änderungen der kinetischen und potentiellen Energie des Fluids sowie die in den Anschlußdrähten frei werdende Joule-Wärme berücksichtigen (Ernst u. a. (1988)).

Der Massestrom wird gravimetrisch bestimmt, bei niedrig kondensierenden Gasen nach vollständiger Kondensation in einem druckfesten Gefäß. Ein konstanter Massestrom läßt sich durch Verdampfen der kondensierten Flüssigkeit durch Zuführung einer konstanten elektrischen Leistung oder durch Regelung des Vor- und Hinterdruckes des Gasstroms einstellen (McCullough u. Waddington (1968)).

Die kleinste Unsicherheit beträgt ca. 0,05% (Ernst u. a. (1988)), der Einsatzbereich entsprechend konstruierter Kalorimeter 300 bis 450 K bei Drücken bis 1000 bar (Ernst u. a. (1989)).

Eine andere Methode zur Bestimmung der isochoren Wärmekapazität C_V von Fluiden beruht auf der Messung der Schallgeschwindigkeit (Eder (1983), S. 271).

3.3.6 Umwandlungswärmen

Die in 3.3.4 behandelten Verfahren zur Wärmekapazitätsmessung sind vielfach auch zur Bestimmung der Umwandlungswärmen geeignet, die bei Phasenumwandlungen auftreten. Phasenumwandlungen 1. Ordnung (fest/fest, fest/flüssig, fest/gasförmig und vice versa) zeichnen sich durch einen Sprung in der Enthalpiefunktion $H = H(T)$ aus. Die Enthalpiedifferenz bei der Gleichgewichtstemperatur ist die Phasenumwandlungsenthalpie $\Delta_{trs}H$. Phasenumwandlungen 2. Ordnung (z. B. Λ-Übergang) zeigen einen Knick in der Enthalpiefunktion und besitzen keine Umwandlungsenthalpie. Insbesondere bei den dynamischen kalorimetrischen Verfahren ist zu beachten, daß sich die Probe nicht im thermodynamischen Gleichgewichtszustand befindet, so daß nicht die Umwandlungsenthalpie, sondern eine Umwandlungswärme bestimmt wird (vgl. Gl. (3.50)).

3.3.6.1 Schmelzwärme

Die Schmelzwärme einer Substanz läßt sich mit den in 3.3.4.1 beschriebenen Geräten zur Bestimmung der Enthalpie aus der Differenz zweier Enthalpiewerte oberhalb der Schmelztemperatur T_2 und unterhalb der Schmelztemperatur T_1 nach $\Delta_{fus}H = \Delta Q - C_p(s)(T_{fus} - T_1) - C_p(l)(T_2 - T_{fus})$ oder mit den in 3.3.4.2 beschriebenen Geräten zur Bestimmung der Wärmekapazität nach $\Delta_{fus}H = \int C_p \mathrm{d}T$ bestimmen.

Am genauesten (Unsicherheit <0,2%, Grønvold (1978)) läßt sich die Schmelzwärme mit den in 3.3.4.2 erwähnten, kontinuierlich beheizten, adiabatischen Kalorimetern bestimmen. Hierbei wird die bei konstanter Heizleistung zwischen dem Einsetzen und dem Beenden des Schmelzvorgangs, welche anhand des Temperaturverlaufs der Probe leicht erkennbar sind, aufgewandte Energie bestimmt.

Die Verwendung von Einwurf-Kalorimetern setzt voraus, daß die Phasenumwandlung reproduzierbar abläuft. Falls die Umwandlung unvollständig ist, kann durch Lösungskalorimetrie ein definierter Endzustand hergestellt und ein Korrektionswert ermittelt werden.

Dynamische Differenz-Kalorimeter erlauben eine rasche Bestimmung von Schmelzwärmen. Die Probe (1 bis 100 mg, je nach Kalorimetertyp, s. 3.3.4.4) wird mit einer Heizrate zwischen 1 und 10 K min^{-1} über die Umwandlungstemperatur erwärmt. Während des Schmelzvorgangs fließt ein erhöhter Wärmestrom in die Probe. Durch Integration des Wärmestromsignals über die Zeit zwischen Peakanfang und Peakende erhält man die Schmelzwärme. Um eine Unsicherheit von 1–2% zu erreichen, muß das Kalorimeter elektrisch oder mit den bekannten Schmelzwärmen einiger Kalibriersubstanzen kalibriert sein. Auch die Umwandlungstemperatur läßt sich aus dem Peakanfang bestimmen, wobei die Heizratenabhängigkeit zu berücksichtigen ist (Höhne u. a. (1990)).

3.3.6.2 Verdampfungswärme

Zur Messung der Verdampfungswärme kommen isoperibole, isotherme oder adiabatische Kalorimeter zum Einsatz. Die direkt im Kalorimeter befindliche Flüssigkeit wird durch Zuführung einer bekannten elektrischen Leistung langsam verdampft, wobei der Dampf zur Massebestimmung über eine thermostatisierte Leitung in einen abnehmbaren Wägekondensor geleitet wird. Adiabatische Kalorimeter liefern Ergebnisse geringster Unsicherheit (<0,1%), wenn durch Messung bei unterschiedlichen Heizleistungen die Wärmeverluste bestimmt werden.

Die in Strömungskalorimetern für Wärmekapazitätsbestimmungen an dampfförmigen Substanzen (s. 3.3.5, Fig. 3.49) verwendeten Verdampfer können auch zur Bestimmung der Verdampfungswärme der Substanz dienen (Hales u. a. (1963); McCullough u. Waddington (1968); Ginnings u. Stimson (1968)). Bei höheren Temperaturen bestimmt man die Verdampfungswärme vorteilhaft mit der Clausius-Clapeyron-Beziehung (s. 3.2.4.2) aus der Funktion des Dampfdrucks mit der Temperatur (Eder (1983), S. 461).

Eine andere Methode verwendet einen konstanten Inertgasstrom, um die Flüssigkeit zu verdampfen und mitzuführen. Durch elekrische Heizung wird die Temperatur der Flüssigkeit konstant gehalten. Die verdampfte Flüssigkeitsmenge wird entweder durch Kondensation aus dem Dampfstrom in einem Wägegefäß oder Wägung des Vorratsgefäßes bestimmt. Aus der zugeführten elektrischen Heizenergie und der verdampften Masse wird die Verdampfungswärme ermittelt. Wadsö (1966) beschreibt ein derartiges isoperiboles Verdampfungskalorimeter für kleine Flüssigkeitsmengen (50 bis 150 mg) und einem Dampfdruck von 50 bis 30000 Pa bei einer Temperatur von 25 °C. Die angegebene Unsicherheit beträgt 0,2%. Messungen bei erhöhtem Druck (150 bar) und erhöhter Temperatur (400 °C) bei einer Unsicherheit von etwa 2% beschreiben Parisod u. Plattner (1982).

3.3.6.3 Sublimationswärmen

Die Sublimationswärme wird im allgemeinen über die Clausius-Clapeyron-Gleichung (s. 3.2.4.2) aus dem Sublimationsdruck bei verschiedenen Temperaturen ermittelt, kann jedoch bei genügend hohem Dampfdruck auch kalorimetrisch mit einem der in 3.3.6.2 genannten Instrumente bestimmt werden.

3.3.6.4 Andere Phasenumwandlungswärmen

Andere Phasenumwandlungswärmen, z. B. von fest/fest-Umwandlungen, lassen sich mit geeigneten, oben beschriebenen Verfahren ebenfalls bestimmen.

3.3.7 Mischungs-, Lösungs-, Verdünnungswärmen

3.3.7.1 Thermodynamische Mischungsgrößen

Die kalorischen Zustandsgrößen und die davon abgeleiteten Größen realer Mischungen setzen sich aus den partiellen Größen, die von den Konzentrationen sämtlicher Bestandteile der Mischung abhängig sind, zusammen.

Als mittlere molare Mischungswärme $\Delta\bar{H}^{E}$ eines Gemisches bezeichnet man die Enthalpieänderung, die bei der homogenen Mischung reiner Komponenten, bezogen auf 1 Mol Gemisch, auftritt:

$$\Delta\bar{H}^{E} = \bar{H}_{real} - \bar{H}_{ideal} = \sum(H_i - H_i^*)x_i$$

mit H_i^* als molarer Enthalpie der reinen Komponente i im gleichen Aggregatzustand.

Bei der Lösung eines festen oder gasförmigen Stoffes in einem Lösemittel zu 1 Mol Lösung der Konzentration x_2 tritt die integrale Mischungswärme $\Delta \bar{H}$ auf, die sich aus der mittleren molaren Mischungswärme und der Schmelz- bzw. Kondensationswärme des gelösten Stoffes $\Delta_{trs} H$ zusammensetzt:

$$\Delta \bar{H} = \Delta \bar{H}^{E} + x_2 \Delta_{trs} H$$

Beim Verdünnen einer Lösung der Konzentration x_2^{I} auf die Konzentration x_2^{II} tritt die intermediäre Verdünnungswärme $\Delta H^*/n_2$ auf:

$$\frac{\Delta H^*}{n_2} = \left(\frac{\Delta H}{n_2}\right)_{x_2^{II}} - \left(\frac{\Delta H}{n_2}\right)_{x_2^{I}}$$

Der Grenzwert $\lim\limits_{x_2^{II} \to 0} \dfrac{\Delta H^*}{n_2}$ wird als integrale Verdünnungswärme bezeichnet.

Die differentiellen Größen erhält man durch partielle Ableitung der entsprechenden Größen nach den Stoffmengen, d. h. $(\partial Y/\partial n_1)_{n_2}$ (Kortüm u. Lachmann (1981), S. 114–123).

3.3.7.2 Experimentelle Bestimmung

Mischungs- und Verdünnungswärmen Kalorimeter zur Bestimmung von Mischungs- und Verdünnungswärmen lassen sich unterteilen in diskontinuierlich arbeitende Geräte, bei denen das Lösemittel vorgelegt und der zu lösende Stoff inkrementweise oder kontinuierlich zugegeben wird, und kontinuierlich arbeitende Strömungskalorimeter, bei denen die Konzentration beider Komponenten variiert werden kann. Beide Typen können isoperibol oder isotherm betrieben werden. Die speziell in der Mischungskalorimetrie zu berücksichtigenden Probleme sind die Forderung einer zuverlässigen Trennung der Komponenten vor der Zumischung, einer vollständigen Durchmischung nach der Zumischung und der Berücksichtigung der Dampfdruckänderung der Mischung.

Die Trennung der Komponenten erfolgt durch eine Membran aus Glas oder Metall oder durch eine Sperrflüssigkeit, im allgemeinen Quecksilber. Bei Strömungskalorimetern muß die Strömungsgeschwindigkeit groß genug sein, um eine Rückmischung durch Diffusion zu verhindern. Die vollständige Durchmischung wird mit einem wirksamen Rührer oder durch Kippen oder Schütteln des Mischgefäßes erreicht. Da der Dampfdruck einer Mischung von ihrer Zusammensetzung abhängt und die Verdampfungs- bzw. Kondensationswärme erheblich größer als die Mischungswärme ist, muß bei der experimentellen Bestimmung mittels diskontinuierlicher Kalorimeter eine Dampfdruckkorrektion angebracht oder der Dampfraum über der Mischung eliminiert werden. Dies wird durch einen Abschluß mit einer Quecksilberdichtung, einen Faltenbalg oder durch die Verdrängung der Mischung durch eine Kapillare sowie durch die Verwendung entgaster Flüssigkeiten erreicht. Die Temperaturänderung während des Mischvorgangs wird mit Widerstandsthermometern oder Thermistoren gemessen und dient bei isoperiboler Betriebsart nach Kalibrierung mit elektrischer Energie direkt zur Ermittlung der Mischungswärme. Die wahre (unter adiabatischen Bedingungen auftretende) Temperaturänderung ergibt sich durch ein Extrapolationsverfahren wie in **3.3.4.1** beschrieben.

Ein isoperiboles Kalorimeter mit Metallmembran zur Trennung der Komponenten, Rührer und Faltenbalg zur Volumenkompensation und einer Unsicherheit von 0,25% beschreiben Anderson u. Prausnitz (1961). Larkin u. McGlashan (1961) beschreiben ein Kalorimeter mit Quecksilber als Sperrflüssigkeit, bei dem die Vermischung durch Kippen erfolgt, mit ähnlicher Unsicherheit. Der Konzentrationsbereich wird bei diesen Kalorimetern in diskreten Schritten erfaßt.

Kontinuierlich arbeitende Mischungskalorimeter mit Quecksilber als Sperrflüssigkeit beschreiben Stokes u. a. (1969). Eine Überlaufmethode wenden Becker u. Kiefer (1969) an. Dieses Kalorimeter arbeitet mit konstantem Volumen. Die einfließende eine Komponente verdrängt dabei ein ähnliches Volumen der Mischung. Der Wärmeeffekt wird thermoelektrisch kompensiert. Bei diesen Kalorimetern wird eine Komponente vorgelegt und die zweite inkrementweise zugegeben. In zwei Arbeitsgängen kann damit der gesamte Konzentrationsbereich erfaßt werden.

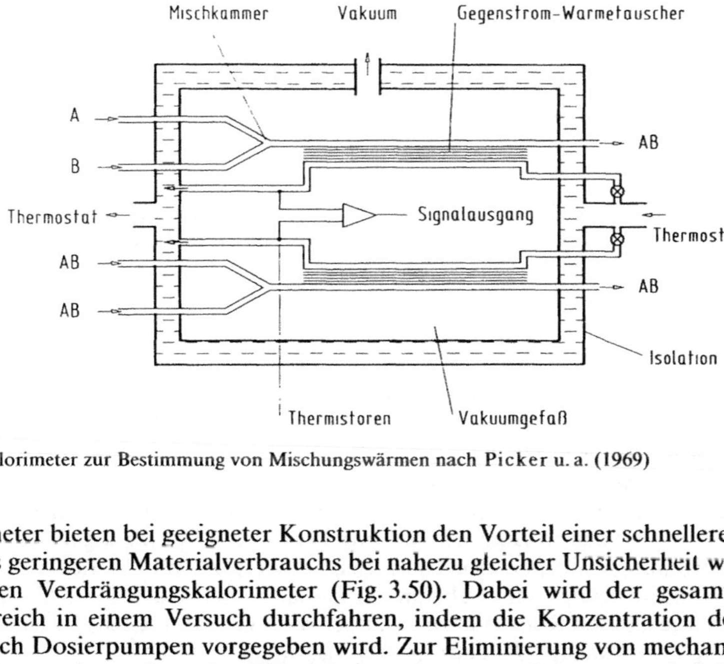

Fig. 3.50 Strömungskalorimeter zur Bestimmung von Mischungswärmen nach Picker u. a. (1969)

Strömungskalorimeter bieten bei geeigneter Konstruktion den Vorteil einer schnelleren Messung und eines geringeren Materialverbrauchs bei nahezu gleicher Unsicherheit wie die kontinuierlichen Verdrängungskalorimeter (Fig. 3.50). Dabei wird der gesamte Konzentrationsbereich in einem Versuch durchfahren, indem die Konzentration der Komponenten durch Dosierpumpen vorgegeben wird. Zur Eliminierung von mechanischen Wärmeleistungen der strömenden Flüssigkeit und externer Störungen wird die Temperaturerhöhung in der Mischkammer, in der die beiden reinen Komponenten zusammentreffen, in Differenz zu einer identischen Kammer gemessen, die von der Mischung durchströmt wird (Elliott u. Wormald (1976); Picker u. a. (1969)).

Die Strömungskalorimetrie eignet sich auch zur Bestimmung von Mischungswärmen bei erhöhten Temperaturen (273 bis 479 K) und Drücken (0,1 bis 400 bar) (Christensen u. a. (1981)) mit einer Unsicherheit von 0,5%.

Lösungswärmen fester Stoffe Die bei der Lösung fester Stoffe in einem Lösemittel auftretende Wärme läßt sich mit hoher Präzision mittels isoperiboler Kalorimeter messen (Fig. 3.51). Dabei befindet sich die Probe in einer dünnwandigen Glasampulle von ca. 2 ml Volumen in einem lösemittel-gefüllten, gerührten Dewar-Gefäß, das sich in einem Thermostaten befindet. Die Glasampulle ist an einem nach außen führenden Stab

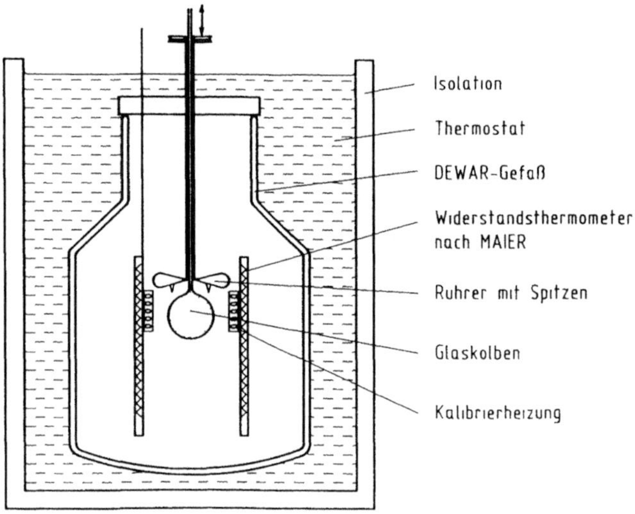

Fig. 3.51
Isoperiboles Lösungskalorimeter nach Southard (1940)

befestigt. Durch Gegendrücken der Glasampulle gegen drei am Rührer befindliche Spitzen wird die Ampulle aufgebrochen und der Lösevorgang eingeleitet (Southard (1940)).

3.3.8 Reaktionswärmen

Die Auswahl des Kalorimeters zur Messung von Reaktionswärmen richtet sich im wesentlichen nach dem Aggregatzustand der beteiligten Stoffe und der Art der Aktivierung der chemischen Reaktion.

Reaktionen unter Beteiligung fluider Eduktphasen lassen sich in Mischungs- und Strömungskalorimetern durchführen. Verbrennungsreaktionen fester und flüssiger Stoffe werden in Bomben-Kalorimetern erfaßt, gasförmiger Stoffe in entsprechenden Strömungskalorimetern. Thermisch aktivierte chemische Reaktionen lassen sich an nur wenigen Milligramm Substanz in Dynamischen-Differenz-Kalorimetern durchführen. Bei geeigneter Konstruktion erlauben diese Geräte auch die Untersuchung lichtinduzierter Reaktionen, z. B. Photopolymerisationen.

3.3.8.1 Verbrennungswärmen

Verbrennungsreaktionen sind technisch und wissenschaftlich besonders interessante chemische Reaktionen. Die experimentell bestimmte Verbrennungswärme einer Substanz erlaubt die Ermittlung von Standardbildungsenthalpien. Über Kreisprozesse lassen sich auch Standardbildungsenthalpien von Substanzen sowie die Reaktionsenthalpie chemischer Reaktionen berechnen, die der experimentellen Untersuchung nicht direkt zugänglich sind.

Brennwert fester und flüssiger Brennstoffe Der Brennwert ist nach DIN 5499 (1972) der negative Wert der bei vollständiger Verbrennung eines Brennstoffes freiwerdenden Wärme, wenn folgende Bedingungen erfüllt sind:

- Die Temperatur des Brennstoffes und der Verbrennungsluft vor dem Verbrennen und die der Verbrennungsprodukte ist 25 °C.
- Das vor dem Verbrennen im Brennstoff vorhandene Wasser und das beim Verbrennen wasserstoffhaltiger Verbindungen gebildete Wasser liegen im flüssigen Zustand vor.
- Die Verbrennungsprodukte von Kohlenstoff und Schwefel treten als Kohlendioxid und Schwefeldioxid im gasförmigen Zustand auf.
- Eine Oxidation des Stickstoffs findet nicht statt.

Für den Heizwert gelten dieselben Versuchsbedingungen mit der Ausnahme, daß das vor und nach dem Verbrennen vorliegende Wasser im dampfförmigem Zustand bei 25°C vorliegen muß. Der Heizwert wird im allgemeinen aus dem Brennwert nach dem in DIN 5499 (1972) festgelegten Verfahren berechnet.

Der Brennwert wird aus der Verbrennungsenergie durch Verbrennen unter Sauerstoffüberdruck bei konstantem Volumen in einer kalorimetrischen Bombe nach Berthelot bestimmt.

Für Verbrennungen von C-, H-, O-, N-, S-Verbindungen besteht diese standardmäßig (DIN 51900 Teil 1 (1989); DIN 51900 Teil 2–3 (1977)) aus einem druckfesten Stahlgefäß von ca. 300 ml Volumen mit aufschraubbarem Deckel, durch den die Zuleitung für den Sauerstoff, die Ableitung für die Reaktionsgase und die elektrische Zuleitung für den Zünddraht führen. Feste Substanzen werden zu Tabletten von 1 bis 2 g gepreßt und in einem Platintiegel verbrannt, hochsiedende Flüssigkeiten können in einer runden, offenen Quarzschale verbrannt werden. Flüchtige Substanzen werden in Polyethylen- oder Cellophantüten oder in einem mit Cellophan-Klebeband verschlossenen Platintiegel verbrannt. Schwerbrennbare Stoffe werden mit einer leicht brennbaren Substanz, z. B. Benzoesäure, vermischt verbrannt. Zur Zündung kann ein dünner Pt-Draht dienen, von dem ein Streifen Seidenpapier oder Baumwollfaden zur Substanz führt. Der Brennwert der verwendeten Hilfsstoffe muß bekannt sein und von dem Resultat der Messung subtrahiert werden. Die Bombe wird mit Sauerstoff von 25 bis 35 bar und 1 bis 5 ml Wasser gefüllt. Die Substanz wird durch einen Stromstoß, der den Pt-Draht zum Glühen bringt, gezündet.

Als Kalorimeter werden isoperibole oder adiabatische, aneroide oder wassergefüllte Geräte verwendet, die auch kommerziell und automatisiert erhältlich sind. Bei isoperibolen Bomben-Kalorimetern ist der Wärmeaustausch mit der Umgebung durch eine Temperaturkorrektion, z. B. nach Regnault u. Pfaundler, s. **3**.3.4.1, zu berücksichtigen. Als Thermometer dienen Beckmann-, Widerstands- oder Quarzthermometer. Der Kalibrierfaktor des Kalorimeters (Wärmekapazität, „Wasserwert") wird durch Verbrennen einer Referenzsubstanz ermittelt (z. B. Benzoesäure 39i des National Institute of Standards and Technology (NIST), USA). Die Unsicherheit bei der Ermittlung des Kalibrierfaktors mittels NIST-Benzoesäure beträgt etwa 0,02%.

Geringere Substanzmengen werden für Mikrobomben von 4,5 bis 100 ml Volumen benötigt. Enthalten die zu verbrennenden Substanzen neben C, H, O noch N, S, Halogene oder Metalle, ist zur Einstellung eines definierten Endzustands der Verbrennung, d. h. zur Überführung der Verbrennungsprodukte in eine definierte Lösung, eine rotierende Bombe notwendig.

Genaue Beschreibungen bei Rossini (1956a); Skinner (1962); Cox u. Pilcher (1970), Sunner u. Månsson (1979).

Brennwert gasförmiger Stoffe Zur Bestimmung dienen Gas-Kalorimeter, in denen das Gas unter konstantem Druck bei konstantem Durchfluß verbrannt wird (Strömungskalorimeter). Brenngas, Verbrennungsluft und Abgas müssen mit Wasserdampf gesättigt sein. Die Verbrennungswärme wird über einen Wärmetauscher von einem Wärmeträger (Wasser oder Luft) mit konstanter Durchflußrate aufgenommen, dessen Temperaturerhöhung gemessen wird.

Kommerziell erhältlich sind sogenannte Hand-Kalorimeter und selbsttätige (automatische) Kalorimeter. Bei den diskontinuierlich arbeitenden Hand-Kalorimetern nach Reineke oder Junkers wird die Temperaturänderung mit Quecksilberthermometern gemessen und die den Wärmetauscher durchfließende Wassermenge durch Wägung bestimmt. Das Gasvolumen bestimmt man mit Hilfe eines Meßzylinders, aus dem das Gas durch zufließendes Wasser zum Brenner gedrängt wird (Reineke-Kalorimeter) oder mit einem Gaszähler (Junkers-Kalorimeter). In den selbsttätigen Gas-Kalorimetern nach Reineke und Junkers wird das Verhältnis von Wasser- und Gasdurchfluß vorgegeben und die Temperaturdifferenz am Wärmetauscher mit einer Thermosäule gemessen. Die Reduktion des Gaszustandes auf den Normzustand erfolgt mittels eines sogenannten Umwerters. Bei den selbsttätigen Gas-Kalorimetern nach Foster-Cambridge oder Cutler-Hammer werden Gas, Verbrennungsluft und Wärmeträgerluft durch mechanisch gekoppelte Naßdurchflußmesser in einem vorgegebenen Volumenverhältnis gehalten, das von Druck und Temperatur unabhängig ist. Die Temperaturdifferenz am Wärmetauscher wird mit zwei Widerstandsthermometern gemessen und ist dem Brennwert des Gases direkt proportional.

Zur Kalibrierung dienen Kalibriergase mit definierter Zusammensetzung und definiertem Brennwert. Die Meßunsicherheit dieser Geräte liegt bei etwa 0,5%.

Genauere Werte lassen sich mit diskontinuierlich betriebenen Verbrennungs-Kalorimetern erzielen, bei denen die Verbrennungswärme an ein isoperiboles Wasser-Kalorimeter abgegeben wird. Die Unsicherheit beträgt etwa 0,1% (Hyde u. Jones (1960); Pilcher (1979); Rossini (1956b)).

3.3.8.2 Adsorptionswärmen

Die bei der Adsorption von Gasen oder Flüssigkeiten an Adsorbentien auftretende Wärme läßt sich mit Mischungskalorimetern nach 3.3.7.2 bestimmen. Die Masse des adsorbierten Fluids wird durch Wägung oder simultan volumetrisch ermittelt (Gravelle (1977); Della Gatta (1985)).

3.3.9 Drosselkoeffizienten

Neben kalorimetrischen Methoden zur direkten experimentellen Bestimmung des isenthalpischen oder isothermen Drosselkoeffizienten ergeben sich die Drosselkoeffizienten auch aus den pVT-Daten (Spannungskoeffizient bzw. Ausdehnungskoeffizient) der Substanz.

Isenthalpischer Drosselkoeffizient Zur Bestimmung des Drosselkoeffizienten bei konstanter Enthalpie (isenthalp) δ wird das zu untersuchende Fluid von einem Kompressor mit Regelventil auf hohen Druck verdichtet und in einem Wärmetauscher auf die gewünschte Anfangstemperatur gebracht. Dazu eignet sich die gleiche Versuchsapparatur wie zur Bestimmung der Wärmekapazität C_p, bei der lediglich die Meßstrecke ausgetauscht wird. Die Meßstrecke besteht aus einer Drosselstrecke (Nadelventil, poröser Pfropfen oder Glasfritte), in der die Druckabsenkung erfolgt, jeweils einem Widerstandsthermometer davor und dahinter sowie einem Differenzdruckmanometer.

Zur Vermeidung von Wärmeverlusten an die Umgebung ist die Meßstrecke von einem Strahlungsschild und einem heizbaren adiabatischen Mantel umgeben. Die Bestimmung der überströmten Masse erfolgt gravimetrisch. Nebeneffekte (Wärmeverluste) können durch Variation des Massestroms und der Öffnung der Drossel erkannt und eliminiert werden (Bier u. a. (1974); Franz u. Grigull (1972)).

Isothermer Drosselkoeffizient Zur Messung des Drosselkoeffizienten bei konstanter Temperatur (isotherm) ε dient die gleiche Apparatur wie zur Bestimmung des isenthalpischen Drosselkoeffizienten, bei der durch eine zusätzliche Heizung an oder kurz hinter der Drosselstelle die Temperatur des Fluids konstant gehalten wird. Die elektrische Leistung entspricht dann der isothermen Enthalpieänderung (Al-Bizreh u. Wormald (1977); Clarke u. a. (1979)).

Literatur zu 3.3

Al-Bizreh, N.; Wormald, C. J. (1977): The isothermal Joule-Thomson coefficients of benzene and cyclohexane. J. Chem. Thermodyn. **9,** 749–764

Anderson, R.; Prausnitz, J. M. (1961): High Precision, Semimicro, Hydrostatic Calorimeter for Heats of Mixing of Liquids. Rev. Sci. Instr. **32,** 1224–1229

Becker, F.; Kiefer, M. (1969): Kontinuierliche Bestimmung von Mischungswärmen durch isotherme Enthalpietitration. Z. Naturforsch. A **24,** 7–17

Becker, F.; Magnus, A. (1955): Calorimetrische Methoden. In: Müller, E. (Hrsg.) Methoden der Organischen Chemie (Houben-Weyl). Band III. Physikalische Methoden, Teil 1. 4. Auflage. Stuttgart: Thieme, S. 483–544

Betz, G.; Frohberg, M. G. (1980): Enthalpy measurements on solid and liquid molybdenum by levitation calorimetry. High Temp. - High Pressures **12,** 169–178

Bier, K.; Ernst, G.; Maurer, G. (1974): Flow apparatus for measuring the heat capacity and the Joule-Thomson coefficient of gases. J. Chem. Thermodyn. **6,** 1027–1037

Bode, K.-H. (1961): Eine neue Methode zur Messung der Wärmeleitfähigkeit von Metallen bei hohen Temperaturen. Allg. Wärmetechnik **10,** 110–120, 125–142

Bonnell, D. W.; Montgomery, R. L.; Stephenson, B.; Sundareswaran, P. C.; Margrave, J. L. (1988): Levitation Calorimetry. In: Ho, loc. cit., S. 265–298

Braun, M.; Kohlhaas, R.; Vollmer, O. (1968): Zur Hochtemperatur-Kalorimetrie von Metallen. Z. Angew. Phys. **25,** 365–372

Brooks, C. R.; Stansbury, E. E. (1988): Adiabatic Calorimetry Above 300 K. In: Ho, loc. cit., S. 191–241

Cammenga, H. K.; Eysel, W.; Gmelin, E.; Hemminger, W.; Höhne, G. W. H.; Sarge, S. M. (1992): Die Temperaturkalibrierung dynamischer Kalorimeter. II. Kalibriersubstanzen. PTB-Mitt. **102,** 13–18

Cezairliyan, A. (1988): Pulse Calorimetry. In: Ho, loc. cit., S. 323–353

Cezairliyan, A.; McClure, J. L. (1987): A Microsecond-Resolution Transient Technique for Measuring the Heat of Fusion of Metals: Niobium. Int. J. Thermophys. **8,** 577–592

Cezairliyan, A.; Morse, M. S.; Berman, H. A.; Beckett, C. W. (1970): High-Speed (Subsecond) Measurement of Heat Capacity, Electrical Resistivity, and Thermal Radiation Properties of Molybdenum in the Range 1900 to 2800 K. J. Res. Nat. Bur. Stand. A **74,** 65–92

Chekhovskoi, V. Y. (1984): Levitation Calorimetry. In: Maglić u. a., loc. cit., S. 555–589

Christensen, J. J.; Hansen, L. D.; Izatt, R. M.; Eatough, D. J.; Hart, R. M. (1981): Isothermal, isobaric, elevated temperature, high-pressure, flow calorimeter. Rev. Sci. Instr. **52,** 1226–1231

Clarke, P. H.; Francis, P. G.; George, M.; Phutela, R. C.; Roberts, G. K. S. C. (1979): Flow calorimeters for the measurement of the isothermal Joule-Thomson coefficient of benzene and of cyclohexane vapour. J. Chem. Thermodyn. **11,** 125–139

Coffin, C. C.; Devins, J. C.; Dingle, J. R.; Greenblatt, J. H.; Ingraham, T. R.; Schrage, S. (1950): An 80°C isothermal calorimeter. Can. J. Res. B **28,** 579–592

Cox, J. D.; Pilcher, G. (1970): Thermochemistry of Organic and Organometallic Compounds. London, New York: Academic Press

Cruickshank, A. J. B.; Ackermann, T.; Giguère, P. A. (1968): Heat Capacity of Liquids and Solutions Near Room Temperature. In: McCullough u. Scott, loc. cit., S. 421–535

Davies, J. V.; Pritchard, H. O. (1972): The properties of diphenyl-ether calorimeters. J. Chem. Thermodyn. **4**, 9–22

Della Gatta, G. (1985): Direct determination of adsorption heats. Thermochim. Acta **96**, 349–363

Dickinson, H. C. (1915): Combustion calorimetry and the heats of combustion of cane sugar, benzoic acid, and naphthalene. Bull. Bur. Stand. **11**, 189–257

DIN 5499 (1972): Brennwert und Heizwert. Begriffe. Berlin, Köln: Beuth

DIN 51900 Teil 1 (1989): Prüfung fester und flüssiger Brennstoffe. Bestimmung des Brennwertes mit dem Bomben-Kalorimeter und Berechnung des Heizwertes. Allgemeine Angaben, Grundgeräte, Grundverfahren. Berlin: Beuth

DIN 51900 Teil 2 (1977): Prüfung fester und flüssiger Brennstoffe. Bestimmung des Brennwertes mit dem Bomben-Kalorimeter und Berechnung des Heizwertes. Verfahren mit isothermem Wassermantel. Berlin, Köln: Beuth

DIN 51900 Teil 3 (1977): Prüfung fester und flüssiger Brennstoffe. Bestimmung des Brennwertes mit dem Bomben-Kalorimeter und Berechnung des Heizwertes. Verfahren mit adiabatischem Mantel. Berlin, Köln: Beuth

Ditmars, D. A. (1984): Heat-Capacity Calorimetry by the Method of Mixtures. In: Maglić u. a., loc. cit., S. 527–553

Ditmars, D. A. (1988): Drop Calorimetry Above 300 K. In: Ho, loc. cit., S. 243–263

Ditmars, D. A.; Ishihara, S.; Chang, S. S.; Bernstein, G.; West, E. D. (1982): Enthalpy and Heat-Capacity Standard Reference Material: Synthetic Sapphire (α-Al_2O_3) from 10 to 2250 K. J. Res. Nat. Bur. Stand. **87**, 159–163

Dobrosavljević, A. S.; Maglić, K. D. (1989): Evaluation of a direct pulse heating method for measurement of specific heat and electric resistivity in the range 300–1900 K. High Temp. – High Pressures **21**, 411–421

Douglas, T. B.; Furukawa, G. T.; McCoskey, R. E.; Ball, A. F. (1954): Calorimetric Properties of Normal Heptane From 0° to 520°K. J. Res. Nat. Bur. Stand. **53**, 139–153

Douglas, T. B.; King, E. G. (1968): High-temperature Drop Calorimetry. In: McCullough u. Scott, loc. cit., S. 293–331

Eder, F. X. (1983): Arbeitsmethoden der Thermodynamik. Band II. Thermische und kalorische Stoffeigenschaften. Berlin, Heidelberg, New York: Springer

Eichler, A.; Gey, W. (1979): Method for the determination of the specific heat of metals at low temperatures under high pressures. Rev. Sci. Instr. **50**, 1445–1452

Elliott, K.; Wormald, C. J. (1976): A precision differential flow calorimeter. The excess enthalpy of benzene + cyclohexane between 280.15 K and 393.15 K. J. Chem. Thermodyn. **8**, 881–893

Ernst, G.; Bräuning, G.; Lai, J.-F. (1988): Calorimetric determination of the deviation between the International Practical Temperature Scale 1968 and the Thermodynamic Temperature Scale. Can. J. Chem. **66**, 999–1004

Ernst, G.; Maurer, G.; Wiederuh, E. (1989): Flow calorimeter for the accurate determination of the isobaric heat capacity at high pressures; results for carbon dioxide. J. Chem. Thermodyn. **21**, 53–65

Eucken, A. (1929): Energie- und Wärmeinhalt. In: Wien, W.; Harms, F. (Hrsg.): Handbuch der Experimentalphysik. Band 8, 1. Teil. Leipzig: Akademische Verlagsgesellschaft, S. 290–294

Franz, G.; Grigull, U. (1972): Messungen des Joule-Thomson-Koeffizienten von Wasser und Wasserdampf. Wärme- und Stoffübertragung **5**, 181–190

Fredrickson, D. R.; Kleb, R.; Nuttall, R. L.; Hubbard, W. N. (1969): A Drop Calorimeter with an Electron Beam Heated Furnace. Rev. Sci. Instr. **40**, 1022–1025

Furukawa, G. T.; Douglas, T. B.; McCoskey, R. E.; Ginnings, D. C. (1956): Thermal Properties of Aluminum Oxide From 0° to 1,200° K. J. Res. Nat. Bur. Stand. **57**, 67–82

Ginnings, D. C. (1968): Introduction. In: McCullough u. Scott, loc. cit., S. 1–13

Ginnings, D. C.; Douglas, T. B.; Ball, A. F. (1950): Heat Capacity of Sodium Between 0° and 900°C, the Triple Point and Heat of Fusion. J. Res. Nat. Bur. Stand. **45**, 23–33

Ginnings, D. C.; Stimson, H. F. (1968): Calorimetry of Saturated Fluids Including Determination of Enthalpies of Vaporization. In: McCullough u. Scott, loc. cit., S. 395–420

Ginnings, D. C.; West, E. D. (1968): Principles of Calorimetric Design. In: McCullough u. Scott, loc. cit., S. 85–131

Goodwin, R. D. (1961): Apparatus for Determination of Pressure-Density-Temperature Relations and Specific Heats of Hydrogen to 350 Atmospheres at Temperatures Above 14°K. J. Res. Nat. Bur. Stand. C **65**, 231–243

Graebner, J. E. (1989): Modulated-bath calorimetry. Rev. Sci. Instr. **60**, 1123–1128

Gravelle, P. C. (1977): Calorimetry in Adsorption and Heterogeneous Catalysis Studies. Catal. Rev.-Sci. Eng. **16**, 37–110

Grønvold, F. (1967): Adiabatic Calorimeter for the Investigation of Reactive Substances in the Range from 25 to 775°C. Heat Capacity of α-Aluminium Oxide. Acta Chem. Scand. **21**, 1695–1713

Grønvold, F. (1972): Inverse Drop Calorimeter for Enthalpy Determinations in the Range 300 to 1500 K. Acta Chem. Scand. **26**, 2216–2222

Grønvold, F. (1978): Heat capacity of indium from 300 to 1000 K. Enthalpy of fusion. J. Thermal Anal. **13**, 419–428

Hales, J. L.; Cox, J. D.; Lees, E. B. (1963): Thermodynamic Properties of Organic Oxygen Compounds. Part 10. – Measurement of Vapour Heat Capacities and Latent Heats of Vaporization of Isopropyl Alcohol. Trans. Faraday Soc. **59**, 1544–1554

Hanitzsch, E. (1980): Messung der spezifischen Wärmekapazität elektrischer Leiter nach der Pulsmethode. Thermochim. Acta **40**, 121–135

Hemminger, W. F.; Cammenga, H. K. (1989): Methoden der Thermischen Analyse. Berlin: Springer

Hemminger, W.; Höhne, G. (1979): Grundlagen der Kalorimetrie. Weinheim, New York: Verlag Chemie

Hemminger, W.; Lohrengel, J.; Krupke, H.-W. (1988): Ein Gerät zur Messung der Wärmeleitfähigkeit im Bereich von −180°C bis 100°C. PTB-Mitt. **98**, 35–38

Hill, R. W.; Martin, D. L.; Osborne, D. W. (1968): Calorimetry below 20°K. In: McCullough u. Scott, loc. cit., S. 263–292

Ho, C. Y. (Ed.) (1988): Specific Heat of Solids. CINDAS Data Series on Material Properties Vol. I-2. New York, Washington, Philadelphia, London: Hemisphere Publishing Corporation

Hoch, M.; Johnston, H. L. (1961): A high temperature drop calorimeter. The heat capacities of tantalum and tungsten between 1000° and 3000° K. J. Phys. Chem. **65**, 855–860

Hoge, H. J. (1946): Heat capacity of a two-phase system, with applications to vapor corrections in calorimetry. J. Res. Nat. Bur. Stand. **36**, 111–118

Höhne, G. W. H.; Cammenga, H. K.; Eysel, W.; Gmelin, E.; Hemminger, W. (1990): Die Temperaturkalibrierung dynamischer Kalorimeter. PTB-Mitt. **100**, 25–31

Holm, J. L.; Kleppa, O. J.; Westrum, E. F. Jr. (1967): Thermodynamics of polymorphic transformations in silica. Thermal properties from 5 to 1070°K and pressure-temperature stability fields for coesite and stishovite. Geochim. Cosmochim. Acta **31**, 2289–2307

Hyde, C. G.; Jones, M. W. (1960): Gas Calorimetry. The Determination of the Calorific Value of Gaseous Fuels. 2nd Ed., London: Benn

Kagan, D. N. (1984): Adiabatic Calorimetry. In: Maglić u. a., loc. cit., S. 461–526

Kortüm, G.; Lachmann, H. (1981): Einführung in die chemische Thermodynamik, 7. Auflage. Weinheim etc.: Verlag Chemie; Göttingen: Vandenhoeck & Ruprecht

Kraftmakher, Y. A. (1988): Modulation Calorimetry. In: Ho, loc. cit., S. 299–321

Kubaschewski, O.; Alcock, C. B. (1979): Metallurgical Thermochemistry. 5th Ed. Oxford etc.: Pergamon Press

Larkin, J. A.; McGlashan, M. L. (1961): A New Calorimeter for Heats of Mixing. The Heat of Mixing of Benzene with Carbon Tetrachloride. J. Chem. Soc. (London), 3425–3432

Levinson, L. S. (1962): High Temperature Drop Calorimeter. Rev. Sci. Instr. **33**, 639–642

Macleod, A. C. (1967): High-Temperature Adiabatic Drop Calorimeter, and the Enthalpy of α-Alumina. Trans. Faraday Soc. **63**, 300–310

Maglić, K. D.; Cezairliyan, A.; Peletsky, V. E. (Eds.) (1984): Compendium of Thermophysical Property Measurement Methods. Vol. 1. Survey of Measurement Techniques. New York, London: Plenum Press

Maglić, K. D.; Cezairliyan, A.; Peletsky, V. E. (Eds.) (1992): Compendium of Thermophysical Property Measurement Methods. Vol. 2. Recommended Measurement Techniques and Practices. New York, London: Plenum Press

Maier, C. G. (1930): Resistance thermometers for chemists. J. Phys. Chem. **34**, 2860–2868

Martin, D. L. (1987): "Tray" type calorimeter for the 15–300 K temperature range: Copper as a specific heat standard in this range. Rev. Sci. Instr. **58**, 639–646

McCullough, J. P.; Scott, D. W. (Eds.) (1968): Experimental Thermodynamics. Vol. I. Calorimetry of Non-reacting Systems. London: Butterworths

McCullough, J. P.; Waddington, G. (1968): Vapor-flow Calorimetry. In: McCullough u. Scott, loc. cit., S. 369–394

Nölting, J. (1985): Scanning calorimetry with adiabatic or controlled diabatic surroundings. Thermochim. Acta **94**, 1–15

Oscarson, J. L.; Izatt, R. M. (1992): Calorimetry. In: Rossiter, B. W.; Baetzold, R. C. (Eds.): Physical Methods of Chemistry. Vol. VI. Determination of Thermodynamic Properties. 2nd Ed. New York etc.: Wiley, S. 573–620

Parisod, C. J.; Plattner, E. (1982): Calorimeter for the direct measurement of enthalpy of vaporization at high pressure and high temperature. Rev. Sci. Instr. **53**, 54–58

Pfaundler, L. (1866): Ueber die Wärmecapacität verschiedener Bodenarten und deren Einfluss auf die Pflanze, nebst kritischen Bemerkungen über Methoden der Bestimmung derselben. Pogg. Ann. Phys. Chem. **129**, 102–135

Picker, P.; Jolicoeur, C.; Desnoyers, J. E. (1969): Steady state and composition scanning differential flow microcalorimeters. J. Chem. Thermodyn. **1**, 469–483

Pilcher, G. (1979): Oxygen Flame Calorimetry. In: Sunner u. Månsson, loc. cit. S. 307–331

Robinson, M. B.; Lacy, L. L. (1985): High-temperature containerless calorimeter. Rev. Sci. Instr. **56**, 430–436

Rossini, F. D. (Ed.) (1956a): Experimental Thermochemistry. Vol. I. Measurement of Heats of Reaction. New York, London: Interscience

Rossini, F. D. (1956b): Calibrations of Calorimeters for Reactions in a Flame at Constant Pressure. In: Rossini, loc. cit., S. 59–74

Roth, W. A.; Becker, F. (1956): Kalorimetrische Methoden zur Bestimmung chemischer Reaktionswärmen. Braunschweig: Vieweg

Sacklowski, A. (1973): Einheitenlexikon. 4. Aufl. Stuttgart: Deutsche Verlags-Anstalt, S. 144–147

Sarge, S. M.; Gmelin, E.; Höhne, G. W. H.; Cammenga, H. K.; Hemminger, W.; Eysel, W. (1993): Die kalorische Kalibrierung dynamischer Kalorimeter. PTB-Mitt. **103**, 491–512, **104** (1994), 93

Skinner, H. A. (Ed.) (1962): Experimental Thermochemistry. Vol. II. New York, London: Interscience

Southard, J. C. (1940): Heat of Hydration of Calcium Sulfates. Ind. Eng. Chem. **32**, 442–445

Southard, J. C. (1941): A Modified Calorimeter for High Temperatures. The Heat Content of Silica, Wollastonite and Thorium Dioxide Above 25°. J. Am. Chem. Soc. **63**, 3142–3146

Stokes, R. H.; Marsh, K. N.; Tomlins, R. P. (1969): An isothermal displacement calorimeter for endothermic enthalpies of mixing. J. Chem. Thermodyn. **1**, 211–221

Sullivan, P. F.; Seidel, G. (1968): Steady-State, ac-Temperature Calorimetry. Phys. Rev. **173**, 679–685

Sunner, S.; Månsson, M. (Eds.) (1979): Experimental Chemical Thermodynamics. Vol. 1. Combustion Calorimetry. Oxford etc.: Pergamon Press

Tatsumi, M.; Matsuo, T.; Suga, H.; Seki, S. (1975): An Adiabatic Calorimeter for High-resolution Heat Capacity Measurements in the Temperature Range from 12 to 300 K. Bull. Chem. Soc. Jpn. **48**, 3060–3066

Valleé, R. E. (1962): Simple Ice Calorimeter. Rev. Sci. Instr. **33**, 856–858

Wadsö, I. (1966): A Heat of Vaporization Calorimeter for Work at 25 °C and for Small Amounts of Substances. Acta Chem. Scand. **20**, 536–543

Wendlandt, W. W. (1986): Thermal Analysis. 3rd Ed. New York: Wiley

West, E. D.; Churney, K. L. (1968): A Two-Body Model for Calorimeters with Constant-Temperature Environment. J. Appl. Phys. **39**, 4206–4215

West, E. D.; Ginnings, D. C. (1958): An Adiabatic Calorimeter for the Range 30° to 500 °C. J. Res. Nat. Bur. Stand. **60**, 309–316

West, E. D.; Westrum, E. F. Jr. (1968): Adiabatic Calorimetry From 300 to 800 °K. In: McCullough u. Scott, loc. cit., S. 333–367

Westrum, E. F. Jr. (1988): Calorimetry in the Range 5–300 K. In: Ho, loc. cit., S. 153–189

Westrum, E. F. Jr.; Furukawa, G. T.; McCullough, J. P. (1968): Adiabatic Low-temperature Calorimetry. In: McCullough u. Scott, loc. cit., S. 133–214

3.4 Transportgrößen

3.4.1 Wärmeleitfähigkeit und Temperaturleitfähigkeit (U. Hammerschmidt)

3.4.1.1 Grundlagen und Definitionen

Die Wärmeleitfähigkeit λ beschreibt das Vermögen eines Stoffes, Wärme durch ungeordnete atomare oder molekulare Wechselwirkungen zu transportieren. λ ist definiert als Proportionalitätskoeffizient im Fourierschen Erfahrungsgesetz. Für einen isotropen und homogenen Stoff lautet es (ISO 7345, DIN 1341):

$$\boldsymbol{q} = \frac{\boldsymbol{\Phi}}{A} = -\lambda \cdot \nabla T \qquad T = T(x, y, z, t) \tag{3.52}$$

Hierin ist $\boldsymbol{q}$ die Dichte des Wärmestroms $\boldsymbol{\Phi} = \delta Q/\mathrm{d}t$, welcher unter dem Einfluß des Temperaturgradienten $-\nabla T$ die isotherme Niveaufläche A homogen durchsetzt.

Als Folge der thermischen Ausdehnung ist die Größe $A = A(T)$ temperaturabhängig. Dieselbe Abhängigkeit ist auch bei einer experimentellen Bestimmung des Temperaturgradienten zu beachten, wie zum Beispiel in dessen eindimensionaler kartesischer Form $\Delta T/\Delta x$.

Das orts- und zeitabhängige Temperaturfeld $T(x, y, z, t)$ aus Gl. (3.52) muß noch die Fouriersche Wärmeleitungsgleichung erfüllen:

$$\varrho \cdot c_p \cdot \frac{\partial T}{\partial t} = \lambda \cdot \nabla^2 T \qquad (\lambda, \varrho = \text{const.}) \tag{3.53}$$

∇^2 steht für den Laplace-Operator, die zweifache Ableitung nach dem Ort; ϱ und c_p bezeichnen die Dichte beziehungsweise die isobare spezifische Wärmekapazität. Der Quotient aus den drei Stoffeigenschaften λ, ϱ und c_p wird zu einer einzigen Größe zusammengefaßt, der Temperaturleitfähigkeit a:

$$a = \frac{\lambda}{\varrho \cdot c_p} \tag{3.54}$$

Diese beschreibt die Schnelligkeit, mit der sich ein Temperaturunterschied ausgleicht. Ihre SI-Einheit ist $\mathrm{m^2 s^{-1}}$. Die Wärmeleitfähigkeit λ hat die SI-Einheit $\mathrm{WK^{-1} m^{-1}}$. Beide Transportgrößen sind abhängig vom thermodynamischen Zustand des betrachteten Stoffes.

Die mathematische Behandlung der partiellen Differentialgleichung (3.53) bereitet erhebliche Schwierigkeiten, sobald zur eindeutigen Beschreibung des Temperaturfeldes mehr als eine unabhängige Variable benötigt wird. Die bekannten analytisch geschlossenen Lösungen gelten daher fast ausschließlich für eindimensionale Felder. Dieser Feldtyp liegt immer dann vor, wenn die Ränder isotherm sind und der Wärmestrom senkrecht zu diesen Oberflächen erfolgt. Diese Randbedingung läßt sich im Experiment mit hinreichender Genauigkeit erzwingen, sowohl für zeitunabhängige als auch für zeitabhängige Temperaturfelder. Letztere sind noch durch geeignete Anfangsbedingungen zu kennzeichnen.

Für ein eindimensionales zeitunabhängiges Temperaturfeld geht Gl. (3.53) auf die Laplace-Form

$$\nabla^2 T = 0 \qquad T = T(n)$$

zurück. Diese Gleichung läßt sich sofort in kartesischen, Zylinder- oder Kugelkoordinaten integrieren. Entsprechend dem gewählten Koordinatensystem erhält man als Lösung den Temperaturverlauf $T(n)$ in der ebenen Platte, dem Hohlzylinder oder der Hohlkugel. Diese Funktion in Gl. (3.52) eingesetzt, ergibt den zugehörigen stationären eindimensionalen Wärmestrom $\boldsymbol{\Phi}$ oder, bei Kenntnis dieser Größe, die Wärmeleitfähigkeit λ (vgl. Tab. 3.11).

Ein eindimensionales zeitabhängiges Temperaturfeld folgt der Gleichung:

$$\frac{\partial T}{\partial t} = a \cdot \frac{\partial^2 T}{\partial n^2} \qquad T = T(n, t) \tag{3.55}$$

Tab. 3.11 Spezielle Lösungen der Wärmeleitungsgleichung und abgeleitete Meßverfahren für die Wärmeleitfähigkeit und die Temperaturleitfähigkeit (Erklärungen siehe Text).

Geometrie	Temperaturfeld	Transportgröße	Meßverfahren
ebene Platte	$T(x,0)=T_2-\frac{T_2-T_1}{x_2-x_1}\cdot(x-x_2)$	$\lambda=\frac{\Phi_x}{A}\cdot\left[\frac{\Delta T}{\Delta x}\right]^{1}$	*stationär – axial* Plattenverfahren Zylinderverfahren
	$T(x_2,t)=\left(\frac{Q}{\varrho c_p\cdot\Delta x}\right)\left[1+2\sum_{n=1}^{\infty}(-1)^n\exp\left(-\frac{n^2\pi^2 at}{(\Delta x)^2}\right)\right]$	$a=\frac{C\cdot(\Delta x)^2}{t_{1/2}}$ $\lambda=a\cdot\varrho\cdot c_p$	*instationär – axial* Laser-Impuls-Verfahren
Hohlzylinder	$T(r,0)=T_2-\frac{T_2-T_1}{\ln(r_1/r_2)}\cdot\ln(r/r_2)$	$\lambda=\frac{\Phi_r}{A(r)}\cdot\left[\frac{\Delta T}{\ln(r_1/r_2)}\right]^{1}$ $A(r)=2\pi rL$	*stationär – radial* Rohrverfahren Heizdrahtverfahren Drahtverfahren
(linienförmige Heizquelle) $r_1\to 0, r_2\to\infty$	$\Delta T(r_1,t)=\frac{\Phi}{4\pi\lambda L}\cdot\ln\frac{4at}{r_1^2\cdot\exp\gamma}$	$\lambda=\frac{\Phi}{4\pi L}\cdot\left[\frac{T_{t2}-T_{t1}}{\ln(t_2/t_1)}\right]^{1}$	*instationär – radial* Heizdrahtverfahren
Hohlkugel	$T(r)=T_2-\frac{T_2-T_1}{1/r_2-1/r_1}\cdot(1/r_2-1/r)$	$\lambda=\frac{\Phi_r}{A(r)}\cdot\left[\frac{\Delta T}{\Delta r}\right]^{1}$ $A(r)=4\pi r_1 r_2$	*stationär – radial* Nusselt-Verfahren
(punktförmige Heizquelle) $r_1\to 0, r_2\to\infty$	$\Delta T(r_1,t)=\frac{\Phi}{4\pi\lambda r_1}\cdot\mathrm{erfc}\left(\frac{r}{\sqrt{4at}}\right)$		*instationär*

Zur mathematischen Behandlung dieses Ausdrucks geht man gewöhnlich wieder von einem der drei genannten halbunendlich ausgedehnten Körper aus. Die Lösungsfunktion $T(n, t)$ hängt nun jedoch noch wesentlich von den gestellten Anfangsbedingungen ab. Diese werden zumeist als periodisch oder impulsartig veränderlich gewählt. In jedem Fall liefert Gl. (3.55) zunächst eine Bestimmungsgleichung für die Temperaturleitfähigkeit a. Erst bei gleichzeitiger Kenntnis von c_p und ϱ läßt sich daraus gemäß Gl. (3.54) die Wärmeleitfähigkeit λ berechnen (vgl. Tab. 3.11, ebene Platte).

Eine direkte Bestimmung nicht nur der Temperaturleitfähigkeit, sondern auch der Wärmeleitfähigkeit wird durch eine spezielle Lösung für das zeitabhängige Temperaturfeld einer unendlich ausgedehnten linienförmigen Wärmequelle ermöglicht. Die zugrundeliegende Geometrie ist diejenige eines entarteten Hohlzylinders ($r_1 \to 0$, $r_2 \to \infty$) (vgl. Tab. 3.11)

Im allgemeinen wächst die Wärmeleitfähigkeit mit dem Aggregatzustand der Stoffe in der Reihenfolge gasförmig, flüssig, fest. Unter den Festkörpern sind die Dielektrika ($\lambda \approx 10^{-1}\,\mathrm{Wm^{-1}K^{-1}}$) schlechtere Wärmeleiter als die Metalle ($\lambda \approx 100\,\mathrm{Wm^{-1}K^{-1}}$), da bei letzteren die freien Elektronen einen zusätzlichen Beitrag λ_e zur Wärmeleitfähigkeit liefern. Dieser steht in einem einfachen Verhältnis zur elektrischen Leitfähigkeit σ der Metalle:

$$\frac{\lambda_e}{\sigma} = L_0 \cdot T \qquad \text{Wiedemann-Franz-Gesetz} \qquad (3.56)$$

L_0 bezeichnet die Lorenz-Zahl ($2{,}45 \cdot 10^{-8}\,\mathrm{W\Omega K^{-2}}$).

Bei der experimentellen Bestimmung von λ nach den beiden Fourierschen Gesetzen sind einige generelle Einschränkungen zu beachten, die sich aus den Voraussetzungen des zugehörigen physikalischen Modells ergeben. So gilt das System aus Gl. (3.52) und (3.53) in Strenge nur für homogene isotrope Stoffe mit konstanter Wärmeleitfähigkeit. Tatsächlich sind jedoch viele Stoffe weder homogen noch isotrop hinsichtlich der beiden genannten Transportgrößen, und diese sind immer auch temperaturabhängig. Im Experiment ist daher zunächst zu beachten, daß die Temperaturdifferenz $\Delta T = T_2 - T_1$ über der Probe nur so groß gewählt werden darf, daß sich λ noch als hinreichend konstant betrachten läßt. Den so gewonnenen Meßwert bezeichnet man dann als „mittlere Wärmeleitfähigkeit" und bezieht ihn auf die Temperatur $T_m = (T_1 + T_2)/2$. Bei anisotropen Proben ist zusätzlich die Richtung des Wärmestroms relativ zu einer der Probenachsen anzugeben.

Zur Wahrung einer hinreichenden thermischen Stabilität während der Messung ist unbedingt darauf zu achten, daß die Querschnittsfläche A der Probe mindestens so groß ausgelegt ist, daß die im Fourierschen Gesetz postulierte Linearität zwischen der Wärmestromdichte und dem Temperaturgradienten noch gewahrt bleibt. Einen sicheren Wert für A erhält man aus der empirisch gefundenen Stabilitätsbedingung $\lambda \cdot A = 0{,}001\,\mathrm{WK^{-1}m}$, wobei λ die (zunächst) geschätzte Wärmeleitfähigkeit der Probe bezeichnet.

Insbesondere bei inhomogenen Stoffen und hohen Meßtemperaturen T_m kommt die Messung von λ oft einer (unbeabsichtigten) „Wärmebehandlung" der Probe gleich. Dies kann zu strukturellen Veränderungen der Probe führen, welche im allgemeinen auch die Wärmeleitfähigkeit beeinflussen. Hier sollte der Meßwert bei T_m nach einer zwischenzeitlichen Temperaturerhöhung oder -absenkung erneut bestimmt werden.

Schließlich ist zu beachten, daß sich Wärme nicht nur durch Leitung, sondern auch durch Konvektion und Strahlung ausbreiten kann. Den möglichen Einfluß dieser Transportmechanismen auf das Meßergebnis gilt es durch einen geeigneten Meßaufbau entweder auszuschließen oder andernfalls im Rahmen einer Korrektion zu erfassen.

Zahlenwerte der Wärmeleitfähigkeit geben die Tabellen T 3.22 bis T 3.24 in Band 3 sowie die Zusammenstellungen von Blanke (1989), Landolt-Börnstein (1968), (1972) u. (1982), Ebert (1976), Touloukian u. a. (1970/1973), Jamieson u. a. (1975).

Allgemeine Darstellung der Wärmeleitung vgl. Ingersoll u. a. (1948), Jakob (1950), Carslaw u. Jaeger (1959), Baur (1984), Chapman (1967), Müller (1973)

3.4.1.2 Experimentelle Methoden

Wie jede abgeleitete Größe läßt sich auch die Wärmeleitfähigkeit λ nur nach einem indirekten Verfahren bestimmen. Dabei muß ihr Wert aus Messungen solcher anderen physikalischen Größen gewonnen werden, die mit der Meßgröße in einem funktionalen Zusammenhang stehen. Diesen Zusammenhang liefern meistens die beiden Fourierschen Gleichungen (3.52) und (3.53) oder, speziell bei metallischen Proben, auch das Wiedemann-Franz-Gesetz (3.56). Gemäß dem Gleichungssystem (3.52) und (3.53) erhält man die gesuchte Wärmeleitfähigkeit aus einer Temperaturfeld- und einer Wärmemessung. Indes läßt sich die zumeist sehr aufwendige Messung der Wärme auch nicht dadurch umgehen, daß man die gesuchte Wärmeleitfähigkeit nach (3.54) aus der Temperaturleitfähigkeit bestimmt. Dann muß die kalorische Größe c_p bekannt sein.

Die erste Fourier-Gleichung (3.52) ist formal eine Response-Gleichung*), die sich unmittelbar als Meßprinzip für die Stoffeigenschaft λ lesen läßt: So ist das Temperaturfeld $T(x, y, z, t)$ der Probe definiert zu stören und der daraus resultierende Wärmestrom $\Phi = \Delta Q/\Delta t$ als Response (Antwort) des Systems zu messen. Allerdings ist im Gegensatz zur Zustandsgröße „Temperatur“ der Wärmestrom wegen der „Weg“-Abhängigkeit der Prozeßgröße ΔQ nicht direkt meßbar. Man geht daher im allgemeinen umgekehrt vor, prägt der Probe einen bekannten Wärmestrom auf und mißt die Änderung ihres Temperaturfeldes. Diese Systemantwort folgt der Wärmeleitungsgleichung (3.53), die es für die vorliegende Problemstellung zu lösen gilt. Wegen der mathematischen Schwierigkeiten bei der Analyse mehrdimensionaler Temperaturfelder, beschränkt man sich zweckmäßigerweise auf ein Temperaturfeld, das nur von einer Ortskoordinate abhängt. Dann läßt sich eine der dafür vorliegenden Lösungen von Gl. (3.53) nutzen. Das hat unter anderem noch den Vorteil, daß die Wärmeströmung ebenfalls eindimensional und damit im Experiment leicht kontrollierbar ist.

Für ein eindimensionales Temperaturfeld liegen sechs analytisch geschlossene Lösungen vor, jeweils drei für ein zeitabhängiges und ein zeitunabhängiges Feld (vgl. Tab. 3.11), s. a. Carslaw u. Jaeger (1959). Mit der Entscheidung für einen dieser Ausdrücke ist das Meßverfahren grundsätzlich festgelegt, weil nun der Probekörper nicht mehr beliebig wählbar, sondern als ebene Platte, Hohlzylinder oder Hohlkugel vorgegeben ist. Zur Realisierung eines eindimensionalen Feldes in einem dieser Körper ist das Experiment so zu führen, daß die Wärmeströmung senkrecht zwischen zwei gegenüberliegenden isothermen Oberflächen des Probekörpers erfolgt. Diese Forderung bereitet sowohl bei der ebenen Platte als auch beim Hohlzylinder einige Schwierigkeiten, da diese beiden Körper mathematisch als halbunendlich gelten, in der Praxis jedoch freie Seiten- beziehungsweise Stirnflächen aufweisen. An diesen Flächen kann der Probekörper Wärme mit der Umgebung austauschen, was zu unerwünschten Randstörungen seines Temperaturfeldes führt. Im Experiment sind daher diese lateralen Flächen auf geeignete Weise (quasi-)adiabatisch abzuschließen.

---

*) Response = Stoffeigenschaft · Störung

Die Hohlkugel-Anordnung, welche auf Nusselt zurückgeht, benötigt diesen Wärmeschutz natürlich nicht, Nusselt (1909). Damit kommt sie zwar den theoretischen Vorgaben am nächsten, die Schwierigkeiten bei der technischen Realisierung des Meßaufbaus sind jedoch so groß, daß sich dieses Verfahren bisher nicht durchsetzen konnte.

Meßaufbau Mit dem Meßaufbau soll erreicht werden, daß ein nach Betrag und Richtung definierter Wärmestrom der Probe aufgeprägt und die daraus resultierende zeitliche oder örtliche Änderung ihres Temperaturfeldes gemessen werden kann. Dabei ist das für den Meßaufbau ausgewählte mathematische Modell möglichst getreu umzusetzen. Das bedeutet auch, daß für geeigneten Wärmeschutz der gesamten Anordnung zu sorgen ist.

Wärmequelle, -senke und Wärmestrommessung Die beiden wesentlichen Bestandteile des Aufbaus sind die Wärmequelle und die Wärmesenke, zwischen denen sich die Probe oder, bei Fluiden, der Probenbehälter befindet. Im einfachsten Fall sind sie wie der Probekörper selbst als ebene Platten geformt. Der Wärmestrom erfolgt dann homogen in axialer Richtung durch die Probe. Radial nach außen fließt die Wärme bei hohlkugelförmigen oder hohlzylindrischen Probekörpern, in deren Kern eine kugel- beziehungsweise stabförmige Wärmequelle eingebettet ist.

Im allgemeinen wird mit der Kombination aus Wärmequelle und -senke nicht nur die Richtung des Wärmestroms, sondern auch dessen Betrag vorgegeben. Aus diesem Grund setzt man als Wärmequelle bevorzugt eine elektrische Widerstandsheizung ein, da die von ihr aufgenommene, leicht meßbare elektrische Leistung $P = U \cdot I$ vollständig in Wärmeleistung $Q = |\Phi|$ umgewandelt wird. Damit diese Leistung als Wärmestrom verlustfrei auf die Probe gelangt, muß die Wärmequelle bis auf die Kontaktfläche zur Probe thermisch hinreichend gut gegen die Umgebung abgeschirmt sein. Hierzu ist ausreichender Wärmeschutz vorzusehen.

Wenn der Betrag des Wärmestroms nicht an der Quelle, sondern an der Wärmesenke bestimmt werden soll, kann dies mit einem dort an den Flüssigkeitskreislauf angeschlossenen Kalorimeter erfolgen (vgl. ASTM C 201). Dieses Verfahren ist jedoch weitaus weniger verbreitet, weil es apparativ und bedienungstechnisch sehr aufwendig ist.

Eine dritte Form der Wärmestrommessung wird bei Relativverfahren angewendet, zu denen man auch die Messung mit handelsüblichen Wärmestrom-Meßfühlern zählen kann. Hier wird der Wärmestrom zunächst durch die Probe und danach noch durch eine nachgeschaltete Vergleichsprobe mit bekannter Wärmeleitfähigkeit (oder den Meßfühler) geleitet. Aus dem Temperaturabfall an dieser Referenz läßt sich nach Gl. (3.52) der Wärmestrom errechnen. Diese Verfahren sind relativ einfach in der Durchführung. Die Meßunsicherheit ist jedoch im allgemeinen etwa eine Größenordnung schlechter als diejenige, mit der die Vergleichsprobe behaftet ist.

Als Wärmesenke werden umlaufende Flüssigkeiten (Wasser, Alkohole, Kältesolen), Kältebäder oder Gase (Luft, Helium, Stickstoff) verwendet, auch elektrische Widerstandsheizungen sind möglich. Bei instationären Verfahren wird zumeist die thermisch geregelte Umgebung in einem Ofen oder einem Badthermostaten genutzt.

Wärmeschutz Bei einem einwandfreien Meßablauf wird die gesamte von der Wärmequelle erzeugte Joulesche Wärme vollständig an die Probe abgegeben, dann von dieser ohne seitliche Verluste bis zur Wärmesenke weitergeleitet und dort schließlich wieder an die Umgebung zurückgegeben. Dieser Vorgang soll auch bei Probentemperaturen ablaufen können, die sich von derjenigen der Umgebung unterscheiden. So ist nicht nur die Meßeinrichtung als Ganzes gegen einen Wärmeaustausch mit der Umgebung zu schützen, sondern speziell auch noch die Kombination aus Wärmequelle und Probe an deren freien Oberflächen. Ein effektiver Schutz der Wärmequelle ist unerläßlich, wenn mit diesem Bauteil der Betrag des Wärmestroms durch die Probe vorgegeben wird. Unvermeidliche Verluste sind indes als systematische Meßabweichung zu behandeln und müssen im Rahmen einer Korrektion am Meßergebnis berücksichtigt werden. Die Probe ist gegen seitliche Wärmeverluste zu schützen, um die vorausgesetzte Eindimensionalität ihres Temperaturfeldes zu bewahren. Je nach dem gewählten Temperaturfeld, zeitabhängig oder zeitunabhängig, muß der Wärmeschutz für höchstens einige Minuten aufrechterhalten werden oder aber über mehrere Stunden bis zu einigen Tagen. Dabei sollten die Schutzeinrichtungen gleichermaßen wirksam sein gegen einen Wärmetransport durch Leitung, Strahlung und Konvektion.

Bei den instationären Verfahren mit ihrem zeitabhängigen Temperaturfeld kann wegen der kurzen Meßdauer generell auf einen apparativ aufwendigen Wärmeschutz verzichtet werden. Die Meßeinrichtung steht zur Temperierung in einem Thermostat, Kryostat oder Ofen. Soll nur die Temperaturleitfähigkeit bestimmt werden, so wird der Betrag des Wärmestroms und damit ein Wärmeschutz der Quelle nicht benötigt. Als Probengeometrie kann man die ebene Platte verwenden, was Vorteile bei der Probenpräparation bringt. Wenn andererseits auch die Wärmeleitfähigkeit zu bestimmen ist, dann wird generell die Hohlzylinderanordnung gewählt. Die Wärmequelle ist dann fast vollständig von der Probe umgeben, und nur an ihren Rändern oder den elektrischen Zuführungen können relativ geringe Verluste auftreten. Diese werden dann bei der Korrektion berücksichtigt. Der (quasi-)adiabatische Abschluß der an ihren Außenflächen (Mantel- und Stirnflächen) vollkommen ungeschützten Probe läßt sich am einfachsten so erreichen, daß die Messung abgebrochen wird, bevor die im Probeninnern erzeugte Temperaturwelle den Rand des Probekörpers erreicht. Sollte die Messung versehentlich länger geführt werden, so erkennt man ein Abweichen von der adiabatischen Randbedingung am signifikant veränderten Verlauf des aufgezeichneten Temperaturganges $T(t)$.

Stationäre Verfahren, die mit einem zeitinvarianten Temperaturfeld im Zustand des thermischen Gleichgewichts ablaufen, stellen weitaus höhere Anforderungen an den Wärmeschutz. Prinzipiell unterscheidet man hierbei zwei verschiedene Arten, den aktiven und den passiven Schutz. Der aktive Wärmeschutz beruht auf der Tatsache, daß jeder Wärmetransport zwischen zwei Körpern mit dem gegenseitigen Temperaturgefälle verschwindet. Man umgibt deswegen den zu schützenden Körper mit einer sogenannten Schutzheizung, die auf dieselbe Oberflächentemperatur wie dieser eingestellt wird. Die Materialien des Schutzheizkörpers und des zu schützenden Körpers sollten annähernd die gleiche Wärmeleitfähigkeit haben. Beide Körper sind durch schmale, möglichst gut isolierende Schichten zu trennen. Mit Hilfe von Temperaturmeßfühlern sind die Oberflächentemperaturen der Schutzheizung möglichst genau auf diejenigen der ihnen gegenüberstehenden Flächen einzuregeln. Wenn der Körper statt einer homogenen Temperaturverteilung einen Temperaturgradienten aufweist, dann benutzt man stattdessen eine Gradientenheizung, die im einfachsten Fall durch ein geeignet beheiztes konzentrisches Rohr realisiert werden kann. Schutz- und Gradientenheizungen sind allerdings konstruktiv sehr aufwendig und ausgesprochen bedienungsintensiv.

Der passive Wärmeschutz beruht darauf, daß alle drei Übertragungsmechanismen von der Größe der Körperoberfläche abhängig sind; Leitung und Konvektion sind zusätzlich vom Transportkoeffizienten des betrachteten Stoffes, also von dessen Wärmeleitfähigkeit λ beziehungsweise von dessen Wärmeübergangskoeffizienten h abhängig. So gilt es einerseits die thermisch zu isolierenden Flächen möglichst klein zu halten, andererseits Materialien mit kleinem Transportkoeffizienten zu wählen, um sie als Wärmedämmung einzusetzen. So wirkt ein passiver Wärmeschutz zwar meist nur selektiv, die Realisierungsmöglichkeiten sind jedoch vielfältiger und letztlich einfacher in der Anwendung. Leitung und Konvektion lassen sich durch Evakuieren des Gehäuses wirksam vermindern, Metallbleche (Strahlungsschirme) schützen vor dem Strahlungsaustausch. Ferner lassen sich alle schlecht wärmeleitenden Materialien wie Kork, Textilfasern, Kieselgur und Schamotte zur Wärmedämmung einsetzen.

Bei stationärer Versuchsführung hat sich folgender Wärmeschutz bewährt: Das Gehäuse wird im allgemeinen passiv geschützt, während die Wärmequelle durch Schutzheizungen an den Stirnflächen und gegebenenfalls durch einen Schutzheizring an den Seitenflächen aktiv geschützt wird. Die Seitenflächen der Probe können von einer Gradientenheizung umgeben sein oder auch einfach nur von einer passiven Wärmedämmung. Die Geometrie des Probekörpers ist jedoch immer so gewählt, daß sich bei schlechten Leitern ein Formfaktor d/A von kleiner als $10\,\mathrm{cm}^{-1}$ und bei guten Leitern ein Formfaktor von mindestens $1000\,\mathrm{cm}^{-1}$ ergibt, Childs u. a. (1973). Damit ist ein geeigneter Kompromiß gefunden zwischen einer möglichst kleinen Seitenfläche und einer hinreichend großen Kontaktfläche A zur Wärmequelle und zur -senke.

Temperaturmessung Die Meßvorschrift zur Bestimmung der Temperatur an der Probe ergibt sich aus der zum Meßaufbau gehörenden Lösung der Wärmeleitungsgleichung. Dabei ist zunächst wiederum entscheidend, ob ein zeitunabhängiges oder zeitabhängiges Temperaturfeld bestimmt werden muß. Die Plazierung der Temperaturfühler hängt dann weitgehend von der gewählten Probengeometrie ab.

Im ersten, dem stationären Fall, ist die örtliche Temperaturdifferenz $\Delta T = T_2(n_s) - T_1(n_1)$ zwischen den beiden Meßstellen (n_1) und (n_2) zur Zeit $t = 0$ (thermisches Gleichgewicht) zu bestimmen. Dies kann mit einer Differenzmessung erfolgen, wozu zweckmäßigerweise ein Thermopaar benutzt wird, oder durch zwei Absolutmessungen.

Im zweiten, dem instationären Fall, ist die zeitliche Temperaturdifferenz $\Delta' T = T_2(t_2) - T_1(t_1)$ zu den beiden Zeiten (t_1) und (t_2) am Ort $n = 0$ zu bestimmen. Dies kann während des Aufheiz- oder des Abkühlvorgangs erfolgen. Es genügt ein unkalibrierter Temperaturfühler, da es sich hier um eine Relativmessung handelt. Im einfachsten Fall wird die eingebettete Wärmequelle (Heizdraht, Heizfolie) simultan als Widerstandsthermometer eingesetzt.

Zur Temperaturmessung werden im allgemeinen Thermopaare oder Widerstandsthermometer (Pt 100 o. ä.) eingesetzt. Diese sind entweder durch feine Bohrungen in den Probekörper eingebracht oder in schmalen Nuten an der Oberfläche verlegt. In jedem Fall muß für einen ausreichenden thermischen Kontakt zur Probe gesorgt werden. Bei hohen Temperaturen lassen sich auch Pyrometer oder IR-Detektoren einsetzen.

Meßverfahren und -geräte Entsprechend dem aufgeprägten Wärmestrom werden die Verfahren zur Bestimmung der Wärmeleitfähigkeit in stationäre und instationäre Methoden eingeteilt und diese jeweils wiederum in solche mit radialer oder axialer Symmetrie. Keines dieser Verfahren ist jedoch geeignet, als das beste gelten zu können, da es prinzipiell nicht gelingt, die jeweils gültigen theoretischen Vorgaben umfassend zu erzwingen.

So richtet sich die Wahl des für die gestellte Meßaufgabe optimalen Verfahrens etwa nach folgenden Gesichtspunkten:

Der Aggregatzustand der zu untersuchenden Probe und die verfügbare Geometrie des Probekörpers entscheiden bereits wesentlich über das zu verwendende Gerät. So ist es für eine fluide Probe selbstverständlich, daß sie einerseits zwar einen Behälter benötigt, daß sich andererseits aber die Wärmequelle ohne Schwierigkeiten vollständig in die Probe eintauchen läßt, und so nur geringe Wärmeverluste auftreten können. Letzteres ist für

Festkörper nur mit einem großen präparativen Aufwand zu erreichen. Andernfalls neigen Fluide bei der Messung zu Konvektion. Der (störende) Einfluß dieses Transportphänomens sollte durch apparative Vorkehrungen vermindert oder doch zumindest erkennbar sein, um als Korrektion zum Meßergebnis berücksichtigt werden zu können.

Ein weiterer Gesichtspunkt ist die gewünschte maximale Arbeitstemperatur des Gerätes. Im allgemeinen ist davon auszugehen, daß oberhalb von 800 K ernste thermisch induzierte Probleme bei der Messung auftreten, wie Reaktionen der Probe mit ihrem Behälter einerseits und der Wärmequelle sowie der -senke andererseits, Kontamination oder Oxidation, chemische oder physikalische Änderungen der Probe usw. Ferner steigen bei hohen Temperaturen die Anforderungen an den Wärmeschutz enorm an. Während bei Temperaturen unter 50 K die Wärmeverluste noch zu vernachlässigen sind und im Bereich darüber bis etwa 500 K gut beherrscht werden, können nun signifikante Verluste auftreten, die größtenteils durch Strahlung bedingt sind ($\Phi_{\text{str.}} \propto T^4$).

Die geforderte Meßunsicherheit hängt wesentlich von der Unsicherheit bei der Bestimmung der Temperatur und des Wärmestroms ab. Dabei ist die Unsicherheit in der Temperaturmessung geringer bei solchen Verfahren, in denen diese Größe aus einer Relativmessung hervorgeht. Hierbei handelt es sich vornehmlich um instationäre Verfahren. Dieser Vorteil gegenüber den stationären Verfahren wird jedoch dadurch relativiert, daß bei letzteren nur ein Temperaturgradient (∇T) bestimmt werden muß, während bei instationären Verfahren die zweifache Ableitung ($\nabla^2 T$) zu ermitteln ist. Diese Größe ist im allgemeinen um eine Größenordnung ungenauer. Bei der Wahl eines Vergleichsverfahrens ist zu bedenken, daß die Meßunsicherheit mindestens doppelt so groß ist, wie diejenige, mit der die Referenzprobe behaftet ist.

Es gibt nur wenige käufliche Geräte zur Bestimmung der Wärmeleitfähigkeit, so daß viele Apparate selbstgebaut werden müssen. Bei der Konstruktion ist vor allem zu entscheiden, ob das projektierte Gerät stationär oder instationär arbeiten soll. Wie bereits erwähnt, sind instationäre Geräte sehr viel einfacher aufzubauen und ermöglichen meist nicht nur die Bestimmung der Wärmeleitfähigkeit, sondern darüber hinaus auch der Temperaturleitfähigkeit. Allerdings werden ein schnelles Datenerfassungssystem benötigt sowie ein Auswerterechner, der geeignet programmiert sein muß zur Unterstützung der Datenanalyse. Stationäre Verfahren benötigen zwar den weitaus größeren apparativen und bedienungstechnischen Aufwand; ihnen liegt jedoch ein sehr einfaches mathematisches Modell zugrunde. Ferner sind sie im allgemeinen weiter entwickelt als die instationären Verfahren, was sich auch in der umfangreichen Literatur zur Fehlerbetrachtung niederschlägt. So ist ein stationäres Verfahren immer dann das Verfahren der Wahl, wenn eine Standardmethode zum Einsatz bei nicht zu hohen Temperaturen gefordert wird.

Die im folgenden beschriebenen Meßgeräte und -verfahren sind nach ihrer Betriebsart eingeteilt in stationäre und instationäre. Da fast alle guten Wärmeleiter zu den Festkörpern gehören, erscheint dagegen eine Klassifizierung der Meßgeräte nach dem Aggregatzustand ihrer Proben nicht sehr sinnvoll. Die Geräte sind daher weiter unterteilt in solche für gute oder für schlechte Wärmeleiter. Die Grenze zwischen beiden Bereichen ist hier einigermaßen willkürlich bei $\lambda = 5\,\text{WK}^{-1}\text{m}^{-1}$ gezogen worden.

3.4.1.3 Stationäre Meßverfahren

Wegen des einfachen mathematischen Modells, welches der Auswertung der gewonnenen Daten zugrundeliegt, haben sich die stationär arbeitenden Verfahren zur Bestimmung der Wärmeleitfähigkeit schnell durchsetzen können. Dies kommt unter anderem durch die breite Normung der verschiedenen, zu dieser Gruppe gehörenden Methoden zum Ausdruck. Hierunter fallen das absolut messende Plattenverfahren zur Bestimmung von λ an schlechten Wärmeleitern sowie das ebenfalls absolut messende Rohr- und das Vergleichsverfahren, die sich beide auch für gute Leiter einsetzen lassen. Diese drei

Verfahren werden im folgenden mit den davon abgeleiteten Meßinstrumenten vorgestellt. Zusätzlich werden das absolut messende Zylinderverfahren für gut wärmeleitende Feststoffe und das nur für elektrisch leitende Probematerialien geeignete Kohlrausch-Verfahren erläutert. Während beim Rohrverfahren mit einer radialen Wärmeströmung gearbeitet wird, beruhen die vier anderen Verfahren auf einer axialen Strömung. Die zunächst behandelten Zylinder- und Plattenverfahren werden in ihrer Leitfähigkeitsklasse weitaus am häufigsten eingesetzt.

Zylinderverfahren Die Wärmeleitfähigkeit gut wärmeleitender Festkörper wie Metalle und Legierungen wird im allgemeinen nach dem Zylinderverfahren ermittelt. Das Meßprinzip dieses Absolutverfahrens mit axialer Wärmeströmung gleicht demjenigen zur Bestimmung des elektrischen Widerstandes. Indes wird der zylindrischen Probe anstelle des elektrischen Stroms ein Wärmestrom bekannter Stärke $\Phi = P$ aufgeprägt, und statt des Spannungsabfalls wird der Temperaturabfall $T_1 - T_2$ an zwei Stellen im Abstand d in Wärmestromrichtung gemessen. Die gesuchte Wärmeleitfähigkeit erhält man gemäß Gl. (3.52) aus

$$\lambda = \frac{P}{A} \cdot \frac{d}{T_1 - T_2} \tag{3.57}$$

wobei A die kreisförmige Querschnittsfläche der Probe bezeichnet. Bei der Auswertung von Gl. (3.57) ist unbedingt zu beachten, daß die beiden geometrischen Größen $d = d(T)$ und $A = A(T)$ temperaturabhängig sind. Der Formfaktor d/A der zumeist verwendeten zylindrischen Probekörper sollte nie kleiner als $1000\,\mathrm{cm}^{-1}$ sein, Childs u. a. (1973). Quaderförmige Probekörper werden wegen der größeren Schwierigkeiten bei deren Präparation nur sehr selten verwendet.

Einen typischen Meßaufbau zeigt Fig. 3.52, Bode u. Fritz (1958): Die 90 mm lange Probe (a) steht mit ihrer Grundfläche A (Durchmesser 50 mm) aufrecht auf der breiten gekühlten Wärmesenke (c) und wird von der oben aufgesetzten elektrisch betriebenen Wärmequelle (b) beheizt. Damit der von

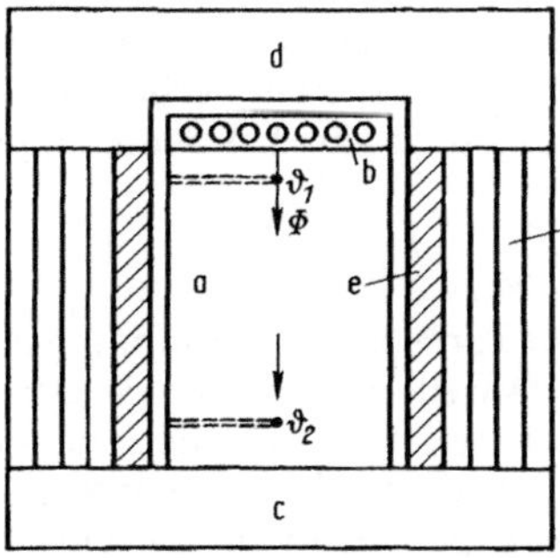

Fig. 3.52 Meßeinrichtung nach dem Zylinderverfahren
a Probe, b Wärmequelle, c Wärmesenke, d Deckelschutzkörper, e beheizbares Schutzrohr, f Wärmedämmung

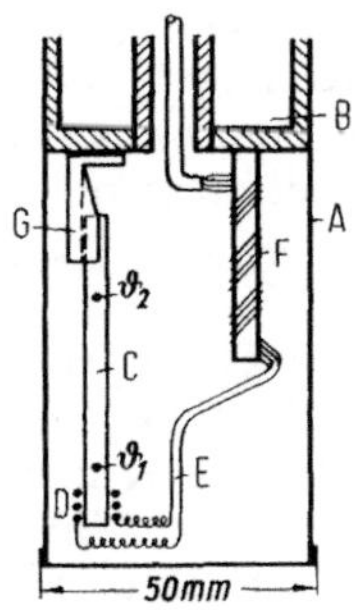

Fig. 3.53 Meßeinrichtung nach dem Zylinderverfahren für tiefe Temperaturen (Stäbchenmethode)
A Meßkammer, B Kryostat, C Probe, D Wärmequelle, E elektrische Zuleitungen, F Kupferstab für Temperaturausgleich, G Wärmesenke
(metallische Verbindung der Probe mit dem Kryostaten)

diesem Hauptheizkörper ausgehende Wärmestrom Φ annähernd verlustfrei in die Probe abfließen kann, ist der Deckelschutzkörper (d) über die Quelle gestülpt. Wärmeverluste an der Mantelfläche des Probezylinders werden mit Hilfe des konzentrisch angeordneten beheizbaren Schutzrohres (e) und der äußeren Wärmedämmung (f) klein gehalten. Zur Messung der Temperaturdifferenz $T_1 - T_2$ sind zwei Thermoelemente in feinen Bohrungen im Abstand d bis zur Zylinderachse in den Probekörper eingebracht. Die gesamte Meßanordnung wird gewöhnlich in einem Thermostat, Kryostat oder Ofen betrieben, um unterschiedliche Arbeitstemperaturen einstellen zu können.

Das Zylinderverfahren eignet sich insbesondere zur Bestimmung der Wärmeleitfähigkeit von Metallen bei tiefen Temperaturen. Um den Bedarf an Kältemittel klein zu halten, benutzt man bei Temperaturen unter 77 K möglichst kleine, stäbchenförmige Probekörper mit einem Durchmesser von 3 bis 10 mm. Wie Fig. 3.53 zeigt, werden diese im allgemeinen an der dem Kryostaten abgewandten Seite beheizt und an ihrer oberen Stirnfläche vom Kryostaten als thermostatisierter Wärmesenke gekühlt. Die Temperaturdifferenz über der Probe wird mit Halbleiter-Meßfühlern oder Kohlewiderständen ermittelt.

Berman (1951), Rechowicz u. a. (1969)

Wegen seines übersichtlichen Aufbaus und der einfachen Bedienbarkeit hat sich das Zylinderverfahren für Metalle im Temperaturbereich zwischen 4 und 1000 K allgemein durchgesetzt, Hust u. a. (1970). Der Meßbereich der zugehörigen Geräte erstreckt sich oft über das Intervall von 5 bis 500 $WK^{-1}m^{-1}$. Die wesentlichen Vorteile des Verfahrens liegen in der geringen Meßunsicherheit, die in der Mitte des bezeichneten Wärmeleitfähigkeits- und Temperaturbereichs etwa 2% bis 0,5% erreichen kann, Küster u. a. (1968). Vorteilhaft ist ferner das einfache mathematische Modell, das der Auswertung der gewonnenen Daten zugrundeliegt. Meßgeräte nach dem Zylinderverfahren lassen sich leicht für eine Simultanbestimmung des elektrischen Widerstandes und des Seebeck-Koeffizienten von metallischen Proben ausrüsten. Mit dem Zusammenhang (3.56) läßt sich die Lorenz-Zahl errechnen.

Der wesentliche Nachteil dieses stationären Verfahrens ist die lange Aufheizzeit bis zum Erreichen des thermischen Gleichgewichts und die während dieser Zeit erforderliche stetige Regelung aller Heizungen und Schutzheizungen. In letzter Zeit werden daher zunehmend elektronische oder numerische Regelungen eingesetzt, die den Bedienungsaufwand spürbar vermindern helfen.

Hust u. a. (1970), Golde (1965), Küster u. a. (1968), Taylor (1974)

Plattenverfahren Die meistverwendete stationäre Methode zur Absolutbestimmung der Wärmeleitfähigkeit schlechter Leiter ist das Plattenverfahren. Konzeptionell gleich aufgebaut wie die Meßinstrumente nach dem Zylinderverfahren unterscheiden sich die Plattengeräte von letzteren oft nur hinsichtlich der Geometrie ihrer Komponenten. So werden anstelle der langgestreckten zylindrischen Probekörper solche in Plattenform benutzt. Bei schlechten Leitern bietet diese Form Vorteile sowohl hinsichtlich einer effektiven Einkopplung des Wärmestroms in die (schlecht leitende) Probe als auch bezüglich möglichst geringer lateraler Wärmeverluste. Der Formfaktor d/A des Probekörpers ist immer kleiner als 10 cm^{-1}. Wärmesenke und Wärmequelle sind in ihrer Bauform darauf abgestimmt.

Spezielle Plattengeräte sind nach ISO 2582, ISO 8302 und DIN 52612 genormt. Ein weiterer spezieller Gerätetyp, bei dem zur Wärmestrommessung ein Kalorimeter in den Kühlkreislauf der Wärmesenke eingekoppelt ist, wurde schon frühzeitig mit der ASTM-Norm C 201 vereinheitlicht.

Plattengeräte eignen sich für Messungen sowohl an festen als auch an flüssigen und gasförmigen Stoffen. Für quasihomogene oder poröse Stoffe ist das Plattenverfahren die bestgeeignete Methode zur Bestimmung der Wärmeleitfähigkeit, wobei mit zunehmender Inhomogenität der Probe entsprechend größere Plattendurchmesser gewählt werden müssen.

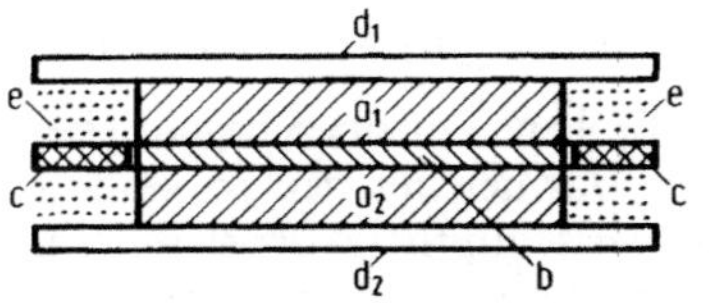

Fig. 3.54 Schematischer Aufbau des Zweiplattengeräts
a_1, a_2 Proben, b Warmequelle, c Schutzheizring, d_1, d_2 Wärmesenke, e Wärmedämmung

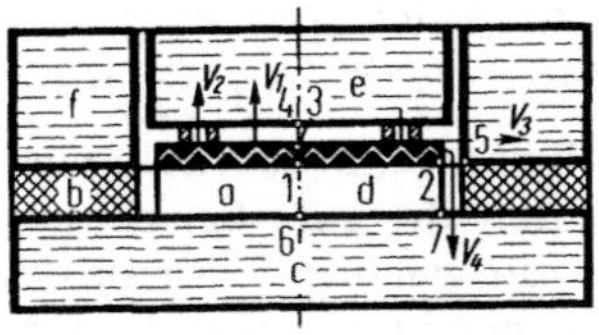

Fig. 3.55 Schematischer Aufbau des Einplattengeräts
a Probenvolumen, b Wärmedämmung, c Wärmesenke, d Wärmequelle, e Deckelschutzheizkörper, f Ring-Schutzhaube
V_1 bis V_4 Verlustwärmeströme,
1 bis 7 Temperaturmeßstellen

Es gibt zwei grundsätzlich voneinander verschiedene Typen von Plattengeräten, das Zweiplattengerät (Fig. 3.54), welches ausschließlich für Feststoffe verwendet wird und das Einplattengerät (Fig. 3.55) das, je nach Bauform, auch für Fluide geeignet sein kann. Das symmetrisch aufgebaute Zweiplattengerät besitzt eine zentrale Quelle, deren Wärme mit möglichst gleichen Anteilen an die auf beiden Seiten angeordnete Kombination aus jeweils einer Probe und einer Wärmesenke abgegeben werden soll. Um diese Forderung zu erfüllen, müssen unter anderem die beiden Proben möglichst gleichartig sein. Die Wärmequelle ist gegen seitliche Verluste im Spalt zwischen den beiden Proben zumeist noch von einem Schutzheizring umgeben. Wegen der starken Neigung zu Konvektion sind Zweiplattengeräte prinzipiell nicht zur Messung von Fluiden geeignet. Hierfür lassen sich Einplattengeräte einsetzen (vgl. Fig. 3.55), die nur über ein einziges Probenvolumen (a) verfügen, Hammerschmidt (1991). Anstelle der zweiten Probe besitzen diese Geräte einen Deckelschutzheizkörper (e), welcher die Wärmeverluste der Hauptheizung (d) in dieser Richtung vermindern soll. Lateraler Wärmeschutz der Wärmequelle ist auch hier durch einen Schutzheizring (b) gewährleistet. Einplattengeräte sind selbstverständlich auch für Feststoffe einsetzbar; speziell bei Messungen an Fluiden ist jedoch unbedingt darauf zu achten, daß sich die Wärmequelle oberhalb der -senke befindet und das Gerät horizontal ausgerichtet ist.

Sowohl Zweiplatten- als auch Einplattengeräte besitzen Widerstandsheizungen als Wärmequelle und zumeist flüssiggekühlte Wärmesenken. Beide Bauelemente sollen vollkommen ebene und glatte Oberflächen aufweisen, um einen thermisch möglichst guten Kontakt zur Probe herstellen zu können. Nahe ihrer Außenflächen enthalten sie jeweils mehrere Temperaturfühler, mit denen sich die Homogenität des erzeugten Temperaturfeldes kontrollieren läßt. Bei einigen Geräten wird mit diesen auch die Temperaturdifferenz $T_1 - T_2$ über (jede) der Probe(n) gemessen. Eine andere Meßmöglichkeit bieten Temperaturfühler, die in Nuten in der Oberfläche der Probe(n) eingebettet sind. Die gesuchte Wärmeleitfähigkeit der Probe ergibt sich nach Gl. (3.57), wobei auch hier auf die Temperaturabhängigkeit der geometrischen Größen d und A zu achten ist.

Plattengeräte sind meistens für einen bestimmten Temperaturbereich innerhalb von etwa 80 K bis höchstens etwa 800 K konstruiert. Ihr Meßbereich liegt normalerweise unter

5 $WK^{-1}m^{-1}$ und kann durch konstruktive Maßnahmen bis unter 10 $mWK^{-1}m^{-1}$ ausgedehnt werden. Die Unsicherheit erreicht Werte bis zu 2%. Der wesentliche Nachteil dieser Geräte liegt, wie bei allen anderen stationär arbeitenden Instrumenten, in der langen Aufheizzeit. Vorteilhaft ist das einfache Auswerteverfahren; außer der Heizleistung müssen nur Basisgrößen gemessen werden. Ferner existiert eine umfangreiche Literatur über mögliche systematische Meßabweichungen.

Bode (1980), Fritz u. Bode (1965), Maglić u. a. (1984), Hammerschmidt (1991), Mostert u. a. (1989)

Vergleichsverfahren für zylindrische oder plattenförmige Proben Die oben beschriebenen Absolutverfahren für gute beziehungsweise schlechte Wärmeleiter zeigen beide den Nachteil, daß zur genauen Vorgabe des Wärmestroms der Hauptheizkörper mit einem effektiven Wärmeschutz versehen werden muß. Dieser große apparative wie bedienungstechnische Aufwand kann fortfallen, wenn der Wärmestrom nicht an der Wärmequelle, sondern an einer Referenzprobe bestimmt wird. Deren Wärmeleitfähigkeit muß bekannt und ähnlich derjenigen der eigentlichen Probe sein. Dieser ist dann die formgleiche Referenzprobe nachgeschaltet, so daß sie annähernd vom gleichen Wärmestrom durchflutet wird. Der Betrag des Wärmestroms läßt sich nun aus einer Messung der Temperaturdifferenz über der Vergleichsprobe mit Hilfe von Gl. (3.57) errechnen. Dieses Verfahren ist überaus einfach in der Bedienung, allerdings weniger genau als die beschriebenen Absolutverfahren.

Die Unsicherheit von Relativverfahren ist gewöhnlich mindestens doppelt so groß wie diejenige, mit welcher die Vergleichsprobe behaftet ist. Diese Probe sollte wegen einer möglichen Drift durch Alterung in konstanten Zeitabständen nachkalibriert werden.

Zwei mögliche Bauformen für Meßgeräte nach dem Vergleichsverfahren gehen aus den Fig. 3.56 und 3.57 hervor. Für das Plattengerät nach Fig. 3.57 gilt:

$$\frac{\lambda}{\lambda'} = \frac{s}{s'} \cdot \frac{\vartheta_1' - \vartheta_2'}{\vartheta_1 - \vartheta_2} \qquad (\vartheta = T + 273{,}15)$$

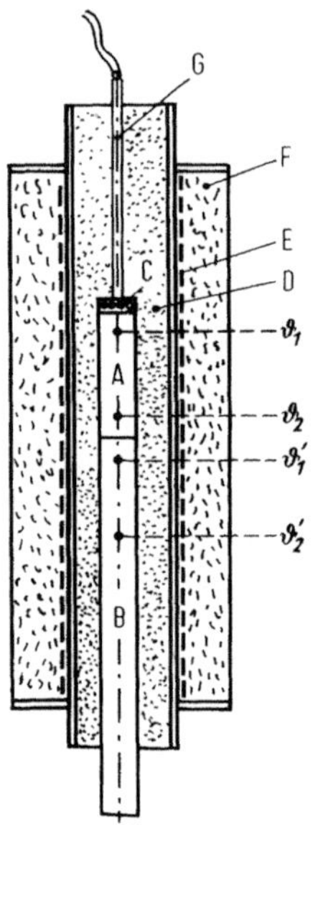

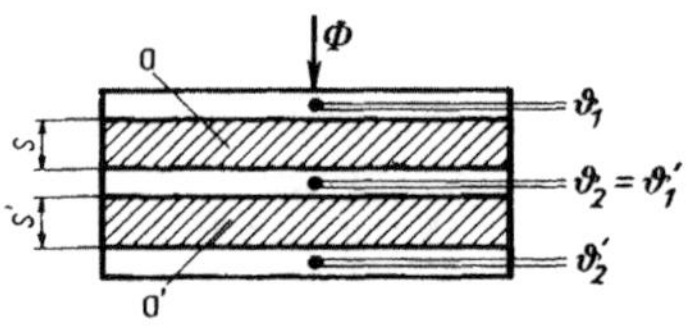

Fig. 3.57 Meßeinrichtung nach dem Vergleichsverfahren für schlechte Wärmeleiter (schematisch)
a Probe, a' Referenzprobe (ϑ, Φ, s: siehe Text)

Fig. 3.56
Meßeinrichtung nach dem Vergleichsverfahren für gute Wärmeleiter
A Probe, B Referenzprobe, C Wärmequelle, D, F Wärmedämmung, E Außenheizung, G elektrische Zuleitungen

Hierin bezeichnen λ', s' und ϑ' die Wärmeleitfähigkeit sowie die Dicke der Vergleichsplatte und die an dieser gemessene Temperatur in °C.

Die beiden im Bild vorgestellten Instrumente arbeiten mit axialer Wärmeströmung. Eine radiale Strömung läßt sich ebenso für Relativmessungen einsetzen, wenn die zu untersuchende Probe ringförmig von der Referenz umgeben ist und in ihrem Kern eine stabförmige Wärmequelle enthält (zu Vergleichsverfahren s. a. DIN 51908).

Fritz u. Bode (1960), van Dusen u. Shelton (1934)

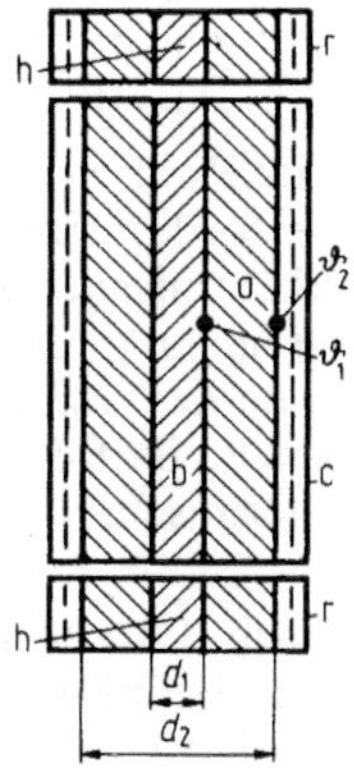

Fig. 3.58
Meßeinrichtung nach dem Rohrverfahren (schematisch)
a Probe (Hohlzylinder), b Wärmequelle (Stab, Rohr), c Wärmesenke, h Schutzheizung, r Ring-Schutzheizung

Rohrverfahren Meßgeräte nach dem Rohrverfahren (Fig. 3.58) enthalten eine stabförmige Wärmequelle (b), die in dem hohlzylindrischen Probekörper (a) konzentrisch eingebettet ist. Eine ebenso geformte Außenheizung (c) dient als Wärmesenke. Schutz- und Ringschutzheizungen (h, r) an den Zylinderenden können die bei geeigneter Wahl der Zylinder-Abmessungen ohnehin geringen seitlichen Wärmeverluste weiter reduzieren. Allgemein gilt, daß ab einem Wert von 12 für das Verhältnis von Zylinderlänge l zu dessen Außendurchmesser d_2 die genannten Schutzheizungen entfallen können, ohne daß es zu signifikanten systematischen Meßabweichungen bei der Bestimmung von λ kommt. Die gesuchte Wärmeleitfähigkeit folgt aus

$$\lambda = \frac{\Phi}{2\pi l} \cdot \frac{\ln(d_2/d_1)}{T_1 - T_2}$$

Die absolut messenden Geräte nach dem Rohrverfahren (vgl. DIN 52613) eignen sich gleichermaßen für schlechte wie auch für gute Wärmeleiter, Moeller (1970). Der weite Meßbereich von etwa 200 $\mathrm{WK^{-1}m^{-1}}$ bis hinab zu 10^{-2} $\mathrm{WK^{-1}m^{-1}}$ ist zum einen auf die große Kontaktfläche zwischen dem Probekörper und der Wärmequelle/-senke sowie zum anderen auf die im Vergleich hierzu kleinen Seitenflächen der langgestreckten Probe zurückzuführen. Diese beiden geometrischen Eigenschaften ergeben nicht nur eine gleichförmige radialsymmetrische Wärmestromverteilung in der Probe, sondern schützen auch vor größeren seitlichen Wärmeverlusten, insbesondere durch Strahlung. Letzteres macht dieses Verfahren geeignet zur Bestimmung der Wärmeleitfähigkeit bis zu Temperaturen von 2600 K. Die Meßunsicherheit beträgt bei Zimmertemperatur etwa 3% und steigt bis auf 15% bei der angegebenen maximalen Arbeitstemperatur, Maglić u. a. (1984).

Eine Variante des Rohrverfahrens besteht darin, daß die Anordnung von Wärmequelle und -senke vertauscht wird. Die rohrförmige Wärmesenke befindet sich dann im Kern der von außen beheizten Probe. Durch das Rohr, das auch Teil eines Kalorimeters sein kann, Chow (1948) läßt man eine umlaufende Kühlflüssigkeit strömen. Dieses Verfahren hat sich besonders bewährt zur Messung von λ bei tiefen Temperaturen (Kühlung mit flüssiger Luft).

Eine weitere Variante liegt vor, wenn anstelle des stabförmigen Hauptheizkörpers ein dünner Heizdraht eingesetzt wird. Dieser wird in der Längsachse eines Rohres ausgespannt, das mit dem pulverförmigen oder fluiden Probematerial gefüllt ist. Dieses stationäre Heizdrahtverfahren wird im Gegensatz zu seiner instationären Abart wegen des starken Temperaturgefälles am Heizdraht als Folge des Temperatursprungs und der langen Aufheizdauer nur sehr wenig eingesetzt.

Mittenbühler (1962), Kannuluik u. Martin (1933), Eucken u. Schröder (1939), Maglić u. a. (1984)

Der wesentliche Nachteil des Rohrverfahrens erwächst aus der ansonsten thermisch so effektiven Bauform. Diese erfordert eine aufwendige Präparation des (festen) Probekörpers, die insbesondere bei keramischen Feststoffen äußerst schwierig werden kann. So bleibt das Verfahren zumeist auf pulver- oder faserförmige Materialien beschränkt, Flynn (1963). Auch die gute Einsetzbarkeit dieses stationären Verfahrens bei hohen Temperaturen bleibt auf solche Stoffe beschränkt, die während der langen Aufheizzeit bis zum Erreichen des thermischen Gleichgewichts nicht zu Kontamination oder Zersetzung neigen.

Das Rohrverfahren ist jedoch das einzig mögliche Verfahren zum Einsatz an Rohren (vgl. ISO 8497). Die Wärmeleitfähigkeit (oder insbesondere der Wärmewiderstand $R = \Delta T/\Phi$) von thermisch isolierten Rohren ist beispielsweise eine wichtige Kenngröße zur Auslegung von Fernheizungen.

Kohlrausch-Verfahren (direct-heating method) Alle oben beschriebenen Meßgeräte benötigen eine äußere Wärmequelle, um der Probe einen nach Richtung und Betrag bekannten homogenen Wärmestrom aufprägen zu können. Einige der genannten Nachteile der Geräte resultieren aus diesem Konstruktionsmerkmal, wie beispielsweise lange Aufheizzeiten bis zum Erreichen des thermischen Gleichgewichts, der Bedarf an relativ großen Probekörpern sowie die Begrenzung auf nicht zu hohe Arbeitstemperaturen.

Die aufgezeigten Mängel lassen sich zumindest für elektrisch leitende Probematerialien überwinden. Diese Materialien, im allgemeinen handelt es sich um Metalle und deren Legierungen, können durch Aufprägen eines hinreichend starken elektrischen Stroms zur schnellen Selbstaufheizung (direct heating) gebracht werden. Für diese Form der „inneren“ Wärmestromerzeugung genügen schon relativ kleine Probekörper, die sich vergleichsweise schnell in ein thermisches Gleichgewicht überführen lassen, selbst bei Temperaturen um 3000 K. Da der weitere Meßaufbau sehr einfach und damit leicht überschaubar gehalten werden kann, ermöglicht das Kohlrausch-Verfahren einfache und schnelle Messungen.

Kohlrausch (1900), Jaeger u. Diesselhorst (1900), Maglić u. a. (1984)

Das dem Kohlrausch-Verfahren zugrundeliegende physikalische Modell geht davon aus, daß sich die elektrischen Isopotentiallinien in vergleichbarer Weise auf der Probe verteilen wie die Isothermen. Allerdings erhält man als Meßergebnis mit dem Wert für $(\lambda \cdot \varrho)$ nur das Produkt aus Wärmeleitfähigkeit λ und dem spezifischen elektrischen Widerstand ϱ.

Vom Kohlrausch-Verfahren sind zahlreiche unterschiedliche Modifikationen bekannt, die sich im wesentlichen hinsichtlich der Wärmeströmung (radial oder axial) unterscheiden, Powell u. a. (1967) Flynn u. Tye (1969). Die weiteste Verbreitung haben Geräte gefunden, die mit einer axialen Strömung arbeiten. Ein derartiger Meßaufbau ist in Fig. 3.59 dargestellt. Er eignet sich sowohl für drahtförmige Proben (Durchmesser 0,5 bis 4 mm, $l = 70$ bis 200 mm) als auch für Stäbe und Rohre (Durchmesser 10 bis 20 mm, $l = 100$ bis 500 mm).

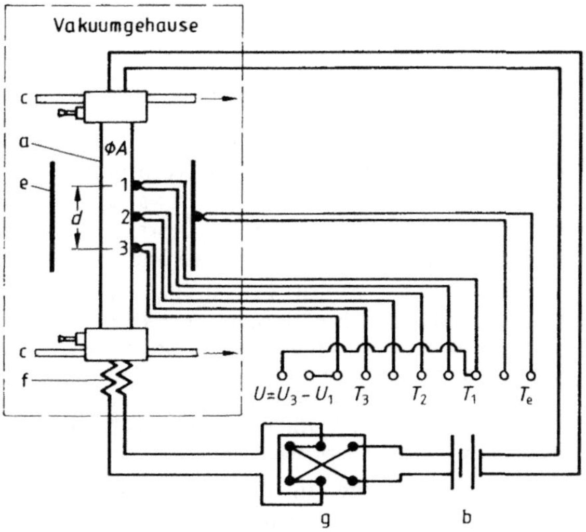

Fig. 3.59
Meßeinrichtung nach dem Kohlrausch-Verfahren (nach Maglić u. a. (1984))
a Probe, b (Kondensator-)Batterie, c flüssiggekühlte Wärmesenken, e Schutzheizung, f Ausgleich für thermische Längenausdehnung der Probe, g Kommutator (siehe Text)

Die Probe (a) ist in Serie geschaltet mit dem Kommutator (g) sowie mit der (Kondensator-) Batterie (b) oder einer anderen geeigneten Starkstromquelle. Die Batterie speist einen elektrischen Strom I in die Probe ein, der stark genug ist, letztere auf die gewünschte Arbeitstemperatur T_2 aufzuheizen. Im Experiment fließt die längs der Probe erzeugte Joulesche Wärme zu den beiden thermostatisierten Endstücken ab, wo sie von flüssiggekühlten Wärmesenken (c) aufgenommen wird. Zur Verminderung des Wärmeverlustes durch Konvektion befindet sich die Probe in einem evakuierten Gehäuse. Strahlungsverluste werden mit Hilfe der externen Schutzheizung (e) minimiert. Diese umgibt die Probe konzentrisch in Form eines Strahlungsschirms, der möglichst nahe an die Temperatur T_2 der Probe geregelt wird. Da sowohl ein Temperatur- als auch ein Spannungsabfall U längs der Probenhauptachse gemessen werden muß, verwendet man zweckmäßigerweise Thermoelemente, mit denen sich die beiden Meßaufgaben gleichzeitig erfüllen lassen. Diese Meßfühler sind symmetrisch zur Stabmitte an den drei Stellen „1", „2" und „3" angebracht. Unter der Annahme, daß sowohl die elektrische als auch die thermische Leitfähigkeit im Temperaturbereich zwischen T_2 und $(T_2 + T_3)/2$ konstant ist, gilt:

$$\lambda \cdot \varrho = \frac{(U_3 - U_1)^2}{4[2T_2 - (T_1 + T_3)]}$$

Den spezifischen elektrischen Widerstand ϱ erhält man gemäß:

$$\varrho = \frac{A}{d} \cdot \frac{U}{I}$$

Hierin bezeichnet der Quotient A/d den inversen Formfaktor der Probe.

Neben der direkten Beheizung der Probe liegt ein weiterer Vorteil der beschriebenen Kohlrausch-Apparatur darin, daß sie sich zur Simultanmessung verschiedener thermophysikalischer Größen eignet. Hierfür steht ein weiter Temperaturbereich von etwa

400 bis 3000 K zur Verfügung. Der Meßbereich für die Wärmeleitfähigkeit reicht von 10 bis 200 $WK^{-1}m^{-1}$ bei einer Unsicherheit, die je nach Temperatur, zwischen 2% und 10% liegt, Maglić u. a. (1984).

Das Kohlrausch-Verfahren läßt sich ebenso für sehr schnelle instationäre Messungen einsetzen. Dabei können die seitlichen Wärmesenken entfallen; die Temperaturmessung erfolgt dann zumeist auf optischem Weg mit schnellen Pyrometern.

3.4.1.4 Instationäre Meßverfahren

Mit der Verfügbarkeit qualifizierter Rechnertechnik setzen sich die instationären Verfahren zunehmend durch und verdrängen oft die etablierten stationären Verfahren. Im Gegensatz zu diesen haben sie zwar den bei weitem einfacheren Meßaufbau jedoch ein komplizierteres Auswerteverfahren. Dieser Nachteil schwindet mit dem Einsatz moderner Rechner zur Datenerfassung und -verarbeitung.

Instationäre Verfahren bieten im allgemeinen den größeren Temperaturbereich, oft die geringere Meßunsicherheit und benötigen nur sehr kleine Proben. Ferner läßt sich eine zeitliche, und damit relative, Temperaturdifferenz leichter messen als der ortsabhängige Temperaturgradient über der Probe. Der zur Messung benötigte impulsartige Wärmestrom kann mit einem Laser indirekt oder einfacher und direkt mit einem ausgespannten stromdurchflossenen Draht erzeugt werden. Die Meßzeit instationärer Verfahren ist zwar abhängig von der zu erwartenden Wärmeleitfähigkeit, liegt aber weit unter derjenigen stationärer Verfahren.

Zu den verschiedenen instationären Verfahren sind zahlreiche Apparaturen entwickelt worden, zu denen wiederum viele unterschiedliche Modifikationen bekannt sind. Im folgenden werden zwei charakteristische Verfahren vorgestellt, die weitaus am häufigsten eingesetzt werden, das Heizdrahtverfahren, das in einer jeweils spezifischen Anordnung für Fluide wie auch für schlecht leitende Feststoffe einzusetzen ist, sowie das Laser-Impuls-Verfahren, mit dem die Temperaturleitfähigkeit von Feststoffen ermittelt wird.

Heizdrahtverfahren Das (instationäre) Heizdrahtverfahren stellt eine Weiterentwicklung des stationären Rohrverfahrens dar, die im wesentlichen durch den Austausch des stabförmigen Hauptheizkörpers gegen einen dünnen, in der Probe ausgespannten Widerstandsdraht erreicht wurde. In einer dem jeweiligen Aggregatzustand angepaßten Konfiguration läßt sich diese Methode sowohl auf feste Stoffe als auch auf Fluide anwenden. Für die letztgenannte Stoffklasse ist es das Verfahren der Wahl.

Heizdrahtverfahren für Fluide Zum Heizdrahtverfahren für Fluide existieren verschiedene Gerätevarianten entweder mit einem oder mit zwei in das Probefluid eingetauchten Metalldrähten. In der Standardversion (Fig. 3.60) ist ein sehr dünner Platindraht ($2 \cdot r_1 = 10$ bis $0{,}7\,\mu m$) in der Längsachse einer zylindrischen Glas- oder Metallzelle ausgespannt, Kestin u. a. (1988). Die Zelle befindet sich zur Messung in einem Ofen, einem Thermostaten oder einem Kryostaten. Der Draht, welcher vollständig vom Probefluid benetzt sein muß, dient gleichzeitig als Wärmequelle und als Widerstandsthermometer. Zur Messung wird ein Stromimpuls mit einer Dauer von etwa 10 bis 100 Sekunden, möglichst bei konstanter spezifischer Leistung $P' = U \cdot I/l$, dem Draht der Länge l aufgeprägt. Dabei erwärmt sich dieser um einige Zehntel Kelvin. Der resultierende Temperaturgang seines elektrischen Widerstandes wird simultan aufgezeichnet und ergibt nach erfolgter Umrechnung die Drahttemperatur $T(r_1, t)$ als Funktion der Meßzeit $\ln(t)$. Die gesuchte Wärmeleitfähigkeit erhält man

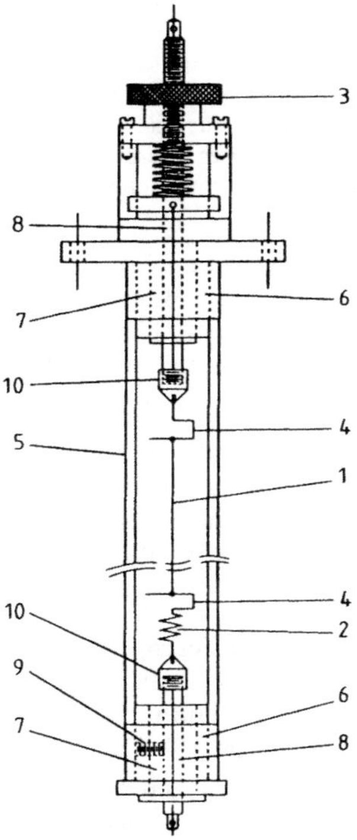

Fig. 3.60
Heizdrahtmeßzelle für Fluide (nach Kestin u. a. (1988))
1 Heizdraht (Platin), 2 Spiralfeder, 3 Verschraubung, 4 Tragbügel (Gold), 5 Meßzelle, 6 Messingbuchse, 7 Drahtdurchführung, 8 Polklemme, 9 isolierte Verschraubung, 10 Konus

schließlich aus:

$$\lambda = \frac{P'}{4\pi S} \qquad S = \frac{T_2 - T_1}{\ln(t_2/t_1)} \qquad N = S \cdot \ln \frac{4a}{0{,}5772 \cdot r_1^2} \tag{3.58}$$

N bezeichnet den Achsenabschnitt und S die Steigung des linearen Teils der Meßkurve $T = T(\ln t)$ zwischen den beiden Punkten $T_1(t_1)$ und $T_2(t_2)$. Mit den der Meßkurve entnommenen Werten für die Steigung und den Achsenabschnitt kann zusätzlich zur Wärmeleitfähigkeit die Temperaturleitfähigkeit a des untersuchten Fluids ermittelt werden.

Wie jedes andere instationäre Experiment, ist auch dieses abzubrechen, bevor die Front der Temperaturwelle die Behälterwand erreicht hat, um die geforderten (quasi-) adiabatischen Randbedingungen einzuhalten. Der späteste Zeitpunkt zum Abbruch kann durch ein Abweichen der Meßkurve in die Horizontale markiert sein. Ein anderer Grund für diese deutliche Abweichung vom linearen Verlauf kann aber auch durch einsetzende Konvektion im Probefluid gegeben sein.

Mit dem beschriebenen Aufbau läßt sich das zugrundeliegende mathematische Modell einer unendlich langen, linienförmigen Heizquelle konstanter Heizleistung, eingebettet in ein isotropes homogenes und inkompressibles Medium, nur unzureichend erfüllen, Carslaw u. Jaeger (1959). Daraus resultieren in der Praxis zahlreiche systematische Meßabweichungen, die bedingt sind durch Randeffekte an den Drahtenden, durch den Temperatursprung, den endlichen Drahtdurchmesser, die nichtverschwindende Wärmekapazität des Drahtes, das endliche Probenvolumen usw.

Alle diese Unzulänglichkeiten haben zu zahlreichen Modifikationen des oben behandelten einfachen Meßaufbaus geführt. Die Randeffekte an den Drahtenden lassen sich beispielsweise durch Differenzmessung mit zwei verschieden langen (Verhältnis etwa 1:5), sonst aber gleichen Heizdrahtanordnungen eliminieren. Ein zweiter im Fluid ausgespannter Draht kann auch gesondert ausschließlich für die Temperaturmessung verwendet werden, ähnlich wie ein an der Behälterwand angebrachtes Thermoelement. Weitere Variationen sowie eine vollständige Betrachtung der möglichen systematischen Meßabweichungen sind in der einschlägigen Literatur zu finden.

Trotz der grundsätzlichen Schwierigkeiten bei der Umsetzung des mathematischen Modells läßt sich mit dem Heizdrahtverfahren bei Zimmertemperatur eine Meßunsicherheit von unter 1% erzielen. Der Arbeitstemperaturbereich liegt gewöhnlich zwischen 80 und 1800 K; der Meßbereich erstreckt sich von 0,002 bis zu etwa 5 $WK^{-1}m^{-1}$.

Jackson u. a. (1978), Straumann (1960), Tauscher (1968)

Die wesentlichen Vorteile des Heizdrahtverfahrens für Fluide liegen in der sehr kurzen Meßdauer sowie dem geringen Temperaturanstieg im Draht während der Messung. Zur Bestimmung der Wärmeleitfähigkeit von Elektrolyten oder Materialien, die mit dem Platindraht reagieren können, ist dieser mit einem geeigneten chemischen Überzug zu versehen.

Heizdrahtverfahren für Feststoffe Das Heizdrahtverfahren eignet sich auch für schlecht wärmeleitende Feststoffe. Hier zeigt es Vorteile gegenüber dem stationären Plattenverfahren, vornehmlich bei hohen Temperaturen (vgl. DIN 51046, ISO 8894). Es lassen sich Meßunsicherheiten von 5% bis 10% erzielen. Taylor (1974), Parker u. a. (1961).

Man unterscheidet zwischen zwei verschiedenen Heizdrahtanordnungen, der Kreuzdraht- und der Paralleldrahtmethode, Maglić u. a. (1984), Gillam u. a. (1955). Bei der Kreuzdrahtanordnung (Fig. 3.61) sind zwei Drähte aus unterschiedlichen Metallen rechtwinklig zueinander ausgespannt und am Kreuzungspunkt (b) zu einem Thermoele-

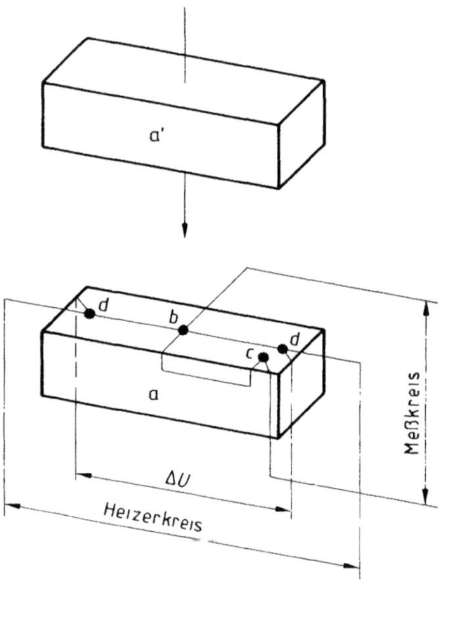

Fig. 3.61
Meßeinrichtung nach dem Kreuzdrahtverfahren (nach Maglić u. a. (1984))
a, a' Proben, b Thermoelement, c Referenz-Thermoelement, d Potentialabgriffe

ment verschweißt. Dieses Kreuz aus dem Heizdraht und dem Meßdraht wird zwischen zwei möglichst gleichartige, quaderförmige Probekörper (a, a′) gelegt, die danach aufeinander gedrückt werden. Zur Verbesserung des Wärmeübergangs einerseits und Verminderung des Strahlungsverlustes andererseits können die Drähte auch in entsprechend geschnittene Nuten in einen der Probekörper eingegossen werden. In der Nähe des Randes der Probekörper befindet sich das Referenz-Thermoelement (c). Zwei Potentialabgriffe (d) am Heizdraht im Abstand l ermöglichen eine genaue Bestimmung des Spannungsabfalls U; ein Amperemeter im selben Stromkreis zeigt den Heizstrom I an (vgl. Fig. 3.62). Die spezifische elektrische Leistung $P' = U \cdot I/l$ des Heizdrahtes sollte möglichst konstant sein. Der vom Heizdraht abgegebene Wärmestrom ($\Phi' = P' = 10$ bis $500\ \mathrm{Wm}^{-1}$) breitet sich in den Proben aus und führt dabei zu einer von der Wärmeleitfähigkeit der Proben abhängigen Temperaturänderung im zentralen Thermoelement des Meßdrahtes. Diese Temperatur wird als Funktion der Zeit beispielsweise mit einem x, t-Schreiber (c) aufgezeichnet und gemäß Gl. (3.58) ausgewertet.

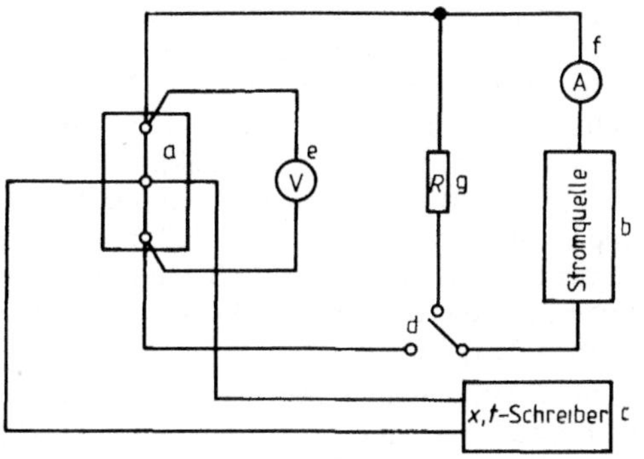

Fig. 3.62 Stromlaufplan zum Kreuzdrahtverfahren
a Probe, b Stromquelle, c x, t-Schreiber, d Schalter, e Voltmeter, f Amperemeter, g Widerstand

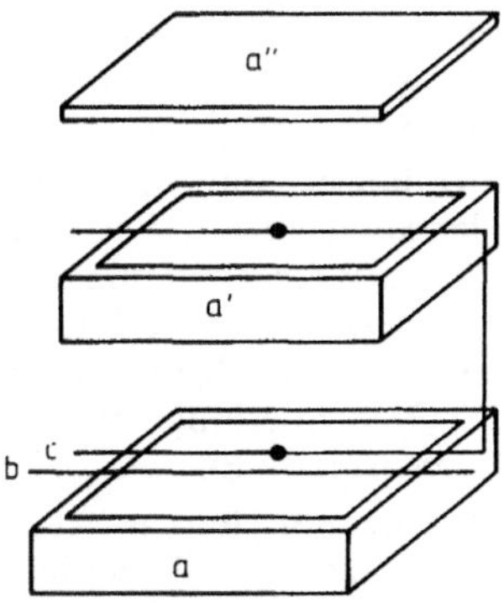

Fig. 3.63 Meßeinrichtung (schematisch) nach dem Paralleldrahtverfahren (nach Maglić u. a. (1984))
a Behälter für pulverförmige Proben mit Rahmen (a′) und Deckel (a″), b Heizdraht, c Meßdraht mit Thermoelement

Fig. 3.63 zeigt die Paralleldrahtanordnung; hier zur Messung an einem Pulver im quaderförmigen Probenbehälter (a) im Rahmen (a′) und Deckel (a″). Der Heizdraht (b) ist wiederum längs der Proben-Mittellinie ausgespannt, der Meßdraht (c) verläuft parallel dazu in einem Abstand von typisch 15 mm. Letzterer bildet in der Mitte ein Thermoelement. Im Gegensatz zur Kreuzdrahtanordnung befindet sich nun das Referenz-Thermoelement nicht am Rand der Probekörper, sondern in einem Eisbad zur Absolutmessung. Die gesuchte Wärmeleitfähigkeit erhält man nach:

$$\lambda = \frac{P'}{4\pi} \cdot \frac{-\mathrm{Ei}\left(\frac{-r^2}{4at}\right)}{T}$$

Hierin bezeichnet „Ei“ das Exponentialintegral, welches als Funktion von $T(t_2)/T(t_1)$ tabelliert vorliegt.

Die Dauer des Experiments richtet sich nach der zu erwartenden Wärmeleitfähigkeit der Probe. Sie liegt im Bereich zwischen 2500 s für $\lambda = 0{,}1\,\mathrm{WK^{-1}m^{-1}}$ und 65 s für $\lambda = 25\,\mathrm{WK^{-1}m^{-1}}$.

Diese beiden Leitfähigkeiten markieren gleichzeitig die Grenzen des Meßbereichs des Heizdrahtverfahrens bei Feststoffen.

Laser-Impuls-Verfahren Alle bisher beschriebenen instationären Verfahren arbeiten mit einem elektrisch betriebenen Hauptheizkörper. Dieser muß zur Wärmeübertragung im direkten mechanischen Kontakt mit dem Probekörper stehen. Beim Laser-Impuls-Verfahren hingegen wird ein von der Probe abgesetzter Laser als Wärmequelle verwendet. Damit entfallen zunächst einige charakteristische Nachteile der anderen Verfahren, wie beispielsweise der thermische Übergangswiderstand zwischen Probe und Wärmequelle (auch der Temperatursprung), Randeffekte an den Enden von Heizdrähten oder -folien, deren nichtverschwindende Wärmekapazität, Strahlungsverluste und Kontamination der Probe. Diese Unzulänglichkeiten können vor allem bei hohen Arbeitstemperaturen zu großen systematischen Meßabweichungen führen, so daß das Laser-Impuls-Verfahren sich vornehmlich zur Untersuchung an feuerfesten Keramiken, Laminaten oder auch dünnen Schichten im Hochtemperaturbereich eignet. Allerdings läßt sich der zur Messung aufgeprägte Wärmestrom nicht ermitteln, so daß mit dem Laser-Impuls-Verfahren nur die Temperaturleitfähigkeit des untersuchten Stoffes bestimmt werden kann. Erst bei bekannter Dichte und spezifischer Wärmekapazität läßt sich die zugehörige Wärmeleitfähigkeit nach Gl. (3.54) errechnen. Aus diesem Grund sind einige kommerzielle Laser-Impuls-Apparaturen so konstruiert, daß mit einem separaten Meßvorgang auch die Wärmekapazität der Probe ermittelt werden kann. Hierzu muß das Gerät allerdings zunächst mit einer Referenzsubstanz kalibriert werden, um die jeweils absorbierte Energie zu bestimmen Maglić u. a. (1984).

Fig. 3.64 zeigt schematisch den Aufbau einer typischen Laser-Impuls-Apparatur. Danach befindet sich die scheibchenförmige Probe (Durchmesser 6 bis 12,7 mm (1/2″), $d = 1$ bis 10 mm) in einem Ofen, den ein Gehäuse dicht umschließt. Dieses ist zur Messung evakuiert oder mit einem Schutzgas gefüllt, um eine Kontamination oder ein schnelles Verdampfen der Probe bei hohen Arbeitstemperaturen zu verhindern. Durch ein Fenster wird ein möglichst gleichförmiger Laserblitz ($\Delta t \approx 500\,\mu\mathrm{s}$) auf die Vorderseite der Probe

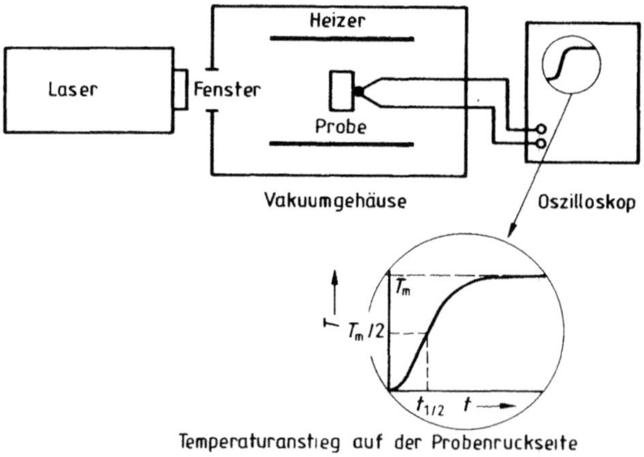

Fig. 3.64
Meßeinrichtung (schematisch) nach dem Laser-Impuls-Verfahren (nach Maglić u. a. (1984))
Ausschnitt: Diagramm eines typischen Temperaturanstiegs der Probenrückseite

fokussiert, wo die eingestrahlte Leistung in einer dünnen Oberflächenschicht absorbiert wird. Die derart erzeugte Wärme breitet sich in der Probe nach allen Richtungen gleichmäßig aus, erreicht aber deren Rückseite noch bevor sie an den Seitenflächen anlangt. An der Rückseite befindet sich ein Thermoelement, das den für die Temperaturleitfähigkeit a des untersuchten Materials charakteristischen Temperaturanstieg mißt. Diese Aufgabe kann bei hohen Temperaturen auch von einem Pyrometer oder einem Infrarot-Detektor wahrgenommen werden. Die gesuchte Temperaturleitfähigkeit bestimmt man aus der Dicke d der Probe und der charakteristischen Zeit $t_{1/2}$. Damit ist diejenige Zeitspanne gemeint, in welcher die Temperatur der rückseitigen Oberfläche die Hälfte ihres Maximalwertes erreicht (vgl. Fig. 3.64):

$$a = C \cdot \frac{d^2}{t_{1/2}}$$

$C = 0{,}1388\ m^2 s^{-1}$ ist eine Konstante. Die „Halbwertszeit" $t_{1/2}$ sollte nach einer Meßdauer von 0,04 bis längstens 0,25 s erreicht sein und Werte zwischen 1 und 5 K zeigen.

Das Laser-Impuls-Verfahren konnte sich in den letzten Jahren zunehmend durchsetzen, einerseits wegen der einfachen Bedienbarkeit, andererseits wegen des weiten Meßbereichs von 10^{-6} bis $10^{-3}\ m^2 s^{-1}$ in einem Temperaturbereich von 80 bis 3300 K. Ferner benötigen die Geräte nur jeweils eine kleine Probe und liefern den Meßwert rechnerunterstützt bereits nach einigen Minuten. Die Meßunsicherheit liegt für die Temperaturleitfähigkeit unter idealen Bedingungen bei etwa 5%, für die Wärmeleitfähigkeit bei 10% bis 15%. Die wesentlichen Meßabweichungen beruhen auf unerwünschten thermischen Effekten des Laser-Impulses auf der Probenoberfläche, die bis hin zu deren Zerstörung führen können sowie auf der im allgemeinen unbekannten Absorptionstiefe des Laser-Blitzes.

3.4.2 **Diffusion** (M. Jescheck)

3.4.2.1 Bestimmungsgleichungen für den Transportkoeffizienten

Die Diffusion beschreibt den Stofftransport. Vorgänge dieser Art befinden sich nicht im thermodynamischen Gleichgewicht, das System geht erst in den Gleichgewichtszustand über, wenn sich die „treibenden Kräfte" abgebaut haben, Jäckle (1978).

Nach dem Prinzip der Erhaltung der Masse kann die Kontinuitätsgleichung mit der orts- und zeitabhängigen Teilchenzahldichte $n_i(\boldsymbol{r}, t)$ und der Teilchenstromdichte $\boldsymbol{j}_i$ in der Form angegeben werden:

$$\frac{\partial n_i(\boldsymbol{r}, t)}{\partial t} + \operatorname{div} \boldsymbol{j}_i = 0. \tag{3.59}$$

Sie gilt für das ruhende Gas (mittlere Teilchengeschwindigkeit $w = 0$) und für jede am Transportvorgang beteiligte Teilchensorte $i = 1, \ldots, k$. Mit der Wahl des lokalen Bezugssystems, in dem die mittlere Teilchengeschwindigkeit verschwindet, ist die Bedingung verknüpft, daß gleichviele Teilchen eine Fläche senkrecht zur Diffusionsrichtung von beiden Seiten passieren müssen, d. h.:

$$\sum_{i=1}^{k} \boldsymbol{j}_i = 0$$

siehe Jost (1960), Jost u. Hauffe (1972), Waldmann (1958), Hirschfelder u. a. (1967).

Die Diffusion läuft im molekularen Maßstab ab und ist in die Statistische Mechanik von Nichtgleichgewichtssystemen einzuordnen. Darauf aufbauend wurden die Transporttheorien für die drei Aggregatzustände mehr oder weniger weit entwickelt. Für die Beschreibung der Diffusion in Gasen steht eine leistungsfähige Theorie zur Verfügung, Hirschfelder u. a. (1967). Sie identifiziert die „treibenden Kräfte", die die Teilchenstromdichte $\boldsymbol{j}_i$ in dem phänomenologischen Ansatz nach Gl. (3.59) erzeugen. Danach gilt für j_i in dem für praktische Untersuchungen üblichen Fall der eindimensionalen Diffusion, in dem die Konzentrationsänderung in einem binären Gemisch ($i = 1, 2$) entlang der Raumachse z beobachtet wird:

$$j_i = -nD_{12}\left[\mathrm{d}z_i + k_T \frac{\partial T}{T\partial z}\right]; \qquad i = 1, 2 \tag{3.60}$$

mit den Abkürzungen

$$\mathrm{d}z_i = \frac{\partial \gamma_i}{\partial z} + \left(\gamma_i - \frac{\varrho_i}{\varrho}\right)\frac{\partial p}{p\partial z} - \frac{\varrho_i}{p}\left(a_z - \sum_{k=1}^{2}\frac{\varrho_k}{\varrho}a_{zk}\right) \tag{3.61}$$

und D_{12} binärer Diffusionskoeffizient, $n = n_1 + n_2$ Gesamtteilchenzahldichte, $\gamma_i = \frac{n_i}{n}$ Molenbruch der Komponente i, k_T Thermodiffusionsverhältnis, a Beschleunigung in einem äußeren Feld entlang der z-Koordinate, p Druck, T Temperatur, ϱ_i Dichte (Dichte der Komponente i).

Die Teilchenzahldichte ($n_i(\boldsymbol{r}, t)$) nach Gl. (3.59) wird, der Reihenfolge der einzelnen Terme in Gl. (3.61) entsprechend, durch einen Gradienten der Zusammensetzung und des Drucks sowie durch die Einwirkung eines äußeren Feldes beeinflußt. Weiterhin erzeugt nach Gl. (3.60) ein Temperaturgradient in einem Gasgemisch einen Diffusionsstrom. Dieses Phänomen, die Thermodiffusion, war bis zu den Arbeiten von Chapman u. Enskog (siehe Hirschfelder u. a. (1967)) theoretisch und experimentell für Gase nicht bekannt. Man begegnet ihm aber auch bei der Untersuchung von Transportvorgängen in Flüssigkeiten (Ludwig-Soret-Effekt) und festen Stoffen, Jost (1960, 1972), Haase (1963).

Obwohl in der vorausgehenden Betrachtung nur vom Gaszustand ausgegangen worden ist, liefert die kinetische Gastheorie all die Größen, die auch den Stofftransport in der kondensierten Phase bestimmen. Die Beziehung steht daher exemplarisch für den Transportvorgang. Sie ist geeignet, die Verfahren zu veranschaulichen, nach denen üblicherweise Diffusionskoeffizienten gemessen werden.

Wird das Experiment so geführt, daß allein der Konzentrationsgradient für die Diffusion bestimmend ist (kein Druckgradient, kein Temperaturgradient, Vernachlässigung des Einflusses eines äußeren Feldes; z. B. die Gravitation), erhält man aus Gl. (3.59) mit Gl. (3.60) das 2. Ficksche Gesetz, das die gewöhnliche Diffusion in einem binären Gemisch beschreibt:

$$\frac{\partial \gamma_i}{\partial t} = D_{12}\frac{\partial^2 \gamma_i}{\partial z^2} \tag{3.62}$$

Es gilt exakt nur für gleichartige Teilchen (mittlere Teilchengeschwindigkeit $w = 0$) und einen Diffusionskoeffizienten D_{12}, der von der Konzentration unabhängig ist, siehe Ljunggren (1967), Kerl u. Jescheck (1983). Die übliche Beschränkung auf die Untersuchung binärer Gemische liegt daran, daß bei fluiden Systemen mit mehr als zwei Komponenten die Diffusion nicht mehr durch einen einzigen Koeffizienten D charakterisiert wird; bei anisotropen Festkörpern ist D ein Tensor zweiter Stufe, siehe Hirschfelder u. a. (1967).

Lösungen der partiellen Differentialgleichung (3.62) für bestimmte Anfangs- und Randbedingungen findet man bei Jost (1960), Crank (1957) und Carslaw u. Jaeger (1959). Sie ist die Basis für die Bestimmung des Diffusionskoeffizienten nach dem nichtstationären Verfahren, bei dem die zeitliche Konzentrationsänderung infolge der Diffusion an einem festen Ort im binären System gemessen wird.

Ein weiteres Verfahren, das bei Untersuchungen kinetischer Phänomene verbreitet ist, nutzt das Prinzip des quasistationären Zustands. Hierbei geht man von der weitestgehend bestätigten Annahme aus, daß der Konzentrationsgradient entlang einer Kapillare, die zwei Gas- oder Flüssigkeitsreservoirs trennt, während der Versuchsdauer annähernd konstant bleibt; er ist selbst aber nicht unabhängig von der Zeit. Für die Teilchenstromdichte erhält man die Beziehung:

$$j_i = A \cdot D_{12} \frac{(n_i - n_i')}{l} \tag{3.63}$$

mit dem Querschnitt A und der Länge l der Kapillare sowie der Teilchendichte n_i und n_i' in den beiden Behältern. Aus der zeitlichen Änderung der Teilchenzahldichte kann der Diffusionskoeffizient bestimmt werden.

Apparaturen für Diffusionsuntersuchungen setzen sich im wesentlichen aus zwei Hauptkomponenten zusammen. Ein Teil, die eigentliche Diffusionszelle, besteht im allgemeinen aus zwei identischen Kammern zur Aufnahme der zu untersuchenden reinen Komponenten oder Gemische. Er muß zur Vermeidung der Thermodiffusion gut thermostatisiert werden, wodurch auch die Temperatur festgelegt wird, die dem Diffusionskoeffizienten zugeordnet werden muß. Um die Durchmischung zu ermöglichen, wird je nach gewähltem Verfahren auf geeignete Weise eine Verbindung zwischen beiden Reservoirs hergestellt.

Der zweite Teil umfaßt die Meßeinrichtung, mit der die Änderung der Zusammensetzung registriert wird. Bei der Auswahl des Analyseverfahrens muß berücksichtigt werden, daß die Unsicherheit des gemessenen Diffusionskoeffizienten maßgeblich durch die Unsicherheit der Gemischanalyse bestimmt wird, Kerl u. Jescheck (1975). In der älteren Literatur ist vorwiegend die integrale Meßtechnik vertreten. Mit zunehmender Entwicklung der Meßmöglichkeiten wird vermehrt die differentielle Messung eingesetzt, die detaillierte Informationen über die örtliche und zeitliche Zusammensetzung des Gemisches liefert. Zur eigentlichen Gemischanalyse werden zahlreiche physikalische Eigenschaften bzw. Verfahren genutzt: Wärmeleitung im Gas, Leitfähigkeit im Elektrolyten, Strahlung radioaktiver Isotope, Lichtbrechung, Absorption des sichtbaren Lichts, Dichtemessung, Massenspektrometrie, Gaschromatographie, akustische, optische Interferometrie, Kerl u. Jescheck (1975), Dunlop u. a. (1972).

Diffusionskoeffizienten liegen bei den fluiden Systemen unter Normalbedingungen im Bereich von

10^{-5} m²/s bis 10^{-4} m²/s für Gase,

10^{-11} m²/s bis 10^{-9} m²/s für Flüssigkeiten.

Die Meßzeiten zur Bestimmung der Diffusionskoeffizienten bewegen sich im Bereich vom Bruchteil einer Stunde bis zu einigen Stunden für Gase und mehreren Stunden bis zu mehreren Tagen für Flüssigkeiten. Diffusionskoeffizienten für Festkörper, die bei unterschiedlichsten Temperaturen ermittelt werden, lassen sich in dieser Form nicht klassifizieren. Zahlenwerte für experimentelle Diffusionskoeffizienten findet man bei Landolt-Börnstein (1969), Blanke (1989), Jost u. Hauffe (1972).

3.4.2.2 Meßmethoden für Gase

Nichtstationäre Methode Die Diffusionszelle bei dem nach Loschmidt (1870) bezeichneten Verfahren besteht aus zwei vertikal angeordneten, identischen Gasbehältern mit rundem oder rechteckigem Querschnitt. Je eine Stirnseite ist offen. Die unverschlossenen Seiten sind einander zugewandt und werden in der Scherebene gegenüber der Umgebung sowie in der Füllstellung zusätzlich gegeneinander abgedichtet. In dieser Stellung werden die Zellenhälften jeweils mit einem reinen Gas oder Gemisch definierter Zusammensetzung gefüllt. Der Druckausgleich zwischen den Zellen wird über eine absperrbare Ausgleichsleitung ermöglicht. Durch Verschieben werden beide Zellenhälften übereinander geschert, so daß die Diffusion beginnen kann.

Bei identischen Zellenhälften und gleicher Anzahl der Teilchen in der unteren und oberen Zellenhälfte vor dem Diffusionsbeginn deckt sich die Referenzebene, auf die der Nettoteilchenstrom bezogen wird, mit der geometrischen Symmetrieebene. Für diese Bezugsebene gilt:

$$\sum_{i=1}^{2} j_i = 0 \qquad \text{(s. o.)}$$

Wegen des Schwerefeldes muß bei diesem Zellentyp das Gas oder Gemisch mit der größeren Dichte in die untere Zellenhälfte eingefüllt werden. Um konvektive Gasströmung zu vermeiden und die Thermodiffusion (siehe Gl.(3.60)) zu unterdrücken, wird die Meßeinrichtung thermostatisiert.

Mit der Wahl des Diffusionsverfahrens sowie der apparativen Abmessungen werden auch die Rand- und Anfangsbedingungen für Gl. (3.62) festgelegt. Damit erhält man als Lösung:

$$\gamma_i(z,t) = \gamma_i(t \to \infty) - \frac{2\Delta\gamma}{l} \sum_{m=0}^{\infty} \frac{1}{a_m} \exp(-a_m D_{12} t) \cdot \sin(a_m z) \tag{3.64}$$

mit γ_i Molenbruch der Komponente i als Funktion des Orts z und der Zeit t, $\gamma_i(t \to \infty)$ Molenbruch der Komponente i nach völliger Durchmischung, $\Delta\gamma_i = \gamma_{iu} - \gamma_{io}$, $\gamma_{iu(o)}$ Molenbruch der Komponente i in der unteren (oberen) Zellenhälfte vor Diffusionsbeginn, l Länge der Zelle entlang der Diffusionsrichtung, $a_m = (2m+1) \cdot \pi/l$ Fourier-Koeffizient, z Ort, an dem das Gasgemisch analysiert wird.

Aus dem am Ort z der Zelle zur Zeit t ermittelten Molenbruch kann der binäre Diffusionskoeffizient durch Iteration nach Gl. (3.64) berechnet werden. Die Reihe konvergiert gut. Daher sind häufig nur wenige Schritte nötig, um die gewünschte Genauigkeit zu erreichen.

In den Anfängen dieses nichtstationären Verfahrens wurde die Diffusion nach einer gewissen Zeit durch Trennen der Zellenhälften abgebrochen und die Zusammensetzung des Gemisches für die gesamte Zellenhälfte ermittelt (integrale Meßtechnik). Der daraus berechnete Diffusionskoeffizient mußte einer mittleren Konzentration zugeordnet werden, Loschmidt (1870). Bei der punktförmigen Gasanalyse an einem festen Ort wird der Diffusionsverlauf dagegen kontinuierlich registriert (differentielle Meßtechnik). Durch diesen Informationsgewinn kann sogar, ausgehend von reinen Komponenten, die Konzentrationsabhängigkeit des Diffusionskoeffizienten ermittelt werden, die nach der kinetischen Gastheorie bis zu 6% des Selbstdiffusionskoeffizienten (D_{12} für $\gamma_{1,2} \to 0$) betragen kann, Ljunggren (1967), Kerl u. Jescheck (1983), Boyd u. a. (1951).

Die Leistungsfähigkeit des nichtstationären Verfahrens mit der Loschmidtschen Scherenzelle hängt von der Meßunsicherheit der Gasanalyse ab. Wird zur Gemischanalyse ein optisches Interferometer eingesetzt, sollte sich der Diffusionskoeffizient mit einer Unsicherheit $<1\%$ bestimmen lassen.

Quasistationäre Methode Die Diffusionszelle bei diesem erstmals von Fick (1855) eingesetzten Verfahren besteht im wesentlichen aus zwei Glas- oder Metallgefäßen, die durch eine Kapillare verbunden sind. Seit der Wiederbelebung dieser Versuchsanordnung durch Ney u. Armistead (1947) und erneut durch van Heijnigen u. a. (1966) wird die quasistationäre Methode als Zweikammer-Verfahren bezeichnet. Es eignet sich besonders für Diffusionsversuche in einem großen Temperaturbereich, da der für die Untersuchung entscheidende Teil der Apparatur ganz aus starren Verbindungen gefertigt werden kann. Bei der Auswahl der Kapillare muß berücksichtigt werden, daß die mittlere freie Weglänge der Teilchen, die vom Druck und der Temperatur abhängt, viel kleiner als der Durchmesser der Kapillare sein muß. Nur dann ist gewährleistet, daß die charakteristische Wechselwirkung der Teilchen untereinander für den Transportvorgang bestimmend ist und die Wechselwirkung der Teilchen mit der Kapillarwand vernachlässigt werden kann.

Aus Gl. (3.63) folgt für die zeitliche Änderung des linearen Konzentrationsgradienten entlang der Kapillare:

$$V_1 \frac{\mathrm{d}c_1}{\mathrm{d}t} = -D_{12}\frac{A}{l}(c_1 - c_2) = -V_2\frac{\mathrm{d}c_2}{\mathrm{d}t} \tag{3.65}$$

Mit der anfänglichen Stoffmengenkonzentration c_i^0 in dem Gefäß i mit dem Volumen V_i sowie der Stoffmengenkonzentration c^∞ nach der vollständigen Durchmischung im gesamten Volumen V der Diffusionszelle erhält man für den zeitlichen Konzentrationsverlauf der Komponente i in dem korrespondierenden Zellenteil:

$$c_i(t) - c^\infty = (c_i^0 - c^\infty) \cdot \exp(-\beta D_{12} t) \tag{3.66}$$

mit $\beta = \frac{A}{l} V / \sum_{i=1}^{2} V_i$, A und l Querschnitt und Länge der Kapillare, V und V_i Gesamtvolumen und Teilvolumina der Diffusionszelle.

Als problematisch erweist sich bei der Zweigefäßmethode die exakte Bestimmung der Gefäßvolumina und des Kapillarvolumens der zumeist aus Glas gefertigen Zellen. Zudem ist einem elektrischen Analogon zufolge die geometrische Länge der Kapillare durch eine effektive Länge zu ersetzen. Trotz dieser prinzipbedingten Unzulänglichkeiten kann der apparatespezifische Parameter β hinreichend genau berechnet werden, so daß bereits Ney u. Armistead (1947) den binären Diffusionskoeffizienten mit einer Unsicherheit von $\sim 3\%$ ermittelt haben. van Heijnigen u. a. (1966), die die Konzentrationsänderung mit einem Katharometer in einem der Gefäße verfolgt haben, geben für ihre Messungen eine Unsicherheit von 1% an.

3.4.2.3 Thermodiffusion in Gasen

Nach der kinetischen Gastheorie hängt die örtliche und zeitliche Verteilung der Teilchen eines Gemisches auch von der örtlichen und zeitlichen Temperaturverteilung ab (Gl. (3.60)). Zur Untersuchung dieses Thermodiffusionseffektes eignet sich das Zweikammer-Verfahren (s. o.). Die Gefäße werden für diese Versuche allerdings übereinander angeordnet. Sie können unabhängig voneinander thermostatisiert werden, um das für die Entmischung der Komponenten erforderliche Temperaturgefälle zu erzeugen, Waldmann (1958), Jost (1960), Jost u. Hauffe (1972), Haase (1963), Hirschfelder u. a. (1967).

Der Zerlegung des Gemisches in seine Komponenten $i=1,2$ wirkt die gewöhnliche Diffusion (Diffusion aufgrund eines Konzentrationsgradienten) in dem Maße entgegen, wie der Konzentrationsgradient ausgebildet wird. Es stellt sich schließlich ein Gleichgewichtszustand ein, der in Gasen nach einigen Stunden erreicht worden ist.

Unter der Bedingung, daß kein äußeres Feld auf das System wirkt und der Druck ausgeglichen ist (siehe Gl. (3.61)), folgt nach Gl. (3.60) im stationären Zustand für die temperaturabhängige Konzentrationsverteilung der Komponente i:

$$\frac{\mathrm{d}\gamma_i}{\mathrm{d}T} = \alpha\gamma_1(1-\gamma_1)\frac{1}{T} \tag{3.67}$$

Anstelle des Thermodiffusionverhältnisses $k_T=f(T)$ aus Gl. (3.60) dessen starke Temperaturabhängigkeit nicht bekannt ist, werden Lösungsmöglichkeiten für den Thermodiffusionsfaktor $\alpha=k_T/\gamma_i\ (1-\gamma_i)$ gesucht, der wesentlich weniger von der Temperatur abhängt als k_T. Mit geeigneten Annahmen für $\alpha=f(T)$, die im Falle der Thermodiffusion in Isotopengemischen auch theoretisch begründbar sind, erhält man im Bereich der vorgegebenen Kammertemperaturen T_1, T_2 mit den korrespondierenden Molenbrüchen γ_1, γ_2 aus Gl. (3.67):

$$\ln\left[\frac{\gamma_1}{1-\gamma_1}\cdot\frac{1-\gamma_2}{\gamma_2}\right] = \bar{\alpha}(\bar{T})\ln\left(\frac{T_2}{T_1}\right) \tag{3.68}$$

Der Thermodiffusionsfaktor $\bar{\alpha}$ wird dem mittleren Molenbruch $\bar{\gamma}=(\gamma_1+\gamma_2)/2$ und der mittleren Temperatur $\bar{T}=T_1\cdot T_2/(T_2-T_1)\cdot\ln(T_2/T_1)$ zugeordnet. Er ist dennoch hinreichend charakterisiert, da das Trennvermögen in Gasen gering ist ($0{,}01<\alpha<1$; bei $p=1$ bar und Unsicherheiten im Bereich von 2% bis 5%). Mason u. a. (1966), Saxena u. Mason (1959), Waldmann u. a. (1958).

Im technischen Maßstab wurde der Thermodiffusionseffekt nennenswert zur Isotopentrennung genutzt, nachdem Clusius u. Dickel (1939) das Thermodiffusionsrohr entwickelt hatten.

3.4.2.4 Meßmethoden für Flüssigkeiten

Nichtstationäre Methode Den Stofftransport in Flüssigkeiten und Gasen bewirken die gleichen „treibenden Kräfte". Daher müssen zur Untersuchung der gewöhnlichen Diffusion in Flüssigkeiten die gleichen experimentellen Randbedingungen eingehalten werden, wie bei der Diffusion in Gasen (vgl. 3.4.2.1), um die Thermo-, Druckdiffusion sowie den Einfluß eines äußeren Feldes auszuschalten.

Als Diffusionszellen werden modifizierte Scherenzellen eingesetzt (vgl. 3.4.2.2), Harned u. French (1945), Harned (1947), Robinson u. Stokes (1965). In diesem experimentellen Rahmen und entsprechenden Anfangs- sowie Randbedingungen erhält man für das 2. Ficksche Gesetz (Gl. (3.62)) Lösungen in der Form der Gl. (3.64). Wegen der geringen Teilchendiffusionsgeschwindigkeit in Flüssigkeiten erreicht die diffundierende Komponente während der Beobachtungszeit häufig nicht das Zellenende. Man spricht dann von einem in Diffusionsrichtung unendlich ausgedehnten System (Zylinder mit rundem oder rechteckigem Querschnitt). In diesem Fall nimmt die Lösung der Gl. (3.60) für die Versuchanordnung mit der anfänglichen Verteilung der Stoffmengenkonzentration in den Zellenhälften ($t=0$) von $c_i = c^{\circ}$ für $z<0$; $c_i=0$ für $z>0$ die Form an:

$$c_i(z,t) = \frac{c^{\circ}}{2}\left[1 - \operatorname{erf}\left(\frac{z}{2(D_{12}t)^{1/2}}\right)\right] \tag{3.69}$$

Crank (1957), Jost u. Hauffe (1972).

Aus der an einem festen Ort z der Zelle zur Zeit t bestimmten Stoffmengenkonzentration $c_i(z,t)$ (differentielle Meßtechnik) ermittelt man den binären Diffusionskoeffizienten D_{12} aus dem Argument $x = z/(4D_{12}t)^{1/2}$ des Gaußschen Fehlerintegrals erf (x), das für hinreichend kleine Schrittweiten in x berechnet worden ist. Tabellen findet man z. B. bei Carslaw u. Jaeger (1959).

In den vorausgegangenen Ausführungen wurde der Diffusionskoeffizient als konstanter Proportionalitätsfaktor betrachtet. Um Diffusionsexperimente in Flüssigkeiten genauer beschreiben zu können, muß diese Approximation aufgegeben werden und eine Lösung für das 2. Ficksche Gesetz mit konzentrationsabhängigem Koeffizienten $D_{12} = f[\gamma_i(z,t)]$ gesucht werden, Fujita (1954):

$$\frac{\partial \gamma_i}{\partial t} = \frac{\partial}{\partial z}\left(D_{12}\frac{\partial \gamma_i}{\partial z}\right)$$

Da die analytische Form für $D_{12} = f(\gamma_i)$ nicht bekannt ist, muß D_{12} durch eine geeignete Reihenentwicklung dargestellt werden. Solch ein Ansatz erlaubt, den mathematischen Aufwand zu steuern, weil die Anzahl der Reihenglieder auf die gewünschte Genauigkeit abgestimmt werden kann.

Ebenso wie bei Gasen hängt die Aussagekraft des experimentell ermittelten Diffusionskoeffizienten auch bei Flüssigkeiten im wesentlichen von dem gewählten Analyseverfahren ab. Harned (1947) hat z. B. kontinuierlich die zeitliche Änderung der Zusammensetzung über die Leitfähigkeit bestimmt. Als Meßunsicherheit gibt er 0,1% bis 0,3% an. Beim Einsatz eines optischen Interferometers in Verbindung mit der nichtstationären Methode lassen sich Unsicherheiten von ~0,1% erzielen, Dunlop u. a. (1972).

Quasistationäre Methode Die Apparaturen für Diffusionsexperimente mit Flüssigkeiten bestehen aus zwei übereinander angeordneten Glas- oder Metallbehältern (vgl. **3**.4.2.2 und **3**.4.2.3). Die etwa 100 cm^3 fassenden Kammern werden entweder durch eine Kapillare der Länge l oder eine poröse Membran der Dicke l verbunden, Northrup u. Anson (1929). Die Trennung der Komponenten durch ein Diaphragma ist bei der Flüssigkeitsdiffusion weit verbreitet, Gordon (1945), Stokes (1950a, b). Aufgrund des kompakten Aufbaus ohne bewegliche Teile eignet sich diese modifizierte Zweigefäß-Methode – auch Diaphragmenmethode genannt – ebenfalls für Untersuchungen in einem großen Temperaturbereich (vgl. **3**.4.2.2). Als poröse Membran wird eine 2 bis 5 mm dicke Scheibe aus gesintertem Glas, Metall oder Keramik mit Porenweiten von 1 bis 10 µm eingesetzt.

Zur Vorbereitung des Experiments wird das Diaphragma mit der schweren Komponente (Flüssigkeitsgemisch oder Lösung) aus der unteren Zellenhälfte geflutet. Dabei ist darauf zu achten, daß die poröse Membran keine Gasreste enthält. Nach dem Einfüllen der leichteren Komponente in die obere Zellenhälfte stellt sich im Diaphragma ein quasistationäres Konzentrationsgefälle mit einer für das untersuchte System chrakteristischen Anlaufzeit von $\Delta t \approx 1{,}2\, l^2/D_{12}$ ein. Die Bedingung der Quasistationarität verlangt, daß in den Kammern homogene Mischungen vorliegen. Die Lösungen in den Gefäßen müssen daher gerührt werden. Nur so ist gewährleistet, daß die das Diaphragma verlassenden Teilchen gleichmäßig in den Kammern verteilt werden. Aufgrund der Trennung der Gefäße durch eine poröse Membran kann der apparatespezifische Parameter β (vgl. Gl. (3.66)) nicht mehr aus den geometrischen Abmessungen der Apparatur ermittelt werden. Die modifizierte Zweigefäßmethode wird dadurch zu einer relativen Meßmethode. Der Parameter β muß nun über eine Kalibrierung der Anlage mit binären Gemischen bestimmt werden, deren Diffusionskoeffizienten sehr genau bekannt sind, Harned (1953). Harris u. a. (1970), die unterschiedliche Kalibriersysteme eingesetzt haben, fanden bis auf 0,1% übereinstimmende Werte für die Apparatekonstante β.

Aus Gl. (3.66) folgt unmittelbar die Bestimmungsgleichung für den binären Diffusionskoeffizienten:

$$\bar{D} = \frac{1}{\bar{c}_2 - \bar{c}_1} \int_{c_1}^{c_2} D \, \mathrm{d}c = \frac{1}{\beta t} \ln \left(\frac{c_1^{\mathrm{o}} - c_2^{\mathrm{o}}}{c_1 - c_2} \right)$$

mit den mittleren Stoffmengenkonzentrationen

$$\bar{c}_1 = \frac{c_1(t=0) - c_1(t)}{2} \quad \text{und} \quad \bar{c}_2 = \frac{c_2(t=0) - c_2(t)}{2}$$

Der direkt aus dem Konzentrationsunterschied in den Zellenhälften 1 und 2 während der Beobachtungszeit t berechnete Diffusionskoeffizient $\bar{D}$ stellt einen über die Zeit t und die Konzentration gemittelten Wert dar, der mit dem differentiellen Diffusionskoeffizienten erst identifiziert werden kann, wenn die Funktion $D = \mathrm{f}(c)$ bekannt ist, Gordon (1945).

Trotz der relativen Meßmethode und der Mittelung werden Diffusionskoeffizienten mit Unsicherheiten von 1% bis 5% bestimmt, Dunlop u. a. (1972). Die Leistungsfähigkeit hängt hier entschieden an dem Verfahren für die Gemischanalyse, da die Experimente im allgemeinen mit Gemischen ähnlicher Zusammensetzung durchgeführt werden.

3.4.2.5 Meßmethoden für Festkörper

Der Stofftransport in Festkörpern kann ebenfalls mit einem phänomenologischen Ansatz beschrieben werden. Wegen der möglichen Anisotropie und der nicht unabhängigen Diffusionsgeschwindigkeit gilt in einem kartesischen Koordinatensystem zwischen der Teilchenstromdichte $j_{\mu=x,y,z}$ und dem Konzentrationsgradienten $\partial c/\partial \mu$ für ein binäres System die folgende Beziehung:

$$\begin{pmatrix} j_x \\ j_y \\ j_z \end{pmatrix} = \begin{pmatrix} D_{xx} D_{xy} D_{xz} \\ D_{yx} D_{yy} D_{yz} \\ D_{zx} D_{zy} D_{zz} \end{pmatrix} \begin{pmatrix} \frac{\partial c}{\partial x} \\ \frac{\partial c}{\partial y} \\ \frac{\partial c}{\partial z} \end{pmatrix}$$

Im Falle eines isotropen Systems bleiben nur die Diagonalelemente des Diffusions-Tensors erhalten und $D = D_{xx} = D_{yy} = D_{zz}$ wird als der Diffusionskoeffizient in diesem System bezeichnet. Die Vielzahl möglicher Diffusionsvorgänge in der festen Phase erfordert unterschiedlichste Methoden, um die Diffusionsgeschwindigkeiten der wandernden Teilchen mit zweckmäßigen Auswerteverfahren experimentell zu ermitteln. Bevorzugt werden Transportvorgänge an Einkristallen studiert, da dann relativ definierte Bedingungen vorliegen, Jost u. Hauffe (1972), Dunlop u. a. (1972).

Zur Untersuchung der Diffusion in Metallen beispielsweise preßt, walzt oder schweißt man die plangeschliffenen Flächen zweier Probestücke aufeinander, wobei eventuell entstehende Spannungen durch Glühen beseitigt werden müssen. Auch durch elektrolytische Abscheidung, Aufdampfen im Vakuum und dergleichen kann die zweite Komponente auf die erste gebracht werden. Nachdem die Proben bei erhöhter Temperatur lange genug im Kontakt miteinander waren, zerlegt man sie senkrecht zur Diffusionsrichtung in mehrere Schichten, z. B. durch Abdrehen auf einer Präzisionsdrehbank, Schleifen, Schneiden oder chemisches Auflösen. Für die Analyse der einzelnen Schichten stehen chemische, röntgenographische, spektroskopische, metallographische Methoden oder bei Verwendung radioaktiver Elemente Strahlungsmessungen zur Verfügung.

Aus dem so ermitteltenKonzentrationsprofil kann im Prinzip der Diffusionskoeffizient nach Gl. (3.69) bestimmt werden. Es muß hierbei jedoch berücksichtigt werden, daß zweckmäßigerweise ein anderes Bezugssystem gewählt wird, weil sich die Ebene, gegenüber der die Bedingung

$$\sum_{i=1}^{k} \boldsymbol{j}_i = 0$$

erfüllt sein muß (s. 3.4.2.1), während der Beobachtungszeit im allgemeinen relativ zu der anfänglichen Trennfläche zwischen beiden Probekörpern bewegt, Smigelskas u. Kirkendall (1947), Matano (1933), Dunlop u. a. (1972).

Literatur zu 3.4

ASTM C 201 (1986): Prüfung der Wärmeleitfähigkeit von feuerfesten Stoffen

Baur, H. (1984): Einführung in die Thermodynamik der irreversiblen Prozesse. Darmstadt: Wissenschaftliche Buchgesellschaft

Berman, R. (1951): The thermal conductivity of some dielectric solids at low temperatures. Proc. Roy. Soc. (A) **208,** 90

Blanke, W. (Hrsg.) (1989): Thermophysikalische Stoffgrößen. Berlin: Springer

Bode, K.-H.; Fritz, W. (1958): Eine neue Apparatur zur Messung der Wärmeleitfähigkeit von Metallen. Z. angew. Phys. **10,** 470

Bode, K.-H. (1980): Wärmeleitfähigkeitsmessungen mit dem Plattengerät; Einfluß der Schutzringbreite auf die Meßunsicherheit. Int. J. Heat Mass Transfer **23,** 961

Boyd, C. A.; Stein, N. et al. (1951): An Interferometric Method of Determining Diffusion Coefficients on Gaseous Systems. J. Chem. Phys. **19,** 548–553

Carslaw, H. S.; Jaeger, J. C. (1959): Conduction of heat in solids. London: Oxford University Press

Chapman, A. J. (1967): Heat Transfer. New York: Macmillan

Childs, G. E.; Ericks, L. J.; Powell, R. L. (1973): Thermal Conductivity of Solids at Room Temperature and below. NBS Monograph **131,** Boulder

Chow, C. S. (1948): The Thermal Conductivity of some Insulatin Materials at low Temperatures. Proc. Phys. Soc. **61,** 206

Clusius, K.; Dickel, G. (1939): Das Trennrohr. I. Grundlagen eines neuen Verfahrens zur Gasentmischung und Isotopentrennung durch Thermodiffusion. II. Trennung der Chlorisotope. Z. Phys. Chem. **B44,** 397–450 u. 451–473

Crank, J. (1957): The Mathematics of Diffusion. London: Oxford University Press

DIN 1341 (1986): Wärmeübertragung. Berlin, Köln: Beuth

DIN 51046, Teil 1 (1976): Prüfung keramischer Roh- und Werkstoffe; Bestimmung der Wärmeleitfähigkeit bei Temperaturen bis 1600°C nach dem Heißdraht-Verfahren. Berlin, Köln: Beuth

DIN 51908 (1984): Prüfung von Kohlenstoffmaterialien; Bestimmung der Wärmeleitfähigkeit bei Raumtemperatur nach einem Vergleichsverfahren. Berlin, Köln: Beuth

DIN 52612, Teil 1-3 (1979, 1984): Wärmeschutztechnische Prüfungen; Bestimmung der Wärmeleitfähigkeit mit dem Plattengerät. Berlin, Köln: Beuth

DIN 52613 (1977): Wärmeschutztechnische Prüfungen; Bestimmung der Wärmeleitfähigkeit nach dem Rohrverfahren. Berlin, Köln: Beuth

Dunlop, P. J.; Steel, B. J.; Lane, J. E. (1972): Experimental Methods of Studying Diffusion in Liquids, Gases, and Solids. In: Weisberger, A.; Rossiter, B. W. (eds.): Physical Methods of Chemistry, Part IV: Determination of Mass, Transport, and Electrical-Magnetic Properties. New York: Wiley

Ebert, H. (1976): Physikalisches Taschenbuch, 5. Aufl., Abschnitt Wärmeleitung (Fritz, W.). Braunschweig: Vieweg

Eucken, A.; Schröder, E. (1939): Das Wärmeleitvermögen einiger verfestigter Flüssigkeiten und Gase. Ann. Phys. (5) **36**, 609

Fick, A. (1855): Pogg. Ann. **94**, 59

Flynn, D. R.; Tye, R. P. (Hrsg.) (1969): Thermal Conductivity 1. New York: Academic Press

Flynn, D. R. (1963): A radial-flow apparatus for determining the thermal conductivity of loose-fill insulations to high temperatures. J. Res. NBS **67C**, 129

Fritz, W.; Bode, K.-H. (1960). Ein einfaches Relativverfahren zur Messung der Wärmeleitfähigkeit kleiner Metallproben. Z. angew. Phys. **12**, 121

Fritz, W.; Bode, K.-H. (1965): Zur Bestimmung der Wärmeleitfähigkeit fester Stoffe. Chem.-Ing. Tech. **37**, 1118

Fujita, H. (1954): The Analytical Solution of the Fick Equation with a Concentration Dependent Diffusion Coefficient in one Dimension Havin Infinite Vessels Limits. J. Colloid Sci. **9**, 269–280

Gillam, D. B.; Rombén, L.; Nissen, H. E.; Lamm, O. (1955): Accurate Determination of Thermal Conductivities. Acta Chem. Scandinavica **9**, 641

Golde, H. (1965): Absolutapparatur zur Bestimmung der Wärmeleitfähigkeit von Metallen im Temperaturbereich von 20 bis 600°C. Feingerätetech. **14**, 541

Gordon, A. R. (1945): The Diaphragm Cell Method of Measuring Diffusion. Ann. N.Y. Acad. Sci. **46**, 285–308

Haase, R. (1963): Thermodynamik der irreversiblen Prozesse. Darmstadt: Steinkopff

Hammerschmidt, U. (1991): Die Wärmeleitfähigkeit von Monochlordifluormethan (R22), Dichlortrifluorethan (R123) und Difluorethan (R152a) im Temperaturbereich von 30 bis 190°C bei Atmosphärendruck. PTB-Mitt. **101**, 95

Harned, H. S. (1947): The Quantitative Aspect of Diffusion in Electrolyte Solutions. Chem. Rev. **40**, 461–522

Harned, H. S. (1953): Diffusion Coefficients of Electrolytes in Dilute Aqueous Solutions. Natl. Bur. Standards Circ. No. **524**, 69–79

Harned, H. S.; French, D. M. (1945): A Conduction Method for the Determination of the Diffusion Coefficients of Electrolytes. Ann. N. Y. Acad. Sci. **46**, 267–284

Harris, K. R.; Pua, C.; Dunlop, P. J. (1970): Mutual and Tracer Diffusion Coefficients and Frictional Coefficients for the Systems Benzene-Chlorobenzene, Benzene-n-Hexane, and Benzene-n-Heptane at 25°C. J. Phys. Chem. **74**, 3518

Hirschfelder, J. O.; Curtiss, Ch. F.; Bird, R. B. (1967): Molecular Theory of Gases and Liquids. 4th ed. New York: Wiley

Hust, J. G.; Powell, R. L.; Weitzel, D. (1970): J. Res. NBS. **74A**, 673

Ingersoll, L. R.; Zobel, O. J.; Ingersoll, A. C. (1948): Heat Conduction. New York: McGraw-Hill

ISO 2582 (1978): Kork und Korkprodukte; Heizplattenmethode

ISO 7345 (1987): Thermal insulation; Physical quantities and definitions

ISO 8302 (1991): Wärmeschutz; Bestimmung des stationären Wärmedurchlaßwiderstandes und verwandter Eigenschaften; Verfahren mit dem Plattengerät

ISO 8497 (1988): Wärmeschutz; Bestimmung der stationären Wärmedurchgangseigenschaften von Wärmedämmungen für Rohre

ISO 8894, Teil 1 (1987): Feuerfeste keramische Werkstoffe; Bestimmung der Wärmeleitfähigkeit; Heißdraht-Methode (Kreuz-Verfahren)

ISO 8894, Teil 2 (1990): Feuerfeste keramische Werkstoffe; Bestimmung der thermischen Leitfähigkeit; Heißdraht-Methode (parallel)

Jäckle, J. (1978): Einführung in die Transporttheorie. Brauschweig: Vieweg

Jackson, A. J.; Adams, J.; Miller, R. C. (1978): ASTM Spec. Tech. Publ. 660, 154

Jaeger, W.; Diesselhorst, H. (1900): Wärmeleitung und Elektrizitätsleitung einiger Metalle. Wiss. Abh. Phys.-Techn. Reichsanstalt **3**, 273

Jakob, M. (1950): Heat Transfer Bd. I. New York: Wiley

Jamieson, D. T.; Irving, J. B.; Tudhope, J. S. (1975): Liquid Thermal Conductivity (a Survey to 1973). NEL Edinburgh

Jost, W. (1960): Diffusion in Solids, Liquids, Gases. 3rd printing, New York: Academic Press

Jost, W.; Hauffe, K. (1972): Diffusion, Methoden der Messung und Auswertung. 2. Aufl., Darmstadt: Steinkopff

Kannuluik, W. G.; Martin, L. H. (1933): Conduction of heat in powders. Proc. Roy. Soc. (A) **141**, 144

Kerl, K.; Jescheck, M. (1975): Bestimmung von Wechselwirkungsparametern aus Diffusionsmessungen an binären Gasgemischen. II. Zur Genauigkeit von Diffusionsmeßverfahren. Z. f. Phys. Chem. NF **97,** 127–138

Kerl, K.; Jescheck, M. (1983): Perturbation Solution of the Diffusion Equation in the Case of Mutual Non-stationary Isochoric and Isothermal Diffusion of Two Real Gases. Int. J. Heat Mass Transfer **26(2),** 211–229

Kestin, J.; Wakeham, W. A.; Ho, C. Y. (Hrsg.) (1988): CINDAS Data Series on Material Properties, Vol. I-1. New York: Hemisphere

Kohlrausch, F. (1900): Sitz. Berlin. Akad. **38,** 711

Kuster, W.; Bode, K. H.; Fritz, W. (1968): Beitrag zur Messung der Wärmeleitfähigkeit von Metallen im Bereich von 0 bis 500°C. Wärme- und Stoffübertragung **1,** 129

Landolt, K.; Börnstein, R. (1969): Zahlenwerte und Funktionen aus Physik, Chemie, Astronomie, Geophysik und Technik. 6. Aufl., Bd. 2.5 A. Transportphänomene I, Viskosität und Diffusion. Berlin: Springer

Landolt, K.; Börnstein, R. (1968): Zahlenwerte und Funktionen. 6. Aufl. Bd. II/5b Wärmeleitfähigkeit; sowie (1972) Bd. IV/4b Wärmeleitfähigkeit technisch wichtiger Stoffe. Berlin: Springer

Landolt, K.; Börnstein, R. (1982): Zahlenwerte und Funktionen. Neue Serie. Gruppe 1. Band 5. Teil b. Berlin: Springer

Ljunggren, S. (1967): The Diffusion of Uranium Hexafluoride. Arkiv för Kemi **24(1),** 1–46

Loschmidt, J. (1870): Experimentelle Untersuchungen über die Diffusion von Gasen ohne poröse Scheidewände. Ber. Akad. Wiss. Wien **61(2),** 468

Maglić, K. D.; Cezairliyan, A.; Peletsky, V. E. (Hrsg.) (1984): Compendium of Thermophysical Property Measurement Methods. New York: Plenum

Mason, E. A.; Munn, R. J.; Smith, F. J. (1966): Thermal Diffusion in Gases. Adv. Atomic a. Molec. Phys. **2,** 33–91

Matano, C. (1933): The Relation between the Diffusion Coefficients and Concentrations of the Solid Metals (the Nickel-Copper System). Japan J. Phys. **8,** 109–113

Mittenbühler, A. (1962): Bestimmung der Wärmeleitfähigkeit von feuerfesten Stoffen nach der Heißdrahtmethode. Ber. D. Keram. Ges. **39,** 387

Moeller, C. E. (1970): Outward and inward radial heat flow apparatus for operation to 2800 K. Report 9. Conf. on the Thermal Conductivity, Iowa. Springfield: Nat. Bur. Stand.

Mostert, R.; van der Berg, H. R.; van der Gulik, P. S. (1989): Int. J. Thermophys. **10,** 409

Müller, I. (1973): Thermodynamik. Grundlagen der Materialtheorie. Dusseldorf: Bertelsmann

Ney, E. P.; Armistead, F. C. (1947): The Self-Diffusion Coefficient of Uranium Hexafluoride. Phys. Rev. **71,** 14–19

Northrup, J. H.; Anson, M. L. (1929): A Method for the Determination of the Diffusion Constants and the Calculation of the Radius and Weight of the Hemoglobin Molecule. J. Gen. Physiol. **12,** 543–554

Nusselt, W. (1909): Die Wärmeleitfähigkeit von Isoliermitteln. VDI-Forsch.-Heft, 63–64

Parker, W. J.; Jenkins, R. J.; Butler, C. P.; Abbott, G. L. (1961): Flash Method of Determining Thermal Diffusivity, Heat Capacity and Thermal Conductivity. J. Appl. Phys. **32,** 1679

Powell, R. W.; DeWitt, D. P.; Nalbantyan, M. (1967): AFML-TR-67-241, Wright-Patterson Air Force Base

Rechowicz, M.; Ashworth, T.; Steeple, H. (1969): Measurement of Thermal Conductivity at low Temperatures. Cryogenics **9,** 58

Robinson, R. A.; Stokes, R. H. (1965): Electrolyte Solutions. 3rd ed. London: Butterworths

Saxena, S. C.; Mason, E. A. (1959): Thermal Diffusion and the Rate of Approach to the Steady State in Gases. Molec. Phys. **2,** 379–396

Smigelskas, A. D.; Kirkendall, E. O. (1947): Zinc Diffusion in α-Brass, Am. Inst. Mining Met. Engrs., Inst. Metals Div., Metals Technol. 13, 7, Techn. Publ. No. **2071,** 5 pp

Stokes, R. H. (1950a): An Improved Diaphragm-Cell for Diffusion Studies and Some Tests of the Method. J. Am. Chem. Soc. **72,** 763–767

Stokes, R. H. (1950b): The Diffusion Coefficients of Eight-Uni-Univalent Electrolytes in Aqueous Solution at 25°C. J. Am. Chem. Soc. **72,** 2243–2247

Straumann, W. (1960): Ein instationäres Verfahren zur Messung der Wärmeleitfähigkeit von Flüssigkeiten und Gasen. Diss. ETH Zürich

Tauscher, W. (1968): Messung der Wärmeleitfähigkeit flussiger Kältemittel mit einem instationären Heizdrahtverfahren. Wärme- und Stoffübertrag. **1,** 140

Taylor, R. E. (1974): Critical Evaluation of Flash Method for Measuring Thermal Diffusivity. IV. Conf. Europ. sur les Propriétés thermophysiques des Solides (Orléans). Paris: Masson

Touloukian, Y. S. et al.; (1970/1973): Thermophysical Properties of Matter (TPRC Data Series). Vol. 1 and 2 Heat Conductivity; Vol. 10 Thermo-Diffusivity. New York

van Heijningen, R. J. J.; Feberwee, A.; van Oosten, A.; Beenakker, J. J. M. (1966): Determination of the Diffusion Coefficient of the System N_2-H_2. Physica **32,** 1649–1662

van Dusen, M. S.; Shelton, S. M. (1934): Apparatus for Measuring Thermal Conductivity of Metals up to 600°C. J. Res. NBS **12,** 429

Waldmann, L. (1958): Transporterscheinungen in Gasen von mittlerem Druck. In: Flügge, S.: Handbuch der Physik, Bd. XII, Thermodynamik der Gase. Berlin: Springer

3.5 Gesamtemissionsgrad (J. Lohrengel)

Bei der Wärmeübertragung wird der durch Strahlung übertragene Anteil durch die spezifischen Ausstrahlungen der am Strahlungsaustausch beteiligten Oberflächen bestimmt. Für eine schwarze Oberfläche ist die spezifische Ausstrahlung M_s durch die Stefan-Boltzmann-Gleichung gegeben.

$$M_s = \sigma T^4 \quad \text{mit} \quad \sigma = 5{,}67051 \cdot 10^{-8}\,\mathrm{W\,m^{-2}\,K^{-4}}$$

Für nichtschwarze Oberflächen ist die Stefan-Boltzmann-Gleichung für schwarze Oberflächen mit dem hemisphärischen Gesamtemissionsgrad $\varepsilon_{\bigcirc}(T)$ zu multiplizieren. Er ist als Verhältnis der spezifischen Ausstrahlung einer realen Oberfläche $M(T)$ zur spezifischen Ausstrahlung einer schwarzen Oberfläche $M_s(T)$ bei gleicher Temperatur definiert, vgl. DIN 5496 (1991) und DIN 1304 T 1 (1989):

$$\varepsilon_{\bigcirc}(T) = \frac{M(T)}{M_s(T)}$$

Da es oft einfacher ist, gerichtete Strahlungsgrößen zu messen, wird der hemisphärische Gesamtemissionsgrad auch aus dem gerichteten Gesamtemissionsgrad $\varepsilon_\vartheta(\vartheta, T)$ bestimmt. Er ist analog als Strahldichteverhältnis der realen Oberfläche $L(\vartheta, T)$ zur Strahldichte der schwarzen Oberfläche $L_s(T)$ bei gleicher Temperatur definiert.

$$\varepsilon_\vartheta(\vartheta, T) = \frac{L(\vartheta, T)}{L_s(T)}$$

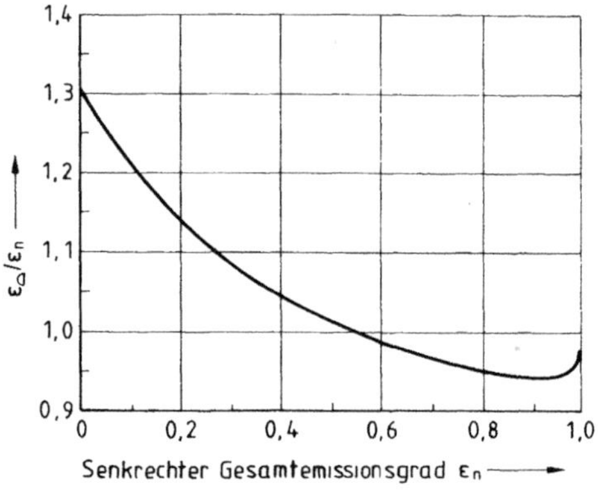

Fig. 3.65
Kurve zur Berechnung des hemisphärischen Gesamtemissionsgrades $\varepsilon_{\bigcirc}$ aus Meßwerten des senkrechten Gesamtemissionsgrades ε_n

Der hemisphärische Gesamtemissionsgrad wird durch Integration des gerichteten Gesamtemissionsgrades über alle Abstrahlungswinkel ϑ berechnet:

$$\varepsilon_{\bigcirc}(T) = 2 \int_{0}^{\pi/2} \varepsilon_{\vartheta}(T, \vartheta) \sin \vartheta \cos \vartheta \, \mathrm{d}\vartheta \tag{3.70}$$

Da für reale Oberflächen das Lambertsche Kosinus-Gesetz nicht erfüllt ist, muß der gerichtete Gesamtemissionsgrad in Abhängigkeit des Abstrahlungswinkels bekannt sein. Steht jedoch nur der senkrechte (normale) Gesamtemissionsgrad ε_n zur Verfügung, kann man näherungsweise $\varepsilon_{\bigcirc}$ aus ε_n bestimmen nach der in Fig. 3.65 aus der klassischen elektromagnetischen Theorie abgeleiteten Kurve nach Hering u. Smith (1968).

Zahlenwerte des Gesamtemissionsgrades geben die Tabellen T 6.14, 6.15 in Band 3 sowie die Zusammenstellungen von Touloukian u. a. (1972, 1976), Blanke (1989), Gubareff u. a. (1960), Singham (1962). Allgemeine Darstellungen der Wärmeübertragung durch Strahlung: Eckert (1937), Hottel u. Sarofim (1967), Sparrow u. Cess (1978), Incropera u. DeWitt (1981), Siegel u. a. (1988, 1991, 1993).

3.5.1 Bestimmung des Gesamtemissionsgrades

Der Gesamtemissionsgrad wird gewöhnlich aus der Messung des Wärmestroms oder der Wärmestromdichte zwischen zwei Körpern bekannter Temperatur bestimmt, wobei der Emissionsgrad der Oberfläche des einen bekannt sein muß. Zwei unterschiedliche Verfahren stehen hier zur Verfügung. Beim ersten Verfahren wird die zur Aufrechterhaltung des thermischen Gleichgewichtes zweier sich gegenüberstehender Körper ungleicher Temperatur benötigte zugeführte thermische Leistung bestimmt und aus dieser der hemisphärische Gesamtemissionsgrad berechnet (kalorimetrisches Verfahren). Bei dem zweiten Verfahren wird die Gesamtstrahldichte (oder die gerichtete spezifische Ausstrahlung) der Probe bekannter Temperatur und der eines Schwarzen Körpers gleicher Temperatur mit einem Gesamtstrahlungsempfänger gemessen: Definitionsgemäß ist der Quotient der Meßwerte der gerichtete Gesamtemissionsgrad.

Es ist ferner üblich, den Gesamtemissionsgrad aus bekannten Stoffwerten zu berechnen. Das kann aus den optischen Konstanten, der Brechzahl n und der Absorptionskonstanten k, oder bei strahlungsundurchlässigen Materialien aus dem Reflexionsgrad geschehen.

3.5.1.1 Messung des hemisphärischen Gesamtemissionsgrades

Die kalorimetrische Methode wird imTieftemperaturbereich bevorzugt angewendet, da hier die emittierte Strahlung der Probe sehr gering und langwellig und mit Strahlungsempfängern schwer meßbar ist, Jenkins u. a. (1963). Die einfachste geometrische Anordnung ist die einer Hohlkugel, in der sich eine Kugel mit unbekanntem Emissionsgrad der Oberfläche befindet. Im thermodynamischen Gleichgewicht ist die der Innenkugel zugeführte thermische Leistung gleich der abgegebenen. Die kugelförmige Umhüllung mit bekanntem Emissionsgrad wird auf konstante homogene Temperatur T_2 gebracht, z. B. in einem Eisbad (Koch (1934)) oder in Flüssiggas. Innerhalb dieser Umhüllung befindet sich die kugelförmige Probe an beliebiger Stelle. Sie wird mit Hilfe einer bekannten elektrischen Heizleistung auf konstanter höherer Temperatur T_1 gehalten. Die zugeführte elektrische Leistung entspricht dem von der Probe an die

Umhüllung übertragenen Wärmestrom. Damit sichergestellt ist, daß der Wärmeübergang zwischen Probe und Umhüllung nur durch Strahlung erfolgt, ist die Umhüllung evakuiert. Die Wärmestromdichte $q_{1,2}$ zwischen Probe und Umhüllung ist

$$q_{1,2} = \frac{\sigma T_1^4 - \sigma T_2^4}{(1/\varepsilon_{\cap 2} - 1) r_1^2/r_2^2 + 1/\varepsilon_{\cap 1}}$$

(r_1 Radius der Probe, r_2 Radius der Umhüllung)
und daraus folgt der hemisphärische Gesamtemissionsgrad der Probe:

$$\varepsilon_{\cap 1} = \frac{q_{1,2}}{\sigma T_1^4 - \sigma T_2^4 - q_{1,2}(1/\varepsilon_{\cap 2} - 1) r_1^2/r_2^2}$$

Setzt man für $q_{1,2}$ die elektrische Heizleistung P multipliziert mit der Probenfläche A_1 ein, dann kann unter der Voraussetzung, daß der hemisphärische Gesamtemissionsgrad $\varepsilon_{\cap 2}$ der Umhüllung bekannt ist, der Emissionsgrad $\varepsilon_{\cap 1}$ der Probe berechnet werden. Der Vorteil des Verfahrens ist die direkte Bestimmung des hemisphärischen Gesamtemissionsgrades. Nachteilig sind die Notwendigkeit eines zu langen Einstellzeiten führenden Vakuums, die anzubringenden Korrektionen aufgrund der Wärmeübertragung über die elektrischen Zuleitungen für den Heizer, die Befestigungen der Innenkugel und der Thermometer. Die Meßunsicherheit für die mit derartigen Anlagen bestimmten Werte für den Gesamtemissionsgrad werden mit 5% bis 10% angegeben. Ein praktischer Nachteil ist die Beheizung der Probe und die Kugelform. Gut geeignet ist dieses Verfahren als Relativverfahren zur Bestimmung des hemisphärischen Gesamtemissionsgrades von Beschichtungen, die auf die Innenkugel aufgebracht werden können. Die Richtigkeit der angebrachten Korrektionen kann mit Referenzmaterialien überprüft werden, z. B. mit einer anderweitig gut eingemessenen langzeitbeständigen Beschichtung (Lohrengel (1987a), Lohrengel u. Hohn (1990)).

Fig. 3.66 zeigt eine Anordnung zur Bestimmung des hemisphärischen Gesamtemissionsgrades für ebene Proben im Temperaturbereich von 100°C bis 400°C nach Brunotte u. a. (1992). Der gesuchte Emissionsgrad wird auch hier aus den Wärmestromdichten

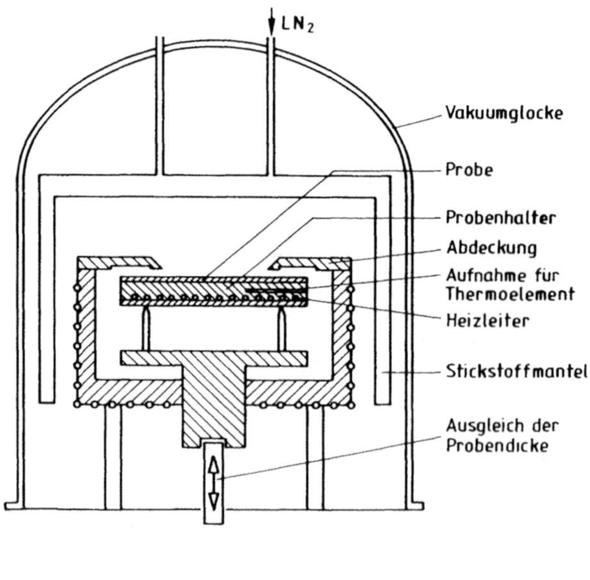

Fig. 3.66
Anordnung zur Bestimmung des hemisphärischen Gesamtemissionsgrades nach Brunotte u. a. (1992)

von und zu der Probe bei konstanter Probentemperatur T_p bestimmt. Im Gleichgewichtszustand ist

$$\varepsilon_{\cap}(T) = \frac{P_h - P_s}{\sigma \cdot T_p^4 \cdot A_p}$$

wobei P_h die elektrische Heizleistung, P_s die Summe aller anderen Heizleistungen, σ die Stefan-Boltzmann-Konstante und A_p die emittierende Probenfläche sind. Die von der Probe absorbierte Strahlung der Umhüllung wird vernachlässigt. Durch die Schutzheizung werden Verluste durch Strahlung nach den Seiten kompensiert, es bleibt jedoch das Problem einer experimentellen und rechnerischen Abschätzung der durch die Stützen, Thermometer, Probenheizleiter und Abdeckung der Probe zugeführten oder abgeführten Wärmeströme.

Unter der Voraussetzung, daß die Temperatur des Probenhalters mit einer Unsicherheit von 0,02 K bestimmt werden kann, wird die Meßunsicherheit für den Gesamtemissionsgrad mit 6% angegeben. Auch hier kann der Betrag der angebrachten Korrektionen durch Referenzmaterialien überprüft werden. Weitere Beschreibungen von Meßanordnungen dieser Art bei Sadler u.a. (1963), Smith u. Willrath (1979), Willrath u. Smith (1980) und Beens u.a. (1980).

3.5.1.2 Messung des gerichteten Gesamtemissionsgrades

Der gerichtete Gesamtemissionsgrad wird aus den gemessenen Strahldichten vor einem Schwarzen Körper und vor der zu untersuchenden Oberfläche bei gleichen Temperaturen durch Quotientenbildung bestimmt. Dabei liegt das Hauptproblem in der Bestimmung der Oberflächentemperatur des Meßobjektes. Besonders bei schlechten Wärmeleitern ist diese wegen der Rückwirkung der Temperaturfühler einer direkten Messung nicht zugänglich. Fig. 3.67 zeigt einen derartigen Meßaufbau in einer Vakuumanlage (Lohrengel (1970)). Die Probe mit einem Durchmesser von 90 mm befindet sich auf einem drehbaren Probenhalter aus Kupfer, thermisch angekoppelt mit einer Fettschicht deren Dicke durch Wägung bestimmt ist. Sie ist umgeben von einer kugelförmigen geschwärzten Umhüllung mit Empfängertemperatur. Die Temperaturen im Probenhalter, Schwarzen Körper und Empfängersystem lassen sich mit Widerstandsthermometern gut bestimmen. Zur Oberflächentemperaturbestimmung wird die Wärmestromdichte

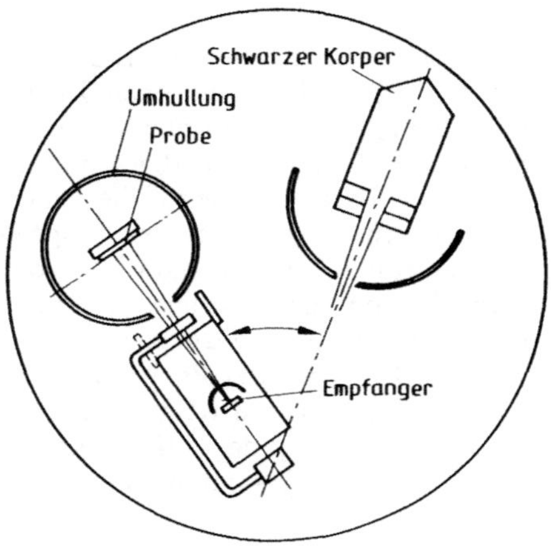

Fig. 3.67
Bestimmung des gerichteten Gesamtemissionsgrades durch Vergleich mit einem Hohlraumstrahler nach Lohrengel (1970)

vor dem Schwarzen Körper bekannter Temperatur mit einem thermischen Strahlungsempfänger hinreichender Linearität gemessen und kalibriert. Anschließend erfolgt eine Wärmestromdichtemessung vor der Probe unbekannter Oberflächentemperatur. Dieser Meßwert muß mit dem Faktor $\varepsilon_{\bigcirc}/\varepsilon_n$ multipliziert werden, da die Messung unter senkrechter Abstrahlungsrichtung erfolgt, und stellt dann die von der Probenoberfläche in den Halbraum abgegebene Energie pro Zeit- und Flächeneinheit q dar.

Mit dieser Wärmestromdichte q kann die Oberflächentemperatur berechnet werden. Es gilt:

$$q = \lambda_F \frac{T_1 - T_2}{d_F} = \lambda_p \frac{T_2 - T_3}{d_p}$$

λ_F und λ_p sind die Wärmeleitfähigkeiten der Kontaktschicht und der Probe, d_F und d_p die Dicken der Kontaktschicht und der Probe, T_1 die bekannte Temperatur des Probenhalters, T_2 die zu eliminierende Temperatur der Grenzschicht Fett-Probe und T_3 die gesuchte Oberflächentemperatur:

$$T_3 = T_1 - \left(\frac{d_p}{\lambda_p} + \frac{d_F}{\lambda_F}\right) \cdot q$$

Mit dieser Methode kann die Oberflächentemperatur mit einer Unsicherheit von 0,03 K bestimmt werden (Lohrengel (1987b)). Die Anordnung erlaubt es, die gerichteten Gesamtemissionsgrade bis zu einem Abstrahlungswinkel von 75° im Temperaturbereich von −100 °C bis +350 °C zu bestimmen. Der Temperaturbereich resultiert aus der Verwendung von Flüssigkeiten zur Temperierung. Besonders wichtig ist die Vermeidung von Streu- und Fremdstrahlung und die Einhaltung homogener konstanter Temperaturen, was naturgemäß zu langen Meßzeiten führt. Der gemessene gerichtete Gesamtemissionsgrad ist mit einer Unsicherheit von 0,5% behaftet.

Den hemisphärischen Gesamtemissionsgrad berechnet man nach Integration über alle Abstrahlungsrichtungen nach Gl. (3.70). Nach Lohrengel u. Tingwaldt (1970) genügen zwei Meßwerte bei 0° und 45°, um die Winkelverteilung bis 90° unter Verwendung der Fresnelschen Gleichungen zu berechnen. Bessere Ergebnisse werden jedoch nach Janßen u. Lohrengel (1991) erzielt, wenn möglichst viele Meßwerte bei unterschiedlichen Abstrahlungsrichtungen vorliegen und die Extrapolation ebenfalls unter Zugrundelegung der Fresnelschen Gleichungen bis 90° durchgeführt wird.

Wird der Gesamtemissionsgrad für technische Oberflächen nur mit einer Unsicherheit >5% benötigt, kann nach Janßen u. Lohrengel (1991) die Oberflächentemperatur genügend genau unter Atmosphärenbedingungen bestimmt werden. Die Probe befindet sich in einem abgeschlossenen temperierten System. Nach Erreichen der Temperaturkonstanz wird die einem schnellen Strahlungsempfänger zugewandte Seite innerhalb kürzester Zeit freigelegt und die von der Probe emittierte Strahldichte über einen Zeitraum von 50 s vom Empfänger registriert. Aus dem Abkühlungsverlauf kann die emittierte Strahldichte der Probe und damit deren Temperatur nach einem von Redgrove (1985) und Jaeger (1950) angegebenen Verfahren vor dem Freilegen der Probenoberfläche berechnet werden. Ein Strahldichtevergleich mit einem Schwarzen Körper oder einer Referenzprobe liefert den Gesamtemissionsgrad in Richtung der Flächennormalen ε_n, da die Probe nicht drehbar ist. Der hemisphärische Gesamtemissionsgrad ist über die in Fig. 3.65 angegebene Kurve zu ermitteln.

3.5.1.3 Bestimmung des Gesamtemissionsgrades aus Stoffgrößen

Aus den optischen Konstanten, der Brechzahl n und der Absorptionskonstanten k oder aus dem Reflexionsgrad ϱ kann der spektrale Emissionsgrad berechnet werden. Liegen die so berechneten Werte vor, oder auch Meßwerte des spektralen Emissionsgrades, so erhält man den Gesamtemissionsgrad durch Integration über alle Wellenlängen unter Bewertung durch die Planck-Funktion. Der gerichtete Gesamtemissionsgrad ist

$$\varepsilon_{\vartheta}(T) = \frac{\int\limits_0^{\infty} C_1 \lambda^{-5} (\exp(C_2/\lambda T) - 1)^{-1} \varepsilon_{\lambda,\mathrm{n}}(T)\,\mathrm{d}\lambda}{\int\limits_0^{\infty} C_1 \lambda^{-5} (\exp(C_2/\lambda T) - 1)^{-1}\,\mathrm{d}\lambda} \tag{3.71}$$

Der hemisphärische Gesamtemissionsgrad wird nach Gl. (3.70) berechnet.

Berechnung des Gesamtemissionsgrades aus den optischen Konstanten Die hier angegebenen, aus der klassischen elektromagnetischen Theorie unter vielen einschränkenden Annahmen abgeleiteten Formeln gelten nur für den langwelligen Spektralbereich. Die schwerwiegendste Einschränkung ist die Voraussetzung vollkommen sauberer, optisch glatter Oberflächen. Da Berechnungen des Emissionsgrades aus diesen Gründen immer nur informativen Wert haben können, werden weitere einschränkende Annahmen für Nichtleiter und Leiter gemacht, die die Rechnungen wesentlich vereinfachen. So folgt unter der Annahme $k \to 0$ für nichttransparente Nichtleiter für den senkrechen Emissionsgrad

$$\varepsilon_{\mathrm{n}} = \frac{4n}{(n+1)^2}$$

und für den hemisphärischen Emissionsgrad

$$\varepsilon_{\frown} = \frac{1}{2} - \frac{(3n+1)(n-1)}{6(n+1)^2} - \frac{n^2(n^2-1)^2}{(n^2+1)^3} \ln\left(\frac{n-1}{n+1}\right) + \frac{2n^3(n^2+2n-1)}{(n^2+1)(n^4-1)} - \frac{8n^4(n^4+1)}{(n^2+1)(n^4-1)^2} \ln n$$

Metalle sind im allgemeinen stark absorbierend und die Absorptionskonstante k darf nicht vernachlässigt werden. Die Existenz einer komplexen Brechzahl führt auf Ausdrücke, die komplizierter als die für die nichtabsorbierenden Dielektrika sind. Daher sind weitere vereinfachende Annahmen erforderlich. Für die meisten Metalle sind die optischen Konstanten sehr groß, wobei k viel größer als n ist. Das erlaubt $\sin^2 \vartheta$ zu vernachlässigen, wobei nach den Fresnelschen Gleichungen der Kosinus des Brechungswinkels gegen 1 geht. Dann folgt für den Emissionsgrad in Richtung der Flächennormalen

$$\varepsilon_{\mathrm{n}} = \frac{4n}{(n+1)^2 + k^2}$$

und für den hemisphärischen Emissionsgrad

$$\varepsilon_{\cap} = 4n - 4n^2 \ln \frac{1 + 2n + n^2 + k^2}{n^2 + k^2} + \frac{4n(n^2 - k^2)}{k} \arctan \frac{k}{n + n^2 + k^2}$$
$$+ \frac{4n}{n^2 + k^2} - \frac{4n^2}{(n^2 + k^2)^2} \ln (1 + 2n + n^2 + k^2)$$
$$- \frac{4n(k^2 - n^2)}{k(n^2 + k^2)^2} \arctan \frac{k}{1 + n}$$

Bei diesen Abschätzungen ist zu bedenken, daß die optischen Konstanten wellenlängen- und temperaturabhängig sind. Die Berechnungen ergeben also stets spektrale Werte. Vollständige Ableitungen und die dabei gemachten vereinfachenden Näherungen sind in Siegel u. a. (1988) angegeben.

Berechnung des Gesamtemissionsgrades aus Meßwerten des spektralen Reflexionsgrades, spektralen Transmissionsgrades und des spektralen Emissionsgrades Nach dem Kirchhoffschen Gesetz gilt bei Temperaturgleichgewicht

$$\varepsilon_\lambda = 1 - (\varrho_{\lambda,\mathrm{d}} + \varrho_{\lambda,\mathrm{s}} + \tau_{\lambda,\mathrm{d}} + \tau_{\lambda,\mathrm{s}})$$

Bei Stoffen, die für Strahlung der betrachteten Wellenlänge undurchlässig sind, verschwinden die Terme für den diffusen Transmissionsgrad $\tau_{\lambda,\mathrm{d}}$ und für den gerichteten (spiegelnden) Transmissionsgrad $\tau_{\lambda,\mathrm{s}}$, für rauhe Oberflächen zusätzlich der Term für den spiegelnden Reflexionsgrad $\varrho_{\lambda,\mathrm{s}}$. Der gerichtete Gesamtemissionsgrad wird mit Gl. (3.71) aus dem spektralen gerichteten Emissionsgrad berechnet.

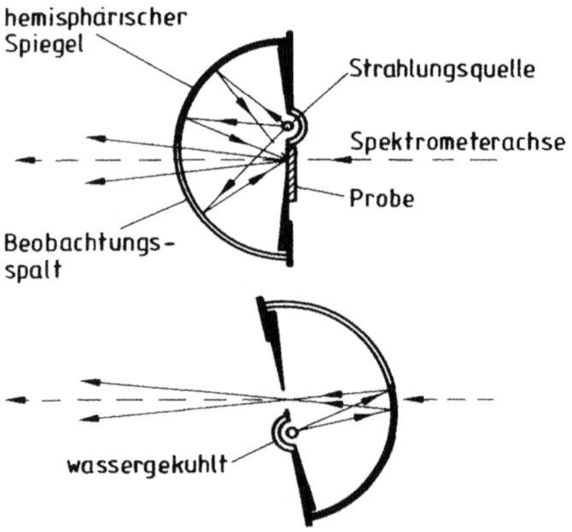

Fig. 3.68 Anordnung zur Messung des Reflexionsgrades nach Clarke u. Larkin (1985)
a) Stellung zur Messung der Strahldichte $L_{\lambda\mathrm{P}}(\lambda, T)$ der Probe, b) Stellung zur Messung der Strahldichte $L_{\lambda\mathrm{H}}(\lambda, T)$ der Halbkugel
$L_{\lambda\mathrm{P}}(\lambda, T)/L_{\lambda\mathrm{H}}(\lambda, T)$ ist der diffuse Reflexionsgrad der Probe

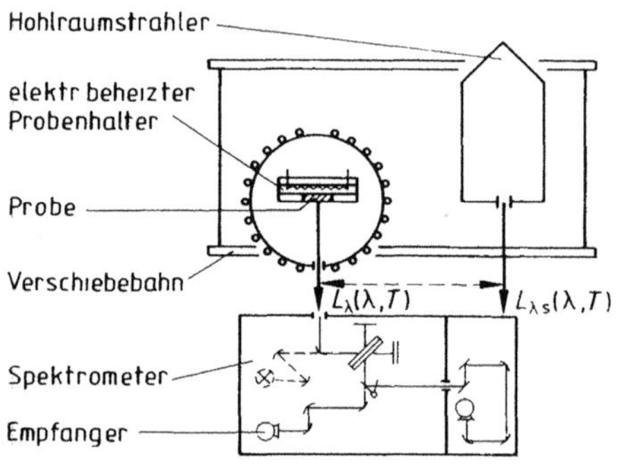

Fig. 3.69 Meßanordnung zur Bestimmung des gerichteten spektralen Emissionsgrades nach Lohrengel u. a. (1992)

Clarke u. Larkin (1985) haben mit der in Fig. 3.68 dargestellten Apparatur und einem Perkin-Elmer 580 B Spektrophotometer im Wellenlängenbereich von 2,5 μ bis 55 μ die Reflexions- und Transmissionseigenschaften von Festkörpern für Abstrahlungswinkel bis 80° bestimmt, so daß auch nach Gl. (3.70) der hemisphärische Gesamtemissionsgrad berechenbar ist. Die für den gerichteten Gesamtemissionsgrad erzielte Unsicherheit beträgt nach Clarke u. Larkin (1988) $\Delta\varepsilon = 0{,}01$.

Zur gezielt beeinflußten Wärmeübertragung durch Strahlung sind für die Solar-Energiegewinnung und die Raumfahrt Schichten entwickelt worden, deren Emissionsgrad sich bei einer cut-off-Wellenlänge sprunghaft ändert. Für die Berechnung der Wärmeübertragung ist der spektrale Verlauf des Emissionsgrades erforderlich. Die Messung erfolgt durch Bestimmung der spektralen Strahldichten vor der zu messenden Oberfläche und eines Schwarzen Körpers. Als Empfänger dienen Infrarotspektrometer. Fig. 3.69 zeigt einen Meßaufbau, wobei der Spektralapparat abwechselnd vor den Schwarzen Körper und die Probe gefahren werden kann. Der Probenhalter ist drehbar, um die Winkelabhängigkeit des spektralen Emissionsgrades zu bestimmen. Die Heizung erfolgt elektrisch bis zu Temperaturen von 800 °C, sie ist so auszulegen, daß bei der Meßtemperatur die Temperaturverteilung über die Probe möglichst homogen ist; gegebenenfalls benötigt man Probenhalter mit unterschiedlicher geometrischer Anordnung der Heizleiter für unterschiedliche Temperaturbereiche. Wichtig ist eine konstante homogene Temperatur des Empfängersystems (Spektrometer), die gleich der der Probenumhüllung sein muß, um Fremdstrahlung zu vermeiden. Die Anlage wird unter Atmosphärenbedingungen betrieben, und die Oberflächentemperatur der Meßprobe wird durch Messung der Temperatur im Probenhalter und des Temperaturgradienten in der Probe bestimmt, der aus dem Wärmeaustausch der Probenoberfläche mit der Umhüllung durch Leitung, Strahlung und Konvektion resultiert. Lohrengel u. a. (1993) geben für die Unsicherheit der Oberflächentemperaturbestimmung bei 400 K etwa 0,3 K an, was eine Unsicherheit bei der Bestimmung des spektralen Emissionsgrades von 0,5% bedeutet.

Der gerichtete und der hemisphärische Gesamtemissionsgrad kann nach den angegebenen Formeln berechnet werden.

Literatur zu 3.5

Beens, W. W.; Sikkens, M.; Verster, J. L. (1980): An emissometer with high accuracy for determination of the total hemispherical emittance of surfaces. J. Phys. E: Sci. Instrum. **13**, 873–876

Blanke, W. (Hrsg.) (1989): Thermophysikalische Stoffgrößen. Berlin etc.: Springer

Brunotte, A.; Lazarov, M.; Sizmann, R. (1992): Calorimetric measurements of the total hemispherical emittance of selectiv surfaces at high temperatures. Proc. SPIEE 1727: Optical materials technology for energy efficiency and solar energy conversion XI

Clarke, F. J. J.; Larkin, J. A. (1985): Emissivity determined from hemispherical reflectance and transmittance throughout the thermal infrared spectrum. High Temp. – High Pressures **17**, 89–96

Clarke, F. J. J.; Larkin, J. A. (1988): Angular variation of the emissivity of energy-saving coated glasses. London: NPL

DIN 1304 Teil 1 (1989): Formelzeichen. Berlin, Köln: Beuth

DIN 5496 (1991): Temperaturstrahlung von Volumenstrahlen. Berlin, Köln: Beuth

Eckert, E. (1937): Technische Strahlungsaustauschrechnungen. Berlin: VDI

Gubareff, G. G.; Janssen, J. E.; Torborh, R. (1960): Thermal radiation properties survey, 2nd ed. Minneapolis: Honeywell Research Center

Hering, R. G.; Smith, T. F. (1968): Surface radiation properties from electromagnetic theory. Int. J. Heat Mass Transfer **11**, 1567–1571

Hottel, H. C.; Sarofim, A. F. (1967): Radiation Transfer. New York: McGraw-Hill

Incropera, F. P.; De Witt, D. P. (1981): Fundamentals of heat transfer. New York: Wiley & Sons

Jaeger, J. C. (1950): Conduction of heat in a solid with a power law of heat transfer at its surface. Proc. Cambridge Phil. Soc. **46**, 634–641

Janßen, D.; Lohrengel, J. (1991): Investigation and development of a method for the measurement of the emissivity of glass. bcr information, EUR 13 487 EN. Luxembourg. Office for Official Publication of the European Communities

Jenkins, R. J.; Butler, C. P.; Parker, W. J. (1963): Total hemispherical emittance measurements over the temperature range 77 K to 300 K. Report USNRDL-TR-663

Koch, W. (1934): Eine neue Methode zur Bestimmung von Strahlungszahlen. Z. Techn. Phys. **15**, 80–83

Lohrengel, J. (1970): Messung der Winkel- und Temperaturabhängigkeit des Gesamtemissionsgrades von Gläsern und Sinteroxiden im Bereich von −60°C bis +250°C. Glastechn. Ber. 43, 493–500

Lohrengel, J. (1987b): Determination of the surface temperature of poor heat conducting materials by radiation measurements from −60°C to +250°C in vacuum. Wärme- und Stoffübertragung **21**, 1–5

Lohrengel, J. (1987a): Gesamtemissionsgrad von Schwärzen. Wärme- und Stoffübertragung **21**, 311–315

Lohrengel, J.; Hohn, R. (1990): Gesamtemissionsgrad von zwei neuartigen schwarzen Beschichtungen. PTB-Mitt. **100**, 343–347

Lohrengel, J.; Tingwaldt, C. (1970): Bestimmung des hemisphärischen Gesamtemissionsgrades aus zwei Meßwerten des Gesamtemissionsgrades bei 0° und 45°. Optik (Stuttgart) **31**, 404–409

Lohrengel, J.; Todtenhaupt, R.; Ragab, M. (1993): Bestimmung des gerichteten spektralen Emissionsgrades von Feststoffen im Wellenlängenbereich von 2,5 µm bis 45 µm bei Temperaturen zwischen 80°C und 350°C. Wärme- und Stoffübertragung **28**, 321–327

Redgrove, J. S. (1985): A new method for accurate measurements of spectral emissivity. High Temp. – High Pressures **17**, 145–151

Sadler, R.; Hemmerdinger, L.; Rando, J. (1963): Emissometer, a device for measuring total hemispherical emittance. NASA SP 31, 217–223

Siegel, R.; Howell, J. R.; Lohrengel, J. (1988): Wärmeübertragung durch Strahlung, Teil 1: Grundlagen und Materialeigenschaften. Berlin: Springer

Siegel, R.; Howell, J. R.; Lohrengel, J. (1991): Wärmeübertragung durch Strahlung, Teil 2: Strahlungsaustausch zwischen Oberflächen und in Umhüllungen. Berlin: Springer

Siegel, R.; Howell, J. R.; Lohrengel, J. (1993): Wärmeübertragung durch Strahlung, Teil 3: Wärmeübertragung in absorbierenden, emittierenden und streuenden Medien. Berlin: Springer

Singham, J. R. (1962): Tables of emissivity of surfaces. Int. J. Heat Mass Transfer **5**, 67–76

Smith, S. B.; Willrath, H. (1979): Calorimetric emissivities for solar-selective coatings on flat sheet. J. Phys. E: Sci. Instrum. **12**, 813–814

Sparrow, E. M.; Cess, R. D. (1978): Radiation heat transfer. Washington: Hemisphere Publ. Corp.

Touloukian, Y. S. et al. (1972): Thermophysical properties of matter, vol. 7–9, New York: Plenum

Touloukian, Y. S.; Ho, C. Y. (1976): Thermophysical properties of selected aerospace materials, part 1. West Lafayette: Perdue Research Foundation

Willrath, H.; Smith, S. B. (1980): Solar Energy Material **4**, 31–46

Inhaltsverzeichnis von Kapitel 4

4 Elektrizität

Redakteur: F. Melchert
Hierzu Tabellen T 4.01 bis T 4.15 in Band 3

4 Elektrizität

Redakteur: F. Melchert
Hierzu Tabellen T 4.01 bis T 4.15 in Band 3

4.1 Gleichstrom (H. Bachmair)

4.1.1 Grundlagen

4.1.1.1 Einführung

In einem Gleichstromkreis treten die Größen Spannung, Widerstand und Stromstärke nicht unabhängig voneinander auf; vielmehr kann jede von ihnen als Produkt oder Quotient aus den anderen beiden Größen berechnet werden (beispielsweise die Stromstärke über den Spannungsabfall an einem bekannten Widerstand). Aufgrund dieser Zusammenhänge sind bei allen Messungen von Gleichstromgrößen gleichartige Gesichtspunkte zu beachten, und es können vielfach gleiche oder ähnliche Meßgeräte benutzt werden.

In **4**.1.1 werden daher generelle Hinweise für die Gleichstrommeßtechnik gegeben, und es werden die allgemein benutzbaren Geräte behandelt, bevor in **4**.1.2 bis **4**.1.5 auf die speziellen Meßmethoden für Spannung, Widerstand, Stromstärke, Leistung und Energie eingegangen wird. Die Messung hoher Gleichspannungen (über 1000 V) wird unter **4**.4 behandelt.

Für die Mehrzahl der Messungen stehen heute sehr leistungsfähige elektronische Meßgeräte zur Verfügung. Für einige Meßaufgaben, insbesondere solche, bei denen höchste Präzision gefordert wird oder besondere Meßbedingungen vorliegen, ist jedoch auch heute noch die Anwendung von „klassischen" Methoden und Geräten zweckmäßig oder sogar notwendig.

Stöckl u. Winterling (1987); Bergmann (1986); Schrüfer (1984); Frohne u. Ueckert (1984); Pflier u. a. (1978); Merz (1977); Drachsel (1977); Helke (1974)

4.1.1.2 Schaltungstechnische Grundlagen

Die klassische Methode zur Berechnung zeitlich konstanter und langsam veränderlicher Stromstärken und Spannungen in linearen Netzen beruht auf der Anwendung des Ohmschen Gesetzes und der Kirchhoffschen Sätze sowie weiterer aus ihnen abgeleiteter Regeln. Ein lineares Netz enthält Erzeuger und Verbraucher elektrischer Energie in beliebiger Anordnung, wobei die Widerstände der einzelnen Zweige des Netzes unabhängig von der Höhe der eingeprägten Spannung bzw. Stromstärke sind.

Ohmsches Gesetz Der Quotient aus Spannung U und Stromstärke I in einem Zweig eines Netzes ist gleich dem Widerstand R des Zweiges:

$$\frac{U}{I} = R. \tag{4.1}$$

1. Kirchhoffscher Satz In jedem Knoten eines Netzes (Fig. 4.1a) ist die Summe der zu- und abfließenden Stromstärken, letztere mit entgegengesetztem Vorzeichen genommen, gleich Null:

$$\sum_{z=1}^{n} I_z = 0. \tag{4.2}$$

2. Kirchhoffscher Satz In jeder beliebigen Masche eines Netzes (Fig. 4.1b) ist die Summe aller Spannungsabfälle an den Elementen $I_z R_z$ gleich der Summe aller eingeprägten Spannungen U_w (z. B. Batterie oder Generator):

$$\sum_{w=1}^{m} U_w = \sum_{z=1}^{n} I_z \cdot R_z \quad \text{oder} \quad \sum_{w=1}^{m} U_w - \sum_{z=1}^{n} I_z \cdot R_z = 0. \tag{4.3}$$

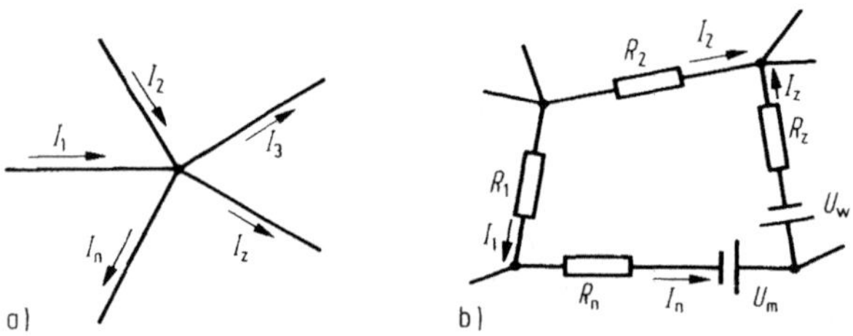

Fig. 4.1
Zur Ableitung der Kirchhoffschen Sätze
a) Knoten eines Netzes
b) Masche eines Netzes
$I_1, \ldots, I_z, \ldots, I_n$ Zweigströme
$R_1, \ldots, R_z, \ldots, R_n$ Widerstände
U_w, U_m eingeprägte Spannungen

Überlagerungssatz Die Stromstärken in den Zweigen eines linearen Netzes mit beliebig vielen Spannungen bzw. Stromstärken sind gleich der Summe der Teilstromstärken, die durch die einzelnen eingeprägten Spannungen bzw. Stromstärken hervorgerufen werden. Bei der praktischen Anwendung dieses Satzes werden alle eingeprägten Spannungen bzw. Stromstärken bis auf eine Null gesetzt. Am Netz darf dabei nichts verändert werden, insbesondere darf das Nullsetzen bei Stromquellen nicht durch einen Kurzschluß erfolgen.

Satz von der Zweipolquelle (Helmholtz-Satz[1]) Jedes lineare Netz mit beliebig vielen Zweipolquellen kann bezüglich seiner Wirkung auf irgendeinen Zweig des Netzes ersetzt werden durch eine Reihenschaltung aus Ersatzspannungsquelle U_0 und Ersatzwiderstand R_i (Fig. 4.2a) oder durch eine Parallelschaltung aus Ersatzstromquelle I_0 und Ersatzwiderstand R_i (Fig. 4.2b). Die Ersatzspannung ergibt sich als Leerlaufspannung an den Klemmen nach Entfernen des betreffenden Zweiges, die Ersatzstromstärke bei Anbringung eines Kurzschlusses an den Klemmen des betreffenden Zweiges. Der Ersatzwiderstand ist der Quotient aus Ersatzspannung und Ersatzstromstärke. Eine andere Methode der Bestimmung des Ersatzwiderstandes besteht darin, alle eingeprägten Spannungen und Stromstärken Null zu setzen und anschließend den Widerstand zwischen den Klemmen des entsprechenden Zweiges zu berechnen. Es empfiehlt sich, bei Reihenschaltungen mit der Ersatzspannungsquelle und bei Parallelschaltungen mit der Ersatzstromquelle zu arbeiten.

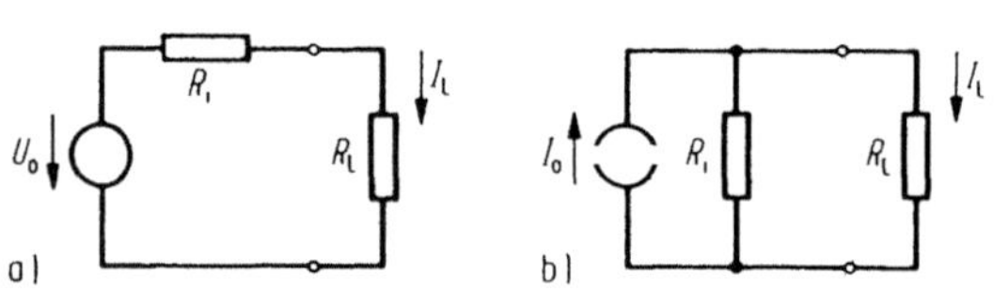

Fig. 4.2
Ersatzschaltung für ein Netz
a) mit Ersatzspannungsquelle
b) mit Ersatzstromquelle
U_0 eingeprägte Spannung; I_0 eingeprägte Stromstärke; I_L Laststromstärke; R_i Innenwiderstand; R_L Lastwiderstand

[1] In der englischsprachigen Literatur: Thevenin's Theorem.

Umkehrungssatz Wenn eine im Zweig m eines linearen Netzes eingeschaltete Spannungsquelle in einem anderen Zweig n die Stromstärke I hervorruft, dann erzeugt die gleiche Spannungsquelle, wenn sie in den Zweig n eingeschaltet wird, eine ebenso große Stromstärke I im Zweig m (Beispiel: Wheatstone-Brücke, **4**.1.3.5).

Kompensationssatz In einem linearen Netz werden die durch Änderung eines die Stromstärke I führenden Widerstandes R um den kleinen Betrag ΔR bewirkten Stromstärkeänderungen in allen Zweigen des Netzes kompensiert durch eine im gleichen Zweig eingeschaltete, entgegengesetzt wirkende Spannungsquelle $I \cdot \Delta R$. Für viele Abschätzungen genügt es dabei, mit dem unveränderten Widerstand R anstelle von $R + \Delta R$ in der Schaltung zu rechnen und nur die Spannungsquelle $I \cdot \Delta R$ im betreffenden Zweig des Netzes zu berücksichtigen. Mit dem Kompensationssatz läßt sich u. a. die Wirkung einer kleinen Änderung in einem Zweig einer Meßbrücke auf den Nullindikator direkt berechnen.

Die Berechnung von Spannungen und Stromstärken in einzelnen Zweigen linearer Netze läßt sich häufig durch die Anwendung einfacher Netzumwandlungsregeln abkürzen. Dadurch werden einzelne Teile des Netzes vereinfacht, ohne daß sich an der Strom- und Spannungsverteilung in den übrigen Abschnitten etwas ändert. Das einfachste Beispiel einer Netzumwandlung ist der Ersatz von in Reihe oder parallel geschalteten Widerständen durch einen einzelnen Widerstand.

Reihenschaltung von Widerständen Bei einer Reihenschaltung fließt durch alle Widerstände dieselbe Stromstärke, und die Teilspannungen verhalten sich wie die Widerstände selbst. Der Gesamtwiderstand ist gleich der Summe der Einzelwiderstände

$$R = \sum_{z=1}^{n} R_z. \tag{4.4}$$

Parallelschaltung von Widerständen Bei einer Parallelschaltung liegt dieselbe Spannung an allen Widerständen, und die Teilstromstärken verhalten sich umgekehrt wie die Widerstände. Der Kehrwert des Gesamtwiderstandes (Gesamtleitwert) ist gleich der Summe der Kehrwerte der Einzelwiderstände (Einzelleitwerte),

$$\frac{1}{R} = \sum_{z=1}^{n} \frac{1}{R_z} \quad \text{oder} \quad G = \sum_{z=1}^{n} G_z. \tag{4.5}$$

Dreieck-Stern-Umwandlung Für die Umwandlung eines Widerstandsdreiecks aus den Widerständen R_1, R_2 und R_3 bzw. den Leitwerten G_1, G_2 und G_3 in einen gleichwertigen Stern mit den Widerständen R_a, R_b und R_c bzw. den Leitwerten G_a, G_b und G_c (Fig. 4.3) gelten die Gleichungen nach Tab. 4.1. Eine gleichwertige Umwandlung heißt, daß die von außen in die Knoten A, B und C hineinfließenden Stromstärken sowie die Potentiale der Knoten von der Umwandlung unberührt bleiben. Bei Wechselstromschaltungen treten an die Stelle der Widerstände R und der Wirkleitwerte G die entsprechenden komplexen Größen (s. **4**.2).

Küpfmüller u. Kohn (1993); Klein (1961); Marko (1971)

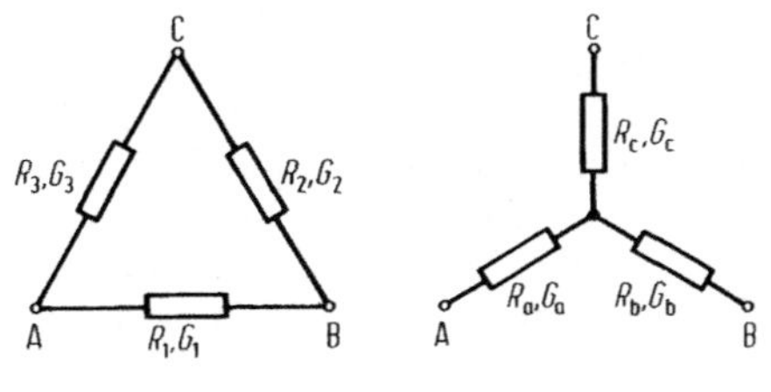

Fig. 4.3
Dreieck-Stern-Umwandlung
R_1, R_2, R_3 Dreieck-Widerstände
G_1, G_2, G_3 Dreieck-Leitwerte
R_a, R_b, R_c Stern-Widerstände
G_a, G_b, G_c Stern-Leitwerte
A, B, C Knoten des Netzes

Tab. 4.1 Dreieck-Stern-Umwandlung

Stern-Widerstände:	Dreieck-Widerstände:
$R_a = R_1R_3/(R_1 + R_2 + R_3)$	$R_1 = R_a + R_b + R_aR_b/R_c$
$R_b = R_1R_2/(R_1 + R_2 + R_3)$	$R_2 = R_b + R_c + R_bR_c/R_a$
$R_c = R_2R_3/(R_1 + R_2 + R_3)$	$R_3 = R_c + R_a + R_cR_a/R_b$
Stern-Leitwerte:	**Dreieck-Leitwerte:**
$G_a = G_1 + G_3 + G_1G_3/G_2$	$G_1 = G_aG_b/(G_a + G_b + G_c)$
$G_b = G_1 + G_2 + G_1G_2/G_3$	$G_2 = G_bG_c/(G_a + G_b + G_c)$
$G_c = G_2 + G_3 + G_2G_3/G_1$	$G_3 = G_cG_a/(G_a + G_b + G_c)$

4.1.1.3 Hinweise zum Schaltungsaufbau

Die zeitraubende Suche nach Ursachen für Störeinflüsse, Instabilitäten von Meß- und Hilfsgrößen oder ähnlichem läßt sich vermeiden, wenn bereits beim Aufbau von Gleichstrom-Meßschaltungen einige grundlegende Regeln beachtet werden. Dadurch läßt sich der Einfluß von Störspannungen reduzieren, und Thermospannungen können minimiert werden. Einflüsse von Umgebungstemperatur und Eigenerwärmung auf Bezugsnormale und Meßgeräte müssen möglichst vermieden, andernfalls aber zumindest berücksichtigt werden.

Meßleitungen sollten vorzugsweise aus Reinstkupferdrähten bestehen. Von der Industrie werden geschirmte Zweidrahtleitungen angeboten (Guildline (1972a)), die die Forderung nach hohen Isolationswiderständen und kleinen Thermospannungen erfüllen. Alle Verbindungen sind möglichst als Kupfer-Kupfer-Klemmverbindungen (keine Messingklötze!) oder als Lötverbindung mit thermospannungsarmem Speziallot (70% Cd, 30% Sn) herzustellen. Im Handel sind auch Kupfer-Quetschkabelschuhe und Kupfer-Krokodilklemmen erhältlich. Die Anschlußklemmen industrieller Präzisionsmeßgeräte sind zum Schutz vor Korrosion meist vergoldet.

Schalter und Relais haben heutzutage größtenteils die früher verwendeten Stöpselkontakte abgelöst. Letztere werden heute nur noch in Laboraufbauten zur Messung kleiner Gleichspannungen mit geringer Meßunsicherheit verwendet. Industriell gefertigte Schalter (Burster (1991), Guildline (1972a)) und Relais (Eichmeier (1988), Sauer (1985)) mit niedrigen und reproduzierbaren Übergangswiderständen ($< 10\,\text{m}\Omega$) sowie geringen Thermospannungen beim Schalten ($< 20\,\text{nV}$) stehen in verschiedenen Bauformen zur Verfügung. In letzter Zeit haben sich insbesondere Relais durchgesetzt, da mit ihnen auf besonders einfache Weise rechnergesteuerte Meßstellenumschalter realisiert werden können (Marshall (1984)).

Thermospannungen (infolge Seebeck-Effekt, s. 8.6.4.5) lassen sich trotz der vorher genannten Maßnahmen nicht völlig vermeiden. Sie können prinzipiell durch Umpolen der Meßströme und Mittelwertbildung aus den Meßergebnissen in beiden Polaritäten eliminiert werden. Diese Methode ist allerdings nur möglich in Meßkreisen mit passiven und nicht polaritätsabhängigen Bauelementen (nicht anwendbar zum Beispiel in Kreisen mit Zenerdioden oder Normalelementen) und setzt außerdem voraus, daß die Thermospannungen während des Meßzyklus stabil bleiben. Um zeitraubende Abgleiche nach jeder Umpolung zu vermeiden und in allen Fällen, in denen keine Umpolung möglich ist, wird eine Kompensation der Thermospannungen mit Hilfe einer Kompensationsschaltung nach Lindeck-Rothe (s. **4**.1.2.6) empfohlen.

Klimatisierung der Meßräume ist zur Vermeidung von Temperatureinflüssen dann erforderlich, wenn Meßunsicherheiten von 0,01% oder weniger erzielt werden sollen. Bei günstiger Lage der Meßräume (z. B. Nordseite, keine große Temperaturdifferenz zu Nachbarräumen) ist mit handelsüblichen Klimaanlagen bei stationären Betriebszuständen eine Temperaturstabilität von ± 1 K zu erreichen. Fenster sollten zweifach verglast und in keinem Fall nach Süden oder Westen gerichtet sein. Direkte Sonneneinstrahlung ist unbedingt zu vermeiden, da sie örtlich zu einer Temperaturerhöhung von einigen Kelvin und zu einer Verringerung der relativen Feuchte um bis zu 10% führen kann. Engere Temperaturgrenzen erfordern einen erheblich höheren Aufwand an speziellen baulichen Maßnahmen für Isolierung und Luftführung, so daß es meist günstiger ist, die besonders temperaturempfindlichen Normale und Geräte in gesonderten Thermostaten unterzubringen. Der Regelbereich für die Temperatur sollte von 20°C bis 25°C reichen, bei der Feuchte genügt im allgemeinen eine Begrenzung, wobei die relative Luftfeuchte im Bereich von 40% bis 60% liegen sollte, um Störungen durch Aufladungen bei zu geringer Feuchte oder durch Kriechströme im Falle hoher Feuchte zu vermeiden. Diese Grenzen sind auch in nationalen und internationalen Normen für Gleichstromgeräte hoher Präzision vorgeschrieben: DIN IEC 523 Gleichspannungs-Kompensatoren, DIN IEC 524 Gleichspannungs-Widerstandsteiler, DIN IEC 564 Gleichstrom-Widerstandsmeßbrücken.

Thermostatisierung von Normalen und Meßgeräten wird immer dann eingesetzt, wenn die Genauigkeitsanforderungen besondere Konstanz der Umgebungsbedingungen erfordern oder wenn sie eine preiswerte Alternative für die Klimatisierung von Meßräumen darstellt. Thermostate für Normale und Meßgeräte können als Luft- oder Flüssigkeitsthermostate ausgeführt sein.

Luftthermostate sind dann zu bevorzugen, wenn die in ihnen untergebrachten Normale keine oder nur eine sehr geringe Eigenerwärmung infolge von Wirkverlusten haben (z. B. Normalelemente). Ihr Vorteil liegt darin, daß mit relativ einfachen Konstruktionen sehr große thermische Zeitkonstanten und ein geringer Durchgriff der Raumtemperaturänderungen erreichbar sind und daß jahrzehntelang keine Wartung erforderlich ist. Mit einstufigen Thermostaten lassen sich Stabilisierungsfaktoren $S = \Delta t_a / \Delta t_i$ (Δt_a Änderung der Außentemperatur, Δt_i Änderung der Innentemperatur) von 10 bis 30 erreichen, mit zweistufigen Thermostaten von 100 bis 1000. Ein besonders einfacher Aufbau ergibt sich, wenn die Thermostattemperatur über der höchsten Raumtemperatur liegt, weil in diesem Falle nur eine Heizwicklung vorzusehen ist. Bei Thermostaten mit Heizung und Kühlung durch Peltier-Elemente (s. Fig. 4.4) kann die Temperatur im Thermostaten auf die mittlere Raumtemperatur eingestellt werden. Mit beiden Konstruktionen lassen sich Temperaturschwankungen auf 1 mK und darunter reduzieren (Hanke (1980), Cutkosky u. Field (1974)), kommerziell erhältliche Thermostate erreichen 10 mK (Guildline (1972b)). Während die bisher beschriebenen Thermostate als Temperaturfühler Widerstandsthermometer oder spezielle Thermistoren verwenden, wird bei einer Neuentwicklung die Thermostattemperatur auf einen nahe bei Raumtemperatur liegenden Fixpunkt (Gallium-Schmelzpunkt bei 29,7646°C) bezogen. Diese Thermostate zeichnen sich durch eine besonders hohe Langzeitstabilität und gute Temperaturkonstanz aus (Heinze u. Eckard (1992)).

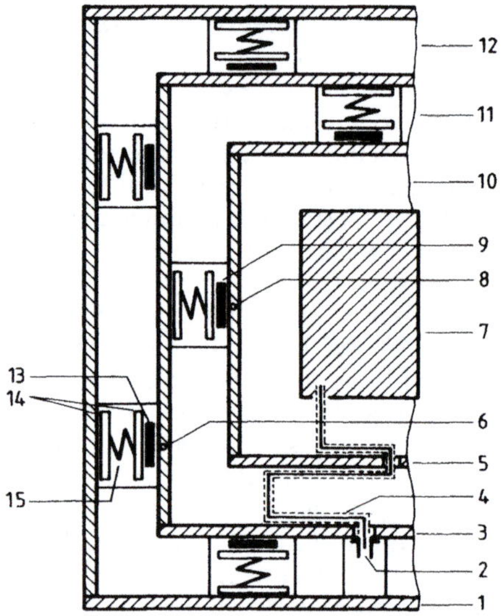

Fig. 4.4
Luft-Thermostat mit Peltier-Heizung und -Kühlung (nach Hanke (1980)), Schnittbild
1 Außengehäuse (1 cm Alu)
2 Koaxialstecker
3 Erstes Zwischengehäuse (1 cm Alu)
4 Koaxialkabel
5 Zweites Zwischengehäuse (1 cm Alu)
6 Bohrung für Thermistor und Widerstand (Regelkreis 1)
7 Innengehäuse (Alu) mit 11 Quarzkondensatoren
8 Bohrung für Thermistor und Widerstand (Regelkreis 2)
9 Peltier-Element des Regelkreises 2
10, 11, 12 5 cm Wärmedämmschicht
13 Peltier-Element des Regelkreises 1
14 Messingplatten
15 Kupferseil (1 cm^2 Querschnitt)

Ist von den zu temperierenden Normalen oder Geräten eine größere Wärmemenge abzuführen, so müssen Flüssigkeitsthermostate benutzt werden. Als Kühlflüssigkeit haben sich dünnflüssige Paraffin- oder Silikonöle bewährt. Bei geringeren Ansprüchen an die Temperaturkonstanz (innerhalb 0,1 K) genügt ein einfacher Thermostat mit Rührer, Kühlung und Heizung in einem Behälter, während zum Erreichen besserer Temperaturkonstanz ($\leqslant$ 1 mK) eine Anordnung mit getrennter Vortemperierung und Zwangsumlauf im Thermostatbehälter geeigneter ist (Leontiew (1988), Fig. 4.5). Zum Erreichen einer laminaren Strömung mit nur geringen Temperaturgradienten ist entweder eine vertikale Einspeisung über Lochplatten vom Boden her mit Überlauf auf möglichst allen Seiten (dadurch Verringerung des Durchgriffs der Außentemperaturänderungen) oder eine horizontale Strömungsführung, ebenfalls über Lochplatten, zwischen zwei gegenüberliegenden Seiten zweckmäßig (Guildline (1972c)). Wegen der unvermeidlichen Verschmutzung und

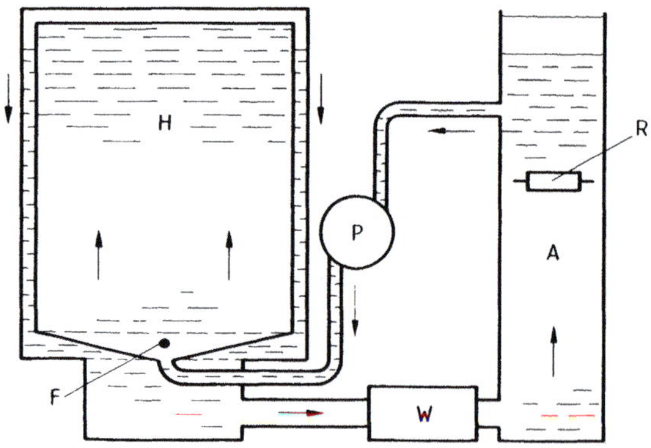

Fig. 4.5
Flüssigkeits-Thermostat mit Überlauf nach dem Gegenstromprinzip (nach Leontiew (1988)), Schnittbild
H Thermostatbehälter
A Aufbereitungsbehälter
W Wärmeaustauscher (Kühlung)
P Umwälzpumpe
R Heizwiderstand
F Temperaturfühler

Bildung von Kondenswasser ist bei nicht hermetisch geschlossenen Ölthermostaten ein Austausch bzw. eine Reinigung des Öls im Abstand von zwei bis drei Jahren zu empfehlen.

4.1.1.4 Schutz gegen elektromagnetische Störeinflüsse

Elektromagnetische Störeinflüsse können von vornherein durch einen geeigneten Schaltungsaufbau reduziert oder ganz vermieden werden. Dazu müssen galvanische Verbindungen so ausgelegt werden, daß in Meßkreisen keine Störströme fließen. Induktive oder kapazitive Beeinflussungen können durch Vermeidung von Schleifenbildung bzw. Reduzierung von Koppelkapazitäten verringert werden. Auch Widerstandskopplungen führen infolge zu geringer Isolationswiderstände (Kriechströme) oder zu großer Kontakt- oder Übergangswiderstände (zusätzliche Spannungsabfälle) zu Störungen.

Bei der Abschirmung von Gleichstrom-Meßkreisen ist zu unterscheiden zwischen einer elektrostatischen Abschirmung, einer Abschirmung (bzw. Schaltung zur Abschirmung) gegen Kriechströme und einer Abschirmung gegenüber elektromagnetischen Feldern (in einem bestimmten Frequenzbereich). Die Notwendigkeit für eine oder mehrere dieser Abschirmungen hängt jeweils von der Meßaufgabe, der erforderlichen Meßunsicherheit und den Störeinflüssen der Umgebung ab.

Erdung Um für eine Versuchsschaltung einen gemeinsamen Bezugspunkt des Potentials festzulegen, verbindet man alle auf diesem Potential zu haltenden Metallteile untereinander und üblicherweise mit der Erde (besondere Erdleitung, ggf. Wasserleitung, wenn keine Unterbrechung durch Kunststoffteile vorliegt). In manchen Sonderfällen – speziell bei hochempfindlichen Messungen ohne Verwendung von netzbetriebenen Geräten – kann es allerdings günstiger sein, auf die Erdung zu verzichten und mit einem sich durch die Kapazitäten gegen Erde frei einstellenden Potential-Bezugspunkt zu arbeiten. Wichtig ist, daß die Leitungsführung für Erdung und Potentialverbindungen sternförmig oder verästelt erfolgt; Leitungsschleifen sind unbedingt zu vermeiden, da in ihnen durch Fremdfelder Störspannungen induziert werden.

Guardtechnik Gleichtaktstörspannungen sind dem Meßsignal unterlagert und können zwischen den Meßleitungen nicht gemessen werden, sondern nur zwischen Meßleitungen und Erde (s. Fig. 4.6a). Nichtsdestotrotz können sie bei Unsymmetrien in den Meßleitungs-Widerständen (R_{L1}, R_{L2}) sowie den Erdungswiderständen der Meßschaltung (R_{10}, R_{20}) Fehler verursachen, die sich besonders dann gravierend auf das Meßergebnis auswirken, wenn die Störspannung U_S ein Vielfaches der Meßspannung U_M beträgt.

$$U_E = U_M \left[1 + \frac{U_S}{U_M} \left(\frac{R_{L2}}{R_{20}} - \frac{R_{L1}}{R_{10}} \right) \right] \tag{4.6}$$

Durch eine sogenannte Guardschaltung (s. Fig. 4.6b), wie sie die Mehrzahl aller elektronischen Präzisionsmeßgeräte besitzt, kann der Einfluß von Gleichtaktspannungen erheblich reduziert werden.

$$U_E = U_M \left[1 + \frac{U_S}{U_M} \cdot \frac{R_{L3}}{R_{30}} \left(\frac{R_{L2}}{R_{23}} - \frac{R_{L1}}{R_{13}} \right) \right] \tag{4.7}$$

Der Störspannungsterm in Gl. (4.6) wird um einen Faktor R_{L3}/R_{30} verringert, was in der Praxis Werten von 1000 bis 10000 entspricht.

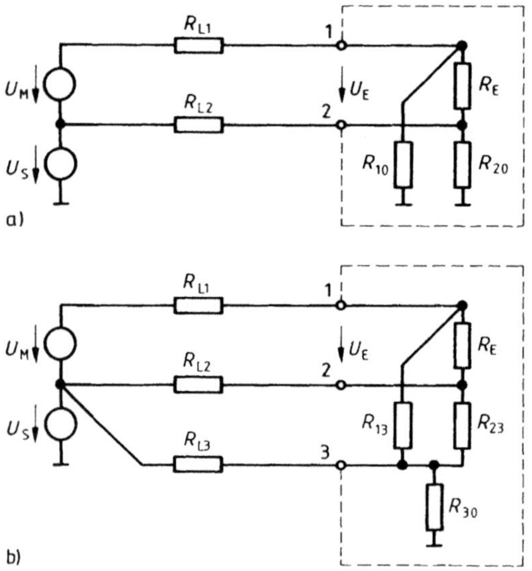

Fig. 4.6
Ersatzschaltbild für die Eingangsschaltung eines Meßgerätes
a) ohne und b) mit Guard-Technik
R_{L1}, R_{L2}, R_{L3} Leitungswiderstände
R_{01}, R_{02}, R_{03} Widerstände gegen Erde
R_{13}, R_{23} Widerstände gegen Guard
R_E Eingangswiderstand
U_M Meßspannung; U_E Eingangsspannung;
U_S Gleichtakt-Störspannung

Elektrostatische Abschirmung Eine elektrostatische Abschirmung durch eine elektrisch leitende Umhüllung der Meßeinrichtung und aller Verbindungsleitungen ist für die Messung großer Widerstandswerte bzw. kleinster Stromstärken oder Ladungen (Kreiswiderstände oberhalb etwa 10 MΩ) unerläßlich, da andernfalls influenzierte Ladungen (z. B. durch Bewegungen des Bedienenden, insbesondere, wenn dieser Kunststoffkleidung trägt) das Meßergebnis erheblich verfälschen oder eine Messung sogar unmöglich machen können. Damit die Ladungen abfließen können, muß das elektrostatische Schirmsystem geerdet werden.

Abschirmung gegen Kriechströme Eine Abschirmung gegen Kriechströme ist überall dort erforderlich, wo die über die Isolierung fließenden Kriechströme nicht mehr vernachlässigbar klein gegenüber den zu messenden bzw. den durch das Meßobjekt fließenden Stromstärken sind. Entweder verkleinert man die Kriechströme dadurch, daß man die Potentialdifferenz über den Isolatoren verringert (Beispiel Fig. 4.7), oder man verlagert sie durch Teilung des Isolators und Einfügen von Schutzelektroden an für die Meßschaltung weniger störende Stellen (Beispiel Fig. 4.8).

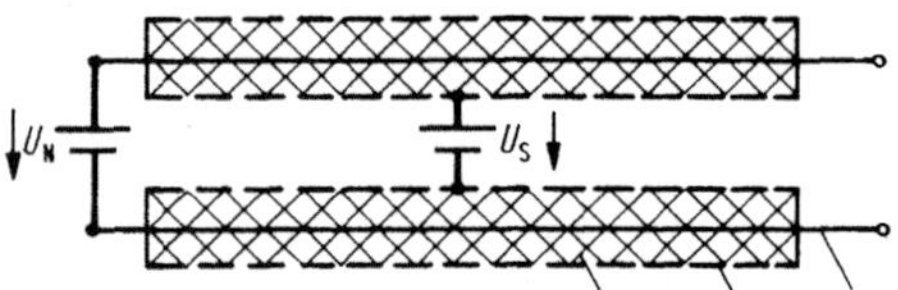

Fig. 4.7
Prinzip der Abschirmung mit Hilfsspannung
U_N Spannung des Normals
U_S Stützspannung
L Leiter; S Schirm; I Isolation

Bei der in Fig. 4.7 schematisch dargestellten Schaltung zur Weiterleitung der Spannung eines Normalelementes U_N über längere Entfernungen sind positive und negative Leitungen einzeln geschirmt, und zwischen die voneinander isolierten Schirme ist eine „Stützspannung“ U_S gelegt. Wird diese ebenfalls von einem Normalelement geliefert, so stimmen U_N und U_S innerhalb etwa $1 \cdot 10^{-4}$ überein, und die Kriechströme werden so verringert, als ob der Isolationswiderstand auf das 10^4fache erhöht wäre.

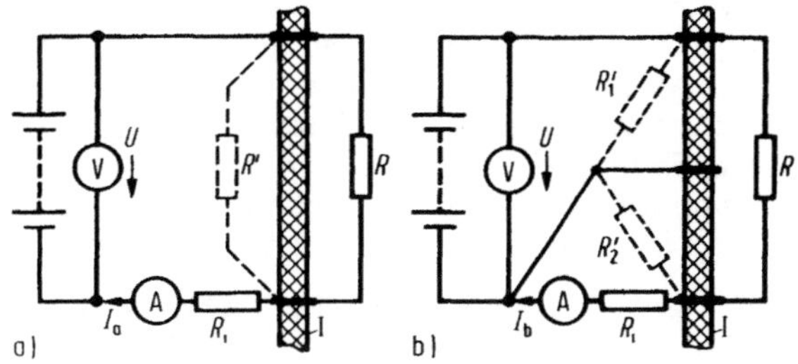

Fig. 4.8
Widerstandsmessung aus Stromstärke und Spannung
a) ohne und b) mit Kriechstromschutz
Die Ersatzwiderstände der Isolierstrecken sind gestrichelt dargestellt
U Anzeige des Spannungsmeßgerätes
I_a, I_b Anzeigen des Strommeßgerätes
R zu messender Widerstand
R_i Innenwiderstand des Strommeßgerätes
R', R_1', R_2' Isolationswiderstände
I Isolator

In Fig. 4.8 ist der Aufbau eines Meßkreises für die Bestimmung eines hochohmigen Widerstandes aus Stromstärke und Spannung (vgl. **4**.1.3.3) a) ohne und b) mit Kriechstromschutz dargestellt. Aus den Meßgeräteanzeigen erhält man

$$\frac{U}{I_a} = R\left(\frac{1}{1 + R/R'}\right) + R_i \quad \text{und} \quad \frac{U}{I_b} = R\left(1 + \frac{R_i}{R_2'}\right) + R_i. \tag{4.8}$$

Da man $R_2' \approx R'/2$ ansetzen kann, wird in Schaltung b) gegenüber a) der Meßfehler aufgrund von Kriechströmen im Verhältnis $2R_i/R$ verringert.

Abschirmung gegen elektromagnetische Felder Selbst bei Präzisionsmessungen sind in der Gleichstrom-Meßtechnik im allgemeinen keine Abschirmmaßnahmen gegen elektromagnetische Felder erforderlich. Nur wenn besonders starke Störer (Mittelwellensender, Radaranlagen) in der näheren Umgebung vorhanden sind, müssen bei besonders empfindlichen Messungen Abschirmmaßnahmen in Form von Abschirmkabinen oder geschirmten Räumen (Siemens (1984) s. auch **4**.3.4.4) getroffen werden.

4.1.1.5 Analog anzeigende Meßgeräte

In diesem Abschnitt werden die Grundlagen analog anzeigender Meßgeräte behandelt, die unabhängig von der Art der Meßgröße sind und als charakteristische Eigenschaften dieser Meßgeräte angesehen werden können. Die Verwendung analog anzeigender Meßgeräte zur Messung von Spannung, Widerstand, Stromstärke und Leistung wird in **4**.1.2.4, **4**.1.3.3, **4**.1.4.3 und **4**.1.5.1 beschrieben. Aufbau und Wirkungsweise der verschiedenen Meßwerke können der Literatur entnommen werden.

Stöckl u. Winterling (1987), Weber u. Urbat (1979)

Direkt wirkende Meßgeräte Anzeigende Meßgeräte bilden aus der Meßgröße eine zum Meßwert analoge Zeigerstellung (teilweise werden Skale und Zeiger auch schon durch einen Bargraphen ersetzt, das sind quasi-analoge Leuchtbalken-Anzeigen mit Diodenketten oder Gasentladungsröhren). Direkt wirkende Meßgeräte arbeiten nach dem Prinzip der Drehmomentenwaage. Die zu messende elektrische Größe erzeugt zwischen dem beweglichen Teil und den übrigen Teilen des Meßwerks ein elektrisches Drehmoment, dem – mit Ausnahme der Quotientenmeßwerke – ein von einer Drehfeder erzeugtes mechanisches Drehmoment entgegengerichtet ist. Bei Gleichheit beider Momente stellt sich ein bestimmter Drehwinkel ein, der mittels eines Zeigers auf einer im allgemeinen in der Einheit der Meßgröße kalibrierten Skale abgelesen werden kann.

Elektronische Meßgeräte messen elektrische und nichtelektrische Größen mit elektronischen Mitteln. Sie bestehen aus einem Meßwertumformer und der Anzeigeeinrichtung. Der Meßwertumformer besitzt die Aufgabe, das Meßsignal zu verstärken und ggf. weiterzuverarbeiten. Als Anzeigeeinrichtung dient ein Drehspulmeßwerk geringer Empfindlichkeit, da es ja von einem Verstärker gespeist wird. Durch die geringe Empfindlichkeit kann das Meßwerk sehr robust und mit ausgezeichneten Dämpfungs- und Linearitätseigenschaften gebaut werden.

Meßverstärker liefern eine der Meßgröße proportionale Spannung oder Stromstärke bestimmter Ausgangsleistung bei möglichst geringer Eingangsleistung und sollen Änderungen der Meßgröße praktisch ohne zeitliche Verzögerungen folgen. Mit ihrer Hilfe können Meßgrößen addiert, subtrahiert, logarithmiert, integriert oder sonst einer mathematischen Funktion unterzogen werden.

Eigenverbrauch Aufgrund der eingebauten Verstärker haben elektronische Meßgeräte einen sehr geringen Eigenverbrauch, was sich in besonders hochohmigen Eingangsschaltungen oder einer hohen Empfindlichkeit ausdrückt. Fig. 4.9 zeigt den Leistungsbedarf von verschiedenen Verstärkertypen im Vergleich zu dem von auch heute noch gebräuchlichen Meßwerken. Bei letzteren liegt der Eigenverbrauch zwischen einigen Mikrowatt bei empfindlichen Drehspulmeßwerken bis zu einigen Watt bei direkt wirkenden schreibenden Meßgeräten. Der Eigenverbrauch von Meßverstärkern liegt noch um bis zu 12 Zehnerpotenzen unter dem der Drehspulmeßwerke. Da viele Meßkreise nicht in der Lage sind, größere Meßleistungen zu liefern, kann der Meßwert beim Anschluß von Geräten mit hohem Eigenverbrauch infolge der Belastung des Meßkreises leichter verfälscht werden.

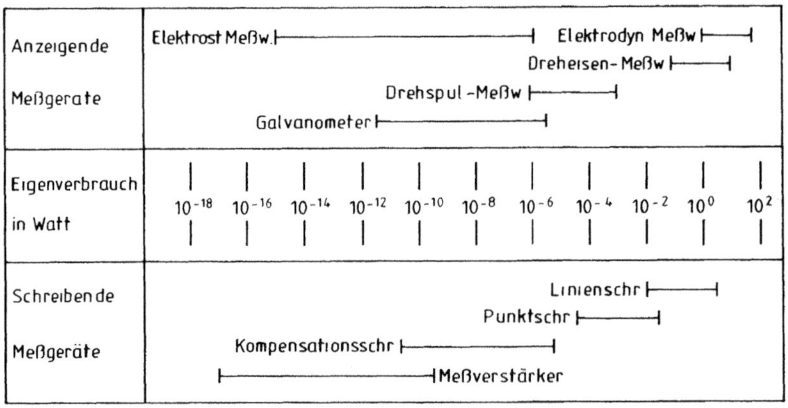

Fig. 4.9 Eigenverbrauch anzeigender und schreibender Meßgeräte (nach Stöckl u. Winterling (1987))

Empfindlichkeit Die Empfindlichkeit eines Meßgerätes ist definiert als der Quotient aus der Änderung der Anzeige und der sie verursachenden Änderung der Meßgröße. Bei Meßgeräten mit linearer Charakteristik ($\alpha = k \cdot I$) ist die Empfindlichkeit im gesamten Anzeigebereich konstant ($S = \Delta\alpha/\Delta I = k$). Bei Meßgeräten mit nichtlinearer Charakteristik ändert sich die Empfindlichkeit über den Anzeigebereich. Bei Meßgeräten mit quadratischer Charakteristik ($\alpha = k' \cdot I^2$) nimmt die Empfindlichkeit beispielsweise mit

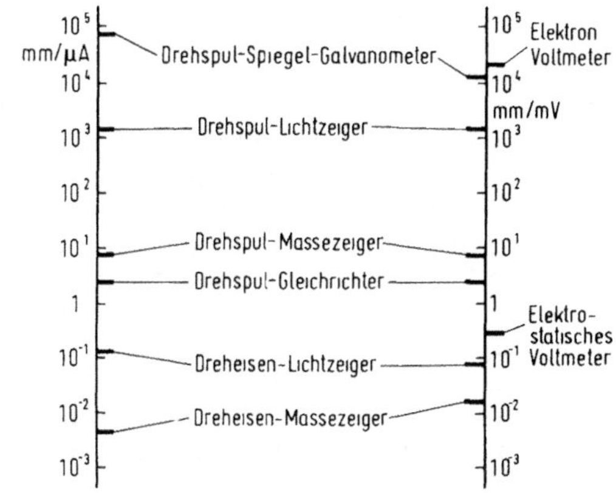

Fig. 4.10
Empfindlichkeit elektrischer Meßgeräte (nach Moeller (1961))

der zu messenden Stromstärke zu: $S = \mathrm{d}\alpha/\mathrm{d}I = 2 \cdot k' \cdot I$. Über die Empfindlichkeit der verschiedenen Meßwerke gibt die Fig. 4.10 Auskunft.

Klassifizierung Die Klassifizierung von Meßgeräten erfolgt nach ihrer Arbeitsmethode und gemäß ihrer Genauigkeitsklasse (DIN EN 60051). Die Genauigkeitsklasse kennzeichnet eine Gruppe von Meßgeräten oder Zubehör, deren Genauigkeit mit derselben Zahl angegeben werden kann. Feinmeßgeräte werden einer der Klassen 0,05 - 0,1 - 0,2 - 0,3 und 0,5 zugeordnet, Betriebsmeßgeräte einer der Klassen 1 - 1,5 - 2 - 2,5 - 3 und 5. Das Klassenzeichen gibt den höchstzulässigen Fehler in Prozenten des Bezugswertes an, z. B. ±0,5% bei Genauigkeitsklasse 0,5, wobei der Bezugswert der Meßbereichsendwert oder die Skalenlänge ist. Daher kann der relative Fehler bezogen auf den Meßwert auf ein Mehrfaches anwachsen, wenn die Ablesung am Anfang der Skale erfolgt. Liest man beispielsweise auf einem Gerät der Klasse 1 mit linearer 100teiliger Skale 5 Skalenteile ab, so kann der relative Fehler der Messung bis zu ±20% betragen.

Einflußeffekte können zu einer Vergrößerung des Anzeigefehlers führen und treten immer dann auf, wenn die Umgebungsbedingungen, unter denen ein Meßgerät betrieben wird, von den Referenzbedingungen abweichen. Denn bei dem mit dem Klassenzeichen festgelegten Fehler handelt es sich immer um den Grundfehler, der unter Referenzbedingungen eingehalten werden muß. Mit den Referenzbedingungen sind bestimmte Werte oder Wertebereiche für Umgebungstemperatur, Ausrichtung des Meßgerätes (bezüglich Erdfeld), magnetisches und elektrisches Fremdfeld, Lage und Einbaubedingungen, Frequenz und Kurvenform (bei Wechselstromgrößen) und Welligkeit (bei Gleichstromgrößen) festgelegt.

Aufschriften und Symbole Meßgeräte müssen auf der Skala oder außen auf dem Gehäuse Aufschriften tragen, die das Ursprungszeichen oder den Namen des Herstellers, die Meßgröße, die Genauigkeitsklasse, die Wirkungsweise des Meßgerätes und das Lagezeichen kennzeichnen. Für die Mehrzahl der Aufschriften sind Symbole festgelegt, die in Tab. T. 4.01 in Band 3 auszugsweise wiedergegeben sind.

DIN EN 60051, Teil 1 bis 9 (1991)

4.1.1.6 Digitale Meßgeräte

Analoge und digitale Darstellung einer Meßgröße Der Wert einer Meßgröße kann grundsätzlich auf zwei Arten dargestellt werden: analog oder digital. Bei einem analogen Meßverfahren ist der Meßgröße ein Ausgangssignal zugeordnet, das ein eindeutiges und stetiges Abbild dieser Meßgröße ist. Analoge Meßverfahren werden überall dort eingesetzt, wo eine oder mehrere Meßgrößen gleichzeitig kontrolliert werden müssen oder wo die Änderungsrichtung einer Meßgröße beobachtet werden soll. Bei einem digitalen Meßverfahren wird der Meßgröße ein Ausgangssignal zugeordnet, das ein mit vorgegebener Schrittweise quantisierter Meßwert ist. Die kleinste erfaßbare Änderung der Meßgröße ist durch die gewählte Schrittweite bestimmt. Zur weiten Verbreitung der digitalen Meßgeräte haben neben ihrer geringen Meßunsicherheit und dem hohen Auflösungsvermögen, der Meßgeschwindigkeit und dem Bedienungskomfort nicht zuletzt die Möglichkeiten beigetragen, die eine Speicherung, Übertragung und Weiterverarbeitung von Meßdaten in digitaler Form bieten. Darüber hinaus sind digitale Meßgeräte weitgehend unempfindlich gegen Temperaturänderungen, Schwingungs- und Stoßbeanspruchungen sowie andere äußere Störeinflüsse.

Analog-Digital-Wandler Kernstück eines jeden digitalen Meßgeräts ist der Analog-Digital-Wandler (ADW, im Englischen ADC), der die analoge Eingangsgröße – in den meisten Fällen eine Gleichspannung – in eine ihr entsprechende Ausgangsgröße in digitaler Form umwandelt. Eine umfassende Systemtheorie der A/D-Wandler ist bei Best (1974) beschrieben. Hinsichtlich der Umwandlungsgeschwindigkeit und der Störsignalunterdrückung unterscheidet man zwischen Verfahren, die den Momentanwert der Meßgröße erfassen, und integrierenden Verfahren, die den zeitlichen Mittelwert der Meßgröße bilden.

Momentanwertverschlüssler Verfahren, die den Momentanwert erfassen, zeichnen sich durch eine hohe Umwandlungsgeschwindigkeit aus, sind jedoch anfälliger gegen Störungen. Sie machen unter Umständen zusätzliche Filter zur Störsignalunterdrückung erforderlich, die die Umwandlungsgeschwindigkeit herabsetzen. Zwei bekannte Vertreter der Momentanwertverschlüssler sind der Stufenverschlüssler (Successive Approximation ADC) und der Sägezahnverschlüssler (Voltage to Time ADC).

Integrierende Verschlüssler Die integrierenden Verfahren verbinden geringe Meßunsicherheit und hohe Auflösung mit einer sehr guten Störsignalunterdrückung, besitzen jedoch eine geringere Umsetzungsgeschwindigkeit. Der Spannungs-Frequenz-Umsetzer (Voltage to Frequency ADC) und der ADW nach dem Zwei-Schritt-Verfahren (Dual Slope ADC) sind die bekanntesten Vertreter der integrierenden Verfahren (Dokter u. Steinhauer (1978); Tobey u. a. (1971)). Besonders der zuletzt erwähnte ADW bildet einen guten Kompromiß zwischen kleiner Meßunsicherheit, Störsignalunterdrückung, Umwandlungsgeschwindigkeit sowie Schaltungsaufwand und ist der heute am häufigsten eingesetzte Wandler.

Dual-Slope-Verfahren Fig. 4.11 zeigt das vereinfachte Blockschaltbild eines ADW nach dem Zwei-Schritt-Verfahren. Der gesamte Meßvorgang wird, zeitlich gesehen, in zwei Meßperioden aufgeteilt: ein fest vorgegebenes Zeitintervall Δt_1, in dem ein Integrationskondensator C von der Meßspannung über einen Widerstand R aufgeladen wird, und ein veränderliches Zeitintervall Δt_2, in dem der Kondensator von einer konstanten Referenzspannung wieder entladen wird. Wenn die Werte für R und C fest vorgegeben

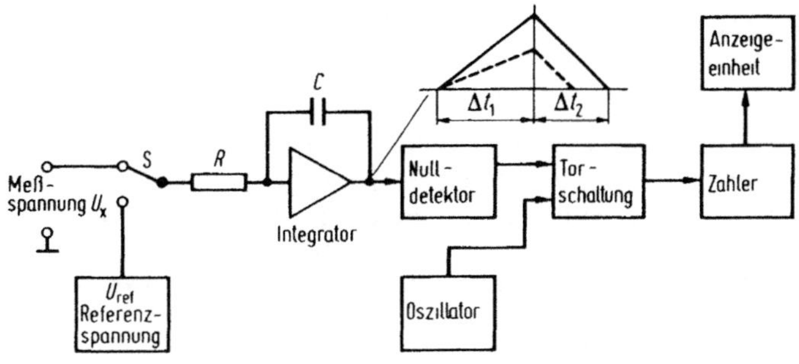

Fig. 4.11
Prinzipschaltbild eines Digital-Analog-Wandlers nach dem Dual-Slope-Verfahren
S Schalter; *R* Widerstand; *C* Integrationskondensator; Δt_1 Zeitintervall 1 (Aufladevorgang); Δt_2 Zeitintervall 2 (Entladevorgang)

sind, wird die Steilheit der Integrator-Ausgangsspannung während des Aufladevorgangs nur noch von der Meßspannung bestimmt. Dagegen läuft der Entladevorgang mit fester Flankensteilheit, jedoch veränderlichem Zeitintervall Δt_2 ab. Die Meßspannung U_x ist dem Produkt aus Referenzspannung U_{ref} und den Zeitintervall Δt_2 proportional:

$$U_x = -U_{ref} \cdot \frac{\Delta t_2}{\Delta t_1}. \tag{4.9}$$

Ein Zähler mißt dieses Zeitintervall Δt_2, indem er während des Entladevorgangs die vom Oszillator über eine Torschaltung einlaufenden Impulse aufsummiert; da die Entladezeit des Kondensators der Meßspannung proportional ist, zeigt die Anzeigeeinheit direkt den Wert der Meßspannung an. Die Steuerung des Meßvorgangs besorgt eine Kontrollogik, die der Einfachheit halber in Fig. 4.11 weggelassen worden ist.

Für das Dual-Slope-Verfahren sind verschiedene Varianten im Blick auf eine besonders geringe Meßunsicherheit und bessere Linearität (Scheerer (1975)) oder höhere Meßgeschwindigkeit bei reduziertem Anzeigeumfang (Jones u. a. (1981) entwickelt worden. Moderne digitale Meßgeräte vereinigen beide Eigenschaften miteinander (Goeke (1989)) und besitzen eingebaute Mikroprozessoren, die die Steuerung des Meßvorgangs einschließlich der Selbstkalibrierung übernehmen und darüber hinaus noch arithmetische Operationen durchführen, z. B. Ermittlung der relativen Unsicherheit der Meßgröße, Berechnung von Mittelwert und Standardabweichung für eine Meßreihe, Einbeziehung der Kennlinien von Meßwertaufnehmern (Thermopaare, Widerstandsthermometer). Für Wechselspannungsmessungen stehen die in **4.2** beschriebenen Meßwertumformer zur Verfügung.

4.1.1.7 Registrierende Meßgeräte

Registrierende Meßgeräte zeichnen den Verlauf einer oder mehrerer Meßgrößen in Abhängigkeit von der Zeit oder von einer anderen Meßgröße auf, um sie genauer beobachten oder auswerten zu können. Die Aufzeichnung einer Meßgröße in ihrem zeitlichen Verlauf oder in Abhängigkeit von einer anderen Meßgröße hat gegenüber Einzelmessungen den Vorteil der größeren Anschaulichkeit und der einfacheren Auswertung. Schnellere zeitliche Änderungen einer Meßgröße lassen sich mit analogen Meßgeräten ohnehin nicht mehr durch Einzelmessungen erfassen.

Die Einteilung der schreibenden Meßgeräte erfolgt nach DIN 43781 nach der Aufzeichnungsart (Linienschreiber, Punktschreiber), nach der Art des Meßwerks (Drehspulmeßwerk, Kompensationsmeßwerk), nach dem Aufzeichnungsverfahren (Tinte, Faserstift, Metallpapier, Wachspapier) und nach der Form des Aufzeichnungsträgers (Kreisblatt, Trommelblatt, Streifen).

Linienschreiber zeichnen den zeitlichen Verlauf einer Meßgröße als geschlossenen Kurvenzug auf und besitzen daher gegenüber Punktschreibern eine sehr viel höhere Schreibgeschwindigkeit. Allerdings muß bei Mehrkanalschreibern ein Zeitversatz zwischen den einzelnen Schreibspuren in Kauf genommen werden, wenn nicht die einzelnen Kanäle parallel aufgezeichnet werden (Verringerung der Schreibbreite!) oder der Zeitversatz durch eine elektronische Verzögerungsschaltung ausgeglichen wird (Mehrkosten !).

Punktschreiber zeichnen den zeitlichen Verlauf der Meßgröße als Punktfolge auf, ihre Anwendung ist daher auf langsame Vorgänge beschränkt, besonders dann, wenn mehrere Kanäle aufgezeichnet werden sollen. Ein Zeitversatz zwischen den einzelnen Schreibspuren tritt nicht auf.

Meßwerke Mit der Ausnahme von Punktschreibern muß das Drehmoment der Meßwerke direkt wirkender schreibender Meßgeräte mindestens einhundertmal größer sein, als das größte durch Reibung verursachte Drehmoment. Daher werden nur kräftige Meßwerke verwendet, am häufigsten Drehspulmeßwerke. Die Drehbewegung des beweglichen Organs wird mit Hilfe einer Geradführung (Ellipsenlenker, Kulissengeradführung) in eine lineare Bewegung umgewandelt. Bei Punktschreibern wird der Papierstreifen über eine Schreibkante geführt, die eine Sehne des vom Meßwerkzeiger beschriebenen Kreisbogens bildet. Diese Sehnengeradführung besitzt kein zusätzliches Reibungsmoment und ergibt ausreichende Linearität.

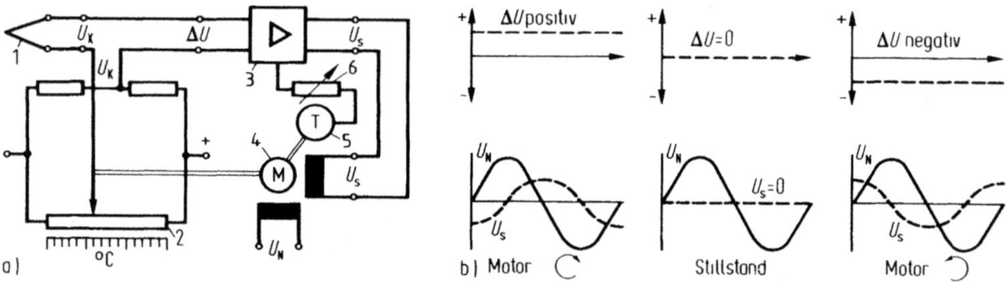

Fig. 4.12 Kompensationsschreiber, Prinzip und Wirkungsweise (Temperaturmessung mit Thermoelement)
1 Thermoelement
2 Abgleichpotentiometer
3 Verstärker mit Wechselrichtereingang
4 Meßmotor
5 Tachogenerator mit
6 Dämpfungseinstellung
U_X Meßspannung; U_K Kompensationsspannung; ΔU Differenzspannung; U_S Steuerspannung; U_N Netzspannung

Kompensationsmeßwerke Für noch höhere Drehmomente verwendet man Drehspulmeßwerke mit Drehmomentkompensation und Kompensationsmeßwerke (DIN 43782). Letztere arbeiten nach dem Prinzip des selbstabgleichenden Kompensators (s. **4**.1.2.6). Sie sind die heute am häufigsten bei Schreibern eingesetzten Meßwerke. Die prinzipielle

Wirkungsweise ist anhand von Fig. 4.12 zu erkennen. Die zu messende Gleichspannung U_x (z. B. die Spannung eines Thermopaares 1) wird mit der Kompensationsspannung U_K verglichen, die als Ausgangsspannung einer mit konstanter Speisespannung betriebenen Brücke erscheint. Weichen beide Spannungen voneinander ab, so entsteht eine positive oder negative Differenzspannung ΔU, die einem hochverstärkenden Gleichspannungsverstärker 3 zugeführt wird. Die Ausgangsspannung U_S des Verstärkers steuert einen Meßmotor 4 an. Dieser bewegt den Abgriff des Abgleichpotentiometers 2 der Brücke nach rechts oder links so lange, bis Meß- und Kompensationsspannung annähernd gleich sind. Die Stellung des Abgriffs kennzeichnet den Wert der Meßspannung, sie wird durch einen Seilzug auf die Anzeige- und Schreibvorrichtung übertragen. Im Augenblick des Abgleichs ist die Meßstromquelle unbelastet. Da das Kompensationsmeßwerk einen geschlossenen schwingungsfähigen Regelkreis darstellt, wird durch eine um 90° phasenverschobene geschwindigkeitsabhängige Wechselspannung eine einstellbare Dämpfung bewirkt. Sie wird von dem Tachogenerator 5 erzeugt und über einen veränderlichen Widerstand dem Verstärker zugeführt. Als Meßmotor werden Zweiphasenmotore oder auch Gleichstrommotore verwendet, seit einiger Zeit auch Linearmotore (Puschban (1977)).

XY-Schreiber – auch als Koordinatenschreiber bezeichnet – arbeiten ausschließlich nach dem Prinzip des selbstabgleichenden Kompensators. Sie besitzen zwei voneinander unabhängige Kompensationssysteme, die den funktionalen Zusammenhang zwischen zwei Größen in einem rechtwinkligen Koordinatensystem aufzeichnen. Die gebräuchlichsten Schreibformate sind DIN A3 und DIN A4. Die elektrostatische Papierhalterung verhindert, daß sich das Registrierpapier während des Aufzeichnungsvorgangs verschiebt. XY-Schreiber besitzen in jedem Fall Eingangsverstärker, die die Meßgrößen auf einen für die Aufzeichnung geeigneten Wert bringen. Für X-*t*- oder Y-*t*-Aufzeichnungen steht bei einer ganzen Reihe von Modellen eine Zeitbasis zur Verfügung. Bei vielen Geräten kann der Nullpunkt kontinuierlich über die gesamte Schreibbreite verschoben werden, zusätzlich besitzen sie eine automatische Meßbereichsumschaltung.

Statische Eigenschaften Wenn man einen Schreiber zum Aufzeichnen einer Meßgröße in Abhängigkeit von der Zeit oder einer anderen Variablen verwenden will, so fragt man zunächst nach den statischen Eigenschaften des Schreibers. Sie sind durch Ablenkfaktor, Linearität, Einstellunsicherheit, Ansprechempfindlichkeit, Reproduzierbarkeit und Eingangsdaten des Meßverstärkers bestimmt.

Der Ablenkfaktor gibt an, welche Eingangsspannung erforderlich ist, um eine Auslenkung des Schreiborgans um einen Zentimeter zu erzielen. Der Meßverstärker ist dabei berücksichtigt.

Unter dem Linearitätsfehler versteht man die Abweichung der Anzeige von der linearen Funktion, bezogen auf die Schreibbreite.

Die Einstellunsicherheit kennzeichnet die bleibende Abweichung des Schreiborgans von der infolge der Meßgröße einzunehmenden Stellung, bezogen auf die Schreibbreite.

Die Ansprechempfindlichkeit gibt an, welche Änderung der Meßgröße, bezogen auf den Meßbereichsendwert, erforderlich ist, um eine Änderung in der Anzeige hervorzurufen.

Die Reproduzierbarkeit beschreibt die Abweichungen, die bei der wiederholten Registrierung gleicher Funktionsabläufe auftreten, bezogen auf die Schreibbreite.

Die Eingangsschaltungen der Meßverstärker sind im allgemeinen erdfrei ausgeführt. Ihre Eingangswiderstände liegen in der Größenordnung 1 MΩ. In den empfindlichen Meßbereichen darf der Quellwiderstand Werte zwischen 1 kΩ und 10 kΩ nicht überschreiten.

Dynamische Eigenschaften Inwieweit das vom Schreiber geschriebene Diagramm identisch mit der tatsächlichen Zeitfunktion der Meßgröße ist, bestimmen die dynamischen Eigenschaften des Schreibers (Unterholzner (1966) und (1978)), die durch die maximale Schreibgeschwindigkeit, die maximale Beschleunigung, den linearen Aussteuerbereich des Regelverstärkers, die Grenzfrequenz und die Zeitkonstante des mechanischen Systems charakterisiert werden. Die maximale Übergangszeit und das maximale Überschwingen werden von diesen Größen bestimmt.

Die maximale Schreibgeschwindigkeit ist die Endgeschwindigkeit, die der Schreibschlitten bei einer Sprungfunktion am Meßeingang durch den Antrieb des Servosystems erfährt; typischer Wert für v_{max} ist 100 cm/s.

Unter der maximalen Beschleunigung versteht man die Beschleunigung, die am Schreibschlitten zu Beginn einer Sprungfunktion am Meßeingang auftritt (typischer Wert: $b_{max} = 40\,m/s^2$, dieser Wert entspricht dem Vierfachen der Erdbeschleunigung).

Der lineare Aussteuerbereich des Verstärkers kennzeichnet die maximale Abweichung zwischen Istwert (entsprechend der Stellung des Schreibschlittens) und Sollwert (entsprechend der Größe des Eingangssignals), bei der der Regelverstärker gerade noch in seinem linearen Bereich arbeitet. Er wird durch die in cm gemessene Auslenkung des Schreibschlittens ermittelt (typischer Wert: 1 cm).

Die Grenzfrequenz eines Schreibers ist durch einen Amplitudenabfall bei sinusförmiger Eingangsgröße um -6 dB (entsprechend 50%) gekennzeichnet. Sie ist in starkem Maße von der Schreibbreite abhängig und muß daher im Datenblatt für eine bestimmte Schreibbreite angegeben werden (z. B. $f_g = 15$ Hz für ± 10 mm Schreibbreite).

Die Zeitkonstante des mechanischen Systems bestimmt im wesentlichen die Reglerzeitkonstante und ist damit die für das dynamische Verhalten des Schreibers bestimmende Größe (typischer Wert: $T = 25$ ms).

Als Übergangszeit t_u wird die Zeitspanne bezeichnet, die der Schreibschlitten bei einer Sprungfunktion am Eingang vom Start bis zum Erreichen des durch die Meßunsicherheit vorgegebenen Toleranzbereiches benötigt. Sie setzt sich aus zwei Anteilen zusammen: der Anfahrzeit und der Bremszeit. Angenähert gilt $t_u \approx 1{,}5\,T + A/v_{max}$, mit A = Amplitude der Sprungfunktion in cm.

Ein Überschwingen des Schreibschlittens über die Endlage hinaus kann durch optimale Dämpfung des Servosystems weitgehend vermieden werden. Bei XY-Schreibern sollten nach Möglichkeit die dynamischen Eigenschaften in beiden Koordinatenrichtungen übereinstimmen.

4.1.1.8 Nullindikatoren

Nullindikatoren werden für den Nachweis der Stromlosigkeit in einem Meßkreis oder der Potentialgleichheit zwischen zwei Punkten einer Meßschaltung benötigt, sie werden in Komparator-, Kompensations- oder Brückenschaltungen eingesetzt (s. **4**.1.2.6, **4**.1.3.5 und **4**.1.4.4).

An einen Nullindikator sind die folgenden Bedingungen zu stellen:

- Nachweis kleinster Stromstärken I oder Spannungen U,
- angemessen kurze Einstellzeit,
- hinreichende Nullpunktstabilität und
- möglichst geringe Rückwirkung auf die zu messende Größe.

Die genannten Bedingungen lassen sich nicht alle gleichzeitig optimal erfüllen, vielmehr muß für den jeweiligen Anwendungsfall der passende Nullindikator gewählt werden. Nach der Diskussion einiger Grundprinzipien werden verschiedene Arten von Nullindikatoren beschrieben.

Auflösungsgrenze Die kleinste noch nachweisbare physikalische Wirkung ΔH_{min} ist durch die Heisenbergsche Unbestimmtheitsbeziehung begrenzt und kann die Größe des Planckschen Wirkungsquantums h nicht unterschreiten

$$\Delta H_{min} \approx h \quad \text{mit} \quad h = 6{,}625 \cdot 10^{-34}\,\text{Js}. \tag{4.10}$$

ΔH_{min} ist gleich dem Produkt aus der Beobachtungsdauer τ und der in dieser Zeit nachweisbaren kleinsten Energie ΔE_{min}

$$\Delta E_{min} \cdot \tau = \Delta E_{min}/\Delta f \approx h \quad \text{mit} \quad \tau = 1/\Delta f. \tag{4.11}$$

Bei einer Beobachtungszeit von einer Sekunde, entsprechend einer Bandbreite von einem Hertz, ergibt sich

$$\Delta E_{min} \approx 10^{-33}\,\text{J} \quad \text{und} \quad \Delta P_{min} = E \cdot f \approx 10^{-33}\,\text{W}. \tag{4.12}$$

Der Nachweis solcher kleinsten Leistungen ist bisher nur mit speziell ausgeführten SQUID-Nullindikatoren gelungen (s. Ende des Abschnitts).

Rauschen In der Mehrzahl aller Fälle wird die erreichbare Meßempfindlichkeit jedoch durch Rauschen, d. h. statistische Schwankungen des vom Nullindikator zu detektierenden Signals, begrenzt (Müller (1979)). In der Gleichstrommeßtechnik sind es vor allen Dingen das thermische Rauschen und niederfrequente Rauscheffekte ($1/f$-Rauschen), die das Auflösungsvermögen eines Nullindikators begrenzen. Thermisches Rauschen (weißes Rauschen) ist durch eine von der Frequenz unabhängige Rauschleistungsdichte gekennzeichnet, die sich zu

$$\Delta P_r(T)/\Delta f = k_B \cdot T \tag{4.13}$$

berechnet (Nyquist (1928)), mit Δf Bandbreite, k_B Boltzmann-Konstante und T absoluter Temperatur. Für $T = 300\,\text{K}$ und $\Delta f = 1\,\text{Hz}$ ergibt sich hieraus als Rauschleistung am Eingang eines Nullindikators

$$\Delta P_r \approx 4 \cdot 10^{-21}\,\text{W}. \tag{4.14}$$

Wie Gl. (4.13) zeigt, kann der Einfluß thermischen Rauschens durch längere Meßzeiten, entsprechend einer kleineren Bandbreite Δf herabgesetzt werden. In der Praxis stellt man jedoch häufig fest, daß dies nur bis zu einer bestimmten maximalen Meßzeit möglich ist. Bei weiterer Ausdehnung der Meßzeit über diese Grenze hinaus bleibt die ermittelte

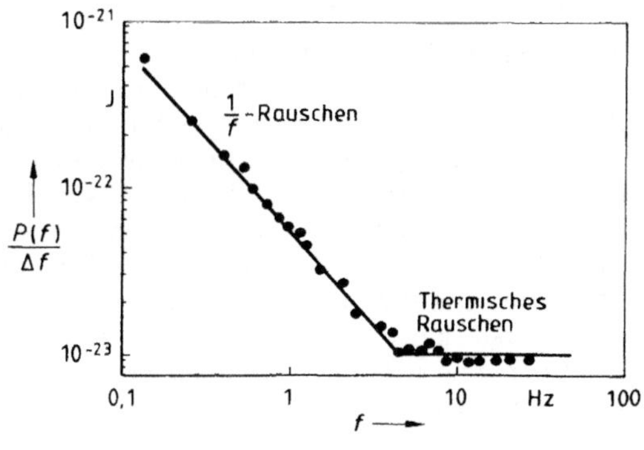

Fig. 4.13
Gemessene spektrale Rauschleistungsdichte $P_r/\Delta f$ eines SQUID-Nullindikators (Gutmann u. Kose (1987))

Streuung der Meßwerte konstant oder nimmt sogar wieder zu. Ursache dafür ist das $1/f$-Rauschen, das durch eine frequenzabhängige Rauschleistungsdichte charakterisiert ist (Bell (1980), Hooge u.a. (1981)). Fig. 4.13 zeigt dies am Beispiel eines SQUID-Instruments. Genauer betrachtet handelt es sich um eine $1/f^{\beta}$-Abhängigkeit, wobei β im allgemeinen in einem Wertebereich $0{,}5 \leqslant \beta \leqslant 2$ liegt.

Die Rauschleistungsdichte hängt jedoch nicht nur von der Frequenz und der Temperatur ab, sondern auch von Materialeigenschaften, Form und Abmessungen der aktiven und passiven Bauelemente. $1/f$-Rauschen wird in den unterschiedlichsten Bereichen beobachtet, Beispiele sind stromführende Dünnfilmwiderstände (Stromrauschen), Halbleiterbauelemente (Funkelrauschen), Laser, Atomuhren und SQUID-Nullindikatoren.

Leistungsanpassung, Strom- und Spannungsempfindlichkeit Die für den kleinsten erkennbaren Ausschlag von einem bestimmten Nullindikator aufgenommene Leistung P ist jeweils von der Bauform des Gerätes her gegeben. Für ein als konstant angenommenes P erhält man in einem Meßkreis beim Nullabgleich dann den geringsten Meßfehler, wenn der Innenwiderstand des Nullindikators R_i gleich dem von seinen Anschlußklemmen aus gesehenen Gesamtwiderstand der Schaltung, dem „Außenwiderstand" R_a ist (Leistungsanpassung, s. z. B. Grohmann (1968/69)).

In Abhängigkeit von der Leistung P und dem Innenwiderstand R_i gilt für die kleinste noch aufzulösende Stromstärke

$$I = \sqrt{P/R_i} \tag{4.15}$$

und für die Spannung

$$U = \sqrt{P \cdot R_i} \tag{4.16}$$

Für den Nachweis sehr kleiner Stromstärken sind hiernach Nullindikatoren mit höherem Innenwiderstand geeigneter; höherer Innenwiderstand bedeutet allerdings auch höheren Spannungsabfall am Gerät. Umgekehrt erfordert der Nachweis sehr kleiner Spannungen einen möglichst niedrigen Innenwiderstand.

Der Quotient aus der Änderung der Anzeige eines Meßgerätes und der sie verursachenden Änderung der Meßgröße wird nach DIN 1319, Teil 2 als Empfindlichkeit bezeichnet (nicht der Kehrwert!). Zwischen der Spannungsempfindlichkeit S_u und der Stromempfindlichkeit S_i besteht der Zusammenhang

$$S_u = S_i/R \tag{4.17}$$

wobei $R = R_i + R_a$, d. h. der Gesamtwiderstand im Meßkreis ist.

Elektronische Nullindikatoren Elektronische Nullindikatoren für Gleichstrom bestehen im wesentlichen aus einem hochempfindlichen Vorverstärker und einer nachgeschalteten Anzeigevorrichtung. An den Verstärker werden hinsichtlich Drift und Rauschen hohe Anforderungen gestellt, die im allgemeinen von direkt gekoppelten Verstärken nicht erfüllt werden können, da Störeinflüsse, besonders bei niedrigen Frequenzen, und Gleichstromdrift auf den Verstärkungsfaktor einwirken. Man verwendet daher häufig Trägerfrequenzen, deren Wirkungsweise darin besteht, daß das Frequenzband der Meßgröße in eine störarme Zone transformiert und die Meßgröße in einem Wechselspannungsverstärker praktisch driftfrei verstärkt wird. Für Gleichstromanwendungen sind Chopper- und Modulationsverstärker besonders geeignet. Elektronische Nullindikatoren für Wechselstrom s. **4**.2.2.7.

Chopper- und Modulationsverstärker Chopper- (Zerhacker-) (Tietze u. Schenk (1974), Arnolds (1976), Tobey u. a. (1971)) und Modulationsverstärker (Bonfig u. Nebl (1968), Wehrle (1966)) sind häufig benutzte Hilfsmittel zur drift- und störungsarmen Verstärkung von Gleichspannungen. Das Blockschaltbild eines Chopperverstärkers zeigt Fig. 4.14. Die zu verstärkende Eingangs-Gleichspannung U_e wird in dem Chopper Ch (Zerhacker) zerhackt und die dabei entstehende Wechselspannung von dem nachgeschalteten Wechselspannungsverstärker WV verstärkt. Der Synchrondemodulator SDM (phasenselektiver Gleichrichter) richtet dessen Ausgangsspannung phasenrichtig gleich. Der Trägerfrequenzgenerator TFG speist sowohl den Chopper als auch den Synchrondemodulator mit einem rechteckförmigen Signal. Der Modulationsverstärker entspricht in seinem Aufbau dem des Chopperverstärkers. Er verwendet anstelle des Choppers einen Modulator, der mit einem sinusförmigen Signal angesteuert wird.

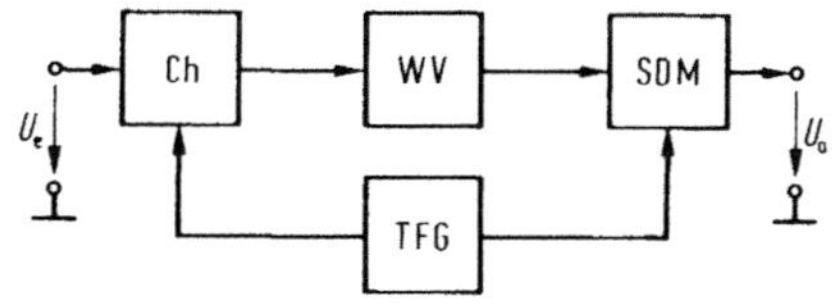

Fig. 4.14
Blockschaltbild eines Chopperverstärkers
U_e Eingangsspannung; U_a Ausgangsspannung; Ch Chopper (Zerhacker); WV Wechselspannungsverstärker; SDM Synchrondemodulator (phasenselektiver Gleichrichter); TGF Trägerfrequenzgenerator

Zum Zerhacken kann man mechanische Schalter, Transistoren, Feldeffekttransistoren (FET's), Dioden, Photowiderstände, Kapazitätsdioden und Schwingkondensatoren verwenden (s. Tab. T. 4.02 in Band 3), wobei die FET-Chopper die am häufigsten eingesetzten Zerhacker sind. Mit ihnen lassen sich Offsetspannungen kleiner 1 µV und Offsetströme mit Stromstärken kleiner 10 pA erreichen. Die temperatur- und zeitbedingte Drift liegt bei 50 nV/°C und 0,5 µV/Monat bzw. 1 pA/°C. Für Anwendungen, bei denen es auf Offsetströme mit besonders kleinen Stromstärken ankommt (100 fA bis 1 fA), eignen sich Modulatoren mit Kapzazitätsdioden oder Schwingkondensatoren (Wehrle (1966)).

Die Möglichkeit, gleichzeitig geringe Offsetspannungen und -ströme erreichen zu können, und die gute zeitliche Stabilität sichern den Chopperverstärkern auch heute noch einen Vorsprung vor den besten direktgekoppelten Operationsverstärkern mit bipolaren Transistoren oder Feldeffekttransistoren. Ihr Nachteil einer niedrigen Grenzfrequenz kann durch Zusammenschaltung eines Chopperverstärkers mit einem direktgekoppelten Verstärker vermieden werden. Das Blockschaltbild eines solchen chopperstabilisierten Verstärkers zeigt Fig. 4.15a. Die Eingangsspannung U_e wird gleichzeitig auf den Eingang des Chopperverstärkers CV (Verstärkung V_1) und über einen Hochpaß HP auf den invertierenden Eingang des direktgekoppelten Verstärkers DV (Verstärkung V_2) gegeben. Bei niedrigen Frequenzen sperrt der Hochpaß ($U_p \gg U_n$), und die Schaltung arbeitet wie eine Reihenschaltung aus Chopperverstärker und direktgekoppeltem Verstärker. Die Eingangsspannungsdrift ist ungefähr gleich der des Chopperverstärkers, und die Gesamtverstärkung V_g ergibt sich als Produkt aus den Einzelverstärkungen V_1 (Chopperverstärker) und V_2 (direktgekoppelter Verstärker). Bei hohen Frequenzen fällt die Verstärkung des Chopperverstärkers stark ab, der Hochpaß überträgt die Eingangsspannung auf den invertierenden Eingang des direktgekoppelten Verstärkers ($U_n \gg U_p$). In diesem Frequenzbereich arbeitet der Verstärker DV als normaler invertierender Verstärker mit der Verstärkung V_2. Den Frequenzgang der Gesamtverstärkung zeigt Fig. 4.15b.

Fig. 4.15 Chopperstabilisierter Verstärker
a) Blockschaltbild
U_e Eingangsspannung; U_a Ausgangsspannung; U_n Spannung am invertierenden Eingang von DV; U_p Spannung am nicht invertierenden Eingang von DV; CV Chopperverstärker; HP Hochpaß; DV direktgekoppelter Verstärker
b) Frequenzgang des Verstärkers
V_1 Verstärkung des Chopperverstärkers CV; V_2 Verstärkung des direktgekoppelten Verstärkers DV; V_g Gesamtverstärkung; V_0 Bezugswert der Verstärkung; ω Kreisfrequenz; ω_0 Bezugswert für die Kreisfrequenz

Elektrometerverstärker (Keithley Instruments (1977)) kennzeichnen eine Gruppe von Gleichspannungsverstärkern mit extrem kleinen Eingangsstromstärken (typisch $5 \cdot 10^{-14}$ A) und sehr hohen Eingangswiderständen (typisch $10^{14}\,\Omega$ bis $10^{16}\,\Omega$). Als Schalter werden MOS-FET's und Schwingkondensatoren verwendet MOS-FET's sind relativ preiswert und werden daher in der Mehrzahl aller Fälle eingesetzt. Seit einiger Zeit gibt es sie als monolithische Doppel-Transistoren mit Temperaturkompensation und Schutzschirm. Diese Art von Transistoren besitzt hervorragende Eigenschaften, die denen von Schwingkondensatoren vergleichbar ist. Da MOS-FET's sehr empfindlich gegen Überspannungen sind, müssen sie durch Eingangsschutzschaltungen gesichert werden. Verstärker mit Schwingkondensatoren besitzen nach wie vor die geringsten Eingangsströme und höchsten Eingangswiderstände. Wenn sie trotzdem nicht so häufig eingesetzt werden, so liegt das an ihrem hohen Preis sowie der niedrigen Grenzfrequenz (ca. 100 Hz) und kleinen Leerlaufverstärkung (etwa 800). In entsprechender Beschaltung sind Elektrometerverstärker vor allen Dingen für Stromstärke- und Ladungsmessungen (s. **4**.1.4.6) sowie zur Messung hochohmiger Widerstände (s. **4**.1.3.7) geeignet.

Gleichspannungsverstärker werden häufig zum Nachweis kleinster Signale verwendet. Aus diesem Grunde sind beim Umgang mit diesen Verstärkern einige Punkte zu beachten, auf die im folgenden kurz eingegangen wird (in Ergänzung s. **4**.1.1.3 und **4**.1.1.4):

Rauschen: Rauschspannung und/oder Rauschstromstärke begrenzen die maximale Auflösung einer Meßapparatur. Bei weißem Rauschen ist die Grenze der Auflösung in etwa durch das Fünffache des Effektivwertes von Rauschspannung oder Rauschstromstärke gegeben. Wenn der Schaltungsaufbau vorgegeben ist, kann der Einfluß des Rauschens nur durch Verkleinerung der Bandbreite verringert werden. Dem sind jedoch durch $1/f$-Rauschen, Anstiegszeit, Meßzeit und Drift Grenzen gesetzt. Während die Rauschspannung beim weißen Rauschen mit der Wurzel aus dem Widerstand zunimmt, fällt die Rauschstromstärke mit $1/\sqrt{R}$ ab.

Drift: Unter Drift versteht man langsame Änderungen von Eingangsstrom, Offsetstrom und Offsetspannungen bei Verstärkern, die durch zeitliche und temperaturbedingte Änderungen von Bauteilen oder sonstige Einflüsse hervorgerufen werden. Während direktgekoppelte Verstärker nur in einer Richtung driften, bewegen sich bei Chopper- und Modulationsverstärkern die Änderungen um den Mittelwert Null herum.

Isolationswiderstand: Der Isolationswiderstand einer Schaltung sollte einige Zehnerpotenzen größer sein als der Innenwiderstand einer Spannungsquelle (Fehler durch Spannungsteilung!)

oder der Strommeßwiderstand (Fehler durch Stromteilung!). Die Eingangswiderstände von Elektrometerverstärkern erfüllen diese Bedingungen im allgemeinen. Die Auswahl geeigneter Isoliermaterialien erfolgt nach Volumen- und Oberflächenleitfähigkeit, Absorption von Wasser, piezo- und reibungselektrischen Eigenschaften. Saphir (teuer, schwer zu bearbeiten) und Teflon (PTFE, gut zu bearbeiten, Piezo- und Reibungselektrizität!) sind die besten Isoliermaterialien. Polystyrol, Polyäthylen, Quarz und spezielle Keramiken besitzen ebenfalls gute Isoliereigenschaften.

Piezo- und Reibungselektrizität: Vibration und Bewegung sind die Ursachen für piezo- und reibungselektrische Effekte. Durch Beseitigung der Vibrationsquellen, möglichst kompakten Schaltungsaufbau und Verwendung spezieller Koaxialkabel mit einer leitenden Graphitschicht unter dem Schirm kann diesen Effekten wirkungsvoll begegnet werden.

Elektromagnetische Felder: Magnetische Felder spielen im allgemeinen keine große Rolle. Ihnen kann durch Vermeidung von Erdschleifen und eine magnetische Abschirmung begegnet werden, auch wenn sich niederfrequente magnetische Felder nur mit hohem Aufwand abschirmen lassen. Elektrische Felder spielen vor allen Dingen bei den hochohmigen Elektrometerverstärkern eine große Rolle. Sie können zu nicht erkannten Änderungen der Anzeige führen oder den Eingangsverstärker in die Sättigung treiben. Abhilfe schaffen Abschirmungen und ggf. die Beseitigung der Störquellen. Allerdings ist zu beachten, daß eine Abschirmung die Streukapazität erhöht, was Rückwirkungen auf die Anstiegszeit und das Rauschen haben kann.

Erdung: Bei Meßsystemen, die an mehreren Stellen geerdet sind – z. B. über den Schutzleiter! –, werden Erdschleifen gebildet, in deren Folge Erdströme oder elektromagnetische Einstreuungen auftreten können. Erdschleifen lassen sich durch sternförmige Erdung der einzelnen Geräte eines Meßsystems oder Geräte mit erdfreiem Eingang vermeiden. Bei besonders empfindlichen Messungen kann sich auch die Schleifenbildung durch kapazitive Kopplung über die Netztransformatoren negativ auswirken. Abhilfe schaffen hier geschirmte Netztransformatoren mit kleiner Koppelkapazität oder batteriebetriebene Geräte.

Thermospannungen: s. **4.1.1.3**

Schutzschirmtechnik: s. **4.1.1.4**

Hochohmige Widerstände: s. **4.1.3.1**

Galvanometer mit fotoelektrischem Verstärker Im Vergleich zu elektronischen Nullindikatoren besitzen Galvanometer die Nachteile, daß sie erschütterungsfrei aufgestellt werden müssen, einen nicht langzeitstabilen Nullpunkt und eine nur optische, nicht für die weitere Verarbeitung von Daten geeignete Anzeige haben. Ihre Vorteile sind das rein passive Verhalten (es werden keine elektrischen oder magnetischen Störungen auf den Meßkreis übertragen), die Vermeidung von Netzanschluß und Hilfsversorgungen (abgesehen von der vollständig vom Meßkreis getrennten Beleuchtungseinrichtung) und dadurch bedingt die Möglichkeit, sie auf beliebigem Potential zu betreiben; trotzdem werden sie heutzutage praktisch nicht mehr eingesetzt.

Eine gewisse Bedeutung für Präzisionsmessungen speziell in störempfindlichen Meßkreisen haben nur noch Galvanometer mit fotoelektrischem Verstärker (Guildline (1972d)), bei denen ein herkömmliches Galvanometer mit einem Fotozellen-Verstärker kombiniert wird. Dadurch ist eine optimale Widerstandsanpassung an den jeweiligen Meßkreis möglich, und es werden mit solchen Anordnungen sehr hohe Empfindlichkeiten bei Raumtemperatur erreicht, insbesondere dann, wenn man zwei dieser Geräte kaskadiert (Leontiew (1980)).

Bei dem Gerät, dessen Prinzipschaltungen in Fig. 4.16 dargestellt sind, wird als Primärgalvanometer G_P eine ölgefüllte Ausführung benutzt. Es ist dadurch gegen mechanische Schwingungen und Wechselgrößen mit Frequenzen größer als einige Hertz hinreichend gedämpft. Ein durch Masken begrenzter Lichtstrahl wird vom Galvano-

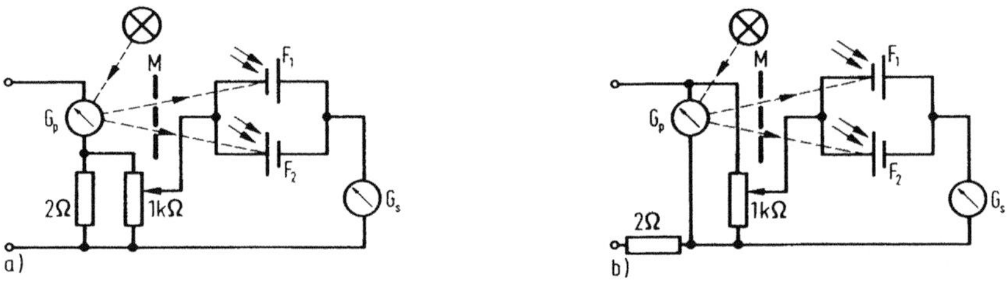

Fig. 4.16 Schaltung eines Galvanometer-Fotozellenverstärkers (nach Guildline (1972d))
a) Rückkopplung in Serienschaltung
b) Rückkopplung in Parallelschaltung
G_P, G_S Spiegelgalvanometer im Primär- und Sekundärkreis; F_1, F_2 Fotozellen; M Masken

meterspiegel auf zwei gegensinnig geschaltete Fotozellen geworfen. Der Nullpunkt wird so eingestellt, daß beide Zellen gleichmäßig etwa zur Hälfte belichtet werden und die erzeugten Fotoströme gleich groß sind. Bei Auslenkung des Spiegels werden die Ströme unterschiedlich, und der Differenzstrom fließt über das Sekundärgalvanometer G_S. Durch Rückkopplung in Serien oder Parallelschaltung können die Verstärkung und der wirksame Eingangswiderstand in dem in Tab. 4.2 angegebenen weiten Bereich verändert werden.

Tab. 4.2 Daten eines Galvanometer-Fotozellenverstärkers (nach Guildline (1972d))

	Rückkopplung in Serienschaltung	Parallelschaltung
Eingangswiderstand in Ω	120 bis 3600	2
Stromempfindlichkeit in mm/nA	900	0,5 bis 15
Spannungsempfindlichkeit in mm/nV	7,5 bis 0,25	1 bis 30

SQUID-Nullindikatoren Gerade in den letzten Jahren hat die moderne Präzisionsmeßtechnik einen Stand erreicht, der außergewöhnliche Anforderungen auch an die Nullindikatoren stellt. Mit der Einführung von Josephson-Spannungsnormalen (s. **4**.1.2.2) und Widerstandsnormalen auf der Grundlage des Quanten-Hall-Effekts (s. **4**.1.3.1) werden auch SQUID-Nullindikatoren immer häufiger eingesetzt.

SQUIDs (Superconducting **QU**antum **I**nterference **D**evices) sind hochauflösende Magnetometer, die auf den Phänomenen Flußquantisierung und Quanteninterferenz beruhen (Kose u. Melchert (1991), Gallop (1991), Heiden (1989), Fagaly (1987)). Sie bestehen im wesentlichen aus einer supraleitenden Ringstruktur, die von einer oder zwei schwachen Koppelstellen (weak links) unterbrochen ist. Diese Koppelstellen – sogenannte Josephson-Kontakte – begrenzen den Suprastrom im Ring auf einen Wert, der periodisch vom magnetischen Fluß im Ring abhängt. Die Periode ist durch das magnetische Flußquantum $\Phi_0 = h/2e = 2{,}07 \cdot 10^{-15}$ Vs gegeben. Die hohe Empfindlichkeit der SQUIDs beruht darauf, daß noch wenige Bruchteile – etwa der millionste Teil – dieses an und für sich schon sehr kleinen Flußquantums aufgelöst werden können. Da die Funktion der SQUIDs auf Quanteneffekten der Supraleitung beruht, ist eine Abkühlung des Sensors unter die Sprungtemperatur, in der Regel Betrieb in flüssigem Helium bei 4,2 K, notwendig.

In Fig. 4.17a ist die Anordnung eines sogenannten Gleichstrom-SQUIDs (DC-SQUID) mit zwei Josephson-Kontakten dargestellt. In den Ring wird ein konstanter Gleichstrom eingeprägt mit einem Wert oberhalb des maximalen Suprastroms durch die beiden Koppelstellen. Die am Ring entstehende elektrische Spannung ist eine periodische Funktion des magnetischen Flusses im Ring. Eine weitere Variante ist das Wechselstrom-SQUID (Rf-SQUID), das einen supraleitenden Ring mit nur einer Koppelstelle aufweist (Fig. 4.17b). Die periodische Abhängigkeit des maximalen Suprastromes im Ring vom magnetischen Fluß beeinflußt die Wechselspanung eines angekoppelten elektrischen Resonanzkreises so, daß auch sie eine periodische Flußabhängigkeit zeigt.

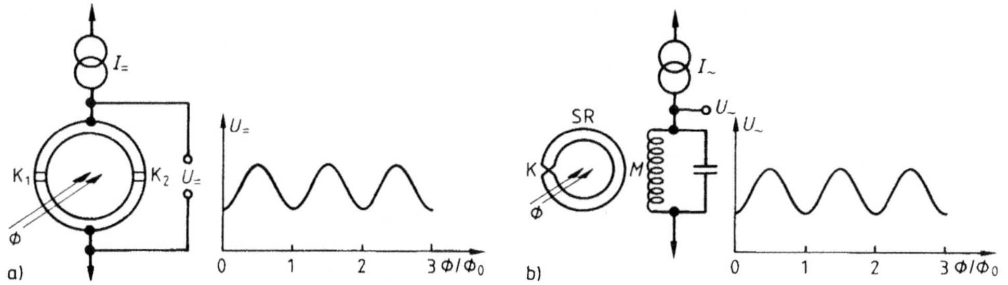

Fig. 4.17 Prinzipielle Wirkungsweise von SQUIDs
a) Gleichstrom-SQUID
b) Wechselstrom-SQUID
SR Supraleitender Ring
K, K_1, K_2 Koppelstellen
$I_=$ voreingestellte Gleichstromstärke
$I_\sim$ voreingestellte Wechselstromstärke
$U_=$ Spannungsabfall über dem supraleitenden Ring
$U_\sim$ Spannungsabfall über dem Resonanzkreis
M Gegeninduktivität
Φ magnetischer Fluß im Ring
Φ_0 magnetisches Flußquantum

Zur Messung kleinster Stromstärken und Spannungen ist ein SQUID mit einer Einkoppelspule versehen, die Änderungen der Stromstärke oder Spannung in entsprechende Änderungen des magnetischen Flusses umsetzt. Ein SQUID-Instrument kann daher als Strom-/Spannungsumsetzer mit einer extrem hohen Verstärkung angesehen werden. Weitere herausragende Eigenschaften sind sehr geringes Rauschen, ein großer Dynamikbereich, gute Linearität und große Bandbreite. Typische Werte sind $> 10^7$ V/A für die Signalverstärkung, $< 10^{-30}$ J/Hz für die Eingangsempfindlichkeit, $< 10^{-7}$ für die relative Abweichung von der Linearität und eine Bandbreite von einigen Hundert kHz. Aufgrund seiner um einen Faktor 100 höheren Energieauflösung hat sich im Laufe der Zeit das DC-SQUID gegenüber dem Rf-SQUID durchgesetzt. Die elektronischen Kreise für die Signalauswertung und Rückkopplung begrenzen die Signal-Anstiegszeit auf 10^5 bis $10^6\,\Phi_0$/s.

Die Rauscheigenschaften (vgl. **4.3.4.6**) eines SQUIDs können als Rauschstromquelle der Rauschtemperatur T an seinem Eingang beschrieben werden. Kommerziell erhältliche SQUID-Nullindikatoren sind nur in Meßkreisen mit relativ niedrigen Widerständen zum Nachweis kleinster Spannungen verwendbar. Die Rauschtemperaturen eines solchen SQUIDs betragen etwa 0,2 mK bis 2 mK bei 1 mΩ, 0,2 K bis 2 K bei 1 Ω und

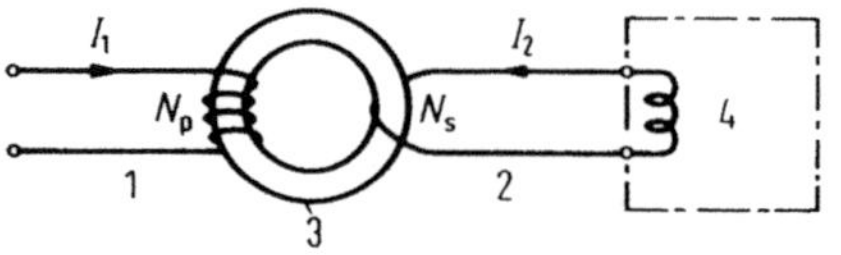

Fig. 4.18
Prinzip eines Flußtransformators für SQUID-Nullindikatoren
1 Normalleitender Primärkreis
2 Supraleitender Sekundärkreis
3 Ferromagnetischer Kern
4 SQUID mit Nachweissystem
N_P, N_S Windungszahlen im Primär- und Sekundärkreis

200 K bis 2000 K bei 1 kΩ (Biomagnetic Technologies (1990)). Für den Nachweis kleinster Stromstärken und zur Anpassung an höhere Kreiswiderstände bis etwa 1 MΩ verwendet man sogenannte Flußtransformatoren (Gutmann u. Kose (1987), s. Fig. 4.18). Dadurch wird die Rauschtemperatur mit dem Quadrat des Verhältnisses der Windungszahlen $(N_s/N_p)^2$ kleiner (Kose (1983)). Mit $N_s/N_p = 1/1000$ lassen sich die Rauschtemperaturen auf rund 2 mK für 1 kΩ und rund 2 K für 1 MΩ herabsetzen.

4.1.1.9 Kalibrierung und Rückführung auf nationale Normale

Um richtiges Messen sicherzustellen oder den Fehler eines Meßgerätes zu ermitteln, ist es notwendig, dieses mit einem höherwertigen Normal bzw. einer Normalmeßeinrichtung zu vergleichen. Die in den nachfolgenden Abschnitten behandelten Normale und Normalmeßeinrichtungen verkörpern nicht von Natur aus die entsprechenden SI-Einheiten. Sie müssen folglich auf diese zurückgeführt werden, was über eine Kalibrierkette erfolgt, an deren Ende die nationalen metrologischen Institute stehen. Für die Bundesrepublik Deutschland ist dies die Physikalisch-Technische Bundesanstalt (PTB (1990)). Sie hat im Rahmen des „Gesetzes über Einheiten im Meßwesen" (Einheitengesetz 1985) unter anderem die Aufgabe, die SI-Einheiten darzustellen, zu bewahren und zu reproduzieren sowie weiterzugeben. Dies erfolgt im Bereich des gesetzlichen Meßwesens im Rahmen des „Gesetzes über das Meß- und Eichwesen" (Eichgesetz 1988) und im Bereich des industriellen Meßwesens im Rahmen des 1977 als Gemeinschaftsaufgabe von Staat und Wirtschaft gegründeten „Deutschen Kalibrierdienstes" DKD (DKD-1 (1994)). Die entsprechenden internationalen Gremien sind die Meterkonvention, OIML und WELMEC sowie ILAC und EAL (Kochsiek (1990)).

Die wesentlichen Forderungen an ein Normal sind zeitliche Stabilität und Unabhängigkeit von äußeren Einflußgrößen. Da beide Forderungen für Gleichstromnormale nur in bestimmten Grenzen erfüllbar sind (Melchert (1976)), müssen Normale von Zeit zu Zeit – je nach Anforderungen – direkt oder über Zwischenschritte an die von der PTB bereitgestellten nationalen Normale oder Verkörperungen der Einheiten angeschlossen werden. Tab. 4.3 zeigt die Darstellung, Bewahrung und Weitergabe von Einheiten am Beispiel der elektrischen Einheiten Ampere, Volt und Ohm.

Die Einheit der Stromstärke, das Ampere (A), ist eine der 7 Basiseinheiten des SI (s. **9**.1.4.1). Die abgeleiteten Einheiten für die Spannung, das Volt, und den Widerstand, das Ohm, ergeben sich aus der Gleichsetzung elektrischer und mechanischer Energie und lassen sich als Potenzprodukte aus den Basiseinheiten der Elektrodynamik ausdrücken. Die Darstellung erfolgt mit Strom- (Kibble u.a. (1990)) oder Spannungswaagen (Funck u. Sienknecht (1991)) bzw. mit Hilfe einer berechenbaren Kapazität (Bachmair u.a. (1986)). Da die Darstellung einer Einheit sehr aufwendig ist, werden diese Experimente ausschließlich in den Staatsinstituten durchgeführt.

Tab. 4.3 Darstellung, Bewahrung und Weitergabe elektrischer Einheiten (nach Kose u. Melchert (1991))

	Ampere	Volt	Ohm
Definition	A	$V = s^{-3} m^2 kgA^{-1}$	$\Omega = s^{-3} m^2 kgA^{-2}$
Darstellung	Stromwaage	Spannungswaage	Kreuzkondensator
Reproduzierung via Fundamentalkonstanten	Gyromagnetischer Effekt	Josephson-Effekt	Quanten-Hall-Effekt
Weitergabe		Elektronische Spannungsnormale, Normalelemente	Normalwiderstände

Die Reproduzierung der in Tab. 4.3 aufgeführten Einheiten erfolgt mit Hilfe von Quantennormalen (Kose u. Melchert (1991)), die trotz sehr viel aufwendigerer Meßanordnungen seit kurzem die klassischen Normale abgelöst haben. Grund dafür sind ihre Vorzüge wie Unabhängigkeit von Ort und Zeit, geringe Abhängigkeit von Einflußgrößen und Langzeitstabilität. Mit Hilfe von Quantennormalen können die Einheiten Volt und Ohm mit einer Unsicherheit reproduziert werden, die noch deutlich geringer ist, als die Unsicherheit, mit der diese Einheiten dargestellt werden können. Dies hat das Comité International des Poids et Mesures (CIPM), ein Gremium der Meterkonvention, dazu bewogen, für die Josephson-Konstante und die von-Klitzing-Konstante, durch die diese Normale bestimmt sind, Zahlenwerte festzulegen, um die geringe Unsicherheit bei der Reproduzierung für eine weltweite Einheitlichkeit bei der Messung elektrischer Größen nutzbar zu machen (s. a. **4**.1.2.2 und **4**.1.3.1).

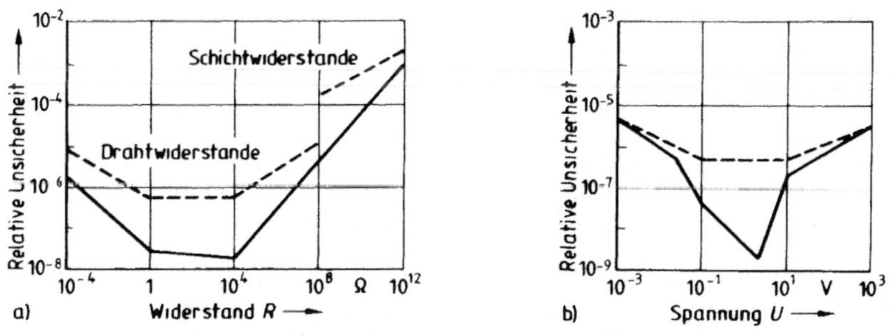

Fig. 4.19 Schematische Darstellung der minimalen Meßunsicherheiten
a) für Gleichstromwiderstände im Bereich $10^{-4}\,\Omega$ bis $10^{12}\,\Omega$
b) für Gleichspannungen im Bereich 10^{-3} V bis 10^3 V
—— Meßunsicherheit der PTB-Normale
– – – Untere Grenze der geforderten Meßunsicherheit bei Kalibrierungen (Stand 1992)

Die Weitergabe der elektrischen Einheiten erfolgt durch elektronische Spannungsnormale bzw. Normalelemente und Normalwiderstände. Für den Spannungsbereich von 10^{-3} V bis 10^3 V und den Widerstandsbereich von $10^{-4}\,\Omega$ bis $10^{12}\,\Omega$ sind die Meßunsicherheiten der PTB-Normale und die bei Kalibrierungen geforderten Unsicherheiten in Fig. 4.19 schematisch dargestellt. Sind etwas höhere Unsicherheiten zulässig, so können Kalibrierungen bei Kalibrierlaboratorien des Deutschen Kalibrierdienstes (DKD) vorgenommen werden. Es sind dies Einrichtungen industrieller Unternehmen sowie öffentlicher und privater Institutionen, die auf vertraglicher Grundlage von der PTB meßtechnisch überwacht werden, deren Normale an die der PTB angeschlossen sind und die von der PTB eine Akkreditierung für die Ausstellung von Kalibrierscheinen des DKD für bestimmte Meßgrößen mit festgelegten Mindestunsicherheiten erhalten haben. Nach dem Stand Frühjahr 1994 gibt es in der Bundesrepublik Deutschland mehr als 40 für elektrische Meßgrößen akkreditierte Kalibrierlaboratorien im DKD. Die Kalibrierlaboratorien sind verpflichtet, Kalibrierungen für Dritte auszuführen. Ihr Aufgabenbereich umfaßt nicht Kalibrierungen oder Prüfungen für das Gesetzliche Meßwesen. Diese sind den Eichbehörden der einzelnen Bundesländer bzw. für elektrische Leistung- und Energiemessung den „Staatlich anerkannten Prüfstellen für Meßgeräte für Elektrizität" vorbehalten.

4.1.2 Spannung

4.1.2.1 Spannungserzeugung

Elektrochemische Stromquellen

Primärelemente Die glavanische Primärzelle stellt ein elektrochemisches System dar, das die in ihm gespeicherte chemische Energie bei Stromentnahme in elektrische Energie umwandelt. Die Primärzelle ist in der Regel nicht wieder aufladbar. Die wichtigsten technischen Daten der am häufigsten auf dem Markt befindlichen Zellen werden im folgenden kurz beschrieben. Eine zusammenfassende Übersicht ist in Tab. T 4.03a in Band 3 gegeben.

Die Braunsteinzelle (Nennspannung 1,5 V) ist die bekannteste und nach wie vor am häufigsten verwendete Primärzelle, jährlich in Milliardenstückzahl produziert. Mit NH_4Cl-Elektrolyt ist sie besonders preiswert und gut geeignet für kleine Entladestromstärken. Mit $ZnCl_2$ als Elektrolyt besitzt sie eine größere Belastbarkeit und Lecksicherheit bei höheren Kosten.

Alkali-Mangan-Zellen (Nennspannung 1,35 V) sind für hohe kontinuierliche Stromentnahme und Verwendung bei tiefen Temperaturen geeignet. Ihre Kapazität hängt in geringerem Maße von der Art der Stromentnahme ab. Bei elektrochemischen Stromquellen wird als Kapazität die elektrische Ladung bezeichnet, die ein Element bei Entladung mit konstanter Stromstärke bis zum Erreichen einer vorgegebenen Spannung in bestimmter Zeit abgeben kann. Sie wird in Amperestunden (Ah) gemessen.

Zink-Quecksilberoxid- (Nennspannung 1,35 V) und Zink-Silberoxid-Zellen (Nennspannung 1,55 V) finden hauptsächlich als Knopfzellen Verwendung. Sie zeichnen sich durch einen besonders geringen Spannungsabfall während der Entladung aus und besitzen eine hohe Kapazität sowie gute Lagereigenschaften. Für hohe Stromentnahme und Einsatz bei tiefen Temperaturen sind sie nicht gut geeignet.

Zink-Luft-Zellen (Nennspannung 1,45 V) verhalten sich ähnlich wie die beiden vorher genannten Systeme. Sie besitzen eine besonders hohe Kapazität und eine noch flachere Entladungscharakteristik.

Lithium-Systeme befinden sich nach wie vor im Stadium der Weiterentwicklung. Eine bestimmte „Lithiumbatterie" existiert nicht; vielmehr gibt es eine Vielzahl von Systemen mit anorganischen, organischen oder festen Elektrolyten, z. B. das Lithium-Braunstein-System mit einer Nennspannung von 3 V. Die Lithium-Systeme zeichnen sich durch einen sehr hohen Energiegehalt und geringes Gewicht aus. Schwierigkeiten bereitet die starke Reaktionsfähigkeit des Lithiums, die die Verwendung wäßriger Elektrolyte verbietet. Dafür sind einzelne Systeme jedoch bis herab zu Temperaturen von −40 °C verwendbar.

Primärelemente spielen auch heute noch ihre Rolle bei der netzunabhängigen Stromversorgung von Meßschaltungen, insbesondere dort, wo es auf eine möglichst geringe Störbeeinflussung ankommt. Hierbei besitzen die zeitliche Stabilität der Batteriespannung und das Rauschen eine besondere Bedeutung. Die Charakteristik der Entladekurven hängt in starkem Maße von dem verwendeten System, der Bauform, der Höhe der Stromentnahme und der Belastungsart ab (Fig. 4.20a und b). Gleiches gilt für den Innenwiderstand, der für eine Monozelle vom Zink-Braunstein-Typ bei einer Stromentnahme von 10 mA etwa 0,7 Ω beträgt. Zur Messung des Innenwiderstandes von Stromquellen s. **4**.1.3.8. Durch die Kombination von Primärelementen mit einem elektronischen Spannungsregler lassen sich sichere Stromversorgungen aufbauen (Funk (1992)), die den Akkumulatoren was Verfügbarkeit, Betriebssicherheit, Standzeit und Preis-Leistungs-Verhältnis anbelangt, überlegen sind. Und in neuerer Zeit entwickelte Stabilisierungsschaltungen mit Batterien (Robinson u. a. (1991), Bergmann u. Nilsson (1993)) erreichen eine zeitliche Stabilität, die an die von Spannungsnormalen (s. **4**.1.2.2) heranreicht. Elektrochemische Stromquellen rauschen erheblich weniger als elektrisch geregelte Konstantspannungs- und Konstantstromquellen, auch dann, wenn sie im Pufferbetrieb mit solchen Geräten arbeiten. Über Rauschuntersuchungen an Stromquellen s. Hinken u. Staben (1980). Die besonderen Merkmale der heute gebräuchlichen Primärbatterie-Systeme sind in Tab. T 4.03a in Band 3 angegeben.

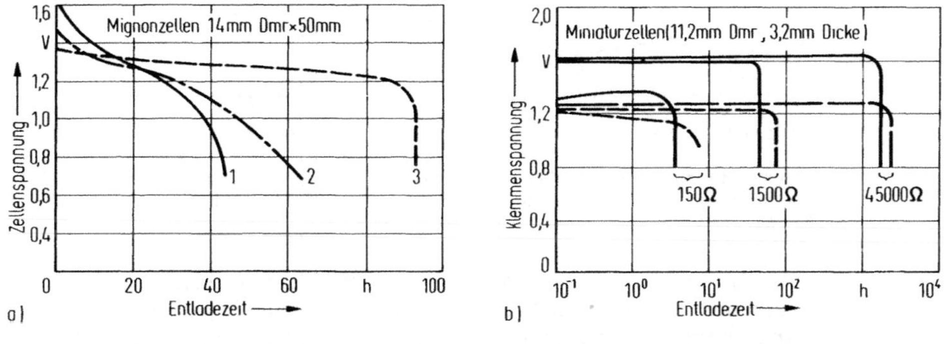

Fig. 4.20 a) Entladekurven von Mignonzellen bei intermittierender Stromentnahme 75 mA täglich 6 h (nach Huber (1966))
1 Braunsteinzelle
2 Alkali-Mangan-Zelle
3 Zink-Quecksilberoxid-Zelle

b) Entladekurven von alkalischen Miniaturzellen bei Dauerentladung über feste Widerstände (nach Jolas (1966))
—— Zink-Silberoxid-Zelle
– – – Zink-Quecksilberoxid-Zelle

Sekundärelemente Sekundärelemente unterscheiden sich von den Primärelementen im Prinzip nur dadurch, daß ihre Zellreaktion umkehrbar ist, d. h., sie sind wiederaufladbar. Die heute gebräuchlichsten Systeme sind der Bleiakkumulator und der Nickel-Cadmium-Akkumulator. Die wichtigsten Kenndaten dieser Systeme sind in Tab. T 4.03b in Band 3 aufgeführt.

Beim Bleiakkumulator beträgt die Nennspannung der Zelle 2 V. Lade- und Entladekurve sind in Fig. 4.21a dargestellt. Bei der Verwendung in Meßschaltungen empfiehlt es sich, dem Ladevorgang eine kurze Entladung vor Gebrauch folgen zu lassen, um den anfänglichen stärkeren Abfall der Entladekurve zu umgehen. Die Kapazität ist von der Entladestromstärke abhängig und wird auch entsprechend angegeben, z. B. bedeutet

$K_5 = 100$ Ah, daß die Kapazität 100 Ah beträgt bei einer Entladung innerhalb von 5 h mit 20 A. Sehr schnelle Entladung und Tiefentladung sind schädlich. Der Innenwiderstand ist in starkem Maße von der Temperatur, der Entladestromstärke, der Restkapazität und der Art der Stromentnahme abhängig. Er beträgt für einen 12 V Akkumulator mit einer Kapazität von 45 Ah etwa 4 mΩ und ist in den meisten Fällen gegenüber den äußeren Leitungswiderständen zu vernachlässigen. Durch Dauerbetrieb oberhalb von 50°C vermindert sich die Kapazität zunehmend und irreversibel. Kurzzeitig sind jedoch Betriebstemperaturen bis zu 80°C zulässig. Die untere Grenze der Betriebstemperatur liegt bei −30°C bei jedoch stark verminderter Kapazität.

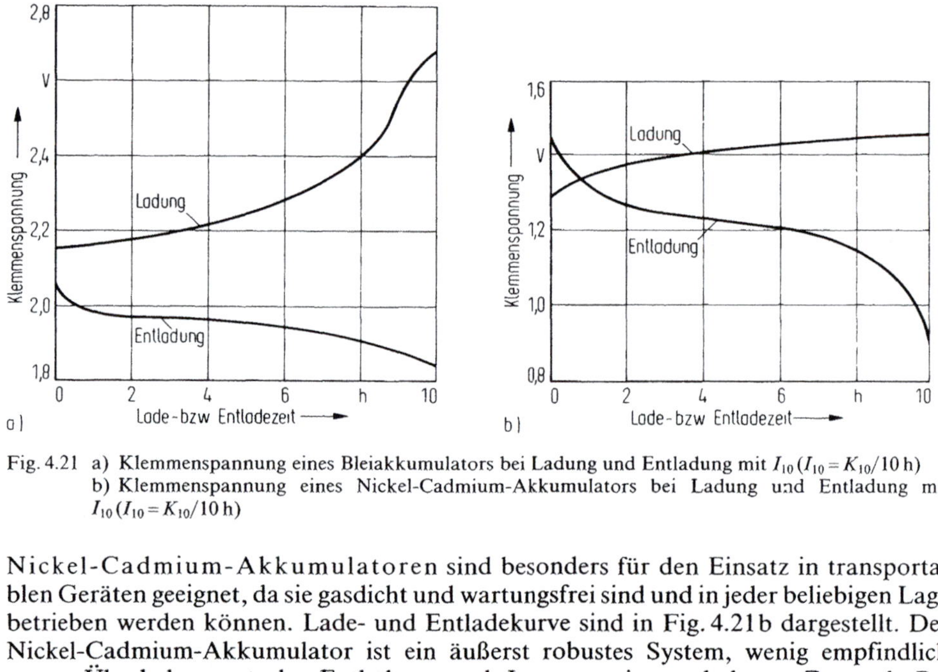

Fig. 4.21 a) Klemmenspannung eines Bleiakkumulators bei Ladung und Entladung mit I_{10} ($I_{10} = K_{10}/10$ h)
b) Klemmenspannung eines Nickel-Cadmium-Akkumulators bei Ladung und Entladung mit I_{10} ($I_{10} = K_{10}/10$ h)

Nickel-Cadmium-Akkumulatoren sind besonders für den Einsatz in transportablen Geräten geeignet, da sie gasdicht und wartungsfrei sind und in jeder beliebigen Lage betrieben werden können. Lade- und Entladekurve sind in Fig. 4.21b dargestellt. Der Nickel-Cadmium-Akkumulator ist ein äußerst robustes System, wenig empfindlich gegen Überladung, starke Entladung und Lagerung im entladenen Zustand. Bei Verwendung als Pufferbatterie zeigt sich eine scheinbare Verminderung der Kapazität, die jedoch durch eine zwischenzeitliche Vollentladung wieder rückgängig gemacht werden kann. Die Nennspannung beträgt 1,2 V. Damit ist es möglich, bei Bedarf Alkali-Mangan-Zellen durch Nickel-Cadmium-Akkumulatoren zu ersetzen.

Hochenergie-Batterien (Kiehne u. a. (1980), Panesar (1978)). Die spezifische Energie (Wh/kg) konventioneller Batteriesysteme ist zu gering, als daß diese sich in größerem Umfang zur Energiespeicherung oder für Antriebszwecke einsetzen ließen. Die zur Zeit in Entwicklung befindlichen Hochenergie-Batterien lassen eine höhere spezifische Energie und Spitzenleistung (W/kg) sowie ausreichende Rohstoffverfügbarkeit erwarten. Aussichtsreiche Systeme sind die Zink-Chlor-Zelle, die Lithium-Eisensulfid-Zelle und die Natrium-Schwefel-Zelle. Für diese Systeme werden spezifische Energien von 100 Wh/kg bis 120 Wh/kg und spezifische Spitzenleistungen von 100 W/kg bis 120 W/kg erwartet. Sie sind damit konventionellen Systemen um einen Faktor 3 bis 4 überlegen.

Brennstoffzellen (v. Sturm (1978)). Brennstoffzellen sind – elektrochemisch gesehen – mit den Primärzellen verwandt. Sie unterscheiden sich von den konventionellen Primär- und Sekundärzellen jedoch dadurch, daß die Reaktionspartner nicht innerhalb der Zelle gespeichert sind und damit die Kapazität der Zelle bestimmen, sondern den Elektroden während des Betriebs der Brennstoffzelle kontinuierlich zugeführt werden. Gleichzeitig werden die Reaktionsprodukte aus dem Elektrolyten abgeschieden.

Die laufenden Entwicklungsarbeiten sind auf Erzielung möglichst hoher Leistungsdichten, Ersatz des teuren Wasserstoffs durch billigere Kohlenwasserstoffe oder Systeme ausgerichtet, die sich abwechselnd als Brennstoffzelle oder Elektrolyseur (Energiespeicher) betreiben lassen. Die Aussicht auf Kompaktheit, hohe Wirkungsgrade und Umweltfreundlichkeit machen ihr Vordringen in den Markt der netzunabhängigen Stromversorgungen und der Energiespeichereinheiten nur noch zu einer Frage der Zeit (Huppmann (1991)).

Netzgeräte

Die in den Netzgeräten verwendeten Gleichrichterschaltungen erzeugen Gleichspannungen durch Transformation und Gleichrichtung der Netzspannung. Netzgeräte besitzen gegenüber elektrochemischen Elementen den Vorteil geringer Betriebskosten und hoher Leistungen. Von Nachteil sind Ortsgebundenheit durch den Netzanschluß und die Gefahr der Störspannungsübertragung aus dem Netz, besonders bei empfindlichen Meßgeräten.

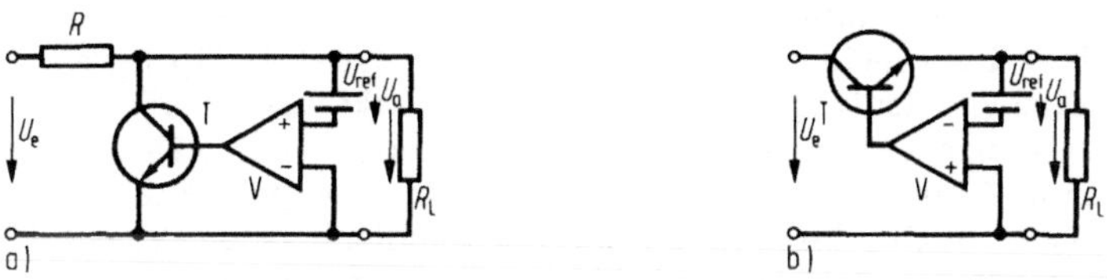

Fig. 4.22 Prinzipschaltungen geregelter Netzteile
a) Shuntstabilisierung
b) Serienstabilisierung
U_e Eingangsspannung; U_a Ausgangsspannung; U_{ref} Referenzspannung; R Vorwiderstand; R_L Lastwiderstand; V Regelverstärker; T Transistor

Geregelte Netzteile Die Prinzipschaltungen geregelter Netzteile zeigen die Fig. 4.22a und b. Bei der Shuntstabilisierung (Fig. 4.22a) steuert der Regelverstärker V den Transistor T so, daß eine Änderung der Belastung bzw. der Eingangsspannung durch eine Änderung des Spannungsabfalls am Vorwiderstand R ausgeglichen wird. Eine etwa vorhandene Regelabweichung wird durch Vergleich der Ausgangsspannung U_a mit einer Referenzspannung U_{ref} erkannt. Die Shuntstabilisierung wird nur bei kleinen Ausgangsleistungen verwendet, da sie einen sehr schlechten Wirkungsgrad (Verhältnis von Ausgangsleistung zu Eingangsleistung) besitzt. Bei der Serienstabilisierung (Fig. 4.22b) arbeitet der Transistor T als variabler Vorwiderstand, der vom Ausgang des Regelverstärkers V entsprechend einer Abweichung zwischen U_a und U_{ref} gesteuert wird. Diese Schaltung besitzt einen besseren Wirkungsgrad und wird daher auch häufiger eingesetzt.

Neben den in elektronischen Geräten häufig verwendeten Netzteilen mit den Spannungswerten 5 V, ±12 V, ±15 V und ±18 V und Geräten mit variabler Ausgangsspannung (z. B. 0 ... 30 V, 1 A) sind Sonderbauformen mit Ausgangsspannungen bis zu 60 kV, Stromstärken bis zu 5000 A und

Leistungen bis zu 300 kW auf dem Markt. Die Regelabweichungen betragen typisch 0,001% bis 0,05% bei Brumm- und Rauschspannungen von 50 µV bis 1 mV. Der Wirkungsgrad liegt zwischen 30% und 50%.

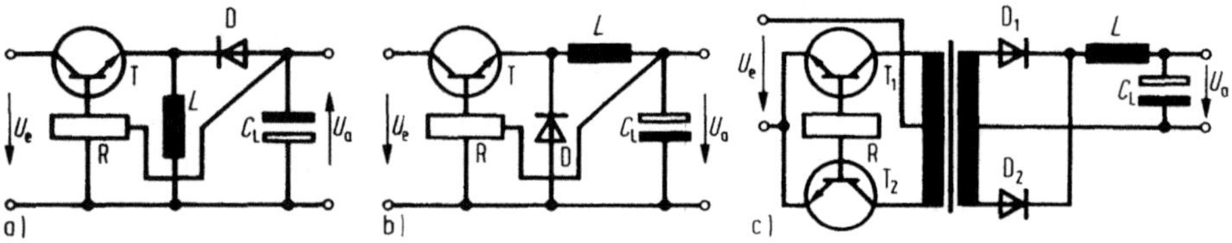

Fig. 4.23 Schaltnetzteile, Prinzipschaltungen
a) Sperrwandler
b) Durchflußwandler
c) Gegentaktwandler
U_e Eingangsspannung; U_a Ausgangsspannung; R Regelschaltung; D, D_1, D_2 Dioden; T, T1, T_2 Schalttransistoren, L Induktivität, C_L Ladekondensator

Schaltnetzteile Einen sehr viel besseren Wirkungsgrad als die geregelten Netzteile – er liegt zwischen 65% und 80% – bei gleichzeitig kleineren Abmessungen erreichen Schaltnetzteile (Valvo u. Siemens (1977)), die daher besonders bei höheren Ausgangsleistungen immer häufiger eingesetzt werden. Ihre Wirkung beruht auf der Zerhackung einer im allgemeinen direkt aus der Netzspannung abgeleiteten Gleichspannung mit anschließender Gleichrichtung. Die Regelung der Ausgangsspannung erfolgt meistens über eine Veränderung des Tastverhältnisses bei konstanter Zerhackerfrequenz (Taktfrequenz 15 kHz bis 50 kHz). Gebräuchliche Schaltungsprinzipien sind der Sperrwandler (Fig. 4.23a), der Durchflußwandler (Fig. 4.23b) und der Gegentaktwandler (Fig. 4.23c). Während beim Sperrwandler der Ausgangssiebkondensator C nur während der Sperrphase des Tansistors T durch die in der Drosselspule L gespeicherte Energie nachgeladen wird, ist dies beim Durchfluß- und Gegentaktwandler in beiden Schaltphasen der Fall. Der Sperrwandler wird daher nur bei kleinen Leistungen (10 W bis 100 W) eingesetzt, während der Durchflußwandler bei mittleren Leistungen (100 W bis 500 W) und der Gegentaktwandler für hohe Leistungen (500 W bis 2000 W) verwendet wird. In den Regeleigenschaften sind die Schaltnetzteile den geregelten Netzteilen unterlegen. Gleichzeitig erzeugen sie höhere Störspannungen, die ihren Einsatz in empfindlichen Meßgeräten verbieten. Die Regelabweichungen betragen typisch 0,2% bei Brumm- und Rauschspannungen von 20 mV.

Gleichspannungskalibratoren

Gleichspannungskalibratoren sind einstellbare Spannungsquellen höchster Genauigkeit (Eccleston u. a. (1982)), die dazu dienen, andere Meßgeräte – in der Mehrzahl digitale Volt- und Multimeter – in rechnergesteuerten Meßeinrichtungen zu kalibrieren. Ihre prinzipielle Wirkungsweise soll anhand des Blockschaltbildes in Fig. 4.24 erläutert werden. Alle Ausgangsgrößen werden aus einer Referenz-Gleichspannung abgeleitet, wie sie auch in den elektronischen Spannungsnormalen (s. **4**.1.2.2) verwendet wird. Die zeitliche Stabilität und das Rauschen dieser Referenzspannung bestimmen weitgehend die Eigenschaften des gesamten Kalibrators. Als Spannungsteiler wird ein nach dem Impulsbreiten-Modulationsverfahren arbeitender Digital/Analog-Wandler (Plaßmann (1981)) eingesetzt. Er besitzt den Vorteil, daß die Teilungsverhältnisse nicht wie bei üblichen D/A-Wandlern von Widerstandsnetzwerken bestimmt werden, sondern

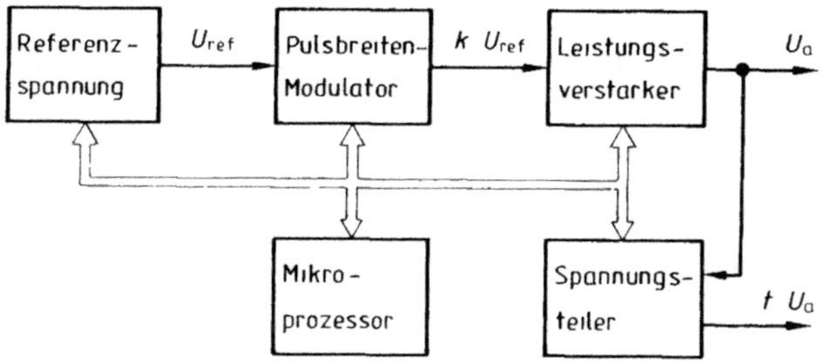

Fig. 4.24
Blockschaltbild für einen Gleichspannungskalibrator
U_{ref} Referenzspannung; k Teilungsfaktor für Referenzspannung; U_a Ausgangsspannung; t Teilungfaktor für kleine Ausgangsspannungen

vom Verhältnis zweier digital gebildeter Zeitintervalle, die keiner zeitlichen Änderung unterliegen. Der Leistungsverstärker besteht aus eincm Vorverstärker mit einem sehr hohen Verstärkungsfaktor und einer Leistungsendstufe. In dieser Stufe wird auch die Bereichsumschaltung für die höheren Ausgangsspannungs-Bereiche vorgenommen. Die niedrigen Ausgangsspannungs-Bereiche werden mit Hilfe von Spannungsteilern direkt von der Ausgangsspannung des D/A-Wandlers abgeleitet. Die geräteinterne Kalibrierung trägt wesentlich zu der geringen Unsicherheit der Ausgangsspannung bei. Hier sind es vor allen Dingen Linearitäts-, Verstärkungs- und Driftfehler, die intern detektiert und durch die Software korrigiert werden.

Handelsübliche Ausführungen besitzten meist feinstufig dekadisch einstellbare Ausgangs-Gleichspannungen in bis zu 8 Bereichen von 100 μV bis 1000 V mit einer relative Auflösung von $0{,}1 \cdot 10^{-6}$, minimal jedoch 10 nV. Die relativen Unsicherheiten betragen je nach Bereich ungefähr $3 \cdot 10^{-6}$, angegeben für einen Zeitraum von drei Monaten zwischen zwei Kalibrierungen. Der Temperaturkoeffizient der Ausgangsspannung bewegt sich zwischen $0{,}15 \cdot 10^{-6}$/K und $1 \cdot 10^{-6}$/K je nach Bereich. Die kleinsten Unsicherheiten und Temperaturkoeffizienten werden zwischen 10 V und 20 V erreicht.

4.1.2.2 Spannungsnormale

Josephson-Spannungsnormale

Josephson-Effekt 1962 sagte B. Josephson den nach ihm benannten Effekt voraus (Josephson (1962)), wonach bei Anlegen einer Gleichspannung U an zwei miteinander schwach gekoppelte Supraleiter (Josephson-Element) ein Suprastrom der Frequenz f_J fließt, der mit der Spannung durch die Gleichung

$$f_J = 2e/h \cdot U \tag{4.18}$$

verknüpft ist (e Elementarladung, h Plancksches Wirkungsquantum).

Umgekehrt kann bei Einstrahlung einer Mikrowelle der Frequenz f der Josephson-Oszillator über einen bestimmten Frequenzbereich $f \pm \Delta f$ phasenstarr an den externen Oszillator angekoppelt werden. Dies geschieht nicht nur bei der Frequenz f, sondern auch bei allen Harmonischen $n \cdot f$, so daß eine Reihe von Stufen konstanter Spannung bei den Werten

$$U_J(n) = n \cdot h/2e \cdot f \quad \text{mit} \quad n = 0, 1, 2, \ldots \tag{4.19}$$

entsteht. Gl. (4.19) ist insofern universell, als sie unabhängig von dem Material der Supraleiter, dem Typ und der Geometrie des Josephson-Elements, der Temperatur ($T < T_c$), der Frequenz, dem Plateau und der Mikrowellenleistung ist.

Josephson-Elemente Die ersten in der Praxis verwendeten Josephson-Elemente waren Punktkontakte. Unter einem Punktkontakt versteht man die Kombination aus einer supraleitenden Spitze und Platte, zwischen denen die schwache Kopplung besteht. Letztere kann man auch mit einer Mikrobrücke erzielen, das ist eine Einschnürung in einem Supraleiter in den Abmessungen der Kohärenzlänge der Cooper-Paare. Die größte praktische Bedeutung haben Tunnelelemente erlangt, die aus zwei durch eine wenige nm dicke Oxidbarriere voneinander getrennten Supraleitern bestehen.

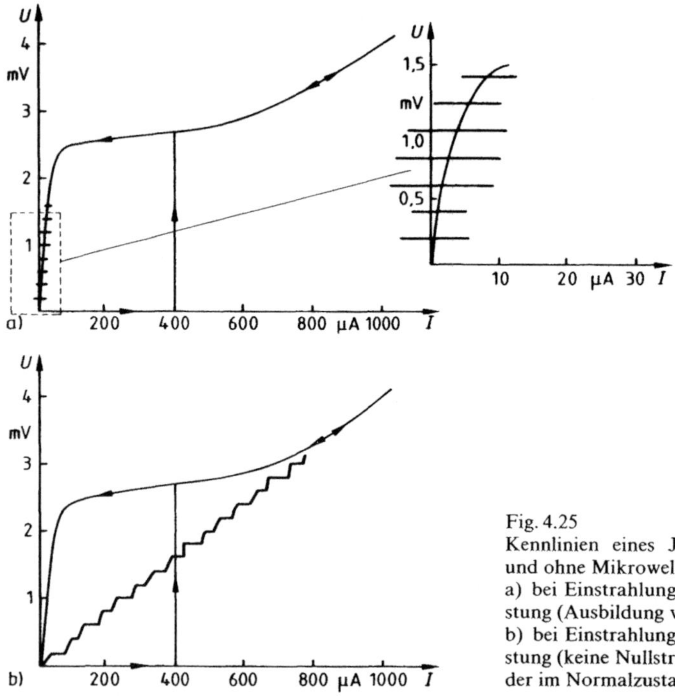

Fig. 4.25
Kennlinien eines Josephson-Tunnelelementes mit und ohne Mikrowelleneinstrahlung
a) bei Einstrahlung einer geringen Mikrowellenleistung (Ausbildung von Nullstromstufen)
b) bei Einstrahlung einer größeren Mikrowellenleistung (keine Nullstromstufen, Kennlinie nähert sich der im Normalzustand)

Bei relativ geringer eingestrahlter Mikrowellenleistung bilden sich im Rücklauf der hysteretischen Tunnelkennlinie (Fig. 4.25a) breite Stufen konstanter Spannung, die die Spannungsachse kreuzen und daher auch als Nullstromstufen (Levinson u. a. (1977)) bezeichnet werden. Wird die eingestrahlte Mikrowellenleistung weiter erhöht, entfernt sich die Kennlinie mehr und mehr von der Spannungsachse (Fig. 4.25b), und die einzelnen Stufen müssen durch Einstellung einer geeigneten Gleichstromstärke angewählt werden. Die Nullstromstufen erlauben es, eine große Zahl von Tunnelelementen in Reihe zu schalten und auf diese Weise quantisierte Spannungen bis zu 10 V und darüber (Niemeyer u. a. (1985), Pöpel u. a. (1991)) zu erzeugen. Diese sogenannten Josephson-Serienschaltungen (Josephson-Arrays) bilden die Grundlage für die heute gebräuchlichen Josephson-Spannungsnormale (Pöpel (1992)).

Josephson-Konstante Mit Hilfe des Josephson-Effekts läßt sich die Einheit der elektrischen Spannung, das Volt, mit einer Unsicherheit reproduzieren, die um mindestens zwei Größenordnungen kleiner ist als die, mit der sich die Einheit darstellen läßt. Im Interesse internationaler Einheitlichkeit hatte das Comité Consultatif d'Electricité (CCE) der Meterkonvention bereits auf seiner Sitzung im Jahre 1972 einen Zahlenwert für den Größenquotienten Frequenz der eingestrahlten Mikrowelle zur elektrischen Spannung über dem Josephson-Element auf der Stufe eins (heute als Josephson-Konstante K_J bezeichnet) empfohlen. Erst später ergaben sich zwei entscheidende Nachteile: erstens waren neben dem empfohlenen drei weitere Werte in Gebrauch, so daß eine internationale Einheitlichkeit nicht gewährleistet war, und zweitens lag der Wert um etwa $-8 \cdot 10^{-6}$ von dem entsprechenden SI-Wert entfernt, wie sich durch genaue Messungen herausstellen sollte.

Diese Situation hat sich zum 01.01.1990 mit der Festlegung eines neuen vereinbarten Wertes für die Josephson-Konstante

$$K_{J-90} = 483\,597{,}9 \text{ GHz/V} \qquad (4.20)$$

grundlegend geändert (Kose u. Bachmair (1989)): erstens wurde dieser Wert international einheitlich eingeführt (CIPM (1988)) und zweitens stimmt er nach neuesten Ergebnissen für die Bestimmung der Josephson-Konstante (Taylor u. Witt (1989)) innerhalb einer relativen Unsicherheit von $4 \cdot 10^{-7}$ mit dem SI-Wert überein.

Aus dieser Festlegung ergibt sich eine ganze Reihe von Vorteilen:

- Bewahrung und Weitergabe der Spannungseinheit Volt auf der Grundlage eines Quantennormals, unabhängig von Ort und Zeit.
- Weltweite Einheitlichkeit bei der Messung elektrischer Größen.
- Bestmögliche Konformität mit dem internationalen Einheitensystem.
- Keine Änderung des festgelegten Wertes in absehbarer Zukunft.
- Einheitliche Vorgehensweise aller metrologischen Staatsinstitute bei der Kalibrierung von Normalen und Normalmeßgeräten.

Josephson-Normale Kernstück eines Josephson-Spannungsnormals ist die oben näher beschriebene Serienschaltung von Josephson-Tunnelelementen, in der die benötigte Referenzspannung durch mikrowelleninduzierte Nullstromstufen erzeugt wird. Die Wirkungsweise des in der PTB entwickelten Josephson-Spannungsnormals soll anhand des in Fig. 4.26 gezeigten Blockschaltbildes beschrieben werden. Das Gerät besteht aus drei Hauptteilen, dem Anschluß der zu kalibrierenden Geräte, der Grobeinstellung der Normalspannungen sowie der Feineinstellung.

Der Anschluß für die zu kalibrierenden Geräte enthält thermokraftarme Zuleitungsdrähte, die durch thermische Isolation besonders gegen unkontrollierte Änderungen des Temperaturgefälles zwischen der Heliumbad-Temperatur und der Umgebungstemperatur geschützt sind. Die Thermospannungsdifferenzen (einige 100 nV) werden kompensiert. Ein elektronisches Nanovoltmeter dient als Nullindikator zum Vergleich der Referenzspannung U_N mit der zu kalibrierenden Spannung U_X. Die größte Unsicherheit bei der Kalibrierung liefert das Meßobjekt in aller Regel selbst, wobei das Rauschen der Prüflinge die entscheidende Einflußgröße ist. Für die gebräuchlichen Normale – elektronische Spannungsnormale und Normalelemente – liegen die bestmöglichen relativen Unsicherheiten bei einigen 10^{-9}.

Mit Hilfe der Grobeinstellung kann die Spannungsstufe ausgewählt werden, die der gewünschten Referenzspannung so nahe wie möglich kommt. Die Einstellung erfolgt mit Hilfe einer störungsarmen Stromquelle auf der durch einen 25-Ω-Parallelwiderstand

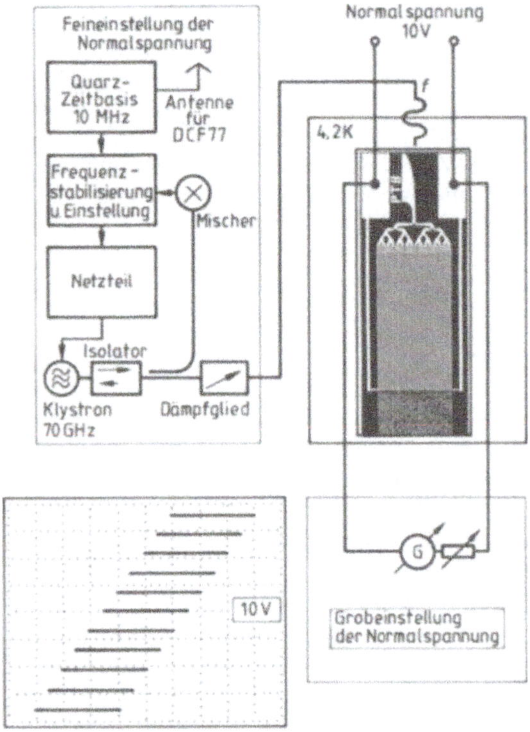

Fig. 4.26
Blockdiagramm des Josephson-Spannungsnormals der PTB mit Serienschaltung

geneigten Kennlinie der Serienschaltung genau auf die Mitte der gewünschten Spannungsstufe (das Blockdiagramm zeigt auch das Bild auf dem Oszilloskopschirm).

Der exakte Spannungsabgleich zwischen Referenzspannung und unbekannter Spannung erfolgt durch Verstimmung der externen Frequenz mit Hilfe des Systems zur Mikrowellenstabilisierung. Dieser Teil bildet die Feineinstellung der Referenzspannung. Ein Quarzoszillator mit sehr guter Kurzzeitstabilität bildet die Zeitbasis des Mikrowellenzählers, mit dessen Hilfe die Frequenz des Klystrons oder einer Gunndiode überwacht wird. Die Langzeitstabilität des Quarzoszillators wird durch das mit einer Antenne empfangene Zeitsignal des Zeitsenders der PTB (DCF 77) kontrolliert.

Elektronische Spannungsnormale

Langzeitstabilität und Rauscheigenschaften elektronischer Spannungsnormale werden maßgeblich von den in diesen Geräten verwendeten Referenzelementen bestimmt (Bachmair (1988)). Daher kommt einer sorgfältigen Auswahl und Alterung dieser Elemente eine große Bedeutung zu. Im Prinzip kann jedes Bauelement mit einer „steilen" Spannungs-Stromstärke-Charakteristik (s. Fig. 4.27) als Referenzelement verwendet werden. „Steil" heißt in diesem Falle: der dynamische Widerstand $r_z = \Delta U_z / \Delta I_z$ muß möglichst klein sein. In der Praxis haben sich Zener-Referenzen (für höchste Genauigkeitsansprüche) und Bandabstands-Referenzen (für geringere Genauigkeitsansprüche) durchgesetzt. Erstere machen von dem Zener- bzw. dem Avalanche-Effekt Gebrauch, während letzteren die für ein bestimmtes Halbleitermaterial charakteristische Energie-

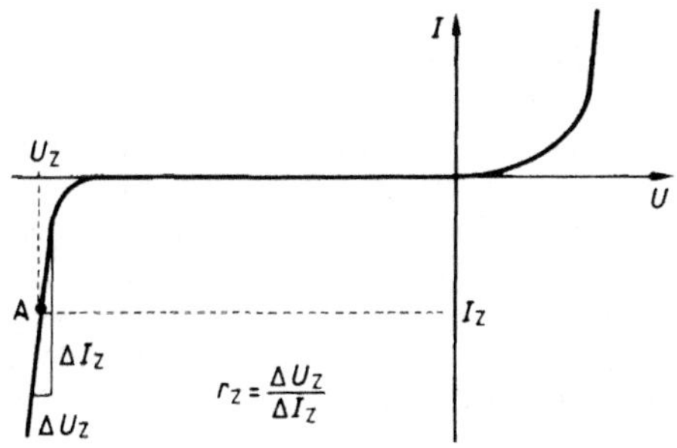

Fig. 4.27
Spannungs-Stromstärke-Kennlinie einer Zenerdiode
A Arbeitspunkt; U_z Zenerspannung; I_z Zenerstromstärke; $r_z = \Delta U_z / \Delta I_z$ dynamischer Innenwiderstand

lücke zwischen Valenz- und Leitungsband zugrunde liegt. Tabelle 4.4 zeigt eine vergleichende Gegenüberstellung der wichtigsten Eigenschaften verschiedener Referenzelemente.

Tab. 4.4 Vergleichende Gegenüberstellung der wichtigsten Eigenschaften verschiedener Referenzelemente

	Normalelement	kompensierte Zenerdiode	Referenz-Verstärker	Bandabstands-Referenz
Referenzspannung	1,018 V	6,4 V	7 V	1,2 V
Temperaturkoeffizient	$-40 \cdot 10^{-6}$/K	$1 \cdot 10^{-6}$/K	$0{,}2 \cdot 10^{-6}$/K	$30 \cdot 10^{-6}$/K
Innenwiderstand	500 Ω	15 Ω	0,5 Ω	0,5 Ω
Langzeitstabilität	0,1 bis $3 \cdot 10^{-6}$/a	2 bis $10 \cdot 10^{-6}$/a	$1 \cdot 10^{-6}$/a	$100 \cdot 10^{-6}$/a
effektive Rauschspannung (Bandbreite 1 kHz)	0,1 μV	1 μV	1 μV	6 μV

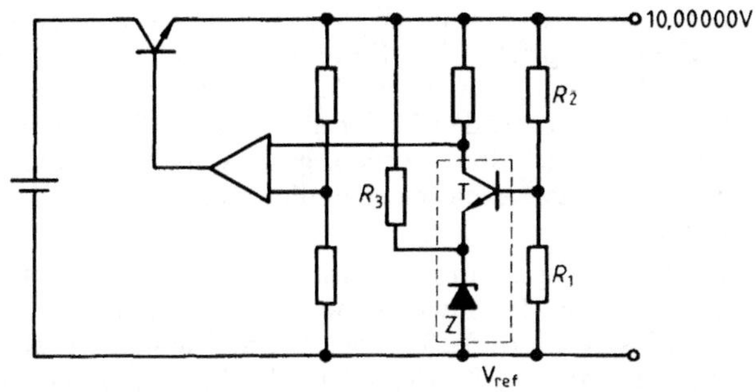

Fig. 4.28
Prinzipschaltbild für ein elektronisches Spannungsnormal
Z Zenerdiode; T Transistor; V_{ref} Referenzverstärker; R_1, R_2 Spannungsteiler zur Einstellung der Ausgangsspannung; R_3 Widerstand zur Einstellung der Zenerstromstärke

Fig. 4.28 zeigt die Prinzipschaltung für ein elektronisches Spannungsnormal. Um Normale höchster Qualität aufbauen zu können, müssen eine Reihe von Kriterien beachtet werden (Field (1987)). Das Referenzelement muß mit einem Verstärker gepuffert werden, damit Laständerungen nicht zu Änderungen der Zenerstromstärke und damit der Zenerspannung führen. Hier hat sich eine Kombination aus Zenerdiode Z und Transistor T bewährt, der sogenannte Refrenzverstärker (Schneider (1988)), der Temperaturkompensation und Pufferung in sich vereinigt und mittlerweile die Basis fast aller elektronischen Spannungsnormale bildet. Er besitzt darüber hinaus den Vorteil, daß die Zenerstromstärke mit R_3 unabhängig von dem Strom durch den Transistor T eingestellt werden kann. Zur weiteren Verringerung des Temperatureinflusses sind der Referenzverstärker oder die komplette Schaltung thermostatisiert. Gleichzeitig wird der Strom durch die Zenerdiode permanent aufrecht erhalten, da das Ein- und Ausschalten zu irreversiblen Spannungsänderungen führen kann. Der aus R_1 und R_2 gebildete Spannungsteiler teilt die Ausgangsspannung, die üblicherweise 10 V beträgt, auf die Referenzspannung herab. Er muß bezüglich Alterung und Temperaturabhängigkeit des Teilungsverhältnisses optimiert sein. Weitere Ausgangsspannungen – im allgemeinen 1 V und 1,0186 V – werden mit Hilfe von Widerstandsteilern oder mit Hilfe des Pulsbreiten-Modulationsverfahrens aus den 10 V abgeleitet. Auf diese Art und Weise lassen sich elektronische Spannungsnormale aufbauen, die in ihren Eigenschaften den Normalelementen ebenbürtig oder sogar überlegen sind.

Es liegen bereits mehr als zehnjährige Erfahrungen mit elektronischen Spannungsnormalen vor. Danach zeigt die Mehrzahl der untersuchten Normale relative Driftraten des 10-V-Ausgangs von weniger als $1 \cdot 10^{-6}$/a. Die 1-V- und 1,0186-V-Ausgänge zeigen infolge der zusätzlichen Teiler im allgemeinen etwas höhere Driftraten. Im Gegensatz zu Normalelementen, bei denen eine anwachsende Spannungshysterese oder eine Vergrößerung des Innenwiderstandes eine mögliche Spannungsänderung anzeigen, geben elektronische Spannungsnormale keine Hinweise auf eine bevorstehende Änderung der Ausgangsspannung oder der Driftcharakteristik. Bei sorgfältigem Transport von Hand ist ein Spannungstransfer mit einer relativen Unsicherheit von $1 \cdot 10^{-7}$ oder sogar noch geringeren Werten möglich. Die bisher gesammelten Erfahrungen haben gezeigt, daß elektronische Spannungsnormale in der Mehrzahl aller Fälle Normalelemente als Spannungsnormale ablösen können.

Normalelemente

Von den elektrochemischen Spannungsnormalen hat nur noch das Weston-Element mit gesättigter Lösung, das sogenannte Internationale Weston-Element, meßtechnische Bedeutung (Froehlich (1978), Melchert (1978b)). Sein chemischer Aufbau entspricht der Kette $Cd/CdSO_4/Hg_2SO_4/Hg$. Die gebräuchlichste, zweischenklige Bauform zeigt Fig. 4.29. Neben den versandfähigen Ausführungen, bei denen die Elektroden-Materialien durch Prozellan- oder Glasstempel oder Teflonscheiben festgehalten werden, gibt es auch Bauformen ohne Fremdstoffe mit extrem gutem Langzeitverhalten, die allerdings nur in senkrechter Lage transportiert werden dürfen.

Die Leerlaufspannung der Internationalen Weston-Elemente beträgt bei 20°C etwa 1,01865 V, ihr Innenwiderstand liegt je nach Bauform zwischen 200 Ω und 1200 Ω. Wichtigster Einflußeffekt bei Normalelementen ist die Temperaturabhängigkeit der Leerlaufspannung (s. Fig. 4.30), die für den Arbeitsbereich 0°C bis 40°C durch die folgende Beziehung (Froehlich u. Melchert (1974)) angegeben werden kann:

$$\begin{aligned} U_t = U_{20} - [&39{,}83(t-20) + 0{,}930(t-20)^2 \\ &- 0{,}0090(t-20)^3 + 0{,}00006(t-20)^4] \cdot 10^{-6} \end{aligned} \qquad (4.21)$$

In dieser Zahlenwertgleichung ist U_t die Spannung in V bei einer Temperatur t in °C, U_{20} bedeutet die Spannung in V bei 20°C. Eine Erwärmung über 42°C ist wegen der dann eintretenden Umkristallisation auf alle Fälle zu vermeiden. Bei Temperaturen zwischen

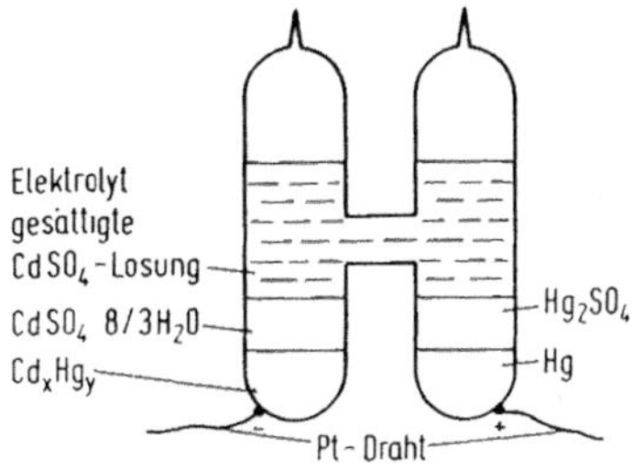

Fig. 4.29 Aufbau eines Internationalen Weston-Elementes

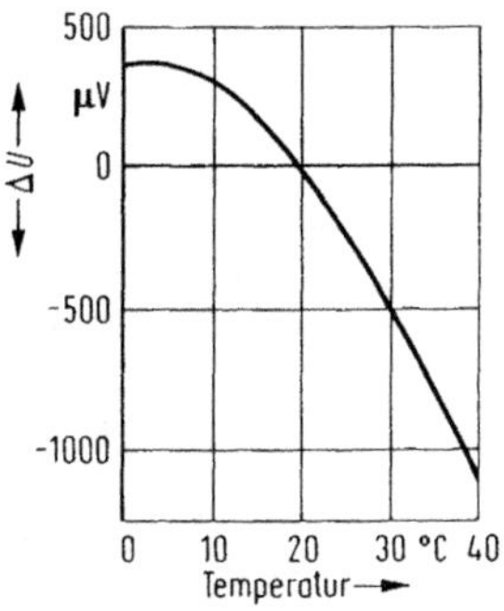

Fig. 4.30 Spannungs-Temperatur-Abhängigkeit der Internationalen Weston-Elemente

10°C und 30°C kann das Glied 4. Ordnung vernachlässigt werden. Für die Verwendung von Internationalen Weston-Elementen als Spannungsnormale hoher Genauigkeit ist zu beachten, daß die oben genannte Temperaturabhängigkeit die Differenz der einander entgegengesetzten etwa zehn mal größeren Temperaturabhängigkeiten der Spannung der beiden Elektroden darstellt, so daß Temperaturgradienten zu sehr viel größeren Temperaturabhängigkeiten als den in Gl. (4.21) beschriebenen führen können. Ferner ist zu beachten, daß infolge von Temperaturänderungen auch zeitliche Nachwirkungserscheinungen, d. h. thermisch bedingte Hysterese der Spannung, auftreten können. Aus diesem Grunde werden Normalelemente zweckmäßig in einem Thermostaten (s. **4.1.1.3**) untergebracht. Im Handel sind tragbare Thermostate für 1 bis 12 Elemente erhältlich, in denen eine Temperatur von etwa 30°C eingestellt ist mit einer Schwankungsbreite von einigen mK.

Eine Belastung (Entladung) von Normalelementen ist nach Möglichkeit zu vermeiden, da die Leerlaufspannung erst nach einer längeren Erholzeit wieder auf ihren vorherigen Wert zurückkehrt. Diese Zeit ist in etwa der entnommenen Ladung proportional (Adunka (1974)). Als grober Richtwert gilt: 1 s Kurzschluß – das entspricht in etwa einer Ladung von $3 \cdot 10^{-3}$ As – erfordert einen Tag Erholzeit. Weitaus schädlicher ist eine Aufladung der Elemente, d. h. das Anlegen einer höheren Gegenspannung. In diesem Fall können die notwendigen Erholzeiten auf Monate anwachsen; oft treten bleibende Spannungsänderungen auf. Trotz der beschriebenen Schwierigkeiten bei der Handhabung sind Internationale Weston-Elemente auch heute noch als stationäre Spannungsnormale hoher Güte im Einsatz, weil sie ein sehr geringes Rauschen und eine außerordentlich gute Langzeitstabilität besitzen.

Vergleich von Normalelement und elektronischem Spannungsnormal

Die wichtigsten Eigenschaften von Normalelementen und elektronsichen Spannungsnormalen sind in Tab. 4.5 angegeben. Die beiden wesentlichen Vorteile von elektronischen Spannungsnormalen gegenüber Normalelementen sind ihre Unempfindlichkeit gegenüber mechanischen Erschütterungen und dadurch bedingt die kurze Erholzeit nach einem Transport sowie die geringe Belastungsabhängigkeit ohne Rückwirkungen auf die Ausgangsspannung. Darüber hinaus besitzen elektronische Spannungsnormale einen sehr viel geringeren Temperaturkoeffizienten, eine thermische Hysterese wird nicht beobachtet.

Tab. 4.5 Gegenüberstellung der Eigenschaften guter Normalelemente und elektronischer Spannungsnormale

	Normalelement	Elektronisches Spannungsnormal
Ausgangsspannung	1,0186 V	1 V; 1,0186 V; 7 V; 10 V
Innenwiderstand	200 Ω bis 1200 Ω	Einige mΩ (bei 10 V) bis 1 kΩ (bei 1 V)
Temperatur-Koeffizient der Ausgangsspannung	$-4 \cdot 10^{-5}$/K	$5 \cdot 10^{-7}$/K bis $5 \cdot 10^{-8}$/K (bei 10 V) $1 \cdot 10^{-6}$/K (bei 1 V)
Thermische Hysterese	Bis 30 µV einen Tag nach Temperaturänderung um 5 K	Praktisch vernachlässigbar
Entladung und Ladung	Erholungszeit bei – Entladung etwa 1 Tag/3 mC – Ladung einige Monate	Keine Nachwirkungen
Eigenrauschen	$4\,nV/\sqrt{Hz}$	$30\,nV/\sqrt{Hz}$ bis $50\,nV/\sqrt{Hz}$
Langzeitstabilität	50% kleiner $1 \cdot 10^{-6}$/Jahr	60% kleiner $1 \cdot 10^{-6}$/Jahr (bei 10 V)
Handhabung	Sehr empfindlich gegen mechanische, elektrische und thermische Störungen	Keine Schwierigkeiten
Transport	Auch nach vorsichtigem Transport Erholungszeit von ein bis zwei Wochen nötig	Im allgemeinen keine Erholungszeit nötig

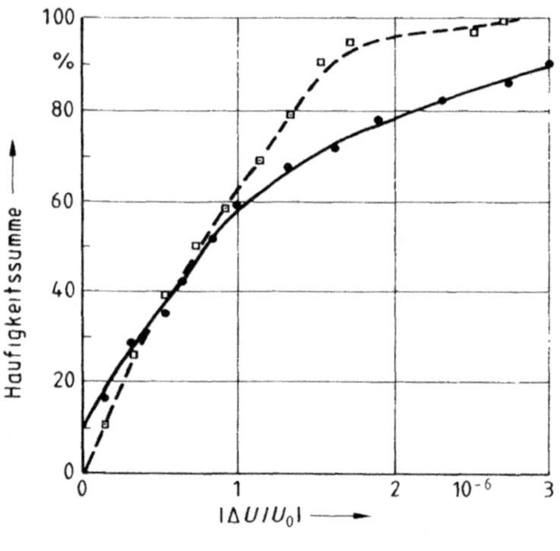

Fig. 4.31
Jährliche Änderung $\Delta U/U_0$ der Leerlaufspannung $U_0 = 1{,}0186$ V versandfähiger Normalelemente und der Ausgangsspannung 10 V elektronischer Spannungsnormale (Staben (1988))
Dargestellt sind die Häufigkeitssummen —— für 200 Normalelemente und – – – für 44 elektronische Spannungsnormale

Nachteilig gegenüber Normalelementen ist die bei elektronischen Spannungsnormalen erforderliche äußere Stromversorgung, die bei einigen Meßaufbauten zu elektromagnetischen Störungen führen kann. Trotz sorgfältiger Auswahl der Referenzelemente seitens der Hersteller weisen elektronische Spannungsnormale immer noch deutlich höhere Rauschspannungen an ihren Ausgängen auf. Sie sind in etwa um einen Faktor 10 größer als die von Normalelementen.

Wie Fig. 4.31 zeigt, besitzen transportfähige Normalelemente und elektronische Spannungsnormale in etwa dieselben zeitlichen Änderungen ihrer Ausgangsspannungen.

Danach betragen die relativen jährlichen Spannungsänderungen für etwa 60% der untersuchten Normale weniger als $1 \cdot 10^{-6}$ (Melchert (1976 u. 1978a), Staben (1988)). Bei elektronischen Spannungsnormalen gilt diese Aussage allerdings nur für den 10-V-Ausgang. Bei den kleineren Ausgangsspannungen sind die Driftraten, bedingt durch die dafür erforderlichen Spannungsteiler, im Mittel etwas höher. Bei nicht transportfähigen Normalelementen, die stationär in einer temperaturstabilen Umgebung gehalten werden, sind die jährlichen Änderungen noch geringer als in Fig. 4.31 angegeben.

Nach einem Transport, beispielsweise bedingt durch eine Wiederholungs-Kalibrierung, ist bei Normalelementen eine Erholzeit von ein bis zwei Wochen erforderlich, auch dann, wenn der Transport besonders sorgfältig „von Hand“ mit Auto, Bahn oder Flugzeug durchgeführt worden ist. Langjährige nationale und internationale Erfahrungen (Witt u. Reymann (1983)) ergaben eine relative Unsicherheit bei der Übertragung der Spannungseinheit mittels Normalelementen von etwa $4 \cdot 10^{-7}$. Elektronische Spannungsnormale, deren Betrieb während des Transports durch eine Batterieversorgung aufrecht erhalten wird, zeigen dagegen eine Unsicherheit bei der Übertragung von $\leqslant 1 \cdot 10^{-7}$ (Becker u. a. (1986), Graetsch (1988)). Sie sind daher als Transfernormale für die Weitergabe des Volt besonders gut geeignet.

4.1.2.3 Spannungsmessung, Übersicht

Fig. 4.32 gibt in schematischer Form eine Überblick über Meßgeräte für Gleichspannung und die jeweils zugehörigen Meßbereiche. Der Reihenfolge von oben nach unten entspricht generell eine Verringerung der relativen Meßunsicherheit. Sie liegt bei Spannungsmeßgeräten mit analogem Meßwerk in der Größenordnung 10^{-2} bis 10^{-3}. Digitale Volt- und Multimeter werden mit relativen Unsicherheiten im weiten Bereich zwischen etwa 10^{-3} und einigen 10^{-6} angeboten. Mit Kompensationsverfahren lassen sich Spannungen ebenfalls mit relativen Unsicherheiten von einigen 10^{-6} messen, bei Kompensatoren mit Stromkomparator sogar unter 10^{-6}. Die derzeit bei Kalibrierungen von Spannungsnormalen erreichbaren Unsicherheitsgrenzen in Abhängigkeit von der Spannung sind in Fig. 4.19 (s. 4.1.1.9) dargestellt.

Die meisten Meßaufgaben können nach dem heutigen Stand mit Hilfe von analogen oder digitalen Spannungsmeßgeräten gelöst werden. Für besonders genaue Kalibrierungen, insbesondere im Rahmen des Deutschen Kalibrierdienstes, werden die verschiedenen Kompensationsverfahren eingesetzt.

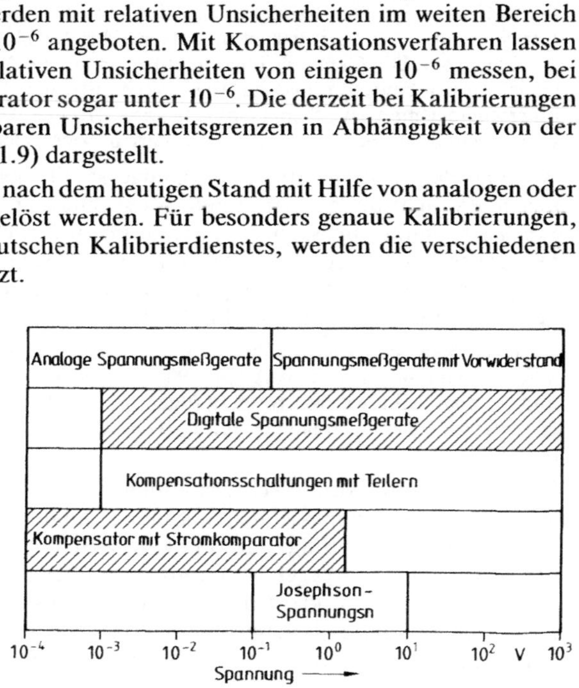

Fig. 4.32
Messung der Spannung, Meßverfahren und Meßbereiche

4.1.2.4 Analoge Meßgeräte

Die in den Meßwerken analog anzeigender Meßgeräte (s. **4.**1.1.5) fließenden Ströme haben Werte zwischen 10 µA und 50 mA, Sonderbauformen bis unter 1 µA (jeweils beim Meßbereichsendwert). Die Spulenwiderstände bewegen sich zwischen 10 kΩ und 1 Ω. Daraus ergeben sich Spannungsbfälle von 2 mV bis 150 mV. Als Spannungsmeßgeräte sind die Meßwerke infolge des Temperaturkoeffizienten des Spulenwiderstandes ($4 \cdot 10^{-3}$/K) jedoch nur bedingt brauchbar. Im allgemeinen wird man gemäßt Fig. 4.33 einen annähernd temperaturunabhängigen Vorwiderstand R_V in Reihe zum Meßwerk (Widerstand R_i) schalten, der den Temperatureinfluß herabsetzt und den Meßbereich des Meßgerätes erweitert. Bei einer zu messenden Spannung U und einem Meßwerkstrom der Stärke I_M gilt für den Vorwiderstand: $R_V = U/I_M - R_i$. Bei mehreren Meßbereichen muß der Vorwiderstand unterteilt werden. Der reziproke Meßwerkstrom wird häufig als spannungsbezogener Widerstand auf der Skale angegeben, $1/I_M = (R_i + R_V)/U$, z. B. 10 kΩ/V entsprechend 1/0,1 mA.

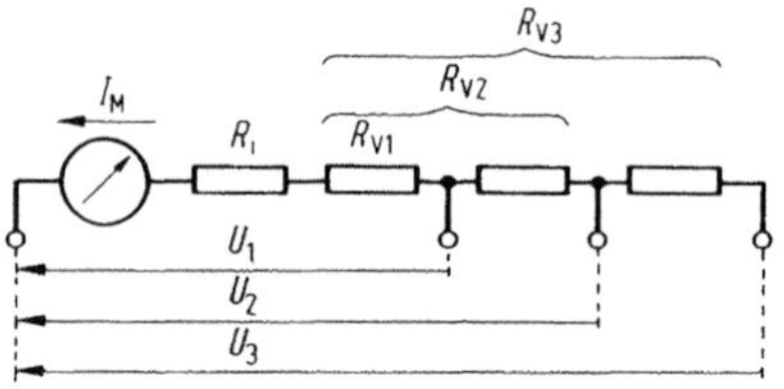

Fig. 4.33
Schaltung von Vorwiderständen zur Meßbereichserweiterung
U_1, U_2, U_3 Eingangsspannungen; R_i Innenwiderstand des Meßgerätes; R_{v1}, R_{v2}, R_{v3} Vorwiderstände

Bei Vielfachmeßgeräten erstrecken sich die Meßbereiche von 30 mV bis 1000 V (30 kV mit externem Vorwiderstand) bei Gleichstrom und 100 mV bis 1000 V (6 kV mit externem Vorwiderstand) bei Wechselstrom. Die Geräte erfüllen im allgemeinen die Anforderungen der Klassen 1 bis 2,5 (bei Gleichstrom) bzw. 1,5 bis 2,5 (bei Wechselstrom). Entsprechend der Genauigkeitsklassen unterscheidet man zwischen Feinmeßgeräten (Klasse 0,05 bis 0,5), die im allgemeinen nur als Einbereichsgeräte gebaut werden, und Betriebs- oder Vielfachmeßgeräten (Klasse 1,5 bis 5).

Analoge elektronische Spannungsmeßgeräte (Transistorvoltmeter) bestehen im Prinzip aus einem Spannungsteiler, einem Meßverstärker und einem Anzeigeinstrument. Für Wechselspannungsmessungen besitzen sie zusätzlich einen Meßwertumformer, der die Wechselspannung durch Mittelwertgleichrichtung oder Effektivwertbildung in eine entsprechende Gleichspannung umformt. Durch den Einsatz elektronischer Schaltungen sind besonders hohe Empfindlichkeiten und Eingangswiderstände zu erzielen.

So erstrecken sich die Meßbereiche bei Gleichspannungen von 3 µV bis 1500 V und bei Wechselspannungen von 0,3 mV bis 1000 V, bei Meßunsicherheiten von 1 % bis 2 % für Gleichstrom und 1 % bis 5 % für Wechselstrom, bezogen auf den Meßbereichsendwert. Der Eingangswiderstand erstreckt sich über einen Bereich von 1 MΩ bis 100 MΩ, parallel dazu liegen Kapazitäten von 10 pF bis 50 pF.

Bei der Messung von Wechselspannungen können Zusatzfehler auftreten, wenn die Kurvenform der zu messenden Spannung von der Sinusform abweicht (bei Geräten mit Mittelwertgleichrichtung) oder wenn der Scheitelfaktor (s. **4.**2.1.1) bei nicht sinusförmigen Spannungen vorgegebene Grenzwerte überschreitet (bei Meßgeräten mit quadratischer Charakteristik oder Effektivwert-Umformern). Bei Geräten mit Mittelwertgleichrichtung kann beispielsweise eine dritte Oberschwingung mit einer Amplitude von 5 % der Grundschwingung in Abhängigkeit von der Phasenlage einen Zusatzfehler von

−1,8% bis +1,6% erzeugen. Meßgeräte mit quadratischer Charakteristik können Spannungen mit einem Scheitelfaktor bis zu 3 (bezogen auf den Meßbereichsendwert) noch ohne Genauigkeitsverlust messen, elektronische Meßwertumformer verarbeiten Signale mit einem Scheitelfaktor bis zu 10. (Nähere Angaben zur Erzeugung und Messung von Wechselspannungen s. **4**.2)

Mit Schreibern (s. **4**.1.1.7) läßt sich ein ähnlich großer Meßbereich überstreichen wie mit den anzeigenden Meßgeräten. Jeweils auf die volle Schreibbreite bezogen lassen sich mit Punktschreibern Spannungen im Bereich von 6 mV bis 600 V (Drehspulmeßwerke, Klasse 1 bis 1,5) bzw. 2,5 mV bis 40 V (Kompensationsmeßwerke, Meßunsicherheit 0,25%) aufzeichnen. Linienschreiber registrieren Spannungen von 4 V bis 600 V (Drehspulmeßwerke, Klasse 1,5 bis 2,5) bzw. 0,05 mV bis 600 V (Kompensationsmeßwerke, Meßunsicherheit 0,1% bis 1%). Bei zahlreichen Linienschreibern mit Kompensationsmeßwerk wird eine Gegenspannung erzeugt, mit der eine Meßbereichsunterdrückung bis zu 900% vom Meßbereichsendwert möglich ist.

4.1.2.5 Digitale Meßgeräte

Die Wirkungsweise digitaler Meßgeräte wurde bereits in **4**.1.1.6 ausführlich beschrieben. Der Markt bietet ein breites Spektrum von Digitalvoltmetern und digitalen Multimetern an, das von 3½stelligen Geräten bis zu 8½stelligen Geräten reicht.

Die Meßbereiche für Gleichspannung erstrecken sich, abgesehen von speziellen Geräten für kleine Spannungen (s. **4**.1.2.8) und Stromstärken (s. **4**.1.4.6) von 100 mV (10 mV) bis 1000 V bei relativen Meßunsicherheiten von 0,25% vom Ablesewert (3½stellige Geräte) bis zu einigen 10^{-6} vom Ablesewert (8½stellige Geräte). Die Meßbereiche für Wechselspannungen reichen von 0,1 V bis 1000 V bei Bandbreiten bis 100 kHz (1 MHz) und relativen Meßunsicherheiten von 1% bis 2% (3½stellige Geräte, 45 Hz bis einige kHz) oder 0,01% bis 0,05% (höher auflösende Geräte mit Effektivwert-Umformer, 30 kHz bis 100 kHz). Mit Ausnahme der Hand-Multimeter besitzen die Geräte eine IEC-Bus-Schnittstelle.

Seit kurzer Zeit befinden sich Transfergeräte auf dem Markt, die die Aufgabe besitzen, Gleichspannungskalibratoren vor Ort zu kalibrieren, indem sie die in einem speziellen Kalibrierlaboratorium mit geringer Unsicherheit generierten Meßwerte auf den Kalibrator vor Ort übertragen. Diese Geräte sind im Hinblick auf gute Kurzzeitstabilität insbesondere auch unter Transportbedingungen entwickelt worden. Ihre Spezifikationen gelten nur für definierte Werte, die so ausgewählt sind, daß ein Kalibrator in seinem gesamten Bereich überprüft werden kann.

Für Gleichspannungen von ±100 mV bis ±1000 V beträgt die Kurzzeitstabilität über 30 Tage $1{,}5 \cdot 10^{-6}$ bis $2{,}5 \cdot 10^{-6}$. Hinzuzurechnen ist der Temperaturkoeffizient von $0{,}5 \cdot 10^{-6}$/K bis $0{,}8 \cdot 10^{-6}$/K, wenn die Temperatur die Nenntemperatur um ±1 °C über- oder unterschreitet, und die Unsicherheit der Kalibrierung selbst. Neben Gleichspannung stehen auch Kalibrierwerte für Wechselspannung, Gleich- und Wechselstrom sowie Widerstand zur Verfügung.

Mehr als die Absolutgenauigkeit interessieren bei Meßgeräten häufig die Reproduzierbarkeit und Linearität. Über die Reproduzierbarkeit sind bei den Transfergeräten bereits Aussagen gemacht worden. Die Linearität hochwertiger Digitalvoltmeter kann erst überprüft werden, seit es Josephson-Spannungsnormale gibt (s. **4**.1.2.2), die quantisierte hochpräzise Spannungen in einem Bereich von etwa 0 V bis 10 V und darüber liefern. Fig. 4.34 zeigt die Ergebnisse einer Linearitätsmessung, die mit einem Josephson-Spannungsnormal an einem 8½stelligen Digitalvoltmeter vorgenommen wurde (Pöpel (1992)). Die Ergebnisse wurden auch von anderen Autoren bestätigt (Giem (1991) u. Goeke u.a. (1989)) und bewegen sich innerhalb der vom Hersteller angegebenen Spezifikationen. Sie übertreffen noch die Linearität hochpräziser Widerstandsteiler

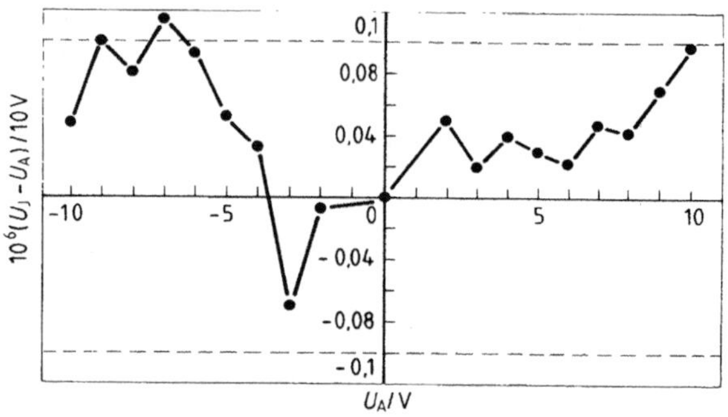

Fig. 4.34
Bestimmung des relativen Linearitätsfehlers (bezogen auf den Meßbereichsendwert) eines 8 1/2-stelligen Digitalvoltmeters
U_J Ausgangsspannung des Josephson-Spannungsnormals
U_A angezeigte Spannung am Digitalvoltmeter

(s. **4**.1.2.7). Zusammen mit einem elektronischen Spannungsnormal, einem 1:10- und 1:100-Widerstandsteiler, einem Gleichspannungskalibrator und einem solchen Digitalvoltmeter läßt sich ein Meßplatz aufbauen, mit dem Gleichspannungen von 100 mV bis 1000 V mit einer relativen Unsicherheit von $2 \cdot 10^{-6}$ bis $4 \cdot 10^{-6}$ gemessen und abgegeben werden können (Tensfeld (1994)).

4.1.2.6 Spannungskompensation

Bei Spannungsmessungen im Kompensationsverfahren wird der zu messenden unbekannten Spannung U_X eine gleichgroße bekannte oder errechenbare Spannung elektrisch entgegengeschaltet, so daß über den Nullindikator im Meßkreis kein Strom fließt. Das Gerät, das die Gegenspannung liefert, wird als Kompensations-Meßeinrichtung (Kompensator) bezeichnet. Die Kompensationsschaltung hat die Vorteile, daß die Messung für den Prüfling praktisch leitungslos, d. h. ohne Stromentnahme erfolgt und daß die Widerstände von Nullindikator, Meßleitungen, Klemmen und Schaltern keinen Einfluß auf das Meßergebnis haben. Mit Kompensationsschaltungen werden daher die geringsten Unsicherheiten bei Spannungsmessungen erreicht.

Spannungskompensation mit Josephson-Spannungsnormal Mit einem Josephson-Spannungsnormal (s. **4**.1.2.2) lassen sich quantisierte Spannungen in einem Bereich von 0,1 V

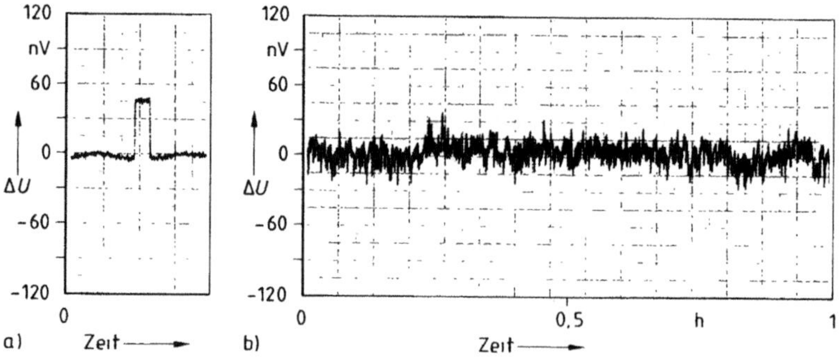

Fig. 4.35 Zeitlicher Verlauf der Ausgangsspannung von Spannungsnormalen im Vergleich zu einem Josephson-Spannungsnormal. Das Kalibriersignal entspricht einer Spannungsänderung um 50 nV.
a) für ein Normalelement
b) für ein elektronisches Spannungsnormal (1,0186-V-Ausgang)

bis über 10 V erzeugen. Zusammen mit einem Nulldetektor bildet ein solches Normal (s. Fig. 4.26) eine Kompensations-Meßeinrichtung, mit der andere Spannungsnormale mit höchster Genauigkeit kalibriert und im Hinblick auf ihre Kurzzeitstabilität untersucht werden können. Auch Linearitätsmessungen an Gleichstrom-Präzisionsmeßgeräten sind möglich (s. **4**.1.2.5). Die Meßunsicherheit wird fast ausschließlich vom Rauschen der zu kalibrierenden Normale bestimmt. Sie beträgt bei Normalelementen $1{,}5 \cdot 10^{-9}$ und bei elektronischen Spannungsnormalen 5 bis $6 \cdot 10^{-9}$. Bei der Kalibrierung von Transfernormalen müssen zu diesen Unsicherheiten allerdings noch die Unsicherheiten infolge des Transports sowie der kurzzeitigen Änderung der Ausgangsspannung, gegebenenfalls auch ein Temperatureinfluß, hinzugerechnet werden. Dazu zeigen die Fig. 4.35a und b den zeitlichen Verlauf der Ausgangsspannung eines Normalelementes (Fig. 4.35a) sowie des 1,0186-V-Ausganges eines elektronischen Spannungsnormals (Fig. 4.35b) in bezug auf die Ausgangsspannung des PTB-Josephson-Normals. Man erkennt deutlich das höhere Rauschen bei dem elektronischen Spannungsnormal. Josephson-Spannungsnormale sind in den USA bereits kommerziell erhältlich und werden in Kalibrierlaboratorien der Industrie eingesetzt (Jaeger (1988)).

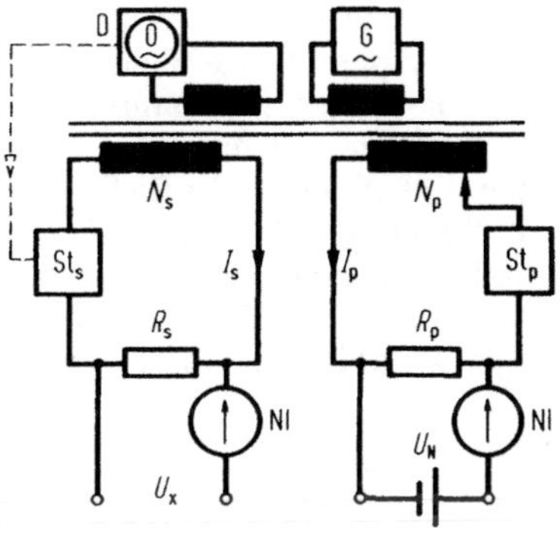

Fig. 4.36
Kompensator mit Gleichstromkomparator, Prinzipschaltung
U_X zu messende Spannung
U_N Normalelement-Spannung
N_p, N_s Windungszahlen im Primär- und Sekundärkreis
I_p, I_s Ströme im Primär- und Sekundärkreis
R_p, R_s Feste Widerstände im Primär- und Sekundärkreis
St_p Einstellbare Konstantstromquelle im Primärkreis
St_s Geregelte Stromquelle im Sekundärkreis
NI Nullindikator
G Wechselstrom-Generator
D Indikator für Durchflutung mit Ausgangssignal zur Stromregelung

Kompensator mit Gleichstromkomparator Der Kompensator mit Gleichstromkomparator (Fig. 4.36) nach Kusters (MacMartin u. Kusters (1968)) arbeitet nach dem Lindeck-Rothe-Prinzip (s. Fig. 4.37d), das heißt, die Kompensationsspannung wird an einem festen Widerstand erzeugt, der von einem feinstufig einstellbaren Strom durchflossen wird. Der Gleichstromkomparator ermöglicht die Einstellung sehr genauer Stromverhältnisse (vgl. **4**.1.3.6). Die Arbeitsweise ist folgende: Im Primärkreis wird der von einer Konstantstromquelle gelieferte Strom der Stärke I_p so eingestellt, daß der Spannungsabfall am Widerstand R_p gleich der Normalelementspannung U_N ist. Dieser Strom fließt durch eine feinstufig einstellbare Anzahl von N_p Windungen auf einem Ringbandkern aus einem hochpermeablen Werkstoff. Der von einer zweiten Stromquelle gelieferte Strom der Stärke I_s im Sekundärkreis fließt durch eine feste Anzahl von N_s Windungen auf demselben Kern und wird so geregelt, daß stets Durchflutungsgleichgewicht $I_pN_p = I_sN_s$ herrscht. Für diese Regelung ist eine Wechselstrommodulation des Kernes über eine zusätzliche Wicklung und die Erfassung der in einer weiteren Wicklung induzierten Spannung doppelter Frequenz notwendig. Im abgeglichenen Zustand gilt

$$U_X = I_sR_s = I_p(N_p/N_s)R_s = U_N(N_p/N_s)(R_s/R_p). \tag{4.22}$$

Das in das Meßergebnis eingehende Widerstandsverhältnis R_s/R_p kann mit dem Komperator vor jeder Messung durch Gegeneinanderschaltung der Spannungen I_pR_p und I_sR_s kontrolliert werden. Darüber hinaus lassen sich Abweichungen vom Nennverhältnis durch – in Fig. 4.36 nicht eingezeichnete – Zusatzwindungen kompensieren. Da der Meßkreis nur einen Widerstand enthält, kann er extrem thermospannungsarm ausgelegt werden. Die Linearität wird nur durch Windungszahlen bestimmt. Sie hängt – im Gegensatz zu den Widerständen in den klassischen Kompensatoren – weder von der Temperatur noch von anderen Werkstoffeigenschaften ab und unterliegt keinen zeitlichen Änderungen. Durch diese Vorteile beträgt die Meßunsicherheit des Kompensators mit Gleichstromparator nur etwa ein Zehntel derjenigen von Kompensatoren mit Widerstandsdekaden. Für ein industriell gefertigtes Gerät werden für Spannungen zwischen 0,002 V und 2 V relative Unsicherheiten zwischen $2 \cdot 10^{-6}$ und $5 \cdot 10^{-7}$, eine Linearität von $5 \cdot 10^{-8}$ (bezogen auf den Endwert) und eine Auflösung im Meßbereich 0,002 V von 1 nV angegeben (Sutcliffe (1970)).

Prinzipschaltungen von klassischen Gleichstromkompensatoren Die Ausgangsspannung eines Kompensators wird als Spannungsabfall an einem stromdruchflossenen Widerstand erzeugt, und ihr Abgleich auf die Spannung U_X erfolgt entweder durch Verändern des Kompensations-Widerstandes oder des Hilfsstromes. In Fig. 4.37 sind einige Prinzipschaltungen zur Spannungskompensation dargestellt. Bei den Schaltungen a) bis c) wird in dem sogenannten „Hilfsstrom-Kompensator“ HK die Stromstärke I_H des über den Widerstandsteiler fließenden Hilfsstroms bei offenem Meßkreis – d. h. nicht angelegter Spannung U_X – mit Hilfe einer Normalspannung U_N auf einen festen Sollwert eingestellt (Abgleich $I_HR_H = U_N$). Dann wird die zu messende Spannung U_X angeschlossen und der Abgriff des Teilers so lange verändert, bis der Nullindikator N keinen Ausschlag mehr zeigt. Bei der einfachen Spannungsteilerschaltung nach Fig. 4.37a gilt im Abgleichfall

$$U_X = I_HR_1 = U_N(R_1/R_H). \tag{4.23}$$

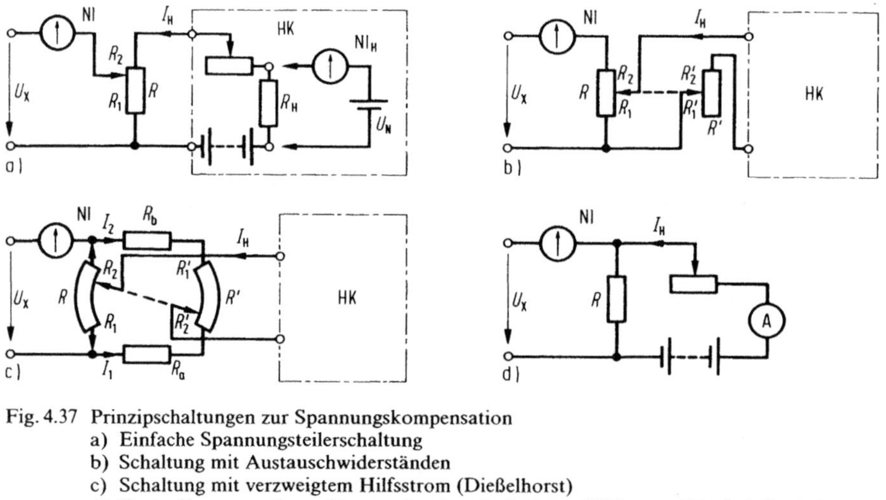

Fig. 4.37 Prinzipschaltungen zur Spannungskompensation
a) Einfache Spannungsteilerschaltung
b) Schaltung mit Austauschwiderständen
c) Schaltung mit verzweigtem Hilfsstrom (Dießelhorst)
d) Fester Kompensationswiderstand und veränderlicher Hilfsstrom (Lindeck-Rothe)
U_X zu messende Spannung; U_N Normalelementspannung; I_H Hilfsstrom; HK Hilfsstrom-Kompensator; NI Nullindikator im Meßkreis; NI_H Nullindikator im Hilfsstromkreis

Diese Schaltung ist nicht zur Messung kleiner Spannungen im Millivoltbereich geeignet, da am Widerstandsabgriff im Meßkreis Störspannungen auftreten können. Ferner ändert sich der Widerstand im Meßkreis je nach der Größe von U_X, wodurch bei Benutzung eines Galvanometers die Widerstandsanpassung schwierig wird.

Diese Nachteile werden bei einer Schaltung nach dem Prinzip von Fig. 4.37b vermieden, bei der im Meßkreis stets der volle Widerstand R liegt. Damit sich auch der Gesamtwiderstand des Hilfsstromkreises beim Verstellen des Abgriffs an R nicht ändert, ist ein sogenannter Austauschwiderstand R' von gleicher Größe wie R eingefügt; die beiden Abgriffe sind mechanisch gekoppelt. Eine Änderung des Gesamtwiderstandes im Hilfsstromkreis würde bei der meist üblichen Hilfsstromversorgung durch eine Spannungsquelle (Batterie) eine unzulässige Änderung der Hilfsstromstärke I_H bewirken. Bei einer Hilfsstromversorgung durch eine geregelte Konstantstromquelle ist R' entbehrlich. Die Schaltung nach Fig. 4.37b läßt sich nicht auf mehrere Dekaden ausweiten, ohne daß Schalter im Meßkreis auftreten.

Eine solche Ausweitung ist jedoch bei der Schaltung nach Fig. 4.37c mit einem „Widerstandsring“ nach Dießelhorst möglich. Bei dieser Schaltung wird der Hilfsstrom in zwei entgegengesetzt durch R fließende Teilströme I_1 und I_2 zerlegt (übliche Aufteilung mit Hilfe der Zusatzwiderstände R_a und R_b $10/11\,I_H$ und $1/11\,I_H$). Im Abgleichfall gilt $U_X = I_1 R_1 - I_2 R_2$. Kompensatoren nach diesem Dießelhorst-Prinzip dienen speziell zur Präzisionsmessung sehr kleiner Spannungen.

Das einfache Prinzip der Kompensationsschaltung mit veränderlichem Hilfsstrom nach Lindeck-Rothe (Fig. 4.37d) ist besonders gut zur leistungslosen Messung sehr kleiner Spannungen (z. B. Thermospannungen) und auch zu ihrer Eliminierung geeignet. Da $U_X = I_H R$ ist, kann bei bekanntem Widerstand R das Stromstärkemeßgerät direkt in Spannungseinheiten kalibriert werden.

Einen ausführlichen Überblick über die verschiedenen Bauformen von Kompensatoren und ihre Anwendungsbereiche sowie ein umfangreiches Literaturverzeichnis findet man bei Luther (1969/70) und bei Helke (1974). Eine Festlegung von Genauigkeitsklassen, mit Angabe der zugehörigen Referenzbedingungen, Nenngebrauchsbereiche und zulässigen Einflußeffekte wird in DIN IEC 523 gegeben.

4.1.2.7 Spannungsteiler

Allgemeine Anforderungen Zur Messung von Spannungsverhältnissen sowie zur Meßbereichserweiterung von Gleichspannungskompensatoren auf Spannungen bis etwa 1500 V (Messung noch höherer Spannungen s. **4**.4) dienen Widerstands-Spannungsteiler. Sie werden entweder mit einer Reihe von festen Abgriffen für ausgewählte Spannungsverhältnisse oder als Drehschalter-Spannungsteiler mit feinstufig einstellbaren Dekaden gebaut. Bezüglich der Widerstandswerkstoffe s. **4**.1.3.1. Um die Belastung der Spannungsquelle und die Eigenerwärmung des Teilers klein zu halten, ist ein hoher Eingangswiderstand zu fordern; eine obere Grenze ist jedoch durch die verfügbaren Meßwiderstände und die erreichbaren Isolationswiderstände gegeben. Kriechströme werden bei Spannungsteilern hoher Präzision durch Potentialsteuerung über einen zum Meßteiler parallel liegenden Hilfsteiler erreicht (Park (1962), Childers u.a. (1976)). Übliche Werte für den Eingangswiderstand von Präzisisions-Spannungsteilern der Eingangsspannung 1000 V sind 100 kΩ bis 1 MΩ.

Teiler mit festen Teilungsverhältnissen Für die Widerstands- und Spannungsstufung von Teilern mit festen Stufen ist die in Fig. 4.38 dargestellte Stufung günstig, da man dann die Teilungsverhältnisse auf einfache Art durch Widerstandsvergleiche im Verhältnis 1 : 1 bestimmen und die Teiler in sich kalibrieren kann.

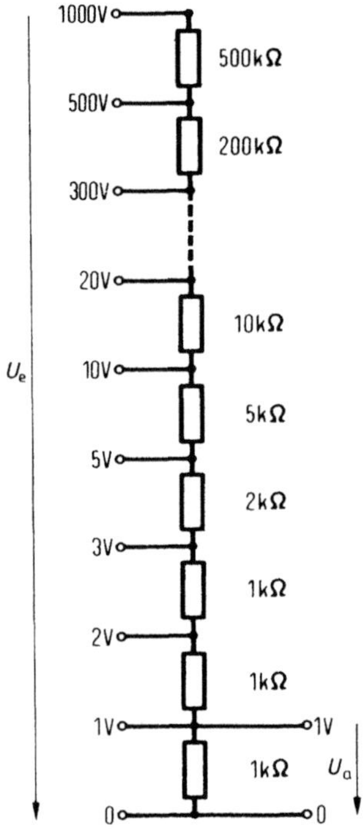

Fig. 4.38 Schaltung eines Spannungsteilers mit festen Spannungsstufen
U_e Eingangsspannung; U_a Ausgangsspannung

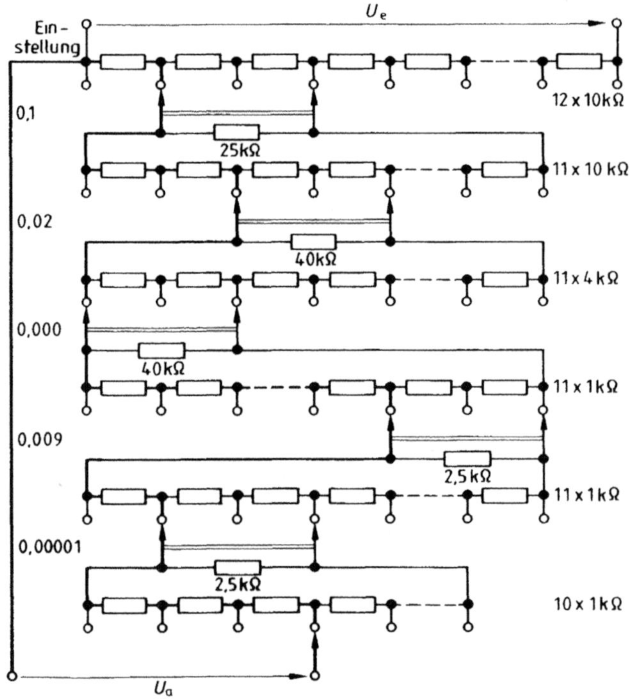

Fig. 4.39 Schaltung eines Kelvin-Varley-Teilers
U_e Eingangsspannung; U_a Ausgangsspannung; gezeichnet ist die Einstellung $U_a = 0{,}120913\, U_e$

Teiler mit variablen Teilungsverhältnissen Feinstufig einstellbare Teiler sind meist in Kaskadenform nach dem in Fig. 4.39 dargestellten Kelvin-Varley-Prinzip aufgebaut (Spang (1980)). Jede Dekade des Kelvin-Varley-Teilers ist aus Widerständen gleichen Wertes zusammengesetzt. Wenn der Gesamtwiderstand der Folgedekade jeweils gleich dem Widerstand zweier Teilschritte der Vordekade ist, bleibt der Eingangswiderstand des Teilers bei unbelastetem Ausgang unabhängig von der Einstellung konstant. Um bei den unteren Dekaden schwierig herzustellende und abzugleichende kleine Widerstände mit für jede Dekade anderen Nennwerten zu vermeiden, werden, wie in Fig. 4.39 eingezeichnet, Parallelwiderstände zu den Dekaden geschaltet. Mit 7-Dekaden-Teilern werden bei Eingangsspannungen von etwa 10 V (d. h. geringer Belastung) Linearitäten im Teilungsverhältnis U_e/U_a von $1 \cdot 10^{-7}$ erreicht. Bei Eingangsspannungen von 1000 V erhöht sich die relative Unsicherheit infolge unterschiedlicher Eigenerwärmung der Widerstände auf etwa $5 \cdot 10^{-6}$ bis $1 \cdot 10^{-5}$.

Kalibriermethoden Kalibriermethoden für Gleichspannungs-Widerstandsteiler werden von Morgan und Riley (1960) und von Dunn (1964) angegeben. In DIN IEC 524 sind Genauigkeitsklassen, zugehörige Referenzbedingungen, Nenngebrauchsbereiche und zulässige Einflußeffekte festgelegt.

Spannungsteilung und -vervielfachung durch Pulsbreitenmodulation Ein elektronisches Verfahren zur Spannungsteilung mit Hilfe der Pulsbreitenmodulation ist in Fig. 4.40 schematisch dargestellt. Die zu teilende Spannung U_e wird zunächst über einen steuerbaren Schalter S periodisch ein- und ausgeschaltet. Anschließend wird der arithmetische Mittelwert aus den Rechteck-Spannungspulsen gebildet. Es gilt

$$U_a = \frac{1}{t_0} \int_0^{t_0} U_a(t) \mathrm{d}t = U_e \frac{t_1}{t_0}. \tag{4.24}$$

Durch Änderung des Zeitverhältnisses t_1/t_0 läßt sich die Ausgangsspannung U_a im Bereich $0 \leqslant U_a \leqslant U_e$ einstellen. Als Schalter werden Feldeffekttransistoren und für die Mittelwertbildung elektronische Integratoren eingesetzt (Plassmann (1981)). Dieses Verfahren wird vielfach zur feinstufigen Teilung in Gleichstromkalibratoren (s. **4**.1.2.1) eingesetzt.

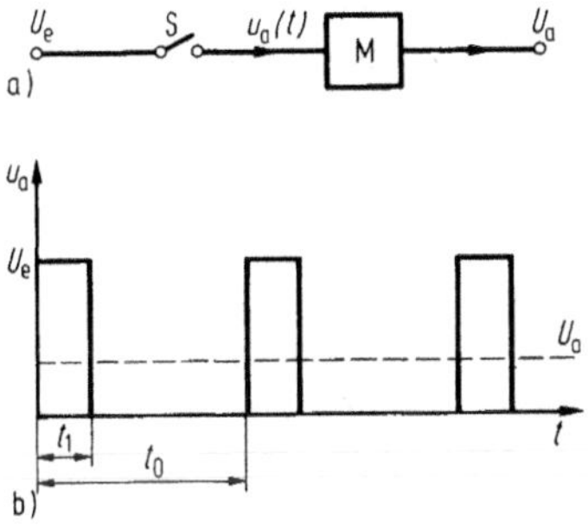

Fig. 4.40 Spannungsteilung nach dem Verfahren der Pulsbreitenmodulation
a) Blockschaltbild
b) Spannungsverläufe in Anhängigkeit von der Zeit
S steuerbarer Schalter; M Mittelwertbildung; U_e Eingangsspannung; U_a Ausgangsspannung; $u_a(t)$ Spannung am Schalterausgang

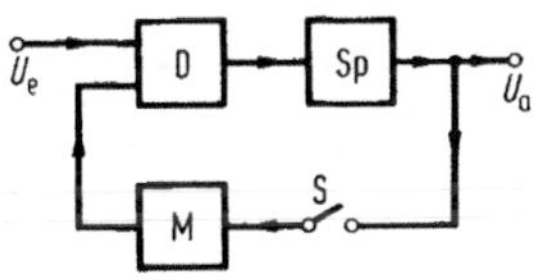

Fig. 4.41 Blockschaltbild für die Spannungsvervielfachung nach dem Prinzip der Pulsbreitenmodulation
D Differenzverstärker; Sp gesteuerte Spannungsquelle; (sonstige Bezeichnungen wie in Fig. 4.40)

Es kann aber auch zur Spannungsvervielfachung benutzt werden. Hierfür wird die von einer steuerbaren Spannungsquelle gelieferte Ausgangsspannung im gewünschten Verhältnis geteilt und die Teilspannung in einem Differenzverstärker mit der Eingangsspannung verglichen (Fig. 4.41). Das Ausgangssignal des Differenzverstärkers steuert die Spannungsquelle so lange nach, bis

$$U_a = U_e \cdot (t_0/t_1) \tag{4.25}$$

ist. Es sind relative Unsicherheiten des Verhältnisses U_a/U_e von besser als 10^{-6} erreichbar.

Spannungsmessung mit Teilern Ein elektronisches Spannungsnormal (s. **4.**1.2.2) in Verbindung mit Widerstandsteilern und einem Nullindikator (s. **4.**1.1.8) gestattet die Messung beliebiger Spannungen in einem Spannungsbereich von 10 µV bis 1000 V. Fig. 4.42a zeigt den prinzipiellen Schaltungsaufbau für den Spannungsbereich von 10 V bis 100 V. Die Ausgangsspannung des elektronischen Spannungsnormals U_N wird mit Hilfe eines Kelvin-Varley-Teilers herabgeteilt. Je nach Teilungsfaktor k stehen an seinem Ausgang Spannungen $k \cdot U_N$ von 1 V bis 10 V zur Verfügung. Die zu messende Spannung U_X wird mit dem Referenzteiler im Verhältnis 1:10 herabgeteilt ($k_{10} \cdot U_X$). Der Vergleich der beiden Spannungen $k \cdot U_N$ und $k_{10} \cdot U_X$ findet mit dem Nullindikator statt, wobei das Teilungsverhältnis k des Kelvin-Varley-Teilers so lange verändert wird, bis am Nullindikator kein Ausschlag mehr erscheint. Wird der 1:10-Referenzteiler durch einen 1:100-Referenzteiler ersetzt, kann auch der Spannungsbereich von 100 V bis 1000 V abgedeckt werden. Für Spannungen kleiner als 10 V ist kein Referenzteiler erforderlich. Bei der Ermittlung der Meßunsicherheiten müssen die Ein- und Ausgangswiderstände der Teiler in Betracht gezogen werden. Bei sorgfältigem Schaltungsaufbau können Spannungen U_X von 10 µV bis 1 V mit einer relativen Unsicherheit von $2 \cdot 10^{-6} + 1\,\mu V/U_X$ gemessen werden. Im Bereich von 1 V bis 1000 V liegen die relativen Unsicherheiten zwischen $1 \cdot 10^{-6}$ und $4 \cdot 10^{-6}$.

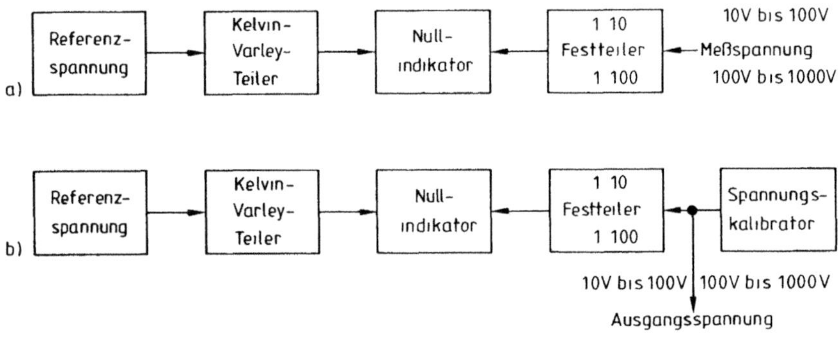

Fig. 4.42 Prinzipieller Schaltungsaufbau zum Messen und Erzeugen hochgenauer Gleichspannungen in einem Bereich von 10 µV bis 1000 V
a) Schaltung zum Messen von Spannungen
b) Schaltung zum Erzeugen von Spannungen

Mit einer kleinen Modifikation der Schaltung (Fig. 4.42b) können Spannungen in demselben Spannungsbereich mit vergleichbarer Unsicherheit auch generiert werden. Der Gleichspannungskalibrator dient als stabile Spannungsquelle. Er muß nur eine gute Kurzzeitstabilität aufweisen. Ansonsten geht seine Unsicherheit nicht in die Gesamtunsicherheit des Meßverfahrens ein. Umgekehrt kann die Meßeinrichtung nach Fig. 4.42b auch dazu dienen, Gleichspannungskalibratoren in dem genannten Spannungsbereich zu kalibrieren.

4.1.2.8 Messung kleinster Spannungen

Grenze der Auflösung Die untere Grenze der Auflösung ist bei Spannungsmessungen durch das thermische Rauschen sowie das $1/f$-Rauschen gegeben (s. **4.**1.1.8). Bei einem Quellenwiderstand R_S, einer absoluten Temperatur T und der Bandbreite B berechnet sich die thermische Rauschspannung zu

$$u_r = \sqrt{4kTBR_s}, \tag{4.26}$$

mit k = Boltzmann-Konstante. Um die Rauschspannung herabzusetzen, gibt es drei Möglichkeiten:

- Verringerung der Bandbreite
- Verkleinerung des Quellwiderstandes
- Absenken der Temperatur

Eine Verringerung der Bandbreite ist nur in gewissem Umfang möglich. Diese muß sich nach der angestrebten Meßunsicherheit und nach der Änderungsrate des Eingangssignals richten. Eine Bandbreite von 0,01 Hz sollte im allgemeinen nicht unterschritten werden. Eine Verringerung der Bandbreite bringt nur dann den gewünschten Erfolg, wenn das $1/f$-Rauschen nicht dominiert. Anderenfalls nimmt ab einer gewissen Bandbreite die Streuung der Meßwerte wieder zu (s. **4**.1.1.8).

Auch eine Verkleinerung des Quellwiderstandes trägt nicht in jedem Falle zur Verbesserung des Signal-Rausch-Verhältnisses bei. Wird beispielsweise der Spannungsabfall U gemessen, den ein Srom der Stärke I an dem Widerstand R_S erzeugt, so hat eine Verkleinerung des Widerstandes um einen Faktor 10 auch eine Verringerung der Spannung U um denselben Faktor zur Folge, während sich die Rauschspannung u_r nur um einen Faktor $\sqrt{10}$ verringert. Das Signal-Rausch-Verhältnis U/u_r nimmt somit um einen Faktor $\sqrt{10}$ ab.

Die Abkühlung der Meßeinrichtung bietet manchmal die einzige Möglichkeit, die Rauschspannung weiter zu verringern. Eine Änderung der Temperatur von Raumtemperatur (T = 293 K) auf die Siedetemperatur des Stickstoffs (T = 77 K) verringert das thermische Rauschen um einen Faktor 2. Eine Abkühlung auf die Temperatur des siedenden Heliums (T = 4,2 K) verringert die Rauschspannung sogar um einen Faktor 8.

Thermospannungen (s. **4**.1.1.3) können das Meßergebnis ebenfalls stark beeinflussen. Sie werden dort erzeugt, wo sich Verbindungsstellen unterschiedlicher Materialien auf verschiedener Temperatur befinden. Man kann sie vermeiden, indem man den gesamten Meßkreis aus einem Material (im allgemeinen Kupfer) ausführt und dort, wo dies nicht möglich ist, Verbindungsstellen unterschiedlicher Materialien in guten thermischen Kontakt miteinander bringt und damit den Temperaturgradienten klein hält.

Elektronische Nanovoltmeter Auflösung, Drift und Rauschen elektronischer Nanovoltmeter werden von den Eingangsverstärkern dieser Geräte bestimmt. Die heutige Verstärkertechnik (s. **4**.1.1.8) erlaubt es, Nanovoltmeter mit einer Auflösung bis zu 1 nV (bei Quellwiderständen bis zu 10 Ω) zu bauen, bei einer effektiven Rauschspannung von 0,2 nV und einer Drift von 10 nV/d. Bei größeren Quellwiderständen erhöht sich infolge des Eingangs-Rauschstromes des Verstärkers auch die Gesamt-Rauschspannung.

Nanovoltmeter sind als analoge und digitale Meßgeräte auf dem Markt. Die analogen Meßgeräte haben eine Meßunsicherheit von ±2%, bezogen auf den Meßbereichsendwert. Bei den digitalen Meßgeräten beträgt die relative Unsicherheit in den empfindlicheren Meßbereichen ±0,01%. Im allgemeinen sind die digitalen Geräte mit einer IEC-Bus-Schnittstelle ausgerüstet, die sie systemfähig macht. Da die analogen Nanovoltmeter sehr oft einen Analog-Ausgang besitzen, kann man sie unter Zwischenschaltung eines systemfähigen Digitalvoltmeters ebenfalls in rechnergesteuerte Meßsysteme integrieren.

Galvanometer und Kompensatoren Für den Nachweis kleinster Spannungen spielen heutzutage nur noch Galvanometer mit Fotozellenverstärkern eine Rolle (s. **4**.1.1.8). Mit ihnen erreicht man eine Spannungsempfindlichkeit bis zu 30 mm/nV bei einem Eingangswiderstand von 2 Ω. Durch Kaskadierung kann dieser Wert noch gesteigert werden (Leontiew (1980)).

Zur genauen Messung kleinster Spannungen unter 100 mV ist auch der Kompensator mit Stromkomparator (s. **4**.1.2.6) geeignet. Dieser Kompensator besitzt Spannungsbereiche von 2 V bis 0,002 V, die Auflösung beträgt im kleinsten Spannungsbereich 1 nV.

4.1.3 Widerstand

4.1.3.1 Widerstandsnormale

Quanten-Widerstandsnormal

Quanten-Hall-Effekt Der Quanten-Hall-Effekt sagt aus, daß unter bestimmten Bedingungen elektrische Widerstände in Bruchteilen von h/e^2 quantisiert realisiert werden können (v. Klitzing (1980)). Dieser Effekt ist ein makroskopisches Quantenphänomen und wird an zweidimensionalen leitenden Schichten (zweidimensionale Elektronengase, 2DEG) beobachtet, die einem starken Magnetfeld ausgesetzt sind. Ein zweidimensionales Elektronengas läßt sich realisieren, indem bestimmte Halbleiterstrukturen – MOS-Feldeffekttransistoren und Heterostrukturen – auf sehr tiefe Temperaturen ($\leqslant$ 4,2 K, flüssiges Helium) abgekühlt werden. Bei Anlegen eines sehr starken Magnetfeldes (Magnetische Flußdichte in der Größenordnung von 10T) bilden sich in der Kennlinie für den Hall-Widerstand Plateaus konstanten Widerstandes aus, deren Widerstandswerte der Gesetzmäßigkeit

$$R_H(i) = \frac{U_H(i)}{I} = \frac{1}{i} \cdot \frac{h}{e^2} \tag{4.27}$$

folgen (U_H Hall-Spannung, I Probenstrom, h Plancksches Wirkungsquantum, e Elementarladung, $i = 1, 2, 3, \ldots$). Damit besteht die Möglichkeit, nur von Fundamentalkonstanten abhängige Widerstandswerte zu erzeugen, ähnlich wie der Josephson-Effekt (s. **4**.1.2.2) dies für Spannungswerte erlaubt. Experimentell lassen sich insbesondere die Plateaus 2 und 4 entsprechend Widerstandswerten von $R_H(2) = 12{,}906$ kΩ und $R_H(4) = 6{,}453$ kΩ realisieren.

Hartland (1992); Van Degrift u. a. (1990).

Hall-Proben Entdeckt wurde der Quanten-Hall-Effekt bei Messungen an MOS-Feldeffekttransistoren. Fig. 4.43 zeigt den Verlauf der Hall-Spannung U_H sowie der Längsspannung U_X als Funktion der Gatespannung U_G für einen solchen Transistor. An den Stellen, an denen die Hall-Spannung Plateaus bildet, geht die Längsspannung auf Null zurück. Die Breite der Plateaus und die Restspannung von U_X sind ein Maß für die Qualität der Probe und die Unsicherheit bei der Realisierung quantisierter Hall-Widerstände. Genauere Untersuchungen haben gezeigt, daß eine ganze Reihe von Bedingungen erfüllt sein muß, damit die Proben für Präzisionsmessungen geeignet sind (Delahaye (1989)).

Eine weitere Möglichkeit, quantisierte Hall-Widerstände zu erzeugen, bieten Heterostrukturen. Sie werden heute am häufigsten angewendet, da sie kleinere magnetische

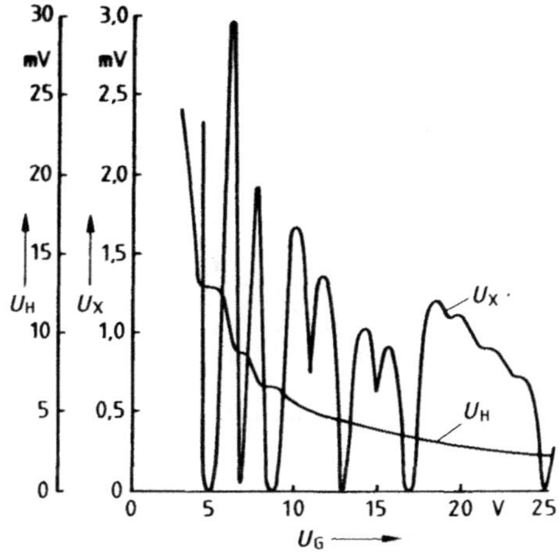

Fig. 4.43
Verlauf von Hallspannung U_H und Längsspannung U_X fur einen MOS-Feldeffekttransistor als Funktion der Gatespannung U_G (nach von Klitzing u.a. (1980))
$B = 18\,T$; $T = 1,5\,K$; $I = 1\,\mu A$

Flußdichten erfordern und besser ausgebildete Plateaus liefern. Fig. 4.44 zeigt den schematischen Aufbau und die Schichtenfolge einer solchen Heterostruktur. Das zweidimensionale Elektronengas bildet sich an der Grenzschicht zwischen dotiertem und undotiertem GaAlAs aus. Fig. 4.45 zeigt die Hall-Spannung U_H und die Längsspannung U_X in Abhängigkeit von der magnetischen Flußdichte. Hier ist es das Plateau $i = 2$, das besonders gut ausgebildet ist und daher für Präzisionsmessungen gern herangezogen wird.

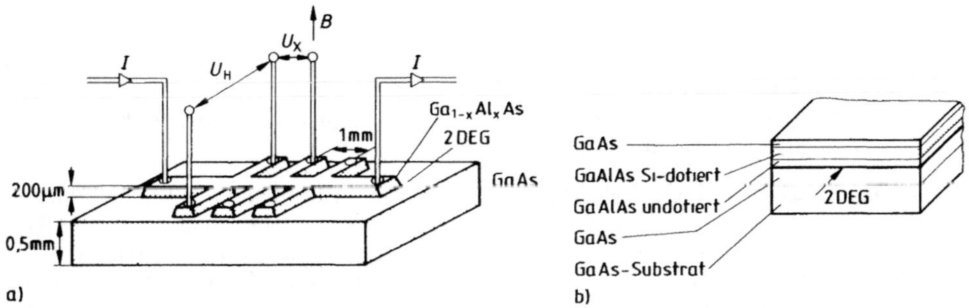

Fig. 4.44 Heterostruktur zur experimentellen Realisierung quantisierter Hallwiderstände
a) Schematischer Aufbau einer präparierten GaAs-$Ga_{1-X}Al_XAs$-Heterostruktur in einem Magnetfeld der Flußdichte B
b) Schichtenfolge der Heterostruktur
2 DEG: Zweidimensionales Elektronengas

Von Klitzing-Konstante Ähnlich wie beim Josephson-Effekt (s. **4**.1.2.2) läßt sich auch mit Hilfe des Quanten-Hall-Effekts die Einheit des elektrischen Widerstandes, das Ohm, mit einer Unsicherheit reproduzieren, die um mindestens eine Größenordnung kleiner ist, als die, mit der sich diese Einheit darstellen läßt. Daher hat das Internationale Komitee für Maß und Gewicht (CIPM (1988)) auf seiner Sitzung im Jahre 1988 auch für den Quotienten aus Hall-Spannung und Probenstrom für das Plateau eins – die von

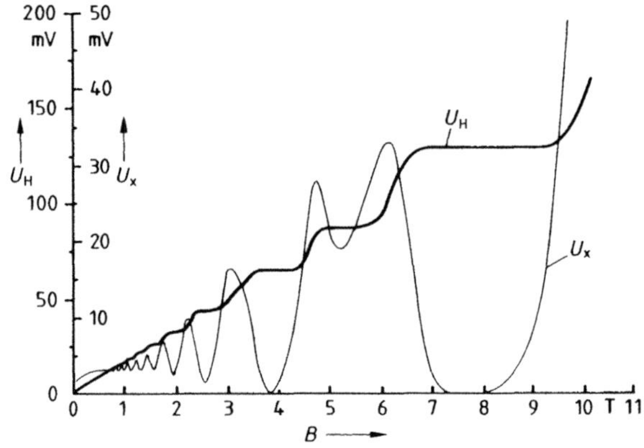

Fig. 4.45
Hallspannung U_H und Längsspannung U_X einer GaAs-$Ga_{0,7}Al_{0,3}$As-Heterostruktur als Funktion der magnetischen Flußdichte B
$I = 10\,\mu A$; $T = 1{,}5\,K$

Klitzing-Konstante – einen empfohlenen Wert festgelegt:

$$R_{K-90} = 25812{,}807\ \Omega. \tag{4.28}$$

Dieser Wert wurde ebenfalls mit Wirkung vom 01.01.1990 international einheitlich eingeführt (Kose u. Bachmair (1989)) und stimmt nach neuesten Meßergebnissen für die von Kitzing-Konstante (Taylor u. Witt (1989)) mit einer relative Unsicherheit von $2 \cdot 10^{-7}$ mit dem entsprechenden SI-Wert überein.

Aus dieser Festlegung ergibt sich eine ganze Reihe von Vorteilen:

- Bewahrung und Weitergabe der Widerstandseinheit Ohm auf der Grundlage eines Quantennormals, unabhängig von Ort und Zeit.
- Weltweite Einheitlichkeit bei der Messung elektrischer Größen.
- Bestmögliche Konformität mit dem internationalen Einheitensystem.
- Keine Änderung des festgelegten Wertes in absehbarer Zukunft.
- Einheitliche Vorgehensweise aller metrologischen Staatsinstitute bei der Kalibrierung von Normalen und Normalmeßgeräten.

Messung quantisierter Hall-Widerstände Beim Aufbau eines Quanten-Widerstandsnormals geht es in erster Linie darum, den von der Natur vorgegebenen quantisierten Hall-Widerstand der Plateaus 2 und 4 an dekadische Widerstandswerte anzuschließen, mit deren Hilfe die Ohm-Skale bewahrt und weitergegeben wird. Strom- und damit auch Widerstandsverhältnisse lassen sich mit Hilfe von Stromkomparatoren sehr genau messen (s. **4**.1.2.6, **4**.1.3.5 u. **4**.1.4.4). Besonders geringe Unsicherheiten lassen sich mit Kryostromkomparatoren erzielen (Gutmann u. Bachmair (1989)), bei denen der Eisenkern durch einen supraleitenden Schirm ersetzt wurde, der eine beinahe ideale Kopplung zwischen Primär- und Sekundärwicklung herstellt und damit Stromverhältnisse mit sehr geringer Unsicherheit zu realisieren gestattet. Das Prinzipschaltbild einer Kompensationsschaltung mit Kryostromkomparator zur Bestimmung genauer Widerstandsverhältnisse (Delahaye u. Reymann (1985)) zeigt die Figur 4.46. Diese Schaltung wird – zum Teil mit geringen Abwandlungen – in fast allen Präzisions-Meßeinrichtungen für quantisierte Hall-Widerstände verwendet.

Das Widerstandsverhältnis 12906,4:1 wird in zwei Schritten realisiert. Dazu ist ein dritter Widerstand erforderlich, der den Nominalwert 100 Ω besitzt. Im ersten Schritt ist

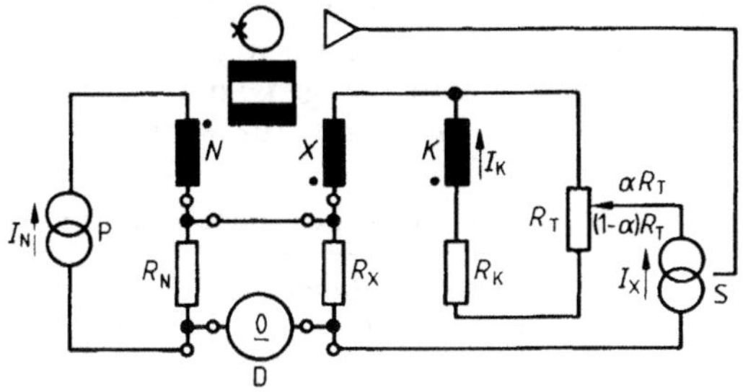

Fig. 4.46
Prinzipschaltbild der Kompensationsschaltung zur Bestimmung des Widerdstandsverhältnisses R_X/R_N mit einem Kryo-Stromkomparator (Erläuterungen im Text)

$R_H = R_N$ und $R_X = R_{100}$, während im zweiten Schritt $R_N = R_{100}$ und $R_X = R_1$ gesetzt wird. Die Stromstärken I_N und I_X werden so eingestellt, daß die Spannungsabfälle über den Widerständen jeweils gleich sind, d. h. $I_N R_N = I_X R_X$. Damit neben der Spannungsgleichheit auch Durchflutungsgleichgewicht im Stromkomparator herrscht, wird ein Teil des Stromes I_X zusätzlich über die Kompensationswicklung K geführt, so daß $I_N \cdot N = I_X \cdot X - I_K \cdot K$ ist. Dann gilt im Abgleichsfall

$$\frac{R_X}{R_N} = \frac{X}{N}\left[1 + \frac{K}{X} \cdot \frac{R_T}{R_T + R_K} \cdot \alpha\right]. \tag{4.29}$$

Da die Stromstärken durch die quantisierten Hall-Widerstände auf maximal einige hundert Mikroampere begrenzt sind, muß das SQUID-Instrument (s. **4**.1.1.8) im Kryostromkomparator eine hohe Stromauflösung besitzen. Die geringsten relativen Unsicherheiten, mit denen heute 1-Ω-, 100-Ω- und 10000-Ω-Widerstände an quantisierte Hall-Widerstände angeschlossen werden können, liegen bei einigen 10^{-9} (Delahaye (1992) u. Hartland (1992)).

Meßeinrichtungen zur experimentellen Realisierung quantisierter Hall-Widerstände sind zwar zur Zeit noch nicht kommerziell erhältlich, doch liegen bereits erste Erfahrungen mit einer selbstentwickelten Apparatur in einem Kalibrierlaboratorium der Industrie vor (Jäger u. a. (1991)). Insbesondere Hersteller supraleitender Magnete, die ein unverzichtbares Hilfsmittel zur Erzeugung der hohen Magnetfelder sind, arbeiten aber an industriell einsetzbaren Apparaturen zur Realisierung des Quanten-Hall-Effekts.

Normal- und Strommeßwiderstände

Widerstandswerkstoffe Von ausschlaggebender Bedeutung für Meßwiderstände ist die zeitliche Stabilität ihres Widerstandswertes. Dementsprechend sind in der Normung für Gleichstrom-Meßwiderstände (DIN 43783) die Genauigkeitsklassen an Hand der über ein Jahr eingehaltenen Fehlergrenzen festgelegt. Weiterhin sind geringe Abhängigkeit von Temperatur, Luftfeuchte und Luftdruck sowie geringe Thermospannungen gegen Kupfer zu fordern. Als Werkstoff, der diese Anforderungen gut erfüllt, hat sich bereits seit 1889 die Kupfer-Mangan-Nickel-Legierung Manganin in Form von Drähten, Blechen oder Folien bewährt. Es werden daraus Meßwiderstände mit Nennwerten von etwa $10^{-5}\,\Omega$ bis $10^6\,\Omega$ gefertigt (Schulze (1953)). Etwa ab 1955 kamen Chrom-Nickel-Sonderlegierungen (Evaohm, Karma, Isa-Ohm) hinzu (Arnold (1956)), aus denen allerdings wegen der Sprödigkeit des Materials nur dünne Drähte oder Schichten für Widerstände von etwa $1\,\Omega$ bis $10^8\,\Omega$ gefertigt werden können. Als neueste Entwicklung kam schließlich Zeranin auf den Markt. Der im Laufe der Jahre erzielte Fortschritt liegt vor allem in einer Verringerung der Temperaturabhängigkeit, wie dies Fig. 4.47 zeigt. Weitere Kenndaten der genannten Legierungen sind in Tab. 4.6 zusammengestellt. Daten über alle Werkstoffe für technische Widerstände siehe Tab. T 4.04 in Band 3.

Tab. 4.6 Kenndaten einiger Legierungen für Meßwiderstände

Handels bezeichnung	Hauptbestandteile Massegehalt in %	Spezifischer Widerstand in $\Omega\,mm^2/m$	Thermospannung gegen Kupfer in $\mu V/K$	Linearer Temperaturkoeffizient bei 20 °C in $10^6/K$
Mangan	86 CU, 12 Mn, 2 Ni	0,43	−0,6	±10
Isa-Ohm	71 Ni, 21 Cr, 3 Cu	1,32	+0,5	±10
Evanohm	73 Ni, 21 Cr, 2 Cu, 2 Al	1,33	+0,5	±10
Karma	76 Ni, 20 Cr, 4(Fe + Al)	1,33	+0,5	±10
Zeranin	87 Cu, 6 Mn	0,43	−1,3	± 3

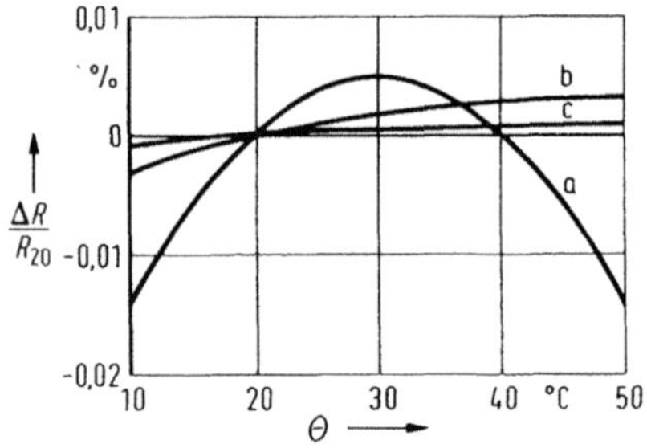

Fig. 4.47 Typische Widerstands-Temperatur-Kennlinien von
a) Manganin
b) Isa-Ohm
c) Zeranin
Θ Temperatur; R_{20} Widerstandswert bei 20 °C

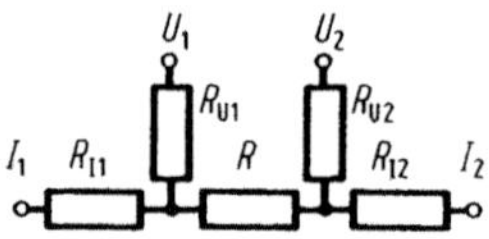

Fig. 4.48 Gleichstrom-Ersatzschaltung für einen Normalwiderstand mit Vierpolanschluß
R_I, R_U Zuleitungswiderstände
I_1, I_2 Stromanschlüsse
U_1, U_2 Spannungsabgriffe

Zweipoliger und vierpoliger Anschluß Widerstände in Zweipolausführung, das heißt mit gemeinsamen Anschlußstellen für Stromzuführung und Spannungsabgriff, sind als Meßwiderstände nur brauchbar, solange die Zuleitungs- und Kontaktwiderstände (Größenordnung 0,1 mΩ oder weniger) im Rahmen der jeweils zulässigen Unsicherheit vernachlässigbar klein bleiben. Das trifft im allgemeinen für höhere Nennwerte zu, ist jedoch für niedrige Nennwerte konstruktiv überhaupt nicht zu erreichen. Alle niederohmigen Meßwiderstände werden daher in Vierpolausführung (Fig. 4.48) mit von den Stromanschlüssen getrennten Potentialanschlüssen gefertigt, an denen der Spannungsabfall abgegriffen werden kann. Bei einem solchen Vierpolanschluß ist der Nennwert als

Widerstand zwischen den Fußpunkten der Spannungsabgriffe selbst dann eindeutig definiert, wenn die Zuleitungswiderstände größer als der Meßwiderstand selbst sind. Letzterer berechnet sich als Quotient aus dem Spannungsabfall an den Potentialklemmen und der Stromstärke an einem der Stromanschlüsse mit der Nebenbedingung, daß die Potentialanschlüsse stromlos sind.

Normalwiderstände Als Widerstandsnormale des Nennwertes 1 Ω haben sich seit Jahrzehnten Drahtwiderstände der von Thomas (1931) angegebenen Bauform bewährt (s. Fig. 4.49). Bei ihnen wird eine blanke Wicklung aus Manganin benutzt, die im Vakuum bei etwa 500 °C getempert und danach in ein mit Stickstoff gefülltes luftdichtes Gehäuse eingebaut wird. Durch diese Spezialbehandlung bleiben die zeitlichen relativen Änderungen des Widerstandswertes meist innerhalb 10^{-7} pro Jahr, der Temperaturkoeffizient bei Raumtemperatur beträgt einige 10^{-6}/K. Bei hochgenauen Widerstandsvergleichen muß auch der Druckkoeffizient berücksichtigt werden. Er liegt zwischen 0,5 und $2{,}5 \cdot 10^{-9}$/hPa. Vor kurzem sind 1-Ω-Normalwiderstände aus Evanohm entwickelt worden (Pritchard (1992)), die den Thomas-Widerständen, zumindest was ihr Transportverhalten anbelangt, überlegen sind.

Der Widerstandswert 1 Ω ist zwar für den Anschluß von Strommeßwiderständen der Starkstromtechnik recht günstig, für elektronische Geräte werden jedoch meist höhere Widerstandswerte benötigt. Für diesen Bedarf wurden geschlossene Bauformen von Normalen des Nennwertes 10 kΩ mit ebenfalls extrem guter Langzeitstabilität und geringen Temperaturkoeffizienten ($\leq 10^{-6}$/K) entwickelt (Vincent u. Pailthorp (1968)).

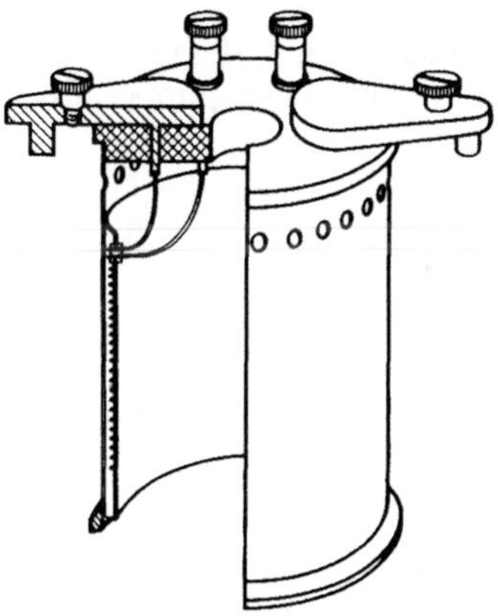

Fig. 4.49 Schnittbild eines Normalwiderstandes 1 Ω der Bauform nach Thomas (1931)

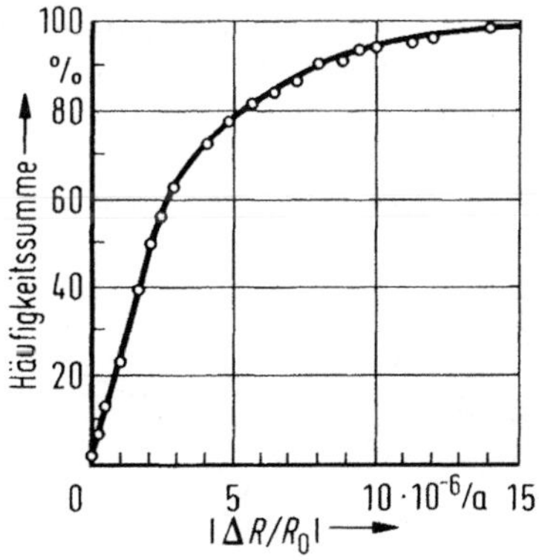

Fig. 4.50 Jährliche relative Änderung des Widerstandswertes von Gebrauchsnormalen (nach Melchert (1978))
Dargestellt ist die Kurve der Häufigkeitssumme für 170 Widerstände der Nennwerte 0,1 Ω; 1 Ω und 10 Ω

Neben diesen Arten von Normalwiderständen höchster Güte gibt es weitere ölgefüllte oder luftgekühlte Bauformen (s. z. B. Siegfried (1968)) mit Nennwerten zwischen 10^{-3} Ω und 10^{8} Ω die – meist in dekadisch gestufter Reihe – als Bezugsnormale dienen. Auch bei diesen Gebrauchsnormalen kann man mit recht guten zeitlichen Stabilitäten rechnen, wie Fig. 4.50 zeigt (Melchert (1978a)). Aus der dort gezeigten Häufigkeitssumme der jährlichen relativen Änderungen ergibt sich, daß sich 50% der Gebrauchsnormale um weniger als $2 \cdot 10^{-6}$, und 95% um weniger als $1 \cdot 10^{-5}$ ihres Wertes pro Jahr änderten.

Mit der Einführung der elektronischen Präzisisonsmeßgeräte ist ein Bedarf an langzeitstabilen und temperaturunabhängigen Widerständen enstanden, die sich problemlos in elektronische Schaltungen integrieren lassen. Dafür werden heute hermetisch verschlossene Präzisionswiderstände in Dünnschichttechnik angeboten, deren Temperaturkoeffizient im allgemeinen kleiner als 10^{-6}/K ist und die in ihrer zeitlichen Stabilität den oben beschriebenen Gebrauchsnormalen vergleichbar sind.

Strommeßwiderstände Bei Widerständen niedriger Nennwerte, insbesondere bei zur Stromstärkenmessung dienenden und dabei höher belasteten Strommeßwiderständen treten Probleme infolge Eigenerwärmung auf. Diese meßtechnischen Probleme sollen an Hand eines ganz einfachen Schemas verdeutlicht werden (Fig. 4.51). Die eigentliche Meßgröße bei Widerstandsvergleichen ist der Spannungsabfall, wobei meßtechnisch optimal ein Wert von etwa 1 V ist. Setzt man die Spannung als konstant an, so ist die Leistung umgekehrt proportional zum Widerstandswert und würde für einen Spannungsabfall von 1 V bei $10^{-2}\,\Omega$ bereits 100 W und bei $10^{-4}\,\Omega$ 10 kW erreichen. Um kleinere Belastungen zu haben, muß man geringere Meßspannungen in Kauf nehmen. Als Beispiel ist in Fig. 4.51 für Widerstandswerte unterhalb von 10 Ω der Lastbereich 0,1 W bis 10 W vorgegeben und hierfür der zugehörige Spannungsbereich eingezeichnet. Man erkennt, daß man bei der – keineswegs vernachlässigbar kleinen – Belastung mit 100 mW bereits in den Spannungsbereich von wenigen mV kommt und selbst bei 10 W – der Belastungsgrenze für nicht speziell gekühlte Widerstandsnormale – sind es bei $10^{-4}\,\Omega$ nur 30 mV. Bei so kleinen Meßspannungen sind alle Thermospannungseffekte besonders störend, und gerade sie treten bei höherer Belastung aufgrund erhöhter Temperaturunterschiede verstärkt auf.

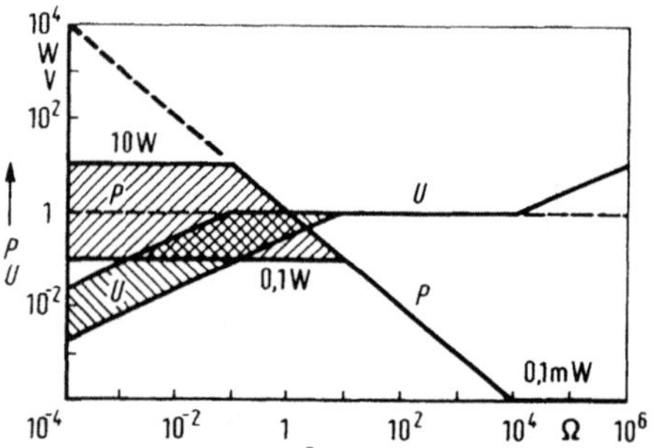

Fig. 4.51
Schema des Zusammenhangs zwischen Spannungsabfall und Leistung bei Meßwiderständen in Abhängigkeit vom Widerstandswert

Abgesehen davon gibt es auch Veränderungen des Widerstandswertes infolge seiner Temperaturabhängigkeit, wobei die Zeitkonstanten der Erwärmungsvorgänge oftmals größer sind als gefühlsmäßig erwartet. Fig. 4.52 zeigt typische Kennlinien eines Widerstandes aus Manganin bei Luftkühlung. Es handelt sich um einen vom Widerstands-Temperatur-Verlauf her recht günstig ausgelegten 1-Ω-Widerstand. Die Widerstandsänderungen im Arbeitsbereich gehen in beide Richtungen und bleiben verhältnismäßig klein. Durch ein geschlossenes Gehäuse werden bei dem dargestellten Beispiel allerdings die thermischen Zeitkonstanten besonders hoch. Bei Belastung erwärmt sich

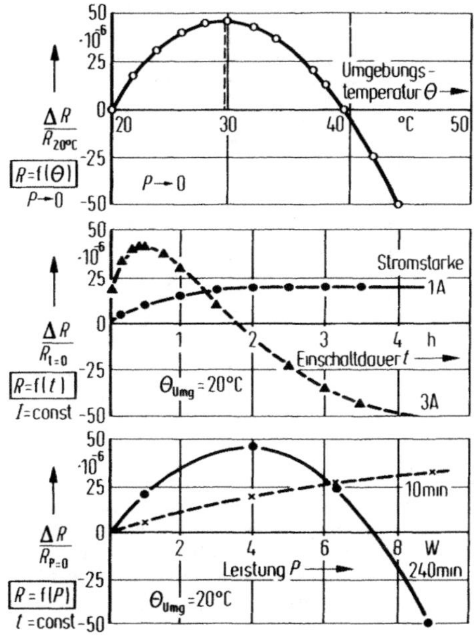

Fig. 4.52
Typische Kennlinien eines Strommeßwiderstandes in geschlossenem Gehäuse (Beispiel für 1 Ω bei Luftkühlung (nach Melchert (1978))
Änderung des Widerstandswertes in Abhängigkeit von der Temperatur Θ bei minimaler Belastung (oben), von der Einschaltdauer t bei unterschiedlicher Belastung (Mitte) und von der Leistung P bei unterschiedlicher Einschaltdauer (unten). Alle Änderungen sind bezogen auf den Widerstand bei $\Theta = 20°C$, $t = 0$ und $P = 0$

der Widerstand, und die Widerstandsänderung nimmt Werte entsprechend der oben dargestellten Widerstands-Temperatur-Kurve an. Die Form der darunter gezeigten Kurven der Widerstandsänderungen in Abhängigkeit von der Zeit bei jeweils konstanter Belastung hängt davon ab, ob der thermische Gleichgewichtszustand unter dem Widerstandsmaximum bleibt (s. Kurve für 1 A) oder ob das Widerstandsmaximum überschritten wird (s. Kurve für 3 A). Der Widerstandswert in Abhängigkeit von der Leistung (untere Kurven) muß im Einschaltaugenblick lastunabhängig sein (Gerade auf der Nullinie), und über verschiedene Zwischenzustände ergibt sich schließlich im eingelaufenen thermisch stationären Endzustand eine der Widerstands-Temperatur-Kurve entsprechende etwa parabelförmige Kennlinie. Aus dieser Kennlinie kann man für kurzzeitigen Betrieb lediglich folgern, daß der Widerstandswert innerhalb des durch die äußeren Grenzen der Dauerlast-Kennlinie gegebenen Bereiches bleibt.

Hochohmige Widerstände Als Vergleichsnormale mit Nennwerten über $10^8\,\Omega$ werden Metalloxid- (bis $10^{11}\,\Omega$ erhältlich) und in Schutzgas eingeschmolzene Kohleschicht-Widerstände (bis $10^{14}\,\Omega$) benutzt. Bei den Metalloxid-Widerständen muß man mit Temperaturkoeffizienten zwischen $1 \cdot 10^{-4}$/K und $5 \cdot 10^{-4}$/K und jährlichen relativen Widerstandsänderungen bis zu 0,1% rechnen. Bei Präzisions-Kohleschicht-Widerständen betragen die Temperaturkoeffizienten $1 \cdot 10^{-3}$/K bis $3 \cdot 10^{-3}$/K, und die jährlichen Änderungen liegen in der Größenordnung 0,1% bis 1%. Ferner ist der Widerstandswert erheblich von der Spannung abhängig. Typische Widerstands-Spannungs-Verläufe zeigt Fig. 4.53.

Widerstandssätze und Dekadenwiderstände Einstellbare Widerstandssätze werden meist als dekadisch gestufte Reihenwiderstände hergestellt. Um jeden gewünschten Wert einstellen zu können, sind die einzelnen Widerstandswerte innerhalb der Dekaden

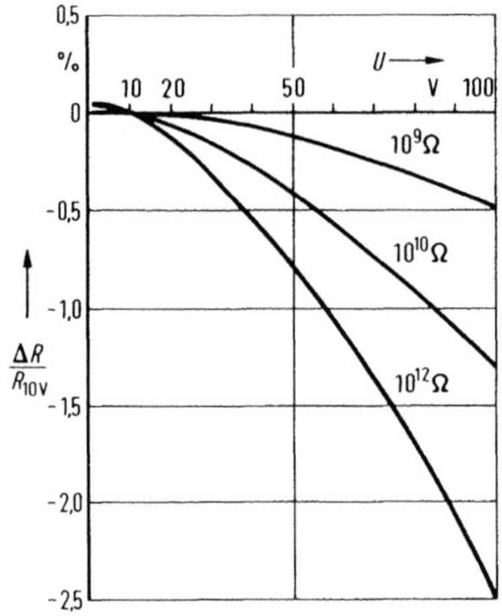

Fig. 4.53 Typische Kennlinien der Spannungsabhängigkeit von hochohmigen Präzisionswiderständen (luftdicht in Glas eingeschmolzene Kohleschichtwiderstände), nach Melchert (1978), $\Delta R = R - R_{10V}$

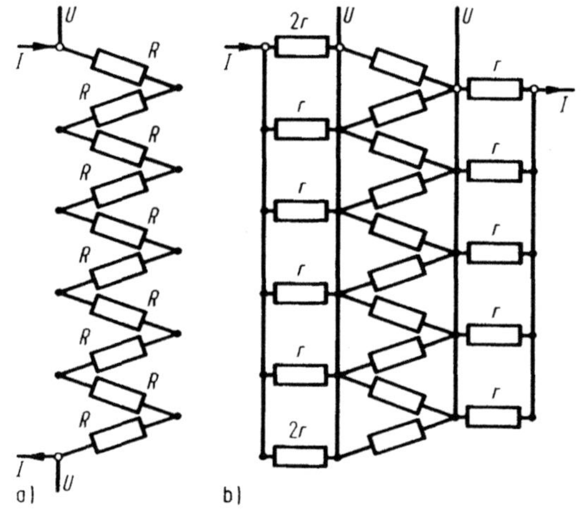

Fig. 4.54 Prinzip eines umschaltbaren Widerstandes nach Hamon (1954)
a) Reihenschaltung
b) Parallelschaltung
R Meßwiderstände; *r* Zusatzwiderstände zur Symmetrierung

entweder nach dem Gewichtssatz-Prinzip gestuft (z. B. 1-2-3-5) oder die Dekaden bestehen jeweils aus 9 bis 11 Widerständen gleichen Wertes. Im ersten Fall müssen die unbenutzen Stufen kurzgeschlossen werden (z. B. durch Stöpsel), im zweiten Fall wird die gewünschte Stufe an Klemmen oder meist über Drehschalter abgegriffen. Feinstufig einstellbare Widerstandsverhältnisse erhält man mit Teilern entspr. **4**.1.2.7.

Zur Kalibrierung digitaler Multimeter liefern Kalibratoren (s. **4**.1.2.1) und Transfernormale (s. **4**.1.2.5) ebenfalls Festwiderstandswerte mit Vierpolanschluß. Im Handel erhältliche Kalibratoren überstreichen einen Widerstandsbereich von 1 Ω bis 100 MΩ (Stufung 1-1,9-10) mit relativen Unsicherheiten von $5 \cdot 10^{-6}$ bis $60 \cdot 10^{-6}$, wobei die geringsten Unsicherheiten für Widerstandswerte um 10 kΩ herum erreicht werden. Diese Unsicherheiten beinhalten Temperaturabweichungen von ±1 °C von der Referenztemperatur (im allgemeinen 23 °C) und die Alterung über einen Zeitraum von drei Monaten. Die Unsicherheit der Kalibrierung muß jedoch zusätzlich berücksichitgt werden. Die Transfernormale überstreichen denselben Widerstandsbereich, allerdings mit einer noch engeren Stufung (1-3-10-19). Die relative Unsicherheit beim Transfer innerhalb eines Zeitraums von 3 Monaten bewegt sich zwischen $4 \cdot 10^{-6}$ und $30 \cdot 10^{-6}$ (1 Ω bis 19 MΩ) und $250 \cdot 10^{-6}$ (30 MΩ bis 100 MΩ). Zusätzlich einzubeziehen sind der Temperaturkoeffizient ($2 \cdot 10^{-6}$/K bis $20 \cdot 10^{-6}$/K) und die Unsicherheit der Kalibrierung selbst ($4 \cdot 10^{-6}$ bis $50 \cdot 10^{-6}$).

Reihen-Parallel-Schaltung Umschaltbare Widerstände nach einem von Hamon (1954) beschriebenen Prinzip dienen zur Herstellung von sehr genauen Widerstandsverhältnissen. Es handelt sich um *n* (meist zehn) wahlweise in Reihe oder parallel zu schaltende Einzelwiderstände gleichen Nennwertes *R* (Fig. 4.54), so daß sich ein Nenn-Widerstandsverhältnis von n^2:1 (100:1 bei $n = 10$) ergibt. Unterschiede im Abgleich der Widerstände gehen in dieses Verhältnis nur als Fehler zweiter Ordnung ein, und die Fehler durch Übergangswiderstände an den Verbindungsstellen und durch ungleichmäßige Stromverteilung lassen sich durch konstruktive Maßnahmen und durch den in Fig. 4.53 gezeigten Einbau von Symmetrierungswiderständen r weitgehend eliminieren (Riley (1965)). Der relative Fehler eines Übersetzungsverhältnisses 100:1 kann dadurch kleiner als 10^{-6} bis herab zu 10^{-8} gemacht werden, wie Vergleichsmessungen mit einem Kryo-Stromkomparator gezeigt haben (Delahaye u. Reymann (1985)). Bei der Anwendung ist jedoch zu beachten, daß die Parallelanordnung nach Fig. 4.54 wegen der Symmetrierungswiderstände nur in Schaltungen mit vierpoligem Anschluß benutzt werden darf.

4.1.3.2 Widerstandsmessung, Übersicht

Fig. 4.55 gibt in schematischer Form einen Überblick über Meßgeräte und Meßverfahren zur Messung elektrischer Widerstände und die jeweils zugehörigen Meßbereiche. Die Reihenfolge von oben nach unten entspricht generell einer Verringerung der relativen Meßunsicherheit. Im mittleren Widerstandsbereich – etwa 1 Ω bis 10 kΩ –

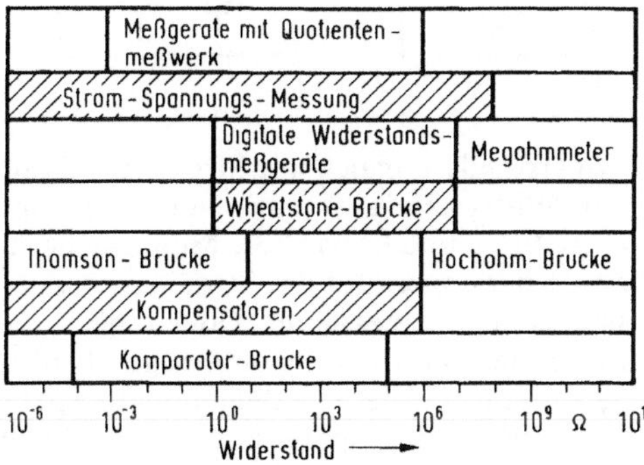

Fig. 4.55
Messung des Widerstandes, Meßverfahren und Meßbereiche

liegt sie zwischen 10^{-2} bei Quotienten-Meßwerken und unter 10^{-6} bei Komparator-Brücken. Für sehr kleine und sehr hohe Widerstände nehmen die Unsicherheiten bei allen Meßverfahren erheblich zu. Die derzeit bei Kalibrierung von Normalwiderständen erreichbaren Unsicherheitsgrenzen in Abhängigkeit vom Widerstandswert sind in Fig. 4.19 (s. **4.**1.1.9) dargestellt.

4.1.3.3 Strom-Spannungsmessung

Widerstand aus Strom und Spannung Die Grundschaltungen zeigen die Fig. 4.56a und b. Bei Anschluß des Spannungsmeßgerätes nach Schaltung a) wird der Innenwiderstand R_{ia} des Strommeßgerätes in Reihe mit dem zu messenden Widerstand R_X gemessen. Es ist dann

$$R_X = \frac{U}{I_X} - R_{ia} \qquad (4.30)$$

wobei U und I_X die von den Meßgeräten angezeigten Werte für Spannung und Stromstärke bedeuten. Bei Anschluß nach Schaltung b) wird der Leitwert des Spannungsmeßgerätes (Innenwiderstand R_{iu}) zusammen mit dem Leitwert des zu messenden Widerstandes R_X gemessen. Es ist

$$R_X = \frac{U_X}{I - \frac{U_X}{R_{iu}}}. \tag{4.31}$$

Bei den heutigen Strom- und Spannungsmeßgeräten sind die Bedingungen $R_X \gg R_{ia}$ und $R_{iu} \gg R_X$ oftmals erfüllt und man erhält $R_X = U/I$. Die Meßunsicherheiten hängen von der Genauigkeit sowie der Auflösung der verwendeten Meßgeräte ab. Außerdem ist die Belastungsabhängigkeit des zu messenden Widerstandes zu berücksichtigen.

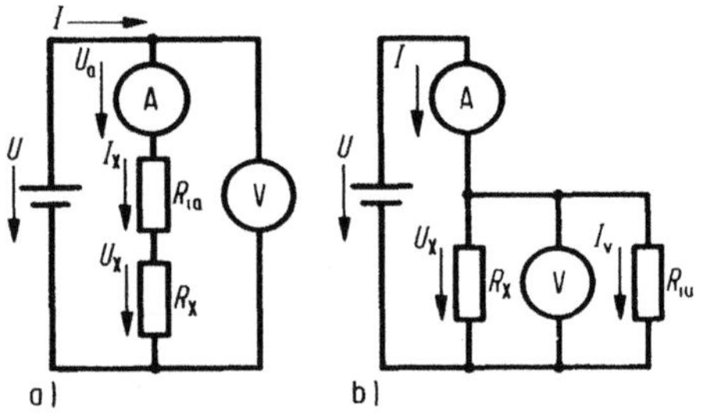

Fig. 4.56
Widerstandsmessung mit Strom- und Spannungsmeßgerät
a) Schaltung für große Widerstände
b) Schaltung für kleine Widerstände
U Speisespannung; U_a Spannungsabfall über dem Strommeßgerät; U_X Spannungsabfall über dem zu messenden Widerstand; I Gesamtstrom; I_V Strom durch das Voltmeter; I_X Strom durch den zu messenden Widerstand; R_{ia} Innenwiderstand des Strommeßgerätes; R_{iu} Innenwiderstand des Spannungsmeßgerätes; R_X zu messender Widerstand

Widerstandsvergleich mit Strom- und Spannungsmeßgerät Bei Vergleich des zu messenden Widerstandes R_X mit einem bekannten Widerstand R_N gleicher Größenordnung (Fig. 4.57a und b) wird die Meßunsicherheit nur noch vom Vergleichswiderstand selbst sowie der Linearität des Strom- bzw. Spannungsmeßgerätes bestimmt. In Schaltung a) werden der zu messende Widerstand R_X und der Vergleichswiderstand R_N nacheinander in Reihe mit dem Strommeßgerät A an die konstante Spannung U gelegt. Das Spannungsmeßgerät V dient nur zur Spannungskontrolle und – wenn erforderlich – zum Nachstellen der Spannung mittels Spannungsteilers T auf gleichen Wert. Aus den

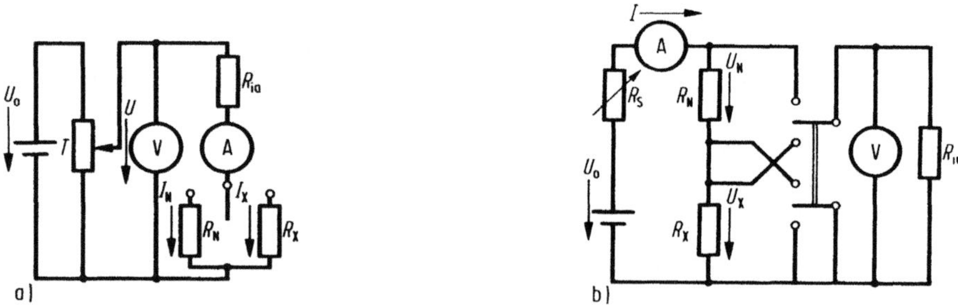

Fig. 4.57 a) mit Strommeßgerät
b) mit Spannungsmeßgerät
U_0 Speisespannung; U Spannungsabfall über Strommeßgerät und Widerstand; U_N Spannungsabfall über dem Vergleichswiderstand; U_X Spannungsabfall über dem zu messenden Widerstand; I Strom durch Spannungsmeßgerät und Widerstände; I_N Strom durch den Vergleichswiderstand; I_X Strom durch den zu messenden Widerstand; T Spannungsteiler; R_s Vorwiderstand; R_N Vergleichswiderstand; R_X zu messender Widerstand; R_{ia} Innenwiderstand des Strommeßgerätes; R_{iu} Innenwiderstand des Spannungsmeßgerätes

gemessenen Stromstärken I_X mit R_X und I_N mit R_N im Stromkreis erhält man

$$R_X = \frac{I_N}{I_X} \cdot R_N + R_{ia} \left(\frac{I_N}{I_X} - 1 \right), \tag{4.32}$$

wobei R_{ia} der Innenwiderstand des Strommeßgerätes ist. Sofern R_{ia} gegen R_X vernachlässigbar ist, gilt $R_X = R_N \cdot I_N / I_X$. Die Schaltung a) ist besonders für größere Widerstände geeignet. In diesem Fall kann wegen geringer Belastung der Spannungsquelle meist auch die Nachstellung der Spannung entfallen.

In Schaltung b) liegt der zu messende Widerstand R_X mit dem Vergleichswiderstand R_N im gleichen Stromkreis. Die Stromstärke I wird mit dem Strommeßgerät A kontrolliert und gegebenenfalls mit dem Vorwiderstand R_S nachgestellt. Man mißt nacheinander mit dem Spannungsmeßgerät V die Spannungsabfälle U_X an R_X und U_N an R_N. Es ist

$$\frac{R_X}{R_N} \cdot \frac{R_N + R_{iu}}{R_X + R_{iu}} = \frac{U_X}{U_N}. \tag{4.33}$$

Die Schaltung b) eignet sich zur Messung kleiner Widerstände, wobei meist das Korrekturglied $(R_N + R_{iu})/(R_X + R_{iu}) = 1$ gesetzt werden kann, sofern R_N und R_X gegen den Innenwiderstand R_{iu} des Spannungsmeßgerätes zu vernachlässigen sind.

Die Korrektionen bei den Vergleichsmessungen entfallen, wenn der Vergleichswiderstand R_N einstellbar ist. Dann wird R_N in den Schaltungen nach Fig. 4.56a und b solange verändert, bis in beiden Schalterstellungen bei Schaltung a) gleiche Stromstärke und bei Schaltung b) gleiche Spannung angezeigt wird. Auch die Anzeigefehler der Meßgeräte sind dann nicht mehr maßgebend, sondern nur noch deren Reproduzierbarkeit bei Einstellung auf die gleiche Anzeige.

4.1.3.4 Widerstandsmeßgeräte

Strom- und Spannungsmeßgeräte mit Ohm-Skala werden für die verschiedenartigsten technischen Anwendungen hergestellt mit Meßbereichen von einigen Mikroohm bis zu mehreren Teraohm. Die Meßgeräte (Innenwiderstand R_i) sind entweder in Reihe (Reihenschluß-Widerstandsmeßgerät) oder parallel (Nebenschluß-Widerstandsmeßgerät) mit dem zu messenden Widerstand R_X geschaltet. Bei dem besonders für höherohmige Widerstände verwendeten Reihenschluß-Widerstandsmeßgerät entspricht der mechanische Nullpunkt dem Widerstandswert „Unendlich" und der Vollausschlag dem Widerstandswert „Null". Das Gerät wird bei kurzgeschlossenen R_X-Klemmen auf Vollausschlag eingestellt. Der von Null bis Unendlich reichende Anzeigebereich enthält zwischen 10% und 90% der Skalenlänge zwei Zehnerpotenzen des Widerstandes (0,1 R_i bis 10 R_i). Wegen der hyperbolischen Skalenteilung ist die Ablesegenauigkeit begrenzt. Die relativen Fehler betragen mindestens einige Prozent des abgelesenen Widerstandswertes. Die Nebenschluß-Widerstandsmeßgeräte sind besonders für die Messung kleiner Widerstände geeignet. Die Skaleneinteilung ist die gleiche wie beim Reihenschluß-Widerstandsmeßgerät, jedoch entspricht dem mechanischen Nullpunkt des Meßgerätes hierbei der Widerstandswert „Null", dem Vollausschlag der Widerstandswert „Unendlich". Zur Kalibrierung des Gerätes wird bei offenen R_X-Klemmen Vollausschlag eingestellt.

Widerstandsmeßgeräte mit Quotientenmeßwerk messen das Verhältnis des zu messenden Widerstandes R_X zu einem Vergleichswiderstand R_N. Die Meßbereiche sind durch den

Wert von R_N bestimmt. Sie reichen bei den praktisch ausgeführten Geräten von 0,1 mΩ bis zu 10 Ω, wenn die Meßwerksspulen parallel zu den jeweiligen Widerständen liegen, und von 1 Ω bis 10^7 Ω, wenn sie in Reihe zu den Widerständen geschaltet sind. Mit Speisespannungen zwischen 100 V und 1000 V werden Widerstandsmeßgeräte mit Quotientenmeßwerk auch als Isolationsmeßgeräte bis zu Widerstandswerten von 1 GΩ ausgeführt. Die relative Meßunsicherheit beträgt einige Prozent.

Digitale Widerstandsmeßgeräte Die bisher beschriebenen Widerstandsmeßgeräte besitzen den Nachteil, daß ihre nichtlineare Skala die Ablesegenauigkeit beschränkt. Eine lineare Anzeige erhält man mit der Strom-Spannungsmethode, bei der ein von einer Konstantstromquelle (s. **4**.1.4.1) erzeugter Gleichstrom an dem unbekannten Widerstand einen Spannungsabfall erzeugt, der gemessen und auf die Widerstandseinheit Ohm umgerechnet angezeigt wird. Je nach zulässiger Meßunsicherheit bedient man sich der Zwei- oder Vierleiterschaltung. Praktisch alle digitalen Multimeter und Widerstandsmeßgeräte machen von dieser Methode Gebrauch. Der Einfluß von Thermospannungen im Meßkreis kann durch eine geeignete Meßprozedur (Jones u. a. (1981)) deutlich verringert werden. Vor oder nach der eigentlichen Widerstandsmessung wird bei abgeschaltetem Meßstrom die Summe der Störspannungen ermittelt und von der gemessenen Spannung subtrahiert. Angezeigt wird der auf diese Weise ermittelte Widerstandswert.

Die Geräte messen Widerstände im Bereich von 1 Ω bis 1 GΩ mit einer Auflösung von maximal 10 μΩ und einer Meßunsicherheit, die sich von 0,5% bei den einfachen Geräten bis zu 0,0005% bei den hochwertigsten Digitalvoltmetern erstreckt. Der zu messende Widerstand wird bei der Messung nur geringfügig belastet; die Leistungen erstrecken sich von 1 mW bis 40 mW.

4.1.3.5 Meßbrücken

Wheatstone-Brücke Die Wheatstone-Brücke (Fig. 4.58) ist in erster Linie für die Messung von Zweipolwiderständen bestimmt, bei denen die Zuleitungs- und Kontaktwiderstände die Meßunsicherheit nicht unzulässig beeinflussen. In ihr wird das Verhältnis des zu messenden Widerstandes R_1 zu einem bekannten Vergleichswiderstand R_2 mit Hilfe eines bekannten Widerstandsverhältnisses R_3/R_4 bestimmt. Fig. 4.58 zeigt die Grundschaltung der Brücke. Eine äußere Spannung wird zwischen den Punkten A und B angelegt (sog. „Speisediagonale"), der Nullindikator mit Innenwiderstand R_i liegt zwischen den Punkten C und D in der „Indikatordiagonale" der Brücke. Bezeichnet man mit I_0 die als konstant angenommene Brücken-Eingangsstromstärke, so ergibt sich für die Stromstärke I_N durch den Nullindikator

$$I_N = I_0(R_1R_4 - R_2R_3)/N$$

mit $$N = (R_1 + R_3)(R_2 + R_4) + R_i(R_1 + R_2 + R_3 + R_4). \tag{4.34}$$

Im abgeglichenen Zustand, d. h. für Stromlosigkeit des Nullindikators ($I_N = 0$) gilt dann $R_1R_4 = R_2R_3$; es ergeben sich daraus die gleichwertigen Proportionen

$$R_1 : R_3 = R_2 : R_4 \quad \text{und} \quad R_1 : R_2 = R_3 : R_4, \tag{4.35}$$

von denen sich die zweite unmittelbar aus Fig. 4.58 ablesen läßt: wenn man R_1 mit R_2 und R_3 mit R_4 als zwei Spannungsteiler auffaßt, müssen die Punkte C und D im abgeglichenen Zustand auf gleichem Potential liegen. Die Größe des Brückenstromes geht nicht in das Meßergebnis ein. Die Speisequelle braucht daher keine besonderen Anforderungen in bezug auf Stabilität zu erfüllen. Aus der Gleichwertigkeit der beiden Proportionen in Gl. (4.35) resultiert die grundsätzliche Vertauschbarkeit von „Speisediagonale" und „Indikatordiagonale" (Umkehrsatz der Vierpoltheorie, s. **4.**1.1.2). Ändert man bei abgeglichener Brücke einen der Widerstände um den kleinen Betrag ∂R, so ändert sich der Strom durch den Nullindikator um einen Betrag ∂I_N, der dem Brückenstrom und ∂R proportional ist. Die Empfindlichkeit der Brücke wächst somit proportional zur Stromstärke in der Brücke, während die Stromerwärmung proportional dem Quadrat der Stromstärke zunimmt. Einer Empfindlichkeitssteigerung durch Stromerhöhung ist daher durch die Belastung der Brückenwiderstände eine natürliche Grenze gesetzt. Optimale Empfindlichkeit erhält man, wenn der Vergleichswiderstand gleich dem zu messenden Widerstand ist, d. h. für ein Verzweigungsverhältnis 1:1.

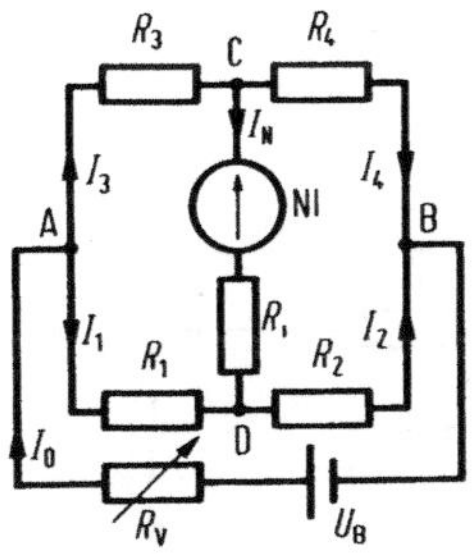

Fig. 4.58
Wheatstone-Brücke, Grundschaltung
U_B Batteriespannung; R_V Vorwiderstand zur Einstellung der Stromstärke; R_1 bis R_4 Brückenwiderstände; NI Nullindikator mit Innenwiderstand R_i; I_0 Gesamtstrom; I_1, I_2, I_3, I_4, I_N Teilströme

Zur Messung eines Widerstandes in der Wheatstonebrücke muß einer der drei übrigen Widerstände (der Vergleichswiderstand R_2 in Fig. 4.58) dem Betrag nach, die beiden anderen dem Betragsverhältnis nach (R_3/R_4 in Fig. 4.58) bekannt sein. In der technischen Ausführung der Wheatstonebrücken sind entsprechend der Feinstufung der Einstellglieder und Art der Ablesung zu unterscheiden:

- Brücken mit stetig (analog) oder feinstufig (digital) einstellbarem Vergleichswiderstand und festem Widerstandsverhältnis.
- Brücken mit festen Vergleichswiderständen und einem stetig (Schleifdraht) oder feinstufig (z. B. Kelvin-Varley-Schaltung, s. **4.**1.2.7) einstellbaren Widerstandsverhältnis.

Zur Meßbereichserweiterung wird bei der ersten Schaltung das Verzweigungsverhältnis, bei der zweiten Schaltung der Vergleichswiderstand grobstufig, meist in dekadischen Schritten, geändert.

Nicht vollständig auf Null abgeglichene Brücken benutzt man häufig zum Messen von Widerstandsänderungen. Diese wirken sich bei fester Brückeneinstellung als Änderungen der Stromstärke I_N in der „Indikatordiagonale" aus, die als „Restausschlag" des Nullindikators abgelesen oder auch registriert werden können. Während bei abgeglichener Brücke der durch sie fließende Strom nicht in das Meßergebnis eingeht, ist die Diagonalstromstärke (entspr. Gl. (4.34)) bei nicht abgeglichener Brücke der Brückenstromstärke direkt proportional. Man muß daher in diesem Falle die Gesamtstromstärke konstant halten.

Verschiedene Ausführungsformen von Wheatstone-Brücken sind bei Helke (1974) beschrieben. Genauigkeitsklassen mit Angabe der zugehörigen Referenzbedingungen, Nenngebrauchsbereiche und zulässigen Einflußeffekte sind in DIN IEC 564 festgelegt.

Thomson-Brücke (Kelvin-Brücke) Sie dient zur Messung von Vierpolwiderständen (vgl. **4**.1.3.1) mit getrennten Strom- und Potentialanschlüssen. Fig. 4.59 zeigt die Grundschaltung. R_1 ist der zu messende Widerstand, R_2 der Vergleichswiderstand, R_3 und R_4 sind die Verzweigungswiderstände. Zwischen R_1 und R_2 liegt der Widerstand der Verbindungsleitung R_D, der durch die Widerstände R_5 und R_6 überbrückt wird. Im abgeglichenen Zustand der Brücke, d. h. für Stromlosigkeit des Nullindikators ($I_N = 0$) gilt

$$\frac{R_1}{R_2} = \frac{R_3}{R_4} + \frac{R_D}{R_2} \cdot \frac{R_6}{R_5 + R_6 + R_D} \cdot \left(\frac{R_3}{R_4} - \frac{R_5}{R_6}\right). \tag{4.36}$$

Das zweite Glied der rechten Seite ist im allgemeinen ein kleines Korrekturglied. Es wird zu Null, wenn die Bedingung

$$\frac{R_1}{R_2} = \frac{R_3}{R_4} = \frac{R_5}{R_6} \tag{4.37}$$

erfüllt ist.

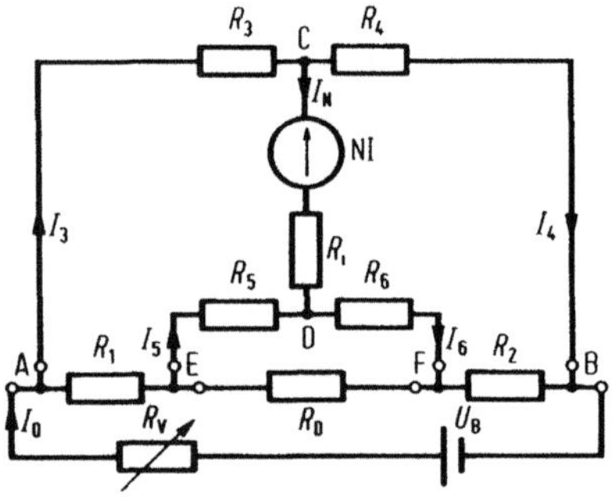

Fig. 4.59
Thomson-Brücke, Grundschaltung
R_D Widerstand der Verbindungsleitung; R_5, R_6 Überbrückungswiderstände, (sonstige Bezeichnungen wie in Fig. 4.58)

Mit Hilfe von Doppelkurbel-Meßbrücken können beide Bedingungen gleichzeitig erfüllt werden. Diese Brücken enthalten einen zweifachen Widerstandssatz für die Widerstände R_3 und R_5 sowie R_4 und R_6. Durch Doppelkurbeln werden zwangsläufig die gleichen Widerstandswerte R_3 und R_5 eingeschaltet, während R_4 und R_6 aus einem Satz paarweise gleicher Festwiderstände bestehen, deren Größe den Meßbereich bestimmt. Der Hauptstromkreis mit den zu vergleichenden Widerständen R_1 (Prüfling) und R_N (Normalwiderstand) liegt außerhalb des Gerätes, das über die Potentialzuleitungen mit den Widerständen verbunden wird. Da mit den Doppelschaltern die Bedingung $R_3 = R_5$ und $R_4 = R_6$ dauernd aufrechterhalten wird, entfällt das oben angeführte Korrekturglied. Die erreichbare Empfindlichkeit ist bei der Thomson-Brücke infolge der Überbrückungswiderstände kleiner als bei der Wheatstone-Brücke. Spezielle Thomson-Brücken siehe bei Helke (1974).

4.1.3.6 Kompensatoren und Komparatoren

Grundlagen Meßtechnisch ist ein Widerstand definiert als der Quotient aus dem Spannungsabfall über seinen Potentialklemmen und der Stromstärke, die in oder aus den Stromklemmen fließt, unter der Nebenbedingung, daß die Potentialanschlüsse keinen Strom führen (s. **4**.1.3.1). Daher ist das Verhältnis zweier Widerstände ganz allgemein bestimmt durch ein Spannungs- und ein Stromstärkeverhältnis:

$$R_X = \frac{U_X}{I_X}, \qquad R_N = \frac{U_N}{I_N}, \qquad \frac{R_X}{R_N} = \frac{U_X}{U_N} \cdot \frac{I_N}{I_X} \tag{4.38}$$

Wenn derselbe Strom durch beide Widerstände fließt, reduziert sich die Bestimmung des Widerstandsverhältnis auf die Messung eines Spannungsverhältnisses, und das entsprechende Meßverfahren wird als Kompensationsverfahren bezeichnet. Wenn im umgekehrten Fall dieselbe Spannung über den Widerständen abfällt, kann das Widerstandsverhältnis aus einem Stromstärkeverhältnis ermittelt werden, das mit einem Stromkomparator bestimmt wird.

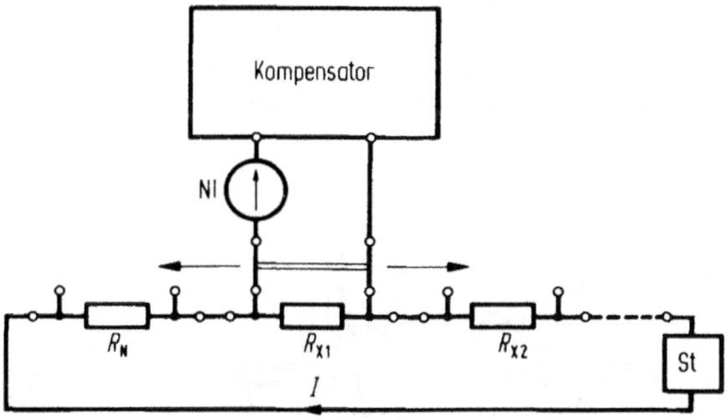

Fig. 4.60
Widerstandsvergleich mit Kompensator
R_X zu messender Widerstand; R_N Vergleichsnormal; I Strom im Widerstandskreis; St einstellbare Stromquelle; NI Nullindikator

Kompensationsschaltung Der Widerstandsvergleich durch Substitutionsverfahren in Kompensationsschaltung nach Fig. 4.60 bietet gegenüber Meßbrücken die Vorteile, daß die Widerstände der gesamten Potentialzuleitungen nicht berücksichtigt werden müssen und daß in einer Meßserie ohne Stromunterbrechnung nicht nur zwei, sondern gleich mehrere Widerstände untereinander verglichen werden können. Das setzt jedoch voraus, daß die Stromstärke I im Meßkreis ausreichend stabil ist und auch die Kompensationsschaltung eine hinreichend gute Kurzzeitstabilität besitzt. Die zu messenden Widerstände R_{Xi} liegen in Reihe mit einem bekannten Normalwiderstand R_N. Die Spannungsabfälle $U_{Xi} = I R_{Xi}$ und $U_N = I R_N$ werden mit dem Kompensator (s. **4**.1.2.6) gemessen. Da in der Bestimmungsgleichung

$$R_{Xi} = R_N \cdot \frac{U_{Xi}}{U_N} \tag{4.39}$$

nur das Spannungsverhältnis vorkommt, ist ein Anschluß des Kompensators an ein Spannungsnormal nicht erforderlich. Durch eine geeignete zeitlich genau gestaffelte Reihenfolge bei der Messung ($U_N - U_{X1} - \ldots - U_{Xi} - U_{Xi} - \ldots - U_{X1} - U_N$) und anschließende Mittelwertbildung kann eine eventuell vorhandene lineare Drift der Stromquelle oder des Kompensators ausgeglichen werden. Mit Kompensationsmethoden kann man bei Widerstandsvergleichen 1:1 relative Unsicherheiten bis herab zu 10^{-8} erreichen (Leontiew (1980)). Anstelle des Kompensators kann beim Widerstandsvergleich im Substitutionsverfahren auch ein Digtalvoltmeter mit genügend hohem Eingangswiderstand benutzt werden.

Gleichstromkomparator-Meßbrücke Bei der Meßbrücke mit Gleichstromkomparator (Fig. 4.61) nach Kusters (MacMartin u. Kusters (1966), Kusters u. MacMartin

(1973), vgl. **4.**1.2.6) werden die beiden zu vergleichenden Widerstände durch getrennte Stromquellen gespeist. Der Strom durch den unbekannten Widerstand R_X wird von einer Konstantstromquelle geliefert, die die Stromstärke I_X auf dem gewünschten Wert festhält. Dieser Strom fließt durch eine feinstufig einstellbare Anzahl von Windungen N_X auf einem Ringbandkern aus weichmagnetischem Werkstoff. Der von einer zweiten Stromquelle gelieferte Strom durch den Normalwiderstand R_N fließt durch eine feste Anzahl von Windungen N_N, und die Stromstärke I_N wird so geregelt, daß stets Durchflutungsgleichgewicht $I_X N_X = I_N N_N$ herrscht. Für diese Regelung wird die magnetische Flußdichte im Eisenkern über eine zusätzliche Wicklung mit Wechselstrom moduliert, und es wird die in einer weiteren Wicklung induzierte Wechselspannung doppelter Frequenz erfaßt und als Stellgröße für die Stromregelung benutzt. Die Potentialanschlüsse der beiden Widerstände werden über einen Nullindikator miteinander verbunden, und durch Änderung der Windungszahl N_X wird auf gleichen Spannungsabfall $I_X R_X = I_N R_N$ abgeglichen. Dann gilt

$$R_X = R_N \cdot \frac{N_X}{N_N} \tag{4.40}$$

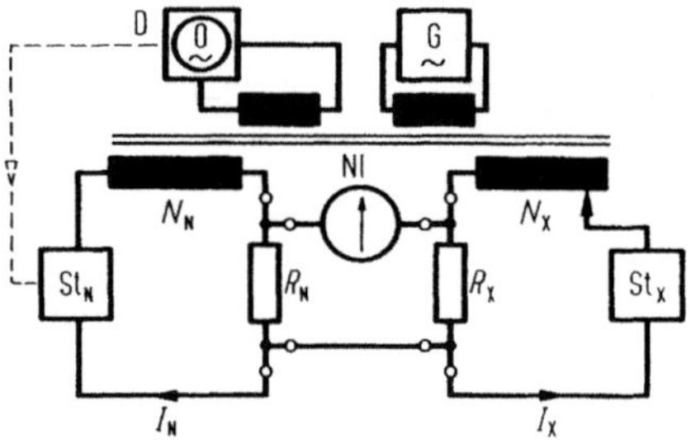

Fig. 4.61
Gleichstromkomparator-Meßbrücke
R_X zu messender Widerstand; R_N Vergleichsnormal; N_X, N_N Windungszahlen im X- und N-Kreis; St_X einstellbare Stromquelle; St_N geregelte Stromquelle; NI Nullindikator; G Wechselstromgenerator; D Indikator für Durchflutung mit Ausgangssignal zur Stromregelung

Da im Abgleichfall in den Potentialleitungen kein Strom fließt, gehen ihre Widerstände – wie bei der Messung mit einer Kompensationsschaltung – nicht in das Meßergebnis ein. Die in den Widerständen erzeugten Leistungen verhalten sich umgekehrt proportional zu den Widerstandswerten:

$$P_N : P_X = R_X : R_N \tag{4.41}$$

Dies bringt den weiteren Vorteil, daß Prüflinge R_X niedrigen Widerstandswertes (Stommeßwiderstände) unter ihren Nennbedingungen bzw. in ihrem ganzen Belastungsbereich gemessen werden können, ohne daß merkliche Fehler infolge Eigenerwärmung beim Vergleichswiderstand R_N auftreten, wenn man einen solchen mit etwa zehnmal höherem Wert wählt.

Die Linearität der Gleichstromkomparator-Meßbrücke wird durch die zeitlich konstant bleibenden und von Einflußgrößen wie Umgebungstemperatur und Strombelastung unabhängigen Windungszahlen bestimmt. Daher ist die Bestimmung von Widerstandsverhältnissen mit sehr geringen Unsicherheiten möglich. Für ein industriell gefertiges Gerät wird eine Linearität von $2 \cdot 10^{-8}$ (bezogen auf den Meßbereichsendwert) und eine relative Meßunsicherheit von $2 \cdot 10^{-7}$ für Widerstandsvergleiche im Bereich 10 mΩ bis 10 MΩ angegeben.

In gleicher Weise wie der Kusters-Stromkomparator kann auch ein Kryo-Stromkomparator (Harvey (1972), Sullivan u. Dziuba (1974)) in Verbindung mit zwei Konstantstromquellen (Delahaye (1978)) für Widerstandsvergleiche eingesetzt werden. Die Stromstärke der Sekundärstromquelle wird dabei mit Hilfe eines SQUID (vgl. **4**.1.1.8) geregelt, das Flußänderungen im Komparator mit sehr hoher Empfindlichkeit erfaßt. Konstruktive Hinweise für den Bau von Kryo-Stromkomparatoren siehe bei Grohmann u.a. (1973), (1974) u. (1979). Wegen des hohen Aufwandes und der Notwendigkeit eines Betriebes in flüssigem Helium ist die Anwendung von Kryo-Stromkomparatoren nur bei Präzisionsmessungen angebracht, wenn Widerstandsverhältnisse mit extrem geringen relativen Unsicherheiten (unter 10^{-7} oder sogar unter 10^{-8}, s. **4**.1.3.1) gemessen werden sollen.

4.1.3.7 Messung hoher Widerstandswerte

Grundlagen Bei der Messung von Widerstandswerten oberhalb von 10 MΩ sind einige Besonderheiten zu beachten: Die Isolationswiderstände sind vergleichbar mit den zu messenden Widerstandswerten. Es ist daher auf einen sorgfältigen Kriechstromschutz zu achten (s. **4**.1.1.4). Mit Rücksicht auf die Zeitkonstante für Ausgleichsvorgänge im Meßkreis ist für die Anwendbarkeit stationärer Verfahren die dem Widerstand parallel liegende Schaltungskapazität mitbestimmend, die man daher so klein wie möglich halten muß (günstige räumliche Anordnung mit kurzen Leitungen; bei 1TΩ bringen 10 pF bereits eine Zeitkonstante $RC = 10$ s). Die begrenzte Empfindlichkeit von Anzeigegeräten und Nullindikatoren bei hohen Widerständen im Meßkreis erfordert verhältnismäßig hohe Meßspannungen. Es ist hierbei jedoch zu beachten, daß die zu messenden Widerstände meist eine beträchtliche nichtlineare Spannungsabhängigkeit aufweisen (s. **4**.1.3.1, Fig. 4.53). Der Vorteil der größeren Empfindlichkeit bei einer Spannunserhöhung kann dadurch völlig aufgehoben werden. Die optimale Meßspannung für Präzisionsmessungen hoher Widerstandswerte liegt zwischen 5 V und 20 V. Generell sollte man Widerstände hohen Wertes wegen ihrer Spannungsbhängigkeit möglichst bei der jeweiligen Betriebsspannung messen. Als Meßverfahren zur Ermittlung hoher Widerstandswerte kommen grundsätzlich infrage Methoden mit Ladungsmessung (Auf- oder Entladen eines Kondensators über den zu messenden Widerstand) und mit Stromstärkemessung (bei konstanter Eingangsspannung) sowie ein Widerstandsvergleich mit Kompensator oder in einer Brückenschaltung.

Kondensatorladung und -entladung Fig. 4.62 zeigt das Prinzip der Widerstandsmessung über Entladen einer Kapazität. Der zu messende Widerstand R_X wird parallel zu einem auf die Spannung U_0 aufgeladenen Kondensator bekannter Kapazität C geschaltet und der Abfall der Spannung U_1 mit einem Elektrometer beobachtet. Wenn die Kapazität des Elektrometers nicht vernachlässigbar ist, muß sie in die Rechnung mit einbezogen werden. Ansonsten gilt für R_X, wenn der Kondensator zum Zeitpunkt Null die Spannung $U_1 = U_0$ und zum Zeitpunkt t die Spannung $U_1 = U_t$ hatte,

$$R_X = \frac{t}{C \cdot \ln \dfrac{U_0}{U_t}}. \qquad (4.42)$$

Man braucht also nur Zeitdauern und Spannungsverhältnisse zu ermitteln, z. B. die Zeit zu messen, bis die Spannung auf den halben Anfangswert abgefallen ist. Die Unsicherheit dieses Verfahrens ist unter anderem auch durch die mögliche Spannungsabhängigkeit des Prüflings bestimmt. Umgekehrt kann man aber auch die Kapazität in

Abhängigkeit von der Zeit so ändern, daß die Spannung U_1 konstant bleibt. In diesem Falle läßt sich R_X aus der zeitlichen Kapazitätsänderung ermitteln (Mette (1956)).

Eine Schaltung, bei der ein Kondensator über den zu messenden Widerstand mit einer konstanten Spannung geladen wird, ist von Tsao (1967) u. (1974) beschrieben worden. Sie erlaubt einen R-C-Vergleich mit einer relativen Unsicherheit von 0,05% bei 1 GΩ und 0,2% bei 1 TΩ. Die Meßeinrichtung, bei der der hohe Widerstandswert aus einem festen Kapazitätswert, einem Widerstandsverhältnis und einer Normalfrequenz halbautomatisch ermittelt wird, wird auch industriell gefertigt. Nach einem ähnlichen Verfahren arbeiten auch digitale Meßgeräte für hohe und höchste Widerstandswerte. In einem Bereich von 1 kΩ bis zu 16 PΩ ($1{,}6 \cdot 10^{16}\,\Omega$) können Widerstände mit relativen Unsicherheiten von 0,6% bis zu einigen Prozent (höchste Widerstandswerte >10%) gemessen werden.

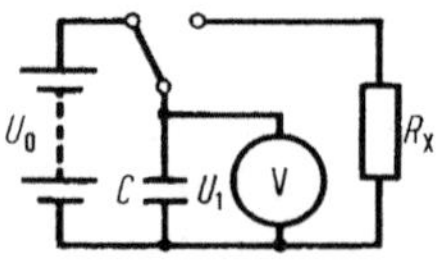

Fig. 4.62 Widerstandsmessung über Entladen einer Kapazität
R_X unbekannter Widerstand; C bekannte Kapazität; U_0 Ladespannung; U_1 Spannung am Kondensator

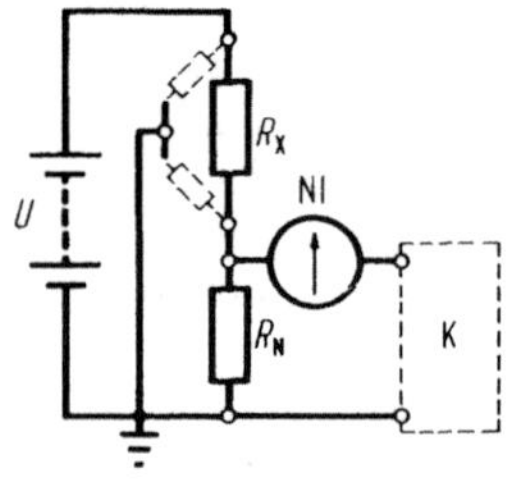

Fig. 4.63 Messung eines hohen Widerstandes in Teilerschaltung
R_X unbekannter Widerstand; R_N bekannter Widerstand; U Speisespannung; K Kompensator; NI Nullindikator; (die Isolationswiderstände sind gestrichelt dargestellt)

Teilerschaltung Eine einfache Widerstandsteiler-Schaltung zeigt schematisch Fig. 4.63. Eine bekannte Spannung U wird an die Reihenschaltung aus dem unbekannten hohen Widerstand R_X und einem bekannten Vergleichswiderstand wesentlich niedrigeren Wertes R_N gelegt und in einem Nullverfahren (mit Kompensator oder Digitalvoltmeter (vgl. **4**.1.3.6) der Spannungsabfall U_N über diesem gemessen. Dann gilt

$$R_X = R_N \cdot \frac{U - U_N}{U_N} \tag{4.43}$$

Die Schaltung gegen Kriechströme in Fig. 4.63 arbeitet nach dem in **4**.1.1.4, Fig. 4.8, angegebenen Prinzip. Mit einer Widerstandsteiler-Schaltung kann man bei einer Meßspannung von 100 V Meßunsicherheiten von etwa 0,01% für Widerstände von 1 GΩ und 1% für 1 TΩ erreichen.

Meßbrücken Noch geringere Unsicherheiten sind mit einer elektrostatischen Wheatstonebrücke (vgl. **4**.1.3.5) möglich, doch benötigt man hierfür einen Satz von dekadisch gestuften Vergleichsnormalen, die regelmäßig in einem Aufbauverfahren (stufenweiser Anschluß im Verhältnis 1:10) mit der Brücke kalibriert werden müssen, wobei diese Aufbaumessungen jedoch verhältnismäßig rasch durchgeführt werden können. In der Wheatstoneschaltung nach Fig. 4.63 sind R_X und R_N im oberen Brückenzweig die zu vergleichenden Widerstände, die zweckmäßigerweise in einem elektrostatisch geschirmten Kasten untergebracht werden. Die Widerstandswerte in den beiden unteren Brückenzweigen sind wesentlich niedriger. Die Kriechstrom-Schutzschaltung bewirkt, daß die – in Fig. 4.64 gestrichelt angedeuteten – Isolationswiderstände teils parallel zu dem unteren Brückenzweig, teils parallel zum Nullindikator liegen und somit das Brückenverhältnis nicht störend beeinflussen. Als Nullindikator mit hohem Eingangswiderstand wird zweckmäßigerweise ein Elektrometerverstärker (s. **4**.1.1.8) benutzt. Von Henderson (1987) wird eine ähnliche Schaltung beschrieben, bei der die beiden unteren Brückenzweige durch steuerbare Spannungsquellen ersetzt worden sind. Die Brücke erlaubt einen automatischen Abgleich und zeichnet sich durch sehr geringe relative Unsicherheiten aus, die bei 1 GΩ etwa 10^{-5} und bei 100 TΩ immer noch 10^{-3} betragen.

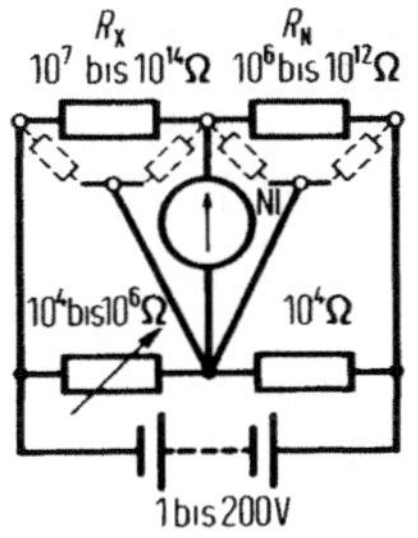

Fig. 4.64
Elektrostatische Wheatstonebrücke
R_X unbekannter Widerstand; R_N bekannter Widerstand; NI Nullindikator mit hohem Innenwiderstand ($R_i > 10^{11}$ Ω); (die Isolationswiderstände sind gestrichelt dargestellt)

Strom- oder Spannungsmessung In Verbindung mit einem als Strommeßgerät geschalteten Elektrometerverstärker (s. **4**.1.4.6) kann die Schaltung nach Fig. 4.56 (s. **4**.1.3.3) auch zur Messung sehr hoher Widerstandswerte verwendet werden. Der zu messende Widerstand R_X, das Strommeßgerät und die Spannungsquelle sind in Reihe geschaltet. Bei bekannter Spannung und vernachlässigbar kleinem Spannungsabfall über dem Strommeßgerät gilt: $R_X = U/I$. Diese Schaltung besitzt den Vorteil, daß sehr hohe Widerstandswerte bis zu 10^{16} Ω gemessen werden können (abhängig von der Höhe der Spannung U und der Größe des Isolationswiderstandes) und daß die Meßzeit sehr kurz ist (Kurzschluß der Schaltungskapazität). Von Nachteil ist der nichtlineare Zusammenhang zwischen dem Widerstand R_X und der Stromstärke I, der eine Umrechnung der Meßergbnisse erforderlich macht. Dieses Verfahren wird auch zur Messung des Leckstromes von Kondensatoren und des Sperrstromes von Halbleitern angewandt.

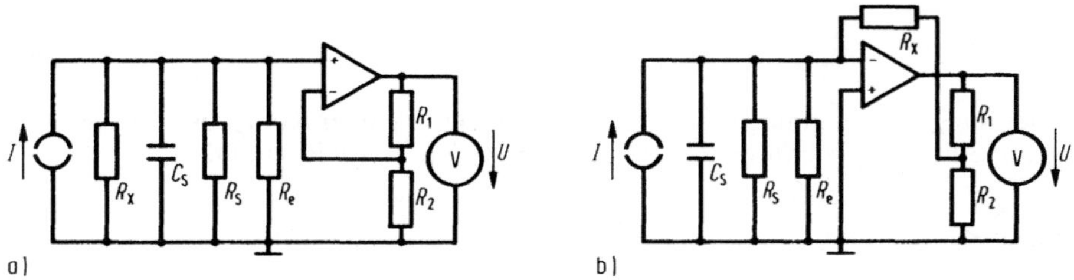

Fig. 4.65 Messung hoher Widerstandswerte mit Konstantstromquelle und Elektrometerverstärker
a) Schaltung mit großer Zeitkonstante (R_X parallel C_S)
b) Schaltung mit kleiner Zeitkonstante
I eingeprägter Strom; U gemessene Spannung; R_X zu messender Widerstand; R_S Isolationswiderstand; R_e Eingangswiderstand des Elektrometerverstärkers; R_1, R_2 Rückkopplungswiderstände; C_S Schaltungskapazität

In der Schaltung nach Fig. 4.65a wird ein als Spannungsmeßgerät geschalteter Elektrometerverstärker in Verbindung mit einer Konstantstromquelle zur Messung hoher Widerstandswerte benutzt. Gemessen wird der Spannungsabfall, den die Stromstärke I am Widerstand R_X hervorruft: $U = I \cdot R_X$ oder $R_X = U/I$. Diese Schaltung besitzt den Vorteil, daß zwischen zu messendem Widerstand und gemessener Spannung ein linearer Zusammenhang besteht und daß der Widerstand einseitig geerdet gemessen werden kann. Von Nachteil ist die große Meßzeit infolge der Parallelschaltung aus Schaltungskapazität C_S und zu messendem Widerstand R_X. Da auch der Isolationswiderstand R_S und der Eingangswiderstand des Elektrometers R_e parallel zu R_X liegen, können mit dieser Schaltung nur Widerstände bis zu $10^{12}\,\Omega$ gemessen werden.

Der Einfluß der Schaltungskapazität läßt sich mit der Schaltung nach Fig. 4.65b umgehen, allerdings um den Preis, daß der Widerstand R_X nicht mehr einseitig an Erde liegt. Für $R_X/R_2 \gg 1$ erhält man

$$U = I \cdot R_X \left(1 + \frac{R_1}{R_2}\right) \quad \text{oder} \quad R_X = \frac{U}{I} \cdot \frac{1}{\left(1 + \dfrac{R_1}{R_2}\right)}. \qquad (4.44)$$

Die Schaltkapazität C_S ist in diesem Falle praktisch kurzgeschlossen und beeinflußt die Meßzeit nur unwesentlich.

4.1.3.8 Messung von Innenwiderständen und Erdungswiderständen

Innenwiderstände Den Innenwiderstand eines Meßgerätes bestimmt man am einfachsten bei einem Spannungsmeßgerät durch Messung der Stromaufnahme mittels Strommeßgerät bei bekannter Spannung und bei einem Strommeßgerät durch Messung des Spannungsabfalls mit Hilfe eines Spannungsmeßgerätes oder in einem Kompensationsverfahren bei bekannter Stromstärke.

Der Innenwiderstand eines galvanischen Elementes besteht aus zwei Anteilen. Der erste ist stromunabhängig und beruht auf Ausbreitungs- und Kontaktwiderständen, während der zweite durch Polarisationserscheinungen hervorgerufen wird und von der Stromstärke abhängt. Am einfachsten wird der Innenwiderstand R_i durch Messen des Spannungsunterschiedes zwischen der Leerlaufspannung U_0 und der Klemmenspannung U_R bei Belastung mit einem geeignet großen Widerstand bekannten Wertes R ermittelt. Für Normalelemente ist ein Belastungswiderstand von $1\,M\Omega$ oder $10\,M\Omega$ geeignet. Es gilt

$$R_i = R \cdot \frac{U_0 - U_R}{U_R} \qquad (4.45)$$

Die Messung der Spannungen erfolgt zweckmäßig in einem Kompensationsverfahren oder mit einem Digitalvoltmeter mit sehr hohem Eingangswiderstand.

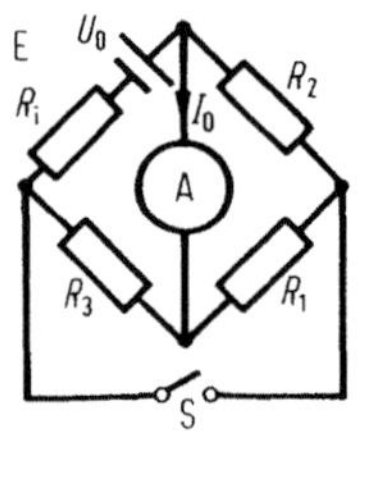

Fig. 4.66
Brücke nach Mance zur Messung des Innenwiderstandes elektrochemischer Elemente
E zu prüfendes Element mit Innenwiderstand R_i und Leerlaufspannung U_0; S Schalter; R_1 bis R_3 Brückenwiderstände

In der Schaltung nach Mance (Fig. 4.66) bildet das zu messende Element E mit der Leerlaufspannung U_0 und dem Innenwiderstand R_i einen Zweig einer Wheatstonebrücke (vgl. **4**.1.3.5), deren restlichen Zweige aus den Widerständen R_2, R_3 und R_4 bestehen. Ändert man das Widerstandsverhältnis R_3/R_4 so lange, bis der über das Meßgerät in der Brückendiagonale fließende Strom I_0 sich beim Öffnen und Schließen des Schalters S nicht mehr ändert, so gilt

$$R_i = \frac{R_2 \cdot R_3}{R_4}. \tag{4.46}$$

Erdungswiderstände Der Widerstand eines Erders setzt sich aus drei Anteilen zusammen: Dem im allgemeinen vernachlässigbar kleinen Widerstand der metallischen Elektrode, dem Übergangswiderstand zwischen Elektrode und Erdreich und dem Widerstand des Erdreichs selbst. Da der Widerstand des Erdreiches einen elektrolytischen Leitungsweg darstellt, dürfen die Messungen nur mit Wechselstrom durchgeführt werden, um Polarisation zu vermeiden. Fig. 4.67 zeigt den prizipiellen Aufbau eines Meßkreises zur Messung des Erdungswiderstandes bestehend aus Wechselspannungsquelle, Strom- und Spannungsmeßgerät sowie Erder, Hilfserder und Sonde und den typischen Verlauf der Sondenspannung U_S in Abhängigkeit vom Abstand x zwischen Sonde und Erder. Bei konstanter Stromstärke I ist der Erdungswiderstand $R_E = U_S/I$ der Sondenspannung proportional. Der zwischen Erder und Hilfserder gemessene Widerstandsverlauf läßt sich in drei Teilbereiche zerlegen. In der Nähe des Erders bzw. Hilfserders zeigt sich ein starker Spannungsabfall (Potentialtrichter, Bereiche I und III),

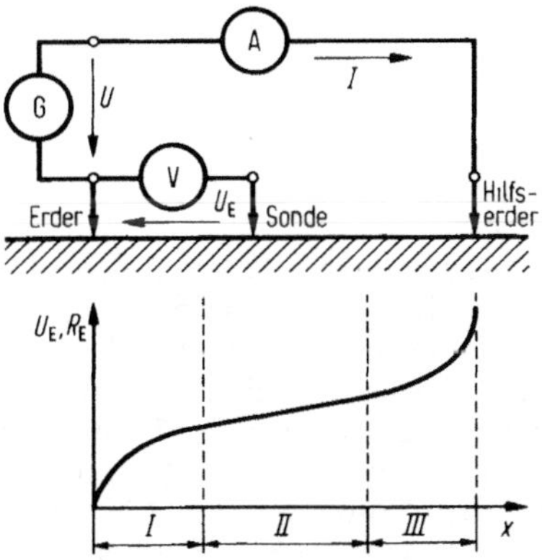

Fig. 4.67 Prinzipieller Aufbau eines Meßkreises zur Messung des Erdungswiderstandes
U Speisespannung;
I Meßstrom;
U_E Erdungsspannung;
R_E Erdungswiderstand;
G Wechselspannungsgenerator
x Ortskoordinate

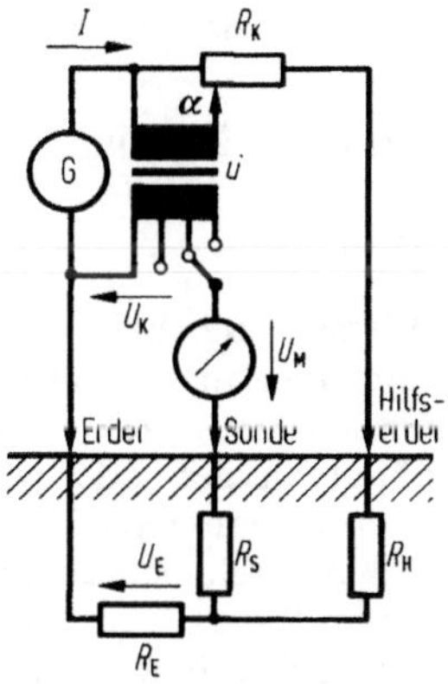

Fig. 4.68 Wechselspannungsbrücke zur Messung des Erdungswiderstandes nach Behrendt
I Meßstrom;
U_K Kompensationsspannung;
U_E Erdungsspannung;
U_M Meßspannung;
R_K Kompensationswiderstand;
R_E Erdungswiderstand;
R_S Sondenwiderstand;
R_H Widerstand des Hilfserders;
$ü$ Übersetzungsverhältnis des Meßwandlers;
G Wechselspannungsgenerator

der darin begründet ist, daß die Strombahnen konzentriert vom Erder (Hilfserder) ausgehen und der Durchgangsquerschnitt für die Strombahnen mit wachsendem Abstand vom Erder (Hilfserder) immer größer wird. Im mittleren Bereich (Bereich II) ist daher nur noch eine geringe Zunahme des Widerstandes zu beobachten. In diesem Bereich wird man sich bei Messungen in der Praxis mit der Sonde bewegen.

Die gebräuchlichen Erdungsmeßgeräte arbeiten mit einer Wechselspannungsbrücke nach Behrendt (Fig. 4.68). Ein Generator G treibt einen Strom I über einen Kompensationswiderstand R_K, den Widerstand R_H des Hilfserders und den Erder mit dem Widerstand R_E. Die Erdungsspannung $U_E = R_E \cdot I$ wird mit einer Sonde abgegriffen und mit der Kompensationsspannung U_K verglichen, die den Wert $U_K = I R_K \alpha \ddot{u}$ hat. Der Abgriff α am Kompensationswiderstand wird so lange verändert, bis Spannungsgleichheit zwischen U_E und U_K besteht. In diesem Falle gilt:

$$R_E = \alpha \ddot{u} R_K. \qquad (4.47)$$

Der mechanische Abgriff α ist somit ein Maß für den Erdungswiderstand R_E, unabhängig von der Generatorspannung, der Stromstärke I, dem Sondenwiderstand R_S und dem Widerstand des Hilfserders R_H. Eine Meßbereichsumschaltung ist in einfacher Weise durch Änderung des Übersetzungsverhältnisses $\ddot{u}$ des Meßwandlers möglich.

Bei praktischen Ausführungen von Erdungswiderstands-Meßgeräten wird durch den Einsatz elektronischer Einrichtungen die Störsicherheit verbessert und der Bedienungskomfort erhöht (Oppelt (1980)). Die Meßbereiche der Geräte erstrecken sich von einigen Ohm bis zu einigen Kiloohm und erfassen damit den Bereich der in der Praxis auftretenden Erdungswiderstände. Die relative Meßunsicherheit beträgt etwa 1% bezogen auf den Meßbereichsendwert.

4.1.4 Stromstärke und Ladung

4.1.4.1 Stromquellen

Elektrochemische Elememente Eine Gleichstromversorgung durch Batterien oder Akkumulatoren ist immer dann zu empfehlen, wenn die Meßkreise empfindlich gegen Störwechselspannungen sind, wenn mehrere auf verschiedenem Potential liegende Stromquellen benötigt werden oder wenn besondere Abschirmprobleme auftreten. Grundsätzlich können alle unter **4**.1.2.1 Spannungserzeugung beschriebenen Bauformen von Primär- und Sekundärelementen als Stromquellen verwendet werden (Kenndaten s. Tab. T 4.03a und b in Band 3). Im allgemeinen wird man Primärelemente (Batterien) nur für kleine Stromstärken bzw. kurze Belastungsdauern einsetzen, in allen anderen Fällen Sekundärelemente (Akkumulatoren). Da die Spannungen fest vorgegeben sind, muß die jeweils gewünschte Stromstärke mit Hilfe eines im Stromkreis liegenden veränderlichen Vorwiderstandes eingestellt werden. Dieser bietet auch den Vorteil, daß die zeitliche Änderung der Spannung während der Entladung durch entsprechende Änderung der Einstellung des Vorwiderstandes ausgeglichen werden kann.

Gleichrichterschaltungen Bei Verwendung netzbetriebener Gleichrichterschaltungen mit geregelter Ausgangsspannung (s. **4**.1.2.1) muß – wie bei elektrochemischen Stromquellen – die gewünschte Stromstärke mit Hilfe eines Vorwiderstandes oder durch Veränderung der Ausgangsspannung eingestellt werden. Änderungen des Vor- oder des Lastwiderstandes (z. B. durch Eigenerwärmung) beeinflussen auch die Stromstärke.

Dieser Einfluß kann durch eine elektronische Stromstabilisierung vermieden werden. Die Arbeitsweise der verschiedenen Schaltungen zur Stromstabilisierung ist analog zu denen zur Spannungsstabilisierung; es wird lediglich der Spannungsabfall an einem im Lastkreis liegenden Widerstand – anstelle der Ausgangsspannung – mit einer Referenzspannung verglichen. Fig. 4.69 zeigt eine Prinzipschaltung mit Regelverstärker (Lit. s. **4**.1.2.1).

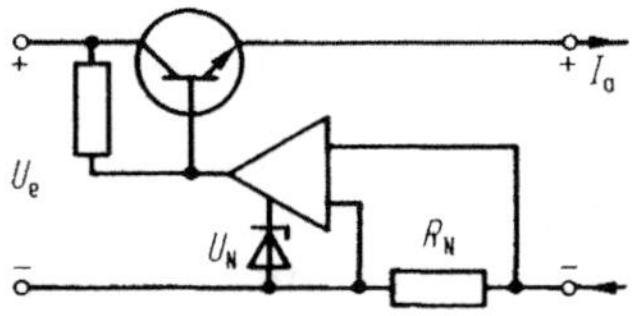

Fig. 4.69 Prinzip einer Stromstabilisierung
U_e Eingangsspannung;
U_N Normalspannung;
I_a Ausgangsstrom;
R_N Normalwiderstand

Netzgeräte mit Spannungs- und Stromregelung werden serienmäßig mit Ausgangsspannungen bis zu 600 V und Ausgangsstromstärken bis zu 1000 A angeboten. Spezialausführungen für noch höhere Spannungen und Stromstärken sind ebenfalls erhältlich (vgl. **4**.1.4.5). Viele Geräte sind mittlerweile mit einem Interface versehen, über das sie in rechnergesteuerte Meßeinrichtungen integriert werden können. Bei dieser Klasse von Geräten beträgt die relative Einstell- bzw. Ableseunsicherheit einige hundertstel Prozent, typische Regelabweichungen liegen zwischen 0,1% und 0,001% für Stromstärken bis zu einigen Ampere. Bei Geräten für höhere Stromstärken bis zu einigen tausend Ampere steigen die Regelabweichungen auf etwa 0,2% an.

Gleichstromkalibratoren erzeugen zeitlich sehr stabile und feinstufig einstellbare Stromstärken. Ihre Wirkungsweise basiert auf der von Gleichspannungskalibratoren (s. **4**.1.2.1, Fig. 4.24) mit dem einen Unterschied, daß der Ausgangsspannungsverstärker bzw. -teiler durch einen Spannungs-Stromstärke-Konverter ersetzt wird. Für höhere Stromstärken wird bei einigen Geräten zusätzlich noch ein Stromverstärker nachgeschaltet.

Mit Gleichstromkalibratoren lassen sich Stromstärken von 100 µA bis zu 10 A mit einer relativen Auflösung von $1 \cdot 10^{-6}$, entsprechend 0,1 nA in dem niedrigsten Stromstärkebereich, erzeugen. Die relative Unsicherheit, mit der diese Werte eingestellt werden können, beträgt 0,005% bis 0,015% je nach Stromstärkebereich. Diese Unsicherheiten gelten für einen Zeitraum von drei Monaten nach erfolgter Kalibrierung und für einen Temperaturbereich von 23°C ± 1°C.

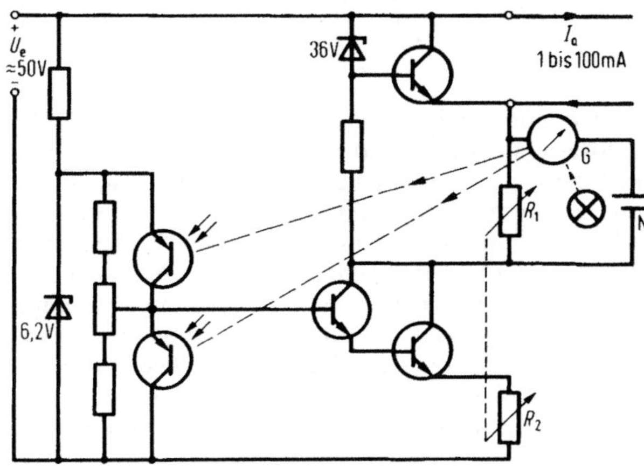

Fig. 4.70
Prinzipschaltbild einer Konstantstromquelle (nach Guildline)
U_e Eingangsspannung;
I_a Ausgangsstrom;
NE Normalelement;
G Galvanometer;
R_1, R_2 feinstufig einstellbare Widerstände

Sonderverfahren Sehr hohe Stabilitätsanforderungen, wie sie z. B. von Stromquellen für Präzisionskomparatoren (s. **4**.1.2.6) verlangt werden, erfüllt die in Fig. 4.70 gezeigte Schaltung, bei der eine Vorstabilisierung über Zenerdioden und die Feinstabilisierung mit Hilfe eines elektrooptisch angekoppelten Normalelementes erfolgt. Auf diese Art können Stromstärken von 1 mA bis 100 mA auf etwa 10^{-6} ihres Wertes über Tage stabil gehalten werden.

Noch höhere Anforderungen an die Stromstabilität können mit einer SQUID-gesteuerten Stromregelung erfüllt werden, wobei allerdings eine Versorgung mit flüssigem Helium erforderlich ist. Mit einer solchen Regelschaltung wurden bei einer Stromstärke von 100 mA die relativen Stromschwankungen während einer Stunde innerhalb von $\pm 1 \cdot 10^{-9}$ gehalten (Weyand (1981)). Mit dem SQUID (s. **4**.1.1.8) werden dabei die Änderungen der magnetischen Flußdichte in einer von dem zu regelnden Strom durchflossenen Feldspule erfaßt, und die Ausgangsspannung des SQUID-Instruments steuert einen Zusatzstrom derart, daß diese Änderungen kompensiert werden.

4.1.4.2 Messung der Stromstärke, Übersicht

Fig. 4.71 gibt in schematischer Form einen Überblick über die gebräuchlichsten Meßgeräte für Gleichstrom sowie über die Meßbereiche, in denen diese Geräte überwiegend eingesetzt werden. Die Reihenfolge von oben nach unten entspricht generell einer Verringerung der Meßunsicherheit.

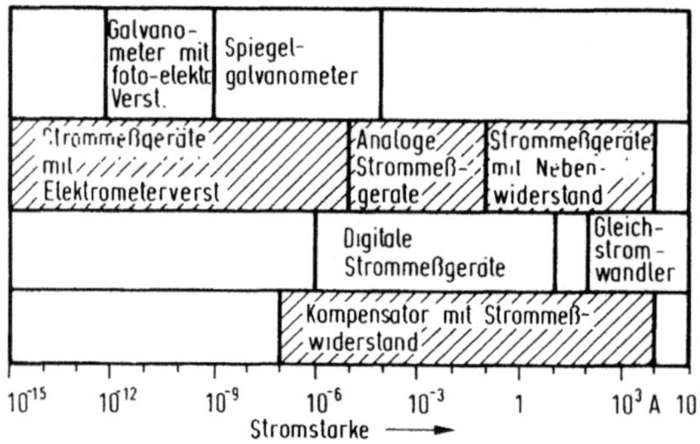

Fig. 4.71
Messung der Stromstärke, Meßverfahren und Meßbereiche

Galvanometer mit fotoelektrischem Verstärker werden im allgemeinen nur als Nullindikatoren eingesetzt. Für die Messung kleinster Stromstärken muß die Stromempfindlichkeit der Galvanometer bekannt sein. Analoge Strommeßgeräte mit Nebenwiderstand und Strommeßgeräte mit Elektrometerverstärker besitzen je nach Ausführung eine relative Meßunsicherheit von 0,1% bis 5%. Die Mehrzahl aller Meßaufgaben wird heute mit digitalen Strommeßgeräten oder Vielfachmeßgeräten gelöst. Die Anzeigefehler dieser Geräte liegen bei 0,5% bis 1% für die 3½stelligen Geräte und bis herab zu 0,005% bei den hochgenauen Geräten. Gleichstromwandler werden nur zur Messung hoher Stromstärken eingesetzt. Ihre Meßunsicherheit beträgt 0,5% bis 3%. Für Messungen höchster Präzision müssen Kompensationsverfahren in Verbindung mit Strommeßwiderständen eingesetzt werden. Sie gestatten Messungen mit relativen Unsicherheiten von 10^{-4} bis 10^{-5}.

4.1.4.3 Strommeßgeräte

Stromstärken bis zu 50 mA können von den in **4.**1.1.5 beschriebenen Meßgeräten direkt gemessen werden. Die Temperatur der Meßspule besitzt keinen Einfluß auf die Meßunsicherheit, wohl aber durch Veränderung des Spulenwiderstandes auf den Spannungsabfall über den Klemmen des Meßgerätes. Bei größeren Stromstärken muß mit Nebenwiderständen (Shunts, s. **4.**1.3.1) gearbeitet werden, die den Hauptanteil des Stromes am Meßwerk vorbeiführen. Das Meßwerk mißt, wie in Fig. 4.72 dargestellt, den Spannungsabfall am Nebenwiderstand und muß aus diesem Grunde jetzt mit einem temperaturunabhängigen Vorwiderstand R_V temperaturkompensiert werden (s. **4.**1.2.4). Der erforderliche Nebenwiderstand berechnet sich mit der zu messenden Stromstärke I, dem Meßwerksstrom I_M, dem Spulenwiderstand R_M und dem Vorwiderstand R_V zu

$$R_N = (R_M + R_V) \cdot \frac{I_M}{I - I_M}. \tag{4.48}$$

Für mehrere Strommeßbereiche wird der Nebenwiderstand wie in Fig. 4.72 unterteilt.

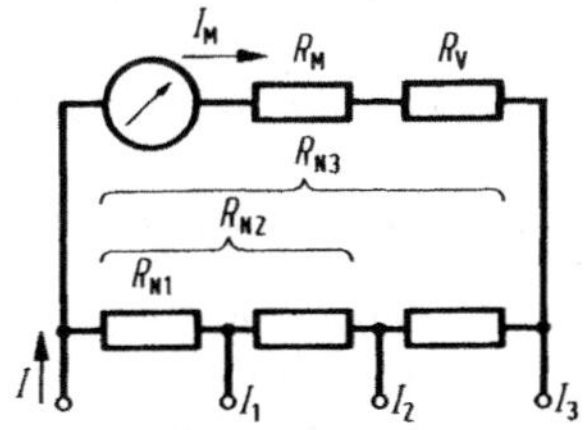

Fig. 4.72
Schaltung von Nebenwiderständen zur Meßbereichserweiterung
$I (I_1, I_2, I_3)$ Meßstrom;
I_M Meßwerkstrom;
R_M Widerstand der Meßwerkspule;
R_V temperaturunabhängiger Vorwiderstand;
R_{N1}, R_{N2}, R_{N3} Nebenwiderstände

Die Spannungsabfälle über den Anschlußklemmen liegen bei Feinmeßgeräten zwischen 30 mV und 45 mV und bei Betriebsmeßgeräten zwischen 60 mV und 150 mV. Bei Gleichstrom erstrecken sich die Meßbereiche von 50 µA bis 30 A (Vielfachmeßgeräte) bzw. 100 A (Einbereichs-Meßgeräte), bei Wechselstrom beträgt wegen der erforderlichen Gleichrichtung der kleinste Meßbereich 0,5 mA. Die Mehrzahl aller Geräte ist einer der Klassen 1, 1,5 oder 2,5 zugeordnet (Feinmeßgeräte bis Klasse 0,1).

Analoge und digitale Meßgeräte messen im allgemeinen den vom Meßstrom an einem Widerstand hervorgerufenen Spannungsabfall. Mit den analogen Meßgeräten lassen sich Stromstärken von 1 µA bis 30 A (Gleich- und Wechselstrom) messen, die Anzeigefehler betragen 1,5% bis 3%. Digitale Meßgeräte messen Stromstärken von 100 nA bis 10 A (Multimeter 100 µA bis 10 A) mit einer maximalen Auflösung von 1 pA und Anzeigefehlern von 0,5% bis 1% bei 3 1/2 stelligen Multimetern und bis zu 0,0015% bei den hochgenauen Digitalmultimetern. Analoge und digitale Meßgeräte zur Messung kleinster Stromstärken s. **4.**1.4.6.

4.1.4.4 Messung nach der Kompensationsmethode

Bei diesem Präzisions-Meßverfahren wird die Messung der Stromstärke I auf die Messung des Spannungsabfalls $U = I \cdot R$ an einem bekannten Meßwiderstand R zurückgeführt. Der Spannungsabfall wird leistungslos im Verfahren der Spannungskompensation (s. **4.**1.2.6) mit einem Gleichspannungskompensator oder -komparator bzw. fast leistungslos mit einem hochohmigen Digitalvoltmeter gemessen. Bei den Strommeßwiderständen sind insbesondere bei der Messung höherer Stromstärken (über etwa 1 A) die durch Eigenerwärmung bedingten Widerstandsänderungen zu beachten (s. **4.**1.3.1), die bei luftgekühlten handelsüblichen Bauformen einige 10^{-4} des Nennwertes erreichen können. Durch Unterbringung in einem temperierten Ölbad (s. **4.**1.1.3) ist eine Verringerung dieser Einflüsse um den Faktor 5 bis 10 möglich. Die optimal erreichbare relative Unsicherheit für Stromstärkemessungen beträgt für Stromstärken von 1 μA bis 10 A etwa $1 \cdot 10^{-5}$ und steigt bis 10 kA auf etwa $1 \cdot 10^{-4}$ an.

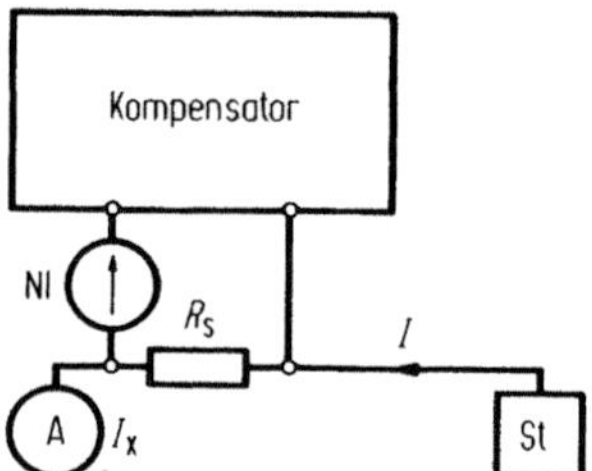

Fig. 4.73
Prüfung von Strommeßgeräten im Kompensationsverfahren
R_S Strommeßwiderstand;
I Strom in Kreis des Strommeßgeräts;
I_X Anzeige des Strommeßgeräts;
St einstellbare Stromquelle;
NI Nullindikator

Bei der Kalibrierung von Strommeßgeräten nach der Kompensationsmethode (Fig. 4.73) wird das zu kalibrierende Strommeßgerät in Reihe mit einem Strommeßwiderstand R_S an eine einstellbare Stromquelle geschaltet, und die Korrekturen für die Anzeigen I_X des Strommeßgerätes ergeben sich aus der Differenz zu dem aus der jeweiligen Kompensationsspannung U_X und dem Widerstand R_S ermittelten Stromstärken $I = U_X/R_S$.

4.1.4.5 Messung hoher Stromstärken

Meßwiderstände Gleichströme mit Stromstärken bis zu einigen Kiloampere werden meist über den Spannungsabfall an einem Meßwiderstand gemessen (s. **4.**1.3.1 und **4.**1.4.4). Der Spannungsabfall beträgt je nach Stromstärke und Bauart des Widerstandes 50 mV bis 300 mV. In Sonderfällen werden Meßwiderstände bis zu Stromstärken von 60 kA mit Spannungsabfällen von 25 mV benutzt. Beträgt der Spannungsabfall bei einer Stromstärke von 1 kA beispielsweise 100 mV, so wird in dem Meßwiderstand bereits eine Verlustleistung von 100 W erzeugt, die bei einer vorgegebenen Übertemperatur von 20 K bis 30 K zu Meßwiderständen mit großen Abmessungen und hohem Gewicht führt. Bei der Messung sehr hoher Stromstärken zieht man daher die Verwendung von Gleichstromwandlern und Meßeinrichtungen mit Hallgeneratoren vor.

Gleichstromwandler Gleichstromwandler ermöglichen die Messung hoher Gleichströme durch eine Kompensation der vom Meßstrom (Primärstrom) verursachten magnetischen Durchflutung durch einen Sekundärstrom. Das ursprünglich von Krämer gefundene Prinzip wird vor allem zur Messung hoher Stromstärken von 1 kA bis über 100 kA angewandt. Den prinzipiellen Aufbau eines Gleichstromwandlers zeigt Fig. 4.74. Die den Primärstrom I_1 führende Stromschiene bildet die Primärwicklung eines stark übersteuerten Magnetverstärkers. Die Sekundärwicklung ist in Gegenreihenschaltung auf den beiden aus hochpermeablem Werkstoff rechteckförmiger Magnetisierungskennlinie bestehenden Steuerdrosseln D_1 und D_2 aufgebracht. Sie liegt in Reihe mit dem über eine Gleichrichterschaltung angeschlossenen Bürdenwiderstand (Verbraucher) an einer Wechselspannungsquelle der Spannung U_2. Durch den Meßstrom I_1 werden beide Kerne bis weit in die Sättigung hinein magnetisiert. Die angelegte Wechselspannung U_2 erzeugt einen nahezu rechteckförmigen Kompensationswechselstrom I_2, der abwechselnd in einer der Drosselspulen die Durchflutung weiter erhöht und in der anderen die Durchflutung auf einen Wert nahe Null kompensiert. Da für diese Drosselspule in etwa

Durchflutungsgleichgewicht besteht, gilt angenähert

$$I_1 N_1 - I_2 N_2 = 0 \quad \text{oder} \quad \frac{I_2}{I_1} = \frac{N_1}{N_2} = \frac{1}{\ddot{u}} \tag{4.49}$$

mit $N_1 = 1$ (Durchführungswandler!) und N_2 = Windungszahl der Sekundärwicklung. Der Wechselstrom I_2 wird mit Hilfe der Gleichrichterschaltung gleichgerichtet und fließt als Gleichstrom I_3 durch den Bürdenwiderstand und das Strommeßgerät. Die Fehlergrenzen liegen bei den für genaue Hochstrommessungen entwickelten Geräten bei 0,2%. Für kleinere Stromstärken werden Wandler mit Fehlergrenzen von 0,5% bis 3% hergestellt. Der Einfluß der Temperatur auf die Meßunsicherheit ist vernachlässigbar. Die Wirkung von magnetischen Fremdfeldern einschließlich der Beeinflussung durch den Rückleiter wird durch die im Gegensinn bewickelten Drosseln weitgehend eliminiert.

Durch Kompensation der Gleichstromdurchflutung infolge des Primärstromes mit einem Gleichstrom in der Sekundärwicklung kann die Meßunsicherheit stark verringert werden (Zahorka (1964), Kusters u. a. (1964), Lisser u. a. (1979), s. **4**.1.2.6, Fig. 4.36 und **4**.1.3.6, Fig. 4.61). Als Indikator für das Durchflutungsgleichgewicht zwischen Primär- und Sekundärwicklung dient eine Förstersonde (in der angelsächsischen Literatur als „second harmonic flux-gate magnetometer" bezeichnet). Bei einem praktisch ausgeführten Gleichstromwandler mit dem Übersetzungsverhältnis 20000 A/1 A wurde eine Gesamtmeßunsicherheit kleiner $1 \cdot 10^{-5}$ bei Nennstrom ermittelt (MacMartin u. Kusters (1965)).

Die verschiedenen Verfahren unterscheiden sich vor allen Dingen darin, wie das Durchflutungsgleichgewicht im Kern geregelt wird. So kann als Indikator auch ein von Schernus und Trenkler (1972) beschriebenes Magnetometer mit einer Wechselstrommagnetisierung mit einem dreieckförmigen Strom sowie direkter Zeitverschlüsselung verwendet werden. Durch Kombination von einem Gleichstromwandler und einem

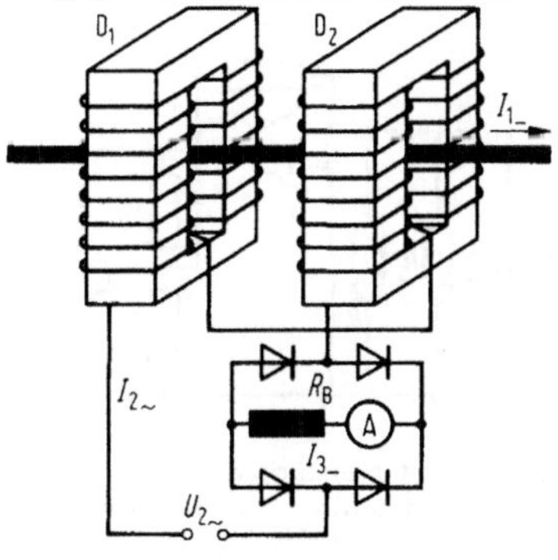

Fig. 4.74 Gleichstromwandler, Prinzip
D_1, D_2 Drosselspulen;
I_1 zu messender Gleichstrom;
I_2 Wechselstrom im Sekundärkreis;
U_2 Wechselspannung im Sekundärkreis;
I_3 Gleichstrom durch den Bürdenwiderstand;
R_B Bürdenwiderstand

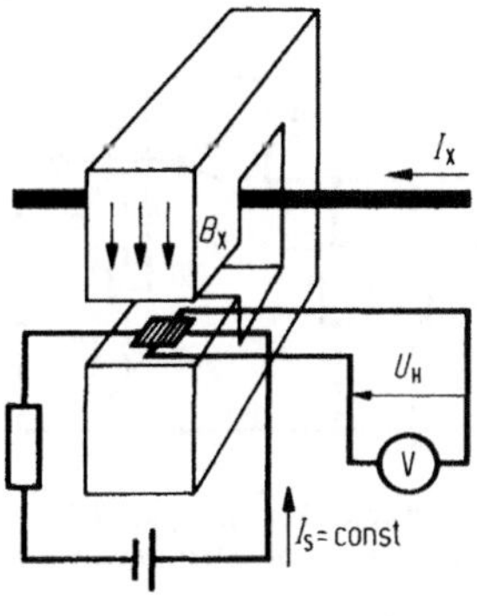

Fig. 4.75 Messung hoher Stromstärken mit Hallgenerator
I_X zu messender Strom;
B_X magnetische Flußdichte im Luftspalt;
I_S Steuerstrom;
U_H Hallspannung

steuerbaren Netzgerät lassen sich Stromquellen für hohe Stromstärken realisieren, die sich durch eine besonders gute Kurzzeitstabilität und Unempfindlichkeit gegenüber Umgebungseinflüssen auszeichnen.

Hallgeneratoren Zur Messung hoher Gleichströme mit Hallgeneratoren dient eine Anordnung gemäß Fig. 4.75. Eine Stromschiene, die den zu messenden Strom I_X führt, ist von einem U-förmigen Eisenjoch umgeben, in dessen Luftspalt eine Hallsonde angebracht ist. Da der bei weitem größte Anteil der Durchflutung zur Erzeugung der magnetischen Flußdichte im Luftspalt benötigt wird, ist diese in guter Näherung der Stromstärke I_X proportional. Bei konstantem Steuerstrom I_S besteht daher auch zwischen der Hallspannung U_H und der Stromstärke I_X eine annähernd lineare Beziehung. Um den Einfluß magnetischer Fremdfelder herabzusetzen, verwendet man in der Praxis zwei Eisenjoche und schaltet die Hallsonden in bezug auf äußere Magnetfelder gegeneinander. Auf diese Weise können Stromstärken bis zu 100 kA mit einer relativen Unsicherheit von 0,2% gemessen werden, ausreichende Konstanz des Steuerstromes vorausgesetzt. Die Wirkung von Rückleitern, magnetischen Fremdfeldern und Eisenteilen in der Umgebung der Joche ist gering. Ähnlich wie bei den Gleichstomwandlern sind auch hier Schaltungen in Gebrauch, bei denen in einer zweiten Wicklung ein dem Primärstrom entgegengerichteter Sekundärstrom erzeugt wird und die Hallsonde nur noch als Indikator für das Durchflutungsgleichgewicht dient.

Krämer (1961), Haxel (1964), Luz (1968)

4.1.4.6 Messung kleinster Stromstärken

Zur Messung kleinster Stromstärken dienen Elektrometerverstärker in entsprechender Beschaltung (s. **4**.1.1.8). Sie werden häufig in Meßkreisen mit eingeprägten Strömen (Isolations-, Ionisations- und photoelektrische Ströme) eingesetzt. Für Elektrometerverstärker gibt es zwei Grundschaltungen zur Messung kleinster Stromstärken, die Schaltung mit parallelgeschaltetem Strommeßwiderstand (Fig. 4.76) und die Schaltung,

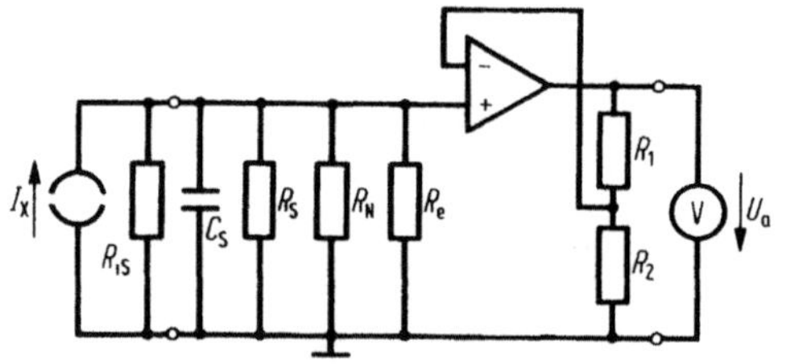

Fig. 4.76 Elektrometerverstärker mit parallel zum Eingang geschaltetem Strommeßwiderstand
I_X zu messender Strom;
U_a Ausgangsspannung des Verstärkers;
R_{iS} Innenwiderstand der Stromquelle;
R_S Isolationswiderstand;
R_N Strommeßwiderstand;
R_e Eingangswiderstand des Verstärkers;
R_1, R_2 Rückkopplungswiderstände;
C_S Schaltungskapazität

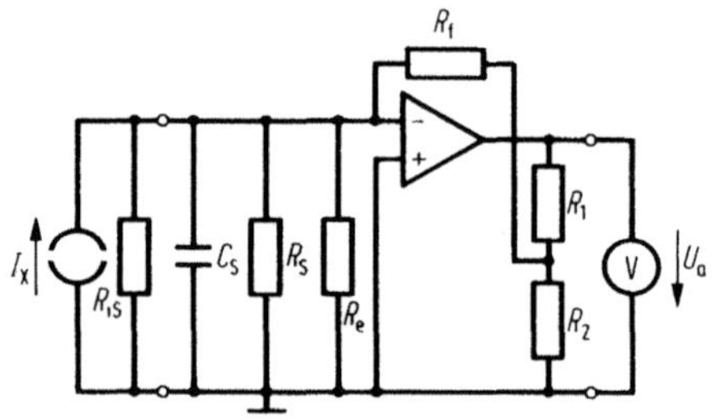

Fig. 4.77 Elektrometerverstärker mit Strommeßwiderstand im Rückkopplungszweig
I_X zu messender Strom;
U_a Ausgangsspannung des Verstärkers;
R_{iS} Innenwiderstand der Stromquelle;
R_S Isolationswiderstand;
R_f Strommeßwiderstand;
R_e Eingangswiderstand des Verstärkers;
R_1, R_2 Rückkopplungswiderstände;
C_S Schaltungskapazität

bei der der Strommeßwiderstand im Rückkopplungszweig des Verstärkers liegt (Fig. 4.77).

Die Schaltung mit parallelgeschaltetem Strommeßwiderstand ist im Prinzip die Schaltung, die auch zur Strommessung mit digitalen Multimetern verwandt wird. Gemessen wird der Spannungsabfall der zu messenden Stromstärke I_X an einem Widerstand R_N. Für die Schaltung nach Fig. 4.76 gilt:

$$I_X = \frac{U_a}{R_N} \cdot \frac{R_2}{R_1 + R_2}. \tag{4.50}$$

Es gibt eine Reihe von Gründen, einen möglichst kleinen Meßwiderstand zu wählen und die Empfindlichkeit des nachgeschalteten Verstärkers zu erhöhen: Niederohmige Widerstände besitzen eine bessere Langzeitstabilität und einen geringeren Temperaturkoeffizienten; die Zeitkonstante der Schaltung, $\tau = R_N C_S$, wird kleiner und das System reagiert schneller auf Änderungen der Meßgröße; der Innenwiderstand des Meßgerätes, in der Hauptsache verkörpert durch R_N, wird kleiner. Andere Gründe sprechen für einen möglichst großen Widerstand: Mit kleiner werdender Eingangsspannung vergrößert sich der Einfluß des Rauschens und der Drift des Verstärkers; das Stromrauschen des Strommeßwiderstandes ist proportional $1/\sqrt{R_N}$. Der optimale Widerstand R_N ergibt sich unter Beachtung der zuvor genannten Punkte. Die parallel zu R_N liegenden Widerstände R_e (Eingangswiderstand des Verstärkers) und R_S (Isolationswiderstand) sollten sehr viel größer als R_N sein, damit sie das Meßergebnis nicht verfälschen. Bei nicht idealer Stromquelle (Innenwiderstand R_{is}) beeinflußt R_N die zu messende Stromstärke, indem er zusammen mit R_{is} einen Stromteiler bildet.

Die Schaltung, bei der der Strommeßwiderstand (R_f) im Rückkopplungszweig liegt, ist im Prinzip die eines invertierenden Verstärkers. Für die Stromstärke I_X ergibt sich:

$$I_X = \frac{U_a}{R_f} \frac{1}{1 + \dfrac{R_f + R_2}{R_f} \cdot \dfrac{R_1}{R_2}} \approx \frac{U_a}{R_f} \cdot \frac{R_2}{R_1 + R_2} \quad \text{für} \quad R_f \gg R_2. \tag{4.51}$$

Der optimale Wert für R_f wird von vier Faktoren bestimmt: Stromrauschen von R_f, Langzeitstabilität und Temperaturkoeffizient von R_f, Eingangswiderstand der Schaltung, Innenwiderstand der Stromquelle. Die beiden ersten Punkte wurden bereits im vorangegangenen Absatz behandelt. Der Innenwiderstand der Schaltung berechnet sich angenähert zu $R_i = R_f/A_0$; A_0 ist die Leerlaufverstärkung des Verstärkers. Er ist damit um einige Größenordnungen kleiner als der der zuvor besprochenen Schaltung und wird das Meßergebnis im allgemeinen nicht beeinflussen. Gleiches gilt für die Zeitkonstante der Schaltung, die in diesem Falle vom Rückkopplungswiderstand R_f und eventuell parallel dazu vorhandenen Kapazitäten bestimmt wird. Die Gleichspannungsdrift des Verstärkers ist Ursache dafür, daß R_f nicht größer als der Innenwiderstand der Stromquelle R_{is} gewählt werden sollte, da diese Spannung mit einem Faktor $(R_f + R_{is})/R_{is}$ am Ausgang des Verstärkers erscheint. Gleiches gilt für die Eingangs-Rauschspannung des Verstärkers.

Mit der Schaltung nach Fig. 4.76 lassen sich Stromstärken bis herab zu 10^{-11} A messen. Die Schaltung nach Fig. 4.77 erlaubt Stromstärkemessungen mit einer Auflösung von $1 \cdot 10^{-17}$ A. Die Meßunsicherheit beträgt je nach Meßbereich 0,1% bis 5%. Es sind Geräte mit Zeiger- und Ziffernanzeige auf dem Markt.

4.1.4.7 Ladungsmessungen

Ein Ladungsmeßgerät mißt die elektrische Ladung, die sich auf den Elektroden eines Kondensators befindet oder die von einer Quelle (z. B. Ionisationskammer) erzeugt wird. Zur Ladungsmessung werden heute überwiegend Elektrometerverstärker in entsprechender Beschaltung verwendet (s. **4.**1.1.8). Sie haben die früher benutzten klassischen Elektrometer fast vollständig verdrängt. Da sich die Ladung aus dem Integral der Stromstärke über die Zeit berechnet, $Q = \int_{t_1}^{t_2} I \mathrm{d}t$, ähneln die Schaltungen denen zur Messung kleinster Stromstärken (s. **4.**1.4.6, Fig. 4.76 und 4.77). Der Meßwiderstand R_N bzw. R_f wird durch einen Kondensator C_N bzw. C_f ersetzt.

Fig. 4.78 zeigt den prinzipiellen Aufbau für ein Ladungsmeßgerät mit Parallelkondensator. Wenn die auf einem Kondensator C_1 gespeicherte Ladung gemessen werden soll, so geschieht dies durch Umladung auf den Kondensator C_N durch Schließen des Schalters S. Wenn die Ladung vor dem Schließen des Schalters $Q = C_1 U_1$ betrug, so gilt danach $Q = (C_1 + C_N) U_2 \approx C_N U_2$, wenn $C_N \gg C_1$ ist. U_2 ist die Spannung über der Parallelschaltung von C_1 und C_N nach Schließen des Schalters. Bei bekannter Kapazität C_N ist die Ladung Q der Spannung U_2 proportional. Diese Spannung wird mit dem nachgeschalteten Elektrometerverstärker gemessen. Die Schaltungskapazität C_S, der Isolationswiderstand R_S zusammen mit dem Eingangswiderstand R_e des Verstärkers und der Eingangsstrom des Verstärkers wirken sich störend auf die Messung auf. C_S liegt parallel zu C_N und kann nur vernachlässigt werden, wenn auch die Bedingung $C_N \gg C_S$ erfüllt ist. Über die Widerstände R_S und R_e wird ein Teil der Ladung abgeleitet. Die Messung von Q muß daher möglichst schnell erfolgen. Dasselbe gilt in bezug auf den Verstärker-Eingangsstrom, der ebenfalls, je nach Vorzeichen, die zu messende Ladung vergrößert oder verkleinert. Der Kurzschluß über C_N muß vor einer erneuten Messung hinreichend lange bestehen, um den Einfluß von dielektrischer Absorption zu beseitigen. Andernfalls fälscht die noch im Dielektrikum gespeicherte Ladung das Meßergebnis. Bei Ermittlung

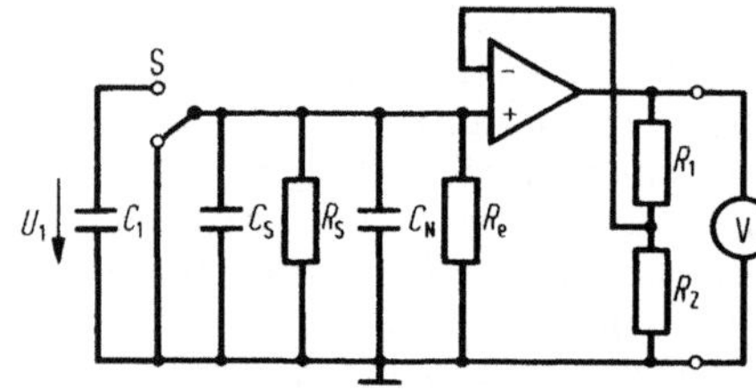

Fig. 4.78 Ladungsmessung mit Parallelkapazität und Elektrometerverstärker
U_1 Spannung am Kondensator C_1;
U_a Ausgangsspannung des Verstärkers;
R_S Isolationswiderstand;
R_e Eingangswiderstand des Verstärkers;
R_1, R_2 Rückkopplungswiderstände;
C_S Schaltungskapazität;
C_N Parallelkapazität; S Schalter

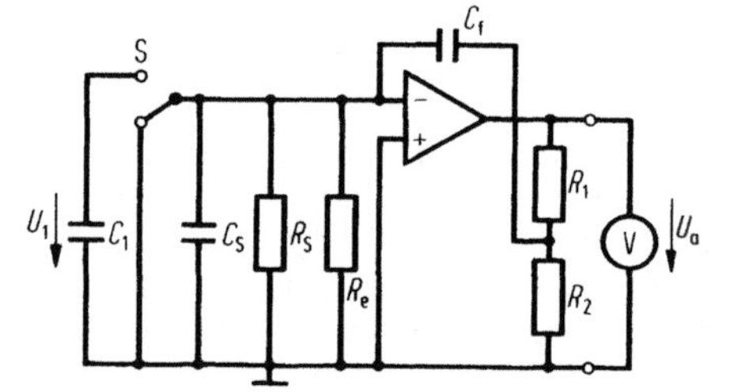

Fig. 4.79 Ladungsmessung mit Elektrometerverstärker und Kapazität im Rückkopplungszweig des Verstärkers
U_1 Spannung am Kondensator C_1;
U_a Ausgangsspannung des Verstärkers;
R_S Isolationswiderstand;
R_e Eingangswiderstand des Verstärkers;
R_1, R_2 Rückkopplungswiderstände;
C_S Schaltungskapazität;
C_f Kapazität un Rückkopplungszweig;
S Schalter

der Ladung durch zeitliche Integration eines Stromes der Stärke I ist die Rückwirkung der sich über dem Meßkondensator aufbauenden Spannung auf die Stromquelle zu beachten. Die Meßzeit ist unter Berücksichtigung der Ableitungsverluste durch R_S und der Veränderung der Ladung durch den Verstärker-Eingangsstrom zu wählen.

Die Schaltung für einen Elektrometerverstärker mit Integrationskondensator im Rückkopplungszweig zeigt Fig. 4.79. Diese Schaltung besitzt gegenüber der in Fig. 4.78 den Vorteil, daß die Schaltungskapazität C_S und der Isolationswiderstand R_S praktisch kurzgeschlossen sind und nur noch einen sehr geringen Einfluß auf das Meßergebnis ausüben. Zur Messung wird die auf einem Kondensator C_1 gespeicherte Ladung auf C_f umgeladen, und es gilt: $Q = C_1 U_1 = C_f U_a$. Bei bekanntem Kapazitätswert des Kondensators C_f ist auch in diesem Falle die Ausgangsspannung des Verstärkers direkt der zu messenden Ladung proportional. Bei der Ladungsmessung durch zeitliche Integration eines Stromes entfällt die Rückwirkung auf die Stromquelle. Für eine detaillierte Beschreibung des Elektrometerverstärkers mit Integrationskondensator im Rückkopplungszweig siehe Böhm (1976).

Mit den kommerziell angebotenen Geräten lassen sich Ladungen von 10^{-12} C bis 10^{-15} C mit einer maximalen Auflösung von 10^{-15} C messen. Die Meßunsicherheit liegt zwischen 1% und 5%. Die Geräte sind mit Zeiger oder Ziffernanzeige und zum großen Teil mit einer IEC-Bus-Schnittstelle ausgerüstet. In der Mehrzahl der Fälle sind die Geräte nicht nur für eine Meßgröße ausgelegt, sondern eignen sich außer zu Ladungsmessungen auch für die Messung kleinster Spannungen (s. **4.**1.2.8), hoher Widerstände (s. **4.**1.3.6) und kleinster Stromstärken (s. **4.**1.4.6).

4.1.5 Leistung und Energie

4.1.5.1 Leistungsmessung

Messung mit Strom- und Spannungsmeßgerät Für die in einem Widerstand R_L bei konstanter Stromstärke I und konstanter Spannung umgesetzte Leistung gilt $P = UI = I^2 R_L = U^2/R_L$. Wenn der Verbraucherwiderstand bekannt ist, kann die Leistung aus einer Strom- oder Spannungsmessung bestimmt werden, wobei die durch Eigenerwärmung bedingte Widerstandsänderung zu berücksichtigen ist. Bei nicht genau bekanntem Verbraucherwiderstand wird mit Strom- und Spannungsmeßgerät unter Berücksichtigung des Eigenverbrauchs der Meßgeräte gemessen (Fig. 4.80a und b). In Fig. 4.80a wird von dem Spannungsmeßgerät unmittelbar die Spannung U_L über dem Prüfling gemessen. Das Strommeßgerät mißt hingegen die Summe aus Laststromstärke I_L und Stromstärke durch das Voltmeter I_V. Die aus der Anzeige der beiden Meßgeräte ermittelte Leistung $P = U_L I$ ist um die im Voltmeter umgesetzte Leistung $P_V = U_L^2/R_{iV}$ größer als die gesuchte Leistung P_L. Es gilt:

$$P_L = P - P_v = U_L \left(I - \frac{U_L}{R_{iV}} \right). \tag{4.52}$$

In Fig. 4.80b fließt dieselbe Stromstärke I_L durch das Strommeßgerät und den Lastwiderstand. Das Spannungsmeßgerät zeigt die Summe der Spannungsabfälle am Lastwiderstand und am Strommeßgerät an. Die aus der Anzeige der beiden Meßgeräte ermittelte Leistung $P = UI_L$ ist um die im Strommeßgerät verbrauchte Leistung $P_A = I_L^2 R_{iA}$ größer als die gesuchte Leistung P_L. Es gilt:

$$P_L = P - P_A = I_L(U - I_L R_{iA}) \tag{4.53}$$

Fig. 4.80 Messung der Leistung mit Strom- und Spannungsmeßgerät
a) mit Korrektion infolge des Eigenverbrauchs des Spannungsmeßgerätes
b) mit Korrektion infolge des Eigenverbrauchs des Strommeßgerätes
U Speisespannung; U_L Spannungsabfall am Lastwiderstand; I Gesamtstrom; I_V Strom durch das Spannungsmeßgerät; I_L Strom durch den Lastwiderstand; R_{iV} Innenwiderstand des Spannungsmeßgerätes; R_{iA} Innenwiderstand des Strommeßgerätes; R_L Lastwiderstand

In der Praxis wird man sich immer für die Schaltung entscheiden, die die kleinsten Korrektionen am Meßergebnis erfordert. Als Strom- und Spannungsmeßgeräte kommen die in den Abschnitten **4.**1.2 und **4.**1.4 genannten Verfahren infrage, wobei durch Einsatz von digitalen Meßgeräten oder Kompensationsverfahren auf die Korrektionen häufig verzichtet werden kann. Welche Leistungen mit welcher Unsicherheit gemessen werden können, hängt von den Meßbereichen und Meßunsicherheiten der verwendeten Geräte ab.

Messung mit Leistungsmeßgerät Elektrodynamische Meßwerke zeigen als „Produktenmesser" die Leistung unmittelbar an. Dieses Meßwerk ist für Gleich- und Wechselstrommessungen gleichermaßen geeignet. Die schaltungsbedingten Korrektionen bei der direkten Leistungsmessung sind sinngemäß aus Fig. 4.80a und b zu entnehmen, wobei Spannungsmeßgerät und Spannungspfad des Leistungsmeßgerätes sowie Strommeßgerät und Strompfad des Leistungsmeßgerätes einander entsprechen. Zur Strombereichsänderung enthalten Mehrbereichs-Meßgeräte umschaltbare Feldspulen, die im Strompfad liegen, zur Änderung des Spannungsbereichs dienen Vorwiderstände im Stromkreis der beweglichen Spule, die im Spannungspfad liegt. Leistungsmeßgeräte besitzen im allgemeinen zwei Strommeßbereiche mit Stromstärken von 1 A und 5 A, der Spannungspfad ist für 100 V ausgelegt. Er kann durch Vorwiderstände bis auf 600 V erweitert werden. Präzisionsmeßgeräte in eisenfreier, astatischer Ausführung erreichen die Genauigkeitsklasse 0,1. Betriebsmeßgeräte in eisengeschlossener Ausführung erfüllen die Anforderungen der Klasse 1,5.

4.1.5.2 Energiemessung

Zur Messung der elektrischen Energie bei Gleichstrom besitzen nur noch der eisengeschlossene elektrodynamische Motor-Wattstundenzähler sowie der Wattstunden-Gleichstromzähler mit elektronischem Meßwerk praktische Bedeutung.

Der Motor-Wattstundenzähler besitzt zwei felderzeugende Spulensysteme. Durch die feststehenden Feldspulen fließt der Verbraucherstrom oder ein Teil desselben. Der Strom im Spannungskreis wird über einen Stromwender dem Anker zugeführt. Das an der Welle auftretende Drehmoment ist der Leistung $P = UI$ proportional. Wie bei allen Motorzählern wird durch eine auf der Welle befestigte Scheibe, die sich im Feld eines Dauermagneten bewegt, ein der Drehzahl der Welle proportionales Bremsmoment hervorgerufen. Die in dem Zeitintervall $(t_2 - t_1)$ verbrauchte elektrische Arbeit $A = \int_{t_1}^{t_2} P\,\mathrm{d}t$ ist dann der Zahl der Wellenumdrehungen während dieser Zeitspanne proportional. Sie wird mit einem von der Welle angetriebenen Zählwerk angezeigt. Die relative Unsicherheit des Wattstundenzählers liegt bei Nennspannung und in einem Strombereich von $0{,}1\,I_n$ bis $2\,I_n$ innerhalb $\pm 1\,\%$ des Meßwertes. Mit dem Zähler kann der Verbrauch in Zwei- und Dreileiteranlagen gemessen werden, mit Nennstromstärken bis 100 (200) A und Nennspannungen bis 1000 V bei direktem Anschluß und 30000 A bzw. 4000 V bei Anschluß über externe Neben- und Vorwiderstände.

Bei dem elektronischen Wattstunden-Gleichstromzähler wird mit einem Einquadranten-Multiplizierer, der nach dem Impulsbreiten-Impulshöhen-Modulationsverfahren arbeitet, eine der Gleichstromleistung proportionale Spannung erzeugt. Für einen sicheren Betrieb sind Strom- und Spannungspfad durch Optokoppler getrennt. Die Ermittlung der Arbeit erfolgt durch zeitliche Integration der Ausgangs-Gleichspannung des Multiplizierers mit einem Motorintegrator mit streng linearer Spannungs-Drehzahl-Charakteristik und nachgeschaltetem mechanischen Zählwerk. Die maximale Nennspannung beträgt 3000 V, für den Strompfad sind Nebenwiderstände mit einem Nennspannungsabfall von 60 mV bei Nennstrom vorgesehen. Die relative Meßunsicherheit des Zählers liegt bei Nennspannung und Stromstärken von $0{,}05\,I_n$ bis $1{,}3\,I_n$ noch innerhalb von 0,5% des Meßwerts.

Literatur zu 4.1

Adunka, F. (1974): Neuere Arbeiten über das Betriebsverhalten des Internationalen Weston-Elementes. Elektrotech. u. Masch.-Bau **93,** 104–109

Arnold, A. (1956): Nickel-Chromium-Aluminium-Copper Resistance Wire. Proc. IEEE **B-103,** 439–447

Arnolds, F. (1976): Elektronische Meßtechnik, 1. Aufl. Stuttgart: Kohlhammer

Bachmair, H. (1988): Referenzelemente als Grundlage für elektronische Spannungsnormale. In: Bachmair, H. (Hrsg.): Elektronische Spannungsquellen als Spannungs- und Transfernormale. PTB-Bericht **E-34.** Braunschweig: Physikalisch-Technische Bundesanstalt, 85–116

Bachmair, H.; Fleischer, H.; Fleischhauer, K.; Graetsch, V.; Hanke, R.; Leontiew, H.; Schmidt, S. (1986): Determination of the SI Unit Ohm Based on a Calculable Cross Capacitor. Metrologia **22,** 223–225

Becker, L.; Field, B.; Kiess, T. (1986): 10-V Round Robin Test Conducted on a Solid-State DC Voltage Standard. IEEE Trans. Instr. Meas. **IM-35,** 383–386

Bell, D. A. (1980): A Survey of $1/f$ Noise in Electrical Conductors. J. Phys. C: Solid State Physics **13,** 4425–4437

Bergmann, A.; Nilsson, H. (1993): A Constant Voltage Source Based on a Mercury Battery. IEEE Trans. Instr. Meas. **42,** 365–367

Bergmann, K. (1986): Elektrische Meßtechnik: Elektrische und elektronische Verfahren, Anlagen und Systeme. 3. Aufl. Braunschweig: Vieweg

Best, R. (1974): Systemtheorie der A/D-Wandler – statisches und dynamisches Verhalten. Elektroniker **13;** Nr. 1, 1–7; Nr. 2, 11–17

Biomagnetic Technologies (1990): SQUID Instrumentation. Product Information NBLIT 2/90

Böhm, J. (1976): A measuring and calibration system for currents down to 10^{-17} A. Atomkernenergie **27,** Lfg. 2, 139–143

Bonfig, K. W.; Nebl, M. (1968): Zur Theorie der Modulationsverstärker. ATM **Z 631-10**

burster (1991): Automatischer Meßstellenumschalter NANOMAT, Typ 1634. burster präzisionsmeßtechnik, Gernsbach

Childers, C.; Dziuba, R.; Lee, L. (1976): A Resistive Ratio Standard for Measuring Direct Voltages. IEEE Trans. Instr. Meas. **IM-25,** 505–508

CIPM (1988): Recommendation 1 (CI-1988): Representation of the Volt by Means of the Josephson Effect. Recommendation 2 (CI 1988): Representation of the Ohm by Means of the Quantum Hall Effect. Proc.-Verb. des Séances Com. Int. Poids & Mes. (2) **56,** 77e sess

Cutkosky, R. D.; Field, B. F. (1974): Standard Cell Enclosure with 20 μK Stability. IEEE Trans. Instr. Meas. **IM-23,** 295–298

Delahaye, F. (1978): A Double Constant Current Source for Cryogenic Current Comparators and its Applications. IEEE Trans. Instr. Meas. **IM-27,** 426–429

Delahaye, F. (1989): Technical Guidelines for Reliable Measurements of the Quantized Hall Resistance. Metrologia **26,** 63–68

Delahaye, F. (1992): DC and AC Techniques for Resistance and Impedance Measurements. Metrologia **29,** 81–93

Delahaye, F.; Reymann, D. (1985): Progress in Resistance Ratio Measurements Using a Cryogenic Current Comparator. IEEE Trans. Instr. Meas. **IM-34,** 316–319

DIN 1319, Teil 2 (1980): Grundbegriffe der Meßtechnik, Begriffe für die Anwendung von Meßgeräten

DIN 43781, Teil 1 und Teil 2 (1981): Direkt wirkende elektrische Schreiber einschließlich elektrischem Zubehör

DIN 43782 (1977): Selbstabgleichende elektrische Kompensationsmeßgeräte

DIN 43783 (IEC 477) (1976): Teil 1 Elektrische Meßwiderstände, Gleichstrom-Meßwiderstände

DIN EN 600051 (IEC 51), Teil 1 bis 9 (1991): Direkt wirkende anzeigende elektrische Meßgeräte und ihr Zubehör; Meßgeräte mit Skalenanzeige

DIN IEC 523 (1979): Gleichspannungs-Kompensatoren

DIN IEC 524 (1979): Gleichspannungs-Widerstandsteiler

DIN IEC 564 (1980): Gleichstrom-Widerstandsmeßbrücken

DKD-1 (1994): Ziele, rechtliche Grundlagen, Akkreditierungsverfahren und -kriterien, Organisationsstruktur und Publikationen des Deutschen Kalibrierdienstes (DKD). Brauschweig: Physikalisch-Technische Bundesanstalt

Dokter, F.; Steinhauer, J. (1978): Digitale Elektronik in der Meßtechnik und Datenverarbeitung, Band 2: Anwendung der digitalen Grundschaltungen und Gerätetechnik. 5. Aufl. Hamburg: Philips Fachbuch Verlag

Drachsel, R. (1977): Grundlagen der elektrischen Meßtechnik. 6. Aufl. Berlin: VEB Verl. Technik

Dunn, A. F. (1964): Calibration of a Kelvin-Varley Voltage Divider. IEEE Trans. Instr. Meas. **IM-13,** 129–139

Eccleston, L.; Faulkner, N.; Johnston, C.; Prue, W.; Thiemann, M (1982): Calibrator Brings Record Accuracy Even to Production and Repair. Electronics, September, 121–127

Eichmeier, J. (1988): Moderne Relaistechnik. In: Die Bibliothek der Technik, Band 13. Landsberg/Lech: Verl. Moderne Industrie

Fagaly, R. L. (1987): Superconducting Magnetometers and Instrumentation. Sci. Prog., Oxf. **71,** 181–201

Field, B. F. (1987): Solid-State Voltage Standard Performance and Design Guidelines. National Bureau of Standards: Technical Note **1239**

Froehlich, M. (1978): Das Normalelement. Wiesbaden: Akadem. Verlagsges.

Froehlich, M.; Melchert, F. (1974): Neubestimmung der Temperaturabhängigkeit der Elektromotorischen Kraft der Internationalen Weston-Elemente im Bereich von 0°C bis 40°C. Metrologie **10,** 79–86

Frohne, H.; Ueckert, E. (1984): Grundlagen der elektrischen Meßtechnik. Stuttgart: Teubner

Funck, T. (1992): Primärbatterien statt Akkus? Elektronik Nr. 1, 95–98

Funck, T.; Sienknecht, V. (1991): Determination of the Volt with the Improved PTB Voltage Balance. IEEE Trans. Instr. Meas. **IM-40,** 158–161

Gallop, J. C. (1991): SQUIDs, the Josephson Effects and Superconducting Electronics. Bristol: Adam Hilger

Giem, J. I. (1991): Sub-ppm Linearity Testing of a DMM Using a Josephson Junction Array. IEEE Trans. Instr. Meas. **IM-40,** 329–332

Goeke, W. C. (1989): An 8 1/2-Digit Integrating Analog-to-Digital Converter with 16-Bit, 100.000-Sample-per-Second Performance. hp J. **40** (April), 8–15

Goeke, W. C.; Swerlein, R. L.; Venzke, St. B.; Stever, S. D. (1989): Calibration of an 8 1/2 Digit Multimeter from only Two External Standards. hp J. **40** (April), 22–30

Graetsch, V. (1988): Europäischer Spannungsvergleich mit elektronischen Spannungsnormalen. In: Bachmair, H. (Hrsg.): Elektronische Spannungsquellen als Spannungs- und Transfernomale. PTB-Bericht E-**34.** Brauschweig: Physikalisch-Technische Bundesanstalt, 153–171

Grohmann, K. (1968/69): Die Entwicklung der Nullindikatioren für Gleich- und Wechselstrom. ATM **J 850-6/7**

Grohmann, K.; Hahlbohm, H. D.; Lübbig, H.; Ramin, R. (1973): Construction Principles and Properties of Ironless DC and AC Current Comparators with Superconducting Shields. PTB-Mitt. **83,** 313–318

Grohmann, K.; Hahlbohm, H. D.; Lübbig, H.; Ramin, R. (1974): Ironless Cryogenic Current Comparators for DC and AC Application. IEEE Trans. Instr. Meas. **IM-23,** 261–263

Grohmann, K.; Hahlbohm, H. D.; Hechtfischer, D. (1979): The Cryo Current Comperator as a Calculable DC Ratio Standard. IEEE Trans. Instr. Meas. **IM-28,** 205–211

Guildline (1972a): Bulletin 6920 Instrumentation, Components and Supplies. Guildline Instr. Ltd., Smith Falls, Ontario, Canada

Guildline (1972b): Bulletin 6914 Standard Cell Enclosures. Guildline Instr. Ltd., Smith Falls, Ontario, Canada

Guildline (1972c): Bulletin 6913 Temperature-Regulated Oil Baths. Guildline Instr. Ltd., Smith Falls, Ontario, Canada

Guildline (1972d): Bulletin 6916 Nanovolt Amplifier. Guildline Instr. Ltd., Smith Falls, Ontario, Canada

Gutmann, P.; Bachmair, H. (1989): Cryogenic Current Comperator Metrology. In: Kose, V. (Hrsg.): Superconducting Quantum Electronics. Berlin: Springer, 255–268

Gutmann, P.; Kose, V. (1987): Optimum DC Current Resolution of a Ferromagnetic Core Flux Transformer Coupled SQUID Instrument. IEEE Trans. Instr. Meas. **IM-36,** 267–270

Hamon, B. V. (1954): A 1-100 Ω Build-Up Resistor for the Calibration of Standard Resistors. J. Sci. Instr. **31,** 450–453

Hanke, R. (1980): Prazisionsthermostate zur Bewahrung der Kapazitätseinheit. Tech. Messen **47,** 187–191

Hartland, A. (1992): The Quantum Hall Effect and Resistance Standards. Metrologia **29,** 175–190

Harvey, I. K. (1972): A Precise Low Temperature DC Ratio Transformer. Rev. Sci. Instr. **11,** 1626–1629

Haxel, K. (1964): Ein vorzeichenrichtiger und verzögerungsfreier Kompensations-Gleichstromwandler. ATM **R13-R24**

Heiden, Ch. (1989) Sensorik: SQUIDs aus Hochtemperatursupraleitern. Jahresbericht 1988/89 der Kernforschungsanlage Jülich GmbH

Heinze, B.; Eckardt, H. (1992): Galliumthermostat zur Bewahrung von Normalen. PTB-Mitt. **102,** 263–265

Helke, H. (1974): Gleichstrommeßbrücken, Gleichspannungskompensatoren und ihre Normale. Müchen, Wien: Oldenbourg

Henderson, L. C. A. (1987): A New Technique for the Automatic Measurement of High Value Resistors. J. Phys. E: Sci. Instrum. **20,** 492–495

Hinken, J. H.; Staben, E. (1980): Rauschuntersuchungen an Stromquellen. Jber. d. Phys.-Techn. Bundesanstalt Braunschweig, Ber. Nr. 3.2.28

Hooge, F. N.; Kleinpenning, T. G. M.; Vandamme, L. K. H. (1981): Experimental Studies of 1/f Noise. Reports on Progress in Physics **44,** 479–532

Huber, R. (1966): Der heutige Stand der Trockenelemente. ETZ **B-18,** 864–868

Huppmann, G. (1991): Umweltgerechte Wege in der Stromerzeugung: Die Brennstoffzelle wird einen bedeutenden Beitrag im Rahmen der zukünftigen Energiewirtschaft leisten. new-tech news. Das Magazin über neue Technik (MBB Deutsche Aerospace). Heft 3, 28–32

Jaeger, K. B.; Zack, C. A. (1988): Industrial Experience with an Array Josephson Junction. CPEM '88 Digest, 10–11

Jaeger, K. B.; Levine, P. D.; Zack, C. A. (1991): Industrial Experience with a Quantized Hall Effekt System. IEEE Trans. Instr. Meas. **IM-40,** 256–261

Jolas, F. (1966): Alkalische Primärzellen. ETZ **B-18,** 869–873

Jones, L. T.; Ressmeyer, J. J.; Clark, Ch. A. (1981): Precision DVM Has Wide Dynamic Range and High Systems Speed. hp J. **32,** 23–31

Josephson, B. D. (1962): Possible New Effects in Superconducting Tunneling. Phys. Letters **1,** 251–253

Keithley Instruments (1977): Electrometer Measurements. Firmenschrift Keithley Instr., Cleveland, Ohio, USA

Kibble, B. P.; Robinson, I. A.; Bellis, J. H. (1991): Re-Defining the Kilogramme via a Moving-Coil Apparatus. Metrologia **27,** 173–192

Kiehne, A. H. u. a. (1980): Batterien – Grundlagen und Theorie, aktueller technischer Stand und Entwicklungstendenzen. Grafenau: expert verlag

Klein, W. (1961): Grundlagen der Theorie elektrischer Schaltungen. Berlin: Akademie-Verlag

von Klitzing, K.; Dorda, G.; Pepper, M. (1980): New Method for High-Accuracy Determination of the Fine-Structure Constant Based on Quantized Hall Resistance. Phys. Rev. Lett. **45,** 494–497

Kochsiek, M. (1990): Metrologie in Europa – fachübergreifend tätige Organisationen. PTB-Mitt. **100,** 281–289 u. 375–386

Kose, V. (1983): Cryogenic Electrical Metrology: In: Quantum Metrology and Fundamental Physical Constants. New York: Plenum, 235–248

Kose, V.; Bachmair, H. (Hrsg.) (1989): Neue internationale Festlegungen für die Weitergabe elektrischer Einheiten. PTB-Bericht **E-35.** Braunschweig: Physikalisch-Technische Bundesanstalt

Kose, V.; Melchert, F. (1991): Quantenmaße in der elektrischen Meßtechnik. Josephson-Effekt, Quanten-Hall-Effekt, Fundamentalkonstanten, Maße der klassischen Physik. Weinheim: VCH Verlag

Küpfmüller, K.; Kohn, G. (1993): Theoretische Elektrotechnik und Elektronik, 14. Aufl. Berlin: Springer

MacMartin, M. P.; Kusters, N. L. (1966): A Direct Current Comparator Ratio Bridge for Four-Terminal Resistance Measurements. IEEE Trans. Instr. Meas. **IM-15,** 212–220

MacMartin, M. P.; Kusters, N. L. (1968): The Application of the Direct Current Comparator to a Seven-Decade Potentiometer. IEEE Trans. Instr. Meas. **IM-17,** 263–268

Marko, H. (1971): Theorie linearer Zweipole, Vierpole und Mehrtore. Stuttgart: S. Hirzel

Marshall, J. (1984): A 32 Channel Scanner System with 50 Nanovolt Thermals for Standard Cell Measurements. Proc. Measurement Science Conference, 327–330

Melchert, F. (1976): Entwicklungsstand auf dem Gebiet der Gleichstromnormale – eine Übersicht. Techn. Messen **43,** 139–145

Melchert, F. (1978a): Widerstands- und Spannungsnormale. PTB-Bericht **E-10.** Braunschweig: Physikalisch-Technische Bundesanstalt, 27–43

Melchert, F. (1978b): Monitoring a Group of Standard Cells in a New Enclosure by Means of the AC Josephson Effect. Metrologia **14,** 167–170

Merz, L. (1977): Grundkurs der Meßtechnik, Teil 1. 5. Aufl. München: Oldenbourg

Mette, H. (1956): Eine Schleifdrahtwalze für die Townsendschaltung als einfaches Hilfsmittel zur Präzisionsmessung von sehr hohen Widerständen. Z. angew. Phys. **8,** 191–193

Moeller, F. (1961): Einige Grundbegriffe und Grundlagen aus der Meßtechnik. VDI-Ber. **54,** 5–10

Morgan, M. L.; Riley, J. C. (1960): Calibration of a Kelvin-Varley Standard Divider. IRE Trans. Instr. **1–9,** 237–243

Müller, R. (1979): Rauschen. Berlin: Springer

Niemeyer, J.; Grimm, L.; Meier, W.; Hinken, J. H.; Vollmer, E. (1985): Stable Josephson Reference Voltages Between 0.1 and 1.3 V for High Precision Voltage Standards. Appl. Phys. Lett. **47,** 1222–1223

Nyquist, H. (1928): Thermal Agitation of Electric Charge in Conductors. Phys. Rev. **32,** 110–113

Oppelt, U. (1980): Ein Erdungsmeßgerät mit elektronischem Verstärker. messen + prüfen **16,** 306–308

Panesar, H. S. (1979): Energiereiche Hochtemperatur-Systeme für Batterien der Zukunft. Chemie-Technik, Heft 9, 3–7

Park, J. H. (1962): Special Shielded Resistor for High-Voltage DC Measurements. J. Res. Nat. Bur. Stand. **66 C,** 19

Pflier, M.; Jahn, H.; Jentsch, G. (1978): Elektrische Meßgeräte und Meßverfahren. 4. Aufl. Berlin: Springer

Plassmann, W. (1981): Spannungsgeber für einstellbare Gleichspannungen bis 10 V. Techn. Messen **49,** 227–232

Pöpel, R. (1992): The Josephson Effect and Voltage Standards. Metrologia **29,** 153–174

Pöpel, R.; Niemeyer, J.; Fromknecht, R.; Meier, W.; Grimm, L.; Dünschede, F. W. (1991): Nb/Al_2O_3/Nb-Josephson Voltage Standards at 1 V and 10 V. IEEE Trans. Instr. Meas. **40,** 298–300

Pritchard, B. J. (1992): Investigation into the Transient Response and Localized Heat Treatment in the NML 1 Ω Resistors. CPEM '92 Digest, 83–84

PTB (1990): Die Physikalisch-Technische Bundesanstalt – kurzgefaßt –. Brauschweig: Physikalisch-Technische Bundesanstalt

Puschban, F. (1977): Ein neuer Kompensationslinienschreiber mit Linearmotor METRACORD LN 100. BBC-Nachrichten **59,** H. 8/9, 2–7

Riley, J. C. (1965): The Accuracy of Series and Parallel Connections of Four-Terminal Resistors. IEEE Int. Conv. Rec. part **11,** 136–146

Robinson, I. A.; Kibble, B. P.; Bellis, J. H.; Henderson, L. C. A. (1991): Towards a Transportable Voltage Standard Based on a Mercury Cell. IEEE Trans. Instr. Meas. **40,** 347–349

Sauer, H. (1985): Relais-Lexikon. 2. Aufl. Heidelberg: Dr. Hüthig

Scheerer, J. (1975): AD-Wandler – hochauflösend, integrierend. Teil 1 und Teil 2. elektronik praxis, Nr. 5 und Nr. 6

Schernus, G. P.; Trenkler, G. (1972): A New Digital Method for DC Current Measurement with Floating Input. IEEE Trans. Instr. Meas. **IM-21,** 346–349

Schneider, P. (1988): Entwicklung von elektronischen Spannungsnormalen. In: Bachmair, H. (Hrsg.): Elektronische Spannungsquellen als Spannungs- und Transfernormale. PTB-Bericht **E-34.** Physikalisch-Technische Bundesanstalt, 117–132

Schrüfer, E. (1984): Elektrische Meßtechnik. 2. Aufl. München: Hanser

Schulze, A. (1953): Meßwiderstände. Karlsruhe: Braun

Siegfried, G. (1968): Präzisions- und Normalwiderstände. Techn. Mitt. AEG-Telefunken **58,** 358–361

Siemens AG (1984): EMV Raumabschirmung: Kabinen, Bauteile, Filter. München: Siemens AG, Bereich Bauelemente (B/2839)

Siemens – Technische Mitteilung aus dem Bereich Bauelemente (1977): Schaltnetzteile 1: Allgemeine Einführung, Grundschaltungen

Spang, S. (1980): Kalibrieren – Theorie und Praxis. Ismaning: Philips GmbH (Fluke Deutschland)

Staben, E. (1988): Elektronische Spannungsnormale im gesetzlichen und industriellen Meßwesen. In: Bachmair, H. (Hrsg.): Elektronische Spannungsquellen als Spannungs- und Transfernormale. PTB-Bericht **E-34.** Braunschweig: Physikalisch-Technische Bundesanstalt, 133–152

Stöckl, M.; Winterling, K. H. (1987): Elektrische Meßtechnik. 8. Aufl. Stuttgart: Teubner

v. Sturm, F. (1978): Brennstoffzellen – Stand und Entwicklungstendenzen. ETZ **A-99,** 615–624

Sullivan, D. B.; Dziuba, R. (1974): Low Temperature Direct Current Comparators. Rev. Sci. Instr. **45,** 517–519

Sutcliffe, J. (1970): Meßbrücke und Kompensator nach dem Gleichstrom-Komparator-Prinzip. Meßtechnik **78,** 79–83

Taylor, B. N.; Witt, T. J. (1989): New International Electrical Reference Standards Based on the Josephson and Quantum Hall Effects. Metrologia **26,** 47–62

Tensfeld, U. (1994): Meßplatz zur Erzeugung beliebiger Gleichspannungen von 1 mV bis 1000 V. In: Bachmair, H. (Hrsg.): Messung kleiner Gleich- und Wechselspannungen. PTB-Bericht **E-47**

Thomas, J. L. (1931): Neue 1-Ω-Normalwiderstände des Bureau of Standards. ATM **Z 111-3**

Tietze, U.; Schenk, Th. (1983): Halbleiter-Schaltungstechnik, 6. Aufl. Berlin: Springer

Tobey, G. E.; Graeme, J. G.; Huelsman, L. P. (1971): Operational Amplifiers, Design and Applications. New York: Mc Graw Hill

Tsao, S. H. (1967): An Accurate Semiautomatic Technique of Measuring High Resistances. IEEE Trans. Instr. Meas. **IM-16,** 220–225

Tsao, S. H. (1974): Apparatus for Accurate DC Capacitance-Resistance Transfer. IEEE Trans. Instr. Meas. **IM-23,** 310–314

Unterholzner, F. (1966): Über das dynamische Verhalten von Potentiometerschreibern. Rohde & Schwarz Mitt. **20,** 255–261

Valvo – Technische Informationen für die Industrie (1977): Schaltnetzteile mit Transistoren der Reihe BUX 80, 761027

Van Degrift, C. T.; Cage, M. E.; Girvin, S. M. (1990): Resource Letter QHE-1: The integral and fractional quantum Hall effects Am. J. Phys. **58,** 109–123

Vincent, G. D.; Pailthorp, R. M. (1968): Experimental Verification of the Five-Terminal Ten-Kiloohm Resistor as a Device for Dissemination of the Ohm. IEEE Trans. Instr. Meas. **IM-17,** 239–244

Weber, K. P.; Urbat, R. (1979): Mehr messen – mehr wissen: Ein Meßtechnik-Kurs für den jungen Elektro-Handwerker. 3. Aufl. Heidelberg: Dr. Hüthig

Wehrle, G. (1966): Differential-Schwingkondensator für Strommessungen höchster Empfindlichkeit. Int. Elektrot. Rundschau, 406–408

Weyand, K. (1981): DC Current Control Using SQUID Gradiometer Systems. IEEE Trans. Instr. Meas. **IM-29,** 324–328

Witt, T. C.; Reymann, D. (1983): The Maintanance and Comparison of Standards of Electromotive Force at the BIPM. IEEE Trans. Instr. Meas. **IM-32,** 260–266

Zahorka, R. (1964): Höchststromwandler zur Präzisionsmessung großer Gleichströme. ETZ **A-85,** 748–752

4.2 Niederfrequenz

Küpfmüller (1990)

4.2.1 Begriffe, Definition und symbolische Darstellung von Wechselgrößen (A. Braun)

Wechselströme und Wechselspannungen sind periodische Funktionen der Zeit mit dem Mittelwert Null (Wechselgrößen). Ist der Mittelwert von Null verschieden, so handelt es sich um eine Überlagerung von Gleich- und Wechselgrößen („Mischstrom" bzw. „Mischspannung").

DIN 40110, Fricke u. Vaske (1982)

4.2.1.1 Stromstärke und Spannung

Der Augenblickswert i eines beliebigen Wechselstromes (bzw. u einer Wechselspannung) läßt sich darstellen als die Summe der Augenblickswerte harmonischer Sinusströme (bzw. -spannungen). Der Theorie am einfachsten zugänglich ist die reine Sinusschwingung. Auch wird in der Praxis der zeitlich sinusförmige Verlauf von Strömen und Spannungen angestrebt und meist mit guter Näherung verwirklicht. Bei einer Sinusschwingung gilt für den Augenblickswert

$$x(t) = x = \hat{x} \cos(\omega t + \varphi_x). \tag{4.54}$$

Hierin bedeuten $\hat{x}$ die Amplitude (Scheitelwert) der Wechselgröße, $\omega = 2\pi f$ die Kreisfrequenz, f die Frequenz, φ_x den Phasenwinkel zur Zeit $t = 0$ (Nullphasenwinkel). $T = 1/f$ ist die Periodendauer (vgl. Fig. 4.81).

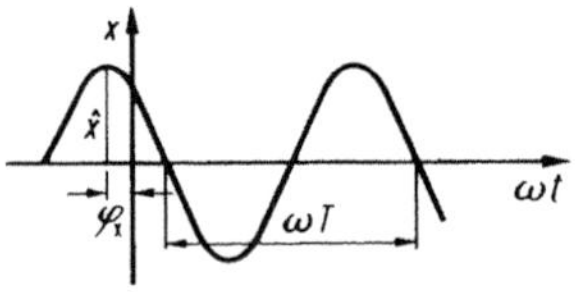

Fig. 4.81
Zur Definition von Wechselgrößen
$\hat{x}$ Amplitude (Scheitelwert)
φ_x Nullphasenwinkel
ω Kreisfrequenz
T Periodendauer

Nicht sinusförmige Wechselgrößen werden nach dem Verfahren der harmonischen Analyse dargestellt durch die Summe aus Grundschwingung (Amplitude $\hat{x}_1$) und harmonischen Oberschwingungen der Frequenzen $2f$, $3f$, ... (Amplituden $\hat{x}_2$, $\hat{x}_3$, ...):

$$x = \sum_{k=1}^{k \to \infty} \hat{x}_k \cos(k\omega t + \varphi_{xk}). \tag{4.55}$$

Der Effektivwert I eines Stromes ist die äquivalente Gleichstromstärke, die in einem Widerstand R die gleiche Stromwärmeleistung hervorruft. Dies ist der quadratische Mittelwert des Wechselstromes

$$I = \sqrt{\frac{1}{T} \int_0^T i^2 \mathrm{d}t}. \tag{4.56}$$

Analog gilt für den Effektivwert der Spannung

$$U=\sqrt{\frac{1}{T}\int_0^T u^2 \mathrm{d}t}. \tag{4.57}$$

Der *Scheitelwert* $\hat{i}$ bzw. $\hat{u}$ ist der höchste Augenblickswert eines Wechselstromes bzw. einer Wechselspannung. Bei sinusförmigem Verlauf der Wechselgröße sind Scheitelwerte und Amplitude identisch.

Der *Scheitelfaktor* ist definiert als das Verhältnis des Scheitelwertes zum Effektivwert. Bei Sinusform hat der Scheitelfaktor den Wert $\sqrt{2}$.

Der *Gleichwert* einer Wechselgröße, d. h. ihr zeitlicher Mittelwert, ist stets Null. Bei Mischströmen, also solchen Strömen, die beispielweise durch die Gleichrichtung eines Wechselstromes entstehen, ist der Gleichwert

$$\bar{i}=\frac{1}{T}\int_0^T i \mathrm{d}t. \tag{4.58}$$

$\bar{i}$ wird auch als Gleichstromanteil I_- des Mischstromes bezeichnet. Der nach Abzug dieses Anteils verbleibende Rest ist ein reiner Wechselstrom. Der Effektivwert des Mischstromes ergibt sich als die Wurzel aus der Summe der Quadrate des Gleichwertes und des Effektivwertes des Wechselstromanteils $I_\sim$

$$I=\sqrt{I_-^2+I_\sim^2}. \tag{4.59}$$

Hinweise für die Messung: Ein Dreheisenmeßgerät zeigt den Effektivwert des gesamten Mischstromes an, ein Drehspulmeßgerät den Gleichwert.

Bildet man den arithmetischen Mittelwert der Beträge einer Wechselgröße x, so erhält man den *Gleichrichtwert*

$$|\bar{x}|=\frac{1}{T}\int_0^T |x| \mathrm{d}t. \tag{4.60}$$

Der Name „Gleichrichtwert" ist darauf zurückzuführen, daß dieser Mittelwert als Gleichstromanteil dann erhalten wird, wenn die Wechselgröße in einer Doppelweggleichrichtung gleichgerichtet wird, die negativen Halbschwingungen also ebenfalls positives Vorzeichen erhalten.

Das Verhältnis aus Effektivwert und Gleichrichtwert ist der *Formfaktor*. Bei Sinusform ergibt sich hierfür der Zahlenwert

$$\frac{\pi}{2\sqrt{2}}=1{,}111.$$

Der *Schwingungsgehalt* eines nach Gl. (4.59) definierten Mischstromes ist

$$s=\frac{I_\sim}{I}. \tag{4.61}$$

Bei $s=0$ liegt reiner Gleichstrom vor; $s=1$ bedeutet reinen Wechselstrom.

Mit *Welligkeit* bezeichnet man dagegen den auf den Gleichwert bezogenen Wechselstromanteil $I_\sim/I_-$.

Für die Spannung gelten analoge Beziehungen.

Der Effektivwert X einer Wechselgröße, die gemäß Gl. (4.55) aus Grundschwingung und harmonischen Oberschwingungen zusammengesetzt ist, ergibt sich aus der quadratischen Addition der Effektivwerte X_n der Teilschwingungen

$$X^2 = \sum_{n=1}^{n \to \infty} X_n^2. \tag{4.62}$$

Zur Kennzeichnung des Grades der Abweichung einer „verzerrten" Wechselgröße von der Sinusform sind verschiedene Faktoren definiert worden:

Der Grundschwingungsgehalt g als das Verhältnis der Grundschwingung zum Gesamt-Effektivwert

$$g = \frac{X_1}{X}. \tag{4.63}$$

Der Oberschwingungsgehalt oder Klirrfaktor k als das Verhältnis des Effektivwertes aller Oberschwingungen zum Gesamt-Effektivwert

$$k = \frac{\sqrt{\sum_{n=2}^{n \to \infty} X_n^2}}{X}. \tag{4.64}$$

Die Höchstabweichung von der Sinusform als größte Differenz zwischen dem Augenblickswert der Gesamtschwingung und dem zugehörigen Augenblickswert der Grundschwingung, bezogen auf den Scheitelwert der Grundschwingung.

4.2.1.2 Leistungsgrößen

In einem Stromkreis mit periodisch verlaufenden Strömen der Stärke i und Spannungen u ist der Augenblickswert der Leistung

$$P_t = u \cdot i \tag{4.65}$$

ebenfalls eine Funktion der Zeit. Bei sinusförmigen Strömen und Spannungen ergibt sich nach Gl. (4.54)

$$\begin{aligned} P_t &= \hat{u}\hat{i} \cos(\omega t + \varphi_u) \cos(\omega t + \varphi_i) \\ &= \frac{\hat{u}\hat{i}}{2} [\cos(\varphi_u - \varphi_i) + \cos(2\omega t + \varphi_u + \varphi_i)] \\ &= UI \cos \varphi + UI \cos(2\omega t + \varphi_u + \varphi_i). \end{aligned} \tag{4.66}$$

Die Leistung besteht damit aus einem zeitlich konstanten Teil (Mittelwert), dem eine Leistungsschwingung doppelter Frequenz überlagert ist. $\varphi = \varphi_u - \varphi_i$ ist der Phasenverschiebungswinkel zwischen Spannung und Stromstärke, d. i. die Differenz der Nulldurchgänge beider Größen.

Mit P als Wirkleistung oder kurz Leistung im Wechselstromkreis und $\cos \varphi$ als Leistungsfaktor ergibt sich

$$P = UI \cos \varphi. \tag{4.67}$$

Neben der Wirkleistung werden als Rechnungsgrößen formal gebildet die Blindleistung

$$Q = UI \sin \varphi \tag{4.68}$$

und die Scheinleistung als das Produkt der Effektivwerte U und I:

$$S = UI. \tag{4.69}$$

Die Scheinleistung kann aufgefaßt werden als maximale Wirkleistung, die bei gegebener Spannung U und gegebener Stromstärke I in einem Stromkreis umgesetzt werden kann ($\varphi = 0$). Sie hat eine praktische Bedeutung für die Dimensionierung elektrischer Maschinen und Transformatoren; denn die Baugröße dieser Geräte wird nicht von der zu erzeugenden oder zu übertragenden Wirkleistung bestimmt, sondern von der Scheinleistung.

Zwischen den 3 Größen S, P und Q besteht die Beziehung

$$S^2 = P^2 + Q^2. \tag{4.70}$$

Bei nicht sinusförmigen Strömen bleibt die Gleichung (4.69) für die Scheinleistung bestehen. Die Wirkleistung ist wieder der zeitliche Mittelwert der Größe P_t nach Gl. (4.65)

$$P = \frac{1}{T} \int_0^T u i \, \mathrm{d}t = \sum_{n=1}^{n \to \infty} P_n = \sum_{n=1}^{n \to \infty} U_n I_n \cos \varphi_n. \tag{4.71}$$

Die Wirkleistung der oberschwingungsbehafteten Wirkgrößen ist somit die Summe der Wirkleistungen der Teilschwingungen. Damit läßt sich auch für diesen Fall ein Leistungsfaktor

$$\lambda = \frac{P}{UI} \tag{4.72}$$

angeben. Ist φ_1 der Phasenverschiebungswinkel zwischen den Grundschwingungen von Strom und Spannung, so wird $\lambda / \cos \varphi_1$ gleich dem in Gl. (4.63) definierten Grundschwingungsgehalt g.

4.2.1.3 Wechselstromwiderstand

Ein Wechselstrom ruft in einem Wirkwiderstand R – d. i. ein Widerstand, der keine elektrische oder magnetische Energie speichern kann – einen Spannungsfall hervor, dessen Augenblickswerte zu jeder Zeit den Augenblickswerten des Stromes proportional sind. Es gilt also das Ohmsche Gesetz sowohl für die Augenblickswerte

$$u = iR \tag{4.73}$$

als auch für die Effektivwerte

$$U = IR. \tag{4.74}$$

Elektrische oder magnetische Speicher in Form von Kapazitäten bzw. Induktivitäten bedingen zeitliche Verschiebungen zwischen Spannungs- und Stromkurve. Auch stimmen die Kurvenformen beider Größen im allgemeinen Falle nicht mehr überein.

Beim Stromdurchgang durch eine Kapazität der Größe C gilt

$$u_C = \frac{1}{C} \int i \, dt, \tag{4.75}$$

und die Spannung an einer Induktivität L wird

$$u_L = L \frac{di}{dt}. \tag{4.76}$$

Bei sinusförmigen Strömen $i = \sqrt{2} I \cos \omega t$ bleibt in beiden Fällen auch die Spannung sinusförmig, und es wird

$$u_C = + \sqrt{2} I \frac{1}{\omega C} \sin \omega t = \sqrt{2} I \frac{1}{\omega C} \cos (\omega t - 90°), \tag{4.77}$$

$$u_L = - \sqrt{2} I \omega L \sin \omega t = \sqrt{2} I \omega L \cos (\omega t + 90°). \tag{4.78}$$

Für die Effektivwerte gilt also

$$U_C = I \frac{1}{\omega C}, \tag{4.79}$$

$$U_L = I \omega L. \tag{4.80}$$

Die Spannung ist jedoch gem. Gl. (4.77) beim Kondensator um 90° im Sinne der Nacheilung ($\varphi = -90°$) gegen den Strom verschoben, bei der Induktivität dagegen um den gleichen Winkel im Sinne der Voreilung ($\varphi = +90°$). Die Analogie zwischen der Gl. (4.79) bzw. (4.80) und der Gl. (4.74) hat dazu geführt, die Größen $1/\omega C$ und ωL als Wechselstromwiderstände zu bezeichnen. Da in beiden Fällen keine Wirkleistung in diesen Widerständen umgesetzt wird, nennt man

$$X = X_L + X_C = \omega L - \frac{1}{\omega C} \quad \text{den Blindwiderstand.} \tag{4.81}$$

Wirk- und Blindwiderstände in Reihenschaltung dürfen nicht algebraisch addiert werden. Da Wirkwiderstände R keine Phasenverschiebung, Blindwiderstände X aber eine solche von 90° hervorrufen, ergibt sich für die Reihenschaltung von R und X als Gesamtwiderstand der Scheinwiderstand (Betrag der Impedanz $\underline{Z}$)

$$Z = \sqrt{R^2 + X^2}. \tag{4.82}$$

$$\varphi = \arctan \frac{X}{R} \tag{4.83}$$

ist der Phasenwinkel des Scheinwiderstandes.

Hinweise für die Messung: Wechselstromwiderstände können durch Stromstärke-, Spannungs- und Leistungsmessung ermittelt werden. Aus den gemessenen Größen I, U und P ergeben sich

$$\text{Scheinwiderstand (Impedanz)} \qquad Z = \frac{U}{I}, \tag{4.84}$$

Wirkwiderstand (Resistanz) $R = \frac{P}{I^2} = Z \cos \varphi,$ (4.85)

Blindwiderstand (Reaktanz) $X = \sqrt{Z^2 - R^2} = Z \sin \varphi.$ (4.86)

Bei Parallelschaltung von Widerständen rechnet man mit den Leitwerten:

Wirkleitwert (Konduktanz) $G = \frac{1}{R},$ (4.87)

Blindleitwert (Suszeptanz) $B = \frac{1}{X},$ (4.88)

Scheinleitwert (Admittanz) $Y = \sqrt{G^2 + B^2},$ (4.89)

Phasenwinkel $\varphi = \arctan \frac{B}{G}.$ (4.90)

Die Größen ergeben sich wieder aus Stromstärke-, Spannungs- und Leistungsmessungen zu

Scheinleitwert (Admittanz) $Y = \frac{I}{U},$ (4.91)

Wirkleitwert (Konduktanz) $G = \frac{P}{U^2} = Y \cos \varphi,$ (4.92)

Blindleitwert (Suszeptanz) $B = \sqrt{Y^2 - G^2} = Y \sin \varphi.$ (4.93)

4.2.1.4 Darstellung als Zeigergrößen

Schreibt man für den Augenblickswert einer Wechselgröße $x = \hat{x} \cos(\omega t + \varphi_x)$, so kann diese Beziehung durch die in Fig. 4.82 gezeigte Zeigerdarstellung in der Gaußschen Zahlenebene veranschaulicht werden. Der Augenblickswert x ist hier gegeben durch die Projektion eines mit der Kreisfrequenz ω umlaufenden Zeigers der Größe $\hat{x}$ auf die reelle Achse. Zur Zeit $t = 0$ ist $x = \hat{x} \cos \varphi_x$, und der Zeiger $\hat{x}$ ist gegen die reelle Achse um den Winkel φ_x entgegengesetzt dem Uhrzeigersinn (positiv) verschoben. $\hat{x}$ ist zusammengesetzt aus den Komponenten $\hat{x} \cos \varphi_x$ (Wirkkomponente in der positiven reellen Achse) und $\mathrm{j} \cdot \hat{x} \cdot \sin \varphi_x$ (Blindkomponente in der positiv imaginären Achse, $\mathrm{j} = \sqrt{-1}$).

Die Größe

$$\underline{\hat{x}} = \hat{x}(\cos \varphi_x + \mathrm{j} \sin \varphi_x) = \hat{x} \mathrm{e}^{\mathrm{j}\varphi_x} \tag{4.94}$$

mit dem Betrag $\hat{x}$ und dem Nullphasenwinkel φ_x heißt Zeiger. Sie wird durch Unterstreichen gekennzeichnet.

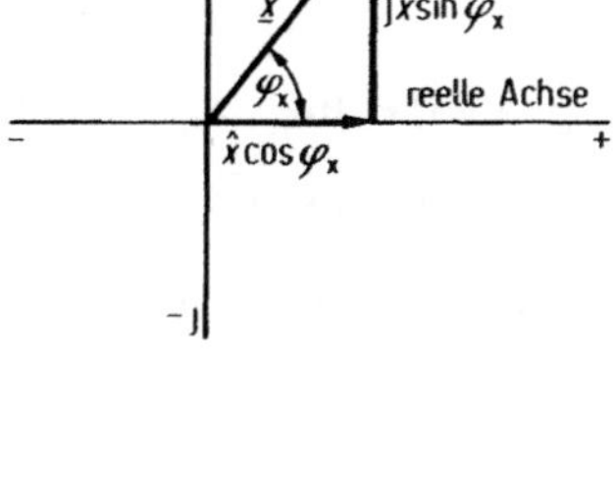

Fig. 4.82
Zeigerdarstellung einer Wechselstromgröße
$\hat{x}$ Amplitude (Scheitelwert)
φ_x Nullphasenwinkel

Da man in der Wechselstromtechnik im allgemeinen nicht mit den Amplituden, sondern mit den Effektivwerten der Spannungen und Stromstärken rechnet, wird der Absolutbetrag des Zeigers, d. h. die Zeigerlänge, meist in der Größe des Effektivwertes angegeben. Es ist dabei zu beachten, daß dann die Augenblickswerte, die auf der reellen Achse abgelesen werden, um den Faktor $1/\sqrt{2}$ zu klein sind. In den meisten Fällen interessieren aber die Augenblickswerte gar nicht. Die Zeigerdarstellung soll vielmehr einen Überblick bei der Addition von Wechselstromgrößen geben.

4.2.1.5 Addition von Zeigern, Zeigerdiagramm

$\underline{U}e^{j\omega t} = U \cdot e^{j\varphi}e^{j\omega t}$ ist ein Spannungszeiger vom Betrag U, der mit der Kreisfrequenz ω umläuft und zur Zeit $t=0$ gegen die reelle Achse um den Phasenwinkel φ verschoben ist. Sollen mehrere Spannungen – z. B. in einer Reihenschaltung von Widerständen – zu einer Gesamtspannung addiert werden, so müssen alle diese Zeiger mit ihren Phasenwinkeln in das Zeigerdiagramm eingetragen und geometrisch addiert werden (Fig. 4.83). Für die Anschauung ist es vorteilhaft, wenn man sich in diesem Bild die Zeiger als ruhend vorstellt und eine rotierende Zeitlinie annimmt, die im Uhrzeigersinn umläuft. Dann ergeben die Projektionen der Zeiger auf diese Zeitlinie für jeden Zeiger den zugehörigen Augenblickswert. Diese Vorstellung berechtigt dazu, den Faktor $e^{j\omega t}$ fortzulassen und mit den Zeigern selbst wie mit zweidimensionalen Vektoren zu rechnen. Das gilt natürlich nur für Größen gleicher Frequenz.

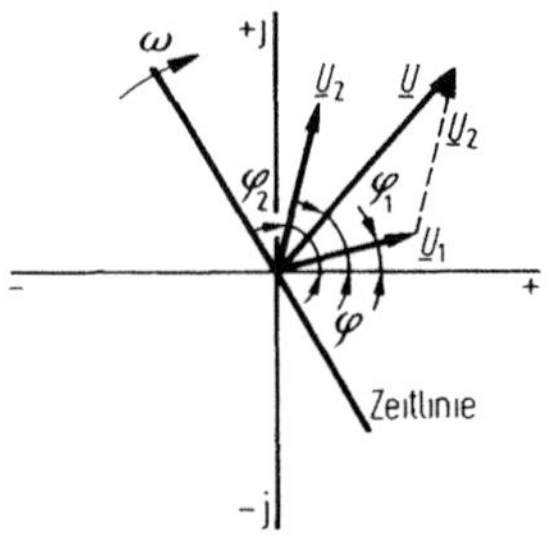

Fig. 4.83
Addition von Spannungen im Zeigerdiagramm
$\underline{U}, \underline{U}_1, \underline{U}_2$ Zeiger
$\varphi, \varphi_1, \varphi_2$ Phasenwinkel

Die in Fig. 4.83 dargestellte „vektorielle" Addition der Zeiger $\underline{U}_1$ und $\underline{U}_2$ führt zur Gesamtspannung

$$\underline{U} = \underline{U}_1 + \underline{U}_2. \tag{4.95}$$

Die Addition der beiden komplexen Größen $\underline{U}_1$ und $\underline{U}_2$ läßt sich in der Komponentendarstellung rechnerisch durchführen:

$$U(\cos\varphi + j \cdot \sin\varphi) = U_1(\cos\varphi_1 + j \cdot \sin\varphi_1) + + U_2(\cos\varphi_2 + j \cdot \sin\varphi_2). \tag{4.96}$$

Die Gleichung (4.96) enthält zwei Bedingungen, die gleichzeitig erfüllt sein müssen:

$$U\cos\varphi = U_1\cos\varphi_1 + U_2\cos\varphi_2, \quad \text{reelle Komponente} \tag{4.97}$$

$$U\sin\varphi = U_1\sin\varphi_1 + U_2\sin\varphi_2, \quad \text{imaginäre Komponente.} \tag{4.98}$$

Die für Gleichstrom abgeleiteten Kirchhoffschen Gesetze gelten daher auch für Wechselstrom, wenn man für Spannungen und Stromstärken die Symbole $\underline{U}$ bzw. $\underline{I}$ einführt und die Rechnung für die beiden Komponenten (reelle und imaginäre) getrennt vornimmt.

4.2.1.6 Widerstandsoperator

Der Quotient aus Spannung und Stromstärke ergibt den Wechselstromwiderstand (Impedanz)

$$\underline{Z} = \frac{\underline{U}e^{j\omega t}}{\underline{I}e^{j\omega t}} = \frac{\underline{U}}{\underline{I}} = \frac{U}{I}\,e^{j(\varphi_u - \varphi_i)} = Ze^{j\varphi}, \tag{4.99}$$

wobei $Z = U/I$ der Betrag und $\varphi = \varphi_u - \varphi_i$ der Phasenverschiebungswinkel des komplexen Scheinwiderstandes ist. $\underline{Z}$ ist wie $\underline{U}$ und $\underline{I}$ eine komplexe Größe, unterscheidet sich aber von ihnen dadurch, daß sie nicht von der Zeit t abhängt. $\underline{Z}$ hat den Charakter eines Operators, der zwei Eigenschaften besitzt: Die Multiplikation eines Zeigers mit $\underline{Z}$ bedeutet erstens eine Änderung des Zahlenwertes („Längenänderung") und zweitens eine Änderung des Phasenwinkels („Drehung") des Zeigers:

$$\underline{I}\underline{Z} = Ie^{j\varphi_i} \cdot Ze^{j\varphi} = IZe^{j(\varphi_i + \varphi)}.$$

Ein solcher Operator ist auch der komplexe Leitwert (Admittanz)

$$\underline{Y} = \frac{1}{\underline{Z}} = \frac{1}{Ze^{j\varphi}} = Y \cdot e^{-j\varphi}. \tag{4.100}$$

Der Widerstandsoperator eines Wirkwiderstandes ist eine reelle Größe $\underline{Z}_R = R$. Kapazitive ($\underline{Z}_C$) und induktive ($\underline{Z}_L$) Blindwiderstände sind dagegen imaginäre Größen:

$$\underline{Z}_C = \frac{1}{j\omega C} = -j \cdot X_C, \tag{4.101}$$

$$\underline{Z}_L = j\omega L = j \cdot X_L. \tag{4.102}$$

Bei der Reihenschaltung von Wirk- und Blindwiderständen ergeben sich komplexe Operatoren, die ähnlich wie die Spannungen geometrisch zusammengesetzt oder über ihre Komponenten berechnet werden können.

4.2.1.7 Rechnung mit komplexen Größen

Am Beispiel der in Fig. 4.84 dargestellten Wechselstrombrücke mit den 4 Wechselstromwiderständen $\underline{Z}_1$, $\underline{Z}_2$, $\underline{Z}_3$ und $\underline{Z}_4$ soll die Brückenbedingung berechnet werden. Wenn die Brücke abgeglichen, d.h. die Brückenspannung $\underline{U}_B = 0$ ist, verhalten sich die Spannungen an den Widerständen und damit die Widerstände selbst wie

$$\frac{\underline{Z}_1}{\underline{Z}_2} = \frac{\underline{Z}_3}{\underline{Z}_4} \tag{4.103}$$

oder in komplexer Schreibweise

$$\frac{Z_1 e^{j\varphi 1}}{Z_2 e^{j\varphi 2}} = \frac{Z_3 e^{j\varphi 3}}{Z_4 e^{j\varphi 4}} \tag{4.104}$$

mit den zwei Bedingungen für die Beträge Z und Phasenwinkel φ

$$\frac{Z_1}{Z_2} = \frac{Z_3}{Z_4} \quad \text{und} \tag{4.105}$$

$$\varphi_1 - \varphi_2 = \varphi_3 - \varphi_4. \tag{4.106}$$

Sind also in einer Wechselstrombrücke drei Scheinwiderstände mit ihren Phasenwinkeln bekannt, so kann der vierte nach Gl. (4.105) und Gl. (4.106) berechnet werden.

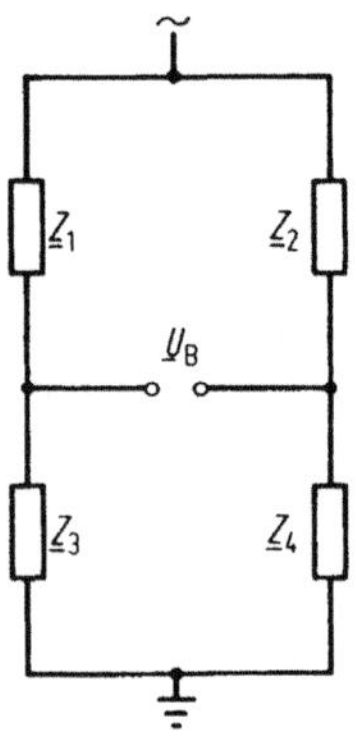

Fig. 4.84 Allgemeine Darstellung einer Wechselstrombrücke
$\underline{Z}_1, \underline{Z}_2, \underline{Z}_3, \underline{Z}_4$ Wechselstromwiderstände
$\underline{U}_B$ Brückenspannung

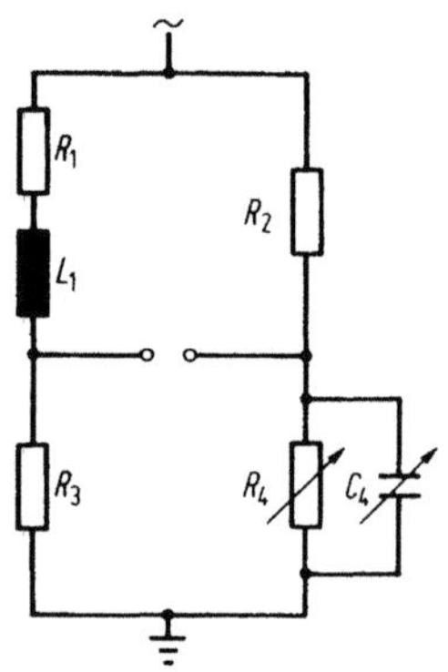

Fig. 4.85 Maxwell-Brücke
R_1, L_1 verlustbehaftete Induktivität
R_2, R_3 Festwiderstände
R_4, C_4 Abgleichelemente

Manchmal ist es zweckmäßiger, die Brückenbedingung aus der Komponentendarstellung zu berechnen. Für die in Fig. 4.85 dargestellte Maxwell-Brücke ist beispielsweise

$$\underline{Z}_1 = R_1 + \mathrm{j}\omega L; \qquad \underline{Z}_2 = R_2; \qquad \underline{Z}_3 = R_3; \qquad \frac{1}{\underline{Z}_4} = \underline{Y}_4 = \frac{1}{R_4} + \mathrm{j}\omega C_4.$$

R_4 und C_4 sind zum Abgleich der Brücke veränderbar.
Für die gesuchten Werte R_1 und L_1 ergeben sich nach Gl. (4.103)

$$R_1 + \mathrm{j}\omega L_1 = R_2 R_3 \left(\frac{1}{R_4} + \mathrm{j}\omega C_4\right). \tag{4.107}$$

Diese Gleichung beinhaltet die zwei Bedingungen

reeller Teil: $R_1 = R_2 R_3 / R_4,$ (4.108)

imginärer Teil: $L_1 = R_2 R_3 C_4.$ (4.109)

4.2.1.8 Ortskurven

Soll untersucht werden, wie sich Ströme, Spannungen oder Leistungen in einem Wechselstromkreis bei Änderung eines Parameters verhalten, so gibt die Darstellung durch Ortskurven eine anschauliche Übersicht. Als Ortskurve bezeichnet man dabei die Verbindungslinie der Endpunkte aller Zeiger einer Wechselgröße, die sich bei der Veränderung eines Parameters, z. B. der Frequenz, nach Größe und Phase ergibt.

Fig. 4.86 zeigt ein einfaches Beispiel. An der Reihenschaltung eines Widerstandes R mit einer Induktivität L liege eine Spannung U konstanter Größe, aber veränderbarer Frequenz. Gesucht ist die Stromstärke $\underline{I}$ nach Größe und Phase in Abhängigkeit von der Frequenz. Wie Fig. 4.86 zeigt, setzt sich die Spannung $\underline{U}$ aus den Anteilen $\underline{I}R$ und $\mathrm{j}\underline{I}\omega L$ zusammen, die an dem Widerstand R bzw. an der Induktivität L auftreten und die somit aufeinander senkrecht stehen. Bei einer Variation der Frequenz f von 0 bis ∞ ändert sich die Kreisfrequenz $\omega = 2\pi f$ entsprechend, und der Zeiger $\mathrm{j}\underline{I}\omega L$ nimmt Werte zwischen 0 und U an. Da die Zeigersumme $\underline{I}R + \mathrm{j}\underline{I}\omega L$ die konstante Spannung $\underline{U}$ ergeben soll, wandert die Spitze des Zeigers $\underline{I}R$ auf dem Thaleskreis über $\underline{U}$ zwischen dem Größtwert $U_R = U$ für $\omega = 0$ und dem Kleinstwert $U_R = 0$ für $\omega = \infty$. Die Stromstärke $\underline{I}$, die $\underline{I}R$ proportional und hiermit in Phase ist, beschreibt also ebenfalls einen Kreis. Der Größtwert der Stromstärke bei $f = 0$ ist $I_{max} = U/R$, der Kleinstwert bei $f \to \infty$ ist $I_{min} = 0$. Die Ortskurve der Stromstärke ist damit ein Halbkreis mit dem Durchmesser U/R.

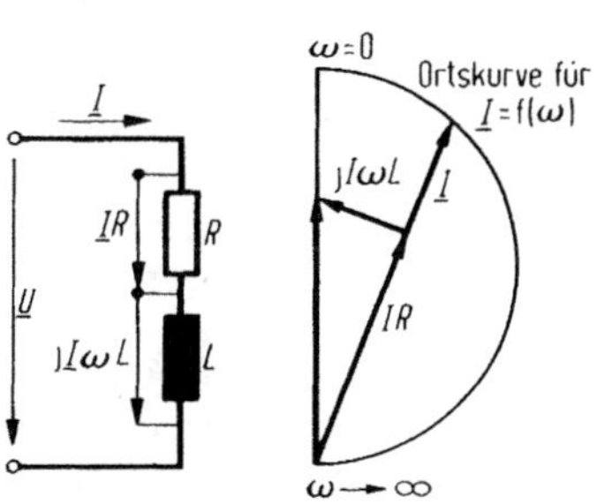

Fig. 4.86
Reihenschaltung von Induktivität L und Widerstand R; Ortskurve des Stromzeigers

Bekannte Beispiele der Anwendung von Ortskurven sind das Stromdiagramm der Asynchronmaschine (Heylandkreis) und die Stabilitätsuntersuchungen in der Regelungstechnik an Hand der Ortskurve des Regelkreises.

4.2.2 Erzeugung und Nachweis von Wechselspannungen

4.2.2.1 Meßgeneratoren

Der Gruppe der Meßgeneratoren sind u. a. freischwingende Generatoren, Synthesizer-Generatoren und Funktionsgeneratoren zuzurechnen, wobei der Einsatzbereich oftmals die Gerätebezeichnung bestimmt. Zusatzeinrichtungen erlauben Wobbelbetrieb sowie Amplituden-, Frequenz-, Phasen- und Pulsmodulation (Burstbetrieb). Die Geräte sind im allgemeinen systemfähig, d. h., sie besitzen eine Schnittstelle (z. B. IEC-Bus, s. **10**.5.2.1), über die sie in rechnergesteuerte Meßsysteme integriert werden können. Die verschiedenen Prinzipien der Schwingungserzeugung (*RC*-, *LC*- und Quarzoszillatoren) und Synthesizer-Verfahren (Mischung, Teilung, PLL-Technik, Rechnersynthese) sind zusammen mit speziellen Meßgeneratoren für hohe Frequenzen in **4**.3.2.1 beschrieben. Hier soll deshalb nur kurz auf Funktionsgeneratoren eingegangen werden.

Funktionsgeneratoren Fig. 4.87 zeigt die prinzipielle Wirkungsweise eines analogen Funktionsgenerators. Das Rechtecksignal am Ausgang des Schwellwertschalters 1 wird von dem Integrator 2 in ein Dreiecksignal umgewandelt. Bei Erreichen einer fest vorgegebenen Schaltschwelle wird der Schwellwertschalter umgepolt und der Vorgang wiederholt sich in umgekehrter Richtung. Eine Sinusmatrix formt das Dreiecksignal in eine Sinusspannung um. Nach diesem Prinzip aufgebaute Generatoren lassen sich leicht programmieren und besitzen ein überschwingungsfreies Frequenz-Umschaltverhalten. Von Nachteil ist ihre geringe Frequenzstabilität, die sich jedoch durch eine Kombination aus Synthesizer und Funktionsgenerator verbessern läßt.

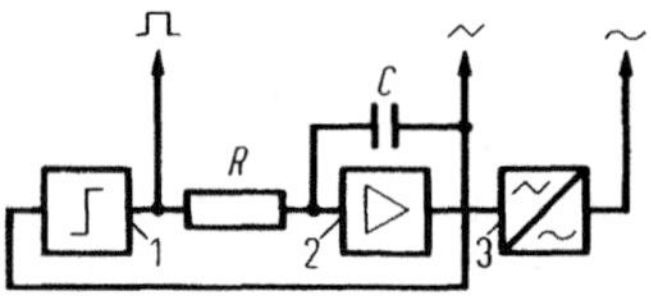

Fig. 4.87
Prinzipschaltbild eines analogen Funktionsgenerators
1 Schwellwertschalter
2 Integrator
3 Sinusmatrix

Handelsübliche Geräte überdecken einen Frequenzbereich von 1 µHz bis 50 MHz bei einer Frequenzstabilität bis zu 0,05% über einen Zeitraum von einigen Stunden bei den einfacheren Geräten und $1 \cdot 10^{-8}$/Tag bei Geräten mit Synthesizer. Neben Sinus-, Rechteck- und Dreieckfunktionen werden auch positive und negative Rampen und Pulse erzeugt (Spitze-Spitze-Wert der Amplitude max. 30 V). Einige Geräte besitzen Zusatzeinrichtungen für Wobbel- und Burstbetrieb sowie Amplituden- und Phasenmodulation. Daneben können viele Geräte frequenzsynchronisiert oder mit spannungsgesteuertem Oszillator betrieben werden.

Mit digitalen Funktionsgeneratoren lassen sich Wechsel- und Mischspannungen beliebiger Kurvenform erzeugen. Sie bestehen im wesentlichen aus einem Rechner, einem Digital/Analog-Umsetzer und einem Ausgangs-Tiefpaßfilter. Der Rechner liefert eine programmierbare zeitliche Aufeinanderfolge von Daten für Amplitudenwerte (z. B. 256 pro Wechselspannungsperiode), die vom Digital/Analog-Umsetzer in proportionale Spannungswerte umgesetzt werden. Dabei entsteht eine treppenförmig angenäherte Spannungskurve, die nach Glättung durch das Tiefpaßfilter (d. h. der Eliminierung der durch die digitale Synthese entstandenen Oberschwingungen mit einer Frequenz, die der Meßfrequenz multipliziert mit der Anzahl der Amplitudenwerte pro Periode entspricht) das Ausgangssignal des Funktionsgenerators darstellt.

Speziell für Kalibrierung von Wechselspannungs-Digitalvoltmetern werden Synthesizer-Generatoren eingesetzt, bei denen die sinusförmige Ausgangsspannung wie bei den digitalen Funktionsgeneratoren erzeugt wird. Als sogenannte AC-Kalibratoren weisen sie einen Frequenzbereich von etwa 10 Hz bis 10 MHz und einen Spannungsbereich von 1 mV bis etwa 1000 V auf. Besonderer Wert wird bei ihnen auf hohe spektrale Reinheit (Klirrfaktor 0,01%) und große Amplitudengenauigkeit (Abweichung kleiner als 0,01%) gelegt.

4.2.2.2 Umlaufende Generatoren für Wechsel- und Drehstrom

Den Drehstromgeneratoren (Synchrongeneratoren) liegt folgendes Prinzip zugrunde: Ein umlaufendes Polrad (je ein Nord- und ein Südpol), das mit Gleichstrom erregt wird, erzeugt ein Drehfeld, das in der festliegenden Ankerwicklung des Ständers Wechselspannungen erzeugt (vgl. Fig. 4.88). Die Ankerwicklung ist in drei Wicklungsstränge aufgeteilt, deren Achsen räumlich um je 120° gegeneinander versetzt sind. Dadurch ergeben sich in den drei Strängen drei um den elektrischen Winkel 120° phasenverschobene Wechselspannungen. Für die Fortleitung des Drehstromes werden die drei Enden der Wicklungsstränge u_2, v_2, w_2 im Sternpunkt, auch Mittelpunkt N genannt, zusammengefaßt und die Anfänge u_1, v_1, w_1 der Wicklungsstränge an die mit L_1, L_2, L_3 bezeichneten Leiter (oft „Phasen" genannt) des Drehstromnetzes angeschlossen.

Die elektrischen Verhältnisse dieses Drehstromnetzes sind im Zeigerbild der Spannungen in Fig. 4.89 veranschaulicht. Durch die Zusammenschaltung der Stränge zur Sternschaltung erhält man drei Leiter-Mittelpunkt-Spannungen der Größe U und drei verkettete Spannungen oder Leiterspannungen zwischen den Leitern L_1, L_2, L_3 der Größe $\sqrt{3}\,U$.

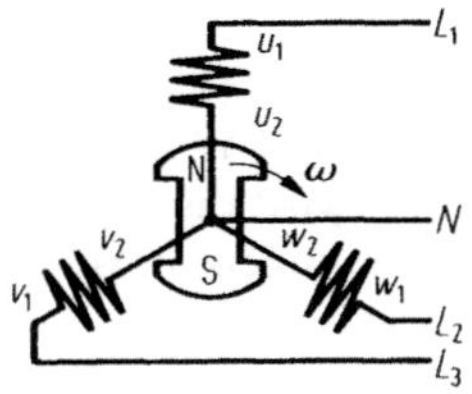

Fig. 4.88 Drehstromgenerator, Verkettung der Stränge zur Sternschaltung

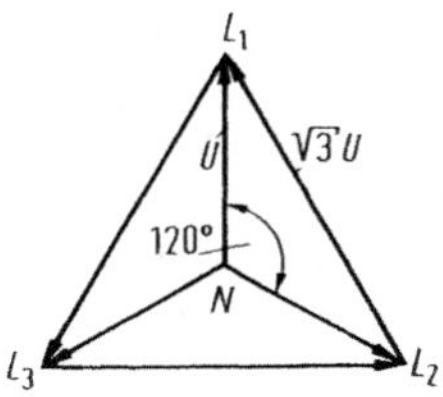

Fig. 4.89 Strang- und Leiterspannungen im Drehstromnetz

Die in Fig. 4.88 dargestellte zweipolige Bauart benötigt für die Erzeugung von Wechselspannungen der Frequenz 50 Hz eine Drehzahl von $n = 3000\,\text{min}^{-1}$. Für Antriebsmaschinen mit niedrigerer Drehzahl (z. B. Wasserturbinen) erhält der Generator mehrere Polpaare, und die Ständerwicklung wird dementsprechend mehrpolig ausgeführt. Ist p die Polpaarzahl, so gilt für die Drehzahl die Beziehung

$$n = \frac{f}{p} \qquad (4.110)$$

Mit Synchrongeneratoren lassen sich für spezielle Zwecke Frequenzen bis etwa 500 Hz erzeugen. Für höhere Frequenzen, bis etwa 10 kHz, sind Sonderbauarten umlaufender Generatoren entwickelt worden, die jedoch in der Meßtechnik kaum noch eingesetzt werden.

4.2.2.3 Spannungsgeregelte Generatoren und Netzgeräte

Für Laboratoriumszwecke werden oft Wechselstromquellen hoher Leistung mit sehr konstanter Spannung benötigt. Eine weitere Bedingung ist meist, daß die Spannung möglichst wenige Oberschwingungen enthält, d. h. praktisch sinusförmig ist. Hierfür sind umlaufende Generatoren entwickelt worden, deren Spannung einen Klirrfaktor von weniger als 1% besitzt. Ihr Effektivwert wird über Regler auf 1‰ konstant gehalten.

Auch die Netzspannung läßt sich durch Regler auf 1‰ konstant halten. Hierfür werden Regler mit elektronischen oder kombinierten elektronisch-magnetischen Verstärkern eingesetzt. Die Regelzeit, d. i. die Zeit zwischen Spannungseinbruch und Wiederkehr der Sollspannung, liegt bei diesen Netzreglern je nach Leistung in der Größenordnung 0,1 bis 0,5 Sekunden.

4.2.2.4 Transformatoren

Transformatoren dienen zur Anpassung der Netzspannung bzw. der Generator-Ausgangsspannung an die benötigten Spannungs- bzw. Stromstärkewerte. Im allgemeinen werden sie zusammen mit steuerbaren Transformatoren (Stelltransformatoren) betrieben, so daß die Ausgangsspannungen bzw. -stromstärken zwischen 0 und dem Maximalwert eingestellt werden können.

Nach dem Induktionsgesetz ist die in einer Wicklung durch zeitliche Änderung des umfaßten magnetischen Flusses induzierte Spannung U_i (Effektivwert)

$$U_i = \frac{2\pi}{\sqrt{2}} n f \hat{\Phi}. \tag{4.111}$$

Darin bedeuten n die Windungszahl der Spule und $\hat{\Phi}$ der Scheitelwert des Flusses, der nach einer zeitlichen Sinusfunktion mit der Frequenz f pulsiert. Sind zwei Wicklungen auf einem geschlossenen Eisenkern angebracht (Transformator) und wird die eine mit der Wechselspannung U_1 erregt, so verhalten sich die induzierten Spannungen gemäß Gl. (4.111) wie die Windungszahlen; d. h., das Übersetzungsverhältnis ist

$$\frac{U_{i1}}{U_{i2}} = \frac{n_1}{n_2}. \tag{4.112}$$

Bei Vernachlässigung der Spannungsfälle an den Wicklungswiderständen und Streuinduktivitäten gilt auch für die Klemmenspannungen (das sind die an den Klemmen meßbaren Spannungen) des Transformators

$$\frac{U_1}{U_2} \approx \frac{n_1}{n_2}. \tag{4.113}$$

Transformatoren erlauben je nach Wahl des Übersetzungsverhältnisses die Herstellung praktisch beliebig hoher Spannungen bzw. beliebig hoher Stromstärken. Grenzen sind für die Höhe der Spannung durch die elektrische Festigkeit der Isoliermaterialien und für die Höhe der Stromstärke durch die Stromwärme und die Stromkräfte gesetzt. Erreichbar sind Spannungen von einigen MV (durch Kaskadenschaltungen) oder Stromstärken bis zur Größenordnung von 100 kA.

4.2.2.5 Oszilloskope

Oszilloskope sind universell einsetzbare Meßgeräte für schnell veränderliche Größen. Fig. 4.90 zeigt den prinzipiellen Aufbau eines Oszilloskops. Kernstück ist die Elektronenstrahlröhre (Fig. 4.91). Im evakuierten Glaskolben befindet sich das Strahlerzeugungssystem (Glühkathode, Wehneltzylinder und Anode), die Fokussierung, das Ablenksystem und der Bildschirm. Vor den Ablenkelektroden darf die Beschleunigung der Elektronen nicht zu hoch sein, damit man mit niedrigen Ablenkspannungen auskommt. Um trotzdem eine ausreichende Bildhelligkeit zu erreichen, erhält die Röhre ein Nachbeschleunigungssystem in Form einer Graphitschicht oder -wendel. Die Bildhelligkeit wird über die Spannung am „Wehneltzylinder" gesteuert, der wie ein Gitter in einer Elektronenröhre wirkt.

Der Bildschirm erhält als Maßstab ein im Innern angebrachtes Meßraster, das meist in Zentimeter eingeteilt ist. Maßstabfaktor sind die Ablenkkoeffizienten in X- und Y-Richtung, die sich aus dem jeweiligen Quotienten Ablenkspannung durch Ablenkweg ergeben. Der Kehrwert dieses Quotienten ist die Ablenkempfindlichkeit.

Die universelle Verwendbarkeit des Oszilloskops ergibt sich aus der Möglichkeit, zwei veränderliche Spannungen an die Ablenkplatten zu legen, um deren gegenseitige Abhängigkeit als Kurvenzug auf dem Bildschirm sichtbar zu machen und am Raster auszumessen. Da die elektrostatische Ablenkung relativ hohe Spannungen erfordert und

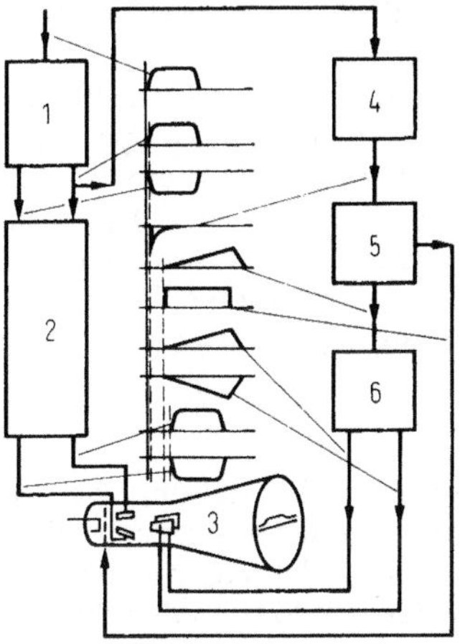

Fig. 4.90 Prinzipieller Aufbau eines Oszilloskops
1 Y-Verstärker
2 Verzögerungsleitung
3 Elektronenstrahlröhre
4 Triggerschaltung
5 Sägezahngenerator
6 X-Verstärker

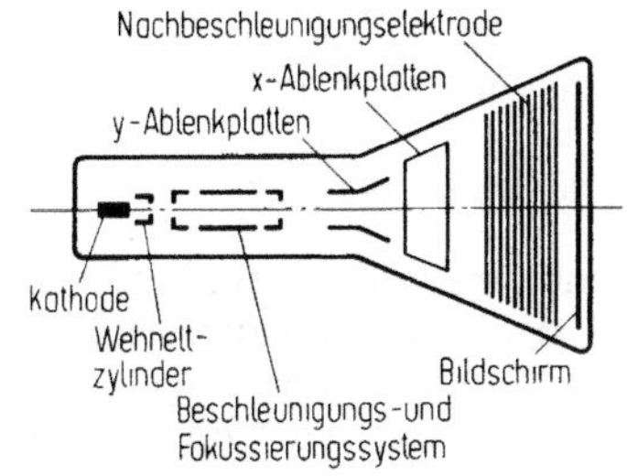

Fig. 4.91 Prinzipieller Aufbau einer Elektronenstrahlröhre

die zu untersuchenden Signale oft nur im mV- oder μV-Bereich liegen, benötigt man Verstärker. Diese Verstärker sind dem jeweiligen Verwendungszweck entsprechend mit dem Oszilloskop zusammengebaut bzw. können je nach Bedarf als Einschub ausgetauscht werden.

Für die meisten zu untersuchenden Vorgänge steht die Zeitabhängigkeit einer zu messenden Spannung im Vordergrund. Für diesen Zweck besitzen die Oszilloskope ein Zeitablenksystem, das aus einem „Sägezahngenerator" mit Verstärker besteht. Die Kurvenform der Zeitablenkspannung ähnelt einem Sägezahn mit linear ansteigender Spannung während des sichtbaren Hinlaufs und steil abfallender Flanke während des unsichtbaren Rücklaufs. Die Periodendauer dieser Spannung ist in einem weiten Bereich einstellbar. Die Zeitablauffrequenz kann mit der Frequenz der zu untersuchenden Spannung, die der Vertikalablenkung zugeführt wird, synchronisiert werden, so daß man stehende Bilder erhält. Eine andere Möglichkeit, Bildstillstand zu erreichen, ist die „Triggerung", d. h. Auslösung der Zeitablenkung durch das zu beobachtende Signal.

Bei den sog. XY-Darstellungen werden sowohl den Y- als auch den X-Ablenkplatten Wechselspannungen zugeführt, um deren Frequenzdifferenzen und Phasenbeziehungen zu studieren. Bei sinusähnlichen Spannungen gleicher Frequenz entstehen die bekannten Lissajous-Figuren. Hauptanwendungsgebiet hierfür sind oszilloskopische Nullindikatoren in Brückenschaltungen (s. **4**.2.2.7), wo es den Abgleich außerordentlich erleichtert, wenn man die Diagonalspannung nicht nur der Größe, sondern auch der Phase nach beobachten kann.

Zweikanaloszilloskope enthalten zwei Y-Verstärker. Ein elektronischer Schalter sorgt für die periodische Umschaltung dieser Verstärker, so daß auf dem Bildschirm zwei Vorgänge mit ihrer Phasenlage zueinander beobachtet und gemessen werden können. Seltener sind sog. Zweistrahloszilloskope, bei denen ein ähnliches Ergebnis – ohne

Umschaltung – durch Strahlaufteilung in der Oszilloskopröhre und getrennte Y-Ablenkplattenpaare erreicht wird.

Um hochfrequente Vorgänge im Bereich von einigen 100 MHz bis in den GHz-Bereich darstellen zu können, die über der oberen Frequenzgrenze normaler Oszilloskope liegen, sind Abtastoszilloskope (Samplingoszilloskope) entwickelt worden. Hierbei wird eine periodische Meßspannung punktweise abgetastet, wobei der Zeitpunkt der Abtastung nach jeder Periode etwas verschoben wird, so daß der gesamte Signalverlauf erst nach mehreren Perioden sichtbar wird. Es versteht sich von selbst, daß mit dieser Technik nur periodische, nicht aber einmalige Vorgänge aufgezeichnet werden können.

4.2.2.6 Transientenrekorder

Der Transientenrekorder ist ein Meßinstrument zur Erfassung und Darstellung analoger Signale, bei dem das Eingangssignal über einen Analog/Digital-Umsetzer in einen digitalen Halbleiterspeicher eingeschrieben wird. Die Geschwindigkeit, mit der dies geschehen kann, entspricht einer maximalen Bandbreite des Analogsignals von etwa 100 MHz. Der Transientenrekorder wurde ursprünglich entwickelt, um einmalige, kurzzeitige Signalverläufe, also Übergänge oder „transiente Signale" darzustellen. Eine einmal eingeschriebene Information kann nach der Aufzeichnung über einen Digital/Analog-Umsetzer praktisch beliebig langsam und beliebig oft wiederholbar auf jedem normalen, nichtspeichernden Oszilloskop-Bildschirm, oder in sehr stark zeitlich gedehnter Form auf einem X/Y- oder X/t-Schreiber dargestellt werden. Da die Signale intern schon in digitalisierter Form vorliegen, können die quantisierten Informationen über den Signalverlauf auch direkt an ein Rechnersystem weitergegeben werden.

Wie in Fig. 4.92 anhand des Blockschaltbildes dargestellt, besteht ein Transientenrekorder prinzipiell aus vier Funktionsgruppen:

- einem oder mehreren Eingangsverstärkern für einen oder mehrere parallele Kanäle mit einem schnellen A/D-Umsetzer (ADU)
- einem digitalen Halbleiterspeicher, meist aus Schieberegistern aufgebaut
- dem Ausgangsteil zur Aufbereitung der abgespeicherten Information mit Hilfe eines Digital/Analog-Umsetzers (DAU) und anschließender Glättung durch ein Filter

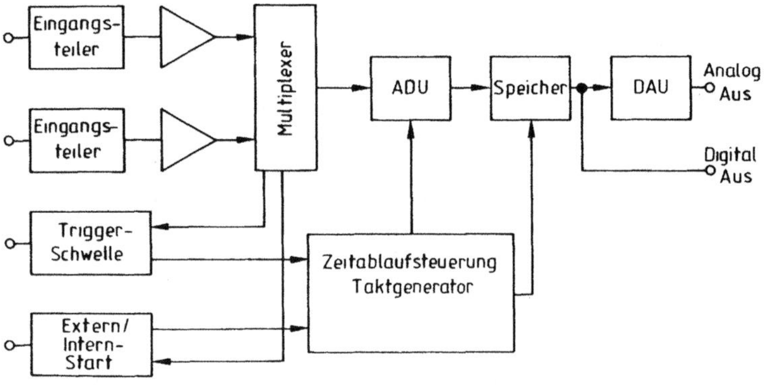

Fig. 4.92 Prinzipschaltbild eines Transientenrekorders
ADU Analog/Digital-Umsetzer
DAU Digital/Analog-Umsetzer

– der Steuerlogik, die die zeitlichen Abläufe sowie die einstellbaren Operationsmethoden überwacht und steuert.

Im Gegensatz zum normalen Oszilloskop, bei dem ein Triggersignal einen Aufzeichnungsvorgang erst auslöst, beendet beim Transientenrekorder das Triggerereignis die Aufzeichnung. Damit ist im Speicher die Information über den Signalverlauf für denjenigen Zeitraum vor dem Eintreffen des Triggersignals enthalten, der der Kapazität des Speichers entspricht (typisch: 4096 diskrete Werte). Dieser „Pre-Trigger"-Modus ist eine der besonderen Eigenschaften des Transientenrekorders. Bei einer Reihe von Anwendungen, beispielsweise bei Untersuchungen von Schaltvorgängen, interessiert gerade die Vorgeschichte des Signalverlaufs, also alles was ab einem gewissen Zeitpunkt vor dem Triggerereignis an Information geliefert wurde.

Um eine dem normalen Oszilloskop entsprechende Aufzeichnung zu erhalten, braucht der Abspeichermechanismus nur um diejenige Anzahl von Taktperioden weiterzulaufen, die der Anzahl von Speicherstellen entspricht. Dieser Modus wird beim Transientenrekorder „Post-Trigger" genannt. Das Einschreiben und Weiterschieben im Speicher wird erst abgebrochen, wenn nach dem Triggerzeitpunkt das Ende des Speicherbereichs erreicht ist.

4.2.2.7 Nullindikatoren für Wechselstrom

Nullindikatoren für Wechselstrom werden in Kompensations- und Brückenschaltungen (s. **4**.2.3.6, **4**.2.4, **4**.2.5, **4**.2.6 und **4**.2.7) als hochempfindliche Strom- und Spannungsmeßgeräte für den Nachweis eines Abgleichzustandes eingesetzt. Ihre wichtigsten Eigenschaften sind: hohe Empfindlichkeit, gute Trennschärfe, gesonderte Anzeige nach Wirk- und Blindanteil in bezug auf ein Referenzsignal. Während früher überwiegend auf die Meßfrequenz abgestimmte Verstärker verwendet wurden, werden heute fast ausschließlich Lock-In-Verstärker (Phasenempfindliche Gleichrichter) für diese Aufgaben eingesetzt.

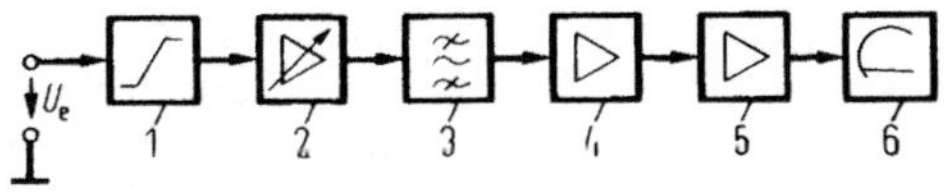

Fig. 4.93 Blockschaltbild eines Nullindikators mit frequenzselektivem Verstärker
1 Eingangsschutzschaltung, 2 rauscharmer Verstärker, 3 Filter, 4 frequenzselektiver Verstärker, 5 Anzeigeverstärker, 6 Anzeigeeinheit

Nullindikatoren mit frequenzselektivem Verstärker Den prinzipiellen Aufbau eines Nullindikators mit frequenzselektivem Verstärker zeigt Fig. 4.93. Die Eingangsspannung U_e wird zunächst mit einem rauscharmen Vorverstärker 2 um einen Faktor 10 bis 100 verstärkt. Die Eingangsschutzschaltung 1 begrenzt das Eingangssignal und eventuell vorhandene Störspannungen auf Werte, die den nachgeschalteten Vorverstärker nicht zerstören können. Sie muß so dimensioniert sein, daß die Rauschzahl des Verstärkers nicht nennenswert erhöht wird. Das verstärkte Eingangssignal gelangt über ein Filter 3 auf den Eingang eines frequenzselektiven Verstärkers 4, der gleichzeitig unerwünschte Störspannungen abschwächt. Das Rauschen der Filterschaltung und der nachgeschalteten Verstärker beeinflußt die Rauschzahl des Nullindikators im allgemeinen nicht mehr. Der nachgeschaltete Anzeigeverstärker 5 ist häufig von linearer auf logarithmische

Verstärkungscharakteristik umschaltbar. Damit wird eine Übersteuerung des Anzeigegerätes 6 vermieden, was den Nullabgleich unter Umständen erheblich vereinfacht.

Nullindikatoren mit frequenzselektivem Verstärker arbeiten im Tonfrequenzbereich (20 Hz bis 20 kHz, teilweise bis 100 kHz). Ihre maximale Empfindlichkeit beträgt etwa 1 µV bei Vollausschlag. Die auf den Eingang bezogene Rauschspannung (bei kurzgeschlossenem Eingang) ist im gesamten Frequenzbereich kleiner als 0,3 µV, die Rauschstromstärke (bei offenem Eingang) ist kleiner als 20 pA. Der Eingangswiderstand bewegt sich zwischen 50 kΩ und 1 MΩ. Von Nachteil ist die fehlende Aufspaltung des Ausgangssignals nach Wirk- und Blindanteil, die den Nullabgleich teilweise erheblich erschwert.

Lock-In-Verstärker sind den frequenzselektiven Verstärkern bezüglich Empfindlichkeit und Trennschärfe weit überlegen. Sie gestatten darüber hinaus eine Anzeige der Eingangsspannung getrennt nach Wirk- und Blindanteil und werden aus diesen Gründen heute überwiegend als Wechselstrom-Nullindikatoren verwendet. Daneben werden sie vor allen Dingen auch zur Aufbereitung verrauschter oder stark gestörter Signale eingesetzt (Danby (1970)).

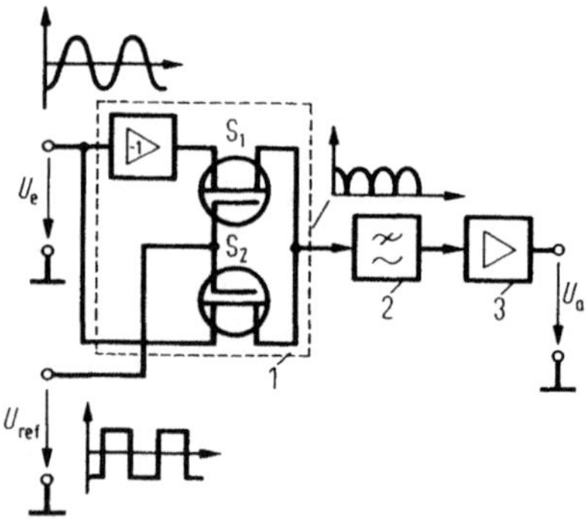

Fig. 4.94
Synchrondemodulator
1 phasenempfindlicher Gleichrichter
2 Tiefpaßfilter
3 Gleichspannungsverstärker

Bei gegebener Signalspannung und festem Rauschspannungsspektrum läßt sich das Signal-Rausch-Verhältnis nur durch Verringerung der Bandbreite verbessern. In einigen extremen Anwendungsfällen wie Messungen im nV-Bereich sind Bandbreiten bis herab zu 0,001 Hz erforderlich. Auf eine Signalfrequenz von 10 kHz bezogen entspricht dies einem Filter mit der Güte $Q = 10000000$. Ein derart selektiver Verstärker benötigt eine Synchronisation der Bandmittenfrequenz mit der Signalfrequenz, ein Verfahren, das beim Lock-In-Verstärker („Lock-In“ bedeutet „Einrasten“) angewandt wird. Kernstück eines solchen Verstärkers ist ein Synchrondemodulator, der sich gemäß Fig. 4.94 aus einem phasenempfindlichen Gleichrichter 1 mit nachgeschaltetem Tiefpaßfilter 2 und Gleichspannungsverstärker 3 zusammensetzt. Der phasenempfindliche Gleichrichter bildet aus Meß- und Referenzsignal die Summen- und Differenzfrequenz. Bei Gleichheit beider Frequenzen entsteht am Ausgang eine Gleichspannung U_a, deren Wert der Amplitude der Signalspannung U_e und dem Cosinus des Phasenverschiebungswinkels φ zwischen Eingangs- und Referenzspannung proportional ist, $U_a \sim U_e \cdot \cos \varphi$. Das Signal mit der doppelten Frequenz wird von dem nachgeschalteten Tiefpaß unterdrückt. Rausch- oder Störspannungen, deren Frequenz von der des Referenzsignals abweicht, erzeugen am Ausgang des phasenempfindlichen Gleichrichters nur Wechselspannungen, die von dem Tiefpaß ebenfalls unterdrückt werden. Eine Ausnahme bilden ungeradzahlige Oberschwingungen, die nur um einen Faktor $1/(2k+1)$ gedämpft werden, mit

$k = 1, 2, 3\ldots$ Da Störsignale mit Frequenzen ober- oder unterhalb der Frequenz des Meßsignals in gleicher Weise gedämpft werden, erscheint das Tiefpaßfilter als Bandpaß, der automatisch auf die Frequenz des Referenzsignals abgestimmt ist. Die Bandbreite läßt sich durch Umschalten der Eckfrequenz des Tiefpasses nahezu beliebig vorwählen (typische Werte sind 100 Hz bis 0,001 Hz).

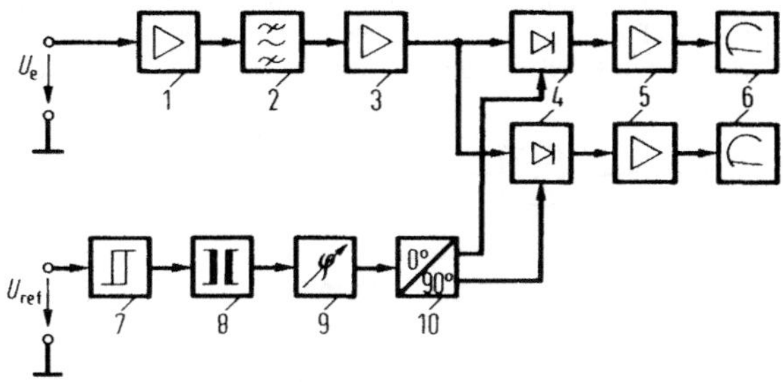

Fig. 4.95 Blockschaltbild eines Lock-In-Verstärkers mit Anzeige des Wirk- und Blindanteils
1 Vorverstärker, 2 Filter, 3 Ausgangsverstärker, 4 phasenempfindlicher Gleichrichter, 5 Gleichspannungsverstärker, 6 Anzeigeeinheit, 7 Schwellwertschalter, 8 Trennstufe, 9 Phasenschieber, 10 Phasenschiebergenerator

Damit der Synchrondemodulator ordnungsgemäß arbeiten kann, müssen sowohl das Meß- als auch das Referenzsignal aufbereitet werden. Die dazu notwendigen Schaltungsmaßnahmen sind in Fig. 4.95 wiedergegeben, die das Blockschaltbild eines Lock-In-Verstärkers mit Anzeige des Wirk- und Blindanteils zeigt. Das Meßsignal (Eingangsspannung U_e) wird zunächst in einem rauscharmen Vorverstärker 1 verstärkt. Für die verschiedenen Anwendungsfälle steht eine breite Palette von Verstärkern zur Verfügung mit hoher, mittlerer und niedriger Eingangsimpedanz, Strom- und Spannungseingang sowie Anpassung durch einen rauscharmen Eingangstransformator. Typische Werte für die Eingangsspannungen und -stromstärken sind $1\,\mathrm{nV}/\sqrt{\mathrm{Hz}}$ bis $10\,\mathrm{nV}/\sqrt{\mathrm{Hz}}$ und $10^{-14}\,\mathrm{A}/\sqrt{\mathrm{Hz}}$ bis $10^{-12}\,\mathrm{A}/\sqrt{\mathrm{Hz}}$ bei einer Bandmittenfrequenz von 1 kHz. Bezüglich der Schaltung für einen besonders rauscharmen Vorverstärker und Anpassung des Verstärkers an die entsprechende Meßschaltung siehe Bachmair und Ramm (1982). Mit dem nachgeschalteten Filter 2 kann das Frequenzband, in dem der Lock-In-Verstärker arbeitet, zu hohen und tiefen Frequenzen hin beschnitten werden. Der Ausgangsverstärker 3 steuert unmittelbar die Synchrondemodulatoren (4, 5 und 6) für den Wirk- und Blindanteil an. Die Referenzspannung gelangt zuerst auf einen Schwellwertschalter 7, der eine Rechteckspannung gleicher Frequenz mit dem Tastverhältnis 1:1 erzeugt. Um Erdschleifen zu verhindern, ist im allgemeinen eine Schaltung zur Signaltrennung 8 vorhanden, symbolisch dargestellt als Transformator. Ein Phasenschieber 9 gestattet eine zusätzliche Phasenverschiebung zwischen Meß- und Referenzsignal, er ist stufenlos von 0° bis 360° einstellbar. Bei Anzeige des Wirk- und Blindanteils sind zwei Synchrondemodulatoren erforderlich, die von zwei gegeneinander um 90° phasenverschobenen Signalen angesteuert werden müssen. Diese Signale werden in dem Phasenschiebergenerator 10 erzeugt.

Den Vorteilen des breitbandigen Lock-In-Verstärkers, einfacher Aufbau und Bedienbarkeit, stehen als Nachteile die geringere Störspannungsüberlastbarkeit (Verhältnis von maximaler Störspannung, bei der gerade Überlastung auftritt, zur Spannung beim Meßbereichsendwert) und Störspannungsunterdrückung (Verhältnis von Störspannung am Eingang und angezeigter Spannung) gegenüber. Letztere ist besonders für Eingangsspannungen mit Frequenzen der ungeradzahligen Oberschwingungen der Referenzfrequenz besonders gering. Die eben genannten Nachteile können umgangen werden, wenn anstelle eines breitbandigen Vorverstärkers ein in seiner Resonanzfrequenz, Filtergüte und Verstärkung einstellbarer schmalbandiger Vorverstärker verwendet wird. Als entscheidender Nachteil des Resonanzverstärkers ist sein bei Resonanzfrequenz besonders steiler Phasengang anzusehen, der schon bei kleinen Frequenzänderungen ein Nachstellen der Resonanzfrequenz erforderlich macht, um größere Phasenverschiebungen zwischen Meß- und Referenzkanal zu vermeiden. Dieser Nachteil kann bei Verwendung eines Mitlauffilters vermieden werden, das sich automatisch auf die Bandmittenfrequenz einstellt.

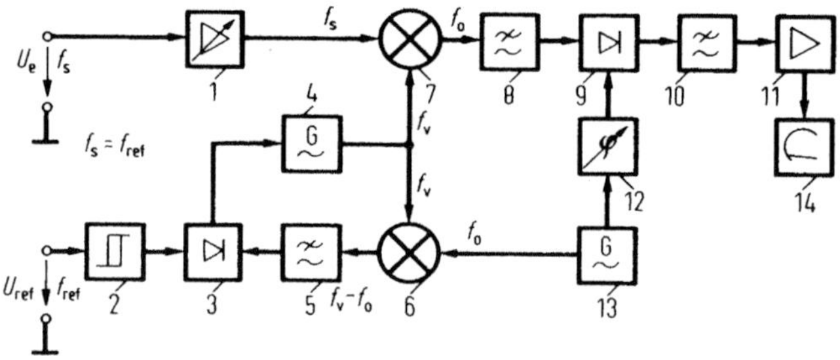

Fig. 4.96 Blockschaltbild eines Lock-In-Verstärkers nach dem Heterodynverfahren
1 Vorverstärker, 2 Schwellwertschalter, 3 phasenempfindlicher Gleichrichter, 4 spannungsgesteuerter Oszillator, 5 Tiefpaßfilter, 6 Referenzmischer, 7 Signalmischer, 8 Tiefpaßfilter, 9 phasenempfindlicher Gleichrichter, 10 Tiefpaß, 11 Gleichspannungsverstärker, 12 Phasenschieber, 12 Oszillator für Zwischenfrequenz, 14 Anzeigeeinheit

Die bisher erwähnten Verfahren arbeiten mit Verstärkung und Detektion auf der dem Meßsignal eigenen Frequenz (Geradeausverfahren). Daneben existieren auch Verfahren, die bei einer festen, durch Mischung mit einer internen Oszillatorfrequenz gewonnenen Zwischenfrequenz arbeiten (Überlagerungs- oder Heterodynverfahren) und die Vorteile von breit- und schmalbandigen Lock-In-Verstärkern auf sich vereinigen. Fig. 4.96 zeigt das Blockschaltbild für einen nach diesem Prinzip arbeitenden Lock-In-Verstärker. Kernstück des Umsetzers ist der aus dem phasenempfindlichen Gleichrichter 3, spannungsgesteuerten Oszillator 4 (VCO) und Tiefpaßfilter 5 gebildete Phasenregelkreis (PLL), der die Frequenz des VCO f_v so regelt, daß die im Referenzmischer 6 gebildete Differenz aus f_v und f_0 (f_0 = feste Zwischenfrequenz) phasenstarr an die Frequenz des Referenzsignals $f_{ref} = f_S$ angekoppelt wird: $f_v - f_0 = f_{ref} = f_S$. Im Signalmischer 7 wird dann die gewünschte feste Zwischenfrequenz erzeugt. In diesem Signal sind die Phasen- und Amplitudeninformation des Meßsignals vollständig enthalten. Über den nachgeschalteten Tiefpaß 8 gelangt das Ausgangssignal des Signalmischers auf den Synchrondemodulator (9, 10, 11, 12, 13), der wie in Fig. 4.94 dargestellt arbeitet, mit dem Unterschied, daß die Frequenz des Meß- und Referenzsignals auf die Zwischenfrequenz f_0 angehoben worden ist. Die Vorteile dieses Verfahrens liegen auf der Hand: Die Vorfilterung bei fester Frequenz f_0 erlaubt eine hohe Filtergüte und weitgehende Beseitigung von Störungen, was unter anderem auch eine bessere Störspannungsüberlastbarkeit und -unterdrückung zur Folge hat. Von Nachteil ist der geringe Frequenzumfang des Heterodynverfahrens, der eine Unterteilung des Arbeitsfrequenzbereichs (z. B. 0,1 Hz bis 200 kHz) in einzelne Teilbereiche erforderlich macht.

Oszilloskopische Nullindikatoren In Meßschaltungen zur Prüfung von Meßwandlern und bei anderen niederfrequenten Anwendungen werden auch oszilloskopische Nullindikatoren verwendet, bei denen der Nullabgleich ebenfalls nach Betrag und Phase getrennt beobachtet werden kann. Die Meßspannung wird verstärkt und über einen Tiefpaß an die senkrechten Ablenkplatten einer Elektronenstrahlröhre gelegt. Die Horizontalablenkung wird von einer festen Bezugsspannung gleicher Frequenz hervorgerufen. Dadurch entstehen auf dem Bildschirm Lissajous-Figuren (Ellipsen). Durch Änderung von Betrag und Phase der Meßspannung in bezug auf die Bezugsspannung ändert sich auch die Form der Ellipse. Während durch den Betragsabgleich die Ellipse in einen Strich entartet, kann durch den Phasenabgleich die Neigung gegenüber der Horizontalen zu Null gemacht werden.

4.2.3 Messung von Stromstärke, Spannung, Leistung und Energie

Pflier u. Jahn (1978)

4.2.3.1 Anschluß an Gleichstromnormale

Für Wechselstrom oder -spannung gibt es kein Normal. Doch sind verschiedene Schaltungen entwickelt worden, um den Effektivwert eines Wechselstromes mit einer Unsicherheit von etwa 0,01% auf die äquivalente Gleichstromstärke zurückzuführen und somit die Wechselstromgrößen an die Gleichstromnormale (s. **4.1**) anschließen zu können. Hierfür genügt die Kenntnis einer Stromstärke, da die anderen Wechselstromgrößen über Meßwandler (s. **4.2.3.5**), Brücken- oder Kompensationsschaltungen (s. **4.2.3.6**) auf eine Stromstärke zurückgeführt werden können. Als Übertragungsglieder zwischen Gleich- und Wechselstrom werden meistens thermische Elemente verwendet: In einem Heizleiter, der nacheinander von Gleich- und Wechselstrom durchflossen wird, hängen die Endtemperaturen von den in Wärme umgesetzen Leistungen ab. Setzt man für Wechsel- und Gleichstrom gleiche Widerstände voraus und sorgt man für konstante Umgebungstemperatur, so ist bei Gleichheit der Temperaturen der Effektivwert der Wechselstromstärke definitionsgemäß (vergl. **4.2.1.1**) gleich der Gleichstromstärke. Zum Messen und Vergleichen der Endtemperaturen werden verschiedenen Elemente benutzt, wie z. B. Thermopaare, Halbleiter oder ähnl.

Wilkins u. a. (1965), Hermach (1976), Klonz u. Wilkins (1980)

Eine andere Möglichkeit, einen Wechselstrom mit einem Gleichstrom zu vergleichen, gibt eine Anordnung, bei der ein dynamometrisches Meßwerk gleichzeitig von Gleich- und Wechselstrom durchflossen wird. Die Drehmomente beider Stromarten wirken einander entgegen und heben sich bei Gleichheit der Ströme auf. Diese Anordnung hat den Vorteil einer praktisch trägheitslosen Anzeige.

Friedl (1959)

Der Anschluß an die Gleichstromnormale mit Hilfe elektronischer Meßverfahren als weitere Alternative gelingt ebenfalls mit einer relativen Meßunsicherheit von etwa $1 \cdot 10^{-4}$ (s. **4.2.3.2**)

4.2.3.2 Strom- und Spannungsmeßgeräte

Für die Messung von Wechselströmen und -spannungen werden verschiedene Geräte verwendet, die sich in ihren meßtechnischen Eigenschaften und Anwendungsbereichen unterscheiden.

Immer noch Anwendung für Messungen im Niederfrequenzbereich finden Dreheisenmeßgeräte (s. **4**.1.1.5). Der Eigenverbrauch ist gegenüber dem der Drehspulmeßgeräte relativ hoch: 0,03 VA bis 6 VA bei Spannungsmeßgeräten, 0,003 VA bis 0,5 VA bei Strommeßgeräten. Die maximale Frequenz, bei der Präzisionsgeräte noch ihre Klassengenauigkeit einhalten, liegt bei 1000 Hz. Darüber hinaus verursachen die Hysterese- und Wirbelstromverluste im Eisen Abweichungen, die das Meßergebnis verfälschen.

Auch Drehspulmeßgeräte (s. **4**.1.1.5) werden für Wechselstrommessungen häufig eingesetzt, am meisten verbreitet als Vielfach- oder Universalmeßgeräte mit mehreren Strom- und Spannungsmeßbereichen. Da die Ausschlagrichtung des Drehspulmeßwerkes von der Stromrichtung abhängig ist, müssen Gleichrichter vorgeschaltet werden, die in die für Wechselstrom verwendbaren Geräte („Gleichrichtermeßgeräte") eingebaut sind. Diese Geräte haben zwar den Dreheisenmeßgeräten gegenüber den Vorteil eines etwa 1000mal niedrigeren Leistungsverbrauchs, zeigen aber nur bei sinusförmigen Wechselströmen den Effektivwert richtig an; denn das Drehmoment, das der gleichgerichtete Strom im Meßwerk hervorruft, ist seinem Mittel – also dem Gleichrichtwert der Wechselstromgröße (vgl. **4**.2.1.1) – verhältnisgleich. Die Skala des Meßgerätes wird in Effektivwerten beziffert. Hierbei ist jedoch ein Formfaktor von 1,11 zugrunde gelegt, der nur für sinusförmige Größen gilt. Schon bei geringen Abweichungen der Strom- oder Spannungskurve von der Sinusform ergeben sich daher Anzeigefehler, die die Klassengenauigkeit eines guten Meßgerätes überschreiten können (s. **4**.1.1.5). Trotzdem werden diese Geräte häufig verwendet, weil ihre Anzeige bis in das Tonfrequenzgebiet hinein (bis etwa 20 kHz) nahezu frequenzunabhängig ist.

Eine andere Möglichkeit, mit Drehspulmeßgeräten Wechselströme zu messen, ergibt sich durch Vorschalten eines Thermoumformers vor das Gerät. Im Prinzip wird hierbei die Lötstelle eines Thermopaares von dem zu messenden Wechselstrom geheizt, der einen Heizdraht aus Chrom-Nickel, Manganin oder Platin durchfließt. Das Thermopaar, in dessen Stromkreis ein empfindliches Drehspulmeßgerät liegt, ist entweder mit dem Heizdraht verschweißt oder es ist durch eine Glasperle elektrisch isoliert. Da die Spannung der Thermopaare von der Heizleistung, also vom Quadrat der Meßstromstärke abhängt, verläuft die Skala quadratisch. Der Ausschlag wird auch bei verzerrter Kurve vom Effektivwert der Meßgröße bestimmt. Die Anzeige ist bei sorgfältigem Aufbau der Thermoumformer frequenzunabhängig bis in das MHz-Gebiet. Wegen der geringen Überlastbarkeit der Heizleiter ist bei der Verwendung der Meßgeräte Vorsicht geboten. Die kleinste Meßunsicherheit beträgt 0,5% bezogen auf den Meßbereichsendwert.

Durch die Verwendung elektronischer Hilfsmittel gelingt es, einen Thermoumformer in rascher Folge abwechselnd mit Wechselstrom und einem Referenz-Gleichstrom zu heizen, wobei ein Regelkreis dafür sorgt, daß die Gleichstromstärke dem Effektivwert des Wechselstromes entspricht (gleiche Thermospannungen des Umformers bei beiden Stromarten). Durch eine solche Schaltung werden systematische Fehler der Umformer weitgehend eliminiert, und die angezeigte Gleichstromstärke entspricht mit hoher Genauigkeit (relative Meßunsicherheit ca. $5 \cdot 10^{-5}$) dem zu messenden Wechselstrom (Schuster (1980)).

Mit elektronischen Meßverfahren ist eine Bestimmung des Effektivwertes einer Wechselgröße nach der Definition in 4.2.1.1 möglich. Der Meßstrom wird in einem analogen Multiplizierer quadriert und gemittelt. Anschließend wird der so gebildete Mittelwert des Quadrates in einer über einen ähnlichen Quadrierer rückgekoppelten Verstärkerstufe radiziert (s. Fig. 4.97). Andere Möglichkeiten ergeben sich aus der Verwendung von phasengesteuerten Gleichrichtern, wobei allerdings verhältnismäßig komplizierte Schaltungen in Kauf genommen werden müssen.

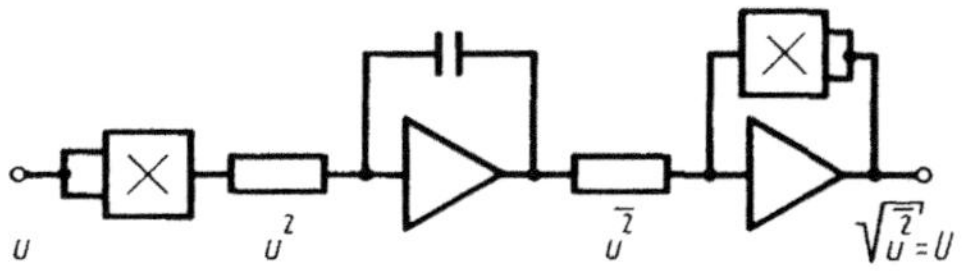

Fig. 4.97
Effektivwertmessung mit Analog-Multiplizierstufen

Mit schnellen und sehr linearen elektronischen Analog/Digital-Umsetzer-Verfahren können die Augenblickswerte von Wechselspannungen abgetastet und zu äquivalenten Referenz-Gleichspannungen in Beziehung gesetzt werden. Elektronische Multimeter mit integrierten Rechenfunktionen berechnen den Effektivwert des gemessenen Signals aus diesen Augenblickswerten mit einer relativen Meßunsicherheit von ca. $1 \cdot 10^{-4}$.

Richman u. Walker (1971), Swerlein (1989)

4.2.3.3 Leistungsmeßgeräte

Für Leistungsmessungen werden häufig Meßgeräte mit elektrodynamischem Meßwerk verwendet, die in verschiedenen Formen als eisengeschlossenes, eisengeschirmtes und astatisches System gebaut werden. Das Meßprinzip beruht auf der elektrodynamischen Kraftwirkung zweier stromdurchflossener Spulen, von denen die eine fest, die andere drehbar gelagert ist. Das Drehmoment ist dem Produkt der beiden Stromstärken und dem Cosinus ihres Phasenverschiebungswinkels proportional.

Für Leistungsmessungen wird die bewegliche Spule über einen Vorwiderstand an die Spannung des Verbrauchers Z angeschlossen, die feste Spule liegt im Stromkreis (Fig. 4.98). Ist R_w der gesamte Widerstand im Spannungskreis des Leistungsmeßgerätes, der so abgeglichen wird, daß der Strom I_w im Spannungskreis mit der Verbraucherspannung U phasengleich ist, so gilt für den Ausschlag

$$\alpha \sim I_w \cdot I \cos \varphi \sim UI \cos \varphi. \tag{4.114}$$

Aus Fig. 4.98 ist zu ersehen, daß der Strom I im Strompfad des Leistungsmeßgerätes außer dem Verbraucherstrom auch den Strom I_w im Spannungspfad enthält. Das Leistungsmeßgerät mißt also in dieser Schaltung den Eigenverbrauch im Widerstand R_w des Spannungspfades mit. Um die Verbraucherleistung P zu erhalten, ist der Meßwert P' daher um diese Leistung zu korrigieren:

$$P = P' - \frac{U^2}{R_w} \tag{4.115}$$

Wird die untere Klemme des Spannungspfades in Fig. 4.98 nach links, vor die Stromklemme des Leistungsmeßgerätes gelegt, so wird der Eigenverbrauch im Spannungspfad nicht mitgemessen. Dafür ist jetzt aber die Spannung, die am Spannungspfad anliegt, um den Spannungsabfall in der Stromspule gegenüber der Verbraucherspannung erhöht (s. auch **4**.1.5).

In diesem Falle wird also der Eigenverbrauch in der Stromspule mitgemessen. Die Leistung muß dann um den Betrag I^2R_s (R_s = Widerstand der Stromspule) korrigiert werden. In der Praxis wird man sich immer für die Schaltungsart entscheiden, die die kleinsten Korrektionen am Meßergebnis erfordert.

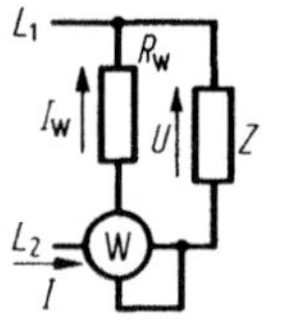

Fig. 4.98 Leistungsmessung im Einphasennetz
L_1, L_2 Bezeichnung der Leiter
Z Verbraucher-Scheinwiderstand
R_w Gesamtwiderstand im Spannungskreis des Leistungsmeßgerätes W

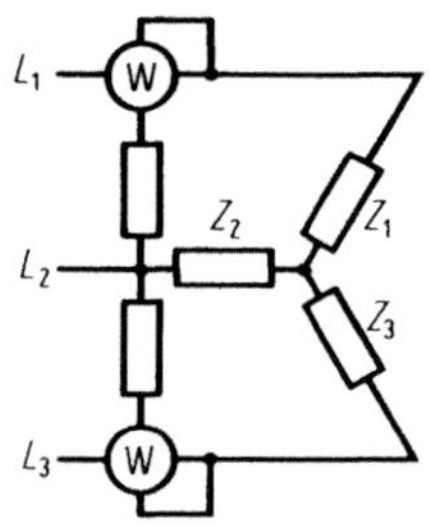

Fig. 4.99 Aron-Schaltung zur Leistungsmessung bei Drehstrom
Z_1, Z_2, Z_3 Verbraucher-Scheinwiderstände in den Leitungen L_1, L_2, L_3 des Drehstromnetzes

Für Leistungsmessungen in Drehstromnetzen ohne Nulleiter ist die Zwei-Wattmeter-Schaltung (Aron-Schaltung) sehr verbreitet (Fig. 4.99). Da in diesen Netzen die Summe der drei Leiterströme ebenso wie die Summe der drei Spannungen stets Null ist, kann einer der drei Leiter als gemeinsame Rückleitung aufgefaßt werden (in Fig. 4.99 der mittlere). Es genügt dann, die Leistung in den beiden übrigen Strängen mit zwei Leistungsmeßgeräten zu messen. Es läßt sich zeigen, daß die Summe der beiden Ausschläge auch bei unsymmetrischer Belastung der gesamten Drehstromleistung proportional ist. Bei Symmetrie gilt ferner, daß das 3fache der Differenz der Anzeigen der beiden Leistungsmeßgeräte gleich der Blindleistung im Drehstromnetz ist. Die Aron-Schaltung gibt daher die Möglichkeit, Wirk- und Blindleistung in einer Messung zu bestimmen.

Zur Messung der Blindleistung im Einphasennetz wird meist eine Schaltung nach Fig. 4.100 verwendet. Außer der Wirkleistung, die mit einem Leistungsmeßgerät ermittelt wird, werden Spannung U und Stromstärke I gemessen. Die Blindleistung Q ergibt sich dann gem. **4**.2.1.2 aus der Scheinleistung UI und der Wirkleistung P zu $Q = \sqrt{U^2I^2 - P^2}$.

Es gibt jedoch auch Meßgeräte, die die Blindleistung direkt anzeigen. In einer aus Widerständen und Induktivitäten bestehenden Kunstschaltung, die in diese Geräte eingebaut ist, wird der Strom in der Spannungsspule um 90° gegen die Richtung der Spannung verschoben, so daß der Ausschlag der Blindleistung $Q = UI \sin \varphi$ proportional wird.

In Drehstromnetzen mit symmetrischem Spannungsdreieck sind jeweils die Phasenspannungen um 90° gegen die verketteten Spannungen der übrigen Stränge verschoben. Hier läßt sich die erforderliche 90°-Verschiebung im Spannungspfad in einfacher Weise dadurch erreichen, daß der Strompfad in eine der drei Leitungen gelegt wird und die

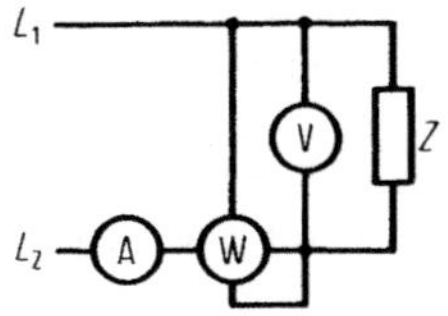

Fig. 4.100 Schaltung zur Messung der Schein-, Wirk- und Blindleistung mit Strommeßgerät A, Spannungsmeßgerät V und Leistungsmeßgerät W

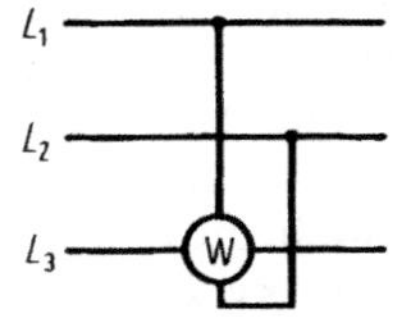

Fig. 4.101 Blindleistungsmessung im symmetrisch belasteten Drehstromnetz L_1, L_2, L_3

Spannungsklemmen an die beiden anderen Leiter angeschlossen werden (Fig. 4.101). Da die verkettete Spannung $\sqrt{3}$ mal größer ist als die Phasenspannung, wird in dieser Schaltung das $\sqrt{3}$ fache der Blindleistung eines Stranges gemessen. Die gesamte Blindleistung ist also bei symmetrischer Belastung das $\sqrt{3}$ fache der von diesem Meßgerät angezeigten Leistung.

Seit einigen Jahren werden auch elektronische Leistungsmeßgeräte angeboten, die mit Analog-Multiplizierbausteinen (z. B. Time-Division-Multiplizierer) arbeiten, oder die thermische Multiplizierverfahren (s. a. **4**.2.3.6) oder Analog/Digital-Umsetzer mit nachfolgendem Digital-Multiplizierer benutzen. Erreichbare relative Meßunsicherheiten liegen bei $1 \cdot 10^{-4}$ bis $2 \cdot 10^{-4}$ im Frequenzbereich 45 Hz bis 65 Hz.

Tamota u. a. (1968); Schuster (1980); Kusters u. Cox (1980); Smith (1981); Miljanić u. a. (1981).

4.2.3.4 Elektrizitätszähler

Elektrizitätszähler sind integrierende Meßgeräte, die den Leistungsverbrauch über der Zeit summieren. Die Meßgröße ist die elektrische Energie $W = \int P \mathrm{d}t = \int UI \cos\varphi \, \mathrm{d}t$. Als Meßwerk wird bei Induktionszählern der Ferrarismotor (vgl. Fig. 4.102) verwendet. Eine drehbar gelagerte Aluminiumscheibe wird von zwei magnetischen Flüssen durchsetzt, die von der Spannung und dem Strom im Wechselstromkreis abhängen: Φ_U bzw. Φ_I. Das auf die Scheibe einwirkende Drehmoment ist $M_a \sim \Phi_U \Phi_I \sin\beta$, wenn β den Phasenverschiebungswinkel zwischen den Flüssen Φ_U und Φ_I bezeichnet. Sorgt man dafür, daß Φ_I dem Meßstrom I proportional und mit ihm phasengleich ist und daß der Fluß Φ_U in der Spannungsspule der Spannung U verhältnisgleich, gegen U aber um 90° phasenverschoben ist, so ist das auf die Scheibe einwirkende Antriebsmoment $M_a \sim UI \cdot \cos\varphi$, also proportional der Wechselstromleistung. Dieses Moment erteilt der Scheibe eine Drehbeschleunigung. Andererseits wird die Scheibe von einem konstanten Gleichfeld durchsetzt, das von einem Permanentmagnet M erzeugt wird. Dieses Feld ruft im Läufer

Fig. 4.102
Elektrizitätszähler, Prinzipbild
L_1, L_2 Bezeichnung der Leiter
I Strom
U Spannung
Φ_I Stromtriebfluß
Φ_U Spannungstriebfluß
Φ_B Bremsfluß
M Bremsmagnet

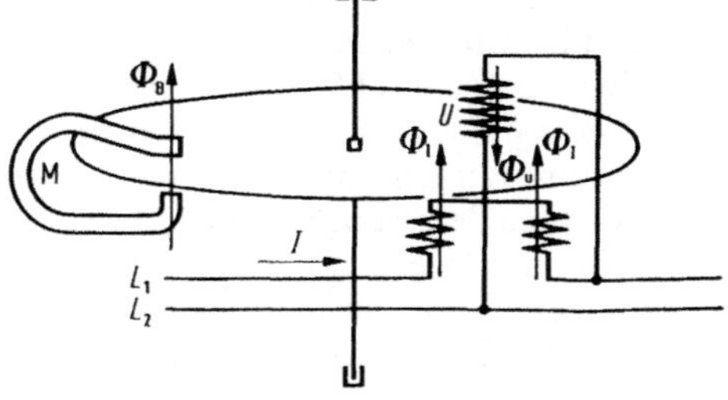

Wirbelströme hervor, die im Zusammenwirken mit dem Gleichfeld ein Bremsmoment ergeben, das mit der Drehzahl n praktisch linear anwächst: $M_b \sim n$. Im Gleichgewichtszustand ist $M_a = M_b$, und es folgt $n \sim UI \cos \varphi$. Die Drehzahl ist der elektrischen Leistung verhältnisgleich. Die Umdrehungen der Zählerwelle werden auf ein Zählwerk übertragen, dessen Anzeige durch die Wahl des Übersetzungsverhältnisses auf die in kWh gemessene elektrische Energie abgestimmt wird.

Der Induktionszähler ist kein Präzisionsmeßgerät. Seine Anzeigefehler liegen in der Größenordnung von Prozent. Und dies gilt auch nur dann, wenn er mit Nennspannung und Nennfrequenz betrieben wird. Geringe Abweichungen von diesen Werten führen u. U. zu großen Fehlern.

Beetz u. a. (1959)

Als Vergleichszähler bei der Prüfung von Induktionszählern und als Präzisionszähler werden heute sog. statische Elektrizitätszähler verwendet, die keine beweglichen Teile mehr besitzten und bei denen das Produkt aus U, I und $\cos \varphi$ auf elektronischem Wege (Time-Division-Verfahren, s. **4**.2.3.6) gebildet wird. Auf diese Weise erhält man eine der Leistung $UI \cos \varphi$ proportionale Gleichspannung, die in einem nachgeschalteten Spannungs-Frequenz-Wandler in eine ihr proportionale Frequenz umgeformt wird. Durch Summieren der Ausgangsimpulse des Spannungs-Frequenz-Wandlers in einem Impulszähler erhält man eine dem Zeitintegral der Leistung, also der elektrischen Energie proportionale Anzeige.

Statische Elektrizitätszähler zur Messung großer Energiemengen werden als Meßwandlerzähler mit einer Genauigkeitsklasse 0,2% oder 0,5% gefertigt; elektronische Präzisionszähler für Prüfzwecke erreichen relative Meßunsicherheiten unter $5 \cdot 10^{-4}$. Elektronische Elektrizitätszähler für direkten Anschluß arbeiten entweder nach dem Time-Division-Verfahren oder benutzen Hall-Multiplizierer und beginnen dort den elektromechanischen Induktionszähler zu verdrängen, wo neben der Energiemessung weitere komplexe Tariffunktionen Anwendung finden sollen.

Weber (1971), Friedl u. a. (1971), VDE 0418

4.2.3.5 Meßwandler

Während für die Erweiterung des Meßbereiches von Gleichstrommeßgeräten nur Vor- und Nebenwiderstände verwendet werden können – von den Gleichstromwandlern abgesehen –, gestattet bei Wechselstrom die Anwendung von Transformatoren mit genau bekannten Übersetzungsverhältnissen (Meßwandler) die Anpassung der Meßbereiche an die zu messende Größe. Bei Strommeßgeräten für Wechselstrom werden fast ausschließlich Stromwandler benutzt, da Nebenwiderstände wegen ihres hohen Leistungsverbrauchs zu aufwendig sind und Fehlereinflüsse infolge Erwärmung auftreten.

Stromwandler verhalten sich wie kurzgeschlossene Transformatoren. Hierbei sind im Idealfall, d. h. wenn Belastung und Wicklungen als widerstandslos angenommen werden, die Durchflutung von Primär- und Sekundärwicklung einander gleich $I_1 w_1 = I_2 w_2$. Die Ströme verhalten sich also umgekehrt wie die Windungszahlen. Das an den Stromwandler angeschlossene Meßgerät ist jedoch nicht widerstandslos und bedingt eine geringe Belastung (Bürde). Der Stromwandler muß daher eine Leistung übertragen, die eine induzierte Spannung und damit einen magnetischen Fluß im Kern des Stromwandlers erfordert. Zur Aufrechterhaltung dieses Flusses ist ein Magnetisierungsstrom erforderlich, der das Übersetzungsverhältnis nach Betrag und Phase mehr oder weniger verfälscht. Es entstehen ein Betragsfehler und ein Phasenfehler – Stromfehler und Fehlwinkel genannt. Beide können durch die Verwendung von Kernmaterialien mit hoher Anfangspermeabilität klein gehalten werden. Bei Stromwandlern der Klasse 0,1 beträgt beispielsweise der maximale Stromfehler bei Nennstromstärke 0,1% und der Fehlwinkel 5′. Der Temperatureinfluß ist vernachlässigbar gering. Frequenzänderungen beeinflussen die Wandlerfehler durch Änderung des Magnetisierungsstromes. Die Fehlergrenzen gelten daher nur für Nennfrequenz. Stromwandler werden vorzugsweise für die genormten sekundären Nennstromstärken von 5 A oder 1 A hergestellt.

Beim Spannungswandler sind die Verhältnisse umgekehrt: Er arbeitet wie ein leerlaufender Transformator. Hier ist das Verhältnis der primären zur sekundären Spannung durch das Windungszahlverhältnis gegeben, $U_1/U_2 = w_1/w_2$. Bei idealen, d. h. verlustlosen Spannungswandlern gilt diese Beziehung exakt. Da jedoch zur Aufrechterhaltung des magnetischen Flusses ein Magnetisierungsstrom in der Primärwicklung fließen muß, der an dem Wicklungswiderstand und der Streuinduktivität der Wicklung Spannungsfälle verursacht, treten auch beim Spannungswandler Betrags- und Phasenfehler auf. Weitere Fehler entstehen durch die Spannungsfälle des Belastungsstromes, den die Bürde, z. B. das sekundärseitig angeschlossene Meßgerät, aufnimmt. Spannungswandler werden nach VDE bis zur Genauigkeitsklasse 0,1 hergestellt. Diese Wandler haben zwischen 80 und 120% ihrer Nennspannung Spannungsfehler unter 0,1% und Fehlwinkel unter 5′. Die sekundäre Nennspannung ist mit 100 V bzw. $100/\sqrt{3}$ V genormt. Für Laboratoriumszwecke, z. B. als Normale für die Prüfung anderer Wandler, werden sog. Normalwandler hergestellt, deren Strom- und Spannungsfehler sehr klein sind. Es gibt Normalstromwandler, deren Fehler zwischen dem 0,01- bis 2fachen des Nennstromes kleiner als 0,001% bzw. 0,15′ sind, und Normalspannungswandler, deren Fehler zwischen dem 0,4- bis 1,2fachen der Nennspannung kleiner als 0,002% bzw. 0,2′ sind.

Während die Fehler der üblichen Wandler mit kommerziellen Meßwandlerprüfeinrichtungen gemessen werden, können die Fehler der Normalwandler nur mit speziellen Einrichtungen in der Physikalisch-Technischen Bundesanstalt bestimmt werden.

Beetz u. a. (1959), Kusters u. Moore (1964), Braun u. Köhler (1978), PTB-Prüfregeln 12 (1977)

4.2.3.6 Meßbrücken und Kompensatoren

Brückenmessungen bei Wechselstrom dienen in der Hauptsache der Bestimmung von Induktivitäten, Kapazitäten, Zeitkonstanten von Widerständen und Verlustwinkeln von Kondensatoren. Die allgemeine Berechnung der Brückenbedingungen s. **4**.2.1.7, über die einzelnen Brückenschaltungen s. **4**.2.4, **4**.2.5 und **4**.2.6.

Kompensatoren für Strom, Spannungs- und Leistungsmessungen haben bei Wechselstrom nicht die Bedeutung wie bei Gleichstrom. Der Grund hierfür liegt einmal in dem schwierigeren Abgleich, da Wechselstromgrößen nach Betrag und Phase kompensiert werden müssen; zum zweiten aber gibt es kein Normal für die Wechselspannung. Bei dem sog. komplexen Kompensator nach Geyger (s. Fig. 4.103) werden die Meßgrößen auf eine Normalspannung bezogen, die von einem Präzisionsmeßgerät überwacht wird. Die Normalspannung U_N liegt an dem Widerstand R_1 in Fig. 4.103. Eine Gegeninduktivität M, die mit dem Widerstand R_2 nur schwach belastet ist, erzeugt an R_2 eine Spannung, die um 90° phasenverschoben ist. Die Mittelpunkte von R_1 und R_2 sind verbunden. Die Meßspannung U_X wird mit Hilfe eines Nullindikators mit der Summe der an R_1 und R_2 abgegriffenen Komponentenspannungen verglichen. Bei stromlosem Nullindikator liegt

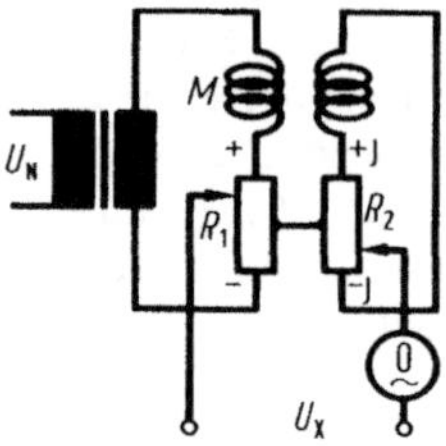

Fig. 4.103
Komplexer Kompensator, Prinzip-Schaltbild
U_N Normalspannung
U_X Meßspannung
M Gegeninduktivität
R_1, R_2 Widerstände

also an R_1 die Komponente von U_X, die mit U_N phasengleich ist (Wirkanteil), und an R_2 die hierzu senkrechte Komponente (Blindanteil).

Es sind auch Kompensatoren entwickelt worden, die den direkten Vergleich der Wechselstromleistung mit den Gleichstrom-Normalen für Spannung und Widerstand ermöglichen. Dabei wurden verschiedene Wege beschritten: Einmal vergleicht man in einem wattmetrischen Doppelsystem die entgegengesetzt gerichteten Drehmomente, hervorgerufen von der Wechselstromleistung $U_{\sim}I_{\sim}\cos\varphi$ und der Gleichstromleistung $U_{-}I_{-}$, miteinander und gleicht U_{-} bzw. I_{-} so ab, daß das resultierende Moment Null wird (Leistungswaage, Friedl (1959)). U_{-} und I_{-} werden in bekannter Weise am Gleichstromkompensator (s. **4**.1.2.6), gemessen. Bei einem anderen Verfahren (Schrader (1957)) wird ein empfindliches Dynamometer als Nullinstrument in einer Kompensationsschaltung benutzt, die dazu dient, die Wechselstromleistung $U_{\sim}I_{\sim}\cos\varphi$ durch einen ihr (quadratisch) proportionalen Wechselstrom zu ersetzen. Ein weiteres Dynamometer (s. **4**.2.3.1) führt gleichzeitig diesen Wechselstrom auf einen Gleichstrom zurück, dessen Größe am Gleichstromkompensator bestimmt wird.

Heute werden elektronische Verfahren verwendet, die den Vergleich zwischen Gleich- und Wechselstromleistung mit elektronischen Multiplizierern (Bergeest u. a. (1974)) oder Thermokonvertern (Schuster (1980)) durchführen und eine geringere Meßunsicherheit als die bisher beschriebenen klassischen Verfahren aufweisen.

Das Prinzipschaltbild des Gleich-Wechselstrom-Leistungskomparators mit Time-Division-Multiplizierer zeigt Fig. 4.104. Spannung U und Stromstärke I werden mit Hilfe der Meßwandler W_1 und W_2 auf Werte herabgesetzt (U_s und I_b), die von der nachfolgenden elektronischen Schaltung gut verarbeitet werden können. Der Strom I_b wird mit Hilfe des Bürdenwiderstandes R_b gleichzeitig in eine Spannung U_b umgewandelt. Die beiden Spannungen U_s und U_b werden einer Referenzspannung U_{ref} überlagert und bilden die Eingangsspannungen $U_X = -U_b + U_{ref}$ und $U_Y = U_a + U_{ref}$ der Multiplizierstufe M. Der

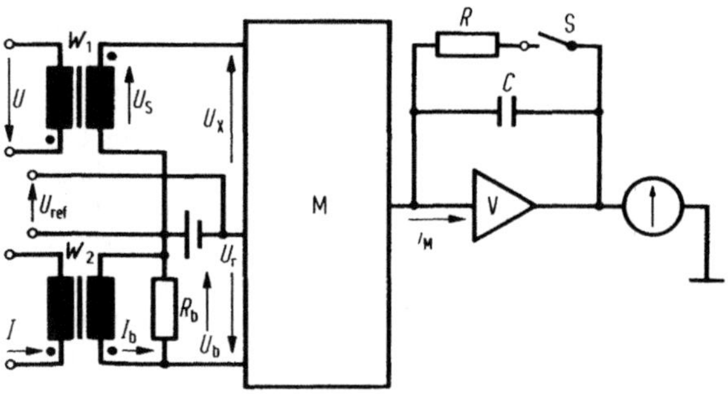

Fig. 4.104
Gleich-Wechselstrom-Leistungskomparator mit Time-Division-Multiplizierer, Prinzipschaltbild
U Eingangsspannung
I Eingangsstrom
U_{ref} Referenzspannung
U_X, U_Y Eingangsspannungen der Multiplizierstufe
i_M Ausgangsstrom der Multiplizierstufe
V Verstärker
S Schalter
W_1, W_2 Spannungs- bzw. Stromwandler

zeitliche Mittelwert des Ausgangsstromes der Multiplizierstufe ist

$$\overline{i_M} = k(U_{ref}^2 - \ddot{u}_1 \ddot{u}_2 R_b P), \tag{4.116}$$

wobei P die zu messende Leistung, $\ddot{u}_1$ und $\ddot{u}_2$ die Übersetzungsverhältnisse der Wandler W_1 und W_2 und k die Konstante der Multiplizierstufe sind. Für $\overline{i_M} = 0$ (Nullausschlag des auf den Verstärker V folgenden Anzeigegerätes) gilt die Beziehung

$$P = \frac{U_{ref}^2}{\ddot{u}_1 \ddot{u}_2 R_b}. \tag{4.117}$$

Durch Öffnen des Schalters S arbeitet der Verstärker als Integrator, der den Strom $\overline{i_M}$ aufintegriert. Die Ausgangsspannung ist somit ein Maß für die Differenz zwischen Gleichstrom- und Wechselstromenergie. Wenn die Zeigerstellung des Anzeigegerätes zu Beginn einer Messung (t_1) und zum Ende der Messung (t_2) gleich ist, ist diese Differenz Null, und die Wechselstromenergie berechnet sich zu

$$W = \frac{U_{ref}^2}{\ddot{u}_1 \ddot{u}_2 R_b} (t_2 - t_1), \tag{4.118}$$

auch wenn P während der Meßzeit nicht konstant ist. Bei entsprechender Beschaltung der Eingänge des Multiplizierers können mit dem Verfahren auch Wechselspannungen und -ströme gemessen werden. Die relative Meßunsicherheit liegt noch unter $1 \cdot 10^{-4}$.

Bei der Messung der Wechselstromleistung mit Hilfe von Thermokonvertern erfolgt die Ermittlung der Wirkleistung durch Bildung zweier Effektivwerte gemäß

$$\overline{u \cdot i} = UI \cos \varphi = G\,\overline{((u_1 + u_2)^2 - (u_1 - u_2)^2)}/4. \tag{4.119}$$

u_1 und u_2 sind zwei aus u und i (mit Hilfe eines Bürdenwiderstandes $R_b = 1/G$) abgeleitete Spannungen. Einen Vergleich zwischen Gleich- und Wechselstromleistung kann man durchführen, indem man zu dem Differenzterm $(u_1 - u_2)$ eine solche Gleichspannung $2U_-$ addiert, daß die beiden Effektivwerte gleich groß werden,

$$\overline{(u_1 + u_2)^2} = \overline{(u_1 - u_2 + 2U_-)^2}. \tag{4.120}$$

In diesem Falle erhält man

$$\overline{u \cdot i} = UI \cos \varphi = GU_-^2. \tag{4.121}$$

Das Blockschaltbild eines nach diesem Prinzip arbeitenden Meßgerätes zeigt Fig. 4.105. Aus den beiden von u und i abgeleiteten Spannungen u_1 und u_2 werden in dem Addierer SUM und Subtrahierer DIF Summe $(u_1 + u_2)$ und Differenz $(u_1 - u_2)$ gebildet, gleichzeitig wird eine Gleichspannung $2U_-$ zur Differenz addiert. Die beiden Ausgangsspannungen gelangen auf den Modulator MOD, der sie im Takt des Rechteckgenerators GEN abwechselnd über einen Umkehrschalter REV auf den Thermokonverter TC schaltet. Bei einer Differenz zwischen Gleich- und Wechselstromleistung entsteht am Ausgang des Thermokonverters eine Wechselspannung mit der Modulationsfrequenz, die in dem nachgeschalteten Synchrondemodulator DEM gleichgerichtet wird. Der Integrator INT arbeitet als Regler. Er stellt die Spannung $2U_-$ so ein, daß Leistungsgleichgewicht besteht. Ein Spannungs-Frequenz-Wandler formt diese Spannung in eine ihr proportionale Frequenz zur einfachen Weiterverarbeitung des Meßwertes um. Auf Grund der quadratischen Charakteristik des Thermokonverters ist der Regelkreis nichtlinear. Die

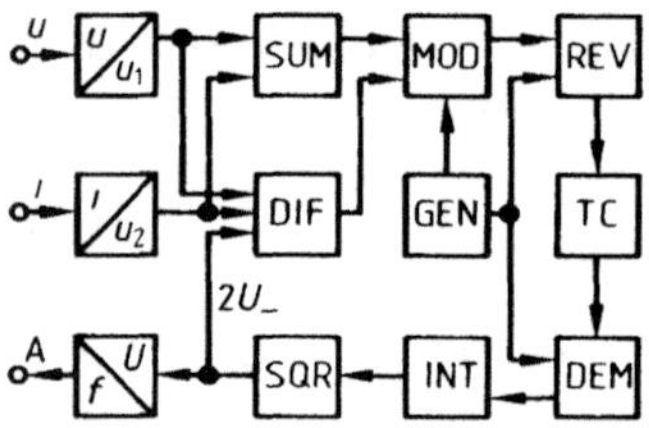

Fig. 4.105
Gleich-Wechselstrom-Leistungskomparator mit Thermokonverter, Prinzipschaltbild
u Eingangsspannung
i Eingangsstrom
SUM Summierer
DIF Subtrahierer
MOD Modulator
GEN Generator
REV Umpolschalter
TC Thermokonverter
DEM Demodulator
INT Integrator (Regler)
SQR Schaltung zur Bildung der Quadratwurzel

dem Integrator nachgeschaltete Schaltung SQR bildet die Quadratwurzel aus der Integratorspannung und linearisiert damit den Regelkreis.

Der Vorteil dieses Verfahrens besteht darin, daß das Gerät mit Gleichspannung kalibriert werden kann. Dies führt zu sehr geringen Meßunsicherheiten, die bei der Messung der Wirkleistung weniger als 0,01% und bei der Messung von Spannung und Stromstärke weniger als 0,005% betragen. Bei speziell aufgebauten Labormeßplätzen können die für dieses Verfahren angegebenen Meßunsicherheiten noch um den Faktor 10 reduziert werden.

4.2.4 Widerstände für Wechselstrom (G. Ramm)

4.2.4.1 Grundlagen und Definitionen

Meßwiderstände zeigen bei Gleich- und Wechselstrom unterschiedliches Verhalten. Während bei Gleichstrom nur der Gleichstromwiderstand in Erscheinung tritt, werden bei Wechselstrom zusätzliche frequenzabhängige Blindwiderstände wirksam, die eine Frequenzabhängigkeit des Meßwiderstandes verursachen. Die Blindwiderstände werden von Kapazitäten zwischen Widerstandsteilen bzw. Widerstandsdraht und Gehäuse und der Induktivität der Widerstandsanordnung gebildet. Darüber hinaus wird auch der Wirkwiderstand durch dielektrische Verluste in den Kapazitäten und Wirbelstromverluste frequenzabhängig. Für Wechselstrom-Meßwiderstände oder kurz Wechselstromwiderstände läßt sich für jeweils eine Frequenz bzw. einen schmalen Frequenzbereich die in Fig. 4.106 angegebene Ersatzschaltung aus Widerstand R in Reihe mit einer Induktivität L aufstellen, zu denen ein Kondensator C parallelgeschaltet ist. Hier sind die im realen Widerstand verteilt auftretenden Induktivitäten und Kapazitäten zu konzentrierten Ersatzgrößen zusammengefaßt. Als Impedanz $\underline{Z}$ dieser Ersatzschaltung erhält man

$$\underline{Z} = \frac{1}{\frac{1}{R + \mathrm{j}\omega L} + \mathrm{j}\omega C}, \tag{4.122}$$

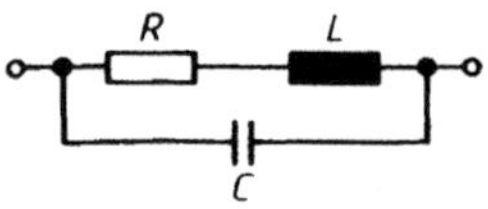

Fig. 4.106
Vereinfachte Ersatzschaltung eines Wechselstrom-Meßwiderstandes aus Widerstand R, Induktivität L und Kapazität C

und nach einigen Umformungen

$$\underline{Z} = \frac{R}{(1-\omega^2 LC)^2 + (\omega RC)^2}\left[1 + \mathrm{j}\omega\left(\frac{L}{R} - RC\right)\right]. \tag{4.123}$$

Ohne die bei den hier betrachteten, niedrigen Frequenzen vernachlässigbaren Terme, die mit der dritten oder vierten Potenz der Kreisfrequenz verknüpft sind, ergibt sich

$$\underline{Z} \approx \frac{R}{1-\omega^2(2LC - R^2C^2)}\left[1 + \mathrm{j}\omega\left(\frac{L}{R} - RC\right)\right]. \tag{4.124}$$

Mit $$R_\mathrm{w} \approx \frac{R}{1-\omega^2(2LC - R^2C^2)} \tag{4.125}$$

und $$\tau \approx \frac{L}{R} - RC \tag{4.126}$$

kann die Impedanz in der übersichtlichen Darstellung

$$\underline{Z} = R_\mathrm{w}(1 + \mathrm{j}\omega\tau) \tag{4.127}$$

angegeben werden. R_w ist der Realteil bzw. Wirkwiderstand der Impedanz. τ hat die Dimension Sekunde und wird Zeitkonstante genannt (DIN IEC 477 (1981)). Der Betrag bzw. Scheinwiderstand der Impedanz ist

$$|\underline{Z}| = Z = R_\mathrm{w}\sqrt{1+\omega^2\tau^2} \approx R_\mathrm{w}\left(1 + \frac{\omega^2\tau^2}{2}\right). \tag{4.128}$$

Bei der Näherung wurde $\omega^2\tau^2 \ll 1$ angenommen. Schließlich läßt sich noch der Phasenwinkel angeben:

$$\varphi/\text{Radiant} = \arctan(\omega\tau) \approx \omega\tau \tag{4.129}$$

Für diese Näherung muß die Bedingung $|\omega\tau| \ll 1$ erfüllt sein. Die Ermittlung des Phasenwinkels in Grad erfordert die Umrechnung

$$\varphi/\text{Grad} = \frac{2\pi}{360}\cdot\arctan(\omega\tau) \approx \frac{2\pi}{360}\,\omega\tau \tag{4.130}$$

Wechselstromwiderstände üblicher Bauart weisen im Bereich 1 Ω bis 10 kΩ eine Induktivität zwischen etwa 0,1 µH und 10 µH und eine Kapazität von ca. 10 pF bis 100 pF auf (z. B. Schulze (1953), Hague u. Ford (1971), Brasak (1962), Ramm (1982)). Dabei wird durch geeigneten Aufbau stets versucht, bei niederohmigen Widerständen eine geringe Induktivität zu erreichen (um den hier bei der Zeitkonstanten τ dominierenden Term L/R klein zu halten) und bei höherohmigen Widerständen die Kapazität gering zu halten (damit RC nicht zu stark anwächst). Damit ergibt sich für den Betrag der Zeitkonstanten ein Wertebereich von annähernd Null (bei Widerständen von einigen 100 Ω können die Terme L/R und RC gleichgroß werden) bis zu einigen 100 ns.

Bifilarwicklung: Zwei parallele, eng nebeneinander gewickelte Drähte, die am Ende miteinander verbunden sind. Die Induktivität dieser Anordnung ist stark reduziert, die Kapazität wegen der parallelen Drahtführung dagegen um ein Mehrfaches größer als bei der Unifilarwicklung. Nur für Widerstände bis etwa 100 Ω brauchbar.

Chaperon-Wicklung: Unifilare Wicklung mit einer geraden Anzahl von übereinanderliegenden Drahtlagen. Der Wicklungssinn der geradzahligen Lagen ist dem der ungeradzahligen entgegengesetzt. Die Induktivität ist stark, die Kapazität geringer herabgesetzt. Für mittlere Widerstandswerte geeignet.

Wagner-Wicklung: Eine in mehrere Abschnitte aufgeteilte Wicklung, deren in Reihe geschaltete Teile nach Chaperon gewickelt sind. Starke Herabsetzung von Induktivität und Kapazität. Für mittlere und hohe Widerstandswerte zweckmäßig.

Als Wickelkörper werden im allgemeinen nicht Metallröhren, sondern (insbesondere für hohe Widerstandswerte) keramische Hohlkörper verwendet.

Widerstände mit Werten unter 1 Ω stellt man als Parallelschaltung von Bifilarwicklungen oder aus dicht aufeinanderliegenden Bändern her, oder man wählt, insbesondere für hohe Stromstärken, Koaxialanordnungen.

Für die Herstellung kommen alle für Gleichstromwiderstände geeigneten Werkstoffe in Frage (s. **4**.1.3.1).

Weitere Wickelformen kleiner Zeitkonstante vgl. Hague u. Ford (1971).

Widerstände Drahtgewickelte Meßwiderstände in Präzisions-Widerstands-Dekaden mit Drehschaltern haben bifilar, nach Chaperon oder nach Wagner hergestellte Widerstandswickel. Widerstände von 1000 Ω haben Zeitkonstanten τ von etwa $-40 \cdot 10^{-8}$ s (bifilar), $-20 \cdot 10^{-8}$ s (Chaperon) bzw. $-3 \cdot 10^{-8}$ s (Wagner); für Wickel von 10000 Ω ist bei bifilarer Wicklung $C \approx 1$ nF, $\tau \approx 1 \cdot 10^{-5}$ s, bei Chaperon-Wicklung $C \approx 100$ nF, $\tau \approx 1 \cdot 10^{-6}$ s. Die angegebenen Werte gelten nur für die einzelnen Wickel. Durch den Einbau wird jedoch τ infolge der Kapazität zwischen benachbarten Widerständen, Klemmen und Schaltkontakten häufig um mehr als eine Zehnerpotenz vergrößert. Andererseits kann durch kapazitive Steuerung die Zeitkonstante innerhalb eines bestimmten Frequenzbereiches nachträglich zu Null kompensiert werden (Brasack (1962)). Bei sehr kleinen Widerständen verhindert die Selbstinduktivität der unvermeidlichen Zuleitungen, die Größenordnung 10^{-7} s für τ zu unterschreiten.

Gleichstom-Normalwiderstände können im allgemeinen bei Wechselstrom nicht als Meßwiderstände benutzt werden, da sie eine zu große Zeitkonstante haben. Insbesondere Widerstände unter 1 Ω haben eine sehr große positive Zeitkonstante.

Bei handelsüblichen Drahtwiderständen ist die Wicklung meist auf mehrere Kammern mit wechselndem Drehsinn verteilt. Bei anderen Ausführungen ist der Draht unifilar auf eine flache Glimmerkarte aufgebracht. Diese „Flachwicklung“ ergibt eine niedrige Induktivität.

Drahtwiderstände werden bis zu mehreren Megaohm gefertigt.

Metallschichtwiderstände, in Schichtdicken der Größenordnung 0,01 µm bis mehrere µm, meist auf zylindrische Isolierkörper von einigen Millimetern bis Zentimetern Länge und einigen Millimetern Durchmesser aufgedampft, haben eine sehr kleine Zeitkonstante. Sie lassen sich ungewendelt von 2 Ω bis zu einigen kΩ herstellen. Für höhere Widerstandswerte ist die Schicht zumeist gewendelt, so daß ein dünnes schraubenförmiges Metallband entsteht (handelsübliche Werte bis zu mehreren Megaohm). Die Zeitkonstante ist wesentlich kleiner als bei gewickelten Drahtwiderständen; sie ist bei kleinen Widerstandswerten positiv, d. h. die Induktivität überwiegt, sie wird bei etwa 200 Ω Null und ist zu höheren Widerstandswerten hin negativ. Eine Widerstandserhöhung durch Skineffekt tritt bei Schichtwiderständen erst bei Hochfrequenz auf (s. **4**.3.3.1).

Metallschichtwiderstände zeigen in guter Näherung rein thermisches Rauschen (s. **4**.1.1.8). Der Temperaturkoeffizient ihres elektrischen Widerstandes kann niedrig gehalten werden (bis $\pm 25 \cdot 10^{-6}$/K).

Kohleschichtwiderstände ähnlicher Bauart werden in einem größeren Widerstandsbereich gefertigt als Metallschichtwiderstände, dagegen ist ihr Temperaturkoeffizient ($-2 \cdot 10^{-4}$ bis $-2 \cdot 10^{-3}$/K) ungünstiger. Außerdem zeigen sie starkes $1/f$-Rauschen (s. **4**.1.1.8).

Sowohl bei Kohleschicht- als auch bei Metallschichtwiderständen muß mit einer durch die Einbauverhältnisse bestimmten Parallelkapazität von etwa 0,5 bis 1 pF gerechnet werden.

Eine sehr kleine Zeitkonstante haben auch Metallfilmwiderstände. Bei ihnen ist ein den Widerstand bildender Metallfilm auf einem Keramikplättchen oder einem anderen Isolierstoff mäanderförmig aufgebracht. Diese Widerstände werden bis etwa 500 kΩ hergestellt. Sie haben Temperaturkoeffizienten im Bereich von $\pm 5 \cdot 10^{-6}$/K (s. a. Zinke u. Seither (1982)).

Über die Anwendung von Schichtwiderständen bei Hochfrequenz und als reflexionsarme Leitungsabschlüsse s. **4**.3.3.10, **4**.3.4.1 und **4**.3.4.2.

4.2.4.4 Brückenschaltungen zur Messung von Wechselstromwiderständen

Eine einfache Brückenschaltung zur Ermittlung der Zeitkonstante von Wechselstromwiderständen ist in Fig. 4.108 dargestellt. Damit können Widerstände im Wertebereich von ca. 1 Ω bis 10 kΩ bei Frequenzen von etwa 200 Hz bis 50 kHz gemessen werden. Zuerst wird der zu untersuchende Widerstand R_X mit der Zeitkonstante τ_X eingebaut, und die Brücke wird über R_3 und den Drehkondensator C abgeglichen. Dann wird R_X durch einen Widerstand R_N mit bekannter bzw. berechenbarer Zeitkonstante τ_N (s. **4**.2.4.2) ersetzt, und die Brücke wird erneut abgeglichen. Aus der Kapazitätsänderung $\Delta C = C_{(X)} - C_{(N)}$ kann die unbekannte Zeitkonstante abgeleitet werden:

$$\tau_X \approx \tau_N - R_3 \cdot \Delta C. \tag{4.139}$$

Ist τ_X induktiver Natur, so schaltet man den Drehkondensator dem Widerstand R_4 parallel (in Fig. 4.108 gestrichelt eingezeichnet) und verfährt entsprechend. Dann gilt

$$\tau'_X \approx \tau_N + R_4 \cdot \Delta C. \tag{4.140}$$

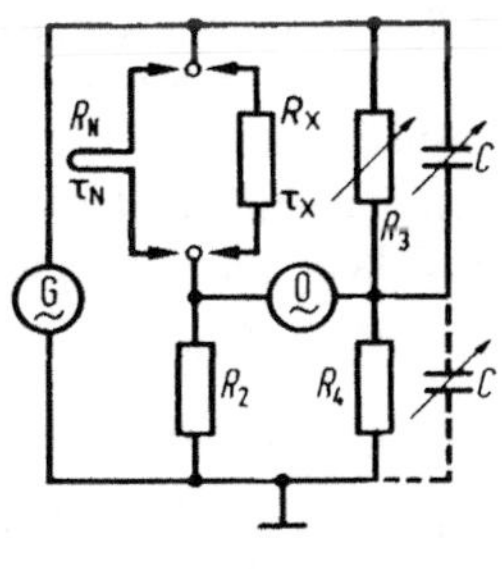

Fig. 4.108
Brücke nach Wagner zur Messung von Zeitkonstanten
R_N Wechselstromwiderstand mit bekannter Zeitkonstante τ_N
R_X Wechselstromwiderstand mit unbekannter Zeitkonstante τ_X
C Drehkondensator

Für die Messung muß $R_N \approx R_X$ sein, damit der Widerstand R_3 beim Wechsel von R_X auf R_N möglichst nicht oder nur geringfügig verstellt werden muß. Andernfalls wird die Zeitkonstante des Brückenzweiges 3 nicht nur von ΔC, sondern zusätzlich von der Einstellung von R_3 abhängig. Im allgemeinen ist nämlich die Zeitkonstante von Stellwiderständen nicht konstant, sondern ändert sich mit der Einstellung. Dabei kann keine Proportionalität zwischen der Widerstands- und Zeitkonstantenveränderung vorausgesetzt werden. Weiterhin bewirken Kapazitäten von der Brückendiagonalen gegen Erde Meßfehler. Dieser Einfluß kann durch einen zusätzlichen Wagnerschen Hilfszweig (s. z. B. Blechschmidt (1975)) und Schirmung der Einzelkomponenten eliminiert werden.

Der entscheidende Nachteil dieses einfachen Brückenverfahrens liegt darin, daß es für jeden zu messenden Widerstand ein Zeitkonstantennormal mit passendem Nennwert erfordert. Dieses kann durch den Einsatz einstellbarer induktiver Spannungsteiler vermieden werden. Mit der von Ramm (1990) vorgestellten Meßeinrichtung können Wechselstromwiderstände von 0,1 Ω bis 100 kΩ gemessen werden, wobei als Normale mit bekanntem bzw. berechenbarem Frequenzverhalten nur fünf dekadisch gestufte Werte von 1 Ω bis 10 kΩ erforderlich sind. Neben der Zeitkonstante, die mit einer Unsicherheit von 1 ns gemessen werden kann, wird der Wirkwiderstand mit einer relativen Meßunsicherheit bis herab zu $1 \cdot 10^{-5}$ bei Meßfrequenzen um 400 Hz ermittelt.

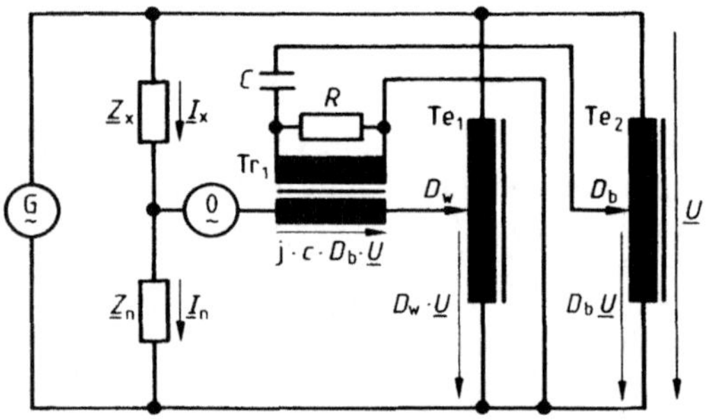

Fig. 4.109
Prinzip der Meßbrücke mit einstellbaren induktiven Spannungsteilern zum Vergleich der Impedanzen $\underline{Z}_X$ und $\underline{Z}_N$
Te_1: induktiver Spannungsteiler für den Hauptabgleich
Te_2: induktiver Spannungsteiler für den Blindabgleich
Tr_1: Trenntransformator zur Blindspannungsinjektion
Weitere Legende im Text

Das Prinzip dieser Meßeinrichtung zum Vergleich zweipoliger Impedanzen ist in Fig. 4.109 dargestellt. Darin bilden die zu vergleichenden Impedanzen $\underline{Z}_x$ und $\underline{Z}_n$ und der induktive Spannungsteiler Te_1 mit dem einstellbaren Teilungsverhältnis D_w eine Brücke. Zur Erzielung des komplexen Abgleichs wird mittels des Trenntransformators Tr_1 eine gegenüber der Brückenspeisespannung $\underline{U}$ um 90° phasenverschobene Spannung injiziert. Diese Spannung $\mathrm{j} \cdot c \cdot D_b \cdot \underline{U}$ wird mit einem Spannungsteiler Te_2 mit einstellbarem Teilungsverhältnis D_b und nachgeschaltetem *RC*-Glied aus der Brückenspeisespannung abgeleitet. Der Faktor c hängt vom *RC*-Glied, der Frequenz und dem Übersetzungsverhältnis des Trenntransformators Tr_1 ab.

Wenn nach Abgleich der Brücke über dem Nullindikator keine Spannung mehr meßbar ist, sind die Stromstärken $\underline{I}_x$ und $\underline{I}_n$ gleich und mit $\underline{I}_x = \underline{I}_n = \underline{I}$ gilt:

$$\underline{Z}_x \cdot \underline{I} = (1 - D_w) \cdot \underline{U} - \mathrm{j} c D_b \cdot \underline{U} \tag{4.141}$$

$$\underline{Z}_n \cdot \underline{I} = D_w \cdot \underline{U} + \mathrm{j} c D_b \cdot \underline{U}. \tag{4.142}$$

Damit kann das Impedanzverhältnis in Abhängigkeit von den Teilungsverhältnissen D_w und D_b und dem Faktor c dargestellt werden:

$$\frac{\underline{Z}_x}{\underline{Z}_n} = \frac{1 - D_w - \mathrm{j} c D_b}{D_w + \mathrm{j} c D_b} = \frac{D_w(1 - D_w) - (cD_b)^2 - \mathrm{j} c D_b}{D_w^2 + (cD_b)^2} \tag{4.143}$$

Mit (4.127) kann das Impedanzverhältnis aber auch so dargestellt werden:

$$\frac{\underline{Z}_x}{\underline{Z}_n} = \frac{R_{wx}(1 + \mathrm{j}\omega\tau_x)}{R_{wn}(1 + \mathrm{j}\omega\tau_n)} \tag{4.144}$$

bzw.

$$\frac{\underline{Z}_x}{\underline{Z}_n} = \frac{R_{wx}}{R_{wn}} \cdot \frac{1 + \omega^2\tau_x\tau_n + \mathrm{j}\omega(\tau_x - \tau_n)}{1 + (\omega\tau_n)^2}. \tag{4.145}$$

Durch Gleichsetzen der Real- und Imaginärteile von (4.143) und (4.145) erhält man

$$\frac{R_{wx}}{R_{wn}} = \frac{D_w(1-D_w)-(cD_b)^2}{D_w^2+(cD_b)^2} \cdot \frac{1+(\omega\tau_n)^2}{1+\omega^2\tau_x\tau_n} \tag{4.146}$$

$$\tau_x - \tau_n = \frac{-cD_b}{\omega} \cdot \frac{1+(\omega\tau_n)^2}{D_w^2+(cD_b)^2}. \tag{4.147}$$

Aus diesen beiden Gleichungen können schließlich die gesuchten Größen R_{wx} und τ_x als Funktion der bekannten Größen R_{wn} und τ_n sowie der Brückeneinstellungen berechnet werden:

$$R_{wx} = R_{wn} \cdot \frac{D_w(1-D_w)-cD_b(cD_b-\omega\tau_n)}{D_w^2+(cD_b)^2} \tag{4.148}$$

$$\tau_x = \frac{D_w(1-D_w)\tau_n - \frac{cD_b}{\omega}(1+cD_b\omega\tau_n)}{D_w(1-D_w)-cD_b(cD_b-\omega\tau_n)}. \tag{4.149}$$

Mit $cD_b(cD_b-\omega\tau_n) \ll D_w(1-D_w)$

und $(cD_b)^2 \ll D_w^2$ und $cD_b\omega\tau_n \ll 1$

können daraus noch Näherungen abgeleitet werden, die einfach zu überschauen sind und die Zusammenhänge trotzdem recht gut beschreiben:

$$R_{wx} \approx R_{wn}\frac{1-D_w}{D_w} \quad \text{bzw.} \quad \frac{R_{wx}}{R_{wn}} \approx \frac{1-D_w}{D_w} \tag{4.150}$$

$$\tau_x \approx \tau_n - \frac{c}{\omega} \cdot \frac{D_b}{D_w(1-D_w)} \quad \text{bzw.} \quad \tau_x - \tau_n \approx -\frac{c}{\omega} \cdot \frac{D_b}{D_w(1-D_w)}. \tag{4.151}$$

Je kleiner τ_n und die Differenz $\tau_x - \tau_n$ ist, desto genauer sind die Näherungen. Mit $\tau_n = 0$ und $\tau_x - \tau_n = 0$ (dann wird auch $D_b = 0$) liefern die Näherungen und die exakten Gleichungen identische Ergebnisse.

Diese Betrachtungen gehen für $\underline{Z}_X$ und $\underline{Z}_N$ von zweipoligen Impedanzen aus. Sollen vierpolige, und darüber hinaus geschirmte Impedanzen gemessen werden, ist die Brücke nach Fig. 4.109 um einen Thomson- und einen Wagner-Hilfsabgleich zu erweitern. Einzelheiten hierzu s. Ramm (1990), weiterführende Zusammenhänge hat Kibble (1984) erarbeitet.

4.2.4.5 Elektronische Impedanzmeßgeräte

Seit etwa einem Jahrzehnt sind elektronische, meist mikroprozessorgesteuerte Impedanzmeßgeräte auf dem Markt. Neben Wechselstromwiderständen können mit diesen Geräten meist auch Induktivitäten und Kapazitäten gemessen werden. Die elektronischen Impedanzmeßgeräte erreichen jedoch nicht die geringen Unsicherheiten von klassischen Meßbrücken. Bei Grundgenauigkeiten von etwa 0,1% lassen sich dafür aber schnell und komfortabel Messungen in einem weiten Frequenz- (z. B. von 100 Hz bis 100 kHz) und Widerstandsbereich (z. B. von 100 mΩ bis 10 MΩ) ausführen.

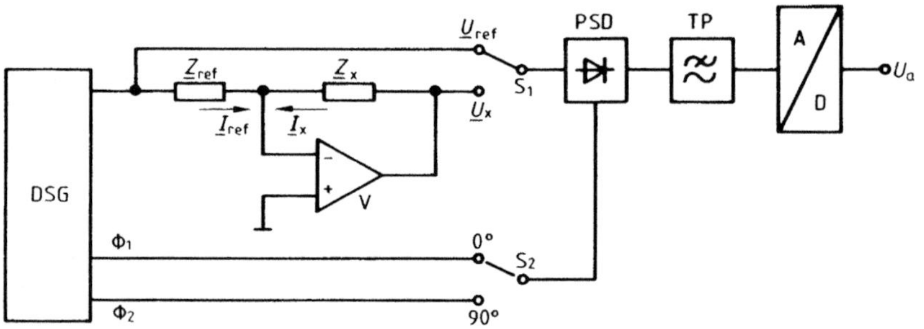

Fig. 4.110a Prinzip eines elektronischen Impedanzmeßgerätes
$\underline{Z}_x$, $\underline{Z}_{ref}$ zu messende Impedanz bzw. Referenzimpedanz
DSG digitaler Sinusgenerator
PSD phasengesteuerter Gleichrichter
TP Tiefpaß
Weitere Erläuterungen im Text

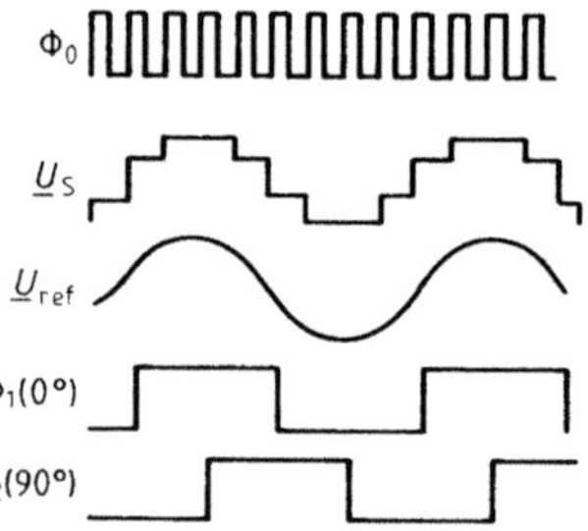

Fig. 4.110b Ausgewählte Spannungsverläufe für den digitalen Sinusgenerator nach Fig. 4.110a

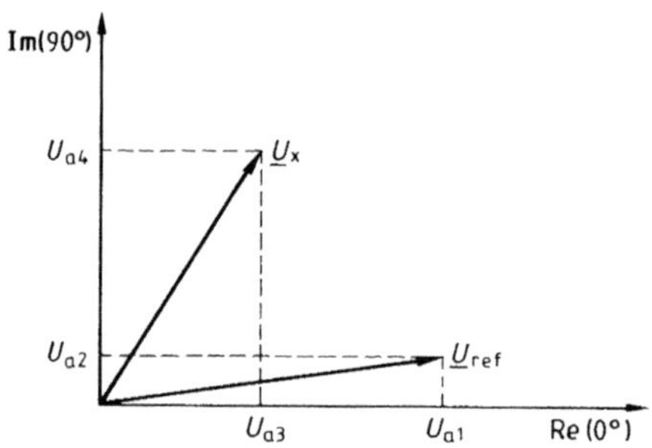

Fig. 4.110c Zeigerdiagramm für $\underline{U}_x$ und $\underline{U}_{ref}$ aus Fig. 4.110a

Das Prinzip eines elektronischen Impedanzmeßgerätes (Honda (1989)) ist in Fig. 4.110a dargestellt. In einem digitalen Sinusgenerator wird, vom Takt ϕ_0 gesteuert, ein sinusförmiger Spannungsverlauf $\underline{U}_s$ treppenförmig angenähert (s. Fig. 4.110b). Vom gleichen Takt werden zwei Digitalsignale ϕ_1 und ϕ_2 abgeleitet, die in Phase zu $\underline{U}_s$ liegen bzw. um 90° phasenverschoben sind. Aus $\underline{U}_s$ wird die Grundschwingung $\underline{U}_{ref}$ herausgefiltert. $\underline{U}_{ref}$ speist über eine bekannte Impedanz $\underline{Z}_{ref}$ den invertierenden Eingang eines Verstärkers V, in dessen Gegenkopplung die zu messende Impedanz $\underline{Z}_x$ liegt. Unter Annahme eines idealen Verstärkers (vernachlässigbarer Eingangsstrom, unendlich hohe Verstärkung, wodurch der invertierende Eingang virtuell auf Erdpotential liegt) gilt dann mit $\underline{I}_x = \underline{I}_{ref}$:

$$\underline{Z}_x = \underline{Z}_{ref} \cdot \frac{\underline{U}_x}{\underline{U}_{ref}} \tag{4.152}$$

$\underline{Z}_x$ wird somit auf $\underline{Z}_{ref}$ und das komplexe Verhältnis aus $\underline{U}_x$ und $\underline{U}_{ref}$ zurückgeführt. Real- und Imaginärteil von $\underline{U}_x$ bzw. $\underline{U}_{ref}$ werden über den phasengesteuerten Gleichrichter PSD mit nachgeschaltetem Tiefpaß TP und AD-Umsetzer in vier aufeinanderfolgenden

Messungen ermittelt. Bei den gezeichneten Stellungen der Schalter S_1 und S_2 wird U_{a1}, der Realteil der Spannung $\underline{U}_{ref}$, gemessen. Den zugehörigen Imaginärteil U_{a2} erhält man mit S_2 in Stellung „90°“ (vgl. Fig. 4.110a)

$$\underline{U}_{ref} = U_{a1} + j \cdot U_{a2}. \tag{4.153}$$

Mit S_1 in Stellung „$\underline{U}_x$“ werden analog dazu zwei weitere Messungen durchgeführt:

$$\underline{U}_x = U_{a3} + j \cdot U_{a4}. \tag{4.154}$$

Aus diesen vier Ablesungen und den als bekannt vorausgesetzten Parametern für $\underline{Z}_{ref}$ kann $\underline{Z}_x$ berechnet werden:

$$\underline{Z}_x = \underline{Z}_{ref} \cdot \frac{U_{a3} + j \cdot U_{a4}}{U_{a1} + j \cdot U_{a2}}. \tag{4.155}$$

Der zur Steuerung des Meßablaufes ohnehin vorhandene Mikroprozessor kann $\underline{Z}_x$ in der jeweils gewünschten Form berechnen und zur Anzeige bringen: entweder als Wirkwiderstand R_w mit Zeitkonstante τ (s. Gl. (4.125) und (4.126)) oder als Betrag der Impedanz $|\underline{Z}|$ mit zugehörigem Phasenwinkel φ (s. Gl. (4.128) und (4.129)).

4.2.5 Kapazität (R. Hanke)

4.2.5.1 Grundlagen

Definition, Einheit Die Kapazität C ist definiert als der Quotient elektrische Ladung Q durch (Gleich-)Spannung U eines Kondensators:

$$C = \frac{Q}{U} \tag{4.156}$$

Die SI-Einheit der Kapazität ist das Farad (Kurzzeichen F):

$$1\,\mathrm{F} = 1\,\frac{\mathrm{As}}{\mathrm{V}}. \tag{4.157}$$

In der Praxis werden meist die durch Vorsätze bezeichneten Teile der Einheit verwendet, vor allem Piko-, Nano- und Mikrofarad.

Kapazität im Wechselstromkreis (vgl. auch **4.**2.1.3 bis **4.**2.1.5). Bei Wechselstrom wird Gl. (4.156) umgeformt, es gilt dann:

$$U = \frac{1}{C} \int i \,\mathrm{d}t. \tag{4.158}$$

Daraus ergibt sich für den technisch wichtigen Fall eines Sinus-Wechselstroms der kapazitive Blindleitwert B_C bzw. Blindwiderstand X_C:

$$B_C = \omega C; \qquad X_C = \frac{1}{\omega C}. \tag{4.159}$$

Obwohl gute Kondensatoren dem Ideal eines reinen Blindleitwerts (bzw. -widerstandes) sehr nahe kommen, bleibt ein Restwirkanteil bestehen. Die Wirkleistung in einem Kondensator setzt sich im allgemeinen aus verschiedenen Anteilen zusammen, doch ist es manchmal möglich, sich die gesamte Wirkleistung – zumindest näherungsweise – als in einem einzigen Wirkwiderstand R bzw. in einem Wirkleitwert G konzentriert vorzustellen. Der Widerstand wird bei der Darstellung eines wirklichen Kondensators im Serienersatzschaltbild, der Leitwert im Parallelersatzschaltbild bevorzugt. Der Phasenverschiebungswinkel φ zwischen Stromstärke und Spannung weicht bei einem Kondensator um den Verlustwinkel δ von dem für einen reinen Blindwiderstand bzw. Blindleitwert geltenden Wert $\pi/2$ ab. Der Tangens des Verlustwinkels wird als Verlustfaktor d bezeichnet, er kann durch das Verhältnis Wirk- zu Blindwiderstand bzw. Wirk- zu Blindleitwert ausgedrückt werden.

Unter Verwendung dieser Begriffe und Symbole läßt sich der Scheinleitwert Y bzw. Scheinwiderstand Z eines Kondensators als komplexer Operator (Widerstandsoperator, vgl. 4.2.1.6) in folgender Form darstellen:

$$\underline{Y} = \mathrm{j}\omega C + G = \mathrm{j}\omega C\left(1 - \mathrm{j}\frac{G}{\omega C}\right) = \mathrm{j}\omega C(1 - \mathrm{j}d) \tag{4.160}$$

$$\underline{Z} = \frac{1}{\mathrm{j}\omega C} + R = -\frac{\mathrm{j}}{\omega C}(1 + \mathrm{j}\omega CR) = -\frac{\mathrm{j}}{\omega C}(1 + \mathrm{j}d) \tag{4.161}$$

mit
$$d = \frac{R}{X_C} = \omega CR = \frac{G}{B_C} = \frac{G}{\omega C} \tag{4.162}$$

Fig. 4.111 zeigt die graphische Darstellung im „Zeigerdiagramm“.

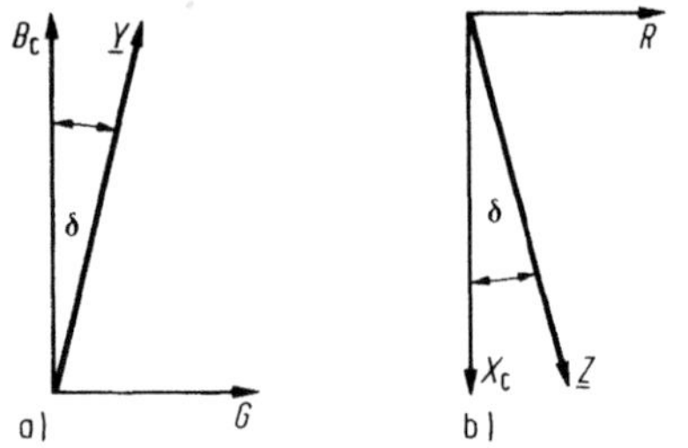

Fig. 4.111
Scheinleitwert und Scheinwiderstand eines Kondensators im Zeigerdiagramm
a) Leitwert (Parallel-Ersatzschaltbild),
b) Widerstand (Serien- oder Reihen-Ersatzschaltbild)

Der Begriff „Verlustwinkel“ gilt im eigentlichen Sinn nur für den Scheinleitwert und Scheinwiderstand, es ist jedoch üblich, den Verlustfaktor der Kapazität zuzuschreiben, die dann selbst als Widerstandsoperator aufgefaßt wird (die Indizes P und S weisen auf die Darstellung im Parallel- bzw. Serienersatzschaltbild hin):

$$\underline{Y} = \mathrm{j}\omega \underline{C}_\mathrm{P}; \qquad \underline{C}_\mathrm{P} = C(1 - \mathrm{j}d) \tag{4.163}$$

$$\underline{Z} = -\frac{\mathrm{j}}{\omega \underline{C}_\mathrm{S}}; \qquad \underline{C}_\mathrm{S} = \frac{C}{1 + d^2}(1 - \mathrm{j}d). \tag{4.164}$$

Der Unterschied zwischen C_P und C_S ist in der Praxis meist vernachlässigbar, nur bei größeren Verlustfaktorwerten oder höheren Genauigkeitsanforderungen ist gegebenenfalls zum Kapazitätswert das zugrundeliegende Ersatzschaltbild anzugeben.

Serien- und Parallelschaltung von Kondensatoren Die Kapazität und der Verlustfaktor mehrerer Kondensatoren in Serien- oder Parallelschaltung können nach den üblichen Regeln für die Kombination elektrischer Widerstände oder Leitwerte berechnet werden, wobei für die Parallelschaltung zweckmäßigerweise die Darstellung als Scheinleitwert nach Gl. (4.160), für die

Serienschaltung der Scheinwiderstand nach Gl. (4.161) zu bevorzugen ist. Für zwei Kondensatoren ergeben sich folgende Beziehungen:

Parallelschaltung:

$$C = C_1 + C_2 \qquad d = \frac{C_1 d_1 + C_2 d_2}{C_1 + C_2} \tag{4.165}$$

Serienschaltung:

$$C = \frac{C_1 \cdot C_2}{C_1 + C_2} \qquad d = \frac{C_1 d_2 + C_2 d_1}{C_1 + C_2} \tag{4.166}$$

System von Teilkapazitäten, Hauptkapazität, Betriebskapazität Sind in einer elektrischen Schaltung mehr als zwei gegeneinander isolierte Leiter vorhanden, so besteht zwischen je zwei Leitern eine Teilkapazität. Bei n Leitern gibt es also insgesamt $\binom{n}{2}$ Teilkapazitäten. Sie sind miteinander verkoppelt, d. h. wenn eine Teilkapazität verändert wird, etwa durch Änderung der Lage der beiden Leiter zueinander, so ändern sich zwangsläufig auch die übrigen Teilkapazitäten mehr oder weniger. Diese Tatsache wird in der Praxis zu wenig beachtet und kann, besonders bei kleinen Kapazitätswerten, merkliche Fehler verursachen.

Meßtechnisch wichtig ist der Fall eines Kondensators mit drei Teilkapazitäten, der gegeben ist, wenn die beiden aktiven Leiter (Elektroden, Belegungen) gegen das ebenfalls elektrisch leitende Gehäuse isoliert sind. Diese Bauform ist bei Präzisions-Kapazitätsnormalen, vor allem im Piko- und Nanofaradbereich, sehr gebräuchlich. Das Gehäuse umschließt die beiden Elektroden möglichst vollständig als geschlossene Abschirmhülle, auch die Anschlüsse sind als abgeschirmte, meist koaxiale Steckverbindungen ausgebildet. Die „Hauptkapazität" C_{12} ist weitgehend unabhängig von weiteren Teilkapazitäten (Streukapazitäten) außerhalb des Gehäuses.

Bei unangeschlossenem Gehäuse liegt die Serienschaltung der beiden Gehäusekapazitäten C_{10} und C_{20} parallel zur Hauptkapazität; die wirksame Kapazität zwischen den beiden Elektroden, die sog. „Betriebskapazität" ist dann $C = C_{12} + C_{10} \cdot C_{20}/(C_{10} + C_{20})$. Wegen des undefinierten Gehäusepotentials wird diese Kapazität unter Umständen von Streukapazitäten in der Umgebung des Kondensators beeinflußt („Handempfindlichkeit").

Manchmal wird auch das Gehäuse mit einer der beiden Elektroden verbunden. Dadurch wird eine der beiden Gehäusekapazitäten kurzgeschlossen, die andere liegt parallel zur Hauptkapazität, und die Betriebskapazität ist $C_{12} + C_{10}$ oder $C_{12} + C_{20}$, je nachdem, welche der beiden Elektroden mit dem Gehäuse verbunden ist.

Anschlußweise: Zweipol, Dreipol, Zweitor, Viertor Die Anschlußvorrichtungen eines Kondensators, z. B. Stecker, Steckbuchsen, Schraubklemmen oder Lötfahnen, werden zusammengefaßt als Pole bezeichnet. Ein einfacher Kondensator mit zwei Elektroden stellt demnach einen Zweipol dar. Ist das gegen die Elektroden isolierte Gehäuse mit einem eigenen Anschluß versehen, spricht man von einem Dreipolkondensator. Sind die beiden Anschlüsse als abgeschirmte (Koaxial-) Steckverbindungen ausgebildet, kann ein Kondensator in dieser Anschlußweise nach den Regeln der

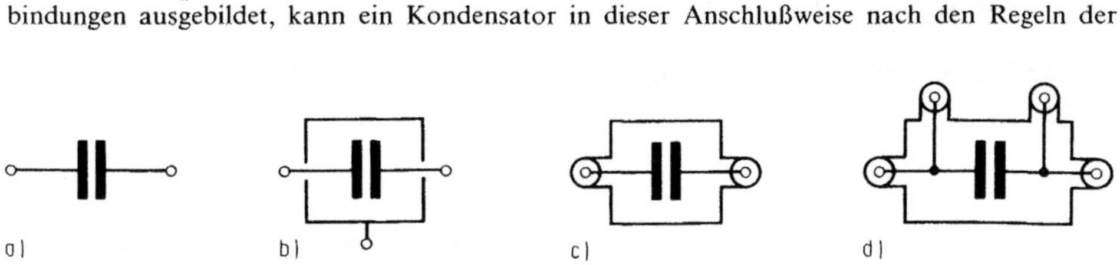

Fig. 4.112 Anschlußweise von Kondensatoren (symbolisch)
a) Zweipol, b) Dreipol, c) Zweitor, d) Viertor

elektrischen Nachrichtenübertragung (DIN 40148) als Vierpol (Zweitor) behandelt werden, wobei die Hauptkapazität C_{12} den Kopplungs- oder Kernleitwert bzw. -widerstand bildet.

Bei sehr großen Kapazitätswerten oder bei hohen Frequenzen wird der kapazitive Blindwiderstand sehr klein. Für Präzisionsmessungen kann es daher zweckmäßig oder notwendig sein, wie bei der Messung sehr kleiner (Gleichstrom-)Widerstände mit je zwei Strom- und Spannungs- (Potential-)anschlüssen zu arbeiten. Ein Kondensator in dieser Bauweise mit isoliertem Gehäuseanschluß stellt dann einen Fünfpol oder mit den üblicherweise verwendeten abgeschirmten Steckverbindungen ein Viertor dar. In Fig. 4.112 sind die verschiedenen Möglichkeiten symbolisch dargestellt.

4.2.5.2 Berechnung der Kapazität

In Gl. (4.156) kann die Ladung Q durch das Hüllenintegral des elektrischen Flusses D und die Spannung U durch das Linienintegral der elektrischen Feldstärke E zwischen den beiden Leitern 1 und 2 ausgedrückt werden:

$$Q = \oint D \cdot \mathrm{d}A \tag{4.167}$$

$$U = \int_1^2 E \cdot \mathrm{d}s. \tag{4.168}$$

In homogenen, isotropen Werkstoffen gilt

$$D = \varepsilon_0 \varepsilon_r E. \tag{4.169}$$

Dabei ist $\varepsilon_0 = 8{,}8541878 \cdot 10^{-12}$ As/Vm die elektrische Feldkonstante und ε_r die relative Permittivität (Dielektrizitätszahl) des betreffenden Werkstoffs.

Für bestimmte geometrische Leiteranordnungen lassen sich die Integrale und damit auch die Kapazität berechnen. Im folgenden sind einige der bekanntesten Formeln aufgeführt. Sie gelten für Vakuum ($\varepsilon_r = 1$) und angenähert auch für trockene Luft bei normaler Raumtemperatur ($\varepsilon_r \approx 1{,}0006$). Ist der Zwischenraum zwischen den Leitern mit einem anderen Stoff ausgefüllt, sind die berechneten Kapazitätswerte mit dem jeweiligen ε_r zu multiplizieren.

Man sollte allerdings bei der Anwendung dieser Formeln auf wirkliche Kondensatoren keine allzu große Genauigkeit erwarten. Teils sind die Integrale nur näherungsweise berechenbar, teils sind die vorausgesetzten Randbedingungen in der Praxis nicht erfüllt (unendlich ferne Umgebung auf Erdpotential, Ersatz der wirklichen Oberflächen durch mathematisch idealisierte Ebenen, Zylinder, Kugeln usw.), vor allem aber wird im allgemeinen der Einfluß der in der Praxis unvermeidlichen Abstützungen und elektrischen Zuleitungen nicht berücksichtigt.

Darstellung der Leiteranordnungen in Kugelkoordinaten Zwei konzentrische Leiterschalen mit den Radien r_i und r_a (Kugelkondensator):

$$C = 4\pi\varepsilon_0 \frac{r_a \cdot r_i}{r_a - r_i}. \tag{4.170}$$

Im Grenzfall $r_a \to \infty$ ergibt sich die Kapazität einer Kugel (Radius r) im freien Raum gegen ein unendlich fernes Erdpotential:

$$C = 4\pi\varepsilon_0 \cdot r. \tag{4.171}$$

Der Einfluß der Zuleitungen für eine Kugel im freien Raum wurde von G. Zickwolff (1962) untersucht. Der von ihm gefundene „Kapazitätsdefekt" beträgt beispielsweise für eine Kugel von 1 m Durchmesser, aufgehängt an einem 8 m langen Draht von 1 µm Durchmesser, rund 10%.

Für ein Rotationsellipsoid, entstanden durch Rotation der Halbachse r um die Halbachse a, ergeben sich verschiedene Beziehungen, je nachdem, ob $a > r$ oder $a < r$ ist.

Gestrecktes Rotationsellipsoid ($a > r$):

$$C = 4\pi\varepsilon_0 \frac{\sqrt{a^2 - r^2}}{\operatorname{arcosh} \dfrac{a}{r}}. \tag{4.172}$$

Abgeplattetes Rotationsellipsoid ($a < r$):

$$C = 4\pi\varepsilon_0 \frac{\sqrt{r^2 - a^2}}{\arccos \dfrac{a}{r}} = 4\pi\varepsilon_0 \frac{\sqrt{r^2 - a^2}}{\arctan \dfrac{\sqrt{r^2 - a^2}}{a}}. \tag{4.173}$$

Für $a \ll r$ folgt die Kapazität einer sehr dünnen Diskusscheibe:

$$C = 4\pi\varepsilon_0 \frac{r}{\arctan \dfrac{r}{a}} \approx 8\varepsilon_0 r \left(1 + \frac{2a}{\pi r}\right) \tag{4.174}$$

und schließlich im Grenzfall die Kapazität einer unendlich dünnen Scheibe

$$C = 8\varepsilon_0 r. \tag{4.175}$$

Darstellung der Leiteranordnungen in Zylinderkoordinaten Wenn die Länge des Zylinders sehr groß im Vergleich zu den Querschnittsabmessungen ist – theoretisch unendlich lang –, ist es zweckmäßig, die längenbezogene Kapazität (Kapazitätsbelag) anzugeben.

Koaxialzylinderkondensator mit den Radien r_i und r_a:

$$\frac{C}{l} = \frac{2\pi\varepsilon_0}{\ln \dfrac{r_a}{r_i}} \tag{4.176}$$

Zwei Kreiszylinder mit gleichem Radius r und Achsenabstand $2a$:

$$\frac{C}{l} = \frac{\pi\varepsilon_0}{\operatorname{arcosh} \dfrac{a}{r}} \tag{4.177}$$

Für $r \ll a$ erhält man die sog. Doppelleitung:

$$\frac{C}{l} = \frac{\pi\varepsilon_0}{\ln \dfrac{2a}{r}} \tag{4.178}$$

Ist die Doppelleitung durch einen leitenden Mantel mit kreisförmigem Querschnitt (Radius R) geschirmt, so lautet die Formel

$$\frac{C}{l} = \frac{\pi\varepsilon_0}{\operatorname{arcosh} \left(\dfrac{a}{r} \cdot \dfrac{R^2 - (a^2 - r^2)}{R^2 + (a^2 - r^2)} \right)} \tag{4.179}$$

Wird der Mantel nicht geerdet, ist dies die „Betriebskapazität" mit nicht angeschlossenem Schirm (vgl. **4**.2.5.1). Weitere Berechnungen von Teil- und Betriebskapazitäten an geschirmten und ungeschirmten Zwei- und Vierleiterkabeln sind bei F. Breisig (1924), H. Kaden (1935, 1936), F. Moeller (1943), H. Meinke (1940) und F. Sommer (1940) zu finden.

Ein für die Darstellung der Kapazitätseinheit wichtig gewordener Typ eines Zylinderkondensators ist der Kreuzkondensator nach Thompson (1956) und Lampard (1957). Für einen Kondensator beispielsweise mit einem Querschnitt gemäß Fig. 4.113 gilt für die längenbezogenen Teilkapazitäten C_{13} und C_{24} im materiefreien Raum ($\varepsilon_r = 1$) nach Lampard die Beziehung

$$\exp\left(-\frac{\pi}{\varepsilon_0}\cdot\frac{C_{13}}{l}\right)+\exp\left(-\frac{\pi}{\varepsilon_0}\cdot\frac{C_{24}}{l}\right)=1 \tag{4.180}$$

Bei symmetrischer Anordnung der Elektroden in Fig. 4.113 ist $C_{13} = C_{24} = C$, und aus Gl. (4.180) folgt

$$\frac{C}{l}=\frac{\varepsilon_0}{\pi}\cdot\ln 2 = 1{,}953549043\,\text{pF/m} \tag{4.181}$$

Bemerkenswert an dieser Formel ist, daß sie unabhängig von den Querschnittsabmessungen ist. Die Kapazität eines solchen Kondensators läßt sich daher in einer „Fundamentalbestimmung" auf eine Längenmessung zurückführen. (Verwendung als Primärnormal s. **4**.2.5.3).

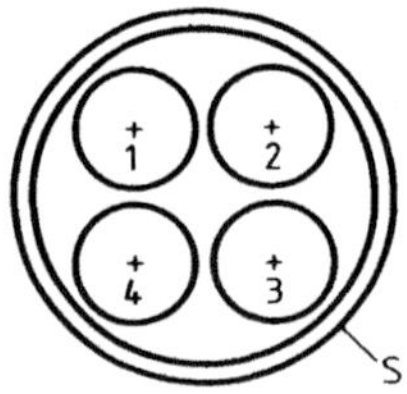

Fig. 4.113
Querschnitt eines Kreuzkondensators mit vier kreiszylindrischen Elektroden
1 bis 4 Elektroden,
S Elektrostatischer Schirm

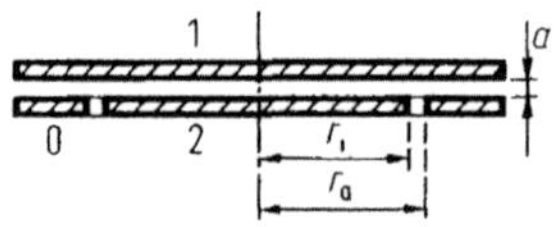

Fig. 4.114
Schutzringkondensator (schematisch, im Schnitt)
1, 2 Hauptelektroden
0 Schutzelektrode
a Plattenabstand
r_i, r_a Innen- und Außenradius des Spalts zwischen 2 und 0

Sonstige Leiteranordnungen (parallele Flächen) Ist der Abstand a klein gegen die Abmessungen der Fläche A, kann der Beitrag des Randfeldes zur Kapazität in erster Näherung vernachlässigt werden. Dann gilt für einen Kondensator aus zwei Platten:

$$C \approx \varepsilon_0 \frac{A}{a} \tag{4.182}$$

insbesondere also für Kreisplatten (Radius r):

$$C \approx \frac{\varepsilon_0 \pi r^2}{a} \tag{4.183}$$

Als Sonderfall eines Kreisplattenkondensators ist der Schutzringkondensator anzusehen. Er besteht aus zwei verschieden großen Kreisplatten 1 und 2 im Abstand a, die kleinere Platte ist von einer Kreisringplatte 0 umgeben (s. Fig. 4.114). Die Hauptkapazität C_{12} läßt sich näherungsweise nach Gl. (4.183) als Kapazität von zwei Kreisplatten mit dem mittleren Radius $\bar{r} = (r_a + r_i)/2$

berechnen:

$$C_{12} = \varepsilon_0 \frac{\pi \bar{r}^2}{a} = \varepsilon_0 \frac{\pi (r_a + r_i)^2}{4a} \qquad (4.184)$$

Die Näherung ist um so genauer, je kleiner der Ringspalt im Verhältnis zum Radius und zum Abstand ist.

Schrifttum über die Berechnung der Kapazität von Kreisplattenkondensatoren und experimentelle Nachprüfung der Gültigkeit der Formeln: Grüneisen-Giebe (1912), Zickner (1944), v. Guttenberg (1953), Snow (1954), Wießner (1959). Bei Snow auch Formeln für andere Leiteranordnungen (z. B. Kugel-Ebene, Zylinder-Ebene) und zahlreiche Literaturhinweise.

4.2.5.3 Kondensatoren, Kapazitätsnormale

Grundsätzliche Eigenschaften von Kapazitätsnormalen Kondensator wird ein elektrisches Bauteil genannt, das bewußt so konstruiert ist, daß es bei Anschluß an eine elektrische Schaltung überwiegend als Kapazität (vgl. **4**.2.5.1) wirksam ist. Ein Kondensator besteht im wesentlichen aus mindestens zwei voneinander isolierten Leiteranordnungen, meist als Elektroden oder Belegungen bezeichnet, die geeignete Anschlußvorrichtungen besitzen, z. B. Schraubklemmen, Stecker, Steckbuchsen, Lötfahnen oder dergl. Das isolierende Medium zwischen den Leitern heißt Dielektrikum (vgl. **8**.6.3).

Kapazitätsnormale oder Normalkondensatoren sind speziell für Meßzwecke verwendete Kondensatoren, die einen oder auch mehrere bestimmte Kapazitätswerte verkörpern. Als Primärnormal (s. **9**.2.1) der Kapazität verwendet man heute allgemein einen Kreuzkondensator nach Thompson und Lampard (s. **4**.2.5.2).

Dabei wurde in den letzten Jahren eine relative Unsicherheit von 10^{-6} bis 10^{-8} erreicht. Der Fertigungs- und Meßaufwand hierfür ist allerdings erheblich, so daß es im allgemeinen den metrologischen Staatsinstituten vorbehalten bleibt, die Kapazitätseinheit nach diesem Verfahren darzustellen. Bezüglich Einzelheiten muß auf das Schrifttum verwiesen werden (z. B. Übersichtsaufsatz: Fiebiger (1979)). Alle anderen Kapazitätsnormale sind Sekundärnormale. Entsprechend ihrem Verwendungszweck werden sie als Referenz-, Kontroll-, Arbeits-, Betriebsnormale oder ähnlich bezeichnet.

Das Hauptmerkmal eines Kapazitätsnormals besteht darin, daß seine Kapazität eindeutig definiert und über einen längeren Zeitraum innerhalb festgelegter oder vereinbarter Grenzwerte (Fehlergrenzen) reproduzierbar ist. Zur eindeutigen Definition der Kapazität gehört eine definierte Anschlußweise (Zweipol, Dreipol usw. vgl. **4**.2.5.1); bei höheren Genauigkeitsansprüchen kann auch die Art der Anschlußleitungen (ungeschirmte oder geschirmte, flexible oder feste Leitungen) und der Anschlußvorrichtungen für einen reproduzierbaren Kapazitätswert von Bedeutung sein. Umgebungseinflüsse (Temperatur, Luftdruck, Luftfeuchte, elektromagnetische Fremdfelder, mechanische Erschütterungen) und Meßbedingungen (Frequenz, Spannung) können die Kapazität merklich verändern. Bei nicht zu großen Abweichungen vom Bezugswert sind die Kapazitätsänderungen im allgemeinen reversibel und näherungsweise linear von der Einflußgröße abhängig, die Änderungen können aber auch irreversibel sein, wenn etwa ein Kondensator vorübergehend einer größeren Temperaturänderung, einer erhöhten Spannung oder stärkeren mechanischen Erschütterung ausgesetzt wird. Alterung oder Spannungserholung, d. h. Abbau fertigungsbedingter innerer mechanischer Spannungen, wirken sich erfahrungsgemäß meist in Form einer annähernd exponential abklingenden Kapazitätsdrift aus. Durch vorweggenommene künstliche Alterung können diese Prozesse beschleunigt und damit die Abklingzeiten, die sonst viele Jahre betragen würden, merklich verkürzt werden.

Festwert-Kondensatoren, Kapazitätssätze, Drehkondensatoren In der einfachsten Ausführung verkörpert ein Normalkondensator nur einen einzigen festen Kapazitätswert („Festwert"-K.). Besonders bei Präzisionsnormalen höchster Genauigkeit lassen sich mit dieser Bauform die Anforderungen für reproduzierbare, definierte Kapazitätswerte (Abschirmung, Anschlußweise, definierte Teilkapazitäten usw.) gut erfüllen. Der Kapazitätswert ist meist so gut als möglich auf einen ganzzahligen, häufig dekadischen Wert (Nennkapazität) justiert.

Faßt man eine Anzahl Einzelnormale verschiedener Nennwerte in einem Gehäuse zusammen und sorgt durch geeignete Schaltvorrichtungen (Stöpsel, Drehschalter) dafür, daß sie in beliebigen Kombinationen parallel geschaltet werden können, so läßt sich in bequemer Weise ein größerer Kapazitätsbereich überdecken. Kondensatoren dieser Art haben infolge der Schaltvorrichtungen eine Anfangskapazität C_0, normalerweise etwa zwischen 10 pF und 50 pF. Die Gesamtkapazität C_{ges} ergibt sich dann als $C_{ges} = C_0 + \sum C_i$, wobei $\sum C_i$ die Summe aller gestöpselten bzw. durch Drehschalter zugeschalteten Einzelkapazitäten ist.

Vielfach besitzen in Dreipolausführung hergestellte Normalkondensatoren eine Schaltlasche oder dergl., um das Gehäuse mit einer der beiden Elektroden verbinden und somit den Kondensator wahlweise auch als Zweipol verwenden zu können. In diesem Fall ist an den Klemmen zusätzlich die Gehäusekapazität C_{10} oder C_{20} (je nach Bauform etwa zwischen 10 pF und 100 pF) wirksam. Oft ist die Gehäusekapazität mit in den Nennwert einbezogen, d. h. der Kondensator ist vom Hersteller in Zweipolschaltung justiert.

Bei Stöpselkondensatoren, besonders älterer Bauart, tritt mitunter ein sog. „Nachbarschafts-Defekt" auf: werden zwei nebeneinanderliegende Einzelwerte gestöpselt, so ist die gemessene Gesamtkapazität kleiner als die Summe der Einzelwerte. Ursache hierfür sind die Streukapazitäten zwischen den Einzelkondensatoren. Beispiel: Wird der Nennwert 1 nF gestöpselt, mißt man an den Klemmen einschließlich Schaltkapazität von 0,0343 nF eine Kapazität von 1,0328 nF. Für 2 nF erhält man 2,0319 nF. Rechnerisch ergibt sich daraus beim Stöpseln beider Werte eine Kapazität von 3,0304 nF (die Schaltkapazität ist nur einmal zu zählen!). Gemessen wird aber 3,0263 nF, mithin ein „Defekt" von −0,0041 nF (≙ −0,14%).

Bei Kondensatoren mit Drehschaltern, den sog. „Kurbelkondensatoren", sind meist mehrere Kapazitätsdekaden in einem Gehäuse untergebracht, z. B. 10 × 100 nF + 10 × 10 nF + 10 × 1 nF, so

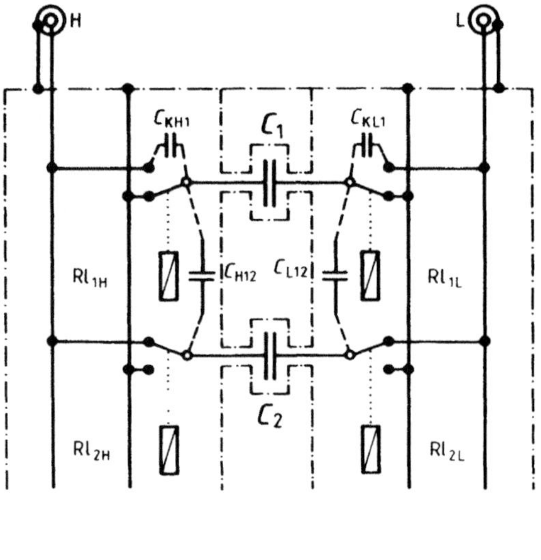

Fig. 4.115
Relaygesteuerte Präzisionskapazitätsdekade (Prinzipschaltbild mit zwei Kondensatoren) H und L Anschlußstecker, C_1 und C_2 Kondensatoren der Dekade, (Rl_{1H}, Rl_{1L}), (Rl_{2H}, Rl_{2L}) Relays der schaltbaren Kondensatoren, C_{KH1} und C_{KL1} Schaltkapazitäten der beiden Relays Rl_{1H} und Rl_{1L}, C_{H12} und C_{L12} Streukapazitäten zwischen den beiden Kapazitäten C_1 und C_2

daß sich jeder Wert zwischen 1 nF und 1,110 µF einstellen läßt. Auch hierbei wird gelegentlich ein Nachbarschaftseinfluß beobachtet, wenn die verschiedenen Dekaden bzw. ihre Drehschalter nicht genügend gegeneinander abgeschirmt sind, doch ist der dadurch verursachte Fehler im allgemeinen nicht größer als 0,01%.

Der Nachbarschaftseinfluß läßt sich weiter vermindern, wenn die Kapazitätsdekade vollständig symmetrisch aufgebaut wird (s. Fig. 4.115). Die gegeneinander abgeschirmten Kondensatoren C_1, C_2 werden mit je zwei Relays (Rl_{1H}, Rl_{1L}), (Rl_{2H}, Rl_{2L}) entweder auf Masse geschaltet oder mit den Anschlüssen H und L verbunden. Die Schaltkapazitäten des nicht benutzten Kondensators (im Bild C_{KH1} und C_{KL1}) sowie die Streukapazitäten (im Bild C_{H12} und C_{L12}) werden den Gehäusekapazitäten parallel geschaltet und somit unwirksam. Eine von Melcher u. a. (1992) aufgebaute Präzisionskapazitätsdekade zeigt einen Nachbarschaftseinfluß in der Größenordnung von $1 \cdot 10^{-6}$, was innerhalb der Meßunsicherheit der verwendeten Kapazitätsmeßbrücke liegt.

Kondensatoren mit stetig veränderbarer Kapazität sind in der Regel als Drehkondensatoren ausgebildet. Es handelt sich fast ausnahmslos um Luftkondensatoren, sie werden in einem der folgenden Absätze bei den Kondensatoren mit gasförmigem Dielektrikum beschrieben.

Normale mit gasförmigen Dielektrikum Die bekannteste Bauform eines Meßkondensators mit Gas-Dielektrikum ist der Plattenkondensator, wie er schon von Giebe (1909), Schering und Schmidt (1912) Giebe und Zickner (1933) (sog. „PTR-Bauart") beschrieben worden ist. Das in Fig. 4.116 dargestellte Konstruktionsprinzip hat sich grundsätzlich bis heute nicht geändert: Mehrere kreisförmige Metallplatten sind mittels Bolzen und Zwischenringen in gleichen Abständen parallel angeordnet, wobei die Einzelplatten abwechselnd zum Elektrodensystem 1 und 2 gehören. Die Bolzen beider Systeme werden mechanisch in einer Grundplatte befestigt, sind von ihr aber durch Isolierzwischenlagen, z. B. aus Quarz oder Keramik, elektrisch isoliert. Auf diese Weise entsteht ein Dreipol, bei dem festes Dielektrikum nur in den Teilkapazitäten zwischen Grundplatte und jedem Elektrodensystem, nicht aber in der Hauptkapazität C_{12} vorhanden ist.

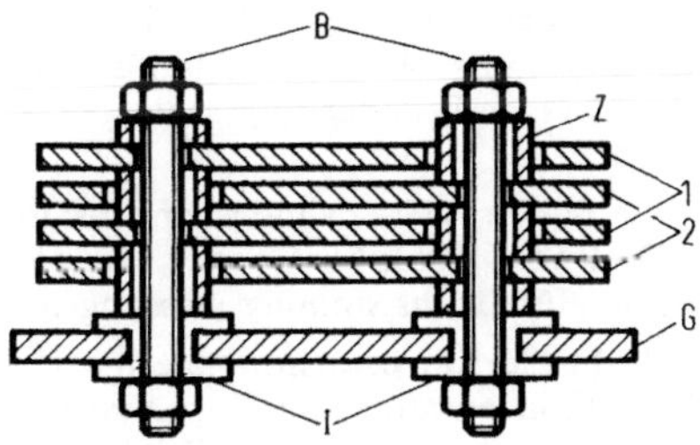

Fig. 4.116
Plattenkondensator (schematisch, im Schnitt)
1, 2 Elektrodensysteme,
G Grundplatte,
B Bolzen,
I Isolation,
Z Zwischenringe

Da Luft und auch andere Gase über einen weiten Frequenzbereich eine nahezu konstante Permittivitätszahl haben, hat solch ein Kondensator praktisch eine frequenzunabhängige Hauptkapazität. Erst bei höheren Frequenzen steigt die Kapazität des Kondensators infolge der unvermeidbaren Eigeninduktivität der Zuleitungen und Platten an. Im Ersatzschaltbild des realen Kondensators ist sie als Reiheninduktivität wirksam, so daß sich ein Gesamt-Scheinwiderstand Z von

$$Z = \frac{1}{j\omega C} + j\omega L = \frac{1 - \omega^2 CL}{j\omega C} \tag{4.185}$$

und daraus eine wirksame Kapazität von

$$C_{\text{eff}} = \frac{C}{1 - \omega^2 CL} \approx C(1 + \omega^2 CL) \tag{4.186}$$

ergibt. Zahlenbeispiel: Ein Kapazitätsnormal von 1 nF mit einer Eigeninduktivität von 100 nH, einem in der Praxis durchaus vorkommenden Wert, hat bei 100 kHz einen relativen Kapazitätszuwachs von $4 \cdot 10^{-5}$ (Hanke u. Dröge (1987)).

Die dielektrischen Verluste von Gasen sind praktisch unmeßbar klein. Der Verlustfaktor von gasgefüllten Kondensatoren wird im wesentlichen durch den Wirkwiderstand der Platten und Zuleitungen bewirkt und daher zweckmäßig im Serienersatzschaltbild als $d = \omega CR$ ausgedrückt. Er ist bei guten Kondensatoren bis in den kHz-Bereich im allgemeinen kleiner als 10^{-5} und somit in der Praxis meist vernachlässigbar. Bei höheren Frequenzen bewirkt der Skin-Effekt zusätzlich ein Ansteigen des Widerstands, so daß bei etwa 1 MHz Verlustfaktorwerte zwischen 10^{-5} und 10^{-4} erreicht werden.

Andere Einflußgrößen, die die Kapazität und den Verlustfaktor verändern können, sind in erster Linie die Temperatur, der Luftdruck und die Luftfeuchte.

Der Temperaturkoeffizient der Kapazität von Plattenkondensatoren wird hauptsächlich durch die Wärmeausdehnung der Platten, Bolzen und Abstandsstücke bestimmt. Die annähernd quadratische Änderung der Plattenflächen wird dabei teilweise durch die Abstandsänderung kompensiert, so daß der Temperaturkoeffizient der Kapazität etwa gleich dem linearen Wärmeausdehnungskoeffizienten des betreffenden Metalls ist, bei den üblichen Werkstoffen Aluminium, Messing oder Legierungen dieser Metalle also in der Größenordnung einiger $10^{-5}\,K^{-1}$. Es ist versucht worden, die Temperaturkompensaton zu verbessern, indem die Platten und Abstandsstücke aus Werkstoffen mit unterschiedlicher Wärmeausdehnung hergestellt werden (Griffiths (1942), Zickner (1948a)). Einfacher ist es, Werkstoffe mit kleinem Ausdehnungskoeffizienten zu verwenden, z. B. den unter der Bezeichnung Invar bekannten Nickelstahl. Auf diese Weise kann der Temperaturkoeffizient der Kapazität auf etwa $2 \cdot 10^{-6}\,K^{-1}$ gesenkt werden (Hersh (1963)).

Die Permittivität von Gasen hängt ebenfalls in geringem Maße von Temperatur, vom Druck und von der Feuchte ab. Bei Raumtemperatur und Normaldruck hat $\varepsilon_{r,\,Luft}$ einen Temperaturkoeffizienten von etwa $-2 \cdot 10^{-6}\,K^{-1}$ und einen Druckkoeffizienten von rund $10^{-6}\,mbar^{-1}$. Eine Zunahme der relativen Luftfeuchte um 1% bewirkt einen relativen Kapazitätsanstieg um rund $2 \cdot 10^{-6}$; über 40% Feuchte ist der Anstieg stärker, was auf teilweise Kondensation des Wasserdampfes auf den Metalloberflächen zurückgeführt wird (Ford (1948)). Bei Präzisionsnormalen moderner Bauart werden diese atmosphärischen Einflüsse vielfach dadurch ausgeschaltet, daß der Kondensator in einen luftdichten Behälter eingeschlossen wird, der mit trockenem, inertem Gas (z. B. Stickstoff) gefüllt ist.

Auch die Bauform des Zylinderkondensators eignet sich als Kapazitätsnormal mit Gasdielektrikum (Zickner (1955); McGregor u. a. (1958); Dunn (1964); Cutkosky (1964)). Zylinderkondensatoren für Hochspannungsmessungen werden in **4**.4 (Hochspannung) behandelt.

Handelsübliche Kapazitätsnormale mit Gasdielektrikum haben Nennwerte zwischen 1 fF und 10 nF. Luftkondensatoren mit Kapazitätswerten bei 100 nF, bei denen allerdings etwas unhandliche Abmessungen und Gewichte in Kauf zu nehmen sind, werden von Giebe und Zickner (1933) beschrieben.

Drehkondensatoren. Kondensatoren mit stetig veränderbarer Kapazität sind meist als Plattenkondensatoren ausgeführt. Die beiden Elektrodensysteme bestehen aus halbkreisförmigen Platten, von denen ein System um eine Achse durch die Mittelpunkte der Halbkreise drehbar ist. Die maximale Kapazität ist vorhanden, wenn das bewegliche System so in das feste hineingedreht wird, daß die halbkreisförmigen Flächen vollkommen zur Deckung kommen. Die kleinstmögliche Kapazität (Anfangskapazität) wird bei einer Drehung um 180° erreicht. Dazwischen ändert sich die Kapazität annähernd proportional mit dem Drehwinkel. Abweichungen von der Linearität werden vor allem durch fertigungsbedingte Fehler in der Geometrie (Plattenoberfläche, Parallelführung der Platten bei der Drehbewegung) und durch Streukapazitäten innerhalb des Gehäuses (Stützen, Drehantrieb usw.) verursacht. Die Elektrodensysteme sind entweder beide gegen das Gehäuse isoliert (Dreipol), oder es ist eines der beiden Systeme, zweckmäßigerweise das bewegliche, mit dem Gehäuse leitend verbunden (Zweipol). Die Anfangskapazität solcher Drehkondensatoren liegt bei etwa 5% bis 10% des Höchstwertes. Ein Drehkondensator „ohne Anfangskapazität" wird von Zickner (1956) beschrieben.

Der „Kohlrausch"-Kondensator besteht aus zwei einzelnen Platten, deren Abstand durch einen Feinantrieb verstellt werden kann. Er hat eine hyperbolische Kennlinie. Als Vorteile werden sein einfacher und übersichtlicher Aufbau, eine dadurch verhältnismäßig kleine Eigeninduktivität und somit auch geringer Frequenzgang angesehen (Zickner (1948b)).

Normale mit festem Dielektrikum Quarzglaskondensatoren. Der im National Bureau of Standards (Washington) von Cutskosky und Lee (1963, 1965) entwickelte Quarzglaskondensator ist nach dem Stand der Technik als das stabilste Kapazitätsnormal anzusehen.

Grundbestandteil ist eine 1 cm dicke Kreisscheibe aus Quarzglas mit 7 cm Durchmesser. Die Elektroden bestehen aus 10 µm bis 40 µm dicken, elektrisch leitenden Metallfilmen, die mittels Leitsilber oder bei einer industriellen Bauform (Abenaim u. Hersh (1979)) durch Vakuumaufdampfung und Foto-Ätztechnik erzeugt werden. Die Kapazität eines solchen Kondensators ist rund 10 pF. Mit einer 1 mm dicken Scheibe erhält man eine Kapazität von 100 pF. Die ausgezeichnete Stabilität dieser Normale zeigt sich in den sehr geringen relativen Kapazitätsänderungen von der Größenordnung 10^{-7} pro Jahr. Um diese Stabilität voll auszunutzen, werden Quarzglaskondensatoren im allgemeinen in Thermostaten aufbewahrt; der Temperaturkoeffizient der Kapazität, verursacht durch die Temperaturabhängigkeit der Permittivität des Quarzglases, beträgt nämlich etwa $1 \cdot 10^{-5}\,K^{-1}$. Bei Messungen höchster Präzision ist auch die zwar geringe, aber meßbare Frequenzabhängigkeit der Kapazität mit Frequenzkoeffizienten von etwa $-1 \cdot 10^{-6}\,kHz^{-1}$ bis $-2 \cdot 10^{-6}\,kHz^{-1}$ (im Bereich bis 2 kHz) zu beachten.

Glimmerkondensatoren. Glimmer ist ein natürliches Mineral. Die besondere Eignung zur Herstellung von Kondensatoren beruht auf der Spaltbarkeit (Lamellen bis zu 10 µm), eine Permittivitätszahl von etwa 7, einem Verlustfaktor in der Größenordnung 10^{-4} und einer Spannungsfestigkeit bis zu 100 kV/mm. Die Glimmerplättchen werden durch Einbrennen oder Aufdampfen beidseitig mit einer leitenden Metallschicht überzogen und zu Stapeln zusammengepreßt, die zum Schutz gegen Luftfeuchte mit Kunststoff umhüllt oder in luftdichte Behälter eingeschlossen werden. Handelsübliche Normale dieser Bauart gibt es mit Kapazitätswerten bis in den µF-Bereich hinein.

Die Instabilität der Kapazität ist im allgemeinen etwa 0,01% /Jahr, erfahrungsgemäß werden die Kapazitätswerte mit dem Alter immer stabiler. Der Temperaturkoeffizient hängt in gewissem Maße von der Qualität des Glimmers ab und liegt etwa zwischen $1 \cdot 10^{-5}\,K^{-1}$ und $3 \cdot 10^{-5}\,K^{-1}$. An fertigen Kondensatoren werden mitunter Werte bis zu $7 \cdot 10^{-5}\,K^{-1}$ oder sogar negative Temperaturkoeffizienten bis zu $-4 \cdot 10^{-5}\,K^{-1}$ gemessen. Neben der Qualität des Glimmers spielen hierbei offensichtlich die Bauform und Herstellungsweise eine Rolle.

Mit wachsender Frequenz nimmt die Kapazität von Glimmerkondensatoren zunächst leicht ab, zwischen 50 Hz und 10 kHz um etwa 0,02% bis 0,03%. Bei höheren Frequenzen steigt die Kapazität infolge der Eigeninduktivität wieder an (s. Gl. (4.186)). Einen ähnlichen Frequenzgang hat der Verlustfaktor von Glimmerkondensatoren, bei sehr niedrigen Frequenzen in erster Linie durch den Isolationswiderstand und die dielektrischen Verluste des Glimmers bestimmt, die zusammen einen leicht fallenden Frequenzgang ergeben. Mit zunehmender Frequenz überwiegt der Einfluß des Wirkwiderstandes in Elektroden und Zuleitungen. Einige typische Kapazitäts- und Verlustfaktorkurven sind in Fig. 4.117 dargestellt.

Kunststoff-Kondensatoren. Kunststoff als Dielektrikum für Kondensatoren wird fast ausschließlich in Folienform verwendet. Bekannt ist beispielsweise STYROFLEX®, eine durch ein Warm-Reckverfahren aus Polystyrol gewonnene Folie (Hübner (1968)), die sich durch einen niedrigen und über einen großen Frequenzbereich nahezu konstanten Verlustfaktor auszeichnet. Als Elektroden dienen entweder Aluminium- oder Zinnfolien, oder es werden im Vakuum dünne

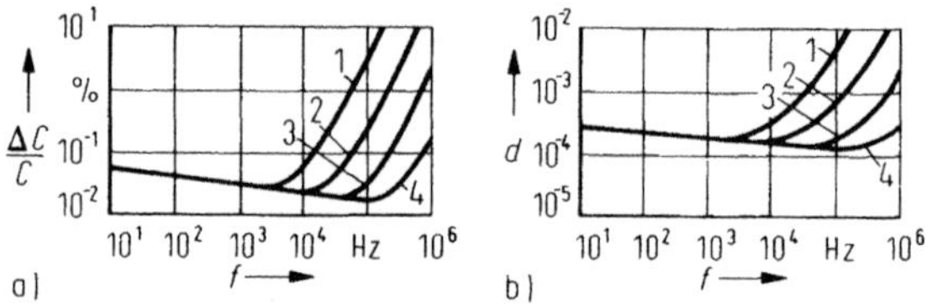

Fig. 4.117
Frequenzabhängigkeit der Kapazität und des Verlustfaktors von Glimmerkondensatoren (nach Herstellerangaben General Radio Comp., USA)
a) Kapazität, b) Verlustfaktor
1 1 µF, 2 100 nF, 3 10 nF, 4 1 nF

Metallschichten von 0,02 µm bis 0,05 µm auf die Kunststoffe aufgedampft, die dann zu Wickeln verarbeitet wird. Diese spiralige Aufwicklung würde, besonders bei großen Kapazitätswerten, zu einer hohen Eigeninduktivität führen, was dadurch vermieden werden kann, daß die Metallfolien oder -schichten an den Stirnseiten der Wickel kontaktiert werden. Die metallisierten Kunststoffolien haben neben dem Vorteil des geringeren Volumens auch noch die Eigenschaft der „Selbstheilung“: Kommt es an einer Fehlstelle im Dielektrikum zu einem elektrischen Durchschlag, so verdampft durch den dabei entstehenden Lichtbogen der Metallbelag in der Umgebung der Durchschlagstelle, ohne die Kunststoffolie selbst zu beschädigen; die Fehlstelle ist danach wieder isoliert, und der Kondensator bei geringfügig verkleinerter Kapazität weiterhin einsatzfähig.

Der Kapazitätsbereich der serienmäßig hergestellten Kunststoffkondensatoren reicht von einigen Pikofarad bis zu etwa 100 µF. Zum Schutz gegen Feuchte werden die Kondensatoren mit einer Schrumpfisolierfolie umhüllt, im Gießharz eingeschlossen oder in luftdicht verschlossene Kunststoff- oder Metallgehäuse eingeschlossen. Verglichen mit Quarzglas- oder Glimmerkondensatoren ist die Stabilität wesentlich geringer, was sich in irreversiblen Kapazitätsänderungen bis zu einigen Prozent pro Jahr ausdrückt. Nachteilig für manche Anwendungen ist auch der vergleichsweise starke Temperatureinfluß. In Tab. 4.7 sind nach Herstellerangaben Richtwerte der Temperaturkoeffizienten und Verlustfaktoren für einige handelsübliche Kunststoffkondensatoren zusammengestellt.

Tab. 4.7 Temperaturkoeffizienten und Verlustfaktoren von Kunststoff-Kondensatoren

Dielektrikum, Elektroden	DIN-Kurzbezeichnung	Temp.-Koeff. (in 10^{-6} K^{-1})	Verlustfaktor (in 10^{-3})
Styroflex, Metallfolien	KS	−250 bis −50	0,1 bis 1
Styroflex, metallisiert	MKS	−170 bis −70	0,5 bis 1
Polypropylen, Metallfolien	KP	−300 bis −100	0,1 bis 1
Polypropylen, metallisiert	MKP	−250	0,2 bis 1,5
Polycarbonat, Metallfolien	KC	50 bis 150	1 bis 8
Polycarbonat, metallisiert	MKC	−100 bis 100	1 bis 10
Polyester, Metallfolien	KT	250 bis 500	5 bis 20
Polyester, metallisiert	MKT	250 bis 500	5 bis 30
Celluloseacetat, metallisiert	MKU	500 bis 700	15 bis 25

Transformierte Kapazitätsnormale Beliebig große Kapazitätswerte lassen sich, zumindest theoretisch, mit sogenannten „transformierten“ Kapazitätsnormalen darstellen. Dabei wird die bekannte Transformatoreigenschaft ausgenutzt, daß ein an die Sekundärwicklung (Windungszahl N_2) angeschlossener Leitwert Y_2 auf der Primärseite (N_1) als transformierter Leitwert $Y_1 = (N_2/N_1)^2 Y_2$ wirksam ist (Fig. 4.118); für einen kapazitiven Leitwert gilt demnach $C_1 = (N_2/N_1)^2 C_2$.

Hauptfehlerquellen sind der Leerlaufwiderstand sowie die Kupfer- und die Ummagnetisierungsverluste des Transformators. Letztere erhöhen den Verlustfaktor, der überwiegend induktive Leerlaufwiderstand des Transformators liegt in Parallelschaltung zur wirklichen Kapazität C_2 und

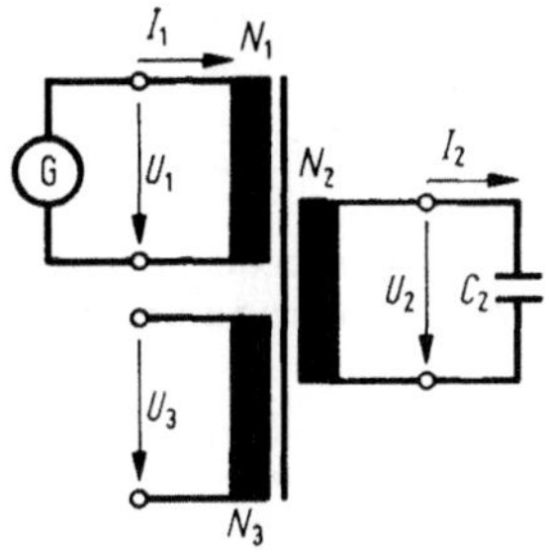

Fig. 4.118
Prinzipschaltbild eines transformierten Kapazitätsnormals (Erläuterungen im Text)

vermindert deren wirksame Kapazität nach der Beziehung

$$C_2' = C_2 \left(1 - \frac{1}{\omega^2 L C_2}\right). \tag{4.187}$$

Um diesen Fehler klein zu halten, muß das Produkt $\omega^2 L C_2$ möglichst groß sein. Beispiel: Mit $L = 400\,\text{H}$ und $C_2 = 1\,\mu\text{F}$ ergibt sich für $f = 120\,\text{Hz}$ ein Fehler von etwa 0,5%. Eine weitere Fehlerquelle, die nicht auf transformierte Normale beschränkt ist, sich aber hier besonders stark bemerkbar machen kann, ist die magnetische Kopplung zwischen Strom- und Spannungsmeßkreis, die bei einer Gegeninduktivität M einen Fehler $\Delta C/C = \omega^2 M C$ erzeugt. Mit einem handelsüblichen Normal dieser Bauart werden Kapazitätswerte bis 1 F (bei 100 Hz) oder 1 mF (bei 1 kHz) mit Verlustfaktoren zwischen 0,01 und 0,1 erreicht (Hall (1968a) u. (1976)).

4.2.5.4 Kapazitätsmessung

Die Meßverfahren zur Bestimmung der Kapazität eines Kondensators lassen sich in zwei große Gruppen einteilen: Zur ersten Gruppe zählen alle Verfahren, bei denen die Kapazität auf andere physikalische Größen zurückgeführt wird (z. B. Länge, Zeit, Stromstärke, Widerstand). Die zweite Gruppe umfaßt die Vergleichsverfahren. Sie sind der gebräuchlichste Weg, um die Kapazitätseinheit „weiterzugeben", d. h. ein beliebiges Kapazitätsnormal durch Vergleich mit einem Normal geringerer Meßunsicherheit letztlich auf das „nationale Normal" zurückzuführen (vgl. 4.1.1.9 u. 9.2.1).

Ein weiteres Unterscheidungsmerkmal ist die Anwendung von Gleich- oder Wechselspannung, bei letzterer wird häufig noch nach dem Frequenzbereich, z. B. Netz-, Ton- oder Hochfrequenz, unterschieden, wobei die Grenzen nicht immer eindeutig definiert sind.

Messung durch Zurückführen auf andere physikalische Größen Gleichspannungs-Meßverfahren. Das scheinbar nächstliegende Verfahren, nämlich Ladung und Gleichspannung eines Kondensators zu messen und daraus gemäß der Definitionsgleichung (4.156) die Kapazität zu berechnen, hat keine praktische Bedeutung, da die dabei auftretenden Ladungsmengen zu klein und nicht genau genug meßbar sind.

Die beiden folgenden Verfahren sind nur bedingt als „Gleichspannungs"-Verfahren zu bezeichnen, da die Meßschaltungen zwar mit Gleichspannung gespeist werden, die Spannung am Kondensator aber zeitlich veränderlich ist.

In einer Schaltung nach Maxwell-Thomson liegt die Kapazität in einem Zweig einer Wheatestonschen Brücke und wird über einen periodischen Unterbrecher abwechselnd durch Anschluß an die Brückenwiderstände geladen und anschließend durch Kurzschluß wieder entladen (s. Fig. 4.119).

Bei Nullanzeige des Indikators gilt

$$C = \frac{1}{f} \cdot \frac{R_1}{R_2 \cdot R_3} (1 - \mathrm{k}) \tag{4.188}$$

Dabei ist f die Unterbrecherfrequenz und k ein Korrektionswert. In einer solchen Anordnung erreichte Giebe (1909) mit einem Kondensator von 10 nF die beachtlich geringe Meßunsicherheit von 0,001 %.

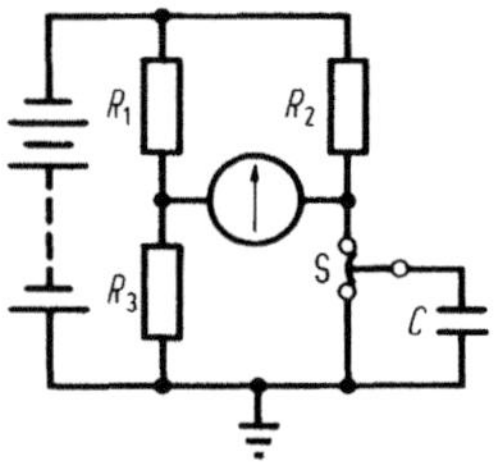

Fig. 4.119
Brücke nach Maxwell-Thompson
S Schalter (Schaltfrequenz f)

Ein weiteres Verfahren, die Kapazität mit einem Widerstand und einer Zeitmessung zu verknüpfen, ist die Entlademethode: ein mit Gleichspannung geladener Kondensator entlädt sich über einen Widerstand R nach einer abklingenden Exponentialfunktion mit einer Zeitkonstanten $\tau = RC$. Mißt man zu den beiden Zeitpunkten t_1 und t_2 entweder die Spannungen u_1 und u_2 am Kondensator oder die Entladestromstärken i_1 und i_2, so ergibt sich die Kapazität C als

$$C = \frac{t_2 - t_1}{R \cdot \ln(u_1/u_2)} \quad \text{oder} \quad C = \frac{t_2 - t_1}{R \cdot \ln(i_1/i_2)} \tag{4.189}$$

Zweckmäßig sollte die Zeitkonstante nicht zu klein sein, man braucht also große Kapazitäts- oder Widerstandswerte. Tsao (1974) hat mit einem 100-MΩ-Widerstand und einem 1-nF-Kondensator eine relative Meßunsicherheit von $2 \cdot 10^{-7}$ erreicht.

Wechselspannungs-Meßverfahren. Für verlustarme Kondensatoren ergibt sich aus der Beziehung $Y = I/U \approx B_C = \omega C$ ein einfaches Meßverfahren zur Bestimmung der Kapazität aus einer Strom- und Spannungsmessung. Dieses klassische Verfahren hat durch den Einsatz moderner elektronischer Bauteile wieder größere praktische Bedeutung erlangt. Die Meßwertverarbeitung mit Verstärkern und Mikroprozessoren (s. Fig. 4.120) liefert außer Stromstärke und Spannung auch den Phasenverschiebungswinkel zwischen diesen beiden Größen, ist daher nicht an die obengenannte Voraussetzung $Y \approx \omega C$ gebunden und im übrigen nicht auf Kapazitätsmessungen beschränkt, sondern universell für R-, L- und C-Messungen geeignet. Handelsübliche Meßgeräte dieser Art werden zur Zeit für den Frequenzbereich bis 1 MHz mit Meßunsicherheiten zwischen 0,1 % und 0,01 % angeboten. Eine ausführliche Beschreibung dieser elektronischen Meßverfahren findet man zum Beispiel bei Honda (1989) (s. **4**.2.4.5).

Die sog. „Quad"-Brücke wurde von Cutkosky (1961) und Thompson (1968) entwickelt, um die mit Hilfe des Kreuzkondensators (s. **4**.2.5.2) dargestellte Kapazitätseinheit mit der Widerstandseinheit zu vergleichen (s. Fig. 4.121). Die drei Spannungen U_1, U_2 und U_3 haben gleiche Amplitude, U_3 ist aber gegenüber U_1 und U_2 um 90° phasenverschoben. Mit zwei gleich großen Widerständen $R_1 = R_2 = R$ und zwei gleich großen Kapazitäten $C_1 = C_2 = C$ gilt bei abgeglichener Brücke

$$R = \frac{1}{\omega C} \tag{4.190}$$

Beispiel: Für $C = 1$ nF und $f = 1592$ Hz ($\omega = 10^4\,\mathrm{s}^{-1}$) ergibt sich $R = 100$ kΩ. Wegen der bei diesem Einheitenvergleich angestrebten hohen Genauigkeit (relative Meßunsicherheit: $1 \cdot 10^{-7}$ bis $1 \cdot 10^{-8}$) ist die gesamte Schaltung in Viertor-Technik aufgebaut (Cutkosky (1970b)).

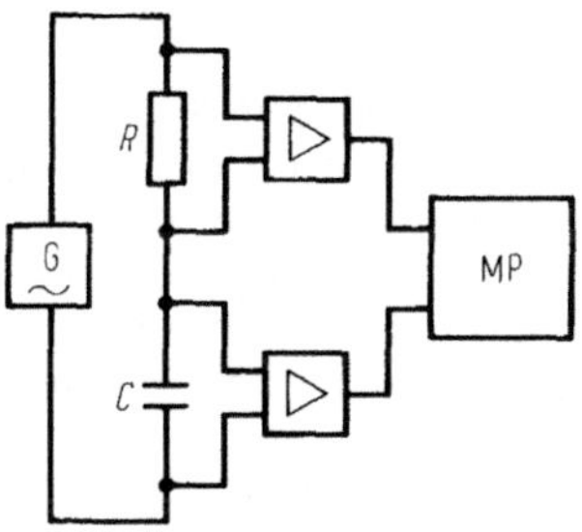

Fig. 4.120 Kapazitäts- und Verlustfaktormessung aus Strom- und Spannungsmessung mit Verstärkern und Mikroprozessor (MP)
C Meßgegenstand, R Strom-Meßwiderstand

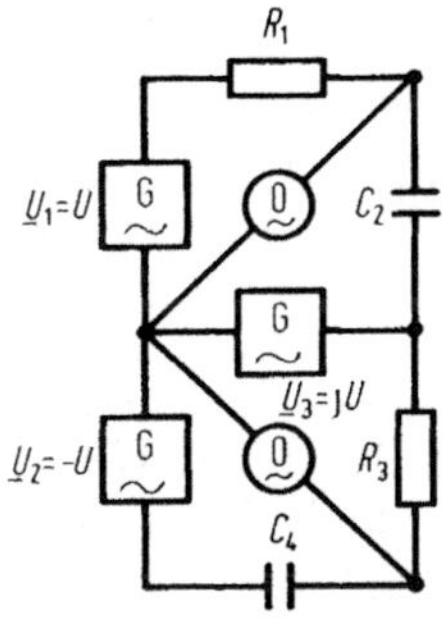

Fig. 4.121 Quadraturbrücke nach Thompson
$R_1 = R_3 = R$, $C_2 = C_4 = C$: $R = 1/\omega C$

Kapazitätsmessung durch Vergleich (Verhältnismessung) Zum Vergleich einer unbekannten Kapazität C_X mit einem bekannten Kapazitätsnormal C_N eignen sich grundsätzlich alle Wechselstrombrücken des in Fig. 4.122 dargestellten Typs. Nimmt man C_X im Zweig 1 und C_N im Zweig 2 der Brücke an, so kann das zum Abgleich der Brücke erforderliche Verhältnis Z_3/Z_4 entweder durch zwei Widerstände R_3 und R_4 oder durch zwei Kapazitäten C_3 und C_4 oder – besonders in neuerer Zeit – durch einen induktiven Spannungsteiler (vgl. **4**.2.7) verwirklicht werden.

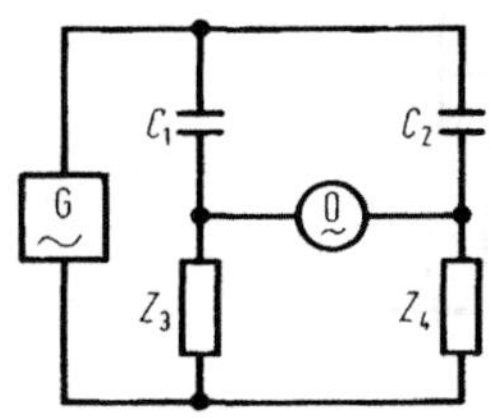

Fig. 4.122
Grundschaltung einer Wechselstrombrücke zum Kapazitätsvergleich
$C_1 : C_2 = Z_4 : Z_3$

Zum Abgleich der Phasenwinkeldifferenz infolge unterschiedlicher Verlustfaktoren d_1 und d_2 werden in einem oder auch in mehreren Zweigen der Brücke RC-Kombinationen verwendet. Ob dabei eine Parallel- oder Reihenschaltung zu bevorzugen ist, richtet sich nach den jeweiligen Abgleichbedingungen und den verwendeten Brückenelementen (Widerstände, Kondensatoren usw.). Beispielsweise sind Präzisionswiderstände in drahtgewickelter Ausführung mit hinreichend kleinem Fehlwinkel auf den Bereich von etwa 10 Ω bis 10 kΩ beschränkt (s. **4**.2.4), höhere Widerstandswerte mit kleinen Zeitkonstanten in Form von Metall- oder Kohleschichtwiderständen haben im allgemeinen eine geringere Belastbarkeit und Stabilität, und Präzisions-Drehkondensatoren, mit denen die Kapazität in bequemer Weise stetig verändert werden kann, sind auf den Kapazitätsbereich zwischen etwa 1 pF und 1 nF beschränkt.

Die Abgleichbedingungen einer Brücke ändern sich bekanntlich nicht, wenn zwei diagonal gegenüberliegende Komponenten vertauscht werden, z. B. C_X und Z_4. Trotzdem sind beide Brückenschaltungen in der praktischen Anwendung nicht ohne weiteres identisch. Insgesamt ergibt sich daraus, daß der in Fig. 4.122 skizzierte Grundtyp einer Wechselstrombrücke in zahlreichen Variationen verwirklicht werden kann. Es können hier nur einige typische, in der Praxis übliche Schaltungen beschrieben werden. Ansonsten wird auf die ausführliche und systematische Zusammenstellung von Hague und Ford (1971) verwiesen.

Schering-Brücke bzw. Giebe-Zickner-Brücke. Eine der bekanntesten Kapazitäts-Meßbrücken ist die Schering-Brücke (Schering (1920); Semm (1920)), die in abgewandelter Form als Giebe-Zickner-Brücke jahrzehntelang zur Präzisions-Kapazitätsmessung verwendet wurde (Zickner u. Hoyer (1957)). Sie hat zwar im Niederspannungsbereich nach Einführung der an anderer Stelle beschriebenen Brücken mit induktiven Spannungsteilern an Bedeutung verloren, doch lassen sich an dieser Schaltung einige grundsätzliche Eigenschaften von Kapazitäts-Meßbrücken gut erläutern.

Im Prinzipschaltbild (s. Fig. 4.123) ist die unbekannte, verlustbehaftete Kapazität C_X im Zweig 1 durch das Serienersatzschaltbild aus C_1 und R_1 dargestellt. C_2 und C_4 sowie R_3 und R_4 werden als ideale Größen, d. h. als verlust- bzw. fehlwinkelfrei angenommen. Andernfalls ergeben sich etwas kompliziertere Formeln für die Abgleichbedingungen. Bei abgeglichener Brücke gelten die Beziehungen

$$C_1 = \frac{R_4}{R_3} \cdot C_2 \qquad (4.191)$$

und $$d_1 = \omega C_1 R_1 = \omega C_4 R_4 \qquad (4.192)$$

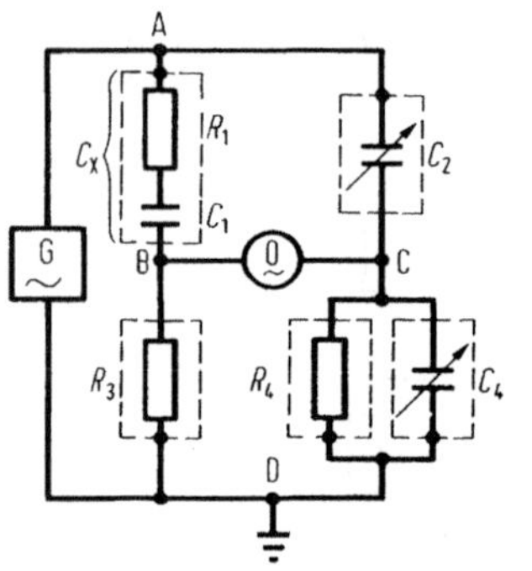

Fig. 4.123
Schering-Brücke in der Schaltung von Giebe-Zickner
C_X Meßgegenstand (dargestellt im Serien-Ersatzschaltbild aus R_1 und C_1)
C_2 Vergleichs-(Normal-)Kapazität,
R_3, R_4 Widerstandsteiler,
C_4 Drehkondensator (zum Verlustfaktorabgleich)

Hieraus folgt, daß bei festen R_3- und R_4-Werten keine Kopplung zwischen beiden Abgleichbedingungen besteht; die zum Abgleich erforderlichen Veränderungen der beiden Normale C_2 und C_4 (Drehkondensatoren) sind also unabhängig voneinander.

Bei Präzisionsmessungen sind die einzelnen Brückenelemente einschließlich ihrer Zuleitungen von einer abschirmenden Hülle (Gehäuse, Koaxialkabel) umgeben. Diese Abschirmungen können im Zweig 1 und 2 mit dem Brückeneckpunkt A und in Zweig 3 und 4 mit D verbunden werden. Die Streukapazitäten zwischen den Gehäusen sind dadurch kurzgeschlossen, oder sie liegen zwischen A und D und beeinflussen das Brückengleichgewicht nicht. Dagegen gehen die Gehäusekapazitäten in die Messung ein, C_1 und C_2 sind in dieser Schaltung als Zweipole wirksam (s. **4**.2.5.1: „Betriebskapazität").

Soll nur die Hauptkapazität gemessen werden, wird die Schaltung durch einen Hilfszweig nach Wagner (1911) zu einer Doppelbrücke erweitert (s. Fig. 4.124). Jedes Brückenelement ist hier in allgemeiner Form als Dreipol, bestehend aus einem Widerstand und zwei Leitwerten, dargestellt. Letztere verkörpern die Gehäuse- und Kabelkapazitäten (einschließlich Wirkanteil), die einpolig ebenso wie der Punkt E geerdet sind. Nach Abgleich beider Brücken liegen B und C auf Erdpotential, ohne direkt geerdet zu sein; durch die an diese Punkte angeschlossenen Leitwerte fließen keine Ströme, sie sind also für den Abgleich der aus Z_1 bis Z_4 bestehenden Hauptbrücke wirkungslos. Die Ströme durch die an A und D angeschlossenen Leitwerte belasten nur die Hilfsbrücke, beeinflussen daher ebenfalls die Hauptbrücke nicht.

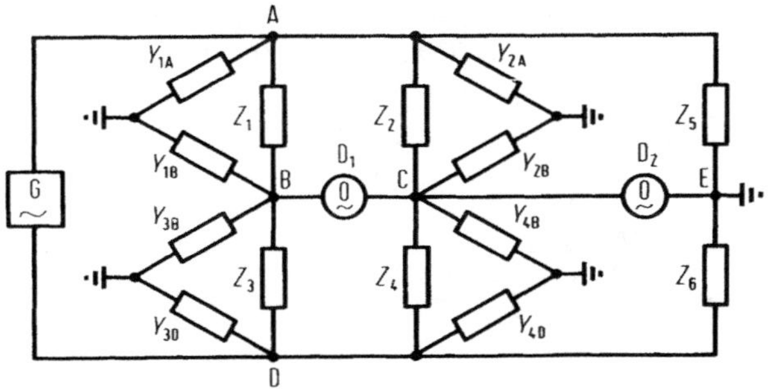

Fig. 4.124
Wechselstrombrücke mit Wagnerschem Hilfszweig in verallgemeinerter Darstellung (Erläuterungen im Text)

Sowohl die heute üblicherweise verwendeten Generatoren (Oszillatoren) als auch die elektronischen Nullindikatoren sind meist einpolig mit Gehäuse (Masse) verbunden. Um Doppelerdung zu vermeiden, wird entweder der Generator oder der Nullindikator durch einen Isoliertransformator galvanisch von der Brücke getrennt (s. Fig. 4.125), zweckmäßig mit einer elektrostatischen Abschirmung zwischen den beiden Wicklungen.

Mit der Giebe-Zickner-Brücke läßt sich für Kapazitäten im nF- und µF-Bereich der Frequenzen um 1 kHz bei einiger Sorgfalt eine Meßunsicherheit von 0,01% erreichen. Im Substitutionsverfahren hängt die Meßunsicherheit letztlich nur von der Unsicherheit des Vergleichsnormals und von der Auflösung und Unsicherheit der zum Abgleich verwendeten Drehkondensatoren ab.

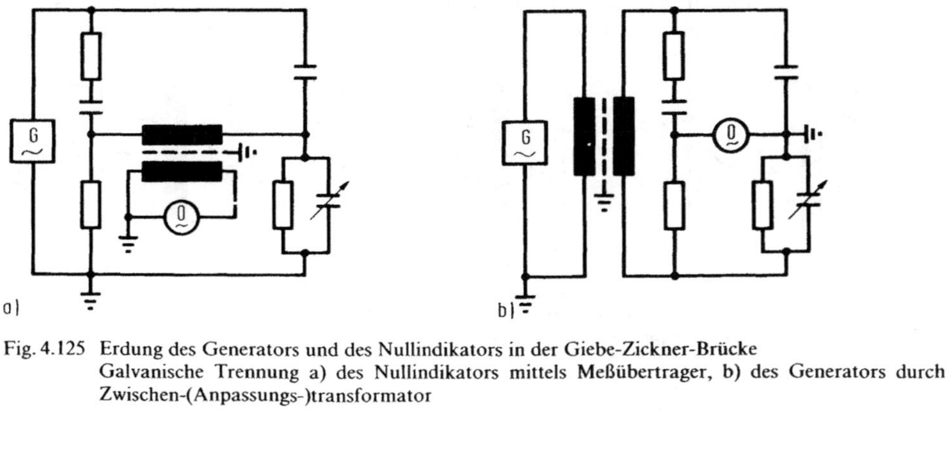

Fig. 4.125 Erdung des Generators und des Nullindikators in der Giebe-Zickner-Brücke
Galvanische Trennung a) des Nullindikators mittels Meßübertrager, b) des Generators durch Zwischen-(Anpassungs-)transformator

Vier-Kapazitäten-Meßbrücke. Wenn die Fehlwinkel der Widerstände nicht mehr vernachlässigbar klein sind, kann der Widerstandsteiler durch einen kapazitiven Teiler ersetzt werden, und man erhält, abgesehen von den zum Verlustfaktorabgleich erforderlichen Brückenelementen, eine nur noch aus Kapazitäten bestehende Meßschaltung. Dieser Fall tritt z. B. bei höheren Meßspannungen (Mau (1937)) oder bei höheren Frequenzen auf (Voigt (1952)).

Kapazitäts-Meßbrücken mit induktiven Spannungsteilern. Die Verwendung von Induktivitäten zur Herstellung des Teilerverhältnisses in einer Wechselstrombrücke ist seit langem bekannt. Werden die beiden Wicklungen auf einen gemeinsamen Kern gewickelt, so daß eine starke Kopplung zwischen den beiden Induktivitäten entsteht, ist das für die Brückenschaltung maßgebende Induktivitätsverhältnis praktisch alterungsfrei und temperaturunabhängig (Clark u. Vanderly (1949); Webb u. Wood (1951)). Bringt man außerdem auf dem Kern eine dritte Wicklung an, die an den Generator angeschlossen wird (Oatley u. Yates (1954)), so erhält man die sog. „Transformator"-Brücke (s. Fig. 4.126).

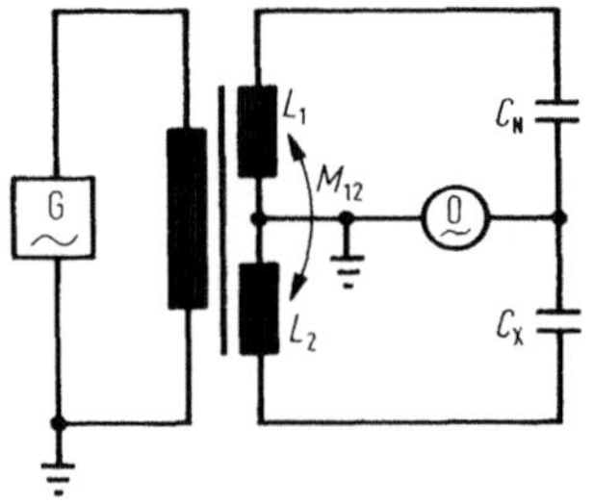

Fig. 4.126
Grundschaltung einer Transformatorbrücke zum Kapazitätsvergleich
C_X Meßgegenstand,
C_N Vergleichsnormal,
L_1, L_2 Induktiver Spannungsteiler,
M_{12} Kopplung zwischen L_1 und L_2 durch Gegeninduktivität

Zwei Entwicklungen der letzten Jahrzehnte haben dazu beigetragen, daß dieses Meßprinzip heute als das genaueste Meßverfahren zum Kapazitätsvergleich im Niederfrequenzbereich gilt: erstens können mit Hilfe „induktiver Spannungsteiler" (s. **4**.2.7) Spannungsverhältnisse sehr genau und reproduzierbar eingestellt werden. Zweitens sind die modernen Kapazitätsnormale, insbesondere die Quarzglaskondensatoren (vgl. **4**.2.5.3) in ihrer Stabilität den besten Widerstandsnormalen ebenbürtig.

In Fig. 4.127 sind drei mögliche Schaltungen einer Transformatorbrücke skizziert:

In Fig. 4.127a stehen die beiden Spannungen U_1 und U_2 in einem ganzzahligen Verhältnis, vorzugsweise 1:1 oder 1:10, und der Abgleich wird mittels einer veränder-

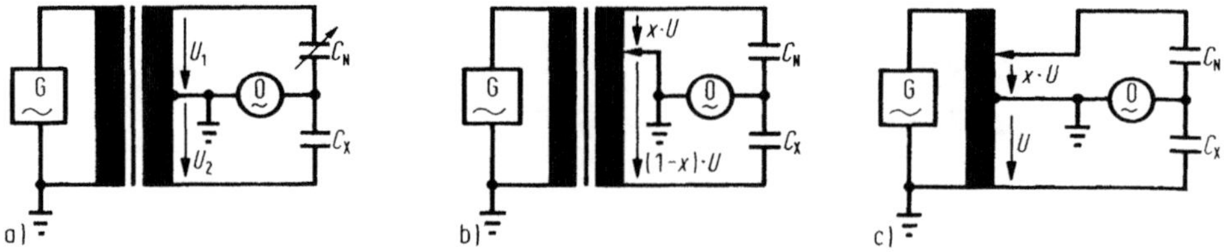

Fig. 4.127 Möglichkeiten des Brückenabgleichs beim Kapazitätsvergleich in einer Transformatorbrücke
a) festes Spannungsteilerverhältnis U_1/U_2, C_N einstellbar,
b) einstellbares Spannungsteilerverhältnis x, C_N fest,
c) Abwandlung von b)
C_X Meßgegenstand, C_N Vergleichsnormal

baren Vergleichskapazität C_N vorgenommen. Bei Vernachlässigung der Wirkkomponente (Verlustfaktor) gilt

$$C_X = \frac{U_1}{U_2} C_N. \tag{4.193}$$

In Fig. 4.127b ist der veränderbare Kondensator durch ein Normal mit festem Kapazitätswert ersetzt, dafür ist das Teilungsverhältnis x feinstufig einstellbar (handelsübliche Spannungsteiler besitzen bis zu acht Dekaden). Bei abgeglichener Brücke ist

$$C_X = \frac{x}{1-x} C_N. \tag{4.194}$$

Hieraus ergibt sich durch Bildung des totalen Differentials der Einfluß eines Teilerfehlers Δx als

$$\frac{\Delta C_X}{C_X} = \frac{\Delta x}{x(1-x)}. \tag{4.195}$$

Der relative Kapazitätsfehler hat also ein Minimum beim Verhältnis 1:1 ($x = 0{,}5$) und wird um so größer, je mehr das Teilerverhältnis hiervon abweicht. Beispielsweise kommt bei einem Kapazitätsverhältnis $C_X : C_N = 10 (x = 10/11)$ ein Teilerfehler etwa 12fach verstärkt zur Wirkung.

Die Schaltung in Fig. 4.127c ist eine leichte Abwandlung der vorigen Schaltung, es gilt

$$C_X = x \cdot C_N. \tag{4.196}$$

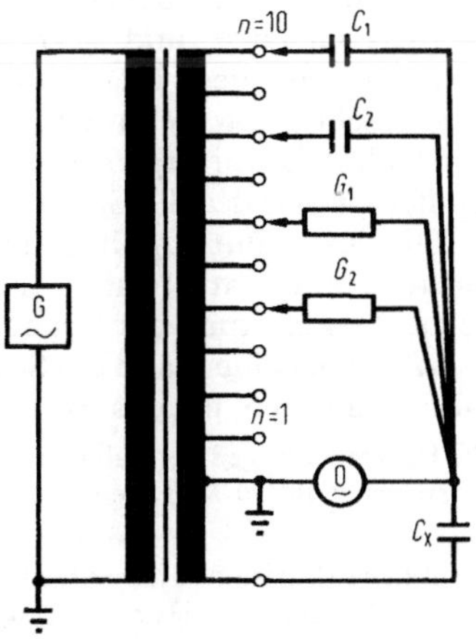

Fig. 4.128
Kapazitätsmeßbrücke mit dekadisch einstellbaren Kapazitäten und Leitwerten
C_X Meßgegenstand
C_1, C_2, dekadisch gestufte Kapazitätsnormale
G_1, G_2 ... dekadisch gestufte Leitwertnormale
n Teilspannungsabgriff bei $n/10$ der Meßspannung

Dieses Prinzip läßt sich zu einer besonders bequem zu handhabenden und einfach abzulesenden Meßbrücke erweitern (s. Fig. 4.128). Die obere Wicklungshälfte des Spannungsteilers ist in zehn gleiche Teilwicklungen unterteilt, die entsprechenden Teilspannungen sind demnach das n-fache ($n = 1, 2, \ldots, 10$) von $U/10$. Aus einem Satz von dekadisch gestuften Kapazitätsnormalen ($C_2 = C_1/10$, $C_3 = C_2/10$ usw.) kann jedes einzelne Normal wahlweise an eine der Teilspannungen angeschlossen werden. Bei Nullabgleich der Brücke gilt dann

$$C_X = \frac{n_1}{10} C_1 + \frac{n_2}{10} C_2 + \ldots \tag{4.197a}$$

$$= C_1(0{,}1 \cdot n_1 + 0{,}01 \cdot n_2 + \ldots). \tag{4.197b}$$

G_1 und G_2 symbolisieren einen Satz von Leitwertnormalen, die, in gleicher Weise wie die C-Normale an die Teilspannungen anschließbar, zum Verlustfaktorabgleich dienen. Sehr kleine Leitwerte (bis herab zu etwa 10^{-15} S) zur Messung verlustarmer (Luft-)Kondensatoren lassen sich dabei durch den Kunstgriff einer Stromteilerschaltung (s. Fig. 4.129) leichter verwirklichen als direkt durch entsprechende Widerstände. Der zwischen dem Spannungsabgriff und dem Indikator-Knotenpunkt D wirksame Leitwert G' ergibt sich näherungsweise als $G' \approx G \cdot C'/C''$, wenn $G \ll \omega C''$ und $C' \ll C''$ ist.

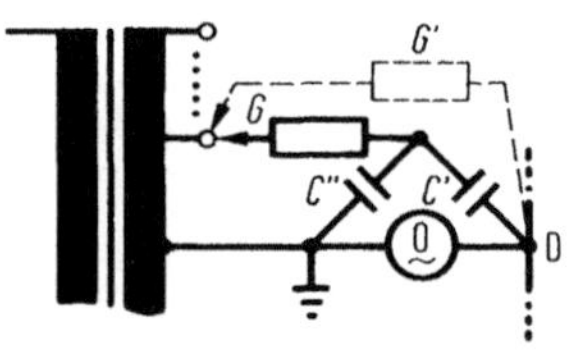

Fig. 4.129 Verringerung des wirksamen Leitwerts durch kapazitive Stromteilung $G' \approx G \cdot C'/C''$

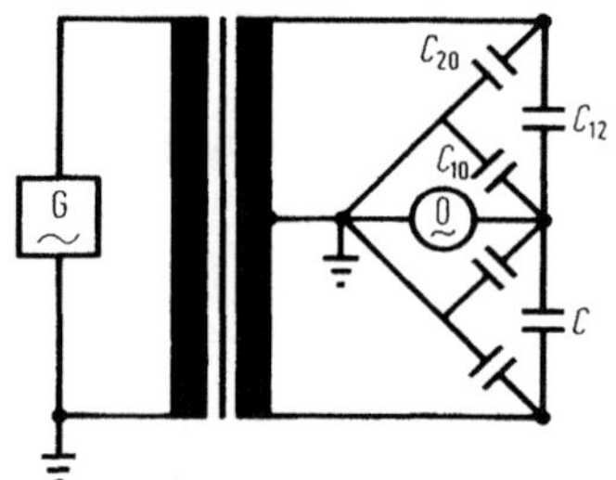

Fig. 4.130 Ersatzschaltbild einer Transformatorbrücke mit Gehäuse- und Kabelkapazitäten bei der Messung von Dreipolkondensatoren
C_{12} Hauptkapazität
C_{10}, C_{20} Gehäuse- und Kabelkapazitäten

Um in einer Transformatorbrücke die Hauptkapazität C_{12} eines Dreipolkondensators zu messen, werden Gehäuse und gegebenenfalls die Außenleiter der abgeschirmten Anschlußleitungen mit dem geerdeten Mittelpunkt des Spannungsteilers verbunden. Aus der vereinfachten Darstellung in Fig. 4.130 ist zu ersehen, daß die Kapazität C_{10} parallel zum Nullindikator liegt; sie verringert zwar den Widerstand im Indikatorzweig und somit unter Umständen die Empfindlichkeit, beeinflußt aber die Abgleichbedingungen nicht. Die Kapazität C_{20} liegt parallel zur oberen (bzw. unteren) Hälfte des Spannungsteilers und hat ebenfalls keinen Einfluß auf das Brückengleichgewicht, vorausgesetzt, die Belastung der Spannungsteiler durch C_{20} ist vernachlässigbar, d. h. $Z_i \ll 1/\omega C_{20}$ (Z_i Innenwiderstand des Spannungsteilers), da sonst Fehler im Spannungsteilerverhältnis auftreten, die das Ergebnis verfälschen.

Ausführliche Untersuchungen der Fehler bei Präzisions-Kapazitätsmessungen mit Transformatorbrücken finden sich z. B. bei McGregor u. a. (1958), Thompson (1958 u. 1964) und Cutkosky (1970b).

Eine handelsübliche Präzisions-Kapazitäts-Meßeinrichtung nach dem Prinzip der Tranformatorbrücke wird von Abenaim u. Hersh (1970) beschrieben. Sie umfaßt den Kapazitätsbereich von 0,1 aF bis 1 µF bei Frequenzen zwischen 50 Hz und 100 kHz. Unter günstigen Meßbedingungen (10 pF bis 1 nF bei 1 kHz) beträgt die Meßunsicherheit 0,001%.

Werden die in den Transformatorbrücken verwendeten induktiven Spannungsteiler nicht mit Drehschaltern sondern mit elektronisch gesteuerten Relays aufgebaut, dann ist es möglich mit Hilfe von Rechnern Präzisionsmeßbrücken automatisch abzugleichen. Dabei werden Meßunsicherheiten kleiner $1 \cdot 10^{-6}$ erreicht (Cutkowsky (1985); Melcher (1992); s. **4**.2.7).

Mit wachsenden Kapazitäten oder steigender Frequenz kann der Blindwiderstand $1/\omega C$ so klein werden, daß die Wirk- und Blindwiderstände der Zuleitungen nicht mehr vernachlässigbar sind, oder daß die Belastung des Transformators zu merklichen Teilerfehlern führt. Es ist dann zweckmäßig, die Normale mit Strom- und Potentialanschlüssen zu versehen und sie als Viertore zu behandeln (s. **4**.2.5.1). Als Meßschaltung eignet sich eine Doppelbrücke mit induktiven Teilern (s. Fig. 4.131; Klonz u. Hanke (1976); Hanke (1978)), die ähnlich wie die Thomson-Brücke für kleine Gleichstromwiderstände aufgebaut ist (vgl. **4**.1.3.5). Die Widerstandsteiler sind durch die induktiven Teiler T_1 und T_2 (mit $R_1 C_1$ und Nullindikator D_1 zum Abgleich der Hauptbrücke) und T_3 und T_4 (mit $R_2 C_2$ als Thomson-Arm zur Überbrückung des Widerstandes Z_T der Verbindungsleitung) ersetzt. Der Teiler T_5 mit der Kombination $R_w C_w$ und Nullindikator D_2 dient als Wagnerscher Hilfszweig (die Abschirmungen der Brückenelemente und Leitungen sind zur besseren Übersicht in der Zeichnung fortgelassen). Bei Nullanzeige beider Indikatoren gilt unter den Nebenbedingungen $R_1 C_1 = R_2 C_2$, $\alpha_1 = \alpha_3$ und $\alpha_2 = \alpha_4$ sowie $Z_X = 1/(\omega \cdot C_X) \cdot (d_X - \mathrm{j})$ und $Z_N = 1/(\omega \cdot C_N) \cdot (d_N \cdot \mathrm{j})$ näherungsweise

$$C_X = C_N \cdot \frac{\alpha_1}{1 - \alpha_1} \tag{4.198}$$

$$d_X = d_N \cdot \omega R_1 C_1 \frac{\alpha_1 - \alpha_2}{\alpha_1(1 - \alpha_1)} \tag{4.199}$$

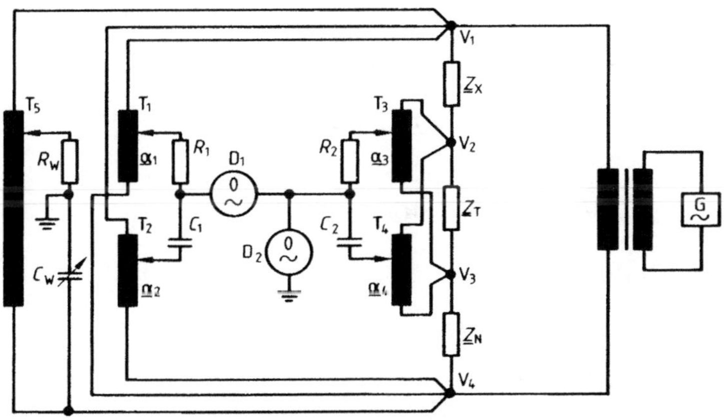

Fig. 4.131 Thomson- oder Kelvin-Doppelbrücke zur Messung von Kapazitätsnormalen in Viertorschaltung (Abschirmungen zur besseren Übersichtlichkeit nicht gezeichnet)
Z_X kapazitiver Meßgegenstand, Z_N kapazitives Vergleichsnormal, V_1 bis V_4 Verzweigungspunkte der Strom- und Spannungsanschlüsse, Z_T Scheinwiderstand der Verbindungsleitung V_2–V_3, T_1 und T_2 Induktive Spannungsteiler (Hauptbrücke), R_1 C_1 Phasenglied der Hauptbrücke, D_1 Nullindikator der Hauptbrücke, T_3 und T_4 Induktive Spannungsteiler zur Überbrückung von Z_T (sog. „Thomson-Arm"), R_2 C_2 Phasenglied des Thomson-Armes, T_5 Wagnerscher Hilfszweig, R_W C_W Phasenabgleich des Hilfszweigs, D_2 Nullindikator für Hilfszweig

Verlustfaktormessungen Aus dem Abgleich der Wirk- und Blindkomponente in Wechselstrombrücken läßt sich im allgemeinen außer der Kapazität auch der Verlustfaktorunterschied $\Delta d = d_X - d_N$ ermitteln. Da es keinen absolut verlustfreien Kondensator gibt, werden als Vergleichsnormale z. B. Luftkondensatoren verwendet, deren Verlustfaktoren aus Abschätzungen kleiner als $1 \cdot 10^{-5}$ angenommen und gegenüber den Verlustfaktoren von Kondensatoren mit festem Dielektrikum vernachlässigt werden.

Um den Verlustfaktor von Luftkondensatoren zu ermitteln, verwendeten Klonz u. a. (1976) einen Zweiplattenkondensator mit aerostatischer Elektrodenlagerung. Aus Widerstandsmessungen in einer Resonanzbrücke wurde unter bestimmten Annahmen der Serienersatzwiderstand ermittelt. Daraus wurden für einen 1-nF-Kondensator *d*-Werte von $1 \cdot 10^{-6}$ (10 kHz), $3 \cdot 10^{-6}$ (100 kHz) und $4 \cdot 10^{-5}$ (1 MHz) errechnet.

Durch kalorimetrische Messung der dielektrischen Verlustleistung bestimmte Thoma (1980) den Verlustfaktor eines auf 4,2 K abgekühlten Glimmerkondensators bei 1592 Hz zu etwa $2 \cdot 10^{-6}$. Durch Vergleich mit dem „Kryo"-Verlustfaktornormal wurden die Verlustfaktoren einiger handelsüblicher Luftplattenkondensatoren zu $2 \cdot 10^{-6}$ bis $3 \cdot 10^{-6}$ bestimmt (Hanke u. Thoma (1980)).

4.2.6 Induktivität

4.2.6.1 Grundlagen

Definition, Einheit Die Induktivität ist definiert als Quotient magnetischer Fluß Φ, der eine geschlossene Leiterschleife durchsetzt, durch Stromstärke I, die diesen Fluß erzeugt. Fließt der Strom in derselben Leiterschleife, spricht man von der Selbst- oder Eigeninduktivität L. Wird der Fluß von einem Strom in einer anderen Leiterschleife erzeugt, nennt man sie Gegeninduktivität M. Kennzeichnet man die beiden Leiterschleifen mit den Indizes 1 und 2, so gelten die Beziehungen:

$$L_1 = \frac{\Phi_1}{I_1}; \qquad L_2 = \frac{\Phi_2}{I_2} \tag{4.200}$$

$$M_{12} = \frac{\Phi_{12}}{I_2}; \qquad M_{21} = \frac{\Phi_{21}}{I_1} \tag{4.201}$$

Es gilt stets

$$M_{12} = M_{21} = M \tag{4.202}$$

und ferner

$$M = k \cdot \sqrt{L_1 \cdot L_2} \tag{4.203}$$

Der Koeffizient k wird als Kopplungsgrad bezeichnet; $k = 1$ bedeutet stärkste Kopplung, d. h. die Leiterschleifen 1 und 2 werden vom selben Fluß durchsetzt, $k = 0$ kennzeichnet die völlige Entkopplung.

Die SI-Einheit der Induktivität ist das Herny (Kurzzeichen H):

$$1\,\mathrm{H} = 1 \cdot \frac{\mathrm{Vs}}{\mathrm{A}} \tag{4.204}$$

Die in der Praxis vorkommenden Induktivitäten liegen im Bereich von etwa 1 nH bis 1 kH.

Induktivität im Wechselstromkreis (vgl. auch **4**.2.1.3 bis **4**.2.1.5). Die zeitliche Änderung des Flusses bzw. des Stromes ist durch das Induktionsgesetz mit der Spannung U verknüpft:

$$U_{1\,\mathrm{ind}} = \frac{\mathrm{d}\Phi_{1\,\mathrm{ges}}}{\mathrm{d}t} = -\frac{\mathrm{d}}{\mathrm{d}t}(\Phi_1 \pm \Phi_{12}) \qquad (4.205\mathrm{a})$$

$$= -L_1 \frac{\mathrm{d}i_1}{\mathrm{d}t} \pm M_{12}\frac{\mathrm{d}i_2}{\mathrm{d}t} \qquad (4.205\mathrm{b})$$

Der zweite Summand kann positiv oder negativ sein, je nachdem, ob die beiden Flüsse gleiche oder entgegengesetzte Richtungen haben. Die Lösung der Differentialgleichung führt für den technisch wichtigen Fall eines Sinus-Wechselstroms zum (induktiven) Blindwiderstand (Reaktanz) X_L bzw. Blindleitwert (Suszeptanz) B_L:

$$X_L = \omega L \quad \text{bzw.} \quad B_L = \frac{1}{\omega L} \qquad (4.206)$$

(Zur Vereinfachung ist hierbei wie im folgenden nur die Eigeninduktivität betrachtet; alle Gleichungen gelten sinngemäß auch für die Gegeninduktivität.)

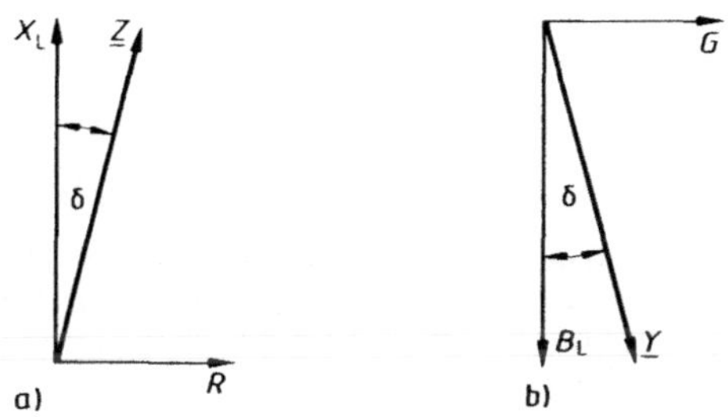

Fig. 4.132
Scheinwiderstand und Scheinleitwert einer Spule (Induktivität) in Zeigerdarstellung
a) Widerstand (Serien- oder Reihenersatzschaltbild),
b) Leitwert (Parallelersatzschaltbild)

In stromdurchflossenen Spulen (als Verkörperungen von Induktivitäten) tritt stets auch eine Wirkleistung auf, hervorgerufen durch den Spulenwiderstand, der im Ersatzschaltbild meist als Serienwiderstand R_S dargestellt wird, oder auch durch Ummagnetisierungsverluste in einem magnetischen Spulenkern, die zweckmäßig durch einen Parallelwiderstand R_P charakterisiert werden. Der Scheinwiderstand Z bzw. -leitwert Y einer Spule läßt sich demnach als komplexer Operator darstellen (s. auch Fig. 4.132):

$$\underline{Z} = R_S + \mathrm{j}\omega L = \mathrm{j}\omega L\left(1 - \mathrm{j}\frac{R_S}{\omega L}\right) = \mathrm{j}\omega L(1 - \mathrm{j}d_S) \qquad (4.207)$$

$$\underline{Y} = \frac{1}{R_P} + \frac{1}{\mathrm{j}\omega L} = -\frac{\mathrm{j}}{\omega L}\left(1 + \mathrm{j}\frac{\omega L}{R_P}\right) = -\frac{\mathrm{j}}{\omega L}(1 + \mathrm{j}d_P) \qquad (4.208)$$

mit dem Verlustfaktor

$$d_S = \frac{R_s}{\omega L} \quad \text{bzw.} \quad d_P = \frac{\omega L}{R_P} \qquad (4.209)$$

Der Kehrwert des Verlustfaktors wird als Gütefaktor Q (oder auch Spulengüte) bezeichnet.

Schreibt man, ähnlich wie bei der Kapazität, den Verlustfaktor der Induktivität zu, faßt also diese selbst als komplexen Operator auf, dann gilt

$$\underline{Z} = \mathrm{j}\omega \underline{L}_S \quad \text{mit} \quad \underline{L}_S = L(1 - \mathrm{j} \cdot d_S) \tag{4.210}$$

oder

$$\underline{Y} = \frac{\mathrm{j}}{\omega \underline{L}_P} \quad \text{mit} \quad \underline{L}_P = \frac{L}{1 + d_P^2}(1 - \mathrm{j} d_P) \tag{4.211}$$

Beide Darstellungen sind gleichwertig und können bei Bedarf jederzeit ineinander umgerechnet werden:

$$L_P = L_S(1 + d^2) \quad \text{bzw.} \quad L_S = \frac{L_P}{1 + d^2} \tag{4.212}$$

$$R_P = \frac{1 + d^2}{d^2} R_S \quad \text{bzw.} \quad R_S = \frac{d^2}{1 + d^2} \cdot R_P \tag{4.213}$$

Gilt nicht $d^2 \ll 1$, ist zu einem Induktivitätswert das zugrundeliegende Ersatzschaltbild anzugeben.

Serienschaltung von Induktivitäten Aus Gl. (4.205b) ergibt sich für $Z = U/I$ mit $U = U_1 + U_2$ und $I_1 = I_2 = I$

$$L = L_1 + L_2 \pm 2M = L_1 + L_2 + 2k\sqrt{L_1 L_2} \tag{4.214}$$

Bei völliger Entkopplung ($k = 0$) folgt hieraus die einfache Beziehung

$$L = L_1 + L_2 \tag{4.215}$$

Für $k = 1$ erhält man je nach Richtungssinn der beiden Magnetflüsse entweder

$$L = L_1 + L_2 + 2\sqrt{L_1 \cdot L_2} = (\sqrt{L_1} + \sqrt{L_2})^2 \tag{4.216}$$

oder

$$L = L_1 + L_2 - 2\sqrt{L_1 \cdot L_2} = (\sqrt{L_1} - \sqrt{L_2})^2 \tag{4.217}$$

Einfluß der Eigen- und Streukapazitäten Die Kapazitäten zwischen den Windungen einer Spule lassen sich in ihrer Gesamtwirkung durch eine parallel zur Induktivität geschaltete Kapazität ersetzen. Dadurch wird die Induktivität scheinbar erhöht, und zwar näherungsweise nach der Beziehung

$$L_{\text{eff}} \approx L(1 + \omega^2 CL) \tag{4.218}$$

Vor allem bei größeren Induktivitätswerten oder bei höheren Frequenzen kann der zweite Summand durchaus merklich werden. Durch Messung bei verschiedenen Frequenzen und Extrapolation auf Frequenz Null kann zwar die Kapazität C und damit der Induktivitätswert L ermittelt werden, doch ist es vielfach üblich, diesen Einfluß der Eigenkapazität als feste Eigenschaft des Normals anzusehen und L_{eff} mit der dazugehörigen Meßfrequenz anzugeben.

Die gleiche Wirkung wie die Eigenkapazität haben auch Streukapazitäten zwischen der Spule und der Umgebung, z. B. Teile der Meßeinrichtung. Da diese Änderung nicht nur vom Normal abhängt, mithin also keine feste Eigenschaft ist, muß man versuchen, diese Streukapazität klein zu halten (z. B. durch angemessene Entfernung zwischen Spule und Meßeinrichtung) oder sie zu bestimmen, um gemäß Gl. (4.218) entsprechende Korrekturen vorzunehmen.

4.2.6.2 Berechnung der Induktivität

Der magnetische Fluß Φ und die Stromstärke I sind über zwei Beziehungen miteinander verknüpft:

$$\Phi = \int \underline{B}\,\mathrm{d}\underline{A} = \int \mu_0 \mu_r \underline{H}\,\mathrm{d}\underline{A} \tag{4.219}$$

und

$$\oint \underline{H}\,\mathrm{d}\underline{s} = \sum I \quad \text{(Durchflutungsgesetz)} \tag{4.220}$$

Dabei bedeuten

B	magnetische Induktion,
$\mathrm{d}A$	Flächenelement der den Fluß begrenzenden Leiterschleife,
μ_0	$4\pi \cdot 10^{-7}$ Vs/Am magnetische Feldkonstante,
μ_r	Permeabilitätszahl des Mediums in der Leiterschleife,
H	magnetische Feldstärke,
$\mathrm{d}s$	Wegelement des Linienintegrals der Feldstärke.

Bei bestimmten geometrischen Anordnungen können die beiden Integrale und damit die Induktivität L bzw. M berechnet werden. Im folgenden sind die Formeln für einige einfache, in der Praxis wichtige Fälle aufgeführt. Dabei ist stets $\mu_r = 1$ angenommen.

Unendlich lange Leiteranordnungen Bei diesen wird der Induktivitätsbelag L/l (längenbezogene Induktivität) angegeben.

Doppelleitung (Hin- und Rückleitung desselben Stromes) aus zwei Drähten (Durchmesser d) im Achsenabstand a:

$$\frac{L}{l} = \frac{\mu_0}{\pi}\left(\ln\frac{2a}{d} + \frac{1}{4}\right) \tag{4.221}$$

Koaxialleitung (Hin- und Rückleitung) mit den Radien r_i und r_a für den Innen- bzw. Außenleiter (Dicke des Außenleiters vernachlässigt):

$$\frac{L}{l} = \frac{\mu_0}{2\pi}\left(\ln\frac{r_a}{r_i} + \frac{1}{4}\right) \tag{4.222}$$

Einlagige Zylinderspule (Solenoid) mit Windungsfläche $A = \pi r^2$ (Drahtdicke d vernachlässigbar gegen Windungsradius r) und Windungsbelag $n = N/l$:

$$\frac{L}{l} = \mu_0 A n^2 \tag{4.223}$$

Bei endlicher Länge, aber $l \gg r$, folgt hieraus:

$$L \approx L_\infty = \mu_0 A n^2 l = \mu_0 \frac{AN^2}{l} \tag{4.224}$$

Diese Formel gilt auch für eine Toroidspule (als Sonderfall einer quasi unendlich langen Spule), wenn man als Spulenlänge die sog. magnetische Weglänge

$$l_m = 2\pi \cdot \frac{r_a - r_i}{\ln\dfrac{r_a}{r_i}} \tag{4.225}$$

einführt. Bei rechteckigem Windungsquerschnitt $h \cdot (r_a - r_i)$ ergibt sich

$$L_{\text{Toroid}} = \frac{\mu_0}{2\pi} \cdot hN^2 \ln\frac{r_a}{r_i} \tag{4.226}$$

Eine allgemeingültige Gleichung für eine endlich lange Spule ohne Beschränkungen für das Verhältnis r/l stammt von Lorenz (1879)

$$L = L_\infty \cdot \frac{8}{3\pi} \cdot \frac{r}{l} \left[\frac{2k^2 - 1}{k^3} \mathrm{E} + \frac{1 - k^2}{k^3} \mathrm{F} - 1 \right] \quad (4.227\mathrm{a})$$

$$= L_\infty \cdot K\left(\frac{2r}{l}\right) \quad (4.227\mathrm{b})$$

Dabei sind F und E die vollständigen elliptischen Integrale erster und zweiter Gattung für den Modul $k = 2r/\sqrt{4r^2 + l^2}$.

Die Korrektionsfaktoren K für einige ausgewählte Zahlenwerte $2r/l$ sind der Tab. 4.8 zu entnehmen.

Tab. 4.8 Korrektionsfaktor $\mathrm{K}(2r/l)$ für die Eigeninduktivität einlagiger Zylinderspulen endlicher Länge (nach Rosa u. Grover (1912), S. 117)

$\frac{2r}{l}$	K	$\frac{2r}{l}$	K	$\frac{2r}{l}$	K	$\frac{2r}{l}$	K
0	1,000000	0,40	0,849853	1,20	0,647527	4,00	0,365433
0,05	0,979092	0,45	0,833723	1,40	0,611487	4,50	0,340898
0,10	0,958807	0,50	0,818136	1,60	0,579543	5,00	0,319825
0,15	0,939141	0,60	0,788525	1,80	0,551057	6,00	0,285410
0,20	0,920093	0,70	0,760886	2,00	0,525510	7,00	0,258406
0,25	0,901649	0,80	0,735079	2,50	0,471865	8,00	0,236582
0,30	0,883803	0,90	0,710969	3,00	0,429199	9,00	0,218532
0,35	0,866542	1,00	0,688423	3,50	0,394401	10,00	0,203324

Für sehr flache Spulen ($l \ll r$) gilt nach Raleigh u. Nivens (1881):

$$L = L_\infty \cdot \frac{l}{\pi r} \left[\ln \frac{8r}{l} - \frac{1}{2} + \frac{l^2}{32r^2} \left(\ln \frac{8r}{l} + \frac{1}{4} \right) \right]. \quad (4.228)$$

Kreisring mit dem Radius r und dem Drahtdurchmesser d:

$$L = \mu_0 r \left[\left(1 + \frac{d^2}{32r^2} \right) \ln \frac{16r}{d} + \frac{d^2}{96r^2} - \frac{7}{4} \right]. \quad (4.229)$$

Für eine mehrlagige Spule mit rechteckigem Wicklungsquerschnitt (s. Fig. 4.133) geben Rosa u. Grover (1912, S. 136) folgende Beziehung an:

$$L = \mu_0 r N^2 \left[\left(1 + \frac{3}{16} \frac{a^2}{r^2} \right) \ln \frac{8r}{a} - \left(2 + \frac{a^2}{16r^2} \right) \right]. \quad (4.230)$$

Dabei ist $r = (r_a + r_i)/2$ der mittlere Radius der Wicklung und a der von Maxwell eingeführte „geometrische mittlere Abstand". Für Rechteckquerschnitte mit einem Seitenverhältnis $h:l = 1:1$ bis 20:1 gilt in guter Näherung

$$a = 0{,}2235(h + l). \quad (4.231)$$

Die größtmögliche Induktivität bei vorgegebener Drahtlänge erhält man für einen quadratischen Wicklungsquerschnitt, d. h. $h = l = r_i$, (Shawcross u. Wells (1915); Brooks (1931)).

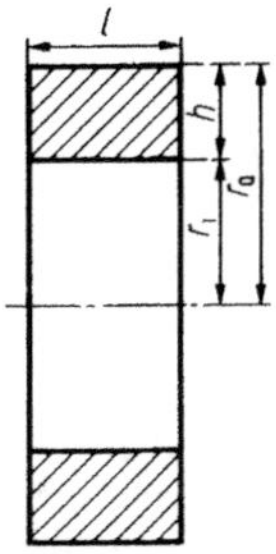

Fig. 4.133
Querschnitt einer mehrlagigen Spule
r_i, r_a Innen- bzw. Außenradius
h, l Höhe und Länge der Wicklung

Die Gegeninduktivität zwischen zwei koaxialen Kreisringen (Abstand a, Radien r_1 u. r_2, Drahtdurchmesser $d \ll r$) kann nach der auf Maxwell zurückgehenden Gleichung

$$M = \mu_0 \sqrt{r_1 r_2} \left[\left(\frac{2}{k} - k \right) \mathrm{F} - \frac{2}{k} \mathrm{E} \right] \tag{4.232}$$

berechnet werden (Rosa u. Grover (1912)). F und E sind vollständige elliptische Integrale erster und zweiter Gattung für den Modul $k = 2\sqrt{r_1 \cdot r_2}/\sqrt{(r_1 + r_2)^2 + a^2}$. Für annähernd gleiche Radien ($r_1 = r$, $r_2 = r + \Delta r$) und nicht zu große Abstände ($a < r$) ist unter Einführung der Größe $\varrho = \sqrt{a^2 + (\Delta r)^2}$ ebenfalls von Maxwell eine Reihenentwicklung angegeben worden:

$$M = \mu_0 r \left[\ln \frac{8r}{\varrho} \left(1 + \frac{\Delta r}{2r} + \frac{(\Delta r)^2 + 3a^2}{16 r^2} - \frac{(\Delta r)^3 + 3a^2 \Delta r}{32 r^3} + \dots \right) - \right.$$
$$\left. - \left(2 + \frac{\Delta r}{2r} - \frac{3(\Delta r)^2 - a^2}{16 r^2} + \frac{(\Delta r)^3 - 6a^2 \Delta r}{48 r^3} + \dots \right) \right] \tag{4.233a}$$

$$\approx \mu_0 r \left[\ln \frac{8r}{\varrho} - 2 \right]. \tag{4.233b}$$

Speziell für $r_1 = r_2 = r$ gilt

$$M = \mu_0 r \left[\ln \frac{8r}{a} \left(1 + \frac{3a^2}{16 r^2} \right) - \left(2 + \frac{a^2}{16 r^2} \right) \right]. \tag{4.234}$$

Der maximale relative Fehler bei Anwendung dieser Gleichung wird mit $2 \cdot 10^{-6}$ für $a/r = 0{,}1$ und $1 \cdot 10^{-2}$ für $a = r$ angegeben.

Die Gegeninduktivität zwischen zwei koaxialen Spulen mit den Windungszahlen N_1 und N_2 läßt sich näherungsweise als

$$M \approx N_1 \cdot N_2 \cdot M_0 \tag{4.235}$$

berechnen. M_0 ist die nach einer der oben angegebenen Gleichungen berechnete Gegeninduktivität zwischen den beiden gedachten Kreisringen, die durch Rotation der Schwerpunkte der Wicklungsquerschnitte um die Spulenachse entstehen. Eine genauere Berechnung mittels „wirksamer Radien", die erforderlich sind, wenn Länge und Höhe der Spulen nicht gegen die Radien vernachlässigbar sind, findet sich bei Rosa u. Grover (1912, S. 33).

Ein Sonderfall zweier koaxialer Spulen ist eine Anordnung, bestehend aus einer langen einlagigen Spule (Spulenquerschnitt $A_1 = \pi r_1^2$, Windungsbelag $n_1 = N_1/l_1$) und einer kurzen mehrlagigen Spule ($A_2 = \pi r_2^2$, N_2) in der Mitte der langen Spule.

Für $r_1 > r_2$ (kurze Spule innen) gilt:

$$M \approx \mu_0 \frac{N_1}{l_1} N_2 A_2 = \mu_0 n_1 N_2 A_2 \qquad (4.236)$$

im anderen Fall ($r_1 < r_2$, kurze Spule außen):

$$M \approx \mu_0 n_1 N_2 A_1. \qquad (4.237)$$

Die zweite Anordnung (kurze Spule außen) ist mehrfach verwendet worden, um mit hoher Präzision ein berechenbares Primärnormal der Gegeninduktivität herzustellen. Im National Physical Laboratory (England) wurde dabei eine relative Unsicherheit von etwa $1 \cdot 10^{-6}$ erreicht (Harrison u. Rayner (1967)).

Andere Berechnungsverfahren, sonstige Leiteranordnungen In der schon mehrfach zitierten Arbeit von Rosa u. Grover (1912), die über 200 Seiten umfaßt, sind eine große Anzahl von Formeln verschiedenster Herkunft, auch für hier nicht aufgeführte Leiteranordnungen, zusammengestellt und kritisch verglichen. Andere Zusammenstellungen mit zahlreichen Schrifttumshinweisen finden sich auch bei Wachendorf (1951), Snow (1954) und Blechschmidt (1957).

4.2.6.3 Induktivitätsnormale (Spulen)

Anforderungen Als Induktivitätsnormale kommen praktisch nur zu Spulen aufgewickelte elektrische Leiter (Drähte, Bänder, Litzen) in Frage. Primärnormale, deren Induktivität aus den mit höchster Genauigkeit ermittelten Spulenabmessungen berechnet wird (s. **4**.2.6.2), bleiben wegen des erheblichen Aufwands im allgemeinen den metrologischen Staatsinstituten vorbehalten (Harrison u. Rayner (1967)). Sie werden hier nicht behandelt. Alle anderen Spulen als Induktivitätsverkörperungen sind als Sekundärnormale zu betrachten.

Neben den üblichen von einem Normal geforderten Eigenschaften (z. B. Stabilität, geringer Umgebungseinfluß durch Temperatur, Luftfeuchte u. a.) ergeben sich bei Induktivitätsnormalen einige besondere, teils in der Definition, teils in der Spulenbauart begründete Merkmale:

- Die Definition der Induktivität setzt einen geschlossenen Stromkreis voraus. Einer Spule allein kann ein bestimmter Induktivitätswert nur in dem Sinn zugeschrieben werden, daß damit der Induktivitätsunterschied eines Meßkreises mit und ohne Spule gemeint ist. Dabei wird vorausgesetzt, daß der Meßkreis, abgesehen von der Zu- oder Abschaltung der Spule, unverändert bleibt. Diese Forderung wird um so kritischer, je kleiner die Induktivität ist.
- Die Eigenkapazität einer Spule verursacht einen Frequenzgang der wirksamen Induktivität (s. Gl. (4.218)).
- Anders als bei einem Kondensator ist bei einer Spule der Wirkwiderstand meist nicht gegen den (induktiven) Blindwiderstand vernachlässigbar. Zur Charakterisierung dient neben dem Gütefaktor Q häufig auch die Zeitkonstante $\tau = Q/\omega$.
- Magnetische Fremdfelder können in der Spulenwicklung Störspannungen induzieren, die das Meßergebnis verfälschen; die Spule ihrerseits erzeugt bei Stromdurchgang ein Magnetfeld, das in anderen Teilen der Meßschaltung Störspannungen hervorrufen kann. Abhilfe ist durch astatische Bauformen, z. B. Toroidspule, möglich.

Offensichtlich gibt es keine Spulenform, die alle wünschenswerten Eigenschaften in sich vereinigt, manche Forderungen widersprechen sich sogar, so daß im Einzelfall zu prüfen ist, welche Forderungen Vorrang haben und wie groß die unvermeidbaren Fehler sind.

Bauformen Zylinderspulen sind die einfachste – und älteste – Bauform eines Induktivitäsnormals. Üblicherweise werden Spulenkörper aus Marmor, Keramik oder ähnlichen Werkstoffen verwendet, häufig wird die Wicklung zur Erhöhung der mechanischen Stabilität mit Vergußmasse verfestigt, wodurch zugleich ein Feuchteschutz der Wicklung erreicht wird. Allerdings zeigen manche Vergußmassen bei höheren Temperaturbeanspruchungen irreversible Schrumpferscheinungen; auch nimmt die Eigenkapazität meist zu.

Die Induktivität ist praktisch stromstärkeunabhängig, solange nicht die im Wirkwiderstand umgesetzte Leistung $P = I^2R$ eine unzulässige Erwärmung und damit indirekt über den Temperaturkoeffizienten eine Stromabhängigkeit der Induktivität erzeugt. Bei handelsüblichen Normalen werden im allgemeinen vom Hersteller Maximalstromstärken angegeben, mit denen bestimmte Fehlergrenzen eingehalten werden. Die Eigenkapazität einfach gewickelter Zylinderspulen beträgt je nach Induktivitätswert zwischen 25 pF und 250 pF. Sie kann durch kapazitätsarme Wicklungsarten (Kreuz- oder Stufenwicklung) vermindert werden. Bei Normalen für höhere Frequenzen kann durch Hochfrequenzlitze an Stelle des massiven Kupferdrahtes der Frequenzeinfluß herabgesetzt werden.

Der Temperaturkoeffizient der Induktivität wird hauptsächlich durch den Längenausdehnungskoeffizienten des Kupfers ($\alpha = 17 \cdot 10^{-6}\,K^{-1}$) bzw. des Marmors ($\alpha = 10 \cdot 10^{-6}\,K^{-1}$) oder der Keramik ($\alpha = 2$ bis $20 \cdot 10^{-6}\,K^{-1}$) bestimmt, doch tragen offenbar noch andere Effekte dazu bei, denn die gemessenen Temperaturkoeffizienten zwischen 30 und $40 \cdot 10^{-6}\,K^{-1}$ sind größer als nach der reinen Wärmeausdehnung zu erwarten. Werden Spulenkörper und Flansche aus Werkstoffen mit verschiedenen Ausdehnungskoeffizienten hergestellt, kann man nach Griffiths (1929) die Änderung der Windungsfläche weitgehend durch eine entsprechende Änderung der Spulenlänge kompensieren. Für Normale dieser Bauart wird ein Temperaturkoeffizient der Induktivität von $5 \cdot 10^{-6}\,K^{-1}$ angegeben.

Ein Vorteil der Zylinderspulen sind die verhältnismäßig großen Zeitkonstanten, die man, besonders mit quadratischem Wicklungsquerschnitt (Brooks (1931)), erzielen kann. An Normalen dieser Bauform wurden im Frequenzbereich bis 1 kHz Zeitkonstanten von etwa 0,6 ms (bei 100 μH) bis 9,5 ms (bei 1 H) gemessen (Zickner (1935)).

Der größte Nachteil der Zylinderspulen ist zweifellos ihre starke Empfindlichkeit gegen magnetische Streufelder und die Möglichkeit, daß das von der Spule erzeugte Magnetfeld im Meßkreis Störspannungen induzieren kann. Eine magnetische oder elektrostatische Abschirmung des Normals ist kaum möglich, da eine ungestörte Ausbildung des magnetischen Wechselfeldes der Spule eine wesentliche Voraussetzung für die wohldefinierte, der Spule zuzuschreibende Induktivität ist. Diese Nachteile einer Zylinderspule haben dazu geführt, daß die Zylinderspulen trotz mancher anderer Vorzüge ihre Bedeutung als Präzisionsnormale der Induktivität eingebüßt haben und in zunehmendem Maße durch Toroidspulen ersetzt werden.

Toroidspulen sind astatisch, d. h. die Wirkung homogener magnetischer Fremdfelder wird aufgehoben. Der die Induktivität bestimmende magnetische Fluß verläuft innerhalb der Spule. Diese kann daher in ein Metallgehäuse eingeschlossen und damit auch elektrostatisch abgeschirmt werden. Die Gehäusekapazität vergrößert zwar die Eigenkapazität des Normals, sie kann aber, da sie von der Umgebung unabhängig ist, als konstanter Wert bestimmt und gegebenenfalls bei der Korrektion berücksichtigt werden.

Hinsichtlich der Stabilität, der Stromstärkeunabhängigkeit, des Frequenzverhaltens und des Temperatur- und Feuchteeinflusses unterscheiden sich Toroidspulen grundsätzlich nicht von Zylinderspulen. Die Zeitkonstanten sind etwas kleiner, z. B. 1,6 ms für ein 1-H-Normal gegenüber 9,5 ms für eine vergleichbare Zylinderspule.

Spezielle Untersuchungen über das Temperaturverhalten von Toroidspulen findet man bei Fiebiger u. Dröge (1984) und über das Frequenzverhalten bei Hanke u. Dröge (1991).

Das in Fig. 4.134 dargestellte spezielle Anschlußsystem dient dazu, den Induktivitätsunterschied, der definitionsgemäß als Induktivitätswert des Normals gilt, reproduzierbar zu messen (Hersh (1960)). Das ist besonders wichtig bei kleinen Induktivitätswerten, bei denen schon eine geringfügige unbeabsichtigte Lageänderung der Zuleitungen einen erheblichen Meßfehler bewirken kann.

Mit den oberen Anschlußklemmen wird das Normal an die Meßschaltung angeschlossen. Mittels einer Schaltlasche an den unteren Klemmen ist die Spule in Schaltstellung L in den Meßkreis eingeschaltet, in Stellung L_0 abgeklemmt und durch die Lasche (praktisch Kurzschluß) ersetzt.

Spulen mit Kernen aus magnetischem Werkstoff haben einen um den Faktor μ_r (Permeabilitätszahl) größeren magnetischen Fluß. Dadurch kann bei gleicher Baugröße, d. h. insbesondere bei gleicher Windungszahl, eine entsprechend größere Induktivität erzielt werden, oder es kann die gleiche Induktivität bei wesentlich kleineren Abmessungen erreicht werden. In beiden Fällen ergibt sich ein günstigeres Verhältnis L/R. Der vollen Ausnutzung der hohen Permeabilitäten moderner Magnetwerkstoffe steht allerdings die starke Stromabhängigkeit infolge der nichtlinearen Kennlinie entgegen. Durch „Scherung" mittels eines Luftspaltes kann zwar eine weitgehende Linearisierung erreicht werden, doch sinkt dadurch die wirksame Permabilität des Kerns wieder auf einen Bruchteil der reinen Werkstoffpermeabilität herab.

Normale dieser Bauart werden hauptsächlich in Meßschaltungen eingesetzt, in denen eine hohe Spulengüte oder kleine Abmessungen gefordert werden. Bei höheren Frequenzen werden vorzugsweise Ferrit-Schalenkerne verwendet, die einen geringen Streufluß haben und gegen äußere Störfelder verhältnismäßig unempfindlich sind. Mit Ferritkernspulen können, abhängig vom Induktivitätswert (100 µH bis 1 H) und von der Meßfrequenz (bis 1 MHz), Gütefaktoren bis zu 1500 erreicht werden.

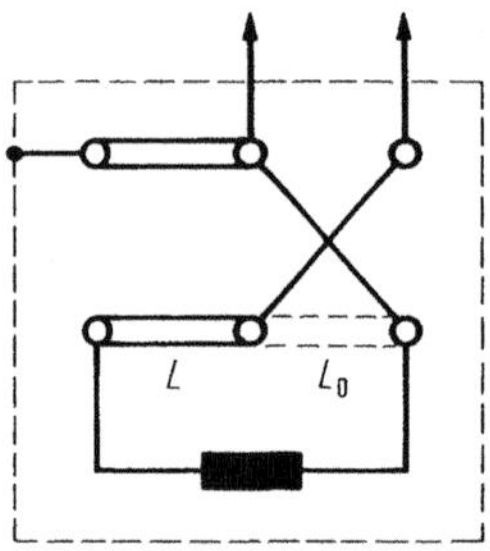

Fig. 4.134 GR-Anschlußsystem für Induktivitätsnormale mit $L < 500\,\mu\text{H}$: Schaltlasche wahlweise in Stellung L (Spule wirksam) oder L_0 (Spule unwirksam)

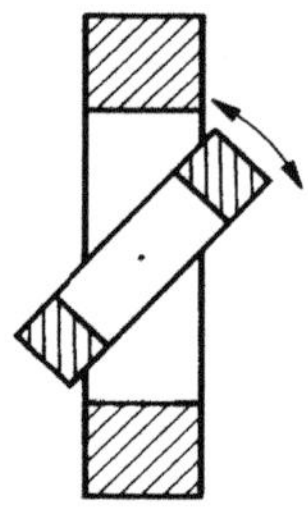

Fig. 4.135 Stetig veränderbare Eigen- oder Gegeninduktivität nach dem Drehspulprinzip von Ayrton und Perry

Normale mit veränderbarer Induktivität Induktivitätssätze lassen sich aus einer Anzahl von Einzelnormalen herstellen, die mittels einer Schaltvorrichtung in verschiedenen Kombinationen schaltbar sind. Hierzu bieten sich die im vorigen Absatz beschriebenen Spulen mit Magnetkern an, die es gestatten, mehrere Induktivitätsnormale ohne merklich gegenseitige Beeinflussung auf engem Raum unterzubringen.

Bei Spulen ohne Magnetkern wird die Anordnung von den geometrischen Abmessungen her ziemlich groß, wenn man die Kopplung der verschiedenen Spulen genügend klein halten will. Nach Brooks (1931) werden z. B. drei Zylinderspulen mit jeweils senkrecht zueinander stehenden Achsen übereinander angeordnet. Dadurch wird die Kopplung besonders gering, im Idealfall zu Null.

Stetig veränderbare Induktivitätsnormale beruhen durchwegs auf dem Drehspulprinzip von Ayrton u. Perry (1895). Eine um ihren Durchmesser drehbare Spule mit der Eigeninduktivität L_1 ist innerhalb einer zweiten, festen Spule (L_2) angeordnet (s. Fig. 4.135). Sind beide Spulen hintereinandergeschaltet, so ist die Gesamtinduktivität

$$L = L_1 + L_2 \pm k\sqrt{L_1 L_2} \tag{4.238}$$

wobei k eine Funktion des Drehwinkels ist. Werden beide Spulen getrennt, ist die Anordnung auch als veränderbares Normal der Gegeninduktivität zu verwenden.

Es sind eine ganze Reihe sinnreicher Konstruktionsverbesserungen vorgeschlagen worden (Mansbridge (1905), Campbell (1925) u. (1929), Brooks u. Lewis (1937), Astbury u. Ford (1938)), trotzdem ist grundsätzlich festzustellen, daß veränderbare Induktivitäten nicht an die Genauigkeit von Kapazitätssätzen oder Drehkondensatoren heranreichen. Wo es möglich ist, wird man daher im allgemeinen einstellbare Kapazitäten bevorzugen.

4.2.6.4 Messung der Induktivität

Allgemeine Grundsätze der Induktivitäts-Meßtechnik Bei der Bestimmung der Induktivität eines Normals (Spule) sind entsprechend der Definition als Induktivitätsunterschied im allgemeinen zwei Messungen vorzunehmen: bei der ersten Messung ist die Spule als Induktivität im Meßkreis wirksam, bei der zweiten Messung ist sie entweder durch einen „Kurzschluß" oder durch eine andere Spule (Substitutionsverfahren) oder durch einen reinen Wirkwiderstand ersetzt. Offene Spulen sind so aufzustellen, daß die magnetische Kopplung mit dem Meßkreis ebenso wie die Einstreuung durch Fremdfelder möglichst klein wird. Ein Abstand von etwa 0,5 m bis 1 m vom Meßkreis und überhaupt von allen leitenden (metallischen) Gegenständen in der Umgebung ist zu empfehlen. Der Fehler infolge Kopplung oder Streuung kann unter Umständen auch dadurch eliminiert werden, daß man die Stromrichtung in der Spule durch Vertauschen der Anschlüsse umkehrt und die beiden Meßwerte mittelt.

Besondere Aufmerksamkeit gilt den Streukapazitäten, die vor allem bei größeren Induktivitätswerten oder höheren Frequenzen gemäß Gl. (4.218) die Induktivität scheinbar erhöhen. Soweit es sich dabei nicht um die Eigenkapazität des zu messenden Normals handelt (Spulen- und evtl. Gehäusekapazität), die als eine feste Eigenschaft des Normals betrachtet wird, müssen Streukapazitäten, die sich beim Anschluß des Normals parallel zur Spule legen, in Form der sog. C_4-Korrektion berücksichtigt werden. Hierzu gehören auch die Streukapazitäten, die nicht von vornherein in der Meßschaltung vorhanden sind, sondern erst durch das Heranbringen und Anschließen des Normals an die dafür vorgesehene Anschlußvorrichtung entstehen. Eine genaue Bestimmung dieser Kapazitäten ist mitunter sehr schwierig, notfalls muß man sich mit einer Abschätzung begnügen, was sich in einer erhöhten Meßunsicherheit auswirkt.

Bei einer „echten" Substitutionsmessung, d. h. wenn das unbekannte durch ein bekanntes Normal gleicher Größe und gleicher Bauart ersetzt wird, können diese Korrektionen entfallen, da sie in beiden Fällen gleich groß sind und bei der Differenzbildung herausfallen.

Ein Teil der mit den Streukapazitäten verknüpften Schwierigkeiten ließe sich sicher beheben, wenn ähnlich wie bei der Präzisions-Kapaztitätsmessung abgeschirmte Normale in Dreipolschaltung und entsprechend abgeschirmte Meßschaltungen verwendet würden. Es ist aber bisher noch üblich, Induktivitätsnormale als Zweipole zu verwenden.

Messung durch Zurückführen auf andere Größen Eine Bestimmung der Induktivität aus Stromstärke und Spannung gemäß der Definition des Blindwiderstandes $X_L = \omega L = U/I$ ist mit den gleichen Meßverfahren möglich, die bei der Kapazität sind (vgl. Fig. 4.120).

Wechselstrombrücken-Schaltungen zur Messung der Induktivität erhalten in ihren Brückenzweigen neben der zu messenden Spule Widerstände, Kondensatoren oder Kombinationen davon.

Maxwell-Wien-Brücke. Diese klassische Schaltung (s. Fig. 4.136) zur Messung der Induktivität wird auch heute noch vielfach verwendet. Die Spule wird dabei durch das Serien-Ersatzschaltbild aus R_4 und L_4 dargestellt, was erfahrungsgemäß das Verhalten einer Luftspule am besten beschreibt. Bei abgeglichener Brücke gelten die Beziehungen

$$L_4 = C_1 R_2 R_3 \tag{4.239}$$

$$R_4 = \frac{R_2 R_3}{R_1} \tag{4.240}$$

Daraus ergibt sich

$$Q_X = \frac{1}{d_X} = \frac{\omega L_4}{R_4} = \omega C_1 R_1 \tag{4.241}$$

Der große Vorteil dieser Brückenschaltung besteht darin, daß der Brückenabgleich frequenzunabhängig ist und daß die beiden Abgleichbedingungen unabhängig voneinander erfüllt werden können, wenn, wie üblich C_1 und R_1 als veränderbare Brückenelemente ausgebildet werden. Das bedeutet eine erhebliche Erleichterung des Abgleichvorgangs in der Praxis.

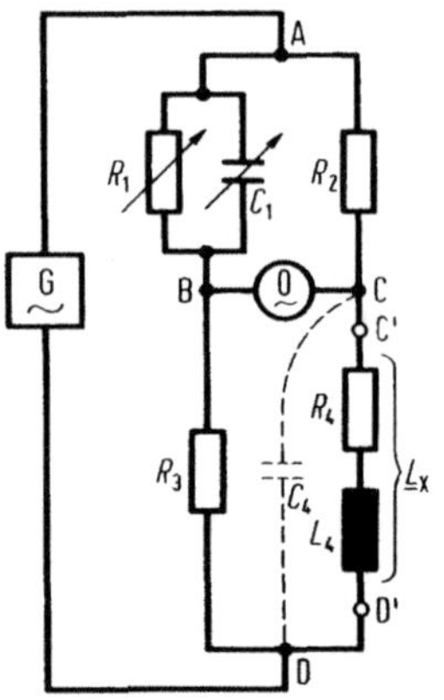

Fig. 4.136
Grundschaltung der Maxwell-Wien-Brücke zur Induktivitätsmessung
L_X Prüfnormal im Serien-Ersatzschaltbild aus Induktivität L_4 und Spulen(wirk)widerstand R_4
R_2, R_3 Festwiderstände
C_1, R_1 Kapazität und Widerstand (veränderbar) zum Brückenabgleich
C_4 Streukapazität zwischen den Brückeneckpunkten C und D

Die im Schaltbild gestrichelt gezeichnete Kapazität C_4 umfaßt alle Streukapazitäten zwischen den Brückeneckpunkten C und D. Die dadurch bewirkte scheinbare Induktivitätszunahme ist durch die „C_4-Korrektion" $\Delta L/L \approx -\omega^2 C_4 L_4$ zu berücksichtigen. Sie ist, wie man sieht, um so größer, je größer die Induktivität und je höher die Frequenz ist. Die Unsicherheit der Korrektion hängt hauptsächlich von der Unsicherheit der C_4-Bestimmung ab.

Der theoretisch geforderte Ersatz der Spule durch einen Kurzschluß bei der zweiten Messung läßt sich in der Praxis nicht immer verwirklichen, wie das folgende Zahlenbeispiel zeigt.

Eine Induktivität mit dem Nennwert 1 H und einem Wirkwiderstand von 660 Ω soll bei $f = 1592$ Hz ($\omega = 10^4\,\mathrm{s}^{-1}$) gemessen werden. Mit $R_2 = R_3 = \omega L = 10\,\mathrm{k\Omega}$ (symmetrische Brücke zwecks höherer Empfindlichkeit) werden zum Abgleich $C_1 = 10\,\mathrm{nF}$ und $R_1 = 152\,\mathrm{k\Omega}$ benötigt. Nach Kurzschluß zwischen C′ und D′ verbleiben im Zweig 4 der Brücke der Widerstand R_{40} und die Induktivität L_{40} der inneren Brückenleitungen CC′ und DD′, für das Beispiel mit 10 mΩ und 1 μH angenommen. Zum erneuten Brückenabgleich braucht man $C_1 = 0{,}01\,\mathrm{pF}$ und $R_1 = 10\,\mathrm{T\Omega}$.

Diese Werte sind aber in der Brückenschaltung aus mehreren Gründen nicht möglich: Die Kapazität C_1 wird in der Regel durch einen Kapazitätssatz oder einen Drehkondensator dargestellt, die je nach Bauart eine Anfangskapazität zwischen 10 pF und 100 pF haben. Hinzu kommt die unvermeidbare Kapazität des Widerstands R_1 (Größenordnung 1 pF) und sonstige Streukapazitäten zwischen A und B. Diese Grundkapazität im Zweig 1 ist nur schwer mit hinreichender Sicherheit zu messen, sie fällt aber bei einer Differenzmessung heraus, vorausgesetzt, die Anfangskapazität des Kondensators bleibt ebenso wie der Widerstand bei der zweiten Messung unverändert wirksam. Das bedeutet, daß die Prüfspule (1 H) nicht durch einen Kurzschluß, sondern durch eine Spule von etwa 1 mH bis 10 mH zu ersetzen ist, deren Gesamtwiderstand durch Vorschalten eines fehlwinkelarmen Widerstands (z. B. Kohle- oder Metallschichtwiderstand) auf denselben Wert wie bei der ersten Messung, hier also auf 660 Ω abgeglichen wird.

Andere Probleme ergeben sich bei der Messung sehr kleiner Induktivitäten bei niedrigen Frequenzen. Beispielsweise erfordert eine Spule mit $L = 100\,\mathrm{\mu H}$ bei $\omega = 10^4\,\mathrm{s}^{-1}$, wenn man wiederum ein Brückenverhältnis 1:1 anstrebt, eine Kapazität $C_1 = 100\,\mathrm{\mu F}$ und Widerstände $R_2 = R_3 = 1\,\Omega$. Zum Abgleich des Spulenwiderstands – ein typischer Wert für Spulen dieser Art ist $R_4 = 0{,}08\,\Omega$ – muß $R_1 = 12{,}5\,\Omega$ sein. Gegenüber einer Kapazität von 100 μF sind Streukapazitäten der Widerstände ebenso wie die Unsicherheit der Anfangskapazität zu vernachlässigen, so daß es keine Schwierigkeiten bereitet, die Spule durch einen „Kurzschluß" zu ersetzen (auf die Bedeutung einer reproduzierbaren Umschaltung war bereits hingewiesen worden, vgl. Fig. 4.134). Dafür sind jedoch die Zuleitungs- und Kontaktwiderstände in der Größenordnung etlicher Milliohm, insbesondere im Zweig 2 und 3 der Brücke zu berücksichtigen. Auch sind die großen Kapazitäten nur schwer mit genügender Genauigkeit zu verwirklichen.

Eine ausführliche Untersuchung der Fehlereinflüsse aller Streuparameter der Maxwell-Wien-Brücke s. bei Zapf (1961)

Die Hay-Brücke (s. Fig. 4.137a) unterscheidet sich von der Maxwell-Wien-Brücke durch eine Serienschaltung an Stelle der Parallelschaltung im Zweig 1. Sie vermeidet dadurch die beschriebenen Schwierigkeiten bei hohen R_1-Werten und ist deshalb besonders zur Messung von Spulen hoher Güte geeignet (Hartshorn (1929), Helke (1969)). Bei abgeglichener Brücke gelten die Beziehungen

$$L_4 = \frac{C_1 R_2 R_3}{1 + (\omega C_1 R_1)^2} = \frac{C_1 R_2 R_3}{1 + d_1^2} \tag{4.242}$$

$$R_4 = \frac{R_2 R_3}{R_1} \frac{(\omega C_1 R_1)^2}{1 + (\omega C_1 R_1)^2} = \frac{R_2 R_3}{R_1} \frac{d_1^2}{1 + d_1^2} \tag{4.243}$$

$$Q_X = \frac{1}{d_X} = \frac{1}{\omega C_1 R_1} = \frac{1}{d_1} \tag{4.244}$$

Für eine Spule mit $L = 1\,\mathrm{H}$, jetzt aber mit einer Güte $Q = 200$ angenommen, ergibt sich bei gleicharmiger Brücke, d. h. $R_2 = R_3 = \omega L_4 = 1/\omega C_1$, aus Gl. (4.243) die einfache Beziehung $R_1 \approx R_4 = 50\,\Omega$.

Wird das Prüfnormal anstatt im Serien- im Parallel-Ersatzschaltbild dargestellt, was bei Spulen mit magnetischem Kern oft zweckmäßiger ist (vgl. **4.2.6.1**), so ergeben sich für die

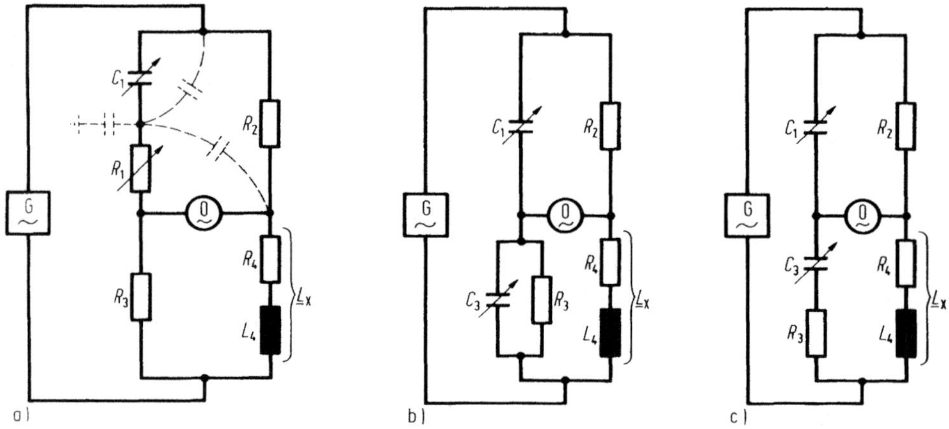

Fig. 4.137 Grundschaltung der Hay-Brücke (a), der Schering-Brücke (b) und der Owen-Brücke (c) (Bedeutung der Symbole wie in Fig. 4.136)

Hay-Brücke formal dieselben frequenzunabhängigen Abgleichbedingungen wie für die Maxwell-Wien-Brücke:

$$L_{4\mathrm{P}} = C_1 R_2 R_3 \tag{4.245}$$

$$R_{4\mathrm{P}} = \frac{R_2 R_3}{R_1} \tag{4.246}$$

Zusätzliche Fehler können unter Umständen von den Streukapazitäten verursacht werden, die vom Verbindungspunkt zwischen C_1 und R_1 ausgehen (in Fig. 4.137a gestrichelt gezeichnet).

Dies wird in der von Schering (1927) angegebenen Brückenschaltung dadurch vermieden, daß zum Phasenabgleich eine veränderbare Kapazität C_3 in Parallelschaltung zu R_3 verwendet wird (s. Fig. 4.137b). Die entsprechenden Gleichungen lauten:

$$L_4 = \frac{C_1 R_2 R_3}{1 + (\omega C_3 R_3)^2} \tag{4.247}$$

$$R_4 = \frac{C_1}{C_3} R_2 \frac{(\omega C_3 R_3)^2}{1 + \omega C_3 R_3)^2} \tag{4.248}$$

$$d_{\mathrm{X}} = \omega C_3 R_3 \tag{4.249}$$

Zum R_4-Abgleich der oben erwähnten 1-H-Spule mit $Q = 200$ würde unter sonst gleichen Meßbedingungen eine Kapazität $C_3 = 50\,\mathrm{pF}$ erforderlich sein.

Der Vollständigkeit halber sei noch die Owen-Brücke erwähnt, die sich wiederum von der Schering-Brücke durch die Serienschaltung $R_3 C_3$ an Stelle der Parallelschaltung unterscheidet (s. Fig. 4.137c). Die Abgleichbedingungen lauten:

$$L_4 = C_1 R_2 R_3 \tag{4.250}$$

$$R_4 = \frac{C_1}{C_3} R_2 \tag{4.251}$$

$$d_X = \frac{1}{\omega C_3 R_3} \tag{4.252}$$

Über spezielle Anwendungsmöglichkeiten s. Walcher (1938) und Posel (1963).

Die Starr-Brücke (s. Fig. 4.138) ist besonders zur Messung kleiner Induktivitäten bei niedrigen und mittleren Frequenzen geeignet (Starr (1933)). Die Schaltung wird als normale Kapazitätsbrücke abgeglichen, einmal mit und einmal ohne die Spule im Zweig 4, wahlweise durch Verändern von C_3 (bei festem C_4) oder C_4 (bei festem C_3). Es soll einerseits die Kapazitätsdifferenz beider Messungen $\Delta C_4 = C_4'' - C_4' \ll C_4$ sein, andererseits soll C_4 aber noch weit unter dem Resonanzwert $C_R = 1/(\omega^2 L_4)$ liegen. Es gelten folgende Beziehungen:

$$L_4 = \frac{R_2}{R_1} \cdot \frac{C_3' - C_3''}{\omega^2 C_3' C_3''} \approx \frac{R_2}{R_1} \cdot \frac{\Delta C_3}{(\omega C_3)^2} \tag{4.253}$$

bzw.
$$L_4 = \frac{R_2}{R_1} \cdot \frac{C_4'' - C_4'}{\omega^2 C_4' C_4''} \approx \frac{R_2}{R_1} \cdot \frac{\Delta C_4}{(\omega C_4)^2} \tag{4.254}$$

und
$$R_4 = \frac{R_2}{R_1} \cdot R_3 \tag{4.255}$$

Beispiel: $L = 1\,\mu\text{H}$, $\omega = 10^4\,\text{s}^{-1}$, $C_4 = 1\,\mu\text{F}$, $R_1 = R_2 = 100\,\Omega$. Die Kapazitätsdifferenz $\Delta C_4 = (\omega C_4)^2 \cdot L = 100\,\text{pF}$ kann in einfacher Weise mit einem Drehkondensator, der parallel zu C_4 bzw. C_3 liegt, gemessen werden.

Resonanzbrücken. Sind in einem Zweig einer Wechselstrombrücke ein Kondensator und eine Spule in Reihe geschaltet, während die übrigen drei Zweige nur Wirkwiderstän-

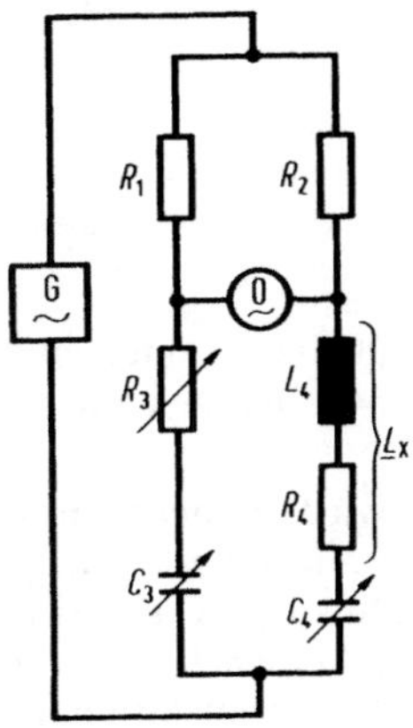

Fig. 4.138 Starr-Brücke zur Messung kleiner Induktivitäten (C_4 möglichst groß, aber $\omega^2 C_4 L_4 \ll 1$; Bedeutung der Symbole wie in Fig. 4.136

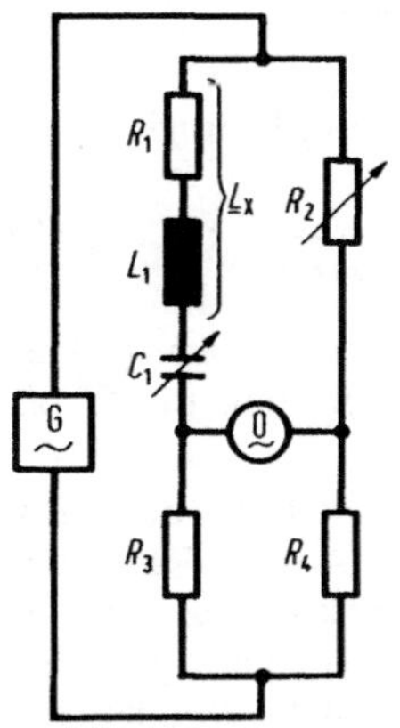

Fig. 4.139 Reihenresonanzbrücke zur Messung des Spulenwirkwiderstands
Im Resonanzfall ($\omega^2 C_1 L_1 = 1$) ist $R_1 = R_2 R_3 R_4$

de enthalten (s. Fig. 4.139), so verschwindet im Resonanzfall ($\omega^2 C_1 L_1 = 1$) der Blindwiderstand der Reihenschaltung, und es gilt die einfache Abgleichbedingung einer Wheatestone-Brücke

$$R_X = R_1 = \frac{R_2 R_3}{R_4} \qquad (4.256)$$

Dies ist praktisch der Wirkwiderstand der Spule, da der Verlustfaktor des Kondensators bzw. der entsprechende Ersatzwiderstand meist vernachlässigt werden kann. Grundsätzlich läßt sich aus den Resonanzbedingungen auch die Induktivität L bestimmen, doch sind hierbei die Streukapazitäten und -induktivitäten der Brücke und die Eigenkapazität der Spule zu berücksichtigen (Hahnemann (1981)).

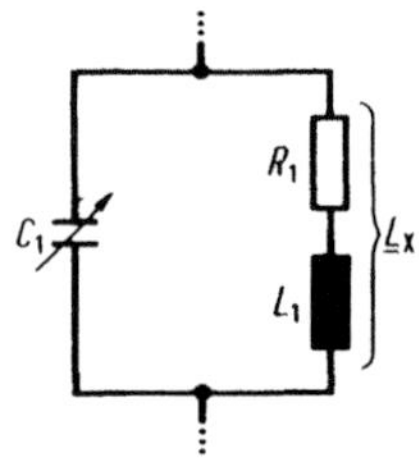

Fig. 4.140
Ersatzschaltbild eines Parallelresonanzkreises mit Berücksichtigung des Spulenwirkwiderstands

Für einen Parallel-Resonanzkreis (s. Fig. 4.140) gilt die Beziehung

$$\omega_R = \frac{1}{\sqrt{C_1 L_1}} \sqrt{1 - \frac{C_1}{L_1} R_1^2} \qquad (4.257)$$

Daraus ergibt sich bei abgeglichener Brücke

$$R_1 = \frac{L_1 R_4}{C_1 R_2 R_3} \qquad (4.258)$$

und für L_1 die Näherungslösung

$$L_X = L_1 \approx \frac{1}{\omega_R^2 C_1} \left(1 - (\omega_R C_1 R_1)^2\right) \qquad (4.259)$$

Durch Resonanz-Verstimmung kann der Verlust- bzw. der Gütefaktor einer Spule bestimmt werden, ohne daß die Größen L, C und R im einzelnen bekannt zu sein brauchen.

Die Serien- oder Parallelschaltung aus Spule und Kondensator wird zunächst durch Einstellen der Frequenz oder der Kapazität auf Resonanz gebracht, daran erkenntlich, daß im Serienresonanzkreis bei konstant gehaltener Spannung die Stromstärke I_R einen Höchstwert bzw. bei konstant gehaltenem Strom die Spannung U_R einen Kleinstwert erreicht; für einen Parallelresonanzkreis gilt jeweils das Gegenteil, also Stromstärkeminimum bzw. Spannungsmaximum. Wird der Resonanzkreis durch eine kleine Frequenzänderung Δf so „verstimmt", daß im Serienresonanzkreis die Stromstärke auf $I_R/\sqrt{2}$ absinkt bzw. die Spannung auf $U_R \cdot \sqrt{2}$ ansteigt (bei Parallelresonanz gilt wiederum entsprechend das Gegenteil, so gilt

$$d = \frac{2\Delta f}{f_R} \quad \text{bzw.} \quad Q = \frac{1}{d} = \frac{f_R}{2\Delta f} \tag{4.260}$$

Bei Verstimmung durch Kapazitätsänderung ΔC (bei fester Frequenz) lauten die entsprechenden Gleichungen

$$d = \frac{\Delta C}{C_R} \quad \text{bzw.} \quad Q = \frac{C_R}{\Delta C} \tag{4.261}$$

Meßtechnisch ist der Faktor 2 manchmal günstiger als $\sqrt{2}$. Bezeichnet man die hierzu erforderlichen Verstimmungen mit $\Delta f'$ oder $\Delta C'$, so sind die oben aufgeführten Formeln mit $\sqrt{3}$ zu dividieren bzw. zu multiplizieren:

$$d = \frac{1}{\sqrt{3}} \cdot \frac{2\Delta f'}{f_R} \quad \text{bzw.} \quad Q = \frac{\sqrt{3} \cdot f_R}{2\Delta f'} \tag{4.262}$$

und

$$d = \frac{1}{\sqrt{3}} \cdot \frac{\Delta C'}{C_R} \quad \text{bzw.} \quad Q = \frac{\sqrt{3} \cdot C_R}{\Delta C'} \tag{4.263}$$

Genaugenommen liefert dieses Verfahren den Verlustfaktor d_K des gesamten Resonanzkreises, auch Kreisdämpfung genannnt. In der Praxis ist meist $d_C \ll d_L$, so daß die Kreisgüte gleich der Spulengüte ist.

Messung der Gegeninduktivität Eine Gegeninduktivität M kann in einfacher Weise gemessen werden, indem beide Wicklungen in Reihe geschaltet und die Induktivität L nach einem der beschriebenen Verfahren gemessen wird, einmal mit gleichsinning und das andere Mal mit gegensinnig geschalteten Wicklungen. Als Differenz aus den beiden Meßwerten $L_I = L_1 + L_2 + 2M$ und $L_{II} = L_1 + L_2 - 2M$ ergibt sich

$$M = \frac{L_I - L_{II}}{4} \tag{4.264}$$

Die Carey-Foster-Brücke (s. Fig. 4.141), ursprünglich für ballistische Messungen entwickelt und später mehrfach von Schering u. Engelhardt (1920) für Wechselstrom

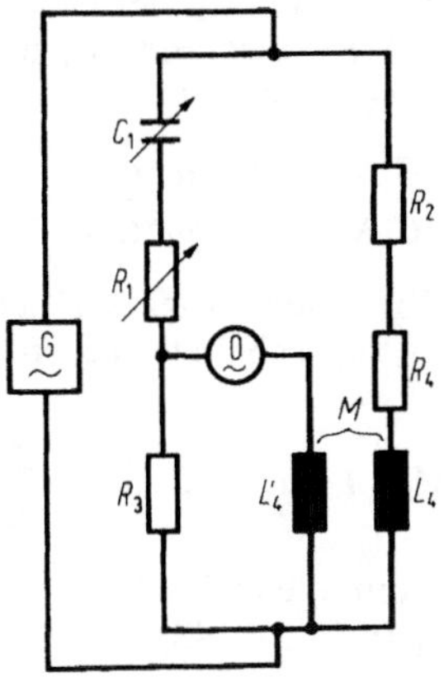

Fig. 4.141
Carey-Forster-Brücke zur Messung der Gegeninduktivität (nach Schering-Engelhardt)
L_4, L'_4 Eigeninduktivitäten der beiden Spulen des Prüfnormals
M Gegeninduktivität des Prüfnormals
R_4 Spulenwirkwiderstand
(Bedeutung der übrigen Symbole wie in Fig. 4.136)

umgeändert, ähnelt der Hay-Brücke (vgl. Fig. 4.137a). Die Abgleichbedingungen lauten:

$$M = C_1(R_2 + R_4)R_3 \tag{4.265}$$

$$L = M\left(1 + \frac{R_1}{R_3}\right) \tag{4.266}$$

Daraus folgt, daß $L > M$ sein muß, andernfalls muß zwischen R_2 und L_4 eine zusätzliche Induktivität eingeschaltet werden. Zweckmäßig macht man R_2 genügend groß gegen R_4, um den Einfluß des nicht genau bekannten Wicklungswiderstandes klein zu halten.

Induktivitätsmessung durch Vergleich kann unter Zuhilfenahme eines geeigneten Spannungsteilers vorgenommen werden. Die Bifilarbrücke nach Giebe enthielt einen Widerstandsteiler aus frei ausgespannten Bifilardrähten, um kleine Zeitkonstanten zu erreichen. Rayner (1958) und Arri (1974) verwendeten statt dessen bequemer und genauer einstellbare induktive Spannungsteiler.

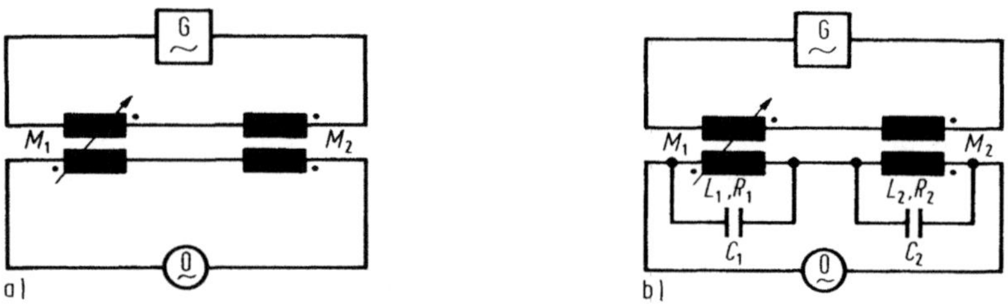

Fig. 4.142 Schaltung zum Vergleich gleich großer Gegeninduktivitäten (nach Felici-Heaviside-Campbell)
a) ohne Berücksichtigung der Eigenkapazitäten der Spulen,
b) mit Berücksichtigung der Eigenkapazitäten der Spulen

Der Vergleich von Gegeninduktivitäten läuft meist darauf hinaus, die beiden Primärwicklungen in Reihe zu schalten, so daß sie vom gleichen Strom durchflossen werden, und die in den Sekundärwicklungen induzierten Spannungen zu vergleichen. Besonders einfach wird die Schaltung, wenn eine der beiden Gegeninduktivitäten veränderbar ist, so daß $M_1 = M_2$ eingestellt werden kann (s. Fig. 4.142a). Können die Eigenkapazitäten C_1 und C_2 der Sekundärwicklungen nicht vernachlässigt werden, gehen auch die Wirkwiderstände R_1 und R_2 der Spulen in die Abgleichbedingungen gemäß der Doppelgleichung

$$\frac{M_1}{M_2} = \frac{C_1R_1}{C_2R_2} = \frac{1 - \omega^2 C_1L_1}{1 - \omega^2 C_2L_2} \tag{4.267}$$

ein (s. Fig. 4.142b). Zum Abgleich der Spulenkapazitäten muß gegebenenfalls ein Drehkondensator zugeschaltet werden. Mit $\omega^2 C_1L_1 \ll 1$ und $\omega^2 C_2L_2 \ll 1$ gilt in guter Näherung

$$M_2 = M_1\left[1 - \omega^2 C_2L_2\left(1 - \frac{L_1R_2}{L_2R_1}\right)\right] \tag{4.268}$$

Gegeninduktivitäten, die nicht gleich groß sind, können mit der auf Maxwell zurückgehenden Schaltung (s. Fig. 4.143) verglichen werden. Nach Abgleich durch L und R_3 oder

R_4 gilt die Doppelgleichung

$$\frac{M_1}{M_2} = \frac{R_3 + R_1}{R_4 + R_2} = \frac{L_1 + L}{L_2} \quad (4.269)$$

Auf den ersten Blick scheint sich die von Hartshorn (1925) angegebene Schaltung (s. Fig. 4.144) von der Maxwell-Schaltung grundsätzlich nur durch die Vertauschung von Generator und Nullindikator zu unterscheiden, führt aber doch zu anderen Abgleichbedingungen. Es sind zwei Messungen erforderlich: Bei der ersten Messung (Nullindikator in der Stellung D_1) stellt die Schaltung praktisch eine Brücke zum Vergleich der Eigeninduktivitäten L_1 und L_2 dar. Nach Abgleich mittels L_H und R_H gilt $I_1 R_1 = I_2 R_2$.

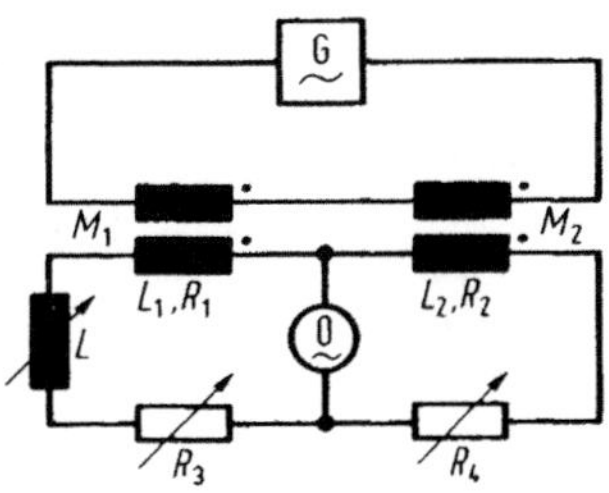

Fig. 4.143 Gegeninduktivitätsvergleich nach Maxwell
M_1, M_2 Zu vergleichende Gegeninduktivitäten
L_1, R_1, L_2, R_2 Eigeninduktivitäten und Wirkwiderstände der Sekundärspulen
L, R_3, R_4 Induktivität und Widerstände zum Brückenabgleich

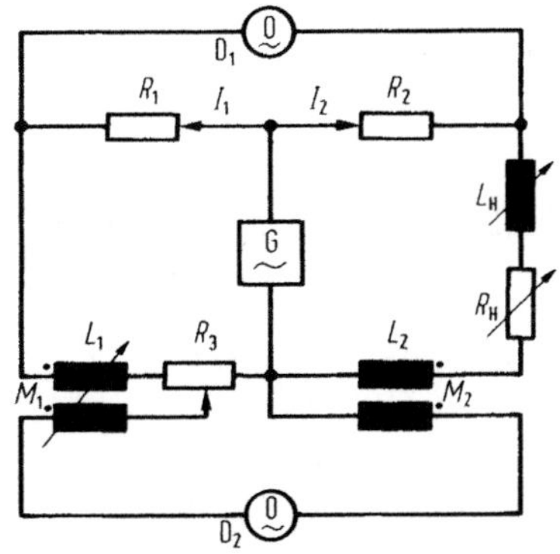

Fig. 4.144 Gegeninduktivitätsvergleich nach Hartshorn
L_1, M_1, L_2, M_2 Eigen- und Gegeninduktivitäten der zu vergleichenden Normale
R_1, R_2 Festwiderstände
D_1 Nullindikator der 1. Messung: Abgleich mittels Hilfsinduktivität L_H und Hilfswiderstand R_H
D_2 Nullindikator der 2. Messung: Abgleich durch M_1 und (Schleifdraht-)Widerstand R_3

In der zweiten Messung (Nullindikator auf Stellung D_2 umgeschaltet) wird der untere Meßkreis durch Verändern von M_1 und R_3 stromlos gemacht. Dann gilt

$$\frac{M_1}{M_2} = \frac{R_1}{R_2} \quad (4.270)$$

Im Gegensatz zur Maxwell-Schaltung gehen weder L_H noch R_H noch die Spulenwiderstände in das Ergebnis ein.

Die Campbell-Brücke (s. Fig. 4.145) ermöglicht den Vergleich einer Eigeninduktivität mit einer Gegeninduktivität (Rayner (1958)). Eine Wicklung der veränderbaren Gegeninduktivität M liegt in der Zuleitung vom Generator zur Brücke, die andere Wicklung ist als Induktivität L_1 im Zweig 1 wirksam, und zwar so geschaltet, daß sich die beiden induzierten Spannungen $j\omega MI$ und $j\omega L_1 I_1$ aufheben. In zwei Messungen, einmal mit der zu messenden Induktivität L_X im Zweig 1 der Brücke und zum anderen mit einem

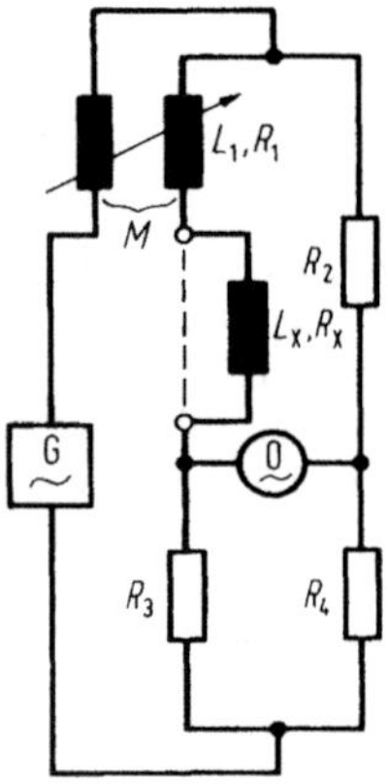

Fig. 4.145
Maxwell-Campbell-Brücke zum Vergleich einer Eigeninduktivität mit einer Gegeninduktivität
L_X, R_X Eigeninduktivität und Wirkwiderstand des Prüfnormals
M, L_1, R_1 Gegen- und Eigeninduktivität sowie Spulenwiderstand des Vergleichsnormals
R_2, R_3, R_4 Festwiderstände

Kurzschluß an Stelle der Induktivität (im Schaltbild gestrichelt gezeichnet), wird die Brücke jeweils durch Verändern von M und R_2 abgeglichen. Dann gilt

$$L_X = \left(1 + \frac{R_3}{R_4}\right)\Delta M \tag{4.271}$$

und

$$R_X = \left(1 + \frac{R_3}{R_4}\right)\Delta R_2 \tag{4.272}$$

Bei gleicharmiger Brücke ($R_3 = R_4$) ist $L_X = 2 \cdot \Delta M$ und $R_X = 2\Delta R_2$.

Zusammenfassende Darstellungen von Induktivitäts-Meßschaltungen s. Blechschmidt (1957) und Helke (1969).

4.2.7 Induktive Spannungsteiler (G. Ramm)

4.2.7.1 Begriffe, Grundlagen

Als „induktiver Spannungsteiler" wird eine aus einem oder mehreren Transformatoren bestehende Anordnung bezeichnet, die es ermöglicht, mit Schaltern oder auf andere Weise genaue Verhältnisse von Wechselspannungen einzustellen, wie sie in Wechselstrom-Meßschaltungen, z. B. Brücken- oder Kompensationsschaltungen, benötigt werden (DIN IEC 618).

Die Wirkung beruht auf dem bekannten Transformatorenprinzip: In mehreren Wicklungen, die sich auf einem Kern aus weichmagnetischem Material befinden, werden Spannungen induziert, die sich wie die Windungszahlen dieser Wicklungen verhalten.

Die ausgezeichnete Langzeitstabilität, der verschwindend kleine Temperaturkoeffizient und die technische Vervollkommnung induktiver Teiler in den letzten Jahrzehnten haben dazu geführt, daß sie in vielen Anwendungsgebieten die früher üblichen Widerstandsteiler verdrängt haben (Hill u. Miller (1963); Hill (1970); Cutkosky (1970b)).

Wesentliche Kenngrößen sind der Frequenzbereich, die Betriebsspannung(en), das Teilungs-(oder Übersetzungs-)verhältnis sowie Eingangs- und Ausgangsimpedanz.

Induktive Teiler werden vorzugsweise im Tonfrequenzbereich (50 Hz bis 20 kHz) eingesetzt, doch sind auch Anwendungsfälle bei anderen Frequenzen bekannt geworden, z. B. Widerstandsmessungen bei 8 1/3 Hz und 1,5 Hz (Fuhrmann (1974); Ramm (1982)) oder Einsatz bei Frequenzen bis 1 MHz (Hoer u. Smith (1967); Homan u. Zapf (1970); Grohmann (1976)).

Die Spannung U ist, sofern nicht durch Isolationsanforderungen begrenzt, mit der Frequenz f, der Windungszahl N, dem Kernquerschnitt A und dem Induktionsscheitelwert $\hat{B}$ nach der bekannten Transformatorgleichung

$$U = 4{,}44 f N A \hat{B} = K \cdot f \tag{4.273}$$

verknüpft. Typische K-Werte sind 0,1 V/Hz bis 0,35 V/Hz, von Schlinke (1970) wird ein Teiler mit 200 V bei 50 Hz beschrieben, also $K = 4$ V/Hz.

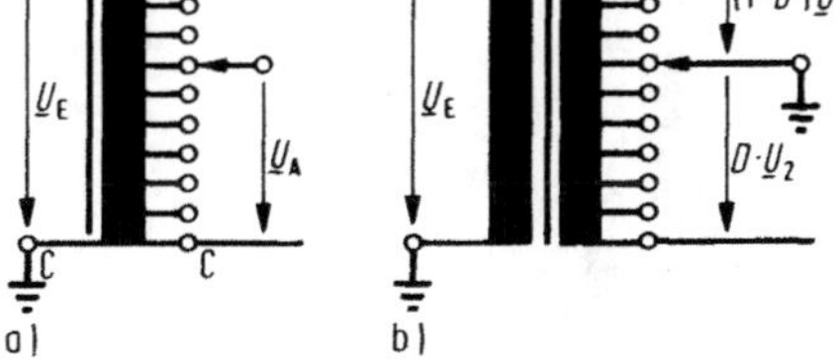

Fig. 4.146
Prinzipbild eines induktiven Spannungsteilers
a) Spartransformatorschaltung,
b) Trenntransformatorschaltung

Induktive Teiler können als Spartransformatoren oder als Isoliertransformatoren mit Primär-(Magnetisierungs-) und Sekundärwicklung ausgebildet sein (s. Fig. 4.146). Bei Spartransformatoren wird meist der Punkt C („COMMON") geerdet, bei getrennten Wicklungen wird häufig auf der Sekundärseite der Teilspannungabgriff geerdet („ratio transformer", vgl. **4.2.5.4** Transformatorbrücke). Das Teilungsverhältnis D wird als Verhältnis der Ausgangsspannung $\underline{U}_A$ zur Eingangsspannung $\underline{U}_E$ bzw. der Teilspannung zur Gesamt-Sekundärspannung definiert. Es ist also in beiden Fällen kleiner oder höchstens gleich eins. Die Ausgangs-(Teil-)Spannung weicht im allgemeinen in Betrag und Phase vom Einstellwert $D\,\underline{U}_E$ bzw. $D\,\underline{U}_2$ ab. Der dadurch entstehende Teilungsfehler wird – anders als bei Widerstandsteilern – stets auf die Gesamtspannung, d. h. auf das Teilungsverhältnis $D = 1$, bezogen (DIN IEC 618) und kann demgemäß in komplexer Schreibweise als

$$\underline{F} = F' + \mathrm{j}F'' = \frac{D\,\underline{U}_E - \underline{U}_A}{\underline{U}_E} = D - \frac{\underline{U}_A}{\underline{U}_E} \tag{4.274}$$

dargestellt werden.

Leider werden im Schrifttum, in Herstellerangaben und Prüfzertifikaten vielfach die Begriffe „Fehler" und „Korrektion" verwechselt. Beispielsweise sind die Größen K_w und K_b in der Gleichung $\underline{U}_A/\underline{U}_E = D + K_w + \mathrm{j}K_b$ zweifellos die Korrektionen, werden aber oft als Fehler („error") bezeichnet.

Induktive Teiler werden möglichst im unbelasteten Zustand betrieben, ihre Eingangsimpedanz wird daher von der (überwiegend induktiven) Impedanz der Magnetisierungswicklung gebildet. Je nach Frequenz, Windungszahl, Querschnitt und Permeabilität des Kerns sind Werte von einigen Kiloohm bis über 100 kΩ zu erwarten. Die Ausgangsimpedanz wird in erster Linie durch den Wicklungswiderstand und die Streuinduktivität der

Teilspannungswicklung bestimmt; typische Werte sind 0,1 Ω bis 10 Ω und 1 μH bis 1 mH. Diese Kombination von hoher Eingangs- mit niedriger Ausgangsimpedanz ist für viele Meßzwecke sehr vorteilhaft.

Die verschiedenen Ursachen von Teilungsfehlern lassen sich an Hand eines vereinfachten Ersatzschaltbildes demonstrieren (s. Fig. 4.147). Die gesamte Wicklung sei in 10 gleiche Wicklungsgruppen unterteilt, dargestellt durch die gleich großen, durch den gemeinsamen Verkettungsfluß eng verkoppelten Induktivitäten L_1 bis L_{10} und die Widerstände R_{V1} bis R_{V10}, die die ebenfalls gleichmäßig auf die Wicklungsgruppen aufgeteilten Ummagnetisierungsverluste charakterisieren. Die trotz des hohen Kopplungsgrades verbleibenden Streuinduktivitäten $L_{S\nu}$($\nu = 1, 2, \ldots, 10$) bilden zusammen mit den Wicklungswiderständen R die sog. „inneren" Scheinimpedanzen $\underline{Z}_{i\nu}$. Der vom Leerlaufstrom an $\underline{Z}_{i\nu}$ erzeugte Spannungsabfall bildet zusammen mit der vom Verkettungsfluß induzierten Spannung die Klemmspannung der ν-ten Wicklungsgruppe. Da nach Voraussetzung

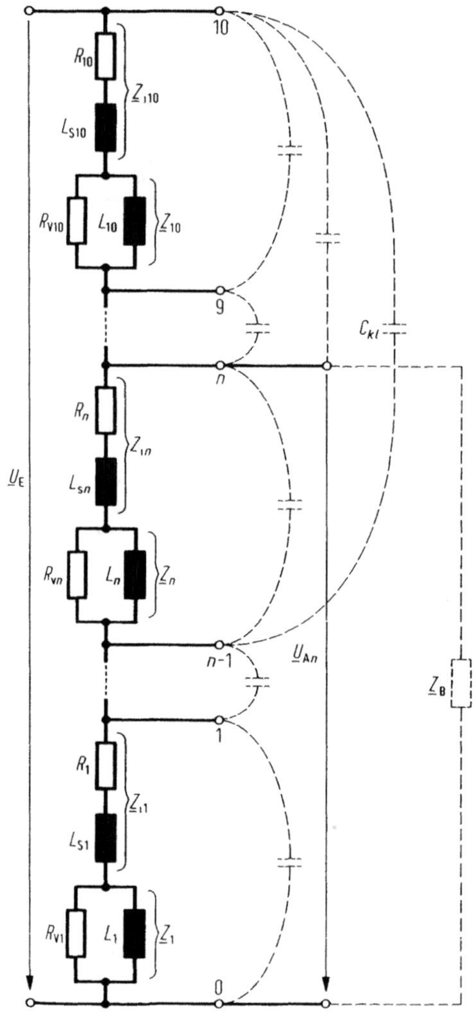

Fig. 4.147
Ersatzschaltbild eines induktiven Teilers zur Erläuterung der Teilungsfehler
$\underline{U}_E$, $\underline{U}_A$ Eingangs- und Ausgangsspannung
$\underline{Z}_n$ Impedanz der n-ten Wicklungsgruppe, bestehend aus Kopplungsinduktivität L_n und anteiligem Eisenverlustwiderstand R_{vn}
$\underline{Z}_{in}$ Innere Impedanz der n-ten Wicklungsgruppe, bestehend aus Wicklungswiderstand R_n und Streuinduktivität L_{sn}
C_{kl} Steuerkapazität zwischen der k-ten und l-ten Wicklungsgruppe
$\underline{Z}_B$ Bürdenimpedanz

der Verkettungsfluß in allen Wicklungsgruppen gleich große Spannungen induziert, treten Unterschiede der Klemmenspannungen verschiedener Gruppen nur auf, wenn die inneren Impedanzen ungleich sind. Mit $\Delta \underline{Z}_{i\nu} = \underline{Z}_{i\nu} - \underline{\bar{Z}}_i$ (Mittelwerte aller inneren Impedanzen) ergibt sich für die Ausgangsspannung $U_{A,n}$ ein Leerlauffehler

$$\underline{F}_{0,n} = -\frac{\sum_{\nu=1}^{n} \Delta \underline{Z}_{i\nu}}{\underline{Z}_{\text{ges}}} \tag{4.275}$$

Wie in **4**.2.7.2 gezeigt wird, läßt sich durch bestimmte Herstellungsverfahren erreichen, daß der Kopplungsgrad nur um etwa 10^{-4} bis 10^{-5} vom Wert eins abweicht, ebenso lassen sich die relativen Abweichungen $\Delta \underline{Z}_{i\nu}/\underline{\bar{Z}}_i$ auf einige Prozent beschränken. Daraus ergeben sich Leerlauffehler in der Größenordnung 10^{-6} bis 10^{-7}.

Wird der Teiler zwischen den Abgriffen 0 und n mit einer Bürde $\underline{Z}_B(|\underline{Z}_B| \gg |\underline{Z}_i|)$ belastet (in Fig. 4.147 gestrichelt gezeichnet), so fließt der Bürdenstrom nur über einen Teil der inneren Impedanzen und verursacht einen zusätzlichen Bürdenfehler

$$\underline{F}_B \approx \frac{\underline{Z}_{i\,\text{ges}}}{\underline{Z}_B} D^2(1-D) \tag{4.276}$$

Aus konstruktiven Gründen kann die innere Impedanz nicht beliebig vermindert werden; man wird daher bestrebt sein, induktive Teiler möglichst im Leerlauf zu betreiben. Unvermeidbar ist aber die Belastung durch die Streukapazitäten zwischen den Windungen (Eigenkapazität) und zwischen Wicklung und Gehäuse bzw. Erde. Speziell die Eigenkapazität kann Werte bis zu einigen 100 pF erreichen, da die Drahtwindungen wegen der angestrebten engen magnetischen Kopplung dicht beisammen liegen. Im Ersatzschaltbild können die verteilten Streukapazitäten bei 10 Wicklungsgruppen durch 55 Teilkapazitäten $C_{kl}(k=1,2,\ldots,10;\ l=0,1,\ldots,k-1)$ dargestellt werden, einige davon sind in Fig. 4.147 gestrichelt angedeutet. Zapf u. a. (1963) haben unter der Annahme gleich großer Teilkapazitäten als Fehlerkurve eine kubische Parabel errechnet (s. Fig. 4.148)

$$\underline{F}_C = F'_C + jF''_C = -\frac{1100}{12} D(1-D)(1-2D)\underline{Z}_i \underline{Y}_C. \tag{4.277}$$

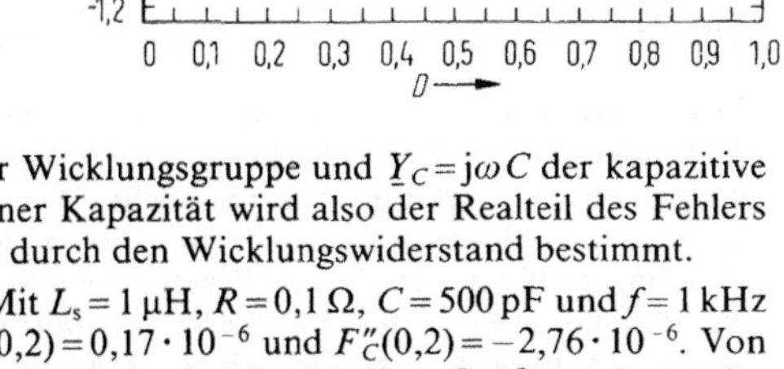

Fig. 4.148
Typische Fehlerkurve eines induktiven Spannungsteilers infolge Wicklungskapazitäten (normiert auf F_C (0,2))

Dabei ist $\underline{Z}_i = R + j\omega L_s$ die innere Impedanz einer Wicklungsgruppe und $\underline{Y}_C = j\omega C$ der kapazitive Leitwert zwischen je zwei Abgriffen. Bei gegebener Kapazität wird also der Realteil des Fehlers durch die Streuinduktivität und der Imaginärteil durch den Wicklungswiderstand bestimmt.

Zahlenbeispiel der Größenordnung der Fehler: Mit $L_s = 1\,\mu\text{H}$, $R = 0{,}1\,\Omega$, $C = 500\,\text{pF}$ und $f = 1\,\text{kHz}$ ergibt sich bei $D = 0{,}2$ der maximale Fehler $F'_C(0{,}2) = 0{,}17 \cdot 10^{-6}$ und $F''_C(0{,}2) = -2{,}76 \cdot 10^{-6}$. Von Hill (1968) wurde tatsächlich der typische S-förmige Verlauf und auch diese Größenordnung der Fehler beobachtet. Die Berücksichtigung zusätzlicher, zwischen den Wicklungen und dem Gehäuse bzw. Erde wirkenden Kapazitäten führt zu U-förmigen Verzerrungen dieses typisch S-förmigen Verlaufs der Fehlerkurve (Ramm u. Bachmair (1987)).

4.2.7.2 Ausführungsformen

Die Wahl eines Verfahrens zur Herstellung induktiver Teiler richtet sich u. a. danach, welche der in 4.2.7.1 genannten Merkmale für den beabsichtigten Verwendungszweck wichtig oder zweckmäßig sind. Die Güte des Teilungsverhältnisses hängt, wie gezeigt, entscheidend von den inneren Impedanzen und den Wicklungskapazitäten ab.

Magnetkern Um die angestrebten kleinen Streuinduktivitäten zu erreichen, sind Ringbandkerne aus hochpermeablen Nickel-Eisen-Legierungen, wie z. B. MUMETALL®, ULTRAPERM® oder dergl., besonders geeignet. Für höhere Frequenzen sind zur Verringerung der Ummagnetisierungsverluste kleine Banddicken (bis zu 0,03 mm herab) zu wählen. Bei hohen Frequenzen (um 1 MHz) sind in Einzelfällen auch Ferritkerne verwendet worden.

Wickeltechnik Eine einfache und wirkungsvolle Art, einen hohen Kopplungsgrad der Windungen zu erreichen, ist die Strangwicklung (Hill u. Miller (1962); Hill u. Deacon (1968)). Dazu wird eine Anzahl isolierter Drähte gleicher Länge und gleichen Durchmessers regellos eng miteinerander verdrillt. Dieser Strang wird dann, gleichmäßig über den Umfang verteilt, auf einen Ringkern gewickelt. Dadurch wird erreicht, daß auch der magnetische Streufluß, der bei diesen Kernen ohnehin sehr klein ist, in allen Windungen im Mittel die gleiche Spannung induziert. Verbindet man jeweils das Ende eines Drahtes mit dem Anfang des nächsten, erhält man die elektrisch in Reihe geschalteten Wicklungsgruppen des Teilers. Da die Drähte gleich lang sind und bis auf fertigungsbedingte Schwankungen den gleichen Querschnitt haben, sind auch die Wicklungswiderstände annähernd gleich, eine weitere Voraussetzung für einen kleinen Leerlauffehler. Infolge der engen Nachbarschaft der Drähte sind allerdings die Kapazitäten nicht unbeträchtlich, typische Werte sind etwa 100 pF für 1 m Stranglänge.

Die Parallelwicklung, bei der die Drähte einlagig parallel nebeneinander, möglichst gleichmäßig über den Umfang verteilt, gewickelt werden, ergibt wegen der im Mittel größeren Drahtabstände merklich kleinere Wicklungskapazitäten, allerdings auch eine etwas schwächere Kopplung. Diese kann nach Forger (1965) mit Hilfe eines „magnetischen Troges" verbessert werden. Dazu wird auf den Kern zunächst eine normale Lagenwicklung als Magnetisierungswicklung aufgebracht. Kern und Wicklung zusammen werden in einen toroidförmigen Trog aus Mumetall eingeschlossen, der längs des Umfangs geschlitzt ist, um nicht als Kurzschlußwindung zu wirken. Auf den Trog wird dann die eigentliche Teilerwicklung gewickelt. Der magnetische Trog schirmt die Sekundärspule gegen magnetische Streuflüsse der Primärwicklung ab und homogenisiert den Verkettungsfluß für die Teilerwindungen.

Induktive Teiler für höhere Spannungen bei niedrigen Frequenzen erfordern größere Kernquerschnitte oder größere Windungszahlen. Häufig ist es dann unumgänglich, die Wicklung mehrlagig auszuführen. Mit der Halblagenwicklung (Schlinke (1970)) kann man dennoch gleiche Widerstände der Teilwicklungen erzielen: auf einen Ringkern werden zwei Gruppen zu je N Lagen gewickelt, jede Gruppe aber nur jeweils über den halben Umfang. Verbindet man die unterste Lage der einen Gruppe mit der obersten Lage der anderen Gruppe, die zweitunterste mit der zweiten von oben usw., werden die unterschiedlichen Längen bzw. Widerstände annähernd ausgeglichen.

Der Zweistufen- oder Zweikernteiler nach Deacon und Hill (1968) ermöglicht eine erhebliche Verringerung des Leerlauffehlers nach Gl. (4.275). Das Wicklungsschema ist in Fig. 4.149a dargestellt: die Wicklung w_1 ist in üblicher Weise um den Kern 1 gewickelt, eine zweite Wicklung w_2 umfaßt sowohl diesen Kern wie auch einen zweiten Kern. Beide Wicklungen haben die gleiche Windungszahl und werden an dieselbe Spannung $\underline{U}_E$ angeschlossen. Die Wirkungsweise kann am Ersatzschaltbild (s. Fig. 4.149b) erläutert werden. Die Impedanz der Wicklung w_1 wird durch die Reihenschaltung aus $\underline{Z}_1$ (im wesenlichen durch die Induktivität L_1 bestimmt) und der inneren Impedanz Z_{i1} dargestellt. Die Wicklung w_2 kann man gedanklich in zwei Anteile zerlegen: ein Teil umschließt nur den Kern 1, er wird durch $\underline{Z}_{21}$ und $\underline{Z}_{i21}$ dargestellt, während der den Kern 2 umschließende Teil durch $\underline{Z}_{22}$ und $\underline{Z}_{i22}$ beschrieben wird. L_1 und L_{21} sind eng verkoppelt, so daß wegen $w_1 = w_2$ auch $L_1 = L_{21} = M$ gilt. Die Durchrechnung des Ersatzschaltbildes ergibt

$$\underline{I}_2 \approx \frac{\underline{Z}_{i1} \underline{U}_e}{\underline{Z}_1 \underline{Z}_{22}} \tag{4.278}$$

Der Leerlauffehler $\underline{F}^*_{0,n}$ der n-ten Anzapfung der Teilerwicklung w_2 ist dann

$$\underline{F}^*_{0.n} = -\frac{\underline{I}_2 \sum\limits_{\nu=1}^{n} \Delta \underline{Z}_{i2}}{\underline{U}} = -\frac{\underline{Z}_{i1} \sum\limits_{\nu=1}^{n} \Delta \underline{Z}_{i2\nu}}{\underline{Z}_1 \cdot \underline{Z}_{22}} \tag{4.279}$$

oder nach Erweiterung mit $\underline{Z}_2 \approx \underline{Z}_{21} - \underline{Z}_{22}$

$$\underline{F}^*_{0.n} = \frac{\underline{Z}_{i1}}{\underline{Z}_1} \cdot \frac{\underline{Z}_2}{\underline{Z}_{22}} \underline{F}_{0,n} \tag{4.280}$$

Dabei ist $\underline{F}_{0.n}$ der Leerlauffehler, den die Wicklung w_2 allein bei Nichtvorhandensein der Wicklung w_1 hätte (s. Gl. (4.275)).

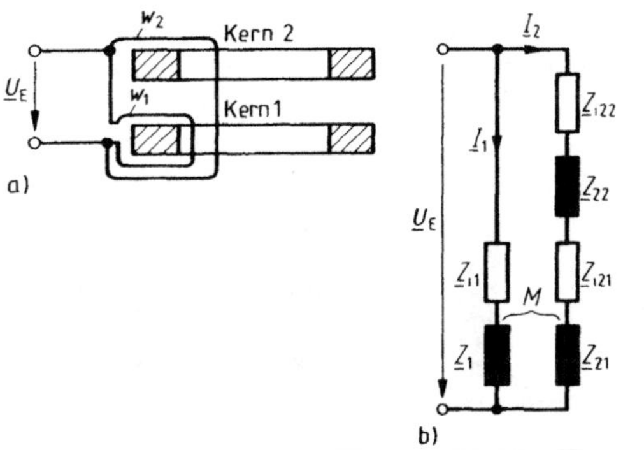

Fig. 4.149
Induktiver Spannungsteiler in Zweistufen- oder Zweikernausführung
a) Wicklungsschema, b) Ersatzschaltbild
w_1, w_2 Wicklungen gleicher Windungszahl, die Kern 1 oder Kern 1 und Kern 2 umfassen
$\underline{I}_1$, $\underline{I}_2$ Stromstärken in Wicklung w_1 und w_2
$\underline{Z}_1$, $\underline{Z}_{21}$ Impedanzen der durch Kern 1 verkoppelten Induktivitäten beider Wicklungen ($L_1 = L_{21} = M$)
$\underline{Z}_{22}$ Impedanz der durch Kern 2 und Wicklung w_2 gebildeten Induktivität L_{22}
$\underline{Z}_{i1}$ Innere Impedanz der Wicklung w_1 (vgl. Erläuterungen zu Fig. 4.147)
$\underline{Z}_{i21}$, $\underline{Z}_{i22}$ Anteilige innere Impedanzen der Wicklung w_2 (bezüglich Kern 1 und Kern 2)

Erhöhung der Eingangsimpedanz Bei niedrigen Frequenzen kann der Leerlauffehler gemäßt Gl. (4.275) merklich zunehmen, da einerseits der innere Scheinwiderstand bei niedrigen Frequenzen hauptsächlich vom Wirkwiderstand der Wicklung gebildet wird, also praktisch konstant ist, während andererseits der Gesamtwiderstand, im wesentlichen durch die Wicklungsinduktivität bestimmt, mit der Frequenz abnimmt. Bei Eingangsimpedanzen in der Größenordnung Kiloohm (typisch etwa bei 10 Hz) können zusätzliche Fehler durch den Spannungsabfall an den Zuleitungswiderständen infolge des Magnetisierungsstroms entstehen.

Mit Operationsverstärkern in Spannungsfolgerschaltung zur Speisung der Magnetisierungswicklung konnte Fuhrmann (1974, 1975) an Versuchsmustern beispielsweise bei $8^1/_3$ Hz die Eingangsimpedanz von etwa 20 kΩ (ohne Verstärker) auf 7 MΩ (mit Verstärker) erhöhen. Durch weitere, teilweise über eine Hilfswicklung des Transformators rückgekoppelte Verstärker (s. Fig. 4.150) wurde gleichzeitig der Wicklungswiderstand teilweise kompensiert und die Eingangsimpedanz auf 1 GΩ erhöht.

Schirmpotentialsteuerung Mit zunehmender Frequenz überwiegt der kapazitive Teilungsfehler gemäß Gl. (4.277). Durch größere Abstände zwischen den Drähten (z. B. Kunststoffisolation) lassen sich zwar die Windungskapazitäten herabsetzen, aber aus Platzgründen ist dies nur in begrenztem Umfang möglich. Man kann aber auch versuchen, die eigentliche Fehlerursache zu beseitigen, nämlich die kapazitiven Ströme zu unterbinden, indem die Wicklungen gegenseitig abgeschirmt und das Schirmpotential so gesteuert wird, daß trotz der unvermeidbaren Kapazitäten keine oder nur stark reduzierte Schirmströme fließen.

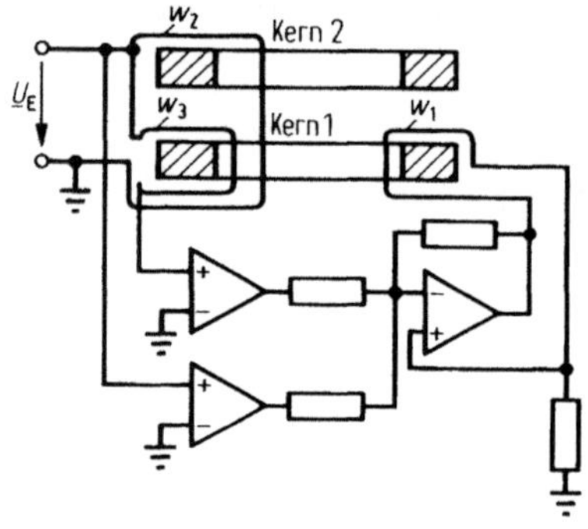

Fig. 4.150
Erhöhung der Eingangsimpedanz induktiver Spannungsteiler mit Hilfe von Operationsverstärkern (nach Fuhrmann (1974) u. (1975))

Homann u. Zapf (1970) sowie Nakase (1970) wickelten an Stelle einfacher Drähte dünne Koaxialkabel um den Kern. Der Innenleiter dient als Teilerwicklung, der Außenleiter bildet die Abschirmung. Diese wird durch Auftrennen des Geflechts in mehrere voneinander isolierte Abschnitte unterteilt, die mittels geeigneter Hilfsspannungen die entsprechenden Potentiale erhalten. Grohmann u. Zapf (1979) haben an verschiedenen nach diesem Verfahren hergestellten Teilern bei 100 kHz Teilungsfehler unter 10^{-6} gemessen.

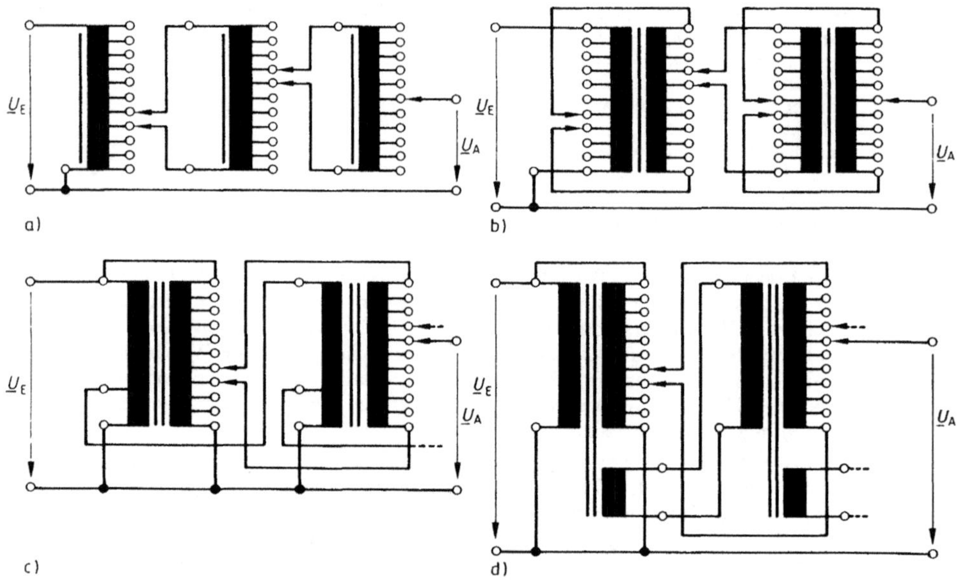

Fig. 4.151 Schaltungsmöglichkeiten für induktive Mehrdekadenteiler
$\underline{U}_E$, $\underline{U}_A$ Eingangs- und Ausgangsspannung
a) jede Dekade auf getrenntem Kern gewickelt; Magnetisierung durch Anschluß an ein Zehntel der Spannung der vorangehenden Dekade,
b) je zwei Dekaden gemeinsam auf einen Kern gewickelt, sonst wie a),
c) jede Dekade mit getrennter Magnetisierungs- und Teilerwicklung; Magnetisierung durch Anschluß an ein Zehntel der Magnetisierungswicklung der vorangehenden Dekade,
d) wie c); Magnetisierung durch getrennte dritte Wicklung auf dem Kern der vorangehenden Dekade

Mehrdekadenteiler Mehrere Einzelteiler lassen sich nach Art von Kelvin-Varley-Teilern (**4**.1.2.7) kaskadenartig hintereinanderschalten (s. Fig. 4.151 a). Das Gesamt-Teilungsverhältnis ist

$$\frac{\underline{U}_A}{\underline{U}_E} = \underline{D}_1 + 0{,}1\,\underline{D}_2 + 0{,}01\,\underline{D}_3 + \ldots \quad (4.281)$$

Grundsätzlich belastet in dieser Schaltung jeder nachfolgende Teiler den vorhergehenden und verursacht somit einen Belastungs- bzw. Bürdenfehler. Das hierfür gemäß Gl. (4.276) maßgebende Verhältnis Ausgangs- zu Eingangsimpedanz ist zwar bei induktiven Teilern im allgemeinen sehr klein, aber doch nicht in allen Fällen zu vernachlässigen. Um dem abzuhelfen, können mehrere Dekaden auf einen Kern gewickelt werden (s. Fig. 4.151 b), z. B. 10 × 100 Windungen als erste und 10 × 10 Windungen als zweite Dekade. Diese zweite Wicklung benötigt keinen eigenen Magnetisierungsstrom, stellt also keine Bürde für die erste Wicklung dar. Erst die nächste Dekade mit eigenem Kern erzeugt wieder einen Bürdenfehler, der sich aber auf das Gesamtteilungsverhältnis wesentlich schwächer auswirkt. Bei Teilern mit einer getrennten Magnetisierungswicklung, z. B. Zweistufenteilern, kann der Bürdeneinfluß dadurch verringert werden, daß der Magnetisierungsstrom nicht die Teilerwicklung belastet, sondern aus einer Hilfswicklung entnommen wird (Deacon u. Hill (1968)). Dies kann ein Teil der Primärwicklung (s. Fig. 4.151 c) oder eine getrennte dritte Wicklung auf demselben Kern sein (s. Fig. 4.151 d).

Schließlich können auch die oben beschriebenen Verstärkerschaltungen angewendet werden, um den Belastungseinfluß zu reduzieren.

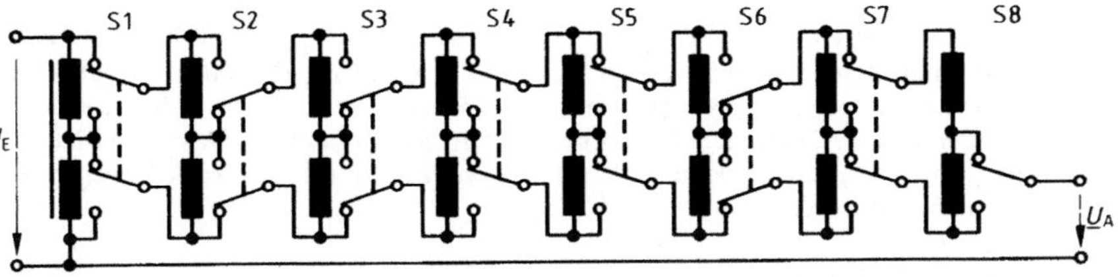

Fig. 4.152 Induktiver Spannungsteiler in binärer Schaltungsart
$\underline{U}_E$, $\underline{U}_A$ Eingangs- und Ausgangsspannung
S1...S8 Schalter

Teiler in binärer Schaltungsart Neben dem dekadischen Aufbau ist auch eine binäre Wicklungsanordnung möglich (s. Fig. 4.152). Hier sind auf einem Kern acht Wicklungsgruppen mit z. B. 2 × 128 Windungen bis 2 × 1 Windung aufgebracht. Damit können 256 verschiedene Teilungsverhältnisse eingestellt werden, das Gesamtteilungsverhältnis ist

$$\underline{U}_A/\underline{U}_E = 1/2 \cdot \underline{D}_1 + 1/4 \cdot \underline{D}_2 + 1/8 \cdot \underline{D}_3 + \ldots . \quad (4.282)$$

Bei Kaskadierung auftretende Belastungsfehler können wie bei den Dekadenteilern beschrieben vermindert werden.

Eine weitere Variante stellt die Kombination eines induktiven Spannungsteilers in binärer Schaltungsart mit einem Digital/Analog-Umsetzer (DAC) dar (s. Fig. 4.153, Ramm (1985)). Die gesamte Anordnung besteht aus einem induktiven Teiler mit 12 Wicklungsgruppen und einer Auflösung von $\underline{U}_E/2^{12}$ sowie einem multiplizierenden 12-Bit-DAC, dessen Referenzspannung aus einer separaten Wicklung des induktiven Teilers gespeist und dessen Ausgangsspannung potentialfrei über einen Transformator Tr in Reihe zum Ausgang des induktiven Teilers geschaltet wird. Durch geeignete Wahl der Übersetzungsverhältnisse wird erreicht, daß das höchstwertige Bit des DAC $\underline{U}_E/2^{13}$ und das kleinstwertige Bit $\underline{U}_E/2^{24}$ entspricht. Die Gesamtanordnung stellt mithin einen Binärteiler mit 24 Bit und einer Auflösung von ca. $6 \cdot 10^{-8}$ dar.

Binärteiler lassen sich auf einfache Weise mit einer Schnittstelle zur Datenübertragung („Interface“) ausrüsten und eignen sich daher besonders für den Einsatz in rechnergesteuerten Meßsyste-

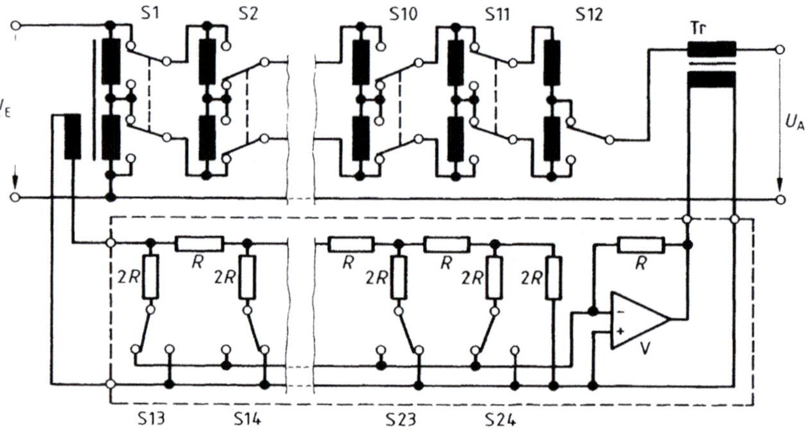

Fig. 4.153 Kombination eines induktiven Spannungsteilers in binärer Schaltungsart mit einem Digital/Analog-Umsetzer
$\underline{U}_E$, $\underline{U}_A$ Eingangs- und Ausgangsspannung
S1...S24 Schalter

men. Bei Binärteilern mit 24 Bit und vergleichbaren 7-dekadischen Teilern können für beliebige Teilungsverhältnisse zwischen Null und Eins bei Frequenzen um 400 Hz Wirkfehler bis herab zu $5 \cdot 10^{-8}$ erreicht werden. Typischen Blindfehlern von ca. $1 \cdot 10^{-6}$ beim 7-dekadischen Teiler stehen etwa um den Faktor 2 geringere Fehler beim Binärteiler gegenüber. Das ist auf den symmetrischen Wicklungsaufbau und auf kleinere Wicklungskapazitäten infolge des reduzierten Wicklungsaufwandes zurückzuführen.

4.2.7.3 Kalibrierung

Die meisten metrologischen Staatsinstitute – in der Bundesrepublik Deutschland die Physikalisch-Technische Bundesanstalt – halten Normalteiler und Normalmeßeinrichtungen bereit, um induktive Spannungsteiler zu kalibrieren.

Kalibrierung durch Vergleich mit einem Normalteiler In Fig. 4.154 ist eine Schaltung zur Kalibrierung eines Teilers Te_X durch Vergleich mit einem Normalteiler Te_N in vereinfachter Form dargestellt (Lisle u. Zapf (1964); Sze (1967)). Beide Teiler sind an dieselbe Eingangsspannung $\underline{U}_E$ angeschlossen, beide werden auf das gleiche Nenntei-

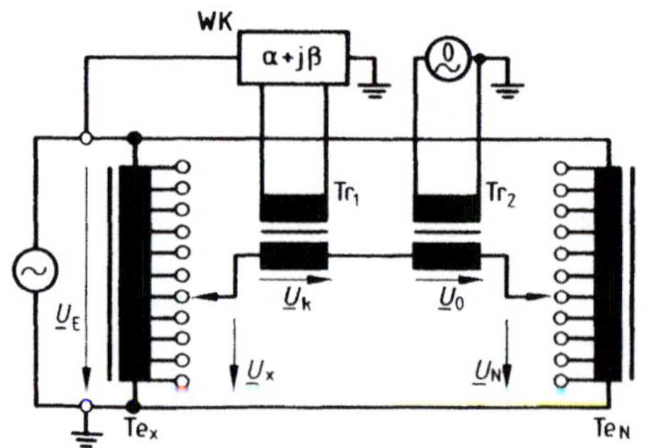

Fig. 4.154
Kalibrierung des induktiven Spannungsteilers Te_X durch Vergleich mit einem Normalteiler Te_N

$\underline{U}_E$	Eingangsspannung
$\underline{U}_X$, $\underline{U}_N$	Ausgangsspannungen der Teiler Te_X bzw. Te_N
WK	Wechselspannungskompensator
$\underline{U}_K = (\alpha + j\beta) \cdot \underline{U}_E$	Ausgangsspannung des WK
Tr_1, Tr_2	Hilfstransformatoren

lungsverhältnis eingestellt. Die zwischen den Teilerausgängen auftretende Differenzspannung wird mit einem Wechselspannungskompensator (auch „komplexer Spannungsgeber" genannt, Schaltung z. B. bei Sze (1967)) kompensiert. Seine Ausgangsspannung $\underline{U}_K = (\alpha + j\beta) \cdot \underline{U}_E$ wird aus der an beiden Teilern gemeinsam anliegenden Eingangsspannung $\underline{U}_E$ abgeleitet. Durch Einstellen von α und β wird die Meßschaltung (Fig. 4.154) abgeglichen. Nach Abgleich ($\underline{U}_0 = 0$) läßt sich der Fehler $\underline{F}_X$ des zu kalibrierenden Teilers Te_X über die einfache Beziehung

$$\underline{F}_X = \underline{F}_N - (\alpha + j\beta) \tag{4.283}$$

aus dem Fehler $\underline{F}_N$ des Normalteilers und den Einstellwerten α und β ermitteln.

Bestimmung der Teilungsfehler auf andere Weise Bei der erstmaligen Kalibrierung von Normalteilern kann noch nicht auf bekannte Teilungsverhältnisse zurückgegriffen werden. In diesem Fall besteht die Möglichkeit, Teiler „in sich" zu kalibrieren. Das ist beim Teilungsverhältnis $D = 0{,}5$ besonders einfach, läßt sich aber auch für beliebige ganzzahlige Verhältnisse m/n realisieren. Die üblichen Kalibrierverfahren werden nachfolgend vorgestellt.

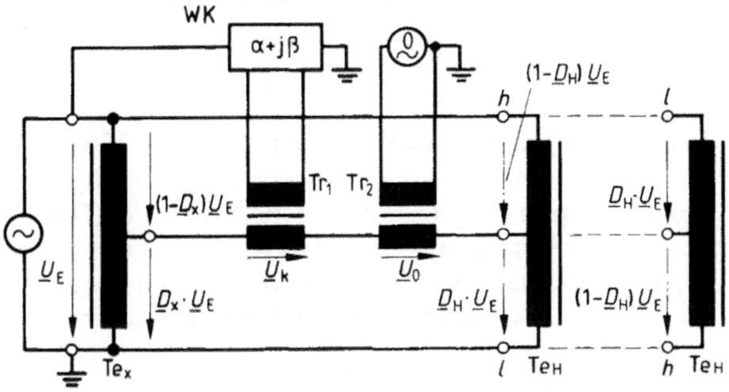

Fig. 4.155 Gleichzeitige Kalibrierung der Teiler Te_X und Te_N mit dem Nenn-Teilungsverhältnis 0,5 durch Vertauschung der Eingangsklemmen *h* und *l* von Te_H

$\underline{U}_E$	Eingangsspannung
$\underline{D}_X$, $\underline{D}_H$	(fehlerbehaftete) Teilungsverhältnisse von Te_X, Te_H
WK	Wechselspannungskompensator
$\underline{U}_K = (\alpha + j\beta) \cdot \underline{U}_E$	Ausgangsspannung des WK
Tr_1, Tr_2	Hilfstransformatoren

Vertauschungsmessung Der zu kalibrierende Teiler Te_X und der Hilfsteiler Te_H in Fig. 4.155 haben das gleiche Nenn-Teilungsverhältnis $D_N = 0{,}5$. Ihre tatsächlichen Teilungsverhältnisse $\underline{D}_X$ und $\underline{D}_H$ sind mit den Fehlern $\underline{F}_X$ und $\underline{F}_H$ behaftet:

$$\underline{D}_X = \underline{D}_N - \underline{F}_X, \qquad \underline{D}_H = \underline{D}_N - \underline{F}_H. \tag{4.284}$$

Zunächst wird die Schaltung (wie links in Fig. 4.155 gezeichnet) aufgebaut und abgeglichen. Man erhält:

$$\underline{D}_X = \underline{D}_H + \alpha_1 + j\beta_1. \tag{4.285}$$

Dann werden die Eingangsklemmen „h" und „l" des Hilfsteiler Te_H (wie rechts in Fig. 4.155 angegeben) miteinander vertauscht. Ein zweiter Abgleich liefert:

$$\underline{D}_X = (1 - \underline{D}_H) + \alpha_2 + j\beta_2 \tag{4.286}$$

Durch Addition und Subtraktion beider Gleichungen erhält man die Fehler beider Teiler:

$$\underline{F}_X = -\frac{\alpha_1 + \alpha_2}{2} - j\,\frac{\beta_1 + \beta_2}{2} \tag{4.287}$$

$$\underline{F}_H = \frac{\alpha_1 - \alpha_2}{2} + j\,\frac{\beta_1 - \beta_2}{2} \tag{4.288}$$

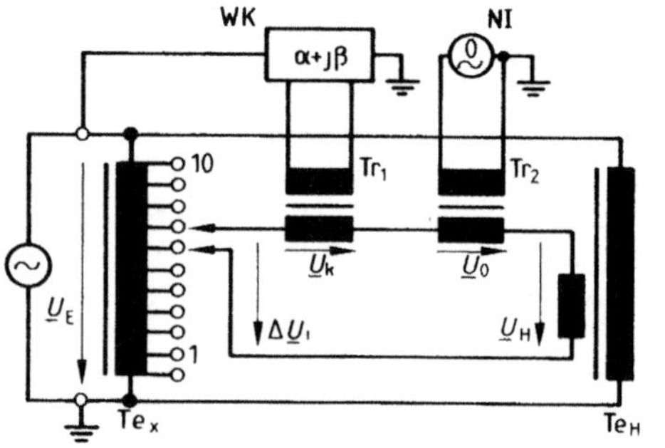

Fig. 4.156
Kalibrierung eines dekadischen Teilers Te_X nach dem Teilspannungsdifferenz-Verfahren

$\underline{U}_E$	Eingangsspannung
Te_H	Hilfsteiler mit der Sekundärspannung $\underline{U}_H \approx \underline{U}_E/10$
$\Delta\underline{U}_i \approx \underline{U}_e/10$,	Teilspannnung zwischen dem $(i-1)$-ten und i-ten Abgriff von Te_X
$\underline{U}_K = (\alpha + j\beta)\cdot\underline{U}_E$	Ausgangsspannung des WK
Tr_1, Tr_2	Hilfstransformatoren

Teilspannungsdifferenz-Verfahren (s. Fig. 4.156). Das Übersetzungsverhältnis eines Hilfsteilers Te_H sei so bemessen, daß bei Anschluß der Primärwicklung an $\underline{U}_E$ die Sekundärspannung $\underline{U}_H$ annähernd gleich der Teilspannung zwischen je zwei Abgriffen des zu kalibrierenden Teilers Te_X ist, bei dekadischen Teilern also $\underline{U}_H \approx \underline{U}_E/10$. Vergleicht man nacheinander $\underline{U}_H$ mit allen Teilspannungen $\Delta\underline{U}_i = \underline{U}_i - \underline{U}_{i-1}$ (die Indizes $i = 1, 2, \dots, 10$ kennzeichnen die Abgriffe), so erhält man 10 Gleichungen der Form

$$\Delta\underline{U}_i = \underline{U}_H + (\alpha_i + j\beta_i)\underline{U}_E. \tag{4.289}$$

Da die Summe aller Teilspannungen gleich $\underline{U}_E$ ist, ergibt sich daraus die Abweichung der Hilfsspannung $\underline{U}_H$ vom Nennwert $\underline{U}_E/10$:

$$\underline{U}_H = \frac{\underline{U}_E}{10} - \frac{1}{10}\sum_{i=1}^{10}(\alpha_i + j\beta_i)\underline{U}_E = \frac{\underline{U}_E}{10} - (\bar{\alpha} + j\bar{\beta})\underline{U}_E. \tag{4.290}$$

Durch Einsetzen in Gl. (4.289) erhält man mit den korrigierten Ablesewerten $\alpha_i' = \alpha_i - \bar{\alpha}$ und $\beta_i' = \beta_i - \bar{\beta}$

$$\Delta\underline{U}_i = \frac{\underline{U}_E}{10} + (\alpha_i' + j\beta_i')\underline{U}_E \tag{4.291}$$

und durch Summieren über $i = 1$ bis $i = n$ den Fehler $\underline{F}_n$ des Nennteilungsverhältnisses D_n

$$\underline{F}_n = D_n - \frac{\underline{U}_n}{\underline{U}_E} = -\sum_{i=1}^{n}(\alpha_i' + j\beta_i') \tag{4.292}$$

Dieses Verfahren setzt voraus, daß die Sekundärspannung $\underline{U}_H$ des Hilfsteilers während des Vergleichs mit allen Teilspannungen $\Delta\underline{U}_i$ konstant bleibt. Um diese Voraussetzung meßtechnisch erfüllen zu können, müssen u. a. die Sekundärwicklungen von Te_H, Tr_1 und Tr_2 doppelt geschirmt werden.

Einer der Schirme wird geerdet, während der andere über einen zusätzlichen Teiler auf das Potential der jeweils zu messenden Teilspannung gebracht werden muß. Diese und weitere (in den Fig. 4.154 bis 4.156 nicht eingezeichnete) Einzelheiten hat Kibble (1984) ausführlich zusammengestellt und im Detail erläutert.

Spezielle Probleme in Verbindung mit der Kalibrierung induktiver Spannungsteiler werden u. a. in Beiträgen von Cutkosky u. Shields (1960), Zapf (1962), Hall (1968b), Sze (1968), Grohmann (1976), Rayner u. Kibble (1977), Grohmann u. Zapf (1979), Tsao (1983) und Hanke (1989) behandelt.

Darstellung und Kalibrierung beliebiger Teilungsverhältnisse Die bisheringen Betrachtungen bezogen sich ausschließlich auf das feste Teilungsverhältnis 0,5 bzw. die dekadischen Werte 0,1 ... 0,9. Die vollständige Kalibrierung induktiver Spannungsteiler mit einstellbarem Teilungsverhältnis ist dagegen recht aufwendig und im vollen Umfang meist unmöglich, da sich beispielsweise mit einem siebendekadischen Teiler insgesamt zehn Millionen verschiedene Teilungsverhältnisse einstellen lassen! Das gilt sinngemäß auch für einen binär einstellbaren Teiler mit 24 Bit. Häufig werden die einzelnen Dekaden getrennt kalibriert. Beim siebendekadischen Teiler sind dazu 70 Messungen erforderlich. Diese Art der Kalibrierung ist bereits recht aufwendig und läßt nur eine Aussage über jede einzelne Dekade zu, da bei diesen Messungen stets nur ein Dekadenschalter im Eingriff ist. Eine Aussage über das Zusammenwirken der Dekaden untereinander bei beliebigen Einstellungen kann daraus nicht abgeleitet werden, da die einzelnen Teilwicklungen die jeweils vorangehenden in unterschiedlicher Weise belasten, wodurch verständlicherweise auch der Teilerfehler beeinflußt wird.

Wesentlich mehr Information bei gleichzeitig stark reduziertem Kalibrieraufwand erhält man, wenn man Teiler bei den zehn Teilungsverhältnissen 1/11, 2/11, 3/11, ... 10/11 kalibriert. Die diesen Brüchen zugeordneten Dezimalwerte sind in Tab. 4.9 zusammengestellt. Man erkennt, daß jeder Dekadenschalter in jeder Position einmal im Eingriff ist. Daneben sind in Tab. 4.9 auch noch die ersten acht Bit der Binärzahlen angegeben, die den jeweiligen Teilungsverhältnissen entsprechen. Das höchstwertige Bit besitzt die Wertigkeit 1/2, die Wertigkeiten der nachfolgenden sind immer um den Faktor zwei geringer. Hier wird deutlich, daß auch binär gestufte Teiler mit diesen Teilungsverhältnissen sinnvoll kalibriert werden können, da jede Teilwicklung mit verschiedenen anderen in mehrfachen Eingriff gebracht wird. Schließlich sind in Tab. 4.9 auch noch die Teilungsverhältnisse 1/10, 2/10, ... 9/10 und 1/8 bis 7/8 eingetragen. Mit ihnen können zusätzlich die erste Dekade (bei dekadischen Teilern) bzw. die den drei höchstwertigen Bit zugeordneten Teilwicklungen (bei Binärteilern), die jeweils den größten Einfluß auf den Gesamtfehler des Teilers haben, für sich kalibriert werden.

Die Kalibrierung von Teilern nach der vorangehend beschriebenen Methode setzt voraus, daß Normalteiler mit den genannten Teilungsverhältnissen zur Verfügung stehen. Derartige Teiler können besonders vorteilhaft aufgebaut werden, indem man in Anlehnung an Fig. 4.156 acht, zehn bzw. elf gleichartige Teilwicklungen auf einen Kern aufbringt. Auf diese Art lassen sich die genannten Teilungsverhältnisse nahezu fehlerfrei darstellen. Bei einer Frequenz von 400 Hz können Wirkfehler von nur einigen 10^{-8} erreicht und mit dem Teilspannungsdifferenz-Verfahren auch gemessen werden. Nach Übertragung dieser Teilungsverhältnisse auf einstellbare dekadisch oder binär gestufte Teiler (mit der in Fig. 4.154 gezeigten Meßeinrichtung) lassen sich schließlich deren Maximalfehler für beliebige Teilungsverhältnisse abschätzen. Mit derart kalibrierten, einstellbaren Teilern können dann wiederum spezielle Dämpfungs- und Brückennor-

Tab. 4.9 Elftel-, Zehntel- und Achtel-Teilungsverhältnisse dargestellt als Bruch, Dezimalzahl und Binärzahl

Teilungsverhältnisse als Bruch	Dezimalzahl	Binärzahl
1/11	,0909090...	,00010111...
2/11	,1818181...	,00101110...
3/11	,2727272...	,01000101...
4/11	,3636363...	,01011101...
5/11	,4545454...	,01110100...
6/11	,5454545...	,10001011...
7/11	,6363636...	,10100010...
8/11	,7272727...	,10111010...
9/11	,8181818...	,11010001...
10/11	,9090909...	,11101000...
1/10	,1	,00011001...
2/10	,2	,00110011...
3/10	,3	,01001100...
4/10	,4	,01100110...
5/10	,5	,10000000
6/10	,6	,10011001...
7/10	,7	,10110011...
8/10	,8	,11001100...
9/10	,9	,11100110...
1/8	,125	,001
2/8	,250	,010
3/8	,375	,011
4/8	,500	,100
5/8	,625	,101
6/8	,750	,110
7/8	,875	,111

male sowie Synchro/Resolver-Brücken eingemessen werden, die in der Spannungs- bzw. Pegelmeßtechnik, der Dehnungs- und der Winkelmeßtechnik benötigt werden (Ramm u. Bachmair (1987)). Bei allen genannten Anwendungen werden die jeweiligen Meßgrößen auf Wechselspannungsverhältnisse zurückgeführt.

Literatur zu 4.2

Abenaim, D.; Hersh, J. F. (1970): New fused-silica-dielectric 10- und 100 pF capacitors and a system for their measurement. IEEE-Trans. **IM-19,** 302–307

Arri, E.; Noce, G. (1974): A high accuracy selfcalibrating bridge with coupled inductive ratio arms used for standard inductors comparison. IEEE Trans. **IM-23,** 72–79

Astbury, N. F.; Ford, L. H. (1938): A screened substandard inductometer. Phil. Mag. **25,** 1009–1025

Ayrton, W. E.; Perry, J. (1895): The measurement of inductances, capacities and polarizing resistances. Electrician **34,** 546–547

Bachmair, H.; Ramm, G. (1982): Optimierung des Signal-Rausch-Verhältnisses bei Wechselstrombrücken. Teil 1: Signal-Rausch-Verhältnis von Wechselstrombrücken. Teil 2: Rauscharmer Vorverstärker. Tech. Messen **49,** 259–263 und 321–324

Beetz, W.; Schrohe, A.; Forger, K. (1959): Elektrizitätszähler und Meßwandler. Karlsruhe: G. Braun

Bergeest, R.; Friedl, R.; Seyfried, P. (1974): High Precision Electronic Measuring Equipment for Electrical Power and Energy. CPEM '74 Conference Digest, 144–146

Blechschmidt, E. (1957): Präzisionsmessung von Kapazitäten, Induktivitäten und Zeitkonstanten, Teil II. 2. Aufl. Braunschweig: Vieweg

Brasack, F. (1962): Meßwiderstände mit kleinem Fehlwinkel oder kleiner Wechselstromkorrektion für Frequenzen bis 50 kHz. Z. f. Instr. **70**, 222–227

Braun, A.; Köhler, H.-J. (1978): Meßeinrichtung für die automatische Fehlerbestimmung an Strom- und Spannungswandlern. ETZ-A **99**, 92–95

Breisig, F. (1924): Theoretische Telegraphie. 2. Aufl. Braunschweig

Brooks, H. B. (1931): Design of standards of inductance and the proposed use of model reactors in the design of aircore and iron-core reactors. Bur. of Stand. J. Res. **7**, 289–330

Brooks, H. B.; Lewis, A. B. (1937): Improved continously variable self and mutual inductor. J. of Res. NBS **19**, 493–516

Campbell, A. (1925): British Pat. No. 244596

Campbell, A. (1929): British Pat. No. 317642

Clark, H. A. M.; Vanderly, P. B. (1949): Double ratio AC bridges with inductively-coupled ratio arms. Proc. IEE **96**, 365–378

Cutkosky, R. D. (1961): Evaluation of the NBS unit of resistance based on a computable capacitor. J. of Res. NBS **65 A**, 147–158

Cutkosky, R. D. (1964): Designs for temperature and temperature gradient compensated capacitors smaller than ten picofards. J. of Res. NBS **68 C**, 305–307

Cutkosky, R. D. (1970a): An a.c. resistance thermometer bridge. J. of Res. NBS **74 C**, 15–18

Cutkosky, R. D. (1970b): Techniques for comparing four-terminal-pair admittance standards. J. of Res. NBS **74 C**, 63–78

Cutkosky, R. D. (1985): An Automatic High-Precision Audiofrequency Capacitance Bridge. IEEE-Trans. **IM-34**, 383–389

Cutkosky, R. D.; Shields, J. Q. (1960): The precision measurement of transformer ratios. IRE Trans. on Instrum. **I-7**, 243–250

Cutkosky, R. D.; Lee, L. H. (1963): The construction and behavior of a transportable ten-picofarad capacitor. CCE-Sitz. Ber. 10. Session (1963), Annexe 9

Danby, P. C. G. (1970): Signal Recovery Using a Phase Sensitive Detector. Electronic Engineering **42**, No. 503, 36–41

Deacon, T. A.; Hill, J. J. (1968): Two stage inductive voltage dividers. Proc. IEE **115**, 888–892

DIN IEC 477 (1981): Meßwiderstände, Teil 2: Wechselstrom-Meßwiderstände

DIN IEC 618 (März 1980): Induktive Spannungsteiler

DIN 40110 (1975): Wechselstromgrößen

DIN 40148: Übertragungssysteme und Vierpole. Blatt 1 (1966): Begriffe und Größen; Blatt 2 (1970): Symmetrieeigenschaften von linearen Vierpolen und Klemmenpaaren

DIN VDE 0418 Elektrizitätszähler, Teil 1 (1982), Teil 7 (Entwurf 1991), Teil 8 (Entwurf 1991), Teil 12 (1988)

Dunn, A. F. (1964): Determination of an absolute scale of capacitance. Canad. J. Phys. **42**, 53–69

Fiebiger, A. (1979): Entwicklungsstand auf dem Gebiet der Wechselstromnormale – eine Übersicht – I. Kapazitätsnormale. Teil 1. Der Kreuzkondensator als Primärnormal. Techn. Messen **46**, 9–14

Fiebiger, A.; Dröge, K. (1984): Bestimmung der Temperaturkoeffizienten von Induktivitätsnormalen des Typs GR1482. PTB-Mitt. **94**, 10–14

Fleischer, H.; Bachmair, H. (1990): Berechnung eines Satzes bifilarer Zeitkonstanten-Normale. PTB-Ber. **E-39**, 40–53

Ford, L. H. (1948): The effect of humidity on the calibration of precision air capacitors. J. IEEE **95 II**, 13–16

Forger, K. (1965): Ein Spannungskomparator für die Fehlerbestimmung von Normalspannungswandlern. Z. f. Instr. **73**, 151–155

Fricke, H.; Vaske, P. (1982): Grundlagen der Elektrotechnik Teil 1, Elektrische Netzwerke. Stuttgart: Teubner

Friedl, R. (1959): Elektrodynamische Leistungswaage für die Prüfung von Elektrizitätszählern und Leistungsmessern. Z. f. Instr. **67**, 318–323

Friedl, R.; Lange, W.; Seyfried, P. (1971): Elektronischer Leistungsfrequenzwandler für Elektrizitätszähler hoher Präzision. meßtechnik **79**, 223–227

Fuhrmann, B. (1974): Widerstandsmessung mit Wechselstromverfahren unter besonderer Berücksichtigung der Widerstandsthermometrie. Diss. TU Braunschweig

Fuhrmann, B. (1975): Induktive Spannungsteiler mit hoher Eingangsimpedanz. PTB-Mitt. **85,** 196–201

Fuhrmann, B. (1975). Induktive Spannungsteiler mit Potentialtrennung. PTB-Mitt. **85,** 357–362

Gibbings, D. L. H. (1963): A design for resistors of calculable a.c./d.c. resistance ratio. Proc. IEE **110,** 335–347

Giebe, E. (1909): Normal-Luftkondensatoren und ihre Messung. Z. f. Instr. **29,** 269–279 u. 301–315

Giebe, E.; Zickner, G. (1933): Über die Kapazitätsnormale der Physikalisch-Technischen Reichsanstalt. Z. f. Instr. **53,** 1–12 und 56–57

Graetsch, V. (1980): Präzisionswiderstände für Gleich- und Wechselstrom. PTB-Mitt. **90,** 26–33

Griffiths, W. H. F. (1929): Inductances of high permeance. J. of Sci. Instr. **6,** 354–357

Griffiths, W. H. F. (1942): The temperature compensation of condensors. Wireless Eng. **19,** 101–111 und 148–157

Grohmann, K. (1976): A step-up method for calibrating inductive voltage dividers up to 1 MHz. IEEE Trans. **IM-25,** 516–519

Grohmann, K., Zapf, T. L. (1979): An international comparison of inductive voltage divider calibration methods between 10 kHz and 100 kHz. Metrologia **15,** 69–75

Grüneisen, E.; Giebe, E. (1912): Anwendung des Dreiplattenkondensators zur Bestimmung der Dielektrizitätskonstanten fester Körper. Phys. Z. **13,** 1097–1101

Hague, B.; Ford, T. R. (1971): Alternating current bridge methods. 6th ed. London: Pitman, 422–432

Hahnemann, H. (1981): Resonanzmeßbrücken für frequenzabhängige Präzisionsmessungen von Induktivitätsnormalen. Elektrie **35,** 148–151

Hall, H. P. (1968a): Standards of large capacitance. General Radio Experimenter **42,** No. 1, 20–22

Hall, H. P. (1968b): An exercise in voltage division. General Radio Experimenter **42,** No. 5, 3–8

Hall, H. P. (1976): A precise standard of high capacitance IEEE-Trans. **IM-25,** 495–497

Hanke, R. (1978): Precise Kelvin double bridge for measuring dissipation factors and capacitances up to 1 F. IEEE Trans. **IM-27,** 434–436

Hanke, R. (1989): An improved straddling method with triaxial guards for the calibration of inductive voltage dividers at 1592 Hz. IEEE Trans. **IM-38,** 974–978

Hanke, R.; Thoma, P. (1980): Messung des Verlustfaktors von Normalkondensatoren. PTB-Jahresbericht, 156–157

Hanke, R.; Dröge, K. (1987): Bestimmung des Frequenzganges von Luftkondensatoren des Types GR1403 im Frequenzbereich von 10 kHz bis 1 MHz. PTB-Mitt. **97,** 377–383

Hanke, R.; Dröge, K. (1991): Calculated Frequency Characteristic of GR1482 Inductance Standards Between 100 Hz and 100 kHz. IEEE-Trans. **IM-40,** 893–896

Harrison, P.; Rayner, G. H. (1967): A primary standard of mutual inductance. Metrologia **3,** 1–12

Hartshorn, L. (1925): A precision method for the comparison of unequal mutual inductances at telephonic frequencies. J. of Sci. Instr. **2,** 145–151

Hartshorn, L. (1929): The measurement of the inductances and effective resistances of iron-cored coils carrying both direkt and alternating currents. J. of Sci. Instr. **6,** 113–115

Helke, H. (1968): Fehlwinkelmessungen an Widerständen bei Nieder- und Tonfrequenz, Teil 1 und 2. ATM **V 354-6** u. **V 354-7**

Helke, H. (1969): Ausgewählte Induktivitäts-Meßbrücken für Nieder- und Tonfrequenz, Teil I. ATM **J 921-16,** Teil II. ATM **J 921-17**

Hermach, F. L. (1976): AC-DC Comparators for Audio-Frequency Current and Voltage Measurements of High Accuracy. IEEE **IM-25,** 489–494

Hersh, J. F. (1960a): Connection errors in inductance measurement. General Radio Experimeter **34,** No. 10, 3–6

Hersh, J. F. (1960b): New inductance standards. More terminals, less inductance. General Radio Experimenter **34,** No. 10, 6–9

Hersh, J. F. (1963): A highly stable reference standard capacitor. The General Radio Experimenter **37,** No. 8, 1–8

Hill, J. J.; Miller, A. P. (1962): A seven-decade adjustable-ratio inductively-coupled voltage divider with 0.1 part per million accuracy. J. IEE **109 B,** 157–162, Paper No. 3856 M

Hill, J. J.; Deacon, T. A. (1968): Theory, design and measurement of inductive voltage dividers. Proc. IEE **115,** 727–735

Hoer, C. A.; Smith, W. L. (1967): A 2:1 ratio inductive voltage divider with less than 0.1 ppm error to 1 MHz. J. of Res. NBS **71 C,** 101–109

Homan, D. N.; Zapf, T. L. (1970): Two stage, guarded inductive voltage divider for use at 100 kHz. ISA-Trans. **9,** 201–209

Honda, M. (1989): The Impedance Measurement Handbook. Yokogawa-Hewlett-Packard Ltd, 5950-3000

Hübner, J. H. (1968): Das Temperaturverhalten von Styroflex-Kondensatoren. Frequenz **22,** 343–348

Kaden, H. (1936): Die Dämpfung und Laufzeit von Breitbandkabeln. Arch. Elektrotech. **30,** 691–712

Kaden, H. (1959): Wirbelströme und Schirmung in der Nachrichtentechnik. 2. Aufl. Berlin, Heidelberg, New York: Springer

Klonz, M.; Hanke, R. (1976): Präzisionsmessung der Kapazität und des Verlustfaktors von Kondensatoren mit großen Kapazitätswerten. PTB-Mitt. **86,** 253–258

Klonz, M.; Wäldele, F.; Fiebiger, A.; Dröge, K. (1976): Präzisionsbestimmung des Verlustfaktors von Kondensatoren im Frequenzbereich von 10 kHz bis 1 MHz. PTB-Mitt. **86,** 363–386

Klonz, M.; Wilkins, F. J. (1980): Multijunction Thermal Convertor with Adjustable Output Voltage/Current Characteristics. IEEE **IM-29,** 409–412

Kibble, B. P.; Rayner, G. H. (1984): Coaxial ac bridges. Bristol: Adam Hilger Ltd.

Küpfmüller, K. (1990): Einführung in die theoretische Elektrotechnik. 13. Aufl. Berlin u. a.: Springer

Kusters, N. L.; Moore, W. J. M. (1964): The Compensated Current Comparator; A New Reference Standard for Current-Transformer Calibrations in Industry. IEEE **IM-13,** 107–114

Kusters, N. L.; Cox, L. G. (1980): The development of an automatic reversing differential thermal wattmeter. IEEE **IM-29,** 426–431

Lampard, D. G. (1957): A new theorem in electrostatics with application to calculable standards of capacitance. Proc. EII **104 C,** 271–280 (Monograph No. 216 M)

Lisle, R. V.; Zapf, T. L. (1964): Comparison calibration of inductive voltage dividers. ISA Trans. **3,** 238–242

Lorenz, L. (1879): Über die Fortpflanzung der Elektrizität. Ann. Phys. u. Chem. **7,** 161–193

Mansbridge, G. F. (1905): Improvements in and relating to iron-free variable inductances. British Pat. No. 22206

Mau, H. J. (1937): Neue Wechselstrombrücke zur Feinmessung dielektrischer Verluste. Arch. f. Elektrotech. **31,** 473–487

Mc Gregor, M. C. u. a. (1958): New apparatus at the National Bureau of Standards for absolute capacitance measurement. IRE-Trans. Instr. **1,** 253–261

Melcher, J. (1992): Programmable Precision IVD for the Audio Frequency Range. Conference on Presicion Electromagnetic Measurement (CPEM), Paris, Depot legal no 41999, Sitecmo Dieppe Paris

Melcher, J. Hanke, R.; Kraus, F. (1992): IEC-Bus gesteuerte Präzisionskapazitätsdekade in viertoriger Anschlußweise. MessComp-92, Wiesbaden, Tagungsband

Moeller, F. (1943): Kapazität von Anordnungen mit Ebenen und Zylindern. ATM **Z 130-1**

Miljanić, P.; Stojanović, B.; Bošnjaković, P. (1984): The development of a high precision time-division power meter. Conf. on Prec. El. Measur. CPEM-Digest, Delft, IEEE No. 84CH2057-8, 67–68

Nakase, T. (1970): Isolated-section inductive divider and its self-calibration. IEEE Trans. **IM-19,** 96–101

Oatley, C. W.; Yates, J. G. (1954): Bridges with coupled inductive ratio arms as precision instruments for the comparison of laboratory standards of resistance or capacitance. Proc. IEE **101 III,** 91–100

Posel, K. (1963): The Owen bridge. Industrial electronics **1,** 783–797

PTB-Prüfregeln 12 (1977): Meßwandler

Raleigh, J. W.; Nivens (1881): Proc. Roy. Soc. **32,** 104–141

Ramm, G. (1982): Frequenzabhängigkeit der Wirkkomponente von Gleichstrom-Präzisionswiderständen zwischen 1,5 Hz und 225 Hz. Tech. Messen **49,** 17–22

Ramm, G. (1990): Kalibrieren von Wechselstrom-Meßwiderständen. PTB-Ber. **E-39**

Ramm, G.; Vollmert, R.; Bachmair, H. (1985): Microprocessor-controlled binary inductive voltage dividers. IEEE Trans. **IM-34,** 335–337

Ramm, G.; Bachmair, H. (1987): Induktive Spannungsteiler-Grundlagen, Kalibrierung, Anwendungen. PTB-Ber. **E-31**

Rayner, G. H. (1958): The calibration of inductors at power and audio frequencies. Proc. IEE, Monograph No. 315 M.

Rayner, G. H.; Kibble, B. P. (1977): The calibration of transformer ratios with 1 in 10^9 accuracy. EUROMEAS-77, IEE Conf. Publ. No. **152,** 135–137

Richman, P.; Walker, N. (1971): A New Fast Computing RMS-to-DC Conversion. IEEE **IM-20,** 313–319

Romanowski, M.; Fraser, P. A. (1955): Considerations on the primary winding of the Campbell standard inductor. Can. J. of Phys. **33,** 871–885

Rosa, E. B.; Grover, F. W. (1912): Formulas and tables for the calculation of mutual and self-inductance. Bull. of the Bur. of Stand. **8,** 1–237

Schering, H.; Schmidt, R. (1912): Ein Satz Normal-Luftkondensatoren mit definierter Schaltungskapazität. Z. f. Instr. **32,** 253–258

Schering, H. (1920): Tätigkeitsbericht der Phys.-Techn. Reichsanstalt. Z. f. Instr. **40,** 120

Schering, H.; Engelhardt, V. (1920): Messung gegenseitiger Induktivitäten. Z. f. Instr. **40,** 122 und **41,** 139

Schering, H. (1927): Eine neue Brücke für Pupinspulen. Z. f. Instr. **47,** 285–286

Schlinke, H. (1970): Entwicklung induktiver Präzisionsspannungsteiler für 16 bis 500 Hz sowie deren Fehlerbestimmung. messtechnik **78,** 52–60

Schrader, H.-J. (1957): Dynamometrischer Gleich-Wechselstrom-Kompensator. Z. f. Instr. **65,** 191–193

Schulze, A. (1953): Meßwiderstände. Karlsruhe: G. Braun

Schuster, G. (1980): Thermal Instrument for Measurement of Voltage, Current, Power and Energy at Power Frequencies. IEEE **IM-29,** 153–157

Semm, A. (1920): Verlustmessung bei Hochspannung. Arch. f. Elektrotech. **9,** 30–34

Shawcross, R. E.; Wells, R. J. (1915): On the form of coils to give maximum self-inductance for a given length and thickness of wire. Electrican **75,** 64

Smith, K. (1981): Industrial Wattmeter Uses Same Principle as New National Standard. Electronics **54,** No. 3, 77–78

Snow, C. (1954): Formulas for computing capacitance and inductance. Circular NBS 544

Sommer, F. (1940): Die Berechnung der Kapazitäten bei Kabeln mit einfachem Querschnitt. ENT **17,** 281–294

Starr, A. F. (1933): A bridge for small inductances. J. of Sci. Instr. **10,** 361–362

Swerlein, R. L. (1989): Precision AC Voltage Measurements Using Digital Sampling Techniques. HP-Journal **40,** No. 2, 15–21

Sze, W. C. (1967): Comparator for calibration of inductive voltage dividers from 1 to 10 kHz. ISA Trans. **6,** 263–267

Sze, W. C. (1968): An injection method for self-calibration of inductive voltage dividers. J. of Res. NBS **72 C,** 49–59

Tamota, H.; Sugiyama, T.; Yamaguchi, K. (1968): An Electronic Multiplier for Accurate Power Measurements. IEEE **IM-17,** 241–251

Thoma, P. (1980): Absolute calorimetric determination of dielectric loss factor at $\omega = 10^4 s^{-1}$ and 4.2 K and application to the measurement of loss factors of standard capacitors at room temperature IEEE Trans. **IM-29,** 328–330

Thompson, A. M.; Lampard, D. G. (1956): A new theorem in elctrostatics and its application to calculable standards of capacitance. Nature **177,** 888

Thompson, A. M. (1958): The precise measurements of small capacitances. IRE Trans. on Instr. **I-7,** 245–253

Thompson, A. M. (1964): AC bridge methods for the measuremnt of three-terminal admittances. IEEE Trans. **IM-13,** 189–197

Thompson, A. M. (1968): An absolute determination of resistance based on a calulable standard of capacitance. Metrologia **4,** 1–7

Tsao, S. H. (1974): Apparatus for accurate DC capacitance-resistance transfer. IEEE-Trans. **IM-23,** 310–314

Tsao, S. H. (1983): Microcomputer-based calibration systems for variable voltage dividers. IEEE Trans. **IM-32,** 169–173

Unger, H.-G. (1967): Theorie der Leitungen. Braunschweig: Vieweg

Voigt, H. (1952): Eine Meßbrücke für 0,1 bis 1000 MHz. Arch. d. elektr. Übertr. **6,** 414–418

v. Guttenberg, W. (1953): Über den genauen Wert der Kapazität des Kreisplattenkondensators. Ann. d. Phys. 6. Folge **12,** 321–339

Wachendorf, H. (1951): Induktivitäten ohne Eisen. Formeln und Kurven. ATM **Z 120-1**

Wagner, K. W. (1911): Zur Messung dielektrischer Verluste mit der Wechselstrombrücke, ETZ **32,** 1001–1002

Walcher, T. (1938): Induktivitäts-Meßbrücke nach Owen, Verwendung im Tonfrequenzgebiet ATM **J 921-13**

Webb, J. K.; Wood, H. B. (1954): The precise measurement of capacitance. Proc. IEE Monograph 100 M

Weber, K. (1971): Elektrizitätszähler. AEG-Telefunken Handbuch Band 15. Berlin: Elitera

Wießner, W. (1959): Zur Kapazität des Dreiplattenkondensators. Ann. d. Phys. 7. Folge **2,** 329–343

Wilkins, F. J.; Deacon, T. A.; Becker, R. S. (1965): Multijunction Thermal Convertor – an Accurate AC/DC Transfer Instrument. Proc. IEE **112,** 794–805

Wilkins, F. J.; Swan, M. J. (1969): Resistors having a calculable performance with frequency. Proc. IEE. **116,** 318–324

Wilkins, F. J.; Swan, M. J. (1970): Precision a.c./d.c. resistance standards. Proc. IEE. **117,** 841–849

Zapf, T. L. (1961): Calibration of inductance standards in the Maxwell-Wien-Bridge circuit. J. of Res. NBS **65 C**, 183–188

Zapf, T. L.; Chinburg, C. H.; Wolf, H. K. (1963): Inductive voltage divider with calculable relative corrections. IEEE Trans. **IM-12**, 80–85

Zickner, G. (1935a): Absolute Induktivitäts-Normale. ATM **Z 121-1**

Zickner, G. (1935b): Induktivitäts-Normale (unveränderbare Modelle). ATM **Z 121-2**

Zickner, G. (1944): Zur Berechnung der Randkorrektion von Kondensatoren. Arch. f. Elektrotech. **38**, 1–16

Zickner, G. (1948a): Der Temperaturkoeffizient von Normal-Luftkondensatoren. Elektrotech. **2**, 147–152

Zickner, G. (1948b): Die Eichkurve des Kohlrausch-Kondensators. Elektrotech. **2**, 317–320

Zickner, G. (1955): Ein regelbares Normal der Kapazität. Arch. f. Elektrotech. **42**, 71–93

Zickner, G. (1956): Neuere Drehkondensatoren ohne Anfangskapazität. Z. angew. Phys. **8**, 187–191

Zickwolff, G. (1962): Über den Einfluß der Zuleitung auf die Kapazität einer Kugel. Abh. Naturw. Ver. Bremen **36**, 51–89

Zinke, O.; Seither, H. (1982): Widerstände, Kondensatoren, Spulen und ihre Werkstoffe. Berlin, Heidelberg, New York: Springer

4.3 Hochfrequenz

4.3.1 Allgemeines (U. Stumper)

Der Gesamtbereich des elektromagnetischen Frequenzspektrums erstreckt sich über mehr als 20 Dekaden. Die Einordnung des Hochfrequenzbereiches zeigt Fig. 4.157 (Frequenzzuordnungen nach Meinke-Gundlach (1986)). Die Abgrenzungen nach tiefen und hohen Frequenzen sind fließend. Schon für Frequenzen ab 30 kHz entsprechen gewisse Techniken und Verfahren (z. B. die Wellenabstrahlung und die Ausbreitung im freien Raum) mehr der hochfrequenten als der niederfrequenten Betrachtungsweise. Die Fortpflanzung von Lichtwellen, die z. B. in Glasfaser-Leitungen weitergeleitet werden, ist ebenfalls durch hochfrequenztechnische Methoden beschreibbar (s. **6**.2.1.2).

Die Erzeugung hochfrequenter Schwingungen erfolgt meist in rückgekoppelten Halbleiter- oder Röhrenschaltungen, bei denen ein Bruchteil der verstärkten Ausgangsspannung zum Eingang zurückgeführt wird, wodurch eine Aufrechterhaltung der entsprechend der Resonanzbedingungen angeregten elektromagnetischen Schwingung erzwungen wird.

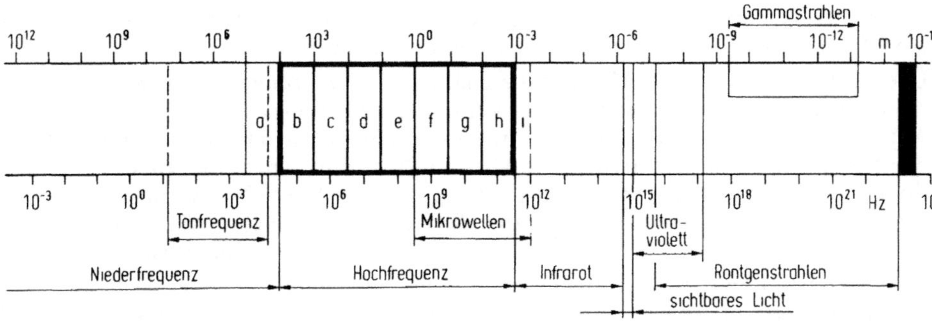

Fig. 4.157 Einordnung des Hochfrequenzbereichs in das Spektrum der elektromagnetischen Wellen
(a) Längstwellen, (b) Langwellen, (c) Mittelwellen, (d) Kurzwellen, (e) Ultrakurzwellen, (f) Dezimeterwellen, (g) Zentimeterwellen, (h) Millimeterwellen, (i) Submillimeterwellen

Die Eigenschwingungen von Quarzkristallen und die von angeregten Atomen und Molekülen emittierten elektromagnetischen Schwingungen (z. B. von Cäsium, Rubidium, Wasserstoff, Ammoniak, s. **1**.3.3 u. **4**.3.4.5, Kartaschoff (1978)) dienen wegen ihrer hohen Konstanz als Frequenz- und Zeitnormale (z. B. Cäsium-Resonator, Schwingungsfrequenz $\approx$9,192 GHz, minimale relative Frequenzunsicherheit $\approx 1 \cdot 10^{-14}$).

Im Bereich der cm- bis Sub-mm-Wellen wird die durch „Laufzeiteffekte" bedingte Wechselwirkung zwischen dem elektromagnetischen Feld der erzeugten Strahlung und den von der Kathode emittierten Elektronen ausgenutzt, um die Schwingungen aufrecht zu erhalten. Magnetrons, Klystrons, Wanderfeldröhren und Rückwärtswellen-Oszillatoren (Carcinotrons) sind Generatoren dieser Art.

Anstelle von Röhren werden heute weitgehend Halbleiter-Bauteile wie YIG-Oszillatoren, Gunn- und Impatt-Dioden zur Erzeugung hochfrequenter Schwingungen bis in den mm-Wellenbereich angewandt (s. **4**.3.2).

Die Hochfrequenz-Energie kann sich leitungsgebunden oder im freien Raum fortpflanzen. Während die im kHz- und unteren MHz-Bereich angewandte ungeschirmte Doppelleitung (s. **4**.3.3.2) am ehesten der bei Gleichstrom und Niederfrequenz üblichen Drahtleitung entspricht, wird im höheren MHz- und GHz-Bereich die Verwendung vollständig abgeschirmter Leitungssysteme zur Vermeidung von Abstrahl-Verlusten und zur Verhinderung der Einstreuung elektromagnetischer Störfelder immer zwingender. Bei der Koaxialleitung (s. **4**.3.3.3) ist das Zweileitersystem noch erhalten; der den Innenleiter umgebende Außenmantel wird auf Erdpotential gelegt. Im GHz-Bereich, vor allem für Frequenzen oberhalb 8 GHz, werden neben den mit anwachsender Frequenz immer mehr verlust- und reflexionsbehafteten Koaxialleitungen Hohlleiter verwendet (s. **4**.3.3.4), bei den sich das elektromagnetische Feld in einem von metallischen Hohlleiterwandungen umgebenen Kanal fortpflanzt. Der Energietransport erfolgt – wie auch im niederfrequenten Bereich – durch das zwischen den Leitern sich ausbildende elektromagnetische Feld, die hochfrequenten Leitungsströme werden aber infolge des zur Leitungsmitte hin zunehmenden induktiven Widerstandes mit wachsender Frequenz immer mehr zur Leiteroberfläche hin verdrängt (s. **4**.3.3.1).

Mit Aufkommen der Mikro-Elektronik und der integrierten Schaltungstechnik, bei der Leitungen als „gedruckte Schaltungen" auf kleinstem Raum verlegt werden, wurden auch spezielle Leitungsformen dieser Art für sehr hohe Frequenzen entwickelt (s. **4**.3.3.5). Die Verwendung von Glasfasern als quasi-optische Hochfrequenzleitungen hat in der Nachrichtentechnik große Bedeutung erlangt und die Anwendung von Hochfrequenzverfahren bis in den optischen Bereich erweitert (s. **6**.2.1.2).

Über Antennen, die je nach Frequenzbereich und Anforderungen an die Richtcharakteristik verschiedenartige Gestalt haben – vom einfachen Dipolstrahler über Vielelemente-Antennen bis zu Hornstrahlern und Parabolspiegeln – werden hochfrequente Wellen in den freien Raum emittiert (s. **4**.3.4.4). Die in weiten Frequenzbereichen sehr niedrigen Boden- bzw. atmosphärischen Verluste ermöglichen drahtlose Weitverkehrsverbindungen über Länder und Kontinente. Hierbei dient die hochfrequente Welle als Träger, der durch die zu übermittelnde Nachricht (z. B. Ton oder Bild) moduliert ist.

Während bei Lang- und Mittelwellen die Fortpflanzung in erster Linie über die Bodenwelle erfolgt, spielt bei höheren Frequenzen (Kurzwelle, Ultrakurzwelle) die Raumwelle beim Fernempfang die dominierende Rolle. Dabei kommt im Kurzwellenbereich den Reflexionen an den Schichten der Ionosphäre eine besondere Bedeutung zu. Die Bündelung der Wellen gelingt mit wachsender Frequenz leichter, so daß bei

Mikrowellen eine quasi-optische Abstrahlung mittels scharf bündelnder Horn- oder Parabolspiegel-Antennen erzielt werden kann. Solche Mikrowellenstrahler erlauben daher eine Nachrichtenübertragung nur auf Sichtweite. Mit Hilfe von Nachrichtensatelliten im außerterrestischen Raum wird aber eine qualifizierte Fernübertragung von Kontinent zu Kontinent ermöglicht.

Empfang und Nachweis hochfrequenter Wellen (s. **4**.3.2) kann durch Gleichrichtung in Halbleiter-(ggfs. Röhren-)Detektoren erfolgen. Bei schwachen Signalen wird das Überlagerungsprinzip angewendet. Durch Mischen des zu empfangenden Signals mit einem geringfügig frequenzverschobenen amplitudenkonstanten Signal in einer Mischer-Diode erscheint an deren Ausgang ein Signal in Umgebung der Zwischenfrequenz (Frequenzdifferenz beider Signale). Der Betrag dieses Signals ist demjenigen des zu empfangenden Signals proportional und läßt sich infolge der günstigen Frequenzlage (kHz- oder MHz-Bereich) um viele Zehnerpotenzen verstärken. In der Präzisionsmeßtechnik nutzt man die Wärmewirkung zum Signalnachweis aus (s. **4**.3.2, **4**.3.4.1). In temperaturempfindlichen Meßwiderständen (Bolometern) wird die absorbierte HF-Leistung in Wärme umgesetzt; die damit verbundene Widerstandsänderung des Bolometer-Elementes ist in einer empfindlichen Wheatstoneschen Brückenschaltung nachweisbar.

Die Anwendung hochfrequenter Schwingungen in Wissenschaft, Technik, Verteidigungsbereich und im zivilen Leben ist in den vergangenen Jahrzehnten dieses Jahrhunderts erheblich ausgeweitet worden, wie Tab. 4.10 zeigt.

Die gesamten Erscheinungen der elektromagnetischen Wellenfelder von den tiefsten bis zu den höchsten Frequenzen werden theoretisch durch die Maxwellschen Gleichungen beschrieben.

Sind $\boldsymbol{E}$ der elektrische Feldvektor, $\boldsymbol{H}$ der magnetische Feldvektor, $\boldsymbol{D} = \varepsilon \boldsymbol{E}$ die dielektrische Verschiebung, $\boldsymbol{B} = \mu \boldsymbol{H}$ die magnetische Induktion, ε die Permittivität und μ die Permeabilität im Feldraum, $\boldsymbol{j} = \sigma \boldsymbol{E}$ die Stromdichte, σ die spezifische Leitfähigkeit und ϱ die Dichte der elektrischen Ladung, so gilt

$$\operatorname{rot} \boldsymbol{E} + \frac{\partial \boldsymbol{B}}{\partial t} = 0 \tag{4.293}$$

$$\operatorname{rot} \boldsymbol{H} - \frac{\partial \boldsymbol{D}}{\partial t} = \boldsymbol{j} \tag{4.294}$$

$$\operatorname{div} \boldsymbol{D} = \varrho \tag{4.295}$$

$$\operatorname{div} \boldsymbol{B} = 0 \tag{4.296}$$

Bildet man nach (4.293) rot rot $\boldsymbol{E}$ und setzt das Resultat in (4.294) ein, so ergibt sich die Wellengleichung für alle elektromagnetischen Schwingungen im verlustfreien Raum ($j = 0$) und der Abstrahlungsgeschwindigkeit $|v| = (\varepsilon\mu)^{-1/2}$

$$\Delta \boldsymbol{E} + \frac{1}{v^2} \frac{\partial^2 \boldsymbol{E}}{\partial t^2} = 0 \tag{4.297}$$

Für Vakuum (in guter Näherung auch für Luft) gilt $v = c = (\varepsilon_0 \mu_0)^{-1/2}$ mit der elektrischen Feldkonstante $\varepsilon_0 = 8{,}854188 \cdot 10^{-12}\,\mathrm{F\,m^{-1}}$, der magnetischen Feldkonstante $\mu_0 = 4\pi \cdot 10^{-7}\,\mathrm{H\,m^{-1}}$ und der Lichtgeschwindigkeit $c = 2{,}99792458 \cdot 10^8\,\mathrm{ms^{-1}}$.

Tab. 4.10 Übersicht über die Anwendung hochfrequenter Wellen

Anwendungsgebiet	praktische Bedeutung der angewandten HF-technischen Verfahren
Nachrichtentechnik	Übermittlung von Ton-, Bild- und Dateninformationen, sowohl kabelgebunden als auch mit gerichteter und ungerichteter Wellenabstrahlung
Ortungs- und Radartechnik	Land-, See- und Luftüberwachung; Navigation zur See und zur Luft; Überwachung des Straßenverkehrs
Fernsteuerungstechnik	Fernsteuerung beweglicher Objekte
Materialuntersuchungen	zerstörungsfreie Materialprüfung; Bestimmung von Komponenten in Mehrkomponentensystemen; Untersuchung von Materialstrukturen
Erwärmung	Erwärmung und Schmelzen von Werkstoffen in Induktionsöfen; Trocknen und Aushärten in der Holz- und Kunststofftechnologie
Gastronomie	Speisenzubereitung und Auftauen von Tiefkühlkost in Mikrowellenherden
Geophysik	Untersuchung der Oberflächengestaltung der Erde sowie der Form und Höhe von Meereswellen
Meteorologie	Nachweis und Ortung von Bewölkungs- und Niederschlagszonen, Nebel, Regen und Schnee
Wärmetheraphie	Ausnutzung der Erwärmungs-Tiefenwirkung bei Kurzwellen- und Mikrowellenbestrahlung des Körpers; Krebstheraphie durch lokale Erhitzung des Tumorbereichs
Thermographie	durch Messung der abgestrahlten Rauschleistung: Diagnostik von Krankheitsherden und Tumoren; Nachweis des Verschmutzungszustandes von Gewässern und der Luft; Beobachtung von Vegetationszuständen
Spektroskopie	Mikrowellenspektroskopie zur Erforschung von Atom- und Molekülstrukturen
Sensorik	Feuchtemessung in Werkstoffen; Lokalisierung von Gegenständen und Werkstücken; Füllstandsanzeige
Kernphysik	Plasmaerzeugung; Teilchenbeschleunigung
Dünnfilmtechnik	Erzeugung dünner metallischer und nichtmetallischer Schichten

Bei Anwendung der vorgegebenen Anfangs- und Randbedingungen auf diese Gleichungen lassen sich prinzipiell die Feldgrößen $\boldsymbol{E}$ und $\boldsymbol{H}$ sowie Ladungsdichten, Stromstärken und Eigenfrequenzen für alle räumlichen Systeme berechnen, in denen elektromagnetische Schwingungen existieren.

4.3.2 Erzeugung und Nachweis hochfrequenter elektrischer Schwingungen (J. H. Hinken u. A. F. Jacob)

In diesem Abschnitt werden Einrichtungen zur Erzeugung und zum Nachweis elektrischer Schwingungen zwischen etwa 100 kHz und 300 GHz beschrieben. Für tiefere Frequenzen wird auf **4**.2 verwiesen, für höhere Frequenzen auf Spezialliteratur (Batt u.

Harris (1976)). Die meisten der hier beschriebenen Geräte sind derart kompliziert, daß sie im allgemeinen durch einen Fremdfachmann nicht selbst hergestellt werden können; Ausnahmen bilden einfache Oszillatoren bis 100 MHz, einfache Verstärker bis zu 10 MHz mit Ausgangsleistungen bis zu 10 W, sowie der Aufbau einfacher Nachweisschaltungen.

Bezugsquellennachweise für die beschriebenen Bauelemente, Geräte und Gerätesysteme sind zu finden in den aktuellen Ausgaben von Elektro Einkaufs-Führer, Electronic Design's Gold Book, Microwaves Product Data Directory. Als Spezialliteratur sei erwähnt Hochfrequenz-Industrie-Generatoren (1975), Meinke u. Gundlach (1986), Jansen (1980), Henne (1974), Koch (1976), Unger (1994), Unger u. a. (1973/1981), Unger u. Harth (1972), Zinke u. Brunswig (1987), Kraus u. a. (1980). Schließlich sei darauf hingewiesen, daß für die Erzeugung und den Nachweis hochfrequenter Schwingungen die einschlägigen gesetzlichen Bestimmungen einzuhalten sind (Gesetz über Fernmeldeanlagen, Gesetz über den Betrieb von Hochfrequenzanlagen).

4.3.2.1 Erzeugung

Hochfrequente elektrische Leistung wird in Sendern erzeugt. Obwohl dieser Begriff aus dem Bereich der Nachrichtenübertragungstechnik stammt, wird er auch auf HF-Generatoren für andere Bereiche angewendet. HF-Sender bestehen im einfachsten Fall nur aus dem Oszillator zur eigentlichen Schwingungserzeugung; es können aber noch Frequenzumsetzer und Verstärker hinzukommen. Im folgenden sollen diese drei Baugruppen beschrieben werden. Probleme der elektromagnetischen Verträglichkeit, die bei ihrer Inbetriebnahme zu berücksichtigen sind, werden in **4**.3.4.4. behandelt. Für Oszillatoren und Sender, die zur Darstellung der Einheit der Zeit, nämlich der Sekunde dienen, wird auf **1**.3.3.4 bis **1**.3.3.6 verwiesen.

Beurteilungskriterien von Oszillatoren

- Eignung der Schwingfrequenz für die vorgegebene Anwendung
- Unempfindlichkeit der Frequenz gegen Alterung, mechanische Erschütterungen und Spannungs- oder Stromschwankungen des Netzteils. Verbesserungen: erschütterungsfreier Aufbau, Gleichspannungsstabilisierung, Thermostat
- Unempfindlichkeit der Frequenz gegen Impedanzänderungen der äußeren Schaltung. Ein Trenn-Verstärker unmittelbar am Oszillatorausgang (Pufferverstärker) vermindert solche Rückwirkungen
- Durchstimmbarkeit der Frequenz. Wenn erforderlich auf mechanischem, elektrischem oder magnetischem Wege möglich
- Ausreichende Abstimmgeschwindigkeit
- bei der Abstimmung genügend kleine Linearitätsabweichung. Mitunter wird diese definiert als maximale Abweichung der Frequenz von einer linearen Funktion der Eingangsgröße und wird auf die Bandbreite des spezifizierten Durchstimmbereiches bezogen
- Genügend kleine Hysterese bei magnetischer Abstimmung
- Einstellgenauigkeit der Frequenz
- Konstanz der abgegebenen HF-Leistung hinsichtlich der Zeit und der Frequenz (bei durchstimmbaren Oszillatoren)
- Höhe der Ausgangsleistung, von besonderem Interesse im GHz-Bereich
- Geeigneter Oszillatorausgang: Art der Steckverbindung, Art des Hohlleiteranschlusses

- Aufwand in der Stromversorgung (Hochspannungs- oder Niederspannungsnetzteil)
- Aufwand in der Kühlung (Strahlungs-, Luft-, Wasserkühlung)

Die Qualität der Schwingung eines Oszillators wird durch die Angabe der Stabilität (Langzeitstabilität, Kurzzeitstabilität, s. **4**.3.4.5) charakterisiert. Ein weiteres Qualitätskriterium ist der in % oder dB angegebene Klirrfaktor k (s. **4**.2.1.1), der den Oberwellengehalt der Schwingung beschreibt. Bei $k=0$ ist die Schwingung sinusförmig.

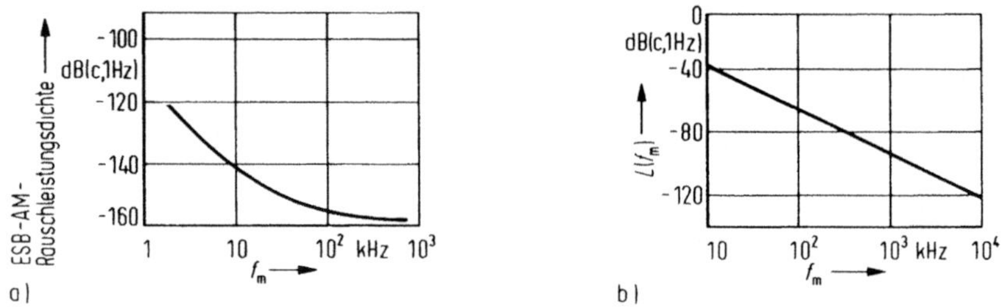

Fig. 4.158 Spektrale Einseitenband-(ESB-)Rauschleistungsdichte eines 92 GHz-Gunn-Oszillators im Frequenzabstand f_m von der Trägerschwingung pro Hertz Bandbreite und bezogen auf die abgegebene Gesamtleistung (dB (c, 1 Hz)), nach Crandell u. Bernues (1980)
a) Amplituden-(AM-)Rauschen,
b) Frequenz-(FM-) bzw. Phasen-(PM-)Rauschen $L(f_m)$

Die Kurzzeitstabilität der Amplitude und der Frequenz werden im Frequenzbereich durch die Leistungsdichte in den Seitenbändern der Trägerschwingung beschrieben, die durch interne Amplituden- bzw. Frequenzmodulation entstehen. Fig. 4.158a zeigt als Beispiel für einen 92 GHz-Gunn-Oszillator diese relativen Rauschleistungsdichten. Aus der in Fig. 4.158b dargestellten Funktion $L(f_m)$ ergibt sich die spektrale Dichte der Phasenschwankungen zu

$$S_{\Delta\Phi}(f_m) = 2L(f_m) \tag{4.298}$$

oder, gleichwertig, die spektrale Dichte der Frequenzschwankungen zu

$$S_{\Delta f}(f_m) = 2f_m^2 L(f_m). \tag{4.299}$$

Vierpol-Oszillatoren haben eine Prinzipschaltung nach Fig. 4.159, in der ein Verstärker und ein Rückkopplungsvierpol mit den komplexen Übertragungsfaktoren $\underline{V}_0 = \underline{U}_2/\underline{U}_1$ und $\underline{K}_r = \underline{U}_2'/\underline{U}_2$ zusammengeschaltet sind. Zum Verstehen der Schwingungserzeugung denkt man sich den Eingang der Anordnung bei $\underline{U}_1'$ zunächst offen. Es gilt $\underline{U}_1' = \underline{U}_1 - \underline{K}_r \underline{U}_2$. Wenn $\underline{U}_1 = \underline{K}_r \underline{U}_2$ ist, wird $\underline{U}_1' = 0$; dann können die Klemmen (1) und (2) miteinander verbunden werden, der rückgekoppelte Verstärker wird zum Oszillator. Die Schwingbedingung lautet also $\underline{U}_1 = \underline{K}_r \underline{U}_2$ oder

$$\underline{K}_r \underline{V}_0 = 1. \tag{4.300}$$

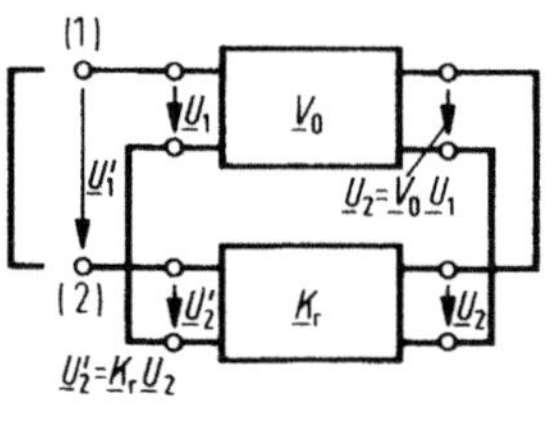

Fig. 4.159
Prinzipschaltbild zur Funktionsweise eines Vierpoloszillators
$\underline{V}_0$, $\underline{K}_r$ komplexe Übertragungsfaktoren von Verstärker bzw. Rückkopplungsvierpol

Betrag und Phase dieser Gleichung bestimmen Oszillatoramplitude und -frequenz im stationären Betrieb. Die beim Anschwingen zunächst größere Verstärkung facht die Schwingung aus dem Rauschen heraus an, bis der Verstärker in seine Sättigung kommt und der gemittelte Übertragungsfaktor auf einen Wert gemäß Gl. (4.300) reduziert wird. Dabei entstehen im allgemeinen Oberschwingungen. Sie können vermieden werden, wenn eine Amplitudenstabilisierung, z. B. mit temperaturabhängigen Widerständen durchgeführt wird, die bei größerer Schwingamplitude stärker dämpfend wirken. Die Oszillationsfrequenz wird hauptsächlich durch den Phasengang des Rückkopplungsvierpoles bestimmt, aber auch durch parasitäre Einflüsse des Verstärkers. Um eine gute Frequenzstabilität zu erhalten, sollten diese klein gehalten werden, z. B. durch lose Ankopplung und eine hohe Güte (s. **4**.3.3.8) des Resonanzkreises im Rückkopplungsnetzwerk. Vor allem muß der Phasengang des Rückkopplungsvierpoles selbst genügend stabil sein. Gegebenenfalls sind äußere Einflüsse zu kompensieren (Temperaturkompensation). Als Verstärkerelement kommen bipolare Transistoren, Feldeffekttransistoren oder auch Operationsverstärker in Frage (s. **10**.8.2.7).

Nur kurz erwähnt seien hier integrierte Schaltungen (IS), die als betriebsfertige Oszillatoren bis in den MHz-Bereich hinein erhältlich sind; sie erzeugen das HF-Signal zunächst pulsförmig und formen es dann zu einer Sinusschwingung durch stückweise lineare Approximation.

Zur unmittelbaren Erzeugung sinusförmiger Schwingungen bis in den Megahertz-Bereich verwendet man vielfach *RC*-Oszillatoren; sie besitzen eine hohe Frequenzstabilität und einen großen Durchstimmbereich. Die frequenzbestimmenden Bauelemente sind Widerstände und Kondensatoren. Die *RC*-Phasenschieber-Generatoren besitzen als Rückkopplungsvierpol eine Hintereinanderschaltung von mehreren *RC*-Gliedern. Bei *RC*-Generatoren mit Wien-Brücke hingegen ist das Rückkopplungsnetzwerk etwas komplizierter. Ein Schaltbeispiel dafür mit einem Differenzverstärker zeigt Fig. 4.160. Die Brückenelemente $C_1 = C_2 = C$ und $R_1 = R_2 = R$ bestimmen in guter

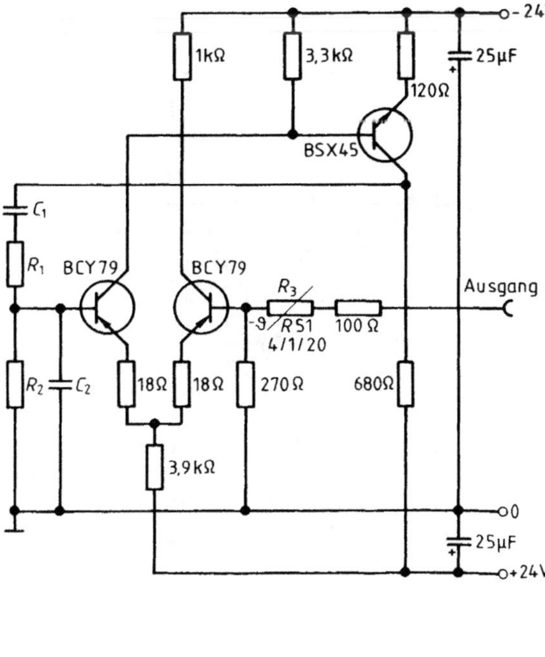

Fig. 4.160
Schaltbild eines *RC*-Generators mit Wien-Brücke, nach Halbleiter-Schaltbeispiele (1967)

Näherung die Schwingfrequenz gemäß

$$f \approx \frac{1}{2\pi RC}. \tag{4.301}$$

Für die Schaltung in Fig. 4.160 sollten $1{,}2\,\mathrm{k}\Omega \leqslant R \leqslant 10\,\mathrm{k}\Omega$ und $C \geqslant 150\,\mathrm{pF}$ sein. Die Amplitude der Ausgangsspannung beträgt etwa 6 V; ihr ist eine kleine Gleichspannung überlagert. Der Klirrfaktor liegt bis 0,3 MHz unter 1%; das wird erreicht durch die Amplitudenbegrenzung mit dem Heißleiter R_3. Die relative Frequenzänderung ist kleiner als 10^{-4} bei einer relativen Änderung der Betriebsspannung um 10% oder pro Grad Temperaturänderung bei geeigneter Wahl der Bauelemente. Gewollt geändert wird die Frequenz von RC-Generatoren durch mechanische Veränderung von R bzw. C oder auch durch elektrische Veränderung von C mit Hilfe eines Varaktors (Kapazitätsvariationsdiode).

Typische Eigenschaften käuflicher RC-Generatoren mit eingebautem Verstärker sind: 5 umschaltbare Frequenzbereiche, Durchstimmbereich jeweils 1 Frequenzdekade, relativer Frequenzanzeigefehler 0,1%, Klirrfaktor unter 1%, Ausgangsspannung stetig regelbar von 0 V bis 30 V.

Bis in den Gigahertz-Bereich hinein werden LC-Oszillatoren verwendet. Bei ihnen sind die frequenzbestimmenden Bauelemente des Rückkopplungsnetzwerkes Spulen und Kondensatoren. Je nach Ausführung dieses Netzwerkes unterscheidet man u. a. zwischen Meißner-, Hartley- und Collpittsschaltung (Zinke u. Brunswig (1987)). Die letzte ist eine kapazitive Dreipunktschaltung. Bei ihr sind die parasitären Kapazitäten des Verstärker sinnvoll in die Schwingkreiskapazität mit einbezogen. Schwingungserzeugung bis zu verhältnismäßig hohen Frequenzen ist möglich. Außerdem entfällt bei dieser Schaltung der Spulenabgriff oder Übertrager. Fig. 4.161 zeigt ein Ausführungsbeispiel für etwa 10 MHz, das in Basisschaltung arbeitet und eine Ausgangsleistung von 5 mW an eine 50 Ω-Last (nicht gezeichnet) abgeben kann. Das Phasenrauschspektrum eines LC-Oszillators ist in Fig. 4.162 gezeigt.

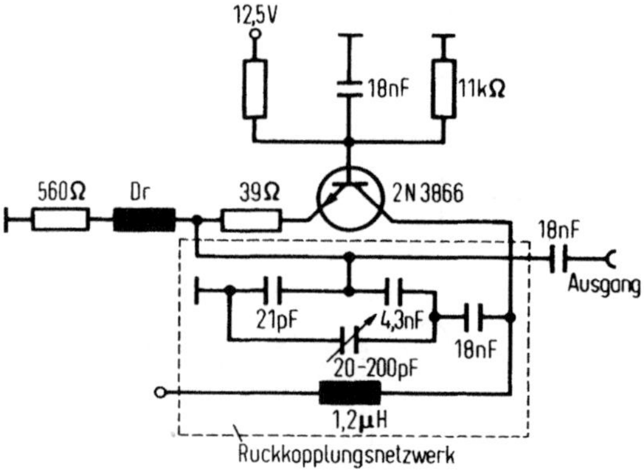

Fig. 4.161
Schaltbild eines 10 MHz-Colpitts-Oszillators, nach Kraus u. a. (1980)

Ein typischer käuflicher LC-Oszillator bei 1 GHz hat folgende Eigenschaften: Durchstimmbereich eine halbe Oktave, Klirrfaktor 3%. Ausgangsleistung 200 mW, Leistungsänderung im Durchstimmbereich ±1,5 dB, relative Frequenzänderung $\Delta f/f$ bei Spannungsänderung der 20 V-Spannungsversorgung ist ±0,25% pro Volt, bei Temperaturänderung von −25°C bis +70°C ist $|\Delta f/f| < 0{,}75\%$, bei Änderungen der Lastimpedanz bis zu einem Welligkeitsfaktor (s. 4.3.4.2) von 2,0 ist $|\Delta f/f| < 2{,}0\%$.

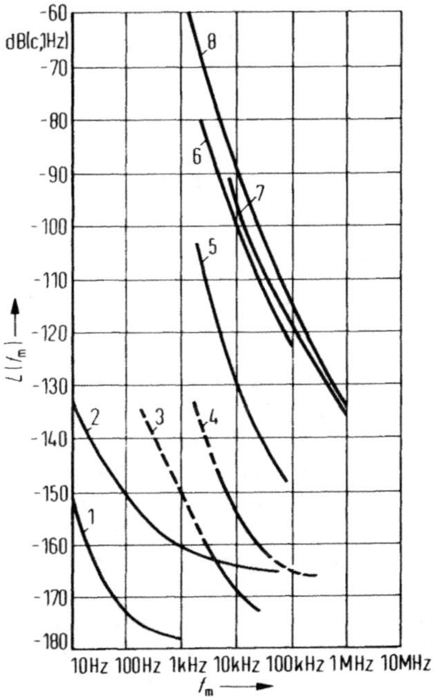

Fig. 4.162
Einseitenband-(ESB)-FM/PM-Rauschleistungsdichten $L(f_m)$ im Frequenzabstand f_m von der Trägerschwingung für einige Vierpoloszillatoren mit sehr geringem Phasenrauschen, nach Scherer (1979), Scherer (1981)
1 5 MHz-Quarzoszillator
2 10 MHz-Quarzoszillator
3 100 MHz-Quarzoszillator
4 40 MHz-*LC*-Oszillator
5 abstimmbarer Oszillator mit Hohlraumresonator bei 500 MHz
6 Bip.-Trans.-Oszillator mit abstimmbarem Koaxialresonator, 6 GHz
7 2 GHz–6 GHz-YIG-Oszillator bei 6 GHz
8 FET-Oszillator mit abstimmbarem Koaxialresonator, 6 GHz

Die Frequenz eines durchstimmbaren *L C*-Oszillators wird häufig mechanisch mit einem Drehkondensator geändert, gelegentlich auch elektrisch über einen Varaktor[1]).

Die Frequenzstabilität eines *LC*-Oszillators hängt stark von mechanischen Erschütterungen ab, es sei denn, man wählt einen besonderen, schwingungsgedämpften Aufbau. Wenn man die Frequenz nicht oder nur geringfügig verstimmen muß, verwendet man deshalb gern einen Quarzoszillator, der recht einfach im Aufbau ist und statt der *LC*-Schaltung einen Schwingquarz im Rückkopplungsnetzwerk hat; ein Quarzoszillator ist gegen Erschütterungen relativ unempfindlich und besitzt auch sonst eine bessere Langzeit- und Kurzzeitstabilität als *LC*-Oszillatoren. Schwingquarze (s. **10**.8.1.4) sind Stäbe, Platten oder Ringe aus Quarzkristallen. Sie werden im Bereich ihrer Resonanzfrequenzen zu mechanischen Schwingungen angeregt. Aufgrund des piezoelektrischen Effekts (Kittel (1991)) von Quarz können Elektroden als Ein- und Auskoppelelemente für elektrische Signale verwendet werden. Das elektrische Ersatzschaltbild zwischen den Elektroden zeigt Fig. 10.153 und den Verlauf des Blindwiderstandes Fig. 10.154 in **10**.8.1.4. Der Blindwiderstand ändert sich stark zwischen den beiden dicht benachbarten Resonanzfrequenzen, was bei Oszillatoren eine gute Frequenzstabilität bewirkt. Die Temperaturabhängigkeit dieser Resonanzfrequenzen kann durch die Wahl geeigneter Quarzformen, geeigneter Schwingungstypen und geeigneter Schnittrichtungen relativ zu den Kristallachsen klein gehalten werden (Zinke u. Brunswig (1987)). Fig. 4.163 zeigt ein Schaltbeispiel für einen Collpitts-Oszillator, in dem die Spule durch einen 5-MHz-Quarz ersetzt wurde. Durch den zum Quarz in Reihe liegenden Trimmer kann die

[1]) Ein varaktor-abgestimmter Oszillator wird auch VCO (voltage controlled oscillator) genannt; diese Bezeichnung ist aber nicht nur auf *LC*-Oszillatoren beschränkt.

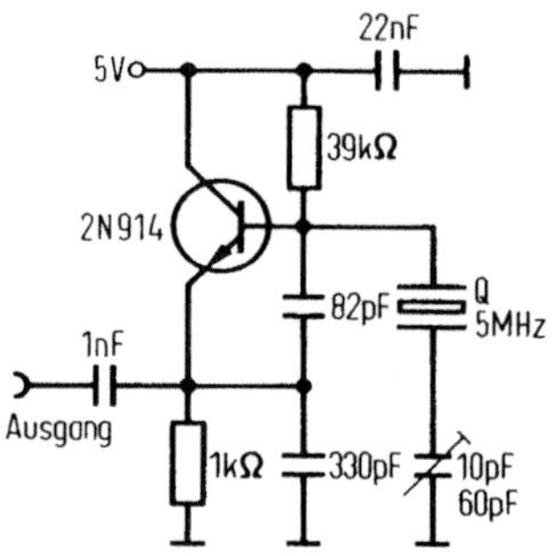

Fig. 4.163
Schaltbild eines 5-MHz-Quarzoszillators, nach Kraus u. a. (1980)

Schwingungsfrequenz geringfügig und reversibel variiert werden. Behelfsmäßige, nichtreversible Frequenzänderungen am Quarz selbst sind bei Jansen (1980) beschrieben. Bis etwas über 10 MHz können Schwingquarze in ihrer mechanischen Grundschwingung (Schwingung mit der niedrigsten Resonanzfrequenz) betrieben werden. Für Frequenzen darüber werden sie dann bis zu einigen hundert Megahertz in ihren Oberschwingungen erregt. Da die Frequenzen dann nicht genau ganzzahlige Vielfache der Frequenz der Grundschwingung sind, werden diese Obertonquarze für die gewünschte Oberschwingung benannt und kalibriert. Weitere Gesichtspunkte bei der Quarzauswahl sind, ob der Quarz in der Nähe der Serien- oder der Parallelresonanz betrieben wird, die Größe der Serien- bzw. Parallelkapazität der äußeren Schaltung und die Betriebstemperatur. Wegen der hohen Güte (s. **4**.3.3.8) der Schwingquarze haben Quarzoszillatoren geringes Phasenrauschen; die Spektren dreier wenig rauschender Quarzoszillatoren zeigt Fig. 4.162. Im Bereich von 1 MHz bis 5 MHz ist der Einfluß von Erschütterungen auf Präzisionsquarze besonders gering.

Gute, käufliche Einbau-Quarzoszillatoren bis 5 MHz zeigen folgende Eingenschaften: relative Frequenzänderung $|\Delta f/f|$ aufgrund von Alterung geringer als $5 \cdot 10^{-10}$/Tag oder $1 \cdot 10^{-6}$/Jahr; bei Temperaturänderung von $-20\,°C$ bis $+70\,°C$ ist $|\Delta f/f| < 1 \cdot 10^{-6}$; Phasenrauschen $L(10\,\mathrm{Hz}) = -85\,\mathrm{dB}(c, 1\,\mathrm{Hz})$[1]), $L(100\,\mathrm{Hz}) = -115\,\mathrm{dB}(c, 1\,\mathrm{Hz})$, $L(1\,\mathrm{kHz}) = -135\,\mathrm{dB}(c, 1\,\mathrm{Hz})$, $L(5\,\mathrm{kHz}) = -135\,\mathrm{dB}(c, 1\,\mathrm{Hz})$; im handlichen Thermostaten wird $|\Delta f/f|$ bis auf weniger als $6 \cdot 10^{-9}$ reduziert für Änderungen der Außentemperatur von $-40\,°C$ bis $+60\,°C$.

Quarzoszillatoren, deren Frequenz durch eine externe elektrische Spannung geringfügig regelbar ist (VCXOs, z. B. um $\pm 0{,}2\%$), haben eine stärkere Temperaturabhängigkeit der Frequenz. Eine einführende Darstellung über Oszillatoren findet man bei Becker (1957), die Behandlung einiger spezieller Probleme bei Arnoldt (1980). Die Verwendung von Quarzoszillatoren als Frequenznormale wird in **1**.3.3.4 beschrieben.

Bis zu höchstens etwa 10 GHz können Rückkopplungsnetzwerke von Vierpol-Oszillatoren noch mit konzentrierten Induktivitäten und Kapazitäten realisiert werden, auch als VCO. Im nichtsynchronisierten Betrieb zeigen solche Oszillatoren jedoch häufig nicht die geforderte Frequenzstabilität. Das wird mitverursacht durch die zu hohen Frequenzen hin abnehmende Güte der Resonanzkreise (s. **4**.3.3.8). Oberhalb von etwa 0,5 GHz baut man deshalb häufig Transistoroszillatoren mit anderen Resonatoren, z. B. mit Leitungsresonatoren. Das sind kurzgeschlossene oder leerlaufende Abschnitte

[1]) Das Symbol dB(c, 1 Hz) weist darauf hin, daß es sich bei dem davorstehenden Zahlenwert um den Zehnerlogarithmus des Verhältnisses der Rauschleistungsdichte, gemessen in oder umgerechnet für 1 Hz Bandbreite, zur Gesamtleistung handelt (s. **9**.1.6).

von Leitungen (s. **4**.3.3), die ein ganzzahliges Vielfaches einer viertel Wellenlänge lang sind. Ihr Eingangswiderstand zeigt Resonanzverhalten, ähnlich wie der von Serien- oder Parallelschwingkreisen. Es können symmetrische Leitungen verwendet werden oder auch unsymmetrische wie die Koaxialleitung.

Ein typischer Transistor-Oszillator mit Koaxialresonator hat etwa folgende Eigenschaften: mechanischer Durchstimmbereich 3,2 GHz bis 3,7 GHz; minimale Ausgangsleistung 20 mW; relative Frequenzänderung $|\Delta f/f| < 0{,}05\%$ im Temperaturbereich von $-30\,°C$ bis $+60\,°C$, relative Änderung der Ausgangsleistung um $\pm 1{,}5$ dB sowohl im Temperatur- wie im Frequenzbereich; zulässiger Welligkeitsfaktor (s. **4**.3.4.2) durch Fehlanpassung 1.3; Ausgang koaxial, 50 Ω; Stromversorgung 20 V $\pm$ 1,5%, 150 mA; elektrischer Durchstimmbereich der Frequenz $\pm 0{,}1\%$.

Das Phasenrauschen zweier rauscharmer 6 GHz-Oszillatoren mit Koaxialresonator und bipolarem Transistor bzw. GaAs-FET ist in Fig. 4.162 dargestellt. Wegen des hochgemischten $1/f$-Rauschens (s. **4**.1.1.8 u. **10**.7.1.1) sind Oszillatoren mit GaAs-FET grundsätzlich stärker verrauscht als solche mit bipolaren Transistoren, die sich auch wegen der hohen möglichen Ausgangsleistungen für Anwendungen im unteren GHz-Bereich empfehlen (Shih u. Kuno (1989)).

Zum Aufbau von Leitungsresonatoren können nicht nur Zweidrahtleitungen verwendet werden, sondern auch Hohlleiter, s. **4**.3.3. Diese Resonatoren heißen Hohlraumresonatoren. Ihre Güten (s. **4**.3.3.8) sind höher als die von Koaxialresonatoren, sie sind aber auch sperriger. Sie werden ebenfalls als frequenzbestimmende Elemente in Transistor-Oszillatoren verwendet.

Schaltungen für Arbeitsfrequenzen etwa zwischen 3 GHz und 18 GHz werden vielfach in Streifenleitungstechnik (z. B mit der Mikrostreifenleitung, s. **4**.3.3.5) hergestellt. In diese lassen sich die recht großen Koaxial- und Hohlraumresonatoren nur schlecht einfügen. Statt dessen verwendet man in zunehmendem Maße dielektrische Resonatoren; das sind kleine, z. B. scheibenförmige Körper aus einem geeigneten Material hoher Dielektrizitätszahl und mit kleinem dielektrischen Verlustfaktor. Wenn sie in der Nähe einer Streifenleitung plaziert werden, können in ihnen elektromagnetische Eigenschwingungen bei ihren vorwiegend durch die Geometrie und die Dielektrizitätszahl bestimmten Resonanzen angeregt werden, die wiederum die Frequenz eines Oszillators bestimmen können. Wenn die Eigenschaften des Dielektrikums genügend temperaturunabhängig sind, ist auch die Frequenzänderung Δf des Oszillators mit der Temperatur entsprechend klein: $|\Delta f/f| < 10^{-6}$/K bei 11 GHz ist erreichbar.

Mit Supraleitern (s. **8**.6.4.7), insbesondere solchen mit hoher Sprungtemperatur (Kittel (1991)), lassen sich kompakte Leitungsresonatoren hoher Güte (s. **4**.3.3.8) realisieren. Erste Labormuster derart stabilisierter FET-Oszillatoren weisen gute Rauscheigenschaften auf (Klieber u. a. (1992)).

Bis zu etwa 1 GHz werden Transistor-Oszillatoren auch mit SAW-(surface acoustic waves = akustische Oberflächenwellen) Komponenten im frequenzbestimmenden Rückkopplungsnetzwerk gebaut. Ähnlich wie Schwingquarze sind dies piezoelektrische Einkristalle mit wohldefinierten Richtungen der Schnitte zu den Kristallachsen. Über einen piezoelektrischen Wandler (Unger u. a. (1973/1981)) wird an einem Ende des Kristalls von einer elektrischen Schwingung eine akustische Welle angeregt, die sich entlang der Grenzfläche zwischen Kristall und Umgebung (Luft) ausbreitet. Über einen zweiten piezoelektrischen Wandler am anderen Ende des Kristalls wird die akustische Welle in eine elektrische Schwingung zurückgewandelt, die gegenüber der ersten drastisch verzögert ist. Solche Verzögerungsleitungen oder, allerdings seltener, ähnlich aufgebaute Resonatoren, vorzugsweise aus Quarz oder Lithiumniobat, können als Rückkopplungsnetzwerke von Oszillatoren eingesetzt werden, die dann unempfindlich sind gegen mechanische Erschütterungen (Mikrophonie) und die ein geringes Phasenrauschen besitzen. Mit Varaktoren können SAW-Oszillatoren in einem geringen Frequenzbereich abstimmbar gemacht werden. Ein typischer SAW-Oszillator hat folgende Eigenschaften: Durchstimmbereich 454,8 MHz bis 457,3 MHz mit einer Spannung von 0 V bis 10 V; Ausgangsleistung 35 mW an 50 Ω; Abstimm-

Nichtlinearität ±6%; Frequenzänderung $|\Delta f/f| < 0{,}03\%$ bei Temperaturänderung von −20 °C bis +70 °C; Abhängigkeit der Frequenz von Schwankungen in der Spannungsversorgung $|\Delta f|/f < 10^{-4}$ pro Volt; Unterdrückung der Harmonischen gegenüber der Grundschwingung 13 dB; Spannungsversorgung +10 V; Phasen-Rauschleistungsdichte L(1 kHz) = 80 dB(c, 1 Hz), L(5 kHz) = −101 dB(c, 1 Hz), L(10 kHz) = −119 dB(c, 1 Hz), L(25 kHz) = −128 dB(c, 1 Hz).

Oszillatoren mit Leitungs-, Hohlraum- und SAW-Resonatoren lassen sich durch elektrische Signale nur in kleinen Bereichen durchstimmen. Für Breitbandanwendungen sind dagegen YIG-(yttrium iron garnet, Yttrium-Eisen-Granat-)Oszillatoren geeignet. Bei ihnen wird die ferromagnetische Resonanz (Kittel (1991)) dieses Ferrites ausgenutzt. Kleine Kugeln bilden Resonatoren mit Resonanzfrequenzen, die durch ein veränderliches magnetisches Gleichfeld um einige Oktaven im Mikrowellenbereich durchgestimmt werden können. YIG-abgestimmte Oszillatoren besitzen darüber hinaus eine sehr gute Abstimmlinearität, geringes Rauschen und gute Frequenzstabilität. Mit Transistoren als aktivem Element werden sie für Frequenzen von 0,5 GHz bis 18 GHz angeboten.

Eigenschaften eines typischen YIG-abgestimmten Transistor-Oszillators sind: Abstimmbereich 2 GHz bis 8 GHz, Ausgangsleistung 20 mW and 50 Ω; Leistungsschwankungen im Abstimmbereich ±3,0 dB; Frequenzänderung 20 MHz im Temperaturbereich von 0 °C bis +65 °C; Abstimm-Empfindlichkeit 20 MHz/mA; Abstimm-Nichtlinearität ±0,05%; Abstimmhysterese 8 MHz; Spannungsversorgung +15 V und −5 V je 80 mA; Versorgung für Magnetfeldspule 20 V bis 28 V, 3 W.

Das Rauschverhalten eines rauscharmen YIG-Oszillators ist in Fig. 4.162 dargestellt.

Aus physikalischen und technologischen Gründen ist der Funktionsbereich von konventionellen Bipolar-Transistoren und FET's – und damit auch ihre Verwendung als Verstärker in Vierpol-Oszillatoren – auf Frequenzen in der Größenordnung von 10 bzw. 50 GHz begrenzt. Mit jüngst entwickelten Transistoren, die auf Heteroübergängen, d. h. der Schichtung von Halbleitern mit unterschiedlichem Bandabstand (z. B. GaAlAs und GaAs) aufbauen, verschieben sich die Grenzen auf Werte bis über 100 GHz (Shih u. Kuno (1989), Liechti (1989), Smith u. Swanson (1989), Harth (1988), Workshop Proceedings (1989)). Bipolare (**h**etero**j**unction **b**ipolar **t**ransistor (HBT)) und Feldeffekt-Strukturen (**h**igh **e**lectron **m**obility **t**ransistor (HEMT); andere Bezeichnungen: **mo**dulation **d**oped FET (MODFET), **t**wo-dimensional **e**lectron **g**as FET (TEGFET), **s**electively **d**oped **h**eterostructure **t**ransistor (SDHT), **h**eterostructure FET (HFET)) unterscheiden sich sowohl in der Funktionsweise als auch in den Eigenschaften.

Der bislang noch nicht voll ausgereifte HBT unterscheidet sich vom gewöhnlichen Bipolar-Transistor durch einen im Vergleich zur Basis größeren Bandabstand im Emitter. Dadurch wird die Energiebarriere für die Basislöcher vergrößert; die Dotierung in der Basis kann somit erhöht, der Basisbahnwiderstand also verringert werden, ohne daß die Emitterergiebigkeit (Unger u. a. (1973) u. (1981)) beeinträchtigt wird. Dies führt zu höheren Grenzfrequenzen. Wie auch der gewöhnliche Bipolar-Transistor zeichnet sich der HBT durch hohe Ausgangsleistung und sehr guten Wirkungsgrad aus und weist aufgrund seiner Vertikalstruktur niedriges $1/f$-Rauschen auf. Bei 10 GHz sind pro Längeneinheit des Emitters Dauerstrichleistungen von 4 W/mm erreichbar. Ein mit einem dielektrischen Resonator stabilisierter 4 GHz-Oszillator weist bei 1 kHz Trägerabstand ein Phasenrauschen von −73 dB (c, 1Hz) auf (Liechti (1989)).

Handelsübliche FET (s. **10**.8.2.7) für höchste Frequenzen werden aus GaAs hergestellt; die Gate-Elektrode wird als Schottky-Kontakt ausgeführt. Die Grenzfrequenz wird durch die Länge des Gate und die Geschwindigkeit (Sättigungsdriftgeschwindigkeit v_S), mit der die Ladungsträger (hier: Elektronen) durch den Kanal driften, beeinflußt. Sie kann erhöht werden, indem der Kanal bis zum Erreichen von technologischen Grenzen verkürzt oder v_S vergrößert wird. v_S hängt vom Halbleitermaterial selbst ab und ist durch die Dotierung begrenzt: die Elektronen werden an den ionisierten Donatoren gestreut. Im HEMT (Fig. 4.164), einer besonderen FET-Struktur, trennt man die Elektronen räumlich von den Donatoren, um diese Streuprozesse zu verringern. Unter dem Gate befindet sich dafür ein Heteroübergang.

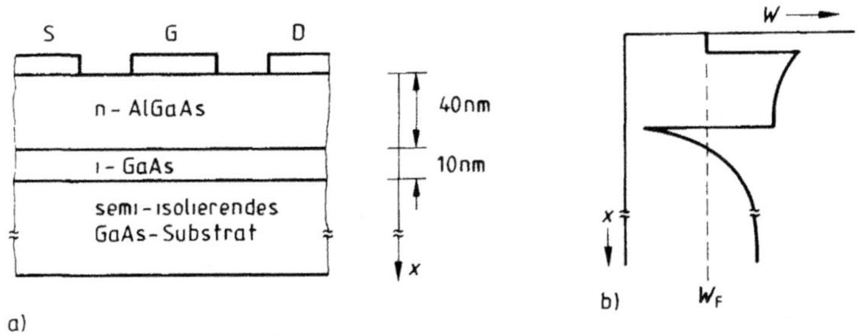

Fig. 4.164 a) Prinzipieller Aufbau eines HEMT mit typischen Schichtdicken (S: Source, G: Gate, D: Drain; n: n-dotiert, i: undotiert)
b) Verlauf der Leitungsbandenergie W senkrecht zur Gate-Elektrode (W_F: Ferminiveau)

Das Material mit dem größeren Bandabstand (z. B. AlGaAs) wird dotiert, während das andere (z. B. GaAs) undotiert bleibt. An der Grenzschicht bildet sich im Leitungsband des undotierten Materials ein sehr schmaler Potentialtopf, in dem sich die Elektronen bevorzugt aufhalten. Hier werden sie nur noch wenig gestreut und besitzen ein höheres v_S. Gegenüber dem herkömmlichen FET zeichnet sich der HEMT durch höhere Grenzfrequenzen aus. In Oszillatoranwendungen aber stört wieder das relativ starke hochgemischte $1/f$-Rauschen. Durch geeignete Wahl der Materialien lassen sich Grenzfrequenz und Leistung weiter steigern (pseudomorphic HEMT (PHEMT) mit InGaAs anstelle von GaAs; HEMT auf InP-Basis) (Smith u. Swanson (1989)). Auf die Gate-Breite bezogene Leistungen liegen um 1 W/mm bei 60 GHz und noch um 0,4 W/mm bei 94 GHz (Workshop Proceedings (1989)).

Die Grenzfrequenz von Transistoren wird durch die endliche Laufzeit der Ladungsträger im Bauelement mitbestimmt. Laufzeiteffekte werden aber andererseits auch direkt zur Schwingungserzeugung ausgenutzt, vor allem in den nachstehend beschriebenen Halbleiterbauelementen.

Zweipol-Oszillatoren mit Gunn- und IMPATT-Dioden Diese sind Halbleiterdioden mit einem komplexen Eingangswiderstand, dessen Realteil negativ sein kann. Damit lassen sich dann der positive Realteil des Widerstandes einer äußeren Schaltung kompensieren und somit Verluste in dieser äußeren Schaltung aufheben. Dann ist Schwingungsanfachung möglich (Zinke u. Brunswig (1987)). Bei GaAs, und auch bei einigen anderen Halbleiterverbindungen, hat die $v(E)$-Charakteristik (v = mittlere Elektronendriftgeschwindigkeit, E = elektrische Feldstärke) gemäß Fig. 4.165 einen Bereich negativer Steigung, der in Gunn-Elementen ausgenutzt wird (Unger u. Harth (1972)). In diesem Feldstärkebereich werden aufgrund der besonderen Struktur des Leitungsbandes Elektronen von einem Energieminimum in ein anderes „transferiert". Gunn-Elemente werden daher auch Elektronen-Transfer-Elemente (TED = transferred electron device) genannt. – Der in Fig. 4.165 gezeigte Verlauf der $v(E)$-Kennlinie führt dazu, daß eine anfängliche Störung in der elektrischen Feldstärkeverteilung im Halbleiter in gewissen Grenzen exponentiell mit der Zeit anwächst. Das soll verdeutlicht werden in Fig. 4.166,

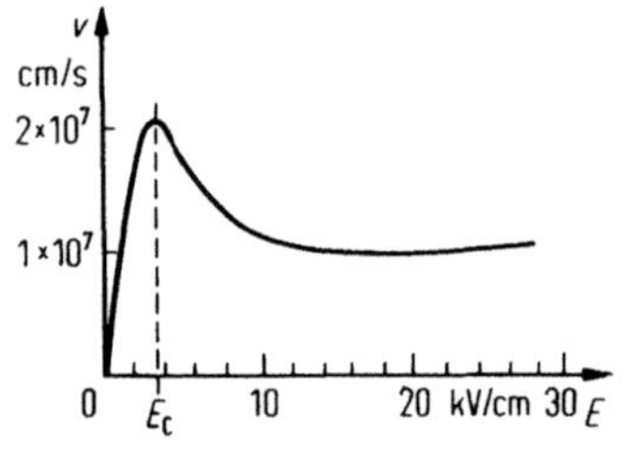

Fig. 4.165
Mittlere Elektronendriftgeschwindigkeit v in GaAs als Funktion der elektrischen Feldstärke E, nach Kramer u. Kaswen (1979)

in der die mittlere Feldstärke im Kristall größer als E_c (s. Fig. 4.165) angenommen ist. Man unterscheidet zwei Arten von Ursachen für Feldinhomogenitäten:

- die primäre Feldinhomogenität durch den Feldsprung an der Kathode beim Übergang vom hochdotierten Kathodenmaterial ins Halbleiterinnere und
- die sekundäre Feldinhomogenität, die z. B. durch Dotierungsschwankungen oder durch Anregung aus dem Rauschen heraus entstehen kann.

Die primäre Feldinhomogenität erzeugt stets eine Anreicherungsschicht oder -domäne von Elektronen, die „sekundäre" eine Anreicherungs- und eine Verarmungsdomäne von geringem Abstand; dieses Paar wird dann auch Dipoldomäne genannt (Fig. 4.166c). Solche Dipoldomänen wandern im elektrischen Feld in Fig. 4.166 in x-Richtung. Sie wachsen bis zu einem Grenzwert mit der Zeit rasch an, weil in der Hochfeldzone die Driftgeschwindigkeit für $0 \leqslant x \leqslant l$ am kleinsten ist: Elektronen rechts der Dipoldomäne in Fig. 4.166c werden schneller zur Anode abgezogen und Elektronen links der Dipoldomäne rücken schneller nach als die Elektronen in der Domäne driften. Wenn die Domäne im Anodenkontakt verschwunden ist, entsteht eine neue. So ergibt sich ein pulsförmiger Strom mit Pulsfolgefrequenzen im Mikrowellenbereich. Um die Frequenz abstimmbar zu machen, schaltet man Gunn-Elemente mit durchstimmbaren Resonato-

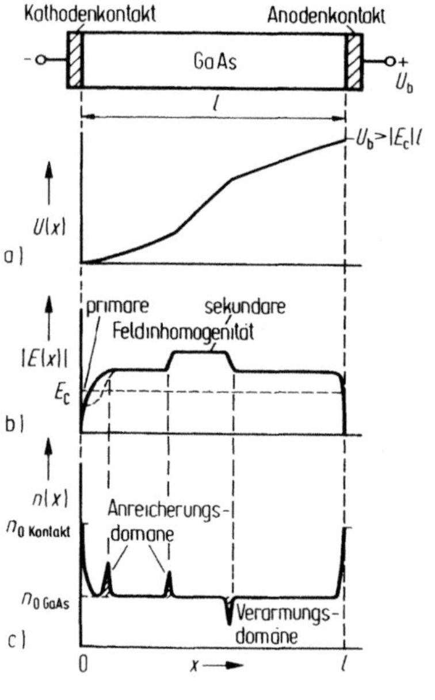

Fig. 4.166
Zum Auftreten von Feldinhomogenitäten, Anreicherungs- und Verarmungsdomänen in GaAs. Die gezeigten Verläufe stellen sich z. B. unmittelbar nach Anlegen einer Spannung U_b ein (nach Unger u. Harth (1972))
a) Potentialverlauf,
b) Feldverlauf: die gestrichelte Kurve vor der Kathode entspricht der weiterentwickelten primären Feldstörung zu einem späteren Zeitpunkt,
c) Verlauf der Elektronenkonzentration
l Abstand zwischen Kathode und Anode
x Ortskoordinate

ren zusammen, die die Frequenz des Wechselspannungsanteils über dem Gunn-Element bestimmen. Bei geeigneter Arbeitspunkteinstellung werden im Rhythmus dieser Wechselspannung Dipoldomänen in Kathodennähe ausgelöst.

Je nach der Höhe der Resonatorfrequenz erreichen die Domänen die Anode oder sie werden schon vorher durch die sich umpolende Wechselspannung ausgelöscht. Beide Betriebsarten, Domänenverzögerung und Domänenauslöschung, können zur Schwingungserzeugung verwendet werden. In einer dritten Betriebsart wird die Ausbildung von Hochfelddomänen und damit verbundener Raumladungen unterdrückt; es wird dann unmittelbar der sich aus der $v(E)$-Charakteristik ergebende negative differentielle Widerstand des Gunn-Elementes zur Schwingungserzeugung verwendet. Dieser LSA-Betrieb (limited space-charge accumulation) setzt u. a. ein Halbleitermaterial mit sehr homogener Dotierung voraus.

Gunn-Oszillatoren werden im Handel von etwa 8 GHz bis 140 GHz angeboten. Die abgebbare Leistung ist in Fig. 4.167 dargestellt. Gunn-Oszillatoren zeichnen sich durch geringes AM-Rauschen und bei entsprechenden Resonatoren durch gute Langzeitstabilität der Frequenz aus. Im unteren Teil des o. g. Frequenzbereiches haben sie gegenüber Transistor-Oszillatoren die Vorteile kleinerer Abmessungen und niedrigerer Preise, jedoch den Nachteil einer etwas größeren Drift nach einer Frequenzänderung. Gewünschte Frequenzänderungen von Gunn-Oszillatoren sind magnetisch (YIG), elektrisch (Varaktor) oder mechanisch durch Geometrieänderungen eines Leitungs- oder Hohlraumresonator möglich.

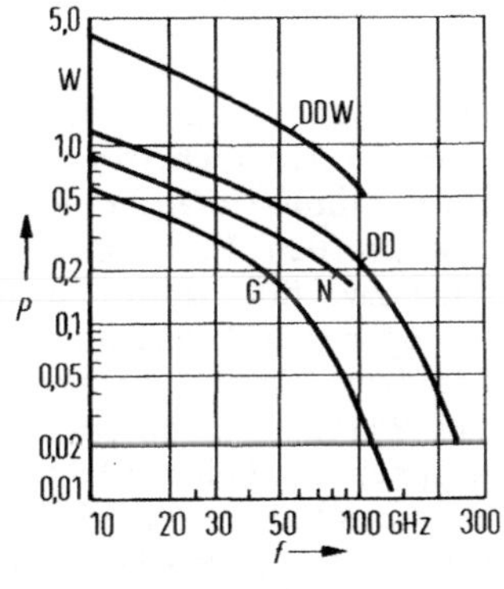

Fig. 4.167
Dauerstrichausgangsleistung P von Dioden mit negativem Innenwiderstand in Abhängigkeit der Frequenz f (nach Kramer u. Kaswen (1979))
G GaAs Gunn
N n-Silizium-Impatt
DD Doppel-Drift-Silizium-Impatt
DDW Doppeldrift mit Diamant-Wärmeseite

Daten eines typischen Gunn-Oszillators mit Varaktor-Abstimmung sind: elektrischer Abstimmbereich 12 GHz bis 18 GHz mit Abstimmspannung 0 V bis +50 V bei 1 mA maximaler Stromstärke; Temperaturabhängigkeit der Frequenz kleiner als 0,04%/K zwischen 0°C und 60°C; relative Frequenzänderungen geringer als 0,05%/V bei Änderungen der Versorgungsspannung; Spannungsversorgung +15 V, 850 mA; Ausgangsleistung 10 mW an 50 Ω; Leistungsschwankungen ±4 dB im Abstimmbereich und 2 dB im Temperaturbereich; Unterdrückung von Oberwellen 20 dB. Ein anderer, recht hochfrequenter Gunn-Oszillator hat folgende Daten: Frequenz 94 GHz; mechanischer Abstimmbereich ±250 MHz; elektrischer Abstimmbereich ±100 MHz mit einer Abstimmempfindlichkeit von 300 MHz/V; Temperaturabhängigkeit der Frequenz −2 MHz/K; Temperaturbereich 0°C bis 70°C; Spannungsversorgung 4 V bis 6 V, 1,75 A; Ausgangsleistung 20 mW, Rechteckhohlleiterausgang; Leistungsschwankungen mit der Temperatur 0,03 dB/K.

Das Rauschen von Gunn-Oszillatoren ist in Fig. 4.158 und Fig. 4.168 dargestellt.

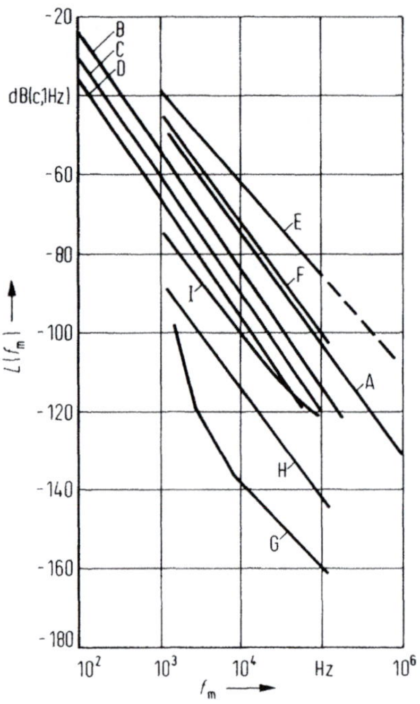

Fig. 4.168
Einseitenband-Phasenrauschleistungsdichte L von Mikrowellenoszillatoren im Abstand f_m von der Trägerfrequenz
A 10-GHz-Gunn-VCO, 550 mW
B, C, D 10-GHz-Gunn-Oszillatoren mit Resonatorgüten 500, 1500, 3500
E 10-GHz-Impatt-Oszillator
F 5-GHz-Reflex-Klystron, 1 W
G 5-GHz-Reflex-Klystron, mit externen Resonator stabilisiert
H 10-GHz-Zweikammer-Klystron, 2 W
I 10-GHz-Magnetron, 200 W
Mit Genehmigung übernommen aus Johnson, S. L.; Smith, B. H.; Calder, D. A.: Noise Spectrum Characteristics of Low-Noise Microwave Tubes and Solid State Devices. Proc. IEEE, vol. 54, no. 2, S. 258–265, Febr. 1966, © 1966 IEEE, und aus Castro, A. A.; Ziolowski, F. P.: Generation of Millimeter-Wave Signals of High Spectral Purity. IEEE Trans. Microwave Theory Thech., MTT-24, no. 11, S. 780–786, Nov. 1976, © 1976 IEEE

Eine gegenüber Gunn-Oszillatoren deutlich höhere Leistung wird von Impatt-Oszillatoren (**imp**act **a**valanche **t**ransit **t**ime, Lawinen-Laufzeit-Dioden) abgegeben (s. Fig. 4.167), bei allerdings stärkerem Rauschen. Es gibt Impatt-Dioden mit unterschiedlichen Dotierungsprofilen. Ein Typ ist in Fig. 4.169a dargestellt (Zinke u. Brunswig (1987)): zwischen zwei hoch dotierten Schichten, p^+ und n^+, liegt eine niedrig dotierte n-Schicht. Bei Anlegen einer Gleichspannung in Sperrichtung stellt sich der Feldstärkeverlauf in Fig. 4.169b ein. Der Höchstwert der Feldstärke liegt in der Sperrschicht. Wenn er einen kritischen Wert E_k überschreitet, setzt Lawinendurchbruch ein (Unger u. a. (1973) u. (1981)); dann nehmen Leitungsband-Elektronen beim Wandern in x-Richtung soviel kinetische Energie auf, daß sie wiederholt Gitterbausteine durch Stoß ionisieren und in einer Kettenreaktion weitere Elektron-Loch-Paare erzeugen können. Dieser Vorgang bleibt auf den Bereich der höchsten Feldstärke in Sperrschichtnähe begrenzt. Bei einer geeigneten Wahl der Diodengleichspannung kann erreicht werden, daß nur in den negativen Halbwellen einer überlagerten Wechselspannung (Fig. 4.170a) Lawinendurchbruch einsetzt; so entstehen Strompulse, die in der Lawinenzone gemäß Fig. 4.170b der Wechselspannung in der Phase um etwa $\pi/2$ nacheilen. Die entstehenden Löcher fließen unmittelbar durch die p^+-Zone zur Anode. Die Elektronen driften jedoch erst mit Sättigungsdriftgeschwindigkeit durch die n-Zone, bevor sie die n^+-Zone und die Kathode erreichen. Während dieser Zeiten influenzieren sie in den Diodenkontakten Strompulse, deren Grundschwingung je nach Dauer τ der Drift um mehr als $\pi/2$ der Wechselspannung nacheilt (vgl. Fig. 4.170c); die Diode zeigt dann einen negativen Wechselstromwiderstand, der wiederum zur Entdämpfung eines angeschlossenen Resonators und zur Schwingungsanfachung verwendet werden kann. Impatt-Dioden werden bis weit über 100 GHz verwendet, dann aber meist als Doppel-Drift-Impatt-Dioden (vgl.

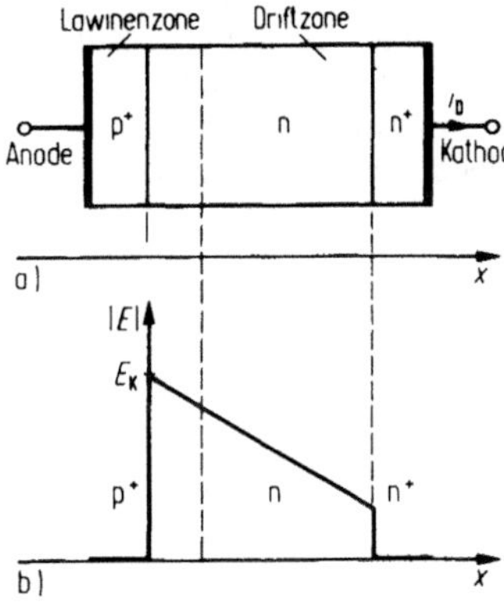

Fig. 4.169 Impatt-Diode
a) prinzipieller Aufbau,
b) Verlauf des elektrischen Feldes E in Abhängigkeit von der Ortskoordinate x bei angelegter Sperrspannung U_{sp}, nach Zinke u. Brunswig (1987)
E_k kritische Feldstärke

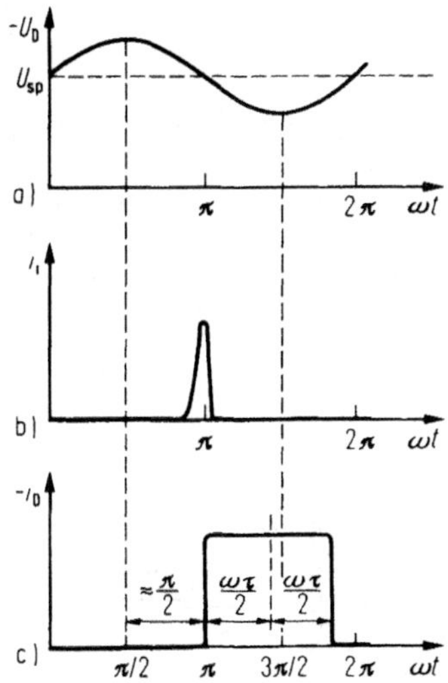

Fig. 4.170 Betrieb einer Impatt-Diode, nach Zinke u. Brunswig
a) Klemmenspannung U_D der Diode in Abhängigkeit von der Zeit t, b) in der Sperrschicht injizierter Elektronenstrom i_i, c) Klemmenstrom i_D der Diode (Influenzstrom)

Fig. 4.167), die gegenüber Fig. 4.169 noch zusätzlich eine Driftzone für die Löcher haben.

Daten eines typischen Impatt-Oszillators sind: Frequenz 70 GHz; mechanischer und elektrischer Abstimmbereich 3 GHz; Abstimmreproduzierbarkeit ±0,25%; relative Änderungen der Frequenz mit der Temperatur $-5 \cdot 10^{-5}$/K; Ausgangsleistung 50 mW, Rechteckholleiterausgang; Unterdrückung unerwünschter HF-Leistung 30 dB; Spannungsversorgung 40 V/50 mA.

Das Phasenrauschen eines Oszillators mit Impatt-Diode ist in Fig. 4.168 dargestellt.

Oszillatoren mit Laufzeitröhren werden vor allem verwendet, wenn im Mikrowellenbereich Leistungen erzeugt werden sollen, die man mit den oben beschriebenen Halbleiteroszillatoren nicht erreichen kann; denn die Alternative, Leistungsverstärker, sind im Mikrowellenbereich aufwendige Geräte, und man versucht, sie zu umgehen. Bei gewöhnlichen Elektronenröhren wird die Elektronenlaufzeit zwischen den Elektroden zu hohen Frequenzen hin immer störender, insbesondere wenn sie in die Größenordnung der Schwingungsperiode kommt. Bei den Laufzeitröhren wird dieser Einfluß ausgenutzt in einer gezielten Wechselwirkung zwischen dem Elektronenstrahl und lokalisierten oder fortschreitenden elektrischen oder magnetischen Feldern. Diese bremsen den Elektronenstrahl; dabei wird Bewegungsenergie in Schwingungsenergie umgewandelt. So können Signale verstärkt oder Schwingungen angefacht werden.

Bau- und Schaltungsprinzip des Reflex-Klystrons (Groll (1969), Zinke u. Brunswig (1987)) gehen aus Fig. 4.171 hervor. Die gitterartig durchlöcherte Anode liegt mit den Wandungen des Hohlraumresonators auf demselben Gleichspannungspotential. Dort, wo der Elektronenstrahl den Hohlraum durchsetzt, bilden dessen Wandungen zwei zueinander parallel verlaufende Gitterebenen G_1 und G_2. Die Reflektor-Elektrode (R) erhält eine hohe negative Vorspannung. Dadurch werden die Elektronen abgebremst, sie kehren um und durchfließen die Gitterebenen nach der Zeit τ ein zweites Mal. Wenn τ in geeigneten Verhältnissen zur Schwingungsdauer T des Resonators steht, werden über Influenzwirkungen am Gitter Schwingungen angefacht. Im Beispiel der Fig. 4.171 wird die Schwingungsenergie aus dem Hohlraum über die Schleife S in eine Koaxialleitung ausgekoppelt. Die geeigneten Verhältnisse τ/T werden durch zueinander passende Werte von Anoden- und Reflektorspannung eingestellt. Variiert man die Reflektorspannung, so werden nacheinander die verschiedenen Schwingungszustände („Moden") des Klystrons durchlaufen.

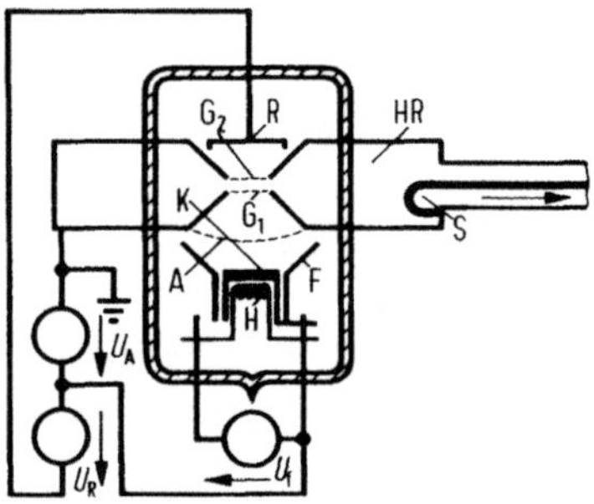

Fig. 4.171
Bau- und Schaltungsprinzip des Reflexklystrons
H Heizfaden
K Kathode
F Fokussiereinrichtung zur Bündelung des Elektronenstrahls
A Anode
S Auskoppelschleife
HR Hohlraumresonator
G_1, G_2 Gitter
R Reflektorelektrode
U_A Anodenspannung
U_R Reflektorspannung
U_f Heizfadenspannung

Die Schwingfrequenz kann innerhalb von etwa 0,1‰ bis 1‰ bei Konstanthalten der übrigen Daten durch Variation der Reflektorspannung geändert werden. Größere Frequenzänderungen sind mit einer mechanischen Verstimmung des Hohlraumes und Neueinstellung der Reflektorspannung möglich. Der Hohlraum kann entweder fest in die Röhre eingebaut oder extern angesetzt sein. Zum Betrieb von Klystron-Generatoren benutzt man spezielle Netzgeräte, die meist auch Einrichtungen zur Modulation des Klystrons haben. Mit stabilisierten Netzgeräten ist die Frequenz auf etwa 0,1‰ konstant zu halten. Mit guter Wärmeabfuhr und bei Vermeidung von Temperaturschwankungen (Wasserkühlung, Ölbad) kann die Frequenzkonstanz gesteigert werden. Reflexklystrons geben bis zu 10 W Leistung ab und werden zwischen 1 GHz und 180 GHz eingesetzt.

Daten eines typischen Reflexklystrons sind: Frequenzbereich 32 GHz bis 37 GHz: Resonatorspannung 1,8 kV bei 25 mA; Reflektorspannung 420 V bei 34 GHz; Ausgangsleistung 200 mW, Rechteckhohlleiteranschluß; elektronischer Abstimmbereich 90 MHz.

Das Phasenrauschen eines 5 GHz-Reflexklystrons ist in Fig. 4.168, Kurve F, dargestellt. Ein verbessertes Rauschverhalten ergibt sich bei Verwendung eines weiteren, externen Resonators zur Frequenzstabilisierung des Reflexklystrons oder mit einem Zweikammerklystron als Oszillator. Bei diesem werden die Elektronen nicht reflektiert, sondern fliegen durch zwei hintereinander angebrachte und verkoppelte Resonatoren hindurch.

Weit größere elektronische Abstimmbereiche als Klystrons besitzen Carcinotrons (Rückwärtswellen-Oszillatoren, **b**ackward-**w**ave **o**scillators, BWO's (Groll (1969), Zinke u. Brunswig (1987)) nämlich bis zu mehr als einer Oktave. Das Prinzip eines Carcinotrons zeigt Fig. 4.172. In ihm wirkt der Elektronenstrahl nicht auf das stehende Feld eines Resonators ein wie z. B. beim Klystron, sondern auf eine fortschreitende Leitungswelle, bei der Phasen- und Gruppengeschwindigkeit entgegengesetzt gerichtet

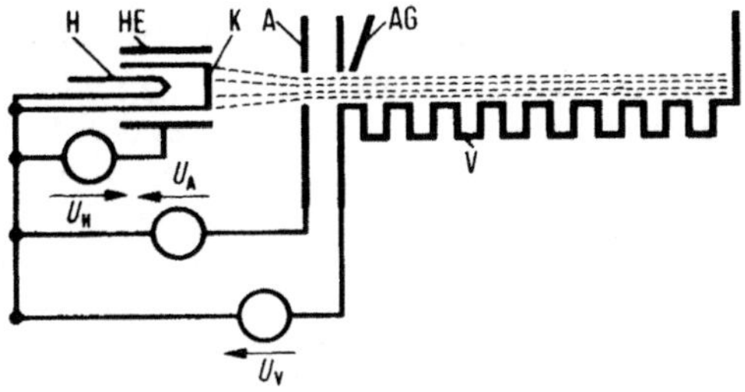

Fig. 4.172
Schema eines Carcinotrons
H Heizfaden
HE Hilfselektrode
K Kathode
A Anode
AG Ausgang
V Verzögerungsleitung
U_H Spannung der Hilfselektrode
U_A Anodenspannung
U_V Spannung der Verzögerungsleitung

sind. Solche Wellen existieren auf Verzögerungsleitungen, die, wie in Fig. 4.172 gezeigt, eine periodische Struktur enthalten. Im Oszillatorbetrieb wird nun durch die Elektronen die Welle in einer solchen Frequenz angeregt, bei der ihre Phasengeschwindigkeit etwa gleich der Elektronengeschwindigkeit ist. Da die Gruppengeschwindigkeit entgegengesetzt ist, wird die HF-Leistung schon am Anfang der Verzögerungsleitung („Ausgang" in Fig. 4.172) ausgekoppelt. Einer Elektronenstrahlverbreiterung wird mit einem statischen axialen Magnetfeld entgegengewirkt. Der dafür erforderliche Permanentmagnet trägt erheblich zur Größe und zum Gewicht des Carcinotrons bei.

Neben dem bisher beschriebenen Typ von Carcinotron gibt es noch einen weiteren, in dem im Laufraum ein gekreuztes elektrisches und magnetisches Gleichfeld senkrecht zur Strahlrichtung auf die Elektronen einwirkt. Seine Ausgangsleistung ist mit bis zu 1 kW erheblich größer als die des ersteren mit maximal einigen Watt.

Die typische minimale Ausgangsleistung von breitbandigen Carcinotrons zeigt Fig. 4.173 in Abhängigkeit von der Frequenz.

Daten eines typischen Carcinotrons sind: elektronischer Durchstimmbereich 12 GHz bis 18 GHz mit $U_V = 570$ V bis 1930 V; Linearitätsabweichung ±3%; Abstimmgeschwindigkeit 40 GHz/µs; Unterdrückung von Oberwellen 50 dB; Temperaturabhängigkeit der Frequenz $\pm 4 \cdot 10^{-4}$/K; Heizspannung bzw. -stromstärke 6,3 V/0,8 A; Anodenspannung 215 V bei 1 mA; Spannung der Hilfselektrode 20 V bis 0,1 mA; Frequenzänderung bei Änderung dieser Spannungen 5 MHz/V, 2 MHz/V bzw. 10 MHz/V; Ausgangsleistung 50 mW.

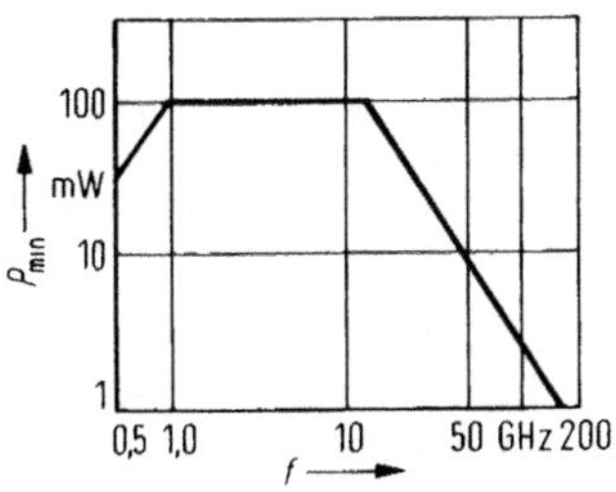

Fig. 4.173 Typische minimale Ausgangsleistung von breitbandigen Carcinotrons, nach Microwave Power Sources (1975)
f Frequenz
P_{min} minimale Ausgangsleistung

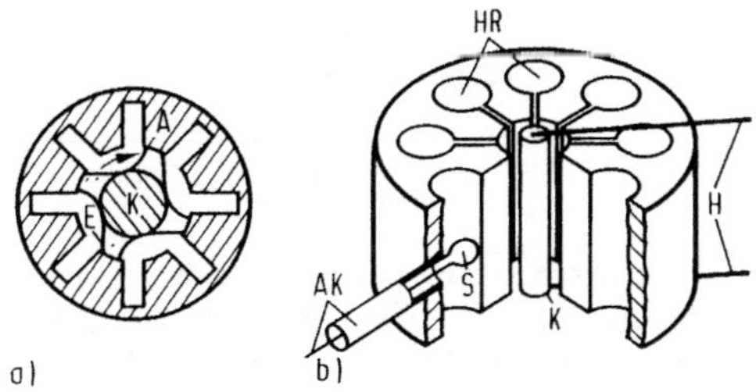

Fig. 4.174 Magnetron, nach Unger (1994)
a) zum Funktionsprinzip,
b) Konstruktionsprinzip,
HR Hohlraumresonator
K Kathode
A Anode
E Elektronenwolke
H Heizung
S Auskoppelschleife
AK Auskopplung

Bei vielen Carcinotrons ist zum Betrieb eine Luftkühlung nötig, z. B. mit 800 l/min.

Für Frequenzen zwischen 0,2 GHz und 100 GHz bildet das Magnetron (s. Fig. 4.174) einen robusten Generator (Unger (1994), Zinke u. Brunswig (1987)). Eine kreiszylinderförmige Kathode ist umgeben von einer geschlitzten Anode. Ähnlich wie beim Carcinotron wird so eine periodische Verzögerungsleitung gebildet, bei der aber Anfang und Ende miteinander verbunden sind. Zwischen Kathode und Anode befinden sich die Elektronen. Sie bilden Wolken, die sich mit dem Feld der Leitungswelle auf Kreisbahnen bewegen und dabei Energie an dieses Feld abgeben. Bei ihrem Flug von der Kathode zur Anode innerhalb der Wolken werden die Elektronen durch ein magnetisches Gleichfeld verzögert, das senkrecht zur Zeichenebene in Fig. 4.174a angelegt wird. Dann fliegen die Elektronen innerhalb der Wolken auf zykloidenartigen Bahnen insgesamt langsamer von der Kathode zur Anode und fachen während jeder Zykloidenperiode durch Abgabe von kinetischer Energie die Leitungswelle weiter an. Praktisch werden die Anodenschlitze, wie in Fig. 4.174b, oft als Hohlraumresonatoren ausgebildet. Dauerstrichmagnetrons geben bis zu einigen Kilowatt Leistung ab. Magnetrons werden jedoch häufig auch im Pulsbetrieb eingesetzt, mit Spitzenleistungen bis zu 10 MW. Magnetrons sind sehr rauscharm (vgl. Fig. 4.168, Kurve I); Magnetrons mit kleineren Leistungen sind auch einigermaßen gut elektronisch durchstimmbar, siehe Fig. 4.175.

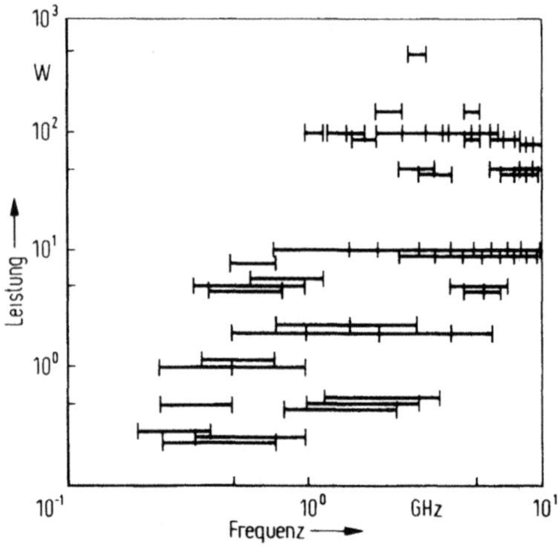

Fig. 4.175
Dauerstrichleistung (Höhe der Balken) und elektronischer Abstimmbereich (Länge der Balken) handelsüblicher, relativ niederfrequenter Magnetrons, nach Microwave Power Sources (1975)

Frequenzumsetzung Mitunter muß die Frequenz einer Schwingung in eine andere umgewandelt werden. Wenn diese Umsetzung mit einem im zeitlichen Mittel festen rationalen Verhältnis erfolgt und Phasenschwankungen vernachlässigbar sind, wird sie phasenstarr genannt. Eine Frequenzumsetzung kann bei der Erzeugung von Hochfrequenz z. B. dann angebracht sein, wenn bei der gewünschten Ausgangsfrequenz nicht genügend langzeitstabile, rauscharme oder temperaturunabhängig Grundschwingungsoszillatoren zur Verfügung stehen. Auch wenn wohldefinierte Ausgangsfrequenzen von Frequenznormalen (s. **1**.3.3.4 bis **1**.3.3.6) abgeleitet werden sollen, ist im allgemeinen eine Frequenzumsetzung nötig. Oft werden auch Pufferverstärker (s. o.) als eine Art Frequenzumsetzer, nämlich als Vervielfacher ausgeführt, um Rückwirkungen auf den Oszillator noch weiter zu vermindern. Und auch die Modulation einer Trägerschwingung mit einem Signal ist im weiteren Sinne eine Frequenzumsetzung.

Die einfachste Art der Frequenzumsetzung ist die Frequenzvervielfachung (Zinke u. Brunswig (1987), Kraus u. a. (1980)) um ganzzahlige Faktoren. Wenn nämlich ein nichtlineares Bauelement sinusförmig mit der Frequenz f_1 ausgesteuert wird, so entstehen immer Oberschwingungen mit Frequenzen $nf_1 (n = 1, 2, 3, \ldots)$. Oft sind diese unerwünscht. In Frequenzvervielfachern dagegen werden sie ausgenutzt. Bis zu Ausgangsfrequenzen von 100 MHz bis 1 GHz werden zur Vervielfachung oft Transistor-Resonanzverstärker (s. u.) benutzt, bei denen der Ausgangskreis auf das n-fache der Eingangsfrequenz abgestimmt ist. An diesem ruft dann z. B. der mit f_1 pulsierende Kollektorstrom nur eine Sinusspannung mit nf_1 hervor, die die Ausgangsspannung bildet. Vervielfachungsfaktoren bis zu etwa $n = 3$ sind üblich. Bei größeren Faktoren müssen mehrere Vervielfacherstufen in einer Kette hintereinandergeschaltet werden. Neben diesen Transistorvervielfachern werden auch und bei höheren Frequenzen fast nur Halbleiterdioden zur Frequenzvervielfachung eingesetzt, und zwar Dioden mit aussteuerungsabhängigem Widerstand (z. B. Schottky-Dioden) oder auch Dioden mit aussteuerungsabhängiger Kapazität (Varaktordiode). Der maximale Wirkungsgrad (Ausgangsleistung bei nf_1 zur Eingangsleistung bei f_1) ist bei Widerstandsdioden $1/n^2$ und bei Varaktordioden größer als $1/n$. Bei einer Vervielfachung auch mit idealen Bauelementen vergrößert sich das Phasenrauschen, wie es Fig. 4.176 am Beispiel einer schwach mit der Signalfrequenz f_m phasenmodulierten Trägerfrequenz f_1 mit diskreten Seitenbändern im Abstand f_m verdeutlicht: Bei gleichem Frequenzabstand vom Träger nimmt die Einseitenband-Rauschleistungsdichte um den Faktor n^2 zu. In Fig. 4.177 ist eine Schaltung dargestellt, die schon vorwiegend die Oberwelle mit $n = 2$ anregt, also ein Frequenzverdoppler. Meist wird jedoch mit einem speziellen Filter, das festabgestimmt (größerer Wirkungsgrad) oder durchstimmbar (kleinerer Wirkungsgrad) sein kann, die

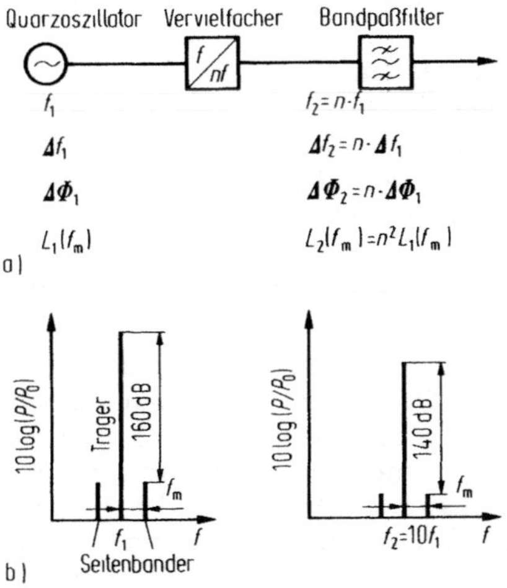

Fig. 4.176 Zur Verdeutlichung der Zunahme des Phasenrauschens bei idealer Vervielfachung, nach Scherer (1981)
a) allgemeine Beziehungen
b) Leistungsverhältnisse für $n = 10$
P Leistung
P_0 Bezugsleistung

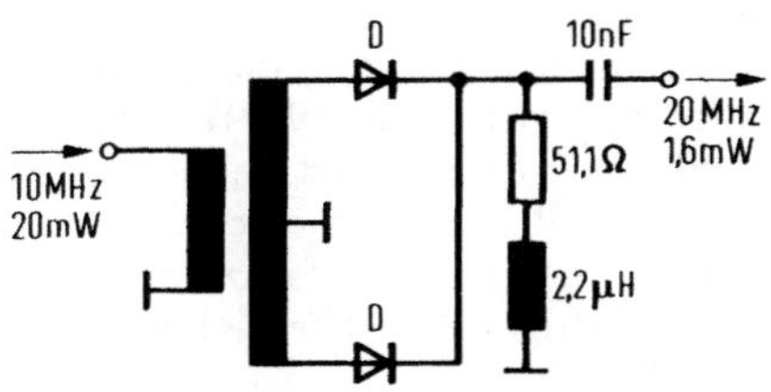

Fig. 4.177 Schaltung zur Frequenzverdopplung durch Dioden mit nichtlinearer Widerstandscharakteristik, nach Scherer (1981)
(D z. B. Schottky-Diode HP 5082-2810)

gewünschte Oberwelle ausgesondert. Insbesondere zur Bereitstellung eines ganzen „Kammes“ von Oberschwingungen, z. B. bis zur 34. Oberschwingung einer 500-MHz-Schwingung, eignen sich Speicher-Schaltdioden (step-recovery-diode). Kommerziell erhältlich sind einzelne Vervielfacher oder auch ganze Vervielfacherketten mit bis zu etwa 10% Bandbreite. Mitunter enthalten Vervielfacher-Bausteine einen Verstärker bei der Ausgangsfrequenz, mitunter einen internen Quarzoszillator zur Bereitstellung eines geeigneten Signales bei f_1.

Eine handelsübliche Serie mit Quarzoszillator, Vervielfacher mit Speicher-Schaltdiode und Festfrequenzfilter hat folgende Eigenschaften: Ausgangsfrequenz spezifizierbar zwischen 10 MHz und 11 GHz, relative Frequenzveränderung $\pm 3 \cdot 10^{-5}$ im Temperaturbereich von 0°C bis +60°C, Langzeitstabilität $\pm 1 \cdot 10^{-6}$/Tag, typ. Ausgangsleistung 15 mW an 50 Ω koaxial; Unterdrückung unerwünschter Oberwellen 30 dB bis 45 dB, Spannungsversorgung 15 V/100 mA bis 28 V/200 mA. Optionen bezüglich höherer Stabilität, eines weiteren Temperaturbereiches, höherer Ausgangsleistung und höherer Oberwellenunterdrückung sind möglich.

Ein passiver Vervielfacher aus einer anderen Serie hat folgende Eigenschaften: Eingangsfrequenz 200 MHz bis 400 MHz; YIG-Ausgangsfilter elektronisch durchstimmbar von 1 GHz bis 18 GHz mit Abstimmempfindlichkeit 22 MHz/mA, maximale relative Linearitätsabweichung 0,15%, maximale Abstimmhysterese 30 MHz, Widerstand der Abstimmspule 8 Ω, Temperaturkoeffizient ±200 kHz/K.

Das Gegenstück zum Frequenzvervielfacher ist der Frequenzteiler (Thiessen (1955)). Es gibt verschiedene Funktionsprinzipien: es kann

- eine subharmonische Schwingung mit nichtlinearen Reaktanzen angeregt werden (Zinke u. Brunswig (1987)),
- durch ein Signal bei f_1 ein Generator bei der Frequenz $f_2 = f_1/n$ synchronisiert werden (Mitnahmeteiler: Stansel (1942), Kirschstein (1943)),
- mit Hilfe eines Mischers (s. u.) in einem Rückmischteiler (Thiessen (1955)) eine Frequenz $f_2 = f_1/n$ erzeugt werden,
- mit Hilfe eines Frequenzvervielfachers in einer Phasenregelschleife (PLL, s. u.) die Frequenz f_2 eines VCO auf $f_2 = f_1/n$ geregelt werden.

Eine Frequenzteilung wird oft auch mit digitalen Bausteinen (s. auch **10**.2) vorgenommen; ein kommerziell erhältlicher hat folgende Daten: Eingangsfrequenz $f_1 \leq 1{,}25$ GHz; Eingangsempfindlichkeit bei 800 MHz ist 20 mV für 1 V Ausgangsspannung; $n = 64$ oder $n = 256$ programmierbar; Spannungsversorgung 5 V, Verlustleistung 325 mW, Temperaturbereich 0°C bis 85°C.

Das Phasenrauschen einiger Frequenzteiler mit Transistoren ist bei Scherer (1979) dargestellt.

Zur Frequenzumsetzung dienen auch Mischer (Jansen (1980), Krauss u. a. (1980), Zinke u. Brunswig (1987)). Sie werden zwar vielfach in Empfangsschaltungen für Hochfrequenz eingesetzt, jedoch gelegentlich auch in Sendeschaltungen. Ein Mischer besteht im Prinzip aus einem nichtlinearen Bauelement: zwei HF-Leistungen, deren Frequenzen mit f_{LO} (Hilfsoszillator, engl. local oscillator, hoher Pegel) und f_1 (Eingangssignal, niedriger Pegel) bezeichnet werden sollen, werden eingespeist, und ein Mischprodukt der Frequenz f_2 ist das Ausgangssignal. Von der Vielzahl der möglichen Mischprodukte wird im allgemeinen eines der Frequenzen

$$f_2 = n f_{LO} \pm f_1; \qquad n = 1, 2, 3, \ldots \tag{4.302}$$

ausgenutzt. Bei diesen ist die Amplitude des Ausgangssignals proportional zu der des Eingangssignals. Wird $n = 2, 3, 4, \ldots$ gewählt, spricht man vom Oberwellenmischer.

Meist wählt man jedoch $n = 1$. Als nichtlineare Bauelemente werden häufig, insbesondere bei Frequenzen im Mikrowellenbereich, Halbleiterdioden gewählt. Fig. 4.178 zeigt eine einfache Mischerschaltung. Sie hat aber etliche vermeidbare Nachteile (Krauss u. a. (1980)); so kann unter anderem die Entkopplung der drei Anschlüsse für die verschiedenen Frequenzen mit symmetrischen Schaltungen wie Gegentakt-Mischer, Ringmodulator und Doppelgegentakt-Mischer erheblich verbessert werden. Mischer werden nach folgenden Gesichtspunkten charakterisiert: Konversionsverluste: Eingangs-Signalleistung/Ausgangs-Signalleistung in Dezibel; 1 dB-Kompressionspunkt: die Eingangssignalleistung, bei der der Mischer schon so nichtlinear arbeitet, daß die Konversionsverluste um 1 dB angewachsen sind; Entkopplung (engl. isolation): Unterdrückung von zwei der drei Frequenzen f_{LO}, f_1 und f_2 am Anschluß für die dritte Frequenz, z. B. f_{LO}-Unterdrückung und f_1-Unterdrückung am Tor für f_2; Rauschzahl: Signal-zu-Rauschverhältnis am Eingang dividiert durch Signal-zu-Rauschverhältnis am Ausgang in Dezibel (s. a. **10**.7.1.2); Unterdrückung unerwünschter Mischprodukte u. a. über den „Interceptpunkt dritter Ordnung". Dieser gibt diejenige fiktive Eingangsleistung an, bei der die Leistung des Nutz-Ausgangssignals der Leistung gewisser unerwünschter Mischprodukte gleich wird, die der dritten Potenz der Eingangsspannung proportional sind und durch zwei benachbarte Eingangssignale f_{11} und f_{12} verursacht werden, Fig. 4.179. Bei der Auswahl eines Mischers ist weiterhin zu prüfen, ob die spezifizierten Frequenzbereiche den Anforderungen entsprechen und ob das Gehäuse und die HF-Anschlüsse geeignet sind (meist koaxial, 50 Ω, aber auch Lötstifte oder Hohlleiter). Mischer sind erhältlich für Eingangsfrequenzen von einigen Kilohertz bis zu über 100 GHz.

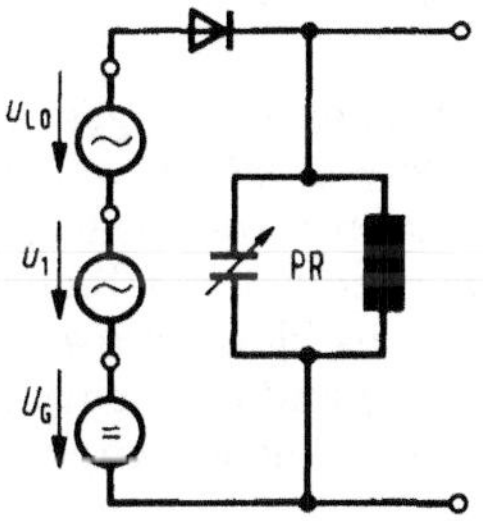

Fig. 4.178 Einfache Mischerschaltung, nach Krauss u. a. (1980)
u_{LO} Wechselspannung mit Frequenz f_{LO}
u_1 Wechselspannung mit Frequenz f_1
U_G Gleichspannung zur Arbeitspunkteinstellung der Diode
PR Parallelresonanzkreis abgestimmt auf Frequenz f_2

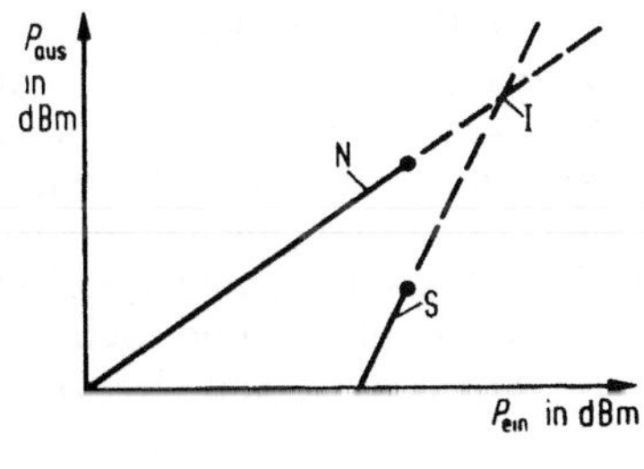

Fig. 4.179 Zur Definition des „Interceptpunktes dritter Ordnung"
N Nutzsignale bei Frequenzen $f_{LO} \pm f_{11}$ und $f_{LO} \pm f_{12}$
S Störsignale bei Frequenzen $f_{LO} \pm (2f_{12} - f_{11})$ und bei $f_{LO} \pm (2f_{11} - f_{12})$
I „Interceptpunkt dritter Ordnung"
dBm auf 1 mW bezogene und in Dezibel angegebene Leistung

Ein typischer, breitbandiger Doppel-Gegentakt-Mischer für relativ hohe Leistungen hat folgende Eigenschaften: maximale Eingangsleistung 100 mW; Frequenzen f_{LO} und f_1 von 50 kHz bis 200 MHz; Frequenzen f_2 von Null bis 200 MHz; Konversionsverluste und Rauschzahl etwa 6,5 dB; 1 dB-Kompressionspunkt 10 mW; Entkopplung des Hilfsoszillators am f_1-Anschluß 45 dB und am f_2-Anschluß 40 dB; „Interceptpunkt dritter Ordnung" etwa 10 dB über dem 1 dB-Kompressionspunkt; Temperaturbereich −50 °C bis +100 °C.

Ein anderer, typischer Oberwellenmischer hat bei $f_{LO} = 600$ MHz, $f_1 = 30{,}03$ GHz, $f_2 = 30$ MHz ($n = 50$) und einer Hilfsoszillator-Leistung von 10 mW etwa 43 dB Konversionsverluste und eine f_{LO}/f_1-Entkopplung von mehr als 25 dB; maximale Hilfsoszillator-Leistung ist 100 mW; Anschlüsse für f_{LO} und f_2 sind koaxial, 50 Ω und für f_1 in Hohlleitertechnik.

Mischer mit Gleichrichterdioden als nichtlinearen Elementen zeigen stets Konversionsverluste. Dagegen ist bei Aufwärtsmischern ($f_2 > f_1$) mit nichtlinearen Reaktanzen (z. B. Varaktordioden) sogar eine Konversionsverstärkung möglich, und zwar bis zu dem Faktor f_2/f_1. Solche Aufwärtsmischer werden für relativ hohe Signalleistungen häufig in Sendern von Mikrowellen-Richtfunkstrecken eingesetzt. Auch mit Transistoren als nichtlinearem Element ist eine Konversionsverstärkung möglich, mit ihnen sogar bei Aufwärts- und Abwärtsmischung; Feldeffekttransistoren sind dabei Bipolar-Transistoren vorzuziehen, weil mit ihnen weniger unerwünschte Mischprodukte erzielt werden. Transistormischer arbeiten bis etwa 10 GHz; für Einzelheiten zu Transistormischern siehe Jansen (1980), Krauss u. a. (1980), Unger (1994), Zinke u. Brunswig (1987).

Eine besondere Art der Frequenzumsetzung ist die Modulation; eine Trägerschwingung f_O wird dabei in ihrer Frequenz, Phase oder Amplitude mit einer Frequenz $f_1 \ll f_O$ geändert. Ähnlich wie bei der Mischung entstehen dabei neue Frequenzkomponenten. Die Modulation ist besonders bei der Nachrichtenübertragung von Bedeutung. Aber auch in der Hochfrequenzmeßtechnik wird zur Steigerung der Meßempfindlichkeit (s. **4**.3.2.2) häufig der Träger f_O mit einer Frequenz $f_1 = 1$ kHz ein- und ausgeschaltet (rechteckmoduliert). Das geschieht zum Teil durch Schalten der Versorgungsspannungen am Oszillator; viele der oben beschriebenen, kommerziell erhältlichen Oszillatoren bzw. ihre Netzgeräte haben Vorrichtungen dafür. Mitunter wird aber auch das Signal eines im Dauerstrich betriebenen Oszillators durch einen HF-Schalter getastet. Dafür eignen sich z. B. PIN-Dioden (s. **4**.3.3.10).

Frequenzvervielfacher und Mischer haben oft weit kleinere Ausgangsleistungen als Grundwellenoszillatoren derselben Ausgangsfrequenz. Insbesondere im Mikrowellenbereich verwendet man deshalb unter Umgehung von Verstärkern oft weiterhin Grundwellenoszillatoren, die bei Bedarf aber mit einem weit niederfrequenteren Signal, z. B. von einem Quarzoszillator synchronisiert werden. So kann das Phasenrauschen des Grundwellenoszillators und auch seine Frequenzänderungen aufgrund von Schwankungen der Temperatur und der Gleichspannungsversorgung weitgehend reduziert werden.

Eine Möglichkeit zur Synchronisation ist die Mitnahme (engl. injection locking). Dabei wird ein Signal der Ausgangsfrequenz f und mit relativ kleiner Leistung P_i, das z. B. über eine Vervielfacherkette von einem Quarzoszillator abgeleitet wurde, in den Grundwellenoszillator injiziert. Wenn die Freilauffrequenz des Grundwellenoszillators innerhalb der halben Lock-Bandbreite

$$\frac{\Delta f}{2} = \frac{f}{Q_L} \sqrt{P_i/P_0} \qquad (4.303)$$

(P_0 = Oszillator-Ausgangsleistung. Q_1 = wirksame (belastete) Güte des frequenzbestimmenden Kreises im Oszillator) von f entfernt liegt, nimmt er die Frequenz f des synchronisierenden Signales an. Wegen $P_i \ll P_0$ und $Q_1 \gg 1$ sind mit dieser Schaltung nur kleine Mitnahme-Bandbreiten möglich (Baprawski u. a. (1976)).

Größere Mitnahme-Bandbreiten werden mit Phasenregelschleifen (engl. phase-locked loop, PLL) erreicht (Best (1976)). Fig. 4.180 zeigt das grundlegende Prinzip: Ein kleiner Teil der Ausgangsleistung eines VCO wird neben dem Referenzsignal f auf eine Phasenvergleichsschaltung (Multiplizierer) gegeben, deren Ausgangsspannung z. B. linear von der Phasendifferenz der HF-Spannungen abhängt. Verstärkt und mit einem Tiefpaß gefiltert steuert diese Spannung die Frequenz des VCO derart, daß sie gleich f wird.

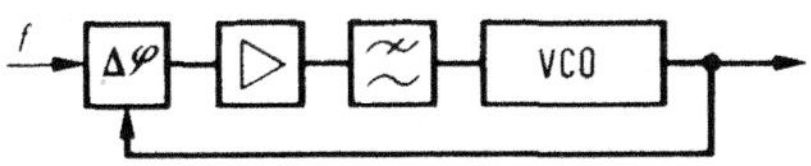

Fig. 4.180
Grundprinzip einer Phasenregelschleife
Δφ Phasenvergleichsschaltung
VCO spannungsgesteuerter Oszillator (voltage controlled oscillator)

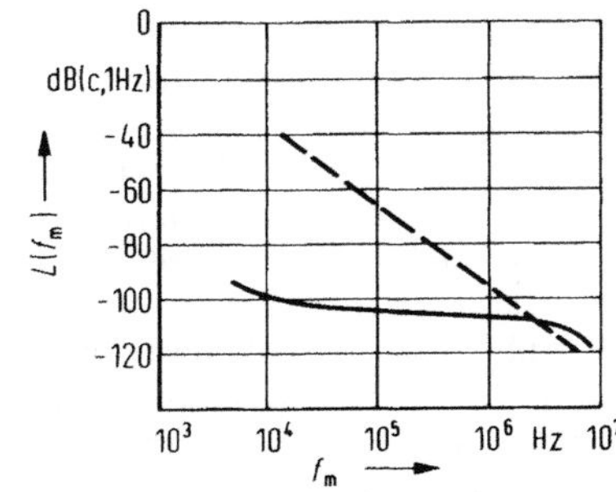

Fig. 4.181
Einseitenband-Phasenrauschleistungsdichte $L(f_m)$ eines 94 GHz-Gunn-Oszillators im Abstand f_m von der Trägerfrequenz, nach Crandell u. Bernues (1980)
----- freilaufender Oszillator
—— Oszillator mit Phasenregelschleife

Innerhalb der Bandbreite des Tiefpasses um den Träger herum werden auch die Phasenschwankungen des VCO bis auf den Beitrag des Referenzsignales ausgeregelt (Fig. 4.181). In praktischen Schaltungen von Mikrowellengeneratoren wird oft der Phasenvergleich bei einer Zwischenfrequenz (Größenordnung 100 Hz) durchgeführt, auf die ein Teil des Oszillatorsignales mit einem Oberwellenmischer und einem aus dem Referenzsignal abgeleiteten Signal heruntergemischt wird. Dafür verwendbare Synchronisiergeräte mit einstellbarem Verstärker und Filter, sowie ausgelegt für verschiedene Typen von VCO's sind im Handel erhältlich. Es gibt aber auch komplette PLL-Oszillatoren bis zu etwa 100 GHz, die einschließlich Referenzgenerator (Quarz) alle zum Betrieb erforderlichen Bausteine enthalten.

Ein solcher Oszillator hat beispielsweise folgende Eigenschaften: varaktorabgestimmter Transistoroszillator mit Koaxialresonator: Ausgangsfrequenz von 770 MHz bis 920 MHz je nach Quarzfrequenz; minimale Ausgangsleistung 250 mW, koaxial, 50 Ω; ESB-AM-Rauschunterdrückung größer als 138 dB bei $f_m = 10$ kHz; Unterdrückung unerwünschter Oberwellen 40 dB bis 60 dB; relative Änderung der Frequenz $|\Delta f|/f < 2{,}5 \cdot 10^{-5}$ und der Ausgangsleistung 0,75 dB im Temperaturbereich −30 °C bis +70 °C; Spannungsversorgung: −28 V stabilisiert, 400 mA; Funktionsanzeige für Phasenregelung durch LED und 5-V-Signal; verschiedene Optionen, z. B. relative Frequenzstabilität $1 \cdot 10^{-6}$, sind möglich.

HF-Leistungsverstärker erhöhen die Ausgangsleistung, die man von Oszillatoren und Frequenzumsetzern erhält. Man beurteilt HF-Leistungsverstärker u. a. nach folgenden Gesichtspunkten: Frequenzbereich, maximale Ausgangsleistung, Ausgangsimpedanz, Verstärkungsfaktor, 1 dB-Kompressionspunkt, „Interceptpunkte“ zweiter und höherer Ordnung (ähnlich wie bei Mischern). Ferner können auch der Phasengang eines Verstärkers und sein Rauschverhalten von Interesse sein sowie Schutzschaltungen gegen Zerstörung bei falscher Bedienung, etwa Fehlanpassung am Ausgang. Bis zu einigen hundert Watt bei 10 MHz, bis zu maximal 100 W bei 1 GHz sowie bis zu etwa 1 W bei 10 GHz werden meist Transistorverstärker benutzt, für höhere Leistungen Röhrenverstärker. Man unterscheidet zwischen Breitband- und Schmalband-(Resonanz-)Verstärkern. Resonanzverstärker müssen auf die benutzte Frequenz abgestimmt werden; sie haben oft eine sehr aussteuerungsabhängige Verstärkung und werden deswegen vorwiegend für Dauerstrichsignale oder getastete Signale eingesetzt. Breitbandverstärker gleicher maximaler Verstärkung sind komplizierter, verstärken jedoch linear und sind universell einsetzbar. Sie sind oft mehrstufig aufgebaut. Ein Selbstbau von HF-Verstärkern erscheint für den Fremdfachmann höchstens bis zu Leistungen von ungefähr 10 W und Frequenzen von ungefähr 10 MHz sinnvoll z. B. nach Jansen (1980), Koch (1976) oder Krauss u. a. (1980). Kommerzielle, transistorisierte HF-Leistungsverstärker bis in den Gigahertzbereich gibt es in einer Vielzahl von Ausführungsformen, etwa als integrierte Schaltung von 100 Hz bis 850 MHz bei 15 mW Ausgangsleistung oder als betriebsfertige Laboratoriumsgeräte mit Einrichtungen zum Konstanthalten der Ausgangsleistung und mit umschaltbarer Verstärkung. Für sehr hohe Leistungen sind auch röhrenbestückte Geräte erhältlich. Im Mikrowellenbereich werden dafür vor allem Wanderfeldröhren und Mehrkammer-Klystrons benutzt; ihre Funktionsprinzipien sind ähnlich wie die von Rückwärtswellenröhren bzw. Reflexklystrons (Zinke u. Brunswig (1987). Eine Produktübersicht mit Mikrowellen-Hochleistungsverstärkern bis zu 35 kW ist in (Market Growth ... 1981) zu finden.

HF-Meßsender sind betriebsfertige Generatoren, in denen die Hochfrequenzleistung mit den bisher in diesem Unterabschnitt beschriebenen Geräten und Baugruppen erzeugt wird. Sie sind oft mit verschiedenartigen Zusatzfunktionen, z. B. mit Modulationsmöglichkeit und variabler Dämpfung ausgerüstet, um sie im Laboratorium vielseitig einsetzen zu können.

Bei einfacheren Meßsendern wird die Frequenz analog von Hand eingestellt. Aufwendigere Geräte sind Wobbelgeneratoren und dekadische Meßsender.

Bei den Wobbelgeneratoren (engl. sweep oscillator) läßt sich der Anfang und das Ende eines Frequenzbereiches einstellen, den das Ausgangssignal periodisch durchläuft. Wobbelgeneratoren dienen zur Messung des Frequenzganges von Hochfrequenz-Bauelementen und -Schaltungen. Eine vom Wobbelgenerator gelieferte Spannung, die proportional zur Momentanfrequenz ist, wird dabei zur Horizontal-Ablenkung in einem Kathodenstrahl-Oszilloskop oder auf einem x-y-Schreiber verwendet. Die Vertikalablenkung erfolgt dann aus dem gleichgerichteten HF-Signal an der zu untersuchenden Stelle der Schaltung. Wobbelgeneratoren gibt es im Frequenzbereich von unter 100 kHz bis zu etwa 300 GHz. Der maximale Wobbelbereich ist unterschiedlich groß, etwa 10 kHz bis 2,6 GHz bei mittleren Frequenzen oder 33 GHz bis 50 GHz mit einer Rückwärtswellenröhre im Millimeterwellenbereich. Moderne Wobbelgeneratoren können oft extern gesteuert werden.

Eine andere Art der Meßsender sind die dekadischen Meßsender; (auch Frequenzdekade, engl. synthesizer, synthesized signal generator); das sind Generatoren, deren einstellbare Ausgangsfrequenz von einer einzigen konstanten Steuerfrequenz abgeleitet wird. Sie unterscheiden sich von den freischwingenden Generatoren durch die wesentlich höhere Frequenzgenauigkeit. Die Frequenz wird in ihnen durch Mischung, Frequenzteilung, PLL-Technik oder auch Rechnersynthese aufbereitet. Dekadische Meßsender können grundsätzlich digital eingestellt werden. Sie eignen sich damit besonders für Bedienung über Tasten mit Mikroprozessorsteuerung sowie für die Verwendung in automatischen Testsystemen mit zentraler Steuerung. Dekadische Meßsender sind erhältlich mit Ausgangsfrequenzen etwa zwischen 10 kHz und 100 GHz.

4.3.2.2 Nachweis

Für die Messung von Hochfrequenzleistungen oberhalb etwa 10^{-6} W mit Bolometern siehe **4**.3.4.1. Hier soll der Nachweis kleinerer Leistungen beschrieben werden. In Fig. 4.182 sind drei Arten von Schaltungen dafür gezeigt. Die einfachste ist die direkte Gleichrichtung (Fig. 4.182a), üblicherweise mit einer Halbleiterdiode. Dabei ist für kleine HF-Leistungen die Ausgangsspannung proportional zum Quadrat der HF-Eingangsspannung (sog. quadratischer Detektor oder Videodetektor), bei größeren HF-Leistungen direkt proportional der HF-Eingangsspannung (sog. linearer Detektor oder Demodulator). Um Einflüsse durch das $1/f$-Rauschen des Gleichrichters zu vermindern,

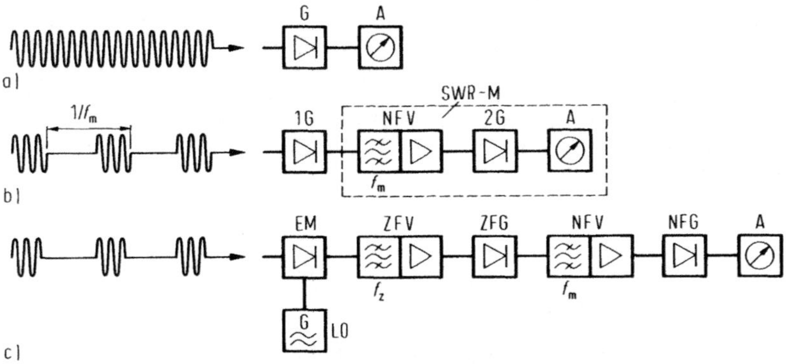

Fig. 4.182 Hochfrequenz-Nachweisschaltungen
a) Videodetektor, b) niederfrequente Tastung, c) Überlagerungsempfänger, G Gleichrichter, A Anzeige, NFV Niederfrequenzverstärker, SWR-M SWR-Meter, EM Empfangsmischer, ZFV Zwischenfrequenzverstärker, ZFG Zwischenfrequenzgleichrichter, NFG Niederfrequenzgleichrichter, LO Hilfsoszillator, f_m Modulationsfrequenz, f_z Zwischenfrequenz

wird das Meßsignal oft getastet, z. B. mit $f_m = 1$ kHz, und dann mit einer Schaltung gemäß Fig. 4.182b angezeigt. Geräte dafür sind unter der Bezeichnung „SWR-Meter" erhältlich. Die kleinste nachweisbare HF-Leistung liegt mit Videodetektoren und einer NF-Bandbreite von 1 MHz bei größenordnungsmäßig 10^{-9} W; mit Überlagerungsempfängern nach Fig. 4.182c läßt sie sich drastisch verkleinern (s. u.). Sie wird in beiden Fällen begrenzt durch das interne Rauschen der Nachweisschaltung. Zur Beschreibung dienen bei Videodetektoren u. a. die Größen *NEP* und *TSS*. Die rauschäquivalente Leistung *NEP* (**n**oise **e**quivalent **p**ower) ist die HF-Eingangsleistung, die mit einem 1 Hz-Tiefpaß zwischen Gleichrichter und Anzeige in Fig. 4.182a bei rauschfrei angenommenem Gleichrichter die gleiche Anzeige bewirken würde, wie das Rauschen des realen Gleichrichters allein. Die tangentiale Signalempfindlichkeit *TSS* (tangential signal sensitivity) ist die HF-Eingangsleistung, die bei einer Anzeige mit dem Oszilloskop die untersten Rauschspitzen auf genau den Pegel legt, bei dem ohne HF die obersten Rauschspitzen liegen. Es gilt.

$$TSS = NEP + 4 + 5 \log (B/B_0) \qquad (4.304)$$

(Z. W. *TSS* und *NEP* in dBm, *B* in Hz, $B_0 = 1$ Hz)[1])

[1]) dBm – auf 1 mW bezogene und in Dezibel angegebene Leistung.

mit B als Anzeige-Bandbreite. Bei linearen Nachweisschaltungen, z. B. beim Überlagerungsempfänger mit linearer ZF-Gleichrichtung wird das interne Rauschen wie auch sonst bei linearen Vierpolen durch die Begriffe Signal-Rausch-Verhältnis, Rauschzahl und Rauschtemperatur beschrieben (s. **10**.7.1). Ein Überlagerungsempfänger wird weiterhin gekennzeichnet durch folgende Begriffe: Eingangsfrequenz; Empfindlichkeit: z. B. die Empfängereingangsspannung, die ein spezifiziertes Signal-Rauschverhältnis am Ausgang der ZF-Stufe erzeugt; Selektivität: Unterdrückung unerwünschter Signale, z. B. durch Filter vor dem Mischer in Fig. 4.182c zur Spiegelfrequenz- und Zwischenfrequenzunterdrückung sowie ZF-Filter zur Unterdrückung von Signalen, die dem Meßsignal unmittelbar benachbart sind; Unterdrückung unerwünschter Mischprodukte: Intermodulations-, Kreuzmodulationsfestigkeit.

Die Empfindlichkeit von HF-Nachweisschaltungen kann gesteigert werden, wenn man phasenselektive Gleichrichter verwendet und diese sowohl mit dem Empfangssignal ansteuert wie auch mit einem Signal, das phasenstarr mit dem Sendesignal gekoppelt ist. Dieses Signal ist bei örtlicher Nachbarschaft von Sender und Empfänger meist leicht verfügbar. Wenn das phasenstarre Signal das HF-Ausgangssignal des Senders ist, nennt man das Nachweisverfahren „Synchronmischung"; wenn es ein Modulationssignal des Senders ist, heißt das Nachweisgerät „niederfrequenter Kohärentdetektor" (Groll (1969)).

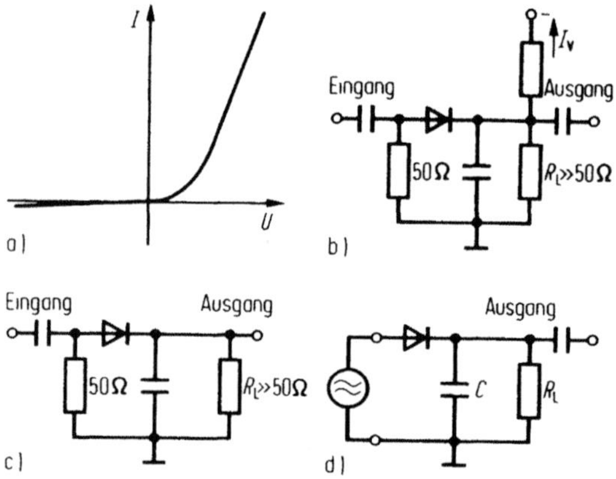

Fig. 4.183
Zur Gleichrichtung von Hochfrequenz
a) Prinzipielle Kennlinie einer Schottky-Diode,
b) Videodetektor mit externer Arbeitspunkteinstellung,
c) Videodetektor ohne externe Arbeitspunkteinstellung,
d) Amplituden-Demodulation mit Hüllkurvendetektor
R_L Lastwiderstand
I_v extern einzustellender Gleichstrom
C Kapazität

Direkte Gleichrichtung Zur Gleichrichtung im Hochfrequenzbereich werden meist Metall-Halbleiter-Übergänge, nämlich Punktkontaktdioden und vor allem Schottky-Dioden verwendet. Die prinzipielle Gleichstrom-Gleichspannungs-Charakteristik zeigt Fig. 4.183a. Zur Gleichrichtung schwacher Hochfrequenzschwingungen wird der Arbeitspunkt der Diode oft auf den Punkt größter Krümmung eingestellt, etwa nach Fig. 4.183b mit $5\,\mu A < I_v < 200\,\mu A$. Für Dioden, die keine Vorspannung brauchen (zero bias) oder wenn eine geringere Empfindlichkeit ausreicht, eignet sich eine Schaltung nach Fig. 4.183c. Mit aufwendigeren Schaltungen sind bei kleinerer HF-Bandbreite größere Empfindlichkeiten für Videodetektoren zu erreichen. Als linearer Detektor (AM-Demodulator) bei größeren HF-Leistungen eignet sich der Hüllkurvendetektor nach Fig. 4.183d, bei dem sich der Arbeitspunkt der Diode durch den Spannungsabfall an R_L und C in den Sperrbereich legt. Nur die Spitzen des Hochfrequenzsignals laden dann die Kapazität C immer wieder neu auf (Zinke u. Brunswig (1987)). Für die Demodulation frequenzmodulierter Signale wird auf Spezialliteratur, z. B. Zinke u. Brunswig (1987), Krauss u. a. (1980) verwiesen.

Detektoren werden noch durch ihre Spannungsempfindlichkeit (*K*-Faktor) und Stromempfindlichkeit beschrieben. Diese Bezeichnungen geben die Quotienten „Änderung der Ausgangsspannung bzw. Ausgangsstromstärke durch Änderung der HF-Eingangsleistung" an. – Es sind sowohl einzelne Dioden für Detektoren erhältlich wie auch fertige Detektoren.

Daten eines typischen Detektors mit Schottky-Diode sind: Frequenzbereich 0,1 GHz bis 1,0 GHz; $TSS = -52$ dBm in 2 MHz-Video-Bandbreite; *K*-Faktor 2 V/mW; Vorstromstärke 100 µA (kein Vorstrom bei Detektor mit sog. Zero-Bias-Schottky-Diode); quadratischer Bereich von *TSS* bis -15 dBm; linearer Bereich beginnt bei etwa 0 dBm; irreversible Überlastung (Zerstörung der Diode, (engl. burnout)) bei $+20$ dBm; koaxiale Anschlüsse beim HF-Eingang und beim Video-Ausgang.

Bei hohen Frequenzen sind Detektoren in Hohlleitertechnik ausgeführt, jedoch mit koaxialem Video-Ausgang. Die Spannungsempfindlichkeit nimmt zu hohen Frequenzen hin ab. So haben Mikrowellen-Breitbanddetektoren etwa K-Faktoren von 200 mV/mW (26,5 GHz bis 40 GHz) bzw. 75 mV/mW (140 GHz bis 220 GHz). Als Optionen werden Detektoren häufig mit angepaßtem Lastwiderstand zur Verbesserung der quadratischen Kennlinie angeboten oder auch als Pärchen von zwei ausgesuchten Detektoren mit möglichst gleichen Eigenschaften.

Neben Schottky-Dioden werden als Detektoren gelegentlich auch Tunneldioden und Rückwärtsdioden verwendet.

Das Eigenrauschen von Detektoren kann vermindert werden durch Kühlung. Fig. 4.184 zeigt die *NEP* von experimentellen, gekühlten Mikrowellendetektoren: neben Schottky-Detektoren bei Umgebungstemperatur (300 K) solche, die auf 77 K gekühlt sind. Super-Schottky-Detektoren (Übergang Supraleiter-Halbleiter), SIS-Detektoren (Supraleiter-Isolator-Supraleiter) und Detektoren, die den Josephson-Effekt ausnutzen (Pedersen (1980)).

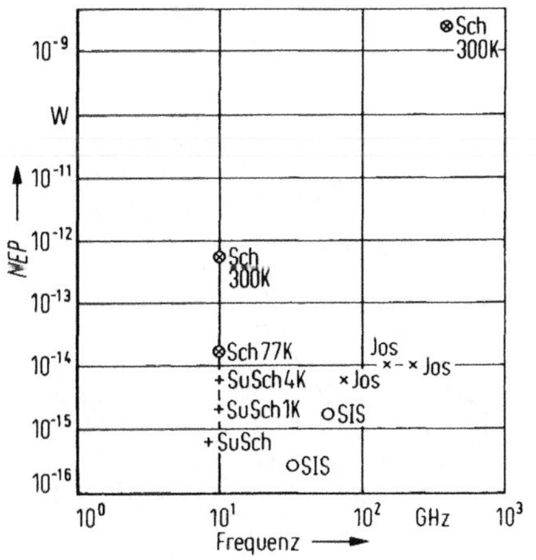

Fig. 4.184
Rauschäquivalente Leistung *NEP* von gekühlten Mikrowellen-Video-Detektoren (1-Hz-Tiefpaß zwischen Gleichrichter und Anzeige)
Sch Schottky-Diode
SuSch Super-Schottky-Diode
SIS SIS-Element (Supraleiter-Isolator-Supraleiter)
Jos Detektor mit Josephson-Element (Supraleitung)

Empfangsmischer (Jansen (1980), Henne (1974), Krauss u. a. (1980)) sind meist Abwärtsmischer. Sie werden durch dieselben Begriffe charakterisiert wie Sendemischer (s. **4**.3.2.1); besonders wichtig sind jedoch die Konversionsverluste (passive Mischer, Dioden) bzw. die Mischverstärkung (aktive Mischer, Transistoren) und die Rauschzahl. Die Rauschzahl kann als Einseitenband-Rauschzahl oder Zweiseitenbandrauschzahl angegeben werden, je nach der Annahme, ob das Rauschen nur bei der Signalfrequenz ($f_{LO} \pm f_I$) oder auch bei der Spiegelfrequenz ($f_{LO} \mp f_I$) erzeugt wird. Dioden-Empfangsmischer gibt es für den gesamten Bereich der Hochfrequenztechnik. Aktive Mischer gibt es als integrierte Schaltungen (IS) für Eingangsfrequenzen bis zu einigen hundert Megahertz.

Eigenschaften einer solchen IS sind: Bipolare Schaltung, symmetrischer Aufbau, höchste Eingangsfrequenz 200 MHz, Rauschzahl 7 dB, Mischverstärkung 16,5 dB. Spannungsversorgung 12 V/2,2 mA.

Vielfach werden aktive Mischer auch mit Feldeffekttranssistoren aufgebaut; bei ihnen hängt der Drain-Strom in guter Näherung quadratisch von der Gate-Spannung ab. Dadurch ergeben sich relativ wenige unerwünschte Mischprodukte. Insbesondere GaAs-FET-Mischer werden für Eingangsfrequenzen bis über 10 GHz gebaut, z. B. mit einer Zweiseitenband-Rauschzahl von 5,2 dB und einer Mischverstärkung von 8 dB bei einer Eingangsfrequenz von 10 GHz und einer Ausgangsfrequenz von 150 MHz. Für höhere Frequenzen werden fast ausschließlich Diodenmischer verwendet, meist mit Schottky-Dioden. Die Rauschtemperatur, die mit solchen Varistor-Mischern im Mikrowellengebiet im günstigsten Fall bei geringen Bandbreiten erreicht werden kann, ist in Fig. 4.185 links oben zu sehen. Gewöhnlich liegt sie jedoch überall oberhalb etwa 800 K. Gemäß **10**.7.1.2 geht die Rauschzahl des Zwischenfrequenzverstärkers in die Gesamtrauschzahl der Empfangsschaltung entscheidend mit ein. Deshalb werden Dioden-Empfangsmischer häufig auch mit passendem Zwischenfrequenz-Vorverstärker angeboten.

Daten eines solchen recht guten Bausteines sind: Mittenfrequenz 35 GHz; Bandbreite 0,03 GHz bis 1 GHz; maximale Zweiseitenband-Empfängerrauschzahl 3,2 dB; Mischverstärkung 25 dB; erforderliche Hilfsoszillator-Leistung 1 mW.

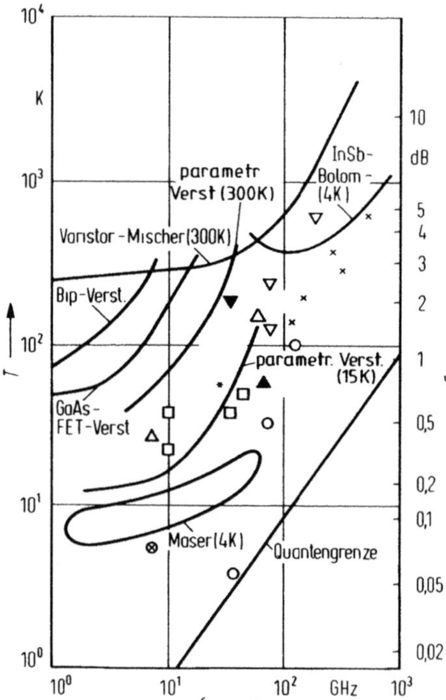

Fig. 4.185
Kleinste erreichte Rauschtemperatur T (für Mischer-Einseitenband-Rauschtemperatur) und Rauschzahl F (s. **10**.7.1) von Eingangsstufen empfindlicher Mikrowellenempfänger als Funktion der Frequenz f: Varistor-Mischer (300 K, 15 K), GaAs-FETs (300 K), gekühlte parametrische Verstärker, Indium-Antimonid-Bolometer (4 K), Maser (4 K) sowie Quantengrenze $2hf/k$ und

▽ Varistor-Mischer bei 20 K bzw. 15 K
× Josephson-Mischer
* Josephson-Mischer mit 1,2 dB Mischverstärkung
○ SIS-Mischer
⊗ Super-Schottky-Mischer
□ parametrische Josephson-Verstärker
△ GaAs-HEMT
▲ InP-HEMT
▼ Verstärker mit GaAs-HEMT

Das Kühlen von Dioden-Mischern reduziert die Rauschtemperatur deutlich, sie stehen dann aber in Konkurrenz zu anderen Kryo-Mischern wie Josephson-Mischer (niedriger 1 dB-Kompressionspunkt), SIS-Mischer, Super-Schottky-Mischer (Pedersen (1980), Kollberg (1980)), Fig. 4.185.

Die Konversionsverluste guter Diodenmischer liegen etwa zwischen 3 dB und 10 dB.

Hochfrequenzverstärker werden in Nachweisschaltungen gelegentlich vor dem Detektor oder dem Mischer angeordnet, um das Signal-Rauschverhältnis zu verbessern. Diese Verstärker müssen dann eine kleine Rauschzahl besitzen; weiter werden sie wie Sendeverstärker charakterisiert (s. **4**.3.2.1). Die Rauschzahl nimmt mit kleiner werdender Bandbreite des Verstärkers ab. Extrem rauscharme Verstärker sind deshalb Schmalbandverstärker. Für übliche Anforderungen und bis etwa 30 MHz können solche Eingangsverstärker mit bipolaren, in der Verstärkung eventuell regelbaren, integrierten Schaltungen (IS) aus der Unterhaltungselektronik aufgebaut werden, die auch noch Mischer, Hilfsoszillator und Demodulator enthalten können.

Eine derartige käufliche IS ist z. B. ausgelegt für Eingangsfrequenzen von 0 MHz bis 30 MHz, Zwischenfrequenzen von 0,2 MHz bis 1 MHz und die Frequenzen eines externen Hilfsoszillators von 0,5 MHz bis 31 MHz; der Signal-Rausch-Abstand am Demodulator-Ausgang beträgt 6 dB für eine Hochfrequenz-Eingangsspannung von 2,5 μV and 50 Ω.

Für höhere Anforderungen und für Frequenzen bis etwa 1 GHz gibt es bipolare Verstärker wahlweise mit Koaxialanschlüssen oder mit Lötstiften zum Einbau in gedruckte Schaltungen.

Ein für seine Bandbreite recht rauscharmer mehrstufiger Verstärker hat etwa folgende Eigenschaften: Eingangsfrequenzbereich 100 Hz bis 1 GHz; Verstärkung 37 dB; Rauschzahl 5,3 dB; 1 dB-Kompressionspunkt 8 dBm; „Interceptpunkt" 24 dBm; Spannungsversorgung 15 V/85 mA.

Für etwas kleinere Bandbreiten, z. B. 5 MHz bis 110 MHz, werden auch Breitband-Verstärker mit Rauschzahlen von 1,5 dB angeboten. Im Frequenzbereich von etwa 1 GHz bis 20 GHz werden Empfangsverstärker mit GaAs-FETs gebaut. Die HF-Ein- und Ausgänge sind wieder wahlweise koaxial oder als Lötstifte zu haben. Die im Laboratorium z. Z. kleinstmögliche Rauschzahl schmalbandiger GaAs-FET-Verstärkerstufen ist in Fig. 4.185 eingezeichnet.

Ein sehr guter käuflicher Verstärker hat etwa folgende Daten: Frequenzbereich 3,7 GHz bis 4,2 GHz; Rauschzahl 1,1 dB; Verstärkung 50 dB mit max. Schwankungen von ±0,5 dB im Frequenzbereich; 1 dB-Kompressionspunkt 10 dBm; „Interceptpunkt 3. Ordnung" 20 dBm; Spannungsversorgung 15 V bei 110 mA; Koaxialanschlüsse für HF.

Breitband-GaAs-FET-Verstärker haben bei diesen Frequenzen eine Rauschzahl von mindestens 4,5 dB (für Bandbreite 4,0 GHz bis 8,0 GHz). Noch bessere Rauscheigenschaften als GaAs-FET haben HEMT (s. **4**.3.2.1); mit ihnen sind bei Raumtemperatur Rauschzahlen von 1,8 dB bei 60 GHz (GaAs-HEMT) und 0,8 dB bei 63 GHz (InP-HEMT) erreichbar (Liechti (1989)), (Smith u. Swanson (1989)). Bei tiefen Temperaturen verringert sich das Rauschen. Ein zweistufiger HEMT-Verstärker weist im Frequenzbereich 26 GHz bis 37 GHz eine Rauschzahl von ca. 2 dB bei mehr als 16 dB Verstärkung auf. HEMT-Verstärker verdrängen, auch bei tiefen Temperaturen, die wesentlich komplizierteren parametrischen Verstärker (Fig. 4.185). Eine Produktübersicht über rauscharme Verstärker, bei Umgebungstemperatur betriebene sowie auch thermoelektrische bzw. bei tiefen Temperaturen gekühlte, für Frequenzen zwischen 0,5 GHz und 37 GHz ist in (Market Growth (1981)) zu finden. In Fig. 4.185 ist schließlich noch das Rauschverhalten von Masern und experimentellen parametrischen Verstärkern mit Josephson-Elementen angedeutet.

Meßempfänger sind komplette Geräte zum frequenzselektiven Nachweis und zur Messung hochfrequenter elektrischer Spannungen. Mit angepaßten Meßantennen dienen sie auch zur Messung von elektrischen und magnetischen Feldstärken. Meßempfänger sind stets Überlagerungsempfänger. Moderne Geräte können z.T. extern gesteuert werden. Im engeren Sinne sind Meßempfänger Geräte mit einer analogen oder digitalen Pegelanzeige, mit Demodulationseinrichtungen und NF- oder Video-Ausgang. Solche Geräte gibt es für Frequenzbereiche von wenigen Hertz bis nahezu 100 GHz.

Ein typischer, guter VHF-UHF-Meßempfänger hat u. a. folgende Eigenschaften: Frequenzbereich 25 MHz bis 1000 MHz in 11 Teilbereichen; HF-Spannungsmeßbereich $3 \cdot 10^{-7}$ V bis 1 V mit einer Unsicherheit unter 1 dB; Eingangswiderstand 50 Ω, koaxial; Rauschzahl 8 dB bis 400 MHz, 10 dB bis 1 GHz; ZF-Bandbreite wählbar: 15 kHz, 120 kHz, 300 kHz; Spiegelfrequenzunterdrückung >70 dB; Anzeige analog auf Skala wahlweise linear oder logarithmisch; ZF-, NF-, AM- bzw. FM-Demodulator- und Registrierausgänge sowie viele Hilfsfunktionen (z. B. Fernsteuerung) machen das Gerät sehr vielseitig einsetzbar.

Zu solchen Meßempfängern sind häufig auch sogenannte Panorama-Adapter lieferbar, die es gestatten, auf einer Braunschen Röhre über einem großen Frequenzbereich (weit größer als die ZF-Bandbreite) ein ganzes Spektrum von Eingangssignalen gleichzeitig in den jeweiligen Amplituden darzustellen.

Meßempfänger, die primär für eine solche bildliche Darstellung gedacht sind und eine Braunsche Röhre dafür im Gerät enthalten, werden Spektrum-Analysatoren genannt. Es gibt sie für Frequenzen von wenigen Hertz bis etwa 200 GHz. Bei höheren Frequenzen im Mikrowellenbereich besteht dabei der vom Gerät abgesetzte und an der zu untersuchenden Schaltung angebrachte Meßkopf aus einem speziellen Oberwellenmischer, mit dem das Meßsignal auf eine erste Zwischenfrequenz von einigen Gigahertz umgesetzt wird. Auf nur einer Koaxialleitung zwischen Hauptgerät und Meßkopf kann dabei sowohl das Hilfsoszillator-Signal (nur etwas höher in der Frequenz als das ZF-Signal) vom Hauptgerät zum Meßkopf wie auch das ZF-Signal vom Meßkopf zum Hauptgerät transportiert werden. Ein käuflicher, sehr empfindlicher Spektrumanalysator, hat mit externen Mischern Ansprechwerte (äquivalente Eingangsrauschleistung bei 1 kHz Bandbreite) von etwa −105 dBm bei 22 GHz bis etwa −85 dBm bei 220 GHz.

4.3.3 Leitungen und Bauteile (U. Stumper)

4.3.3.1 Die homogene Hochfrequenzleitung; Allgemeines und Grundgleichungen

Bei der Fortpflanzung hochfrequenter elektrischer Energie mittels metallischer Leitungen bestehen grundlegende Unterschiede gegenüber dem Transport von Gleich- und Niederfrequenzströmen. Da die Wellenlängen λ der Hochfrequenzschwingungen

$$\lambda = \frac{v}{\nu} \qquad v = \frac{1}{\sqrt{\varepsilon\mu}} = \frac{1}{\sqrt{\varepsilon_r\mu_r\varepsilon_0\mu_0}} \tag{4.305}$$

ν Frequenz in Hz

v Ausbreitungsgeschwindigkeit in einem unbegrenzten Medium der Permittivität ε und der Permeabilität μ

$\varepsilon = \varepsilon_r\varepsilon_0$, ε_r Dielektrizitätszahl, $\varepsilon_0 = 8{,}854188 \cdot 10^{-12}\,\mathrm{Fm}^{-1}$ elektrische Feldkonstante

$\mu = \mu_r\mu_0$, μ_r Permeabilitätszahl, $\mu_0 = 4\pi \cdot 10^{-7}\,\mathrm{Hm}^{-1}$ magnetische Feldkonstante, für den evakuierten Raum (in guter Näherung auch für Luft) gilt $\lambda_0 = c/\nu$; mit $c = 2{,}99792458 \cdot 10^8\,\mathrm{ms}^{-1}$

meist mit der Leitungslänge vergleichbar oder kleiner als diese sein können, sind die elektrischen Kenngrößen wie Spannung, Stromstärke, elektrische und magnetische Feldstärke keine allein zeitabhängigen Größen mehr, sondern hängen auch vom Ort ab.

Neben dem rein ohmschen Verlustwiderstand der metallischen Leitung werden mit wachsender Frequenz in zunehmendem Maße die längs der Leitung kontinuierlich verteilten Induktivitäten, Kapazitäten und Ableitungen wirksam. Die Verteilung der Selbstinduktion über den Leitungsquerschnitt bewirkt, daß der induktive Widerstand von der Leiteroberfläche zum Leiterinneren zunimmt, so daß der Strom von innen nach außen verdrängt wird. Mit ansteigender Frequenz wird die Eindringtiefe δ des Hochfrequenzstromes immer kleiner.

Als äquivalente Leitschichtdicke (auch Skin-Eindringtiefe) bezeichnet man den Abstand

$$\delta = \sqrt{\frac{\varrho}{\pi \nu \mu}} \tag{4.306}$$

(ϱ = spezifischer elektrischer Widerstand), an dem die Stromstärke auf 1/e ihres Wertes an der Oberfläche abgesunken ist.

Beispiel: Bei einer Kupferleitung ($\varrho = 1{,}6 \cdot 10^{-8}\,\Omega\,\mathrm{m}$) und der Frequenz 10 GHz ergibt sich $\delta \approx 1\,\mu\mathrm{m}$; da δ umgekehrt proportional zu $\sqrt{\nu}$ verläuft, findet man z. B. für 1 MHz sofort $\delta \approx 100\,\mu\mathrm{m} = 0{,}1\,\mathrm{mm}$.

Zur leitungsgebundenen Fortpflanzung von Hochfrequenz-Energie werden im allgemeinen metallische Doppelleitungen benutzt, bei denen zwei parallele Leitungsstränge in konstantem Abstand voneinander vom Generator zum Verbraucher laufen. Die hochfrequente Energie wird dabei im elektromagnetischen Feld transportiert, die Leitungen dienen zur Führung dieser Felder (Chang (1989); Marcuvitz (1948); Meinke u. Gundlach (1968, 1986); Unger (1966); Vilbig (1960)).

Bei der Doppelleitung unterscheidet man den symmetrischen und den unsymmetrischen Leitungstyp. Im ersten Fall ergibt sich der Verlauf eines Leiters jeweils durch Spiegelung des anderen an einer gedachten Mittelebene. Bei der unsymmetrischen Leitung wird einer der Leiter (Innenleiter) in der Regel vom anderen (dem Außenleiter) umschlossen. Der Außenleiter liegt auf Nullpotential und dient als Abschirmung des spannungsführenden Innenleiters, zu dem er parallel verläuft.

Ein Beispiel für den symmetrischen Leitungstyp ist die ungeschirmte Paralleldrahtleitung (Lecherleitung, Fig. 4.187) und für den unsymmetrischen Leitungstyp die Koaxialleitung mit kreiszylindrischem Innenleiter und konzentrisch ihn umgebenden Außenleiter (Fig. 4.189). Vier kontinuierlich längs der Leitung verteilte Kenngrößen charakterisieren das elektrische Verhalten einer Hochfrequenz-Doppelleitung: der Widerstandsbelag R', der Induktivitätsbelag L', der Leitwertsbelag G' und der Kapazitätsbelag C' (diese Größen sind definiert als Widerstand R bzw. Induktivität L, Leitwert G, Kapazität C eines Leiters der Länge l, jeweils geteilt durch diese Länge l). Fig. 4.186 zeigt das Ersatzschaltbild bei Aufteilung der Leitung in infinitesimale Längenelemente dz.

Aus dem Ersatzschaltbild ergibt sich für die Änderung von Stromstärke i und Spannung u längs eines Längenelementes dz:

$$\frac{\partial u}{\partial z}\,\mathrm{d}z = -\left(iR' + L'\frac{\partial i}{\partial t}\right)\mathrm{d}z, \qquad \frac{\partial i}{\partial z}\,\mathrm{d}z = -\left(uG' + C'\frac{\partial u}{\partial t}\right)\mathrm{d}z \tag{4.307}$$

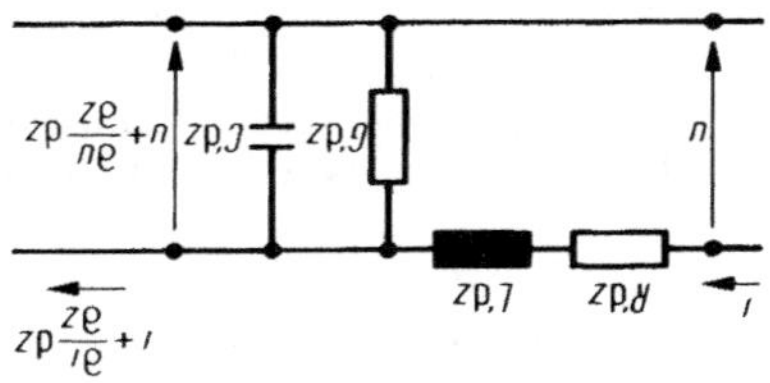

Fig. 4.186
Ersatzschaltbild der Doppelleitungen. Die Darstellung zeigt ein infinitesimales Leitungselement. R', L', G' und C' sind Widerstand, Induktivität, Leitwert und Kapazität pro Längeneinheit. dz ist das Längenelement, i die Stromstärke und u die Eingangsspannung

Hieraus erhält man durch Differenzieren nach z bzw. t und Zusammenfassen

$$\frac{\partial^2 u}{\partial z^2} = R'G'u + (R'C' + L'G')\frac{\partial u}{\partial t} + L'C'\frac{\partial^2 u}{\partial t^2} \tag{4.308}$$

Diese partielle Differentialgleichung, die in allgemeiner Form die elektrischen Vorgänge längs einer Doppelleitung beschreibt, wird als „Telegrafen-Gleichung“ bezeichnet. Sieht man von Einschwingungsvorgängen ab, so gilt für den quasistationären Betriebszustand eine harmonische Zeitabhängigkeit, die Ströme und Spannungen ändern sich zeitlich wie sin- oder cos-Funktionen.

Führt man den Effektivwert der Spannung längs der Leitung ein

$$U = \sqrt{\frac{1}{T}\int_0^T u^2 \mathrm{d}t}\,, \tag{4.309}$$

(T = Periodendauer einer Schwingung), so ergibt sich aus (4.308) mit

$$\frac{u(z,t)}{\sqrt{2}} = U(z)\mathrm{e}^{\mathrm{j}\omega t} \tag{4.310}$$

die Wellengleichung

$$\frac{\mathrm{d}^2 U(z)}{\mathrm{d}z^2} = \gamma^2 U(z) \tag{4.311}$$

mit dem Ausbreitungskoeffizienten

$$\gamma = \alpha + \mathrm{j}\beta = \sqrt{(R' + \mathrm{j}\omega L')(G' + \mathrm{j}\omega C')} \tag{4.312}$$

α wird als Dämpfungskoeffizient und β als Phasenkoeffizient bezeichnet (s. Gl. (4.321) bis (4.323)), ω ist die Kreisfrequenz.

Nach (6.292) erhält man die Spannungsverteilung längs der Doppelleitung

$$U(z) = U_1\mathrm{e}^{-\gamma z} + U_2\mathrm{e}^{\gamma z} \tag{4.313}$$

Diese beiden Teillösungen stellen eine sich vom Generator zum Leitungsende hin ausbreitende und eine vom Leitungsende reflektierte Welle dar. Sind Eingangsspannung U_E und Eingangsstromstärke I_E bzw. Ausgangsspannung U_A und Ausgangsstromstärke I_A bekannt, so wird

$$\begin{aligned} U_1 &= \frac{1}{2}(U_E + Z_L I_E) = \frac{1}{2}(U_A + Z_L I_A)\mathrm{e}^{\gamma l} \\ U_2 &= \frac{1}{2}(U_E - Z_L I_E) = \frac{1}{2}(U_A - Z_L I_A)\mathrm{e}^{\gamma l} \end{aligned} \tag{4.314}$$

und es gelten für Spannung und Stromstärke die Verteilungen

$$\begin{aligned} U(z) &= U_E \cosh \gamma z - Z_L I_E \sinh \gamma z = U_A \cosh \gamma(l-z) + Z_L I_A \sinh \gamma(l-z) \\ I(z) &= I_E \cosh \gamma z - \frac{U_E}{Z_L}\sinh \gamma z = I_A \cosh \gamma(l-z) + \frac{U_A}{Z_L}\sinh \gamma(l-z) \end{aligned} \tag{4.315}$$

l ist die Leitungslänge vom Generatorausgang bis zum Leitungsende und Z_L ist der Wellenwiderstand der Leitung (Leitungswellenwiderstand) gemäß

$$Z_L = \sqrt{\frac{R' + \mathrm{j}\omega L'}{G' + \mathrm{j}\omega C'}} \tag{4.316}$$

Wird eine Leitung mit einem Widerstand abgeschlossen, der nach Betrag und Phase gleich dem Leitungswellenwiderstand ist, so bildet sich ein Wellenfeld wie längs einer unendlich langen Leitung aus, d. h. es existiert nur eine vom Generator zur Last sich fortpflanzende Welle, die reflektierte rückläufige Welle verschwindet. Ist dagegen die Abschlußimpedanz $Z_A \neq Z_L$, so entsteht eine am Eingang der Last reflektierte Welle, deren Reflexionsfaktor Γ durch

$$\Gamma = \frac{Z_A - Z_L}{Z_A + Z_L} \tag{4.317}$$

gegeben ist. Längs der Leitung bildet sich neben der vorlaufenden Welle ein stehendes Wellenfeld aus, wobei das Verhältnis zwischen Spannungs-Maximum und Spannungs-Minimum (Welligkeitsfaktor s)

$$s = \frac{|U_{max}|}{|U_{min}|} = \frac{1 + |\Gamma|}{1 - |\Gamma|} \tag{4.318}$$

ist. Der Dämpfungskoeffizient α und der Phasenkoeffizient β für die Doppelleitung ergeben sich aus (4.312):

$$\begin{aligned} \alpha &= \sqrt{\frac{R'G' - \omega^2 L'C'}{2} + \frac{1}{2}\sqrt{(R'^2 + \omega^2 L'^2)(G'^2 + \omega^2 C'^2)}} \\ &\approx \left(\frac{R'}{2}\sqrt{\frac{C'}{L'}} + \frac{G'}{2}\sqrt{\frac{L'}{C'}}\right)(1 - \Delta) \end{aligned} \tag{4.319}$$

$$\beta = \sqrt{\frac{\omega' L'C' - R'G'}{2} + \frac{1}{2}\sqrt{(R'^2 + \omega^2 L'^2)(G'^2 + \omega^2 C'^2)}} \approx \omega\sqrt{L'C'}(1 + \Delta) \tag{4.320}$$

mit $\Delta = \frac{1}{8\omega^2}\left(\frac{R'}{L'} - \frac{G'}{C'}\right)^2$. Die Näherungsformeln gelten, wenn $G' \ll \omega C'$ und $R' \ll \omega L'$ ist.

Der Dämpfungskoeffizient α liefert die Spannungs- bzw. Stromstärkeschwächung pro Länge längs der Leitung:

$$|U_2(z_2)| = |U_1(z_1)| e^{-\alpha(z_2 - z_1)} \qquad \alpha = \frac{1}{z_2 - z_1} \ln \left|\frac{U_1(z_1)}{U_2(z_2)}\right| \tag{4.321}$$

($|U_2| < |U_1|$, $z_2 > z_1$). Das so definierte Maß für α hat die Bezeichnung „Neper". In der HF-Technik wird statt dessen meist das dekadisch logarithmische Verhältnis „Dezibel (dB)" angewandt. Der Zusammenhang zwischen α (in Neper) und α' (in dB) ist gegeben durch

$$\alpha' = (20 \log e)\, \alpha \approx 8{,}686\alpha \tag{4.322}$$

Der Phasenkoeffizient β gibt die Änderung des Phasenwinkels Φ pro Länge zu einem beliebigen festen Zeitpunkt an:

$$\Phi(z_2) = \Phi(z_1) + \beta(z_2 - z_1) \qquad \beta = \frac{\Phi(z_2) - \Phi(z_1)}{z_2 - z_1} = \frac{2\pi}{\lambda_L} \tag{4.323}$$

wenn λ_L die Wellenlänge der elektromagnetischen Schwingungen im Leitersystem darstellt.

Zwischen der Frequenz ν, der Phasengeschwindigkeit v der Wellen und der Wellenlänge λ_L besteht mit $\omega = 2\pi\nu$ die Beziehung

$$v = \nu \cdot \lambda_L = \frac{\omega}{\beta} \tag{4.324}$$

4.3.3.2 Paralleldrahtleitungen (symmetrische Doppelleitungen)

Bei der ungeschirmten Paralleldrahtleitung (Fig. 4.187) muß darauf geachtet werden, daß sie hinreichend weit vom leitenden Umgebungsbereich verlegt wird, um das Auftreten miteinander kombinierender Störmoden zu verhindern. Die geschirmte Doppelleitung (Fig. 4.188) wird meist so betrieben, daß die Eingangsspannung an das innere Leiterpaar gelegt wird und der (z. B. geerdete) Mantel der Abschirmung dient (Gegentakt-Betrieb). Legt man die Spannung zwischen das innere Leiterpaar und den Außenmantel, so wird der Gleichtakt-Modus angeregt.

Bei vernachlässigbar kleinen Widerstands- und Leitwertsbelägen gelten für die ungeschirmte Paralleldrahtleitung die folgenden Formeln

$$C' = \frac{\pi\varepsilon}{\operatorname{arcosh}\left(\frac{a}{d}\right)} \simeq \frac{\pi\varepsilon}{\ln\left(\frac{2a}{d}\right)} \quad \text{für} \quad d \ll a \tag{4.325}$$

$$L' = \frac{\mu}{\pi} \operatorname{arcosh}\left(\frac{a}{d}\right) \simeq \frac{\mu}{d} \ln\left(\frac{2a}{d}\right) \quad \text{für} \quad d \ll a \tag{4.326}$$

$$Z_L = \frac{1}{\pi}\sqrt{\frac{\mu}{\varepsilon}} \operatorname{arcosh}\left(\frac{a}{d}\right) \simeq \frac{1}{\pi}\sqrt{\frac{\mu}{\varepsilon}} \ln\left(\frac{2a}{d}\right) \quad \text{für} \quad d \ll a \tag{4.327}$$

Für die geschirmte Paralleldrahtleitung ergibt sich genähert im Gegentakt-Modus (wenn $d \ll a$, $d \ll D$)

$$Z_L = \frac{1}{\pi}\sqrt{\frac{\mu}{\varepsilon}} \ln\left(\frac{2a}{d} \cdot \frac{D^2 - a^2}{D^2 + a^2}\right) \tag{4.328}$$

Beispiele: Für eine nicht abgeschirmte Paralleldrahtleitung und $d \ll a$ beträgt der Widerstandsbelag $R' = \frac{2}{d}\sqrt{\frac{\nu\mu_0\varrho}{\pi}}$. Bei $\nu = 100$ MHz, $\varrho_{cu} = 1{,}6 \cdot 10^{-8}\,\Omega$m, $d = 1$ mm, sind das $1{,}6\,\Omega\text{m}^{-1}$. Bei

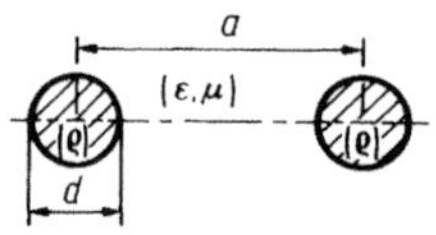

Fig. 4.187 Symmetrische ungeschirmte Paralleldrahtleitung (Querschnitt), a Abstand der Leitungen voneinander, d Leitungsdurchmesser, ε, μ Permittivität und Permeabilität der Umgebung, ϱ spezifischer elektrischer Widerstand des Leitungsmaterials

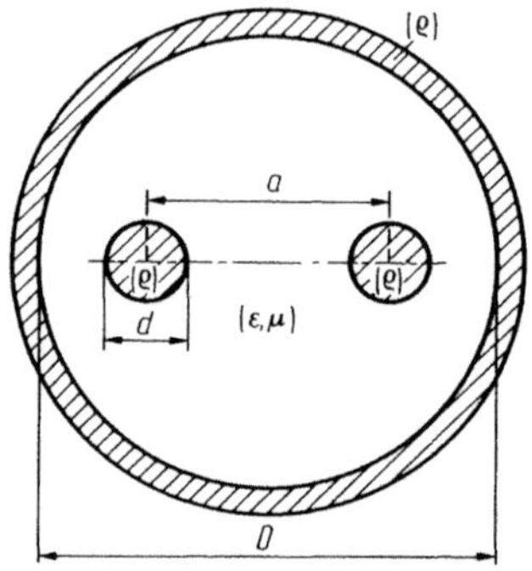

Fig. 4.188 Geschirmte Paralleldrahtleitung (Querschnitt), a Abstand der im Innenraum des Abschirmzylinders laufenden beiden Leitungen, d Außendurchmesser der inneren Leitungen, D Innendurchmesser des Abschirmzylinders, ε, μ Permittivität und Permeabilität des die Leiter umgebenden Raumes innerhalb der Abschirmung, ϱ spezifischer elektrischer Widerstand des Leitungsmaterials

einem Abstand $a = 30$ mm und $\varepsilon_r = 2{,}5$ beträgt der induktive Belag im gleichen Fall $1{,}6\,\mu\mathrm{Hm}^{-1}$. Der Wellenwiderstand dieses Systems ist 311 Ω. Soll a so abgeändert werden, daß der Wellenwiderstand dem deutschen Normwert 240 Ω entspricht, so findet man $a = 12$ mm. Bei einer geschirmten Paralleldrahtleitung, deren Mantel einen Innendurchmesser von 8,5 mm hat, muß bei gleichem Dielektrikum ($\varepsilon_r = 2{,}5$) der Abstand der beiden Innenleiter 5 mm gewählt werden, wenn der Wellenwiderstand dem deutschen Normwert für geschirmte Paralleldrahtleitungen – 240 Ω – entsprechen soll.

Meinke u. Gundlach (1968); Meinke u. Gundlach (1986); Vilbig (1960); Zinke u. Brunswig (1973).

4.3.3.3 Die kreiszylindrische Koaxialleitung

Die koaxiale Leitung mit kreiszylindrischem Querschnitt ist die im MHz- und GHz-Bereich am häufigsten benutzte Leiterform (Fig. 4.189). Ihre wesentlichen Vorteile sind, daß der Spannung führende Innenleiter durch den in der Regel auf Erdpotential liegenden Außenleiter gut abgeschirmt und die Übertragungsbandbreite sehr groß ist. Als einziger Nutzwellentyp existiert die TEM-Welle (Transversal-Elektromagnetische Welle, die Feldvektoren $\boldsymbol{E}$ und $\boldsymbol{H}$ liegen in der Querschnittebene), die von der Frequenz Null bis zu einer Grenzfrequenz ν_g eine eindeutige Ausbreitungscharakteristik besitzt. Für Frequenzen $\nu > \nu_g$ können zusätzliche „Hohlleiter-Wellentypen" angeregt werden, wodurch Mehrdeutigkeiten und erhöhte Verluste auftreten. Die Grenzfrequenz entspricht einer Grenzwellenlänge, die gleich dem mittleren Umfang der Koaxialleitung ist

$$\nu_g = \frac{2c}{\pi\sqrt{\varepsilon_r \mu_r}} \left(\frac{1}{d_a - d_i}\right) \qquad \lambda_g = \frac{1}{2}\pi\,(d_a + d_i) \tag{4.329}$$

(c Lichtgeschwindigkeit, ε_r, μ_r Dielektrizitätszahl und Permeabilitätszahl des den Raum zwischen den beiden Leitern füllenden Mediums; in technischen Anwendungen $\mu_r = 1$, d_a Innendurchmesser des Außenleiters, d_i Außendurchmesser des Innenleiters).

Meinke u. Gundlach (1968); Sarbacher u. Edson (1950); Unger (1966).

Für die Leitungskenngrößen gelten für $\mu = \mu_0$ und praktisch verlustfreie Dielektrika:

$$R' = \sqrt{\frac{\mu_0 \varrho \nu}{\pi}} \left(\frac{1}{d_a} + \frac{1}{d_i}\right) \tag{4.330}$$

$$C' = \frac{2\pi\varepsilon_r\varepsilon_0}{\ln\left(\frac{d_a}{d_i}\right)} \tag{4.331}$$

$$L' = \frac{\mu_0}{2\pi} \ln\left(\frac{d_a}{d_i}\right) + \frac{1}{2\pi}\sqrt{\frac{\mu_0 \varrho}{\pi\nu}} \left(\frac{1}{d_a} + \frac{1}{d_i}\right) \tag{4.332}$$

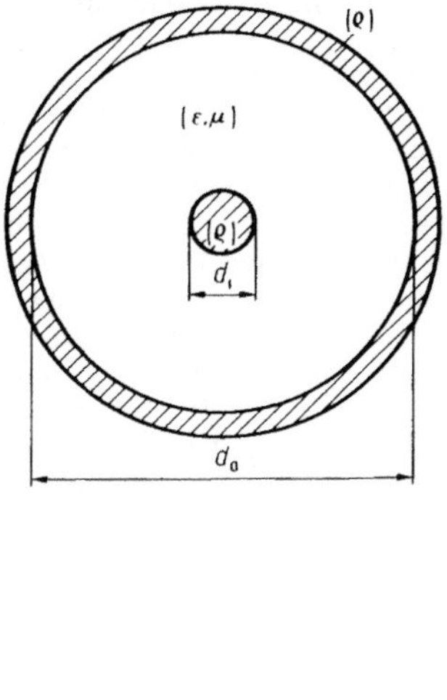

Fig. 4.189
Kreiszylindrische Koaxialleitung (Querschnitt), d_i Außendurchmesser des Innenleiters, d_a Innendurchmesser des Außenleiters, ε, μ Permittivität und Permeabilität des Innenraums zwischen Außen- und Innenleiter, ϱ spezifischer elektrischer Widerstand des Innen- und Außenleitermaterials

$$Z_L = Z_{L0} \sqrt{1 + \frac{1}{2Z_{L0}\pi} \sqrt{\frac{\varrho}{\nu\varepsilon_r\varepsilon_0\pi}} \left(\frac{1}{d_a} + \frac{1}{d_i}\right)(1-j)}$$

$$\approx Z_{L0} = \frac{1}{2\pi} \sqrt{\frac{\mu_0}{\varepsilon_r\varepsilon_0}} \ln\left(\frac{d_a}{d_i}\right) \qquad (4.333)$$

Zorzy (1966), Weinschel (1964, 1990).

Um bei starren Koaxialleitungen Langzeitstabilität und Korrosionsbeständigkeit bei minimalen Leitungsverlusten zu erzielen, sind die inneren Oberflächen vielfach vergoldet. Bei flexiblen Kabeln besteht der Innenleiter meist aus Kupferdraht oder Kupferlitze mit versilberter Oberfläche. Er wird durch dielektrisches Material in Form von Scheiben oder Wendeln, Schaumstoff oder Vollmaterial in seiner Lage gehalten. Der Außenleiter kann aus einem Geflecht aus Kupferdrähten oder Bändern bestehen, der äußere Schutzmantel ist aus Kunststoff gefertigt. Eine Mittelstellung zwischen Kabeln und festen Rohrleitungen nehmen halbflexible Rohrleitungen ein, die biegsam sind und die gebogene Leitungsführung dann beibehalten.

Eine sehr große Anzahl verschiedener Kabel- und Leitungstypen mit unterschiedlichen technischen Daten ist im Handel (Tabelle 2 in Abschn. K 2.4 in Meinke u. Gundlach (1986); Tabelle 4.6/1 in Zinke u. Brunswig (1973)).

Typische Dämpfungswerte für eine Kabellänge von 100 m liegen für Hochfrequenzkabel mit Schaum-Polyäthylen-Isolation je nach Kabeldurchmesser bei 10 MHz zwischen 0,5 dB und 10 dB und bei 10 GHz zwischen 30 dB und 300 dB. Die Dämpfung nimmt etwa proportional $\sqrt{\nu}$ zu. Bei einer koaxialen 7-mm-Kupfer-Luftleitung von 1 m Länge ändert sich die Dämpfung zwischen 100 kHz und 18 GHz von etwa 0,001 dB auf etwa 0,5 dB.

Nach hohen Frequenzen hin nehmen bei Koaxialkabeln die dielektrischen Verluste in der Stützschicht stark zu, so daß eine Verwendung zur Energiefortleitung über weite Entfernungen nicht mehr sinnvoll ist. Für kurze Verbindungen innerhalb von Geräten und Meßplätzen sind spezielle Koaxialleitungen mit optimal verlustarmen stützendem Dielektrikum bis zu Frequenzen von 100 GHz verfügbar.

Beispiel: Ein Koaxialkabel, dessen Außenleiter einen Innendurchmesser von 4 mm hat, ist mit einem verlustarmen Dielektrikum $\varepsilon_r = 2{,}1$ homogen ausgefüllt. Damit der Wellenwiderstand 50 Ω wird, muß nach Gl. (4.333) der Außendurchmesser des Innenleiters $d_i = d_a e^{-50/60\,\sqrt{\varepsilon_r}} = 1{,}2$ mm sein.

4.3.3.4 Hohlleiter

Hohlleiter sind allseitig nach außen abgeschlossene metallische Leitungen mit einer zusammenhängenden inneren Oberfläche. Das von dieser metallischen Innenoberfläche umschlossene Hohlkabel ist im allgemeinen mit Luft unter atmosphärischen Bedingungen gefüllt. Die in der Praxis benutzten Hohlleiter haben meist einen rechteckigen oder kreiszylindrischen Querschnitt. Charakteristisch für die Wellenausbreitung im Hohlleiter ist die Existenz verschiedener Wellentypen (Moden), die sich in ihrer Feldkonfiguration und den Ausbreitungseigenschaften ($\gamma, \alpha, \beta, v, \lambda_L$) voneinander unterscheiden. Jeder Modus hat eine untere Grenzfrequenz ν_g, unterhalb der keine Wellenfortpflanzung mehr möglich ist. Diese Grenzfrequenz ist von den Hohlleiterdimensionen abhängig, die so gewählt werden können, daß das zu übertragende Frequenzband zwischen der Grenzfrequenz der Grundwelle und der Grenzfrequenz des nächst höheren Wellentyps liegt. In diesem Fall kann die Wellenfortpflanzung durch eindeutige Ausbreitungseigenschaften beschrieben werden. In einem „überdimensionierten" Hohlleiter (das ist ein Hohlleiter, in dem zwei oder mehr Wellentypen existieren können), kann ebenfalls eine eindeutige Wellenfortpflanzung im Grundmodus erzwungen werden, wenn ein allmählicher, stetiger und „stoßfreier" Übergang vom Normal-Hohlleiter auf den überdimensionierten Hohlleiter geschaffen wird. Überdimensionierte Hohlleiter werden vor allem im mm-Wellenbereich häufig benutzt, weil die Normhohlleiter wegen des immer ungünstigeren Verhältnisses Nutzfeldvolumen: Skinvolumen eine sehr hohe Wanddämpfung haben. Die im Hohlleiter existierenden Wellentypen besitzen zusätzlich zu den transversalen Feldkomponenten noch eine magnetische (H_z) oder elektrische (E_z) Feldkomponente in Richtung der Hohlleiterachse (Ausbreitungsrichtung). Demnach werden die Wellen in H- oder TE-Wellen (TE transversale elektrische Wellen) und E- oder TM-Wellen (TM transversale magnetische Wellen) eingeteilt. Die Phasengeschwindigkeit der Hohlrohrwellen ist größer als die Lichtgeschwindigkeit und beträgt

$$v = \frac{v_0}{\sqrt{1 - \left(\frac{\nu_g}{\nu}\right)^2}}, \qquad v_0 = \frac{c}{\sqrt{\varepsilon_r \mu_r}} \tag{4.334}$$

(c Lichtgeschwindigkeit im Vakuum, ε_r, μ_r Dielektrizitäts- und Permeabilitätszahl des den Innenraum des Hohlleiters füllenden Mediums, z. B. Luft, $\varepsilon_r \approx 1$, $\mu_r = 1$, $v_0 \approx c$).

Für die Gruppengeschwindigkeit, mit der sich die Energie im Hohlleiter fortpflanzt, gilt

$$v_g = \frac{\partial \omega}{\partial \beta} = v_0 \sqrt{1 - \left(\frac{\nu_g}{\nu}\right)^2} \tag{4.335}$$

($\omega = 2\pi\nu$; β Phasenkoeffizient). Aus (4.334) und (4.335) folgt

$$v \cdot v_g = v_0^2 \tag{4.336}$$

Wegen $v > v_0$ (nach 4.334) ist die Hohlleiterwellenlänge

$$\lambda_L = \frac{v}{\nu} = \frac{2\pi}{\beta} \tag{4.337}$$

größer als die freie Wellenlänge. Bei einer rein fortschreitenden Welle ist der Quotient aus den in der Querschnittsebene liegenden Komponenten der elektrischen und magnetischen Feldstärke längs der Leitung konstant und wird als Feld-Wellenwiderstand Z_F bezeichnet. Es gilt für H- bzw. E-Wellen (für $\mu = \mu_0$, $\varepsilon = \varepsilon_0$)

$$(Z_F)_H = \sqrt{\frac{\mu_0}{\varepsilon_0}} \frac{\lambda_L}{\lambda} = Z_0 \frac{\lambda_L}{\lambda} \tag{4.338}$$

$$(Z_F)_E = \sqrt{\frac{\mu_0}{\varepsilon_0}} \frac{\lambda}{\lambda_L} = Z_0 \frac{\lambda}{\lambda_L} \tag{4.339}$$

Z_0 ist der Wellenwiderstand des unendlich ausgedehnten leeren Raumes.

Der Hohlleiter mit Rechteckquerschnitt wird in der Praxis am häufigsten benutzt. Die folgenden Betrachtungen, die bei Annahme idealer Wandleitfähigkeit ($\sigma_{wand} \to \infty$) streng gelten, sind auch für technische Hohlleiter mit Oberflächen aus Kupfer, Messing, Silber, Gold, Aluminium oder anderen gut leitenden Metallen anzuwenden. Im Rechteck-Hohlleiter existieren zwei Reihen voneinander unabhängiger H- und E-Wellentypen, die durch die Indizes m und n charakterisiert werden (H_{mn}, E_{mn}). m bezieht sich auf die Feldverteilung längs der Breitseite (Breite a) und n auf die Verteilung längs der Schmalseite (Höhe b).

Bezieht man die Wellenlänge λ auf das den Innenraum des Hohlleiters auffüllende Medium (Luft, Dielektrikum), so daß Frequenz und Wellenlänge über

$$\lambda = \frac{c}{\nu \sqrt{\varepsilon_r \mu_r}} \tag{4.340}$$

zusammenhängen, so ergeben sich für die Kennwerte des Rechteck-Hohlleiters besonders einfache Ausdrücke ($\mu_r = 1$):

$$(\lambda_g)_{mn} = \frac{2}{\sqrt{\left(\frac{m}{a}\right)^2 + \left(\frac{n}{b}\right)^2}} \qquad \text{Grenzwellenlänge} \tag{4.341}$$

$$\lambda_L = \frac{\lambda}{\sqrt{1 - \left[\frac{\lambda}{(\lambda_g)_{mn}}\right]^2}} \qquad \text{Hohlleiterwellenlänge} \tag{4.342}$$

$$(Z_F)_H = \sqrt{\frac{\mu_0}{\varepsilon_0 \varepsilon_r}} \cdot \frac{1}{\sqrt{1 - \left[\frac{\lambda}{(\lambda_g)_{mn}}\right]^2}} \qquad \text{Feldwellenwiderstand (H-Wellen)} \tag{4.343}$$

$$(Z_F)_E = \sqrt{\frac{\mu_0}{\varepsilon_0 \varepsilon_r}} \cdot \sqrt{1 - \left[\frac{\lambda}{(\lambda_g)_{mn}}\right]^2} \qquad \text{Feldwellenwiderstand (E-Wellen)} \tag{4.344}$$

Der Leitungswellenwiderstand, der für die Lösung von Anpassungsproblemen maßgeblich ist, beträgt für den H_{10}-Grundmodus

$$Z_L = \varkappa \cdot \frac{b}{a} \cdot (Z_F)_H \tag{4.345}$$

Der Zahlenfaktor $\varkappa$ ist $\pi/2$, 2 oder $\pi^2/8$, je nachdem, ob Z_L aus Spannung und Stromstärke, übertragener Leistung und Stromstärke oder übertragener Leistung und Spannung definiert wurde. Für praktische Anwendungen benutzt man diejenige Definition, die dem vorliegenden Problem am besten angepaßt ist. Huxley (1947); Southworth (1950).

Berücksichtigt man die endliche Leitfähigkeit der Wandungen, so ergibt sich für H_{m0}-Wellen im Durchlaßbereich ein Abschwächungskoeffizient entsprechend

$$\alpha = \frac{2\pi}{(\lambda_g)_{m0}} \frac{\delta}{a} \frac{1 + \frac{a}{2b}\left[\frac{(\lambda_g)_{m0}}{\lambda}\right]^2}{\sqrt{\left[\frac{(\lambda_g)_{m0}}{\lambda}\right]^2 - 1}} \tag{4.346}$$

mit δ nach Gl. (4.306).

Kohler u. Bayer (1964); Chang (1989).

Im Bereich unterhalb der Grenzfrequenz existiert keine Wellenfortpflanzung. Das elektromagnetische Feld wird hier entsprechend $\boldsymbol{E}(z) = \boldsymbol{E}(0)\mathrm{e}^{-\alpha z}$ exponentiell abgeschwächt. Der Dämpfungskoeffizient ist

$$\alpha = \frac{2\pi}{(\lambda_g)_{mn}} \sqrt{1 - \left[\frac{(\lambda_g)_{mn}}{\lambda}\right]^2} \tag{4.347}$$

Die Umrechnung in α' in dB pro Länge erfolgt nach Gl. (4.322). Der Grundwellentyp im Rechteckhohlleiter, der bei technischen Anwendungen nahezu ausschließlich benutzt wird, ist die H_{10}-Welle. Die Grenzwellenlänge beträgt nach (4.341) $\lambda_g = 2a$. Die Hohlleiterabmessungen (s. Tab. T 4.05 in Band 3) werden in der Praxis so gewählt, daß sich nur der Grundwellentyp fortpflanzen kann. Dazu muß $\lambda_L/2 < a < \lambda_L$ und $b \leqslant a/2$ sein.

Die Grundwelle H_{10} (Fig. 4.190) wird über einen kapazitiven Stift parallel zum elektrischen Feld (im Abstand $(2p+1)\cdot\lambda_L/4$) bzw. eine induktive Schleife mit der Schleifenebene senkrecht zu den magnetischen Feldlinien (im Abstand $p\cdot\lambda/2$ von der Kurzschlußebene, $p=1,2,3\ldots$) in den Hohlleiter eingekoppelt; für Kopplungen zwischen Hohlleitern wendet man meist Schlitzantennen an.

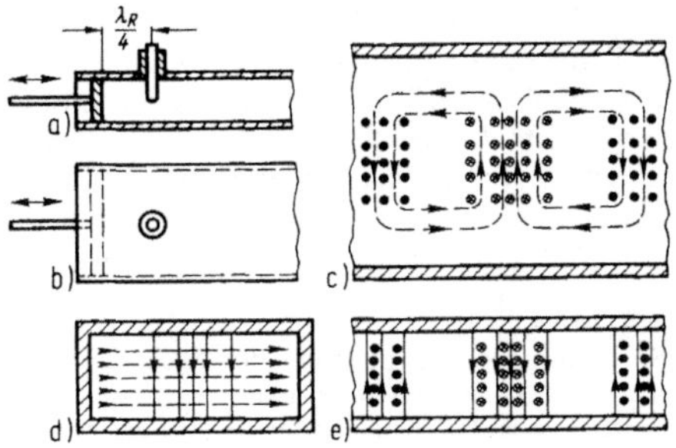

Fig. 4.190 H_{10}-Grundwellentyp im Rechteckhohlleiter, a), b) Einkopplung, c), d), e) Wellenfeld, —— elektrische Feldlinien, – – – magnetische Feldlinien

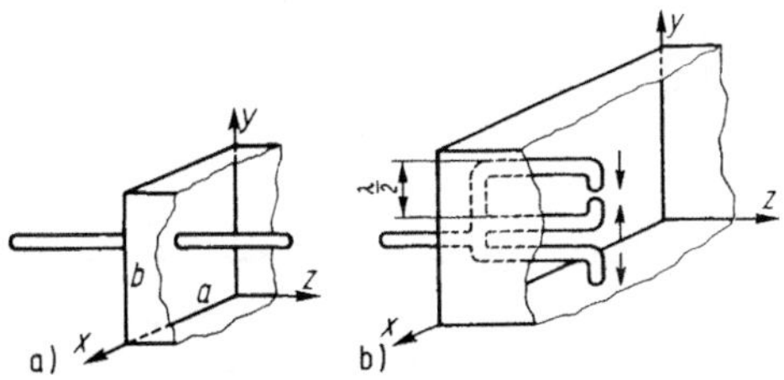

Fig. 4.191 Einkopplungs-Antennen zur Anregung des E_{11}- a) und H_{12}-Wellentyps b)

Die bevorzugte Anregung eines bestimmten Wellentyps *m*, *n* kann durch eine entsprechende Form der Antenne, die der Feldkonfiguration des zu erzeugenden Wellenmodus angepaßt ist, erzwungen werden. Fig. (4.191) zeigt solche Spezialantennen. Die Unterdrückung unerwünschter mitangeregter Wellentypen wird mittels Modenfilter erreicht.

Bomke u. Gefahrt (1950); Groll (1969); Harvey (1963); Klages (1956); Marcuvitz (1948), Meinke u. Gundlach (1968, 1986); Stratton (1941); Unger (1966, 1967); Zinke u. Brunswig (1973, 1986).

Hohlleiter mit kreiszylindrischem Querschnitt werden nur für spezielle Anwendungen z. B. bei Drehkopplungen zwischen Rechteckhohlleitern, bei Hohlraumresonatoren, Frequenzmessern, Faraday-Einwegleitungen und für optimal verlustarme Übertragungsstrecken benutzt (s. **4**.3.3.8).

Der H_{01}-Wellentyp im kreiszylindrischen Hohlrohr hat besonders niedrige Dämpfung, die im Gegensatz zu den anderen Moden mit zunehmender Frequenz abnimmt. Die Grenzwellenlänge wird für H_{mn} Wellen durch

$$(\lambda_g)_{mn} = \frac{\pi d_i}{w'_{mn}} \tag{4.348}$$

und für E_{mn}-Wellen durch

$$(\lambda_g)_{mn} = \frac{\pi d_i}{w_{mn}} \tag{4.349}$$

gegeben, wobei unter w_{mn} die *n*. Nullstelle der Bessel-Funktion I_m und unter w'_{mn}, die *n*. Nullstelle der 1. Ableitung der Bessel-Funktion I_m zu verstehen sind. d_i ist der Innendurchmesser des Hohlleiters. Für den Grundwellentyp H_{11} findet man $(\lambda_g)_{11}=1{,}706\,d_i$, für den Wellentyp H_{01} ist $(\lambda_g)_{01}=0{,}820\,d_i$.

Bomke u. Gefahrt (1950); Meinke u. Gundlach (1968); Sarbacher u. Edson (1950); Schaffeld u. Bayer (1956); Zinke u. Brunswig (1986).

Beispiele: Ein Rechteck-Hohlleiter aus Kupfer ($\varrho=1{,}6\cdot10^{-8}\,\Omega\cdot\text{m}$) für das Frequenzband R 100 (8.2 GHz bis 12,4 GHz) hat die Innenabmessungen $a=22{,}86$ mm; $b=10{,}16$ mm. Seine Grenzwellenlänge ist $\lambda_g=2a=45{,}72$ mm; die Grenzfrequenz mithin $\nu_g=c/\lambda_g=6{,}56$ GHz. Die Leiterwellenlänge beträgt dann nach (4.342) bei der Frequenz 8,5 GHz: 55,4 mm, bei 10 GHz 39,7 mm und bei 12,4 GHz 28,5 mm. Bei 10 GHz ist der Feldwellenwiderstand für die H_{10}-Welle nach (4.338) bzw. (4.343) $(Z_F)_H = 120\,\pi \cdot 3{,}97/2{,}998 \approx 499\,\Omega$. Der Leitungswellenwiderstand (nach (4.345) mit $\varkappa = 2$) wird $Z_L = (2b/a) \cdot (Z_F)_H = 444\,\Omega$. Um bei 10 GHz den Hohlleiter möglichst gut an eine koaxiale Leitung von 50 Ω Wellenwiderstand anzupassen, müßte die Schmalseite b auf 1,14 mm reduziert werden. Die Leitungsdämpfung des Hohlleiters mit den oben angegebenen Abmessungen beträgt bei 10 GHz nach (4.346) und (4.322) 1,04 dB auf 10 m Länge (bzw. 1,35 dB bei 8,2 GHz).

Weit unterhalb der Grenzfrequenz ($\lambda \gg \lambda_g$) ist die Dämpfung für rechteckige Kanäle durch $A \approx 27{,}3 \cdot l/a$ dB und für kreisförmige Kanäle durch $A \approx 32{,}0 \cdot l/d_i$ dB gegeben (a = Breitseite des Rechteckquerschnitts, d_i = Durchmesser des Kreisquerschnitts, l = Kanallänge). So besitzt z. B. ein Metallkäfig, der mit Löchern von 3 mm Durchmesser und 5 mm Tiefe versehen ist, eine Mindest-Abschirmung von $32 \cdot 5/3 \approx 53$ dB.

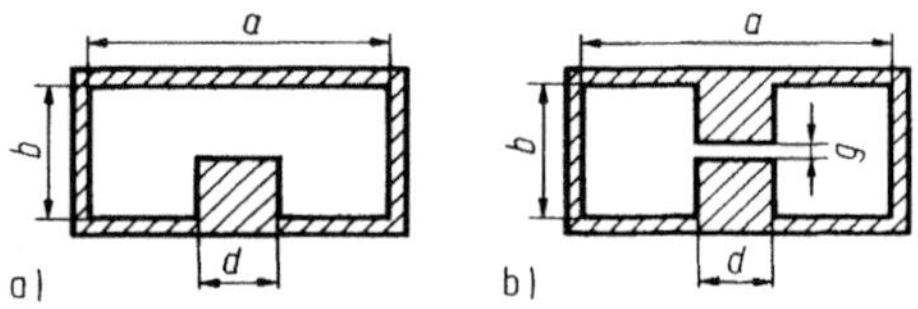

Fig. 4.192
Steg- und Doppelsteg-Hohlleiter, Querschnittsformen und kritische Abmessungen, a Abstand zwischen den beiden Schmalseiten, b Abstand zwischen beiden Breitseiten, d Stegbreite, g Stegabstand beim Doppelsteg-Hohlleiter

Eine für praktische Anwendungen zuweilen nützliche Version des Rechteckhohlleiters stellen Steg- und Doppelsteg-Hohlleiter dar (Fig. 4.192). Vorteilhaft ist, daß bei diesen Querschnittsformen die übertragbare Bandbreite, die durch eindeutige Wellenausbreitung im Grundmodus ausgezeichnet ist, auf 5:1 bis 6:1 gegenüber 2:1 beim Rechteckhohlleiter erweitert werden kann. Da zugleich aber die Leitungsdämpfung sich entsprechend vergrößert (bei einer Bandbreite von 5:1 etwa gleich dem Zehnfachen der Dämpfung des Rechteckhohlleiters), werden kommerzielle Typen meist nur mit Bandbreite 2,4:1, evtl. noch 3,6:1 hergestellt (s. Tab. T 4.07 in Band 3).

Findakly u. Haskal (1974); Harvey (1963); Hopfer (1955); Marcuvitz (1948); Meinke u. Gundlach (1986); Unger (1955).

4.3.3.5 **Planare Mikrowellenleitungen** (E. Vollmer)

Für die Integration von Schaltungen im Mikrowellenbereich werden planare Wellenleiter verwendet. Diese Mikrowellenleitungen bestehen aus flachen leitenden Streifen auf einer verlustarmen dielektrischen Trägerplatte. Diese Trägerplatte wird als Substrat bezeichnet. Der in der Praxis am häufigsten eingesetzte planare Wellenleiter ist die Mikrostreifenleitung (Fig. 4.193). Diese Leitung besteht aus einem Substrat der Dicke h mit einer leitenden Grundplatte auf der Substratunterseite und einem leitenden Streifen der Breite w und der Dicke t auf der Oberseite.

Außer der Mikrostreifenleitung (Fig. 4.193) kommen noch andere Streifenleitungsformen zur Anwendung. Die Querschnitte von verschiedenen Formen der Mikrostreifenleitung, von der Koplanarleitung, der Schlitzleitung und der Flossenleitung (finline) sind in Fig. 4.194 zusammengestellt.

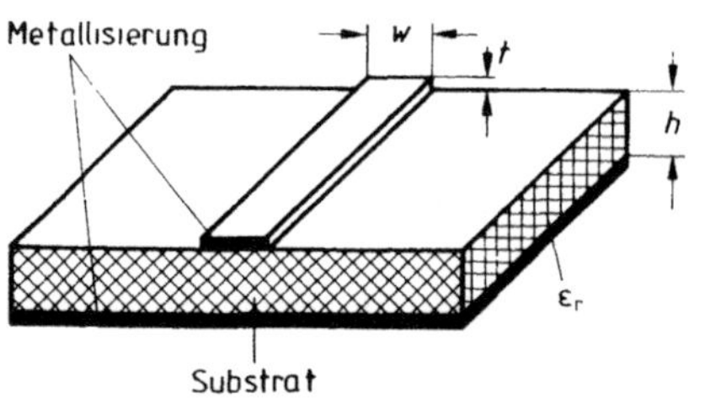

Fig. 4.193
Mikrostreifenleitung auf einem Substrat der relativen Permittivität ε_r

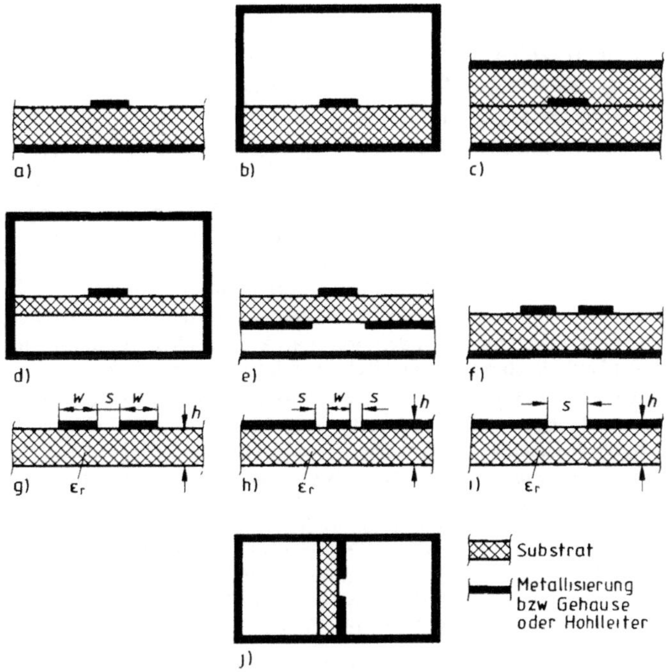

Fig. 4.194
Querschnitte planarer Mikrowellenleitungen
a) Mikrostreifenleitung,
b) geschirmte Mikrostreifenleitung,
c) „Triplate"-Leitung,
d) „Suspended-Substrate"-Leitung,
e) Mikrostreifenleitung mit Masseschlitz,
f) gekoppelte Mikrostreifenleitung,
g) koplanare Streifenleitung,
h) Koplanarleitung,
i) Schlitzleitung,
j) Flossenleitung

Einfache Mikrowellenkomponenten werden meistens in einer der Streifenleitungsformen realisiert. Bei komplexeren Komponenten wie z.B. Gegentaktmischer, Filter, PIN-Diodenschalter oder Übergängen zwischen verschiedenen Leitungsformen werden mehrere unterschiedliche Streifenleitungsformen verwendet. Dadurch kann bei einem Gegentaktmischer eine einfache Entkopplung der verschiedenen Frequenzkomponenten erzielt werden.

Der Einsatz von planaren Mikrowellenleitungen hat im Vergleich zu dem von Koaxialleitungen und Hohlleitern die folgenden Vorteile:

- Miniaturisierung des Schaltungsaufbaus
- Integrierbarkeit von diskreten Bauelementen (Halbleiter- und SMD-Bauelemente)
- Gewichtsreduzierung
- einfache, gut reproduzierbare Herstellung.

Nachteile sind:

- höhere Verluste
- Abstrahlung und Störstrahlung bei offenen Strukturen
- begrenzte Isolation zwischen verschiedenen auf einem Substrat integrierten Schaltungsteilen.

Die für die Realisierung von Streifenleitungsschaltungen verwendeten Substratmaterialien können in zwei große Gruppen eingeteilt werden (Hoffmann (1983)):

- organische Materialien, vor allem
  Teflon, Polyolefin und Polystyren ($\varepsilon_r = 2{,}1$ bis 2,6) in reiner Form sowie
  glasfaserverstärkte Kunststoff ($\varepsilon_r = 2{,}2$ bis 2,6) oder
  mit Keramikpulver gefüllte Harze ($\varepsilon_r = 5$ bis 20)

- anorganische Materialien, dazu zählen vor allem
  einkristalline Stoffe wie Saphir ($\varepsilon_r = 9{,}4$; 11,6),
  Keramiken wie Al_2O_3 ($\varepsilon_r = 9{,}8$) oder TiO_2 ($\varepsilon_r = 85$),
  amorphe Stoffe wie Glas (z. B. mit $\varepsilon_r = 5{,}7$),
  hochohmige Halbleiter wie Si ($\varepsilon_r = 11{,}9$) oder GaAs ($\varepsilon_r = 12{,}9$) mit $\varrho > 1000\,\Omega$cm und
  ferrimagnetische Stoffe wie Ferrite oder Granate ($\varepsilon_r = 9$ bis 16).

Die leitenden Schichten und Streifen werden bei der Verwendung von anorganischen Substratmaterialien in Dünnschichttechnik hergestellt, bei der von Keramiken auch in Dickschichttechnik. Die Substrate aus organischen Materialien werden meistens mit Kupferfolien beschichtet, die dann mit einfachen Photoätztechniken strukturiert werden können.

Die Ausbreitungseigenschaften von elektromagnetischen Wellen auf planaren Wellenleitern können durch die folgenden drei charakteristischen Leitungskenngrößen beschrieben werden: den Wellenwiderstand Z_L, die effektive relative Permittivität $\varepsilon_{r\,eff}$ und den Dämpfungskoeffizienten α.

Aufgrund der geschichteten dielektrischen Füllung des Feldraums sind auf planaren Wellenleitern hybride Eigenwellen mit longitudinalen E- und H-Feldkomponenten ausbreitungsfähig. Die hybride Eigenwellen-Analyse (Collin (1960); Harrington (1961); Unger (1981)) zur Bestimmung der Leitungskenngrößen kann nur mit einem numerischen Berechnungsverfahren wie z. B. der Momentenmethode (Harrington (1968)), der Methode der Geraden (Schulz u. Pregla (1980)) oder der Methode der finiten Elemente (Arlett u. a. (1968)) durchgeführt werden. Die resultierenden Leitungskenngrößen sind frequenzabhängig. Einfache analytische Näherungsausdrücke für $Z_L(f)$ und $\varepsilon_{r\,eff}(f)$ können mit Hilfe empirischer, einfach analysierbarer Wellenleitermodelle bestimmt werden. Diese müssen jedoch im allgemeinen mit den Ergebnissen exakter Analysen korregiert werden (Hoffmann (1983)).

Für den Wellenwiderstand Z_L wird je nach Leitungsform eine der folgenden drei Definitionen verwendet:

$$Z_{UI} = U/I, \qquad Z_{PI} = 2P/I^2 \qquad Z_{PU} = U^2/(2P) \tag{4.350}$$

mit der Spannung U zwischen den beiden Leitern der Leitung, dem in Ausbreitungsrichtung gerichteten Strom I und der in Ausbreitungsrichtung transportierten Wirkleistung P. Bei planaren Wellenleitern mit geschichtetem Dielektrikum ergeben sich unterschiedliche Werte für den Wellenwiderstand in Abhängigkeit von der verwendeten Definition. Nur im statischen Grenzfall oder bei reinen TEM-Wellen stimmen die Werte überein.

Die effektive relative Permittivität $\varepsilon_{r\,eff}$ ergibt sich aus dem Phasenkoeffizienten β mit der Wellenzahl k_0 im freien Raum zu $\varepsilon_{r\,eff} = (\beta/k_0)^2$.

Die Leitungsdämpfung α einer geradlinigen, unendlich langen Leitung setzt sich hauptsächlich aus der Leiterdämpfung α_ϱ und der dielektrischen Dämpfung α_ε zusammen. α_ε ist proportional zur Frequenz f und dem dielektrischen Verlustfaktor $\tan\delta_\varepsilon$ und kann bei Verwendung verlustarmer Substrate mit $\tan\delta_\varepsilon < 10^{-3}$ gegenüber α_ϱ vernachlässigt werden. Bei halbleitenden Substratmaterialien mit einem spezifischen Widerstand im Bereich von 10^3 bis $10^5\,\Omega$cm ist zusätzlich die Ableitdämpfung $\alpha_\varkappa$ zu berücksichtigen. Abstrahlung tritt vor allem an Leitungsdiskontinuitäten, diskreten Bauelementen sowie Resonatoren auf und ist damit abhängig vom jeweiligen Schaltungsaufbau.

Mikrostreifenleitung Auf diesem planaren Wellenleiter breitet sich eine Quasi-TEM-Welle mit kleinen longitudinalen Feldkomponenten und geringer Frequenzabhängigkeit des Phasenkoeffizienten (Dispersion) aus. Für tiefe Frequenzen kann eine statische Analyse unter Vernachlässigung der longitudinalen Feldkomponenten durchgeführt werden. Die resultierenden Leitungskenngrößen sind abhängig von den geometrischen Abmessungen w, h und t sowie von der relativen Permittivität ε_r des Substrats. Während Z_L und $\varepsilon_{r\,eff}$ frequenzunabhängig sind, ist $\alpha_\varrho \sim \sqrt{f\varrho}$ (ϱ-spezifischer Widerstand des Streifenmaterials). Analytische Ausdrücke für Z_L, $\varepsilon_{r\,eff}$ und α werden in der Literatur angegeben (Wolff (1978); Hoffmann (1983); Meinke u. Gundlach (1986)).

Der Wellenwiderstand Z_L einer Mikrostreifenleitung auf einem Substrat mit $\varepsilon_r = 2{,}5$ kann mit dem Parameter w/h zwischen 0,1 und 8 im Bereich von 190 Ω bis 23 Ω variiert werden. Für Substrate mit höherem ε_r wird der Variationsbereich für Z_L kleiner. Für $\varepsilon_r = 10$ und den oben genannten w/h-Bereich ergibt sich ein Z_L im Bereich von 105 Ω bis 14 Ω.

Diese Mikrostreifenleitungen mit $0{,}1 < w/h < 8$ und $0{,}01 < t/h < 0{,}1$ sowie $h = 0{,}25$ mm und einer Kupfermetallisierung haben bei 10 GHz für $\varepsilon_r = 2{,}5$ ein α_ϱ von 0,04 bis 0,28 dB/cm und für $\varepsilon_r = 10$ von 0,08 bis 0,56 dB/cm. Dabei nimmt α_ϱ mit zunehmenden w/h oder t/h ab.

Fig. 4.195 zeigt die Frequenzabhängigkeit von $\varepsilon_{r\,eff}$ für die Grundwelle sowie zwei höhere Eigenwellen einer Mikrostreifenleitung. Während die Grundwelle über den gesamten Frequenzbereich ausbreitungsfähig ist, existiert für die höheren Eigenwellen eine untere Grenzfrequenz. Damit besitzt der Einwelligkeitsbereich der Mikrostreifenleitung eine obere Grenzfrequenz.

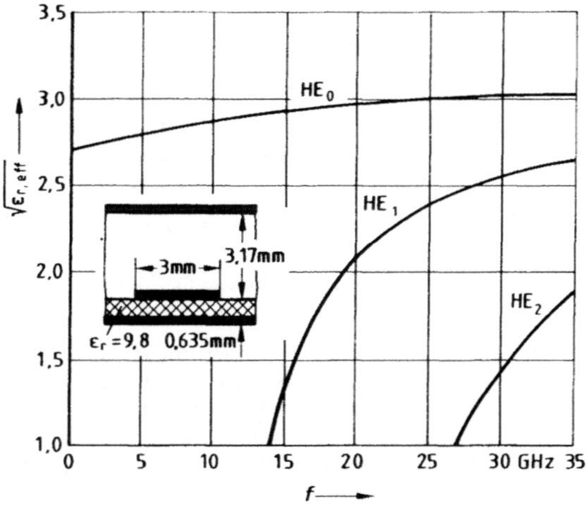

Fig. 4.195
Frequenzabhängigkeit von $\varepsilon_{r\,eff}$ der Grundwelle und der beiden höheren Eigenwellen der Mikrostreifenleitung (Meinke u. Gundlach (1986))

Koplanare Streifenleitung und Koplanarleitung Bei den koplanaren Leitungen nach Fig. 4.194g und h befinden sich alle Streifenleiter auf derselben Substratseite, von denen mindestens einer eine endliche Querschnittsabmessung hat. Die Grundwelle auf diesen Leitungen ist ebenfalls eine Quasi-TEM-Welle. Die Koplanarleitung (Fig. 4.194h) entspricht der planaren Form einer Koaxialleitung und die koplanare Streifenleitung (Fig. 4.194g) der einer Zweidrahtleitung.

Die aus der statischen Analyse resultierenden Werte für Z_L der koplanaren Streifenleitung auf einem Substrat mit $\varepsilon_r = 9{,}8$ liegen im Bereich von 50 Ω bis 500 Ω und die der Koplanarleitung im Bereich von 20 Ω bis 210 Ω, abhängig von den geometrischen Abmessungen w/h und s/h (Hoffmann (1983)). Die Leiterdämpfung beider koplanarer Leitungen liegt in der gleichen Größenordnung wie bei der Mikrostreifenleitung mit vergleichbaren Abmessungen, ist jedoch bei niederohmigen Leitungen ($Z_L < 50\,\Omega$) im Regelfall merklich höher (Zinke u. Brunswig (1986)). So ergibt sich für koplanare Leitungen auf einem Substrat mit $\varepsilon_r = 9{,}8$ und $h = 0{,}25$ mm und einer 2,5 µm Kupfermetallisierung bei 10 GHz für s/h bzw. w/h zwischen 0,1 und 10 ein α_ϱ im Bereich von 0,95 bis 0,02 dB/cm.

Schlitzleitung Die in Fig. 4.194i dargestellte Schlitzleitung besteht aus einem Substrat mit einseitiger Metallisierung, die mit einem in Ausbreitungsrichtung homogenen Schlitz versehen ist. Die Grundwelle dieser ungeschirmten Schlitzleitung ist eine Quasi-H-Welle mit einer longitudinalen H-Feldkomponente, deren Amplitude mit denen der transversalen H-Feldkomponenten vergleichbar ist. Diese Quasi-H-Welle zeichnet sich durch eine im Vergleich zur Quasi-TEM-Welle der Mikrostreifenleitung ausgeprägten Dispersion von Z_{PU} und $\varepsilon_{r\,eff}$ aus sowie durch eine vergleichsweise große transversale Feldausdehnung. Für $\varepsilon_r = 9{,}8$ und s/h zwischen 0,05 und 2 liegen die resultierenden Z_{PU}-Werte im Bereich von 30 Ω bis 200 Ω (Hoffmann (1983)). Eine entsprechende Schlitzleitung auf einem 0,635 mm dicken Substrat mit Kupfermetallisierung hat bei 10 GHz eine Leiterdämpfung im Bereich von 0,36 bis 0,009 dB/cm.

Flossenleitung Eine in einen Hohlleiter integrierte Schlitzleitung nach Fig. 4.194j wird als Flossenleitung (finline) bezeichnet. Sie kann mit einem Steghohlleiter mit dielektrischem Einsatz verglichen werden. Es gibt drei Formen der Flossenleitung: unilateral, bilateral und antipodal (Fig. 4.196). Bei allen Formen werden die Metallisierungen in bzw. symmetrisch zu der Mittelebene der Hohlleiterbreitseite angeordnet. Der Einwelligkeitsbereich der Flossenleitung wird wie beim Hohlleiter durch die untere Grenzfrequenz der Grundwelle und die Grenzfrequenz der nächst höheren Eigenwelle eingeschränkt. Die Flossenleitung hat jedoch eine größere Bandbreite des Einwelligkeitsbereichs als der vergleichbare Hohlleiter. Der Wellenwiderstand und der Phasenkoeffizient der Flossenleitung haben im unteren Frequenzbereich eine ausgeprägte Dispersion.

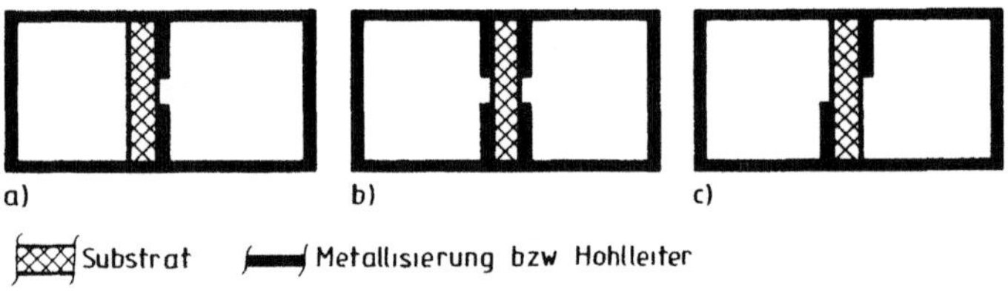

Fig. 4.196 Querschnitt verschiedener Bauformen der Flossenleitung a) unilaterial, b) bilateral und c) antipodal

Der Wellenwiderstand Z_{PU} einer unilateralen Flossenleitung liegt in Abhängigkeit von Frequenz und Schlitzgeometrie im Bereich von 100 Ω bis über 600 Ω (Zinke u. Brunswig (1986)). Die bei der antipodalen Flossenleitung mögliche Überlappung der beiden Leiterstreifen ermöglicht die Realisierung sehr kleiner Wellenwiderstände im Bereich von einigen Ω. Daher eignet sich die antipodale Flossenleitung für Hohlleiter-Mikrostreifenleitungs-Übergänge mit großen Transformationsverhältnissen des Wellenwiderstandes. Die Flossenleitung hat im Vergleich zum Hohlleiter eine höhere Leiterdämpfung. Messungen im Frequenzbereich zwischen 26 und 90 GHz ergaben minimale Verluste je Leitungswellenlänge im Bereich von 0,05 bis 0,14 dB abhängig von der Schlitzweite. Die Dämpfung nimmt mit abnehmender Schlitzweite zu (Zinke u. Brunswig (1986)).

Wolff (1978); Gupta (1979); Hoffmann (1983); Meinke u. Gundlach (1986); Zinke u. Brunswig (1986); Itoh (1989)

Optische Wellenleiter und **Faseroptik** s. unter **6.2.1.2**

4.3.3.6 Vierpole und Zweitore; allgemeine Beziehungen (U. Stumper)

Eine Vielzahl von Bauelementen, die in Hochfrequenzleitungen eingefügt werden, besitzen – entsprechend der HF-Doppelleitung – zwei Eingangs- und zwei Ausgangspole, man bezeichnet sie daher als Vierpole. Hohlleiter haben dagegen nur noch eine Eingangs- und eine Ausgangsöffnung, solche Bauteile nennt man daher Zweitore. Bei Doppelleitungen und in Frequenzbereichen, in denen Stromstärke und Spannung noch hinreichend genau nach Betrag und Phase bestimmt werden können, wird der Zusammenhang zwischen den Spannungen und Stromstärken am Ein- und Ausgang des Vierpols mit Hilfe einer Impedanz- bzw. Admittanz-Matrix ausgedrückt (s. Fig. 4.197). Der Zusammenhang zwischen den Stromstärken und Spannungen der Ein- und Ausgangsseite linearer Vierpole ist unter Verwendung der Impedanzmatrix bei Anwendung des symmetrischen Bezugspfeilsystems (s. Fig. 4.197) gegeben durch

$$U_1 = Z_{11} I_1 + Z_{12} I_2 \qquad U_2 = Z_{21} I_1 + Z_{22} I_2 \tag{4.351}$$

Fig. 4.197
Vierpol-Darstellung mittels Impedanz-Matrix ($\boldsymbol{U}=\boldsymbol{ZI}$), U_1 Eingangsspannung, U_2 Ausgangsspannung, I_1 Eingangsstromstärke, I_2 Ausgangsstromstärke, $\boldsymbol{Z}$ Impedanzmatrix. Die beiderseits zum Vierpol hin gerichteten Strompfeile bezeichnet man als symmetrische Bezugspfeile, die (in Klammern eingefügten) gleichgerichteten Bezugspfeile als Kettenbezugspfeile, die meist in rein technischen Darstellungen benutzt werden

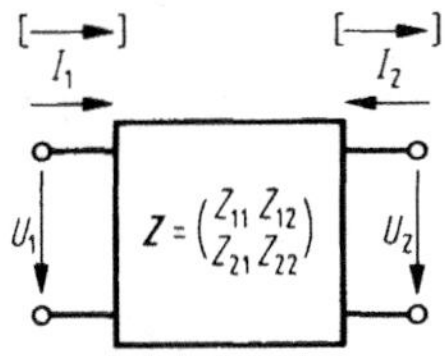

Mit $\boldsymbol{Z} = \begin{pmatrix} Z_{11} & Z_{12} \\ Z_{21} & Z_{22} \end{pmatrix}$ gilt in Matrix-Schreibweise $\boldsymbol{U} = \boldsymbol{ZI}$,

wobei $\boldsymbol{Z}$ die für den Vierpol charakteristische Impedanzmatrix darstellt. Entsprechend ergeben sich Ein- und Ausgangsstromstärken als Funktion der Spannungen

$$I_1 = Y_{11} U_1 + Y_{12} U_2 \qquad I_2 = Y_{21} U_1 + Y_{22} U_2$$

$$\boldsymbol{Y} = \begin{pmatrix} Y_{11} & Y_{12} \\ Y_{21} & Y_{22} \end{pmatrix} \text{ ist die charakteristische Admittanzmatrix } \boldsymbol{I} = \boldsymbol{YU}. \tag{4.352}$$

Der Zusammenhang zwischen den Impedanz- und Admittanzparametern ergibt sich aus $\boldsymbol{Y} = \boldsymbol{Z}^{-1}$, somit wird

$$\begin{pmatrix} Y_{11} & Y_{12} \\ Y_{21} & Y_{22} \end{pmatrix} = \frac{1}{Z_{11}Z_{22} - Z_{12}Z_{21}} \begin{pmatrix} Z_{22} & -Z_{12} \\ -Z_{21} & Z_{11} \end{pmatrix} \tag{4.353}$$

$$\begin{pmatrix} Z_{11} & Z_{12} \\ Z_{21} & Z_{22} \end{pmatrix} = \frac{1}{Y_{11}Y_{22} - Y_{12}Y_{21}} \begin{pmatrix} Y_{22} & -Y_{12} \\ -Y_{21} & Y_{11} \end{pmatrix} \tag{4.354}$$

In einer dritten Version werden die Eingangsgrößen U_1, I_1 als Funktion der Ausgangsgrößen U_2, I_2 dargestellt, wobei es in diesem Fall – entgegen der $\boldsymbol{Z}$- und $\boldsymbol{Y}$-Darstellung – üblich ist, Kettenbezugspfeile (s. Fig. 4.197) zu verwenden. Man erhält dann

$$U_1 = A_{11} U_2 + A_{12} I_2 \qquad I_1 = A_{21} U_2 + A_{22} I_2 \tag{4.355}$$

Zwischen den Elementen der Z-Matrix und der A-Matrix bestehen die Beziehungen

$$\begin{aligned}
Z_{11} &= \frac{A_{11}}{A_{21}} & A_{11} &= \frac{Z_{11}}{Z_{21}} \\
Z_{12} &= \frac{A_{11}A_{22}}{A_{21}} - A_{12} & A_{12} &= \frac{Z_{11}Z_{22} - Z_{12}Z_{21}}{Z_{21}} \\
Z_{21} &= \frac{1}{A_{21}} & A_{21} &= \frac{1}{Z_{21}} \\
Z_{22} &= \frac{A_{22}}{A_{21}} & A_{22} &= \frac{Z_{22}}{Z_{21}}.
\end{aligned} \tag{4.356}$$

Zur weiteren Beschreibung des Vierpols dienen der Eingangswellenwiderstand Z_{w1} und der Ausgangswellenwiderstand Z_{w2}, die so beschaffen sind, daß bei ausgangsseitigem Abschluß mit Z_{w2} der Eingangswiderstand Z_{w1} beträgt, beziehungsweise bei eingangsseitigem Abschluß mit Z_{w1} der Ausgangswiderstand Z_{w2} wird. Hieraus erhält man mit (4.355) und mit der Darstellung von U_2 und

I_2 als Funktionen von U_1 und I_1 (A^{-1}-Matrix)

$$Z_{w1} = \sqrt{Z_{11}/Z_{22}} \cdot Z_w, \qquad Z_{w2} = \sqrt{Z_{22}/Z_{11}} \cdot Z_w. \tag{4.357}$$

$$Z_w = \sqrt{Z_{11} \cdot Z_{22} - Z_{12} \cdot Z_{21}} = \sqrt{A_{12}/A_{21}} \tag{4.358}$$

ist der mittlere Wellenwiderstand; die Größen

$$s_1 = \sqrt{Z_{22}/Z_{11}}, \qquad s_2 = \sqrt{Z_{12}/Z_{21}} \tag{4.359}$$

bezeichnet man als Symmetrie-Parameter. Damit ergibt sich aus (4.355) (Feldtkeller (1953))

$$U_1 = s_2\left(\frac{1}{s_1}\cosh g \cdot U_2 + Z_w \sinh g \cdot I_2\right) \qquad I_1 = s_2\left(\frac{\sinh g}{Z_w} U_2 + s_1 \cosh g \cdot I_2\right) \tag{4.360}$$

wobei
$$\cosh g = \sqrt{\frac{Z_{11}Z_{22}}{Z_{12}Z_{21}}} \qquad \sinh g = \sqrt{\frac{Z_{11}Z_{22}}{Z_{12}Z_{21}} - 1}\,. \tag{4.361}$$

Für g gilt $\exp(g) = s_1 \cdot \exp(g_s)/s_2$, wobei

$$\exp(g_s) = U_1/U_2 = D \tag{4.362}$$

der komplexe Dämpfungsfaktor bei Abschluß des Vierpols mit Z_{w2} ist.

$$g_s = a + j \cdot b \tag{4.363}$$

ist das komplexe Dämpfungsmaß mit dem Dämpfungsmaß

$$a = \ln |D| \tag{4.364}$$

und dem Dämpfungswinkel (Phasenmaß)

$$b = \arg D. \tag{4.365}$$

Vierpole bezeichnet man als widerstandssymmetrisch (oder torsymmetrisch), wenn $s_1 = 1$ ist, d. h. $Z_{11} = Z_{22}$, sie sind übertragungssymmetrisch, wenn $s_2 = 1$ ist, also $Z_{12} = Z_{21}$. Eine Vielzahl passiver Leitungsvierpole ist längssymmetrisch, d. h. widerstands- und übertragungssymmetrisch ($s_1 = s_2 = 1$, $g_s = g$).

Die Vierpolparameter Z_{ik} und Y_{ik} bestimmt man experimentell aus Leerlauf- und Kurzschlußmessungen. Mißt man bei offenem Vierpol-Ausgang ($I_2 = 0$) Eingangsstromstärke I_1 und Eingangsspannung U_1 nach Betrag und Phase, so folgt daraus $Z_{11} = [U_1/I_1]_{I_2=0}$.

Entsprechend findet man $Z_{21} = [U_2/I_1]_{I_2=0}$. Die Größen Z_{21} und Z_{12} bezeichnet man als die eingangs- bzw. ausgangsseitigen Kopplungswiderstände (auch Kernwiderstände). Vertauscht man Eingang und Ausgang, d. h. schließt man die Spannungsquelle ausgangsseitig an und läßt den Eingang offen, so ergeben sich $Z_{12} = [U_1/I_2]_{I_1=0}$, und $Z_{22} = [U_2/I_2]_{I_1=0}$. In entsprechender Weise – nur mit kurzgeschlossenem Ausgang – findet man $Y_{11} = [I_1/U_1]_{U_2=0}$ und $Y_{21} = [I_2/U_1]_{U_2=0}$ sowie bei ausgangsseitiger Einspeisung und kurzgeschlossenem Eingang $Y_{12} = [I_1/U_2]_{U_1=0}$ und $Y_{22} = [I_2/U_2]_{U_1=0}$.

Mit Betrag und Phase anzeigenden Spannungsmessern (Vektorvoltmetern), Netzwerk-Analysatoren und Mehrtorreflektometern erhält man Ausgangsgrößen, die mittels der Netzwerkgleichungen so miteinander verknüpft werden können, daß sich die komplexen Vierpolparameter ergeben. Bei Integration eines Mikroprozessors oder Eingabe der Meßdaten in ein Rechnersystem erhält man in der Ausgabe direkt die gesuchten Vierpolkenngrößen nach Betrag und Phase.

Wird ein Vierpol am Ausgang mit einer beliebigen Impedanz Z_2 abgeschlossen, so beträgt seine Eingangs-Impedanz

$$Z_1 = \frac{U_1}{I_1} = \frac{Z_w}{s_1} \cdot \left[\frac{\frac{Z_2}{s_1} + Z_w \tanh g}{Z_w + \frac{Z_2}{s_1} \tanh g} \right] \tag{4.366}$$

Bei einem Quellwiderstand Z_1 am Eingang erhält man mit $s'_1 = 1/s_1$ die Ausgangsimpedanz

$$Z_2 = \frac{U_2}{I_2} = \frac{Z_w}{s'_1} \cdot \left[\frac{\frac{Z_1}{s'_1} + Z_w \tanh g}{Z_w + \frac{Z_1}{s'_1} \tanh g} \right] \tag{4.367}$$

Die eingangs- und ausgangsseitigen Wellenwiderstände Z_{w1} und Z_{w2}, die bei widerstandsunsymmetrischen Vierpolen voneinander verschieden sind und vom mittleren Wellenwiderstand Z_w abweichen, sowie g findet man aus dem geometrischen Mittel bzw. aus dem Quotienten von Kurzschluß- und Leerlaufimpedanz:

$$Z_{w1} = \sqrt{Z_{1K} Z_{1L}} = Z_w / s_1, \qquad \tanh g = \sqrt{Z_{1K}/Z_{1L}} \tag{4.368}$$

$$Z_{w2} = \sqrt{Z_{2K} Z_{2L}} = Z_w / s'_1, \qquad \tanh g = \sqrt{Z_{2K}/Z_{2L}} \tag{4.369}$$

Hierbei sind $Z_{1K} = 1/Y_{11}$ und $Z_{1L} = Z_{11}$ die Eingangsimpedanzen bei kurzgeschlossenem bzw. offenem Vierpolausgang, $Z_{2K} = 1/Y_{22}$ und $Z_{2L} = Z_{22}$ die Ausgangsimpedanzen bei kurzgeschlossenem bzw. offenem Vierpoleingang.

Für einen eingangs- und ausgangsseitig angepaßten Vierpol ($Z_1 = Z_{w1}$, $Z_2 = Z_{w2}$; Z_1 Quellwiderstand, Z_2 Lastwiderstand) ist die Einfügungsdämpfung allein von den Vierpol-Kennwerten abhängig, bei Fehlanpassungen hängt sie zusätzlich von den Quell- und Abschlußimpedanzen (Z_1 und Z_2) ab.

Bindlingsmaier u. a. (1969); DIN-Taschenbuch 22 (1978); Feldtkeller (1953); Küpfmüller (1952); Meinke u. Gundlach (1968); Moeller (1964); Oberdorfer (1949); Steinbuch u. Rupprecht (1982).

Die Bestimmung der Vierpol-Parameter durch Stromstärke- und Spannungsmessungen nach Phase und Betrag wird um so schwieriger, je höher die Meßfrequenz wird und ist in Hohlleitersystemen nicht mehr möglich. In diesen Fällen führt man statt der Stromstärken I und Spannungen U die Amplituden der vorwärts und rückwärts laufenden Wellen am Eingang (a_1, b_1) und am Ausgang (a_2, b_2) des Zweitors ein. Die Koeffizienten S_{ik}, die diese Wellengrößen miteinander verknüpfen, bezeichnet man als die Streufaktoren, die zugehörige Matrix $\boldsymbol{S}$ als die Streumatrix. Für ein beliebiges Zweitor (Fig. 4.198) gilt:

$$b_1 = S_{11} a_1 + S_{12} a_2 \qquad b_2 = S_{21} a_1 + S_{22} a_2, \tag{4.370}$$

also $$\boldsymbol{b} = \boldsymbol{S} \cdot \boldsymbol{a} \tag{4.370a}$$

mit $$\boldsymbol{S} = \begin{pmatrix} S_{11} & S_{12} \\ S_{21} & S_{22} \end{pmatrix} \tag{4.371}$$

Die Elemente der Hauptdiagonale von S_{ik} für $i = k$ (S_{kk}) sind die Betriebsreflexionsfaktoren (kurz: Reflexionsfaktoren), die übrigen Elemente S_{ik} für $i \neq k$ sind die Betriebsübertragungsfaktoren (kurz: Transmissionsfaktoren) von Tor k nach Tor i, wobei der Bezugswiderstand für jedes Tor gleich dem eingangs- bzw. ausgangsseitigen Wellenwiderstand gewählt wird.

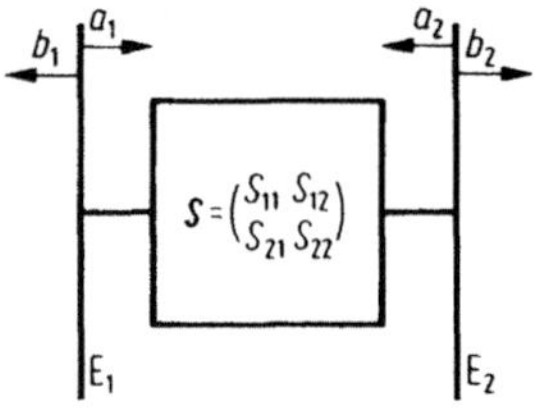

Fig. 4.198
Zweitordarstellung mittels Streumatrix (***b*** = ***Sa***)
a_1, b_1 Wellenamplituden in einer Eingangs-Querschnittsebene E_1
a_2, b_2 Wellenamplituden in einer Ausgangs-Querschnittsebene E_2
S Streumatrix
Die Pfeilrichtungen von a_i sind immer zum Zweitor hin, die von b_i vom Zweitor weg gerichtet

Die Wellengrößen a_i und b_i sind so definiert, daß die Quadrate ihrer Beträge die vorlaufende bzw. rücklaufende Leistung ergeben.

$$|a_i| = |\sqrt{P_{\text{vorw}}}| \qquad |b_i| = |\sqrt{P_{\text{ruckw}}}| \tag{4.372}$$

In Systemen, in denen sowohl die Anwendung der Strom-Spannung-Darstellung als auch die Wellendarstellung möglich sind (z. B. in Koaxialsystemen), können die Größen U, I, a und b durch folgende Gleichungen eindeutig einander zugeordnet werden:

$$\begin{aligned} a_1 &= \frac{1}{2}\left[\frac{U_1}{\sqrt{Z_{w1}}} + \sqrt{Z_{w1}}I_1\right] & b_1 &= \frac{1}{2}\left[\frac{U_1}{\sqrt{Z_{w1}}} - \sqrt{Z_{w1}}I_1\right] \\ a_2 &= \frac{1}{2}\left[\frac{U_2}{\sqrt{Z_{w2}}} + \sqrt{Z_{w2}}I_2\right] & b_2 &= \frac{1}{2}\left[\frac{U_2}{\sqrt{Z_{w2}}} - \sqrt{Z_{w2}}I_2\right] \end{aligned} \tag{4.373}$$

Z_{w1} und Z_{w2} sind die eingangs- und ausgangsseitigen Wellenwiderstände. Umgekehrt gilt:

$$\begin{aligned} U_1 &= \sqrt{Z_{w1}}(a_1 + b_1) & I_1 &= \frac{1}{\sqrt{Z_{w1}}}(a_1 - b_1) \\ U_2 &= \sqrt{Z_{w2}}(a_2 + b_2) & I_2 &= \frac{1}{\sqrt{Z_{w2}}}(a_2 - b_2) \end{aligned} \tag{4.374}$$

Sind die Wellenamplituden am Ort eines bestimmten Leitungsquerschnitts durch a und b gegeben, so sind diese mit den Strom- und Spannungswerten am gleichen Ort durch

$$P = |a|^2 - |b|^2 = \frac{1}{2}(UI^* + U^*I) = \text{Re}\,(UI) \tag{4.375}$$

verknüpft. P ist die im System hinter dem Bezugsquerschnitt verbrauchte Leistung.

Führt man die auf die Wellenwiderstände Z_{wi} normierten Impedanzen $z_{ik} = Z_{ik}/Z_{wi}$ ein und definiert die Hilfsgrößen D_z und D_s gemäß

$$D_z = (z_{11} + 1)(z_{22} + 1) - z_{12}z_{21} \qquad D_s = (1 - S_{11})(1 - S_{22}) - S_{12}S_{21}$$

so gelten folgende Zusammenhänge zwischen z_{ik} und S_{ik}

$$\begin{aligned} S_{11} &= \frac{(z_{11} - 1)(z_{22} + 1) - z_{12}z_{21}}{D_z} & z_{11} &= \frac{(1 + S_{11})(1 - S_{22}) + S_{12}S_{21}}{D_s} \\ S_{12} &= \frac{2z_{12}}{D_z} & z_{12} &= \frac{2S_{12}}{D_s} \\ S_{21} &= \frac{2z_{21}}{D_z} & z_{21} &= \frac{2S_{21}}{D_s} \\ S_{22} &= \frac{(z_{11} + 1)(z_{22} - 1) - z_{12}z_{21}}{D_z} & z_{22} &= \frac{(1 - S_{11})(1 + S_{22}) + S_{12}S_{21}}{D_s} \end{aligned} \tag{4.376}$$

Diese Darstellung läßt sich ohne weiteres auf Mehrtorsysteme mit beliebig vielen Ausgängen erweitern (Kraus (1980)).

Kerns u. Beatty (1967); Kurokawa (1965); Michel (1981); Oliver u. Cage (1971).

4.3.3.7 T- und π-Glieder, Filterkreise

Eine Vielzahl der Bauteile, die sich als längssymmetrische Vierpole darstellen lassen, sind in ihrem Grundaufbau symmetrische T- oder π-Glieder, Fig. 4.199. Wie mittels der Kirchhoffschen Regeln leicht nachweisbar ist, gelten folgende Zusammenhänge zwischen den Eingangs- und Ausgangsgrößen:

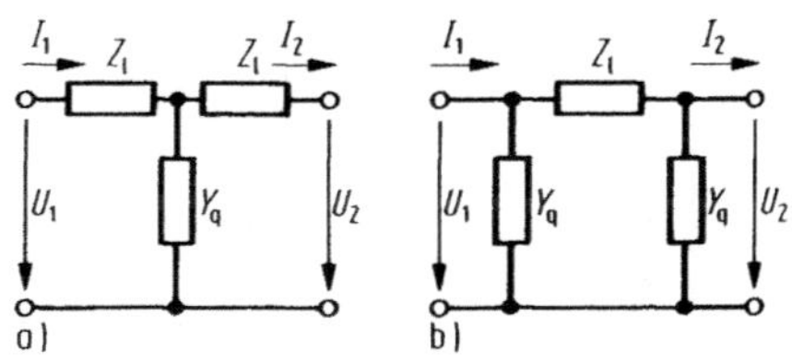

Fig. 4.199
Längssymmetrische Vierpolschaltungen (Grundelemente)
a) T-Glied, b) π-Glied
Z_l Längs-Impedanzen
Y_q Quer-Admittanzen
U_1, U_2 Ein- und Ausgangsspannung

T-*Glied:*

$$U_1 = (1 + Z_l Y_q) U_2 + 2Z_l \left(1 + \frac{Z_l Y_q)}{2}\right) I_2$$
$$I_1 = Y_q U_2 + (1 + Z_l Y_q) I_2 \qquad (4.377)$$

π-*Glied:*

$$U_1 = (1 + Z_l Y_q) U_2 + Z_l I_2$$
$$I_1 = 2 Y_q \left(1 + \frac{Z_l Y_q)}{2}\right) U_2 + (1 + Z_l Y_q) I_2 \qquad (4.378)$$

Die wesentlichen Vierpol-Kenngrößen sind in Tab. 4.11 dargestellt.

Tab. 4.11 Die wesentlichen Vierpol-Kenngrößen

	T-Glied	π-Glied
Wellenwiderstand Z_w	$\sqrt{\frac{2Z_l}{Y_q}} \sqrt{1 + \frac{Z_l Y_q}{2}}$	$\sqrt{\frac{Z_l}{2Y_q}} \frac{1}{\sqrt{1 + \frac{Z_l Y_q}{2}}}$
$\cosh g$	$1 + Z_l Y_q$	$1 + Z_l Y_q$
$\sinh g$	$\sqrt{2Z_l Y_q \left(1 + \frac{Z_l Y_q}{2}\right)}$	$\sqrt{2Z_l Y_q \left(1 + \frac{Z_l Y_q}{2}\right)}$
$\cosh \frac{g}{2}$	$\sqrt{1 + \frac{Z_l Y_q}{2}}$	$\sqrt{1 + \frac{Z_l Y_q}{2}}$
$\sinh \frac{g}{2}$	$\sqrt{\frac{Z_l Y_q}{2}}$	$\sqrt{\frac{Z_l Y_q}{2}}$

Tab. 4.12 Grundformeln für Filterelemente (Z_l Längs-Impedanz, Y_q Quer-Admittanz, ν_g (obere und untere) Grenzfrequenz, $\Delta\nu$ Bandbreite, a Dämpfungskoeffizient, Neb. Nebenbedingungen, Meyer u. Pottel (1969))

Kenn-werte	Tiefpaß (Fig. 4.200a)	Hochpaß (Fig. 4.200b)	Bandpaß (Fig. 4.200c)	Bandsperre (Fig. 4.200d)
Z_l	$j\omega L$	$\frac{1}{j\omega C}$	$j\left(\omega L_1 - \frac{1}{\omega C_1}\right)$	$\frac{1}{j\left(\omega C_1 - \frac{1}{\omega L_1}\right)}$
Y_q	$j\omega C$	$\frac{1}{j\omega L}$	$j\left(\omega C_2 - \frac{1}{\omega L_2}\right)$	$\frac{1}{j\left(\omega L_2 - \frac{1}{\omega C_2}\right)}$
ν_g	$\frac{1}{2\pi}\sqrt{\frac{2}{LC}}$	$\frac{1}{2\pi}\sqrt{\frac{1}{2LC}}$	$\frac{1}{2\pi}\left[\sqrt{\frac{1}{2L_1C_2}+\frac{1}{L_1C_1}} \pm \frac{1}{\sqrt{2L_1C_2}}\right]$	$\frac{1}{2\pi}\left[\sqrt{\frac{1}{L_1C_1}+\frac{1}{8}\frac{1}{L_2C_1}} \pm \frac{1}{2}\sqrt{\frac{1}{2L_2C_1}}\right]$
$\Delta\nu$	$\nu \leqslant \nu_g$	$\nu \geqslant \nu_g$	$\frac{1}{2\pi}\sqrt{\frac{2}{L_1C_2}}$	$\frac{1}{2\pi}\sqrt{\frac{1}{2L_2C_1}}$
a	$2\,\mathrm{arcosh}\left(\frac{\nu}{\nu_g}\right)$	$2\,\mathrm{arcosh}\left(\frac{\nu_g}{\nu}\right)$	$2\,\mathrm{arcosh}\left\{\frac{1}{\omega\sqrt{2C_1L_2}}\left\lvert\left(\frac{\omega}{\omega_0}\right)^2 - 1\right\rvert\right\}$	$2\,\mathrm{arcosh}\left\{\omega\sqrt{\frac{L_1C_2}{2}}\frac{1}{\left\lvert\left(\frac{\omega}{\omega_0}\right)^2 - 1\right\rvert}\right\}$
Neb.	-	-	$L_1C_1 = L_2C_2 = \frac{1}{\omega_0^2}$	$L_1C_1 = L_2C_2 = \frac{1}{\omega_0^2}$

Über den Aufbau von Dämpfungsgliedern mittels T- oder π-Schaltkreisen s. **4**.3.3.10.

T- und π-Glieder sind Grundelemente für den Aufbau von Tiefpässen, Hochpässen, Bandpässen und Bandsperren. Beispiele für die Realisierung solcher Schaltelemente sind in Fig. 4.200 und in Tab. 4.12 gegeben.

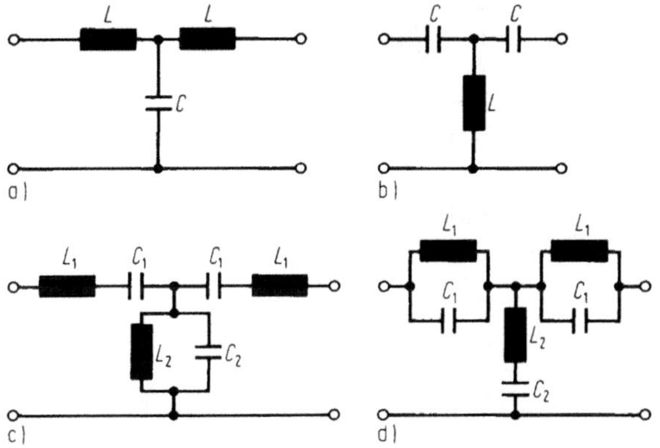

Fig. 4.200
Grundelemente von Filterschaltungen
a) Tiefpaß
b) Hochpaß
c) Bandpaß
d) Bandsperre

Kammerloher (1957); Meinke u. Gundlach (1968) u. (1986); Meyer u. Pottel (1969); Moller (1964); Vilbig (1960).

In Höchstfrequenzschaltkreisen ist der Aufbau von Filterkreisen aus konzentrierten Schaltelementen nicht mehr möglich. Tiefpaßfilter können dann z. B. aus Leitungsabschnitten aufgebaut werden, in die alternierend kapazitive Belastungen eingesetzt sind (Reich 2 (1947)). Hohlleiter stellen natürliche Hochpässe dar, da unterhalb der Grenzfrequenz ν_g keine Wellenfortpflanzung erfolgt. Bandpässe sind mittels einer Kette direkt gekoppelter Hohlraum-Resonatoren realisierbar, bei denen die Kopplung über eine Lochblende der gemeinsamen Querschnitts-Trennwand erfolgt. Auch die Kopplung von $\lambda_L/2$ langen Resonanzhohlräumen über $\lambda_L/4$-Leitungsabschnitte wird häufig angewandt. Ein Hohlleiter-Sperrfilter kann mittels einer Reihe im Abstand von $\lambda_L/4$, mit der Hauptleitung parallel geschalteter Hohlraumresonatoren realisiert werden (Ragan (1948)).

Beispiel: Für einen Bandpaß, dessen Mittenfrequenz 10 MHz und dessen Bandbreite 2 MHz betragen soll, ist $C_2 = 112{,}5\,\text{nF}$ vorgegeben. Aus der Bandbreite findet man nach Tab. 4.12 $L_1 = 1/(2\pi^2(\Delta\nu)^2 C_2) = 112{,}6\,\text{nH}$, und mit $\nu_{g1} = (1/(2\pi\sqrt{2L_1C_2})) = 10\,\text{MHz}$ ergibt sich $1/L_1C_1 = 3{,}908 \cdot 10^{15}\,\text{s}^2$ und damit $C_1 = 2{,}273\,\text{nF}$. Aus $L_1C_1 = L_2C_2$ folgt $L_2 = 2{,}274\,\text{nH}$. Aus $a_1 = 2\,\text{arcosh}\,3{,}094$ (bei 8 MHz) bzw. $a_2 = 2\,\text{arcosh}\,2{,}652$ (bei 12 MHz) und $\text{arcosh}\,y = \ln(y + \sqrt{y^2-1})$ findet man für die Dämpfung in dB (mit (4.322)) $a_1' = 31{,}2\,\text{dB}$ (bei 8 MHz), $a_2' = 28{,}3\,\text{dB}$ (bei 12 MHz).

4.3.3.8 Resonanzkreise

Leitungskreise aus konzentrierten Elementen Resonanzkreise bestehen aus der Zusammenschaltung einer Induktivität L und einer Kapazität C, in Verbindung mit einem Wirkwiderstand R, der auch nur der Leitungswiderstand sein kann. Man unterscheidet den Reihenresonanzkreis (Fig. 4.201) und den Parallelresonanzkreis (Fig. 4.202).

Im ersten Fall beträgt die Impedanz Z des Kreises

$$Z = R + \mathrm{j}\left(\omega L - \frac{1}{\omega C}\right) \tag{4.379}$$

Sie wird rein reell, $Z = R$, wenn

$$\omega = \omega_0 = \frac{1}{\sqrt{LC}}. \tag{4.380}$$

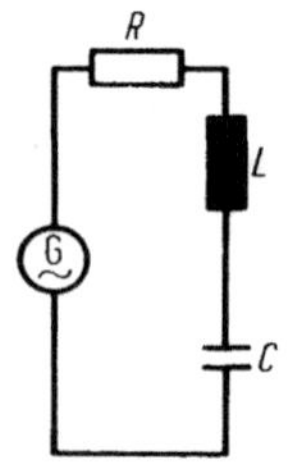

Fig. 4.201 Reihen-Resonanzkreis

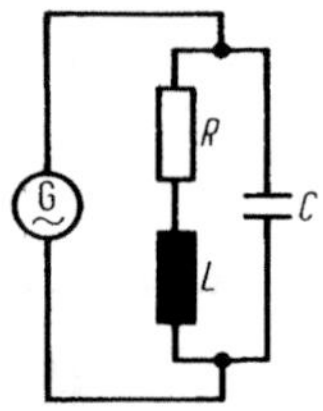

Fig. 4.202 Parallel-Resonanzkreis

$\nu_0 = 1/(2\pi\sqrt{LC})$ ist die Resonanzfrequenz des (ungedämpften) Kreises ($R = 0$). Die Spannung am Resonanzkreis ist gegenüber der Stromstärke um den Phasenwinkel

$$\Phi = \arctan \frac{\omega L - \dfrac{1}{\omega C}}{R} = \arctan \left\{ \frac{\omega L}{R} \left[1 - \left(\frac{\omega_0}{\omega} \right)^2 \right] \right\} \tag{4.381}$$

verschoben. Für $\omega < \omega_0$ wird der Gesamtwiderstand kapazitiv, für $\omega > \omega_0$ induktiv, für $\omega = \omega_0$ rein resistiv.

$$Q = \frac{\omega L}{R} \tag{4.382}$$

wird als Gütefaktor des Resonanzkreises bezeichnet, er ist ein Maß für die Dämpfung, die Halbwertsbreite der Resonanzkurve und die Resonanzüberhöhung der angelegten Spannung. Ein freischwingender Resonanzkreis hat eine Amplitudendämpfung $e^{-\delta t}$ wobei $\Lambda = \delta\tau$ die Amplitudenabnahme während einer Schwingungsperiode (τ) angibt und als logarithmisches Dekrement bezeichnet wird. Es ist

$$Q = \frac{\pi}{\Lambda} \tag{4.383}$$

Die Frequenzbreite, bei der die Leistung den halben Wert der Spitzenleistung erreicht hat, bzw. Spannungs- oder Stromstärke-Amplitude auf $1/\sqrt{2}$ ihres Maximalwertes abgefallen sind, bezeichnet man als die Halbwertsbreite $(\Delta\nu)_{1/2}$ der Resonanzkurve. In guter Näherung gilt

$$Q = \frac{\nu_0}{(\Delta\nu)_{1/2}} \tag{4.384}$$

wenn ν_0 die Mittenfrequenz der Resonanzlinie ist. Für die Resonanzüberhöhung, d. h. den Faktor, um den die Spannung an Spule und Kondensator die ursprünglich angelegte Spannung U_0 überschreiten kann, gilt

$$\frac{(U_L)_{\max}}{U_0} = \frac{(U_C)_{\max}}{U_0} \simeq Q \tag{4.385}$$

Da bei Reihenschaltung von Spule und Kondensator eine beträchtliche Spannungsüberhöhung eintreten kann, bezeichnet man die Reihenresonanz auch als „Spannungsresonanz"; im Gegensatz hierzu tritt „Stromresonanz" bei Parallelschaltung (Fig. 4.202) von Kapazität und Induktivität ein. In diesem Fall ist die Kreisimpedanz

$$Z = \frac{\dfrac{R}{(\omega C)^2} - \mathrm{j}\left(\dfrac{1}{\omega C}\right)\left[R^2 + (\omega L)^2 - \dfrac{L}{C}\right]}{R^2 + \left(\omega L - \dfrac{1}{\omega C}\right)^2} \tag{4.386}$$

Die Resonanzfrequenz ist

$$\nu_0 = \frac{1}{2\pi\sqrt{LC}} \cdot \sqrt{1 - R^2\frac{C}{L}} \tag{4.387}$$

Die Phasenverschiebung der Spannung gegenüber dem Strom ist durch

$$\Phi = \arctan\left[\frac{\omega C - \dfrac{\omega L}{R^2 + (\omega L)^2}}{\dfrac{R}{R^2 + (\omega L)^2}}\right] \tag{4.388}$$

gegeben. In den meisten praktischen Anwendungen ist $R \ll \sqrt{L/C}$, dann stimmt die Resonanzfrequenz mit derjenigen bei Reihenresonanz überein. In diesem Fall gilt

$$Q = \frac{\pi}{\Lambda} \approx \frac{1}{R}\sqrt{\frac{L}{C}} = \frac{\omega_0 L}{R} \tag{4.389}$$

Bei kleinem Wert von R wird der Kreiswiderstand $|Z|$ im Resonanzfall sehr hoch, so daß $|Z| \to \infty$, $I \to 0$ für $R \to 0$ wird. Der Parallelresonanzkreis wirkt daher im Resonanzfall als sehr hoher Widerstand (Sperrkreis). Innerhalb des Kreises selbst werden aber die Teilströme I_L und I_C sehr hoch. Die Stromüberhöhung beträgt in guter Näherung

$$\frac{(I_L)_{\max}}{I_0} = \frac{(I_C)_{\max}}{I_0} \approx Q \tag{4.390}$$

wobei $(I_L)_{\max}$ bzw. $(I_C)_{\max}$ die Maximalwerte der im Resonanzfall durch Spule bzw. Kondensator fließenden Ströme sind und unter I_0 der Gesamtstrom zu verstehen ist.

Kammerloher (1957); Meinke u. Gundlach (1968, 1986); Vilbig (1960).

Topfkreise Resonanzkreise bei höheren MHz-Frequenzen, vor allem im dm-Wellenbereich, werden vielfach als „Topfkreise" ausgebildet, das sind allseitig abgeschirmte kurzgeschlossene koaxiale Leiterstücke. Die Resonanzabstimmung erfolgt über eine variable Kapazität in Verbindung mit der Leitungs-Induktivität (Fig. 4.203). Dabei gilt genähert (für vernachlässigbar kleine Dämpfung und Kopplung)

$$\omega_0 C Z_{\mathrm{L}} = \cot(\sqrt{\varepsilon\mu} \cdot \omega_0 l), \qquad d_a < l \lessapprox \frac{\lambda_{\mathrm{L}}}{4} \quad \text{mit} \quad C = \frac{\pi r^2 \varepsilon}{d} \tag{4.391}$$

($\omega_0 = 2\pi\nu_0$, ν_0 Resonanzfrequenz, C Abstimmkapazität, Z_{L} Leitungs-Wellenwiderstand, l Leitungslänge, r Radius des Innenleiters (bzw. der Kondensatorfläche), d Abstand der beiden Kondensatorflächen, d_a Durchmesser des Außenleiters, ε, μ Permittivität und Permeabilität im Innenraum).

Die Gütewerte liegen meist zwischen 10^3 und 10^4. Die Ankopplung des Topfkreises erfolgt kapazitiv, induktiv oder durch galvanische Verbindung mit dem Mittelleiter.

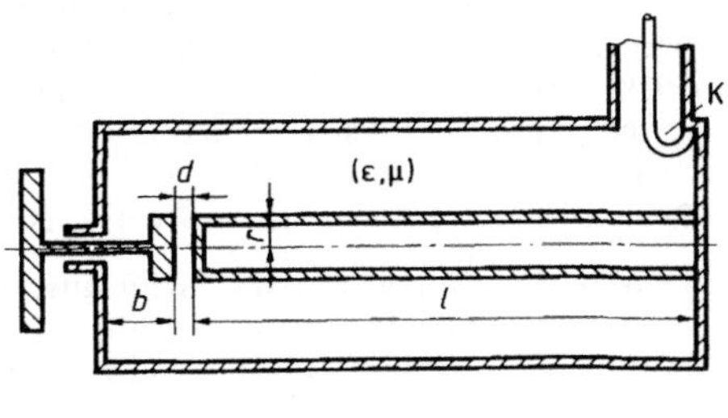

Fig. 4.203
Topfkreis mit induktiver Kopplung
l Länge der koaxialen Leitung
d Abstand zwischen den Kondensatorplatten der Abstimmkapazität C
r Radius der Kondensatorplatte (und des koaxialen Innenleiters)
K induktive Koppelschleife
ε, μ Permittivität und Permeabilität des Innenraums
$b \ll l$

Beispiel: Bei einem Topfkreis für $\nu = 500$ MHz ($\lambda = 60$ cm) ist die Länge $l = 10$ cm, der Innendurchmesser des Topfes $d_a = 6$ cm, der Wellenwiderstand sei 50 Ω. Der Innenraum ist mit Luft gefüllt. Aus (4.391) findet man $C = 3{,}67$ pF. Mit $r = (d_a/2)\,\mathrm{e}^{-50/60} = 1{,}30$ cm ergibt sich $d = 1{,}3$ mm.

Megla (1954); Meinke u. Gundlach (1968, 1986); Philippow (1969); Zinke u. Brunswig (1959).

Hohlraumresonatoren Im GHz-Frequenzbereich wird gegenüber Topfkreis und koaxialem Leitungsresonator der Hohlraumresonator mit ansteigenden Frequenzen bevorzugt. Er entsteht aus einem Hohlleiter, der beiderseitig durch eine Kurzschlußplatte möglichst hoher Leitfähigkeit abgeschlossen ist. Resonanz tritt ein, wenn die Länge l zwischen den transversalen Grenzflächen gleich einem Vielfachen der halben Leiterwellenlänge ist

$$l = n \cdot \frac{\lambda_L}{2} = \frac{n}{2} \cdot \frac{c}{\nu\sqrt{\varepsilon_r \mu_r}} \frac{1}{\sqrt{1 - \left(\frac{\nu_g}{\nu}\right)^2}} \tag{4.392}$$

(Zur Berechnung von Resonanzfrequenzen aus den geometrischen Daten kreiszylindrischer Resonatoren s. Tab. T 4.08 in Band 3).

Der Gütefaktor Q von Hohlraumresonatoren ergibt sich entweder aus der Halbwertsbreite (4.384) oder gemäß der Definition

$$Q = \frac{2\pi \cdot (\text{im Resonator gespeicherte Energie})}{\text{Energieverlust während einer Schwingungsperiode}} \tag{4.393}$$

Eine rohe Abschätzung, die für Resonatoren beliebiger Gestalt gültig ist, lautet

$$Q \approx \frac{V}{\delta F} = \frac{\text{Volumen des Resonators}}{\text{Volumen der äquivalenten Leitschicht (Skinvolumen)}} \tag{4.394}$$

(V Volumen des Hohlraums, F innere Oberfläche des Resonators, δ Skineindringtiefe nach Gl. (4.306). Cross (1977).

Groll (1969); Meinke u. Gundlach (1968 und 1986); Meyer u. Pottel (1969); Kohler u. Bayer (1966); Sarbacher u. Edson (1950).

Durch Anwendung von Hohlraumresonatoren aus supraleitendem Material unterhalb ihrer Sprungtemperaturen (9,24 K bei Niob und 7,19 K bei Blei) lassen sich Gütewerte über 10^{10} erzielen, gegenüber Q-Werten zwischen $5 \cdot 10^3$ und 10^6 bei Zimmertemperatur.

Halbritter (1974); Meyer (1981); Petley (1980); Pfister (1976); Stein (1975).

Beispiel: In einem mit Luft gefüllten Hohlraumresonator aus Kupfer ($\varrho \approx 1{,}6 \cdot 10^{-8}\,\Omega$m) mit einem kreiszylindrischen Querschnitt ($d_i = 5$ cm), der bei der Frequenz 10 GHz ($\lambda = 3$ cm) in H_{011}-Resonanz angeregt werden soll, gilt für die H_{01}-Welle $\lambda_g = 0{,}820 d_i = 4{,}1$ cm, $\lambda_L = 4{,}40$ cm, $\delta = 0{,}64$ µm, l_i (innerer Abstand der Endflächen des Hohlraumes) $= \lambda_L/2 = 2{,}20$ cm.

$$V = d_i^2 \pi l_i/4 = 43{,}2\ \text{cm}^3, \qquad \delta F = \delta d_i \pi\,(l_i + d_i/2) = 4{,}72 \cdot 10^{-3}\ \text{cm}^3.$$

Gütefaktor $Q \approx 9000$. (Bei H_{015}-Resonanz ist $V = 216\ \text{cm}^3$, $\delta F = 1{,}36 \cdot 10^{-2}\ \text{cm}^3$, also $Q \approx 16000$).

Zur Vermeidung von Energiekonversion in andere Wellentypen mit höherer Dämpfung als die extrem dämpfungsarme H_{01}-Welle (z. B. E_{11}-Welle mit gleicher Leiterwellenlänge) wird die Wand des kreiszylindrischen Hohlleiters als einlagige Spule aus dichtgewickeltem isolierten Cu-Draht („Wendelhohlleiter") ausgebildet. Mit bei Frequenzen bis 140 GHz angewandten Wendelhohlleiter-Resonatoren sind Leergüten bis 80000 erreicht worden.

Chamberlain u. Chantry (1973); Stumper (1973); Ni u. Stumper (1985).

YIG-Filter Angeregt wird die ferrimagnetische Resonanz einer in einen Wellenleiter eingebauten vormagnetisierten Probe (oft Scheibe oder Kugel mit Durchmesser von einigen 0,1 mm) aus Yttrium-Eisen-Granat (YIG), die über die Komponente des magnetischen HF-Wechselfelds mit

Richtung senkrecht zum Vormagnetisierungsfeld H_0 angekoppelt wird, z. B. mit einer Leiterschleife um die YIG-Kugel. Solche über H_0 abstimmbaren Resonatoren kann man für kleine HF-Leistungen (im mW-Bereich) und für Frequenzen von einigen hundert MHz bis etwa 100 GHz als durchstimmbare und (mit Hilfe von D/A-Wandler und Stromtreiber) rechnersteuerbare Filter benutzen. Der Einfügungsverlust beträgt einige dB. Die mit einer Sweeprate von maximal etwa 1 MHz pro µs verschiebbare Resonanzfrequenz (von einigen $10\,\text{kHz}\cdot\text{m}\cdot\text{A}^{-1}$) bestimmt sich aus dem gyromagnetischen Verhältnis, dem Kristallanisotropiefeld, der Sättigungsmagnetisierung und Entmagnetisierungsfaktoren. Die stets vorhandene Temperaturabhängigkeit der Resonanzfrequenz minimiert man durch geeignete kristallographische Orientierung zum Magnetfeld H_0. Auch Bariumferrit ist als Resonatormaterial im Bereich der Millimeterwellen verwendet worden.

Chang (1990); Meinke u. Gundlach (1986).

4.3.3.9 Anpassung und Anpassungstransformatoren

Um einem Verbraucher die von einem Generator erzeugte Nutzleistung möglichst verlustfrei zuzuführen, müssen Reflexionen innerhalb des Leitungssystems vermieden werden. Sie treten an der Grenzfläche zweier unterschiedlicher Leitungsimpedanzen auf, gemäß

$$\Gamma = \frac{Z_2 - Z_1}{Z_2 + Z_1} \tag{4.395}$$

(Z_1, Z_2 Wellenwiderstände der aneinandergrenzenden Medien, Γ Reflexionsfaktor). Ist $Z_1 = Z_2$, so verschwindet die Stoßstelle, man spricht dann von einem „angepaßten" Leitungsübergang.

Soll die von einem Generator maximal verfügbare Leistung (Generatorimpedanz Z_g) vom angeschlossenen Verbraucher (Lastimpedanz Z_l) aufgenommen werden, so ist die Bedingung

$$Z_l = R_l + jX_l = Z_g^* = R_g - jX_g \tag{4.396}$$

zu erfüllen. Die im Lastwiderstand verbrauchte (maximale) Leistung ist dann

$$P_{max} = \frac{|U_g|^2}{4R_l} \tag{4.397}$$

Im Tonfrequenzbereich werden zur Widerstandsanpassung um einen Eisenkern gewickelte Spulen (Transformatoren) mit den Primär- und Sekundärwindungszahlen n_1 und n_2 benutzt (Fig. 4.204), die in guter Näherung als verlust- und streuungsfrei anzusehen sind. Der komplexe Belastungswiderstand wird damit von der Sekundärseite auf die Primärseite transformiert gemäß

$$Z_2' = \left[\frac{n_1}{n_2}\right]^2 Z_2 \tag{4.398}$$

Zwischen Z_2' und Z_g (Generator-Impedanz) ist dann die Bedingung für maximale Leistungsabgabe $Z_g^* = Z_2'$ zu erfüllen.

Bei höheren Frequenzen im kHz- und MHz-Bereich verwendet man zur Widerstandsanpassung häufig Resonanzschaltungen aus verlustarmen Reaktanzen, die die Anpassungsbedingung in einem meist schmalen Frequenzband erfüllen.

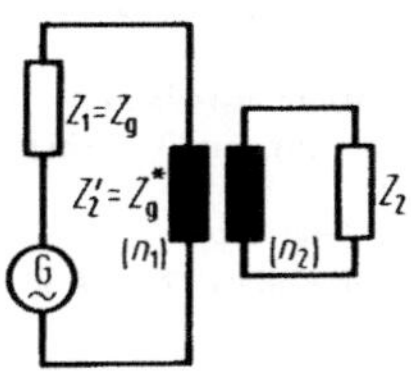

Fig. 4.204
Optimale Anpassung einer Last (Z_2) an den Generator (Z_1) über einen Transformator
n_1, n_2 Primär- und Sekundärwindungszahl
Z_2' transformierte Last
Bedingung für optimale Leistungsaufnahme $Z_1^* = Z_2'$

Im allgemeinen Fall, in dem ein komplexer Widerstand Z_1 an einen komplexen Widerstand Z_2 anzupassen ist, werden unsymmetrische T- oder π-Schaltungen benutzt, bei denen die ein- und ausgangsseitigen Wellenwiderstände die Anpassungsbedingungen an Quell- und Lastimpedanz erfüllen müssen.

Im Mikrowellenbereich sind konzentrierte Schaltelemente meist nicht mehr realisierbar. Man benutzt dann Leitungstransformatoren mit kontinuierlich verteilten Impedanzen. Schließt man z. B. eine beliebige Leitung der Länge l mit einer Impedanz Z_2 ab, so transformiert sich diese Impedanz nach der Leitungstheorie (**4**.3.3.1) auf den Eingang im Abstand l vom Abschluß gemäß

$$Z_1 = Z_L \frac{Z_2 + Z_L \tanh \gamma l}{Z_L + Z_2 \tanh \gamma l} \tag{4.399}$$

(Z_L Leitungswellenwiderstand, γ Fortpflanzungskoeffizient). Nimmt man die Leitung als praktisch verlustfrei an ($\gamma = \mathrm{j}\beta$) und wählt die Länge $l = \lambda_L/4$, so findet man bei reellen Leitungswiderständen $Z_1 = R_1$, $Z_2 = R_2$ für den Widerstand des Transformationsstückes:

$$Z_L = \sqrt{R_1 R_2} \tag{4.400}$$

Schließt man eine praktisch verlustfreie Leitung mit einem Kurzschluß ab, so gilt für den Eingangswiderstand

$$Z_1 = \mathrm{j} Z_L \tan \beta l \tag{4.401}$$

Mit Hilfe zweier derartiger Reaktanzleitungen, die senkrecht von einer Hauptleitung abzweigen und deren Eingänge den Abstand $(2n-1)\lambda_L/8$ ($n = 1, 2, 3, \ldots$) haben, können innerhalb eines begrenzten Transformationsbereiches zwei unterschiedliche Impedanzen aneinander angepaßt werden. Zur Vergrößerung des Transformationsbereiches benutzt man 3 Stichleitungen im gegenseitigen Abstand von $\lambda_L/8$ (Fig. 4.205). In Hohlleiterschaltungen werden anstelle von Stichleitungen meist Schrauben oder Stifte verwendet, die in der Mitte der Breitseite des Hohlleiters im Abstand $\lambda_L/8$ zueinander eingesetzt werden und als kapazitive oder induktive Blindwiderstände wirken. Der E-H-Transformator (Fig. 4.206) besteht aus einer doppelten T-Verzweigung, deren einer Zweig in der Ebene der elektrischen Feldlinien (E-Verzweigung) und deren anderer Zweig in der Ebene der magnetischen Feldlinien (H-Verzweigung) des Hauptleiters liegt.

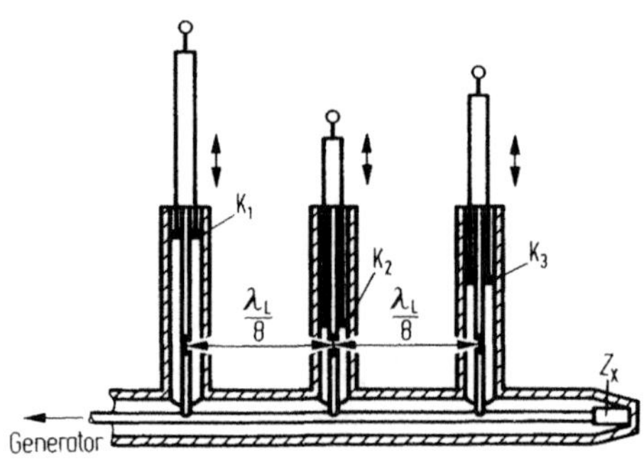

Fig. 4.205 Koaxialer Abstimmtransformator (Tuner) mit 3 Stichleitungen im Abstand $\lambda_L/8$ voneinander
Z_x anzupassende Last
K_1, K_2, K_3 verschiebbare Kurzschlußkolben

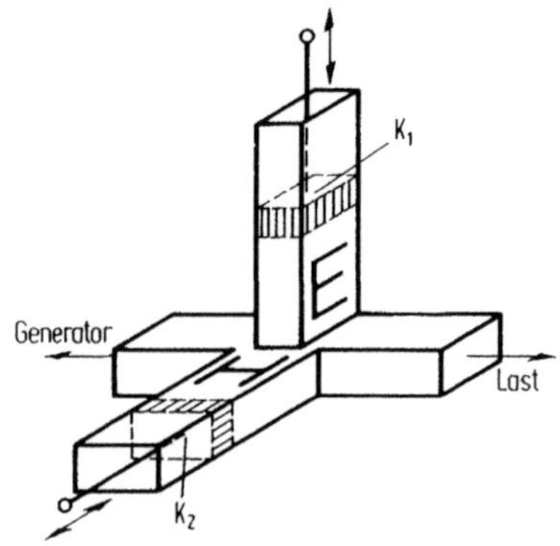

Fig. 4.206 E-H-Transformator
E Verzweigung parallel zum elektrischen Feld des Hauptleiters
H Verzweigung parallel zum magnetischen Feld des Hauptleiters
K_1, K_2 bewegliche Kurzschlußkolben

Die verschiebbaren Kurzschlüsse der beiden T-Zweige werden so einjustiert, daß am Anpassungsort die transformierte Abschlußimpedanz gleich dem Wellenwiderstand der Leitung ist. Beim Gleitschraubentransformator können Eintauchtiefe und Eintauchort längs eines Schlitzes in der Hohlleiterbreitseite verändert werden, bis optimale Transformation der anzupassenden Lastimpedanz erreicht ist. Mit den beschriebenen Impedanztransformatoren lassen sich meist Fehlanpassungen mit Welligkeiten von etwa 20:1 bis 30:1 auf besser als 1,02:1 reduzieren.

Bailey (1989); Groll (1969); Kammerloher (1957); Meinke u. Gundlach (1968, 1986); Tischer (1958); Weissfloch (1954); Zinke u. Brunswig (1986).

4.3.3.10 Dämpfungsglieder

Ein HF-Dämpfungsglied kann aus reinen Hochfrequenz-Widerständen (z. B. phasenreinen Schichtwiderständen) als T- oder π-Glied dargestellt werden. Bei koaxialem Ein- und Ausgang werden die Längswiderstände $Z_l = R$ in den Mittelleiter eingefügt, während die Querleitwerte $Y_q = G$ Innen- und Außenleiter verbinden. Dämpfungsmaß a und Wellenwiderstand Z_w ergeben sich aus folgenden Beziehungen (s. Tab. 4.11):

$$a = 2 \operatorname{arsinh} \sqrt{\frac{RG}{2}} \qquad (4.402)$$

(für T- und π-Glieder) und

$$Z_w = \sqrt{\frac{2R}{G}} \cosh\frac{a}{2} \text{ (für T-Glied);} \qquad Z_w = \sqrt{\frac{R}{2G}} \frac{1}{\cosh\frac{a}{2}} \text{ (für } \pi\text{-Glied)} \qquad (4.403)$$

Sind Dämpfung und Wellenwiderstand vorgegeben, so findet man für das T-Glied

$$R = Z_w \cdot \tanh\frac{a}{2} \qquad G = \frac{\sinh a}{Z_w} \qquad (4.404)$$

und für

$$R = Z_w \sinh a \qquad G = \frac{\tanh\frac{a}{2}}{Z_w} \qquad (4.405)$$

Beispiel: Um ein Dämpfungsglied zu realisieren, das bei einem Wellenwiderstand von 50 Ω eine Abschwächung von 20 dB hat, muß – nach obigen Formeln – für die T-Schaltung $R_l = 40{,}9\ \Omega$, $R_q = 1/G = 10{,}1\ \Omega$ und für die π-Schaltung $R_l = 247{,}5\ \Omega$, $R_q = 1/G = 61{,}1\ \Omega$ sein.

Zur Erzielung hoher Dämpfungen bei verhältnismäßig niedrigen Wellenwiderständen ist die Reihenschaltung mehrerer T- oder π-Glieder günstiger als ein einzelnes T- oder π-Glied, da sich bei diesem ungünstige Werte des Verhältnisses von Längswiderstand zu Querwiderstand ergeben (z. B. sehr kleine Querwiderstände für T-Glieder, sehr große Längswiderstände für π-Glieder). Kommerziell angebotene Festdämpfungsglieder haben meist Werte um 3 dB, 6 dB, 10 dB, 20 dB, ..., schaltbare Dämpfungsglieder sind heute rechnersteuerbar.

Meinke u. Gundlach (1968, 1986); Tischer (1958); Vilbig (1960).

Bei variablen Dämpfungsgliedern (Abschwächern) erfolgt die Absorption meist in Dünnschichtwiderständen, die bei koaxialen Dämpfungsgliedern in den Mittelleiter eingefügt sind. Die Dämpfung kann hier z. B. über eine kapazitive Sonde, die längs des (röhrenförmigen) Widerstandselements verschiebbar ist, kontinuierlich verändert werden.

Bei Hohlleiter-Dämpfungsgliedern wird im einfachsten Fall ein Widerstandsstreifen parallel zu den elektrischen Feldlinien (d. h. beim Rechteckhohlleiter parallel zur Schmalseite) in Hohlleitermitte eingefügt. Eine Zuspitzung der Folie an beiden Enden sorgt für einen kontinuierlichen Feldübergang und damit für breitbandige Anpassung. Um die Dämpfung zu verändern, kann z. B. die Eintauchtiefe der durch einen Längsschlitz in der Hohlleiter-Breitseite eingeführten Absorptionsschicht kontinuierlich verändert werden. In einer zweiten Bauform kann ein Dämpfungsstreifen, der parallel zur schmalen Wand des Rechteckhohlleiters angebracht ist, von Wandnähe (Ort kleiner elektrischer Feldstärke) zur Mitte hin (Ort maximaler elektrischer Feldstärke) verschoben werden (Groll (1969); Tischer (1958)).

Das Rotations-Dämpfungsglied ist ein variabler Präzisionsabschwächer, bei dem in einen Hohlleiter kreiszylindrischen Querschnitts eine um die Mittelachse drehbare dielektrische Folie eingeführt ist, deren Oberfläche mit einer dünnen metallischen Widerstandsschicht (z. B. Chromnickel) bedampft ist. Eingangs- und ausgangsseitig wird der kreiszylindrische Hohlleiterquerschnitt stoßstellenfrei in einen Rechteck-Normquerschnitt überführt. Abgesehen von meist vernachlässigbar kleinen Korrekturgliedern (z. B. durch Mehrfachreflexion) wird die Dämpfungsänderung des Drehfolien-Absorbers allein durch die Winkeleinstellung θ des Widerstandsstreifens gegenüber der Nullstellung (Fläche senkrecht zum elektrischen Feld) bedingt. Die Gesamtdämpfung A ist

$$A = 40 \log \left[\frac{1}{\cos\theta}\right] + A_0 \tag{4.406}$$

(A_0 Grunddämpfung des Abschwächers in Null-Stellung, θ Drehwinkel). Rotations-Dämpfungsglieder lassen sich als kalibrierbare HF-Abschwächer bei Frequenzen bis höher 100 GHz und für Dämpfungen bis zu 50 dB bei einer Reproduzierbarkeit von bestenfalls etwa 0,001 dB/10 dB (für kleine Dämpfungswerte) benutzen. Typische Werte der Unsicherheit liegen zwischen 0,01 dB/10 dB und 0,1 dB/10 dB (Warner (1977)).

Weit unterhalb der Grenzfrequenz angeregte Hohlleiter stellen Abschwächer dar, deren einstellbare Dämpfungsdifferenz von der Verschiebung der auskoppelnden gegenüber der einkoppelnden Antenne und von der kritischen Dimension (beim kreiszylindrischen Hohlleiter ist das der Innendurchmesser, beim Rechteck-Hohlleiter ist es die innere Breitseite a) abhängt. Die Dämpfung in dB ergibt sich

$$A = \frac{40\pi \log e}{\lambda_g} \sqrt{1 - \left(\frac{\lambda_g}{\lambda}\right)^2} \cdot \Delta l \tag{4.407}$$

(λ freie Wellenlänge bei der Arbeitsfrequenz, λ_g Grenzwellenlänge, $\lambda > \lambda_g$, Δl Antennenverschiebung). Hohlrohr-Dämpfungsglieder eignen sich vor allem zur Erzielung hoher Abschwächungen bis 100 dB und darüber (Bayer (1980); Warner (1977)).

Die PIN-Diode (P = Positive, I = Intrinsic, N = Negative, entsprechend ihrem Dotierungsprofil) ist eine Halbleiterdiode, deren Hochfrequenzimpedanz durch eine elektrische Vorspannung variiert werden kann (Unger u. Harth (1972)). Sie ist als elektrisch einstellbares Dämpfungsglied und als schneller elektronischer Schalter geeignet. Die erreichbaren Sperrdämpfungen überschreiten 50 dB. Ferritmodulatoren sind in **4.3.3.14** erwähnt.

4.3.3.11 Phasenschieber der Höchstfrequenztechnik

Die zum Bau von Dämpfungsgliedern angewandten Prinzipien beim Einsatz fester, verschiebbarer oder drehbarer Widerstandsstreifen können grundsätzlich auch bei der Konstruktion von Phasenschiebern angewandt werden, wenn anstelle des Widerstandsmaterials möglichst verlustfreie, dünne dielektrische Schichten benutzt werden (Polystrol, Teflon, Keramikstoffe).

Ein für genau einstellbare Phasendifferenzen geeignetes Gerät besteht aus zwei koaxialen Leitungen gleichen Wellenwiderstandes (d. h. mit gleichem Durchmesser-Verhältnis d_a/d_i), die ineinander verschiebbar sind, also eine Koaxialleitung veränderlicher Länge darstellen (Fig. 4.207).

Um die bei starrem Einbau des Phasenschiebers in das Leitungssystem sich ergebenden Nachteile der veränderlichen Gesamtlänge auszuschalten, wird dem Phasenschieber die Gestalt eines

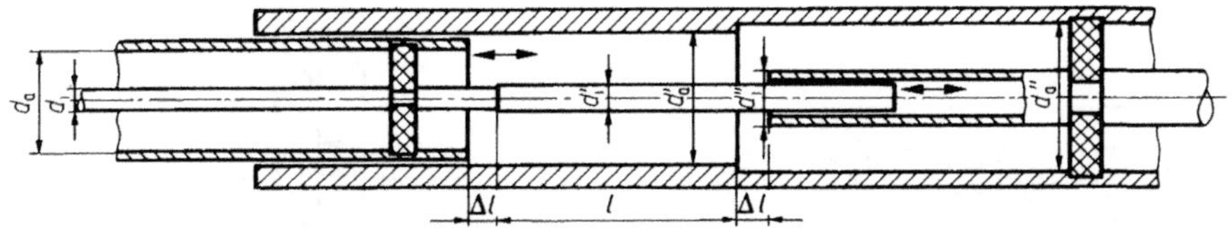

Fig. 4.207 Koaxialleitung veränderlicher Länge (nach Groll (1969))
d_a, (d_a', d_a'') Innendurchmesser der Außenleiter
d_i, (d_i', d_i'') Außendurchmesser der Innenleiter
Δl Abstand zwischen Außen- und Innenleitersprung zur Kompensation von Reflexionen

U-Rohres (Posaune) gegeben, wodurch sich Eingangs- und Ausgangsebene nicht mehr gegeneinander verschieben. Die Phasenänderung bei einem Auszug des U-Rohres um l ist dann gegeben durch

$$\Delta \Phi = 4\pi \cdot \frac{l}{\lambda_L}, \tag{4.408}$$

wobei λ_L die Leitungswellenlänge ist (bei koaxialen Luftleitungen praktisch gleich der freien Vakuum-Wellenlänge).

Fig. 4.208
Hohlleiter-Phasenschieber nach dem Richtkoppler-Prinzip
P_{HF} HF-Eingangsleistung
NH Normhohlleiter
K beweglicher Kurzschlußkolben
D Kopplungslöcher
l Verschiebung des Kurzschlußkolbens

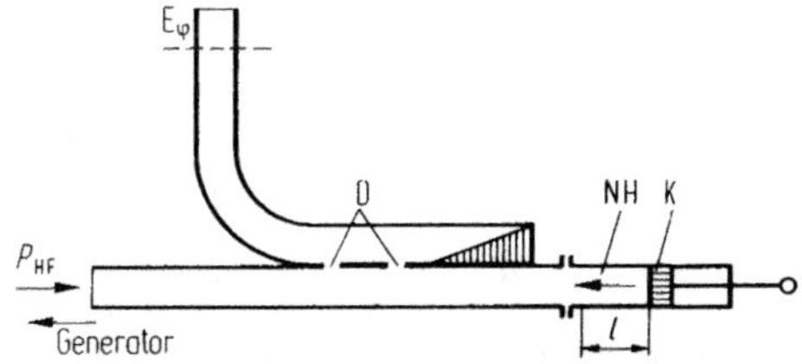

Eine entsprechende Konstruktion für Hohlleiter besteht aus der Kombination eines Richtkopplers (s. 4.3.3.13) hoher Richtdämpfung ($D > 40$ dB) mit einem Kurzschluß (Fig. 4.208). Bei Verschiebung des Kurzschlusses um l wird am Ausgang eines Seitenarmes (bei E_φ) eine Phasenänderung entsprechend Gl. (4.408) erzeugt. Bei Präzisionsausführungen mit hinreichend genauer Längen-Einstellmöglichkeit sind Phasendifferenzen zwischen 0,0002 und 0,002 (0,01° und 0,1°) realisierbar.

Ellerbruch (1965); Groll (1969); Meinke u. Gundlach (1968, 1986); Meyer u. Pottel (1969), Tischer (1958).

4.3.3.12 T-Verzweigungen

Die in koaxialen Leitungskreisen eingesetzten T-Verzweigungen bestehen im einfachsten Fall aus einer Parallelschaltung zweier Nebenarme mit dem Haupt-Eingangsarm. Dabei sind Außenleiter mit Außenleiter und Innenleiter mit Innenleiter galvanisch verbunden. Die Eingänge der drei 50 Ω-Leitungszweige sind nicht angepaßt. Um jeden der 3 Arme einen Eingangs-Wellenwiderstand von 50 Ω zu geben und dadurch Anpassung zu erzwingen, kann z. B. ein reeller Hochfrequenzwiderstand von 16⅔ Ω in den Mittelleiter jedes Zweiges eingesetzt werden. Die Schwächung zwischen zwei Toren beträgt dann 6,02 dB.

Als Hohlleiterkonstruktion unterscheidet man das Parallel-T und das Serien-T, entsprechend der Schaltung der Impedanzen im Ersatzschaltbild. Das Parallel-T (Fig. 4.209) wird auch H-Verzweigung, das Serien-T (Fig. 4.210) E-Verzweigung genannt, da in einem Fall die Verzweigung in der Ebene des H-Feldes, im anderen Fall in der Ebene des E-Feldes des Eingangsleiters erfolgt. Bei gleichen Querschnitten der Leiterarme sind die Hohlleiter-T-Verzweigungen nicht angepaßt; eine breitbandige Anpassung kann erzwungen werden, indem die Querschnitte der Verzweigungs-

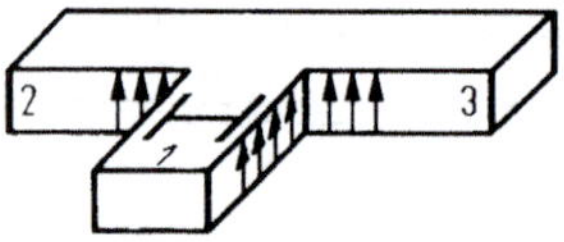

Fig. 4.209 H-Verzweigung (Parallel-T). Die Verzweigung erfolgt in der magnetischen Feldebene (senkrecht zum elektrischen Feldvektor)
↑ elektrischer Feldvektor

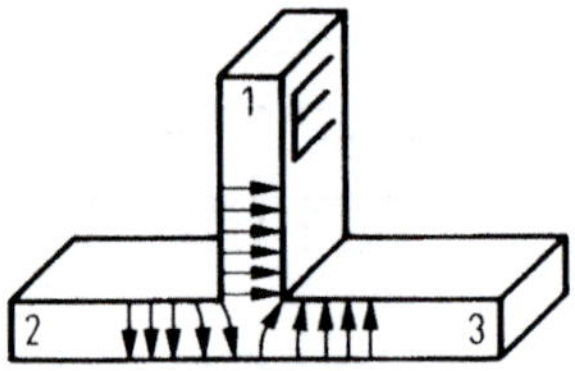

Fig. 4.210 E-Verzweigung (Serien-T). Die Verzweigung erfolgt in der Ebene des elektrischen Feldvektors
↑ elektrischer Feldvektor (Phasensprung um π zwischen Arm 2 und 3)

arme (oder der Eingangsarme) entsprechend modifiziert und dann kontinuierlich wieder in den Normquerschnitt überführt werden.

Eine spezielle Doppel-T-Schaltung (Kombination eines Serien- und eines Parallel-T's mit angepaßten Eingängen) stellt das „Magische T" dar (s. **4**.3.4.2; Fig. 4.233), dessen Streumatrix im Idealfall durch

$$\boldsymbol{S} = -\frac{\mathrm{j}}{\sqrt{2}} \left(\begin{array}{cc|cc} 0 & 0 & 1 & 1 \\ 0 & 0 & 1 & -1 \\ \hline 1 & 1 & 0 & 0 \\ 1 & -1 & 0 & 0 \end{array} \right) \tag{4.409}$$

gegeben ist. Die Anpassung $S_{11} = S_{22} = S_{33} = S_{44} = 0$ kann durch geeignete Abstimmelemente erreicht werden, so z. B. durch einen in die Symmetrieebene eingeführten Metallstift und eine induktive Blende in Arm 4. Eine in Arm 3 eingespeiste Welle verteilt sich gleichphasig auf Arm 1 und 2, Arm 4 ist entkoppelt. Bei Einspeisung in Arm 4 erfolgt die Kopplung in die beiden Seitenarme gegenphasig, Arm 3 ist entkoppelt (Anwendungen s. **4**.3.4.2).

Klages (1956); Meyer u. Pottel (1969); Montgomery u. a. (1947), (1948); Ragan (1948).

4.3.3.13 Richtkoppler

Im allgemeinen Fall hat jede (verlustlose) Viertor-Anordnung, deren Tore vollständig angepaßt sind, d. h. $S_{11} = S_{22} = S_{33} = S_{44} = 0$, die Eigenschaften eines Richtkopplers, d. h. daß die Kopplungen nur zwischen bestimmten Toren möglich sind, während die übrigen Tore entkoppelt sind (Montgomery u. a. (1948)).

Wird in einer geeigneten Anordnung, z. B. für Hohlleiter nach Fig. 4.211, die Hauptleitung mit Eingangstor 1 und Ausgangstor 2 mit einer Nebenleitung, die die Ein- und Ausgangstore 3 und 4

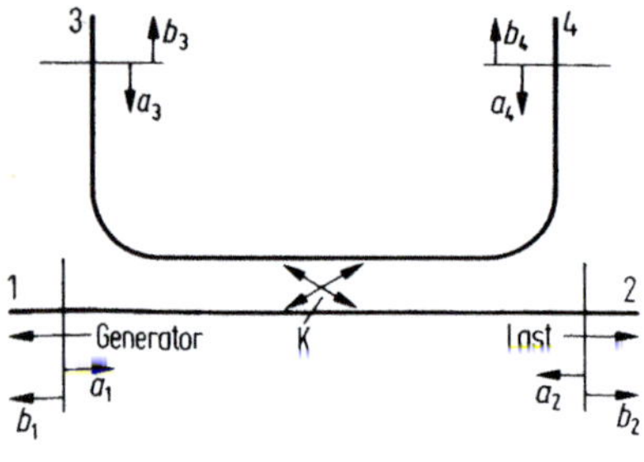

Fig. 4.211
Prinzip des Richtkopplers, z. B. für Hohlleiter (für Koaxialkoppler Tor 3 und 4 vertauscht)
1 Eingangstor des Hauptarms
2 Ausgangstor des Hauptarms
3, 4 Ausgangstore der Nebenleitung
a_1, a_2, a_3, a_4 Eingangs-Wellenamplituden an den Toren 1 bis 4
b_1, b_2, b_3, b_4 Ausgangs-Wellenamplituden an den Toren 1 bis 4
K Bereich der Kopplung (hier für Hohlleiter) zwischen Haupt- und Nebenleitung (für Koaxialkoppler Kopplung in „Rückwärtsrichtung")

besitzt, gekoppelt, und eine HF-Quelle mit Tor 1 (Eingang) verbunden, so wird ein Teil der Leistung in Arm 4 (Koppelpfad) ausgekoppelt, während am Ausgangstor 3 (Isolationspfad) im Idealfall keine HF-Leistung nachweisbar ist. Eine solche Anordnung kann als Reflektometer benutzt werden, weil die im Hauptarm vorwärts und rückwärts laufenden Wellen getrennt ausgekoppelt werden können. Bei Richtkopplern in Koaxial- und Planarleitungstechnik mit „Rückwärtskopplung" befindet sich das Tor, an welchem die ausgekoppelte Leistung auftritt, auf der gleichen Seite wie das Eingangstor 1 (Vertauschung von Tor 3 und 4).

Die Konstruktionsprinzipien sind verschiedenartig und vom Frequenzbereich, dem benutzten Leitungssystem und den gewünschten Spezifikationen abhängig. Vorwiegend im MHz-Bereich benutzt man Brückenschaltungen aus Ohmschen Widerständen. Bei koaxialen Leitungen im MHz- und GHz-Bereich sowie beim Bethe-Hohlleiter-Einlochkoppler wird die Wechselwirkung zwischen elektrischer und magnetischer Kopplung ausgenutzt (Montgomery (1947); Kraus (1980); Meinke u. Gundlach (1986)). Bei Hohlleiter-Richtkopplern verwendet man z. B. zwei im Abstand von $\lambda_L/4$ angebrachte Lochkopplungen in der gemeinsamen Breitseite, wodurch im Nebenleiter die beiden rückläufigen Wellen um $\lambda_L/2$ gegeneinander verschoben sind und sich auslöschen. Mit Vielloch-Richtkopplern (Lochzahl >2, gegenseitiger Abstand $\lambda_L/4$) läßt sich die Kopplung in Vorwärtsrichtung erhöhen und die Frequenzempfindlichkeit der Richtwirkung verbessern. Durch geringfügige Versetzungen im Lochabstand wird die Breitbandigkeit vergrößert.

Die Koppeldämpfung eines in der Praxis nichtidealen Richtkopplers (Fig. 4.211) ist

$$C = 20 \log \frac{|a_1|}{|b_4|} = -20 \log |S_{41}| \tag{4.410}$$

und die Richtdämpfung

$$D = 20 \log \frac{\dfrac{|b_4|}{|a_1|}}{\dfrac{|b_4|}{|a_2|}} = 20 \log \frac{|S_{41}|}{|S_{42}|} \tag{4.411}$$

Mit $\zeta = 10^{-C/20}$ erhält man die Streumatrix der idealen Richtkopplung gemäß

$$\boldsymbol{S} = \left(\begin{array}{cc|cc} 0 & \sqrt{1-\zeta^2} & 0 & \mathrm{j}\zeta \\ \sqrt{1-\zeta^2} & 0 & \mathrm{j}\zeta & 0 \\ \hline 0 & \mathrm{j}\zeta & 0 & \sqrt{1-\zeta^2} \\ \mathrm{j}\zeta & 0 & \sqrt{1-\zeta^2} & 0 \end{array} \right) \tag{4.412}$$

Bei handelsmäßig verfügbaren Richtkopplern ist meist Arm 3 mit einer nicht-reflektierenden Last abgeschlossen, so daß die Anordnung als 3-Tor betrachtet werden kann. Typische Kennwerte für solche Richtkoppler sind: Koppeldämpfung 3 dB, 6 dB, 10 dB, 20 dB, 40 dB. Die Richtdämpfungen liegen für Hohlleiter je nach Breitbandigkeit und spezieller Konstruktion zwischen 15 dB und 45 dB. Spezielle Hohlleiter-Richtkoppler mit Richtdämpfungen zwischen 50 dB und 60 dB über ein Hohlleiter-Normband sind verfügbar.

Im Koppelbereich von Richtkopplern in Koaxialtechnik sind die Innenleiter von Haupt- und Nebenleitung parallel in einem gemeinsamen Außenleiter geführt. Bei Kopplern aus planaren Leitungen sind Haupt- und Nebenleitungen so weit genähert, daß die Randfelder im Koppelbereich in die Nachbarleitung übergreifen. Die Richtdämpfung D beträgt in Frequenzbandbreiten 1:3 etwa 30 dB. Für extrem breitbandige Koppler wird D klein; bei einem kommerziellen Koppler wird im Frequenzbereich 1,7 GHz bis 26,5 GHz angegeben: $C \approx 16$ dB, $D \approx 12$ bis 15 dB, $S_{\text{n}} \approx 0{,}2$.

Chang (1989); Kerns u. Beatty (1967); Kraus (1980); Meinke u. Gundlach (1968, 1986); Montgomery (1948).

4.3.3.14 Ferrit-Bauteile

Ferrite haben einen hohen spezifischen elektrischen Widerstand (etwa 1 bis $10^6\,\Omega$m je nach Zusammensetzung und Frequenz), weshalb Mikrowellen praktisch ungehindert in sie eindringen (s. Gl. 4.306)). Der Imaginärteil der komplexen Permeabilität $\mu = \mu' - j\mu''$ (Groll (1969); Meyer u. Pottel (1969)), von dessen Betrag die Hochfrequenz-Absorption abhängt, kann über ein äußeres magnetisches Gleichfeld beeinflußt werden. Daher können in HF-Leitungen eingesetzte Ferrit-Elemente ähnlich wie die PIN-Diode (s. **4**.3.3.10) als elektrisch steuerbare Dämpfungsglieder bzw. Modulatoren benutzt werden.

Faraday-Effekt, ferromagnetischer Resonanzeffekt und Feldverdrängungseffekt (Groll (1969); Klages (1956); Lax u. Button (1962); Waldron (1961, 1970)) werden zur Herstellung nichtreziproker Leitungsbauteile ausgenutzt, z. B. von Zweitoren, bei denen die Ausbreitungseigenschaften von der Fortpflanzungsrichtung der Welle abhängen (Meinke u. Gundlach (1986); Chang (1989)).

Ein Beispiel hierfür ist die Einwegleitung (Isolator), die die Hochfrequenzwelle in Vorwärtsrichtung praktisch ungehindert durchläßt und in Rückwärtsrichtung absorbiert. Sie dient der Entkopplung von Leitungsabschnitten, z. B. dem Schutz von Generatoren vor Rückwirkungen durch Fehlanpassung. Einwegleitungen in Hohlleitertechnik (Meyer u. Pottel (1969)) können Rückwärts-Dämpfungen von über 50 dB in einem Hohlleiter-Normband aufweisen, Breitband-Einwegleitungen mit Koaxial-Anschlüssen entkoppeln nicht so gut (Rückwärts-Dämpfungen von etwa 20 dB in Frequenzbandbreiten von 1 : 2). Der Gyrator ist ein reziprokes Phasen-Drehglied. Die Phasenverschiebungen bei Vor- und Rückwärtsdurchlauf unterscheiden sich um π.

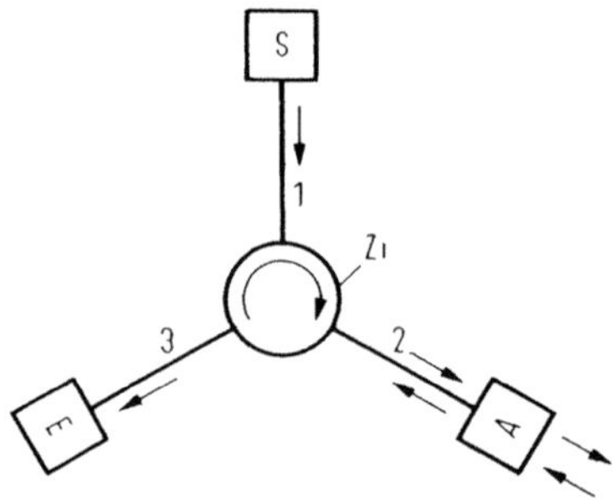

Fig. 4.212
Dreiarmiger Zirkulator zur Trennung von Sende- und Empfangssignal in einer Radaranlage
S Sender
E Empfänger
A gemeinsame Antenne
Zi Zirkulator mit 3 Toren
Sendesignal S-1-2-A
Empfangssignal A-2-3-E

Beim Zirkulator, der z. B. aus zwei Mikrowellenbrücken (s. **4**.3.4.2) und einem Gyrator aufgebaut werden kann (Tischer (1958)), sind in einer bestimmten Umlaufrichtung je 2 benachbarte Leitungsarme miteinander gekoppelt. Zirkulatoren stellen daher von der Fortpflanzungsrichtung abhängige Verzweigungen, bzw. Isolatoren dar (s. Fig. 4.212).

4.3.4 Meßverfahren für Hochfrequenzgrößen

4.3.4.1 Spannung, Stromstärke, Leistung, Dämpfung (D. Janik)

Spannungsmessung Definitionen und Besonderheiten. Die elektrische Spannung wird zwischen zwei Raumpunkten $\boldsymbol{r}_1$, $\boldsymbol{r}_2$ innerhalb eines elektrischen Feldes als Linienintegral der elektrischen Feldstärke gemäß (Lautz (1969); Stratton (1941))

$$U_{1,2} = \int_{\boldsymbol{r}_1}^{\boldsymbol{r}_2} \boldsymbol{E}\,\mathrm{d}\boldsymbol{s} \tag{4.413}$$

definiert. Um eine eindeutige, vom Integrationsweg unabhängige Spannungsaussage machen zu können, muß U als eine Potentialdifferenz $\Phi_2 - \Phi_1$ darstellbar sein und

$$\boldsymbol{E} = -\operatorname{grad} \Phi \tag{4.414}$$

gelten. Dann ist $\operatorname{rot} \boldsymbol{E} = -\operatorname{rot} \operatorname{grad} \Phi = 0$. In Feldern, in denen eine zeitlich sich ändernde Induktion auftritt, sind diese Voraussetzungen wegen

$$\operatorname{rot} \boldsymbol{E} = -\dot{\boldsymbol{B}} \tag{4.415}$$

nicht mehr erfüllt. Im allgemeinen Fall gilt dann für das geschlossene Umlaufintegral

$$\oint \boldsymbol{E} \mathrm{d}\boldsymbol{s} = \int (\operatorname{rot} \boldsymbol{E})_n \mathrm{d}\boldsymbol{f} \neq 0 \tag{4.416}$$

also

$$\int_{\boldsymbol{r}_1}^{\boldsymbol{r}_2} \boldsymbol{E} \mathrm{d}\boldsymbol{s} - \int_{\boldsymbol{r}_2}^{\boldsymbol{r}_1} \boldsymbol{E} \mathrm{d}\boldsymbol{s} \neq 0 \tag{4.417}$$

und somit $U_{12} \neq -U_{21}$, die Spannung zwischen den Punkten $\boldsymbol{r}_1$ und $\boldsymbol{r}_2$ ist dann vom Verlauf des Weges abhängig und nicht mehr eindeutig definiert.

Da Gl. (4.415) für die Felder in Hochfrequenzleitungen gilt, ist die Meßgröße Spannung nur in solchen Leitungssystemen definiert, in denen die Komponente $\boldsymbol{B}$ in Richtung der Flächennormale der Integrationsfläche verschwindet.

Das trifft für im TEM-Modus angeregte Doppelleitungen (Lecherleitung, Koaxialleitung, s. **4**.3.3.2, **4**.3.3.3) zu, wenn die Integrationsfläche in der Querschnittsebene des Leiters liegt, nicht aber für Wellenfelder in Hohlleitern.

Für Hochfrequenz-Spannungsmesser (Hock (1982), Kraus (1980), Mäusl (1991), Meinke u. Gundlach (1986), sollte – wie auch im Gleichstrom- und Niederfrequenzbereich – vorausgesetzt werden, daß ihr Eingangswiderstand sehr groß gegenüber dem Innenwiderstand der Quelle der Meßspannung und die Eigenkapazität hinreichend klein ist. Da zwischen dem Eingang des Spannungsmessers und der Meßstelle im allgemeinen ein Meßkabel liegt, entstehen Meßunsicherheiten durch die Kapazität und den Spannungsabfall längs der Induktivität der Verbindungsleitung. Die Reihenschaltung der Induktivität des Meßkabels mit der Eingangskapazität des Spannungsmessers kann zu Resonanzeffekten führen, die den Meßbereich des Voltmeters bezüglich der Frequenz begrenzen. Eine weitere Quelle der Meßunsicherheit sind kapazititve Einstreuungen von Störspannungen und induktive Aufnahmen von Störkomponenten elektromagnetischer Wechselfelder über Schleifenbildungen im Verbindungskabel.

Zur Vermeidung von Einstreuungen sollte das Meßkabel abgeschirmt sein, auch wenn seine Eigenkapazität hierdurch vergrößert wird. Die Abschirmung wird an einer einzigen Stelle zwischen Generator und Meßgeräte geerdet. Bei doppelten oder mehrfachen Erdanschlüssen können zwischen diesen Anschlußstellen Ausgleichsströme fließen, wenn diese Punkte nur auf geringfügig unterschiedlichem Potential liegen. Die Länge des Meßkabels sollte stets klein gegenüber der Leitungswellenlänge sein, um die Meßunsicherheiten infolge Welligkeit längs des Leitungsfeldes klein zu halten. Die obere Frequenzgrenze für genaue Spannungsmessungen mit noch vertretbarem Aufwand liegt etwa bei 1 GHz (Kraus (1980), Mäusl (1991); Zinke u. Brunswig (1987).

Spannungsmessung durch Gleichrichtung. Bei diesem heute überwiegend angewandten Verfahren wird die zu messende Hochfrequenzspannung in einer Halbleiter-Diode gleichgerichtet und durch Messung der Richtstromstärke, die entsprechend des Kennlinienverlaufs mit der

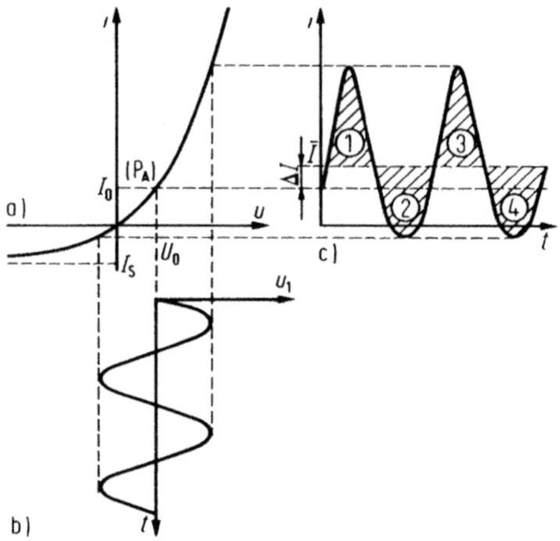

Fig. 4.213
Dioden-Gleichrichtung (nach Kraus (1980))
a) Dioden-Kennlinie $i = \mathrm{f}(u)$,
b) Gleichzurichtende Dioden-Eingangsspannung $u = U_0 \sin \omega t$,
c) Dioden-Ausgangsstrom $i = \mathrm{f}(t)$
$\mathrm{P_A}$ Arbeitspunkt (U_0, I_0)
$\bar{I}$ Mittelwert des gleichgerichteten Stromes
$(\int\limits_{(1)} i\,\mathrm{d}t = \int\limits_{(2)} i\,\mathrm{d}t = \int\limits_{(3)} i\,\mathrm{d}t = \int\limits_{(4)} i\,\mathrm{d}t)$
I_S Sperrstromstärke für $u \to \infty$;
$\Delta_I = \bar{I} - I_0$ Richtstromstärke
Infolge des nicht-linearen Verlaufs der Strom-Spannungs-Kennlinie ist die Stromkurve gegenüber der sinusförmigen Spannungskurve verzerrt

Spannung verknüpft ist, bestimmt. Für HF-Spitzenspannungen unter 30 mV ist die Anzeige etwa proportional dem Quadrat des Effektivwertes der zu messenden Hochfrequenzspannung, für Spitzenspannungen oberhalb 1 V wird die Anzeige nahezu linear.

Die Strom-Spannungs-Kennlinie einer Halbleiter-Diode ist durch

$$i = I_s \left[\exp\left(\frac{u}{U_T}\right) - 1\right] \quad \text{mit} \quad U_T = \frac{kT}{e} \tag{4.418}$$

gegeben. (I_s Sperrstromstärke für $u \to -\infty$, k Boltzmann-Konstante, e Elementarladung. T thermodynamische Temperatur (Fig. 4.213)). Unter dem Richtstrom ΔI versteht man die Differenz zwischen dem angezeigten Mittelwert $\bar{I}$ des Diodenstromes und dem zur Festlegung des Arbeitspunktes zugeführten Gleichstrom I_0. Im quadratischen Anzeigebereich gilt

$$\Delta I \simeq \frac{1}{2}\left[\frac{\mathrm{d}^2 i}{\mathrm{d}u^2}\right] \cdot U^2. \tag{4.4.19}$$

$\mathrm{d}^2 i/\mathrm{d}u^2$ ist die Krümmung der Diodenkennlinie im Arbeitspunkt, u die zu messende HF-Spannung und U ihr Effektivwert. Fig. 4.214 zeigt das Prinzip eines Gleichrichter-Voltmeters. Ist die zu messende HF-Spannung klein ($U < U_\mathrm{T}$), gilt für die am Kondensator abfallende gleichgerichtete Spannung U_C unter der Voraussetzung $R_\mathrm{P} \gg R_\mathrm{S}$ mit $R_\mathrm{S} = U_\mathrm{T}/I_\mathrm{S}$ die einfache Beziehung (Chang

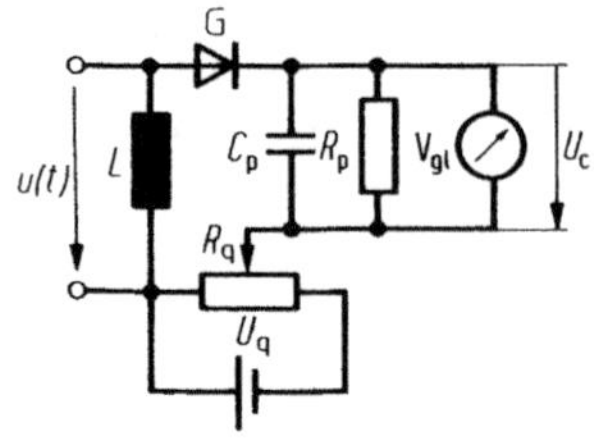

Fig. 4.214
Gleichrichterschaltung mit Vorwahl des Arbeitspunktes
$u(t)$ Hochfrequenz-Eingangsspannung
L Drosselspule zum Schließen des Gleichstromkreises bei gleichzeitiger HF-Sperre
G Gleichrichter
U_q Gleichspannungsquelle, die in Verbindung mit dem einstellbaren Widerstand R_q zur Vorwahl des Arbeitspunktes dient
C_p Glättungskondensator, zur Unterdrückung von Strom- und Spannungspulsationen an R_p
$\mathrm{V_{gl}}$ Meßgerät zum Nachweis der Richtstromstärke bzw. der Richtspannung

(1989); Schiek (1984):

$$U_C \simeq \frac{U^2}{2U_T}. \tag{4.420}$$

Für praktische Anwendungen ist der Zahlenwert von U_T höher anzusetzen als sich aus der einfachen Theorie ergibt. Die Kalibrierungen des Gleichrichter-Voltmeters erfolgt durch Anschluß an Gleichspannung über geeignete Transfernormale. Dabei wird die HF-Spannung, die an einem ohmschen Widerstand eine ihrer Wirkleistung entsprechende Erwärmung erzeugt, durch eine Gleichspannung gleicher Wirkleistung substituiert und so der Effektivwert der HF-Spannung mit kleinen Meßunsicherheiten ermittelt.

Fantom (1990), Hermach u. Williams (1966), Janik (1978), Selby (1953) u. (1968).

Legt man eine Hochfrequenzspannung oberhalb 1 V an den Eingang gemäß Schaltung Fig. 4.214, so entspricht die Spannung U_C am Kondensator unter der Voraussetzung $R_P C_P \gg \tau$ (τ Periodendauer einer HF-Schwingung) nach einigen Perioden etwa dem Spitzenwert $\hat{u}$ der eingangs angelegten Hochfrequenzspannung.

Für sinusförmige Eingangsspannungen gilt

$$U_C \simeq \hat{u} - \frac{1}{2} \cdot U_T \ln\left(\frac{2\pi\hat{u}}{U_T}\right). \tag{4.421}$$

Dann ist die prozentuale Abweichung $p = 100 \cdot (U_C - \hat{u})/\hat{u}$ der Kondensatorspannung von der Amplitude $\hat{u}$:

$$p \simeq -50 \cdot \frac{U_T}{\hat{u}} \ln\left(\frac{2\pi\hat{u}}{U_T}\right). \tag{4.422}$$

Für Sinusspannungen über 3 V wird $p \leq 3\%$ ($p \simeq 1\%$ für 10 V).

Bei Anwendung des Gleichrichterverfahrens über einen größeren Spannungsbereich werden verschiedene Bereiche der Diodenkennlinie durchlaufen (quadratischer Bereich – Übergangsbereich – linearer Bereich), so daß die Skaleneinteilung sich fortlaufend mit dem Bereich der Meßspannung ändern müßte. Um dies zu vermeiden, wird die zu messende Spannung mit Hilfe eines variablen Spannungsteilers und einer Regelmeßschaltung in einen Bereich verlagert, für den die Meßspannung linear von der Anzeigespannung abhängt (Fig. 4.215) (Kraus (1980)).

In neueren Geräten wird durch digitale Signalverarbeitung der Richtspannung die Diodenkennlinie in einem weiten Spannungsbereich korrigiert, ebenso lassen sich Temperatur und Frequenzeinflüsse auf die Spannungsanzeige berücksichtigen.

Zur Meßbereichserweiterung von Dioden-Voltmetern, deren maximale Eingangsspannungen bei etwa 2 V liegen, verwendet man frequenzkompensierte RC-Spannungsteiler. Fig. 4.216 zeigt den prinzipiellen Schaltungsaufbau eines solchen „Tastkopfes" und Fig. 4.217 sein Ersatzschaltbild unter Berücksichtigung der Verluste in den Kondensatoren.

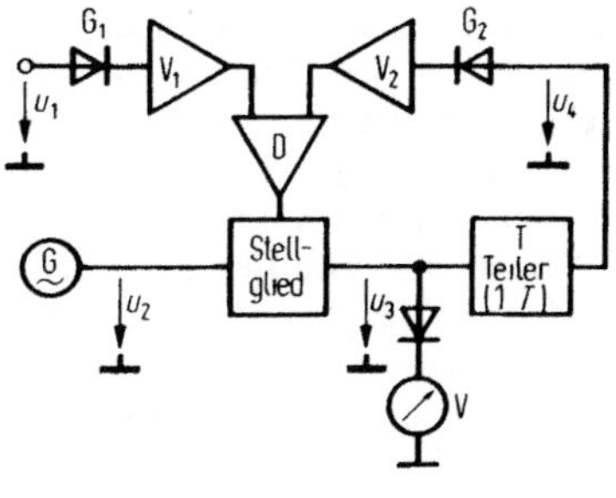

Fig. 4.215
Prinzipschaltung eines technischen Spannungsmessers (nach Kraus (1980))
u_1 ist die zu messende Hochfrequenz-Spannung. Über das Stellglied in Verbindung mit dem Differenzverstärker D wird die vom Generator G angegebene Spannung so gesteuert, daß $u_4 = u_1$ wird. Der Teiler T wird so eingestellt, daß die gemessene Spannung u_3 immer im linearen Anzeigebereich liegt

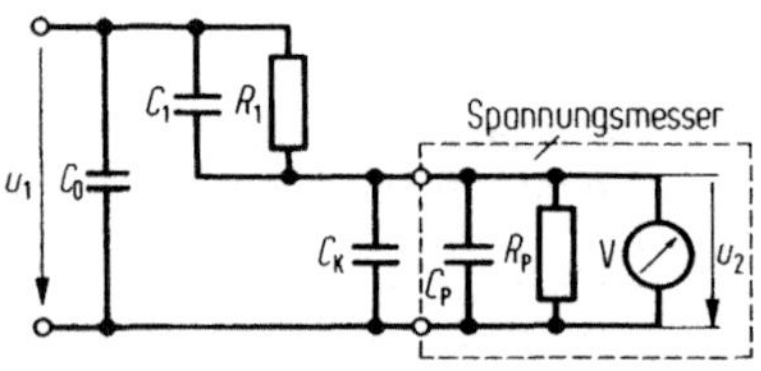

Fig. 4.216 Tastkopf mit Spannungsteiler zur Reduzierung der Eingangsspannung u_1 auf die Meßspannung u_2 am Eingang des Spannungsmessers (nach Mäusl (1991))

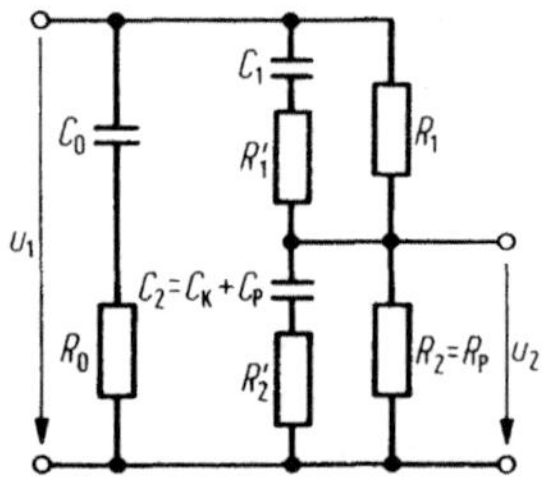

Fig. 4.217 Ersatzschaltbild des Tastkopfes nach Fig. 4.216
R_0, R_1', R_2' sind die Verluste in den Kapazitäten C_0, C_1 und $C_2 = C_k + C_p$ (nach Mäusl (1991))

Für die Spannungsteilung gilt

$$\frac{U_1}{U_2} = \frac{R_1 + R_2}{R_2} = \frac{C_1 + C_2}{C_2}, \qquad (4.423)$$

wenn die Nebenbedingungen $R_1 C_1 = R_2 C_2$ und $R_1 R_2' = R_2'$ erfüllt sind. Die relativen Meßunsicherheiten der kommerziellen Tastköpfe liegen – je nach Frequenzbereich – zwischen 1% und 5% (Mäusl (1991)).

Hochfrequenzspannungen unter 1 mV werden meist nach dem Überlagerungs-Verfahren mit Meßempfängern (s. **4**.3.2.2) bestimmt. Die Grenzempfindlichkeit dieser Empfänger wird erreicht, wenn die Signalspannung am Empfängereingang so klein wird, daß sie gleich der auf den Eingang bezogenen äquivalenten Rauschspannung U_r (s. **10**.7.1.1) wird. Die Grenzempfindlichkeit U_g eines Überlagerungsempfängers ist:

$$U_g = \frac{U_r}{2} = \sqrt{k T_0 B F R_0} \qquad (4.424)$$

(k Boltzmannkonstante, T_0 Arbeitstemperatur des Empfängers, B Frequenzbandbreite des Empfängers. F Rauschzahl (s. **10**.7.1.2), R_0 Eingangswiderstand des Empfängers (Realteil), U_r Rauschspannung.

Stromstärkemessung Stromstärkemessungen sind im Hochfrequenzbereich von geringerer Bedeutung als Spannungsmessungen, sie sind meist unsicher und ein hinreichend streuungsfreier Meßaufbau ist aufwendiger. Die Anwendung beschränkt sich auf die Messung von Antennen- und Schwingkreisstromstärken sowie auf Stromstärkemessungen an Leistungsgeneratoren und an Stromzangen. Bei koaxialen Systemen kann das Meßgerät in den Innen- oder Außenleiter eingefügt werden, zu hohe Zusatzkapazitäten zwischen Meßgerät und Erde sowie ein großer Spannungsabfall im Strommesser sind zu vermeiden. Kleine Stromstärken werden nach Bolometer-Methoden in Verbindung mit Meßbrücken ermittelt; auch Gleichrichterverfahren werden vielfach angewandt (s. Leistungsmessung). Bei kleinen und mittleren Stromstärken verwendet man Thermoumformer (s. **4**.2.3.2) und optische Verfahren, bei denen die Lichtstärke eines durch den HF-Strom auf Glühtemperatur erhitzten Heizelementes gemessen wird (Kraus (1980); Meinke u. Gundlach (1986); Zinke u. Brunswig (1987)). Bei hohen Stromstärken wird ein kleiner definierter Stromanteil aus der Leitung ausgekoppelt (s. **4**.3.3.13) und dem Meßgerät zugeführt. Stromwandler in Verbindung mit Thermoumformern sind bis zu Stromstärken von 100 A und Frequenzen bis etwa 150 MHz anwendbar. Eine wirksame Abschirmung der Meßsysteme und der Zuführungsleitungen ist besonders wichtig (Kraus (1980); Mäusl (1991) Schiek (1984); Selby (1968); Zinke u. Brunswig (1987).

Leistungsmessung Allgemeines, Definitionen. Die zu bestimmende Meßgröße ist die Wirkleistung P_{Z_0}, die in einem reflexionsfrei an den Wellenwiderstand Z_0 der Generator-Ausgangsleitung angepaßten reellen Abschlußwiderstand ($R = Z_0$) absorbiert wird. Bei Durchgangsleistungsmessern wird ein kleiner definierter Anteil der zu bestimmenden Leistung aus der Hauptleitung ausgekoppelt und dem Meßwiderstand zugeführt. Als Hochfrequenz-Aufnehmer für kleine Leistungen dienen Leitungsteile (koaxial oder Hohlleiter), in die das absorbierende Element (Widerstand, Bolometer (Barretter, Thermistor), Diode oder Thermoelement) als angepaßter Abschluß eingesetzt ist (Meßköpfe). Sie stehen kommerziell für Leistungsbereiche zwischen 100 pW und 20 W zur Verfügung.

Die genauesten Verfahren beruhen auf der Gleichstrom-Substitution. Hierbei wird die zu messende Hochfrequenz-Wirkleistung durch eine Gleichstromleistung ersetzt, die die gleiche Enderwärmung im Absorber erzeugt wie die zu bestimmende Hochfrequenz-Leistung. Ist P'_{HF} die im Meßkopf absorbierte Leistung und P_s die substituierte Gleichstromleistung, so definiert man den „effektiven Wirkungsgrad des Meßkopfes"

$$\eta_{eff} = \frac{P_s}{P'_{HF}}. \tag{4.425}$$

Mit der dem Meßkopf zugeführten und zu bestimmenden Hochfrequenzleistung P_{HF} hängt P'_{HF} gemäß

$$P_{HF} = \frac{P'_{HF}}{1 - |\Gamma_l|^2} \tag{4.426}$$

zusammen, wobei Γ_l der Eingangsreflexionsfaktor des Meßkopfes ist. Somit gilt

$$P_{HF} = \frac{P_s}{\eta_{eff}(1 - |\Gamma_l|^2)} = \frac{P_s}{K} \tag{4.427}$$

($\eta_{eff}(1 - |\Gamma_l|^2)$ bezeichnet man als den „Kalibrierungsfaktor K des Meßkopfes".

Für Leistungsmesser, die aufgrund ihrer Bauart keine Gleichstrom-Substitution ermöglichen, ist der Kalibrierungsfaktor $K = P_A/P_{HF}$ entsprechend definiert, dabei ist P_A die am Gerät angezeigte Leistung.

Eine unberücksichtigte Fehlanpassung zwischen dem Generator (Ausgangsreflexionsfaktor Γ_g) und dem Meßkopf des Leistungsmessers (Eingangsreflexionsfaktor Γ_l) kann zu erheblichen Meßunsicherheiten führen. Zwischen der angezeigten Leistung P_A und der Leistung P_{Z_0}, die man mit einem ideal angepaßten Gerät messen würde, besteht folgende Beziehung:

$$P_{Z_0} = \frac{P_A}{K}(|1 - \Gamma_g \Gamma_l|^2). \tag{4.428}$$

Thermische Leistungsmessung mit Widerstandsmeßkopf. Fig. 4.218 zeigt den inneren Aufbau eines Widerstandsmeßkopfes für koaxiale Leitungssysteme. Der HF-Meßwiderstand ist ein kleiner zylindrischer Schichtwiderstand, er entspricht im gesamten ausnutzbaren Frequenz-

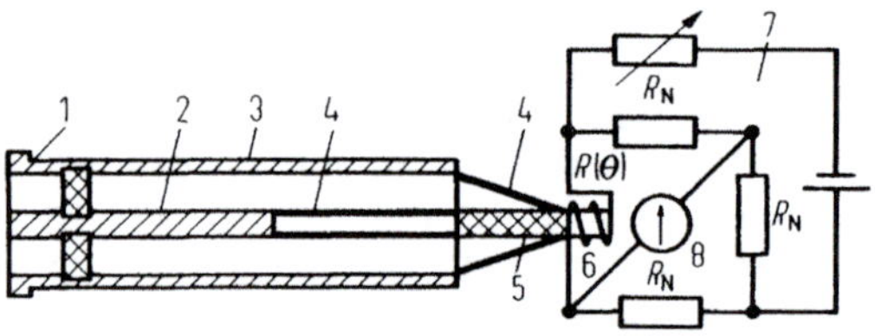

Fig. 4.218
Widerstandsmeßkopf mit Temperaturfühler und Meßbrückenkreis
1 koaxialer Eingangskonnektor
2 Mittelleiter
3 Außenleiter
4 Dünnwandbereiche zur thermischen Isolation des Meßwiderstandes
5 Hochfrequenz-Meßwiderstand $Z \simeq Z_0 = R_0$
6 Temperaturfühler (R_Θ temperaturempfindlicher Widerstand, z. B. Bolometer)
7 Brückenkreis, R_N Brückenwiderstände. Abgleich bei $R_\Theta = R_N$
8 Anzeige-Instrument im Abgleich-Kreis

bereich dem Wellenwiderstand der Eingangsleitung. Die Temperaturerhöhung des Meßwiderstandes durch HF-Absorption wird in einem getrennten Meßkreis ermittelt. Ein temperaturempfindlicher Meßwiderstand R_θ (z. B. Thermistor) liegt – elektrisch entkoppelt – direkt an dem den Meßwiderstand konisch abschließenden Außenleiter. R_θ ist Teil einer Wheatstoneschen Brückenschaltung, deren Abgleich durch die Erwärmung von R_θ bei Temperaturerhöhung des HF-Meßwiderstandes gestört wird. Die Brückendiagonal-Spannung bzw. die Stromstärke des Brückenfehlstromes ist bei kleinen Erwärmungen etwa der absorbierten HF-Leistung proportional.

Widerstandsmeßköpfe neuester Bauart für Frequenzen bis 26,5 GHz werden als integrierte planare Schaltung in Dünnfilm- und Halbleitertechnik hergestellt. Die Erwärmung eines Filmwiderstandes auf sehr dünnem Substrat wird mit einem planaren Thermoelement detektiert. Die Empfindlichkeit der Widerstandsmeßköpfe beträgt etwa 0,5 VW^{-1} bis 0,2 VW^{-1}. Die relative Meßunsicherheit eines direkt anzeigenden thermischen Leistungsmessers liegt je nach Frequenz- und Leistungsbereich zwischen weniger als 1% und 20%.

Der Frequenzbereich der Widerstandsmeßköpfe reicht bis zur Gleichspannung herab. Systematische nicht frequenzabhängige Meßunsicherheiten können daher weitgehend eliminiert werden, wenn man Gleichstrom-Substitution anwendet, und die Anzeige der Brückenverstimmung bzw. der Thermospannung lediglich als Indikator dient. Zweckmäßig ist ein selbstabgleichendes Meßsystem mit zwei massen- und temperatursymmetrischen Absorbern. Die frequenzabhängigen Meßunsicherheiten werden durch Messen des effektiven Wirkungsgrades bzw. des Kalibrierungsfaktors mit Hilfe eines HF-Leistungsnormals (z. B. kalibrierter Bolometer-Meßkopf) erfaßt.

Thermische Leistungsmesser mit Bolometer-Meßkopf. Bolometer sind temperaturabhängige Widerstände, deren Temperaturkoeffizienten $\partial R/\partial \theta$ bei Barrettern (sehr dünne Metalldrähte oder planare Dünnfilme) positiv und bei Thermistoren (Halbleiterelemente) negativ sind. Bolometer werden durch die Widerstandsempfindlichkeit $\beta = \Delta R/\Delta P$ charakterisiert, β gibt an, welche Widerstandsänderung ΔR bei Absorption der Leistung ΔP eintritt. Typische Werte für β sind 4500 ΩW^{-1} bei Barrettern und 10 $k\Omega W^{-1}$ bis 25 $k\Omega W^{-1}$ bei Thermistoren. Die Meßstromstärken sind typisch etwa 10 mA und damit die entsprechenden Spannungsempfindlichkeiten 45 VW^{-1} bei Barrettern und 100 VW^{-1} bis 250 VW^{-1} bei Thermistoren.

Das Prinzip des Meßkreises zeigt Fig. 4.219. Die Widerstände R_0 und R_N sind Normalwiderstände. Wird der Brücken-Gleichstrom so eingestellt, daß die Brücke abgeglichen ist, ($I_F = 0$), so ist $R_b = R_0$. Um optimale Absorption der HF-Leistung im Bolometerelement zu gewährleisten, entsprechen die Widerstände R_0 bzw. R_b dem Leitungswellenwiderstand. Die absorbierte Leistung wird durch Gleichstrom-Substitution gemessen. Zu diesem Zweck wird nach Hochfrequenz-Einspeisung der Brückengleichstrom bis zum erneuten Abgleich reduziert, die Spannung am Bolometer verringert sich dadurch von U_1 auf U_2. In den selbstabgleichenden Bolometerbrücken (Hewlett Packard (1977)) erfolgt diese Einstellung automatisch, wobei der Brückenfehlstrom I_F des Nullzweiges in Verbindung mit einem Regelverstärker als Steuerstrom benutzt wird.

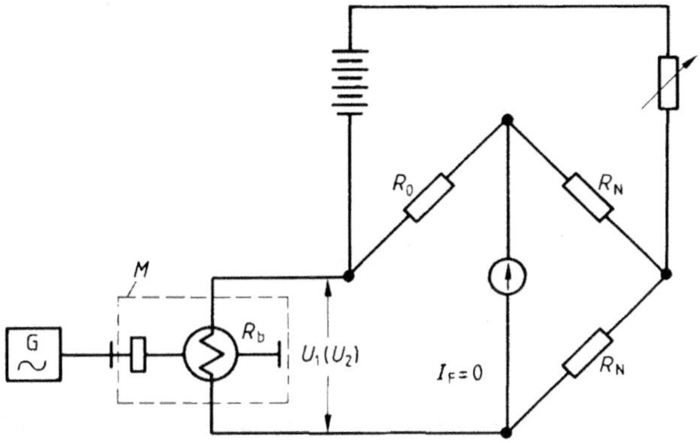

Fig. 4.219
Prinzip der Hochfrequenz-Leistungsmessung mit Bolometer
G HF-Generator
M Meßkopf
R_b Bolometerwiderstand
R_N Brückenwiderstand
R_0 Bezugs-Normalwiderstand
I_F Brückenfehlstrom

Die substituierte Gleichstromleistung P_s, die der zu bestimmenden HF-Leistung entspricht, ist

$$P_s = \frac{U_1^2 - U_2^2}{R_0}. \tag{4.429}$$

Der genaue Wert der zu bestimmenden HF-Leistung ergibt sich aus (4.427). Der effektive Wirkungsgrad von Bolometer-Meßköpfen kann in Mikrokalorimetern sehr genau bestimmt werden (Bayer (1970); Engen (1957); Fantom (1990); Montgomery (1947)). Die relativen Meßunsicherheiten liegen dabei etwa zwischen $1 \cdot 10^{-3}$ und $2 \cdot 10^{-2}$ je nach Frequenz und Leistungsbereich. So kalibrierte Bolometer-Meßköpfe dienen als HF-Leistungsnormale.

Der Leistungsmeßbereich von Bolometer-Meßköpfen liegt zwischen 10 µW und 10 mW, sie werden in Koaxialleitertechnik bis 18 GHz und in Hohlleitertechnik bis etwa 150 GHz gebaut. Dank der Gleichstrom-Substitution sind Bolometer-Meßköpfe sehr lineare HF-Leistungsdetektoren, und Leistungsverhältnisse können mit sehr geringen Unsicherheiten gemessen werden. Der effektive Wirkungsgrad braucht hierfür nicht bekannt zu sein, wenn man in einem Leistungsbereich arbeitet (meist $\leqslant$ 10 mW), in dem η_{eff} praktisch leistungsunabhängig ist.

Thermischer Leistungsmesser mit Thermoelement. Als thermische Leistungsdetektoren werden häufig auch direkt geheizte Thermoelemente benutzt. Als integrierte Schaltung in Halbleiter- und Dünnfilmtechnologie können sie mit sehr kleinen Abmessungen gebaut und so für Frequenzen bis 100 GHz eingesetzt werden. Zur Entkopplung des Gleichstrom-Meßkreises für die Thermospannung von der Hochfrequenz-Speiseleitung und zur Steigerung der Empfindlichkeit werden zwei gleichartige Thermoelemente mit Kondensatoren für die Hochfrequenz parallel, für die Gleichspannung jedoch in Serie geschaltet. In einer häufig verwendeten Bauart ist ein Schenkel eines Metall-Halbleiter Thermoelementes als Metall-Dünnfilmwiderstand zur Leistungsabsorption ausgebildet, während der zweite Schenkel aus hochdotiertem Halbleitermaterial als Zuleitung niederohmig ist (Fig. 4.220). Die Empfindlichkeit dieses Leistungsdetektors beträgt etwa 0,2 VW^{-1} und der Meßbereich liegt zwischen 1 µW und 100 mW. Da die HF-Meßleistung kapazitiv eingekoppelt wird, werden diese HF-Leistungssensoren mit einem im Meßgerät eingebauten HF-Referenzoszillator bekannter Leistung kalibriert.

Leistungsmesser mit Gleichrichter. Ohne thermische Umwandlung und daher mit kleinen Zeitkonstanten werden HF-Leistungen durch Gleichrichten des Spannungsabfalls an einem angepaßten Leitungs-Abschlußwiderstand gemessen. Die Gleichrichterdioden werden im quadratischen Bereich ihrer I-U Kennlinie betrieben (s. **4**.3.2.2). Die vom Richtstrom an einem Lastwiderstand erzeugte Gleichspannung ist dann der absorbierten Leistung proportional.

Mit Low-Barrier-Schottky-Dioden werden Leistungen bis 100 pW herab detektiert, über etwa 10 µW wird der Bereich der leistungsproportionalen Anzeige überschritten. Die Empfindlichkeit ist gegenüber den thermischen Detektoren groß. Für breitbandige Detektordioden in koaxialer

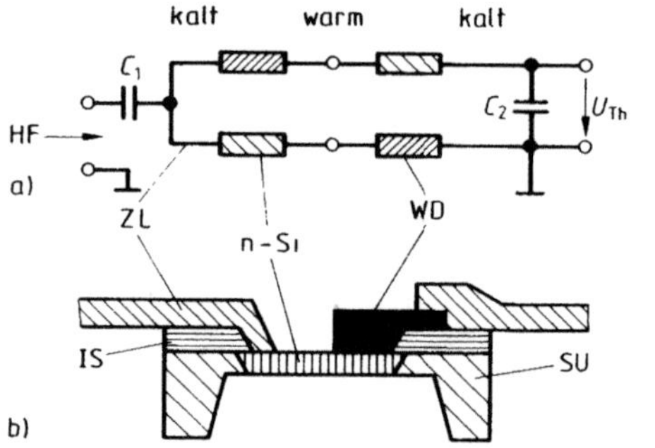

Fig. 4.220
HF-Leistungssensor mit zwei direkt geheizten Thermoelementen (nach Hewlett Packard (1977))
a) Zusammenschaltung der beiden Thermoelemente
b) Schnittzeichnung eines Thermoelementes
C_1, C_2 Kondensatoren
U_{Th} Thermospannung
WD Dünnfilmwiderstand
n-Si n-Silizium (hochdotiert)
SU Siliziumsubstrat
ZL Zuleitung (Gold)
IS Isolierschicht

Bauform werden bis 40 GHz Werte von etwa 400 VW^{-1} und bis 50 GHz von 300 VW^{-1} angegeben. In Hohlleitertechnik sind sie bis 100 GHz mit Empfindlichkeiten von etwa 500 VW^{-1} erhältlich, und bis etwa 200 GHz fallen die Werte auf 75 VW^{-1} ab.

Auch mit Feldeffekttransistoren – als passives Bauelement betrieben – können HF-Gleichrichterschaltungen aufgebaut werden (Krekels, Schiek u. Menzel (1992)). Bezüglich der Anpassung, des Leistungsmeßbereiches und der Temperaturempfindlichkeit sind mit Feldeffekttransistoren gegenüber üblichen Detektordioden verbesserte Eigenschaften zu erzielen.

Meßbereichs-Erweiterung. Mit einer analogen, vor allem aber mit einer in neueren Geräten digitalen Signalverarbeitung der Detektor-Ausgangsspannung kann die Kennlinie im nicht leistungsproportionalen Bereich korrigiert und so der Meßbereich für eine lineare Anzeige erweitert werden. Hohe zu messende Leistungen werden dem Leistungsaufnehmer häufig über luft- oder auch ölgekühlte kalibrierte Dämpfungsglieder zugeführt.

Durch Auskopplung definierter kleiner Leistungsanteile mittels Richtkoppler (s. **4**.3.3.13), deren Nebenarm mit einem Leistungsmeßkopf abgeschlossen ist, lassen sich Leistungsmessungen ohne spezielle für hohe Leistungen ausgelegte Dämpfungsglieder bis in den hohen Wattbereich ausführen. Beträgt die Koppeldämpfung CdB, so ist die im Nebenarm gemessene Leistung durch

$$P''_{HF} = P_{HF} \cdot 10^{-C/10} \tag{4.430}$$

(P_{HF} Eingangsleistung in dem Hauptarm des Richtkopplers) gegeben. Der Hauptarm des Richtkopplers ist bei Verwendung als Abschluß-Leistungsmesser mit einer gut angepaßten, evtl. luft- oder wassergekühlten Last abgeschlossen. Um breitbandige Messungen ausführen zu können und um die Unsicherheiten hinreichend klein zu halten, sollte die Richtdämpfung des Kopplers nicht kleiner als 40 dB sein, der Reflexionsfaktor des Hauptarms sollte 0,02 nicht überschreiten.

Bei Bolometerkopplern (Fig. 4.221) ist ein Barretter- oder Thermistormeßkopf fest am Ausgang des Nebenarms montiert. Das Verhältnis

$$K_1 = \frac{P_s}{(P_{HF})_1} \quad \text{bzw.} \quad K_2 = \frac{P_s}{(P_{HF})_2} \tag{4.431}$$

(P_s Gleichstrom-Substitutionsleistung im Bolometerelement des Nebenarms, $(P_{HF})_1$ zum Richtkoppler-Eingang laufende HF-Leistung, $(P_{HF})_2$ den Richtkoppler-Ausgang verlassende Hochfrequenz-Leistung) wird als Kalibrierungsfaktor $K_{1,2}$ bezeichnet: K_1 wird bei Verwendung als Abschlußleistungsmesser, K_2 bei Verwendung als Durchgangsleistungsmesser benutzt.

$$(P_{HF})_{1,2} = \frac{P_s}{K_{1,2}} \tag{4.432}$$

Bei hinreichend hoher Richtdämpfung und kleinen Reflexionen (s. o.) liegen die relativen Unsicherheiten aufgrund der Kopplungseigenschaften etwa zwischen $1 \cdot 10^{-3}$ und $1 \cdot 10^{-2}$.

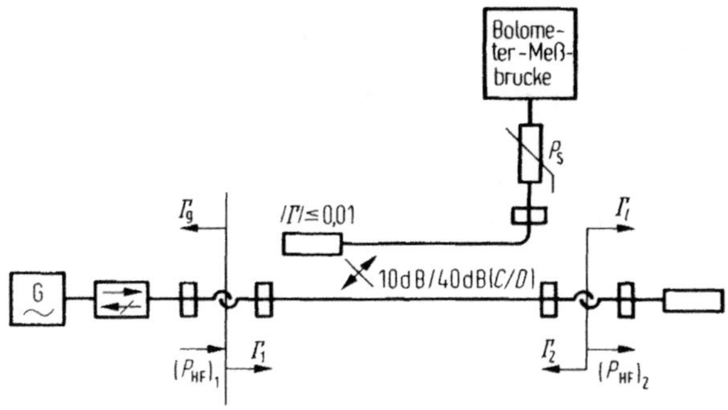

Fig. 4.221 Bolometer-Koppler zur Meßbereichs-Erweiterung G Generator, $(P_{HF})_1$ Hochfrequenz-Eingangsleitung in den Hauptarm des Richtkopplers, $(P_{HF})_2$ Hochfrequenz-Ausgangsleistung aus dem Hauptarm des Richtkopplers, P_S Gleichstrom-Substitutionsleistung, gemessen im Bolometer-Meßkopf im Nebenarm, Γ_g Reflexionsfaktor vom Generator. Γ_1 Reflexionsfaktor vom Eingang des Koppler-Hauptarmes, Γ_2 Reflexionsfaktor vom Ausgang des Koppler-Hauptarmes. Γ_l Reflexionsfaktor von der Abschlußlast

$$(P_{HF})_1 = \frac{P_s}{K_1}, \quad (P_{HF})_2 = \frac{P_s}{K_2}$$

$K_{1,2}$ Kalibrierungsfaktoren nach Gl. (4.431)

Durchflußkalorimeter für hohe Leistungen. Hohe Leistungen (im 100-W- und kW-Bereich) sind mit einem Durchfluß-Kalorimeter direkt bestimmbar, bei dem eine mit konstanter Geschwindigkeit strömende Flüssigkeit (z. B. Öl bei MHz-Frequenzen, Wasser bei GHz-Frequenzen) als angepaßte Abschlußlast in ein Hohl- oder Koaxialleitersystem eingesetzt ist. Die absorbierte Hochfrequenzleistung ist dann

$$P = \frac{\Delta m}{\Delta t} \cdot c_p \cdot \Delta T \tag{4.433}$$

($\Delta m/\Delta t$ Flüssigkeitsmasse/Zeit, c_p spezifische Wärme, ΔT Temperaturerhöhung).

Mit einer zwischen Ein- und Ausfluß eingefügten Heizwicklung wird eine Gleichstrom-Kalibrierung möglich, mit der die kalorimetrischen Verluste hinreichend genau erfaßbar sind. Je nach konstruktivem und meßtechnischem Aufwand liegen die relativen Meßunsicherheiten zwischen 1% und 10%.

Bayer (1967); Montgomery (1947); Reich u. a. (1947); Schiek (1984); Tischer (1958)

Abschwächungsmessungen Begriffe und Definitionen. Wird ein beliebiges passives oder aktives Zweitor in eine Hochfrequenzleitung eingesetzt, so sind Eingangs- und Ausgangsspannungen (bzw. Eingangs- und Ausgangsleistung) unterschiedlich, da jedes reale Bauteil verlust- und reflexionsbehaftet ist oder – im Falle eingebauter aktiver Elemente (Verstärker) – einen Spannungs- oder Leistungsgewinn erzeugen kann. Ist U_1 die Eingangs- und U_2 die Ausgangsspannung (bzw. P_1 die Eingangs- und P_2 die Ausgangsleistung), so definiert man die Spannungsabschwächung (s. Gl. (4.321), (4.322)).

$$A(U)\ )\ 20 \log \frac{U_1}{U_2} \tag{4.434}$$

bzw. die Leistungsabschwächung

$$A(P) = 10 \log \frac{P_1}{P_2}. \tag{4.435}$$

Negative Werte ($U_2 > U_1$ bzw. $P_2 > P_1$) weisen auf eine Verstärkung hin. Die folgenden Betrachtungen beschränken sich auf Abschwächungen durch passive Bauteile (Kerns u. Beatty (1967), Warner (1977)).

Als Substitutionsverlust (substitution loss) bezeichnet man den Unterschied in der Abschwächung eines Zweitors (Streumatrix S_{ik}, s. **4**.3.3.6) gegenüber einem anderen (Streumatrix S'_{ik}). Alle Formeln drücken das Abschwächungsverhältnis in dB aus.

$$Ls = 10 \log \left\{ \frac{|S'_{21}|^2 |(1 - S_{11}\Gamma_g)(1 - S_{22}\Gamma_l) - S_{12}S_{21}\Gamma_g\Gamma_l|^2}{|S_{21}|^2 |(1 - S'_{11}\Gamma_g)(1 - S'_{22}\Gamma_l) - S'_{12}S'_{21}\Gamma_g\Gamma_l|^2} \right\} \tag{4.436}$$

Γ_g und Γ_l sind die generator- und lastseitigen Reflexionsfaktoren, vom Einfügungspunkt aus gesehen. Ist das Bezugs-Zweitor (S'_{ik}) so beschaffen, daß es ein idealer Übertrager ist und die gesamte verfügbare Generatorleistung auf die Last überträgt, so ist der Übertragungs-Verlust (transducer loss) beim Ersatz durch einen beliebigen Abschwächer (S_{ik})

$$L_T = 10 \log \left\{ \frac{|(1 - S_{11}\Gamma_g)(1 - S_{22}\Gamma_l) - S_{12}S_{21}\Gamma_g\Gamma_l|^2}{|S_{21}|^2 (1 - |\Gamma_g|^2)(1 - |\Gamma_l|^2)} \right\} \tag{4.437}$$

Ist das Bezugs-Zweitor eine ideale verlust-, reflexions- und phasenänderungsfreie Verbindung ($S'_{11} = S'_{22} = 0$, $S'_{12} = S'_{21} = 1$), so spricht man vom Einfügungsverlust (insertion loss)

$$L_I = 10 \log \frac{|(1 - S_{11}\Gamma_g)(1 - S_{22}\Gamma_l) - S_{12}S_{21}\Gamma_g\Gamma_l|^2}{|S_{21}|^2 |1 - \Gamma_g\Gamma_l|^2} \tag{4.438}$$

Wird der Einfügungsverlust in einem idealen Meßsystem $\Gamma_g = 0, \Gamma_l = 0$ bestimmt, so hängt der gemessene Abschwächungswert nur noch von dem Streuparameter S_{21} des Meßobjektes (nicht mehr von System-Eigenschaften) ab und wird als Dämpfung bezeichnet

$$L_A = A = 10 \log \frac{1}{|S_{21}|^2}. \tag{4.439}$$

Die der Eingangs-Reflexion des Meßobjektes zurückzuschreibende Dämpfungskomponente ist

$$A_R = 10 \log \frac{1}{1 - |S_{11}|^2} \tag{4.440}$$

und die durch Absorption bedingte Komponente

$$A_A = 10 \log \frac{1 - |S_{11}|^2}{|S_{21}|^2}. \qquad A_R + A_A = A. \tag{4.441}$$

Die maximalen Meßunsicherheiten $|\delta A|$, die bei der Bestimmung der Dämpfung durch Vernachlässigung der Fehlanpassung ($|\Gamma_g| \neq 0$, $|\Gamma_l| \neq 0$) auftreten können, sind in Tab. T. 4.09 in Band 3 angegeben.

Werden nacheinander zwei Leitungssysteme mit den Eingangsreflexionsfaktoren Γ_1' und Γ_1 mit einem Generator, dessen Reflexionsfaktor am Ausgang Γ_g ist, verbunden, so ist das Verhältnis der vom ersten System (Γ_1') aufgenommenen Leistung zu der vom zweiten System (Γ_1) aufgenommenen Leistung gegeben durch

$$L_{\mathrm{M'M}} = 10 \log \frac{P'}{P} = 10 \log \left\{ \left| \frac{1-\Gamma_g\Gamma_1}{1-\Gamma_g\Gamma_1'} \right|^2 \cdot \frac{1-|\Gamma_1'|^2}{1-|\Gamma_1|^2} \right\}. \tag{4.442}$$

Ist das System 1 ideal an den Wellenwiderstand der Leitung angepaßt ($\Gamma_1'=0$), so bezeichnet man den entsprechenden Ausdruck als Z_0-Fehlanpassungsverlust (L_M) (Z_0 mismatch loss)

$$L_\mathrm{M} = 10 \log \left\{ \frac{|1-\Gamma_g\Gamma_1|^2}{1-|\Gamma_1|^2} \right\}. \tag{4.443}$$

Bei angepaßtem Generator wird hieraus

$$L_{\mathrm{M0}} = 10 \log \frac{1}{1-|\Gamma_1|^2}. \tag{4.444}$$

Genügt das Bezugssystem der Bedingung $\Gamma_1'^* = \Gamma_g$, so wird die maximal verfügbare Generatorleistung von diesem aufgenommen. Der hierauf bezogene Verlustausdruck heißt konjugierter Fehlanpassungsverlust (L_C) (conjugate mismatch loss)

$$L_C = 10 \log \left\{ \frac{|1-\Gamma_g\Gamma_1|^2}{(1-|\Gamma_g|^2)(1-|\Gamma_1|^2)} \right\}. \tag{4.445}$$

Abschwächungen werden meist durch Vergleich der unbekannten Dämpfungsstrecke mit derjenigen eines kalibrierten variablen Abschwächers bestimmt (z. B. Eichleitung, Rotations-Dämpfungsglied, Hohlleiter unterhalb der Grenzfrequenz). Die Substitution kann in Reihen- oder Parallelschaltung erfolgen (s. Technische Schaltung für Dämpfungs-Substitutionsmessungen).

Bei Verwendung eines Spannungs- oder Leistungsmessers kann die Dämpfung direkt aus dem Verhältnis der gemessenen Spannungen bzw. Leistungen nach (4.434) bzw. (4.435) bestimmt werden.

Mit dieser Spannungs- bzw. Leistungsverhältnis-Methode lassen sich mit gut angepaßten geeigneten Generatoren und Leistungsmeßgeräten Meßunsicherheiten von wenigen 0,001 dB/10 dB in einem Dynamikbereich von etwa 30 dB erreichen (Bayer (1974 u. 1975); Warner (1977)).

Beispiel: Ein Zweipol mit der Streumatrix $S = \begin{pmatrix} 0{,}02 & 0{,}1 \\ 0{,}91 & 0{,}05 \end{pmatrix}$ wird in ein Leitungssystem eingefügt, dessen Reflexionsfaktoren generatorseitig $\Gamma_g = 0{,}35$ und abschlußseitig $\Gamma_l = 0{,}15$ sind. Aus $b_1 = S_{11}a_1 + S_{12}a_2$; $b_2 = S_{21}a_1 + S_{22}a_2$ findet man mit $\Gamma_1 = b_1/a_1$ und $\Gamma_l = a_2/b_2$: $\Gamma_1 = S_{11} + S_{12}S_{21}/(1-S_{22}\Gamma_l) = 0{,}1117$. Mit (4.443) wird der Z_0-Fehlanpassungsverlust $L_\mathrm{M} = -0{,}29$ dB (Gewinn!, d. h. bei Fehlanpassung wird mehr Leistung aufgenommen als bei Anpassung). Nach (4.445) wird $L_C = 0{,}28$ dB. Nach (4.437) erhält man für den Übertragungsverlust $L_\mathrm{T} = 1{,}32$ dB, nach (4.438) für den Einfügungsverlust $L_\mathrm{I} = 1{,}12$ dB und nach (4.439) für die Vorwärtsdämpfung $A_\mathrm{v} = 0{,}82$ dB und die Rückwärtsdämpfung $A_\mathrm{r} = 20$ dB.

Eichleitungen. Zur Dämpfungsmessung in koaxialen Leitungssystemen sind Eichleitungen als Bezugsdämpfungsglieder besonders geeignet. Konstruktiv bestehen diese aus Dämpfungsvierpolen, die aus ohmschen Widerständen in π- oder T-Schaltung (s. **4**.3.3.10) zusammengesetzt sind.

Ein- und Ausgang der Dämpfungskette sind an den Wellenwiderstand des Leitungssystems gut angepaßt (z. B. 50 Ω, 75 Ω, $s \leq 1{,}1$). Die stufenweise schaltbaren Einzelelemente sind bezüglich ihrer Abschwächung in dB dekadisch aneinander gereiht, z. B. in Stufen 10×0,1 dB, 10×1 dB und 10×10 dB, was insgesamt eine Maximalabschwächung von 111 dB ergibt. Hinzu kommt die unvermeidliche Grunddämpfung (bei Schalterstellung 0 dB), die je nach Frequenz etwa zwischen 0,1 dB und 1 dB liegt. Der gewünschte Dämpfungswert wird dadurch eingestellt, daß die nicht benutzten Glieder durch Schalter aus der Reihenschaltung herausgenommen werden (im Gegensatz zu den Kettenleitern, die auch als Bezugsabschwächer benutzbar sind. Hier bleibt die Kette immer als Ganzes zusammen, an den Verbindungsstellen der Einzeldämpfungsglieder kann die Bezugsspannung abgegriffen werden). Handelsübliche Typen sind heute – vor allem für Frequenzen im kHz-, MHz- und unteren GHz-Bereich – bis etwa 140 dB Gesamtdämpfung auch als rechnersteuerbare Geräte erhältlich.

Die Unsicherheiten liegen – je nach Güteklasse des Gerätes – meist zwischen 0,01 dB/10 dB und 0,5 dB/10 dB. Die Reproduzierbarkeit der Einstellung ist von den Kontakten der Umschalter abhängig. Bei Frequenzen im kHz- und MHz-Bereich lassen sich die Werte bei Spitzengeräten auf etwa 0,005 dB/10 dB reproduzieren (Kraus (1980)). Koaxiale schaltbare Stufen-Abschwächer sind handelsmäßig bis zur oberen Frequenz von 60 GHz erhältlich; mit wachsender Frequenz erhöht sich die Fehlanpassung (Welligkeitsfaktor s): z. B. bis 8 GHz ist $s \leq 1{,}5$, bis 26,5 GHz ist $s \leq 2{,}0$ und bis 60 GHz ist $s \leq 2{,}3$ (s. **4**.3.4.2). Als Bezugsdämpfungsglieder in Hohlleiterschaltungen sind Rotationsdämpfungsglieder (s. **4**.3.3.10) besonders geeignet.

Technische Schaltungen für Dämpfungs-Substitutionsmessungen. Mittels Substitutionsverfahren sind hohe Dämpfungsmeßbereiche bis 120 dB erreichbar und Linearitätsabweichungen des Detektors bei der Leistungsverhältnis-Methode werden vermieden. Man unterscheidet je nach Art der Dämpfungssubstitution im wesentlichen folgende Verfahren: Hochfrequenz (HF) –, Zwischenfrequenz (ZF) – und Niederfreuquenz (NF)-Substitution. (Chang (1989); Meinke u. Gundlach (1986); Warner (1977)).

Bei HF-Substitutionsverfahren wird die auszumessende Dämpfungsstrecke mit einem kalibrierten Abschwächer (z. B. Eichleitung, Rotationsdämpfungsglied) verglichen, und zwar entweder in Reihen- oder in Parallelsubstitution (Fig. 4.222). Wesentlich dabei ist, daß die Leitungsabschnitte, in die das zu messende und das Bezugs-Dämpfungsglied eingesetzt sind, last- und generatorseitig gut angepaßt sind ($\Gamma_g \approx \Gamma_l \approx 0$), damit gemäß (4.438) und (4.439) der vom Meßsystem unabhängige Dämpfungswert des Meßobjektes ermittelt wird. Variable Abschwächer sollten am Eingang und Ausgang mit einer Einwegleitung zur Vermeidung von Rückwirkungen versehen sein (s. **4**.3.3.14). Bei Parallelsubstitution kann z. B. durch Einbau zweier synchron betriebener elektronischer Schalter zwischen beiden Kanälen eine schnelle Umschaltung zwischen Meß- und Vergleichskanal erfolgen (Schaltfrequenz z. B. 100 Hz oder 1 kHz). Ist ein selektiver Empfänger auf die Schaltfrequenz abgestimmt, so verschwindet das Empfangssignal bei Abgleich beider Ausgangssignale auf gleiche Amplitude. Der Meßbereich richtet sich nach dem Bereich des kalibrierten Bezugsdämpfungsgliedes.

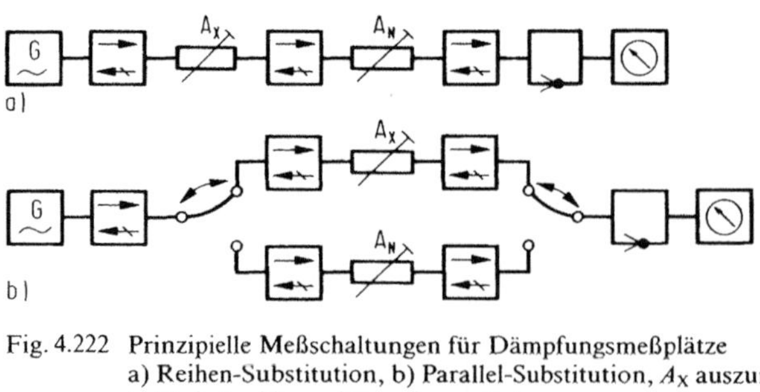

Fig. 4.222 Prinzipielle Meßschaltungen für Dämpfungsmeßplätze
a) Reihen-Substitution, b) Parallel-Substitution, A_X auszumessendes Dämpfungsglied, A_N variables kalibriertes Normaldämpfungsglied

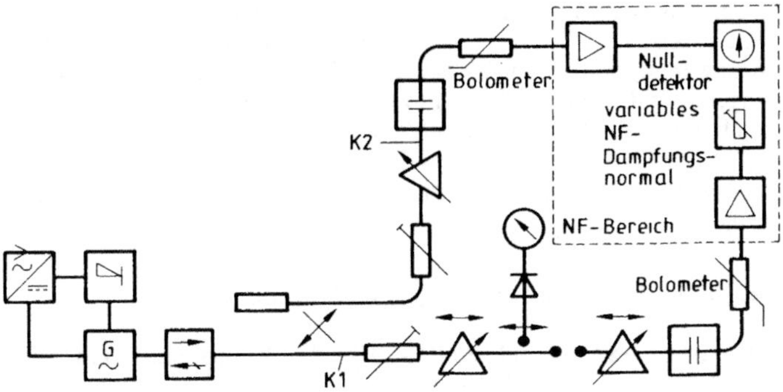

Fig. 4.223 Zweikanal-Dämpfungsmeßplatz für Niederfrequenz-Substitution
K_1 Meßkanal, K_2 Vergleichskanal

Ein Schaltbeispiel für NF-Substitution in Zweikanaltechnik zeigt Fig. 4.223. Der Hochfrequenz-Generator wird mit Niederfrequenz (z. B. 1 kHz) amplitudenmoduliert; die Folgeschaltung ist in einen Meß- und Vergleichskreis aufgespalten, die mit einem demodulierbaren Detektor (z. B. Barretter-Meßkopf) abgeschlossen sind. Die hier abgenommene Niederfrequenzspannung wird über ein kalibriertes Niederfrequenz-Dämpfungsnormal (z. B. einem Widerstandsteiler oder induktiven Spannungsteiler) einem Nulldetektor zugeführt; die Niederfrequenzspannung der beiden Kanäle wird nach Amplitude und Phase abgeglichen. Abweichungen der Detektor-Kennlinie vom leistungsproportionalen Verlauf verursachen Meßunsicherheiten, die bei hinreichend kleiner HF-Eingangsleistung ($P_{HF} \leq 1$ mW) $\pm 0{,}02$ dB/10 dB nicht überschreiten. Das Verfahren ist für Messungen von Dämpfungen bis etwa 35 dB in einem Schritt geeignet.

Dämpfungsmessungen mittels ZF-Substitution (Fig. 4.224) werden vor allem zur Messung hoher Dämpfungsdifferenzen bis etwa 120 dB angewandt. Hierbei wird die vom Generator kommende HF-Leistung der Frequenz ν nach Durchgang durch den zu vermessenden Abschwächer einem Mischer zugeführt, in dem von einem Überlagerungsoszillator ein Signal der Frequenz $\nu + \Delta\nu$ eingespeist wird.

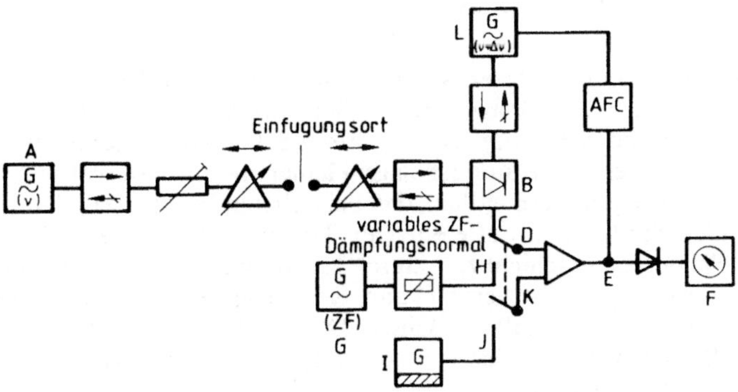

Fig. 4.224 Dämpfungsmeßplatz nach dem Verfahren der Zwischenfrequenz-Parallel-Substitution.
Das Ausgangssignal vom Meßobjekt (Schaltweg ABCDEF) wird mit dem Ausgangssignal von ZF-Dämpfungsnormal (Schaltweg GHDEF) verglichen. Dem Mischdetektor wird vom Überlagerungs-Generator (Weg LB) ein Signal der Frequenz $\nu - \Delta\nu$ zugeführt. Bei Schalterstellung HD wird zusätzlich über IJKEF ein Rauschsignal eingespeist, das dem Rauschbeitrag vom Mischdetektor entspricht und diesen eliminiert

Dem Mischer ist ein auf die Zwischenfrequenz $\Delta\nu$ (oft 30 MHz oder 60 MHz) abgestimmter Filterkreis mit ZF-Verstärker nachgeordnet. Bei Zwischenfrequenz wird auch das kalibrierte Bezugsdämpfungsglied betrieben (z. B. ein unterhalb seiner Grenzfrequenz im H_{11}-Modus angeregter Hohlleiter kreiszylindrischen Querschnitts, s. **4**.3.3.4, **4**.3.3.10; bei kHz-Frequenzen auch ein induktiver Spannungsteiler, s. **4**.2.7). Die Meßunsicherheiten liegen meist zwischen 0,005 dB/10 dB und 0,05 dB/10 dB.

Bayer, Warner, Yell (1986); Chang (1989); Meinecke u. Gundlach (1986); Warner (1977); Weinert (1980).

4.3.4.2 Impedanz, Reflexion (U. Stumper)

Definition und Besonderheiten Für den komplexen Widerstand Z, die Impedanz, gelten die folgenden Gleichungen

$$Z = |Z|\mathrm{e}^{\mathrm{j}\Phi} = R + \mathrm{j}X = \frac{1}{Y} = (|Y|\mathrm{e}^{-\mathrm{j}\Phi})^{-1} = (G + \mathrm{j}B)^{-1} \tag{4.446}$$

Über die Definition und Bedeutung von Impedanz Z und Admittanz Y sowie deren reelle und imaginäre Komponenten wird auf **4**.2.1.3 verwiesen. Die Komponenten von Z und Y sind durch folgende Relation miteinander verknüpft:

$$\begin{aligned} &\text{Konduktanz } G = \frac{R}{R^2 + X^2} \qquad &&\text{Resistanz } R = \frac{G}{G^2 + B^2} \\ &\text{Suszeptanz } B = \frac{-X}{R^2 + X^2} \qquad &&\text{Reaktanz } X = \frac{-B}{G^2 + B^2} \end{aligned} \tag{4.447}$$

Nach Gl. (4.83) gilt für den Phasenwinkel $\Phi = \arctan(X/R)$. Der Winkel $\delta = (\pi/2) - \Phi$ hat als „Verlustwinkel" in der Hochfrequenztechnik besondere Bedeutung; er ist ein Maß für die in einem Bauteil bei einer vorgegebenen Frequenz auftretenden ohmschen Verluste

$$\tan\delta = \cot\Phi = \frac{R}{X} \tag{4.448}$$

Im kHz- und unteren MHz-Bereich lassen sich Resistanzen sowie positive und negative Reaktanzen als konzentrierte Elemente darstellen. Nahezu reine Wirkwiderstände sind bis zu höchsten Frequenzen durch Schichtwiderstände herstellbar, wobei die Schichtdicke des Widerstandsbelags kleiner als die äquivalente Leitschichtdicke ist. Es ist allerdings unvermeidlich, daß bei höheren Frequenzen Parallelkapazitäten zwischen den Anschlußstellen aufteten. Der Tragekörper ist meist Keramik oder Glas, wobei die Widerstandsschicht z. B. durch Metall- oder Kohlenstoffzerstäubung (Aufdampfverfahren) aufgebracht werden kann. Reine Kapazitäten werden am besten durch Luftkondensatoren aus Metallen höchster Oberflächenleitfähigkeit realisiert; Induktivitäten durch Spulen mit möglichst vernachlässigbarem ohmschen Widerstand der Drahtwicklungen.

In diesen Fällen gilt

$$\begin{aligned} &X = \frac{1}{\omega C} \text{ (Kapazitive Reaktanz)} \\ \text{bzw.} \quad &X = \omega L \text{ (Induktive Reaktanz)} \end{aligned} \tag{4.449}$$

Die unvermeidlichen ohmschen Verluste werden durch die Verlustwinkel

$$\tan \delta_C = \omega R_C C \quad \text{bzw.} \quad \tan \delta_L = \frac{R_L}{\omega L} \tag{4.450}$$

ausgedrückt, wobei R_C bzw. R_L die dem Kondensator bzw. der Spule anhaftenden ohmschen Verluste sind.

Im höheren MHz- und GHz-Bereich wird die Darstellung reiner konzentrierter Induktivitäten oder Kapazitäten immer schwieriger. Die hier auftretenden Impedanzen sind meist aus kontinuierlich verteilten induktiven und kapazitiven Anteilen zusammengesetzt, wobei die überwiegend vorhandenen Anteile das Gesamtverhalten (induktiv oder kapazitiv) des Bauteils bestimmen (DIN-Taschenbuch 22 (1978); Meinke (1965); Rint (1978)).

Meßbrücken für komplexe Widerstände und Leitwerte Die in der Niederfrequenzmeßtechnik üblichen Schaltungen (s. **4**.2.4.4, **4**.2.5.4 und **4**.2.6.4) für Brücken zur Messung komplexer Widerstände oder Leitwerte lassen sich zum Teil auch im Hochfrequenzbereich anwenden. Dabei werden Widerstandsmeßbrücken vorzugsweise für kleinere Werte (bis etwa 30 Ω), Leitwertsmeßbrücken für größere Werte des Widerstandes, und zwar bei Frequenzen bis einige hundert MHz benutzt. Eine Voraussetzung für möglichst geringe Meßunsicherheiten ist die eindeutige Erdung sowie die Schirmung von Einzelkomponenten der Brücke. Bei letzteren sowie bei Verbindungsleitungen machen sich zudem die hochfrequenzwirksamen residuellen Wirk- und Blindwiderstände bemerkbar, so daß im Einzelfall eine gründliche Analyse des Brückenabgleichs und der Auswertung der Messungen nötig ist. Beim Aufbau aus Widerständen, Kondensatoren und Induktoren wird die Koaxialtechnik angewandt. Zur Brückenabstimmung werden variable Kondensatoren bevorzugt.

Da gewendelte oder gar Drahtwiderstände wegen hoher Induktivität ausscheiden, müssen Dünnfilmwiderstände (Kohle-, Nickel-Chrom-, Zinnoxid-Schicht auf Keramikrohr ohne Drahtanschlüsse) verwendet werden.

Das Ersatzschaltbild (Fig. 4.225) umfaßt die Kapazität C der Enden, die Längsinduktivität L und den Wirkwiderstand R, welcher um so frequenzunabhängiger wird, je kleiner die Schichtdicke im Vergleich zur Skin-Eindringtiefe (s. **4**.3.3.1) ist. Der frequenzabhängige komplexe Widerstand ist dann (Kreisfrequenz ω):

$$Z = \frac{R + j\omega\{L(1 - \omega^2 LC) - R^2 \cdot C\}}{(1 - \omega^2 LC)^2 + \omega^2 R^2 C^2}. \tag{4.451}$$

Für als Innenleiter in koaxiale Gehäuse eingebaute Widerstände in Zweipolschaltung im Bereich von etwa 20 Ω bis etwa 200 Ω und bei Frequenzen, für welche $\omega^2 \cdot LC \ll 1$ und $\omega^2 R^2 C^2 \ll 1$ gilt, kann durch geeignete Wahl von L als Funktion des Außenleiterdurchmessers der Blindwiderstandsanteil in Gl. (4.451) zum Verschwinden gebracht werden (Woods (1962) u. (1976)).

Während im unteren Frequenzbereich bis etwa 30 MHz häufig Drehkondensatoren als variable Kondensatoren benutzt werden (s. **4**.2.4.4), wird bei höheren Frequenzen die

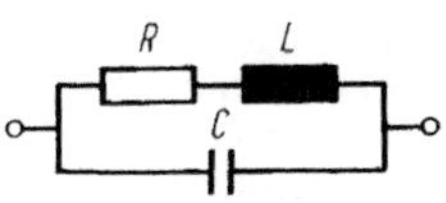

Fig. 4.225 Ersatzschaltbild eines Widerstandes bei Hochfrequenz

Fig. 4.226 Ersatzschaltbild eines variablen Kondensators bei Hochfrequenz

Koaxialbauweise (Kapazitätsbereich maximal etwa 300 pF) empfohlen. Das Ersatzschaltbild eines Kondensators (Fig. 4.226) umfaßt neben der Kapazität C auch eine Längsinduktivität L und einen im allgemeinen sehr kleinen Widerstand R mit $R^2 \ll L/C$ und $R \ll \omega L$. Für die frequenzabhängige Admittanz Y gilt dann genähert

$$Y \approx \frac{\omega^2 C^2 R}{(1-\omega^2 LC)^2} + \mathrm{j}\omega \frac{C}{(1-\omega^2 LC)}. \tag{4.452}$$

Bei der Abstimmung von Brücken (und Resonanzkreisen, s. **4**.2.4.4) ist zu beachten, daß eine Änderung von C auch eine Änderung ΔG des Wirkleitwerts (Konduktanz) gemäß

$$|\Delta G| \approx |\omega^2 R\{C_2^2 - C_1^2\}| \tag{4.453}$$

hervorruft (L und R hier konstant), wobei C_2 und C_1 die zur Abstimmung führenden Kapazitätswerte mit und ohne Prüfling sind. ΔG tritt dann als Fehler bei der Bestimmung insbesondere sehr kleiner Wirkleitwerte (z. B. bei der Messung sehr kleiner dielektrischer Verluste) und gleichzeitig vorhandenen großen Blindleitwerten $\omega \cdot (C_1 - C_2)$ störend hervor (Woods (1976)).

Im Realfall ist mit der Variation von C auch eine Variation von L verknüpft. Für ein variables Kapazitätsnormal muß deshalb die an den Anschlußklemmen wirksame Kapazität $C_w = C/(1-\omega^2 LC)$ durch Kalibrierung bestimmt werden (Koaxialkondensator s. Woods (1957)).

Koaxialleitungsstücke fester Länge (ohne dielektrische Stützen: „air lines") können als berechenbare Kapazitäts- oder Induktivitäts-Normale dienen, wenn sie an einem Ende mit einer bekannten Streukapazität („Leerlauf"), beziehungsweise mit einem Kurzschluß, abgeschlossen werden (Weinschel (1964, 1990); Woods (1960); Zorzy (1966)). Spulen benutzt man wegen ihres Serienwiderstandes und ihrer Eigenkapazität im Hochfrequenzbereich nicht als Normale.

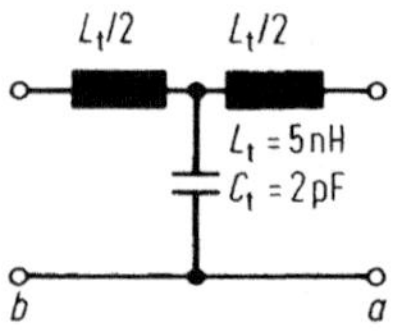

Fig. 4.227
Ersatzvierpol eines 3 cm langen 50-Ω-Koaxialkonnektors (nach Woods (1976))
a Prüflingsanschluß
b Meßebene

Zum Anschluß von Prüflingen an Brücken werden koaxiale Konnektoren (für Präzisionsmessungen möglichst mit definierter Anschlußebene) bevorzugt. Serienkapazität C_t und Längsinduktivität L_t ihres Ersatzvierpols (Fig. 4.227) führen zu im wesentlichen frequenzunabhängigen systematischen Fehlern bei der Bestimmung der Blindkomponente in Gegenwart einer wesentlich von Null verschiedenen Wirkkomponente des Widerstands oder Leitwerts des in der Ebene *a* angeschlossenen Prüflings, wenn die Brückenmessung sich auf die Ebene *b* bezieht. Wird bei einer Widerstandsmeßbrücke der Erstabgleich für einen Kurzschluß in *a* und der zweite Abgleich für den Prüfling mit Impedanz $Z_X = R_X + \mathrm{j}\omega L_X$ durchgeführt, so tritt als Fehlergröße eine Induktivität $-C_t R_X^2$ ($-0{,}125\,\mu$H für $R_X = 250\,\Omega$ und für die in Fig. 4.227 dargestellte 50 Ω-Leitung von 3 cm Länge) auf. Wird bei einer Leitwertsmeßbrücke zuerst gegen einen Leerlauf in *a* und dann bei angeschlossenem Prüfling mit Admittanz $Y_X = G_X + \mathrm{j}\omega C_X$ abgeglichen, so tritt eine Kapazität $-L_t G_X^2$ (-50 pF für $G_X = 0{,}1$ S und für die in Fig. 4.227 dargestellte Leitung) als Fehlergröße auf (Woods (1976)). Prinzipiell ist deshalb für den ersten Fall ein möglichst hochohmiger (C_t klein), für den zweiten Fall ein möglichst niederohmiger (L_t klein) Konnektoranschluß vorteilhaft. C_t und L_t müssen durch Kalibrierung oder durch Berechnung aus den geometrischen Daten des Konnektors bestimmt werden (Woods (1957)).

Zur Messung der Impedanz $R_X + j\omega L_X$ bei Frequenzen bis etwa 30 MHz wird die einen variablen Normalwiderstand zum Abgleich der Wirkkomponente enthaltende Maxwell-Wien-Brücke herangezogen (s. 4.2.6.4). Die relative Meßunsicherheit wird mit etwa $\pm 3\%$ (Jones u. Anson (1974)) angegeben.

Eine weitere Widerstandsmeßbrücke, die Schering-Brücke, wird bis etwa 60 MHz mit relativen Meßunsicherheiten von maximal $\pm 2\%$ (Jones u. Anson (1974)) zur Bestimmung des komplexen Widerstandes $R_X + jX_X$ induktiver und kapazitiver Prüflinge (Anschluß an KK', Fig. 4.228) verwendet. Sie wird zunächst für einen Kurzschluß (Werte der Brückennormale $C_{w1} = C_3 R_H / R_2$, $C_{B1} = C_3 R_1 / R_2$ und dann erneut für den Prüfling (Werte C_{w2}, C_{B2}) abgeglichen. Im Idealfall ist (ohne Berücksichtigung des Einflusses von Residuen)

$$R_X = \frac{R_2}{C_3} \cdot (C_{w2} - C_{w1}), \qquad X_X = (1/\omega)(1/C_{B2} - 1/C_{B1}). \tag{4.454}$$

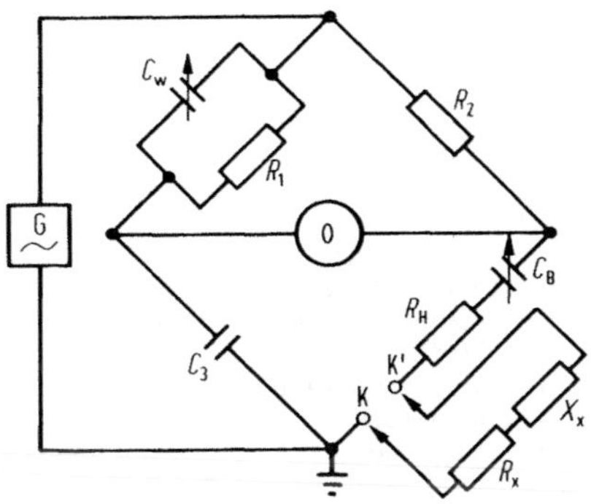

Fig. 4.228 Prinzipschaltbild der Schering-Widerstandsbrücke (ohne Abschirmung und Detektorübertrager)
KK' Anschlußkonnektor, 0 Nulldetektor, C_W, C_B variable Kapazitätsnormale, R_H Hilfswiderstand, G Hochfrequenzgenerator

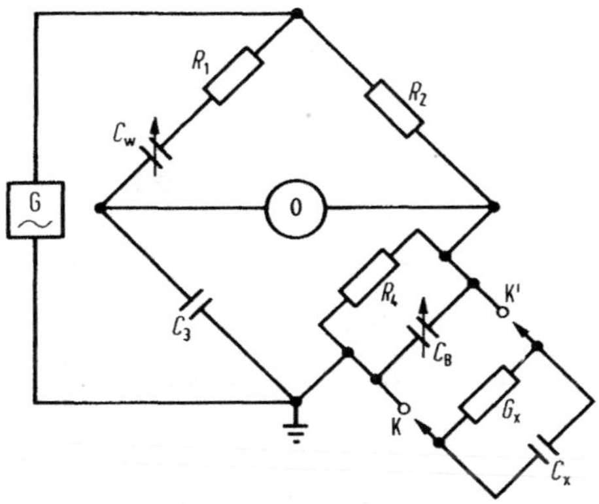

Fig. 4.229 Prinzipschaltbild der Schering-Leitwertbrücke (ohne Abschirmung und Detektorübertrager)
KK' Anschlußkonnektor, 0 Nulldetektor, C_W, C_B variable Kapazitätsnormale, G Hochfrequenzgenerator

Als Meßbrücke zur Bestimmung des komplexen Leitwerts $G_X + j\omega C_X$ steht für Frequenzen bis über 250 MHz die Schering-Leitwert-Brücke (und für Präzisionsmessungen die Doppel-T-„Brücke", Woods (1957)) zur Verfügung. Im Idealfall der residuenfreien Brücke (Fig. 4.229) ist

$$G_X = \frac{C_3}{R_2} \cdot (1/C_{w2} - 1/C_{w1}), \qquad C_X = C_{B1} - C_{B2}, \tag{4.455}$$

wobei $C_{w1} = C_3 R_4 / R_2$, $C_{B1} = C_3 R_1 / R_2$ die Werte der Brückennormale bei offenem Anschlußkonnektor (Leerlauf, für Präzisionsmessungen sind Abstrahlung und Streukapazität am offenen Konnektor zu beachten) und C_{w2}, C_{B2} die Werte der Brückennormale bei angeschlossenem Prüfling bedeuten. Die relative Meßunsicherheit beträgt auch etwa $\pm 2\%$ (Jones u. Anson (1974)).

Bei Frequenzen bis etwa 10 MHz stehen kommerzielle „LCR-Meter" zur Verfügung. Dem Prüfling wird ein Strom eingeprägt und die Impedanz des Prüflings als Verhältnis von (komplex gemessenem) Spannungsabfall und Stromstärke bestimmt.

Resonanzverfahren Resonanzverfahren werden in der Hochfrequenzmeßtechnik (außer bei der Messung von Stoffkenndaten, s. **4**.3.4.3) im Frequenzbereich bis etwa 250 MHz zur Bestimmung des Gütefaktors Q (s. **4**.3.3.8) von Spulen (Eigenkapazität C_E) angewendet, die mit einem festen oder variablen Kondensator C zu einem Parallel- oder Serienresonanzkreis zusammengeschaltet werden. Im ersten Fall wird der Gütefaktor durch Messung der Halbwertsbreite und der Resonanzfrequenz der Spannungs-Resonanzkurve bestimmt (s. **4**.2.6.4). Im Falle des in kommerziellen „Q-Metern" enthaltenen Serienresonanzkreises (Fig. 4.230) dient ein verlustarmer variabler Kondensator zur Abstimmung auf Resonanz. Liegt am Resonanzkreis eine Hochfrequenzspannung konstanter Frequenz und bekannter Amplitude $|U|$ an (R_1 einige mΩ, $R_2 \gg R_1$), und wird mit dem (hochohmigen) Spannungsmesser V bei Resonanz eine Spannungsamplitude $|U_R|$ gemessen, so ergibt sich

$$Q = \frac{C + C_E}{C} \cdot \left| \frac{U_R}{U} \right|. \tag{4.456}$$

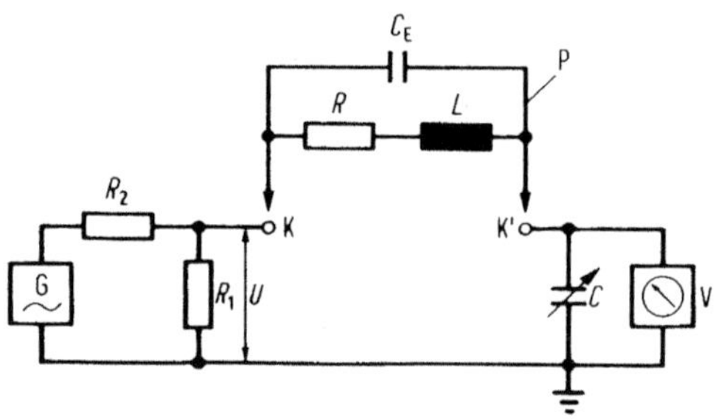

Fig. 4.230
Gütemessung aus Spannungsüberhöhung
KK' Anschlußkonnektor
V Hochfrequenz-Spannungsmesser
C variabler Kondensator
G Hochfrequenzgenerator
P Prüfling (Spule)
C_E Streukapazität

C_E muß für genauere Messungen gesondert ermittelt werden. Von Nachteil ist, daß der Prüfling auf einer Seite über einen endlich großen Widerstand R_1 geerdet ist. Fehler treten infolge der Belastung der Resonanzkreise durch die Verluste der Kondensatoren C und den endlichen Eingangswiderstand der Spannungsmesser auf (Thurley (1971)).

Als Transfernormale für Q-Meter dienen Sätze abgeschirmter Spulen, deren Gütefaktoren beispielsweise mit Hilfe hochauflösender Admittanzmeßbrücken bestimmt werden (Stumper (1989a)).

Impedanzbestimmung mit der Meßleitung Wird eine homogene Leitung mit dem Wellenwiderstand Z_0 durch eine komplexe Last abgeschlossen, deren Impedanz Z ist, so wird die einfallende Welle zum Teil reflektiert, mit dem komplexen Reflexionsfaktor

$$\Gamma = \frac{Z - Z_0}{Z + Z_0} \tag{4.457}$$

Die hin- und rücklaufenden Wellen überlagern sich zu einer stehenden Teilwelle, wodurch Spannungsmaxima (U_{max}) und -minima (U_{min}) längs der Leitung entstehen. Tastet man dieses stehende Wellenfeld mit einer Detektor-Sonde ab, deren Antenne durch einen Längs-Schlitz in die Leitung eingeführt ist, so kann man aus dem Welligkeitsfaktor $s = U_{max}/U_{min}$ und der Entfernung l_0 des 1. Minimums von der Anschluß-Bezugsebene der Last (bzw. aus der Verschiebung der Minima gegenüber ihrer

Lage bei Leitungsabschluß mit einem idealen Kurzschluß $|\Gamma| = 1$) Real- und Imaginärteil bzw. Betrag und Phase des Reflexionsfaktors bestimmen (Bestimmung großer s s. Groll (1969)):

$$|\Gamma| = \frac{s-1}{s+1} \tag{4.458}$$

$$\Phi = \frac{4\pi}{\lambda_L} l_0 \pm \pi, \qquad 0 \leqslant l_0 \leqslant \frac{\lambda_L}{4} \rightarrow +\pi, \qquad \frac{\lambda}{4} \leqslant l_0 \leqslant \frac{\lambda_L}{2} \rightarrow -\pi \tag{4.459}$$

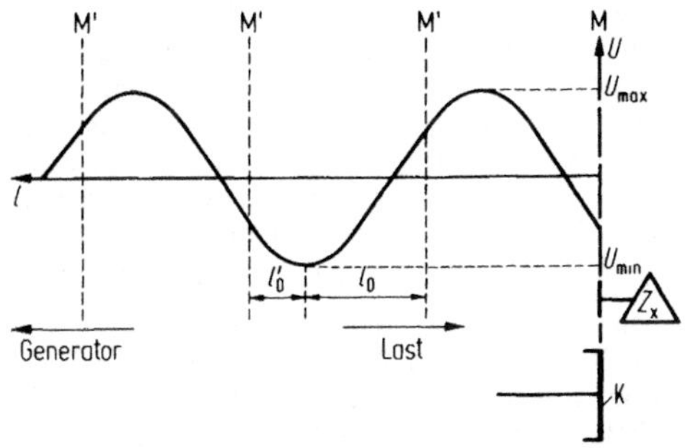

Fig. 4.231
Impedanzmessung mit der Meßleitung, Spannungsverlauf längs der Meßstrecke l
M Meßebene
Z_X auszumessende Impedanz
K Kurzschluß
M' Knotenebenen ($U=0$) bei Kurzschlußabschluß der Leitung (im Abstand $n \cdot \lambda_{L,2}$ von der Kurzschlußebene)
l_0, l_0' Abstand eines Spannungsminimums von der nächsten Knotenebene in Last-(Generator-)-Richtung

λ_L ist die Leitungswellenlänge und gleich dem doppelten Abstand zweier Spannungsminima oder -maxima (Fig. 4.231). Die auf den Leitungswellenwiderstand Z_0 bezogene komplexe Abschlußlast $z = Z/Z_0$ findet man aus dem Reflexionsfaktor Γ, gemäß

$$z = r + jx = \frac{1+\Gamma}{1-\Gamma} \tag{4.460}$$

wobei $$r = \frac{1 - |\Gamma|^2}{1 + |\Gamma|^2 - 2|\Gamma|\cos\Phi} \tag{4.461}$$

$$x = \frac{2|\Gamma|\sin\Phi}{1 + |\Gamma|^2 - 2|\Gamma|\cos\Phi} \tag{4.462}$$

Mit (4.460) und

$$\Gamma = |\Gamma| e^{j\Phi} = \Gamma' + j\Gamma'' \tag{4.463}$$

ergeben sich in der Γ-Ebene zwei Kreisscharen für konstante Werte von r und x:

$$\left(\Gamma' - \frac{r}{1+r}\right)^2 + \Gamma''^2 = \left(\frac{1}{1+r}\right)^2 \qquad (\Gamma' - 1)^2 + \left(\Gamma'' - \frac{1}{x}\right)^2 = \left(\frac{1}{x}\right)^2 \tag{4.464}$$

Ihre Darstellung bezeichnet man als Smith-Diagramm (Tab. T 4.11 in Band 3).

Beispiel: Eine koaxiale Meßleitung wird bei der Meßfrequenz 1 GHz mit einer komplexen Last Z abgeschlossen. Durch Abtastung mit einer Detektorsonde erhält man $s = 1{,}52$. Die Verschiebung des Minimums ist $l_0 = 4{,}11$ cm. Man erhält $|\Gamma| = 0{,}52/2{,}52 = 0{,}206$. Mit der Leitungswellenlänge $\lambda_L = 30$ cm wird $\Phi = \frac{4\pi}{30} \cdot 4{,}11 + \pi = 4{,}863$ ($\Phi = 278{,}6°$), $l_0/\lambda_L = 0{,}137$ bzw. $l_0'/\lambda_L = 0{,}363$). In der

Γ-Ebene wird um das Zentrum der Kreis mit $|\Gamma| = 0{,}206$ ($s = 1{,}52$) geschlagen und die Winkelgerade entsprechend $\Phi = 4{,}863$ (Verbindung des Peripheriepunktes $l_0/\lambda_L = 0{,}137$ bzw. $l'_0/\lambda_L = 0{,}363$ mit dem Nullpunkt). Im Schnitt der Winkelgeraden mit dem Γ-Kreis schneiden sich auch ein r-Kreis und ein x-Kreis. Man liest ab $r = 0{,}976$, $x = -0{,}416$. Bei Bezug auf einen Leitungswellenwiderstand von 50 Ω lautet das Endergebnis $Z = (48{,}8 - \mathrm{j}\,20{,}8)\,\Omega$.

Die Ankopplung der Sonde an das Leitungswellenfeld sollte grundsätzlich so schwach wie möglich erfolgen, um die Störung hinreichend klein zu halten. Hauptfehlerquellen sind: Abweichung der Detektor-Kennlinie vom idealen quadratischen (leistungsproportionalen) Verlauf, Reflexionen an der Sonde und den Anschluß-Konnektoren (innere Reflexionen), Feldstörungen durch den Längsschlitz, Leitungsdämpfung längs des Wellenfeldes innerhalb der Meßstrecke, Abweichung des Wellenwiderstandes vom Sollwert (z. B. 50 Ω). Die Fehlereinflüsse können reduziert werden, wenn die Anzeige entsprechend dem wahren Verlauf der Detektor-Kennlinie korrigiert und die auf geringste Eintauchtiefe eingestellte Sonde so abgestimmt wird, daß ihr Blindleitwert verschwindet. Bei Hohlleiter-Meßleitungen ist auf gute Symmetrie des Schlitzes bezüglich der Mittellinie der Hohlleiter-Breitseite zu achten. Die mechanische Präzision der Sondenführung und des Leiterquerschnitts sollte so gut sein, daß eine konstante Eintauchtiefe und eine exakte Parallelführung zur Leiterachse auf der ganzen Länge gewährleistet sind. Zur guten generatorseitigen Anpassung sollte zwischen Generatorausgang und Meßleitung eine Einwegleitung (s. **4**.3.3.14) geschaltet werden.

Groll (1969); Klages (1956); Kraus (1980); Somlo u. Hunter (1985); Tischer (1958).

Mit Hilfe $\lambda_L/4$ langer koaxialer Luftleitungen als Wellenwiderstandsnormale, die zwischen Meßobjekt und Meßleitung eingefügt werden, lassen sich Meßfehler aufgrund innerer Reflexionen und Abweichungen des Wellenwiderstandes der Meßleitung vom Sollwert weitgehend eliminieren (Ellerbruch u. Engen (1967)). Die Meßunsicherheit handelsüblicher Meßleitungen liegt für den Betrag der Reflexionsfaktoren – je nach Meß- und Frequenzbereich – zwischen $\pm 0{,}001$ und $\pm 0{,}1$. Phasenbestimmungen sind (je nach Größe von s) auf etwa $\pm 0{,}05°$ bis $\pm 10°$ möglich.

Meßbrückenverfahren zur Bestimmung von Reflexionsfaktor und Impedanz Zur Bestimmung des Betrages des Reflexionsfaktors bzw. des Welligkeitsfaktors sind Welligkeitsmeßbrücken, die nach Art einer Wheatstoneschen Brücke aufgebaut sind, gut geeignet (Meinke u. Gundlach (1986); VSWR (1970); VSWR (1979)). Die aus weitgehend reaktanzfreien Hochfrequenzwiderständen aufgebaute Brückenschaltung ist von einem abgeschirmten Gehäuse umgeben; drei Koaxialkonnektoren bilden die Brückentore (Fig. 4.232). Der Nennwert der eingebauten Widerstände muß möglichst gut mit dem Wellenwiderstand der Ein- und Ausgangsleitung (Z_L) übereinstimmen. Im Brücken-Eingangskreis muß ein ebenfalls gut angepaßter Widerstand R_0 liegen (dieser kann der Generator-Innenwiderstand sein, wenn er gleich dem Wellenwiderstand Z_L ist und die Quellenspannung U_0 (s. Fig. 4.232) konstant bleibt).

Wird eine unbekannte Impedanz Z_x an das Test-Tor CD gelegt, so gilt für die Spannung am Meßtor (BC)

$$U_{BC} = U_b = \frac{U_0}{8}\,\frac{Z_x - Z_L}{Z_x + Z_L} = \frac{U_0}{8}\,\Gamma_x. \tag{4.465}$$

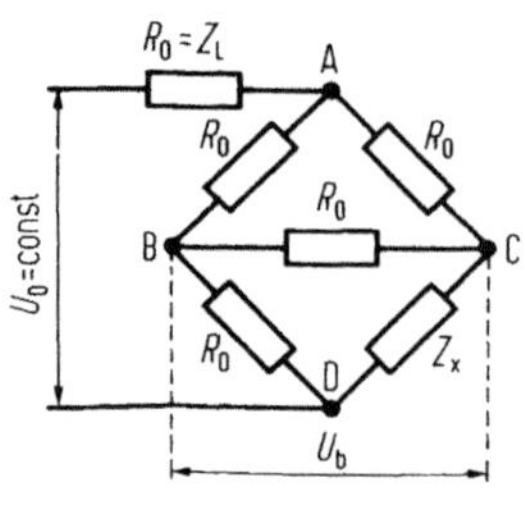

Fig. 4.232
Prinzip der Widerstands-Reflexionsmeßbrücke
$R_0 = Z_L$ eingebaute reelle Hochfrequenzwiderstände (gleich dem Wellenwiderstand des Bezugsleitungssystems)
U_0 Quellenspannung
Z_X unbekannte Impedanz der Last, deren Reflexionsfaktor zu bestimmen ist
U_b Meßspannung

Der Betrag der Brückenspannung am Meßtor ist proportional zum Betrag des Reflexionsfaktors Γ_x des mit dem Test-Tor verbundenen Meßobjekts (Impedanz Z_x).

Wählt man als Bezugsimpedanz einen Kurzschluß ($Z_x = 0$) oder eine offene Leitung ($Z_x \to \infty$), so wird nach Gl. (4.465)

$$\frac{|U_b(x)|}{|U_b(0,\infty)|} = |\Gamma_x|. \qquad (4.466)$$

Durch Bestimmung dieses Spannungsverhältnisses, z. B. mittels eines in die Eingangsleitung eingefügten kalibrierten Abschwächers, ergibt sich

$$|\Gamma| = 10^{\Delta A/20}, \qquad \Delta A = 20 \log \left| \frac{U_b(x)}{U_b(0,\infty)} \right|. \qquad (4.467)$$

Meßunsicherheiten sind bedingt durch die Unsicherheit der Abschwächungsmessung, durch Unzulänglichkeiten der eingebauten Hochfrequenzwiderstände und durch Reflexionen am Test-Tor. Auch bei ideal angepaßter Abschluß-Last ($\Gamma_x = 0$) bleibt am Meßtor eine Restspannung, die einer „Richtdämpfung“ ΔA_0 entspricht. Damit bleibt eine Restunsicherheit des Reflexionsfaktors

$$(\Delta\Gamma)_1 = \pm 10^{\Delta A_0/20} \qquad (4.468)$$

Die Fehlanpassung des Testtores (Reflexionsfaktor Γ_2) gibt Anlaß zu einer Unsicherheit

$$(\Delta\Gamma)_2 = \pm \frac{|\Gamma_x|^2 |\Gamma_2|}{1 - |\Gamma_x \Gamma_2|}. \qquad (4.469)$$

Beispiel: Zur Messung eines Reflexionsfaktors von $|\Gamma| \approx 0{,}5$ wird eine Meßbrücke mit Richtdämpfung 35 dB und Test-Tor-Rückflußdämpfung Γ_2 (s. Tab. T 4.10 in Band 3) von 20 dB benutzt. Man findet $(\Delta\Gamma)_1 = \pm 10^{1.75} = \pm 0{,}018$ und $(\Delta\Gamma)_2 = \pm 0{,}026$). Da Gl. (4.465) das Spannungsverhältnis nach Betrag und Phase liefert, ist prinzipiell durch Integration einer phasenvergleichenden Schaltung (z. B. mittels eines Vektor-Voltmeters) auch die Ermittlung der Phase des Reflexionsfaktors und damit nach Gl. (4.461) und (4.462) die Impedanzbestimmung nach Betrag und Phase möglich.

Vor allem bei GHz-Frequenzen in Hohlleiter-Schaltungen eignet sich das „Magische T“ (Fig. 4.233, s. **4**.3.3.12) als Impedanzmeßbrücke, sofern die mechanische Konstruktion so präzise ausgeführt ist, daß die Symmetrieabweichungen hinreichend klein bleiben.

Das Brückenverhalten ergibt sich aus den Wellenausbreitungseigenschaften in den 4 Zweigen. Speist man die Wellen in Arm 3 (H-Arm) ein und schließt die beiden parallelen Arme 1 und 2 mit

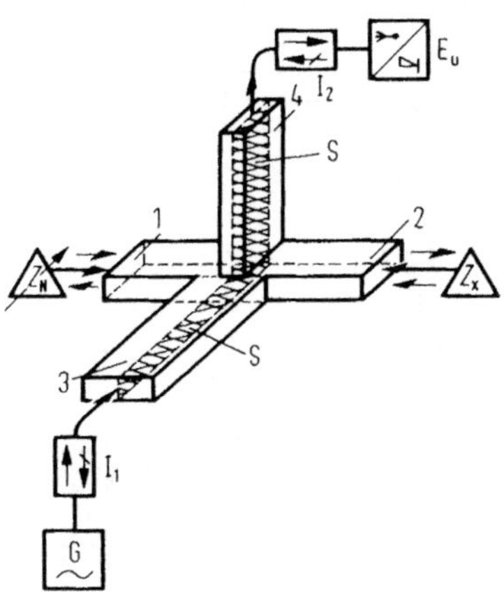

Fig. 4.233
„Magisches T“ als Mikrowellen-Impedanzmeßbrücke
Z_X zu bestimmende unbekannte Impedanz
Z_N bekannte einstellbare Vergleichsimpedanz
G Generator
I_1, I_2 Ferrit-Isolatoren (Einwegleitungen)
E_u Überlagerungs-Empfänger
Die (nicht-materielle) Symmetrie-Ebene S ist als Hilfsebene eingezeichnet

gleicher Impedanz ab, so sind die reflektierten Wellen, die auf die Symmetrie-Ebene zulaufen, in Betrag und Phase gleich. Da die Einkopplung in Arm 4 (E-Arm) gegenphasig erfolgt, löschen sich beide Anteile aus. Brückenarm 4 ist abgeglichen. Die nach Arm 3 gleichphasig eingekoppelten reflektierten Teilwellen laufen gegen den Generator zurück und werden zweckmäßigerweise in einer vorgeschalteten angepaßten Einwegleitung gedämpft.

Zur praktischen Ausführung einer Impedanzmessung wird der Ausgang des Brückenarms 4 mit einem empfindlichen Meßempfänger (Überlagerungsempfänger) und die Eingangsebene der zu bestimmenden Impedanz mit der Ausgangsebene einer der beiden Arme 1 oder 2 verbunden, während an den Ausgang des gegenüberliegenden freien Armes (2 oder 1) die Vergleichsimpedanz angeschlossen wird (Fig. 4.233). Wichtig ist dabei, daß die Leitungswellenwiderstände der Brückenarme und der Eingangsleitungen der angeschlossenen Impedanzen gleich sind. Als Vergleichsimpedanz eignet sich z. B. ein verschiebbarer Kurzschluß in Verbindung mit einem möglichst phasenreinen Absorberwiderstand mit quantitativ bekanntem Dämpfungsverhalten. Als berechenbare koaxiale Reflexionsnormale eignen sich z. B. Luftleitungen, bei denen der Durchmesser des Außen- oder Innenleiters längs einer $\lambda_L/4$ langen Strecke gegenüber dem Werte bei der Normalleitung vergrößert oder verkleinert ist (Bayer (1977); Somlo (1967)). Zur Einstellung definierter komplexer Reflexionsfaktoren bei Hohlleitern kann auch ein „Magisches T" dienen, dessen E-Arm (4) mit einer angepaßten Last abgeschlossen ist, während in den beiden Parallel-Armen 1 und 2 Kurzschlußkolben verschoben werden, deren Abstände von der Symmetrie-Ebene nach Einstellung Δl_1 und Δl_2 betragen. Bei Einspeisung einer HF-Leistung in Arm 3 ist der Reflexionsfaktor der in Arm 3 zurücklaufenden Welle, bezogen auf die Einkopplungs-Ebene durch

$$\Gamma_3 = \cos|\beta(\Delta l_1 - \Delta l_2)| e^{j\beta(\Delta l_1 - \Delta l_2)} \tag{4.470}$$

gegeben. Die Meßunsicherheit ist bedingt durch Unsymmetrie in der T-Verzweigung, innere Reflexionen, die Unsicherheit des Vergleichsnormals, Unsicherheiten bei der Abstandsbestimmung und die Unsicherheit der Wellenausbreitungsgeschwindigkeit in den (meist luftgefüllten) Leitern.

Groll (1969); Klages (1956); Meyer u. Pottel (1969); Montgomery u. a. (1947).

Bestimmung des Betrages des Reflexionsfaktors mit dem Reflektometer Hierbei werden die Eigenschaften von Richtkopplern ausgenutzt (s. 4.3.3.13). Um eine schnelle und hinreichend genaue Reflexionsmessung ausführen zu können, sollte der benutzte Richtkoppler eine möglichst hohe Richtdämpfung ($D \geq 40$ dB) und einen hinreichend kleinen Reflexionsfaktor Γ_2 am Ausgangstor haben ($|\Gamma_2| \leq 0{,}02$). Die prinzipielle Meßschaltung zeigt Fig. 4.234). An das Ausgangstor des Richtkoppler-Hauptarmes wird einmal eine Kurzschlußebene ($|\Gamma_s| = 1$) und einmal die unbekannte Last ($|\Gamma_x|$) angeschlossen. Die beiden Meßsignale im Nebenarm werden mittels eines präzisen Meßemp-

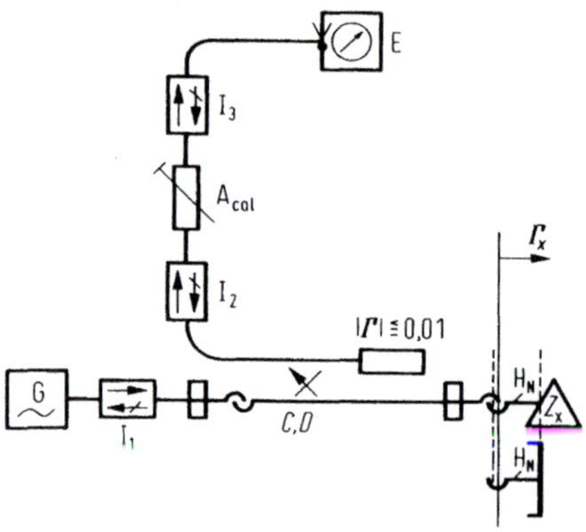

Fig. 4.234
Bestimmung des Betrages des Reflexionsfaktors (bzw. des Welligkeitsfaktors) mit dem Reflektometer

G	Generator
Z_X	zu bestimmende unbekannte Impedanz
Γ_X	Reflexionsfaktor
K	Kurzschluß (Bezugs-Impedanz)
H_N	Norm-Hohlleiter
C, D	Koppel- und Richtdämpfung des Reflektometers
I_1, I_2, I_3	Ferrit-Isolatoren (Einwegleitungen)
A_{cal}	Kalibriertes Bezugsdämpfungsglied
E	Meßempfänger

(Ein Koaxial-Reflektometer entspricht im Aufbau dem hier dargestellten Hohlleiter-Reflektometer) fängers miteinander verglichen, wobei der Bezug auch durch einen dem Meßempfänger vorgeschalteten, präzisen kalibrierten variablen Abschwächer (z. B. Rotations-Dämpfungsglied) hergestellt werden kann. Beträgt der Unterschied der beiden Signal-Amplituden A dB, so ist der zu bestimmende Betrag des Reflexionsfaktors

$$|\Gamma_x| = 10^{-A/20} \quad (A \text{ in dB}) \tag{4.471}$$

Die Unsicherheit infolge unvollständiger Richtdämpfung ist gegeben durch

$$\frac{|\Delta\Gamma_x|}{|\Gamma_x|} \leqslant \frac{\frac{d}{b}(|\Gamma_2| - |\Gamma_x|)}{|\Gamma_2||\Gamma_x| - \frac{d}{b}|\Gamma_x|} \tag{4.472}$$

mit $\quad d = 10^{-D/20}, \quad b = \sqrt{(1-x^2)(1-d^2)} \approx 1, \quad x = 10^{C/20}$

(Richtdämpfung D und Koppeldämpfung C in dB).
Die Unsicherheit infolge der Reflexion am Ausgang des Hauptarms ist

$$\left|\frac{\Delta\Gamma_x}{\Gamma_x}\right| \leqslant \frac{(|\Gamma_x| - |\Gamma_s|)\cdot|\Gamma_2|}{1 - |\Gamma_2||\Gamma_x|} \tag{4.473}$$

Durch Einfügen zweier Abstimmtransformatoren (s. **4**.3.3.7) vor dem Eingang und hinter dem Ausgang des Hauptarmes lassen sich die Optimalbedingungen $D \to \infty$ und $\Gamma_2 \to 0$ bei einer festen Frequenz gut annähern (Anson (1961)). Mit solchen abgestimmten Reflektometern sind die Meßunsicherheiten auf $0{,}0001 \leqslant |\Delta\Gamma| \leqslant 0{,}001$ reduzierbar. Will man den Reflexionsfaktor nach Betrag und Phase ermitteln, so kann die Reflektometerschaltung durch zusätzlichen Einbau eines kalibrierten Phasenschiebers erweitert werden, wobei unter Voraussetzung einer hinreichend reinen Sinusschwingung (Filter einsetzen!) der Abgleich gegen eine Referenzschwingung nach Betrag und Phase auszuführen ist (Gledhill u. Walker (1963)).

Abgestimmte Reflektometer erlauben zwar Messungen kleinster Unsicherheit, die für jeden Frequenzpunkt nötige Einjustierung der beiden Abstimmtransformatoren ist aber zeitraubend. Um sich einen schnellen Überblick über das Reflexionsverhalten von Bauteilen zu verschaffen, sind über größere Bandbreiten wobbelbare Reflektometer-Meßplätze besonders vorteilhaft. Dabei kann eine fast dem abgestimmten Reflektometer entsprechende Meßgenauigkeit beibehalten werden, wenn ein Verfahren angewandt wird, bei dem ein langer, sehr genauer Normhohlleiter (oder eine koaxiale Luftleitung) als Bezugsnormal verwandt wird, wodurch sich die Eigenfehler des Reflektometers weitgehend eliminieren lassen. Das Verfahren ist prinzipiell auch auf wobbelbare Reflexionsmeßbrücken anwendbar (Hollway u. Somlo (1960) u. (1973); Hollway (1967); Lacy u. Oldfield (1973)).

Vier- und Sechstorschaltungen, Netzwerkanalysatoren Zur Bestimmung komplexer Reflexionsfaktoren Γ (s. **4**.3.3.1) als Funktion der Frequenz werden neben Wheatstoneschen Brückenschaltungen (bei Frequenzen bis über 20 GHz, s. Fig. 4.232) häufig Viertor-Richtkoppler-Schaltungen benutzt (s. Fig. 4.235). Mit solchen Schaltungen ausgerüstete, auch kommerziell angebotene „Netzwerkanalysatoren" gestatten die Bestimmung aller Streukoeffizienten (S_{11}, S_{12}, S_{21}, S_{22}) eines Zweitors (s. **4**.3.3.6) bei Frequenzen bis über 100 GHz. Nicht-ideale Brücke bzw. Reflektometer werden wie folgt beschrieben: Die Beziehung zwischen $\Gamma = a_2/b_2$ und der komplexen Spannung $w = U_{BC}/U_0$ der Brücke bzw. dem komplexen Verhältnis $w = b_3/b_4$ der Wellengrößen an den Meßtoren der Richtkopplerschaltung wird durch

$$\Gamma = (w - B)/(A - C \cdot w) \tag{4.474}$$

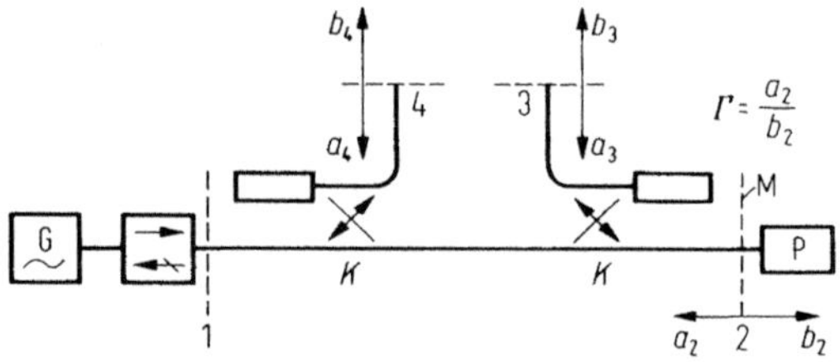

Fig. 4.235
Viertor-Richtkoppler-Schaltung mit zwei Meßtoren
a_i, b_i Wellengrößen
G Mikrowellengenerator am Tor 1
P Prüfling am Ausgangstor 2
M Meßebene
K Richtkoppler
3, 4 Meßtore

mit drei komplexen, aus den Brückeneigenschaften bzw. der Fehlanpassung, Kopplungs- und Richtdämpfung der Richtkoppler resultierenden frequenzabhängigen „Error-Box"-Parametern A, B und C vollständig beschrieben (für ideale Schaltungen gilt $B = C = 0$). Zur Messung der „Rohwerte" w nach Betrag und Phase dienen komplex messende „Vektorvoltmeter"; insbesondere bei sehr hohen Frequenzen müssen aufwendige Überlagerungsverfahren angewendet werden (Verfahren ohne Hilfsoszillator s. King (1978)).

Die Parameter A, B und C (insgesamt 6 skalare Größen) bestimmt man nach Messung von w_1, w_2 und w_3 bei Abschluß durch drei Meßobjekte an Punkten C und D (Fig. 4.232) der Brücke bzw. an der Meßebene M der Reflektometerschaltung, mit bekannten komplexen Reflexionsfaktoren Γ_1, Γ_2 und Γ_3, z. B. $\Gamma_1 \approx 0$ (reflexionsarmer Abschluß), $\Gamma_2 \approx -1$ (Kurzschluß) und $\Gamma_3 \approx 1$ (Leerlauf, realisierbar in Koaxialtechnik), durch Lösung des linearen Gleichungssystems

$$A \cdot \Gamma_k + B - C \cdot w_k \cdot \Gamma_k = w_k \quad (\text{für } k = 1, 2, 3) \tag{4.475}$$

Zur Kalibrierung eines Netzwerkanalysators mit je einer Brücke oder Viertor-Richtkoppler-Schaltung an Ein- und Ausgang eines Zweitors als Prüfling muß die Bestimmung der 3 Error-Box-Parameter auf jeder Seite, d. h. eine 12-Term-Korrektion ausgeführt werden. Kommerzielle Netzwerkanalysatoren enthalten stets Mikroprozessoren oder Kleinrechner zur Steuerung, Kalibrierung und Meßauswertung; mit Hilfe von Zusatzeinrichtungen (Adapter, rechnergesteuerte Taster) ist die Streukoeffizienten-Messung in planaren Schaltungen möglich.

Bailey (1989); Beatty (1976); Groll (1969); Kása (1974); Kraus (1980); Meinke u. Gundlach (1986); Rytting (1981); Somlo u. Hunter (1985); Warner (1976) u. (1977).

Sechstorverfahren. Komplexe Reflexionsfaktoren Γ lassen sich auch ohne teure Phasenmeßverfahren mit Hilfe von als Koaxial-, Hohlleiter- oder Freifeld-Interferometer aufgebauten einfachen linearen passiven Mikrowellennetzwerken bestimmen. Diese „Sechstorreflektometer" besitzen ein Eingangstor 1 für den Hochfrequenzgenerator, ein Ausgangstor 2 zum Anschluß des Prüflings und insgesamt vier Meßtore 3 bis 6, an letzteren befinden sich Leistungsdetektoren (Dioden, Bolometer), deren reelle Ausgangsgrößen P_k ($k = 3, \ldots, 6$) proportional zum Quadrat $|b_k|^2$ der Amplitude der in sie eintretenden Wellengrößen b_k sind. Die aus Richtkopplern und Verzweigungen bestehenden Schaltungen sind meist so ausgeführt, daß ein P_k (z. B. für k = 6) im wesentlichen proportional zur Generatorleistung ist, man rechnet dann mit den drei (auf P_6 normierten) Leistungsverhältnissen $p_k = P_k / P_6$ ($k = 3, \ldots, 5$). Analytisch kann man das Sechstorreflektometer zerlegen in ein ideales Reflektometer mit p_3, p_4 und p_5 als Eingangsgrößen und dem „Rohwert" w als Ausgangsgröße und eine „Error-Box" mit der in Gl. (4.474) angegebenen Verknüpfung von w und gesuchtem Γ (wobei die Error-Box-Parameter A, B und C wie oben gezeigt bestimmt werden können). Für die Verknüpfung von p_k ($k = 3, \ldots, 5$) und w gilt:

$$p_3 = |w|^2, \qquad Z \cdot p_4 = |w - w_1|^2, \qquad R \cdot p_5 = |w - w_2|^2. \tag{4.476}$$

Das komplexe w_2 und die Skalare w_1, Z und R erhält man mit geeigneten Selbstkalibrierverfahren. Zur Bestimmung und Speicherung der frequenzabhängigen Parameter sowie zur Meßwerterfassung und Steuerung ist ein Kleinrechner erforderlich. Ein Netzwerkanalysator mit zwei Sechstorreflektometern ist von Hoer (1977) entwickelt worden.

Bailey (1989); Cullen u. a. (1980); Engen (1977) u. (1978); Hunter u. Somlo (1985); Groll u. Kohl (1980); Meinke u. Gundlach (1986); Neumeyer (1990); Stumper (1982), (1983), (1989b), (1990) u. (1991).

4.3.4.3 Messung der Stoffkenndaten (F. Kremer)

Allgemeines Hier wird nur eine kurze Übersicht über die wichtigsten Meßmethoden zur Bestimmung der Stoffkenndaten homogener und isotroper Stoffe im Hochfrequenzbereich gegeben:

Komplexe Permittivitätszahl (Dielektrizitätszahl, DZ), s. **8**.6.3

$$\varepsilon_r = \varepsilon_r' - j \cdot \varepsilon_r'' = \varepsilon_r' \cdot (1 - j \cdot \tan \delta_\varepsilon), \tag{4.477}$$

komplexe Permeabilitätszahl (PZ)

$$\mu_r = \mu_r' - j \cdot \mu_r'' = \mu_r' \cdot (1 - j \cdot \tan \delta_\mu) \tag{4.478}$$

($\tan \delta_\varepsilon$ dielektrischer, $\tan \delta_\mu$ magnetischer Verlustfaktor).

Für Gase (ε_r' wenig größer als Eins), für verlustarme Flüssigkeiten und Kunststoffe ($\varepsilon_r' \approx 2$ bis 3), sowie für Ionenkristalle ($\varepsilon_r' \approx 5$ bis 20) mit $\tan \delta_\varepsilon \approx 10^{-5}$ bis 10^{-2} kommen vornehmlich Meßmethoden mit Resonator, aber auch interferometrische Methoden in Betracht. Für die zweite Gruppe dielektrischer Stoffe mit mittleren und höheren Verlusten, beispielsweise polare Flüssigkeiten (ε_r' bis etwa 100, $\tan \delta_\varepsilon$ bis etwa 1) und Ferroelektrika (ε_r' bis etwa 10^4 und $\tan \delta_\varepsilon$ bis etwa 1), sowie für alle magnetischen Hochfrequenzmaterialien, deren DZ wesentlich von Eins verschieden sein kann, sind Impedanz- bzw. Admittanzmeßmethoden sowie Methoden zur Bestimmung von Vierpolparametern als primäre Meßgrößen vorteilhaft. Kleine Proben verlustbehafteter Stoffe können auch in Resonatoranordnungen untersucht werden.

Ein weiteres Unterscheidungsmerkmal ist die Meßfrequenz: Impedanz- oder Admittanz-Messungen mit Hochfrequenzmeßbrücken für Frequenzen bis etwa 300 MHz; klassische Mikrowellenmeßmethoden im Koaxial- und Hohlleiterbereich (Meßleitung, Mikrowellenbrücke) – für Vierpolmessungen – bei höheren Frequenzen; Resonatormethoden im gesamten Hochfrequenzgebiet bis zu Frequenzen von etwa 150 GHz. Im oberen Hochfrequenzgebiet ähneln die Meßprinzipien denen der Optik (Interferometrie mit kohärenten, Fouriertransformations-Spektrometrie mit inkohärenten Strahlungsquellen).

Die obere Grenzfrequenz für die Zeitbereichs-Spektrometrie beträgt etwa 12 GHz. Dabei wird das zu untersuchende Material einem elektrischen Feldsprung ausgesetzt, und der zeitliche Verlauf der sich einstellenden elektrischen Polarisation bestimmt (Cole (1977); Kaatze u. Giese (1980); Dawkins u. a. (1979), (1981a) u. (1981b); Voss u. Happ (1984)).

Afsar u. a. (1986); Bussey (1967); Chamberlain u. Chantry (1973); Clarke u. Rosenberg (1982); Hill u. a. (1969); v. Hippel (1961); Kaatze u. Giese (1980); Lynch (1974); Meinke u. Gundlach (1968); Montgomery (1947); Stuchly u. Stuchly(1980); Sucher u. Fox (1963); Vij u. Hufnagel (1985); Waldron (1970)

Admittanz-, Impedanz- und Resonatormeßmethoden im unteren Hochfrequenzbereich
Magnetische Stoffe. Gemessen wird die Impedanz Z (etwa mit einer Maxwellbrücke,

s. **4**.3.4.2) einer um einen geschlossenen (z. B. torusförmigen) Kern des zu untersuchenden Materials gleichmäßig gewickelten Spule. Ist L_0 die Selbstinduktivität der Spule ohne Kern und R_D der Wirkwiderstand des Drahtes, so gilt mit der Kreisfrequenz ω

$$Z - R_D = (\mu_r'' + j \cdot \mu_r') \cdot \omega \cdot L_0. \tag{4.479}$$

Brückenverfahren sowie Resonanzkreisverfahren sind für Frequenzen bis über 100 MHz angegeben (v. Hippel (1961); Meineke u. Gundlach (1968)).

Dielektrische Stoffe. Die komplexe DZ einer Probe kann aus der Admittanz Y (s. **4**.3.4.2) eines mit dem Dielektrikum gefüllten Plattenkondensators (s. VDE 0303 (1969); DIN 53483 (1969)) bestimmt werden. Ist C_0 die Kapazität des leeren Kondensators, so gilt

$$Y = (\varepsilon_r'' + j \cdot \varepsilon_r') \cdot \omega \cdot C_0. \tag{4.480}$$

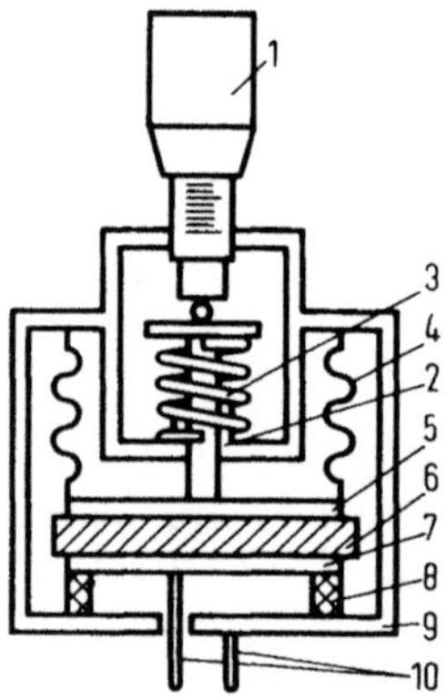

Fig. 4.236
Meßkondensator für verlustarme Festkörper zur Anwendung im Resonanzkreis bei Frequenzen bis etwa 30 MHz (nach Bergmann (1969))
1 Mikrometerschraube
2 Gleitführung
3 Feder
4 Metallbalgen
5 bewegliche Elektrode
6 dielektrische Probe (etwa 60 mm Durchmesser)
7 feste Elektrode
8 Isolator
9 Abschirmgehäuse
10 Konnektoren

Nach Bergmann (1969) ermittelt man zur Eliminierung der durch einen Luftspalt zwischen Festkörperprobe und Kondensatorelektroden verursachten Meßfehler (Reihenschaltung eines luft- und eines probegefüllten Kondensators!) zunächst Kapazität und Verlustfaktor tan δ' eines mit der Probe der Dicke d_g gefüllten Kondensators (Fig. 4.236) mit Elektrodenabstand d_p (Mikrometerschraube). Nach Entfernen der Probe wird zur Einstellung der ursprünglichen Kapazität der Elektrodenabstand um Δd auf d_l verringert. Dann gilt

$$\varepsilon_r' = d_g/(d_g - \Delta d), \tag{4.481}$$

$$\tan \delta_\varepsilon = \tan \delta' \cdot (d_g - \Delta d). \tag{4.482}$$

Bei Anordnungen wie in Fig. 4.236 ohne Schutzringelektrode liegt der Nutzkapazität eine parasitäre Kapazität parallel, die man jedoch aus der als Funktion der Probendicke gemessenen DZ bestimmen kann. Der Verlustfaktor wird aus dem Gütefaktor Q eines aus einer Hilfsspule und dem Meßkondensator gebildeten Schwingkreises und zwar mit (Q_p) und ohne (Q_l) Probe, bei konstantgehaltener Kapazität gemäß

$$\tan \delta' = 1/Q_p - 1/Q_l \tag{4.483}$$

bestimmt. Es können noch Änderungen des Verlustfaktors von 10^{-6} beobachtet werden (Reddish u. a. (1971); Kremer u. a. (1989)).

Methoden zur Bestimmung der Kenndaten aus Wellenparametern Primäre Meßgrößen sind die Parameter der sich im probegefüllten Wellenleiter ausbreitenden Welle (Wellenwiderstand und Ausbreitungskoeffizient, s. **4**.3.3.1).

Im Frequenzbereich von etwa 300 MHz bis etwa 10 GHz dienen mit der TEM-Welle (s. **4**.3.3.3) betriebene Koaxialleitungen, bei Frequenzen bis etwa 40 GHz zumeist mit der H-Grundwellenform betriebene Hohlleiter (s. **4**.3.3.4) zur Aufnahme der den Wellenleiter im allgemeinen ganz ausfüllenden Probe. Im Bereich der Millimeterwellen sind Freifeldmeßverfahren mit TEM-Wellen entwickelt worden.

Für die komplexen Kenndaten μ_r und ε_r gilt

$$\mu_r = -j \cdot Z_h \cdot \gamma_h / (Z_{h0} \cdot \beta_{h0}) \quad \text{(für H- und TEM-Wellen)}, \tag{4.484}$$

$$\varepsilon_r = (\beta_{gr}^2 - \gamma_h^2)/(\beta_0^2 \cdot \mu_r) \quad \text{(für H-Wellen, } \beta_{gr} = 0 \text{ für TEM-Wellen)}. \tag{4.485}$$

Dabei ist Z_h der komplexe Feldwellenwiderstand und $\gamma_h = \alpha_h + j\beta_h$ der komplexe Ausbreitungskoeffizient im probeerfülltenWellenleiter bzw. im (unendlich) ausgedehnten Medium für TEM-Wellen. Z_{h0} ist der Feldwellenwiderstand, β_{h0} der Phasenkoeffizient ohne Probe, β_{gr} ist die Grenzwellenzahl der Hohlleiter-H-Welle im Vakuum, β_0 der Phasenkoeffizient der TEM-Welle im Vakuum.

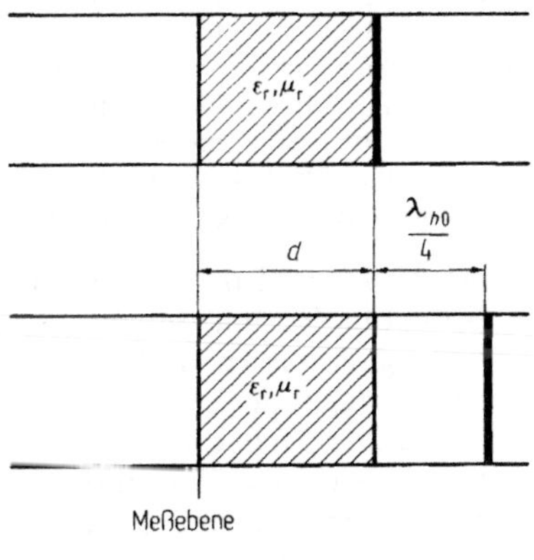

Fig. 4.237
Probenanordnung im Hohlleiter bei der Vierpolmeßmethode zur Bestimmung von DZ und PZ einer Probe der Länge *d*. Oben: Abschluß mit Kurzschluß, unten: mit Leerlauf (λ_{h0} Wellenlänge im leeren Wellenleiter)

Vierpolmeßmethode. Sie wird zur Bestimmung von $z_h = Z_h/Z_{h0}$ und γ_h angewandt. Dabei befindet sich im Wellenleiter eine Meßprobe der Länge d mit senkrecht zur Wellenleiterachse angeordneten ebenen Endflächen (Fig. 4.237), welche auf der Rückseite einmal mit einem Kurzschluß und einmal mit einem Leerlauf (Kurzschluß im Abstand einer Viertelwellenlänge im leeren Wellenleiter) abgeschlossen ist. Mit Hilfe einer vorgeschalteten Meßleitung oder Mikrowellenbrücke (s. **4**.3.4.2) wird die auf den Wellenwiderstand des leeren Wellenleiters bezogene Eingangsimpedanz z in der Meßebene in beiden Fällen bestimmt. Ist z_K die Impedanz bei Abschluß mit Kurzschluß, z_L die Impedanz bei Abschluß mit Leerlauf, so gilt

$$z_h = (z_K \cdot z_L)^{1/2}, \tag{4.486}$$

$$\gamma_h = \frac{1}{d} \cdot \operatorname{artanh} (z_K/z_L)^{1/2}. \tag{4.487}$$

Für Hohlleiterwellen läßt sich einer der drei in Gl. (4.484) und (4.485) auftretenden Phasenkoeffizienten β_0, β_{h0} und β_{gr} durch die zwei anderen gemäß

$$\beta_{h0}^2 = \beta_0^2 - \beta_{gr}^2 \tag{4.488}$$

ersetzen (Bestimmung durch Messung der Frequenz und Hohlleiter-Wellenlänge bzw. -Querabmessungen, s. **4**.3.3.4). Im Falle unmagnetischer Dielektrika ($\mu_r = 1$) genügt die Bestimmung der Eingangsimpedanz z_K der mit Kurzschluß abgeschlossenen Probe. Für diese gilt

$$z_K/(j\beta_{h0}d) = (\tanh \gamma_h d)/\gamma_h d, \tag{4.489}$$

woraus $\gamma_h d$ mit einer Iterationsmethode oder mit Hilfe von Tabellen (v. Hippel (1961)) und ε_r dann nach Gl. (4.485) berechnet werden kann.

Für hinreichend dünne Proben lassen sich μ_r und ε_r getrennt bestimmen, und zwar durch Messung von z_K bei Kurzschlußbelastung (elektrisches Feld am Probenort annähernd Null) bzw. durch Messung von z_L bei Leerlaufbelastung (magnetisches Feld am Probenort annähernd Null, Eichacker (1958) u. (1961)).

Für stark gedämpfte oder hinreichend lange, unmagnetische dielektrische Proben kann ε_r aus der Vorderflächenreflexion allein erhalten werden (Anwendung für DZ-Messungen von Flüssigkeiten unter hohem Druck s. Pottel u. Asselborn (1979)).

Bei der Bestimmung kleiner Verlustfaktoren muß die durch endliche Leitfähigkeit der Wandungen des Wellenleiters hervorgerufene Dämpfung (auch die Eigendämpfung der Meßleitung; Berechnung s. **4**.3.3.1, **4**.3.3.3 u. **4**.3.3.4) berücksichtigt werden. Bei Festkörperproben verursachen Luftspalte zwischen Probe und Wellenleiterwänden systematische Meßfehler (Berechnung für Koaxialleitungen s. Eichacker (1958)), welche sich bei Verwendung überdimensionierter Hohlleiter zur Probenaufnahme bei vorgegebener Spaltbreite verkleinern lassen (Stumper (1968)). Sind die Probengrenzflächen nicht plan oder nicht senkrecht zur Wellenleiterachse angeordnet, so können störende ausbreitungsfähige höhere Wellenformen angeregt werden.

Andere Methoden. Zur Bestimmung der DZ flüssiger Dielektrika mittlerer Verluste kann γ_h direkt durch Abtastung des Stehwellenfeldes in einer an einem Ende mit einem Kurzschluß abgeschlossenen Meßleitung bestimmt werden, welche vollständig mit dem Dielektrikum ausgefüllt ist (Eichacker (1961); Honijk (1977)). Ein anderer bis 150 GHz benutzter Meßaufbau besteht aus einer flüssigkeitsgefüllten Normhohlleiter-Reflexionsmeßzelle (strahlungsdurchlässiges Fenster am vorderen und verschiebbarer Kurzschluß am hinteren Ende), welcher ein Reflektometer (s. **4**.3.4.2) vorgeschaltet ist. Aus der von der Meßzelle reflektierten Hochfrequenzleistung, die als Funktion der Schichtdicke aufgetragen ist, wird γ_h mit Hilfe einer Anpassungsrechnung gewonnen (Van Loon u. Finsy (1974); mit freien Raumwellen um 140 GHz s. Klip (1970)). Mit Hilfe von aus überdimensionierten Hohlleitern zusammengesetzten Michelson-Interferometern wurde die DZ verlustbehafteter Flüssigkeiten ebenfalls bis 140 GHz gemessen (Goulon u. a. (1973)).

γ_h kann auch aus der Änderung von Amplitude und Phase einer durch die Meßprobe hindurchtretenden fortschreitenden Welle, beispielsweise durch Vergleich mit einer Referenzwelle in einem Zweistrahlinterferometer bestimmt werden (Hufnagel u. Klages (1960); Kaatze (1980); bis in den Bereich der Submillimeterwellen s. Chamberlain u. Chantry (1973); Kilp (1977)).

In einer für Flüssigkeiten höherer Verluste geeigneten Anordnung (Fig. 4.238) befindet sich das Dielektrikum in einem senkrecht angeordneten Wellenleiter (Koaxial- oder Hohlleiter mit transparentem Fenster und Wellenleitübergang), in welchem sich von oben in Richtung der Wellenleiterachse eine Meßsonde (Anordnungen bei Kaatze

(1980)) verschieben läßt. Für eine Ausgangsstellung der Sonde wird mit Hilfe von Dämpfungsglied (s. **4**.3.3.1) und Phasendrehglied (s. **4**.3.3.10) im Vergleichszweig die Referenzwelle am Ort des Detektors nach Betrag und Phase so eingestellt, daß sie mit der aus dem Meßzweig kommenden Welle zu Null interferiert. Vergrößert man nun den Abstand der Sonde vom Fenster um eine Wellenlänge $\lambda_h = 2 \cdot \pi/\beta_h$, sowie die Dämpfung des phasenreinen kalibrierten Dämpfungsgliedes im Vergleichszweig um $\alpha_h \cdot \lambda_h$, so tritt wieder Nullinterferenz auf.

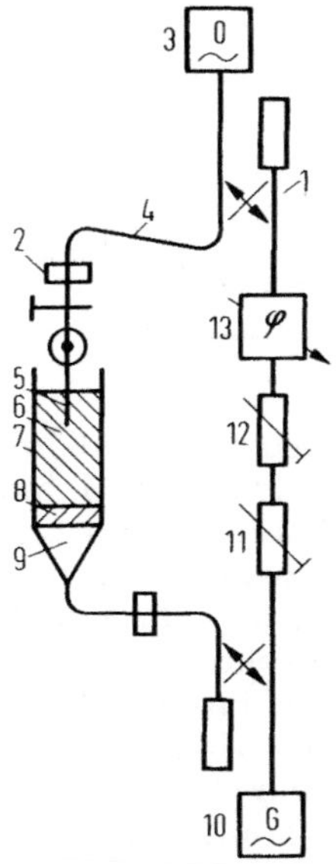

Fig. 4.238
Zweistrahlinterferometer für Flüssigkeiten mittlerer und hoher Verluste (nach Kaatze (1980))
1 Meßzweig
2 Vergleichszweig
3 Nulldetektor
4 flexibler Hohlleiter
5 koaxiale Meßsonde
6 Meßflüssigkeit
7 Rundhohlleiter-Meßgefäß
8 Fenster
9 Hohlleiterübergang
10 Meßsender
11 Hilfsdämpfungsglied
12 kalibriertes Dämpfungsglied
13 Hilfs-Phasendrehglied

Um kleine dielektrische Verluste zu messen, muß zur Vermeidung von Störreflexionen der probegefüllte an den leeren Wellenleiter gut angepaßt sein. Bei einer Anordnung ohne Meßsonde (Lynch u. Ayers (1972); Stumper u. Frentrup (1976)) befindet sich im Meßzweig des Interferometers ein gegen die Vertikale geneigter, am unteren Ende durch einen transparenten, reflexionsarmen Doppelkeil abgedichteter Normhohlleiter, welcher durch eine Dosiereinrichtung mit der Meßflüssigkeit gefüllt werden kann. Zum Phasenabgleich wird die Länge der Flüssigkeitssäule geeignet gewählt. Der Dämpfungskoeffizient kann auch direkt aus der Leistung der durch die Probe hindurchgetretenen fortschreitenden Welle, die als Funktion der Säulenlänge aufgetragen wird, bestimmt werden (Kilp (1977); Kramer (1959)). Eine Immersionsmethode zur Bestimmung dielektrischer Verluste in Festkörpern wurde von Lynch u. Ayers (1972) angegeben.

Meßmethoden mit Leitungsresonatoren Hauptsächlich werden Resonatoren verwendet, die aus einem beiderseits mit einem Kurschluß abgeschlossenen Wellenleiter (einschließlich Freifeld) bestehen (s. **4**.3.3.8) und mit Hilfe von Koppelelementen (Koppellöchern, Antennen) einerseits an einen Hochfrequenzgenerator und andererseits an einen Detektor angeschlossen werden (Fig. 4.239). Sie werden auf Resonanz abgestimmt entweder, bei konstantgehaltenen Resonatorabmessungen, unter Variation der Frequenz (Leistungskonstanz des Generators erforderlich!) oder, bei konstanter Frequenz, unter Variation der Abmessungen (meist der Länge mit Hilfe eines verschiebbaren Kurzschlusses).

Zur Bestimmung der Stoffkonstanten verlustarmer Materialien wird der Resonator ganz (bei Gasen) oder teilweise mit dem zu untersuchenden Material gefüllt, und die Änderung der Resonanzeigenschaften – Resonanzfrequenz und Resonatorgütefaktor (Bestimmung s. **4**.3.3.8) – beobachtet; bei Materialien (auch magnetischen) mit höheren Verlusten werden eine oder alle Probendimensionen klein gegen die Resonatorabmessungen gewählt (Probenform: Scheibe, Stab, Kugel), um den pro Schwingungsperiode auftretenden Energieverlust nicht zu hoch werden zu lassen (Beispiel für Messungen an Ferriten in Topfkreisen (s. **4**.3.3.8) mit Probe im Kondensator s. Kaatze u. Plaschke (1980); Bauhofer (1981)).

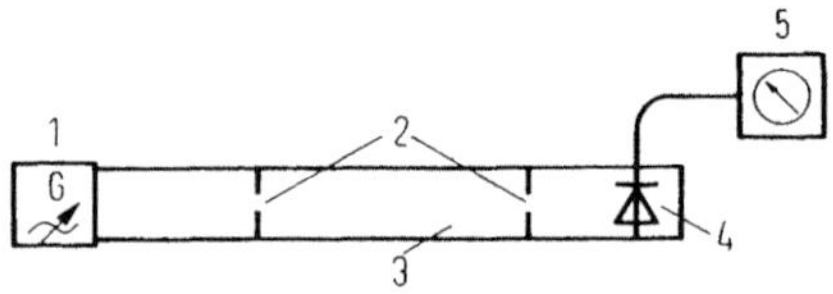

Fig. 4.239
Hohlleiterresonator mit Koppellöchern in Transmissionsschaltung
1 Meßsender
2 Kurzschlußplatten mit Koppellöchern
3 Hohlleiter-Resonator
4 Detektor
5 Anzeigegerät

Zur Bestimmung der DZ von Festkörpern und Flüssigkeiten wird im Frequenzbereich von einigen GHz bis etwa 150 GHz vorzugsweise der mit der H_{01}-Wellenform kleiner Leitungsdämpfung (s. **4**.3.3.4) betriebene zylinderförmige Rundhohlleiterresonator herangezogen, mit dem man bei vergrößertem Radius („Überdimensionierung") – bei kleinen Koppelverlusten – sehr hohe Gütewerte (10^5 ohne Probe) erzielen kann. Zur Vermeidung von Energiekonversion in andere Wellenformen wird entweder – bei Stoffen höherer Verluste – eine Probe in Form eines Stabes oder einer sehr dünnen, mit der Meßflüssigkeit gefüllten Glasröhre (Kaatze (1973)) mit kreisförmigem Querschnitt in der Resonatorachse angeordnet, oder es wird eine einen Teil des Resonators ganz ausfüllende scheibenförmige Probe mit zueinander parallelen und rechtwinklig zur Resonatorachse angeordneten Endflächen verwendet (Chamberlain u. Chantry (1973)). Da das elektrische Feld der H_{01}-Wellenform an der Hohlleiterwand verschwindet, braucht letztere nicht optimal in den Hohlleiter eingepaßt zu werden. In einer (kontaktlosen) Kurzschlußplatte befindet sich eine die H_{01}-Welle optimal anregende und auskoppelnde Anordnung von Lochblenden zur Ankopplung des Resonators an Generator und Empfänger. Zur Vermeidung von Störungen durch mitangeregte andere Wellenformen mit Längsstromkomponenten (zum Beispiel E_{11}-Welle mit gleicher Wellenlänge) werden entweder diskrete Wendelhohlleiterfilter in den Hohlleiter eingesetzt oder dieser ganz als Wendelhohlleiter ausgebildet (Chamberlain u. Chantry (1973)).

Real- und Imaginärteil der DZ können bei verlustarmen Proben gesondert bestimmt werden. Aus der Stetigkeitsbedingung (Übereinstimmung der Scheinwiderstände des leeren und des gefüllten Resonatorteils (Fig. 4.240) an der Probenfläche folgt die Resonanzbedingung für den als verlustfrei angenommenen Resonator

$$(\tan \beta_h d)/\mathring{u}_h + (\tan \beta_{h0} l)/\beta_{h0} = 0, \tag{4.490}$$

aus welcher bei bekanntem Phasenkoeffizienten β_{h0}, der Länge l des leeren Resonatorteils sowie der Probendicke d (Fig. 4.240) mit Hilfe einer Iterationsmethode der Phasenkoeffizient β_h des probegefüllten Hohlleiters gewonnen und mit Hilfe von Gl. (4.485) ($\alpha_h = 0$, $\mu_r = 1$) der Realteil ε_r' der DZ berechnet werden kann.

Für Flüssigkeiten wird der Probenraum im Resonator durch eine dünne dielektrische Folie oder ein Quarzfenster abgeteilt. ε_r' kann dann direkt durch Messung der Wellenlängen $\lambda_h = 2\pi/\beta_h$ und $\lambda_{h0} = 2\pi/\beta_{h0}$ im gefüllten beziehungsweise im leeren Probenraum mit Hilfe eines verschiebbaren Kurzschlusses bestimmt werden (Stumper (1981)).

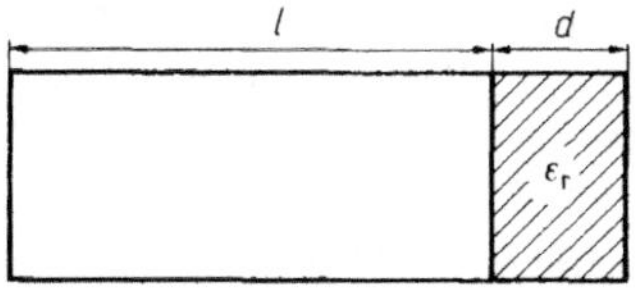

Fig. 4.240
Schema eines Hohlleiterresonators der Länge $l + d$ mit Probe der Länge d und der DZ ε_r

Der Verlustfaktor $\tan\delta_\varepsilon$ berechnet sich wieder (s. Gl. (4.483)) als Differenz zweier reziproker Gütewerte, mit einem aus den geometrischen Abmessungen des Resonators und den Hohlleiterwellenlängen berechenbaren „Füllfaktor" F:

$$\tan\delta_\varepsilon = F \cdot (1/Q_p - 1/Q_v). \tag{4.491}$$

Dabei ist Q_p der gemessene Gütewert des mit der Probe belasteten, Q_v die Güte des mit einer (hypothetischen) verlustlosen gleichgroßen Probe mit gleichem ε_r' gefüllten Resonators. Letztere wird aus dem gemessenen Gütefaktor Q_l des leeren Resonators sowie aus den Resonatordimensionen und Wellenlängen ermittelt (Chamberlain u. Chantry (1973); andere Berechnung s. Stumper (1981)).

Zur Bestimmung der DZ von Gasen werden die Resonanzfrequenzen ν_L, ν_G des evakuierten und des vollständig mit dem Gas gefüllten Resonators gemessen. Für den Realteil gilt dann $\varepsilon_r' = (\nu_L/\nu_G)^2$, für den Verlustfaktor Gl. (4.491) mit $F = 1$ (Q_v ist die Güte bei Füllung mit einem Gas mit gleichem ε_r' und vernachlässigbarem Verlustfaktor) (s. Birnbaum u.a. (1951); Messungen an komprimierten Gasen s. Bussey u. Birnbaum (1959); bis 140 GHz s. Dagg u.a. (1978)).

Zur Bestimmung des Gütefaktors auf der Halbwertsbreite (s. 4.3.3.8) wird ein in den Meßkreis eingefügtes, kalibriertes Dämpfungsglied benutzt; bei großen Gütewerten muß die Frequenz des Generators bei gleichzeitiger hoher zeitlicher Konstanz sehr fein verstimmbar sein. Die Verwendung präziser Frequenzzähler läßt sich durch den Einsatz von frequenzwobbelbaren Generatoren und durch die Erzeugung von Frequenzmarken umgehen (Klages (1956); Güsewell (1967)).

Für Frequenzen oberhalb von etwa 30 GHz werden häufig „offene" Resonatoren mit Raumwellen nach dem Prinzip des Fabry-Pêrot-Interferometers verwendet (Culshaw u. Anderson (1962); Güsewell (1967)). Bei einer mit dem TEM_{00}-Wellenform („Gaussian-beam-mode") betriebenen Resonatorform ist einer der Reflektoren als ebene Platte, der andere als sphärischer Konkavspiegel ausgebildet. Da Hohlleiterseitenwände fehlen, sind hohe Leergütewerte ($2 \cdot 10^5$) erreichbar (Clarke u. Rosenberg (1982)).

Die Messung dielektrischer Verluste im Millimeterwellen- und Ferninfrarotgebiet kann auch in einem Multimodenresonator hoher Güte („untuned cavity") durchgeführt werden (Lamb (1946); Llewellyn-Jones u.a. (1980); Izatt u. Kremer (1981); Kremer u. Izatt (1981); Birch u.a. (1983); Kremer u.a. (1984); Vij u. Hufnagel (1985)). Dabei wird mittels rotierender Phasenschieber („mode stirrer") in einem übermodigen Resonator (Leergüte-Wert: 10^5) im zeitlichen Mittel ein örtlich homogenes und isotropes Strahlungsfeld hergestellt. Einbringen einer absorbierenden Probe in den Resonator vermindert die Güte und daraus kann der dielektrische Verlust des Probenmaterials bestimmt werden. Der große Vorteil dieser Methode besteht in der spektralen Breitbandigkeit (30 GHz bis 1000 GHz) des Multimodenresonators und der

Möglichkeit, vergleichsweise einfach temperaturabhängige Messungen (4 K bis 400 K) durchführen zu können. Weiterhin ist das Prinzip des Multimodenresonators besonders geeignet, um streuende und inhomogene Proben dielektrisch zu untersuchen. Ein Nachteil resultiert aus dem Verlust der Phaseninformation durch die rotierenden Phasenschieber. Für stärker absorbierende Proben kann jedoch durch Ausnutzung von Schichtdickeninterferenzen in der Probe trotzdem die DZ bestimmt werden (Izatt u. Kremer (1981); Kremer u. a. (1984)). Für vernachlässigbar streuende homogene Proben kann auch ein polarisierendes Zweistrahlinterferometer benutzt werden, das in quasioptischen Aufbau ebenfalls eine hohe spektrale Breitbandigkeit hat (Kozlov u. a. (1984); Genzel u. a. (1985)).

Zur Bestimmung der DZ sowie der PZ magnetischer Dielektrika im GHz-Bereich wird eine in Form einer im Vergleich zur Wellenlänge dünnen Platte oder kleinen Kugel vorliegende Meßprobe in einen Hohlleiterresonator so eingebracht, daß sie sich einmal im Bereich maximaler elektrischer und einmal im Bereich maximaler magnetischer Feldstärke befindet. Dann kann man aus den jeweils gemessenen Verschiebungen $\Delta \nu$ der Resonanzfrequenz ν_L bei konstanten Resonatorabmessungen sowie aus den jeweils gemessenen Änderungen des Leergütewertes Q_l auf Werte Q_p beide komplexen Stoffkonstanten mit Hilfe der Störungsrechnung gewinnen. Die Störungsrechnung wird ebenfalls bei der Bestimmung tensorieller magnetischer Stoffkenndaten sowie bei der Bestimmung der DZ von dünnen Folien mit Hilfe von Resonatoren angewendet (Chamberlain u. Chantry (1973); Helberg u. Wartenberg (1966); Waldron (1970)).

Fouriertransformations-Spektrometrie (FTS) wird im Submillimeterwellengebiet angewendet, besonders im Übergangsgebiet zum Bereich der Millimeterwellen, in welchem kohärente Strahlungsquellen entweder zu teuer oder noch nicht in genügend kleinen Frequenzabständen vorhanden sind. Die Meßprobe befindet sich dabei entweder vor dem rauscharmen heliumgekühlten Strahlungsdetektor (nichtdispersive FTS) oder vor dem festen Spiegel (dispersive FTS) eines mit einer breitbandigen inkohärenten Strahlungsquelle (Hg-Lampe) betriebenen optischen Michelson-Interferometers. Das Detektorsignal wird als Funktion der Position des verschiebbaren Spiegels des Interferometers gemessen. Aus den so für verschiedene Schichtdicken gewonnenen Interferogrammen wird durch eine mit Hilfe eines Kleinrechners vorgenommene Fouriertransformation der dazugehörige, im allgemeinen komplexwertige spektrale Verlauf der Strahldichte gewonnen. Daraus läßt sich im ersten Falle der Absorptionskoeffizient, im zweiten Falle die komplexe Brechzahl berechnen, deren Quadrat die komplexe DZ darstellt (Chamberlain u. Chantry (1973); Chamberlain u. a. (1969)).

4.3.4.4 Elektrische und magnetische Feldstärke, Energiestromdichte (K. Münter)

Elektromagnetische Hochfrequenzfelder Eine wichtige Klasse von Lösungen der Maxwell-Gleichungen beschreibt zeitlich und räumlich schnell veränderliche elektromagnetische Felder, die sich als Wellen ohne Führung durch eine Leitung mit Lichtgeschwindigkeit frei im Raum ausbreiten und dabei Energie transportieren. Die folgenden Betrachtungen betreffen den materie- und ladungsträgerfreien Raum; sie gelten in sehr guter Näherung auch für Luft und beziehen sich insbesondere auf Felder mit Frequenzen im Bereich $10\,\text{kHz} < f < 3000\,\text{GHz}$ (Eder (1967); Kraus u. Carver (1973); Lautz (1969); Unger (1981)).

Fernfeld. In großem Abstand von einem Strahler (Abstand groß gegen die Wellenlänge) oszillieren elektrisches und magnetisches Feld in Phase, und die Feldvektoren sowie die Ausbreitungsrichtung stehen aufeinander senkrecht (Transversal-Elektromagnetische-(TEM-)Welle). Bei der linear polarisierten TEM-Welle wird als Polarisationsrichtung die Richtung des elektrischen Feldvektors angegeben. Die Definition des Umlaufsinns bei elliptischer oder zirkularer Polarisation ist nicht einheitlich. Verfahren zur Messung des Polarisationsgrades findet man in Stirner (1985). Der Quotient der Feldamplituden wird als Feldwellenwiderstand bezeichnet und ist ortsunabhängig:

$$Z_{\mathrm{F}} = \frac{|\boldsymbol{E}|}{|\boldsymbol{H}|} \qquad (4.492)$$

Im Vakuum (und näherungsweise in Luft) gilt

$$Z_0 \approx 120 \cdot \pi \cdot \Omega \approx 377\ \Omega$$

Die Messung einer Feldgröße ermöglicht daher die Berechnung der anderen sowie der zeitgemittelten Energiestromdichte S (Poynting-Vektor):

$$S = \frac{E \cdot H}{2} = \frac{E^2}{2 \cdot Z_{\mathrm{F}}} = \frac{Z_{\mathrm{F}} \cdot H^2}{2} \qquad (4.493)$$

Nahfeld. Sind die Fernfeld-Bedingungen nicht erfüllt, so sind die Verhältnisse erheblich komplizierter (Adams u. Mendelovicz (1973); Booker (1982)). Es treten Feldkomponenten in Ausbreitungsrichtung sowie Phasendifferenzen zwischen elektrischem und magnetischem Feld auf. Diese Situation erschwert Feldmessungen in der Nähe von Strahlern und großen Streukörpern. Im Nahfeld müssen elektrisches und magnetisches Feld mit kleinen Sonden unabhängig voneinander gemessen werden. Die Darstellung der zeitgemittelten Energieströmungslinien ermöglicht auch für komplizierte elektromagnetische Felder eine anschauliche Vorstellung des Energietransports.

Erzeugung von Hochfrequenzfeldern HF-Sendeleistung läßt sich mit elektronischen Oszillatoren und Verstärkern erzeugen (s. **4**.3.2.1) und als Leitungswelle über Koaxial- bzw. Hohlleiter einer Antenne zuführen, die die Leistung in den freien Raum abstrahlt. Zu diesem Zweck bietet die Industrie eine große Auswahl von Geräten und Komponenten an. Wird nur ein kleines Volumen für Versuche benötigt, lassen sich gut definierte HF-Felder auch im Inneren spezieller Leistungsstrukturen darstellen. Diese sog. TEM-Zellen sind aufgeweitete Koaxialleitungen mit rechteckigem Querschnitt (Crawford (1974) u. (1979); Kanda u. Orr (1988)), in denen sich bei Durchlauf von HF-Leistung eine TEM-Welle ausbreitet, wie sie im Fernfeld einer Strahlungsquelle vorliegt. Fig. 4.241 zeigt die Einführung einer TEM-Zelle in einen typischen Versuchsaufbau. Um das Auftreten von Hohlleiter-Wellentypen zu verhindern, muß die größte Querabmessung einer TEM-Zelle kleiner als die halbe Wellenlänge bleiben, was einen Kompromiß zwischen dem verfügbaren Volumen in der Zelle und der oberen Grenzfrequenz erfordert und den Einsatzbereich von TEM-Zellen auf einige 100 MHz begrenzt. Um diese Einschränkung zu überwinden, wurden sich allmählich aufweitende Koaxialleitungen mit kombiniertem Widerstands- und Absorber-Abschluß (sog. „GTEM"-Zellen) entwickelt, in denen sich Felder bis zu einigen GHz darstellen lassen (Königstein u. Hansen (1987); Münter u.a. (1992)). TEM- und GTEM-Zellen sind kommerziell erhältlich.

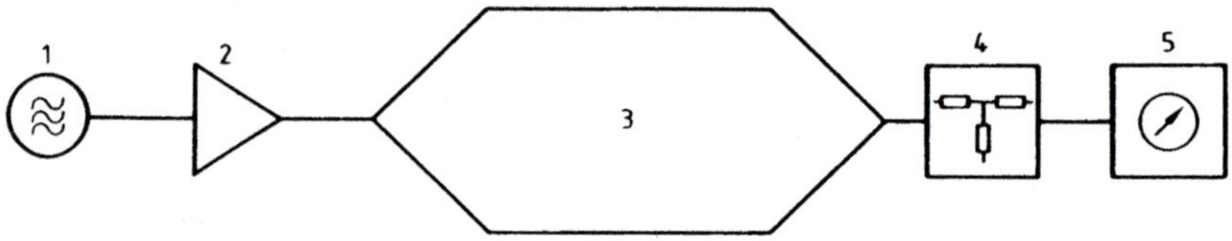

Fig. 4.241 Feld-Darstellung mit TEM-Zelle
1 Signalgenerator
2 Verstärker
3 TEM-Zelle
4 Dämpfungsglied
5 Leistungsmesser

Zur Beachtung Hochfrequenzfelder breiten sich über große Entfernungen aus. Zur Sicherung eines störungsfreien Funkverkehrs bestehen daher nationale Vorschriften und internationale Verträge, für deren Einhaltung meist die Postverwaltungen verantwortlich sind. In Deutschland ist der Besitz von Sendeanlagen generell genehmigungspflichtig. Ausnahmen gelten lediglich für Meßsender sehr kleiner Leistung, die nicht mit Antennen verbunden werden dürfen. Einige Frequenzen sind für industrielle, wissenschaftliche und medizinische Zwecke freigegeben (ISM-Frequenzen). Sofern keine Sondergenehmigung vorliegt, muß die Abstrahlung von HF-Leistung verhindert werden, z. B. durch Betrieb der Versuchsapparatur innerhalb einer Abschirmkabine.

Wird mit Verstärkerleistungen von mehr als einigen Watt gearbeitet, muß die Sicherheit von Personen gegen Feldeinwirkung gewährleistet sein. Meß- und Berechnungsverfahren beschreibt Teil 1 der Norm DIN/VDE 0848: Sicherheit in elektromagnetischen Feldern, Grenzwerte sind aus Teil 2 dieser Norm ersichtlich. Eine ausführliche Beschreibung der biologischen Wirkungen von Hochfrequenzfeldern findet man z. B. bei Gandhi (1990).

Messung von Hochfrequenz-Feldgrößen Die Feldgrößen in einem elektromagnetischen Freiraum-Strahlungsfeld sind nicht direkt meßbar. Zur Feldstärkemessung ist daher im allgemeinen eine Antenne erforderlich, die als Wellentypwandler einen Teil der Feldenergie aufnimmt und diese als leitungsgeführte Welle einem HF-Spannungs- oder Leistungsmesser zuführt. Kennt man das Wandlungsmaß des Wellentypwandlers („Antennenfaktor"), läßt sich aus einer Spannungs- oder Leistungsmessung (s. **4**.3.4.1) die Freiraum-Feldstärke berechnen. Hieraus ist ersichtlich, daß eine Feldstärkemessung grundsätzlich mit einem Energieentzug und daher mit einer Verzerrung des ohne die Antenne vorhandenen Feldes verbunden ist.

Je nach Aufgabenstellung (z. B. Nachrichtentechnik, Personenschutz, Versuche zur elektromagnetischen Verträglichkeit) wählt man sehr unterschiedliche Gerätekombinationen zur Messung im Frequenz- oder Zeitbereich. Die Nachrichtentechnik erfordert z. B. die frequenzselektive und empfindliche Messung von Feldstärken mit einem großen Dynamikbereich, wofür üblicherweise Meßantennen in Verbindung mit Meßempfängern oder Spektrumanalysatoren eingesetzt werden. Im Personenschutz und bei EMV-Versuchen sind häufig relativ starke Felder zu untersuchen, wofür man z. B. kleine, tragbare Spezialgeräte („Strahlungsmonitoren") einsetzt, die breitbandig messen und keine räumliche Ausrichtung zu den Feldvektoren erfordern. Für die Erfassung einzelner Feldimpulse mit Anstiegszeiten im (Sub-)Nanosekundenbereich stehen heute spezielle breitbandige Feldsensoren und digitale Speicheroszilloskope bzw. Transientenrecorder (s. **4**.2.2.6) mit Abtastfrequenzen im GHz-Bereich zur Verfügung.

Antennnen Übliche passive Antennen sind Wellentyp-Wandler, die eine Freiraum-Welle in eine Leitung führen und umgekehrt. Bei Empfangsbetrieb liefert die Antenne eine der Feldstärke proportionale Spannung, die mit Verfahren nach **4**.3.4.1 gemessen werden kann. Für verschiedene Verwendungszwecke wurde eine sehr große Vielfalt von Antennenformen entwickelt, von denen hier lediglich die einfachsten Formen genannt werden können, die sich für Feldstärkemessungen eignen. Allgemeine Grundlagen, eine Beschreibung der Wirkungsweise der wichtigsten Antennenformen sowie Berechnungsverfahren findet man z. B. bei (Kraus (1989); Stirner (1984), (1985) u. (1986)).

Eine Antenne stellt zwischen ihren Anschlußklemmen einen Verbraucher bzw. Generator mit frequenzabhängiger, komplexer Impedanz dar. Diese Impedanz ist bei Sende- und Empfangsbetrieb gleich (das Nahfeld um die Antenne jedoch nicht). Die bei Sendebetrieb an die Antenne gelieferte Wirkleistung wird teils abgestrahlt, teils durch ohmsche Verluste in Wärme umgesetzt. Dementsprechend setzt sich der Realteil der Antennenimpedanz aus Strahlungs- und Verlustwiderstand zusammen. Für reflexionsfreien Energieübergang muß der an die Antenne angeschlossene Sender bzw. Empfänger eine zur Antennenimpedanz konjugiert komplexe Impedanz aufweisen. Beim Übergang z. B. von einer erdunsymmetrischen Anschlußleitung auf ein erdsymmetrisches Antennengebilde ist zusätzlich noch ein Symmetrierglied („Balun") zu verwenden. Schaltungen für eine derartige reflexionsfreie Antennenanpassung findet man z. B. in (Meinke u. Gundlach (1986)).

Wichtige Antennen-Kenngrößen:

– Richtdiagramm: Das wichtigste Diagramm zeigt die Antennenspannung (oder -leistung) als Funktion des horizontalen oder vertikalen Einfallswinkels für ein ebenes Wellenfeld mit definierter Feldstärke und Polarisation (Maximum des Richtdiagramms = Hauptempfangsrichtung).

– Antennengewinn („gain") einer Meßantenne:

$$G = \frac{P_M}{P_B} \tag{4.494}$$

dabei sind P_M Empfangsleistung der Meßantenne, P_B Empfangsleistung der Bezugsantenne, beide Antennen mit Leistungsanpassung in demselben ebenen Wellenfeld, bezüglich Hauptempfangsrichtung und Polarisation optimal orientiert. Zusammen mit dem Antennengewinn muß die verwendete Bezugsantenne (z. B. Isotroper Strahler, Dipol) genannt werden.

Häufig eingesetzte Antennenformen:

– Rahmenantenne: Bis ca. 30 MHz, mißt magnetische Feldstärke,

– Halbwellen-Dipol: Relativ schmalbandig, falls nicht konstruktive Kunstgriffe angewandt werden, obere Grenzfrequenz einige 100 MHz, häufig verwendete Bezugsantenne für Vergleichsmessungen,

– Logarithmisch-periodische Antenne: Einsatzbereich ca. 50 MHz bis über 1000 MHz, Bandbreite bis ca. 1 Dekade, gegenüber Dipol stärkere Richtwirkung und 6 dB bis 10 dB Gewinn,

– Helixantenne: Für Zirkularpolarisation, auch hier logarithmisch-periodische Breitband-Konstruktionen möglich,

– Hornstrahler: Für Mikrowellenbereich (ab ca. 1000 MHz), genau bestimmbarer Gewinnfaktor („standard gain horn"), daher als Bezugsantenne einsetzbar.

Zahlreiche Sonderformen, z. B. aktive Breitband-Antennen (mit eingebautem elektronischem Verstärker) stehen als Zubehör zu Meßempfängern zur Verfügung.

Beim Einsatz von Meßantennen ist zu beachten:

– Verwendung nur im spezifizierten Frequenzbereich mit passender Lastimpedanz (einwandfreie elektrische Verbindungen sind wichtig),

– Ausrichtung der Antenne in Hauptempfangsrichtung und entsprechend der Polarisation, hinreichenden Abstand zu Streukörpern (Personen, Wände, Boden, Mast etc.) halten,

– bevorzugt Befestigungsteile aus Isolierstoff verwenden,

– die Anschlußleitung möglichst senkrecht zum elektrischen Feldvektor und nicht im Bereich der Hauptempfangsrichtung führen,

– gut geschirmte Anschlußleitung (z. B. mit zweilagigem Schirmgeflecht) und Steckverbinder verwenden, um Fehlmessungen durch direkte Feldeinkopplung zu vermeiden.

Unter günstigen Bedingungen läßt sich der Beitrag einer guten Meßantenne zur gesamten Meßunsicherheit unter ca. 10% (1 dB) halten.

Breitband-Sensoren Die im folgenden beschriebenen zwei Sensorformen sind nur für Empfangsbetrieb einsetzbar und stellen meßtechnisch wichtige Sonderfälle dar. Die Sensoren sind klein, mit der geeigneten Abschlußimpedanz breitbandig und für Messungen im Frequenz- oder Zeitbereich geeignet.

Kurzer elektrischer Dipolsensor (Fig. 4.242), geeignet als breitbandige, kleine Meßsonde für das elektrische Feld, anwendbar im Frequenzbereich von einigen kHz bis zu einigen 100 MHz, Bedingungen: Dipollänge $l \ll$ Wellenlänge λ, $D \ll l$. Fig. 4.243 zeigt das Ersatzschaltbild. Die vom elektrischen Feld hervorgerufene Spannung U_1 ist gegeben durch

$$U_1 = \frac{E_1 \cdot l}{2} \tag{4.495}$$

(E_1 = Betrag der Komponente von E in Richtung der Dipolachse)

Der Strahlungswiderstand R_s berechnet sich gemäß

$$R_s = 80 \cdot \pi^2 \cdot \left(\frac{l}{\lambda}\right)^2 \Omega \tag{4.496}$$

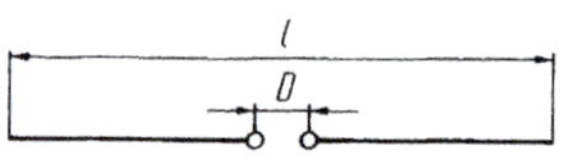

Fig. 4.242 Kurzer elektrischer Dipol

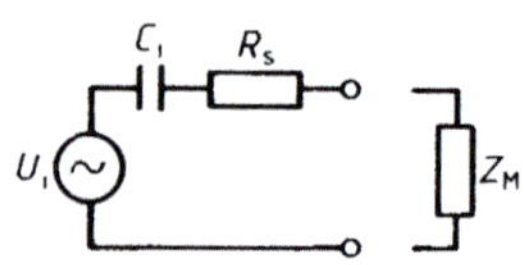

Fig. 4.243 Ersatzschaltung des kurzen elektrischen Dipols
C_1 1 bis 10 pF, je nach Länge
R_S Strahlungswiderstand
Z_M Meßverstärker-Eingangsimpedanz

Da C_i (Größenordnung pF) und R_s klein sind, ist die Generatorimpedanz (Z_i) sehr hoch und nahezu rein kapazitiv. Mit Z_L als Eingangsimpedanz der nachgeschalteten Elektronik sind zwei grundsätzliche Betriebsarten des Dipolsensors zu unterscheiden:

- Bei einer Elektronik mit kleiner Eingangsimpedanz ($Z_i \gg Z_L$) ist die Meßspannung U_L (an Z_L) proportional der zeitlichen Ableitung der elektrischen Feldstärke ($\partial E/\partial t$), d. h. proportional zur Frequenz („E-Dot-Sensor"). Beim Betrieb als Breitbandsensor z. B. über drei Frequenzdekaden ändert sich das Wandlungsmaß des Sensors daher um 60 dB, was ein Pegelmeßgerät mit sehr großer Meßdynamik erfordert. Dies ist besonders bei Messungen im Zeitbereich mit Digitalspeicher-Oszilloskopen und numerischer Integration zu beachten. Als Alternative läßt sich zwischen Sensor und Pegelmeßgerät ein Verstärker mit Integrator-Verhalten einsetzen, um den Frequenzgang des Sensors zu kompensieren.
- Wird unmittelbar am Dipol ein Verstärker mit großem Eingangswiderstand und kleiner Eingangskapazität (z. B. mit GaAs-MESFET) angeschlossen, ist dessen Ausgangssignal (ohne Integration) direkt proportional zur elektrischen Feldstärke. Zweckmäßig setzt man am Verstärkereingang ein Hochpaßfilter ein, damit Störfelder aus dem 50-Hz-Wechselstromnetz den Verstärker nicht übersteuern können. Die obere Grenzfrequenz ist für einen kurzen Dipol ($l \ll \lambda$) durch den nachgeschalteten Verstärker bestimmt (einige 100 MHz).

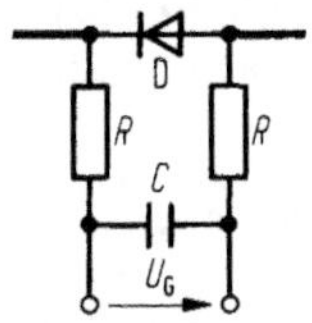

Fig. 4.244
Kurzer elektrischer Dipol mit Gleichrichter (Diodensonde)
D HF-Gleichrichter, z. B. Schottky-Diode
R, *C* Tiefpaßfilter als HF-Sperre

Eine weitere Möglichkeit ist der Anschluß eines Diodengleichrichters anstelle eines

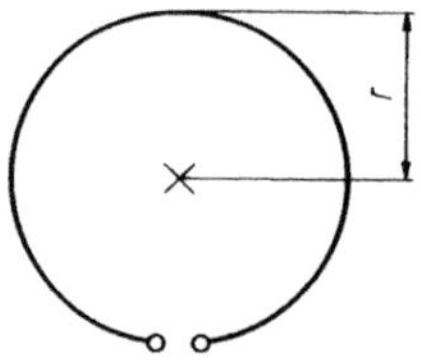

Fig. 4.245 Kleine Rahmenantenne

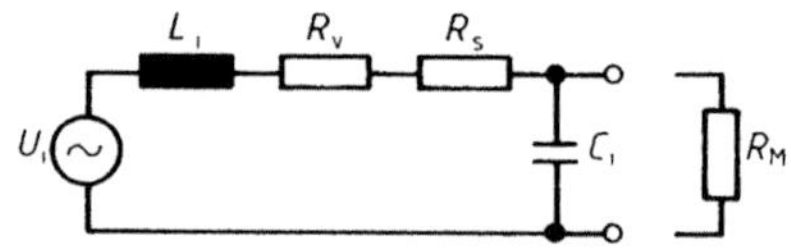

Fig. 4.246 Ersatzschaltung für die kleine Rahmenantenne
L_i innere Induktivität
R_V ohmscher (Verlust-)Widerstand
R_S Strahlungswiderstand
C_i Wicklungskapazität
R_M Meßverstärker-Eingangswiderstand

genügend weit unterhalb der durch L_i und C_i gegebenen Serienresonanz bleiben, bei in der Praxis einsetzbaren Antennengrößen unterhalb ca. 100 MHz.

Eine größere Bandbreite (2 bis 3 Dekaden) erreicht man durch Messung des Kurzschlußstroms der Rahmenantenne, z. B. mit einem HF-Stromwandler. Ein niederohmiger Abschluß (R_M sehr klein) der Antenne läßt sich auch mit speziellen Verstärkerschaltungen realisieren. In dieser Betriebsart ist die Wirkung von C_i weitgehend aufgehoben, und die gemessene Stromstärke bleibt über einen weiten Bereich frequenzunabhängig, da U_i und die Impedanz von L_i sich beide proportional zur Frequenz ändern. Für diese Betriebsart muß gelten:

$$R_v + R_s + R_M \ll 2\pi \cdot f \cdot L_i \tag{4.498}$$

Durch Zusammenschaltung von drei gleichartigen orthogonalen Dipolen oder Rahmenantennen mit Diodendetektoren lassen sich breitbandige, isotrope Feldsensoren aufbauen, deren Meßsignal im Idealfall unabhängig von Einfallsrichtung und Polarisation der Welle ist (Larsen u. Ries (1981)). Diese Sensoren werden bevorzugt für sog. „Strahlungsmonitoren" eingesetzt. Derartige Geräte sind kommerziell erhältlich und dienen z. B. dem Personenschutz in starken HF-Feldern.

Elektromagnetische Verträglichkeit (EMV) In der Natur führen elektrodynamische Vorgänge im Kosmos, z. B. in „Radiosternen" und Pulsaren, zur Abstrahlung großer HF-Leistung, die wegen der sehr großen Entfernung auf der Erde jedoch nur geringe Feldstärken ergeben. Dies gilt auch für die von der Sonne emittierte thermische Radiostrahlung. Als terrestrische Quellen führen lediglich Blitzentladungen in Gewitternähe kurzzeitig zu nennenswerten Feldstärken. Diese i. a. ruhige natürliche „elektromagnetische Umwelt" ist die Voraussetzung für menschliche technische Aktivitäten wie Nachrichtenübertragung und Radar, da sie im HF-Bereich den Empfang auch sehr schwacher Signale ermöglicht.

Als Störquellen sind daher bei der Planung und Zusammenstellung von empfindlichen Versuchseinrichtungen insbesondere technische HF-Sender und Hochspannungsanlagen zu beachten, in deren Nähe z. B. Sensoren, Meß- und Regeleinrichtungen oder elektronische Rechner („Störsenken") durch elektromagnetische Felder gestört werden können. In solchen Fällen muß man Störquelle(n) und Störsenke(n) entkoppeln, z. B. durch genügenden Abstand, Abschirmungen, Einbau von Filtern in Stromversorgungs- und Signalleitungen. Die komplexe Problematik der EMV kann hier nur angedeutet werden, für eine ausführliche Darstellung der Grundlagen und Abhilfemaßnahmen bei Störungen sei z. B. auf (Gonschorek u. Singer (1992)) verwiesen.

Abschirm- und Absorberkabinen. Um Abstrahlung von HF-Leistung in die Umwelt oder Störungen von außen zu vermeiden, müssen viele Versuche mit Hochfrequenzfeldern in Abschirmkabinen durchgeführt werden. Mit Kabinen aus dicht verschraubten oder verschweißten Metallblechen sind Schirmdämpfungen über 100 dB leicht erreichbar. Die Industrie bietet derartige Kabinen sowie das nötige Zubehör als Komplettsysteme an. Die meisten Abschirmkabinen werden im Inneren zusätzlich mit Absorbermaterial ausgekleidet, um Hohlraumresonanzen und Reflexionen zu dämpfen und in der Kabine wie auf einem Freifeld arbeiten zu können. Als Absorber werden Pyramiden aus leitfähigem Schaumstoff oder Ferrit-Platten sowie Kombinationen dieser Materialien eingesetzt. Die Kosten für eine derartige Absorberkabine sind sehr hoch.

Bei geringeren Anforderungen an die Schirmdämpfung mag es genügen, wenn z. B. ein Mikrowellen-Versuchsraum unter die Erde verlegt wird oder wenn man einen Käfig aus Maschendraht installiert, dessen Vermaschungsstellen gut verlötet sind. Ein solcher Drahtkäfig setzt jedoch voraus, daß die Maschenweite wesentlich kleiner als die kürzeste auftretende Wellenlänge ist.

4.3.4.5 **Frequenz** (H. de Boer)

Frequenzmessung Bei einer Frequenzmessung bezieht man die Frequenz eines periodischen Vorgangs auf die Einheit der Frequenz (s. **9**.1.4.2). Die zur Messung notwendige Vergleichsfrequenz ist nach Gesichtspunkten der anzustrebenden Meßunsicherheit auszuwählen. Dabei kann je nach Anforderung der Einsatz von Quarznormalen, von Normalen, die durch Normalfrequenzaussendungen nachgesteuert werden, oder der Einsatz von Atomfrequenznormalen notwendig sein. (Über Unsicherheiten von Zeit- und Frequenznormalen s. **1**.3.3.3 bis **1**.3.3.7). Bei geringen Ansprüchen an die Meßunsicherheit kann es genügen, die zu messende Frequenz mit Hilfe von Resonanz- oder Brückenverfahren oder mit Hilfe von Oszilloskopen zu bestimmen. Bei niedrigen Frequenzen kann die Zeit für eine bestimmte Anzahl von Schwingungen mit Gebrauchsuhren (z. B. Stoppuhren) gemessen werden, oder man zeichnet die Schwingungen mit einem Registriergerät auf, dessen Vorschub das Zeitmaß einbringt.

Als allgemeine Regel bei der Auswahl der Meßeinrichtung muß gelten, daß ihre Gesamtunsicherheit während der Messung mindestens um eine Größenordnung geringer ist, als die beim Prüfling erwartete Unsicherheit. Gebrauchsnormale sind regelmäßig auf eine Abweichung ihrer Frequenz von ihrem Nennwert zu überprüfen. Der Anschluß kann z. B. bei staatlich anerkannten Kalibrierlaboratorien der Industrie oder Forschung erfolgen – deren Gebrauchsnormale werden regelmäßig an die Normale des zuständigen Staatsinstituts angeschlossen – oder bei besonders hohen Anforderungen an die Genauigkeit direkt mit Hilfe des Staatsinstituts. Die Häufigkeit des Anschlusses ist abhängig von der Güte des Normals und von der Anforderung an das Normal bei der Messung. Bei dem Gebrauch von höherwertigen Normalen sollten Informationen über ihre Frequenzinstabilität vorhanden sein. In der Regel werden bei Frequenzmessungen Mittelwerte der momentanen Frequenz $\nu(t)$ über eine bestimmte Meßzeit τ bestimmt.

$$\nu = N/\tau \tag{4.499}$$

N Anzahl der Perioden während der Meßzeit τ.

Frequenzinstabilität Die Ausgangsspannungen von Frequenzgeneratoren zeigen Frequenzschwankungen. Bei diesen als Frequenzinstabilität bezeichneten Frequenzänderungen innerhalb eines gegebenen Zeitintervalls unterscheidet man zwischen einer Frequenzdrift (häufig einseitig fortschreitende Frequenzänderung) und zufälligen Frequenzschwankungen. Eine Frequenzdrift kann meist genügend gut durch die Koeffizienten einer Ausgleichsgeraden beschrieben werden. Die zufälligen Frequenzschwankungen werden üblicherweise entweder durch ihr Leistungsspektrum mit Bezug auf die Fourierfrequenz f oder durch Varianzen (oder Standardabweichungen) der Einzelmessungen, die von der jeweiligen Meßzeitdauer τ abhängen, angegeben.

Die Ausgansspannung eines Frequenzgenerators hat die Form

$$u(t) = \hat{u} \cos(2\pi\nu(t) \cdot t) = \hat{u} \cos(2\pi\nu_0 t - \varphi(t)) \tag{4.500}$$

$u(t)$ Momentanwert der elektrischen Spannung, $\hat{u}$ Amplitude der elektrischen Spannung, $\nu(t)$ Momentanwert der Frequenz, ν_0 Nennwert der Frequenz, $\varphi(t)$ Momentanwert des Null-Phasenwinkels.

Abhängig vom benutzten Meßverfahren werden folgende Kenngrößen auf ihre Schwankungen hin untersucht:

- Der Momentanwert des Null-Phasenwinkels $\varphi(t)$,
- Der Momentanwert der relativen Frequenzabweichung

$$y(t) = \frac{\nu(t) - \nu_0}{\nu_0} = \frac{1}{2\pi\nu_0} \cdot \frac{d\varphi(t)}{dt} \tag{4.501}$$

- Der Momentanwert der Null-Phasenzeit

$$x(t) = \frac{1}{2\pi\nu_0} \varphi(t) \tag{4.502}$$

Die Schwankungen der Größen $\varphi(t)$, $y(t)$ und $x(t)$ können beispielsweise durch ihre Leistungsspektren $S_\varphi(f)$, $S_y(f)$ und $S_x(f)$ im jeweiligen Fourierfrequenzbereich angegeben werden. Häufig werden zufällige Frequenzschwankungen durch eine Aufzeichnung des Verlaufs der Zwei-Proben-Standardabweichung beschrieben:

$$s_y(\tau, n) = \left(\frac{1}{2(n-1)} \sum_{i=1}^{n-1} (y_{i+1}(\tau) - y_i(\tau))^2 \right)^{1/2} \tag{4.503}$$

mit

$$y_k(\tau) = \frac{1}{\tau} \int_{t_k}^{t_k+\tau} y(t)dt = \frac{1}{2\pi\nu_0\tau} (\varphi(t_k + \tau) - \varphi(t_k))$$
$$= \frac{1}{\tau} (x(t_k + \tau) - x(t_k)) \tag{4.504}$$

n Anzahl der Meßwerte. Unter bestimmten Voraussetzungen und für eine große Anzahl n geht die Zwei-Proben-Standardabweichung s in die Zwei-Proben-Standardabweichung der Grundgesamtheit σ über.

$$s_y(\tau, n) \simeq s_y(\tau) \simeq \sigma_y(\tau) \tag{4.505}$$

Die verschiedenen Schwankungsgrößen sind mit bestimmten Einschränkungen ineinander umrechenbar.

Barnes (1971), CCIR (1978), Fischer (1969), Chi (1977), Kartaschoff (1978), Kramer (1977), Müller (1979), Rutman (1977) u. (1978)

Bei der Frequenzinstabilität von Frequenzgeneratoren unterscheidet man zwischen einer Kurzzeitinstabilität, wenn Frequenzänderungen auf Zeiten unter etwa 1000 s bezogen werden und eine Langzeitinstabilität, wenn diese Zeiten größer als 1 Tag sind.

Methoden zur Frequenzmessung Resonanzmethode. Resonanzwellenmesser enthalten stabil aufgebaute, abstimmbare und mit Kalibrierung versehene Schwingkreise oder Leitungskreise (s. **4**.3.3.7). Mittels einer angekoppelten Diode wird eine Gleichspannung gewonnen, die über ein Meßinstrument zur Anzeige gebracht wird. Je nach Ausführung (evtl. Thermostatisierung) ist die relative Meßunsicherheit 10^{-3} oder kleiner.

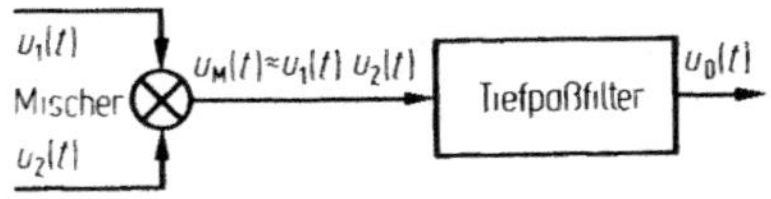

Fig. 4.247
Prinzip der Frequenzuntersetzung durch Mischen zweier el. Schwingungen

Frequenzmessung durch Mischen. Nach Fig. 4.247 werden die elektrischen Spannungen $u_2(t) = \hat{u}_2 \cos(2\pi \nu_2 t + \varphi_2(t))$, deren Frequenz ν_2 bestimmt werden soll, und die bekannte Vergleichsschwingung $u_1(t) = \hat{u}_1 \cos(2\pi \nu_1 t + \varphi_1(t))$ mit der Frequenz ν_1 auf den Eingang einer multiplizierenden Mischschaltung gegeben.

Das Mischprodukt (für den vorliegenden Zweck ist nur dessen Frequenzabhängigkeit wesentlich)

$$\begin{aligned} u_M(t) &\sim u_1(t) \cdot u_2(t) \\ &= \frac{\hat{u}_1 \cdot \hat{u}_2}{2} (\cos(2\pi(\nu_1 + \nu_2)t + \varphi_1(t) + \varphi_2(t)) \\ &\quad + \cos(2\pi(\nu_1 - \nu_2)t + \varphi_1(t) - \varphi_2(t)) \end{aligned} \tag{4.506}$$

wird mit einem Tiefpaß gefiltert, so daß am Ausgang der Schaltung die Spannung

$$\begin{aligned} u_D(t) &\sim \frac{\hat{u}_1 \cdot \hat{u}_2}{2} \cdot \cos(2\pi(\nu_1 - \nu_2)t + \varphi_1(t) - \varphi_2(t)) \\ &= \hat{u}_D \cdot \cos(2\pi \nu_D t - \varphi_D(t)) \end{aligned} \tag{4.507}$$

abgenommen werden kann. Die Differenzfrequenz ν_D kann bei geringen Ansprüchen an die Meßunsicherheit z. B. mit einer Stoppuhr oder mit einem elektronischen Zähler bestimmt werden.

Die gesuchte Frequenz ν_2 ist $\nu_1 + \nu_D$ oder $\nu_1 - \nu_D$. Um zu entscheiden, ob ν_D von ν_1 abgezogen oder hinzugefügt werden muß, wird ν_1 verändert und die Wirkung auf ν_D beobachtet (Gl. (4.507)). Die Schwankungen der Null-Phasenwinkel $\varphi_1(t)$ und $\varphi_2(t)$, die sich in $\varphi_D(t)$ wiederfinden, zeigen sich bei dieser Art der Messung pauschal als Schwankungen der Differenzfrequenz ν_D. Als relative Meßunsicherheit dieser Methode ergibt sich:

$$\frac{\Delta \nu_2}{\nu_2} = \pm \frac{\Delta \nu_D}{\nu_D} \cdot \frac{\nu_D}{\nu_1} \tag{4.508}$$

Wählt man ν_D/ν_1 genügend klein, so bekommt man selbst bei verhältnismäßig hoher Meßunsicherheit für $\Delta\nu_D/\nu_D$, eine geringe Meßunsicherheit für die zu bestimmende Frequenz ν_2. Die Mischfrequenz ν_1 wird zweckmäßigerweise einem kalibrierten durchstimmbaren Frequenz-Generator (z. B. Frequenzdekade mit Interpolations-Generator für die feinste Frequenzstufe) entnommen.

Wird zur Mischung eine phasenstabile Vergleichsschwingung benutzt ($\varphi_1(t) = \text{const}$), dann zeigt die Schwingung $u_D(t)$ nach Gl. (4.509) dieselben Schwankungen des Null-Phasenwinkels wie die Schwingung $u_2(t)$. Dieselben Schwankungen des Null-Phasenwinkels bedeuten für die Schwingung $u_D(t)$ ein um den Faktor ν_2/ν_D größeres Schwanken der Phasenzeit.

$$x_D(t) = \frac{1}{2\pi\nu_D}\,\varphi_2(t) = x_2(t) \cdot \frac{\nu_2}{\nu_D} \tag{4.509}$$

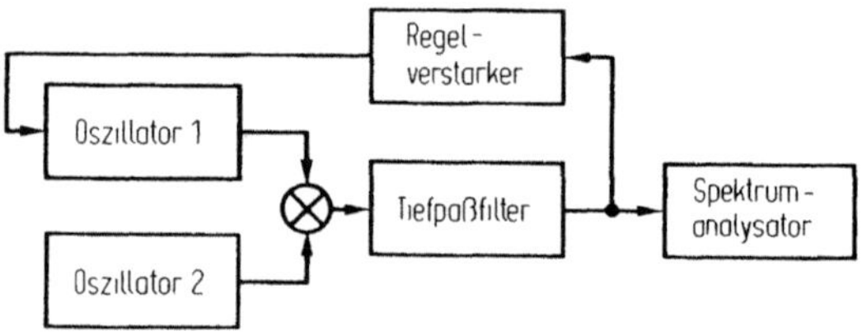

Fig. 4.248
Prinzip zur Untersuchung der Frequenzinstabilität eines Oszillators in einer Phasendiskriminatorschaltung

Soll neben der Frequenz eines Frequenzgenerators (Oszillators) seine Instabilität bestimmt werden, kann nach dem Prinzip nach Fig. 4.248 verfahren werden. Die Frequenz des Referenzoszillators 1 wird über einen Regelkreis in bezug auf die Frequenz des zu untersuchenden Oszillators 2 so geregelt, daß der Phasenverschiebungswinkel zwischen beiden Schwingungen im Mittel $\pi/2$ beträgt. (Die Schaltung arbeitet in diesem Fall als Phasendiskriminator.) Bei genügend stabilem Referenzoszillator ist die hinter dem Tiefpaßfilter auftretende Spannung u_φ proportional zu den Schwankungen des Null-Phasenwinkels des Oszillators 2. Beispielsweise kann mit Hilfe eines Spektrumanalysators das Leistungsspektrum des Null-Phasenwinkels $S_\varphi(f)$ aufgenommen werden. Dieses Verfahren ist geeignet für Schwankungsmessungen im Frequenzbereich unterhalb 1 Hz.

Das Verfahren nach Fig. 4.249 gestattet eine Messung des $\sigma_y(\tau)$-Verhaltens eines Oszillators. Die Schwingungen des frequenzstabilen, in der Frequenz einstellbaren

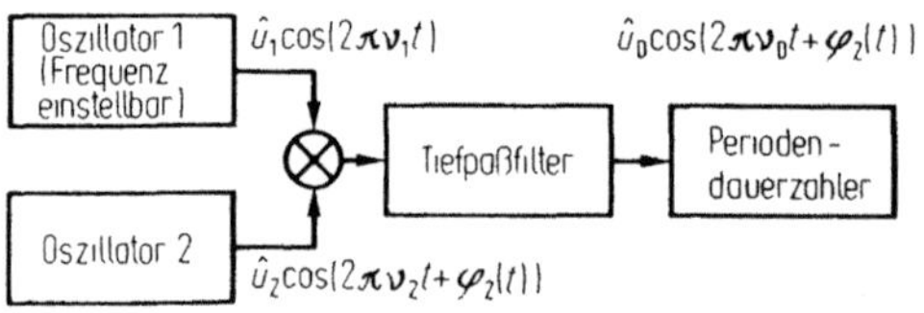

Fig. 4.249
Prinzip zur Messung der Frequenzinstabilität eines Oszillators durch Bestimmen der Periodendauerschwankungen (Messen des $S_y(\tau)$-Verhaltens des Oszillators)

Referenzoszillators 1 wird mit der Schwingung des zu untersuchenden Oszillators 2 gemischt. Nach Filterung erfolgen Messungen der Periodendauer T_{D} mit Hilfe eines elektronischen Zählers. Man erhält auf diese Weise Sätze von Meßwerten der Form

$$T_{\mathrm{D},k} = \frac{1}{\nu_{\mathrm{D}}} + \frac{\varphi_2(t_k + T_{\mathrm{D}}) - \varphi_2(t_k)}{2\pi\nu_{\mathrm{D}}} = \frac{1}{\nu_{\mathrm{D}}} + S_k \qquad (4.510)$$

S_k ist die interessierende Schwankungsgröße und steht mit $\bar{y}_k(\tau)$ (Gl. (4.504)) in folgendem Zusammenhang:

$$\bar{y}_k(T_{\mathrm{D}}) = \frac{1}{T_{\mathrm{D}}} \cdot \frac{\nu_{\mathrm{D}}}{\nu_2} \cdot S_k \qquad (4.511)$$

$s_y(\tau)$ ergibt sich durch Auswerten der Ergebnisse nach Gl. (4.503). Dieses Verfahren ist geeignet für Meßzeiten $\tau > 1$ s.

Schröder (1979)

Frequenzdifferenz-Vervielfacher. Beim Vergleich von Schwingungen von nahezu gleicher Frequenz (relative Frequenzdifferenz kleiner als 10^{-8}) kann die Verwendung eines Frequenzdifferenz-Vervielfachers nützlich sein. Nach Fig. 4.250 wird $10(\nu + \Delta\nu)$ gebildet und davon durch Mischung $9 \cdot \nu$ abgezogen. Das Ergebnis nach der ersten Mischstufe ist $\nu + 10 \cdot \Delta\nu$. Nach n Mischstufen bekommt man entsprechend $\nu + 10^n \cdot \Delta\nu$.

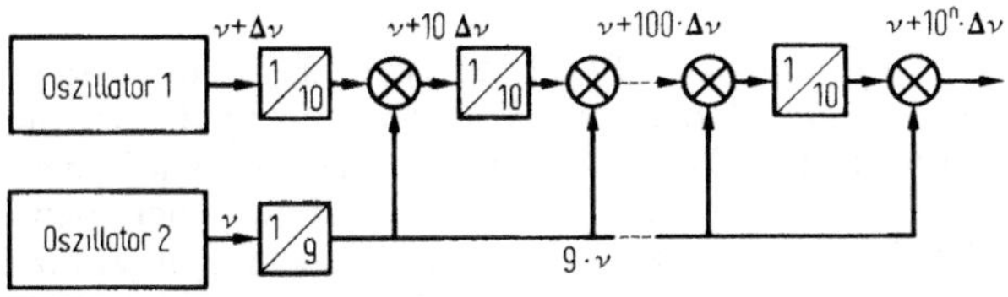

Fig. 4.250
Frequenzdifferenz-Vervielfacher nach Parzen

Frequenzmessung durch Bestimmen der Phasenzeitänderung. Bei einem Frequenzvergleich (Frequenzmessung) von zwei periodischen Signalen deren Frequenzen ν_1 und ν_2 nahezu gleich sind, kann die Phasenzeitänderung über eine Meßzeit τ bestimmt und hieraus z. B. die relative Frequenzdifferenz während des Meßzeitintervalls berechnet werden.

Zur Messung werden die zu vergleichenden Signale auf die Eingänge eines Zeitintervall-Zählers geschaltet und die Signalformer so eingestellt, daß jeweils zur selben Phase des jeweiligen Signals eine Messung ausgelöst wird (beispielsweise beim Nulldurchgang der Signale). Signal 1 eröffnet und Signal 2 beschließt eine Messung. Eine zweite derartige Messung erfolgt nach der Meßzeit τ. Die Ergebnisse bei der Phasenzeitdifferenz-Messungen seien Δt_1 und Δt_2. Dann ist im zeitlichen Mittel über τ die relative Frequenzdifferenz

$$\frac{\nu_2 - \nu_1}{\nu_1} = \frac{(\Delta t_1 - \Delta t_2)}{\tau} \qquad (4.512)$$

Diese Art der Messung ist besonders gut einsetzbar, wenn gleichwertige Normalfrequenzen über längere Zeiträume miteinander verglichen werden sollen. Hier genügen manchmal Messungen in 24stündigen Abständen, um verläßlich Aussagen über das Frequenzverhalten zu bekommen.

Frequenzmessung mit Hilfe von Lissajous-Figuren. Mit Hilfe eines Oszilloskops, an dessen *X*- und *Y*-Eingängen die zu vergleichenden Schwingungen gegeben werden, lassen sich durch Beobachten der Lissajous-Figuren empfindliche Frequenzvergleiche durchführen. Dabei müssen die Frequenzen der beiden Schwingungen in einem annähernd rationalen Verhältnis zueinander stehen.

Vergleicht man zwei Schwingungen von 1 MHz, die voneinander eine relative Frequenzabweichung von 10^{-8} haben, so wiederholt sich ein Bild auf dem Oszilloskop alle 100 s. (Beispielsweise artet die abgebildete Ellipse in eine gerade Linie aus, wenn die Schwingungen eine Phasenwinkeldifferenz von 0 oder π haben.) Mit einer Stoppuhr kann man die 100-Sekunden-Periode mit einer Unsicherheit von $\pm 0{,}1$ s messen. Hieraus resultiert eine Meßunsicherheit für die Frequenzabweichung von $\pm 1 \cdot 10^{-11}$.

Messungen mit elektronischen Zählern Käufliche Zähler für Meßzwecke erfüllen meist mehrere Meßfunktionen: Frequenzmessung, Messung des Frequenzverhältnisses zweier Schwingungen, Periodendauermessung, Zeitintervallmessung.

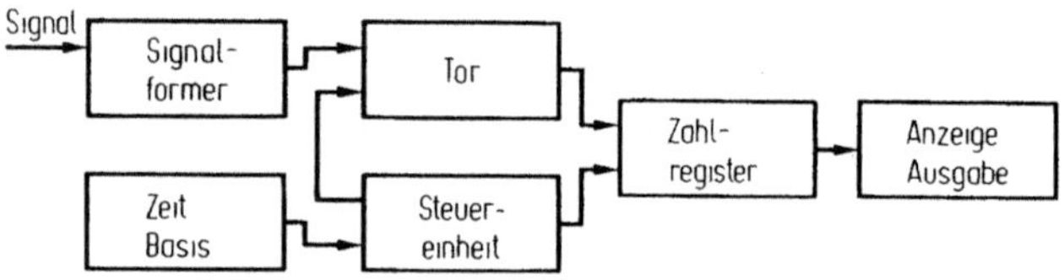

Fig. 4.251 Schaltungsprinzip zum Messen der Frequenz einer periodischen Schwingung

Frequenz. Nach Fig. 4.251 wird das Eingangssignal in einer Signalformerstufe so aufbereitet, daß für je eine Schwingung des zu messenden periodischen Signals ein Impuls an die Torschaltung weitergegeben wird. Die Torschaltung wird für eine Meßzeit τ geöffnet, die als dekadisches Bruchteil oder Vielfaches der von der Zeitbasis (meist 10 MHz-Quarz) weitergegebenen Zeiteinheit wählbar ist. Während der Öffnungszeit werden die eingehenden Impulse in einer Zählstufe gezählt und nach der Messung zur Anzeige gebracht bzw. in elektrisch kodierter Form zur Weiterverarbeitung bereitgestellt.

Erfahrungsgemäß werden häufig Fehler beim Anpassen der Einstellmöglichkeiten der Signalformerstufe auf die Eingangssignale gemacht, die zu Meßfehlern führen. Die gebräuchlichsten Einstellmöglichkeiten sind: Eingangssignalabschwächer, Gleich-Wechsel-Spannungskopplung des Eingangssignals, Gleichspannungspegel, Triggerung der Signalformerstufe an einer positiven oder negativen Flanke des Signals. Weiter ist bei der Einstellung zu beachten, daß die Signalformerstufe beim Durchschalten Hystereseverhalten (ΔU_H) zeigt. Die Teilbilder von Fig. 4.252 zeigen verschiedene Einstellungen und Fehlermöglichkeiten. Bei Messungen an Signalen, deren Eigenschaften vorerst unbekannt sind, sollte man beim Einstellen von Signalformerstufen stets die Signalform mit einem Oszilloskop kontrollieren. Die hier aufgezählten Fehlermöglichkeiten können sinngemäß auf alle Messungen mit elektrischen Zählern übertragen werden.

Bei der Beurteilung der Gesamtunsicherheit der Frequenzmessung sind zwei Anteile zu beachten:

- Die ± 1-Zählschritt-Unsicherheit bei Messungen mit Zählern, die eine relative Frequenzunsicherheit von $\Delta\nu/\nu = \pm 1/\nu \cdot \tau$ ergibt (ν Frequenz des Meßsignals, τ Meßzeit).
- Eine Abweichung der Frequenz der Zeitbasis von ihrem Sollwert.

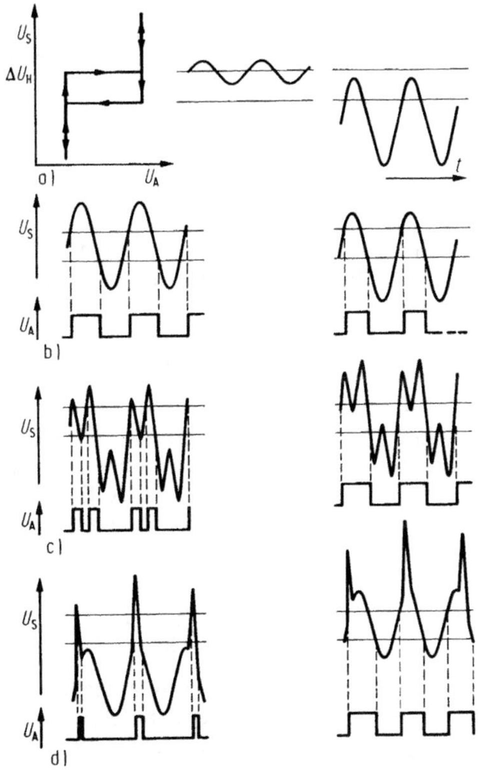

Fig. 4.252
Beispiele für verschiedene Einstellungen des Eingangs einer Signalformerstufe in bezug auf das Eingangssignal
a) links: Hystereseverhalten der Eingangsstufe
rechts: Infolge einer zu kleinen Signalspannung bzw. Fehlanpassung erfolgt keine Triggerung des Signalformers
b) links: Richtige Pegelanpassung
rechts: Gleichspannungspegel zu hoch angesetzt,
c) und d): Dem Nutzsignal überlagerte Störspannungen können, je nach Pegeleinstellung, bei gleichem Signal unterschiedliche Triggerungen des Signalformers auslösen
U_S Eingangssignalspannung
U_A Ausgangsspannung des Signalformers
ΔU_H Hysteresebereich des Signalformers

Kommerzielle Frequenzzähler ohne vorgeschalteten Frequenzuntersetzer haben zur Zeit eine obere Grenzfrequenz von 500 MHz. Mit Frequenzumsetzer werden obere Grenzfrequenzen bis 40 GHz erreicht.

Frequenzverhältnis. Die oben beschriebenen Frequenzmessung kann als Verhältnismessung der Signalfrequenz ν zur Frequenz der Zeitbasis ν_0 angesehen werden. Vielfach sind die Geräte so eingerichtet daß sie unter Abschaltung der internen Zeitbasis das Verhältnis der Frequenzen zweier von außen zugeführter, periodischer Signale messen können. Insbesondere ist es möglich zur Verringerung der Meßunsicherheit die zählerinterne Zeitbasis durch eine eventuell vorhandenen genauere zu ersetzen.

Periodendauer. Bei der Periodendauermessung (Periodendauer $T_p = 1/\nu$) wird die Zeit τ gemessen in der sich N Perioden (Teilung üblicherweise dekadisch) des zu messenden Signals ereignen (Fig. 4.253). Die Signalformerstufe bereitet das Signal auf. In der folgenden Teilerstufe wird durch Vorwahl der Teilerzahl festgelegt, über wie viele Perioden N des Signals die Messung durchgeführt wird. Der Ausgang der Teilerstufe legt die Öffnungszeit der Torstufe fest. Während der Öffnungszeit der Torstufe erfolgt die Zeitmessung durch Abzählen der Schwingungen ν_0 der Zeitbasis. Bei der Beurteilung der Meßunsicherheit sind drei Anteile zu beachten:

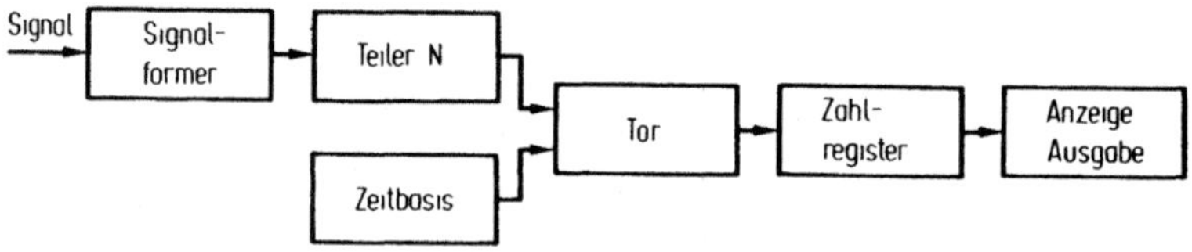

Fig. 4.253 Schaltungsprinzip zum Messen der Periodendauer einer Schwingung

– die ±1-Zählschrittunsicherheit der Frequenz der Zeibasis ν_0 führt zu einer relativen Unsicherheit der gemessenen Periodendauer T_p bzw. der Frequenz ν von

$$\frac{\Delta T_p}{T_p} = \frac{\Delta \nu}{\nu} = \pm \frac{1}{\nu_0 \tau}. \tag{4.513}$$

– Eine Abweichung der Frequenz der Zeitbasis von ihrem Sollwert.

– Die Triggerunsicherheit des Eingangssignals, die sich näherungsweise aus dem Effektivwert von Rausch- und Störungsspannungen U_S, die dem Eingangssignal überlagert sind, aus der Anstiegsflanke $\mathrm{d}U_E/\mathrm{d}t$ des Eingangssignals am Triggerpunkt und aus der Meßzeit τ abschätzen lassen:

$$\frac{\Delta T_p}{T_p} = \frac{\Delta \nu}{\nu} = \frac{U_S}{\frac{\mathrm{d}U_E}{\mathrm{d}t} \cdot \tau} \tag{4.514}$$

Eine Periodendauermessung anstelle einer Frequenzmessung empfiehlt sich, wenn die Frequenz des zu messenden Signals ν kleiner als die Frequenz ν_0 der Zeitbasis ist. Beispielsweise ergibt die Frequenzmessung eines 10 Hz-Signals, mit einem 8stelligen Zähler, mit einer 10 MHz-Zeitbasis und bei einer Meßdauer von 1 s, die Anzeige 00.000010 MHz. Eine Periodendauermessung an demselben Signal ergibt die Anzeige 0100000.0 µs. In diesem Fall ist die Auflösung 10^5fach größer. Komfortable Zähler sind intern so geschaltet, daß jeweils diejenige Meßmethode gewählt wird, die die beste Auflösung gibt. Die notwendige Umrechnung erfolgt dabei durch einen eingebauten Mikroprozessor.

Zeitintervall. Die Dauer eines durch zwei elektrische Signale vorgegebenen Zeitintervalls läßt sich mit einem Zeitintervall-Zähler bestimmen (Fig. 4.254). Nach Signalumformung öffnet das Signal 1 die Torstufe. Während der Öffnungszeit erfolgt die Zeitmessung durch Abzählen der Schwingungen ν_0 der Zeitbasis. Das Signal 2 schließt die Torstufe und beendet die Zeitintervallmessung.

Bei Beurteilung der Gesamtunsicherheit ist zusätzlich zu den drei bei der Periodendauermessung angegebenen Anteilen ein systematischer Anteil zu berücksichtigen, der z. B. durch unterschiedliche Laufzeiten der Signale auf den Signalleitungen zum Zählerein-

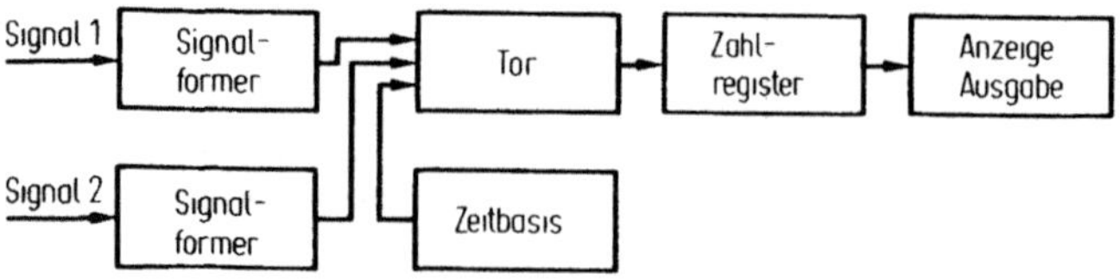

Fig. 4.254 Schaltungsprinzip zum Messen der Dauer eines Zeitintervalls, das durch zwei el. Signale markiert wird

gang oder durch unterschiedliche Triggerpegel in den Signalformen 1 und 2 entstehen kann. Die Signalverzögerung durch einen Kabellängenunterschied von 10 cm beträgt ca. 0,5 ns. Der systematische Anteil wird bei kurzen zu messenden Zeitintervallen (Nanosekundenbereich) merklich.

Normalerweise ist die Auflösung der Zeitmessung durch die Frequenz ν der Zeitbasis vorgegeben. Es gibt Zähler, die durch lineare analoge oder durch digitale Interpolation zu einer größeren Auflösung kommen. Gegenwärtig gibt es Zeitintervallmesser mit einer Auflösung bis zu ± 20 ps.

4.3.4.6 Rauschen (W. Kessel)

Thermische Rauschquellen Die im Hochfrequenzbereich bedeutsamen Rauschquellen sind das thermischen Rauschen, das Schrotrauschen und das $1/f$-Rauschen (s. **10**.7.1). Im Unterschied zum niederfrequenten Rauschen treten z.T. Laufzeit- und Quanteneffekte in Erscheinung. Außerdem werden Rauschquellen in Hochfrequenz-Übertragungssystemen durch ihre Rauschleistung charakterisiert.

Die Rauschleistung, die ein auf der Temperatur T befindlicher HF-Absorber bei der Frequenz f in einem Frequenzband der Breite Δf abgibt, beträgt nach Nyquist (1938)

$$P_{\mathrm{R}}^{\mathrm{qu}} = \frac{hf}{\exp\left(\frac{hf}{kT}\right) - 1} \Delta f \tag{4.515}$$

(h Planck-Konstante, k Boltzmann-Konstante). Für hohe Temperaturen (oberhalb Zimmertemperatur $T_0 = 290$ K) und niedrige Frequenzen (unterhalb 100 GHz) geht Gl. (4.515) in die klassische Formel

$$P_{\mathrm{R}}^{\mathrm{kl}} = kT\Delta f \tag{4.516}$$

über. Tab. 4.13 zeigt die Abweichungen der klassischen Formel von der quantenmechanischen Gleichung für Zimmertemperatur und die Temperaturen des siedenden Stickstoffs und Heliums bei drei Frequenzen.

Tab.4.13 Verhältnis der nach der quantenmechanischen Formel (4.515) berechneten Rauschleistung zum klassischen Grenzfall der Gl. (4.516)

T in K	$P_{\mathrm{R}}^{\mathrm{kl}}$ in J	$P_{\mathrm{R}}^{\mathrm{qu}}/P_{\mathrm{R}}^{\mathrm{kl}}$ bei 1 GHz	10 GHz	100 GHz
290	$4{,}0 \cdot 10^{21}$	1,0	0,999	0,992
77	$1{,}1 \cdot 10^{21}$	1,0	0,997	0,969
4	$5{,}5 \cdot 10^{23}$	0,994	0,941	0,516

Bestimmung der Rauschtemperatur In einem Hochfrequenzempfänger oder Verstärker wirken neben den thermischen Rauschquellen in den Bauteilen weitere Rauschquellen (s. **10**.7.1), die sich am Ausgang zu einer Gesamtrauschleistung überlagern. Die Größe der Gesamtrauschleistung wird durch die spektrale Rauschzahl F oder die ihr äquivalente Rauschtemperatur T_R angegeben, die beide durch die Gleichung

$$T_R = (F - 1)T_0 \tag{4.517}$$

verknüpft sind. Dabei ist die Rauschtemperatur diejenige Temperatur, die eine vor einem äquivalenten rauschfreien Empfänger oder Verstärker geschaltete thermische Rauschquelle nach Gl. (4.516) haben müßte, damit sich am Ausgang die beobachtete Eigenrauschleistung einstellt. Zur Bestimmung der Rauschtemperatur T_R werden zwei verschiedene Methoden, die Signalgeneratormethode und die Y-Faktormethode angewandt. Beide vergleichen die von dem Zweitor erzeugte Rauschleistung mit einer bekannten Hochfrequenzleistung.

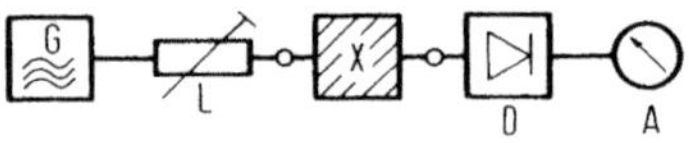

Fig. 4.255
Anordnung zur Messung der Rauschtemperatur eines Zweitores X nach der Signalgenerator-Methode
G Hochfrequenzgenerator
L einstellbarer Abschwächer
D Detektor
A Anzeigeinstrument

Bei der in Fig. 4.255 dargestellten Signalgeneratormethode wird die bekannte HF-Leistung von einem Sinuswellengenerator geliefert, dessen Ausgangsleistung durch ein nachgeschaltetes, einstellbares Dämpfungsglied verändert werden kann. Voraussetzung für die Richtigkeit der Messung ist u. a., daß der am Ausgang des Meßobjekts angeschlossene Leistungsmesser gleiche Empfindlichkeit für den Nachweis einer Rauschleistung wie für den Nachweis einer Mischleistung aus Rausch- und Sinuswellenanteil aufweist. Aus dem Verhältnis Y der bei eingeschaltetem Sinuswellengenerator gemessenen Ausgangsleistung P_2 zur Ausgangsleistung P_1 bei abgeschaltetem Generator berechnet sich die Rauschtemperatur T_R aus der Signalleistung P_s nach der Gleichung

$$T_R = \frac{P_s}{k(Y-1)B_R} + T_0 \tag{4.518}$$

Die Rauschbandbreite des Zweitores

$$B_R = \frac{\int\limits_0^\infty L_v(f)\,\mathrm{d}f}{L_v(f_0)} \tag{4.519}$$

wird aus der Frequenzabhängigkeit der verfügbaren Leistungsverstärkung $L_v(f)$ durch grafische oder numerische Integration ermittelt (f_0 Frequenz der Bandmitte).

Bei der Rauschmessung ist wegen der im allgemeinen hohen Dämpfung zwischen Signalgenerator und Meßobjekt auf gute Schirmung des Nachweisgerätes zu achten. Die Auswertung der Gl. (4.518) wird besonders einfach, wenn die Signalleistung so eingestellt wird, daß das Verhältnis Y der Leistungen am Ausgang des Meßobjektes mit und ohne Zusatzsignal den Wert 2 annimmt (3-dB-Methode).

Der Einfluß der Eigenschaften des Leistungsmessers kann außer acht gelassen werden, wenn mit Hilfe eines weiteren zwischen dem Ausgang des Meßobjekts und dem Leistungsmesser eingesetzten Abschwächers, etwa eines zuschaltbaren 3-dB-Dämpfungsgliedes, mit und ohne Signal jeweils auf gleiche Leistungsanzeige abgeglichen wird.

Die Verwendung eines Rauschgenerators anstelle des Signalgenerators bietet bei der Bestimmung der Rauschtemperatur eines Zweitores den Vorteil, daß im gesamten Frequenzgebiet eine hochfrequente Vergleichsleistung zur Verfügung steht und die zeitaufwendige Messung der Bandbreite des Zweitores entfällt.

Bei der Y-Faktormethode werden nacheinander zwei Rauschgeneratoren mit den Rauschtemperaturen T_{RH} und T_{RK} ($T_{RH} > T_{RK}$) an den Eingang des Meßobjektes angeschlossen. Aus dem Verhältnis Y der Ausgangsleistungen ergibt sich die unbekannte Rauschtemperatur T_R nach

$$T_R = \frac{T_{RH} - YT_{RK}}{Y - 1} \tag{4.520}$$

Mit einem Rauschgenerator, dessen Rauschleistung kontinuierlich einstellbar ist, kann die Rauschtemperatur eines Zweitores nach einem der Signalgeneratormethode analogen Verfahren bestimmt werden. Als einstellbare Rauschquelle dienen Rauschdioden, deren Rauschleistung durch Variation des Anodenstromes verändert werden kann, oder Rauschquellen mit konstanter Rauschtemperatur (s. Plasma-Rauschgeneratoren oder Festkörper-Rauschquellen), denen ein kalibrierter, einstellbarer Abschwächer nachgeschaltet ist. Dadurch entsteht eine Rauschquelle, deren Rauschtemperatur T_R durch Veränderung des Dämpfungsfaktors α entsprechend der Relation

$$T'_R = \alpha T_R + (1 - \alpha) T_0 \tag{4.521}$$

in weiten Bereichen einstellbar ist. Ein Ar-Plasma-Rauschgenerator, dem ein einstellbarer 10-dB-Abschwächer nachgeschaltet ist, liefert eine stabile Rauschquelle, deren Rauschtemperatur zwischen 11300 K und 1400 K eingestellt werden kann.

Bei der Bestimmung der Rauschtemperatur von Überlagerungsempfängern mit breitbandigen Rauschquellen muß der Einfluß des Spiegelbandes berücksichtigt werden, sofern vor die Mischstufe kein vorselektierendes Filter geschaltet ist. Mit einem Meßsender ist das Verhältnis S der verfügbaren Leistungsverstärkung L_s bei der Spiegelfrequenz zur verfügbaren Leistungsverstärkung L_0 bei der Sollfrequenz (jeweils in Bandmitte) zu bestimmen und die Gl. (4.520) durch

$$T_R = (1 + S) \frac{T_{RH} - YT_{RK}}{Y - 1} \tag{4.522}$$

zu ersetzen.

Rauschgeneratoren Für den Aufbau von Rauschgeneratoren werden verschiedene Rauschprozesse ausgenutzt. Bei den Rauschdioden entsteht durch das statistische Austreten der Elektronen aus der Kathode im Anodenstrom ein Rauschanteil (Schrotrauschen), der in das Hochfrequenz-Leitungssystem eingekoppelt wird. Fig. 4.256 zeigt eine Rauschdiode in Koaxialausführung (Kolb (1955)), bei der die Anode den Innenleiter bildet. Die Leitungsabschlußwiderstände sind gleichzeitig die Arbeitswiderstände der Diode, an denen die Rauschleistung entsteht und in das koaxiale Leitungs-

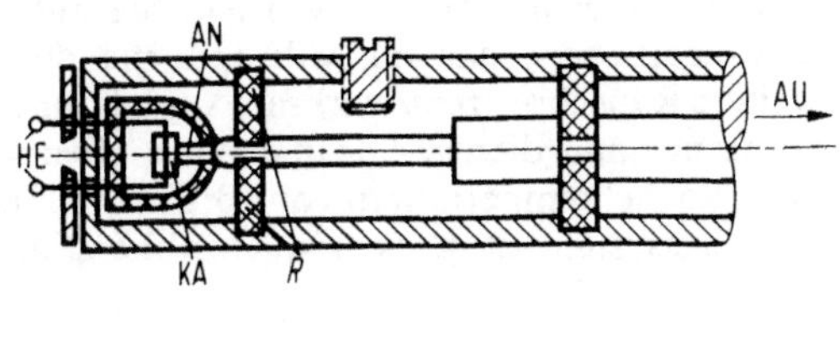

Fig. 4.256
Rauschdiode in Koaxialausführung
AN Anode
KA Kathode
HE Heizung
R Widerstände
AU Ausgang (Kolb (1955))

system eingekoppelt wird. Die am Ausgang verfügbare Rauschleistung wird über den Anodenstrom I der im Sättigungsgebiet betriebenen Diode mit Hilfe der Kathodentemperatur eingestellt

$$P_R = \left(\frac{1}{2} e I Z_0 \chi^2 + k T_0\right) \Delta f \tag{4.523}$$

(e Elementarladung). Der frequenzabhängige Faktor χ^2 berücksichtigt den Einfluß der Laufzeit der Elektronen und den Fehler in der Anpassung der Diode an das Leitungssystem. Er muß i. allg. oberhalb von 500 MHz durch eine Vergleichsmessung mit einem Sinuswellengenerator oder einer anderen Rauschquelle ermittelt werden. Unterhalb von 100 kHz sind Rauschdioden nicht verwendbar, da hier das weiße Spektrum der Gl. (4.523) durch zusätzliche Anteile von $1/f$-Rauschen verfälscht wird.

Für höhere Frequenzen (1 GHz bis 120 GHz) werden vorwiegend Plasma-Rauschgeneratoren eingesetzt. Sie nutzen die zufälligen Schwankungen des elektromagnetischen Feldes, die bei der in einem Gasentladungsrohr ablaufenden Ionisation von Edelgasen (Argon, Xenon) entstehen. Die positive Säule der Gasentladung gibt bei guter Stabilisierung des Anodenstromes ein Rauschspektrum hoher Leistung ab, das ohne Verluste in einen Hohlleiter eingekoppelt wird, sofern das Entladungsrohr im flachen Winkel schräg durch den Hohlleiter parallel zu den elektrischen Feldlinien (Fig. 4.257) geführt ist. Die verfügbare Rauschleistung ist durch die Elektronentemperatur des Plasmas bestimmt. Da letztere in komplizierter Weise von der Gassorte, dem Gasdruck und den Abmessungen des Entladungsraumes abhängt, müssen Plasma-Rauschgeneratoren mit Hilfe anderer Rauschquellen kalibriert werden. Wegen ihrer hohen Stabilität und ihrer einfachen Handhabung werden sie als sekundäre Rauschleistungsnormale eingesetzt.

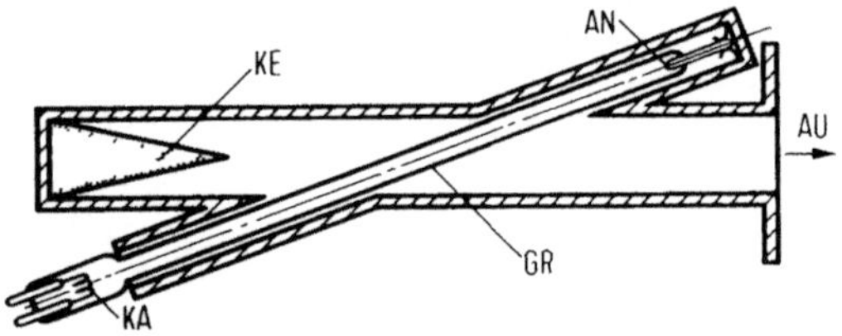

Fig. 4.257
Hohlleiter-Plasma-Rauschgenerator
GR Gasentladungsrohr
AN Anode
KA Kathode
KE Hochfrequenz-Absorptionskeil
AU Ausgang (Hart (1961))

Ihre Rauschleistung ist nicht einstellbar, so daß sie i. allg. in Verbindung mit variablen Dämpfungsgliedern verwendet werden. Für die Y-Faktormethode werden spezielle Plasma-Rauschgeneratoren gefertigt, die den Betrieb bei zwei Rauschtemperaturen gestatten. Dazu wird der Hohlleiter an einer Seite mit einem HF-Absorber abgeschlossen, der nach Abschalten der Gasentladung als thermische Rauschquelle bei Zimmertemperatur wirkt.

In modernen Festkörper-Rauschquellen werden Halbleiterdioden eingesetzt, die im Lawinenbereich betrieben werden. Sie nützen zur Erzeugung der Rauschleistung das Schrotrauschen, das im Mikroplasma der Halbleiterdiode auftritt. Da gleichzeitig weitere Rauschprozesse wirksam sind, können sie ebenfalls nur als sekundäre Rauschleistungsnormale dienen. Die in den p-n-Übergängen erzeugten Rauschleistungen entsprechen Rauschtemperaturen von 10^5 K bis 10^7 K. Die Ankopplung der Dioden an das HF-Leitungssystem ist stark frequenzabhängig, so daß die hohen Rauschleistungen nicht voll genutzt werden können. Vielmehr wird durch geeignete frequenzabhängige Dämpfungsglieder ein weitgehend gleichmäßiger Frequenzgang erzeugt. Die Temperaturabhängigkeit der Eigenschaften des p-n-Überganges der Diode und Alterungseffekte im Festkörper begrenzen die Langzeitstabilität von Festkörper-Rauschquellen, die an jene der Plasma-Rauschquellen nicht heranreicht.

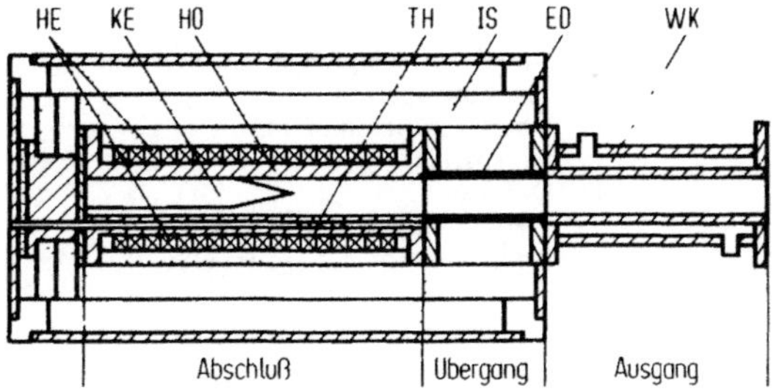

Fig. 4.258
Thermisches Hohlleiter-Rauschnormal zum Betrieb bei $T = 673\,\mathrm{K}$
KE Hochfrequenz-Absorptionskeil aus Siliziumkarbid
Ho Hohlleiterkörper aus Molybdän
HE Heizer
IS thermische Isolation
TH Platin-Widerstandsthermometer
ED dünnwandiger Edelstahl-Hohlleiter
WK wassergekühlter Ausgangshohlleiter

Für die Kalibrierung von Rauschgeneratoren sind thermische Rauschleistungsnormale im Gebrauch. Sie nutzen die von einem temperierten Hochfrequenzabsorber erzeugte Rauschleistung, deren Wert sich aus Gl. (4.515) oder Gl. (4.516) ergibt. Fig. 4.258 zeigt den Aufbau einer heißen thermischen Rauschquelle, die für die Kalibrierung von sekundären Plasma-Rauschleistungsnormalen im Hohlleiter-Frequenzband 8,2 GHz bis 12,4 GHz konzipiert wurde. Mit thermischen Rauschgeneratoren dieser Bauform können Rauschleistungen in Hohlleitersystemen (Kessel u. Buchholz (1983), Buchholz u. Kessel (1993)) oder in koaxialen Leitungssystemen (Buchholz u. Kessel (1987)) mit einer relativen Standard-Unsicherheit von $2{,}5 \cdot 10^{-4}$ dargestellt werden.

Gekühlte Hochfrequenz-Absorber, die bei den Temperaturen des siedenden Stickstoffs (77 K) oder des siedenden Heliums (4,2 K) betrieben werden, liefern Rauschleistungen, wie sie bei der Vermessung von parametrischen Verstärkern benötigt werden.

Kalibrierung von Rauschgeneratoren Beim Gesamtleistungsempfänger der Fig. 4.259 wird die verfügbare Rauschleistung des unbekannten Rauschgenerators mit einer bekannten HF-Leistung verglichen, ähnlich wie bei der Messung der Rauschtemperatur von Zweitoren. Der aus Vorverstärker, Mischer mit Hilfsoszillator, Zwischenfrequenzverstärker und Detektor aufgebaute Empfänger mit nachgeschaltetem Tiefpaß und Anzeigeinstrument wirkt als HF–Effektivwertmesser. Als Generator definierter Hochfrequenzleistung wird entweder ein geeigneter Signalgenerator oder ein Rauschleistungsnormal eingesetzt.

Zur Messung kleiner Rauschleistungen, wie z. B. beim Vermessen thermischer Rauschleistungsnormale oder in der Radioastronomie, die erheblich unter dem Eigenrauschen der Empfänger liegen, hat der Radioastronom Dicke (1946) den in Fig. 4.260 dargestellten geschalteten Empfänger vorgeschlagen. Mit einem Pin-Dioden-Schalter oder einem elektromagnetisch gesteuerten Ferrit-Isolator (s. **4**.3.3) wird mit einem periodischen Wechsel von 400 Hz bis 1000 Hz eine der beiden zu vergleichenden Rauschquellen an den Eingang eines Überlagerungsempfängers gelegt. Sein Ausgangssignal wird synchron mit dem Eingangsschalter mit +1 oder −1 bewertet, so daß am Ausgang des nachfolgenden Tiefpasses ein Gleichsignal zur Verfügung steht, dessen Wert der Differenz der Rauschleistungen der beiden Rauschquellen proportional ist. Durch Abschwächung der Rauschquelle der höheren Rauschtemperatur mit einem kalibrierten Dämpfungsglied wird auf Leistungsgleichheit abgeglichen. Die theoretische Auflösung ergibt sich aus der

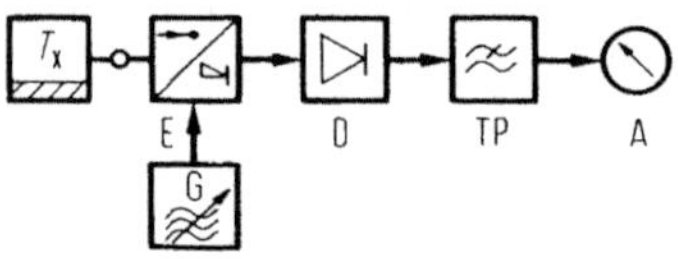

Fig. 4.259 Gesamtleistungsempfänger zur Messung der Rauschtemperatur T_X
E Überlagerungsempfänger
G Hilfsoszillator
D Detektor
TP Tiefpaß mit Integrationszeit τ_I
A Anzeigeinstrument (Tiuri (1964))

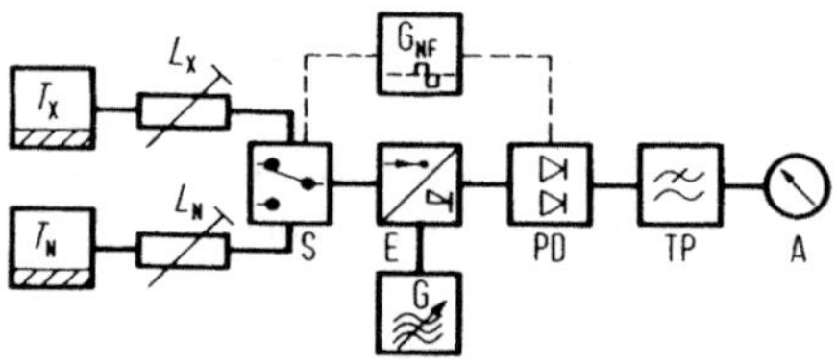

Fig. 4.260 Geschalteter Rauschleistungsempfänger zum Vergleich der Rauschtemperatur T_X eines unbekannten Meßobjektes mit der Rauschtemperatur T_N eines Rauschleistungsnormals
L_X und L_N einstellbare Abschwächer
S elektronisch gesteuerter Hochfrequenzschalter
G Hilfsoszillator
PD phasenempfindlicher Detektor
G_{NF} niederfrequenter Rechteckoszillator
TP Tiefpaß mit der Integrationszeit τ_I
A Anzeigeinstrument (Janik (1980))

Empfängerbandbreite

$$B_E = \frac{\left(\int_0^\infty L_v(f)\mathrm{d}f\right)^2}{\int_0^\infty L_v(f)^2\mathrm{d}f} \tag{4.524}$$

($L_v(f)$ verfügbare Leistungsverstärkung bei der Frequenz f) und der Integrationszeit τ_I des Ausgangstiefpasses zu

$$\frac{\Delta T_{R\,min}}{T_R} = \frac{2}{\sqrt{B_E\tau_I}}\left(1 + \frac{T_E}{T_R}\right) \tag{4.525}$$

(T_E Rauschtemperatur des Empfängers). Ein Empfänger mit 5 MHz Bandbreite und 3000 K Rauschtemperatur, dem ein Tiefpaß mit einer Integrationszeit von 30 s nachgeschaltet ist, besitzt für Rauschquellen von 1000 K eine Auflösung von $6{,}5 \times 10^{-4}$.

Für Koaxialleitungssysteme, für die keine breitbandigen Dämpfungsglieder zur Verfügung stehen, wird die Abschwächung der Rauschquelle mit der höheren Rauschleistung nach der Mischstufe vor dem Zwischenfrequenzverstärker vorgenommen (Janik (1980)). Die Auflösung nach Gl. (4.525) wird um den Faktor 2 verbessert, wenn die beiden zu vergleichenden Quellen nicht nur während einer halben Schaltperiode am Eingang des Empfängers liegen. Dies wird erreicht, wenn die Rauschleistungen wechselseitig in zwei identische Empfänger eingespeist und ihre Ausgangssignale voneinander subtrahiert werden (Graham (1958)).

Für die Messung extrem kleiner Rauschleistungen konzipiert ist der Korrelationsempfänger der Fig. 4.261 (Goldstein (1955)). Die Rauschleistung wird am Eingang durch Leistungsteiler in zwei gleiche Anteile aufgespalten, die über zwei identisch aufgebaute Empfänger einem Multiplizierer zugeführt werden. Am Ausgang steht ein

Fig. 4.261
Korrelationsempfänger zur Messung der Rauschtemperatur T_X
LT Leistungsteiler
E_1 und E_2 identisch aufgebaute Überlagerungsempfänger
G Hilfsoszillator
D_1 und D_2 Detektoren
M Multiplizierer
TP Tiefpaß
A Anzeigeinstrument (Tiuri (1964))

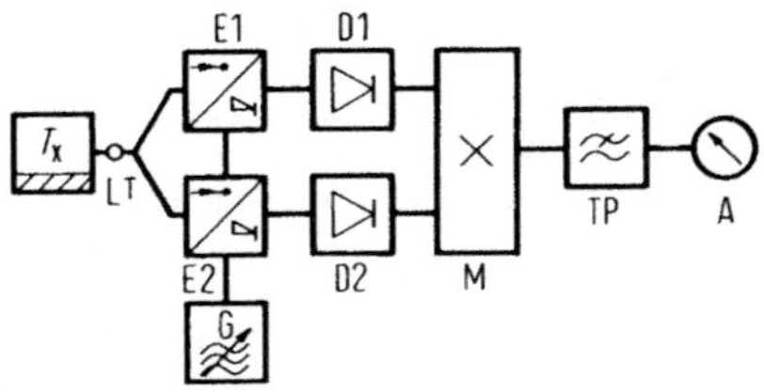

Signal an, das der zu messenden Eingangsrauschleistung proportional ist. Die Auflösung ist durch

$$\frac{\Delta T_{R\,min}}{T_R} = \frac{1}{B_E \tau_I}\left(1 - 2\frac{T_E}{T_R}\left(1 + \frac{T_E}{T_R}\right)\right) \tag{4.526}$$

gegeben. Für einen Empfänger mit den o. a. Eigenschaften ($B_E = 5$ MHz, $T_E = 3000$ K) ergibt sich der Wert 4×10^{-4}.

Literatur zu 4.3

Adams, A. T.; Mendelovicz, E. (1973): The Near-Fiel Polarization Ellipse. IEEE Trans. Antennas and Propagation AP-**22**, 125–132

Afsar, M. N.; Birch, J. R.; Clarke, R. N. (1986): The Measurement of the Properties of Materials. Proc. IEEE **74**, 183–199

Arlett, L. P.; et al. (1968): Application of Finite Elements to the Solution of Helmholtz's Equation. Proc. IEE **115**, 1762–1766

Anson, W. J. (1961): A Guide of the Use of the Modified Reflectometer Technique of VSWR Measurement. J. of Res. of the Nat. Bur. Stand. **65 C**, 217–223

Arnoldt, M. (1980): Prinzipien kurzeitstabiler, alterungsarmer Quarzoszillatoren. Elektronik H. 23, 63–66

Bailey, A. E. (1989): Microwave Measurements. London: Peter Peregrinus

Baprawski, J.; Smith, C.; Bernues, F. J. (1976): Phase-Locked Solid State mm-Wave Sources. Microwave J. **19** (No. 10), 41–44

Barnes, J. A. u. a. (1971): Characterization of Frequency Stability. IEEE Trans. Instrum. Meas. IM **20**, 105–120

Batt, R. J.; Harris, D. J. (1976): Submillimetre Waves, A Survey of the "State of the Art" and Some Recent Developments in Research. The Radio and Electronic Engineer **46**, 379–392

Bauhofer, W. (1981): Determination of Semiconductor Energy Gaps Using the Microwave Cavity Perturbation Method. J. Phys. E: Sci. Instrum. **14**, 934–938

Bayer, H. (1967): Über die Leistungsmessung bei Mikrowellen-Therapiegeräten. PTB-Mitt. **77**, 136–139

Bayer, H. (1970): Mikrokalorimeter-Präzisionsmeßplatz zur Bestimmung des effektiven Wirkungsgrades von Bolometer-Meßköpfen zwischen 8,2 GHz und 12,4 GHz. PTB-Mitt. **80**, 261–269

Bayer, H. (1974): Der PTB-Dämpfungsmeßplatz zur Bestimmung der Hochfrequenz-Leistungsabschwächung im MHz- und GHz-Bereich und seine systematischen Fehler. PTB-Ber. E-2

Bayer, H. (1975): An Error Analysis for the RF Attenuation Measuring Equipment of the PTB applying the Power Method. Metrologia **11**, 43–51

Bayer, H. (1977): Über die Abhängigkeit des Reflexionsfaktors von Wandleitfähigkeit und Stufen-Ersatzkapazität bei koaxialen $\lambda/4$-Reflexionsnormalen. NTZ-Forschungsdienst 14–77. Nachrichtentech. Z. **30**, 569

Bayer, H. (1980): Considerations of a Rectangular Waveguide Below Cutoff Piston Attenuator as a Calculable Broadband Attenuation Standard. IEEE Trans. Instrum. Meas. **IM-29**, 467–471

Bayer, H.; Warner, F.; Yell, R. (1986): Attenuation and Ratio. National Standards. Proc. IEEE Vol. **74**, 46–59

Beatty, R. W. (1976): Automatic Measurement of Network Parameters – A Survey. Boulder: Nat. Bur. of Stand. NBS Monograph 151

Becker, G. (1957): Über kristallgesteuerte Oszillatoren. Arch. f. el. Übertr. **11**, 41–47

Bergmann, K. (1969): Dielektrische Messungen an festen Kunststoffen im Frequenzbereich $10^2 \ldots 10^9$ Hz. Z. angew. Phys. **28,** 95–100

Best, R. (1976): Theorie und Anwendung des Phase-Locked Loops. Aarau/Schweiz: Aargauer Tagblatt AG

Bindlingmaier, M.; Haag, A.; Kühnemann, K. (1969): Einheiten, Grundbegriffe und Meßverfahren der Nachrichten-Übertragungstechnik. Berlin, München: Siemens AG

Birch, J. R.; Bechtold, G.; Kremer, F.; Poglitsch, A. (1983): The Use of an Untuned Cavity for Broad Band Near Millimetre Wavelength Absorption Measurements on Low Loss Solids. NPL Report DES 79

Birnbaum, G.; Kryder, S. J.; Lyons, H. (1951): Microwave Measurements of the Dielectric Properties of Gases. J. Appl. Phys. **22,** 95–102

Bomke, R.; Gefahrt, S. (1950): Einführung in die Theorie der Ausbreitung elektromagnetischer Wellen in Leitungen und Hohlkabeln. Stuttgart: Wiss. Verlagsgesell.

Booker, H. G. (1982): Energy in Elektromagnetism. Stevenage, New York: Peter Peregrinus

Buchholz, F.-Im.; Kessel, W. (1987): A Primary Broad-Band Coaxial Thermal Noise Standard for the Range 100 MHz to 10 GHz. IEEE Trans. Instrum. Meas. **IM-36,** 474–479

Buchholz, F.-Im.; Kessel, W. (1993): A New Primary Thermal Noise Standard at PTB for the Frequency Range 12.4 GHz .. 18.0 GHz. IEEE Trans. Instrum. Meas. **IM-42,** Special Issue on CPEM '92

Bussey, H. E. (1967): Measurement of RF Properties of Materials, a Survey. Proc. IEEE **55,** 1046–1053

Bussey, H. E.; Birnbaum, G. (1959): Cavity Resonators for Dielectric Spectroscopy of Compressed Gases. Rev. Sci. Instrum. **30,** 800–804

Castro, A. A.; Ziolkowski, F. P. (1976): Generation of Millimeter-Wave Signals of High Purity. IEEE Trans. Microwave Theory Tech. MTT-**24,** 780–786

CCIR (1978): XIVth Plen. Ass. Kyoto, Int. Telecomm. Union **VII,** 70–78

Chamberlain, J.; Chantry, G. W. (Eds.) (1973): High Frequency Dielectric Measurement. Guildford: IPC Science and Technology Press

Chamberlain, J.; Gibbs, J. E.; Gebbie, H. A. (1969): The Determination of Refractive Index Spectra by Fourier Spectrometry. Infrared Phys. **9,** 185–209

Chang, K. (1989): Handbook of Microwave and Optical Components. Vol. 1, Microwave Passive and Antenna Components, New York, Chichester, Brisbane, Toronto, Singapore: Wiley

Chang, K. (1990): Handbook of Microwave and Optical Components. Vol. 2. New York, Chichester, Brisbane, Toronto, Singapore: Wiley

Chi, A. R. (1977): The Mechanics of Translation of Frequency Stability Measures between Frequency and Time Domain Measurements. Proc. 9th. Ann. Precise Time and Time Interval Appl. and Planning Meeting

Clarke, R. N.; Rosenberg, C. B. (1982): Fabry-Perot and Open Resonators at Microwave and Millimetre Wave Frequencies, 2–300 GHz. J. Phys. E.: Sci. Instrum. **15,** 9–24

Cole, R. H. (1977): Time Domain Reflectometry. Ann. Rev. Phys. Chem. **28,** 283–300

Collin, R. E. (1960): Field Theory of Guided Waves. New York, Toronto, London: McGraw Hill

Crandell, M.; Bernues, F. J. (1980): Oscillators Lock and Tune at W-Band. Microwave Syst. News **10,** No. 12, 54–60

Crawford, M. L. (1974): Generation of Standard EM Fields Using TEM Transmission Cells. IEEE Trans. EMC, **EMC-10,** 189–195

Crawford, M. L.; Workman, J. L. (1979): Using a TEM Cell for EMC Measurements of Electric Equipment. NBS Technical Note No. 1013. Washington: National Bureau of Standards

Cross, A. W. (1977): Experimental Microwaves. Stevenage, Herts.: Marconi Instrum. Ltd

Cullen, A. L.; Judah, S. K.; Nikravesh, F. (1980): Impedance Measurement Using a 6-Port-Directional Coupler. IEE Proc. H. **127,** 92–98

Culshaw, W.; Anderson, M. V. (1962): Measurement of Permittivity and Dielectric Loss with a Millimeter Wave Fabry-Perôt Interferometer. Proc. IEE **109,** pt. B., Suppl. 23, 820–826

Dagg, I. R.; Reesor, G. E.; Wong, M. (1978): A Microwave Cavity Measurement of Collision-Induced Absorption in N_2 and CO_2 at 4.6 cm^{-1}. Canad. J. Phys. **56,** 1037–1045

Dawkins, A. W. J.; Grant, E. H.; Sheppard, R. J. (1979): An On-line Computer-based System for Performing Time Domain Spectroscopy I. Main Features of the Basic System. J. Phys. E: Sci. Instrum. **12,** 1091–1099

Dawkins, A. W. J.; Grant, E. H.; Sheppard, R. J. (1981a): An On-line Computer-based System for Performing Time Domain Spectroscopy II. Analysis of the Errors in Total Reflection TDS. J. Phys. E: Sci. Instrum. **14,** 1260–1265

Dawkins, A. W. J.; Grant, E. H.; Sheppard, R. J. (1981b): An On-line Computer-based System for Performing Time Domain Spectroscopy III. Presentation of Results for Total Reflection TDS. J. Phys. E: Sci. Instrum. **14,** 1429–1434

Dicke, R. H. (1946): The Measurement of Thermal Radiation at Microwave Frequencies. Rev. Sci. Instr. **17,** 268–275

DIN 53483 (1969): Prüfung von Isolierstoffen, Bestimmung der dielektrischen Eigenschaften. Blatt 3: Meßzellen für Flüssigkeiten für Frequenzen bis 100 MHz

DIN-Taschenbuch 22 (1978): Normen für Größen und Einheiten in Naturwissenschaft und Technik. Berlin, Köln: Beuth

DIN VDE 0848: Sicherheit in elektromagnetischen Feldern. Teil 1: Meß- und Berechnungsverfahren (Entwurf in Vorbereitung), Teil 2: Grenzwerte, Entwurf Okt. 1991

Driver, L. D.; Kanda, M. (1988): An Optically linked Electric and Magnetic Field Sensor for Pointing Vector Measurements in the Near Fields of Radiation Sources. IEEE Trans. EMC, **EMC-30,** 495–503

Eder, G. (1967): Elektrodynamik, Hochschultaschenbuch Nr. 233/233a. Mannheim: Bibliographisches Institut

Eichacker, R. (1958): Ein Meßplatz zur Bestimmung der elektromagnetischen Stoffkonstanten fester und flüssiger Medien bei Frequenzen zwischen 30 und 7000 MHz und Temperaturen zwischen −60 und +240°C. Rohde & Schwarz Mitt. H. 11, 185–204

Eichacker, R. (1961): Stoffmessung mit Meßleitungen. Rohde & Schwarz Mitt. H. 15, 15–27

Electronic Design's Gold Book (jährlich): Rochelle Park. N. J.: Hayden Pybl

Ellerbruch, D. A. (1965): Evaluation of a Phase Measurement System. J. of Res. Nat. Bur. Stand. **63C,** 55–65

Ellerbruch, D. A.; Engen, G. F. (1967): An Analysis of the Quarter Wave Technique of Reducing the Errors in the UHF and Microwave Impedance Measurement. IEEE Trans. Microwave Theory Tech. **MTT-15,** 504–507

Engen, G. F. (1957): A Self Balacing Direct Current Bridge for Accurate Bolometric Power Measurement. J. of Res. Nat. Bur. Stand. **59,** 64–73

Engen, G. F. (1959): A Refined X-Band Microwave Microcalorimeter. J. of Res. Nat. Bur. Stand. **63C,** 77–82

Engen, G. F. (1977): An Improved Circuit for Implementing the Six-Port Technique of Microwave Measurements. IEEE Trans. Microwave Theory Tech. **MTT-25,** 1080–1083

Fantom, A. (1990): Radio Frequency and Microwave Measurement London: Peter Peregrinus

Feldtkeller, R. (1953): Einführung in die Vierpoltheorie. Stuttgart: Hirzel

Findakly, T.; Haskal, H. (1974): Attenuation and Cutoff Frequencies of Double-Ridged Waveguides. Microwave J. **17,** 49–50

Fischer, F. A. (1969): Einführung in die statistische Übertragungstheorie. Mannheim: BI-Verlag. BI-Hochschultaschenbuch 130/130a

Gandhi, O. P. (Editor) (1990): Biological Effects and Medical Applications of Electromagnetic Energy. Englewood Cliffs, New Jersey: Prentice Hall

Genzel, L.; Poglitsch, A.; Häseler, S. (1985): A Dispersing Polarizing Millimeter-Wave Interferometer. Int. J. Infrared and Millimeter Waves **6** (8), 741–750

Gledhill, C. S.; Walker, B. P. (1963): Microwave Bridge Reflectometer. Proc. IEE **110,** 1759–1763

Goldstein, S. J. jr. (1955): A Comparison of Two Radiometer Circuits. Proc. IRE **43,** 1663–1666

Gonschorek, K. H.; Singer, H. (Hrsg) (1992): Elektromagnetische Verträglichkeit – Grundlagen, Analysen, Maßnahmen. Stuttgart: Teubner

Goulon, J.; Brondeau, J.; Sarteaux, J.; Roussy, G. (1973): Mesures Interférometriques Précises de la Permittivité Complexe des Liquides dans un Large Domaine de Fréquences. Rev. Phys. Appl. **8,** 165–174

Graham, M. H. (1958): Radiometer Circuits. Proc. IRE **46,** 1966

Grau, G. K. (1981): Optische Nachrichtentechnik – eine Einführung. Berlin, Heidelberg, New York: Springer

Greene, F. M. (1967): NBS Field-Strength Standards and Measurements (30 Hz to 1000 MHz). Proc. IEEE **55,** 970–981

Groll, H. (1969): Mikrowellenmeßtechnik. Braunschweig: Vieweg

Groll, H. P.; Kohl, W. (1980): Six-Port Consisting of Two Directional Couplers and Two Voltage Probes for Impedance Measurement in the Millimeter-Wave-Range. IEEE Trans. Instrum. Meas. **IM-29,** 386–390

Gupta, K. S.; Garg, R.; Bahl, I. J. (1979): Microstrip-Lines and Slot Lines. Dedham, Mass.: Artech House

Güsewell, D. (1967): Untersuchung verlustarmer Dielektrika bei 55 GHz mittels eines Parallelplattenresonators und geführter Wellen. Z. angew. Phys. **22,** 461–470

Halbleiter-Schaltbeispiele (1967): München: Siemens

Halbritter, J. (1974): On the Surface Resistance of Superconductors. Z. Phys. **266,** 209–217

Harrington, R. F. (1961): Time Harmonic Electromagnetic Fields. New York: McGraw Hill

Harrington, R. F. (1968): Field Computation by Moment Methods. New York: Macmillan

Hart, P. A. H. (1961): Normal-Rauschquellen. Philips Tech. Rdsch. **62,** 298–315

Hartn, W. (1988): Microwave Semiconductor Devices: Status and Trends. Mikrowellen Magazin **14**, 106–116

Harvey, A. F. (1963): Microwave Engineering. London, New York: Academic Press

Helberg, H.-W.; Wartenberg, B. (1966): Zur Messung der Stoffkonstanten ε und μ im GHz-Bereich mit Resonatoren. Z. angew. Phys. **20**, 505–510

Henne, W. (1974): Empfänger-Elektronik. Heidelberg: Hüthig

Hermach, F. L.; Williams, E. S. (1960): Thermal Voltage Converters for Accurate Voltage Measurements to 30 MHz. Trans. AIEE Commun. and Electron. **79**, 200–206

Hewlett Packard (1977): Fundamentals of RF and Microwave Power Measurements, Application Note 64-1

Hill, N. E.; Vaughan, W. E.; Price, A. H.; Davies, M. (1969): Dielectric Properties and Molecular Behaviour. London: Van Nostrand Reinhold

von Hippel, A. R. (Ed) (1961): Dielectric Materials and Applications. Cambridge, Mass.: M.I.T.–Press

Hochfrequenz-Industrie-Generatoren (1975): Valvo-Buchreihe. Hamburg: Boysen u. Masch

Hock, A. u. a. (1982): Hochfrequenzmeßtechnik. Teil 1. 3. Aufl. Berlin: Expert

Hoer, C. A. (1977): A Network Analyzer Incorporating Two Six-Port-Reflectometers. IEEE Trans. Microwave Theory Tech. **MTT-25**, 1070–1074

Hoffmann, R. K. (1983): Integrierte Mikrowellenschaltungen. Berlin, Heidelberg, New York, Tokyo: Springer

Hollway, D. L. (1967): The Comparison Reflectometer. IEEE Trans. Microwave Theory Tech. **MTT-15**, 250–259

Hollway, D. L.; Somlo, P. I. (1960): A High-Resolution Swept-Frequency Reflectometer. IEEE Trans. Microwave Theory Tech. **MTT-17**, 185–188

Hollway, D. L.; Somlo, P. I. (1973): Origin of High-Resolution Swept-Frequency Reflectometry. Microwave J. **8** (August), 32–36

Honijk, D. D. (1977): The Determination of the Complex Electric Permittivity of Liquids in the Frequency Regions 100 MHz - 5 GHz and 100 GHz - 15 THz (Far-Infrared). Diss. Reichsuniv. Leiden

Hopfer, S. (1955): The design of ridged waveguides. IRE Trans. Microwave Theory Tech. **MTT-3**, 445–451

Hopfer, S.; Adler, Z. (1980): An Ultra-Broad-Band (200 kHz - 26 GHz) High Sensitivity Probe. IEEE Trans. Instr. Meas. **IM-29**, 445–452

Howe, jr. H. (1974): Stripline Circuit Design. Dedham, Mass.: Artech House

Hufnagel, F.; Klages, G. (1960): Ein Hohlrohrinterferometer für dielektrische Untersuchungen an verdünnten Lösungen polarer Molekeln. Z. angew. Phys. **12**, 202–206

Hunter, J. D.; Somlo, P. I. (1985): An Explicit Six-Port Calibration Method Using Five Standards. IEEE Trans. Microwave Theory Tech. **MTT-33**, 69–72

Huxley, L. G. H. (1947): A Survey of the Principles and Practice of Wave Guides. Cambridge: University Press

I. R. E. Standards on Radio Wave Propagation (1942): Suppl. to Proc. I. R. E. **30**, No. 7, Part III

Itoh, T. (1989): Overview of Quasi-Planar Transmission Lines. IEEE Trans. Microwave Theory Tech. **MTT-37**, 275–280

Izatt, J. R.; Kremer, F. (1981): Millimeterwave Measurements of Both Parts of the Complex Index of Refraction using an Untuned Cavity Resonator. Appl. Opt. **20**, 2555–2559

Janik, D. (1978): Spannungsmessung im Frequenzbereich bis 1 GHz. PTB-Ber. E-10, 127–139

Janik, D. (1980): Rauschleistungs-Normalmeßplätze im Hochfrequenz- und Mikrowellengebiet. PTB-Mitt. **90**, 34–40

Jansen, J. H. (1980): Transistorhandbuch. München: Franzis

Johnson, S. L.; Smith, B. H.; Calder, D. A. (1966): Noise Spectrum Characteristics of Low-Noise Microwave Tubes and Solid-State Devices. Proc. IEEE **54**, 258–265

Jones, R. N.; Anson, W. J. (1974): The Measurement of Lumped Parameter Impedance; a Metrology Guide. Boulder: Nat. Bur. of Stand. = NBS Monograph 141

Kaatze, U. (1973): Ein Verfahren zur Messung der komplexen Dielektrizitätszahl an kleinen Flüssigkeitsmengen im Frequenzbereich von 0,7 bis 25 GHz mit Hohlraumresonatoren. Appl. Phys. **2**, 241–246

Kaatze, U. (1980): Ein Verfahren der dielektrischen Relaxationsspektroskopie polarer Flüssigkeiten im Mikrowellenbereich. mikrowellen magazin H. 1, 46–49

Kaatze, U.; Giese, K. (1980): Dielectric Relaxation Spectroscopy of Liquids: Frequency Domain and Time Domain Experimental Methods. J. Phys. E.: Sci. Instrum. **13**, 133–141

Kaatze, U.; Plaschke, D. (1980): Ein Hohlraumresonator-Verfahren zur Messung des dielektrischen Spektrums von Festkörpern bei Mikrowellenfrequenzen. mikrowellen magazin H. 6, 508–515

Kammerloher, J. (1957): Hochfrequenztechnik I. Füssen: C. Winter

Kanda, M. (1977): A Broadband Antenna with Tapered Resistive Loading for EMI Measurements. IEEE Internat. Symposium on EMC, Seattle 2.–4. Aug. 77, 13–18

Kanda, M.; Orr, R. D. (1988): Generation of Standard Electromagnetic Fields in a TEM Cell. NBS Technical Note No. 1319. Washington: National Bureau of Standards

Kartaschoff, P. (1978): Frequency and Time. London, New York, San Francisco: Academic Press

Kása, I. (1974): Closed Form Mathematical Solutions to Some Network Analyzer Calibration Equations. IEEE Trans. Instrum. Meas. **IM-23,** 399–402

Kerns, D. M.; Beatty, R. W. (1967): Basic Theory of Waveguide Junctions and Inductory Microwave Network Analysis. Oxford, London, New York, Toronto, Sydney, Paris, Braunschweig: Pergamon Press

Kessel, W.; Buchholz, F.-Im. (1983): The PTB R100 Primary Thermal Noise Standard. IEEE Trans. Instrum. Meas. **IM-32,** 286–288

Kilp, H. (1970): Bestimmung der komplexen DK von Flüssigkeiten mit freien Raumwellen bei 140 GHz. Z. angew. Phys. **30,** 288–293

Kilp, H. (1977): Precise Measurement of the Complex Permittivity of Low-to-Medium Loss Standard Liquids at 285 GHz. J. Phys. E.: Sci. Instrum. **10,** 985–989

King, R. J. (1978): Microwave Homodyne Systems. Stevenage: Peter Peregrinus

Kirschstein, F. (1943): Die Mitnahme selbsterregter Schwingungen und ihre technische Verwertung. El. Nachr. Tech. **20,** 29–38

Kittel, C. (1968): Einführung in die Festkörperphysik. München, Wien: R. Oldenbourg

Klages, G. (1956): Einführung in die Mikrowellenphysik. Darmstadt: D. Steinkopff = Wiss. Forschungsberichte, Bd. 64

Klieber, R.; Ramisch, R.; Valenzuela, A. A.; Weigel, R.; Russer, P. (1992): A Coplanar Transmission Line High-Tc Superconductive Oscillator at 6.5 GHz on a single Substrate. IEEE Microwave and Guided Wave Letters, Vol. 2, 22–24

Koch, H. (1976): Transistorempfänger (Entwurf, Berechnung und Bau von Sendern mit Transistoren). Munchen: Franzis

Königstein, D.; Hansen, D. (1987): A New Family of TEM-Cells with Enlarged Bandwidth and Optimized Working Volume. Kongreßband zur EMC-87 (7th International Symposium on EMC, Zürich, März 1987), 127–132

Kohler, M.; Bayer, H. (1964): Feld- und Ausbreitungskonstante im Rechteckhohlleiter bei endlicher Leitfähigkeit des Wandmaterials. Z. f. angew. Phys. **18,** 16–22

Kohler, M.; Bayer, H. (1966): Feld, Dämpfung und Eigenfrequenzen in einem Quader bei endlicher Leitfähigkeit der Wände. Z. f. angew. Phys. **20,** 387–392

Kolb, H. G. (1955): Fehler bei der Messung mit Rauschdioden im Höchstfrequenzgebiet. Nachr. Tech. Fachber. **2,** 121–124

Kollberg, E. L. (1980): Low Noise mm-Wave Receivers. Conf. Proc. 10th Eur. Microwave Conf. Warszawa, Poland, Sevenoaks, England. Microwave Exhibitions and Publishers, 38–47

Kozlov, G. V.; Prokhorov, A. M.; Volkov, A. A. (1984): Problems in solid-state physics, chapter 1, ed. by Prokhorov, A. M. and Prokhorov, A. S.; Physics Series. Moscow: MIR Publishers

Kramer, G. (1977): Charakterisierung von Schwankungserscheinungen. PTB-Ber. **ME-13,** 1–11

Kramer, H. (1959): Dielektrische Absorptionsmessungen an verdünnten Lösungen mit Millimeterwellen. Z. Phys. **157,** 134–138

Kramer, N. B.; Kaswen, M. (1979): Millimeterwellen-Halbleiter und Systeme, Teile 1–3 (bearb. von Parzich, E.) nachrichtenelektronik **33,** 77–80; 118–123; 153–156

Kraus, A. (1980): Einführung in die Hochfrequenzmeßtechnik. München: Pflaum

Kraus, J. D. (1989): Antennas. New York, Toronto, London: McGraw Hill

Kraus, J. D.; Carven, R. K. (1973): Electromagnetics. New York: McGraw Hill

Krauss, H. L.; Bastian, C. W.; Raab, F. H. (1980): Solid State Radio Engineering. New York, Chichester, Brisbane, Toronto: Wiley

Krekels, H.-G.; Schiek, B.; Menzel, E. (1992): Power Detector with GaAs Field Effect Transistors. EuMC'92, 22nd European Microwave Conference, Helsinki

Kremer, F.; Izatt, J. R. (1981): Millimeterwave Measurements in Low-Loss Dielectrics Using an Untuned Cavity Resonator. Int. J. Infrared and Millimeter Waves **2** (4), 675–694

Kremer, F.; Poglitsch, A.; Böhme, D.; Genzel, L. (1984): The Application of Oversized Cavities for Millimeter-Wave Spectroscopy. Infrared and Millimeter Waves **11,** 141–177

Kremer, F.; Boese, D.; Meier, G.; Fischer, E. W. (1989): Broadband Dielectric Spectroscopy on the Molecular Dynamics in Polymer Model-Systems. Progr. Coll. and Polym. Sci. **80,** 129–139

Küpfmuller, K. (1952): Einführung in die theoretische Elektronik. Berlin: Springer

Kurokawa, K. (1965): Power Waves and the Scattering Matrix. IEEE Trans. Microwave Theory Tech. **MTT-13,** 194–202

Lacy, F.; Oldfield, W. (1973): A Precision Swept-Frequency Reflectometer. Microwave J. **16,** No. 4, 56–62

Lamb, W. E. Jr. (1946): Theory of a Microwave Spectroscope. Phys. Rev. **70,** 308–317

Larsen, E. B.; Ries, F. X. (1981): Design and Calibration of the NBS Isotropic Electric Field Monitor (EFM-5) 0.2 to 1000 MHz. NBS Technical Note 1033. Washington: National Bureau of Standards

Lautz, G. (1969): Elektromagnetische Felder. Stuttgart: Teubner

Lax, B.; Button, K. J. (1962): Microwave Ferrites and Ferrimagnetics. New York, London: McGraw Hill

Liechti, C. A. (1989): High Speed Transistors: Directions for the 1990s. Microwave Journal – 1989 State of the Art Reference, 165–177

Llewellyn-Jones, D. T.; Knight, R. J.; Moffat, P. H.; Gebbie, H. A. (1980): New Method of Measuring Low Values of Dielectric Loss in the Near Millimetre Wavelength Region Using Untuned Cavities. IEE Proc. **A127,** 535–540

Lynch, A. C. (1974): Precise Measurements on Dielectric and Magnetic Materials. IEEE Trans. Instrum. Meas. **IM-23,** 425–431

Lynch, A. C.; Ayers, S. (1972): Measurement of Small Dielectric Loss at Microwave Frequencies. Proc. IEE **119,** 767–770

Market Growth Spawns Amplifier Competition (1981): Microwave System News **11,** 114–123

Marcuvitz, M. (1948): Waveguide Handbook. New York, Toronto, London: McGraw Hill. = MIT-Rad. Lab. Ser., Vol. **10**

Mäusl, R.; Schlagheck, E. (1991): Meßverfahren in der Nachrichtenübertragungstechnik. 2. Aufl. Heidelberg: Hüthig

Megla, G. (1954): Dezimeterwellentechnik. Leipzig: Fachbuchverlag

Meinke, H. (1965): Komplexe Berechnung von Wechselstromschaltungen. Berlin: Springer

Meinke, H.; Gundlach, F. W. (1968/86): Taschenbuch der Hochfrequenztechnik. Berlin, Heidelberg, New York: Springer

Meyer, W. (1981): Helical Resonators for Measuring Dielectric Properties of Materials. IEEE Trans. Microwave Theory Tech. **MTT-29,** 240–247

Meyer, E.; Pottel, R. (1969): Physikalische Grundlagen der Hochfrequenztechnik. Braunschweig: Vieweg

Michel, H. J. (1981): Zweitor-Analyse mit Leistungswellen. Stuttgart: Teubner

Microwave Power Sources, Special Report (1975): Microwave J. **18,** No. 4, 18–28

Microwaves Product Data Directory. Rochelle Park, N. J.: Hayden Publishing

Moeller, F. (1964): Leitfaden der Elektrotechnik, Bd. VI. Stuttgart: Teubner

Montgomery, C. G. (1947): Technique of Microwave Measurements. New York, London: McGraw Hill. = MIT-Rad. Lab. Ser., Vol. **11**

Montgomery, C. G.; Dicke, R. H.; Purcell, E. M. (1948): Principles of microwave circuits. New York, Toronto, London: McGraw Hill. = MIT-Rad. Lab. Ser., Vol. **8**

Müller, E. K. (1979): Beschreibung der Instabilität von Zeitsignalen und Normalfrequenzen. In: 12. und 17. PTB-Seminar, Zeit und Frequenz. PTB-Ber. **ME-23,** 65–99

Münter, K.; Pape, R.; Glimm, J. (1992): Bestimmung der räumlichen Feldverteilung in einer GTEM-Zelle bis 1 GHz. Kongreßband zur EMV'92 (Karlsruhe 25.–27. 2. 92). Berlin, Offenbach: vde-Verlag, 261–268

Neumeyer, B. (1990): A New Analytical Method for Complete Six-Port Reflectometer Calibration. IEEE Trans. Instrum. Meas. **IM-39,** 376–379

Ni, E.; Stumper, U. (1985): Permittivity Measurements Using a Frequency-Tuned Microwave TE_{01} Cavity Resonator. IEE Proc. **132** pt. H, 27–32

Nyquist, N. (1938): Thermal Agitation of Electrical Charge in Conductors. Phys. Rev. **92,** 110–113

Oberdorfer, G. (1949): Lehrbuch der Elektrotechnik I, II München, Berlin: R. Oldenbourg

Oliver, B. M.; Cage, J. M. (1971): Electronic Measurements and Instrumentation. Tokio, Düsseldorf, Johannesburg, London, Mexico, New Delhi, Panama, Rio de Janeiro, Singapore, Sydney: McGraw Hill Kogagusha Ltd

Pedersen, N. F. (1980): RF Applications of Superconducting Tunneling Devices. In: SQUID '80, Herausg. H. D. Hahlbohm, H. Lübbig. Berlin, New York: de Gruyter, 739–762

Petley, B. W. (1980): Electrical Metrology and the Fundamental Constants (6.7: Superconducting Resonant Cavities). Metrology and Fundamental Constants, 454–456

Pfister, H. (1976): Superconducting Cavities. Cryogenics (Jan.), 17–24

Philippow, E. (1969): Taschenbuch Elektrotechnik, Bd. 3 Nachrichtentechnik. Berlin: VEB-Verlag Technik

Pottel, R.; Asselborn, E. (1979): Measurements for Determining the Dielectric Relaxation Rate of Water and of an Aqueous Solution at High Pressures. Ber. Bunsenges. Phys. Chem. **83,** 29–34

Ragan, G. L. (1948): Microwave Transmission Circuits. New York, Toronto, London: McGraw Hill. = MIT-Rad. Lab. Ser., Vol. 9

Reddish, W.; Bishop, A.; Buckingham, K. A.; Hyde, P. J. (1971): Precise Measurement of Dielectric Properties at Radio Frequencies. Proc. IEEE **118,** 255–265

Reich, H. J. (1947): Very High Frequency Techniques. Vol. **1** and **2**; Radio Research Lab., Harvard University; New York, London: McGraw Hill

Rint, C. (Hrsg.) (1978): Handbuch für Hochfrequenz- und Elektrotechniker. München, Heidelberg: Hüthig und Pflaum

Rutman, J. (1977): Oscillator Specification: A Review of Classical and New Ideas. Proc. 31. Annual Frequency Control Symp., 291–301

Rutman, J. (1978): Characterization of Phase and Frequency Instabilities in Precision Frequency Sources. In: Fifteen Years of Progress. Proc. IEEE **66,** 1048–1075

Rytting, D. (1981): Analysis of Vector Measurement Accuracy Enhancement Techniques (einschl. Appendix): Digest Hewlett-Packard HF- und Mikrowellen-Meßtechnik, Symposium 11.–12. 5. 1981, Munchen: Hewlett-Packard

Sarbacher, R. J.; Edson, W. A. (1943): Hyper- and Ultrahigh Frequency Engineering. New York: John Wiley; London: Chapman & Hall

Schaffeld, W.; Bayer, H. (1956): Über das Verhalten elektromagnetischer Wellen in kreiszylindrischen Hohlleitern im Bereich der Grenzfrequenz unter Berucksichtigung der endlichen Wandleitfähigkeit. Arch. el. Übertragung **10,** 89–97, 173

Scherer, D. (1978): Design Principles and Test Methods for Low Noise RF and Microwave Sources. In: Hewlett-Packard RF and Microwave Measurement Symposium (October 1978); s. auch Scherer, D. (1979): Today's Lesson – Learn About Low Noise Design, part I and II. Microwaves **18** (April), 116–122, (May), 72–77

Scherer, D. (1981): Generation of Low Phase Noise Microwave Signals. Hewlett-Packard RF and Microwave Measurement Symposium and Exhibition (May 1981)

Schiek, B. (1984): Meßsysteme der HF-Technik. Heidelberg: Hüthig

Schroder, R. (1979): Messung der Instabilität von Zeitsignalen und Normalfrequenzen. In: 12. u. 17. PTB-Seminar, Zeit und Frequenz. PTB-Ber. Me-23, 122–156

Schulz, U.; Pregla, R. (1980): A New Technique for the Analysis of the Dispersion Characteristics of Planar Waveguides. Arch. Elektronik Übertragungstechn. **34,** 169–173

Selby, M. C. (1953): Accurate Radiofrequency Microvoltages. Trans. AIEE **72 (I),** 158–163

Selby, M. C. (1968): Bolometric Voltage and Current Standard for High and Microwave Frequencies. J. of Res. Nat. Bur. Stand. **72 C,** 61–79

Shih, Y. C.; Kuno, H. C. (1989): Solid-State Sources from 1 to 100 GHz. Microwave Journal – 1989 State of the Art Reference, 145–161

Smith, P. M.; Swanson, A. W. (1989): HEMTs – Low Noise and Power Transistors for 1 to 100 GHz. Applied Microwave, 63–72

Somlo, P. I. (1967): The Computation of Coaxial Line Step Capacitances. IEEE Trans. Microwave Theory Tech. **MTT-15,** 48–53

Somlo, P. I.; Hunter, J. D. (1985): Microwave Impedance Measurement. London: Peter Peregrinus

Southworth, G. C. (1950): Principles and Applications of Waveguide Transmission. Toronto, New York, London: D. van Nostrand

Stansel, F. R. (1942): A Secondary Frequency Standard Using Regenerative Frequency-Dividing-Circuits. Proc. IRE, Vol.**30,** 157–162

Stein, R. W. (1975): Superconducting Resonant Cavities. Proc. of the 29th Annual Symposium of frequency control. 28.–30. May, Atlantic City, 321–327

Steinbuch, K.; Rupprecht, W. (1982): Nachrichtentechnik. Bd. I: Schaltungstechnik. Berlin, Heidelberg, New York: Springer

Stirner, E. (1984): Antennen, Band 1: Grundlagen, 2. Aufl. Heidelberg: Hüthig

Stirner, E. (1985): Antennen, Band 2: Praxis, 2. Aufl. Heidelberg: Hüthig

Stirner, E. (1985): Antennen, Band 3: Meßtechnik. Heidelberg: Hüthig

Stratton, J. A. (1941): Electromagnetic Theory. New York, London: McGraw Hill

Stuchly, M. A.; Stuchly, S. S. (1980): Coaxial Line Reflection Methods for Measuring Dielectric Properties of Biological Substances at Radio and Microwave Frequencies – A Review. IEEE Trans. Instrum. and Measurem. Vol. **IM-29,** 176–183

Stumper, U.; (1968): Über die Einflüsse höherer Wellenformen auf die Messung des komplexen Reflexionsfaktors homogener Proben im überdimensionierten Hohlleiter. Z. angew. Phys. **25,** 293–302

Stumper, U. (1973): A TE_{01n} Cavity Resonator Method to Determine the Complex Permittivity of Low Loss Liquids at Millimeter Wavelengths. Rev. Sci. Instrum. **44,** 165–169

Stumper, U. (1981): Automatic Measurement of the Complex Permittivity at Millimeter Wavelengths. Int. J. Infrared and Millimeter Waves **2,** 999–1014

Stumper, U. (1982): New Nondirectional Waveguide Multicoupler as Part of a Simple Microwave Six-Port Reflectometer. Electron. Lett. **18,** 757–758

Stumper, U. (1983): Sechstorschaltungen zur Bestimmung von Streukoeffizienten. Mikrowellen Mag. **9,** 669–677

Stumper, U. (1989a): Parameter Evaluation of Adapter from Banana Plugs to Coaxial Connector at MHz Frequencies. Electron. Lett. **25,** 1174–1175

Stumper, U. (1989b): Six-Port and Four-Port Reflectometers for Complex Permittivity Measurements at Submillimeter Wavelengths. IEEE Trans. Microwave Theory Tech. **MTT-37,** 222–230

Stumper, U. (1990): Finding Initial Estimates Needed for the Engen Method of Calibrating Single Six-Port Reflectometers. IEEE Trans. Microwave Theory Tech. **MTT-38,** 946–949

Stumper, U. (1991): Experimental Investigation of Millimeter Wave Six-Port Reflectometers Incorporating Simple Waveguide Coupling Structures. IEEE Trans. Instrum. Meas. **IM-40,** 469–472

Stumper, U.; Frentrup, K.-P. (1976): Precise Determination of Very Low Dielectric Losses at Frequencies of 9 and 29 GHz. Rev. Sci. Instrum. **47,** 1195–1200

Sucher, M.; Fox, J. (1963): Handbook of Microwave Measurements. New York, London: Polytechnical Press

Thiessen, P. (1955): Beitrag zum Problem der Frequenzteilung. Tech. Hausmitt. NWDR **7,** 77–88, 101–110

Thurley, F. (1971): Präzisionsmessung des Gütefaktors von Induktivitäten im MHz-Bereich. PTB-Mitt. **81,** 190–198

Tischer, F.-J. (1958): Mikrowellen-Meßtechnik, Berlin, Göttingen, Heidelberg: Springer; München: F. J. Bergmann

Tiuri, M. E. (1964): Radio Astronomy Receivers. IEEE Trans. Antennas and Propag. AP-**12,** 930–938

Unger, H. G. (1955): Die Berechnung von Steghohlleitern. Arch. el. Übertr. **9,** 157–161

Unger, H. G. (1966): Theorie der Leitungen. Braunschweig: Vieweg

Unger, H. G. (1967): Elektromagnetische Wellen I, II. Braunschweig: Vieweg

Unger, H. G. (1980): Elektromagnetische Theorie für die Hochfrequenztechnik, Teil I. Heidelberg: Hüthig

Unger, H. G. (1981): Elektromagnetische Theorie für die Hochfrequenztechnik. Heidelberg: Hüthig

Unger, H. G. (1982): Optische Nachrichtentechnik. Heidelberg: Hüthig

Unger, H. G. (1994): Hochfrequenztechnik in Funk und Radar. Stuttgart: Teubner

Unger, H. G.; Harth, W. (1972): Hochfrequenz-Halbleiterelektronik. Stuttgart: Hirzel

Unger, H. G.; Schultz, W.; Weinhausen, G. (1973/1981): Elektronische Bauelemente und Netzwerke (Bd. I–III). Braunschweig, Wiesbaden: Vieweg

Van Loon, R.; Finsy, R. (1974): Measurement of Complex Permittivity of Liquids at Frequencies from 60 to 150 GHz. Rev. Sci. Instrum. **45,** 523–525

VDE 0303, Teil 4/69: Bestimmungen für elektrische Prüfungen von Isolierstoffen; Bestimmung der dielektrischen Eigenschaften

Vilbig, G. (1960): Lehrbuch der Hochfrequenztechnik. Frankfurt: Akadem. Verlagsges.

Vij, J. K.; Hufnagel, F. (1985): Advances in Microwave and Submillimeter-Wave Dielectric Spectroscopy Techniques and their Applications. Adv. Chem. Phys. **63,** 775–837

Voss, G.; Happ, H. (1984): Time Domain Spectroscopy (TDS) of Dielectric Properties up to 15 GHz with Voltage Pulses. Application to Solids and Liquids. J. Phys. E: Sci. Instrum. **17,** 981–983

VSWR Bridges (1970): Wiltrom Technical Review, Vol. **1,** Palo Alto: Wiltron Company

VSWR Bridges (1979): Narda Probe, Vol. **9,** 1–5. New York: Narda Microwave Corp

Waldron, R. A. (1961): Ferrites, an Introduction for Microwave Engineers. London: D. van Nostrand

Waldron, R. A. (1970): Theory of Guided Electromagnetic Waves. London: van Nostrand-Reinhold

Warner, F. L. (1976): Microwave Network Analyzers. IEE Vacation School on RF Electrical Measurement. London: Instn. of Electr. Engrs.

Warner, F. L. (1977): Microwave Attenuation Measurement. Stevenage, Herts.: Peter Peregrinus

Weinert, F. K. (1980): An automatic precision IF substitution vector ratio meter for the microwave frequence range. IEEE Trans. Instrum. Meas. **IM-29,** 471–477

Weinschel, B. O. (1964): Air-Filled Coaxial Lines as Absolute Impedance Standards. Microwave J. **7,** 47–50

Weinschel, B. O. (1990): Errors in Coaxial Air Line Standards Due to Skin Effekt. Microwave J. **33,** 131–143

Weißfloch, A. (1954): Schaltungstheorie und Meßtechnik des Dezimeter- und Zentimeterwellengebietes. Basel, Stuttgart: Birkhäuser

Wolff, I. (1978): Einführung in die Microstrip-Leitungstechnik. Aachen: H. Wolff

Woods, D. (1957): A Precision Dual Bridge for the Standardization of Admittance at Very High Frequencies. Proc. IEE **104 C,** 506–521

Woods, D. (1960): Admittance Standardization and Measurement in Relation to Coaxial Systems. IRE Trans. Instrum. **I-9,** 258–268

Woods, D. (1962): Improvements in Precision Coaxial Resistor Design. IRE Trans. Instrum. **I-11,** 305–309

Woods, D. (1976): Radio Frequency Bridges. IEE Vacation School on RF Electrical Measurements. London: Instn. of Electr. Engrs.

Workschop Proceedings (1989): 19th European Microwave Conference, London

Zinke, O.; Brunswig, H. (1959): Hochfrequenzmeßtechnik. München: Pflaum

Zinke, O.; Brunswig, H. (1973): Lehrbuch der Hochfrequenztechnik. Bd. 1, Koppelfilter, Leitungen, Antennen. Berlin, Heidelberg, New York: Springer

Zinke, O.; Brunswig, H. (1986): Lehrbuch der Hochfrequenztechnik. Bd. 1, Hochfrequenzfilter, Leitungen, Antennen. Berlin, Heidelberg, New York, Tokyo: Springer

Zinke, O.; Brunswig, H. (1987): Lehrbuch der Hochfrequenztechnik. Bd. II, Elektronik und Signalverarbeitung. Berlin, Heidelberg, New York: Springer

Zorzy, J. (1966): Skin Effect Corrections in Immittance and Scattering Coefficient Standards Employing Precision Air-Dielectric Coaxial Lines. IEEE Trans. Instrum. Meas. **IM-15,** 358–364

4.4 Hochspannung (D. Kind)

Der Begriff „Hochspannung" ist nicht allgemein gültig definiert. Meist versteht man darunter Spannungen über 1 Kilovolt.

4.4.1 Gefahren des elektrischen Stromes und Schutzmaßnahmen[1])

Physiologische Wirkungen Bei Durchströmung des menschlichen Körpers löst der elektrische Strom bei Überschreitung eines kritischen Wertes verschiedene vorübergehende oder bleibende Schädigungen wie elektrolytische Wirkungen, Muskelkrämpfe, Herzkammerflimmern, Schädigungen des Nervensystems oder Verbrennungen aus. Maßgebend für die Wirkung sind die Stärke, die Einwirkdauer und der zeitliche Verlauf des Stromes (Frequenz, Formfaktor) sowie der Strompfad im Körper. In der Nähe des Herzens oder des Gehirns verlaufende Durchströmungen sind besonders gefährlich.

Im Niederspannungsbereich sind tödliche Unfälle meist eine Folge des Herzkammerflimmerns, während im Hochspannungsbereich Verbrennungen und deren Folgen (z. B. Nierenversagen) im Vordergrund stehen. Gleich- und Wechselstromstärken bis etwa 1 mA gelten als physiologisch unbedenklich (Wahrnehmbarkeitsschwelle).

Bei Wechselstrom von 50 Hz oder 60 Hz ist bei etwa 15 mA das Loslassen eines unter Spannung stehenden Teiles nicht mehr möglich (Krampfschwelle), ab etwa 50 mA tritt Bewußtlosigkeit, darüber Herzkammerflimmern auf mit deutlicher Abhängigkeit von der Einwirkdauer des Stromes. Mit steigender Frequenz nimmt die Wirkung des Wechselstromes als Folge des Skineffektes ab. Auch bei Kondensatorentladungen muß mit Gefährdung gerechnet werden (Koeppen u. Tolazzi (1966); Biegelmeier (1976); IEC-Publ. 479).

[1]) Zusammenfassende Darstellung bei Brinkmann u. Schaefer (1982).

Grenzwerte Die bei elektrischen Anlagen und Betriebsmitteln zulässigen Grenzwerte sind den entsprechenden VDE-Bestimmungen zu entnehmen.

Beispiele: Nach DIN VDE 0105-1 ist das Arbeiten an unter Spannung stehenden Teilen zulässig, wenn die mögliche Berührungsspannung bis zu 50 V bei Wechselspannung oder 120 V bei Gleichspannung beträgt oder die Kurzschlußstromstärke auf 3 mA bei Wechselstrom oder 12 mA bei Gleichstrom oder die Energie auf 350 mJ begrenzt sind.

Nach DIN VDE 0411-1 gilt ein Teil als nicht berührungsgefährlich, wenn u. a. bei Kondensatoren Grenzen für die Kapazität (bis 0,1 µF bei Spannungen bis 450 V), die Ladung (bis 45 µC zwischen 450 V und 15 kV) und die Energie (bis 350 mJ bei Spannungen über 15 kV) eingehalten werden.

Schutzmaßnahmen in Hochspannungsanlagen Elektrische Anlagen und Betriebsmittel müssen grundsätzlich nach den gültigen Bestimmungen errichtet und betrieben werden (z. B. DIN VDE 0101, DIN VDE 0105-1).

Für Laboratorien, Prüffelder und Versuchsanlagen gelten besondere Regeln (DIN VDE 0104), um die Durchführung der Arbeiten nicht mit technisch oder wirtschaftlich unzumutbarem Aufwand zu belasten. In ihnen wird das gleiche Schutzziel, nämlich die Sicherheit der beschäftigten Personen, mehr durch indirekt oder hinweisend wirkende Maßnahmen (z. B. Abgrenzungen, Warnlampen, Verriegelung der Zugänge mit zwangsläufiger Abschaltung, Notausschalter) und Betriebsbestimmungen angestrebt.

Alle in einer Hochspannungsanlage Tätigen müssen regelmäßig an Ort und Stelle auf Gefahrenpunkte hingewiesen werden und mit den bei einem etwaigen elektrischen Unfall zu treffenden Maßnahmen vertraut sein. Hier sind besonders zu nennen:

- Anlage schnellstens abzuschalten, den Verunglückten vorher nicht berühren!
- Bei Bewußtlosigkeit des Verunglückten sofort Wiederbelebungsmaßnahmen einleiten (z. B. Mund-zu-Mund-Beatmung, Herzmassage) und Rettungsdienst rufen!

Auch wenn keine Bewußtlosigkeit auftritt, empfiehlt es sich, den Verunglückten ruhig zu legen und umgehend einem Arzt vorzustellen.

4.4.2 Erzeugung und Messung hoher Gleichspannungen

In der physikalischen Forschung werden an hohe Gleichspannungen oft extreme Forderungen in bezug auf Lang- und Kurzzeitkonstanz der Gleichspannung gestellt, während die Stromstärken meist nur klein zu sein brauchen (unter 1 mA). Elektronenstrahlapparaturen und Röntgenanlagen erfordern Spannungen von 10 kV bis zu einigen 100 kV, Teilchenbeschleuniger bis zu einigen MV. Bei Prüfanlagen für technische Zwecke bereitet neben der Spannungshöhe im MV-Bereich die verhältnismäßig hohe Stromstärke (z. B. 100 mA) besondere Schwierigkeiten. Zusammenfassende Darstellung u. a. bei Craggs u. Meek (1954); Kuffel u. Zaengl (1984); Kind (1981); Beyer u. a. (1986).

4.4.2.1 Gleichrichterschaltungen

Hohe Gleichspannungen werden vorwiegend durch Gleichrichtung hoher Wechselspannungen erzeugt, wobei zusätzlich oft auch Vervielfachungsschaltungen zur Anwendung kommen.

Gleichrichter Anstelle der früher verwendeten Hochvakuumventile werden heute nur noch Halbleiterventile eingesetzt. Dabei haben sich Siliciumventile wegen ihrer hohen Strombelastbarkeit der Sperrschicht von 50 A/cm^2 bis 150 A/cm^2 bei gleichzeitig hoher Scheitelsperrspannung von einigen kV je Ventilzelle gegenüber solchen aus Selen durchgesetzt. Durch Reihenschaltung einer entsprechenden Anzahl von Zellen können sehr hohe Scheitelsperrspannungen erreicht werden. Oberhalb von einigen 100 kV ist es jedoch erforderlich, Steuerkondensatoren zur Erzielung einer gleichmäßigen Spannungsverteilung auf die Zellen in der Sperrphase parallel zu schalten.

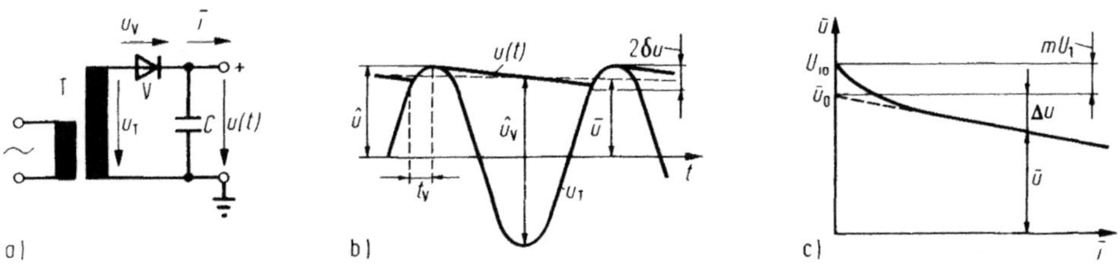

Fig. 4.262 Einweg-Gleichrichtung mit Glättung
a) Schaltbild b) Spannungsverlauf, c) Belastungskennlinie

Einwegschaltung Fig. 4.262 zeigt die Einwegschaltung mit Glättung sowie den Spannungsverlauf bei Belastung. Während der Stromflußdauer t_v des Ventils V wird der Glättungskondensator C jeweils auf den Scheitelwert $\hat{u}_T$ der Spannung $u_T(t)$ des Transformators T nachgeladen. In der anschließenden Sperrphase bewirkt die Belastungsstromstärke $\bar{i}$ (Gleichwert) eine Absenkung der Kondensatorspannung um $2\,\delta u$. Hierbei wird das Ventil mit der Scheitelsperrspannung $\hat{u}_v$ beansprucht. Für kleine Werte des Überlagerungsfaktors $\delta u/\bar{u}$ gilt näherungsweise

$\hat{u} = \hat{u}_T$	Höchstwert der Gleichspannung
$\hat{u}_v = 2\hat{u}$	Scheitelsperrspannung
$\bar{u} = \hat{u} - \delta u$	arithmetischer Mittelwert der Gleichspannung
$\delta u = \bar{i}/2fC$	Überlagerung

Für den Überlagerungsfaktor werden mitunter Werte bis herab zu 10^{-5} verlangt. Hierzu müssen bei der Auslegung einer Anlage die Kapazität C und die Frequenz f der Transformatorspannung ausreichend hoch gewählt werden; für f sind Werte bis zu einigen kHz üblich. Neben δu tritt in der Einwegschaltung auch ein Spannungsabfall Δu auf, um den $\bar{u}$ bei Belastung niedriger liegt als im Leerlauf. Der Grund hierfür sind die Innenwiderstände der Elemente, insbesondere der nichtlineare Widerstand des Ventils im Durchlaßbereich. Der grundsätzliche Verlauf der Belastungskennlinie ist in Fig. 4.262c dargestellt. Für $\bar{i} = 0$ stellt sich die ideale Leerlaufspannung $U_{i0} = \hat{u}_T$ ein; für größere Ströme besteht eine lineare Abhängigkeit der Spannung $\bar{u}$ vom Strom, deren geradlinige Verlängerung bis zur Ordinate jedoch auf den als Leerlaufspannung bezeichneten Wert

$$\bar{u}_0 = U_{i0} - \mathrm{m}\,U_1 \tag{4.527}$$

führt; m ist dabei die Zahl der in Reihe geschalteten Zellen und U_1 ein Spannungsabfall von etwa 0,6 V bis 1,2 V je Ventilzelle.

Bei den hier nicht näher beschriebenen Zweiweg- und Brückenschaltungen werden beide Halbschwingungen der Wechselspannung ausgenützt, und es ergibt sich gegenüber der Einwegschaltung eine Halbierung von δu und Δu. Mehrphasige Schaltungen haben einen noch günstigeren Verlauf der Gleichspannung, doch werden sie wegen der hohen Kosten für die Transformatoren nur bei Anlagen für große Stromstärken angewandt.

Vervielfachungsschaltungen Besondere Schaltungen bewirken eine Vervielfachung der durch Gleichrichtung entstandenen Gleichspannungen. Fig. 4.263 zeigt die besonders häufig verwendete Greinacher-Verdopplungsschaltung (n = 2) sowie Fig. 4.264 deren Erweiterung zur n-stufigen Greinacher-Kaskadenschaltung[1]).

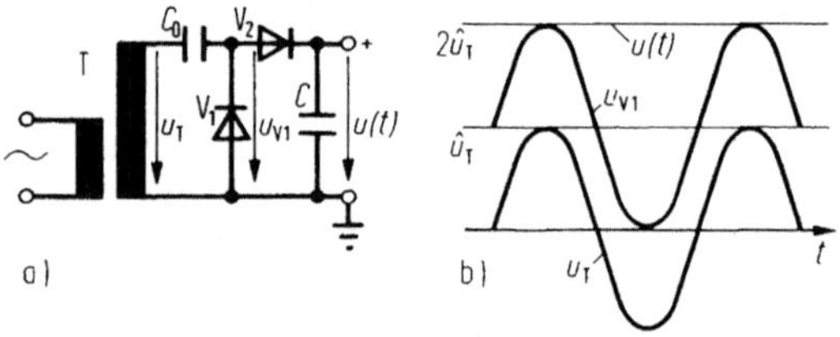

Fig. 4.263 Greinacher-Verdopplungsschaltung
a) Schaltbild
b) Spannungsverlauf bei Leerlauf

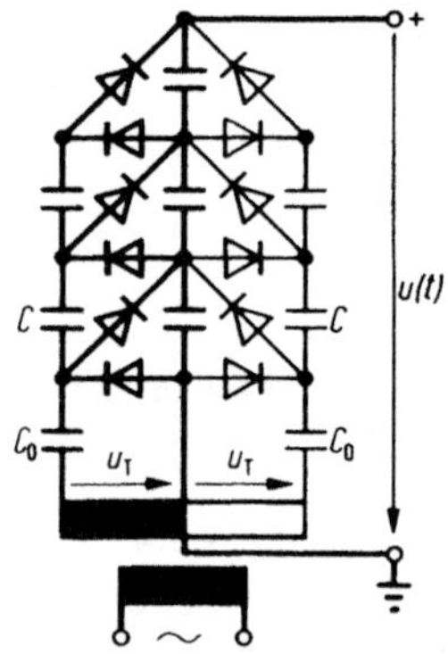

Fig. 4.264 Greinacher-Kaskadenschaltung
stark ausgezogen: unsymmetrische Schaltung
gesamtes Schaltbild: symmetrische Schaltung

Die an den Klemmen auftretende geglättete Spannung beträgt im Leerlauf

$$\bar{u}_0 = 2\mathrm{n}\hat{u}_\mathrm{T} \tag{4.528}$$

Der in Reihe zum Transformator T liegende Schubkondensator C_0 nimmt die im Leerlauf konstante Gleichspannung $\hat{u}_\mathrm{T}$ an, alle anderen Kondensatoren werden auf die Gleichspannung $2\hat{u}_\mathrm{T}$ geladen; zweckmäßig wird $C_0 = 2C$ gewählt. Alle Ventile müssen für eine Scheitelsperrspannung von $\bar{u}/\mathrm{n} = 2\hat{u}_\mathrm{T}$ bemessen werden.

Die Spannungsvervielfachung hat gegenüber der Einwegschaltung größere Überlagerungen δu und Spannungabfälle Δu zur Folge, da die an den Klemmen entnommene Ladung durch Nachladung ersetzt werden muß (Baldinger (1959); Reinhold (1975)). Es gilt als Näherung für die Greinacher-Kaskade in unsymmetrischer Schaltung

$$\delta u \approx \frac{\bar{i}}{fC}\frac{\mathrm{n}}{4}(\mathrm{n}+1), \qquad \Delta u \approx \frac{\bar{i}}{fC}\frac{\mathrm{n}}{3}(2\mathrm{n}^2+1), \tag{4.529}$$

in symmetrischer Schaltung

$$\delta u = \frac{\bar{i}}{fC}\frac{\mathrm{n}}{4}, \qquad \Delta u = \frac{\bar{i}}{fC}\frac{\mathrm{n}}{3}\left(\frac{1}{2}\mathrm{n}^2+1\right). \tag{4.530}$$

Hierin sind die Innenwiderstände der Schaltelemente nicht berücksichtigt und auch nicht die in der unsymmetrischen Schaltung als Folge von Streukapazitäten in der Klemmenspannung enthaltenen überlagerten Wechselspannungen. Die Gleichungen zeigen

[1]) In der englischsprachigen Literatur auch als Cockcroft-Walton-Schaltung bezeichnet.

deutlich die Überlegenheit der symmetrischen Schaltung insbesondere bei großer Stufenzahl.

Eine weitere Möglichkeit der Erzeugung hoher Gleichspannungen aus Wechselspannungen ist die Kaskadenschaltung mit transformatorischer Stützung. Hierbei erhält jede einzelne Stufe einen eigenen Transformator, dessen Erregerleistung jedoch auf das jeweilige Hochspannungspotential gebracht werden muß.

4.4.2.2 Elektrostatische Generatoren

In elektrostatischen Generatoren werden Körper, die eine elektrische Ladung tragen, einem elektrischen Feld ausgesetzt, ein mechanischer Antrieb bewegt die Körper gegen die auf sie wirkenden Feldkräfte. Hierdurch erfolgt eine Trennung von positiven und negativen Ladungen, die zur Aufladung einer Kapazität und damit zur Erzeugung hoher Spannungen verwendet werden kann, s. z. B. Felici (1957).

Die übliche technische Ausführungsform ist der Bandgenerator nach Van de Graaff (Van de Graaff u. a. (1948); Sirotinski (1956); Herb (1959); Alston (1968)). Auf ein über zwei Rollen angetriebenes endloses Band aus Isolierstoff werden durch eine Gasentladung Ladungsträger eines Vorzeichens aufgebracht. Bei Bewegung des Bandes erfolgt der Ladungstransport zur Hochspannungselektrode. Moderne Ausführungen arbeiten in Isoliergas (z. B. SF_6); auf diese Weise wurde es möglich, Bandgeneratoren in Drucktankausführung bis zu Spannungen von 10 MV herzustellen. Die verhältnismäßig geringen Stromstärken, meist unter 1 mA, sind für die üblichen Anwendungen in der physikalischen Forschung voll ausreichend.

Eine interessante Bauweise elektrostatischer Maschinen sind Trommelgeneratoren (Felici (1957)). Handliche Geräte besitzen Nennspannungen im 100 kV-Bereich und haben niedrige, d. h. ungefährliche Kurzschlußströme.

4.4.2.3 Elektrostatische Spannungsmesser

Wird eine Spannung an zwei Elektroden gelegt, entsteht eine anziehende elektrostatische Kraft zwischen den Elektroden. Der zeitliche Mittelwert dieser Kraft beträgt

$$\bar{F} = \frac{1}{2} \frac{\mathrm{d}C}{\mathrm{d}s} U_{\mathrm{eff}}^2. \tag{4.531}$$

Dabei ist $\mathrm{d}C/\mathrm{d}s$ die Änderung der Kapazität C der Anordnung mit dem Elektrodenabstand s. Der Effektivwert U_{eff} der Spannung kann damit auf $\bar{F}$ oder auf eine kapazitätswirksame Lageveränderung einer Elektrode zurückgeführt werden (Böning (1953); Paasche (1957); Schwab (1981); Kind (1981); Beyer u. a. (1986)).

Dieses Meßprinzip ist unabhängig von der Frequenz und eignet sich wegen der geringen Eigenkapazität der Anordnung auch für Wechselspannungen bis in den MHz-Bereich. Solche Spannungsmesser sind bis zu einigen 100 kV ausgeführt worden. Fig. 4.265 zeigt die Ausführungsform nach Starke und Schröder, bei der die elektrostatische Kraft die Drehung einer beweglichen Elektrode hervorruft; der Meßbereich hängt vom Abstand s der Hauptelektroden ab. Mit diesen Geräten lassen sich bei sorgfältiger Kalibrierung relative Meßunsicherheiten unter 1% erreichen; bei offenen Anordnungen können jedoch erhebliche Fehler durch Streufelder und Raumladungen auftreten.

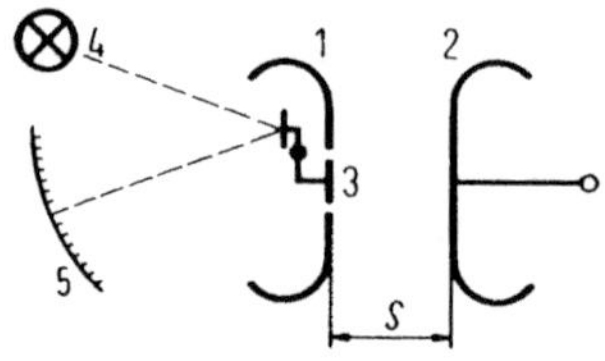

Fig. 4.265
Elektrostatischer Spannungsmesser
1, 2 Hauptelektroden
3 bewegliche Elektrode
4 Lichtquelle
5 Skala

4.4.2.4 Spannungsmesser nach dem Generatorprinzip

Ein von der Spannung u hervorgerufenes elektrisches Feld influenziert an der Oberfläche einer Elektrode eine Ladung $q = Cu$, deren zeitliche Änderung zu einem Verschiebungsstrom i führt

$$i = \frac{dq}{dt} = C\frac{du}{dt} + u\frac{dC}{dt}. \qquad (4.532)$$

Für Gleichspannung $u = U$ verschwindet der erste Summand; ändert man durch mechanischen Antrieb die Meßkapazität C periodisch, ist i ein Wechselstrom, dessen arithmetischer Mittelwert zwischen zwei aufeinanderfolgenden Nulldurchgängen der Gleichspannung U proportional ist (Prinz (1939); Böning (1953); Paasche (1957); Schwab (1981); Kind (1981)). Durch Messung von i kann damit die Gleichspannung U (oder auch die ihr proportionale Feldstärke an der Meßelektrode) bestimmt werden.

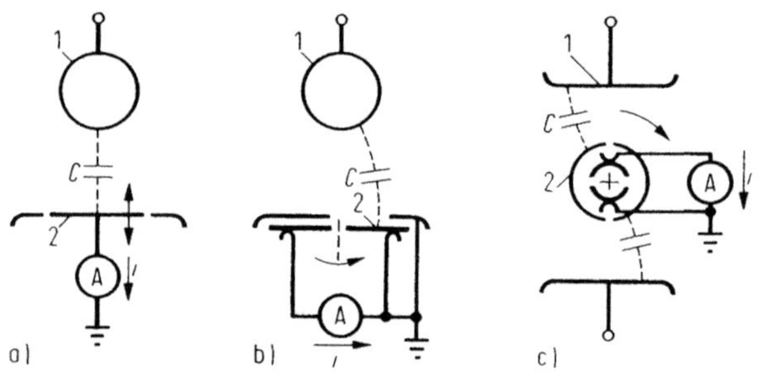

Fig. 4.266
Spannungsmesser nach dem Generatorprinzip
a) mit schwingender Meßelektrode
b) mit umlaufender ebener Meßelektrode
c) mit umlaufender zylindrischer Meßelektrode
1 Hochspannungselektrode
2 Meßelektrode

Fig. 4.266 zeigt drei typische Anordnungen in schematischer Darstellung. Bei Fig. 4.266a schwingt die Meßelektrode auf und ab, wodurch sich C periodisch ändert. Bei b) und c) ist die Meßelektrode unterteilt, und es wird der bei Drehung auftretende Wechselstrom über Schleifkontakte entnommen und gemessen; die symmetrische Anordnung c) nach Kirkpatrick eignet sich auch zur Messung von Potentialdifferenzen bei beliebigem Erdungspunkt.

Nach dem Generatorprinzip können auch Gleichfeldstärken gemessen werden, wie sie bei elektrostatischen Aufladungen oder am Erdboden auftreten. Spannungsmesser erreichen relative Meßunsicherheiten unter 1%. Sie werden vor allem in gekapselten Anlagen verwendet, z. B. bei Van-de-Graaff-Generatoren in Drucktankausführung[1]).

[1]) Für gekapselte Anordnungen eignen sich auch hier nicht näher behandelte Verfahren, die mit Fremdionisation durch radioaktive Präparate arbeiten (Peier (1980)).

4.4.2.5 Meßwiderstände für hohe Gleichspannungen

Hochohmige Meßwiderstände bieten eine im Grundsatz einfache Möglichkeit zur Messung hoher Gleichspannungen. Sie können entweder als Vorwiderstand für einen Strommesser oder nach Fig. 4.267 als Oberwiderstand für einen Spannungsmesser geschaltet werden. Dabei treten vor allem folgende Probleme auf:

- Die Meßstromstärke i_m muß klein sein (100 µA bis 1000 µA), um die Erwärmung des Widerstandes und die Belastung der Spannungsquelle gering zu halten. Dies erfordert sehr hochohmige Widerstände der Größenordnung GΩ je MV, die technisch schwierig zu realisieren sind.
- Leckströme i_l über Konstruktionselemente (meist als Oberflächenströme) oder durch Ionisation der Umgebung (Koronaentladungen) müssen klein gegenüber i_m sein.

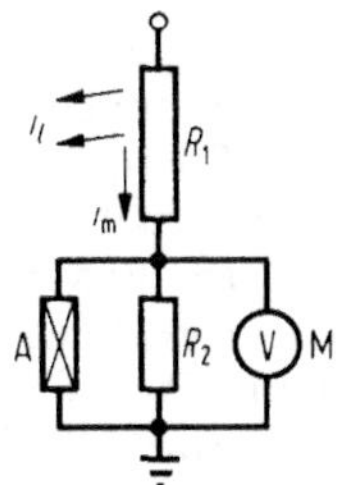

Fig. 4.267
Gleichspannungsmessung mit Meßwiderstand
R_1, R_2 Ober- und Unterwiderstand
i_m, i_l Meß- und Leckstrom
A Überspannungsschutz
M Anzeigeinstrument

Hochspannungsmeßwiderstände können durch Reihenschaltung geeigneter spannungsfester Widerstandselemente (für jeweils über 1000 V) ausgeführt werden. Tab. 4.14 zeigt mögliche Ausführungsformen und Grenzwerte für deren Eigenschaften:

Tab. 4.14 Eigenschaften von Widerstandselementen

	Stabilität	Spannungs-koeffizient	Temperatur-koeffizient
Draht	$\pm 10^{-5}$/a	–	10^{-6}/K
Film	$\pm 10^{-4}$/1000 h	–	10^{-5}/K
Dickschicht	$\pm 10^{-2}$/a	$\pm 5 \cdot 10^{-6}$/V	10^{-4}/K
Metall-Oxid	$\pm 10^{-3}$/a	$-5 \cdot 10^{-6}$/V	$2 \cdot 10^{-4}$/K
Kohleschicht	$\pm 6 \cdot 10^{-2}$/1000 h	$+5 \cdot 10^{-6}$/V	-10^{-3}/K

Die Drahtwiderstände haben besonders gute Eigenschaften, sind jedoch bei den geforderten hohen Widerstandswerten sehr teuer, verglichen mit anderen Bauformen. Widerstandsdrähte können auch zu Widerstandsbändern von z. B. 10^6 Ω je kV verarbeitet werden. Sie werden frei in Luft gespannt oder in einem gasförmigen, flüssigen oder festen Isoliermedium eingebettet.

Die Verwendung hochwertiger Isolierstoffe beim Aufbau, ausreichend große Schirmelektroden zur Feldsteuerung und eine gute Wärmeabfuhr führen zu geringen relativen Meßunsicherheiten unterhalb 10^{-3} bei Spannungen von einigen 100 kV (Böning (1953); Peier u. Graetsch (1979); Schwab (1981)).

4.4.2.6 Fixpunkte der Spannungsskala

Meßfunkenstrecken Gasisolierte Elektrodenanordnungen mit nahezu homogener Feldverteilung besitzen eine sehr sicher reproduzierbare Durchschlagsspannung. Dieser Umstand erlaubt es, Funkenstrecken bestimmter Geometrie in atmosphärischer Luft zur Realisierung einer Spannungsskala für Gleich-, Wechsel- und Impulsspannungen zu verwenden.

Die Aufbauzeit des Zündvorgangs beträgt nur Bruchteile einer Mikrosekunde, deshalb sprechen Meßfunkenstrecken bei dem kurzzeitig erreichten Höchstwert der anliegenden Hochspannung an. Sie sind daher grundsätzlich ohne wesentliche Einschränkung für alle Spannungsarten geeignet, sofern der Höchstwert mindestens einige Mikrosekunden lang beibehalten wird. Die bei Impulsspannungen mitunter erhebliche Streuung der Zündspannung kann durch Bestrahlung z. B. mit UV-Licht hinreichend kurzer Wellenlänge wesentlich verringert werden (z. B. Kuffel u. Zaengl (1984); Beyer u. a. (1986)).

Internationale Vergleichsmessungen an Kugelfunkenstrecken haben zur Aufstellung von Tabellen mit Durchschlagsspannungen zwischen 2 kV und 2 MV geführt (DIN VDE 0432-2; IEC-Publ. 52; s. Tab. T 4.14 in Band 3). Bei Umrechnung der Tabellenwerte auf Normalbedingungen von Luftdruck und Temperatur läßt sich eine relative Meßunsicherheit unter 3% erreichen. Bei der Messung des Scheitelwerts von Schaltstoßspannungen ist mit Fehlern bis 5% zu rechnen (Gockenbach (1991)). Genauere Messungen zeigen, daß Wechselspannungen auf diese Weise auf besser als $\pm 10^{-3}$ reproduziert werden können (Peier u. Dohnal (1977)).

Funkenstrecken mit stark inhomogener Feldverteilung sind trotz beträchtlicher Streuung der Durchschlagsspannung auch zur Spannungsmessung geeignet, wenn nur Richtwerte gefragt sind. Stabfunkenstrecken werden wegen ihrer einfachen Ausführung gelegentlich für orientierende Spannungsmessungen im MV-Bereich angewandt. Diagramm T 4.15 in Band 3 zeigt die Abhängigkeit der Durchschlagsspannung bei Wechsel- und Stoßspannung von der Schlagweite; für positive und negative Gleichspannung gelten in guter Näherung die für positive Blitzstoßspannung angegebenen Werte.

Für Schlagweiten über 250 mm und Luftfeuchten zwischen 1 und 13 g/m^3 können Stabfunkenstrecken bei ausreichendem Abstand zu umgebenden Strukturen zur Messung hoher Gleichspannungen mit einer Unsicherheit kleiner 2% verwendet werden (Feser u. Hughes (1988)).

Kernresonanz durch beschleunigte Ladungsträger Durch Beschuß von leichten Atomkernen mit Protonen treten bei bestimmten Anregungsenergien Kernumwandlungen auf. Der Zusammenhang zwischen der kinetischen Energie W_{kin} der Teilchen und der Beschleunigungsspannung U ist bekannt

$$W_{\text{kin}} = QU = m_0 c^2 \left(\frac{1}{\sqrt{1 - v^2/c^2}} - 1 \right). \tag{4.533}$$

Darin sind Q die Ladung, m_0 die Ruhemasse und v die Geschwindigkeit der Teilchen, c ist die Lichtgeschwindigkeit.

Ein Anwendungsbeispiel ist der Beschuß von Aluminium mit Protonen. Bei $U = 991{,}90$ kV erhält man die Kernresonanz

$$^{27}\text{AL} + {}^{1}\text{H} \rightarrow {}^{28}\text{Si} + \gamma, \tag{4.534}$$

erkennbar am spontanen Auftreten von γ-Strahlung; hierbei beträgt die natürliche Halbwertsbreite weniger als 0,1 keV. Andere als Fixpunkte einer Spannungsskala geeignete Reaktionen sind bei

Marion (1966); Jiggins u. Beran (1966), s. auch Schwab (1981); Oechsler (1991), angegeben. Schließlich ist gezeigt worden, daß der Paarerzeugungsprozeß einen elementar berechenbaren Fixpunkt bei 1022 kV darstellt (Peier u. Großwendt (1980)).

Geschwindigkeitsfilter für beschleunigte Ladungsträger Gl. (4.533) für W_{kin} stellt einen eindeutigen Zusammenhang zwischen der Geschwindigkeit v von Ladungsträgern und der Beschleunigungsspannung U dar. Folglich kann die Spannungsmessung auf die Messung der SI-Basisgrößen Länge und Zeit zurückgeführt werden.

Es konnte gezeigt werden, daß bei Verwendung eines Hohlraumresonators als Geschwindigkeitsfilter für Elektronen die Spannungsmessung ausschließlich auf die Messung von Frequenzen zurückgeführt werden kann (Peier u. Schulz (1983); Schulz (1982); Kind u. a. (1983); Lucas (1990)).

Auch durch Laser-Doppler-Verfahren kann die Geschwindigkeit von Ladungsträgern genau gemessen und zur Messung hoher Gleichspannungen verwendet werden (Poulsen u. Riis (1988)). Eine praktische Bedeutung haben diese an sich aussichtsreichen Verfahren jedoch bisher nicht erlangen können.

4.4.2.7 Messung überlagerter Wechselspannungen

Der Scheitelwert von Überlagerungen (ripple) $\hat{u}_{\text{r}}$ ist meist sehr klein gegenüber dem arithmetischen Mittelwert der Gleichspannung. Eine direkte Messung bietet dann keine hinreichende Auflösung.

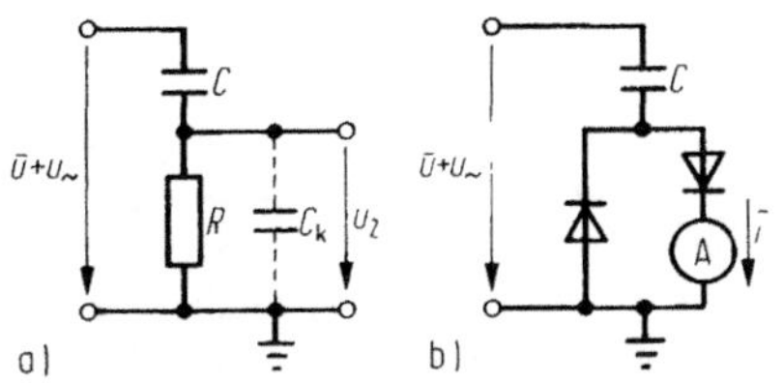

Fig. 4.268
Schaltungen zur Messung überlagerter Wechselspannungen
a) mit Gleichspannungsfilter
b) nach Chubb und Fortescue

Geeignete Meßschaltungen sind in Fig. 4.268 dargestellt; sie benötigen einen Koppelkondensator C. In der Schaltung nach Fig. 4.268a entsteht bei sinusförmigen Überlagerungen der Kreisfrequenz ω am Meßwiderstand die Spannung

$$u_2(t) \approx u_{\text{r}}, \tag{4.535}$$

wenn die Bedingung $R\omega C \gg 1$ erfüllt ist.

Es ist darauf zu achten, daß die zu R parallele Kabelkapaziät C_{k} keine Verfälschung des Meßresultats bringt ($R \ll 1/\omega C_{\text{k}}$).

Die Schaltung nach Fig. 4.268b wird oft zur Messung des Scheitelwerts von Wechselspannungen verwendet und eignet sich auch zur Messung von Überlagerungen. Mit dem Gleichrichtwert $\bar{i}$ der Meßstromstärke gilt

$$\delta u = \pi \frac{\bar{i}}{2\omega C}. \tag{4.536}$$

4.4.3 Erzeugung und Messung hoher Wechselspannungen

Wechselspannungen sind von entscheidender Bedeutung für Erzeugung, Übertragung und Verteilung der elektrischen Energie. Mit dieser Spannungsart werden auch die wichtigsten Hochspannungsprüfungen von Isolierungen durchgeführt. Auch in der

Physik werden sie oft verwendet, denn sie erlauben die Anwendung von Transformatoren als einfache Möglichkeit zur Hochspannungserzeugung. Schließlich kann man aus hohen Wechselspannungen in Schaltungen aus passiven Elementen hohe Gleich- oder Impulsspannungen erzeugen (Zusammenfassende Darstellung u. a. bei Kuffel u. Zaengl (1984); Kind (1981), Beyer u. a. (1986)).

4.4.3.1 Anordnungen für hohe Wechselspannungen

Die wichtigsten Geräte eines üblichen Hochspannungskreises für Wechselspannung zeigt Fig. 4.269. Dem Netzanschluß 1 wird eine konstante Spannung entnommen. Der Stelltransformator 2 erzeugt eine feinstufig veränderliche Spannung U_1 zur Erregung des Hochspannungstransformators 3 (Prüftransformator). Die Messung der Hochspannung erfolgt in der Regel über einen Meßkondensator 4 in Verbindung mit einer Scheitelspannungsmeßeinrichtung 5.

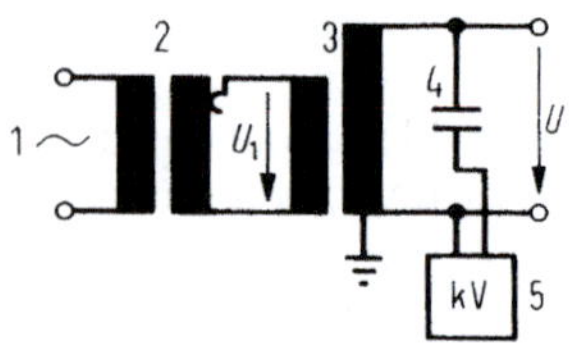

Fig. 4.269
Anordnung für hohe Wechselspannungen (Erklärungen im Text)

Meist werden an den Hochspannungsklemmen Stromstärken unter 1 A benötigt, so daß bei den üblicherweise ölpapierisolierten Prüftransformatoren Erwärmungsprobleme erst oberhalb von 100 kV Nennspannung eine Rolle spielen. Es wurden Anlagen bis 3 MV ausgeführt, wobei zur Erleichterung der Isolationsprobleme bei Spannungen über einigen 100 kV eine Kaskadenschaltung mehrerer Transformatorstufen angewandt wird. Bei dem Betrieb von Wechselspannungs-Prüfkreisen ist zu beachten, daß als Folge der Kurzschlußreaktanz des Prüftransformators die Sekundärspannung U bei kapazitiver Belastung beträchtlich höher sein kann, als sich aus der mit dem Windungszahlverhältnis umgerechneten Primärspannung U_1 des Transformators ergibt.

Außer mittels Meßkondensator kann die Hochapannung in folgender Weise gemessen werden:

- Elektrostatische Spannungsmesser (Effektivwerte, s. **4**.4.2.3)
- Spannungsmesser nach dem Generatorprinzip (Augenblickswerte, s. **4**.4.2.4) (Prinz (1939); Kind (1956))
- Kugelfunkenstrecke (Scheitelwerte, s. **4**.4.2.6)
- Induktive oder kapazitive Spannungswandler (Bauer (1953); Zinn (1977); Kind u. Kärner (1982)).

4.4.3.2 Meßkondensatoren für hohe Wechselspannungen

Kapazitive Spannungsteiler sind wegen der Langzeitkonstanz der Kapazität von Meßkondensatoren das wichtigste Meßgerät für hohe Wechselspannungen. Fig. 4.270 zeigt die vorherrschenden Ausführungsformen.

Der Meßkondensator nach Fig. 4.270a besteht aus Kondensatorwickeln mit Ölpapierdielektrikum, die in Reihe geschaltet und in einem zylindrischen Isolierrohr gestapelt sind. Die Anordnung besitzt eine nahezu lineare Spannungsverteilung entlang des

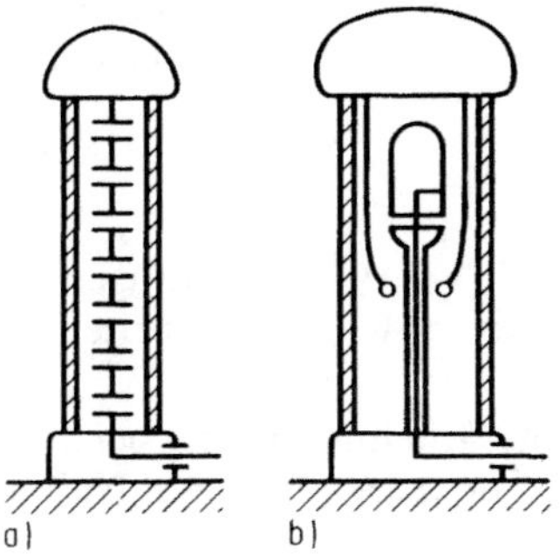

Fig. 4.270 Ausführung von Hochspannungs-Meß-kondensatoren
a) mit Kondensatorstapel in Isolierrohr
b) mit Druckgasisolierung nach Schering und Vieweg

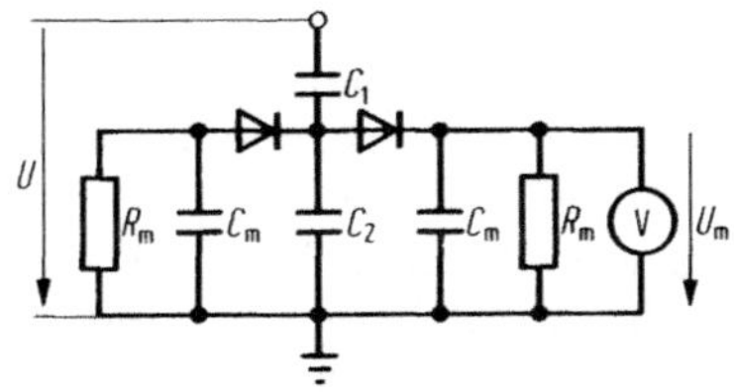

Fig. 4.271 Zweiwegschaltung nach Rabus zur Scheitelwertmessung hoher Wechselspannungen

Isolierrohrs, wird aber von Streukapazitäten zur Umgebung beeinflußt; die Kapazität sollte deshalb 30 pF bis 40 pF je m Bauhöhe nicht unterschreiten (Lührmann (1970)). In Fig. 4.270b ist das Prinzip eines gasisolierten Meßkondensators (Druckgaskondensator) nach Schering-Vieweg dargestellt. Diese Bauweise besitzt eine sehr konstante Meßkapazität, die etwa 50 pF bis 100 pF beträgt und daher für sehr genaue Spannungsmessungen (relativer Fehler kleiner als $5 \cdot 10^{-4}$) eingesetzt werden kann. Durch konstruktive Maßnahmen läßt sich eine geringe Spannungsabhängigkeit der Kapazität erreichen (Zinkernagel (1976); Latzel (1989)). Wegen eines niedrigen Verlustfaktors (unterhalb 10^{-5}) eignet sich die Anordnung auch als Vergleichskondensator für Hochspannungs-Brückenschaltungen (Keller (1959); Schwab (1981)). Druckgaskondensatoren sind in Einzelfällen bis 1,5 MV ausgeführt worden.

4.4.3.3 Scheitelspannungsmeßgeräte[1])

Die Höhe einer Wechselspannung wird in der Regel durch ihren Effektivwert angegeben. Prüfwechselspannungen bilden insofern eine Ausnahme, als ihre Höhe durch ihren Scheitelwert $\hat{u}$ geteilt durch $\sqrt{2}$ (fiktiver Effektivwert) festgelegt ist (DIN VDE 0432-1; IEC-Publ. 60-1):

$$U = \hat{u}/\sqrt{2}. \tag{4.537}$$

Die in Fig. 4.271 wiedergegebene Zweiweg-Schaltung nach Rabus besitzt einen kapazitiven Spannungsteiler aus C_1 und C_2. Sie erfüllt viele Voraussetzungen für eine vielseitig einsetzbare Meßeinrichtung, deren Fehlerverhalten aus den Elementen berechnet werden kann. Mit der Dimensionierungsregel $C_2 \gg C_m$ gilt im Idealfall

$$\hat{u} = \frac{C_1 + C_2}{C_1} \bar{u}_m \tag{4.538}$$

Dabei ist $\bar{u}_m$ der Gleichrichtwert der Spannung an R_m.

[1]) Zusammenfassende Darstellung bei Völcker u. Zaengl (1961); Schwab (1981); Beyer u. a. (1986).

Die Zeitkonstante $R_m C_m$ bestimmt die Schnelligkeit des Rückgangs der Anzeige bei Abschaltung der Hochspannung. Damit ist auch der prinzipielle relative Entladefehler

$$F_E = -\frac{1}{2fR_m C_m} \tag{4.539}$$

festgelegt. Mit der Wahl $R_m C_m = 1\,\mathrm{s}$ folgt z. B. 50 Hz: $F_E = -1\%$. Schaltungen mit elektronischem Gleichspannungswandler erreichen relative Meßunsicherheiten bis $\pm 3 \cdot 10^{-4}$ (Schulz (1979)).

Eine weitere und gerade für Präzisionsmessungen wichtige Schaltung ist die bereits in Fig. 4.268 b beschriebene Schaltung nach Chubb und Fortescue. Für zur Nullinie symmetrischen Spannungsverlauf gilt

$$\hat{u} = \frac{\bar{i}}{2fC}. \tag{4.540}$$

Dabei ist $\bar{i}$ der arithmetische Mittelwert der Stromstärke in dem bezeichneten Strompfad. Die Schaltung ist grundsätzlich verbessert worden, so daß ihre wesentlichen Nachteile vermieden werden können (Boeck (1963); Marx u. Zirpel (1990)).

4.4.4 Impulsspannungen und -ströme

In der Hochspannungstechnik hat man es häufig mit Spannungs- und Stromimpulsen zu tun, deren Dauer im Bereich von 10^{-6} bis 10^{-9} s liegt. Die Vorgänge können wie bei Isolationsprüfungen gewollt oder als Folge von Durchschlägen ungewollt auftreten. Hier soll weniger die einschlägige Prüftechnik zur Nachbildung von kurzzeitigen Überspannungen als Folge atmosphärischer Entladung behandelt werden, sondern vielmehr die für den Physiker wichtige Kurzzeitmessung elektrischer Vorgänge (Zusammenfassende Darstellung u. a. bei Strigel (1955); Früngel (1965); Knoepfel (1970); Ašner (1974); Schwab (1981); Kind (1981); Beyer u. a. (1986)).

4.4.4.1 Erzeugung von Hochspannungs- und Hochstromimpulsen

Hochspannungs- und Hochstromimpulse werden durch rasche Entladung von Energiespeichern erzeugt. Hierfür eignen sich vornehmlich Kondensatoren. Wird kapazitive Energie in Leitungen gespeichert, lassen sich durch Wanderwellenvorgänge bestimmte Spannungs- und Stromverläufe, z. B. Rechteckimpulse, erzeugen. Induktive Speicher besitzen demgegenüber ein wesentlich größeres Speichervermögen, doch können sie nur als Kurzzeitspeicher verwendet werden.

Hier werden nur kapazitive Energiespeicher behandelt. Fig. 4.272 zeigt zwei typische Schaltungen zur Erzeugung von Spannungs- bzw. Stromimpulsen mit den zugehörigen zeitlichen Verläufen. Sie enthalten einen für Impulsbetrieb ausgelegten Stoßkondensator C_s, der auf die Gleichspannung U_0 geladen wird. Die Entladung erfolgt nach Triggerung durch einen Zündimpuls über eine Schaltfunkenstrecke S. Fig. 4.272a zeigt die Grundschaltung zur Erzeugung von Impulsspannungen. Wird ein aperiodischer Verlauf gewünscht, ist L möglichst klein zu halten. Fig. 4.272b ist die Grundschaltung zur Erzeugung von Impulsströmen in induktiven Kreisen, z. B. zur Erzeugung steil ansteigender starker Magnetfelder. Typische Anlagedaten für ein Experiment zur schnellen magnetischen Kompression von Plasmen sind etwa $U_0 = 20\,\mathrm{kV}$, $C = 10\,\mathrm{mF}$; die

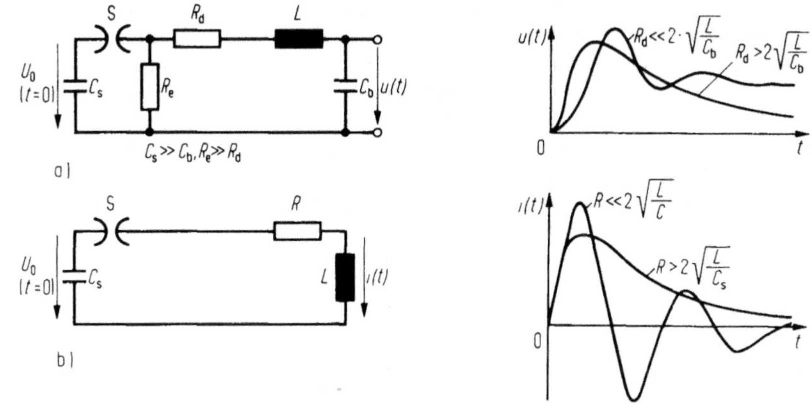

Fig. 4.272 Grundschaltungen zur Impulserzeugung aus kapazitiven Energiespeichern und zeitliche Verläufe
a) Stoßspannungskreis, b) Stoßstromkreis

Stromstärken liegen meist über 10 MA, die Stromsteilheiten in der Größenordnung von MA/µs (Knoepfel (1970)).

Hochspannungs- und Hochstromimpulse werden häufig zur Prüfung von Isolierungen und Geräten benötigt; sie werden dann als Stoßspannungen und Stoßströme bezeichnet. Zur Erzielung reproduzierbarer Ergebnisse wurde der zeitliche Verlauf in den einschlägigen Bestimmungen genormt (DIN VDE 0432-1, IEC-Publ. 60-1). Danach bedeutet z. B. die Angabe „1,2/50" einen Impuls mit 1,2 µs Stirnzeit und 50 µs Rückenhalbwertszeit.

Werden sehr hohe Stoßspannungen verlangt, so wird unter Beibehaltung der Grundschaltung (Fig. 4.272a) die Vervielfachungsschaltung nach Marx angewandt. Hierbei werden mehrere Stoßkondensatoren in Parallelschaltung aufgeladen. Gleichzeitig gezündete Funkenstrecken schalten die einzelnen Stufen in Reihe und führen so zu einer Spannungsaddition. Solche Stoßspannungsgeneratoren sind als Prüfspannungsquellen für Summenladespannungen bis zu 10 MV ausgeführt worden; die Spannung der einzelnen Stufen beträgt üblicherweise 100 kV bis 250 kV.

4.4.4.2 Messung von Stoßspannungen

Der Scheitelwert von Stoßspannungen nicht zur kurzer Dauer kann nach 4.4.2.6 mit Kugelfunkenstrecken gemessen werden, doch ist diese Methode sehr unhandlich. Im allgemeinen benötigt man eine Spannungsteiler entsprechender Frequenzbandbreite mit einem niederspannungsseitig angeschlossenen Scheitelspannungsmeßgerät oder einer Einrichtung zur Aufnahme des zeitlichen Verlaufs der Stoßspannung (Oszilloskop oder Transientenrecorder). (Zusammenfassende Darstellung u. a. bei Schwab (1981); Zaengl in: Beyer u. a. (1986)).

In Stoßspannungsmeßkreisen ist besonders auf gute Erdung und Abschirmung zu achten, um Einstreuungen in die Meßkreise zu verhindern. Hierzu ist es meist erforderlich, den Kreis auf einem ausgedehnten Erdflächenleiter (fest verbundene Bleche, engmaschiges Metallgitter) zu errichten und die Meßgeräte in einer geschirmten Meßkabine unterzubringen. Schleifen im Erdungssystem sind zu vermeiden, Meßkabel müssen erforderlichenfalls in Metallrohren verlegt werden, die fest mit der Meßkabine und dem Erdflächenleiter zu verbinden sind.

Die beiden Grundarten von Stoßspannungsteilern, die auch für sehr hohe Spannungen mit kurzer Antwortzeit bzw. hoher Bandbreite ausgeführt werden können, sind in Fig. 4.273 wiedergegeben. Der ohmsche Teiler nach Fig. 4.273a ist in seiner Bandbreite begrenzt durch die Erdkapazität des Oberwiderstands R_1, dessen Mindestbauhöhe durch die elektrische Festigkeit vorgegeben ist. Das Meßkabel ist mit seinem Wellenwiderstand Z abgeschlossen, so daß sich der wirksame Unterwiderstand aus der Parallelschaltung von R_2 und Z ergibt. Durch feldkonforme Ausführung des Oberwiderstandes kann eine wesentliche Verbesserung des Übertragungsverhaltens erreicht werden (Peier (1978)).

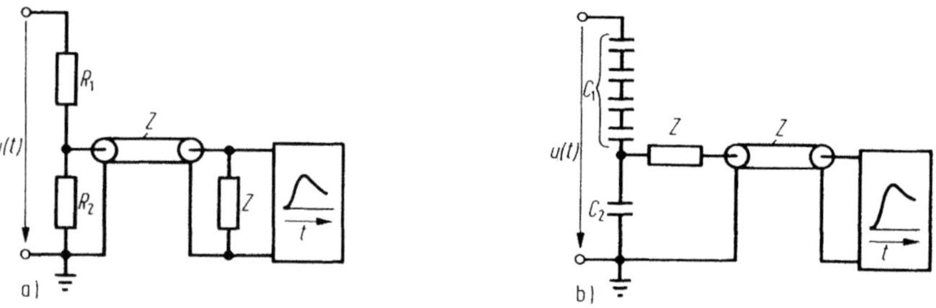

Fig. 4.273 Grundschaltungen von Stoßspannungsteilern
a) ohmscher Teiler, b) kapazitiver Teiler

Der kapazitive Teiler (Fig. 4.273b) neigt infolge unvermeidlicher Zuleitungsinduktivitäten zu Schwingungen; das Meßkabel muß am Eingang durch Reihenschaltung von Z abgeschlossen werden. Eine besonders auch bei hohen Spannungen bewährte Verbesserung von kapazitiven Teilern wird erreicht durch verteilte Dämpfungswiderstände zwischen den einzelnen in Reihe geschalteten Kondensatoren (Zaengl (1964)).

Das Übertragungsverhalten von Stoßspannungsmeßsystemen kann experimentell auf zwei Wegen ermittelt werden (IEC-Publ 60-2). Bei dem Vergleichsverfahren wird ein in seinen Eigenschaften bekanntes Referenzmeßsystem in symmetrischer Anordnung zu dem zu prüfenden System mit einer bestimmten Stoßspannung beaufschlagt, wobei die angelegte Stoßspannung mindestens 20% der vollen Betriebsspannung betragen sollte. Aus dem Vergleich der Ausgangsspannungen gewinnt man eine Bewertung des zu prüfenden Systems (Kind u. a. (1989)). Im Antwortparameterverfahren wird das Übersetzungsverhältnis bestimmt und die Ausgangsspannung bei Anlegen eines Spannungssprungs gemessen. Die Bewertung erfolgt unter Zuhilfenahme von aus der Sprungantwort zu gewinnenden Parametern. Aus der Sprungantwort kann grundsätzlich auch auf den wahren Verlauf einer angelegten Stoßspannung geschlossen werden; hierzu wurden spezielle Rechenverfahren verwendet (Schon u. Gitt (1982)).

Insgesamt ist bei Stoßspannungsmeßsystemen bei vollen Stoßspannungen eine Meßabweichung unter 3%, bei Referenzteilern für das Vergleichsverfahren unter 1% erreichbar. Auf ein lineares Verhalten des Teilers bis zur vollen Betriebsspannung ist zu achten.

4.4.4.3 Messung von Stoßströmen

Stoßströme können als Spannungsabfall an einem Meßwiderstand oder über die vom zu messenden Strom hervorgerufenen Induktionswirkungen erfaßt werden. Im allgemeinen ist hier der gesamte Stromverlauf von Interesse.

Bei Meßwiderständen muß die Leitungsführung so gewählt werden, daß induzierte Spannungen nicht zu Fehlern führen können. Daneben ist zu berücksichtigen, daß als Folge der Stromverdrängung die Stromdichte im Metall erst allmählich ihre stationäre Verteilung annimmt und daher der gemessene Spannungsabfall nicht sofort dem Strom proportional ist. Die technischen Ausführungen richten sich nach den Stromstärken sowie nach dem geforderten Überspannungsverhalten. Bewährt haben sich vor allem Reusen-, Rohr- und Flächenwiderstände (Wesner (1970); Schwab (1981)).

Induktive Meßsysteme haben den Vorteil, daß keine galvanische Verbindung zwischen Meßkreis und Hochstromkreis zu bestehen braucht; dies vermindert die Auswirkung von oft unvermeidlichen Potentialverlagerungen im Erdsystem. Zur Anwendung kommen magnetische Spannungsmesser (Rogowskispulen), deren Ausgangsspannung dem zeitlichen Differentialquotienten des zu messenden Stroms proportional ist, und Stromwandler. Diese Systeme erreichen jedoch nicht die hohe Bandbreite von Meßwiderständen und gestatten auch nicht die Messung von Gleichstromkomponenten. Gegenüber den vorstehend genannten Verfahren haben sich Hallgeneratoren (vgl. 4.1.4.5) oder elektrooptische Verfahren bisher nicht durchsetzen können.

4.4.5 Elektrische Festigkeit

Bei Isolierungen kommt es darauf an, daß sie der geforderten Betriebsspannung standhalten. Dies kann durch passende Wahl der Elektroden (Schlagweite, Form, Material) sowie der verwendeten Isolierstoffe (Form, Material) erreicht werden (Zusammenfassende Darstellung u. a. bei Böning (1955); v. Hippel (1958); Roth (1959); Philippow (1966); Alston (1968); Kind u. Kärner (1982); Beyer u. a. (1986)).

4.4.5.1 Bestimmung maximaler Feldstärken bei homogenem Dielektrikum

Die Ausbildung eines elektrischen Durchschlags folgt komplizierten physikalischen Mechanismen, die oft nur unvollkommen quantitativ beschrieben werden können. Für die Bemessung von Isolierungen geht man daher von stark vereinfachenden Modellen aus. So wird häufig angenommen, daß die Grenze der elektrischen Festigkeit einer Anordnung, d. h. die Durchschlagsspannung U_d, dann erreicht ist, wenn an einer Stelle des Dielektrikums ein Grenzwert der elektrischen Feldstärke, die sogenannte Durchschlagsfeldstärke E_d überschritten wird. Dies wird in der Regel der Ort der maximalen Feldstärke E_{max} sein, deren Berechnung daher erforderlich ist. Als praktisches Beispiel zeigt Fig. 4.274 das Feldbild paralleler Zylinderelektroden mit Kennzeichnung des Ortes maximaler Feldstärke. Hierbei sind mit s die Schlagweite (Elektrodenabstand), mit r der kleinste Krümmungsradius der Anordnung bezeichnet.

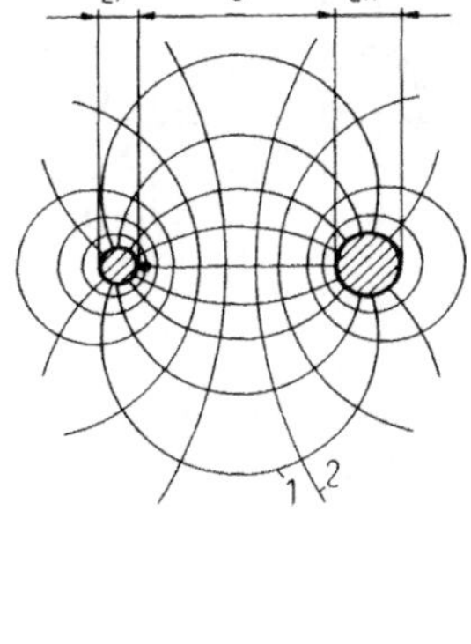

Fig. 4.274
Feldbild paralleler Zylinder
1 Feldlinien
2 Äquipotentiallinien
• Ort der maximalen Feldstärke

E_{max} kann man auch für komplizierte Anordnungen mit Hilfe numerischer Feldberechnung ermitteln (s. z. B. Prinz (1969); Kuffel u. Zaengl (1984); Moeller in: Beyer u. a. (1986)).

Praktische Anordnungen haben oft, schon aus Gründen der Herstellbarkeit, einfache rotationssymmetrische Formen, die durch wenige geometrische Parameter beschreibbar sind. Zur Berechnung von E_{max} aus der bekannten mittleren Feldstärke $E_{mittel} = U/s$ bedient man sich zweckmäßig des Schwaigerschen Ausnutzungsfaktors (Homogenitätsgrad)

$$\eta = \frac{E_{mittel}}{E_{max}}. \tag{4.541}$$

Für E_{max} folgt hieraus:

$$E_{max} = \frac{U}{s\eta} \tag{4.542}$$

η liegt zwischen 0 und 1 und überdeckt damit den ganzen Bereich vom stark inhomogenen (Spitzen, Kanten) zum homogenen (Platten) Feld. Setzt man $E_{max} = E_d$, nimmt U den Wert der Durchschlagsspannung U_d an; es hängt von der Anordnung ab, ob bei U_d nur eine örtlich begrenzte Entladung oder ein vollkommener Durchschlag einsetzt.

Für den Ausnutzungsfaktor einfacher Anordnungen gelten die Gleichungen:

- Koaxiale Zylinder mit den Radien R und r ohne Randfeld:

$$\eta = \frac{r \ln R/r}{R - r} \tag{4.543}$$

- Konzentrische Kugeln mit den Radien R und r:

$$\eta = \frac{r}{R} \tag{4.544}$$

- Zylinder vom Radius r im Abstand s nebeneinander:

$$\eta = \frac{2p_w \ln p_w}{p_w^{2-1}} \quad \text{mit} \quad p_w = \frac{s+2r}{2r} + \sqrt{\left(\frac{s+2r}{sr}\right)^2 - 1} \tag{4.545}$$

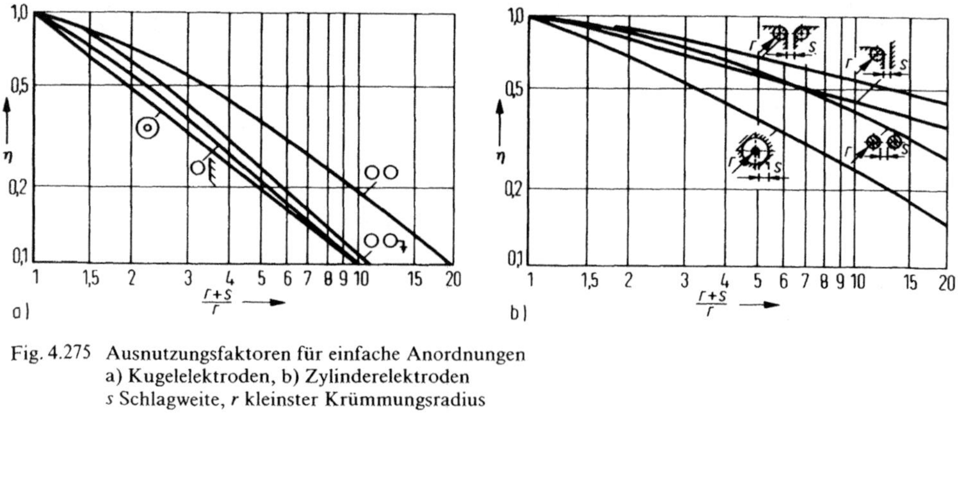

Fig. 4.275 Ausnutzungsfaktoren für einfache Anordnungen
a) Kugelelektroden, b) Zylinderelektroden
s Schlagweite, r kleinster Krümmungsradius

Fig. 4.275 zeigt die Größe des Ausnutzungsfaktors für einige häufig vorkommende Anordnungen mit Kugel- und Zylinderelektroden, die durch eine einzige geometrische Charakteristik beschrieben werden können. In der Literatur (z. B. Morva (1966); Philippow (1966); Prinz (1969); Kind u. Kärner (1982)) sind die Ausnutzungsfaktoren für zahlreiche praktische Anordnungen in Diagrammform wiedergegeben.

4.4.5.2 Anordnungen mit Mehrstoffdielektrikum

Technische Gas- oder Flüssigkeitsisolierungen enthalten in der Regel auch feste Isolierstoffe, z. B. als Stützisolatoren, Platten oder Folien. Hierdurch kann eine erhebliche Minderung der elektrischen Festigkeit eintreten, da die Anwesenheit fester Isolierstoffe stets die Feldstärke erhöht und von ihren Oberflächen Verunreinigungen ausgehen können.

Ein wichtiges Element ist der Stützisolator. Seine bezüglich des Durchschlags kritischen Bereiche sind dort, wo Elektrode, Isolator und umgebendes Dielektrikum zusammentreffen. Durch konstruktive Maßnahmen wird man bemüht sein, die an dieser Stelle herrschende Feldstärke zu vermindern; Beispiele sind in Fig. 4.276 gezeigt.

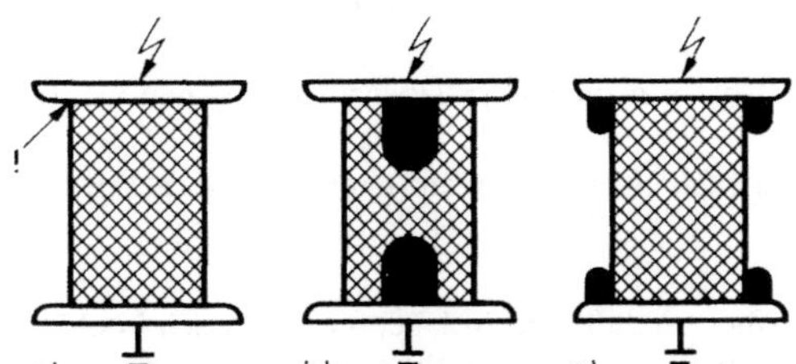

Fig. 4.276 Feldentlastung bei Stützisolatoren
a) ohne Feldentlastung im kritischen Bereich
b) vorgeschobene innere Elektrode
c) äußere Schirmelektrode

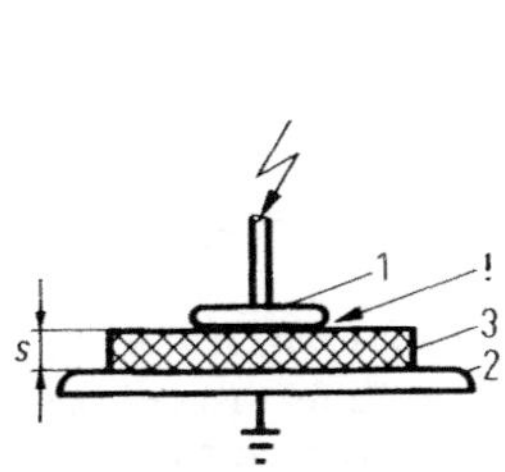

Fig. 4.277 Beispiel einer Gleitanordnung
1, 2 Elektroden
3 Isolierstoffplatte

Eine besonders ungünstige, jedoch oft nicht vermeidbare Anordnung ist die Gleitanordnung nach Fig. 4.277. Ihr Kennzeichen ist eine elektrisch beanspruchte Isolierstoffoberfläche, die eine enge kapazitive Kopplung zu einer der Elektroden besitzt. Hier entsteht eine hohe Feldstärke tangential zur Grenzfläche, und dies führt vor allem bei Wechselspannungen schon bei relativ niedrigen Spannungen – praktisch unabhängig vom Kantenradius – zu energiereichen und ausladenden Gleitentladungen (Lichtenberg-Figuren).

Die Einsetzspannung U_e der Entladungen bei Wechselspannung hängt von der Dicke s und der Permittivitätszahl ε_r des festen Isolierstoffs sowie vom umgebenden Dielektrikum und dem Druck p ab. Als Richtwert gilt folgende Formel:

$$U_e = K \cdot \left(\frac{ps}{\varepsilon_r} \right)^{0.5} \tag{4.546}$$

Z. W. $U_e = \hat{u}_e/\sqrt{2}$ in kV, p in bar, s in cm, $K = 8$ für Luft, $K = 21$ für SF_6 und $K = 30$ für Isolieröl (Kind u. Kärner (1982)).

4.4.5.3 Vakuumisolierungen

Das Phänomen des elektrischen Durchschlags ist stets mit der Wanderung von Elektronen oder Ionen durch das Dielektrikum verbunden. Im Fall des Vakuums bei Drucken unter etwa 10^{-5} mbar ist die freie Weglänge der Moleküle groß gegenüber der Schlagweite. Ladungsträger können daher nicht aus dem Dielektrikum, sondern müssen aus den Elektroden oder aus deren Oberflächen bereitgestellt werden. Deshalb ist die elektrische Festigkeit von Hochvakuumisolierungen im Gegensatz zu allen anderen wesentlich durch Mikrostruktur, Material und Oberflächeneigenschaften der Elektroden und gegebenenfalls vorhandener Stützisolatoren bestimmt. Die Stromleitung in einer Vakuumstrecke kommt durch Feldemission von Elektronen an der Kathode zustande, meist ergänzt durch Metallionen, die durch Verdampfung von Anodenmaterial gebildet werden. Neben dem Oberflächenwiderstand sind auch isoliernde oder halbleitende Verunreinigungen im Elektrodenmaterial und an der Elektrodenfläche von Einfluß auf das Emissionsverhalten. Die Folge sind impulsartig auftretende Vorentladungsströme, die bei weiterer Spannungssteigerung in den Durchschlagsstrom übergehen (Zusammenfassende Darstellung u. a. bei Alston (1968); Latham (1981) u. (1988); Kind u. Kärner (1982)).

Eine experimentelle Besonderheit von Vakuumisolierungen liegt in der erforderlichen Konditionierung. Auch wenn alle Teile vor dem Zusammenbau, der möglichst in staubfreien Räumen erfolgen sollte, sorgfältig poliert und mit einem Lösungsmittel (z. B. Methanol) oder durch elektrochemisches Polieren von Fett, Wasser und Partikeln gereinigt wurden, besitzt die Anordnung noch nicht ihre endgültige Festigkeit. Diese wird vielmehr erst nach einer Konditionierung erreicht. Hierfür haben sich bewährt:

- Stufenweise Steigerung der Spannung jeweils bis zum Erreichen eines vorgegebenen niedrigen Vorentladungsstroms,
- Wiederholte Beanspruchungen mit stromschwachen Entladungen (begrenzt durch Vorwiderstand),
- Niederdruckentladungen, z. B. in N_2.

Der Konditionierungseffekt ist teilweise reversibel, so daß eine Anlage, die elektrisch hochbeanspruchte Vakuumstrecken enthält, nach Betriebspausen wieder konditioniert werden muß.

Die entwickelten Durchschlagshypothesen lassen erwarten, daß die Durchschlagsspannung auch vom Elektrodenmaterial abhängt, wobei auch geringe Legierungsanteile erheblichen Einfluß

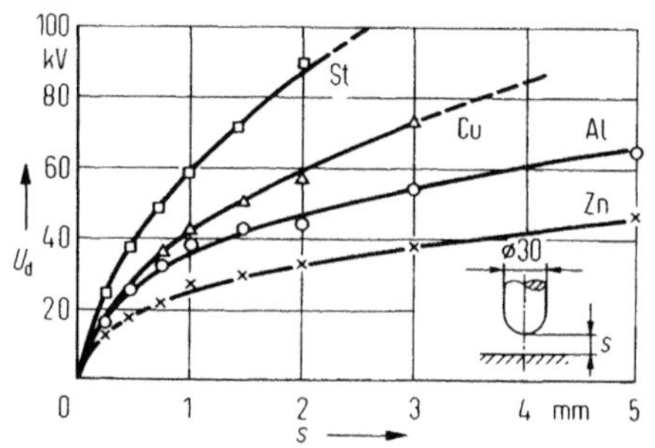

Fig. 4.278 Durchschlagsspannung einer freien Vakuumstrecke mit unterschiedlichem Elektrodenmaterial bei Gleichspannung

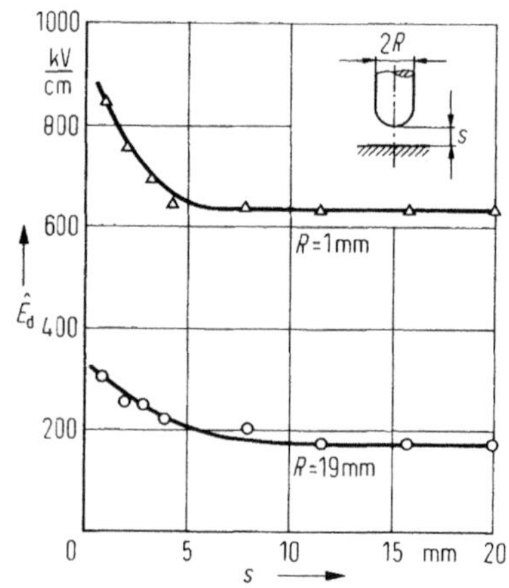

Fig. 4.279 Durchschlagsfeldstärke einer freien Vakuumstrecke mit Cu-Elektroden bei Wechselspannung

haben können. Fig. 4.278 zeigt die Zunahme von U_d mit wachsender Schmelztemperatur der Elektroden (Schmidt (1979)). Bei Vakuumstrecken ist die Hypothese nur sehr bedingt brauchbar, daß der Durchschlag erfolgt, wenn eine bestimmte maximale Feldstärke erreicht ist. So sind bei stärker gekrümmten Elektroden sehr viel höhere Feldstärken zulässig als bei schwächer gekrümmten. Dies zeigt Fig. 4.279 für eine Anordnung bei Wechselspannung. Für praktische Anwendungen ist die Beobachtung nützlich, daß die Näherung

$$U_d \sim \sqrt{s} \tag{4.547}$$

meist gut erfüllt ist.

Die Anwesenheit von Isolierstoffen, z. B. als Stützisolatoren, verschlechtert die elektrische Festigkeit in Vakuumstrecken um so stärker, je mehr Verunreinigungen von ihren Oberflächen ausgehen; gasabgebende Stoffe sind zu vermeiden. Geeignet ist Keramik, auch gefüllter Epoxidharz-Formstoff zeigt gutes Verhalten. Auch die Formgebung von Stützisolatoren ist von großem Einfluß (Boersch u. a. (1963); Shannon u. a. (1965); Latham (1981); Kirsch (1983)).

Die Spannungsart hat bei niedrigen Frequenzen keinen gravierenden Einfluß auf die elektrische Festigkeit von Vakuumstrecken. Bei Stoßspannungen werden jedoch mit Elektroden aus Edelstahl deutlich höhere Werte als bei Wechselspannung gemessen (Schneider u. a. (1989)). In inhomogenen unsymmetrischen Anordnungen zeigt sich bei Gleichspannung ein starker Polaritätseffekt; bei positiver Polarität der stark gekrümmten Elektrode ist U_d wesentlich höher. Die bei Wechselspannung gemessenen Scheitelwerte stimmen etwa mit der negativen Polarität überein.

4.4.5.4 Gasisolierungen

Durchschlagsvorgänge in Gasen sind ausführlich untersucht worden. Umfangreiches Erfahrungsmaterial und experimentell erhärtete Theorien erlauben in vielen Fällen eine zuverlässige Bestimmung der elektrischen Festigkeit. Abgesehen vom Druckbereich deutlich unter 1 bar, der für Isolierungen kaum von Interesse ist, tritt in Gasstrecken bei Erreichen einer bestimmten Spannung eine plötzliche Ionisation der Gasmoleküle auf, wodurch die zum Stromtransport nötigen Elektronen und Ionen im Feldraum gebildet werden. Die schließlich zum Durchschlag führenden Mechanismen sind Stoßionisation durch Elektronen und kurzwellige Strahlung (Zusammenfassende Darstellung u. a. bei Gänger (1953); Flegler (1964); Raether (1964); Alston (1968); Kuffel u. Zaengl (1984); Meek u. Craggs (1978); Mosch u. Hauschild (1979); Kind u. Kärner (1982; Boeck in: Beyer u. a. (1986)).

Bei nicht zu großen Drücken, Schlagweiten und Spannungsanstiegen entwickelt sich der Durchschlag nach dem Modell von Townsend, dem ein Generationsaufbau von Elektronenlawinen zugrunde liegt. Daraus folgt, daß die Durchschlagsspannung im homogenen Feld eine Funktion des Produkts aus Gasdruck p und Schlagweite s ist (Paschen-Gesetz). Fig. 4.280 zeigt diese Abhängigkeit für Schwefelhexafluorid, Luft und Wasserstoff (Dakin u. a. (1974); Hess (1976));

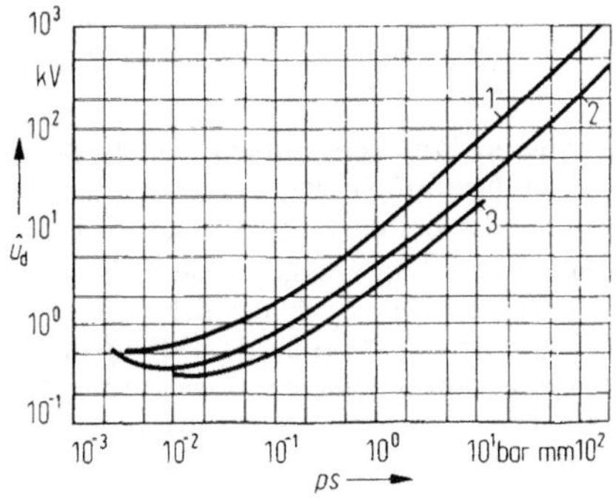

Fig. 4.280
Durchschlagsgleichspannung von Gasen im homogenen Feld (Paschenkurven)
1 SF_6
2 Luft
3 H_2

der Verlauf für Stickstoff unterscheidet sich nur unwesentlich von dem für Luft. Diese Paschenkurven gelten streng genommen für Gleichspannungen, die Werte stimmen jedoch mit den Scheitelwerten bei Wechselspannung überein. Die Kurven gelten für $T_0 = 293\,\mathrm{K}$; bei davon abweichender absoluter Temperatur T ist der gesuchte Wert für $\hat{u}_\mathrm{d}$ für den Abszissenwert psT_0/T abzulesen. Der Gültigkeitsbereich dieser Paschenkurven ist für Luft etwa durch $ps \leqslant 10\,\mathrm{bar\,mm}$ begrenzt, für SF_6 wird als Grenze $E_\mathrm{d} \leqslant 160\,\mathrm{kV/cm}$ angegeben.

Technische Anordnungen haben oft inhomogenes Feld und liegen auch sonst außerhalb der Gültigkeit des Paschen-Gesetzes. Hier bewährt sich die bei **4**.4.5.1 eingeführte Annahme, daß die Durchschlagsspannung erreicht ist, wenn die maximale Feldstärke einen kritischen Wert, die Durchschlagsfeldstärke, überschreitet. Da bei Gasen grundsätzlich der höchste Augenblickswert der elektrischen Beanspruchung maßgebend ist, werden zweckmäßig Durchschlagsspannung und Durchschlagsfeldstärke durch ihre Scheitelwerte $\hat{u}_\mathrm{d}$ und $\hat{E}_\mathrm{d}$ ausgedrückt:

$$\hat{u}_\mathrm{d} = \hat{E}_\mathrm{d} \cdot s \cdot \eta. \tag{4.548}$$

Die bei Gleich- und Wechselspannung in der Umgebung einer stark gekrümmten Elektrode aufrecht erhaltene teilweise Ionisation des Gasdielektrikums führt zu einer weniger ungleichmäßigen Feldverteilung und damit zu einer Erhöhung der Spannung des vollkommenen Durchschlags. $\hat{E}_\mathrm{d}$ hängt nicht nur von der Art und der Dichte des Isoliergases ab, sondern auch von geometrischen Parametern, ist also nur näherungsweise eine Materialkonstante. In Fig. 4.281 sind experimentell ermittelte Werte für Platten- und Zylinderelektroden angegeben.

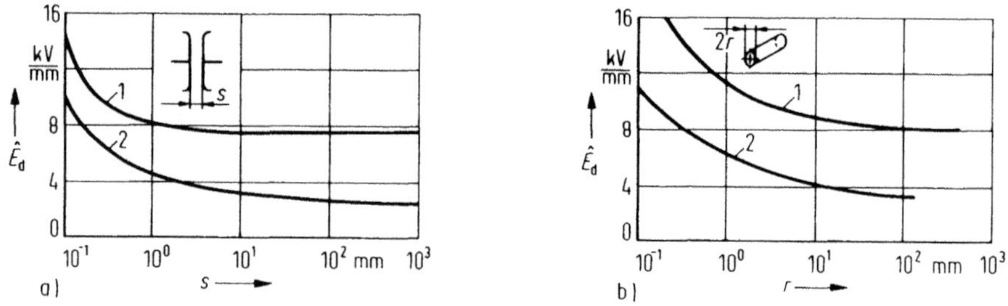

Fig. 4.281 Scheitelwerte der Durchschlagsfeldstärke von Gasen für $p = 1$ bar und $T = 293$ K
a) im homogenen Feld, b) an Zylinderelektroden
1 SF_6, 2 Luft (N_2)

Das wichtigste Mittel zur Steigerung von $\hat{E}_\mathrm{d}$ ist die Anwendung erhöhten Drucks. Als grobe Näherung für homogene und schwach inhomogene Felder gilt etwa im Bereich von 1 bar bis 10 bar (Mosch u. Hauschild (1979)):

$$\frac{\hat{E}_\mathrm{d}}{\hat{E}_\mathrm{d0}} \approx \left(\frac{p}{p_0}\right)^\alpha \quad \text{mit} \quad \alpha = 0{,}7 \text{ bis } 0{,}8 \tag{4.549}$$

Bei höheren Drücken können jedoch Verunreinigungen und Elektrodenrauhigkeiten leicht die Festigkeit beeinträchtigen. Im stark inhomogenen Feld ist sogar im Bereich weniger bar mit einer Abnahme der Durchschlagsspannung bei steigendem Druck zu rechnen.

Bei großen Schlagweiten, wie sie in Freiluftanordnungen von Hochspannungsnetzen auftreten, entwickeln sich Durchschläge nicht mehr nach dem bisher beschriebenen Townsendmechanismus. Als Folge von ionisierender Strahlung, die vom Lawinenkopf ausgeht, und durch Aufheizung des Entladungskanals entstehen sogenannte Streamer- und Leaderentladungen, die insbesondere bei Schaltstoßspannungen die elektrische Festigkeit stark herabsetzen. Nähere Angaben sind der Literatur zu entnehmen (z. B. Kind u. Kärner (1982); Boeck in: Beyer u. a. (1986)).

Für praktische Anwendungen ist oft das Verhalten von Gasisolierungen bei einer Beanspruchung mit Stoßspannungen von Bedeutung. Hier macht sich die endliche Dauer bemerkbar, die bis zum Einsatz der Entladung (statistische Streuzeit) und schließlich bis zur Entstehung des niederohmigen Durchschlagkanals (Aufbauzeit) vergeht. Es ergibt sich für jede Anordnung ein charakteristisches Stoßkennlinienband, dessen untere Begrenzung $U_d = f(t_d)$ als Aufbauzeitkennlinie bezeichnet wird.

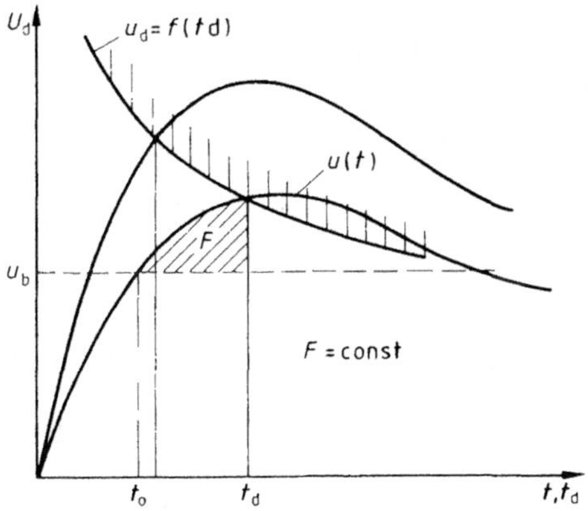

Fig. 4.282
Konstruktion der Aufbauzeitkennlinie einer Anordnung nach dem Flächengesetz
(Erklärungen im Text)

Zur näherungsweisen Berechnung des Verlaufs der Aufbauzeitkennlinie einer gasisolierten Anordnung hat sich in vielen Fällen das Flächengesetz (Kind (1957)) bewährt. Es unterstellt, daß die in Fig. 4.282 dargestellte Spannungs-Zeit-Fläche F zwischen einer Bezugsspannung U_b und $U_d = f(t_d)$ konstant bleibt:

$$F = \int_{t_0}^{t_d} (u(t) - U_b)\,dt = \text{const.} \tag{4.550}$$

Kennt man für eine Anordnung die beiden Parameter F und U_b, läßt sich damit die Aufbauzeitkennlinie bestimmen (Kind u. Kärner (1982); Boeck in Beyer u. a. (1989)). Für homogene Anordnungen in Luft wird U_b gleich der statischen Durchschlagsspannung, und es gilt als Richtwert

$$F/U_b \approx 20 \text{ ns.} \tag{4.551}$$

Richtwerte für andere Anordnungen in Luft und in SF_6 sind der Literatur zu entnehmen (Diederich (1985); Darveniza u. Vlastos (1988); Okabe u. a. (1991)).

4.4.5.5 Flüssige Isolierstoffe

Die elektrische Festigkeit von Isolierflüssigkeiten wird wesentlich von den in technischen Anordnungen unvermeidlichen Verunreinigungen bestimmt. Sie werden daher bevorzugt als Imprägniermittel für Schichtstoffe (z. B. Ölpapier) oder zumindest in Verbindung mit Isolierbarrieren verwendet. Flüssige Dielektrika sind oft unentbehrlich für die Kühlung von Hochspannungsgeräten (z. B. Transformatoren) sowie für die Imprägnierung von Kondensatordielektrika. Bei tiefen Temperaturen sind verflüssigte Gase als hochwertige flüssige Isolierstoffe anzusehen (Zusammenfassende Darstellung u. a. bei Imhoff (1957); Kok (1963); Alston (1968); Brinkmann (1975); Kind u. Kärner (1982); Beyer u. a. (1986)).

Als Durchschlagsmechanismus in Isolierflüssigkeiten kommt vor allem der rein elektrische Durchschlag in Frage, der von Stoßionisation im Gas- oder Dampfanteil der Flüssigkeit ausgeht (verschleierter Gasdurchschlag). Daneben spielt bei technischen Anordnungen die Brückenbildung mechanischer Verunreinigungen im Bereich hoher Feldstärken eine wichtige Rolle; dieser Faserbrückendurchschlag muß durch Barrieren oder durch Ummantelung der Elektroden mit Isolierstoff verhindert werden.

Mineralöle werden durch fraktionierte Destillation und gezielte Mischung der Derivate aufbereitet. Man erreicht damit ein gewünschtes Viskositäts- und Alterungsverhalten. Vor Gebrauch müssen sie bei erhöhter Temperatur im Vakuum entgast und getrocknet werden. Die niederviskosen Transformatoröle eignen sich besonders zur Imprägnierung von Papier und Preßspan (Transformatoren, Kondensatoren, Ölkabel).

Silikonöle eignen sich dank guter Verträglichkeit mit Kunststoffen zur Einbettung von Versuchsanordnungen sowie für hohe Temperaturen, sie sind jedoch teuer.

Chlorierte Diphenyle besitzen eine hohe Dielektrizitätszahl. Bei Kondensatoren ermöglichen sie große Leistungsdichten, doch werden sie heute aus Gründen des Umweltschutzes nicht mehr verwendet.

Tab. 4.15 gibt einige Richtwerte für die dielektrischen Eigenschaften flüssiger Isolierstoffe.

Tab. 4.15 Eigenschaften flüssiger Dielektrika

	Mineralöl	Silikonöl
Dichte in g/cm^3	0,89	0,9
Permittivitätszahl ε_r 1 MHz, 20°C	2,2	2,6
Verlustfaktor bei 1 MHz, 20°C	10^{-3}	$2 \cdot 10^{-3}$
Durchschlagsfeldstärke E_d in kV/mm[1])	25	10

[1]) Prüfanordnung nach VDE 0303-2

Die elektrische Festigkeit hängt sehr von der Reinheit des Dielektrikums sowie von der Beanspruchungsart ab. Durch Aufbereitung werden mechanische und chemische Verunreinigungen (Faserteilchen, Wassergehalt, Oxidationsprodukte) entfernt; konstruktive Maßnahmen (Luftabschluß) sorgen dafür, daß die erzielten Eigenschaften nicht durch Alterung wieder verlorengehen. Bei Mineralöl sinkt E_d auf etwa 5 kV/mm ab, wenn der relative Wassergehalt auf über $50 \cdot 10^{-6}$ ansteigt.

Bei Impulsbeanspruchung bis zu einigen µs Dauer ist auch ionenfreies Wasser eine interessante Isolierflüssigkeit. Je nach den Versuchsbedingungen erreicht man bei Schlagweiten von einigen mm Werte zwischen 10 kV/mm und 50 kV/mm (Steudle (1974)). Durch die hohe Permittivitätszahl von $\varepsilon_r \approx 80$ eignet sich Wasser vor allem als Einbettungsmedium zur Vermeidung von Gleitentladungen.

4.4.5.6 Feste Isolierstoffe

Hochspannungsanordnungen benötigen stets feste Isolierstoffe zur Lösung konstruktiver Aufgaben. Verglichen mit keramischen Isolatoren, die nur in bestimmten Formen herstellbar sind, lassen sich Kunststoffe durch ihre gute Verarbeitbarkeit besser an die jeweilige Aufgabe anpassen; sie können z. B. zur Einbettung von Wicklungen und auch in Folienform verwendet werden. Für das elektrische Verhalten fester Stoffe bei hohen Feldstärken sind Modelle entwickelt worden, die eine qualitative Beschreibung erlauben (Zusammenfassende Darstellung u. a. bei Whitehead (1951); Franz (1956); v. Hippel (1958); Anderson (1964); Alston (1968); Brinkmann (1975); Saure (1979); Kind u. Kärner (1982); Beyer u. a. (1986); s. a. **8**.6.3).

Der rein elektrische Durchschlag fester Stoffe ist ein Vorgang, bei dem sich freie Elektronen im Leitungsband ähnlich wie in Gasen lawinenartig vermehren; sie entstehen durch äußere und innere Feldemission. Hierbei geben Grenzflächen bevorzugte Ausbreitungsrichtungen vor. Der andere für feste Isolierstoffe typische Durchschlagsmechanismus ist der Wärmedurchschlag. Er tritt auf, wenn die dielektrischen Verluste nicht mehr ohne Entstehen unzulässig hoher Temperaturen an die Umgebung abgeführt werden können. Beide Mechanismen erklären den mit technischen Isolierstoffen zu beobachtenden Rückgang der elektrischen Festigkeit mit zunehmender Temperatur und wachsender Isolierstoffdicke. Dünne Folien oder Platten besitzen Durchschlagsfeldstärken weit über 100 kV/mm.

Eine Besonderheit ist der Teilentladungsdurchschlag. An Elektroden großer Krümmung oder in Hohlräumen des Dielektrikums können bei Überschreitung einer bestimmten Einsetzspannung Entladungen auftreten, die zwar nicht in kuzer Zeit zu einem vollkommenen Durchschlag führen müssen, aber dennoch – im Gegensatz zu Koronaentladungen in Luft – eine mit der Zeit zunehmende Schädigung der Isolierung zur Folge haben können. Zur Feststellung und Bewertung dieser in der Regel impulsförmigen Teilentladungen sind besondere Meßverfahren entwickelt worden (DIN VDE 0432-1 und -2; IEC-Publ. 270).

Feste Isolierstoffe stehen in großer Zahl für die verschiedensten Anwendungen zur Verfügung. Die drei wichtigsten sind (vgl. Tab. 4.16):

– Porzellan ist wegen seiner Beständigkeit auch gegenüber Feuchtigkeit und bei Oberflächenentladungen der bevorzugte Isolierstoff für Freiluftisolierungen (Leitungsisolatoren, Stützer, Gehäuse).

– Epoxidharz-Formstoff, meist als Gießharz und mit Quarzmehl gefüllt, ist ein mechanisch fester und elektrisch hochwertiger Duroplast. Er wird bevorzugt für Innenraumisolierungen eingesetzt und erlaubt durch gute Vernetzungseigenschafen auch die hohlraumfreie Einbettung von Armaturen, Elektroden und Wicklungen (Stützer, Durchführungen, Wandler, Transformatoren). Zur leichteren Bearbeitbarkeit kann auch Aluminiumoxid als Füllstoff verwendet werden.

– Polyäthylen ist ein Thermoplast, der amorph oder teilkristallin auftritt und durch Pressen zu Isolierungen großer Wandstärke oder auch zu Folien verarbeitet werden kann. Er zeichnet sich durch geringe Verluste und hohe Durchschlagsfeldstärke aus (Hochspannungskabel, Kondenstoren, Isolierfolien).

Tab. 4.16 gibt einige Richtwerte für die genannten Stoffe

Tab. 4.16 Eigenschaften fester Isolierstoffe

	Porzellan	Epoxidharz-Formstoff[1])	Hochdruck-Polyäthylen
Dichte in g/cm^3	2,4	1,8	0,92
Permittivitätszahl ε_r 1 MHz, 20°C	6	4	2,3
Verlustfaktor bei 1 MHz, 20°C	$5 \cdot 10^{3}$	10^{2}	$2 \cdot 10^{4}$
Wärmeleitfähigkeit in W/Km	1,5 bis 2,5	0,8	0,3
Durchschlagsfeldstärke E_d in kV/mm^2	20 bis 40	15	75

[1]) Zu 60% mit Quarzmehl gefüllt.

Um eine Vorstellung von den erreichbaren Festigkeitswerten zu geben, zeigt Fig. 4.283 die Durchschlagsspannung von Epoxidharz-Formstoff, gemessen an sorgfältig vergossenen Plattenelektroden bei Wechselspannung (Leu (1965)). Leider liegen die in praktischen Anordnungen zulässigen Betriebsfeldstärken wegen verschiedener Einflüsse (statistischer und technologischer

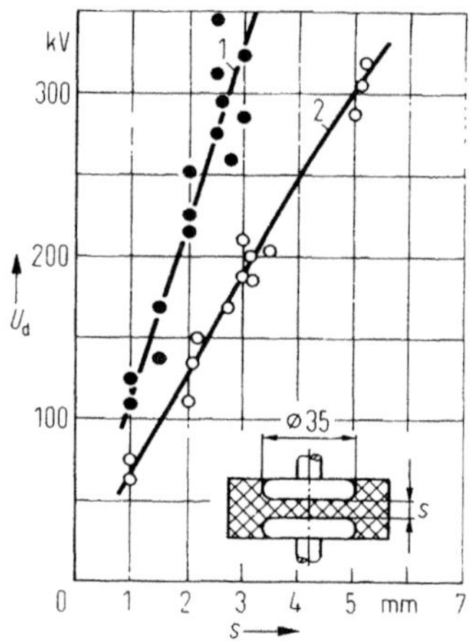

Fig. 4.283
Durchschlagswechselspannung von Epoxidharz-Formstoff zwischen Plattenelektroden (Effektivwerte)
1 ohne Füllstoff (Harz: Araldit F)
2 zu 60% mit Quarzmehl gefüllt

Volumeneffekt, Raumladungsgebiete in Elektrodennähe) etwa um eine Größenordnung niedriger; bei Stoßspannung werden etwas höhere Durchschlagsspannungen als bei Wechselspannung erreicht.

Die elektrische Festigkeit fester Isolierstoffe wird im allgemeinen nicht durch chemische Alterungsvorgänge beeinträchtigt, dagegen sind in mechanisch beanspruchten Isolierungen im Laufe der Zeit Risse im Dielektrikum oder Ablösungen von den Elektroden als spätere Durchschlagsursache nicht auszuschließen. Auch können als Folge von Teilentladungen vorwachsende Durchschlagskanäle entstehen (treeing) (Bartnikas u. McMahon (1979); Kind u. Kärner (1982)). Bei Temperaturen oberhalb von etwa 100°C sind organische Isolierstoffe nicht mehr einsetzbar, doch kann man mit keramischen Stoffen Isolierstützer und -platten ausführen, die bis 1000°C einsetzbar sind. Über das Langzeitverhalten fester Isolierstoffe im Neutronenfeld liegen noch keine aufschlußreichen Untersuchungen vor (Schaefer (1981)).

Literatur zu 4.4

Alston, L. L.; (1968): High Voltage Technology. Oxford: Univ. Press

Anderson, J. C. (1964): Dielectrics. London: Chapman and Hall

Ašner, A. M. (1974): Stoßspannungs-Meßtechnik. Berlin: Springer

Baldinger, E. (1959): Kaskadengeneratoren. In: Flügge, Handbuch der Physik, Bd. 44, 1–63. Berlin: Springer

Bartnikas, R.; McMahon, E. J. (1979): Corona Measurement and Interpretation. Engineering Dielectrics Vol. I. Philadelphia. = ASTM Publ. 669

Bauer, R. (1953): Die Meßwandler, Berlin: Springer

Beyer, M.; Boeck, W.; Möller, K.; Zaengl, W. (1986): Hochspannungstechnik. Berlin: Springer

Biegelmeier, G. (1976): Die Bedeutung der Z-Schwelle des Herzkammerflimmerns für die Festlegung von Berührungsspannungsgrenzen bei den Schutzmaßnahmen gegen elektrische Unfälle. E. u. M. **93,** H. 1, 1–8

Boeck, W. (1963): Eine Scheitelspannungsmeßeinrichtung erhöhter Genauigkeit mit digitaler Anzeige. Elektrotech. Z. **A 84,** 883–885

Böning, P. (1953): Das Messen hoher elektrischer Spannungen. Karlsruhe: Braun

Böning, P. (1955): Kleines Lehrbuch der elektrischen Festigkeit. Karlsruhe: Braun

Boersch, H. u. a. (1963): Oberflächenentladungen über Isolatoren im Vakuum. Z. angew. Phys. **15,** H. 6, 518–525

Brinkmann, C. (1975): Die Isolierstoffe der Elektrotechnik. Berlin: Springer

Brinkmann, K.; Schaefer, H. (1982): Der Elektrounfall. Berlin: Springer

Craggs, J. D.; Meek, J. M. (1954): High Voltage Laboratory Technique. London: Butterworth

Dakin, T. W. u. a. (1974): Breakdown of Gases in Uniform Fields. Electra **32,** 61–82

Darvenize, M.; Vlastos, A. E. (1988): The Generalized Interpretion Method for Predicting Impulse Volt-Time Characteristics. IEEE Trans. El. Insulation **23,** No. 3, 373–381

DIN VDE 0101 (05. 89): Errichten von Starkstromanlagen mit Nennspannungen über 1 kV

DIN VDE 0104 (10. 89): Errichten und Betreiben elektrischer Prüfanlagen

DIN VDE 0105 T 1 (07. 83): Betrieb von Starkstromanlagen; allgemeine Festlegungen

DIN VDE 0303-2 (11. 74): VDE-Bestimmung für elektrische Prüfungen von Isolierstoffen, Durchschlagspannung, Durchschlagfestigkeit

DIN VDE 0432: Hochspannungs-Prüftechnik
- 1 (10. 78): Begriffe und allgemeine Festlegungen zur Prüfung
- 2 (10. 78): Prüfverfahren
- 3 (10. 78): Meßeinrichtungen
- 4 (04. 80): Anwendungshinweise für Meßeinrichtungen
- 5 (03. 87): Oszilloskope und Scheitelspannungsmeßgeräte für Stoßspannungs- und Stoßstromprufungen

DIN VDE 0411 T 1 (10. 73): VDE-Bestimmungen fur elektronische Meßgeräte und Regler, Schutzmaßnahmen für elektronische Meßgeräte

DIN VDE 0433-2 (08. 61): Erzeugung und Messung von Höchstspannungen, Regeln für Spannungsmessungen mit einpolig geerdeten Kugelfunkenstrecken

DIN VDE 0434 (05. 83): Hochspannungs-Prüftechnik; Teilentladungsmessungen

DIN VDE 0510 (01. 77): VDE-Bestimmung für Akkumulatoren und Batterie-Anlagen

Felici, N. J. (1957): Elektrostatische Hochspannungs-Generatoren. Karlsruhe: Braun

Feser, K.; Hughes, R. C. (1988): Measurement of direct voltage by rod-rod gap. Elektra **117,** 23–34

Flegler, E. (1964): Einführung in die Hochspannungstechnik. Karlsruhe: Braun

Franz, W. (1956): Dielektrischer Durchschlag. In: Flügge, Handbuch der Physik Bd. 17. Berlin: Springer

Frungel, F. (1965): High Speed Pulse Technology Vol. I u. II. New York: Academic Press

Gänger, B. (1953): Der elektrische Durchschlag von Gasen. Berlin: Springer

Gockenbach, E. (1991): Measurement of Standard SI Impulses with Sphere Gaps. Electrie **136,** 91–95

Herb, R. G. (1959): Van de Graaff Generators. In: Flügge, Handbuch der Physik Bd. 44. Berlin: Springer

Hess, H. (1976): Der elektrische Durchschlag in Gasen. Braunschweig: Vieweg

v. Hippel, A. (1961): Dielectric Materials and Applications. 3. Aufl. Cambridge: M.I.T. Press IEC-Publ. 60: High-voltage test techniques

IEC-Publ. 60-1 (1989): General definitions and test requirements

IEC-Publ. 60-2 (1993): Measuring systems

IEC-Publ. 270 (1981): Partial discharge measurements

IEC-Publ. 479: Effects of current passing through the human body

IEC-Publ. 479-1 (1984): General aspects

IEC-Publ. 479-2 (1987): Special aspects

Imhof, A. (1957): Hochspannungs-Isolierstoffe. Karlsruhe: Braun

Jiggins, A. H.; Bevan, J. S. (1966): Voltage Calibration of a 400 kV Van de Graaff Machine. J. Sc. Instr. **43,** 478–479

Keller, A. (1959): Konstanz der Kapazität von Preßgaskondensatoren. Elektrotech. Z. **A 80,** 757–761

Kind, D. (1956): Meßgerät für hohe Spannungen mit umlaufenden Meßelektroden. Elektrotech. Z. **A 77,** H 1, 14–16

Kind, D. (1981): Einführung in die Hochspannungs-Versuchstechnik. 3. Aufl. Braunschweig; Kind, D.; Feser, K. (1994) 5. Aufl. Wiesbaden: Vieweg

Kind, D.; Kärner, H. (1982): Hochspannungs-Isoliertechnik. Braunschweig: Vieweg

Kind, D. u. a. (1983): Measurements of High Voltages by Means of Electron Speed Filtering. IEEE Trans. Instr. Meas. **32,** No. 1, 8–11

Kind, D.; Schon, K.; Schulte, R. (1989): The calibration of standard impulse dividers. 6. ISH 1989, New Orleans. Paper 41, 10

Kirsch, D. (1983): Über die elektrische Festigkeit von Isolieranordnungen im Hochvakuum bei Raumtemperatur und bei 77 K. Diss. TU Braunschweig

Knoepfel, H. (1970): Pulsed High Magnetic Fields. Amsterdam: North-Holland

Koeppen, S.; Tollazzi, H. (1966): Elektrounfälle und ihre Einflußgrößen aus medizinischer Sicht. Elektrotech. Z. **B 18,** H. 6, 168–173

Kok, J. A. (1963): Der elektrische Durchschlag in flüssigen Isolierstoffen. Eindhoven: Philips Tech. Bibl.

Kuffel, E.; Zaengl, W. S. (1984): High-Voltage Engineering. Oxford: Pergamon Press
Latham, R. V. (1981): High Voltage Vacuuminsulation. London: Academic Press
Latham, R. V. (1988): High-Voltage Vacuum Insulation. New Horizons. IEEE Trans. El. Insulation **23,** No. 5, 881–894
Latzel, H. (1989): Über den Einfluß von Spannung und Frequenz auf die Kapazität von Hochspannungs-Druckgaskondensatoren. Diss. TU Braunschweig
Leu, J. (1965): Durchschlagsvorgänge in Expoxydharzplatten mit künstlichen Fehlstellen. Diss. TH Braunschweig
Lucas, W. (1990): Untersuchungen zur Eignung supraleitender Hohlraumresonatoren als Geschwindigkeitsfilter für durch Hochspannung beschleunigte Elektronenstrahlen. Diss. TU Braunschweig
Lührmann, H. (1970): Fremdfeldbeeinflussung kapazitiver Spannungsteiler. Elektrotech. Z. **A 91,** H. 6, 332–334
Marion, J. B. (1966): Accelerator Calibration Energies. Rev. of Modern Phys. **38,** H. 4, 660–668
Marx, R.; Zirpel, R. (1990): Präzisions-Meßeinrichtung zur Messung hoher Wechsel- und Gleichspannungen. PTB-Mitt. **100,** 119–124
Meek, J. M.; Craggs, J. D. (1978): Electrical Breakdown of Gases. Oxford: Clarendon Press
Morva, T. (1966): Verfahren zum Berechnen der elektrischen Feldstärke an Hochspannungselektroden. Elektrotech. Z. **A 87,** H. 26, 955–959
Mosch, W.; Hauschild, W. (1979): Hochspannungsisolierungen mit Schwefelhexafluorid. Berlin: VEB Verlag Technik
Oechsler, F. (1991): Einsatzmöglichkeiten eines Teilchenbeschleunigers zur absoluten Messung hoher Gleichspannungen. Diss. Uni. Karlsruhe
Paasche, P. (1957): Hochspannungs-Messungen. Berlin: VEB Verlag Technik
Peier, D.; Dohnal, D. (1977): Der systematische Fehler von Kugelfunkenstrecken bei Wechselspannungsmessungen. Elektrotech. Z. **A 98,** H. 4, 303
Peier, D. (1978): Ohmscher Stoßspannungsteiler mit kleiner Antwortzeit. PTB-Mitteilungen **88,** 315–318
Peier, D.; Graetsch, V. (1979): A 300 kV DC Measuring Device with High Accuracy. Int. Symp. High Voltage Engineering Milan, 43–08
Peier, D. (1980): Kompensationsverfahren zur Messung hoher Gleichspannungen in druckgasisolierten Anlagen. Bull. SEV **71,** H. 17, 933–936
Peier, D.; Großwendt, B. (1980): Möglichkeiten zur Darstellung eines Fixpunktes der Spannungsskale im Hochspannungsbereich. Arch. f. Elektrotech. **62,** 37–42
Peier, D.; Schulz, B. (1983): Absolute Determination of High DC Voltages by Means of Frequency Measurements. Metrologia **19,** 9–13
Philippow, E. (1966): Taschenbuch Elektrotechnik. Bd. 2 Starkstromtechnik. Berlin: VEB Verlag Technik
Poulsen, O.; Riis, E. (1988): Absolute Determination of High Voltages Using Fast-Beam Laser Velocimetry. Metrologia **25,** 147–153
Prinz, H. (1939): Hochspannungs-Messung mit dem rotierendem Voltmeter. ATM Blatt J. 763–3, 4, 5
Prinz, H. (1969): Hochspannungsfelder. München: Oldenbourg
Raether, H. (1964): Electron Avalanches and Breakdown in Gases. London: Butterworth
Reinhold, R. (1975): Höchstspannungsgleichrichter für große Ströme. Bull. SEV **66,** 751–756
Roth, A. (1959): Hochspannungstechnik. Wien: Springer
Saure, M. (1979): Kunststoffe in der Elektrotechnik. AEG-Telefunken Handbuch
Schaefer, M. (1981): Der Einfluß hoher Temperaturen auf elektrische Isolierstoffe und elektrisch beanspruchte Modellisolierungen. Diss. TU Braunschweig
Schmidt, B. D. (1979): Untersuchungen zum Durchschlag von Hochvakuumanordnungen bei kryogenen Temperaturen. Diss. TU Braunschweig
Schon, K.; Gitt, W. (1982): Reconstruction of high impulse voltages considering the step response of the measuring system. IEEE Trans. **PAS-101,** 4147–4155
Schulz, B. (1982): Absolute Messung hoher Spannungen durch Laufzeitmessungen an beschleunigten Elektronen in einem Hohlraumresonator. Diss. TU Braunschweig
Schulz, W. (1979): High Voltage AC Peak Measurement with High Accuracy. Int. Symp. High Voltage Engineering Milan, 43–12
Schwab, A. J. (1981): Hochspannungsmeßtechnik. 2. Aufl. Berlin: Springer
Shannon, J. u. a. (1965): Insulation of High Voltage Insulators in Vacuum. J. Vac. Sc. Techn. **2,** 234–239

Sirotinski, L. I. (1956): Hochspannungstechnik. Bd. I, Teil 2: Hochspannungsmessungen, Hochspannungslaboratorien. Berlin: VEB Verlag Technik

Steudle, W. (1974): Über die Anwendung von Wasser zur Isolierung von Hochspannungs-Impulsanlagen. Diss. TU Braunschweig

Strigel, R. (1955): Elektrische Stoßfestigkeit. Berlin: Springer

Thielen, H. (1974): Wirkungsbereiche von Körperströmen und ihre Rückwirkungen auf Schutzmaßnahmen. Elektrotech. Z. **A 95**, H. 3, 155–160

Van de Graaff, R. J. u. a. (1948): Electrostatic Generators for the Acceleration of Charged Particles. Rep. on Progress in Physics Vol. XI, 1–18

Volcker, O.; Zaengl, W. (1961): Messung des Scheitelwerts hoher Wechselspannungen. ATM Blatt V 3383–4, 5

Wesner, F. (1970): Koaxiale Flächenwiderstände zur Messung hoher Stoßströme mit extrem kurzer Anstiegszeit. Elektrotech. Z. **A 91**, H. 9, 521–524

Whitehead, S. (1951): Dielectric Breakdown of Solids. Oxford: Clarendon Press

Zaengl, W. (1964): Das Messen hoher, rasch veränderlicher Spannungen. Diss. TH München

Zinkernagel, J. (1976): Hochspannungsmeßkondensator für 420 kV Nennspannung ohne Spannungsabhängigkeit der Kapazität. PTB-Mitt. **86**, 19–25

Zinn, E. (1977): Meßwandler. PTB-Prüfregeln Bd. 12

Sachverzeichnis

Fundamentalkonstanten der Physik

(Tab. T 9.02 aus Kohlrausch, Band III)

Die hier aufgeführten Werte und Unsicherheiten sind dem konsistenten Satz der Fundamentalkonstanten der Physik entnommen, der im Jahre 1986 von der Task Group on Fundamental Constants des Committee on Data for Science and Technology (CODATA) des International Council of Scientific Unions (ICSU) zur einheitlichen Verwendung in Wissenschaft und Technik erstellt und empfohlen wurde. Gegenüber früher publizierten Werten bestehen teilweise signifikante Änderungen. Ab dem Jahr 1996 ist mit der Publikation eines neuen Satzes von Fundamentalkonstanten der Physik zu rechnen.

Die Ziffern in Klammern hinter einem Zahlenwert bezeichnen die Unsicherheit in den letzten Stellen des Wertes (Beispiel: Die Angabe 6,672 59(85) ist gleichbedeutend mit 6,672 59 ± 0,000 85). Die Unsicherheit ist die einfache Standardabweichung des Wertes. Wird eine nicht in der Tabelle aufgeführte Kombination von Fundamentalkonstanten benötigt, so ist bei der Berechnung der entsprechenden Unsicherheit zu beachten, daß die Tabellenwerte korreliert sind. Die zugehörige Kovarianz-Matrix sowie weitere Konstantenwerte finden sich in der Original-Literatur.

CODATA-Bulletin No. 63, November 1986.

Name	Symbol und Formel	Zahlenwert ohne Zehnerpotenz	Zehnerpotenz und Einheit	relative Unsicherheit
Lichtgeschwindigkeit im leeren Raum	c_0, c	2,997 924 58	10^8 m · s^{-1}	0
Magnetische Feldkonstante	$\mu_0 = 1/\varepsilon_0 c_0^2$	4π	10^{-7} N · A^{-2}	0
		= 1,256 637 0614...	10^{-6} N · A^{-2}	
Elektrische Feldkonstante	$\varepsilon_0 = 1/\mu_0 c_0^2$	8,854 187 817...	10^{-12} F · m^{-1}	0
Gravitationskonstante	G	6,672 59(85)	10^{-11} m^3 · kg^{-1} · s^{-2}	$128 \cdot 10^{-6}$
Plancksches Wirkungsquantum, Planck-Konstante	h	6,626 0755(40)	10^{-34} J · s	$6,0 \cdot 10^{-7}$
		4,135 6692(12)	10^{-15} eV · s	$3,0 \cdot 10^{-7}$
	$\hbar = h/2\pi$	1,054 572 66(63)	10^{-34} J · s	$6,0 \cdot 10^{-7}$
		6,582 1220(20)	10^{-16} eV · s	$3,0 \cdot 10^{-7}$
Elementarladung	e	1,602 177 33(49)	10^{-19} C	$3,0 \cdot 10^{-7}$
	e/h	2,417 988 36(72)	10^{14} A · J^{-1}	$3,0 \cdot 10^{-7}$
(magnetisches) Flußquant	$\Phi_0 = h/2e$	2,067 834 61(61)	10^{-15} Wb	$3,0 \cdot 10^{-7}$
Josephson-Konstante	$2e/h$	4,835 9767(14)	10^{14} Hz · V^{-1}	$3,0 \cdot 10^{-7}$
von Klitzing-Konstante	h/e^2	2,581 280 56(12)	10^4 Ω	$4,5 \cdot 10^{-8}$
	e^2/h	3,874 046 14(17)	10^{-5} S	$4,5 \cdot 10^{-8}$
Bohr-Magneton	$\mu_B = e\hbar/2m_e$	9,274 0154(31)	10^{-24} J · T^{-1}	$3,4 \cdot 10^{-7}$
		5,788 382 63(52)	10^{-5} eV · T^{-1}	$8,9 \cdot 10^{-8}$

Fundamentalkonstanten der Physik (Fortsetzung)

Name	Symbol und Formel	Zahlenwert ohne Zehnerpotenz	Zehnerpotenz und Einheit	relative Unsicherheit
Kernmagneton	$\mu_N = e\hbar/2m_p$	5,050 7866(17)	10^{-27} J · T^{-1}	$3{,}4 \cdot 10^{-7}$
		3,152 451 66(28)	10^{-8} eV · T^{-1}	$8{,}9 \cdot 10^{-8}$
Sommerfeld-Feinstrukturkonstante	$\alpha = \mu_0 c_0 e^2/2h$	7,297 353 08(33)	10^{-3}	$4{,}5 \cdot 10^{-8}$
	α^{-1}	1,370 359 895(61)	10^2	$4{,}5 \cdot 10^{-8}$
	α^2	5,325 136 20(48)	10^{-5}	$9{,}0 \cdot 10^{-8}$
Rydberg-Konstante	$R_\infty = m_e c_0 \alpha^2/2h$	1,097 373 1534(13)	10^7 m^{-1}	$1{,}2 \cdot 10^{-9}$
	$R_\infty h c_0$	2,179 8741(13)	10^{-18} J	$6{,}0 \cdot 10^{-7}$
		1,360 569 81(40)	10^1 eV	$3{,}0 \cdot 10^{-7}$
Bohr-Radius	$a_0 = \alpha/4\pi R_\infty$	0,529 177 249(24)	10^{-10} m	$4{,}5 \cdot 10^{-8}$
Quantum der Zirkulation, Zirkulationsquant	$h/2m_e$	3,636 948 07(33)	10^{-4} $m^2 \cdot s^{-1}$	$8{,}9 \cdot 10^{-8}$
Ruhemasse des Elektrons	m_e	9,109 3897(54)	10^{-31} kg	$5{,}9 \cdot 10^{-7}$
		5,485 799 03(13)	10^{-4} u	$2{,}3 \cdot 10^{-8}$
Energieäquivalent in eV		0,510 999 06(15)	10^6 eV	$3{,}0 \cdot 10^{-7}$
Spezifische Elektronenladung	$-e/m_e$	−1,758 819 62(53)	10^{11} C · kg^{-1}	$3{,}0 \cdot 10^{-7}$
Compton-Wellenlänge des Elektrons	$\lambda_C = h/m_e c_0$	2,426 310 58(22)	10^{-12} m	$8{,}9 \cdot 10^{-8}$
(Klassischer) Elektronenradius	$r_e = \alpha^2 a_0$	2,817 940 92(38)	10^{-15} m	$1{,}3 \cdot 10^{-7}$
Magnetisches Moment des Elektrons	μ_e	9,284 7701(31)	10^{-24} J · T^{-1}	$3{,}4 \cdot 10^{-7}$
	μ_e/μ_B	1,001 159 652 193(10)		10^{-11}
	μ_e/μ_N	1,838 282 000(37)	10^3	$2{,}0 \cdot 10^{-8}$
g-Faktor des Elektrons	$g_e = 2\mu_e/\mu_B$	2,002 319 304 386(20)		10^{-11}
Ruhemasse des Myons	m_μ	1,883 5327(11)	10^{-28} kg	$6{,}1 \cdot 10^{-7}$
		0,113 428 913(17)	u	$1{,}5 \cdot 10^{-7}$
Energieäquivalent in eV		1,056 583 89(34)	10^8 eV	$3{,}2 \cdot 10^{-7}$
Verhältnis Ruhemasse des Myons zu Ruhemasse des Elektrons	m_μ/m_e	2,067 682 62(30)	10^2	$1{,}5 \cdot 10^{-7}$
Magnetisches Moment des Myons	μ_μ	4,490 4514(15)	10^{-26} J · T^{-1}	$3{,}3 \cdot 10^{-7}$
	μ_μ/μ_B	4,841 970 97(71)	10^{-3}	$1{,}5 \cdot 10^{-7}$
	μ_μ/μ_N	8,890 5981(13)		$1{,}5 \cdot 10^{-7}$

Fundamentalkonstanten der Physik (Fortsetzung)

Name	Symbol und Formel	Zahlenwert ohne Zehnerpotenz	Zehnerpotenz und Einheit	relative Unsicherheit
Ruhemasse des Protons	m_p	1,672 6231(10)	10^{-27} kg	$5,9 \cdot 10^{-7}$
		1,007 276 470(12)	u	$1,2 \cdot 10^{-8}$
Energieäquivalent in eV		9,382 7231(28)	10^8 eV	$3,0 \cdot 10^{-7}$
Verhältnis Ruhemasse des Protons zu Ruhemasse des Elektrons	m_p/m_e	1,836 152 701(37)	10^3	$2,0 \cdot 10^{-8}$
Verhältnis Ruhemasse des Protons zu Ruhemasse des Myons	m_p/m_μ	8,880 2444(13)		$1,5 \cdot 10^{-7}$
Spezifische Protonenladung	e/m_p	9,578 8309(29)	10^7 C · kg^{-1}	$3,0 \cdot 10^{-7}$
Compton-Wellenlänge des Protons	$\lambda_{C,p} = h/m_p c_0$	1,321 410 02(12)	10^{-15} m	$8,9 \cdot 10^{-8}$
Magnetisches Moment des Protons	μ_p	1,410 607 61(47)	10^{-26} J · T^{-1}	$3,4 \cdot 10^{-7}$
	μ_p/μ_B	1,521 032 202(15)	10^{-3}	$1,0 \cdot 10^{-8}$
	μ_p/μ_N	2,792 847 386(63)		$2,3 \cdot 10^{-8}$
Gyromagnetisches Verhältnis des Protons	γ_p	2,675 221 28(81)	10^8 s^{-1} · T^{-1}	$3,0 \cdot 10^{-7}$
Ruhemasse des Neutrons	m_n	1,674 9286(10)	10^{-27} kg	$5,9 \cdot 10^{-7}$
		1,008 664 904(14)	u	$1,4 \cdot 10^{-8}$
Energieäquivalent in eV		9,395 6563(28)	10^8 eV	$3,0 \cdot 10^{-7}$
Verhältnis Ruhemasse des Neutrons zu Ruhemasse des Elektrons	m_n/m_e	1,838 683 662(40)	10^3	$2,2 \cdot 10^{-8}$
Verhältnis Ruhemasse des Neutrons zu Ruhemasse des Protons	m_n/m_p	1,001 378 404(9)		$0,9 \cdot 10^{-8}$
Compton-Wellenlänge des Neutrons	$\lambda_{C,n} = h/m_n c_0$	1,319 591 10(12)	10^{-15} m	$8,9 \cdot 10^{-8}$
Magnetisches Moment des Neutrons	μ_n	0,966 237 07(40)	10^{-26} J · T^{-1}	$4,1 \cdot 10^{-7}$
	μ_n/μ_B	1,041 875 63(25)	10^{-3}	$2,4 \cdot 10^{-7}$
	μ_n/μ_N	1,913 042 75(45)		$2,4 \cdot 10^{-7}$
Ruhemasse des Deuterons	m_d	3,343 5860(20)	10^{-27} kg	$5,9 \cdot 10^{-7}$
		2,013 553 214(24)	u	$1,2 \cdot 10^{-8}$
Energieäquivalent in eV		1,875 613 39(57)	10^9 eV	$3,0 \cdot 10^{-7}$
Verhältnis Ruhemasse des Deuterons zu Ruhemasse des Elektrons	m_d/m_e	3,670 483 014(75)	10^3	$2,0 \cdot 10^{-8}$
Verhältnis Ruhemasse des Deuterons zu Ruhemasse des Protons	m_d/m_p	1,999 007 496(6)		$0,3 \cdot 10^{-8}$
Magnetisches Moment des Deuterons	μ_d	0,433 073 75(15)	10^{-26} J · T^{-1}	$3,4 \cdot 10^{-7}$
	μ_d/μ_B	0,466 975 4479(91)	10^{-3}	$1,9 \cdot 10^{-8}$
	μ_d/μ_N	0,857 438 230(24)		$2,8 \cdot 10^{-8}$

Fundamentalkonstanten der Physik (Fortsetzung)

Name	Symbol und Formel	Zahlenwert ohne Zehnerpotenz	Zehnerpotenz und Einheit	relative Unsicherheit
Avogadro-Konstante	N_A	6,022 1367(36)	10^{23} mol^{-1}	$5.9 \cdot 10^{-7}$
Atommassenkonstante	$m_u = m(^{12}C)/12$	1,660 5402(10)	10^{-27} kg	$5.9 \cdot 10^{-7}$
		1	u	
Energieäquivalent in eV		9,314 9432(28)	10^{8} eV	$3.0 \cdot 10^{-7}$
Faraday-Konstante	$F = N_A \cdot e$	9,648 5309(29)	10^{4} C $\cdot$ mol^{-1}	$3.0 \cdot 10^{-7}$
Molare Planck-Konstante	$N_A \cdot h$	3,990 313 23(36)	10^{-10} J $\cdot$ s $\cdot$ mol^{-1}	$8.9 \cdot 10^{-8}$
	$N_A \cdot hc_0$	0,119 626 58(11)	J $\cdot$ m $\cdot$ mol^{-1}	$8.9 \cdot 10^{-8}$
Universelle (molare) Gaskonstante	R	8,314 510(70)	J $\cdot$ mol^{-1} $\cdot$ K^{-1}	$8.4 \cdot 10^{-6}$
Boltzmann-Konstante	$k = R/N_A$	1,380 658(12)	10^{-23} J $\cdot$ K^{-1}	$8.5 \cdot 10^{-6}$
		8,617 385(73)	10^{-5} eV $\cdot$ K^{-1}	$8.4 \cdot 10^{-6}$
Stoffmengenbezogenes (molares) Volumen des idealen Gases (Normvolumen)	RT/p			
$T = 273{,}15$ K, $p = 101{,}325$ kPa	V_m, V_0	2,241 410(19)	10^{-2} m^3 $\cdot$ mol^{-1}	$8.4 \cdot 10^{-6}$
$T = 273{,}15$ K, $p = 100$ kPa	V'_m	2,271 108(19)	10^{-2} m^3 $\cdot$ mol^{-1}	$8.4 \cdot 10^{-6}$
Loschmidt-Konstante	$n_0 = N_A/V_m$	2,686 763(23)	10^{25} m^{-3}	$8.5 \cdot 10^{-6}$
Stefan-Boltzmann-Konstante	$\sigma = (\pi^2/60)k^4/\hbar^3 c_0^2$	5,670 51(19)	10^{-8} W $\cdot$ m^{-2} $\cdot$ K^{-4}	$3.4 \cdot 10^{-5}$
Erste Planck-Strahlungskonstante	$c_1 = 2\pi hc_0^2$	3,741 7749(22)	10^{-16} W $\cdot$ m^2	$6.0 \cdot 10^{-7}$
Zweite Planck-Strahlungskonstante	$c_2 = hc_0/k$	1,438 769(12)	10^{-2} m $\cdot$ K	$8.4 \cdot 10^{-6}$
Konstante des Wien-Verschiebungsgesetzes	$b = \lambda_{max} T$ $= c_2/4{,}965\,114\,23\ldots$	2,897 756(24)	10^{-3} m $\cdot$ K	$8.4 \cdot 10^{-6}$

GPSR Compliance

The European Union's (EU) General Product Safety Regulation (GPSR) is a set of rules that requires consumer products to be safe and our obligations to ensure this.

If you have any concerns about our products, you can contact us on ProductSafety@springernature.com

In case Publisher is established outside the EU, the EU authorized representative is:

Springer Nature Customer Service Center GmbH
Europaplatz 3
69115 Heidelberg, Germany

Batch number: 08567212

Printed by Printforce, the Netherlands